# 日英汉土木建筑词典

# A JAPANESE–ENGLISH–CHINESE DICTIONARY OF ARCHITECTURE AND CIVIL ENGINEERING

《日英汉土木建筑词典》编委会

中国建筑工业出版社
日本东方书店

# 《日英汉土木建筑词典》编委会

# 序

中日两国人民有着悠久的友好历史。中日两国土木建筑界的往来，源远流长。公元717年，日本阿倍仲麻吕到中国留学，后仕于唐朝，给华夏国土带来了大和文化。公元753年，中国鉴真大师东渡日本后，翌年在奈良东大寺兴建戒坛，传布律宗，将中国佛教建筑传入东瀛列岛。两段佳话，迄今仍在民间传颂。

近十几年来，随着中国对外开放的不断扩大，中日两国之间的人员往来、学术交流、信息传播、经济活动以及工程承包等业务日益频繁，中日两国土木建筑界热切盼望有一部双语或多语辞书来加强交流，促进合作。高履泰教授主编、中国建筑工业出版社1981—1982年出版的《日英汉建筑工程词汇》，自然受到了两国读者的欢迎和好评。

为了进一步适应读者的需要，我们于1986年10月在日本东京会谈，一致同意在已经出版的《日英汉建筑工程词汇》五个分册的基础上，编撰、出版《日英汉土木建筑词典》。1987年1月，双方在北京正式签订协议书。此后即由中国建筑工业出版社组织以高履泰教授为主编的编委会全面开展编撰工作，参照有关辞书、资料，对合并后的日、英语词目及其对应的汉语释义进行核正、修订、删节和补充。1988年4月脱稿后，日本东方书店采用电脑排版，编制英语索引，制出相纸，1992年4月交中国建筑工业出版社付印。

此次编撰，编委会同仁做了大量的工作，删并了近三千条词目，新增了近两千条词目，修正了近万条词目的释义，日本东方书店又对全部日文进行了核实、修订。这些工作都使词典质量有了明显的提高。尽管限于条件和水平，还有这样那样的不足，我们相信这部词典能为两国土木建筑界读者的交流带来更大的方便，也为将来编撰、出版收词更完备、释义更准确、实用价值更大的双语或多语土木建筑大词典，奠定了基础。

应本词典编委会之约，我们在《日英汉土木建筑词典》公开发行之际，高兴地写了这几句话。

是为序。

中国建筑工业出版社　　　日本东方书店
社　长　　　　　　　　经　理

周谊　　　安井正幸

1992年5月　　　　　　1992年5月

# 序

在编委会全体编委的辛勤劳动下，《日英汉土木建筑词典》终于脱稿了。抚今追昔，我感到莫大的欣慰和喜悦。

我早年留学日本，归国后又长期从事建筑工程教学工作，虽早同日英汉辞书结下了不解之缘，但亲手主编这部词典，却是60年代中叶的事。1966年秋天起，我利用“空闲”时间，开始整理自己长期积累的日英汉建筑工程词语资料，并萌发了编撰《日英汉建筑工程词汇》的念头。1972年，承蒙中国建筑工业出版社同意，列入选题计划，选派编辑人员协助编撰工作，并不断提供各种蓝本，使我的夙愿得以实现。1974年完成初稿后，又经中国建筑工业出版社广泛征求土木建筑界学者、教授、专家的意见，予以认真、细致的审核和补充，使书稿质量有了明显的提高，我也从中取得了不少的教益。参加《日英汉建筑工程词汇》审订工作的，除《日英汉土木建筑词典》编委会部分编委外，有(以姓氏笔画为序)：王华彬、王宪臣、王钟旭、王振贵、王荫长、王绵卿、王道堂、刘襄、孙增蕃、杨维钧、沈元恺、张长林、严宗达、邹有志、林宣、茅柔、赵骅、赵静鹏、姚留织、钟一鹤、顾康乐、唐善清、章与春、程世抚和滕岳宗等，提出修改和补充意见的还有：王景贤、王敏之、朱航征、吴济民、邬天柱、张耀凯和林迈等。中国建筑工业出版社和土木建筑界同仁为本书付出的心血，使我难以忘怀。因此，在1981—1982年相继问世的《日英汉建筑工程词汇》五个分册的“编者的话”中，我曾写道：“这部词汇与其说是本人主编，毋宁说是集体劳动的产物。”

《日英汉建筑工程词汇》五个分册出版后，得到了国内外土木建筑界同仁的欢迎和鼓励，也提出一些宝贵意见。不少读者希望五个分册修订、合并，便于查阅，以适应新形势的需要。1987年夏天，中国建筑工业出版社开始组织编委会，对全书内容进行修订、补充和调整，增加了土木工程方面的词语，并改名为《日英汉土木建筑词典》，我慨然应允，积极地予以支持。1988年4月，全稿告成，送往日本东方书店排版，1992年4月交中国建筑工业出版社付印。除编委会全体编委外，郁小森等也参加了部分编辑工作。

编撰双语或多语辞书，功力在于收词和释义；而释义方面最困难的工作就在于为来源语的每一个词语在译入语中找到对应的词语，判定准确的含意。由于国家或民族之间历史、文化、科学技术、风俗习惯、政治经济体制等不同或差别，来源语中的词语所表示的事物或概念有时在译入语中并不存在或难以表达。这就给我们的编撰工作带来了困难。这部词典也不例外。尽管编委们做了不懈的努力，但是错误之处或许仍有不免。我们期待着读者继续予以匡正。

中国和日本是一衣带水的邻邦。随着我国对外开放的不断扩大，中日两国土木建筑设计、施工、科研、教学、管理等方面人员之间的交往将日益频繁。这部词典能在中国和日本同时面世，在中日两国土木建筑界之间架起一座友谊的桥梁，我感到特别高兴。借此机会，我代表编委会对所有关心、支持这部词典出版的中国和日本朋友们表示衷心的感谢。

高履泰

1992年5月于北京

# 凡　例

**一、词头编排方式**

词头原则上用“假名”编排，日语用平假名编排，外来语、字母用片假名编排。编排方法按五十音图顺序。

浊音、半浊音与清音一起编排，浊音、半浊音放在清音后；拗音、促音放在直音后。长音符号“–”不作假名看待，只在前后假名相同时，将带长音的排在后面。例如：

**ハブ，バフ，パブ；**

**ぶぶんしよう，ぶぶんしょう，せつがい，せっけい；**

**フリーウェイ，フーリェすう，フリー・エリア。**

**二、日语汉字**

（一）日语汉字以《日本当用汉字表》为准，但对沿用已久的专业名词，不受此限。例如：

歪，勾配

（二）不同词条，假名相同而日语汉字不同的，按《日本当用汉字表》笔划为序。例如：

**がん岸，がん龕**

（三）同一词条，如假名相同但有几个日语汉字时，将常用的排在前面，中间用“・”分开。例如：

**しんおさえ**　心押・真押

（四）日语汉字相同而有两种读音时，将常用读音列出英文和中文，而另一读音则用“＝”表示。例如：

**のど**　scotia　凹弧线，缩口线

**のんど＝のど**

（五）日语有时可省略部分假名，将省略部分用“（　）”括起

来。例如:

あばら（てっ）きん　　肋（铁）筋

チャン・（ワ）ニス

**三、外来语**

（一）外来语的原文词尾为ar，er，or的，可用长音符号“–”表示，也可不用。带バ、ヴ音的词均按日本习惯用法，本词典不予统一。

（二）日语和外来语组成的复合词，日语部分用平假名书写；外来语部分用片假名书写。标注日语汉字时，外来语部分用“～”号代替。例如:

かたねりコンクリート　堅練～

アスファルトとふ　～塗布

外来语部分如来自英语以外的其他语种，或按日本习惯发音加以简化而与所附英语不符合时，用“[　]”注明拼法和语种略语。例如: アルギンさんソーダ　～[Algin 德]酸～[soda]

（三）英语与其他语种复合的外来语，用“[　]”注明原文和语种略语。例如:

ゴム・クッション　rubber[ gom 荷 ]cushion

（四）日语发音不同的外来语同义词，用“＝”表示，其派生出来的词，均按采用的一种统一。例如:

サイホン＝サイフォン

サイフォン　siphon　虹吸，虹吸管

サイフォン・トラップ　siphon trap　虹吸水封

**四、中译名**

（一）中译名有两个以上时，一律用“，”分开，将本专业常用的排在前面。例如:

かなぐ　金具　fittings　零件，配件，管接头，小五金

とそう　塗装　coating　喷刷涂料，涂漆，油漆，喷漆

（二）“(　)”内文字表示：1.译名解释；2.同义字或同义词。商品名在中译名后括以（商）字。例如:

**きんこせんとうしき**　近古尖頭式　Late Pointed　(哥特式) 后期尖拱式

**すいちょくふうどう**　垂直風胴　vertical air duct　垂直(竖直) 风道

**アクセレーター**　Accelator　加速澄清池 (商)

**五、缩写词和以拉丁字母、希腊字母起始的词条**

缩写词、半缩写词、以希腊字母、拉丁字母起始的词条均按日语拼音编排。日语拼音请参阅所附读音表。

**六、文种略语**

本词典除英文外还采用一些其他文种略语。例如:

[德]……德文　[葡]……葡萄牙文　[梵]……梵文

[法]……法文　[西]……西班牙文　[阿]……阿拉伯文

[意]……意大利文　[荷]……荷兰文　[俄]……俄文

[希]……希腊文　[拉]……拉丁文　[柬]……柬埔寨文

[泰]……泰文　[波斯]……波斯文

## 英语字母日语读音表　　附表 1

| 大写 | 小写 | 读音 | 大写 | 小写 | 读音 | 大写 | 小写 | 读音 |
|---|---|---|---|---|---|---|---|---|
| A | a | エー | J | j | ジェー | S | s | エス |
| B | b | ビー | K | k | ケー | T | t | ティー |
| C | c | シー | L | l | エル | U | u | ユー |
| D | d | ディー | M | m | エム | V | v | ブイ |
| E | e | イー | N | n | エヌ | W | w | ダブリュ |
| F | f | エフ | O | o | オー | X | x | エックス |
| G | g | ジー | P | p | ピー | Y | y | ワイ |
| H | h | エッチ | Q | q | キュー | Z | z | ゼット |
| I | i | アイ | R | r | アール | | | |

## 希腊字母日语读音表　　附表 2

| 大写 | 小写 | 读音 | | 大写 | 小写 | 读音 | |
|---|---|---|---|---|---|---|---|
| Α | α | アルファー | alpha | Ν | ν | ニュー | nu |
| Β | β | ベータ | beta | Ξ | ξ | クサイ(クシ) | xi |
| Γ | γ | ガンマ | gamma | Ο | ο | オミクロン | omicron |
| Δ | δ | デルタ | delta | Π | π | パイ | pi |
| Ε | ε | イプシロン | epsilon | Ρ | ρ | ロー | rho |
| Ζ | ζ | ゼータ | zeta | Σ | σ | シグマ | sigma |
| Η | η | エータ | eta | Τ | τ | タウ | tau |
| Θ | θ | シータ | theta | r | υ | ウプシロン | upsilon |
| Ι | ι | イオタ | iota | Φ | φ | ファイ | phi |
| Κ | κ | カッパ | kappa | Χ | χ | カイ | chi |
| Λ | λ | ラムダ | lambda | Ψ | ψ | プサイ(プシー) | psi |
| Μ | μ | ミュー | mu | Ω | ω | オメガ | omega |

## 数字日语读音表

附表 3

| 数字 | 读音 | 数字 | 读音 | 数字 | 读音 |
|---|---|---|---|---|---|
| ○ | れい | 五 | ご | 十 | じゅう |
| 一 | いち | 六 | ろく | 百 | ひゃく |
| 二 | に | 七 | しち、なな | 千 | せん |
| 三 | さん | 八 | はち | 万 | まん |
| 四 | し、よん | 九 | く、きゅう | 亿 | おく |

# 五 十 音 索 引

（表中数字为正文页码）



| | | | | |
|---|---|---|---|---|
| あ（ア） 1 | い（イ） 43 | う（ウ） 68 | え（エ） 84 | お（オ） 113 |
| か（カ） 138 | き（キ） 211 | く（ク） 256 | け（ケ） 285 | こ（コ） 310 |
| さ（サ） 366 | し（シ） 401 | す（ス） 496 | せ（セ） 530 | そ（ソ） 566 |
| た（タ） 585 | ち（チ） 631 | つ（ツ） 659 | て（テ） 669 | と（ト） 702 |
| な（ナ） 739 | に（ニ） 749 | ぬ（ヌ） 760 | ね（ネ） 762 | の（ノ） 774 |
| は（ハ） 781 | ひ（ヒ） 823 | ふ（フ） 851 | へ（ヘ） 894 | ほ（ホ） 910 |
| ま（マ） 937 | み（ミ） 950 | む（ム） 957 | め（メ） 961 | も（モ） 968 |
| や（ヤ） 978 | | ゆ（ユ） 983 | | よ（ヨ） 993 |
| ら（ラ） 1005 | り（リ） 1013 | る（ル） 1031 | れ（レ） 1034 | ろ（ロ） 1046 |
| わ（ワ） 1056 | | | | |

# あ

あい 【間】 (两个构件之间的)空间,间隙
アイ eye 小孔,针孔,眼,销眼,环
アイ・アール・エフ IRF,International Road Federation 国际道路联合会,国际路联
アイアン iron 铁
アイアン・スケール iron scale 铁锈,铁鳞,氧化铁皮,锅垢
アイアン・フィラー iron filler 铁质填料
アイアン・ボルト iron bolt 铁螺栓
アイアン・ワーク iron work 铁工,铁制品,铁件
アイアン・ワークス iron works 铁工厂,炼铁厂,钢铁厂
アイ・イー IE,industrial engineering 工业(企业)管理学
あいいろ 【藍色】 deep blue (深)蓝色
アイ・エス IS,intermediate sight 中间视,中景
アイ・エス・オー ISO,International Organization for Standardization 国际标准化组织
アイ・エス・シー・シー-エヌ・ビー・エスのしきめいたいけい 【ISCC-NBSの色名体系】 colour name charts of ISCC (Inter Society Colour Council) NBS (National Bureau of Standards) 美国色彩联络协会和国家标准局制定的色名表示方法
アイ・エッチ・ティー・ピー・シー IHTPC,International Housing and Town Planning Committee 国际住宅和城市规划会议(1958年改名为IFHP)
アイ・エー・ビー・エス・イー IABSE, International Association for Bridge and Structural Engineering 国际桥梁与结构工程学会
アイ・エフ・エッチ・ピー IFHP,International Federation for Housing and Planning 国际住宅和城市规划会议
アイ・エル I.L.,intensity level of sound 声强级
あいおい 【相生】 twin planting,twin geminate 对植,雌雄株并植
アイ・オー・ディー IOD,immediate oxygen demand 瞬时需氧量
アイオニゼーション ionization 电离,离子化
アイオニック・オーダー Ionic order 爱奥尼亚柱式
あいおれくぎ 【合折釘】 L-shaped double pointed nail,L-nail L形两端尖钉,扒钉
あいがき 【相欠·合欠】 halving,halved joint (两木结构件的)相嵌接合,搭接接合
あいがきかまつぎ 【相欠鎌継】 oblique scarf joint,French scarf joint 斜嵌接
あいがきつぎ 【相欠接】 halving,halved joint 相嵌接合,搭接接合,半叠接
あいがきつぎて 【相欠継手】 halved joint,half-lap joint,straight scarf joint 对开接头,半叠接头
アイガーダー 【I～】 I-girder 工字梁
アイがたグールブ 【I型～】 I-groove, square groove I型槽,I形坡口,平头槽
アイがたグルーブようせつ 【I形～溶接】 I-groove weld I形槽焊,平头槽焊,I形坡口焊
アイがたこう 【I形鋼】 I-section steel, I-steel 工字钢
アイがたこうぐい 【I型鋼杭】 I-section steel pile 工字型钢桩
アイがただんめん 【I形断面】 I section 工字形截面
アイがたつきあわせようせつ 【I形突合溶接】 I-groove butt weld(ing) 平头槽对接焊,I形坡口对接焊
アイがたばり 【I形梁】 I beam 工字梁,

工字形截面梁
**アイがたようせつ** 【I型溶接】 I-weld, butt welding 平头槽焊,对接焊
**アイがたレール** 【I形~】 I-rail 工字形钢轨
**アイ・キャッチャー** eye catcher 吸引视线物(广告、商标、图画等),醒目字句
**あいくぎ** 【合釘】 double pointed nail 拼钉,双尖头钉
**あいくち** 【合口】 abutment, joint surface 接缝,合缝,(石料)砌合面,砌石接头
**あいぐろまつ** 【間黒松】 赤黑松(干似黑松,而枝叶近似赤松)
**あいさか** 【合坂】 马道(城墙内侧坡道)
**アイ・シー・アイ** ICI, International Commission on Illumination 国际照明委员会
**アイ・シー・イー・エス** ICES, integrated civil engineering systems 土木工程(设计情报)综合处理体系
**アイ・シー・エス・アイ・ディー** ICSID, International Council of Societies of Industrial Design 国际工业美术设计团体协会
**あいじゃくり** 【合决·相决】 shiplap 错缝接
**あいじゃくりさねはぎ** 【合决実矧】 错缝企口接合,错缝企口榫
**あいじゃくりはぎ** 【合决矧】 shiplap joint 错缝接合,错口接合
**あいじゃくりばり** 【合决張】 shiplap flooring 错缝铺接地板
**アイ・シー・ユー** ICU, intensive care unit 集中的特别护理病房,特别护理单元,特别护理病房楼
**あいじるし** 【合印】 对接记号
**アイシングラス** isinglass 鱼胶,白云母薄片
**あいず** 【合図】 signal 信号,标志
**アイス・ガラス** ice glass 冰花玻璃
**あいずき** 【合図器】 sign device 信号装置
**アイス・スケートじょう** 【~場】 ice (skate)rink, skating rink 滑冰场,溜冰场
**アイス・スタジアム** ice stadium 冰上运动场
**アイストップ** eye-stop 路面标记,引人注目的建筑物
**アイ・ストレイン** eye strain 视觉疲劳,眼疲劳
**アイス・ハウス** ice house 冰窖,制冰场所,冷藏库
**アイスバーン** Eisbahn[德] 溜冰场,滑冰场
**アイ・スプライス** eye splice 索端结扣眼圈,环接索眼
**アイス・フレーク** ice flake 薄冰
**アイス・ペーパー** ice paper (绘图用的)透明纸
**あいずべん** 【合図弁】 signal valve 信号阀
**アイス・ボックス** ice box 冰箱,冷藏库
**アイス・ホッケーきょうぎじょう** 【~競技場】 ice hockey rind 冰球场,冰球比赛场
**アイス・マシン** ice machine 制冰机
**アイス・ラン** ice run 冰橇滑行路
**アイス・リンク** ice rink 溜冰场,滑冰场
**アイソヴァレントけいれつ** 【~系列】 isovalent series 同价系列,等价系列,等明度系列
**アイソグラフ** isograph (解微分方程用)求根仪(商),等线图
**アイソクロームけいれつ** 【~系列】 isochrome series 等色系列,同色系列,等彩度系列
**アイソシアンさんフィニル** 【~酸~】 phenyl isocyanate 异氰酸苯酯
**アイソシアンさんプロピル** 【~酸~】 propyl isocyanate 异氰酸丙酯
**アイソスタティック・スラブ** iso-static slab 等静力(平)板
**アイゾッド・インパクト・テスト** Izod impact test 悬臂梁式冲击试验,艾氏冲击试验
**アイゾッド・ノッチ** Izod notch 艾氏冲击试样V型缺口
**アイソティントけいれつ** 【~系列】 iso-

tint series 等明调系列(奥斯特瓦尔德标色体系中的同色相面加等量白色的系列)
アイソトープ isotope 同位素
アイソトープふくしゃ 【～輻射】 isotopic radiation 同位素辐射
アイソトーンけいれつ 【～系列】 isotone series 等暗调系列(奥斯特瓦尔德标色体系中的同色相面加等量黑色的系列)
アイソメ isometric 轴测投影,等角投影,等测投影
アイソレーション isolation 隔离,分离,绝缘
アイソレーション・ホスピタル isolation hospital 传染病医院,隔离医院
アイソレーター isolator 隔离器,绝缘体
あいつぼ 【合壺】(木工用)墨线红线壶(盒)
あいづやき 【会津焼】 Aizu porcelain (日本)会津产陶瓷
アイ・ディー ID, industrial design 工业制品设计,工业美术设计
アイ・ティー・イー ITE, Institute of Traffic Engineers (美国)交通工程师学会
アイ・ディー・エフ IDF, intermediate distributing frame 中间配线架
アイ・ティー・ブイ ITV, industrial television 工业电视
アイテム item 项目,条款,科目,节,段,操作单元
アイテム・カウンター item counter 操作次数计数器
アイどうさ 【I動作】 integral action 积分作用
アイドグラフ eidograph 图画缩放仪
アイドラー idler 惰轮,空转轮,张紧皮带轮
アイドラー・シャフト idler shaft 空转轮轴,惰轮轴
アイドリング idling 空转,空载,无功,空载运行,慢速
アイドル・アワー idle hour 停止工作时间,停机时间
あいのかね 【間の矩】 两个坡度中间的坡度
あいのま 【相の間】 中间的房间(两个主要房间之间的联系体)
あいのまづくり 【相の間造】 两个主要房间之间的联系体的布置方式
あいば 【合端】 jointing surface 砌石间的接触面
アイバー 【I～】 I-bar 工字钢
アイ・バー eye bar 眼杆,眼铁,带环拉杆
あいばゲージ 【合端～】 thickness gauge 厚度规,厚度计
アイ・バー・パッキング eye bar packing 眼杆填料,眼杆填密,孔杆填料
あいばん 【相番】 共同值班的人,不同工种配合施工的工人,做记号,划线
あいびきばり 【相引針】 缝席垫用针,缝草垫用针
アイピース・マイクロメーター eyepiece micrometer 目镜测微计,目镜千分尺
アイ・ビーム I-beam 工字梁,工字形截面梁
あいフランジ 【相～】 coupling flange 联结凸缘,联结法兰盘
アイボリー ivory 象牙色,乳白色
アイボリー・ブラック ivory black 象牙黑
アイ・ボルト eye bolt 环眼螺钉,有眼螺栓,环首螺栓
あいまいさ 【曖昧さ】 ambiguity (配色的)不明确性,含混性
あいまいせい 【曖昧性】 ambiguity 不明确性,含糊性,暧昧性
あいもん 【合紋】(表示构件位置、方向的)符号
アイランド island 岛,路心岛,交通岛,安全岛,分车岛
アイランド・キッチン island kitchen 中央式厨房,岛式厨房(灶火、炊事案等布置在中央部位的厨房)
アイランドこうほう 【～工法】 island method 中央挖槽施工法(先挖中央后挖两侧的浅槽施工法),筑岛开挖法
アイランド・プラットホーム island platform 岛式月台

**アイリス** iris 隔膜,隔板,膜片,挡板,窗孔,光圈,可变光圈

**アィリーのおうりょくかんすう** 【～の応力関数】 Airy's stress function 爱里应力函数

**アイリングのざんきょうしき** 【～の残響式】 Eyring's reverberation time formula 艾林混响(时间)公式

**アイル** aisle (教堂中的)耳堂,侧堂,侧廊,(会堂观众席间的)通道,甬道,走道

**アイレット** eyelet 孔眼,窥视孔

**アイレット・ワーク** eyelet work 冲孔,打眼

**アイロニング** ironing 熨平,压平

**アインシュタインとう** 【～塔】 Einstein Turm[德],Einstein Tower[英] 爱因斯坦塔

**アヴァールのわ** 【～の輪】 Avarishe Rings (5世纪蒙古族的)圆环形部落

**アヴェニュー** avenue 大街,大道,林荫道

**アウター・コーティング** outer coating 面层,表面层,外涂层

**アウテージ** outage 出口,放出孔,排出量,消耗量,停歇,中断,断电,预留空间,断线率

**アウト・ケーブル** out cable (预应力混凝土的)露出张拉钢索

**アウト・コーン** out cone (预应力混凝土)外锚圈

**アウトスカート** outskirt(s) 郊外,市郊,外边,边缘,外围

**アウトバーン** Autobahn[德] 高速(汽车)公路,超级公路

**アウトプット** output 输出,输出量,产量,供给量,输出功率,输出信号,计算结果

**アウトプット・パワー** output power 输出功率

**アウトプットほうほう** 【～方法】 output test (混凝土透水试验用)流出水量测定法

**アウトリガー** outrigger 突起物,悬臂梁,斜撑,(汽车起重机等防倾倒的)伸出支柱,支腿,挑梁,外伸叉架

**アウトルック** outlook 景色,外景,望台,望楼

**アウトレット** outlet 输出口,出口,排泄口,排气孔,引出线,输出端,电源插座

**アウトレット・パイプ** outlet pipe 排出管(排气管,排水管)

**アウトレット・ボックス** outlet box 配线盒,分线盒,线头匣

**アウラ** aula[拉] (古希腊住宅的)中庭,邸宅,宫殿,(近代学校的)礼堂

**アエロトラン** aerotrain[法] 气垫式超高速列车

**アエロトラン・アントウルバン** áerotrain-interurbain[法] 城市间空中列车,气垫列车

**あえん** 【亜鉛】 zinc 锌

**あえんいた** 【亜鉛板】 zinc plate 锌板

**あえんか** 【亜鉛華】 zinc white,zinc oxide,flower of zinc 锌白,氧化锌

**あえんき** 【亜鉛黄】 zinc yellow,zinc chromate 锌黄,锌铬黄

**あえんそさんナトリウム** 【亜塩素酸～[Natrium德]】 sodium chlorite 次氯酸钠,亚氯酸钠

**あえんてっぱん** 【亜鉛鉄板】 galvanized steel sheets,galvanized sheet iron 镀锌薄钢板,白铁皮

**あえんてっぱんようペイント** 【亜鉛鉄板用～】 galvanized iron paint 镀锌钢板涂料,镀锌钢板漆

**あえんばん** 【亜鉛板】 zinc plate 锌板

**あえんびきてっぱん** 【亜鉛引鉄板】 galvanized steel sheets,galvanized sheet iron 镀锌薄钢板,白铁皮

**あえんびょう** 【亜鉛鋲】 tin point,sprigs,glazer's point 镀锌三角钉

**あえんふん** 【亜鉛粉】 zinc dust,blue powder 锌粉,蓝粉

**あえんまつ** 【亜鉛末】 zinc dust,blue powder 锌粉,蓝粉

**あえんまつさびどめペイント** 【亜鉛末錆止～】 zinc dust anticorrosive paint 锌粉防锈涂料

**あえんみどり** 【亜鉛緑】 zinc green 锌绿

**あえんめっき** 【亜鉛鍍金】 galvanizing,zincing 镀锌

あえんめっきこうかん 【亜鉛鍍金鋼管】 zinc-plated steel pipe, galvanized steel pipe 镀锌钢管,白铁管
あえんめっきこうせん 【亜鉛鍍金鋼線】 galvanized steel wire 镀锌钢丝
あえんめっきこうばん 【亜鉛鍍金鋼板】 galvanized steel sheets, galvanized sheet iron 镀锌薄钢板,白铁皮
あえんめっきてっせん 【亜鉛鍍金鉄線】 galvanized iron wire 镀锌铁丝
あえんめっきてっぱん 【亜鉛鍍金鉄板】 galvanized steel sheets, galvanized sheet iron 镀锌薄钢板,白铁皮
あおいし 【青石】 bluestone 青石
あおがい 【青貝】 青贝饰(经过磨平的薄贝片镶嵌在漆器或木器上的工艺技法)
あおかび 【青黴】 Penicillium(blue mold) 绿霉,青霉菌
あおき 【青木】 aucuba japonica[拉], Japanese aukuba[英] 珊瑚木,东瀛珊瑚
あおきし 【青騎士】 Der Blaue Reiter [德], The Blue Rider[英] 青骑士 (1913年德国表现主义艺术运动的团体)
あおぎり 【青桐】 Firmiana simplex[拉], chinese parasoltree[英] 梧桐,青桐
あおぐされ 【青腐】 blue rot (木材的) 青腐
あおじゃしん 【青写真】 blue print 蓝图
あおず 【青図】 blue print 蓝图
あおぞらこう 【青空光】 clear skylight 晴空扩散光,晴空散射光
あおたばいばい 【青田売買】 根据建设计划预付建筑费,按预估收成买卖青苗
あおち 【青地】 绿色耕地(日本大藏省管辖的国有耕地,图例上采用绿色)
あおと 【青砥】 blue grind stone 青色磨石
あおとどまつ 【青椴松】 青枞,青冷杉
あおねそ 【青捻苧】 ramie, ramee 青苎麻
あおみどろ 【青味泥·青緑·水綿】 Spirogyra 水绵属(藻类植物)
あおめ 【青目】 tuff 凝灰石
あおもみ 【青揉】 ramie, ramee 青苎麻
あおりいた 【障泥板】 (日本建筑)脊下垫板
あおりどめ 【煽止】 door stop, casement adjuster 门挡,门钩,窗风撑
あか 【赤】 red 红色
あかいえか 【赤家蚊】 culex pipiens 淡色库蚊
あかいろボーキサイト 【赤色~】 red bauxite 铁矾土,赤铝土
あかえ 【赤絵】 朱彩瓷
あかえぞまつ 【赤蝦夷松】 red spruce (日本北海道)红云杉,红栎木
あかおうどう 【赤黄銅】 red brass 红铜
あかがし 【赤樫·血槠】 red oak 赤栎,血槠木
あかがね 【銅·赤金】 copper 铜
あかがねいた 【銅板】 copper plate, sheet copper 铜板
あかガラス 【赤~】 red glass 玉红玻璃
あかがわら 【赤瓦】 red roof tile 红瓦,素烧瓦
あかぐされ 【赤腐】 brown rot, red rot (木材的)褐腐,红腐
あかさび 【赤錆·赤銹】 red rust 铁锈
アカシア acacia 金合欢
あかしお 【赤潮】 red tide 红潮,赤潮,苦潮
あかしつち 【明石土】 (明石地方出产的)粉刷墙面用色土
あかしで 【赤四手】 Salix purpurea[拉], red willow[英] 红柳木
あかしゅろ 【赤棕櫚】 red hemppalm 红棕绳
あかすぎ 【赤杉】 redwood 红杉木,红木
あかずさ 【赤莇】 红褐色麻刀
アカズール·フィルター Aquazur filter 阿奎左尔重力式滤池(商)
あかつち 【赤土】 tuff loam (日本房屋墙上涂抹的)红土
アカデミー academy 高等专科院校,研究院,学会
アカデミズム academism 学院主义,学院式
あかとどまつ 【赤椴松】 red fir 红枞,红冷杉
あかねいろ 【茜色】 madder red 茜红色
あかパテ 【赤~】 red putty 红油灰,红

色膩子,掺加少量铅丹的油灰
あかペイント 【赤～】 red paint 红油漆,红色涂料,红铅漆
あかぼうふら【赤棒振·赤孑孑】 Bloodworm(Tendipes) 血红虫,血丝虫,摇蚊幼虫
あかまつ 【赤松·雌松·女松·女柏·柏松】 Pinus densiflora[拉],Japanese red pine[英] 红松,日本赤松
あかみ 【赤味·赤身】 heart wood 心材
あかみざい 【赤味材·赤身材】 heart wood 心材
あかみしんざい 【赤味心材】 heart wood 心材
あかめがしわ 【赤芽柏】 Mallotuo japonicus[拉] 红芽柏
あかめる 【赤める】 red heat (钢材)赤热,灼热
あかも 【赤藻】 red algae 红藻
アガライト agalite 纤维滑石
あかラワン 【赤～】 red lauan 红柳桉
あかランプ 【赤～】 red lamp 红灯
あかり 【明】 光亮,隧道坑外,坑外作业,光亮区
あがり 【上·揚】 完成,竣工,完成阶级工程量
あがりがまち 【上框】 (日本住宅)入口处的门框
あがりざしき 【揚座敷】 (日本江户时代幕府的较高级的)犯人收容所
あかりしょいん 【明書院】 日本住宅客厅内的凸窗
あかりしょうじ 【明障子】 普通的日本式槅扇
あがりだん 【上段】 台阶,楼梯
あかりどこ 【明床】 日本住宅客厅内的凸窗
あかりまど 【明窓】 top light,skylight 天窗,平天窗
あがりや 【揚屋】 (日本江户时代较低级的未判决的)犯人收容所
あかレッド 【赤～】 red lead 红丹,红铅(粉)
あかれんが 【赤煉瓦】 red brick 红砖
アカンサス acanthus 叶形(蕃草叶,卷草叶,莨菪叶)装饰
あき 【空·明】 clearance,spacing,opening,vacant 净距,净空,间距,间隔,开口,空置,空闲
あきいえ＝あきや
あきいえりつ＝あきやりつ
あきうえ 【秋植】 autumn planting,fall planting 秋栽,秋植
アーキヴォールト archivolt 拱边饰,拱门墙侧装饰线脚
あきえん 【秋園】 autumn garden 秋景园
あきぐみ 【秋茱萸】 Elaeagnus umbellata Thunb[拉],Autumn elaeagnus[英] 羊奶子,秋胡颓子,甜枣,剪子果
あきごえ 【秋肥】 autumn manuring,fall dressing 秋肥
あきざい 【秋材】 秋材,晚材
あきざき 【秋咲】 autumn flowering 秋季开花
アキシアル・マウント axial mount 轴向安装
あきじかん 【空時間】 idle hours,idle time 停歇时间,不工作时间,停机时间
あきじゅうこ 【空住戸】 vacant house 空房(指无人住的房屋)
あきじゅうこりつ 【空住戸率】 vacancy rate 空房率
あきたか 【空高】 clear height 净高,有效高度
あきち 【空地·明地】 vacant land,vacancy 空地,空闲地
アーキテクチュア architecture 建筑学,建筑
アーキテクチュア・デザイン architectural design 建筑设计
アーキテクト architect 建筑师,建筑设计人员
アーキテクト・デザイナー architect designer 建筑设计师
あきとり 【明取】 abat-jour[法] 天窗,遮阳板,百页窗的反光片
アーキトレーヴ architrave 门头线,窗头线,额枋(西方古典柱式檐部的最下部分)
あきにれ 【秋楡】 Ulmus parvifolia[拉],

Chinese elm[英]　榔榆

**あきべや**　【空部屋】　vacant room, tenantless room　(未使用的)空闲房间,(未租出的)空房

**あきま**　【空間】　tenantless room　空房(指未租出的房间)

**あきや**　【空家】　vacant house, tenantless house　空房(指无人住的房屋),空宅(指尚未住人的出租或出售的房屋)

**あきや**　【空家·空屋】　vacant house　空房,闲房

**あきやま**　【明山】　自由伐木林区

**あきやりつ**　【空家率】　vacancy rate　空房率(一定地区的空房户对该地区的总户数的比率)

**あきやりつ**　【空家率】　vacancy rate　空房比,空房率(一定地区中未使用房屋数占总住宅户数的比率)

**あきゅうせいどく**　【亜急性毒】　subacute poisoning　亚急性中毒

**アキュムレーター**　accumulator　累计器,累加器,储能器

**アーギュメント**　argument　幅角,幅度,自变量,自变数,论证

**アーク**　arc　弧,弧形,电弧,弧光

**あくあらい**　【灰汁洗】　用火碱水刷洗

**アクァリウム**　aquarium　水族馆

**アーク・ウェルダー**　arc welder　电焊机,电弧焊机

**アーク・ウェルディング**　arc-welding　弧焊,电弧焊接

**アーク・エア・ガウジング**　arc air gouging　电弧气动凿孔,电弧气刨,电弧气动割槽

**アーク・エアせつだん**　【～切断】　arc air cutting　电弧气割

**アークえん**　【～炎】　arc flame　弧焰

**アークがいえん**　【～外炎】　弧外火焰

**アークじかん**　【～時間】　arc time　燃弧时间,电弧作用时间

**アークししょう**　【～支承】　arc bearing　弧形支座

**アクシス**　axis　轴线,中心线,轴

**あくしゅう**　【悪臭】　offensive odour　恶臭

**あくしゅうはっせいげん**　【悪臭発生源】　source of offensive odour　恶臭源

**あくじょうけん**　【悪条件】　ill-conditioning　不良条件,病态条件

**アークしょうめい**　【～照明】　arc lighting　弧光灯照明

**あくすい**　【悪水】　harmful water　有害(废)水

**アーク・スタートじかん**　【～時間】　time of arc start　起弧时间

**アクスチック**＝**アコースティック**

**アーク・スティフネス**　arc stiffness　电弧挺度,电弧稳定性

**アーク・ストライク**　arc strike　弧光飞溅,弧光放电,打火引弧

**アーク・スポットようせつ**　【～溶接】　arc spot welding　电弧点焊

**アクスル**　axle　轴,轮轴,心轴,心棒,车轴

**アクスル・ヨウク**　axle yoke　轴轭,轴叉

**アクセサリ**　accessory　附件,附属品

**アクセシビリティ**　accessibility　接近程度,(交通的)可通性,可达性

**アクセス**　access　存取,选取,调整孔,入口,通道

**アクセス・タイム**　access time　存取时间,数据选择时间,信息发送时间

**アクセス・ドアー**　access door　检修门,检修孔盖,人孔盖

**アクセスほうしき**　【～方式】　access method　存取法,存取方式

**アークせつだん**　【～切断】　arc cutting　电弧切割

**アークせつだんき**　【～切断器】　arc cutter　电弧切割机

**アクセル・ペダル**　acceleration pedal　加速踏板,(机械)调速踏板

**アクセレーター**　Accelator　加速澄清池,机械加速澄清池(商)

**アクセレレーター**　accelerator　加速踏板,加速泵,加速器,催化剂,促凝剂,速滤剂

**アクセレレーター・ペダル**　accelerator pedal　加速踏板

**アクセレレーチング・ジェット**　accelerating jet　加速喷嘴

**アクセロフィルター**　Accelo-filter　(高

速滴滤用)加速滤器(商)

**アクセント・カラー** accent colour 重点色

**アクセント・ライト** accent light 强光灯,加强灯光

**アーク・タイム** arc time 燃弧时间,电弧作用时间

**アーク・チェンバー** arc chamber 弧箱,电弧室

**アーク・チップ** arc tip 电弧接触点,弧尖

**アクチノメーター** actinometer 日光辐射计,日光能量测定器,露光计,曝光计,光化线强度计

**アクチブ=アクティブ**

**アクティヴィティ・ルーム** activity room (住宅的、学校的)活动室,儿童游戏室

**アークていこう** 【～抵抗】 arc resistance 电弧电阻,弧阻,耐电弧性

**アクティニック・グラス** actinic glass 光化玻璃

**アクティビティ** activity 活性,活量,放射性强度

**アクティブ** active 主动的,有功的,有效的,活性的,活化的

**アクティブ・パワー** active power 有功功率

**アクティブ・マテーリアル** active material 活性物质,活性材料

**アクティベーテッド・エアレーション** activated aeration 活性曝气

**アクティベーテッド・エアレーションほう** 【～法】 activated aeration process 活性曝气法,活性污泥法

**アクティング・エリア** acting area 舞台表演区

**アクテュアル・ギャップ** actual gap (模数制的)实际缝隙

**アクテュアル・パワー** actual power 实际功率,有效功率

**アクテュエーター** actuator 促动器,激励器,油缸,马达,执行元件,调节器

**アークでんあつ** 【～電圧】 arc voltage 电弧电压

**アークてんようせつ** 【～点溶接】 arc point welding 电弧点焊

**アークでんりゅう** 【～電流】 arc current 电弧电流

**アークとう** 【～灯】 arc lamp 弧光灯

**アークとうとうこうき** 【～灯投光器】 arc light projector 弧光投射器,弧光探照灯

**アーク・トーチ** arc torch 弧焊炬

**あくどめ** 【灰汁止】 处理析碱,封闭析碱

**あくどめとりょう** 【灰汁止塗料】 防碱底层涂料,耐碱底层涂料

**アークながさ** 【～長さ】 arc length 电弧长度,弧长

**アクナンテス** Achnanthes 曲壳硅藻属(藻类植物)

**アーク・ノイズ** arc noise 电弧噪声,电弧干扰

**アークはっせい** 【～発生】 generating of arc 引弧,产生电弧

**アークふんいき** 【～雰囲気】 arc atmosphere 电弧气氛

**アークほのお** 【～炎】 arc flame 弧焰

**アークようせつ** 【～溶接】 arc-weld, arc-welding 弧焊,电弧焊接

**アークようせつき** 【～溶接機】 arc-welding machine 电焊机

**アークようせつぐ** 【～溶接具】 arc-welding outfit, arc welding set 电弧焊工具

**アークようせつこうかん** 【～溶接鋼管】 arc-welded steel pipe 电弧焊接钢管,弧焊钢管

**アークようせつぼう** 【～溶接棒】 arc-welding rod, arc-welding electrode 电(弧)焊条

**アークようせつぼうのさぎょうせい** 【～溶接棒の作業性】 usability of an electrode 电(弧)焊条的使用性

**アークよけ** 【～除】 arc shield 电弧遮护罩

**アーク・ライト** arc light 弧光灯

**アグラデイション** aggradation 沉积,填积

**アグラ・ワーク** Agra work (印度)阿格

拉细工(一种镶贴石料细工)
アーク・ランプ arc lamp 弧光灯
アーク・ランプ・グローブ arc lamp globe 弧光灯罩
アグリビジネス agribusiness 农业企业化,农业综合企业(拥有农业机械制造、农药生产、农产品加工等经营项目及生鲜食品市场的大型农场)
アクリライト Acrylite 聚甲基丙烯酸甲酯(商)
アクリルアルデヒド acrylaldehyde 丙烯醛
アクリル・ガラス acrylic glass 丙烯酸玻璃
アクリルけいじゅし 【~系樹脂】 acrylic resin 丙烯酸类树脂
アクリル・ゴム acrylic gum 丙烯酸(类)橡胶
アクリルさんエステル 【~酸~】 acrylic ester 丙烯酸酯
アクリルさんエチル 【~酸~】 ethylacrylate 丙烯酸乙酯
アクリルさんじゅし 【~酸樹脂】 acrylic resin 丙烯酸树脂
アクリルさんプラスチック 【~酸~】 acrylic plastic(s) 丙烯酸塑料
アクリル・ラッカー acryl lacquer 丙烯酸清漆
アクリロイド Acryloid 丙烯酸树脂(商)
アクリロニトリル acrylonitrile 丙烯腈
アグルチネーション agglutination 凝集,胶着,粘着,附着,胶结,烧结
アーク・レジスタンス arc resistance 电弧电阻,弧阻,耐电弧性
アークろうづけ 【~鑞付】 arc brazing 电弧铜焊,合金(铅锡或铜、锌)电弧焊
アクロテリオン akroterion[希] 正面山墙饰物(西方古典建筑正面山尖或角部的雕刻饰物)
アクロポリス Acropolis (古希腊城邦的)卫城
アグロメラント agglomerant 烧结的,附聚的,粘结剂,凝结剂
アグロメレーション agglomeration 附聚(作用),烧结(作用)
アグロメレート agglomerate 烧结块,附聚物,聚结物
アクロレイン acrolein 丙烯醛
アクロン・プラン Akron plan 教会星期日学校的平面布置
あげいた 【揚板·上板】 movable floor board 活动木地板
アーケイック archaic 古代的,古式的,古风的,古时的
あげうら 【上裏】 plancier (挑檐或楼梯的)底板
あげおとし 【上落】 bolt,flush bolt,barrel bolt 门闩插,插销
あげおとしかなもの 【上落金物】 bolt 门闩,插销
あげおとしざる 【上落猿】 flush bolt 平头插销
あげおろしかなもの 【揚卸金物】 bolt 推拉插销类小五金
あげおろしまど 【揚卸窓】 double-hung window,double-hung sash 上下推拉窗(扇),双悬窗(扇)
あげかえしき 【揚返機】 lifter 升降机,电梯
あげかぎ 【揚鈎】 lifting hook 吊钩,起重钩
あげくら 【揚倉】 防洪用石墙仓库
あげこし 【上越】 camber 起拱,上拱度,反挠度,路拱,预拱度,(抵消下沉的)加高量,起拱量
あげこみ 【上込】 (门窗)直升推拉式,上推嵌入式
あげこみまど 【上込窓】 上推嵌入窗扇
あげさげ 【上下】 double-hung (窗的)上下推拉式
あげさげしょうじ 【上下障子】 上下推拉门窗扇
あげさげまど 【上下窓】 double-hung window,double-hung sash 上下推拉窗(扇),双悬窗(扇)
あげざる 【上猿】 upper cat bar 上推插销
あげじょう=あげだたみ
あげぜめ 【上迫】 top closing (隧道)顶部合拢,拱圈合拢,封顶

あげだたみ 【上畳】 双层铺席,叠层铺席(日本式寝殿的地面做法)

あげち 【揚地】 unloading yard, unloading place, discharging port 卸货场,卸货处,卸货港

アーケード arcade 连拱廊 ,拱形建筑物,有拱廊的街道

アーケード・ストア arcade store 有顶的商店街

アーケードほどう 【～歩道】 arcaded side walk 有拱廊的人行道,有遮棚的人行道

アーケード・ロビー arcade lobby 连续券形门廊

あげのうりょく 【揚能力】 lifting power 起重量,提升力,起重力,提升量,升举能力

あげぶた 【揚蓋·上蓋】 movable floor board 活动木地板

あげべん 【揚弁】 lift valve 提升阀

あげまえ 【揚前】 jack up 顶升,顶起

あげろ 【上路】 track raising 起坡,起道(把下沉轨道抬高)

あご 【腮·顎】 cogging (木榫的)凸接部分

あごかけ 【腮掛】 cogged joint 凸接

あごがたさいせきき 【顎形砕石機】 jaw crusher 颚式碎石机

アコースティカル・プラスチック acoustical plastic(s) 吸声塑料

アコースティック acoustic 声的,声学的

アコースティック・テックス acoustic tex 吸声纤维板

アコースティック・ボード acoustic board 吸声板

アコースティック・ボード acoustic board 声学板(主要指吸声板)

アコースティック・メモリー acoustic memory 声存储器

アコースティックレシオ acoustic ratio 声学比

アコーストメーター acoustometer, acoustimeter, acoustmeter 声强(度)测量器,测声计,比声计

アコーディオン・カーテン accordion curtain 折门

アコーディオン・ドア accordion door 折叠门

アーゴノミックス ergonomics 人体工效学,人类工程学

アゴラ agora 古希腊城市广场

あさ 【麻】 hemp 麻

あさあぶら 【麻油】 hempseed oil 大麻子油

あさいきそ 【浅い基礎】 shallow foundation 浅基础,浅埋基础

あさいと 【麻糸】 hemp yarn 麻线,麻丝

あさいどポンプ 【浅井戸～】 shallow well pump 浅井泵

あさうえ 【浅植】 shallow planting 浅栽,浅植

あさうち 【麻打】 jute packing, yarning 填麻,打麻

あさがお 【朝顔】 urinal 漏斗形小便器,小便斗

あさぎいろ 【浅黄色·浅葱色】 淡黄绿色

あささく 【麻索】 hemp rope 麻绳

あさずさ 【麻苆】 hemp fiber 麻刀,麻筋

あさつめもの 【麻詰物】 hemp packing 麻填料

あさどめ 【麻止】 jute-stop 填麻止水,填麻堵塞

あさなわ 【麻縄】 hemp rope 麻绳

あさのは 【麻の葉】 flax ornament 麻叶形纹样

あさパッキン 【麻～】 jute packing, yarning 填麻,打麻

アーザムせいどう 【～聖堂】 Asamkirche[德] 阿扎姆教堂(德国巴洛克式建筑的代表作品)

あさり 【歯振·目振】 set tooth, wrest tooth 锯路

あさりだし 【歯振出】 saw setting 锯齿修整

あさりだしき 【歯振出器】 saw set 锯齿修整器

あさロープ 【麻～】 hemp rope 麻绳

あさわれ 【浅割】 checking (涂膜层)轻微龟裂,细裂纹

あさんかちっそ 【亜酸化窒素】 nitrous oxide 氧化二氮,笑气

あさんかなまりさびどめペイント【亜酸化鉛錆止～】lead suboxide anticorrosive paint 一氧化二铅防锈漆，黑铅粉防锈漆

あさんかなまりふん【亜酸化鉛粉】lead suboxide powder 一氧化二铅粉，黑铅粉

あし【足·脚】leg, leg of fillet weld 脚，腿，焊脚（贴角焊由母材表面交点到肢端的长度）

あし【葦】reed 芦苇

あじ【味】taste 味（道）

アジア·コレラ Asiatic cholera 亚洲型霍乱

あしあらいば【足洗場】foot bath 洗脚池

あしがき【葦垣】编苇围墙，苇笆

あしがしアパート【脚貸～】apartment in clogs 底层设有商店等公共建筑的公寓

あしがため【足固·足堅】柱脚联系梁，柱脚系梁

アジかナトリウムへんぽう【～化～〔Natrium德〕変法】modified sodium azide method 叠氮化钠改进法

あじさいるい【紫陽花類】Hydrangea L.［拉］八仙花属

あししろ【足代】falsework, scaffold, staging 脚手架

あしだい【足台】stepladder, stepping pedestal 踏凳，高凳，台架

あしつきせんめんき【足付洗面器】pedestal lavatory 台座式洗脸盆，座墩式洗脸盆，柱脚式洗脸盆

あしつきデリック【足付～】stiff-leg derrick 支柱式人字（动臂）起重机

アシッドせいどう【～青銅】acid bronze 耐酸青铜

アシッド·メタル acid metal 耐酸金属

アジテーション agitation 搅动，搅拌，激发，激励

アジテーター agitator 搅拌机，搅拌装置

アジテーター·カー agitator car 混凝土搅拌车

アジテーター·トラック agitator truck（混凝土）搅拌车，有搅拌工具的混凝土运输车

アジテーティング·デバイス agitating device 搅拌装置

あしどまり【足止】non-slip, non-slip lath 防滑条（屋面）

あしどめ【足止】苫背土防滑落板条，马道，栈桥上的防滑条

あじのど【味の度】degree of taste（水的）味的强度

あしば【足場】scaffold 脚手架

あしばいた【足場板】scaffold board, scaffold plank 脚手板，跳板

あしばクランプ【足場～】scaffold clamp 钢管脚手架卡具

あしばしきかせつこうほう【足場式架設工法】erection by staging 脚手架架桥法，满布脚手架式拼装法

あしび【馬酔木】pieris japonica［拉］梫木

あしぶみべん【足踏弁】pedal valve 脚踏阀，踏板阀

アジマス azimuth 方位角，地平经度

あしもと【足元】地面层的地板下构造

あしもととう【足元灯】safe light, safety lamp 脚灯，安全灯

あしもとなげし【足元長押】踢脚木条

あしもとぬき【足元貫】柱脚横梁，柱脚横穿板

あしもとねだかけ【足元根太掛】底层地板龙骨端部托梁

アジャスター adjuster 调整器，调节器，窗撑杆，调整工，装配工

アジャスタブル·スパナー adjustable spanner 活动扳手

アジャスタブル·スピード·シーブ adjustable speed sheave 调速皮带轮，变速皮带轮

アジャスタブル·レバー adjustable lever 调整杆，调节杆

アジャスタブル·レンチ abjustable wrench 活扳子，活动扳手

アジャスティング·スクリュー adjusting screw 调整螺钉，校正螺丝

アジャスティング·スプリング adjust-

ing spring 调整弹簧
アジャスティング・デバイス adjusting device 调整装置
アジャスティング・ナット adjusting nut 调整螺母
アジャスティング・ボルト adjusting bolt 调整螺栓
アジャストメント adjustment 调整,校正,安装,装配,平差
アシュレイ ASHRAE, American Society of Heating Refrigerating and Air-Conditioning Engineers 美国供热制冷与空气调节工程师协会
あしょうさん 【亜硝酸】 nitrous acid 亚硝酸
あしょうさんえん 【亜硝酸塩】 nitrit 亚硝酸盐
あしょうさんえんふしょくよくせいざい 【亜硝酸塩腐食抑制剤】 nitrites for corrosion control 亚硝酸盐腐蚀控制剂
あしょうさんガス 【亜硝酸～】 nitrogen peroxide, nitrous acid gas 二氧化氮,亚硝酸气
あしょうさんきん 【亜硝酸菌】 nitrosomonas 亚硝酸菌
あしょうさんせいちっそ 【亜硝酸性窒素】 nitrite nitrogen 亚硝酸氮
あしらいいし 【愛石】 (庭园)配景石,修景石
あじろ 【足代】 scaffold 脚手架
あじろ 【網代】 竹席,席纹网片,编竹篱笆
あじろがき 【網代垣】 weaved fence 编席式篱笆,编格围墙,竹编篱笆
あじろぐみ 【足代組】 scaffold 脚手架
あじろぐみ 【網代組】 hurdle 席纹网片,编竹篱笆,疏篱,栅栏
あじろごうし 【網代格子】 席纹格
あじろじき 【網代敷】 铺席纹条石地面
あじろてんじょう 【網代天井】 编织(竹编、树皮编)席纹顶棚
あじろど 【網代戸】 编(竹编、板条编)格门
あじろなみ 【網代波】 平行折线纹(日本庭园中砂庭的一种纹样)
アシンメトリー asymmetry (构图的)不对称性
アース earth 地,大地,接地,地线
アースあつりょく 【～圧力】 earth pressure 土压,土压力
アース・アンカー earth anchor 土中锚固,地锚
アース・アンカーこうほう 【～工法】 earth anchor method (挡土墙的)地锚施工法,锚拉挡土墙施工法
アース・ウォールこうほう 【～工法】 earth wall(construction)method 地下墙施工法
アース・オーガー earth auger 麻花钻,螺旋钻
あすかからくさ 【飛鳥唐草】 (日本飞鸟时代的)蕃草纹样
あすかけんちく 【飛鳥建築】 (6世纪后半期7世纪前半期日本)飞鸟时代建筑
アスコラル ASCORAL, Assemblée de Constructeurs pour une Rénovation Architecturale[法] (法国)建筑革新建设者协会
アスコン asphalt concrete 沥青混凝土
アース・スクレーパー earth scraper 刮土机
アース・ステーション earth station (卫星)地面站
アースせつぞく 【～接続】 earth connection 接地,(电线)接地线
アスター aster, China aster 紫菀,江西腊,翠菊
アース・ダム earth dam 土坝
アステリオネラ Asterionella 星形硅藻属(藻类植物)
アストラガル astragal 小半圆凸线脚
アストラル・ランプ astral lamp 无影灯
アース・ドリル earth drill 钻土机
アース・ドリルこうほう 【～工法】 earth drill method 钻土施工法
アスノヴア ACHOBA, Ассоциачия новых архитекторов[俄] (1923年成立的)苏联新建筑师协会
アースばん 【～板】 earth plate 接地板
アスピレーター aspirator 吸尘器,吸气器

アスファルタイト asphaltite 沥青岩
アスファルティック asphaltic (含)沥青的
アスファルテン asphaltene 沥青烯
アスファルト asphalt 沥青,地沥青
アスファルト・エマルジョン asphalt emulsion 乳化沥青,沥青乳液
アスファルト・オーバーレイ asphalt overlay (路面)沥青罩面
アスファルトかつ【～褐】 asphalt brown 褐色沥青颜料
アスファルト・ガッター asphalt gutter 沥青铺面的(排水)边沟
アスファルト・カーブ asphalt kerb, asphalt curb 沥青(混凝土)缘石,沥青(混凝土)侧石
アスファルトかん【～管】 asphalt pipe 沥青管,柏油管
アスファルト・クッカー asphalt cooker 沥青加热锅
アスファルト・グラウト asphalt grout 沥青胶泥,沥青砂胶
アスファルト・グラウトこう【～工】 asphalt grouting 沥青灌浆,沥青灌缝
アスファルト・グロート＝アスファルト・グラウト
アスファルトけいとりょう【～系塗料】 asphalt paint 沥青涂料,沥青漆
アスファルトけいゆし【～系油脂】 asphaltic oil 沥青油脂,铺路油
アスファルト・ケットル asphalt kettle 沥青加热锅
アスファルトこ【～粉】 asphalt powder 沥青粉
アスファルトごうざい【～合材】 asphalt mixture 沥青混合料
アスファルト・コーティング asphalt coating 沥青面层,沥青涂面
アスファルト・コンクリート asphalt concrete 沥青混凝土
アスファルト・コンクリート・サーフェース asphalt concrete surface 沥青混凝土面层
アスファルト・コンクリート・バインダ asphalt concrete binder 沥青混凝土结合层
アスファルト・コンクリート・ベース asphalt concrete base 沥青混凝土基层
アスファルト・コンクリートほそう【～舗装】 asphalt concrete pavement 沥青混凝土路面
アスファルト・コンパウント asphalt compound 沥青混合物
アスファルト・サーフェース asphalt surface 沥青面层
アスファルト・シート asphalt sheet 沥青纸毡
アスファルト・ジュート asphalt jute 沥青黄麻(布),沥青麻丝
アスファルト・ジュートかん【～管】 asphalt jute pipe 沥青黄麻管,沥青(麻)布管
アスファルト・シール・コート asphalt seal coat 沥青封层
アスファルトしんせき【～浸漬】 asphalt dip 沥青浸渍
アスファルト・スプレイヤー asphalt sprayer 沥青喷洒机
アスファルト・スプレッダー asphalt spreader 沥青摊铺机,沥青撒布机
アスファルト・スプレヤ asphalt sprayer 沥青喷洒机
アスファルトせき【～石】 asphalt rock 沥青岩
アスファルト・セメント asphalt cement 沥青胶泥剂,沥青胶结料,沥青油膏
アスファルト・タイル asphalt tile 沥青砖
アスファルトちょうごうざい【～調合材】 asphalt mixing matter 沥青混合料
アスファルト・ディストリビューター asphalt distributor 沥青撒布机,沥青喷洒机
アスファルトとふ【～塗布】 asphalt covering 沥青面层,沥青覆盖层
アスファルト・ドラム・ミキサ asphalt drum mixer 沥青(混合料)滚筒式拌和机,鼓式拌和机
アスファルトなべ【～鍋】 asphalt kettle 沥青加热锅

アスファルトにゅうざい 【～乳剤】 asphalt emulsion 沥青乳液,乳化沥青

アスファルトのしんど 【～の伸度】 asphalt ductility 沥青延度

アスファルト・パウダー asphalt powder 沥青粉

アスファルト・バッチ・プラント asphalt batch plant 沥青(混合料)分批拌和设备

アスファルト・パッチング asphalt patching (路面)沥青修补

アスファルトばん 【～板】 asphalt sheet 沥青板,沥青纸毡

アスファルトひょうめんしょり 【～表面処理】 asphalt surface treatment 沥青表面处治(理)

アスファルト・フィニッシャー asphalt finisher 沥青铺路机,沥青整修机

アスファルト・フェーシング asphalt facing 沥青面层,沥青罩面

アスファルト・フェルト asphalt felt 沥青毡,油毛毡

アスファルト・プライマー asphalt primer 沥青透层,路面头道沥青,沥青底漆

アスファルト・プラント asphalt plant 沥青加工设备,沥青(混合料)拌和厂

アスファルト・フリクション・コース asphalt friction course 沥青(路面)磨耗层,粗糙层

アスファルト・ブロック asphalt block 沥青块

アスファルト・ブロックほそう 【～舗装】 asphalt block pavement 沥青块路面

アスファルト・ペイント asphalt paint 沥青漆,沥青涂料

アスファルト・ベース asphalt base 沥青基,沥青底子

アスファルトぼうすい 【～防水】 asphalt waterproof 沥青防水

アスファルトぼうすいこうじ 【～防水工事】 asphalt waterproofing 沥青防水工程

アスファルトぼうすいそうこうほう 【～防水層工法】 asphalt waterproofing 沥青防水层施工法

アスファルトぼうすいやね 【～防水屋根】 沥青油毡防水屋面

アスファルトほそう 【～舗装】 asphalt pavement, asphalt paving 沥青铺面,沥青路面

アスファルトほそうようこう 【～舗装要綱】 沥青路面(设计施工)纲要

アスファルト・ポンプ asphalt pump 沥青泵

アスファルト・マカダミックス asphalt macadamix 沥青碎石分别拌和依次摊铺法

アスファルト・マカダミックスこうほう 【～工法】 asphalt macadamix method 沥青碎石分别拌和依次摊铺法,拌和式沥青碎石路面施工法

アスファルト・マカダミックスほそうどう 【～舗装道】 拌合式沥青碎石铺装路

アスファルト・マカダム asphalt macadam 沥青碎石路面,黑色碎石路面

アスファルト・マカダムほそう 【～舗装】 asphalt macadam pavement 沥青碎石路面,沥青碎石铺面,黑色碎石路面

アスファルトまきこうかん 【～巻鋼管】 asphalt covered steel pipe 涂沥青钢管

アスファルト・マスチック asphalt mastic 沥青砂胶,沥青玛琋脂

アスファルト・マット asphalt mat 沥青(混合料)垫层,沥青层

アスファルト・ミキサー asphalt mixer 沥青混合料搅拌机

アスファルトめじいた 【～目地板】 performed asphalt joint filler 沥青混合料填缝板

アスファルトめじちゅうにゅうき 【～目地注入器】 (路面)沥青灌缝器

アスファルト・モルタル asphalt mortar 沥青砂浆

アスファルト・モルタルぬり 【～塗】 asphalt mortar finish 沥青砂浆面层,沥青砂浆罩面

アスファルトゆか 【～床】 asphalt floor 沥青地面

アスファルト・ラック asphalt lac 沥青漆

**アスファルトりょう** 【～量】 asphalt content 沥青含量

**アスファルト・ルーフィング** self-finished bitumen felt[英],asphalt-saturated and coated felt[美] 沥青油毡

**アスファルト・ルーフィング・フェルト** asphalt roofing felt 屋面沥青油毡

**アスファルトれんが** 【～煉瓦】 asphalt brick 沥青砖

**アスファルト・ワニス** asphalt varnish 沥青漆

**アース・ブス** earth bus 接地母线

**アスペクトひ** 【～比】 aspect ratio (通风管道截面的)形状比,长宽比,形数比,纵横比,高宽比

**アスベスタス＝アスベスト**

**アスベスチン** asbestine 石棉状的,不燃性的,微石棉,纤滑石

**アスベスト** asbestos 石棉

**アスベスト・ガスケット** asbestos gasket 石棉垫片

**アスベスト・カーテン** asbestos curtain 石棉帘,石棉幕

**アスベスト・クラッシャー** asbest crusher 石棉破碎机

**アスベスト・グランド・パッキング** asbestos gland packing 石棉密封垫

**アスベスト・コード** asbestos cord 石棉绳

**アスベストざがね** 【～座金】 asbestos washer 石棉垫圈

**アスベスト・シート** asbestos sheet 石棉板

**アスベストス＝アスベスト**

**アスベスト・スレート** asbestos slate 石棉板

**アスベスト・セメント** asbestos cement 石棉水泥

**アスベスト・タイル** asbestos tile 石棉瓦

**アスベスト・パッキング** asbestos packing 石棉填料,石棉垫

**アスベスト・ファイバー** asbestos fiber 石棉纤维

**アスベスト・ペーパー** asbestos paper 石棉纸

**アスベスト・ミル・ボード** asbestos mill board 石棉板

**アスベスト・モルタイト** asbestos mortite 石棉纤维粉末

**アスベスト・ライニング** asbestos lining 石棉衬(垫)

**アスベスト・ルーフィング** asbestos roofing 石棉屋面材料,沥青石棉毡

**アスベスト・ロープ** asbestos rope 石棉绳

**アスペン** populus tremula[拉],aspen[英] 欧洲山杨

**あずましょうじ** 【東障子】 部分镶玻璃纸槅扇,部分镶玻璃纸窗框

**あずまや** 【東屋·四阿】 pavilion 亭,阁

**あずまやづくり** 【東屋造·四阿造】 pavilion roof 棱锥形屋顶,方攒尖屋顶

**アスマンおんどけい** 【～温度計】 Assmann psychrometer 阿斯曼温度计

**アスマンつうふうおんしつどけい** 【～通風温湿度計】 Assmann's aspiration psychrometer 阿斯曼通风干湿球温度计

**アース・ライン** earth line 地下(电缆)线路

**アース・リタン** earth return 接地回线,大地回路

**アース・ローダー** earth loader 装土机

**アース・ワイヤ** earth wire 接地线,地线

**アースワーク** earthwork 土方工程

**あぜき** 【校木】 log 井干式木墙用圆木

**あぜくら** 【校倉】 log house 井干式木屋

**あぜくらこや** 【校倉小舎】 log cabin, log hut 井干式小木屋

**あぜくらづくり** 【校倉造】 log house 井干式木屋

**アセスメント** assessment 预测,评价,评定

**アセタールデヒド** acetaldehyde 乙醛

**アセタールデヒドじゅし** 【～樹脂】 acetaldehyde resin 乙醛树脂

**アセチルかもくざい** 【～化木材】 acetylated wood 乙酰化木材

**アセチルセルローズ・プラスチック** acetyl-cellulose plastic 乙酰基纤维素塑

料

**アセチレン** acetylene 乙炔

**アセチレン・ウェルダー** acetylene welder 乙炔焊机,气焊机

**アセチレンかえん** 【～火炎】 acetylene flame 乙炔焰

**アセチレンかじょうほのお** 【～過剰炎】 acetylene reducing flame （焊接)还原焰,碳化焰

**アセチレン・ガス** acetylene gas 乙炔气

**アセチレン・ガス・ゼネレーター** acetylene gas generator 乙炔气发生器

**アセチレンとう** 【～灯】 acetylene lamp 乙炔灯

**アセチレンはっせいかす** 【～発生滓】 acetylene sludge 乙炔渣滓,电石渣

**アセチレンはっせいき** 【～発生器】 acetylene generator 乙炔发生器

**アセチレンほのお** 【～炎】 acetylene flame 乙炔焰

**アセチレンようせつ** 【～溶接】 acetylene welding 乙炔焊(接),气焊

**アセチレンようせつトーチ** 【～溶接～】 acetylene welding torch 乙炔焊枪,乙炔焊接用焊炬,乙炔焊接吹管

**アセチレン・ランプ** acetylene lamp 乙炔灯

**アセテート** acetate 醋酸盐,醋酸酯,醋酸基

**アセトアルデヒド** acetaldehyde 乙醛

**アセトン** acetone 丙酮

**あせび＝あしび**

**アゼ・ル・リドーのじょうかん** 【～の城館】 Chateau d'Azay-le-Rideau[法] (16世纪法国)阿赛-勒-李杜府邸

**アセンブラー** assembler 汇编程序,收集器,装配器

**アセンブリー** assembly,assemblies 装配,组合,部件,组件,联合装置

**アセンブリーげんご** 【～言語】 assembly language 汇编语言

**アセンブリー・ショップ** assembly shop 装配车间

**アセンブリー・タイム** assembly time 积压时间,堆积受压时间,堆积生效时间

**アセンブリー・パーツ** assembly parts 装配件,组装件,组合零件

**アセンブリー・プログラム** assembly program 汇编程序

**アセンブリー・ライン** assembly line 装配线,流水线

**アセンブリング** assembling 装配,安装,组合,组装

**あそう** 【亜層】 mezzanine floor 夹层,夹层楼层

**アソシエーティブ・メモリ** associative memory 相联存储,联合存储器

**あそび** 【遊】 relaxation,clearance 松动,空,虚,游隙,间隙

**あそびかく** 【遊角】 clearance angle 间隙角,余隙角

**あそびぐるま** 【遊車】 idler pulley 惰轮,空转轮

**あそびざい** 【遊材】 false member,idle member （桁架中的)伪杆,惰杆

**あそびば** 【遊場】 playground 游戏场,运动场

**あだ** 【徒·空】 临时固定,完工后堵塞眼孔

**アタ** ata(Atamosphare Absolut)[德] 阿塔(德制绝对气压单位)

**あたい** 【価·值】 value 值,数值,价值

**あだおり** 【仇折】 grooved seam （屋面金属板折叠成180度的)凹槽状折缝,返回折叠,咬口

**アタック** attack 破坏,侵蚀,起化学反应

**アタッチド・コラム** attached column 附柱,半柱

**アタッチド・ビルディング** attached building 附联式房屋,附联式建筑物

**アタッチメント** attachment 配件,附件,附加装置

**アタッチメント・プラグ** attachment plug 插头,电插销,电话插塞

**アダプター** adapter,adaptor 承接管,转接器,接合器,适配器,拾波器,拾音器,附加器,附件,接头

**アダプティブ・コントロール** adaptive control 自适应控制

**あたまリベット** 【頭～】 cover plate rivet 盖板铆钉,翼缘板铆钉,头钉

アダム・アーキテクチュア　Adam architecture　亚当式建筑(18世纪后半期英国建筑师亚当兄弟创造的建筑形式)
アダムソンつぎて　【~継手】　Adamson joint　阿达姆松接头(锅炉接头)
アダムようしき　【~様式】　Adam style　亚当式(18世纪后半期英国建筑师亚当兄弟创造的建筑形式)
あたり　【当】　构件位置,突出部位,欠挖,接触状态
あたりどり　【当取】　chiselling　(隧道)凿边整修,(路面)凿开,配合截取,配合割取
あたりめん　【当面】　contact surface, bearing surface　接触面,支承面
あたん　【亜炭】　lignite,browncoal　褐煤
あたんガス　【亜炭~】　lignite gas　褐煤气
アーチ　arch　拱,券,弓形,弧形,半圆形,拱门
アーチ・アナロジ　arch analogy　拱模拟,拱比拟
アーチ・アバットメント　arch abutment　拱台,拱形桥台
アーチウェー　archway　拱道,拱路,拱廊
アーチうけ　【~[arch]受】　impost　拱墩,拱端托,拱基
アーチうけいし　【~[arch]受石】　abutment　拱座,拱脚
アーチェリーきょうぎじょう　【~競技場】　archery range　射箭比赛场
アーチがたあんきょ　【~形暗渠】　arched culvert　拱涵
アーチかべ　【~壁】　arch wall　拱墙
アーチ・カルバート　arch culvert　拱涵
アーチきせん　【~[arch]起線】　springing line　起拱线
アーチきてん　【~[arch]起点】　spring　拱脚,起拱面
アーチきょう　【~橋】　arch bridge　拱桥
アーチくつ　【~[arch]沓】　springing bearing　拱脚支座
アーチ・クラウン　arch crown　拱顶,拱冠
アーチくりがた　【~[arch]繰形】　archivolt　拱边饰,拱门墙侧装饰线脚
アーチげた　【~桁】　arched girder　拱形(大)梁,弧形梁
アーチこうか　【~高架】　arch viaduct　拱形高架(桥),拱形栈桥
アーチこうぞう　【~構造】　arch construction　拱形结构,拱结构
アーチさよう　【~作用】　arching,arching effect　拱(的)作用,拱券作用
アーチしきしほこう　【~式支保工】　arched timbering　拱式支撑
アーチしきフレームこうぞう　【~式~構造】　arch frame construction　拱形框架结构
アーチじく　【~軸】　arch axis　拱轴
アーチじくせん　【~軸線】　arch axis　拱轴线
アーチじゅうりょくダム　【~重力~】　arch gravity dam　拱式重力坝
アーチ・スパン　arch span　拱跨
アーチ・スラスト　arch thrust　拱推力
アーチ・タイプ　arch type　拱式
アーチたかさ　【~高さ】　arch rise　拱高
アーチ・ダム　arch dam　拱坝,拱形坝
アチック　attic　顶楼,阁楼,(古典建筑的)顶层
アチック・オーダー　attic order　(古典建筑的)顶层柱式
アチック・ストーリー　attic story　屋顶层,阁楼
アチックそばん　【~礎盤】　attic base　(古典建筑列柱的)座盘
アーチどう　【~道】　archway　拱道,拱路,拱廊
アーチ・ドーム　arch dome　拱式圆顶,拱形穹顶,拱形圆屋顶
アーチはし　【~橋】　arch bridge　拱桥
アーチばり　【~梁】　arched beam　拱(形)梁
アーチまど　【~窓】　arch window　拱窗
アーチもん　【~門】　arch door　拱门
アーチ・リブ　arch rib　拱肋
アーチ・リング　arch ring　拱环,拱圈
アーチれんが　【~煉瓦】　arch brick　楔形砖,砌拱用砖
アーチわく　【~枠】　centring　拱模,拱架
アーツ・アンド・クラフツ　arts and

crafts 手工艺品

アーツ・アンド・クラフツうんどう【～運動】 Arts and Crafts Movement (19世纪后期英国)工艺美术运动

あついた【厚板】 thick plate, plank 厚板

あついたガラス【厚板～】 thick plate glass 厚板玻璃

あつえん【圧延】 rolling 轧制,辊轧,压延

あつえんえん【圧延縁】 rolled edge 轧制边,辊压边

あつえんかたこう【圧延型鋼】 rolled steel 轧制型钢

あつえんくだ【圧延管】 rolled steel pipe 轧制钢管,无缝钢管

あつえんげたばし【圧延桁橋】 rolled beam bridge 轧制钢梁桥

あつえんこう【圧延鋼】 rolled steel 轧制钢材,辊轧钢材

あつえんこうざい【圧延鋼材】 rolled steel 轧制钢材,辊轧钢材

あつえんこうじょう【圧延工場】 rolling mill 轧钢车间,辊轧车间,轧钢厂

あつえんこうばん【圧延鋼板】 rolled steel plate 轧制钢板,辊轧钢板

あつえんせいけい【圧延成形】 rolling formation 轧制成形

あつえんはいすい【圧延排水】 rolling effluent 轧钢废水

あっかいしけん【圧潰試験】 compression failure test 压碎试验

あっかく【圧覚】 pressure sensation 压力感,受压感,重压感

あつがたスレート【厚形～[slate]】 pressed cement roof tile 压制水泥瓦

あつがたスレートぶき【厚型～[slase]葺】 pressed cement tile roofing 厚石棉水泥瓦屋面,铺盖厚石棉水泥瓦屋面

あっかちく【悪化地区】 deteriorated area, deteriorating area, blighted area (城市功能)恶化区

あっかんせいせっちゃくざい【圧感性接着剤】 pressure sensitive adhesives 压敏性粘合剂,压敏性胶粘剂

あっきケーソンこうほう【圧気～工法】 compressed-air caisson method 气压沉箱施工法

アッキスミンスター・カーペット Axminstar carpet (英国)阿克斯敏斯特式地毯

あつこうばん【厚鋼板】 thick steel plate 厚钢板

あつさ【厚さ】 thickness 厚度

あっさいがん【圧砕岩】 mylonite 糜棱岩

あっさくき【圧搾機】 press 压机,压力机,压制机,压榨机

あっさくくうきほうしゅつき【圧搾空気放出器】 compressed air ejector 压缩空气喷射器

あっさくくうきポンプ【圧搾空気～】 compressed air pump 压缩空气泵

あつさはばひ【厚さ巾比】 thickness-width ratio 厚宽比

アッシュ ash 灰,灰渣,火山灰

アッシュ・エジェクター ash ejector 排灰器

あっしゅく【圧縮】 compression 压缩,受压

あっしゅくあつりょく【圧縮圧力】 compression pressure 压缩压力

あっしゅくいき【圧縮域】 compression zone 受压区,受压带,压缩层

あっしゅくえん【圧縮縁】 compression fiber, extreme compression fiber 最外受压纤维,受压边

あっしゅくおうりょく【圧縮応力】 compressive stress (受)压应力,抗压应力

あっしゅくおうりょくど【圧縮応力度】 intensity of compressive stress (受)压应力强度

あっしゅくかじゅう【圧縮荷重】 compressive load 压力荷载,受压荷载

あっしゅくガス【圧縮～】 compressed gas 压缩气体

あっしゅくガスしょうかき【圧縮～消火器】 compressed gas extinguisher 压缩气体灭火器

あっしゅくき【圧縮機】 compressor 压

缩机,空压机

**あっしゅくきょうど** 【圧縮強度】 compression strength, compressive strength 抗压强度

**あっしゅくきょくせん** 【圧縮曲線】 compression curve 压缩曲线

**あっしゅく(てっ)きん** 【圧縮(鉄)筋】 compression bar, compressive reinforcement 受压钢筋,抗压钢筋

**あっしゅくくうき** 【圧縮空気】 compressed air 压缩空气

**あっしゅくくうきおとしハンマー** 【圧縮空気落～】 compressed-air drop hammer 压气落锤,风动落锤

**あっしゅくくうききかい** 【圧縮空気機械】 pneumatic machines 气动机械,风动机械

**あっしゅくくうきくいうちき** 【圧縮空気杭打機】 compressed-air pile driver 风动打桩机,打桩气锤

**あっしゅくくうきシステム** 【圧縮空気～】 compressed air system 压缩空气系统,风动系统

**あっしゅくくうきドリル** 【圧縮空気～】 compressed air drill 风钻

**あっしゅくくうきハンマー** 【圧縮空気～】 compressed air hammer 风动锤,压缩气锤

**あっしゅくくうきポンプ** 【圧縮空気～】 compressed-air pump 气压泵,风动泵

**あっしゅくけいすう** 【圧縮係数】 coefficient of compressibility 压缩系数

**あっしゅくげんど** 【圧縮限度】 yield point for compression 压缩屈服点

**あっしゅくこうてい** 【圧縮行程】 compression stroke 压缩冲程

**あっしゅくざい** 【圧縮材】 compression member, compregnated wood 受压杆件,受压构件,压杆,(渗)胶压(缩)木材

**あっしゅくざいのゆうこうだんめんせき** 【圧縮材の有効断面積】 effective section area of compresive member 受压构件的有效截面面积

**あっしゅくしけん** 【圧縮試験】 compression test 压力试验,抗压试验

**あっしゅくしけんき** 【圧縮試験機】 compression testing machine 压力试验机,抗压强度试验机

**あっしゅくしごと** 【圧縮仕事】 work of compression 压缩功

**あっしゅくしすう** 【圧縮指数】 compression index 压缩指数

**あっしゅくせい** 【圧縮性】 compressibility 可压缩性,压缩性

**あっしゅくせいけい** 【圧縮成形】 compression moulding 挤压成型,压力成型

**あっしゅくせいけいプレス** 【圧縮成形～】 compression moulding press 挤压成型机

**あっしゅくせいケーキ** 【圧縮性～】 compressible filter cake 可压缩滤饼,可压缩滤渣

**あっしゅくせいジェット** 【圧縮性～】 compressible jet 可压缩射流

**あっしゅくせいしすう** 【圧縮性指数】 compressibility index 压缩指数

**あっしゅくだっすいき** 【圧縮脱水機】 filter press 压缩脱水机,压滤机

**あっしゅくつよさ** 【圧縮強さ】 compressive strength 抗压强度

**あっしゅくつよさしけんき** 【圧縮強さ試験機】 compressive strength testing machine 抗压强度试验机

**あっしゅくテスト** 【圧縮～】 compression test 抗压试验,压缩试验

**あっしゅくは** 【圧縮波】 compressive wave 压缩波

**あっしゅくはかいつよさ** 【圧縮破壊強さ】 compressive breaking strength 抗压破坏强度

**あっしゅくひ** 【圧縮比】 compression ratio 压缩比

**あっしゅくひずみ** 【圧縮歪】 compressive strain 压缩应变,压缩变形

**あっしゅくひずみど** 【圧縮歪度】 intensity of compressive strain 压缩应变强度

**あっしゅくフランジ** 【圧縮～】 compressive flange 受压翼缘

**あっしゅくへんけい** 【圧縮変形】 compressive deformation 受缩变形,压缩变

形

**あっしゅくほうしき**【圧縮方式】compression system 压缩方式

**アッシュ・クラッシャー** ash crusher 碎渣机

**あっしゅくりつ**【圧縮率】rate of compression 压缩率,压缩速率

**あっしゅくりょく**【圧縮力】compressive force 压力

**あっしゅくりょくせん**【圧縮力線】pressure line (拱的)压力线,压力曲线

**あっしゅくリンク**【圧縮~】compression link 受压连杆

**あっしゅくリング**【圧縮~】compression ring 压(缩)环

**あっしゅくれいとうき**【圧縮冷凍機】compression refrigerating machine 压缩制冷机,压缩冷冻机

**あっしゅくわれ**【圧縮割】compression fracture 压裂,压缩裂纹

**アッシュ・コンクリート** ash concrete 灰渣混凝土

**アッシュ・パン** ash pan 灰盘

**アッシュ・ピット** ash pit (锅炉房的)炉灰坑

**アッシリアけんちく**【~建築】Assyrian architecture 亚述建筑(公元前1240~626年)

**アッシリアしき**【~式】Assyrian style 亚述式(建筑)

**アッシリアのそうしょく**【~の装飾】Assyrian ornament 亚述装饰

**あっせつ**【圧接】pressure welding 压接,压焊

**アッセンブリー**=**アセンブリー**

**あっそう**【圧送】squeeze pumping 压送,压力泵送

**あっそうコンクリート**【圧送~】concrete pumping 泵送混凝土

**あっそうしきふんむき**【圧送式噴霧機】pressure atomizer 压送式喷雾机

**あっそうポンプ**【圧送~】pressure pump 压力泵

**アッターベルグげんかい**【~限界】Atterberg limits 阿氏限度(土的湿度特性指标),稠度极限

**あっちゃくけつごう**【圧着結合】pressure joint 压接,压力接合

**あっちゅうしつ**【圧注室】hydro-therapy room 喷射水疗室

**あつで**【厚手】double weight 加厚料

**あってい**【圧締】press 压实,压紧,压固,加压粘接

**あっていあつりょく**【圧締圧力】pressing pressure 压实压力,压紧压力,压接压力

**あっていおんど**【圧締温度】pressing temperature 压实温度,压接温度

**あっていじかん**【圧締時間】pressing time 压实时间,压接时间

**アッテネーター** attenuator 衰减器,阻尼器,增益调整器

**あつでんかくせいき**【圧電拡声器】piezoeletric loudspeaker 压电扬声器,晶体扬声器

**あつでんマイクロホン**【圧電~】piezo-electric microphone 压电传声器,晶体话筒

**アットリビュート** attribute 属性,特性,标志

**あつにく**【厚肉】thick-walled 厚壁(的)

**あつにくえんとう**【厚肉円筒】thick cylinder 厚壁圆筒

**あつにくしきくいうちき**【圧入式杭打機】press-in pile driver 压入式打桩机

**あつにゅうキャップ**【圧入~】压桩用桩帽

**あつにゅうこうほう**【圧入工法】press fit method 压入式施工法,压入式打桩法

**あつにゅうしきくい**【圧入式杭】jacked pile 压入式桩

**あつにゅうジベル**【圧入~[Dübel德]】press-in connector, spike dowel, press-in dowel 压入榫,压入环榫,压入暗销,结合环,结合暗销

**あつにゅうテスト**【圧入~】ground injection test (废水地下)压入试验,压注试验

**あつのみ**【厚鑿】thick chisel 厚刃凿

**あつはめ** 【厚羽目】 solid panel 厚镶板
**アッピアかいどう** 【~街道】 Via Appia Antica[意] (公元前312年古罗马建造的)阿庇亚街道
**あつひふくようせつぼう** 【厚被覆溶接棒】 thickly coated welding rod 厚药皮焊条
**アップキープ** upkeep 维修,保养
**アップタウン** uptown 远离闹市区,住宅区,市内较高处
**アップ・ツー・デート・スタイル** up-to-date style 现代式
**アップテーク** uptake 烟喉,上升烟道,通向室外的烟道
**アップ・ドラフト** up-draft 上升气流,向上通风
**アップ・ピーク** up peak (上班时间出现的)电梯乘客上行高峰
**アップ・ヒル** up-hill 上坡,上升,登高
**アップ・ヒル・ライン** up-hill line 上行管道
**アップ・ラン** up run 上行,管路上行
**アップリケ** applique[法] 镶饰,附饰物,壁灯
**アップリフト** uplift 反向压力,向上压力
**アーツ・プレス・シート** Artz press sheet 阿茨式薄钢板,特殊薄钢板
**あつみゲージ** 【厚~】 thickness gauge 厚度计,厚度规
**あつみつ** 【圧密】 consolidation 固结,加固,压实,渗压
**あつみつおうりょく** 【圧密応力】 consolidation stress (土的)固结应力
**あつみつかんそくあっしゅくしけん** 【圧密緩速圧縮試験】 consolidated slow compression test (土的)固结慢压缩试验
**あつみつかんそくしけん** 【圧密緩速試験】 consolidated slow test (土的)固结缓速试验,固结慢剪试验
**あつみつきゅうそくしけん** 【圧密急速試験】 consolidated quick test (土的)固结快速试验,固结快剪试验
**あつみつきょくせん** 【圧密曲線】 consolidation curve (土的)固结曲线
**あつみつけいすう** 【圧密係数】 coefficient of consolidation (土的)固结系数
**あつみつげんしょう** 【圧密現象】 consolidation 固结现象
**あつみつしけん** 【圧密試験】 consolidation test (土的)固结试验
**あつみつしけんき** 【圧密試験機】 consolidometer 固结仪,渗压仪
**あつみつせん** 【圧密線】 consolidation line, consolidation curve 固结曲线,渗压曲线
**あつみつちんか** 【圧密沈下】 consolidation settlement 固结沉陷,固结沉降
**あつみつど** 【圧密度】 degree of consolidation, percent consolidation (土的)固结度
**あつみつのはいすいちょう** 【圧密の排水長】 drainage path of consolidation 渗压排水路程
**あつみつひはいすいせんだんしけん** 【圧密非排水剪断試験】 consolidated undrained shear test (土的)固结不排水剪切试验
**あつみつりろん** 【圧密理論】 theory of consolidation 固结理论,渗压理论
**あつりょく** 【圧力】 pressure 压力
**あつりょくおくり** 【圧力送】 pressure feed 压力给料,压力送料
**あつりょくおくれ** 【圧力遅】 pressure delay 压力滞后
**あつりょくかいへいき** 【圧力開閉器】 pressure-stat 压力开关器,自动调压器
**あつりょくかげんそうち** 【圧力加減装置】 pressure regulator 调压器
**あつりょくかん** 【圧力管】 pressure pipe 压力管
**あつりょくかんげきひきょくせん** 【圧力間隙比曲線】 pressure void ratio curve 压力孔隙比曲线
**あつりょくきゅうこん** 【圧力球根】 pressure bulb 球形土压等值分布曲线
**あつりょくきょくせん** 【圧力曲線】 pressure curve 压力曲线
**あつりょくきろくけい** 【圧力記録計】 pressure recorder 压力记录仪
**あつりょくけい** 【圧力計】 pressure

gauge 压力表,压力计
あつりょくけいがたおんどけい【圧力計型温度計】pressure gauge type thermometer 压力计式温度计
あつりょくけいすう【圧力係数】pressure coefficient 压力系数
あつりょくけいどマイクロホン【圧力傾度～】pressure-gradient microphone 压差传声器
あつりょくこうか【圧力降下】pressure drop,pressure fall 压力下降,压降
あつりょくこうばい【圧力勾配】pressure gradient 压力梯度
あつりょくさ【圧力差】pressure difference 压差,压力差
あつりょくしききゅうそくろかそう【圧力式急速濾過槽】pressure filter 压力滤池
あつりょくしきすなろかほう【圧力式砂濾過法】pressure sand filtration 压力式砂滤法,压滤法
あつりょくしきばっきそうち【圧力式曝気装置】pressure type aeration device 压力式曝气装置
あつりょくしけん【圧力試験】pressure test 压力试验
あつりょくしんぷく【圧力振幅】pressure amplitude 压力振幅,压力幅值
あつりょくすい【圧力水】pressure water 加压水
あつりょくすいしつ【圧力水室】pressure chamber 压力水室
あつりょくすいそう【圧力水槽】pressure water tank 压力水箱,压力水池
あつりょくスイッチ【圧力～】pressure switch 压力开关
あつりょくすいとう【圧力水頭】pressure head 压力水头,压头,压差
あつりょくすいどう【圧力隧道】pressure tunnel 压力隧道
あつりょくすいろ【圧力水路】pressure conduit 压力水道
あつりょくせいぎょ【圧力制御】pressure control 压力控制
あつりょくせん【圧力線】pressure line 压力线
あつりょくせん【圧力扇】pressure fan 压力风扇
あつりょくそんしつ【圧力損失】pressure loss,head-loss 压力损失,水头损失
あつりょくそんしつけいすう【圧力損失係数】pressure loss coefficient,dynamic loss coefficient 压力损失系数
あつりょくタンク【圧力～】pressure tank 压力水箱
あつりょくタンクきゅうすいほうしき【圧力～給水方式】pressure tank water supplying 压力水箱供水方式
あつりょくちょうせいき【圧力調整器】pressure regulator 调压器,压力调节器
あつりょくちょうせいべん【圧力調整弁】pressure-regulating valve,pressure control valve 调压阀,压力控制阀
あつりょくちょうせつき【圧力調節器】pressure regulator 调压器,压力调节器
あつりょくど【圧力度】pressure intensity 压强,压力强度
あつりょくトンネル【圧力～】pressure tunnel 压力隧道
あつりょくにがしべん【圧力逃弁】pressure escaping valve 安全阀,泄压阀
あつりょくノズル【圧力～】pressure nozzle 压力喷嘴
あつりょくのつよさ【圧力の強さ】pressure intensity 压强
あつりょくは【圧力波】pressure wave 压力波
あつりょくぶんぷ【圧力分布】pressure distribution 压力分布
あつりょくふんむしきかしつき【圧力噴霧式加湿器】pressure spray type humidifier 压力喷雾式增湿器
あつりょくふんむしきバーナー【圧力噴霧式～】pressure spary type burner 压力喷雾式燃烧器
あつりょくふんゆバーナー【圧力噴油～】pressure oil burner 压力喷油燃烧器
あつりょくヘッド【圧力～】pressure head 压力水头,压差
あつりょくほう【圧力法】pressure

method 压力法
**あつりょくホース** 【圧力～】 pressure hose 耐压软管
**あつりょくポート** 【圧力～】 pressure port 压力孔,压气入口,泄压门
**あつりょくポンプ** 【圧力～】 pressure pump 压力泵,加压泵
**あつりょくようき** 【圧力容器】 pressure vessel 压力容器
**あつりょくリング** 【圧力～】 pressure ring 压力环
**あつりょくレギュレーター** 【圧力～】 pressure regulator 调压器,压力调节器
**あつりょくレギュレーティングべん** 【圧力～弁】 pressure regulating valve 调压阀,压力调节阀
**あつりょくろか** 【圧力濾過】 pressure filtration 压力过滤
**あつりょくろかき** 【圧力濾過器(機)】 pressure filter 压力滤池,压力过滤器
**あつりょくろかほう** 【圧力濾過法】 forced filtration method 加压过滤法
**あつれつしけん** 【圧裂試験】 splitting test 压裂试验
**あつろかほう** 【圧濾過法】 filter press technique 压滤法
**あつろき** 【圧濾機】 filter press 压滤机,压滤器
**あて** 【反木·檣】 compression wood 生压木,应压木(受压后生长轮变化的木材)
**あて** 【当·橕】 垫木,垫石,垫块,垫板
**アティカ** Attika[德] (古典建筑的)顶层
**アディケスほう** 【～法】 Lex Adickes 阿迪凯斯提出的用地区划整理法
**アディショナル・ウェイト** additional weight 附加荷载
**アディション** addition 附加,掺加,追加,补充,外加剂
**あていた** 【当板】 caul 挡板,垫块,盖板,覆板,木垫板,填(木)块
**アディティブ** additive 添加的,附加的,外加剂,添加剂
**アーティフィシャル・サンド** artificial sand 人造砂
**アーティフィシャル・シーズニング** artificial seasoning 人工干燥
**アーティフィシャル・デーライト** artificial daylight 太阳灯,人工日光
**あてがた** 【当型】 rivet holder,dolly 铆钉托模,铆头型,铆钉窝模,石工垫盘,抵座,铆顶
**あてがね** 【当金】 patch 盖板,压板,挡块,垫板
**あてがねつぎて** 【当金継手】 strapped joint 盖板接头,夹板焊接,垫板焊接
**あてぎ** 【当木】 垫木
**あてとろ** 【当とろ】 dabbed mortar (贴石背衬的)砂浆饼块,冲筋,抹灰膏药
**アテナイ** Athenai 雅典(古希腊最重要的城市国家,现在的希腊首都)
**アテナ・ニケしんでん** 【～神殿】 Temple of Athena Nike (古希腊)雅典尼克神庙
**アテネけんしょう** 【～憲章】 Charte d'Athènes[法] (1933年确定城市规划原则的)雅典宪章
**あてばん** 【当盤】 rivet holder,dolly 铆钉托,铆顶,抵座,顶把
**あてもの** 【当物】 垫块,挡板,垫板
**アテヤ** Attheya 四棘硅藻属(藻类植物)
**アーテリ** artery 动脉,干线,大道
**あとあじ** 【後味】 after-taste 余味,后味
**あとうめ** 【跡埋】 back fill(ing) (完工后的)回填(土)
**あとえんそしょり** 【後塩素処理】 post-chlorination 后加氯,后加氯处理,后氯化
**アドオブ** adobe 灰质粘土,土坯,砖坯,风干砖,龟裂土
**あとかたつけ** 【後片付】 rearrangement work,settlement work 收尾工程,竣工清理
**アートがみ** 【～紙】 art paper 铜版纸
**アート・ギャラリー** art-gallery 画廊,美术馆
**あとこうか** 【後硬化】 after hardening 后期硬化
**アート・シアター** art theatre 艺术剧场
**あとしゅうしゅく** 【後収縮】 after shrinkage,after contraction 后期收缩

あどじょう 【亜土壌】 subsoil 下层土,底土,亚层土,天然地基
アドソープション adsorption 吸附(作用)
あとちじみ 【後縮】 after shrinkage, after contraction 后期收缩
あとづけこうほう 【後付工法】 后段安装施工法
あとつぼ 【跡坪】 挖方后土方容积
あとづめじゅうじぬり 【後詰十字塗】 (安放钢柱用)后填十字状砂浆
あとづめちゅうしんぬり 【後詰中心塗】 (安放钢柱用)后填中心部砂浆
あとのび 【後伸】 after expansion 后期膨胀
アドヒーシヴ adhesive 粘合的,胶粘的,粘结的,粘结剂,粘合剂,胶粘剂
アドヒージョン adhesion 附着,粘着,粘着力,粘合力
アドーブ adobe 冲积粘土,灰质粘土,龟裂土,风干土坯
あとぶしん 【後普請】 挖掘后支撑,后支架工程
あとぶみ 【後踏】 脚手架外侧立杆
アトマイザー atomizer 雾化器,喷雾器
アトマフラー ato-muffler 消声器,减声器
アドミタクス admittance 导纳
アトミック・エネルギー atomic energy 原子能
アトミック・パイル nuclear reactor (核)反应堆
アドミッション・パイプ admission pipe 进入管(进气管,进水管,进油管)
アドミッションべん 【~弁】 admission valve 进入阀(进气阀,进水阀,进油阀)
アトモスフィア atmosphere 大气,空气,大气压,气氛
アトモスべん 【~弁】 atmos(pheric) valve 空气阀,放气阀
アトモメーター atmometer 蒸发计,汽化计,气压计
あとやき 【後焼】 after baking 二次焙烧
あとやり 【後遣】 后期施工,后段施工
あとようじょう 【後養生】 soaking 停热后养护,窑内降温阶段的养护
アトリウム atrium (古罗马建筑物的)中庭(早期基督教教堂的)门廊
アトリエ atelier[法] 工作室,画室,雕刻室,摄影棚,制作车间
アトリション・ミル attrition mill 碾磨机,圆盘磨碎机
アトレウスのほうこ 【~の宝庫】 treasury of Atreus 阿特流斯王宝库(古希腊的地下坟墓)
アドレシングほうしき 【~方式】 addressing system 编址系统,编址方式,寻址方式,选址方式
アドレス address 地址,编址,寻址
アドレスけいさん 【~計算】 address computation 地址计算
アドレスしゅうしょく 【~修飾】 address modification 地址改变,修改地址,变址
あな 【孔·穴】 hole, aperture, opening, pit 孔,口,洞,眼,穴,坑
あなあきアルミニウム・パネル 【孔明~】 perforated aluminium panel 穿孔铝板
あなあきいた 【孔明板】 perforated panel, perforated plate 开孔板,穿孔板,多孔板
あなあきカバー・プレート 【穴空~】 perforated cover plate 穿孔盖板,钻孔盖板
あなあきかん 【孔明管】 perforated pipe 穿孔管
あなあきごうはん 【孔明合板】 perforated plywood 穿孔胶合板
あなあきしょうばんきょう 【孔明床版橋】 hollow slab bridge 空心(混凝土)板桥
あなあきせきめんセメントいた 【孔明石綿~板】 perforated asbestos cement flat sheet 穿孔石棉水泥板
あなあきせっこうボード 【孔明石膏~】 perforated gypsum board 穿孔石膏板
あなあきパネル 【孔明~】 perforated panel 穿孔板
あなあきばん 【孔明版】 混凝土空心板
あなあきれんが 【孔明煉瓦】 perforated brick, porous brick 多孔砖,空心砖

あなあけ 【孔明】 punching,drilling 穿孔,凿孔,钻孔,冲孔,开孔,打眼

あなあけくず 【孔明屑】 drillings 钻屑

あなあけジグ 【孔明～】 drilling jig 钻模,钻孔样板

あなあけぼう 【孔明棒】 drilling rod 钻杆

あないた 【孔板】 perforated board 多孔板,穿孔板

あなうえ 【穴植】 hole planting 穴栽,穴植

あなうめ 【穴埋】 填平孔眼,找平孔眼

アナウンスしつ 【～室】 announcer's booth 广播室

あながた 【穴形】 opening(in a component) (构件上的)开孔形状

あなきじゅんはめあい 【孔基準嵌合】 hole basis system of fits,basis hole system of fits 基孔制配合

あなぐち 【穴口】 hole,aperture,opening 孔口,壁口

あなぐら 【穴蔵】 cellar 地窖,地下室

あなくり 【孔刳】 reaming 扩孔,绞孔

あなけい 【穴径】 aperture 孔径

アナコンダ Anaconda 安纳康达(以三氧化砷为主要成分的木材防腐剂)(商)

あなざらい 【孔浚】 reaming 扩孔,铰孔,铰孔时除掉卷皮

あなじり 【穴尻】 bottom of bore hole, end of drill hole 钻孔底部,炮眼底部,爆破孔底

アナトリア・カーペット Anatoria carpet (土耳其)阿纳托利亚式地毯

あなぬき 【穴貫·穴抜】 piercing 冲头,冲子,冲孔,穿孔

あなぬきポンチ 【穴貫～】 piercing punch 冲孔冲头,穿孔器

アナベーナ Anabacna 鱼腥藻属(藻类植物)

あなほりき 【穴掘機】 hole digger 钻孔机,钻孔器

あなようせつ 【穴溶接】 plug welding, slot welding 槽焊,塞焊,填充焊

あなれんが 【孔煉瓦】 porous brick 多孔砖

アナログ analog(analogue) 类似,相似,模拟

アナログ・カーブ・プロッター analog curve plotter 模拟曲线描绘器

アナログけいさんき 【～計算機】 analog computer 模拟计算机

アナログコンピューター analog computer 模拟计算机

アナログ・コンピュテーション analog computation 模拟计算

アナログ・シグナル analog signal 模拟信号

アナログ・シミュレーション analog simulation 相似模拟,类比模拟

アナログ・ディジタル analog digital 模拟数字

アナログ・ディジタル・コンバーター analog digital converter 模拟数字转换器

アナログ・デストリビューター analog distributor 模拟量分配器

アナログでんしけいさんき 【～電子計算機】 analog electronic computer 模拟电子计算机

アナログほうしき 【～方式】 analog system 模拟方式

アナンシェーター annunciator 信号器,指示仪器,回转号码机

アニオン anion,negative ion 阴离子,负离子

アニオン・アスファルトにゅうざい 【～乳剤】 anionic asphalt emulsion 阴离子沥青乳液

アニオンかいめんかっせいざい 【～界面活性剤】 anionic surface active agent 阴离子表面活性剂

アニオンかっせいざい 【～活性剤】 anion surface active agent 阴离子型表面活性剂

アニオンこうかんえき 【～交換液】 anion exchange liquid 阴离子交换液

アニオンこうかんまく 【～交換膜】 anion exchange membrane 阴离子交换膜

アニソトロピー anisotropy 各向异性,非均质性

**アニメーション** animation （建筑艺术的）生动,活泼

**アニュレット** annulet 柱环饰(柱身上的环状线脚)

**アニリン** aniline 苯胺

**アニーリング** annealing 退火,焖火,加热缓冷

**アニリンてんしけん** 【～点試験】 aniline point test 苯胺点试验(苯胺溶液临界温度试验)

**アニール** anneal 退火,焖火,加热缓冷

**アニールがま** 【～窯】 annealing kiln 退火窑

**アネックス** annex 附属房屋,附加建筑,配房

**アネバロメーター** anebarometer 无液气压计,空盒气压计

**アネモグラフ** anemograph 自记风速仪

**アネモスタット** Anemostat 空气散流器

**アネモメーター** anemometer 风速计

**アネロイド** aneroid 无液的空盒气压计

**アネロイドきあつけい** 【～気圧計】 aneroid barometer 空盒气压计

**アネロイド・バロメーター** aneroid barometer 空盒气压计

**アノード** anode 阳极,正极,氧化极,屏极,板极

**アノラック** anorak 防水布,防水衣

**アーバー** arbour 树枝棚架,凉棚,凉亭,绿亭

**アバクス** abacus （圆柱柱头顶部的）方形顶板

**あばた** 【痘痕】 rock pocket,honeycomb (混凝土)麻面,麻点,蜂窝

**アパーチャー** aperture 孔口,缝隙,孔径,口径,宽度

**アバットメント** abutment 支座,拱座,桥墩,扶垛

**アパート** apart 公寓,公共住宅,集体宿舍

**アパートメント** apartment 公寓,公共住宅,集体多层住宅

**アパートメント・ハウス** apartment house 公寓式住宅,公寓房屋

**アパートメント・ホテル** apartment hotel 公寓式旅馆(长时间租用的、有公用餐厅及自用厨房设备的旅馆)

**アーバナイゼーション** urbanization 城市化,都市化

**アーバニズム** urbanism 城市性(指城市的典型生活方式)

**アーバニティ** urbanity （城市固有的）文化特性,文雅特性

**あばら**＝**まばら**

**あばら(てっ)きん** 【肋(鉄)筋】 stirrup 箍筋,钢箍

**アパラタス** apparatus 装置,设备,仪器,器械

**あばらや** 【荒屋】 hut 茅屋,茅舍

**アパルトマン** appartement[法] 公寓,成套房间,单元式宿舍

**あばれる** 【暴れる】 warp 翘曲,扭曲,走样,变形

**アパレント・ブライトネス** apparent brightness 表观亮度,视在亮度

**アーバン・エキスプレス・ウェー** urban express way 城市快速道路,城市高速公路

**アーバン・クリアウェー** urban clearway 市区高峰时禁止停车道路

**アーバン・コネクター** urban connector 城市连接地区

**アバンコール** avantcorps[法] 前亭,建筑物前廊

**アーバン・ストラクチュア** urban structure 市政设施,城市设施

**アーバン・スプロール** urban sprawl 城市不规则扩展

**アーバン・ダイナミックス** urban dynamics 城市动态

**アーバン・デコレーション** urban decoration 城市装饰

**アーバン・デザイン** urban design 城市设计,市政规划

**アーバンどうろもう** 【～道路網】 urban road system 城市道路网,城市道路系统

**アーバン・フレームワーク** urban framework 城市结构,城市格局,城市骨架

**アーバン・リニューアル** urban renewal 城市改建

**アビエスゆ** 【～油】 abics oil 松香油,冷

杉油,松节油
アビエチル abietyl 松香
あひさんえん 【亜砒酸塩】 arsenite 亚砷酸盐
アビタシオン habitation[法] 住所,寓所,住宅
アピトン Apiton 大花龙脑树,羯布罗香木(装饰用木材)
アファイアしんでん 【~神殿】 Temple of Aphaia (古希腊)阿发伊神庙
アブ・シンベルしんでん 【~神殿】 Temple of Abu Simbel (古埃及)阿布辛贝勒神庙
アプス apse 教堂中的半圆形或多角形后堂,半圆壁龛
アブストラクション abstraction 抽象(化),抽象观念,抽象派艺术品
アブストラクト abstract 抽象的,(艺术上)抽象派的
アプセット upset 镦锻,镦粗,缩锻,加压,翻转
アプセットつきあわせようせつ 【~突合溶接】 upset butt welding 电阻对接焊
アプセット・バットようせつ 【~溶接】 upset butt welding 电阻对接焊
アブソーバー absorber 吸收剂,吸收体,吸收器,缓冲器,减震器
アブソープション absorption 吸收(作用)
アブソーベント absorbent 吸收的,吸收材料,吸收体,吸收剂
アブソリュート・フィルター absolute filter 绝对过滤器,高性能空气过滤器(美国原子能委员会标定空气过滤器)
アフター after 继后,滞后
アフター・クーリング after cooling 后冷却
アフター・ケアー after care 房屋竣工后维修
アフター・サービス after service 保修,返修
アフター・シックニング after thickening 后期增稠,后稠化
アフター・バーナー after burner 补热器,加力燃烧器,复燃器,补燃器
アープ-トーマスしきたいひかそうち 【~式堆肥化装置】 Earp-Thomas composting plant 厄普-托马斯式(高速)堆肥装置
あぶみかなもの 【鐙金物】 strap 梁吊铁,梁托铁,箍铁
あぶら 【油】 oil 油
あぶらあな 【油穴】 oil hole 油孔,注油孔
アプライト aplite 半花岗岩,细晶岩,红钴银矿
アプライト upright 立柱,支杆,直立的,竖立的
あぶらいりかいへいき 【油入開閉器】 oil switch 油开关
あぶらいりしゃだんき 【油入遮断器】 oil circuit breaker,oil switch 油断路器,油开关
あぶらいりスイッチ 【油入~】 oil switch 油开关
あぶらいりへんあつき 【油入変圧器】 oil-immersed transformer 油浸变压器
あぶらおてん 【油汚点】 oil stain 油污
あぶらかさい 【油火災】 油火灾
あぶらかねつき 【油加熱器】 oil heater 油加热器
あぶらかべ 【油壁】 油性墙(用糯米汤、粘土和细砂混合筑成的土墙)
あぶらげんすいき 【油減衰器】 oil damper 油阻尼器,油减振器
あぶらこし 【油濾】 oil filter 滤油器
あぶらさし 【油差】 lubricator 注油器,加油壶
あぶらしみ 【油染】 oil stain 油污
あぶらしょうじ 【油障子】 (日本式糊纸涂油的)防雨推拉门
あぶらしょりざい 【油処理剤】 oil treatment agent 油处理剂
あぶらずさ 【油莇】 油麻刀,油麻筋
あぶらだき 【油焚】 oil firing 燃油,烧油
あぶらだきボイラー 【油焚~】 oil burning boiler 燃油锅炉
あぶらだめ 【油溜】 oil pan,oil receiver,oil sump 油底盘

**あぶらタンク** oil tank 油箱,油槽,油箱
**あぶらちゅうわざい**【油中和剤】oil neutralizing agent 油中和剂
**あぶらつつぐち**【油筒口】oil nozzle 喷油嘴
**あぶらつぼ**【油壺】oil cup,oil pot 油杯,油壶
**あぶらといし**【油砥石】oil stone 油石,油磨石
**あぶらとぎ**【油研】oil polishing 油磨光
**あぶらトラップ**【油～】oil trap 油阻流池,滤油存水弯,滤油阀
**あぶらとり**【油取】degreaser 脱脂剂,去脂器
**あぶらドレン・コック**【油～】oil drain cock 排油嘴,放油旋塞
**あぶらドレンべん**【油～弁】oil drain valve 排油阀,泄油阀,放油阀
**あぶらねんりょう**【油燃料】oil fuel 油燃料
**あぶらバーナー**【油～】oil burner (烧)油炉,燃油器,油灯
**あぶらぶんのしゅんかんはいしゅつりつ**【油分の瞬間排出率】rate of instant oil discharge 瞬时排油率
**あぶらぶんりき**【油分離器】oil separator 油分离器
**あぶらぶんりそう**【油分離槽】oil separate tank 分油槽,分油箱
**あぶらペイント**【油～】oil paint 油漆,油质涂料,油质颜料
**あぶらもれ**【油洩】oil leak 漏油
**あぶらるい**【油類】oil and grease 油脂类
**あぶられいきゃくき**【油冷却器】oil cooler 油冷却器
**あぶらろかき**【油濾過器】oil filter 滤油器
**あぶらワニス**【油～】oil varnish 油基清漆,油质树脂漆
**あぶらワニスぬり**【油～塗】oil varnish finish 油清漆饰面,清油漆涂面
**アフリカン・マホガニー** African mahogany 非洲桃花心木,非洲红木
**あふれ**【溢】overflow,overflowing 溢流,(计算机)溢出,溢位
**あふれえん**【溢縁】flood-level rim 溢水面,溢流口
**あふれかん**【溢管】overflow pipe 溢流管
**アブレシブ** abrasive 磨损的,磨料,研磨剂
**アブレシブ・セメント** abrasive cement 磨料粘结剂
**アブレシブ・ディスク** abrasive disc 砂轮,磨轮,研磨盘
**アブレシブ・パウダー** abrasive powder 研磨粉
**アブレーション・テスト** abrasion test 磨损试验
**あふれそくど**【溢速度】overflow velocity 溢流速度
**あふれべん**【溢弁】overflow valve 溢流阀
**あふれめん**【溢面】flood level (脸盆,澡盆的)溢水面
**アプローチ** approach 接近,探讨,引道,引桥
**アプローチ・アラインメント** approach alignment 桥头引道接线
**アプローチ・クッション** approach cushion (桥头)引道垫层,桥头踏板
**アプローチ・スパン** approach span 引(桥)跨,岸跨
**アプローチ・スラブ** approach slab 桥头踏板,引道缓冲板
**アプローチ・フィル** approach-fill 引道填筑,引道填方
**アプローチ・ライト** approach light (夜航)进场灯
**アベイ** abbey 修道院,大寺院,大教堂
**アベニュー＝アヴェニュー**
**アベル** Populus alba[拉],abele[英] 银白杨
**アベレーション** aberration 像差,色差,光程差,变体
**アベンチュリン・ガラス** aventurine glass 金星玻璃(嵌有黄铜粉的茶色玻璃)
**アーヘンのきゅうていれいはいどう**【～

の宮廷礼拝堂】 Pfalzkapelle, Aachen [德]（8世纪末德国）亚琛宫中礼拜堂
アーボアー＝アーバー
あぼうきゅう 【阿房宫】 阿房宫
アボガドロのほうそく【～の法則】 Avogadro's law 阿伏伽德罗定律
アポスチルブ apostilb(asb) 阿波熙提（亮度单位，1阿波熙提＝流明/米²）
アボットのすいりゅうにっしゃけい 【～水流日射計】 Abbot's water pyrhcliometer 阿伯特式水流太阳辐射仪
アポロ・ガラス Apollo glass 透紫外线玻璃
あま paste 浆，浆剂，浆糊
あまい 【甘い】 loose, generous 松弛，松散，砂浆富配合
あまいと 【亜麻糸】 linen rope 亚麻线
あまうち【雨打】 eaves gutter 檐下雨水沟
あまうちいし 【雨打石】 散水石
あまえん【雨縁】 不遮雨檐廊
あまおおい 【雨覆】 canopy 防雨遮盖板的总称，防雨篷
あまおさえ 【雨押·天押】 drip cap, water table 承雨线脚
あまおち 【雨落】 eaves gutter 檐下雨水沟
あまおちいし 【雨落石】 散水石
あまおとし 【雨落】 防雨墙顶(斜坡城墙顶端的竖直部分)
あまがかり 【雨掛·天掛】（建筑外围)受雨淋部分
あまがけ【あま掛】 抹薄层灰，用抹子揉抹，刮抹
あまがこい 【雨囲】 防雨板
あまかわ 【甘皮】 laitance （混凝土或砂浆的)浮浆膜皮
あまぐみ 【疎組·阿麻組】 疏置科栱(日本飞鸟时代到平安时代的枓栱布置形式，即柱顶有枓栱，柱间无枓栱)
アーマ・コート armour coat 双层表面处治，多层表面处治，厚沥青处治层，保护层
あまじまい 【雨仕舞】 flashing, weathering 泛水，披水，泻水坡度
あましょうじ 【雨障子】（日本式糊纸涂油的)防雨推拉门
アーマチュア armature 加固件，补强料，附件，电枢，转子，加固，加强，补强
あまど 【雨戸】 护门，闸板，木板套窗
あまどい 【雨樋】 eaves-channel 雨水槽，檐槽，落水管
あまどまわしかなもの 【雨戸回金物】 护窗板旋转用小五金，护窗板铰链
あまにゆ 【亜麻仁油】 linseed oil, flax seed oil 亚麻子油
あまにゆこんわせいしけん 【亜麻仁油混和性試験】 miscibility test in linseed oil 亚麻仁油混合性能试验
あまのし 【雨熨斗】 防雨垫脊瓦
アーマー・プレート armour plate 铠板，装甲板，防弹钢板，铁板
あまみず 【天水】 meteoric water 降水，降雨
あまようじょう 【雨養生】 weather protection 防雨养护(用席类苫盖防雨)
あまよけ 【雨除】 防雨遮篷，防雨板(墙)
あまよけいた 【雨除板】 防雨板
アマラーヴァティ Amaravatti （公元前至2世纪印度南部的)阿摩罗法谛派石雕美术
アーマラカ āmalaka[梵] （印度教和耆那教建筑中高塔顶部的)馒头形顶
あまりざい 【余材】 redundant member 赘余杆件，多余构件，冗杆
アミアンだいせいどう【～大聖堂】 Cathédrale, Amiens[法] （1220～1269年法国)亚眠大教堂(哥特式建筑)
あみいりいたガラス 【網入板～】 wired sheet glass 夹丝玻璃板
あみいりガラス【網入～】 wire glass, wired glass 夹丝玻璃
あみがき 【編垣】 编制围墙，编桩
あみがたヴォールト【網形～】 net vault 网状拱顶
あみがたきゅうりゅう 【網形穹窿】 net vault 网状拱顶
あみしめ【網緊】 wire rope clip 钢丝绳夹
あみだどう 【阿弥陀堂】 佛堂
あみど 【網戸】 wire screen 纱门窗

**あみと** 【編戸】 braided door, wire door 编竹门,编苇门,栅栏门
**アミド** amide （某)酰胺,氨化物
**アミノ** amino 氨基
**アミノ・アルキドじゅしとりょう** 【～樹脂塗料】 amino alkyd resin coating 氨基醇酸树脂涂料
**アミノさん** 【～酸】 amino-acid 氨基酸
**アミノじゅし** 【～樹脂】 amino resin 氨基树脂
**アミーバ** amoeba 阿米巴,变形虫
**アミーバせきり** 【～赤痢】 amoebic dysentery 阿米巴性痢疾
**アミーバせきりきん** 【～赤痢菌】 amoebic dysentery 阿米巴痢疾菌
**あみふるい** 【網篩】 wire sieve 金属丝网筛
**あみめ** 【網目】 mesh 网孔,筛孔
**あみめしきはいかん** 【網目式配管】 gridiron system 格状管网,网格式管道系统
**あみめほう** 【網目法】 grid method 网格法
**アミューズメント・センター** amusement center, entertainment center 娱乐中心
**アミューズメント・パーク** amusement park 公共游乐场,露天游艺场,游乐园
**アミューズメント・ホール** amusement hall 娱乐场,娱乐厅
**アミラン** amilan 聚酰胺,聚酰胺纤维
**アミン** amine 胺
**アミン・アダクト** amine adducts 胺加合物
**アーム** arm 臂,(力矩的)力臂,悬臂,杆
**アーム・エレベーター** arm elevator 臂式升降机
**アムステルダムかぶしきとりひきじょ** 【～株式取引所】 Amsterdam Exchange （19世纪末荷兰)阿姆斯特丹股票交易所
**アムステルダムは** 【～派】 Amsterdam Group （20世纪初期荷兰)阿姆斯特丹建筑学派
**アムステルダム・ボシュ** Amsterdam Bosch 阿姆斯特丹大公园
**アムスラーがたしけんき** 【～型試験機】 Amsler type testing machine 阿姆斯拉式试验机
**アムスラーのほうほう** 【～の方法】 Amsler's method 阿姆斯拉式试验法
**アーム・タイ** arm tie 斜撑,交叉撑
**あめ** 【雨】 rain 雨,雨水
**あめおち** 【雨落】 dripstones 承接檐前滴水的碎石带,滴水石
**アメニティ** amenity （环境、风景的)舒适性,适宜性
**あめのかいすう** 【雨の回数】 frequency of rain 降雨频率
**あめのくいき** 【雨の区域】 rain tract 降雨地区
**あめのじぞく** 【雨の持続】 duration of rainfall 降雨历时
**アメーバ＝アミーバ**
**あめぶたがわら** 【雨蓋瓦】 脊端瓦
**アメリカかんきょうほごきょく** 【～環境保護局】 USEPA, United States Environment Protection Agency 美国环境保护局
**アメリカくろやまならし** 【～[America]黒山鳴】 美国杂交种杨树,美国黑杨,钻天杨
**アメリカけいかくかきょうかい** 【～計画家協会】 The American Institute of planners, AIP 美国规划师协会
**アメリカけんちく** 【～建築】 American architecture 美国建筑
**アメリカこうぎょうデザイナーきょうかい** 【～工業～協会】 American Society of Industrial Designers, ASID 美国工业美术设计师协会
**アメリカこうど** 【～硬度】 U.S. hardness 美国硬度
**アメリカすいしつおだくぼうしれんめい** 【～水質汚濁防止連盟】 Water Pollution Control Federation, WPCF 美国水污染控制联合会
**アメリカすずかけのき** 【～篠懸の木】 Platanus occidentalis[拉], American plane tree[英] 美国梧桐
**アメリカづみ** 【～積】 American bond

美国式砌砖法
アメリカ・ボンド American bond 美国式砌砖法
アメリカン・スタンダード・ワイヤー・ゲージ American standard wire gauge 美国标准线规,ASW规
あやこう【綾構】 bracing 支撑,斜撑
あやへん【綾片】 lacing, lacing bar 缀条,斜缀条
あやまり【誤】 error 误差,错误
あゆみ【歩】(螺栓、铆钉的)间距,(木材的)节距
あゆみいた【歩板】踏板,跳板
アーラ ala[拉](古罗马住宅面向天井的)耳房
アライオステュロス araeostylos[希](古希腊、古罗马神殿的)疏柱式(柱间距为柱子的四倍)
あらいおとししきようふうだいべんき【洗落式洋風大便器】冲下式大便器
あらいし【荒石】 rubble, quarry stone 毛石,粗石,乱石
あらいしけん【洗試験】 decantation test 洗涤试验,倾析试验,沉淀分取试验
あらいじゃり【洗砂利】 washed gravel 水洗砾石
あらいすな【粗砂】 coarse grained sand 粗砂
あらいた【荒板】rough lumber 粗锯木板,粗锯板材,粗锯木
あらいだし【洗出】 washing finish of stucco 水刷石,洗石子
あらいだししあげ【洗出仕上】 exposed-aggregate finish 水刷石饰面
あらいだししきようふうだいべんき【洗出式洋風大便器】wash out type closet 虹吸式大便器
あらいだしポンプ【洗出～】washing pump 水刷石用喷雾泵
あらいながし【洗流】 scour 冲刷,洗涤
あらいぶんせきしけん【洗分析試験】 washing analysis test 冲洗分析试验
あらいまるた【洗丸太】剥皮后经过蘸水砂磨的杉木
あらいめん【荒い面】rough surface 粗糙面
アラインメント alignment 对准,校直,校准,定位,定线,定向,调整,调节,补偿,直线性
アラインメント・スコープ alignment scope 校准示波器
アラインメント・ディスク alignment disc 校准盘
あらうち【荒打】(在板条或竹条底层上)粗抹泥面,摔泥团抹平
あらかべ【荒壁】抹草泥底层的板条墙,抹草泥底层的竹篾墙
あらかべつち【荒壁土】 clay, cob (竹篾墙等底层用)泥,草泥
あらかわ【新皮·粗皮】树木表皮,石材风化表皮
あらかんな【荒鉋】 jack plane 粗刨,大刨
あらき【荒木】 rough hewn timber 粗制木材
あらき【新木】新砍伐的木材
あらぎり【荒切】(石料)粗凿,用钢錾粗打
あらけずり【荒削】rough planing 粗刨
あらさ【粗さ】 roughness 粗糙度
あらし 板条底层的钉板骨架
あらしあげ【荒仕上】rough finishing (混凝土路面)粗修整
あらしあげかんな【荒仕上鉋】 jack plane 粗刨,大刨
あらしうち【嵐打】 straight stroke on the fore hand 左右斜钉板条(成…状)
あらしこ【荒仕工鉋·粗仕子·粗仕鉋】 jack plane 粗刨,大刨
あらすかし【荒透】简单修剪,粗略疏剪
あらずさ【荒苆】粗草筋
あらずりき【荒摺機】rough disk grinder (石料)圆盘粗磨机
あらずりしあげ【荒摺仕上】rough grind (石材)粗磨
あらたたき【荒叩】 rough dressing 粗凿琢面,粗剁斧,粗琢面
あらためぐち【改口】 access hole, access door 设备检查口,检查孔
あらつた【荒つた】(抹灰用)粗草筋

あらつち 【荒土】 clay, cob （竹篾墙等底层用）泥，草泥，秸泥
あらと 【荒砥·粗砥】 rough grind stone 粗磨石
あらといし 【荒砥石】 rough grind stone 粗磨石
あらとぎ 【荒研·荒磨】 rough grinding 粗磨，粗研
あらぬり 【荒塗】 抹灰打底，刮糙
あらねもの 【荒根物】 未经分床的实生苗（未曾进行过断根处理）
あらのみきり 【荒鑿切】 （石料）粗凿，用钢錾粗打
アラバスター alabaster 雪花石膏，蜡石
アラバスター・ガラス alabaster glass 雪花玻璃，乳白玻璃
アラビアけんちく 【～建築】 Arabian architecture 阿拉伯式建筑
アラビア・ゴム Arabic gum 阿拉伯树胶
アラビア・スタイル Arabian style 阿拉伯式（建筑）
アラベスク arabesque 阿拉伯式花纹，蔓藤花饰
アラーム・ベル alarm bell 警铃，警钟
アラームべん 【～弁】 alarm valve 报警阀
あらめざい 【粗目材】 second-growth timber 粗纹木材
あらめずな 【荒目砂】 coarse sand 粗砂
アラメダ alameda[西] 散步道，散步处，屋顶散步道，屋顶小花园
あらゆかばり 【荒床張】 rough lumber floor 粗木地板，毛地板
アラルダイト Araldite 环氧树脂（商）
あられくずし 【霰崩】 小卵石与中卵石间砌地面
あられこぼし 【霰零】 铺细砾石地面
あらわしはいかん 【表配管】 exposed piping 明（装）管
アランダム alundum 铝氧粉，人造刚玉，氧化铝
アランダム・セメント alundum cement 氧化铝水泥
アランダム・タイル alundum tile 钢玉砖
アランデルほう 【～法】 Arundel method 阿伦德尔法（摄影三角测量图解分析法）
あり 【蟻】 dovetail 燕尾榫，鸠尾榫，楔形榫，燕尾形（接合）
アリー ARI（Air-Conditioning and Refrigeration Institute） 美国空气调节制冷工业协会
ありがけ 【蟻掛】 dovetail joint 燕尾接合，鸠尾接合，楔形接合
ありかんな 【蟻鉋】 燕尾槽刨，槽刨
アリゲーターはがたジベル 【～歯形～[Dübel德]】 alligator closedring dowel 波浪环形齿键，齿轮形暗销，颚式环形暗销
アリゲートリング alligatoring 涂膜绉皮，兴膜鳄纹，（轧制表面）裂痕
ありざし 【蟻差】 dovetail joint 燕尾榫接合，鸠尾榫接合
ありざん 【蟻桟】 dovetail ledge 鸠尾横档，燕尾横档
ありすん 【有寸】 actual size 实际尺寸，实际大小
アリダード alidade 照准仪，视准仪，指方规
アリダード・スタジアほう 【～法】 alidade stadia method 照准仪视距法
ありつぎ 【蟻継】 dovetail joint, dovetailing 燕尾接合，鸠尾接合，楔形接合
アリット alite 阿利特，A矿（构成硅酸盐水泥的主要矿物成分）
ありとめ 【蟻留】 dovetail miter 燕尾斜接，鸠尾斜接
アリーナ arena 表演场设在观众座席中央的剧场，剧场中央的略带圆形的表演场地，（古罗马圆形竞技场中央的）竞技场地，室内比赛场
アリーナ・ステージけいしき 【～形式】 arena stage type 舞台设在中央，四周布置观众座席的剧场形式
ありほぞ 【蟻柄】 dovetail tenon 燕尾榫，鸠尾榫，楔形榫
ありゅうさん 【亜硫酸】 sulphurous acid, sulfurous acid 亚硫酸
ありゅうさんガス 【亜硫酸～】 sulfu-

rous acid gas, sulfur dioxide. 二氧化硫, 亚硫酸气
ありゅうさんナトリウム 【亚硫酸～[Natrium德]】 sodium sulfite 亚硫酸钠
ありゅうさんパルプはいすい 【亚硫酸～廃水】 sulfite pulp wastewater 亚硫酸盐纸浆废水
ありんさん 【亜燐酸】 phosphorous acid 亚磷酸
アル APУ, Ассоциация Революционных Урбанистов[俄] (1928年成立的)苏联城市建筑师协会
アール are[法] 公亩(＝100平米)
アール・アイ RI, radioisotope 放射性同位素
アール・アイ・シー・エス RICS, The Royal Institution of Chartered Surveyors 英国皇家特许测量师学会
アール・アイ・ビー・エー RIBA, Royal Institute of British Architects 英国皇家建筑师学会
アール・アイようき 【RI容器】 RI (radioactive isotope) container 放射性同位素容器
アール・エル RL, rail level 轨顶标高
アルカイック archaique[法] 古代的, 古式的, 古风格的, 古时的
アルカッサル alcázar[西] (西班牙或阿拉伯的)要塞, 宫堡
アルカリ alkali 碱, 强碱
アルカリえいようこ 【～栄養湖】 alkalitrophic lake 碱性营养湖
アルカリきんぞく 【～金属】 alkali metal 碱金属
アルカリけいさんばんど 【～珪酸礬土】 alkali alumina silicate 碱性铝硅酸盐
アルカリごさ 【～誤差】 alkali error 碱误差
アルカリこつざいはんのう 【～骨材反応】 alkali-aggregate reaction 碱-集料反应(水泥中的碱与集料中的二氧化硅之间化学反应)
アルカリざい 【～剤】 alkaline agent 碱性剂
アルカリしょうか 【～消化】 alkali digestion 碱消化(作用)
アルカリしょうひりょう 【～消費量】 alkali consumption 用碱量, 耗碱量
アルカリ・ステイン alkali stain 碱性着色剂, 碱性着色料
アルカリせいしょくぶつ 【～性食物】 basic nutrients 碱性食物
アルカリせいリムーバー 【～性～】 alkali remover 碱性脱涂剂, 碱性脱膜剂, 碱性去漆剂
アルカリちくでんち 【～蓄電池】 alkaline accumulator 碱(性)蓄电池
アルカリちゃくしょくりょう 【～着色料】 alkali stain 碱性着色剂, 碱性着色料
アルカリてきてい 【～滴定】 alkalimetry 碱量滴定(法)
アルカリど 【～土】 alkali soil 碱(性)土
アルカリど 【～度】 alkalinity 碱度, 碱性
アルカリどじょう 【～土壌】 alkali soil 碱性土壤
アルカリどるいきんぞく 【～土類金属】 alkaline earth metal 碱土金属
アルカリはいすい 【～廃水】 alkali wastewater 碱性废水
アルカリはっこう 【～発酵】 alkaline fermentation 碱性发酵
アルカリはんのう 【～反応】 alkaline reaction 碱性反应
アルカリはんのうせいこつざい 【～反応性骨材】 alkali reaction aggregate 碱性反应集料
アルカリりょう 【～量】 alkali content 含碱量
アルカリろしほう 【～濾紙法】 alkali filter paper method 碱性滤纸法
アルギサイド algicide 除藻剂, 杀藻剂
アルキドじゅし 【～樹脂】 alkyd resin 醇酸树脂
アルキドじゅしせっちゃくざい 【～樹脂接着剤】 alkyd resin adhesives 醇酸树脂粘合剂, 醇酸树脂胶粘剂
アルキメデス・スパイラル Archimedes

spiral 阿基米德螺旋线,阿基米德涡线

**アルキメデスのげんり** 【～の原理】 Archimedes' axiom 阿基米德原理

**アルキルすいぎん** 【～水銀】 alkyl mercury 烷基汞,烷基水银

**アルキルすいぎんかごうぶつ** 【～水銀化合物】 alkyl mercury compound 烷基汞化合物

**アルキルなまり** 【～鉛】 alkyl lead 烷基铅

**アルキル・ベンゼン・スルホンさんえん** 【～酸塩】 alkyl benzene sulphonate 烷基苯磺酸盐

**アルギンさん** 【～[Algin德]酸】 alginic acid 藻朊酸

**アルギンさんあえん** 【～[Algin德]酸亜鉛】 zinc alginate (水溶性涂料用)藻(朊)酸锌

**アルギンさんソーダ** 【～[Algin德]酸～[soda]】 sodium alginate 藻朊酸钠

**アルコア** Alcoa (Aluminum Company of America) (阿尔卡)耐蚀铝合金

**アルコーヴ** alcove (庭园中的)纳凉亭,凹室,壁龛

**アルコラ** arcola 小锅炉

**アルコール** alcohol 醇,乙醇,酒精

**アルコールおんどけい** 【～温度計】 alcohol thermometer 酒精温度计

**アルコールすいじゅんき** 【～水準器】 alcohol level 酒精水准器

**アルコール・ステイン** alcoholic stain 醇溶性着色剂

**アルコール・トーチ・ランプ** alcohol torch lamp 酒精喷灯

**アルコールふようぶつ** 【～不溶物】 alcohol-insoluble matter 乙醇不溶物质(涂料中不溶于乙醇的成分)

**アルゴン・ランプ** argon lamp 氩(气)灯

**アール・シー** RC,rapid-curing,rapid-curing cut-back asphalt,rapid-curing liquid asphalt 快凝,快凝轻制沥青,快凝液体沥青

**アール・シー** RC,reinforced concrete 钢筋混凝土

**アール・シーあなあきスラブ** 【RC穴明～】 钢筋混凝土空心板

**アール・シーきょう** 【RC橋】 钢筋混凝土桥

**アール・シーくい** 【RC杭】 reinforced concrete pile 钢筋混凝土桩

**アール・ジー・ビーひょうしょくけい** 【R·G·B表色系】 R·G·B colorimetric system 红绿蓝显色系(国际照明委员会制定的两种表色体系之一)

**アルス** ars[拉] 艺术

**アルタ** altar 祭坛

**アルタイル** Altile (吸声、隔声的)氧化铝板

**アルチザン** artisan 技工,工匠,艺匠

**アルティザン＝アルチザン**

**アール・ティー・ティー** RTT,round-trip times 电梯往复一次时间(包括乘客上下、运行及开关梯门的总时间)

**アルデヒド** aldehyde 醛,乙醛

**アルデヒドじゅし** 【～樹脂】 aldehyde resin 聚醛树脂

**アルテミシイオン** artemision[希] (古希腊)月神庙

**アルトラソニック・マシーニング** ultrasonic machining 超声波加工

**アール・ヌーヴォー** Art Nouveau[法] (19世纪末法国和比利时的)新艺术运动,新艺术派,新艺术风格

**アルバートかん** 【～館】 Albert cottage 阿伯特馆(英国第一次伦敦国际博物展览会上展出的工人阶级典型住宅)

**アルハンブラきゅうでん** 【～宮殿】 Alhambra (13～14世纪西班牙)阿尔汗布拉宫

**アール・ピー** RP,referring point 参考点,控制点

**アール・ピー・エム** rpm,revolution per minute,rotation per minute 每分(钟)转数,转/分

**アルビだいせいどう** 【～大聖堂】 Cathédrale,Albi[法] (14～15世纪法国)阿尔比大教堂(哥特式建筑)

**アルファーせん** 【α線】 alpha rays,α-rays α-射线

アルファァーちゅうふすいせいせいぶつ 【α中腐水性生物】 α-mesosaprobic organism α-中腐水性生物,α-腐生原生动物
アルファルファ alfalfa 紫苜蓿
アール・ブイ・アール RVR,runway visual range 跑道视距
アルフエシル aruhuesiru (预填集料灌浆混凝土的)外加剂,掺合剂
アル・フォイル aluminium foil 铝箔
アルブミノイドちっそ 【～窒素】 albuminoid nitrogen 蛋白氮,硬朊氮
アルブミン aibumin 白朊,清朊
アルベード albedo 加权平均反射率
アルマイト alumite (表面有电解氧化膜的)耐酸铝,防蚀铝,铝氧化膜,钝铝(商),氧化铝膜处理
アルミ＝アルミニウム
アルミナ alumina 氧化铝,矾土
アルミナじき 【～磁器】 alumina porcelain 氧化铝瓷,高铝瓷
アルミナ・シリカたいかぶつ 【～耐火物】 alumina silica refractory 硅酸铝耐火材料,矾土硅酸耐火材料
アルミナ・セメント alumina cement 矾土水泥,高铝水泥
アルミナふんまつ 【～粉末】 alumina powder 铝氧粉,氧化铝粉
アルミナれんが 【～煉瓦】 alumina brick 矾土砖,高铝砖
アルミニウム aluminium 铝
アルミニウムいた 【～板】 aluminium plate 铝板
アルミニウムきょう 【～橋】 aluminium alloy bridge 铝合金桥
アルミニウム・グリース aluminium grease 铝皂润滑脂
アルミニウム・クロムこう 【～鋼】 aluminium chrome steel 铝铬钢
アルミニウム・ケーブル aluminium cable 铝电缆
アルミニウムこう 【～鋼】 aluminium steel 铝钢
アルミニウムごうきん 【～合金】 aluminium alloy 铝合金
アルミニウム・サッシュ aluminium sash 铝窗框,铝框架
アルミニウムでんきょく 【～電極】 aluminium electrode 铝电极
アルミニウムでんきょくほう 【～電極法】 aluminium electrode method (加固地基用的)铝电极法
アルミニウムとりょう 【～塗料】 aluminium paint 铝涂料
アルミニウムなみいた 【～波板】 corrugated aluminium sheet 波纹铝板,瓦楞铝板
アルミニウムばん 【～板】 aluminium sheet 铝板
アルミニウムはんだ 【～半田】 aluminium solder 铝焊料,铝焊剂
アルミニウムふんまつ 【～粉末】 aluminium powder 铝粉,银粉
アルミニウム・ペイント aluminium paint 铝涂料,铝粉漆
アルミニウム・ペースト aluminium paste 铝粉浆,铝粉软膏,银灰色漆
アルミニウムろう 【～鑞】 aluminium solder 铝焊料
アルミニウムろうごうきん 【～鑞合金】 aluminium solder 铝焊料
アルミノ・シリケートれんが 【～煉瓦】 alumino-silicate brick 矾土硅酸盐耐火砖,硅酸铝耐火砖
アルミはく 【～箔】 aluminium foil 铝箔
アルミライトほう 【～法】 Alumilite method 硬质氧化铝膜处理法
アルミンさんさんせっかい 【～酸三石灰】 tricalcium aluminate 铝酸三钙
アルミンさんソーダ 【～酸～[soda]】 sodium aluminate 铝酸钠
アールめんとり 【R面取】 inverted chamfering 倒圆角,倒圆面
アルモワール armoire[法] 衣橱,衣柜
アレイ array 数组,级列,阵列,排列,修饰
アレオピクノメーター areo-pycnometer (液体)比重计
アレオメーター areometer 液体比重计
アレスター arrester 避雷器,放电器,制动器,防止器

アレーナ arena[拉] (古罗马圆形竞技场中央的)竞技场地
アレピクノメーター arepycnometer 稠液比重计
アレンジメント arrangement 设备,装置,装配,安装,排列,布置
アロー arrow 指针,箭头
アロイ・スチール alloy steel 合金钢
アロウアンス＝アローワンス
アローがたネットワーク 【～型～】 arrow-type network 箭头式网络
アロケーション allocation 分配
アロットメント・ガーデン allotment garden 由公共团体按地段划分租给市民种植的园地
アローワンス allowance (配合)公差,加工裕量,容许量
あわ 【泡】 bubble,foam 气泡,气孔,珠,泡
あわガラス 【泡～】 foam glass 泡沫玻璃
あわきりそう 【泡切槽】 defoaming tank 消泡池,泡沫浮上分离池
あわけしざい 【泡消剤】 defoaming agent,defoamer agent 消泡剂,除沫剂
あわコンクリート 【泡～】 foam concrete 泡沫混凝土
あわしょうかき 【泡消火器】 bubble extinguisher 泡沫灭火机,泡沫消火器
あわしょうかざい 【泡消火剤】 foam solution 泡沫灭火剂
あわしょうかせつび 【泡消火設備】 foam extinguishing system 泡沫灭火设备
あわじょうごうせいじゅし 【泡状合成樹脂】 foam synthetic resin 泡沫塑料,泡沫合成树脂
あわじょうじゅし 【泡状樹脂】 foam resin 泡沫塑料
あわせ 【合】 joint,butt,combination,connection,lamination 接合,对合,组合,层合,重合,贴合
あわせいた 【合板】 plywood 层合板,胶合板
あわせいど 【合井戸】 组合砌石井口
あわせガラス 【合～】 laminated glass,triplex glass 层压玻璃,叠层玻璃,夹层玻璃(二层玻璃中间夹一层塑料的安全玻璃)
あわせがんな 【合鉋】 双刃刨,合刃刨
あわせざい 【合材】 laminated wood 胶合木,叠层木(材)
あわせつぎ 【合接】 splice grafting 合接,搭接
あわせと 【合砥】 细磨石,精磨石
あわせばり 【合梁】 coupled beam 组合梁,双拼梁
あわせめじ 【合目地】 vertical masonry joint 竖缝,直缝
あわたけ 【淡竹】 淡竹
あわだち 【泡立】 bubbling,foaming 发泡,起泡
あわだちげんしょう 【泡立現象】 foaming 发泡现象,起泡现象
あわだちじゅし 【泡立樹脂】 bubble resin,cellular resin,sponge resin 泡沫塑料,海绵状塑料
あわだちぼうしざい 【泡立防止剤】 foam-proof agent,foam-resistant 防泡剂,消泡剂
あわだてざい 【泡立剤】 foaming agent 起泡剂
あわねんどけい 【泡粘度計】 bubble viscometer 气泡式粘度计
アワー・メーター hour meter 计时表
あん 【庵】 僧庵,隐居室
アンカー anchor,anchoring 锚,锚定,锚固,锚杆支撑
アンカー・アーム anchor arm 锚臂
アンカー・キャプスタン anchor capstan 起锚铰盘,起锚车
アンカーぐい 【～杭】 anchor pile 锚桩
アンカー・グリップ anchor grip (预应力锚杆等)锚杆夹具,锚索夹具
アンカー・スクリュー anchor screw 锚定螺丝,锚固螺丝
アンカード・プレテンション anchored pretensioning (预应力混凝土的)锚定先张法
アンカー・バー anchor bar 锚杆,锚固钢筋

アンカー・パイル anchor pile 锚桩
アンカーばり【~梁】anchor beam 锚梁
アンカー・ピン anchor pin 锚销,连接销,固定销
アンカー・プレート anchor plate 锚定板,锚固板
アンカー・ブロック anchor block 地锚,地下锚块,地下锚木,锚枕,锚杆,锚定座,锚定块,锚墩
アンカー・ボルト anchor bolt 锚栓,锚定螺栓,基础螺栓,地脚螺丝
アンカレッジ anchorage 锚具(用于预应力混凝土后张法),抛锚
アンカレッジ・システム anchorage system 锚定体系
アンカー・ロッド anchor rod 锚杆
アンカー・ロープ anchor rope 锚索
アンカー・ワイヤ anchor wire 锚固钢丝
あんきょ【暗渠】underdrain,culvert,covered conduit (排水)暗沟,暗管,暗渠,涵洞,盲沟
あんきょはいすい【暗渠排水】underdrainage 暗沟排水,涵洞排水
アンクランピング unclamping 松开,放结
アングル angle 角,角度,角钢(角铁),角的
アングル・ウェルド angle weld 角焊
アングルがたつぎめいた【~型継目板】angle splice plate,angle type joint bar 角型鱼尾板,角型连接板,L型鱼尾板,L型连接板
アングルがたほうねつきべん【~型放熱器弁】angle-type radiator valve 散热器角阀
アングル・カッター angle cutter 角钢切割机,角铣刀
アングル・クリップ angle clip 角夹,角钢系件
アングル・ゲージ angle gauge 角度计,角规
アングル・コック angle cock 角旋塞
アングル・シャー angle shear 角钢剪切机
アングル・ジョイント angle joint 隅接,角接
アングル・スチール angle steel 角钢
アングル・チェックべん【~弁】angle check valve 直角单向阀
アングル・ドーザー angle dozer 侧铲推土机,斜板推土机
アングル・バー angle bar 角钢
アングル・パイプ angle pipe 弯管
アングル・バットレス angle buttress 转角扶垛,转角扶壁
アングル・ファイル angle file 三角形锉刀
アングル・ブロック angle block 角形垫块,角钢垫块,支承垫块
アングルべん【~弁】angle valve 角阀
アングルべん【~弁】angle valve 角阀
アングル・ベンダー angle bender 钢筋折弯机,弯角机
アングルようせつ【~溶接】angle weld 角焊
アングル・ロールき【~機】angle roller 角度矫正机
アングレームだいせいどう【~大聖堂】Cathédrale,Angoulême[法] (12世纪初期法国)昂古列姆主教堂
アングロ・クラシックけんちく【~建築】Anglo-classic architecture 英国古典建筑
アングロ・クラシックしき【~式】Anglo-classic style 英国古典式
アングロ・ノルマンけんちく【~建築】Anglo-Norman architecture 安格鲁-诺尔曼式建筑
アングロ・パラジアンけんちく【~建築】Anglo-Palladian architecture 安格鲁-巴拉迪欧式建筑
アンケースドぐい【~杭】un-cased pile 无壳套现浇桩
アンケート enquête[法] 调查,测定,调查卡片
あんこ prime coat 抹灰底层,第一道抹灰
あんこう【鮟鱇】elbowed leader,gooseneck 水落管弯头,鹅颈管
アンゴーのこうしき【~の公式】Angot's formula 安果公式(按干湿计示度

计算湿空气的水蒸气压）

**アンコール・ワット** Angkor VAT （柬埔寨）吴哥寺，吴哥窟

**あんざんがん** 【安山岩】 andesite 安山岩

**アンサンブル** ensemble［法］ 群体，建筑群

**あんしつ** 【暗室】 dark room 暗室

**あんしや** 【暗視野】 dark field 暗视场

**アンジューは** 【～派】 École d'Anjou［法］ 英国安茹学派（式样），英国安茹王朝式建筑

**あんじゅんのう** 【暗順応】 dark adaptation （视觉的）暗适应

**アンじょおうようしき** 【～女王様式】 Queen Anne style （18世纪初英国）安娜女王式（建筑）

**あんしょく** 【暗色】 shade colours 暗色

**あんしょし** 【暗所視】 scotopic vision 暗视觉（正常眼睛适应于百分之几堪德拉每平方米以下的光亮度时的视觉）

**あんず** 【杏】 apricot 杏，杏树

**アンスラクソライト** anthraxolite 碳沥青

**アンスラサイト** anthracite 无烟煤，白煤，硬煤

**あんせいちく** 【安静地区】 quiet zone 安静地区

**あんぜんおいこししきょ** 【安全追越視距】 minimum passing sight distance, safe passing (sight) distance 最小超车视距，安全超车视距

**あんぜんおおい** 【安全覆】 safety cover 安全罩，防护罩，安全套

**あんぜんおおいふた** 【安全覆蓋】 safety cover 安全罩，防护罩

**あんぜんかいかしき** 【安全開架式】 safe guard system 开架保护式（在书库内可以自由选书，在书库出入口受到检查的方式）

**あんぜんかいへいき** 【安全開閉器】 safety switch 安全开关，保险开关

**あんぜんかぎ** 【安全鈎】 safety hook 安全钩

**あんぜんかじゅう** 【安全荷重】 safety load 安全荷载

**あんぜんかじゅうりょういき** 【安全荷重領域】 safety load domain 安全荷载范围

**あんぜんカラー** 【安全～】 safety colour （交通标志）安全色，安全标志色

**あんぜんガラス** 【安全～】 safety glass 安全玻璃

**あんぜんかんかく** 【安全間隔】 safety distance （建筑物）安全间距，安全距离

**あんぜんかんり** 【安全管理】 safety management 安全管理

**あんぜんき** 【安全器】 safety cut-out, safety fuse 安全断路器，保险丝

**あんぜんきそく** 【安全規則】 safety rules 安全规则，安全规程

**あんぜんくさび** 【安全楔】 safe wedge 安全楔

**あんぜんぐつ** 【安全靴】 safety shoes 安全靴

**あんぜんけいすう** 【安全係数】 safety factor 安全系数，安全率，安全度

**あんぜんけいほうそうち** 【安全警報装置】 safety-alarm device 安全报警装置

**あんぜんこ** 【安全庫】 safe deposit vault, strong room 保险库

**あんぜんこうがく** 【安全工学】 safety engineering 安全工程学

**あんぜんしきさい** 【安全色彩】 safety colour 安全色彩

**あんぜんしきょ** 【安全視距】 safe sight distance 安全视距

**あんぜんしせつ** 【安全施設】 safety facilities 安全设施

**あんぜんしようあつりょく** 【安全使用圧力】 safe working pressure 安全工作压力

**あんぜんしようかじゅう** 【安全使用荷重】 safe working load 安全使用荷载

**あんぜんしんごう** 【安全信号】 safety signal 安全信号

**あんぜんスイッチ** 【安全～】 baby switch, safety switch 安全开关，保险开关

**あんぜんせいてききょようかじゅう** 【安

全静的許容荷重】 safety statical permissible load 静力安全容许荷载,容许安全静荷载

あんぜんせこう 【安全施工】 safety constraction 安全施工

あんぜんせっけい 【安全設計】 safety design 安全设计

あんぜんせっけいかじゅう 【安全設計荷重】 safety design load 安全设计荷载

あんぜんそうち 【安全装置】 safety device 安全装置,保险装置

あんぜんちたい 【安全地帯】 safety strip,safety zone 安全区,安全带,安全地带

あんぜんちょうばん 【安全丁番·安全蝶番】 safety butts 安全合页,安全铰链

あんぜんていししきょ 【安全停止視距】 safe stopping sight distance,minimum non-passing sight distance 安全停车视距,最小停车视距

あんぜんど 【安全戸】 emergency exit, fire escape 太平门,安全出口

あんぜんとう 【安全灯】 safety lamp, safe-light 安全灯

あんぜんとう 【安全島】 pedestrian island,refuge island 安全岛

あんぜんネット 【安全~】 safety net 安全网

あんぜんねんりょう 【安全燃料】 safety fuel 安全燃料

あんぜんバック 【安全~】 safety bag 安全袋

あんぜんバルブ 【安全~】 safety valve 安全阀

あんぜんバンド 【安全~】 safety band 安全带

あんぜんヒューズ 【安全~】 safety fuse 保险丝

あんぜんひょうしきいろ 【安全標識色】 safe sign colour 安全标志色

あんぜんピン 【安全~】 safety pin 安全销

あんぜんふた 【安全蓋】 safety head 安全顶盖

あんぜんフック 【安全~】 safety hook 安全钩

あんぜんプラグ 【安全~】 safety plug 安全插头

あんぜんブレーカー 【安全~】 safety breaker 安全开关,安全断路器

あんぜんべん 【安全弁】 safety valve 安全阀

あんぜんホルダー 【安全~】 safety holder 安全夹具

あんぜんましぼうばくがたきぐ 【安全増防爆型器具】 safety explosion-proof lighting fittings 安全防爆照明器

あんぜんまど 【安全窓】 security window 安全窗,保险窗

あんぜんりつ 【安全率】 safety factor 安全系数,安全率,安全度

あんぜんりつさいしょうのていり 【安全率最小の定理】 minimum safety factor theorem 最小安全系数定理,最小安全度理论

あんぜんりつさいだいのていり 【安全率最大の定理】 maximum safety factor theorem 最大安全系数定理,最大安全度理论

あんぜんりつにかんするていり 【安全率に関する定理】 theorem for safety factor 安全系数定理

あんぜんりょういき 【安全領域】 safety domain 安全领域,安全范围

あんぜんりんとうかんかく 【安全隣棟間隔】 相邻建筑物安全间距,相邻建筑物防火间距

あんぜんロープ 【安全~】 safe rope 安全绳,安全带

あんそうおん 【暗騒音】 ground noise, background noise,ambient noise 背景噪声,基底噪声,本底噪声,环境噪声

あんそくかく 【安息角】 angle of repose 安息角,休止角

あんそくけんちく 【安息建築】 Parthian architecture 安息建筑

アンソロポメーター anthropometer 身长测量计

アンタ anta[拉] (古希腊神殿的)墙端柱,壁角柱

アンダーカット undercut 底切,暗掘,(焊接的)咬边,咬肉,铣刀咬沟
アンダーキャリッジ undercarriage 底盘,底架,下架,起落架,支重台车,行走部分
アンダーグラウンドショベル underground-shovel 地下掘土铲,坑内动力铲
アンダークーリング undercooling 过度冷却
アンダークロフト undercroft 穹窿状地下室
アンダー・コーティング under coating 内涂层,底漆,涂底层,涂底漆
アンダー・コーティングとりょう 【~塗料】 under coating paint 底层涂料
アンダー・コンストラクション under construction 在施工中
アンダーサイズ undersize 尺寸不足,筛下品,负公差尺寸
アンダーパス underpass 地道,地下通道,下穿交叉(道),高架桥下通道
アンダーピニング underpinning 托换基础,托换座墩,支掘基础,支掘路堑,支撑
アンダープレート underplate 底板,垫板
アンダーフロー underflow 潜流,下溢
アンダルサイト andalusite 红柱石
アンチ・オキシダント anti-oxidant 防老化剂,抗氧剂
アンチ・クリーパー anti-creeper (钢轨)防爬器
アンチ・クロックワイズ anti-clockwise 逆时针方向旋转
アンチ・スキッド anti-skid 防滑
アンチ・スマッジング・リング anti-smudging ring 防污环
アンチ・ノック anti-knock 抗爆,抗震
アンチ・ノックねんりょう 【~燃料】 anti-knock fuel 抗爆燃料
アンチ・フリージング・ソルーション anti-freezing solution 阻冻溶液,防冻溶液
アンチモン antimony 锑
アンチモンでんきょく 【~電極】 antimony electrode 锑电极
あんちょうおう 【暗調応】 dark adaptation 暗适应
アンチ・ラスト・グリース anti-rust grease 防锈脂
アンチ・ラトラー anti-rattler 防声装置,减声器,隔声器,消声器,防震器
アンチ・ラトラー・パッド anti-rattler pad 减声垫,防震垫
あんてい 【安定】 stable 稳定,稳固
あんていえき 【安定液】 stabilizing fluid 稳定液
あんていえきこうほう 【安定液工法】 stabilized liquid method (防护钻孔壁面用)泥水稳定液施工法
あんていか 【安定化】 stabilization 稳定化,使稳定
あんていかいせき 【安定解析】 stability analysis 稳定分析
あんていかドロマイトれんが 【安定化~煉瓦】 stabilized dolomite brick 稳定性白云石耐火砖
あんていかん 【安定感】 constancy 稳定感
あんていき 【安定器】 stabilizer,ballast 稳压器,镇流器
アンティーク antique 古董,古物
アンティーク・グラス antique glass 古式玻璃
あんていけいすう 【安定係数】 stability factor 稳定系数
あんていこうぞうぶつ 【安定構造物】 stable structure 稳定结构物
あんていざい 【安定剤】 stabilizer,stabilizing agent 稳定剂,安定剂
あんていしょり 【安定処理】 stabilization 稳定处理
あんていしょりろしょう 【安定処理路床】 stabilized road bed 稳定处治路基
あんていしょりろばん 【安定処理路盤】 stabilized base 稳定处治底层
あんていすう 【安定数】 stability number 稳定数(稳定系数的倒数)
あんていせい 【安定性】 soundness,stability (水泥体积)安定性,稳定性
あんていせいしけん 【安定性試験】 soundness test (水泥体积)安定性试验

あんていち 【安定池】 stabilization pond 稳定池,稳定塘
あんていつりあい 【安定釣合】 stable equilibrium 稳定平衡
あんていていこう 【安定抵抗】 steady resistance 稳定电阻,镇流电阻
あんていど 【安定度】 stability 稳定性
あんていどしけん 【安定度試験】 stability test 稳定度试验
あんていどしすう 【安定度指数】 stability index 稳定指数
あんていトラス 【安定～】 stable truss 稳定桁架
あんていながれ 【安定流】 stable flow, stable stream 恒定流,稳定流,定常流
アンティマカッサル antimacassar 沙发(椅子)套子
あんていりゅう 【安定流】 steady flow 恒定流,稳定流,定常流
あんていりろん 【安定理論】 theory of stability 稳定理论
アンテナ antenna, aerial 天线
アンテフイックサ antefix[英], antefixae[拉] (古希腊和古罗马建筑的)瓦当,瓦檐饰
アンテペンディウム antependium[拉] (基督教堂)祭坛前面的屏饰,帷幕,讲坛上的桌布
アンテミオン anthermion 棕叶饰
あんてん 【暗転】 dark change 暗转舞台
アンドレアゼン・ピペットほう 【～法】 Andreasen pipette method (测定空气中尘埃量的)安德雷亚赞吸管法
アントレソール entresol (一层和二层之间的)夹层
アンドロン andron[希] (古希腊罗马的)男用房间,男用食堂,集会厅
あんないあな 【案内穴】 guide hole 导向孔
あんないかん 【案内管】 guide tube 导管
あんないじょ 【案内所】 information office 问讯处
あんないず 【案内図】 location map 建筑基地位置图,基地现状示意图
あんないだい 【案内台】 information desk 问询台,查询台
あんないとう 【案内塔】 向导塔,指引塔
あんないばね 【案内羽根】 guide vane 导向叶片,导流板
あんないばん 【案内板】 guide board 导游图板
あんないひょうしき 【案内標識】 guide sign 定位标志,导向标记,指路标志
あんないべん 【案内弁】 guide valve 导向阀,导阀
あんないみち 【案内道】 guide duct 导风管(道)
あんないよく 【案内翼】 guide blade 导流板
あんないランプ 【案内～】 indicator lamp 指示灯
あんないロープ 【案内～】 guide rope 导绳
アンバー amber 琥珀,琥珀色
アンバー umber 赭土,棕土,赭色颜料
アンバー・ガラス amber glass 琥珀色玻璃
アンバーライト Amberlite 安珀赖特离子交换树脂(商)
アンヒッチ unhitch 脱开,解结
アンビュラトリー ambulatory 回廊,步道,步廊
アンビル anvil 砧子,铁砧
アンピールようしき 【～様式】 Style Empire[法] 帝国式(19世纪初拿破仑一世时由巴黎至全欧洲流行的建筑、家具、服装等样式)
アンプ amplifier 放大器,扩音器,增幅器
アンフィシアター amphitheatre (古罗马的)圆形竞技场,圆形剧场,(古罗马露天剧场中)半圆形观众席,(戏院的)半圆形梯形楼座
アンフィプロステュロス amphiprostylos [希] (古希腊神庙中两旁无柱的)前后柱廊式
アンブリ ambry 备餐室,食品柜,壁橱,(教堂的)壁龛
アンプリチュード amplitude (振,波,摆)幅,射程

アンプリフィケーション amplification 放大,加强
アンペア ampere 安培
アンペアけい 【～計】 amperemeter, ammeter 安培计,电表
アンペアメーター amperemeter 安培计,电表
アンペヤ＝アンペア
アンペラ 席子,苇席
アンペレージ amperage 安培数,电流量,电流强度
アンボ ambo (早期基督教教堂的)经台,高座
アンボイナざい 【～材】 Amboina wood 印尼安伯伊那木(高级家具用木材)
あんまく 【暗幕】 light intercepting curtain 暗幕,遮光幕
アンメーター ammeter 安培计,电流表
アンモニア ammonia 氨,阿摩尼亚(商)
アンモニアあっしゅくき 【～圧縮機】 ammonia compressor 氨压缩机
アンモニアあっしゅくれいとうき 【～圧縮冷凍機】 ammonia compressed refrigerator 氨压缩制冷机
アンモニアえき 【～液】 ammonia liquor 氨液
アンモニアかいしゅうそうち 【～回収装置】 ammonia recovery plant 氨回收装置
アンモニアきゅうしゅうれいとうき 【～吸収冷凍機】 ammonia absorbent refrigerator 氨吸收制冷机
アンモニアぎょうしゅくき 【～凝縮器】 ammonia condensator 氨冷凝器
アンモニアさいせいき 【～再生器】 ammonia regenerator 氨再生器,氨交流换热器
アンモニアじょうき 【～蒸気】 ammonia vapour 氨汽
アンモニアじょきょ 【～除去】 removal of ammonia 除氨,脱氨
アンモニアしょり 【～処理】 ammonia treatment 氨处理
アンモニアすい 【～水】 ammonia water, aqueous ammonia 氨水,氨液
アンモニア・ストレーナー ammonia strainer 氨滤器
アンモニアせいじょうき 【～清浄器】 ammonia purifier 氨净化器
アンモニアせいちっそ 【～性窒素】 ammoniacal nitrogen 氨态氮
アンモニア・ソーダ ammonia soda 氨法(制的)苏打,氨法碳酸钠,氨碱
アンモニアはっせいき 【～発生器】 ammonia generator 氨发生器
アンモニア・ポンプ ammonia pump 氨液泵
アンモニアれいとうき 【～冷凍機】 ammonia refrigerator 氨制冷机
アンモニウム ammonium 铵
アンモニウムみょうばん 【～明礬】 ammonium alum 铵矾
アンモン Ammon[德], ammonia[英] 氨
あんらくせい 【安楽性】 comfortability 舒适性,舒适,舒服
アンリにせいようしき 【～二世様式】 Henri II style[法] 亨利二世时代式样,(16世纪中期法国)文艺复兴式样
アンリンクド・トリップ unlinked trip 分段出行,分开行程
アンローダー unloader 卸载机,卸料机,卸荷器
アンローディング unloading 卸载,卸荷,卸料
アンロード・シュート unload chute 卸料槽
アンロードべん 【～弁】 unload valve 放泄阀,卸荷阀

## い

いあしらいぎ 【井会釈木】 (庭园中的)井畔树

いいぎり 【飯桐·椅】 Idesia polycarpa [拉] 山桐子,水冬瓜

イー・イー・しきろかそうち 【E.E.式濾過装置】 E.E.(easy and economical) filter (简易经济的)移动罩冲洗滤池(商)

いえしろあり 【家白蟻】 termite,white ant 白蚁

イー・エス・シー 【E.S.C.】 E.S.C., electrical space control 照明器散热调节

イー・エッチようせつ 【EH溶接】 EH welding,fire-cracker welding 躺焊法,卧式半自动焊接法,EH焊接法(以奥地利Elin公司Hafergut于1933年发表的方法命名)

イー・エル・ランプ 【EL～】 EL(electro-luminescent) lamp 场致发光灯

イエロー・オーカー yellow ochre 黄赭石,黄铁华,赭黄

イエローストーンこくりつこうえん 【～国立公園】 Yellowstone National Park (1872年美国建立的)国立黄石公园

イエロー・フィルター yellow filter 黄色滤光器,黄色滤光片

イエロー・ペイント yellow paint 黄色油漆

いおう 【硫黄】 sulfur,sulphur 硫(磺),硫黄

いおうアスファルト 【硫黄～】 sulphur (sulfur) asphalt 含硫沥青

いおうかいしゅうそうち 【硫黄回収装置】 sulfur recovery plant 硫回收装置

いおうさいきん 【硫黄細菌】 sulfur bacteria 硫黄菌

いおうさんかぶつ 【硫黄酸化物】 sulfur oxides 硫氧化物,氧化硫(类)

いおうじゅし 【硫黄樹脂】 sulphurized resin 硫化树脂

いおうてん 【硫黄点】 point of sulphofication 硫化点

いおうバクテリア 【硫黄～】 sulfur bacteria 硫黄菌

イオニアうずまき 【～渦巻】 Ionic scrol (古希腊)爱奥尼亚盘涡(柱头上装饰)

イオニアしき 【～式】 Ionic style (古希腊)爱奥尼亚式(建筑)

イオニアしきオーダー 【～式～】 Ionic order (古希腊)爱奥尼亚柱式

いおん 【異音】 abnormal noise 异常噪声

イオン ion 离子

イオンか 【～化】 ionization 电离(作用),离子化(作用)

イオンかけいこう 【～化傾向】 ionization tendency 电离倾向

イオンかしきけむりかんちき 【～化式煙感知器】 ion smoke perceiver 离子感烟器

イオンこうかん 【～交換】 ion-exchange 离子交换

イオンこうかんえき 【～交換液】 ion-exchange liquid 离子交换液

イオンこうかんじゅし 【～交換樹脂】 ion-exchange resin 离子交换树脂

イオンこうかんしょり 【～交換処理】 ion-exchange treatment 离子交换处理

イオンこうかんそうち 【～交換装置】 ion-exchange apparatus 离子交换装置,离子交换器

イオンこうかんたい 【～交換体】 ion-exchanger 离子交换剂

イオンこうかんほう 【～交換法】 ion-exchange process 离子交换法

イオンこうかんまく 【～交換膜】 ion-exchange membrane 离子交换膜

イオンこうかんろか 【～交換濾過】 ion-exchange filtration 离子交换过滤

イオンしきかんちき 【～式感知器】

smoke detector 侦烟型自动火警探测器
イオンじゅうごう 【～重合】 ionic polymerization 离子聚合(作用)
イオンしょくばい 【～触媒】 ionic catalyst 离子催化剂
イオンでんりゅう 【～電流】 ionic current 离子电流
イオンのうど 【～濃度】 ion density, ion concentration 离子密度
イオンはいじょ 【～排除】 ion exclusion 离子排斥
イオンひ 【～比】 ion ratio 离子比(正负离子数之比)
イオン・フローテーション ion floatation 离子浮选(法)
いか 【異化】 dessimilation 异化(作用)
いがき 【斎垣】 神社建筑的内围墙
いかけ 【鋳掛】 铸件焊补
いがた 【鋳型】 mould 铸模,砂型
いかだぎそ 【筏基礎】 raft foundation, floating foundation 浮筏基础,格床基础
いがたさ 【鋳型砂】 moulding sand 型砂,翻砂
いかだじぎょう 【筏地業】 grillage foundation 格排基础,筏式基础
いかだじゅうきょ 【筏住居】 (水边打桩铺板的)筏式住居
いかだじるし 【筏印】 中心线记号
いかだばり 【筏張】 铺钉筏形地板,错缝铺钉木地板
いかだぶき 【筏吹】 (盆景的)木筏形造型(在弯曲的枝干上或平放在景盆内的一段枝干上萌发出众多新的枝条,直立上升成为多干的盆景)
いかだほぞ 【筏枘】 顺排榫,乙字形榫
いがたようねんど 【鋳型用粘土】 forming clay, moulding clay 铸模用粘土
イーかんすうほう 【e関数法】 e-functional method e函数法
いき 【生】 alive, galvanizing 加电压的,通电流的
いき 【息】 vapour 汽,水蒸气
いきおい 【勢】 (庭园叠石的)姿势
いきがいこうつう 【域外交通】 external trip (起讫点交通调查)区域外的交通,区域外出行
いきかんすう 【閾関数】 threshold function 阈函数
いきち 【閾値】 threshold 阈(值),界限值,临界值,阈限值
いきちいどう 【閾値移動】 threshold shift 阈值移动
いきないこうつう 【域内交通】 internal trip (起讫点交通调查)区域内的交通,区域内出行
いきぬき 【息抜】 air-breather 通气器,(变压器)吸潮器
いきぬきくだ 【息抜管】 breather pipe 通气管
いきのうど 【閾濃度】 threshold concentration 阈限浓度
いきぶし 【生節】 live knot, sound knot (木材的)生节,活节
いきょ 【緯距】 latitude 纵距,纬距
いきょうきょくせん 【位況曲線】 water-level-duration curve, stage-duration curve 水位历时曲线,水位持续曲线
いきょく 【医局】 doctor's lounge 医院值班医生休息室
イギリスおうりつけんちくがっかい 【～[English]王立建築学会】 Royal Institute of British Architects (RIBA) 英国皇家建筑师学会
イギリスがわら 【～瓦】 English roof tile, English shingle 英式屋面瓦
イギリスきゅうたいほう 【～[English]球帯法】 British zonal method (室内照明计算的)英国面球带法
イギリスこうど 【～硬度】 English hardness 英国硬度
イギリスこっかいぎじどう 【～[English]国会議事堂】 The Houses of Parliament (英国伦敦)国会大厦(仿哥特式建筑)
イギリスしきていえん 【～式庭園】 English style garden 英国式庭园
イギリスしたみ 【～[English]下見】 bevel siding, lap siding 互搭披叠木板墙,横钉压边雨淋板

イギリスじゅうじづみ 【～十字積】 English cross bond 英式十字缝法砌合,顺砖层头缝错开的英国式砌合(即荷兰式砌合)
イギリス・スパナー English spanner 英式扳手,活动扳手
イギリスづみ 【～積】 English bond 英式砌合(顶砖层与顺砖层交错),满顶满条砌法
イギリスふうけいしきていえん 【～風景式庭園】 English landscape style garden 英国风景式庭园
いくさ 【藺草】 rush 灯心草,蔺草(用作铺席材料)
いくじしせつ 【育児施設】 nursing facilities 保育机构
いくじしつ 【育児室】 nursery room 托儿所,保育室,(住宅中的)婴儿室,儿童室
イクシド ICSID(International Council of Societies of Industrial Design) 国际工业设计团体协会
いくしゅじょう 【育種場】 breeding station 育种站
イグニジョン・システム ignition system 点火装置
イグニトロン ignition 点火管,引燃管,放电管
いくびょう 【育苗】 raising(rearing) of seedlings 育苗
イグルー igloo (爱斯基摩人的)雪屋,雪块圆顶屋
いけ 【池】 pond 池,塘
いけいかん 【異形管】 deformed pipe, special pipe 异形管
いけいきん 【異形筋】 deformed bar 变形钢筋,异型钢筋,竹节钢筋
いけいけいみぞがたこう 【異形軽溝形鋼】 deformed light channel steel 异型轻槽钢
いけいつぎめ 【異形継目】 special joint 异型接缝,异型拼接
いけいつぎめいた 【異形継目板】 special splice plate 异型接缝板,异型拼接板
いけいてっきん 【異形鉄筋】 deformed (reinforcing) bar 变形钢筋,螺纹钢筋,竹节钢筋,异型钢筋
いけい・ピー・シーこうせん 【異形～PC鋼線】 deformed pre-stressed concrete steel wire 预应力混凝土用异形钢丝,刻痕钢丝,压波钢丝
いけいひらこう 【異形平鋼】 deformed flat steel 异型扁钢
いけいブロック 【異形～】 special concrete block 异型砌块
いけいぼうこう 【異形棒鋼】 deformed steel bar 变形钢筋,异型钢筋,竹节钢筋,螺纹钢筋
いけいまるこう 【異形丸鋼】 deformed round steel bar 异型棒钢,竹节圆钢筋
いけいラーメン 【異形～[Rahmen德]】 deformed rigid frame,special rigid frame 异形刚架,不规则刚架
いけいれんが 【異形煉瓦】 special brick,molded brick 异型砖
いけがき 【生垣】 quickset,hedge 绿篱,树篱
いけきがき 【生木垣】 hedge 树篱,绿篱
いけぎわのき 【池際の木】 池畔树
いげた 【井桁】 well crib,well crib pattern 井栏,井字形花纹,井字筒架
いけどり 【生取】 借景,取景
いけほりかた 【池掘形】 (庭园中的)池形
イゲリト Igelite 聚氯乙烯系树脂(商)
イケール équerre[法] 角型材,角钢
イコスこうほう 【～工法】 ICOS method 无振动无噪声地下连续墙施工法,伊柯斯(钻孔灌注桩)施工法
イコノメーター iconometer 测距仪
イコノロジー iconology 图象学,图象研究
いこみ 【鋳込】 casting 浇注,浇铸
いこみば 【鋳込場】 casting yard 浇铸场
イー・コリー 【E.～】 E.coli 大肠杆菌
いざかや 【居酒屋】 public house 小酒馆,饮食店,居住小区集会处
いじ 【維持】 maintenance 维护,维修,保养
イー・シー E.C.,end of curve 曲线终点
いしおとし 【石落】 machicolation (城

墙雉堞的)堞口,堞眼,雉堞式射击口

いしがき 【石垣】 stone fence 石砌围墙,石垒,石寨,石砌挡土墙

いしがきとり 【石垣取】 砌石墙,砌石墙工人

いしかべ 【石壁】 stone wall 石墙

いじかんり 【維持管理】 maintenance and management 维护管理

いじかんりひ 【維持管理費】 expense of maintenance and management 维护管理费

いしきり 【石切】 采石,加工石料,采石工具,采石工

いしきりき 【石切機】 stone cutter 割石机,切石机

いしきりのこ 【石切鋸】 stone saw 石锯

いしきりば 【石切場】 quarry,stone pit 采石场

いしきりば 【石切場】 quarry 采石场

いしく 【石工】 mason 石工

いしくず 【石屑】 spall 石屑

いしぐち 【石口】 勒脚石上端,砌石上端

いしぐみ 【石組】 stone arrangement 假山石,山石组

いしこ 【石粉】 stone powder 石粉

いしこうじ 【石工事】 masonry work 砌石工程,石工(程)

いしこうじようのみ 【石工事用鑿】 chisel for stone 石工用凿

いしこうぞう 【石構造】 stone construction 石结构,石砌构造,石建筑

いしごしらえ 【石拵】 石材加工

いしごっぱ 【石木端】 stone chips,stone screenings 石屑

いしざいく 【石細工】 stonework 琢石工程,细作石工

いしさま 【石狭間】 (城墙的)石箭眼,石枪眼

いしじき 【石敷】 stone paving 石块铺面,铺石

いしずえ 【礎】 base 柱础(木柱下的础石),柱碌

いしだたみ 【石畳】 stone pavement, stone paving 砌石地面,铺石地面,铺石

いしだたみつぎ 【石畳継】 咬口接合,咬榫接合

いしだま 【石玉】 rubble,gravel 毛石,卵石

いしだん 【石段】 stone step 石砌踏步,石砌台阶,石梯级

イージー・チェア easy chair 安乐椅

いしつき 【石付】 (庭园中)石畔配景草木,(岩石盆景)配植草木,石柱上直接立柱

いしづくり 【石造】 stone masonry,stonework,stone construction 砌石,石结构

いしづくりのちょすいち 【石造の貯水池】 masonry reservoir 石砌蓄水池,石砌贮水池

いしつたいきはんのう 【異質大気反応】 heterogeneous atmosphere reaction 异质大气反应,多相大气反应

いしづみ 【石積】 stone masonry,stonework 砌石,砌石法,砌石工,砌石工程

いしづみそっこう 【石積側溝】 stone masonry ditch 砌石边沟

いしどうろう 【石灯籠】 stone lantern 石灯笼,石灯

いしにわ 【石庭】 rock garden 岩石园(以叠石为主体的花园)

いしばい 【石灰】 lime 石灰

いしばいずり 【石灰摺】 底层刷(贝壳)石灰,石灰粉刷,抹底层灰

いしばがち 【石場搗】 (地基上)小卵石夯实

いしばし 【石橋】 stone bridge 石桥

いしばだて 【石場建】 石础上直接立柱

いしはま 【石浜】 (日本庭园中)池畔石砾

いしばやし 【石林】 采石岩基,采石场石源

いしばり 【石張】 stone pitching, pitching 石砌护面,石砌护坡

いしばりこう 【石張工】 stone pitching 石砌护面工程

いしばりごがん 【石張護岸】 stone revetment 石砌护岸

いしばりてい 【石張堤】 stone levee, stone dyke 石砌堤

いじひ 【維持費】 maintenance cost,upkeep 维修费,保养费

いしびきてっきん 【石引鉄筋】 砌石加固

钢筋,石砌体配筋
いしぶね 【石船】 运石船
いしふんさいき 【石粉砕機】 stone crusher 碎石机
いしべい 【石塀】 stone fence 石砌围墙
いじほしゅう 【維持補修】 upkeep and mending 房屋修缮
いじほぜん 【維持保全】 keep intact 维持保护
いしみち 【石道】 stony path 铺石小路
いしめ 【石目】 rift 岩石的裂隙,裂缝
いしや 【石屋】 stone mason 石工
いしやき 【石焼】 用长石等烧制的陶瓷
いしやね 【石屋根】 石板屋面,页岩屋面
いしゅく 【萎縮】 atrophy,dwarfing 萎缩,矮化
いしょう 【意匠】 design 设计,匠心
いじょうぎょうけつ 【異状凝結】 abnormal setting 异状凝结,反常凝结
いじょうこうすいい 【異常高水位】 unusual high water level 异常高水位
いじょうさんらん 【異常散乱】 abnormal scattering 反常散射
いしょうストーカー 【移床~】 travelling-grate stoker 移动炉篦加煤机
いじょうだつらく 【異常脱落】 abnormal sloughing(of biological film) (滤床生物膜)反常脱落,异常脱落
いしょく 【囲植】 enclosure planting 围植
いしょく 【移植】 transplantation 移植
いしょくなえ 【移植苗】 transplant 移栽苗,移植苗
いじりつ 【維持率】 maintenance factor (窗玻璃等的)维护系数,照明器具减光补偿率的倒数
いしわくごがん 【石枠護岸】 rock-filled revetment 填石护坡,填石护岸
いしわた 【石綿】 asbestos 石棉
いしわたいた 【石綿板】 asbestos board 石棉板
いしわたガスケット 【石綿~】 asbestos gasket 石棉垫片
いしわたかみガスケット 【石綿紙~】 asbestos paper gasket 石棉纸垫片
いしわたかん 【石綿管】 asbestos pipe 石棉管
いしわたかん 【石棉環】 asbestos ring 石棉箍
いしわたざがね 【石綿座金】 asbestos washer 石棉垫圈
いしわたシート・パッキング 【石綿~】 asbestos sheet packing 石棉密封垫片,石棉片密封
いしわたせん 【石綿線】 asbestos cord 石棉线
いしわたパッキング 【石綿~】 asbestos packing 石棉填料,石棉密封
いしわたフェルト 【石綿~】 asbestos felt 石棉毡
いしわたホース 【石綿~】 asbestos hose 石棉软管
いしわたラッギング 【石綿~】 asbestos lagging 石棉外套
いしわり 【石割】 stone cutting, layout of stone masonry 切石,石材分割,(砌石工程的)石料铺砌
いしわりず 【石割図】 石料铺砌图
いしん 【移心】 shifting 移心,移动,位移,变位
いじんずさ 【異人苆】 由黄麻制品废料制做的麻刀
いすか 【鶍】 错口形,交喙接合,犬齿交错形接头,叉口
いすかぎり 【鶍切】 V形头标桩
いすかつぎ 【鶍接】 crossbill joint 交喙接合,叉口接合
いすざい 【椅子座位】 sitting posture (测定人体的)坐椅姿势
いすしき 【椅子式】 椅子式(生活方式),坐椅的生活方式(指与日本传统的席地而坐的生活方式相对而言)
イーストきん 【~菌】 yeast fungus 酵母菌
いすばり 【椅子張】 upholstery 装椅子垫子,椅子垫套
いずみ 【泉】 spring 泉,泉水
いずみどの 【泉殿】 (日本平安、镰仓时代邸宅的)水榭,泉殿
イスラムきょうけんちく 【~教建築】 Is-

lamic architecture 伊斯兰建筑,回教建筑,撒拉逊式建筑
イスラムしき【～式】Islamic style 伊斯兰式(建筑)
いせき【遺跡】historic site 遗迹,古迹
イーゼル easel 画架
いせん【緯線】parallel circle,parallel of latitude 纬线
いそう【位相】phase 相位,相
いそうおくれ【位相遅】phase lag 相位延迟,相位滞后
いそうかく【位相角】phase angle 相位角
いそうき【移送機】conveyer 输送机,传送机运输设备
いそうさ【位相差】phase difference 相位差,周相差
いそうせいぎょ【位相制御】phase control 相位控制
いそうそくど【位相速度】phase velocity 相位速度,(周)相速度
いそうていすう【位相定数】phase constant 相位常数
いそうていすう【位相定数】phase constant 相位常数,周相恒量
いそうとくせい【位相特性】phase characteristics 相位特性
いそうパイプ・ライン【移送～】conveying pipe line 输送管线
いそうポンプ【移送～】conveying pump 输送泵
いそうめんデルタほう【位相面δ法】phase plane δ-method 相位面δ法
イソシアネートけいせっちゃくざい【～系接着剤】isocyanate adhesive 异氰酸(类)盐粘接剂
いそじま【磯島】(庭园中)池内石岛
イソプロピル・アルコール isopropyl alcohol 异丙醇
いぞんえいようびせいぶつ【依存栄養微生物】heterotrophic microbe 异养微生物
いた【板】plate 板,平板
イタイイタイびょう【～病】itai-itai (pain)disease 骨痛病,镉中毒症
いたいし【板石】flag stone,plate stone 板石,铺路石板
いたいしばし【板石橋】石板桥
いたいしほそう【板石舗装】flagstone pavement 石板铺砌,石板路面
いたおさえ【板押】压板,固定木板用压条
いたかえるまた【板蟇股】薄板做成的驼峰
いたがかり【板掛】顶棚搭接框,顶棚支条,顶棚重合部分
いたかき【板欠】木板嵌接,木板嵌槽接合
いたがき【板垣】boarding fence 木板围墙,木栅栏
いたがけ【板掛】地板,搁板端头承接钉板的木料
いたがこい【板囲】boarding 临时用木板围墙
いたがね【板金】sheet-metal,metal plate 金属板,板料
いたかべ【板壁】wood siding wall, board partition 板墙,木板隔墙
いたがみ【板紙】paper board 纸板,马粪纸
いたがみこうじょうはいすい【板紙工場廃水】paper board mill,waste-water 纸板厂废水
いたガラス【板～】plate-glass,sheet glass 平板玻璃
いたからと【板唐戸】厚木板门
いたぎり【板錐】auger 木板穿孔用螺钻,木钻
いたぐさり【板鎖】flat link chain, flat-bar chain 扁钢链,平环链,扁环节链
いたくら【板倉】木板墙仓库
いたゲージ【板～】plate gauge 板规
いたげた【板桁】plate girder 板梁
いたこしじるし【板腰印】(竖向构件上)标记地板位置的符号
いたざがね【板座金】plate washer 板状垫圈,平板垫圈
いたじき【板敷】plank floor,boarded floor 铺木地板地面,木楼板地面

いたジベル 【板～[Dübel德]】 plate dowel 板暗销,片暗销
いたじゃくり 【板决】 木板嵌接,木板嵌槽接合,木板搭边接合
いたずり 【板摺】 木板嵌接,木板嵌槽接合,木板搭边接合
いたたまがき 【板玉垣】 栅板门(将厚木板并列、留出间距、钉以横带的板门)
いたちがい 【板違】 拼木地板,席纹地板
いたちがいてんじょう 【板違天井】 交错钉板顶棚
いたちょうばん 【板丁番】 金属板制的合页,金属板制的铰链
いたつけくぎ 【板付釘】 钉薄板用钉
いたてんじょう 【板天井】 boarded ceiling 木板顶棚
いたど 【板戸】 boarded door 板门
いたどこ 【板床】 坐席垫板,(日本住宅客厅内的)凹间处的木地板
いたとびら 【板扉】 厚木板门
いたとめ 【板止】 barge board,gable board (山墙)封檐板
いたね 【板根】 plank buttress 板根(树干基部的根肿,其生长方向与树冠重心相反,是防风倒的自卫根)
いたのき 【板軒】 board eaves 木板檐
いたのぶち 【板野縁】 吊顶用木板龙骨,吊顶用木板搁栅
いたはぎ 【板矧】 board joint 木板接合
いたばし 【板橋】 plank-floored bridge 木板桥,木板铺面桥
いたばめ 【板羽目】 雨淋板,护墙板
いたばり 【板張】 boarding 铺贴木板,铺钉木板
いたばりてんじょう 【板張天井】 boarded ceiling 木板顶棚
いたばりほそう 【板張舗装】 plank pavement 铺木板路面,木板路面
いたばりゆか 【板張床】 boarded floor, plank floor 木地板地面,木楼板地面
いたび 【板碑】 石塔碑(日本镰仓、室町时代一种三角形顶长方形身的石碑)
いたびさし 【板庇·板廂】 board eaves 木板挑檐,木遮檐
いたぶき 【板葺】 shingle roofing,shingle roof covering 木板屋顶,铺木板屋面
いたふで 【板筆】 排笔,排刷
イー・ダブリューこうほう 【EW工法】 地下连续墙施工法,EW施工法
いたふるい 【板篩】 screen (测量集料粒径用的)金属板筛
いたべい 【板塀】 board fence 木板围墙,木栅栏
いたまげロール 【板曲～】 plate bending roll 弯板机
いため 【板目】 flat grain,plainsawn, slash grain (木材的)弦切纹理,弦面纹理
いためきどり 【板目木取】 slash-cut 弦切制材,弦锯材
いためめん 【板目面】 flat grain,plainsawn,slash grain (木材的)弦切面
いたや 【板屋·板家】 shingle roof,shingle roofed house 铺板屋面,铺板屋面房屋
いたやかえで 【板谷楓】 Acer mono Maxim[拉],mono maple[英] 五角枫
いたやかえで 【板屋楓】 铺板屋面用枫木
イタリアがわら 【～瓦】 Italian roof tile,Roman roofing tile 意大利式瓦(盘瓦和筒瓦结合的形式),罗马式瓦
イタリアけんちく 【～建築】 Italian architecture 意大利建筑
イタリアしきていえん 【～式庭園】 Italian renaissance style garden 意大利(文艺复兴)式庭园
イタリア・モザイク Italian mosaic 意大利马赛克,意大利嵌镶物
イタリア・ルネサンス Italian Renaissance 意大利文艺复兴式(建筑)
イタリック・オーダー Italic order 意大利柱式
いち 【市】 market 集市,市场
いち 【位置】 position,location 位置,地点,场所
いちアドレスほうしき 【一～方式】 one address system,single address system 单地址式,一地址式
いちい 【一位】 yew tree 水松,紫杉
いちエネルギー 【位置～】 potential en-

ergy 位能,势能
いちかしきとちひょうかほう 【位置価式土地評価法】 土地按位置评价法
いちかほうしき 【位置価方式】 (土地的)按位置评价方式
いちく 【移築】 removing and reconstructing (建筑物按原式样)迁建,拆迁新建
いちこうさ 【位置公差】 positional tolerance 位置公差(构配件与基准线或基准点间位置偏差的容许范围)
いちころ 一次完成
いちじあつみつ 【一次圧密】 primary consolidation 初步压实,初步固结
いちじおうりょく 【一次応力】 primary stress 初应力,一次应力,基本应力,主应力
いちじおせん 【一次汚染】 primary pollution 一次污染
いちじおせんぶつ 【一次汚染物】 primary pollutant 初次污染物
いちじおせんぶっしつ 【一次汚染物質】 primary pollutant 一次污染物
いちじかねつき 【一次加熱器】 primary heater 一次加热器
いちじくあっしゅくきょうど 【一軸圧縮強度】 unconfined compression strength 无侧限抗压强度
いちじくあっしゅくしけん 【一軸圧縮試験】 unconfined compression test 无侧限压缩试验,无侧限抗压试验
いちじくあっしゅくしけんき 【一軸圧縮試験機】 unconfined compression apparatus 无侧限压缩仪
いちじくあっしゅくつよさ 【一軸圧縮強さ】 unconfined compression strength 无侧限抗压强度
いちじくうき 【一次空気】 primary air 一次(进)风
いちじクリープ 【一次～】 primary creep 初始徐变
いちじげんあつみつ 【一次元圧密】 one dimensional consolidation 单维固结,单向固结,单维压缩
いちじげんおうりょく 【一次元応力】 one dimensional stress 一元应力,单维应力,单(轴)向应力,一维应力
いちじげんてきはいすい 【一次元的排水】 linear drainage 单向排水
いちじこうげん 【一次光源】 primary light source 原始光源
いちじこうすい 【一時硬水】 temporary hard water 暂硬水
いちじこうぞう 【一次構造】 primary structure (土的)原状结构,原始结构,初始结构
いちじこうど 【一時硬度】 temporary hardness 暂时硬度,碳酸盐硬度
いちじしょり 【一次処理】 primary treatment 初级处理,初步处理
いちじせっちゃく 【一次接着】 primary gluing 预粘合,预胶合
いちじちんでんそう 【一次沈殿槽】 primary settling tank 一次沉淀池
いちじつぎて 【一時継手】 temporary joint 临时接头
いちじないりょく 【一次内力】 primary stress 初始应力,基本应力,一次应力,主应力
いちじねんど 【一次粘土】 primary clay 原生粘土,原始粘土
いちじはんのう 【一次反応】 first-order reaction 一级反应,一阶反应
いちじふっこう 【一次覆工】 primary lining 一次衬砌
いちじモーメント 【一次～】 static moment of area (截面)一次矩,(截面)静矩
いちじゅう 【一重】 单檐
いちじゅうかべ 【一重壁】 single wall 单层墙
いちじゅうきだん 【一重基壇】 单层台基
いちじゆうどけい 【一自由度系】 one-degree-of-freedom system 一个自由度体系,单自由度体系
いちじゅうよりロープ 【一重撚～】 spiral rope 钢绞线,钢索螺旋绳
いちじユニオンつぎて 【一字～継手】 straight union joint 直管活接头
いちじりつ 【一次率】 static moment of area (截面)一次矩,(截面)静矩

**いちじろかち** 【一次濾過池】 primary filter bed 初级滤池,一级滤池

**いちすいとう** 【位置水頭】 elevation head,potential head 高程水头,位头,势头

**いちだんあっしゅく**【一段圧縮】 one stage compression 单级压缩

**いちだんうずまきポンプ** 【一段渦巻～】 single-stage centrifugal pump 单级离心泵

**いちだんがたえんしんそうふうき** 【一段型遠心送風機】 single-stage centrifugal blower 单级离心鼓风机

**いちだんかたぎいれ** 【一段傾入】 single skew notch,single step joint 单斜凹槽接合

**いちだんくうきあっしゅくき** 【一段空気圧縮機】 single-stage air compressor 单级空气压缩机

**いちだんさじきしきかんきゃくせき** 【一段桟敷式観客席】 single balcony type auditorium 单眺台式观众厅

**いちだんち** 【一团地】 grouped site 一片地,连片建筑用地

**いちだんちじゅうたく** 【一团地住宅】 housing of a grouped site 一片地上的住宅群

**いちだんちじゅうたくけいえい** 【一团地住宅経営】 housing business of a grouped site,management of housing estate 住宅群经营(在连片的建筑用地上按规划进行住宅建设并统一经营管理)

**いちだんちのじゅうたくしせつ** 【一团地の住宅施設】 housing facilities of a grouped site 住宅群公用设施(对一定规模的住宅群按城市规划法规定附设的道路及其它设施)

**いちだんまきウィンチ** 【一段巻～】 single winch 单卷筒绞车,单卷筒卷扬机

**いちにちあたりきゅうすいりょう** 【一日当給水量】 daily water consumption 日供水量,日给水量

**いちにちあたりしょうひりょう** 【一日当消費量】 consumption per day 日用量,日消费量

**いちにちきょようせっしゅりょう** 【一日許容摂取量】 acceptable daily intake (ADI) (污染物浓度的)每日容许摄取量

**いちにちさいだいおすいりょう** 【一日最大汚水量】 aily maximum sewage rate 最大日污水量

**いちにちさいだいきゅうすいりょう** 【一日最大給水量】 daily maximum water consumption 最高日供水量

**いちにちへいきんおすいりょう** 【一日平均汚水量】 average sewage rate per day 平均日污水量

**いちにちへいきんきゅうすいりょう** 【一日平均給水量】 average water consumption per day 平均日供水量

**いちねんせいしょくぶつ** 【一年生植物】 therophyte 一年生植物

**いちのエネルギー** 【位置の～】 potential energy 势能,位能

**いちば** 【市場】 market 市场,商场

**いちばひろば** 【市場広場】 market place,market square 市场广场

**いちばまち** 【市場町】 market town 集镇,集市

**いちびずさ** 【市皮苆】 由黄麻网等废品制做的麻刀

**いちひょうていてん** 【位置標定点】 horizontal control point 平面控制点

**いちぶくっさく** 【一部掘削】 partial excavation 部分开挖

**いちぶしゅつにゅうせいぎょ** 【一部出入制御】 partial control of access 部分出入控制

**いちプラスいちアドレス・コード** 【一～一～】 one-plus-one address code 1加1地址码

**いちベクトル** 【位置～】 position vector 位置矢量,位置向量

**いちヘッド** 【位置～】 potential head 势头,位头

**いちほうこうスラブ** 【一方向～】 one-way slab 单向钢筋混凝土板,单向板

**いちほうこうはいきんスラブ** 【一方向配筋～】 one-way reinforcement slab 单向配筋混凝土板,单向板

いちほうこうばん 【一方向板】 one-way slab 单向板,单向钢筋混凝土板
いちぼくづくり 【一木造】 (一木雕成的)雕刻
いちまいがんな 【一枚鉋】 单刃刨
いちまいづみ 【一枚積】 one brick wall 一砖厚墙,单砖墙
いちまいびらき 【一枚開】 single door 单扇开关门
いちまいほぞ 【一枚枘】 single tenon 单榫舌
いちまいもの 【一枚物】 整块宽板
いちまつ 【市松】 checkwork, checkerwork, chequerwork (黑白色或深浅色)方格纹,棋盘纹细工
いちまつばり 【市松張】 方格式铺草坪法
いちめんせんだん 【一面剪断】 single shear 单面剪切,单剪
いちめんせんだんしけんき 【一面剪断試験機】 box shear apparatus with a single surface 单剪试验机
いちめんせんだんリベット 【一面剪断~】 single shear rivet 单剪铆钉,受单剪的铆钉
いちめんブイつきあわせつぎて 【一面V突合継手】 single V-butt weld 单面V形槽焊,单面V形对接焊
いちもんじ 【一文字】 直线形,一字形,舞台上部檐幕
いちもんじがわら 【一文字瓦】 齐檐板瓦
いちもんじきょうだい 【一文字橋台】 straight abutment, stub abutment 无翼墙桥台,一字形桥台,直线形桥台
いちもんじそですみがわら 【一文字袖隅瓦】 齐檐转角瓦
いちもんじのきがわら 【一文字軒瓦】 齐檐板瓦
いちもんじぶき 【一文字葺】 Dutch-lap method (水泥石棉瓦、金属板等的)齐口压边铺法
いちょう 【萎凋】 wilting 萎蔫
いちょう 【銀杏·公孫樹】 Ginkgo biloba [拉], maidenhair tree[英] 银杏,白果树,公孙树
いちようおうりょく 【一様応力】 uniform stress 均匀应力,均布应力
いちょうすかし 【銀杏透】 银杏叶形剪枝
いちようそうきょくめん 【一葉双曲面】 hyperboloid of one sheet 单叶双曲面
いちようだんめんばり 【一様断面梁】 uniform beam 等截面梁
いちようちょうかいきょう 【一葉跳開橋】 single-leaf bascule bridge 单翼竖旋桥,单翼开启桥
いちようなかそくど 【一様な加速度】 uniform acceleration 匀加速度,等加速度
いちようぶんぷ 【一様分布】 uniform distribution 均匀分布
いちようぶんぷかじゅう 【一様分布荷重】 uniform load 匀布荷载,均布荷载
いちようりゅう 【一様流】 uniform flow 均匀流
いちらくさ 【位置落差】 potential head 位头,势头
いちりつきじゅん 【一律基準】 uniform standard 统一标准,同一标准
いちりんおしてぐるま 【一輪押手車】 one-wheel barrow, one-wheel handcar 单轮手推车
いちりんしゃ 【一輪車】 wheel barrow (浇灌混凝土用的)单轮手推车
いちりんローラー 【一輪~】 one-wheel roller 单轮压路机
いちれつしょうべんじょ 【一列小便所】 urinal range 一列小便池
いちれつびょうせつ 【一列鋲接】 single-row riveted joint, single-row riveting 单行铆接
いちれつリベットかさねつぎて 【一列~重継手】 single-row riveted lap joint 单行铆钉搭接
いちれつリベットつきあわせつぎて 【一列~突合継手】 single-row riveted butt joint 单行铆钉对接
いっかい 【一階】 ground floor[英], first floor[美] 首层,底层
いっかしきれいきゃくほうしき 【一過式冷却方式】 once-through cooling system 一次(通过的)冷却方式,单程冷却

いっきざき 【一季咲】 one season flowering 一季开花(一季花)
いっけんいっか 【一間一花】 一格一花的方格顶棚(顶棚装饰图案的一种布置形式)
いっけんやしろ 【一間社】 单开间神社
いっこうしょうめい 【溢光照明】 flood lighting 泛光,泛光照明,泛光探照灯
いっこうしょうめいほう 【溢光照明法】 flood lighting method 泛光照明法,强力照明法
いっこうとう 【溢光灯】 flood lamp, floodlight 泛光灯,投光灯
いっこだて 【一戸建】 独户房屋,独户住宅
いっこだてじゅうたく【一戸建住宅】 detached house 独立式住宅,独户住宅
いっさんかえん=いっさんかなまり
いっさんかたんそ 【一酸化炭素】 carbon monoxide 一氧化碳
いっさんかたんそけんちかん 【一酸化炭素検知管】 carbon monoxide detector 一氧化碳检验管
いっさんかたんそちゅうどく 【一酸化炭素中毒】 carbon monoxide poisoning 一氧化碳中毒
いっさんかちっそ 【一酸化窒素】 nitrogen monoxide 一氧化二氮,氧化亚氮
いっさんかなまり 【一酸化鉛】 lead monoxide 一氧化铅
いっし 【一枝】 椽档,椽距(确定日本古建筑各项尺寸的基本单位)
いっしきうけおい【一式請負】 lump sum contract (造价)总额承包,包干承包,金额一次总付承包
いっしつアパート 【一室～】 one-room apartment 单间公寓
いっしつきょじゅう 【一室居住】 一家居住一室
いっしつじゅうこ 【一室住戸】 one-room dwelling 单间公寓(每户为一室的公寓)
いっしってんけい 【一質点系】 single mass system 单质点系
いっしゃせん【一車線】 one-way lane 单车道
いっしゃせんどうろ 【一車線道路】 single lane road 单车道道路
いっしゅうきょうど 【一週強度】 one week age strength (龄期)7天强度
いっしゅうじかん 【一周時間】 round-trip times(RTT) 电梯往复一次时间
いっしゅつかん 【溢出管】 downtake pipe 溢流管
いっしんしつじゅうたく 【一寝室住宅】 one bedroom house 单卧室住宅(另设厨房及餐室)
いっすい 【逸水】 漏浆,漏水
いっすい 【溢水】 overflow 溢水,溢流
いっすいかん 【溢水管】 overflow pipe 溢流管
いっすいべん 【溢水弁】 overflow valve 溢水阀,溢流阀
いっすんくぎ 【一寸釘】 (日制)寸钉(长32毫米)
いっすんとり 【一寸取】 十分之一尺(尺寸比率)
いっせいきだん 【一成基壇】 单层台基
いっそうバルコニーしきかんきゃくせき 【一層～式観客席】 one balcony type auditorium 单眺台式观众席
いったいうちこうぞう 【一体打構造】 monolithic construction 整体式结构,整体式构造,整体式建筑
いったいこうぞう 【一体構造】 monolithic construction 整体式构造,整体式建筑,整体式结构
いったいしあげ 【一体仕上】 monolithic finish 整体修饰,整体饰面
いったいしきこうぞう 【一体式構造】 monolithic construction 整体式构造,整体式结构,整体式建筑
いったいしきへきたい 【一体式壁体】 monolithic bearing wall 整体式承重墙
いっちょうまえ 【一丁前】 熟练工
いづつ 【井筒】 well-crib, well casing, sunk well 井筒,井套,沉井
いっつい 【一対】 couple 对,偶
いづつぎそ 【井筒基礎】 well foundation 井筒基础,沉井基础
いづつこうほう 【井筒工法】 well meth-

od, well caisson method 沉井施工法

いづつちんかほう【井筒沈下法】well sinking 沉井法,井筒下沉法

いづつぶち【井筒縁】well crib 井框

いっていげんぶほうしき【一定減歩方式】(建筑用地)定额减少方式

いっていたわみしけん【一定撓試験】uniform deflection test 等挠曲试验

いっていたんいすいりょうのほうそく【一定単位水量の法則】constant water content law (混凝土的)恒定水量定律

いっていのふか【一定の負荷】constant load 常负荷,定负荷,恒负荷

いってんしゅうちゅうがたとしこうぞう【一点集中型都市構造】one nucleus urban structure 一个中心型城市构造,单一中心型城市结构

いってんとうし【一点透視】one point perspective 一点透视

いっとうさんかくそくりょう【一等三角測量】first order triangulation, primary triangulation 一等三角测量

いっとうさんかくてん【一等三角点】first order triangulation station 一等三角测站,一等三角点

いっとうすいじゅんそくりょう【一等水準測量】first order levelling 一等水准测量

いっとうすいじゅんてん【一等水準点】first order bench mark 一等水准点,一等水准基点,一等基准点

いっとうひょうしゃく【一等標尺】first order staff 一等杆,一等标尺

いっとうレベル【一等～】first order level 一等水准

いっぱんえき【一般駅】station 车站

いっぱんおうりょくじょうたい【一般応力状態】generalized stress condition 一般应力状态,广义应力状态

いっぱんかい【一般解】general solution 通解,普通解,一般解

いっぱんかへんい【一般化変位】generalized displacement 一般位移,广义位移,广义变位

いっぱんかみちりょう【一般化未知量】generalized unknown 广义未知量,一般化未知量

いっぱんかんき【一般換気】general ventilation 全面通风

いっぱんかんりひ【一般管理費】general caretaking expenses 总管理费,经常管理费

いっぱんきょうそうけいやく【一般競争契約】public competitive contract 公开竞争投标合同

いっぱんきょうそうにゅうさつ【一般競争入札】general bid, public tender 公开竞争投标

いっぱんこくどう【一般国道】national highway (国家投资的)干线道路

いっぱんさいきん【一般細菌】general bacteria 一般细菌,杂菌

いっぱんさいきんすう【一般細菌数】general bacterial population 细菌菌落,菌群

いっぱんざひょう【一般座標】generalised coordinate 广义坐标,一般坐标,普通坐标

いっぱんしがいちじゅうたく【一般市街地住宅】一般市区住宅(指由日本建筑公团,通过借地或收买取得空中权在市区内商店、营业所的上层建造的住宅)

いっぱんじどうしゃどう【一般自動車道】motor-vehicle way 一般汽车路,一般汽车公路,一般汽车道路

いっぱんず【一般図】general drawing 总图

いっぱんそくど【一般速度】generalised velocity 广义速度,一般速度

いっぱんはいきぶつ【一般廃棄物】general waste 一般废物,一般废料

いっぱんようさびどめペイント【一般用錆止～】anticorrosive paint 通用防锈漆

いっぱんりょく【一般力】generalized force 一般力,广义力

いっぱんりんしょうけんさしつ【一般臨床検査室】general clinical laboratory 一般临床化验室

**いっぴつち** 【一筆地】 parcel of land 一块土地，一部分土地
**いっぽうこうつうろ** 【一方交通路】 one-way street 单行线，单向交通道，单向通行道路
**いっぽうコック** 【一方～】 one-way cock 单向旋塞
**いっぽうつうこうがいろ** 【一方通行街路】 one-way street 单行线，单向交通道，单向通行道路
**いっぽうつうこうせいげんくかん** 【一方通行制限区間】 one-way restricted zone 单向通行限制区间
**いっぽうつうこうろ** 【一方通行路】 one-way street 单行线，单向交通道，单向通行道路
**いっぽうみのにわ** 【一方見の庭】 单向观赏的庭院
**いっぽうりゅうつうべん** 【一方流通弁】 check-valve 逆止阀，单向阀，止回阀
**いっぽんあしば** 【一本足場】 single scaffold 单排脚手架
**いっぽんクレーン** 【一本～】 gin pole derrick 桅杆起重机，起重桅杆
**いっぽんこうリフト** 【一本構～】 single rail lift 单轨升降机
**いっぽんづもりうけおい** 【一本積請負】 lump sum contract （造价）总额承包，包干承包，金额一次总付承包
**いつりゅう** 【溢流】 overflow 溢流
**いつりゅうかん** 【溢流管】 overflow pipe 溢流管
**いつりゅうこう** 【溢流口】 overflow section 溢流口
**いつりゅうしつ** 【溢流室】 overflow chamber 溢流室
**いつりゅうぜき** 【溢流堰】 overflow weir 溢流堰
**いつりゅうぜきふか** 【溢流堰負荷】 overflow weir rate 溢流堰负荷
**いつりゅうダム** 【溢流～】 overflow dam 溢流坝
**イデアリン** Idealine 糊状粘结剂（商）
**イー・ディー・アール** EDR, equivalent direct radiation 当量散热面积
**イー・ティー・シー** ETC, end of transition curve 缓和曲线终点
**イー・ディー・ティー・エー** EDTA, ethylene diamine tetra-acetic acid 乙二胺四乙酸
**イー・ディー・ピー** EDP, electronic data processing 电子数据处理
**いていりょう** 【移程量】 shift 移程量
**イテレーション** iteration 迭代，反复
**いてん** 【移転】 removal 移去，清除，（建筑物的）迁移
**いでん** 【遺伝】 heredity, inheritance 遗传
**いでんししげん** 【遺伝子資源】 genetic resource 基因资源，种质资源
**いでんししげんほごセンター** 【遺伝子資源保護～】 genetic resource conservation center 基因资源保护中心，种质资源保护中心
**いてんほしょう** 【移転補償】 removing indemnity 迁移赔偿
**いど** 【井戸】 well 井
**いど** 【緯度】 latitude 纬度
**いどう** 【移動】 moving, traveling 移动
**いどうウィンチ** 【移動～】 traveling winch 移动式卷扬机，移动式绞车
**いどうかくのうこ** 【移動格納庫】 movable hangar 移动（式）飞机库
**いどうかじゅう** 【移動荷重】 moving load, traveling load 活动荷载，移动荷载
**いどうかたわく** 【移動型枠】 traveling form 移动式模板
**いどうかんち** 【移動換地】 moval replotting 迁移换地
**いどうきじゅうき** 【移動起重機】 portable crane 移动式起重机
**いどうくうきあっしゅくき** 【移動空気圧縮機】 portable air-compressor 移动式空气压缩机，移动式气压机
**いどうクレーン** 【移動～】 traveling crane 移动式起重机
**いどうけいろず** 【移動経路図】 flow chart 流程图，程序表，生产过程图解
**いどうコンベヤー** 【移動～】 portable

conveyer 移动式输送机,轻便式运输机
いどうしきあしば 【移動式足場】 rolling tower 移动式脚手架
いどうしきアスファルト・プラント 【移動式～】 portable asphalt plant 移动式沥青搅拌设备,移动式沥青热拌机
いどうしきかたわく 【移動式型枠】 traveling form 移动式模板
いどうしきセントリング 【移動式～】 traveling centering 移动式拱膺架
いどうしきたんさんガスしょうかせつび 【移動式炭酸～消火設備】 hand hose line type of $CO_2$ extinguishing system 半固定式二氧化碳灭火设备
いどうしきデリック・クレーン 【移動式～】 traveling derrick crane 移动式转臂起重机
いどうしきようせつき 【移動式溶接機】 portable welding machine 移动式焊机
いどうしてん 【移動支点】 movable support 活动支座
いどうジブ・クレーン 【移動～】 traveling jib crane 移动式悬臂起重机
いどうたん 【移動端】 roller end 活动端,滚轴支座
いどうつっぱりクレーン 【移動突張～】 traveling jib crane 移动式悬臂起重机
いどうデリック 【移動～】 traveling derrick(crane) 移动式转臂起重机
いどうぶたい 【移動舞台】 movable stage,sliding stage 活动舞台,移动舞台
いどうベルト・エレベーター 【移動～】 portable belt elevator 移动式皮带提升机
いどうホイスト 【移動～】 traveling hoist 移动式滑车,移动式电葫芦
いどうまきあげき 【移動巻揚機】 traveling winch 移动式卷扬机,移动式绞车
いどうまじきり 【移動間仕切】 movable partition wall 活动隔墙,活动隔断
いどうむせん 【移動無線】 mobile radio 流动无线电台
いどうもんがたジブ・クレーン 【移動門形～】 traveling portal jib crane 移动高架悬臂起重机
いどうりろん 【移動理論】 kinematic theory 运动理论
いどうろ 【移動路】 paths 行驶路线,途径
いどがこい 【井戸囲】 井架
いどがまえ 【井戸構】 井架
いどがわ 【井戸側】 well casing 井筒,井壁
いどきそ 【井戸基礎】 well foundation 井筒基础
いどきゅうすいすいどう 【井戸給水水道】 waterworks supplied from well 井水给水工程,井水自来水厂
いどぐるま 【井戸車】 pulley 滑轮,辘轳
いどこうじ 【井戸工事】 well-boring 钻井工程,凿井工程
いとしば 【糸芝】 纤细草皮
いとじゃく 【糸尺】 linear length,girth 线长,带尺,延尺,线尺
いとすぎ 【糸杉】 cypress tree 扁柏,柏木
いどスクリーン 【井戸～】 well screen 管井过滤器,滤管,花管,井管滤网
いとどもえ 【糸巴】 小型勾滴筒瓦
いととり 【糸取】 曲线延长,曲线展开长度
いどのかこい 【井戸囲い】 casing of wells 井栏,井筒
いとのこ 【糸鋸】 fret saw,jig saw, scroll saw 线锯,钢丝锯
いとのこきかい 【糸鋸機械】 fret sawing machine 线锯机,钢丝锯机
いとのこばん 【糸鋸盤】 fret sawing machine 线锯床
いとヒューズ 【糸～】 fuse wire 熔丝,保险丝
いどほりき 【井戸掘機】 well driller, well borer 钻井机,凿井机
いどポンプ 【井戸～】 well pump 井泵
いとまさ 【糸柾】 fine grain 细致纹理
いとまるがわら 【糸丸瓦】 小型筒瓦
いどみず 【井戸水】 well water 井水
いとめじ 【糸目地】 微细接缝,细缝
いとめん 【糸面】 chamfer (方柱四角的)小削角,小削角面,小棱角面,小倒棱面

**いどやかた** 【井戸屋形】 well pavillion, well house 井亭,井屋

**いとらん** 【糸蘭】 Yucca 丝兰

**いどわく** 【井戸枠】 well casing 井内套筒,井壁板,井框

**いなかま** 【田舎間】 (日本)农村用柱距,农村用开间(每开间为日本尺6尺)

**いなご** 【稲子】 顶棚上搭缝扣栓

**いなござし** 【稲子差】 顶棚上搭缝插栓

**イナーシャ** inertia 惯性,惯量

**いなずまおれくぎ** 【稲妻折釘】 双折弯头钉,回纹形弯头钉

**いなずまがた** 【稲妻形】 回纹,雷纹

**いなずまかなもの** 【稲妻金物】 折线形铁件,角形铁件,丁字形铁件

**いなずまはしりくぎ** 【稲妻走釘】 之字形挂(画)钉,短折钉,短钩钉

**イナータンス** inertance 惯(惰)性,(声)质量(声抗除以角频率)

**イナート・ガス・アークようせつ** 【~溶接】 inert-gas arc welding 惰性气体(电)弧焊

**イナート・ガス・シールド・アークほう** 【~法】 inert gas shielded arc welding 惰性气体保护(电)弧焊

**イナンデーション** inundation (混凝土的)浸水

**イナンデーター** inundator 浸泡器

**イニシアル・コスト** initial cost 成本,原价,创办费,基本投资,基本建设费用

**イニシアル・タンジェント・モデュラス** initial tangent modulus 初始切线模量

**イニシアル・データ** initial data 原始数据,原始资料

**イニシアル・プレストレス** initial prestress 初始预应力

**イニシエーター** initiator 引爆药,起爆药,引发剂

**イニシャライズ** initialize 起始,设定,初值,辅助程序

**いぬがや** 【犬榧·粗榧·油榧】 Cephalotaxus harringtonia[拉],plumfruited clusterflowered yew[英] 日本粗榧,粗榧

**いぬくぎ** 【犬釘】 dog spike,rail spike, track spike 狗头(道)钉,(铁轨)道钉

**いぬくぎうちこみき** 【犬釘打込機】 spike-driver 道钉锤,打道钉机

**いぬくぎぬきき** 【犬釘抜機】 spike drawer 拔钉钳,道钉撬

**いぬごや** 【犬小屋】 kennel 犬舍

**いぬつげ** 【犬黄楊】 Ilex crenata[拉], Japanese holly[英] 波缘冬青,钝齿冬青,大黄杨

**いぬばしり** 【犬走】 berm 护坡道,城墙外狭道

**いぬやらい** 【犬矢来】 (保护建筑物腰墙的)弯竹栅栏

**いのこさす** 【豕扠首】 叉手

**いのちづな** 【命綱】 safety rope 保险绳,安全带,安全索

**イノベーション** innovation 革新,创新,新方法

**いのめ** 【猪の目】 心形纹样

**いばら** 【茨】 cusp (曲线相交的)尖角纹样,(叶形饰的)尖头

**いばらがき** 【茨垣】 sping hedge 有刺绿篱,刺篱

**いばらだるき** 【茨垂木】 翘起椽,昂起椽,尖头椽子

**いばらびれ** 【茨鰭】 cusp (曲线相交的)尖角纹样,(叶形饰的)尖头

**いばり** 【鋳ばり】 flash,burr 毛刺,毛边,闪光焊毛口,铸件飞边,飞翅

**イバリュエーション・テスト** evaluation test 评价试验,鉴定试验

**いはんけんちくぶつ** 【違反建築物】 违章建筑物

**イー・ピー・アール** EPR,ethylene propylene rubber 乙丙橡胶

**イー・ピー・エス** EPS,electrical pipe space 电线管井,电线管沟,电线管道

**イー・ピー・エム** epm,equivalent parts per million 1升溶液中溶质的毫克当量数,毫克当量/升

**イー・ピー・シェル** EP(elliptic paraboloidal) shell 椭圆抛物面壳体

**イー・ビトン** 【E~】 E-viton E-维通(健康线辐射通量单位)

**イピール** ipil(e) (东南亚产的)伊皮尔木,太平洋铁木

イーブ eave 屋檐
いぶしがわら 【燻瓦】 熏制瓦(用松叶熏成黑色的瓦)
いぶつ 【異物】 foreign matter (涂料中)杂质
いぼ 【疣】 结绳扣,打结
いほうせい 【異方性】 anisotropy 各向异性
いほうせいあつみつ 【異方性圧密】 anisotropic consolidation 各向异性固结,各向异性压实
いほうせいざいりょう 【異方性材料】 anisotropic material 各向异性材料
いほうせいシェル 【異方性～】 anisotropic shell 各向异性壳
いほうせいばん 【異方性板】 anisotropic plate 各向异性板
いほうせいぶっしつ 【異方性物質】 anisotropical material 各向异性物质
いぼかなもの 【疣金物】 扁的圆头钉
いぼた 【疣た】 石材裂缝填料
いぼはだかん 【疣膚管】 fin radiator 翅片散热器
いま 【居間】 living room, sitting room, dwelling room, parlour 起居室,生活室
いままわり 【居間廻】 (住宅的)生活用房
イミテーション imitation 模仿,仿造,仿造品
イミテーション・ゴールド imitation gold 装饰用铜铝合金
イミテーション・レザー imitation leather 人造革,假皮
いむしつ 【医務室】 doctor's room 医务室
イメージ image 印象,形象,景象,图象,映象,想象
イメージ・アビリティ image ability 表象能力(环境评价用语)
イメージはいしょく 【～配色】 imaging colour design 想象配色
イメージ・マップ image map (城市)印象图,形态地图
イメディアム・フィルター Immedium filter 向上流过滤的快滤池(商)
いもせつ 【芋接】 straight welded joint 对缝焊接,直缝焊接,电阻对焊接头,对接焊缝
いもせつかん 【芋接管】 straight welded pipe 电阻对焊管,对缝焊管,直缝焊管
いもつぎ 【芋継】 straight joint, butt joint 对接,直缝,暗榫对接头
いもづみアーチ 【芋積～】 straight arch 直缝砌合拱
いもの 【鋳物】 casting, casting article 铸造物,铸件
いものこうじょう 【鋳物工場】 foundry 铸造厂
いものしょくば 【鋳物職場】 casting shop 铸工车间
いものスケール 【鋳物～】 foundry scale 铸件鳞片
いもめじ 【芋目地】 straight joint 通缝,直线接缝
いやち 【忌地·嫌地·厭地】 sick soil, soil sickness 忌地(不适宜种植、生长的地)
イライト illite 伊利石(云母粘土总称),伊利水云母
いらか 【甍】 正脊,脊瓦,硬山
いらかおおい 【甍覆】 脊顶盖板
いらかからくさ 【甍唐草】 脊平瓦
いらかがわら 【甍瓦】 ridge tile 脊瓦
いらかづくり 【甍造】 gable roof 双坡屋顶形式,人字屋顶形式
いらかどもえ 【甍巴】 脊筒瓦
いらくしせつ 【慰楽施設】 recreation facilities 游乐设施
いらくセンター 【慰楽～】 entertainment center, amusement center 游乐中心
いらくちく 【慰楽地区】 amusement district, recreation district 游乐区
イラジエーション irradiation 辐照,照射,光渗
イラストレーション illustration 例示,例释,说明,解说,插图,图解,例图
イラディエーション＝イラジエーション
いりあいち 【入会地】 common place 共同使用地(特定地区的居民对山林、草原有

共同使用权的地区）
いりかいろ 【入回路】 incoming circuit 输入电路
いりかわ 【入皮】 bark pocket,bark seam,rindgall 夹皮,木疵
いりかわ 【入側】 楹间,耳房,侧间,抽屉的侧板
いりかわばしら 【入側柱】 内柱
いりぐち 【入口】 entrance,inlet 入口,进水口
いりぐちかん 【入口管】 inlet pipe 输入管(进水管,进气管)
いりぐちぎゃくりゅう 【入口逆流】 inlet counter current 进口回流
いりぐちコック 【入口～】 inlet cock 进口旋塞
いりぐちそくど 【入口速度】 inlet velocity 进口速度,进水速度
いりぐちそんしつ 【入口損失】 entrance loss 进水口(水头)损失
いりぐちなかばしら 【入口中柱】 正门中央柱(中世纪基督教教堂向左右平分正门的柱)
いりぐちノズル 【入口～】 inlet nozzle 进口喷嘴
いりぐちべん 【入口弁】 inlet valve 进气阀,进水阀
いりぐちホース 【入口～】 inlet hose 进口软管,输入软管
いりぐちホール 【入口～[hall]】 vestibule 门厅
いりぐちランプろめんひょうじ 【入口～路面標示】 entrance ramp marking 驶入匝道路面标线
いりぐちわく 【入口枠】 door case,door fame 门框,抱框
いりこみろ 【入込路】 road bay 路湾(根据街景需要在街区内的弯入路)
いりざねばり 【入実張】 ploughed and tongued joint 嵌榫拼接铺板
いりすみ 【入隅】 reentrant angle,reentrant part 凹角,内角
いりせん 【入線】 incoming line 进线
いりなか 【入中】 (划线时)靠中线里边的弹线
いりはっそう 【入八双】 岔角铁饰,装饰用岔角铁件,(夹在门扇上的)V字形鱼尾饰
イリバーレンしけん 【～試験】 Iribarren test 伊利巴林式(混凝土稠度)试验
いりもや 【入母屋】 歇山
いりもやづくり 【入母屋造】 歇山形式
いりもやはふ 【入母屋破風】 歇山封檐板
いりもややね 【入母屋屋根】 歇山屋顶
イリューミネーション＝イルミネーション
イリューミネーター＝イルミネーター
いりょうセンター 【医療～】 medical center,clinic center 医疗中心,医疗站
いりょうちく 【医療地区】 medical district 医疗区
いりょうようてあらいき 【医療用手洗器】 surgical lavatory 医用洗手盆
いりょうようながし 【医療用流】 medical sink,clinical sink 医用洗涤盆
イル・ジェズせいどう 【～聖堂】 IL Gesù[意] (16世纪罗马)耶稣会教堂
イールディング yielding 屈服的,能变形的,屈服,沉陷,塑性变形
イールド yield 屈服,沉陷
イールド・バリュー yield value (地基)稳定液流动压力值
イルミネーション illumination 照明,照度
イルミネーター illuminator 发光器,发光体,照明装置
イルミノメーター illuminometer 照度计
イル・レデントーレせいどう 【～聖堂】 IL Redentore[意] (16世纪威尼斯)列登托列教堂
いれこ 【入子】 sleeve 套筒,套袖,衬垫,嵌入件
いれこいた 【入子板】 panel board 镶板,嵌板,心子板
いれこえんとつ 【入子煙突】 sleeved chimney 套管烟囱,伸缩烟囱
いれこくだ 【入子管】 sleeve, sleeve pipe 套管,伸缩管
いれこつぎて 【入子継手】 sleeve joint 套管接合,套管接头
いれこぶた 【入子蓋】 与框边齐平的盖板

いれこぶち 【入子縁】 门心板线脚
いろ 【色】 colour 色彩，色
いろあげ 【色上·色揚】 上色，套色，重染色
いろあわせ 【色合】 colour matching 配色，颜色调配
いろうるし 【色漆】 colour lacquer 着色瓷漆，色瓷漆
いろえ 【色絵】（陶瓷底层的）彩绘
いろえんきんほう 【色遠近法】 colour perspective 彩色透视画法
いろおんど 【色温度】 colour temperature 色温度，色温
いろガラス 【色～】 coloured glass 彩色玻璃
いろガラスきゅう 【色～[glass]球】 coloured bulb 有色灯泡，彩色灯泡
いろかんかく 【色感覚】 colour sensation 色感觉
いろかんど 【色感度】 colour sensitivity 色感灵敏度
いろぎせガラス 【色着～】 colour coating glass 上色玻璃，涂色玻璃，着色玻璃
いろくうかん 【色空間】 colour space 色空间
いろけし 【色消】 achromatic 消色差的
いろけしレンズ 【色消～】 achromatic lens 消色差透镜
いろコントラスト 【色～】 colour contrast 色彩对比，颜色对比
いろさいげん 【色再現】 colour reproduction 色彩再现
いろざかい 【色境】 涂面界线，分色线
いろざんぞう 【色残像】 chromatic after image 色彩残像
いろしげき 【色刺激】 colour stimulus 色刺激
いろしすう 【色指数】 colour index 色指数
いろじっくい 【色漆喰】 coloured plaster 有色灰浆，色粉刷
いろしゅうさ 【色収差】 chromatic aberration 色像差
いろじゅんのう 【色順応】 chromatic adaptation 色适应
いろすな 【色砂】 coloured sand 彩色砂，有色石渣
いろずひょう 【色図表】 colour chart 比色图表
いろセメントふきつけ 【色～吹付】 coloured cement spraying 色水泥浆喷涂，彩色水泥浆喷涂
いろたいけい 【色体系】 colour system 色彩体系，颜色系统
いろたいひ 【色対比】 colour contrast 色彩对比，颜色对比
いろちかく 【色知覚】 colour perception 色知觉
いろつけ 【色付】 staining 着色，涂色
いろつち 【色土】 coloured clay 色土，有色土
いろでんきゅう 【色電球】 coloured bulb 彩色灯泡
いろのあんていど 【色の安定度】 light fastness of colour 色彩的稳定性（色彩受光照射后不褪色变色的性质）
いろのきおくせい 【色の記憶性】 colour memory 色彩的记忆性（色彩使人们保留注意力的性质）
いろのきょうかんかく 【色の共感覚】 colour synaesthesia 色彩的伴生感觉（由色彩引起的其他感觉）
いろのけいじかん 【色の継時感】 colour evaluation of time 色彩的时间流逝感，色彩的渡时感（色彩心理学用语，如环境色为红时，令人感到时间渡过缓慢，为蓝时则感短暂等）
いろのさんぞくせい 【色の三属性】 three attributes of colour 色彩的三项属性（指色相、明度、彩度）
いろのじゅうりょうかん 【色の重量感】 colour evaluation of weight 色彩的重量感
いろのしょうどうせい 【色の衝動性】 colour impulsiveness 色彩的冲动性
いろのじょきょ 【色の除去】 colour removal 脱色，去色
いろのへいきんこんごう 【色の平均混合】 mean colour mixture 平均混色
いろのほしょうせい 【色の補償性】 col-

our compensation 色彩的补偿
**いろのめんせきこうか**【色の面積効果】 areal effect of colour 色彩的面积效应
**いろのれんそうせい**【色の連想性】 colour association 色彩联想性
**いろフィルター**【色～】 colour filter 滤色器,滤色片
**いろペイント**【色～】 coloured paint 彩色油漆,有色涂料
**いろぼつ**【色ぽつ】 coloured speck (卫生陶瓷上的)色斑
**いろみほん**【色見本】 colour sample 颜色样本,色卡
**いろむら**【色斑】 blurs 污点,污斑,颜色不均匀涂层
**いろモルタルぬり**【色～塗】 coloured mortar finish 色浆抹面,彩色砂浆罩面
**いろモルタルふきつけ**【色～吹付】 coloured mortar spraying 色浆喷涂,彩色砂浆喷涂
**いろり**【囲炉裏】 fire pit (日本式的)地炉,炕炉,火炉
**いろりったい**【色立体】 colour solid 色(彩)立体(用三度空间表示色彩之间的相互关系)
**いわ**【岩】 rock 岩石
**いわえん**【頤和園】 (中国北京)颐和园
**いわぐみ**【岩組】 堆石,筑石,堆石置景
**いわすず**【岩錫】 block tin 锡块,锡(基)金属
**いわすべり**【岩滑】 rock slide 岩滑,岩崩,塌方
**いわつみ**【岩積】 叠石,掇石,堆砌山石
**いわのドーム**【岩の～】 Dome of the Rock (7世纪耶路撒冷)圣石庙(回教清真寺)
**いわまじりど**【岩混土】 rocky soil 岩质土,含岩土,掺岩土
**いん**【院】 庭院,院子,学院,寺院,医院
**いん**【陰】 shade 荫,背光面,暗面
**イン・アンティス** in antis[拉] (古希腊神庙早期形式的)正面双柱式
**いんイオンかいめんかっせいざい**【陰～[ion]界面活性剤】 anionic surfactant, anionic surface active agent 阴离子表面活性剂
**いんイオンかっせいざい**【陰～[ion]活性剤】 anion active agent 阴离子活性剂
**いんイオンこうかんざい**【陰～[ion]交換剤】 anion exchanger 阴离子交换剂
**いんイオンこうかんじゅし**【陰～[ion]交換樹脂】 anion exchange resin 阴离子交换树脂
**いんえい**【陰影】 shade and shadow 阴影
**いんえいきょくせん**【陰影曲線】 sun shadow curve 日影曲线
**いんか**【引火】 ignition 点火,发火,着火
**いんかてん**【引火点】 flashing point 闪光点,燃点,引火点,发火点
**インカンデセント・ランプ** incandescent lamp 白炽灯
**インキしけん**【～試験】 ink test (检验陶瓷吸水性的)吸红试验,污水浸透试验
**いんきょ**【殷墟】 (中国河南安阳)殷墟
**いんきょくかんひょうじ**【陰極管表示】 cathode-ray tube display 阴极射线管显示,阴极射线管显示器,CRT显示器
**いんきょくぼうしょく**【陰極防食】 cathodic protection 阴极防蚀,阴极保护
**いんきょくぼうしょくほう**【陰極防食法】 cathode non-corrosive method 阴极防蚀法
**いんきょくほご**【陰極保護】 cathodic protcction 阴极保护,阴极防蚀
**インクライン** incline 倾斜,斜坡,倾度,斜度
**インクライン・アーチ** inclined arch 斜拱
**インクライン・エレベーター** inclined continuous elevator 倾斜(连续)提升机,斜行(连续)升降机
**インクライン・コンベヤー** incline conveyer 倾斜式输送机,倾斜式运输机
**インクライン・プレーン** inclined plane 斜面
**インクラステーション** incrustation 镶嵌,石墙饰面,表面装饰
**インクリーズ** increase 增加,增大

インクリネーション inclination 倾斜,斜度,倾角,偏角,偏差
インクリノメーター inclinometer 测斜仪,倾斜计
インクリメンタル・ディジタル・コンピューター incremental digital computer 增量数字计算机
インクリメント increment 增量
イングレス・パイプ ingress pipe 导入管
インゴット ingot 锭,钢锭
インゴット・モールド ingot mould 钢锭模
インコンプリート・サーキット incomplete circuit 不闭合电路,开路
インサイド inside 内侧,内部
インサイド・マイクロメーター inside micrometer 内径千分尺,内径测微仪,内径千分卡
いんさく 【引索】 guy,guy-rope 牵索,拉索,缆风
インサーション insertion 插入,插接,嵌入,引入
いんさつしつ 【印刷室】 printing room, printing house 印刷间,印刷所
インサート insert 插入物,嵌入件,芯棒,混凝土中的预埋件
インサート・ビット insert bit 嵌入式钻头,镶刃钻头
インサート・マーカー insert marker 地埋线出线口标示器
いんし 【院子】 court 院子,庭院
インジェクション injection 喷射,注射,注入,灌入
インジェクション・デバイス injection device 注入装置,喷射装置
インジェクション・ノズル injection nozzle 喷嘴,喷射器
インジェクション・パイプ injection pipe 喷射管,注射管,(预应力锚索用的)灌浆管
インジェクションべん 【~弁】 injection valve 喷射阀
インジェクション・ポンプ injection pump 喷射泵
インジェクター injector 喷射器,注入器,针管
インジカトリックス indicatrix 指示线,指标线,特征曲线,指示量,指标图形
インジケーター indicator 指示器,指示测量仪器,指针,示功器,指示剂,千分表
インジケーター・ダイアグラム indicator diagram 指示图,示功图
インジケーター・ランプ indicator lamp 指示灯
インジケーティング・ゲージ indicating gauge 指示计,指示器
インジケーティング・レコーダー indicating recorder 指示记录器
いんじゅ 【陰樹】 shade-tolerant tree 阴(地)树,耐荫树
インシュラ insula (周围为道路的)独立地段,岛状建筑场地
インシュレーション insulation 绝缘,绝热,隔声
インシュレーション・ボード insulation board 绝缘板,隔声板,绝热板
インシュレーション・レジスタンス insulation resistance 绝缘电阻
インシュレーター insulator 绝缘体
インシュレーチング・チューブ insulating tube 绝缘管
インシュレーチング・テープ insulating tape 绝缘胶带
インシュレーチング・ペーパー insulating paper 绝缘纸
インシュレート insulate 绝缘,隔离,绝热,隔热
いんしょうてん 【引照点】 reference point 参考点
いんしょくてん 【飲食店】 restaurant, chophouse 饮食店,餐馆
いんすう 【因数】 factor 因子,因数
いんすうぶんかい 【因数分解】 factorization 因子分解,因数分解
インスタビリティー instability 不稳定性
インスタント・シティー instant city 当代城市
インストラクション instruction 说明,指南,(计算技术的)命令,指令,程序

インストラクション・エレメント instruction element 指令元件
インストラクション・コード instruction code 指令编码
インストラクション・レジスター instruction register 指令寄存器
インストラメント・パネル instrument panel 仪表板
インストラメント・ボード instrument board 仪表板
インストラメント・ライト instrument light 仪表板(指示)灯
インストロンがたしけんき 【～型試験機】 Instron type testing machine (美国)殷斯特隆式试验机(万能精密拉伸试验机)(商)
インスピレーション inspiration 吸气,吸入
インスペクション inspection 检查,检验,探伤
インスペクション・ピット inspection pit 检查井,探井,检修坑
インスペクション・ホール inspection hole 检查孔
いんせいざんぞう 【陰性残像】 negative after image 阴性余象,阴性残留影象
いんせいしょくぶつ 【陰性植物】 shade plant 耐阴植物,阴地植物
インゼクター＝インジェクター
いんせん 【陰線】 shade line 荫线,明暗面分界线
インダクション・コイル induction coil 感应线圈
インダクション・パイプ induction pipe 导入管,输水管,输气管
インダクションべん 【～弁】 induction valve 吸入阀,吸气阀
インダクション・モーター induction motor 感应电动机
インダクション・ユニットほうしき 【～方式】 induction unit system 诱导通风机(组)系统
インダクター inductor 感应体,感应器,电感器,手摇(磁石)发电机,磁极
インダクタンス inductance 电感
インダクタンスがたどあつけい～ 【～型土圧計】 inductance earth pressure gauge 感应式土压计,电感式土压计
インダクタンスしきひずみけい 【～式歪計】 inductance type strain meter 电感式应变仪
インダクタンス・ブリッジ inductance bridge 感应电桥
インダクトテルミー inductothermy 感应电热器
インダクトメーター inductometer 电感计
インタークーラー intercooler 中间冷却器
インターコム・システム intercommunication system 内部通话装置,内部通话系统(设备)
インダストリアル・エンジニアリング industrial engineering(IE) 工业(企业)管理学,管理工程
インダストリアル・デザイン industrial design(ID) 工业制品设计,工业美术设计
インダストリアル・パーク industrial park 公园式工厂,公园式工业区
インターセプトべん 【～弁】 intercept valve 截止阀
インターチェンジ interchange 互通式立体交叉,道路立交枢纽
インターチェンジアビリティー interchangeability 互换性,交换性
インターナショナル・アーキテクチュア International architecture (1920～1930年代)国际式建筑
インターナショナル・スタイル International style (1920～1930年代)国际式(建筑)
インターナル・リーケージ internal leakage 内部漏泄
インターバル interval 间隙,空隙,间距,间隔
インターフェアランス interference 干扰,干涉,抵触,妨碍
インターフォン＝インターホーン
インタープリター interpreter 翻译程序,

翻译机,解说员

インターフロー interflow 交流,过渡流量,土内水流

インターポレーション interpolation 内插法,插值法,插值,插入

インターホーン interphone 内线自动电话机,内部互通电话机

インターミディエート・シャフト intermediate shaft 中间轴

インターミディエート・ステーション intermediate station 中间站

インターモーダル・トランスポーテーション intermodal transportation (汽车、火车、船舶等)联合运输,协同一贯联运,一条龙联运方式

インターラプター interrupter 断续器,断流器,断路器

インターラプト interrupt 停机(执行中的程序暂时中断),断开,阻止,截开,妨害

インタルジア intarsia 细木镶嵌装饰

インターレコード・ギャップ interrecord gap 记录间隙,字距间隙

インターレーシング interlacing 交错(存贮或操作),交叉存取,隔行扫描

インターレーシング・アーチ interlacing arches 交织拱

インターロッキング・パイプほうしき【～方式】 interlocking pipe system (地下连续墙板节点用)搭扣管方式

インターロッキング・ブロックほそう【～舗装】 interlocking block pavement 锁结式块料路面

インターロッキング・メゾネット interlocking maisonette 内廊跃廊式住宅

インターロック interlock 联锁,闭锁,联锁装置,联锁转辙器

インチ inch 英寸

インチいた【～板】 inch board 一英寸板

インチ・サイズ inch size 英制尺寸

インチすんぽう【～寸法】 inch dimension 英制尺寸

インチング inching 微动,徐动,平稳移动,微调

インチングべん【～弁】 inching valve 微动阀

インディアン・スクリム Indian scrim (窗帘等用的)印第安式斯克林布

インディケーター＝インジケーター

インディケーター＝インジケーター

インディビジュアル・モールドほう【～法】 individual mould method (预应力混凝土)单独模板施工法

インテーク・サイレンサー intake silencer 吸气消声器

インテークべん【～弁】 intake valve 进给阀(进汽阀,进水阀)

インテグラル・コンピューター integral computer 整数计算机(小数点在最后的定点计算机)

インテグラル・ビット integral bit 整体钻头(钻头和钻杆组成一体的钻头类型)

インテグレーテッド・サーキット integrated circuit(IC) 集成电路

インデックス index 指标,索引,指数

インデックス・シケンシャル・ファイル index sequential file 索引顺序文件

インテリア interior 内部,里面,室内,室内装饰,内地

インテリア・ゾーン interior zone 内部区

インテリア・デコレイション interior decoration 内部装饰,室内装饰,内部装修

インテリア・デザイナー interior designer 内部(装饰、装修)设计人员

インテリア・デザイン interior design 室内(装饰)设计

インテンシティー intensity 强度,应力,密度,亮度

インテンシティー・レベル intensity level 强度级

インデンテッド・ワイヤー indented wire 齿纹钢丝,刻痕钢丝

インド・アーリアしき【～式】 Indian-Aryan style (中世纪)印度亚利安式(建筑)

インドきょうけんちく【～教建築】 Hindu architecture 印度教建筑

インドだんつう【～段通】 Indian carpet 印度地毯

インドフェノールほう【～法】indophen method 靛酚分析法

インドぶっきょうけんちく【～仏教建築】Indian Buddist architecture（公元前4世纪至8世纪末期的）印度佛教建筑

インド・モスレムしき【～式】Indo-Moslem style 印度伊斯兰式（建筑），印度穆斯林式（建筑）

イントラベーンがたポンプ【～型～】intravane type pump 内翼泵

イントリュージョン・エイド intrusion aid（预填集料压力灌浆混凝土用）掺和剂，外加剂

イントリュージョン・グラウト intrusion grout 压力灌入水泥砂浆，加压灌注灰浆

インナー・スリーブ inner sleeve 内套筒，内轴套

インナー・バイブレーター inner vibrator（混凝土用）插入式振捣器

インナー・フィン・チューブ inner finned tube（冷却器中的）内翼管，内翅管

インナー・ベアリング inner bearing 内轴承

インナーべん【～弁】inner valve 内阀

インバー invar 殷钢，（因瓦）铁镍合金

インパクト impact 冲（撞）击，充填，压紧

インパクト・クラッシャー impact crusher 冲击式破碎机

インパクト・スタディ impact study（交通投资的）间接效果研究

インパクト・テスト impact test 冲击试验

インパクト・レンチ（pneumatic）impact wrench 气动冲力扳手，气动扳钳，冲击扳钳

インパクト・ローラー impact roller 冲击式压路机，冲击式路辗

インバーター inverter 变换器（变流器，变压器，变频器等），倒相器，转换开关

インバーター・トランジスター inverter transistor 倒相晶体管

インバート invert 仰拱，倒拱，（设在检查井底部的）引水渠

インパーミアビリティー impermeability 不渗透性，抗渗性

インパルジョン impulsion 冲击，冲力，脉冲

インパルス impulse 冲量，冲力，冲动，冲击，脉冲，脉动

インパルスそうおんけい【～騒音計】impulse sound level meter 冲击噪声计

インパルス・テスト impulse test 脉冲试验

インバール・ワイヤー invar-wire 殷钢线尺

インビジブル・ヒンジ invisible hinge 暗合页，暗铰链

インピーダンス impedance 阻抗

インヒビター inhibitor 阻化剂，抑制剂

インピンジメント・アタック impingement attack 撞击侵蚀

インピンジャー impinger 冲击式测尘计

インフォメーション information 信息，情报

インプット input 输入，输入信号，输入端，输入电路

インプット・シャフト input shaft 输入轴

インプット・データ input data 输入数据

インプット・パラメーター input parameter 输入参数

インプット・パワー input power 输入功率

インプットほうほう【～方法】input test（混凝土渗透试验的）压水法

インフラストラクチャー infrastructure 基础结构，下部结构，基本格局

インフラストラクチュア・バンク infrastructure bank 基本建设投资银行，建设银行

インフラックス influx 流入，注入

インフレーション inflation 充气，打气，膨胀

インフレーター inflator 增压（压送）泵，充气机

インプレッグ impreg 树脂浸渍木，浸脂

材
インフロー inflow 吸入,流入,进水,流入量
いんぺいこうじ 【隠蔽工事】 concealed work 隐蔽工程
いんぺいさよう 【隠蔽作用】 masking (声的)掩蔽作用
いんぺいはいせん 【隠蔽配線】 concealed wiring 隐蔽布线,暗线
いんぺいほうねつき 【隠蔽放熱器】 covered radiator, concealed radiator 隐蔽式散热器,暗装散热器
いんぺいりつ 【隠蔽率】 opacity (涂膜)遮盖率,不透明度,暗度
いんぺいりつしけんし 【隠蔽率試験紙】 hiding power chart 遮盖力试验纸,不透明度试验纸
いんぺいりょく 【隠蔽力】 hiding power, covering power (油漆等的)遮盖力,覆盖能力
インペラー impeller 叶轮,转子,涡轮,压缩器
インペラー・シャフト impeller shaft 叶轮轴
インペラー・ブレーカー impeller-breaker 叶轮破碎机,叶片破碎机,冲击板轧碎机
インペリアル imperial 帝国的,(英国度量衡)法定标准的,特大的
インベントリー inventory 物品单,清单,目录,报表,存货,盘存
インボイス invoice 发货单,发票,装货清单
インホッフ・コーン Imhoff cone 殷霍夫锥(测量沉淀性物质的玻璃圆锥体)
インホッフ・タンク Imhoff tank 双层沉淀池,殷霍夫池
インボリュート involute 渐开线,渐伸线,内旋的,内卷的,渐伸的,渐开的
インミッション Immission[德] (噪声,污烟等的)侵入,侵染,侵污
いんよう 【陰葉】 shade leaf 遮阴叶
いんようすいじょうかじょう 【飲用水浄化場】 drinking water treatment plant 饮用水净化厂
いんりょうすい 【飲料水】 potable water, drinking water 饮用水
いんりょうすいしけんほう 【飲料水試験法】 drinking water testing method 饮用水化验法
いんりょうすいはんていひょうじゅん 【飲料水判定標準】 standard of potable water 饮用水标准
いんりょうすいれいきゃくき 【飲料水冷却器】 drinking water cooler 饮用水冷却器
いんりょうようすいしょりしせつ 【飲料水用処理施設】 drinking water treatment plant 饮用水处理设施
いんりょうようれいすいきょうきゅうせつび 【飲料用冷水供給設備】 chilled water supplying equipment 饮用冷水供应设备
いんりょく 【引力】 gravitation 引力,万有引力
インレイド・リノリウム inlaid linoleum 镶嵌花纹的漆布,镶嵌纹样的油地毡
インレット inlet 入口,输入,镶嵌物,插入物,引入线
インレット・アウトレット inlet outlet 进出口,吸排气口
インレット・オープン inlet open (阀门)吸气开放
インレット・クローズ inlet close (阀门)进气停止,吸气闭合
インレット・タペット inlet tappet 进气阀挺杆
インレット・チェックべん 【~弁】 inlet check valve 进口单向阀,进路止回阀
インレット・パイプ inlet pipe 输入(气、水、油)管
インレットべん 【~弁】 inlet valve 进口阀(进气阀,进水阀)
インレット・ポート inlet port 进(气)口,入口
インレット・ルーバー inlet louver 进气窗,进气口,进风孔
いんろうかんな 【印籠鉋】 起线刨,企口刨

**いんろうじゃくり** 【印籠决】 企口榫接

**いんろうちょっかん** 【印籠直管】 spigot straight pipe 承插直管

**いんろうつぎて** 【印籠継手】 faucet joint, spigot joint 套筒接合, 企口接头

**いんろうはぎ** 【印籠矧】 tongue and groove joint 企口接合, 槽舌接合

# う

**ヴァイセンホーフ・ジードルング** Weissenhof Siedlung[德] (1927年德国斯图加特郊外)魏森霍甫居住区住宅方案展览会
**ヴァチカンきゅうでん** 【～宮殿】 Palazzo Vaticano[意] (16世纪罗马)梵蒂冈宫(盛期文艺复兴式建筑)
**ウィキヤップ** wickiup (北美印第安人的)锥形草棚,简陋的临时住处,窝棚
**ウィークニング** Weakening 削弱,衰减,阻尼,消震
**ウィグワム** wigwam (北美印第安人的用兽皮或树皮搭盖的)小棚屋,简陋小屋,临时建筑物
**ウィケット** wicket (装在大门上的)小门,便门,腰门,售票处窗口
**ヴィジビリティ＝ビジビリティ**
**ヴィッカースかたさ** 【～硬さ】 Vicker's hardness 维氏硬度
**ヴィッカースかたさしけん** 【～硬さ試験】 Vicker's hardness test 维氏硬度试验
**ヴィットリオ・エマヌエレにせいギャラリー** 【～二世～】 Galleria Vittorio Emanuele II[意] (19世纪后期意大利米兰)维托里奥·埃曼努埃列二世长廊
**ウィッピング** whipping 激振现象
**ウィップ・クレーン** whip crane 摇臂起重机
**ウィトルウィウス** Vitruvius Pollio 维特鲁威(古罗马建筑师及工程师、《建筑十书》著者)
**ヴィハーラ＝ビハーラ**
**ウィービンク** weaving (焊条)横向摆动
**ウィービンク** weaving 车流交织,车辆交织
**ウィーピング** weeping (沥青路面)泛油,(水泥混凝土的)泌水
**ウィープ・ホール** weep hole 泄水孔,排水(小)孔
**ヴィマーナ** vimāna[梵] 耆那教或印度教寺院的正殿
**ヴィラ** villa 别墅,(英国的)城郊小屋
**ヴィラ・カプラ** Villa Capra[意] (16世纪意大利维琴察的)圆厅别墅
**ヴィラ・マダマ** Villa Madama[意] (16世纪罗马)玛丹别墅
**ヴィラ・ロトンダ** Villa Rotonda[意] (16世纪意大利维琴察的)圆厅别墅
**ウィリアム-ヘーゼンのこうしき** 【～の公式】 William-Hazen formula 威廉-海曾(计算水道平均流速)公式
**ウィリオのせってんへんいず** 【～の節点変位図】 Williot's joint displacement diagram, plan of Williot's transportation 威利奥节点位移图
**ウィリオのそうたいへんいず** 【～の相対変位図】 Williot's relative displacement diagram 威利奥相对位移图
**ウィリオのへんいず** 【～の変位図】 Williot's diagram 威利奥位移图
**ウィリオ-モールのへんいず** 【～の変位図】 Williot-Mohr's diagram 威利奥-莫尔位移图
**ウイルス** virus 病毒
**ウィルトン・カーペット** Wilton carpet (英国)威尔顿地毯
**ウイロー** willow 柳树
**ウィンカー** winker 信号装置,信号灯
**ウィンク** wink 信号,闪亮,闪烁,瞬间
**ウィング** wing 侧面,房屋翼部,侧厅,耳房,厢房
**ウィング・ウォール** wing wall 翼墙,八字墙
**ウィングス** wings 舞台两侧
**ウィング・ドア** wing door 侧门,旁门,翼门
**ウィング・プレート** wing plate (柱脚的)靴梁板,翼板
**ウィング・ポンプ** wing pump 叶轮泵
**ウインクラーかマンガンさんカリウムへん**

ぼう 【～過～[Mangan德]酸～[Kalium德]】 modified Winkler potassium permanganate method 温克勒式过锰酸钾改进法

ウインクラーほう 【～法】 Winkler method 温克勒(溶解氧测定)法

ウィンザー・チェア Windsor chair (18世纪初期英国的)温莎式椅

ウィンスローてい 【～邸】 Winslow House 温斯洛住宅(19世纪末赖特早期设计作品)

ウィーン・ゼツェッシオン Wiener Sezession[德] (1897年奥地利艺术革新运动的)维也纳分离派

ウィンチ winch 绞车,绞盘,卷扬机

ウィンデージ windage 风阻,气流,游隙

ウィンデージ・ロス windage loss 气流损失,风阻损失

ウィンドー window 窗,橱窗,陈列窗

ウィンドーがたルーム・エア・コンディショナー 【～形～】 window type room air conditioner 窗式空调器

ウィンドー・ガーデン window garden 窗内盆栽

ウィンドー・ガラス window glass 窗玻璃

ウィンドー・クーラー window cooler 窗式空调器

ウィンドー・クリーナー window cleaner 窗户清扫器,玻璃刮水器,玻璃刷

ウィンド・ゲージ wind gauge 风速计

ウィンド・シールド・ガラス wind shield glass 挡风玻璃,防风玻璃

ウィンド・スクリーン wind screen (噪声计的)遮风罩

ウィンドー・ペーン window pane 窗格玻璃

ウィンドー・ボックス window box 吊窗锤箱

ウィンドー・ボルト window bolt 窗插销

ウィンドー・リフト window lift 吊窗提手

ウィンドロー windrow 长料堆,条形料堆

ウィンド・ローズ wind rose 风向图,风玫瑰

ウィーンのへんいそく 【～の変位則】 Wien's displacement law 维恩位移定律(热辐射定律之一)

ウィーンのほうしゃそく 【～の放射則】 Wien's radiation law 维恩辐射定律

ウィーンゆうびんちょきんきょく 【～郵便貯金局】 Postsparkassenamt in Wien [德] 维也纳邮政储金局(20世纪初瓦格纳设计作品)

ウェア weir 堰

ウェア wear 磨损,损蚀

うえあな 【植穴】 planting hole 植树坑

うえいたみ 【植傷·植傷】 transplanting injury 移栽损伤

ウェインスコット wainscot 护墙板,护壁镶板

うえき 【植木】 planted tree (in garden or pot) (园林或盆景中)栽植的树木

うえこうふくてん 【上降伏点】 upper yield point 上屈服点,塑性上限,屈服上限

うえこみ 【植込】 plantation 种植,栽植,(以造景为目的,在狭窄处)集中栽植

うえこみぎし 【植込岸】 植树护岸

うえこみボルト 【植込～】 stud bolt 双头螺栓,柱头螺栓

ウェザー・オー・メーター weather-o-meter 老化(而风蚀)试验机,风雨侵蚀测量仪

ウェザー・キャップ weather cap 通风器罩,排气筒罩,风雨帽盖

ウェザー・コック weather cock 风(向)标

ウェザー・ストリップ weather strip (门窗扇的)挡风条,挡风雨条,披水条

ウェザー・ボード weather board 风雨板,封檐板,墙面板

ウェザー・マスターほうしき 【～方式】 weather master system 诱导通风方式

ウェザー・メーター weather-meter 抗候性试验仪,耐久性试验仪,耐风蚀测试仪(商)

ウェザリング weathering 气候老化,风

化,风蚀,大气侵蚀
うえし 【植師】 gardener 园艺师,园艺工人
ウェスコ・ポンプ Wesco pump 韦斯科型泵(摩擦泵,粘性泵,涡流泵,旋转泵)
ウェスタン・パイン western pine (美国)西部松木
ヴェスティビュル vestibule 门厅,前厅
ウェスティブルム vestibulum[拉] (古罗马住宅的)门厅
ウェスト waste 废物,废水,废渣,浪费,消耗
ウェスト・ガス waste gas 废气
ウェスト・スチーム waste steam 废(蒸)汽
ウェスト・パイプ waste pipe 排泄管,排水管
ウェスト・ヒート・ボイラー waste heat boiler 废热锅炉
ウェストミンスター・アベイ Westminster Abbey (英国伦敦)威斯敏斯特教堂,西敏寺(哥特式建筑)
ウェストンこうしき 【～公式】 Weston's formula 韦斯敦(计算摩擦损失水头)公式
ウェストンでんきょう 【～電橋】 Wheatstone bridge 惠斯登电桥
ヴェズレーのせいどう 【～の聖堂】 Église de la Madeleine, Vézelay[法] (12世纪法国)威兹雷教堂(哥特式建筑)
うえだめ 【植溜】 plant reservoir 苗木储存园(栽植前假植各种苗木的场所)
うえつけ 【植付】 transplant 栽植,移植
うえつけしあげ 【上付仕上】 (干粘石、水刷石等的)饰面层
ウェッジ wedge 尖劈,楔,楔状物楔入
ウェッジ・カット wedge cut 楔形开挖,V形开挖
ウェッジ・ゲートべん 【～弁】 wedge gate valve 楔形闸阀
ヴェッティーのいえ 【～の家】 Casa dei Vettii[意] (1世纪古罗马庞贝)魏蒂住宅
ウェット・グラインディング wet grinding 湿磨(法)
ウェット・クリーナー wet cleaner 湿式除尘器,煤气洗涤器
ウェット・システム wet system 湿式(排水)方式
ウェット・ジョイント wet joint 湿式接合(指用混凝土或砂浆填充的接合)
ウェット・スクリーニング wet screening 湿(法过)筛
ウェット・ドック wet dock 湿坞(可进水使船浮起的船坞),港口水闸码头
ウェット・ベント wet vent 湿式通风,湿式透气
ウェット・ミックス wet mixing 湿拌,掺沥青等结合料拌和
ウェット・ミル wet mill 湿磨机
うえつぶし 【植潰】 (以遮蔽、防风为目的)密植树木,密林地
ウェート weight 重量,重力,载荷,砝码,秤砣,加权值
ウェート・リフティングえんぎじょう 【～演技場】 weight-lifting stage 举重比赛台,举重表演场
ウェート・レーショ weight ratio 重量比
ヴェニア veneer 层板,薄木片,胶合板
ヴェネシアン＝ベネシアン
ヴェネツィアそうとくきゅう 【～総督宮】 Palazzo Ducale, Venezia[意] (14～15世纪前期)威尼斯总督府
うえのすんぽうきょようさ 【上の寸法許容差】 尺寸上容差,最大尺寸容许偏差
うえばてっきん 【上ば鉄筋】 distributing bar 分布钢筋
ウェーバー-フェヒナーのほうそく 【～の法則】 Weber-Fechner's law 韦伯-费希纳定律
ウェビング webbing rubber 麻布橡胶带
ウェブ web 腹板,梁腹,(工字形柱或梁的)腹部
ウェーブ wave 波,波动,波形
ウェーブ・アーチ wave arch 波形拱
ウェブいた 【～板】 web, web plate 腹板
ウェーブ・ガイド wave guide 波导,导波器,波导管

ウェブ・クリート web cleat （钢板梁的）腹板锚固夹板
ウェブざい 【～材】 web member 腹杆
ウェブ・スチフナー web stiffener 腹板加劲件(肋,杆)
ウェーブ・ダクト wave duct 波道
ウェブてっきん 【～鉄筋】 web reinforcement 腹筋(箍筋和弯起钢筋的总称),抗剪钢筋,横向钢筋
ウェーブ・デテクター wave detector 检波器
ウェーブ・フィルター wave filter 滤波器
ウェブ・プレート web plate 腹板,连接板
ウェーブ・レングス wave length 波长
ウェーブ・ローラー wave roller 波形夯击式压路机
ウェブ・ワッシャー web washer 防松垫圈
うえほうこうよこながれしきかんき 【上方向横流式換気】 upward transverse ventilating 向上横流式通风,上下管道式通风
うえボルト 【植～】 stud bolt, double ended bolt 双头螺栓,柱头螺栓
ウェーマーク waymark 路标
うえます 【植枡】 grating （保护树根的）格栅
うえみぞ 【植溝】 planting furrow 栽植沟,定植沟
ウェリントンがたこうしき 【～型公式】 Wellington-type formula 魏林敦(计算桩承载力)公式
ヴェリンビィ Vallingby （瑞典斯德哥尔摩郊外的）魏灵比新城
ウェル well 井,孔,升降机井道,楼梯井,采光井,竖坑
ウェルウィンでんえんとし 【～田園都市】 Welwyn Garden City （英国伦敦）威尔温田园城市
ウェル・ケーシング well casing 井筒,套管
ヴェルサイユきゅう 【～宮】 Palais de Versailles[法] （17世纪法国巴黎）凡尔赛宫
ヴェルサイユていえん 【～庭園】 Versailles garden 凡尔赛庭园
ウェルズだいせいどう 【～大聖堂】 Cathedral, Wells （12～13世纪英国）威尔士大教堂(早期英国式建筑)
ウェルダー welder （电)焊机,(电)焊工
ウェルディング welding 焊接,熔接,焊合,粘结,接合
ウェルディング・トーチ welding torch 焊炬,焊枪焊接吹管
ウェルディング・バーナー welding burner 焊炬烧嘴,焊工喷烧器
ウェルディング・フラックス welding flux 焊剂,焊料
ウェルディング・ヘッド welding head (焊机的)焊头,焊枪
ウェルディング・マシン welding machine 焊机
ウェルディング・ロッド welding rod 焊条
ウェルディング・ワイヤー welding wire 焊丝,焊条
ウェルデド・ジョイント welding joint 焊接接头
ウェルデド・チューブ welding tube 焊接管
ウェルド weld 焊接,熔接,煅接
ウェルド・ゲージ weld gauge 焊缝量规
ウェルド・スチール weld steel 焊接钢材
ウェルド・ゾーン weld zone 焊接区,焊缝区
ウェルド・フラッシュ weld flush 焊缝凸起的削平
ウェルド・マーク weld mark 焊接痕,焊疤
ウェルド・メタル weld metal 焊接金属
ウェル・ポイント well point （降低地下水位的）井点
ウェル・ポイントこうほう 【～工法】 well point method （降低地下水位的）井点法
ウェル・ポイントはいすいこうほう 【～排水工法】 well point method 井点法,

井点降低地下水位法,井点排水法

**ウェル・ポイントほう** 【~法】 well point method 井点(降低地下水位)法

**ウェル・ポイント・ポンプ** well point pump 井点降水用泵

**ウェンライト・ビル** Wainwright Building (19世纪末美国圣路易市)温莱特大厦

**うおあげふとう** 【魚揚埠頭】 fishing wharf 渔业码头

**ヴォイド** void 孔隙,空隙,空隙率

**ヴォイド・スラブ** void slab 空心板,空心楼板

**ウォーカビリティー** workability 可加工性,可使用性,施工性能,(混凝土)和易性

**ウォーキー・トーキー** walkie-talkie 步话机,携带式无线电话机

**ウォーキング・ドラグライン** walking dragline 步行式拉铲挖土机,迈步式挖泥机

**ウォークアップ・アパートメント** walk-up apartment 无电梯公寓

**ウォークインれいぞうこ** 【~冷蔵庫】 walk-in refrigerator 能进人的冷藏库

**ウォーシントン・ポンプ** Worthington pump 往复式供汽泵,华新泵,双缸泵

**ウォセクリーター** wA-ce-cretor 混凝土材料计量配合装置

**ウォーター・エキストラクター** water extractor 脱水机

**ウォーター・オルガン** water organ 流水琴声(洞窟内利用流水奏出风琴声的技法)

**ウォーター・ガーデン** water garden (19世纪末期20世纪初期英国庭园中的)流水庭园,水景庭园

**ウォーター・カート** water cart 洒水车

**ウォーター・ガラス** water glass 水玻璃

**ウォーター・クーラー** water cooler 水冷(却)器

**ウォーター・クレーン** water crane 水压起重机,水力起重机,(供水用)水鹤

**ウォーター・ゲイン** water gain 未凝混凝土的浮水现象,泌水

**ウォーター・ジェッティング** water jetting 冲水打桩设备

**ウォーター・ジェット** water jet 水冲,水射

**ウォーター・スクラッバー** water scrubber 喷水洗气器,水洗器

**ウォーター・ステイン** water stain 水斑,(木材染色用)水溶着色剂

**ウォーター・セクション** water section 用水间(指厨房、浴室、厕所等用水空间)

**ウォーター・セメント** water cement 水硬性水泥

**ウォーター・チラー** water chiller 水冷却装置

**ウォーター・チリング・ユニット** water chilling unit 水冷却装置

**ウォーター・トラップ** water trap 聚水器,回水弯,存水弯

**ウォーター・パイプ** water pipe 水管

**ウォータープルーフ** waterproof 防水的,抗渗的

**ウォータープルーフ・セメント** waterproof cement 防水水泥

**ウォータープルーフ・ペイント** waterproof paint 防水漆

**ウォター・ペイント** water paint 水溶性涂料,水性涂料

**ウォーター・ヘッド** water head 水头

**ウォーター・ホース** water hose 输水软管

**ウォーター・ポンプ** water pump 水泵

**ウォーター・マジック** water magic (16~17世纪意大利巴洛克庭园用水做出各种表演的)水魔术

**ウォーター・ライン** water line 水管线路,吃水线

**ウォーターリー・シティー** watery city 水上城市,水都

**ウォーター・リタンべん** 【~弁】 water return valve 回水阀

**ウォーター・レーショ** water ratio (混凝土)水灰比,含水率,水汽比

**ウォーター・レート** water rate 耗水率,水费

**ウォーター・レベル** water level(WL) 水位,水平面

**ウォッシャー** washer 洗涤机,清洗机,洗

涤设备,洗槽,衬垫,垫圈

ウォッシュ・サンプル wash sample 水冲(钻探)试样

ウォッシュ・パイプ wash pipe 冲水管,冲洗管

ウォッシュ・プライマー wash primer (金属表面)蚀洗用涂料

ウォッシュ・ボーリング wash boring 水冲钻探

ウォッシュ・ロード wash load 冲刷(泥砂)量

ウォード ward 病房,病房区,监护室

ウォーフ・クレーン wharf crane 码头起重机

ウォーマー warmer 加温器,加热辊

ウォーミング・アップ warming-up 升温,加热,(锅炉的)预热时间

ウォーム・アップ・エプロン worm-up apron (飞机场的)诱导路

ウォーム・コンデンサー worm condenser 旋管冷凝器

ウォラストナイト wollastonite 硅灰石

ヴォリュート=ボリュート

ウォール wall 墙,墙体,壁

ヴォール・ヴィコントかん 【～館】 Chateau de Vaux-le-Vicomte[法] (17世纪中期法国巴黎)维康府邸

ウォール・ガーデン wall garden 墙壁花园(如壁泉或附种植物等)

ウォール・クレーン wall crane 墙装起重机,墙上起重机

ウォール・ケーソン wall caisson 壁式沉箱

ウォール・ソケット wall socket 墙上插座

ヴォールト=ボールト

ウォルトマンがたりょうすいき 【～形量水器】 Woltmann counter 沃尔特曼式水表,轴流叶轮式水表

ウォルナット walnut 胡桃,胡桃木

ウォール・ブッシング wall bushing 穿墙套管

ウォール・ブラケット wall bracket 墙上托架

ウォール・プレート wall plate 承梁垫板,托梁垫板

ウォール・フレーム・バーナー wall frame burner 立架式燃烧器,立架式灶具

ウォール・ペインティング wall painting 壁画,墙涂料

ウォール・ペーパー wall paper (糊)墙纸

ウォルマンほう 【～法】 Wolman's process 渥尔曼式木材注液防腐处理法

ヴォルムスだいせいどう 【～大聖堂】 Dom, Worms[德] (12～13世纪德国)渥尔姆斯大教堂(仿罗马式建筑)

うかいほうこうひょうしき 【迂回方向標識】 detour arrow sign 迂回线指向标志,绕行方向标志

うかいろ 【迂回路】 detour, detour road 迂(回)路,绕行道

うかしきそ 【浮基礎】 floating mass foundation 浮基,防振基础,弹簧基础

うき 【浮】 separation, lifting 垫块,垫起,脱离,分离,分隔

うき 【雨期】 rainy season 雨季

うき 【浮子】 float 浮标,浮子,浮筒

うきいし 【浮石】 pumice 浮石

うきぎそ 【浮基礎】 floating foundation 浮基,浮筏基础

うきぐいきそ 【浮杭基礎】 floating pile foundation 摩擦桩基础

うきぐつ 【浮沓】 floating shoe 沉箱浮靴

うきクレーン 【浮～】 floating crane 浮式起重机,水上起重机,起重(机)船

うきこうぞう 【浮構造】 floating construction 浮式构造,内装修隔声构造

うきこかいへいき 【浮子開閉器】 float switch 浮球开关,浮子开关

うきこしきりゅうりょうけい 【浮子式流量計】 float flow meter 浮子式流量计

うきこべん 【浮子弁】 float valve, ball valve 浮球阀

うきしあげき 【浮仕上機】 float finisher (混凝土)浮镘修整机,浮镘出面机,抹光机

うきだし 【浮出】 emboss 压花,压纹,凹凸压花,凹花浮雕

うきだしくりがた 【浮出繰形】 bolection, bilection (门扇边梃和门心板交界处的)凸出线脚,凸起线脚
うきドック 【浮～】 floating dock 浮式船坞
うきばかり 【浮秤】 areometer, hydrometer 液体比重计,浮秤
うきばし 【浮橋】 pontoon bridge 浮桥
うきぶねしきかせつ 【浮舟式架設】 floating erection, pontoon erection 浮式架设
うきぼうげんざい 【浮防舷材】 floating fender 防冲桩,防浪木,浮式护舷木
うきぼり 【浮彫】 relief 浮雕
うきぼりそうしょく 【浮彫装飾】 relief ornament 浮雕装饰
うきまくらぎ 【浮枕木】 pumping sleeper, pumping dancing sleeper 起伏轨枕,浮动轨枕
うきみず 【浮水】 water gain, bleeding (混凝土)泌浆,泌水,析水
うきやねタンク 【浮屋根～】 floating roof tank 浮动顶盖罐
うきゆか 【浮床】 floating floor 浮式楼(地)面,防振楼(地)面
うぐいすがき 【鶯垣】 编柴围墙
うけいしぎわアーチ 【受石際～】 abutment arch 支承在拱座上的拱
うけいれざいりょうりょう 【受入材料量】 input 进料量
うけいれしけん 【受入試験】 acceptance test 验收试验,收料试验
うけおい 【請負】 contract 承包,包工,发包
うけおいぎょう 【請負業】 contracting business 营造业,承包商
うけおいぎょうしゃ 【請負業者】 contractor 承包商
うけおいきんがく 【請負金額】 contract award, contract amount 承包费,承包额
うけおいけいやく 【請負契約】 contract agreement 承包工程协议书,承包工程合同,承包工程契约
うけおいけいやくしょ 【請負契約書】 contract document 承包工程合同(契约)
うけおいこうじ 【請負工事】 contract work, contract construction 包工工程,合同工程,发包工程,承包施工,包工建筑
うけおいしゃ 【請負者】 contractor 承包者,承包人,包工人
うけおいだいきんうちわけしょ 【請負代金内訳書】 detail estimate sheet 承包工程细目估价单
うけおいだいきんがく 【請負代金額】 contract amount 承包工程价额
うけおいにん 【請負人】 contractor 承包人,包工人
うけかなもの 【受金物】 bracket metal 支承用铁件,支架铁件
うけぎ 【受木·請木】 bracket 托架,支架,托座,牛腿
うけぐち 【受口】 socket 承窝,承口,插座
うけぐちかん 【受口管】 socket pipe 承口管,承插管
うけぐちつぎて 【受口接手】 socket joint 承口接头
うけざ 【受座·請座】 striking plate 门锁碰板,锁舌片,金属门轴窝
うけざかなもの 【受座金物】 striking plate 锁舌片,门鼻子
うけさしかたおちかん 【受差片落管】 socket and spigot reducer 承插渐缩管
うけざらしきべんき 【受皿式便器】 pan closet 盆式大便器,便盆
うけしょ 【請書】 receipt 领受文件,承担文件,收据
うけだい 【受台】 pedestal 垫座,支座,承台,底座,台座,柱脚
うけつけ 【受付】 information desk 问询处
うけつけしつ 【受付室】 receiving and dispatching room 收发室,传达室,门房
うけつぼ 【受壺·請壺】 扣,环,眼圈
うけとり 【受取·請取】 receipt 接收,领取,验收
うけとりしけん 【受取試験】 acceptance test 验收试验,收料试验
うけばな 【請花】 仰莲装饰纹样

うけわたしば【受渡場】delivery room 递送室,交付处,交货室

うごききじゅうき【動起重機】travelling crane 移动式起重机

うごくほどう【動く歩道】moving walk 移动式人行道,自动人行道,活动人行道

うしばり【牛梁】中间托梁(木屋架跨中支承大柁的梁)

うしびきばり【牛曳梁】中间托梁(木屋架跨中支承大柁的梁)

うしょく【雨食】rain sculpture 雨蚀,雨水浸蚀

うしろうけ【後受】(日本庭园中主石后面的)后配石

うしろぶたい【後舞台】back stage (剧场)后台

うしろぶみ【後踏】脚手架外侧立杆

うしろまがりはね【後曲羽根】backward curved blade 反曲叶片

うしんようせつ【右進溶接】rightward welding 右焊法,右向焊接

うず【渦】vortex 旋涡,涡流

うすい【雨水】rain 雨水

うすいかんきょ【雨水管渠】storm-water sewer,storm drain 雨水沟,雨水管渠

うすいきょ【雨水渠】storm sewer 雨水渠,雨水沟

うすいた【薄板】thin plank 薄板

うすいたがね【薄板金】sheet metal 薄金属板

うすいたガラス【薄板～】thin plate glass 薄板玻璃

うすいたこうぞう【薄板構造】plate structure 薄板结构

うすいたてかん【雨水竪管】leader, conductor 水落管,雨水立管

うすいたはぎとりばん【薄板剝取盤】slicer 锯板机,切片刀

うすいタンク【雨水～】rain receiving tank 雨水池

うすいはいすい【雨水排水】rain water drain 雨水排水

うすいはいすいかん【雨水排水管】storm drain 雨水沟渠,雨水管,暴雨排水沟

うすいはきかん【雨水吐管】storm outfall pipe 雨水排出管

うすいはきぐち【雨水吐口】storm outfall sewer 雨水排出口

うすいはきしつ【雨水吐室】storm outfall 雨水排水口

うすいます【雨水枡】street inlet(gully),storm inlet 雨水进口,雨水井

うすいりゅうしゅつりょう【雨水流出量】discharge of storm sewage 雨水径流量

うずがたもちおくり【渦形持送】ancon 卷涡形托架

うずげぎょ【渦懸魚】有涡形鳍的悬鱼

うすこうはん【薄鋼板】thin steel sheet 薄钢板

うすてっぱん【薄鉄板】thin iron sheet 薄铁板

うずながれ【渦流】vortex flow,eddy flow 涡流

うすにく【薄肉】thin-wall 薄壁

うすにくこうぞう【薄肉構造】thin-walled structure 薄壁结构

うすにくこうぞうぶつ【薄肉構造物】thin-walled structure,thin plate structure 薄壁结构,薄板结构

うすにくシェル【薄肉～】thin shell 薄壳(结构)

うすにくチューブ【薄肉～】thin-walled tube 薄壁管

うすにくばり【薄肉梁】thin-webbed girder 薄腹梁

うすにくぼう【薄肉棒】thin walled rod 薄壁杆

うすにくぼり【薄肉彫】low relief,bas-relief,basso rilievo 低浮雕,浅浮雕

うずねんせい【渦粘性】eddy viscosity 涡流粘度

うずねんせいけいすう【渦粘性係数】coefficient of eddy viscosity 涡流粘性系数

うずねんど【渦粘度】eddy viscosity 涡流粘度

うすばぜき【薄刃堰】sharp-crested weir 薄边堰,锐缘堰

うすばんきん【薄板金】sheet metal, thin steel sheet 薄金属板
うすひき【臼引】mill 粉碎,磨碎,磨细
うすひふくようせつぼう【薄被覆溶接棒】light coated electrode 薄药皮焊条,薄包剂焊条
うずまき【渦巻】spiral 螺旋纹
うずまきうんどう【渦巻運動】vortex motion 涡动,涡旋运动
うずまきき【渦巻機】spiral polishing machine 磨石机
うずまきせんぷうき【渦巻扇風機】centrifugal fan, centrifugal blower 离心式通风机
うずまきそうふうき【渦巻送風機】centrifugal fan, centrifugal blower 离心式通风机,离心式鼓风机
うずまきバーナー【渦巻～】turbulent burner 涡流燃烧器,紊流燃烧器
うずまきポンプ【渦巻～】centrifugal pump 离心泵
うずまきもん【渦巻紋】卷涡纹,螺旋纹(日本庭园中砂庭的一种纹样)
うすまく【薄膜】membrane 薄膜
うすまくりろん【薄膜理論】membrane theory 薄膜理论
うずみもん【埋門】石寨门,石垒门(敌人来犯时用土砂堵塞的大门)
うすめしょぶんほう【薄め処分法】method of dilution 稀释处理法
うすものがたれんが【薄物形煉瓦】half thickness brick 半厚砖,剖半砖
うすものれんが【薄物煉瓦】split brick 剖半砖,半厚砖
うせつきんし【右折禁止】no right-turn 禁止右转弯
うせつランプ【右折～】right-turn ramp (立交)右转弯匝道
うたいざ【謡座】(日本能剧舞台谣曲)伴唱席
うだつ【梲·卯立·卯建】梁架上短柱,硬山防火墙
うちあげなみ【打上波】uprush (气体或液体的)上冲波,上溅波,上涌波,上滚波
うちかえこうほう【打換工法】reconstruction of pavement 路面翻修(改建)法
うちかえし【打返】分中后左右对称
うちかけかなもの【打掛金物】catch 门扣,门挂
うちがまぶろ【内釜風呂】(日本式)锅式浴缸
うちがわけいき【内側計器】inside gauge 内径测量仪,内径量规
うちがわシェル【内側～】inner shell 内壳
うちぐるわ【内曲輪】(日本城郭的)内城
うちげんかん【内玄関】subordinate entrance 次要出入口
うちこうりょう【内虹梁】室内月梁
うちこし【打越】越点测量,越点测长
うちこみ【打込】placing 浇注,浇灌,浇入
うちこみいし【打込石】(木底脚下)填石,垫石
うちこみいど【打込井戸】driven well 打入式管井
うちこみいどポンプ【打込井戸～】deep well pump 深井泵
うちこみぐい【打込杭】driven pile 打入桩,入土桩,打预制桩
うちこみしきこうりょくボルト【打込式高力～】interference body bolt 密配合高强螺栓
うちこみしけん【打込試験】penetration test 贯入试验
うちこみそくど【打込速度】placing speed (混凝土的)浇灌速度
うちこみのみ【打込鑿】长方形小凿
うちこみボルト【打込～】drift bolt, reamer bolt 穿钉,系栓,密配合螺栓
うちこみめじ【打込目地】wet formed joint, dummy joint (混凝土路面板的)缩缝,假缝
うちすみタイル【内隅～】nook tile 内角瓷砖,阴角条
うちだおし【内倒】in-swinging(sash) 内翻(窗扇)
うちだし【打出】(庭园中)水池源流
うちだんねつ【内断熱】inside insulat-

ing of building (围护结构)内侧保温(绝热)
うちつぎ 【打継】 placing (在原有混凝土上)接打(混凝土)
うちつぎめ 【打継目】 work joint 工作缝(先后浇灌时新旧混凝土相接的缝),施工缝
うちつぎめじ 【打継目地】 chamfer 建造接槽,施工缝
うちづら 【内面】 inner surface 内表面,里面
うちどい 【内樋】 built-in gutter, interior gutter 暗水管,内落水
うちどめ 【打止】 stop of placing (concrete) (混凝土的)停止浇灌,停浇部分
うちにわ 【内庭】 court, court yard 内院,中庭
うちぬき 【打抜】 punching 冲孔,穿孔,冲切
うちぬきたがね 【打抜鏨】 穿孔钻,打眼錾子
うちぬきのみ 【打抜鑿】 穿孔凿,打眼凿,榫凿
うちぬきほぞ 【打抜枘】 penetrated mortise and tenon 透榫,通榫
うちのり 【内法】 inside measurement 内侧尺寸,柱内距,(门窗框)内距,净距
うちのりけいかん 【内法径間】 内侧跨距
うちのりざい 【内法材】 净尺寸配件
うちのりスパン 【内法～[span]】 内侧净跨距
うちのりせい 【内法丈】 (上、下框间)内距净高
うちのりせい 【内法制】 内距尺寸制
うちのりだか 【内法高】 (上、下框间)内距净高
うちのりつぼ 【内法坪】 室内净面积
うちのりなげし 【内法長押】 槅扇上框上面的横档
うちのりぬき 【内法貫】 门窗上框上面的横档
うちのりもの 【内法物】 净尺寸配件
うちはがねのみ 【内鋼鑿】 (凿沟用)圆凿
うちはし 【打橋】 马道搭板,脚手板,(房屋与房屋之间的)跳板
うちばしら 【内柱】 interior column 内柱
うちはなし 【打放】 (混凝土的)饰面,表面艺术处理
うちはなしコンクリート 【打放～】 fair-faced concrete 原浆面混凝土,不另作饰面的混凝土,一次抹面的混凝土
うちばめ 【内羽目】 lining, wood siding 内墙壁板,木护墙板
うちばり 【内梁】 brace 支撑,系杆
うちばり 【内張】 lining 里衬,背衬,内镶
うちばりダクト 【内張～】 lined duct 镶衬,管道
うちばりれんが 【内張煉瓦】 lining fire brick 内衬砖,炉衬耐火砖
うちびらき 【内開】 opening in (门窗的)内开
うちひろにわ 【内広庭】 quadrangle, quad (由建筑物围成的)中庭,(周围有房屋的)四方院子
うちぼうすい 【内防水】 inside waterproofing 内防水
うちほぞどめ 【内枘留】 secret miter joint 暗榫斜接
うちマイクロメーター 【内～】 inside micrometer 内径千分尺,内径千分卡
うちみず 【打水】 watering 浇水,洒水,喷水
うちむきこうつう 【内向交通】 inbound traffic 入境交通,内向交通
うちゅうコンクリート 【雨中～】 concreting in rain 雨季(浇灌的)混凝土,雨天(浇灌的)混凝土
うちろじ 【内露地】 inner teacult garden (茶室)里院,内院
うちわ 【内輪】 intrados(e), soffit 内环,拱圈内面,拱腹,拱腹线
うちわけ 【内訳】 items 细分,细目,计开,条(目,款),项目
うちわけめいさいしょ 【内訳明細書】 details of work items 工程项目明细表,工程数量单价表
うつ 【打つ】 浇灌(浇灌混凝土的简称),贴底层材料,撒水,剪枝

うつぎるい【空木類】Deutzia & Weigela sp.[法],Deutzia & weigela[英] 溲疏属及锦带花属
ヴッソワール voussoir[法] (拱)楔形砌块,(拱)楔石,拱石
ウッド wood 木,木材,树木
ウッド・アーチ wood arch 木拱
ウッド・オイル wood oil 桐油
ウッド・キー wood key 木楔,木键
ウッド・シーラー wood sealer 木材底层涂料,木材弥缝剂,木材封塞料
ウッド・ソー wood saw 木锯,横切锯
ウッド・タール wood tar 木焦油
ウッド・テレビンゆ【～油】wood terebene oil 松节油
ウッドねじ【～捻子·捩子·螺子】wood screw 木螺钉,木螺丝
ウッド・フィラー wood filler 木材填缝料,木材填隙料
ウッド・ブロック wood block 木块
ウッド・ワーキング・マシナリー wood working machinery 木工机械
うっぺい【うっ閉】canopy closure 郁闭(树林)
うつぼがわら【靫瓦】天沟用板瓦
うつぼばしら【空柱】箱形水落管
うつろ【空·洞】空,虚,(木材内)穴腐,袋腐
うで【腕】arm 臂
うてき【雨滴】rain drop 雨滴
うでぎ【腕木】arm,bracket 挑梁,悬臂梁,排木(脚手架上支承脚手板的水平木杆)
うでぎしきしんごうき【腕木式信号機】semaphore signal,semaphore 臂板信号机,动臂信号机
うでぎびさし【腕木庇】挑檐,出檐
うでぎもん【腕木門】牌楼门
うでクレーン【腕～】arm crane 悬臂起重机
うでげた【腕桁】挑檐枋
うでつきエレベーター【腕付～】arm elevator 臂式升降机
うてんりゅうすいりょう【雨天流水量】wet-weather flow 雨天排水量,雨季流量
うなり【唸】beat 拍,节拍
うなりおん【唸音】humming 蜂鸣音
うねみぞしき【畝溝式】ridge and furrow (irrigation) 垅沟(畦)式(灌溉)
うねみぞしきばっき【畝溝式曝気】ridge-and-furrow aeration 垅沟(畦)式曝气
うねり (庭园砂纹中的)平行波纹
うのしきちんでんち【宇野式沈殿池】Uno's sedimentation basin 宇野式沉淀池,斜板沉淀池
うばぐるま【乳母車】baby carriage 婴儿车
うばめがし【姥女樫】Quercus phillyaeoides[拉] 乌冈栎
ウビオル・ガラス uviol glass 透紫外线玻璃,紫外线玻璃(商)
ウーファー woofer 低音扬声器
うま【馬】horse,trestle 马,木马,搁架,搭架,高凳,马凳
うまあしば【馬足場】horse 高凳,马凳,用高凳或马凳支搭的马道
うまごや【馬小屋】horse barn 饲马棚,饲马房
うまたて【馬立】scene dock 舞台旁存放布景处,景片贮藏架
うまだまり【馬溜】城外驻马场
うまのりめじ【馬乗目地】breaking joint,staggered joint 半砖错缝,交错式接缝,骑马缝,断缝,分段缝
うまや【厩】stable 马厩,马栏,马棚
うみじゃり【海砂利】seashore gravel 海砾石,海滨砾石
うみずな【海砂】sea sand,beach sand 海砂
うみつち【海土】sticky soil 粘土,河床土
うめ【梅】Prunus mume[拉],Japanese apricot[英] 梅
うめがし【埋樫】(门槛防磨用)镶嵌橡木,防磨硬木条
うめき【埋木】wooden plug 木栓,塞槽木片,木砖
うめこみ【埋込】embed,trenching 埋

置,挖沟埋填(废物),埋入,嵌入
うめこみえん 【埋込縁】 built-in edges 固定边,嵌入边
うめこみがたしょうめいきぐ 【埋込型照明器具】 recessed lighting fitting[英], recessed luminaire[美] 嵌装式照明器,隐蔽式照明装置
うめこみきん 【埋込筋】 embedded bar 埋置钢筋,预埋钢筋、
うめこみ(てっ)きん 【埋込(鉄)筋】 embedded bar 锚固钢筋,预埋钢筋,埋置钢筋
うめこみぐい 【埋込杭】 bored pile 钻孔(埋设预制)桩
うめこみこうじ 【埋込工事】 concealed electric wiring (电工设备的)暗线工程,隐蔽布线工程,暗装工程
うめこみしきろめんひょうじ 【埋込式路面標示】 嵌入式路面标线
うめこみししょう 【埋込支承】 built-in support 固定支座,锚固端
うめこみスイッチ 【埋込~】 flush switch 嵌装开关
うめこみすいろ 【埋込水路】 closed channel 暗渠
うめこみせん 【埋込栓】 tie plug (轨枕的)塞孔栓
うめこみたん 【埋込端】 built-in end 固定端,嵌入端
うめこみタンブラー・スイッチ 【埋込~】 flush tumbler switch, concealed tumbler switch 嵌装倒板开关
うめこみとう 【埋込灯】 flush lamp 嵌装灯,暗装灯
うめこみながさ 【埋込長さ】 embedded length 锚固长度,埋入长度
うめこみパネル 【埋込~】 embedded panel 埋置板,嵌装板
うめこみふちいし 【埋込縁石】 flush curb 平齐路缘石,平埋路缘
うめこみめじかなもの 【埋込目地金物】 (水磨石地面)嵌缝金属条,分格金属嵌条
うめごろし 【埋殺】 暂设物埋掉,不拆除暂设物(指模板、挡土桩等)
うめごろしていちゃく 【埋殺定着】 dead anchor (预应力混凝土后张法的)固定锚,固定锚头
うめしば 【埋芝】 (护坡用)条形草坪
うめたて 【埋立】 reclamation 填筑,回收,开垦
うめたてち 【埋立地】 reclamation land 填筑土地,人造陆地
うめつち 【埋土】 earth-fill 填土
うめどい 【埋樋】 covered conduit, underdrain, embedded pipe 地下暗管,地下雨水管,暗装管道
うめねだ 【埋根太】 sleeper 小搁栅,小龙骨
うめばちげぎょ 【梅鉢懸魚】 六角形悬鱼
うめぶし 【埋節】 (木材的)暗节,埋节
うめもどし 【埋戻】 back filling 回填
うめもどしつち 【埋戻土】 back filling soil 回填土
ヴュルツブルクきゅう 【~宮】 Residenz, Würzburg[德] (18世纪前期德国)乌茨堡寝宫(古典主义式兼有巴洛克式建筑)
うら 【裏】 back side, back stage 后面,里面,后台,后院
うらあて 【裏当】 backing (焊接)垫板,背垫条
うらあてがね 【裏当金】 backing strip (焊接)垫板用金属材料
うらあてようせつ 【裏当溶接】 backing weld 背衬焊,垫板焊
うらいた 【裏板】 back board, roof sheathing 衬板,望板
うらいたばり 【裏板張】 sheathing[英], boxing[美] 铺望板
うらうち 【裏打】 lining 衬里,衬砌,衬垫
うらおし 【裏押】 紧贴推动,后部挤推,后部推压
うらかいせん 【裏界線】 back boundary line 背后邻界线
うらかいだん 【裏階段】 back stairs 内部楼梯,次要楼梯(如疏散楼梯等)
うらがえし 【裏返】 back plastering 背面抹灰,内外对称抹灰
うらがえしぬり 【裏返塗】 背面抹灰,内

外对称抹灰
うらかね 【裏矩】 曲尺背面刻度尺寸
うらがね 【裏金】(双刃刨的)刃垫,里刃,(轴瓦的)里衬,(轴承的)里衬金属
うらがねどめ 【裏金留】(双刃刨的)里刃卡棍,刃垫卡子
うらかべ 【裏壁】 墙里面,墙背面
うらがわせつぞく 【裏側接続】 back connection 内侧连接
うらがわはいきゅうようどうろ 【裏側配給用道路】 back service road 内街供应路,背街服务性道路,内街运输路
うらぎり 【裏切】 内侧剪枝
うらぐち 【裏口】 back entrance,back door 后门
うらこう 【裏甲】 连檐板上的垫板,连檐木
うらごめ 【裏込】 back filling,backing (挡土墙等的)背后填土,(贴面砖、石料等的)背后灌浆
うらごめいし 【裏込石】 backing stone 背衬石,衬里石,背石,砌体衬石
うらごめコンクリート 【裏込～】 back-filling concrete (挡土墙等的)背衬混凝土
うらごめざい 【裏込材】 back-filling material 砌体填充材料
うらごめつきかためき 【裏込突固機】 back-filling tamper 回填压实机,填土夯实机
うらざん 【裏桟】 顶棚内侧压条,模板压条
うらしきち 【裏敷地】 back site 不临街的建筑基地
うらだな 【裏店】 alley-house 小巷内店铺,小巷内房屋
うらち 【裏地】 rear land,back site 背面的建筑基地,不临街的建筑基地
うらづみ 【裏積】 砌里皮,背里墙体
うらづみいし 【裏積石】 背砌石,背里砌石,衬里砌石
うらづみかべ 【裏積壁】 背砌墙体,背里墙体,衬里墙体
うらどおり 【裏通】 back street,rear street 后街
うらどめフック 【裏止～】 back hook 内挂钩
うらながや 【裏長屋】 背街成排住所,陋巷内狭长房屋
うらなで 【裏撫】 后面镘光,背面镘平,板条抹灰背面挤灰抹平
うらなみビード 【裏波～】 reverse side bead,penetration bead 根部焊道,溶透焊道
うらなみようせつぼう 【裏波溶接棒】 reverse side welding electrode 根部施焊用焊条
ウラニウム uranium 铀
うらにわ 【裏庭】 back yard,back court 后院,后天井,内天井
うらぬり 【裏塗】 back mortaring,back plastering 抹里皮,抹里衬
うらのり 【裏法】 back slope 后坡,背坡
うらはつり 【裏斫】 back chipping (石料的)背琢,背面錾凿,(底部焊接不良时的)铲根,錾背
うらはめ 【裏羽目】 back lining 背衬板,内衬板
うらばり 【裏張】 lining 衬板,内衬,衬砌
うらばりれんが 【裏張煉瓦】 back-up lining brick 衬砌砖,衬砌耐火砖
うらびきかこう 【裏引加工】 背面涂敷加工,背面涂抹加工
うらまげしけん 【裏曲試験】 rootbend test (焊接试件)根部弯曲试验
うらめ 【裏目】 曲尺背面刻度,曲尺背面刻度尺寸
うらや 【裏屋】 rear house,back house 主房背面附属小屋,后房,后屋,小巷里的房屋
うらようせつ 【裏溶接】 back run,root run 封底焊,焊根封底焊道
うりち 【売地】 land for sale 出售地
うりば 【売場】 store,salesroom 出售处,售货柜台,售货处
うりや 【売家】 house for sale 出售的房屋
うりゅうしきこんわち 【迂流式混和池】 baffled flocculating tank 隔板反应池,

隔板絮凝池
うりょう 【雨量】 amount of rain-fall 降雨量,降水量
うりょうきょうど 【雨量強度】 intensity of rainfall 雨量强度(单位时间内降水量)
うりょうけい 【雨量計】 rain-gauge, pluviometer 雨量计
うりょうず 【雨量図】 hyetograph, pluviogram 雨量图,降雨历时线
うりょうぶんぷ 【雨量分布】 rainfall distribution 雨量分布
ウル Ur 乌尔(古代美索布达米亚南部的城市)
ウール wool 羊毛,绒,羊毛状物
ウルクのしろしんでん 【～の白神殿】 White Temple, Uruk (纪元前3500～3000年建造的美索布达米亚的)乌鲁克白色神庙
うるし 【漆】 chinese lacquer, Japanese lacquer 天然漆,生漆
ウルシオール urushiol 漆酚
ウルシオールじゅしとりょう 【～樹脂塗料】 urushiol resin coating 漆酚树脂涂料
うるしがけれんが 【漆掛煉瓦】 glazed brick 釉面砖,琉璃砖
うるしぬり 【漆塗】 lacquer work 涂漆,上漆
ウルトラマリン ultramarine 群青,佛青,绀青
ウレアーゼ urease 尿素酶
ウレタンけいせっちゃくざい 【～系接着剤】 urethane adhesive 氨基甲酸(乙)酯粘合剂
ウレタンじゅし 【～樹脂】 urethane resin 氨基甲酸(乙)酯树脂,聚氨酯树脂
ウレタン・タール urethane tar 氨基甲酸(乙)酯焦油
うれつしんしょく 【雨裂浸食】 rill erosion 细流冲蚀,毛沟侵蚀
ウレひょうじゅんしょく 【～標準色】 Ule's standard colour 乌雷标准色(比较水的颜色使用的标准色)
うろこ 【鱗】 scale, scaly pattern 鳞,鳞形,三角形
うろこがたぶき 【鱗形葺】 鳞形状铺屋面,鳞形铺法的屋面
うろこじき 【鱗敷】 (庭园地面的)三角形石铺面
うろこじょうけっしょう 【鱗状結晶】 scaled crystal 鳞状结晶
ウロスリックス Ulothrix 丝藻属(藻类植物)
うわおおい 【上覆】 upper shield 上罩,上盖,套盖
うわがまち＝かみがまち
うわがわき 【上乾】 surface drying 表面干燥
うわぎ 【上木】 lagging 胎板,横挡板,支拱板,桥面板
うわぐすり 【釉薬·上薬】 glaze 釉,上釉药,珐琅釉
うわごし 【上越】 overpass 上跨交叉,上跨路
うわごしかんな 【上越鉋】 细刨,精刨,净面刨,找平刨
うわざん＝かみざん
うわしき 【上敷】 mat 铺席,坐席,席垫
うわずみえき 【上澄液】 supernatant liquid 上清液,净水层
うわづり 【上吊】 吊脚手架,上悬脚手架,悬空脚手架
うわぬり 【上塗】 finish coating (油漆或抹灰)罩面,涂面漆
うわぬりしけん 【上塗試験】 finish coat resistance test 罩面抗性试验,面层抗性试验
うわぬりつち 【上塗土】 面层粉刷用土,墙面粉刷用土,色土
うわぬりていこうせい 【上塗抵抗性】 finish coat resistance 罩面抗性,面层抗性
うわぬりとりょう 【上塗塗料】 top coat 面层涂料,罩面涂料,外层涂料
うわね 【上根】 upper roots 近地表根
うわのき 【上軒】 上檐
うわのせきじゅん 【上乗基準】 strict standard 严格标准
うわば 【上端】 upper bed 上端,顶面

**うわばきん(うわばてっきん)** 【上端筋(上端鉄筋)】 top reinforcement 上部钢筋,架立钢筋

**うわばずり** 【上端摺】 上部嵌条

**うわばどめ** 【上端留】 (插榫的)顶面斜接

**うわばり** 【上張】 贴面,裱糊面

**うわびき** 【上引】 upper coating 上敷胶,上贴胶,涂末道漆

**うわみず** 【上水】 perched (ground) water 上层滞水

**うわむきかんき** 【上向換気】 upward ventilation 向上通风,上升式通风

**うわむききょうきゅうしき** 【上向供給式】 up-feed system 上行下给系统

**うわむきしせい** 【上向姿勢】 overhead position of welding 仰焊位置,仰焊姿势

**うわむきすみにくようせつ** 【上向隅肉溶接】 overhead fillet welding 仰角焊

**うわむきようせつ** 【上向溶接】 overhead welding 仰焊

**うわむきろか** 【上向濾過】 upflow filtration 上向流过滤

**うわむね** 【上棟】 脊顶盖板

**うわもの** 【上物】 建筑场地上的建筑物及构筑物

**うわや** 【上屋·上家】 shed 暂设屋盖,堆房,罩棚,棚屋,储藏室,施工现场临时库房

**うんおう** 【暈滃】 hachure (表示地形断面的)影线,蓑状线,晕滃线

**うんが** 【運河】 canal 运河

**うんがか** 【運河化】 canalization 运河化,渠化

**うんがかいせつ** 【運河開設】 canalization 开挖运河

**うんがきょう** 【運河橋】 canal bridge 运河桥

**うんがく** 【運河区】 canal reach 运河区(段)

**うんがこう** 【運河港】 canal harbour, canal port 运河港

**うんがしょうこうき** 【運河昇降機】 canal lift 运河船闸水位升降调节机,运河升船机

**うんがそくりょう** 【運河測量】 canal surveying 运河测量

**うんがていえん** 【運河庭園】 canal garden 运河庭园(文艺复兴时期的具有一种狭长水池的几何式花园)

**うんげん** 【繧繝】 晕色,浓淡渲染

**うんげんざいしき** 【繧繝彩色】 退晕色(彩画上的深浅色分层退晕变化),叠晕

**うんこうしけん** 【運行試験】 operation test 运行试验

**うんこうせっくつ** 【雲崗石窟】 (中国大同)云岗石窟

**うんそう** 【運送】 conveyance 运输,运送

**うんそうとりあつかい** 【運送取扱】 handling of transport 托运

**うんだつマトリックス** 【運達～】 transfer matrix 转移矩阵,传递矩阵

**うんちん** 【運賃】 fare, freight 运费

**うんちんせいさんじょ** 【運賃精算所】 fare adjustment office 运费结算处

**ウンテル** Untergrundbahn[德] 地下铁道,地铁

**うんてんおくれ** 【運転遅】 operational delay (由交通组成因素互相干扰而造成的)运行延迟,运转迟滞

**うんてんじかく** 【運転時隔】 interval between two trains 列车间的运行时间间隔

**うんてんしゃ** 【運転者】 driver 司机,驾驶员

**うんてんしゅ** 【運転手】 chauffeur (雇用的)司机,驾驶员

**うんてんせいぎょ** 【運転制御】 motion control 控制运转

**うんてんせんず** 【運転線図】 run curve (列车)运行图,运行线图,车辆调度曲线

**うんてんそくど** 【運転速度】 running speed, operating speed 运转速度,运行速度,行驶车速

**うんてんていしきょり** 【運転停止距離】 driver stopping distance (司机)停车距离,刹车距离

**うんてんていしじかん** 【運転停止時間】 stopping time 停车时间,刹车时间,刹车有效时间

**うんどうがく** 【運動学】 kinematics, kinetics 运动学

うんどうこうえん 【運動公園】 play field park 运动公园,体育公园
うんどうねんど 【運動粘度】 kinematic viscosity 运动粘度
うんどうのエネルギー 【運動の～】 kinetic energy 动能
うんどうのつりあい 【運動の釣合】 equilibrium of motion 运动(的)平衡
うんどうひろば 【運動広場】 playground 运动场
うんどうほうそく 【運動法則】 laws of motion 运动定律
うんどうほうていしき 【運動方程式】 equation of kinetics 运动方程式
うんどうまさつ 【運動摩擦】 kinetic friction 动摩擦
うんどうまさつけいすう 【運動摩擦係数】 coefficient of kinetic friction 动摩擦系数
うんどうよくしつ 【運動浴室】 exercise bath room 水疗室
うんどうりょう 【運動量】 momentum 动量
うんどうりょうけいすう 【運動量係数】 momentum coefficient 动量系数
うんどうりょうせん 【運動量線】 momentum line 动量线
うんどうりょうモーメント 【運動量～】 moment of momentum 动量矩,角动量
うんどうりろん 【運動理論】 kinematic theory 运动理论,运动学
うんぱん 【運搬】 haulage 运输,搬运,拖运,拖曳牵引
うんぱんき 【運搬機】 conveyer 输送机,运输机,传送机
うんぱんしゃ 【運搬車】 trolley 搬运车,起重小车
うんぱんひ 【運搬費】 fee of handling 装卸费,搬运费
うんぼう 【運棒】 manipulation of electrode (焊接)运条
うんも 【雲母】 mica 云母
うんゆクレーン 【運輸～】 transport crane 运输(转运)起重机
うんゆしょう 【運輸省】 Ministry of Transport (日本)运输省,交通部
うんゆりょう 【運輸量】 traffic volume 交通量,运输量
うんりょう 【雲量】 cloud amount 云量
うんりょうけいすう 【雲量係数】 cloud cover factor 云量系数

# え

**エア・アウトレットべん【～弁】** air outlet valve 排气阀

**エー・アイ・エス・アイ** AISI, American Iron and Steel Institute 美国钢铁学会

**エー・アイ・エス・シー** AISC, American Institute of Steel Construction 美国钢结构学会

**エー・アイ・ディー** AID, American Institute of Decorators (1931年美国成立的)美国室内装饰工作者协会

**エー・アイ・ピー** AIP, The American Institute of Planners 美国规划师协会

**エア・インジェクション** air injection 空气喷射,喷气

**エア・インジェクション・システム** air injection system 空气喷射方式,喷气方式

**エア・インテーク** air intake 进气口,进风口

**エア・インレット** air inlet 进气口,进风口

**エア・インレットべん【～弁】** air inlet valve 进气阀

**エア・ウォッシャー** air washer 空气洗涤器

**エア・エスケープ** air escape 放气,排气,排气口

**エア・エリミネーター** air eliminator 气水分离器,除气器,排气器

**エア・エントレーニング・エージェント** air entraining agent(AEA) 加气剂,引气剂

**エア・エントレーニング・コンクリート** air entraining concrete, AE concrete 加气混凝土,引气混凝土

**エア・エントレーニング・セメント** air entraining cement 加气水泥

**エア・カー** air car 气垫汽车

**エア・カーテン** air curtain 空气幕

**エア・ギャップ** air gap 气隙,空气间隙

**エア・クッション・カー** air cushion car 气垫车

**エア・クーラー** air cooler 空气冷却器

**エア・クリーナー** air cleaner 空气净化器,空气滤清器

**エア・クールド・エンジン** air-cooled engine 气冷式发动机

**エア・クールド・コンプレッサー** air-cooled compressor 气冷式压缩机

**エア・ゲージ** air gauge 气压计,气压表

**エア・コック** air cock 气嘴,气塞,放气活栓

**エア・コンタミナント** air contaminant 大气污染物

**エア・コンディショナー** air conditioner 空气调节器

**エア・コンディショニング** air conditioning 空气调节

**エア・コンデンサー** air condenser 空气冷凝器

**エア・コンプレッサー** air compressor 空气压缩机,气压机

**エア・サイクル** air cycle 空气循环

**エア・サクション** air suction 吸气

**エア・シェッド** air shed 飞机库,风干棚

**エア・シューター** air shooter 气送装置,气动(票据)输送机

**エア・ステーション** air station 航空(维修)站,(测量或摄影用)空间站

**エア・ストレーナー** air strainer 空气过滤器

**エア・スピード** air speed 空气流速,风速

**エア・スプレーぬり【～塗】** air spraying 压力喷涂,喷漆

**エア・スペース** air space 空间,空气层,空隙,气隙

**エア・スライド・コンベヤー** air slide conveyor 风送式输送机

**エア・セット** air set （在空气中)自凝,气硬
**エア・セット・パイプ** air set pipe 空气冷凝管
**エア・タイト・サッシュ** air-tight sash 气密窗扇,不透气窗扇
**エア・タイト・ジョイント** air tight joint 气密接合,密封接合
**エア・タイヤ** air tire 气轮胎
**エア・ダクト** air duct （通)风道,(导)风管
**エア・ターミナル** air terminal （飞机场)候机楼
**エア・ダンパー** air damper 空气抑振器,空气节制器,风挡
**エア・タンブラー** air tumbler （净化)空气换向器
**エア・チャンバー** air chamber 空气室,气室,气舱
**エア・ディフューザー** air diffuser 空气扩散器,散流器
**エア・デストリビューション** air distribution 空气分布
**エア・デリバリー** air delivery 风动输送,气流输送
**エア・ドアー** air door （通)气门
**エア・トウール** air tool 气(风)动工具
**エア・ドライヤー** air drier 空气干燥器
**エア・ドライング** air drying 风干,空气干燥,自然干燥
**エア・トラップ** air trap 隔气具,气闸
**エア・ドローム** air drome 飞机场
**エアぬき**【～抜】 air vent 排气口,排气孔
**エア・ノズル** air nozzle 喷气嘴,空气喷嘴
**エア・パイプ** air pipe 通风管
**エア・バス** air bath 空气浴,空气浴器
**エア・ハンドリング・ユニット** air handling unit 空调机,空气调节机
**エア・ハンマー** air hammer 气锤,风动锤
**エア・ヒーター** air heater 空气加热器
**エア・ビーム** air beam 充气梁
**エア・フィルター** air filter 空气过滤器,空气滤清器
**エア・フォーム** air foam 空气泡沫
**エア・フォームしょうかざい**【～消火剤】 air foam compound 泡沫灭火剂
**エア・ブラスト** air blast 鼓风,空气喷射
**エア・ブラストしきとうけつそうち**【～式凍結装置】 air blast freezer 送风式冻结装置,鼓风喷射式冻结装置
**エア・ブラストれいとうほうしき**【～冷凍方式】 air blast cooling system 送风冷冻法,鼓风喷射冷冻法
**エア・ブラッシュ** air brush 气压喷雾刷色器,气刷
**エア・ブレーキ** air brake 空气制动器,气闸
**エア・プレッシャー・ゲージ** air pressure gauge 气压计,气压表
**エア・ペインター** air painter 喷漆器
**エアべん**【～弁】 air valve 气阀,气门
**エア・ベント** air vent 排气口,通风孔
**エア・ベントしき**【～式】 air vent type 气孔式,排气口式(蒸气采暖配管排气法)
**エア・ホイル・ファン** air-foil fan 翼形通风机
**エア・ポケット** air pocket 气囊,气袋
**エア・ホース** air hose 通气软管
**エア・ポート** air port 飞机场,航空港,航站
**エア・ホール** air hole 通气孔,通风孔,气孔,气坑,气穴
**エア・ボーン・サウンド** air-borne sound 空气(载)声
**エア・ポンプ** air pump 气泵,抽气泵,排气泵
**エアマス** air mass 大气质量
**エア・マットがたフィルター**【～型～】 air mat filter 气垫式滤器
**エア・メーター** air meter 气流计,风速计,(混凝土硬化前)空气量测定仪
**エア・モーター** pneumatic motor 气压发动机,风动马达
**エア・モニター** air monitor 大气污染监测器
**エア・モルタル** air mortar 加气砂浆
**エア・ライン** air line 架空线,风管,航空线

エアリアル・ケーブルウェー aerial cableway 空中索道,架空索道
エアリアル・レールウェー aerial railway 架空铁道,架空铁路
エア・リーク air leak 漏气
エア・リターンしき 【～式】 air return type 回气式(蒸汽采暖管道内的自然排气法)
エア・リフト air lift 空气提升,气压提升机,空气升液器
エア・リフトがたかくはんき 【～型攪拌機】 air-lift type agitator 气升式搅拌器
エア・リフト・ポンプ air lift pump 空气升液泵
エア・リリーズべん 【～弁】 air release valve 排气阀
エアリング airing 空气干燥法,气曝
エア・レギュレーター air regulator 空气调节器
エアレーション aeration 充气,换气,通风,曝气,分解,松散,风化
エアレーションじかん 【～時間】 aeration period 曝气时间
エアレーション・タンク aeration tank 曝气池
エアレーションとう 【～塔】 aeration tower 曝气塔
エアレス・スプレー airless spray 真空喷涂
エアレスとそう 【～塗装】 airless spray 真空喷涂
エアレーター aerator 充气器,曝气设备
エアレーティッド・グリット・チャンバー aerated grit chamber 曝气沉砂池
エアロ・アクセレーター Aero-accelator 加速曝气池(污水处理)(商)
エアロゾル aerosol 气溶胶,烟雾剂,湿润剂(商)
エア・ロック air lock 气闸,气塞,(气压沉箱中的)气闸室
エアロベン aerovane 风向仪,风速仪,风车
エアロメーター aerometer 气体比重计,气量计
エア・ワッシャー air washer 空气洗涤器
えい 【影】 shadow 影,阴影
えい 【楹】 楹
エー・イー・エー 【AEA】 AEA,air-entraining agent 加气剂,引气剂
えいえんぜき 【鋭縁堰】 sharp-crested weir 锐缘堰,刃形堰
えいがかん 【映画館】 cinema,movie-theater,movie-hall 电影院,电影馆
えいきゅういんえい 【永久陰影】 area of perpetual shadow 永久阴影(建筑物终年没有日照的部分)
えいきゅうかじゅう 【永久荷重】 permanent load,dead load,fixed load 永久荷载,恒载,固定荷载
えいきゅうきょう 【永久橋】 permanent bridge 永久性桥
えいきゅうこうすい 【永久硬水】 permanent hard water 永久硬水,永硬水
えいきゅうこうど 【永久硬度】 permanent hardness 永久硬度
えいきゅうとうじょう 【永久凍上】 permafrost 永久冰冻,永冻状态
えいきゅうひかげ 【永久日影】 area of perpetual shadow 永久阴影(建筑物终年没有日照的部分)
えいきゅうひずみ 【永久歪】 permanent strain 残余变形,永久变形,塑性变形
えいきゅうひょうしき 【永久標識】 permanent marker 永久性标志
えいきゅうふか 【永久負荷】 permanent load 永久负荷
えいきゅうへんけい 【永久変形】 permanent deformation 永久变形,残余变形
えいきょうえん 【影響円】 circle of influence 影响圈
えいきょうけいすう 【影響係数】 influence coefficient 影响系数
えいきょうけん 【影響圏】 influencial sphere,catchment area 影响范围,影响圈
えいぎょうしつ 【営業室】 business room 营业室,业务室
えいぎょうしゃほうもんちょうさ 【営業

車訪問調査】 commercial car interview survey 营业车(辆)访问调查

えいきょうすう 【影響数】 influence numbers 影响数

えいきょうせん 【影響線】 influence line 影响线

えいきょうせんず 【影響線図】 influence line figure 影响线图

えいきょうせんめんせき 【影響線面積】 influence line area 影响线面积

えいきょうはんけい 【影響半径】 radius of influence circle 影响半径

えいきょうふかさ 【影響深さ】 significant depth 有效深度,影响深度

えいきょうめん 【影響面】 influence surface 影响面

えいきょうめんせき 【影響面積】 influence area 影响面积

えいぎょうようすい 【営業用水】 water for commercial use 商业用水

えいぎょうようそうこ 【営業用倉庫】 rentable warehouse 出租仓库,营业性仓库

えいこくおうしつけんちくしかい 【英国王室建築士会】 Royal Institute of British Architects(RIBA) 英国皇家建筑师学会

エー・イー・コンクリート 【AE~】 AE (air entraining) concrete 加气混凝土,引气混凝土

エー・イーざい 【AE剤】 AE (air entraining) agent 加气剂,引气剂

エー・イー・ジーのタービンこうじょう 【AEGの~工場】 AEG (Allgemeine Elektritats-Gesellschaft) Tubinen Halle[徳] 德国通用电器公司叶轮机厂(近代厂房建筑代表作品之一)

えいしゃき 【映写機】 projector 放映机,幻灯

えいしゃしつ 【映写室】 projection booth,projection room 放映室

えいしゃしつこまど 【映写室小窓】 porthole,projection port 放映孔

えいしゃまく 【映写幕】 screen 银幕

えいしゃようでんきゅう 【映写用電球】 projector lamp 放映机灯(泡)

えいすうじ 【英数字】 alphanumeric 字母数字的,字母数字群,字母数字式

えいせいがく 【衛生学】 hygiene 卫生学

えいせいきぐ 【衛生器具】 plumbing fixtures,sanitary fixture,sanitary ware 卫生器具,卫生器皿

えいせいぎじゅつしゃ 【衛生技術者】 sanitary technician 卫生技术人员

えいせいこう 【衛生工】 plumber 管工,卫生工程工人

えいせいこうがく 【衛生工学】 sanitary engineering,public health engineering 卫生工程,公共卫生工程

えいせいこうじ 【衛生工事】 plumbing work 室内卫生工程

えいせいこうじはいかんほう 【衛生工事配管法】 plumbing installation 卫生工程管道施工法

えいせいしけんじょ 【衛生試験所】 sanitary research institute 卫生试验所

えいせいせつび 【衛生設備】 plumbing equipment 卫生设备

えいせいデパート 【衛星~[department]】 卫星店(市中心百货商店的郊外分店)

えいせいとうき 【衛生陶器】 sanitary earthenware 卫生陶器

えいせいとし 【衛星都市】 satellite town 卫星城

えいせいとしろん 【衛星都市論】 卫星城市论

エー・イー・セメント 【AE~】 AE(air entraining)cement 加气混凝土

えいせん 【影線】 line of shadow 影线,阴影轮廓线

えいぜん 【営繕】 building and repair 建造(包括新建、扩建、改建)及修缮,修建

えいせんアーチ 【鋭尖~】 lancet arch, acute arch 尖拱,二心外心桃尖拱

えいせんまど 【鋭尖窓】 lancet window 尖头窗

えいぞう 【映像】 image 影象,物象,镜象

えいぞう 【営造】 construction 营造

えいぞうがくしゃ 【営造学社】 (1929年

成立的中国)营造学社

**えいぞうコントラスト** 【映像～】 tone contrast,figure contrast 色调(深浅)对比,图象(黑白)对比

**えいぞうじゅしんき** 【映像受信機】 television receiver 电视接收机

**えいぞうぶつ** 【営造物】 erection,building 建筑物,构筑物

**えいぞうぶつこうえん** 【営造物公園】 park on public estate 公共建筑公园

**えいぞうほうげん** 【営造法源】 (中国姚承祖著的)《营造法源》

**えいぞうほうしき** 【営造法式】 (中国北宋李诫编修的)《营造法式》

**えいたいきゅうしゅうざい** 【液体吸収剤】 liquid absorbent 液体吸收剂

**えいたいきゅうしゅうじょしつき** 【液体吸収除湿器】 liquid absorbent dehumidifier 液体除湿器

**えいちゅうせっちゅうしきていえん** 【英中折衷式庭園】 Anglo-Chinese garden (18世纪英国流行的)中英混合式庭园

**エイトフずほう** 【～図法】 Aitoff projection 艾托夫投影图法,艾托夫等积投影法

**えいトン** 【英～】 long ton 长吨,英吨(2240磅)

**えいねいじ** 【永寧寺】 (建于516年的中国洛阳)永宁寺(534年焚毁)

**えいねつたんい** 【英熱単位】 British thermal unit(BTU,Btu) 英国热量单位

**えいびんせい** 【鋭敏性】 sensitivity 灵敏度,敏感性

**えいびんど** 【鋭敏度】 sensibility 灵敏度,敏感性

**えいびんひ** 【鋭敏比】 sensitivity ratio, degree of sensitivity 灵敏度比(表示粘土捏和影响的)敏锐比

**えいへい** 【影屏】 (中国建筑的)影壁,照壁

**えいへき** 【影壁】 (中国建筑的)影壁,照壁

**エー・イー・ポルトランド・セメント** 【AE～】 AE(air entrained) portland cement 加气硅酸盐水泥

**えいめん** 【影面】 shadow surface 阴影面,落影面

**えいようえんるい** 【栄養塩類】 nutrient salts 营养盐类

**えいようげん** 【栄養源】 nutrient 营养源

**えいようバランス** 【栄養～】 nutrients balance 营养平衡

**えいようはんしょく** 【栄養繁殖】 vegetative propagation 无性繁殖

**えいようぶつ** 【栄養物】 nutrient 营养物,营养品

**エウステュロス** eustylos[希] (古希腊、古罗马神庙的)柱间距为柱径的2又4分之一倍的柱式

**エー・エー・エス・エッチ・オー** 【AASHO】 AASHO,American Association of state Highway Officials 美国各州公路工作者协会

**エー・エー・エス・エッチ・オーがたプロフィロメーター** 【AASHO型～】 AASHO type profil emeter AASHO型路面平整度测定仪

**エー・エー・エスー・エッチ・オーどうろしけん** 【AASHO道路試験】 AASHO road test 美国各州公路工作者协会道路试验

**エー・エー・エス・エッチ・オーぶんるいほう** 【AASHO分類法】 AASHO(American Association of State Highway Officials)soil classification system 美国各州公路工作者协会土壤分类法

**エー・エー・エス・エッチ・オーほう** 【AASHO法】 AASHO method, American Association of State Highway Officials method 美国各州公路工作者协会方法(多指柔性路面和水泥混凝土路面设计方法)

**エー・エー・エス・エッチ・ティー・オー** AASHTO, American Association of State Highway and Transportation Officials 美国各州公路与运输工作者协会

**エー・エス・アイ・ディー** ASID, American Society of Industrial Designers 美国工业设计师协会

**エー・エス・シー・イー** ASCE, American Society of Civil Engineers 美国土木工程师学会

**エー・エス・ティー・エム** ASTM, American Society for Testing Materials 美国材料试验协会

**エー・エス・ティー・エムきかく** 【ASTM規格】 ASTM (American Society for Testing Materials)standards 美国材料试验学会标准

**エー・エス・ティーほう** 【AST法】 AST(atomized suspension technique) methods 悬浮废液雾化法

**エー・エッチアイ・プロセス** 【A.Hi～】 A.Hi process 完全混合改进法(日本大阪市立卫生研究所研究的一种猪圈污水曝气处理法)

**エー・エー・ディー・ティー** AADT, annual average daily traffic 年平均日交通量

**エー・エヌ・エス・アイ** ANSI, American National Standards Institute 美国国家标准(研究)所

**エー・エー・ピー・ティー** AAPT, Association of Asphalt Paving Technologists (美国)沥青铺路技术人员协会

**エー・エフ・シー** AFC, automatic frequency control 自动频率控制

**エー・エル・エー** ALA, artificial light aggregate 人工轻量集料,人工轻骨料

**エー・エル・シー** ALC, autoclaved light-weight concrete 蒸压轻质混凝土

**エー・エル・シーばん** 【ALC板】 ALC (autoclaved light concrete)slab 蒸压轻混凝土板

**エーカー** acre 英亩(等于40.47公亩)

**エカイナス＝エキヌス**

**エカィヌス＝エキヌス**

**えき** 【駅】 station 车站

**えきあつそうち** 【液圧装置】 hydraulic mechanism 液压装置

**えきあつでんどうそうち** 【液圧伝動装置】 hydrostatic transmission 液压传动装置

**えきあつプレス** 【液圧～】 hydraulic press 液压机,水压机

**えきヴェーパーねつこうかんき** 【液～熱交換器】 liquid vapour heat exchanger 液-汽热交换器

**えき-えきちゅうしゅつほう** 【液-液抽出法】 liquid-liquid extraction method 液-液提取法,液-液萃取法

**えきか** 【液化】 liquefaction 液化(作用)

**えきかガス** 【液化～】 liquefying gas 液化煤气,液化气体

**えきかげんしょう** 【液化現象】 liquefactive apparition 液化现象

**えきかせきゆガス** 【液化石油～】 liquefied petroleum gas 液化石油气

**えきかタンク** 【液化～】 liquifying tank 液化箱,液化罐

**えきかてんねんガス** 【液化天然～】 liquefied natural gas(LNG) 液化天然气

**えきかメタン・ガス** 【液化～】 liquefied methane gas(LMG) 液化甲烷气,液化沼气

**えきかれいきゃくき** 【液過冷却器】 liquid subcooler 液体低温冷却器

**えききょうまくけいすう** 【液境膜係数】 film coefficient 液膜系数

**えきこうない** 【駅構内】 station premises 车站境内

**エキジビション** exhibition 展览会,展览品,展示

**えきじゅんかんほうしき** 【液循環方式】 liquid circulation system 液体循环系统(方式)

**えきじょう** 【液状】 liquid state 液态

**えきじょうか** 【液状化】 liquefaction 液化

**えきじょうかはかい** 【液状化破壊】 liquefaction failure (地基的)液化破坏

**えきじょうシーラント** 【液状～】 liquid sealant 液态密封剂(胶)

**えきじょうスクラッビング** 【液状～】 liquid scrubbing 液态洗涤

**えきじょうドライヤー** 【液状～】 liquid drier 液体干燥剂

**エキスカベーター** excavator 挖掘机,挖土机,电铲

**エキスターナル・ドレンチャー** external drencher 外部防火淋水器
**エキスティックス** ekistics 人群定居学,人类环境生态学,人类居住学
**エキステンシビリティー** extensibility 伸长性,延伸性,伸长率,延伸度
**エキステンション** extension 伸长,扩张,扩建,增建,伸出部分,延长部分,附加物
**エキステンション・アーム** extension arm 伸臂
**エキステンション・ブーム** extension boom (起重机的)延长伸臂
**エキステンション・ライブラリー・サービス** extension library service 图书馆的巡回服务
**エキステンソメーター** extensometer 引伸仪,伸长计,变形测定仪
**エキステンダー** extender 填料,充填剂
**エキストラクター** extractor 抽出器,拔出器,提取器,脱模工具
**エキストラ・ストロング・パイプ** extra strong pipe 特厚壁钢管,特强管
**エキスパンション** expansion 膨胀,伸胀,扩大,扩展,延长,延伸率,长宽比
**エキスパンション・ジョイント** expansion joint 伸缩缝,温度缝
**エキスパンション・タンク** expansion tank 膨胀水箱
**エキスパンダー** expander (锅炉)扩管器,膨胀器,扩展器
**エキスパンディング・タウン** expanding town 扩大城镇(伦郭郊区一些按计划扩建的旧城镇)
**エキスパンデッド・プラスチック** expanded plastics 多孔塑料,泡沫塑料
**エキスパンデッド・メタル** expanded metal (抹灰)网眼钢板,钢板网
**エキスパンデッド・メタル・ラス** expanded metal lath (抹灰)板条钢板网
**エキスプレスウェー** expressway 高速公路(美国)
**エキスプローダー** exploder 信管,雷管,爆炸剂,爆炸物,爆炸装置
**エキスポージュア** exposure 曝光,曝露,陈列(品)
**えきせいかしたすな** 【液性化した砂】 liquefied sand 液化砂,流砂
**えきせいけん** 【駅勢圏】 railway station sphere 铁路车站(运输客货)范围地区
**えきせいげんかい** 【液性限界】 liquid limit (土的)液限,液性限度
**えきせいげんかいそくていき** 【液性限界測定器】 liquid-limit device 液限测定器,液限仪
**えきせいしすう** 【液性指数】 liquidity index 液性指数
**エキセス・エア** excess air 过剩空气
**エキセントリシティー** eccentricity 偏心,偏心距,偏心率
**エキセントリック・シャフト** eccentric shaft 偏心轴
**エキセントリック・ビット** eccentric bit (钻孔灌注桩用)偏心钻头
**エキゾースター** exhauster 排气(风)机,抽气(风)机,压力(水力)吹风管,汲尘器
**エキゾースト** exhaust 排气,排风,排水
**エキゾースト・オープン** exhaust open (阀门)开放排气
**エキゾースト・ガス** exhaust gas 废气,排气
**エキゾースト・カバー** exhaust cover 排气口罩
**エキゾースト・クローズ** exhaust close (阀门)停止排气
**エキゾースト・ノズル** exhaust nozzle 排气(喷)嘴
**エキゾースト・パイプ** exhaust pipe 排气管
**エキゾースト・ブロワー** exhaust blower 排风机
**エキゾーストべん** 【~弁】 exhaust valve 排气阀
**エキゾースト・マフラー** exhaust muffler 排气消声器
**えきたい** 【液体】 liquid 液体
**えきたいアスファルト** 【液体~】 liquid asphalt 液体沥青
**えきたいあっしゅくりつ** 【液体圧縮率】 modulus of compressibility of liquids 液体压缩系数,液体压缩率

えきたいアンモニア 【液体～】 liquid ammonia 液态氨

えきたいえんそ 【液体塩素】 liquid chlorine 液(态)氯

えきたいえんそガス 【液体塩素～】 liquified chlorine gas, liquid chlorine 液态氯,液氯

えきたいおぶつ 【液体汚物】 liquid waste 废液,废水

えきたいおんどけい 【液体温度計】 liquid thermometer 液体温度计

えきたいくうき 【液体空気】 liquid air 液态空气

えきたいこうりつ 【液体効率】 fluid efficiency 液体效率

えきたいサイクロン 【液体～】 liquid cyclone 液体旋风除尘器,湿式旋风除尘器

えきたいしょうかき 【液体消火器】 liquid fire extinguisher 液体灭火器

えきたいせいりきがく 【液体静力学】 hydrostatics 流体静力学

えきたいだっしつそうち 【液体脱湿装置】 liquid absorbent dehumidifier 液体脱湿设备,液体脱湿器

えきたいちっそ 【液体窒素】 liquefied nitrogen 液态氮

えきたいどうりきがく 【液体動力学】 hydrodynamics, hydrokinetics 流体动力学

えきたいねんりょう 【液体燃料】 liquid fuel 液体燃料

えきたいのほうわじょうきあつ 【液体の飽和蒸気圧】 saturated steam pressure of liquid 液体饱和蒸汽压

えきたいりゅうさんアルミニウム 【液体硫酸～】 liquid aluminium sulfate 硫酸铝溶液,液态硫酸铝

えきちゅうあつりょくけい 【液柱圧力計】 liquid manometer 液柱压力表

えきちゅうねんしょうほう 【液中燃焼法】 submerge combustion 沉没燃烧法,水下燃烧法

エキヌス echinus (多利安式柱头的)1/4圆线脚

えきひ 【液肥】 liquid fertilizer, liguid manure 液体肥料

えきビル 【駅～】 station building 车站建筑

えきひろま 【駅広間】 station hall 车站候车大厅

えきぶんりき 【液分離器】 liquid separator (制冷机的)液体分离器

えきポンプ 【液～】 liquid pump 液泵

えきほんや 【駅本屋】 station main building 车站主楼,车站主站房

えきまえひろば 【駅前広場】 station square, station plaza 站前广场

えきめんけい 【液面計】 liquid indicator 液面计

えきめんせいぎょ 【液面制御】 liquid level control 液面控制

エキュメノポリス ecumenopolis 普世城(希腊规划家多克西亚迪斯预言未来城市由于交通速度将打破区域甚至国界彼此连接而提出的新词)

えきライン 【液～】 liquid line 液(体)线

えきれいきゃくき 【液冷却器】 liquid cooler 液体冷却器

えきれいばい 【液冷媒】 liquid refrigerant 液体冷媒,液体制冷剂

エクイバレント・ガーダー equivalent girder 等效梁

エクイリブリューム equilibrium 平衡,均衡

エクスパンション＝エキスパンション

エクセキューション execution 完成,执行,实施

エクセドラ exedra (古希腊、古罗马的)龛座,(教堂的)半圆凹室,露天半圆长椅

エクセンきょり 【～距離】 eccentric distance 偏心距

エクマンてんとうすいおんけい 【～転倒水温計】 Ekman reversing thermometer 埃克曼式颠倒水温计

エクレシア ecclesia 教堂,礼拜堂

エーゲびじゅつ 【～美術】 Aegean art 爱琴美术

エコー echo 回声,反射波,回波

**エコサイド** ecocide 生态灭绝
**エコ・システム** eco-system 生态系
**エコー・チェンバー** echo chamber 回声室,反响室
**えごのき** Styrax japonica[拉],Japanese snowbell[英] 野茉莉
**エコノマイザー** economizer 废气预热器,省煤器,节油器
**エコー・マシン** echo machine 混响附加装置,回声机
**エコール・デ・ボザール** Ecole des Beaux Arts[法] (法国巴黎)美术学校
**エコール・ポリテクニーク** École Polytechnique[法] (1794年法国建立的)理工学院
**エコー・ルーム** echo room 回声室,反响室
**エコロジカル・アーキテクチュア** ecological architecture 符合生态学法则的建筑
**エコロジカル・プランニング** ecological planning 生态学规划
**エー・シー** AC,alternating current 交流(电)
**エー・シー・アイ** ACI,American Concrete Institute 美国混凝土协会
**エジェクター** ejector 喷射器,发射器,喷射泵,水射器
**エジェクターおすいはいすいき** 【～汚水排水機】 pneumatic sewage ejector 喷射式污水排水器,气动式污水排水器
**エジェクターがたかくはんき** 【～型攪拌機】 ejector type agitator 喷射式搅拌器
**エジェクターがたかんきき** 【～型換気機】 ejector type ventilator 射流式通风机
**エジェクター・コンデンサー** ejector condenser 射流冷凝器
**エジェクターしきしゅんせつせん** 【～式浚渫船】 ejector type dredger 喷射式挖泥船,喷射式疏浚机
**エジェクターふくすいき** 【～復水器】 ejector condenser 喷射冷凝器
**エー・シーぐい** 【AC杭】 高压蒸汽养护预应力混凝土
**エー・シー・シー** ACC, automatic combustion control 燃烧自动控制
**エー・ジー・シー** AGC,automatic gain control 自动增益控制
**エー・シー・ビー** ACB,air circuit breaker 空气断路器
**エジプトけんちく** 【～建築】 Egyptian architecture (古代)埃及建筑
**エジプトのしんでん** 【～の神殿】 Temples of Egypt 埃及神庙
**エジプトようしき** 【～様式】 Egyptian style (古代)埃及式(建筑)
**エージング** aging 老化,时效,养护,变质
**えず** 【絵図】 绘图
**エス・アイ・エー・ディー** SIAD,Society of Industrial Artists and Designers (1963年英国成立的)工业美术家及设计师协会
**エス・アイ・エル** SIL,speech interference level 语言干扰级
**エス・アール・シーこうぞう** 【SRC構造】 SRC (steel framed reinforced concrete)construction 钢框架钢筋混凝土结构
**エス・アール・ディー** SRD, supply return damper 送回风调节风门
**エス・イー・イー・イーほうしき** 【SEEE方式】 SEEE (Société d'Études et d'Équipements d'Entreprises)system[法] SEEE式预应力混凝土后张法(按法国企业装备研究协会名称的第一字母命名)
**エス・エス** SS,suspended solids 悬浮固体,悬浮物
**エス・エス・アール・シー** SSRC,Structural Stability Research Council 结构稳定研究委员会
**エス・エスざい** 【SS材】 structural steel 结构钢,钢结构用钢
**エス・エス・ティー** SST,super sonic transport 超音速客机
**エス・エス・ディー・ディー・エス** SSDDS,self-service discount department store (美国)廉价商品无人售货的百货店

エス-エヌきょくせん 【S-N曲線】 S-N curve S-N曲线,应力-循环次数曲线

エス・エヌ・ジー SNG,substitute natural gas,synthetic natural gas 代用天然煤气,合成天然煤气

エス-エヌせんず 【S-N線図】 S-N diagram S-N曲线图,应力-循环次数曲线图,疲劳曲线图

エス・エヌひ 【SN比】 SN (signal to noise)ratio 信(号)噪(声)比

エス・エフ・アール・シー SFRC,steel fiber reinforced concrete 钢纤维混凝土

エス・エフ・ディー SFD,shearing forced diagram 剪力图

エス・エム・エー SMA,standard metropolitan area 标准城市区

エス・エム・エム SMM,Standard Method of Measurement of Building Works 建筑工程标准测量法

エス・エムごうきん 【SM合金】 SM alloy,aluminium welding rod SM铝焊丝,钎焊用铝合金焊丝,铝焊条

エス・エル・ピー SLP,sequential linear programming 系列线性程序编制法

エス・オー・エム SOM,Skidmore Owings and Msrrill architects (1935年美国芝加哥成立的)斯基德莫尔、奥文斯、梅利尔建筑师事务所

エスかじゅう 【S荷重】 S-loading S荷载

エス・カーブ 【S～】 S curve S形曲线,反向曲线

エスカーブ＝エスケープ

エスカレーター escalator 自动扶梯

エスキス esquisse[法] 草图,图稿轮廓,梗概

エスケープ escape 排泄,排气管出口

エスケープべん 【～弁】 escape valve 放出阀,溢流阀,安全阀

エスコリアル El Escorial (16世纪西班牙)埃斯库里阿尔(包括修道院、大学、宫殿、陵墓的建筑群)

エス・シー SC,static condenser 静电电容器

エス・シー・アール SCR,silicon controlled rectifier 可控硅整流器

エス・シー・アールちょうこうそうち 【SCR調光装置】 SCR (silicon controlled rectifier) dimming equipment 可控硅整流器调光装置

エス・シー・ピーはいすい 【SCP排水】 SCP (semi-chemical pulp)sewage 半化学纸浆废水

エス・ダブリュー・ビー SWB,Schweizerischer Werk-bund[德] (1913年瑞士成立的)瑞士工作联盟

エス・ディー SD,space design 空间设计

エス・ディー・アイ SDI,sludge density index 污泥密度指数

エス・ティー・アール・イー・エス・エス STRESS,Structural Engineering System Solver 结构工程体系分析装置

エス・ティー・エル STL,space technology laboratory 空间技术实验室

エス・ティー・スラブ 【ST～】 ST (single tee)slab 单T形混凝土板,单T板

エス・ティーばん 【ST板】 ST (single tee)slab 单T形混凝土板,单T板

エスティメーション estimation 估计,估算

エステルか 【～価】 ester value 酯化值,酯价

エステル・ガム ester gum 酯胶,松香甘油酯

エステルけいようざい 【～系溶剤】 ester solvents 酯系溶剂

エス・トラップ 【S～】 S-trap S形存水弯,S形弯管

エス・トラップとうかん 【S～陶管】 S-type earthenware trap S形陶制存水弯

エスは 【S波】 S-wave 横波,剪切波,S-波

エス・ビー・アール・ラテックス 【SBR～】 SBR latex 丁苯橡胶胶乳

エス・ピー・エル SPL,sound pressure level 声压级

エス・ピーはいすい 【SP廃水】 SP (sulfite pulp)effluent 亚硫酸盐纸浆废水

エス・ブイ・アイ SVI,sludge volume index 污泥体积指数

エスプラネード esplanade 广场,散步场
エス・ユー・エム・ティー SUMT,sequential unconstrained minimization technique 序贯无约束极小化法
エゼクター＝エジェクター
えぞいた【蝦夷板】北海道松木板
エーそうい【A層位】A-horizon A层(土),淋滤土层
えぞまつ【蝦夷松·天塩松】picea jezoensis[拉] (日本北海道)云杉,针枞
えだうち【枝打】pruning,lopping 剪枝,修枝,打枝
えだおろし【枝下】pruning,lopping 剪枝,修枝,打枝
エータがいさんほう【η概算法】eta(η)-method η计算法,η法
えだかき【枝掻】掐取小枝
えだがれ【枝枯】dieback 枯枝
えだがわり【枝変】bud sport,bud mutation 芽变,芽条变异
えだかん【枝管】branch pipe 支管
エダクションべん【～弁】eduction valve 排泄阀
えだくだ【枝管】branch pipe 支管
えだざし【枝插】stem cutting 插枝,扦插
えだした【枝下】height of the lowest branch 分枝点高度
えだしんとおし【枝心通】留壮枝(指剪掉弱枝保留强枝)
えだすかし【枝透】疏枝,疏剪
えだちばん【枝地番】sub-number of lot 划分建筑用地的次级标号
えだづか【枝束】brace,strut 桁架斜腹杆,斜杆,斜撑
えだつぎ【枝接】grafting,scion grafting 枝接,接枝
えだつきかん【枝付管】distributing pipe 叉管,分支管
えだつみ【枝摘】修剪枝尖,剪梢
えだつめ【枝詰】疏剪树枝,间枝
エタニット・パイプ Etanite pipe 埃塔尼特式管,(供水用)石棉水泥管(商)
エタノール ethanol 乙醇,酒精
エタノールアミン ethanolamine 乙醇胺,2-氨基乙醇
えだはさみ【枝挟】修剪枝尖,剪梢
えだはらい【枝払】lopping 修剪树枝
えだばり【枝張】width of tree 树冠宽度,冠径,枝展
えだばりしきしほこう【枝梁式支保工】branch-shaped timbering 隧道枝杈型柱支撑,隧道斜杈型柱支撑
えだぶり【枝振】branched-attitude 枝姿,枝态
エー・ダブリュー・ティー【AWT】AWT,advanced waste treatment 废水深度处理
えだもの【枝物】观枝植物(如观音竹,棕竹等)
えだリブ【枝～】lierne rib,tierceron 枝肋(哥特式建筑拱顶交叉肋条间的辅助肋条)
えだろ【枝路】by-pass 支路,旁路,支管,支流
エタロン etalon[法] 标准规格,标准量具,校准器,标准样件,基准
えだわり【枝割】疏枝,疏剪密枝
エチルすいぎん【～水銀】ethyl mercury 乙基汞,乙基水银
エチル・パラチオン ethyl parathion 乙基对硫酮
エチレン ethylene 乙烯,乙撑,次乙基
エチレン・グリコール ethylene glycol 乙(撑)二醇
エチレンさくさんビニルきょうじゅうごうたい【～酢酸～共重合体】ethylene-vinyl acetate copolymer(EVAC) 乙烯-乙酸乙烯共聚物
エチレンジアミンしさくさん【～四酢酸】ethylenediaminetetraacetic acid (EDTA) 乙二胺四醋酸
エチレン・プロピレン・ゴム ethylene propylene rubber,ethylene propylene methylene lintage 乙丙橡胶
エッグ・アンド・ダート egg and dart 卵箭纹样
エッグ・アンド・タング egg and tongue 卵舌纹样
エックスがたグルーブ【X形～】dou-

ble-V groove (焊接的)X形槽口,双V形槽口

エックスがたじゅうじ 【X形十字】 St. Andrews' cross X形十字

エックスがたしょうごうつぎて 【X型衝合継手】 double-V butt joint X形对接接头,双面V形对接接头

エックスがたつきあわせつぎて 【X型突合継手】 double-V butt joint X形对接接头,双面V形对接接头

エックスせん 【X線】 X-rays X射线,伦琴射线

エックスせんきゅうしゅうぶんせきけい 【X線吸収分析計】 X-ray absorption analyzer X射线吸收分析仪

エックスせんさつえいしつ 【X線撮影室】 radio graphic room X光照相室

エックスせんしゃだんようコンクリート 【X線遮断用～】 X-ray shielding concrete 防护X射线混凝土

エックスせんそうさしつ 【X線操作室】 X-ray control booth X射线操作室

エックスせんそうち 【X線装置】 X-ray plant X射线装置

エックスせんたんしょうほう 【X線探傷法】 X-ray inspection, X-ray examination X射线探伤法,X射线检验

エックスせんとうかしけん 【X線透過試験】 X-ray test X射线穿透试验

エックスせんとうししつ 【X線透視室】 fluoroscopy room X光透视室

エックスせんぶんこうぶんせき 【X線分光分析】 X-ray spectroscopic analysis X射线分光分析,X射线频谱分析

エックス・ワイ・ゼットひょうしょくけい 【XYZ表色系】 XYZ表色体系,三刺激值表色体系

エックス・ワイ・レコーダー 【X-Y～】 X-Y recorder X-Y记录器,X-Y函数记录仪

エッジ edge 边,边缘,刀口,镶边,修边

エッジ・カード edge card 端卡,边卡

エッジ・グルーアー edge gluer 侧面胶粘机

エッジ・グルーイング edge gluing 侧面胶接,边端胶粘

エッジこうか 【～効果】 edge effect 边缘效应,边际效应

エッジ・ジョイント edeg joint (成角)边接,边缘接缝,端边接头

エッジ・トウール edge tool 削边刀

エッジ・プレーナー edge planer 板边刨床,修边刨床,刨边机

エッジ・リング edge ring 边界环

えっすい 【越水】 overtopping 溢流水,漫溢水

えっすいろ 【越水路】 spillway 溢洪道

エッチ・アイ HI, height of instrument 仪器高(度)

エッチ・イー・ピー・エー・フィルター 【HEPA～】 HEPA (high efficiency particulate air) filter 高效率空气过滤器

エッチ・エス・ビー HSB, Hochfest Schweissung-empfindlicher Baustahl [德] 易焊性高强结构钢

エッチ・エッチ・ダブリュー・エル HHWL, highest high water lever 最高水位

エッチ・エム HM, hardness modulus 硬度模数

エッチかじゅう 【H荷重】 H-loading H荷重(美国公路桥设计标准汽车荷载)

エッチがたグルーブ 【H形～】 double U groove (焊接的)双面U形槽口

エッチがたこう 【H形鋼】 H-iron, H-bar, wide flange shapes 宽翼缘工字钢,H形钢

エッチがたこうぐい 【H形鋼杭】 H-section steel pile H形钢桩,宽缘工字钢桩

エッチ・ジー・ランプ＝すいぎんランプ

エッチ・ダブリュー・アイ HWI, high water interval 高水位周期

エッチ・ダブリュー・エル HWL, high water level 高水位

エッチ・ダブリューこうほう 【HW工法】 HW (Hochstrasser-Weise) method 霍赫斯特拉赛尔式大口径现浇混凝土桩施工法

エッチちゅう 【H柱】 H-section post, H-pole H形杆,H形柱

エッチ・ピー HP, hip point (桁架)上弦

与端斜杆连接结点,屋脊节点,脊节点
**エッチ・ビー・エッチ・ダブリュー** HPHW, high pressure hot water 高压热水
**エッチ・ビー・シェル** 【HP～】 HP (hyperbolic paraboloidal) shell 双曲线抛物面壳体
**エッチ・ビーム** 【H～】 H beam H形(截面)梁,工字梁
**エッチ・プライマー** etch primer 腐蚀性涂料
**エッチ・ポイント** 【H～】 H point (桁架)上弦与端斜杆连接结点,屋脊节点,脊节点
**エッチ・ポール** 【H～】 H pole H形杆,H形柱
**エッチング** etching 蚀刻,浸蚀
**エッチング・ガラス** etching glass 蚀刻玻璃
**エッチング・プライマー** etching primer 腐蚀性涂料
**えつねんせい** 【越年生】 biennial 二年生(的)
**エッフェルとう** 【～塔】 Tour Eiffel[法] (1889年法国巴黎建造的)埃菲尔铁塔
**えつらんしつ** 【閲覧室】 reading room 阅览室
**えつりだけ** 【栈竹】 bamboo rafter 竹椽
**えつりゅう** 【越流】 overflow 溢流
**えつりゅうかん** 【越流管】 overflow pipe 溢流管
**えつりゅうコック** 【越流～】 overflow cock 溢流龙头,溢流栓
**えつりゅうすいしん** 【越流水深】 overflow depth 溢流水深
**えつりゅうちょう** 【越流頂】 crest of overflow 溢流堰顶
**えつりゅうてい** 【越流堤】 deversoir 溢流堤
**えつりゅうふか** 【越流負荷】 overflow load 溢流(堰)负荷
**えつりゅうりょう** 【越流量】 overflow discharge 溢流量
**エー・ディー** AD, automatic design 自动设计
**エー・ディー・アイ** ADI, acceptable daily intake (污染物浓度的)每日容许摄取量
**エディキュール** aedicule 小神殿,小神龛,壁龛
**エディット** edit 编,编辑,编排,校订
**エディントンのイプシロンきごう** 【～のε記号】 Eddington's ε(Epcilon) 埃丁顿ε符号
**エトキシリンじゅし** 【～樹脂】 ethoxyline resin 环氧树脂
**えどぎり** 【江戸切】 rustication 平边的粗琢面,剁边蘑菇石
**エーとくせい** 【A特性】 A(计权网络)特性(参照40方等响曲线设计的声级计电路特性)
**エドゴニウム** Oedogonium 鞘藻属(藻类植物)
**エドサック** EDSAC, electronic data storage automatic computer 电子数据存贮自动计算机
**えとばしら** 【干支柱】 干支柱(日本多宝塔上层周边并列的12根侧柱)
**エドフのホルスしんでん** 【～の～神殿】 Temple of Horus, Edfu (公元前237～57年埃及鲁克索)埃德夫的赫鲁斯神庙
**エトリンジャイト** ettringite 钙钒石,三硫型水化硫铝酸钙
**エトルリアけんちく** 【～建築】 Etruscan architecture (公元前10世纪至公元前2世纪意大利的)伊特拉斯坎建筑
**エドワードしき** 【～式】 Edwardian style (14世纪英国的)爱德华式(建筑)
**エトワールがいせんもん** 【～凱旋門】 Arc de Triomphe de l'Étoile[法] (19世纪前期法国巴黎)星形广场凯旋门
**エナ・ガラス** Jena glass 耶那光学玻璃
**エナメル** enamel 搪瓷,珐琅,瓷釉
**エナメルしあげ** 【～仕上】 enamel paint finish 瓷漆饰面,亮漆饰面
**エナメルぬり** 【～塗】 enamelling 涂瓷漆,上珐琅
**エナメル・パラフィンせん** 【～線】 enamel paraffin wire 蜡浸漆包(绝缘)线
**エナメルはんしゃがさ** 【～反射笠】 en-

amelled reflector 搪瓷反射罩
**エナメル・ペイント** enamel paint 瓷漆,亮漆
**エナメル・ラッカー** enamel lacquer (纤维素)瓷漆
**エナメル・ワイヤ** enamel wire 漆包(绝缘)线
**エヌ・アール・エヌ** NRN, noise rating number 噪声评价值,噪声评价数
**エヌ・アールきょくせん** 【NR曲線】 noise rating curves 噪声评价曲线
**エヌ・アールすう** 【NR数】 noise rating number(NRN) 噪声评价值,噪声评价数,噪声级数
**エヌ・アールち** 【NR值】 noise rating number(NRN) 噪声评价值,噪声评价数
**エヌ・イー・エム・エーきかく** 【NEMA規格】 NEMA (national electric manufactures association)standard (美)全国电器厂商协会标准
**エヌ・エフ・ビー** NFB, no-fuse breaker 无熔丝断路器
**エヌ・エー・ユー** 【NAU】 NAU, New Architects' Union of Japan (1947年成立的)新日本建筑师联盟
**エヌ・エル・ダブリュー・エル** NLWL, normal low water level 正常低水位
**エヌけた** 【N桁】 N-truss N形桁架,单斜腹杆桁架
**エヌ・シー・エーきょくせん** 【NCA曲線】 NCA (noise criterion allowable) curve 噪声评价允许值曲线
**エヌ・シーきょくせん** 【NC曲線】 NC (noise criterion) curve (美国制订的)噪声评价曲线,NC曲线
**エヌ・シーち** 【NC值】 NC (noise criterion) number 噪声评价值
**エヌち** 【N值】 N-value (试钻次数的)N值
**エヌ・ビー・アール** NBR, nitrile-butadiene rubber 丁腈橡胶,丁二烯-丙烯腈共聚橡胶
**エヌ・ピー・エス・エッチ** NPSH, net positive suction head 净吸水头,净吸引高度,有效吸水头
**エヌ・ビー・エスたんい** 【NBS単位】 NBS (National Bureau of Standards) unit 美国国家标准局的(色差计量)单位
**エネルギー** energy 能,能量
**エネルギーかくめい** 【～革命】 energy revolution 能源革命
**エネルギーけいすう** 【～係数】 energy coefficient 能量系数
**エネルギーげん** 【～源】 source of energy 能源
**エネルギーげんすいのう** 【～減衰能】 character of energy damping 能量衰减能力,能量消耗能力
**エネルギーこうばい** 【～勾配】 energy gradient 能量梯度
**エネルギーさんぎょう** 【～産業】 energy industry 能源工业
**エネルギーしせつ** 【～施設】 energy facilities 能源设施
**エネルギーしゅうし** 【～収支】 energy balance 能量平衡
**エネルギーしゅうしほう** 【～収支法】 energy-budget method, energy-balanced method 能量平衡法
**エネルギーしょうもうのう** 【～消耗能】 character of energy damping 能量衰减特性
**エネルギーすいとう** 【～水頭】 energy head 能量水头
**エネルギーせん** 【～線】 energy line, energy gradient line 能量线,能量梯度线
**エネルギーそんしつ** 【～損失】 energy loss 能量损失
**エネルギーたしょうひがたこうぎょう** 【～多消費型工業】 energy-type industry 多耗能源型工业
**エネルギーとうか** 【～等価】 energy equivalent 能当量
**エネルギーふめつのほうそく** 【～不滅の法則】 law of conservation of energy 能量守恒定律,能量不灭定律
**エネルギーぶんぷ** 【～分布】 distribution of energy 能量分布
**エネルギーほう** 【～法】 energy method (求构件的应力、应变的)能量法

エネルギーほぞんのほうそく 【～保存の法則】 law of conservation of energy 能量守恒定律，能量不灭定律

えのあぶら 【荏の油】 perillaoil 紫苏子油，荏油

えのき 【榎】 Celtis sinensis[拉]，Chinese hack berry[英] 朴树，沙朴，青朴，朴榆

エバーグリーン evergreen 常绿树

エバポレーター evaporator 蒸发器

えび 【海老・蝦】 混凝土塔架上翻斗用导铁

エピ épi[法] 穗状饰

エビアンすい 【～水】 Evian water 瓶装饮用水(商)

エー・ビー・エス ABS，Alkyl benzene sulfonate 烷基苯磺酸盐

エー・ビー・エスか 【ABS価】 ABS(alkyl benzene sulfonate)valve 烷基苯磺酸盐值

エー・ビー・エスじゅし 【ABS樹脂】 ABS(acrylonitrile-butadiene-styrene) resins ABS树脂，丙烯腈-丁二烯-苯乙烯共聚树脂

エー・ビー・エスぶんかいきん 【ABS分解菌】 ABS (alkyl benzene sulfonate) oxidizing organism ABS分解菌，烷基苯磺酸盐分解菌

えびかすがい 【海老鎹・蝦鎹】 staple 弯曲形夹子，弯曲形扒钉，弯曲形扒锯

エピクロルヒドリンはいすい 【～廃水】 epichlorohydrin manufacture wastewater 3-氯-1，2-环氧丙烷废水，氯甲代氧丙环废水

えびこうりょう 【海老虹梁・蝦虹梁】 (日本建筑中的)虾形穿插梁，虾形曲梁

エピコート Epikote 环氧树脂(商)

エー・ビー・シー ABC，automatic boiler control 锅炉自动控制

エー・ビー・シー ABC，automatic burner control 燃烧器自动控制

エピステュリオン epistylion[希] 额枋(西方古典柱式檐部的最下部分)

えびすばしら 【恵比須柱】 (日本民居构造中的)主要支柱

エピダウロスのげきじょう 【～の劇場】 theater at Epidauros (公元前4世纪古希腊伯罗奔尼撒的)埃庇道鲁斯剧场

えびづか 【海老束・蝦束】 (壁橱内两层隔板中间的)小柱

えびどい 【海老樋・蝦樋】 swivel shoot 回转溜槽，溜槽弯脖

エピナオス epinaos (古希腊神庙的)内室，后部小室，后门廊

えびのこし 【海老の腰・蝦の腰】 上枭，下枭(须弥座上的弯腰形线脚)

エー・ビー・ビー ABB，air-blast circuit breaker 空气吹弧断路器

エー・ピー・メーター 【AP～】 AP meter (连续测定二氧化硫浓度的)AP测定仪

エフ・アイ・ピー FIP，Fédération International dela PRécontrainte[法] 国际预应力混凝土协会

エフ・アール・ピー FRP，fiber reinforced plastics 纤维增强塑料

エフ・アール・ピー・ファン 【FRP～】 FRP(fiber-glass reinforced plastic ) fan 玻璃纤维增强塑料风扇

エフ・イー・エム FEM，finite element method 有限元法

エフィシェンシー efficiency 效率，效能

エフ・エー・エーほう 【FAA法】 FAA (Federal Aviation Agency)method 美国联邦航空局的机场道面厚度设计法

エフェクティブ・テンパレチャー effective temperature 有效温度

エフェクティブ・パワー effective power 有效功率

エフ・エス FS，fore sight 前视

エフ・エッチ・ダブリュー・エー FHWA，Federal Highway Administration 美国联邦公路管理局

エフェベイオン ephebeion[拉] (古希腊、古罗马的)体育场

エフ・エム FM，frequency modulation 调频，频率调节

エフ・エム FM，fineness modulus (集料)细度模量

エフ・エル FL，formation level 路基标

高,路基面

**エフち** 【F値】 F number F值(透镜的焦点距离f和它的有效口径D之比)

**エフ・ディー・エーきじゅん** 【FDA基準】 FDA(food and drug administration) standards (美国)食品及药品管理标准

**エフぶんぷ** 【F分布】 F-distribution F分布

**エフュージョン** effusion 泻流,渗出

**エフラックス** efflux 流出,散发,射流

**えぶりだい** 【柄振台】 正吻座

**エプリーにっしゃけい** 【～日射計】 Eppley pyrheliometer 埃普利式太阳辐射强度计,埃普利式太阳热量计

**エフロレッセンス** efflorescence 风化,粉化,晶化,(砖或水泥面的)白霜

**エプロン** apron 台唇,舞台幕前部分,停机坪,散水,护墙,挡板,护板,跳板,围裙,防护裙

**エプロン・エレベーター** apron elevator 平板式提升机

**エプロン・コンベヤー** apron conveyer 板式运输机,裙式运输机,挡边输送机

**エプロンしょうめいとう** 【～照明灯】 apron 板式泛光灯

**エプロン・ステージ** apron stage 台唇,舞台幕前部分

**エプロンひょうしき** 【～標識】 apron marking (机场)停机坪标志

**エプロンフィーダー** apron-feeder 板式给料器,带式给料机,链板式加料器

**エポキシ・アスファルトほそう** 【～舗装】 epoxy asphalt pavement 环氧沥青路面

**エポキシ・ガラス** epoxy glass 环氧玻璃

**エポキシ・コンクリート** epoxy concrete 环氧树脂混凝土

**エポキシじゅし** 【～樹脂】 epoxy resin 环氧树脂

**エポキシじゅしせっちゃくざい** 【～樹脂接着剤】 epoxide resin adhesive 环氧树脂粘合剂

**エポキシじゅしとそう** 【～樹脂塗装】 epoxy resin lining 环氧树脂涂层

**エポキシじゅしとりょう** 【～樹脂塗料】 epoxide resin paint 环氧树脂涂料

**エポキシ・フィルム** epoxy film 环氧薄膜

**エポキシ・レジン** epoxy resin 环氧树脂

**えぼししあげ** 【烏帽子仕上】 粗面饰面,低级饰面

**エボナイト** ebonite 硬质胶,硬质橡胶,胶木

**エボナイト・ボート** ebonite board 胶木板,硬质橡胶板

**エボニー** ebony 黑檀,乌木,漆黑色

**エボリュート** evolute 展开线,渐屈线,缩闭线,法包线

**エポン** Epon (埃朋)环氧树脂(商)

**エマヌエルようしき** 【～様式】 Emanuel style (16世纪初期葡萄牙的)埃曼努尔式(建筑)

**エマルジョン** emulsion 乳胶,乳化液,乳剂,乳浊液

**エマルジョンじょうはいゆ** 【～状廃油】 emulsion waste oil 乳状废油

**エマルジョンとりょう** 【～塗料】 emulsion paint 乳状漆,乳胶漆,乳液涂料

**エマルジョン・ペイント** emulsion paint 乳状漆,乳胶漆,乳液涂料

**エマルソイド** emulsoid 乳胶

**エム・アイ・エス** MIS, management information system 经营管理信息处理系统

**エム・アイ・ケーブル** 【MI～】 MI (mineral insulating) cable 填矿物材料绝缘电缆

**エム・アイ・シー・エス** MICS, management information and control system 经营管理信息控制系统

**エム・アイ・ジーようせつ** 【MIG溶接】 MIG(metal inert gas)welding 惰性气体保护金属极弧焊

**エム・アイ・ピーぐい** 【MIP杭】 MIP (mixed in place)pile 就地灌注混凝土桩,钻孔灌注桩

**エム・アイ・ピーこうほう** 【MIP工法】 MIP (mixed in place pile) method 就地灌注混凝土桩施工法,钻孔灌注桩施工法

**エム-アルカリど** 【M～度】 M-alkalinity M-碱度,甲基橙碱度

エム・アール・ティー MRT,mean radiation temperature 平均辐射温度

エム・エス MS,machinery steel 机械制造用结构钢

エム・エッチ・ダブリュー・アイ MHWI,mean high water interval 平均高水位周期

エム・エッチ・ダブリュー・エル MHWL,mean high water level 平均高水位

エム・エッチ・ディー MHD,mean absolute humidity difference 平均绝对湿度差

エム・エー・ピー MAP,minimum audible sound pressure 最小可听声压

エム・エムしんどかい 【MM震度階】 MM (Modified-Mercalli) intensity scale 修正麦卡里地震烈度表

エム・エル・エス・エス MLSS,mixed liquor suspended solids (活性污泥)混合液悬浮固体

エム・エル・ダブリュー・アイ MLWI, mean low water interval 平均低水位周期

エム・エル・ダブリュー・エル MLWL,mean low water level 平均低水位

エム・エル・ブイ・エス・エス MLVSS,mixed liquor volatile suspended solids (活性污泥)混合液挥发性悬浮固体

エム・オー・セメント 【MO～】 magnesium oxide cement 菱苦土水泥,菱镁土水泥,镁氧水泥,镁质水泥

エムきょくせん 【M曲線】 moment curve,M-curve 力矩曲线,弯矩曲线

エム・シー MC,medium-curing,medium-curing cut-back asphalt,medium-curing liquid asphalt 中凝的,中凝轻制沥青,中凝液体沥青

エム・シー MC,module coordination 统一模数制,模数协调制

エム・シー MC,methyl cellulose 甲基纤维素

エム・シー・アイ MCI,maintenance control index 路面养护管理指数

エム・ダブリュー・エル MWL,mean water level 平均水位

エム・ディー・エフ MDF,main distributing frame 总配线架

エム・ディー・シーほうしき 【MDC方式】 MDC (metallic double cone)system (预应力混凝土后张法中的)双金属锥体锚固法

エム・ビー・エッチ MBH,thousands of BTU per hour 千英国热量单位/小时

エム・ピー・エッチ・ダブリュー MPHW,medium pressure hot water 中压热水

エム・ピー・エヌ MPN,most probable number 最大可能数

エムやね 【M屋根】 M-roof,M-shaped roof M形屋顶

エメラルド・グリーン emerald green 翡翠绿,翠绿色

エメラルドりょく 【～緑】 emerald green 翡翠绿,翠绿色

エメリー emery 刚砂,金刚砂,刚玉粉

エメリーかみ 【～紙】 emery paper (金)刚砂纸,砂纸

エメリー・クロース emery cloth (金)刚砂布,砂布

エメリーけんまし 【～研摩紙】 emery sand paper (金)刚砂纸

エメリー・サンド・ペーパー emery sand paper (金)刚砂纸

エメリー・ペーパー emery paper (金)刚砂纸,砂纸

えよう 【絵様】 (日本建筑中的)雕刻,雕像底样

エラー error 误差

エラー・イクエーション error equation 误差方程式

エラスタイト Elastite (路面伸缩缝的)沥青填料(商)

エラスチカ elastica 弹力,弹性,弹性体

エラスチック elastic 弹性的

エラストマー elastomer 弹性体,合成橡胶,弹胶物,人造橡胶

エラストマー・シール elastomer seal 弹性密封
エラストマーせっちゃくざい 【～接着剤】 elastomer adhesives 弹胶体粘合剂
エラー・メッセージ error message 出错信息，查错信息
エラー・リスト error list 出错表，误差表
エリーうんが 【～運河】 Erie canal 美国埃利运河
エリクセンしけん 【～試験】 Erichsen test （材料的）拉伸性能试验，埃里克森试验
エリザベスしき 【～式】 Elizabethan style （16世纪后半期英国的）伊丽莎白式（建筑）
エリプス ellipse 椭圆
エリプソイド ellipsoid 椭圆面，椭圆体
エリミネーター eliminator 分离器，排出器，消除器，除滴板，阻塞滤波器，空气净化器，等效天线，挡水板
えりわ 【襟輪】 木材端部的条状凸榫
エル・アール LR, lime ratio 石灰比
エル・エー・エス LAS, linear alkyl benzene sulfonate 直链烷基苯磺酸酯
エル・エス・ゴム 【LS～】 LS (latex sprayed)rubber 乳液喷雾橡胶
エル・エスじゅうゆ 【LS重油】 LS (low sulfur)heavy oil 低硫重油
エル・エヌ・ジー LNG, liquified natural gas 液化天然气
エル・エル LL, language laboratory 语言实验室
エル・エル・ダブリュー・エル LLWL, lowest low water level 历史最低水位
エルかじゅう 【L荷重】 L-loading L荷载（日本公路桥设计用的线荷载与均布荷载）
エルがたきょうだい 【L型橋台】 L abutment L形桥台
エルがたこう 【L形鋼】 L-steel 不等边角钢
エルがたはいすいこう 【L形排水溝】 L-drain L形排水沟
エルがたようせつ 【L形溶接】 corner welding, angle welding 角焊，L形焊接，贴角焊接
エルがたようへき 【L形擁壁】 L-shaped type retaining wall L型挡土墙
エルグ erg 尔格（功的单位）
エルゴメーター ergometer 测力计，功率计
エルゴル ALGOL (algo rithmic language) ALGOL算法语言
エル・シー LC, lethal concentration （毒物）致死浓度
エル・シー LC, light concrete 轻质混凝土
エル・シー・エヌ LCN, load classification number 荷载分类指数（用以设计水泥混凝土路面）
エル・シー・シー LCC, London County Council 英国伦敦郡议会
エル・ダブリュー・アイ LWI, low water interval 低水位周期
エル・ダブリュー・エル LWL, low water level 低水位
エル・ディー LD, lethal dose （毒物）致死量
エル・ディー・エフ LDF, load distribution factor 荷载分布系数
エルトリエーション elutriation （污泥）淘析，淘洗，淘净
エルトリエーションほう 【～法】 elutriation method 淘洗法，淘分法
エル・ピー・エッチ・ダブリュー LPHW, low pressure hot water 低压热水
エル・ピー・ガス 【LP～】 LP, (liquefied petroleum)gas 液化石油气
エル・ピー・ジー LPG, liquefred petroleum gas 液化石油气，液化天然气
エルボー elbow 弯头，肘管，直角管，弯管接头
エルボーつぎて 【～継手】 elbow joint 弯管接头
エルボー・ユニオン elbow union 弯头活接头，弯头套管
エルボー・ランプ・ブラケット elbow lamp bracket 肘形灯托架

エルム elm 榆,榆木
エレクション erection 安装,架设,装配
エレクション・トラスしき【~式】 erection truss style 架设桁架式
エレクター erector 架设工,装配工
エレクテイオン Erechtheion (公元前421-406年雅典)伊瑞克提翁神庙
エレクティング・ウェルディング erecting welding 安装焊接,现场焊接
エレクトリカル・パルス electrical pulse 电脉冲
エレクトリシティー electricity 电,电学
エレクトリシャンはんだ【~半田】 electrician solder 电工用锡铅焊料
エレクトリック・アイロン electriciron 电熨斗
エレクトリック・クレーン electric crane 电动起重机
エレクトリック・ストーブ electric stove 电炉
エレクトリック・ヒーター electric heater 电热器
エレクトリック・ホイスト electric hoist 电动卷扬机
エレクトリック・ポータブル・ドリル electric portable drill 手提式电钻
エレクトロスラグようせつ【~溶接】 electro-slag welding 电(熔)渣焊接
エレクトロード electrode 焊条,电极
エレクトロード・ホルダー electrode holder 焊条夹钳,电极夹
エレクトロニック・コンピューター electronic computer 电子计算机
エレクトロニックス electronics 电子设备,电子学
エレクトロプレーティング electroplating 电镀
エレクトロリヤ electrolier 集灯架,枝形吊电灯架,装璜灯
エレクトロルミネセンス electroluminescence 电致发光,场致发光,电荧光
エレクトロン electron 电子
エレベーション elevation 正面图,立视图海拔,高度,标高,仰角,上升,提高
エレベーター elevator 电梯,升降机,提升机
エレベーター・ケージ elevator cage 电梯箱,升降机箱
エレベーター・ジブ elevator jib 升降机臂
エレベーター・シャフト elevator shaft 升降梯井,电梯井
エレベーターたてあな【~竪穴】 elevator shaft 升降机井,电梯井
エレベーター・タワー elevator tower 升降塔
エレベーターとう【~塔】 elevator tower 升降塔,电梯机房
エレベーター・バケット elevator bucket 提升斗,升运斗
エレベーター・バンク elevator bank 电梯组,电梯排
エレベーターひろま【~広間】 elevator lobby,elevator hall 电梯厅,电梯间
エレベーター・ベルト elevator belt 传送带
エレベーター・ホール elevator hall 电梯厅,电梯间
エレベーター・ボルト elevator bolt 升降机用螺栓
エレベーター・マイク elevator microphone (舞台)升降传声器,升降话筒
エレベーター・ロビー elevator lobby 电梯厅,电梯间
エレベーティング・グレーダー elevating grader 挖掘平土机,起土平路机,平土升送机,犁扬机
エレベーティング・スクレーバー elevating scraper 升送铲运机
エレベーティング・ラム elevating ram 提升油缸
エレメント element 构件,杆件,部件,元件,零件,单元,元素,电池,配件
エレラようしき【~様式】 Herrera(Juan de)style (16世纪后期西班牙建筑师)埃列拉式样(文艺复兴式样)
エロー・オーカー=イエロー・オーカー
エロージョン erosion 侵蚀,浸蚀,冲刷,水蚀,腐蚀,风化
エーロゾル aerosol 气溶胶

**エロフィン** aerofin 散热片

**エロフィンがたかねつき** 【～型加熱器】 aerofin-type heater 片式散热器

**エロフィン・ヒーター** aerofin heater 片式散热器

**えん** 【塩】 salt 盐

**えん** 【縁・椽】 日本住宅护窗板外部空间，外廊，挑檐廊

**えんあい** 【煙靄】 smaze 烟霾

**えんいた** 【縁板】 corridor floor (日本住宅中的)外廊地板，檐廊地板

**えんうんどう** 【円運動】 circular motion 圆运动

**えんか** 【塩化】 chlorination 氯化

**えんかあえん** 【塩化亜鉛】 zinc chloride 氯化锌

**えんかアルミニウム** 【塩化～】 aluminum chloride 氯化铝

**えんかアンモニウム** 【塩化～】 ammonium chloride 氯化铵

**えんがい** 【円蓋】 dome 圆屋顶，圆盖，穹顶

**えんがい** 【塩害】 salt pollution 盐分污染

**えんがい** 【煙害】 smoke pollution 烟尘污染

**えんがい** 【鉛害】 air pollution with lead particles 铅粒空气污染

**えんかいじょう** 【宴会場】 banquet hall 宴会厅

**えんがいやね** 【円蓋屋根】 dome 圆屋顶，圆屋盖，穹顶

**えんかエチル** 【塩化～】 ethyl chloride 乙基氯，氯乙烷

**えんかエチレン** 【塩化～】 ethylene chloride 氯化乙烯

**えんかカリウム** 【塩化～[Kalium德]】 potassium chloride 氯化钾

**えんかカルシウム** 【塩化～】 calcium chloride 氯化钙

**えんかぎん** 【塩化銀】 silver chloride 氯化银

**えんかくおんどけい** 【遠隔温度計】 telethermometer 遥测温度计

**えんかくけいき** 【遠隔計器】 telemeter, remote control meter 遥测计，测距仪，测远仪

**えんかくすいいけい** 【遠隔水位計】 long-distance water-stage recorder 远距离水位计，遥测水位计

**えんかくせいぎょ** 【遠隔制御】 remote control, distant control 遥控

**えんかくせいぎょそうち** 【遠隔制御装置】 remote control device 遥控装置

**えんかくそうさ** 【遠隔操作】 remote operation 遥远操作

**えんかくそくてい** 【遠隔測定】 remote metering, telemetering 遥测

**えんかくたんちぎじゅつ** 【遠隔探知技術】 remote-sensing technique 遥感技术

**えんかくど** 【塩化苦土】 magnesium chloride 氯化镁

**えんかくひょうじき** 【遠隔表示器】 tele-indicator 遥测指示器

**えんかコッパラス** 【塩化～】 chlorinated copperas 氯化绿矾(氯化二铁和硫酸二铁的混合物)

**えんかゴム** 【塩化～[gom荷]】 chlorinated gum 氯化橡胶

**えんかシアン** 【塩化～】 cyanogen chloride 氯化氰

**えんかすいそ** 【塩化水素】 hydrogen chloride 氯化氢

**えんかすいそさん** 【塩化水素酸】 hydrochloric acid 盐酸

**えんかずら** 【縁葛】 外廊地板下短柱间的横木

**えんかだいにすいぎん** 【塩化第二水銀】 mercuric chloride 氯化汞，升汞

**えんかだいにてつ** 【塩化第二鉄】 ferric chloride 三氯化铁

**えんがたそう** 【円形槽】 cylindrical tank 圆形水箱，圆形水池

**えんかてつ** 【塩化鉄】 iron chloride 氯化铁

**えんかどう** 【塩化銅】 cupric chloride 氯化铜

**えんがとう** 【円瓦当】 圆形瓦当，圆形勾滴，圆形勾头

**えんかナトリウム** 【塩化～[Natrium德]】

sodium chloride 氯化钠
えんかビニリデンじゅし 【塩化～樹脂】 vinylidene chloride resin 偏二氯乙烯树脂
えんかビニル 【塩化～】 vinyl chloride 氯乙烯
えんかビニルかん 【塩化～管】 vinyl chloride pipe 氯乙烯管
えんかビニルごうはん 【塩化～合板】 vinyl chloride plywood 氯乙烯胶合板
えんかビニルじゅし 【塩化～樹脂】 vinyl chloride resin 氯乙烯树脂
えんかビニルじゅしエナメル 【塩化～樹脂～】 vinyl chloride resin enamel 氯乙烯树脂瓷漆
えんかビニルじゅしとりょう 【塩化～樹脂塗料】 vinyl chloride resin coating 氯乙烯树脂涂料
えんかビニルじゅしワニス 【塩化～樹脂～】 vinyl chloride resin varnish 氯乙烯树脂清漆
えんかビニルしょうきゃくろ 【塩化～焼却炉】 vinyl chloride incinerator 氯乙烯焚化炉
えんかビニルせん 【塩化～線】 vinyl chloride wire 氯乙烯绝缘线
えんかビニルはいすい 【塩化～廃水】 vinyl chloride manufacture waste-water 氯乙烯废水
えんかぶつ 【塩化物】 chloride 氯化物
えんかマグネシウム 【塩化～】 magnesium chloride 氯化镁
えんがまち 【縁框】 外廊地板边缘沿墙的横木
えんかリチウム 【塩化～】 lithium chloride 氯化锂
えんかリチウムろてんけい 【塩化～露点計】 lithium chloride dew point meter 氯化锂露点计
えんがわ 【縁側·椽側】 (日本住宅的)铺有地板的外廊,檐廊
えんかん 【円管】 circular pipe 圆管
えんかん 【煙管】 fire tube (锅炉内用)火管,烟管
えんかん 【鉛管】 lead pipe, lead tube 铅管
えんがんこう 【沿岸港】 coastal harbour 沿海港,沿岸港
えんかんしきボイラー 【煙管式～】 fire tube boiler 火管式锅炉
えんがんどうろ 【沿岸道路】 coastal road, coastal street 滨江(河、湖、海)路,岸边街道
えんき 【塩基】 base 碱
えんきせい 【塩基性】 basic 碱性,碱的
えんきせいえんかアルミニウム 【塩基性塩化～】 basic aluminium choride 碱式氯化铝
えんきせいがん 【塩基性岩】 basic rock 盐基性岩,碱性岩石
えんきせいがんりょう 【塩基性顔料】 basic pigment 碱性颜料
えんきせいクリンカー 【塩基性～】 basic clinker 碱性熔渣
えんきせいクロムさんあえん 【塩基性～酸亜鉛】 zinc chromate basic type 碱式铬酸锌
えんきせいクロムさんなまり 【塩基性～酸鉛】 basic lead chromate 碱式铬酸铅
えんきせいクロムさんなまりさびどめペイント 【塩基性～酸鉛錆止め～】 basic lead chromate anticorrosive paint 碱式铬酸铅防锈漆(涂料)
えんきせいこう 【塩基性鋼】 basic steel 碱性钢
えんきせいスラグ 【塩基性～】 basic slag 碱性渣
えんきせいせんりょう 【塩基性染料】 basic dye 碱性染料
えんきせいたいかぶつ 【塩基性耐火物】 basic refractory 碱性耐火材料
えんきせいたいかれんが 【塩基性耐火煉瓦】 basic refractory brick 碱性耐火砖
えんきせいひふくようせつぼう 【塩基性被覆溶接棒】 basc-coated welding rod 碱性药(包)皮焊条
えんきせいようせつぼう 【塩基性溶接棒】 basic welding rod 碱性焊条
えんきせいれんが 【塩基性煉瓦】 basic brick 碱性砖

えんきちかん 【塩基置換】 base exchange (土颗粒中的)碱交换(作用)
えんきど 【塩基度】 basicity 碱度,碱性
えんきょ 【縁距】 edge distance 边距
えんきょくせん 【円曲線】 circular curve 圆曲线
えんきんほう 【遠近法】 perspective 透视画法
エングラーけい 【～計】 Engler viscosimeter 恩氏粘度计
エングラーど 【～度】 Engler viscosity 恩氏粘度(用恩格勒粘度计测量的材料粘度)
エングラーねんどけい 【～粘度計】 Engler viscometer 恩氏粘度计,恩格勒粘度计
えんくりがた 【円繰形】 roll moulding 凸圆线脚
エングレービング engraving 雕刻,雕刻画
エンクロージャ＝エンクロージュア
エンクロージュア enclosure 外壳,套,盒,罩,围栏,围墙,围成封闭空间
エンクローズようせつ 【～溶接】 enclosed welding 强制成形焊接
えんけい 【遠景】 distant view,back ground 远景,背景
えんげい 【園芸】 gardening 园艺
えんけいアーチ 【円形～】 circular arch 圆拱,圆券
えんけいうきぼり 【円形浮彫】 medallion 圆形浮雕装饰
えんけいきそ 【円形基礎】 circular foundation 圆形基础
えんけいきょうぎじょう 【円形競技場】 amphitheatre (古代罗马的)圆形剧场,圆形竞技场
えんけいげきじょう 【円形劇場】 arena theater,theater-in-the-round 表演场设在观众座席中央的剧场
えんけいげきじょうけいしき 【円形劇場形式】 arena stage type 舞台设在中央四周布置观众座席的剧场
えんけいしんでん 【円形神殿】 circular temple 圆形神庙
えんけいたてもの 【円形建物】 rotunda 圆形建筑物
えんけいだんめん 【円形断面】 circular section 圆形截面,圆形断面
えんけいはいきんほう 【円形配筋法】 hooping 环形箍筋布置法
えんげいひんしゅ 【園芸品種】 garden variety 园艺品种
えんけいへいばんさいかしけん 【円形平板載荷試験】 loading test with circular plate 圆形(平)板荷载试验
えんげいほじょう 【園芸圃場】 nursery 园艺圃,苗圃
えんげた 【縁桁】 外廊檐桁,檐廊檐桁
エンゲッサーのだいいちていり 【～の第一定理】 Engesser's first theorem 恩盖瑟第一定理
エンゲッサーのだいにていり 【～第二定理】 Engesser's second theorem 恩盖瑟第二定理(最小功原理)
えんこ 【塩湖】 salt lake 盐湖
えんこアーチ 【円弧～】 segmental arch 弓形拱(小于半圆的弧形拱)
えんこう 【炎孔】 burner port 燃烧孔
えんこう 【炎光】 flame light 火焰光
えんこう 【鉛工】 plumber 水暖工,管道工
えんこういた 【縁甲板】 strip flooring 地板条,条状地板
えんこういたばり 【縁甲板張】 strip flooring 钉条形木地板,钉狭条地板
えんこうナイフ 【鉛工～】 chipping knife 铅工切刀
えんこじょうぎ 【円弧定規】 circular curve rule 圆弧尺
えんこすいどうシェル 【円弧推動～】 cylindrical shell 筒形薄壳,筒壳
えんこすべり 【円弧滑】 circular slip 圆弧滑动,圆形滑动
エンコーダー encoder 编码器,构码器,编码装置
エンコード encode 编码,构码,代码化
エンゴーベ engobe 釉底料
えんこほう 【円弧法】 circular arc method (土的稳定计算的)圆弧法

えんさよう 【縁作用】 edge action 边缘作用,边缘效应
えんさん 【塩酸】 hydrochloric acid 盐酸
えんざんガラスまど 【鉛桟～窓】 lead glazing (带花饰的)铅棂玻璃窗,铅条玻璃窗
えんざんこう 【鉛桟工】 lead work (花彩玻璃窗上的)铅棂工程
えんざんし 【演算子】 operator 算子,运算子,运算符
えんざんじかん 【演算時間】 operation time,computing time 运算时间
えんざんすう 【演算数】 operand 运算数,操作数,运算域
えんざんそうち 【演算装置】 arithmetic unit 运算装置,算术运算器
えんざんめいれい 【演算命令】 arithmetic instruction 运算指令,运算命令
えんじいろ 【臙脂色】 crimson 深红色,绯红色
えんしつ 【煙室】 smoke box,smoke chamber 烟室
えんしつダンパー 【煙室～】 smoke hood check damper 排烟罩挡板
えんじつてん 【遠日点】 aphelion 远日点
エンジニアリング engineering 工程,工程学,工程技术,管理,操纵
エンジニアリング・ニューズこうしき 【～公式】 engineering news formula 《工程新闻杂志》(计算桩承载力)公式
えんしゃ 【園舎】 公园建筑物,庭园建筑物,幼儿园建筑物
えんじゅ 【槐】 Sophora japonica[拉], Japanese pagodatree[英] 槐树,国槐,豆槐
えんしゅうおうりょく 【円周応力】 circumferential stress,tangential stress 切向应力,圆周应力,环向应力
えんしゅうそくど 【円周速度】 circumferential velocity 切向速度,圆周速度
えんしゅうつきあわせようせつ 【円周突合溶接】 circular butt welding 圆周对接焊,环缝对接焊
えんしゅうつぎて 【円周継手】 circular joint 环接
えんしゅうつぎめ 【円周継目】 circumferential seam 环形焊缝,圆周接缝
えんしゅうひずみ 【円周歪】 circumferential strain 圆周应变,环向应变
えんしゅうほうこうないりょく 【円周方向内力】 circumferential stress 切向应力,圆周应力
えんしゅうほうこうへんい 【円周方向変位】 circumferential displacement 环向位移,圆周方向位移
えんしゅうようせつ 【円周溶接】 circumferential weld 圆周焊接,环缝焊接
えんしょう 【延焼】 spreading fire 火灾蔓延,火灾扩展
えんしょうげんかいきょり 【延焼限界距離】 critical distance of fire spreading 火灾蔓延界限距离
えんしょうそくど 【延焼速度】 spreading velocity of fire 火灾蔓延速度
えんしょうどうじせん 【延焼同時線】 isochronous fire front line 火灾蔓延等时线(在同一时间火灾蔓延地点连结线)
えんしょうどうたいず 【延焼動態図】 movement map of fire spreading 火灾蔓延动态图(记录在地图上的火灾现场火的蔓延情况,如风向、方向等)
えんしょうばん 【延焼板】 (试验用)耐燃板
えんしょうばんおんど 【延焼板温度】 (试验用)耐燃板温度
えんしょうぼうし 【延焼防止】 prevention of fire spreading 火灾蔓延预防
えんしょく 【演色】 colour rendering (因光源不同以致被照体颜色改变的)显色,现色
えんしょくせい 【演色性】 colour rendition 显色性
えんしょくはんのう 【炎色反応】 flame reaction 焰色反应
えんじん 【煙塵】 flue dust 烟尘,烟(囱)灰
エンジン engine 机器,引擎,发动机,机

车

えんしんあっしゅくき 【遠心圧縮機】 centrifugal compressor 离心式压缩机

エンジン・オイル engine oil 机器油,发动机油

えんしんおうりょく 【遠心応力】 centrifugal stress 离心应力

えんしんかじゅう 【遠心荷重】 centrifugal load 离心荷载

えんしんかそくど 【遠心加速度】 centrifugal acceleration 离心加速度

えんしんがたそうふうき 【遠心型送風機】 centrifugal fan, centrifugal blower 离心式通风机,离心式鼓风机

えんしんがんすいとうりょう 【遠心含水当量】 centrifugal moisture equivalent (土的)离心湿度当量,离心含水当量

えんしんかんそくようじしんけい 【遠震観測用地震計】 distance seismograph 远震观测地震仪

えんしんしきガバナー 【遠心式～】 centrifugal governor 离心式调速器

えんしんしききゅうしつき 【遠心式給湿機】 centrifugal humidifier 离心式加湿器

えんしんしゅうじんき 【遠心集塵機】 centrifugal dust collector 离心式除尘器

エンジン・スイーパー engine sweeper 扫路机,路面清扫机

エンジン・スプレヤー engine sprayer 沥青喷布机

えんしんそうふうき 【遠心送風機】 centrifugal blower 离心式鼓风机,离心式风扇

えんしんだっすい 【遠心脱水】 centrifugal dewatering (污泥)离心脱水

えんしんちゅうぞうこうかん 【遠心鋳造鋼管】 centrifugal casting steel pipe 离心浇铸钢管

えんしんどうすう 【円振動数】 circular frequency 圆频率

エンジン・パワー engine power 发动机功率

えんしんぶんきゅうき 【遠心分級器】 centrifugal air classifier 离心(空气)分级器

えんしんぶんり 【遠心分離】 centrifugal separation, centrifugation 离心分离

えんしんぶんりき 【遠心分離機】 centrifuge, centrifugal separator 离心分离机

えんしんほう 【遠心法】 centrifugal method 离心法

えんしんポンプ 【遠心～】 centrifugal pump 离心泵

えんしんりょく 【遠心力】 centrifugal force 离心力

えんしんりょくかながたちゅうてつかん 【遠心力金型鋳鉄管】 centrifugally cast-iron pipe in metal moulds 离心法金属模制铸铁管

えんしんりょくコンクリートぐい 【遠心力～杭】 centrifugal concrete pile 离心法制混凝土桩

えんしんりょくしゅうじんそうち 【遠心力集塵装置】 centrifugal dust collector, centrifugal dust separator 离心集尘器,离心吸尘器

えんしんりょくすながたちゅうてつかん 【遠心力砂型鋳鉄管】 centrifugally cast-iron pipe in sand moulds 离心法砂模制铸铁管

えんしんりょくちゅうぞう 【遠心力鋳造】 centrifugal casting 离心铸造

えんしんりょくちゅうぞうかん 【遠心力鋳造管】 centrifugal cast pipe 离心铸造管

えんしんりょくちゅうてつかん 【遠心力鋳鉄管】 centrifugal cast-iron pipe 离心法铸铁管

えんしんりょくてっきんコンクリートかん 【遠心力鉄筋～管】 centrifugal reinforced concrete pipe 离心钢筋混凝土管

えんしんりょくふかいどポンプ 【遠心力深井戸～】 centrifugal deep-well pump 离心深井泵

えんしんれいとうき 【遠心冷凍機】 centrifugal refrigerator, centrifugal refrigeration machine 离心(式)制冷机

えんしんろか 【遠心濾過】 centrifugal

filtration 离心过滤
えんしんろかき 【遠心濾過機】 centrifugal filter 离心式过滤机(器)
えんしんろかほう 【遠心濾過法】 centrifugal filtration process 离心过滤法
えんすい 【円錐】 cone 圆锥
えんすい 【塩水】 salt water 盐水
えんすいかく 【円錐殻】 conical shell (圆)锥形薄壳,锥壳
えんすいかくせいき 【円錐拡声器】 conic loudspeaker 圆锥扬声器,号筒式扬声器
えんすいかんにゅうしけん 【円錐貫入試験】 cone penetration test 圆锥贯入度试验
えんすいかんにゅうていこう 【円錐貫入抵抗】 cone resistance 圆锥贯入阻力
えんすいきょくせん 【円錐曲線】 conic section 圆锥曲线,二次曲线,圆锥截面
えんすいけいせいし 【円すい形整枝】 pyramid training 圆锥形整枝
えんすいけいどうがたミキサー 【円錐傾胴型～】 conical tilting mixer 圆锥形侧倾式搅拌机
えんすいけいべん 【円錐形弁】 conical valve 锥形阀
えんすいけいミキサー 【円錐形～】 conical mixer 圆锥形搅拌机
えんすいシェル 【円錐～】 conical shell (圆)锥形薄壳,锥壳
えんすいしんにゅう 【塩水侵入】 saline water intrusion 盐水渗入,咸水侵入,咸水渗入
えんすいそくどほう 【塩水速度法】 salt-velocity method 盐水速度测定法
えんすいそじょう 【塩水溯上】 salt water intrusion 咸水侵入,咸水渗入,盐水渗入
えんすいとうかん 【円錐陶管】 conical earthenwar pipe 圆锥形陶管
えんすいとうけつ 【塩水凍結】 brine freezing 盐水冻结
えんすいふんむしけん 【塩水噴霧試験】 (材料耐久性的)盐水喷雾试验
えんすいほう 【塩水法】 salt-dilution method, saline method 盐稀释法(测流),盐液淡化法
えんすいれいきゃくき 【塩水冷却器】 salt water cooler 盐水冷却器
えんせい 【延性】 ductility 延性,延展性
えんせいざいりょう 【延性材料】 ductile material 延性材料
えんせいじんあい 【煙性塵埃】 fume 烟雾,烟尘,烟性尘埃
えんせいはかい 【延性破壊】 ductile fracture 延性破坏,延性断裂
えんせいはめん 【延性破面】 plane of ductile fracture 延性断裂面,延性破坏面
えんせきしょり 【塩析処理】 salting-out treatment 盐析处理
えんそ 【塩素】 chlorine 氯
えんそイオン 【塩素～】 chlorine ion 氯离子
えんそうしつ 【演奏室】 studio 演奏室
えんそうていえん 【演奏庭園】 concert garden 音乐演奏园
えんそガスさらし 【塩素～晒】 bleaching by chlorine gas 氯气漂白
えんそガスちゅうどく 【塩素～中毒】 chlorine gas poisoning 氯气中毒
えんそかポリエチレン 【塩素化～】 chlorinated polyethylene 氯化聚乙烯
えんそがんゆうりょう 【塩素含有量】 chlorine content 含氯量
えんそきゅうしゅうとくせい 【塩素吸収特性】 chlorine absorptive properties 吸氯特性
えんそけいしょうどくざい 【塩素系消毒剤】 chlorine and chlorine derivative disinfectants 氯系消毒剂
えんそこんごう 【塩素混合】 chlorine admixture 加氯混合
えんそさっきん 【塩素殺菌】 chlorine sterilization 氯杀菌
えんそさんえん 【塩素酸塩】 chlorate 氯酸盐
えんそさんか 【塩素酸化】 oxidation by chlorine 氯氧化

えんそしょうどく 【塩素消毒】 disinfection by chlorine, chlorination 氯消毒, 氯灭菌
えんそしょり 【塩素処理】 chlorination 氯化, 加氯(处理)
えんそしょりそうち 【塩素処理装置】 chlorination apparatus 加氯设备
えんそすい 【塩素水】 chlorine water 氯水
えんそだっしゅうほう 【塩素脱臭法】 odor removal by chlorination 加氯除臭法
えんそちゅうにゅうき 【塩素注入機】 chlorinator 加氯机
えんそひょうじゅんひしょくえき 【塩素標準比色液】 standard colorimetric solution for chlorine 测氯标准比色液
えんそふか 【塩素付加】 chlorine addition 加氯, 投氯, 氯加成
えんそめっきん 【塩素滅菌】 disinfection by chlorine, chlorination 氯灭菌, 氯消毒
えんそようえき 【塩素溶液】 chlorine solution 氯溶液
えんそようきゅうりょう 【塩素要求量】 chlorine demand 需氯量
えんそりょう 【塩素量】 chlorinity 氯量, 含氯量
えんそん 【円村】 ring village 环形村
エンタシス entasis (西方古典柱式柱身的)收分线, 微凸线
エンタブレチュア entablature (西方古典柱式的)檐部(包括檐口、檐壁、额枋)
エンタルピー enthalpy, heat content 焓, 热函
エンタルピー・ポテンシャル enthalpy potential 焓(热函)电位
えんたん 【円端】 round end 圆端
えんたん 【鉛丹】 minium, red lead 铅丹, 红丹, 四氧化三铅
えんだん 【園壇】 garden terrace 庭园露台
えんたんきょり 【縁端距離】 edge distance 边距
えんたんさびどめペイント 【鉛丹錆止～】 red lead anticorrosive paint 铅丹防锈漆(涂料)
えんたんジンク・クロメートさびどめペイント 【鉛丹～錆止～】 red leaded zinc chromate anticorrosive paint 铅丹铬酸锌防锈漆(涂料)
えんたんジンク・クロメート・プライマー 【鉛丹～】 red leaded zinc chromate primer 铅丹铬酸锌底漆(底层涂料)
えんたんペイント 【鉛丹～】 minium paint 铅丹漆, 红铅油漆
えんち 【園地・苑地】 园地, 公园, 庭园
えんちゅう 【円柱】 column 柱, 圆柱
えんちゅう 【櫓柱】 檐柱
えんちゅうざひょう 【円柱座標】 cylindrical coordinates 圆柱座标
えんちゅうたいきょうど 【円柱体強度】 cylinder strength 圆柱体强度
えんちゅうは 【円柱波】 cylindrical wave 柱面波
えんちゅうるい 【円虫類】 Nematoda 线虫纲
えんちょうしんにゅうひょうめん 【延長進入表面】 extension of approach surface (机场)引道表面延长, (机场跑道的)进入面延伸段
えんちょく 【鉛直】 verticality, vertical 垂直, 铅直, 竖向
えんちょくうちつぎめ 【鉛直打継目】 vertical construction joint 垂直施工缝
えんちょくおうりょく 【鉛直応力】 vertical stress 垂直应力, 铅直应力
えんちょくかく 【鉛直角】 vertical angle 垂直角, 竖角
えんちょくかじゅう 【鉛直荷重】 vertical load 垂直荷载, 铅直荷载, 竖向荷载, 法向荷载
えんちょくさいかしけん 【鉛直載荷試験】 vertical load test 垂直荷载试验
えんちょくじく 【鉛直軸】 vertical axis 立轴, 竖轴, 纵轴
えんちょくしゃしん 【鉛直写真】 vertical photograph 竖向摄影
えんちょくしょうめいき 【鉛直照明器】 vertical luminaire 垂直照明器

えんちょくしんど 【鉛直震度】 vertical seismic coefficient 垂直地震系数
えんちょくせん 【鉛直線】 plumb line, vertical line 铅垂线,垂直线,垂线
えんちょくせんへんさ 【鉛直線偏差】 vertical deviation, plumb-line deviation 铅垂线偏差,垂直线偏差
えんちょくてっきん 【鉛直鉄筋】 vertical reinforcement 竖向钢筋,立筋
えんちょくてんさんかくそくりょう 【鉛直点三角測量】 plumb point triangulation 天底点三角测量,垂直点三角测量
えんちょくはいこう 【鉛直配光】 vertical light distribution, vertical illumination 垂直配光
えんちょくはいこうきょくせん 【鉛直配光曲線】 vertical intensity distribution curve 垂直配光曲线
えんちょくはんりょく 【鉛直反力】 vertical reaction 垂直反力,铅直反力,竖向反力
えんちょくめもりばん 【鉛直目盛盤】 vertical circle 垂直度盘,竖直度盘
えんちょくめんしょうど 【鉛直面照度】 vertical intensity of illumination 垂直面照度
えんちょくめんにっしゃりょう 【鉛直面日射量】 vertical intensity of solar radiation 垂直面太阳辐射量
えんちょくりゅうしきちんでんち 【鉛直流式沈殿池】 vertical flow settling basin 竖流式沉淀池
えんちょくりょく 【鉛直力】 vertical force 垂直力,竖向力
えんちょくルーバー 【鉛直～】 vertical louver 垂直(固定)百页窗
えんづか 【縁束】 外廊地板下面的短柱
えんつなぎ 【縁繋】 外廊地板下的龙骨
えんてい 【園丁】 gardener 园林工人,苗圃工人,园艺工人
えんてい 【園亭】 arbour, pavilion 园亭
えんてい 【堰堤】 dam 坝,堤坝
えんていだか 【堰堤高】 height of dam 坝高
えんとう 【円筒】 cylinder 圆柱体,圆筒
えんどう 【煙道】 flue 烟道,焰道
えんどう 【羨道】 墓道
えんとうかく 【円筒殻】 cylindrical shell 圆柱壳,筒壳
えんどうガス 【煙道～】 flue gas 烟气
えんどうガスぶんせき 【煙道～分析】 flue gas analysis 烟气分析
えんとうがたこうえんとつ 【円筒型高煙突】 cylindrical high chimney 筒型高烟囱
えんとうがたせいみつろかき 【円筒形精密濾過器】 cylindrical type precise filter 圆筒形精密滤器
えんとうがたボイラー 【円筒形～】 cylindrical boiler 筒形锅炉
えんとうかんすう 【円筒関数】 cylindrical function 圆柱函数,柱面函数
えんどうきせい 【沿道規制】 road side restriction 路旁管制,沿路限制
えんとうけいひょうじゅんしけんたい 【円筒形標準試験体】 standard cylindrical specimen 圆柱形标准试件(块)
えんとうゲージ 【円筒～】 cylinder gauge 圆柱体量规,缸径规,内径量规
えんとうケーシングつきじくりゅうそうふうき 【円筒～[casing]付軸流送風機】 tube axial-flow fan 圆筒式轴流通风机,贯流式轴流通风机
えんとうざひょう 【円筒座標】 cylindrical coordinates 圆柱座标
えんとうシェル 【円筒～】 cylindrical shell 筒形薄壳,筒壳
えんとうしきおんすいボイラー 【円筒式温水～】 cylindrical hot water boiler 筒形热水锅炉
えんとうしゃえい 【円筒射影】 cylindrical projection 圆柱投影
えんどうせきへんきん 【遠藤赤変菌】 red colonies on Endo's medium 远藤氏培养基红色菌落
えんとうたかんしきぎょうしゅくき 【円筒多管式凝縮器】 shell and tube type condenser 壳管式冷凝器
えんとうないそくけい 【円筒内側計】 cylinder gauge 内径量规

えんどうはいガス 【煙道排～】 flue gas 烟道废气
えんとうまつ 【簷頭松】 (造园中树枝伸向水面的)临水松
えんどうようとうかん 【煙道用陶管】 chimney pipe 烟囱用陶管,烟道用陶管
えんどうライニング 【煙道～】 flue lining 烟道内衬
エンド・シェーク end shake 端裂,端部环裂
エンド・ジョイント end joint 端部接头,端接
エンド・タブ end tab ,run-off-tab 引出板,(焊珠)端部补助片,(焊缝)端部附片
えんとつ 【煙突】 stack, chimney, smoke stack 烟囱,烟筒,透气烟囱
えんとつかさ 【煙突笠】 chimney cap 烟囱罩,烟囱帽
えんとつこうか 【煙突効果】 stack effect, chimney effect 烟囱抽吸效果
えんとつこうりつ 【煙突効率】 chimney efficiency 排烟效率
えんとつつうき 【煙突通気】 chimney ventilation 烟囱通风
えんとつつうふう 【煙突通風】 chimney draft 烟囱通风
えんとつのうりょく 【煙突能力】 chimney capacity 烟囱容量,烟囱排烟量
えんとつひかえ 【煙突控】 chimney stay 烟囱拉索
エンド・テノーナー end tenoner 端部开榫机
エンド・プーリー end pulley (皮带输送机的)端部滑轮
エンド・プレート end plate 端板
エンド・プレートせつごう 【～接合】 end plate connection 端部板接合,端板连接
エンド・ブロック end block (预应力混凝土的)端锚块,旋开桥平衡锤
エンド・ポスト end post 端压杆,端杆,端柱
エンド・マッチャー end matcher 多轴制榫机
エンド・モールド end mould 端模
エントラップド・エア entrapped air 混凝土中含有的气孔,混凝土中掺加气剂形成的空气
エントランス・コート entrance court 入口院子,前院
エントランス・ホール entrance hall 门厅,出入口大厅
エントリー entry 入口,进入,输入,记入,通路,引入线,表列值
エントレインド・エア entrained air 含气,输入空气(指水泥或混凝土中掺加气剂形成的空气)
エントレインメントひ 【～比】 entrainment ratio 诱导比
エンドレスせつごう 【～接合】 endless joint 环状接合
エンドレス・トラック endless track 环道,履带运行线
エンドレス・ベルト・コンベヤー endless belt conveyer 皮带循环输送机
エンドレス・ベルト・タイプ・エレベーター endless belt type elevator 环带式升降机,环带式提升机
エンド・レンチ end wrench 平板手
エントロピー entropy 熵,平均信息量
エントロピーだんせい 【～弾性】 entropy elasticity 熵弹性
えんなげし 【縁長押】 面向檐廊的横档
えんのうど 【煙濃度】 smoke density 烟浓度
えんのうどひょう 【煙濃度表】 smoke chart 烟浓度表
えんのこ 【円鋸】 circular saw 圆锯
エンパイア・クロース empire cloth 绝缘胶布,漆布,黄蜡布
エンパイア・ステート・ビル Empire State Building (1931年美国纽约)帝国州大厦
エンバイロンメンタル・ディスラプション environmental disruption 环境破坏
エンバイロンメント environment 环境
えんぱく 【鉛白】 white lead 铅白,碱式碳酸铅
えんぱくこんわせいしけん 【鉛白混和性試験】 white lead mixing property 铅

白混合性试验
えんばしら 【縁柱】 廊柱
えんばん 【円板】 circular plate, disc, disk 圆板, 圆盘
えんばん 【円盤】 rotating machine (石料)圆盘粗磨机
えんばん 【鉛板】 lead plate 铅板
えんばんがたすいどうメーター 【円板形水道～】 disc water-meter 盘式水表
えんばんがたべん 【円盤形弁】 disc valve 圆盘阀
えんばんがたりゅうりょうけい 【円板型流量計】 disk flow meter (旋转)盘式流量计, (旋转)圆板流量计
えんばんかんそうき 【円板乾燥機】 rotary shelf dryer (旋转)盘架干燥器
えんばんしきりょうすいけい 【円板式量水計】 disc water meter 盘式水表
えんばんジベル 【円板～[Dübel德]】 disc dowel 圆盘暗销
えんび 【鉛被】 lead coat 铅被层, 铅包皮
えんビ(ニル) 【塩～】 vinyl chloride 氯乙烯
えんびケーブル 【鉛被～】 lead -coated cable, lead covered cable 铅包电缆, 铅皮电缆
えんびせん 【鉛被線】 lead-coated wire, lead covered wire 铅包线, 铅皮线
えんビ(ニル) ・タール 【塩～】 vinyl chloride tar (聚)氯乙烯焦油
えんビ(ニル) とこタイル 【塩～床～】 PVC floor tile 聚氯乙烯地面花砖
えんビ(ニル) ひふくこうばん 【塩～被覆鋼板】 vinyl coated steel plate 涂氯乙烯钢板
エンプレス・スレート empress slate 大石板瓦
エン・ブロック en-block 单块, 单体, 整体
えんぶん 【塩分】 salinity 盐浓度
えんぷん 【円墳】 圆坟
えんぷん 【鉛粉】 lead powder 铅粉
えんぶんがんゆうりょう 【塩分含有量】 chloride content 含盐量, 氯化物含量
えんぶんけい 【塩分計】 salinometer, salometer 盐液浓度计, 含盐量测定计
えんぶんのうど 【塩分濃度】 salinity 盐浓度, 盐度, 含盐量
えんへんこう 【円偏光】 circular polarized light 圆偏振光
えんぺんじょうけん 【縁辺条件】 edge condition, boundary condition 边界条件
えんぽうしんごうき 【遠方信号機】 distant signal 前置信号机, 遥控信号机
えんぽうせいぎょそうち 【遠方制御装置】 remote control system 遥控装置
エンボシング embossing 雕刻凸饰, 浮雕, 压纹, 轧花
エンポーリアム emporium 商业中心, 大商店集中地带
えんみみいた 【縁耳板】 檐廊最外侧铺装的木地板
えんむがい 【煙霧害】 dry haze damage 烟雾损害
えんむき 【煙霧機】 atomizer 喷雾机, 喷雾器
えんむそう 【煙霧層】 aerosol layer 烟雾层
えんむたい 【煙霧体】 aerosol 烟雾微粒
えんもうるい 【縁毛類】 Peritricha 缘毛亚纲
えんや 【園冶】 《园治》(中国明朝计成在1634年著的造园书)
えんようとうき 【遠洋投棄】 discharge to ocean (废料)海洋投弃
えんりん 【園林】 landscape 园林
えんるいしゅうせき 【塩類集積】 salt accumulation 盐类积累
えんるいどじょう 【塩類土壌】 saline soil 盐土
えんろ 【苑路·園路】 path, gardenpath, parkway 园路, 苑路

# お

**オー・アール・ビー** ORP, oxidation-reduction potential 氧化还原电位
**おいえ** 【御家】(日本封建时代邸宅中主妇的)起居室
**おいかけつぎ** 【追掛継】 scarf, scarf joint 嵌接,嵌接处,(木)斜嵌槽接,斜口接合
**おいがた** 【笈形】 梁上短柱左右的雕刻装饰
**おいがたもんよう** 【笈形文様】 梁上短柱左右的纹样
**おいこし** 【追越】 overtaking, passing 超车
**おいこしきんし** 【追越禁止】 overtaking prohibited, passing prohibition 禁止超车
**おいこしきんしくかん** 【追越禁止区間】 no-passing zone 禁止超车区
**おいこしきんしせん** 【追越禁止線】 no-passing line 禁止超车线
**おいこしきんしひょうしき** 【追越禁止標識】 no passing sign 禁止超车标志
**おいこしきんしろめんひょうじ** 【追越禁止路面標示】 禁止超车路面标线
**おいこししきょ** 【追越視距】 passing sight distance 超车视距
**おいこみ** 【追込】 赶进度,赶工
**おいこみば** 【追込場】 (剧场等为尽量容纳观众不设座位的)池子
**おいまさ** 【追柾】 梳状木纹
**オイラー** oiler 加油器
**オイラーかじゅう** 【~荷重】 Euler's load 欧洲(弹性压曲)荷载
**オイラーきょくせん** 【~曲線】 Euler hyperbola 欧拉(双)曲线
**オイラーこうしき** 【~公式】 Euler's formula 欧拉公式
**オイラーのおうりょくテンソル** 【~の応力~】 Euler's stress tensor 欧拉应力张量
**オイラーのちょうちゅうしき** 【~の長柱式】 Euler's formula 欧拉长柱公式,欧拉公式
**オイラー-ベルヌイのかてい** 【~の仮定】 Euler-Bernoulli's assumption 欧拉-伯努利假定
**オイル・アトマイザー** oil atomizer 喷油器
**オイル・ウェル・セメント** oil well cement 油井水泥
**オイル・ガス** oil gas 油气
**オイル・カップ** oil cup 油杯
**オイル・カーボン** oil carbon 油碳
**オイル・ガン** oil gun 喷油枪,注油器,喷漆枪
**オイル・ギア・ポンプ** oil gear pump 齿轮油泵
**オイル・コンサンプション** oil consumption 耗油量,油量消耗
**オイル・サービス・タンク** oil service tank 供油罐,给油罐
**オイル・サーフェイサー** oil surfacer 油质整面涂料
**オイル・ジャッキ** oil jack 油压千斤顶
**オイル・シール** oil seal 油封,护油圈
**オイル・シルク・クロース** oil silk cloth 绘图用油绢布,描图用油布
**オイル・シール・リング** oil seal ring 油密封圈,油封圈,油环
**オイル・スイッチ** oil switch 油开关
**オイル・スクリーン** oil screen 滤油网
**オイル・ステーン** oil stain 油污,油渍,油斑,油性着色剂
**オイル・ストレーナー** oil strainer 滤油器
**オイル・ストーン** oil stone 油石
**オイル・セパレーター** oil separator 除油(器),分油器
**オイル・タイト** oil tight 油密的,不漏油的

**オイル・ダンパー** oil damper 油(液)压缓冲器,油减震器,油阻尼器
**オイル・パテ** oil putty 油灰,油质腻子
**オイル・バーナー** oil burner 油燃烧器,燃油炉,油灯
**オイル・パン** oil pan 油盘
**オイル・ヒーター** oil heater 油加热器
**オイル・フィルター** oil filter 滤油器
**オイル・フェンス** oil fence (水面防)油(扩散围)栏
**オイル・プライマー** oil primer 油质底层涂料,油质底漆
**オイル・ペインティング** oil painting 油画
**オイル・ペイント** oil paint 油漆,油质涂料
**オイル・ペーパー** oil paper 油纸
**オイル・ホール** oil hole 油孔,注油孔
**オイル・ポンプ** oil pump 油泵
**オイル・リザーバー** oil reservoir 油池,贮油器
**オイル・リング** oil ring 油环
**オイル・レベル・ゲージ** oil level gauge 油位表,油面计,油量计
**おいれ** 【尾入】 dado joint,housing 藏纳接头,插榫接合
**おうい** 【黄緯】 celestial latitude,astronomical latitude 黄纬
**おうえ** 【御上】 (日本封建时代邸宅中主妇的)起居室
**おうえん** 【黄鉛】 chrome yellow 铬黄,贡黄(商)
**おうかげんしょう** 【黄化現象】 etiolation 树叶黄化病
**おうかざい** 【横架材】 horizontal member 水平构件,横杆
**おうぎがたヴォールト** 【扇形～】 fan vault 扇形拱顶
**おうぎがたきゅうりゅう** 【扇形穹窿】 fan vault 扇形拱顶
**おうぎがたけむり** 【扇型煙】 fanning plume 扇形烟
**おうぎがたせき** 【扇形堰】 sector weir 扇形堰
**おうぎがたれんが** 【扇形煉瓦】 fan-shaped brick 扇形砖
**おうぎけわり** 【扇罫割】 (日本社寺建筑中)翼角椽划线方法
**おうぎだち** 【扇立】 扇形枝条(自近树根处长出众多分枝,如扇形展开)
**おうぎだるき** 【扇垂木·扇椺】 翼角椽
**おうぎほぞ** 【扇枘】 fan-shaped tenon 扇形榫
**おうきゅうかせつけんちくぶつ** 【応急仮設建築物】 emergency temporary construction 应急暂设建筑物,应急临时性建筑物
**おうきゅうきゅうすい** 【応急給水】 emergency water supply 紧急供水,事故供水
**おうきゅうきょう** 【応急橋】 emergency bridge 临时便桥
**おうきゅうじゅうたく** 【応急住宅】 emergency house (因受灾而临时修建的)应急住宅
**おうきゅうふっきゅう** 【応急復旧】 emergency repair 抢修,紧急修理
**おうきょ** 【横距】 longitude 横距
**おうけつカリ** 【黄血～】 yellow prussiate of potash,potassium ferrocyanide 黄血盐,亚铁氰化钾
**おうけんもくとう** 【応県木塔】 (1056年中国山西)应县佛宫寺释迦塔(木塔)
**おうこう** 【横坑】 adit 水平坑道,横坑道
**おうごんひ** 【黄金比】 golden ratio 黄金比
**おうごんぶんかつ** 【黄金分割】 golden section 黄金分割
**おうざ** 【王座】 throne 宝座,御座
**おうしょくがんりょう** 【黄色顔料】 yellow pigment 黄色颜料
**おうせつしつ** 【応接室】 reception room,parlour 接待室,会客室
**おうせつテーブル** 【応接～】 reception table 会客桌,接待桌
**おうせつま** 【応接間】 drawing room,parlour 会客室,接待室
**おうだんアーチ** 【横断～】 transverse arch 横向拱,横向拱肋
**おうだんこうばい** 【横断勾配】 cross-

fall, cross-grade 横坡，横向坡度，路拱
おうだんせいけいすう【横弾性係数】 modulus of rigidity 刚性模量，刚性系数
おうだんそくりょう【横断測量】 cross-levelling, lateral-profile levelling 横断面测量，横断面水准测量
おうだんつぎめ【横断継目】 transversal joint 横向接缝，横缝
おうだんひょうしき【横断標識】 cross-walk sign 人行横道标志
おうだんほどう【横断歩道】 pedestrian crossing, crosswalk 人行横道
おうだんほどうきょう【横断歩道橋】 pedestrian overbridge 人行天桥
おうだんほどうせん【横断歩道線】 crosswalk line 人行横道线
おうだんめん【横断面】 cross-section 横截面，截面，横断面
おうだんめんこうせい【横断面構成】 component of cross section 横断面构成
おうだんめんず【横断面図】 cross-sectional drawing 横剖面图
おうだんめんせき【横断面積】 cross-sectional area 横截面面积，横断面面积
おうちちょりゅう【凹地貯留】 depression storage 洼地蓄水
おうつばり＝おばり
おうど【黄土】 loess 黄土
おうとう【応答】 response 回答，反应，响应，应答，感应
おうどう【黄道】 ecliptic 黄道
おうどう【黄銅】 brass 黄铜
おうとうかいせき【応答解析】 response analysis 反应分析
おうとうかそくど【応答加速度】 response acceleration 反应加速度
おうどうかん【黄銅管】 brass pipe, brass tube 黄铜管
おうとうきょくせん【応答曲線】 response curve 反应曲线
おうとうけいすう【応答係数】 response factor （热传导的）反应系数
おうとうじかん【応答時間】 response time 反应时间，响应时间
おうとうしんぷく【応答振幅】 response amplitude 反应振幅
おうとうスペクトル【応答～】 response spectrum 反应谱
おうどうせいトラップ【黄銅製～】 brass trap 黄铜存水弯
おうとうせんだんりょく【応答剪断力】 response shear 反应剪力
おうとうは【応答波】 response wave 反应波
おうどうばん【黄銅板】 brass sheet 黄铜板
おうどうフェルール【黄銅～】 brass ferrule 黄铜套圈，黄铜箍环
おうとうへんい【応答変位】 response displacement 反应位移
おうどうめっき【黄銅鍍金】 brass plating 镀黄铜
おうとうめんそうぞうほう【応答面創造法】 created response surface technique 反应面创造法
おうどうろう【黄銅鑞】 brazing solder 黄铜焊料
おうとつど【凹凸度】 irregularity 不平整度
おうばくてんじょう【黄檗天井】 弯椽顶棚（日本黄檗宗寺院的顶棚形式）
おうふくどうあっしゅくき【往復動圧縮機】 reciprocating compressor 往复式压缩机
おうふくどうコンプレッサー【往復動～】 reciprocating compressor 往复式压缩机
おうふくどうれいとうき【往復動冷凍機】 reciprocating refrigerator 往复式制冷机
おうふくポンプ【往復～】 reciprocating pump 往复式水泵
おうぶひょうしき【凹部標識】 dip sign （道路竖曲线的）洼部（警告）标志
おうへん【黄変】 yellowing 变黄
おうま【黄麻】 jute 黄麻
おうようだんせいがく【応用弾性学】 applied elasticity 应用弹性力学
おうようりきがく【応用力学】 applied

mechanics 应用力学
おうりゅうろか 【横流濾過】 transverse filtration 横向过滤
おうりょく 【応力】 stress 应力
おうりょくえいきょうせん 【応力影響線】 influence line of stress 应力影响线
おうりょくエネルギー 【応力～】 stress energy 应力能
おうりょくえん 【応力円】 stress circle, Mohr's stress circle 应力圆,莫尔应力圆,莫尔圆
おうりょくかい 【応力塊】 stress block (混凝土的)应力分布块,应力分布区
おうりょくかんすう 【応力関数】 stress function 应力函数
おうりょくかんわ 【応力緩和】 stress relaxation, relaxation of stress 应力松弛
おうりょくかんわおうとう 【応力緩和応答】 stress relaxation response 应力松弛反应
おうりょくくみあわせ 【応力組合】 composition of stress 应力合成,应力组合
おうりょくくりかえしすうきょくせん 【応力繰返数曲線】 stress-endurance diagram, S-N diagram 应力反复次数曲线,应力疲劳次数曲线,应力耐久曲线, S-N曲线
おうりょくけい 【応力計】 stress meter 应力计
おうりょくけいさん 【応力計算】 stress analysis, stress calculation 应力计算,应力分析
おうりょくけいろ 【応力経路】 stress path 应力通路,应力行程
おうりょくこうばい 【応力勾配】 stress gradient 应力梯度
おうりょくしかん 【応力弛緩】 stress relaxation 应力松弛
おうりょくしゅうちゅう 【応力集中】 stress concentration 应力集中
おうりょくしゅうちゅうけいすう 【応力集中係数】 factor of stress concentration 应力集中系数
おうりょくしゅうちゅうりつ 【応力集中率】 stress concentration factor 应力集中系数
おうりょくしょうどん 【応力焼鈍】 stress relief heat treatment 消除应力的热处理
おうりょくじょきょ 【応力除去】 stress relieving 应力消除,泄力
おうりょくじょきょねつしょり 【応力除去熱処理】 stress relief heat treatment 消除应力的热处理
おうりょくしんぷく 【応力振幅】 stress amplitude 应力振幅
おうりょくず 【応力図】 stress diagram 应力图
おうりょくせいぎょ 【応力制御】 stress control 应力控制
おうりょくせいぶん 【応力成分】 stress component 应力分量,分应力
おうりょくそくてい 【応力測定】 measurement of stress 应力测定
おうりょくだえん 【応力楕円】 stress ellipse 应力椭圆
おうりょくだえんたい 【応力楕円体】 ellipsoid of stress 应力椭圆体
おうりょくちかん＝おうりょくしかん
おうりょくちゅうしんきょり 【応力中心距離】 distance between centers of tension and compression 应力中心距,内力臂
おうりょくテンソル 【応力～】 stress tensor 应力张量
おうりょくど 【応力度】 stress intensity, unit stress 应力强度,单位应力
おうりょくとうけつほう 【応力凍結法】 stress freezing method 应力冻结法(三维光弹性应力分析法之一)
おうりょくどひずみどきょくせん 【応力度歪度曲線】 stress-strain curve 应力-应变曲线
おうりょくとりょうほう 【応力塗料法】 stress coating method, brittle coating method 应力涂料法,脆性涂料法
おうりょくにじきょくめん 【応力二次曲面】 stress quadric 应力二次曲面
おうりょくのしゅめん 【応力の主面】 principal plane of stress 主应力面

おうりょくはかいしけん【応力破壊試験】 breaking stress test 破坏应力试验,断裂应力试验
おうりょくひずみかんけい【応力歪関係】 stress-strain relationship 应力-应变关系
おうりょくひずみきょくせん【応力歪曲線】 stress-strain curve 应力-应变曲线
おうりょくひずみず【応力歪図】 stress-strain diagram 应力-应变图
おうりょくひずみとくせい【応力歪特性】 stress-strain characteristics 应力应变特性
おうりょくひれいほう【応力比例法】 stress-ratio method 应力比(例)法
おうりょくふしょく【応力腐食】 stress corrosion 应力腐蚀
おうりょくふしょくわれ【応力腐食割】 stress corrosion cracking 应力腐蚀裂纹
おうりょくぶんぷ【応力分布】 stress distribution 应力分布
おうりょくベクトル【応力~】 stress vector 应力矢量,应力向量
おうりょくへんさ【応力偏差】 stress deviation 应力偏差
おうりょくほう【応力法】 stress method 应力法
おうりょくマトリックス【応力~】 stress matrix 应力矩阵
おうりょくモーメント【応力~】 moment of stress (应)力矩,内力矩
おうりん【黄燐】 yellow phosphorus 黄磷,白磷
おうれつ【横裂】 transverse fissure 横裂
オー・エス・ディー OSD, operational sequence diagram 操作程序图表
オー・エス・ピー・エーほうしき【OSPA方式】 OSPA system 钢筋束锚固式预应力混凝土后张法
オーエンスじんあいけい【~塵埃計】 Owens'(jet)dust counter 欧文斯尘埃计
オーエンのニュー・コミュニティけいかく【~の~計画】 New Communities at Harmony by Robert Owen (1825~1828年美国印地安那州哈莫尼建设的)欧文新公社规划
おおあめ【大雨】 heavy rain 大雨,暴雨
おおいあつさ【被厚さ】 covering depth 覆盖厚度,覆盖层厚度,保护层厚度
おおいたぶき【大板葺】 大幅木板屋面
おおいどう【覆堂】 罩在古建筑外部起保护作用的建筑物
おおいばば【覆い馬場】 covered riding ground 棚式跑马场,带顶跑马场,覆盖式跑马场
おおいや【覆屋】 罩在古建筑外都起保护作用的建筑物
おおいりば【大入場】(剧场等为尽量容纳观众不设座位的)池子
おおいれ【大入·追入】 dado joint, housing 藏纳接头,插榫接合
おおいれのみ【大入鑿】 普通凿
おおえだ【大枝】 limb branch 大枝,主枝,力枝
おおがく【大角】 big square, large square 大方木,大方木料
おおがたしゃこんにゅうりつ【大型車混入率】 commercial vehicles ratio 大型汽车通过比率
おおがたすんぽう【大型寸法】 large size 大尺寸
おおがたパネル【大型~】 large panel 大型板,大板
おおがたパネルこうぞう【大型~構造】 large panel construction 大板构造,大板结构
おおがたパネル・システム【大型~】 large panel system 大板结构体系
おおがたばんくみたてこうぞう【大型版組立構造】 large panel construction 大板装配式构造,大板结构
おおがたブロック【大型~】 large concrete block 大型混凝土砌块
おおかべ【大壁】 stud wall framing finished on both sides 隐柱墙,板条抹灰墙
おおかべづくり【大壁造】 采用隐柱墙的构造
おおくぎ【大釘】 big nail, spike 大钉

おおくずし 【大崩】 细砾石块铺地面
おおくみ 【大組】 general assembly 总装配
おおごうしたまがき 【大格子玉垣】（日本神社的）大方格围栏
おおこみ 【大込】 大剪树冠，全剪树冠（将靠近的多种树木剪成一顶树冠）
おおこわり 【大小割】 加大小方木条（厚3厘米、宽3.5厘米、长360厘米）
おおさかがわら 【大阪瓦】 大瓦
おおしお 【大潮】 spring tide 大潮，朔望潮
おおすのこ 【大簀の子】 gridiron 格框，（舞台的）葡萄架
おおぜり 【大迫】 large crown （舞台上的）大拱顶
おおだこ 【大蛸】 （五人以上使用的）大硪
おおたま 【大玉】 粗卵石（直径3厘米左右）
おおたまじゃり 【大玉砂利】 rubble, pebble 大块卵石（直径15厘米左右的卵石），漂砾
おおたまぶち 【大玉縁】 torus 半圆线脚
おおだるき 【大垂木·大棰】 昂
おおつ 【大津】（日本大津地方产的）黄土，黄泥
おおつかべ 【大津壁】（日本墙壁中的）抹灰土粉板条墙
おおづち 【大槌】 wooden maul （打桩用）大木锤
おおど 【大戸】 大门，正门
おおどうぐ 【大道具】 scenery （舞台上的）大型道具，舞台布景
おおどうぐしつ 【大道具室】 sets room, scenes room, props room 大型道具室
おおどおり 【大通】 avenue 大街，大道
おおなみいた 【大波板】 long pitch corrugated sheet 大波纹板
おおぬき 【大貫】 大横木
おおのき 【大軒】 檐椽
おおのこぎり 【大鋸】 frame saw 框锯，架锯，大锯
おおのこさいだんき 【大鋸截断機】 gang saw machine 排锯机
おおばもの 【大葉もの】（指桐、梓等）大叶树
おおばり 【大梁】 girder 大梁
おおばりしき 【大梁式】 girder construction 梁式结构
おおはりまこうぞう 【大張間構造】 large-span structure 大跨度结构
おおびき 【大引】 sleeper 搁栅托梁，龙骨托梁
おおびきうけ 【大引受】 sleeper support 搁栅托梁端部下的横木
おおひらいた 【大平板】 plane asbestos cement slate 石棉水泥板，石棉水泥平瓦
おおひろま 【大広間】 大厅，正厅
おおべや 【大部屋】 figurant's dressing-room 配角演员化妆室，大化妆室，集体化妆室
おおまがりエルボ 【大曲～】 long radius elbow 大半径弯头
おおまがりかんつぎて 【大曲管継手】 long radius fittings 大半径弯管接头（配件）
おおまばら 【大疎】 疏椽，疏置椽子
おおまばらだるき 【大疎垂木·大疎棰】 疏椽，疏置椽子
おおまるた 【大丸太】 big log 大原木
おおみず 【大水】 spate 大水，涨水
おおむね 【大棟】 ridge 正脊
おおめん 【大面】 chamfer 削角面，大削角
おおめんとり 【大面取】 截取大削角面，大削角面木料
おおわり 【大割】 大方木条（厚小于6厘米宽大于6厘米的木条）
おおわりおさのこ 【大割筬鋸】 log frame saw 框式锯木机，垂直锯木架，多锯机
おおわりおびのこき 【大割帯鋸機】 log band saw 原木成材带锯机，带式锯木机
おが 【大鋸】 frame saw 框锯，架锯，大锯
オーカー ocher 赭石，赭色，黄褐色
オーガー auger 螺旋钻
おがくず 【鋸屑】 saw dust 锯末，锯屑
おがくずコンクリート 【鋸屑～】 saw-dust concrete 锯末混凝土，锯屑混凝土
おがくずモルタル 【鋸屑～】 saw-dust

mortar 锯屑砂浆
オーガー・コンベヤー auger conveyer 螺旋输送器
オーガストかんしつけい 【～乾湿計】 August's psychrometer 奥噶斯特干湿球式湿度计
オーガー・スピンドル auger spindle 钻轴,钻杆
おかつぎ 【陸継】 outdoor pre-piping 室外管道预留接头
オーガー・デリバリー auger delivery 螺旋输送
オーガー・ドライブ auger drive 螺旋传动,螺旋驱动
オーガニゼーション organization 组织,编制,体制,机构
オーガー・パイル auger pile 钻孔桩
オーガー・ビット auger bit 钻头
おかぶ 【雄株】 male plant 雄株
オーガー・フィーダー auger feeder 螺旋进(加、给)料器
オーガー・ヘッド auger head 钻头
オーガー・ボーリング auger boring 螺钻钻探,螺钻镗孔
おがみ 【拝】 斜构件顶端接缝,封檐板顶端接缝
おがみいし 【拝石】 (庭园中的)大块平石
おがみうち 【拝打】 straight stroke on the fore hand 左右斜钉板条(成…状)
おがみげぎょ 【拝懸魚】 山墙封檐板,顶端接缝下面的悬鱼
おがわら 【牡瓦·雄瓦】 牡瓦,盖瓦
おぎ 【男木】 有凸榫的木构件
おきいし 【置石】 (庭院中的)观赏石
おきいど 【置井戸】 (庭园中的)配景井
おきかえきそ 【置換基礎】 displaced foundation 置换基础
オキサー Oxiser 延时曝气法的活性污泥处理装置(商)
オキシアセチレン・ウェルディング oxy-acetylene welding 氧气乙炔焰焊接,氧炔焊,气焊
オキシクロライド・セメント oxychloride cement 氯氧水泥
オキシクロリネーションほう 【～法】 oxychlorination method 氯氧化法
オキシジェスト Oxigest 延时曝气法或接触消化法的活性污泥处理装置(商)
オキシダント oxidant 氧化剂
オキシデーション・ディッチ oxidation ditch 氧化沟,氧化渠
オキシハイドロゲン・ウェルディング oxy-hydrogen welding 氢氧焊,氢氧焰焊接
オーキシン auxin 植物生长素
オキソかがく 【～化学】 oxochemistry 氧基化学,氧化化学
おきどこ 【置床】 (日式房屋中接待客人的)移动式壁龛台
おきめ 【置目】 (油漆彩画的)拍谱子
オキュパンシー occupancy 道路占用率
オーク oak 橡木,柞木,栎木
オクエス oecus[希] (古希腊、古罗马住宅中的)大房间,餐室,集会厅
おくかい 【屋階】 attic, attic floor, attic story 屋顶室,屋顶层,顶楼,阁楼
おくがい 【屋外】 outdoor, exterior 屋外,室外
おくがいかいだん 【屋外階段】 exterior stairway 室外楼梯
おくがいかぐ 【屋外家具】 outdoor furniture 室外家具,庭园家具
おくがいきょうぎじょう 【屋外競技場】 stadium 室外运动场,露天体育场
おくがいくうちゅうせん 【屋外空中線】 outdoor antenna 室外天线,户外天线
おくがいこうこくぶつ 【屋外広告物】 outdoor advertisement 室外广告牌
おくがいサイン 【屋外～】 outdoor sign 室外标志照明,室外广告照明,室外招牌照明
おくがいしょうかせん 【屋外消火栓】 outdoor fire hydrant 室外消火栓
おくがいしょうめい 【屋外照明】 outdoor lighting, exterior lighting 室外照明
おくがいすいへいしょうど 【屋外水平照度】 outdoor horizontal illumination 室外水平面照度
おくがいちゅうしゃしせつ 【屋外駐車施

設】 outdoor parking space 室外停车场,室外停车设施

**おくがいとりつけ** 【屋外取付】 exterior installation 室外安装

**おくがいはいかん** 【屋外配管】 outdoor piping, exterior piping 室外管道工程

**おくがいはいすい** 【屋外排水】 exterior drain 室外排水

**おくがいはいせん** 【屋外配線】 outdoor wiring, exterior wiring 室外布线

**おくがいひなんかいだん** 【屋外避難階段】 exterior escape stair 室外太平梯,室外安全疏散楼梯,室外防火楼梯

**おくがいへんでんしょ** 【屋外変電所】 outdoor substation 室外变电站,露天变电站

**おくしきち** 【奥敷地】 dead-end site 死胡同尽端的拟建用地,死胡同内建筑场地

**おくじょう** 【屋上】 roof floor 平屋面,上人屋面

**おくじょうかい** 【屋上階】 penthouse (建于大楼平顶上的)楼顶房屋,阁楼

**おくじょうさんすい** 【屋上散水】 roof water spray 屋面洒水,屋顶喷水

**おくじょうしょうかせん** 【屋上消火栓】 roof hydrant 屋顶消防栓

**おくじょうすいそう** 【屋上水槽】 roof tank 屋顶水箱

**おくじょうタンク** 【屋上～】 roof tank 屋顶水箱

**おくじょうちゅうしゃじょう** 【屋上駐車場】 roof parking 屋顶停车场

**おくじょうつうきかん** 【屋上通気管】 roof vent 屋顶透气管,屋顶通气管

**おくじょうていえん** 【屋上庭園】 roof garden 屋顶花园

**おくじょうベンチレーター** 【屋上～】 roof ventilator 屋顶通风器,屋顶通风帽

**オクターヴ**＝**オクターブ**

**オクタステュロス** oktastylos[希] (古代希腊神庙的)八柱式

**オクターブ** octave 倍频程,八(音)度

**オクターブたいいき** 【～帯域】 octave band 倍频(程)带

**オクターブ・バンド** octave band 倍频(程)带

**オクターブ・バンド・アナライザー** octave band analyzer 倍频带分析器

**オクターブ・バンド・パス・フィルター** octave band pass filter 倍频程带通滤波器

**オクターブ・バンド・レベル** octave band level 倍频带级(倍频带声压级)

**オクターブ・フィルター・セット** octave filter set 倍频程滤波装置

**オクターブぶんせきき** 【～分析器】 octave analyzer 倍频程分析器

**オクターブろはき** 【～濾波器】 octave filter 倍频程滤波器

**オクタンか** 【～価】 octane number (汽油)辛烷值

**おくない** 【屋内】 indoor, interior 室内,屋内

**おくないえいせいこうがく** 【屋内衛生工学】 domestic sanitary engineering 室内卫生工程学

**おくないえいせいこうじ** 【屋内衛生工事】 interior sanitary works 室内卫生工程

**おくないきょうぎじょう** 【屋内競技場】 gymnasium 体育馆

**おくないゲレンデ** 【屋内～[Gelande德]】 indoor skiing slope 室内滑雪坡

**おくないしょうかせん** 【屋内消火栓】 indoor fire hydrant 室内消火栓

**おくないしょうめい** 【屋内照明】 interior lighting, interior illumination 室内照明

**おくないすいえいじょう** 【屋内水泳場】 indoor swimming pool 室内游泳池,游泳馆

**おくないちゅうしゃじょう** 【屋内駐車場】 indoor parking space 室内存车场

**おくないていえん** 【屋内庭園】 indoor garden 室内花园,室内造园

**おくないはいかん** 【屋内配管】 interior piping 室内管道,内部管道

**おくないはいすい** 【屋内排水】 house drainage 室内排水

**おくないはいすいかん** 【屋内排水管】 interior drain pipe 室内排水管

おくないはいせん【屋内配線】house wiring, interior wiring 室内布线
おくないひなんかいだん【屋内避難階段】interior escape stair 室内安全梯,室内太平梯,室内紧急疏散楼梯
おくないプール【屋内～】indoor swimming pool 室内游泳池,游泳馆
おくないへんでんしょ【屋内変電所】indoor substation 变电室
おくないぼうすい【屋内防水】inner waterproofing 室内防水
おくないやきゅうじょう【屋内野球場】covered diamond 设棚的棒球场
おくのや【奥の家】后房,后殿
おくゆき【奥行】depth (建筑场地、房屋、房间等的)进深
おくゆきかかくていげんりつ【奥行価格逓減率】rate of value slumping by depth 建筑用地进深增加地价递减率
おくゆきていげんりつ【奥行逓減率】rate of value slumping by depth 建筑用地进深增加地价递减率
おくり【送】feed, pitch 供给(进料,送料,加料),进刀量,间距,间隔
おくりかん【送管】feed pipe, flow pipe 给水管,输水管,送料管
おくりジャッキー【送～】traversing jack, sliding jack 横式起重器,滑座螺旋起重器
おくりしゅかん【送主管】flow main, supply main 给水干管,给水总管,输水干管
おくりじょう【送状】invoice 发货单,装货清单
おくりだし【送出】delivery 输出,排出,释放,(泵的)排水量
おくりだしかん【送出管】delivery pipe 排放管,输送管,输水管,排水管
おくりだしコック【送出～】outlet cock 出口旋塞,输出水龙头
おくりだしすいとう【送出水頭】outlet water head 出口水头,输出水头,输出扬程
おくりだしべん【送出弁】delivery valve 排气阀,放水阀
おくりだしようてい【送出揚程】delivery head 输出扬程,送水扬程
おくりたてかん【送立管·送竪管】vertical flow pipe, flow riser (锅炉的)送水立管,送汽竖管
おくりばり【送梁】(日本式木屋架的)二柁
オクルージョン occlusion 闭塞,堵塞,吸留,吸收,吸气,保持
おくれ【遅】lag, delay (自动控制的)滞后,延迟
おくれわれ【遅割】delayed crack 缓生裂缝,延迟裂缝
おくろじ【奥露地】日本茶亭院的里院
オーケストラ orchestra (剧场的)乐队席,古希腊剧场舞台前方的半圆形合唱队席,英国伊丽莎白时代的剧场前排的贵族席,整个剧场正厅
オーケストラ・シェル orchestra shell (室内舞台或露天剧场的)壳形音质反射体
オーケストラ・ピット orchestra pit 乐池
オーケストラ・ボックス orchestra box 乐池
おさえそう【押層】覆盖层,保护层,铺层
おさえボルト【押～】clamp bolt 紧固螺栓
おさえもりど【押盛土】counterweight fill 平衡填方,平衡填土,均衡填土,(软地基填土四周的)压边填土
おさえモルタル【押～】covering mortar (防水做法的)压毡层砂浆
おさえる【押える】尺寸基准,覆盖,特意加工
おさけずりとり【汚砂削取】sand scraping, scraping of dirty sand 污砂铲刮,刮砂
おさまり【納】(建筑构件的)收头,建筑构件的合理组装,交圈,建筑竣工,建筑物的综合评价
おさらんま【筬欄間】bamboo-lath transom 竹条气窗
オジー ogee 葱头形饰,单个或相对的S形曲线

おしあげせん【押上線】graded track for freight work （货运场)上坡线,爬坡线,驼峰线
おしあげはいすいプラグ【押上排水～】lift up plug 提升式排水塞子
おしあげポンプ【押上～】suction and force pump 压力泵,压水泵,压气泵
おしあげまんりき【押上万力】lifting jack 千斤顶,顶重器,举重机
おしあげやね【押上屋根】(屋面中央升高形成侧窗的)上凸屋面
オジー・アーチ ogee arch 葱头形拱,内外四心桃尖拱
おしいた【押板】push plate,hand plate 推板,门上推手板
おしいれ【押入】closet 壁橱,衣橱
オジーヴ ogive (哥特式建筑的)拱顶对角肋条,尖形拱肋
オージオ・ノイズ・メーター audio noise meter 噪声计,声频噪声计
オージオメーター audiometer 测听计,听力计,听度计
オジー・カーヴ ogee curve 葱头形曲线,S形曲线
おしがく【押角】hewn square 边角加工方材,拔方材
おしがね【押金】(双刃刨的)里刃卡棍,刃垫卡子
オー・シー・カーブ【OC～】OC (operating characteristic) curve 工作特性曲线,运行特性曲线
おしぎ【押木】cap 压顶木
オーしきジベル【O式～[Dübel德]】O-type dowel 环型暗销,环型暗榫,圆形齿环
オジーきょくせん【～曲線】ogee curve S形曲线,双弯曲线
おしきり【押切】hand lever shear 铡刀,裁刀,裁纸刀
おしこみかたさしけんほう【押込硬さ試験法】impressing hardness test 压痕硬度试验法
おしこみかんき【押込換気】forced ventilation 压力通风,强制通风
おしこみしきほうしき【押込式方式】forced system of ventilation 强制通风方式
おしこみそうふうき【押込送風機】forced draught fan 压力通风机,压力鼓风机
おしこみつうふう【押込通風】forced draught 强制通风,压力通风
おしこみつうふうれいきゃくとう【押込通風冷却塔】forced draft type cooling tower 压力式通风冷却塔
おしこみはいしゅつポンプ【押込排出～】force and exhaust pump 压力排气泵
おしこみりょう【押込量】forced air amount 强制通风量,强制供气量
オジーざがね【～座金】ogee washer S形垫片
おしだし【押出】extrusion 挤出,挤压
おしだしき【押出機】extruding machine,extruder 挤压机
おしだしせいけい【押出成型】extrusion moulding,extruded shape 挤压成形,压制成形
おしだしひん【押出品】extrudate,extrusion product 挤压制品
おしだしぶたい【押出舞台】sliding stage 水平式活动舞台
おしだしプレス【押出～】extruding press,squeezing press 挤压机
おしちから【押力】thrust 推力
おしつけかこう【押付加工】surface-pressed working up 表面滚挤加工
おしつけボルト【押付～】press bolt 压紧螺栓
おしどめどけい【押止時計】stop watch 秒表
おしならしき【押均機】bulldozer 推土机
おしぬき【押抜】punching 冲孔,穿孔,冲压
おしぬきき【押抜機】punching machine 冲床,冲压机,打孔机
おしぬきしけん【押抜試験】push-out test 压出试验,冲压试验
おしぬきせんだん【押抜剪断】punching shear 冲剪,冲切

おしぬきせんだんりょく【押抜剪断力】punching shear stress 冲剪力,冲切力
おしねじ【押螺子】set screw 顶紧螺丝,止动螺钉,定位螺栓
おしのけりょう【押除量】displacement 排量,排气量
おしパテ【押～】front putty 抹面腻子,抹面油灰
オー・シー・ビー OCB,oil circuit breaker 油断路器
おしぶち【押縁】bead,batten 木压条,压缝条
おしぶちかなもの【押縁金物】metal bead 金属压边条
おしボタン【押～】push button 按钮
おしボタン・コック【押～】push button cock 按钮龙头
おしボタン・コントロール【押～】push button control 按钮控制
おしボタン・スイッチ【押～】push butten switch 按钮开关
おしボタン・ソケット【押～】push button socket 按钮座
おしボタンべん【押～弁】push button valve 按钮阀
おしボルト【押～】clamping bolt 紧固螺栓,夹紧螺栓
おしみず【押水】intruding water (从外部)侵入水,渗透水
おしめじ【押目地】stripped joint, raked joint 露出缝,刮缝,轧缝
おしゃけずりとり＝おさけずりとり
オシレーション oscillation 振动,摆动,颤动,振荡
オシレーター oscillator 振荡器,振子
オシロかん【～管】oscillatron,oscilloscope 示波管
オシログラフ oscillograph 示波器
オシログラム oscillogram 示波图
オシロスコープ oscilloscope 示波管,示波器
おすい【汚水】sanitary sewage 污水,生活污水
おすいかん【汚水管】soil pipe 污水管
おすいかんきょ【汚水管渠】sanitary sewer 污水管道
おすいきょ【汚水渠】sewer 污水管,排水沟(渠)
おすいしみこみタンク【汚水浸込～】cesspool 污水(渗)井
おすいしゅかん【汚水主管】soil main 污水干管,排水主管
おすいしょり【汚水処理】wastewater treatment 污水处理
おすいしょりしせつ【汚水処理施設】wastewater treatment facility 污水处理设施
おすいしょりじょう【汚水処理場】sewage treatment plant 污水处理厂
おすいしょりタンク【汚水処理～】septic tank 化粪池
おすいせいせいぶつ【汚水性生物】saprobic organisms 污水生物
おすいせいぶつけいれつ【汚水生物系列】saprobien system 污水生物系列
おすいせき【汚水堰】waste weir 污水堰
おすいそう【汚水槽】soil tank 污水池
おすいたてかん【汚水立管】soil stack 污水立管
おすいだめ【汚水溜】midden,cesspool 污水井,污水坑
おすいパイプ【汚水～】waste pipe, wastewater pipe,sewage pipe 污水管
おすいポンプ【汚水～】sewage pump, wastewater pump 污水泵,废水泵
おすいます【汚水枡】house inlet 污水进口,污水井
おすいりょう【汚水量】sewage quantity 污水量
おすコーン【雄～】male cone (预应力混凝土后张法用)锚锥,锚塞
オスター oster,pipe die 管子套丝板,管子板牙,管子丝口扳钳
オスターバーグ・サンプラー Osterberg sampler 奥斯特伯格式取样器(一种固定活塞的薄壁取样器)
オーステナイト austenite 奥氏体
オーステナイトけいステンレスこう【～系～鋼】austenitic stainless steel 奥

氏体不锈钢

**オストワルドいろくうかん** 【~色空間】 Ostwald's colour space 奥斯特瓦尔德色彩空间

**オスマンのパリかいぞうけいかく** 【~の~改造計画】 Haussmann's projected transformation of Paris (1853~1869年法国)豪斯曼改建巴黎规划

**オスミウムでんきゅう** 【~電球】 osmium lamp 锇丝灯

**オスモーズ** osmose 渗透(作用),渗透性

**オスラムでんきゅう** 【~電球】 osram lamp 钨丝灯

**オスラム・ランプ** osram lamp 锇钨丝弧灯

**オスワルドねんどけい** 【~粘度計】 Ostwald's viscosimeter 奥斯特瓦尔德粘度计(毛细管粘度计)

**オスワルドひょうしょくけい** 【~表色系】 Ostwald's colour system 奥斯特瓦尔德标色体系

**おせん** 【汚染】 contamination,pollution 污染

**おせんいんし** 【汚染因子】 pollutant, contaminant 污染因子,污染因素

**おせんきん** 【汚染菌】 contaminant 污染菌

**おせんけいろ** 【汚染経路】 pollutant path 污染途径

**おせんげん** 【汚染源】 pollution source 污染源

**おせんしひょう** 【汚染指標】 pollution index 污染指数,污染指标

**おせんじょきょけいすう** 【汚染除去係数】 decontamination factor 除污(染)系数

**おせんじょきょざい** 【汚染除去剤】 decontaminating agent 去污(染)剂

**おせんせいイオン** 【汚染性~】 pollution indication ion 污染指示离子

**おせんせいぎょ** 【汚染制御】 pollution control 污染控制

**おせんせつ** 【汚染雪】 polluted snow 污染雪

**おせんど** 【汚染度】 degree of pollution 污染(程)度

**おせんどしけん** 【汚染度試験】 examination of pollution index 污染度试验

**おそざき** 【遅咲】 late flowering (花)晚开,开得迟

**オゾナイザー** ozonizer,ozonator 臭氧发生器

**オゾン** ozone 臭氧

**オゾンきれつ** 【~亀裂】 ozone cracking 臭氧裂化

**オゾンさんかほう** 【~酸化法】 ozonization 臭氧氧化法,臭氧消毒法

**オゾンしょうどく** 【~消毒】 disinfection by ozone 臭氧消毒

**オゾンしょり** 【~処理】 ozonation 臭氧处理

**オゾンしょりそうち** 【~処理装置】 ozonization plant 臭氧处理装置

**オゾンはっせいき** 【~発生機】 ozonizer,ozonator 臭氧发生器

**オゾンはっせいそうち** 【~発生装置】 ozone generator 臭氧发生装置,臭氧发生器

**オーダー** order (西方古典建筑的)柱式,格式,法式

**おだく** 【汚濁】 pollution 污染

**おだくかせん** 【汚濁河川】 polluted river 污染河流

**おだくしすう** 【汚濁指数】 pollution index 污浊指数,污染指数

**おだくすい** 【汚濁水】 polluted water 污染水

**おだくど** 【汚濁度】 degree of pollution 污染度

**おだくふか** 【汚濁負荷】 pollution load 污浊负荷

**おだくふかりょう** 【汚濁負荷量】 pollution loading amount 污浊负荷量

**オー・ダブリュー・エル** OWL,ordinary water level 常水位

**オー・ダブリューでんせん** 【OW電線】 OW (outdoor weather-proof) wire 室外风雨电线

**おだるき** 【尾垂木·尾棰】 昂

**おだれ** 【尾垂】 封檐板(木屋面)

**おだわらぶき** 【小田原葺】 薄木板屋面,

铺薄屋面板
**オーダーわり** 【～[order]割】 modulation 古典柱式按模数比例的划分,古典柱式比例的调节
**おちぐち** 【落口】 (庭园)瀑布落水口
**おちつきかく** 【落着角】 angle of repose 休止角,静止角
**おっかけつぎ** 【追掛継】 斜嵌接
**おっかけぬり** 【追掛塗】 抹二遍灰
**おつがたざい** 【乙形材】 Z-steel 乙形钢
**おつじかん** 【乙字管】 offset pipe 偏置管,乙字管
**おつしゅぼうかど** 【乙種防火戸】 "B" Fire door(window) 乙种防火门(窗)
**オッシラトリア** Oscillatoria 颤藻属(藻类植物)
**オップ・アート** OP(optical)art 光学艺术(利用光学视像的艺术)
**おでい** 【汚泥】 sludge 污泥
**オーディエンス・チェンバー** audience chamber 接见室,会见室
**オーディオ** audio 声(的),音频(的),听觉(的)
**オーディオ・ヴィジュアル** audio-visual 视(觉)听(觉)的
**オーディオグラム** audiogram 闻阈图,听力图
**オーディオメーター** audiometer 听度计,听力计,测听计,声音测量器,自动式播音记录装置
**オデイオン** odeion[希] (古希腊、古罗马的)音乐堂
**おでいかきよせき** 【汚泥掻寄機】 sludge scraper (沉淀池)刮泥机
**おでいかっせいかそう** 【汚泥活性化槽】 sludge activation tank 活性污泥培养池,污泥活化池
**おでいがんすいりつ** 【汚泥含水率】 moisture content of sludge 污泥含水率
**おでいかんそう** 【汚泥乾燥】 sludge drying 污泥干燥,污泥干化
**おでいかんそうゆか** 【汚泥乾燥床】 sludge drying bed 污泥干化场
**おでいケーキ** 【汚泥～】 sludge cake, filter cake 污泥滤饼
**おでいこう** 【汚泥高】 sludge height 污泥(堆积)高度
**おでいこうそくていき** 【汚泥高測定器】 sludge height meter 污泥高度测定器
**おでいしけん** 【汚泥試験】 sludge examination 污泥检验,污泥试验
**おでいしひょう** 【汚泥指標】 sludge index 污泥指数
**おでいしょう** 【汚泥床】 sludge bed 污泥场
**おでいしょうか** 【汚泥消化】 sludge digestion 污泥消化
**おでいしょうかガス** 【汚泥消化～】 sludge gas 污泥消化(产生的)气体,污泥气
**おでいしょうかタンク** 【汚泥消化～】 sludge-digestion tank 污泥消化池,消化池
**おでいしょうきゃく** 【汚泥焼却】 sludge incineration 污泥焚烧
**おでいしょうきゃくろ** 【汚泥焼却炉】 sludge incinerator 污泥焚化炉
**おでいしょぶん** 【汚泥処分】 sludge disposal 污泥处置
**おでいしょり** 【汚泥処理】 sludge treatment 污泥处理
**おでいしょりせつび** 【汚泥処理設備】 sludge treatment equipment 污泥处理设备
**オーディション** audition 听觉,听感,听力,音量检查,试听
**おでいせんじょう** 【汚泥洗浄】 sludge elutriation 污泥淘洗
**おでいだっすい** 【汚泥脱水】 sludge dewatering 污泥脱水
**おでいちくせきりょう** 【汚泥蓄積量】 sludge storage 污泥淤积量,污泥积累量
**オー・ディーちょうさ** 【OD調査】 OD (origin and destination)survey,OD study OD调查,(交通)起讫点调查
**おでいちょうせい** 【汚泥調整】 sludge conditioning 污泥调节
**おでいちょりゅうそう** 【汚泥貯留槽】 sludge storage tank 污泥贮存池,污泥池

**オーディトリアム** auditorium 大会堂,大讲堂,听众席,观众席
**おていにちれい** 【汚泥日齢】 sludge age 污泥龄
**おていのうしゅく** 【汚泥濃縮】 sludge thickening 污泥浓缩
**おていのうしゅくき** 【汚泥濃縮器】 slugde concentrator 污泥浓缩器
**おていのうしゅくタンク** 【汚泥濃縮～】 sludge thickener 污泥浓缩池
**おていのかいしゅう** 【汚泥の回収】 recovery of sludge 污泥回收
**おていのはくへん** 【汚泥の薄片】 flake of sludge 污泥片
**おていはっこうほう** 【汚泥発酵法】 sludge fermentation 污泥发酵法
**おていピット** 【汚泥～[pit]】 sludge storage tank 污泥贮存池,污泥池
**オー・ディーひょう** 【OD表】 OD(origin and destination)table OD表,(交通)起迄点表
**おていふか** 【汚泥負荷】 sludge loading of anaerobic digester (消化池内的)污泥负荷
**おていふはいほう** 【汚泥腐敗法】 sludge putrefaction 污泥腐化法
**おていべん** 【汚泥弁】 sludge valve 污泥阀
**おていへんそう** 【汚泥返送】 sludge return 污泥回流
**おていポンプ** 【汚泥～】 sludge pump 污泥泵,泥泵
**おていみつどしすう** 【汚泥密度指数】 sludge density index (SDI) 污泥密度指数
**おていようりょうしすう** 【汚泥容量指数】 sludge volume index (SVI) 污泥体积指数
**オテル** hotel[法] (法国的)大邸宅,(法国的)公共建筑物
**オテル・デ・ザンヴァリッド** Hotel des Invalides[法] (17世纪法国巴黎)残废军人收容院
**オテル・ド・トゥールーズ** Hotel de Toulouse[法] (17世纪法国巴黎)都鲁兹府邸
**オテル・ランベール** Hotel Lambert[法] (17世纪法国巴黎)朗贝尔府邸
**おと** 【音】 sound,tone 声,声音,单音
**オート・アナライザー** auto-analyzer 自动分析器,自动测定装置
**オート・ガード** auto guard 缓冲护栏
**オートクレーブ** autoclave 蒸压器,高压釜,压力蒸汽锅,蒸气灭菌器
**オートクレーブしけん** 【～試験】 autoclave test 蒸压试验
**オートクレーブぼうちょうしけん** 【～膨脹試験】 autoclave expansion test 蒸压膨胀试验
**オートクレーブようじょう** 【～養生】 autoclave curing 蒸压养护
**おとけし** 【音消】 sound attenuator 消声器,减声器
**オートさんりん** 【～三輪】 auto-tricycle 三轮卡车
**おとしくぎ** 【落釘】 secret nail (地板)暗钉
**おとしづち** 【落槌】 drop-hammer 落锤,吊锤
**おとしづみ** 【落積】 (石墙)菱形缝砌法
**オートストップ** autostop 自动停止,自动停止装置
**オートドア** autodoor (光电控制的)自动开关门
**オートトラック** auto-truck 载重汽车,运货汽车
**オート・トランス** auto-transformer 自耦变压器
**おとのイナータンス** 【音の～】 acoustic(al) inertance,inertance of sound 声扭,声惯量,声感抗
**おとのインピーダンス** 【音の～】 acoustic(al) impedance 声阻抗
**おとのおおきさ** 【音の大きさ】 loudness of sound 声的响度
**おとのおおきさのレベル** 【音の大きさの～】 loudness level of sound 声的响度级
**おとのかいせつ** 【音の回折】 diffraction of sound 声衍射,声绕射

おとのかくさん 【音の拡散】 diffusion of sound 声扩散
おとのキャパシタンス 【音の～】 acoustical capacitance 声容
おとのきゅうしゅう 【音の吸収】 sound absorption 吸声
おとのくっせつ 【音の屈折】 refraction of sound 声折射
おとのげんすい 【音の減衰】 decay of sound 声衰减
おとのさんらん 【音の散乱】 scattering of sound 声散射
おとのしこうせい 【音の指向性】 directionality of sound 声的指向性,声的方向性
おとのしつりょうほうそく 【音の質量法則】 mass law of sound 声的质量定律
おとのしょうてん 【音の焦点】 sound focus 声焦点
おとのスペクトル 【音の～[spectre法]】 sound spectrum 声谱
おとのたかさ 【音の高さ】 pitch of sound 音调
おとのつよさ 【音の強さ】 sound intensity 声强,音强
おとのつよさのレベル 【音の強さの～】 sound intensity level 声强级
おとのでんぱん 【音の伝搬】 propagation of sound 声传播
おとのでんぱんそくど 【音の伝搬速度】 propagation speed of sound 声传播速度
おとのでんぱんていすう 【音の伝搬定数】 propagation constant of sound 声传播常数
おとのば 【音の場】 sound field 声场
おとのはし 【音の橋】 sound bridge 声桥
おとのはちょう 【音の波長】 wave length of sound 声波长
おとのはとう 【音の波頭】 wave front of sound 声波前,声波阵面
おとのはんしゃ 【音の反射】 reflection of sound 声反射
おとのフィルター 【音の～】 sound filter 声透滤,滤声
おとのへいこう 【音の平衡】 balance of sound 声平衡
おとのマスキング 【音の～】 masking of sound 声的掩蔽
おとのリアクタンス 【音の～】 acoustical reactance 声抗
おとのろうえい 【音の漏洩】 leakage of sound 声漏
オートバイ autobicycle 摩托车
オートパーク autopark 汽车停放场
オートバランサー・クレーン auto-balanced crane 自平衡式起重机
オートプログラミング auto-programming 自动程序设计
オートマタイゼーション automatization 自动化
オートマチック automatic 自动的,自动装置,自动机械
オートマチック・ウィンドー automatic window 自动开关窗
オートマチック・グラブ automatic grab 自动抓斗,自动夹具
オートマチック・シグナル automatic signal 自动(式)信号
オートマチック・ステアリング automatic steering 自动驾驶(操纵),自动转向
オートマチック・ストップ automatic stop 自动停止器,自动停止装置
オートマチック・ストップ・バルブ automatic stop valve 自动截止阀
オートマチック・スピード・ガバナー automatic speed governor 自动调速器
オートマチック・セーフティ・デバイス automatic safety device 自动安全装置
オートマチック・トランスミッション automatic transmission 自动传动装置
オートマチック・バルブ automatic valve 自动阀
オートマチック・プーラー automatic puller 自动拔出器,自动拉出器
オートマチック・リフト・トリップ・スクレーパー automatic lift-trip scraper 铲斗自动起落刮土机
オートマティック=オートマチック
おどみ 【沈澱】 sediment 沉淀物

オートメーション automation 自动化,自动机械,自动装置,自动控制
オートライン autoline 汽车路,(高速)自动道路,自动人行道
オドラント odorant,odorous substance 恶臭物质
おどりば【踊場】 landing,pace 楼梯平台,休息平台
オートリフト autolift 自动升降机
オートルート autoroute 汽车行驶线,汽车专用高速公路
オートロック outlook 展望,远景
オートローディング autoloading 自动上料,自动送料,自动装卸
おなま whole brick 整砖
オーナメント ornament 装饰,装饰品
おにがわら【鬼瓦】 脊头瓦(屋脊两端装饰用瓦)
おにがわらだい【鬼瓦台】 脊头瓦座
おにだい【鬼台】 台状脊头瓦,脊头瓦座
オニックス onyx 缟纹玛瑙
オニックス・マーブル onyx marble 条纹大理石
おにと【鬼斗】(日本古建筑中)屋面转角处的小坐料
おにボルト【鬼～】 rag bolt,fang bolt 棘螺栓,锚栓
おねじ【雄捻子】 male screw 外螺纹
おの【斧】 axe,ax,hatchet 斧,板斧
オーバー・アーム over arm 横杆,横臂
オーバーオール・ハイト overall height 全高,总高
オーバーオール・レングス overall length 全长,总长
オーバー・サイフォネージ over siphonage 超虹吸能力,虹吸能力过大
オパシティ opacity 不透性,浑浊度,暗度,蔽光性
オーバー・スピル over-spill 过剩疏散,外迁过剩人口
オーバー・チャージ over charge 过量充电
オーバー・ドライブ over drive 超速传动,增速传动装置,超速档
オーバートラベル overtravel 多余行程,超越里程
オーバートーン overtone 泛音,陪音,谐波
オーバーパス overpass 上跨交叉,上跨路,跨线路
オーバーブリッジ overbridge 天桥,旱桥,跨线桥
オーバー・ブレース over brace 横杆支撑
オーバーフロー overflow 溢流,(计算机)溢出,溢位
オーバーフローかん【～管】 overflow pipe 溢流管
オーバーフローしきすいりょうけい【～式水量計】 overflow type water meter 溢流式水量计,溢流式水表
オーバーフロー・バルブ overflow valve 溢流阀
オーバーヘッド overhead 高架式,架空式,电梯架空尺寸
オーバーヘッド・クレーン overhead crane 高架起重机,桥式吊车
オーバーヘッド・システム overhead system 高架式,架空线式,架空系统
オーバーヘッド・パイピング・システム overhead piping system 主管高架式,架空管道系统
オーバーヘッド・ブリッジ overhead bridge 高架桥
オーバーヘッド・ライン overhead line 架空线路
オーバーホール overhaul 大(检)修,修理(配),拆修
オーバーホール・ライフ overhaul life 大修周期,两次大修间使用期限
オーバーポンピング over-pumping 过量抽水,过量抽吸
おはやしべや【お囃子部屋】(日本歌舞伎剧院)舞台侧方伴奏席
オーバーラップ overlap 互搭,搭叠
オーバーラップ・ジョイント overlap joint 搭接,互搭
オーバーラン over-run (飞机跑道)延伸段,备用跑道,超速运行
おばり【男梁】(日本式木栅门上的)支承

大门额枋的挑梁
**オーバル** oval 椭圆形,卵形
**オパール** opal 蛋白石,乳白色的
**オーバルはぐるまがたりゅうりょうけい**【～歯車型流量計】 oval gear type water meter 椭圆齿轮(式)流量计
**オーバーレイ** overlay 罩面,盖层,铺盖,贴板
**オーバーレイごうはん**【～合板】 overlayed plywood 贴面胶合板
**オーバーレイ・シート** overlay sheet 贴面片材,贴面毡料
**オパレセント・グラス** opalescent glass 乳白玻璃
**オーバーロード** overload 超载,超负载
**オーバーロード・トリップ・デバイス** overload trip device 超载脱开装置,过载跳闸装置
**おびいた**【帯板】 tie plate,batten plate,stay plate 带状板,系板,(钢结构的)联系板,缀板,格构板
**おびいたばしら**【帯板柱】 tie plate column,lattice plate column 缀板柱,格构板柱
**おびいたばり**【帯板梁】 tie plate beam,lattice plate beam 缀板梁,格构板梁
**おびいたぶざい**【帯板部材】 tie plate member,lattice plate member 缀板构件,格构板构件
**おびかなもの**【帯金物】 strap iron,metal strap 条形金属配件,条形铁件,铁皮带,扁铁带
**おびき**【尾引】 sleeper 枕梁,小搁栅
**おび(てっ)きん**【帯(鉄)筋】 hoop,tie hoop,lateral tie 环箍,环铁,箍筋
**おびこう**【帯鋼】 band steel,strap steel 带钢,条钢,扁钢
**おびざん**【帯桟】 lock rail,middle rail 门锁横档,门的中档,腰冒头
**おびざんど**【帯桟戸】 railed door 有中档的门
**おびじょうかいはつ**【帯状開発】 ribbon development 城市沿路带形发展,城市沿路边缘发展
**おびじょうぎ**【帯定規】 band tape 卷尺
**おびじょうくりかた**【帯状繰形】 string course (外墙的)带状线脚,腰线
**おびじょうこうえん**【帯状公園】 linear park 带形公园(专供散步、游乐以及联结建筑物的特殊公园)
**おびじょうとし**【帯状都市】 linear city,belt city 带形城市,直线城,线状连续发展城市
**オピストドモス** opisthodomos[希] (古希腊、古罗马)神庙内室,神庙后部小室
**オー・ピー・ティー・イー・シー・エッチ** OPTECH,optimization techniques system 最优化技术体系
**おびてつ**【帯鉄】 hoop iron 箍铁,带铁
**おびてっきんばしら**【帯鉄筋柱】 hooped column 箍筋柱
**おびど**【帯戸】 railed door 有中档的门
**おびのこ**【帯鋸】 band saw 带锯
**おびのこばん**【帯鋸盤】 band sawing machine 带锯机
**おびのこみ**【帯鋸身】 band saw blade 带锯条
**おびのこめたてばん**【帯鋸目立盤】 band saw sharpener 带锯磨齿机
**おびマトリックス**【帯～】 band matrix 带矩阵
**オファー** offer 提供,出价,出售
**オフィス** office 办事处,事务所,营业所,办公室
**オフィス・デスク** office desk 办公桌
**オフィス・ビル** office building 办公楼
**オフィス・ビルディング** office building 办公楼
**オフィス・ランドスケープ** office landscape 景观式的办公室布置
**オフィス・レイアウト** office layout 办公室内部布置,办公室室内设计,事务所内部规划
**オフ・ガス** off-gas 剩余煤气,废气
**オフサイクルじょそう**【～除霜】 off-cycle defrosting (冷藏库)中止循环法除霜
**オブザーベーション** observation 观测,探测
**オブジェ** objet[法] 物体,对象,意图,目

的,体现艺术构思的实体
オブジェクト・プログラム object program 目的程序(翻译成机器语言的程序),结果程序
オフセット offset 底座阶宽,踏步式墙基,偏置,水平断错,偏心,支距,迂回管,墙上凸出部分
オフセットかん【～管】offset pipe 偏置管,乙字管
オフセット・ダイアル offset dial (带校正装置的)自动定时盘,时差标度盘
オフセンター offcenter 偏心,中心错位
オプチックス optics 光学
オプチマイゼーション optimization 优选法,最优化,最佳化
おぶつ【汚物】waste 污物,废物
おぶつしょうきゃくろ【汚物焼却炉】dirty incinerator 污物焚化炉,垃圾焚化炉
おぶつしょりしつ【汚物処理室】dirty utility 污物处理室
おぶつしょりじょう【汚物処理場】waste disposal plant 污物处理场
おぶつしょりそう【汚物処理槽】septic tank, waste disposal tank 化粪池,厕所污水处理池,污物处理池
おぶつながし【汚物流】slop sink 污物洗涤盆,污水池
おぶつはいしゅつき【汚物排出機】waste discharger 污垢物排出机
おぶつポンプ【汚物～】waste pump, sewage pump 污物泵,污水泵
オプト・エレクトロニクスそし【～素子】opto-electronics element 光电元件
オープニング opening 孔,口,缝,隙,开口,开度,断路
オフ・ピーク off-peak 非峰值的,正常的,额定的
オフ・ランプ off ramp 高速公路驶出匝道
オフ・ローダー off-loader 卸载机
オーブン oven 烘炉,烘箱
オープン・ウェブ open web 空腹(构件)
オープン・ウェブ・メンバー open web member 空腹构件
オープン・エンド・バケット open-end bucket 活底斗,活底吊桶
オープン・カット open cut 明堑,明挖,大开挖
オープン・キッチン open kitchen (饭厅中由客席可看见的)开放式厨房
オープン・グレード・アスファルト open-graded asphalt 开级配沥青混凝土
オープン・ケーソン open caisson 开口沉箱,沉井
オープン・ケーソンこうほう【～工法】open caisson method 开口沉箱施工法
オープン・サブルーチン open subroutine 开型子程序,直接插入子程序
オープン・システム open system 预制装配式
オープン・ジョイント open joint 露缝接头,开口接合
オープン・スチール・フロアリング open steel flooring 漏空钢肋楼面,漏空网格式钢板地面
オープン・ステージ open stage 露天舞台
オープン・スパンドレル・アーチ open-spandrel arch 空腹拱,敞肩拱
オープン・スペース open space 空地,空间隙,开宽地段,绿地
オープン・タイム open time 晾置时间(指涂胶后粘结前的一段时间)
オープン・バット open butt (钢筋等)明对接,开口对接
オープン・バルコニー open balcony 露天阳台,无顶盖阳台
オープンぶひん【～部品】open parts 预制装配式构件
オープン・プラン open plan 开敞式平面布置,自由式平面布置
オープン・フロア open floor 露明搁栅楼板,露梁楼板
オープン・ライン open line 明线
オペラ・ハウス opera house 歌剧院
オペランド operand 运算数,操作数,运算域
オベリスク obelisk 方尖石碑
オペレーショナル・シークエンス・ダイア

グラム　operational sequence diagram (OSD)　操作程序图(表),运算程序表
オペレーション　operation　操作,动作,运行,运算,执行指令,控制,运转,运筹,工序,作业
オペレーション・カード　operation card　工艺卡
オペレーション・コード　operation code　操作码,运算码
オペレーションズ・リサーチ　operations research　运筹学
オペレーター　operator　算子,算符,操作工,司机
オペレーティング・システム　operating system (OS)　操作系统
オペレーティング・シリンダー　operating cylinder　操作油缸,操作汽缸
オペレーティングてもち【～手持】　operating handle　操作手柄,(高窗等的)把手
オペレーティング・バルブ　operating valve　操作阀,调节阀
オペレーティング・マニュアル　operating manual　操作说明书,操作手册
オペレーティング・レバー　operating lever　操作杆,闩柄
おぼえがき【覚書】　record, note, memorandum　记录,备忘录
おぼれだに【溺谷】　drowned valley, submerged valley　暗天沟,浸没式天沟
オボロ　ovolo　馒形线脚,1/4圆凸线脚
オーム　ohm　欧姆(电阻单位)
オムニバス　omnibus　公共汽车,公共马车
オームメーター　ohmmeter　欧姆表
オメガほう【ω法】　omega(ω) method　ω法(利用压曲系数ω计算受压构件截面的方法)
おもいコンクリート【重い～】　heavy concrete　重混凝土
おもげぎょ【本懸魚】　山墙封檐板顶端接缝下面的悬鱼
おもだな【表店】　门市房屋,面临前街的出租房屋
おもだるき【母垂木・母榱】　檐椽
おもて【表】　表面,前面,前门,正门,前客厅
おもていた【表板】　face board　贴面板
おもてかいだん【表階段】　main stairs　主楼梯
おもてげんかん【表玄関】　main entrance　住宅正面的大门,入口大厅,正门厅
おもてじ【表地】　frontal land　正面临街用地
おもてづみ【表積】　facing brick[英], face brick[美]　砌外皮,外皮用砖,饰面砖
おもてまげしけん【表曲試験】　face bend test　表面弯曲试验
おもてまげしけんへん【表曲試験片】　face-bend specimen　表面弯曲试件
おもてめ【表目】　钢曲尺的正面刻度
おものき【母軒】　檐椽
おもみ【重み】　weight　重量,分量
おもみかんすう【重み関数】　weighting function　加权函数
おもみつきざんさほう【重み付き残差法】　method of weighted residuals　加权残数法
おもみつきへいきん【重み付き平均】　weighted mean　加权平均
おもや【主屋・母屋】　main house　主房,主要房屋
おもり【重】　weight　砝码,平衡锤
おもり【錘・重錘】　weight, sash weight　吊窗锤
おもりつきてんかんき【錘付転換器】　weighted switch-stand　衡重式转辙器
おもりとりだしぐち【錘取出口】　pocket　吊窗锤箱(修理)口
おもりみち【錘道】　space for balance　吊窗锤箱
おもりみちいた【錘道板】　parting slip, pendulum　(上下开吊窗的)吊锤箱中间隔板
おやかぎ【親鍵】　master key　万能钥匙,总钥匙,总键
おやかた【親方】　boss, master　工长,工头
おやかぶ【親株】　mother stock　母株,母本植株

おやぐい 【親杭】 soldier beam 挡土板立桩(指支撑土压的竖桩)

おやぐいうちよこやいたこうほう 【親杭打横矢板工法】 立桩加横挡板施工法

おやこうじょう 【親工場】 general factory 总厂

おやこがき 【親子垣】 竹条宽度大小不等的编竹篱

おやこしきでんきとけい 【親子式電気時計】 master and secondary clock system 母子电钟

おやスイッチ 【親～】 main switch 总开关,主开关

おやダイナマイト 【親～】 detonated dynamite 起爆炸药筒

おやちばん 【親地番】 main number of lot 地段标号的首字代号

おやどけい 【親時計】 master clock,primary clock,mother clock 主钟,母钟

おやばしら 【親柱】 newel,newel post,rail post,baluster (楼梯转弯处及起步处的)栏杆柱,望柱,(盘旋扶梯的)中心柱

オーライをとる 【～をとる】 guy (平衡起吊重物用)拉线,张索,支索,牵索

オランダ・アーチ Dutch arch 荷兰式拱

オランダしきかんにゅうしけん 【～[Olanda葡]式貫入試験】 Dutch cone penetration test 荷式锥贯入度试验

オランダづみ 【～[Olanda葡]積】 Dutch bond 荷兰式砌法(一顺一顶,但在转角处顺砖层的第一块采用七分头)

オランダとびら 【～[Olanda葡]扉】 stable door[英],Dutch door[美] 荷兰式门,两截门(上下可以分开开关的门),带小扇的门

オランダれんたんとしのそうごうけいかく 【～[Olanda葡]連担都市の総合計画】 荷兰联合城市综合规划(以阿姆斯特丹、海牙、鹿特丹为中心的荷兰西部环状城市群规划)

おり 【澱】 precipitate,settlement 沉淀(物)

おりあげ 【折上】 cove 凹圆线,凹圆形

おりあげごうてんじょう 【折上格天井】 coved checker ceiling 四周凹圆的格子顶棚

おりあげこぐみごうてんじょう 【折上小組格天井】 coved lattice ceiling 四周凹圆的细格顶棚

おりあげしりん 【折上支輪】 bent wood for coved ceiling 四周凹圆顶棚周围的弯曲承木

おりあげてんじょう 【折上天井】 coved ceiling 四周凹圆顶棚,四周下卷顶棚

おりいた 【折板】 folded plate 折板

おりいれ 【折入】 (直角处的)凹形线脚,凹棱线脚,折棱线脚,海棠角

オーリエル・ウィンドー oriel window 凸肚窗(凸出墙处的窗)

オリエンタル・メタル oriental metal 沥青罩面防水钢板(商)

オリエンテーション orientation 定向,取向,定位,朝向,走向,校正方向

おりかえしえき 【折返駅】 station for head-end operation 折返站,调头车站

おりかえしふくバーニヤー 【折返複～】 double-folded vernier 复式折叠游标,双折游标尺

おりからど 【折唐戸】 folding panel door 折叠式镶板门

おりこみ 【織込】 weaving (车辆)交织

おりこみくかん 【織込区間】 weaving section (车辆)交织路段

おりこみくかんちょう 【織込区間長】 weaving distance (车辆)交织路段长度

おりこみちょう 【織込長】 weaving length (车辆)交织长度

おりじゃく 【折尺】 folding scale,folding (pocket) rule 折尺

おりたたみしきり 【折畳仕切】 folding partition 折叠隔断,折叠屏风

おりたたみど 【折畳戸】 folding doors 折叠门

おりど 【折戸】 折门(用铰链连结的折叠门扇的总称)

オリバー・フィルター Oliver filter 奥利弗尔式过滤器,转动式圆形真空过滤器

オリーブ olive 橄榄树,橄榄色,暗黄绿色

オリフィス orifice 小孔,管孔,喷嘴,喷口,测流孔,节流孔

オリフィスけいすう 【～係数】 orifice coefficient 孔口系数

オリフィスしきていりょうちゅうにゅうそうち 【～式定量注入装置】 orifice proportioning feeder 孔板式定量投药装置

オリフィスりゅうりょうけい 【～流量計】 orifice flow meter 管孔流量计，孔板流量计

オリーブ・ナックルちょうばん 【～丁番】 olive knuckle butts 松节铰链，松轴合页，橄榄形关节铰链

オリーブゆ 【～油】 olive oil 橄榄油

おりべいた 【織部板】 （壁龛上部紧靠顶棚的）挂画板

おりべどこ 【織部床】 （日本住宅）紧靠顶棚有挂画板的壁龛

おりまげてっきん 【折曲鉄筋】 bent-up bar，bent bar 挠曲钢筋，弯起钢筋

おりまわし 【折回】 随形弯曲，沿着弯曲形状的尺寸

おりもの 【織物】 cloth，textile fabrics 织物，纺织品

おりものカーペット 【織物～】 textile carpet 织物地毯，花纹地毯

オリュンピエイオン Olympieion （古希腊雅典）奥林比亚（宙斯）神庙

オー・リング 【O～】 O-ring O型环，O型密封圈

オリンピックしせつ 【～施設】 Olympic institution 奥林匹克运动会设施（指比赛设施及管理设施等）

おる 【折る】 折枝

オルヴィエトだいせいどう 【～大聖堂】 Duomo，Orvieto［意］ （13～16世纪意大利）奥维厄多主教堂

オルガニック・ガラス organic glass 有机玻璃

オルガノゲル organogel 有机凝胶（含有稀释剂的塑性凝胶）

オルガン organ 机构，元件，部分

オルケストゥラ orchestra［希］ 古希腊剧场舞台前供合唱队用的半圆形场地

オールザット・ガスぶんせきそうち 【～分析装置】 Orsat gas analysis apparatus 奥萨特（式）气体分析装置

オール・セット all set 全用布景

オルゼンしきしけんき 【～式試験機】 Olsen (universal material) testing machine 奥尔森杠杆式拉力试验机，杠杆式万能材料试验机

オルタネイティヴ・プラン alternative plan 比较规划方案，备择规划方案

オール・パーパス・ルーム all-purpose room 多功能房间，多用室

おれ 【折】 bending，breaking，fracture 弯曲，折断，断裂

オーレオール aureola，aureole （神像头部或周围的）光环

オレオレジン oleoresin 含油松脂

おれくぎ 【折釘】 hooked nail 曲钉，钩头钉

おれこみきず 【折込傷】 crease 摺痕，折印，皱纹

オレゴン・パイン Oregon pine 美国黄松，花旗松

おればり 【折梁】 curved beam 弯梁，曲梁

おれまげてっきん 【折曲鉄筋】 bent up bar，bent bar 弯起钢筋

オレンジ・ピール・バケット orange-peel bucket 多瓣式抓（戽）斗，多爪式抓斗

おろしうりいちば 【卸売市場】 wholesale market 批发市场

おろしうりぎょう 【卸売業】 wholesale 批发业

おろしうりけん 【卸売圏】 批发商业范围，批发商业圈

おろしうりしょう 【卸売商】 wholesaler 批发商

おろしうりしょうぎょうちく 【卸売商業地区】 wholesale district 批发商业区

おろしうりセンター 【卸売～】 merchandise mart 批发中心

おろしそうごうセンター【卸総合～】 merchandise mart 批发中心

おろしだんち 【卸団地】 wholesaler's estate 批发商业密集地段

おろしねだん 【卸値段】 wholesale price 批发价格

おわり 【終】 end (算法语言中)终止,结束
オン on 接通,导电,开动
おんあつ 【音圧】 sound pressure 声压
おんあつかんど 【音圧感度】 sound pressure sensitivity 声压灵敏度
おんあつけい 【音圧計】 sound(pressure) level meter 声压计
おんあつスペクトル・レベル (sound) pressure spectrum level 声压谱级
おんあつのじっこうち 【音圧の実効值】 root mean square of sound pressure 声压有效值,声压均方根值
おんあつはんしゃりつ 【音圧反射率】 coefficient of sound pressure reflection 声压反射系数
おんあつバンド・レベル 【音圧~】 sound pressure band level 频带声压级
おんあつレスポンス 【音圧~】 sound pressure response 声压响应
おんあつレベル 【音圧~】 sound pressure level(SPL) 声压级
おんあつレベルけい 【音圧~計】 sound level meter 声级计
おんあつレベルさ 【音圧~差】 sound pressure level difference 声压级差
おんい 【音位】 sound level 声级
おんいくき 【温育器】 incubator (早产婴儿)保育箱
おんいけい 【音位計】 sound level meter 声级计
オン・オフ・コントロール on-off control 开关控制,离合控制,"通-断"控制
オン・オフせいぎょ 【~制御】 on-off control 开-关控制
オン・オフどうさ 【~動作】 on-off action 开-关作用
おんがくどう 【音楽堂】 concert hall 音乐厅,音乐堂
おんかんほう 【音管法】 tube method 管测法,驻波管法
おんきだんぼう 【温気暖房】 hot air heating 热风采暖
おんきだんぼうき 【温気暖房器】 hot air radiator 热风散热器
おんきだんぼうそうち 【温気暖房装置】 warm air heating 热风采暖装置
おんきょう 【音響】 sound 声,音,声音,声响,音响
おんきょうアドミタンス 【音響~】 acoustic admittance 声导纳
おんきょうインピーダンス 【音響~】 acoustic(al) impedance 声阻抗
おんきょうエネルギーみつど 【音響~密度】 sound energy density 声能密度
おんきょうオシログラフ 【音響~】 acoustic(al) oscillograph 声学示波器
おんきょうがく 【音響学】 acoustics 声学,声响学,音响学
おんきょうかんきょう 【音響環境】 acoustical environment 声响环境
おんきょうキャパシタンス 【音響~】 acoustical capacitance 声容
おんきょうきょうめい 【音響共鳴】 acoustical resonance 声共振,声共鸣
おんきょうしきりゅうそくけい 【音響式流速計】 acoustic current-meter 声响式流速计
おんきょうしゃりょうかんちき 【音響車輌感知機】 sound-sensitive vehicle detector (由经过车辆所产生的声波引动的)声感检车器
おんきょうしゅうはすう 【音響周波数】 frequency of sound 音频,声音的频率
おんきょうしゅつりょく 【音響出力】 sound output 音频输出功率,声效率
おんきょうしょうてん 【音響焦点】 sound focus 声焦点
おんきょうしんごう 【音響信号】 acoustic signal 声响信号
おんきょうしんどうすう 【音響振動数】 frequency of sound 音频
おんきょうスペクトル 【音響~】 sound spectrum 声谱
おんきょうそくど 【音響速度】 speed of sound 声速,音速
おんきょうちょうせいしつ 【音響調整室】 sound regulation room 调声室,声音调整室,调音室
おんきょうていこう 【音響抵抗】 acous-

tic(al) resistance 声阻
おんきょうでんどうりつ【音響伝導率】conductivity of sound, acoustic conductivity 声导率,传声性
おんきょうは【音響波】sound wave 声波
おんきょうパワー・レベル【音響～】sound power level, acoustic power level 声功率级
おんきょうはんしゃばん【音響反射板】sound reflecting board 声反射板,反射声板
おんきょうブリッジ【音響～】acoustic bridge 声桥
おんきょうぶんせき【音響分析】sound analysis 声学分析,声谱分析,声波频率分析
おんきょうぶんせきき【音響分析器】sound analyzer 声谱分析器,声波频率分析器
おんきょうようりょう【音響容量】acoustic(al) capacitance 声容
おんきょうリアクタンス【音響～】acoustic(al) reactance 声抗(声阻抗中虚数部分)
おんきょうろはき【音響濾波器】acoustic(al) filter 音滤波器,滤声器
おんきろ【温気炉】warm air furnace 热风炉
おんきろだんぼう【温気炉暖房】warm air furnace heating 热风炉采暖
オングストレームほしょうにっしゃけい【～補償日射計】Angstrom's (compensation) pyrheliometer 昂斯特列姆补偿式日射仪
オングストローム Angstrom 埃(A,光线或辐射线波长单位,等于$10^{-10}$米)
おんげん【音源】sound source 声源
おんげんしつ【音源室】sound source chamber, sound generating room 声源室,发声室
おんさ【音叉】tuning fork 音叉
おんじしゅう【温時臭】hot odour quality 加热时臭气
おんしつ【音質】tone quality 音质,音品,音色
おんしつ【温室】green house 温室,花房,暖房
おんしつこうか【温室効果】greenhouse effect 温室效应
おんしつしすう【温湿指数】temperature humidity index 温湿指数
おんしつしょくぶつ【温室植物】greenhouse plant 温室植物
おんしつどせいぎょ【温湿度制御】temperature and humidity control 温湿度控制
おんしゅうぜん【温修繕】hot repair 热检修,热修补
おんしょう【温床】frame, hot bed 温床,栽培植物用床架
おんじょう＝おんば
おんしょく【音色】tone 音色,音品
オンス ounce 盎司(28.35克)
おんすい【温水】hot water 热水
おんすいき【温水器】water warmer 热水器
おんすいコイル【温水～】hot water coil 热水盘管
おんすいコンベクターだんぼう【温水～暖房】hot water convector-heating 热水对流散热器采暖
おんすいじゅんかんポンプ【温水循環～】hot water circulating pump 热水循环泵
おんすいタンク【温水～】hot water (storage) tank 热水箱,热水储柜
おんすいだんぼう【温水暖房】hot water heating 热水采暖
おんすいだんぼうそうち【温水暖房装置】hot water heating installation 热水采暖装置
おんすいふくしゃだんぼうほうしき【温水輻射暖房方式】hot water radiant heating system 热水辐射采暖系统,热水辐射采暖方式
おんすいボイラー【温水～】hot water boiler 热水锅炉
おんすいほうねつき【温水放熱器】hot water radiator 热水散热器

おんすいポンプ 【温水～】 hot water pump 热水泵
おんすいようレターン・コック 【温水用～】 hot water return cook 热水回水截门
おんせい 【音声】 voice 声音,声响,音响
おんせいしゅうはすう 【音声周波数】 voice frequency 语音频率,通话频率
おんせいしんごう 【音声信号】 aural signal 音响信号
おんせいぞうふくき 【音声増幅器】 voice amplifier 语音放大器
おんせつめいりょうど 【音節明瞭度】 (percentage) syllable articulation 音节清晰度
おんせん 【音線】 sound ray 声线
おんせん 【温泉】 hot springs 温泉
おんせんよど 【温泉余土】 solfataric clay 硫质粘土
おんそく 【音速】 sonic speed 音速,声速
おんそくほう 【音速法】 wave velocity method 声速法(非破损测定混凝土内部缺陷)
おんたいていきあつ 【温帯低気圧】 extratropical cyclone 温带气旋
おんちょうべん 【温調弁】 temperature control valve 调温阀,温度调节阀
おんちょうようすい 【温調用水】 water for temperature regulation, water for air conditioning 空调用水
おんど 【温度】 temperature 温度
おんどいんし 【温度因子】 temperature factor 温度因数
おんどエントロピせんず 【温度～線図】 temperature-entropy chart 温熵图
おんどおうりょく 【温度応力】 temperature stress 温度应力,热应力
おんどかくさ 【温度格差】 temperature range 温度极差(温度变化的最大值和最小值之差)
おんどかくさんりつ 【温度拡散率】 thermal diffusivity 温度扩散率,热扩散率
おんどかじゅう 【温度荷重】 temperature load (堤坝的)温度荷载
おんどきせい 【温度規正】 temperature control 温度控制
おんどきょうかいそう 【温度境界層】 thermal boundary layer 温度边界层
おんどけい 【温度計】 thermometer 温度计
おんどけいしゃ 【温度傾斜】 temperature gradient 温度梯度
おんどけいすう 【温度係数】 temperature factor 温度系数
おんどこうか 【温度降下】 temperature drop 温度降落,降温
おんどこうばい 【温度勾配】 temperature gradient 温度梯度
おんどさ 【温度差】 temperature difference 温(度)差
おんどざつおん 【温度雑音】 temperature noise, thermal noise 温度噪声,热噪声
おんどしきえきめんせいぎょ 【温度式液面制御】 thermostatic liquid level control 恒温式液面控制
おんどしきせいぎょ 【温度式制御】 thermostatic control 恒温控制
おんどしきちょうせいべん 【温度式調整弁】 thermostatic(regulating) valve 恒温调节阀
おんどしきはいあつべん 【温度式背圧弁】 thermostatic bake pressure valve 恒温式背压阀
おんどしきぼうちょうべん 【温度式膨張弁】 temperature expansion valve, thermostatic expansion valve 温度膨胀阀
おんどしじき 【温度指示器】 thermometer 温度计
おんどじょうしょう 【温度上昇】 temperature rise 温度上升
おんどじょうしょうきょくせん 【温度上昇曲線】 temperature rise curve 温升曲线,升温曲线
おんどじょうしょうけいすう 【温度上昇係数】 temperature rise coefficient 温升系数
おんどじょうしょうげんど 【温度上昇限

度】 limit of temperature rise 温升极限,温升范围

おんどせいぎょ 【温度制御】 temperature control 温度控制

おんどちょうせい 【温度調整】 temperature control 温度调节,温度控制

おんどちょうせいき 【温度調整器】 temperature regulator 温度调节器

おんどちょうせいべん 【温度調整弁】 temperature control valve 温度调节阀

おんどちょうせつけい 【温度調節係】 temperature control system 温度调节系统,温度控制系统

おんどちょうせつつぎめ 【温度調節継目】 joint for temperature adjustment 温度调节接头

おんどちょうせつようすい 【温度調節用水】 water for temperature regulation, water for air conditioning 空调用水

おんどていげんき 【温度低減器】 temperature reductioner 降温器

おんどでんどうりつ 【温度伝導率】 thermometric conductivity 导温系数,温度传导率

おんどでんぱりつ 【温度伝播率】 thermal diffusivity 热扩散率

おんどながれ 【温度流】 heat flow 热流

おんどはんい 【温度範囲】 temperature range 温度范围,温度幅度

おんどひずみ 【温度歪】 temperature strain 温度应变,温度变形

おんどひびわれ 【温度罅割】 temperature cracking 温度开裂,温度裂缝

おんどふくしゃ 【温度輻射】 thermal radiation, heat radiation 热辐射

おんどほうしゃ 【温度放射】 heat radiation, thermal radiation 热辐射

おんどほせい 【温度補正】 correction for temperature 温度校正,温度修正

オントル＝オンドル

オンドル ondoor (ontol) 朝鲜式火炕

おんねつかんきょう 【温熱環境】 thermal environment 热环境

おんねつしきじんあいけい 【温熱式塵埃計】 thermal dust precipitator 热式尘埃计(测量空气中的浮游尘埃数仪器)

おんねつしひょう 【温熱指標】 thermal index (人体感觉的)冷热指标

おんねつじゃく 【温熱尺】 thermal scale 感热标准

おんねつようそ 【温熱要素】 thermal factor (室内环境的)冷热因素

おんば 【音場】 sound field 声场

おんぱ 【音波】 sound wave 声波

おんばこうせい 【音場校正】 adjustment of sound field, field calibration 声场调整,声场校准

おんぱしけん 【音波試験】 sonic test 声波试验

おんぱしゅうじんそうち 【音波集塵装置】 sonic precipitator 声波除尘器

おんぱのげんすい 【音波の減衰】 attenuation of sound 声波衰减

おんぷうしきゆかだんぼう 【温風式床暖房】 warm air floor heating 热风式地面采暖

おんぷうだんぼう 【温風暖房】 warm-air heating, hot-air heating 热风采暖

おんぷうふくしゃだんぼうほうしき 【温風輻射暖房方式】 hot wind radiant heating system 热风辐射采暖系统

おんぷうふんしゃ 【温風噴射】 warm air jet 暖风喷射

おんぷうようじょう 【温風養生】 hot-air curing 热风养护,热气养护

おんぷうろ 【温風炉】 hot air furnace 热风炉

おんよくしつ 【温浴室】 tepidarium 温水浴室

オン・ライン・システム on-line system 联机系统,线内式系统

おんりょう 【音量】 sound volume 音量

おんりょうちょうせつき 【音量調節器】 volume controller 音量调节器

おんれいすいしんせきしけん 【温冷水浸漬試験】 hot and cold water immersion test 冷热水浸渍试验

オン・ロード on load 加荷,加载

# か

**か** 【架】 rack,frame 架子,台架,框架

**カー** car 车,汽车,卡车,货车

**かあつコンクリートやいた** 【加圧～矢板】 pressed concrete sheet pile 压制混凝土板桩

**かあつしきしょうかき** 【加圧式消火器】 expellant gas type extinguisher 加压式灭火器

**かあつしきふじょうぶんりそうち** 【加圧式浮上分離装置】 pressure floatation equipment, dissolved-air floatation equipment 压力气浮装置,压力浮选装置,溶气气浮装置

**かあつしょうか** 【加圧消化】 slaking under pressure 加压消化

**かあつしょりほう** 【加圧処理法】 pressurization process 加压(防腐)处理法

**かあつそうすいそうち** 【加圧送水装置】 pressurized siamese facilities 加压供水装置

**かあつふじょうほう** 【加圧浮上法】 pressure floatation, dissolved-air floatation 加压气浮法,加压浮选法,溶气气浮法

**かあつポンプきゅうすいほうしき** 【加圧～[pump]給水方式】 加压泵给水方式

**かあつみつ** 【過圧密】 over-consolidation 过度固结,超固结

**かあつみつひ** 【過圧密比】 over-consolidation ratio 过度固结比,超固结比

**かあつようガスようき** 【加圧用～容器】 expellant gas cylinder 加压用气体容器

**かあつろか** 【加圧濾過】 pressure filtration 加压过滤

**かい** 【階】 storey[英],floor[美] 层,楼层

**ガイ** guy 牵索,拉线,钢缆

**がいあつ** 【外圧】 external pressure 外压力,外压

**がいあつきょうど** 【外圧強度】 external pressure 外压力,外压强

**がいあつしけん** 【外圧試験】 external pressure test 外压试验

**がいあつりょく** 【外圧力】 external pressure 外压力,外压

**カイアナイト** cyanite,kyanite 蓝晶石

**かいいた** 【飼板】 spacer 隔板,垫片

**がいえん** 【外苑】 outer garden 外苑,前园,(日本宫殿神宫的)外部庭园

**がいえん** 【街園】 roadside garden 街旁小公园,街头绿地

**かいおれくぎ** 【掻折釘·貝折釘】 曲头钉,角钉,弯头钉

**かいおんへき** 【回音壁】 (北京天坛)回音壁

**がいかいだん** 【外階段】 perron 室外梯级,露天台阶

**かいかいろじどうせいぎょ** 【開回路自動制御】 open loop automatic control 开路自动控制

**ガイガー・カウンター** Geiger counter 盖革计数器

**かいがかん** 【絵画館】 picture gallery 绘画陈列馆,绘画馆,画廊

**かいかき** 【開花期】 flowering time, flowering season 开花期,开花季节

**がいかく** 【外角】 external angle 外角

**がいかく** 【街郭】 block 街坊,街区,街段

**がいかくちいき** 【外郭地域】 fringe area (市中心)外围地区

**かいかしき** 【開架式】 open shelf system, open stack system (书库的)开架式

**かいかしきしょこ** 【開架式書庫】 open stack 开架式书库

**かいがしきていえん** 【絵画式庭園】 绘画式庭园

**かいがしらげぎょ** 【貝頭懸魚】 贝头形悬鱼,蚌头形悬鱼

**かいがたばしら** 【貝形柱】 贝形柱(日本大门的柱,其上部向内倾斜,似蚌形)

がいかつ 【外割】 external secant 外矢距

ガイガー・ミュラーけいすうかん 【～計数管】 Geiger-Müller(G-M)counter 盖革-米勒计数器

かいかれん 【開花蓮】 (望柱头的)垂莲饰,倒莲饰

かいかん 【会館】 会馆,俱乐部

がいかん 【外観】 external form,outside view 外观,外形

がいかん 【碍管】 porcelain tube (绝缘)瓷管

かいかんおんど 【快感温度】 comfort temperature,comfortable temperature 舒适温度

かいかんくうきちょうわ 【快感空気調和】 comfort air conditioning 舒适空气调节

がいかんけんさ 【外観検査】 visual inspection 外观检查

かいかんしひょう 【快感指標】 comfort index 舒适指数

かいかんせん 【快感線】 comfort line 舒适线

かいかんたい 【快感帯】 comfort zone 舒适带

かいかんたいず 【快感帯図】 comfort zone chart 舒适带图

かいがんちいき 【海岸地域】 coastal area 海岸区

がいかんテスト 【外観～】 appearance test 外部检查,外观检查

かいかんてん 【快感点】 comfort point 舒适点

かいぎ 【飼木】 wooden packing,wooden spacer 木隔板,木垫片,填板

がいき 【外気】 outdoor air 室外空气

がいきおん 【外気温】 outdoor air temperature 室外空气温度,室外气温

がいきおんど 【外気温度】 outdoor air temperature 室外空气温度,室外气温

がいききょうしつ 【外気教室】 open classroom 开敞式教室

かいぎくみたてばしら 【飼木組立柱】 spaced column 格构柱,空腹柱

かいきけいすう 【回帰係数】 regression coefficient 回归系数

かいぎしつ 【会議室】 assembly room, conference room 会议室

かいぎじょう 【会議場】 conference hall,assembly hall 会议厅

がいきせっけいじょうけん 【外気設計条件】 design outdoor condition 设计用室外气候条件

かいぎたくし 【会議卓子】 conference tabie 会议桌

かいきちょくせん 【回帰直線】 regression line 回归直线

かいきてん 【回帰点】 point of inflexion 回归点,折回点

がいきとりいれぐち 【外気取入口】 outdoor air inlet,fresh air inlet 室外空气入口,新鲜空气入口

がいきふか 【外気負荷】 outdoor air load 室外空气负荷,新鲜空气负荷

かいきぶんせき 【回帰分析】 regression analysis 回归分析

がいきほしょうせいぎょ 【外気補償制御】 compensational control 室外空气补偿控制

がいきゅう 【外球】 globe 球形灯罩

かいきょ 【開渠】 open channel 明沟,明渠

がいきょ 【街渠】 gutter 街沟,道路边沟

がいぎょう 【外業】 field-work 野外作业,野外测量

かいきょうけんちく 【回教建築】 Islamic architecture 伊斯兰建筑

かいきょうじいん 【回教寺院】 mosque, masjid 清真寺

がいきょます 【街渠ます】 gutter-inlet,catch basin 收水井,雨水口

かいきょりゅうりょうけい 【開渠流量計】 open-channel flow meter 明渠流量计

がいく 【街区】 block 街坊,街区,街段

がいくけいかく 【街区計画】 block planning 街坊规划,街区规划

かいくさび 【飼楔】 splint,cotter, wedge,key 衬垫木楔,固定木楔,固定销,键

がいくしゅうだん 【街区集団】 super-block 大街区,大街坊
がいくせいび 【街区整備】 街区整理
がいけい 【外径】 outer diameter 外径
がいけいひ 【外径比】 outside clearance ratio 外径比[(环刀外径-取土器外径)取土器外径]
かいこう 【開口】 opening,aperture 开口,孔洞,壁孔,门窗口
かいこう 【解膠】 peptization 胶溶作用,解胶
がいこう 【外港】 outer harbour 外港
かいこうざい 【解膠剤】 peptizator,peptizing agent 胶溶剂
かいこうひ 【開口比】 aspect ratio 形态比,纵横比,高宽比
かいこうぶ 【開口部】 opening (建筑物的)开口部分,门窗口,壁孔,孔洞
かいこうふくてん 【下位降伏点】 lower yield point 下屈服点,屈服下限
かいこうぶこうせいざい 【開口部構成材】 opening component 孔洞配件
かいこうぶていこう 【開口部抵抗】 resistance of opening 孔口阻力
かいこうぶひ 【開口部比】 opening ratio of building (建筑物的)开口比例(即建筑物某部分的开口面积与其总面积之比)
かいこうめんせき 【開口面積】 aperture area,opening area 开口面积,孔洞面积
かいこおり 【塊氷】 block ice 块冰
かいコークス 【塊～】 lump coke 块焦
かいこみ 【掻込】 (窗台、压顶等的)披水抹灰成型
かいさ 【階差】 difference 差分
ガイザー geyser 喷泉,间歇[喷]泉,热水器,浴水快热器
がいサイクロイド 【外～】 epicycloid 圆外旋轮线,外摆线
かいさき 【開先】 groove 焊缝坡口
かいさきかくど 【開先角度】 groove angle 焊缝坡口角度,焊缝坡口开角
かいさきかこう 【開先加工】 edge preparation 板边加工,焊缝坡口加工
かいさきふかさ 【開先深さ】 groove depth 坡口深度,槽深,沟深
かいさくこうほう 【開削工法】 cut and cover method (隧道)随挖随填施工法,明挖法
かいさつ 【開札】 opening of tender[英],bid opening[美] (投标)开标
かいさつぐち 【改札口】 platform-wicket 剪票口
かいさひょう 【階差表】 difference table 差分表
かいさほうていしき 【階差方程式】 difference equation 差分方程
がいさんけいやく 【概算契約】 rough estimate contract 概算合同
がいさんすうりょう 【概算数量】 quantity by rough estimate 概算数量
がいさんばらい 【概算払】 payment by rough estimate 概算支付
がいさんみつもりしょ 【概算見積書】 approximate estimation sheet 概算估价单,粗略估价单
かいじ 【界磁】 magnetic field,excitation 磁场,励磁
がいし 【碍子】 porcelain insulator 绝缘子,电瓷瓶
がいしかなぐ 【碍子金具】 insulator anchor 绝缘子安装件,绝缘子锚定件
かいじしき 【回字式】 回字式平面布置形式(业务工作在大厅中部,外围为群众活动部分,或群众活动部分在中部,外围系业务工作部分)
かいしつアスファルト 【改質～】 improved asphalt 改性沥青
がいしびきこうじ 【碍子引工事】 insulator wiring work 绝缘子布线工程
かいしゃくづな 【介錯綱】 guy rope 牵索,拉线,张索
かいしゃひろば 【回車広場】 turn space,turn place 调头车场,车辆调头处
かいしゅう 【回収】 reclamation,recovery 回收,再生
がいしゅうへき 【外周壁】 external wall 周围墙体,外围墙体
かいしゅうりつ 【回収率】 recovery rate 回收率
かいしょ 【会所】 basin (房屋或其他建

筑场地内的)污水汇集坑(井)
かいしょう 【開床】 open floor 露明搁栅楼板,(钢桥)明桥面,无道碴桥面
がいじょう 【外城】 外城
かいじょうおせんげん 【海上汚染源】 maritime source of pollution 海上污染源
かいじょうこうえん 【海上公園】 marine park 海上公园
かいじょうちゅうとう 【貝状柱頭】 scalloped capital 贝壳状柱头
かいじょうとし 【海上都市】 水上城市
かいしょく 【潰食】 erosion 侵蚀,冲蚀,冲刷
かいしょく 【壊食】 corrosion 腐蚀,侵蚀
かいしょくたい 【灰色体】 gray body, grey body 灰体
かいしょくふくしゃ 【灰色輻射】 gray body radiation 灰体辐射
かいじょほう 【解除法】 relaxation method 松弛法,放松法
がいしれん 【碍子連】 series of insulators 绝缘子串
かいすい 【海水】 sea-water 海水
かいすいじょうはつき 【海水蒸発器】 sea-water evaporator 海水蒸发器
かいすいてんかんぞうすい 【海水転換造水】 sea-water conversion 海水淡化,海水脱盐
かいすいてんかんほうしき 【海水転換方式】 sea-water conversion process 海水淡化方式,海水脱盐方式
かいすいのうしゅくそうち 【海水濃縮装置】 sea-water concentrator 海水浓缩器
かいすいろ 【開水路】 open channel 明沟,明渠
かいすいろしき 【開水路式】 open channel system 明沟式,明渠式
かいすう 【階数】 number of stories 楼层数
かいすうきょくせん 【回数曲線】 frequency curve 频率曲线
がいすん 【外寸】 external dimension 外部尺寸,外形尺寸,外径尺寸
かいせい 【回青】 regreening 返绿,返青
かいせい 【快晴】 clear weather 晴朗
かいせいくう 【快晴空】 clear sky 碧空,晴朗天空(总云量少于1/8)
かいせいこうか 【回生効果】 regeneration effect 再生效果
かいせいしょくぶつ 【海棲植物】 marine plant 海生植物
かいせいせいぶつ 【海棲生物】 marine organism 海栖生物
かいせいにっすう 【快晴日数】 number of clear days 晴朗天数
かいせき 【解析】 analysis 解析,分析
かいせきしゃしんそくりょう 【解析写真測量】 analytical photogrammetry 分析摄影测量
かいせつ 【回折】 diffraction 绕射,衍射
かいせつおん 【回折音】 diffracted sound 绕射声,衍射声
かいせつかく 【回折角】 angle of diffraction 绕射角,衍射角
かいせつこう 【回折光】 diffracted light 绕射光,衍射光
かいせつこうか 【回折効果】 diffraction effect 衍射效应
かいせつさんらん 【回折散乱】 diffracted scattering 衍射散射
かいせつは 【回折波】 diffracted wave 衍射波,绕射波
かいせつビーム 【回折～】 diffracted beam 绕射射线,衍射线束
かいせんき 【開栓器】 valve key 阀门开关,闸门杆,阀门扳手
かいせんきじゅうき 【回旋起重機】 rotating crane 回转式起重机
かいせんず 【回線図】 circuit diagram 电路图,线路图
がいせんちょう 【外線長】 external secant 外矢距
がいせんもん 【凱旋門】 triumphal arch 凯旋门
かいそう 【改装】 remodeling 改装,改样
かいぞう 【改造】 remodeling, renovation 改建,改造,重新塑造
がいそう 【外装】 facing 饰面,饰面层,

外装修
かいぞうけいかく 【改造計画】 reconstruction plan(ning) 重建规划,改建规划,翻修设计方案
がいそうケーブル 【外装~】 armoured cable 铠装电缆
がいそうこうじ 【外装工事】 exterior finish 外部装修工程
かいそうのり 【海藻糊】 seaweed paste 海藻糊,海藻胶
がいそうようごうはん 【外装用合板】 exterior type plywood 外装修用胶合板
かいぞうりょく 【解像力】 resolving power 分解能力,分辨能力,鉴别本领
かいそん 【塊村】 成块聚居村
がいそん 【街村】 (沿街交通发达的)列状村落
かいたい 【塊体】 mass 块(状物)
かいたい 【解体】 demolition ,dismounting 卸开,拆卸,拆除,崩解,分解,分裂
かいたいけんさ 【解体検査】 dismantling inspection 拆卸检查
かいたいこうじ 【解体工事】 demolition 拆毁工程,推倒工程,拆除工程
かいだか 【階高】 height of story,floor height 层高
かいたく 【開拓】 reclamation 垦拓,开垦,填筑
かいたくパイロットじぎょう 【開拓~[pilot]事業】 开拓先导事业
かいたん 【塊炭】 lump coal 块煤
かいだん 【階段】 stair 楼梯,阶
がいたん 【骸炭】 coke 焦炭
かいだんエアレーションほう 【階段~法】 step aeration process 分段曝气法
かいだんぎそ 【階段基礎】 stepped foundation 阶梯形基础,阶式底座
かいだんぎょうしつ 【階段教室】 lecture amphitheater 梯级教室,阶梯教室(有梯形座位的教室)
かいだんじくばしら 【階段軸柱】 newel 楼梯转角处的望柱,螺旋楼梯的中柱
かいだんしつ 【階段室】 staircase,stair hall 楼梯间,楼梯厅
かいだんしつがた 【階段室型】 direct access type 直接出入口式(平面布置),单元式(平面布置)
かいだんじょうピラミッド 【階段状~】 stepped pyramid 阶梯式金字塔
かいだんせき 【階段席】 stair seat 阶梯形座席
がいだんねつ 【外断熱】 outside insulating of building (围护结构)外侧保温(绝热)
かいだんのゆうちはんい 【階段の誘致範囲】 楼梯通行范围,楼梯服务范围
かいだんばっきほう 【階段曝気法】 step aeration process 分段曝气法
かいだんばり 【階段梁】 stair stringer 楼梯梁
かいだんふきぬき 【階段吹抜】 stairwell 楼梯井
かいだんめん 【開断面】 open section 开口截面,开口断面
かいだんめんざい 【開断面材】 member with open section 开口截面构件,开口断面杆件
かいだんようかくかなもの 【階段用角金物】 metalic non-slip 楼梯踏步用金属防滑条
かいちく 【改築】 reconstruction,rebuilding 改建
がいちゅう 【外柱】 exterior column 外柱
かいちゅうこうえん 【海中公園】 marine park 海中公园,海上公园
かいちゅうしょぶん 【海中処分】 marine disposal (废水的)海下处置
がいちゅうひ 【外注費】 outside order expenses 外部定货费,分包费用
かいちゅうらん 【回虫卵】 ascarid egg 蛔虫卵
かいちゅうらんせいぞんりつ 【回虫卵生存率】 survial percentage of ascarid egg 蛔虫卵存活率
がいてい 【外庭】 outer court 外院,外部空地
かいていかん 【海底管】 submarine conduit 海底管道
がいていしき 【外庭式】 open outside

court type 外院式(平面布置)
かいていシンプレックスほう 【改訂～法】 revised simplex method 修正单纯形法
かいていトンネル 【海底～】 undersea tunnel 海底隧道
かいていバケット 【開底～】 bottom dump bucket 活底(卸)料斗,底卸式铲斗
かいてきおんど 【快適温度】 comfort temperature, comfortable temperature 舒适温度
かいてきくうきじょうけん 【快適空気条件】 factor of comfort air 舒适空气条件
かいてきしすう 【快適指数】 comfort index 舒适指数
がいてきせいていこうぞう 【外的静定構造】 statically determinate structure with respect to reactions 对支点反力静定结构,外部静定结构
がいてきふせいてい 【外的不静定】 statically indeterminate with respect to reactions 对支点反力超静定,外部超静定
がいてきふせいていこうぞう 【外的不静定構造】 statically indeterminate structure with respect to reactions 对支点反力超静定结构,外部超静定结构
ガイ・デリック guy-derrick 牵索起重机,桅杆式起重机
かいてん 【回転·廻転】 rotation, gyration 转动,回转,旋转
がいてん 【外点】 exterior point (自由空间的)外点
かいてんあたり 【回転当】 翻窗碰头,翻窗挡头
かいてんうんどう 【回転運動】 rotating motion 旋转运动,回转运动
かいてんかいじょ 【回転解除】 gyration release 回转释放,回转解除
かいてんかく 【回転角】 angle of rotation 转角,回转角,旋转角
かいてんかそくどベクトル 【回転加速度～】 rotational acceleration vector 回转加速度矢量,回转加速度向量
かいてんがたそうふうき 【回転型送風機】 rotary blower, centrifugal blower 旋转式鼓风机,离心式鼓风机
かいてんかなもの 【回転金物】 pivot hinge (枢)轴铰链,(枢)轴合页
かいてんがま 【回転窯】 rotary kiln 回转窑,旋窑
かいてんかんせい 【回転慣性】 rotational inertia 转动惯性,转动惯量
かいてんかんそうき 【回転乾燥機】 rotary drier 旋转干燥器
かいてんクレーン 【回転～】 rotating crane 回转式起重机
かいてんけい 【回転計】 rotary meter 回转仪,旋转仪
かいてんこんしょくえんばん 【回転混色円盤】 Maxwell disc 转式混色盘,转色混色仪的圆形色盘
がいてんサイクロイド 【外転～】 epicycloid 圆外旋轮线,外摆线
かいてんさくがんき 【回転鑿岩機】 rotary rock drill 旋转式凿岩机
かいてんし 【回転子】 rotor 转子,转筒,旋转器,转片
かいてんシェル 【回転～】 shell of revolution 旋转面壳,旋转薄壳,旋转壳体
かいてんしきあっしゅくき 【回転式圧縮機】 rotary compressor 旋转式压缩机
かいてんしきあぶらバーナー 【回転式油～】 rotary oil burner 旋转式燃油器
かいてんしきあみろかそうち 【回転式網濾過装置】 microstrainer 旋转式网滤器
かいてんしきくうきあっしゅくき 【回転式空気圧縮機】 rotary air compressor, rotary compressor 旋转式空气压缩机
かいてんしきさんすいき 【回転式散水機】 rotary distributor, revolving distributor 回转式洒水机,旋转布水器
かいてんしきさんぷほう 【回転式散布法】 rotary distributing system 旋转布水法
かいてんしきしんくうポンプ 【回転式真空～】 rotary vacuum pump 旋转式真空泵
かいてんしきスクレーパー 【回転式～】 rotary scraper 旋转式刮土机,旋转式铲

运机

**かいてんしきドラムがたしんくうろかき**【回転式～型真空濾過機】rotary drum vacuum filter 转鼓式真空过滤机

**かいてんしきばっきほう**【回転式曝気法】mechanical agitation method 旋转式曝气法，机械搅拌曝气法

**かいてんしきフィルター**【回転式～】rotary(air)filter 旋转式空气过滤器

**かいてんしきホースかけ**【回転式～掛】swing hose rack 旋转式软管架

**かいてんしきボーリング**【回転式～】rotary(type)boring 旋转式钻，转钻

**かいてんしきボーリングきかい**【回転式～機械】rotary boring machine 旋转式钻机

**かいてんしきレーキ**【回転式～(rake)】rotary scraper 旋转式刮泥机

**かいてんじく**【回転軸】axis of revolution 旋转轴

**かいてんジグ**【回転～】rotary welding jig 旋转式焊接夹具

**かいてんじくかなもの**【回転軸金物】sash center pivot,horizontal pivot 旋窗枢轴(旋窗中央的枢轴)

**かいてんしてん**【回転支点】rounded support,hinged support 转动支座，铰支座

**かいてんしょうじ**【回転障子】pivot frame 翻窗，中旋窗，中悬窗扇

**かいてんしょか**【回転書架】rotating book case 旋转书架

**かいてんシリンダー**【回転～】rotatable cylinder 旋转圆柱吸声体

**かいてんしんどう**【回転振動】rotational vibration 旋转振动

**かいてんすう**【回転数】number of revolutions 转速，转数

**かいてんすうけんしゅつき**【回転数検出器】revolution counter 转速计，转数表，旋转计数器

**かいてんスクリーン**【回転～】revolving screen,rotary screen 回转筛

**かいてんせっしょくばんしょり**【回転接触板処理】rotating biological disk treatment 生物转盘处理(废水)

**かいてんせっしょくばんほう**【回転接触板法】rotating biological disk (废水处理)生物转盘法

**かいてんそうきょくせんめん**【回転双曲線面】hyperboloid of rotation,hyperboloid of revolution 旋转双曲面

**かいてんそくど**【回転速度】rotating speed (旋)转速(度)

**かいてんたいめん**【回転体面】surface of revolution 旋转(体)面，回转(体)面

**かいてんたん**【回転端】hinged end 铰接端，转动端

**かいてんだんめんず**【回転断面図】revolved section 回转断面图，旋转剖面图

**かいてんちゅうしん**【回転中心】center of rotation 旋转中心，转动中心

**かいてんど**【回転戸】revolving door 回转门

**かいてんどう**【回転胴】rotary drum 滚筒，转筒

**かいてんトルク**【回転～】torque,torsional moment 转动力矩，扭矩，扭转力矩

**かいてんトロウェル**【回転～】rotary trowel 电抹子，(机动)回转镘，旋转镘

**かいてんねんどけい**【回転粘度計】rotation viscosimeter 旋转粘度计

**かいてんばね**【回転羽根】moving vane 回转叶片

**かいてんばねようせきりゅうりょうけい**【回転羽根容積流量計】rotary vane type positive displacement flow meter 旋转叶轮式容积流量计

**かいてんパネル**【回転～】rotatable panel 旋转(吸声)板

**かいてんはんけい**【回転半径】radius of gyration 回转半径

**かいてんばんワゴン**【回転盤～】Drehscheibewagen[德] 转盘车

**かいてんひ**【回転比】rotation speed ratio 转速比

**かいてんピストンがたりゅうりょうけい**【回転～型流量計】rotary piston type flow meter 回转活塞式流量计

**かいてんピストン・ポンプ**【回転～】

rotary piston pump 旋转式柱塞泵

かいてんピストンようせきりゅうりょうけい 【回転～容積流量計】 rotary piston type positive displacement flow meter 旋转活塞式容积流量计

かいてんふるい 【回転篩】 revolving screen 回转筛,转动筛,滚筒筛

かいてんベクトル 【回転～】 rotation vector 回转矢量,回转向量

かいてんへんい 【回転変位】 angular displacement,rotational displacement 角位移,旋转位移

かいてんへんけい 【回転変形】 rotative distortion 旋转变形,旋转扭曲

かいてんベンチレーター 【回転～】 rotary ventilator 旋转通风器

かいてんほうこう 【回転方向】 direction of revolution,direction of rotation 回转方向,旋转方向,转动方向

かいてんポンプ 【回転～】 rotary pump 旋转泵

かいてんまいふん 【回転毎分】 revolutions per minute(rpm) 每分钟转数,转/分

かいてんまど 【回転窓】 pivoted window 旋转窗

かいてんめん 【回転面】 surface of revolution 旋转面,回转面

かいてんりつ 【回転率】 turnover rate 周转率

かいてんりゅう 【回転流】 vortex flow 涡流

かいてんりょく 【回転力】 turning effort 回转力,转动力

かいてんれいとうき 【回転冷凍機】 rotary refrigerator 旋转式制冷机,旋转式冷冻机

かいてんろ 【回転炉】 rotary oven 回转炉

かいてんろかき 【回転濾過器】 rotary filter 旋转式过滤器

かいてんロストル 【回転～[rooster荷]】 revolving grate 回转炉栅,回转炉篦

かいてんわんしきさんすいろしょう 【回転腕式散水濾床】 trickling filter with rotary arm 旋臂式生物滤池

ガイド guide 导向体(导轨,导槽,导杆,导圈,导架),波导,波导管,导向,定向,控制,导承

かいどう 【会堂】 hail 会堂,会所

かいどう 【街道】 street,road 街道,大道

がいとう 【街灯】 street light,street lamp 路灯,街灯

ガイド・ウェー guide way (高速公路的)导向道,导轨

ガイド・ウェー・バス・システム guide way bus system (电子计算机控制的)定向公共汽车系统,定向公共交通系统

ガイド・ウォール guide wall 导墙(地下连续墙用),导流墙

がいとうしつ 【外套室】 cloakroom 衣帽间,衣帽室

がいとうそうおん 【街頭騒音】 street noise 街道噪声

ガイド・エルボー guide elbow 导向弯头

かいどくき 【解読器】 decoder 译码器,解码器

ガイド・バー guide bar 导杆

ガイド・パイル guide pile 定位桩,导桩

ガイド・ビーム guide beam 导梁(用于钢板桩围堰施工)

ガイドべん 【～弁】 guide valve 导阀

ガイド・ベーン guide vane 导向叶片,导流板

ガイド・ポスト guide post 方向标,路标

ガイドボード guideboard 路牌

かいトラバース 【開～】 open traverse 不闭合导线,开口导线

ガイド・レール guide rail 导轨,护轨

ガイド・ロッド guide rod 导向杆,导杆

ガイド・ロープ guide rope 导绳,导索

ガイド・ローラー guide roller 导轮,导辊

ガイド・ワイヤー guide wire 导向钢丝绳,导线

かいにゅうかざい 【解乳化剤】 demulsifying agent 反乳化剂

カイネチックス kinetics 动力学

カイネチック・モーメント kinetic mo-

ment 动力矩
**カイネマチックス** kinematics 运动学
**カイネマチックりろん** 【~理論】 kinematic theory 运动理论,运动说
**かいばい** 【貝灰】 shell lime 贝壳(石)灰,蛎壳(石)灰
**がいはいせん** 【外擺線】 epicycloid 外摆线,圆外旋轮线
**かいはくずいえん** 【灰白髄炎】 poliomyelitis 脊髓灰白质炎,小儿麻痹症
**かいはつ** 【開発】 development 开发,发展
**かいばつ** 【海抜】 elevation 海拔
**かいはつきせい** 【開発規制】 development restriction 开发限制,开发规定
**かいはつぎょうせい** 【開発行政】 development administration 开发行政管理
**かいはつきょかせいど** 【開発許可制度】 land development permission system 开发批准制度
**かいはつくいき** 【開発区域】 development area 开发区
**かいはつけいかく** 【開発計画】 development plan 发展规划,(土地)开发规划
**かいはつこうつうりょう** 【開発交通量】 development traffic volume,generated traffic volume 发展交通量,新增交通量(地区发展引起的交通量)
**かいはつしゅぎ** 【開発主義】 开发主义
**かいはつせいげんくいき** 【開発制限区域】 development restriction area 开发限制区域
**かいばつだか** 【海抜高】 altitude 海拔高度
**かいはつだんかいけいかく** 【開発段階計画】 stage development plan 开发阶段规划
**かいはつちいき** 【開発地域】 development area 开发区,发展地区
**かいはつひ** 【開発費】 development expenses 开发费,开拓费
**がいひ** 【外被】 exterior coating,exterior covering 外壳,外套,外罩,被覆
**かいひんこうえん** 【海浜公園】 seaside park 滨海公园
**かいひんとし** 【海浜都市】 seaside city 海浜城市
**かいひんホテル** 【海浜~】 seaside hotel 海滨旅馆
**がいぶ** 【外部】 exterior 外面,外缘,外部,外观
**かいふう** 【海風】 sea breeze 海风
**がいぶエネルギー** 【外部~】 external energy 外能
**がいぶおんど** 【外部温度】 external temperature 室外温度
**かいふく** 【回復】 restoration,recovery 恢复,回复,修复,复原
**がいぶくうかん** 【外部空間】 exterior space 外部空间
**かいふくしきアーチ** 【開腹式~】 open spandrel arch,braced rib arch 空腹拱,敞肩拱
**かいふくしつ** 【回復室】 recovery room (医院手术后的)恢复室
**がいぶざつおん** 【外部雑音】 exterior noise 外部噪声
**がいぶしごと** 【外部仕事】 external work 外功,外力功
**がいぶしょうじゅんしきぼうえんきょう** 【外部焦準式望遠鏡】 exterior focussing telescope 外对光望远镜,外调焦望远镜
**がいぶしんどうき** 【外部振動機】 external vibrator 外部振捣器
**がいぶゾーン** 【外部~】 perimeter zone 周边区,外围区
**がいぶバイブレーター** 【外部~】 external vibrator 外部振捣器,附着式振捣器
**がいぶばっきんかんすう** 【外部罰金関数】 exterior penalty function 外部补尝函数
**がいぶパラメーター** 【外部~】 external parameter 外参数,外部参数
**がいぶふか** 【外部負荷】 external load 外部负荷,外荷载
**かいぶん** 【灰分】 ash 灰,灰分
**かいぶんしき** 【回分式】 batch process 间歇式(法),批量式
**かいぶんしきしんくうろかき** 【回分式真

空濾過機】 batch(cycle)vacuum filter 间歇式真空过滤机
かいぶんしょりち 【灰分処理池】 ash-lagoon 灰分处理池
かいぶんそうさ 【回分操作】 intermittent operation 间歇操作
かいぶんちんこう 【回分沈降】 batch precipitation 间歇沉淀
かいぶんりょう 【灰分量】 ash content 灰分量,含灰量
かいぶんろかき 【回分濾過器】 batch filter 间歇滤池
かいへいかっしゃ 【開閉滑車】 snatch block 扣绳滑轮,开口滑轮
かいへいかっせん 【開閉活栓】 switch cock 开闭旋塞
かいへいき 【開閉器】 switch 开关,电门,电键
かいへいしんごう 【開閉信号】 switch signal 开关信号,键控信号
かいへいそうち 【開閉装置】 operating apparatus 开关装置
かいへいちょうせいき 【開閉調整器】 adjuster 撑窗杆,窗开关调整器
かいへいぼう 【開閉棒】 hook bar 挺钩,窗钩
かいへき 【界壁】 party wall 户界墙,共用界墙
がいへき 【外壁】 external wall 外墙
がいへきのこうたいきょり 【外壁の後退距離】 setback distance of outer wall 外墙退后距离
かいへん 【壊変】 disintegration 蜕变,裂变,分裂,衰变
かいへんけいれつ 【壊変系列】 disintegration series(of radioactive elements) (放射性元素的)蜕变系列
かいへんすう 【壊変数】 disintegration rate 蜕变率,衰变率
かいへんていすう 【壊変定数】 disintegration constant 蜕变常数
かいほう 【開放】 opening 切断,拉闸
かいほうアークとう 【開放~灯】 open arc lamp 敞式弧光灯
かいほういど 【開放井戸】 open well 敞口井
かいほうがたきゅうすいかねつき 【開放型給水加熱器】 open type feed water heater 开放式给水加热器
かいほうがたスプリンクラーせつび 【開放型~設備】 open sprinkler system 开放式撒水设备
かいほうがたスプリンクラーヘッド 【開放型~】 open sprinkler head 开放式撒水头
かいほうがたれいとうき 【開放型冷凍機】 open refrigerator 开式制冷机,开式冷冻机
かいほうかんすいしき 【開放還水式】 open return system 开式回水系统
かいほうきょうしつ 【開放教室】 open classroom 开敞式教室
かいほうぐち 【開放口】 release port 开放口,释放口,放泄口
かいほうげすい 【開放下水】 open sewer 明沟排水
かいほうじかん 【開放時間】 open time 开放时间
かいほうしきかおんき(開放式加温器) = かいほうしきかねつき
かいほうしきかねつき 【開放式加熱(温)器】 open heater 开放式加热(温)器
かいほうしきさいじゅんかんれいきゃくすいしょり 【開放式再循環冷却水処理】 treatment of open circulation cooling water 开敞式再循环冷却水处理
かいぼうしつ 【解剖室】 dissecting room 解剖室
かいほうじゅんかんれいきゃくほうしき 【開放循環冷却方式】 open circulation cooling system 开敞式循环冷却方式
がいほうせつぞくろ 【外方接続路】 outer connection (立体交叉的)外接式匝道
かいほうそうち 【解放装置】 releasing device 放松(分离、释放)装置
かいほうたいせきじかん 【開放堆積時間】 open time 晾置时间(指涂胶后粘结前的一段时间)
かいほうタンク 【開放~】 open tank 敞

口槽,敞口柜,敞口罐
**かいほうたんはんしゃ**【開放端反射】open end reflection (声波在管内)开口端反射
**かいほうだんめん**【開放断面】open section (桥梁的)开断面,开截面
**かいほうべん**【解放弁】release valve 溢流阀
**かいほうモーメント**【解放～】release moment 释放力矩
**かいほうゆわかしき**【開放湯沸器】open water heater 敞口(烧)开水器,敞口沸水器
**かいむ**【海霧】sea fog 海面蒸汽雾
**かいめん**【界面】boundary face 界面,分界面
**かいめん**【海面】sea level 海面,海平面
**かいめんかっせいざい**【界面活性剤】interfacial agent,surface active agent,surfactant 界面活性剂,表面活性剂
**かいめんかんたく**【海面干拓】sea reclamation 海面填筑,围海造地
**かいめんげんしょう**【界面現象】interfacial phenomenon 界面现象
**かいめんじょうゴム**【海綿状～】sponge rubber 海绵橡胶,泡沫橡胶
**かいめんじょうプラスチック**【海綿状～】sponge plastics 泡沫塑料,多孔塑料
**かいめんじょうふん**【海綿状粉】sponge iron powder 海绵状铁粉
**かいめんせき**【階面積】floor space 楼层面积
**かいめんちょうりょく**【界面張力】surface tension 界面张力,表面张力
**かいめんちんこう**【界面沈降】interfacial precipitation 界面沉淀
**かいめんどうでんい**【界面動電位】electrokinetic potential 界面动电位,界面电位差,界面电动势,电动电位
**がいめんとそう**【外面塗装】external coating 外部涂刷,外涂层
**がいめんとりょう**【外面塗料】exterior paint,surface paint 面层油漆,表面涂料
**がいめんぬり**【外面塗】external coating,outside coating 外涂层,外部涂刷
**かいも**【海藻】sea weed 海藻,海草
**かいもの**【飼物】liner,filler 夹撑,衬垫,垫片,隔板,嵌入件
**かいものひろば**【買物広場】market plaza 市场广场,交易广场
**かいもん**【回文】回纹
**カイヤナイト＝カイアナイト**
**かいゆうしきていえん**【回遊式庭園】tour garden,go round style garden 环游式庭园,绕游式庭园,游赏式庭园
**かいよう**【海洋】ocean 海洋
**かいようおせん**【海洋汚染】sea pollution 海洋污染
**かいようかんそくほう**【海洋観測法】oceanic observation method 海洋观测法
**かいようとうき**【海洋投棄】marine abandon 海洋投弃
**がいらいけんさしつ**【外来検査室】outpatient examination room 门诊病人诊察室
**がいらいざつおんしすう**【外来雑音指数】exterior noise index 外部噪声指数
**がいらいしゅじゅつしつ**【外来手術室】minor operating room 门诊手术室
**がいらいしんりょうぶ**【外来診療部】outpatient department 门诊部
**がいらん**【外乱】interference 外部干扰,外部扰动
**かいり**【解離】decomposition,dissociation 离解,分解
**かいりこうすう**【解離恒数】dissociation constant 离解常数,电离常数
**かいりど**【解離度】degree of dissociation 离解度
**かいりゅう**【海流】oceanic current 海流
**かいりゅうどアスコン**【開粒度～】open-graded asphalt concrete 开级配沥青混凝土
**かいりゅうどアスファルト・コンクリート**【開粒度～】open-graded asphalt concrete 开级配沥青混凝土
**かいりょうかずさぼり**【改良上総掘】改良凿井法(应用钢丝绳代替竹弓)
**かいりょうこうじ**【改良工事】improve-

ment, betterment 改建工程

かいりょうちく 【改良地区】 improvement area 改良地区

かいりょうバミューダ・グラス 【改良～】 improved bermudas grass 改良草坪

かいりょうマンセルけい 【改良～系】 modified Munsell's colour system 改进的孟塞尔(色标)体系

かいりょうもくざい 【改良木材】 improved wood, modified wood 改性(木)材

がいりょく 【外力】 external force 外力

がいりょくしごと 【外力仕事】 external work 外功, 外力功

がいりょくせん 【外力線】 external force line 外力线

がいりょくめん 【外力面】 external force surface 外力面

かいろ 【回路】 circuit 电路, 线路, 回路, 环行(路线)

がいろ 【街路】 street 街, 街道

かいろう 【回廊】 gallery 回廊, 长廊, 游廊

がいろがいちゅうしゃ 【街路外駐車】 off-street parking 街道外停车, 路外停车

がいろきょう 【街路橋】 街道桥

かいろくうちゅうせん 【開路空中線】 open antenna 开路室外天线, 露天天线

がいろけいかく 【街路計画】 street layout 街道规划

がいろけいかん 【街路景観】 street pictures, street landscape 街景

がいろけいすう 【街路係数】 街道系数

がいろけいとう 【街路系統】 street system 街道系统, 道路系统, 街道布置系统

がいろげすいきょ 【街路下水渠】 street sewer 街道排水渠, 街道污水渠

がいろこうつう 【街路交通】 street traffic 城市道路交通

がいろごみ 【街路芥】 street refuse 街道垃圾

かいろしけんき 【回路試験器】 circuit tester 电路试验器, 万用表

がいろじゅ 【街路樹】 street tree 街道树, 行道树

がいろしょうかせん 【街路消火栓】 street hydrant 街道消火栓

がいろじょうこうちたい 【街路乗降地帯】 street loading zone 街道上设置的上、下车站

がいろしょうめい 【街路照明】 street lighting, street illumination 街路照明, 道路照明

かいろず 【回路図】 circuit diagram 电路图, 线路图

がいろそしき 【街路組織】 street system 街道系统, 道路系统, 街道网

がいろちゅうおうたいひろ 【街路中央待避路】 central street refuge 街道中央安全带, 街心安全岛

かいろつうき 【回路通気】 circuit vent 环路透气, 环路排气

かいろつうきかん 【回路通気管】 circuit vent pipe 环路排气管, 环路透气管

ガイ・ロープ guy rope 牵索, 支索, 张索, 拉线, 钢缆

がいろふくいん 【街路幅員】 street width 街道宽度

かいろへんこうべん 【回路変更弁】 circuit change valve 换向阀

がいろます 【街路桝】 street inlet 道路雨水入口, 街道雨水井

がいろめいひょうしき 【街路名標識】 street name sign 街名标志, 路名牌

がいろめねんど 【蛙目粘土】 potter's clay 陶土

がいろめんせきりつ 【街路面積率】 street area ratio 街道面积比, 街道面积率

かいろもう 【回路網】 circuit network 网路, 网络, 线路, 电路

がいろもう 【街路網】 street network 街道网, 道路网

がいろりつ 【街路率】 rate of road area 街道率, 道路率

かいわしょうがいレベル 【会話障害～】 speech interference level 语言干扰级, 谈话干扰级

かいわぼうがいレベル 【会話妨害～】

speech interference level 语言干扰级,谈话干扰级
**カヴェア** cavea[拉] (古罗马剧场的)观众席,半圆形的阶梯式座席
**ガウ・ケーソンこうほう 【～工法】** Gow caisson method 高氏沉井施工法
**ガウこうほう 【～工法】** Gow caisson method 高氏沉井施工法
**ガウジング** gouging 刨槽,表面切割
**ガウス・コダッチのじょうけんしき 【～の条件式】** Gauss-Codazzi conditions 高斯-科达齐条件(式)
**ガウス・ザイデルほう 【～法】** Gauss-Seidel method 高斯-塞德尔(迭代)法
**ガウスしょうきょほう 【～消去法】** Gaussian elimination 高斯消元法
**ガウス・ノイズ** Gauss noise 高斯噪声
**ガウスのきょくりつ 【～の曲率】** Gaussian curvature 高斯曲率
**ガウスのこうしき 【～の公式】** equations of Gauss 高斯方程(式)
**ガウスのじょうけんしき 【～の条件式】** Gauss conditions 高斯条件(式)
**ガウスのていり 【～の定理】** (divergence) theorem of Gauss 高斯(发散)定理
**ガウスのはっさんていり 【～の発散定理】** divergence theorem of Gauss 高斯发散定理
**ガウス・ワインガルテンのびぶんこうしき 【～の微分公式】** differential equation of Gauss-Weingarten 高斯-温格坦微分方程
**カウチ** couch (一边或两边有靠背的)睡椅,长沙发椅,榻,小床
**カウル** cowl 壳,套,罩,盖
**カウンター** counter 柜台,计数器,相反的
**カウンター・アプス** counter apse (教堂的)半圆形副堂
**カウンター・イオン** counter ion 抗衡离子
**カウンター・ウェート** counter weight 配重,平衡锤,平衡重,砝码
**カウンター・ウェート・サッシ** counter-weight sash (有平衡锤的)窗框
**カウンターサンク** countersunk 埋头的
**カウンターサンク・ナット** countersunk nut 埋头螺母
**カウンター・ディスプレイ** counter display 柜台陈列
**カウンター・バランス** counter balance 配重,平衡块(锤),托盘天平,抗衡
**カウンター・バランス・サッシュ** counter balanced sash 平衡式上下推拉窗
**カウンター・プレッサー** counter pressure 反压力,均衡压力
**カウンターポイズ** counterpoise 均衡,配重,平衡器,衡重体,砝码
**かえしくさび** 【返楔】 对头楔,对尖楔,对楔
**かえしざい**【返材】 reclaiming waste 回收废料
**かえしバケット** 【返～】 tipping bucket 倾斜料斗,翻转吊桶,翻斗
**かえしベンド** 【返～】 return bend U形弯头,回转弯头
**かえち** 【替地】 代替地,替换地
**かえで** 【楓】 maple 枫树,枫木
**かえりかん** 【帰管·還管·返管】 return pipe 回流管(回水管、回汽管)
**かえりかんしんくうしき** 【返管真空式】 vacuum return system 回水管真空系统
**かえりくうき** 【還空気】 return air 回风,回气
**かえりくだ**=**かえりかん**
**かえりしゅかん** 【返主管】 return main 回水总管
**かえりたてかん** 【返立管】 return riser 回水立管
**かえりなみ** 【返波】 回波纹样
**かえりばな** 【返花】 覆莲,伏莲,莲花座
**かえりべん** 【返弁】 return valve 回流阀
**かえりわかば** 【返若葉】 卷叶纹(嫩叶尖端卷起的纹样)
**かえるまた** 【蟇股】 驼峰
**かえん** 【火炎·火焰】 flame 火焰
**かえんおんど** 【火炎温度】 flame temperature 火焰温度
**かえんしき** 【火炎式】 flamboyant style

(哥特式建筑的)火焰纹式
かえんしきけんちく【火炎式建築】 flamboyant architecture (15世纪后半期法国的)火焰纹式建筑
かえんでんぱん【火炎伝搬】(室内)火灾火焰传播,火焰蔓延
かえんどめ【火炎止】 fire stop 防止火灾蔓延的中空墙
かえんなんか【火炎軟化】 flame softening 火焰软化
かえんねんりょう【加鉛燃料】 leaded fuel 加铅燃料
かえんふきかん【火炎吹管】 torch 焊枪,焊炬,焊把
かえんほうじゅ【火炎宝珠】 有火焰透雕的宝珠
かえんやきいりほう【火炎焼入法】 flame hardening 火焰淬火,火焰表面硬化
かえんようせつ【火炎溶接】 flame welding 火焰焊接,气焊
かおく【家屋】 building, house 房屋,建筑物
かおくいじひ【家屋維持費】 upkeeping expense of house 房屋维修费
かおくかんりひ【家屋管理費】 managing expense of house 房屋管理费
かおくきゅうすい【家屋給水】 domestic water supply 家庭给水,生活给水
かおくげすいかん【家屋下水管】 house sewer 家庭污水管
かおくげんかしょうきゃくひ【家屋減価償却費】 depreciation expense of house 房屋折旧费
かおくざんそんかかく【家屋残存価格】 remaining value of house 房屋现价,房屋折旧后价格
かおくしゅうぜんひ【家屋修繕費】 repairing expense of house 房屋修缮费,房屋维修费
かおくしゅとくかかく【家屋取得価格】 acquisition cost of house 房屋购价
かおくぜい【家屋税】 house tax 房屋税
かおくだいちょう【家屋台帳】 house ledger 房屋登记簿,房屋帐簿
かおくたいようねんげん【家屋耐用年限】 life of building 房屋耐用年限,房屋使用期限
かおくたいようめいすう【家屋耐用命数】 life of building 房屋耐用期限,房屋使用期限
かおくトラップ【家屋~】 house trap 房屋内排水用存水弯
かおくはいすい【家屋排水】 house drainage 房屋排水
かおくはいすいよこしゅかん【家屋排水横主管】 house drain 房屋排水横向干管
かおくひがいりつ【家屋被害率】 percentage of damaged houses 房屋损害率(指因地震等原因使房屋受害的程度)
カオリナイト kaolinite 纯高岭土,高岭石
カオリン kaolin, china clay 陶土,高岭土
カオリンか【~化】 kaolinization 高岭土化
かおんしきしょうかそう【加温式消化槽】 digestion chamber by heating 加温消化池,加热式腐化池
かかいてん【過回転】 excess revolution 超转速
かかえじこみ【抱仕込】 榫接扣栓,榫接加销
かがく【化学】 chemistry 化学
がかく【画角】 angular field, angle of view 景角,视场角,画面视角
かがくえいようさいきん【化学栄養細菌】 chemoautotrophic bacteria 化能自养细菌
かがくエネルギー【化学~】 chemical energy 化学能
かがくきゅうちゃく【化学吸着】 chemisorption 化学吸附
かがくきんめっき【化学金鍍金】 chemical gilding 化学镀金
かがくけつごう【化学結合】 chemical bond 化学结合
かがくけん【化学圏】 chemosphere 臭氧层,光化圈

かがくけんま【化学研摩】chemical polishing 化学磨光,化学抛光,化学研磨

かがくこうじょう【化学工場】chemical works 化学工厂

かがくこうぞう【化学構造】chemical structure 化学结构,化学构造

かがくさよう【化学作用】chemical action 化学作用

かがくしけん【化学試験】chemical examination 化学检验

かがくしけんしつ【化学試験室】chemical laboratory 化学试验室

かがくじっけんながし【化学実験流】experimentation sink 化学实验用洗涤盆

かがくじょうか【化学浄化】chemical purification 化学净化

かがくしょり【化学処理】chemical treatment 化学处理

かがくしょりほう【化学処理法】chemical treatment process 化学处理法

かがくすいせん【化学水栓】chemical faucet 化学实验用水龙头

かがくせいそう【化学清掃】chemical cleaning 化学清洗

かがくせいぶん【化学成分】chemical components, chemical constituents 化学成分

かがくせん【化学線】chemical ray 化学射线

かがくせんい【化学繊維】man-made fiber, artificial fiber 化学纤维

かがくせんじょう【化学洗浄】chemical cleaning 化学洗涤

かがくせんりょうけい【化学線量計】chemical dosimeter 化学剂量计

かがくだっすい【化学脱水】chemical dewatering 化学脱水

かがくちゃくしょく【化学着色】chemical colouring 化学着色

かがくちんでんほう【化学沈殿法】chemical sedimentation 化学沉淀法

かがくてきあんていしょり【化学的安定処理】chemical stabilization (土壤)化学稳定处理,化学稳定法

かがくてきぎょうしゅうしょり【化学的凝集処理】chemical coagulation 化学混凝处理

かがくてきくじょ【化学的駆除】chemical remove 化学去除

かがくてきクリーニング【化学的～】chemical cleaning 化学除垢

かがくてきけんさ【化学的検査】chemical examination 化学检验

かがくてきこうかぶつ【化学的降下物】chemical fallout 化学落尘,化学粉尘

かがくてきさんかざい【化学的酸化剤】chemical oxidizing agent 化学氧化剂

かがくてきさんそしょうひりょう【化学的酸素消費量】chemical oxygen demand(COD) 化学需氧量

かがくてきさんそようきゅうりょう【化学的酸素要求量】chemical oxygen demand(COD) 化学需氧量

かがくてきじゅんすい【化学的純粋】chemically pure 化学纯

かがくてきせいじょう【化学的清浄】chemical purification 化学净化

かがくてきせっちゃく【化学的接着】chemical adhesion 化学粘合,化学胶粘

かがくてきぶっしつ【化学的物質】chemical substance 化学物质

かがくとくせい【化学特性】chemical properties 化学特性,化学性质

かがくはくぶつかん【科学博物館】science museum 科学博物馆

かがくパルプ【化学～】chemical pulp 化学纸浆

かがくはんのう【化学反応】chemical reaction 化学反应

かがくひりょう【化学肥料】chemical fertilizer 化肥

かがくふしょく【化学腐食】chemical corrosion 化学腐蚀

かがくふんさい【化学粉砕】chemical pulverization 化学粉碎

かがくぶんせき【化学分析】chemical analysis 化学分析

かがくへいこう【化学平衡】chemical equilibrium 化学平衡

かがくほうしゃせん 【化学放射線】 chemical ray 化学射线
かがくポテンシャル 【化学～】 chemical potential 化学势,化学势能
かがくめっき 【化学鍍金】 chemical plating 化学镀层
かがくめっきよく 【化学鍍金浴】 chemical plating liquid 化学镀液
かがくやくひん 【化学薬品】 chemical agent 化学试剂,化学(药)剂
かがくようガラス 【化学用～】 chemical glass 化学玻璃
かがくルミネセンス 【化学～】 chemical luminescence 化学发光
カーカス carcass,carcase 架子,骨架
カーカス・ルーフィング carcass roofing 毛屋顶,毛屋面
かかとぶ 【踵部】 heel slab (挡土墙的)踵部,踵板,跟部
かがぶんか 【花芽分化】 flower bud differentiation 花芽分化,果芽分化
かがまり 【屈まり】 warping 翘曲,弯曲
かがみ 【鏡】 mirror,slickenside 镜(子),(材料的)平滑表面
かがみいた 【鏡板】 panel board,end plate 心板,镶板,端板,封头板,掌子面挡板
かがみいたてんじょう 【鏡板天井】 panel ceiling 镶板顶棚,嵌板顶棚,格子式顶棚
かがみいたばり 【鏡板張】 panel boarding 镶板,嵌板,贴板,铺板
かがみかいてんしきよこひずみけい 【鏡回転式横歪計】 Martens mirror 马尔登斯横向应变仪,转镜式横向应变仪
かがみしあげ 【鏡仕上】 specular finish 镜面加工,表面平滑加工
かがみせいどう 【鏡青銅】 specular bronze 镜青铜
かがみてんじょう 【鏡天井】 panel ceiling 镶板顶棚,嵌板顶棚,格子式顶棚
かがみど 【鏡戸】 panel door 嵌板门,格板门
かがみのま 【鏡の間】 (日本能剧舞台后面整装用的)镜子间,(法国巴黎凡尔赛宫内的)镜廊
かがみばり 【鏡張】 panel boarding 镶板,嵌板,贴板,铺板
かがやき 【輝·耀】 luminance,brightness 亮度
かかり 【係·掛】 担任(某项工作),担任某项工作的人员
かがん 【河岸】 river bank 河岸
かかんきりゅう 【可感気流】 sensible air current 感觉气流
かがんこうえん 【河岸公園】 riverside park 滨河公园
かかんしょうこう 【可干渉光】 interference light,coherent light 相干光
かかんしょうせいさんらん 【可干渉性散乱】 interference scattering,coherent scattering 相干散射,相参散射
かがんしんしょく 【河岸侵食】 bank erosion 河岸侵蚀,河岸冲刷
かがんだんきゅう 【河岸段丘】 river terrace 河岸台地,河岸阶地
かがんりょくち 【河岸緑地】 riverside open space 河岸绿地
かかんわほう 【過緩和法】 over-relaxation method 超松弛法
かき 【花卉】 flower and ornamental plants 花卉
かき 【垣】 fence,hedge 围墙,栅栏,篱笆
かき 【柿】 persimmon 柿(子)木
かき 【掻き】 scraping,scratching 刮削
かぎ 【鈎】 hook 钩
かぎ 【鍵】 key 钥匙,键,拱顶石
カーキー khaki 黄褐色,土黄色
かぎあな 【鍵孔】 key-hole 键孔,键槽,钥匙眼
かぎあなかくし 【鍵孔隠】 escutcheon 键孔盖,键孔罩,钥匙眼装饰盖
かきあわせつぎ 【欠合継】 halving,halved joint 相嵌接合,对开接合,半叠接
かきいた 【柿板】 shingle (屋面用)木片瓦
かきいれ 【書入】 lettering 在图纸上标注文字、符号
かきいれ 【欠入】 dapping,notching 刻

槽嵌接

**かきうち** 【欠打】 嵌接后表面齐平的十字嵌接,木料十字刻口接合

**かきおとし** 【掻落】 scratching (抹灰面)划(刻、刮)痕

**かききず** 【掻傷】 scratching (抹灰面)划(刻、刮)痕,划伤

**かきこみ** 【欠込】 嵌接后一个表面凸出于另一表面的十字嵌接

**かきこみ** 【書込】 write 记入

**かきこみうち** 【欠込打】 嵌接后表面齐平的十字嵌接,木料十字刻口接合

**かきさしまど** 【掻さし窓】 细格窗,枝条编格窗

**かぎさじょうき** 【鍵鎖錠器】 railroad crossing lock (道岔)锁闭器

**かぎじょうきそボルト** 【鈎状基礎~】 hooked foundation bolt 钩头地脚螺栓

**かぎせいぶん** 【鍵成分】 key component 主要成分

**かきせんてい** 【夏季剪定】 summer pruning 夏季修剪

**かきだしぎり** 【掻出錐】 auger, center drill 钻孔钻,麻花钻

**かぎつきブロック** 【鈎付~】 hooked block 带钩滑车,带钩滑轮

**かきつけ** 【掻付】 梳开,耙开,刷毛,编竹网,编竹篱

**かきとり** 【書取】 note, insertion 记录,存入

**かきなわ** 【掻縄】 捆绑竹篾的绳

**かぎねじ** 【鈎螺子】 hook screw 钩头螺钉

**かきのき** 【柿の木】 Diospyros kaki[拉] 柿树

**かぎのて** 【鈎の手】 right angle (弯成的)直角

**かきばい** 【蠣灰】 oyster shell lime 贝壳(石)灰,蛎壳(石)灰

**かきぶき** 【牡蠣葺】 蛎壳屋面,铺蛎壳屋面

**かきべっそう** 【夏季別荘】 summer house 夏季别墅

**かぎボルト** 【鈎~】 hook bolt 钩头螺栓

**かきまゆ** 【欠眉】 (月梁或封檐板的)凹形线脚

**かぎゃくサイクル** 【可逆~】 reversible cycle 可逆循环

**かぎゃくしゃせん** 【可逆車線】 reversible lane 可逆车道(一日之间车辆通行方向变换的车道)

**かぎゃくせい** 【可逆性】 reversibility 可逆性

**かぎゃくていり** 【可逆定理】 reciprocity theorem 互易定理,逆定理

**かぎゃくはんのう** 【可逆反応】 reversible reaction 可逆反应

**かぎゃくへんか** 【可逆変化】 reversible change 可逆变化

**かぎゃくへんたい** 【可逆変態】 reversible transformation 可逆变态,可逆转变

**かぎゃくレベル** 【可逆~】 reversible level 活镜水准仪,回转式水准仪

**かきゅうき** 【過給機】 super-charger 增压机,增压器

**かきゅうくうき** 【過給空気】 supercharged air 增压空气

**かきゅうそうふうき** 【過給送風機】 super-blower 增压鼓风机

**かきゅうどうろ** 【下級道路】 minor road, subsidiary road 低级道路,次要道路,支路

**かきゅうポンプ** 【過給~】 supercharge pump 增压泵

**かきょう** 【華栱】 华栱(中国宋代)

**がぎょう** 【丸桁】 (日本社寺建筑的)挑檐桁

**かきょういち** 【架橋位置】 bridge site 桥位

**かきょうこうぞう** 【架橋構造】 cross-linked 交联结构

**かきょうざい** 【架橋剤】 crosslinking agent 交联剂

**かきょうさよう** 【架橋作用】 crosslinking formation 交联作用

**かきょくげん** 【下極限】 lower limit 下限

**かきんしゃ** 【家禽舎】 fowl house, poultry house 家禽饲养舍,(医院、研究所的)动物房

かく 【角】 角隅,棱角,方形,角度,方木,枋,角形物
かく 【核】 core,core of the section 核心,城市中心,型心,岩心,中心带,截面核心
かく 【殼】 shell 壳,壳体,外壳
かく 【掻く】 (枝叶的)掐取
かく 【閣】 阁(日本平安、镰仓时代的短檐木结构建筑物,室町时代演变为两层以上的建筑物)
かくいし 【角石】 square stone 方琢石,方石
がくいりしょうじ 【額入障子】 镶玻璃心的糊纸推拉门扇
かくうえん 【架空園】 hanging,garden 空中花园,架空庭园,屋顶花园
かくうケーブル 【架空～】 aerial cable 架空电缆
かくうさくどう 【架空索道】 aerial cableway,aerial ropeway 架空索道
かくうせん 【架空線】 overhead line,aerial line 架空线路
かくうせんろ 【架空線路】 overhead line,aerial line 架空线路
かくうタンク 【架空～】 elevated water tank,overhead water tank 高架水箱
かくうてつどう 【架空鉄道】 aerial railway 架空铁道
かくうでんしゃせん 【架空電車線】 overhead trolley line 架空电车线路
かくうでんせん 【架空電線】 aerial conductor,overhead conductor 架空电线
かくうでんらん 【架空電纜】 aerial cable 架空电缆
かくうひきこみせん 【架空引込線】 service drop 架空引入线,架空进户线
かくうんどう 【角運動】 angular motion 角运动
かくうんどうエネルギー 【角運動～】 energy of angular motion,angular kinetic energy 角动能
かくうんどうほうていしき 【角運動方程式】 equation of angular motion 角运动方程(式)
かくうんどうりょう 【角運動量】 angular momentum 角动量,动量矩
かくうんどうりょうほぞん 【角運動量保存】 conservation of angular momentum 角动量守恒,动量矩守恒
がくえんとし 【学園都市】 school town 学校城镇,学园城市
がくおん 【楽音】 musical sound,musical tone 乐音
かくかいちょうわきダクトほうしき 【各階調和器～方式】 air conditioning system of floor units and ducts 分层空调方式,分层空调系统
かくかいユニットほうしき 【各階～方式】 every floor unit system (空气调节机的)分层方式
かくかそくど 【角加速度】 angular acceleration 角加速度
かくがたざがね 【角形座金】 square washer 方垫圈
かくがたドーム 【角形～[dome]】 cavetto vault 正方形拱顶(由正方形平面向上砌成的拱顶)
かくがたやすり 【角形鑢】 square file 方锉
かぐかなもの 【家具金物】 furniture metal 家具用五金
がくがまえ 【額構】 enframement 框景
かくかん 【格間】 panel (桁架的)节间
かくがん 【角岩】 chert 燧石,黑硅石,角岩
かくかんかじゅう 【格間荷重】 panel load 节间荷载
かくかんけい 【角関係】 view factor,angle factor 角系数,形态系数
かくかんちょう 【格間長】 panel length (桁架的)节间长度
かくぎ 【角木】 square timber 枋材,方木
かくぎじょう 【格技場】 (日本相扑、柔道、剑道等用的)斗技运动场
かくきょり 【角距離】 angular distance 角距离
かくきょり 【核距離】 core distance (截面的)核心距(离)
かくくぎ 【角釘】 square nail 方钉
かくこう 【角鋼】 square steel,square

steel bar 方钢,方钢条
かくこう【拡孔】reaming 扩孔
かくこう【格構】lattice,lattice frame 格构,格构式框架
かぐこう【家具工】cabinet-maker 家具工,细木工
かくこうけた【格構桁】lattice girder 格构(大)梁,花格大梁
かくこうぞう【殻構造】shell construction 壳体结构,薄壳结构
かくコンクリート【核~】core concrete 核心混凝土(螺旋筋内侧的混凝土)
かくコンクリート【殻~】shell concrete 外壳混凝土(螺旋筋外面的混凝土)
かくざい【角材】square timber 方木材,方木料
かくざがね【角座金】square washer 方垫圈
かくさく【角柵】方木栅栏
かくざひょう【角座標】angular coordinates 角座标
かくさん【拡散】diffusion 扩散,漫射
かくさんおん【拡散音】diffused sound 扩散声,漫射声
かくさんおんじょう【拡散音場】diffuse sound field 扩散声场
かくさんガラス【拡散~】diffusing glass 漫射玻璃,散光玻璃
かくさんき【拡散器】diffuser 扩散器
かくさんグローブ【拡散~】diffusing globe 漫射球,漫射(玻璃)球形灯罩
かくさんけいすう【拡散係数】diffusion coefficient 扩散系数
かくさんこう【拡散光】diffused light 漫射光,扩散光
かくさんこうそく【拡散光束】diffused light flux 扩散光通量
かくさんざい【拡散材·拡散剤】diffusing agent 扩散剂
かくさんじょう【拡散場】diffusion field 扩散场
かくさんしょうど【拡散照度】diffused illumination 漫射照度,扩散照度
かくさんせん【拡散線】diffused rays 漫射线
かくさんそっこうき【拡散測光器】diffused photometer 漫射光度计
かくさんたい【拡散体】diffuser 漫射体,扩散体
かくさんちゅうこうりつ【拡散昼光率】diffused daylight factor 漫射天然光照度系数
かくさんていすう【拡散定数】diffusion constant 扩散常数
かくさんど【拡散度】diffusing factor 扩散度,扩散系数
かくさんとうか【拡散透過】diffuse transmission 漫射透射
かくさんとうかりつ【拡散透過率】diffuse transmission factor 漫射透射系数,漫射穿透率
かくさんとうせきほう【拡散透析法】diffusion dialysis 扩散渗析法
かくさんにじゅうそう【拡散二重層】diffuse double layer 漫散双层
かくさんねんしょう【拡散燃焼】diffuse combustion 扩散燃烧
かくさんのう【拡散能】diffusing power 扩散能,漫射能
かくさんはんけい【拡散半径】radius of diffusion (平顶进风的)散流半径
かくさんはんしゃ【拡散反射】diffuse reflection 漫反射
かくさんはんしゃりつ【拡散反射率】diffuse reflection factor 漫反射系数,漫反射率
かくさんひふく【拡散被覆】diffuse(d) coating 扩散涂层,扩散渗镀
かくさんふくしゃ【拡散輻射】diffuse radiation 扩散辐射,漫射辐射
かくさんほうていしき【拡散方程式】equation of diffusion 扩散方程式
かくさんポンプ【拡散~】diffusion pump 扩散泵
かくさんまど【拡散窓】diffuse window 扩散窗(采用漫射透射性材料的窗)
かくさんめん【拡散面】diffuse(d) surface 扩散面

かくさんりつ【拡散率】diffusion rate 扩散率
かくじ【角字】(制图用)方块字,楷字
かくしアーチ【隠～】relieving arch 暗拱,隐蔽拱,辅助(载重)拱
かくしあり【隠蟻】secret miter dovetailing 斜接暗榫,暗马牙榫
かくしありほぞ【隠蟻枘】secret miter dovetailing 斜接暗榫,暗马牙榫
かくじく【核軸】epipolar axis 核轴,外射轴
かくしくぎ【隠釘】hide nail,secret nail,blind nail 暗钉
かくしくぎうち【隠釘打】hide nailing,secret nailing,blind nailing 钉暗钉
かくしくさび【隠楔】nose key,nose wedge 暗楔
かぐしぐち【家具仕口】furniture connection 家具接头,家具接榫,家具接合
かくしこうじ【隠工事】concealed work 隐蔽工程
かくしこみせん【隠込栓】暗键,暗销
かくしさま【隠狭間】暗缝,暗窗(在城门上设置的从外部不能看出的暗孔)
かくしちょうばん【隠丁番】secret hinge,invisible hinge 暗铰链,暗合页
かくしつつみきゅうびつぎ【隠包鳩尾接】secret dovetailing 暗楔榫,暗鸠尾榫接头
かくしてんびんつぎ【隠天秤接】(家具的)多榫头接合
かくしとめがたつぎ【隠留形接】暗斜角缝接合,暗割角缝接合
かくしはいかん【隠配管】concealed piping 装暗管
かくじゃくり【角決】敲口
かくしゅうはすう【角周波数】angular frequency 角频率
がくじゅつとし【学術都市】academic city 学术城市
かくショベル【角～】square shovel 方铲
かくしんどうすう【角振動数】angular frequency 角频率
かくすい【拡水】water spreading (地表水)分散渗透(法)
かくすいクレーン【角錐～】pyramid crane 三角架起重机,角锥架起重机
かくスコ【角～】scoop 方杓铲,方铲斗
かくせいき【拡声器】loudspeaker 扬声器,喇叭
かくせいそうち【拡声装置】amplifier system,amplifier installation 扩声装置
がくせいりょう【学生寮】dormitory,students'hostel 学生宿舍
かくせん【核線】epipolar ray 核线,外射线
かくせんがん【角閃岩】amphibolite,hornblende 角闪岩
かくせんせきあんざんがん【角閃石安山岩】hornblende-andesite 角闪石安山岩
かくそくど【角速度】angular velocity 角速度
かくそくメータほうしき【隔測～方式】remote (counter) system 遥测方式
かくそくりょう【角測量】angle measurement 角度测量,测角度
かくだいきょう【拡大鏡】magnifying lens 放大镜
かくだいくうどうがたしょうおんき【拡大空洞型消音器】expansion-chamber type absorber 膨胀室型消声器
かくだいくうどうしょうおんき【拡大空洞消音器】expansion-chamber type absorber 扩大空洞型消声器
かくち【画地】lot 地段,一块地
かくちのおくゆき【画地の奥行】depth of lot 地段进深
かくちのまぐち【画地の間口】frontage of lot 一块地正面宽度
かくちゅう＝かくばしら
かくちわり【画地割】plot 建筑用地区划
かぐつぎて【家具継手】furniture connection 家具接头,家具接榫,家具接合
かくつけばしら【角付柱】pilaster 壁柱,半露柱
かくていそくりょう【確定測量】land

survey of demarcation （土地）定界测量，划界测量
かくていトラバース【確定～】fixed traverse 固定导线
かくてつ【角鉄】square steel 方钢
カクテル・ラウンジ cocktail lounge 旅馆的鸡尾酒吧间或休息厅
かくてん【格点】panel point 节点，桁架节点
かくてん【核点】epipole 核点，中心点，核心点
かくてんぽ【核店舗】center shop 中心商店
かくてんりょく【格点力】panel-point load 节点荷载，节点力
かくど【確度】accuracy 准确性，可靠性，精确度
かくとうかん【角陶管】square earthenware pipe 方形陶管
かくどかん【角土管】square earthenware pipe 方形陶土管
かくどゲージ【角度～】angle gauge 量角器，分度规
かくどさし【角度指】angle gauge 量角器，分度规
かくどそくていき【角度測定器】angle gauge 量角器，分度规
かくどちゅうしゃ【角度駐車】angle parking 斜列停放车辆，斜车道方向停车
かくどへんい【角度変位】angular displacement 角位移
がくどめ【額留】（画框等）角部的倾斜对接
かくどめもり【角度目盛】angle graduation 角（度）刻度，角分度
かくなげし【額長押】picture rail, picture moulding 挂镜线
かくにんしんせい【確認申請】application for confirmation 确认申请，批准申请
かくねんりょう【核燃料】nuclear fuel 核燃料
かくのうこ【格納庫】hangar 飞机库
がくのま【額の間】（日本宫殿的）正间
かくのみきり【角鑿錐】hollow chisel 空心方形凿，方孔凿
かくのみばん【角鑿盤】hollow chisel mortiser 凿方榫机，凿方眼机
かぐはいちず【家具配置図】furniture layout drawing 家具布置图
かくばしら【角柱】square column 方柱
かくばん【隔板】diaphragm 隔板
かくはんき【攪拌機】mixer 搅拌机
かくはんけい【核半径】radius of the core 核心半径
かくはんそう【攪拌槽】mixing tank 搅拌槽，混合池
かくはんそうち【攪拌装置】mixing plant 拌和设备
かくはんのうはいえき【核反応廃液】fission products waste 核裂变产物废水
かくふく【拡幅】widening （道路）拓宽，加宽
かくふくこうさ【拡幅交差】flared intersection 加宽式交叉（口），漏斗式交叉（口）
かくふくのすりつけ【拡幅の摺付】attainment of widening （道路）加宽渐变（区）段，加宽缓和段
がくぶち【額縁】casing, architrave, trim 画框，（带装饰的）框缘，门窗贴脸板，门头线，窗头线
かくへき【隔壁】partition wall, diaphragm 隔墙，（桥梁构件的）隔板
かくへきばん【隔壁板】baffle board 挡板，隔板
かくへんい【角変位】angular displacement 角位移
かくへんかん【角変換】angular transformation 角变换
かくへんけい【角変形】angular deformation 角变形
かくへんすう【角変数】angle variable 角变量
がくぼう【額枋】额枋
かくぼうこう【角棒鋼】square steel, square steel bar 方钢，方钢条
かくほうていしき【角方程式】angle equation 角方程
かくぼり【角掘】square trench 挖方槽，

挖长方形基础
かくまど 【角窓】 square window 方窗
かくめふるい 【角目篩】 square-mesh sieve 方眼筛
かくめん 【核面】 epipolar plane 核面，外射面
かくもの 【角物】 方材(指方木、方钢、方条石料等)，(门窗的)方棂条
かくモーメント 【核～】 core moment, moment resisted by core wall 核墙(承受的)弯矩
がくや 【楽屋】 back stage, dressing room, green room 后台(演员和舞台工作人员活动场所的总称)，演员化妆室
がくやぐち 【楽屋口】 stage door (舞台的)后台出入口
かくやらい 【角矢来】 编成纵横格的竹篱，直编竹篱
かぐらさん 【神楽桟·神楽算】 hand winch 手摇绞车，手工绞盘，辘铲
かくりしんさつしつ 【隔離診察室】 isolated consultation room 隔离诊室
かくりつ 【確率】 probability 概率，几率，或然率
かくりつきょくせん 【確率曲線】 probability curve 概率曲线
かくりつごさ 【確率誤差】 probable error 概率误差，几率误差
かくりつせん 【確率線】 probability line 概率线
かくりつプログラム 【確率～】 stochastic programming 随机规划
かくりつへんすう 【確率変数】 random variable 随机变量
かくりつみつどかんすう 【確率密度関数】 probability density function 概率密度函数
かくりびょうしつ 【隔離病室】 isolation ward 隔离病房
かくりびょうとう 【隔離病棟】 isolation ward 隔离病房
かくりまちあいしつ 【隔離待合室】 isolated waiting room 隔离候诊室
かくれきず 【隠傷】 invisible defect (木材的)隐伤
かくれきせき 【角礫石】 breccia 角砾石，角砾岩
かくれだき 【隠滝】 隐瀑布(由岩石隐蔽处跌落的瀑布)
かくれぶし 【隠節】 intergrown knot 隐节，暗生节
かくれんじ 【角連子】 方形截面棂条，菱形截面棂条
かけ 【欠】 (木材的)缺边，缺边木料
かげ 【陰·蔭】 shade 荫，阴面，阴暗区
かけいしきミキサー 【可傾式～】 tilting mixer, tipping mixer 倾筒式搅拌机，翻转式搅拌机
かけいた 【掛板】 壁橱隔板，在隧道支柱上挂挡土板
かけがね 【掛金】 latch, catch 弹簧锁，碰锁门上的钩环等，门扣
かけがわら 【掛瓦】 博缝用仰瓦
かけぎ 【掛木】 临时固定拉杆，固定用楔
かげきじょう 【歌劇場】 opera house 歌剧院
かけぐさり 【掛鎖】 pendent chain 吊链
がけくずれ 【崖崩】 landslide 滑坡，塌方，崩塌，山崩
かけクリノメーター 【掛～】 hanging clinometer 悬式测斜器
かけこみてんじょう 【掛込天井】 (露明出椽的)斜顶棚
かけコンパス 【掛～】 hanging compass 悬式罗盘仪，挂罗盘
かけさんがわら 【掛桟瓦】 挂瓦
かげせん 【影線】 shadow line 影线
がけづくり 【崖造·懸造】 悬架做法(在山崖或水上悬挑建造的建筑做法)
かけど 【掛戸】 hanging door 悬挂门
かけはし 【懸橋】 temporary bridge 临时便桥，陡岸板桥
かけはな 【懸鼻】 附装木鼻(用另外的木料做出的木鼻)
かけばなそうしょく 【懸華装飾】 festoon (两端挂住中间下垂的)垂花带饰，花彩
かけはらい 【架払·掛払】 (暂设工程用脚手架或支撑的)搭拆
かけひ 【筧】 flume 水槽，流水沟

かけひきがまち 【掛引框】 meeting stile (上下推拉窗的)重合窗梃,(推拉门的)重合门梃
かけや 【掛矢】 wooden maul 木架打桩槌,打桩用大木槌
かげん 【下限】 lower limit 下限
かげん 【下弦】 bottom chord, lower chord 下弦,下弦杆
かげん 【加減】 adjustment, moderation 加减,调节,调整
かげんコック 【加減～】 adjusting cock 调节旋塞,调节栓
かげんざい 【下弦材】 bottom chord member, lower chord member 下弦杆
かげんすい 【過減衰】 over damping 过(度)阻尼,过(度)衰减
かげんすんぽう 【下限寸法】 minimum measurement 下限尺寸,最小容许尺寸
かげんナット 【加減～】 adjusting nut 调节螺母
かげんねじ 【加減螺子】 adjusting screw 调节螺丝,调节螺钉
かげんべん 【加減弁】 adjusting valve 调节阀
かげんボルト 【加減～】 adjustable bolt 调节螺栓
かご 【籠】 car, cage 升降机箱,电梯笼
かこい 【囲】 enclosure, casing 围墙,围栏,套,壳,罩,盖
かこいぐい 【囲杭】 围护桩
かこいこみはいち 【囲込配置】 enclosure plan (居住小区)住宅周边式布置
かこいシャワー 【囲～】 shower stall 淋浴隔间
ガーゴイル gargoyle (怪兽状的)滴水嘴,怪形雕刻像
かこう 【火口】 crater 喷火口
かこう 【仮構】 temporary construction 临时建筑物,暂设构筑物
かこう 【河口】 estuary 河口
かこう 【架構】 frame 框架,构架
かごう 【化合】 combination 化合
かこうか 【過硬化】 over cure 过度硬化,过度硫化
かこうがん 【花崗岩】 granite 花岗岩
かこうきりゅう 【下降気流】 downflow draft 向下气流,下降气流
かこうこ 【河口湖】 estuary lake 河口湖
かこうこう 【河口港】 estuary harbour 河口港
かこうこうか 【加工硬化】 work-hardening 加工硬化
かこうしきこうぞう 【架構式構造】 frame construction, skeleton construction 框架结构,骨架式构造
かごうすい 【化合水】 hydrate water 化学结合水,化合水
かこうすいりょう 【可降水量】 precipitable water 可降水量
かこうせい 【加工性】 working properties 加工性
かこうせき 【花崗石】 granite 花岗石
かこうぜき 【河口堰】 estuary weir 河口堰,河口坝
かこうテーブル 【加工～】 working table 工作台
かこうふくてん 【下降伏点】 lower yield point 下屈服点
かごうぶつ 【化合物】 compound 化合物
かこうへいそく 【河口閉塞】 estuary closure 河口闭塞
かこうわん 【河口湾】 estuary 河口湾,江湾
かごがたでんどうき 【籠型電動機】 cage type induction motor 鼠笼式感应电动机
かこく 【河谷】 river valley 河谷
カーゴ・トラック cargo truck 载货卡车,运货汽车
かごぼり 【籠彫】 网状空心透雕
かごめ 【籠目】 竹笼格饰
かさ 【笠】 shade, lamp shade, reflector 灯罩,伞形罩,(反光)罩
かさ 【嵩】 bulk, volume, quantity 体积,容积,数量
かさあげ 【嵩上】 heap up, raising (为了增加现有桥下净空)墩台加高,桥梁加高,路堤加高
かざあな 【風穴·風孔】 air opening 风

口,通风口,风道,风洞
かさい【火災】fire 火灾
かさいおんど【火災温度】fire temperature 火灾温度
かさいかくだいぼうし【火災拡大防止】prevention of fire spreading 防止火灾蔓延
かさいかじゅう【火災荷重】fire load 火灾荷载
かさいかじゅう【過載荷重】overload 超载,过载
かさいかんちき【火災感知器】fire detector 火灾(自动)探测器
かさいきけんおんど【火災危険温度】fire danger temperature 火灾危险温度
かさいきけんど【火災危険度】ratio of fire danger 火灾危险度,火灾危险率
かさいきしょう【火災気象】fire atmospheric phenomena 火灾气象(火灾引起的气候变化现象)
かさいきりゅう【火災気流】fire plume 火灾气流
かさいきろく【火災記録】fire record 火灾记录
かさいけいぞくじかん【火災継続時間】fire duration time 火灾持续时间
かさいけいほう【火災警報】fire alarm 火灾警报
かさいけいほうき【火災警報器】fire alarm apparatus 火灾报警器
かさいけんちき【火災検知器】fire detector 火灾(自动)探测器
かさいし【笠石】coping stone, capping stone 压顶石
かざいし【飾石】stone ornament 点缀石
かさいじっけん【火災実験】fire experiment 防火试验,耐火试验
かさいそんがい【火災損害】fire damage 火灾损失
かさいた【笠板】门套上压顶板,门套上盖板
かさいとうけい【火災統計】fire statistics 火灾统计
かさいどすう【火災度数】number of fire 火灾次数
かさいふくしゃりょう【火災輻射量】amount of fire radiation 火灾辐射量
かさいほうちせつび【火災報知設備】fire alarm signaling system 火警自动警报设备
かさおき【嵩置】rising (路堤的)填上加高
かさがた【傘型】umbrella type, umbrella shape 伞形(罩)
かざかみえんしょう【風上延焼】windward spreading fire 逆风向火灾蔓延
かざかみがわ【風上側】windward side 上风面,迎风面,逆风面
かざがわえんしょう【風側延焼】windside spread (火灾)侧风向蔓延
かさぎ【笠木·蓋木·衡木】coping, toprail 压顶木,栏杆扶手
かざきり【風切】gable coping, tilecoping on gable 封檐瓦垅,封檐压顶
かざきりまる【風切丸】(封檐瓦垅上的)筒瓦,封檐瓦
かさく【家作】房屋,建造房屋
かざしもえんしょう【風下延焼】leeward spreading fire 下风向火灾蔓延,顺风向火灾蔓延
かざしもがわ【風下側】leeward 下风向,下风侧,顺风面
かさたて【傘立】umbrella-stand 伞架
かさつり【傘釣】(作业时防止物体坠落伤人的)防护棚
カサ·デル·ポポロ Casa del Popolo[意](1932～1936年建造的意大利科莫)人民之家
かさなり【重】superposition 重叠
かさね【重】lap, overlap 搭接,重叠
かさねあいくち【重合口】abutment joint (石材石切筑时)横向接触面
かさねあわせ【重合】superposition 叠加,叠合
かさねあわせつぎて【重合継手】lap joint 搭接,搭接接头
かさねあわせのげんり【重合せの原理】principle of superposition 叠加原理
かさねおち【重落】(庭园中的瀑布)分段跌落

かさねがき 【重垣】 叠层篱
かさねがまち 【重框】 meeting stile, meeting rail (推拉门窗的)挡边,(滑动窗边的)横档
かさねシックナー 【重～】 tray thickener, multiple thickener 多层浓缩池
かさねせつごう 【重接合】 lap joint 搭接,搭接接头
かさねせつだん 【重切断】 stack cutting 堆积切割,多层切割
かさねだて 【重建】 two storied building with separate entrances 上下层分别设置出入口的房屋
かさねだてじゅうたく 【重建住宅】 two storied dwelling house with separate entrances 上下层分别设置出入口的住宅
かさねつぎ 【重継】 lap joint 搭接接头,搭接
かさねつぎて 【重継手】 lap joint 搭接接头,搭接
かさねぬりていこうせい 【重塗抵抗性】 recoatability 再涂抗力,再涂性能(指在干燥涂膜上施第二道漆的适应性)
かさねばり 【重梁】 built-up beam, keyed compound beam 组合梁
かさねほぞ 【重枘】 two-stepped tenon 重叠榫,双重榫(大小两榫相接形成的台阶形榫)
かさねめじ 【重目地】 horizontal joint 水平接缝
かさねようせつ 【重溶接】 lap welding 搭接焊,互搭焊接
かさねリベット 【重～】 lap riveting 搭接铆,互搭铆,铆搭接
かさひじゅう 【嵩比重】 bulk specific gravity 松装比重,视比重,散容重,毛体积比重
かざまど 【風窓】 通风孔,换气孔
かざみ 【風見】 weather cock 风向标
かざみぞ 【風溝】 wind gorge 风谷,风沟
カサ・ミラ Casa Mila[西] (1905～1910年西班牙巴塞隆那)米拉住宅
かざよけ 【風除】 windbreak (移植大树时设置的)防风支柱,风障,挡风物
かざよけがっしょう 【風除合掌】 防风斜叉杆,防风斜交圆木架
かざよけスクリーン 【風除～】 windbreak screen 防风罩,防风门斗
かざよけまるた 【風除丸太】 防风斜叉杆,防风斜交圆木架
かざりアーケード 【飾～】 surface arcade 墙面假联拱
かざりいど 【飾井戸】 ornamental well 装饰井,观赏用井
かざりかなぐ 【飾金具】 装饰性铁件,装饰性小五金
かざりこう 【錺工】 tinsmith's work 白铁工,扳金工
かざりこうじ 【錺工事】 tinsmith's work 白铁工程,扳金工程
かざりせんとう 【飾尖塔】 pinnacle (哥特式建筑上的)装饰性小尖塔
かざりつきぼうこう 【飾付棒鋼】 ornamental steel bar (围墙用)饰花钢条
かざりはち 【飾鉢】 flower base 装饰性植钵
かざりはふ 【飾破風】 bargeboard, vergeboard 哥特式建筑门窗上的尖形檐饰
かざりぶち 【飾縁】 装饰性压边条,窗台板下压条
かざりまど 【飾窓】 装饰窗,陈列窗
かざりめじ 【飾目地】 jointing 装饰缝
かざりや 【錺屋】 tinsmith 白铁工,扳金工
かざん 【仮山】 artificial hill (庭园)假山
がさん 【画桟】 picture rail 挂镜线
かさんかすいそ 【過酸化水素】 hydrogen peroxide 过氧化氢
かざんがん 【火山岩】 volcanic rock 火山岩
かさんき 【加算器】 adder 加法器,相加器
かざんさいせつがん 【火山砕屑岩】 volcanic detritus 火山碎屑岩
かざんじしん 【火山地震】 volcanic earthquake 火山地震
かざんしゃ 【火山砂】 volcanic sand 火山砂
かざんじゃり 【火山砂利】 volcanic

gravel 火山砾石,火山砂砾石
かさんちせき 【加算地積】 加算用地面积
かざんど 【火山土】 trass 火山灰
かざんばい 【火山灰】 volcanic ash,pozzolana 火山灰
かざんばいこんごうセメント 【火山灰混合～】 pozzolana mixed cement,pozzolana cement 火山灰水泥
かざんふんしゅつぶつ 【火山噴出物】 volcanic ejecta 火山喷出物
かざんれき 【火山礫】 lapilli 火山砾
かし 【瑕疵】 defect 缺点,缺陷,瑕疵
かし 【樫】 oak 橡树,槲树
かじ 【鍛冶】 forge 锻造
かじおんどじかんきょくせん 【火事温度時間曲線】 fire temperature-time curve 火灾温度时间曲线
かじこう 【過時効】 over-aging 过时效
かじこう 【鍛冶工】 blacksmith,hammersmith 铁工,锻工
かしこうせん 【可視光線】 visible ray 可见光线
かしじかん 【可使時間】 working life,pot life 可用期限,使用寿命
かししつ 【貸室】 rentable room,room for rent 出租房间
かじしつ 【家事室】 workroom (住宅中的)家务室
かししつめんせき 【貸室面積】 rentable area,rentable space 出租面积,租赁面积
かしスペクトル 【可視～】 visible spectrum 可见光谱
かしせい 【可視性】 visibility 可见度,能见度,视见度
かしせん 【可視線】 visible ray 可见光线
かしたんぽ 【瑕疵担保】 guarantee against defects (承包人对承包工程的)质量保证,保修
かしつ 【火室】 fire-box 燃烧室
かしつ 【加湿】 humidification (空气)增湿
かしつき 【加湿器】 humidifier 增湿器
かしつこうりつ 【加湿効率】 humidification efficiency 增湿效率
かしつそうち 【加湿装置】 humidifying device 增湿装置
かしてんくう 【可視天空】 visible sky 可见天空(指从采光口可看到的那一部分天空)
かしてんくうかく 【可視天空角】 angle of visible sky 可见天空角
かしど 【可視度】 spectral luminous efficacy (人眼的)光谱灵敏度
カシードラル cathedral 大教堂,主教堂
カシードラルしきへいめん 【～式平面】 cathedral plan 大教堂式平面
かじとりきこう 【舵取機構】 steering apparatus 转向机构,操纵机构
かしぬし 【貸主】 lessor 出租人
カジノ casino 旅游地区的娱乐设施
カジノ・フォリー casino folie[意] 娱乐场,舞场
かじば 【火事場】 scene of fire 火灾现场
かじば 【鍛冶場】 forge 锻工场,锻铁厂
かじばかぜ 【火事場風】 fire storm 火灾引发的现场风暴
ガジーボー gazebo 了望亭,眺台,屋顶塔楼,凉亭,阳台
かしほしょう 【瑕疵補償】 defect compensation 工程缺陷补偿
かしホール 【貸～】 rental assembly hall 出租厅堂,出租会堂
かしま 【貸間】 room-to-let,room for rent 出租房间
かしめ 【鋲】 caulking,riveting 填缝,堵缝,铆接,铆合
かしめこうぐ 【鋲工具】 caulking tool 堵缝工具,接口工具,捻缝工具
かしめつぎ 【鋲継】 caulking joint 嵌缝,填缝
かしめつぎて 【鋲継手】 caulked joint 堵缝,挤填缝,嵌缝,铆接后捻缝
かしめつける 【鋲付ける】 riveting 铆接,铆合
かしめナット 【鋲～】 self-locking nut 防松螺母,自锁螺母
かしめハンマー 【鋲～】 caulking ham-

mer, riveting hammer 挤缝锤,接口手锤,铆锤
かしめびょう【鉸鋲】rivet 铆钉
かしめポンチ【鉸～】riveting punch 铆接用冲头,铆冲器
かしや【貸家】house-to-let, house for rent 出租房屋
かじや crow bar 撬棍
かしやくみあい【貸家組合】association of house lessor 房主协会
かしやけいえい【貸家経営】rent house management 经营出租房屋业务
かじゅう【荷重】load 荷载,负荷
カシュー・ウォーター・コート cashew water coat 腰果油水性防锈底漆(商)
かじゅうかんすう【荷重関数】loading function 荷载函数
かじゅうきょくせん【荷重曲線】load curve 荷载曲线
かじゅうけいすう【荷重係数】load factor, load coefficient 荷载系数
かじゅうこう【荷重項】load term 荷载项
かじゅうこうふくてん【荷重降伏点】yield of load 荷载屈服点
かじゅうざんさひ【荷重残差比】load-residual rate 荷载残差比
かじゅうしけん【荷重試験】load test, loading test 荷载试验,载重试验
かじゅうじょうすう【荷重乗数】load multiplier 荷载系数
かじゅうしんぷく【荷重振幅】load amplitude 荷载振幅
かじゅうせいぎょ【荷重制御】load control, stress control 应力控制,荷载控制
かじゅうぞうぶんほう【荷重増分法】load incremental method 荷载递增法
かじゅうそくど【荷重速度】loading speed, rate of loading 荷载速度,加载速度
かじゅうなんかてん【荷重軟化点】refractoriness under load 荷载软化点,荷载软化温度,荷载耐火度
かじゅうのくみあわせ【荷重の組合】combination of loads 荷载组合
かじゅうひずみきょくせん【荷重歪曲線】load deformation curve 荷载变形曲线
かじゅうぶんぷ【荷重分布】load distribution 荷载分布
かじゅうへいきん【加重平均】weighted mean 加权平均
かじゅうへんいきょくせん【荷重変位曲線】load displacement curve 荷载位移曲线
かじゅうへんけい【荷重変形】deformation under load 荷载变形
かじゅうへんけいず【荷重変形図】load-deformation diagram 荷载变形图
かじゅうマトリックス【荷重～】load matrix 荷载矩阵
かじゅうりょういき【荷重領域】domain of loading 荷载领域,荷载范围
かじゅえん【果樹園】fruits garden, orchard 果树园,果木园,果园
かじゅがき【果樹垣】fruit tree fence 果树围墙,果树篱,果树棚
かしゅくしほこう【可縮支保工】可缩支撑,可调节支架
かしゅくせい【可縮性】compressibility 可压缩性,可压度
カシューじゅしエナメル【～樹脂～】cashew resin enamel 腰果树脂磁漆
カシューじゅしとりょう【～樹脂塗料】cashew resin paint 腰果树脂涂料
カシューじゅしパテ【～樹脂～】cashew resin putty 腰果树脂油灰,漆酚树脂腻子
カシューとりょう【～塗料】cashew paint 腰果树脂涂料
かしょう【火床】firing floor 炉篦
かしょう【煆焼】calcination 煅烧,焙烧
かじょう【河状】regime of river 河态,河况
かじょうえんそ【過剰塩素】residual chlorine 剩余氯,余氯
かじょうえんそしょり【過剰塩素処理】superchlorination 超量氯化法,过量加氯处理
かじょうおでい【過剰汚泥】surplus

sludge, excess sludge 剩余污泥
かじょうくうきりつ 【過剰空気率】 rate of excess air (燃烧)过剩空气率
かしょうくど 【煅焼苦土】 calcined magnesia 氧化镁
かしょうじかん 【可照時間】 duration of possible sunshine 可照时数,可照时间
かしょうじすう 【可照時数】 duration of possible sunshine 可照时数,可照时间
かじょうしゅうせい 【過剰修正】 over-relaxation 过度松弛,过度修正
かじょうすいあつ 【過剰水圧】 hydrostatic excess pressure 超静水压
かしょうせっこう 【煅焼石膏】 calcined gypsum 煅石膏,熟石膏,烧结石膏
かしょうたい 【煅焼帯】 calcining zone 煅烧区,煅烧带
かしょうたくち 【過小宅地】 narrowly curtilage 小于住宅标准规模的宅地
かしょうドロマイト 【煅焼~】 calcined dolomite 煅烧白云石
かしょく 【仮植】 heeling in, temporary planting 假植(定植前暂时将树木根部埋在假植沟或壅土暂栽)
かしょくこんごう 【加色混合】 additive colour mixture 加色混合
かしょくほう 【加色法】 additive process 补色法,加色法
かしらぬき 【頭貫】 柱顶横穿板
かしりつ 【可視率】 visibility factor 视度系数
かしるい 【樫類】 Quercus[拉], Oak[英] 栎属
かしわ 【槲·柏】 Quevrus dentata[拉], daimyo oak[英] 槲树,栎木,橡木
カシン-ベックびょう 【~病】 Kaschin-Beck's disease 卡辛一贝克病,大骨节病
かしんりょく 【加振力】 exciting force 起振力,激振力,激励力
かす 【滓】 refuse, sediment, scum 沉淀物,渣,(新浇混凝土上的)泥泡
ガス gas 气体,煤气,燃气,天然气,毒气
ガスあっせつ 【~圧接】 gas pressure welding 压气焊,加压气焊
ガスあっせつほう 【~圧接法】 gas pressure welding method 加压气焊法
ガス・イオン gas ion 气体离子
かすいかいり 【加水解離】 hydrolysis 水解,水解作用
かすいぶんかい 【加水分解】 hydrolysis 水解
かすいぶんかいこうそ 【加水分解酵素】 hydrolase 水解酶
かすいぶんかいそう 【加水分解槽】 hydrolizing tank 水解池
ガスいりかん 【~入管】 gas-filled tube 充气管
ガスいりでんきゅう 【~入電球】 gas-filled lamp 充气灯泡
ガス・ウェルディング gas welding 气焊
ガスえき 【~液】 liquid gas 液态煤气
ガス・エスケープべん 【~弁】 gas escape valve 排气阀
ガス・エンジン gas engine 煤气发动机
ガス・エンジンくどうれいとうき 【~駆動冷凍機】 gas engine driven refrigerator 煤气机驱动的制冷机
ガス・オイル gas oil 汽油
ガスおんどけい 【~温度計】 gas thermometer 气体温度计
ガスか 【~化】 gasification 气化
かすがい 【鎹·鋦】 clamp, cramp 扒钉,骑马钉,蚂蝗钉,扒锔子,U字钉
ガス・ガウジング gas gouging 气割开槽,气刨
ガスかくはん 【~攪拌】 gas mixing 气体搅拌
ガスかだつりゅう 【~化脱硫】 gasifying desulfurization 气化脱硫
かすがどうろう 【春日灯籠】 春日式石灯(六角形平面柱灯)
ガス・ガバナー gas governor 煤气调压器
ガスがま 【~窯】 gas-fired kiln 燃(煤)气窑
ガス・カロリーメーター gas calorimeter 煤气量热器

ガスかん 【～管】 gas pipe 煤气管

ガスかんしょうけい 【～干渉計】 gas interferometer 气体干扰计

ガスかんつぎて 【～管継手】 gas pipe joint 煤气管接头

ガスきかん 【～機関】 gas engine 燃气(发动)机,煤气内燃机

ガスきぐ 【～器具】 gas apparatus 煤气装置,煤气器具

ガスきゅうしゅう 【～吸収】 gas absorption 气体吸收

ガスきゅうちゃく 【～吸着】 gas adsorption 气体吸附

ガスきゅうちゃくそうち 【～吸着装置】 gas absorber 毒气吸收器,气体吸附器,有害气体吸收装置

ガスきょうきゅうほう 【～供給法】 gas distributing system 煤气输配方法

ガス・クーラー gas cooler 气体冷却器

ガス・クロマトグラフィ gas chromatography 气相色谱法,气相色层分析法

ガスけいりょうき 【～計量器】 gasometer 气量计,煤气表

ガスケット gasket 衬垫,垫圈,垫片,密封圈,密封垫

ガスケット・セメント gasket cement 衬片粘胶

ガスケット・パッキング gasket packing 板式填料,垫片,密封垫圈

カスケード cascade 流水台阶,跌水,小瀑布

カスケード・インパクター cascade impactor 梯级冲击(式)捕尘斗,阶式碰撞采样器

カスケード・キャリー cascade carry 逐位进位

カスケードぎょうしゅくき 【～凝縮器】 cascade condenser 串联冷凝器

カスケードげんり 【～原理】 cascade principle 串联原理

カスケードせいぎょ 【～制御】 cascade control 级联控制

カスケード・トンネル Cascade tunnel 喀斯喀特隧道(美国华盛顿州)

カスケードほうしき 【～方式】 cascade system 串联系统,串联方式

カスケード・ポンプ cascade pump 串联泵,串联自吸式泵

ガスけんちき 【～検知器】 gas detector 气体检测器,气体探测器

ガスけんちざい 【～検知剤】 gas detect reagent 气体检测剂,气体检验剂

ガスげんどうしょ 【～原動所】 gas power plant 煤气发电厂

ガスこうあつゆそうほう 【～[gas]高圧輸送法】 煤气高压输送法

ガスこうじ 【～工事】 gas fitting work 煤气安装工程,煤气装备工程

ガス・コークス gas cokes 煤气焦炭

ガス・コック gas cock 煤气旋塞,煤气阀门

ガスこんごうタンク 【～混合～】 gas mixing tank 煤气混合箱

かずさ＝かみずさ

ガスさいしゅき 【～採取器】 gas sampler 气体取样器

ガスさいしゅそうち 【～採取装置】 gas sampler 气体取样装置

ガス・サーキュレーター gas circulator 煤气循坏器

ガス・サンプリング gas sampling 气体取样

ガス・ジェット gas jet 煤气嘴,煤气喷口,气焊枪

ガスしきせきがいせんだんぼうほうしき 【～式赤外線暖房方式】 gas type infrared heating system 煤气红外线采暖系统

ガス・シート gas seat 煤气阀座

ガスじゅうてん 【～充塡】 gas filling 充气

ガスしゅかん 【～主管】 gas main 煤气总管

ガスじょきょ 【～除去】 degasification 除气

ガスじょきょき 【～除去器】 degasifier 除气器

ガス・ステーション gas station 加油站,液化石油气供应站

ガス・ストーブ gas stove 煤气炉

ガス・ストレーナ gas strainer 滤气器,

煤气过滤器

ガスせつだん 【～切断】 gas cutting 气割

ガスせつだんき 【～切断機】 gas cutting apparatus 气割装置,气割机

ガス・ゼネレーター gas generator 煤气发生器

ガスせん 【～栓】 gas cock 煤气旋塞,煤气开关

ガスせんじょうはいすい 【～洗浄廃水】 gas washing wastewater 洗气废水

ガスせんてきき 【～洗滌器】 gas cleaning device 气体洗涤器,气体净化器

ガス・セントラル・ヒーティング gas central heating 煤气集中采暖,煤气集中供热

ガスそうぐ 【～装具】 gas fittings 煤气装置配件

ガスそせい 【～組成】 gas composition 气体成分

ガス・タイト gas tight 气密的,不漏气的,不透气的

ガスたいねんりょう 【～体燃料】 gaseous fuel 气体燃料

カスター・オイル castor oil 蓖麻子油

ガス・タップ gas tap 煤气嘴,煤气开关

ガス・タービン gas turbine 燃气轮机,燃气透平

ガス・タービンくどうターボれいとうき 【～駆動～冷凍機】 gas turbine driven turbo-refrigerator 汽轮机驱动的涡轮制冷机

カスタマー customer 用户

ガス・タール gas tar 煤气焦油

ガス・タンク gas tank 煤气罐,煤气柜

ガスだんぼう 【～暖房】 gas heating 煤气采暖

ガスだんぼうき 【～暖房器】 space gas heater 煤气采暖器

ガスだんろ 【～暖炉】 gas stove 煤气炉

ガス・チェック gas checking (饰面的)气致皱纹

ガスちゅうわ 【～中和】 neutralization with gas 气体中和

ガスちょぞう 【～貯蔵】 gas storage 煤气贮藏

ガスていすう 【～定数】 gas constant 气体常数

カスティリアノのさいしょうしごとのげんり 【～の最小仕事の原理】 Castigliano's principle of least work 卡氏最小功原理,卡斯特利亚诺最小功原理

カスティリアノのだいいちていり 【～の第一定理】 Castigliano's first theorem 卡氏第一定理,卡斯特利亚诺第一定理

カスティリアノのだいにていり 【～の第二定理】 Castigliano's second theorem 卡氏第二定理,卡斯特利亚诺第二定理

カスティリアノのていり 【～の定理】 Castigliano's theorem 卡氏定理,卡斯特利亚诺(变性能)定理

ガスてっきんあっせつほう 【～鉄筋圧接法】 gas pressure welding method 钢筋加压气焊法

カステルム castellum[拉] 城堡

カステレーション castellation 城堡雉堞,堞形墙顶,城堡状建筑

カステレーテッド castellated 堞形的,城堡形的

ガスてんかき 【～点火器】 gas ignitor 煤气点火器

ガスでんのかんすい 【～田の鹹水】 salt water from gas well 天然气井的咸水,气井咸水

カスト・アイアン cast iron 铸铁

カスト・スチール cast steel 铸钢

ガス・トーチ gas torch 气焊焊枪,气焊焊炬

ガスト・ファクター gust factor 阵风系数

カスト・プラスチック cast plastics 铸塑塑料

ガス・ドーム gas dome 气盖,圆形气顶

カスト・レジン cast resin 铸塑树脂

ガスぬきあな 【～抜穴】 gas hole 排气孔

ガスねんしょうそうち 【～燃焼装置】 gas-fired equipment 煤气燃烧装置

ガスねんりょう 【～燃料】 gaseous fuel 气体燃料

ガスのうど 【～濃度】 gas concentration 气体浓度
ガス・ノズル gas nozzle 气嘴,焊炬喷嘴,焊枪喷嘴
ガスはいかん 【～配管】 gas piping 煤气管道
ガスはいきとう 【～排気筒】 gas vent 排气道,排气筒
ガス・ハイドレートほう 【～法】 gas hydrate process 煤气水化法
ガス・パイプ gas pipe 煤气管
ガスばくはつかさい 【～爆発火災】 gas explosion fire 煤气爆炸火灾
ガス・パージャー gas purger 气体清洗器
ガスはっせいき 【～発生器】 gas generator 气体发生器,煤气发生器
ガスはっせいざい 【～発生剤】 gas-forming agent (混凝土的)加气剂,发气剂
ガスはっせいのう 【～発生能】 gas generation ability 产气能力
ガスはっせいろ 【～発生炉】 gas producer 煤气发生器,煤气发生炉
ガスはつり 【～削】 flame gouging 气刨,气割槽,火焰表面切割
ガス・バーナー gas burner 煤气燃烧器,煤气灶具
ガス・バルブ gas valve 煤气阀
ガスひぐち 【～火口】 gas torch (气)焊炬嘴,煤气喷灯
ガス・ヒーター gas heater 煤气加热器,煤气暖炉
ガス・ピッチ gas pitch 硬煤沥青
カスプ cusp (纹样中曲线的)尖交角形,(叶形饰的)尖头
ガス・ファーネス gas furnace 煤气炉
ガス・フェイズ gas phase 气相
ガスふかつかっせいたん 【～賦活活性炭】 activated carbon by gas method 气体活化的活性碳
ガス・ブースター gas booster 气体升压机
カスプト・アーチ cusped arch 尖拱
ガスぶろ 【～風呂】 gas-burning bath 烧煤气浴池
ガス・フロー・レイト gas flow rate 气体流速
ガスぶんせきけい 【～分析計】 gas analyzer 气体分析仪
ガスぶんせきそうち 【～分析装置】 gas analyzing apparatus 气体分析装置
ガス・ヘッダー gas header 集气管,集气器
ガスべん 【～弁】 gas valve 煤气阀,气体阀
ガス・ボイラー gas boiler 煤气锅炉
ガス・ホース・コック gas hose cock 煤气软管旋塞
ガス・ホーム・エア・コン gas home air conditioner 煤气房空气调节器
ガス・ホール gas hole 排气孔
ガス・ホルダー gas holder 煤气库,煤气贮罐,煤气贮器,储气柜
ガス・ボンベ gas bomb 储气瓶,高压气瓶
かすみ 【霞】 霞纹,工字纹,王字纹
かすみぐみ 【霞組】 霞纹格,工字形格,王字形格
ガスみずとりき 【～水取器】 gas drip box 煤气管道凝结水集水器
かすみてい 【霞堤】 open levee 敞堤,溢流坝
ガス・メーター gas meter 煤气表,气量计
ガス・モーター gas motor 煤气发动机
ガスもれ 【～漏】 gas leakage 漏(煤)气
ガスもれけんちき 【～漏検知器】 gas leak detector 煤气检漏器
ガスゆわかしき 【～湯沸器】 gas water heater 煤气烧水器
ガスようせつ 【～溶接】 gas welding 气焊
ガスようせつつぎて 【～溶接継手】 gas welding joint 气焊接头
ガスようせつつぎめ 【～溶接継目】 gas welding seam 气焊焊缝
かずらいし 【葛石】 缘石
ガス・ライター gas lighter 煤气点火器
ガス・ライト gas light 煤气灯,煤气灯光
ガス・ランプ gas lamp 煤气灯
ガスりょうけい 【～量計】 gas meter 气

量计,煤气表
**ガス・リング** gas ring (煤气灶具的)环形喷火头,气环
**ガスれいぞうこ**【~冷蔵庫】gas refrigerator 煤气冷藏库,煤气冰箱
**ガスれいぼうき**【~冷房機】gas absorption refrigerator (燃)煤气吸收式制冷机
**ガス・レンジ** gas range 煤气灶
**ガスろ**【~炉】gas furnace 煤气炉
**ガスろうすいかさいけいほうせつび**【~漏水火災警報設備】leakage gas alarm signaling system 瓦斯侦漏自动警报设备
**ガスろうづけ**【~鑞付】gas brazing 气体火焰钎焊
**ガスろかき**【~濾過器】gas strainer 滤气器,煤气过滤器
**かせ**【加背】cross-section of heading, wooden pile (隧道)开挖断面尺寸,木桩,柱脚桩
**かぜ**【風】wind 风,抹灰层气泡
**ガーゼ** gauze 金属丝网,纱布
**かせいアルカリど**【苛性~度】caustic alkalinity 苛性碱度
**かせいえんそ**【過制塩素】superchlorination 超量氯化法,过量加氯处理
**かせいか**【苛性化】causticization 苛性化
**かせいカリ**【苛性~】caustic potash, potassium hydroxide 苛性钾,氢氧化钾
**かせいカリあく**【苛性~灰汁】caustic potash lye 苛性钾碱液
**かせいがん**【火成岩】igneous rock 火成岩
**かせいぜいか**【苛性脆化】caustic embrittlement 苛性脆化,腐蚀性脆化
**かせいそう**【河成層】fluvial deposit 河流沉积,河沉层
**かせいソーダ**【苛性~】caustic soda 苛性钠,氢氧化钠,火碱,烧碱
**かせいソーダあく**【苛性~灰汁】caustic soda lye 液态氢氧化钠,液态苛性钠
**かせいソーダようえき**【苛性~溶液】caustic soda solution 氢氧化钠溶液,苛性钠溶液
**かせいだんきゅう**【河成段丘】river terrace 河岸台地,,河岸阶地
**かせいはいえき**【苛性廃液】waste caustics 苛性废液
**カゼイン** casein 酪朊,酪蛋白,酪素
**カゼインかくしつぶつ**【~角質物】casein plastics 酪朊塑料
**カゼイン・グルー** casein glue 酪朊胶,酪蛋白胶
**カゼインすいせいとりょう**【~水性塗料】casein water paint 酪朊质水溶性涂料
**カゼインせっちゃくざい**【~接着剤】casein adhesive 酪朊粘合剂,酪朊胶粘剂
**カゼインにかわ**【~膠】casein glue 酪朊胶,酪蛋白胶
**カゼイン・プラスチック** casein plastics 酪朊塑料
**かぜうけぐち**【風受口】air inlet 进风口
**かぜうけばり**【風受梁】wind beam 抗风梁
**かぜかじゅう**【風荷重】wind load 风荷载,风载
**かぜかじゅうおうりょく**【風荷重応力】wind-load stress 风载应力
**かせつ**【架設】erection 架设,安装
**かせつおうりょく**【架設応力】erection stress 架设应力,安装应力
**かせっかいほう**【過石灰法】excess lime process 过量石灰(软化)法
**かせつかじゅう**【架設荷重】erection load 架设荷载,安装荷载
**かせつきょう**【仮設橋】temporary bridge 临时桥,便桥
**かせつけんちくぶつ**【仮設建築物】temporary building 暂设建筑物,临时建筑物
**かせつこうじ**【仮設工事】temporary work 暂设工程,临时工程
**かせつざいりょう**【仮設材料】temporary material 暂设工程用材料,临时用材料
**かせつしほこう**【仮設支保工】provisional timbering 临时支撑

かせつしゃ 【架設車】 bridge girdors erection equipment 架桥机

かせつじゅうたく 【仮設住宅】 temporary dwelling 暂设住宅,临时简易住宅,应急住宅

かせつそんりょう 【仮設損料】 temporary material expenses 暂设工程材料损耗,临时工程材料消耗

かせつつうろ 【仮設通路】 temporary pass 临时性通路,工地临时道路

かせつデリック 【仮設～】 temporary derrick 临时性起重桅杆

ガセット gusset 角撑板,结点板,节点板,缀板

ガセットいた 【～板】 gusset plate 结点板,节点板,缀板

かせつどうろきょう 【仮設道路橋】 temporary road bridge 临时公路桥,便桥

ガセット・ステー gusset stay 节点角撑,节点拉条,隅撑

ガセットひかえ 【～控】 gusset stay 结点撑,角板撑条,节点拉条,隅撑

ガセット・プレート gusset plate 结点板,节点板,缀板

ガセットやまがたざい 【～山形材】 gusset angle 节点角钢,隅撑角钢

かぜつなみ 【風津波】 wind high tide 暴风海啸

かせつひ 【仮設費】 temporary works expenses 暂设工程费,临时工程费

かせつひょうしき 【仮設標識】 provisional marker 临时标志

かせつぶつ 【仮設物】 temporary construction 暂设构筑物,临时构筑物

かぜていこう 【風抵抗】 air resistance 空气阻力,空气阻抗

かぜとおしえんとつ 【風通煙突】 ventilating chimney 通风烟囱

カセトメーター cathetometer 高差计

カセドラル＝カシードラル

かぜのいき 【風の息】 gustiness 风速变动频率,风速变动状态

かぜのみだれ 【風の乱】 turbulence of wind 风涡流,风紊动,阵风性,风速变动频率

かぜふるい 【風篩】 air elutriation 风筛,风选

かぜふるいき 【風篩機】 air elutriator, air separator 风筛机,风选机

かぜふるいしけん 【風篩試験】 air separation test 吹气分离试验,气力分离试验,风选试验

かぜわれ 【風割】 ring shake, cup shake 风裂,环裂,心裂

かせん 【河川】 river 河,河道,河流

かせん 【架線】 wiring 架线

かせん 【渦線】 spiral 涡线,螺旋线

かせんおだく 【河川汚濁】 river contanmination, river pollution 河水污染,河流污染

かせんかいしゅう 【河川改修】 river improvement 河道整治,治河

かせんきょう 【河川橋】 river bridge 跨河桥,河渠桥

かせんこうがく 【河川工学】 river engineering 治河工程学,河工学

かせんさいばっき 【河川再曝気】 stream reaeration 河流再曝气,河水再曝气

かせんじき 【河川敷】 river location (堤防两边的)沿河空闲地

かせんじきこうえん 【河川敷公園】 riverbed park 河床公园,河床绿地

かせんじょうか 【河川浄化】 river purification 河流净化,河水净化

かせんすい 【仮山水】 (庭园)假山水

かせんすい 【河川水】 river water 河水

かせんそうごうかいはつ 【河川総合開発】 integrated river-basin development 河流综合开发

かせんそくりょう 【河川測量】 river surveying 河道测量

かそ 【過疎】 under population 人口过稀

かそうがいりょく 【仮想外力】 virtual external force 假想外力,虚外力

かそうかじゅう 【仮想荷重】 virtual load 虚(荷)载

かそうしごと 【仮想仕事】 virtual work 虚功

かそうしごとのげんり 【仮想仕事の原理】

principle of virtual work 虚功原理
かそうしごとのそうはんていり【仮想仕事の相反定理】reciprocal theory of virtual work 虚功互易定理
かそうしごとほう【仮想仕事法】method of virtual work 虚功法
かそうしつりょう【仮想質量】virtual mass 假想质量,虚质量
かそうじょう【火葬場】crematory,crematorium 火葬场
がぞうしんごう【画像信号】visual signal 影像信号,视频信号
がぞうせき【画象石】画像石
かそうせんこうあつみつあつりょく【仮想先行圧密圧力】virtual pre-consolidation pressure 假想预先固结压力
かそうそくど【仮想速度】virtual velocity 虚速度
かそうだんめんず【仮想断面図】imaginary cross section 假想截面图,假想断面图
かそうど【下層土】subsoil 下层土,底土,天然地基
かそうへんい【仮想変位】virtual displacement 虚位移,虚变位
かそうほそくしごとのげんり【仮想補足仕事の原理】principle of virtual complementary work 虚补功原理
かそうろばん【下層路盤】lower subbase 下层底基层,路基底层
かそかぜんせん【過疎化前線】under population front 人口过稀区边缘
かそくうんどう【加速運動】accelerated motion 加速运动
かそくおんすいだんぼうほう【加速温水暖房法】accelerating hot-water heating 快速热水采暖法
かぞくがた【家族型】family composition 家庭的人口构成类别
かそくくかん【加速区間】acceleration area (车行道的)加速区段
かそくけいすう【加速係数】acceleration coefficient 加速系数
かそくげんあつべん【加速減圧弁】accelerating reducing valve 快速减压阀
かぞくこうせい【家族構成】family make-up 家庭成员组成
かそくしゃせん【加速車線】acceleration lane 加速车行道
かそくど【加速度】acceleration 加速度
かそくどおうとう【加速度応答】acceleration response 加速度反应
かそくどおうとうスペクトル【加速度応答～】acceleration response spectrum 加速度反应谱
かそくどじしんけい【加速度地震計】acceleration seismometer 加速度地震仪
かそくどスペクトル【加速度～】acceleration spectrum 加速度谱
かそくどベクトル【加速度～】acceleration vector 加速度矢量,加速度向量
かそくトルク【加速～】accelerated torque 加速扭矩
かそくポンプ【加速～】accelerating pump 加速泵
かそざい【可塑剤】plasticizer,plasticizing agent 增塑剂,塑化剂
かそせい【可塑性】plasticity 塑性,可塑性
かそせいねんど【可塑性粘土】plastic clay,plastic soil 塑性粘土,塑性土
かそせいぶっしつ【可塑性物質】plastic substance 可塑性物质
かそちいき【過疎地域】under population area 人口过稀区
かそてきへんけい【可塑的変形】plastic deformation 塑性变形
かそとし【過疎都市】over sparse city 人口过稀城市
カソードぼうしょく【～防食】cathodic corrosion 阴极防蚀,阴极防腐
かそぶつ【可塑物】plastics 塑料
ガソメーター gasometer 气量计
ガソリン gasoline 汽油
ガソリン・エンジン gasoline engine 汽油发动机
ガソリンきかん【～機関】gasoline engine 汽油发动机
ガソリン・スタンド gasoline stand 加油站

ガソリン・タンク　gasoline tank　汽油箱(罐、槽)

ガソリン・トーチ・ランプ　gasoline torch lamp　汽油喷灯

ガソリン・フィード・ポンプ　gasoline feed pump　汽油供给泵,汽油进给泵,加油泵

ガソリンぶんりき　【～分離器】 gasoline separator　汽油分离器

ガソリン・ポンプ　gasoline pump　汽油泵

ガソリン・ランマー　gasoline rammer　汽油机夯锤

ガソール　gasol　液化石油气体,石油气体凝缩产物

カーソン・ピリー・スコットひゃっかてん　【～百貨店】 Carson Piric and Scott Department Store　(1899～1904年美国芝加哥)卡松·皮利与斯科特百货店

かた　【形】 shape,type,model,pattern,form　形,形状,型号,方式,形式

かた　【型】 mould,template　模子,模型,类形,样式,样板

ガーダー　girder　大梁

かたあしクレーン　【片足～】 semiportal crane,half-portal crane　单柱高架起重机

かたあしジブ・クレーン　【片足～】 half-portal jib crane,semiportal jib crane　单柱高架悬臂起重机

かたあしば　【片足場】 single scaffold　单排脚手架

かだい　【架台】 trestle,horse　支架,架台,马凳

かたいこう　【下腿高】 caput fibulae height　地面至膝盖的高度

かたいし　【片石】 plate stone,flag-stone　石板,扁石,片石

かたいし　【硬石】 hard stone　坚石

かたいた　【型板】 template,mould　型板,样板,轮廓分划板,模板

かたいたガラス　【型板～】 figured glass　压花玻璃,图案玻璃

かだいとし　【過大都市】 over developed city　发展过大的城市

かだいのきんじち　【過大の近似値】 excessive approximate value　偏大近似值

かたいろガラス　【片色～】 single coloured glass　单面有色玻璃

かたえだかん　【片枝管】 single branch pipe　单支管

かたおし　【片押】 (工程)单向推进,单方推进分层流水

かたおちかん　【片落管】 reducer,reducing pipe　渐缩管,异径管,大小头(管)

かたおなみ　【片男波】 壮阔波纹,(庭园中的)弧状砂纹

かたおりかたびらき　【片折片開】 folding door　单面折叠,单开折门

かたおりど　【片折戸】 folding door　单开折门

カタおんどけい　【～温度計】 Kata thermometer　卡他温度计

かたがみ　【型紙】 镂空模板,镂空纸板,漏花纸板,纸模

かたがわかじゅう　【片側荷重】 unilateral load,one-side load　单侧荷载,单面荷载

かたがわさいこう　【片側採光】 unilateral lighting　单侧采光,一侧采光

かたがわちゅうしゃ　【片側駐車】 unilateral parking,unilateral waiting　道路单边停车

かたがわろうかがた　【片側廊下型】 gallery type,balcony access type　外廊式(走廊一侧有房间的布置方式),单面走廊

カタかんだんけい　【～寒暖計】 Kata thermometer　卡他温度计

かたぎ　【硬木·堅木】 hard wood　硬木

かたぎいれ　【傾入】 bevelled housing　斜槽插接,斜槽眼,斜槽穴

かたぎおおいれ　【傾大入】 bevelled housing　斜槽插接,斜槽眼,斜槽穴

かたぎかげいれ　【傾陰入】 bevelled housing　斜槽插接,斜榫眼,斜槽穴

かたぎほぞ　【傾枘】 oblique tenon　斜榫头

かたぎぼり　【傾彫】 oblique notching　斜刻槽

かたくさび　【片楔】 一侧楔,单侧楔

カタけいすう 【～係数】 Kata factor 卡他系数
かたけずりばん 【形削盤】 shaper,shaping machine 成形机,牛头刨床
かたこう 【形鋼】 shaped steel,section steel 型钢
かたこうせんだんき 【形鋼剪断機】 beam cutter 型钢剪切机
かたこうばい 【片勾配】 superelevation,cant (弯道)超高,(路面的)单向横坡
かたこうばいのすりつけ 【片勾配の摺付】 attainment of superelevation (弯道)超高渐变(区)段,超高缓和段
かたこうばしら 【形鋼柱】 rolled steel column 压延钢柱,型钢柱
かたこうばり 【形鋼梁】 rolled steel beam 压延钢梁,型钢梁
かたこうぶざい 【形鋼部材】 rolled steel member 型钢构件,型钢杆件
カタコウム catacomb 地下墓穴,地下坑道式墓室,酒窖
かたころび 【片転び】 柱的上部按照柱径一半倾斜
かたさ 【硬さ】 hardness 硬度
かたざい 【型材】 shape steel,section steel 型钢,型材
かたさけい 【硬さ計】 hardness tester 硬度计
かたささえばし 【片支橋】 cantilever bridge (单)悬臂桥
かたささえばり 【片支梁】 cantilever beam 悬臂梁,伸臂梁
かたさしけん 【硬さ試験】 hardness test 硬度试验
かたじゆうど 【片自由戸】 single doubleswing door 单扇双开弹簧门
かたすいこみ 【片吸込】 single way suction 单向吸入
かたすいこみそうふうき 【片吸込送風機】 single inlet fan 单面进风通风机
かたそでつくえ 【片袖机】 single pedestal desk 一头带抽屉的桌子
かたつきガラス 【形付～】 embossed glass 浮雕玻璃
かたづけ 【片付】 arrangement,disposition,conclusion 整理,收拾,收尾
かたつばくだ 【片鍔管】 single collar pipe 单盘直管
かたてハンマー 【片手～】 hand hammer 手锤
かたてリベット・ハンマー 【片手～】 hand riveting hammer 手铆锤,铆钉铆头
かたどり 【型取】 marking-off 放样,仿型
かたなか 【片中】 middle of half length (施工放线用)全长一半的中点(即1/4处)
かたなかずみ 【片中墨】 middle of half length (施工放线用)全长一半的中点(即1/4处)
かたながれ 【片流】 (屋顶的)一面坡
かたながれやね 【片流屋根】 shed roof, lean-to roof,pent-house roof 单坡屋顶,一坡屋面
かたねり 【堅練】 stiff consistency mix 稠拌和,干硬性
かたねりコンクリート 【堅練～】 stiff-consistency concrete,dry concrete 干硬性混凝土
かたねりペイント 【堅練～】 stiff paste paint 厚漆,干稠性油漆
かたねりモルタル 【堅練～】 dry mortar,stiff-consistency mortar 稠砂浆,干拌砂浆,干硬性砂浆
かたば 【片刃】 stone-mason's hammer (石工用)单刃锤,单刃斜斧
かたばがたつきあわせつぎて 【片刃形衝合継手】 single bevel butt joint 单面斜接,单斜面对接,单边V形坡口对接接头
かたはがね 【堅鋼】 hard steel 硬钢,高碳钢
かたびき 【片引】 single sliding 单扇推拉式
かたびき 【硬引】 cold drawn,hard drawn 冷拔,冷抽引
かたびきこうせん 【硬引鋼線】 hard drawn wire,cold-drawn wire 冷拔钢丝
かたびきせん 【硬引線】 hard-drawn wire 冷拔钢丝

かたびきど 【片引戸】 single sliding door 单扇推拉门
かたびきまど 【片引窓】 single sliding window 单扇推拉窗
かたびさし 【片庇】单坡顶,单坡棚
かた-ひじちょう 【肩-肘長】 shoulder-elbow length 肩至肘长度
カタピラー caterpillar 履带,履带式车辆,爬行车
かたびらき 【片開】 single swinging (门窗的)单扇单向开关
かたびらきど 【片開戸】 single swinging door 单扇单开门
かたびらきまど 【片開窓】 single swinging window 单扇单开窗
カタピラー・クレーン caterpillar crane 履带式起重机
カタピラー・トラクター caterpillar tractor 履带式拖拉机
かたふたばしら 【片蓋柱】 pilaster 壁柱,半露柱,附墙柱
かたふりおうりょく 【片振応力】 pulsating stress 脉动应力
かたふりかじゅう 【片振荷重】 pulsating load 脉动荷载,脉冲荷载
かたふりしけん 【片振試験】 pulsating test 脉动试验,脉冲试验
ガーダー・ブリッジ girder bridge 梁桥
かたまげしけん 【型曲試験】 guide bend test 导板弯曲试验,控制弯曲试验
かたまったコンクリート 【固まった～】 hardened concrete 硬化混凝土
かたまり 【固まり·塊】 hardening, cold,mass,lump 硬化,块,团,堆
かたみち 【片道】 one-way 单程
かたみちつうこう 【片道通行】 one-way road 单行路,单行线,单向交通道路
かたむきかく 【傾角】 deflection angle 倾角,偏角,偏移角
かたむきはいち 【片向配置】 single layout (平面布置中)单面布置,单向布置
かためんグループつぎて 【片面～継手】 single groove joint 单槽接合
かためんしきはいれつ 【片面式配列】 (汽车停车在通道上的)一侧排列
かためんとふ 【片面塗布】 single spread 单面摊铺,单面涂敷贴接
かためんみがき 【片面磨】 one-side polishing 单面磨光,单面抛光
かためんようせつ 【片面溶接】 single weld,one-side welding 单面焊
かたも 【型模】 model 模型
かたもちアーム 【片持～】 cantilever arm 悬臂(部分)
かたもちがたそうふうき 【片持形送風機】 overhung type fan 悬臂式通风机
かたもちクレーン 【片持～】 cantilever crane 悬臂起重机
かたもちけいかん 【片持径間】 cantilever span 悬臂跨度,外伸跨度
かたもちげた 【片持げた】 cantilever girder 悬臂梁
かたもちトラス 【片持～】 cantilever truss 悬臂桁架
かたもちばり 【片持梁】 cantilever beam 悬臂梁,伸臂梁
かたもちばりがたラーメン 【片持梁型～[Rahmen德]】 cantilever rigid frame 悬臂梁式刚架
かたもちばりきそ 【片持梁基礎】 cantilever footing 悬臂梁基础
かたもちばりこうほう 【片持梁工法】 cantilever erection 悬臂架设施工法
かたもちぶ 【片持部】 cantilever arm (梁的)悬臂部分
かたもちやいた 【片持矢板】 cantilever sheet pile 悬臂板桩
かたもちようへき 【片持擁壁】 cantilever retaining wall 悬臂式挡土墙
かたもよう 【形模様】 pattern 花样,图案
かたやきせいせっかい 【硬焼生石灰】 hard burnt lime 过烧石灰,死烧石灰
かたやきマグネシア 【硬焼～】 hard-burned magnesia 硬烧氧化镁
かたより 【片寄·偏】 deviation 偏置,偏心,偏差,偏压,偏振,倾斜
かたよりロープ 【片撚～】 spiral rope 螺旋钢丝绳,绞绳,单股钢索
カタリスト catalyst 催化剂,触媒

カタりつ 【～率】 Kata factor 卡他系数

カタれいきゃくりょく 【～冷却力】 Kata cooling power 卡他冷却能力(用卡他温度计求得的冷却能力)

かたろうか 【片廊下】 side corridor 外廊(走廊一侧有房间),单面走廊

かたろうかがた 【片廊下型】 gallery type,balcony type 外廊式(走廊一侧有房间的布置方式)

カタログ catalogue 目录,一览表,产品目录,产品样本

カタロニアけんちく 【～建築】 Catalonian architecture (11世纪西班牙)加泰隆尼亚建筑

かたわく 【型枠】 form,mould,shuttering 模板,型板

かたわくあしば 【型枠足場】 form work scaffolding 立模、拆模用脚手架

かたわくこうじ 【型枠工事】 formwork 模板工程,制模工作

かたわくコンクリート・ブロック 【型枠～】 fill-up concrete block 模板式混凝土砌块,填充式混凝土砌块,起模板作用的混凝土砌块

かたわくコンクリート・ブロックこうぞう 【型枠～構造】 fill-up concrete block construction 模板式混凝土砌块构造,填充式混凝土砌块结构

かたわくしほこう 【型枠支保工】 form supporting work 模板支架工程

かたわくしんどうき 【型枠振動機】 form vibrator 附着式振捣器,外部振捣器

かたわくそんちきかん 【型枠存置期間】 stripping time of concrete form 模板放置期间,模板支放期间

かたわくバイブレーター 【型枠～】 form vibrator 附着式振捣器,外部振捣器

かたわくはくりざい 【型枠剥離剤】 form oil 模板脱离剂,脱模剂

かたわくパネル 【型枠～】 form panel, panel shuttering 模板

かたわくようごうはん 【型枠用合板】 form plywood 模板用胶合板

かだん 【花壇】 flower bed 花坛

カーダン carden 万向节,万向接头

カーダン・ジョイント cardan joint 万向节,万向接头

かたんちゅうてつ 【可鍛鋳鉄】 malleable cast iron 可锻铸铁

かたんちゅうてつつぎて 【可鍛鋳鉄継手】 malleable fittings 可锻铸铁接头,韧性铸铁接头

カーダンつぎて 【～継手】 cardan joint 万向节,万向接头

カー・ダンパー car dumper 货车倾卸机,翻车机,倾车机

かちいろ 【褐色】 brown 褐色,棕色

カチオン cation 阳离子,正离子

カチオン・アスファルトにゅうざい 【～乳剤】 cation asphalt emulsion 阳离子沥青乳液,阳离子乳化沥青

カチオンかいめんかっせいざい 【～界面活性剤】 cation surface active agent 阳离子型表面活性剂

カチオンこうかんえき 【～交換液】 cation exchange liquid 阳离子交换液

カチオンこうかんじゅし 【～交換樹脂】 cation exchange resin 阳离子交换树脂

カチオンこうかんほう 【～交換法】 cation exchange process 阳离子交换法

かちくしょうおく 【家畜小屋】 animals shed 畜舍

かちくのみずのみば 【家畜の水飲場】 cattle watering place 家畜饮水场

かちくふんにょう 【家畜糞尿】 cattle manure 家畜粪便,家畜粪尿

かちくようすい 【家畜用水】 water for domestic animal use 家畜用水

かちしすう 【価値指数】 figure of merit 优值指数

かちょうおん 【可聴音】 audible sound 可听声

かちょうげんかい 【可聴限界】 audible limit 可听限(包括声音强弱和频率高低的上下界限值)

かちょうしゅうはすう 【可聴周波数】 audio frequency 音频,成声频率

かちょうつきだしよろいど 【可調突出鎧

戸】 Venetian awning with controllable slats 外推活动百页窗
**かちょうど** 【可聴度】 threshold of audibility 可听下限,可听阈限,听阈
**かちょうはんい** 【可聴範囲】 audible range,range of hearing 可闻范围,可听范围
**かちょうルーバー** 【可調～】 adjustable louver 可调(节的)百页板,软百页
**かつおぎ** 【鰹木·堅魚木·勝男木】(日本社寺建筑中的)鱼形压脊木
**かつおめんど** 【鰹面戸】 斜当沟
**かつかじゅう** 【活荷重】 live load 活荷载,活载
**かつかじゅうおうりょく** 【活荷重応力】 live-load stress 活(荷)载应力
**ガッグ** gag 塞口物,(泵阀中的)堵塞物
**がっこう** 【学校】 school 学校
**がっこうつくえ** 【学校机】 school table 课桌
**がっこうふうけんちく** 【学校風建築】 collegiate architecture 学校风格的建筑
**かっこつうき** 【各個通気】 individual vent 单独透气
**かっこつうきかん** 【各個通気管】 individual vent pipe,separate vent pipe 单独透气管
**カッサバ** cassava 卡萨瓦淀粉胶粘剂,木薯粉胶结剂
**がっさんげんぶ** 【合算減歩】 total decrease 保留地让出总量
**かっしゃ** 【滑車】 block,pulley,sheave 滑轮,滑车
**かっしゃそうち** 【滑車装置】 pulley gear,pulley block 滑轮装置,滑轮组
**かっしゃブラケット** 【滑車～】 pulley bracket 滑轮托架
**かっしゃホイスト** 【滑車～】 pulley hoist 起重滑轮
**がっしゅくじょ** 【合宿所】 集体宿舍
**がっしょう** 【合掌】 top chord,principal rafter (屋架的)上弦杆,人字木
**がっしょうぐみ** 【合掌組】 人字形构架
**がっしょうばり** 【合掌梁】 principal rafter beam 人字木之间的系梁
**がっしょうびれ** 【合掌鰭】 梁上短柱左右的雕刻装饰
**かっしょくがんりょう** 【褐色顔料】 brown pigment 褐色颜料
**かっしょくペイント** 【褐色～】 brown paint 褐色漆,棕色涂料
**かっすいい** 【渇水位】 water level of dry season 枯水位
**かっすいき** 【渇水期】 dry season, drought period,dry spell 枯水期
**かっすいりょう** 【渇水量】 droughty water discharge 渴水量,枯水量
**かっせいアルミナ** 【活性～】 activated alumina 活性铝土
**かっせいおでいせいぶつ** 【活性汚泥生物】 activated sludge organisms 活性污泥生物
**かっせいおでいそう** 【活性汚泥槽】 activated sludge tank 活性污泥池
**かっせいおでいのさいばっき** 【活性汚泥の再曝気】 reaeration of activated sludge 活性污泥再曝气
**かっせいおでいのしりょうか** 【活性汚泥の飼料化】 fodderal use of activated sludge 活性污泥饲料化
**かっせいおでいプラント** 【活性汚泥～】 activated sludge plant 活性污泥厂(设备)
**かっせいおでいほう** 【活性汚泥法】 activated sludge process 活性污泥法
**かっせいか** 【活性化】 activation 活化,活性化,激活
**かっせいかエネルギー** 【活性化～】 activation energy 活化能
**かっせいかエントロピー** 【活性化～】 entropy of activation 活化熵
**かっせいかきゅうちゃく** 【活性化吸着】 activated adsorption 活性吸附
**かっせいがんりょう** 【活性顔料】 activated pigment 活性颜料
**かっせいけいさん** 【活性珪酸】 active silicic acid 活性硅酸
**かっせいざい** 【活性剤】 activator 活化剂

かっせいざいりょう【活性材料】active material 活性材料
かっせいさくごうたい【活性錯合体】activated complex 活化络合物
かっせいシリカ【活性～】active silica 活性二氧化硅,活性硅石
かっせいスラッジ【活性～】activated sludge 活性污泥
かっせいスラッジほう【活性～法】activated sludge process 活性污泥法
かっせいたん【活性炭】activated charcoal,active carbon 活性炭
かっせいたんきゅうちゃく【活性炭吸着】activated carbon adsorption 活性炭吸附
かっせいたんきゅうちゃくほう【活性炭吸着法】activated carbon adsorption method 活性炭吸附法
かっせいたんさいせいろ【活性炭再生炉】active carbon regenerator 活性炭再生器
かっせいたんそろかち【活性炭素濾過池】activated carbon filter 活性炭滤池
かっせいたんだっしゅう【活性炭脱臭】activated carbon deodorization 活性炭除臭
かっせいたんのガスさいせい【活性炭の～再生】reactivation of carbon by gas method 用气体再生活性炭
かっせいたんのやくひんさいせい【活性炭の薬品再生】reactivated of carbon by chemical method 用药物再生活性炭
かっせいたんろか【活性炭濾過】active carbon filtration 活性炭过滤
かっせいど【活性度】activity 活性,活度
かっせいはくど【活性白土】activated white earth 活性白土
かっせいもくたん【活性木炭】activated charcoal 活性木炭
かっせき【滑石】talc 滑石
かっせきてっこう【褐赤鉄鉱】brown haematite 褐色赤铁矿
かっせつ【滑節】hinge joint,pin joint 铰接,铰结,枢接
かっせつてん【滑節点】pin joint, hinged joint 铰节点,枢接,铰接
カッセラースかつ【～褐】casseroles brown coal 褐炭色颜料,焦褐色颜料
かっせん【活栓】cock 栓,小龙头,活嘴,旋塞,阀,阀门
かっせんけいすう【割線係数】secant modulus 割线模量,割线系数
かっせんだんせいけいすう【割線弾性係数】secant modulus of elasticity 割线弹性模量
かっそうろ【滑走路】runway (机场)跑道,滑行道
かっそうろとう【滑走路灯】runway lamp (飞机场的)跑道灯
かっそうろビーコン【滑走路～】runway beacon 跑道指向标灯
カッター cutter 切刀,刀具,切削器,混凝土路面切缝机
ガッター gutter 沟,雨水槽,檐槽
カッタめじ【～目地】cut joint,sawn joint (混凝土路面的)锯缝
かったん【褐炭】brown coal 褐煤
かったんタール【褐炭～】brown coal-tar 褐煤柏油,褐煤沥青,褐煤焦油
かっちゃく【活着】taking root 成活,生根
かって【勝手】厨房
カッティング・デプス cutting depth 切削深度
カッティング・プラン cutting plan 下料图
かってぐち【勝手口】厨房便门,后门,日本茶室便门
かってにわ【勝手庭】service yard 厨房后院
かってまわり【勝手回】service portion 住宅服务房间
かってむき【勝手向】service portion 住宅服务房间
かってもと【勝手元】service portion 住宅服务房间
カット cut 路堑,挖土
カット・アウト cut-out(CO) 切断,断流器

カット・アウト・ケース cut-out case 熔线盒,保险盒
カット・アウト・コック cut-out cock 断流闸门,切断旋塞
カット・アウト・スイッチ cut-out switch (瓷插式)切断开关,熔断开关,安全开关
カット・アウト・デバイス cut-out device 断流装置,保险装置,
カット・イン cut-in(CI) 接通,开动,连接,加载,排入,插入
かつどうあんてい 【滑動安定】 safety for sliding 滑动稳定
かつどうかたわく 【滑動型枠】 sliding form 滑动模板,滑模
かつどうかたわくこうほう 【滑動型枠工法】 sliding form method 滑动模板施工法
かつどうけい 【滑動計】 sliding calipers (测量人体的)滑动测定计
かつどうたん 【滑動端】 movable end, sliding end 活动端,滑动端
カット・オーバー cut-over 接入,开动,转换,(电源和电路的)切换
カット・オフ cut-off 切断,断开,中止,关闭,隔墙,档板,停汽(装置)
カット・オフべん 【~弁】 cut-off valve 截止阀
カット・オフ・リレー cut-off relay 断路继电器
カット・ガラス cut glass 雕花玻璃
カット・サイズ cut size (胶合板的)裁成尺寸,截成尺寸
カット・ストーン cut stone 琢石,琢石块
カット・ダウン cut down 削减,缩减,向下挖掘,砍倒
カット・ナイル cut nail 方钉
カット・バック cut back 稀释,轻制,稀释产物
カットバック・アスファルト cut-back asphalt 轻制沥青,稀释沥青,回配沥青
カットバック・タール cut-back tar 轻制柏油,轻制焦油沥青
カットバック・ピッチ cut-back pitch 轻制硬煤沥青
カット・レングス cut length 切割长度
カット・ワイヤー cut wire 线制钢球,丝切球,钢丝切制丸粒
カッパー・ウールろざい 【~濾材】 filter media of copper wool 铜毛滤料
カッパ・ベニヤ capa veneer[葡] 防雨胶合板
がっぴつ 【合筆】 fusion of lots 地块合并
カッピング cupping 深挤,深拉,木料干缩翘曲,槽形磨损,断口形成蘑菇头
カップ cup 帽,盖,罩,杯,碗
カッファー coffer(dam) 围堰,沉箱
カップスタン capstan 绞盘,绞车,起锚机
カップスタン・ウィンチ capstan winch 绞盘
カップスタン・ウィンドラス capstan windlass 绞盘式卷扬机
カップべん 【~弁】 cup valve 钟形阀,杯状阀
カップラー coupler 联结器,耦合器,耦合装置,分接器,联轴器
カップラー・シース coupler sheath (预应力混凝土钢丝棒的)联接管套,联接器套
カップリング coupling 耦接,耦联,联结管,偶联管,管子接头,联接器,联轴器
カップリングけいすう 【~係数】 coupling coefficient 偶合系数
カップリングつきよこすいせん 【~付横水栓】 coupling sink faucet 接软管龙头,带耦联龙头
カップリング・デバイス coupling device 联结装置,联结器
カップリング・ボルト coupling bolt 接合螺栓,连接螺栓,联轴节螺栓
がっぺいかんち 【合併換地】 合并换地,合并重划用地
カッヘル=カーヘル
かつめんつぎめ 【滑面継目】 sliding joint 滑动缝,滑动接合
かつゆ 【滑油】 lubricating oil, lube oil 润滑油
かつようじゅ 【闊葉樹】 broad-leaved tree 阔叶树

かつら 【桂】 Cercidiphyllum japonicum [拉],katsuratree[英] 连香树

かつらいし 【葛石·桂石】 curb stone 阶条石,侧石,路牙石

かつらりきゅう 【桂離宮】(17世纪日本京都)桂离宫

かつりょう 【滑料】 lubricant 润滑剂

かつりょくざい 【活力剤】 activator 活化剂

かつれつ 【割裂】 cleavage,splitting 劈裂,开裂

かつれつおうりょく 【割裂応力】 splitting stress 劈裂应力,撕裂应力

かつれつきょうど 【割裂強度】 cleavage strength 劈裂强度

かつれつしけん 【割裂試験】 cleavage test,split test 劈裂试验

かつれつせい 【割裂性】 cleavability 可裂性,抗劈性

かつれつひっぱりきょうど 【割裂引張強度】 splitting tensile strength 劈裂拉伸强度

かていきゅうすい 【家庭給水】 domestic water supply 生活给水,家庭给水

かていげすい 【家庭下水】 domestic sewage 家庭污水,生活污水

かていごみ 【家庭芥】 domestic garbage, domestic refuse, household refuse 家庭垃圾

かていさいえん 【家庭菜園】 kitchen garden 家庭菜园,家用蔬菜园圃

かていしけん 【仮定試験】 presumptive test 假定试验

かていでんか 【家庭電化】 domestic electrification 家庭电气化

かていでんねつ 【家庭電熱】 domestic electric heating 家庭用电热

かていでんねつき 【家庭電熱器】 domestic electric heater 家庭用电热器

かていはいきぶつ 【家庭廃棄物】 domestic waste 家庭废物,生活垃圾

かていはいすい 【家庭排水】 sanitary sewer 住户排水,生活污水

かていほうもんちょうさ 【家庭訪問調査】 home interview survey 登门访问调查,家访调查

かていようあさいどポンプ 【家庭用浅井戸~】 domestic shallow pump 家庭用浅井泵,生活用浅井泵

かていようごみばこ 【家庭用芥箱】 domestic dust bin 家庭用垃圾箱

かていようじどうゆわかしき 【家庭用自動湯沸器】 household geyser 家庭用自动沸水器

かていようすい 【家庭用水】 domestic consumption, water for domestic use 家庭用水,生活用水

かていようすいろかそうち 【家庭用水濾過装置】 household water filter 家庭用水过滤器

かていようとうけつき 【家庭用凍結器】 room freezer 家庭用冰箱

かていようなんすいき 【家庭用軟水器】 domestic softener 家庭用软水器

かていようみずこし 【家庭用水濾】 domestic filter 家庭用滤水器

かていようりょうすいき 【家庭用量水器】 domestic water meter 家庭用水表

カテナリー catenary 悬链线,垂曲线

カテナリー・アーチ catenary arch 悬链拱

カテナリーつりか 【~吊架】 catenary suspension 悬链吊架

カーテン curtain 窗帘,幔,遮档物

ガーデン garden 花园,庭园,园

カーテン・ウォール curtain wall 幕墙,悬墙

カーテン・ウォールこうぞう 【~構造】 curtain wall construction 幕墙构造,悬墙构造

カーテンかなぐ 【~金具】 curtain hardware 窗帘用小五金

カーテンかべ 【~壁】 curtain wall 幕墙,悬墙

カーテン・コーター curtain coater 垂落式涂料器,帘式淋涂器

ガーデン・シティ garden city 田园城市,花园城市

ガーデン・シート garden seat 园座椅,园橙

ガーデン・トラクター garden tractor 手扶拖拉机,小型拖拉机
ガーデン・ハウス garden house 园舍,园亭
カーテン・ボックス curtain box 窗帘盒
カーテン・ライン curtain line 大幕线(舞台地面和幕的交线)
カーテン・リング curtain ring 窗帘圈
カーテン・レール curtain rail 窗帘轨
カーテン・ロッド curtain rod 窗帘棍
かど【角】corner 角,转角
かど【門】门口,门前,门侧,屋前空地,屋前道路
カート cart 马车,手推车,大车
カード card 图,表,表格,卡片,纸卡,程序单,标度盘
カートあしば【~足場】cart way 运送混凝土小车用暂设脚手架
かとう【火灯·華頭·架灯·瓦灯】尖头曲线门窗顶部
かどう【河道】river course,river channel 河道
がとう【瓦当·瓦瑠】瓦当
かとうかん【可撓管】flexible hose 软管,挠性管,可挠管
かどうかん【仮導管】tracheid (木材的)管胞
かどうきじゅうき【可動起重機】traveling crane 移动起重机
かどうきょう【可動橋】movable bridge 活动桥
かどうきょう【架道橋】overbridge 跨线桥,跨路桥,天桥
かとうぐち【火灯口】有焰状线的门(用于日本茶室的便门)
かどうぐつ【可動ぐつ】movable bearing 活动支座
かどうコイル・マイクロフォン【可動~】moving-coil microphone 动圈式话筒,电动传声器
かどうししょう【可動支承】movable bearing 活动支座
かどうしほこう【可動支保工】portable scaffold 移动支架,移动式支架
かどうスキップ【可動~】movable skip 倾卸斗,翻转式箕斗
かどうスクリーン【可動~】movable screen 活动格栅
かとうせい【可撓性】flexibility 挠性,柔韧性,可弯性
かどうぜき【可動堰】movable weir 活动堰
かどうだな【可動棚】adjustable shelves 活动搁板
かどうダム【可動~】movable dam 活动坝
かどうたん【可動端】movable end 活动端
かとうつぎて【可撓継手】flexible joint 柔(性)活节,挠性接头
かどうてっさ【可動轍叉】movable frog 活动辙叉,活动道叉
かとうでんせんかんこうじ【可撓電線管工事】flexible conduit wiring work 软管配线工程
かどうど【可動度】mobility 流动性
かどうねんせいけいすう【渦動粘性係数】coefficient of eddy viscosity 涡流粘度系数
かどうはんいげんていほう【可動範囲限定法】limited-move method 可动范围限定法
かどうひも【可動紐】flexible cord 柔性线,软线,挠性线,花线,皮线
かとうホース【可撓~】flexible hose 挠性软管
かどうまじきり【可動間仕切】movable partition wall 活动隔墙,活动隔断
かとうまど【火灯窓·架灯窓·瓦灯窓·火頭窓】有尖头曲线轮廓的窗
かどうりつ【可動率】mobility 可动性,流动性,迁移率
かどうルーバー【可動~】adjustable louver 可调(节的)百页板,软百页
かどうレール【可動~】movable rail (道岔用)活动轨
かどかくち【角画地】corner lot 转角地段
かどかけ【角欠】(混凝土制品、陶瓷制品等的)缺角,缺棱

かどがね 【角金】 corner bead, corner guard 护角铁

カードけんこうき 【~検孔機】 card verifier 卡片校对机,纸卡检孔机

かどげんしょう 【過渡現象】 transient phenomenon 过渡现象

カード・コード card code 卡片编码

かどしき 【過渡式】 transition style 过渡式样

かどしきち 【角敷地】 corner lot 转角地段

かどしんどう 【過渡振動】 transient vibration 瞬时振动,暂态振动

カードせんこうき 【~穿孔機】 card puncher 卡片穿孔机

かどち 【角地】 corner lot 转角地段

かどつぎて 【角継手】 corner joint 角接头

かどつけ 【角付】 ornamental margin 装饰边缘,镶边

カード・テーブル card table 打纸牌用桌

かどとり 【角取】 corner cutting 斜切,斜割,倒角

ガード・ハウス guard house 卫兵室,哨所

カード・パンチ card punch 卡片穿孔

ガード・フェンス guard fence 护栅,护篱

カドミウム cadmium 镉

カドミウムあか 【~赤】 cadmium red 镉红

カドミウムおう 【~黄】 cadmium yellow 镉黄

カドミウムおせんひりょう 【~汚染肥料】 cadmium-polluted fertilizer 镉污染肥料

カドミウムしょう 【~症】 cadmium disease 镉中毒症,软骨病

カドミウムちゅうどく 【~中毒】 cadmium poisoning 镉中毒

カートみちいた 【~道板】 cart way pannel (脚手架上的)小车道板

かどようせつ 【角溶接】 corner welding, angle welding 角焊,贴角焊接

カードよみとりき 【~読取機】 card reader 穿孔卡片读出器,卡片读出机

かとりょういき 【過渡領域】 transition zone 缓和段,转变区,渐变段,过渡区间

ガードル girdle (抱)柱带,胴轮,环带,环圈

カード・ルーム card room 打牌室

ガード・レール guard rail 护栏,护轨

カ・ドーロ CA' d'Oro[意] (15世纪前期意大利威尼斯)黄金府邸

カートン carton 厚纸

かなあみ 【金網】 wire mesh, wire netting 金属丝网

かなあみさく 【金網柵】 wire fence 钢丝网栅栏

かなあみど 【金網戸】 wired gate 钢丝网门

かないこうぎょうちく 【家内工業地区】 domestic industrial district 家庭工业区,手工业区

ガナイト gunite 喷枪(商),压力喷涂,压力喷浆

かなかい 【金飼】 砌石铁楔

かなきりのこ 【金切鋸】 钢锯

かなぐ 【金具】 fittings 零件,配件,管接头,小五金

かなくそ 【金滓】 slag, dross, scoria 矿渣,熔渣,炉渣

かなけ 【金気】 metallic taste 铁锈味,金属味

かなごて 【金鏝】 trowel 钢制镘刀,钢皮抹子

かなさび 【金錆】 rust 锈,铁锈

かなしき 【金敷】 anvil 铁砧,砧子,锤砧

かなしきだい 【金敷台】 anvil seat 砧座

かなづち 【金槌·鉄槌】 hammer 锤子,铁锤

かなてこ 【金梃·鉄梃】 crow bar 铁橇棍

かなといし 【金砥石】 grinding stone 磨石,研磨石料

かなどこ 【金床·鉄床】 cast steel anvil 铁砧

ガーナのカロリーメーター 【~の~】 Garner calorimeter 加纳热量计

かなば 【曲場】 石料加工时先加工的标准

边
**かなば** 【矩端】 砌大角,砌墙角
**かなばかり** 【矩計】 sectional detail 剖面细部,大样
**かなばかりず** 【矩計図】 sectional detail drawing 剖面详图,大样图
**かなはだ** 【金肌】 rust scale 氧化铁皮,锈皮
**かなばづくり** 【曲場造】 石料加工时先加工的标准边
**かなめいし** 【要石】 key-stone 拱顶石,拱心石
**かなめもち** 【要黐】 Photinia glabra[拉],Japanese photinia[英] 光叶石楠
**かなもの** 【金物】 hardware, ironwork, metal works 小五金,铁件
**かなものこうじ** 【金物工事】 metal works 金属加工工程,金属加工工作
**かなものそうこ** 【金物倉庫】 metal warehouse 金属材料仓库
**カナリヤ** canria[西],canary[英] 鲜黄色
**カナリヤでんきゅう** 【~電球】 canary bulb 黄色灯泡
**カナル** canal 运河,渠道,(庭园中联系壁泉和水池等的)溪流
**かなわつぎ** 【金輪継】 明企口斜嵌接
**ガニスター** ganister 粘土质硅岩,致密硅岩
**ガーニッシュ** garnish 装饰,修饰,装饰品
**カーニほう** 【~法】 Kani's method 卡尼解法,卡尼法(刚架解法之一)
**かにめん** 【蟹面】 bead and quirks 蟹目状凸角,圆凸线脚
**かね** 【矩】 直线,直角,(木工用)直角曲尺
**かねおりめちがい** 【矩折目違】 L形榫卯
**かねおりめちがいいれ** 【矩折目違入】 L形榫卯接合
**かねがたべん** 【鐘形弁】 bell valve 钟形阀
**かねくぎ** 【金釘】 iron nail 金属钉(包括钢钉、铜钉等)
**かねこうばい** 【矩勾配】 45° 斜坡
**かねざし** 【矩指】 (木工用)矩尺,直角曲尺
**かねじゃく** 【曲尺·矩尺】 (木工用)矩尺,直角曲尺
**カーネーション** Dianthus caryophyllus [拉],carnation[英] 香石竹,康耐馨
**かねつ** 【加熱】 heating 加热
**かねつ** 【過熱】 overheat, superheat 过热
**かねつえん** 【加熱炎】 heating flame 加热火焰,燃烧火焰
**かねつおんど** 【加熱温度】 heating temperature (防火性能或耐火性能试验的)加热温度
**かねつかそぶつ** 【加熱可塑物】 thermoplastic material 热塑性材料
**かねつかん** 【加熱管】 heating pipe 暖气管,供暖管
**かねつかん** 【過熱管】 superheating tube 过热管
**かねつかんそう** 【加熱乾燥】 heat drying 加热干燥
**かねつき** 【加熱器】 heater 加热器
**かねつき** 【過熱器】 superheater 过热器
**かねつきケーシング** 【加熱器~】 heater casing 加热器套,加热器外壳
**かねつきょくせん** 【加熱曲線】 heating curve 加热曲线
**かねつきょようせい** 【加熱許容性】 overheat allowance (涂膜的)加热容许性
**かねつげんりょう** 【加熱減量】 heating loss 加热减量,加热失量,加热损失
**かねつコイル** 【加熱~】 heating coil 加热盘管,加热线圈
**かねつこうか** 【加熱硬化】 heat hardening (合成树脂粘合剂的)加热固化
**かねつこつざいプラント** 【加熱骨材~】 hot-asphalt plant 热拌沥青骨料厂
**かねつこんごうしきこうほう** 【加熱混合式工法】 hot mix method (沥青路面)热拌铺筑法,热拌混合料铺路法,加热搅拌法
**かねつこんごうぶつ** 【加熱混合物】 hot mixture 热拌混合料
**かねつさらびょううちき** 【加熱皿鋲打機】 hot riveter 热铆机,热铆钉机
**かねつざんぶん** 【加熱残分】 heating residue, non-volatile matter 加热残余量,不挥发物质

かねつじかん【加熱時間】heating time 加热时间
かねつしきだっきそうち【加熱式脱気装置】heat deaerator 加热脱气装置
かねつしけん【加熱試験】heating test 加热试验
かねつしすう【加熱指数】index of heating effect 加热指数,热效应指数
かねつじょうき【過熱蒸気】overheat steam 过热蒸汽
かねつしんとうしきこうほう【加熱浸透式工法】hot penetration method (沥青路面)热贯入施工法,热灌法,热浸渗法
かねつせっちゃく【加熱接着】heating adhesion (树脂的)加热粘合,加热粘结
かねつそうふう【過熱送風】overheat blowing 过热送风
かねつそしき【過熱組織】overheated structure (焊接部分的)过热结构,过热组织
かねつだっき【加熱脱気】deaeration by heating 加热脱气,加热除气
ガーネット garnet 石榴石
かねつひずみ【加熱歪】thermal strain 热应变,热变形
かねつボルト【加熱～】heated bolt 热镦螺栓,热紧螺栓
かねつめ【矩爪】hook 钢筋末端直角弯钩
かねつめんせき【加熱面積】heating area 加热面积
かねつもどしき【過熱戻器】desuperheater 过热降温器
かねつようじょう【加熱養生】heat curing 加热养护
かねつようほそうタール【加熱用舗装～】hot applied road tar 热用筑路煤焦油,热用铺路焦油沥青
かねつりばり【鐘釣梁】(钟楼中的)吊钟梁
かねつろ【加熱炉】fire furnace 加热炉
かねどう【鐘堂】campanile (教会的)钟楼
かねのこ【金鋸】hack saw 钢锯
かねのこは【金鋸刃】hack saw blade 钢锯刀,钢锯片
かねばかり＝かなばかり
かねべら【鋼箆】steel spatula (油工用)刮刀,铲刀,刮铲
かねんガス【可燃～】combustible gas 可燃气体,易燃气体
かねんざいりょう【可燃材料】combustible material. 可燃材料
かねんせい【可燃性】combustibility, inflammability 可燃性
かねんせいはいきぶつ【可燃性廃棄物】combustible wastes 可燃废物
かねんぶつ【可燃物】combustible substance 可燃物
かのうこうつうようりょう【可能交通容量】possible traffic capacity (道路)最大通行能力(一小时通过车道或道路某一地点的最大车辆数)
かのうしゅつりょく【可能出力】possible output 可能输出
かのうせっけい【可能設計】feasible design 可行设计
かのうほうこうほう【可能方向法】method of feasible directions 可能方向法
かのうようりょう【可能容量】possible capacity (道路)最大通行能力
かのこずり【鹿の子摺】(底层抹灰后不平处的)找补抹灰
かのこたて【鹿子建】石础上直接立柱
カノピ・スイッチ canopy switch 顶棚开关,(电车上用)盖顶开关
カノン kanon[希] (在造型艺术中)表现人体的标准比例
かば【樺】birch 桦木
カバー cover 盖,罩,套,壳,面层,保护层
カーバイド carbide 碳化物,碳化钙,电石
カーバイドかす【～滓】carbide slag 电石渣
カーバイドさ【～渣】carbide waste 电石渣
カーバイド・スラグ carbide slag 电石渣
カーバイドみっぺいろガスせんじょうはい

すい 【～密閉炉～洗浄廃水】 enclosed carbide furnace gas scrubbing wastewater 碳化封闭炉洗气废水
カパシタンス capacitance 电容
カバチャー coverture 被覆,包覆,保护
カーバチュア curvature 曲率
かばっき 【過曝気】 superaeration 过曝气
カバード・テラス covered terrace 有屋顶的露台,有屋顶的坪台
カバード・ワイヤー covered wire 被覆线,皮线,绝缘线
ガバナー governor 调节器(调速器,调压器)
ガバナー・コントロールド・シーブ governor-controlled sheave 调速器控制皮带轮
ガバナーべん 【～弁】 governor valve 调节阀(调速阀,调气阀)
カパーばん 【～板】 copper plate 铜板
カバー・プレート cover plate 盖板,翼缘板
カバリング・パワー covering power 遮盖力,覆盖能力
カパー・ワイヤー copper wire 铜线
かばん 【下盤】 lower plate (经纬仪的)下盘
かはんがたしょうこうき 【可搬型昇降機】 mobile elevator 移动式升降机
かはんきょう 【可搬橋】 portable bridge 轻便桥,可拆移桥
かばんこうぞう 【架板構造】 folded plate construction 折板结构
かはんさんかくマトリックス 【下半三角～】 lower triangular matrix 下三角矩阵
かはんしきアスファルト・プラント 【可搬式～】 portable asphalt plant 移动式沥青拌和设备
かはんしきクリーン・ルーム 【可搬式～】 mobile clean room 移动式空气净化间,活动式空气净化间
かはんしきコンベヤー 【可搬式～】 portable conveyer 移动式输送机,移动式运输机
かはんしきようせつき 【可搬式溶接機】 portable welding machine 移动式焊机
かはんしきレントゲンそうち 【可搬式～[Rontgen德]装置】 mobile X-ray apparatus 移动式X射线装置
かはんひょうしき 【可搬標識】 portable sign,stanchion sign 移动式标志,(可移动的)柱座标志
かび 【黴】 fungus 真菌,霉菌
かひずみ 【過歪】 overstrain 过度应变,过度变形
カピタル capital 首都,柱头,柱顶
かびていこうせい 【黴抵抗性】 fungus resistance (涂膜的)抗霉性
かびどめとりょう 【黴止塗料】 fungus resisting paint 防霉涂料
カービュレッター carburetor,carburetter 汽化器,化油器
かひょう 【華表】 华表
がびょう 【画鋲】 thumb tack,thumb pin 图钉
かびるい 【黴類】 fungi 真菌(包括霉菌、酵母菌和伞菌等)
かびん 【花瓶】 vase (花)瓶饰
カービング carving 雕刻
カーフ kerf 锯缝,割缝,劈痕,切口,截口
カーブ curb,kerb 路缘石,侧石,路牙,井栏
カーブ curve 曲线,曲线图,特性曲线,曲线板,弯曲
カフェー・テラス cafe-terrace 露天咖啡馆,茶座平台,餐用平台
カフェテリア cafeteria (顾客)自取饭菜食堂,自助食堂
かふか 【過負荷】 overload 超负荷,超载
かふかじゅう 【過負荷重】 over load,excess load 超载
かふかねんしょう 【過負荷燃焼】 overload firing 超负荷燃烧
かぶき 【冠木】 门上额枋,日式冠木门的简称
かぶきゅうにゅうべん 【下部吸入弁】 lower suction valve 下部吸入阀,下部吸气阀
カーブきょう 【～橋】 curve bridge 弯

道桥,曲线桥
カーブ・ゲージ curve gauge 曲线规
かぶこうじ 【下部工事】 substructure work 下部结构工程
かぶこうぞう 【下部構造】 substructure 下部结构,底部结构,基准线以下的结构,地下建筑,基础
かぶこうふくてん 【下部降伏点】 lower yield point 下屈服点
カーブ・シュー kerb shoe (沉箱下端的)钢制刃脚
かぶしゅうすいそうち 【下部集水装置】 underdrain system (快滤池)底部集水系统
カプスタン・ウィンドラス capstan windlass 绞盘式卷扬机,绞盘式起锚机
かぶせ 【被】 covering,coating 盖,套,罩,壳,膜,包皮,面层,覆盖层,覆盖物
かぶせガラス 【被~】 flashed glass 套色玻璃,套料玻璃
かぶだち 【株立】 multi-stemmed trees, shrubby trees 丛生灌木
カーブ・トレーサー curve tracer 波形记录器,曲线描绘器
かぶびどうねじ 【下部微動捻子】 lower plate slow motion screw 下盘微调螺栓
カーブひょうしき 【~標識】 curve sign 弯路标志,弯道标志
かぶま 【株間】 intrarow spacing,space between plants (栽植植物的)株距
かぶもの 【株物】 shrub,shrubbery 灌木,灌木丛
かぶらえり 【曲刀鑿·鏑鐫】 (雕刻用)弯刃凿
かぶらげぎょ 【蕪懸魚】 芜菁状悬鱼
かぶり 【被】 covering (钢筋混凝土的)保护层,覆土层,覆盖层,涂层
かぶりあつさ 【被厚さ】 covering depth 保护层厚度,面层厚度
かぶりまつ 【冠松】 斜干偏冠松(树干倾斜树形不整齐的松树)
かぶりんかいれいきゃくそくど 【下部臨界冷却速度】 lower critical cooling speed 下部临界冷却速度
かぶわけ 【株分】 division,suckering 分株,分棵
かふんさい 【過粉砕】 overpulverization 过度粉碎,超细粉碎
かべ 【壁】 wall 墙,墙壁,墙体
かべいた 【壁板】 壁板,护墙板
かべうけぐち 【壁受口】 wall socket 墙装插座,壁插座
かべかけ 【壁掛】 tapestry 挂毯,像景织物
かべかけしょうべんき 【壁掛小便器】 wall urinal,hanging urinal 墙挂式小便器,小便斗
かべかけすいせんだいべんき 【壁掛水洗大便器】 wall hanging water closet 墙挂式冲洗大便器
かべかけストールしょうべんき 【壁掛~小便器】 wall stool-urinal 附墙立式小便器
かべかけせんめんき 【壁掛洗面器】 wall hanging basin 墙挂式洗面器
かべかけでんわき 【壁掛電話機】 wall telephone set,wall set telephone 墙挂式电话机
かべかけほうねつき 【壁掛放熱器】 wall radiator 墙挂式散热器
かべがたケーソン 【壁形~】 wall-type caisson 墙式沉箱
かべがみ 【壁紙】 wall paper 壁纸
かべクレーン 【壁~】 wall crane 墙上起重机,沿墙起重机
かべこうぞう 【壁構造】 bearing wall structure 承重墙结构
かべコンセント 【壁~】 wall consent, wall plug socket 墙装插座
かべしあげ 【壁仕上】 finishing of wall 墙面装修,墙壁饰面
かべしききそぐい 【壁式基礎杭】 wall type foundation pile 墙式基础桩
かべしききょうきゃく 【壁式橋脚】 wall-type pier 壁式桥墩
かべしきこうぞうたいしんへき 【壁式構造耐震壁】 box frame type shear wall 箱形框架式抗震墙
かべしきこうぞうほう 【壁式構造法】 box frame construction 箱形框架结构

かべしきてっきんコンクリートこうぞう【壁式鉄筋～構造】 box frame type reinforced concrete construction 箱形框架钢筋混凝土结构
ガーベジ・クラッシャー garbage crusher,garbage disposer 垃圾粉碎机,垃圾处理机
かべしたじ 【壁下地】 墙面抹灰基底,墙面粉刷底层,抹灰板条墙骨架
かべしん 【壁心·壁真】 center line of wall 墙身中心线
かべすな 【壁砂】 墙面粉刷用色砂
かべソケット 【壁～】 wall socket 墙装插座,壁插座
かべタイル 【壁～】 wall tile 墙面砖
かべつきアーチ 【壁付～[arch]】 wall rib 附墙拱肋(在拱顶和垂直墙体的交接部分的拱肋)
かべつきがわら 【壁付瓦】 墙头瓦
かべつきだんろ 【壁付暖炉】 fireplace 壁炉
かべつけとう 【壁付灯】 bracket lamp 托架灯,壁灯
かべつち 【壁土】 plaster 抹墙用泥土
カーペット carpet 地毯
カーペット・コート carpet-coat 沥青混合料表面处治法(用于路面养护修理)
かべばり 【壁梁】 wall girder 墙梁
かべふくしゃだんぼう 【壁輻射暖房】 wall radiant heating 墙面辐射采暖
かべブッシング 【壁～】 wall bushing 穿墙套管
かべブラケット 【壁～】 wall bracket 墙上托架
カーヘル kachel[荷],stove[英] 暖炉
かべわたどの 【壁渡殿】 两侧砌墙的联系廊
かへんきゅうおんたい 【可変吸音体】 variable absorber 可变吸声体
かへんくりかえしかじゅう 【可変繰返荷重】 variable repeated load 可变反复荷载,变复荷载
かへんけいりょうほう 【可変計量法】 variable metric method 可变计量法,可变度量法
かへんごちょう 【可変語長】 variable word length 可变字长
かへんしゅくやくほう 【可変縮約法】 variable-reduction method 可变简约法
かへんはきだしりょう 【可変吐出量】 variable discharge 变化排水量
かへんブザー 【可変～】 variable buzzer 可调蜂鸣器
かへんめんせきほう 【可変面積法】 variable cross-section method 变截面解法
カーボイド carboid 似碳物,石油焦
かほうこんしょく 【加法混色】 additive mixture 加法混色
かほうわ 【過飽和】 supersaturation 过饱和
かぼく 【下木】 underwood,undergrowth,lower story 下(层林)木
かぼく 【花木】 flowering freesand shrubs,ornamental trees or shrubs (庭园中)观赏花木,观赏树木
カポック kapok 木棉(一种保温材料)
カー・ポート car-port 简易汽车库,汽车棚
カーボネード carbonado 黑金刚石
カーボランタム carborundum 碳化硅,金刚砂
カーボランダムしつたいかぶつ 【～質耐火物】 carborundum refractory 碳化硅耐火材料
カーボランダム・タイル carborundum tile 金刚砂砖,碳化硅砖
カーボランダムれんが 【～煉瓦】 carborundum brick 碳化硅砖
カーボン・アーク carbon arc 碳弧
カーボン・アンバー・ガラス carbon amber glass 硫碳着色玻璃,碳琥珀色玻璃
カーボン・スチール carbon steel 碳素钢,碳钢
カーボンせんいほきょうコンクリート 【～繊維補強～】 carbon fiber reinforced concrete(CFRC) 碳纤维增强混凝土
カーボン・ダスト・フィルター carbon dust filter 碳尘过滤器
カーボン・フィラメント・ランプ car-

bon filament lamp 碳丝灯
カーボン・ブラック carbon black 碳黑
カーボン・リムーバー carbon remover 除积碳器,碳尘清除剂
カーボン・ロッド carbon rod 碳精棒,碳棒
かま【釜】caldron 锅,蒸馏釜
かま【窯】kiln,oven 窑,炉
かま【罐】boiler 锅炉,蒸煮器
カーマイン carmine 鲜红色,洋红色,胭脂红
かまえ【構】城区,围墙,围子,设施区域
かまざん【釜残】bottom 蒸馏锅残留的浓废液
かまち【框】frame,stile,style,rail 框,立边,冒头
かまちいた【框板】form panel 模板,预制块边框
かまちぐみ【框組】家具框架(由横竖框和镶板组成)
かまちぐみこういた【框組甲板】镶板
かまちしきかたわく【框式型枠】框式模板,预制定型模板块
かまちどこ【框床】(日本住宅客厅内的)比客厅地面高起的部分
かまつぎ【鎌継】mortise and tenon 雌雄榫,镶榫,卡榫
がまてんじょう【蒲天井】蒲席顶棚
かまど【竈】灶,炉灶
かまのみ【鎌鑿】尖凿,箭头形凿
かまば【釜場】sump pit 集水坑,排水坑
かまへき【窯壁】kiln wall 窑壁,窑墙
かまぼこがた【蒲鉾型】barrel 圆筒形,筒形
かまぼこやね【蒲鉾屋根】barrel roof 筒形屋顶
がまむしろてんじょう【蒲席天井】蒲席顶棚
かまろ【窯炉】kiln,oven,furnace 窑炉
かまわり【鎌割】用镰割枝
かマンガンさんカリウム【過~[Mangan德]酸~[Kalium德]】potassium permanganate 高锰酸钾
かマンガンさんカリウムじょうかき【過~[Mangan德]酸~[Kalium德]浄】potassium permanganate purifier 高锰酸钾净化器
かみ【紙】paper 纸
かみあいめじ【噛合目地】tongued and grooved joint 企口接合,企口接缝
かみあわせしきジベル【噛合式~[Dübel德]】press-in connector,spike dowel,press-in dowel 压入(齿形)销钉,压入暗销
かみあわせばり【噛合梁】indented girder 错口式组合梁,锯齿槽口式组合梁
カミオン camion[法] 载重汽车,卡车
かみガスケット【紙~】gasket paper 纸衬,纸垫
かみがまち【上框】top rail,head rail (门窗的)上档,上冒头
かみざん【上栈】top rail (门窗的)上档,上冒头
かみしょうじ【紙障子】糊纸槅扇,糊纸窗扇
かみずさ【紙苆】纸筋
かみせいせきいた【紙製堰板】paper sheathing board 厚纸质衬板,纸制盖板
かみつきょじゅう【過密居住】over-crowding,over-dwelling (住房)过密拥挤,居住区过密
かみつしゅうしん【過密就寝】over-crowding sleeping 过密就寝(每人在3平方米以下)
かみつじんこう【過密人口】over-crowding population 稠密人口,过密人口
かみつとし【過密都市】over-crowding city 人口过密城市,人口稠密城市
かみて【上手】stage left 上座,上首,由观众厅看舞台的右方
かみテープ【紙~】paper tape 纸带
かみテープせんこうき【紙~穿孔機】paper tape punch 纸带穿孔机
かみテープよみとりき【紙~読取機】paper tape reader 纸带读出机,纸带读出器
かみねんちゃくテープ【紙粘着~】tackiness paper tape 胶带纸

かみはいすい 【紙排水】 cardboard drain （改良地基用的）硬纸板排水法，插入特制纸板的地基排水法
かみばりしょうじ 【紙張障子】 糊纸槅扇，糊纸窗扇
かみパルプこうじょうはいすい 【紙～工場廃水】 pulp and paper mill wastewater 造纸厂废水，纸及纸浆生产废水
かみやすり 【紙鑢】 sand paper 砂纸
かみやすりばん 【紙鑢盤】 sand papering machine 砂纸打光机
カーミン＝カーマイン
カム cam 凸轮，偏心轮
ガム gum,rubber 橡胶
カム・シャフト cam shaft 凸轮轴
カム・シャフト・タイミング・ギア cam shaft timing gear 凸轮轴定时齿轮，分度轴上的分度齿轮
ガム・テープ gum tape 树胶粘条，树胶条
カム・ドライブ cam drive 凸轮传动
ガムファルト gumphalt 橡胶沥青
カムフラージュ camouflage[法] 伪装，掩饰
かむろまつ 【禿松】 秃松（仅在树顶有枝叶的高枝松树）
カメオ cameo 刻有浮雕像的徽章，（仿上述手法的）建筑装饰浮雕，浮雕玉石
カメオ・ガラス cameo glass 浮雕玻璃
かめしま 【亀島】 the tortoise island 龟岛（日本庭园里池中叠成龟形的小岛，是蓬莱岛的一种形式）
かめつるいけ 【亀鶴池】 the pond of tortoise and crane 龟鹤池（池中有龟岛和鹤岛）
かめのこあて 【亀の甲当】 石碳
かめのこシュート 【亀の子～[chute]】 （浇灌混凝土用）六角形溜（滑）槽
かめばら 【亀腹】 龟腹形石柱础，基础周围馒头形线脚，园林中馒头形踏石
がめん 【画面】 picture plane （透视图中立体的）画面
かもい 【鴨居】 head jamd （门窗的）上档
かもうるい 【下毛類】 Hypotrichida 下毛目
かもつうわや 【貨物上家】 freight shed 货棚，仓库，罩棚
かもつえき 【貨物駅】 freight station 运货车站，货站
かもつエレベーター 【貨物～】 freight elevator 货梯
かもつじどうしゃ 【貨物自動車】 freight car 货车，运货汽车
かもつしゃ 【貨物車】 freight car, freight(carrying)vehicle 货车，货运车
かもつつうろ 【貨物通路】 passage for freight handling 货物装卸通道，货运通道
かもつつみおろしば 【貨物積卸場】 freight platform 货运站台，货物装卸场地
かもつプラットフォーム 【貨物～】 freight platform 货运站台，货物装卸场地
カモード commode 衣柜，五斗橱
かもん 【窠文】 木瓜形纹样，窠形花纹
かや 【茅】 miscanthus 茅草
かや 【榧】 Torreya nucifera[拉]，Japanese torreya，kaya[英] 日本榧，油榧，榧木
かやおい 【茅負】 （飞檐缘上）连檐木，小连檐
かやく 【火薬】 gun-powder 火药
かやくこ 【火薬庫】 powder magazine 火药库
カヤナイト cyanite，kyanite 蓝晶石
かやぶき 【茅葺】 茅草屋面，铺茅草屋面
かやぶきやね 【茅葺屋根】 茅草屋面
かやもん 【茅門·萱門】 茅顶门
かゆうごうきん 【可融合金】 fusible alloy 可熔合金
かゆうせい 【可融性】 fusibility 可融性，可熔性
かゆうせいむすいせっこう 【可融性無水石膏】 soluble anhydrous gypsum 可溶性无水石膏
かゆうへん 【可融片】 fuse 熔断片，保险片
かよいぐち 【通口】 茶室便门

かようせいこうどさらしこ 【可溶性高度晒粉】 soluble highpower bleaching powder 溶性高能漂白粉
かようせいシリカ 【可溶性～】 soluble silica 可溶(性)硅石
かようせいりんひ 【可溶性燐肥】 soluble phosphoric manure 可溶磷肥
かようづか 【荷葉束】 荷叶墩(荷叶形短柱)
かようへん 【可溶片】 fuse 熔断片,保险片
がら (砖、石、混凝土等的)碎块,(直径3～10厘米左右的)中砾石
がら 【殼】 ferric oxide 红土子,红铁粉,铁丹
カラー colour 色彩,色,颜色
カラー collar 圈,环,柱环,套环,轴环,箍,卡圈,项圈,系梁,套管,接头,法兰盘
カラー・アナライジング・フィルター colour analyzing filter 色彩分析滤色器
からいしばり 【空石張】 dry pitching 干铺砌,干砌护坡
からいど 【空井戸】 dry well 干井
カラー・エフェクト colour effect 彩色效果,彩色效应
からがき 【唐垣·韓垣】 树干围墙,抹白灰围墙
からかさまつ 【傘松】 伞形松
からかみしょうじ 【唐紙障子】 糊花纹纸的推拉门扇
カラカラていのよくじょう 【～帝の浴場】 Tèrme di Caracalla[意] (公元206～216年古罗马)卡拉卡拉浴场
からき 【唐木】 热带产的硬木的总称,贵重木材
からぎめ 【空極】 埋土植树法(土不太干时,不浇水,用土填实根部的一种针叶树栽植法)
ガラーキンほう 【～法】 Galerkin's mathod 伽辽金法(线性弹性理论的近似解法之一)
からくさ 【唐草】 arabesque 蔓叶纹样,卷草纹样
からくさがわら 【唐草瓦】 带蔓草花纹的檐头仰瓦
からくさもよう 【唐草模様】 arabesque 蔓叶纹样,卷草纹样
がらくたこうえん 【がらくた公園】 adventure playground, creative playground (训练克服困难,培养创造能力的)儿童公园,儿童游戏场
からくりびょう 【絡繰鋲】 rivet 铆钉
からくる 【絡繰る】 riveting 铆接
からくれない 【唐紅·韓紅】 鲜红色,真红色
カラー・コオーディネーション colour coordination 色彩协调,色彩配合
カラー・コード colour cord 彩色软线
カラー・コンクリート colour concrete 彩色混凝土
カラー・コンディショニング colour conditioning 色彩调节
カラー・コントラスト colour contrast 色彩对比(度),颜色反衬
からし 【枯】 seasoning 风干,老化
ガラージ＝ガレージ
からじめボルト 【空締～】 latch bolt, live bolt 弹簧闩,碰簧销
カラー・ジョイント collar joint 环状接头,箍状接头,圈状接头
ガラシン glassine 玻璃纸
ガラス 【硝子】 glass 玻璃
ガラスいた 【～板】 glass-plate 玻璃板
ガラスいと 【～糸】 glass silk 玻璃丝
ガラスがいし 【～碍子】 glass insulator 玻璃绝缘子
ガラスかこう 【～加工】 glassworking 玻璃加工
ガラスがわら 【～瓦】 glass tile 玻璃瓦
ガラスかん 【～管】 glass tube 玻璃管
ガラスキット Glaskitt[德], glass cement[英] 玻璃胶粘剂
ガラスきゅう 【～球】 glass bulb 灯泡,玻璃泡
ガラスきり 【～切】 glass cutter 玻璃切刀,划割玻璃刀
からすぐち 【烏口】 drawing pen, ruling pen 直线笔,鸭嘴笔
ガラス・ケース glass case 玻璃橱
ガラスけんし 【～絹糸】 glass silk 玻璃

丝
ガラスけんちく 【～建築】 glass architecture 玻璃建筑
ガラスこう 【～工】 glazier 装玻璃工
ガラスこうじ 【～工事】 glazier's work 玻璃安装工程
ガラスこうじょうはいすい 【～工場廃水】 glass manufactory waste water 玻璃厂废水
ガラスしつざいりょう 【～質材料】 vitreous material, glassy material 玻璃质材料
ガラスじゃくり 【～決】 glass groove 装玻璃用的铲口
ガラス・ジャルジー glass jalousies 玻璃百页窗
ガラスしょうじ 【～障子】 玻璃槅扇，玻璃门(窗)扇
ガラスじょうスラグ 【～状～】 glassy slag 玻璃状熔渣
ガラスじょうせっちゃくぶはだん 【～状接着部破断】 glazed joint failure 接合部分玻璃状破坏，接合部分釉面状损坏
ガラスすいめんけい 【～水面計】 glass water gauge 玻管水位(指示)计，玻璃(管)水面计
ガラスせんい 【～繊維】 glass fiber 玻璃纤维
ガラスせんいきょうかポリエステルなみいた 【～繊維強化～波板】 glass fiber reinforced polyester corrugated sheet 玻璃纤维增强聚酯波形板
ガラスせんいばん 【～繊維板】 glass fiber board 玻璃纤维板
ガラスせんいふ 【～繊維布】 glass fiber cloth 玻璃纤维布
ガラスせんいほきょうコンクリート 【～繊維補強～】 glass fiber reinforced concrete(GFRC) 维增强混凝土
ガラスせんいマット 【～繊維～】 glass-fiber mat 玻璃纤维毡
ガラスせんりょうけい 【～線量計】 glass dosimeter 玻璃剂量仪
ガラス・タイル glass tile 玻璃面砖，玻璃瓦
ガラスてんいてん 【～転移点】 second-order transition point 二级转变点
ガラスでんきょく 【～電極】 glass electrode 玻璃电极
ガラスでんきょくピー・エッチメーター 【～電極pH～】 glass electrode pH meter 玻璃电极pH计(氢离子浓度计)
ガラスと 【～戸】 glass door 玻璃门
ガラス・ドア glass door 玻璃门
ガラスぬの 【～布】 glass cloth 玻璃布，玻璃纤维布
ガラス・ハウス glass house (玻璃)温室，花房，暖房
ガラスまじきり 【～間仕切】 glazed partition 玻璃隔墙，玻璃隔断
ガラスめん 【～綿】 glass wool 玻璃棉
ガラスやね 【～屋根】 glass roof 玻璃屋顶
カラー・スライド colour slide 彩色幻灯片
ガラスれんが 【～煉瓦】 glass brick 玻璃砖
カラー・ダイナミックス colour dynamics 色彩调节
からたち 【枸橘】 Poncirus trifoliata [拉], trifoliate orange[英] 枳，枸桔
カラー・チャート colour chart 色彩图表
からつぎ 【空継】 open joint 开缝接头，明接头，开口结合
からつきじぎょう 【空突地業】 素土夯实地基
カラーつぎて 【～継手】 collar joint 套环接合，法兰盘接合，凸缘接合，套管接头
カラット carat 开(黄金成色单位，略号K)，克拉(宝石重量单位)
からづみ 【空積】 dry masonry 干砌圬工，干码砌筑，不灌浆砌法
カラー・ディレクション colour direction 色彩设计指导书
カラー・テレビジョン colour television 彩色电视
からど 【唐戸】 panelled door 镶板门
からとぎ 【空研】 dry sanding 干磨，干研，干擦

カラード・グラス coloured glass 有色玻璃,彩色玻璃

カラー・トタン colour tutanaga 有色镀锌铁板

からどめん 【唐戸面】 镶板门边上的凸圆线脚

カラー・トランスペアレンシー colour transparency 彩色幻灯片

からねり 【空練】 dry mixing 干拌,不加水搅拌

からはな 【唐花】 复杂的多瓣花纹

からはふ 【唐破風】 camber barge board 卷棚式封檐板

カラー・ハーモニー colour harmony 色彩谐调

カラー・ハーモニー・マニュアル colour harmony manual 色彩谐调手册,谐调色集

カラー・バランス colour balance 色彩平衡

からばり 【空張】 dry pitching 干铺砌,干砌护坡

カラー・ビーム collar beam 系梁,系杆

カラー・フィルター colour filter 滤色器,滤色板,滤色片

カラー・フロック colour flock 着色绒体,有色绒体

カラーほそう 【～舗装】 coloured pavement 有色路面,彩色路面

からぼり 【空堀】 areaway, dry area 采光井,地下室窗前的采光井

カラー・ポリシー colour policy 反映企业思想主题的色彩

からぼりのはいすい 【空掘の排水】 area drain, area drainage 地面排水(沟)

からまぜ 【空混】 dry mixing 干拌,不加水搅拌

からまつ 【唐松·落葉松】 Larix leptolepis[拉], Japanese larch, tamarack[英] 日本落叶松,落叶松木

カラム・キャピタル column capital 柱头,柱帽

からめじ 【空目地】 dry joint 干砌(石),不勾缝的接缝

からめじはいかん 【空目地配管】 jointless piping 无接缝管道,无接口管道(管道接口不填实)

からもん 【唐門】 有封檐板的大门

からよう 【唐様】 中国建筑形式的总称,(日本镰仓时代以后禅宗寺院建筑中)仿南宋的建筑式样

からようこうらん 【唐様高欄】 (日本镰仓时代以后寺院建筑中)仿南宋建筑式样的栏杆

からようひじき 【唐様肘木】 栱翘(日本镰仓时代仿南宋形式的枓栱)

カラー・ライト・シグナル colour light signal 彩色光信号

がらり 百页窗,百页门

からりと 【からり戸】 百页门

カラリミトリ colorimetry 比色法,比色试验,色度学

カラリミトリック・アナリシス colorimetric analysis 比色分析法

カラリメーター colorimeter 比色计,色度计

カラーリング colouring 着色,配色,染色

がらん 【伽藍】 SaṃghārāmA[梵], buddhist temple[英] 佛寺,伽蓝,寺院

カラン Kraan[荷], tap, cock, faucet[英] 龙头,管门,栓,塞

カランドリヤ calandria 排管式,加热管群,加热体

カラーン・パン 【[kran德-pan英]】 桥式起重机,桥式吊车

からんりゅう 【渦乱流】 vortex flow 涡流

カリ 【加里】 kali 钾,碳酸钾

カリー quarry, quarrel(pane) 采石场,露天矿场,小方块花砖,菱形玻璃片

かりあんていじょうたい 【仮安定状態】 unstable state 不稳定状态

かりうえ 【仮植】 heeling in temporary planting 假植(定植前暂时将树木根部埋在假植沟或壅土暂栽)

かりうち 【雁打】 (庭园中踏步石的)雁队形曲折铺法

カリウム Kalium[德], potassium[英] 钾

カリえんガラス 【～[Kalium德]鉛～】 potassium lead glass 钾铅玻璃

かりがこい 【仮囲】 temporary enclosure 暂设性围墙,临时性围墙
かりかじゅう 【仮荷重】 specified load,rated load 计算荷载,假定荷载
かりがた 【仮型】 temporary form 临时模板,简易模板
カリ・ガラス potassium glass,potash glass 钾玻璃
かりかんち 【仮換地】 provisional replotting 暂定换地
かりきゅうすい 【仮給水】 temporary water supply 临时供水,临时给水
かりぐみ 【仮組】 temporary erection 临时架设,临时安装,临时竖立,试组装
かりくみたて 【仮組立】 shop assembly 试装配,试组装
かりけいやく 【仮契約】 provisional contract 临时合同
かりこ 【仮子】 墨斗线钩
かりこみ 【刈込】 trimming 修剪
かりこみがた 【刈込形】 topiary 修整树形,修整树态
かりこみもの 【刈込物】 trimming tree 灌木整形树
かりごや 【仮小屋】 temporary shed 临时性工棚,简易工棚
かりじき 【仮敷】 temporary laying 暂时铺设,临时铺面,临时铺墁
かりしちゅう 【仮支柱】 temporary support 临时支柱
かりじむしょ 【仮事務所】 field office 工地办公室,现场办公室
かりじめ 【仮締】 temporary tightening 暂时紧固,临时固定
かりしめきりダム 【仮締切～】 temporary cofferdam 临时围堰
かりじめボルト 【仮締～】 fitting-up bolt 临时接合螺栓
ガリしんしょく 【～浸食】 gully erosion 沟状侵蚀,沟蚀
カリせっかい 【～[Kalium德]石灰】 potash lime 钾石灰
カリせっかいガラス 【～[Kalium德]石灰～】 potash-lime glass 钾钙玻璃
かりせん 【仮線】 temporary track 临时线路,便线
カリちょうせき 【～[Kalium德]長石】 orthoclase 钾长石,正长石
かりづけようせつ 【仮付溶接】 tack weld 点定焊,定位焊
かりどうろ 【仮道路】 temporary road 临时道路,便道
カリなまりガラス 【～[Kalium德]鉛～】 potash-lead glass 钾铅玻璃
かりばし 【仮橋】 temporary bridge 临时便桥,临时性桥梁
かりばらいきん 【仮払金】 suspense payment 暂记付款
カー・リフト car lift 汽车用升降机,升车机
かりほぞ 【仮枘】 (榫的)塞木,嵌木,嵌片
かりほそう 【仮舗装】 temporary paving 临时铺装,临时性路面
かりほどう 【仮歩道】 temporary sidewalk 临时人行道,人行便道
かりまたげぎょ 【雁股懸魚】 雁股式悬鱼
カリみょうばん 【～[Kalium德]明礬】 potash alum 钾明矾
かりやきろ 【仮焼炉】 calcinator,calciner,calcining oven 煅烧炉,焙烧炉
かりゅう 【下流】 lownstream 下游
かりゅう 【火流】 fire stream (火灾蔓延的)火流
かりゅう 【加硫】 vulcanization,vulcanizing 硫化
かりゅう 【渦流】 vortex flow 涡流
かりゅうゴム 【加硫～】 vulcanized rubber 硫化橡胶
かりゅうそんしつ 【渦流損失】 vortex loss 涡流损失
かりゅうていこう 【渦流抵抗】 vortex resistance 涡流阻力
かりゅうポンプ 【渦流～】 rotary pump 涡流泵,旋转泵
かりゅうよくそう 【渦流浴槽】 whirlpool bath (医疗用)涡流浴池
がりょう 【臥梁】 圈梁,墙梁
かりょくかんそう 【火力乾燥】 heat drying 火力干燥,热干燥
かりょくしけん 【加力試験】 load test,

loading test 荷载试验,载重试验
かりょくそくど 【加力速度】 loading speed 加载速度,荷载速度
かりょくはつでんしょ 【火力発電所】 steam power station 热电站
かりょくフレーム 【加力~】 test frame 试验架,加载架
ガリレー galilee (教堂的)门廊,前廊
かりわく 【仮枠】 form 模板
かりん 【花梨·花櫚】 pradoo wood,padauk wood 花梨木
かる 【刈る】 trim 剪枝,修枝,修剪
カール curl 卷边,卷曲,涡流
ガル gal 伽(重力加速度单位,等于厘米/秒$^2$)
かるいし 【軽石】 pumice,pumice stone 浮石
かるいしコンクリート 【軽石~】 pumice concrete 浮石混凝土
カルキ kalk[荷] 石灰
カルキュレーター calculator 计算机,计算装置,计算器
カルクス calx[拉] 生石灰
かるこ 【軽子】 墨斗线钩
カルサイニング·ゾーン calcining zone 煅烧带
カルシウム calcium 钙
カルシウム·カーバイド calcium carbide 碳化钙,电石
カルシウム·カーボネート calcium carbonate 碳酸钙
カルシウムこうど 【~硬度】 calcium hardness 钙硬度
カルシウム·サルフォアルミネート calcium sulfoaluminate 硫铝酸钙
カルシネーション calcination 煅烧,烧成
カルシネーター calcinator 煅烧炉,煅烧窑
カルシミン calcimine 刷墙水粉,可赛银粉
カルシメーター calcimeter 石灰测定仪,碳酸(测定)计
かるじゃり 【軽砂利】 pumice gravel 浮砾石
カルシューム=カルシウム
カルス callus 愈合组织,愈伤组织
カルスト karst 溶蚀现象,哈斯特现象,岩溶现象
かるすな 【軽砂】 pumice sand 浮石砂
カールスルーエ Karlsruhe 卡尔斯路厄(1720年德国建设的城市)
カールソンがたひずみけい 【~型歪計】 Carlson type strain gauge 卡尔逊式应变仪
カルダーリウム caldarium[拉] (古罗马)高温浴室
カルダン=カーダン
カルダン·シャフト cardan shaft 万向轴
カルダンつぎて 【~継手】 cardan joint 万向接头,万向节
カルダン·ドライブ cardan drive 万向接头传动
カルトウッシュ cartouche[法] 卷边椭圆形牌匾
カルナクのアモンしんでん 【~の~神殿】 Temple of Amon,Karnak (古埃及新王国时期)卡纳克的阿蒙神庙
ガルニエのこうぎょうとしけいかく 【~の工業都市計画】 Garnier's industrial town 伽尔尼埃工业城市规划(现代城市规划先驱者,法国建筑家T.Garnier 1901~1904年提出的规划)
カルノーげんり 【~原理】 Carnot's principle 卡诺原理
カルノー·サイクル Carnot's cycle 卡诺循环
カルノーのれいとうサイクル 【~の冷凍~】 Carnot refrigerating cycle 卡诺制冷循环
カルバート culvert 涵洞,电缆管道
ガルバナイズかん 【~管】 galvanized pipe 镀锌管
ガルバナイズトこう 【~鋼】 galvanized steel 镀锌钢板
ガルバナイズド·ワイヤ galvanized wire 镀锌铁丝
ガルバニック·コロージョン galvanic corrosion 电蚀,电池作用腐蚀

ガルバニックふしょく【～腐食】galvanic corrosion 电蚀,电池作用腐蚀
ガルバノメーター galvanometer 电流计,检流计
カルボキシメチル・セルロース carboxymethyl cellulose(CMC) 羧甲基纤维素
カルボナード＝カーボネード
カール・ボロメウスせいどう【～聖堂】Kar-Borromauskirche[德] (18世纪维也纳)卡尔·伯罗梅乌斯教堂(巴洛克式建筑)
カルマンうず【～渦】Kármán vortices 卡曼旋涡
カルマンのうずれつ【～の渦列】Kármán vortex street 卡曼涡列
カルミン＝カーマイン
かれい【過冷】overcooling 过冷
かれいき【華麗期】Floried Period (哥特式建筑的)华丽期
かれいきゃく【過冷却】subcooling, supercooling 低温冷却,过冷却
かれいきゃくすい【過冷却水】subcooled water 低温冷却水,过冷却水
かれいきゃくれいとうサイクル【過冷却冷凍～】over refrigerating cycle 低温冷冻循环
かれいど【枯井戸】dead well 枯井
かれざい【枯材】dead timber 枯材
かれさんすい【枯山水·唐山水·乾山水】dry-landscape garden 枯山水(以山水为造景题材而没有水体的风景园)
ガレージ garage 汽车房,汽车库,汽车间,汽车修理厂,汽车修理间
ガレージ・ジャッキ garage jack 修车起重器,千斤顶
カレット cullet 碎(废)玻璃,玻璃片
ガレット gulled 水落管,沟,水槽
ガレット garret 顶楼,阁楼,屋顶层
カレンダーかこう【～加工】calendering 研光(加工),压延(加工)
カレント current 电流,气流,水流
カレント・コンデンサー current condenser 电容器
カレント・コンバーター current converter 换流器
カレント・レギュレーター current regulator 稳流器,电流调节器
がろう【画廊】gallery,picture gallery 画廊
ガロエー・ボイラー Galloway boiler 加罗威式水管锅炉
かろきょう【下路橋】through bridge 下承式桥,穿式桥
カー・ロック car lock 车窗锁(车辆上下推拉窗用锁)
ガロッピング galloping 不正常动转
かろトラスきょう【下路～橋】through truss bridge 下承式桁架桥
カロメルでんきょく【～電極】calomel electrode 甘汞电极,氯化亚汞电极
カロライジングこう【～鋼】calorizing steel 铝化钢,表面渗铝钢
カロライジングほう【～法】calorizing process (表面)渗铝,铝化(处理)法
カロリー calorie,calory 卡
カロリーか【～価】calorific value 热值,卡值
カロリーすう【～数】calorific value 热值,卡值
カロリーデー caloric-day,calary per day 卡日
カロリーメーター calorimeter 量热器,热量表,卡计
カロリーメトリー calorimetry 测热法,量热学
カロリングちょうけんちく【～朝建築】Carolingian architecture (8～10世纪法兰克王国)加洛林王朝建筑
カローレックス・グラス Calowlex glass 透紫外线玻璃的一种(商)
ガロン gallon (gal.) 加仑(液体容积单位,1英加仑≌4.546升,1美加仑≌3.785升)
かわ【皮】leather 皮,皮革
がわあしがため【側足固·側足堅】半嵌加固木
がわあしば【側足場】side scaffold (构筑物)侧面脚手架
かわいし【川石】river stone (河川中的)水流石
がわいた【側板】end board,string 侧

板，端板，楼梯斜梁
がわかべ【側壁】end wall（建筑物的）端墙，侧墙
がわぎ【側木】string，stringer 楼梯斜梁
かわきあっしゅく【乾圧縮】dry compression 干压
かわきかんすいほう【乾還水法】dry return system 干式回水系统
かわきくうき【乾空気】dry air 干燥空气
かわきコイル【乾～】dry coil 干盘管
かわきほうわじょうき【乾飽和蒸気】dry saturated steam 干饱和蒸气
かわぐるま【皮車】belt pulley 皮带轮，带动滑轮
がわげた【側桁】string，stringer 楼梯斜梁
かわじゃり【川砂利】river gravel 河砾石，河卵石
かわずな【川砂】river sand 河砂
かわぞこ【川底】channel 河底，河床
がわつうろ【側通路】（礼堂、剧院）侧面通道
かわどこ【川床】river bed 河床
がわどだい【側土台】木板外墙根的木底脚
かわにかわ【皮膠】hide glue 皮胶
かわのくっきょく【河の屈曲】bend of a river 河湾，河流弯道
かわのしんろ【河の進路】course of river 河流线路
かわはぎ【皮剥】barking，peeling 剥树皮，去树皮
かわばりせい【皮張性】skinning 起膜性，脱皮性，剥落性
がわひかえ【側控】side bracing 侧撑，侧面斜撑
がわびらきどうんしゃ【側開土運車】side-dumper，side-dumping car 侧卸卡车，侧卸式运土车
がわびらきどうんせん【側開土運船】side-door hopper barge，side-hopper barge 侧卸式运土船
かわベルト【皮～】leather belt 皮带
がわまげしけん【側曲試験】side bend test 侧向弯曲试验，侧面弯曲试验
がわまげしけんへん【側曲試験片】side bend specimen 侧向弯曲试件
がわまどさいこう【側窓採光】lateral lighting，side lighting 侧窗采光
かわむきき【皮剝機】peeler，peeling machine，barking machine 剥皮机
かわや【厠】latrine 厕所
かわやけ【皮焼】bark scorching 皮焦，皮灼（由于炎热日光的照射引起的皮组织损伤）
かわら【瓦】tile，roof tile 瓦，屋面瓦
かわらくぎ【瓦釘】tile pin 瓦钉
かわらこう【瓦工】roof-tile layer 铺瓦工
かわらざ【瓦座】tile fillet 瓦口
かわらざん【瓦桟】tile batten，gauge lath 挂瓦条
かわらじき【瓦敷】tile paving 铺砖，花砖铺面，墁砖地面
かわらしたみ【瓦下見】贴瓦墙面，镶瓦墙面
かわらじり【瓦尻】瓦后端，瓦尾
かわらねや【瓦根屋】做瓦顶的工人
かわらぶき【瓦葺】tile roofing 铺瓦，瓦屋面
かわらぼう【瓦棒】ribbed seam，batten seam（金属薄板屋面上的）棒状折叠缝
かわらぼうかぶせ【瓦棒被】（金属薄板屋面上的）咬口条
かわらぼうしっくい【瓦棒漆喰】瓦筒上抹灰，裹瓦垅，仰瓦灰梗
かわらぼうぶき【瓦棒葺】ribbed seam roofing，batten seam roofing（金属薄板屋面上的）棒状折叠缝式铺法
かわらや【瓦屋】瓦屋顶，瓦屋顶的房屋，制瓦工，烧瓦工
かわらやね【瓦屋根】tile roof 瓦屋面
かわりベット【側～】flange and web rivet（翼板与腹板的）侧部铆钉
かわろべん【側路弁】by-pass valve 旁通阀
かん【管】tube，pipe 管，管子
がん【岸】shore 岸
がん【龕】niche 龛

かんあつせいせっちゃくテープ【感圧性接着～】pressure sensitive adhesive tape 压敏性粘结带,压敏性胶带
かんあつせっちゃくざい【感圧接着剤】pressure sensitive adhesive 压敏粘合剂,压敏胶粘剂
かんあつマイクロメーター【管厚～】pipe thickness micrometer 管厚千分尺
かんあんきょ【管暗渠】conduit 管渠,暗渠
かんいあんきょ【簡易暗渠】simple drain 简易(排水)暗沟
かんいげすいしょり【簡易下水処理】simple sewage disposal 简易污水处理
かんいしゅくしょ【簡易宿所】public lodging house 简易宿舍,低标准宿舍
かんいじょうかそう【簡易浄化槽】simple septic tank 简易化粪池
かんいしょり【簡易処理】simple treatment 简易处理
かんいすいどう【簡易水道】simple water-supply system 简易给水系统
かんいそうおんけい【簡易騒音計】simple sound level meter 简易噪声计
かんいたいかくみたてじゅうたく【簡易耐火組立住宅】简易耐火装配式住宅
かんいたいかけんちくぶつ【簡易耐火建築物】simple fire-proof building 简易耐火建筑物(耐火等级较低的建筑物,在易于蔓延的部分采用耐火构造)
かんいつりあしば【簡易吊足場】swinging scaffolds 简易吊脚手架
かんいど【管井戸】tubular well 管井
かんいほそう【簡易舗装】low cast pavement, lightly trafficed road pavement 简易铺装,低级路面,简易路面
かんいもっきょう【簡易木橋】simple wooden bridge 简易木桥
ガンウェー gangway 过道,通路,工作走道,座位间通道,人流道,跳板,渡桥
がんえんさびどめさんかてつペイント【含鉛錆止酸化鉄～】lead iron oxide anti-corrosive paint 含铅氧化铁防锈漆(涂料)
がんえんちそう【含塩地層】saline stratum 含盐地层
かんおさえ【管抑·管押】pipe clamp, pipe clip 管夹
かんオリフィス【管～】tube orifice 管孔,管内小孔
かんおんせい【感温性】temperature susceptibility 感温性,温度敏感性
かんおんせっちゃくざい【感温接着材】temperature sensitine adhesive 感温粘合剂
かんおんひ【感温比】temperature susceptibility ratio 感温比
かんがいしょり【缶外処理】external treatment, out-boiler treatment 锅炉外处理,外部处理
かんがいすい【灌漑水】irrigation water 灌溉水
かんがいち【灌漑池】irrigation reservoir 灌溉(蓄)水库
かんがいようすい【灌漑用水】irrigation water 灌溉用水
かんかく【間隔】gap, spacing 间隙,间隔,间距
かんかくおんど【感覚温度】effective temperature 感觉温度,有效温度
かんかくおんどず【感覚温度図】effective temperature chart 感觉温度图,有效温度图
かんかくそうおんレベル【感覚騒音～】perceived noise level 感觉噪声级
かんかくそく【感覚則】sensation law, Weber-Fechner's law 感觉定律,韦伯-费希纳定律
かんかくのレベル【感覚の～】sensation level 感觉级
かんがけ【管掛】pipe hanger, pipe support 管吊钩,管支架
かんかゴム【環化～[gom荷]】cyclorubber, cyclized rubber 环化橡胶
かんカタおんどけい【乾～温度計】dry Kata thermometer 干式卡他温度计
カンガルーほうしき【～方式】kangaroo system 袋鼠式运输方式(驮背运输拖车的轮子,放置在专用平车的凹槽里进行运输的方式)

かんかん 【看貫】 测重,杆秤,台秤
がんがん tin case 石油罐
かんき 【寒気】 coldness 寒冷,寒气
かんき 【換気】 ventilation 通风,换气
かんき 【還気】 return air 回气,循环空气
がんぎ 【雁木·岸岐】 锯齿形木板的总称,之字形的曲折
かんきあつ 【換気圧】 ventilating pressure 通风压力,换气压力
かんきかいすう 【換気回数】 number of air changes 通风次数,换气次数
かんきかいろ 【換気回路】 ventilation circuit 通风(循环)线路,换气(循环)线路
かんきがさ 【換気笠】 ventilator hood, ventilator pipe hood 通风罩,通风管罩,通风器罩
かんきかん 【換気管】 ventilation pipe 通风管
かんきき 【換気機】 ventilator 通风机
かんきぐち 【換気口】 air hole, ventilation hole 通风孔
かんきグリル 【還気～】 return grille 回风格栅,回气格栅
かんきけいとう 【換気系統】 ventilating system 通风系统
かんきこうじ 【換気工事】 ventilation work 通风工程
かんきシステム 【換気～】 ventilating system 通风系统
かんきしせつ 【換気施設】 ventilation equipment 通风设施
かんきせんぷうき 【換気扇風機】 ventilating fan 通风(风)扇,排气风扇
かんきそうち 【換気装置】 ventilation device 通风设备,换气装置
がんぎづくり 【雁木造】 临街檐廊
かんきとう 【換気塔】 ventilation tower 通风塔,换气塔
かんきとう 【換気筒】 ventilation pipe 通风管,换气管
がんぎどおり 【雁木通】 covered street way (沿街建筑物连续挑檐形成的)檐廊街道
かんきとりいれぐち 【還気取入口】 return intake 回风口,回气口
かんきファン 【換気～】 ventilating fan 通风(风)扇,排气风扇
かんきふか 【換気負荷】 ventilation load 通风负荷,换气负荷
かんきほう 【換気法】 ventilation system 通风方式
かんきぼう 【換気帽】 ventilation cowl 通风盖帽,换气盖帽
かんきもう 【換気網】 ventilation network 通风(管)网
かんきゃくせき 【観客席】 spectator stand 观众席,看台
かんきゅうおんど 【乾球温度】 dry-bulb temperature 干球温度
かんきゅうおんどけい 【乾球温度計】 dry-bulb thermometer 干球温度计
かんきゅうしゃせん 【緩急車線】 brake-van siding, caboose siding 司闸车侧线,守车侧线
かんきゅうべん 【緩急弁】 release valve 安全阀,放气阀,放泄阀
かんきょう 【環境】 environment 环境
がんぎょう＝がぎょう
かんきょうアセスメント 【環境～】 environmental assessment(EA) 环境评价
かんきょうインパクト 【環境～】 environmental impact 环境冲击,环境影响
かんきょうえいせい 【環境衛生】 environmental sanitation 环境卫生
かんきょうえいせいがく 【環境衛生学】 environmental hygiene 环境卫生学
かんきょうおせんそくていほう 【環境污染測定法】 measurement method of environmental pollution 环境污染测定法
かんきょうおせんたいさく 【環境污染対策】 anti-pollution measure, environmental pollution control measure 环境污染对策,控制环境污染对策
かんきょうおせんぶつ 【環境污染物】 environmental polutant 环境污染物
かんきょうおんど 【環境温度】 environmental temperature 环境温度,周围温度
かんきょうかがく 【環境科学】 environ-

mental science 环境科学
かんきょうかんりシステム【環境管理～】 environment control system 环境管理系统
かんきょうきこう【環境気候】 environmental climate 室内(微)小气候,环境气候
かんきょうきじゅん【環境基準】 environmental standard 环境标准
かんきょうギャップ【環境～】 environmental gap 环境空隙,环境差距
かんきょうくうかん【環境空間】 environmental space 环境空间
かんきょうけいすう【環境係数】 coefficient of environment 环境系数
かんきょうけん【環境権】 environmental right 环境权
かんきょうこうがく【環境工学】 environmental engineering 环境工程学
かんきょうこうもく【環境項目】 environmental items 环境项目
かんきょうサイクル【環境～】 environmental cycle 环境循环
かんきょうシステム【環境～】 environment system 环境体系
かんきょうしひょう【環境指標】 environmental index 环境指标
かんきょうしょく【環境色】 environmental colours 环境色
かんきょうしんりがく【環境心理学】 environmental psychology 环境心理学
かんきょうすいじゅん【環境水準】 environmental level 环境水平,环境水准
かんきょうせいさく【環境政策】 环境政策
かんきょうせいび【環境整備】 environmental pollution control 环境整顿,环境污染控制
かんきょうせっけい【環境設計】 environmental design 环境设计
かんきょうそうおん【環境騒音】 environmental noise 环境噪声
かんきょうのアメニティ【環境の～】 environmental amenity 环境舒适
かんきょうはかい【環境破壊】 environmental disruption 环境破坏
かんきょうひょうか【環境評価】 environmental evaluation 环境评价
かんきょうひろば【環境広場】 城市广场,中心广场
かんきょうほご【環境保護】 environmental protection 环境保护
かんきょうほぜん【環境保全】 environmental protection 环境保护
かんきょうよういん【環境要因】 environmental factor 环境因素
かんきょうようりょう【環境容量】 environmental assimilating capacity 环境容量
かんきょうりょくち【環境緑地】 environmental green space 环境绿地,防护绿带
かんきょそうじき【管渠掃除機】 pipe duct cleaner 管渠清扫器,管沟清扫器
かんきりばん【管切盤】 pipe-cutting machine 切管机
かんきりょう【換気量】 amount of ventilation 通风量,换气量
かんきん【桿菌】 bacillus 杆菌
かんぐい【管杭】 pipe pile 管桩
ガングウェー gangway 过道,(脚手架上的)工作走道,跳板
ガング・スイッチ gang switch 同轴开关
ガング・ソー gang saw 组锯,排锯
がんくつしんでん【岩窟神殿】(古埃及尼罗河岸的)石窟神庙
がんくび【雁首】 elbow 陶制弯管,陶制弯头,陶制肘管
がんくびてすり【雁首手摺】 swan-neck hand-rail 鹅颈形扶手
ガング・ボード gang board 脚手架板,工作走道梯板,跳板
かんぐるい【管具類】 pipe fittings 管子配件
かんけい【管径】 pipe diameter 管径
かんけいしつど【関係湿度】 relative humidity 相对湿度
かんけいでんしゃちゅう【管形電車柱】 tubular pole 管式电车杆,空心电车杆
かんげきあつ【間隙圧】 pore pressure

孔隙压力
かんげきあつけいすう【間隙圧係数】pore pressure coefficient 孔隙压力系数,孔隙水压系数
かんげきあつしょうさん【間隙圧消散】pore pressure dissipation 孔隙压力消失,孔隙水压降低
かんげきすい【間隙水】pore water 孔隙水,缝隙水
かんげきすいあつ【間隙水圧】pore water pressure 孔隙水压力
かんげきすいとう【間隙水頭】pore water head 孔隙水头
かんげきひ【間隙比】void ratio 孔隙比
かんげきりつ【間隙率】porosity 孔隙率,孔隙度
かんけつ【間欠·間歇】intermittence 间歇,间断
かんけつ【緩結】slow setting 缓凝,缓硬
かんけつざい【緩結剤】retarder 缓凝剂
かんけつしきちんでん【間歇式沈殿】intermittent sedimentation 间歇沉淀
かんけつすなろか【間歇砂濾過】intermittent sand filtration 间歇砂过滤
かんけつすなろしょう【間歇砂濾床】intermittent sand filter 间歇砂滤池
かんけつセメント【緩結～】slow setting cement 缓凝水泥
かんけつせん【間歇泉】geyser 间歇(喷)泉
かんけつだんぼう【間歇暖房】intermittent heating 间歇采暖
かんけつちゅうにゅう【間歇注入】intermittent feed 间歇投药
かんけつてきせんじょうほう【間歇的洗浄法】intermittent washing 间歇冲洗法
かんけつりゅうしきちんでんち【間歇流式沈殿池】intermittent flow settling basin 间歇流沉淀池
かんけつろか【間歇濾過】intermittent filtration 间歇过滤
かんけつろしょうほう【間歇濾床法】intermittent filtration system 间歇过滤法
かんげん【還元】reduction 还原(作用)
かんげんざい【還元剤】reducing agent 还原剂
かんげんすい【還元水】return water, regenerated water 回流水,再生水
がんけんすい【岩圏水】lithospheric water 岩石区水
かんげんせい【還元井】reducing well 还原井
かんげんせいぶっしつ【還元性物質】reducing material 还原物质
かんげんほう【還元法】reduction method 还原法
かんげんほのお【還元炎】reducing flame (焊接)还原焰,碳化焰
かんげんろ【還元炉】reducing oven 还原炉
かんこう【観光】tourism, sightseeing 旅游,观光
かんこう【緩硬】slow setting 缓凝,缓硬
かんこうき【緩降機】slow down device 逃生用缓降机
かんこうぎょぎょう【観光漁業】旅游渔业
かんこうざい【緩硬剤】retarder 缓凝剂
かんこうざい【環孔材】ring-porous wood 环孔材
かんこうしげん【観光資源】sightseeing resource 旅游资源
かんこうしせつ【観光施設】sightseeing facilities 旅游设施
かんこうしつ【乾膠質】xerogel 干凝胶
かんごうしゅうらく【環濠集落】围濠定居,围濠部落
かんこうせいセメント【緩硬性～】slow hardening cement 缓硬性水泥,缓凝水泥
かんこうちく【観光地区】sightseeing resort 旅游区,游览区
かんこうどうろ【観光道路】sightseeing road 游览道路,旅游道路

かんこうとし【観光都市】tourist city, sightseeing city 游览城市,旅游城市
かんこうのうえん【観光農園】sightseeing plantation 旅游农场
かんこうのうぎょう【観光農業】tourist agriculture 旅游农业
かんこうぼくじょう【観光牧場】sightseeing pasture 旅游牧场
かんこうホテル【観光～】tourist hotel 旅游旅馆
かんごたんい【看護単位】nursing unit 看护单位
かんごふつめしょ【看護婦詰所】nurses station 护士站
かんざ【間座】packing 衬垫,衬圈,填隙片
かんざい【寒剤】freezing mixture 制冷剂,冷冻剂
かんざき【寒咲】winter flowering 冬季开花
かんざし【簪】pin,key,cotter,anchor 销,键,锚栓
かんさつ【巻殺】卷杀
がんざづみ【岩座積】乱毛石交错组砌
かんさろう【監査廊】inspection gallery 检查廊
かんさんけいすう【換算係数】conversion factor 换算系数,换算因数,换算率
かんさんこうばい【換算勾配】equivalent grade 换算坡度,等效坡度
かんさんじ【閑散時】slack hour(SH) 低峰时间,非紧忙时间
かんさんじょうはつりょう【換算蒸発量】equivalent evaporation 当量蒸发量,等效蒸发量
かんさんだんめんせき【換算断面積】equivalent sectional area 等代截面积,等效截面积,折算面积
かんさんようせつちょう【換算溶接長】estimated length of weld 换算焊接长度(各项焊接长度乘以换算系数的总和)
かんさんりつ【換算率】conversion factor 换算率,换算系数,换算因数
かんさんりゅうたいほう【換算流体法】equivalent fluid method 等代流体法,等效流体法
かんさんわりあい【換算割合】conversion factor 换算率,换算比
かんし【監視】monitoring 监视,监控
かんじ【感じ】sensibility 敏感性,灵敏度
かんしきいどほう【乾式井戸法】dry well method 干井法
かんしきエア・フィルター【乾式～】dry air filter 干式空气过滤器
かんしきかえりかん【乾式還管】dry return pipe 干式回水管
かんしきガス・メーター【乾式～】dry gas meter 干式煤气表
かんしきかっせいたんほう【乾式活性炭法】dry activated carbon method 干式活性炭法
かんしききゅうしゅうほう【乾式吸収法】dry absorption method 干式吸收法
かんしきくうきれいきゃくき【乾式空気冷却器】dry air cooler 干式空气冷却器
かんしきくうきろかき【乾式空気濾過器】dry air filter 干式空气过滤器
かんしきくみたてこうぞう【乾式組立構造】dry prefabricated construction 干式预制装配构造
かんしきくみたてこうほう【乾式組立工法】dry prefabricated frame assembly method 干式装配施工法,干装配施工
かんしきこうぞう【乾式構造】dry construction 干式预制装配构造
かんしきざいりょう【乾式材料】dry materials 干料,无水材料,脱水材料
かんしきしょうか【乾式消化】dry slaking (石灰)干式熟化,干式消解
かんしきすいりょうけい【乾式水量計】dry-type water meter 干式水表
かんしきスプリンクラー【乾式～】dry sprinkler 干式喷洒器
かんしきだつりゅうき【乾式脱硫器】dry desulfurizing equipment 干式脱硫器
かんしきだつりゅうほう【乾式脱硫法】dry desulfurizing process 干式脱硫法

かんしきちゅうにゅう【乾式注入】dry feeding 干式投药,干投
かんしきちゅうにゅうそうち【乾式注入装置】dry feeder 干式投药装置,干投装置
かんしきでんきしゅうじんそうち【乾式電気集塵装置】dry electrical dust precipitator 干式电除尘器,干式电除尘装置
かんしきはりいしこうほう【乾式張石工法】外装修镶石干挂施工法
かんしきフィルター【乾式～】dry filter 干式过滤器
かんしきへんあつき【乾式変圧器】dry transformer 干式变压器
かんしきほう【乾式法】dry process 干(式)法
かんしきボール・ミル【乾式～】dry ball mill 干式球磨机
かんしきれいきゃくき【乾式冷却器】dry cooler 干式冷却器
かんしけんき【管試験機】pipe-testing machine 试管机,管子试压机
かんししせつ【監視施設】monitoring facility 监视设施,监测设施
かんじしつ【監事室】(剧院舞台)监督室
かんしつエレメント【感湿～】humidity sensitive element 湿敏元件
かんしつきゅうおんどけい【乾式球温度計】wet and dry-bulb thermometer 干湿球温度计
かんしつきゅうしつどけい【乾湿球湿度計】wet and dry-bulb hygrometer, psychrometer 干湿球湿度计
かんしつきゅうでんきしつどけい【乾湿球電気湿度計】electric wet and dry-bulb hygrometer 电动干湿球湿度计
かんしつくりかえししけん【乾湿繰返試験】dry-wet cycle test 干湿反复试验
かんしつけい【乾湿計】psychrometer 干湿球湿度计,干湿计
かんしつそし【感湿素子】humidity sensitive element 湿敏元件
がんしつりつ【含湿率】percentage of moisture 含湿率,湿度百分率
かんじプリンター【漢字～】Chinese character printer 汉字打印机
かんしゃ【官舎】official residence 官邸
かんしゃふちいし【緩斜縁石】lip kerd 唇状侧石,缓坡缘石
かんしゅつえき【罐出液】bottom 连续蒸馏锅内残留的浓废液
かんじゅりつ【感受率】sensibility 敏感性,灵敏度
かんしょう【干渉】interference 干涉,干扰
がんしょう【岩床】sheet 岩席,岩床,岩基
がんしょう【岩漿】magma 岩浆
かんしょうえき【緩衝液】buffer solution 缓冲溶液
かんじょうがたどうろ【環状型道路】ring road 环路,环形道路
かんしょうき【緩衝器】buffer, shock absorber 缓冲器,减震器
かんしょうきおくそうち【緩衝記憶装置】buffer memory 缓冲存贮器
かんしょうくっせつけい【干渉屈折計】interference refractometer 干涉折射计
かんしょうけい【干渉計】interferometer 干涉仪,干扰计
かんじょうけいすうき【環状計数器】ring counter 环形计数器
かんしょうこうか【緩衝効果】buffering effect 缓冲效果,缓冲效应
かんじょうこうつうせいり【環状交通整理】转盘式交叉交通组织,环形交叉式交通组织
かんしょうざい【緩衝剤】retarder, retarding agent 阻化剂,缓冲剂
かんしょうさよう【緩衝作用】buffer action 缓冲作用
かんしょうしすう【緩衝指数】buffer index 缓冲指数
かんじょうしゅかん【環状主管】circuit main 环状总管
かんしょうしょく【干渉色】interference colour 干涉色
かんじょうじょひ【環状除皮】girdling

环状剥皮,环割
かんしょうせい 【干渉性】 coherence, coherency 相干性,相参性
かんしょうせいさんらん 【干渉性散乱】 coherent scattering 相干散射,相参散射
かんしょうせいフェジング 【干渉性～】 interference fading 干涉性衰落,干涉性消失
かんじょうそう 【環状槽】 annular tank 环形水箱,环形水柜
かんじょうたんかんほうしき 【環状単管方式】 one pipe circuit system 单环管系
かんじょうち 【環状池】 annular basin 环形池
かんしょうちんこう 【干渉沈降】 hindered settling 干扰沉降,受阻沉降
かんじょうつうき 【環状通気】 loop vent, circuit vent 环路透气,环路通气
かんじょうつうきかん 【環状通気管】 loop vent pipe 环形通气管
かんじょうピストンべん 【環状～弁】 annular piston valve 环形活塞阀
かんじょうピストン・メーター 【環状～】 annular piston meter 环形活塞(计量)表
かんしようプログラム 【監視用～】 supervisor program 监控程序
かんじょうべん 【環状弁】 annular valve 环形阀
かんじょうめつぎ 【環状芽接】 annular (ring)budding 环状芽接
かんじょうりゅう 【乾蒸留】 dry distillation 干馏
かんしょうりょくち 【緩衝緑地】 buffer green belt (工厂区与生活区间分开的)隔离林带,防护绿地,卫生防护林带
かんじょうりょくち 【環状緑地】 circular green belt, ring green belt 环形绿地,城市周边绿化带
かんしょく 【乾食】 dry corrosion, dry-rot 干蚀,干腐朽
かんしょく 【寒色】 cool colour 冷色
かんしょく 【環植】 circular planting 环形种植,环植
がんしりつ 【含脂率】 resin content 树脂含量,含脂量,含脂率
がんしん 【含浸】 impregnation 浸渍,浸渗,浸注
がんしんあっしゅくもくざい 【含浸圧縮木材】 impregnated and compressed wood 浸脂压缩木(浸渗树脂的压缩木材)
がんじんガス 【含塵～】 dusty gas 含尘气体,含尘空气
かんしんき 【換震器】 pick-up 拾震器
がんしんコンクリート 【含浸～】 impregnated concrete 浸渍混凝土
がんしんざい 【含浸剤】 impregnant, impregnating agent 浸渗剂,浸渍剂
がんしんし 【含浸紙】 impregnated paper 浸渍树脂纸
がんじんのうど 【含塵濃度】 dust concentration 含尘浓度,尘埃浓度
がんしんもくざい 【含浸木材】 impregnated wood 浸脂木材,强化木
がんしんモノマー 【含浸～】 impregnating monomer 浸渍单体
がんしんようワニス 【含浸用～】 impregnated varnish 浸渍清漆
がんしんりつ 【岩心率】 core recovery 岩心采取率,岩心率
かんすい 【灌水】 irrigation, watering 灌水,浇水
かんすい 【鹹水】 brine 盐水,咸水
かんすいかん 【還水管】 condensate return 回水管
がんすいじゅうりょう 【含水重量】 weight of moisture content 含水(重)量
かんすいそう 【還水槽】 return tank 回水池
かんすいだつえん 【鹹水脱塩】 desalting 盐水脱盐,咸水淡化
がんすいとうりょう 【含水当量】 water equivalent, moisture equivalent 含水当量
かんすいトラップ 【還水～】 return trap 回水隔汽具
がんすいひ 【含水比】 water content, moisture content 含水量,含水比,含湿

量

がんすいゆ 【含水油】 water bearing oil 含水油

がんすいりつ 【含水率】 percentage of water content 含水率

がんすいりつけい 【含水率計】 moisture meter 含水率测量仪

かんすいりゅうりょうけい 【還水流量計】 return flow meter 回水流量计

がんすいりょう 【含水量】 water content, moisture content 含水量, 含水率

がんすいりょうしけん 【含水量試験】 water content test, moisture test 含水量试验, 湿度试验

かんすいろ 【管水路】 water pipe line 水管线路, 管线

がんずめこうじょうはいすい 【罐詰工場廃水】 canning waste 罐头厂废水

かんせい 【管井】 tube well 管井

かんせいおんきょうリアクタンス 【慣性音響~】 inertia acoustic(al) reactance 惯性声抗

かんせいきょくモーメント 【慣性極~】 polar moment of inertia, polar second moment of area 极惯性矩, 面积的极二次矩

かんせいこうじげんか 【完成工事原価】 cost applicable to construction revenue 建筑竣工造价

かんせいしゅうじんそうち 【慣性集塵装置】 inertial dust separator 惯性除尘器

かんせいじょうせき 【慣性乗積】 product of inertia 惯性积

かんせいそうじょうモーメント 【慣性相乗~】 product moment of inertia of area 惯性积, 惯矩积

かんせいだえん 【慣性楕円】 ellipse of inertia 惯性椭圆

かんせいつうきかん 【乾性通気管】 dry vent pipe 干式通气管

かんせいていこう 【慣性抵抗】 inertial reactance 惯(性)抗, 惯性反作用力

かんせいとう 【管制塔】 control tower 控制塔

かんせいトルク 【慣性~】 inertial torque 惯性转矩, 惯性扭矩

かんせいのうりつ 【慣性能率】 moment of inertia 惯性矩

かんせいのほうそく 【慣性の法則】 law of inertia 惯性定律

かんせいは 【慣性波】 inertial wave 惯性波

かんせいはんりょく 【慣性反力】 inertial reaction 惯性反作用力, 惯性阻力

かんせいひん 【完成品】 finished products 成品

かんせいモーメント 【慣性~】 moment of inertia, second moment of area 惯性矩, 面积的二次矩

かんせいゆ 【乾性油】 drying oil 干性油

かんせいりょく 【慣性力】 inertia force 惯(性)力

かんせき 【冠石】 coping stone, capping stone 压顶石

かんせき 【嵌石】 tessera 小块大理石镶嵌物

かんせき 【罐石】 scale 锅垢, 水锈, 水垢

がんせきえん 【岩石園】 rock garden 岩石园

がんせきくっさく 【岩石掘削】 rock excavation 挖石工程, 石方工程

がんせきけん 【岩石圏】 lithosphere 岩石区, 岩石分布区

がんせきトンネルこうほう 【岩石~工法】 rock tunneling method 岩石隧道施工法

がんせきふんさいき 【岩石粉砕機】 rock crusher 碎石机

がんせきようつかみ 【岩石用掴】 rock grab 岩石抓斗, 岩石开掘机

かんせつ 【関節】 hinge joint 铰接, 铰接节点

がんせつ 【岩屑】 debris, detritus 碎片, 岩屑, 碎石堆

かんせつアドレス 【間接~】 indirect address 间接地址

かんせつおん 【間接音】 indirect sound 间接声

かんせつかじゅう 【間接荷重】 indirect

load 间接荷载,间接加荷

かんせつかねつしききゅうとうほうしき【間接加熱式給湯方式】indirect heating hot water system 间接加热式热水系统

かんせつかねつボイラー【間接加熱～】indirect heating boiler 间接加热锅炉

かんせつきゅうすい【間接給水】indirect water supply 间接给水

かんせつきょりそくりょう【間接距離測量】indirect distance surveying 间接距离测量,间接量距

かんせつけいひ【間接経費】indirect expense 间接费用,间接经费

かんせつげんか【間接原価】indirect prime cost 间接成本

かんせつこう【間接光】indirect light 间接光

かんせつこうじひ【間接工事費】indirect construction cost 间接工程费

かんせつさいこう【間接採光】indirect lighting 间接采光

かんせつしょうど【間接照度】indirect illumination 间接照度

かんせつしょうめい【間接照明】indirect lighting 间接照明

かんせつすいじゅんそくりょう【間接水準測量】indirect levelling 间接水准测量

かんせつせっしょくとうけつ【間接接触凍結】indirect contact freezing 间接接触冻结

かんせつだんぼう【間接暖房】indirect heating 间接采暖

かんせつちゅうこうりつ【間接昼光率】indirect daylight factor 间接采光系数,间接天然照度系数

かんせつのかくど【関節の角度】人体关节活动的角度范围

かんせつはいすい【間接排水】indirect drainage 间接排水

かんせつはいすいかん【間接排水管】indirect waste pipe 间接排水管

かんせつひ【間接費】indirect prime cost 间接成本

かんせつぼうちょうコイル【間接膨脹～】indirect expansion coil 间接膨胀盘管

かんせつほうねつき【間接放熱器】indirect radiator 间接散热器

かんせつれいきゃくき【間接冷却機】indirect cooler 间接冷却机,间接冷却器

かんぜみず【観世水】卷涡水纹,平行直线砂纹中间杂涡纹

かんせん【幹川】trunk river 干流,主河道

かんせん【幹線】main line 干线,正线,主线

かんせんがいろ【幹線街路】primary distributor[英],major street[美] 主干(街)道,城市干道

かんぜんかくさん【完全拡散】perfectly diffusing 完全扩散,均匀扩散,漫射

かんぜんかくさんとうか【完全拡散透過】perfectly diffusing transmission 完全扩散透射,均匀扩散透射,漫射透射

かんぜんかくさんはんしゃ【完全拡散反射】perfectly diffusing reflection 完全扩散反射,均匀扩散反射,漫反射

かんぜんかくさんめん【完全拡散面】perfectly diffusing surface 完全扩散面,均匀扩散面

かんぜんかくさんめんこうげん【完全拡散面光源】light source of perfectly diffusing surface 均匀扩散面光源

かんぜんガス【完全～】ideal gas 理想气体

かんぜんキルドこう【完全～鋼】perfectly killed steel 完全镇静钢

かんぜんけんさ【完全検査】perfect inspection, complete inspection 全面检查

かんぜんこくたい【完全黒体】black body 绝对黑体

かんぜんこんごうほう【完全混合法】complete mixing process 完全混合(曝气)法

かんぜんこんごうほうしきかっせいおでいほう【完全混合方式活性汚泥法】complete mixing activated sludge process 完全混合活性污泥法

かんぜんさんかほうしきかっせいおでいほう【完全酸化方式活性汚泥法】complete oxidation activated sludge process 完全氧化活性污泥法
かんぜんしょり【完全処理】complete treatment 完全处理
かんぜんしんくう【完全真空】absolute vacuum 绝对真空
かんぜんそせい【完全塑性】perfect plasticity 完全塑性,全塑性,纯塑性
かんぜんそせいこうふく【完全塑性降伏】perfect plastic yield 完全塑性屈服
かんぜんそせいたい【完全塑性体】perfect plastic body 理想塑性体,完全塑性体
かんぜんたいすいごうはん【完全耐水合板】perfectly water-proofing plywood 完全耐水胶合板
かんぜんだんせい【完全弾性】perfect elasticity 完全弹性,纯弹性
かんぜんだんせいたい【完全弾性体】perfect elastic body 理想弹性体,完全弹性体
かんぜんだんそせいけい【完全弾塑性系】perfect elasto-plastic system 完全弹塑性体系,理想弹塑性体系
かんぜんとうかたい【完全透過体】perfect transmission body 完全透射体
かんぜんとうめいたい【完全透明体】perfectly transmitting body 完全透明体
かんせんどうろ【幹線道路】arterial highway,trunk road,arterial road 干线,干道,干路
かんぜんねんしょう【完全燃焼】perfect combustion 完全燃烧
かんぜんはくしょくたい【完全白色体】absolute white body 绝对白体
かんぜんほうしゃたい【完全放射体】perfect radiator 完全辐射体,黑体
かんぜんゆうごう【完全融合】perfect-weld,perfectly welded 焊透
かんぜんりゅうたい【完全流体】perfect fluid 理想流体
かんせんろ【幹線路】trunk road,arterial road 干线,干道,干路
かんそう【乾燥】drying 干燥
がんそう【岩相】rock facies 岩相
かんそうおでい【乾燥汚泥】dry sludge 干污泥
かんそうがい【乾燥害】drought damage 干旱害
かんそうき【乾燥器·乾燥機】desiccator,drier,dryer,drying tumbler 干燥器,干燥机
かんそうきかん【乾燥期間】drying period 干燥期,烘干期
かんそうくうき【乾燥空気】dry air 干空气
かんそうこけいぶつ【乾燥固形物】dry solid matter 干固体
かんそうざい【乾燥剤】desiccating agent,drying agent 干燥剂
かんそうざい【乾燥材】dried wood 干燥木材
かんそうざんりゅうぶつ【乾燥残留物】dry residue 干残渣,干残留物
かんそうじかん【乾燥時間】drying time 干燥时间,烘干时间
かんそうしけん【乾燥試験】drying test 干燥试验
かんそうしつ【乾燥室】drying room 干燥室
かんそうしゅうしゅく【乾燥収縮】drying shrinkage 干缩,干燥收缩
かんそうじゅうりょう【乾燥重量】dry weight 干重
かんそうしょう【乾燥床】drying bed 干燥场,干化场
かんそうスクリーン【乾燥～】drying screen 干燥筛,干燥网
かんそうせつび【乾燥設備】drying plant,drying equipment 干燥设备
かんそうそうち【乾燥装置】drying apparatus 干燥装置,干燥器
かんそうちたい【乾燥地帯】dried region 干燥地带,干燥地区
かんそうつよさ【乾燥強さ】dry strength (土的)干强度
かんそうとくせいきょくせん【乾燥特性曲線】drying characteristic curve 干

燥特性曲线
かんそうとまく 【乾燥塗膜】 dry paint film 干燥涂膜,干漆膜
かんそうぶっしつ 【乾燥物質】 dry matter 干物质
かんそうほう 【乾燥法】 drying process 干燥法,干化法
かんそうみつど 【乾燥密度】 dry density 干密度
かんそうようじょう 【乾燥養生】 dry curing 干养护,空气养护
かんそうれいとうほう 【乾燥冷凍法】 dehydrofreezing 脱水制冷法
かんそうろ 【乾燥炉】 drying oven 烘干炉,干燥炉,干燥箱,烘箱
かんそうろしょう 【乾燥濾床】 drying bed 干燥滤床
かんそうわれ 【乾燥割】 seasoning check,seasoning crack 干裂
かんそく 【勘測】 survey 勘测
かんそく 【観測】 observation 观测
かんそくいど 【観測井戸】 observation well 观测井
かんそくかくはん 【緩速攪拌】 low rate mixing 低速搅拌,低速混合
かんそくかん 【観測管】 observation pipe 观测管,观察管
かんそくごさ 【観測誤差】 observation error 观测误差
かんそくしゃ 【緩速車】 slow vehicle 慢行车辆
かんそくしゃせん 【緩速車線】 slow-vehicle lane 慢车道
かんそくしゃどう 【緩速車道】 slow-vehicle lane 慢车道
かんそくじょ 【観測所】 meteorological station,weather bureau,observatory 了望哨,气象台,测候所
かんそくすなろかほう 【緩速砂濾過法】 low speed sand filtration 慢速砂滤法,慢滤法
かんそくせい 【観測井】 observation well 观测井
かんそくせんだんしけん 【緩速剪断試験】 slow shear test 慢剪试验
かんそくゆそうきかん 【緩速輸送機関】 local transit 慢速交通运输系统,慢车线(指局部地区的小铁路或公共汽车)
かんそくろか 【緩速濾過】 slow filtration 慢滤,慢速过滤法
かんそくろかち 【緩速濾過池】 slow sand-filter 慢滤池
かんそん 【環村】 ring village 环形村
かんそんしつ 【管損失】 loss in pipe 管道(摩擦)损失,管道(水头)损失
ガン・タイプ・オイル・バーナー gun type oil burner 喷枪式燃油器
ガン・タイプ・バーナー gun type burner 喷射式燃烧器,枪式喷烧器
かんたいへいようじしんたい 【環太平洋地震帯】 circumpacific earthquake zone 环太平洋地震带
かんたく 【干拓】 reclamation,reclamation in water area by drainage 围垦,排水开垦,填筑
かんたくち 【干拓地】 polder,land reclamation 填埋土地,填筑土地,垦拓土地
カンタベリーだいせいどう 【~大聖堂】 Cathedral Canterbury (12世纪英国)坎特伯雷大教堂
ガンダーラしき 【~式】 Gandhara style 犍驮罗式(建筑)
かんだんけい 【寒暖計】 thermometer 寒暑表,温度计
かんち 【換地】 replotting 换地,土地区划整理,重划用地
カンチェルリ cancelli[拉] (教堂中)十字架坛围屏
かんちき 【感知器】 fire detector 火警探测器
かんちきじゅんちせき 【換地基準地積】 换地标准面积
かんちくいき 【感知区域】 fire-detecting area 火灾检测区
かんちけいかいくいき 【感知警戒区域】 fire alarm zone 火警分区
かんちけいかく 【換地計画】 replotting plan 换地规划,重划用地规划
かんちけんりちせき 【換地権利地積】 换地权利面积,换地标准面积

かんちしてい【換地指定】designation of replotting 换地指定,土地重划的选定,土地区划的定名
かんちしょぶん【換地処分】disposal of replotting 换地处理,用地重划处理
かんちせいさん【換地清算】liquidation of replotting,balancing of exchanged lots 换地清算,用地重换后清算
かんちせっけい【換地設計】replotting design 换地设计,用地重划设计
かんちゅうコンクリート【寒中~】winter concreting 冬季浇灌混凝土
かんちょう【幹長】height of trunk 干高(树干高度)
かんちょうかせん【感潮河川】tidal river 潮汐河流,潮水河
かんちょうけんちく【官庁建築】government office 行政管理建筑,行政机关建筑
かんちよていち【換地予定地】reserved land for replotting 换地预定地,土地重划备用地
カンチレバー=カンティレバー
かんつうスリーブ【貫通~】penetration sleeve 穿通套筒,穿通套管
かんつうボイラー【貫通~】one-flue boiler 单烟道锅炉
かんつぎて【管継手】pipe joint 管接头
がんづめ【雁爪】rake 耙,长柄耙,多齿耙
かんつり【管吊】pipe hanger 吊管钩,吊管器,吊管架
カンティレバー cantilever 悬臂,伸臂,悬臂梁
カンティレバー・エレクション cantilever erection 悬臂架设,悬臂安装
カンティレバー・クレーン cantilever crane 悬臂起重机
カンティレバーこうほう【~工法】cantilever erection 悬臂架设法,悬臂安装
カンデラ candela 坎(德拉)(发光强度单位=0.981国际烛光)
かんてん【寒天】agar 琼脂,石花菜(用于制作石膏装饰模)
かんでんち【乾電池】dry cell 干电池
かんでんぼうし【感電防止】electrical shock prevention 触电防护
かんど【感度】sensitivity 灵敏度,敏感度
カント cant 斜面,(建筑物)外角,(曲线)超高,发声,发光
かんどかいせき【感度解析】sensitivity analysis 灵敏度分析
かんとく【監督】supervisor 工程管理负责人员,监察人员,监督人员
かんとくかんちょう【監督官庁】competent authorities,supervisory office 管理机关,监督机关
かんどけいすう【感度係数】sensitivity coefficient 灵敏度系数
かんどこうか【乾土効果】soil-drying effect 疏干土效应
カントていげんきょり【~逓減距離】cant gradual-decrease distance 超高递减长度
カントメーター quantometer 光量计,辐射强度测量计,剂量计,光谱分析仪
かんトラップ【管~】pipe trap 管状存水弯
ガントリ gantry 龙门起重机架
カントリー・クラブ country club 郊区俱乐部(位于风景区,设有高尔夫球、网球、游泳池等设施)
ガントリ・クレーン gantry crane 高架起重机,门(架)式起重机,龙门起重机
かんとりつけようぐ【管取付用具】pipe fitting 管子配件,管子安装工具
ガントリてっとう【~鉄塔】gantry tower 门式铁搭,门架,龙门架
かんな【鉋】plane,planer 刨,平刨
かんないオリフィス【管内~】tube orifice 管内小孔,管孔
かんないオリフィスりゅうりょうけい【管内~流量計】orifice meter in tube 管内小孔流量计,管孔流量计
かんないしょり【罐内処理】internal treatment,in-boiler treatment 炉内处理
ガンナイト gunite 喷射,喷涂,喷射灌浆
かんないノズル【管内~】nozzle in tube 管内喷嘴

かんないノズルりゅうりょうけい 【管内～流量計】 nozzle flow meter in tube 管内喷嘴流量计

かんないまさつそんしつ 【管内摩擦損失】 pipe friction loss 管道摩擦(水头)损失

かんないまさつていこう 【管内摩擦抵抗】 pipe friction resistance 管道摩阻

かんなくず 【鉋屑】 shavings 刨屑,刨花

かんなけずり 【鉋削】 plane 刨加工,刨光,刨平

かんなざかい 【鉋境】 刨纹,刨筋,施刨纹理

かんなしあげ 【鉋仕上】 plane finish 刨光,刨平饰面

かんなそばとり 【鉋傍取】 板材侧面刨光

かんなだい 【鉋台】 plane stock, body of plane 刨台,刨床架

かんなば 【鉋刃】 plane knife 刨刃

かんなばん 【鉋盤】 planer, planing machine 刨床

かんなみ 【鉋身】 plane knife 刨刃

かんなめ 【鉋目】 刨纹,刨筋,施刨纹理

かんなめん 【鉋面】 刨面,刨倒棱

かんにゅう 【貫入·貫乳】 crazing (陶瓷的)釉面裂纹

かんにゅうがん 【貫入岩】 intrusive rock 侵入岩

かんにゅうしけん 【貫入試験】 penetration test 贯入(度)试验,针入试验

かんにゅうしけんき 【貫入試験機】 penetrometer 针入度仪,贯入度仪

かんぬき 【閂】 gate bar, locking bar 门闩

かんぬきえだ 【鈂貫枝】 (树干上的)左右水平伸展枝

かんぬきかすがい 【閂鎹】 门闩用铁件

かんねじきりばん 【管螺子切盤】 pipe cutting and threading machine 管螺纹车床

かんねんしょうこうぞう 【緩燃焼構造】 slow burning construction 缓燃构造

かんねんせい 【緩燃性】 slow burning 缓燃性

かんのうけんさ 【官能検査】 sensory test 直观检验,官能检验(凭人体官能的感觉测定产品的质量)

かんのき 【貫木】 门闩

カンバー＝キャンバー

カンバス canvas 帆布

カンバス・ベルト canvas belt 帆布带

かんばつ 【間伐】 thinning (tree) 间伐

かんばつ 【旱魃】 drought 干旱,天旱

カンパニーレ campanile[意] 钟楼,钟塔

カンバーノルド Cumbernauld (1955～1962年英国格拉斯哥建设的)坎伯诺尔德新城镇

かんばるい 【樺類】 Betula sp.[拉], Birch[英] 桦属

かんばん 【看板】 signboard 标志牌,招牌,广告牌

がんばん 【岩盤】 bed-rock 基岩

がんばんしけん 【岩盤試験】 bed-rock test 基岩试验

かんばんしょうめい 【看板照明】 signboard illumination 标志牌照明

かんはんのうせいせっちゃくざい 【感反応性接着剤】 reaction sensitive adhesive 反应敏感性粘合剂

がんばんりきがく 【岩盤力学】 rock mechanics 岩石力学,岩体力学

カンピドリオ Campidoglio[意] (古罗马卡比多山)罗马市政厅

カンピドリオひろば 【～広場】 Piazza del Campidoglio[意] (1546年意大利罗马建造的)坎庇多利奥广场

かんぷ 【乾腐】 dry rot 干腐朽

ガンぶき 【～吹】 gun spraying 喷枪喷洒,喷枪喷涂,喷枪喷雾,喷涂水泥浆

かんフランジ 【管～】 pipe flange 管法兰,盘接管

がんぶりがわら 【雁振瓦】 盖脊瓦

カンブリック cambric 细麻布

かんぷんか 【乾糞化】 manure drying 粪便干燥肥料化

かんへいすいせん 【緩閉水栓】 slow closing faucet 慢闭水龙头,慢闭水旋塞

かんへき 【管壁】 pipe wall 管壁

がんぺき 【岸壁】 quaywall 岸壁,驳岸,码头

カンベル・アングル camber angle (车轮)外倾角,中心线弯曲角

カンベル・ストークスのにっしょうけい【～の日照計】Campbell-Stokes' heliograph(sunshine recorder) 堪贝尔-斯托克斯式日照时数计

かんぼく【灌木】shrub 灌木

かんぼくえん【灌木園】shrub garden 灌木园

カンポ・サント campo santo[意] 墓地

カンボジアしき【～式】Cambodian style 柬埔寨式(建筑)

ガン・ホース gun hose 喷枪软管

ガンボねんど【～粘土】gumbo clay 粘性土,少砂细粘土,肥粘土

ガンマせん【γ線】γ-rays γ射线

ガンマせんえきめんけい【γ線液面計】γ-ray level meter γ射线液位计,γ射线液面计

ガンマせんおでいのうどけい【γ線汚泥濃度計】γ-ray sludge concentration meter γ射线污泥浓度计

ガンマせんしょうしゃ【γ線照射】γ-ray irradiation γ射线照射

かんまつそうじくち【管末掃除口】end clean out 管端清扫口

かんまつトラップ【管末～】end trap 管端凝汽阀

かんむりがわら【冠瓦】盖脊瓦

がんめん【岩棉】rock wool 矿棉,岩棉

がんめんアスファルトいた【岩綿～板】rock wool asphalt board 沥青岩棉板

がんめんアスファルト・フェルト【岩綿～】asphalt saturated rock wool felt 沥青岩棉毡

がんめんばん【岩綿板】rock wool board 岩棉板

がんめんフェルト【岩綿～】rock wool felt 岩棉毡

かんもう【管網】pipeline net 管网

かんもん【漢文】中国古代纹样

ガンや【～屋】sprayer 喷涂工

がんゆうりょう【含有量】content 含量

がんゆはいすい【含油廃水】oil bearing waste water 含油废水

かんよういど【涵養井戸】recharge well 地下水回灌井

かんようこうぐ【管用工具】pipe tool 装管工具

かんようしんとう【涵養浸透】effluent seepage 渗漏

かんようねじ【管用捻子】pipe thread 管子螺纹

かんらんせき【橄欖石】olivine 橄榄石

かんりしつ【管理室】control room 控制室,管理室

かんりにん【管理人】porter, doorkeeper (房屋)管理员,管理人

かんりにんしつ【管理人室】caretaker's room 管理员室,值班员室

かんりひ【管理費】management expense, management cost, control cost 管理费

かんりゅうしきボイラー【貫流式～】through flow boiler, once-through boiler 直管式锅炉

かんりゅうそうふうき【管流送風機】tubular centrifugal fan 管道轴流风机

かんりゅうてん【貫流点】breakthrough point 穿透点

かんりゅうれいきゃくき【還流冷却器】reflux condenser 回流冷凝器

がんりょう【顔料】pigment 颜料

がんりょうひようせき【顔料比容積】pigment volume ratio 颜料容积比

がんりょうぶん【顔料分】pigment weight percent 颜料重量比

がんりょうようせきぶん【顔料容積分】pigment volume concentration 颜料容积浓度

かんれいわれていこうせい【寒冷割抵抗性】cold check resistance 抗冷裂性,冷裂抗力

かんれつ【乾裂】seasoning crack, seasoning check, weather shake 干裂

かんれんこうきょうじぎょう【関連公共事業】连带公共事业(与开发事业有关连,但不包括在开发事业内)

かんれんこうきょうしせつ【関連公共施設】连带公共设施

かんろ 【管路】 pipeline 管线
かんろう 【管廊】 piping gallery 管廊
かんろきょう 【管路橋】 pipe bridge 管桥,管道桥
かんろもう 【管路網】 pipeline network 管网
かんわきょくせん 【緩和曲線】 transition curve, easement curve 缓和曲线,过渡曲线
かんわきょくせんちょう 【緩和曲線長】 transition length 缓和曲线长
かんわくかん 【緩和区間】 transition section 过渡区,渐变段,缓和段
かんわじかん 【緩和時間】 relaxation time 缓和时间,松弛时间
かんわしょうめい 【緩和照明】 adaptational lighting 适应照明
かんわせっせん 【緩和接線】 transition tangent 缓和切线
かんわほう 【緩和法】 relaxation method 松弛法

## き

き 【柵·城】 木栅,土围,石垒
き 【規】 ruler,compasses 尺,圆规
キー key 键,楔,扳手,开关,键控,钥匙,索引,部首,检索表
ギア gear 齿轮,传动装置,排档数,装置,机构
ギア・シフター gear shifter 变速杆,齿轮拔叉
ギア・シフト gear shift 换档,变速,变速器
きあつエジェクター 【気圧～】 pneumatic ejector 气压喷射器
きあつきゅうすいタンク 【気圧給水～】 pneumatic pressure tank 气压水箱
きあつきゅうすいほうしき 【気圧給水方式】 pneumatic water supply system 气压给水系统
きあつけい 【気圧計】 barometer 气压计,压力表
きあつけいど 【気圧傾度】 barometric gradient 气压梯度
きあつこうじゅうき 【気圧扛重機】 pneumatic jack 气压千斤顶,气力起重器,气动千斤顶
きあつこうばい 【気圧勾配】 barometric gradient 气压梯度
きあつしきじどうせいぎょほうしき 【気圧式自動制御方式】 pneumatic automatic control system 气动自动控制方式
きあつしけん 【気圧試験】 air pressure test 气压试验
きあつすいじゅんそくりょう 【気圧水準測量】 barometric levelling,barometric surveying 气压高程测量
きあつすいそう 【気圧水槽】 pressure tank,pneumatic pressure tank 气压水箱,压力水箱
きあつタンク 【気圧～】 pressure tank,pneumatic pressure tank 压力水箱
きあつタンクつきすいせんだいべんき 【気圧～付水洗大便器】 pressure tank water closet 气压水箱冲洗大便器
きあつはいすいほうしき 【気圧排水方式】 pneumatic sewerage system 气压排水系统
きあつポンプ 【気圧～】 pneumatic pump,air pump 气泵
ギアード geared (elevator) 齿轮传动升降机
ギアード・エレベーター geared elevator 齿轮传动升降机
ギアード・ディファレンシャル・ホイスト geared differential hoist 齿轮传动的差动卷扬机
ギア・ドライブ gear drive 齿轮传动
ギア・トランスミッション gear transmission 齿轮传动
ギア・プーラー gear puller 齿轮拉出器,齿轮拆卸器
ギアボックス・クラッチ・ペダル gearbox clutch pedal 变速箱离合器踏板
ギア・リダクション・レシオ gear reduction ratio 齿轮减速比
ギア・レシオ gear ratio 齿轮速比,齿轮传动比
ギアレス gearless (elevator) 无齿轮传动升降机
ギアレス・エレベーター gearless elevator 无齿轮传动升降机
キーイング keying 键控,键接,自动开关,键固定
キー・ウェー key way 键槽,销座
きうら 【木裏】 inside surface,inner surface 木里,木材向心面,心材面,向髓心的板面
きうるし 【生漆】 生漆,原漆
きえんじ 【生臙脂】 carmine 胭脂红,洋红
きおい 【木負】 出檐椽下的连檐板,大连檐

きおうさいこうすいい 【既往最高水位】 highest high water level (HHWL) 历史最高水位
きおうさいていすいい 【既往最低水位】 lowest low water level (LLWL) 历史最低水位
きおく 【記憶】 memory (数据的)存贮，记忆
きおくしょく 【記憶色】 memory colour 记忆色彩
きおくはいち 【記憶配置】 storage allocation 存贮布置
きおくみつど 【記憶密度】 memory density 存贮密度
きおくようりょう 【記憶容量】 storage capacity, memory capacity 存贮容量，记忆容量
キオスク kiosk (土耳其、伊朗等国在文化区设的)亭子，亭子式室外简易设施(如公用电话间、售货亭等)，地下铁道地面入口小厅
きおもて 【木表】 outside surface, outer surface 木表，木材离心面，边材面
きおん 【気温】 air temperature 气温
きおんぎゃくてん 【気温逆転】 inversion layer 逆温层，气温倒布
きおんちょうせいそうち 【気温調整装置】 temperature control device 温度调节装置
きか 【気化】 gasification 气化
ぎか 【擬花】 efflorescence 风化，粉化，凝霜，(混凝土施工表面)返碱现象
きかいインピーダンス 【機械～】 mechanical impedance 机械阻抗，力阻抗
きかいエネルギー 【機械～】 mechanical energy 机械能
きかいか 【機械化】 mechanization 机械化
きかいかくはんき 【機械攪拌機】 mechanical agitator 机械搅拌器
きかいかくはんほうしき 【機械攪拌方式】 mechanical mixing type 机械搅拌(混合)方式
きかいかんき 【機械換気】 mechanical ventilation 机械通风，机械换气
きかいかんしょう 【機械干渉】 machine interference 机械干涉(指一台机械检修、清扫而致其它机械停止运行)
きかいかんすいしき 【機械還水式】 mechanical return system 机械回水系统，机械回水方式
きかいかんそう 【機械乾燥】 mechanical drying 机械干燥
きかいがんな 【機械鉋】 planer 电刨，机械刨
きかいきぐそんりょう 【機械器具損料】 hires of machines and tools 机械器具使用费(包括折旧、维修与管理费)，机械租费
きかいきぐひ 【機械器具費】 expenses of machines and tools 机械器具费
きかいきそ 【機械基礎】 machinery foundation 机械基础，设备基础
きかいキャパシタンス 【機械～】 mechanical capacitance 机械容量
きかいご 【機械語】 machine language 机械语言，计算机语言
きかいこう 【機械鋼】 mechanical steel, low-carbon structural steel 机械钢，低碳结构钢
きかいこうじょう 【機械工場】 machine factory 机械工厂
きかいこうぞうようたんそこう 【機械構造用炭素鋼】 mechanical carbon structural steel 机械结构用碳素钢
きかいこうば＝きかいこうじょう
きかいごさ 【機械誤差】 mechanical error 机器误差
きかいしあげ 【機械仕上】 mechanical finishing 机械精加工
きかいしきあつりょくふんむ 【機械式圧力噴霧】 mechanical pressure atomizing 机械式压力喷雾
きかいしきおんきろだんぼう 【機械式温気炉暖房】 mechanical warm air furnace heating 机械式热风炉采暖
きかいしきじくふう 【機械式軸封】 mechanical seal 机械式轴封
きかいしきねつりょうけい 【機械式熱量計】 mechanical calorimeter 机械式量热器

きかいしきばっきそう 【機械式曝気槽】 mechanical aeration tank 机械曝气池
きかいしきろかき 【機械式濾過器】 mechanical filter 机械式过滤器
きかいしごと 【機械仕事】 mechanical work 机械功
きかいしつ 【機械室】 machine room 机器间,机械室
きかいしめ 【機械締】 mechanical connection,mechanical fastening,mechanical riveting 机械联接,机械紧固,机械铆接
きかいしゃふつしょうどくき 【器械煮沸消毒器】 instrument sterilizer 器械蒸煮消毒器
きかい(きょうせい) じゅんかんしき 【機械(強制)循環式】 mechanical circulation system 机械(强制)循环式
きかいしょりほう 【機械処理法】 mechanical treatment process 机械处理法
きかいシールド 【機械～】 mechanical shield 机械盾构
きかいしんごうき 【機械信号機】 mechanical signal generator 机械信号机
きかいせいず 【機械製図】 mechanical drawing 机械制图
きがいせいそうおん 【危害性騒音】 hazardous noise 危害性噪声
きかいせつび 【機械設備】 mechanical equipment 机械设备
きかいそんりょう 【機械損料】 hires of machines 机械使用费,机械租费
きかいだか 【器械高】 instrument height 仪器高(度)
きかいだっすい 【機械脱水】 mechanical dewatering 机械脱水
きかいつうふう 【機械通風】 mechanical ventilation 机械通风
きかいてきあんていしょり 【機械的安定処理】 mechanical stabilization (土的)机械稳定处理
きかいてきおうりょく 【機械的応力】 mechanical stress 机械应力
きかいてきおでいだっすい 【機械的汚泥脱水】 mechanical sludge dewatering 机械污泥脱水
きかいてきくさびじめ 【機械的楔締】 mechanical wedging 机械楔入,机械楔牢,机械挤入
きかいてきさくひょうほう 【機械的作表法】 mechanical tabulation method 机械式表解法,机械列表解法,机械排列表解法
きかいてきしけん 【機械的試験】 mechanical test 机械试验
きかいてきせいしつ 【機械的性質】 mechanical property 机械性能,机械性质,力学性质
きかいてきせっちゃく 【機械的接着】 mechanical adhesion 机械粘合,机械粘结
きかいてきつよさ 【機械的強さ】 mechanical strength 机械强度,力学强度
きかいてきひずみけい 【機械的歪計】 mechanical strain meter 机械式应变仪,机械式变形仪
きかいてん 【器械点】 station point,instrument station 测站点,测站
きかいどこう 【機械土工】 mechanical earth works 机械土方工程,土方机械施工
きかいねり 【機械練】 machine mixing 机械搅拌,机械拌和
きかいのうりつ 【機械能率】 mechanical efficiency 机械效率
きかいのこ 【機械鋸】 sawing machine 锯机,机械锯
きかいはつち 【既開発地】 built-up area 已开拓土地,(城市)建成区
きかいパネル 【器械～】 instrument panel,instrument board 仪表盘,仪表(操纵)板
きかいび 【機械美】 machine art 机械造型美
きかいぶひん 【機械部品】 mechanical parts 机件,机械零件
きかいふんゆバーナー 【機械噴油～】 machine oil burner 机械喷油燃烧器
きかいほぜん 【機械保全】 mechanical maintenance 机械保养

きかいぼり 【機械掘】 machine drilling 机械挖掘
きかいほんやく 【機械翻訳】 machine translation 机器翻译
きかいもちうけおい 【機械持請負】 自备机械承包
きかいゆ 【機械油】 machine oil 机器油
きかいリヘットうち 【機械～打】 mechanical riveting 机械铆接
きかいれいとう 【機械冷凍】 mechanical refrigeration 机械制冷,机械冷冻
きかいろくろせいけい 【機械轆轤成形】 (陶瓷的)机械辘轳成形
きがえしつ 【着替室】 dressing room 更衣室,梳装室
きかおんきょうがく 【幾何音響学】 geometrical acoustics 几何声学
きかがくしきていえん 【幾何学式庭園】 geometric style garden 几何形式花园,几何图案式庭园
きかがくてききょうかいじょうけん 【幾何学的境界条件】 geometrical boundary condition 几何边界条件
きかがくてきけいたい 【幾何学的形態】 geometric form 几何形
きかがくてきせっけい 【幾何学的設計】 geometric design (道路)线形设计,几何(形状)设计
きかがくてきパラメーター 【幾何学的～】 geometrical parameter 几何参数
きかがくてきひせんけい 【幾何学的非線形】 geometrical non-linear 几何非线性
きかがくてきもよう 【幾何学的模様】 geometrical pattern 几何形花纹,几何形图案
ギガ・カロリー giga-caloric 吉卡,$10^9$卡
きかく 【規格】 standard 标准,规格
きかくか 【規格化】 standardization 标准化
きかくこうせいざい 【規格構成材】 standardized components 标准化构件
きかくじゅうたく 【規格住宅】 standardized house 标准住宅(按标准设计建造的住宅),定型住宅
きかけいかくほう 【幾何計画法】 geometric programming 几何规划(法)
きかこうがく 【幾何光学】 geometric optics 几何光学
きかこうぞうせっけい 【幾何構造設計】 geometric design (of highway) (道路)几何形状设计,(道路)线形设计
きかせいぼうしゅうざい 【気化性防銹剤】 volatile rust-proofing agent 挥发性防锈剂
きかせいぼうせいざい 【気化性防錆剤】 volatile inhibitor 挥发性防腐蚀剂,挥发性防锈剂
きがた 【木型】 pattern (铸工用)木模(型)
きがため 【木固】 木质底层涂漆,木基层直接涂漆
きかてきかしょくき 【幾何的華飾期】 Geometrical Decorated Period (英国哥特式建筑的)几何形装饰期
きがね 【木矩】 木靠尺,(裱糊时)展平用木尺
きかねつ 【気化熱】 heat of vapourization 汽化热
きかへいきん 【幾何平均】 geometric mean 几何平均
きがまはいえき 【木釜廃液】 spent liquid from wood cooking (制造纸浆的)木材蒸煮废液
キー・カラー key colour 基本色
きがらし 【木枯】 seasoning of wood 木材干燥
きがり 【木雁】 (榫的)塞木,嵌木,嵌片
きかん 【軌間】 gauge of track, track gauge 轨距
きかん 【機関】 engine 引擎,发动机
ぎがん 【擬岩】 imitation stone 假石,人造石,人工石
きかんかさひじゅう 【気乾嵩比重】 volumetric specific gravity at air dried state 风干容重
きかんくるい 【軌間狂】 disorder of gauge 轨距误差
きかんゲージ 【軌間～】 spacing rule,

gauging rule 轨距规,轨距尺
きかんこうえん 【基幹公園】 basic park 基干公园
きかんざい 【起寒剤】 freezing mixture 冷媒,冷却剂,冷冻剂
きかんざい 【気乾材】 air dried material,air dried lumber 风干材料,气干(天然干燥)材
きかんしげんがたこうぎょう 【基幹資源型工業】 key resources type industry 关键资源型工业
きかんしつ 【機関室】 engine room 发动机房,(舰艇的)轮机舱
きかんしゃ 【機関車】 locomotive 火车头,机车
きかんしゃこ 【機関車庫】 locomotive shed 机车库,机车修理厂
きかんじゅうりょう 【気乾重量】 air dried weight 气干状态的材料重量,风干状态的材料重量
きかんじょうたい 【気乾状態】 air dried state 气干状态,风干状态
きかんすう 【奇関数】 odd function 奇函数
きかんせん 【軌間線】 gauge line 轨距线
きかんだんぼうふか 【期間暖房負荷】 whole heating load 采暖期采暖负荷
きかんだんぼうふかりつ 【期間暖房負荷率】 whole heating load rate 采暖期采暖设备负荷率
きかんなおし 【軌間直】 adjustment of track gauge 轨距调整
きがんばん 【基岩盤】 bed-rock 基岩
きかんひじゅう 【気乾比重】 specific gravity in dry air 气干比重,风干比重
きかんもくざい 【気乾木材】 air dried wood,air seasoned wood 风干木材,气干(天然干燥)材
きかんれいぼうふか 【期間冷房負荷】 whole cooling load 降温期冷气负荷
きかんれいぼうふかりつ 【期間冷房負荷率】 whole cooling load rate 降温期冷气设备负荷率
ききえだ 【利枝】 main branch 主枝,粗大树枝
ききざつおん 【機器雑音】 machine noise 机器噪声
ききね 【利根】 main root 力根(支撑树体最有力的根)
ききや 【利矢】 劈石楔
ききゅうべん 【危急弁】 emergency valve 紧急阀,事故阀,应急阀
きぎょう 【企業】 enterprise 企业
ききょういろ 【桔梗色】 smalt blue 桔梗色,青蓝色,大青色
ぎぎょうけつ 【偽凝結】 false set,premature stiffening (混凝土的)假凝固,先期凝结,过早硬化
きぐ 【器具】 fixture 器具
きぐい 【木杭】 wood pile,timber pile 木桩
きくいむし 【木食虫】 wood worm 蚀木虫
きくぎ 【木釘】 peg,wooden nail 木钉
きぐきゅうすいたんい 【器具給水単位】 fixture unit (卫生)设备给水单位
きくぎり 【菊錐】 counter sink drill 菊花形钻头,锥口钻,埋头钻
きぐこ 【器具庫】 utensil storage 器具库
きぐこうりつ 【器具効率】 light output ratio of a fitting[英],luminaire efficiency[美] 照明器效率
きくざ 【菊座】 菊花纹金属垫座,齿形防松垫圈
きくざがね 【菊座金】 friction ring 齿形防松垫圈
きくじゅつ 【規矩術】 stereotomy 规矩法(用曲尺制做木构件的图解方法)
きくと 【菊斗】 (日本古建筑中)转角处小坐料
きぐはいすいかん 【器具排水管】 fixture drain 卫生器具排水管
きぐはいすいたんい 【器具排水単位】 fixture-unit,fixture unit rating (卫生)设备排水单位
きぐばん 【器具板】 instrument panel,instrument board 仪表盘,仪表(操纵)板
きくほう 【規矩法】 stereotomy 规矩法

(用曲尺制做木构件的图解方法)
きくまるがわら 【菊丸瓦】 菊花纹筒瓦
きぐみ 【木組】 timbering 木结构,木撑,木模
きけんかじゅう 【危険荷重】 critical load 临界荷载
きけんくいき 【危険区域】 dangerous zone (受灾)危险区,危险范围分区
きけんけんちくぶつ 【危険建築物】 dangerous building,hazardous building 危险建筑物
きけんこうぎょうちく 【危険工業地区】 dangerous industrial district 危险工业区
きけんしんどうすう 【危険振動数】 critical frequency 临界(振动)频率
きけんすい 【気圏水】 atmospheric water 大气水
きけんそくど 【危険速度】 critical speed 危险速度,临界速度
きけんだんめん 【危険断面】 dangerous section 危险截面,危险断面
きけんちたい 【危険地帯】 danger zone 危险地带,危险区
きけんぶつ 【危険物】 dangerous articles 危险物
きけんぶっしつ 【危険物質】 hazardous substance 危险物(质)
きけんぶつせいぞうしょ 【危険物製造所】 manufactory of hazardous articles 危险品制造厂(包括易燃、易爆、有毒、放射性物品)
きけんぶつちょぞうしょ 【危険物貯蔵所】 storage of hazardous articles 危险物品贮存所
きけんぶつとりあつかいしょ 【危険物取扱所】 hazardous articles station 危险物品管理所
きけんぶつひょうじ 【危険物標示】 hazard marker 危险标志
きこう 【気孔】 blow hole (铸件的)气孔,砂眼
きこう 【気閘】 air lock (沉箱)气闸,风闸
きこう 【気硬】 air setting 气硬
きこう 【起工】 ground-breaking 开工
きこう 【機構】 mechanism 机构,机械装置,机理
きごうアドレス 【記号~】 symbolic address 符号地址
きこういんし 【気候因子】 climatic factor 气候因素
きごうか 【記号化】 signify 记号化
きこうかんきょう 【気候環境】 climatic environment 气候环境
きこうく 【気候区】 climatic province 气候区
きごうご 【記号語】 symbolic language 符号语言
きごうし 【木格子】 木制格子,木制花格,木格窗
きこうしき 【起工式】 ground-breaking ceremony 开工仪式,动工仪式,开工典礼
きこうしゅうき 【気候周期】 climatic cycles 气候变化周期,气候循环
きこうじゅんおう 【気候順応】 acclimatization 气候适应
きこうじゅんのう 【気候順応】 acclimatization 气候适应
きこうじょうけん 【機構条件】 condition of mechanism 机构条件
きこうしりょう 【気候資料】 climatic data,climatological data 气候资料
きこうずひょう 【気候図表】 climatic chart 气候图
きこうせい 【気硬性】 air setting property 气硬性
きこうせいぎょ 【気候制御】 climatic control 气候调节,气候控制
きこうせいセメント 【気硬性~】 air setting cement 气硬性水泥
きこうせいたいかモルタル 【气硬性耐火~】 air-setting refractory mortar 气硬性耐火砂浆
きこうてきじゆうど 【機構的自由度】 degree of mechanical freedom 机构自由度
ぎこうてつだい 【技工手伝】 apprentice 学徒工,技工助手
きごうでんたつ 【記号伝達】 sign com-

munication, symbolic communication 记号传递, 记号传送
きごうプログラミング 【記号～】 symbolic programming 符号程序
きこうようそ 【気候要素】 climatic element 气象要素, 气候要素
きこうりつ 【気孔率】 porosity 孔隙率, 气孔率
きごうろんりがく 【記号論理学】 symbolic logic 符号逻辑
きごしらえ 【木拵】 装修用木构(配)件的加工, 装修用木构(配)件的制作
きごて 【木鏝】 wood float, wood trowel 木镘, 木抹子
きごておさえ 【木鏝押】 wood floating 木抹子压平, 木镘压平
きさ 【器差】 instrumental error 仪器误差
きざ 【基座】 (庭园中石灯笼的)基座
きざい 【基材】 basic materials 基体材料, 基层材料, 底层材料
きざいじゅんびしつ 【器材準備室】 instrument sterilizing room (医院的)器械消毒室, 器材准备室
きさいぶぶん 【既済部分】 工程完成部分
きざき 【季咲】 season flowering 正常季节开花
きさげ hand scraper 手工刮具, 手工刮铲, 刮研工
ギーザのピラミッド Pyramids at Giza (古代埃及第四王朝的)基泽的金字塔
きざみ 【刻】 pitch 螺距, 节距, 刻纹
きさんぶっしつ 【揮散物質】 volatile matter 挥发物(质)
きじ 【生地·素地】 biscuit, ground, base 坯, 坯料, 质地, 底子, 基体, 基层
ぎし 【技師】 engineer 工程师, 技师
ぎじおだるき 【擬似尾垂木】 假昂
ぎじおんせいはっせいき 【擬似音声発生器】 analogous sound generator 模拟声发生器
キーしきすいせん 【～式水栓】 key type faucet 钥匙开关龙头
きじごも gable roof 人字屋顶, 双坡屋顶
ぎしちょう 【技師長】 engineer in chief, chief engineer 总工程师, 主管工程师
きしつ 【基質】 substrate 基质, 底物
ぎじどう 【議事堂】 assembly hall, conference hall 会议厅, 会(议)堂
きじむら 【素地斑】 玻璃内部不均质
きじめん 【素地面】 rough surface 毛面
きしゃく 【希釈】 dilution 稀释
きしゃくあんていせい 【希釈安定性】 dilution stability 稀释安定性
きしゃくエントロピ 【希釈～】 dilution entropy 稀释熵, 冲淡熵
きしゃくかくさん 【希釈拡散】 dilution and diffusion 稀释扩散
きしゃくかんき 【希釈換気】 diluted ventilation 稀释通风, 稀释换气
きしゃくこうか 【希釈効果】 diluting effect 稀释效应, 稀释效果
きしゃくざい 【希釈剤】 thinner, diluent 稀释剂, 冲淡剂
きしゃくしょぶん 【希釈処分】 dilution disposal 稀释处置
きしゃくすい 【希釈水】 diluting water 稀释水
きしゃくせいしけん 【希釈性試験】 dilution property test 稀释性试验
きしゃくそくど 【希釈速度】 dilution velocity 稀释速度
きしゃくちょうせいそう 【希釈調整槽】 diluting tank 稀释调节池
きしゃくど 【希釈度】 dilution 稀释度
きしゃくねつ 【希釈熱】 heat of dilution 稀化热, 稀释热
きしゃくひ 【希釈比】 dilution ratio 稀释率, 稀释比
きしゃくほう 【希釈法】 dilution method 稀释法, 冲淡法
きしゃくほうりゅうほう 【希釈放流法】 dilution discharge 稀释排放法
きしゃくりつ 【希釈率】 dilution ratio 稀释率, 稀释比
ぎしゅ 【技手】 technician, technicist 技术员
きじゅうき 【起重機】 crane 起重机, 吊车

きじゅうきせん 【起重機船】 floating crane 起重机船,船浮起重机
きしゅうてんちょうさ 【起終点調査】 origin and destination survey (交通)起讫点调查,OD调查
きしゅうてんひょう 【起終点表】 origin and destination chart (交通)起讫点表,OD表
きしゅくしゃ 【寄宿舎】 dormitory 宿舍
ぎじゅつがかり 【技術係】 technical group,section of technicality 技术组
ぎじゅつこもん 【技術顧問】 technical adviser 技术顾问
ぎじゅつしゃ 【技術者】 technician 技术人员
ぎじゅつセンター 【技術～】 technical center 技术中心
ぎじゅつていけい 【技術提携】 technical assistance 技术援助,技术协作
ぎじゅつてきごうりか 【技術的合理化】 technical rationalization 技术合理化
ぎじゅつてきごうりしゅぎ 【技術的合理主義】 technological rationalism 技术合理主义
ぎじゅつひょうか 【技術評価】 technology assessment 技术评价
きじゅん 【基準·規準】 reference,standard,specification 基准,标准,规格,规范
きじゅんアスファルトりょう 【基準～量】 design asphalt content 沥青设计用量
きじゅんアドレス 【基準～】 base address 基准地址,基地址,假定地址
きじゅんか 【基準化】 standardization,normalization 标准化,规格化
きじゅんかい 【基準階】 standard floor,typical floor 标准层
きじゅんかいへいめんず 【基準階平面図】 typical floor plan 标准层平面图
きじゅんかそくどスペクトル 【基準加速度～】 normalized acceleration spectrum 标准加速度谱
きじゅんがた 【規準型】 normal mode of vibration (振动的)标准型,简正振型
きじゅんきゅうおんりょく 【基準吸音力】 reference sound absorbing power 基准吸声力
きじゅんけい 【基準系】 reference system (模数的)基准系统
きじゅんこうし 【基準格子】 reference grid (模数的)基准网格
きじゅんごうど 【基準剛度】 reference rigidity 标准刚度,参考刚度
きじゅんざい 【基準材】 reference material 标准材料,基准材料
きじゅんシステム 【基準～】 reference system (模数的)基准系统
きじゅんしょうさいず 【基準詳細図】 typical detail drawing 标准详图
きじゅんしんどう 【基準振動】 normal vibration 标准振动,正常振动
きじゅんしんどうかいせき 【基準振動解析】 modal analysis of vibration 振型分析
きじゅんしんどうけい 【基準振動形】 normal mode of vibration 标准振型
きじゅんず 【基準図】 standard drawing 标准图
きじゅんすいへいめん 【基準水平面】 datum water level 基准水平面
きじゅんずみ 【基準墨】 (轴线的)基准墨线,标准墨线
きじゅんすんぽう 【基準寸法】 nominal measurement,basic size 基准尺寸,基本尺寸
きじゅんせん 【基準線】 reference line,datum line (测量)参考线,基准线
きじゅんちゅうこうりつ 【基準昼光率】 recommended daylight factor 标准天然采光系数,推荐天然采光系数
きじゅんてん 【基準点】 reference point,control point (测量)参考点,控制点,水准基点,基准点,基点
きじゅんてんそくりょう 【基準点測量】 reference point surveying,basic control point surveying 基本控制点测量,水准基点测量
きじゅんとくせいループ 【基準特性～】 normalized characteristic loop 标准化特性回线

きじゅんのレベル 【基準の～】 datum level 基准水平线
きじゅんぶっしつ 【基準物質】 standard substance 标准物质
きじゅんめん 【基準面】 datum level, reference plane 基准面,参考水准面,(模数的)基准平面
きじゅんりったいごうし 【基準立体格子】 reference space grid 空间模数基准网格,(模数的)空间基准网格
きしょう 【気象】 meteorological phenomena 气象(现象)
きじょう 【軌条】 rail 钢轨,轨条
ぎじょう 【議場】 assembly hall, conference hall 会堂,会场
きしょうがく【気象学】 meteorology 气象学
きしょうけいほう 【気象警報】 weather warning 气象警报
きじょうこう 【軌条鋼】 rail steel 钢轨,钢轨钢
きしょうさいがい 【気象災害】 meteorological disasters 气象灾害
きしょうじょうけん 【気象条件】 meteorological condition 气象条件
きじょうしんしゅくかんげき 【軌条伸縮間隙】 轨条伸缩缝隙,钢轨膨胀间隙
きしょうず 【気象図】 meteorological chart, weather chart 气象图
きしょうだい 【気象台】 meteorological observatory 气象台
きしょうちゅういほう 【気象注意報】 weather advisory warning, weather prognosis 气象预报
きしょうちょうせき 【気象潮汐】 meteorological tide 气象潮
きじょうつぎて 【軌条継手】 rail joint 钢轨接头
きしょうようそ 【気象要素】 meteorological element 气象要素
キシレン xylene 二甲苯
きじれんが 【生地煉瓦】 green brick 砖坯
キシロール xylol 混合二甲苯
きしん 【帰心】 reduction to center 归心计算
きしんき 【起振器】 vibration exciter, vibration generator 起振器,激振器
ぎしんざい 【偽心材·擬心材】 false heart wood, wound heart wood 假心材
きしんりょく 【起振力】 exciting force 激振力,激励力
きず 【傷·疵·瑕】 defect, crack, flaw, stain 伤痕,缺陷,裂纹,瑕疵
きずあと 【傷痕】 score 伤痕
きすい 【汽水】 brackish water 半咸水(海水、淡水混合)
きすいきょうはつ 【気水共発】 foaming 汽水共腾,翻泡
きすいこ 【汽水湖】 brackish-water lake 半咸水湖(海水、淡水混合湖)
きすいこんごうきゅうとうほうしき 【気水混合給湯方式】 汽水混合供热水方式
きすいぶんりき 【汽水分離器】 steam separator 蒸汽分离器,隔汽具
きすうしゃせんどうろ 【奇数車線道路】 odd-lane road 奇数车道道路
きずき 【疵木】 flawed wood 疵病木,瑕疵木,缺陷木
きずくやま 【築山】 artificial hill 假山
きずつき 【傷付】 hurt, impairment, scar 损伤,伤痕
キー·ストーン key stone 拱顶石,冠石,拱顶中心石
キーストン·プレート keystone plate 波形钢板,波纹钢板,瓦楞钢板
きずり 【木摺】 lath, wooden lath, plaster lath 板条,灰板条
きずりうちかべしたじ 【木摺打壁下地】 wooden lath base 板条底层,灰板条底子
きずりかべ 【木摺壁】 wood lathing wall 灰板条墙
きずりしたじ 【木摺下地】 wooden lath base 板条底层,灰板条底子
きせいぐい 【既製杭】 precast pile 预制(混凝土)桩
きせいコンクリートぐい 【既製～杭】 prefabricated concrete pile, precast concrete pile 预制混凝土桩
きせいしがいち 【既成市街地】 built-

up area (城市)建成区,已建市区
**きせいちゅう** 【寄生虫】 parasite 寄生虫
**きせいちゅうらん** 【寄生虫卵】 parasite egg 寄生虫卵
**きせいちょうごうグルー** 【既成調合～】 prepared glue 配制胶,调制胶
**きせいてっきんコンクリートぐい** 【既制鉄筋～杭】 prefabricated reinforced concrete pile, precast reinforced concrete pile 预制钢筋混凝土桩
**きせいとしくいき** 【既成都市区域】 建成市区域
**きせいひょうしき** 【規制標識】 regulatory sign 规定标志,规章限制标志,禁令标志(指示行车或行人使用道路方式)
**きせガラス** 【着～】 coat glass 覆层玻璃,套料玻璃
**きせき** 【気積】 cubic space 房间的实际容积(房间容积除掉人员、家具设备的体积)
**きせき** 【輝石】 pyroxene 辉石
**ぎせき** 【擬石】 imitation stone, cast stone 假石,人造石,人工石
**きせきあんざんがん** 【輝石安山岩】 pyroxene andesite 辉石安山岩
**ぎせきぬり** 【擬石塗】 imitation stone finish 假石饰面,抹假石
**ぎせきブロック** 【擬石～】 imitation stone block 假石砌块,预制假石块
**きせっかい**＝せいせっかい
**きせつこうつうりょうへんかず** 【季節交通量変化図】 seasonal traffic pattern 季节性交通量变化图,季节交通类型
**きせつふう** 【季節風】 monsoon 季(节)风,信风
**きせつようすいりょう** 【季節用水量】 seasonal duty of water 季节用水量
**きせつりん** 【季節林】 seasonal forest 季节林
**キセノン・アークとう** 【～燈】 xenon arc lamp 氙弧光灯
**キセノン・ランプ** xenon lamp 氙(气)灯
**キーゼルグール** Kieselgur[德] 硅藻土
**きせん** 【基線】 base-line 基线,底线
**きせんこうどひ** 【基線高度比】 base-height ratio 基线与航高比例
**きせんスペクトル** 【輝線～】 bright line spectrum 明(亮)线光谱
**きせんそくりょう** 【基線測量】 base line measurement 基线测量
**きそ** 【基礎】 foundation, footing 基础,地基,底脚
**きそ** 【機素】 element 零件,元件
**きそう** 【基層】 base course, binder course 基层,底层,(沥青路面的)联结层,路面下层
**ぎそう** 【偽層】 false-bedding, cross-bedding 交错层
**きそうかん** 【気送管】 pneumatic tube 气压输送管
**きそうかんそうち** 【気送管装置】 air shooter 气送装置,气动(票据)输送机
**きそうし** 【気送子】 capsule, pneumatic carrier 气压输送器,气压输送筒
**きそがんばん** 【基礎岩盤】 foundation rock 基岩,基础岩石
**きそきじゅんてん** 【基礎基準点】 basic control point 基本控制点
**きそく** 【規則】 regulation, specification 规程,规范
**きそぐい** 【基礎杭】 foundation pile 基础桩,基桩
**キー・ソケット** key socket 开关灯头,键插口
**きそこうじ** 【基礎工事】 foundation work 基础工程
**きそこうぞう** 【基礎構造】 foundation structure 基础结构
**きそこうほう** 【基礎工法】 基础施工法
**きそず** 【基礎図】 foundation drawing 基础图
**きそスラブ** 【基礎～】 foundation slab, footing slab 基础板
**きそぞこ** 【基礎底】 foundation bed 基床,基础垫层
**きそだいしゃ** 【基礎代謝】 basal metabolism 基础代谢
**きそちょうさ** 【基礎調査】 basic investigation 基本调查
**きそどうさ** 【基礎動作】 basic motion

(人体)基本动作
**きそばり**　【基礎梁】 foundation beam, footing beam　基础梁，地梁
**きそばん**　【基礎版】 footing slab, foundation slab　基础板，底板
**きそばん**　【基礎盤】 foundation bed　基床，基础垫层
**きそぶせず**　【基礎伏せ図】 foundation plan　基础平面图，基础布置图
**きそボルト**　【基礎～】 anchor bolt　地脚螺栓，基础螺栓
**きそんけんちくぶつ**　【既存建築物】 现有建筑物
**きそんふてきかくけんちくぶつ**　【既存不適格建築物】 现有不合格建筑物
**きだい**　【基台】 pedestal　台座，底座，柱脚
**きたいえんそ**　【気体塩素】 gaseous chlorine　气态氯
**きたいおんどけい**　【気体温度計】 gas thermometer　气体温度计
**きたいねんりょう**　【気体燃料】 gaseous fuel　气体燃料
**きたいのうど**　【気体濃度】 gas concentration　气体浓度
**きたいぼうちょうおんどけい**　【気体膨張温度計】 gas expansion thermometer　气体膨胀温度计
**きたいゆそうき**　【気体輸送機】 gas transportation machine　气体运输机
**きタール**　【木～】 wood tar　木焦油
**きだん**　【気団】 air mass　气团
**きだん**　【基壇】 台基，台座
**キチネット**　kitchenette　小厨房
**きちょうめん**　【几帳面】 方柱四角的凸线脚
**ぎちょうわしんどう**　【偽調和振動】 pseudo-harmonic vibration　赝谐振
**きちんやど**　【木賃宿】 common lodging house　简易旅社，不供给伙食的客栈
**きつえんしつ**　【喫煙室】 smoking room　吸烟室
**キック**　kick　(仪表指针)急冲，突跳，反冲
**きづくり**　【木造】 木构件加工，(园林)剪枝整姿
**きっこう**　【亀甲】 hexagonal pattern　龟甲纹样，六角连续纹样
**きっこうぎり**　【亀甲切】 龟甲形整石饰面，六角形石饰面
**きっこうさよう**　【拮抗作用】 antagonism　对抗作用
**きっこうシュート**　【亀甲～】 六角形滑槽
**きっこうづみ**　【亀甲積】 六角石砌墙
**きっこうばり**　【亀甲梁】 龟甲形梁架(日本歌舞伎剧场的梁架平面布置方式)
**きっこうぶき**　【亀甲葺】 hexagonal roofing, arris-ways　按龟甲(六角)形铺板屋面，龟甲(六角)形石板，金属板屋面
**きっさえん**　【喫茶園】 tea garden　饮茶花园，茗茶园
**きっさしつ**　【喫茶室】 tea room　茶座，茶室
**きっさてん**　【喫茶店】 tea room, tea house　茶馆，咖啡馆
**ぎっしゃ**　【牛舎】 cow-shed, cow-house　牛棚
**きったて**　【切立】 support　支架，支柱，支撑
**きづち**　【木槌】 mallet, wooden hammer　木锤，木槌
**キッチン**　kitchen　厨房
**キッチン・カー**　kitchen car　厨车
**キッチン・キャビネット**　kitchen cabinet　厨房橱柜
**キッチン・シンク**　kitchen sink　厨房用洗涤盆
**キッチン・タイプ**　kitchen type　(根据厨房内部的布置划分的)厨房类型
**キット**　kit　用具箱，工具袋，整套工具，整套零件
**きつねごうし**　【狐格子】 (歇山屋顶的)格子山花，木格山花
**きつねまど**　【狐窓】 (歇山屋顶封檐板下面的)细格窗
**きっぷうりば**　【切符売場】 ticket booth, ticket office　售票处
**キッブラー**　kibbler　粉碎机
**きづもり**　【木積】 估算木作工程量
**きづれごうし**　【木連格子】 (歇山屋顶的)格子山花，木格山花

きてい 【規定】 regulation, provisions, rules 规定,规程
きていかんすう 【基底関数】 fundamental function 基本函数,特征函数
きていざんきょうじかん 【規定残響時間】 standard reverberation time 标准混响时间
きていのうど 【規定濃度】 normality 当量浓度
きていバンド・レベルさ 【規定～差】 normalized band level difference 规定(频)带强级差
きていへいめんじゅんようほう 【基底平面順用法】 method of alternate base planes 基底平面交替应用法
きていへんすう 【基底変数】 basic variable 基本变量
きていゆかしょうげきおんレベル 【規定床衝撃音～】 normalized impact sound level 楼板标准撞击声级
きてん 【岐点】 stagnation point 滞点,驻点,静点
きでんせん 【饋電線】 feeder line 馈(电)线
きど 【木戸】 栅门,木栅栏门
きど 【輝度】 brightness, luminance 亮度
きどう 【気動】 air motion 空气流动
きどう 【軌道】 street railway, track 轨道,有轨电车道
きどうぎゃくうちハンマー 【気動逆打～[hammer]】 pile extractor 气压拔桩机
きどうくるいしすう 【軌道狂指数】 index of track irregularity 轨道偏差指数
きどうくるいのきょようげんど 【軌道狂の許容限度】 allowance of track irregularity 轨道偏差容许限度
きどうこうじょうき 【軌道扛上機】 track jack, lifting jack, track lifting jack 起道机,起轨器,轨道千斤顶
きとうスイッチ 【起倒～】 tumbler switen 倒板开关
きどうそうち 【起動装置】 starter 启动器,启动装置
きどうちゅうしん 【軌道中心】 track center 轨道中心,轨道中线
きどうちゅうしんかんかく 【軌道中心間隔】 track-center distance 轨道中心间距,轨道中线距
きどうでんりゅう 【起動電流】 starting current 启动电流
きどうドリル 【気動～】 pneumatic drill 风钻,气动钻
きどうようガスようき 【起動用～容器】 starting gas cylinder unit 起动用容器
きどうりょく 【起動力】 motive power 原动力
きどおんど 【輝度温度】 luminance temperature 亮度温度
きどけい 【輝度計】 luminance meter 亮度计,亮度仪
きどさ 【輝度差】 difference of brightness, difference of luminance 亮度差
きどたいひ 【輝度対比】 luminance contrast, brightness contrast 亮度对比
きどひ 【輝度比】 luminance ratio, brightness ratio 亮度比
きどぶんぷ 【輝度分布】 luminance distribution, brightness distribution 亮度分布
きどり 【木取】 saw procedure, conversion 制材,锯材
きぬた 【砧】 anvil 砧子,铁砧子
きねじまわし 【木螺子回し】 wood screw driver 木螺丝起子,木螺丝改锥,木螺丝拧子
きねづか 【杵束】 king post 桁架中柱
キネモメーター kinemometer 流速表,灵敏转速计
きねんアーチ 【記念～】 memorial arch 纪念性拱门
きねんかん 【記念館】 memorial hall 纪念馆,纪念堂
きねんけんちく 【記念建築】 memorial architecture, monument 纪念性建筑(包括纪念馆、纪念碑等)
きねんこうえん 【記念公園】 memorial park 纪念公园
きねんじゅ 【記念樹】 memorial tree 纪念树
ぎねんせい 【擬粘性】 pseudo-viscosity

假粘性

**ぎねんせいひろば** 【記念性広場】 monumental square, monumental plaza 纪念性广场

**きねんちゅう** 【記念柱】 memorial column 纪念圆柱

**きねんとう** 【記念塔】 memorial tower 纪念塔

**きねんひ** 【記念碑】 monument, memorial tablet 纪念碑

**きねんぶつ** 【記念物】 monument 纪念物

**きねんもん** 【記念門】 memorial arch 纪念门,纪念性拱门

**ぎねんりん** 【偽年輪】 false annual ring 假年轮

**きのう** 【機能】 function 功能,机能

**きのうけいかく** 【機能計画】 functional planning 功能计划,功能设计

**きのうしゅぎ** 【機能主義】 functionalism 功能主义

**きのうしょくさい** 【機能植栽】 functional planting 机能栽植(防风林、防潮林等)

**きのうしんごう** 【機能信号】 function signal 功能信号

**きのうず** 【機能図】 functions diagram 功能图(解)

**きのうせっけい** 【機能設計】 functional design 功能设计(以功能主义为指导思想所进行的设计)

**きのうてきげんそく** 【機能的減速】 functional deceleration 功能性减速

**きのうてきデザイン** 【機能的～】 functional design 功能设计(以功能主义为指导思想所进行的设计)

**きのうてきとしちいき** 【機能的都市地域】 functional urban district 城市功能波及范围

**きのうてんかん** 【機能転換】 functional conversion 功能转换,功能转变

**きのうでんたつ** 【機能伝達】 functional communication 功能传递,功能转移,功能传送

**きのうはいしょく** 【機能配色】 functional colouring 功能配色

**きのうはいぶん** 【機能配分】 functional allocation 功能分配

**きのうぶんか** 【機能分化】 functional differentiation 功能转化

**きのうぶんせき** 【機能分析】 functional analysis 功能分析

**きのうようそ** 【機能要素】 functional building elements (建筑)功能构成要素

**きのうようりょう** 【機能容量】 functional capacity (道路)功能通行能力

**きのうれんけつ** 【機能連結】 functional connection 功能联系

**きのこがたべん** 【蕈形弁】 mushroom valve, lift valve 蕈形阀,提升阀

**きのこゆか** 【床】 mushroom floor (有托座的)无梁楼板,无梁楼盖

**きばく** 【気曝】 aeration 曝气

**きばくさんか** 【気曝酸化】 aerating oxidation 曝气氧化

**きばくそうち** 【気曝装置】 aerator, aeration device 曝气器,曝气装置

**きはずし** 【木外】 removal of timbering (隧道)木支撑拆除

**きはつさん** 【揮発酸】 volatile acid 挥发酸

**きはつせい** 【揮発性】 volatility 挥发性

**きはつせいアミン** 【揮発性～】 volatile amine 挥发性胺

**きはつせいけんだくぶつ** 【揮発性懸濁物】 valatile suspended matter 挥发性悬浮物质

**きはつせいこけいぶつ** 【揮発性固形物】 volatile suspended solids 挥发性固体,挥发性悬浮物质

**きはつせいしぼうさん** 【揮発性脂肪酸】 volatile fatty acid 挥发性脂肪酸

**きはつせいぶっしつ** 【揮発性物質】 volatile matter 挥发(性)物质

**きはつせいゆうきさん** 【揮発性有機酸】 volatile organic acid 挥发性有机酸

**きはつせいワニス** 【揮発性～】 volatile varnish, spirit varnish 挥发性清漆,醇溶性清漆

**きはつぶつ** 【揮発物】 volatile matter 挥发物

きはつぶん 【揮発分】 volatile matter 挥发物,挥发分
きはつゆほきゅうしょ 【揮発油補給所】 gasoline station 加油站,汽油站
きばな 【木鼻】 雕饰的木梁端部
きばん 【基盤】 bedrock ,firm ground 底岩,基岩,坚实地面,硬土层
きはんかい 【規範階】 standard floor 标准层
キー・パンチャー key puncher 键控穿孔机
きひ 【基肥】 basal fertilizer 基肥,底肥
キープ keep (中世纪的)城堡主垒,城堡高楼,要塞
きぶしねんど 【木節粘土】 栉粘土,造型肥粘土
キプス KIPS(kilo pounds) 千磅
ギプス Gips[德] 石膏
キーブラーがたジベル 【~形~[Dübel德]】 Kübler-type dowel 基普勒式暗销
キー・プラン key plan 索引图,平面布置总图
キー・プレート key plate 钥匙孔板,键板
きぼ 【規模】 scale 规模
きほう 【気泡】 blow-hole 气泡,气孔
きほうかく 【気泡核】 foaming kernel 气泡核
きほうかくはんそう 【気泡攪拌槽】 bubble agitation tank 排气起泡搅拌池,(压缩)空气搅拌池
きほうかん 【気泡管】 bubble tube 水准管,气泡管
きほうかんかくけいすう 【気泡間隔係数】 void spacing factor 气泡间隔系数
きほうかんじく 【気泡管軸】 bubble tube axis 水准管轴,气泡管轴
きほうけんていき 【気泡検定器】 level tester 水准管检定器
きほうざい 【起泡剤】 foaming agent 发泡剂
ぎぼうしゅ=ぎぼし
きほうすいじゅんき 【気泡水準器】 air-bubble level 气泡水准器
きほうせいぶっしつ 【起泡性物質】 foaming substance 发泡物质,发泡剂
きぼうせん 【希望線】 desire line 愿望线,要求线(即连接交通起点与终点的图上直线)
きほうとう 【気泡塔】 bubbling tower 泡罩塔,泡帽塔
きほうばっき 【気泡曝気】 bubbled aeration 气泡曝气,吹泡曝气
きほうぼうしざい 【起泡防止剤】 defoaming agent 消泡剂
きほうポンプ 【気泡~】 air lift pump 空气提升泵
ぎぼく 【擬木】 仿天然树木,(水泥或塑料制成的)假树
ぎぼくぬり 【擬木塗】 仿木皮饰面,假木纹饰面
きぼけいかく 【規模計画】 规模规划
ぎぼし 【擬宝珠】 (望柱头的)宝珠饰
ぎぼしこうらん 【擬宝珠高(勾)欄】 望柱头带宝珠的栏杆
ぎぼしつきちょうばん 【擬宝珠付き丁(蝶)番】 珠顶铰链,珠顶合页
キー・ボード key board 键盘,电键板
キボリウム ciborium[拉] (宝座或祭坛上的)华盖,龛室
キー・ホール key hole 钥匙孔,键孔,键槽
キー・ボルト key bolt 键螺栓
ギボルトつぎて 【~継手】 Gibault joint 基保尔特式接头(石棉水泥管接头的一种,由两个法兰、两个橡胶圈和一个套管构成)
きほんおん 【基本音】 fundamental tone 基音
きほんかかく 【基本価格】 basic price 基本价格
きほんきょうどこう 【基本強度項】 fundamental strength term 基本强度项
きほんけい 【基本形】 principal system (结构的)基本体系
きほんけいかく 【基本計画】 general plan,master plan 总体设计,总体规划,总平面图,总图,计划概要
きほんけいりょうけいしき 【基本計量形式】 fundamental metric form 基本度量

形式，基本计量形式

**きほんけいりょうベクトル** 【基本計量～】 fundamental metric vector 基本度量矢量，基本计量矢量

**きほんこうさ** 【基本公差】 basic tolerance 基本公差(对不同尺寸的构配件均规定有不同的制作公差值)

**きほん(せいてい)こうぞう** 【基本(静定)構造】 primary structure, released structure 基本(静定)结构

**きほんこうつうようりょう** 【基本交通容量】 basic(roadway)capacity, basic (traffic)capacity (道路)基本通行能力(在最理想的道路及交通条件下，一条车道或道路在一小时内通过某一横断面的最大小客车车辆数)

**きほんこゆうしんどう** 【基本固有振動】 vibration of fundamental mode 基谐方式振动

**きほんしんどう** 【基本振動】 fundamental vibration 基谐振动(固有振动中频率最低的振动)

**きほんしんどうすう** 【基本振動数】 fundamental frequency 基本频率，基频，基谐波频率

**きほんず** 【基本図】 basic map 基本地形图

**きほんすいじゅんせん** 【基本水準線】 datum line 基准线

**きほんすいじゅんめん** 【基本水準面】 datum plane, datum water level 基准面，水准基面

**きほんせっけい** 【基本設計】 preliminary design 初步设计，设计方案

**きほんせっけいず** 【基本設計図】 preliminary drawing 初步设计图

**きほんそくりょう** 【基本測量】 基本测量

**きほんたんいテンソル** 【基本単位～】 unit fundamental tensor (基本)单位张量

**きほんちず** 【基本地図】 base map (城市规划的)基本地图

**きほんちょうさ** 【基本調査】 datum survey (城市规划的)基本调查，基础资料调查

**きほんは** 【基本波】 fundamental wave 基波

**きほんフレーム** 【基本～】 basic frame (城市规划的)基本格局，基本结构

**きほんへいめんけいかく** 【基本平面計画】 schematic plan 平面方案，平面草图，平面示意图

**きほんベクトル** 【基本～】 base vector 基本矢量，基本向量

**きほんモデュール** 【基本～】 basic module 基本模数

**きほんようりょう** 【基本容量】 basic capacity 基本容量，道路基本通行能力

**きほんりょうきん** 【基本料金】 basic rate 基本费率，基本费额

**きマイカ** 【生～】 natural mica 天然云母

**きまくらぎ** 【木枕木】 sleeper 枕木，木轨枕

**きまり** 【極・決】 rating 额定，规定，级别确定

**きみつ** 【気密】 sealing 封闭，密封，气封，不透气

**きみつせい** 【気密性】 air tightness 气密性

**きみつたてぐ** 【気密建具】 air-tight sash 气密窗扇，不透气窗扇

**きみつつぎて** 【気密継手】 air tight joint 气密连接，气密接缝

**ギムネ** gimlet 锥子，螺丝锥，手锥

**ギムレット** gimlet 锥子，螺丝锥，手锥

**きもいり** 【肝煎・肝入】 foreman 工长，领工员

**きや** 【木屋】 工地木工车间，木工棚，堆木场

**きゃく** 【脚】 leg, leg of fillet weld 支脚，支承，焊脚

**ぎゃくエルがたしゃおんへい** 【逆L型遮音塀】 inverted L type barrier 倒L形隔声屏

**ぎゃくエルがたようへき** 【逆L形擁壁】 reversed L-shaped retaining wall 反L形挡土墙

**ぎゃくえんきんほう** 【逆遠近法】 inverse perspective 反透视画法

ぎゃくか 【逆火】 back fire,flash back 逆火
ぎゃくカルノー・サイクル 【逆～】 reversed Carnot cycle 逆行卡诺循环
ぎゃくぎょうれつ 【逆行列】 inverse matrix 反相矩阵,逆矩阵,倒置矩阵
ぎゃくきょくせい 【逆極性】 reversed polarity (焊接的)转换极性,反极性
ぎゃくキング・ポスト・トラス 【逆～】 inverted king post truss 倒单柱桁架
ぎゃくクイン・ポスト・トラス 【逆～】 inverted queen post truss 倒双柱桁架
ぎゃくサイホン 【逆～】 inverted siphon 倒虹吸,倒虹管
ぎゃくサイホンさよう 【逆～作用】 back siphonage 倒虹吸作用
ぎゃくじじょうそく 【逆自乗則】 inverse square law 平方反比定律
きゃくしつ 【客室】 guest room 客房,客用卧室
ぎゃくしべん 【逆止弁】 check valve, non-return valve 止回阀,逆止阀
きゃくしゃ 【客車】 coach, carriage, passenger car 客车
きゃくしゃそうしゃじょう 【客車操車場】 coach yard 客车车场
ぎゃくしんとう 【逆浸透】 reverse osmosis 反向渗透
ぎゃくしんとうまく 【逆浸透膜】 reverse osmosis membrane 反渗透膜
ぎゃくしんとうみずしょりそうち 【逆浸透水処理装置】 reverse osmostic water treatment plant 反渗透水处理装置
ぎゃくスラブ 【逆～】 reversed slab 反装板,反梁板,梁下板
きゃくせき 【客席】 auditorium seating 观众席(位)
きゃくせきしつ 【客席室】 auditorium 观众厅,正厅
ぎゃくせん 【逆洗】 back washing 反冲洗
ぎゃくたいしょう 【逆対称】 antisymmetric 反对称
ぎゃくたいしょうおうりょくぶんぷ 【逆対称応力分布】 antisymmetric stress distribution 反对称应力分布
ぎゃくたいしょうかじゅう 【逆対称荷重】 antisymmetric load 反对称荷载
ぎゃくたいしょうぶんぷかじゅう 【逆対称分布荷重】 inverse-symmetric uniform load 反对称均布荷载
ぎゃくたいしょうへんけい 【逆対称変形】 antisymmetric deformation 反对称变形
ぎゃくたいしょうマトリックス 【逆対称、～】 antisymmetric matrix 反对称矩阵
きゃくだたみ 【客畳】 (茶室的)一般铺席客座
きゃくだまり 【客溜】 public space, waiting room 公共等候厅,大客厅,公共大厅
きゃくたん 【脚端】 toe of fillet (贴)角焊接面的交点
きゃくちゅう 【脚柱】 stub, pier column, pier stub 柱墩,墩柱,桩柱
きゃくちょう 【脚長】 leg of fillet weld, length of fillet weld (贴)角焊长度,焊脚长
きゃくてい 【客亭】 客亭,宅院休息亭
きゃくでん 【客殿】 宾馆,客舍
ぎゃくてんそう 【逆転層】 inversion layer (大气)逆转层,逆温层
きゃくど 【客土】 soil dressing 客土,掺和土
ぎゃくどうさ 【逆動作】 reverse acting 反向动作,逆动作
ぎゃくどうさべん 【逆動作弁】 reverse acting valve 回动阀
ぎゃくどけいまわり 【逆時計回】 counter clockwise rotation 逆时针(方向)旋转,左旋
ぎゃくどめべん 【逆止弁】 non-return valve, check valve, reflex valve 止回阀,逆止阀,单向阀
ぎゃくにちえいきょくせん 【逆日影曲線】 reversed sun shadow curve 倒日影曲线,反日影曲线
ぎゃくばり 【逆梁】 reversed beam 反梁,板上梁
ぎゃくばりスラブ 【逆梁～】 reversed

slab 反装板,反梁板,梁下板

ぎゃくひかえかべようへき 【逆控壁擁壁】 counterforted retaining wall 后扶垛挡土墙

ぎゃくひずみほう 【逆歪法】 predistortion method (防止焊接变形的)反变形法

ぎゃくフィルター 【逆～】 inverted filter 反滤层,倒滤层

ぎゃくふうとめ 【逆風止】 back-flow preventer 逆流防止器

ぎゃくベンチしきくっさく 【逆～式掘削】 top cut method 倒台阶式挖掘法

ぎゃくほうしゃ 【逆放射】 reverse radiation 反辐射

きゃくま 【客間】 guest room,parlour 客厅,会客室

ぎゃくまげ 【逆曲】 reversed bending 反向弯曲,反弯曲

ぎゃくマトリックス 【逆～】 inverse matrix 逆矩阵

ぎゃくりゅう 【逆流】 back flow,counter-flow 逆流,回流

ぎゃくりゅうきゅういん 【逆流吸引】 back siphonage 倒虹吸作用

ぎゃくりゅうぎょうしゅくき 【逆流凝縮器】 counter-flow condenser 逆流冷凝器

ぎゃくりゅうせんじょう 【逆流洗浄】 back washing 反冲洗

ぎゃくりゅうせんじょうすい 【逆流洗浄水】 backwash water 反冲水

ぎゃくりゅうそしべん 【逆流阻止弁】 back flow valve 止回阀,逆止阀

ぎゃくりゅうてい 【逆流堤】 back levee 支流堤,逆水堤

ぎゃくりゅうどめトラップ 【逆流止～】 back water trap 回水存水湾

ぎゃくりゅうどめべん 【逆流止弁】 backflow valve 止回阀,逆止阀

ぎゃくりゅうどろかち 【逆粒度濾過池】 reverse-graded multimedia filter, coarse-to-fine filter 反级配多层滤料滤池,粗-细滤料滤池,反粒度三层滤料滤池

ぎゃくりゅうぼうしき 【逆流防止器】 back-flow preventer,back siphon 回流防止器

ぎゃくれん 【逆蓮】 inverted lotus (望柱头的)垂莲饰,倒莲饰

ぎゃくれんとう 【逆蓮頭】 inverted lotus (望柱头的)垂莲饰,倒莲饰

ぎゃくれんばしら 【逆蓮柱】 垂莲饰望柱

ギャザリング・ローダー gathering loader 集合装载机

キャスタブルたいかぶつ 【～耐火物】 castable refractory 浇注成形耐火制品

きやすり 【木鑢】 rasp 木锉,粗锉

きゃたつ 【脚立】 trestle 高凳,架梯,支架

きゃたつあしば 【脚立足場】 trestle scaffolding 架梯脚手架,高凳脚手架

キャタピラー＝カタピラー

キャタフォイル quatrefoil 四瓣形

キャタリスト catalyst 催化剂,触媒

ぎゃっか 【逆火】 back-fire,flash back 逆火,回火,倒吸火

きゃっこう 【脚光】 footlights (舞台)脚灯(光)

キャッチ catch 门拉手,门扣,窗钩

キャッチじょう 【～錠】 transom catch 翻窗或气窗的插销

キャッチャー catcher 稳定装置,制动装置接收器,收集器,捕捉器

キャッツ・ブローン catalytic blown(asphalt) 催化氧化沥青

キャットウォーク catwalk 狭通道(装设在电视演播室四周墙壁的挑廊)

キャッピング capping,gapping 压顶,帽盖,罩面,桩帽,缝隙,裂缝

キャップ cab 驾驶室,司机室

キャップ cap 帽,盖,柱头,桩帽,堵头

ギャップ gap(building) (建筑构件中的)间隙,(统一模数制中的)缝隙,错缝

ギャップ・グレーディング gap grading 间断级配

キャップ・ケーブル cap cable (预应混凝土构件联结用)顶盖锚缆

キャップ・スクリュー cap screw 有头螺钉,有帽螺钉

キャップ・ナット cap nut 盖螺母,螺帽

**ギャップ・フィルリング・セメント** gap filling cement 填缝胶泥,填缝水泥
**キャップ・ボルト** cap bolt 有头螺栓,有帽螺栓
**キャノピー** canopy 挑棚,雨棚,华盖
**キャノピー・ドア** canopy door 上悬挑门,滑动挑门
**キャパシター** capacitor 电容器
**キャパシタンス** capacitance 电容
**キャパシティー** capacity 电容,容量,额定功率,生产(能)力
**キャバレー** cabaret (兼有跳舞、音乐等的)餐馆
**キャピタル** capital 柱头
**キャビテーション** cavitation 气蚀,空穴,涡空,空化
**キャビテーション・エロージョン** cavitation erosion 气蚀,空穴腐蚀,空调腐蚀
**キャビテーションそんしょう 【～損傷】** cavitation damage 气蚀破坏,气蚀损伤
**キャビテーションていこう 【～抵抗】** cavitation resistance 气蚀阻力
**キャピトル** Capitol (罗马卡比多山)罗马市政广场,美国国会大厦
**キャビネット** cabinet (古代指)私人小房间,小室,(存放或陈列用)柜,橱
**キャビネットかなもの 【～金物】** cabinet hardware 家具用小五金
**キャビネットしょうべんき 【～小便器】** cabinet urinal 间隔小便器
**キャビネット・スピーカー** cabinet speaker 箱式扬声器
**キャビネットせんめんき 【～洗面器】** cabinet lavatory 间隔盥洗室
**キャビネット・ヒーター** cabinet heater 箱式散热器
**キャビネット・メーカー** cabinet maker 家具木工,细木工
**キャビネット・メーキング** cabinet making 家具制造
**キャビネン・タクシー** Cabinen taxi (CAT) 联邦德国创制的快速客车(双人乘坐,自动运转,时速36公里)
**キャピラリー** capillary 毛细现象的,毛细作用的,毛细(管)
**キャピラリー・チューブ** capillary tube 毛细管
**キャピラリティー** capillarity 毛细现象,毛细作用
**キャピラリー・フィルター** capillary filter (湿式集尘装置用)毛细滤器
**キャフェテリア**=カフェテリア
**キャプスタン**=カップスタン
**キャブ・タイヤ** cab tire 汽车轮胎
**キャブタイヤ・ケーブル** cabtyre cable 橡胶绝缘软电缆
**キャブタイヤ・コード** cabtyre cord 橡胶绝缘软电线
**キャブタイヤせん 【～線】** cabtyre wire 橡皮绝缘软电线
**ギャブル・ウォール** gable wall 山墙,人字墙
**ギャー・ポンプ** gear pump 齿轮泵
**ギヤマン** diamant[荷],glass,diamond[英] 玻璃,玻璃制品,金刚石
**キャラクター** character 特性,特征,性质,符号,数字
**キャラクター・ディスプレー** character display 数字显示(器)
**キャラバンセライ** caravanserai,caravansary 商队或旅行队的客店,旅馆
**キャラメル** caramel 垫片,垫块,灰浆块隔片,酱色,焦糖
**ギャラリー** gallery 走廊,长廊,画廊,陈列馆,楼座,眺台,坑道
**ギャラリー・ケーブル** gallery cable 坑道电缆
**ギャラリー・コリドアしき 【～式】** gallery corridor type 廊式
**ギャランティ・ビル** Guaranty Building (1894～1895年美国布法洛市)证券大厦(摩天楼建筑)
**キャリー** carry 进位,进位数,传送,装运
**キャリー・オーバー** carry-over 转入,转换,带出,进位,传递,传播
**キャリーオール** carry-all 牵引式刮土机,轮式铲运机
**キャリーオール・スクレーパー** carry-all scraper 牵引式铲运机
**キャリー・スクレーパー** carry scraper

拖式铲运机
キャリッジ carriage 楼梯斜梁
キャリッジ・ウェー carrage way 车行道,慢车道
キャリッジ・ポーチ carriage porch 停车门廊,车廊
キャリバー caliber 口径,管内径,(量)规,尺寸
キャリブレーション calibration 校准,测径,标定,刻度
キャリヤー carrier 载运机,载运工具,载运辊轴,搬运器,载体,载波
キャリヤー・ガス carrier gas 载(运)气(体)
キャリヤーせんず 【～線図】 Carrier diagram,Carrier chart 卡里尔(湿空气)曲线图
ギャレス・トレクションしきエレベーター【～式～】 gearless traction elevator system 滑轮传动电梯系统,无级传动电梯系统,高速电梯
キャレル carrel (图书馆书库内的)专用阅览席,带书架阅览桌
キャンチレバー＝カンティレバー
キャンディー・ストア candy store 糖果店
キャンド・ポンプ canned pump 密封泵
キャンド・モーター・ポンプ canned motor pump 密封电动泵
キャンバー camber 上拱度,反挠度,起拱,路拱,弯曲,翘曲
キャンバー・アーチ camber arch 弯拱
キャンバス canvas 画布,帆布
キャンパス campus 校园,校内场地,校内场地设施
キャンバス・コネクション canvas connection 帆布接头
キャンバス・チェア canvas chair 帆布椅
キャンパス・プラン campus plan (大学)校园平面布置图,(学校)场地平面布置图
キャンパス・プランニング campus planning (大学)校园规划,学校场地规划
キャンバス・ホース canvas hose 帆布水龙带
キャンバーリング・マシン cambering machine 弯面机,钢轨矫(调)直机,钢梁矫(调)直机,压型机
キャンプじょう 【～場】 camp site 露营场地
ギャンブレル・ベント gambrel vent 复折透气,复折通气,斜折线形通风
ギャンブレル・ルーフ gambrel roof 复折屋顶,斜折线形屋顶
キャンペイン campaign 烧窑周期
キャンベル・ストークスのにっしょうけい【～の日照計】 Campbell-Storks'pyrheliometer 康贝尔-斯托克思式日照仪
キュア cure (混凝土)养护,湿治,硫化,熟化,硬化,凝固,处理
キュアおんど 【～温度】 curing temperature 养护温度,固化温度
キュアじかん 【～時間】 curing period, curing time 养护期间,固化时间,硫化期
きゅういん 【吸引】 suction 吸入,吸气,吸力,吸引,空吸,负压
きゅういんこうつうりょう 【吸引交通量】 attracted traffic volume 吸引交通量,(终点)到达交通量
きゅういんしきうんぱんそうち 【吸引式運搬装置】 suction conveyer (风力)吸引式输送设备,空吸输入装置
きゅういんせつび 【吸引設備】 suction apparatus 吸引设备,吸入设备
きゅういんそうち 【吸引装置】 suction apparatus 吸引装置,吸入装置
きゅういんポンプ 【吸引～】 suction pump 空吸泵,抽水泵,抽气泵
きゅういんりょく 【吸引力】 attractive force,suction 引力,吸引力
きゅうおん 【吸音】 sound absorption 吸声
きゅうおんき 【吸音器】 sound absorber,sound attenuator,silencer 吸声器,消声器
きゅうおんくさび 【吸音楔】 acoustic wedge 吸声尖劈
きゅうおんけいすう 【吸音係数】 sound absorbing coefficient 吸声系数
きゅうおんざい 【吸音材】 sound absorb-

ing material 吸声材料

**きゅうおんざいりょう** 【吸音材料】 sound absorbing material, acoustic(al) absorbent 吸声材料

**きゅうおんしょり** 【吸音処理】 acoustic treatment 吸声处理

**きゅうおんたい** 【吸音体】 sound absorber 吸声体

**きゅうおんダクト** 【吸音～】 sound absorbing duct 吸声管道,消声管道

**きゅうおんテックス** 【吸音～[tex.]】 acoustical fiber board 吸声纤维板

**きゅうおんプラスター** 【吸音～】 acoustic plaster 吸声粉刷,吸声抹灰,吸声灰膏

**きゅうおんブランケット** 【吸音～】 sound absorbing blanket 吸声毡

**きゅうおんめん** 【吸音面】 sound absorbing surface 吸声面

**きゅうおんようあなあきせっこうボード** 【吸音用孔空石膏～】 acoustic perforated gypsum board 吸声穿孔石膏板

**きゅうおんりつ** 【吸音率】 sound absorption coefficient 吸声系数,吸声率

**きゅうおんりょく** 【吸音力】 sound absorbing power 吸声力(吸声面积和吸声系数之积),吸声量

**きゅうかいほうねつきべん** 【急開放熱器弁】 quick opening radiator valve 快开散热器阀

**きゅうかく** 【球殻】 spherical shell 球形壳体

**きゅうかくげんかい** 【嗅覚限界】 limit of odour 嗅觉极限

**きゅうかりょう** 【球過量】 spherical excess 球面角超

**きゅうがん** 【弓眼】 栱眼

**きゅうき** 【吸気】 aspiration 吸气,进风,进气

**きゅうき** 【給気】 air supply 送气,充气,供气

**きゅうきあつりょく** 【吸気圧力】 aspirating pressure 吸气压力,进气压力

**きゅうきあつりょくせいぎょ** 【吸気圧力制御】 aspiration pressure control 进风压力控制,吸气压力调节

**きゅうきかん** 【吸気管】 aspiration pipe, aspirating pipe 进气管,吸气管

**きゅうきぐち** 【吸気口】 aspiration inlet 吸气口,进风口

**きゅうきぐち**＝**きゅうきこう**

**きゅうきこう** 【給気口】 air intake 进气孔,进风口

**きゅうぎしつ** 【球戯室】 billiard room 弹子房,台球室

**きゅうきしつどけい** 【吸気湿度計】 aspiration psychrometer 吸气湿度计

**きゅうぎじょう** 【球技場】 ball game ground 球场(总称)

**きゅうきダクト** 【給気～】 supply air duct 供气管道

**きゅうきふきだしぐち** 【給気吹出口】 supply air outlet 送风口,送气口

**きゅうきべん** 【吸気弁】 aspiration valve 吸气阀

**きゅうきべん** 【給気弁】 air supply valve 供气阀

**きゅうきゅうしょちしつ** 【救急処置室】 emergency room 急救室,急诊室

**きゅうきゅうしんりょうぶ** 【救急診療部】 emergency department, casualty department 急诊部

**きゅうきゅうびょういん** 【救急病院】 emergency hospital 急救医院

**きゅうけいおうりょく** 【球形応力】 spherical stress 球形应力

**きゅうけいかっせいたん** 【球形活性炭】 spherical active carbon 球粒活性炭

**きゅうけいけんちく** 【球形建築】 球形建筑形式

**きゅうけいこうそくけい** 【球形光束計】 globe photometer 球形光度计

**きゅうけいこうどけい** 【球形光度計】 integrating photometer 积分光度计

**きゅうけいシェル** 【球形～】 spherical shell 球形壳体

**きゅうけいしつ** 【休憩室】 rest room 休息室

**きゅうけいひずみ** 【球形歪】 spherical strain 球形应变

きゅうけいひろば【休憩広場】rest square,rest plaza 休息广场

きゅうけいべん【球形弁】globe valve 球形阀

きゅうけつ【急結】rapid setting,quick setting 快凝

きゅうけつざい【急結剤】accelerator, accelerating agent,flash setting agent 促凝剂,快凝剂

きゅうけつセメント【急結～】rapid setting cement,quick setting cement, flash setting cement 快凝水泥,早强水泥

きゅうげんこう【弓弦構】bowstring truss 弓弦式桁架,抛物线形桁架,弧形桁架

きゅうげんトラス【弓弦～】bowstring truss 弓弦式桁架,抛物线形桁架,弧形桁架

きゅうこう【穹拱】vault (隧道)拱顶,拱穹

きゅうこう【急硬】quick hardening 快硬,早强

きゅうこうこうどほう【吸光光度法】absorption photometry 吸光光度法

きゅうこうざい【急硬剤】accelerator, accelerating agent 促凝剂,快凝剂,早强剂

きゅうこうセメント【急硬～】quick hardening cement,rapid hardening cement 快硬水泥,早强水泥

きゅうこうばい【急勾配】steep slope 大坡度,陡坡

きゅうこうばいのながれ【急勾配の流】flow of steep slope 陡坡(水)流

きゅうこうぶんせき【吸光分析】extinction analysis 消光分析

きゅうこんぐい【球根杭】bulb pile 球基桩,圆趾桩,球形扩脚桩

きゅうさ【球差】error due to curvature of earth (地球表面曲率造成的)球面误差,球差

きゅうざ【球座】round support 球形支座

きゅうしがいち【旧市街地】old urban area 旧城区,旧市区

きゅうしかく【休止角】angle of repose 安息角,静止角,休止角

きゅうじぐち【給仕口】service hatch 膳窗

きゅうしつ【吸湿】absorption of moisture 吸湿,吸潮

きゅうしつ【給湿】humidification (空气)增湿,加湿

きゅうしつき【給湿器】humidifier 增湿器,加湿器

きゅうしつけいすう【吸湿係数】hygroscopic coefficient (土的)吸湿系数

きゅうしつこうりつ【給湿効率】humidifying effectiveness,saturating effectiveness 增湿效率,加湿效率

きゅうしつざい【吸湿剤】moisture absorbent 吸湿剂

きゅうしつしけん【吸湿試験】moisture absorption test 吸湿试验

きゅうしつすいぶん【吸湿水分】hygroscopic moisture (土的)吸湿水分

きゅうしつせい【吸湿性】hygroscopicity 吸湿性

きゅうしつのう【吸湿能】moisture absorption power, hygroscopicity 吸湿力,吸湿能力

きゅうしつぶっしつ【吸湿物質】hygroscopic material 吸湿材料

きゅうしつぼうちょう【吸湿膨脹】hygroscopic swelling 吸湿膨胀

きゅうしつほうねつき【給湿放熱器】humidifying radiator 加湿散热器,供湿散热器

きゅうしつりつ【吸湿率】rate of moisture absorption 吸湿率

きゅうしつりれき【吸湿履歴】hygroscopic hysteresis 吸湿滞后

きゅうしまさつ【休止摩擦】static friction 静摩擦

きゅうしゃ【厩舎】stable 马厩,马房

きゅうしゃふちいし【急斜縁石】sloped curb 斜面路缘石,陡坡路缘石

きゅうしゅう【吸収】absorption 吸收,吸附

きゅうしゅうエネルギー【吸収～】absorbed energy 吸收能(量)
きゅうしゅうこうそく【吸収光束】absorption luminous flux 吸收光通量
きゅうしゅうざい【吸収剤】absorbent 吸收剂
きゅうしゅうしきれいとうき【吸収式冷凍機】absorption refrigerator, absorption refrigerating machine 吸收式制冷机
きゅうしゅうしきれいとうプラント【吸収式冷凍～】absorption refrigerating plant 吸收式制冷设备
きゅうしゅうしつどけい【吸収湿度計】absorption hygrometer 吸收湿度计
きゅうしゅうスペクトル【吸収～】absorption spectrum 吸收光谱,吸收频谱
きゅうしゅうそうち【吸収装置】absorption apparatus 吸收装置
きゅうしゅうとう【吸収塔】absorbing tower 吸收塔
きゅうじゅうどベンド【90° ～】quarter bend, normal bend 直角弯头,90° 弯管
きゅうしゅうねつ【吸収熱】absorption heat 吸收热
きゅうしゅうのう【吸収能】absorptive power, absorbing power 吸收功率,吸收本领
きゅうじゅうのとう【九重の塔】九层塔
きゅうしゅうようりょう【吸収容量】absorptive capacity 吸收容量,吸收量,吸收能力
きゅうしゅうりつ【吸収率】absorptivity 吸收率
きゅうしゅつすいとう【吸出水頭】draft head 吸出水头
きゅうじょうきん【球状菌】coccus 球菌
きゅうじょうフロートべん【球状～弁】ball float valve 浮球阀
きゅうしょく【球飾】pommel, pomel 球形端饰
きゅうしょくセンター【給食～】feeding center 供食中心(集中制作食品,以餐车分送至所需位置的供食方式)
きゅうじょぶくろ【救助袋】escape shoot 救生袋
きゅうしん【求心】centring 对中,定中心,定圆心
きゅうしんき【求心器】plumbing arm, plumbing fork 求心器
きゅうしんそうち【吸振装置】absorber, damper 减振装置,减振器
きゅうじんそうち【吸塵装置】dust collection plant, dust collector 吸尘装置,吸尘器
きゅうしんりょく【求心力】centripetal force 向心力
きゅうすい【吸水】water absorption 吸水
きゅうすい【給水】water supply 给水,供水
きゅうすいあつりょく【給水圧力】feed water pressure 给水压力,供水压力
きゅうすいかねつき【給水加熱器】feed water heater 给水加热器,供水加热器
きゅうすいかん【吸水管】suction pipe 吸水管
きゅうすいかん【給水管】water supply pipe, water suppling pipe, feed pipe 给水管,供水管
きゅうすいぎゃくどめべん【給水逆止弁】feed check valve 给水止回阀,给水逆止阀
きゅうすいくいき【給水区域】water supply district 供水区
きゅうすいけいとう【給水系統】water supply system 供水系统
きゅうすいげん【給水源】head water 给水源,供水水源
きゅうすいげんかん【給水原管】service main 供水总管,给水总管
きゅうすいこしき【給水濾器】feed water filter 给水过滤器
きゅうすいこすう【給水戸数】number of houses supplied 供水户数
きゅうすいコック【給水～】feed water

cock 给水龙头
きゅうすいしけん 【吸水試験】 water absorption test 吸水试验
きゅうすいしゃ 【給水車】 water cart 洒水车,供水车
きゅうすいしゅかん 【給水主管】 water main 给水总管,供水干管
きゅうすいじんこう 【給水人口】 supplied population 供水人口
きゅうすいせい 【吸水性】 water absorbability, water absorbing quality 吸水性
きゅうすいせつび 【吸水設備】 water supply installation (equipment) 给水设备,供水设备
きゅうすいせん 【吸水栓】 faucet, water tap 给水栓,水龙头
きゅうすいそうち 【給水装置】 water-service installation 给水设备,给水装置
きゅうすいタンク 【給水～】 feed water tank 供水箱,水箱
きゅうすいていし 【給水停止】 stop of water supply 停水,停止供水
きゅうすいとう 【給水塔】 water tower 水塔
きゅうすいなんかそうち 【給水軟化装置】 feed water softener 给水软化装置
きゅうすいのう 【吸水能】 water absorption power 吸水能力
きゅうすいのうりょく 【給水能力】 capacity of water supply 给水能力,供水能力
きゅうすいのきんきゅうていし 【給水の緊急停止】 emergency stop of water supply 事故停水,紧急停水
きゅうすいのすいしつきじゅん 【給水の水質基準】 water quality standard of tap water 给水水质标准
きゅうすいはいかん 【給水配管】 water piping 给水管道(布置)
きゅうすいひきこみかん 【給水引込管】 branch feed pipe 给水支管,进户供水管
きゅうすいふきゅうりつ 【給水普及率】 water supply pervasive rate 供水普及率
きゅうすいべん 【給水弁】 feed valve 给水阀
きゅうすいぼうちょうしけん 【吸水膨張試験】 swelling test (土的)吸水膨胀试验
きゅうすいほんかん 【給水本管】 water main 给水总管,供水干管
きゅうすいポンプ 【給水～】 feed water pump, feed pump 给水泵
きゅうすいようぐ 【給水用具】 water suppling fixtures, supply fittings 给水器具,供水零配件
きゅうすいよねつき 【給水予熱器】 preheater of supply water, feed water preheater (利用锅炉余热)给水预热器,供水预热器
きゅうすいりつ 【吸水率】 coefficient of water absorption 吸水率
きゅうすいりょう 【給水量】 water consumption 供水量,用水量
きゅうすいりょうき 【給水量器】 water meter 水量计,水表
きゅうすいりょうそくてい 【吸水量測定】 measurement of water absorption 吸水量测定
きゅうすいろかき 【給水濾過器】 feed water filter 给水过滤器
きゅうせいどく 【急性毒】 acute poisoning 急性中毒
きゅうぞう 【吸蔵】 occlusion 吸留,包藏
きゅうそうかん 【給送管】 feed pipe 供水管
きゅうそくかくはん 【急速攪拌】 flash mixing 快速搅拌,快速混合
きゅうそくぎょうしゅうちんでんそうち 【急速凝集沈殿装置】 rapid coagulation sedimentation tank 快速混凝沉淀池
きゅうそくしせつひょうしき 【休息施設標識】 rest services sign (高速公路)休息设施标志
きゅうそくしめつけそうち 【急速締付装置】 rapid fastener 快速紧固装置,快速扣紧器

きゅうそくすなろか 【急速砂濾過】 rapid sand filtration 快速砂滤,快滤
きゅうそくすなろかき 【急速砂濾過器】 rapid sand filter 快速砂滤器,快滤池
きゅうそくせこう 【急速施工】 快速施工
きゅうそくせんだんしけん 【急速剪断試験】 quick shear test 快剪试验
きゅうそくたいひか 【急速堆肥化】 high-rate composting 高速堆肥化
きゅうそくとうけつ 【急速凍結】 rapid freezing 快速冷冻,快冻
きゅうそくとうけつき 【急速凍結機】 rapid freezer 快速冷冻机,急冻机
きゅうそくろか 【急速濾過】 rapid filtration 快速过滤,快滤
きゅうそくろかち 【急速濾過池】 rapid (sand) filter 快滤池
きゅうだい 【球台】 billiard table 弹子台,台球桌
きゅうたいけいすうほう 【球帯係数法】 zonal factor method (室内照明计算的)球带系数法
きゅうたいこうそく 【球帯光束】 luminous flux of spherical belt 球带光通量
きゅうたんせつび 【給炭設備】 coal equipment,coaling equipment 加煤设备
きゅうちゃく 【吸着】 adsorption 吸附(作用),表面吸附
きゅうちゃくこうかトランジスター 【吸着効果～】 adsorption field-effect transistor 吸附场效应晶体管
きゅうちゃくざい 【吸着剤】 adsorbent 吸附剂
きゅうちゃくしつ 【吸着質】 adsorbate 吸附质,(被)吸附物(体)
きゅうちゃくすい 【吸着水】 adsorbed water 吸附水
きゅうちゃくそうち 【吸着装置】 adsorption system 吸附装置
きゅうちゃくたい 【吸着体】 adsorbent 吸附媒,吸收体,吸附剂
きゅうちゃくとうあつせん 【吸着等圧線】 adsorption isobar 吸附等压线
きゅうちゃくとうおんせん 【吸着等温線】 adsorption isotherm 吸附等温线
きゅうちゃくねつ 【吸着熱】 heat of adsorption 吸附热
きゅうちゃくのうしゅく 【吸着濃縮】 condensation by adsorption 吸附浓缩
きゅうちゃくばい 【吸着媒】 adsorbent 吸附剂
きゅうちゃくぶっしつ 【吸着物質】 adsorbate (被)吸附物(体),吸附质
きゅうちゃくへいこう 【吸着平衡】 adsorption equilibrium 吸附平衡
きゅうちゃくほう 【吸着法】 adsorption method 吸附法
きゅうちゃくポテンシャル 【吸着～】 adsorption potential 吸附电位
きゅうちゃくようりょう 【吸着容量】 adsorptive capacity 吸附量,吸附能力
きゅうちゃくれいとう 【吸着冷凍】 adsorption refrigeration 吸附式制冷
きゅうちゃくれいとうき 【吸着冷凍機】 adsorption refrigerator 吸附式制冷机
きゅうちゃくろか 【吸着濾過】 adsorptive filtration 吸附过滤
きゅうでん 【宮殿】 palace 宫殿,邸宅
きゅうでん 【給電】 feed,power supply 馈电,供电
きゅうでんしれいしょ 【給電指令所】 load-dispatching office 供电调度站,配电所
きゅうでんせん 【給電線】 feeder 馈线,馈电线
きゅうでんばん 【給電盤】 load-dispatching board 供电配电盘
きゅうとう 【給湯】 hot-water supply 热水供给,热水供应
きゅうとうおんど 【給湯温度】 temperature of hot-water supplying 热水供应温度
きゅうとうかん 【給湯管】 hot-water supply pipe 热水管(布置)
きゅうとうしつ 【給湯室】 kettle room 开水供应间,开水间
きゅうどうじょう 【弓道場】 archery site 射箭场
きゅうとうせつび 【給湯設備】 hot-water apparatus 热水供给设备,热水供应

设备
**きゅうとうはいかん** 【給湯配管】 hot-water piping 热水管道(布置)
**きゅうとうはいかんほう** 【給湯配管法】 hot-water piping system 热水供应管道计算法
**きゅうとうほうしき** 【給湯方式】hot-water supplying system 热水供给方式
**きゅうとうりょう** 【給湯量】 hot-water consumption 热水用量,热水消耗量,热水供应量
**きゅうにゅうこうてい** 【吸入行程】 suction stroke 吸入行程
**きゅうにゅうべん** 【吸入弁】 induction valve 吸入阀,吸气阀,吸水阀,吸油阀
**きゅうにゅうようぎゃくりゅうぼうしべん** 【吸入用逆流防止弁】 induction check valve 入口止回阀,入口逆止阀
**きゅうにゅうライン** 【吸入～】 suction line 吸入线
**きゅうねつガラス** 【吸熱～】 heat absorbing glass 吸热玻璃
**きゅうねつきゅうれいしけん** 【急熱急冷試験】 quickly heating and cooling test 急热急冷试验
**きゅうねつげん** 【吸熱源】 heat sink 散热片,散热(吸热)装置,吸热设备,冷源
**きゅうはいきそんしつ** 【吸排気損失】 pumping loss 吸排气损失
**きゅうはいすいきぐ** 【給排水器具】 plumbing fixtures 给排水器具,卫生器具
**きゅうはいすいけいとう** 【給配水系統】 water distribution system 配水系统
**きゅうはいすいこうじ** 【給排水工事】 plumbing work 给排水工程
**きゅうはいすいせつび** 【給排水設備】 plumbing equipment 给排水设备
**きゅうはいすいせつびこうじ** 【給排水設備工事】 plumbing work, plumbing 给排水设备工程
**きゅうびがた** 【鳩尾形】 dovetail type 鸠尾形,燕尾形,楔形
**きゅうへいべん** 【急閉弁】 quick closing valve 快关阀,急闭阀
**きゅうべん** 【球弁】 globe valve, spherical valve 球形阀,球阀
**きゅうめんかんさんりつ** 【球面換算率】 spherical reduction factor 球面换算系数
**きゅうめんこうげん** 【球面光源】 spherical light source 球面光源
**きゅうめんこうど** 【球面光度】 spherical luminous intensity, spherical intensity of light 球面光强,球面发光强度
**きゅうめんししょう** 【球面支承】 spherical bearing 球形支座
**きゅうめんしゅうさ** 【球面収差】 spherical aberration 球面象差
**きゅうめんしょうど** 【球面照度】 spherical illumination 球面照度
**きゅうめんつぎて** 【球面継手】 globe joint 球形接头,球窝接头
**きゅうめんは** 【球面波】 spherical wave 球面波
**きゅうめんはんしゃまく** 【球面反射膜】 spherically reflective paint film 球面反射漆膜
**ぎゅうもうフェルト** 【牛毛～】 cow fur felt, cattle hair felt 牛毛毡
**きゅうゆ** 【給油】 oil feed 加油,供油
**きゅうゆき** 【給油器】 lubricator 注油器,加油壶
**きゅうゆノズル** 【給油～】 gasoline feed nozzle 供油嘴,喷油嘴,汽油喷射嘴
**きゅうゆパイプ** 【給油～】 oil pipe, oil pipe line 输油管(线)
**きゅうゆポンプ** 【給油～】 gasoline feed pump 汽油供给泵,供油泵
**きゅうゆりょう** 【吸油量】 oil absorption 吸油量
**きゅうようしつ** 【休養室】 rest room 休养室,救护室
**きゅうようとし** 【休養都市】 resort town 休养城市
**きゅうよじゅうたく** 【給与住宅】 dwelling house for employees, apartment house for employees 职工住宅
**きゅうりゅう** 【穹窿】 vault 拱顶

きゅうりゅう 【急流】 torrent 激流,湍流
きゅうりゅうちゅう 【穹窿柱】 vaulting shaft (支承拱顶肋条的)承肋柱,(拱墩上的)装饰性支柱
きゅうりょう 【丘陵】 hills 小山,山丘,丘陵
キューず 【Q図】 shear diagram 剪力图,Q图
キュービクル cubicle (以隔墙或幕布隔开的)小房间,(宿舍的)小卧室
キュービクルかいへいそうち 【~開閉装置】 cubicle switchgear 组合开关装置
キュービクルがたせいぎょばん 【~型制御盤】 cubicle control panel 组装箱式控制板,柜式控制板
キュービクルはいでんばん 【~配電盤】 cubicle switch board 组合开关板
キュービクルほうしき 【~方式】 cubicle system (医院内的)小间分隔式,箱形结构系统
キュビスム cubisme[法] 立体主义(20世纪初期法国的艺术运动)
キューブ cube 立方,立方体
キュー・ファクター 【Q~】 Q factor Q因数,品质因数(振动系共振时表示共振尖锐度的量)
キューブ・グローブ cube globe 立体球型灯罩
キューブ・ミキサー cube mixer 方筒搅拌机,方形滚筒式搅拌机
キュプロ cupro 铜
キューポラ cupola 穹窿顶,屋顶钟形小阁,(天文台的)旋转穹顶,圆顶化铁炉,圆顶鼓风炉
キューポラれんが 【~煉瓦】 cupola brick 砌圆顶用楔形砖,扇形砖
ギュムナシオン gymnasion[希] (古希腊的)体育设施,体育场
キュリー curie 居里(放射性强度单位)
きょう 【拱】 arch 拱,券
ぎょう 【翹】 翘
きょうあつつうふう 【強圧通風】 forced ventilation, forced draft 压力通风,强制通风
きょういくしせつ 【教育施設】 educational facilities 教育设施
きょうう 【強雨】 heavy rain 大雨,暴雨
きょうえきひ 【共益費】 common service expense 公共设施维修管理费
きょうえんきせいアニオンこうかんじゅし 【強塩基性~交換樹脂】 strong basic anion-exchange resin 强碱性阴离子交换树脂
きょうえんきせいイオンこうかんじゅし 【強塩基性~交換樹脂】 strong basic ion-exchange resin 强碱性离子交换树脂
きょうかい 【教会】 church 教会,教堂
きょうかいいき 【境界域】 boundary region 边界区
きょうかいおうりょく 【境界応力】 boundary stress 边界应力
ぎょうかいがん 【凝灰岩】 tuff 凝灰岩
きょうかいこうか 【境界効果】 boundary effect 边界效应,边缘效应
きょうかいじょうけん 【境界条件】 boundary condition 边界条件
きょうかいせん 【境界線】 party line, boundary line, abuttal (两地相邻的)境界,界线
きょうかいそう 【境界層】 boundary layer 边界层
きょうかいち 【境界値】 boundary value 边界值
きょうかいどう 【教会堂】 church 教堂
きょうかいどうざせき 【教会堂座席】 stall 教堂内长排座椅
きょうかいばり 【境界梁】 boundary beam 边梁
きょうかいひょう 【境界標】 landmark 界标,界桩
きょうかおうりょく 【強化応力】 reinforced stress 强化应力,增强应力
きょうかガラス 【強化~】 chilled glass, tempered safety glass, tempered glass, toughened glass 钢化玻璃
きょうかきょうしつがた 【教科教室型】 department system 专业教室方式,分科教室方式
ぎょうかく 【仰角】 positive angle of el-

evation 仰角
きょうかごうはん 【強化合板】 high density plywood, super press wood 高压胶合板，高密度胶合板
きょうかちゅうしん 【教化中心】 education center 文化教育中心
きょうかプラスチック 【強化～】 reinforced plastics 增强塑料
きょうかぼく 【強化木】 compressed wood, compressed laminated wood, densified laminated wood 强化木，硬化层积材，胶压木材
きょうがん 【栱眼】 栱眼
きょうき 【狭軌】 narrow gauge 窄轨
きょうぎじょう 【競技場】 stadium (田径)体育场，(综合)运动场(附属各种设施)
きょうぎせっけい 【競技設計】 design competition 设计竞赛
ぎょうぎぶき 【行基葺】 筒瓦压边铺法，筒瓦搭头铺法
ぎょうきべん 【凝気弁】 condensing valve, condensation valve 凝汽阀，冷凝阀
きょうきゃく 【橋脚】 pier, bridge pier 桥墩
きょうきゃくしききょうだい 【橋脚式橋台】 abutment-pier, buried pier 靠岸桥墩，岸墩，墩式桥台，埋入式桥台
きょうきゃくしきさんばし 【橋脚式桟橋】 column supported pier 桥墩式码头
きょうきゅうエネルギー 【供給～】 supplied energy 供给能量
きょうきゅうかん 【供給管】 supply pipe 供给管(气、水、油)
きょうきゅうかんせん 【供給幹線】 supply main 供电干线，供应总管(水、煤气)
きょうきゅうしせつ 【供給施設】 supply equipment, supply services 供应设施，服务性设施，供料装备
きょうきゅうしゅかん 【供給主管】 main supply line, supply main 供给总管，供水干管
きょうきゅうしょりしせつ 【供給処理施設】 supply and disposal services 供应及处理设施
きょうきゅうそうち 【供給装置】 feeding device 给料装置
きょうきゅうタンク 【供給～】 service tank 供油箱
きょうきょう 【拱橋】 arch bridge 拱桥
きょうく 【鏡矩】 optical square 直角器，直角转光器，直角旋光器，光直角定规
ぎょうけつ 【凝結】 condensation setting 凝结，凝固
ぎょうけつか 【凝結価】 coagulation value 凝结值
ぎょうけつこうかそくしんざい 【凝結硬化促進剤】 accelerating agent, accelerator 促凝剂，早强剂
ぎょうけつざい 【凝結剤】 coagulating agent 凝结剂
ぎょうけつじかん 【凝結時間】 setting time 凝结时间，凝固时间
ぎょうけつしけん 【凝結試験】 setting time test 凝结时间测定
ぎょうけつしはつ 【凝結始発】 initial setting 初凝
ぎょうけつちえんざい 【凝結遅延剤】 retarder, setting retarder 缓凝剂
ぎょうけつてん 【凝結点】 condensation point, setting point 凝结点，凝固点
ぎょうけつねつ 【凝結熱】 heat of condensation 凝固热
ぎょうけつぼうちょう 【凝結膨脹】 setting expansion 凝固膨胀
きょうけんせっくつ 【鞏県石窟】 (中国河南)巩县石窟
ぎょうこ 【凝固】 solidification, coagulation 凝固，固化，冻结
ぎょうこう 【凝膠】 gel 凝胶
きょうこうちょっけい 【胸高直径】 breast height diameter 树木的胸高直径(自地面1.2米高处的树干直径)
ぎょうこおんど 【凝固温度】 freezing temperature, solidifying temperature 冻结温度，凝固温度
きょうごく 【京極】 (日本平安京的)环城街道，京都市繁华街
ぎょうこざい 【凝固剤】 coagulating agent 凝结剂

ぎょうこざい 【凝固剤】 coagulant 凝结剂
ぎょうこすい 【凝固水】 solidified water, condensed water (土中)凝固水,冷凝水
ぎょうこそう 【凝固槽】 coagulation tank 混凝池
ぎょうこてん 【凝固点】 freezing point, solidification point, solidifying point 凝固点,固化点,冰点
ぎょうこねつ 【凝固熱】 heat of solidification 凝固热
きょうざ 【橋座】 bridge seat 桥座
きょうさい 【境栽】 border planting 境界栽植,沿边栽植
きょうざいえん 【教材園】 教学用小植物园
きょうさいがき 【境栽垣】 沿边绿篱
きょうさいかだん 【境栽花壇】 border flower bed, herbaceous border 花境,沿边花坛
きょうさくどうろ 【狭窄道路】 bottleneck road 狭路,狭窄路段,瓶颈道路
きょうざつぶつ 【夾雑物】 foreign materials 夹杂物
きょうさんせいイオンこうかんじゅし 【強酸性～交換樹脂】 strong acidic ion-exchange resin 强酸性离子交换树脂
きょうさんせいカチオンこうかんじゅし 【強酸性～交換樹脂】 strong acidic cation-exchange resin 强酸性阳离子交换树脂
きょうじ 【経師】 paper hanger 裱糊工
きょうしき 【拱式】 arcuated construction 拱式(建筑),拱式(构造)
きょうじこうじ 【経師工事】 paper hanger's work 裱糊工程
きょうしすい 【供試水】 sample of water 试验用水,水样
きょうじせい 【強磁性】 ferromagnetic 强磁性
きょうしせいぶつ 【供試生物】 test organisms 试验生物
きょうしたい 【供試体】 test piece, test specimen 试件,试样,试块
きょうしつ 【教室】 classroom 教室
きょうしへん 【供試片】 specimen, test specimen 试样,试片,试件
ぎょうしゅう 【凝集】 flocculation 絮凝,凝聚
ぎょうしゅう 【凝集】 coagulation, cohesion 凝集,凝聚
ぎょうしゅうきゅうちゃくちんでん 【凝集吸着沈殿】 sedimentation by coagulation and adsorption 混凝吸附沉淀
きょうじゅうごう 【共重合】 copolymerization 共聚合
きょうじゅうごうたい 【共重合体】 copolymer 共聚物,异分子聚合物
ぎょうしゅうざい 【凝集剤】 coagulant 凝集剂,凝聚剂,混凝剂
ぎょうしゅうざいちゅうにゅうせつび 【凝集剤注入設備】 coagulant dosing apparatus 混凝剂投加设备
ぎょうしゅうそう 【凝集槽】 coagulation tank 混凝池
ぎょうしゅうそうち 【凝集装置】 flocculation equipment 絮凝装置
ぎょうしゅうち 【凝集池】 coagulation basin 反应池,凝聚池,混凝池
ぎょうしゅうちんでん 【凝集沈殿】 coagulative precipitation 混凝沉淀
ぎょうしゅうちんでんおでいのしょり 【凝集沈殿汚泥の処理】 treatment of coagulated sludge 混凝沉淀污泥处理
ぎょうしゅうちんでんそう 【凝集沈殿槽】 coagulative precipitation tank 混凝沉淀池
ぎょうしゅうはかい 【凝集破壊】 cohesive failure 粘聚破坏,凝聚破坏,粘结破坏
ぎょうしゅうはんのうそくど 【凝集反応速度】 coalesce reaction rate 混凝反应速度
ぎょうしゅうぶつ 【凝集物】 coagulated matter 混凝物,絮凝物
ぎょうしゅうほじょざい 【凝集補助剤】 coagulant aid 助凝剂
ぎょうしゅく 【凝縮】 condensation 冷

凝,凝结,凝聚,凝固,浓缩,缩合
ぎょうしゅくあつりょく 【凝縮圧力】 condensing pressure 冷凝压力
ぎょうしゅくかん 【凝縮管】 condenser pipe 冷凝器管
ぎょうしゅくき 【凝縮器】 condenser 冷凝器
ぎょうしゅくきケーシング 【凝縮器～】 condensator casing 冷凝器外壳
ぎょうしゅくきコイル 【凝縮器～】 condensator coil, condenser coil 冷凝器盘管
ぎょうしゅくきばん 【凝縮器盤】 condenser pan 冷凝器盘
ぎょうしゅくけいすう 【凝縮係数】 coefficient of condensation 冷凝系数
ぎょうしゅくすい 【凝縮水】 condensed water, condensate 凝结水,冷凝水
ぎょうしゅくすいポンプ 【凝縮水～】 condensation pump 冷凝水(排出)泵
ぎょうしゅくねつ 【凝縮熱】 condensate heat 凝结热
ぎょうしゅくポンプ 【凝縮～】 condensation pump 冷凝水(排出)泵
きょうしょう 【橋床】 bridge floor, floor deck 桥面
きょうしょうかみつきょじゅう 【狭小過密居住】 narrowly overcrowding 狭窄过密居住
きょうしょうはんしゃがさ 【強照反射笠】 强光反射罩
きょうしん 【共振】 resonance 共振,谐振
きょうしん 【強震】 very strong earthquake 强震,强烈地震
きょうしんきょくせん 【共振曲線】 resonance curve 共振曲线,谐振曲线
きょうしんくうどう 【共振空胴】 resonant cavity, resonant air space 谐振空腔,共振腔
きょうしんけい 【強震計】 strong motion accelerogram, strong motion accelerometer 强震仪
きょうしんしゅうはすう 【共振周波数】 resonant frequency 共振频率,谐振频率
きょうしんしんどうすう 【共振振動数】 resonant frequency 共振频率,谐振频率
きょうしんしんぷく 【共振振幅】 resonant amplitude 共振振幅
きょうしんほう 【共振法】 resonance method, sonic method 共振法,谐振法
きょうしんようりょう 【共振容量】 resonance capacity 共振容量
きょうすいこうせいせっかい 【強水硬性石灰】 strong hydraulic lime 强水硬性石灰
きょうせいかくしんどうすう 【強制角振動数】 forced angular frequency 受迫角频(率),强制角频率
きょうせいかくはんしきミキサー 【強制攪拌式～】 forced stirring type mixer 强制(式)搅拌机,强制(式)拌和机
きょうせいかんき 【強制換気】 forced ventilation 强制换气,强制通风
きょうせいかんりゅうボイラー 【強制貫流～】 forced circulating boiler 压力循环锅炉,强制循环直管式锅炉
ぎょうせいく 【行政区】 行政区
きょうせいこんごうミキサー 【強制混合～】 forced circulating mixer 强制式搅拌机
きょうせいじゅんかん 【強制循環】 forced circulation, mechanical circulation 强制循环,机械循环
きょうせいじゅんかんしき 【強制循環式】 forced circulation system 强制循环系统,机械循环系统
きょうせいじゅんかんしきおんすいだんぼう 【強制循環式温水暖房】 forced (mechanical) circulation hot water system 强制循环式热水采暖
きょうせいしんどう 【強制振動】 forced vibration 强制振动,强迫振动,受迫振动
ぎょうせいセンター 【行政～】 administration center 行政中心
きょうせいたいりゅう 【強制対流】 forced convection 强制对流
きょうせいたいりゅうねつでんたつ 【強制対流熱伝達】 heat transfer by forced

convection 强制对流热传导

ぎょうせいちゅうしんち 【行政中心地】 administration center 行政中心(区)

きょうせいちんでんそうち【強制沈殿装置】 compelled sedimentation equipment 加速沉淀池,高速沉淀装置

きょうせいつうきろしょう 【強制通気濾床】 forced draft filter 强制通风滤池,压力通风滤池

きょうせいつうふう 【強制通風】 forced ventilation, forced draft 强制通风,压力通风

きょうせいつうふうおんきろ 【強制通風温気炉】 forced draft furnace 强制通风热风炉

きょうせいつうふうれいきゃくき 【強制通風冷却器】 forced draft cooler 强制通风冷却器,机械通风冷却器

きょうせいつうふうれいすいとう 【強制通風冷水塔】 mechanical draft cooling tower 机械通风冷却塔,压力通风冷却塔

きょうせいねりミキサー 【強制練～】 forced mixer 强制式搅拌机,强制式拌和机

きょうせいは 【強制波】 forced wave 压力波

きょうせいはくりしけん 【強制剝離試験】 forcible separation testing method 强制剥离试验,强制分离试验

きょうせいぶざいかく 【強制部材角】 forced joint translation angle (刚架上构件)强制转角,强制偏转角,强制变位角

きょうせいへんけい 【強制変形】 forced deformation 强迫变形,受迫变形

きょうせいりょく 【強制力】 forced force 强迫力,强制力

きょうせんずひょう 【共線図表】 alignment chart, nomogram 准线图,列线图(解),诺谟图

きょうせんてい 【強剪定】 heavy pruning 重剪,强剪

きょうぞう 【経蔵】 (寺院中的)藏经楼

きょうぞうだい 【胸像台】 terminal pedestal 胸像台座

きょうそうにゅうさつ 【競争入札】 competitive bidding, public tender 招标,比标,投标

きょうそくほどう 【橋側歩道】 bridge side walk 桥侧人行道

きょうだい 【橋台】 abutment 桥台

きょうだい 【鏡台】 dresser, mirror stand, dressing table 化妆台,梳妆台

きょうたいいき 【狭帯域】 narrow band 窄频带,窄带

きょうちくとう 【夾竹桃】 Nerium indicum[拉], Sweet-scented oleander[英] 夹竹桃

ぎょうちゃく 【凝着】 adhesion 粘合,胶粘,粘结,粘着

きょうつうげんぶ 【共通減歩】 common decrease 共同减地,共同让地,(土地区划整理中)共同负担的宅地缩减面积

きょうつうご 【共通語】 common language 通用语言

きょうでんしきでんわこうかんほうしき 【共電式電話交換方式】 common battery type telephone exchange system 共电式电话交换制

きょうど 【強度】 strength 强度

きょうどう 【経幢】 经幢

きょうどういっかんゆそう 【協同一貫輸送】 intermodal transportation (汽车、火车、船舶等)联合运输,集装化一条龙联运

きょうどううけおい 【共同請負】 joint venture 共同承包

きょうどうきゅうちゃく 【共同吸着】 cO-sorption 共同吸附

きょうどうきょ 【共同渠】 combined ditch 公共沟渠,合流(排水)沟渠

きょうどうけんちく 【共同建築】 communal building 合建建筑

きょうどうこう 【共同溝】 common duct (路面下)公用设施合用管沟

きょうどうこうがいぼうしせつ 【共同公害防止施設】 common pollution control facilities 共同公害防止设施

きょうどうさんせっくつ 【響堂山石窟】 (中国河北)响堂山石窟

きょうどうしせつ 【共同施設】 common

facilities 公共设施,公用设施

**きょうどうじゅうたく**【共同住宅】flats[英],apartment house[美] 公寓

**きょうどうしようえき**【共同使用駅】union station 总(车)站,联合车站,联运(车)站

**きょうどうじょうかそう**【共同浄化槽】combined domestic sewage treatment plant 共用净化池,综合生活污水处理池

**きょうどうしょり**【共同処理】communal disposal (排水)共同处理

**きょうどうちんでん**【共同沈殿】coprecipitation 共同沉淀,共沉

**きょうどうていえん**【共同庭園】communal garden (住宅区的)共用庭园,公共庭园,公共花园

**きょうどうテレビじゅしんほうしき**【共同～受信方式】common antenna television, community antenna television (CATV) 共用天线电视

**きょうどうのむら**【共同の村】Village of CO-operation 协作村(基于社会主义及合作社运动的理想1800年建于苏格兰的纺织工业城)

**きょうどうはいすいしょり**【共同排水処理】combined disposal of sewerage 联合废水处理,合流排水处理

**きょうどうはいすいしょりしせつ**【共同排水処理施設】combined sewage disposal facility 联合废水处理设施,合流排水设施

**きょうどうべんじょ**【共同便所】public latrioe, public lavatory 公共厕所

**きょうどうぼち**【共同墓地】cemetery 公墓

**きょうどうよくじょう**【共同浴場】public bath 澡堂,公共浴室

**きょうどうれいえん**【共同霊園】cemetery 公墓

**きょうどけいかん**【郷土景観】native landscape 乡土风景,乡土风光

**きょうどけいさん**【強度計算】structural calculation 结构计算,强度计算

**きょうどじゅもく**【郷土樹木】native tree 当地树木,乡土树木

**きょうどぼく**【郷土木】native tree 当地树,本乡树

**きょうねつげんりょう**【強熱減量】ignition loss 烧失量,灼失量

**きょうねつざんぶん**【強熱残分】ignition residue 灼烧残渣

**きょうねつざんりゅうぶつ**【強熱残留物】ignition residue 灼烧残留物

**きょうねつしけん**【強熱試験】ignition test 灼热试验

**きょうのまき**【経の巻】经卷形筒瓦(日本古建筑脊顶饰)

**きょうふく**【拱腹】intrados, soffit 拱腹(线),拱圈内面

**きょうふすいせい**【強腐水性】polysaprobity 强腐水性

**きょうふつこんごうれいばい**【共沸混合冷媒】azeotropic refrigerant 共沸(点)混合制冷剂,恒沸(点)混合制冷剂

**きょうぶんさん**【共分散】covariance 共离散,协方差

**きょうへき**【胸壁】breast wall, parapet, parapet wall 胸墙

**ぎょうベクトル**【行～】row vector 行矢量,行向量

**きょうへんけいりょうテンソル**【共変計量～】covariant metric tensor 协变度量张量

**きょうへんテンソル**【共変～】covariant tensor 协变张量

**きょうへんびぶん**【共変微分】covariant differentiation 协变微分

**きょうへんベクトル**【共変～】covariant vector 协变矢量,协变向量

**きょうぼく**【喬木】tree, arbor 乔木

**きょうま**【京間】bay(urdan dwelling house) (日本中部城市民房的)开间尺寸,柱距尺寸

**きょうまくでんねつけいすう**【境膜伝熱係数】film coefficient of heat transfer 薄膜传热系数

**ぎょうマトリックス**【行～】row matrix 行矩阵

**ぎょうむがいろ**【業務街路】business street 商业(区)街道

ぎょうむちく 【業務地区】 business district 商业区,营业区
きょうめい 【共鳴】 resonance 共振,谐振
きょうめいエネルギー 【共鳴～】 resonant energy 共振能
きょうめいき 【共鳴器】 resonator 共振器,共鸣器
きょうめいきがたしょうおんき 【共鳴器型消音器】 resonator type absorber, resonant sound absorber 共振吸声器,共鸣消声器,谐振消声器
きょうめいきゅうおんき 【共鳴吸音器】 resonant sound absorber 共振吸声器,共鸣消声器
きょうめいきゅうおんたい 【共鳴吸音体】 resonant sound absorber 共振吸声体,共鸣吸声体
きょうめいきゅうしゅう 【共鳴吸収】 resonant absorption 共鸣吸收,共振吸收,谐振吸收
きょうめいきゅうしゅうエネルギー 【共鳴吸収～】 resonant absorptive energy 共振吸收能
きょうめいしゅうはすう 【共鳴周波数】 resonant frequency 共振频率,谐振频率
きょうめいじゅんい 【共鳴準位】 resonance level 共振级,共鸣区
きょうめいしんどうすう 【共鳴振動数】 resonant frequency 共振频率,谐振频率
きょうめんはんしゃ 【鏡面反射】 specular reflection, regular reflection 镜面反射,定向反射,单向反射
きょうめんはんしゃがさ 【鏡面反射笠】 mirror reflector 镜面反射罩
きょうめんほそう 【橋面舗装】 bridge deck pavement 桥面铺装
きょうもん 【橋門】 portal 桥门
きょうもんこう 【橋門構】 portal bracing 桥门架,桥门联结系
きょうやくおうりょく 【共役応力】 conjugate stress 共轭应力
きょうやくけいしゃほう 【共役傾斜法】 conjugate gradient method 共轭梯度法
きょうやくこうばいほう 【共役勾配法】 conjugate gradient method 共轭梯度法
きょうやくじく 【共役軸】 conjugate axes 共轭轴
きょうやくすいしん 【共役水深】 conjugate depths of the jump 共轭水深
きょうやくテンソル 【共役～】 conjugate tensor 共轭张量
きょうやくばり 【共役梁】 conjugate beam 共轭梁
きょうやくふくそすう 【共役複素数】 conjugate complex number 共轭复数
きょうやくほうこうほう 【共役方向法】 conjugate-direction method 共轭方向法
きょうゆうけつごう 【共有結合】 covalent bond 共价键
きょうゆうち 【共有地】 communal land, common 公有地
きょうゆうてん 【共融点】 eutectic point 共熔点,共晶点
きょうゆうりん 【共有林】 communal forest 共有林
きょうようくかん 【供用区間】 opening section 开放区间,供用区间
きょうようしつ 【共用室】 common room 公用室
きょうようせん 【共用栓】 public tap, common tap 公用龙头
きょうようち 【共用地】 common area 共用地
きょうようつうきかん 【共用通気管】 dual vent pipe (两个器具)共用通气管
きょうようトラップ 【共用～】 common trap 共用存水弯,共用弯管
きょうようにがしつうき 【共用逃通気】 dual relief bypath vent (两个器具)共用通气
きょうようねんすう 【供用年数】 service life 使用年限,耐用寿命
きょうようぶぶん 【共用部分】 common use space 公用部分
きょうようめんせき 【共用面積】 common space 共用面积
きょうようめんせきひ 【共用面積比】 ratio of common space to total space 共

用面积比
きょうりょう【橋梁】bridge 桥,桥梁
きょうりょうあきだか【橋梁あき高】clearance height of bridge 桥梁净空高度
きょうりょうげんかい【橋梁限界】clearance limit of bridge 桥梁净空界限
きょうりょうてんけんしゃ【橋梁点検車】bridge inspecting vehicle, liftcar 桥梁检查车
きょうりょうまくらぎ【橋梁枕木】bridge sleeper 桥梁枕木
きょうりょくこうぞうこう【強力構造鋼】high strength construction steel 高强度结构钢
ぎょうれつ【行列】matrix 行列,矩阵
ぎょうれつしき【行列式】determinant 行列式
きょうろ【京呂·桁露】大柁搭在檐桁上的构造
きょうろ【拱路】archway 拱道,拱廊
きょうろう【経楼】(寺院中的)藏经楼
きょうろぐみ【京呂組·桁露組】大柁搭在檐桁上的构造
きょおんげん【虚音源】image source of sound 虚声源
ぎょか【漁家】fisherman's house 渔民住宅
ぎょぎょうけん【漁業権】渔业权
ぎょぎょうとし【漁業都市】fishery city 渔业城市
きょく【極】pole 极
きょくかん【曲管】bend pipe 弯管
きょくかんしきしんしゅくつぎて【曲管式伸縮継手】expansion bend 弯管式伸缩接头,胀缩弯管
きょくきょ【極距】polar distance 极距
きょくきょり【極距離】polar distance 极距
きょくげんおうりょく【極限応力】ultimate stress 极限应力
きょくげんかいせき【極限解析】ultimate analysis, limit analysis 极限分析
きょくげんかじゅう【極限荷重】ultimate load, limit load 极限荷载
きょくげんきょうど【極限強度】ultimate strength, limit strength 极限强度
きょくげんこう【曲弦構】curved chord truss 折弦桁架,曲弦桁架
きょくげんしじりょく【極限支持力】ultimate bearing capacity 极限承载力
きょくげんスイッチ【極限～】limit switch 限位开关
きょくげんせっけいほう【極限設計法】limit design, ultimate design 极限(状态)设计法
きょくげんち【極限値】limit value 极限值
きょくげんつよさ【極限強さ】ultimate strength, limit strength 极限强度
きょくげんていこう【極限抵抗】ultimate resistance 极限抗力,极限阻力
きょくげんトラス【曲弦～】curved chord truss 折弦桁架,曲弦桁架
きょくげんひっぱりつよさ【極限引張強さ】ultimate tensile strength 极限抗拉强度
きょくげんまげモーメントようりょう【極限曲～容量】ultimate bending moment capacity 极限弯矩容量,极限抗弯强度
きょくざひょう【極座標】polar coordinates 极坐标
きょくしゃえい【極射影】stereographic projection 立体投影,球极平面射影,球面投影
きょくしゃせん【極射線】polar ray 极射线
きょくしょかんき【局所換気】local ventilation 局部通风,局部换气
きょくしょだんぼうほうしき【局所暖房方式】local heating system 局部采暖方式
きょくしょてきなきょくしょう【局所的な極小】local minimum 局部极小
きょくしょほうしゅつほうしき【局所放出方式】local application (灭火设备的)局部喷洒方式
きょくしんずほう【極心図法】polar projection 极心投影图法,极投影法

きょくすい【曲水】(庭园)曲水
きょくすいのにわ【曲水の庭】曲水庭院,泛觞园,流杯园
きょくすうへんかんでんどうき【極数変換電動機】pole-change motor 换极电动机
きょくせい【極性】polarity 极性
きょくせいせっちゃくざい【極性接着剤】polar adhesive 极性粘合剂,极性胶粘剂
きょくせん【曲線】curve 曲线
きょくせん【極線】polar ray 极(射)线
きょくせんうんどう【曲線運動】curvilinear motion 曲线运动
きょくせんきょう【曲線橋】curved bridge 曲线桥,弯道桥
きょくせんけい【曲線計】curvimeter 曲线计
きょくせんげたきょう【曲線桁橋】curved girder bridge 曲线桥,弯道桥
きょくせんこうしげたきょう【曲線格子桁橋】curved grillage girder bridge 曲线型格排梁桥,曲线格子梁桥,弯格构梁桥
きょくせんざい【曲線材】curved member 弯曲构件,曲杆
きょくせんざひょう【曲線座標】coordinates of curve, curvilinear coordinate 曲线坐标
きょくせんしてん【曲線始点】beginning of curve(B.C.), point of curve (P.C.) 曲线起点
きょくせんしゃちょうきょう【曲線斜張橋】curved cable-styed bridge 弯斜拉桥
きょくせんしゅうてん【曲線終点】end of curve(E.C.), point of tangent(P.T.) 曲线终点
きょくせんじょうぎ【曲線定規】curve ruler 曲线尺
きょくせんせいせいけいさんき【曲線整正計算機】computer of curve correction (轨道)曲线校正计算机
きょくせんせっち【曲線設置】curve setting 弯道定线,曲线定线,曲线测设
きょくせんちゅうてん【曲線中点】point of secant (线路)曲线中点
きょくせんちょう【曲線長】curve length 曲线长度
きょくせんでんわき【局線電話機】official telephone 公用电话机
きょくせんトンネル【曲線~】curvilinear tunnel 曲线隧道
きょくせんながれ【曲線流】curvilinear flow 曲线流
きょくせんはこげたきょう【曲線箱桁橋】curved box girder bridge 弯箱形梁桥,曲线箱梁桥
きょくせんはんけい【曲線半経】curve radius 曲线半径,弯道半径
きょくせんびきからすぐち【曲線引烏口】curve pen, contour pen 曲线笔
きょくせんほせい【曲線補正】curve compensation 曲线上的纵坡折减
きょくせんようそ【曲線要素】curved element 曲线元素,曲线单元
きょくちおせん【局地汚染】local pollution 局部污染
きょくちがいろ【局地街路】local street (专用于出入居住区、商业区等的)地方街道,街坊道路
きょくちきしょう【局地気象】microclimate 局部气象
きょくちこうつう【局地交通】local traffic 地方交通,当地交通
きょくちそくりょう【局地測量】plane surveying 平面测量
きょくちぶんさんろ【局地分散路】local distributor 当地级交通分输道,当地级分流道路
きょくちょうたんぱ【極超短波】ultra-high frequency(UHF) 超短波,超高频
きょくど【曲度】degree of curvature 曲度,曲率(100英尺弧长所含的圆心角)
きょくばん【曲板】shell 薄壳,壳板,曲面板
きょくばんきそ【曲盤基礎】shell foundation 薄壳基础,反拱基础
きょくばんこうぞう【曲板構造】shell structure 壳体结构,曲板结构

きょくびどうぶつ 【極微動物】 animalcule 极小动物
きょくぶあつりょくそんしつ 【局部圧力損失】 local loss of pressure 局部压力损失
きょくぶおうりょく 【局部応力】 local stress 局部应力
きょくぶきゅうとうほう 【局部給湯法】 local hot water supply system 局部热水供应方式
きょくぶざくつ 【局部座屈】 local buckling 局部压曲,局部挠曲,局部失稳
きょくぶさよう 【局部作用】 local action 局部作用,局部效应
きょくぶじしん 【局部地震】 local earthquake 局部地震
きょくぶしょうめい 【局部照明】 local illumination,local lighting 局部照明
きょくぶせっちゃく 【局部接着】 spot glueing 局部胶结
きょくぶせんだんはかい 【局部剪継破壊】 local shear failure 局部剪切破坏
きょくぶせんぷうき 【局部扇風機】 local fan 局部通风机
きょくぶだんぼう 【局部暖房】 local heating 局部采暖
きょくぶつうき 【局部通気】 local ventilation 局部通风
きょくぶつよさ 【局部強さ】 local strength 局部强度
きょくぶていこう 【局部抵抗】 local resistance,dynamic loss 局部阻力,动压损失
きょくぶていこうけいすう 【局部抵抗係数】 coefficient of local resistance,dynamic loss coefficient 局部阻力系数,动压损失系数
きょくぶてきふしょく 【局部的腐食】 local corrosion 局部腐蚀
きょくぶとうえいず 【局部投影図】 partial projection drawing 局部投影图
きょくぶねつでんたつ 【局部熱伝達】 local heat transfer,local heat transmission 局部传热,局部热转移
きょくぶはいき 【局部排気】 local exhaust ventilation 局部排气
きょくぶはかい 【局部破壊】 local failure 局部破坏
きょくぶひずみ 【局部歪】 local strain 局部变形,局部应变
きょくぶふうあつ 【局部風圧】 local wind pressure 局部风压
きょくぶふくしゃだんぼうほうしき 【局部輻射暖房方式】 local radiant heating system 局部辐射采暖系统,局部辐射采暖方式
きょくぶふしょく 【局部腐食】 local corrosion 局部腐蚀
きょくめん 【曲面】 curved surface 曲面
きょくめんごうはん 【曲面合板】 curved plywood 曲面胶合板
きょくめんテンソル 【曲面〜】 surface tensor 曲面张量
きょくめんばん 【曲面板】 curved plate,shell 曲面板,壳板,薄壳
きょくめんばんこうぞう 【曲面板構造】 shell structure 壳体结构
きょくめんれんが 【曲面煉瓦】 curved brick 曲面砖
きょくモーメント 【極〜】 polar moment 极矩,极力矩
きょくりつ 【曲率】 curvature 曲率
きょくりつスカラー 【曲率〜】 curvature scalar 曲率标量
きょくりつせん 【曲率線】 line of curvature 曲率线
きょくりつちゅうしん 【曲率中心】 center of curvature 曲率中心
きょくりつはんけい 【曲率半径】 radius of curvature 曲率半径
きょくりつベクトル 【曲率〜】 curvature vector 曲率矢量,曲率向量
きよけずり 【清削】 最后刨光,用细刨净地板表面,净面
ぎょこうく 【漁港区】 fishing district 渔港区
ぎょこつほうしき 【魚骨方式】 herringbone system 人字形,鱼脊形,鲱骨状
きょしつ 【居室】 living room 起居室

きょじゅういき 【居住域】 residential district, dwelling district 居住区,住宅区

きょじゅうかんきょう 【居住環境】 dwelling environment 居住环境

きょじゅうしせつ 【居住施設】 dwelling facilities 居住设施

きょじゅうしゃ 【居住者】 resident 居民,居住者,住户

きょじゅうじょうけん 【居住条件】 dwelling conditions 居住条件

きょじゅうすいじゅん 【居住水準】 dwelling level 居住水平

きょじゅうせい 【居住性】 dwelling ability 居住性,居住条件

きょじゅうてきせい 【居住適性】 hahitability 居住适宜性

きょじゅうはんい 【居住範囲】 (日本室内人体的)活动范围(大约在地面上1.8米)

きょじゅうぶぶん 【居住部分】 living space, habitable area 居住部分

きょじゅうみつど 【居住密度】 population density in dwelling occupancy per person in dwelling 居住密度

きょじゅうめんせき 【居住面積】 living floor space 居住面积

きょじゅうめんせきりつ 【居住面積率】 ratio of living space 居住面积系数

きょじゅうりつ 【居住率】 occupancy rate 居住密度,居住率(每间居室的居住人数)

きょじゅうりつ 【居住率】 occupancy rate 居住率(一间居室的居住人数)

きよせ 【木寄】 镶木细工

きょせきけんちく 【巨石建築】 megalithic architecture (新石器时代到铁器时代的)天然巨石建筑,巨石建筑物

きょせきコンクリート 【巨石~】 cyclopean concrete 毛石混凝土

きょせきづみ 【巨石積】 cyclopean masonry 粗面巨石造,蛮石工程,蛮石圬工

きょせきふん 【巨石墳】 megalithic tomb (先史时代的)巨石墓

きょせん 【虚線】 vacant line 虚线

ぎょそん 【漁村】 fishing village 渔村

きょだいかこう 【巨大架構】 megalithic structure 大型结构,巨型结构,大型构架

きょたいとし 【巨帯都市】 megalopolis 特大城市,巨型城市群,大都市连绵区

きょだいとし 【巨大都市】 metropolis, large city (人口在数百万至一千万以上的)大城市,大都市

きょだいもうじょうこうぞうじゅし 【巨大網状構造樹脂】 macroreticular resin, isoporous resin 大网格构造树脂,等孔隙构造树脂

ぎょちほう 【魚池法】 fish pond 鱼塘(法)

きょてんほうしき 【拠点方式】 (建设,防灾等的)据点方式

きょどう 【挙動】 behaviour 工作状况,开动情况,运动情况,使用状况,性能

きょどうせいやく 【挙動制約】 behaviour constraint (工作)状况约束,动作约束,(工作)状况制约,动作制约

きよばり 【清張】 裱糊底层纸

ぎょゆ 【魚油】 fish oil 鱼油

きょよう 【許容】 allowance 容许,许用,允许

きょようあき 【許容空】 permissible clearance 容许间隙,容许净空

きょようあっしゅくおうりょく 【許容圧縮応力】 allowable compressive stress 容许压应力

きょようあっしゅくおうりょくど 【許容圧縮応力度】 allowable unit stress for compression 容许单位压应力

きょようあつりょく 【許容圧力】 allowable pressure, permissible pressure 容许压力

きょようおうりょく 【許容応力】 allowable stress, admissible stress 容许应力

きょようおうりょくど 【許容応力度】 allowable unit stress, admissible unit stress 容许单位应力

きょようおうりょくどせっけいほう 【許容応力度設計法】 allowable stress design method 容许应力设计法

きょようおうりょくのわりまし 【許容応力の割増】 increase of allowable

stress 容许应力增加,容许应力提高

きょようおんど 【許容温度】 allowable temperature,permissible temperature 容许温度

きょようかえりげんど 【許容返限度】 allowable ultimate strain 容许极限应变

きょようかじゅう 【許容荷重】 allowable load 容许荷载

きょようかんすう 【許容関数】 admissible function 容许函数

きょようクリープひずみ 【許容～歪】 allowable creep strain 容许徐变,容许蠕变

きょようげんかいすんぽう 【許容限界寸法】 limit measurements 容许范围尺寸,容许界限尺寸

きょようげんど 【許容限度】 permissible limit 容许限度

きょようごさ 【許容誤差】 allowable error,tolerance 容许误差,限差

きょようさ 【許容差】 tolerance,permissible deviation 容许偏差,容限,公差

きょようさあつ 【許容差圧】 allowable pressure difference,permissible pressure difference 允许压差

きょようざくつおうりょく 【許容座屈応力】 allowable buckling stress 容许压曲内力

きょようざくつおうりょくど 【許容座屈応力度】 allowable unit stress for buckling 容许压曲应力

きょようざんきょうじかん 【許容残響時間】 allowable reverberation time 容许混响时间

きょようしあつおうりょく 【許容支圧応力】 allowable bearing stress 容许支承力,容许承载力

きょようしじおうりょく 【許容支持応力】 allowable bearing stress 容许承载力,容许支承力

きょようしじおうりょくど 【許容支持応力度】 allowable bearing unit stress (土的)容许支承应力

きょようしじりょく 【許容支持力】 allowable bearing power,allowable bearing capacity 容许承载力,容许支承力

きょようじたいりょく 【許容地耐力】 allowable soil pressure,allowable bearing power of soil 容许地耐力,容许土压力,地基容许承载力

きょようしようおうりょく 【許容使用応力】 allowable working stress 容许工作应力

きょようせっしょくおうりょく 【許容接触応力】 allowable contact stress 容许接触面应力,容许接触应力

きょようせっしょくおうりょくど 【許容接触応力度】 allowable unit stress for contact 容许接触(面)应力

きょようせんだんおうりょく 【許容剪断応力】 allowable shearing stress 容许剪应力

きょようせんだんおうりょくど 【許容剪断応力度】 allowable unit stress for shearing 容许剪应力

きょようせんだんりょく 【許容剪断力】 allowable shear 容许剪力

きょようせんりょう 【許容線量】 permissible dose (放射性)容许剂量

きょようそうおんど 【許容騒音度】 acceptable noise level 容许噪声级

きょようそうおんレベル 【許容騒音～】 acceptable noise level 容许噪声级

きょようそうこう 【許容走行】 filtering 阈限通行(在主要车流停止时挤进通过)

きょようそくあつおうりょく 【許容側圧応力】 allowable bearing stress(of rivet) (铆钉的)容许承压应力,容许侧压应力

きょようそくあつおうりょくど 【許容側圧応力度】 allowable unit stress for bearing(of rivet) (铆钉的)容许承压应力

きょようたわみせい 【許容撓性】 allowable deflection 容许挠度,容许变位

きょようたんすいしん 【許容湛水深】 allowable flooding depth 容许淹没深度

きょようち 【許容値】 allowable value

容许值

きょようちんかりょう 【許容沈下量】 permissible settlement 容许沉降量,容许下沉量

きょようつよさ 【許容強さ】 allowable strength 容许强度

きょようでんりゅう 【許容電流】 allowable electric current 容许电流

きょようど 【許容度】 allowance 公差,容许限度,容许量

きょようトルク 【許容～】 allowable torque 容许扭矩,许用转矩

きょようねじりおうりょく 【許容捩り応力】 allowable torsional stress 容许扭转应力

きょようねじりおうりょくど 【許容捩り応力度】 allowable unit stress for torsion 容许扭转应力

きょようのうど 【許容濃度】 allowable concentration 容许浓度

きょようばくろじかん 【許容曝露時間】 allowable noise exposure time (噪声)容许暴露时间

きょようひずみりょう 【許容歪量】 amount of allowable strain 容许应变量

きょようひっぱりおうりょく 【許容引張応力】 allowable tension stress 容许拉应力

きょようひっぱりおうりょくど 【許容引張応力度】 allowable unit stress for tension 容许拉应力

きょようひびわれはば 【許容罅割幅】 allowable crack width 容许裂缝宽度

きょようふか 【許容負荷】 allowable load 容许负荷

きょようふちゃくおうりょく 【許容付着応力】 allowable bond stress 容许粘结应力

きょようふちゃくおうりょくど 【許容附着応力度】 allowable unit stress for bond 容许粘结应力

きょようへんいかんすう 【許容変位関数】 admissible function of displacement 容许位移函数

きょようへんさ 【許容偏差】 permissible deviation 容许偏差

きょようまげおうりょく 【許容曲応力】 allowable bending stress, allowable flexual stress 容许弯曲应力

きょようまげおうりょくど 【許容曲応力度】 allowable unit stress for bending, allowable flexual unit stress 容许弯曲应力

きょようめりこみおうりょく 【許容減込応力】 allowable bearing stress 容许承压应力,容许支承应力

きょようめりこみおうりょくど 【許容減込応力度】 allowable unit stress for bearing 容许承压应力,容许支承应力

きょようモーメント 【許容～】 allowable moment 容许弯矩

きょり 【距離】 distance 距离

きょりそくていそうち 【距離測定装置】 distance measuring equipment(DME) (机场的)距离量测设备

きょりそくりょう 【距離測量】 distance surveying 距离测量,距离丈量

きょりひょう 【距離標】 kilometerpost, milepost, distance mark 距离标,里程标

きらら＝うんも

きり 【肌理】 texture 肌理,纹理,木理,组织

きり 【桐】 Paulownia tomentose[拉], paulownia imperials[英] 桐木,日本泡桐

きり 【錐】 drill, gimlet 锥,钻

きりあな 【切穴】 日本舞台地板的活动开口(为鬼神、妖怪等角色上下场用)

きりあぶら 【桐油】 tung oil, China wood oil 桐油

きりいし 【切石】 ashlar, cut stone, flagstone 琢石,整形块石,料石,铺路石板

きりいしじき 【切石敷】 ashlar paving 琢石路面,铺砌琢石路面

きりいしづみ 【切石積】 ashlaring, ashlar masonry 砌筑整石墙,块石圬工,琢石圬工

きりいしめじ 【切石目地】 ashlar joint 琢石接缝

きりえだ 【切枝】 切枝,剪枝(切去与树干

或主枝交叉生长的枝)
きりおとし 【切落】 gullet 切口,凹沟,槽,水槽,切断,切开
きりかえかいへいき 【切換開閉器】 change-over switch 转换开关
きりかえけいでんき 【切換継電器】 switching relay 转换继电器
きりかえコック 【切換～】 change-over cock 转换旋塞
きりかえし 【切返】 mixing (混凝土、砂浆的)搅拌,拌和
きりかえしゃせん 【切替車線】 reversible lane 可变向车道
きりかえスイッチ 【切換～】 change-over switch 转换开关
きりかえばこ 【切換箱】 switch box 转换开关箱
きりかえべん 【切換弁】 change-over valve 换向阀
きりかき 【切欠】 notch 槽口,切槽,榫槽,切口,焊接缺陷
きりかきかんど 【切欠感度】 notch sensitivity 凹槽敏感性,刻槽灵敏度
きりかきけいすう 【切欠係数】 notch factor 刻槽系数
きりかきこうか 【切欠効果】 notch effect 刻槽效应
きりかきじんせい 【切欠靭性】 notch toughness 刻槽韧性,开槽韧度
きりかきぜいせい 【切欠脆性】 notch brittleness 刻槽脆性,开槽脆性
きりかきりゅうりょうけい 【切欠流量計】 notched discharge meter 凹槽式流量计
きりかけ 【切掛】 横钉木板墙
きりかけがき 【切掛垣】 横钉木板墙
きりかしらくぎ 【切頭釘】 截头钉
きりがね 【切金·截金】 剪贴,金银箔,贴金(箔)
きりかぶ 【切株】 stump,stubble 残株,树桩,残桩
きりかん 【切管】 cut pipe 切割管
きりきざみ 【切刻】 fabrication 木构(配)件加工,木构(配)件制做
きりくぎ 【切釘】 double pointed nail 双尖头钉
きりぐち 【切口】 section 截面,切口
きりくみ 【切組】 fabrication 组装,架设,装配
きりくみつぎ 【切組継】 装配接合,木构(配)件接头,截料组装
きりげぎょ 【切懸魚】 切角形悬鱼,雁腿形悬鱼
きりこ 【切子·切籠】 切去棱角的四角形
きりこガラス 【切子～】 cut glass 雕花玻璃
きりこごうし 【切子格子】 上部开敞的格子(门窗)
きりこみ 【切込】 (砂石的)掺配,切深,进刀量,吃刀深度
きりこみかいだん 【切込階段】 凹入台阶(隔开外廊地板而设置的木制台阶)
きりこみさいせき 【切込砕石】 crusher-run 未筛碎石
きりこみさんがわら 【切込桟瓦】 缺口波形瓦
きりこみじゃり 【切込砂利】 unscreened gravel 未筛砾石,混砂砾石
きりこみはぎ 【切込矧】 (石料的)琢面密接砌法
きりこみひっかけさんがわら 【切込引掛桟瓦】 波形缺口挂瓦
きりこみめん 【切込面】 drafted margin 琢边(块石)
きりこむ 【切込む】 砂与砾石掺合,(构件的)刻槽接合
きりさげなわ 【切下縄】 (防止墙面灰层剥落而)埋在灰中的绳辫
ぎりさん 【擬離散】 pseudodiscrete 伪离散
ギリシアがわら 【～[Gresia葡]瓦】 Greek roof tile 希腊式屋面瓦
ギリシアけんちく 【～[Gresia葡]建築】 Greek architecture (公元前9～1世纪)希腊建筑
ギリシアじゅうじ 【～[Gresia葡]十字】 Greek cross (各边等长的)希腊十字,希腊正教教堂的十字形平面
きりしば 【切芝】 sod,turf 草皮,芝草
きりじゃぶ 【桐じゃぶ】 熟桐油

キリストきょうけんちく 【～[Crist葡]教建築】 Christian architecture 基督教建筑

きりすみじるし 【切墨印】 (木材)切断的墨线记号,切断的墨线位置

きりずら 【刻面】 facet (西方古典柱式中)柱槽间的平竖线脚,刻面

きりそぎけつごう 【切殺結合】 斜碰头接合,斜削接头

きりづま 【切妻】 gable roof,gable board 人字屋顶,双坡屋顶,山墙封檐板

きりづまかべ 【切妻壁】 gable,gable wall 山墙,三角墙,人字墙

きりづまづくり 【切妻造】 gable roof 双坡屋顶形式,人字屋顶形式

きりづまはふ 【切妻破風】 gable board 山墙封檐板

きりづまやね 【切妻屋根】 gable roof 双坡屋顶,人字屋顶

きりどぐち 【切戸口】 茶室木门

きりとばす 【切り飛ばす】 saw branch 锯掉树枝

きりとり 【切取】 cutting,cutting off 挖方,切削

きりとりしゃめんこうばい 【切取斜面勾配】 slope of cutting 挖方边坡

きりなわ 【切縄】 (绑简易脚手架用)短草绳

きりねだ 【切根太】 裁口搁栅,刻槽龙骨

きりは 【切刃】 edge (切削)刃口

きりは 【切羽】 隧道掘进工段

きりはなえん 【切花園】 cut flower garden 切花圃

きりはふ 【切破風】 山墙封檐板

きりばり 【切張·切梁】 shore strut 支撑,横撑,水平支撑

きりひらきしきトンネル 【切開式～】 open-cut tunnel 明挖式隧道

きりひろげ 【切広】 enlargement (隧道)扩大开挖

きりふき 【霧吹】 atomization,atomizer 喷雾,雾化,喷雾器

きりふきノズル 【霧吹～】 atomizing nozzle 喷雾管嘴

きりべん 【切弁】 cut-out valve 截止阀

きりまど 【切窓】 外墙上无下框的窗

きりまるた 【切丸太】 定长原木,去梢原木

きりみぞ 【切溝】 kerf 裁口,截口,切缝,劈缝

きりめ 【切目】 cutting face 切削面,切割面

きりめいた 【切目板】 横向钉铺的檐廊木地板

きりめえん 【切目縁】 沿檐廊长向钉铺的地板

きりめん 【切面】 方木削角

きりもり 【切盛】 cut and fill (土方)随挖随填,移挖作填,挖方填方

きりや 【切屋】 双坡屋顶民居

きりやね 【切屋根】 gable roof 双坡屋顶,人字屋顶

きりゅう 【気流】 air current,air flow 气流

きりゅうかんそうき 【気流乾燥器】 flash dryer 急骤干燥器,气流干燥器

きりゅうせいこうう 【気流性降雨】 convectional rainfall 对流雨

きりゅうそくど 【気流速度】 air flow velocity,air current velocity 气流速度

きりゅうぶんぷ 【気流分布】 air distribution 气流分布

ぎりょう 【技量·伎倆】 workmanship 技术水平,技巧

きりょくがん 【輝緑岩】 diabase 辉绿岩

きりょくぎょうかいがん 【輝緑凝灰岩】 greenstone 辉绿凝灰岩

きりょくくいうちき 【気力杭打機】 steam pile driver 蒸汽打桩机

きりょくはつでんしょ 【汽力発電所】 steam power station,steam power plant 火力发电厂,热电站

きりよけ 【霧除】 防雨挑檐

きりよけびさし 【霧除庇】 cornice,canopy 挑檐,雨罩,遮檐

きりん screw jack,jack-screw 螺旋起重器

きりんジャッキ screw jack 螺旋起重器,螺旋千斤顶

きる 【切る·剪る】 cutting 剪(枝),剪切

**キル** kill 衰减,断开,抑制振荡
**ギル** gill 雨淋板,百页窗,肋条,加固筋,散热片
**ギルソナイト** gilsonite 硬沥青,黑沥青
**ギルソナイトこ** 【~粉】 gilsonite powder 硬[黑,天然]沥青粉
**ギルディング** gilding 镀金,镏金,镀金术
**ギルド** gild 镀金,装饰
**ギルドがたほうねつき** 【~型放熱器】 guild type radiator 协会式散热器
**キルドこう** 【~鋼】 killed steel 镇静钢,脱氧钢
**ギルドホール** guildhall (中世纪的)行会会馆,市政厅
**キルヒホッフのほうそく** 【~の法則】 Kirchhoff's law 基尔霍夫定律
**キルヒホッフ-ラブのかてい** 【~の仮定】 Kirchhoff-Love assumption 基尔霍夫-洛夫假定
**キルビメーター** curvimetre[法] 曲线计
**ギルモアほう** 【~法】 Gillmore's method (水泥稠度试验的)吉尔摩尔法
**キール・モールディング** keel moulding 船龙骨形线脚
**キルン** kiln 窑,炉
**きれ** 【切】 立方日尺(日本石材容积单位),(卫生陶器的)烧裂,烧成隙裂
**キーレス・ソケット** keyless socket 无开关灯头,无键插口
**きれつ** 【亀裂】 crack 龟裂,裂纹
**きれつしけん** 【亀裂試験】 crack test 裂缝试验,龟裂试验,开裂试验
**きれつパターン** 【亀裂~】 crack pattern 裂缝图形,龟裂图式
**キレートざい** 【~剤】 chelating agent 螯合剂
**キレートじゅし** 【~樹脂】 chelate resin 螯形树脂
**きれめ** 【切目】 slit 缝隙,裂缝,裂纹
**きれめつきわがたジベル** 【切目付輪形~[Dübel德]】 split ring dowel 裂缝环榫,开缝环形暗销
**きれめなしわがたジベル** 【切目なし輪形~[Dübel德]】 closed ring dowel 闭口环榫,无缝环形暗销
**キロ** kilo 千(词头,简写k,K),斤克,公斤,公里
**キロ・アンペアー** kilo-ampere 千安(培)
**キロ・カロリー** kilo-calorie 千卡,大卡(热量单位,kcal)
**きろくおんしつどけい** 【記録温湿度計】 self-recording thermohygrometer 自记温湿度计
**きろくおんどけい** 【記録温度計】 self-recording thermometer 自记温度计
**きろくけい** 【記録計】 recording device 记录器
**きろくけいき** 【記録計器】 grapher, graphic meter 自动记录器,记录仪器
**きろくしつどけい** 【記録湿度計】 selfrecording hygrometer 自记湿度计
**きろくそうおんけい** 【記録騒音計】 recording noise meter 噪声记录仪
**キログラム** kilogramme 千克,公斤
**キロサイクル** kilocycle 千周
**キロジュール** kilojoule 千焦耳
**ギロッチもよう** 【~模様】 guilloche 扭绳纹
**キロボルト** kilovolt 千伏(特)
**キロボルト・アンペア** kilovolt-ampere 千伏安
**キロワット** kilowatt 千瓦(kW)
**キロワット・アワー** kilowatt-hour (kWh) 千瓦小时,度(电)
**キロワットじ** 【~時】 kilowatt-hour 千瓦小时
**きわがんな** 【際鉋】 边角刨,企口刨
**きわくみこ** 【際組子】 靠边棂条
**きわこ** 【際子】 靠边棂条
**きわだるき** 【際垂木·際棰】 边椽(连接封檐板的椽子)
**キー・ワード** key word 关键词
**きわねだ** 【際根太】 贴墙地板龙骨
**ぎわぶつ** 【擬和物】 adulterant 掺杂物,掺杂剂,混杂料
**きわり** 【木割】 木工法式(日本古建筑中确定木构件尺寸和比例的法式)
**ぎん** 【銀】 silver 银
**きんあかガラス** 【金赤~】 golden red

glass 金红玻璃

きんいつ 【均一】 uniformity 均匀性,均匀度,均匀

きんいつおうりょく 【均一応力】 uniform stress 均匀应力,均布应力

きんいつかじゅう 【均一荷重】 uniform load,uniformly distributed load 均布荷载

きんいつせい 【均一性】 uniformity 划一性,统一性,一致性

きんいつちんでん 【均一沈殿】 homogeneous precipitation 均匀沉淀

きんいつていこうほう 【均一抵抗法】 equal-friction method (送风管道的)均等摩阻(计算法)法

きんいつど 【均一土】 uniform soil 均质土,均匀土

きんいつぼうちょう 【均一膨脹】 uniform expansion 均匀膨胀

きんいつれいきゃく 【均一冷却】 uniform cooling 均匀冷却

ぎんいろペイント 【銀色～】 silver paint 银色漆,铝粉漆

きんかいつのまた 【近海角叉】 (刷浆用)海产鹿角菜

きんきせ 【金着】 gold-plated,plated with gold 包金,贴金

きんきゅうえんじょセンターひょうしき 【緊急援助～標識】 emergency aid center sign 急救中心(站)标志

きんきゅうじそくどひょうしき 【緊急時速度標識】 emergency speed sign 紧急车速标志

ぎんきょうはんのう 【銀鏡反応】 silver mirror reaction 银镜反应

キンク kink 扭折,扭结,弯折

キング・ピン king pin 主销,中心主轴

キング・ポスト king post 桁架中柱,桁架中央直(腹)杆

キング・ポスト・トラス king post truss 单柱桁架

キング・ポスト・ルーフ・トラス king-post roof truss 单立柱屋架

キング・ボルト king bolt 主栓,中枢销,大螺栓

キング・ロッド king rod (中悬式桁架的)中吊杆

きんけつかなぐ 【緊結金具】 clamp 钳,夹钳,夹板

きんけつかなもの 【緊結金物】 binding metal (构件的)连接铁件

きんけつこうせん 【緊結鋼線】 binding wire (钢筋的)绑扎用钢丝

ぎんこ 【銀粉】 powdered silver 银粉,铝粉

ぎんこう 【銀行】 bank 银行

きんこうじゅうたくち 【近郊住宅地】 suburban residential quarter 近郊住宅区

きんこうせいびちたい 【近郊整備地帯】 suburban development area 近郊整顿区,近郊整备区,近郊发展区

きんこうちたい 【近郊地帯】 suburban district 近郊区

きんこうてつどう 【近郊鉄道】 suburban railway 近郊铁路

きんこうど 【緊硬度】 consistency (土的)坚实度,密实度

きんこうどげんかい 【緊硬度限界】 consistency limits (土的)密实度界限

きんこうどしけん 【緊硬度試験】 consistency test (土的)密实度试验

きんこうどしすう 【緊硬度指数】 consistency index (土的)密实度指数

きんこうのうぎょう 【近郊農業】 suburban agriculture 市郊农业

きんこうのうぎょうちたい 【近郊農業地帯】 市郊农业用地

きんこうモーメント 【均衡～】 balancing moment 平衡弯矩

きんこうりょくち 【近郊緑地】 suburban green area 近郊绿地

きんこうりょくちほぜんくいき 【近郊緑地保全区域】 suburban open space conservation area 市郊绿地保护区

きんこしつ 【金庫室】 strong-room, vault 金库,保险库

きんこせんとうしき 【近古尖頭式】 Late Pointed Style (英国的)后期尖拱式(建筑)

きんさいど 【均斉度】 uniformity ratio of illumination (采光和照明的)均匀度

きんじかいせき 【近似解析】 approximate analysis 近似分析

きんじけいかくほう 【近似計画法】 method of approximation programming 近似规划法

きんじけいさん 【近似計算】 approximate calculation 近似计算

きんじこうしき 【近似公式】 approximate formula 近似公式

きんじごさ 【近似誤差】 approximate error 近似误差

きんじさ 【均時差】 equation of time 均时差

きんじち 【近似値】 approximate value 近似值

きんしちたい 【禁止地帯】 prohibited zone 禁止地带,禁区

きんしつ 【均質】 homogeneity 均质,均质性

きんしつこう 【均質光】 monochromatic light 单色光

きんしつせい 【均質性】 homogeneity 均匀性,等质性

きんじつてん 【近日点】 perihelion 近日点

きんしひょうしき 【禁止標識】 prohibitory sign 禁止标志,禁令标志

きんじほう 【近似法】 approximate 近似法

きんしゃ 【金車】 block 滑车,滑轮

ぎんしょくペイント 【銀色～】 silver paint, aluminum paint 银灰漆,铝粉漆,铝粉涂料

キーンス・セメント Keene's cement 金氏水泥,干固水泥

きんせいど 【均整度】 uniformity ratio of illumination (采光和照明的)均匀度

きんぞくアークせつだん 【金属～切断】 metal arc cutting 金属电弧切割

きんぞくアークようせつ 【金属～溶接】 metal arc welding 金属(电)弧焊

きんぞくイオンふうさざい 【金属～[ion]封鎖剤】 sequestering agent 多价螯合剂,金属离子封闭剂

きんぞくインサート 【金属～】 metal insert 金属配件

きんぞくうわぐすり 【金属上薬】 glaze with metallic lustre 具有金属光泽的釉

きんぞくおんどけい 【金属温度計】 metallic thermometer 金属温度计

きんぞくがわら 【金属瓦】 metal roof tile 金属板瓦

きんぞくかん 【金属管】 metallic conduit 金属管,金属导管

きんぞくかんこうじ 【金属管工事】 metallic piping 金属管道工程

きんぞくこうじ 【金属工事】 metal works 金属安装工程

きんぞくこうぞう 【金属構造】 metal structure 金属结构

きんぞくざいりょう 【金属材料】 metallic materials 金属材料

きんぞくしたじしょりとりょう 【金属下地処理塗料】 wash primer, etching primer, active primer 金属底层处理用漆,洗涤底漆,磷化底漆

きんぞくせいかたわくパネル 【金属製型枠～】 metal mould panel 金属(定型)模板

きんぞくせいひなんはしご 【金属製避難はしご】 metal fire ladder 金属制避难梯

きんぞくせっけん 【金属石鹸】 metallic soap 金属皂

きんぞくせっちゃくざい 【金属接着剤】 metal adhesive 金属胶粘剂,金属粘合剂

きんぞくていこうせんひずみけい 【金属抵抗線歪計】 metallic resistance wire strain gauge 金属电阻丝应变仪

きんぞくとう 【金属塔】 金属塔

きんぞくとりょう 【金属塗料】 paint for metal 金属用油漆,金属用涂料

きんぞくばこかいへいき 【金属箱開閉器】 safety enclosed switch 金属箱开关,密封式保险开关

きんぞくパッキング 【金属～】 metallic packing 金属填料,金属填封

きんぞくパネル 【金属～】 metal panel

金属镶板,金属嵌板

**きんぞくばん** 【金属板】 metal plate, metal sheet 金属板

**きんぞくばんてんじょう** 【金属板天井】 metal ceiling 金属板顶棚

**きんぞくばんぶき** 【金属板葺】 metal roofing 金属板屋面,金属板屋面铺法

**きんぞくひょうめんしょり** 【金属表面処理】 metal surface treatment 金属表面处理

**きんぞくふしょく** 【金属腐食】 metal corrosion 金属腐蚀

**きんぞくふん** 【金属粉】 metallic powder 金属粉末

**きんぞくホース** 【金属～】 metal hose 金属软管

**きんぞくまえしょりとりょう** 【金属前処理塗料】 wash primer, etching primer, active primer 金属底层处理用漆,洗涤底漆,磷化底漆

**きんぞくメッシュろざい** 【金属～濾材】 metal mesh filter 金属滤网

**きんぞくようしゅつりょう** 【金属溶出量】 dissolved quantity of metals 金属溶出量,金属溶解量

**きんぞくよくろうづけ** 【金属溶鑞付】 metal dip brazing 金属渍浸钎焊

**きんだいか** 【近代化】 modernization 现代化

**きんだいげいじゅつかどうめい** 【近代芸術家同盟】 Union des Artistes Modernes (UAM)[法] (1930年法国巴黎创立的)近代艺术家联盟

**きんだいけんちく** 【近代建築】 modern architecture 近代建筑

**きんだいけんちくこくさいかいぎ** 【近代建築国際会議】 Les Congre's Internationaux d'Architecture Moderne (CIAM) 近代建筑国际会议

**きんだいぞうけいきごう** 【近代造形記号】 modern plastic sign 近代造形符号

**きんだいとし** 【近代都市】 modern city 近代城市(指工业革命以后发展起来的城市)

**きんだいとしけいかく** 【近代都市計画】 modern city planning 现代城市规划

**きんちゃくじょう** 【巾着錠】 padlock 荷包锁,挂锁

**きんちょうき** 【緊張器】 wire tie 金属线拉紧器

**きんちょうざい** 【緊張材】 tendon (预应力钢筋混凝土用构件中的)受拉钢材

**きんちょうようジャッキ** 【緊張用～】 jack (预应力混凝土钢筋)张拉用千斤顶

**きんつけ** 【金付】 gold-plated 饰金,包金,镀金

**ぎんてん** 【銀点】 fish eye (焊接金属的)银白点缺陷,鱼眼状斑瑕

**きんとうけいすう** 【均等係数】 uniformity coefficient 均匀系数,匀质系数

**きんとうこうげん** 【均等光源】 uniform light source 均匀光源

**きんとうしょうめい** 【均等照明】 uniform lighting 均匀照明

**きんとうせい** 【均等性】 uniformity 均匀性

**きんとうていこうほう** 【均等抵抗法】 equal-friction method (送风管道的)均等摩阻(计算)法

**きんとうてんこうげん** 【均等点光源】 uniform point source of light 均等点光源

**きんとうど** 【均等度】 uniformity ratio of illumination (采光和照明的)均匀度

**きんとうラーメン** 【均等～[Rohmen德]】 uniform frame 匀称刚架,等跨距等层高刚架

**キンネン** snatch block 扣绳滑轮,开口滑轮

**キンネン・ブロック** snatch block 扣绳滑轮,开口滑轮

**きんぱく** 【金箔】 gold foil, gold leaf 金箔

**きんぱくおし** 【金箔押】 贴金箔

**きんばしら** 【金柱】 金柱

**ぎんばんにっしゃけい** 【銀盤日射計】 silver-disk pyrheliometer, silver-disk actionometer 银盘日射表,银盘太阳辐射表

**ぎんぷん** 【銀粉】 powdered silver 银

粉，铝粉
キンベラ Cymbella 新月硅藻属(藻类植物)
きんめっき 【金鍍金】 gilding,goldplating 镀金
ぎんめっき 【銀鍍金】 silver plating, plated silver 镀银
きんりんいちじしょうぎょうセンター【近隣一次商業～[center]】 邻里基层商业中心
きんりんこうえん 【近隣公園】 neighbourhood park 邻里公园，街坊花园(相当于小区公园)
きんりんじゅうく 【近隣住区】 neighbourhood unit 邻里区，邻里
きんりんじゅうくたんい 【近隣住区単位】 neighbourhood unit 邻里单位
きんりんじゅうくほうしき 【近隣住区方式】 neighbourhood unit system 邻里区方式
きんりんしょうぎょうちいき 【近隣商業地域】 neighbourhood commercial district 邻里商业区
きんりんしょうぎょうちゅうしん 【近隣商業中心】 neighbourhood shopping center 邻里商业中心
きんりんしょうひりつ 【近隣消費率】 邻里消费率
きんりんセンター 【近隣～】 neighbourhood center 邻里中心
きんりんたんい 【近隣単位】 neighbourhood unit 邻里单位
きんりんちゅうしん 【近隣中心】 neighbourhood center 邻里中心
きんりんにじしょうぎょうセンター 【近隣二次商業～[center]】 邻里中级商业中心
きんりんぶんく 【近隣分区】 branch unit of neighbourhood, neighbourhood subunit 邻里区分区
きんるい 【菌類】 fungi 真菌
きんろう 【金鑞】 gold solder 金焊料
ぎんろう 【銀鑞】 silver solder 银焊料

# く

クアドリガ quadriga[拉] (古希腊、古罗马建筑的)四马拖车雕饰
くい 【杭】 pile 桩
くいあたま 【杭頭】 pile head 桩头
くいうえかおく 【杭上家屋】 pile dwelling 桩上房屋,水上房屋
くいうえじゅうきょ 【杭上住居】 pile-dwelling (热带地方的)湖上桩屋,水上住房
くいうち 【杭打】 piling 打桩
くいうちき 【杭打機】 pile driver 打桩机
くいうちきじゅうき 【杭打起重機】 pile driving crane 打桩起重机
くいうちきそ 【杭打基礎】 pile foundation 桩基,桩基础,打桩基础
くいうちクレーン 【杭打～】 pile driving crane 打桩起重机
くいうちこうじ 【杭打工事】 piling work 打桩工程
くいうちこうしき 【杭打公式】 pile driving formula 打桩公式
くいうちじぎょう 【杭打地業】 pile foundation 桩基(础工程)
くいうちしけん 【杭打試験】 pile driving test 打桩试验
くいうちせん 【杭打船】 pile driving boat,floating pile driver 打桩船,浮式打桩机
くいうちちょうせいほう 【杭打調整法】 peg adjustment method (经纬仪校正的)桩正法,打桩校正法,两点校正法
くいうちていこう 【杭打抵抗】 pile driving resistance 打桩阻力
くいうちハンマー 【杭打～】 pile driving hammer 打桩锤
くいうちやぐら 【杭打櫓】 pile driving tower 打桩机架
くいがしら 【杭頭】 pile head 桩头
くいがしらきりそろえ 【杭頭切揃】 桩头修齐,桩头截平
くいき 【区域】 district,area 区,区域
くいきそ 【杭基礎】 pile foundation 桩基,桩基础
くいぐつ 【杭沓】 pile shoe 桩靴
くいこうしき 【杭公式】 pile formula 桩载公式,桩承量公式
くいごしらえ 【杭拵】 pile preparation 木桩制做
くいこみ 【食込】 庭石凹部(主石与配石相接部分),压入,深入,轨枕压伤
くいさき 【杭先】 foot of pile,point of pile 桩端,桩尖,桩脚
くいじぎょうこうじ 【杭地業工事】 pile foundation works 桩基(础)工程
くいちがい 【食違】 stagger 错位,交错,错列
くいちがいかく 【食違角】 stagger angle 交错角
くいちがいかん 【食違管】 offset pipe 偏置管,乙字管
くいちがいこうさ 【食違交差】 staggered junction,offset intersection 错位式交叉
くいちがいつぎて 【食違継手】 staggering joint 错缝接合,交错接缝
くいちがいろ 【食違路】 staggered cross road 错位交叉路
くいちょう 【杭長】 length of pile 桩长
クィック・アクションべん 【～弁】 quick action valve 速动阀,快开阀
クィック・キャリアー quick-carrier 快速传送,快速邮递
クィック・クレー quick clay 过敏性粘土
クィックサンド quicksand 流砂
クィックサンドげんしょう 【～現象】 quicksand phenomenon 流砂现象
クィック・スイッチ quick switch 快速开关

クィック・ライム quick lime 生石灰,氧化钙
クィックランチ・スタンド quicklunch stand 快餐食堂,快餐座收款处现金传送
クィック・リリーズべん 【~弁】 quick release valve 快泄阀
くいとう 【杭頭】 pile head 桩头
くいながさ 【杭長さ】 length of pile 桩长
くいぬきき 【杭抜機】 pile extractor 拔桩机
くいのキャップ 【杭の~】 piling cap 桩帽
くいのさいかしけん 【杭の載荷試験】 load test on pile, pile loading test 桩基荷载试验
くいのせんたんていこう 【杭の先端抵抗】 point resistance of pile 桩尖阻力
くいのていこうせんず 【杭の抵抗線図】 resistance diagram for pile 桩阻力曲线图,桩阻力图
くいはいちず 【杭配置図】 piling plan 桩位布置图
くいはば 【杭幅】 pile width 桩宽
くいぼうし 【杭帽子】 piling cap 桩帽
くいまざらい 【杭間浚】 打桩后平整地基
くいわ 【杭輪】 pile collar, pile hoop 桩箍,桩环
くいわり 【杭割】 pile spacing 桩位,桩距
クイン・ポスト queen post (双柱桁架的)双柱,(双柱桁架的)中部对称直(腹)杆
クイン・ポスト・トラス queen-post truss 双柱桁架
くうあつ 【空圧】 air pressure 气压,空气压力
ぐうかくぶ 【隅角部】 corner of intersection (平面交叉等的)转角处
ぐうかくぶおうりょく 【隅角部応力】 corner stress 角隅应力
ぐうかくぶほきょう 【隅角部補強】 corner reinforcement 角隅加固
くうかん 【空間】 space 空间
くうかんあんぜんしすう 【空間安全指数】 (城市灾害的)空间安全指数
くうかんきけんしすう 【空間危険指数】 (城市灾害的)空间危险指数
くうかんきひ 【空間忌避】 horror evade 空间回避,空间规避(躲避对空白面的恐惧心理的方法)
くうかんきょくせん 【空間曲線】 space curve 空间曲线
くうかんげいじゅつ 【空間芸術】 spatial art 空间艺术
くうかんこうせい 【空間構成】 construction of space 空间组成,空间构成
くうかんこうぞう 【空間構造】 space structure 空间结构
くうかんず 【空瞰図】 aerial view, aeroview, bird's eye view 鸟瞰图
ぐうかんすう 【偶関数】 even function 偶函数
くうかんたいかくせん 【空間対角線】 space diagonal 空间对角线
くうかんち 【空閑地】 vacant ground, unoccupied land 空闲地
くうかんちかく 【空間知覚】 space perception 空间知觉,空间感觉
くうかんテンソル 【空間~】 space tensor 空间张量
くうかんとくせい 【空間特性】 spatial factor 空间因素,空间特性
くうかんのいほうせい 【空間の異方性】 spatial anisotropy 空间各向异性
くうかんのたいしんせいのう 【空間の耐震性能】 空间抗震性能
くうかんへいきんそくど 【空間平均速度】 space mean speed 空间平均速度(一定路段上某一瞬间车辆的车速平均值)
くうかんろん 【空間論】 theory of space 空间理论
くうきアセチレンようせつ 【空気~溶接】 air-acetylene welding 空气乙炔焊
くうきあつさどうべん 【空気圧作動弁】 pneumatic discharge regulator 气压驱动阀
くうきあつしきじどうせいぎょほうしき 【空気圧式自動制御方式】 pneumatic automatic control system 气动自动控制方式

くうきあっしゅくき 【空気圧縮機】 air compressor 空气压缩机,气压机
くうきあっしゅくポンプ 【空気圧縮～】 air compression pump 空气压缩泵,气压泵
くうきあつりょくけい 【空気圧力計】 air pressure gauge 气压计,气压表
くうきあつりょくブースター 【空気圧力～】 air pressure booster 气压升压器
くうきあらいき 【空気洗器】 air washer 空气洗涤器
くうきイオン 【空気～】 air ion 空气离子
くうきいりぐち 【空気入口】 air inlet 进气口,进风口
くうきいりぐちかん 【空気入口管】 air intake pipe 进气管,进风管
くうきいりぐちしょうおんき 【空気入口消音器】 air intake sound absorber 进气口消声器
くうきいりぐちべん 【空気入口弁】 air inlet valve 进气阀
くうきうんぱんき 【空気運搬機】 air conveyer ,pneumatic conveyer 气压输送机,气动输送机
くうきエジェクター 【空気～】 air ejector 空气喷射器
くうきおせん 【空気汚染】 air pollution 空气污染
くうきかくさん 【空気拡散】 air diffusing 空气扩散
くうきかくさんぐち 【空気拡散口】 air diffusing outlet 空气扩散口,散流口
くうきかくはん 【空気攪拌】 air agitation 空气搅拌
くうきかげんき 【空気加減器】 air conditioner 空气调节器
くうきかしつ 【空気加湿】 air humidification 空气加湿
くうきかしつき 【空気加湿器】 air humidifier 空气加湿器
くうきかしめハンマー 【空気鋲～】 pneumatic caulking hammer 气动铆接锤,气动凿缝锤
くうきかじょうけいすう 【空気過剰係数】 rate of excess air 空气过剩系数
くうきかじょうりつ 【空気過剰率】 excess air ratio 空气过剩率
くうきかねつき 【空気加熱器】 air heater 空气加热器
くうきかねつバタリー 【空気加熱～】 air heater battery 空气加热电瓶
くうきガバナー 【空気～】 pneumatic governor 气动调速器
くうきガン 【空気～】 air gun 空气喷枪,喷漆枪,风动铆枪
くうきかんげきひ 【空気間隙比】 air void ratio (土的)空气孔隙比
くうきかんそうほう 【空気乾燥法】 air seasoning method, air seasoning 空气干燥法,天然干燥法,风干法
くうきがんゆうりつ 【空気含有率】 air space ratio 空隙率,气孔率,空隙比
くうききかい 【空気機械】 pneumatic machine, pneumatic machinery 气动机械,风动机械,空气压缩机械
くうききよめき 【空気清器】 air filter 空气过滤器,空气滤清器
くうきくいうちき 【空気杭打機】 pneumatic pile driver 气动打桩机,风动打桩机
くうきくだ 【空気管】 air pipe 通风管,送气管
くうきクッション 【空気～】 air cushion 气垫,气枕
くうきゲージ 【空気～】 air gauge 气压计,气压表
くうきケーシング 【空気～】 air casing 空气隔层,隔气套管
くうきケーソン 【空気～】 pneumatic caisson 气压沉箱
くうきケーソンきそ 【空気～基礎】 pneumatic caisson foundation 气压沉箱基础
くうきケーソンこうほう 【空気～工法】 pneumatic caisson method 气压沉箱施工法
くうきげんしつき 【空気減湿器】 air dehumidifier 空气减湿器,空气干燥器
くうきこう 【空気孔】 air hole 气孔,通

气孔
くうきこうぐ 【空気工具】 pneumatic tool 风动工具
くうきこうぞう 【空気構造】 pneumatic structure 充气结构
くうきこしき 【空気濾器】 air filter 空气过滤器,空气滤清器
くうきコック 【空気～】 air cock 气嘴,气塞,放气活栓
くうきコンベヤー 【空気～】 air conveyer,pneumatic conveyer 气压输送装置,风动输送机
くうきサイクルこうりつ 【空気～効率】 air cycle efficiency 空气循环效率
くうきさいじゅんかん 【空気再循環】 air recirculation 空气再循环
くうきさくがんき 【空気鑿岩機】 air rock drill,pneumatic rock drill 风动凿岩机,风钻
くうきさっきん 【空気殺菌】 disinfection of air ,air sterilizing 空气杀菌,空气消毒
くうきサーモスタット 【空気～】 air thermostat 空气恒温器
くうきさんこうき 【空気鑽孔機】 pneumatic drill 风钻,风动钻
くうきしきじどうせいぎょ 【空気式自動制御】 pneumatic automatic control 气压式自动控制
くうきしきせいぎょ 【空気式制御】 pneumatic control 空气控制,气压控制
くうきしけん 【空気試験】 air test (制冷压缩机的)空气试验
くうきしつ 【空気室】 air chamber,air vessel 空气室,气舱
くうきジャケット 【空気～】 air jacket 空气套
くうきジャッキ 【空気～】 pneumatic jack 气压千斤顶
くうきじゅんかん 【空気循環】 air circulation 空气循环
くうきじゅんど 【空気純度】 air purity 空气纯度
くうきしょうおんき 【空気消音器】 air sound absorber,air sound attenuator 空气消声器
くうきじょうか 【空気浄化】 air cleaning,air purification 空气净化
くうきしょうこうき 【空気昇降機】 air lift 气压提升机
くうきしょうひりょう 【空気消費量】 air consumption 空气消耗量
くうきしょり 【空気処理】 air treatment 空气处理
くうきしんにゅう 【空気侵入】 air infiltration 空气渗入,空气渗透
くうきすいあげかん 【空気吸上管】 air suction pipe 吸气管
くうきすいこみ 【空気吸込】 air suction 吸气
くうきすいこみかん 【空気吸込管】 air suction pipe 吸气管
くうきすいこみぐち 【空気吸込口】 air suction hole 吸气口
くうきすいこみべん 【空気吸込弁】 air suction valve 吸气阀
くうきスクラッパー 【空気～】 air scrubber 空气洗条器
くうきせいじょうき 【空気清浄器】 air cleaner 空气净化器,空气滤清器
くうきせいしんき 【空気制振器】 air damper 空气抑振器,空气阻尼器
くうきせいどうき 【空気制動機】 air brake 气压制动器,气闸
くうきせいりきがく 【空気静力学】 aerostatics 气体静力学
くうきせんじょう 【空気洗浄】 air washing 空气洗涤
くうきせんじょうき 【空気洗浄器】 air washer 空气洗涤器
くうきせんじょうきタンク 【空気洗浄器～】 air washer tank 空气洗涤箱
くうきせんず 【空気線図】 psychrometric chart,humidity chart 湿空气曲线图
くうきそう 【空気層】 air space 空气层,空气间层
くうきそくど 【空気速度】 air speed 气流速度,风速
くうきタイタンパー 【空気～】 pneumatic tie-tamper 风动拉夯,气压拉夯

くうきタービン 【空気～】 air turbine 气动涡轮机,气动透平机

くうきだまり 【空気溜】 dead air space 空气闭塞空间

くうきだめ 【空気溜】 air bottle 空气罐,贮气器

くうきタンク 【空気～】 air tank 空气罐,空气箱

くうきダンプ・カー 【空気～】 air-dump car 气动倾卸车,风动翻卸车

くうきちょうせい 【空気調整】 air conditioning 空气调节

くうきちょうせつ 【空気調節】 air conditioning 空气调节

くうきちょうせつと 【空気調節戸】 air conditioning inlet 空气调节口,空气调节门

くうきちょうわ 【空気調和】 air conditioning 空气调节

くうきちょうわき 【空気調和器】 air conditioner 空气调节器

くうきちょうわシステム 【空気調和～】 air conditioning system 空气调节系统

くうきちょうわしつ 【空気調和室】 air conditioning room 空气调节设备室

くうきちょうわユニット 【空気調和～】 air conditioning unit 空气调节器,空气调节装置

くうきつうきど 【空気通気度】 air permeability 透气率,透气性

くうきづち 【空気槌】 pneumatic hammer 气压锤,气力锤,空气锤

くうきていこう 【空気抵抗】 air resistance 空气阻力

くうきでぐち 【空気出口】 air exit, air outlet 排风口,出气口

くうきでぐちべん 【空気出口弁】 air outlet valve 排气阀

くうきてハンマー 【空気手～】 pneumatic hammer 气锤

くうきてリベッター・ハンマー 【空気手～】 pneumatic riveting hammer 气压铆锤,风动铆锤,气锤

くうきでんそうおん 【空気伝送音】 air borne sound 空气载声,空气声

くうきでんそうそうおん 【空気伝送騒音】 air borne noise 空气传播噪声

くうきでんたつおん 【空気伝達音】 air borne sound 空气载声,空气声

くうきでんぱんおん 【空気伝搬音】 air borne sound 空气传声

くうきどう 【空気動】 air motion 空气流动

くうきとうかしすう 【空気透過示数】 permeability rating of air 透气率

くうきとうけつ 【空気凍結】 air freezing 空气冻结

くうきとうけつほう 【空気凍結法】 air freezing method 空气冻结法

くうきトラップ 【空気～】 air trap 隔气具,阻气盒,隔气阱

くうきとりいれかん 【空気取入管】 air intake pipe 进气管,送风管

くうきとりいれぐち 【空気取入口】 air intake 进气口,进风口

くうきドリル 【空気～】 pneumatic drill 风钻,风动打眼机

くうきながれ 【空気流】 air current, air flow 气流

くうきにがし 【空気逃】 air escape 放气,排气

くうきにがしコック 【空気逃～】 air escape cock 放气旋塞,排气活栓

くうきにがしべん 【空気逃弁】 air escape valve 排气阀

くうきにげぐち 【空気逃口】 air escape 排气口

くうきぬき 【空気抜】 air vent, purging 排气口,排气孔,换气

くうきぬきべん 【空気抜弁】 air release valve 排气阀,放气阀

くうきねつげんヒート・ポンプ 【空気熱源～】 air source heat pump 空气热源泵

くうきねんりょうひ 【空気燃料比】 air-fuel ratio 空气燃料比

くうきのしめりど 【空気の湿度】 humidity of air 空气湿度

くうきノズル 【空気～】 air nozzle 空气喷嘴

くうきはいかん　【空気配管】 air piping 空气管道(布置)
くうきはいかんフィルター　【空気配管～】 air piping filter　空气管道过滤器
くうきはいかんほうしき　【空気配管方式】 air line system　空气管道系统
くうきパッキング　【空気～】 air packing　气密填料
くうきばね　【空気発条】 air spring　气垫,气枕,空气悬架
くうきハンマー　【空気～】 air hammer, pneumatic hammer　气锤
くうきびょううちき　【空気鋲打機】 pneumatic riveter　气动铆机,风动铆钉机
くうきびょうしめき　【空気鋲締機】 pneumatic riveting machine　气动铆机,风动铆钉机
くうきフィルター　【空気～】 air filter 空气过滤器,空气滤清器
くうきふきこみしきふじょうぶんりそうち【空気吹込式浮上分離装置】 air blow floatation units　鼓风式浮选(淀)分离装置
くうきふじょうしきちょうこうそくてつどう　【空気浮上式超高速鉄道】 air cushion high speed ground transportation 气垫式超高速铁路
くうきふんしゃ　【空気噴射】 air blow 空气喷射
くうきふんしゃほうしき　【空気噴射方式】 air injection system　空气喷射方式,喷口送风系统
くうきぶんぱいそうち　【空気分配装置】 air distribution system　节气闸,风门,空气分配装置
くうきぶんぷ　【空気分布】 air distribution　空气分布
くうきふんむ　【空気噴霧】 air-atomizing　空气喷雾
くうきぶんりき　【空気分離器】 air separator　空气分离器,排气器
くうきぶんりタンク　【空気分離～】 air separating tand　空气分离箱
くうきふんりゅう　【空気噴流】 air jet 空气射流,空气喷射,喷气
くうきへいさ　【空気閉鎖】 air lock　空气封闭,气闸
くうきべん　【空気弁】 air valve　气阀,气门
くうきほうしゅつそくど　【空気放出速度】 air relief speed　排气速度
くうきポンプ　【空気～】 air pump　气泵
くうきマイクロメーター　【空気～】 air micrometer　气动测微仪
くうきまくこうぞう　【空気膜構造】 pneumatic membrane structure　充气薄膜结构
くうきまさつ　【空気摩擦】 air friction 空气摩擦,空气摩阻
くうきみずせんじょう　【空気水洗滌】 back washing by air and water　气水反冲
くうきもれ　【空気漏·空気洩】 air leakage　漏气
くうきゆそうそうち　【空気輸送装置】 pneumatic conveyer　气压输送装置,风动输送机
くうきようコイル　【空気用～】 blast coil　鼓风盘管
くうきようすいポンプ　【空気揚水～】 air lift pump　空气升液泵,空气提升泵,空气抽水泵
くうきよねつき　【空気預熱器】 air preheater　空气预热器
くうきよれいき　【空気預冷器】 air precooler　空气预冷器
くうきりきがく　【空気力学】 aerodynamics　空气动力学,气体动力学
くうきリベッター　【空気～】 pneumatic riveter　气动铆机,风动铆钉机,铆钉枪
くうきリベットしめき　【空気～締機】 pneumatic riveting machine　气动铆机,风动铆钉机
くうきりゅうそく　【空気流速】 air speed　空气流速,风速
くうきりゅうりょう　【空気流量】 air flow　空气流量,风量
くうきりゅうりょうけい　【空気流量計】 air flow meter　空气流量计

くうきりょう 【空気量】 air content 含气量,空气含量
くうきりょくけいすう 【空気力係数】 aerodynamic coefficient 空气动力系数
くうきれいきゃく 【空気冷却】 air cooling 空气冷却
くうきれいきゃくき 【空気冷却器】 air cooler 空气冷却器
くうきれいきゃくけい 【空気冷却系】 air cooling system 空气冷却系统
くうきれいきゃくげんしつき 【空気冷却減湿器】 air cooling dehumidifier 空气冷却去湿器
くうきれいきゃくコイル 【空気冷却～】 air cooling coil 空冷盘管
くうきれいとうき 【空気冷凍機】 air refrigerating machine 空气制冷机
くうきれんこうざい 【空気連行剤】 air-entraining agent(AEA),AE agent 加气剂
くうきれんこうポルトランド・セメント 【空気連行～】 air-entrained portland cement 加气波特兰水泥
くうきレンチ 【空気～】 pneumatic wrench 气动扳手
くうきろ 【空気路】 air duct (通)风道,(导)风管
くうきろかき 【空気濾過器】 air filter 空气过滤器,空气滤清器
くうげき 【空隙】 void 空隙,孔隙
くうげきしけん 【空隙試験】 void test 空隙试验
くうげきじゅうてんせいせっちゃくざい 【空隙充塡性接着剤】 gap-filling adhesive 填缝(隙)粘合剂
くうげきセメントひ 【空隙～比】 void cement ratio 孔隙水泥比
くうげきようせき 【空隙容積】 void volume 空隙容积
くうげきりつ 【空隙率】 percentage of void 空隙率,孔隙率
くうこう 【空港】 airport,airdrom 航空港,飞机场
くうこうかんしレーダー 【空港監視～】 airport surveillance radar (ASR)机场对空监视雷达
くうこうしょうめい 【空港照明】 airport lighting 机场照明,航站照明
くうこうしょうめいせいぎょばん 【空港照明制御盤】 air-port lighting board 机场灯光控制板
くうこうターミナル 【空港～】 air terminal 航空终点站,航空集散站,(飞机场)候机楼
くうこうほそう 【空港舗装】 airport pavement 机场跑道路面,机场跑道铺装
くうこうホテル 【空港～】 airport hotel 机场旅馆
ぐうさ 【偶差】 accidental error 偶差,偶然误差
くうじめボルト 【空締め～】 latch bolt 碰簧销,弹簧闩
くうしょ 【空所】 dead air space 空地,空场,闲置空间
くうしょう 【空焼】 baking 烘,焙,烧
くうしょはっせいげんしょう 【空所発生現象】 cavitation 气窝现象,空穴现象
くうせきひ 【空積比】 air void ratio 空气孔隙比,孔隙比
ぐうぜんごさ 【偶然誤差】 accident error 偶然误差,偶差
ぐうぜんごさ 【偶然誤差】 accidental error 偶然误差
くうち 【空地】 open space 空地,绿地
くうちちく 【空地地区】 open area(district)vacancy area(district) 空地区
くうちはいちず 【空地配置図】 open space plan 空地系统规划,绿地系统规划
くうちゅうこうこく 【空中広告】 sky sign (高楼顶上的)广告牌,空中广告
くうちゅうさんかくそくりょう 【空中三角測量】 aerial triangulation,aerotriangulation 空中三角测量
くうちゅうしゃしん 【空中写真】 aerial photograph 航空摄影,空中摄影,航摄照片
くうちゅうしゃしんそくりょう 【空中写真測量】 aerial photogrammetry,aerial photographic surveying 航空摄影测量
くうちゅうしょうか 【空中消火】 飞机灭

火

くうちゅうすいじゅんそくりょう 【空中水準測量】 aerial levelling 航空水准测量

くうちゅうそくりょう 【空中測量】 aerial survey 航空测量,航测

くうちゅうていえん 【空中庭園】 hanging garden (古巴比伦建的)空中花园,(现代的)屋顶花园,架空庭园

くうちゅうとし 【空中都市】 spatial city,vertical city,highrise city 空间发展城市,摩天楼城市

くうちゅうようじょう 【空中養生】 air curing 空气养护

くうちょうきかいしつ 【空調機械室】 air conditioning machine room 空调机械室

くうちりつ 【空地率】 ratio of open space 空地比(率)

くうてんきず 【空転疵】 wheel-turn failure 车轮空转损伤(由车轮空转发生的轨道损伤)

くうどうがたしょうおんき 【空胴型消音器】 expansion-chamber type absorber 空腔消声器

くうどうガラス 【空胴～】 hollow glass 空心玻璃制品,瓶罐玻璃

くうどうきょうしん 【空胴共振】 cavity resonance,resonance of air space 空腔谐振,空腔共振

くうどうきょうめいき 【空胴共鳴器】 cavity resonator 空腔共鸣器,空腔谐振器

くうどうコンクリート・ブロック 【空胴～】 hollow concrete block 空心混凝土砌块

くうどうブロック 【空胴～】 hollow block 空心(混凝土)砌块

くうどうれんが 【空胴煉瓦】 hollow brick 空心砖

くうへき 【空壁】 hollow wall 空心墙

ぐうりょく 【偶力】 couple of forces 力偶

ぐうりょくのうで 【偶力の腕】 arm of couple 力偶臂

ぐうりょくモーメント 【偶力～】 moment of couple 力偶矩

くうれいコンデンサー 【空冷～】 air cooling condenser 气冷式冷凝器

くうれいしきぎょうしゅくき 【空冷式凝縮器】 air cooling condenser 气冷式冷凝器

くうれいしきグリース・トラップ 【空冷式～】 air cooled grease trap 气冷式油脂分离器

くうれいシリンダー 【空冷～】 air cooled cylinder 气冷式汽缸

くうれいチラー・ユニット 【空冷～】 air cooled chiller unit 气冷式冷却机组

くうれいべん 【空冷弁】 air cooling valve 气冷阀

くえんさんサイクル 【枸櫞酸～】 citric acid cycle 柠檬酸循环

クェンチャー quencher 灭火器,消声器,减震器,淬火器,冷却器

クォイン quoin 隅石块,屋角石块

クォーター quarter (城市中的)地区,地段

クォーターソーン quarter-sawn 原木四分下锯,径截,四开木材

クォーター・ペース quarter pace 直角转弯梯台,直角转弯休息台

クォータホイル＝キャタフォイル

クォーツ quartz 石英,水晶

クォーツライト・ガラス quartzlite glass 透紫外线玻璃

クォリフィケーション qualification 资格,技能,合格性,条件

クォリフィケーション・テスト qualification test 质量检查,质量鉴定,合格检查

くかいせき 【苦灰石】 dolomite 白云石

くかいれんが 【苦灰煉瓦】 dolomite brick 白云石砖

くかくがいろ 【区画街路】 feeder road 地区街道,次要道路

くかくけいすう 【区画係数】 factor of subdivision 用地区划系数

くかくすいりょうけい 【区画水量計】 district water-meter 区域水表

くかくせいり 【区画整理】 land readjustment 土地区划整理

くかくせいりこうえん 【区画整理公園】 按照土地区划整理法建设的公园

くかくせいりず 【区画整理図】 land readjustment drawing 用地区划整理图,土地区划整理图

くかんそくど 【区間速度】 over-all speed 区间车速,路段车速

くぎ 【釘】 nail 钉

くぎうち 【釘打】 nailing 打钉

くぎうちこうぞう 【釘打構造】 nailed timber structure 钉合构造,钉合结构

くぎうちコンクリート 【釘打~】 nailing concrete 可钉混凝土,受钉混凝土

くぎうちじゅうふくばり 【釘打充腹梁】 wooden nailed full wed beam, composite nailed beam 钉合实腹梁

くぎうちばり 【釘打梁】 composite nailed beam 钉合梁

くぎうちハンマー 【釘打~】 nailing hammer 钉锤

くぎうちもくはんげた 【釘打木板桁】 nailed wooden plate-girder 钉接木板梁

くぎかくし 【釘隠】 nail-head medallion 装饰性钉头盖板,装饰性钉帽

くぎじまい 【釘仕舞】 拔钉修整,起钉整理

くぎじめ 【釘締】 nail set 钉紧器,钉实器,钉头下沉器

くぎつぎて 【釘継手】 nailed joint 钉接合,钉接

くぎづけ 【釘付】 钉住,钉固

くぎぬき 【釘抜】 pincers, nail-drawer 拔钉钳子,拔钉器

くぎのひきぬきつよさ 【釘の引抜強さ】 pull out strength of nail 钉的拔拉强度,钉的抗拉强度

くぎり 【区切】 separator 分隔带,分隔符号,分隔物,分隔器,隔板

くくり 【括】 绑扎钢筋钩子,绑扎钢筋工具

くぐり 【潜】 小门洞口

くぐりあな 【潜孔·潜穴】 manhole 人孔,进入口,工作口,升降口,检查井,窨井

くぐりど 【潜戸】 wicket door 大门上的小门,便门

くけいがいく 【矩形街区】 rectangular block 矩形区段,长方形街坊,长方形街区

くけいきょ 【矩形渠】 box culvert 箱涵

くけいごうし 【矩形格子】 egg-crate louvers 矩形格子

くけいダクト 【矩形~】 rectangular duct 矩形管道,矩形风道

くけいばり 【矩形梁】 rectangular beam 矩形梁

くけいマトリックス 【矩形~】 rectangular matrix 矩形矩阵

くけいラーメン 【矩形~[Rahmen德]】 rectangular rigid frame 矩形刚梁

くけいれんが 【矩形煉瓦】 rectangular brick 矩形砖,长方形砖

くさいみず 【臭い水】 stinking water 臭水,腐水

くさたけ 【草丈】 plant height 株高(植物的高度,树高等)

くさつきいし 【草付石】 (庭园中的)附草石

くさにわ 【草庭】 grass garden 草坪庭院,草地庭院

くさばな 【草花】 flowers and ornamental plants 草本花卉

くさび 【楔】 wedge 楔,楔子,楔形物

くさびいし 【楔石】 key-stone 拱心石,拱顶石

くさびがたジベル 【楔形~[Dübel德]】 apple ring dowel 楔形暗销,楔形榫

くさびがたべん 【楔形弁】 wedge valve 楔形阀

くさびがたりょくち 【楔形緑地】 green wedge 楔形绿地(由城市四周伸向中心的楔形绿地地带)

くさびこつざい 【楔骨材】 keystone 嵌缝骨料,嵌缝碎石,拱顶石

くさびせん 【楔栓】 wedge-shaped cotter 楔形销,楔形栓

くさびどめていちゃく 【楔止定着】 插楔锚定,背楔锚定,背楔锚固

くさぶき 【草葺】 thatch roofing 茅草屋顶,铺茅草屋顶
くさり 【鎖·鏈】 chain 锁链,链条
くさりじょう 【鎖錠】 chain door fastener 链形门扣件,链条门扣件
くさりずりとう 【鎖吊灯】 chain pendant lamp 悬链吊灯,链条吊灯
くさりでんどうそうち 【鎖伝動装置】 chain transmission 链式传动装置
くさりのこ 【鎖鋸】 chain saw 链锯
くさりのこばん 【鎖鋸盤】 chain sawing machine 链锯床,链锯机
くさりパイプ·レンチ 【鎖~】 chain pipe wrench 链条管扳手
くされ 【腐】 decay,rot 腐朽,腐烂
くされいし 【腐石】 rotten stone 脆性石灰石,崩解含沙石,磨石(作擦粉用的硅质石灰石)
くされぶし 【腐節】 rotten knot 腐朽节
ぐし 草顶屋脊(日本的茅草屋顶的屋脊)
くしいた 【櫛板】 comb plate (自动扶梯用)梳状防滑板,篦形防滑板
くしがた 【櫛形】 segmental arch timber (隧道的)梳形(拱撑),弓形(拱撑),梳形,梳状,梳齿形,半圆形
くしがたアーチ 【櫛形~】 segmental arch 弓形拱(小于半圆的弧形拱)
くしがたべい 【櫛形塀】 有梳形楣窗的围栏
くしがたペジメント 【櫛形~】 circular pediment (门窗上的)弧形檐饰
くしがたまど 【櫛形窓】 梳形窗,半月形窗
くしがたらんま 【櫛形欄間】 梳形楣窗
くしけいそう 【櫛硅藻】 Fragilaria 带列硅藻属(藻类植物)
くしごて 【櫛鏝】 涂胶用带齿抹子
くしびき 【櫛引】 scratching 抹灰底层刻划线纹,抹灰面划痕,篦纹饰面
くしめ 【櫛目】 齿形浅沟,齿形条痕,齿形条纹,抹灰底层划痕
くしめしあげ 【櫛目仕上】 篦纹饰面,篦痕饰面,齿纹饰面,齿痕饰面
グジャラートけんちく 【~建築】 Gujarat architecture 古迦拉特建筑(15~17世纪印度的伊斯兰建筑)
くじゅう 【苦汁】 bittern 卤水,盐卤
くじゅうのとう=きゅうじゅうのとう
ぐしょうけいたい 【具象形態】 concrete form (造型的)具体形式
くじらざし 【鯨差】 竹尺(等于1.25日本曲尺)
くじらじゃく 【鯨尺】 竹尺(等于1.25日本曲尺)
くしんポンプ 【駆心~】 centrifugal pump 离心泵
くす=くすのき
くず 【屑】 chips,waste 切屑,屑,废品
グースアスファルト Gussasphalt[德] 沥青砂胶,沥青玛琋脂,沥青胶结剂
グース·アスファルトほそう 【~舗装】 guss-asphalt pavement,mastic asphalt pavement 摊铺沥青路面
くずいと 【屑糸】 waste silk (抹灰时掺在灰膏内的)废丝筋
くずながや 【屑長屋】 jerry building 劣质房屋,粗糙房屋
グーズネック gooseneck 鹅颈管,S形管
くすのき 【樟·楠】 Cinnamomum camphora[拉],camphor tree[英] 樟树,樟木
くずや 【葛屋】 草舍的总称
くすりがけ 【薬掛】 glazing 施釉,上釉
くすりがけタイル 【薬掛~】 glazed tile 釉面砖
くすりがわら 【薬瓦】 glazed roof tile 釉面瓦,琉璃瓦
くすりだまり 【釉溜】 excess glaze 釉缕,过厚釉
くすりはげ 【釉禿】 秃釉
くすりはげ 【釉剝】 exposed body (陶瓷)脱釉,剥落釉,爆釉
くずれだき 【崩滝】 (庭园中的)倾泻瀑布
くせがた 【曲形】 雨水管弯头,雨水管端部弯管
くせどりロール 【曲取~】 roll leveller 辗平机,滚平机,辊式压平机
くたい 【軀体】 building frame,skeleton 骨架,构架,房屋构架,建筑框架
くたいこうじ 【軀体工事】 skeleton work 主体结构工程

**くだいど** 【管井戸】 tube well 管井
**くだうけだい** 【管受台】 pipe saddle 管座
**くだおさえ** 【管押】 pipe clamp, pipe clip 管夹, 管卡
**くだかけ** 【管掛】 pipe hook, pipe bracket 管托架, 管钩
**くだがたすいじゅんき** 【管形水準器】 tubular level 水准管, 管状水准器
**くだがたでんきゅう** 【管形電球】 tubular lamp 管形灯泡
**くだがたほうねつき** 【管形放熱器】 tubular type radiator 管式散热器
**くだがたレベル** 【管形～】 tubular level 水准管
**くだぎり** 【管切】 pipe cutter 切管器
**くだぐい** 【管杭】 pipe pile 管桩
**くだくばり** 【管配】 piping 管道布置
**くだけいず** 【管系図】 piping diagram 管道布置图, 管道系统图
**くだケーシング** 【管～】 pipe casing 管罩, 管套
**くだけずりこうぐ** 【管削工具】 pipe scraping tool 刮管(道)工具
**くださきえ** 【管支】 pipe support 管支架
**くだざる** 【管猿】 barrel bolt 管销, 筒形插销
**くだしじかなもの** 【管支持金物】 pipe holder, pipe support 管支架
**くだしめがね** 【管締金】 pipe clamp, pipe clip 管夹, 管卡
**くだしめつけ** 【管締付】 pipe clamp, pipe clip 管夹, 管卡
**くだせつだんき** 【管切断機】 pipe cutter, pipe-cutting machine 切管机
**くだそうちず** 【管装置図】 piping plan 管道详图
**くだたな** 【管棚】 pipe grid 管格子, 管架, 管栅
**くだつぎて** 【管継手】 pipe joint 管子接头
**くだつぎめ** 【管継目】 pipe joint 管接缝
**くだつり** 【管吊·管釣】 pipe hanger 吊管架, 吊管钩
**くだつりとう** 【管吊灯】 pipe pendant lamp 管吊灯
**くだとりつけ** 【管取付】 pipe fitting 管道安装, 管子安装
**くだとりつけひん** 【管取付品】 pipe fittings 管子配件
**くだねじきりこうぐ** 【管螺子切工具】 pipe threading tool 管子螺纹加工工具
**くだはいち** 【管配置】 piping 管道布置, 管子布置
**くだばしら** 【管柱】 上下层不连贯的柱
**くだひろげ** 【管拡】 tube expander 张管器, 扩管器
**くだまげき** 【管曲器·管曲機】 pipe bender, pipe bending machine 弯管器, 弯管机
**くだまわし** 【管回】 pipe wrench 管子扳手
**くだまんりき** 【管万力】 pipe vise 管(子)钳
**くだようねじきりばん** 【管用螺子切盤】 pipe threading machine 管子螺纹加工机
**くだよせ** 【管寄】 header 集管件, 联管箱
**くだらしき** 【百済式】 (朝鲜)百济式(建筑)
**くだりげきょ** 【降懸魚】 梁端悬鱼
**くだりこうばい** 【下勾配】 downgrade, downhill grade, declivity 下坡坡度, 下斜坡
**くだりむね** 【下棟】 垂脊
**くだローラ** 【管～】 pipe roller 管式滚筒
**くちがね** 【口金】 cap, ferrule 灯头, 管头, 金属环, 管套
**くちきがた** 【朽木形】 朽木纹样, 云纹
**くちく** 【苦竹】 苦竹
**くちなし** 【梔子】 Gardenia jasminoides [拉], cape-jasmine[英] 栀子花
**くちはいろ** 【朽葉色】 茶色, 干叶色
**グーチるつぼ** 【～坩堝】 Gooch crucible 古奇坩埚, 古氏坩埚(水质试验时测定悬浮物用的坩埚)
**くつ** 【沓】 shoe 柱脚, 桩靴
**くついし** 【沓石】 base of post 柱础, 柱垫石, 碌石

くついしじぎょう 【沓石地業】 post stone foundation 用柱垫石的基础
くつかけいし 【沓掛石】 桥端踏石(道路与板桥相接处铺放的石面路)
くつかなもの 【沓金物】 metal shoe 金属桩靴,(沉箱的)金属刃脚
くっきょくしけんき 【屈曲試験器】 bending tester (涂膜的)曲折试验器,弯曲试验机
クッキング cooking 蒸煮,煮沸
くっさく 【掘削】 excavation 挖掘
くっさくき 【掘削機】 excavator 挖掘机
くっさくきかい 【掘削機械】 excavating machinery 挖掘机械
くっさくこうじ 【掘削工事】 excavating work 挖掘工程,挖土工程,挖方工程
くつじ 【窟寺】 cave temple 窟寺
くつじつせい 【屈日性】 heliotropism 向日性
クッション cushion 垫子,缓冲垫,缓冲器,气压弹簧
クッション・キャピタル cushion capital (罗马式)上方下圆的柱头
クッションざい 【~剤】 cushion material 缓冲材料,附加剂,补强剂
クッションじょうちゅうとう 【~状柱頭】 cushion capital (罗马式)上方下圆的柱头
クッション・タンク cushion tank 缓冲池
くつずり 【沓摺】 door sill 门槛
くつずりいし 【沓摺石】 door-stone 门槛石
くつずりわく 【沓摺枠】 door sill 门槛
くっせつ 【屈折】 refraction 折射,屈折
くっせつかく 【屈折角】 angle of refraction 折射角
くっせつけいすう 【屈折係数】 refraction factor, index of refraction 折射系数,折射率
くっせつそんしつ 【屈折損失】 knee loss, bend loss 弯曲(水头)损失,弯管水头损失
くっせつど 【屈折度】 refraction factor, refractive index 折射率
くっせつのほうそく 【屈折の法則】 law of refraction 折射定律
くっせつは 【屈折波】 refracted wave 折射波
くっせつりつ 【屈折率】 refractive index 折射率,折射指数
グッタ gutta 雨珠饰,圆锥饰
クッターのこうしき 【~の公式】 Kutter's formula 库特公式(管渠流速计算公式)
グッタ・ペルカ gutta-percha 古塔波胶(马来树胶),杜仲胶
グッド・デザインてん 【~展】 "Good Design" Exhibition (1950年起美国纽约每年举行的)优秀设计展览会
くつぬぎいし 【沓脱石】 脱鞋石(檐廊前作台阶用的石块,可以放置木履)
クッペルホリツォント Kuppelhorizont [德] (舞台上)半圆筒形布景
くつまき 【沓巻】 包在柱脚面上的金属饰件
くで 【組手】 纸槅扇骨架的纵横棂条
くでま 【工手間】 labour cost 劳动工资,工资,工酬
くど 【苦土】 magnesia 苦土,菱苦土,氧化镁
くどうそうち 【駆動装置】 driving device 驱动装置
くどうそうち 【駆動装置】 driving device 传动装置,驱动装置
クトゥビー・モスク Mosque of Kutub (12世纪印度德里)库都勃清真寺
くどしつたいかれんが 【苦土質耐火煉瓦】 magnesia brick 镁砖,镁氧耐火砖
グナイト=ガナイト
クノッソスのきゅうでん 【~の宮殿】 Palace of Knossos (公元前2世纪左右克里地)克诺索斯宫殿
くび 【頸·首】 横披木条在柱外的出头
くびきり 【頸切】 长构件周围刻成环状的部分
クビクルム Cubiculum[拉] (古罗马住宅的)小卧室,(古墓穴中的)埋葬室
くびふりかんきぼう 【首振り換気帽】 swivel cowl 旋转式通风帽,摇头风帽

ぐふう 【颶風】 hurricane 飓风,十二级风
くぶんてきせっけいほう 【区分的設計法】 piecewise design procedure 分段设计法
クーポラ＝キューポラ
クーポン・ルーム coupon room 保险金库,出租金库
くましでぞく 【熊四手属】 Carpinus [拉],Hornbeam[英] 鹅耳枥属
クマロンじゅし 【～樹脂】 cumarone resin 库玛隆树脂,氧茚树脂
くみあわせ 【組合】 assembly,combination 装配,组成,集成,集合,组合
くみあわせあっしゅくざい 【組合圧縮材】 built-up compression member 组合压杆,组合受压构件
くみあわせあんきょブロック 【組合暗渠～】 (reinforced concrete) built-up culvert blocks (钢筋混凝土)组合涵洞砌块
くみあわせおうりょく 【組合応力】 combined stress 组合应力,合成应力,综合应力
くみあわせおうりょくしゅうちゅうりつ 【組合応力集中率】 combined factor of stress concentration 组合应力集中系数
くみあわせおんすいボイラー 【組合温水～】 sectional hot water boiler 分节热水锅炉,片式热水锅炉
くみあわせかじゅう 【組合荷重】 combined loads 组合荷载
くみあわせきごう 【組合記号】 match marking,assembling mark 装配记号,配合记号
くみあわせゲージ 【組合～】 combination gauge 组合量规
くみあわせげた 【組合桁】 built-up girder 组合大梁,组合梁
くみあわせこやぐみ 【組合小屋組】 composite roof truss 组合屋架,组合桁架
くみあわせじょうきボイラー 【組合蒸気～】 sectional steam boiler 分节蒸汽锅炉,片式蒸汽锅炉
くみあわせだんめん 【組合断面】 built-up section 组合截面
くみあわせつぎ 【組合継】 built-up joint 组合接头,组合节点
くみあわせトラップ 【組合～】 combination trap 组合式疏水器,组合式隔气具,组合式疏水阀
くみあわせばしら 【組合柱】 built-up column 组合柱
くみあわせぶざい 【組合部材】 built-up member 组合构件
くみあわせボイラー 【組合～】 sectional boiler,sectional cast iron boiler 分节锅炉,片式铸铁锅炉
くみいれてんじょう 【組入天井】 细格嵌板顶棚
くみがき 【組垣】 编竹墙,编木条墙,编篱笆
くみけた 【組桁】 frame 构架,骨架
くみこ 【組子】 muntin,mullion 门窗棂条,窗芯子,门扇中梃
くみごうし 【組格子】 grille 花格,格子,组合格
くみごうらん 【組高欄】 转角处横向挑头栏杆
くみこみかんすう 【組込関数】 builtin function 内存函数,固有函数
くみたて 【組立】 assembling,erection 安装,装配,组装,组合
くみたてあしば 【組立足場】 built-up type scaffolding,prefabricated scaffolding 装配式脚手架
くみたてアーチ 【組立～】 built-up arch,compound arch 组合拱,合成拱
くみたてあっしゅくざい 【組立圧縮材】 built-up compression member 组合受压构件,组合压杆
くみたてえき 【組立駅】 train-make-up station,train-assembly station 编组站,调车场
くみたてかこう 【組立架構】 built-up frame 组合构架
くみたてきじゅんめん 【組立基準面】 erection reference plane 安装基准面,装配基准面

くみたてきょうきゃく 【組立橋脚】 built-up pier, composite pier 组合式桥墩，装配式桥墩
くみたてきょようさ 【組立許容差】 erection allowance 安装偏差容许限，装配容许偏差
くみたてけんさ 【組立検査】 inspection of assembly 装配检查，安装检查
くみたてけんちく 【組立建築】 prefabricated building 预制装配式建筑
くみたてこう 【組立工】 assembler 装配工，安装工
くみたてこうぞう 【組立構造】 prefabricated structure 预制装配式结构
くみたてコンクリートべい 【組立～塀】 precast concrete fence 装配式混凝土围墙
くみたてざい 【組立材】 built-up member 组合构件
くみたてジグ 【組立～】 erection jig 安装夹具，架设夹具
くみたてじゅうたく 【組立住宅】 prefabricated house 预制装配式住宅
くみたてず 【組立図】 assembly drawing 装配图
くみたてせいさん 【組立生産】 assembly production 装配式生产
くみたてたんい 【組立単位】 derived units 导出单位
くみたてだんめん 【組立断面】 built-up section 组合截面
くみたててっきんコンクリートこうぞう 【組立鉄筋～構造】 precast reinforced concrete structure 装配式钢筋混凝土结构
くみたてばしら 【組立柱】 built-up column 组合柱
くみたてばり 【組立梁】 built-up beam 组合梁
くみたてふごう 【組立符号】 match marking 装配记号，配合记号
くみたてようせつ 【組立溶接】 erection welding 安装焊接
くみたてようてっきん 【組立用鉄筋】 erection bar 架立钢筋，架立筋
くみつぎ 【組継】 box joint （木构、配件的）多榫头接合
くみて 【組手】 构件与构件的接合，构件与构件接合处
くみてつぎ 【組手接】 （家具的）多榫头接合
くみてんじょう 【組天井】 细格嵌板顶棚
くみとりべんじょ 【汲取便所】 bailout latrine, privy 掏取式厕所
くみもの 【組物】 枓栱
くみもや 【組母屋】 built-up purlin 组合檩条
くみゆか 【組床】 木地板构造（大梁、小梁、龙骨、地板）
ぐみるい 【茱萸類】 Elaeagnus[拉], elaeagnus sp.[英] 胡颓子属
くみわちがい 【組輪違】 interlocked ring pattern 连环套纹
くもかこうがん 【雲花崗岩】 云纹花岗岩
くもがた 【雲形】 云纹
くもがたくみもの 【雲形組物】 （日本飞鸟时代建筑的）云形枓栱
くもがたじょうぎ 【雲形定規】 French curve 曲线板
くもでごうし 【雲手格子·蜘蛛手格子】 纵横棂格，由纵横棂组成的窗格
くもでのはし 【蜘蛛手の橋】 spiderweb type small bridge （庭园水池中架起的）十字形小桥
くもと 【雲斗】 （日本飞鸟时代建筑的）云形枓
くもときょう 【雲斗栱】 （日本飞鸟时代建筑的）云形枓栱
くもどめがわら 【雲止め瓦】 日式大瓦（中间凹成波形的方瓦）
くものすがたどうろもう 【蜘蛛の巣形道路網】 spiderweb type of street system 放射环形式道路系统，蛛网形道路系统
くものすじょう 【蜘蛛の巣状】 cobwebbing 蛛网丝状（树脂涂料拉丝状态）
くもひじき 【雲肘木】 （日本飞鸟时代建筑的）云形栱
くもり 【曇】 cloudy 昙天，多云
くもりガラス 【曇～】 ground glass, obscured glass 磨砂玻璃，毛玻璃

くやくしょ【区役所】 ward office 区公所
くら【倉】 warehouse 仓库
クーラー cooler 冷却器,冷凝器,冷却剂
クライアント client (设计)委托人,委托单位
グライそう【~層】 gray(grey) soil (天然砂土混合物的)杂砂土层
くらいどり【位取】 定位,稳置,放稳,整平,垫平
くらいどりてっせん【位取鉄線】贴石定位钢筋,贴石定位铁丝
グライファー・バケット Greifer bucket 葛莱弗式抓,(开挖竖坑用)抓斗
クライマチック・コントロール climatic control 气候控制,气候调节
クライモグラフ climograph 气候图
クラインスト Kleinst[德] 西方公寓小面积(大约50平方米)住户
グラインダー grinder 研磨机,磨床,磨光砂轮,碎木机
グラインディング grinding 研磨,磨光
グラインディング・ストーン grinding stone 磨石
グラインディング・ミル grinding mill 磨碎机,碾(研)磨机
グラインド・ストーン grind stone 磨石
グラヴィティ・モデル gravity model (土地利用、交通规划中应用的)重心法
グラヴィティようせつ【~溶接】gravity arc welding 重力式电弧焊
クラウストラ claustra[拉] 漏空石墙(中世纪有采光孔的石墙)
クラウストルム claustrum[拉] 带回廊的修道院
クラウスほう【~法】Kraus process 柯劳斯(活性污泥改进)法
グラウティング grouting 灌浆,灌浆法
グラウト grout 灰浆,(水泥)薄浆
グラウトきかい【~機械】grouting machine 灌浆机械
グラウト・ベント grout vent 灌浆排气口
グラウト・ポンプ grout pump 灰浆泵
クラウド・マシン cloud machine 云状效果幻灯机,云景(效果)机
グラウト・ミキサー grout mixer (水泥)薄浆搅拌机,拌浆机
クラウニング crowning 凸起,隆起,拱起
クラウ・バー crow bar 橇棍,橇棒,橇杠
クラウン crown 顶部,拱顶,路拱,凸面,轮周
クラウン・ガラス crown glass 冕牌玻璃,上等厚玻璃,无铅玻璃
クラウン・タイル crown tile 冠瓦,顶瓦
グラウンディング grounding 接地,接地装置,地线,打底
グラウンド ground 场地,运动场,操场
グラウンド・ガラス ground glass 毛玻璃,磨砂玻璃
グラウンド・コート ground coat 底层涂料,底漆
グラウンドシーツ ground sheet 铺地用纺织物
グラウンド・シル ground sill 地槛,卧木,槛木
グラウンド・ノイズ ground noise 背景噪声
グラウンド・プレート ground plate 接地板
グラウンド・ワイヤ ground wire (接)地线
クラウン・バー crown bar (隧道)拱顶拉条,拱顶纵梁,顶撑钢材
クラウン・ポスト crown post 桁架中柱
クラウン・ホール Crown Hall 荣冠馆(1952~1956年美国芝加哥伊利诺大学建筑系大楼)
クラウンれんが【~煉瓦】crown brick 拱顶砖
グラジェント gradient 斜度,斜率,坡度,梯度
クラシシズム classicism 古典主义
クラシック classic 古典式(建筑),古典作品
クラシック・オーダー classic order 古典柱式
クラシックけんちく【~建築】classic architecture 古典建筑
クラシック・レビヴァル classic revival

古典复兴式
グラジュエーション graduation 分度,刻度,级配,分级,校正,校准
グラシン＝ガラシン
グラス grass 草,草地,草坪,牧场
グラス・ウール glass wool 玻璃棉
グラス・ウールばん 【～板】 glass wool board 玻璃棉板,玻璃纤维板
グラス・ウール・フィルター glass wool filter 玻璃棉滤器
クラスかたさ 【～硬さ】 class hardness 分级硬度,等级硬度
グラス・グラインダー glass grinder 玻璃磨光机
グラス・グリーン grass green 草绿色
グラス・コーテージ grass cottage 茅舍,玻璃纤维绳索(绝缘用)
グラスゴーは 【～派】 Glasgow Group 格拉斯哥派(19世纪末英国苏格兰的艺术革新运动)
グラス・セメント glass cement 玻璃胶
クラスター cluster 成组,成群,成团,(枝状道路连接的)住宅组,住宅群,建筑群,线束
クラスター・プラン cluster plan 群集式平面布置,成组串联式平面布置
グラス・テックス grass tex (运动场用)沥青与植物纤维混合铺地面
グラス・パテ glass putty 玻璃用油灰,玻璃用腻子
クラスプ CLASP (Consortium of Local Authorities Special Programme)(1957年成立的)英国地方政府特别计划事业机构
グラス・ファイバー glass fiber 玻璃纤维,玻璃丝
グラス・フェルト glass felt 玻璃棉毡
グラス・ブリック glass brick 玻璃砖
グラス・プレート glass plate 玻璃板
グラス・ブロック glass block 玻璃砖
グラス・ペーパー glass paper 玻璃砂纸
グラス・ホッパー grass hopper 转送装置,输送设备,起重换车设备
グラス・マット glass mat 玻璃纤维垫,玻璃纤维毡
グラス・モザイク glass mosaic 玻璃马赛克,玻璃锦砖,玻璃镶嵌砖
クラスルーム classroom 教室
グラス・ロッド glass rod 玻璃棒
クラッキング cracking 裂缝,裂纹,裂解,开裂
クラッキング・ガス cracking gas 裂化气
クラック crack 裂纹,裂缝,断裂,龟裂
クラックでんぱ 【～伝播】 crack propagation 裂缝传播,裂纹扩展
クラック・メーター crack meter 裂缝探测仪
クラッシャー crusher 破碎机
クラッシュ・ルーム crush room (剧场、运动场)休息厅
クラッシング・プラント crushing plant 破碎设备,轧石厂
クラッシング・ミル crushing mill 碎石厂,轧碎机,破碎机
クラッチ clutch 离合器,联轴器,夹紧装置,扳手,凸轮,套管
クラッチ・コントロール・ロッド clutch control rod 离合器操纵杆,离合器控制杆
クラッチ・シフター clutch shifter 离合器分离叉,离合器拔叉
クラッチ・フェーシング clutch facing 离合器衬片
クラッチ・プレート clutch plate 离合器摩擦片
クラッチ・ペダル clutch pedal 离合器踏板
クラッチ・レバー clutch lever 离合器(操纵)杆
クラッチ・ロッド clutch rod 离合器杆
クラッディング cladding 包覆,(金属)包层,构架覆盖,骨架外墙
クラッディング・スチール cladding steel 包层钢,复合钢
クラッドいた 【～板】 clad board 复合板
クラッドこう 【～鋼】 clad steel 复合钢,包层钢
グラットシェル gratte-ciel[法] 摩天

楼,高楼大厦
グラデーション gradation 分类,分级,渐变,(颜色等的)层次
クラドホラ Cladophora 刚毛藻属(藻类植物)
グラナダ Granada 格拉纳达(10世纪西班牙南部安达路西亚的城市)
グラニット granite 花岗石,花岗岩
グラニュラー・カーボン granular carbon 碳精粒
グラニュレーション granulation 成粒,制粒,粒化,颗粒状
クラノグ crannog (青铜时代爱尔兰在湖沼地带建成的)湖沼居地,湖沼城堡
グラノリシックしあげ 【～仕上】 granolithic finish 人造石铺地面
グラノリス granolith 人造石铺地面
クーラー・パイプ cooler pipe 冷却(器)管
グラハマイト grahamite 脆沥青
グラビティー gravity 重力
グラビティー・コンベヤー gravity conveyer 重力输送机
クラビティー・ヒンジ gravity hinge 重力铰链
クラブ club 俱乐部,夜总会
グラフ graph 图表,图解,曲线图,图象
グラブ grab (挖土机)抓斗,抓扬机,开挖机
グラファイト graphite 石墨
グラファイト・ペイント graphite paint 石墨涂料
グラフィック・アート graphic art 图表艺术
グラフィック・シンボル graphic symbol 图表符号
グラフィック・ディスプレイ graphic display 图表显示
グラフィック・パネル graphic panel 图解式面板,监测系统图示板
グラフィックばん 【～盤】 graphic board 图示控制盘
グラフィック・メーター graphic meter 图示记录仪,自动记录仪
クラブ・ウィンチ crab winch 起重绞车,卷扬机,蟹爪式起重机
グラブくっさくき 【～掘削機】 grab excavator 抓斗式挖掘机
グラブしゅんせつせん 【～浚渫船】 grab dredger, clamshell dredger 抓斗挖泥船
グラブせん 【～船】 grab dredger 抓斗式挖泥机,抓铲
グラフトきょうじゅうごう 【～共重合】 graft-copolymerization 接枝共聚
クラフトし 【～紙】 kraft paper 牛皮纸
クラフト・パルプはいえき 【～廃液】 spent kraft liquor(SKL) 牛皮纸浆废液
クラフト・ペーパー kraft paper 牛皮纸
クラフト・ライナーはいすい 【～廃水】 kraft liner wastewater 牛皮纸生产废水
グラブ・ドレッジャー grab dredger 抓斗挖泥船
クラブハウス clubhouse 俱乐部会所,运动员更衣室
グラブ・バケット grab bucket 抓斗
グラブほりけずりき 【～掘削り機】 grab excavator 抓斗挖掘机
グラフようし 【～用紙】 graph paper 方格纸,图表纸
クラブライト krablite 硅长石,透长凝灰岩
グラフりろん 【～理論】 graph theory 图论,图解理论
クラブ・ルーム club room 俱乐部聚会室
クラペイロンのさんれんモーメントのていり 【～の三連～の定理】 Clapeyron's theorem of three moments 克拉珀龙三力矩定理
くらまえ 【蔵前】 日本古代仓库前附属房间
グラマー・スクール grammar school 美国初级中学或小学,英国中学
クラミドモナス Chlamydomonas 单衣藻属(藻类植物)
クラム clam 夹钳,夹板
クラムシェル clamshell 抓斗,抓斗式挖土机,蚌(蛤)壳式挖泥机
クラムシェル・エキスカベーター clamshell excavator 抓斗式挖掘机

クラムシェルくっさくき【～掘削機】 clamshell excavator 抓斗式挖掘机
くらめじ【鞍目地】 beaded joint 圆凸勾缝
くらやしき【倉屋敷】（为防火而远离居住地的）仓库群
クーラー・ユニット cooler unit 冷却机，冷却装置
クラリファイヤー clarifier 澄清剂，澄清器，澄清池
クランク crank 曲柄，曲轴，手柄，摇把
クランク・ケース crank case 曲轴箱，曲柄箱
クランクじく【～軸】 crank shaft 曲（机）轴
クランク・ポンプ crank pump 曲柄泵
クランク・ロッド crank rod 曲柄杆，连杆
グランス・ピッチ glance pitch 辉沥青，光泽地沥青石
クーラント coolant 冷却剂，冷媒
グランド ground 地，地面，地基，场地，底层
グランド・コック gland cock 压盖栓，压盖旋塞
グランド・コンプライアンス ground compliance 地基柔性，地基顺从性
グランドサークル grand-circle 大剧院楼厅观众席
グランド・スイート grand sweet 娱乐场所，游览广场
グランドスタンド grandstand（运动场等的）正面看台
グランド・スティフネス ground stiffness 地基劲度，地基刚度
グランド・デザイン grand design 宏伟构思
グランド・ナット gland nut 压紧螺母，锁紧螺母
グランド・パッキン gland packing 压盖填料，压盖（密）封垫
グラント・パレス grand palace 大宫殿
グランドファザー・チェア grandfather chair 高背椅子
クーラント・フィルター coolant filter 冷却剂过滤器，冷媒过滤器
グランド・フロア ground floor 日本寺院建筑中的住宿、炊事用房
グランド・ホッパー grand hopper 大型（装）料斗，混凝土料斗
クランプ clamp 钳，夹钳，夹板，扣钉，卡钉，固紧，夹紧，抓斗
クランプかなもの【～金物】 clamp 夹紧铁件
クランプじめかね【～締金】 clamp 夹紧铁件
クランプじめたいせき【～締堆積】 bale，bundle 夹紧堆放，包捆堆放，包扎堆放
クランプじめつけかなぐ【～締付金具】 clamp 夹紧铁件
クランプ・スクリュー clamp screw 紧固螺钉
クランプ・ナット clamp nut 紧固螺母
クランプ・プレート clamp plate 夹（压）板
クランプ・ホルダー clamp holder 夹持器
クランプ・ボルト clamp bolt 夹紧螺栓
クランプ・リング clamp ring 夹紧环，夹固圈
くり【栗】 Castanea crenata[拉]，chestnut[英] 栗树，栗木
くり【刳·繰】 hollow 挖空，刳孔，凹形，凹孔
ぐり【屈輪】 反复涡纹，卷草纹的一种
ぐり 碎石
クリア clear（varnish） 清洁的，透明的，邻苯（甲）二酸盐树脂清漆的俗称
クリア・ウェイ clear way 禁止停车道路，（在跑道延长上的）起飞航道
クリア・ガラス clear glass 透明玻璃
クリアストーリー clerestorey 高侧窗，（教堂侧廊顶上的）纵向天窗或气楼
クリアストーリーさいこう【～採光】 clerestorey lighting 高侧窗采光
クリア・スパン clear span 净跨，净空
クリア・ラッカー clear lacquer 透明漆，亮漆
クリアランス clearance（桥梁）净空，间

隙,余隙

クリアレーター clearator 浄化器,净化装置

くりいし【栗石】 rubble, broken stone 大卵石,蛮石

クリエーション creation 创造,创作

クリオジニック・クエンチング cryogenic quenching 低温淬火

クリオジニックス cryogenics 低温学,低温实验法

クリオジン cryogen 冷冻剂

クリオメーター cryometer 低温计

くりかえし【繰返】 repeat 重复,复算,重演,反复

くりかえしアナログけいさんき【繰返～計算機】 repetitive analogue computer 周期运算式模拟计算机

くりかえしおうりょく【繰返応力】 repeated stress 反复应力,重复应力,疲劳受力

くりかえしおうりょくど【繰返応力度】 repeated unit stress 反复应力,重复应力

くりかえしかじゅう【繰返荷重】 repeated load 反复荷载,重复荷载

くりかえしきょうど【繰返強度】 strength of repeated load(ing) 反复荷载强度,重复荷载强度,疲劳荷载强度

くりかえししけん【繰返試験】 repeated test 反复荷载试验,重复荷载试验,疲劳荷载试验

くりかえししけんき【繰返試験機】 repeated testing machine 反复荷载试验机,重复荷载试验机,疲劳荷载试验机

くりかえししょうげきかじゅう【繰返衝撃荷重】 repeated impact load 反复冲击荷载,重复冲击荷载

くりかえししょうげきしけん【繰返衝撃試験】 repeated impact test 反复冲击试验,重复冲击试验

くりかえしたわみへんい【繰返撓変位】 repeated deflection 反复挠曲,疲劳挠曲

くりかえしないりょく【繰返内力】 repeated stress 反复内力,重复内力,疲劳内力

くりかえしねじりしけん【繰返捩試験】 repeated twisting test 反复扭转试验,疲劳扭转试验

くりかえしはんしゃ【繰返反射】 multiple reflection 多次反射,重复反射

くりかえしひっぱりあっしゅくしけん【繰返引張圧縮試験】 repeated tensile compression test 反复拉压试验,疲劳拉压试验

くりかえしひっぱりしけん【繰返引張試験】 repeated tensile test 反复拉伸试验,反复牵引试验,疲劳牵引试验

くりかえしへんどうかじゅう【繰返変動荷重】 repeated varying load 反复变量荷载,反复不定荷载,疲劳变量荷载

くりかえしまげしけん【繰返曲試験】 repeated bending test 反复弯曲试验,疲劳弯曲试验

くりかた【繰形·刳形】 moulding 线脚

くりがたき【繰形機】 moulding machine (石材)线脚研磨机

くりがんな【刳鉋】 groove planer 裁口刨,槽刨,企口刨

くりくり 绑扎钢筋用钩子

グリーク・リバイバル Greek Revival 希腊复兴式(建筑)

くりこがたな【刳小刀·繰小刀】 小型刳刀,小刳刀

くりこぎり【繰子錐】 click bore 曲柄钻,摇把钻

くりこな【刳粉】(爆破岩石时)凿孔的岩粉(屑)

くりこみべん【繰込弁】 intake valve 进入阀(进水阀,进气阀)

グリース grease 润滑脂,油脂,黄油

グリース・ガン grease gun 黄油枪,滑脂枪

グリース・シール grease seal 油封,黄油密封

クリスタル crystal 结晶,晶体,晶粒

クリスタル・グラス crystal glass 结晶体玻璃

クリスタル・スピーカー crystal speaker 晶体扬声器

クリスタル・マイクロホン crystal microphone 晶体传声器
グリース・トラップ grease trap 除油池,撇油池,隔油器
グリース・ピット grease pit 油脂井
グリース・ボール grease ball 油脂球
グリースます 【～枡】 grease basin 润滑脂盒
グリズリーふるい 【～篩】 grizzly screen 格筛,铁栅筛
グリセリン・フタルさんじゅし 【～酸樹脂】 glycerine-phthalic acid resin 甘油酞酸树脂,丙三醇苯二酸树脂
クリソタイル chrysotile 纤维蛇纹石,温石棉
グリダイアン・パターン gridiron pattern 方格型,棋盘式(路网结构形式)
くりだしテーブル 【繰出～】 nesting table, extension table 套叠式桌子,叠装式桌子
クリック click 噪声,插销,掣子,棘爪,棘轮
グリット grit 砂粒,粗砂岩,石屑,金属锯屑,磨料,硬渣,沉砂
グリッド grid 格栅,格网,栅极,坐标方格
グリッド・アイロン grid iron 格框铁,铁格子
グリットしあげ 【～仕上】 grit finish 平磨加工,磨光,磨砂处理
グリッドしょう 【～床】 grid floor 格子形地面
グリッドとこ 【～床】 grid floor 格子形地面
グリッド・パターン grid pattern, gridiron pattern 方格型,棋盘式(路网结构形式)
グリッド・フォーメーション grid formation 网格式结构布置
グリット・ブラスト grit blast 喷砂处理(金属表面除锈)
グリッド・プラン grid plan 网格平面布置,网格规划
グリッド・プランニング grid planning 网格规划,网格平面布置
グリッド・ライン grid line 坐标方格线
グリッド・ローラー grid roller (修筑水泥人行道用)方格压印滚筒
クリッパー clippers 大剪子,钳子,剪线钳,剪切器
グリッパー gripper 夹子,夹持器
クリップ clip 夹子,钳子,卡板,抹灰卡具,修剪,夹住,钳紧
グリップ grip 夹具,手柄,抓手,钳取机构,铆钉杆长,螺栓至螺母间距离
クリップ・アングル clip angle (钢结构接合部分的)加固角钢,连接角钢
クリップ・ゲージ clip gauge 钳式位移计
グリップ・ボルト grip bolt 夹持螺栓,握固螺栓
クリティカルしょうめい 【～照明】 critical lighting 临界照明
クリティカル・ジョブ critical job 关键作业,关键工作,关键工程
クリティカル・パス critical path (网示工程进度表中的)关键线路
クリーテッド・タイヤ・チェーン cleated tire chain 轮胎防滑链
クリテリヤ criteria 标准,规范,准则
くりど 【繰戸】 单槽多扇推拉门
クリート cleat 瓷夹板,夹具,楔,固着楔
クリーナ culina[拉] (古罗马住宅的)厨房
クリーナー cleaner 除垢器,除尘器,吸尘器,清洁器,滤清器,滤水器,清洁剂
グリニッジへいきんじ 【～平均時】 Greenwich mean time 格林尼治平均时,世界标准时
グリニッチじ 【～時】 Greenwich time 格林尼治时间
グリニッチへいきんじ 【～平均時】 Greenwich mean time 格林尼治平均时,世界标准时
クリーニング cleaning 净化,清除,除垢,清净,洗涤
クリーニング・バケット cleaning bucket 清理用铲斗,清除用铲斗
クリーニング・ポンプ cleaning pump (混凝土泵车上的)洗涤泵

クリノメーター clinometer 倾斜计,测斜器
くりばり 【繰針】 (穿绳用铁制)钩针
クリブ crib 叠木框,木(格)笼,(耐火试验的)叠木发火模型
クリープ creep 徐变,蠕变,滑动,蠕动,潜伸,漂移
グリフィン griffin 狮身鹰头翼兽,狮身鹰头翼兽形的建筑装饰
クリープおうとう 【~応答】 creep response 徐变反应,蠕变反应
クリープかいふく 【~回復】 creep recovery 徐变恢复,蠕变恢复
クリープかくだいけいすう 【~拡大係数】 creep enlargement factor 徐变扩大系数
クリープ・カーブ creep curve 徐变曲线,蠕变曲线
クリープかんすう 【~関数】 creep function 徐变函数,蠕变函数
クリープげんかい 【~限界】 limit of creep 蠕变极限,徐变极限
クリープげんど 【~限度】 creep limit 徐变极限,蠕变极限
クリープざくつりろん 【~座屈理論】 theory of creep buckling 徐变压曲理论,蠕变压曲理论
クリープしけん 【~試験】 creep test 徐变试验,蠕变试验
クリープしけんき 【~試験機】 creep testing machine 徐变试验机,蠕变试验机
グリプタルじゅし 【~樹脂】 Glyptal resin 甘酞树脂(商)
クリープつよさ 【~強さ】 creep strength 徐变强度,蠕变率
クリプト crypt 地窟,(教堂地下的)墓室
クリープとめぐい 【~止杭】 anticreeping stake 防爬桩,防爬橛
クリプトメーター cryptometer (涂料)遮盖力计
クリープはだんつよさ 【~破断強さ】 creep breaking strength 徐变断裂强度,蠕变断裂强度
クリープひずみ 【~歪】 creep strain 蠕动应变,徐变应变
クリープひずみそくど 【~歪速度】 creep rate,rate of creep 徐变速度,蠕变速度,徐变应变速度
クリームいろ 【~色】 cream colour 淡黄色,奶油色
クリームようせっこうプラスター 【~[cream]用石膏~】 neat gypsum plaster 细石膏灰浆
クリモグラフ climograph 气象图
クリモグラフ=クライモグラフ
くりや 【厨】 厨房的旧称
クリヤ clear 空隙,净空,清除
クリヤストーリー=クリアストーリー
クリュー=グルー
クリュニーしゅうどういん 【~修道院】 Abbaye,Cluny[法] (10~20世纪法兰西)克吕尼修道院
グリル grille 格子窗,格栅,风口篦格
グリル・ルーム grill room (专营炙烤肉食的)小餐馆,烤肉间
くりん 【九輪】 塔刹九轮饰(塔顶九层轮状的装饰)
グリーン green 绿,绿地,草地,(绿色)草坪,(胶合剂)硬化不足
クリーンアップ・スクレーパー clean-up scraper 刮土板
グリーン・ウッド green wood 青木材,湿木材,新伐材
グリーン・エナメル green enamel 绿瓷漆
グリーン・オイル green oil 绿油
クリンカー clinker 熔渣,炼渣,熔块,缸砖,水泥熟料
クリンカーあな 【~穴】 clinker hole 溶渣孔
クリンカー・クーラー clinker cooler 烧结块(熟料)冷却器
クリンカー・タイル clinker tile 缸砖,熔渣釉面砖,烧结釉面砖
クリンカーれんが 【~煉瓦】 clinker brick 缸砖,熔渣砖,烧结砖
クーリング cooling 冷却
クーリング・ウォーター cooling water 冷却水

クーリング・コイル cooling coil 冷却盘管
クーリング・タワー cooling tower 冷却塔
クーリング・パイプ cooling pipe 冷却管
クーリング・ファン cooling fan 冷却风扇
クーリング・フィン cooling fin 散热片,冷却翅片
クーリング・プラント cooling plant 冷却设备,冷却装置
クーリング・ポンプ cooling pump 冷却泵
グリーン・コンクリート green concrete 新浇混凝土
グリーン・サンド green sand 新采砂,湿砂,(用于软化处理)绿砂
グリンターほう 【～法】 Grinter method 格林特(求框架应力)略算法
グリーン・ネットワーク green network 绿地网络,绿地系统
グリーンのせんだんひずみ 【～の剪断歪】 Green's shearing strain 格林剪应变
グリーンのていり 【～の定理】 Green's theorem 格林定理(应用面积弯矩法计算梁的挠度)
グリーンのひずみ 【～の歪】 Green's strain 格林应变
グリーンのひずみテンソル 【～の歪～】 Green's strain tensor 格林应变张量
グリーンハウス greenhouse 温室,玻璃暖房
グリーン・パーク green park 天然公园,草地公园,森林公园
グリーン・パーラー green parlour 陈设花卉的大厅,有植物陈设的大厅
クリンピング crimping 卷边,翻边,卷曲,打褶
クリンプ crimp 曲贴,卷曲,曲成波形
クリンプあみ 【～網】 crimp wire netting 波形钢丝网
クリンプ・メッシュ crimp mesh 波形钢丝网
クリンプやまがた 【～山形】 crimped angle 弯曲角钢,弯折角钢,曲贴角钢
グリーン・ペイント green paint 绿色涂料,绿油漆
グリーンベルト greenbelt 绿化地带,绿带
グリーンベルト・タウン green belt town (1935~1938年美国建设的)绿带城镇
グリーン・マトリックス green matrix 绿地均布,绿地阵
グリーンリーフ・フィルター Greenlief filter 格林利夫式自动快滤池,(虹吸滤池)(商)
クリーン・ルーム clean room 净化室,超静间,洁净室
グリーン・ルーム green room 演员休息室,舞台后台的候场室
グルー glue 胶,胶质,胶水
くるい 【狂】 deformation 形变,偏位,偏差
くるう 【狂う】 warp 翘曲,扭曲,走样,变形
グルー・ガン glue gun 喷胶枪,喷胶器
クルーシブル crucible 坩埚
クルジュモフこうか 【～効果】 Kurdjümoff effect (土力学中的)库尔居莫夫效应
グルー・スプレッダー glue spreader 胶液涂敷器,涂胶辊
グルッペ・エー・ビー・シー 【～ABC】 Gruppe ABC[德] ABC派(1924年瑞士近代建筑师创立的建筑学派)
グルッペ・ゲー Gruppe G[德] G派(20年代左右德国的艺术家组织)
グルッポ・ゼッテ Gruppo 7[意] 七人派(1926年意大利近代建筑师七人组成的组织)
クル・ド・サック cul-de-sac[法] 可回车死胡同,尽头回车道,(车辆)掉头道路
クール・ドヌール cour d'honneur[法] (纪念性建筑的)前庭,正院,(巴罗克建筑的)H形或马蹄形庭院
グルービング grooving 开槽,刻槽
グルーピング grouping (建筑空间的)分组处理,分类处理,群体处理,组合

グルービング・マシン grooving machine 开槽机,刻槽机
グループ groove 槽,沟,企口,焊接坡口
グループ group 群,组,集团
グループ・ウェルディング groove welding 槽焊,坡口焊
グループかくど 【~角度】 groove angle 焊槽角度
グループごうはん 【~合板】 grooved plywood 企口胶合板,带凹槽的胶合板
グループ・プラクティス group practice (门诊)会诊
グループようせつ 【~溶接】 groove welding 槽焊,坡口焊
グルー・ベース glue base 脱脂大豆粉
グルー・ボンド glue bond 胶合剂
くるまえだ 【車枝】 辐射形枝,轮生枝
くるまずり 【車摺】 wall protector,buffer rail (室内)护墙栏杆,缓冲挡
くるまど 【車戸】 拉门
くるまどめ 【車止】 buffer stop 车挡,止车楔
くるまどめふちいし 【車止縁石】 barrier curb 栏式(路)缘石,直立式缘石
くるままど 【車窓】 wheel window 车轮状窗
くるままわし 【車廻】 turning ling 回车道,转弯驶入道
くるまよせ 【車寄】 (日本古代)车廊,停车门廊
クルマンせん 【~線】 Culmann's line 库尔曼线
クルマンのどあつけいさんほう 【~の土圧計算法】 Culmann's procedure for computing earth pressure 库尔曼土压计算法
クルマンほう 【~法】 Culmann's method 库尔曼法,断面法,截面法
クルマン・リッターのせつだんほう 【~の切断法】 Culmann-Ritter's method of dissection 库尔曼-里特(求桁架内力的)截面法
くるみ 【胡桃】 Juglans regia[拉],walnut[英] 核桃木
くるみがらふんまつ 【胡桃殻粉末】 walnut shell flour 核桃壳粉末填充剂
グルー・ミキサー glue mixer 调胶机,胶料搅拌机
くるみるい 【胡桃類】 Juglans sp.[拉],walnut[英] 胡桃属,胡桃树
くるる 【枢】 hinge (门窗)枢轴
クール・レイ・ランプ cool-ray lamp 冷光灯,冷射线灯
くるわ 【郭·廓·曲輪】 城郭
クレー clay 粘土,泥土
グレア glare 眩光
グレア・インデックス glare index 眩光指数
グレア・ゾーン glare zone 眩光带,眩光区,眩光分布区
グレイジング・チャンネル channel glazing 槽形玻璃密封条
グレイジング・ビード glazing bead 波形玻璃密封条(垫),条形玻璃密封条
くれいた 【榑板】 纵向铺钉的檐廊地板
クレイ・ボンド clay bond 粘土胶粘剂
グレイン grain 粒,颗粒,晶粒,纹,纹理,(城市规划的)粒布,混合布置
グレイン・サイズ grain size 粒径,颗粒尺寸
くれえん 【榑縁】 纵向铺钉地板的檐廊
クレオソート creosote 杂酚油,木馏油
クレオソートちゅうにゅう 【~注入】 creosoting 灌注杂酚油,杂酚油浸渍
クレオソートちゅうにゅうちゅう 【~注入柱】 creosoting post 浸涂杂酚油的木柱,(杂酚)油浸防腐木柱
クレオソートゆ 【~油】 creosote oil 杂酚油,木馏油
くれくぎ 【呉釘】 double pointed nail 双尖头钉
グレコ・ローマンしき 【~式】 Greco-Roman style 希腊罗马式
クレージング crazing 微裂,发纹,龟裂
グレージング glazing 光泽,上釉,抛光,磨光,装配玻璃
クレーズ craze 细裂纹,微裂,发丝裂纹
クレスト crest 高峰,峰值,顶,脊,堰顶
クレスト・タイル crest tile 屋脊(饰)瓦
クレセント crescent,sash fastener 月牙

锁

**クレゾール** cresol 甲酚,甲氧甲酚

**クレゾールじゅしせっちゃくざい** 【~樹脂接着剤】 cresol resin adhesive 甲酚树脂粘合剂

**クレーター** crater 喷火口,溶池,弧坑(电弧焊焊缝终端形成的凹坑)

**グレーダー** grader 平路机,平土机

**クレーターしょり** 【~処理】 crater treatment 熔池处理,弧坑处理

**クレーターわれ** 【~割】 crater crack 弧坑裂纹

**グレーチング** grating 筛条,炉条,炉栅,格筐,格栅,栅栏,格

**グレード** grade 度,等级,坡度

**グレート・クーラー** grate cooler 栅格冷却器

**グレート・バー** grate bar 炉条,炉栅

**クレードル** cradle 吊架,支台,(砌拱用)支架

**クレネレーション** crenelation 墙面枪眼,墙面炮眼,雉堞,锯齿状物

**クレー・バケット** clay bucket 粘土挖掘斗,挖土斗

**クレビス** clevis U形钩,马蹄钩

**クレピス** Krepis[希] (古希腊神庙的)台基,台阶式基座

**クレビス・アイ** clevis eye U形钩眼圈,马蹄钩环,马蹄钩孔

**クレビス・コロージョン** crevice corrosion 裂隙腐蚀

**クレピドーマ** Krepidoma[希] (古希腊神庙的)台基,台阶式基座

**くれぶき** 【榑葺】 铺瓦下垫层(包括望板、油毡等层次)

**クレーブス・ストーマーがたねんどけい** 【~形粘度計】 Krebs-Stomer viscometer 柯列布斯-托玛型粘度仪

**クレマトーリアム** crematorium 火葬场

**クレーム** claim 要求,索赔,申请,请付

**クレムリン** Кремль[俄] (俄国的)城堡,内城,克里姆林宫

**クレメンスひっかきこうどけい** 【~引搔硬度計】 Clemens hardness apparatus 克列门斯型刻痕硬度计

**クレモナのおうりょくず** 【~の応力図】 Cremona's stress diagram 克列莫纳(桁架)内力图,克列莫纳(桁架)应力图

**クレモナのずしきかいほう** 【~の図式解法】 Cremona's stress diagram 克列莫纳(桁架)应力图解法,克列莫纳(桁架)内力图解法

**クレモナのほうほう** 【~の方法】 Cremona's method 克列莫纳(桁架计算)法

**クレモン** cremone(bolt) (门窗)长插销

**クレモン・ボルト** cremone bolt (门窗)长插销

**クレーヨン** crayon (陶瓷)裂纹,裂痕

**クレーン** crane 起重机,吊车

**グレーン** grain 格令(衡量单位,等于0.064克,符号gr)

**クレーン・アウトプット** crane output (起重机的)起重能力

**クレーン・ウィンチ** crane winch 起重绞车

**クレーンうけばり** 【~受梁】 crane girder 吊车梁,起重机梁

**クレーンかじゅう** 【~荷重】 crane load 吊车荷载

**クレーン・ガーダー** crane girder 吊车梁,起重机梁

**クレンザー** cleanser 清洁剂,洗涤剂,去污剂

**クレーンじどうしゃ** 【~自動車】 crane truck 起重汽车,汽车吊

**クレンジング** cleansing 净化,精炼

**クレーン・ストッパー** crane stopper 起重机停止器

**クレーンそうじゅうしつ** 【~操縦室】 crane control box, crane control compartment 起重机操纵室

**クレーンだいしゃ** 【~台車】 gantry of crane 门式起重机架,吊机架,起重车

**クレーン・トラック** crane truck 起重汽车,汽车式起重机

**クレーンばかり** 【~秤】 crane counterweight 起重机平衡重

**クレーン・ヒンジ** crane hinge 保险铰链,保险合页(用于金库门等处)

**クレーン・フック** crane hook 起重机挂

钩

**クレーン・ポスト** crane post 起重机支柱

**クレーン・マン** crane man 吊车工,起重机工

**クレーンようこうさく** 【~用鋼索】 crane wire rope 起重钢丝绳

**クレーンようレール** 【~用~】 crane rail 起重机轨道

**クロ** clo 克洛(表示衣服的热绝缘性的单位,即保持衣服两面的温度差为0.18℃时通过的热量为1千卡/米$^2$·小时)

**クロー** claw 爪,爪钳,把手

**グロー** glow 白热光,灼热光

**クロアカ・マクシマ** Cloaca Maxima[拉](古罗马)最大排水沟

**クロイスター** cloister 修道院,围以柱廊的内院,回廊

**クロイスター・ボールト** cloister vault 方形平面拱顶

**くろいた** 【黒板】 black iron sheet 黑铁板,未镀锌的铁板

**くろいみず** 【黒い水】 black water 黑水

**くろうち** 【黒打】 粗磨锯,粗制锯,未加工的锯

**くろうるし** 【黒漆】 black paint 黑色漆

**くろうんも** 【黒雲母】 biotite 黑云母

**くろがき** 【黒柿木】 black persimmon wood 黑柿木

**くろガスかん** 【黒~管】 black pipe 黑铁管

**くろがみ** 【黒紙·畔紙】 草席镶边用纸

**くろかわ** 【黒皮】 mill scale 轧制铁鳞,轧制氧化皮,轧屑

**くろかわナット** 【黒皮~】 black nut 粗制螺母

**くろかわボルト** 【黒皮~】 black bolt 粗制螺栓

**くろかん** 【黒管】 black pipe 黑铁管

**くろき** 【黒木】 未剥皮圆木,黑檀木,针叶树木总称

**グロキシニア** Sinningia[拉],gloxinia [英] 大岩桐

**クローク・スタンド** cloak stand 衣帽架

**クローク・ルーム** cloak room 衣帽室,衣帽间,寄物处

**グロー・コロナ** glow corona 电晕(光)

**グローサリー** grocery 食品店,杂货店

**クロス** cross 交叉的,十字形,十字架,十字接头,四通管

**クローズ** close 关闭,闭合,封闭

**グロス** gloss 光泽,上釉

**クロス・アーム** cross arm 横木,托架,横担

**グロー・スイッチ** glow switch 辉光开关,引燃开关

**グロス・ウェート** gross weight 总重,毛重

**クロス・ウェルド** cross weld 横向焊接,横焊

**クロス・ウォール** cross wall 横墙

**クロスオーバーべん** 【~弁】 crossover valve 转换阀

**クローズ・オフ・レーティング** close-off rating 全闭额定压力差(阀门全闭时的最大容许压力差)

**クロス・ガーター** cross girder 横梁

**クロス・コネクション** cross connection 四通连接,十字连接

**クロス・シェーク** cross shake 横向摆动,横向振动

**クロス・シェープ・ジョイント** cross shape joint 十字接头,交叉连接

**クロス・シャフト** cross shaft 横轴

**クロス・ジョイント** cross joint 十字接头,交叉连接

**グロー・スターター** glow starter 辉光启动器

**クロスつぎて** 【~継手】 cross joint 十字接头,四通

**クロー・ステップ** crow step 山墙阶段,山墙分蹬,梯级山墙

**クローズド・アセンブリー・タイム** closed assembly time (被粘结材料的)积压时间,堆积受压时间,堆积生效时间

**クローズド・システム** closed system (建筑工业化方法的)定型式,(图书出纳的)闭架式,(设备管线的)封闭系统,闭合系统

**クローズド・スペース** closed space 封

塞地,闭塞地
クローズド・ポジション closed position 关闭位置,封闭状态
クロストリデウムぞくさいきん 【~属細菌】 Clostridium 梭状芽孢杆菌属(细菌),梭菌属
クロスバー crossbar 门闩,门栓,横木,起重机挺杆,横臂,十字管,四通管
クロスバーしきこうかんき 【~式交換機】 crossbar type automatic telephone switchboard 交叉线路自动电话交换机,纵横制自动电话交换机
クロス・ハッチング cross hatching 剖面线,断面线,剖面斜线,十字划线
クロスバーでんわこうかんほうしき 【~電話交換方式】 crossbar type automatic telephone exchange method 纵横制自动电话交换方式
クロスばり 【~梁】 cross beam 井形梁,井字梁,交叉梁,格子梁,横梁
クロスバンド crossband 直交单板,内层交叉单板
クロス・ピース cross piece 横木,横梁,横杆,横档,十字架
クロス・ビーム cross beam 井形梁,井字梁,交叉梁,格子梁,横梁
クロス・ピン cross pin 插销
グロース・ファクター growth factor 生长因素,增长因素
クロス・ブレース cross brace 交叉支撑,横拉条
クロスべん 【~弁】 cross valve 换向阀
クロスほう 【~法】 Cross's method 克劳斯(弯矩分配)法
クロス・ボルト・ロック cross-bolt lock 横销锁
クロス・ボンド cross bond 交叉砌合
グロースメーター glossmeter 光泽计
クロース・ルーフィング asphaltsaturated woven fabric (屋面用)浸沥青防水布
グロセスターだいせいどう 【~大聖堂】 Cathedral, Gloucester (14世纪英国)格洛赛斯特大教堂
クロゼット closet 盥洗室,厕所,壁橱
クロソイド clothoid 回旋曲线,辐射曲线
クロソイドきょくせん 【~曲線】 clothoid curve 回旋曲线,辐射曲线
クロソイドのパラメーター 【~の~】 parameter of clothoid 回旋曲线参数,辐射曲线参数
クロち 【~値】 clo value 衣服绝热值(1 clo=0.18米²·小时·度/千卡)
くろちく 【黒竹·烏竹·紫竹】 black bamboo 黑竹,紫竹,乌竹
クローつきてんじょうクレーン 【~付天井~】 overhead crane with claw 高架带爪起重机,带抓斗桥式起重机
グロッグ grog 耐火粘土熟料,熟料耐火制品
クロック・タワー clock tower (建筑物上部的)时钟塔
クロックワイズ clockwise 顺时针方向
クロッケット crocket 卷叶饰
クロッシング crossing 交叉,交叉口,道岔
グロット grotto (庭园中的)岩洞,洞室
グロテスク grotesque (以幻想动、植物及人物为题材的)怪诞装饰图案,(哥特式教堂屋顶的)怪兽像饰
グローでんきゅう 【~電球】 glow bulb 辉光灯泡
くろぬり 【黒塗】 black coating 黑色涂层,黑漆涂层,涂黑漆
クロネッカーのデルタ 【~のΔ】 Kronecker's delta 克罗内卡Δ符号
クロノサイクル・グラフほう 【~法】 chronocycle graph method 光迹测定图示法(将测定部位附指示灯进行摄影根据光迹研究人体各部位的活动范围及速度的方法)
クロノメーター chronometer (精密),计时仪,经线仪
クローバー crowbar 撬棍,撬棒,铁梃
クローバーがたインターチェンジ 【~型~】 clover-leaf interchange 苜蓿叶型互通式立体交叉,四叶型互通式立体交叉
クローバーがたプラン 【~型~】 leaf type plan (教堂的)拉丁十字形平面
クローバーがたりったいせつぞく 【~形立体接続】 clover-leaf interchange 苜

蓿叶型互通式立体交叉，四叶型互通式立体交叉
クローバー・リーフこうさ 【～交差】 clover-leaf crossing, clover-leaf junction 首蓿叶式交叉，四叶式交叉
グローブ globe 球形灯罩，球状物
グローブおんどけい 【～温度計】 globe thermometer 球形温度计
グローブ・コンパートメント glove compartment 工具袋，小型工具箱
グローブしょうめい 【～照明】 globe lighting 球罩灯照明
グローブ・チェア globe chair 球形椅子
グローブべん 【～弁】 globe valve 球(形)阀
グローブ・ボックス glove box 放射物操作箱
くろべすぎ 【黒部杉】 kurobe cryptomeria 日本黑部地方产的杉木
くろぼく 【黒ぼく】 黑色玄武岩质溶岩，灿灰腐植黑表土
くろぼくいし 【黒ぼく石】 黑色玄武岩质溶岩
くろぼさ 【黒ぼさ】 (石材上的)黑斑
くろぼたん 【黒牡丹】 橡树木的黑斑
くろボルト 【黒～】 black bolt 粗制螺栓
クロマイジングほう 【～法】 chromizing process 铬化处理，渗铬处理
クロマグれんが 【～煉瓦】 chrome magnesite brick 铬镁砖
くろまつ 【黒松】 pinus thunbergii[拉], Japanese black pine[英] 黑松
クロマティクス chromatics 色彩学
クロマティシティ chromaticity 色度，色品
クロマトグラフぶんせき 【～分析】 chromatography 色层分析
クロマンシル chromansil 铬锰硅钢
くろみかげ 【黒御影】 black granite 黑花岗岩，闪绿岩，斑粝岩
くろみかげいし 【黒御影石】 black granite 黑花岗岩，闪绿岩，斑粝岩
くろみす 【黒御簾】 (日本歌舞伎剧院)舞台侧方带黑色门帘的伴奏席
クロミューム chromium 铬
クロム chrome 铬
クロム・イエロー chrome yellow 铬黄
クロムおう 【～黄】 chrome yellow 铬黄
クロムこう 【～鋼】 chrome steel 铬钢
クロムさん 【～酸】 chromic acid, chromium trioxide 铬酸，三氧化铬
クロムさんえん 【～酸塩】 chromate 铬酸盐
クロムさんしょり 【～酸処理】 chromic acid treatment 铬酸处理
クロムせんしょくはいぶつ 【～染色廃物】 chrome dyeing wastes 铬染色废物，铬印染废物
クロムなめしはいすい 【～鞣廃水】 cattleskin chrome-tanning wastewater 铬鞣废水
クロム・マグネシアしつれんが 【～質煉瓦】 chrome magnesia brick 铬镁砖
クロムみどり 【～緑】 chrome green 铬绿
クロムめっき 【～鍍金】 chrome plating 镀铬
クロムめっきはいすい 【～鍍金廃水】 chrome plating wastewater 镀铬废水
クロム・モリブデンこう 【～鋼】 chrome molybdenum steel 铬钼钢
クロームりょく 【～緑】 chrome green 铬绿
クロムレック cromlech (史前时代)环列石柱
クロム・レッド chrome red 铬红
クロムれんが 【～煉瓦】 chrome brick 铬砖
くろめうるし 【黒目漆】 黑色熟漆，精制漆
クロメートしょり 【～処理】 chromate treatment 铬酸盐处理
クロメル・アルメル chromel-alumel (热电偶温度计感温用)铬镍一铝镍合金
クローラー・クレーン crawler crane 履带式起重机
クローラー・ショベル crawler shovel 履带式铲(挖)土机
クローラー・ドリル crawler drill 履带

式钻机
**クロラミン** chloramine 氯胺
**クロラミンしょり** 【~処理】 chloramination, chloramine treatment 氯胺消毒,氯胺处理
**グロー・ランプ** glow lamp 辉光灯
**クロル・アンモン** Chlor Ammon[德] 氯化铵,卤砂,盐卤
**クロルカルキ** chlorkalk 漂白粉
**クロレス・ポンプ** crawless pump (粪便污水)移送泵
**クロレラ** Chlorella 小球藻属
**くろれんが** 【黒煉瓦】 blue brick 青砖
**クロロシス** chlorosis 失绿病,褪绿病
**クロロフィル** chlorophyll 叶绿素
**クロロフェノール** chlorophenol 氯(代)苯酚
**クロロフェノールしゅう** 【~臭】 chlorophenol odour 氯酚臭
**クロロプレン** chloroprene 氯丁二烯
**クロロプレンがいそうケーブル** 【~外装~】 chloroprene sheathed cable 氯丁二烯被覆电缆
**クロロプレン・ゴム** chloroprene gum (CG) 氯丁二烯橡胶,氯丁橡胶
**くろワニス** 【黒~】 black varnish 沥青漆
**クーロン** Coulomb 库仑
**クーロンげんすい** 【~減衰】 Coulomb damping 库仑阻尼
**クーロンのこうしき** 【~の公式】 Coulomb's formula 库仑(土压)公式
**クーロンのどあつろん** 【~の土圧論】 Coulomb's earth-pressure theory 库仑土压理论,库仑理论
**クーロンのひょうじゅんしき** 【~の標準式】 Coulomb's standard formula 库仑标准公式,库仑(土压)公式
**クーロンのほうそく** 【~の法則】 Coulomb's law 库仑定律
**クーロンメーター** coulombmeter 库仑计
**くわ** 【桑】 mulberry 桑木
**くわ** 【鍬】 hoe 锹
**クワイア** choir (教堂的)唱诗班席
**くわいれしき** 【鍬入式】 建筑破土仪式,建筑工程开工典礼
**クワッド** quad, quadrangle 四角形,四边形,有建筑物围着的四方院
**クワッドラント** quadrant 圆周的四分之一,象限,扇形板,扇形体
**ぐんいど** 【群井戸】 multiple well system 井群
**くんえんかんそう** 【燻煙乾燥】 smoke seasoning 熏烟干燥
**ぐんかんりせいぎょ** 【群管理制御】 group automatic control operation (电梯群的)自动控制运行
**ぐんぐい** 【群杭】 group of piles, pile-group 桩群,桩组
**ぐんこう** 【軍港】 naval port 军港
**ぐんしすう** 【群指数】 group index (土的)分组指数,分类指数
**ぐんじとし** 【軍事都市】 strategic city 军事城市,战略城市
**ぐんしゅうかじゅう** 【群集荷重】 side walk live load 人群荷载,均布荷载
**ぐんしゅうしんり** 【群集心理】 mob psychology (城市防灾)结群心理
**ぐんしゅうはすう** 【群周波数】 group frequency 群频率
**ぐんしゅうほこう** 【群集歩行】 crowd walking 人群步行,人流时的步行状况
**ぐんしゅうほこうそくど** 【群集歩行速度】 crowd walking speed 人群步行速度,人流速度
**ぐんしゅうりゅう** 【群集流】 passage of crowd 人流,通行人群
**ぐんしゅうりゅうしゅつけいすう** 【群集流出係数】 coefficient of crowd outflow 人群流出系数,人流疏散系数,人群疏散系数
**くんしゅうりゅうりろん** 【群集流理論】 theory of crowd passage 人群通行理论,人流理论
**ぐんじょう** 【群青】 ultramarine 群青,深蓝
**ぐんじょうこうぞう** 【群状構造】 cluster structure (土的)群状结构,团状结构
**ぐんしょく** 【群植】 mass planting, assem-

ble planting 群植

**クンスト** Kunst[德] 艺术,美术

**ぐんそう** 【群倉】(建于农村部落外围的)仓库群

**ぐんようけんちく** 【軍用建築】 military architecture 军用建筑

## け

けあげ 【蹴上】 rise,riser (楼梯)踏步高(度),(楼梯)踏步竖板

ゲアム 【GEAM】 GEAM,Groupe d'etude d'architecture mobil)[法] 动态建筑研究派(1957年组成的建筑师组织)

けい 【景】 landscape 景,景致,风景,景色

けいあつかじゅう 【径圧荷重】 radial load 径向荷载

けいいぎ 【経緯儀】 theodolite 经纬仪

けいいきほぜん 【景域保全】 landscape preservation and management 风景区的保护与管理

けいいどけいさん 【経緯度計算】 position computation 经纬度计算,位置计算

けいいどげんてん 【経緯度原点】 origin of longitude and latitude,fundmental point 经纬度原点

けいえんかとし 【景園化都市】 landscaped city 园林化城市,风景化城市

けいえんじゅつ 【景園術】 landscape architecture 园林建筑学,风景建筑学

けいか 【珪化】 silication 硅化(作用)

けいか 【経過】 transit,culmination 通过,经过

けいかいくいき 【警戒区域】 fire alarm area 火警信号区

けいかいすいい 【警戒水位】 warning waterlevel 警戒水位

けいかいひょうしき 【警戒標識】 warning sign 警告标志

けいかいれんが 【珪灰煉瓦】 sand lime brick 灰砂砖,硅酸盐砖

けいかく 【計画】 plan,project,scheme 计划,规划,设计方案,草案

けいかく 【傾角】 angle of slope 倾角,坡度角

けいかくあん 【計画案】 project 设计方案,计划

けいかくいちにちさいだいきゅうすいりょう 【計画一日最大給水量】 estimated maximum water consumption per day 设计每日最大供水量,估计每日最大用水量

けいかくいちにちさいだいしゅすいりょう 【計画一日最大取水量】 estimated daily maximum intake water 设计一天最大取水量,估计一天最大取水量

けいかくうすいりょう 【計画雨水量】 design rainfall 设计雨水量

けいかくきゅうすいくいき 【計画給水区域】 estimated water supply district 计划供水区

けいかくぎょうせい 【計画行政】 city planning administration 城市规划事业管理

けいかくけいざい 【計画経済】 planned economy 计划经济

けいかくげすいりょう 【計画下水量】 designed sewage quantity 设计污水量

けいかくこうすいい 【計画高水位】 designed high water level 设计高水位

けいかくこうすいりゅうりょう 【計画高水流量】 design-flood discharge 设计洪水流量

けいかくこうすいりゅうりょう 【計画高水流量】 designed flood discharge 设计高水位流量,设计洪水流量

けいかくこうつうりょう 【計画交通量】 designed traffic volume,designed daily volume 设计交通量,计划交通量

けいかくしょりくいき 【計画処理区域】 designed treatment area 设计(污水)处理区

けいかくしょりじんこう 【計画処理人口】 disigned population for sewage 污水处理设计人口

けいかくず 【計画図】 preliminary design drawing,sketch design drawing 初步设计图,设计方案图

けいかくすうりょう 【計画数量】 estima-

ted amount 计划(工程)量,预算(工程)量
けいかくそあん 【計画素案】 original draft 规划草案
けいかくたんい 【計画単位】 planning unit 规划单位
けいかくはいすいくいき 【計画排水区域】 designed drainage district 设计排水区域
けいかくひょうじゅん 【計画標準】 planning standards 规划标准
けいかくろん 【計画論】 theory of planning 规划理论
けいかん 【径間】 span 跨度,跨距
けいかん 【景観】 landscape, townscape 风景,城市景观,景色
けいかん 【繫桿】 strut, post 支杆,支撑,压杆,系杆,支柱
けいがん 【珪岩】 quartzite 石英岩(砂)
けいかんかんり 【景観管理】 landscape mangement 风景管理,景观管理
けいかんけいかく 【景観計画】 landscape planning 景观规划,景观设计
けいかんこうがく 【景観工学】 landscape engineering 园林工程(学),景观工程学,风景工程学
けいかんこうせい 【景観構成】 landscape composition 风景构成,景观构成
けいかんすう 【系関数】 system function 系统函数
けいかんちいき 【景観地域】 landscape zone 风景区,景观区
けいかんてきとしちいき 【景観的都市地域】 landscaping urban district 城市风景区,景观城市区
けいき 【計器】 gauge, meter 仪器,仪表
けいきあつりょく 【計器圧力】 gauge pressure 计示压力,(仪)表压(力)
けいきしつ 【計器室】 meter room 仪表室,计量仪表室
けいきしゅうりこうじょう 【計器修理工場】 meter repair shop 仪表修理车间,仪表修理厂
けいきじょう 【軽軌条】 light rail 轻轨,轻便轨条,轻便小铁道
けいきしょうめい 【計器照明】 instrument lighting 仪表照明,仪表指示灯
けいきせっけい 【計器設計】 instrument design 仪表设计
けいきばこ 【計器箱】 meter box 仪表箱,仪表盒
けいきばん 【計器板】 gauge board, gauge panel 仪表板,仪表操纵板
けいきばん 【計器盤】 meter board, instrument board, gauge panel 仪表盘,量表板
けいきばんとう 【計器板灯】 gauge board lamp 仪表板(指示)灯
けいきょ 【経距】 departure 经距,横距,横坐标增量
けいきょう 【繫拱】 tied arch 有拉杆的拱,弦系拱
けいきようコック 【計器用～】 meter cock, meter stop 仪表固定栓,仪表刷子
けいきょくせん 【計曲線】 index contour 注字等高线,标记等高线,加粗等高线
けいきょごさ 【経距誤差】 error of departure 横距误差
けいきん 【繫筋】 stirrup 箍筋,钢筋箍
けいきんぞく 【軽金属】 light metal 轻金属
けいきんぞくばん 【軽金属板】 light metal plate 轻金属板
けいきんぞくようとりょう 【軽金属用塗料】 coating for light metal 轻金属涂料
けいげんべん 【軽減弁】 safety valve, overflow valve 安全阀,溢流阀
けいこう 【螢光】 fluorescent light 荧光
けいこうガラス 【螢光～】 fluorescent glass 荧光玻璃,发光玻璃
けいこうぎょうち 【軽工業地】 light industry district 轻工业区,轻工业用地
けいごうきん 【軽合金】 light alloy, light alloy metal 轻合金
けいごうきんばん 【軽合金板】 light alloy metal plate 轻合金板
けいこうスクリーン 【螢光～】 fluorescent screen 荧光屏

けいこうたい 【螢光体】 fluorescent substance 荧光体,荧光物质
けいこうとう 【螢光灯】 fluorescent lamp 荧光灯,日光灯
けいこうとりょう 【螢光塗料】 luminous paint 荧光涂料
けいこうネオンかんとう 【螢光～管灯】 fluorescent neon tube lamp 荧光氖管灯,荧光霓虹灯
けいこうぶっしつ 【螢光物質】 fluorescent substance 荧光物质,荧光体
けいこうぶんせき 【螢光分析】 fluorescence analysis 荧光分析
けいこうほうでんかん 【螢光放電管】 fluorescent lamp 荧光灯
けいこうほうでんとう 【螢光放電灯】 fluorescent lamp 荧光灯
けいこうランプ 【螢光～】 fluorescent lamp 荧光灯,日光灯
けいさ 【計差】 gauge error 仪表误差
けいざいかいはつ 【経済開発】 economical development 经济发展,经济开发
けいざいけん 【経済圏】 economic sphere 经济影响范围,经济活动区域
けいざいげんそく 【経済原則】 economic principle 经济原则
けいざいちょうさ 【経済調査】 economic survey,economic analysis 经济调查
けいざいてきけいかんちょう 【経済的径間長】 economical span length 经济跨径
けいざいてきたいようねんすう 【経済的耐用年数】 economical durable years 经济耐用年限,经济使用期
けいざいてきたいようめいすう 【経済的耐用命数】 economical durable years 经济耐用年限,经济使用期
けいざいとし 【経済都市】 economical city 经济城市
けいさぎょう 【軽作業】 light work 轻操作
けいさつしょ 【警察署】 police station 公安局,警察局
けいさん 【計算】 calculation,computation 计算
けいさん 【珪酸】 silicic acid,silicon acid 硅酸
けいさんアルミニウム 【珪酸～】 aluminum silicate 硅酸铝
けいさんえん 【珪酸塩】 silicate 硅酸盐
けいさんえんガラス 【珪酸塩～】 silicate glass 硅酸盐玻璃
けいさんえんふしょくよくせいざい 【珪酸塩腐食抑制剤】 silicate corrosion control agent 硅酸盐防蚀剂
けいさんかかく 【計算価格】 calculative cost 计算价格(造价)
けいさんカルシウム 【珪酸～】 calcium silicate 硅酸钙
けいさんカルシウムほおんざい 【珪酸～保温材】 calcium silicate heat insulating material 硅酸钙保温材料
けいさんき 【計算機】 computer,computing machine 计算机
けいさんきしつ 【計算機室】 computation room 计算机室
けいさんゲル 【珪酸～】 silica gel 硅胶
けいさんこうき 【計算工期】 calculated term of works 计算工期
けいさんごさ 【計算誤差】 calculation error 计算误差
けいさんさんせっかい 【珪酸三石灰】 tricalcium silicate 硅酸三钙
けいさんしつこんごうセメント 【珪酸質混合～】 silicate mixed cement 混合硅酸盐水泥
けいさんしつせっかいせき 【珪酸質石灰石】 siliceous limestone 硅质石灰岩
けいさんしつねんど 【珪酸質粘土】 siliceous clay 硅质粘土,含硅粘土
けいさんじゃく 【計算尺】 slide rule 计算尺
けいさんじんあい 【珪酸塵埃】 silicic dust 硅质粉尘
けいさんずひょう 【計算図表】 nomogram 计算图表,诺模图,列线图
けいさんずひょうがく 【計算図表学】 nomography 计算图解法,诺模图解法,列线图解法
けいさんせっかいえん 【珪酸石灰塩】

calcium silicate 硅酸钙
けいさんセメント 【珪酸～】 silica cement 火山灰质硅酸盐水泥
けいさんセンター 【計算～】 data processing center, computation center 计算中心
けいさんソーダ 【珪酸～】 sodium silicate 硅酸钠
けいさんソーダせっちゃくざい 【珪酸～接着剤】 sodium silicate adhesive 硅酸钠粘合剂,水玻璃胶粘剂
けいさんにせっかい 【珪酸二石灰】 dicalcium silicate 硅酸二钙
けいさんのじょきょ 【珪酸の除去】 removal of silicic acid 去除硅酸
けいさんはくど 【珪酸白土】 clay silicate 硅酸白土,硅酸粘土
けいしきていえん 【形式庭園】 formal garden, geometrical garden 规则式庭园,整齐式庭园,几何形式庭园
けいじたいひ 【継時対比】 successive contrast (考虑时间性的)继续对比,连续对比
けいしつねんどがん 【珪質粘土岩】 argillite 硅质泥板岩,厚层泥岩
けいじはいしょく 【継時配色】 continuously harmonious colour (考虑时间性的)继续配色,连续配色
けいじばん 【掲示板】 notice-board, bulletin-board 布告牌,公告牌
けいしゃ 【珪砂】 silica sand 硅砂,石英砂
けいしゃ 【傾斜】 inclination, slope, dip 倾斜,倾向,倾度,斜坡
けいしゃうわむきようせつ 【傾斜上向溶接】 upwardly-inclined weld 倾斜仰焊
けいしゃおうりょく 【傾斜応力】 inclined stress 斜向应力
けいしゃかく 【傾斜角】 angle of slope 倾角,倾斜角,转角
けいしゃこ 【珪砂粉】 silica powder 硅砂粉,石英粉
けいしゃざい 【傾斜材】 diagonal member, diagonal web member 斜向构件,斜(腹)杆
けいしゃしゃしん 【傾斜写真】 oblique photograph 倾斜摄影
けいしゃスクリーン 【傾斜～】 inclined screen 斜格栅
けいしゃタイ・プレート 【傾斜～】 inclined tie plate (轨道上的)斜坡垫板,斜系板
けいしゃつきティーじょうぎ 【傾斜付T定規】 shifting T-square, adjustable-head T-square 活动丁字尺
けいしゃばんちんでん 【傾斜板沈殿】 tilted plates settling 斜板沉淀
けいしゃびあつけい 【傾斜微圧計】 inclined manometer 倾斜压力计
けいしゃほせい 【傾斜補正】 grade correction 倾斜修正,坡度校正
けいしゃマトリックス 【傾斜～】 slope matrix 斜率矩阵
けいしゃマノメーター 【傾斜～】 inclined manometer 倾斜压力计
けいしゃようせつ 【傾斜溶接】 inclined weld 斜焊
けいしゃろ 【傾斜路】 slope way, ramp 斜坡路,坡道
げいじゅつ 【芸術】 fine art, art 艺术
けいじゅつしじょうしゅぎ 【芸術至上主義】 art for art's sake 艺术至上主义
けいじゅつろうどうひょうぎかい 【芸術労働評議会】 Arbeitsrat für Kunst[德] 艺术工作评议会(1918年德国柏林先锋艺术家组成的团体)
けいしょうきせっかい 【軽焼生石灰】 light burnt lime 轻烧石灰
けいしょうくど 【軽焼苦土】 light burned magnesia 轻烧氧化镁,苛性氧化镁
けいじょうけいすう 【形状係数】 shape factor, form factor 形状系数(截面塑性抵抗矩与弹性抵抗矩之比),形系数(力法方程中的$\delta_{ik}$ 等)
けいしょうち 【景勝地】 scenic area 风景区,风景胜地,名胜区
けいじょうていこう 【形状抵抗】 form resistance 形状阻力

けいじょうパラメータ 【形状～】 shape parameter 形参数,几何形状参数
けいじょうひ 【経常費】 running expense 经常费,运行管理费
けいじょうひずみエネルギー 【形状歪～】 energy of deformation 变形能,变形能量
けいじょうへんかエネルギー 【形状変化～】 energy of deformation 变形能,变形能量
けいじょうへんすう 【形状変数】 configuration variable 形状变量
けいしょうマグネシア 【軽焼～】 light burned magnesia 轻烧氧化镁,苛性氧化镁
けいしん 【形心】 centroid,center of figure 矩心,形心,几何中心
けいしん 【径深】 hydraulic radius 水力半径
けいしん 【軽震】 weak earthquake 弱震,轻震
けいしん 【傾心】 metacenter 定倾中心,倾心,稳定中心
けいしんだか 【傾心高】 metacentric height 定倾中心高度,稳定中心高度
けいすう 【径数】 parameter 参数,参量
けいすう 【計数】 count 计数,读数,计算,统计
けいすう 【係数】 coefficient 系数
けいすうがたけいさんき 【計数形計算機】 digital computer 数字计算机
けいすうがたじどうけいさんき 【計数形自動計算機】 automatic digital computer 自动数字计算机
けいすうき 【計数器】 counter 计数器
けいすうほせいほう 【係数補正法】 modification of coefficient 系数修正法
けいすうマトリックス 【係数～】 coefficient matrix 系数矩阵
けいすみにくようせつ 【軽隅肉溶接】 light fillet weld 小角焊,轻贴角焊,凹形角焊
けいせいそう 【形成層】 cambium 形成层
けいせき 【珪石】 silica 硅石
けいせき 【景石】 (庭园)观赏石,配景石
けいせき 【軽石】 pumice 浮石
けいせきコンクリート 【軽石～】 pumice concrete 浮石混凝土
けいせきしつせっかいせき 【珪石質石灰石】 siliceous limestone 硅质石灰岩
けいせきしつたいかぶつ 【珪石質耐火物】 quartzite fireproofing materials 石英质耐火材料
けいせきしつたいかれんが 【珪石質耐火煉瓦】 quartzite fire brick 硅质耐火砖,石英质耐火砖
けいせきふん 【珪石粉】 silica 硅石粉
けいせきめん 【珪石綿】 silicate cotton,silicate wool 矿棉,矿渣棉
けいせきりゅう 【珪石粒】 silica particle 硅石粒,石英粒
けいせきれんが 【珪石煉瓦】 silica brick 硅砖
けいせん 【経線】 meridian,longitude line 子午圈,子午线,经线
けいせん 【罫線】 gauge line 铆行线,铆钉排列线,规线
けいせんおうりょく 【経線応力】 meridional stress 经线应力,子午线应力
けいせんしせつ 【繋船施設】 mooring facilities 停泊设施,系船设施
けいせんせき 【珪線石】 sillimanite 硅线石
けいせんひずみ 【経線歪】 meridian strain 经线应变
けいそ 【珪素】 silicon 硅
けいそう 【計装】 instrumentation 仪表装设
けいそうど 【珪藻土】 diatomite,diatomaceous earth 硅藻土
けいそうどほおんざい 【珪藻土保温材】 diatomite heat insulator 硅藻土保温材料
けいそうどろか 【珪藻土濾過】 diatomite filtration,diatomaceous earth filtration 硅藻土过滤
けいそうどろかき 【珪藻土濾過器】 diatomaceous-earth filter 硅藻土过滤器,硅藻土滤池

けいそうポンプ 【継送～】 booster pump, relay pump 继动泵,增压泵

けいそうるい 【継藻類】 Diatoms 硅藻纲藻类

けいそくき 【計測器】 monitoring instrument 监测仪器,监测仪表

けいそくそうち 【計測装置】 measuring instrument, measuring device 量测装置

けいぞくだんぼう 【継続暖房】 continuous heating 连续采暖

けいそこう 【珪素鋼】 silicon steel 硅钢

けいそこうばん 【珪素鋼板】 silicon steel sheet 硅钢片,硅钢板

けいそじゅし 【珪素樹脂】 silicon resin 硅酮树脂,有机硅树脂

けいそじゅしはっすいざい 【珪素樹脂撥水剤】 silicon water repellent 硅树脂抗水剂,硅树脂憎水剂

けいそじゅしはっすいとりょう 【珪素樹脂撥水塗料】 silicon water repellent paint 硅树脂抗水涂料,硅树脂憎水涂料

けいそてつ 【珪素鉄】 ferro-silicon 硅铁

けいそてつでんきょく 【珪素鉄電極】 ferrosilicon electrode 硅铁电极

けいそマンガンこう 【珪素[Mangan徳]～鋼】 silicomanganese steel 硅锰钢

けいた 【蹴板】 kick plate 踢板(门脚护板)

けいたいガスあつけい 【携帯～圧計】 portable gas pressure gauge 便携式气体压力计

けいたいけいすう 【形態係数】 shape factor, view factor 形态系数,角系数

けいたいしこう 【形態嗜好】 preference of form 形式偏好,形式嗜好

けいたいせい 【携帯性】 portability 轻便性,携带性

けいたいちいきせい 【形態地域制】 form and structure zoning 体型分区,形态分区

けいたいでんきドリル 【携帯電気～】 portable electric drill 手电钻,携带式电钻

けいたいひんあずかりしつ 【携帯品預室】 cloak room, check room 携带物暂存室,衣帽间,衣帽室

けいたいようオシロスコープ 【携帯用～】 portable oscilloscope 便携式示波器

けいだんめん 【径断面】 径断面

けいちがいエルボ 【径違～】 reducing elbow 异径弯头,渐缩弯管

けいちがいきゅうじゅうどワイ 【径違90°Y】 reducing 90° Y 异径90° Y形管

けいちがいクロス 【径違～】 reducing cross 异径十字形(管)接头,异径四通管接头

けいちがいじゅうじつぎて 【径違十字継手】 reducing cross 异径十字形(管)接头,异径四通管接头

けいちがいソケット 【径違～】 reducing socket, reducing joint 异径承插管,渐缩承插管

けいちがいつぎて 【径違継手】 reducing joint, reducer 异径管,渐缩管

けいちがいティーつぎて 【径違T継手】 reducing tee 异径三通,异径丁字管节

けいちがいニップル 【径違～】 reducing nipple 异径螺纹管接头

けいちがいひじつぎて 【径違肘継手】 reducing elbow 异径弯管接头

けいでんれんどうそうち 【継電連動装置】 relay interlocking 继电联锁器,继电联动装置

けいど 【珪土】 siliceous earth 硅土

けいど 【経度】 longitude 经度

けいとうごさ 【系統誤差】 systematic error 系统误差,常在误差

けいとうしきしんごうき 【系統式信号機】 coordinated signal 联动式信号机

けいどうしきミキサー 【傾胴式～】 tilting mixer 斜筒式(混凝土)搅拌机,斜鼓形搅拌机

けいとうず 【系統図】 schematic diagram, distribution diagram, system diagram 流程图,流程表,操作程序图表,设备系统图

けいとうせいぎょ 【系統制御】 coordinated control 联动控制,(两个以上交叉口信号装置的)系统控制

けいとうせいぎょほうしき 【系統制御方式】 coordinated control system （交通信号）联动控制系统
けいとうちゅうしゅつほう 【系統抽出法】 systematic sampling 系统抽出法
けいどふう 【傾度風】 gradient wind 倾度风，斜面风
けいねんならし 【経年均】 ageing 时效，老化
けいはいれんが 【珪灰煉瓦】 sand lime brick 灰砂砖
けいばじょう 【競馬場】 horse racing track 赛马场，跑马场
けいばん 【形板】 template，mould 样板，模板
けいばん 【繫板】 gusset plate 缀板，结点板，节点板
けいひ 【経費】 expense 开支，经费
けいびき＝けびき
けいふっかすいそさん 【珪弗化水素酸】 hydrofluosilicic acid 氟硅酸，六氟络硅氢酸
けいべんつりあしば 【軽便吊足場】 gondola 轻便悬脚手架，简易吊脚手架
けいべんてつどう 【軽便鉄道】 light railway 轻便铁路，小铁路
けいべんレール 【軽便～】 light rail 轻轨
けいほうき 【警報器】 alarm 报警器
けいほうせつび 【警報設備】 alarm facilities 报警设备
けいほうブザー 【警報～】 alarm buzzer 报警蜂鸣器
けいほうベル 【警報～】 alarm bell 警铃，警钟
けいほうランプ 【警報～】 alarm lamp 报警灯
けいぼく 【景木】 ornamental tree，specimen tree 风景树，观赏树
けいほそう 【軽舗装】 lightly trafficked pavement，low cost pavement 简易沥青路面
けいみぞかたこう 【軽溝形鋼】 light channel steel 轻型槽钢
けいむしょ 【刑務所】 prison 监狱
けいやく 【契約】 contract，agreement 合同，契约
けいやくかいじょ 【契約解除】 termination of contact 合约中止，合同结束
けいやくこうかい 【契約更改】 contract renewal 合约更改，合同变更
けいやくしょ 【契約書】 contract document 合同书，合同文件，契约书
けいやくしょるい 【契約書類】 contract document 合同，契约（文件）
けいやまがたこう 【軽山形鋼】 light-weight angle steel 轻型角钢
けいゆ 【軽油】 light oil 轻油
けいようせつ 【軽溶接】 light weld 小角缝焊接
けいりゅう 【溪流】 stream （庭园）溪流
けいりゅうしょ 【繫留所・繫留処】 berth 停机坪，停泊处
ゲイ-リュサックのほうそく 【～の法則】 Gay-Lussac's law 盖-吕萨克定律
けいりょう 【計量】 batching 计量
けいりょうアスファルト・コンクリート 【軽量～】 轻质沥青混凝土
けいりょうかたこう 【軽量形鋼】 light gauge steel 轻型型钢
けいりょうキャスタブル 【軽量～】 light-weight castable (refractory) 可浇注的轻质耐火材料
けいりょうきゅうすい 【計量給水】 metered service 计量给水
けいりょうきゅうすいほうしき 【計量給水方式】 meter water system 计量给水方式
けいりょうごうはん 【軽量合板】 light-weight plywood 轻质胶合板，轻合板
けいりょうこつざい 【軽量骨材】 light-weight aggregate 轻集料，轻骨料
けいりょうこつざいコンクリート 【軽量骨材～】 light-weight aggregate concrete 轻集料混凝土，轻骨料混凝土
けいりょうコンクリート 【軽量～】 light-weight concrete 轻（质）混凝土
けいりょうコンクリートこうぞう 【軽量～構造】 light-weight concrete construction 轻质混凝土构造，轻质混凝土

结构

けいりょうコンクリートせいひん【軽量～製品】products of light-weight concrete 轻质混凝土制品

けいりょうコンクリート・ブロック【軽量～】light-weight concrete block 轻(质)混凝土砌块

けいりょうシャッター【軽量～】light shutter 轻质窗板,轻质百页窗

けいりょうせん【計量栓】meter-rate tap 计量龙头

けいりょうたいかぶつ【軽量耐火物】light-weight refractory 轻质耐火材料

けいりょうたいかれんが【軽量耐火煉瓦】light-weight fire brick 轻质耐火砖

けいりょうてっこつこうぞう【軽量鉄骨構造】light gauge steel structure 轻钢结构

けいりょうトラック【軽量～】light type truck 轻型卡车

けいりょうブロック【軽量～】light-weight concrete block 轻(混凝土)砌块

けいりょうポンプ【計量～】measuring pump 计量泵

けいりょうまじきり【軽量間仕切】light-weight partition 轻质隔墙,轻质隔断

けいりょうれんが【軽量煉瓦】light-weight brick 轻质砖

けいりんこうたい【螢燐光体】fluorescent substance,phosphorescent substance 荧光体,磷光体

けいりんじょう【競輪場】bicycle racing track 自行车比赛跑道,自行车比赛场

けいれつへいきんち【系列平均值】arithmetic(al) mean 序列平均值,算术平均值

けいレール【軽～】light rail 轻轨

けいろあんないひょうしき【経路案内標識】trailblazer 路径导向标,指路标志

ゲイン gain 放大,增益,增加,掺加物

げかいていり【下界定理】lower bound theorem 下限定理,下界定理

けがき【罫書】marking-off,laying-out 划线

けがきこうてい【罫書工程】marking-off,laying-out 划线工序

けがきだい【罫書台】marking-off table 划线平台

けがきばり【罫書針】marking-off pin 划线铁笔,划线针

ケーがたグルーブ【K形～】doublebevel groove K形坡口,双斜凹缝,双斜槽缝

ケーがたグルーブようせつ【K形～溶接】K-groove weld(ing),doublebevel groove weld K形坡口焊接,双斜角槽焊

けかり【毛刈】mow 修剪草坪

ケーキ cake (污泥)滤饼

げきじょう【劇場】theater 剧院,剧场

げきしん【激震】ruinous earthquake 激震,破坏性地震

げきしんくいき【激震区域】ruinous earthquake area 激震地区,破坏性地震区

ケーキせいせいりょう【～生成量】cake production 滤饼产量

ケーキひていこう【～比抵抗】specific resistance of filter cake 滤饼比值

げぎょ【懸魚】悬鱼,垂鱼

けぎょうだん【華形壇】莲花座

ケーキング caking 饼状结块,烧结,加热粘结

ケークじどうはいしゅつがたフィルター・プレス【～自動排出型～】automatic cake discharge type filter press 自动卸料压滤机

ケークろか【～濾過】cake filtration 滤饼过滤

げこう【下昂】下昂

けこみ【蹴込】riser (楼梯)踏步竖板

けこみいた【蹴込板】riser (楼梯)踏步竖板,踢步板

げざ【下座】(日本歌舞伎剧院)舞台侧方伴奏席,舞台的右侧

げし【夏至】summer solstice 夏至

ケージ cage 笼,盒,罩,箱,电梯箱,升降机箱,起重机操纵室,(竖井)升降车

ゲージ gauge 表,计,仪器,仪表,规,量

规,卡,校准,调整,样板,轨距
ゲージあつ【～圧】gauge pressure 计示压力,(仪)表压(力)
ゲージあな【～穴】gauge hole 定位孔,工艺孔
けしいた【消板】erasing plate 擦图板
ケー・ジェーぶひん【KJ部品】集体住宅标准化构配件
ゲージ・ガラス gauge glass (锅炉)水位(指示)玻璃管,计液玻璃管
ゲージ・ストラット gauge strut 轨距支撑杆,轨撑
ゲージ・タイ gauge tie 路轨系杆,路轨联杆
ゲージばん【～板】gauge board 仪表板,仪表操纵板
ゲージ・ファクター gauge factor 计量系数,量测系数,标定系数
ゲージ・プレート gauge plate 样板,定位板,定位器
げしゅくや【下宿屋】lodging house 供膳寄宿处
ゲシュタルトしんりがく【～心理学】Gestalt psychology 形态心理学
ゲージ・ユニット gauge unit 仪表板装置,仪表组
けしょう【化粧】建筑构配件的露明部分,建筑构配件的修饰部分
けしょういた【化粧板】decorative sheet 装修用板,装饰板,镶板
けしょううらいた【化粧裏板】露明刨光望板
けしょうがけ【化粧掛】engobe 釉底料
けしょうこうばい【化粧勾配】露明椽的倾斜度,露明椽的坡度
けしょうごうはん【化粧合板】fancy plywood 饰面胶合板
けしょうこまい【化粧小舞】屋顶下的露明小板条
けしょうしつ【化粧室】dressing room, toilet,powder room 化妆室,盥洗室
けしょうじゅんふねんざいりょう【化粧準不燃材料】装修用次等不燃材料
けしょうせっこうボード【化粧石膏～】decorated gypsum board 饰面石膏板
けしょうセメントふきつけしあげ【化粧～吹付仕上】装饰性水泥喷涂饰面
けしょうそじしつ【化粧素地質】all clay body (陶器)挂釉素地,挂釉底料
けしょうだるき【化粧垂木·化粧椽】露明椽
けしょうつち【化粧土】engobe 釉底料
けしょうづみ【化粧積】砌清水墙,砌砖勾缝
けしょうのき【化粧軒】椽和望板露明的檐
けしょうばりごうはん【化粧張合板】饰面胶合板
けしょうパルプ・セメントいた【化粧～板】decorated pulp cement board 饰面纸浆水泥板
けしょうびさし【化粧庇】无吊顶庇间,露明挑檐
けしょうびょう【化粧鋲】加装饰的铆钉
けしょうふねんざいりょう【化粧不燃材料】装修用不燃材料
けしょうめじ【化粧目地】pointed joint 勾缝
けしょうやねうら【化粧屋根裏】露明望板
けしょうようしゅうせいざい【化粧用集成材】decorative glued laminated wood 装饰用胶合层积材,装饰用胶合叠层板
けしょうれんが【化粧煉瓦】facing brick[英],face brick[美] 面砖,饰面砖
ゲージ・ライン gauge line 规线,铆行线,轨距线
げじん【外陣】外殿,正殿外廊(日本寺院建筑正殿的参拜空间)
ケーシング casing 箱,盒,盖,罩,套,套管,包装,装箱
ゲージング gagging 伸直,矫直,冷矫正
ケーシング・パイプ casing pipe (钻孔灌注桩用)套管
ケース case 箱,柜,盒,袋,套,事例
げすい【下水】sewage 下水,污水
げすいエジェクター【下水～】sewage ejector 污水排出器
げすいおでい【下水汚泥】sewage

sludge 污水污泥

げすいおでいのうしゅくそう 【下水汚泥濃縮槽】 thickener 污泥浓缩池

げすいガス 【下水～】 sewer gas 污水气体

げすいかん 【下水管】 cesspipe, sewer pipe 排水管, 污水管

げすいかんがいほう 【下水灌漑法】 sewage farming, land treatment 污水灌溉法

げすいかんきょのばくはつじこ 【下水管渠の爆発事故】 explosion accident in sewer 污水管道爆炸事故

げすいかんせん 【下水幹線】 trunk sewer 污水干线, 排水干线

げすいかんろ 【下水管路】 sewage pipe line 污水管线

げすいきょ 【下水渠】 sewer 污水管道, 污水渠

げすいぐち 【下水口】 gully hole (沟渠)集水孔, (污水)进水口

げすいけいとう 【下水系統】 sewerage system 污水系统, 排水系统

げすいこう 【下水溝】 drain sewer 污水沟, 下水沟, 排水沟

げすいしかん 【下水支管】 branch sewer 污水支管, 排水支管

げすいしけん 【下水試験】 sewage examination 污水检验, 污水(水质)试验

げすいじょうか 【下水浄化】 sewage purification 污水净化, 污水处理

げすいしょぶん 【下水処分】 sewage disposal 污水处置, 污水处理

げすいしょり 【下水処理】 sewage treatment 污水净化, 污水处理

げすいしょりじょう 【下水処理場】 sewage treatment works 污水处理厂

げすいしょりば 【下水処理場】 sewage treatment plant, sewage-disposa-plant 污水处理厂

げすいスクリーン 【下水～】 sewage screen 污水滤网

げすいせつび 【下水設備】 sewerage facility 污水设备, 排水设备

げすいだめ 【下水溜め】 sewage pit 污水坑, 污水井

げすいちゅうすいじょう 【下水注水場】 sewage discharging station 排水泵站, 污水泵站

げすいどう 【下水道】 sewerage 下水道, 排水工程

げすいとうかん 【下水陶管】 drain tile 污水瓦管, 污水陶制管

げすいどうかんせん 【下水道幹線】 trunk sewer 污水干线, 排水干线

げすいどうけいかくくいき 【下水道計画区域】 sewerage planning district 排水工程规划区

げすいどうけいとう 【下水道系統】 sewerage system 排水系统, 排放污水系统

げすいどうじぎょう 【下水道事業】 sewage works 排水工程

げすいどうしゅうまつしょりしせつ 【下水道終末処理施設】 sewage treatment works 下水道末端处理设施, 排水工程最终处理设施

げすいどかん 【下水土管】 drain tile 污水瓦管, 污水陶土管

げすいばえ 【下水蝿】 sewage fly 污水苍蝇

げすいはきぐち 【下水吐口】 outfall 污水排出口, 排水口

げすいばたけ 【下水畑】 sewage farm 污水灌溉田

げすいポンプじょう 【下水～場】 sewage pumping station 污水泵站, 排水泵站

ケース・ウェイはいせん 【～配線】 case way wiring system 箱式布线法, 盒式布线法

げすがめ 【下須甕】 粪缸

けずさ 【毛苆】 hair (灰浆的)毛发筋

ケースドぐい 【～杭】 cased pile 灌注桩

ゲスト・ハウス guest house 宾馆, 招待所, 高级宿舍

ゲスト・ホール guest hall 大客厅

ゲスト・ルーム guest room 客房

ケース・ハーデンド・ガラス case hardened glass 钢化玻璃

ケース・ハードニング case hardening

表面淬火,表面硬化,钢化

ケース・ハンドル case handle 盒装门拉手,凹槽装入的门拉手

ケースメント casement (cloth) 针织窗纱,细线窗帘

けずりあと 【削跡】 polishing mark 抛光痕,陶瓷表面除疵后的残迹

けずりしあげ 【削仕上】 切削加工,软石料琢面,(窑业制品)修坯

けずりしろ 【削代】 (木材等)切削量,加工量,刨削厚度

けずりとりさぎょう 【削取作業】 scraping of dirty sand (慢滤池)刮砂

けずりならしリベット 【削均～】 countersunk and chipped rivet 埋头铆钉,平头铆钉

けずりぼう 【削棒】 hand chisel 手凿,手铲

けそく 【花足·華足】 mouldings on legs (of furnitures) (家具、器物支脚的)曲线雕刻线脚

げそくしつ 【下足室】 footwear room 存鞋室

ケーソン caisson 沉箱

ケーソンきそ 【～基礎】 caisson foundation 沉箱基础

ケーソンこうほう 【～工法】 caisson method 沉箱法

ケーソン・セパレーター caisson separator (地基稳定液脱水用)沉箱分离器

ケーソンはぐち 【～刃口】 cutting edge of caisson 沉箱刃脚,沉箱切割面

ケーソンびょう 【～病】 caisson disease 沉箱病

けた 【桁】 girder,cross-beam,digit,column 大梁,梁,桁(条),檩,行,栏

げた 【下駄】 (机械的)垫木,(打桩架底的)承托,木屐

けたいどう 【桁移動】 shift 字行移动,移行

けたうけ 【桁受】 beam seat 梁座,梁垫,(板梁桥的)承梁石

けたえぶりいた 【桁柄振板】 梁端悬鱼

けたかくし 【桁隠】 梁端悬鱼

けたかくしげぎょ 【桁隠懸魚】 梁端悬鱼

けたけいかん 【桁径間】 beam span 梁跨

けたざめん 【桁座面】 bearing surface (支承梁的)支承面

けたしたくうかん 【桁下空間】 clearance of girder 梁下净空

げたっぱ 【下駄っ歯】 (砌砖)直岔,马牙岔

けたのま 【桁の間】 开间,桁架间,柱距

けたば 【桁端】 硬山尖

げたばきアパート 【下駄履～】 apartment in clogs 底层设有商店等公共建筑的公寓

げたばきじゅうたく 【下駄履住宅】 apartment in clogs 底层设有商店等公共建筑的住宅

けたばし 【桁橋】 girder bridge,beam bridge 梁桥,梁式桥

けたはりしききそスラブ 【桁梁式基礎～[slab]】 mat foundation,raft foundation 格床基础,浮筏基础

けたひかえ 【桁控】 girder brace 桁撑,梁撑

けたゆき 【桁行】 ridge direction 房屋纵向,开间方向,开间

けたゆきすじかい 【桁行筋違】 ridge directional brace 柱间斜撑

けたゆきほうこう 【桁行方向】 ridge direction 房屋纵向,开间方向,开间

ケーち 【K値】 K value,coefficient of subgrade reaction K值(表示路基或基层承载力的指标)

けつ 【闕】 阙

けつえきアルブミンせっちゃくざい 【血液～接着剤】 blood albumin glue 血白朊胶合剂,血蛋白胶结剂

けつえきけんさしつ 【血液検査室】 blood examinating room 血液检验室

けつえきせっちゃくざい 【血液接着剤】 blood adhesion 血胶

けつえんアーチ 【欠円～】 segmental arch 缺圆拱,平圆拱,弓形拱,球缺拱

けっかくりょうようしょ 【結核療養所】 tuberculosis sanatorium 结核病疗养院

けつがん 【頁岩】 shale 页岩

けっかん 【欠陥】 defect 缺陷

けつがんかいセメント 【けつ岩灰～】 shale cement 页岩灰水泥,页岩水泥
けつがんねんど 【頁岩粘土】 shale clay 页岩粘土
けっきょくつよさ 【結局強さ】 ultimate strength 极限强度
げっけいじゅ 【月桂樹】 Laurus nobilis [拉],Grecian Laurel,true bay[英] 月桂树
けつごう 【結合】 linkage （编码程序的） 结合,联合,联系
けっこう 【欠膠】 starved joint 缺胶接头,欠胶节点,欠胶接头
けつごうえんそ 【結合塩素】 combined chlorine 化合氯
けつごうおん 【結合音】 combination tone 结合音(两个纯音同时作用于一非线性换能器时所产生的音)
けつごうガラス 【結合～】 combined glass （酸碱性)混合玻璃
けつごうざい 【結合剤·結合材】 binding agent 粘合料,粘合剂
けつごうざんりゅうえんそ 【結合残留塩素】 combined residual chlorine 化合余氯
けつごうすい 【結合水】 combined water 结合水,化合水
けつごうすいぶん 【結合水分】 bound water 结合水
けつごうそう 【結合層】 binder course 结合层,联结层
けつごうたんさんガス 【結合炭酸～】 combined carbon dioxide 化合二氧化碳,化合碳酸气
けつごうつうきかん 【結合通気管】 yoke vent pipe 联接通气管
けつごうつよさ 【結合強さ】 bond strength 粘合强度,结合强度,握裹力
けつごうてん 【結合点】 linkage point 结合点,连锁点
けつごうトラバース 【結合～】 fixed traverse 固定导线
けっこうぶ 【欠膠部】 缺胶部分,缺胶部位
けつごうぶざい 【結合部材】 combined member 复合构件,组合构件
けつごうモルタル 【結合～】 bonding mortar 砌筑砂浆,砌筑灰浆
けつごうゆうこうえんそ 【結合有効塩素】 combined available chlorine 化合有效氯
けつごうゆそう 【結合輸送】 coordinated transportation 联合运输,联运
けつざん 【歇山】 歇山(屋顶)
けっさん 【決算】 settlement of accounts 决算
けっしょう 【結晶】 crystallization 结晶
けっしょうぐすり 【結晶薬】 crystalline glaze 结晶釉
けっしょうコロイドせつ 【結晶～説】 crystal colloid theory 结晶胶体理论
けっしょうすい 【結晶水】 water of crystallization, crystal water 结晶水
けっしょうへんがん 【結晶片岩】 crystalline schist 结晶片岩
けっしょうもようしあげ 【結晶模様仕上】 crystal finish 结晶纹饰面,冰纹饰面,晶体饰面
けっせいけんさしつ 【血清検査室】 sorology laboratory 血清化验室
けっせつてん 【結節点】 nodel point 节点,道路交点
けっせん 【結線】 wiring 接线
けっそうガラス 【結霜～】 ice flower glass, chipped glass 冰花玻璃
けっそく 【結束】 binding （钢筋的)绑扎
けっそくせん 【結束線】 binding wire 绑扎(钢筋)用铁丝
ゲッター getter 吸气剂,吸气器
げつだい 【月台】 月台
ケッチ catch 挡住,捉住,捕捉器,接受器
けっちゃくりょく 【結着力】 adhesive strength 粘合强度,粘着力
けっていもんだい 【決定問題】 decision-making problem 决定性问题
けっていろんてきせっけいほう 【決定論的設計法】 deterministic design methodology 决定论的设计法
ケットル kettle （沥青)锅

げっぷじゅうたく 【月賦住宅】 monthly instalment house 按月分期付款购买的住宅
けつろ 【結露】 condensation, dew condensation 结露
げでん 【外殿】 外殿,正殿外廊(日本社寺建筑正殿的参拜空间)
ゲート gate 阀门,闸门,注入口
ゲート・ウェー gate way 门道,门口,出入口
ゲートかいど 【～開度】 gate opening 闸门开启度
げどくざい 【解毒剤】 detoxicant 解毒剂
ゲート・グルーブ gate groove 闸门槽
ゲートしつ 【～室】 gate chamber 闸(门)室
ゲート・ハウス gate house 传达室,闸门操作间,闸门控制室,城门上面或旁边的房屋
ゲート・バルブ gate valve 闸门阀,示水阀,闸式阀
ゲートべん 【～弁】 gate valve 闸门阀,闸式阀,示水阀
ケー・トラス 【K～】 K-truss K形腹杆桁架
ゲート・リーフ gate leaf, skin plate 闸板
ケーナークルム cenaculum[拉] (古罗马住宅的)食堂
けはなし 【蹴放】 门槛,(楼梯的)踏步高度
けびき 【罫引】 marking gauge, marking, cutting gauge 标线,标号,划线,划线规,线勒子,划线尺
けびきがみ 【罫引紙】 ruled paper 方格纸,坐标纸
けびきダイヤモンド 【罫引～】 marking-off diamond 玻璃刀
ケー・ピーはいすい 【KP廃水】 KP (kraft pulp) wastewater 牛皮纸浆废水
ケーブル cable 电缆,多心导线,缆索,钢缆
ゲーブル gable 山墙,人字山头,三角墙
ケーブルウェー cable-way 缆道,索道
ケーブル・カー cable car 缆车,索道车,爬山电车
ケーブルかんろ 【～管路】 cable duct 电缆管道,电缆沟
ケーブルきじゅうき 【～起重機】 cable crane 缆索起重机
ケーブルくっさくき 【～掘削機】 cable excavator 缆索挖掘机
ケーブル・クランプ cable clamp 电缆夹,钢丝绳卡(子)
ケーブル・クリップ cable clip 缆索夹
ケーブル・クレーン cable crane 缆索起重机
ケーブルこうじ 【～工事】 cable work 电缆工程
ケーブル・コンベヤー cable conveyer 缆索输送机,缆索吊运机
ケーブル・サドル cable saddle (悬索桥塔上的)缆索支承鞍座
ケーブルしきかせつ 【～式架設】 cable erection 缆索吊装,悬索式架桥法,索道方式架设法
ケーブル・シュー cable shoe (悬索桥等的)钢索端部支座
ケーブル・スクレーパー cable scraper 绳索牵引式铲运机,缆索拖铲
ケーブルつりばし 【～吊橋】 cable-suspension bridge 悬索桥,钢悬索吊桥
ケーブルてつどう 【～鉄道】 cable railroad 缆车铁道
ケーブルネットこうぞうぶつ 【～構造物】 cable-net structure 钢索网结构物
ケーブル・ネットワーク cable network 钢索网格结构
ケーブル・バンド cable band 缆绳卡箍
ケーブル・ヘッド cable head 电缆终端接头
ケーブル・ボックス cable box 电缆分线盒
ケーブル・ボンド cable bond 电缆接头,电缆联结
ケーブル・リフト cable lift 缆索提升机,卷扬机
ケミカル・グラウティング chemical grouting (稳定土的)化学(剂)灌浆

ケミカル・プレストレスト・コンクリート chemical prestressed concrete 自应力混凝土
ケミカル・プレストレッシング chemical prestressing 化学法预加应力
ケミカル・プレティング chemical plating 化学镀敷
ケミカル・ホーム chemical foam 化学泡沫
ケミカル・ポリッシング chemical polishing 化学抛光
ケミカル・ルミネッセンスほう【～法】chemical luminescence method 化学发光法
ケミグラウンド・パルプはいすい【～廃水】chemi-ground pulp wastewater 化学细磨纸浆废水
ケ・ミ・ゼクトこうほう【～工法】Che-M·I-ject construction method 灌注硅酸钠和铝酸钠施工法
けむだし【煙出】exhaust hole in the gable (屋顶、山墙上的)排气孔
けむり【煙】smoke 烟
けむりかんちき【煙感知器】smoke-detecter (火灾)烟感器
けむりしけん【煙試験】smoke test (管道)通烟试验,(烟囱)排烟试验
けむりのうど【煙濃度】smoke density 烟浓度
けむりフィルター【煙～】smoke filter 排烟尘过滤器,滤烟器
けむりみち【煙路】flue 烟道
げや【下屋】penthouse, lean-to roof (紧靠主房的)单坡低房,披屋
けやき【欅】Zelkova serrata[拉], Japanese zelkova[英] 光叶榉树
ケー・ユーち【KU値】Krebs-Unit value 以克雷布斯单位计量的稠度值
ケラ cella[拉] (古希腊、古罗马神庙的)内殿
ゲラション gelation 胶凝,胶化,胶凝作用
ゲラチン gelatin(e) 动物胶,明胶,凝胶
ゲラチン・ダイナマイト gelatine dynamite 胶质炸药,明胶炸药
けらば【螻羽】verge, gable 硬山尖,山墙瓦
けらばがわら【螻羽瓦】筒瓦,袖形瓦
けりいた【蹴板】kick plate (防止大门下部踢坏附设的金属)踢板
ケリーのコンシステンシーしけん【～の～試験】Kelly's consistency test 凯氏(混凝土)稠度试验
ケリー・ボール Kelly ball 凯氏球体(贯入试验)
ケリン quelline 糊精
ゲル gel 凝胶,冻胶
ゲルか【～化】gelation 凝胶化,胶凝作用
ゲルかざい【～化剤】gelling agent 胶凝剂,胶化剂
ゲルくうかんひ【～空間比】gelspaca ratio 凝胶空间比,胶空比
ゲルじかん【～時間】gelation time 胶凝时间
ケルトけんちく【～建築】Celtic architecture (英国)凯尔特式建筑
ケルトもよう【～模様】Celtic ornament (英国)凯尔特式纹样
ゲルバーきょう【～橋】Gerber-brücke[德], hinged cantilever beam[英] 格贝式桥,(有铰)悬臂梁桥,多跨静定梁桥
ゲルバー・トラス Gerber's truss 格贝式桁架,多跨静定桁架
ゲルバーのしき【～の式】Greber's formula 格贝公式(计算重复荷载引起的最大破坏力公式)
ゲルバーばり【～梁】Gerber's beam, Gerber's girder 格贝式梁,多跨静定梁,静定多孔梁
ゲルマニウム germanium 锗
ゲルみず【～水】gel water (水泥)凝胶水
ケルラ cellar 地下室或地下层,酒窖
ゲルろか【～ろ過】gel filtration 凝胶过滤,胶过滤
ケルンだいせいどう【～大聖堂】Dom, Koln[德] (1248年日耳曼)科隆大教堂
ケルン・リンデンタール Koln-Lindenthal[德] 科隆林登塔尔(联邦德国科隆

郊外新石器时代的居民点遗迹)
ケレップ　Klep[荷]　阀
ケレン　clean　刮除铁锈,刮除旧油漆,除掉污毁表面的灰浆
ケレンさぎょう　【～作業】　cleaning work　清底除锈作业,(拆模时的)灰浆渣清除作业
ゲレンデ　Gelande[德]　滑雪斜面
けれんぼう　【けれん棒】　hand chisel　长柄铲
ケロシン　kerosene, kerosin　煤油
けわれ　【毛割れ】　hair crack　毛细裂纹,发裂
けん　【間】　长度单位(1间等于6日尺)柱距,开间,房间数量单位
けん　【圏】　sphere　活动范围,影响范围
げん　【弦】　chord　弦,弦杆
げんあついど　【減圧井戸】　relief well, bleeder well　减压(排水)井
げんあつコンクリート　【減圧～】　low-pressure concrete, vacuum concrete　减压混凝土,真空作业混凝土
げんあつすいそう　【減圧水槽】　reducing tank　减压水箱
げんあつそうち　【減圧装置】　decompression device　减压装置,减压设备
げんあつのうしゅくほう　【減圧濃縮法】　concentration process by reduced pressure　减压浓缩法
げんあつべん　【減圧弁】　reducing valve　减压阀
けんいき　【圏域】　range, sphere, catchment area　(设施或经营涉及的)范围,汇集区
げんいちかんち　【原位置換地】　replotting in original position　原地换地(城市规划占用土地时,对原有土地给以就近调换)
げんいちしけん　【原位置試験】　in-situ test　就地试验,原位置试验,现场试验
げんいちつよさ　【原位置強さ】　in-situ strength　(土的)原地强度,原位置强度,原生土强度
げんいちど　【原位置土】　soil in-situ　原生土,原位置土
けんいん　【牽引】　traction　牵引
けんいんかじゅう　【牽引荷重】　tractive load　牵引荷载
けんいんけいすう　【牽引係数】　tractive coefficient　牵引系数
けんいんていこう　【牽引低抗】　tractive resistance　牵引阻力
けんいんていすう　【牽引定数】　hauling capacity　(车辆的)牵引能力
けんいんりょく　【牽引力】　tractive force, draw-bar pull　牵引力,拉力
けんえん　【懸園】　hanging garden　空中花园,屋顶花园,架空花园
げんおん　【原音】　fundamental tone　基音
けんおんけい　【検温計】　thermometer　温度计
げんおんど　【減音度】　reduction factor　减声系数,减声因数
けんか　【鹼化】　saponification　皂化
げんか　【原価】　prime cost, cost price　原价,成本价格
げんかい　【限界】　limit　临界,界限,限度,极限
げんかいえん　【限界円】　critical circle　临界圆
げんかいおうりょく　【限界応力】　critical stress　临界应力
げんかいかじゅう　【限界荷重】　limit load, critical load　极限荷载,临界荷载
げんかいかんげきひ　【限界間隙比】　critical void ratio　临界孔隙比
げんかいがんすいりつ　【限界含水率】　critical moisture content　极限含水率,临界含水率
げんかいゲージ　【限界～】　limit gauge　极限(量)规
げんかいげんすい　【限界減衰】　critical damping　临界阻尼,临界衰减
げんかいこうばい　【限界勾配】　critical slope　临界坡度,临界梯度
げんかいじょうたいせっけい　【限界状態設計】　limit-state design　极限状态设计
げんかいじんこうみつど　【限界人口密度】

marginal density of population 人口密度界限,饱和人口密度
げんかいすいしん【限界水深】critical depth 临界水深
げんかいすいとうこうばい【限界水頭勾配】critical hydraulic gradient 临界水力坡降,临界水力梯度
げんかいすんぽう【限界寸法】limit measurements 界限尺寸,限度尺寸,容许公差
げんかいそくど【限界速度】critcal speed 临界车速
げんかいだか【限界高】critical height 临界高度
げんかいだんめん【限界断面】critical section 临界断面,危险截面
げんかいちゅうにゅうあつ【限界注入圧】critical injection pressure (废水灌注地下的)临界灌注压力
けんがいづくり【懸崖造】悬架做法(在山崖或水上悬挑建造的建筑做法)
げんかいねいれ【限界根入】critical depth of foundation 基础临界深度
げんかいのうど【限界濃度】limiting concentration, limit concentration, threshold concentration 极限浓度,阈限浓度
げんかいほそながひ【限界細長比】limtit slenderness ratio 极限长细比
げんかいまさつそくど【限界摩擦速度】critical friction velocity 临界摩擦速度
けんがいまつ【懸崖松】(庭园或盆栽的)悬崖松
げんかいみつど【限界密度】critical density 临界密度
げんかいりゅうそく【限界流速】critical velocity 临界流速
げんかいりゅうりょう【限界流量】critical discharge 临界流量
げんがいろか【限外濾過】ultrafiltration 超过滤
けんかか【鹼化価】saponification value 皂化值
げんかがいねん【原価概念】cost concept 成本概念
げんかかんり【原価管理】cost control 成本管理
げんかけいさん【原価計算】cost account, cost calculation 成本计算
げんかしすう【原価指数】cost index 成本指数,价格指数
げんかしょうきゃく【減価償却】depreciation 折旧
げんかしょうきゃくひ【原価償却費】depreciation expense 折旧费
けんかすう【鹼化数】saponification number 皂化值
げんかぶんせき【原価分析】cost analysis 成本分析
けんかまき【懸架巻】burton system, burtoning shifting guy system 复滑车起重装置,绳索升降装置
げんかようそ【原価要素】elements of cost 成本要素,成本构成
げんかん【玄関】前门,正门,前厅
げんかんホール【玄関~】entrance hall 门厅
げんき【眩輝】glare 眩光
けんきせい【嫌気性】anaerobic 厌气性,厌氧性
けんきせいきん【嫌気性菌】anaerobe, anaerobic bacteria 厌气菌,厌氧菌
けんきせいしょうか【嫌気性消化】anaerobic digestion 厌气消化,厌氧消化
けんきせいしょり【嫌気性処理】anaerobic treatment 厌气处理
けんきせいせいぶつ【嫌気性生物】anaerobic living 厌气生物,厌氧生物
けんきせいせっしょくほう【嫌気性接触法】anaerobic contact digestion 厌气接触(消化)法
けんきせいせっちゃくざい【嫌気性接着材】anaerobic adhesives 厌氧粘合剂,嫌气性胶粘剂
けんきせいち【嫌気性池】anaerobic pond 厌气塘
けんきせいバクテリア【嫌気性~】anaerobic bacteria 厌气菌,厌氧菌
けんきせいふんいき【嫌気性雰囲気】anaerobic condition 厌气条件,厌氧环

境
けんきせいぶんかい 【嫌気性分解】 anaerobic decomposition 厌气分解
けんきせいラグーン 【嫌気性～】 anaerobic lagoon 厌气塘,厌气湖
けんきゅうがくえんとし 【研究学園都市】 文化城(以学校研究机关为主的城市)
けんきゅうじょ 【研究所】 institute, laboratory 研究所,试验所
けんきゅうセンター 【研究～】 research center 研究中心
けんきゅうとしょかん 【研究図書館】 (专门研究机关附设的)研究图书馆
げんきょうかいせき 【現況解析】 analysis of existing circumstance, analysis of existing conditions 现状分析
げんきょうそくりょう 【現況測量】 land survey of present site 现状测量
げんきょうちょうさ 【現況調査】 survey of existing circumstance, survey of existing conditions 现状调查
けんぎょうのうか 【兼業農家】 兼业农户
けんきりょう 【嫌忌量】 dislike value 厌恶量
けんぐい 【間杭】 围墙立柱
げんけいそくりょう 【現形測量】 original form survey 现状测量
けんけつそうすいかん 【連結送水管】 connecting water supplying pipe (室内外消防水管的)连通供水管,连接供水管
けんけんれん 【建研連】 (1954年日本成立的)建筑研究团体联络会的简称
けんこうき 【検孔機】 verifier 检孔机
げんこうけいすう 【減光係数】 depreciation coefficient 减光系数
げんごうせいほうていしき 【原剛性方程式】 original stiffness equation 原始刚度方程
げんごうせいマトリックス 【原剛性～】 original stiffness matrix 原始刚度矩阵
けんこうとう 【健康灯】 sun lamp 健康灯,太阳灯
げんこうほしゅりつ 【減光保守率】 maintenance factor (照明器具和玻璃)减光维护系数
げんこうほしょうりつ 【減光補償率】 depreciation factor 减光补偿系数(减光维护系数的倒数)
けんこうランプ 【健康～】 erythemal lamp 健康灯(医疗用)
げんこうりつ 【減光率】 depreciation factor 减光补偿系数
げんざい 【弦材】 chord member 弦杆
げんざいパターンほう 【現在～法】 present pattern method (按现时OD调查表推算远期交通量的)现时模式法
げんざいりょう 【原材料】 raw material 原材料
けんさがかり 【検査係】 inspector 检查员,检验员
けんさき 【剣先】 剑尖形龟甲纹样
けんさくざい 【研削材】 grinding material 磨料,研磨料
けんさくばん 【研削盤】 grinder 研磨机,磨床
けんさこう 【検査坑】 inspection pit 检查坑,车辆检修坑,探坑,探井
けんさシート 【検査～】 inspection sheet 检查图表,检验单
けんさふた 【検査蓋】 inspection hole cover 检查孔盖,入孔盖
けんさふだ 【検査札】 inspection card 检查卡片
けんさルーチン 【検査～】 inspection routine 检查程序
けんざん 【懸山】 悬山,挑山
げんし 【原子】 atom 原子
けんしかざり 【犬歯飾】 dog-tooth moulding 犬齿式线脚
げんしかんすう 【原始関数】 primitive function 原始函数
げんしきゅうこうほう 【原子吸光法】 atomic absorption method 原子吸光法
げんしげんご 【原始言語】 source language 原始语言,源语言
げんしすいそようせつ 【原子水素溶接】 atomic hydrogen welding 原子氢焊
げんしつ 【玄室】 玄室(地下墓室的后室)
げんしつ 【減湿】 dehumidification 减湿,除湿

げんしつき 【減湿器】 dehumidifier 减湿器,干燥器
げんしつこうか 【減湿効果】 dehumidifying effect 去湿效果,除湿效果
げんしつぶ 【原質部】 unaffected zone (焊接母材)未受热影响区
げんしデータ 【原始～】 source data 原始数据
げんしはっこうぶんこうぶんせき 【原子発光分光分析】 atomic emission spectro-chemical analysis 原子发射光谱分析
げんしプログラム 【原始～】 source program 源程序,原始程序
げんじべい 【源氏塀】 木板围墙
けんじゃく 【検尺·間尺】 measurement (木材的)检尺
げんしゃく 【現尺】 full size 原尺寸,实尺,足尺,比例尺 1:1
けんじゃくけい 【検尺径】 measurement diameter 检尺径
けんしゃせん 【検車線】 car inspecting track 检车线(路)
けんしゅうしゃこ 【検修車庫】 garage 检修车库
けんしゅうじょ 【研修所】 in-service training institute 在职进修学校,在职进修学院
けんしゅつ 【検出】 detection 检测,探测,检出
けんしゅつたん 【検出端】 sensing element,primary element 热敏元件,感温元件,检测元件
けんしゅつぶ 【検出部】 primary means 检测装置,检测部分
けんしょ 【見所】 (日本能剧剧场的)观众席
けんしょうきょうぎせっけい 【懸賞競技設計】 prize competition design 有奖设计竞赛,悬赏设计竞赛
げんしょうけいすう 【減少係数】 reduction factor 衰减系数,减缩系数
けんしょうしつ 【顕晶質】 phanerocrystalline 显晶质
けんしょうしつそしき 【顕晶質組織】 structure of phanerocrystalline 显晶质结构
げんしょうち 【減少値】 deduction (模数制尺寸)减少值
げんじょうど 【原状土】 undisturbed soil 未扰动土,原状土
げんしょく 【原色】 primary colour 原色,基色
けんしょくけいいろたいけい 【顕色系色体系】 colour system by colour appearance 显色性色彩体系
げんしょくこんごう 【減色混合】 subtractive colour mixture 减色混色法,减法混色
げんしょくほう 【減色法】 subtractive colour mixture 减法混色,减色混色法
げんしりょう 【原子量】 atomic weight 原子量
げんしりょく 【原子力】 nuclear power, atomic energy 原子能
げんしりょくけんきゅうしせつ 【原子力研究施設】 atomic-energy research laboratories 原子能研究设施,原子能研究所
げんしりょくコンビナート 【原子力～[комбинат俄]】 利用原子能的联合企业
げんしりょくだんぼう 【原子力暖房】 nuclear heating,nuclear power heating 原子能采暖
げんしりょくはつでんしょ 【原子力発電所】 atomic-energy power station,nuclear power plant 原子能发电站
げんしろ 【原子炉】 nuclear reactor 原子反应堆,核反应堆
げんしろコンテナー 【原子炉～】 container of reactor,reactor vessel 原子反应堆容器
げんしんどう 【原振動】 primary vibration,fundamental vibration 基本振动,原振动
けんず 【検図】 check of drawing 审图
げんず 【原図】 original drawing 底图
けんすい 【検水】 test water 水样,检验用水
げんすい 【原水】 raw water 原水,自然

水,新鲜水

げんすい【減水】recession 退水

げんすい【減衰】decay,damping attenuation 衰减,阻尼,减振,减幅

けんすいえん【懸垂園】hanging garden 空中花园,屋顶花园,架空花园

けんすいき【検水器】water gauge 水位尺,量水表,水标尺

けんすいきゅうおんたい【懸垂吸音体】suspended absorber 悬吊型吸声体

げんすいきょくせん【減水曲線】water-reducing curve 退水曲线

げんすいきょくせん【減衰曲線】decay curve,die-away curve 衰减曲线

げんすいけい【減衰計】damper 衰减计,阻尼器,阻颤器,抑振器,减震器

げんすいけいすう【減衰係数】damping coefficient 阻尼系数

けんすいこうぞう【懸垂構造】suspension structure 悬索结构,悬挂结构,悬式结构

げんすいこゆうしんどうすう【減衰固有振動数】damping natural frequency 阻尼自振频率

げんすいざい【減水剤】water-reducing agent 减水剂

げんすいしすう【減衰指数】damping index 阻尼指数,衰减指数

けんすいしんごうき【懸垂信号機】pendant signal 悬垂式信号机

げんすいしんどう【減衰振動】damped vibration 阻尼振荡

けんすいせん【懸垂線】catenary curve 悬垂曲线,悬链曲线,悬链线

げんすいぞうしょくき【減衰増殖期】period of declining growth 衰减增殖期,生长衰减期

げんすいそくしんざい【減水促進剤】water-reducing accelerator 减水促凝剂,减水促进剂,减水早强剂

げんすいたいいき【減衰帯域】attenuation band 衰减频带,衰减波段

げんすいちえんざい【減水遅延剤】water-reducing retarder 减水缓凝剂

げんすいていこう【減衰抵抗】damping resistance 阻尼阻力,衰减阻力

げんすいていすう【減衰定数】attenuation constant,damping constant 衰减常数,阻尼常数,减幅常数

けんすいてつどう【懸垂鉄道】suspended railway,hanging railway 悬架式(单轨)铁路,悬垂式(单轨)铁路

げんすいひ【減衰比】attenuation ratio,damping ratio 衰减比,阻尼比

けんすいべん【験水弁】water test valve 试水阀

げんすいりつ【減衰率】rate of decay 衰减率

げんすいりょう【減衰量】damping capacity 阻尼量,衰减能力,减振能力

げんすいりょく【減衰力】damping force 阻尼力,衰减力

げんすいろかほう【減衰濾過法】declining rate filtration 减速过滤法

げんすん【現寸】full size,full scale 原尺寸,实尺,足尺,比例尺 1:1

げんすんず【原寸図·現寸図】full size drawing 足尺图

げんすんば【原寸場·現寸場】template shop,full size drawing field 放样间,样板车间,放大样场地

げんせいしぜんかんきょうほぜんちいき【原生自然環境保全地域】wilderness (preservation) area 原始自然环境保护区,自然保护区

げんせいそうち【減勢装置】energy dissipator,energy killer (水流的)消能装置

げんせいち【減勢池】stilling pool,stilling basin 消力池,消力塘

げんせいどうぶつ【原生動物】Protozoa 原生动物(门)

げんせき【原石】raw stone 荒料,未加工石

けんせつ【建設】construction 建设

げんせつ【現説】on-site orientation 现场说明

けんせつきかい【建設機械】construction equipment 建筑机械,施工机械

けんせつぎょうしゃ【建設業者】contractor, builder 建筑施工专业人员，施工人员，承包工程人员

けんせつこうぎょう【建設工業】construction industry, building industry 建筑工业

けんせつとうし【建設投資】construction investment 建设投资

けんせつぶつ【建設物】construction 建筑物，构筑物

けんせつようびょううちじゅう【建設用鋲打銃】drive-it （混凝土）射钉枪

けんそう【検層】stratigraphic inspection(of well) （井下）地层检查

けんぞうぶつ【建造物】construction 建筑物，构筑物

げんそくき【減速機】reduction gear （电梯）减速齿轮，减速器

げんそくくかん【減速区間】deceleration area 减速路段，减速区段

げんそくざい【減速剤】retarding agent 减速剂，阻滞剂，缓凝剂

げんそくしゃせん【減速車線】deceleration lane 减速车行道

げんそくしんごう【減速信号】slow-down signal 减速信号，慢行信号

げんそくべん【減速弁】reduction valve 减速阀

げんそぶんせき【元素分析】elementary analysis 元素分析

げんた【原太·源太·元太】log, raw log, raw wood 原木

げんだいとし【現代都市】current city 现代城市（一般指第二次世界大战后发展起来的城市）

ケンタウルス centaurus[拉] 半人半马像，人首马身像

けんだく【懸濁】suspension 悬浮，悬浮物

けんだくえき【懸濁液】suspension 悬浮液，悬胶液

けんだくコロイド【懸濁～】suspension colloid 悬浮胶体

けんだくしつ【懸濁質】suspensoid 悬浮胶质

けんだくじょうてつ【懸濁状鉄】suspended iron 悬浮铁

けんだくじょうマンガン【懸濁状～[Mangan德]】suspended manganese 悬浮锰

けんだくぶっしつ【懸濁物質】suspended matter 悬浮物质

けんだくりゅうし【懸濁粒子】suspended particles 悬浮粒子

けんちいし【間知石】截头四角锥形料石

けんちいしづみ【間知石積】range masonry of pyramidal stone 锥形石砌法，锥形石工

ケーン・チェア cane chair 藤椅

げんちかんち【原地換地】replotting in original position 原地换地（城市规划占用土地时，对原有土地予以就近调换）

けんちかんほう【検知管法】detector tube method （定量定性分析用的）检验管法，检测管法

けんちく【建築】architecture 建筑

けんちくいさん【建築遺産】建筑遗产

けんちくいっしきこうじ【建築一式工事】综合性建筑工程，建筑综合工程

けんちくうけおいにん【建築請負人】building contractor 建筑承包者，建筑承包人，建筑承包单位

けんちくおんきょうがく【建築音響学】architectural acoustics 建筑声学

けんちくか【建築化】built-in 室内设备、家具和建筑物构成整体的设计建造系统

けんちくか【建築家】architect 建筑师

けんちくかきょうどうせっけいたい【建築家共同設計体】The Architects Collaboratives(TAC) （1946年格罗庇乌斯组织的）协和建筑师事务所

けんちくがく【建築学】architecture 建筑学

けんちくかしょうめい【建築化照明】architectural lighting 建筑（艺术）照明

けんちくかつどう【建築活動】building activity 建筑活动

けんちくかんきょうこうがく【建築環境工学】architectural environmental engineering 建筑环境工学

けんちくきかく【建築企画】建筑计划，建筑设计任务书
けんちくきかく【建築規格】building standard 建筑标准，建筑规格
けんちくきこうく【建築気候区】architectural climatic zoning 建筑气候分区
けんちくぎし【建築技師】building engineer 建筑工程师
けんちくきじゅんほう【建築基準法】building acts 建筑标准法
けんちくぎょう【建築業】建筑业(经营建筑安装工程的企业)
けんちくぎょうしゃ【建築業者】builder,contractor 承包施工企业，承包施工单位
けんちくきょうてい【建築協定】building agreement 建筑协议
けんちくくうかん【建築空間】architectural space 建筑空间
けんちくけいえい【建築経営】building administration 建筑经营，建筑管理
けんちくけいかく【建築計画】architectural programme 建筑计划，建筑规划
けんちくけいざい【建築経済】building economy 建筑经济
けんちくけいしき【建築形式】building type 建筑型式，建筑类型
けんちくけいやく【建築契約】building contract 建筑合同，建筑协议书
けんちくげんかい【建築限界】clearance limit,construction gauge,track clearance 规划建筑线，建筑限界，(道路、桥梁、隧道等的)净空，建筑净空
けんちくけんきゅうだんたいれんらくかい【建築研究団体連絡会】(1954年日本成立的)建筑研究团体联络会
けんちくこうじ【建築工事】building work 建筑工程
けんちくこうせいざい【建築構成材】component 建筑构件，建筑配件
けんちくこうぞう【建築構造】building construction 建筑构造，房屋构造
けんちくざいりょう【建築材料】building materials 建筑材料
けんちくさんぎょう【建築産業】building industry 建筑工业
けんちくし【建築士】registered architect 登记建筑师
けんちくしきち【建築敷地】building plot,building site 建筑用地，建筑基地
けんちくしきていえん【建築式庭園】architectural style garden 建筑式庭园
けんちくしきん【建築資金】building fund 建筑资金
けんちくしじむしょ【建築士事務所】architect's office,architectural firm 建筑(师)事务所
けんちくしていせん【建築指定線】building line 建筑指定线，建筑线
けんちくしほん【建築資本】building capital 建筑资本
けんちくじむしょ【建築事務所】architectural firm,architect's office 建筑事务所
けんちくジャッキ【建築～】builder's jack 施工(用)千斤顶
けんちくジャーナリズム【建築～】architectural journalism 建筑新闻事业(包括出版刊物、管理、编辑等活动)
けんちくしゅじ【建築主事】建筑管理机关，批准建设的部门，建筑主管人
けんちくじゅんかん【建築循環】building boon cycles 建筑业景气周期
けんちくじんこうみつど【建築人口密度】建筑人口密度
けんちくせいげんちく【建築制限地区】permissible building area 建筑(面积和高度)限定区
けんちくせいさん【建築生産】building production 建筑生产
けんちくせっけい【建築設計】architectural design,planning and design of architecture 建筑设计
けんちくせっけいじむしょ【建築設計事務所】architectural firm 建筑设计事务所
けんちくせっけいとしょ【建築設計図書】architectural designing documents 建筑设计文件
けんちくせつび【建築設備】building

equipment 建筑设备
けんちくせつびず 【建築設備図】 building equipment drawing 建筑设备图
けんちくせん 【建築線】 building line 建筑线,房基线,房屋界线
けんちくそうしょく 【建築装飾】 architectural decoration, architectural ornament 建筑装饰
けんちくそくりょう 【建築測量】 architectural surveying 建筑测量
けんちくだいりし 【建築代理士】 professional agency for building procedure 代办建筑申请业务的人员,建筑业务代理处
けんちくたんたいきてい 【建築単体規定】 general regulation of building 单幢建筑管理规定
けんちくちちだい 【建築地地代】 建筑用地地租
けんちくチーム 【建築～】 building team 建筑联合组织,建筑施工队
けんちくちょうこく 【建築彫刻】 architectural sculpture 建筑雕刻
けんちくとうし 【建築投資】 building investment 建筑投资
けんちくとうせい 【建築統制】 building control, building regulation 建筑管理
けんちくどうたい 【建築動態】 building activities and losses 建筑动态
けんちくどうたいちょうさ 【建築動態調査】 survey on building activities and losses 建筑动态调查
けんちくどうたいとうけい 【建築動態統計】 statistics of building activities and losses 建筑动态统计
けんちくぬし 【建築主】 owner, client 建筑委托人,建筑合同的甲方,建筑业主
けんちくはんい 【建築範囲】 building zone 建筑(用地)范围
けんちくひ 【建築費】 building cost 建筑造价,建筑总费用
けんちくひしすう 【建築費指数】 index number of building cost 建筑造价指数,建筑费指数
けんちくひょうろん 【建築評論】 architectural criticism 建筑评论
けんちくひろば 【建築広場】 building square 建筑广场,建筑物前广场
けんちくぶい 【建築部位】 建筑部位
けんちくふたいせつび 【建築附帯設備】 building equipment 建筑附属设备
けんちくぶつ 【建築物】 building 建筑物
けんちくぶつじょきゃくとどけ 【建築物除却届】 建筑物拆除申请书
けんちくぶつのたかさ 【建築物の高さ】 height of building 建筑物高度
けんちくぶつようとぶんるい 【建築物用途分類】 classification of building by use 建筑物用途分类
けんちくブロック 【建築～】 building block 建筑区段,建筑街坊
けんちくほうき 【建築法規】 building code, building law 建筑法规
けんちくほぞん 【建築保存】 architectural conservation 建筑文物保护
けんちくみつど 【建築密度】 building density 建筑密度
けんちくめんせき 【建築面積】 building area 建筑(占地)面积
けんちくめんせきりつ 【建築面積率】 building coverage 建筑面积比(建筑面积与建筑用地面积之比),建筑(占地)面积系数
けんちくモデュール 【建築～】 architectural module 建筑模数
けんちくようこうざい 【建築用鋼材】 construction steel 建筑钢材,建筑钢
けんちくようせき 【建築容積】 building volume 建筑容积(日本指建筑总面积)
けんちくようち 【建築用地】 land for building 建筑用地
けんちくようちりつ 【建築用地率】 ratio of land for building 建筑用地率
けんちくようブロック 【建築用～】 building block 建筑砌块
けんちくようぼうかとりょう 【建築用防火塗料】 fire protecting paint for

building 建筑防火涂料
けんちくりつめんけいかく 【建築立面計画】 elevation planning of building 建筑立面设计
けんちくろうどうしゃ 【建築労働者】 build labourer 建筑工人
けんちくろうむ 【建築労務】 building labour 建筑劳动业务
けんちしほう 【検知紙法】 test paper method 试纸(检测)法
げんちちょうさ 【現地調査】 site investigation 现场调查,现场踏勘
げんちてんけんほそく 【現地点検補測】 field edit 现场检查补测
けんちブロック 【間知~】 截头四角锥形混凝土砌块
げんちゅうるい 【原虫類】 pathogenic protozoa (病原性)原生动物
けんちょう 【県庁】 prefectural edifice 县署,县政厅
けんちょうじ 【建長寺】 (1248~1253年中国宋僧道隆在日本镰仓建造的)建长寺
けんちょうしょざいとし 【県庁所在都市】 county seat 县级行政中心城市,县级政府所在城市
げんテラゾ 【現~[terrazzo伊]】 现(场)制水磨石
けんと 【県都】 county seat 县级行政中心城市
けんと 【間斗】 (日本社寺建筑中)驼峰上的料
げんどうき 【原動機】 prime mover 原动机,牵引机,发动机
けんとうぐい 【見当杭】 stake,batter post 放线桩,标桩,放线板用桩
けんどうじょう 【剣道場】 击剑场,击剑练习场
げんどうりょく 【原動力】 motive force motive power 原动力
げんどきょくせん 【限度曲線】 limit curve 极限曲线
ケントし 【~紙】 Kent paper 制图纸,绘图纸
けんとづか 【間斗束】 直料
ケントのしき 【~の式】 Kent's formula 肯特公式(烟囱用煤量计算公式)
けんなわ 【間縄】 measuring rope 测绳
けんにんじ 【建仁寺】 (1202~1205年日僧荣西仿照中国洛阳白马寺建造的)建仁寺
けんにんじりゅう 【建仁寺流】 (吸收日本建仁寺建筑技术的)木作流派
けんねつ 【顕熱】 sensible heat 显热,感热
けんねつひ 【顕熱比】 sensible heat ratio,sensible heat factor 显热比,感热比
けんねつふか 【顕熱負荷】 sensible heat load 显热负荷
げんねんちゃくりょく 【原粘着力】 origin cohesion 初始粘聚力,初始粘结力
げんのう 【玄能·源翁】 hammer,sledge hammer 铁锤,石材加工用大锤
げんのうグレア 【減能~】 disability glare 碍视眩光
げんのうこずき 【玄能こずき】 knobbing 原石锤琢,花锤琢面
げんのうばらい 【玄能払】 knobbing 原石锤琢,花锤琢面
げんのうまわし 【玄能回】 双面锤琢面,双面锤加工石材
けんのうわり 【玄能割】 cutting by hammer 锤击敲开,锤击切开
げんば 【現場】 field,building site,job site 工地,现场
げんばいし 【玄蕃石】 薄板石,石板
げんばいん 【現場員】 site staff 工地管理员,现场工作人员
げんばうち 【現場打】 cast-in-place 现场浇注,就地灌注,现浇
げんばうちぐい 【現場打杭】 cast-in-place pile,cast-in-situ pile 现场浇注混凝土桩,就地灌注桩
げんばうちコンクリート 【現場打~】 cast-in-place concrete 就地灌注混凝土,现浇混凝土
げんばうちコンクリートぐい 【現場打~杭】 cast-in-place concrete pile 现场浇注混凝土桩,就地灌注桩
げんばうちリベット 【現場打~】 field riveting 工地铆接,现场铆接

げんばがんすいとうりょう【現場含水当量】 field moisture equivalent （土的）工地含水当量，未夯实土吸水能力
げんばかんり【現場管理】 field management, site management 工地管理，现场管理
けんぱき【検波器】 wave detector 检波器
げんばくみたてこうほう【現場組立工法】 site-fabrication 工地装配施工法
げんばけいひ【現場経費】 field expenses 工地经费
げんばけいりょう【現場計量】 field measuring 工地计量，现场计量
げんばけんさ【現場検査】 field survey 现场检查
げんばさぎょう【現場作業】 field works 工地操作，现场作业
げんばシー・ビー・アール【現場CBR】 in-site CBR(California Bearing Ratio) 现场加州承载比，现场CBR值
げんばじむしょ【現場事務所】 field office 工地办公室，现场办公室
げんばせいさく【現場製作】 site fabrication 现场制作，就地加工
げんばせこう【現場施工】 site work, site operation 现场（工地）施工
げんばせつめい【現場説明】 on-site orientation 现场说明
げんばせつめいしょ【現場説明書】 on-site orientation records 现场说明书
げんばだいりにん【現場代理人】 field representative 现场代表
げんばちょうごうひ【現場調合比】 mixing ratio in site, field mix 施工配合比，工地配合比
げんばつぎて【現場継手】 field joint 工地结合，工地联接接头
げんばてんせつ【現場添接】 field splice 现场拼接，工地联接
げんばにっし【現場日誌】 site diary 工地日志，现场日志
げんばぬりテラゾ【現場塗～[terrazzo伊]】 现（场）制水磨石
げんばはいごう【現場配合】 job mix, field mix 工地拌和，现场拌和
げんばばん【現場盤】 field control panel 工地分设控制盘，现场分设控制盘
げんばびょう【現場鋲】 field rivet 工地铆钉，现场铆钉
げんばようせつ【現場溶接】 field welding 工地焊接，现场焊接
げんばリベット【現場～】 field rivet 工地铆钉，现场铆钉
げんばわたし【現場渡】 spot delivery 现场交货，现场交付
けんばんカードけんこうき【鍵盤～検孔機】 key card verifier 键盘式卡片检孔机，卡片校核机
けんばんカードせんこうき【鍵盤～穿孔機】 key card punch 键盘式卡片穿孔机，卡片穿孔机
けんばんテープせんこうき【鍵盤～穿孔機】 key tape punch 键盘式纸带穿孔机
けんびきょうすいしつけんさ【顕微鏡水質検査】 microscopic water examination 显微镜水质检验，镜检
げんぶ【減歩】 decrease, land reduction 建筑让地，（土地区划整理前后）宅地面积缩减
げんぶがん【玄武岩】 basalt 玄武岩
げんぷくしんどう【減幅振動】 damped vibration 阻尼振荡
げんぷくりつ【減幅率】 decrement factor 减缩率，衰减率
げんぶつししゅつ【現物支出】 spot payment 现品支付
けんぶつせき【見物席】 seats, stand 观众席，观看台
けんぺいりつ【建蔽率】 building coverage, plot coverage, building-to-land ratio 建筑面积比（建筑面积与建筑用地面积之比），建筑比率，建筑（占地）面积系数
けんぺいりつせいげん【建蔽率制限】 limitation of building coverage 建筑面积比限制
げんへんきょ【弦偏距】 chord deflection 弦线偏距，弦线偏差
けんほう【捲棚】 卷棚顶
ケーンほう【～法】 Kern method 凯恩

法(金属表面涂膜粘附性试验法)
げんぽうこんしょく 【減法混色】 subtractive colour mixture 减法混色,减色混色法
げんぼく 【原木】 raw log,log,raw wood 原木
けんま 【研摩】 polish 研磨,琢磨,磨光,磨亮
けんまき 【研摩機】grinding machine, grinder 研磨机
けんまざい 【研摩剤】 abrasive 研磨料(剂)
げんまざい 【減摩材】 lubricant 润滑剂
けんまし 【研摩紙】 sand paper 砂纸
けんましあげ 【研摩仕上】 polish finishing 磨面加工,表面抛光
けんませい 【研摩性】 sanding property 研磨性
けんませき 【研摩石】 grind stone 磨石
けんまぬの 【研摩布】 sand cloth 砂布
げんまメタル 【減摩～】 anti-friction metal 耐磨轴瓦
けんまゆ 【剣眉】 (虹梁下端的)剑形线脚
げんまゆ 【減摩油】 lubricating oil 润滑油
けんみじんこ 【剣微塵子】 copepoda 挠足类幼虫,挠脚虫
げんめつりょう 【減滅量】 loss on ignition 烧失量,灼烧减量
けんゆうすい 【懸游水】 suspended water 土壤上层滞水,(曝气池中的)悬浮水
けんりきん 【権利金】 key money,premium 权利费,铺底费
げんりつかんそうそくど 【減率乾燥速度】 decreasing rate of drying 减速干燥速度
けんりゅうけい 【検流計】 galvanometer 电流计,检流计
げんりょう 【減量】 abraded quantity 减量,损耗量,磨损量
けんりょうせん 【検量線】 calibration curve 校准曲线,标定曲线
げんりょうとうにゅうき 【原料投入機】 feeder 装料机,喂料器
げんりょうようすい 【原料用水】 rawmaterial water 原料用水

## こ

こ【戸】 dwelling unit,house 户,居住单元

コア core 核心,型心,中心,(城市、地区、建筑物的)中心部分,中心环,岩心,土心

ゴア gore 三角形块,(车行道分歧点端部的)三角分离带

コア・カッター core cutter 岩心提断器,取心钻,采样钻机

コアこうぞう【～構造】 core construction 核心构造

コア・コンクリート core concrete 钻取(的)混凝土(圆柱体)试件

コアさいしゅりつ【～採取率】 core recovery 岩心采取率

コア・サンプル core sample 钻心试件,岩心土样

コアしけん【～試験】 core test (混凝土)核心(强度)试验

コア・システム core system (设备)集中制,(设备)核心制,(设备)中心系统

コア・チューブ core tube 岩心管,岩心采取管

コアード・ペデスタルぐい【～杭】 cored pedestal pile 钢管钻孔爆扩桩

コア・ドリル core drill 空心钻,岩心钻

こあな【小穴】 rebate,rabbet,plough groove 沟,槽,小榫槽,半槽

こあないれ【小穴入】 小榫槽嵌接

こあなかんな【小穴鉋】 榫槽刨,开榫机

こあなつき【小穴突】 刨槽,小榫槽刨机

こあなつぎ【小穴継】 榫槽接合,榫沟嵌接

コア・ビット core bit 空心钻头

コア・ピン core pin 塑孔栓,中心销,成孔销

コア・プラン core plan (高层建筑)中心式平面布置,中心的平面布置

コア・ボード core board 厚芯合板,成材心板胶合板

コア・ボーリング core boring 岩心钻进,岩心钻探,取土样钻探

コア・ボーリングきかい【～機械】 core boring rig,core drill rig 岩心钻机

こいし【小石】 pebble 小石子,细卵石

こいす【小椅子】 small chair,side chair 无扶手的单人椅

こいた【小板】 strip,parquet 窄板条,拼花地板用板条

コイド COID,Council of Industrial Design (1944年英国成立的)工业设计协会(1972年改为Design Council)

こいや 垃圾堆放场

コイル coil 线圈,绕组,盘管,蛇管

コイル・アセンブリ coil assembly 盘管总成

コイル・エナメル coil enamel 线圈用瓷漆

コイル・コンデンサー coil condenser 盘管冷凝器

コイル・タイ coil tie 脱模用盘条状系材,脱模用螺旋杆,固定模板用螺杆

コイル・パイプ coil pipe 盘管

コイルばね【～発条】 coil spring 螺旋弹簧,盘簧

コイル・ヒーティング coil heating 盘管供热,盘管式(分隔)采暖

コイル・ボイラー coil boiler 盘管锅炉

コイルれいきゃくき【～冷却器】 coil cooler 盘管冷却器

コイル・ワニス coil varnish 线圈(绝缘)清漆

コインシデンス coincidence 符合,吻合,重合,叠合

コインシデンスこうか【～効果】 coincidence effect (声音的)吻合效应

こう【昂】 昂

こう【鉸】 hinge 铰

こう【鋼】 steel 钢,钢材

ごう【濠】 moat,trench 护城河,濠沟

こうアーチしきしほこう【鋼～支保工】

steel arched timbering (隧道)钢拱式支撑
こうあつうずまきポンプ【高圧渦巻～】high pressure centrifugal pump 高压离心泵
こうあつおんすい【高圧温水】high pressure hot water 高压热水
こうあつおんすいだんぼう【高圧温水暖房】high pressure hot water heating 高压热水采暖
こうあつガス【高圧～】high pressure gas 高压气体
こうあつがま【高圧釜】autoclave 高压釜,蒸压釜
こうあつがわ【高圧側】high pressure side 高压侧
こうあつかん【高圧管】high pressure pipe 高压管
こうあつきゅうすい【高圧給水】high pressure water service 高压给水
こうあつきりゅうしきバーナー【高圧気流式～】high pressure burner 高压(气流式)燃烧器
こうあつくうきしきバーナー【高圧空気式～】high pressure burner 高压(空气式)燃烧器
こうあつゲート【高圧～】high-pressure gate 高压闸门
こうあつざい【抗圧材】compression member 压杆,受压构件
こうあつしきりべん【高圧仕切弁】high pressure sluice valve 高压闸阀
こうあつじょうき【高圧蒸気】high pressure steam 高压蒸气
こうあつじょうきだんぼう【高圧蒸気暖房】high pressure steam heating 高压蒸气采暖
こうあつじょうきめっきんき【高圧蒸気滅菌器】autoclave 高压蒸气消毒锅,高压釜
こうあつじょうきようじょう【高圧蒸気養生】autoclave curing 蒸压养护
こうあつすいぎんとう【高圧水銀灯】high pressure mercury vapour lamp 高压水银灯,高压汞灯
こうあつすいぎんほう【高圧水銀法】high pressure mercury method 高压水银法,高压汞法
こうあつせいぎょ【高圧制御】high pressure control (制冷设备中的)高压控制
こうあつせきそうぶつ【高圧積層物】high pressure laminated product 高压层积材,高压叠层制品
こうあつタイヤ【高圧～】high pressure tire 高压轮胎
こうあつダクト【高圧～】high pressure duct 高压管道
こうあつタービン【高圧～】high pressure turbine 高压汽轮机,高压透平机
こうあつだんぼうほうしき【高圧暖房方式】high pressure heating system 高压采暖系统
こうあつちいき【高圧地域】high pressure area 高压区
こうあつチェックべん【高圧～弁】high pressure check valve 高压单向阀,高压止回阀
こうあつナトリウム・ランプ【高圧～】high pressure sodium vapour lamp 高压钠灯
こうあつはいせん【高圧配線】high voltage wire 高压线,高压线路
こうあつパイプ・ライン【高圧～】high pressure pipe line 高压管线
こうあつバーナー【高圧～】high pressure burner 高压燃烧器
こうあつフランジ【抗圧～】compression flange 受压翼缘
こうあつフロートべん【高圧～弁】high pressure float valve 高压浮球阀,高压浮子阀
こうあつふんしゃポンプ【高圧噴射～】high pressure ejector pump 高压喷射泵
こうあつべん【高圧弁】high pressure valve 高压阀
こうあつボイラー【高圧～】high pressure boiler 高压锅炉
こうあつホース【高圧～】high pressure hose 高压软管

こうあつポンプ 【高圧～】 high pressure pump 高压泵

こうあつリリーフべん 【高圧～弁】 high pressure relief valve 高压溢流阀,高压安全阀

こうアルミナしつたいかぶつ 【高～質耐火物】 high alumina refractory 高铝耐火材料

こうアルミナしつたいかれんが 【高～質耐火煉瓦】 high-alumina brick 高铝(耐火)砖

こうあん 【考案】 design,project 设计方案

こうあんきょ 【拱暗渠】 arch culvert 拱涵

こうあんず 【考案図】 sketch design drawing 设计方案图

こういき 【剛域】 rigid zone 刚性区,刚域

こういききほんず 【広域基本図】 大区域基本地形图(跨几个市町村的城市基本地形图)

こういきげすいどう 【広域下水道】 gross-area sewerage system 大区域排水系统

こういきけん 【広域圏】 metropolitan area 大城市范围圈,大都会地区

こういきこうえん 【広域公園】 regional park 区域公园(为几个城市或广大地区服务的公园)

こういきせいぎょ 【広域制御】 area (traffic)control 区域(交通)控制

こういきとし 【広域都市】 extensive city 大区域城市(把地区分布的各城市区作为一个整体处理的城市)

こういきとしけいかく 【広域都市計画】 extensive town planning,regional town planning 大区域城市规划

こういきひなん 【広域避難】 (大地震,大火灾等的)广范围避难

ごういきょ 【合緯距】 total latitude 总纵距,纵距和

こういさいがい 【後遺災害】 after damage 后遗灾害

こういしつ 【更衣室】 dressing room 更衣室,梳妆室

こういた 【甲板】 top board 柜台、桌子的面板,(日本社寺建筑的)覆脊板

ごういた 【格板】 方格顶棚嵌板,藻井镶板

こういはつねつりょう 【高位発熱量】 higher calorific value 高发热量,高卡值

こうう 【降雨】 rainfall 降雨

ごうう 【豪雨】 storm rainfall 暴雨

こううきょうど 【降雨強度】 intensity of rainfall 降雨强度

こううきょうどこうしき 【降雨強度公式】 rainfall intensity formula 降雨强度公式

こううみつど 【降雨密度】 rainfall density 降雨密度

こううりょう 【降雨量】 rainfall depth, amount of rainfall 降雨量

こうえいきぎょう 【公営企業】 local goverment enterprise 地方国营企业

こうえいしゃっか 【公営借家】 public rental house 公营租房(国家或地方公共团体经营的住宅)

こうえいじゅうたく 【公営住宅】 public operated house 公营住宅(地方公共团体接受国家补助而建设的出租住宅)

こうえいようびせいぶつ 【光栄養微生物】 photoautotrophic microorganism 光能自养微生物

こうえきじぎょう 【公益事業】 public utility 公用事业,公共福利事业

こうえきてきしせつ 【公益的施設】 public facilities institutions 公共福利设施

こうえきとし 【交易都市】 trading city 贸易城市,商业城市

こうえん 【公園】 park 公园

こうえんけいとう 【公園系統】 park system 公园系统(指各类公园的有机配合方式)

こうえんそしょり 【後塩素処理】 post chlorination 后加氯处理(滤后加氯,二次加氯)

こうえんどうろ 【公園道路】 parkway (除卡车以外的汽车专用的)公园道路,

风景区干道

こうえんとつ【高煙突】high chimney 高烟囱

こうえんはいち【公園配置】location of parks 公园布局,公园布置

こうえんほぞんち【公園保存地】park reservation 公园保留地

こうえんぼち【公園墓地】park cemetery 公园墓地,墓园

こうえんりょくちけいかく【公園緑地計画】plan for parks and open spaces, planning of parks and open spaces 公园及绿地规划

ごうおうりょく【合応力】resultant stress 合应力,合成应力

ごうおうりょくベクトル【合応力～】resultant stress vector 合应力矢量,合应力向量

こうおつばり【甲乙梁】小梁,次梁

こうおん【恒温】constant temperature 恒温

こうおん【高温】high temperature 高温

こうおん【構音】articulation (声的)清晰度

こうおんいき【高音域】high frequency range 高频范围,高音域

こうおんかくせいき【高音拡声器】tweeter, high frequency loudspeaker 高频扬声器,高频喇叭

こうおんかこう【高温加工】hot working 高温加工,热加工

こうおんかんりゅう【高温乾留】high temperature dry distillation 高温干馏

こうおんき【恒温器】constant thermal chamber 恒温器

こうおんけい【高温計】pyrometer 高温计

こうおんこうかがたフェノールじゅしせっちゃくざい【高温硬化型～樹脂接着剤】hot setting phenol resin adhesive 热固性酚树脂粘合剂

こうおんこうかせっちゃくざい【高温硬化接着剤】hot-setting adhesive 热固粘合剂

こうおんこうしつき【恒温恒湿器】thermo-hygrostat 恒温恒湿器

こうおんさいきん【高温細菌】thermophilic bacteria 高温细菌,耐热细菌

こうおんしつ【恒温室】thermostatic chamber 恒温室

こうおんしょうか【高温消化】thermophilic digestion 高温消化

こうおんしょうかさいきん【高温消化細菌】thermophilic digesting bacteria 高温消化细菌

こうおんすい【高温水】high temperature water 高温水

こうおんすいだんぼう【高温水暖房】high temperature water heating 高温热水采暖

こうおんそう【恒温槽】thermostat 恒温槽,恒温箱

こうおんはいすい【高温廃水】hot waste-water 高温废水

こうおんはっこう【高温発酵】thermophilic fermentation 高温发酵

こうおんふくしゃだんぼう【高温輻射暖房】radiant heating of high temperature 高温辐射采暖

こうおんふくしゃパネル【高温輻射～】high temperature radiant panel 高温辐射板

こうおんメタンはっこうほう【高温～発酵法】thermophilic methane fermentation 高温甲烷发酵法

こうおんわれ【高温割】hot cracking (焊接的)高温裂纹

こうか【効果】effect 效力,效果,效应,作用

こうか【降下】descent 下降,沉陷

こうか【硬化】hardening 硬化

こうかい【鋼塊】ingot steel 钢锭

こうがい【公害】public nuisance 公害,环境污染

こうがい【郊外】outskirts, suburbs 郊区,郊外,市郊

こうがいいた【笄板】耙土板,平土板

こうがいかげんしょう【郊外化現象】suburbanization 郊区扩展现象,郊区化现象

こうかいきょうぎせっけい 【公開競技設計】 competition design 公开设计竞赛

こうがいじゅうたく 【郊外住宅】 suburban houses 郊区住宅,近郊住宅

こうがいじゅうたくち 【郊外住宅地】 residential suburb 城郊居住区,城郊住宅区

こうかいしょこ 【公開書庫】 open stack 开架书库

こうがいショッピンク・センター 【郊外～】 suburban shopping center 郊区商业中心

こうがいたいさく 【公害対策】 antipollution measure 公害对策,污染防治措施

こうがいち 【郊外地】 suburbs 郊区,郊外地带,近郊

こうかいていえん 【公開庭園】 public garden 开放庭园

こうがいてつどう 【郊外鉄道】 suburban railway 郊区铁路

こうかいどう 【公会堂】 public assembly hall 会堂,公共会场

こうがいとし 【公害都市】 pollution-plagued city 受污染城市,公害城市

こうかいにゅうさつ 【公開入札】 general bid, public tender 公开投标,公开招标

こうがいはっせいがたさんぎょう 【公害発生型産業】 pollution-causing industry 发生公害工业,引起污染工业

こうがいびょう 【公害病】 pollution-related disease 公害病,污染病

こうかいほう 【交会法】 method of intersection and resection 交会法

こうがいぼうしぎじゅつ 【公害防止技術】 pollution prevention technique 公害防止技术,污染防止技术,污染控制技术

こうがいぼうしけいかく 【公害防止計画】 pollution control planning 公害防止规划,污染防止规划

こうがいぼうししせつ 【公害防止施設】 pollution control facilities 公害防止设施,污染防止设施

こうがいようしんどうけい 【公害用振動計】 low-frequency vibration meter 公害用振动计,低频振动计

こうかいりょくち 【公開緑地】 public open space 开放绿地

こうかおんど 【効果温度】 effective temperature 有效温度

こうかおんど 【硬化温度】 curing temperature 硬化温度,养护温度

こうかがく 【光化学】 photochemistry 光化学

こうかがくオキシダント 【光化学～】 photochemical oxidant 光化学氧化剂

こうかがくおせんぶつ 【光化学汚染物】 photochemical pollutant 光化学污染物

こうかがくおせんぶっしつ 【光化学汚染物質】 photochemical air pollutant 光化学污染物

こうかがくスモッグ 【光化学～】 photochemical smog 光化学烟雾

こうかがくはんのう 【光化学反応】 photochemical reaction 光化学反应

こうかかんそう 【硬化乾燥】 dry through (涂料的)全干,干燥结硬

こうかきょう 【高架橋】 viaduct 高架桥

こうかく 【交角】 intersection angle 交叉角,转角

こうかく 【光角】 optical angle 光角

こうがくガラス 【光学～】 optical glass 光学玻璃

こうがくきかいてきとうえいほう 【光学器械的投影法】 optical-mechanical projection 光学机械投影法

こうがくくさび 【光学楔】 optical wedge 光劈,光楔

こうかくけいけいき 【広角形計器】 large-angle instrument 大角度仪器

こうがくしきばいえんけい 【光学式煤煙計】 optical straingauge 光学应变测尘仪

こうがくスペクトル 【光学～】 optical spectrum 光谱

こうがくせい 【光学性】 optical characteristics 光学特性

こうがくせいず 【工学製図】 engineering drawing 工程图

こうがくてききゅうしんき 【光学的求心

器】 optical centring device,optical plummet 光学对中器,光学垂准器

こうがくてききょりそくりょう 【光学的距離測量】 optical distance measurement 光学测距

こうがくてきじんあいけい 【光学的塵埃計】 optical straingauge 光学应变测尘仪

こうがくてきだんせいじく 【光学的弾性軸】 optical elastic axis 光学弹性轴,光测弹性轴

こうがくてきとうえいほう 【光学的投影法】 optical projection 光学投影法

こうがくてきひずみけい 【光学的歪計】 optical strain meter,optical strain gauge 光学应变仪,光测应变仪

こうがくねつりきがく 【工学熱力学】 engineering thermodynamics 工程热力学

ごうかくふん 【合角吻】 合角吻

こうかくほう 【交角法】 method of intersection angle 交(叉)角法

こうかくるい 【甲殻類】 Crustacea 甲壳纲

こうかこうさ 【高架交差】 flyover crossing,overpass 上跨立体交叉

こうかざい 【硬化剤】 hardener,curing agent,setting agent 硬化剂,固化剂,促硬剂

こうかざい 【鉱化剤】 mineralizer 矿化剂

こうかじかん 【硬化時間】 curing time 固化时间,养护期,硫化期

こうかしきはいかん 【高架式配管】 overhead piping 架空管道(布置)

ごうかじゅう 【合荷重】 resultant loads 总荷载,合成荷载

ごうかじゅうベクトル 【合荷重～】 resultant load vector 总荷载矢(向)量,合成荷载矢(向)量

ごうかじゅうモーメント・ベクトル 【合荷重～】 resultant load moment vector 总荷载弯矩矢(向)量,合成荷载弯矩矢(向)量

こうかしょくばい 【硬化触媒】 hardening catalytic agent 硬化催化剂

こうかすいそう 【高架水槽】 elevated storage tank,overhead water tank 高架水箱,压力水箱

こうかせきそうざい 【硬化積層材】 densified laminated wood 硬化层压木,硬化层积材

こうかせん 【高架線】 elevated railroad,elevated railway,overhead railway 高架道路,高架铁道

こうかそくしんざい 【硬化促進剤】 hardening accelerator 促硬剂,早强剂

こうかそくど 【硬化速度】 curing speed 固化速度,硬化速度,硫化速度

こうかたい 【膠化体】 gel 凝胶体

こうがたきじょう 【工形軌条】 I-shaped rail 工字形铁轨

こうがたけたばし 【工形桁橋】 I-beam bridge 工字梁桥

こうがたこう 【工形鋼】 I-steel 工字钢

こうかタンク 【高架～】 elevated(water)tank,overhead(water)tank 高架水箱,压力水箱

こうかタンクきゅうすいほうしき 【高架～給水方式】 water-supply system by elevated tank 高架水箱供水方式

こうかち 【高架池】 elevated basin 高架水池,高架水箱

こうかちょすいそう 【高架貯水槽】 elevated reservoir 高架蓄水池,高架水柜

こうかてつどう 【高架鉄道】 elevated railway,overhead railway 高架铁道

こうかど 【降下度】 drop 跌落度,落差

こうかどうろ 【高架道路】 elevated road overhead road 高架道路

こうかにくもり 【硬化肉盛】 hard facing 硬化面层,镀硬面,加焊硬面,硬质焊层

こうかばいたい 【硬化媒体】 hardener 硬化剂

こうかひずみ 【硬化歪】 curing strain 硬化变形,硫化变形

こうかふりょう 【硬化不良】 硬化不良,凝固不良

こうかん 【鋼管】 steel pipe 钢管

こうがん【硬岩】hard rock 硬岩,坚石
こうかんあしば【鋼管足場】steel pipe scaffold 钢管脚手架
こうかんき【交換機】exchange,switchboard (电话)交换机
こうかんき【交換器】exchanger 交换器
こうかんぐい【鋼管杭】steel pipe pile 钢管桩
こうかんけいすう【交換係数】mutual exchange coefficient 互换系数,相互传递系数
こうかんこうぞう【鋼管構造】steel pipe structure 钢管结构
こうかんコンクリートこうぞう【鋼管～構造】steel pipe reinforced concrete structure 钢管(钢筋)混凝土结构
こうかんしちゅう【鋼管支柱】steel pipe support,tubular steel prop 钢管支柱
こうがんしょうこうき【港岸昇降機】wharf crane 码头起重机
こうかんちく【公館地区】civic center 市政中心区
こうかんちくけいかく【公館地区計画】planning of civic center 市政中心区规划
こうかんちゅう【鋼管柱】steel-pipe column 钢管柱
こうかんばた【鋼管端太】steel pipe butter 钢管制端部固定杆
こうかんぶんごう【交換分合】重划用地的地权交换
こうがんりゅう【向岸流】onshore current 向岸流,岸边流
こうき【工期】term of works 工期
こうき【広軌】broad-gauge 宽轨
こうきぎょう【公企業】public enterprise 公营企业,国营企业
こうぎさいしょうにじょうほう【広義最小二乗法】generalized least square method 广义最小二乘法
こうぎしつ【講義室】lecture room 讲堂,大教室
こうきせい【好気性】aerobic 需氧性,好气性,好氧性
こうきせいきん【好気性菌】aerobe,aerobic bacteria 好气菌,好氧性
こうきせいしょうか【好気性消化】aerobic sludge digestion 好气性(污泥)消化
こうきせいしょり【好気性処理】aerobic treatment,aerobic biological treatment 好气(生物)处理
こうきせいせいぶつ【好気性生物】aerobic living 需氧性生物,好气性生物
こうきせいそうるいち【好気性藻類池】aerobic algal pond 好气性藻类池塘
こうきせいバクテリア【好気性～】aerobic bacteria 好气菌,好氧菌
こうきせいびせいぶつ【好気性微生物】aerobic microbe 需氧微生物,好气性微生物,好氧微生物
こうきせいふんいき【好気性雰囲気】aerobic atmosphere 需氧气氛,需氧环境,好气环境,好氧环境
こうきせいラグーン【好気性～】aerated lagoon 好气性氧化塘
こうきてつどう【広軌鉄道】broad-gauge railway 宽轨铁路
こうきどランプ【高輝度～】high brightness lamp 高亮度灯
こうきプランタジネットしき【後期～式】Late Plantagenet style (英国)晚期不兰他日奈王朝式(建筑),晚期金雀花王朝式(建筑)
こうきゃくジブ・クレーン【高脚～】portal jib crane 高架悬臂起重机
こうきゅうアルコールけいせんざい【高級～系洗剤】higher alcoholic detergent 高级醇系去垢剂
こうきゅうじゅうたくち【高級住宅地】高级住宅区,高级居住区
こうきゅうしょり【高級処理】complete treatment,advanced treatment 完全处理,深度处理,高级处理
こうきゅうちゅうてっかん【高級鋳鉄管】high grade cast iron pipe 高级铸铁管
こうきゅうにちえい【恒久日影】perpetual shadow 永久日影
こうきゅうひずみ【恒久歪】permanent

set 永久变形

こうきゅうほそう【高級舗装】high quality pavement 高级路面

こうきゅうボーリング【鋼球～】shot boring 钻粒钻进,钢珠钻探

こうきょう【孔橋】中国式拱桥,孔桥

こうきょう【構橋】truss bridge 桁架桥

こうきょう【鋼橋】steel bridge 钢桥

こうぎょう【工業】industry 工业

こうぎょういしょう【工業意匠】industrial design, industrial art 工业艺术设计,工业美术设计,工业图案

こうぎょうきかく【工業規格】industrial standard 工业标准

こうきょうくうち【公共空地】public open space 公共场地,公用绿地

こうきょうくうちりつ【公共空地率】ratio of land for public utilization, ratio of public-useland 公共场地(比)率

こうぎょうけいえい【工業経営】industrial management 工业管理

こうぎょうけいき【工業計器】industrial instrument 工业仪表

こうぎょうげいじゅつ【工業芸術】industrial art 工业美术

こうきょうげすい【公共下水】public sewer 公共排水

こうきょうげすいどう【公共下水道】public sewerage 公共下水设施,公共排水管道

こうきょうけんちく【公共建築】public building 公共建筑

こうきょうげんぶ【公共減歩】decrease for public 公用缩减地(因公共设施而缩减的建筑用地)

こうぎょうこう【工業港】industrial port 工业港

こうきょうこうえきしせつ【公共公益施設】welfare facilities 公共福利设施

こうぎょうこうぞう【工業構造】(城市的)工业结构

こうきょうこうつうきかん【公共交通機関】mass transit 公共交通运输系统,大交通量运输系统

こうきょうこうつうしゃせん【公共交通車線】public transit lane 公共交通专用车道

こうきょうじぎょう【公共事業】public works 公共工程,市政工程

こうきょうしせつ【公共施設】public facilities, public services 公用设施,公共工程设施

こうきょうしせつけいかく【公共施設計画】公用设施规划

こうきょうしゃっか【公共借家】public owned rental house 公营出租住宅

こうぎょうしゅうせき【工業集積】agglomeration of industries 工业聚集

こうきょうじゅうたくようきかくぶひん【公共住宅用規格部品】集体住宅标准化构配件

こうぎょうしゅぎ【工業主義】industrialism 工业主义,产业主义

こうぎょうじょう【興行場】place for entertainment 娱乐场,游艺场

こうぎょうじんあい【工業塵埃】indurstrial dust 工业尘埃

こうきょうすいどう【公共水道】public aqueduct 公共给水管道

こうぎょうせいびとくべつちいき【工業整備特別地域】工业整顿特别区

こうきょうせん【公共栓】public water tap 公用水龙头

こうぎょうせんようちく【工業専用地区】restricted (exclusive) industrial district 工业区,工业专用地区

こうきょうそくりょう【公共測量】public survey 公共测量

こうぎょうだんち【工業団地】industrial estate 工业集中布置地段

こうぎょうちいき【工業地域】industrial area, industrial district 工业区

こうぎょうちたいようすいりょう【工業地帯用水量】water quantity required in industrial districts 工业区用水量

こうぎょうちほうちょうせいけいかく【工業地方調整計画】industrial region distribution plan 工业地区调整规划

こうきょうちんたいじゅうたく【公共賃

貸住宅】 public owned rental house 公营出租住宅
こうぎょうデザイン 【工業～】 industrial design 工业美术设计,工业图案,工业美术设计图
こうぎょうデザインきょうぎかい 【工業～協議会】 Council of Industrial Design(COID) (1944年英国成立的)工业设计协会
こうきょうとうし【公共投資】 public investment 公共投资
こうぎょうとうせいげんくいき【工業等制限区域】 restriction area of industry 工业限制区
こうきょうどコンクリート 【高強度～】 high strength concrete 高强(度)混凝土
こうぎょうとし【工業都市】 industrial city 工业城市
こうぎょうとし【鉱業都市】 mining industrial city 矿业城市
こうきょうとしょかん【公共図書館】 public library 公共图书馆
こうきょうどつぎて【高強度継手】 high strength joint 高强度接头
こうきょうどてっきん【高強度鉄筋】 high strength bar 高强钢筋
こうぎょうはいすい【工業廃水】 industrial wastewater 工业废水
こうぎょうひょうじゅん【工業標準】 industrial standard 工业标准
こうぎょうひょうじゅんか【工業標準化】 industrial standardization 工业标准化
こうぎょうひょうじゅんすう【工業標準数】 Renard number 工业标准数,瑞纳尔数(以$10^{\frac{1}{n}}$为公比的等比数列)
こうきょうぶぶん【工共部分】 public space 公用面积
こうぎょうぶんさん【工業分散】 dispersal of industry decentralization of industry 工业分散,工业疏散
こうきょうほろう【公共歩廊】 public arcade 公共拱廊步道
こうきょうゆそうきかん【公共輸送機関】 mass transit 公共交通运输系统,大交通量运输系统,公共运输设施
こうぎょうようくうきちょうわ【工業用空気調和】 process air-conditioning 工业用空气调节
こうきょうようすい【公共用水】 water for public use 公共用水
こうぎょうようすい【工業用水】 industrial water 工业用水,生产用水
こうきょうようすいいき【公共用水域】 water basin for public use 公共用水区
こうぎょうようすいこ【工業用水湖】 reservoir for industrial water 工业用水蓄水库
こうぎょうようすいどう【工業用水道】 industrial waterworks 工业给水设施,工业给水工程
こうきょうようち【公共用地】 land for public utilization 公共用地,公共事业用地
こうぎょうようテレビ【工業用～】 industrial television 工业电视
こうぎょうようでんねつ【工業用電熱】 industrial electric heating 工业用电热
こうきょうようほろう【公共用歩廊】 public arcade, covered walk, gallery 公用拱廊,骑楼通道,带顶公共通道,天桥,临街廊
こうぎょうりっち【工業立地】 industrial location 工业选址,工业用地选择,工业布局位置
こうきょうりょうきん【公共料金】 public utility charges 公用(事业)费,公共(事业)费
こうきょうりょくち【公共緑地】 public open space 公共绿地
こうぎょく【鋼玉】 corundum 刚玉,金刚砂
こうきょくがたそうふうき【後曲型送風機】 backward type centrifugal fan 反曲叶片型离心式通风机
ごうきん【合金】 alloy 合金
ごうきんえんかん【合金鉛管】 lead alloy pipe 合金铅管,铅合金管
ごうきんかん【合金管】 alloy pipe 合金管

ごうきんこう【合金鋼】alloy steel 合金钢
ごうきんこうぐこう【合金工具鋼】alloy tool steel 合金工具钢
こうきんコンクリート【鋼筋～】reinforced concrete (RC) 钢筋混凝土
こうく【光矩】optical square 光学直角器,光学角尺
こうく【鉱区】mine site 矿区
こうぐ【工具】tool 工具
こうぐい【鋼杭】steel pile 钢桩
こうぐいれ【工具入】tool box 工具箱
こうくうきそうおん【航空機騒音】aircraft noise 飞机噪声
こうくうきち【航空基地】air base 航空基地
こうくうしゃしんちず【航空写真地図】aerial map 航空摄影地图
こうくうそくりょう【航空測量】aircraft surveying, aerial photogrammetry 航(空)测(量),航空中摄影测量
こうくうとうだい【航空灯台】aerial lighthouse 航空灯塔,航空灯标
こうぐこう【工具鋼】tool steel 工具钢
こうぐしあげ【工具仕上】tooled finish 用工具修琢面层,工具加工面
こうぐしつ【工具室】tool room 工具室,工具间,工具房
こうぐだい【工具台】tool table 工具台
こうぐだいちょう【工具台帳】tools register 工具登记簿,工具底帐
ごうぐち【合口】intake unification 联合进水口,汇流口
こうぐちづけ【坑口付】开挖坑口
こうぐまもう【工具摩耗】abrasion of tools 工具磨损
ごうぐみ【格組】格构,格子
こうくりしき【高勾麗式】(朝鲜)高勾丽式(建筑)
こうクロムこう【高～鋼】high chrome steel 高铬钢
こうけい【口径】orifice diameter, hole diameter 孔径,口径
こうけい【孔径】orifice diameter, inner diameter 孔径,内径
こうけい【黄経】celestial longitude, ecliptic longitude 黄经
こうげい【工芸】arts and crafts 工艺美术,造型美术
こうげいガラス【工芸～】art glass 艺术玻璃,工艺美术玻璃
ごうけいきょ【合経距】total departure 总横距,横距和
こうけいしゃしゃしん【高傾斜写真】high oblique photograph 深倾摄影,高倾斜摄影
こうけいそこうばん【高珪素鋼板】high silicon steel sheet 高硅钢片
こうけいひ【口径比】relative aperture, aperture ratio 孔径比,相对孔径
こうケーブル【鋼～】wire cable 钢缆,钢丝绳
こうけん【孔圏】pore zone (阔叶木材的)孔隙圈,管导孔带
こうげん【光源】light source 光源
こうげんコンクリート【鋼弦～】piano wire concrete, string wire concrete (预应力)钢丝混凝土,钢弦混凝土
こうけんせき【後見席】prompter box 舞台上提词员席
こうげんのこうりつ【光源の効率】efficiency of light source 光源效率
こうげんのじゅみょう【光源の寿命】lamp life 光源寿命
こうげんめん【光源面】surface of light source 光源面
こうげんランプ【光源～】lamp of light source 光源灯
こうごいっぽうつうこうせいぎょ【交互一方通行制御】shuttle oneway traffic control 单向往复行车控制,定期往返交通控制
こうこう【硬鋼】hard steel 硬钢
こうこう【港口】harbour entrance 港口
こうこうきゅうドリル【硬鋼球～】high hard ball drill 硬钢球钻
こうこうさ【光行差】aberration 光行差
こうごうせい【光合成】photosynthesis 光合作用
こうごうせいさいきん【光合成細菌】

photosynthetic bacteria 光合细菌
こうこうぞう 【鋼構造】 steel construction 钢结构
ごうこうぞう 【剛構造】 rigid structure 刚性结构,刚接结构
こうこうふくひこう 【高降伏比鋼】 high yield steel 高屈强比钢
ごうこうめん 【剛構面】 rigid structural plane 刚性结构平面,刚构平面
こうこくしょうめい 【広告照明】 advertisement lighting 广告照明
こうこくとう 【広告塔】 advertising tower 广告塔
こうこくばん 【広告板】 sign board 招牌,指示牌,标志板,广告板
こうこげん 【鈎股弦·勾殳玄】 勾股弦
こうこげんほう 【鈎股弦法·勾殳玄法】 勾股弦法
こうごすいじゅんそくりょう 【交互水準測量】 reciprocal levelling 对向水准测量
こうごつうこう 【交互通行】 shuttle movement 往复式通行,穿梭式通行,交替通行
こうコンクリートごうせいげた 【鋼~合成桁】 steel-concrete composite girder 钢-混凝土组合梁
こうコンクリートちゅう 【鋼~柱】 steel framed reinforced concrete column 劲性钢筋混凝土柱,钢骨混凝土柱,型钢混凝土柱
こうコンクリートばしら 【鋼~柱】 steel reinforced concrete column 劲性钢筋混凝土柱,钢骨混凝土柱,型钢混凝土柱
こうさ 【公差】 tolerance 公差,容限
こうさ 【較差】 discrepancy 比差,差异,较差,不符值
こうさアーケード 【交差~】 interlacing arcade 交叉拱廊,交织拱廊
こうさアーチ 【交叉~】 interlacing arch 交织拱
こうさい 【鉱滓】 slag 矿渣,熔渣,炉渣
こうざい 【硬材】 hard wood 阔叶树材
こうざいおんど 【鋼材温度】 temperature of steel (加热试验时的)钢材温度
こうさいじゅうてんろしょう 【鉱滓充塡濾床】 slag-packed filter 矿渣填充滤床,矿渣滤料滤池
こうさいセメント 【鉱滓~】 slag cement 矿渣水泥
こうさいどうしょう 【鉱滓道床】 slag ballast (铁路)矿渣道床
こうざいふしょく 【鋼材腐食】 corrosion of steel 钢材腐蚀
こうさいめん 【鋼滓綿】 slag wool 矿渣棉
こうさいれんが 【鉱滓煉瓦】 slag brick 矿渣砖
こうさかく 【交差角】 intersection angle 交叉角
こうさきゅうりゅう 【交叉穹窿】 cross vault,groin vault 交叉拱顶,十字拱顶
こうさく 【鋼索】 steel wire rope 钢丝绳,钢缆
こうさぐうかくぶ 【交差隅角部】 corner of pavement at intersection 交叉口路面转角处
こうさくきかい 【工作機械】 machine tool 机械工具,工作母机
こうさくしつ 【工作室】 workshop 工作间,工作室,创作室
こうさくず 【工作図】 shop drawing 装配图,制作图
こうさくてつどう 【鋼索鉄道】 cable railway 缆索铁路,缆车
こうさくひ 【工作費】 cost of working-up 加工费
こうさくぶつ 【工作物】 structure 结构物,构筑物,营造物
こうさくれんめい 【工作連盟】 Der Deutsche Werkbund[德] (20世纪初期德国的)德意志制造联盟
こうさくれんめいじゅうたくてん 【工作連盟住宅展】 Weissenhof Siedlung[德] (1927年德国)德意志制造联盟举办的住宅展览会
こうさじょうもくり 【交叉状木理】 cross grain 交叉斜木纹
こうさちゅうしゃ 【交差駐車】 cross

parking 相互交叉的汽车停车方式
こうさつうふうろ 【交叉通風路】 cross air duct 交叉通风管道
こうさていこう 【交差抵抗】 intersectional friction (车流的)交叉阻力
こうさてん 【交差点】 intersection, junction 交叉点,(道路)交叉口
こうさてんこうつうようりょう 【交差点交通容量】 intersection capacity 交叉口通行能量
こうさてんさんそうりったいこうさ 【交差点三層立体交差】 interchange of three level junction 三层式十字立体交叉
こうさてんそくどせいぎょき 【交差点速度制御機】 intersection speed controller 交叉口车速控制器
こうさてんひょうしき 【交差点標識】 marks at intersection 交叉口标志
こうさてんりゅうしゅつぶ 【交差点流出部】 intersection exit 交叉口出口,交叉口驶出道路
こうさてんりゅうにゅうぶ 【交差点流入部】 intersection approach, intersection entrance 交叉口进口,交叉口驶入道路
こうさばり 【交差梁】 cross beam, cross girder 交叉梁,横梁
こうさぶ 【交叉部】 crossing 教堂的十字形平面的中央交叉部分
こうさボールト 【交差～】 cross vault, groin vault, intersecting vault 十字拱顶,交叉拱顶
こうさリブ 【交叉～】 cross rib 交叉肋
こうされんらく 【交叉連絡】 cross connection 四通连接,十字连接
こうさろう 【交叉廊·交差廊】 transept 十字形教堂的两翼
こうさん 【鉱酸】 mineral acid 无机酸
こうざん 【硬山】 硬山
こうざんえん 【高山園】 高山园,高山植物园
こうさんかざい 【抗酸化剤】 antioxidant 抗氧化剂
こうさんかチタンけいようせつぼう 【高酸化～系溶接棒】 high titanium oxide type electrode 氧化钛型焊条,高钛型焊条
こうさんかっけい 【鉸三角形】 three hinged triangle 三铰三角形
こうさんかてつけいようせつぼう 【高酸化鉄系溶接棒】 high iron oxide type electrode 氧化铁型焊条
こうさんさんど 【鉱酸酸度】 inorganic acidity 无机酸度
こうざんしょくぶつえん 【高山植物園】 高山植物园
こうざんとし 【鉱山都市】 mining city 矿山城市
こうざんはいすい 【鉱山排水】 mine drainage 矿山排水
こうし 【格子】 grille, grating 格子,(门窗等上的)纵横格子
こうし 【後視】 backsight 后视
こうじ 【工事】 construction 工程,施工
こうじうけおいきそく 【工事請負規則】 construction contract 承包工程规定,承包工程规则,包工条例
こうじうけおいけいやくしょ 【工事請負契約書】 construction contract 承包工程合同,包工合同
こうじかかく 【工事価格】 construction price 工程造价
こうしがき 【格子垣】 trellis 格形篱笆,花格墙,花格架,花格棚
こうしがたどうろもう 【格子型道路網】 gridiron road system, checkerboard street system 棋盘式道路系统,方格式道路网,方格式道路系统
こうしがたひさし 【格子型庇】 egg-crate canopy 花格式出檐,编格式遮篷,板条格式挑棚
こうしかっけい 【鉸四角形】 four hinged quadrilateral 四铰四角形,四铰四边形
こうじかもく 【工事科目】 工程项目,工程分项
こうじかんせいきじゅん 【工事完成基準】 performance surety 工程竣工标准
こうじかんせいほしょうせいど 【工事完

成保証制度】 performance bond system 竣工保证制度

こうじかんとくしゃ 【工事監督者】 inspector 监工员

こうじかんり 【工事管理】 construction management 工程管理

こうじかんり 【工事監理】 consturction supervision 施工监督,工程监督

こうじかんりしゃ 【工事監理者】 inspector,supervisor 工程监理员

こうじかんりひ 【工事監理費】 supervising expenses 监工费

こうじかんりょうとどけ 【工事完了届】 work completion report 竣工报告

こうしき 【公式】 formula 公式

こうしきそ 【格子基礎】 grillage foundation 格排基础

こうじく 【光軸】 optical axis 光轴

こうじけいひ 【工事経費】 works expenses 工程费用

こうしげた 【格子桁】 grillage girder 格排梁

こうしげたきょう 【格子桁橋】 grillage girder bridge 格排梁桥

こうじげんば 【工事現場】 field,building site,job site 施工现场,建筑工地

こうしこ 【格子子】 格棂,格子棂条,格窗棂

こうしこうつきのみ 【格子工突鑿】 薄刃削沟凿

こうししゃせんがたどうろもう 【格子斜線形道路網】 gridiron and diagonal road system 棋盘加对角线形式道路网

こうじしゅもく 【工事種目】 工程(费)项目

こうじしようがき 【工事仕様書】 construction specifications 工程说明书

こうしじょうとし 【格子状都市】 gridiron city 采用棋盘式道路系统的城市

こうしスラブ 【格子～】 latticed slab 格构板,缀合板

こうじせいせき 【工事成績】 work record 工程成绩,工程记录

こうじそくりょう 【工事測量】 engineering surveying 工程测量

こうしだい 【格子台】 凸窗格的托木

こうしつ 【恒湿】 constant humidity 恒湿

こうしつ 【閘室】 lock chamber 闸室

こうしつ 【膠質】 colloid 胶质,胶体

こうしつアスファルト 【硬質～】 hard asphalt 硬质沥青

こうしつウレタン・フォーム 【硬質～】 rigid foam urethane 硬质氨基甲酸乙酯泡沫

こうしつえんかビニル 【硬質塩化～】 hard vinyl chloride 硬质氯乙烯

こうしつガラス 【硬質～[glas荷]】 hard glass 硬(质)玻璃

こうしつゴム 【硬質～[gom荷]】 hard rubber,ebonite 硬质橡胶,胶木

こうしつせっちゃくざい 【硬質接着材】 hard adhesive 硬质粘合剂,硬质胶粘剂

こうしつせんいばん 【硬質繊維板】 hard-board,hard fiber-board 硬质纤维板

こうしつとうき 【硬質陶器】 semi-porcelain,iron-stone china 硬质陶器,半瓷质陶器

こうしつとうきしつ 【硬質陶器質】 earthenware body 精陶坯体

こうしつはんだ 【硬質半田】 hard solder 硬焊料

こうしで 【格子手】 格形棂条,格子棂条

こうじできがたぶぶん 【工事出来形部分】 work done 工程完成额,工程完成量,工程完成部分

こうじできだか 【工事出来高】 amount of work done 工程完成量,工程完成额

こうしど 【格子戸】 lattice door 格子门,花格门

こうしのま 【格子の間】 有格窗的房间

こうしのみ 【格子鑿】 薄刃削沟凿

こうしばしら 【格子柱】 lattice column 格构柱

こうしばり 【格子梁】 lattice beam 格构梁

こうじひ 【工事費】 construction cost 工程费,建筑费,工程造价

こうじぶがかり 【工事歩掛】 单位工程量

所需工数,人工定额
こうじぶち 【構地縁】 楣窗框,气窗框
こうじべつうけおい 【工事別請負】 separate contract,partial contract 按工种承包,分工种承包,分工承包,单项分包
こうしまど 【格子窓】 lattice window 格子窗,花格窗
こうしゃ 【公舎】 (日本)地方官员住宅(旧称)
こうしゃ 【向斜】 syncline (地层)向斜
こうしゃ 【校舎】 school house,school building 校舍
ごうしゃ 【壕舎】 ditch house 利用防空壕改建的房屋
こうしゃじゅうたく 【公社住宅】 地方住宅公司建设经营的住宅
こうしゅ 【後手】 chain-follower 后持链人,后尺手
こうしゅうえいせい 【公衆衛生】 public health 公共卫生
こうしゅうえいせいがく 【公衆衛生学】 public health science 公共卫生学
こうじゅうき 【扛重機】 jack 起重器,千斤顶
こうじゅうごうたい 【高重合体】 high polymer 高聚物,高分子聚合物
こうしゅうは 【高周波】 high frequency 高频
こうしゅうはかねつ 【高周波加熱】 high frequency heating 高频加热
こうしゅうはかんそう 【高周波乾燥】 high frequency drying 高频干燥
こうしゅうはかんそうき 【高周波乾燥機】 hihg frequency dryer 高频干燥器
こうしゅうはこうか 【高周波硬化】 high frquency curing 高频硬化
こうしゅうはせっちゃく 【高周波接着】 high frequency gluing 高频粘合,高频胶粘
こうしゅうはそうおん 【高周波騒音】 high frequency noise 高频噪声
こうしゅうはそうおんスペクトル 【高周波騒音~】 high frequency noise spectrum 高频噪声谱
こうしゅうはぞうふく 【高周波増幅】 high frequency amplification 高频放大
こうしゅうはたんしょうほう 【高周波探傷法】 high frequency flaw detection 高频探伤法
こうしゅうははっしんき 【高周波発振器】 high-frequency oscillator 高频振荡器
こうしゅうははっせいき 【高周波発生器】 high frequency generator 高频发生器
こうしゅうはようせつ 【高周波溶接】 high frequency welding 高频焊接
こうしゅうはよねつ 【高周波予熱】 high frequency preheating 高频预热
こうしゅうはレスポンス 【高周波~】 high frequency response 高频响应,高频特性
こうしゅうべんじょ 【公衆便所】 comfort station,public lavatory 公共厕所
こうしゅうようふきあげみずのみき 【公衆用吹上水飲器】 public drinking fountain 公共(喷出)饮水器
こうしゅうよくじょう 【公衆浴場】 public bath 公共澡堂,公共浴室
こうしゅつりょくけいこうランプ 【高出力螢光~】 high output fluorescent lamp 高输出荧光灯
こうしゅぼうかど 【甲種防火戸】 "A" fire door (window) 甲种防火门窗
こうじゅんどのようすい 【高純度の用水】 highly purified industrial water 高纯度用水,高纯净用水
こうしょう 【公称】 nominal 公称,标称,额定的,名义上的,规定的
こうしょう 【硬焼】 hard-burned 僵烧,重烧,死烧,过烧
こうじょう 【工場】 work-shop building 厂房
こうじょうあとち 【工場跡地】 原工业区地,原工厂厂址
こうしょうおうりょく 【公称応力】 nominal stress 名义应力,公称应力
こうじょうおでい 【工場汚泥】 industrial sludge 工业污泥
こうじょうかんり 【工場管理】 factory management 工厂管理
こうしょうくど 【硬焼苦土】 dead

burned magnesia, hard burned magnesia 死烧苦土,死烧镁氧,僵烧镁氧

こうじょうくみたて【工場組立】shop assembling 工厂装配,车间装配

こうしょうけい【公称径】nominal diameter 名义直径,标称直径,公称直径

こうじょうげんか【工場原価】factory cost 出厂价格,厂价

こうじょうけんちく【工場建築】factory building 工厂建筑,厂房

こうじょうこうえん【工場公園】industrial park 公园式工厂,公园式工业区

こうしょうこうどけい【交照光度計】flicker photometer 闪烁光度计

こうじょうごみ【工場芥】industrial refuse 工厂垃圾

こうじょうざい【向上剤】accelerator, activator 加速剂,促进剂,活化剂

こうじょうしきち【工場敷地】factory site 工场用地,工场地段

こうじょうじゅうきょ【杭上住居】pile dwelling 桩上房屋,水上房屋

こうしょうしゅうちょう【公称周長】nominal perimeter 标称周长,公称周长

こうじょうしょうめい【工場照明】factory lighting, factory illumination 工厂照明

こうしょうしょっこう【公称燭光】nominal candle 标称烛光

こうしょうすんぽう【公称寸法】nominal dimension, nominal size 公称尺寸,通称尺寸,标志尺寸

こうじょうせいさんじゅうたく【工場生産住宅】prefabricated house 预制装配式住宅

こうじょうせん【工場線】factory railway 工厂专用线

こうじょうそうおん【工場騒音】factory noise 工厂噪声

こうじょうたい【膠状体】colloid 胶体,胶状体

こうしょうだんめん【公称断面】nominal cross section 标称截面,公称截面

こうしょうだんめんせき【公称断面積】nominal cross sectional area 标称截面面积,公称截面面积

こうじょうちいき【工場地域】factory area 工厂区

こうしょうちょっけい【公称直径】nominal diameter 名义直径,标称直径,公称直径

こうじょうてんせつ【工場添接】shop splice 工厂拼接,工厂镶接

こうじようどうろ【工事用道路】construction site access road 施工用道路,施工便道

こうじょうはいすいすいしつきせい【工場廃水水質規制】quality control for industrial wastewater 工业废水水质规定,工业废水水质控制

こうしょうばりき【公称馬力】nominal horsepower 公称马力,标称马力

こうしょうばん【鋼床版】steel plate floor 钢桥面板

こうしょうばんはこげたきょう【鋼床版箱桁橋】box girder bridge with steel plate floor 钢桥面板式箱形梁桥

こうじょうびょう【工場鋲】shop rivet 工厂铆合的铆钉

こうじょうぶんさん【工場分散】工场分散,工场疏散

こうしょうマグネシア【硬焼~】hard burned magnesia, dead-burned magnesia 僵烧氧化镁,死烧氧化镁

こうじょうようせつ【工場溶接】shop welding 工厂焊接,车间焊接

こうじょうリベット【工場~】shop rivet 工厂铆接,车间铆接

こうじょうりょくか【工場緑化】factory planting 工厂绿化

こうしょく【孔食】pitting 洞蚀,孔蚀,坑蚀,点蚀,凹蚀,麻点

こうしょく【溝食】grooving 沟状腐蚀

こうしょくガラス【紅色~】ruby glass 宝石红玻璃,玉红玻璃

こうしょくさいきん【紅色細菌】purple bacteria 紫色细菌

こうじよさんしょ【工事予算書】工程预算书

こうしょダクト【高所~】elevated

duct 高架管道
こうしルーバー 【格子～】 grille louver, egg-crate type louver 格子百页窗, 格形百页窗
こうしん 【更新】 replacement, regeneration 更新
ごうしん 【剛心】 center of rigidity 刚性中心, 刚度中心
こうしんようせつ 【後進溶接】 backward welding 后退焊, 右向焊
こうず 【構図】 composition 构图
こうすい 【光錐】 light cone 光锥, 光锥体
こうすい 【硬水】 hard water 硬水
こうすい 【降水】 precipitation 降水, 降雨, 雨量
こうすい 【鉱水】 mineral water 矿质水, 矿泉水
こうずい 【洪水】 flood 洪水
こうすいい 【高水位】 flood stage 洪水位, 高水位
こうずいい 【洪水位】 flood discharge level, flood height, flood stage 洪水位
こうすいいきょくせん 【高水位曲線】 stage-hydrograph of flood 洪水位过程线
こうずいいひょう 【洪水位標】 flood level mark 洪水位标记, 洪水痕迹
こうすいかくど 【降水確度】 rainfall probability 降水概率, 降雨概率
こうすいかん 【降水管】 downcomer 锅炉循环水管
こうすいかんそく 【高水観測】 flood flow observation 洪水观测
こうずいき 【洪水期】 flood season 洪水期, 洪水季节
こうすいきょうど 【降水強度】 rainfall intensity 降水强度, 降雨强度
こうずいきょくせん 【洪水曲線】 flood curve 洪水曲线
こうずいけいほう 【洪水警報】 flood warning 洪水警报
こうすいこうじ 【高水工事】 flood protection works 防洪工程
こうすいごがん 【高水護岸】 high-water revetment 洪水护岸
こうすいじかん 【降水時間】 rainfall duration, duration of rainfall 降水时间, 降雨时间
こうすいじき 【高水敷】 major bed 洪水河槽, 主河槽
こうすいそう 【高水槽】 gravity water tank 重力水箱
こうすいたい 【光錐体】 light cone, cone of light 光锥体
こうずいちょうせつ 【洪水調節】 flood control 防洪, 治洪
こうずいちょうせつダム 【洪水調節～】 flood-control dam 拦洪坝, 防洪堤
こうずいちょうせつち 【洪水調節池】 flood-control reservoir, detention reservoir 拦洪水库
こうすいとううずまきポンプ 【高水頭渦巻～】 high head centrifugal pump 高扬程离心泵
こうすいなんかそうち 【硬水軟化装置】 water softening apparatus 硬水软化装置
こうずいは 【洪水波】 flood wave 洪波
こうすいび 【降水日】 rainy day 降水日, 降雨日
こうすいひょう 【高水標】 high water mark 洪水痕迹, 高潮线, 高水位线
こうずいぼうぎょ 【洪水防御】 flood prevention, flood protection 防洪
こうすいほうちき 【高水報知機】 flood alarm 洪水报警器
こうすいみつど 【降水密度】 rainfall density 降水密度, 降雨密度
こうずいよぼう 【洪水予防】 flood precaution 防洪(工作), 防洪措施
こうすいりつ 【降水率】 rainfall ratio 降水率, 降雨率
こうすいりゅうしゅつりょう 【高水流出量】 flood run-off, high-water run-off 洪水径流
こうすいりゅうりょう 【高水流量】 flood discharge, high-water discharge 洪水流量, 洪量
こうすいりゅうりょうきょくせん 【高水

流量曲線】 flood-discharge diagram, high-water discharge diagram 洪水流量曲线

こうすいりょう 【高水量】 flood discharge 洪水量

こうすいりょう 【降水量】 amount of precipitation, depth of rainfall 降水量,降雨量

こうせい 【光井】 light well 采光井

こうせい 【恒星】 fixed star 恒星

こうせい 【構成】 composition 构成,构图

ごうせい 【剛性】 rigidity 刚性,刚度

こうせいあまど 【鋼製雨戸】 steel shutter 钢制护窗板,钢制防雨板

こうせいおうりょく 【合成応力】 combined stress 综合应力,复合应力,合成应力

ごうせいおんどけい 【合成温度計】 resultant thermometer 综合温度计

ごうせいかいめんかっせいざいあわしょうかざい 【合成界面活性剤泡消火剤】 synthetic surface active agent 活性界面泡沫灭火剂

こうせいかたわく 【鋼製型枠】 steel form 钢模板

こうせいかたわくパネル 【鋼製型枠～】 steel form panel 钢模板,钢制定型模板

こうせいき 【高声器】 loudspeaker 扬声器

ごうせいきそ 【剛性基礎】 rigid foundation 刚性基础

ごうせいきょう 【合成橋】 composite bridge 组合桥

こうせいきりばり 【鋼製切張】 steel shore strut 钢支撑,钢顶撑

ごうせいぐい 【合成杭】 composite pile 混合桩,组合桩

こうせいけいすう 【構成係数】 constitutive coefficient 构成系数

ごうせいけいすう 【剛性系数】 coefficient of rigidity 刚性系数,刚度系数

ごうせいこうばい 【合成勾配】 composite gradient 复合坡度,合成坡度(路面纵坡与横坡两者平方之和的平方根)

ごうせいこうぶんしかこうぶつ 【合成高分子化合物】 synthetic high molecular compound 合成高分子化合物

ごうせいこうぶんしルーフィング 【合成高分子～】 synthetic high molecular roofing 合成高分子屋面材料

ごうせいこうりつ 【合成効率】 combined efficiency, overall efficiency 综合效率,总效率

ごうせいゴム 【合成～[gom荷]】 synthetic rubber 合成橡胶

ごうせいゴムししょう 【合成～[gom荷]支承】 synthetic rubber bearing 合成橡胶支座

ごうせいゴムせっちゃくざい 【合成～[gom荷]接着剤】 synthetic rubber adhesive 合成橡胶粘合剂

ごうせいゴム・フェノールじゅしけいせっちゃくざい 【合成～[gom荷]樹脂系接着剤】 synthetic rubber phenol resin adhesive 合成橡胶苯酚树脂粘合剂

こうせいざい 【構成材】 components 构件,配件

こうせいざいのきじゅんめん 【構成材の基準面】 reference plane of component 构件基准面,构件参考面

こうせいじ 【恒星時】 sidereal time 恒星时

こうせいしせつ 【厚生施設】 welfare facilities 卫生福利设施,生活福利设施

こうせいじつ 【恒星日】 sidereal day 恒星日

ごうせいしば 【合成芝】 artificial grass (人工)合成草坪

こうせいしほこう 【鋼製支保工】 steel timbering 钢制模板支架

こうせいしゅぎ 【構成主義】 constructivism 构成主义,构成派

ごうせいじゅし 【合成樹脂】 synthetic resin 合成树脂

ごうせいじゅしエマルション・ペイント 【合成樹脂～】 synthetic resin emulsion paint 合成树脂乳液涂料,合成树脂乳液漆

ごうせいじゅしせっちゃくざい 【合成樹

脂接着剤】 synthetic resin adhesive 合成树脂粘合剂
ごうせいじゅしちょうごうペイント【合成樹脂調合～】 ready mixed paint of synthetic resin 合成树脂调和漆
ごうせいじゅしとりょう【合成樹脂塗料】 synthetic resin paint 合成树脂涂料
ごうせいじゅしとりょうようシンナー【合成樹脂塗料用～】 synthetic resin paint thinner 合成树脂涂料稀释剂
ごうせいせっちゃくざい【剛性接着剤】 rigid adhesive 刚性粘合剂
ごうせいせんい【合成繊維】 synthetic fiber 合成纤维
ごうせいせんざい【合成洗剤】 synthetic detergent 合成洗涤剂
こうせいたてぐ【鋼製建具】 钢制门窗
こうせいたんい【構成単位】 units 部分,部件,(模数制的)构成单位,单元
こうせいたんかんあしば【鋼製単管足場】 steel pipe scaffold 钢管脚手架
こうせいちく【厚生地区】 health resort 疗养地
ごうせいちゅう【合成柱】 composite column 混合柱,组合柱
こうせいていえん【構成庭園】 architectural garden 建筑构图式庭园
ごうせいてんねんガス【合成天然～】 synthetic natural gas 合成天然气
ごうせいてんねんゴム【合成天然～】 isoprene rubber 合成天然橡胶,异戊(间)二烯橡胶
ごうせいど【合成土】 composite soil 混合土
こうせいどうぶつ【後生動物】 metazoa 后生动物
こうせいのうフィルター【高性能～】 high efficiency particulate air filter 高效空气过滤器
こうせいのうりゅうどうかざい【高性能流動化剤】 superplasticizer, superplasticizing admixture, superplasticizing agent 高性能增塑剂,高效塑化剂
ごうせいのちゅうしん【剛性の中心】 center of rigidity 刚性中心,刚度中心,
ごうせいばしら【合成柱】 composite column 组合柱,混合柱
こうせいばり【構成梁】 trussed girder 桁架式梁,平行弦桁架,格构式梁
ごうせいばり【合成梁】 composite beam 组合梁,混合梁
こうせいぶっしつ【抗生物質】 antibiotics 抗生物质,抗生素
ごうせいプラスチック【合成～】 synthetic plastics 合成塑料
ごうせいフレーム rigid frame 刚架,刚性框架
こうせいほう【坑井法】 pit method 坑井(渗水)法
ごうせいほう【剛性法】 stiffness method 刚度法,劲性法
こうせいほうていしき【構成方程式】 constitutive equations 构成方程(式)
ごうせいほうていしき【剛性方程式】 stiffness equation 刚度方程(式)
ごうせいほそう【剛性舗装】 rigid pavement 刚性路面
こうせいまきこみシャッター【鋼製巻込み～】 steel rolling shutter 钢制卷帘
こうせいまきじゃく【鋼製巻尺】 steel tape 钢卷尺
ごうせいマトリックス【剛性～】 matrix of rigidity 刚度矩阵
ごうせいゆうきこうぶんしぎょうしゅうざい【合成有機高分子凝集剤】 synthetic polymer coagulant 合成高分子混凝剂
ごうせいラーメン【合成～[Rahmen德]】 composite rigid frame 组合刚架,组合刚性构架
ごうせいりつ【剛性率】 modulus of rigidity 刚性模量
ごうせいりゅうど【合成粒度】 combined gradation (of aggregate) (集料的)混合级配
ごうせいりょく【合成力】 resultant, resultant of forces 合力
こうせいロープ【鋼製～】 steel wire rope 钢丝绳
ごうせいろめん【剛性路面】 rigid pave-

ment 刚性路面
こうせいわくぐみあしば 【鋼製枠組足場】 钢模板装配式脚手架
こうせき 【硬石】 hard stone 硬石,坚石
こうせきそう 【洪積層】 diluvium, diluvial deposit 洪积层
こうせきほう 【航跡法】 trajectory method 轨迹法
こうせつ 【降雪】 snowfall 降雪,雪量
こうせつ 【鉸節】 hinged joint, pin jiont 铰接点,铰节点,铰点
ごうせつ 【剛節】 rigid joint 刚性结点,刚节点,刚接
ごうせつ 【豪雪】 heavy snow 大雪
こうせっかいしつせっかい 【高石灰質石灰】 high calcium lime 高钙石灰
ごうせつかこう 【剛節架構】 rigid frame 刚架,刚性构架,刚性框架
こうせつかさいほうちき 【公設火災報知機】 public fire alarm 公用火灾报警机
こうせつげすいどう 【公設下水道】 public sewerage 公共下水管道,公共排水设施
こうせっこう 【硬石膏】 anhydrite 硬石膏
ごうせつごう 【剛接合】 rigid joint 刚性结合,刚接
こうせっこうプラスター 【硬石膏～】 anhydrite plaster 硬石膏灰浆
こうせつしじょう 【公設市場】 (由地方公共团体经营的)公营市场
こうせつしょうかせん 【公設消火栓】 public fire hydrant 公共消火栓,公用消火栓
こうせつすいどう 【公設水道】 public aqueduct 公共给水管道,公用水道
こうせつつよさ 【抗折強さ】 bending strength 抗弯强度,抗挠强度
ごうせってん 【剛節点】 rigid joint 刚性节点,刚性结点,刚接
こうせつとさつじょう 【公設屠殺場】 public abattoir (公营)屠宰场
こうせつふんすい 【公設噴水】 public fountain 公共场所喷水
ごうせつほねぐみ 【剛節骨組】 rigid frame 刚架,刚性构架,刚性框架
こうせつりょう 【降雪量】 snowfall 降雪量
こうセルロースけいようせつぼう 【高～系溶接棒】 high cellulose type electrode 纤维素型焊条
こうせん 【光線】 light ray, luminous ray 光线
こうせん 【鉱泉】 mineral water, spa, mine spring 矿泉,矿水
こうせん 【鋼線】 steel wire 钢丝
こうせんいコンクリート 【鋼繊維～】 steel fiber reinforced concrete (SFRC) 钢纤维混凝土
こうせんぐん 【光線群】 luminous flux, lihgt flux 光通量,光束
こうせんちりょうしつ 【光線治療室】 electrotherapy room 光疗室
こうせんブラシ 【鋼線～】 wire brush 钢丝刷
こうせんろかき 【光線濾過器】 light filter 滤光器
こうそ 【酵素】 enzyme 酶
こうそう 【高層】 multi-story 高层(指建筑物由5～6层至15～16层)
こうぞう 【構造】 structure, construction 结构,构造
こうそうアパート 【高層～】 multi-storied apartment 高层公寓
こうぞうおうとう 【構造応答】 structural response 结构反应
こうぞうかいせき 【構造解析】 structural analysis 结构分析
こうぞうくうかん 【構造空間】 structural space 结构空间
こうぞうけいかく 【構造計画】 structural planning 结构计划
こうぞうけいさん 【構造計算】 structural calculation 结构计算
こうぞうげんすい 【構造減衰】 structural damping 结构阻尼
こうそうけんちく 【高層建築】 high-rise building, tall building, multi-story building 高层建筑,高层建筑物
こうそうけんちくぶつ 【高層建築物】

high-rise building, tall building, multi-story building 高层建筑物,高层建筑

こうぞうこう【構造鋼】structural steel 结构钢,型钢

こうぞうこうがく【構造工学】structural engineering 结构工程学

こうぞうごうせい【構造剛性】structural rigidity 结构刚度

こうぞうごうりは【構造合理派】structural rationalism 结构合理主义派,结构主义派

こうぞうさいてきか【構造最適化】structural optimization 结构(最)优化

こうぞうざいりょう【構造材料】structural material 结构材料

こうぞうシステム【構造～】structural system 结构体系

こうぞうじっけん【構造実験】structural experiment 结构试验,结构检验

こうそうじゅうたくち【高層住宅地】high-rise residential area 高层住宅区

こうぞうず【構造図】structural drawing 结构图

こうぞうせいず【構造製図】structural drawing 结构图

こうぞうせっけい【構造設計】structural design 结构设计

こうぞうせっけいず【構造設計図】structural design drawing 结构设计图

こうぞうせっけいほう【構造設計法】thickness design of pavement structure (路面)结构设计法

こうぞうそうごう【構造総合】structural synthesis 结构综合

こうぞうたいりょく【構造耐力】structural strength 结构强度,结构承载力

こうぞうちいきせい【構造地域制】structure zoning 结构分区(从防灾观点出发,对建筑物的规模、形状、构造做出分区规定)

こうぞうつよさ【構造強さ】structural strength 结构强度

こうぞうてきスポーリング【構造的～】sturctural spalling (陶瓷制品内部)结构散裂

こうぞうてきたいようねんすう【構造的耐用年数】structural durable years 结构使用年限,结构耐用年限

こうぞうてきたいようめいすう【構造的耐用命数】structural life-time, duration of structure 结构使用期限,结构寿命

こうぞうねんど【構造粘度】structural viscosity 结构粘度

こうそうのけいかく【構想の計画】构想规划

こうぞうは【構造派】structural rationalism 结构主义派,结构合理主义派

こうぞうぶざい【構造部材】structural member 结构构件,结构杆件,结构部件

こうぞうぶつ【構造物】sturcture 结构物,构筑物

こうぞうぶつのさいてきか【構造物の最適化】structural optimization 结构最优化

こうぞうもけい【構造模型】structural model 结构模型

こうぞうモデル【構造～】structural model 结构模型

こうぞうようあつえんこうざい【構造用圧延鋼材】structural rolled steel 轧制结构钢

こうぞうようけいりょうこつざい【構造用軽量骨材】structural lightweight aggregate 结构用轻集料,结构用轻骨料

こうぞうようこう【構造用鋼】structural steel 结构钢

こうぞうようごうきんこう【構造用合金鋼】structural alloy steel 合金结构钢,结构用合金钢

こうぞうようこうざい【構造用鋼材】structural steel 结构用钢材

こうぞうようごうはん【構造用合板】plywood for structural use 结构用胶合板

こうぞうようしゅうせいざい【構造用集成材】glued laminated wood for structural members 结构用胶合木构件,结构用胶合叠层木

こうぞうようせっちゃくざい【構造用接

着剤】 structural adhesive 结构用粘合剂,结构用胶粘剂
こうぞうようそ 【構造要素】 structural element 结构构件
こうぞうようたんそこう 【構造用炭素鋼】 structural carbon steel 碳素结构钢
こうぞうようとくしゅこう 【構造用特殊鋼】 special structural steel 特殊结构钢
こうぞうようふつうこう 【構造用普通鋼】 ordinary structural steel 普通结构钢,结构用普通钢
こうぞうようもくざい 【構造用木材】 structural lumber,structural wood 结构用木材,结构木料
こうそうラーメン 【高層～[Rahmen德]】 multi-storied rigid frame 多层刚架,多层刚构,多层框架,高层刚架,高层框架
こうぞうりきがく 【構造力学】 structural mechanics 结构力学
こうそく 【光束】 luminous flux,light flux 光通量,光束
こうそく 【降測】 drop chaining,chaining downhill 降测
こうそくあっしゅくき 【高速圧縮機】 high speed compressor 高速压缩机
こうそくあっしゅくしけん 【拘束圧縮試験】 confined compression test 侧限压缩试验
こうそくエアレーションちんでんち 【高速曝気沈殿池】 high rate aeration settling tank 加速曝气沉淀池,加速曝气池
こうそくエレベーター 【高速～】 high speed elevator 高速电梯,高速升降机
こうそくおうりょく 【拘束応力】 restraint stress 约束应力
こうそくかんすう 【光束関数·光束函数】 luminous flux function 光通量函数
こうそくぎょうしゅうちんでんそうち 【高速凝集沈殿装置】 rapid coagulation and sedimentation equipment 加速混凝沉淀装置
こうそくぎょうしゅうちんでんち 【高速凝集沈殿池】 rapid coagulation and sedimentation tank 加速混凝沉淀池
こうそくきょくせん 【光束曲線】 luminous flux curve 光通量曲线
こうそくけい 【光束計】 lumen meter 光通量计,流明计
こうそくさんかしょりほう 【高速酸化処理法】 high-rate oxidation process 高负荷氧化处理法
こうそくさんすいろしょう 【高速散水濾床】 high-rate trickling filter 高负荷生物滤池
こうそくジェット 【高速～】 high-speed jet 高速射流,高速喷射
こうそくじどうしゃこくどう 【高速自動車国道】 national expressway 高速国家公路
こうそくしゃせん 【高速車線】 rapidvehicle lane,high-speed lane 高速车道,快车车行道
こうそくしょうかほう 【高速消化法】 high-rate digestion 高速消化法,高负荷消化法
こうそくそうふうほうしき 【高速送風方式】 high velocity ventilating system 高速送风方式
こうそくたいひか 【高速堆肥化】 high-rate composting 高速堆肥化
こうそくたきとうれいとうき 【高速多気筒冷凍機】 multi-cylinder high speed refrigerator 高速多汽缸制冷机
こうそくダクト 【高速～】 high velocity duct, high speed duct 高速风管
こうそくダクトしき 【高速～式】 high velocity duct system 高速风管式
こうそくてつどう 【高速鉄道】 rapid rail transit 高速铁路
こうそくでんたつけいさんほう 【光束伝達計算法】 luminous flux transfer method 光通量传递计算法
こうそくど 【光速度】 light velocity 光速
こうそくどうろ 【高速道路】 expressway,motorway[英],freeway[美] 高速公路
こうそくどこう 【高速度鋼】 high-speed steel 高速钢

こうそくどレベル・レコーダー 【高速度~】 high speed level recorder 高速电平记录仪

こうそくばっきそうち【高速曝気装置】 aero-accelerator 高速曝气装置

こうそくはっさんど 【光束発散度】 luminous emittance 发光度

こうそくバルブ 【高速~】 high speed valve 高速阀

こうそくひょう 【高測標】 high observing tower 高测标,高观测塔

こうそくほう 【光束法】 lumen method 光通量法,流明法,光利用系数法

こうそくみつど 【光束密度】 luminous flux density 光通量密度

こうそくめんとりちょうこくきかい【高速面取彫刻機械】 高速削面雕刻机,(木材)万能加工机

こうそくモーメント 【拘束~】 restraining moment 约束力矩,固端力矩

こうそくりょく 【拘束力】 restraint force 约束力

こうそしょり 【酵素処理】 enzymic treatment 加酶处理

ごうそせい 【剛塑性】 rigid plasticity 刚塑性

こうそはんのう 【酵素反応】 enzyme reaction 酶反应

こうたい 【光帯】 light band 光带

こうたい 【後退】 setback 后退,收进,退进

こうたい 【鋼帯】 strip steel 钢带,带钢

こうだい 【高台】 高座,高底,高台,高底脚

こうだい 【構台】 暂设支架,暂设垫台,人行道上暂设工程,操作平台,安全平台

ごうたい 【剛体】 rigid body 刚体

こうたいいき 【広帯域】 wide band 宽频带,宽波带

こうたいいきアンテナ 【広帯域~】 wide band antenna 宽频带天线

こうたいいきくうちゅうせん 【広帯域空中線】 wide band antenna 宽频带天线

こうたいかせいさんかぶつ 【高耐火性酸化物】 high refractory oxide 高耐火性氧化物

こうたいきょうよう 【交替共用】 文替共用(一幢建筑物由不同使用者以一个使用目的交替使用)

こうたいけんちくせん 【後退建築線】 setback line, setback building line 后退建筑线,建筑收进线

こうたいしょく 【後退色】 receding colour 后退色

こうたいしんしょく 【後退侵食】 backward erosion 反向冲刷

こうたいせい 【交替制】 shift 轮换制,交换制,轮班制,换班制

ごうたいせきモーメント 【合体積~】 resultant body moment 合体积力矩

ごうたいせきりょく 【合体積力】 resultant body force 合体积力

ごうたいのどうりきがく 【剛体の動力学】 dynamics of rigid body 刚体动力学

こうたいふくよう 【交替複用】 交替使用(一幢建筑物由不同使用者以不同的使用目的交替使用)

ごうたいへんけい 【剛体変形】 rigid deformation 刚体变形

こうたいほう 【後退法】 backstep sequence 分段退焊法,分段逆向焊法

こうだいマトリックス 【交代~】 alternative matrix 交替矩阵

ごうたいりきがく 【剛体力学】 mechanics of rigid body 刚体力学

こうたくあえんめっき 【光沢亜鉛鍍金】 gloss galvanization 光亮镀锌

こうたくけい 【光沢計】 glossmeter 光泽计

こうたくざい 【光沢剤】 glossing agent 增光剂,光泽剂

こうたくでんきめっき 【光沢電気鍍金】 gloss electroplating 光亮电镀,光泽性电镀,光亮镀层

こうたくど 【光沢度】 glossiness 光泽度,光亮度

こうたくどしけん 【光沢度試験】 glossiness test 光泽度试验

こうたくめっき 【光沢鍍金】 gloss electroplating 光亮电镀,光泽性电镀,光亮

镀层

こうたん【鉸端】hinged end 铰接端

こうだん【公団】公团(指日本政府出资的公共企业机构,如日本住宅公团,日本道路公团等)

こうだんじゅうたく【公団住宅】JHC (Japan Housing Corporation) dwelling 日本住宅公团建造的住宅

こうだんせい【光弾性】photoelasticity 光弹性,光测弹性

こうだんせいがく【光弾性学】photoelasticity 光弹性学,光测弹性学

こうだんせいかんど【光弾性感度】photoelastic sensibility 光弹性灵敏度,光测弹性(应力)灵敏度

こうだんせいけいすう【光弾性係数】coefficient of photoelasticity 光弹性系数

こうだんせいげんしょう【光弾性現象】photoelastic phenomenon 光测弹性现象

こうだんせいこうか【光弾性効果】photoelastic effect 光弹性效应

こうだんせいざいりょう【光弾性材料】material of photoelasticity 光弹性材料,光测弹性材料

こうだんせいしけん【光弾性試験】photoelastic test 光(测)弹性试验

こうだんせいじっけんそうち【光弾性実験装置】experimental apparatus of photoelasticity 光(测)弹性实验装置

こうだんせいていすう【光弾性定数】photoelastic constant 光弹性常数

こうだんせいひずみゲージ【光弾性歪～】photoelastic strain gauge,photoelastic strainmeter 光弹性应变仪,光(测)弹性应变仪

こうだんせいひまくほう【光弾性皮膜法】photoelastic coating method (环氧树脂板等)面层光弹性试验法

こうだんちんたいじゅうたく【公団賃貸住宅】JHC dwelling for rent 日本住宅公团建造的出租住宅

こうだんぶんじょうじゅうたく【公団分譲住宅】JHC dwelling for sale 日本住宅公团建造的出售住宅

こうち【校地】学校场地,学校用地

こうちく【硬竹】硬竹

こうちくだんぼう【構築暖房】panel heating 壁板辐射采暖

こうちくぶつ【構築物】structure 构筑物

こうちせいり【耕地整理】readjustment of arable land 耕地调整,耕地重新整理

こうちゃく【膠着】glue,glueing 粘合,胶合,粘着,上胶

こうちゃくこうぞう【膠着構造】glued timber construction 胶合结构

こうちゃくせつごう【膠着接合】glued adhesion 胶合,胶着接合

こうちゃくつぎて【膠着継手】glued joint 胶接,胶合节点,胶合接头

こうちゃくばり【膠着梁】built-up glued beam 胶合梁,胶合组合梁

こうちゃくぶつ【膠着物】adhesive 粘合剂,胶粘剂,胶合剂

こうちゅうせき【紅柱石】andalusite 红柱石

こうちゅうぶつ【鋼鋳物】steel casting 钢铸件

こうちゅうらん【鈎虫卵】ancylostoma, hookworm 钩虫卵

こうちょう【工長】foreman 工长,领工员

こうちょう【高潮】high water,high tide 高潮,满潮

こうちょうかんかく【高潮間隔】high water interval 高潮间隔,满潮间隔

こうちょうざい【抗張材】tension member 拉杆,受拉构件

こうちょうしけん【抗張試験】tensile test 抗拉试验,拉力试验

こうちょうぜき【広頂堰】broad-crested weir 宽顶堰

こうちょうは【高調波】higher harmonics 高次谐波

こうちょうフランジ【抗張～】tension flange 受拉翼缘,受拉法兰

こうちょうりょく【抗張力】tensile strength 抗拉强度,拉力强度

こうちょうりょく【高張力】high

strength, high tension 高强度,高张力,强拉力

こうちょうりょくこう 【高張力鋼】 high-strength steel, high-tensile steel 高强钢

こうちょうりょくしけん 【抗張力試験】 tensile strength test 抗拉强度试验,拉力强度试验

こうちょうりょくでんきようせつぼう 【高張力電気溶接棒】 high tensile electric welding rod 高强度(电)焊条

こうちょうりょくボルト 【高張力~】 high strength bolt, high-tension bolt 高强螺栓

こうちょうりょくボルトこうほう 【高張力~工法】 high-tension bolt method 高强螺栓联结施工法

こうちん 【工賃】 wage 工资

こうつうあんぜんしせつ 【交通安全施設】 safe traffic facilities 交通安全设施

こうつうかいせき 【交通解析】 traffic analysis 交通分析

こうつうかんせいシステム 【交通管制~】 traffic control system 交通控制系统

こうつうかんのうしんごう 【交通感応信号】 traffic actuated signal, vehicle actuated signal 车动信号,交通传动信号,交通感应信号

こうつうかんのうせいぎょ 【交通感応制御】 traffic-actuated control 交通(信号)传动控制,交通(信号)感应控制

こうつうきかんべつぶんたん 【交通機関別分担】 distribution of transport usages, modal share, modal split 定型的交通分流,各类交通利用量,交通方式划分

こうつうきせい 【交通規制】 traffic regulation 交通管理规则

こうつうけいかく 【交通計画】 transportation planning 交通规划,运输规划

こうつうけいとうけいかく 【交通系統計画】 transportation system planning 交通系统规划,运输系统规划

こうつうげんしょう 【交通現象】 traffic behavior 交通现象

こうつうけんちく 【交通建築】 traffic architecture 交通建筑

こうつうこうえん 【交通公園】 traffic playground 交通公园(按交通系统建造的对儿童进行交通规则教育的游戏场)

こうつうこうがい 【交通公害】 transportation pollution environmental destruction by traffic 交通公害

こうつうこうがく 【交通工学】 traffic engineering 交通工程(学)

こうつうこうこく 【交通広告】 transportation advertising 运输广告,交通广告

こうつうじこ 【交通事故】 traffic accident 交通事故

こうつうシステム 【交通~】 traffic system 交通系统

こうつうしせつ 【交通施設】 transportation facilities, traffic facilities 交通设施

こうつうじゅうたい 【交通渋滞】 traffic jam 交通阻塞,交通拥挤

こうつうしゅつにゅうりょうちょうさ 【交通出入量調査】 cordon count, cordon traffic survey 区界交通进出量调查,小区交通调查

こうつうしんごう 【交通信号】 traffic signal 交通信号

こうつうしんだん 【交通診断】 traffic diagnosis 交通鉴定分析,交通评定

こうつうせいぎょ 【交通制御】 traffic control 交通管制,交通管理

こうつうせいぎょせつび 【交通制御設備】 traffic control device 交通管理设备

こうつうせいり 【交通整理】 traffic control 交通整顿

こうつうそうおん 【交通騒音】 traffic noise 交通噪声

こうつうちょうさ 【交通調査】 traffic survey 交通调查,运量调查

こうつうとう 【交通島】 traffic island 交通岛,安全岛

こうつうとうせい 【交通統制】 traffic control 交通管制

こうつうとし 【交通都市】 traffic point city 交通枢纽城市

こうつうのうりょく 【交通能力】 traf-

fic capacity 通行能力,交通容量
こうつうひょうしき 【交通標識】 traffic sign 交通标志
こうつうひろば 【交通広場】 traffic square 交通广场
こうつうぶんり 【交通分離】 traffic segregation 交通分隔(行驶)
こうつうみつど 【交通密度】 traffic density, traffic concentration 交通密度
こうつうもう 【交通網】 traffic network 交通网
こうつうようち 【交通用地】 land for transport 交通运输用地
こうつうようりょう 【交通容量】 traffic capacity 交通容量,通行能力
こうつうよそく 【交通予測】 traffic forecast 交通预测
こうつうよそくモデル 【交通予測～】 transportation forecasting model 交通预测模式,交通预测模型
こうつうりゅう 【交通流】 traffic stream 车流,交通流
こうつうりゅうせん 【交通流線】 traffic stream line 车流线,交通流线
こうつうりゅうりつ 【交通流率】 rate of flow 交通流率
こうつうりょう 【交通量】 traffic volume, traffic flow 交通量,交通流量
こうつうりょうかんそく 【交通量観測】 traffic count 交通量观测,交通量计数
こうつうりょうず 【交通量図】 traffic flow diagram, traffic volume flow map 交通流量图
こうつうりょうちょうさ 【交通量調査】 traffic volume survey, traffic count 交通量调查,交通量观测
こうつうりょうはいぶん 【交通量配分】 traffic assignment 交通量分配
こうつうりょうへんかずひょう 【交通量変化図表】 traffic profile, traffic pattern 交通量变化图(以图、表显示交通量在一定时间内的变化)
こうつうりょうへんどう 【交通量変動】 variation in traffic flow 交通量变化
こうつけいさん 【交通計算】 traffic computation 交通计算
こうつけいとう 【交通系統】 transportation system 运输系统,交通系统
こうつばり＝こうおつばり
こうてい 【工程】 execution programme of works 工序,施工程序,工程进度表
こうてい 【公邸】 official residence 公务员住宅
こうてい 【行程】 stroke 行程,冲程
こうてい 【光庭】 light court 采光院子,采光井
こうてい 【校庭】 school yard, campus, playground of school 校园,校内场地,学校院子
こうてい 【後庭】 back yard, rear yard, back garden 后院,后园
こうていかく 【高低角】 angle of elevation 倾度角,仰角,俯角
こうていかけいかく 【工程計画】 construction program 工程进度计划,施工程序计划
こうていかんけんさ 【工程間検査】 inspection of works progress 工序检查
こうていかんり 【工程管理】 management of works progress 施工程序管理,工程进度管理
こうていけいかく 【工定計画】 official plan 法定规划,正式规划
こうていけいさん 【高低計算】 elevation computation 高程计算
こうていさ 【高低差】 difference of elevation 高差,高程差,标高差,高低差
こうていず 【工程図】 progress schedule, progress chart 工程进度(图)表
こうていすいいけいほうそうち 【高低水位警報装置】 high and low-water level alarm 高低水位报警器
こうていずひょう 【工程図表】 progress chart 工程进度(图)表
こうていそくりょう 【高低測量】 levelling 水准测量,高低测量
こうていとうせい 【工程統制】 management of works progress 工程管理,施工程序管理
こうていとしけいかく 【公定都市計画】

official town (city) planning 法定城市规划

こうていひょう 【工程表】 progress chart, progress schedule 工程进度表

こうていぶんり 【高低分離】(小学校)高低年级分隔的布置形式

こうていほうこく 【工程報告】 report on the process of work, report on the amount of work 工程(进行情况)报告

こうてん 【交点】 intersection point 交点,交叉点

こうでんかん 【光電管】 phototube, photo-electric tube 光电管

こうでんかんしきふんじんけいすいそうち 【光電管式粉塵計数装置】 phototube dust counter 光电管式粉尘计数器

こうでんかんしょうどけい 【光電管照度計】 photo-tube illuminometer 光电管照度计

こうでんかんろてんけい 【光電管露点計】 phototube dew-point meter 光电管露点计

こうでんきど 【光電輝度】 photo-electric brightness 光电亮度

こうでんこうか 【光電効果】 photoelectric effect 光电效应

こうでんこうどけい 【光電光度計】 photoelectric photometer 光电光度计

ごうてんじょう 【格天井】 coffered ceiling 格子顶棚,格子平顶,方格天花板

こうでんそくしょく 【光電測色】 photo-electric colorimetry 光电测色

こうでんそっこう 【光電測光】 photoelectric photometry 光电测光

こうでんそっこうき 【光電測光器】 photo-electric photometer 光电光度计

こうでんち 【光電池】 photocell, photo (electric) cell 光电池

こうでんちしょうどけい 【光電池照度計】 photo-cell illuminometer 光电池照度计

こうでんひしょくけい 【光電比色計】 photo-electric colorimeter 光电比色计

こうでんひしょくほう 【光電比色法】 photoelectric colorimetry 光电比色法

こうど 【光度】 luminous intensity 发光强度

こうど 【高度】 altitude 高度

こうど 【紅土】 laterite 铁钒土,红土

こうど 【硬度】 hardness 硬度

ごうど 【剛度】 rigidity 刚度

こうとう 【光塔】 minaret 光塔(伊斯兰教寺院的尖塔)

こうどう 【公道】 public road, public highway 公路,公用道路

こうどう 【黄道】 ecliptic 黄道

こうどう 【講堂】(宗教上的)讲经堂,(学校的)礼堂

こうどうけいかく 【行動計画】 behaviour planning 动线计划(日常活动流线的分析研究)

こうどうはっぱ 【坑道発破】 undermining blast 坑道爆破

こうどうはんけい 【行動半径】 radius of movement 活动半径,行动半径

こうどく 【鉱毒】 poisoning by mine drainage 矿毒,矿害

こうどけい 【光度計】 photometer 光度计

こうどけい 【硬度計】 hardness scale 硬度计

こうどさらしこ 【高度晒粉】 high quality bleaching powder 优质漂白粉

こうどしけん 【硬度試験】 hardness test 硬度试验

こうどそくていき 【光度測定器】 photometer 光度计

こうどたいすいせいごうはん 【高度耐水性合板】 high waterproof plywood 高耐水性胶合板

こうどちいきせい 【高度地域制】 height zoning 建筑高度分区

こうどちく 【高度地区】 height district 建筑高度限制区

こうどひょうじゅんでんきゅう 【光度標準電球】 luminous standard lamp 光度标准灯泡

こうどぶんぷ 【光度分布】 luminous intensity distribution 光强分布,光度分布

こうトラスきょう 【鋼～橋】 steel truss bridge 钢桁架桥

こうトラスはし 【鋼～橋】 steel truss bridge 钢桁架桥

こうどりようちく 【高度利用地区】 high utilized district 高度利用区

こうない 【構内】 compound,premises 境内,场内,围地,围墙内场地

こうないきどう 【構内軌道】 yard railroad 场内轨道,场内铁路

こうないこうかんき 【構内交換機】 private branch-exchange(PBX) 内部电话交换机

こうないさぎょう 【構内作業】 yard work (站)场内作业

こうないすい 【坑内水】 mine effluent (矿)坑道水

こうないずりつみき 【坑内ずり積機】 muck loader 坑内装渣机

こうないせつび 【坑内設備】 tunnel equipment 坑内设备,隧道内部设备

こうないでんわ 【構内電話】 inter-communicating telephone 内部电话

こうないはいすい 【構内排水】 yard drainage 场地排水,院内排水

こうないはいすいりょう 【坑内廃水処理】 treatment of mine waste water (矿山)坑道废水处理

こうなんだけ 【江南竹】 Phyllostachys mitis[拉] 江南竹

こうにゅうさつ 【公入札】 general bid, open bid,public tender 公开投标

こうにゅうさつせいど 【公入札制度】 public tender system 公开投标制

こうにんきょうぎじょう 【公認競技場】 (各种场地设施符合规定的)公认体育场,公认运动场

こうにんろじょうちゅうしゃ 【公認路上駐車】 authorized street parking 许可的路上停车场,许可停车的街道

こうねつしょり 【高熱処理】 high-temperature treatment 高温处理

こうねつひ 【光熱費】 light and fuc expenditure 照明燃料费

こうのうどおせんちいき 【高濃度汚染地域】 heavily polluted area 高浓度污染区

こうのうりょくさんすいろしょう 【高能力散水濾床】 high-capacity trickling filter 高负荷生物滤池

こうば 【工場】 factory 工厂

こうはい 【向拝】 参拜厅(日本社寺建筑正殿前廊朝拜空间)

こうはい 【光背】 (佛像背后的)光环,光晕,后光

こうばい 【勾配】 pitch,slope,gradient, inclination 坡度,斜度,倾度,坡,斜面

こうばいいた 【勾配板】 坡度样板

こうばいいろ 【紅梅色】 红梅色

こうばいがた 【勾配型】 坡度样板

こうばいかんわ 【勾配緩和】 grading 削坡,平整坡度

こうばいキー 【勾配～】 oblique key 斜键

こうばいきょう 【勾配橋】 bridge on slope 坡桥

こうばいきょうへんベクトル 【勾配共変～】 gradient covariant vector 梯度协变矢量

こうばいきょくせんきょう 【勾配曲線橋】 curved bridge on slop 坡弯桥(有纵坡的弯道桥)

こうはいけいりゅう 【荒廃渓流】 devastated stream 荒废溪流

こうばいけん 【購買圏】 shopping sphere 商业范围圈,商业设施利用圈

こうはいけんちくぶつ 【荒廃建築物】 dilapidated buildings 荒废建筑物

こうばいげんど 【勾配限度】 grade limit 坡度限制,极限坡度

こうはいしっち 【後背湿地】 back marsh 后背湿地,腹地湿地

こうばいしゃえいほう 【勾配射影法】 gradient-projection method 梯度射影法,梯度投影法

こうばいじょうぎ 【勾配定規】 adjustable triangle 斜度尺,坡度尺

こうはいち 【後背地】 hinter land 内腹地,远离城镇地方,海岸或河岸的后部地方,港口可供应到的内部地区

こうはいちく 【荒廃地区】 blighted area 破旧房屋地段

こうばいていこう 【勾配抵抗】 grade resistance 坡度阻力

こうばいベクトル 【勾配～】 gradient vector 梯度矢量,梯度向量

こうばいへんこうてん 【勾配変更点】 changing point of gradient 坡度转折点,坡度变更点

こうばいほう 【勾配法】 坡度法(钢结构最佳设计方法的一种)

こうはのれんけつ 【光波の連結】 coherence of light wave 光波的相干性

こうばん 【鋼板】 steel plate 钢板

ごうはん 【合板】 plywood 胶合板

こうばんおうりょく 【交番応力】 alternate stress, alternating stress 交替应力,反复应力

こうばんかじゅう 【交番荷重】 alternate load, alternating load 交替荷载,反复荷载

こうばんかじゅうしけんき 【交番荷重試験機】 alternate load testing machine 交替荷载试验机,反复荷载试验机

ごうはんかたわく 【合板型枠】 plywood mould 胶合板模板

こうばんじょ 【交番所】 watch house 守望所,哨所,警察驻勤点

こうばんせいだんぼうボイラー 【鋼板製暖房～】 steel plate heating boiler 钢板采暖锅炉

ごうはんせきいた 【合板堰板】 plywood sheathing 胶合板望板,胶合板衬板,胶合板模板

ごうはんパネルこうほう 【合板～[panel]工法】 胶合板定型模板施工法,胶合板模板施工法

こうばんプラスチック・ヒンジ 【交番～】 alternate plastic hinge 交替塑性铰

こうばんボイラー 【鋼板～】 steel boiler 钢板锅炉

こうばんほうねつき 【鋼板放熱器】 pressed radiator 压制(钢板)散热器

ごうはんようせっちゃくざい 【合板用接着剤】 adhesive for plywood 胶合板用粘合剂,胶合板用胶粘剂

こうひ 【工費】 construction cost 建筑费,工程费,工程造价

ごうひ 【剛比】 relative stiffness ratio 刚度比,相对刚度

ごうひはんけい 【剛比半径】 radius of relative stiffness (混凝土板应力计算用的)相对刚度半径

こうひふくアークようせつぼう 【厚被覆～溶接棒】 thick-coated arc welding rod 厚药皮焊条

こうひみつもりしょ 【工費見積書】 construction cost estimate 工程费用预算书,工程费用概算书

こうびょう 【孔廟】 孔庙

こうびょう 【硬屏】 中国式屏风,硬式屏风

こうびょう 【鋲鋲】 riveting 铆接,铆合

こうひんい 【高品位】 high-quality 高质量,优质

こうふかねんしょう 【高負荷燃焼】 high load combustion 高负荷燃烧

こうふく 【降伏】 yielding 屈服

こうふくおうりょく 【降伏応力】 yield stress 屈服应力

こうふくか 【降伏価】 yield value 屈服值

こうふくかじゅう 【降伏荷重】 yield load 屈服荷载

こうふくかんせつ 【降伏関節】 yield hinge 屈服铰,塑性铰

こうふくかんせつせん 【降伏関節線】 yield hinge line 屈服铰线

こうふくきょうど 【降伏強度】 yield strength 屈服强度

こうふくげんしょう 【降伏現象】 yield phenomenon 屈服现象

こうふくじょうけん 【降伏条件】 yielding condition 屈服条件

こうふくしんど 【降伏震度】 yield seismic intensity 屈服烈度

こうふくせん 【降伏線】 yield line, crack line 屈服线,屈服铰线,裂缝线

こうふくせんりろん 【降伏線理論】 yield line theory 屈服线理论

こうふくそうせんだんりょく 【降伏層剪断力】 story shear force of yield state 屈服状态楼层剪力

こうふくそうせんだんりょくけいすう 【降伏層剪断力系数】 story shear coefficient at yield state 屈服点楼层剪切系数,屈服点楼层剪力系数

こうふくち 【降伏值】 yield value 屈服值

こうふくつよさ 【降伏強さ】 yield strength 屈服强度

こうふくてん 【降伏点】 yield point 屈服点

こうふくてんおうりょく 【降伏点応力】 yield point stress 屈服点应力

こうふくてんのび 【降伏点伸】 elongation of yield point 屈服点伸长

こうふくとくせい 【降伏特性】 yield characteristics 屈服特性

こうふくひずみ 【降伏歪】 yield strain 屈服应变

こうふくヒンジ 【降伏～】 yield hinge 屈服铰,塑性铰

こうふくへんい 【降伏変位】 yield displacement 屈服位移

こうふくまげモーメント 【降伏曲～】 yield bending moment 屈服弯矩

こうふくモーメント 【降伏～】 yield moment 屈服弯矩,屈服力矩

こうぶち 【荒蕪地】 wilderness,barren land 荒地

ごうぶち 【格縁】 rib 方格顶棚的格条,方格天花板的支条

こうぶつしつがんりょう 【鉱物質顔料】 mineral pigment 矿物颜料

こうぶつしつじょきょ 【鉱物質除去】 demineralization 矿物质去除,去矿化

こうぶつしつせんいばん 【鉱物質繊維板】 mineral fiber-board 矿物纤维板

こうぶつせんい 【鉱物繊維】 mineral fiber 矿物纤维

こうぶんし 【高分子】 macro-molecule 高分子

こうぶんしかごうぶつ 【高分子化合物】 high molecular compound,macromolecular compound 高分子化合物

こうぶんしぎょうしゅうざい 【高分子凝集剤】 polymer coagulant 高分子混凝剂

こうぶんしでんかいしつ 【高分子電解質】 polyelectrolyte 聚合电解质,高分子电解质

こうぶんしぶっしつ 【高分子物質】 high polymer,high molecular substance 高分子物质,高分子化合物

ごうへき 【剛壁】 rigid wall 刚性墙(对水平荷载不易变形的墙)

こうべら 【鋼箆】 steel spatula 钢刮刀,钢刮铲,钢制油漆用刀

こうベルト 【鋼～】 steel belt 钢带

こうへんせんだんき 【鋼片剪断機】 plate shears 钢板剪切机,剪板机

こうぼ 【酵母】 yeast 酵母,发酵粉

こうほう 【工法】 construction method 施工法,建造方法,做法

こうほう 【構法】 构造方法,建造方法,建筑方法

こうぼう 【工房】 workshop 手工艺作坊

こうぼう 【光芒】 beam 光束

こうほうこうかいほう 【後方交会法】 resection 后方交会法

こうほうしゃのうはいえきしょり 【高放射能廃液処理】 treatment of highlevel radioactive waste 强放射能废液处理

こうぼく 【坑木】 supporting wood 坑道撑木,坑木

こうぼく 【高木】 tree,arbor 乔木,高树

こうぼちせき 【公簿地積】 土地登记簿记载面积

こうぼばいようしょり 【酵母培養処理】 waste treatment by yeast culture 酵母培养法处理(污水)

ごうま 【格間】 coffer 顶棚的方形镶板,方格顶棚,拱肋间的曲面

こうまきじゃく 【鋼巻尺】 steel tape 钢卷尺

こうマグネシウムしつせっかい 【高～質石灰】 high magnesium lime 高镁石灰

こうマンガンこう 【高～鋼】 high manganese steel 高锰钢

こうみつど【光密度】density of light 光密度

こうみつどかいはつ【高密度開発】high density development 高密度发展,高密度开发

こうみつどこうつうりゅう【高密度交通流】high density traffic flow 高密度交通流

こうみつどじゅうたくち【高密度住宅地】high density residential district 高密度居住区,高密度住宅区

こうみょうたん【光明丹】minium,red lead 光明丹(商),铅丹,四氧化三铅,红铅

こうみんかん【公民館】公民馆

こうめん【構面】plane of structure 结构平面

こうめんがいせんだんりょくテンソル【合面外剪断力～】transverse shear tensor 面外(组合)剪力张量

こうめんドーム【構面～】plate-type dome 板型圆顶,折板圆顶

ごうめんないせんだんりょくテンソル【合面内剪断力～】internal shear tensor 面内(组合)剪力张量

ごうモーメント【合～】resultant moment 合力矩

ごうモーメント・ベクトル【合～】resultant moment vector 合力矩矢量,合力矩向量

こうもん【坑門】portal 坑门,隧道入口

こうもん【閘門】lock 水闸,闸门

こうやいた【鋼矢板】steel sheetpile 钢板桩

こうやいたのかみあわせ【鋼矢板の嚙合】interlock of steel sheet piling 钢板桩嵌锁,钢板桩联结

こうゆうけん【交友圏】中小学服务范围(日本以学生交友活动范围计算)

こうゆうりん【公有林】public corporation-forest 公有林

こうようじゅ【広葉樹】broad-leaved tree 阔叶树

こうようじゅざい【広葉樹材】broad-leaved wood 阔叶树材

こうようち【公用地】public land 公共用地

こうようてい【高揚程】high head,high lift 高水头,高扬程

こうようていうずまきポンプ【高揚程渦巻～】high head centrifugal pump 高扬程离心泵

こうようもの【紅葉物】crimson foliage tree 红叶树

こうらいがき【高麗垣】菱形格编竹墙

こうらいしき【高麗式】(朝鲜)高丽式(建筑)

こうらいしば【高麗芝】Korean Velvet grass,mascareen grass 天鹅绒草,细叶结缕草,高丽芝草

こうらくさ【高落差】high head,high fall 高水头,高落差

こうらん【勾欄】balustrade 勾栏,栏杆

こうらん【高欄】handrail,railing 栏杆

こうらんおやばしら【高欄親柱】newel 楼梯栏杆主柱,勾栏望柱

こうり【氷】ice 冰

こうりけん【小売圏】retailing sphere 零售范围圈,零售区域

ごうりしき【合理式】rational formula 推理公式(即:雨水径流量＝径流系数×降雨强度×流域面积)

こうりしょうぎょうち【小売商業地】retail trade district 零售商业区

こうりしょうてんがい【小売商店街】retail shopping center 零售商店中心,零售商店街

こうりしょうてんちいき【小売商店地域】retail shopping district 零售商店区

こうりつ【功率】power 功率

こうりつ【効率】efficiency 效率

ごうりつ【剛率】rigidity 刚度

こうりつかんそうそくど【恒率乾燥速度】constant drying rate 恒定干燥速度,恒定干化速率

こうりつさんかちほう【高率酸化池法】high-rate oxidation pond 高负荷氧化塘(法)

こうりつさんすいろしょうほう【高率散水濾床法】high-rate trickling filter

高负荷生物滤池(法)

こうりつしょうかほう 【高率消化法】 high-rate digestion 高负荷消化法

こうりつろしょう 【高率濾床】 high-rate trickling filter 高负荷(生物)滤池

こうりつろしょうほう 【高率濾床法】 high-rate filtration 高速过滤,高负荷过滤

こうりゅう 【向流】 counterflow, countercurrent 逆流,反向流,对流

こうりゅう 【交流】 alternating current (AC) 交流

こうりゅう 【恒流】 permanent current, stationary current 恒定流,稳定流

こうりゅうアークようせつ 【交流~溶接】 alternating current arc welding 交流电弧焊

こうりゅうアークようせつき 【交流~溶接機】 alternating current arc welding machine 交流(电)弧焊机

こうりゅうエレベーター 【交流~】 alternating current elevator 交流升降机,交流电梯

こうりゅうがたコイル 【向流型~】 counterflow coil 对流式盘管

こうりゅうがたれいきゃくとう 【向流型冷却塔】 counterflow cooling tower 逆流式冷却塔

ごうりゅうかんそんしつ 【合流管損失】 combined piping loss 合流管道(水头)损失

こうりゅうさんえんスラグ・セメント 【高硫酸塩~】 supersulphated slag cement 石膏矿渣水泥

ごうりゅうしき 【合流式】 combined system 合流制,合流系统

ごうりゅうしきげすいどう 【合流式下水道】 sewerage of combined system 合流制下水道,合流制排水工程

ごうりゅうしきこうつうせいり 【合流式交通整理】 traffic control of combined system 合流式交通管理

ごうりゅうしきはいすいけいとう 【合流式排水系統】 combined drainage system 合流制排水系统

ごうりゅうたん 【合流端】 merging end 汇合端,合流端(指交通岛或中央分隔带的末端)

ごうりゅうてん 【合流点】 confluence 汇合点

こうりゅうにだんそくどエレベーター 【交流二段速度~】 alternating current two-speed elevator 二级速度交流电梯,二级速度交流升降机

こうりゅうはつでんき 【交流発電機】 alternator, alternating current generator 交流发电机

ごうりゅうます 【合流枡】 combined inlets chamber 汇流井

こうりゅうれいきゃくとう 【向流冷却塔】 countercurrent cooling tower 逆流冷却塔

こうりょう 【光量】 quantity of light 光量

こうりょう 【虹梁】 月梁,虹梁

こうりょうち 【光量值】 light value 光量值,光亮度

こうりょく 【光力】 luminous energy 光能

こうりょく 【抗力】 resistance, resisting force 阻力,抗力

ごうりょく 【合力】 resultant, resultant of force 合力

こうりょくけいすう 【抗力系数】 drag coefficient 阻力系数

こうりょくこう 【高力鋼】 high-strength steel 高强(度)钢

こうりょくこううすいた 【高力鋼薄板】 high tensile thin steel plate 高强度薄钢板

こうりょくこうはん 【高力鋼板】 high-tensile steel plate, high-strength steel plate 高强度钢板

ごうりょくせんこうぞうぶつ 【合力線構造物】 resultant line structure 合力线结构物

こうりょくボルト 【高力~】 high-strength bolt, high tensile bolt, high tension bolt 高强螺栓

こうりょくボルトこうほう 【高力~工法】

high strength bolted connections 高强螺栓联结施工法
こうりょくボルトまさつせつごう【高力～摩擦接合】high strength bolted connections in friction type 高强螺栓摩擦联结
こうりんづくり【光琳造】(按日本画家尾形光琳画出的)松树整枝
こうレール【鋼～】steel rail 钢轨
こうれん【硬練】dry mix 干硬性拌合料
こうろ【航路】navigation channel, fairway 航道,航线
こうろう【硬鑞】hard solder 硬焊料
こうろガスせんじょうはいすい【高炉～洗浄廃水】blast furnase gas scrubbing wastewater 高炉煤气洗涤废水
こうろこうさい【高炉鉱滓】blast furnace slag 高炉矿渣
こうろさ【行路差】path difference (直达声与反射声的)行程差
こうろすいさい【高炉水滓】graunlated slag 水淬渣,高炉水渣
こうろスラグ【高炉～】blast furnace slag 高炉矿渣,矿渣
こうろセメント【高炉～】portland blast furnace cement, slag cement 高炉矿渣水泥,矿渣水泥
こうろライニング【高炉～】blast furnace lining 高炉炉衬
こうわん【港湾】harbour, port 港湾
こうわんかいはつ【港湾開発】ports and harbours development 港湾发展,港口开发
こうわんくいき【港湾区域】port area 港湾区域,港口区域
こうわんそくりょう【港湾測量】harbour surveying 港湾测量
こうわんちく【港湾地区】harbour district, port district 港湾区,港口区
こうわんとし【港湾都市】harbour city 港口城市
こうんぱん【小運搬】近距离搬运,场地内搬运
こえきぶんり【固液分離】solid-liquid separation 固液分离
こえぐり【小刳】cavetto, quartre hollow 1/4凹圆线脚
こえだ【小枝】twig 小枝,短枝
こえび【小海老】顶棚四周弯曲的木构件
こえまつ【肥松】多脂松木,富脂松木
ごえんかりん【五塩化燐】phosphorus pentachloride 五氯化磷
こがいしつ【戸外室】outdoor room 户外房间(露台、敞篷等)
こがえり【小返】tilting of rail canted rail 轨身(左右)倾斜(轨道的钢轨由于枕木下沉等而向左右方向倾斜)扶脊木,压顶木等上表面的斜削部分
こかおんど【糊化温度】gelation temperature 糊化温度,胶凝温度
こがく【小角】baby square 小枋,小方木
ごかくてんば【五角天端】五角形石砌顶面
ごかくます【五角桝】枓栱的五角形计算法式(日本江户时代利用圆内五角形求枓栱尺寸的方法)
ごかくわり【五角割】枓栱的五角形计算法式(日本江户时代利用圆内五角形求枓栱尺寸的方法)
コーカサスだんつう【～緞通】Caucasian carpet, Caucasian rug 高加索式地毯,几何图案式地毯
こがしら【小頭】foreman 工长,领工员
こがたでんきゅう【小型電球】small size bulb 小型灯泡
こかつ【涸渇】depletion 枯竭,干涸
こがね【小曲尺】三等分析尺,小折尺
こかべ【小壁】wall above picture rail 挂镜线上部的墙
こかほう【固化法】solidification of radioisotope material (放射性废水)固体化法
ごがん【護岸】revetment 护坡,护岸
ごかんくみたて【互換組立】reciprocal assembly 互换性装配,互换性组装
ごかんせつ
こかんな【小鉋】miniature plane 小刨
こきほぞ【扱枘】端部削窄的插榫
こきゅう【呼吸】respiration 呼吸

こきゅうさよう【呼吸作用】respiration 呼吸作用
こきゅうしょう【呼吸商】respiratory quotient 呼吸商,呼吸比
こきゅうせん【呼吸線】breathing line 呼吸线(距地面1.5米的工作区)
こきゅうべん【呼吸弁】breather valve 通气阀
コーキング caulking 敛缝填隙,嵌缝,捻缝
コーキング・ハンマー caulking hammer 堵缝锤,嵌缝锤,捻缝锤
コーキング・ランマー caulking rammer 堵缝夯锤
こく【石・斛】石(日本容积单位,计算木材容积等于10立方尺,计算粮食约等于180升)
こく【扱く】刮落,播落,飞缘头等的收分
こくえいこうえん【国営公園】national government park 国家公园
こくえき【黒液】black liquor 黑液
こくえきねんしょうほう【黒液燃焼法】black liquor combustion process 黑液燃烧法
こくえん【黒鉛】graphite 石墨
こくえんペイント【黒鉛～】graphite paint 石墨涂料
こくさいおんきょうがっかい【国際音響学会】International Congress on Acoustics(ICA) 国际声学会
こくさいかいぎじょう【国際会議場】international conference hall 国际会议厅
こくさいかんこうホテル【国際観光～】international tourist hotel 国际游览旅馆,国际旅游旅馆
こくさいくうこう【国際空港】international airport 国际航空港,国际机场
こくさいけんちく【国際建築】international architecture (1920～1930年代)国际式建筑
こくさいけんちくうんどう【国際建築運動】Movement of International Architecure (1920～1930年德国出现的)国际建筑运动
こくさいけんちくかきょうかい【国際建築家協会】Union Internationale des Architectes(UIA)[法] (1948年在瑞士成立的)国际建筑师联盟
こくさいけんちくかれんごう【国際建築家連合】Union Internationale des Architectes(UIA)[法] (1948年在瑞士成立的)国际建筑师联盟
こくさいけんちくけんきゅうじょうほうかいぎ【国際建築研究情報会議】Conseil Internationale du Batiment pour la Recherche, l'Étude etla Documentation(CIB)[法] 国际建筑研究情报会议
こくさいこうぎょうデザインだんたいきょうぎかい【国際工業～団体協議会】International Council of Societies of Industrial Design(ICSID) 国际工业设计团体协会
こくさいこうつう【国際交通】international traffic 国际交通
こくさいじゅうたくとしけいかくれんめい【国際住宅都市計画連盟】International Federation for Housing and Planning (IFHP) 国际住宅和城市规划会议
こくさいじゅうたくもんだいとしけいかくかいぎ【国際住宅問題都市計画会議】International Housing and Town Planning Committee(IHTPC) 国际住宅和城市规划会议(1958年改为IFHP)
こくさいしょうめいいいんかい【国際照明委員会】Commission Internationale de l'Éclairage(CIE)[法] 国际照明委员会
こくさいしょく【国際燭】international candle 国际烛光
こくさいしんけんちくかいぎ【国際新建築会議】Les Congrès Internationaux d'Architecture Moderne(CIAM)[法] (1928年在瑞士成立的)近代建筑国际协会
こくさいでんえんとしおよびとしけいかくれんめいかいぎ【国際田園都市及都市計画連盟会議】国际田园城市及城市规划联盟会议
こくさいどうろかいぎ【国際道路会議】International Road Congress 国际道路

会议

こくさいひょうじゅんかきこう 【国際標準化機構】 International Organization for Standardization(IOS) 国际标准化组织

こくさいひょうじゅんじしんけい 【国際標準地震計】 world-wide standardized seismo-meter 国际标准地震仪

こくさいようしき 【国際様式】 International style (1920～1930年代)国际式(建筑)

こくしょくかやく 【黒色火薬】 black powder 黑色炸药,黑色火药

こくしょくガラス 【黒色～】 black glass 黑色玻璃

こくしょくがんりょう 【黒色顔料】 black pigments 黑色颜料,炭黑

コークス Koks[德],coke[英] 焦炭

コークス・ガスこうじょうはいすい～ 【～[Koks德]～工場廃水】 waste from coke-gas plant 焦炉煤气生产废水

こくずし 【小崩し】 铺细砾石地面

コークスろ 【～[Koks德]炉】 coke oven 炼焦炉

こくせいちょうさ 【国勢調査】 census 全国人口普查

こくせいちょうさじんこう 【国勢調査人口】 national population census 普查人口,全国人口情况调查

こくそぼり 【刻苧彫り】 油漆的披麻

こくたい 【黒体】 black body 黑体

こくたいおんど 【黒体温度】 black body temperature 黑体温度

こくたいのふくしゃていすう 【黒体の輻射定数】 radiation constant of black body 黑体辐射系数

こくたいふくしゃ 【黒体輻射】 black body radiation 黑体辐射

こくたいほうしゃ 【黒体放射】 black body radiation 黑体辐射

こくだて 【石建】 建筑中以石为单位计算木材量

こくたん 【黒檀】 ebony wood 乌木,黑檀木

こぐち 【小口】 小额,少量,小批,横断面,(砖的)顶面,顶头石,木料梢头

こぐち 【木口】 butt end,end grain 木材横切面,端面纹理

こぐち 【虎口】 城门,营门

こぐちあり 【木口蟻】 木材端部楔形榫接头

こぐちえん 【木口縁】 横向铺钉地板的檐廊

こぐちおとし 【木口落】 楔形接合

こぐちかいだん 【木口階段】 整块方木做成踏步的楼梯

こぐちぎり 【木口切】 木材端切,木材横断面截锯,开榫凿

こぐちきりき 【木口切機】 wood trimmer 修木机,木材齐头锯

こぐちきりだい 【木口切台】 木材横断面截锯台

こぐちきりばん 【木口切盤】 wood trimmer 木材齐头锯,修木机

こぐちすりだい 【木口摺台】 木材端面加工台

こぐちだい 【木口台】 木材端面加工台

こぐちタイル 【木口～】 tile of header size 顶面瓷砖(尺寸与砖的顶面相同,为60×100毫米)

こぐちづみ 【小口積】 heading bond, header bond 顶砖砌合

こぐちひきだい 【木口挽台】 木材(横断面)截锯台

こぐちます 【木口斗】 料口向前的料

こぐちめん 【木口面】 cross section 木材横断面,木材横截面

こぐちわれ 【木口割】 end check,end split,end shake 木材端裂,木材幅裂

こくでい 【黒泥】 muck 污泥,淤泥,黑色软泥

こくていこうえん 【国定公園】 quasinational park 国家指定的公园

こくてんきれつ 【黒点亀裂】 shelly crack (轨条)黑点龟裂

こくと 【国都】 capital 首都

こくど 【黒度】 黑度,黑体辐射系数

こくどう 【国道】 national highway 国道,国有公路

こくどけいかく 【国土計画】 national

land planning, national planning 国土规划

こくどそうごうかいはつ【国土総合開発】 multiple purpose land development, composite land development 国土综合开发

こくどりようけいかく【国土利用計画】 国土利用规划

こくないくうこう【国内空港】 domestic airport 国内飞机场,国内航空港

こくないびき【国内挽】(木材)国内锯制,国内制材

ごくなんこう【極軟鋼】extra mild steel, extrasoft steel 特等软钢,特软钢

こくふんねんけつざい【穀粉粘結剤】 flour adhesive 面粉粘结剂

こくほう【国宝】national treasure 国宝(国家保存的古文物、建筑遗产)

こくほうけんぞうぶつ【国宝建造物】 national treasure building 国家保存的文物建筑

こぐみ【小組】细格顶棚

こぐみごうてんじょう【小組格天井】细格顶棚

こくみんきゅうかむら【国民休暇村】国民休养村

こくみんきゅうようち【国民休養地】国民休养地

こくみんこうえん【国民公園】国民公园

こくもつそうこ【穀物倉庫】silo[英], granary[美] 谷仓,粮仓

こくゆうりん【国有林】national forest 国有林

こくようせき【黒曜石】obsidian 黑曜岩

コークようせつ【～溶接】caulk weld 填缝焊,塞焊,密实焊缝

ごくらく【極楽】snatch block 扣绳滑轮

コクラン・ボイラー Cochran boiler 考克兰锅炉

こくりつこうえん【国立公園】national park 国立公园,国家公园

こくりつこっかいとしょかん【国立国会図書館】diet library 议会图书馆

こくれんほんぶビル【国連本部～】 United Nations Headquarters Building 联合国大厦

コークろガス【～炉～】coke oven gas 焦炉煤气

こけいはいきぶつ【固形廃棄物】solid waste 固体废物

こけいぶつ【固形物】solid 固体

こけいぶん【固形分】solid content (粘合剂的)固体含量

こげた【小桁】joist 小梁,檩条,搁栅

こけつけ【苔付】青苔移植

こけつこうほう【固結工法】consolidation process (地基)固结施工法

こけにわ【苔庭】moss-grown garden 苔皮园,苔藓园

こけもよう【苔模様】moss pattern 青苔模坛,青苔植坛

こけら【柿】shingle 木片,铺屋面用薄木片,木板瓦

こけらいた【柿板】shingle 薄木片,木板瓦

こけらいたぶき【柿板葺】shingle roofing 木板瓦屋顶,铺木板瓦屋顶

こけらぶき【柿葺】shingle roofing 木板瓦屋面,用木板铺屋面

ごけんさんこ【五間三戸】五间三门(大门的一种形式)

ココー koko, kokko 印度合欢,阔叶合欢木

ここう【弧光】arc light 弧光

ごこうえんりんき【呉興園林記】(中国宋代周密著的)《吴兴园林记》

こごうし【小格子】小格子,小格窗

ごこうばり【後光梁】radial timbering (隧道)放射型支撑

ここのきゅうすいりょう【個個の給水量】 private consumption 单户供水量,单户给水量

ごさ【誤差】error 误差

こざかいかべ【戸界壁・戸境壁】party wall 户界墙,共用界墙

こざかいゆか【戸界床・戸境床】(住宅上下层)户界楼板,(公共建筑层)防火隔声楼板

ごさかんすう 【誤差関数】 error function 误差函数
ごさきょくせん 【誤差曲線】 error curve 误差曲线
ごさせきぶん 【誤差積分】 error integral 误差积分
ごさちょうせい 【誤差調整】 compensation of errors 误差调整,平差
ごさでんぱのほうそく 【誤差伝播の法則】 law of error propagation 误差传播定律
ごさほうそく 【誤差法則】 law of errors 误差定律
ごさろん 【誤差論】 theory of errors 误差理论
こし 【層】 storey,story 层,楼层
こし 【腰】 墙裙,门的中冒头,拱腰,腰线以下部分,台座中央凹收部分,封檐板中央部分
ゴージ gouge 半圆凿,弧口凿
ゴージ gorge 小凹圆线脚,凹槽,峡谷
こしいし 【腰石】 腰线石,建筑物腰部贴石线脚,建筑物腰部砌石
こしいしづみ 【腰石積】 skirt retaining wall 坡脚石砌挡土墙
こしいた 【腰板】 wainscot,dado 裙板,裙墙镶板,护墙板
こしえん 【腰縁】 腰檐
こしおりこやぐみ 【腰折小屋組】 mansard roof construction 折线形屋顶构造
こしおりやね 【腰折屋根】 mansard roof 折线形屋顶
こしおれ 【腰折】 折线
こしかけありつぎ 【腰掛蟻接】 两段搭头上段燕尾榫接合
こしかけいし 【腰掛石】 休息石,坐石
こしかけかなもの 【腰掛金物】 strap 梁吊铁,梁托铁,箍铁
こしかけかまつぎ 【腰掛鎌継】 两段搭头上段银锭榫接合
こしかけじゃくり 【腰掛決】 鱼鳞板下端铲口
ゴージ・カット gorge cut 小凹圆线脚,凹槽
こしかべ 【腰壁】 腰墙,槛墙,裙墙
こしからど 【腰唐戸】 腰冒头上部安装玻璃的板门
こしぐみ 【腰組】 平坐料栱
こじぐみ 【香字組】 焚香烟状花纹,有焚香烟状花纹的窗格
こしざん 【腰桟】 middle rail,lock rail 门锁横档,门的中档,腰冒头
こししょうじ 【腰障子】 装裙板的槅扇
こしだかしょうじ 【腰高障子】 装高裙板的槅扇
こしつ 【個室】 private room 个人房间,私用房间
ゴシック・アーチ Gothic arch 哥特式拱,尖拱
ゴシックけんちく 【~建築】 Gothic architecture 哥特建筑,高直建筑
ゴシックようしき 【~様式】 Gothic style 哥特式(建筑),高直式(建筑)
ゴシック・リバイバル Gothic-Revival 哥特复兴式(建筑),新哥特式(建筑)
ゴシック・レビバール=ゴシック・リバイバル
こしなげし 【腰長押】 木板腰线(沿木板墙周围的窗下横向木条)
こしぬき 【腰貫】 (房屋、围墙、门等的)腰部横木
こしぬの 【濾布】 filtering cloth 滤布
こしばしら 【腰柱】 在第二层以上的柱
こしばめ 【腰羽目】 wainscot 护墙板,墙裙板
こしばり 【腰張】 糊纸裙墙,裙墙糊纸,槅扇下部糊纸,裙墙裱糊,门扇下部裱糊
こしばりいた 【腰張板】 dado,wainscot 护墙板,裙墙镶板,裙板
こしびょうぶ 【腰屏風】 矮屏风,低屏风
こしふくら 【腰脹】 (日本古建筑柱身的)凸肚,凸线,收分线
こしぼく 【越木】 伐后经翌年流筏的木材
こしみ 【小しみ】 (卫生陶瓷表面的)小面积变色(指3毫米以下的变色)
こしやね 【越屋根】 monitor roof 有天窗、气楼的屋顶
こしやねさいこう 【越屋根採光】 monitor roof lighting 屋顶天窗采光
ごじゅうのとう 【五重塔】 five-storied

pagoda 五层塔
こしょうかいはつ【湖沼開発】development of lake and pond 湖沼开拓
こしょうかんたく【湖沼干拓】lake bottom reclamation 湖沼围垦
こしょうじ【小障子】小型窗扇
こじょうじゅうきょ【湖上住居】lake dwelling 湖上房屋、水上房屋、桩上房屋
こしょうすい【湖沼水】lake water 湖沼水
こじょうとし【湖上都市】lake city 湖上城市
こしょうひょうしき【湖沼標式】lake-types 湖沼类型
こしらえ【拵】工作，制木材，加工木制品
こじりぼう【抉棒】crow bar 撬棍，撬棒
こじんごさ【個人誤差】personal error 个人误差
こじんじゅうたく【個人住宅】私人住宅(独立式)
こすうみつど【戸数密度】density of dwelling unit, dwelling density 户数密度
こずえ【梢】tree top 树梢
こすかし【小透】thin out pruning 剪枝透空，疏枝整形
こすき【木鋤】snow plough, snow scraper 除雪犁，除雪锹
コスト cost 成本，价格，费用
ゴスト ГОСТ(Государственный общесоюзный стандаРт)[俄] 苏联国家标准，国定全苏标准
コスト・アロケーション cost allocation 造价分摊，造价分配
コスト・オフ・アップキープ cost of upkeep (房屋)维修费，养护费
コスト・オフ・インストルレーション cost of installation 设备费
コスト・オフ・エレクション cost of erection 安装费，架设费
コスト・オフ・コンストラクション cost of construction 建筑成本
コスト・オフ・マネージメント cost of management 经营管理费
コスト・オフ・リペアー cost of repair 修理费
コスト・コントロール cost control 成本管理
コスト・ダウン cost down 降低成本
コスト・プランニング cost planning 成本计划
コストぶんせき【～分析】cost study, cost analysis, cost programming, cost planning (建筑)成本分析
ゴースト・ライン ghost line 鬼线(缺陷)，幻影线(钢中磷偏析、硫化物或氧化物渣所造成的带状组织缺陷)
コスマリウム Cosmarium 鼓藻属(藻类植物)
コスモポリス cosmopolis 国际都市，国际城市
こすり【擦】scratch coat 底层划痕，抹灰底层刮糙，划痕的打底层
こすりふしょく【擦腐食】frictional corrosion 摩擦腐蚀
コスレットほう【～法】Coslett process 冠斯列特式钢铁防蚀法，钢铁表面磷酸膜皮处理法，磷酸铁被膜防锈，磷化处理法
ごすんくぎ【五寸釘】五寸圆钉
こせいたいせきぶつ【湖成堆積物】lacustrine deposit 湖沉积，湖积物
こせいでいばいど【湖成泥灰土】lake-marl, boglime 湖成泥灰岩，沼灰土
ごせきでん【五脊殿】五脊殿，庑殿(屋顶的一种形式)
こせみかげ【小瀬御影】(日本香川县小豆岛产)黑云母花岗石
こせんきょう【跨線橋】overbridge 跨线桥，天桥
こそぐ【刮ぐ】chopping (道路施工的)浅铲，薄削，(隧道爆破后)铲落浮石
コーター coater 涂料器
こたいおん【固体音】solid borne sound 固体声
こたいきゅうちゃくざい【固体吸着剤】solid adsorbent 固体吸附剂
こだいきょうりょう【古代橋梁】ancient bridge 古代桥梁
こたいげんすい【固体減衰】soild damping 固体阻尼

こだいけんちく【古代建築】 ancient architecture 古代建筑
こたいすうそくていほう【固体数測定法】 counting method of individual number of organisms 生物个体计数法，个体生物测定法
こたいでんそうおん【固体伝送音】 solid borne sound 固体载声
こたいでんぱんおん【固体伝搬音】 solid borne sound, solid borne noise 固体载声，固体传声
こだいとし【古代都市】 ancient city 古代城市
こたいねんりょう【固体燃料】 solid fuel 固体燃料
こたいバラスト【固体～】 solid ballast 固体压载
ゴーダウン godown 仓库，栈房，地下室
こだこ【小蛸】 小型硪
こたたき【小叩】 dabbed finish 细剁斧面，细凿琢面
こたたきしあげ【小叩仕上】 dabbed finish 细凿琢面，细剁斧面
こたつ【火燵·炬燵】（取暖用的）熏笼，被炉
コダッチのじょうけんしき【～の条件式】 Codazzi conditions 科达齐条件式
こだてじゅうたく【戸建住宅】 detached house 单户独立住宅
コータフォイル＝キャタフォイル
コーチ・スクリュー coach screw 方头螺钉
こちゃくかんそう【固着乾燥】 tack free（涂膜）固着干燥，干燥不剥落
こちゃくざい【固着剤】 adhesive, binder 粘合剂，结合剂
こちゃくぶし【固着節】 tight knot, live knot, intergrown knot（木材的）连生节，活节
ごちゅうしき【五柱式】 pentastyle（古希腊神庙的）五柱式
ごちょう【語長】 word length 语长，字长
コーチング coating 涂料，油漆，涂层，包覆
コーチングざい【～材】 coating material 涂料，覆盖材料
コーチングそうち【～装置】 coating set 涂覆装置
コーチング・マシン coating machine 涂敷机械，涂漆机
こっかいぎじどう【国会議事堂】 capitol（各国的）会议大厦，（日本的）国会议事堂
こっかくこうぞう【骨格構造】 skeleton structure 骨架结构，框架结构
こつき【小付】 石工用小尖锤
こつきしあげ【こつき仕上】 小尖锤琢面，小尖锤饰面
コック cock 栓，小龙头，旋塞，活嘴阀门
ゴッグル goggles 护目镜
コック・レンチ cock wrench 龙头扳手，活栓扳手
こつざい【骨材】 aggregate 集料，骨料
こつざいあらいだししあげ【骨材洗出仕上】 exposed aggregate finish（混凝土表面）洗石面，骨料洗出饰面，水刷石饰面
こつざいきゅうすいりょう【骨材吸水量】 amount of water absorption of aggregate 骨料（集料）吸水量
こつざいけいりょうき【骨材計量機】 aggregate batcher 骨料计量器
こつざいさんぷき【骨材散布機】 aggregate spreader 骨料撒布机
こつざいしゅうせいけいすう【骨材修正係数】 aggreagte correction factor 骨料（集料）修正系数
こつざいせんじょうき【骨材洗浄機】 aggregate washer 骨料洗涤机
こつざいのあらいしけん【骨材の洗試験】 washing analysis of aggregate 骨料冲洗分析试验
こつざいのおおきさ【骨材の大きさ】 aggregate size 骨料粒度
こつざいのさいだいすんぽう【骨材の最大寸法】 largest size of aggregate 骨料最大颗粒尺寸
こつざいのさいだいりゅうけい【骨材の最大粒径】 size of greatest particle 骨料最大粒径

こつざいのすりへりしけん 【骨材の摩減試験】 abrasion test of aggregate 骨料磨耗试验
こつざいのひょうめんすい 【骨材の表面水】 surface water of aggregate 骨料表面水
こつざいのりゅうしゅつひゃくぶんりつ 【骨材の流出百分率】 percentage of washing loss in aggregate 骨料水洗流失率
こつざいプラント 【骨材～】 aggregate plant 骨料加工厂,砂石厂
コッター cotter 开尾销,扁销,键销
コッター・ジョイント cotter joint 键接合,销接合,开尾接合
コッター・ピン cotter pin 开尾销,扁销,键销
コッター・ボルト cotter bolt 带销螺栓
こったん 【骨炭】 bone black 骨炭
こづち 【小槌】 小木锤
コッテージ cottage 村舍,小型别墅,小房屋
コッドラント quadrant 扇形板,扇形体,象限
コットレルしゅうじんき 【～集塵器】 Cottrell precipitator 柯垂尔(静电)除尘器
コットン・セイル・クロース cotton sail cloth 平纹棉帆布
こっぱ 【木羽】 chip 木屑,薄木片
コッパー・ウール・フィルター copper wool filter 铜丝毛过滤器
コップ kop[荷] 杯,玻璃杯
コッファー coffer 顶棚方形镶板,顶棚格板,拱顶肋棱之间的曲面
コッファダム cofferdam 围堰
コッブル cobble 大卵石
コッブルストーン cobblestone 圆石,大卵石
こづら 【小面】 header 砖和石材块体等的六面体中最小的一面
こづらづみ 【小面積み】 header bond 丁砖砌合
こて 【鏝】 trowel 镘刀,抹子
こていアーチ 【固定～】 hingeless arch, fixed arch 无铰拱,固端拱
こていアーチきょう 【固定～橋】 fixed arch bridge, hingeless arch bridge 无铰拱桥,固定拱桥
こていえん 【固定縁】 fixed edge 固定边,嵌入边
こていかじゅう 【固定荷重】 fixed load, dead load 固定荷载,静载,恒载
こていガントリ・クレーン 【固定～】 fixed gantry crane 固定式高架起重机,固定式龙门起重机
こていきおくそうち 【固定記憶装置】 permanent memory 永久存贮器
こていきそ 【固定基礎】 fixed mass foundation, direct foundation 固定基础
こていきょう 【固定橋】 fixed bridge 固定桥
こていぐ 【固定具】 clip 夹具
こていけいじょうこうぞう 【固定形状構造】 fixed-geometry structure 固定形状结构,几何不变结构
こていごちょう 【固定語長】 fixed word length 固定语长,固定字长
こていさ 【固定索】 stay rope 锚定绳,牵索,缆风绳,拉索
こていしき 【固定式】 stationary 固定式
こていしきかんきき 【固定式換気器】 stationary ventilator 固定式通风器
こていしさん 【固定資産】 fixed assess 固定资产
こていししょう 【固定支承】 fixed bearing 固定支承,固定支座
こていしてん 【固定支点】 fixed support 固定支点,固定支座
こていジブ・クレーン 【固定～】 fixed jib crane 固定式悬臂起重机
こていじゅうりょう 【固定重量】 fixed weight 固定重量
こていスクリーン 【固定～】 fixed screen 固定格栅
こていぜき 【固定堰】 fixed weir 固定堰
こていた 【鏝板】 hand hawk 托灰板,抹灰托板

こていだい 【固定台】 anchor block (吊桥等的)锚定台,锚块
こていたん 【固定端】 fixed end 固定端
こていたんモーメント 【固定端～】 fixed-end moment 固(定)端力矩,固端弯矩
こていち 【固定池】 stabilization pond 稳定池,稳定塘
こていちゅうきゃく 【固定柱脚】 fixed base of column 固定柱脚
こていとうにゅう 【固定投入】 fixed input (资产的)固定投入额
こていノズルしきさんすいき 【固定～式散水機】 fixed nozzle type sprinkler 固定喷嘴式喷水器,固定喷嘴式洒水器
こていばし 【固定橋】 fixed bridge 固定桥
こていばり 【固定梁】 fixed beam 固定梁,嵌固梁
こていひ 【固定費】 fixed expense 固定费用
こていひかえ 【固定控】 fixed stay 固定支撑
こていひごうし 【固定火格子】 fixed grating 固定炉栅
こていピン 【固定～】 fixed pin 固定销
こていふさい 【固定負債】 fixed liability 固定负债
こていフランジ 【固定～】 fixed flange 固定法兰,固定凸缘
こていまじきり 【固定間仕切】 fixed partition wall 固定隔墙
こていモーメント 【固定～】 fixed-end moment 固定端弯矩,固端力矩
こていモーメントほう 【固定～法】 moment distribution method, Cross's method 力矩分配法,克劳斯(弯矩分配)法
こていルーバー 【固定～】 fixed louver 固定百页窗
こていレール 【固定～】 fixed rail 道岔固定轨
コーディング coding 编码,编制程序
コーディング・シート coding sheet 编码纸,编码表格
こてえ 【鏝絵】 抹灰浮雕
こておさえ 【鏝押】 抹子压平,抹子压光
こてぎれ 【鏝切】 (抹灰时)粘抹子,粘镘
こてしあげ 【鏝仕上】 用镘修整,浮镘出面,抹平,墁平,抹光
こてずり 【鏝摺】 trowel finish 抹光面,镘平
こてならし 【鏝均】 floating 用镘抹平
こてぬり 【鏝塗】 trowelling 用镘刀抹平,镘平
こてぬりゆか 【鏝塗床】 float finished floor 抹子压光地面,抹平地面
こてのび 【鏝伸】 易抹性,展镘容易程度
こてのみ 【鏝鑿】 窄镘刀,小抹子
こてみがき 【鏝磨】 trowel finish 抹光面,抹子压光
こてむら 【鏝斑】 抹面后的条痕
こてんけんちく 【古典建築】 classical architecture 古典建筑
こてんしゅぎ 【古典主義】 classicism 古典主义
こてんじょう 【小天井】 檐口天花
こてんようしき 【古典様式】 classic style 古典式(建筑)
コート coat 涂层,罩面层,覆盖层,膜层
コード chord 弦,弦杆
コード cord 软线,绳索,导火线
コード code 码,代码,编码,符号,标记
ゴード guard 防护,保护,隔绝,防护装置
ことう 【弧灯】 arc light 弧光灯
ごとう 【五十】 依照尺贯法板的大小的称呼,5日寸×5日寸×1日尺的整石
こどうきょう 【跨道橋】 overbridge 跨路桥,天桥
こどうぐべや 【小道具部屋】 property room 小道具室
ごとくい 【五蠹喰】 (木材的)虫害,虫蚀
コード・コネクター cord connector 软电线连接器,塞绳连接器,接线器
コード・スイッチ cord switch 拉线开关
コードせっけい 【～設計】 code design 编码设计,代码设计
コード・チェック code check 代码检查
コート・ハウス court house 法院建筑,有天井的住宅
コード・ペンダント cord pendant 电灯

吊线,软线吊灯,电线悬饰
**コード・ペンダント・ランプ** cord pendant lamp 吊灯,软线吊灯
**こどもえ** 【小巴】 小勾滴筒瓦,小型筒瓦
**こどもしつ** 【子供室】 children's room 儿童室
**コード・モデュラス** chord modulus (应力应变曲线上两点间的)弦模量,割线模量
**こどもびょういん** 【子供病院】 children's hospital 儿童医院
**こどもようたかいす** 【子供用高椅子】 child's highchair 婴孩高椅
**コートヤード** courtyard 院子,庭院,公共建筑的服务用地
**こトラ** 【小~】 pick-up truck 小型卡车,小型运货车
**コードン** cordon 封锁线,(区域性交通调查)小区划分线
**コードン・インタビューちょうさ** 【~調査】 cordon interview survey 小区交通访问调查,(区域)圈线交通调查(或观测)
**コードンちょうさ** 【~調査】 cordon traffic survey, cordon count 小区交通调查,(区域)圈线交通调查
**コードンつうかこうつう** 【~通過交通】 external cordon trip (交通调查)小区划分线外的交通,跨越小区交通
**コードンないこうつう** 【~内交通】 internal cordon trip (交通调查)小区划分线内的交通,小区内交通
**コーナー** corner 角,屋角,街道拐角
**コーナー・ウェルド** corner weld 角焊
**こなおし** 【小直】 抹灰底层修整
**コーナー・カント** corner cant (道路交叉口)转角切除
**コーナー・ショップ** corner shop 街角商店
**コーナー・ストーン** corner stone 墙角石,(转)角石
**こなたち** 【粉立】 dusting 飞粉尘,粉尘飞扬
**こなつけ** 【粉付】 dusting 撒粉,涂粉,朴粉,涂隔离剂
**こなつのまた** 【粉角叉】 (刷浆用)鹿角菜粉
**コーナー・パイル** corner pile 转角用板桩
**コーナー・ビード** corner bead 墙角护条,转角半圆线脚,护角铁件
**コーナー・ファニチュア** corner furniture 角隅处家具
**コナーベーション** conurbation 集合城市(两个或几个城市由于不断发展而连成一片),具有许多卫星城的大城市,城市群
**コーナー・ポスト** corner post 角柱
**こなみいた** 【小波板】 short pitch corrugated sheet 小波纹薄钢板,小波纹板
**こなら** 【小楢】 Quercus serrata[拉], Serrat oak, glandbearing oak[英] 桴栎,枹树
**こならび** 【小並】 日式小型瓦
**こなわ** 【子縄】 strand rope 绳股,绳束,股绞绳
**ゴニオメーター** goniometer 测角器,量角器,测向器,角度计
**コニカル・ミキサー** conical mixer 圆锥形搅拌机
**コーニス** cornice 檐口,腰线
**コーニスしょうめい** 【~照明】 cornice lighting 檐口照明,台口线照明
**コニメーター** konimeter 尘埃计,计尘器
**こにわ** 【小庭】 小庭院,庭园,宫殿前小院子
**こぬき** 【小貫】 小型横穿板,小板条
**コネクション** connection 连接,接合,连接点
**コネクション・スクリュー** connection screw 连接螺钉,连接螺丝
**コネクションねじ** 【~螺子】 connection screw 连接螺钉,连接螺丝
**コネクション・ボックス** connection box 分线箱,接线箱
**コネクター** connector 接榫,接合环,连接件,连接器
**コネクター・ピン** connector pin 插头,插销,连接销
**コネクチング・フランジ** connecting flange 连接凸缘,连接法兰
**コネクティング・ロッド** connecting rod 连杆,结合杆,活塞杆

こねじ 【小螺子】 screw 小螺钉,螺丝
ごねつ 【後熱】 post heating (焊)后加热
こねば 【捏場】 拌和场地,搅拌地点
こねほぞ 【小根枘】 根部粗大露出较小的插榫
こねまぜ 【捏混】 kneading 捏和,混合,搅拌
こねや 【捏屋】 kneader 拌灰工,和灰工
コノイド・シェル conoid shell 圆锥形薄壳,锥形薄壳,劈锥曲面壳
このき 【小軒】 (重檐中的)飞檐
このきだるき 【小軒垂木】 飞檐椽
このてがしわ 【槙柏】 Biota orientalis [拉],Chinese arborvitae,oriental arborvitae[英] 侧柏
このみぎり 【小鑿切】 小凿琢面
こば 【木羽·小羽·木端·小端】 木片,截断的木板片,板的长边,砖和石料等六面体中的最小面
ごはい 【後拝】 后拜厅(日本社寺建筑正殿后厦参拜空间)
こばいた 【木羽板】 shingle 铺屋面用的薄板,木板瓦
こばいたぶき 【小羽板葺】 shingle roofing 木板瓦屋顶,铺木板瓦屋顶
こばじき 【小端敷】 瓦口竖立铺面(瓦的小口向上密列铺法)
こばずりき 【小端摺機】 edge grinding machine 石料边缘研磨机,石料磨边机
こはぜ 【小鈎】 hock lock,grooved seam (金属板接合的)折缝,咬口
こはぜつぎ 【小鈎継】 grooved seam (金属板的)折缝接合,咬口接合
こばだて 【小端建】 on end laying 竖砌,立砌,陡砌
こはばいた 【小幅板】 narrow-board 窄板,条板
こばめ 【小羽目】 小块护墙板
こばやね 【木羽屋根】 shingle roofing 木板瓦屋面
こばり 【小梁】 beam,binder 小梁,次梁
コーパル copal 玷玶(树脂)
コバルト cobalt 钴
ゴバルト・ブルー cobalt blue 钴蓝,瓷蓝,淡兰色
コバルトろくじゅうしょうしゃしつ 【~鈷$^{60}$照射室】 cobalt 60 applying room 钴$^{60}$治疗室
コーパル・ワニス copal varnish 玷玶清漆
ごばんがたどうろもう 【碁盤形道路網】 gridiron road system,checkerboard type of street system 棋盘式道路网,方格式道路网
こはんこうえん 【湖畔公園】 lakeside park 湖滨公园
ごばんじき 【碁盤敷】 棋盘式铺石法,方格式铺法
ごばんめいた 【碁盤目板】 checkered plate 网纹板
ごばんめうち 【碁盤目打】 chain riveting 并列铆接,平行铆接
ごばんめがたがいろ 【碁盤目型街路】 checkerboard type of street system 棋盘式街道,方格式街道
ごばんめしけん 【碁盤目試験】 crosscut adhesion test (试验涂膜粘结性的)棋格划痕试验
コピー copy 样板,复制图纸,复制品
コーヒア cohere 相干,相关
こびき 【木挽】 伐木,伐木工,大锯工
コーヒー・ショップ coffee shop (独立的或旅馆附设的)小吃部,小茶馆,咖啡店
コヒージョメーター cohesiometer 粘聚力仪,维姆粘聚力仪
コヒージョン cohesion 内聚(现象),粘聚力,内聚力
こびょうぶ 【小屏風】 小屏风(用于枕边或炉边的矮屏风)
ごひら 【五平】 长方形截面构件
こひらいた 【小平板】 小型石棉水泥板,小型石棉板瓦
コヒーレンス coherence 相干性,相关性,粘着,附着,凝聚
こひろば 【小広場】 small square 小广场
コーピング coping 盖顶,压顶
コピーング・ランプ copying lamp 复制用灯泡,拷贝灯
こぶ 【瘤】 knot 木瘤,木节,树瘤
コーブ cove 凹圆线脚,凹槽,暗槽光檐

コーブ　cove　凹圆形线脚,凹槽,槽灯
こぶあと【瘤跡】burl　木节,树瘤纹,树节疤
こぶおとし【瘤落】knobbing　打荒,去大瘤
こぶく【小ぶく】(卫生陶瓷上)小气泡
こぶさび【瘤錆】tuberculation　(水管内)锈块,管瘤
こぶし【辛夷】Magnolia kobus[拉], Kobns magno[英]　日本辛夷
こぶしばな【拳鼻】拳状木鼻(日本古建筑的木鼻的一种形式)
コーブしょうめい【～照明】cove lighting　凹圆槽照明,槽灯,隐蔽光源反射照明
コーブしょうめい【～照明】cove lighting　凹圆槽照明,槽灯,隐蔽光源反射照明
こぶだし【瘤出】pitched face,rock face　粗琢成凹凸石面,琢成蘑菇石面
ゴフ-トイフングラッチのじっけんしき【～の実験式】Goff-Gratch's formulae　高夫-格拉奇(计算饱和水蒸汽压)实验公式
こぶとり【瘤取】knobbing　打荒,去大瘤
ごぶはち【五分八】7日寸×7日寸×9日尺松木分割为16块的木方
こぶゆい【瘤結】结绳扣,打结
こぶろ【小風呂】small-size bath　小浴池
コプロスタノール　coprostanol　粪(甾)烷醇(粪便污染指标用)
コプロスタン　coprostane　粪(甾)烷
ごふん【胡粉】chalk,white wash　白垩,石灰水,白涂料
こべつかんき【個別換気】unit system of ventilation　单位式通风,单位式换气
こべつしきかねつき【個別式加熱器】unit heater　整体式散热器,暖风机组
こべつしきかんきき【個別式換気機】unit ventilator　整体式通风机,通暖风机组
こべつしきくうきちょうわき【個別式空気調和機】unit air-conditioner　整体式空调机,空调机组
こべつしきれいきゃくき【個別式冷却器】unit cooler　整体式冷却器,冷却机组
こべつだんぼう【個別暖房】individual heating　单独采暖,个别采暖
こべつほうしき【個別方式】unit system　整体式,机组式
こべら　石工用两面刃凿
コーベル・テーブル　corbel table　石叠涩,石挑层
ごべんがたアーチ【五弁形～】cinquefoil arch　五瓣拱
コペンハーゲン・リブ　Copenhagen rib　遮盖吸声材料表面的木制肋条(丹麦哥本哈根广播电台播音室的狭缝型共振器)
ゴーボー　gobo　亮度突然降低,遮光片,遮光罩,遮光器
ごぼうこん【牛蒡根】pencil-like root　(深入土层很少有侧根的)粗直根
こぼうづき【小棒突】小型木夯夯实
ごぼうづみ【牛蒡積】顶头砌合石墙
コーポラス　corporate house　公共住宅,公寓
こぼれそん【零損·溢損】leak loss　溢漏损失
こぼれみず【零水】slop water　泼出水,溢出水
こま【駒】隔片,垫片
こま【小間】椽、龙骨等的平行构件的净距,瓦间净宽,小房间(四叠半室)
こまい【小舞·木舞】lath,lathing　小板条,抹灰板条,竹骨胎
こまいかき【小舞搔】lathing　做板条抹灰墙底层,钉板条
こまいかべ【小舞壁】板条抹灰墙
こまいしたじ【小舞下地】板条底层
こまいたけ【小舞竹】bamboo lath　竹板条
こまいなわ【小舞縄】编竹条(篾)用绳
こまがえし【小間返】间距与宽度相等的木构配件的排列方法
こまかさ【細かさ】fineness　颗粒细度
こまがたやね【駒形屋根】curb roof　复折屋顶
ごまがらじゃくり【胡麻殻决】(截面为菊花形的)圆柱身凸槽,凸形线脚,芦苇状

线脚
コマーシャル・アート commercial art 商业美术
コマーシャル・デザイン commercial design 商业图案,商业设计
コマーシャル・ベース commercial base 商业基地,贸易基地
コマーシャル・ホテル commercial hotel 商业性旅馆
こまどめ【駒止】guard fence 护栅,护篱,(路边)护石
こまなか【小間中】一间的1/4
こまるがわら【小丸瓦】小型筒瓦
こまるた【小丸太】small log 小圆木
コマンド command 命令,指令,指挥
ごみ【塵芥】refuse 垃圾,尘埃,灰尘
ごみいれ【芥入】garbage can 垃圾桶
ごみうだりば【芥うだり場】垃圾堆放场
こみざん【込栈】(门窗上的)细棂条
ごみシュート【芥～】refuse chute, dust chute, garbage chute 垃圾井筒,垃圾管道,垃圾滑槽
ごみしょうきゃくろ【芥焼却炉】garbage furnace, refuse incinerator 垃圾焚烧炉
ごみしょぶん【芥処分】refuse disposal 垃圾处理
ごみしょり【芥処理】refuse disposal 垃圾处理
ごみすてば【芥捨場】垃圾堆放场,垃圾投放场
こみせん【込栓】cotter, pin, key, tie, plug 键,销
こみせんあなじるし【込栓穴印】键槽标记,凿销孔标志
こみち【小道】trail 踏成的路,人行小路
コミニューター Communitor (废水中的)悬浮物破碎机(商)
ごみやきき【芥焼器】garbage burner 垃圾焚烧器
ごみやきしつ【芥焼室】incinerator room 垃圾焚化间
ごみやきろ【芥焼炉】dust destructor, garbage destructor, garbage furnace 垃圾焚烧炉
コミューター commuter 长期车票使用者
コミュニティー community 社区,社会,社团,公社,地区共同体
コミュニティー・オーガニゼーション community organization 地区共同体结构,社团结构
コミュニティーかいはつ【～開発】community development 地区共同体开发,社区开发
コミュニティーけいかく【～計画】community planning 地区共同体规划,社区规划
コミュニティー・シアター community theatre 居住小区剧场,邻里单位剧场
コミュニティーしせつ【～施設】community facilities, community service 社区公用设施
コミュニティーしせつけいかく【～施設計画】community facilities planning 社区公用设施规划
コミュニティー・センター community center 社区中心,地区共同体中心,居住小区的社会文化中心
コミュニティー・プラント community plant 公共设施
コミュニティー・プランニング community planning 地区共同体规划,社区规划
ゴム gom[荷], gum, rubber[英] 橡胶,橡皮
ゴム・アス rubberized asphalt 橡胶沥青
ゴムいりアスファルト【～入～】rubberized asphalt 掺橡胶沥青,橡胶改性沥青
ゴムかアスファルト【～化～】rubberized asphalt 橡胶沥青
ゴムかくへき【～隔壁】rubber diaphragm 橡胶隔膜
ゴムかん【～管】rubber pipe, rubber tube 橡皮管,胶管
ゴムかんシュート【～管～】rubber hose chute 橡胶软管滑槽,橡胶软管溜槽
ゴムかんニップル【～管～】rubber pipe nipple 橡皮管螺纹接套,橡皮管子

接头
ゴム・クッション rubber cushion 橡胶垫,橡皮垫
ゴムざがね 【～座金】 rubber washer 橡皮垫圈
ゴム・シート rubber sheet 橡胶板,橡胶片,胶皮
ゴムすべりどめそうち 【～滑止装置】 rubber skid-proof device 橡胶防滑装置
ゴムぜつえんでんせん 【～絶縁電線】 rubber insulated wire 橡皮绝缘电线,胶皮线
ゴム・セメント rubber cement 橡胶粘合剂,橡胶浆水
ゴムせん 【～栓】 rubber plug,rubber stopper 橡胶塞
ゴム・タイヤ・ローラー rubber-tired roller 橡胶轮胎压路机,轮胎式路辗
ゴム・タイル rubber tile 橡皮面层砖
ゴム・タイルじき 【～敷】 rubber tile flooring 橡胶毡地面,橡胶毡铺面
ゴムつめもの 【～詰物】 rubber packing 橡胶衬垫,橡胶填料
ゴム・テープ rubber tape 橡胶绝缘带,橡皮胶带
ゴム・パイプ rubber pipe 橡皮管
ゴム・パッキン rubber packing 橡胶衬垫,橡胶填料
ゴム・パッド rubber pad 橡皮垫
ゴムびきしょうかホース 【～引消火～】 rubber lined fire hose 衬胶消防龙带
ゴム・ベルト rubber belt 橡皮带,胶带
ゴム・ベルト・コンベヤー rubber belt conveyer 橡胶皮带输送机
ゴム・マット rubber mat 橡皮垫
コムライン-サンダーソン・コイル・フィルター Komline-Sanderson coilfilter 科姆莱因-桑德森圆筒式真空过滤器(商)
ゴム・ラテックス rubber latex 胶乳,橡浆
ゴム・ワッシャー rubber washer 橡皮垫圈
こめ 【込】 filling,tamping 装填,填充,填塞,填缝
こめぼう 【込棒】 tamping rod,tamper 捣实棒,捣棒
こめもの 【込物】 stemming 填塞物
こもん 【壺門】 壶门
こもんガラス 【小紋～】 小花纹玻璃
コモン・モード・ノイズ common mode noise 共态噪声
こや 【小屋】 棚子,临时简易小屋,附属小屋
こやあらためぐち 【小屋改口】 inspection hole of ceiling 顶棚检查孔
こやうら 【小屋裏】 garret 屋顶里层,屋面里层
こやうらあゆみいた 【小屋裏歩板】 吊顶人行道,吊顶内走道
こやぐみ 【小屋組】 roof truss 屋架
こやすけ 石工用单刃剁斧
こやすじかい 【小屋筋違】 ridge directional brace 顺屋脊的支撑,屋架间斜撑
こやづか 【小屋束】 strut 屋架支柱,柁架瓜柱
こやぬき 【小屋貫】 batten of roof truss 屋架水平撑条
こやね 【小屋根】 屋顶上分水小坡顶,小屋顶
こやはさみぎ 【小屋挾木】 屋架支柱的系杆
こやばり 【小屋梁】 tie beam 桁架下弦杆,桁架系梁
こやぶせず 【小屋伏図】 roof framing plan 屋顶平面图
こやふれどめ 【小屋振止】 roof truss bracing 屋架支撑
こやほうづえ 【小屋方杖】 brace of roof truss,strut of roof truss 屋架斜撑,屋架支撑
こゆうえんしんどうすう 【固有円振動数】 natural circular frequency 自振圆频率,固有圆频率
こゆうおん 【固有音】 natural sound 固有声,自然声
こゆうおんきょうインピーダンス 【固有音響～】 natural acoustic impedance 固有声阻抗
こゆうおんきょうていこう 【固有音響抵

抗】 specific acoustic resistance 声阻率,声比阻

こゆうかいすう 【固有回数】 natural frequency 固有频率,自然频率

こゆうこうそくぶんぷけいすう 【固有光束分布係数】 form factor 固有光通量分布系数,形状系数

こゆうしゅうき 【固有周期】 natural period 固有周期,自振周期

こゆうしゅうはすう 【固有周波数】 natural frequency 固有频率,自然频率,自振频率

こゆうしょうどけいすう 【固有照度係数】 natural illuminance coefficient 固有照度系数

こゆうしょうめいりつ 【固有照明率】 utilance 固有照明利用系数,光通利用率

こゆうしんどう 【固有振動】 natural vibration 固有振动,自然振动,自振

こゆうしんどうすう 【固有振動数】 natural frequency 固有(振动)频率,自然(振动)频率

こゆうせっちゃく 【固有接着】 inherent adhesion 比粘合,内在粘合

こゆうせっちゃくりょく 【固有接着力】 specific adhesion 固有粘合力,比粘合力

こゆうち 【固有值】 eigenvalue, proper value 本征值,特征值,固有值

こゆうちもんだい 【固有値問題】 eigenvalue problem 固有值问题,特征值问题

こゆうにゅうしゃこうそくけいすう 【固有入射光束係数】 shape modulus, shape factor, configuration factor (照明计算的)固有入射光通系数,形状系数

こゆうねんど 【固有粘度】 intrinsic viscosity 固有粘度,内粘度

こゆうベクトル 【固有～】 eigen vector 固有矢量,固有向量,本征向量

こゆうマトリックス 【固有～】 natural matrix 固有矩阵

こゆうもとおうりょく 【固有元応力】 inherent initial stress 固有初应力

ごようかざり 【五葉飾】 cinquefoil 五瓣形花饰

こようざい 【枯葉剤】 defoliant 脱叶剂

こようたい 【固溶体】 solid solution 固溶体

ごようハッチ 【御用～[hatch]】 pantry window 厨房供餐窗口,厨房送餐口

ごようまつ 【五葉松】 Pinus parviflora [拉], Japanese white pine[英] 日本五针松

ごようまつば 【五葉松葉】 五叶松色砂(商)

こようよそく 【雇用予測】 employment forecast 就业雇用预测

ゴライアス goliath (crane) 强力起重机,移动式巨型起重机

ごらくしせつ 【娯楽施設】 amusement facilities 文娱设施,娱乐设施

ごらくしつ 【娯楽室】 recreation room 文娱室,娱乐室

ごらくじょう 【娯楽場】 amusement center 娱乐中心,娱乐场所

ごらくセンター 【娯楽～】 amusement center 娱乐中心,娱乐场所

ごらくレクリエーションちく 【娯楽～地区】 amusement and recreation area 文娱游憩区

コラージュ collage[法] 拼贴技法(装饰技法之一)

コラップス collapse 倒塌,塌陷

コラム column 柱

コラム・クランプ column clamp 柱模板箍铁,柱模板卡铁

コラム・ベース column base 柱础,柱脚

コランダム corundum 刚玉,氧化铝,金刚砂

コランバリウム columbarium 骨灰瓮安置所,放置骨灰瓮的壁龛

こりいし 【樵石】 乱毛石,乱块石

こりいしづみ 【樵石積】 毛石砌合,乱块石砌筑

コリオリのちから 【～の力】 Corioli's force 柯利奥里力,柯氏力

コリダー・アクセス・タイプ corridor access type 通廊式平面布置

コリダー・フロア corridor floor (of

skip floor type) (跃廊式住宅的)走廊层
コリフォーム・バクテリア coliform bacteria 大肠菌
コリメーター collimator 准直管,平行光管
ごりんき【護輪器】 check,rail,guard rail 护轮轨,护轨
コーリング coring (用取心钻)钻取土样
ゴーリング galling 咬住,卡住,擦伤,磨损
ごりんとう【五輪塔】 五轮(地、水、火、风、空)石塔
コリントしき【～式】 Corinthian style 科林思式(建筑)
コリントしきオーダー【～式～】 Corinthian order 科林思柱式
コリントス Korinthos 科林索斯(公元前6世纪古希腊的城市)
ごりんレール【護輪～】 guard rail, guide rail 护轮轨
コール coal 煤
コール・インジケーター call indicator 呼叫指示器
コール・オイル coal oil 煤焦油,煤馏油
コール・ガス coal gas 煤气
コルク cork 软木,软木塞
コルクいた【～板】 cork board 软木板
コルクか【～化】 suberization 木栓化,栓皮化
コルクがし【～樫】 cork oak,cork tree 栓皮栎,黄菠萝
コルク・ガスケット cork gasket 软木密封垫,软木垫片
コルク・カーペット cork carpet 软木地毡
コルクじき【～敷】 cork flooring 铺软木地板
コルクせいてんげきざい【～製填隙材】 cork joint-filler 软木填缝料
コルクせん【～栓】 cork plug 软木塞
コルクつぶ【～粒】 cork bust 软木屑
コルクリート colcrete 高速拌成混凝土(由高速旋转搅拌机搅拌的预填骨料灌浆混凝土)
コルゲーション corrugation 波纹,起皱,(路面)呈波纹状,(路面)搓板现象
コルゲーティング corrugating 波纹板加工,瓦楞板加工,压波
コルゲート・コア corrugated core (胶合木的)波状夹芯,波纹夹芯
コルゲート・パイプ corrugated pipe 波纹管,波形管
コール・サイン call sign 呼号
コルサバド Khorsabad 科尔萨巴德(公元前8世纪亚述王都)
コール・シュート coal chure 输煤溜槽,煤槽
コール・ストック coal stock 煤厂,煤库
コール・タール coal tar 煤焦油,煤沥青
コール・タール・クレオソートゆ【～油】 coal tar creosote oil 煤沥青杂酚油,煤焦油杂酚油
コール・タールけいとりょう【～系塗料】 coal tar paint 煤焦油系涂料,煤沥青漆
コール・タール・ピッチ coal tar pitch 煤焦油沥青,煤柏油脂
コール・チップ coal tip 卸煤器
ゴルチンスキーにっしゃけい【～日射計】 Gorczynski's pyrheliometer 果尔琴斯基日射计,果尔琴斯基太阳热量计
コルティーレ cortile[意] 庭院
コールド・ウェルド cold weld 冷压焊,未焊透
コールド・エア・マシン cold air machine 冷风机
コールド・グルーイング cold gluing 冷胶粘结(在室温下进行的)
ゴールド・サイズ gold size 贴金用漆,短油钙脂清漆
コールド・ジョイント cold joint 冷接缝,冷接头,冷接合
コールド・ショック cold shock (感觉不舒适的)冷冲击
コールド・ショートネス cold shortness 冷脆性
コールド・ストレイン cold strain 冷应变,冷变形
コールド・チェーン cold chain (system) (生鲜食品的)冷藏流通体系

コールド・テスト cold test 低温试验,冷试法
コールド・トラップ cold trap 冷凝汽阀,冷槽
コールド・ドローイング cold drawing 冷拉,冷拔
コルドバのモスク 【～の～】 mosque of Cordova (8世纪西班牙)科尔多瓦清真寺
コールド・プレス cold press 冷压(机)
コールド・ベンディング cold bending 冷弯
コールド・リベッティング cold riveting 冷铆
コールド・ワーキング cold working 冷加工,冷作
ゴルドン-ランキンしき 【～式】 Gordon-Rankine's formula 戈登-兰金(计算长柱)式
コルニシュ・ボイラー Cornish boiler 柯尼什(卧式)锅炉,单火管锅炉
コルニス＝コーニス
コール・ピック coal pick 挖煤镐,小型凿岩机
コール・ビン coal bin 煤仓,煤箱
ゴルフ・クラブ golf club 高尔夫球俱乐部
ゴルフじょう 【～場】 golf links,golf course 高尔夫球场
ゴルフれんしゅうじょう 【～練習場】 golf training links 高尔夫球练习场
コール・ベル call bell 呼叫铃,信号铃,电铃
コール・ボックス call box (英国)公用电话亭,邮政信箱(通过服务窗口领取邮件),(公安通话、报火警用的)专用街头电话间
コルモゴロフほうていしき【～方程式】 Kolmogorov equation 科尔莫戈罗夫方程(式)
コレクション・データ correction data 校正数据,修正数据
コレクション・ファクター correction factor 修正系数
コレクチブ・コントロール・エレベーター collective control elevator 集中控制电梯
コレラ cholera 霍乱
ころ 【転·棔】 roller 滚杠,辊
コロイド colloid 胶体,胶质,胶态
コロイドえき 【～液】 colloidal solution 胶态溶液,胶体液
コロイドじょうたい 【～状態】 colloidal state 胶体状态,胶态
コロイドじょうてつ 【～状鉄】 colloidal iron 胶体状铁,胶态铁
コロイドじょうぶっしつ 【～状物質】 colloidal matter,colloidal,substance 胶体物质,胶态物质
コロイド・シリカ colloid silica 胶态硅石,胶态氧化硅
コロイドねんど 【～粘土】 colloid clay 胶态粘土
コロイドりゅうし 【～粒子】 colloid particle 胶体微粒,胶粒
ころう【鼓楼】 drum tower 鼓楼
ごろうしきバシリカ 【五廊式～[basilica]】 五廊式巴雪利卡(长方形厅堂)
ころがし 【転】 cap,heading collar (隧道木支撑的)顶木
ころがりかじゅう 【転荷重】 moving load,traveling load 活动荷载,移动荷载
ころがりまさつ 【転摩擦】 rolling friction 滚动摩擦
ころがりまさつけいすう【転摩擦係数】 coefficient of rolling friction 滚动摩擦系数
ころきり 【転切】 架子工用木槌
ごろく 【五六】 5日寸×6日寸的枋木
コロージョン corrosion 腐蚀,侵蚀
コロージョン・リムーバー corrosion remover 防腐剂,防蚀剂
ころす 【殺す】 收分,缩小,固定,抑制,浪费,糟塌,干燥地板层下素土
コロセウム the Colosseum (公元72～80年)罗马大斗兽场,科洛西奥
コロナ corona 檐口滴水板
コロニー colony 侨居地,聚居地,殖民

地,菌落,(细菌)集落
**コロニアルかぐ** 【～家具】 Colonial furniture (16～17世纪)美国独立前的家具
**コロニアルしき** 【～式】 Colonial style (17～18世纪)美国独立前建筑式样
**コロニアル・スタイル** Colonial style (17～18世纪)美国独立前建筑式样
**コロネット** colonnette 装饰性小圆柱
**コロネード** colonnade 柱廊
**ころばし** 【転】 arm 脚手架排木
**ころばしねだ** 【転根太】 sleeper 小搁栅,小龙骨(直接铺在地面上)
**ころばしまるた** 【転丸太】 sleeper 排木杆,小搁栅,扫地杆
**ころばしゆか** 【転床】 空铺木地板
**ころばしゆかぐみ** 【転床組】 空铺木地板构造
**ころばせ** 【転】 滚杠,辊
**ころび** 【転】 declination (柱等的)斜度,倾斜
**ころびどめ** 【転止】 cleat 檩托,檩条固定楔,挡檩木(块)
**コロホニー** colophony 松香,树脂
**コロホニウム** colophonium 松香,树脂
**コロラマしょうめい** 【～照明】 colorama lighting (自由)调色照明
**コロリメーター** colorimeter 比色计,色度计
**こわきど** 【小脇戸】 大门扇下部设置的小门
**こわきばしら** 【小脇柱】 安小门的立柱
**こわきもん** 【小脇門】 大门扇下部设置的小门
**こわさ** 【剛さ】 rigidity,stiffness 刚度,刚性,劲度
**こわさけいすう** 【剛さ係数】 modulus of rigidity 刚性模量,刚度系数
**こわさひ** 【剛さ比】 stiffness ratio 刚度比,刚性比,劲度比
**こわしょくにん** 【こわ職人】 用手工建造屋面板的工人,用手工加工木板瓦的工人
**こわり** 【小割】 scantling,cobbing 小窄板,锯成细板条
**こわりばくは** 【小堀爆破】 secondary blasting (大块岩石的)二次爆破
**こわれ** 【小割】 crazing 裂隙,微裂纹
**コーン** cone 圆锥,预应力混凝土圆锥形锚具,模板圆锥形校正器,锥体,耐火熔锥
**こんいき** 【根域】 rhizosphere 根际,根(系区)域
**コンウェー・ショベル** conway shovel 隧道废渣铲运机(商)
**コンカレント・オペレーション** concurrent operation 同时操作,并行运算
**コーンかんにゅうしけん** 【～貫入試験】 cone penetration test 圆锥贯入度试验
**コーン・クラッシャー** cone crusher 圆锥式碎石机
**コンクリート** concrete 混凝土
**コンクリート・アジテータ** concrete agitator 混凝土搅拌运输车
**コンクリートうち** 【～打】 concrete placing 浇灌混凝土
**コンクリートうちき** 【～打機】 concrete placer 混凝土灌筑机
**コンクリートうちはなししあげ** 【～打放仕上】 architectural concrete finishing 混凝土一次抹面,混凝土原浆饰面
**コンクリート・エレベーター** concrete elevator 混凝土提升机
**コンクリートかたわくようごうはん** 【～型枠用合板】 混凝土模板用胶合板
**コンクリート・カッター** concrete cutter 混凝土切割机,混凝土(路面)切缝机
**コンクリート・カート** concrete cart 混凝土运送小车
**コンクリートかべ** 【～壁】 concrete wall 混凝土墙
**コンクリートかん** 【～管】 concrete pipe 混凝土管
**コンクリートきそ** 【～基礎】 concrete foundation 混凝土基础
**コンクリートきょう** 【～橋】 concrete bridge 混凝土桥
**コンクリートぐい** 【～杭】 concrete pile 混凝土桩
**コンクリート・コア** concrete core 混凝土芯样,混凝土试块
**コンクリートこうかふりょう** 【～硬化不良】 dusting of formed concrete sur-

face 混凝土表面凝结不良,混凝土表面掺尘
コンクリートこうじ 【～工事】 concrete works 混凝土工程
コンクリートこんごうき 【～混合機】 concrete mixer 混凝土搅拌机
コンクリートこんわざい 【～混和剤】 concrete admixture 混凝土外加剂,混凝土掺合料
コンクリートじぎょう 【～地業】 concrete foundation work 混凝土基础工程
コンクリート・シート・パイル concrete sheet pile 混凝土板桩
コンクリート・シリンダ concrete cylinder 混凝土圆柱体试件
コンクリートしんどうき 【～振動機】 concrete vibrator 混凝土振捣器
コンクリートしんどうめじとりき 【～振動目地取機】 vibrating joint cutter 混凝土(路面)振动切缝机
コンクリートず 【～図】 concrete plan 浇灌混凝土计划图
コンクリート・スキン concrete skin (加固土法的)混凝土罩面板
コンクリート・ストッパー concrete stopper 混凝土梁隔块,混凝土止动块
コンクリート・スプレッダー concrete spreader 混凝土摊铺机,混凝土分布机
コンクリートせいひん 【～製品】 concrete product 混凝土制品
コンクリート・ダクト concrete duct 混凝土管道
コンクリート・タワー concrete tower 混凝土升运塔,混凝土升降机
コンクリートちゅう 【～柱】 concrete post 混凝土柱,混凝土电杆
コンクリート・テスト・ハンマー concrete test hammer 混凝土试验锤
コンクリートどうしょう 【～道床】 concrete roadbed 混凝土路基,混凝土路槽
コンクリート・トラス concrete truss 混凝土桁架
コンクリートねりいた 【～練板】 concrete mixing vessel 混凝土搅拌盘
コンクリートのこぎり 【～鋸】 concrete saw 混凝土锯
コンクリートはいきゅうとう 【～配給塔】 concrete distributing tower 混凝土分配塔
コンクリート・パイル concrete pile 混凝土桩
コンクリート・バケット concrete bucket 混凝土吊桶,混凝土斗
コンクリートはさいき 【～破砕機】 concrete breaker 混凝土破碎机,混凝土轧碎机
コンクリート・ハードナー concrete hardener,concrete hardening agent 混凝土增强剂,混凝土硬化剂
コンクリートばり 【～張】 concrete block pitching 铺(砌)混凝土块,混凝土块铺面
コンクリートばん 【～板】 concrete slab 混凝土板
コンクリートひょうめんけんまき 【～表面研磨機】 concrete surfacing grinder 混凝土表面磨光机
コンクリートひらいた 【～平板】 concrete flag 混凝土板
コンクリート・ビン concrete bin 混凝土贮存斗,混凝土称料斗
コンクリート・フィニッシャー concrete finisher 混凝土修整机,混凝土整面机
コンクリート・フィニッシング・スクリード concrete finishing screed 混凝土表面修整找平,混凝土面整平刮板
コンクリートふきつけき 【～吹付機】 concrete spraying machine 混凝土喷射机
コンクリート・プラント concrete plant 混凝土搅拌站,混凝土加工厂,混凝土搅拌设备
コンクリート・プラントふね 【～船】 concrete plant ship (水下土用)混凝土搅拌站用船
コンクリート・ブレーカー concrete breaker 混凝土破碎机
コンクリート・プレーサー concrete placer 混凝土灌筑机

**コンクリート・ブロック** concrete block 混凝土砌块

**コンクリート・ブロックこうじ** 【～工事】 concrete block works 混凝土砌块工程

**コンクリート・ブロックこうぞう** 【～構造】 concrete block construction 混凝土砌块结构,混凝土砌块构造

**コンクリート・ブロックほそう** 【～舗装】 concrete block pavement 混凝土块路面

**コンクリートへいばんほそう** 【～平板舗装】 concrete block pavement 混凝土板铺面,铺混凝土(平)板路面

**コンクリート・ペイント** concrete paint 混凝土涂装用油漆

**コンクリート・ヘッド** concrete head (灌筑)混凝土压力高度

**コンクリートぼうすいざい** 【～防水剤】 waterproof agent for concrete 混凝土防水剂

**コンクリートほそう** 【～舗装】 concrete pavement 混凝土路面

**コンクリートほそうしあげき** 【～舗装仕上機】 concrete finisher 混凝土路面修整机

**コンクリートほそうしんどうき** 【～舗装振動機】 vibrator for concrete pavement 混凝土铺面振捣器

**コンクリートほそうばん** 【～舗装版】 concrete pavement slab 混凝土路面板

**コンクリート・ボックス** concrete box 混凝土制接线箱

**コンクリート・ポンプ** concrete pump 混凝土泵

**コンクリート・ポンプしゃ** 【～車】 mobile concrete pump 混凝土泵车,移动式混凝土泵,可动式混凝土泵

**コンクリートまくらぎ** 【～枕木】 concrete sleeper 混凝土轨枕

**コンクリートまぜき** 【～混機】 concrete mixer 混凝土搅拌机

**コンクリート・マトリックス** concrete matrix 混凝土结合料

**コンクリート・ミキサー** concrete mixer 混凝土搅拌机

**コンクリート・ミキサー・トラック** concrete mixer truck 汽车式混凝土搅拌机,混凝土搅拌车

**コンクリート・ミックス** concrete mix 混凝土拌合,混凝土拌合料

**コンクリートゆそうかん** 【～輸送管】 concrete conveying pipe 混凝土输送管

**コンクリートゆそうきかい** 【～輸送機械】 concrete transporter 混凝土输送机

**コンクリートようじょうざい** 【～養生剤】 scaling compound (混凝土)养护剂,封护剂

**コンクリート・ライナー** concrete liner 混凝土面抗摩阻薄膜混凝土外壁隔膜

**こんけい** 【根系】 root system 根系

**コーン・ゲージ** cone gauge 锥形量规

**こんごうあんていせい** 【混合安定性】 stability after mixing (涂料)混合后的安定性

**こんごうえいよう** 【混合栄養】 mixotrophism 混合营养

**こんごうえきあはつふゆうこけいぶつのうど** 【混合液揮発浮遊固形物濃度】 mixed liquor volatile suspended solids (MLVSS) (活性污泥)混合液挥发悬浮固体浓度

**こんごうき** 【混合機】 mixer 混合机,搅拌机,拌和机

**こんごうきけん** 【混合危険】 chemical danger 化学反应爆炸危险

**こんごうきたい** 【混合気体】 mixed gas 混合气体

**こんごうきょり** 【混合距離】 mixing length 混合距离

**こんごうくうき** 【混合空気】 mixed air (空调的)混合空气

**こんごうくず** 【混合屑】 mixed refuse 混合废物,混合渣

**こんごうこうつうどうろ** 【混合交通道路】 mixed highway (各类交通)混合行驶的公路

**こんごうざっかい** 【混合雑芥】 mixed rubbish 混合垃圾(厨房、楼房、街道等排出的垃圾的混合)

こんごうしきマカダム【混合式～】 mixed bituminous macadam, coated macadam 混拌沥青碎石路,铺沥青面层碎石路

こんごうしつ【混合室】 mixing chamber 混合室,搅拌间

こんごうしゃ【金剛砂】 emery 金刚砂

こんごうしゃふ【金剛砂布】 emery cloth 金刚砂布

こんごうじゅうごう【混合重合】 copolymerization 共聚合

こんごうしょうか【混合消化】 mixed digestion 混合消化

こんごうしりょう【混合試料】 composite sample 混合试样,混合试料

コーンこうせいき【～高声器】 cone loudspeaker 锥形扬声器,号筒扬声器

こんごうせっこうプラスター【混合石膏～】 mixed plaster 混合石膏灰浆

こんごうせっちゃくざい【混合接着剤】 mixed adhesive 混合胶粘剂

こんごうセメント【混合～】 blended cement 混合水泥

こんごうそう【混合槽】 mixing bunker, mixing channel 拌合槽,混合槽

こんごうダンパー【混合～】 mixing damper 混合气流调节器,搅拌气闸

こんごうちいき【混合地域】 combined use district, composite region 混合使用区(工业、商业、居住等各种用途建筑混合存在的地区)

こんごうテンソル【混合～】 compound tensor 复合张量,混合张量

こんごうトラス【混合～】 compound truss, built-up truss 组合桁架

こんごうはかいしけん【混合破壊試験】 hybrid failure test 混合破坏试验

こんごうひずみテンソル【混合歪～】 strain compound tensor 复合应变张量,混合应变张量

こんごうぶつ【混合物】 mixture 混合物

こんごうべん【混合弁】 combined valve 综合阀

こんごうポルトランド・セメント【混合～】 blended portland cement 混合硅酸盐水泥

こんごうユニット【混合～】 mixing unit 混合设备,拌和装置,搅拌站

こんごうりつ【混合率】 mixing rate 配比,拌和比,混合比

こんごうりつちょうせつき【混合率調節器】 mixing ratio regulator 混合率调节器

こんこうりん【混交林·混淆林】 mixed forest, mixed wood, mixed stand 混交林

コンコース concourse 集合,汇合,群集,群集场所,(公园或车站内、飞机场的)中央广场,中央大厅

コンコーダントきんちょうざい【～緊張材】 concordant cable 预应力用钢索束

コンコーダント・ケーブル concordant cable 预应力用钢索束

コンコルドひろば【～広場】 place de la Concorde[法] 巴黎协和广场

こんざつど【混雑度】 congestion degree (交通的)拥挤度,阻塞度

コンサート・ホール concert hall 音乐厅

コンサルタント・エンジニア consultant engineer 顾问工程师

コンサルティング・ルーム consulting room 门诊室,诊断室

コンサンプション consumption 消费量

コンシステンシー consistency 稠度,浓度

コンシステンシーげんかい【～限界】 consistency limit 稠度界限,稠度极限

コンシステンシーしけん【～試験】 consistency test 稠度试验

コンシステンシーしすう【～指数】 consistency index 稠度指数

コンシステンシー・メーター consistency meter 稠度计

コンジット conduit 管道,水道,导管,导线管

コンジット・ウエザー・マスターほうしき【～方式】 conduit weather master system 诱导通风方式

コンジット・チューブ conduit tube 管道,导管,导线管

コンジット・パイプ conduit pipe 导管,

导线管,管道
こんしょう【混焼】mixed firing 混合燃烧
こんじょう【紺青】Prussian blue 普鲁士蓝,深蓝
こんしょうバーナー【混焼~】combined burner of oils and gases (油气)混合烧燃烧器
こんしょく【混色】colour mixture 混色,调色,合色
こんしょく【混植】companion cropping,mixed planting 间混作,混植,混栽
こんしょくいけがき【混植生垣】杂植离笆,混植绿篱
こんしょくけいいろたいけい【混色系色体系】colour system by colour mixing 混色色彩体系
コンスタンタン constantan 康铜,铜镍电阻合金
コンスタンチノープル Constantinople 君士坦丁堡(公元330年建立的拜占庭帝国首都)
コンスタンティヌスていきねんもん【~帝記念門】Arco di Constantio[意](公元315年古罗马)君士坦丁凯旋门
コンスタンティヌスていのバシリカ【~帝の~】Basilica di Constantio[意](公元306~312年古罗马)君士坦丁巴雪利卡(长方形大教堂)
コンスタント・ロード constant load 恒载,固定荷载
コンスト const(ant) 常数,恒量
コンストラクション construction 构造,结构,施工
コンストラクション・ガイト construction guide 建设指南
コンストラクション・ゲージ construction gauge 施工标准尺,制作量规
コンストラクション・ジョイント construction joint 施工缝,工作缝
コーン・スピーカー cone loudspeaker 锥形扬声器
こんせいアーチ【混成~】mixed arch 混合拱
こんせいげた【混成桁】composite beam,combination beam 组合梁
こんせいほそう【混成舗装】composite pavement 组合式路面
こんせきおせん【痕跡汚染】trace contamination 痕量污染
こんせきせいぶんぶんせき【痕跡成分分析】trace analysis 痕量分析
こんせきりょう【痕跡量】trace quantity 痕量
コンセッション・スペース concession space 旅馆服务设施(包括理发、花房、电话间等)
コンセント consent 插座,塞孔
コンセント・プレート consent plate 插座护板
こんせんぼうご【混線防護】cross protection 防止碰线
こんそくちゅうるい【根足虫類】Rhizopodea 根足(虫)纲
コンソリデーション・グラウト consolidation grout 固结灌浆
コンソール console 托架,支架,牛腿,(西方古典建筑中的)涡卷形托石
コンター contour 外形,轮廓,等高线
こんだくいんし【混濁因子】muddiness coefficient 混浊系数
こんだくけいすう【混濁係数】muddiness coefficient 混浊系数,混浊因数
コンタクト contact 接触,接触点
コンタクトがたせっちゃくざい【~型接着剤】contact type adhesives 接触型胶粘剂
コンタクトがたひずみけい【~型歪計】contact type strain gauge 接触式应变仪
コンタクト・グラウト contact grout 接触面灌浆
コンタクト・スタビリゼーションほう【~法】contact stabilization 接触稳定法
コンタクト・セメント contact cement 接触型胶结剂
コンタクト・ダイゼッション contact digestion 接触消化(作用)
コンタクト・ファクター contact factor

接触系数
コンタクトようせつぼう 【～溶接棒】 contact electrode 接触式焊条
こんだてしつ 【献立室】 pantry 膳务室,餐具室,配餐室
コンディショナー conditioner 调节器
コンティニュアス・サッシ continuous sash 连续窗,联窗
コンティニュアス・ミキサー continuous mixer 连续式搅拌机
コンティニュアス・レーティング continuous rating 持续运转额定值
コンテナーゆそう 【～輸送】 container service, containerized transportation 集装箱运输
コンテナリゼーション containerization 集装箱运输,集装箱化
コンデンサー condenser 冷凝器,电容器,聚光器
コンデンサー・スピーカー condenser speaker 电容式扬声器
コンデンサー・マイク condenser microphone 电容式话筒
コンデンシング・コイル condensing coil 冷凝盘管
コンデンシング・プラント condensing plant 冷凝装置
コンデンシング・ユニット condensing unit 冷凝机组
コンデンセーション condensation 冷凝,凝结,凝聚,缩合,浓缩
コンデンセーション・トラップ condensation trap 凝汽阀,冷凝阀,疏水器
コンデンセーション・ポンプ condensation pump 冷凝水(排出)泵
こんどう 【金堂】 main hall 寺院的正殿,金堂
こんとうがんしゅびょう 【根頭癌腫病】 crown gall 根癌病,细菌性根癌病
ゴンドラ gondola 简易吊脚手架,吊篮
コントラクター contractor 承包者,承包单位
コントラスト contrast 对比,对照,反差,对比度
コントローラー controller 控制器,调节器,操纵器,整流器,传感器,操纵杆,管理员
コントロール control 节制,控制,管理,支配,调整,调节,操纵
コントロール・インターロック control interlock 控制联锁,操纵联锁
コントロール・カード control card 控制卡片
コントロール・センター control center 控制中心
コントロール・デスク control desk 控制台,操纵台(开架图书阅览室的)管理台
コントロールド・シーブ controlled sheave 可控滑轮
コントロール・トータル control total 全区交通控制总计值
コントロールド・バイオ・フィルター Controlled bio-filter 调节生物滤池(商)
コントロール・パネル control panel 控制盘
コントロール・バルブ control valve 控制阀,调节阀
コントロールばん 【～盤】 control panel, control board 控制盘
コントロールひ 【～比】 control display 控制比,控制显示
コントロール・プログラム control program 控制程序
コントロールべん 【～弁】 contral valve 控制阀,调节阀
コントロール・ボード control board 控制盘,操纵板
コントロール・レバー control lever 控制杆,操纵杆
こんにゃくのり 【蒟蒻糊】 paste of arum root 海芋粉糊
コンネクティング・パイプ connecting pipe 连接管,结合管
こんねり 【混練】 mixing 搅拌,拌和,拌制,混合
コンパイラー compiler 程序编码器,自动编码器
コンパイル compile 编码,编译(程序)
コンバインド・ドレッジャー combined

dredger 联合挖泥机

コンパウンド compound 化合物,混合物,复合物

コンパウンド・アーチ compound arch 复式拱

コンパウンド・カテナリーちょうかほう【～吊架法】compound catenary system 复式悬链线吊装法

コンパウンド・ピア compound pier 集墩,合成柱,束形柱

コンパクション・パイル compaction pile 压实桩,夯实桩

コンパクター compactor 压实机,夯具,压实工具

コンパクト compact 压实,夯实

コンパクト・シティ compact city 紧凑城市,小型城市

コンパクト・スタック compact stack 密集式布置的书架

コンバージョン conversion 变换,转换

コンバーション・バーナー conversion burner 变换燃烧器

コンパス compass 罗盘仪,指南针,圆规,两脚规

コンパスそくりょう【～测量】compass surveying 罗盘仪测量

コンパスほうそく【～法则】compass rule 罗盘仪法则,罗盘仪规则

コンバセーション・ルーム conversation room 谈话室

コンパティビリティ compatibility 兼容性,并存性,(电视)黑白彩色两用性

コンバーティブル・ショベル convertible shovel 两用铲,正反铲挖土机

コンバーティブル・ルーム convertible room 兼用客室(夜间用作卧室的起居室)

コンパートメント compartment 分隔间,列车车厢单间,舱

コンパートメント・ルーフィング compartment roofing 分隔屋面

コンパレーター comparator 比长仪,比相仪,比较器

コンビナート комбинат[俄] 联合工厂,综合企业,公司

コンビナート・システム комбинат[俄]+system[英] 城市综合开发规划

コンビネーション・テーブル combination table 套几

コンビネーションぬり【～塗】combination painting 涂混合漆,涂彩色摊花漆,混色粉饰

コンビネーションべん【～弁】combination valve 组合阀

コンビネーション・ポンプ combination pump 组合泵

コンピューター computer 计算机,计算器,计算装置

コンピューターしつ【～室】computer room 计算机室

コンピューター・フロア computer floor 计算机层

コンピューティング・センター computing centre (电子计算机)计算中心

コンピュテーション computation 计算,计算技术

コンプライアンス compliance 声顺,柔量,顺从性,从量,配量

コンプリート・オーバーホール complete overhaul 大修

コンプリート・ミキシングほう【～法】complete mixing process, completely mixed aeration system 完全混合(曝气)法

コンプリートよくしつ【～浴室】complete bath 整套浴室(设有浴盆、洗脸器、净身器、便器等设备)

コンプリヘンシーブ・デザイン comprehensive design 综合设计

コンプレスドぐい【～杭】compressed pile (混凝土)压灌桩

コンプレッグ compreg (渗)胶压(缩)木材,胶压木

コンプレックス・イオン complex ion 络离子

コンプレッサー compressor 压气机,(空气)压缩机

コンプレッション compression 压力,压缩

コンプレッション・リリーフべん【～弁】compression relief valve 压缩缓冲阀,

减压阀
コンプレッション・リング compression ring 受压环;压力环
コンプレッスド・エア compressed air 压缩空气
コンプレッソルぐい 【～杭】 compressol concrete pile (混凝土)压灌桩
コンペ competition 设计竞赛
ゴンベ latch 弹簧插销
コンベクション・ボイラー convection boiler 对流式锅炉
コンベクター convector 对流器,对流散热器
コンベクター・ヒーター convector heater 对流式散热器
コンペティション competition 设计竞赛
コンペティション・スタイル competition style 设计竞赛式样(对缺乏生气的"中央为穹窿圆顶两侧为对称体部"的建筑式样的称呼)
コーン・ペネトロメーター cone penetrometer 圆锥贯入仪
コンベヤー conveyer 运输机,输送机,传送带,传送机
コンベヤー・トレーン conveyer train 渣石装运传送机
コンベヤー・ローダー conveyer loader 输送装载机,装载输送机
コンベンション・ホール convention hall 能举行会议的宴会厅
コンペンセーター compensator 补偿器,补助器
コンポジション composition 构图,组成,合成
コンポジション・バッキング composition backing 焊接垫板,焊剂垫材
コンポジット・ウッド composite wood 复合木材,合成木材
コンポジット・サンプラー composite sampler 复合式取土样器,混成取样器
コンポジットしき 【～式】 Composite order 组合柱式
コンポジットしきオーダー 【～式～】 Composite order 组合柱式
コンポジット・スラブ composite slab 组合桥面板
コンポジット・ドアー composite door 组合门
コンポスト compost 堆肥
ゴンホネマ Gomphonema 异极硅藻属(藻类植物)
コンポネント component 构件,分力,分量,成分,部分,组件,元件,部件
コンマじょうさいきん 【～状細菌】 comma bacillus 弧杆菌
コンモン・アーチ common arch 普通拱,粗砌拱
コンモン・ピッチ common pitch 普通坡度
コンモン・ルーム common room 公共休息室
こんようつぎて 【混用継手】 combined joint (铆与焊的)混合接头
こんれん 【混練】 mixing 搅拌,拌和,混合,拌制
こんれんじかん 【混練時間】 mixing time,mixing period 搅拌时间,拌和时间
こんれんそくど 【混練速度】 mixing speed 搅拌速度,拌和速度
こんろう 【軒廊】 檐廊,回廊
こんわざい 【混和剤】 admixture 掺合料,(混凝土)外加剂
こんわせい 【混和性】 miscibility 混和性,可混性
こんわせいしけん 【混和性試験】 miscibility test 混和性试验,可混性试验

# さ

ざ 【座】（影剧院的）座位，座席，座垫，坐椅，计算影剧院座席的数量单位

さあつ 【差圧】 differential pressure 差压，压差

さあつけい 【差圧計】 differential pressure meter 差压计

さあつしきだんぼうほうしき【差圧式暖房方式】 differential system 差压式采暖方式

さあつせいぎょ 【差圧制御】 differential pressure control 压差控制

さあつりゅうりょうけい 【差圧流量計】 differential pressure type flow meter 差压式流量计

さい 【才】（日本体积单位，石材等于1立方日尺，木材等于方1日寸长6日尺）

ざい 【材】 member 构件，杆件，部件，成件，结构要素，材（中国宋代建筑设计的模数）

さいあっしゅく 【再圧縮】 recompression 再压，重复压缩

さいあつみつ 【再圧密】 reconsolidation 再固结，再压实

サイアミーズ・コネクション siamese connection （管道）二重联接，双连送水门

さいエアレーション 【再～】 reaeration 再曝气

さいえん 【菜園】 vegetable garden 菜园

さいえん 【栽園】 cultivating garden 栽种园地，栽培园地

さいえんじゅうたくち 【菜園住宅地】 district of house with allotment garden 有分租菜园的住宅区

さいえんそしょり 【再塩素処理】 rechlorination 再氯化处理，再加氯处理

さいか 【彩瓦】 encaustic tile 上釉瓦，彩瓦

さいか 【載荷】 load 荷载，荷重，负荷，负载，加载，加荷

さいがい 【災害】 calamity，disaster 灾害

さいがいかくだいよういん 【災害拡大要因】 灾害扩大因素（灾害危险能量分类中危险性最高的部分）

さいかいき 【砕解機】 crusher 粉碎机，破碎机

さいがいきけんエネルギー 【災害危険～】 calamity danger energy 灾害危险能量（潜在的城市灾害危险的可能性的总称）

さいがいきけんくいき 【災害危険区域】 calamity danger district 灾害危险区

さいがいきそよういん 【災害基礎要因】 灾害基础因素

さいがいきほんず 【災害基本図】 灾害基本图

さいがいくうかんのれんぞくせい 【災害空間の連続性】 灾害空间连续性

さいがいけいほう 【災害警報】 disaster warning 灾害警报

さいがいじぜんぼうしけいかく 【災害事前防止計画】 disaster prevention planning 预防灾害规划，灾害预防计划

さいかいせきほう 【再解析法】 reanalysis method 再分析法

さいがいたいさく 【災害対策】 防灾害对策

さいがいちょうさ 【災害調査】 calamity survey 灾害调查

さいがいとうけい 【災害統計】 calamity statistics 灾害统计

さいがいのかいきゅうせい 【災害の階級性】 灾害的阶级性，灾害的社会性（指灾害被害集中于社会薄弱的部分）

さいがいのじだいせい 【災害の時代性】 灾害的时代性

さいがいのしゃかいせい 【災害の社会性】 灾害的社会性，灾害的阶级性（指灾害被害集中于社会薄弱的部分）

さいがいのしょきじょうけん【災害の初期条件】灾害的早期条件

さいがいのちいきせい【災害の地域性】灾害的地区性

さいかいはつ【再開発】renewal, redevelopment 复兴,再发展,再开发,改建

さいかいはつけいかく【再開発計画】redevelopment plan 再发展规划,再开发规划,改建规划

さいかいはつしがいちじゅうたく【再開発市街地住宅】redevelopment urban dwellings 再发展市区住宅(指根据日本城市再开发法,作为市区再发展事业一环而建造的高度利用土地并更新城市功能的住宅)

さいがいふっこうじゅうたく【災害復興住宅】post-disaster restoration dwellings 灾后复兴住宅

さいがいよくせいようい ん【災害抑制要因】灾害抑制因素

さいがいよち【災害予知】calamity foreknowledge 灾害预知

さいがいろ【細街路】local street, narrow street 狭窄街道

さいかかい【最下階】lowest floor (多层建筑物的)最底层

さいかげん【載荷弦】loaded chord 载荷弦(杆),载重弦,承载弦,受力弦

さいかしけん【載荷試験】loading test 荷载试验,载重试验,加载试验

さいかじゅう【載荷重】surcharge 超载,过载,叠载,附加荷载

さいかじゅうりょうトンすう【載貨重量~数】loading tonnage 载重吨数

さいかそくど【載荷速度】rate of loading 荷载速度,加载速度,加荷速度

さいかちんかこうほう【載荷沈下工法】sinking of caisson by loading (沉箱)载荷下沉施工法,加载沉箱施工法

さいかつすいい【最渇水位】lowest low water-level(LLWL) 最低水位,最枯水位

さいかっせいか【再活性化】reactivation (使活性碳)再活化,再生

さいかパラメーター【載荷~】loading parameter 荷载参数,加载参数

さいかばん【載荷板】loading plate 承载板,荷载板

さいかばんしけん【載荷板試験】plate loading test 承载板试验,荷载板试验

さいかふかんぜんせい【載荷不完全性】loading imperfection 荷载缺陷,加载缺陷

さいかようせきトンすう【載貨容積~数】tonnage of load volume 载货容积吨数

さいかりれき【載荷履歴】loading history, loading hysteresis 荷载过程,荷载滞回

さいがんき【砕岩機】rock breaker, rock crusher 岩石破碎机,碎石机

さいかんねんどけい【細管粘度計】capillary viscosimeter 毛细粘度计

ざいきじゅんてん【座位基準点】座位基点(指人体左右坐骨关节的中心,用以设计坐椅尺寸)

さいきだい【祭器台】credence, credence table 祭器桌

さいきゅうこうかほう【最急降下法】method of steepest descent 最速下降法

さいきゅうこうばい【最急勾配】maximum grade 最大坡度,最陡坡度

さいきん【細菌】germ, bacteria 细菌

さいきんがく【細菌学】bacteriology 细菌学

さいきんがくてきけんさ【細菌学的検査】bacteriological examination 细菌检验

さいきんがくてきしけん【細菌学的試験】bacteriological examination 细菌检验

さいきんがくてきすいしつしけん【細菌学的水質試験】bacteriological examination of water 细菌学水质检验

さいきんぐん【細菌群】zooglea 菌胶团,细菌凝集团

さいきんけんさしつ【細菌検査室】bacteriology laboratory 细菌检验室

さいきんしゅうらく【細菌集落】bacterial colony 细菌集落

さいきんしょう【細菌床】bacteria bed 细菌培养床

さいきんのはついくき【細菌の発育期】growth phase of bacteria 细菌发育期,细菌成长期

さいきんふしょく【細菌腐食】bacterial corrosion 细菌腐蚀

さいきんるい【細菌類】bacteria 细菌(类)

さいくつ【採掘】采掘,开采

サイクリング cycling (室温的)循环变化,循环操作的

サイクリングしゅうき【～周期】cycling period 循环周期

サイクル cycle 循环,周期,周,周波

サイクル・オペレーション cycle operation 循环作业

サイクル・カウンター cycle counter 循环(周期)计数器,频率计,转数计

サイクルグラフ cyclegraph 人体活动状态图(在活动的人体各部位附以指示灯,经过连续摄影,拍摄在一张底片的图象)

サイクルこうりつ【～効率】cycle efficiency 循环效率

サイクルまいびょう【～毎秒】cycle per second 赫(兹),周/秒

サイクル・レース・トラック cycle race track 自行车赛跑道

サイクロイド cycloid 摆线,旋轮线,圆滚线

サイクロイドきょくせんアーチ【～曲線～】cycloidal arch 圆摆线拱,圆滚线拱

サイクロスタイル cyclostyle 中空的环形柱廊

サイクロプしきいしづみ【～式石積】cyclopean masonry 粗面巨石造,蛮石工程,蛮石圬工

サイクロプへき【～壁】cyclopean wall 乱石墙,蛮石墙

サイクロラマ cyclorama 舞台半圆形布景,舞台半圆形吊幕

サイクロン cyclone 气旋,旋风,旋风除尘器,旋风分离器

サイクロン・コレクター cyclone collector 旋风除尘器

サイクロンしゅうじんき【～集塵器】cyclone dust collector 旋风除尘器

サイクロン・スクラッバー cyclone scrubber 旋风涤气器,旋风洗涤器

サイクロン・スクラッバーしゅうじんそうち【～集塵装置】cyclone scruber dust collector 旋风除尘装置

サイクロンねんしょうろ【～燃焼炉】cyclone burner 旋风燃烧炉

さいげんきかん【再現期間】returnperiod (荷载)重现期,反复期

さいけんけいかく【再建計画】reconstruction plan 重建规划,改建规划

さいげんけいたい【再現形態】reproduction form 再现形式

さいけんちくひ【再建築費】reconstruction cost 重建费

さいこう【採光】natural lighting,daylighting 采光

さいこうあつ【細孔圧】pore pressure 孔隙压力

さいこうこう【最硬鋼】extra hard steel 特硬钢

さいこうさいていおんどけい【最高最低温度計】maximum-minimum thermometer 最高最低温度计

さいこうすいい【最高水位】highest water-level 最高水位

さいこうせい【再構成】reconstruction 再构成(近代造形表现手法之一)

さいこうそくど【最高速度】maximum speed 最高速率

ざいこうとも【材工共】composite cost 工料合算单价,包工包料

さいこうふか【最高負荷】peak load 高峰负荷,最大负荷

さいこうふきぬき【採光吹抜】light shaft 采光井,采光竖井

ざいごうまち【在郷町】乡镇

さいこうまど【採光窓】lighting window 采光窗

さいこうめんせき【採光面積】daylighting area 采光面积

さいこうようかいこう【採光用開口】daylighting opening 采光用孔洞,采光口

さいこうようてい【最高揚程】top lift head 最高扬程
さいごしょり【最後処理】final treatment 最后处理,最终处理
さいごちんでんち【最後沈殿池】final sedimentation tank 最终沉淀池,二次沉淀池
さいこつざい【細骨材】fine aggregate 细集料,细骨料
さいこつざいりつ【細骨材率】percentage of fine aggregate 细集(骨)料百分率
ざいこひん【在庫品】库存品
さいころ caramel 垫片,垫块,灰浆块隔片
さいこん【細根】fibrous root,rootlet 须根,毛根
さいさ【砕砂】crushed sand 碎石砂
さいさ=さいしゃ
サイザー sizer 分粒器,筛分机
さいさんき【再散気】reaeration 再曝气
ざいじく【材軸】axis of member 杆轴,构件轴线
さいしつ【祭室】chapel (基督教堂内的)祈祷室,祭室,小教堂
ざいしつ【材質】材质
さいしつせっちゃくほう【再湿接着法】resoluble method 再溶解接着法,再溶接法
ざいしつひょうじそうち【在室表示装置】in-and-out signal 在室(外出)表示装置,在室(外出)表示器
ざいしつぶどまり【材質歩留】材质合格率
さいしゃ【細砂】fine sand 细砂
さいしゃき【採砂器】sediment sampler 泥砂取样器
さいじゃくけつごう【最弱結合】weakest-link 最弱结合(环节)
さいしゅうあんていしせい【最終安定姿勢】final stable posture (判定椅子良否的)坐椅时的舒适姿态
さいしゅうかじゅう【最終荷重】ultimate load,collapse load 极限荷载,破坏荷载
さいしゅうかんそう【最終乾燥】final drying 最后干燥,最终干化
さいしゅうくみたて【最終組立】final assembly 总装配
さいしゅうけんさ【最終検査】final inspection 竣工检查,最后检查
さいしゅうさんそようきゅうりょう【最終酸素要求量】ultimate oxygen demand 最终需氧量
ざいしゅうじょう【材修場】track material repair shop (轨道)材料修理场
さいしゅうじょうか【最終浄化】final purification 最终净化,最后净化
さいしゅうじょうかそう【最終浄化槽】final purification tank 最后净化池,最终净化池
さいしゅうしょり【最終処理】final treatment 最终处理,最后处理
さいしゅうちもんだい【最終値問題】final value problem 最终值问题
さいしゅうちんでん【最終沈殿】final settling 最终沉淀,二次沉淀
さいしゅうちんでんち【最終沈殿池】final settling tank 二次沉淀池
さいしゅうビー・オー・ディー【最終BOD】ultimate BOD(biochemical oxygen demand) 最终生化需氧量,最终BOD
さいしゅうろか【最終濾過】final filtration 最终过滤,最后过滤
さいしゅうろかち【最終濾過池】final filter 最终滤池,最后滤池
さいしゅざいりょう【採取材料】borrow material 借土土方,采土场取土
さいしゅひ【採取比】pick up ratio 取样率,(岩心)采取率
さいしゅへんけいひ【採取変形比】recovery ratio 取样率,(岩心)采取率
さいじゅんかん【再循環】recycling 再循环
さいじゅんかんきじゅん【再循環基準】recycling criteria 再循环标准
さいじゅんかんくうき【再循環空気】recirculating air 再循环空气
さいじゅんかんすい【再循環水】recir-

culation water 再循环水,再利用水

さいじょう 【斎場】(祭祀的)斋场,殡仪馆

さいしょうあき 【最小空】 minimum clearance 最小净空,最小间隙

さいしょううんてんじぶん 【最小運転時分】 minimum operating time 最小运行时间

さいじょうかい 【最上階】 highest floor (多层建筑的)最高层,最上层

さいしょうかいてんはんけい 【最小回転半径】 minimum turning radius (车辆的)最小转弯半径,最小回转半径

さいしょうかちさい 【最小可知差異】 least perceptible difference(LPD) (在最好观测条件下人们辩别颜色的三个属性的)最小可知差

さいしょうかちょういきち 【最小可聴域値】 threshold of hearing, threshold audibility 最小可听阈值

さいしょうかちょうおん 【最小可聴音】 minimum audible sound 最小可听声,可听下限,听阈

さいしょうきょようすんぽう 【最小許容寸法】 lower limit (构配件的)最小容许尺寸,最小尺寸,下限尺寸

さいしょうげんかくち 【最小限画地】 minimum lot 最小限额地块(最小限额的一块地)

さいしょうげんじゅうたく 【最小限住宅】 minimum house 最小面积住宅

さいしょうげんしょうち 【最小減少值】 minimum deduction 最小减少值(构配件与标志尺寸的最小尺寸差)

さいしょうサイズ 【最小~】 minimum size (构配件的)最小尺寸,最小容许尺寸,下限尺寸

さいしょうしかく 【最小視角】 minimum visual angle 最小视角

さいしょうしごと 【最小仕事】 least work 最小功

さいしょうしごとのげんり 【最小仕事の原理】 principle of least work 最小功原理

さいしょうじじょうほう 【最小自乗法】 method of least squares 最小二乘法

さいしょうじゅうだんきょくせんちょう 【最小縦断曲線長】 minimum vertical curve length 最小竖曲线长度

さいしょうじゅうりょうせっけい 【最小重量設計】 minimum weight design, minimum load design 最小荷载设计,极限荷载设计

さいしょうすきま 【最小隙間】 minimum clearance 最小净空,最小间隙

さいしょうすんぽう 【最小寸法】 minimum measurement (构配件的)最小尺寸,最小容许尺寸,下限尺寸

さいしょうていししきょ 【最小停止視距】 minimum non-passing sight distance, stopping sight distance 最小停车视距,安全停车视距

さいしょうどうすいあつ 【最小動水圧】 minimum hydrodynamic pressure 最小动水压

さいしょうどうのげんり 【最小働の原理】 principle of the least work 最小功原理

さいしょうにじょうほう 【最小二乗法】 method of least squares 最小二乘法

さいじょうはつ 【再蒸発】 re-evaporation 再蒸发

さいしょうひようほう 【最小費用法】 least-cost-procedure 最小费用法

さいしょうべんべつたいひ 【最小弁別対比】 minimum perceptible contrast 最小识别对比

さいしょうポテンシャル・エネルギーのげんり 【最小~の原理】 principle of minimum potential energy 最小势能原理,最小位能原理

さいしょうまきあつ 【最小巻厚】 minimum thickness of tunnel lining (隧道的)最小衬砌厚度

さいしょく 【彩飾】 colouring, printing, decorating 施彩,装饰,彩饰

さいしょくみつど 【栽植密度】 planting density 栽植密度,种植密度

さいしょちんでんち 【最初沈殿池】 primary settling tank 一次沉淀池

**サイジング** sizing 涂胶,筛分,测定尺寸
**さいしんどうしめかため【再振動締固】** revibration (混凝土的)二次振捣,再次振捣,重新振捣
**サイズ** size 大小,尺寸,胶料,上胶
**さいすい【採水】** water sampling 取水样
**さいすいき【採水器】** water sampler 水样采取器
**さいすいこう【採水口】** (消防)取水口
**さいスクリーン【細～】** fine screen 细格栅,细筛
**サイズはずれ【～[size]外】** 不合尺寸
**さいせい【再生】** regeneration 再生
**さいせいかねつアスファルトこんごうぶつ【再生加熱～混合物】** recycled hot mixture 再生加热沥青混合料
**さいせいけい【再成形】** remoulding (土的)重塑
**さいせいゴム【再生～[gom荷]】** reclaimed rubber 再生橡胶
**さいせいすい【再生水】** recycled water,reused water 再生水,再利用水,回用水
**さいせいせっかい【再生石灰】** reclaimed lime 回收石灰,再生石灰
**さいせいぼうこう【再生棒鋼】** rerolled steel bar 再轧钢筋,二次轧制钢条
**さいせいレベル【再生～】** regeneration level 再生等级,再生水平
**さいせき【砕石】** detritus ,crushed stone 碎石
**さいせき【採石】** quarrying 采石
**ざいせき【材積】** material volume, wood volume ,timber volume 材料体积,材积,木材体积
**さいせきき【砕石機】** stone crusher, stone breaker 碎石机
**さいせきコンクリート【砕石～】** crushed stone concrete 碎石混凝土
**さいせきじゃり【砕石砂利】** crushed gravel,broken gravel 碎砾石,碎卵石
**さいせきじょう【採石場】** quarry 采石场
**さいせきずな【砕石砂】** crushed sand 碎石砂,人工砂
**さいせきダスト【砕石～】** crushed stone dust 轧石粉尘
**ざいせきたんい【材積単位】** unit of material volume 材料体积单位
**さいせきどう【砕石道】** crushed stone macadam 碎石路
**さいせきプラント【砕石～】** aggregate plant 集料厂,骨料厂,碎石厂
**さいせつき【採雪器】** snow sampler 采雪器,取雪管,雪柱取集器
**さいそうかいしじこく【最早開始時刻】** earliest starting time(EST) 最早开始时间
**さいそうしゅうりょうじこく【最早終了時刻】** earliest finish time (EFT) 最早完工时间
**さいだいあき【最大空】** maximum clearance 最大间距,最大净空,最大间隙
**さいだいえんおうりょく【最大縁応力】** maximum fibre stress 最大纤维应力
**さいだいおうりょく【最大応力】** maximum stress 最大应力
**さいだいおうりょくせつ【最大応力説】** maximum stress theory (材料破坏理论的)最大应力理论
**さいだいかいてんすう【最大回転数】** maximum revolution 最大转速,最大转数
**さいだいかじゅう【最大荷重】** maximum load 最大荷载
**さいだいかちょうおん【最大可聴音】** threshold of feeling 最大可听声,可听上限,痛阈
**さいだいかっすいりょう【最大渇水量】** maximum droughty discharge 最枯水量
**さいだいかのうこうすいりょう【最大可能降水量】** maximum possible precipitation 最大可能降水量
**さいだいかんそうみつど【最大乾燥密度】** maximum dry density 最大干密度
**さいだいきゅうすいりょう【最大給水量】** maximum amount of water supply 最大给水量,最大供水量
**さいだいきょようアール・アイのうど**

【最大許容RI濃度】 maximum permissible concentration of RI(radio isotope) 最大容许放射性同位素浓度

さいだいきょようすんぽう 【最大許容寸法】 upper limit (构配件的)最大容许尺寸,最大尺寸,上限尺寸

さいだいきょようせんりょうりつ 【最大許容線量率】 maximum permissible dose rate 最大(放射性)容许剂量率

さいだいげんしょうち 【最大減少值】 maximum deduction 最大减少值(构配件与标志尺寸的最大尺寸差)

さいだいこうずいりょう 【最大洪水量】 maximum flood discharge 最大洪水量

さいだいサイズ 【最大～】 maximum size (构配件的)最大尺寸,最大容许尺寸,上限尺寸

さいだいしかんど 【最大視感度】 maximum spectral luminous efficiency 光谱光效能最大值(指λ＝555nm黄绿光的Km值)

さいだいしゅおうりょくどせつ 【最大主応力度説】 maximum principal unit stress theory 最大应力理论,最大主应力理论

さいだいしゅすいりょう 【最大取水量】 maximum intake water 最大取水量

さいだいしゅつりょく【最大出力】 maximum output 最大输出

さいだいしゅひずみどせつ 【最大主歪度説】 maximum principal strain theory 最大应变理论,最大主应变理论

さいだいしゅんかんふうそく 【最大瞬間風速】 maximum peak gust wind speed 最大瞬时风速

さいだいしょうひりょう 【最大消費量】 maximum consumption 最大用(水)量

さいだいしようりゅうりょう 【最大使用流量】 maximum usable stream flow 最大可用流量

さいだいすいじょうきちょうりょく 【最大水蒸気張力】 maximum vapour tension 最大蒸汽张力

さいだいすきま 【最大隙間】 maximum clearance 最大间隙,最大净空

さいだいスロープけいしゃ 【最大～傾斜】 maximum slope of scarf 最大嵌接斜度

さいだいせいすいとう 【最大静水頭】 maximum static head 最大静水头(水压)

さいだいせきさいりょう 【最大積載量】 maximum load 最大装载量,最大载重量,最大荷载

さいだいせんだんおうりょくどせつ 【最大剪断応力度説】 maximum shearing stress theory 最大剪切应力理论,最大剪应力理论

さいだいそくど 【最大速度】 maximum velocity 最高速度,最大速度

さいだいそくりょく 【最大速力】 maximum speed 最大速率

さいだいたいりょくせっけいほう 【最大耐力設計法】 maximum load design 最大承载力设计法,极限状态设计法

さいだいたわみ 【最大たわみ】 maximum deflection 最大挠度,最大弯沉值(轮载下的路面变形量)

さいだいだんせいエネルギーせつ 【最大弾性～説】 maximum elastic energy theory 最大弹性能理论

さいだいつよさ 【最大強さ】 maximum strength,ultimate strength 最大强度,极限强度

さいだいふうそく 【最大風速】 maximum wind velocity 最大风速

さいだいふか 【最大負荷】 maximum load 最大负荷

さいだいまげモーメント 【最大曲～】 maximum bending moment 最大弯矩,极限弯矩

さいだいようりょう 【最大容量】 maximum capacity 最大容量

さいだいりゅうけい 【最大粒径】 size of greatest particle (骨料的)最大粒径

さいたすいい 【最多水位】 most frequent water level 常水位

さいたそくど 【最多速度】 modal speed 最常见车速(观测车速中出现频率最高的车速)

さいたふうこう 【最多風向】 most frequent wind direction 主导风向,风向最

大频率
さいだほう 【再打法】 retamping 再拍打,再捣实
さいだん 【祭壇】 altar 祭坛
ざいたんおうりょく 【材端応力】 end stress of member 杆端应力,杆端内力
さいたんか 【再炭化】 recarbonization 再碳化
ざいたんこうど 【材端剛度】 end stiffness of member 杆端刚度
さいだんすんぽう 【最大寸法】 maximum measurement (构配件的)最大尺寸,上限尺寸,最大容许尺寸
ざいたんそくばく 【材端束縛】 end restraint 杆端约束
ざいたんモーメント 【材端~】 end moment 杆端力矩
ざいだんようじょう 【採暖養生】 warm curing (混凝土的)采暖养护,加热养护
さいちかいしじこく 【最遅開始時刻】 latest starting time(LST) 最晚开始时间
さいちしゅうりょうじこく 【最遅終了時刻】 latest finish time(LFT) 最晚完工时间
さいちゅうがたほうねつき 【細柱形放熱器】 tubular-type radiator 管式散热器
さいちゅうすいいど 【再注水井戸】 recharge well 回灌井
ざいちょう 【材長】 length of member 构件长度,杆长
さいちんでんほう 【再沈殿法】 resedimentation 再沉淀法
さいづち 【才槌】 mallet 小木槌
さいていすいい 【最低水位】 lowest water-level 最低水位
サイディング・ボード siding board 外墙板,护墙板
さいてきアスファルトりょう 【最適~量】 optimum asphalt content 最佳沥青用量
さいてきおんど 【最適温度】 optimum temperature 最舒适温度,最佳湿度
さいてきか 【最適化】 optimization 最优化,最佳化
さいてきかい 【最適解】 optimal solution 最优解
さいてきかせいぎょ 【最適化制御】 optimization control 最优化控制
さいてきがんすいひ 【最適含水比】 optimum water content 最佳含水量,最适含水量
さいてきがんすいりょう 【最適含水量】 optimum moisture content (土的)最适含水量,最佳含水量
さいてきかんど 【最適感度】 optimum sensitivity 最佳灵敏度
さいてきざんきょうじかん 【最適残響時間】 optimum reverberation time 最佳混响时间
さいてきしぼり 【最適絞】 optimum shutter 最佳光圈
さいてきしようしゅうはすう 【最適使用周波数】 optimum working frequency 最佳工作频率
さいてきしょうど 【最適照度】 optimum illumination 最佳照度
さいてきせいきじゅん 【最適性規準】 optimality condition 最优性规则,最佳性条件
さいてきせいぎょ 【最適制御】 optimal control,optimum control ,optimized control 最佳控制
さいてきせいのげんり 【最適性の原理】 principle of optimality 最优性原理,优化原理
さいてきせっけい 【最適設計】 optimal design 最优设计,最佳设计
さいてきほうさく 【最適方策】 optimal policy 最优方针,最优策略
ザイデルのしき 【~の式】 Seider's formula 塞德尔公式(室内自然通风量测定公式)
さいど 【彩度】 chroma,saturation 彩度
サイト site 场地,地址,现场,用地,遗址
サイト sight 视线,照准线,测视
サイト・アナリシス site analysis 建筑场地分析
サイド・アーム side arm (内翻气窗两侧的)推拉杆,高窗开关杆,窗扇支杆,窗臂

サイド・アングル side angle 边缘角钢，夹紧角钢
サイド・オーナメント side ornament 侧面装饰，端部装饰
さいどき【砕土機】soil crusher 碎土机
さいどき【採土器】soil sampler 取土器，土壤取样器
サイド・スポットしつ【～室】front side spot 耳光室
サイド・スラスト side thrust 侧向推力，侧压
さいどたいひ【彩度対比】chromatic contrast 彩度对比
サイド・ダンプ side dump 侧卸式
サイド・ダンプ・バケット side dump bucket 侧斜翻斗
サイド・テーブル side table (辅助大餐桌的)小桌，条桌
サイド・ドア side door 小门，便门
サイドドーザー sidedozer 侧铲推土机
さいどにゅうさつ【再度入札】rebidding 再度设标
サイド・パイロットこうほう【～工法】side pilot tunneling method (隧道)侧壁导洞式施工法
サイドバッファー side-buffer (运土车的)侧面缓冲器
サイド・フィレット・ウェルド side fillet weld 侧面贴角焊
サイト・プラン site plan 总平面布置图，总平面(设计)图
サイト・プランニング site planning 总平面设计，总体布置
サイト・プレファブこうほう【～工法】site prefabrication method 工地(现场)预制吊装施工法
サイド・ボックス side box (剧院的)边厢
サイト・ホール sight hole 窥视孔，检查孔
サイド・ライト side light 侧光采光，侧窗
サイト・ライン sight line 视线(视点与被视物体的连线)
サイド・ライン side line 边线
サイド・ラップ side lap 侧边搭接
さいとり【才取】供灰，供应砂浆，砂浆桶，砂浆杓
さいとりぼう【才取棒】hod 灰杓，砂浆盛具，砂浆杓
サイド・ローダー side loader 侧面装料器(混凝土搅拌机投料口上安装的杓状容器)
サイド・ローラー side-roller (皮带输送机的)侧滚轴，边托辊，(闸门两侧边的)侧面滚轮
さいにゅうさつ【再入札】rebidding 再次投标，二次投标
さいにょうしつ【採尿室】connecting toilet 采尿间，验尿室
さいねつき【再熱器】reheater 再热器，回热器，(空调机的)加热盘管
さいねつサイクル【再熱～】reheating cycle 再热循环
サイネッサロまちやくば【～町役場】Town Hall, Saynatsalo (1950～1952年芬兰)赛涅萨罗市政厅
さいばっき【再曝気】reaeration 再曝气
さいばっきけいすう【再曝気係数】reaeration coefficient 再曝气系数
さいばっきそう【再曝気槽】reaeration tank 再曝气池
さいばんしょ【裁判所】court of justice 法院
ざいひひょうじき【在否表示器】in-out indicator 在室外出指示器
さいひょう【砕氷】crushed ice 碎冰
さいふう【再封】reseal 再封
サイフォン siphon 虹吸，虹吸管
サイフォンがたじきうりょうけい【～形自記雨量計】siphon rainfall recorder 虹吸式自动雨量记录器
サイフォンきあつけい【～気圧計】siphon barometer 虹吸气压计
サイフォンさよう【～作用】siphonage 虹吸作用
サイフォン・ジェットしょうべんき【～小便器】siphon jet water urinal 虹吸喷水小便器
サイフォン・ジェットだいべんき【～大

便器】 siphon jet water closet 虹吸喷水大便器
サイフォンだいべんき 【~大便器】 siphon water closet 虹吸式冲水大便器
サイフォンどめ 【~止】 anti-siphoning 倒虹吸
サイフォンどめトラップ 【~止~】 anti-siphon trap 倒虹吸水封
サイフォン・トラップ siphon trap 虹吸水封
サイフォン・パイプ siphon pipe 虹吸管
さいぶずこんそくりょう 【細部図根測量】 topographic control surveying for detail mapping 图根控制测量
さいぶずこんてん 【細部図根点】 supplementary control for detail mapping 加密图根控制点
さいぶそくりょう 【細部測量】 detail surveying 细部测量
さいふはい 【再腐敗】 reputrefaction 再腐化
サイプレス cypress 柏树
さいぼう 【細胞】 cell 细胞
さいほうゴム 【細胞~】 cellular rubber 泡沫橡胶
さいぼうコンクリート 【細胞~】 cellular concrete 多孔混凝土
さいぼうしつ 【細胞質】 cytoplasm 细胞质
さいぼくパルプはいすい 【砕木~廃水】 ground pulp mill wastewater 碎木纸浆废水
さいほそう 【再舗装】 resurfacing 重铺路面,翻修路面
サイホン=サイフォン
サイマ cyma 枭混线脚(由凹凸线组成的线脚)
ざいまち 【在町】 乡填
サイマ・リバーサー cyma reversa 反枭混线脚,里反线脚,上凸下凹的波纹线脚
サイマ・レクター cyma recta 正枭混线脚,表反线脚,上凹下凸的波纹线脚
さいまわし 【才回】 材料量折换,材料量换算
さいめすな 【細目砂】 fine sand 细砂
ざいもくいし 【材木石】 (日本静冈县地方产的)角柱状玄武岩
ざいもくいわ 【材木岩】 裂纹柱状铁平石
ざいもくごや 【材木小屋】 工地木工车间,木工棚
サイラトロン thyratron 闸流管
サイリスター thyristor 半导体开关元件,闸流晶体管
さいりゅう 【細流】 brooklet 小溪,涧
さいりゅうど 【細粒土】 fine grained soils 细颗粒土
さいりゅうどアスファルト・コンクリート 【細粒度~】 fine graded asphalt concrete 细级配沥青混凝土
さいりよう 【再利用】 reuse,reclamation 再利用,回收,再生
ざいりょう 【材料】 material 材料
ざいりょううけおい 【材料請負】 material contract 材料供应的承包
ざいりょうおきば 【材料置場】 yard of materials 材料场,材料堆放场地
ざいりょうきかく 【材料規格】 material standard 材料规格,材料标准
ざいりょうきょうきゅうじょ 【材料供給所】 material supply center 材料供应站
ざいりょうきょうじゃく 【材料強弱】 strength of materials 材料强度
ざいりょうきょうじゃくしけんき 【材料強弱試験機】 material strength testing machine 材料强度试验机
ざいりょうしきゅう 【材料支給】 supply of material 材料供给(指发包单位供给承包单位)
ざいりょうしけん 【材料試験】 test of material 材料试验
さいりようすい 【再利用水】 reuse water 再利用水,再生水
ざいりょうすうりょう 【材料数量】 quantity of material 材料数量
ざいりょうつよさ 【材料強さ】 strenght of materials 材料强度
ざいりょうてはい 【材料手配】 材料筹备(安排)
ざいりょうとうにゅうだか 【材料投入高】

consumption of materials 材料消耗数量
ざいりょうひ 【材料費】 materials cost 材料费
ざいりょうひょう 【材料表】 material list, bill of materials 材料表
ざいりょうひろい 【材料拾】 材料抽方,计算材料用量
ざいりょうぶがかり 【材料歩掛】 单项工程材料用量
ざいりょうぶんり 【材料分離】 material segregation 材料离析
ざいりょうもちうけおい 【材料持請負】 包工包料,带料包工
ざいりょうりきがく 【材料力学】 mechanics of materials 材料力学
ザイルネッツ Seilnetz[德] 钢索网格结构
ざいれい 【材齢】 material age 材料龄期,材料使用期限
さいれいじゅんかんほうしき 【再冷循環方式】 recirculated cooling system 再循环冷却方式
サイレージ silage 青饲料室
サイレン siren 气笛,电笛,报警器
サイレンサー silencer 消声器
サイレントおくり 【～送】 silent feed 无噪声送料
サイレントがたそうふうき 【～型送風機】 silent blower 无噪声鼓风机,无噪声通风机
サイレント・ファン silent fan 无噪声风扇
サイレント・ブロック silent block 防音装置,隔声装置
サイロ silo 筒仓,谷仓
サイン sign 标志,征象,造型符号
サイン・ウェーブ sine wave 正弦波
サイン・カーブ sine curve 正弦曲线
サインでんきゅう 【～電球】 sign bulb 标志灯泡,指示灯泡
サインはしんごう 【～波信号】 sine wave signal 正弦波信号
サイン・ポスト sign post 标志柱,标杆
サイン・ランプ sign lamp 信号灯,指示灯
サヴォワてい 【～邸】 Villa Savoye[法] (1928～1930年法国巴黎)萨沃瓦住宅
サウザン・ベントナイト souzan bentonite 多钙膨润土
サウナ sauna (芬兰式的)蒸气浴(室)
サウナぶろ 【～風呂】 sauna bath (芬兰式)蒸气浴
サウンディング (subsurface) sounding (地下)测深,(水深)测量音响,发声,探测
サウンド sound 声,音,音响
サウンド・エフェクト sound effect 音响效果
サウンド・スクリーン sound screen (有声电影的)声幕
サウンド・ダンパー sound damper 减声器,消声器
サウンド・デテクター sound detector 检声器,测音器,伴音信号检波计
サウンド・バリヤー sound barrier 声障,音障
サウンド・ホール sound hole 传声窗,传声洞口
サウンド・レベル・メーター sound level meter 声级计
サウンド・ロック sound lock (播音室、试听室等的)隔声前室
さお 【竿・棹】 rod 杆,标杆,测杆
さおいし 【竿石】 柱纹凝灰岩
さおかけがね 【竿掛金】 细长环扣
さおコンパス 【竿～】 beam compasses 长臂规,长臂圆规
さおしゃちつぎ 【竿車知継】 细长键销接头
さおつぎ 【竿継】 细长键销接头
さおひきどっこ 【竿引独鈷】 细长键销接头的一种
さおぶち 【竿縁・棹縁】 ceiling panel strip (薄板压边顶棚的)木压条,(古建筑的)天花板枝条
さおぶちてんじょう 【竿縁天井・棹縁天井】 panelled ceiling 薄板压边顶棚
さおみち 【竿道】 榫槽,榫沟,细长键销槽
さおむね 【竿棟・棹棟】 平直屋脊
さおん 【差音】 difference tone 差音

さか 【坂】 slope 坡,斜坡
さかいど 【堺戸】 竖棂格门
さかいどごうし 【堺戸格子】 (竖棂格门的)棂格
さかうちこうほう 【逆打工法】 逆向浇灌混凝土施工法,由上层到下层浇灌混凝土施工法
さかうちコンクリートこうほう 【逆打～[concrete]工法】 逆向浇灌混凝土施工法,由上层到下层浇灌混凝土施工法
さかぎ 【逆木·倒木】 逆木纹
さかさアーチ 【逆～】 inverted arch 仰拱,倒拱
さかさえだ 【逆枝】 pendulous branch 倒垂枝,向下树枝
さかさせりもち 【逆迫持】 inverted arch 倒拱,仰拱
サーカス circus (圆形的)马戏场,杂技场,(古罗马的)竞技场,(十字路口的)圆形广场
さかたいしょうかじゅう 【逆対称荷重】 antisymmetrical load 反对称荷载
さかだこ 【逆蛸】 倒拍硪,反向拍硪
ざがなもの 【座金物】 washer 垫铁,垫圈,垫片
ざがね 【座金】 washer,ceiling plate 垫圈,垫片,法兰盘,垫板,装饰性金属贴叶
さかば 【酒場】 bar 酒吧(间)
さかはす 【逆蓮】 inverted lotus (望柱头的)垂莲饰,倒莲饰
さかぶき 【逆葺】 草屋顶草根向上铺法
さかまき 【逆巻】 inverted lining (隧道的)逆衬砌(先做顶部衬砌,后做侧壁衬砌)
ざかまち 【座框】 椅子座框
さかめ 【逆目】 interlocked grain 交错纹,斜交木纹
さかめくぎ 【逆目釘】 toothed nail 刺钉,带齿钉
さかめボルト 【逆目～】 rag bolt,fang bolt 棘螺栓
さがり 【下】 脊端垂饰
さかりば 【盛場】 amusement center 游艺场,繁华街,娱乐场所
さかわかなもの 【逆輪金物】 (加固门梃用)U字形金属饰件
さかん 【左官】 plasterer 抹灰工,粉刷工
さがん 【砂岩】 sand stone 砂岩
さかんこうじ 【左官工事】 plastering 抹灰工程,粉刷工程
さかんざいりょう 【左官材料】 plastering material 抹灰材料,粉刷材料
さかんようしょうせっかい 【左官用消石灰】 lime for plastering 抹灰用(消)石灰
さかんようセメント 【左官用～】 抹灰用水泥
さかんようミキサー 【左官用～】 plaster mixer 砂浆搅拌机
さきがい 【先買】 优先买收土地
さきがわ 【先側】 抽屉的侧板
さききり 【先切】 尖头(树叶形)锯
さぎちょうばしら 【左義長柱】 露盘支柱(木塔承露盘下的四根短柱)
さきづけこうほう 【先付工法】 (门窗框)预装施工法,预埋法
サーキット circuit 电路,线路,回路,环行(路线),迂路,范围
サーキット·テスター circuit tester 电路检验器,万用表
サーキット·ドリル circuit drill 电钻
サーキット·ブレーカー circuit breaker 断路器
さきのみ 【先鑿】 尖头凿
さきぶしん 【先普請】 pre-timbering (隧道开挖作业的)前期支撑,准备工程
さきぼそつち 【先細槌】 striker 尖锤
さきぼそノズル 【先細～】 covergent nozzle 收敛(渐缩)喷嘴
さきぼそやすり 【先細鑢】 taper file,taper flat file 尖扁锉,圆锥锉
サキヤじ 【薩迦寺】 (1071年建造的中国西藏)萨迦寺
さきゅう 【砂丘】 sand dune 砂丘
サーキュラー·アーチ circular arch 弧形券
サーキュラー·ソー circular saw 圆锯
サーキュラー·ソー·ベンチ circular saw bench 圆锯台
サーキュラー·プレストレッシング circular prestressing (筒仓等的)环向预加

应力

**サーキュラー・モーション** circular motion 圆周运动

**サーキュレーション** circulation (城市中人、物、能源、信息等的)循环,循环系统

**サーキュレーション・スペース** circulation space 流通地区,流通面积,通路

**サーキュレーション・ライン** circulation line 循环管路,循环管线

**サーキュレーター** circulator 循环器,回转器,环流锅炉

**さぎょう** 【作業】 work, operation 加工,工作,操作,作业

**さぎょういき** 【作業域】 working area 工作范围(指在一定位置上人体各部活动的范围)

**さぎょうかんきょう** 【作業環境】 working environment 工作环境

**さぎょうきょうど** 【作業強度】 working strength 工作强度,作业强度

**さぎょうきょくせん** 【作業曲線】 work curve 工作曲线

**さぎょうきんちょうりょく** 【作業緊張力】 jacking force (预应力混凝土的)操作张拉力

**さぎょうくうかん** 【作業空間】 activity space, working space 活动空间,活动范围,工作空间,工作范围(指在建筑物内及室内进行工作所需的空间)

**さぎょうけんさ** 【作業検査】 work inspection 操作检查,施工检查

**さぎょうげんば** 【作業現場】 work shop, field 加工车间,施工工地,工作现场

**さぎょうこうてい** 【作業工程】 work order 操作工序,加工工序,工作程序

**さぎょうじかん** 【作業時間】 working hour 工作时间

**さぎょうしせい** 【作業姿勢】 working posture 工作姿势,操作姿势(指进行某种工作时身体各部分的相对位置关系以及占据空间的位置)

**さぎょうしどうひょう** 【作業指導票】 card of work order 施工说明卡片,操作程序卡片

**さぎょうしゅうき** 【作業周期】 work period 工作周期,操作周期,作业周期

**さぎょうじょう** 【作業場】 word shop, work yard 工场,作业场地,车间,工厂

**さぎょうしんちょくずひょう** 【作業進捗図表】 work schedule 工作进度表,施工进度表

**さぎょうせん** 【作業船】 working ship (河川、海岸)作业用船

**さぎょうそくてい** 【作業測定】 work measurement 工作测定,作业计量,作业测定(指工作过程中各种指标的测定)

**さぎょうだい** 【作業台】 work bench 工作台

**さぎょうにわ** 【作業庭】 service court 家务院子,服务院子

**さぎょうのうりつ** 【作業能率】 working efficiency 工作效率,作业效率,操作效率

**さぎょうばんち** 【作業番地】 working area 工作(存贮)区,作业区,工作而

**さぎょうび** 【作業日】 working day 工作日

**さぎょうひょうじゅん** 【作業標準】 operating rule, technical specification 操作规程,工艺规范

**さぎょうふく** 【作業服】 working clothes 工作服

**さぎょうめん** 【作業面】 working plane 工作面

**さぎょうりょう** 【作業量】 work amount 工作量,作业量,加工量

**さぎょうりょうほうしつ** 【作業療法室】 facilities for occupational therapy 职业病疗法诊室,功能恢复诊室

**さく** 【索】 rope 绳,索

**さく** 【柵】 fence, paling, palisade, stockade 围栏,栅栏,篱笆,木栏

**さく** 【裂く】 裂开剪掉,裂开剪除

**サグ** sag 垂度,挠度,下垂

**さくい** (骨料过多使)灰浆失粘

**さくい** 【作意】 创作意图

**さくイオン** 【錯~】 complex ion 络离

**さくいたべい** 【柵板塀】 栅板围墙,栅钉板围墙

さくいんりょく【索引力】tractive force 牵引力,索引力
さくえん【錯塩】complex salt 络盐
さくえんほう【錯塩法】complex salt method 络盐法
サグ・オブ・ライン sag of line 电线垂度,线路弧垂
さくかごうぶつ【錯化合物】complex, complex compound 络合物
さくがん【削岩】drilling 钻岩,凿岩
さくがんき【鑿岩機】rock drill 钻岩机,凿岩机,开石钻
さくぐい【柵杭】wooden sheet pile 木板桩,木栅
さくぐるま【索車】pulley 滑车,滑轮
さくこ【柵木】栅木,栏木
さくさん【酢酸】acetic acid 醋酸,乙酸
さくさんアニリンほう【酢酸～法】aniline acetate method 醋酸苯胺法
さくさんえん【酢酸塩】acetate 醋酸盐
さくさんせんいそ【酢酸繊維素】cellulose acetate, acetyl-cellulose 醋酸纤维素
さくさんせんいそかそぶつ【酢酸繊維素可塑物】cellulose acetate plastics, acetyl-cellulose plastics 醋酸纤维素塑料
さくさんせんいそプラスチック【酢酸繊維素～】cellulose acetate plastics, acetyl-cellulose plastics 醋酸纤维素塑料
さくさんビニル【酢酸～】vinyl acetate 醋酸乙烯酯
さくさんビニルじゅし【酸酢～樹脂】polyvinyl acetate resin 聚醋酸乙烯树脂
さくさんビニルじゅしせっちゃくざい【酢酸～樹脂接着剤】polyvinyl acetate resin adhesive 聚醋酸乙烯树脂粘合剂
さくさんビニルせっちゃくざい【酸酢～接着剤】vinyl acetate adhesive 醋酸乙烯酯粘合剂
さくさんぶんかいきん【酢酸分解菌】acetic acid degrading bacteria 醋酸分解菌
さくし【錯視】optical illusion, visual illusion 视错觉
サクション suction 吸入,吸气,吸力,吸引,空吸,负压
サクション・ガス suction gas 负压发生炉煤气
サクション・コック suction cock 吸入口旋塞(进水旋塞,进气旋塞)
サクション・タンク suction tank 吸水箱
サクション・チェックべん【～弁】suction check valve 吸入单向阀
サクション・パイプ suction pipe 吸入管(吸水管,吸气管)
サクション・ヘッド suction head 吸水头,吸引位差,吸升力
サクションべん【～弁】suction valve 吸入阀(吸气阀,吸水阀)
サクション・ベーン suction vane 吸气翼,吸气叶片
サクション・ホース suction hose 吸水软管
サクション・ポンプ suction pump 抽水泵
サクション・マウス suction mouth 吸水口
さくずせん【作図線】construction line 作图线
さくせい【鑿井】bore hole, bored well 钻井,凿井
さくせん【鑿泉】artesian well 自流井
さくたかくけい【索多角形】funicular polygon, link polygon 索多边形
ざくつ【座屈】buckling 压曲,屈曲
ざくつあんぜんりつ【座屈安全率】safe factor of buckling 压曲安全系数,屈曲安全系数
ざくつおうりょく【座屈応力】buckling stress 压曲应力,屈曲应力
ざくつおうりょくど【座屈応力度】buckling stress(intensity) 压曲应力(强度),屈曲应力(强度)
ざくつかじゅう【座屈荷重】buckling load 压曲(临界)荷载,屈曲荷载
ざくつきょくせん【座屈曲線】buckling curve 压屈曲线,屈曲曲线

ざくつけいすう 【座屈係数】 buckling coefficient 压曲系数,屈曲系数
ざくつご 【座屈後】 post-buckled 后期屈曲
ざくつじかん 【座屈時間】 buckling time 屈曲时间
ざくつせいやくじょうけん 【座屈制約条件】 buckling constraints 屈曲约束条件
ざくつつよさ 【座屈強さ】 buckling strength 压曲强度,屈曲强度
ざくつながさ 【座屈長さ】 buckling length 压曲长度,屈曲长度
さくてい 【作庭】 garden making 建造公园,建造庭园
さくていき 【作庭記】 (日本平安时代橘俊纲著的造园书)《作庭记》
さくどう 【索道】 cableway 索道
さくどうきじゅうき 【索道起重機】 cable crane 缆索起重机
さくビ 【酢～】 vinyl acetate 醋酸乙烯酯
サグひ 【～比】 sag ratio 垂跨比
さくベルト 【索～】 rope belt 绳带
さくへん 【削片】 chip 削片,木片,片屑
さくへんばん 【削片板】 particle board 木屑板,碎料板
サグ・ボルト sag bolt 防垂螺栓(联系檩条防止屋面下垂的螺栓)
さくやく 【炸薬】 blasting powder 火药,炸药
さくやらい 【棚矢来】 palisade,paling 木栅篱色,木栅栏
さくら 【桜】 cherry,cherry-tree 樱木,樱花,樱树
サークラインけいこうとう 【～螢光灯】 circuline fluorescent lamp,circle fluorescent lamp 环形荧光灯
さくらきんしゃ 【さくら金車】 (吊塔、打桩架顶部的)定滑轮
さくらキンネン (吊塔、打桩架顶部的)定滑轮
さくらそう 【桜草】 樱草(粉刷用海藻糊)
サグラダ・ファミリアきょうかい 【～教会】 La Sagrada Familia[西] (1874～1885年西班牙巴塞罗纳)萨格拉达·伐米利亚教堂
さくらみかげ 【桜御影】 桃红色花岗石
さくらるい 【桜類】 樱花类
さくりばみ 【决喰】 合缝,木材埋接
さくりはめ 【决はめ】 合缝,柱间钉板
サークル circle 剧院楼厅,圆形场地
サークルがたネットワーク 【～型～】 cycle-type network 循环式网络
ざくろいし 【柘榴石】 garnet 石榴石,榴子石
さげあり 【下蟻】 (水平方向木构件用的)一侧刻槽的插榫
さげお 【下苧】 抹灰打底用麻筋辫
さげおうち 【下苧打】 (板条抹灰前)钉麻辫
さげおぶせ 【下苧伏】 披麻,抹入麻筋
さげかま 【下鎌】 (水平方向木构件用的)一侧刻斜槽的插榫
さげこし 【下越】 超挖,多挖,深挖
さげこみ 【下込】 向下推拉
さげこみまど 【下込窓】 向下推拉窗
さげざる 【下猿】 下拉木插销,立门闩
さげしろ 【下代】 超挖深度,超挖宽度
さげすみ 【下墨】 perpendicular line 垂线,垂直线,线坠
さげねこ 【下猫】 (拱架和支柱之间的)垫
さげふり 【下振】 plumb,plumb bob 铅锤,垂标坠,测锤,铅垂线
さげふりいと 【下振糸】 plumb bob line 铅垂线,垂直线
さげふりすいじゅんき 【下振水準器】 plumb level 测锤水准器,铅锤水准器
さげふりそくりょう 【下振測量】 plumb bob collimation 铅锤测量
さけめ 【裂目】 crevasse 裂口,裂缝间隙
さげろ 【下路】 track depression(交叉口或路堑中的)降低轨道标高,落道
さげわかざり 【下環飾】 festoon(两端挂住中间下垂的)垂花带饰,花彩
ざこつけっせつてん 【座骨結節点】 tuber ischiadicum (人体)坐骨关节点(设计家具用)

ささえ 【支】 support 支架,支柱,支座,支撑,支承,支持
ささえかべ 【支壁】 buttress 扶壁,扶垛
ささえかべようへき 【支壁擁壁】 buttressed type retaining wall 扶垛式挡土墙
ささえざ 【支座】 support 支座
ささえつぎ 【支継】 supported joint (路轨的)支承接头,承托接头
ささえてん 【支点】 support 支点
ささえばしら 【支柱】 post,support 支柱
さざえやま 【栄螺山】 盘道山(庭园内人工堆筑的有盘道的小山)
ささがき 【笹垣】 矮竹篱,小竹篱
ささくれ agnails,hangnails 毛刺,毛口,倒刺
ささど 【細戸】 小板门,茶室板门
さざなみ 【漣】 涟纹(日本庭园内在铺砂面上划出的纹样),微波纹
さざなみもく 【漣杢】 ripple grain (木材的)波状纹
ささほがき 【笹穗垣】 竹梢围墙,竹梢篱笆
ささめごうし 【細目格子】 细眼格子,细格
ささやきのかいろう 【囁の回廊】 whispering gallery 回声廊,回音廊
ささやね 【笹屋根】 编竹屋顶,竹板屋顶
ささら 【簓】 细竹编物,细竹束,刻成阶段形的木构件
ささらげた 【簓桁】 cut string,open string,bridge board 木楼梯露明小梁,木楼梯露明侧板
ささらこ 【簓子】 (木板墙的)刻槽压条
ささらこしたみ 【簓子下見】 有刻槽压条的横钉木墙板
ささらこしたみばり 【簓子下見張】 刻槽压条鱼鳞板,横钉刻槽压条木外墙板
ささらこばめ 【簓子羽目】 有刻槽压条的竖钉木墙板
ささらこぶち 【簓子縁】 (压鱼鳞板的)刻槽压边条
ささらこべい 【簓子塀】 有刻槽压条的横钉板围墙
ささらぶち 【簓縁】 (压鱼鳞板的)刻槽压边条
さし 【螫】 (木材的)蛀穴,虫蛀木材
さしいし 【差石】 (外柱的)柱础间铺石
さしうけかん 【差受管】 socket and spigot pipe 承插管
さしうけせつごう 【差受接合】 socket and spigot joint 套筒接合,承插接口
さしうけつぎて 【差受継手】 bell and spigot joint 承插接头,管端的套筒接合
さしかけ 【差掛】 lean-to roof (紧靠主房的)单坡低房,披屋,(披屋的)单坡屋顶
さしかけやね 【差掛屋根】 lean-to roof (披屋的)单坡屋顶
さしがね 【指矩·指金·指曲】 square,carpenter's square 钢曲尺,角尺,矩尺
さしがもい 【指鴨居·差鴨居】 (门窗的)插榫上框
さしき 【指木·差木】 插榫木材
さじき 【栈敷】 观赏厅(日本平安、镰仓时代观赏举行仪式或演戏的房屋),看台,剧院内高座观众席,楼座
ざしき 【座敷】 铺有席子的房间,(日本古建筑的)客厅
さしきがき 【挿木垣】 扦插绿篱
さじきや 【栈敷屋】 观赏厅(日本平安、镰仓时代观赏举行仪式或演戏的房屋)
さしきりのこ 【差切鋸】 wire saw 钢丝锯,(锯石用)钢绞线锯
さしきん 【差筋】 joint bar 插筋,接头销钉,连接板,鱼尾板
さしぐち 【差口】 receptacle,concent 插口,插座,塞孔,榫口,插榫,插接
さしげた 【指桁·差桁】 穿插枋
さしこす 【指越す】 跨过测量,跨越测量,超过某点测量
さしこみしきサーモスタット 【差込式~】 insertion thermostat 插入式恒温器
さしこみじょう 【差込錠】 插销锁
さしこみしんどうき 【差込振動機】 internal vibrator 插入式振捣器,内部振捣器
さしこみせん 【差込栓】 plug 插头,插塞
さしこみソケット 【差込~】 bayonet socket 卡口插座
さしこみプラグ 【差込~】 attachment

plug,plug cap 插头,插塞
さしこみほぞ 【差込枘】 stub tenon,half tenon 粗短榫,半榫
さしこみやぐらじょう 【差込櫓錠】 固定门闩用铁件
さしさげ 【差下】 下返尺寸,由上向下计量
さしさげすんぽう 【差下寸法】 下返尺寸(放线板上小线至槽底的竖向尺寸)
さしじきい 【指敷居】 插榫式下框
さしだるき 【指垂木】 jack rafter 垂脊木两侧的小椽
サージ・タンク surge tank 调压水箱,稳压箱
さしつけ 【指付】 穿插,插榫,丈量
さしつちんでんぶつ 【砂質沈殿物】 sandy deposit 砂质沉淀物
さしつど 【砂質土】 sandy soil 砂性土
さしつねんど 【砂質粘土】 sandy clay 砂(质)粘土,亚粘土
さしつねんどローム 【砂質粘土~】 sandy clay loam 砂质亚粘土,砂质粘壤土
さしつローム 【砂質~】 sandy loam 砂质壤土
サージ・ドラム surge drum 调压水箱,调浆槽
さしとろ 【差とろ】 grout 灌浆,灌入的灰浆或砂浆
さしぬき 【指貫】 横穿板
さしばり 【刺針】 插针,缝针
さしばり 【指梁】 穿插枋
さしひじき 【挿肘木】 插拱
さしむね 【指棟】 露在封檐板上的脊
さじめん 【匙面】 concave chamfer 凹圆(棱角)面
さしもや 【指母屋】 穿插在封檐板上的檩,紧靠封沿板的檩
さじょう 【鎖錠】 lock,interlock 联锁器,联锁转辙器
さしわたし 【差渡】 diameter,span 直径,跨度
サージング surging 涌浪,波动,冲击压力,(电)浪涌
さしんようせつ 【左進溶接】 leftward welding 左焊法,左向焊接
さす 【扠首】 叉手(支承脊木的交叉斜木)
さす 【砂洲】 sand bar 砂洲
さすざお 【扠首竿】 叉手杆
さすづか 【扠首束】 叉手短柱(由交叉斜杆和梁构成的屋架的中柱)
さすのみ 【佐須鑿·刺鑿】 (凿大孔用)长柄宽刃凿
さすばり 【扠首梁】 叉手梁(由交叉斜杆和梁构成的屋架的平梁)
サスペンション suspension 吊挂,悬置,悬浮,悬浮体,悬浮液
サスペンションこうぞう 【~構造】 suspension construction,suspension structure 吊挂构造,悬挂结构,悬索结构
サスペンション・ライト suspension light 悬挂照明,吊灯
サスペンデッド・スパン suspended span 悬跨,悬索桥跨,悬孔
さすり 【摩】 flush 齐平面
さすりざる 【摩猿】 flush bolt 平插销
さすりたまぶち 【摩玉縁】 flush bead 齐面串珠饰,齐面半凸圆线脚
さすりど 【擦戸】 jib door 隐门(与墙面齐平,门面和墙面的装修一致)
ざせききょくせん 【座席曲線】 floor slope curve (观众厅的)座位升高曲线,地面坡度曲线
させつしゃせん 【左折車線】 left turn lane (交叉口处的)左转弯车道
させつランプ 【左折ランプ】 left-turn ramp 左转弯匝道
させん 【鎖線】 chain line,dot and dash line 点划线
さそう 【砂層】 sand bed 砂层
ざたく 【座卓】 炕桌(放在席垫上的矮桌)
さちゅう 【梭柱】 梭柱
サーチ・ライト search light 探照灯
さつ 【櫒·刹】 (木造佛塔的)中心柱
さつえいきせん 【撮影基線】 photograph base (空中)摄影基线
さつえいさぎょう 【撮影作業】 photographing work 摄影工作
さつえいじく 【撮影軸】 camera axis,ax is of exposure 摄影轴
さつえいしつ 【撮影室】 photo studio

撮影室
さつえいじょ 【撮影所】 (film)studio 电影制片厂
さつえいてん 【撮影点】 camera station 摄影点
ざつおん 【雑音】 noise 噪声
ざつおんけい 【雑音計】 noise meter, sound level meter 噪声计,声级计
ざつおんしゃだんき 【雑音遮断器】 noise squelch 噪声抑制器
ざつおんせいげんき 【雑音制限器】 noise limiter 噪声限制器,静噪器
ざつおんのとうかおんあつ 【雑音の等価音圧】 equivalent noise pressure 噪声等效声压
ざつおんのレベル 【雑音の～】 noise level 噪声级
ざつおんぼうしき 【雑音防止器】 noise limiter 静噪器,噪声限制器
ざつおんよくあつき 【雑音抑圧器】 noise suppressor 噪声抑制器
サッカーきょうぎじょう 【～[soccer, socker]競技場】 football field 足球运动场
さっかく 【錯覚】 illusion 错觉,幻觉
さっかつかれ 【擦過疲】 abrasion fatigue 磨损疲劳
ざっかふとう 【雑貨埠頭】 general cargo wharf 杂货码头,一般客货码头
さっきん 【殺菌】 sterilization 杀菌,消毒
さっきんこうか 【殺菌効果】 bactericidal effect, germicidal effect 杀菌效力,杀菌效果
さっきんざい 【殺菌剤】 fungicide, germicide 杀菌剂
さっきんとう 【殺菌灯】 germicidal lamp, bactericidal lamp 杀菌灯
さっきんランプ 【殺菌～】 bactericidal lamp 杀菌灯
サッグ・ボルト sag bolt 防垂螺栓
ざっこうじ 【雑工事】 miscellaneous works 杂项工程
サッシュ sash 窗框,窗扇,框(格)
サッシュこうじ 【～工事】 sash work 金属窗框工程
サッシュ・コード sash cord 吊窗绳
サッシュ・チェーン sash chain 吊窗链
サッシュ・バー sash bar 窗芯,窗棂子
サッシュ・バランス sash balance 吊窗平衡锤
サッシュ・ポケット sash pocket 窗锤箱
サッシュ・ホルダー sash holder 窗风钩,窗支杆
サッシュ・リフト sash lift 吊窗拉手
サッシュ・ローラー sash roller 门窗扇滑轮
さつそ 【擦礎】 (木塔的)中心柱础
さっそうざい 【殺藻剤】 algicide 杀藻剂,灭藻剂
さっちゅうざい 【殺虫剤】 pesticide 杀虫剂,灭虫剂,农药
さっちゅうとりょう 【殺虫塗料】 insecticide paint 杀虫涂料,防蛀涂料
ざつはいすい 【雑排水】 non-fecal drainage 杂废水,混合生活污水
ざつはいすいポンプ 【雑排水～】 general service pump 通用排水泵
さっぱくぎ 【さっぱ釘】 通用钉,板用钉
サップ sap 树液,汁液,逐渐侵蚀,风化岩石
さつまつぎ 【さつま継】 splice 编接,绞接,拼接
ざつようすい 【雑用水】 water for miscellaneous use 杂用水,其它用水
ざつようすいどう 【雑用水道】 waterworks for miscellaneous use 多用途的给水工程
ざつようセメント 【雑用～】 lowgrade cement, non-constructive cement 杂用水泥,低标号水泥
さつらんそうち 【殺卵装置】 parasiticidizing device 杀(寄生虫)卵装置
さで 【桟手】 (伐木场运出木料的)陡坡滑道
サテライト・スタジオ satellite studio 小型接力电站,小型中继站,卫星电台,星际台
サテンしあげ 【～仕上】 satin polishing 擦亮,研光,抛光

さど 【砂土】 sandy soil 砂土
さとう 【要頭】 耍头,雕刻木鼻
さどうくいうちハンマー 【差動杭打～】 differential-acting pilehammer, differential-acting steam hammer 差动(蒸汽)打桩锤
さどうこうどけい 【差動高度計】 statoscope 微动气压计,高差仪
さどうしきかさいかんちき 【差動式火災感知器】 differential active fire detector 差动式火灾探测器
さどうしきかんちき 【差動式感知器】 differential perceiver, differential detector 差动式(火灾)探测器
さどうプランジャー・ポンプ 【差動～】 differential plunger pump 差动式柱塞泵
さどうマノメーター 【差動～】 differential manometer 差示压力计
サドル saddle 门槛,(悬索结构的)钢索鞍形铁座,鞍形脚手架,管座,(缓和应力用)坝基鞍座,滑鞍,滑动座架,堆积方木架设的台子
サドルがたうけぐち 【～形受口】 saddle hub 凹形管座
サドル・バー saddle bar 撑棍
サナトリウム sanatorium 疗养院
サナラックス・ガラス sunalux glass 透紫外线玻璃
サニタリー・コーナー sanitary corner 圆棱,圆凹角,(医院等为保持清洁易于清扫而做出的)光面墙角,圆面墙角
サニタリー・ドア sanitary door 光面门
サニデイン sanidine 透长石,玻璃长石
さね 【実·核】 tongue 企口板榫舌,企口板阳榫
さねつぎ 【実継】 tongue and groove joint 企口接合,槽舌接合
さねづくり 【実造】 企口榫接,企口榫构造
さねとめ 【実留】 tongued miter 企口斜角缝,舌榫斜拼合
さねはぎ 【実矧·核矧】 tongue and groove joint 企口接合,槽舌接合
さねひじき 【実肘木】 枊,替木
さねほぞ 【実枘】 企口板榫舌,企口板阳榫
さばお 【鯖尾】 鱼尾式剪枝
さばきり 【鯖切】 (圆木端部)错口拼接,半合接头
さばぐち 【鯖口】 cup bearing 支柱顶,木插口
サパー・クラブ supper club 高级夜总会
さばしり 【鯖尻】 月梁上部的弧形部分
さばのお 【鯖の尾】 岔角铁饰,鱼尾形构件端部,(装饰铁件上的)鱼尾饰,叉脚饰
サバーバン・レールウェー suburban railway 市郊铁路
さび 【錆·銹】 rust 锈,生锈
さびおとし 【錆落】 rust removing 除锈
さびこぶ 【錆瘤】 incrustation 水垢,水锈
さびじみ 【錆染】 rust spot 锈点,锈迹
サービシング servicing 维修,保养
サービス service 服务,业务,使用,操作,检修,保养
サービス・エリア service area (公路沿线的)服务范围,服务区,供应区
サービスかい 【～階】 service flat 服务层
サービスぎょう 【～業】 service industry 服务行业
サービスこうぎょう 【～工業】 服务性工业
サービス・コンダクター service conductor 用户接管
サービスしすう 【～指数】 serviceability index 使用系数
サービスしせつひょうしき 【～施設標識】 service sign 服务设施标志
サービス・シャフト service shaft 服务设施用竖井,供应设施用竖井
サービスすいじゅん 【～水準】 level of service (道路的)通行性能等级
サービス・ステーション service station 加油站,服务站,修理站
サービス・スライド service slide 供餐推拉窗,送餐推拉窗
サービス・スライド service slide 供餐用推拉窗

サービス・スリーブ service sleeve 预埋套管
サービス・センター service centre 服务中心
サービス・タンク service tank 供油箱
サービス・テスト service test 使用试验,运转试验,运行试验,动态试验
さびずな 【錆砂】 ferrous sand 含氧化铁色砂
サービス・ネット service net 服务网
サービス・ネットワーク service network 服务网
サービス・パントリー service pantry 食品备用室,剧院小卖部
サービスべん 【～弁】 service valve 检修阀
サービス・ヤード service yard 服务院,家务院子,服务场地
サービス・ユニット service unit 客房组,客房群,成片客房,服务单元,护理单元
サービス・ルーチン service routine 服务程序,使用程序
サービス・レベル service level 服务水平,工作水位,(道路的)服务等级
さびつき 【錆付】 附苔等的杉木表皮
さびつち 【錆土】 ferrous earth (抹墙用)锈色土
さびどめ 【錆止】 anti-corrosive, rust proofing 防锈,抗腐蚀
さびどめあぶら 【錆止油】 rust proof oil, rust resisting oil 防锈油,抗腐蚀油
さびどめがんりょう 【錆止顔料】 anti-corrosive pigment, rust proof pigment 防锈颜料
さびどめグリース 【錆止～】 rust preventing grease 抗锈脂,防锈膏
さびどめざい 【錆止剤】 anti-corrosive agent, rust preventives 防锈剂,抗腐蚀剂
さびどめしょり 【錆止処理】 rust proofing 防锈处理
さびどめそうち 【錆止装置】 rust preventing device 防锈装置
さびどめとりょう 【錆止塗料】 anti-corrosive paint, rust proof paint 防锈涂料,防锈漆,防蚀漆
さびどめペイント 【錆止～】 anti-corrosive paint, rust proof paint 防锈涂料,防锈漆,防蚀漆
さびどめぼうしょくざい 【錆止防食剤】 rust preventives 防锈剂
さびとり 【錆取】 rust removing 除锈
さびとりき 【錆取機】 rust remover 除锈机(器)
さびびょう 【锈病】 rust 锈病
さびみかげ 【錆御影】 褐色(风化)花岗石
ざひょう 【座標】 cO-ordinates 坐标
ざひょうけいさん 【座標計算】 computation of coordinates 座标计算
ざひょうへんかん 【座標変換】 transformation of cO-ordinates 坐标变换,坐标转换
ざひょうへんかんマトリックス 【座標変換～】 (cO-ordinate) transformation matrix 坐标变换矩阵
サービング serving 被覆物,覆盖物
サーファクタント surfactant 表面活化剂
サブ・アッセンブリー sub-assembly 局部装配,分部装配,组件,机组
サブウェー subway 地下铁道
サーフェイサー surfacer 整面涂料,底漆摊平机
サーフェース・テンション surface tension 表面张力
サーフェース・トレートメント surface treatment 表面处理
サブクーリング subcooling 低温冷却
サブグレーダー subgrader 路基整平机,路基面修整机
サブグレード・プレーナー subgrade planer 路基面整平机
サブコントラクター subcontractor 次级承包者,次级承包单位,二包
サブシステム subsystem 子系统,辅助系统,次级系统
サブシーリング subsealing 封底,(路面)基层处理
サブスティテュート substitute 代用品
サブステーション substation 分站,支

店,支局,分局,变电站
**サブストラクチュア** substructure 下部结构,底层结构,基础,地下建筑
**サブストレート** substrate 作用物,底物,基质,受粘物
**サブセット** subset 子集合,子集
**サブゼロしょり【～処理】** subzero treatment 低温处理
**サブゼロそうち【～装置】** subzero equipment 低温度(处理)设备
**サブトラス** sub-truss 副桁架,次桁架,辅助桁架
**サブハーモニック** subharmonic 次谐,子谐,分频谐波
**サブバラスト** sub-ballast 底道碴
**サブビーム** sub-beam 副梁,次梁
**サブポンチ** subpunching 先冲孔,初冲孔
**サブポンチ・アンド・リーミング** sub-punch and reaming 初冲孔和扩孔
**サブマージド・アークようせつ【～溶接】** submerged arc welding 潜弧焊,埋弧焊,暗弧焊
**サブマスターせいぎょき【～制御器】** submaster controller (自动控制的)副控制器
**サブマトリックス** submatrix 子(矩)阵
**サブモデュール** submodule 分模数,辅助模数
**サブモデュールすんぽう【～寸法】** sub-modular size 辅助模数尺寸,分模数尺寸
**サプライ・センター** supply center 供应中心,(医院的)中心供应室
**サプライべん【～弁】** supply valve 供给阀
**サープラス** surplus 余量,过剩,超过额,剩余额
**サブルーチン** subroutine 子程序,分程序
**サブレンタル・スペース** subrental space (旅馆内的)出租面积
**サプロレグニア** Saprolegnia 水霉属(菌类植物)
**さぶん【差分】** finite difference 差分,有限差
**さふんき【砂噴機】** sand blower 喷砂机
**さぶんほう【差分法】** finite difference method 差分法
**サーベイ** (topographic)survey (地形)测量
**サーベイ・インストリューメント** survey instrument 测量仪器,测量器材
**サーベイ・メーター** survey meter 放射线测量仪,普查仪器,探测器
**サーベイヤー** surveyor 测量员,勘测员
**サーベイング** surveying 测量,测量学,调查、
**サヘライト** saferite 两面磨光嵌网玻璃
**サーペンタイン** serpentine 蛇纹石(岩)
**さぼう【砂防】** erosion control and torrential improvement 冲砂防治
**さぼうぞうりん【砂防造林】** afforestation for sand protection or erosion control 固砂造林,防砂冲刷造林
**サーボきこう【～機構】** servomechanism 伺服机构
**サーボさどうはいあつべん【～作動背圧弁】** servo-operated back pressure valve 伺服作用背压阀
**サーボでんどうき【～電動機】** servomotor 伺服电动机,继动器
**サポート** support 支点,支座,支柱,支架,支撑
**サポート・ガイド** support guide 支架导杆
**サポート・プレート** support plate 支承板
**サポニン** saponin 皂素,皂草甙
**ザポン・エナメル** zapon enamel 硝酸纤维素磁漆,硝基磁漆
**さま【狭間】** loop hole 狭窗,小窗,换气孔
**ざま【座間】** 房间,兼作卧室的起居室
**サマー・ハウス** summer house 夏季别墅,凉亭
**サーマル・アスファルト** thermal asphalt 裂化沥青
**サーマル・インシュレーター** thermal insulator 绝热器,绝热体
**サーマル・キャパシティー** thermal capacity 热容量

**サーマル・ピッチ** thermal pitch 裂化沥青
**サーマル・ユニット** thermal unit 热量单位
**サーマル・リレー** thermal relay 热敏继电器
**サーミスター** thermistor 热敏电阻,热变阻器
**サーミスターおんどけい** 【～温度計】 thermistor thermometer 热敏电阻温度计
**サーミスターすいおんけい** 【～水温計】 thermistor water thermometer 热敏电阻水温计
**サーミスターふうそくけい** 【～風速計】 thermistor anemometer 热敏电阻式风速计
**サーミスター・ボロメーター** thermistor bolometer 热敏电阻测辐射热计
**サーム** therm 克卡,撒姆(煤气热量单位,合$10^5$ Btu或$1.055\times10^8$ 焦耳)
**サム・スクリュー** thumb screw 指拧螺钉,翼形螺钉
**サム・タック** thumb tack 图钉
**サム・ターン** thumb-turn 指旋器,(室内)指旋锁
**サム・ピース** thumb-piece 指动碰簧销,压把锁
**サム・ピン** thumb pin 图钉
**さむらいどころ** 【侍所】 侍卫室,班房
**さめぎれ** 【さめ切】 (卫生陶瓷的)细裂纹
**さめんはいすいかん** 【砂面排水管】 sand surface drain pipe 砂面(层)排水管
**サーモエレメント** thermoelement 热电偶,温差电偶,电热元件
**サーモカップル** thermocouple 热电偶,温差电偶
**サーモカップルおんどけい** 【～温度計】 thermocouple thermometer 热电偶温度计
**サーモカラー** thermocolour 示温涂料,热敏油漆,色温标示
**サーモグラフィ** thermography 红外(线)测温仪
**サーモ・コンクリート** thermo-concrete 绝热混凝土,加气混凝土,泡沫混凝土
**サーモサイフォン** thermosiphon 热虹吸管,温差环流系统
**サーモサイフォン・サーキュレーション** thermosiphon circulation 温差热流循环法
**サーモスタチック・コントロール** thermostatic control 恒温控制,恒温调节
**サーモスタット** thermostat 恒温器
**サーモスタット・ワニス** thermostat varnish 热稳定漆,耐热漆
**サーモセット** thermoset 热固,热固性
**サーモプラスチック** thermoplastic 热塑的,热塑性塑料
**サーモペイント** thermopaint 示温涂料,测温漆,温度标示漆
**サーモメーター** thermometer 温度计
**サーモメトリー** thermometry 温度测定,测温法,测温学
**サーモレギュレーター** thermoregulator 温度调节器
**さもん** 【砂紋】 砂纹(庭园地面铺砂的纹样)
**さや** 【匣鉢】 匣钵,烧盆
**さやがた** 【紗綾形】 卍字形连续纹样
**さやかん** 【鞘管】 sleeve pipe, casing 预埋管,预留管,套管,套筒,穿墙管,穿板管
**さやづめ** 【匣鉢詰】 装匣钵
**さやどう** 【鞘堂】 罩在古建筑外部起保护作用的建筑物
**さやのま** 【鞘の間】 狭长房间
**さゆうおち** 【左右落】 庭园瀑布分段左右分流跌落
**さよう** 【作用】 action 作用
**さようおうりょく** 【作用応力】 working stress 工作应力,资用应力
**さようおんど** 【作用温度】 operative temperature(OT) 有效温度,工作温度
**さようかじゅう** 【作用荷重】 working load 工作荷载,资用荷载,作用荷载
**さようせん** 【作用線】 line of action 作用线,施力线
**さようちょうりょく** 【作用張力】 working tension 工作拉力

さようてん 【作用点】 point of application 作用点,施力点
さようはんけい 【作用半径】 working radius 作用范围,作用半径,工作半径
さようめんせき 【作用面積】 active area 有效面积,工作面积
さら 【皿】 bowl 碗形罩
さらあたまびょう 【皿頭鋲】 countersunk(head) rivet 埋头铆钉,沉头铆钉
さらあたまボルト 【皿頭～】 countersunk headed bolt, flat headed bolt, flush headed bolt 沉头螺栓,埋头螺栓
さらあたまリベット 【皿頭～】 countersunk head rivet 沉头铆钉,埋头铆钉
さらいショベル 【竹杷～】 drag shovel 拖铲挖土机
さらいた 【皿板】 sill, holding plate, template 窗盘板,窗台板,门斗底板,皿板,垫板
さらこねじ 【皿小螺子】 countersunk screw 埋头螺钉,沉头螺钉
さらさ 【更紗】 saraca 印花布,彩纹纱,彩纹绢
さらしえき 【晒液】 bleaching liquid, bleaching agent 漂白液,漂白剂
さらしこ 【晒粉】 bleaching powder 漂白粉
さらししょうせきずさ 【晒硝石苆】 漂白麻筋,漂白麻刀
さらしずさ 【晒苆】 bleached fiber 漂白麻刀
さらしだけ 【晒竹】 漂竹,烤竹,熏竹
さらしにかわ 【晒膠】 bleached glue 漂白胶
さらしやね 【曝屋根】 明露屋面,不设顶棚屋面,无顶棚屋面
サラセンけんちく 【～建築】 Saracenic architecture 撒拉逊式建筑,伊斯兰建筑
サラセンようしき 【～様式】 Saracenic style 撒拉逊式(建筑),伊斯兰式(建筑)
さらと 【皿斗】 有皿板形的枓
さらびょう 【皿鋲】 countersunk rivet 埋头铆钉,沉头铆钉
サラマンジェ salle à manger[法] 餐厅,茶室
さらリベット 【皿～】 countersunk rivet 埋头铆钉,沉头铆钉
サリノメーター salinometer 盐度计,盐液密度计
さる 【猿】 cat ba ,bolt 木插销
サル・アンモニヤ sal ammoniac 卤砂,氯化铵
さるがしら 【猿頭】 五角形断面的尖头材
さるがしらこうらん 【猿頭高欄】 尖头望柱栏杆
さるこ 【猿子】 墨斗线钩
さるすべり 【猿滑·百日紅·紫薇花】 Lagerstroemia indica L.[拉], common crapemyrtle[英] 紫薇,百日红,满堂红
さるつなぎ 【猿繋】 门挡铁件,门碰头
ザルツマンほう 【～法】 Saltzmen reagent method 萨尔茨曼(试剂)法(二氧化氮测定法)
さると 【猿戸】 安装插销的门,竖棂突出的门
さるばしご 【猿梯子】 ladder 用圆棍代替踏板的普通梯子
さるばみ 【猿喰】 bark pocket 夹皮,木疵
サルビアシムほそう 【～舗装】 salviacim pavement 半刚性路面,灌水泥浆开级配沥青混凝土路面
さるびかえ 【猿控】 shore, stay 支柱,撑木,支撑,顶撑
サルファ・クラック sulfur crack 硫裂(焊接缺陷)
サルファ・バンド sulfur band (钢材)硫带,硫偏析带
さるぼお 【猿頰】 八字削角面
さるぼおてんじょう 【猿頰天井】 长向八字削角木压条天花板
さるぼおぶち 【猿頰縁】 八字削角木压条
さるぼおめん 【猿頰面】 八字削角面
さるめん 【猿面】 八字削角面
サロン salon, saloon 邸宅客厅,旅馆大厅,美术展览馆,画廊
さわいし 【沢石】 溪流石
サワー・ガス sour gas 酸气
ざわく 【座枠】 坐椅框
さわぐるみ 【沢胡桃】 Pterocarya rhoifo-

lia[拉],Japanese wingnut[英] 水胡桃(漆叶枫杨)
さわたり 【沢渡】 stepping stones (through water) 渡水步石,渡水石
さわとび 【沢飛】 stepping stones (through water) 渡水步石
さわとびいし 【沢飛石】 stepping stones (through water) (庭园)渡水步石
さわら 【椹】 Chamaecyparis pisifera [拉],Sawara false cypress[英] 花柏,日本花柏
さわり 【裂割】 裂木,开裂,裂缝
さん 【桟】 rail,style,sash bar 冒头,梃,(横竖向)棂条,窗棂子
さん 【酸】 acid 酸
さん 【攅】 攒(枓栱的单位)
さんアドレス・コード three-address code 三地址代码
さんいしきしんごうき【三位式信号機】 three-position signal 三位式信号机,三相信号机
さんいつかんすう 【散逸関数】 dissipation function 耗散函数,散逸函数
さんいん 【産院】 maternity hospital 妇产医院
サン・ヴィターレせいどう 【～聖堂】 San Vitale[意] (526～547年意大利拉温那)圣维达尔教堂
さんエル・ディー・ケー 【3LDK】 3LDK,3L·DK 三居室附餐室厨房的住宅(日本住宅公团采用的住宅规模和形式的代号,3为居室数,LDK为居室兼厨房及餐室,L·DK为居室独立,与厨房兼室餐室分设)
さんか 【酸化】 oxidation 氧化
さんかアセチレンようせつ 【酸化～溶接】 oxyacetylene welding 氧-乙炔焰焊接,气焊
さんかアルミニウム 【酸化～】 aluminium oxide 氧化铝
さんがい 【傘蓋】 (佛塔顶部的)伞盖
さんかいけほう 【酸化池法】 oxidation pond process,lagoon process 氧化塘法
さんがいまつ 【三蓋松】 (庭园)三层错叠的松树
さんかえん 【酸化炎】 oxidizing flame 氧化火焰
さんかオスミウム 【酸化～】 osmium dioxide 二氧化锇
さんかおでいほう 【酸化汚泥法】 oxidized sludge process 氧化污泥法
さんかカリウム 【酸化～】 potassium oxide 氧化钾
さんかカルシウム 【酸化～】 calcium oxide 氧化钙
さんかかんげんこうそ 【酸化還元酵素】 oxidation-reduction enzyme 氧化还原酶
さんかかんげんしじやく 【酸化還元指示薬】 oxidation-reduction indicator 氧化还原指示剂
さんかかんげんてきてい 【酸化還元滴定】 oxidation-reduction titration 氧化还原滴定
さんかかんげんでんい 【酸化還元電位】 oxidation-reduction potential 氧化还原电势,氧化还原电位
さんかかんげんはんのう 【酸化還元反応】 oxidation-reduction reaction 氧化还原反应
さんかぎょうしゅうへいようしょり 【酸化凝集併用処理】 combination treatment of oxidation and coagulation 氧化混凝联合处理
さんかくアーチ 【三角～】 triangular arch 三角拱
さんかくあみトラス 【三角網～】 triangular net truss 三角网桁架
さんかくかじゅう 【三角荷重】 triangular load 三角形荷载
さんかくかじゅうぶんぷ 【三角荷重分布】 triangular load distribution 三角形荷载分布
さんかくかんすう 【三角関数】 trigonometric function 三角函数
さんかくくぎ 【三角釘】 sprigs,glazer's point,tin point 三角钉,(镶玻璃用)扁头钉
さんかくくぶんほう 【三角区分法】 triangular division method 三角区分法,

三角划分法
さんかくけいかじゅう【三角形荷重】triangular load 三角形荷載
さんかくけいのこやすり【三角形鋸鑢】triangle file 三角锉
さんかくこま【三角小間】spandrel 拱肩
さんかくコンクリートぐい【三角～杭】triangular concrete pile 三角桩,三角形混凝土桩
さんかくさ【三角鎖】triangulation chain 三角网系
さんかくざひょうしきどしつぶんるいほう【三角座標式土質分類法】triangular classification of soil 土的三角形座标分类
さんかくじょうぎ【三角定規】triangle 三角板
さんかくす【三角洲】delta 三角洲
さんかくすいじゅんそくりょう【三角水準測量】trigonometric levelling 三角高程测量,三角测高法
さんかくスケール【三角～】triangle scale 比例尺,三棱尺
さんかくぜき【三角堰】triangular weir,V-notch weir 三角堰,V形堰
さんかくそくりょう【三角測量】triangulation 三角测量
さんかくタイル【三角～】triangle tile 三角面砖
さんかくてん【三角点】triangulation station 三角点,三角站
さんかくてんば【三角天端】(砌石顶部的)三角形石块
さんかくびょう【三角鋲】glazer's sprig (镶玻璃用)扁头钉,三角钉
さんかくぶんぷかじゅう【三角分布荷重】triangular distributed load 三角分布荷载,均变荷载
さんかくもう【三角網】triangulation net 三角网
さんかくものさし【三角物指】triangular scale 比例尺,三棱尺
さんかクロムみどり【酸化～緑】chromic oxide green 氧化铬绿
さんかこうほう【酸化溝法】oxidation ditch process 氧化沟法
さんかざい【酸化剤】oxidizing agent, oxidation agent 氧化剂
さんかしょう【酸化床】oxidizing bed 氧化床
さんかスケール【酸化～】oxidation scale 铁鳞,氧化皮
さんかせいよくせいざい【酸化性抑制剤】oxidizing anticorrosion agents 氧化防腐剂
さんかそう【酸化槽】oxidation tank, oxidizing chamber 氧化池,氧化槽
さんかそくど【酸化速度】oxidation rate 氧化速度
さんかだいいちてつ【酸化第一鉄】ferrous oxide 氧化亚铁
さんかだいにてつ【酸化第二鉄】ferric oxide 氧化铁,三氧化二铁
さんかタンク【酸化～】oxidation tank 氧化池,氧化槽
さんかたんそ【酸化炭素】carbonic oxide 一氧化碳
さんかち【酸化池】oxidation pond 氧化塘,氧化池
さんかチタンじき【酸化～[Titan德]磁器】titanium oxide porcelain 氧化钛陶瓷
さんかちっそ【酸化窒素】nitric oxide 氧化氮,一氧化氮
さんかちほう【酸化池法】oxidation pond process 氧化塘法
さんかっせつアーチ【三滑節～】three-hinged arch 三铰拱
さんかっせつラーメン【三滑節～[Rahmen德]】three hinged rigid frame 三铰刚架
ザン・カップ zahn cup 流下式粘度仪
さんかてつがんりょう【酸化鉄顔料】iron oxide pigment 氧化铁颜料
さんかなまり【酸化鉛】lead oxide 氧化铅
さんかバリウム【酸化～】barium oxide,baryta 氧化钡
さんかひょうはく【酸化漂白】bleach-

ing by oxidation 氧化漂白

**さんかフタルさんじゅし** 【酸化～酸樹脂】 oxidative phthalic acid resin 氧化邻苯二甲酸树脂

**さんかぶつ** 【酸化物】 oxide 氧化物

**さんかぶつじき** 【酸化物磁器】 oxide ceramics 氧化物陶瓷

**さんかぶつひふくほう** 【酸化物被覆法】 oxide coating (金属防蚀的)氧化物覆膜法

**さんかフラックス** 【酸化～】 oxidizing flux 氧化焊剂

**さんかほごひまく** 【酸化保護皮膜】 anti-corrosive coating with oxides 氧化保护膜,氧化防腐膜

**さんかみぞ** 【酸化溝】 oxidation ditch 氧化沟,氧化渠

**さんかようりょう** 【酸化容量】 oxygenation capacity 充氧量,氧化量

**さんからくさがわら** 【桟唐草瓦】 (檐头)波形仰瓦

**さんがらと** 【桟唐戸】 panelled door 多冒头镶板门

**サン・カルロ・アレ・クァットロ・フォンタネせいどう** 【～聖堂】 San Carlo alle Quattro Fontane[意] (1638～1641年意大利罗马)圣卡罗教堂

**さんがわら** 【桟瓦】 波形瓦

**さんがわらぶき** 【桟瓦葺】 挂瓦屋面,挂瓦铺法

**さんかんしきはいかんほう** 【三管式配管法】 three piping system 三管道(热水管、冷水管和回水管)配置式

**さんき** 【散気】 aeration 曝气

**さんぎ** 【桟木】 stiffener 支模加固用木杆,加劲杆

**さんきかん** 【散気管】 diffuser tube 散气管,空气扩散管

**さんきき** 【散気器】 diffuser 空气扩散器,散气器,散流器

**さんきしきエアレーション** 【散気式～】 diffused air aeration 扩散曝气

**さんきしきエアレーション・タンク** 【散気式～】 diffused-air aeration tank 散气式曝气池

**さんきしきばっきそう** 【散気式曝気槽】 diffused-air aeration tank 散气式曝气池

**さんきそう** 【散気槽】 diffused air tank (空气)扩散池

**さんきそうち** 【散気装置】 diffuser (空气)扩散装置,散流装置

**さんきばん** 【散気板】 diffuser plate (空气)扩散板

**さんきゃく** 【三脚】 tripod 三脚架

**さんきゃくがたこうえんとつ** 【三脚型高煙突】 three-leg type high chimney 三脚式高烟囱

**さんきゃくきじゅうき** 【三脚起重機】 tripod derrick 三脚起重机

**さんきゃくジャッキ** 【三脚～】 tripod jack 三脚千斤顶

**さんきゃくデリック** 【三脚～】 tripod derrick 三脚起重机,三脚起重架

**さんきゃくとう** 【三脚頭】 head of tripod 三脚架头部

**ざんきょう** 【残響】 reverberation 交混回响,混响

**さんぎょうくうきちょうわ** 【産業空気調和】 industrial air conditioning 工业空气调节

**ざんきょうけい** 【残響計】 reverberation meter 混响计

**さんぎょうこうえん** 【産業公園】 industrial park 公园式工厂,公园式工业区

**さんぎょうこうがい** 【産業公害】 industrial nuisance, industrial pollution 工业公害,工业污染

**さんぎょうこうぞう** 【産業構造】 industrial structure 工业结构

**さんぎょうさいがい** 【産業災害】 industrial disaster 工业灾害

**ざんきょうじかん** 【残響時間】 reverberation time 混响时间

**ざんきょうじかんのしき** 【残響時間の式】 formula of reverberation time 混响时间公式

**ざんきょうしつ** 【残響室】 reverberation chamber, reverberation room 混响室(声学实验室之一)

ざんきょうしつほう 【残響室法】 reverberation room method 混响法,混响室法

ざんきょうしつほうきゅうおんりつ 【残響室法吸音率】 reverberant sound absorption coefficient 混响室法吸声系数

さんぎょうちょうさ 【産業調査】 industrial survey 工业调查

さんぎょうどうろ 【産業道路】 industrial road 工业区道路,货运路

さんぎょうとし 【産業都市】 industrial city 工业城市

さんぎょうはいきぶつ 【産業廃棄物】 industrial waste 工业废物

さんぎょうはいきぶつしょりしせつ 【産業廃棄物処理施設】 industrial solid wastes treatment plant 工业废物处理设施

ざんきょうふかそうち 【残響付加装置】 echo-machine 回声仪

さんぎょうべつじんこう 【産業別人口】 按工业类别区分的人口

さんぎょうべつようすいりょう 【産業別用水量】 water quantity by industry 各种工业用水量

さんぎょうりっち 【産業立地】 location of industry, plant location 工业选址,工业用地选定,厂址选择

さんぎょうろうどうしゃじゅうたく 【産業労働者住宅】 industrial workers' housing 产业工人集体住宅

さんきょくせんぶんかつほう 【三曲線分割法】 three-curve (calculation) method (室内照明计算的)三曲线划分法

さんきょそんらく 【散居村落】 dispersed settlement 散居村

さんきれんが 【散気煉瓦】 porous brick 多孔性砖,轻砖

サンク・ガーデン sunk garden 凹地园,盆地园,沉降园

サンク・キー・sunk key 暗键,嵌入键

サンク・スクリュー sunk screw 埋头螺丝钉,沉头螺丝钉

サンクチュアリー sanctuary 圣所,圣殿,寺院内殿,(神殿或教会中的)圣坛,(犹太教堂的)至圣所

サンク・リベット sunk rivet 埋头铆钉,沉头铆钉

さんげんきょう 【三弦橋】 triangular-truss bridge, three-chord bridge 三弦桥

さんげんさんこ 【三間三戸】 三间三门(大门形式之一)

さんげんしょく 【三原色】 three primary colours 三原色

さんげんしょくたいけい 【三原色体系】 three primary colour system 三原色体系

さんこうざい 【散孔材】 diffuse-porous wood 散孔材

さんこうしきアーチ 【三鉸式~】 three hinged arch 三铰拱

さんこうしきほねぐみ 【三鉸式骨組】 three hinged frame 三铰结构,三铰框架

さんこうしきラーメン 【三鉸式~[Rahmen德]】 three hinged rigid frame 三铰刚架

さんこうしょしつ 【参考書室】 reference room 参考书室

さんこうすんぽう 【参考寸法】 reference dimension 参考尺寸

さんこうせん 【参考線】 reference line 参考线

さんこうタイプライター 【鑚孔~】 punch typewriter 穿孔打字机

さんこうめん 【参考面】 reference plane 参考面

さんごじゅ 【珊瑚樹】 Viburnum awabuki[拉], Sweet viburnum[英] 珊瑚树

ざんさ 【残差】 residual error 残差,余留误差,偏差

サン・サヴァンせいどう 【~聖堂】 Saint-Savin-sur-Gartempe[法] (1060~1115年法兰西)圣萨温教堂

ざんさへいほうわ 【残差平方和】 sum of the squares of the residuals 偏差平方和,残差平方和

さんさんかいおう 【三酸化硫黄】 sulfur trioxide 三氧化硫,硫酐

さんさんきゃくほう 【三三脚法】 method of three tripod 三联脚架法

サン・ジョヴァンニ・イン・ラテラノせい

どう 【～聖堂】 San Giovanni in Laterano[意] (4世纪罗马)圣乔凡尼教堂
サン・ジョルジョ・マッジョーレせいどう 【～聖堂】 San Giorgio Maggiore[意] (17世纪威尼斯)圣乔尔乔·玛乔尔教堂
さんじかんすう 【三次関数】 cubic function 三次函数
さんしきモーメントほう 【算式～法】 method of equation of moment 力矩方程(式)法,弯矩方程(式)法
さんじくあっしゅくしけん 【三軸圧縮試験】 triaxial compression test 三轴压力试验
さんじくあっしゅくしけんき 【三軸圧縮試験機】 triaxial apparatus 三轴压力试验机
さんじくおうりょく 【三軸応力】 triaxial stress 三轴应力
さんじくしけん 【三軸試験】 triaxial (compression) test 三轴(压力)试验
さんじくローラー 【三軸～】 threeaxle roller 三轴压路机,三轴路辗
さんしげきち 【三刺激値】 three colour stimulus, tristimulus values 三色刺激值
さんじげんあつみつ 【三次元圧密】 three-dimensional consolidation 三向固结
さんじげんおうりょく 【三次元応力】 three-dimensional stress 三向应力,三维应力,三轴应力,空间应力
さんじげんこうぞう 【三次元構造】 three-dimensional structure 三维结构,空间结构
さんじげんだんせいたいのつりあいしき 【三次元弾性体の釣合式】 equilibrium equation of three-dimensional elastic body 三维弹性体平衡方程(式)
さんじげんだんせいりろん 【三次元弾性理論】 three-dimensional theory of elasticity 三维弹性理论,空间弹性理论
さんしこうさ 【三枝交差】 three-way intersection 三路交叉(口)
さんじさいがい 【三次災害】 三次灾害
さんじしょり 【三次処理】 tertiary treatment (污水)三级处理,深度处理
さんしつ 【蚕室】 silkworm-rearing room 养蚕室
さんしつじゅうこ 【三室住戸】 三室户,三室住户(有两个居室和餐室兼厨房,或两个居室和居室兼餐室兼厨房,或三个居室的住户)
さんじほかん 【三次補間】 cubic fitting 三次插值
さんじまきせん 【三次巻線】 tertiary winding 三次绕组
サンシャインけいかく 【～計画】 sunshine project 阳光计划(指1974年开始的日本无公害新能源开发计划)
さんしゃざつおん 【散射雑音】 scattering noise 散射噪声
さんしゃせんどうろ 【三車線道路】 three-lane road 三车道道路
さんしゃほう 【三斜法】 base-altitude method (计算面积的)三斜法,基线高度法
さんじゅうガラス 【三重～】 triplex glass 夹层(安全)玻璃
さんじゅうこや 【三重小屋】 三柁屋架
さんじゅうせきぶん 【三重積分】 triple integral 三重积分
さんじゅうのとう 【三重塔】 three-storied pagoda 三层塔
さんじゅうばんめじかんこうつうりょう 【30番目時間交通量】 thirtieth highest annual hourly volume (设计目标年度内交通量中的)第三十个最高小时交通量
さんじゅつへいきん 【算術平均】 arithmetic mean 算术平均,算术中项
さんしゅゆ 【山茱萸】 Cornus officinalis[拉], Japanese cornel dogwood[英] 山茱萸
さんしょうひりょう 【酸消費量】 acid consumption 耗酸量,酸消耗量
さんしょくばい 【酸触媒】 acid catalyst 酸催化剂
さんしょり 【酸処理】 acid treatment 酸处理,酸洗
さんシリンダー・ポンプ 【三～】 three cylinder pump 三缸(式)泵

サンジング・シーラー sanding sealer 打磨腻子,打磨封塞料
さんしんしつじゅうたく 【三寝室住宅】 三寝室住宅,三卧室住宅
さんすい 【山水】 山水(花园内的堆砌山石和水体)
さんすい 【散水】 sprinkling 洒水,喷水
さんすいえんきん 【山水遠近】 山水远近处理
さんすいかんがいほう 【散水灌漑法】 spray irrigation 洒水灌溉法
さんすいき 【散水器】 sprinkler 洒水器,喷洒器
さんすいき 【散水機】 distributor (生物滤池的)布水器,喷洒器
さんすいきょうど 【散水強度】 capacity of trickling filter (生物滤池的)喷洒强度
さんすいぐち 【散水口】 sprinkler head 洒水头,喷洒头
さんすいしゃ 【散水車】 sprinkler, road-sprinkler 道路洒水车,喷水车
さんすいせん 【散水栓】 sill cock, water spray cock 洒水龙头,洒水栓
さんすいそガスようせつ 【酸水素～溶接】 oxy-hydrogen welding 氢氧焊,氢氧焰焊接
さんすいそようせつ 【酸水素溶接】 oxy-hydrogen welding 氢氧焊,氢氧焰焊接
さんすいとい 【散水樋】 sprinkling trough 洒水槽
さんすいとう 【散水頭】 sprinkler head 洒水头
さんすいにわ 【山水庭】 山水园(有堆砌山石和水池的庭园)
さんすいようじょう 【散水養生】 spray curing 洒水养护,喷水养护
さんすいりょう 【散水量】 hydraulic loading of filter 滤水量,滤池水力负荷
さんすいろしょう 【散水濾床】 trickling filter 生物滤池
さんすいろしょうふか 【散水濾床負荷】 trickling filter loading 生物滤池负荷
さんすいろしょうほう 【散水濾床法】 trickling filter(bed)process 生物滤池处理
サンスーシきゅう 【～宮】 Schloss Sanssouci[德] (1745～1747年德国波茨坦)珊苏西宫,无愁宫
さんせいう 【酸性雨】 acid precipitation 酸性雨
さんせいかせん 【酸性河川】 acid river 酸性河流
さんせいがん 【酸性岩】 acidic rock 酸性岩石
さんせいがんゆうりょう 【酸性含有量】 acid content 含酸量
さんせいこう 【酸性鋼】 acid steel 酸性(炉)钢
さんせいこうざんはいすい 【酸性鉱山廃水】 acid mine water 酸性矿山废水
さんせいスラグ 【酸性～】 acid slag 酸性矿渣,酸性炉渣
さんせいたいかぶつ 【酸性耐火物】 acid refractory 酸性耐火材料
さんせいど 【酸性土】 acid soil 酸性土
さんせいどじょう 【酸性土壌】 acid soil 酸性土壤
さんせいはいすい 【酸性排水】 acid drain 酸性排水,酸性废水
さんせいはくど 【酸性白土】 Fuller's earth 漂白粘土
さんせいはっこう 【酸性発酵】 acid fermentation 酸性发酵
さんせいぶんかい 【酸性分解】 acid decomposition 酸性分解
さんせいれんが 【酸性煉瓦】 acid brick 耐酸砖
ざんせきど 【残積土】 residual soil, residual deposit 残积土,原积土
ざんせきねんど 【残積粘土】 residual clay soil 残积粘土
サン・セルナンせいどう 【～聖堂】 Saint-Sernin[法] (1060～1120年法国都鲁斯)圣赛尔南教堂
さんせん 【攢尖】 攒尖顶
さんせんじょうはいすい 【酸洗浄廃水】 acid cleaning wastewater 酸洗废水
さんそ 【酸素】 oxygen 氧

さんそアークせつだん 【酸素～切断】 oxy-arc cutting 氧气电弧切割
さんそアセチレンせつだん 【酸素～切断】 oxyacetylene cutting 氧气乙炔切割
さんそアセチレンほのお 【酸素～炎】 oxyacetylene flame 氧-乙炔焰
さんそう 【山荘】 mountain villa 山庄,(登山、狩猎、滑雪的)山间别墅
ざんぞう 【残像】 after image 残像,余像,视觉暂留图像
さんそうこうさ 【三層交差】 three-level crossing 三层立交
さんそうこうぞう 【三層構造】 three layer construction 三层构造(椅子垫层)
さんそうさんせんしき 【三相三線式】 three-phase three-wire system 三相三线制
さんそうでんどうき 【三相電動機】 three-phase motor 三相电动机
さんそうへんあつき 【三相変圧器】 three-phase transformer 三相变压器
ざんぞうほしょく 【残像補色】 complementary after image 补色残像
さんそうよんせんしき 【三相四線式】 three-phase four-wire system 三相四线制
さんそうろか 【三層濾過】 three medium filtration 三层滤料过滤
さんそきょうきゅう 【酸素供給】 oxygen supply 供氧,给氧,氧气供给
さんそげんしょうきょくせん 【酸素減少曲線】 oxygen sag curve 减氧曲线,氧垂曲线
さんそサグきょくせん 【酸素～曲線】 oxygen sag curve 减氧曲线,氧垂曲线
さんそすいかきょくせん 【酸素垂下曲線】 oxygen sag curve 氧垂曲线,减氧曲线
さんそせっしゅりつ 【酸素摂取率】 oxygen uptake rate 吸氧率
さんそせつだん 【酸素切断】 oxygen cutting 氧气切割,气割
さんそのきゅうしゅう 【酸素の吸収】 absorption of oxygen 氧的吸取,氧的吸收
さんそのとりこみ 【酸素の取込】 uptake of oxygen 氧的吸收
さんそびん 【酸素瓶】 oxygen bottle 氧气瓶
さんそプロパンせつだん 【酸素～切断】 oxy-propane cutting 氧丙烷切割,氧气液化石油气切割
さんそへいこう 【酸素平衡】 oxygen balance 氧平衡
さんそほうわひゃくぶんりつ 【酸素飽和百分率】 percentage of oxygen saturation 氧饱和百分率
さんそボンベ 【酸素～[Bombe德]】 oxygen bomb 氧气瓶
さんそやり 【酸素槍】 oxygen lance 氧气枪,氧气吹管
さんそようかいりつ 【酸素溶解率】 oxygen dissolving rate 氧溶解率
さんそようきゅう 【酸素要求】 oxygen demand 需氧(量)
さんそようせつ 【酸素溶接】 oxygen welding 氧焊接,气焊
さんそりようそくど 【酸素利用速度】 oxygen utilization rate 氧利用速度
さんそりようりつ 【酸素利用率】 oxygen utilization efficiency 氧利用率
さんそん 【山村】 mountain village 山村
さんそん 【散村】 dispersed settlement 散居村,分散居民点
ざんそんたてしさ 【残存縦視差】 residual parallax 残存视差,残余视差
サンダー sander 喷砂机,打磨机,磨光机
さんたいこうき 【酸退行期】 acid regression stage 酸性退化期
サンタ・クローチェせいどう 【～聖堂】 Santa Croce[意] (12～15世纪意大利弗罗伦萨)圣克罗采教堂
サンタ・コスタンツァびょうどう 【～廟堂】 Santa Costanza[意] (4世纪前期罗马)圣科斯坦察庙堂
サンダーのくいこうしき 【～の杭公式】 Sander's pile driving formula 桑德尔打桩公式
サンタ・ビタだいせいどう 【～大聖堂】 Chrám sv. Vita[捷] (10世纪初捷克布拉格)圣维特大教堂

サンタポリナーレ・イン・クラッセせいどう 【～聖堂】 Sant'Apollinare in Classe[意] (535～549年意大利拉温那)阿波利纳尔教堂
サンタポリナーレ・ヌオーヴォせいどう 【～聖堂】 Sant'Apollinare Nuovo[意] (6世纪意大利拉温那)新阿波纳尔教堂
サンタ・マリア・デラ・サルーテせいどう 【～聖堂】 Santa Maria della Salute [意] (1631～1682年意大利萨鲁台)圣玛丽亚教堂
サンタ・マリア・デル・フィオーレだいせいどう 【～大聖堂】 Santa Maria del Fiore[意] (13～15世纪意大利佛罗伦萨)花圣玛丽亚大教堂
サンタ・マリア・ノヴェラせいどう 【～聖堂】 Santa Maria Novella[意] (1278～1360年意大利佛罗伦萨)新圣玛丽亚教堂
サンタ・マリア・マッジョーレせいどう 【～聖堂】 Santa Maria Maggiore[意] (4～5世纪意大利罗马)圣玛丽亚·玛乔尔教堂
さんだんしきポンプ 【三段式～】 three-stage pump 三级泵
さんたんちいき 【産炭地域】 coal field area 煤田区
サンタンブロジォせいどう 【～聖堂】 Sant'Ambrogio[意] (4世纪意大利米兰)圣安布罗乔教堂
さんち 【山地】 mountains, mountainous land 山地
サーンチー Sānchī[梵] (公元前3世纪印度)桑契窣堵婆
さんちさいがい 【山地災害】 mountainous calamity 山地灾害
さんちぶ 【山地部】 mountainous region 山(岭)区
さんちゅうしんアーチ 【三中心～】 three-centered arch 三中心拱
さんちゅうほうねつき 【三柱放熱器】 three column radiator 三柱散热器
さんづけ 【酸漬】 acid pickling 酸浸(洗)
さんていかんちちせき 【算定換地地積】 换地计算面积,换地标准面积
さんディー・ケー 【3DK】 三居室附餐室厨房的住宅(3DK为具有3LDK、3L·DK同样规模形式的略称,3为居室数,DK为厨房兼餐室)
サンディ・シルト sandy silt 砂质淤泥
さんていりょう 【酸定量】 acidimetry 酸量滴定(法)
サンディング sanding 撒砂子,砂纸打光,打磨
サンディング・シーラー sanding sealer 打磨用腻子,打磨用封塞料
サンディング・マシン sanding machine 砂磨机,喷砂机
サンテティエンヌせいどう 【～聖堂】 St'Etienne[法] (11～12世纪法兰西卡恩)圣埃迪恩纳教堂
さんてんしじ 【三点支持】 three-point support 三点支承
さんど 【桟戸】 镶板门
さんど 【散斗】 散枓
さんど 【酸度】 acid degree 酸度
ざんど 【残土】 surplus earth 剩余土方,弃土
サンド sand 砂,砂地
サンド・アスファルト sand asphalt 沥青砂
サンドイッチ sandwich 夹层,夹心,夹层的
サンドイッチいた 【～板】 sandwich board 夹层板,夹心板,多层夹板
サンドイッチげた 【～桁】 sandwich beam, flitch beam, flitch girder 夹合梁,叠合梁,组合板梁
サンドイッチこうぞう 【～構造】 sandwich construction 夹层结构,夹层构造
サンドイッチ・パネル sandwich panel 夹层板材
サンドイッチ・パネルこうぞう 【～構造】 sandwich panel construction 夹层板构造,夹层板结构
サンドイッチばん 【～板】 sandwich board 夹层板
サンドウィッチ＝サンドイッチ
サンド・ウォッシャー sand washer 洗砂

机

**サンド・ウォッシュ** sand wash 砂洗,喷砂表面处理

**さんとうさんかくそくりょう** 【三等三角測量】 third order triangulation 三等三角测量

**さんとうぶんてんさいか** 【三等分点載荷】 third point loading (材料试验的)三等分点荷载

**さんどうべん** 【三動弁】 three-way valve 三通阀

**サントオフ** sand-off 起砂,混凝土或砂浆表面起砂

**サント・クロース** sand cloth 砂布

**サント・コンパクション・パイル** sand compaction pile (加固地基)砂桩,砂柱,砂井

**サント・コンパクション・パイルこうほう** 【～工法】 sand compaction pile method 砂桩(柱)加固地基施工法,砂井加固地基法

**サンド・ジャッキ** sand jack 砂箱千斤顶

**サント・ジュヌヴィエーヴとしょかん** 【～図書館】 Bibliothèque Sainte-Geneviève[法] (1843～1850年法兰西)圣日纳维沃图书馆

**ざんどしょぶん** 【残土処分】 removal of surplus soils 剩土处理,剩土排除

**サンド・スクリーン** sand screen 砂筛

**サンド・ストーン** sand stone 砂岩

**サンド・セパレーター** sand separator 砂分离器,分砂器

**サンド・ドライヤー** sand dryer 烘砂器,烘砂炉

**サンド・ドレーン** sand drain 砂井,砂桩,砂柱

**サンド・ドレーンこうほう** 【～工法】 sand drain method 砂井(加固地基)施工法

**サンド・ドレン・バキュームこうほう** 【～工法】 sand drain vacuum method 砂井真空排水(加固地基)施工法

**サン・ドニしゅうどういんせいどう** 【～修道院聖堂】 église abbatiale, Saint-Denis[法] (1137～1144年法国巴黎)圣多尼修道院教堂

**サンド・パイル** sand pile (加固地基)砂桩,砂柱,砂井

**サンド・パテ** sand putty 含砂油灰,掺砂油灰

**サンド・ピット** sand pit 磨砂玻璃表面上的小坑,砂坑

**サンド・フィルター** sand filter 砂滤器,砂滤池

**サンド・ブラスト** sand blast, sand blasting 喷砂,砂磨,喷砂器

**サンド・ブラスト・ガン** sand blast gun 喷砂枪

**サンド・ブラストそうち** 【～装置】 sand blast apparatus 喷砂设备,喷砂装置,喷砂机,喷砂器

**サンド・ブロワー** sand blower 喷砂机

**サンド・ベッド** sand bed 砂床,砂层

**サンド・ペーパー** sand paper 砂纸

**ざんどホッパー** 【残土～】 surplus soil hopper 剩土装车用斥斗

**サンド・ホッパー** sand hopper 砂斗

**サンド・ホール** sand hole 砂眼

**サンド・ポンプ** sand pump 泥砂泵,抽砂泵

**サンド・マスチックこうほう** 【～工法】 sand-mastic method 砂胶灌缝施工法

**サントリン・セメント** Santorine cement 山多林火山灰水泥

**サンドル** sandal 檀香木,(短木堆置成格状的)台架

**サンド・ローム** sand loam 砂壤土,亚砂土,砂质垆坶

**さんはいえき** 【酸廃液】 acid waste liquid 酸性废液

**さんばいかざり** 【三杯飾】 (在剧院转台上的)三个场面布景

**さんはいすい** 【酸廃水】 acid waste water 酸性废水

**サン・パオロ・フオリ・レ・ムーラせいどう** 【～聖堂】 San Paolo fuori le Mura[意] (4世纪罗马)圣保罗教堂

**さんばし** 【桟橋】 scaffold board, trestle bridge 上下脚手架的栈桥,跳板,脚手板,栈桥

**さんぱつじょうかいはつ** 【散発状開発】 sporadic development 零散发展,零星开发

**さんはっせいき** 【酸発生期】 acid formation stage 酸发生期

**サン・ピエトロだいせいどう** 【～大聖堂】 San Pietro[意] (16～17世纪意大利罗马)圣彼得大教堂

**さんびゃくまんにんのげんだいとし** 【三百万人の現代都市】 plan de la ville de 3 millions d'habitants[法] 三百万人现代城市(1922年法国勒·柯比西埃提出的理想城市规划方案)

**さんヒンジ・アーチ** 【三～】 three-hinged arch 三铰拱

**さんピンしきほねぐみ** 【三～式骨組】 three-pinned frame 三铰结构,三铰框架

**さんヒンジほねぐみ** 【三～骨組】 three-hinged frame 三铰结构,三铰框架

**さんヒンジ・ラーメン** 【三～[Rahmen德]】 three-hinged frame 三铰框架,三铰刚架

**さんぷ** 【散布】 dispersion 分散,分布

**サンプ** thump 低音噪声

**さんぷくこうじ** 【山腹工事】 hillside works 山坡工程,山腹工程

**さんぷくひふくこう** 【山腹被覆工】 hillside covering works 山坡覆盖工程

**さんふしょく** 【酸腐食】 acid corrosion 酸腐蚀,酸蚀

**サン・ブナンのげんり** 【～の原理】 principle of Saint Venant 圣维南原理(等力载原理)

**サン・ブナンのねじり** 【～の捩】 Saint Venant's torsion 圣维南扭转,纯扭转

**サン・ブナンのねじりじょうすう** 【～の捩常数】 Saint Venant's torsional constant 圣维南扭转常数,自由扭转常数,扭转常数

**サンプ・ポンプ** sump pump 坑内吸水泵,排水泵

**サンプラー** sampler 取样器

**サンプリング** sampling 采样,抽样,取样

**サンプリング・チューブ** sampling tube 取样管

**サンプルー** sample 样品,试样

**サンプル・ルーム** sample room 样品陈列室(指旅馆中供推销员陈列商品的房间)

**さんぷろしょうほう** 【散布濾床法】 percolating filter method, trickling filter method 生物滤池处理

**さんへんそくりょうのちょうせい** 【三辺測量の調整】 adjustment of tri-lateration 三边测量校核

**さんぼうかざり** 【三方飾】 (在剧院转台上的)三个场面布景

**さんぼうコック** 【三方～】 three-way cock 三向闸门,三通旋塞,三向龙头

**さんぼうつけバス** 【三方付～】 recess bath 三面嵌入式浴缸

**さんぼうとめつぎ** 【三方留接】 三向斜角接合

**さんぼうべん** 【三方弁】 three-way valve 三通阀

**さんぼうみのにわ** 【三方見の庭】 从三面可看到的庭院

**さんぼうわく** 【三方枠】 stile of elevator 电梯门框

**サン・ポーチ** sun porch 日光廊,日光室

**さんまいつぎ** 【三枚継】 三层搭扣接合

**さんまた** 【三叉】 三脚起重架,三木搭

**サンマー・ハウス** summer house 避暑别墅

**サン・マルコだいせいどう** 【～大聖堂】 San Marco[意] (1042～1695年意大利威尼斯)圣马可大教堂

**さんミスト** 【酸～】 acid mist 酸雾

**サン・ミニアト・アル・モンテせいどう** 【～聖堂】 San Miniato al Monte[意] (1070～1150年意大利佛罗伦萨)圣米尼阿多教堂

**さんめんきょう** 【三面鏡】 triple mirror 三面(反射)镜

**さんモーメントのていり** 【三～の定理】 theorem of three moments 三弯矩定理,三力矩定理

**さんモーメントほう** 【三～法】 method of three moment 三弯矩方程法,三力矩方程法

**さんようかざり** 【三葉飾】 trefoil 三瓣

形
さんようけいアーチ trefoil arch 三瓣拱
さんらん 【散乱】 scattering 散射,乱反射
さんらんかく 【散乱角】 angle of scattering 散射角
さんらんけいすう 【散乱係数】 coefficient of scattering 散射系数
さんらんこう 【散乱光】 scattered light 散射光,漫射光
さんらんたい 【散乱体】 scattering body 散射体
さんらんは 【散乱波】 scattered wave 散射波
さんらんビーム 【散乱～】 scattered beam 散射束
サン・ランプ sun lamp 太阳灯
さんらんめん 【散乱面】 scattering surface 散射面
ざんりゅうおうりょく 【残留応力】 residual stress 残余应力,残余内力
ざんりゅうおうりょくど 【残留応力度】 residual stress 残余应力
ざんりゅうきゅうちゃく 【残留吸着】 residual adsorption 残留吸附
ざんりゅうきれつ 【残留亀裂】 residual crack 残留裂缝
ざんりゅうすいあつ 【残留水圧】 residual water pressure 剩余水压
ざんりゅうたわみ 【残留撓】 residual deflection 残余挠度
ざんりゅうたわみりょう 【残留撓量】 residual deflection 残余变形值,剩余弯沉值
ざんりゅうどくせい 【残留毒性】 residual toxicity 残留毒性,残余毒性
ざんりゅうねんど 【残留粘土】 residual clay 残留粘土,原粘土
ざんりゅうのうやく 【残留農薬】 residual agricultural medicine 残留农药
ざんりゅうひずみ 【残留歪】 residual strain 残余应变
ざんりゅうぶつ 【残留物】 residue 残留物,残渣,滤渣
ざんりゅうへんい 【残留変位】 residual displacement 残留位移,残余变位
ざんりゅうへんけい 【残留変形】 residual deformation 残余变形
ざんりゅうようせつおうりょく 【残留溶接応力】 residual welding stress 残余焊接应力
さんりんかもつじどうしゃ 【三輪貨物自動車】 tricar 三轮汽车,三轮卡车
さんりんロード・ローラー 【三輪～】 three-wheel road roller 三轮压路机,三轮路辗
さんりんローラー 【三輪～】 three-wheel roller 三轮压路机,三轮路辗
サンルーム sunroom 日光浴室
さんれつびょうつぎて 【三列鋲継手】 riveted joint in three rows 三排铆钉接合
さんれつリベットかさねつぎて 【三列～重継手】 riveted lap joint in three rows 三排铆钉搭接
さんれつリベットしめ 【三列～締】 riveting in three rows 三排铆钉铆紧
さんれつリベットつきあわせつぎて 【三列～突合継手】 butt rivet joint in three rows 三排铆钉对接
さんれつリベットつぎて 【三列～継手】 riveted joint in three rows 三排铆钉接合
さんれんうち 【三連打】 (踏石的)三联铺法
さんれんプランジャー・ポンプ 【三連～】 three plunger pump 三联柱塞泵
さんれんモーメントのていり 【三連～の定理】 theorem of three moments 三弯矩定理,三力矩定理
さんれんモーメントほう 【三連～法】 method of three moment 三弯矩方程法,三力矩方程法
さんろうしきバシリカ 【三廊式～[basilica]】 三廊式巴雷利卡(长方形厅堂)
さんろスイッチ 【三路～】 three-way switch 三路开关,三向开关
サン・ロレンツォ・フオリ・レ・ムーラせいどう 【～聖堂】 San Lorenzo fuori

le Mura[意]（4世纪罗马)圣劳伦佐教堂

# し

し 【市】 city,town 城市,城镇

し 【枝】 枝(日本古建筑设计计量单位,指相邻两椽距与椽下端宽度之和)

じ 【地】 ground 土地,地面,底,底层,基

しあ 【四阿】 pavilion 亭

シアー shear 剪切,剪(切)力

シアー shear 剪切,切断,切变,剪(切)力,切断机

シー・アイ・イー CIE,Commission International de l'Eclairage[法] 国际照明委员会

シー・アイ・イーひょうじゅんどんてんくう 【CIE標準曇天空】 standard overcast sky of CIE 国际照明委员会制定的标准阴天空

シー・アイ・イーひょうしょくけい 【CIE表色系】 colour notation system of CIE 国际照明委员会采用的标色系统

シー・アイ・エー・エム＝シアム

シー・アイ・ビー CIB,Conseil International du Batiment pour la Recherche, l'Etude et la Documentation[法] 国际建筑研究情报会议

シー・アイ・ピーこうほう 【CIP工法】 CIP(cast-in-plac正) pile method 现场浇注桩施工法,钻孔灌注桩施工法

じあえんそさんえん 【次亜塩素酸塩】 hypochlorite 次氯酸盐

じあえんそさんカルシウム 【次亜塩素酸～】 calcium hypochlorite 次氯酸钙

じあえんそさんせっかいほう 【次亜塩素酸石灰法】 calcium hypochlorite process 次氯酸钙法

じあえんそさんソーダ 【次亜塩素酸～[soda]】 sodium hypochlorite 次氯酸钠

じあえんそさんナトリウム 【次亜塩素酸～[Natrium德]】 sodium hypochlorite 次氯酸钠

しあがりけんさ 【仕上検査】 finish inspection 竣工检查,完工检查

しあがりむら 【仕上斑】 wavy finish (陶瓷的)波状釉面,釉层不匀

しあげ 【仕上】 finish 做完,完成,修整,装修,饰面,最后加工

しあげかこう 【仕上加工】 finishing work 精加工,表面修饰

しあげがんな 【仕上鉋】 finishing plane 细刨,净面刨,精加工用刨

しあげきごう 【仕上記号】 finish mark 修整记号,加工符号

しあげこうじ 【仕上工事】 finish works 装修工程,饰面工程

しあげこうじょう 【仕上工場】 finishing plant 加工厂,精加工车间

しあげこて 【仕上鏝】 finish trowel 抹光镘刀,压光抹子

しあげすみだし 【仕上墨出】 finish marking 装修用弹(墨)线

しあげすんぽう 【仕上寸法】 finished size 完工尺寸,加工后尺寸

しあげてんあつ 【仕上転圧】 finish rolling 终压(最后一道修整辗压)

しあげと 【仕上砥】 细磨石,精磨石

しあげナット 【仕上～】 Finished nut 精制螺母,精加工螺母

しあげぬり 【仕上塗】 finish coating 罩面涂层,饰面涂层

しあげのみ 【仕上鑿】 finish chisel 平凿,扁铲

しあげボルト 【仕上～】 finished bolt, turned bolt 精制螺栓,精加工螺栓

しあげやすり 【仕上鑢】 finish file 细锉,细加工用锉

しあげようせつ 【仕上溶接】 finish weld 完工焊接,表面修整焊接

しあげろかき 【仕上濾過機】 polishing filter 精滤器

しあげワニス 【仕上～】 finish varnish 饰面清漆,上光漆

シアー・コネクター shear connector 抗剪结合环,抗剪结合件,抗剪连结件

じあしば 【地足場】 (基础工程用)低设脚手架,固定脚手架

シアター theatre 剧场,剧院

シアター・レストラン theatre restaurant 有演出节目的餐馆

しあつ 【支圧】 bearing pressure (支)承压力

じあつ 【地圧】 ground pressure 地压力,土压力

しあつおうりょく 【支圧応力】 bearing stress 承压应力

しあつおうりょくど 【支圧応力度】 bearing unit stress 承压单位应力

じあつかんすいき 【自圧還水器】 direct return trap 直接回水隔汽具,直接回水器

しあつきょうど 【支圧強度】 bearing strength 承压强度

しあつけい 【指圧計】 pressure gauge 压力计,压力表

しあつつよさ 【支圧強さ】 bearing strength 承压强度

しあつばん 【支圧板】 bearing plate, distribution plate 支承板,承重板,(预应力混凝土后张用)承压板,压力分布板

しあつボルト 【支圧~】 bearing bolt 承压螺栓,支承螺栓

しあつボルトせつごう 【支圧~接合】 bearing bolt connection 承压螺栓连接

シアノアクリレートけいせっちゃくざい 【~系接着剤】 cyano-acrylate adhesive 氰基丙烯酸酯粘合剂

シアム CIAM, Les Congrès Internationaux d'Architecture Moderne[法] 现代建筑国际会议

シー・アール・シー CRC, Column Research Council 柱研究委员会

ジー・アール・ティー GRT, Group rapid transit 群体快速公共交通

しあわす 【仕合わす】 接合,结合,榫接

シアン cyanogen, cyan 氰,氰基

シアン・イオン cyanic ion 氰离子

シアン・イオンそくていほう 【~測定法】 analytical method of cyanic ion 氰离子测定法

シアンかカリウム 【~化~[Kalium德]】 potassium cyanide 氰化钾

シアンかすいそ 【~化水素】 hydrogen cyanide 氰化氢

シアンかすいそガスちゅうどく 【~化水素~[gas]中毒】 hydrogen cyanide poisoning 氰化氢中毒

シアンかぶつ 【~化物】 cyanide 氰化物

シアンかぶつはいすい 【~化物廃水】 cyanide bearing waste water 氰化物废水

シアンさくイオン 【~錯~】 cyanic complex ion 氰络离子

シアンさん 【~酸】 cyanic acid 氰酸

シアンちゅうどく 【~中毒】 cyanide poisoning 氰中毒

シアンはいすい 【~廃水】 cyan bearing waste water 含氰废水

シアンぶんかいきん 【~分解菌】 cyanide-attack bacteria 氰分解菌

シアン・モニター cyanide monitor 检氰器,检氰装置

しいき 【市域】 city area 市区

しいき 【死域】 dead zone 静区,停滞区,不灵敏区,死区,(空气)闭塞区

じいし 【地石】 local stone 当地石,本地石,乡产石

じいた 【地板】 同地面标高铺板,底板,胶粘芯板

しいん 【子音】 consonant 辅音,子音

しいん 【子院】 (日本寺院内的)小寺院

じうたいざ 【地謡座】 (日本能剧舞台谣曲)伴唱席

ジェー・アイ・エス 【JIS】 JIS, Japanese Industry Standards 日本工业标准

ジェー・アイ・ディー・エー JIDA, Japan Industrial Designers Association 日本工业美术设计协会

シー・エー・イー CAE, carbon-alcohol extract 碳-醇萃取物

ジェー・イー・エス JES, Japanese Engineering Standards 日本旧工业标准

じえいよう 【自栄養】 autotrophy 自养

じえいようせいびせいぶつ 【自栄養性微生物】 autotrophic microbe 自养微生物(无机营养微生物)
シェヴロン chevron[法] 连续人字纹,波浪纹,曲回纹,闪电纹
ジェー・エー・エス JAS, Japanese Agricultural Standards 日本农林标准
ジェー・エー・エス・エス JASS, Japanese Architectural Standard Specification 日本建筑标准规范
ジェー・エス・エス・シー JSSC, Society of Steel Construction of Japan 日本钢结构协会
ジェー・エス・シー・イー JSCE, Japan Society of Civil Engineers 日本土木工程师学会
シェーカー shaker 振动器,摇筛机
シェーカーかぐ 【~家具】 Shaker furniture (18世纪末~19世纪初美国的)谢凯尔式家具
シェーカー・コンベヤー shaker conveyer 振动式输送机,摇动运输机
ジェーがたグルーブ 【J形~】 single J-groove J形坡口,单边J形坡口
シェーキング・コンベヤー shaking conveyer 振动式输送机
シェーキング・シーブ shaking sieve 振动筛,摇筛
シェジーのけいすう 【~の係数】 Chézy's coefficient 锡赛系数
シェジーのこうしき 【~の公式】 Chézy's formula 锡赛公式(计算水流速度)
シー・エス CS, carbon steel, cast steel, component specification 碳钢,铸钢,部件规格
ジェス=ジェー・イー・エス
ジェスイトようしき 【~様式】 Jesuitical style (拉丁美洲的)耶稣教会式(建筑),仿照罗马伊尔的耶稣圣堂建筑式(建筑)
しエチルなまり 【四~鉛】 tetracthyl lead 四乙铅
ジー・エッチ 【GH】 GH, ground height 地面高度
ジェッディング jetting 喷射,灌注
シェッティング・メカニズム shedding mechanism 倾卸装置,卸料装置
シェッド shed 棚子,货棚,车棚
ジェット jet 喷射,喷注,射流,喷射器,喷嘴
ジェットかくはんき 【~攪拌機】 jet agitator 喷射搅拌器
ジェット・カッターこうほう 【~工法】 jet cutter method 喷射挖掘施工法(射水吸泥压入空心桩)
ジェット・コンデンサー jet condenser 喷射冷凝器
ジェット・スクラッバー jet scrubber 喷射洗涤器,喷射洗气器
ジェット・セメント jet cement 一种快硬性水泥
ジェットそうおん 【~騒音】 jet noise 喷气(机)噪声
ジェット・ファンしきかんき 【~式換気】 jet fan ventilation 喷流式通风
ジェット・ポンプ jet pump 喷射泵,射流泵
ジェット・リフターこうほう 【~工法】 jet lifter method 喷射排出施工法(射水排泥压入空心桩)
シー・エー・ティー CAT, Cabinen Taxi 联邦德国创制的快速客车(双人乘坐,自动动转,时速36公里)
シー・エー・ディー CAD, computer-aided design 计算机辅助设计
シー・エー・ティー・エス CATS, Chicago area transportation study (美国)芝加哥地区(20年)综合城市交通规划
ジェー・ディー・シー・エー JDCA, Japan Designer Craftman Association 日本工艺设计者协会
シー・エー・ディー・システム 【CAD~】 CAD(computer-aided design)system 电子计算机辅助设计体系
シー・エー・ティー・ブイ CATV, community antenna television 共用天线电视
シェード shade 阴,(色彩的)明暗,暗调,遮阳板,遮光罩

シェード shade 灯罩
シェード・カラー shade colour 暗色
シェード・シード shade shed 凉棚
シェード・ライン shade line 影线
シエナだいせいどう 【～大聖堂】 Duomo, Siena[意] (13世纪意大利)西恩那大教堂
シー・エヌひ 【CN比】 C-N(carbon-nitrogen)ratio 碳氮比
ジェネラル・オーバーホール general overhaul 全面检查,大修(理)
ジェネラル・コンピューター general computer 通用计算机
シェーパー shaper 牛头刨,成形机
シェービング shaving 修边,修整,刮边,刮削
シェーピング shaping 造型,成形,修刨
シー・エフ・エム Cfm, Cubie feet per minute 立方英尺/分(流量单位)
シェフラーしき 【～式】 Sheffler's formula 谢福勒(计算土压)公式
シェフロン＝シェヴロン
シェベ chevet[法] (教堂后部的)圆室
シェームがわ 【～革】 sham leather 人造皮革
ジー・エムけいすうかん 【G-M計数管】 G-M(Geiger-Müller)counter 盖革-米勒计数器,盖革-米勒计数管
シー・エム・シー CMC, carboxymethylcellulose 羧甲基纤维素
ジェームズいっせいようしき 【～一世様式】 James I style (17世纪初期英国)詹姆斯一世时代建筑式样
シェラダイジングほう 【～法】 sherardizing process 粉末镀锌法,镀锌防锈法
シェラック shellac 紫胶,虫胶
シェラック・プラスチック shellac plastics 紫胶塑料,虫胶塑料
シェラック・ワニス shellac varnish 虫胶清漆
シェラトン・スタイル Sheraton style 英国谢拉敦式(家具)
ジェリー jelly 透明胶,冻胶
シェリング shelling (耐火材料)剥裂
シェル shell 壳,壳体
シェール shale 页岩
シェル・アンド・チューブしきぎょうしゅくき 【～式凝縮器】 shell and tube type condenser 壳管式冷凝器
シェルこうか 【～効果】 shell effect 壳体效果,壳体效应
シェルこうぞう 【～構造】 shell structure 壳体结构
シェル・コンストラクション shell construction 壳体结构
ジー・エル・シー 【GLC】 GLC, Greater London Council (1960年改组建立的英国)大伦敦议会
シェルフ・アングル shelf angle 座角铁
シェル・モールディング shell moulding 壳模造型,壳型铸造法
シェル・モールド shell mould 壳模,壳形铸型
じえん 【時円】 hour circle 时圈
しえんかたんそ 【四塩化炭素】 carbon tetrachloride 四氯化碳
シエンナ sienna (富铁)黄土(颜料),赭土颜料,赭色
シェーンブルンきゅう 【～宮】 Schloss Schonbrunn[德] (17～18世纪奥地利维也纳)宣布隆宫
しお 【塩】 salt 盐,食盐
ジオイド geoid 大地水准面,地球形体,重力平面
しおいりのにわ 【潮入の庭】 进潮园,潮水园(位于海岸的庭园,引潮水进园形成水面者)
しおいれかた 【塩入型】 salt-box type 美国独立前的盐盒形住宅(两坡不等的硬山顶住宅)
ジオキシン dioxin 二噁英
ジオジメーター geodimeter 光波测距仪,导线测距仪
しおついじ 【塩築地】 有横线条的土围墙
シー・オー・ディー 【COD】 COD, chemical oxygen demand 化学需氧量
ジオデシック geodesic 测地学的,大地测量学的,测地线,大地线,短程线
ジオデシック・サークル geodesic circle 大地圆,短程圆

ジオプター diopter 照准议,觇孔,屈光度
しおやき【塩焼】掺盐烧石灰,掺盐消化石灰
しおやきがわら【塩焼瓦】salt-glazed tile 盐釉瓦
ジオラマ diorama 透视画
しおり 结绳方法,绳索绑结方法
しおり【枝橈】搅枝(移植树木时,将树冠适当修剪后,用绳绑紧,缩小体积)
しおりど【枝折戸】柴扉,编枝门,栅栏门
しおれんが【塩煉瓦】salt-glazed brick 粗瓷砖,盐釉砖
じおんじだいがんとう【慈恩寺大雁塔】(中国西安)慈恩寺大雁塔
しおんとりょう【示温塗料】thermo-paint 示温涂料,测温漆,温度标示漆
しか【資化】assimilation 同化(作用)
じか【磁化】vitrification 瓷化,玻璃化
しかい【視界】field of view 视场,视界,视野
しがいか【市街化】urbanization 城市化,市区化(主要指农用地逐渐变成住宅用地)
しがいかくいき【市街化区域】urbanization promotion area 市区化地区(规划成为市区的地区)
しがいかちょうせいくいき【市街化調整区域】urbanization control-area 控制市区化地区(规划中对建设加以抑制地区,即非市区化地区)
しがいきょう【市街橋】city bridge 城市桥,城市道路桥
しがいけんちく【市街建築】street building 沿街建筑,市区建筑
しがいこうえん【市街公園】urban park 市区公园
しがいせん【紫外線】ultraviolet ray, ultraviolet radiation 紫外线
しがいせんきゅうしゅうガラス【紫外線吸収～】ultraviolet(ray)absorbing glass 吸收紫外线玻璃
しがいせんでんきゅう【紫外線電球】ultraviolet(ray)lamp 紫外线灯
しがいせんでんとう【紫外線電灯】ultraviolet(ray)lamp 紫外线灯
しがいせんとうかガラス【紫外線透過～】ultraviolet ray transmitting glass 透紫外线玻璃
しがいせんぼうしガラス【紫外線防止～】ultraviolet (ray) intercepting glass 防紫外线玻璃
しがいせんみずしょうどくき【紫外線水消毒器】ultraviolet ray water sterilizer 紫外线水消毒器
しがいせんランプ【紫外線～】ultraviolet (ray) lamp 紫外线灯
しがいち【市街地】urban area, built area 城区,市区,城市地区
しがいちかいぞうじぎょう【市街地改造事業】urban redevelopment work 市街地改造事业,城区改建事业
しがいちかいはつ【市街地開発】urban development 城区发展,建成区扩展
しがいちかいはつくいき【市街地開発区域】urban development area 城市扩建区,城市发展区
しがいちきほんず【市街地基本図】urban capital diagram 市区现状图
しがいちくいき【市街地区域】urban area 城市区(指城市建成区和准备发展的市区化地区)
しがいちさいかいはつじぎょう【市街地再開発事業】urban redevelopment work 市工再开发事业,市区整顿改建
しがいちじゅうたく【市街地住宅】urban dwellings 市区住宅,城市建成区内由日本住宅公团供给的住宅
しがいちしゅうへんぶ【市街地周辺部】outlying area (城市)周边区,城市外围区(指城郊住宅区或住宅商业混合区)
しがいちぼうちょう【市街地膨張】urban expansion 市区膨胀,城区无计划扩展
しがいちめんせきりつ【市街地面積率】ratio of urban area to city area 市区面积比(城市建成区面积与整个城市面积之比)
しがいてつどう【市街鉄道】tram way 有轨电车道,路面轨道
しがいでんしゃ【市街電車】street car,

tram car, trolley car 市内电车，市区电车(广义地指有轨、无轨电车，地铁，高架铁道和单轨铁道等)

しがいぶ 【市街部】 urban area, urban district 市区

しかく 【視角】 visual angle 视角，视线角

じかく 【時角】 hour angle 时角

しかくきど 【視覚輝度】 visual brightness 视觉亮度

しかくげんご 【視覚言語】 language of vision 视觉语言(指建筑、雕刻、绘画等)

しかくしんごう 【視覚信号】 visible signal, visual signal 视觉信号

しかくぜき 【四角堰】 rectangular weir, square weir 矩形堰，方形堰

しかくひょうじ 【視覚表示】 visual display (信息的)视觉显示装置

しかくぶんせき 【視覚分析】 visual analysis 视觉分析

しかくほう 【視角法】 visual angle method 视角法

しかけ 【仕掛】 装置，设备，机构，木构件，安装用刻槽

しかけじるし 【仕掛印】 安装位置划线，铺装位置弹线，木构件加工墨线

しかけずみ 【仕掛墨】 安装位置墨线，铺装位置墨线(弹线)，木构件加工墨线

しかける 【仕掛ける】 (从上部)安装，铺设

じかこうか 【地化効果】 effect of ground 基底效应(造形技法在心理上的效应)

シカゴけいかく 【～計画】 plan of Chicago (1909年美国)芝加哥规划

シカゴこうつうけいかく 【～交通計画】 Chicago area transportation study (CATS) (美国)芝国哥地区(20年)综合城市交通规划

シカゴ・デザインけんきゅうじょ 【～研究所】 Institute of Design, Chicago (1944年美国成立的)芝加哥设计研究所

シカゴは 【～派】 Chicago School (19世纪末～20世纪美国建筑的)芝加哥学派

シカゴまど 【～窓】 Chicago window (美国芝加哥式)大玻璃窗

じかしあげ 【直仕上】 monolithic surface finish 混凝土一次抹面

しかじゅう 【死荷重】 dead load 静载，恒载，固定荷载，(结构的)自重

しかじゅうおうりょく 【死荷重応力】 dead-load stress 恒载应力，静载应力

じがた 【地形】 topography 地形

じかだききゅうしゅうれいとうき 【直焚吸収冷凍機】 direct fired absorption type refrigerating unit 直接燃烧吸收式冷冻机

じがため 【地固】 tamping (地基的)夯实，捣实

じかはつでんせつび 【自家発電設備】 engine driven generator 自用发电设备，机动发电设备

じかびかんそう 【直火乾燥】 direct drying, drying of wood by direct fire 直接焙干，直接烘干，直火干燥

じかぶり 【地被】 overdurden 冲积土，覆土，覆盖层

じかみちべん 【直道弁】 direct valve 直通阀

じかようこうぎょうようすいどう 【自家用工業用水道】 exclusive industral water supply 自备工业给水工程

しかようてあらいき 【歯科用手洗器】 dental lavatory 牙科洗手盆

じかようへんでんしょ 【自家用変電所】 house substation 自用变电站

しがら 【用竹】 hurdle 用竹、枝等编的简易挡土栅栏

シカーラ shikkara[梵] (印度寺院建筑的)高塔，(印度教和耆那教的)塔殿

しがらみがき 【棚垣】 编竹栅栏，木栏，篱笆墙

じかりつ 【磁化率】 susceptibility 磁化率

ジカルシウム・シリケート dicalcium silicate 硅酸二钙

じがわら 【地瓦】 当地瓦(指低品位的瓦)

しかん 【支間】 effective span (桥的)计算跨距，有效跨距，跨度，跨距

しかん 【支管】 branch pipe 支管

しかん 【視感】 visual sensation 视觉
じかん-あつみつきょくせん 【時間-圧密曲線】 time-consolidation curve (土的)时间与固结关系曲线
じかんおくれ 【時間遅】 time lag 时(间)滞(后),延时
じかんおくれしんどう 【時間遅振動】 time lag vibration 时滞振动,延时振动
じかんかんかくけい 【時間間隔計】 time interval meter 时间间隔测定仪,时距计
じかんきゅうすい 【時間給水】 water supply for limited hours 定时供水,限时给水
じかんきゅうすいりょう 【時間給水量】 hourly consumption 每小时用水量,每小时供水量
しかんきょう 【視環境】 visual environment 视觉环境
じかんきょり 【時間距離】 time distance 时距
じかんきょりず 【時間距離図】 time-space diagram 时距图,时间-空间运行图,绿波运行图
じかんきろくき 【時間記録器】 time recorder 时间记录器,记时器
じかんけいすい 【時間係数】 time factor 时间因数,时间系数
じかんけんきゅう 【時間研究】 time study 工时定额制定,工时定额研究
じかんこうつうりょう 【時間交通量】 hourly traffic volume 每小时交通量
じかんこうふく 【時間降伏】 time yield 时间屈服
じかんさ 【時間差】 equation of time, time difference 时差
じかんさいだいおすいりょう 【時間最大汚水量】 maximun hourly sewage rate 最大时污水量
じかんさいだいきゅうすいりょう 【時間最大給水量】 hourly maximum water-consumption 最大时用水量
じかんさいだいじゅよう 【時間最大需要】 maximum hourly demand 最大时需用量
しかんしきさいけい 【視感色彩計】 visual colorimeter 目视色度计,目视比色计
じがんすいへいめん 【耳眼水平面】 Frankfurt plane 耳眼水平面(耳眼联线形成的水平面),法兰克福水平面
しかんそくしょく 【視感測色】 visual colourimetry 视感测色,视觉测色
しかんそっこう 【視感測光】 visual photometry 视觉测光,目视测光,目视光度测定
じかんたい 【時間帯】 time zone 时区,等时区(指交通观测时,从定点出发在同一时间内,不同方向上所达到的距离的各点连接所构成的地区)
しかんちょう 【支間長】 span length 跨长
じかん-ちんかきょくせん 【時間-沈下曲線】 time-settlement curve (土的)时间与沉降关系曲线
じかんていかく 【時間定格】 time rate, time rating 时间定额,工时定额
しかんてつどう 【市間鉄道】 interurban railway 穿城铁道,市间铁路
しかんど 【視感度】 spectral luminous efficacy, visibility 光谱光效能,能见度
シーカントけいすう 【～係数】 secant modulus 割线模量
シーカントしき 【～式】 secant formula 割线公式
しかんはんしゃりつ 【視感反射率】 visual reflection factor 视觉反射率,直观反射系数
じかんへいきんそくど 【時間平均速度】 time mean speed 时间平均速度
じかんへんか 【時間変化】 hourly variation 小时变化,时变化
じかんへんどう 【時間変動】 hourly fluctuation 小时变动,时变动
じかんりゅうりょうきょくせん 【時間流量曲線】 time-discharge curve 时间流量曲线
しき 【敷·鋪】 衬垫,垫块,缓冲垫
じき 【磁器】 porcelain, chinaware 瓷器
しきい 【敷居】 sill, threshold (门窗框

的)下框,门槛(常指推拉门的门槛)
しきいき【敷居木】门槛木
しきいし【敷石】paving stone 铺石,铺石地面
しきいしこうじ【敷石工事】stone paving 铺石工程,石块铺面,石块铺砌
しきいししば【敷石芝】铺路石旁草坪
しきいしほそう【敷石鋪装】stone pavement 铺石路面
しきいた【敷板】地板,铺板,垫板,底板,毛板
じきうりょうけい【自記雨量計】recording rain-gauge 自记雨量计
じきおんしつどけい【自記温湿度計】self-recording thermohygrometer 自记温湿度计
じきおんどけい【自記温度計】self-recording thermometer 自记温度计
しきか【色価】valeur[法](色彩的)明度
じきがいし【磁器碍子】porcelain insulator 瓷绝缘子,瓷瓶
しきかく【色覚】colour sensation 色(感)觉
しきかく【敷角】垫枋,方垫木
しきがみ【敷紙】(日本镶席边的)垫纸,铺纸
しきがもい【敷鴨居】槅扇上下框
しきがわら【敷瓦】铺地砖,板瓦
しきかん【色環】colour circle 色环
じききあつけい【自記気圧計】self-recording barometer 自记气压计
じききおくそうち【磁気記憶装置】magnetic storage,magnetic memory 磁存贮器
しききん【敷金】deposit,caution money 保证金,押金
しきくうかん【色空間】colour space 色彩空间
しきげた【敷桁】(支承屋架的)枕梁,垫梁
じきコア【磁気~】magnetic core 磁心
じきこうおんけい【自記高温計】self-recording pyrometer 自记高温计
しきこまい【敷小舞】(窑瓦屋面的)苫背垫条
しきさ【色差】colour difference 色差
しきさい【色彩】colour 色彩
しきさいえんすい【色彩円錐】cone of colour,solid of colour 色彩圆锥,色立体
しきさいかんじょう【色彩感情】colour sentiment 色彩(引起人)的感情与联想
しきさいかんり【色彩管理】colour control 色彩控制
しきさいきょういく【色彩教育】colour education 色彩教育
しきさいけいかく【色彩計画】colour planning 色彩设计
しきさいしこう【色彩嗜好】colour preference 色彩嗜好
しきさいしよう【色彩仕様】colour specification 色彩做法说明书
しきさいしょうちょう【色彩象徵】colour symbol 色彩象征
しきさいしょうめい【色彩照明】clolur lighting 彩色照明
しきさいそうしょく【色彩装飾】polychromy 彩色装饰
しきさいたいけい【色彩体系】colour system 色彩体系
しきさいちょうせつ【色彩調節】colour conditioning 色彩调节
しきさいちょうわ【色彩調和】colour harmony 色彩调和,色彩和谐
しきさいちょうわりろん【色彩調和理論】colour harmonic theory 色彩调和理论
しきさいテレビジョン【色彩~】colour television 彩色电视
しきさいのれんそうかんじょう【色彩の連想感情】colour sentiment 色彩(引起人)的感情与联想
しきさいれんそう【色彩連想】colour sentiment 色彩(引起人)的感情与联想
しきざき【四季咲】ever-flowering 四季开花,连续开花
じきしごせん【磁気子午線】magnetic meridian 磁子午线
じきしさねつぼうちょうけい【自記示差

熱膨脹計】 self-recording differential thermal expansion meter 自记差示热膨胀计
じきしつタイル 【磁器質～】 porcelain tile 瓷砖
じきしつどけい 【自記湿度計】 self-recording hygrometer 自记湿度计
じきしゃだんき 【磁気遮断器】 magnetic blow-out circuit breaker 磁吹(灭弧)断路器
しきじゃり 【敷き砂利】 ballast for shovel packing 铺路道碴,铺路石碴
じきしょり 【磁気処理】 magnetic treatment (防污垢)磁力处理
じきすいいけい 【自記水位計】 recording water-gauge, automatic water-gauge, stage recorder 自记水位计
しきすな 【敷砂】 (庭园)铺砂
じきせいソケット 【磁器製～】 porcelain socket 瓷插座,瓷管座,瓷灯口,瓷插口
しきせんきはいすい 【拭洗器廃水】 scrubber waste water 洗涤器,洗气废水
しきそう 【色相】 hue 色相,色调
しきそうかん 【色相環】 hue circle, colour circle 色相环
しきそうたいひ 【色相対比】 hue contrast 色相对比
しきそうちょうわ 【色相調和】 hue harmony 色相调和
じきそくりょう 【磁気測量】 magnetic surveying 磁力测量
シキソトロピー thixotropy 触变性,振动液化
しきだたみ 【敷畳】 垫席
じきたんしょうけんさ 【磁気探傷検査】 magnaflux inspection 磁力探伤检查
しきち 【敷地】 lot, site 用地,占地,地段,建筑基地,建筑用地
しきちきょうかいせん 【敷地境界線】 border line of lot 建筑基地界线,建筑用地界线,地段界线
しきちけいかく 【敷地計画】 site plan, layout plan (总)平面布置图,总平面设计图,地段总平面设计
しきちげすい 【敷地下水】 house sewer, building sewer (建筑)场地排水,场地污水
しきちこうていず 【敷地高低図】 lot level map, site grade map 建筑基地标高图,建筑用地地形图
しきちじょうけん 【敷地条件】 conditions for site planning 总平面设计条件,建筑基地条件(指地形、地质、水等自然条件)建筑用地条件
しきちず 【敷地図】 site plan, lot plan, block plan 总平面图,建筑基地图,区划图
しきちせんてい 【敷地選定】 location 选址,建筑用地选定
しきちぞうせい 【敷地造成】 site renovation 建筑基地整修(使具备适于建筑的条件)
しきちぞうせいひ 【敷地造成費】 site renovation expense 场地整理费
しきちちょうさ 【敷地調査】 site surveying 建筑基地调查,建筑场地勘测
しきちはいすいかん 【敷地排水管】 house sewer 室内地下排水管
しきちぶんせき 【敷地分析】 site analysis 建筑用地分析
しきちめんせき 【敷地面積】 lot area, site area 建筑用地面积,现有地段面积
しきちょう 【色調】 colour tone 色调
しきちょうおんどけい 【色調温度計】 colorimetric pyrometer 比色高温计
しきちりようりつ 【敷地利用率】 lot utilizing factor 建筑用地利用率(建筑设施对规定用地的利用程度),建筑地段利用率
しきちわり 【敷地割】 plotting 建筑用地区划,地区划分,街区区划
しきづら 【敷面】 砌石底面
じきディスク 【磁気～】 magnetic disk 磁盘
じきテープ 【磁気～】 magnetic tape 磁带
しきど 【色度】 chromaticity 色度,色品
しきどけい 【色度計】 colorimeter 比色计,色度计

しきどざひょう 【色度座標】 chromatic coordinates 色度座标
しきどしけん 【色度試験】 chromaticity test 色度试验
しきどず 【色度図】 chromaticity diagram 色度图
しきどだい 【敷土台】 ground sill, mudsill 卧木,槛木,地槛
じきドラム 【磁気～】 magnetic drum 磁鼓
しきとろ 【敷とろ】 bed mortar 坐浆,垫层砂浆
じきねつぼうちょうけい 【自記熱膨脹計】 self-recording thermal expansion meter 自记热膨胀计
しきのじ 【敷野地】 檩上铺钉屋面板,檩上铺钉望板
しきば 【敷葉】 leaf mulch 铺叶,树叶覆盖
しきパテ 【敷～】 back putty 打底油灰,打底腻子
しきはば 【敷幅】 基槽(槽坑)底宽
しきばり 【敷梁】 中间托梁,(木屋架或木屋架间跨中支承大柁的梁)
しきばん 【敷板】 sole plate 底板,垫板
しきひょう 【色表·色票】 colour chip, colour card 比色图表,色彩样本,色彩卡片
しきひら 【敷平】 檐头仰瓦下垫层用平瓦,檐垫瓦
しきひらがわら 【敷平瓦】 檐垫瓦,檐头仰瓦下垫层用平瓦
じきふき 【磁気吹き】 magnetic blow 磁性熄弧,弧偏吹
じきふじょうしきちょうこうそくてつどう 【磁気浮上式超高速鉄道】 magnetic levitation high speed railway 磁浮式超高速铁路
じきブッシング 【磁器～】 porcelain bushing 瓷套管
じきへんかく 【磁気偏角】 magnetic declination, magnetic dip 磁倾角,磁偏角
しきまつば 【敷松葉】 pine needle mulch 铺松叶,松针覆盖
しきみ 【閾】 threshold 门槛
しきみち 【閾値】 value of threshold 阈值,界限值,临界值
しきめ 【敷目】 垫缝条,压缝条,盖缝板
しきめいた 【敷目板】 木板接缝的垫条
しきめいたばり 【敷目板張】 铺钉木板接缝的垫条
しきめいひょう 【色名表】 clour chip, colour card 色彩样本,色彩卡片
しきめじ 【敷目地】 bed joint (圬工的)底层接缝,铺底缝
しきめん 【敷面】 两段搭头下段搭面
しきめんありつぎ 【敷面蟻継】 两段搭头上段燕尾榫接合
しきめんありほぞつぎ 【敷面蟻枘継】 两段搭头上段燕尾榫接合
しきめんかまつぎ 【敷面鎌継】 两段搭头上段银锭榫接合
しきモルタル 【敷～】 bed mortar 坐浆,砂浆垫层
しきゃくがたこうえんとつ 【四脚型高煙突】 four-leg type high chimney 四脚型高烟囱
しきゅうざいりょう 【支給材料】 supplied material 拨付材料,拨给材料,供应材料,建设单位供料
じきゅうしきうずまきポンプ 【自吸式渦巻～】 self-suction centrifugal pump 自灌离心泵,自吸式离心泵
じきゅうしきポンプ 【自吸式～】 self-priming pump 自吸泵,自吸水式水泵
じきゅうすいポンプ 【自吸水～】 self-priming pump 自吸泵,自吸式水泵
しきょ 【支距】 offset 支距
しきょ 【視距】 sight distance 视距
じぎょう 【地業·地形】 foundation work 地基,基础工作,基础工程
しきょうざ 【司教座】 cathedra[拉] 主教座
じぎょうつき 【地業突·地形搗】 tamping 地基夯实,基础捣固
しきょぎ 【視距儀】 tachymeter, tachometer 视距仪
しきょそくりょう 【視距測量】 stadia surveying, tachymetry 视距测量
しきり 【仕切】 compartment 分隔间,分

室,分隔,分格

しきりいた 【仕切板】 parting strip,parting slip 隔片,(上下推拉窗吊窗锤箱中央的)金属隔板

しきりけんさ 【仕切検査】 lot inspection 成批检查,批量检查

しきりすいもん 【仕切水門】 sluice gate 水闸(门),闸门

しきりせき 【仕切席】 box (剧院)包厢席,包厢,(运动场等)下面看台座位

しきりば 【仕切場】 帐房

しきりぶち 【仕切縁】 上下推拉窗扇间的隔条

しきりへき 【仕切壁】 partition wall 隔墙

しきりべん 【仕切弁】 sluice valve 闸阀,滑板阀

じきりゅうりょうけい 【自記流量計】 automatic discharge-gauge 自记流量计

しきれんが 【敷煉瓦】 paving brick 路面砖,铺路砖,铺面砖,铺地砖

じきろかき 【磁器濾過器】 porcelain filter 瓷制过滤器

じきろくけい 【自記録計】 self-recording meter 自动记录仪表

じきワイヤ 【磁気～】 magnetic wire 磁力线

じきわれ 【時期割】 seasoning crack,seasoning check,weather shake 晒裂,干裂,自然裂纹

ジギングしけん 【～試験】 jigging test (骨料的)簸析试验,簸选试验

しきんじょう 【紫禁城】 (1406～1420年中国北京)紫禁城,故宫

じく 【軸】 axis 轴,轴线

ジグ jig 样板,夹具,钻模,装配架

じくあしば 【軸足場】 inner scaffold (组装楼层结构用)室内脚手架

じくあっしゅくりょく 【軸圧縮力】 axial compressive force 轴向压力

じくあつひ 【軸圧比】-axial compression ratio 轴向压力比,轴压比

じくあな 【軸孔】 socket 轴孔,门窗扇枢轴孔穴

じぐい 【地杭】 桩位标桩,放线桩

じくうけ 【軸受·軸承】 轴承,支承,支座,户枢,门轴座

じくうけあつりょく 【軸受圧力】 bearing pressure 轴承压力

じくうけスピゴット 【軸承～】 bearing spigot 轴承座孔,轴承插口

じくうけスリーブ 【軸受～】 bearing sleeve 轴承套筒

じくうけつば 【軸受鍔】 bearing flange 轴承凸缘

じくうけつり 【軸受吊】 bearing hanger 轴承吊架

シークェンシャル・コントロール sequential control 时序控制,顺序控制

シークェンス sequence 场面的展开,风景的连续

シークェンス・コントロール sequence control 程序控制

シークェンス・スタートほうしき 【～方式】 sequence start system 串联启动方式,连续启动方式

シークェンスせいぎょ 【～制御】 sequence control 程序控制

シークェンスべん 【～弁】 sequence valve 顺序阀

じくかく 【軸角】 angle of axes 轴交角

じくかじゅう 【軸荷重】 axial load 轴向荷载,轴心荷载

じくかじゅうパラメータ 【軸荷重～】 parameter of axial load 轴向荷载参数

じくきじゅんはめあい 【軸基準嵌合】 shaft basis system of fits 基轴制配合,以标准轴选配孔眼的配合方式

じくきょり 【軸距離】 axial distance 轴距,轴线距离

じくぐみ 【軸組】 framework 骨架,构架,框架,主体结构

じくぐみず 【軸組図】 framing elevation 框架立面图,骨架立面图

じくぐみほうしき 【軸組方式】 skeleton system 框架体系,骨架体系

ジグザグ zigzag 连续人字纹,波浪纹,曲回纹,闪电纹

ジグザグ・コース zigzag course 曲折路,曲径,小径

ジグザグ・リベッテド・ジョイント　zigzag riveted joint　交错铆接,锯齿形铆接
じくじゅう　【軸重】　axle load　轴荷载,(车)轴压力
じくそくとうえい　【軸測投影】　axonometric projection　轴测投影,不等角投影
じくたいしょうかじゅう　【軸対称荷重】　axisymmetrical load　轴对称荷载
じくたいしょうじょうけん　【軸対称条件】　axisymmetric condition　轴对称条件
じくたいしょうへんけい　【軸対称変形】　axisymmetric deformation　轴对称变形
じくたいしょうへんけいじょうけん　【軸対称変形条件】　axisymmetric deformation condition　轴对称变形条件
しぐち　【仕口】　connection, joint　接合,榫接
しくつ　【試掘】　test boring, test-pit digging　试验钻孔,探穴,试钻
しくつおうこう　【試掘横坑】　test adit　试挖横坑道
しくつこう　【試掘孔】　test-pit　试坑,探井
しくつせい　【試掘井】　pilot well　试验井
じくづり　【軸吊】　center hinge, pivot　门窗枢轴,门窗旋轴,中支枢轴
じくづりあな　【軸吊孔】　socket　轴承孔,轴承窝
じくづりかなもの　【軸吊金物】　pivot hinge　枢轴铰链,吊轴合页
じくづりちょうばん　【軸吊丁番】　pivot hinge, pivot and socket hinge　枢轴铰链,吊轴合页
じくづりど　【軸吊戸】　hinge pivoted door　带枢轴门扇,旋轴门
じくてっきん　【軸鉄筋】　axial reinforcement　轴向钢筋
シグナル・アラーム　signal alarm　报警器,报警信号
シグナル・ベル　signal bell　信号铃
じくばしら　【軸柱】　axial column　轴向柱,木楼梯梁支柱,螺旋楼梯中心柱
じくばりき　【軸馬力】　shaft horse power　轴马力
じくひずみ　【軸歪】　axial strain　轴向应变
じくひずみごうせいじょうけんしき　【軸歪剛性条件式】　conditional equation on axial stiffness　轴向应变刚度条件方程,轴向刚度条件方程
じくぶ　【軸部】　frame　框架,构架,骨架
じくふうそうち　【軸封装置】　shaft sealing　轴封装置
じくぶこうじ　【軸部工事】　frame work　(木结构的)构架工程,骨架工程
じくほうこう　【軸方向】　axial　轴向的
じくほうこうおうりょく　【軸方向応力】　axial stress, normal stress　轴向应力
じくほうこうかじゅう　【軸方向荷重】　axial load　轴向荷载
じくほうこうてっきん　【軸方向鉄筋】　axial reinforcement　轴向钢筋
じくほうこうふんりゅうそくど　【軸方向噴流速度】　axial jet velocity　轴向喷流速度
じくほうこうりょく　【軸方向力】　axial force　轴向力
じくほうこうりょくず　【軸方向力図】　axial force diagram(AFD)　轴力图
じくボルト　【軸～】　axial bolt　轴向螺栓
シグマ-イプシロンきょくせん　【～曲線】　sigma-epsilon ($\sigma$-$\varepsilon$) curve, stress-strain curve　$\sigma$-$\varepsilon$曲线,应力-应变曲线
じぐみ　【地組】　field assembling, tentative assembling　工地装配,现场组装,工地组装
じくむきりょく　【軸向力】　axial force　轴向力
じくもと　【軸元】　旋轴门扇装旋轴的一边
じくもとがまち　【軸元框】　hanging stile　旋轴门扇装旋轴的边梃
じくもとからど　【軸元唐戸】　双扇镶板折门中装旋轴的门扇
ジグラート＝ジッグラト
シーグラム・ビル　Seagram Building　(1956～1958年美国纽约)西格拉姆大厦
じくりゅうそうふうき　【軸流送風機】　axial blower, axial flow blower　轴流式鼓风机
じくりゅうブロワー　【軸流～】　axial

flow blower 轴流鼓风机
じくりゅうポンプ【軸流～】axial pump, axial flow pump 轴流泵
じくりょく【軸力】axial force 轴向力,轴力
じくりょくず【軸力図】axial force diagram 轴力图
しげ【繁】(小型建筑配件的)紧密配置
しげきかんすう【刺激関数】participation factor for mode, modal participation factor 振型参与系数
しげきけいすう【刺激係数】participation factor for mode, modal participation factor 振型参与系数
じけしばん【字消板】erasing shield 擦图片
しげだるき【繁垂木】密椽(紧密布置的椽)
しげもの【繁物】净空与本身宽度相等的建筑配件
シケロ scraper (刮铁锈用)刮刀,刮具
しげわり【繁割】密置式(构件之间净空与构件本身尺寸基本一致的布置方式)
しけん【試験】examination, test 试验,检验,化验
しげんかいしゅう【資源回収】resource recovery 资源回收
しげんかいはつけいかく【資源開発計画】resoures exploitation planning 资源开发规划
しげんかぎじゅつ【資源化技術】technology for effective utilization of waste 资源化技术,废物利用技术
しけんかじゅう【試験荷重】test load 试验荷载
しけんかん【試験管】test tube 试管
しけんき【試験機】testing machine (材料)试验机
しけんぐい【試験杭】test pile 试桩,试验桩
じげんげんそく【時限減速】chronotropic deceleration 时限减速
しけんコーン【試験～】test cone 试锥,测温锥
しけんさいしゅ【試験採取】sampling 取样,采样
しけんし【試験紙】test paper (化学)试纸
シーケンス＝シークェンス
しけんたい【試験体】test piece, test specimen 试件,试块,试样
しけんはいごう【試験配合】trial mix 试拌,试配
しげんはいぶん【資源配分】resource distribution 资源分配
しけんピット【試験～】test pit 试坑,探坑
しけんへん【試験片】test piece, test specimen 试片,试样
しけんぼり【試験堀】test-pit digging 试挖
しけんボーリング【試験～】test boring 试验钻孔,试钻,探穴
しけんポンプ【試験～】testing pump 试验泵
しげんヤングけいすう【始原～[Young]係数】原始弹性模量
しけんゆか【試験床】test bed, test floor (结构)试验台座,试验台面
しけんようつち【試験用槌】testing hammer 试验锤
しこう【施行】enforcement 施行,实施,执行
じこう【自硬】self-hardening 自动硬化,空气硬化,气硬
じこう【時効】ageing, aging 时效
しごういん【四合院】四合院
しこうけいすう【指向係数】directivity factor (声原的)指向系数,方向系数
じこうこうかステンレスこう【時効硬化～鋼】age hardening stainless steel 时效硬化不锈钢
しこうしすう【指向指数】directivity index 指向指数,方向指数
しこうせい【指向性】directivity 方向性,指向性
しこうとくせい【指向特性】directional chracteristics 指向性,指向特性,方向性,方向特性
じこうばんづけ【時香番付】(木构件的)

盘旋式标记号数
しごえん【子午円】meridian circle 子午圈
じこおんどほしょうゲージ【自己温度補償～】self-compensative strain gauge 自动温度补偿应变仪
じこかいき【自己回帰】auto-regression 自动回归
じこかいきモデル【自己回帰～】auto-regressive model 自动回归模型
しごかん【子午環】meridian circle 子午环
じこかんき【自己換気】self-ventilation 自然通风,自行换气
しごぎ【子午儀】meridian transit 子午仪
しごきごし【扱漉】涂料过滤,涂料过筛
しごく【扱く】摘叶,去叶
じごく【地獄】严密嵌接,闷榫,死榫
じこくかんすう【時刻関数】time function (质点位移计算式中的)时间函数
じごくくさび【地獄楔】闷榫加楔,闷榫附楔
じこくせん【時刻線】时刻线(指日影曲线图上连结同一时刻的线)
じごくほぞ【地獄枘】box wedging 楔榫,闷榫
じごげんかけいさん【事後原価計算】post-costing 事后成本计算
じここうかせっちゃくざい【自己硬化接着剤】self-curing adhesives 自固粘合剂,自动硫化胶粘剂
じここうそく【自己拘束】self-restraint 自身约束
しごさ【視誤差】parallax,reading error 视差,读数误差
じこサインホンさよう【自己～作用】self-siphonage 自动虹吸作用
じこさんか【自己酸化】auto-oxidation 自动氧化,自身氧化
じこじほうしゅつ【事故時放出】accidental discharge 事故排出,事故排水
じこしょうか【自己消化】self-slaking 自然消化,自然消解,自身消化
じこしょうかせいざいりょう【自己消火性材料】自灭火材料
じこせっちゃく【自己接着】autohesion 自粘,自粘作用,自粘力
しごせん【子午線】meridian 子午线
しごせんおうりょく【子午線応力】meridianal stress 子午线应力,经线应力
しごせんきょくりつはんけい【子午線曲率半径】meridian radius of curvature 子午线曲率半径
しごせんしゅうさ【子午線収差】meridian convergence 子午线收差,子午线收敛角
しごせんそくりょう【子午線測量】meridian determination 子午线测量
じこそうかんかんすう【自己相関関数】autocorrelation function 自相关函数
じこてんか【自己点火】self-ignition 自燃,自发火
しごと【仕事】work 功
じこどうろじょうきょうず【事故道路状況図】combined condition collision diagram 事故道路状况图
しごとし【仕事師】架子工(包括打桩等作业)
しごととうりょう【仕事当量】equivalent of work,mechanical equivalent 功当量
しごとのねつとうりょう【仕事の熱当量】heat equivalent of work 热功当量
しごとば【仕事場】workshop,field 工地,车间,工场,工厂
しごとみつど【仕事密度】density of work 功密度
しごとりつ【仕事率】power 功率
しごとりょう【仕事量】amount of work 作功量
じこひずみ【自己歪】self-strain 自动应变,自动变形,自应变
じこひずみおうりょく【自己歪応力】self-strain stress 自应变应力,自动应变应力,自动变形应力
じこひょうじしんごう【事故表示信号】accident signal 故障信号,事故信号
じこぶ【地瘤】(庭园人工)小丘
じこふしょく【自己腐食】self-corro-

sion 自蚀,自腐蚀
じこへいこうせい 【自己平衡性】 self-regulation 自平衡,自动调整
じごへんけい 【事後変形】 after-strain (停止加载后的)残余应变,残余变形
じこほうでん 【自己放電】 self-discharge 自身放电,(电池)局部放电
じごほぜん 【事後保全】 break-down maintenance 事后维修
しこむ 【仕込む】 嵌入,插入
ジー・コラム 【G～】 G-Column 离心铸造钢管(商)
しころ 【錣·鞆·錏】 段,分段,分段坡屋面,日本的某些民居的厨房
しころいた 【錣板】 louver board 鱼鳞板,(百页窗的)板条,百页板
しころど 【錣戸】 louver door 百页门
しころびさし 【錣庇】 lean-to roof,pent roof (主房檐下的)坡屋,单坡屋顶,挑篷
しころぶき 【錣葺】 歇山式前后折线屋面铺法
しころやね 【錣屋根】 lean-to roof,pent roof (主房檐下的)披屋,单坡屋顶,挑篷
しさ 【視差】 parallax 视差
しさ 【篩渣】 screenings 筛余物,筛屑
じさ 【時差】 equation of time 时差
しさあつけい 【示差圧計】 differential manometer 差示(流体)压力计
じざいが 【自在画】 free hand drawing 徒手画
じざいがき 【自在書】 free hand drawing 徒手画
じざいきゅう 【自在球】 cord adjusting ball 软线调节球
じざいきょくせんじょうぎ 【自在曲線定規】 flexible rule 曲线尺
じざいコック 【自在～】 universal cock 万向龙头,旋转龙头,通用旋塞
じざいじょうぎ 【自在定規】 flexible rule 曲线尺
じざいすいせん 【自在水栓】 swing faucet,swing cock 旋转龙头
じざいスパナー 【自在～】 adjustable spanner,monkey wrench 活动扳手,活动扳头
じざいちょうばん 【自在蝶番】 double acting spring hinge 双动弹簧铰链,自由合页
じざいつぎて 【自在接手】 universal joint 万向接头,万向关节,球窝结合
じざいど 【自在戸】 double action door 弹簧门,双动自止门
じざいレンチ 【自在～】 monkey wrench,adjustable spanner 活动扳手,活动扳头
しさぎょう 【視作業】 visual task 目视作业
しさく 【支索】 stay 拉索,支撑
しささ 【視差差】 difference of parallax 视差差
シーサス・クロッシング scissors crossing 剪式交叉,锐角交叉
しさそくていかん 【視差測定桿】 parallax bar 视差(测)杆
しさねつぼうちょうけい 【示差熱膨脹計】 differential thermal expansion meter 差示热膨胀计
しされいきゃくきょくせん 【示差冷却曲線】 differential cooling curve 差示冷却曲线
しさん 【試鑽】 test boring 试验钻孔,探穴,试钻
しさんほう 【試算法】 trial-and-error method 试算法
シー・シー・イー CCE,carbon chloroform extraction 碳氯仿提取物,碳氯仿抽提物
しじうで 【支持臂】 supported boom 支承臂
シー・ジー・エス CGS,centimeter-gram-second system of units 厘米-克-秒单位制
シー・シー・エルほうしき 【CCL方式】 CCL(Cable Covers Limited)system CCL法(预应力混凝土后张法,采用楔形钢夹锚具,以英国电缆被覆材料公司全称的第一个字母命名)
しじおんどけい 【指示温度計】 indicating thermometer 指示温度计
しじかなぐ 【支持金具】 (固定管子、器具

等的)支承铁件
しじかなもの【支持金物】hunger 支承铁件,吊钩,吊架
しじかん【指示管】indicating tube 指示管
しじきょう【指示鏡】index glass 指镜,指示镜
しじぐい【支持杭】bearing pile 支承桩,承重桩
ししぐち【獅子口】(日本社寺、宫殿、邸宅脊端的)狮发状饰瓦
しじけい【指示計】indicator 指示器,显示器,指示表
しじけいき【指示計器】indicating gauge,indicating instrument 指示计,指示仪表
しじごさ【指示誤差】index error 指标误差
しじそうおんけい【指示騒音計】sound level meter,noise meter 声级计,噪声计,噪声指示计
ししつ【屍室】mortuary,morgue (医院的)太平间,停尸室
シー・シー・ティー・ブイ CCTV, closed circuit television 闭路电视
しじとう【指示灯】indicator lamp 指示灯
しじばん【指示盤】indicator dial 指示(度)盘,表盘
シー・シー・ピーこうほう【CCP工法】construction method of chemical churning pile 化学灌浆搅拌成形桩施工法
シー・ジー・ピーはいすい【CGP廃水】CGP(chemical ground pulp)liquor 化学碎木纸浆废水
しじひょうしき【指示標識】indication sign 指示标志
ししもん【獅子門】Lion Cate,Mycenae (公元前13世纪古希腊美锡尼)狮子门
しじや【指示矢】arrow 指示箭头
しじゅう【死重】dead weight 静重,自重,静载,恒载
じじゅう【自重】dead weight,own weight,self-load 自重,静重,静载
ししゅうカーペット【刺繍～】embroider carpet 刺绣地毯
しじゅんじく【視準軸】collimation axis 视准轴
しじゅんせん【視準線】line of collimation 照准线,视准(轴)线
しじゅんそくりょう【視準測量】collimation 视准(测量)
しじゅんだか【視準高】height of sight line 视线高
しじゅんてん【視準点】observed point,sight point,aiming point 观测点,视准点,觇点
しじゅんばん【視準板】sight vane 觇板,照准标,视准标
じしょ【地所】land 地皮
ししょう【支承】bearing 支承,承受,承载
しじょう【市場】market 市场
しじょうかかく【市場価格】market price 市场价格
しじょうきん【糸状菌】hyphomycetes 丝菌目
じじょうけいすう【自浄係数】self-purification constant 自净系数,自净常数
しじょうさいきん【糸状細菌】thread like bacteria 丝状菌
じじょうさよう【自浄作用】self-purification 自净作用
じじょうさようていすう【自浄作用定数】self-purification constant 自净作用常数
ししょうせっこう【死焼石膏】dead burnt gypsum 僵烧石膏,无水石膏,硬石膏
じじょうのうりょく【自浄能力】self-purification capacity 自净能力
しじょうリブ【枝状～】lierne rib 枝肋
しじょうリブきゅうりゅう【枝状～穹窿】lierne vault 枝肋拱顶,扇形肋拱顶
ししょくかんそう【指触乾燥】set to touch 指触干燥(涂层指触不粘的初期干燥阶段)
ししょくかんそうじかん【指触乾燥時間】tack free time,aggressive tack hour (涂层)指触干燥时间

じしょくさよう【自触作用】autocatalysis 自动催化(作用)
ししょくたい【歯飾帯】dentil band 齿形饰带
しじりょく【支持力】bearing capacity, bearing power, bearing value, load-carrying capacity 承载能力,承重能力,承载量
しじりょくけいすう【支持力係数】coefficient of bearing capacity 承载力系数,承重力系数
しじりょくど【支持力度】bearing unit capacity 单位承载能力,单位承载力
しじりょくひしけん【支持力比試験】bearing-ratio test 承载比试验
ししん【視心】visual center 视中心,主点
じしん【地震】earthquake 地震
じしん【磁針】magnetic needle 磁针
じしんおうとう【地震応答】earthquake response 地震反应
じしんおうとうスペクトル【地震応答～】earthquake response spectrum 地震反应谱
じしんおうりょく【地震応力】earthquake stress 地震应力
じしんかさい【地震火災】earthquake fire 地震火灾
じしんかじゅう【地震荷重】earthquake load 地震荷载
じしんかつどうど【地震活動度】seismicity 地震活跃度
じしんきろくそうち【地震記録装置】earthquake recording system 地震记录装置
じしんぐち【地震口】地震(避难用)小门
じしんけい【地震計】seismograph 地震计,地震仪
じしんこうがく【地震工学】earthquake engineering 地震工程学
じしんこうぞう【地震構造】seismotectonics 地震构造
じしんさいがい【地震災害】earthquake disaster 地震灾害
じしんじどあつ【地震時土圧】earth pressure during earthquake 地震时土压(力)
じしんしゅうきせつ【地震周期説】earthquake periodic theory 地震周期理论
じしんたい【地震帯】earthquake zone, seismic zone 地震带
じしんたんさ【地震探査】seismic prospecting 地震探测
じしんたんさほう【地震探査法】seismic prospecting method 地震探测法,地震探查法
じしんちいき【地震地域】seismic region 地震区
じしんちいきけいすう【地震地域係数】zone coefficient for seismic load (地震荷载的)地震区系数
じしんつなみ【地震津波】seismic sea wave 地震海啸
じしんどう【地震動】ground motion 地动
じしんとうけい【地震統計】earthquake statistics 地震统计
じしんどうパルス【地震動～】seismic pulse 地震脉冲,地震波动
じしんのエネルギー【地震の～】seismic energy 地震能量
じしんは【地震波】seismic wave 地震波
ししんめん【指針面】dial 针盘,刻度盘,仪表面
じしんモーメント【地震～】seismic moment 地震力矩
じしんよち【地震予知】earthquake prediction 地震预报
じしんよちけいかく【地震予知計画】earthquake prediction planning 地震预测计划
じしんりょく【地震力】seismic force, earthquake load 地震力,地震荷载
しず【鎮子】counterweight 配重,平衡重(量),平衡锤,砝码
シース sheath (预应力混凝土)放置钢索的套管
ジス＝ジェー・アイ・エス

しすい【死水】dead water 死水,停滞水
しすい【試錐】test boring 试验钻孔,试钻,探穴
じすいじょ【自炊所】self-cooking place 自炊所,自炊处
しすいせん【止水栓】kerb cock 止水栓
しすいどうばん【止水銅板】water stopping copper 阻水铜片,止水铜板
しすいトレンチ【止水～】cut-off trench 截水槽沟,截水沟
しすいばん【止水板】waters stop 阻水片,止水板
しすいへき【止水壁】cut-off wall 隔水墙,挡水墙,截水墙
しすいみぞ【止水溝】cut-off trench 截水沟
ジスインテグレーション disintegration 蜕变,衰变,裂变,分裂,分解,分散,碎磨
しすうひょうじ【指数表示】exponential representation 指数表示
しすうぶんぷ【指数分布】exponential distribution 指数分布
しずくうけ【雫受】drain pan 接露盘,凝结水盘,接水盘
シーズせん【～線】sheath wire 铠装线,金属护皮电线,铅皮线
シスタイル systyle 柱距等于两倍柱径的列柱式
シスターン・バルブ cistern valve 冲水阀
シスターンべん【～弁】cistern 水箱,蓄水池
システィーナれいはいどう【～礼拝堂】Cappélla Sistina[意](1473～1481年意大利罗马梵蒂冈)西斯廷礼拜堂
システム system 系统,体系,方式
システムズ・アナリシス systems analysis 系统分析
システム・スタディー system study 系统研究
システム・デザイン system design 系统设计
システム・プログラム system program 系统程序
システム・モデル system model 体系模型
シーズニング seasoning 晾干,风干,时效,陈化
じすべり【地辷】land-slide,land-slip 滑坡,坍坡,坍方,崩坍,土崩
じすべりぼうしくいき【地辷防止区域】滑坡防止区,山崩防止区
しずみきれつ【沈亀裂】(混凝土的表面析水)下沉裂纹,下沉龟裂
しずみねじ【沈螺子】sunk screw 埋头螺丝,沉头螺丝
しずみめじ【沈目地】凹入灰缝,深入灰缝
しずみりょう【沈量】settlement 下沉量,沉陷量
しずめいし【沈石】(庭园堆石大半埋入地下上部露出的)露头石
しずめびょう【沈鋲】sunk rivet 埋头铆钉,沉头铆钉
しせい【試井】test well,observation well 试验井,观测井
じせいさんかてつでんきょく【磁性酸化鉄電極】magnetic iron oxide electrode 磁性氧化铁电极
じせいタイル【磁性～】porcelain tile 瓷砖
しせき【史跡】historical site 史迹,古迹,历史遗迹
しせつ【施設】facilities 设施,装备
しせつかさいほうちき【私設火災報知機】private fire alarm 自备火灾报警器
しせつげすい【私設下水】house sewer 宅地污水(管道),院内污水(管道)
しせつげすいどう【私設下水道】private sewerage,house drainage 院内下水道,院内污水管道
しせつしょうかせん【私設消火栓】private fire hydrant 自备消防栓,自备消火栓
しせつでんわ【私設電話】private telephone 自备电话
しせつのだんかいこうせい【施設の段階構成】设施的分级设置结构(指按邻里区,邻里分区设置相应的公共设施,如分区

设幼稚园,邻里区设小学及中学从而构成地区总设施网)

しせつはいち【施設配置】设施布置,设施布局

しせつりようかんかく【施設利用間隔】设施利用间隔(一人利用某一设施至再度利用该设施的平均时间,作为决定某设施规模的因素)

しせつりようきょり【施設利用距離】设施利用距离(住户至某一使用设施的距离)

しせつりようけん【施設利用圈】(城市)设施利用范围

しせつりようりつ【施設利用率】facilities usage ratio 设施利用率

しぜやきいりこう【自然焼入鋼】naturally hardened steel 空冷硬化钢,自硬钢,自然淬火钢

しせん【支線】branch line 支线

しせん【視線】sight line 视线

しぜんおくり【自然送】natural feed, gravity feed 重力送料,自重进料,自流式供给

じぜんかじゅう【事前荷重】preload, pre-loading 预加荷载

しぜんかんき【自然換気】natural ventilation ,natural draft 自然通风,自然换气

しぜんかんきかいすう【自然換気回数】number of natural draft,number of natural ventilation 自然换气次数

しぜんかんきょう【自然環境】natural environment 自然环境

しぜんかんきょうほぜんちいき【自然環境保全地域】nature conservation area 自然环境保护区

しぜんがんすいひ【自然含水比】natural water content 自然含水比,自然含水率

しぜんがんすいりょう【自然含水量】natural moisture content 天然含水量,自然湿度

しぜんかんそう【自然乾燥】air seasoning,natural seasoning 风干,自然干燥

しぜんきゅうようそん【自然休養村】natural refreshment village 天然休养村

しぜんきゅうようりん【自然休養林】natural refreshment forest 天然休养林

しぜんきょうめい【自然共鳴】natural resonance 固有谐振,自然共振

しぜんくうかん【自然空間】natural open space 自然空间

しぜんけいかん【自然景観】natural landscape 自然风景,天然景观

じぜんげんかけいさん【事前原価計算】pre-costing 事前成本计算

しぜんけんきゅうろ【自然研究路】nature trail 自然探胜小路,自然公园观赏路(自然公园教育设施之一,沿道设有植物、地质等说明板及休息设施的路)

しぜんげんすいりょう【自然減衰量】natural attenuation 自然衰减量

しぜんこう【自然光】natural light 天然光,白昼光

しぜんこうえん【自然公園】natural park 天然公园

しぜんこうばい【自然勾配】natural grade,natural slope 自然坡度

しぜんさいがい【自然災害】natural disaster 自然灾害

しぜんさいばっき【自然再曝気】natural reaeration 自然再曝气

しぜんしきしょうきゃくろ【自然式焼却炉】spontaneous combustion furnace 自燃式焚烧炉

しぜんしきていえん【自然式庭園】natural style garden, landscape style garden 自然式庭园

しぜんじばん【自然地盤】natural soil, natural base 天然地基,天然土

しぜんじゅんかん【自然循環】natural air circulation ,gravity circulation 自然循环,重力循环

しぜんじゅんかんけい【自然循環系】natural cycle system 自然循环系统

しぜんじゅんかんれいきゃくけいとう【自然循環冷却系統】cooling system of natural air circulation 自然循环冷却系统

しぜんしょうか【自然消化】natural slaking 自然消解

しぜんじょうか 【自然浄化】 natural purification 自然净化
しぜんじょうかのうりょく 【自然浄化能力】 natural purification power 自然净化能力
じぜんしょうけつ 【事前焼結】 presintering 预烧结
しぜんじょうはつ 【自然蒸発】 natural evaporation 自然蒸发
しぜんしょうめい 【自然照明】 natural lighting 天然采光
しぜんしょくせい 【自然植生】 natural vegetation 自然植被
しぜんしんどう 【自然振動】 natural vibration, natural oscillation 固有振动
しぜんぞう 【自然増】 natural increase (population) (人口)自然增长
しぜんぞうかこうつうりょう 【自然増加交通量】 normal traffic increment 正常交通增长量
しぜんたいりゅう 【自然対流】 natural convection, free convection 自然对流
しぜんたいりゅうしきおんきろだんぼう 【自然対流式温気炉暖房】 natural convectional furnace heating 自然对流式热风炉采暖
しぜんたいりゅうしきじゅんかん 【自然対流式循環】 natural convection circulation 自然对流式循环
しぜんたいりゅうねつでんたつ 【自然対流熱伝達】 heat transfer by natural convection 自然对流传热
しぜんたいりゅうれいきゃく 【自然対流冷却】 cooling by natural convection 自然对流冷却
しぜんたんしょうろ 【自然探勝路】 nature trail 自然探胜小路,自然公园观赏路(自然公园教育设施之一,沿途设有植物、地质等说明板及休息设施的道路)
しぜんちゃっか 【自然着火】 spontaneous combustion 自燃
しぜんちゃっかてん 【自然着火点】 ignition point 燃点,着火点
しぜんちんでん 【自然沈殿】 plain sedimentation 自然沉淀
しぜんつうふう 【自然通風】 natural ventilation, natural draft 自然通风
しぜんつうふうれいきゃくとう 【自然通風冷却塔】 natural draft cooling tower 自然通风冷却塔
しぜんつうふうれいすいとう 【自然通風冷水塔】 natural draft cooling tower 自然通风冷却塔
しぜんていえん 【自然庭園】 natural garden 天然园林,自然庭园
しぜんていぼう 【自然堤防】 natural levee 天然堤防
しぜんとうた 【自然淘汰】 natural selection 自然淘汰
しぜんどうぶつえん 【自然動物園】 natural zoological garden 天然动物园
しぜんのかいふく 【自然の回復】 restoration of nature 自然(指植被等)恢复
しぜんのほご 【自然の保護】 protection of nature 自然保护
しぜんはいしゅつひ 【自然排出比】 natural discharge ratio 自然排污率
しぜんはいすい 【自然排水】 gravity drainage 自然排水,重力排水
しぜんはっか 【自然発火】 spontaneous combustion 自燃
しぜんばっき 【自然曝気】 natural aeration 自然曝气
しぜんふう 【自然風】 natural wind 自然风
しぜんほご 【自然保護】 conservation of nature 自然保护
しぜんほどう 【自然歩道】 nature trail 人行小径(非人工铺筑的,包括小的崎岖山路)
しせんゆうどうしょくさい 【視線誘導植栽】 delineation planting, sight line induction planting 诱导视线种植(公路两旁的)
しぜんりゅうか 【自然流下】 nonpressure flow 自然流下,重力流
しぜんりゅうりょう 【自然流量】 natural flow 自然流量
しぜんりん 【自然林】 natural woods, natural forest 自然林

しぜんれいきゃく【自然冷却】natural cooling 自然冷却
しぜんろか【自然濾過】natural filtration 自然过滤
しぜんろかほう【自然濾過法】natural filtration 自然过滤
シーそう【C層】C-layer 椅垫最下层,椅垫C层
シーそうい【C層位】C-horizon C层(土),丙层(土),(由母岩风化而成的风化层)
じぞうおこし【地蔵起】on end laying 立砌,竖砌,陡砌
じそうしきしんどうコンパクター【自走式振動~】自行式振动压实器(具)
じぞうしきせいぎょき【自蔵式制御器】self-contained control system 成套控制系统,独立式控制系统
じぞくかじゅう【持続荷重】sustained load 长期荷载,持续荷载
じぞくしんどう【持続振動】sustained vibration 持续振动
じぞくせいおせんぶつ【持続性汚染物】persistent pollutant 持续性污染物
しそくど【視速度】视速(视觉对不同色彩感受到的速度)
ジダ JIDA(Japan Industrial Designers' Association) 日本工业美术设计者协会
じたいへき【自耐壁】self-supporting wall 自承重墙
じたいりょく【地耐力】bearing power of soil,baering capacity of soil 地基承载力,地耐力
じたいりょくしけん【地耐力試験】soil bearing test 地耐力试验,地基承载力试验
したうけ【下請】subcontract,subcontractor 转包,分包,转包人,分包者
したうけおい【下請負】subcontract,subcontractor 二包工程,转包工程,分包工程,转包人,分包者
したうけぎょうしゃ【下請業者】subcontractor 转包人,分包者
したうけけいやく【下請契約】subcontract 转包契约,分包契约
したえだ【下枝】under branch (保持树形的)下部枝条
したえんどう【下煙道】lower flue 下烟道,底烟道
したかた【下方】subcontractor 小包
したがまえ【下構元】(桥梁)下部结构
したぎ【下木】under brush 下木,下层林丛
したぐさ【下草】under growth,bottom grass 树下杂草
したぐすり【下薬】priming glaze 底釉
したぐみ【下組】shop assembly (在车间或现场)试装配,预装配
したこうふくてん【下降伏点】lower yield point 下屈服点
したこし【下越】underpass 地下道,下穿式交叉道
したごしらえ【下拵】preparation 加工前的准备,预加工
したコック【下~】lower cock 下旋塞
したこめストーカー【下込~】underfeed stoker 下给式加煤机
したごや【下小屋】construction shed 工棚,临时加工棚
したじ【下地】backing,bed ground 基层,底层
したじごしらえ【下地拵】(对抹灰或油漆等物面的)底层处理,基层处理,底层预加工
したじこすり【下地擦】scratch coat 底层划痕,底层刮糙,划痕的打底层
したじしあげ【下地仕上】prime coat finish 底层表面加工,底层表面整修
したじちょうせいえき【下地調整液】primer 底涂料,底层涂料
したじとりょう【下地塗料】primer paint,primer base 底层涂料,打底涂料
したじぬり【下地塗】rough coating 底层涂抹,打底子,粗糙打底
したじパテづけ【下地~付】rough putting 底层抹油灰,底层抹腻子,刮底腻子
したじぼね【下地骨】frame of paper sliding door 糊纸槅扇细骨架
したじまど【下地窓·助枝窓】枝条编格

窗，细格窗

したじもっこうじ 【下地木工事】 木装修底层工程，木构件加工

したたきろ 【下焚炉】 underfired furnace 下部燃烧炉

したつぎ 【舌接】 tongue grafting, whip-grafting 舌接

したづくり 【下造】 preparation 加工前的准备，预加工

したづけ 【下付】 scratch coat, first coat 底涂层，首涂层，结合层，抹灰底层，括糙

したて 【仕立】 shaping, shaping pruning 整形修剪

したですみタイル 【下出隅～】 下部凸角瓷砖

したてもの 【仕立物】 dressed plants 整形的树木及盆景

したぬり 【下塗】 backing coat, undercoat 涂底层，打底子，底漆

したぬりえき 【下塗液】 primer 底涂料，底层涂料

したぬりざい 【下塗剤】 primer 底涂料，底层涂料

したのすんぽうきょようさ 【下の寸法許容差】 尺寸下容差，最小尺寸容许偏差

したば 【下端】 soffit, under bed 下端，底面

したば(てっ)きん 【下端(鉄)筋】 bottom reinforcement, bottom bar (梁板等的)底部钢筋，下部钢筋

したばじょうぎ 【下端定規】 刨底尺(检验刨面的双层靠尺)

したばずり 【下端摺】 bottom rail 木框下挡

したばり 【下張】 裱糊底层纸，裱糊底子

したばりざいりょう 【下張材料】 椅垫材料

したぼり 【下堀】 (陡坡地基的)掏挖

したまち 【下町】 downtown 城市低洼区(主要是商人居住区，如东京的下谷、浅草、神田、日本桥、京桥、本所、深川等处)

したみ 【下見】 weather boarding 雨淋板，横钉木外墙板

したみいた 【下見板】 weather boarding, siding board 雨淋板，外墙板

したみいたばり 【下見板張】 wood siding 雨淋板，横钉木外墙板

したみばり 【下見張】 weather boarding 雨淋板，横钉木外墙板

したむきかんき 【下向換気】 downward ventilation 向下通风，向下换气

したむききょうきゅうしき 【下向供給式】 down-feed system 下供系统，下给系统

したむきしょうめい 【下向照明】 downlight 下向照明，下注光照明

したむきつうふう 【下向通風】 down draft 向下通风，倒风

したむきつうふうボイラー 【下向通風～】 down draft boiler 向下通风锅炉

したむきつきあわせようせつ 【下向突合溶接】 downward butt weld 对接平焊，对接俯焊

したむきようせつ 【下向溶接】 flat welding 平焊，俯焊

したやど 【下宿】 lodging house 简易旅店，夜店

じだるき 【地垂木】 檐椽

しだれやなぎ 【枝垂柳】 Salix babylonica[拉], weeping willow[英] 垂柳

したわく＝しもわく

したん 【止端】 toe of weld 焊缝趾部，焊缝坡脚

したん 【死端】 dead end (路的)尽头，尽端，(铁路分线的)终点

したん 【紫檀】 red sandal wood 紫檀木

しちけんごこ 【七間五戸】 七间五门(大门形式之一)

しちご 【七五】 three quarter bat, three quarters 七分头砖，四分之三砖

しちごさんのいしぐみ 【七五三の石組】 (庭园中)七五三石组

しちじゅうのとう 【七重塔】 七层塔

じちとし 【自治城市】 autonomous city 自治城市

しちぶくぎ＝ななぶくぎ

じちゃく 【自着】 autohesion 自粘，自粘作用，自粘力

しちゅう 【支柱】 post, support pillar 支

柱,(桁架中的)受压竖杆,支撑坑木

しちゅうあしば 【支柱足場】 立杆脚手架

しちゅうけいせいりつ 【仔虫形成率】 percentage of infections ascaris larva 蛔虫幼虫感染率

しちゅうしき 【四柱式】 tetrastyle (古希腊神庙的)四柱式

しちゅうしん 【視中心】 visual center 视中心,主点

しちゅうづくり 【四注造】 hip roof, hipped roof 四坡屋顶的形式

しちゅうやね 【四注屋根】 hip roof, hipped roof 四坡屋顶

しちょうかくきょうしつ 【視聴覚教室】 audio-visual classroom 设有视听设备的教室(有放映幻灯、影片、录音等设备的教室)

しちょうかくしつ 【視聴覚室】 audio-visual classroom 设有视听设备的教室(有放映幻灯、影片、录音等设备的教室)

しちょうかくセンター 【視聴覚～】 audiovisual center 视听教育中心(有较高级视听设备及器材进行社会教育的机构,如放映影片、电视、幻灯片、录音等)

しちょうしつ 【試聴室】 audition room 试听室(用于乐器、唱片的选择及欣赏)

しちょうしゃ 【市庁舎】 city hall 市政厅

しちょうそん 【市町村】 市、町、村(日本地方行政单位的名称)

しちょうそんどう 【市町村道】 municipal road 市、町、村道路

シーチングべん 【～弁】 seating valve 座阀

じちんさい 【地鎮祭】 施工前的奠基仪式

しつ 【室】 room, chamber, hall, cabin 房间,室,间,厅

しつ 【楯】 柱槓

しつあつ 【湿圧】 humidity pressure (湿材料内的)水蒸汽压力,水蒸汽分压力

しつあつこうばい 【湿圧勾配】 humidity pressure gradient (材料内部的)水蒸汽压力梯度

しつあつさ 【湿圧差】 humidity pressure difference (材料内部的)水蒸汽压力差

しつうべん 【四通弁】 cross valve 四通阀

じつおうりょく 【実応力】 actual stress, true stress 实际应力,真(实)应力

しつおでい 【湿汚泥】 wet sludge 湿污泥

しつおん 【室温】 room temperature 室温

しつおんこうか 【室温硬化】 room temperature setting, cold setting 室温硬化,冷硬化,常温固结

しつおんこうかエポキシじゅし 【室温硬化～樹脂】 epoxy resin hardened at room air temperature 室温硬化环氧树脂

しつおんこうかせっちゃくざい 【室温硬化接着剤】 room temperature setting adhesive 室温固化粘合剂,常温固化粘合剂

しつおんせっちゃく 【室温接着】 room temperature gluing 室温胶接,室温粘合,常温胶接

しつおんへんどうけいすう 【室温変動係数】 fluctuation factor of room temperature 室温波动系数,室温变化系数

しつおんへんどうりつ 【室温変動率】 fluctuation factor of room temperature 室温变化系数

しつがいようボイラー 【室外用～】 open air boiler 露天锅炉,室外锅炉

しっかん 【質感】 texture (材料的)质感

じっかんおんど 【実感温度】 effective temperature 感觉温度,有效温度

しっき 【湿気】 damp air 湿气,湿空气

じつき 【地突·地搗】 tamping (地基)夯实,捣固,捣实

しっきいどう 【湿気移動】 vaportransfer 传湿,湿气移动,湿转移

しっきかくさんけいすう 【湿気拡散係数】 humidity diffusional coefficient 湿扩散系数

しっきかんりゅう 【湿気貫流】 humidity transmission 湿传透,传湿

しっきかんりゅうていこう 【湿気貫流抵抗】 resistance of humidity transmission 总传湿阻

しっきかんりゅうりつ 【湿気貫流率】 over-all moisture transfer coefficient 总传湿系数

しっきコンダクタンス 【湿気～】 moisture conductance 传湿，湿气传导

しっきどめ 【湿気止】 damp-proof course, damp course 防潮层

しっきゅう 【湿球】 wet-bulb 湿球

しっきゅうおんど 【湿球温度】 wet-bulb temperature 湿球温度

しっきゅうおんどけい 【湿球温度計】 wet-bulb thermometer 湿球温度计

しっきゅうおんどこうか 【湿球温度降下】 wet-bulb temperature drop 湿球温度下降

ジッギングしけん 【～試験】 jigging test 振动试验，簸选试验

シック chic[法] （建筑物艺术效果的）精致，精湛，精巧

しっくい 【漆喰】 lime plaster 灰泥，加料灰浆，石灰粉刷

しっくいかべ 【漆喰壁】 plastered wall 抹灰墙，混水墙

しっくいたたき 【漆喰叩】 三合土地面

しっくいつち 【漆喰土】 三和土

しっくいてんじょう 【漆喰天井】 plastered ceiling 抹灰顶棚，粉刷顶棚

しっくいぬり 【漆喰塗】 plaster finish 抹灰饰面，抹灰罩面

しっくいば 【漆喰場】 抹灰三合土地面

しっくいもよう 【漆喰模様】 抹灰花饰，抹灰纹饰

しっくうようじょう 【湿空養生】 moist curing （混凝土的）湿养护

シックナー thickener 浓缩剂，增稠剂，浓缩器，增稠器

シックニング thickening 浓缩，稠化，加厚

ジッグラト ziggurat, zikkurat （美索不达米亚建筑的）圣塔，观象塔，观象台

じづけ 【地付】 rough puttying 底层抹腻子，底层抹油灰，刮底腻子

しつける 【仕付ける】 安装

じっけんきこうモデル 【実験機構～】 experimental mechanical model 实验机构模型，试验机构模型

じっけんけいかくほう 【実験計画法】 design of experiments 实验设计（法），检验设计（法）

じっけんげきじょう 【実験劇場】 experimental theatre 实验剧场

じっけんこうぞうモデル 【実験構造～】 experimental structural model 实验结构模型，试验结构模型

じっけんしつ 【実験室】 laboratory 实验室

じっけんじゅうだく 【実験住宅】 case study house 实验性住宅

じっけんだい 【実験台】 laboratory-table 实验台

じっけんち 【実験値】 experimental data 实验值，检验数据

じっけんてきけんとう 【実験的検討】 experimental investigation 实验研究，试验研究

じっけんデータ 【実験～】 experimental data 实验数据，实验资料

じっけんとし 【実験都市】 experimental city 实验城市

じっけんようながし 【実験用流】 laboratory sink 实验（用）冲洗盆，实验用水池

しっこう 【漆工】 painter 漆工，油漆工

じっこうおんあつレベルさ 【実効音圧～差】 effective sound pressure level difference 有效声压级差

じっこうおんど 【実効温度】 effective temperature 有效温度

じっこうがいきおんど 【実効外気温度】 sol air temperature 室外有效温度

じっこうかんかくそうおんレベル 【実効感覚騒音～】 effective perceived noise level(EPNL) 实效感觉噪声级

じっこうしつど 【実効湿度】 effective humidity 有效湿度

じっこうステートメント 【実行～】 program execution statement 程序执行语句

じっこうせんだんけいすう 【実効剪断係数】 effective shear modulus 有效剪切模量，有效切变模量，有效抗剪弹性模量

じっこうち 【実効値】 effective value 有效值
じっこうはんしゃりつ 【実効反射率】 effective reflectance 有效反射系数,有效反射率
じっこうふくしゃ 【実効輻射】 effective radiation 有效辐射
じっこうふくしゃおんど 【実効輻射温度】 effective radiation temperature 有效辐射温度
じっこうほうしゃ 【実効放射】 effective radiation 有效辐射
じっこうレイノルズすう 【実効～数】 effective Reynolds number 有效雷诺数
じっさいおうりょく 【実際応力】 true stress, actual stress 实际应力,真(实)应力
じっさいじょうはつりょう 【実際蒸発量】 actual evaporation 实际蒸发量
じっさいのどあつ 【実際喉厚】 actual throat depth 实际焊缝厚度
じっさいはかいかじゅう 【実際破壊荷重】 actual breaking load 实际破坏荷载
しっさふきつけ 【湿砂吹付】 wet-sand blasting 湿砂喷射
しっさようじょう 【湿砂養生】 wet-sand curing (混凝土)铺湿砂养护
じつじかんどうさ 【実時間動作】 real time operation 实时工作,实时运算,快速操作
しっしきあえんめっき 【湿式亜鉛鍍金】 wet galvanization 湿式镀锌
しっしきいどほう 【湿式井戸法】 wet well method 湿井法
しっしきかえりかんほう 【湿式還管法】 wet return method 湿式回水法
しっしきガス・メーター 【湿式～】 wet gas meter 湿式煤气表
しっしききよめき 【湿式清器】 wet cleaner 湿式清洁器
しっしきくうきこしき 【湿式空気濾器】 wet air filter 湿式空气过滤器
しっしきくうきポンプ 【湿式空気～】 wet air pump 湿式空气泵
しっしきくうきれいきゃくき 【湿式空気冷却器】 wet air cooler 湿式空气冷却器
しっしきくうきろかき 【湿式空気濾過器】 wet air filter 湿式空气过滤器
しっしきこうほう 【湿式工法】 wet construction 湿法施工,湿作业法
しっしきサイクロン 【湿式～】 wet cyclone 湿式旋风除尘器
しっしきざいりょう 【湿式材料】 wet material 湿法材料
しっしきさんかほう 【湿式酸化法】 wet oxidation process 湿式氧化法
しっしきしゅうじんき 【湿式集塵器】 wet dust scrubber 湿式除尘器
しっしきしゅうじんそうち 【湿式集塵装置】 wet dust collector 湿式除尘装置,湿式除尘器
しっしきすいりょうけい 【湿式水量計】 wet-type water meter 湿式水表,湿式水量计
しっしきスプリンクラー 【湿式～】 wet pipe system of sprinkler (消防用)湿管式喷淋器
しっしきせいじょうき 【湿式清浄器】 wet cleaner 湿式净化器
しっしきだつりゅうほう 【湿式脱硫法】 wet desulfurizing process 湿式脱硫法
しっしきちゅうにゅうそうち 【湿式注入装置】 wet chemical feeder 湿式投药器
しっしきでんかいせいれんはいすい 【湿式電解精錬廃水】 wet electrolytic processing waste water 湿式电解精炼废水
しっしきでんきしゅうじんそうち 【湿式電気集塵装置】 wet electrical dust precipitator 湿式电动集尘器
しっしきねんしょうほう 【湿式燃焼法】 wet combustion process 湿式燃烧法
しっしきはいえんだつりゅうそうち 【湿式排煙脱硫装置】 wet desulfurization plant 湿式排烟脱硫装置
しっしきはりいしこうほう 【湿式張石工法】 外装修镶石灌浆施工法
しっしきフィルター 【湿式～】 wet fil-

ter 湿式过滤器

しっしきふんさいき 【湿式粉砕機】 wet grinder 湿磨机,湿法粉碎机

しっしきほう 【湿式法】 wet method, wet process 湿式法,湿法生产,湿法施工,湿作业

しっしきボール・ミル 【湿式～】 wet ball mill 湿式球磨机

しつしすう 【室指数】 room index 室形指数(照明计算与灯具效率和房间形状有关的指数)

じっしせっけい 【実施設計】 working drawing design 施工图设计

じっしせっけいず 【実施設計図】 working drawing 施工详图,施工图

じっしや 【実視野】 actual field of view 实视场,实视野

しつじゅん 【湿潤】 wetting 湿润

しつじゅんざい 【湿潤剤】 wetting agent 湿润剂

しつじゅんしりょう 【湿潤試料】 wet sample 湿试样

しつじゅんせい 【湿潤性】 wettability 湿润性,湿润能力

しつじゅんせっちゃくきょうど 【湿潤接着強度】 wet bond strength 湿粘合强度

しつじゅんせっちゃくりょく 【湿潤接着力】 wet bond strength 湿粘合强度

しつじゅんひねつ 【湿潤比熱】 wet specific heat 湿比热

しつじゅんみつど 【湿潤密度】 wet density 湿密度

しつじゅんようじょう 【湿潤養生】 wet curing, moist curing 湿养护

じっしょうてん 【実焦点】 real focus 实焦点

しっしょく 【湿食】 wet corrosion 湿蚀

じっすん 【実寸】 actual size 实际尺寸

じっすんぽう 【実寸法】 actual dimension 实际尺寸

しっせいしき 【執政式】 Regency style (19世纪前半期英国)摄政王式(建筑)

じっせきりつ 【実積率】 ratio of absolute volume 绝对体积比,绝对容积比,(骨料)实积率

じっせん 【実線】 continuous line 实线,连续线

しっそう 【漆瘡】 defect of lacquer 漆裂,漆疵

じつぞう 【実像】 real image 实像

じっそう 【実層】 real layer 实层(指材料、构造不包括空腔的层),实体层

じっそく 【実測】 location surveying 定线测量,定位测量,实测

じっそくず 【実測図】 surveyed drawing, measured drawing 实测图

じっそくちせき 【実測地積】 实测土地面积

じっそくてん 【実測点】 measured point, surveyed point 实测点

じったいあき 【実体空】 actual clearance 实际净空,实际间隙

じったいえいぞう 【実体映像】 stereoscope 立体照片

じったいかんかく 【実体感覚】 stereoscopic vision 立体视觉,体视能力

じったいかんそく 【実体観測】 stereoscopic measurement 立体量测,立体观测

じったいきょう 【実体鏡】 stereoscope 立体镜,体视镜

じったいさつえい 【実体撮影】 stereophotograph 立体摄影

じったいし 【実体視】 stereoscopy 体视,立体观测

じったいしすう 【実態指数】 index of actual condition (建筑费的)实况指数

じったいしゃしん 【実体写真】 stereophotograph 立体摄影

じったいしゃしんき 【実体写真機】 stereocamera 立体摄像机,立体摄影机

じったいしゃしんそくりょう 【実体写真測量】 stereophotogrammetric survey 立体摄影测量

じったいずかき 【実体図化機】 stereoscopic plotting instrument, stereoplotter 立体绘图仪

じったいすんぽう 【実体寸法】 actual dimension 实际尺寸

じったいそくびき 【実体測微器】 stereo-

micrometer 立体测微器
じったいは 【実体波】 body waves 体波
じったいふりこ 【実体振子】 physical pendulum 复摆,物理摆
じったいへんさ 【実体偏差】 actual deviation 实际偏差
じつだいもけい 【実大模型】 model of full size 实体模型,足尺模型
ジッターバッグ jitterbug 混凝土表面压平器,二次振捣器
したばり 【下張】 粗制原木,糊墙纸底层
じっちしけん 【実地試験】 field test 现场试验,工地试验
じっちちょうさ 【実地調査】 field investigation 现场调查
しっちようブルドーザー 【湿地用～】 crawler-mounted bulldozer for swamp, swamp bulldozer 沼泽地用履带式推土机,泥沼地带用推土机
シッツ・バス sitz-bath,seat-bath 坐浴盆
しって 【仕手】 绳端,钢丝绳端
しつていすう 【室定数】 room constant 房间常数
しつてきじゅうたくなん 【質的住宅難】 qualitative housing shortage 住宅质量困难(指住宅质量不能满足社会发展的需要)
しつてん 【質点】 mass point 质点
しつてんけい 【質点系】 mass point system 质点系
しつてんのりきがく 【質点の力学】 mechanics of mass point 质点力学
しつてんふりこ 【質点振子】 particle pendulum 质点摆,单摆
しつど 【湿度】 humidity 湿度
しつどけい 【湿度計】 hygrometer,psychrometer 湿度计
しつどせいぎょき 【湿度制御器】 humidity controller 湿度控制器
しつどせんず 【湿度線図】 psychrometric chart,humidity chart 湿度图,湿空气线图,湿度线图
しつどそくていほう 【湿度測定法】 hygrometry 测湿法
しつどちょうせい 【湿度調整】 humidity control 湿度调节
しつどちょうせいき 【湿度調整器】 humidistat,hygrostat 调湿器
しつどちょうせつき 【湿度調節器】 humidistat 调湿器
しつどひょう 【湿度表】 humidity table 湿度表
しつないアンテナ 【室内～】 indoor antenna 室内天线
しつないおんきょうがく 【室内音響学】 room acoustics 室内声学
しつないおんど 【室内温度】 room temperature 室温
しつないきこう 【室内気候】 indoor climate 室内气候
しつないきどぶんぷず 【室内輝度分布図】 interior iSO-luminance figure 室内亮度分布图
しつないきりゅう 【室内気流】 room air motion 室内气流
しつないざつおん 【室内雑音】 room noise 室内噪声
しつないしょうど 【室内照度】 indoor illumination 室内照度
しつないしょうめい 【室内照明】 interior illumination, interior lighting 室内照明
しつないせっけい 【室内設計】 interior design 室内(装饰)设计
しつないそうおん 【室内騒音】 room noise 室内噪声
しつないそうきゅうおんりょく 【室内総吸音力】 total absorption 室内总吸声力,室内总吸声量
しつないそうしょく 【室内装飾】 interior decoration 室内装饰
しつないだんぼうふか 【室内暖房負荷】 indoor heating load 室内采暖负荷
しつないてんかいず 【室内展開図】 interior elevation 室内立面图
しつないへいきんおんあつレベル 【室内平均音圧～】 average sound pressure level 室内平均声压级

しつないようサーモスタット【室内用～】 room thermostat 室内恒温器
しつないようせっちゃくざい【室内用接着剤】 indoor adhesive agent 室内用粘合剂
しつのしんどうのきじゅんがた【室の振動の基準形】 normal mode of vibration of room 房间简正振动方式
しつのぶんか【室の分化】 differentiation of room 房间(功能)分化
ジッパー zipper 拉链(锁)
しっぱさみつぎ【尻挟継】暗企口斜嵌接
じっぴせいさんけいやく【実費精算契約】 cost plus fee contract 实费承包工程
ジップ zipp, trap seal (存水弯的)水封弯管
しっぷうおせん【疾風汚染】 pollution under gusty condition 疾风污染
じつふかしけん【実負荷試験】 actual loading test 实际荷载试验
じつふりょく【実浮力】 net buoyancy 净浮力
しつぶんとうか【湿分透過】 transmission of humidity 透湿
じつへんい【実変位】 actual displacement 实变位,实位移,实际位移
じつぼ【地坪】 用坪表示的土地面积
しっぽうやき【七宝焼】 cloisonneware, cloisonne 景泰蓝制品
じつようこうつうようりょう【実用交通容量】 practical capacity 实际交通容量,实用通行能力
じつようしき【実用式】 practical formula 实用公式
じつようてい【実揚程】 gross pump head 实际扬程
じつようようりょう【実用容量】 practical capacity 实际容量,实用通行能力
しつりゅう【湿流】 migration of humidity 湿流,蒸汽流
しつりゅうみつど【湿流密度】 vapour flow density 湿流密度
しつりょう【質量】 mass 质量
しつりょうさようのほうそく【質量作用の法則】 law of mass action 质量作用定律
しつりょうちゅうしん【質量中心】 center of mass 质量中心,质心
しつりょうのたんい【質量の単位】 mass unit 质量单位
しつりょうのほぞん【質量の保存】 conservation of mass 质量守恒,质量不灭
しつりょうひ【質量比】 mass ratio 质量比
しつりょうふへんのほうそく【質量不変の法則】 law of conservation of mass 质量守恒定律
しつりょうほうそく【質量法則】 mass law (隔声的)质量定律
しつりょうマトリックス【質量～】 mass matrix 质量矩阵
しつりょうりょく【質量力】 mass force 质量力
してい【視程】 visual range, visibility 视界,视程,可见范围
シー・ティー CT, current transformer 电流互感器
シティー・エア・ブランケット city air blanket 城市空气覆盖层,城市热空气层
シー・ティー・エス CTS, central terminal station 中心终点站,中心总站
シー・ディー・エル CDL, command definition language 指令语言
していこうき【指定工期】 designated term of works 指定工期
シー・ディー・シー CDC, Column-Deflection-Curves 柱挠曲线
じていしきつりばし【自定式吊橋】 self-anchored suspension bridge 自锚式悬索桥
シティー・スケープ city scape 城市景观,市容
していせき【指定席】 reserved seat (剧院的)预定席,保留座位
していたいかこうぞう【指定耐火構造】 designated fire-proof construction 特别许可的耐火构造
シティー・ターミナル city terminal 城市终点站,城市总站,城市航空港,城市港门

していとうけい 【指定統計】 designated statistics 指定统计,选定统计

していとし 【指定都市】 designated city 指定城市(由政令指定的人口50万以上的城市)

シティー・ビューティフル city beautiful 美化城市(19世纪末期至20世纪初期美国的城市运动)

シティ・ホテル city hotel 城市旅馆

ジー・ティー・ユー 【GTU】 GTU,gas thermal unit 煤气热量单位(即1000千卡)

シーディング seeding (微生物)接种

じてつ 【地鉄】 ferrite 自然铁,纯粒铁,铁,铁素体,铁酸盐

じてっこう 【磁鉄鉱】 magnetite 磁铁矿

しでるい 【垂類】 Carpinus sp.[拉],hornbeam[英] 鹅耳枥属

してん 【支点】 support,supporting point 支座,支点

してん 【死点】 dead spot,dead point (室内声场的)沉寂点,死点

してん 【視点】 eye point,point of sight 视点

してんかんきょり 【支点間距離】 span,distance between supporting points 支座间距,支点距离,跨距,跨度

じてんしゃきょうぎじょう 【自転車競技場】 cycle-race course 自行车比赛场

じてんしゃどう 【自転車道】 cycle path,cycle track,bicycle track 自行车道

じてんしゃほこうしゃせんようどうろ 【自転車歩行者専用道路】 bicycle and pedestrian path 自行车行人专用路

してんばしら 【四天柱】 (日本木塔的)四隅木

してんはんりょく 【支点反力】 reaction of support,support reaction 支座反力,支点反力

してんまげモーメント 【支点曲～】 support bending moment 支座弯矩,支点弯矩

じど 【磁土】 kaolinite 瓷土,高岭土

シート sheet 片,苫布,卷材帆布,图表,图片,薄板,罩布

シート・アイアン sheet iron 铁皮,薄钢板

シート・アスファルト sheet asphalt 沥青片

シート・アスファルトほそう 【～舗装】 sheet-asphalt pavement 片沥青路面,沥青砂路面,薄层沥青路面

シート・アングル seat angle 支座角钢,垫座角钢

しどう 【私道】 private road 私营道路,民间道路

しどう 【祠堂】 祠堂

じどうアークようせつ 【自動～溶接】 automatic arc welding 自动(电)弧焊

じどうあんぜんべん 【自動安全弁】 automatic safety valve 自动安全阀

じどうおくり 【自動送】 automatic feed 自动供料,自动送料,自动加料

じどうおくりかんなばん 【自動送鉋盤】 automatic surfacer (木工用)自动刨床,自动进料刨床

じどうおんどちょうせつ 【自動温度調節】 automatic temperature control 自动温度调节

じどうおんどちょうせつそうち 【自動温度調節装置】 automatic thermal regulator 自动温度调节器

じどうかいかん 【児童会館】 children's palace 少年宫,儿童宫

じどうかいだん 【自動階段】 escalator,moving staircase 自动扶梯

じどうかいへいき 【自動開閉器】 automatic switch 自动开关

じどうかげんべん 【自動加減弁】 automatic control valve 自动调节阀,自动控制阀

じどうかさいほうちそうち 【自動火災報知装置】 automatic fire alarm 火灾自动报警器

じどうガスせつだん 【自動～切断】 automatic gas cutting 自动气割

じどうかん 【児童館】 children's house 少年馆,儿童馆

じどうきどうき 【自動起動器】 automat-

ic starter 自动启动器
じどうきどうポンプ 【自動起動～】 self-starting pump 自启动水泵
じどうぎゃくどめべん 【自動逆止弁】 automatic check valve 自动单向阀
じどうきゅうすいポンプ 【自動給水～】 automatic feed water pump 自动给水泵
じどうきりかえそうち 【自動切替装置】 automatic change operation device 自动切换开关
じどうきろくき 【自動記録器】 automatograph 自动记录器
じどうくうきぬきべん 【自動空気抜弁】 automatic air valve 自动排气阀
じどうげんあつべん 【自動減圧弁】 automatic reducing valve 自动减压阀
じどうこうえん 【児童公園】 children's park 儿童公园
じどうこうかんきょく 【自動交換局】 automatic exchange 自动(电话)交换局
じどうこうせいしせつ 【児童厚生施設】 儿童卫生福利设施
じどうこきゅうそくていそうち 【自動呼吸測定装置】 automatic respirometer 自动呼吸测定装置
じどうコーディング 【自動～】 automatic coding 自动编码
じどうコントロール 【自動～】 automatic control 自动控制
じどうさいてきせっけい 【自動最適設計】 automated optimal design 自动优化设计,自动最优设计
じどうサイフォン 【自動～】 automatic siphon 自动虹吸
じどうサイフォンしきはいすい 【自動～式排水】 automatic water syphon 自动虹吸式排水
じどうさんすいしょうかき 【自動散水消火器】 automatic fire sprinkler 自动喷淋灭火器
じどうじほうそうち 【自動時報装置】 program clock 自动报时装置,程序钟
じどうしぼりべん 【自動絞弁】 automatic throttling valve 自动节流阀
じどうしゃおきば 【自動車置場】 parking 停车场
じどうしゃきじゅうき 【自動車起重機】 truck crane 汽车式起重机,起重汽车
じどうしゃきょうしゅうじょ 【自動車教習所】 driver training school 汽车司机训练学校
じどうしゃクレーン 【自動車～】 truck crane 汽车式起重机,起重汽车
じどうしゃこ 【自動車庫】 garage 汽车库,车库
じどうしゃせんようどうろ 【自動車専用道路】 automobile road, motorway 汽车专用道,汽车公路
じどうしゃターミナル 【自動車～】 auto-terminal 汽车终点站,汽车总站
じどうしゃトリップ 【自動車～】 vehicle trip 汽车行程,汽车出行
じどうしゃはいしゅつガス 【自動車排出～】 automobile exhaust gas 汽车废气
じどうしゃほゆうだいすう 【自動車保有台数】 number of motor vehicle holdings 汽车拥有(保有)辆数
じどうしゃほゆうりつ 【自動車保有率】 car ownership rate 汽车私有率(私人拥有的汽车占全市汽车总数的比例)
じどうしゃようエレベーター 【自動車用～】 car lift, car elevator 汽车用电梯,汽车用升降机
じどうしゅうき 【地動周期】 period of ground motion 地动周期
じどうじょうか 【自動浄化】 autopurification 自动净化
じどうしょうかスプリンクラー 【自動消火～】 automatic fire sprinkler 自动消防喷淋器
じどうしんごう 【自動信号】 automatic signal 自动信号
じどうしんごうき 【自動信号機】 automatic signal 自动信号机
じどうしんにゅうそうち 【自動進入装置】 automatic intake device 自动进气装置,自动进给装置
じどうすいせんだいべんき 【自動水洗大便器】 automatic water closet 自动冲洗大便器

じどうすいりょうけい 【自動水量計】 automatic water meter 自动水量计,水表
じどうストップべん 【自動～弁】 self-closing stop valve 自动断流阀
じどうスプリンクラー 【自動～】 automatic sprinkler 自动喷淋器
じどうスロットル 【自動～】 automatic throttle 自动节流阀,自动调整阀
じどうせいぎょ 【自動制御】 automatic control 自动控制
じどうせいぎょそうち 【自動制御装置】 automatic control device 自动控制装置,自动控制器
じどうせいぎょばん 【自動制御盤】 automatic control board 自动控制盘
じどうせいぎょほうしき 【自動制御方式】 automatic control system 自动控制系统,自动控制方式
じどうせいず 【自動製図】 automatic drafting 自动制图
じどうせっけいほう 【自動設計法】 automatic design procedure 自动设计法
じどうせんじょう 【自動洗浄】 automatic flushing 自动冲洗
じどうせんじょうすいそう 【自動洗浄水槽】 automatic cistern, automatic flush tank 自动冲洗水箱
じどうせんじょうそうち 【自動洗浄装置】 automatic flushing cistern 自动冲洗装置
じどうそうおんせいげんき 【自動騒音制限器】 automatic noise controller 自动噪声控制器
しどうそうち 【始動装置】 starting device 启动装置
じどうだな 【自動棚】 automatic stack 自动搁架(自动控制或驱动控制的非固定式书库或仓库的搁架)
じどうちゃくしょうそうち 【自動着床装置】 automatic stopper (电梯)自动停止装置
じどうちゅうにゅうそうち 【自動注入装置】 automatic dosing device 自动投药器
じどうちょうせいき 【自動調整器】 automatic regulator 自动调节器
じどうちょうせいそうち 【自動調整装置】 automatic regulating apparatus 自动调节装置
じどうちょうせいべん 【自動調整弁】 automatic regulating valve 自动调节阀
じどうちょうせつ 【自動調節】 automatic regulation 自动调节
じどうてきけいたい 【自動的形態】 automatic form 自发形式,自动形成风格
じどうてきていそうち 【自動滴定装置】 auto-titrator 自动滴定器
じどうでんきようせつき 【自動電気溶接機】 automatically electric welding machine 自动电焊机
じどうとしょかん 【児童図書館】 children's library 儿童图书馆
じどうとめべん 【自動止弁】 self-closing stop valve 自动断流阀
じどうドレンべん 【自動～弁】 automatic drain valve 自动放泄阀
じどうなんすいそうち 【自動軟水装置】 automatic softening installation 自动软水装置
じどうねんしょうせいぎょ 【自動燃焼制御】 automatic combustion control 燃烧自动控制
じどうはいすいタンク 【自動配水～】 automatic water supply tank 自动配水池
じどうはねあがりべんざ 【自動跳上便座】 self raising closet seat 自动上升便器座
しどうひょう 【指導票】 instruction card 工艺卡片
じどうびょううちき 【自動鋲打機】 automatic riveter 自动铆(钉)机
じどうフィルター・プレス 【自動～】 automatic filter press 自动压滤机
じどうふくししせつ 【児童福祉施設】 facility for children's welfare 儿童福利设施
じどうプログラミング 【自動～】 automatic programming 自动编制程序

じどうへいさしきぼうかど 【自動閉鎖式防火戸】 self-closing fire-proofing door 自动关闭式防火门
じどうべん 【自動弁】 automatic valve 自动阀
じどうベンケルマンビームしけんき【自動~試験機】 automatic Benkelman beam apparatus 自动路面弯沉仪
じどうボイラーせいぎょ 【自動~制御】 automatic boiler control 锅炉自动控制
じどうぼうちょうべん 【自動膨脹弁】 automatic expansion valve 自动膨胀阀
じどうボールべん 【自動~弁】 automatic ball valve 自动球阀
じどうポンプ 【自動~】 self-starting pump 自动泵,自行启动泵
じどうポンプしょ 【自動~所】 automatic pump station 自动泵站
じどうゆうえん 【児童遊園】 children's playground,play lot 儿童游戏场
じどうゆわかしき 【自動湯沸器】 automatic geyser 自动热水器
じどうようせつ 【自動溶接】 automatic welding 自动焊接
じどうレベル 【自動~】 self-adjusting level,auto-level 自动水准仪
シート・カバー (closet) seat cover (大便器)座盖
じどくひょうしゃく 【自読標尺】 speaking rod,self-reading staff 自读标尺
シート・グラス sheet glass 平板玻璃,玻璃片
シート・スタンド seat stand 座椅看台
シート・ストリップ sheet strip 带钢,钢带
シトーは 【~派】 Ecole Cistercienne [法] (11世纪法国早期哥特式建筑的)西斯丁派
シート・パイル sheet pile 板桩
シトーはきょうかいどう 【~派教会堂】 Église Cistercien[法] (1098年法国)西斯丁派教会堂
シートはり 【~張】 sheeting 围板,板棚,围棚
シート・ペーパー sheet paper 印刷纸,散装纸
シートぼうすい 【~防水】 sheet waterproofing 薄板屋面防水
しとみ 【蔀】 密棂上摇窗,密格吊窗
しとみど 【蔀戸】 密棂上摇窗,密棂悬窗,细格吊窗,细格支窗
シート・メタル sheet metal 金属薄板
シート・リード sheet lead 铅皮
ジードルング Siedlung[德] 规划居住用地,规划居住区,移民村
しな 【科・榀・椴】 Japanese linden 日本椴木
シーナ=シエンナ
しないケーブル 【市内~】 city cable 城市电缆
しないこうつう 【市内交通】 intracity treffic 市内交通
しないじょうぎ 【撓定規】 flexible batten 柔性曲线尺
しないのじ 【撓野地】 翘起屋顶的屋面板
じなげし 【地長押】 地覆板,地袱板
シナゴーグ synagogue 犹太教会堂
しなのき 【品軒】 脊檐板
じならし 【地均】 grading,leveling of ground 修整土方,平整场地
じならしいた 【地均板】 整地板,平地板
じならしき 【地均機】 grader 平地机,平路机
じならしじどうしゃ 【地均自動車】 truck grader 平路机,汽车式平地机
じならローラー 【地均~】 roller grade 压路机,路辗,平地机
じなわ 【地縄】 放线用绳
しにいし 【死石】 soft stone 软石
ジニトロフェノール dinitrophenol[德] 二硝基苯酚
しにぶし 【死節】 dead knot 死节,腐节
しにょう 【屎尿】 human waste,night-soil 屎尿,粪尿,粪便
しにょうじょうかそう 【屎尿浄化槽】 septic tank 化粪池,腐化池
しにょうしょうかタンク 【屎尿消化~】 night-soil purification tank,night-soil digestion tank 化粪池
しにょうじょうかタンク 【屎尿浄化~】

septic tank 化粪池,腐化池
しにょうしょり 【屎尿処理】 night-soil treatment 粪便处理
しにんせい 【視認性】 visibility 明视度,能见度
じぬき 【地貫】 sill timber 地梁
じぬきじるし 【地貫印】 在柱脚面上划出搁栅等的位置线
シヌラ Synura 黄群藻属(藻类植物)
じぬりようボイルゆ 【地塗用~[boiler]油】 涂底用熟炼油
シネドラ Synedra 放射硅藻属(藻类植物)
シネパノラミック(ハウス) cinepanoramic(house) 全景宽银幕电影院
シネマ cinema 电影院
シネラマ cinerama 宽银幕立体电影
しの (钢结构工或架子工)结绳用具,绑铁丝用具
しの 【篠】 筱竹,矮竹,丛生竹
シノアズリー chinoiserie[法] (17~18世纪欧洲出现的)中国风格的建筑或工艺品
じのいた 【地の板】 bottom board 底板,下部搁板,芯板
じのうがたくうきちょうわそうち 【自納形空気調和装置】 self-contained air conditioner 整体式空调机
じのうがたユニット 【自納形~】 self-contained unit 整套装置
じのうがたルーム・クーラー 【自納形~】 self-contained room cooler 整体式房间冷却器,成套窗式空调器
じのうがたれいぞうこ 【自納形冷蔵庫】 self-contained refrigerator 成套式电冰箱
しのがき 【篠垣】 筱竹篱
しのかなもの 【篠金物】 细铁箍子
しのぎ 【鎬】 (脊木的)三角形脊背
しのぎこうばん 【鎬鋼板】 checker plate (菱形)花纹钢板,网纹钢板
しのぎのみ 【鎬鑿】 三刃凿
しのぎぼり 【鎬彫】 中央突起的刻槽
しのぎめじ 【鎬目地】 weather joint, struck joint 斜勾缝,泻水缝
じのこ 【地の粉】 打底用(硅酸铝氧化铁)颜料
じのざつおん 【地の雑音】 background noise, ground noise 背景噪声,本底噪声
しのだけ 【篠竹】 矮竹
じのだるき 【地の垂木】 檐椽
しのはい 【死の灰】 radioactive fallout 放射性灰尘,放射性微粒
シノパール synopal 人造硅石
しのびがえし 【忍返】 (墙头防护用)压顶玻璃片,竹签,铁丝网等
しのびがえしがっしょう 【忍返合掌】 (墙头防护用)压顶斜插尖筲,尖铁棍等
しのびがき 【忍垣】 (日本庭园中的)漏窗编竹篱
しのびくぎ 【忍釘】 secret nail, blind nail 暗钉
しのべだけ 【忍竹】 加工竹
しば 【芝】 Zoysia janonica[拉], Japanese lawn grass[英] 结缕草,芝草
しはいこうばい 【支配勾配】 ruling grade 限制坡度,最大(容许)坡度
しはいだんめん 【支配断面】 control section 控制断面
しはいべん 【支配弁】 control valve 控制阀
しばがき 【柴垣】 brushwood fence 编柴墙,杂木围墙,木栅
しばかり 【芝刈】 mow, lawn gathering 草坪剪修
しばきりがま 【芝切鎌】 割切草皮的镰刀
しばくさ 【芝草】 lawn, tarf 草坪,草皮
じはだぬり 【地肌塗】 primary coat 涂防锈底漆
しはちいた 【四八板】 标准尺寸胶合板(4×8日尺)
しばつき 【芝付】 接近地表面的树干周长
しばづけ 【芝付】 sodding 铺草皮
じはっこうとりょう 【自発光塗料】 luminous paint 发光涂料,发光漆
しばつぼ 【芝坪】 草皮面积单位(日本东京按152平方厘米计算)
しばにわ 【芝庭】 lawn garden 草坪园
しばのきりだし 【芝の切出】 切取草皮
しばはり 【芝張】 sodding 铺草皮

しばふ【芝生】 turf, lawn, greensward 草坪,草皮

しばぶたい【芝舞台】 草坪舞台

しばふていれき【芝生手入機】 lawn-trimmer, mower 剪草机

しばめつち【芝目土】 培育草皮用过筛土

しばりぬき【縛貫】 加固木地板下面短柱的横板

じばん【地盤】 ground 地基

しはんいし【四半石】 正方形石板

じばんかいりょう【地盤改良】 soil improving 地基土质改良

しはんけい【視半径】 apparent semidiameter 视半径

じばんけいすう【地盤係数】 foundation modulus 地基系数,基础模量

じばんこけつほう【地盤固結法】 soil solidification method 地基固结法,土壤固结法

しはんじき【四半敷】 diamond paving 菱形铺砌面,方形斜向铺面

じばんせん【地盤線】 ground line 地平线

じばんだか【地盤高】 ground height, height of level 地(表)面标高,地平高度,地平高程

じばんちょうさ【地盤調査】 soil surveying of site, foundation investigation (建筑场地)地基勘探,地基调查

じばんちんか【地盤沈下】 subsidence of ground, settlement of ground 地基沉降,地基下沉,地基沉陷

じばんはんりょく【地盤反力】 subgrade reaction 地基反力,路基反力

じばんはんりょくけいすう【地盤反力係数】 coefficient of subgrade reaction 地基反力系数

しはんひん【市販品】 articles on free market 市售制品,市售商品

しはんぶき【四半葺】 diagonal roofing, French method roofing (板材屋面的)斜向铺法,菱形铺法

しはんめじ【四半目地】 diamond joint 方形斜向铺面缝,菱形铺砌缝

じばんめん【地盤面】 ground level, ground line, ground plane 地平面,地面,透视图的基面

しび【鴟尾】 鸱尾

シー・ビー・アール CBR, California bearing ratio (美国)加州承载比

シー・ビー・アールほう【CBR法】 CBR(California bearing ratio) method CBR法,(美国)加州承载比法(设计柔性路面厚度的一种方法)

シー・ビー・エス CPS, conversational programing system 会话程序系统

シー・ピー・エム CPM, critical path method, complete project management 临界途径法,统筹规划管理法

シー・ビー・ディー CBD, central business district 中央营业区,中心商业区

シー・ピー・ユー CPU, central processing unit 集中处理部件,集中运算器

しひょうしょくぶつ【指標植物】 指标植物(从其生育、繁殖状态可以了解环境破坏状况的植物)

シビル・ミニマム civil minimum 城市生活设施最低水平

しふ【紙布】 paper textile (糊墙用)纸制织品

しぶ【市部】 civic area 城市部分,城市用地

しぶ【渋】 persimmon juice 柿漆,柿子汁

シーブ sieve 筛

ジブ jib 旋臂,转臂,动臂,起重臂,挺杆,吊杆

シー・ブイ・エス CVS, computer-controlled vehicle system 计算机控制的车辆系统(日本创制的一种快速客运)

シー・ブイ・エス CVS, computer controlled vehicles system 计算机控制车辆系统

ジブきじゅうき【~起重機】 jib crane 旋臂起重机,起重吊杆

じふく【地覆】 地覆木(沿地面的闭合横木)

じふくいし【地覆石·地幅石】 基石

じふくなげし【地覆長押】 地覆板,地栿板

ジブ・クレーン jib crane 起重吊杆,旋臂起重机
じぶくろ 【地袋】 靠地橱柜
ジフ・シリンダー jib cylinder 转臂油缸,转向油缸
シフター shifter 移位算子
ジブタイプ jib-type 旋臂式,转臂式
ジブ・ドア jib door 隐门,墙面齐平门
シフト・マトリックス shift matrix 移位矩阵,转换矩阵
しぶぬり 【渋塗】 persimmon juice work 柿漆饰面,柿汁饰面
シープ・フート・ローラー sheep foot roller 羊脚路辗,羊足辗
ジブラのき 【～の木】 zebrano, zebrawood 斑纹木(装修用木材)
しふん 【蚩吻·鴟吻·鵄吻】 (屋脊两端的)正吻
しぶんいすう 【四分位数】 quartile 四分位数
しぶんいそうかんけいすう 【四分位相関係数】 tetrachoric correlation coefficient 四项相关系数
しぶんヴォールト 【四分～】 quadripartite vault 四分拱顶
じふんせい 【自噴井】 flowing artesian well 自流井
じふんたんしょうけんさ 【磁粉探傷検査】 magnetic particle inspection 磁粉探伤检查
じふんちかすい 【自噴地下水】 artesian water 自流地下水,自流井水
しぶんほう 【四分法】 quartering (集料试验的)四分法
じへいすいせん 【自閉水栓】 self-closing faucet 自闭龙头
ジベル Dübel[德], dowel timber connector 合缝销,暗销,结合环
ジベルかさねばり 【～[Dübel德]重梁】 dowel keyed compound beam 榫销组合梁,销接组合梁
ジベルこうぞう 【～[Dübel德]構造】 doweled joint timber construction 暗销结合木结构
ジベルせつごう 【～[Dübel德]接合】 dowel joint 暗销接合
しぼう 【脂肪】 fats 脂肪
じほうい 【磁方位】 magnetic bearing 磁象限角
じほういかく 【磁方位角】 magnetic azimuth 磁方位角
しほうこういちじていしひょうしき 【四方向一時停止標識】 four-way stop sign 四向同时停车信号
しほうこうはいきんほう 【四方向配筋法】 fourway system of reinforcement 四向配筋法
しほうコック 【四方～】 cross cock 四通旋塞,四通阀
しぼうさん 【脂肪酸】 fatty acid 脂肪酸
しほうしょ 【示方書】 specification 说明书,规范
しぼうぞくかごうぶつ 【脂肪族化合物】 aliphatic compound 脂肪族化合物
しぼうトラップ 【脂肪～】 grease trap, fat collector, grease intercepter 隔油器,油脂分离器
しほうながれ 【四方流】 hip roof, hipped roof 四坡屋顶
しほうはいごう 【示方配合】 specified mix 规定配合比,指定配合比,标准配合比
しぼうぶんりタンク 【脂肪分離～】 grease separation tank 脂肪(浮选)分离池,除油池,撇油池
しほうべん 【四方弁】 cross valve 四通阀
しぼうべん 【脂肪弁】 grease trap, fat collector 隔油器,油脂分离器
しほうまさ 【四方柾】 柱方木四面直纹
しぼうりつ 【死亡率】 death rate 死亡率
しほこう 【支保工】 timbering, centring 模板用支撑,拱膺架,支架
しほばり 【支保梁】 guide (桩锤)导架,打板桩用导架定位梁
しぼり 【絞】 throttle, iris, stop, shutter 节流,光圈,光阑,光闸,快门
しぼりあんぜんべん 【絞り安全弁】 throttle safety valve 节流安全阀

しぼりちょうそく【絞調速】throttle governing 节流调速
しぼりど【絞戸】folding gate 折叠大门,铁栅栏门
しぼりノズル【絞～】throttle nozzle 节流喷嘴
しぼりはんい【絞範囲】controller differential, throttling range, modulating range (自动控制的)调节范围,节制范围
しぼりべん【絞弁】throttle valve 调节阀(节流阀,节汽阀)
しぼりりゅうりょうけい【絞流量計】throttle flow meter 节流式流量计
しま【島】island (庭园水池中配景的)岛
しま【縞】silking (涂层上的)细条纹
しまいとし【姉妹都市】sister city 姐妹城市,友好城市
しまおうだんほどう【縞横断歩道】zebra crossing (路面)涂成斑马纹的人行横道
ジー・マーク【G～】G(good design) mark (工业制品的)优良设计标志,G字标志
しまこうはん【縞鋼板】chequered steel plate (防滑)网纹钢板
しましきホーム【島式～】island platform 岛式站台
しまじすう【縞次数】fringe order 等色条纹线数
しまとっき【縞突起】jigger bars (路面)搓板带
しまり【締】curing 凝成涂膜
しまりがなもの【締金物】latch, lock, fastener 门窗小五金
しまりたかくけい【締多角形】closed polygon 封闭多边形,闭锁多边形,闭合多边形
しまりづみ【締積】block-in course bond 嵌入加固层砌合
シマン・フォンデュ ciment fondu[法] 高铝水泥,矾土水泥
しみ【染】stain 着色,染色,大气腐蚀(玻璃缺陷),(陶瓷釉有色)污点
しみこみ【染込】infiltration 渗透,渗水
シミュレーション simulation 模拟,仿真
シミュレーション・テスト simulation test 模拟试验
シミュレーター simulator 模拟装置,模拟设备,仿真器
しみんかいかん【市民会館】citizen hall 市民会馆,市民会堂
シーミング seaming 咬口接合,合拢
しみんけんしょう【市民憲章】citizen's charter 市民宪章
しみんこうどうちょうさ【市民行動調查】市民行动调查
しみんさんか【市民参加】citizen's participation 民众参与(指市民对城市规划参与决策)
しみんのうえん【市民農園】allotment garden (由公共团体按地段划分租给)市民种植的园地
しみんのうえん【市民農園】allotment, allotment garden 居民自种小园(市政当局拔给或租给个人作为屋前花园用地)
しみんひろば【市民広場】citizen's square 市民广场,人民广场,公共集会广场
シム shim 填隙片,垫片,隔片
シーム seam 缝,接缝,焊缝,接合处,接合面
ジムクロー jimcrow 弯轨器,钢轨矫直器
じむしつ【事務室】office room 办公室
じむしょ【事務所】office 办事处,事务所,营业所,办公室
じむしょけんちく【事務所建築】office building 办公楼
じむセンター【事務～】business center 业务中心(同一组织的同业部门为了提高工作效率和配合业务集中构成的业务中心)
ジムナジウム gymnasium (古希腊)体育场,体育馆,健身房
じむひ【事務費】office work expenses 办公费
シームようせつ【～溶接】seam welding 缝焊,线焊,滚焊
シームようせつき【～溶接機】seam welder 线焊机,滚焊机

シームレス・スチール・チューブ seamless steel tube 无缝钢管
シームレス・パイプ seamless pipe 无缝管
シームレス・フロア seamless floor 无缝地面
ジムレット gimlet 木工手钻
じめいかい【自明解】 trivial solution 平凡解
しめいきょうぎせっけい【指名競技設計】 limited competition design 特邀设计竞赛
しめいぎょうしゃ【指名業者】 spcified contractor, nominated contractor 指定承包者
しめいきょうそうにゅうさつ【指名競争入札】 tender of specified contractors, private tender 指定竞争投标, 指名投标
しめいた【締板】 clamp 压板, 夹板
しめいにゅうさつ【指名入札】 tender of specified contractors, private tender 指名投标
しめかため【締固】 compaction 夯实, 压实, 捣固
しめかためきかい【締固機械】 compacting equipment 压实机械
しめかためぐい【締固杭】 compaction pile 压实桩, 夯实桩
しめかためぐいこうほう【締固杭工法】 compaction pile method 压实桩施工法, 夯实桩施工法
しめかためしけん【締固試験】 compaction test (土的)压实试验
しめかためど【締固度】 degree of compaction 压实度
しめかためみつど【締固密度】 degree of compaction 压实度, 夯实度
しめかなもの【締金物】 turnbuckle 花篮螺丝, 拉线螺旋扣, 锁紧螺丝扣, 松紧反正扣
しめがね【締金】 clamp, clamp plate 钳, 夹紧件, 卡子, 压铁, 压板
しめきり【締切】 shut off, cofferdam 截断, 切断, 关闭, 封闭, 截止, 停汽, 断流, 围堰
しめきりコック【締切～】 stop cock 旋塞阀
しめきりてい【締切堤】 closing levee 闭合堤
しめきりべん【締切弁】 cut-off valve 断流阀
しめぐ【締具】 clamping apparatus 夹具, 夹固件
しめつけ【締付】 clamping 夹紧, 钳紧, 紧固, 夹固
しめつけかなぐ【締付金具】 clamping apparatus 夹具, 夹紧铁件
しめつけぐ【締付具】 clamping yokes 夹具, 夹紧件, 紧固件
しめつけナット【締付～】 clamping nut 锁紧螺母, 紧固螺母
しめつけねじ【締付螺子】 clamping screw 夹紧螺丝钉, 紧固螺丝钉
しめつけボルト【締付～】 clamping bolt 夹紧螺栓, 紧固螺栓
しめナット【締～】 clamping nut 夹紧螺母, 紧固螺母
シーめもり【C目盛】 centigrade scale, Celcius scale 摄氏温度表刻度, 百度分划
しめり【湿】 moisture 潮湿, 润湿, 湿度, 水分, 湿气
しめりあっしゅく【湿圧縮】 wet compression 湿压缩, 湿压密
しめりかんすいほう【湿還水法】 wet return method 湿式回水法
しめりくうき【湿空気】 humid air, moist air 湿空气
しめりくうきせんず【湿空気線図】 psychrometric chart, humidity chart 湿空气线图
しめりコイル【湿～】 wet coil 湿盘管
しめりじょうき【湿蒸気】 saturated steam, wet steam 湿蒸气, 饱和蒸气
しめりつうき【湿通気】 wet vent 湿式通气, 湿式透气
しめりつうきかん【湿通気管】 wet vent pipe 湿式通风管, 湿式透气管
しめりど【湿度】 humidity, wetness 湿

度
しめりひねつ 【湿比熱】 moisture specific heat 湿比热
しめりひようせき 【湿比容積】 moisture specific volume 湿比容
しめりほうわじょうき 【湿飽和蒸気】 moist saturated steam 含水饱和蒸气
じめんじょうはつ 【地面蒸発】 ground surface evaporation 地面蒸发
ジメンション dimension 大小,尺度,尺寸,量纲,因次,维,度
ジーメンス・ウェルこうほう 【～工法】 Siemens well method 西门子式井点施工法,井点法
ジーメンスシュタット・ジードルング Siemensstadt Siedlung[德],Siemensstadt housing estate[英] (1929年西德柏林郊外)西门子镇居住区
ジーメンス・マルタンこう 【～鋼】 Siemens-Martin steel 西门子-马丁钢,平炉钢
じめんたいりゅう 【地面滞留】 surface detention 地面滞留,地表滞流,积涝,地面滞水
じめんちょりゅう 【地面貯留】 surface storage 地面积水,地表蓄水
しも 【霜】 hoar-frost 霜
しもおとし 【霜落】 defrost 去霜,除霜
しもがまち 【下框】 bottom rail (门窗的)下档,下冒头
しもざん 【下桟】 bottom rail (门窗的)下档,下冒头
しもさんかくマトリックス 【下三角～】 lower triangular matrix 下三角形矩阵,下三角矩阵
しもつき 【霜着】 frosting 霜冻,凝霜
しもつけるい 【下野類】 Spiraea sp. [拉],spiraea[英] 绣线菊属
しもて 【下手】 stage right 下座,舞台右方(由观众厅看舞台的左侧)
じもとしょうひひりつ 【地元消費比率】 邻里消费率,居住小区消费率
しもぬき 【下貫】 lower rail 下横档
しもばしら 【霜柱】 frost columns, frost pillars, ice columns 霜柱,冰柱
しもよけ 【霜除】 frost protection 霜挡,防冻设施
しもわく 【下枠】 window sill 窗台板,门窗下槛
しもわれ 【霜割】 frost injury 霜裂(因霜害引起的树皮破裂或组织破坏)
しや 【視野】 visual field 视场,视界,视野
しゃあやがた 【斜綾形】 fret 斜回纹,万字纹
ジャイアント giant 水枪,大喷嘴
ジャイアント・ブレーカー jiant breaker 巨型破碎机
ジャイナきょうけんちく 【～教建築】 Jaina architecture (印度)耆那教建筑
シャイベ Scheibe[德],plate[英] 平板
ジャイレトリーうんどう 【～運動】 gyratory motion (振动筛)回旋运动
ジャイレトリー・クラッシャー gyratory crusher 回转破碎机,回转式轧碎机
ジャイレトリーしけんき 【～試験機】 gyratory testing machine 转盘式路面试验机
ジャイロドーザー gyrodozer 铲斗自由倾斜式推土机,铲刀自由倾斜式推土机
ジャイロ・モーメント gyro-moment 回转力矩,旋转力矩
ジャイロらしんぎ 【～羅針儀】 gyroscopic compass 回转罗盘仪
シャウスピールハウス Schauspielhaus [德] (德国的)话剧院
しゃえい 【射影】 projection 投影,投射
しゃおん 【遮音】 sound insulation 隔声
しゃおんけいすう 【遮音係数】 noise insulating factor 隔声系数
しゃおんこうぞう 【遮音構造】 sound insulating construction 隔声构造
しゃおんざい 【遮音材】 sound insulator 隔声材料
しゃおんど 【遮音度】 noise insulating factor 隔声系数,隔噪因数
しゃおんとびら 【遮音扉】 soundproof door 隔声门
しゃおんへき 【遮音壁】 noise barrier 隔声墙

しゃかいかいはつ【社会開発】social development 社会发展
しゃかいきょういくしせつ【社会教育施設】social educational facilities 社会教育设施
しゃかいしひょう【社会指標】social indicator 社会指标
しゃかいしゅぎリアリズム【社会主義～】socialist realism 社会主义现实主义
しゃかいぞう【社会増】social increase (population) (人口)机械增长
しゃかいたいいくしせつ【社会体育施設】social physical training facilities 社会体育设施
しゃかいちょうさ【社会調査】social investigation 社会调查
しゃかいふくししせつ【社会福祉施設】social welfare facilities 社会福利设施
しやかく【視野角】angle of visual field 视场角,视野角
しゃかくじょうぎ【斜角定規】bevel, sliding ruler 斜角规
しゃかくたんしょうほう【斜角探傷法】angle beam method 斜角式超声波探伤法
しゃかくちゅうしゃ【斜角駐車】angle parking 斜列式停车
しゃがみしきすいせんだいべんき【蹲式水洗大便器】squatting water closet 蹲式冲洗大便池
しゃがん＝さがん
しゃきょう【斜橋】skew bridge 斜桥,斜交桥
しゃきょり【斜距離】slope distance 斜距
しやく【試薬】reagent 试剂,试药
しゃぐい【斜杭】battered pile 斜桩
じゃくえんきせいイオンこうかんじゅし【弱塩基性～交換樹脂】weak base ion-exchange resin 弱碱性离子交换树脂
じゃくかい【弱解】weak solution 弱解
じゃくさん【弱酸】weak acid 弱酸
じゃくさんせい【弱酸性】weak acidity 弱酸性
じゃくさんせいイオンこうかんじゅし【弱酸性～交換樹脂】weak acidic ion-exchange resin 弱酸性离子交换树脂
しゃくじめ【尺締め】日本木材体积单位(1日尺×1日尺×12日尺)
じゃくしん【弱震】rather strong earthquake 弱震
じゃくせんてい【弱剪定】light pruning 轻度修剪,弱剪
しゃくたい【尺帯】tape, tape-line, tape measure 卷尺
じゃくたい【雀帯】雀替
じゃぐち【蛇口】cock, faucet 活栓,小龙头,水栓,排水孔
しゃくづえ【尺杖】gauge-rod 规准杆,标杆,皮数杆
しゃくど【尺度】scale, measurement unit 尺度,尺寸
しゃくねつげんりょう【灼熱減量】loss on ignition 烧失量,灼烧减量,灼热减量
じゃくねんぼく【寂然木】(庭园中造成寂静气氛的)幽静树
しゃくほうべん【釈放弁】release valve 放泄阀,排气阀
しゃくや【借家】rented house 租用房屋
しゃくやく【芍薬】Paeonia albiflora, Paeonia lactiflora[拉], Chinese paeony [英] 芍药
しゃくやにん【借家人】tenant 租户,住户,房客
しゃくやにんくみあい【借家人組合】association of tenants 住户协会
しゃくり【决】groove 凹槽,榫槽,企口
しゃくりがんな【决鉋】groove planer 槽刨,企口刨,裁口刨
しゃぐん【車群】bunching, grouping (汽)车群
シャーけいすう【～係数】shear coefficient 剪力系数
しゃげきじょう【射撃場】shooting range, rifle range 靶场
ジャケット jacket 套,外壳,罩
ジャケットかん【～管】jacket pipe 套

管
ジャケット・パイプ jacket pipe 套管
ジャケットべん 【～弁】 jacket valve 套管阀
しゃこ 【車庫】 parking garage 汽车库，汽车房
シャコ＝シャックル
しゃこうしょくさい 【遮光植栽】 shade planting 遮光栽植
しゃこうほう 【斜交法】 inclined system (百货商店柜台和顾客通道的)斜向交叉布置法
ジャコビアンしき 【～式】 Jacobean style (17世纪初期英国)雅各宾式(建筑)
ジャコビアン・スタイル Jacobean style (17世纪初期英国)雅各宾式(建筑)
しゃこようトラップ 【車庫用～】 garage trap 车库滤油阀，车库排水弯(管)，车库地漏
しゃざい 【斜材】 diagonal member 斜构件，斜杆
しゃさいしきしょうかき 【車載式消火器】 wheeled extingusher 轮架型灭火器
シャシー chassis 底盘，底架，机架，框架
しゃじくかじゅう 【車軸荷重】 axle load 车轴荷载
しゃじくずほう 【斜軸図法】 oblique axonometry 轴测斜投影
しゃじくそくとうえい 【斜軸測投影】 oblique axonometry 轴测斜投影
しゃじけいだい 【社寺境内】 precinct yard，church yard 教堂，寺庙的庭院，围场
しゃじけんちく 【社寺建築】 (日本的)神社寺院建筑
しゃじつしゅぎ 【写実主義】 Realism 现实主义
しゃしゅ 【車種】 vehicle type 车辆类别，车辆种类
しゃしゅうかんきょ 【遮集管渠】 intercepting sewer 截流管渠
しゃしゅうきょ 【遮集渠】 intercepting sewer 截流渠道，截流管渠
しゃしゅうしき 【遮集式】 intercepting system 截流系统，截流方式
しゃしゅつかく 【射出角】 angle of emergence 出射角
しゃしゅつせいけい 【射出成型】 injection moulding 喷射成型
しゃしんえんちょくてん 【写真鉛直点】 photograph plumb point 摄影铅直点
しゃしんきじく 【写真機軸】 camera axis 摄影机轴
しゃしんけいいぎ 【写真経緯儀】 photogrammeter，phototheodolite 摄影经纬仪
しゃしんけいそく 【写真計測】 photometry 摄影测定，摄影测量
しゃしんざひょう 【写真座標】 plate coordinate，picture coordinate 摄影座标
しゃしんしゅきょり 【写真主距離】 principal distance of photograph 摄影主距
しゃしんしゅくしゃく 【写真縮尺】 scale of photograph 照片比例尺
しゃしんしゅてん 【写真主点】 principal point of photograph 摄影主点
しゃしんしょり 【写真処理】 treatment of photograph 摄影处理
しゃしんぞう 【写真像】 image，projection，representation 影像，摄影像
しゃしんそくりょう 【写真測量】 photographic surveying，photogrammetry 摄影测量(学)
しゃしんそっこう 【写真測光】 photographic photometry 摄影测光
しゃしんちしつがく 【写真地質学】 photogeology 摄影地质学
しゃしんちず 【写真地図】 photographic map 摄影图，照片图
しゃしんレベル 【写真～】 photomatic level 摄影水准仪
しゃず 【写図】 trace，tracing 描图，描绘
ジャス＝ジェー・エー・エス
しゃすい 【射水】 water jetting 水冲法，水射法
しゃすいくいうちき 【射水杭打機】 water-jet pile-driver，jetted pile-driver 水冲打桩机，射水打桩机
しゃすいこう 【斜水溝】 oblique gutter 斜(排)水沟
しゃすいこうほう 【射水工法】 water

jetting 水冲法,射水(沉桩)法
しゃすいへき 【遮水壁】 impervious wall, impermeable wall 不透水墙,挡水墙
しゃすいろ 【射水路】 chute 急流水道,急流河川,陡槽(水工)
しゃずき 【写図器】 pantograph 缩图器,缩放仪,比例绘图器
しゃせん 【車線】 lane 车道
しゃせん 【斜線】 oblique line 斜线
しゃせんがいろ 【斜線街路】 diagonal street 对角线街道,斜向道路
しゃせんかじゅう 【車線荷重】 lane load, lane loading 车道荷载(公路、桥梁设计活载加载方法之一)
しゃせんがたがいろもう 【斜線型街路網】 grid and diagonal pattern street system 放射棋盘式城市道路网
しゃせんきょうかいせん 【車線境界線】 lane line, divigion line (路面)分道线,车道线
しゃせんくぶんどうろ 【車線区分道路】 dual highway 划分车道的道路
しゃせんしどうしんごうき 【車線指導信号機】 lane indicating signal 车道指示信号机
しゃせんせいげん 【斜線制限】 斜线限制(根据日本建筑标准法对建筑物高度的限制规定之一)
しゃせんはば 【車線幅】 lane width 车道宽度
しゃせんぶんり 【車線分離】 segregation of traffic, channelization 交通(按车种、车速)分隔行驶
しゃせんぶんりたい 【車線分離帯】 lane separator, dividing strip 车道分隔带,分车带
しゃせんぶんりとう 【車線分離島】 lane dividing island 分车岛,车道分离岛
しゃせんほう 【射線法】 radial method 射线法
しゃせんほうこうせいぎょしんごうき 【車線方向制御信号機】 lane-direction control signal 车道方向控制信号机
しゃせんようりょう 【車線容量】 lane capacity 车道通行能力
しゃそうもくり 【斜走木理】 slanting grain 斜木纹
しゃたいがいゆうこうふくいん 【車体外有効幅員】 effective width not covered by car 车身外有效宽度
しゃたく 【社宅】 company's house for employees 为本企业职工提供的住宅
しゃだん 【車団】 platoon 车队
しゃだん 【遮断】 interception 截流
しゃだんき 【遮断器】 no fuse switch, breaker, circuit breaker 无熔丝开关,断路器
しゃだんじゅうじろ 【遮断十字路】 intercepted crossroad 具有中央分隔带的交叉口
しゃだんべん 【遮断弁】 shut off valve 关闭阀,断流阀,截止阀
しゃだんりょくち 【遮断緑地】 intercepting green, green belt 隔离绿地,缓冲绿化地带
しゃち 【車知】 key, dowel, wooden key 键,销,暗销,暗榫,木键,栓
しゃち 【鯱】 (日本城郭、宫殿等脊端)虎头鱼饰
しゃちごうせいげた 【車知合成桁】 keyed girder, keyed composite girder, dowelled beam 键接合成梁,键结组合梁
しゃちつぎ 【車知継】 键接,销接,暗榫接
しゃちつぎて 【車知継手】 keyed joint 键接,销接
しゃちどめ 【車知留】 暗销斜接
しゃちほこ 【鯱鉾】 (日本城郭,宫殿等脊端)虎头鱼饰
しゃちょうきょう 【斜張橋】 cable-stayed bridge 斜张桥,斜拉桥
しゃちょうせき 【斜長石】 plagioclase 斜长石
しゃちょうりょく 【斜張力】 diagonal tension 斜向拉力,对角张力
しゃっか＝しゃくや
しゃっかにん 【借家人】 tenant 承租人,租屋人,居住者

ジャッキ jack 千斤顶,起重器
ジャッキ・アップ jack up 顶升,顶起,起重
ジャッキくいぬきき 【～杭抜機】 jack pile puller 起重拔桩机,千斤顶拔桩机
ジャッキ・シリンダー jack cylinder 起重油缸,顶升油缸
ジャッキ・ダウン jack down 降下
ジャック・アーチ jack arch 平拱
ジャック・ナイフ・ドア jackknife door 折刀式门
ジャック・パネル jack panel 塞孔板
ジャック・ハンマー jack hammer 锤击式凿岩机,凿岩锤
シャックル shackle 钩环,连接环,挂钩,U形钩
シャックル・ブロック shackle block 带钩环滑轮
しゃっけい 【借景】 borrowing space, borrowed scenery, scenery beyond 借景
シャッター shutter 百页窗,卷帘式铁门,闸门,调节板,(照相机)快门
シャッター・バー shutter bar 百页闩
シャット・オフ・コック shut off cock 切断旋塞,断流龙头
シャット・オフ・バルブ shut off valve 断流阀,截止阀
シャット・オフべん 【～弁】 shut off valve 断流阀,截止阀
シャットル・カー shuttle car 往复式搬运车,穿梭式运输车
シャットル・コンベヤー shuttle conveyer 往复式输送机,穿梭式输送机
シャットル・サービス shuttle service 往复行车,穿梭交通
シャッフリング・タイム shuffling time 贴压时间
ジャー・テスター jar tester 烧杯试验装置,烧杯混凝试验器
ジャー・テスト jar test (混凝)瓶试验,烧杯试验
シャトー chateau[法] 城堡,宫殿,府邸,乡村别墅
シャドー shadow 阴影
しゃどう 【車道】 roadway, carriage-way, travelled way 车行道,汽车道
しゃとうえい 【斜投影】 oblique projection 斜投影
しゃどうがいそくせん 【車道外側線】 roadway edgeline 车行道边线,车行道外侧线
しゃとうかんかく 【車頭間隔】 headway, following distance 车头间距(行驶在同一车道上的前后两车车头间距离)
しゃどうきめん 【車道基面】 formation 车行道道路基面
しゃとうし 【斜透視】 oblique perspective 斜透视
しゃとうじかん 【車頭時間】 time headway 车间时距(行驶在同一车道上的前后两车间时距)
しゃとうしずほう 【斜透視図法】 oblique perspective 斜透视投影法
しゃどうしゅくしょう 【車道縮小】 tunneling 车行道宽度缩窄
しゃどうふくいん 【車道幅員】 roadway width, width of carriageway 车行道宽度
シャトー・ド・メーゾン Chateau de Maisons[法] (1642～1651年法国巴黎)麦松府邸
シャード・プレート sheared plate 切边板材
シャトレー chatelet[法] (法国的)小城堡,小宫殿
ジャーナル・ジャッキ journal jack 轴枢千斤顶,轴颈起重器
じゃのめべん 【蛇の目弁】 annular valve 环形阀
じゃのめまわしぶたい 【蛇の目回舞台】 revolving stage with disc and outer ring 双圈旋转舞台
じゃばら 【蛇腹】 cornice, string course 檐口,腰线,檐口底部
しゃばん 【遮板】 baffle plate 挡板,隔板
シャー・ピン shear-pin 抗剪销
シャーピング sharping 鲜明表现,鲜明处理
シャー・ピンつぎて 【～継手】 shear-

pin splice 销接,枢接
しゃふつ【煮沸】boiling,cooking 煮沸,(木材)蒸煮处理
しゃふつかんそう【煮沸乾燥】seasoning by boiling,boil seasoning 煮沸干燥
しゃふつき【煮沸器】boiler 蒸煮器
しゃふつしけん【煮沸試験】boiling test 煮沸试验
しゃふつしょり【煮沸処理】boiling treatment,cooking 煮沸处理,(木材)蒸煮处理
シャフト shaft 竖井,井筒,通风井,轴,柱身
シャフト・キルン shaft kiln 立窑
シャフト・リング shaft ring 柱环饰(柱身上的环状线脚)
シャープナー sharpener 削具,刀具磨床,磨刃机,磨快器
シャー・プレート shear plate 抗剪加劲板
しゃへいかべ【遮蔽壁】shielding wall 防护墙,屏蔽墙
しゃへいけいすう【遮蔽係数】interrupt coefficient 遮挡系数
しゃへいしょくさい【遮蔽植栽】screen planting 掩蔽栽植,遮蔽栽植(用密植的方法将不美观的地方掩蔽起来)
しゃへいようコンクリート【遮蔽用～】radiation shielding concrete 防射线混凝土
しゃへいようコンクリート・ブロック【遮蔽用～】concrete block for shielding 防射线混凝土砌块
しゃへきだに【斜壁谷】coulee 斜壁谷,深河谷
シャベル＝ショベル
しゃほうすみにくようせつ【斜方隅肉溶接】oblique fillet weld 斜贴角焊接
じゃほこ【蛇骨子】顶棚四周弯曲的木构件
ジャポニカ・スタイル Japonica style 日本式(建筑),日本风格
シャボン Sabao[葡] 肥皂,肥皂水,冷却液
しゃほんしつ【写本室】scriptorium 缮写室
じやま【地山】natural ground 天然地基
じゃまいた【邪魔板】baffle plate 挡板,障板,缓冲板,遮护板
ジャムき【～木】jamb 门窗边框,门窗侧墙,壁炉侧墙
ジャム・ナット jam nut 防松螺母,锁紧螺母
ジャム・リベッター jam riveter 气动卡紧铆机
しゃめんかた【斜面肩】top of slope 坡顶
しゃめんさきえん【斜面先円】toe circle 坡脚圆
しゃめんさきはかい【斜面先破壊】toe failure 坡趾破坏,坡脚破坏
しゃめんないえん【斜面内円】slope circle 斜面内圆,坡圆
しゃめんないはかい【斜面内破壊】slope failure 斜面破坏,斜坡毁坏
しゃめんほご【斜面保護】slope protection 边坡加固,护坡
シャモット chamotte 熟料,火泥,耐火粘土
シャモットさ【～砂】chamotte sand 烧结砂
シャモットしつたいかぶつ【～質耐火物】chamotte refractory 熟料耐火材料,耐火粘土
シャモットれんが【～煉瓦】chamotte brick 熟料砖,耐火粘土砖
じゃもんがん【蛇紋岩】serpentine 蛇纹岩
じゃり【砂利】gravel,ballast 砾石,卵石,砂砾,道碴,石碴
じゃりコンクリート【砂利～】gravel concrete 砾石混凝土
じゃりさいしゅじょう【砂利採取場】gravel pit 采砾场,砾石场
じゃりさんぷき【砂利散布機】ballast-spreader 砂石摊铺机,道碴摊铺机
じゃりじぎょう【砂利地業】gravel foundation 砾石碾压基础
じゃりじゅうてんせい【砂利充塡井】

gravel-filled well 砾石填充井,填砾井

じゃりスクープ 【砂利～】 gravel scoop 砾石铲斗

じゃりそう 【砂利層】 gravel stratum 砾石层

じゃりつみこみき 【砂利積込機】 gravel loader 砾石装载机

じゃりどう 【砂利道】 gravel road 砾石路,砂砾路

じゃりバラスト 【砂利～】 gravel ballast 砾石道碴

じゃりハンマー 【砂利～】 gravel hammer 碎石锤

じゃりぶんりき 【砂利分離器】 gravel sorter 砂石分选器

じゃります 【砂利枡】 gravel pit 砾石坑,砾石井

じゃりもりせん 【砂利盛線】 sanded siding,sand track,gravel track 砂子道床线路,铺放砂砾的线路(禁止车辆通行的一种方法,将砂砾堆积在线路的长度上)

しゃりゅう 【射流】 jet,jet flow 射流

しゃりゅうポンプ 【斜流～】 mixed flow pump 混流泵

しゃりょう 【車両】 vehicle 车辆

しゃりょうかんちき 【車両感知器】 vehicle detector 侦车器,车辆探测器,车辆感应器

しゃりょうかんちそうち 【車両感知装置】 vehicle detecting equipment 侦车设备,侦车器

しゃりょうこうつう 【車両交通】 vehicular traffic 车辆交通

しゃりょうそうおん 【車両騒音】 vehicle noise 车辆噪声

しゃりょうそうじゅうりょう 【車両総重量】 laden weight of the vehicle,gross weight of the vehicle 车辆总重

しゃりょうていしきょり 【車両停止距離】 vehicle stopping distance 车辆停止距离

しゃりょうのじきふじょう 【車両の磁気浮上】 magnetic levitation of vehicles 车辆磁浮

じゃりろかち 【砂利濾過池】 gravel filter 砾石滤池

しゃりんあつ 【車輪圧】 wheel pressure 吊车轮压,轮压

しゃりんがたくっさくき 【車輪形堀削機】 wheel type excavator 轮式挖土机

しゃりんこうぞう 【車輪構造】 wheel type hanging roof 圆形双层悬索结构,轮型悬索结构

しゃりんしきローダー 【車輪式～】 wheel type loader 轮式装载机,轮式装卸机

しゃりんどめ 【車輪止】 scotch block 止车楔块,轮挡

しゃりんばい 【車輪梅】 Raphiolepis umbellata[拉],yeddo raphiolepis[英] 伞状石班木

しゃりんまど 【車輪窓】 wheel window 轮形窗

ジャルージー jalousie[法] 百页窗,遮阳窗

シャルトルーズ chartreuse[法] 浅黄绿色

シャルトルだいせいどう 【～大聖堂】 Cathédrale,Chartres[法] (1194～1260年法国)夏特尔大教堂

シャルピー・インパクト・テスト・マシーン Charpy impact test machine 恰贝式冲击试验机

シャルピーしきしょうげきしけん 【～式衝撃試験】 Charpy impact test 恰贝式冲击试验

シャルピーしきしょうげきしけんき 【～式衝撃試験機】 Charpy type impact testing machine 恰贝式冲击试验机,摆锤式冲击试验机,单梁式冲击试验机

シャルピーしけんき 【～試験機】 Charpy tester 恰贝式冲击试验机,摆锤冲击试验机,单梁式冲击试验机

シャルピーしょうげきしけん 【～衝撃試験】 Charpy impact test 恰贝法冲击试验,摆锤冲击试验,单梁式冲击试验

シャルピーしょうげきち 【～衝撃値】 Charpy impact value 恰贝法冲击值,摆锤冲击试验值

シヤーレ Schale[德],shell[英] 壳,壳体

シヤーレこうぞう 【～[Schale德]構造】 shell structure 壳体结构
しゃろ 【斜路】 ramp,ship,slipway 斜路,坡道,匝道,引道,(船或沉箱下水时的)滑行道,滑台
シャワー shower 淋浴,淋浴器,阵雨
シャワー・カーテン shower curtain 淋浴间帘
シャワー・クーラー shower cooler 淋洒冷却器
ジャワけんちく 【～建築】 Javanese architecture (印尼)爪哇建筑
ジャワしき 【～式】 Javanese style (印尼)爪哇式(建筑)
シャワーしつ 【～室】 shower room 淋浴室
シャワー・バス shower bath 淋浴,淋浴器
シャワー・ヘッド shower head 淋浴器,莲蓬头
シャワーようまじきり 【～用間仕切】 shower partition 淋浴隔断
シャワー・ルーム shower room 淋浴室
シャワー・ローズ shower rose 淋浴器,莲蓬头
ジャンカ rock pocket,honeycomb 蜂窝,麻面(混凝土缺陷)
シャンク shank 胫,柄,轴,体,干,杆,末梢,后部
ジャンクション junction 道路枢纽,道路交叉
ジャンクション・ボックス junction box 接线箱,分线箱,电缆套
シャンデリア chandelier 枝形吊灯,集灯架,花灯
シャント shunt 分路,分流器
シャント・レギュレートかん 【～管】 shunt regulator pipe 并联调节管
ジャンピング jumping 突变现象,跳动
ジャンプ・ジョイント jump joint 对接,对头接
ジャンボー jumbo 隧洞铠框,隧道盾构,隧洞运渣车,巨型设备
シャンボールのじょうかん 【～の城館】 Chateau de Chambord[法] (1519～1550年法国)商堡府邸
しゅ 【朱】 vermilion 银朱,硫化汞
シュー shoe 刹车块,滑脚,履带板,闸瓦,制动片,防滑装置,桩靴
じゅあつめんけいすう 【受圧面係数】 coefficient of bearing area 承压面积系数
しゅいろ 【朱色】 vermilion 朱砂,朱红色
じゅいんろ 【樹蔭路】 mall 林荫路
しゅうあつ 【終圧】 terminal pressure 终压
じゅういしき 【住意識】 housing consciousness 居住知觉,居住意识(指对于居住的认识和态度)
じゆううずまきうんどう 【自由渦巻運動】 free vortex motion 自由涡动
シュヴェ chevet[法] 教堂后部东面半圆形室
シュウエジゴンじ 【～寺】 Shwezigon Pagoda (1059年缅甸仰光)瑞吉光寺
シュウェドラーがたドーム 【～型～】 Schwedler dome 施威德勒式圆顶,施威德勒式穹顶
じゆうえん 【自由縁】 free edge 自由边
じゆうおんじょう 【自由音場】 free sound field 自由声场
しゅうか 【終価】 final value (最)终(价)值
じゅうか 【住家】 dwelling house,residence 住宅
じゆうかいかしき 【自由開架式】 free open-stack system 自由开架式
しゅうかいがん 【集塊岩】 agglomerate 集块岩
しゅうかいしつ 【集会室】 assembly hall,assembly room 会议厅,会议室
しゅうかいじょ 【集会所】 meeting place 会场,集会场所
しゅうかい・ひろば 【集会広場】 集会广场
しゅうかくしけん 【臭覚試験】 smell test 嗅觉试验
じゆうかくしんどうすう 【自由角振動数】 free angular frequency 自由角频率
じゅうかじゅう 【従荷重】 secondary

load,subordinate load 次荷载,从属荷载,附加荷载
しゅうかリチウム 【臭化~】 lithium bromide 溴化锂
じゅうかんきょう 【住環境】 dwelling environment 居住环境
じゅうかんしゅう 【住慣習】 dwelling habits,housing custom 居住习惯
しゅうき 【周期】 period 周期
しゅうき 【臭気】 odour 气味,臭
しゅうきうんどう 【周期運動】 periodic motion 周期运动
しゅうきかんすう 【周期関数】 periodic function 周期函数
しゅうききょうど 【臭気強度】 odour strength,odour intensity 气味强度
しゅうききょうどしひょう 【臭気強度指標】 odour intensity index,odour intensity scale 臭气强度指标
しゅうきげん 【臭気源】 odour source 臭气源
しゅうきげんかいのうど 【臭気限界濃度】 odour threshold concentration 气味极限浓度,气味阈浓度
しゅうきていじょうでんねつ 【周期定常伝熱】 periodic steady heat transmission 准稳定传热
しゅうきてきしんどう 【周期的振動】 periodic vibration 周期性振动
しゅうきど 【臭気度】 odor intensity index 臭味(强度)指数
しゅうきのうど 【臭気濃度】 threshold odour,odour concentration 气味浓度,气味界限,味阈
しゅうきのじょきょ 【臭気の除去】 odour removal 除臭
しゅうき-ひんどとくせい 【周期-頻度特性】 period-frequency relation 周期频率特性
しゅうきふう 【週期風】 periodic wind 周期风
しゅうきぶっしつ 【臭気物質】 odorant 气味物质
しゅうきゅうきょうぎじょう 【蹴球競技場】 football field 足球运动场
じゅうきょ 【住居】 dwelling 住房,住所
じゅうきょう 【重栱】 重栱
じゅうぎょういんじゅうたく 【従業員住宅】 employee's house 职工住宅
しゅうぎょうきそく 【就業規則】 working rule 工作守则,工作规则
しゅうぎょうじんこう 【就業人口】 就业人口
じゅうぎょうちじんこう 【従業地人口】 work place population 工作地点人口
しゅうきょうとし 【宗教都市】 宗教城市
じゅうきょかん 【住居観】 housing notion 居住观念,居住意见,居住见解(指对居住的想法、看法)
じゅうきょきこう 【住居気候】 housing weather 居住气候
じゅうきょきじゅん 【住居基準】 dwelling standard 居住标准
しゅうきょく 【褶曲】 fold 褶曲,折叠,折痕
しゅうきょくおうりょくかいせき 【終局応力解析】 ultimate stress analysis 极限应力分析
しゅうきょくかじゅう 【終極荷重】 ultimate load 极限荷载
しゅうきょくかじゅうせっけい 【終局荷重設計】 ultimate load design 极限荷载设计
しゅうきょくきょうど 【終局強度】 ultimate strength 极限强度
しゅうきょくきょうどせっけい 【終局強度設計】 ultimate strength design 极限强度设计
しゅうきょくじょうたい 【終局状態】 ultimate state 极限状态
じゅうきょくせん 【従曲線】 secondary path 次曲线,次路线,次通路
しゅうきょくたいりょく 【終局耐力】 ultimate strength 极限强度
しゅうきょくつよさ 【終局強さ】 ultimate strength 极限强度
しゅうきょくひずみ 【終局歪】 ultimate strain 极限应变
じゅうきょぐん 【住居群】 housing ensemble 住宅群

じゅうきょすいじゅん【住居水準】 dwelling level 居住水平

じゅうきょせんようちく【住居専用地区】 restricted residential district, exclusive residential area 特定居住区,居住专用区

しゅうきょそんらく【集居村落】 agglomerated settlement 聚居村

じゅうきょちいき【住居地域】 residential area 居住区,住宅区

じゅうきょちいきそうおん【住居地域騒音】 dwelling area noise 居住区噪声

じゅうきょひ【住居費】 housing expenditure, dwelling expenses 居住费,住房用费

じゅうきょひょうじゅん【住居標準】 dwelling standard 居住标准

しゅうきりょく【周期力】 periodic force 周期力

じゅうきんぞく【重金属】 heavy metal 重金属

じゅうきんぞくおせん【重金属汚染】 heavy metal pollution 重金属污染

じゆうくうかん【自由空間】 free space (可自由分隔的)灵活空间

じゆうくうち【自由空地】 自由空地

じゅうくしゅうだん【住区集団】 residential district 居住区,几个邻里单位集中在一起的居住区

しゅうけい【修景】 landscaping, landscape design 园林设计,景观美化

じゅうけいざい【住経済】 housing economy 居住经济

しゅうけつ【終結】 final set, final setting 终凝

じゅうけつアルブミン【獣血～】 blood-albumin 血白朊

じゅうこ【住戸】 dwelling unit 户(构成集体住宅的各个住宅)

じゅうごう【重合】 polymerization 聚合

しゅうごうがいく【集合街区】 superblock 大街区,大街坊

しゅうごうかん【集合管】 concentrated pipe 集(合)管,集水管

しゅうこうき【集光器】 condenser 聚光器

じゅうこうぎょうち【重工業地】 heavy industry district 重工业区

しゅうごうじゅうたく【集合住宅】 amalgamated dwelling, multiple dwelling house 集合住宅(指一栋多户集合居住),公寓住宅

しゅうごうじゅうたくち【集合住宅地】 apartment area 公寓式住宅区

しゅうごうしゅかん【集合主管】 collecting main pipe 集水总管,集水干管

しゅうごうせい【集合井】 collecting well 集水井,雨水口

しゅうごうせつぞく【集合接続】 multiple connection 多头接合

じゅうこうぞう【柔構造】 flexible structure 柔性结构

じゅうこうぞうシステム【柔構造～】 flexible structure system 柔性结构体系

じゅうごうたい【重合体】 polymer 聚合物,聚合体

しゅうごうタンク【集合～】 collecting tank 集水池

じゅうこうつう【重交通】 heavy traffic 重交通,繁密交通

しゅうこうつうりょうへんかず【週交通量変化図】 weekly traffic pattern 周交通型式表,周交通量变化图

じゅうごうど【重合度】 degree of polymerization 聚合度

しゅうこうとう【集光灯】 spotlight 聚光灯

しゅうごうぶひん【集合部品】 assembly parts 组装件,部件,构件,装配件

じゅうごうりんさんえんしょり【重合燐酸塩処理】 poly-phosphate treatment 聚磷酸盐处理

じゅうこがた【住戸型】 dwelling unit type 户型

じゅうこきぼ【住戸規模】 dwelling unit scale 住户规模(指住户的大小、规模、面积、房间数、卧室数等)

じゅうこけいしき【住戸形式】 dwelling type 户的组合形式(户的空间组合形式,如每户占一层及占二层的形式,平面形

式可分廊式、厅式等布置形式）

じゅうこみつど 【住戸密度】 density of dwelling unit 户数密度

じゅうコンクリート 【重～】 heavy concrete 重混凝土

しゅうさ 【収差】 aberration 象差，光行差，偏差

しゅうざい 【秋材】 autumn wood, late wood 秋材，晚材

しゅうざいりつ 【秋材率】 late wood ratio, autumn wood ratio 秋材率，晚材率

じゅうさぎょう 【重作業】 heavy work 重作业，重体力劳动

しゅうさちょうせつ 【収差調節】 adjustment of aberration 象差调节

しゅうさん 【蓚酸】 oxalic acid 草酸

しゅうさんがいろ 【集散街路】 distribution street 汇集（交通）街道

しゅうさんしょり 【蓚酸処理】 oxalic acid treatment 草酸处理

しゅうさんどうろ 【集散道路】 collector-distributor roads （立体交叉上的）集散道路

しゅうさんろ 【集散路】 collector-distributor roads （立体交叉上的）集散道路

じゅうじ 【十字】 cross 十字形

じゅうじかいてんど 【十字回転戸】 revolving door, turnstile 十字回转门

じゅうじがたジベル 【十字形～[Dübel德]】 cross-type dowel 十字形暗销

じゅうじかん 【十字管】 cross pipe 十字管，四通

じゅうじこうさ 【十字交差】 four way right-angle intersection, cross roads 直角交差，正交交差，十字交叉（道口）

じゅうじこうさひょうしき 【十字交差標識】 cross road sign 十字交叉口标志

じゅうじこうさぶ 【十字交差部】 crossing 教堂的十字形平面的中央交叉部分

じゅうじじ 【十字寺】 十字寺（中国元代北京房山县的景教寺院）

じゅうじせん 【十字線】 cross-hairs, cross-wires 十字丝，十字线

じゅうじせんわく 【十字線枠】 frame of cross-hairs, cross-hairs ring reticule 十字丝框，十字丝环，十字线框

じゅうじたてせん 【十字縦線】 vertical hair 十字竖丝，十字竖线

じゅうじつぎて 【十字継手】 cruciform joint 十字接头，十字接合

じゅうしつたんさんカルシウム 【重質炭酸～】 calcium carbonate 重质碳酸钙

しゅうじつにっしゃりょう 【終日日射量】 amount of daily solar radiation 全天太阳辐射量，全天日照量

しゅうじつひかげ 【終日日影】 complete shadow during the day 终日日影，全天阴影

じゅうしつみつど 【住室密度】 density of habitable rooms 住房密度（某区全部住宅居室数与该住宅区的面积之比）

じゅうじハンドル 【十字～】 four arm cross handle 十字操纵盘，十字手柄

じゅうじボールト 【十字～】 cross vault, groin vault 十字拱顶，交叉拱顶

じゅうじめつぎ 【十字芽接】 cross-shaped budding 十字形芽接

じゅうしゃりょうこうつう 【重車両交通】 heavy truck traffic 重型货车交通

しゅうしゅく 【収縮】 shrinkage, contraction 收缩

しゅうしゅくおうりょく 【収縮応力】 shrinkage stress, contraction stress 收缩应力，收缩内力

しゅうしゅくおうりょくど 【収縮応力度】 contraction stress 收缩应力

しゅうしゅくきれつ 【収縮亀裂】 shrinkage crack 收缩裂缝，收缩龟裂

しゅうしゅくけいすう 【収縮係数】 shrinkage factor, contraction coefficient 收缩系数

しゅうしゅくげんかい 【収縮限界】 shrinkage limit 缩限，缩性极限

しゅうしゅくしけん 【収縮試験】 shrinkage test 收缩试验

しゅうしゅくしょく 【収縮色】 contracting colour 收缩色

しゅうしゅくつぎて 【収縮継手】 contraction joint 收缩缝，收缩接头

しゅうしゅくていすう【収縮定数】 shrinkage constant 收缩常数

しゅうしゅくひびわれ【収縮ひび割】 contraction crack, shrinkage crack 收缩裂缝

しゅうしゅくひびわれ【収縮罅割】 shrinkage crack, contraction crack 收缩裂缝,缩裂

しゅうしゅくへんけい【収縮変形】 contraction strain, shrinkage strain 收缩变形;收缩应变

しゅうしゅくぼうちょうりつ【収縮膨張率】 ratio of shrinkage swelling 收缩膨胀率,伸缩率

しゅうしゅくめじ【収縮目地】 contraction joint (收)缩缝

しゅうしゅくりつ【収縮率】 coefficient of contraction 收缩率,收缩系数

しゅうしゅくりょく【収縮力】 shrinkage stress 收缩应力

しゅうしゅくわれめ【収縮割目】 contraction crack 收缩裂缝

じゅうしょうこうこんごうち【住商工混合地】 residence-commercial-manufacturing district 住宅商业工业综合区,居住工商业混合区

じゅうしょうせき【重晶石】 baryte, barite, heavy spar 重晶石

しゅうしょくひろば【修飾広場】 城市广场

じゅうじよこせん【十字横線】 horizontal hair 十字横丝,十字横线

じゅうじりゅう【十字流】 cross current 涡流,十字流

じゅうじりゅうれいすいとう【十字流冷水塔】 crossing flow type cooling tower 十字流冷却塔,横流式冷却塔

じゅうじろ【十字路】 cross roads 十字路,十字路口,交叉路

しゅうじん【集塵】 dust collection 集尘

じゅうしん【重心】 center of gravity 重心,形心

しゅうじんき【集塵器】 dust collector, dust catcher, dust precipitator 集尘器,吸尘器,除尘器

しゅうじんきょく【集塵極】 collecting electrode 除尘电极,集尘电极

じゆうしんこうは【自由進行波】 free progressive wave 自由行波

じゅうしんじく【重心軸】 central axis 重心轴,中心轴,形心轴

じゅうしんしゅじく【重心主軸】 principal central axis 重心主轴,形心主轴

しゅうじんそうち【集塵装置】 dust collector, dust arrester, dust catcher, dust precipitator 集尘器,沥青设备集尘装置,吸尘装置

じゆうしんどう【自由振動】 free vibration 自由振动

じゆうしんどうすう【自由振動数】 free frequency 自由频率,自振频率

しゅうしんぶんり【就寝分離】 分室居住(指父母和儿童、成年子女分住)

じゅうしんほう【重心法】 method of elastic center 弹性中心法

しゅうしんみつど【就寝密度】 density of sleeping space 卧室床位密度

しゅうじんりつ【集塵率】 rate of dust collection, rate of dust precipitation 吸尘率,集尘率

しゅうすい【集水】 collection of water, collection 集水,汇水

じゆうすい【自由水】 free water 自由水,游离水

じゅうすい【重水】 heavy water 重水

しゅうすいあんきょ【集水暗渠】 collecting conduit 集水管道,集水暗渠

しゅうすいいき【集水域】 watershed 汇水区域,汇流域

しゅうすいいど【集水井戸】 collecting well, water inlet 集水井,雨水口

しゅうすいかん【集水管】 header pipe 集水管

しゅうすいき【集水器】 collector 集水器(管)

しゅうすいきょ【集水渠】 collecting channel 集水渠

しゅうすいくいき【集水区域】 catchment, catchment basin 汇水区域,流域

しゅうすいこう 【集水口】 collecting well 集水口,集水井
しゅうすいこう 【集水坑】 sump (pit) 聚水坑,集水坑
しゅうすいちいき 【集水地域】 catchment basin 汇水区域,流域
しゅうすいどい 【集水樋】 collecting trough 集水槽
じゅうすいはんのうそうち 【重水反応装置】 heavy water reactor 重水反应堆,重水反应装置
じゆうすいぶん 【自由水分】 free moisture 游离水分,自由水分
しゅうすいまいかん 【集水埋管】 infiltration gallery 滲渠,集水滲管,滲水管道
しゅうすいまいきょ 【集水埋渠】 infiltration gallery 集水滲管,滲渠
しゅうすいみぞ 【集水溝】 collecting channel 集水沟,集水渠
じゆうすいめん 【自由水面】 free water surface 自由水面
しゅうすいめんせき 【集水面積】 catchment area 汇水面积,受水面积
じゅうせい 【柔性】 flexibility 柔性,柔度
しゅうせいかんかくおんど 【修正感覚温度】 corrected effective temperature (CET) 修正有效温度,实感温度
しゅうせいざい 【集成材】 assemblies 叠层木,层积材,层积构件,组合构件
しゅうせいシー・ビー・アール 【修正CBR】 modified CBR (California bearing ratio) 修正加州承载比
しゅうせいだんめん 【集成断面】 built-up section 组合截面
じゅうせいテンソル 【柔性～】 compliance tensor 柔性张量,柔度张量
しゅうせいぶひん 【集成部品】 assembly parts 装配件,组装件,配件,构件
じゅうせいほう 【柔性法】 flexibility method 柔性法,柔度法
じゅうせいほうていしき 【柔性方程式】 flexibility equation 柔度方程(式)
しゅうせいまくらぎ 【集成枕木】 composite sleeper 组合枕木,复合(型)轨枕
じゅうせいマトリックス 【柔性～】 flexibility matrix 柔性矩阵,柔度矩阵
しゅうせいマンセルひょうしょくけい 【修正～表色系】 Munsell new notation system 孟塞尔新标色体系
しゅうせいもくざい 【集成木材】 laminated lumber 层积材,多层胶合木
しゅうせいもくざいこうぞう 【集成木材構造】 glued laminated timber construction 胶合板层结构,胶合叠层板构造
しゅうせいゆうこうおんど 【修正有効温度】 corrected effective temperature (CET) 修正有效温度,实感温度
しゅうせきかいろ 【集積回路】 integrated circuit (IC) 集成电路
じゅうせつごう 【柔接合】 flexible connection joint, flexible joint 柔性接合,柔性连接
しゅうぜん 【修繕】 repair 修理,修缮
しゅうせんドック 【修船～】 repairing dock 修船坞
しゅうぜんひ 【修繕費】 repair charge, repairing expense 修缮费
しゅうそ 【臭素】 bromine 溴
じゅうそう 【重曹】 baking soda, sodium bicarbonate, sodium hydrogen carbonate 碳酸氢钠,小苏打
じゅうそうがた 【重層型】 duplex type apartment 跃层式公寓,跃廊式公寓
じゅうそうかんけいすう 【重相関係数】 multiple correlation coefficent 多重相关系数
じゅうそうこうじょう 【重層工場】 multi-storied factory building 多层厂房
じゅうそうもん 【重層門】 two storied gate 双层门
じゅうぞくえいよう 【従属栄養】 heterotrophy 异养
しゅうそくさつえい 【収束撮影】 convergent photographing 交向摄影
しゅうそくしゃしん 【収束写真】 convergent photograph 交向照片
じゅうぞくせい 【従属性】 subordina-

tion 附属性

しゅうそくど【周速度】circumferential velocity 圆周速度

じゆうそくど【自由速度】free speed 自由速率,自由车速

しゅうそくはんていきじゅん【収束判定基準】convergence criteria 收敛判别准则

しゅうそん【集村】agglomerated settlement 聚居村

じゅうたく【住宅】dwelling house,residence 住宅

じゅうたくかいぜん【住宅改善】housing improvement 住宅改善

じゅうたくかんり【住宅管理】housing management 住宅管理

じゅうたくきじゅん【住宅基準】housing standards 住宅建筑标准

じゅうたくきぼ【住宅規模】dwelling house scale 住宅规模(一个住宅的总净面积或房间数)

じゅうたくきょうきゅう【住宅供給】housing supply 住宅供应

じゅうたくぎょうせい【住宅行政】housing administration 住宅管理,住宅经营

じゅうたくくうきちょうわ【住宅空気調和】residential air conditioning 住宅空气调节

じゅうたくけいえい【住宅経営】housing management 住宅经营

じゅうたくけいかく【住宅計画】housing project 住宅方案,住宅设计

じゅうたくけいざい【住宅経済】housing economy 住宅经济

じゅうたくけいざいがく【住宅経済学】housing economics 住宅经济学

じゅうたくさんぎょう【住宅産業】housing industry 住宅工业

じゅうたくじゅよう【住宅需要】housing demand 住宅需要,住房需求

じゅうたくすいじゅん【住宅水準】dwelling conditions 住宅水平,居住条件,住宅设施条件

じゅうたくせいさく【住宅政策】housing policy 住宅政策,住房政策

じゅうたくせいさん【住宅生産】housing production 住宅生产

じゅうたくセンサス【住宅～】census of housing 定期住宅普查,全国住房调查

じゅうたくだんち【住宅団地】housing estate 住宅区,住宅群

じゅうたくち【住宅地】residential area,residential quarter,residential district 居住区,住宅区

じゅうたくちくかいりょうじぎょう【住宅地区改良事業】residential area development work 居住区改建事业

じゅうたくちしせつ【住宅地施設】community facilities 住宅区公用设施

じゅうたくちょうさ【住宅調査】housing survey 住房调查

じゅうたくていえん【住宅庭園】residential garden,house garden 住宅庭园,住宅花园

じゅうたくとうけい【住宅統計】housing statistics 住房统计

じゅうたくとうけいちょうさ【住宅統計調査】housing statistics and survey 住宅统计调查

じゅうたくとうし【住宅投資】housing investment 住宅投资

じゅうたくとし【住宅都市】residential town 卧城,住宅城市(分担大城市等就业区的居住功能的城市)

じゅうたくなん【住宅難】housing shortage 住房不足,房荒,住宅短缺

じゅうたくなんりつ【住宅難率】housing shortage ratio 住房短缺率,房荒率

じゅうたくのこうそうりつ【住宅の高層率】multi-storied dwelling house ratio 住宅高层率(三层以上建筑中的住宅户数与全住宅户数之比)

じゅうたくのしゅかい【住宅の主階】piano nobile[意] 住宅主层,(意大利)住宅的第二层

じゅうたくのへいきんかいすう【住宅の平均階数】average story number of dwelling houses 住宅平均层数

じゅうたくふぞくていえん【住宅附属庭

園】 curtilage 住宅附属庭园
じゅうたくもんだい 【住宅問題】 housing problem 住房问题
じゅうたくようポンプ 【住宅用～】 housing pump 住宅用泵,家用泵
じゆうたん 【自由端】 free end 自由端
じゅうたん 【絨毯·絨緞】 carpet 地毯
しゅうたんえき 【終端駅】 terminal station, terminus 终点站
じゅうだんきょくせん 【縦断曲線】 vertical curve 竖曲线,纵断曲线
じゅうだんこうばい 【縦断勾配】 longitudinal slope 纵坡(度)
じゅうたんさんアルカリど 【重炭酸～度】 bicarbonate alkalinity 重碳酸碱度
じゅうたんさんえん 【重炭酸塩】 bicarbonate 重碳酸盐,碳酸氢盐
じゅうたんさんカルシウム 【重炭酸～】 calcium bicarbonate 重碳酸钙
じゅうたんさんこうど 【重炭酸硬度】 bicarbonate hardness 重碳酸硬度
じゅうたんさんソーダ 【重炭酸～[soda]】 sodium bicarbonate, sodium hydrogen carbonate 碳酸氢钠,小苏打
じゅうたんさんナトリウム 【重炭酸～[Natrium德]】 sodium bicarbonate, sodium hydrogen carbonate 碳酸氢钠,小苏打
しゅうだんじゅうたく 【集団住宅】 group houses 住宅组群,住宅组团
しゅうだんじゅうたくち 【集団住宅地】 housing estate, apartment area 住宅组群用地,公寓住宅区
しゅうだんしょうぎょうちいき 【集団商業地域】 grouped commercial district 商业密集区
じゅうだんせんけい 【縦断線形】 longitudinal alignment vertual alignment 纵断面线形
じゅうだんそくりょう 【縦断測量】 longitudinal levelling, profile levelling 纵断面(水准)测量
じゅうだんつぎめ 【縦断継目】 longitudinal joint 纵缝,纵向接缝
しゅうたんていしゃじょう 【終端停車場】 terminal station 终点(车)站
じゅうダンプ·トラック 【重～】 heavy dump truck 重型倾卸式货车
しゅうだんぼうかちいき 【集団防火地域】 grouped fire zone 防火集团区域
じゅうだんめんず 【縦断面図】 longitudinal section 纵剖面图
じゆうち 【自由地】 openspace 自由用地,公用空地
じゆうちかすい 【自由地下水】 free ground-water 无压地下水
しゅうちゃく 【収着】 sorption 吸着,吸收
じゅうちゅう 【獣柱】 zoophoric column 兽形柱
しゅうちゅうえんとつ 【集中煙突】 concentrated stack, concentrated smoke stack 集中烟囱
しゅうちゅうおうりょく 【集中応力】 concentrated stress 集中应力
しゅうちゅうかじゅう 【集中荷重】 concentrated load 集中荷载
しゅうちゅうがた 【集中型】 hall access type, efficiency type 集中式平面布置(中央布置大厅、电梯间等周围布置房间的方式)
しゅうちゅうがたけいこうランプ 【集中型螢光～】 aperture type fluorescent lamp 狭缝式(集中照射)荧光灯
しゅうちゅうがたしつりょうしんどうけい 【集中型質量振動系】 lumped mass system of vibration 集中质量振动系
しゅうちゅうがたじゅうたく 【集中型住宅】 efficiency type apartment house 集中式住宅(电梯间、楼梯间布置在中央的住宅)
しゅうちゅうかんごびょうとう 【集中看護病棟】 intensive care unit(ICU) 集中的特别护理病房
しゅうちゅうけいすう 【集中係数】 concentration factor (应力)集中系数
しゅうちゅうこうつうりょう 【集中交通量】 terminating traffic volume, attracted trip 集中交通量,到达交通量,吸引交通量

しゅうちゅうしき【周柱式】peripteral (古希腊神庙的)周柱式
しゅうちゅうしき【集中式】centralization system 集中式
じゅうちゅうしき【十柱式】decastyle (古希腊神庙的)十柱式
しゅうちゅうしきけんちく【集中式建築】Zentralbau[德] 集中式建筑(周围各部分围线中心对称布置的形式)
しゅうちゅうしきコンクリート・プラント【集中式～】central concrete mixing plant 集中式混凝土搅拌厂,混凝土集中搅拌站
しゅうちゅうしゅうしん【集中就寝】concentrated use of sleeping space 集中应用卧室(全家族在一室户居住的方式)
しゅうちゅうしゅうじんほうしき【集中集塵方式】central dust collecting system, central dust precipitating system 集中集尘方式
しゅうちゅうデータしょり【集中～処理】centralized data processing 数据集中处理
しゅうちゅうりょく【集中力】concentrated force 集中力
しゅうちょう【周長】perimeter 周长
じゆうちょうばん【自由丁番】double acting spring hinge 双动弹簧铰链(合页)
しゅうちん【終沈】final settling 最终沉淀,二次沉淀
じゆうちんこう【自由沈降】free settling 自由沉降,自由沉淀
しゅうつぎめ【周継目】circumferential seam 圆周接缝,环形焊缝
じゅうてん【充塡】infilling 填充,填实,填塞
じゅうでんき【充電器】charger 充电机
じゅうてんコンクリート【充塡～】filler concrete 衬填混凝土,充填混凝土
じゅうてんざい【充塡材】filler, packing, bulking agent, loading material 填料,填充料,衬垫,垫板,垫片
じゅうてんざい【充塡剤】filler, filling agent 填充剂,填料
じゅうてんざいこうか【充塡剤効果】effect of bulking agent 填充剂效果
じゅうてんそう【充塡層】packed bed 填充层
じゅうてんとう【充塡塔】packed tower 填充塔
じゅうてんぶつ【充塡物】packing 填充物
じゅうでんべん【充電弁】charging valve 充电阀
じゆうど【自由戸】double-action door 弹簧门,双动自止门
じゆうど【自由度】degree of freedom 自由度
しゅうどういん【修道院】monastery, convent 修道院
しゅうどうものさし【摺動物差】slide rule 滑尺,计算尺
じゆうとし【自由都市】free city 自由城市
しゅうとつ【臭突】odour discharging chimney 排臭烟囱
じゆうトラバース【自由～】free traverse 自由导线
じゅうなんワイヤ・ロープ【柔軟～】flexible wire rope 挠性钢索,柔性钢索
じゆうねじり【自由捩】free torsion 自由扭转,纯扭转
じゅうねんど【重粘土】heavy clay soil 重粘土
しゅうのうかぐ【収納家具】storage furniture 贮藏用家具,贮物用家具
しゅうのうぶぶん【収納部分】storage space 贮藏场所,贮存空间
しゅうは【周波】cycle 周
しゅうはいがいろ【集配街路】collector-distribution street 集散街道
しゅうはいじょ【集配所】distribution station 收发站,分配站,服务站(经管居民的牛乳、报纸等的接纳、分送工作)
しゅうはいそうセンター【集配送～】distribution center 分配中心,销售中心
しゅうはすう【周波数】frequency 频率
しゅうはすうおうとうきょくせん【周波数応答曲線】frequency response curve

频率反应曲线
しゅうはすうけい 【周波数計】 frequency meter 频率仪,频率计
しゅうはすうさ 【周波数差】 frequency difference 频(率)差
しゅうはすうじどうせいぎょ 【周波数自動制御】 automatic frequency control 自动频率控制
しゅうはすうそくていそうち 【周波数測定装置】 frequency measuring device 频率测量装置
しゅうはすうたい 【周波数帯】 frequency band 频带,波段
しゅうはすうたいいき 【周波数帯域】 frequency band 频带,波段
しゅうはすうたいいきはば 【周波数帯域幅】 frequency bandwidth 频带宽度,带宽
しゅうはすうでんたつかんすう 【周波数伝達関数】 frequency transfer function 频率传递函数
しゅうはすうとくせい 【周波数特性】 frequency characteristics 频率特性
しゅうはすうとくせいきょくせん 【周波数特性曲線】 frequency characteristics curve 频率特性曲线
しゅうはすうはんい 【周波数範囲】 frequency range 频段,波段,频率范围
しゅうはすうぶんせき 【周波数分析】 frequency analysis 频率分析
しゅうはすうぶんせきき 【周波数分析器】 frequency analyser 频率分析器
しゅうはすうへんちょう 【周波数変調】 frequency modulation 频率调制,调频
しゅうはすうレスポンス 【周波数～】 frequency response 频率响应
じゅうふくアーチ 【充腹～】 spandrel-filled arch,solid spandrel arch 实腹拱
じゅうふくげた 【充腹桁】 solid-web girder 实腹梁
じゅうふくざい 【充腹材】 full web member 实腹构件
じゅうふくばり 【充腹梁】 full web beam 实腹梁
じゆうふどうたい 【自由浮動体】 free float 自由浮体
じゅうフーリエきゅうすう 【重～級数】 double Fourier series 双傅里叶级数
じゅうフリント・ガラス 【重～】 heavy flint glass 重火石玻璃
しゅうぶん 【秋分】 autumnal equinox 秋分
じゅうぶんき 【従分岐】 secondary bifurcation 次分枝
じゆうぶんしかくさん 【自由分子拡散】 diffusion of free molecules 自由分子扩散(气体)
しゅうぶんてん 【秋分点】 autumnal equinoctial point 秋分点
じゅうべんか 【重弁花】 double flower 重瓣花
しゅうへんくどうがたシックナー 【周辺駆動型～】 circumferential driven thickener 周边驱动型浓缩池
しゅうへんじょうけん 【周辺条件】 boundary condition 边界条件
しゅうへんちいき 【周辺地域】 fringe area 边缘地区,周围地区
じゆうほいく 【自由保育】 free nurse 自由保育(为了发挥儿童的主动精神,不由保育员确定游戏内容,儿童自行游戏)
しゅうほうこうおうりょく 【周方向応力】 circumferential stress 圆周应力,环向应力
しゅうほろう 【周歩廊】 ambulatory 回廊,步道,步廊
じゆうまげしけん 【自由曲試験】 free bend test (焊接部分的)自由弯曲试验
しゅうまつじゅうたく 【週末住宅】 weekend house 周末用住宅(专供周末休息用的住宅)
しゅうまつしょり 【終末処理】 final treatment 最终处理
しゅうまつしょりじょう 【終末処理場】 terminal treatment plant 最终处理厂
しゅうみ 【臭味】 offensive odour 臭味,气味
しゅうみつしょか 【集密書架】 compact stack 密集式布置的书架
じゅうみんいしきちょうさ 【住民意識調

査】 居民意识调查

じゅうみんさんか 【住民参加】 居民参与(对城市规划方案的讨论)

じゆうめんせき 【自由面積】 free area 自由面积,畅通面积

じゆうめんはっぱ 【自由面発破】 free burden 自由面起爆

しゅうめんまさつ 【周面摩擦】 skin friction (桩的)周面摩擦,表面摩擦

じゅうもうフェルト 【獣毛～】 animal hair felt 兽毛毡

しゅうやくとし 【集約都市】 concentric city 环中心城市,同心圆城市

じゅうゆ 【重油】 heavy oil 重油

じゅうゆガスはいすい 【重油～廃水】 heavy oil gas scrubbing waste water 重油气洗涤废水

じゅうゆバーナー 【重油～】 heavy oil burner 重油燃烧器

しゅうようせん 【収容線】 storage track 存车线(收容留置车辆的线路)

じゅうようどけいすう 【重要度係数】 occupancy importance factor 重要性系数

しゅうらく 【集落】 community,settlement 村落,聚居地,居民点

しゅうらくけいかく 【集落計画】 settlement planning 村落规划,居民点规划

しゅうりさぎょう 【修理作業】 repair work 修理工作,修理作业

しゅうりゅう 【銹瘤】 tubercle 锈瘤,葡萄状管瘤

じゆうりゅうどうほう 【自由流動法】 free flow system (百货店售货处)自由流动式布置法,自由曲线型布置法

じゅうりょうがんしつりつ 【重量含湿率】 moisture content ratio by weight 重量含湿率,重量含水率

じゅうりょうがんすいりつ 【重量含水率】 water content by weight 重量含水率

じゅうりょうげん 【重量減】 loss of weight 重量损失,失重

じゅうりょうこつざい 【重量骨材】 heavy aggregate,heavy density aggregate 重集料,重骨料

じゅうりょうコンクリート 【重量～】 heavy concrete 重混凝土

じゅうりょうコンクリート・ブロック 【重量～】 heavy concrete block 重混凝土砌块

じゅうりょうせいげんひょうしき 【重量制限標識】 weight limit sign 重量限制标志

じゅうりょうちょうごう 【重量調合】 weight mixing,mix proportion by weight (混凝土)按重量比配合

じゅうりょうちょうごうひ 【重量調合比】 mixing ratio by weight 重量配合比

じゅうりょうはいごう 【重量配合】 weight mixing,mix proportion by weight (混凝土)按重量比配合

じゅうりょうはいぶんひ 【重量配分比】 mixing ratio by weight 重量配合比

じゅうりょうひ 【重量比】 ratio by weight 重量比

じゅうりょうブロック 【重量～】 heavy-weight (concrete) block 重混凝土砌块

じゅうりょうほう 【重量法】 gravimetric analysis 重量分析法

じゅうりょく 【重力】 gravity 重力

じゅうりょく 【縦力】 longitudinal force 纵向力

じゅうりょくおくり 【重力送】 gravity supply 重力式给料,重力供水

じゅうりょくかいてんろか 【重力回転濾過】 gravity rotary filtration 重力旋转过滤

じゅうりょくコンベヤー 【重力～】 gravity conveyer 重力式输送机

じゅうりょくしき 【重力式】 gravity system 重力式

じゅうりょくしきアークようせつ 【重力式～溶接】 gravity arc welding 重力式(电)弧焊

じゅうりょくしきあぶらぶんりそう 【重力式油分離槽】 gravity oil separator 重力式油分离池,重力式隔油池

じゅうりょくしきおんきだんぼう 【重力式温気暖房】 gravity warm-air heating

重力式热风采暖

じゅうりょくしきおんきろだんぼう【重力式温気炉暖房】gravity furnace heating 重力式热风炉采暖

じゅうりょくしききゅうそくろかそう【重力式急速濾過槽】gravity rapid filter 重力式快滤池

じゅうりょくしききょうだい【重力式橋台】gravity-type abutment 重力式桥台

じゅうりょくしきすなろかほう【重力式砂濾過法】gravity sand filtration process 重力式砂滤法

じゅうりょくしきようへき【重力式擁壁】gravity-type retaining wall 重力式挡土墙

じゅうりょくしゅうじん【重力集塵】gravity dust collection 重力集尘

じゅうりょくじゅんかんしき【重力循環式】gravity circulation system 重力循环方式

じゅうりょくじゅんかんしきおんすいだんぼう【重力循環式温水暖房】hot water heating with gravity circulation, gravity circulating hot water heating system 重力循环式热水采暖

じゅうりょくすいそう【重力水槽】gravity tank 恒压水箱,高架水箱

じゅうりょくダム【重力～】gravity dam 重力坝

じゅうりょくたんいけい【重力単位系】gravitational system of units 重力单位系统

じゅうりょくちゅうしん【重力中心】center of gravity 重心,重力中心

じゅうりょくちんこうほう【重力沈降法】gravity settling method 重力沉降法

じゅうりょくのかそくど【重力の加速度】acceleration of gravity 重力加速度

じゅうりょくはいすい【重力排水】gravity drainage 重力排水,自然排水

じゅうりょくはいすいこうほう【重力排水工法】gravity drainage method 重力排水法,自然排水法,集水井排水法

じゅうりょくほせい【重力補正】correction for gravity 重力改正

じゅうりょくモデル【重力～】gravity model（土地利用、交通规划应用的）重心法,重心模式

じゅうりょくろかき【重力濾過器】gravity filter 重力滤器,重力滤池

じゅうりょくろかほう【重力濾過法】gravity filtration process 重力过滤法

しゆうれんが【施釉煉瓦】glazed brick 釉面砖,琉璃砖

しゅうれんこうそく【収斂光束】convergent luminous flux 会聚光束,会聚光通

しゅうろう【周廊】peridrome（古希腊建筑的）围廊

しゅえいしつ【守衛室】porter's room, guardian's room 传达室,守卫室

じゅえきき【受液器】liquid receiver 受液器,液体收容器

じゅえきしゃふたん【受益者負担】benefit assessment, beneficiary charge（公用事业费）受益者分担

しゅおうりょく【主応力】principal stress 主应力

しゅおうりょくえん【主応力円】circle of principal stress 主应力圆

しゅおうりょくじく【主応力軸】principal axis of stress 应力主轴

しゅおうりょくじょうたい【主応力状態】state of principal stress 主应力状态

しゅおうりょくせつ【主応力説】principal stress theory 主应力理论

しゅおうりょくせん【主応力線】principal stress line, trajectory of principal stress 主应力线,主应力迹线

しゅおうりょくど【主応力度】principal stress intensity, principal unit stress 主应力强度,单位主应力

しゅおうりょくほうこう【主応力方向】direction of principal stress 主应力方向

しゅおうりょくめん【主応力面】principal stress plane 主应力平面

じゅおんしつ【受音室】sound receiving room 受声室(隔声测量时受声的房间)

しゅかいへいき 【主開閉器】 main-switch 主开关,总开关
しゅかじゅう 【主荷重】 principal load, primary load 主荷载,主要荷载
しゅかん 【主管】 main pipe ,main calm,main stem 总管,干管,主茎
じゅかん 【樹冠】 tree crown 树冠
じゅかん 【樹幹】 trunk,stem 树干
しゅかんせいモーメント 【主慣性~】 principal moment of inertia 主惯性矩
じゅかんせん 【樹冠線】 outline of crown 树冠(轮廊)线
しゅかんてきあかるさ 【主観的明るさ】 subjective brightness 主观亮度
しゅかんてきひろう 【主観的疲労】 subjective fatigue 主观疲劳(个人对疲劳程度的评价)
しゅき 【主機】 main engine 主机
しゅぎゃくどめべん 【主逆止弁】 main check valve 主止回阀,主防逆阀
しゅきょくせん 【主曲線】 principal contour 主等高线
しゅきょくりつ 【主曲率】 principal curvature 主曲率
しゅきょくりつはんけい 【主曲率半径】 principal curvature radius 主曲率半径
しゅきょくりつほうこう 【主曲率方向】 direction of principal curvature 主曲率方向
しゅきん 【主筋】 main reinforcement 主筋
しゅくけい 【縮景】 nature-modeling (庭园的)缩景
しゅくけいえん 【縮景園】 landscape modeling garden 缩景园
しゅくごう 【縮合】 condensation 缩合(作用),凝聚(作用)
しゅくごうりんさんえんふしょくよくせいざい 【縮合燐酸塩腐食抑制剤】 condensation phosphate anticorrosion inhibitor 缩合磷酸盐防蚀剂
じゅくしざし 【熟枝挿】 hard-wood cutting 硬枝扦插
しゅくしゃ 【宿舎】 lodging-house, dormitory 宿舍
しゅくしゃく 【縮尺】 scale 缩尺,比例尺
しゅくしゃくけいすう 【縮尺係数】 scale factor 比例尺因子,标度因子,比例系数
しゅくしゃくこうか 【縮尺効果】 scale effect 尺度影响,比例作用
しゅくしゃくず 【縮尺図】 scale drawing 缩尺图
しゅくしょう 【縮小】 condensation 收缩,缩小,浓缩
しゅくしょうき 【縮小機】 reduction printer 缩小(印像)机
しゅくしょうそんしつ 【縮小損失】 contraction loss 收缩损失
しゅくじろ 【宿城】 驻军城镇,宿留城,停留城
しゅくすん 【縮寸】 scale 缩尺,比例尺
じゅくせい 【熟成】 ripening,ripeness, aging,maturing 熟化,老化,(混凝土)硬化
じゅくせいおでい 【熟成汚泥】 ripening sludge 熟化污泥,消化污泥
じゅくせいおんど 【熟成温度】 maturing temperature 熟化温度,成熟温度
じゅくせいスラッジ 【熟成~】 ripening sludge 熟化污泥,消化污泥
しゅくちょくしつ 【宿直室】 keeper's room,night duty room 夜间值班室,值班室,值宿室
しゅくっせつりつ 【主屈折率】 principal refraction factor 主折射率
しゅくはくしせつ 【宿泊施設】 lodging facilities 住宿设施(可供住宿用建筑的总称)
しゅくはくじょ 【宿泊所】 宿舍,寓所
しゅくぶん 【縮分】 reduction 减量,减少,缩小
しゅくやくこうばいほう 【縮約勾配法】 reduced-gradient method 简约梯度法
しゅくりゅう 【縮流】 contracted flow 收缩流
しゅくりゅうぜき 【縮流堰】 weir with end contraction 收缩堰
しゅけい 【主景】 main portion 主景

じゅけい【樹形】tree form 树形
しゅげた【主桁】main girder 主梁,大梁
しゅげんしかりょく【主原子価力】main valence force 主原子价力
しゅごいし【守護石】guardian stone 瀑布两边的立石
しゅこう【主構】main truss 主桁(架)
じゅこう【樹高】height of tree 树高
しゅこうようせつ【手工溶接】hand welding 手工焊接
しゅコック【主~】main cock 总龙头,主龙头
しゅこつざい【主骨材】macadam aggregate (筑路)主要骨料,碎石粗骨料
ジュコールこう【~鋼】Ducol steel, low manganese structural steel 低锰结构钢
しゅこん【主根】main root 主根,直根
しゅざい【主材】principal member 主要构件,主要杆件,主要材料
しゅざい【主剤】principal agent 主剂
じゅし【樹脂】resin 树脂
じゅし【樹姿】tree performance 树姿
じゅしがんしんし【樹脂含浸紙】resin impregnated paper 浸脂纸,树脂浸渗纸
じゅしがんゆうりつ【樹脂含有率】resin content 树脂含量,含脂率
しゅじく【主軸】principal axis 主轴
しゅじくせん【主軸線】principal axis 主轴线
じゅしさん【樹脂酸】resin acid 树脂酸
じゅしじょうそしき【樹枝状組織】dendritic structure (金属结晶的)树枝状结构,树枝状组织
しゅししょうどく【種子消毒】seed sterilization 种子消毒
じゅしせいワニス【樹脂性~】resin varnish 树脂清漆
しゅしつ【主室】fore room, main room 前堂,主室
じゅしフィルム【樹脂~】resin film 树脂薄膜
しゅじゅつしつ【手術室】operation room, operating theatre 手术室
しゅじゅばしら【侏儒柱】侏儒柱
じゅしょうめん【受照面】illuminated surface, plane of illumination 受照面
じゅしん【樹心】pith, stem-axis (木材)髓心,树心
じゅしんアンテナ【受信~】receiving antenna 接收天线
じゅしんき【受信器】receiver 接收机,收报机
しゅしんごうき【主信号機】main signal 主信号机
しゅしんどう【主振動】principal vibration 主振动
しゅすい【取水】water-intake 进水,取水
しゅすいい【取水位】intake water level 进水位,进水水位
しゅすいかん【取水管】intake pipe 进水管,取水管
しゅすいゲート【取水~】intake gate, head gate 进水闸门
しゅすいこう【取水口】intake 进水口,取水口
しゅすいこうあみ【取水口網】intake screen 进水格网
しゅすいしきりべん【取水仕切弁】intake sluice valve 进水闸阀,取水闸阀
しゅすいしせつ【取水施設】intake facilities 取水设施,进水设备
しゅすいしょうかせん【取水消火栓】buried fire hydrant 取水消火栓,埋置消火栓
しゅすいぜき【取水堰】intake weir, diversion weir 进水堰,分水堰,取水堰
じゅすいそう【受水槽】receiving tank 承水池,承水器
しゅすいそうち【取水装置】intake plant 进水装置,取水装置
じゅすいち【受水地】receiving basin 贮水池,蓄水池
しゅすいとう【取水塔】intake tower 进水塔,取水塔
しゅすいトンネル【取水~】intake tunnel 进水隧洞,取水隧洞
しゅすいへいせん【主水平線】horizon

trace, principal horizontal line 主水平线

しゅすいほんかん 【取水本管】 intake main 进水干管,取水干管

しゅすいもん 【取水門】 intake gate, head gate 进水闸门

しゅすいりょう 【取水量】 quantity of water intake 进水量,取水量

しゅすいろ 【取水路】 intake channel, inlet channel 进水渠道,取水渠道

シュステュロス systylos[希] (古希腊、古罗马神庙的)窄柱式(柱间距为柱径的二倍)

しゅせい 【酒精】 alcohol 酒精,乙醇,醇

じゅせい 【樹勢】 tree vigor 树势

じゅせいらん 【受精卵】 fertilized egg 受精卵

しゅせいワニス 【酒精~】 spirit varnish, volatile varnish 酒精清漆,挥发性清漆

しゅせん 【主線】 principal line, main line 主线,干线

しゅせんだんおうりょく 【主剪断応力】 principal shearing stress 主剪应力

しゅせんだんおうりょくせん 【主剪断応力線】 principal shearing stress line 主剪应力线

しゅせんだんおうりょくめん 【主剪断応力面】 principal shearing stress plane 主剪应力面

しゅたい 【主体】 main frame 主体结构,主体构架

しゅたいかくせん 【主対角線】 principal diagonal 主对角线

しゅたいこうじひ 【主体工事費】 subject construction cost 主体工程费

シュタインホーフきょうかい 【~教会】 Kirche am Steinhof[德] (1903~1907年奥地利维也纳)斯太因霍甫教会

しゅダクト 【主~】 main air duct 主风管,总风(管)道

シュタールトン・スラブ Stahlton slab (瑞士创制的)砖铺底浇灌砂浆的预应力槽形板

しゅだんめんにじモーメント 【主断面二次~】 principal moment of inertia 主惯性矩,截面惯性矩

じゅちゅうせいさん 【受注生産】 订货生产

シューチング chuting 滑槽运输

しゅっかきけんど 【出火危険度】 fire breakout ratio 起火率,火灾发生率

しゅっかてん 【出火点】 spot of fire breaks 起火点,发生火灾点

しゅっかりつ 【出火率】 fire breakout ratio 起火率,火灾发生率

しゅつがんず 【出願図】 application drawing 申请图

しゅっさつぐち 【出札口】 booking window, ticket window 售票窗口

しゅっさつじょ 【出札所】 ticket office, booking office 售票室,售票处

しゅっすい 【出水】 flood, freshet 洪水,泛滥

しゅっすいき 【出水期】 flood season 洪水期,洪水季节

しゅったいひょうじそうち 【出退表示装置】 in-and-out signal 在室外出表示装置,在室外出表示器

しゅっちょう 【出跳】 出跳

しゅつにゅうせいげん 【出入制限】 control of access 进入限制,(公路支线的)进口控制

しゅつにゅうせいげんどうろ 【出入制限道路】 controlled-access highway, limited access highway 控制进入的公路

しゅっぱつしんごうき 【出発信号機】 starting signal 发车信号机

しゅっぱつせん 【出発線】 departure line 发车线

しゅっぱつとうちゃくちてんちょうさ 【出発到着地点調査】 origin destination study (交通)起讫点调查

しゅつぼ 【朱壺】 红土子墨斗,红土子盒

しゅつりょく 【出力】 output 输出,输出功率

しゅつりょくそうち 【出力装置】 output unit 输出装置,输出元件

しゅてい 【主庭】 main garden 主屋前庭园

**シュテファンだいせいどう** 【～大聖堂】 Stephansdom, Wien[德] (14～15世纪奥地利维也纳)斯特凡大教堂

**しゅでん** 【主殿】 (日本古建筑中的)主殿,主要住房

**じゅでんしつ** 【受電室】 transformer room 变电室

**じゅでんでんあつ** 【受電電圧】 receiving voltage 接收电压

**じゅでんばん** 【受電盤】 incoming panel 进电配电盘

**じゅでんほうしき** 【受電方式】 receiving system 受电方式

**しゅと** 【首都】 capital 首都

**シュート** chute, shoot 溜槽,滑槽,斜槽,泻物架,滑运道

**ジュート** jute 黄麻,黄麻纤维

**しゅどう** 【手動】 manual operation 手动,手动操作

**しゅとうえい** 【主投影】 principal projection 主投影

**しゅどうおんどちょうせつ** 【手動温度調節】 hand-operated temperature control 人工温度调节

**しゅどうきりかえそうち** 【手動切替装置】 manual change operation device 手动切换开关

**しゅどうけいりょうそうち** 【手動計量装置】 manual weight batcher 手动计量设备

**しゅどうこうじゅうき** 【手動扛重機】 hand jack 手摇千斤顶,手动起重器

**しゅどうしきかいほうべん** 【手動式開放弁】 manual operation valve 手动控制阀

**しゅどうスクリーン** 【手動～】 manually operated screen 手动筛,手动格栅

**しゅどうせいぎょ** 【手動制御】 manual control 手动控制,人工控制

**しゅどうせんじょう** 【手動洗浄】 hand flushing 手动冲洗

**しゅどうどあつ** 【主働土圧】 active earth pressure 主动土压力,土推力

**じゅどうどあつ** 【受働土圧】 passive earth pressure 被动土压力,土抗力

**しゅどうどあつけいすう** 【主働土圧係数】 coefficient of active earth pressure 主动土压力系数,土推力系数

**じゅどうどあつけいすう** 【受働土圧係数】 coefficient of passive earth pressure 被动土压力系数,土抗力系数

**しゅどうはっしんき** 【手動発信機】 manual fire alarm station 手动报警机

**しゅどうブレーキ・レバー** 【手働～】 hand brake lever 制动手柄,手摇制动杆

**しゅどうべん** 【手動弁】 hand-operated valve 手动阀

**しゅどうぼうちょうべん** 【手動膨脹弁】 hand expansion valve 手动膨胀阀

**しゅどうポテンショメーター** 【手動～】 manual potentiometer 手动电位差计

**しゅどうポンプ** 【手動～】 wobble pump 手摇泵

**しゅどうランキどあつ** 【主働～土圧】 active Rankine pressure 兰金主动土压力

**しゅどうリフト** 【手動～】 hand lift 手摇起重机,手动起重机

**シュトゥルム** der Sturm[德] 暴风雨派 (1910～1930年间德国表现主义团体)

**しゅとくねつりょう** 【取得熱量】 heat gain, gain caloric 得热量

**しゅとけん** 【首都圏】 metropolitan sphere, national capital region 首都圈,首都范围圈(以首都为中心的首都地区)

**しゅとけんせいびけいかく** 【首都圏整備計画】 national capital region development plan 首都圈整顿规划

**シュトラースブルクだいせいどう** 【～大聖堂】 Münster, Strassburg[德] (12～15世纪日尔曼)斯特拉斯堡大教堂

**しゅトラップ** 【主～】 main trap 总存水弯

**しゅにじモーメント** 【主二次～】 principal moment of inertia 主惯性矩

**しゅにんぎじゅつしゃ** 【主任技術者】 chief engineer, engineer-in-charge 主任工程师

**じゅにんげんど** 【受忍限度】 (城市中公害的)忍受限度

ジュネレーター generator 发生器,发电机,振荡器,发烟器
シュノンソーのじょうかん 【～の城館】 Chateau de Chenonceaux[法] (1515～1556年法国)谢农苏府邸
シュパイエルだいせいどう 【～大聖堂】 Dom,Speyer[德] (11～12世纪日尔曼)施派耶尔大教堂
しゅひずみ 【主歪】 principal strain 主应变
しゅひずみせつ 【主歪説】 principal strain theory 主应变理论,主变形理论
じゅびょう 【樹病】 tree disease 树木病害
しゅふうこう 【主風向】 prevailing wind direction 主导风向,盛行风向
しゅへいめん 【主平面】 principal plane 主平面
じゅへき 【樹壁】 planting screen 树墙
しゅへん 【珠辺】 珠边饰,联珠饰
しゅべん 【主弁】 main valve 干管阀,主阀
しゅへんけいせつ 【主変形説】 principal strain theory 主变形理论,主应变理论
しゅボイラー 【主～】 main boiler 主锅炉
しゅほうせんほうこう 【主法線方向】 principal normal direction 主法线方向
しゅぼく 【主木】 main tree 主景树
しゅぼせん 【主母線】 main generating line 主母线
しゅほんせん 【主本線】 main line,main track 主干线,正线
しゅポンプ・ユニット 【主～】 main pump unit 主泵机组,主泵装置
じゅまく 【樹幕】 planting screen 树障,树屏
しゅみざ 【須弥座】 须弥座
しゅみだん 【須弥壇】 (佛殿中央的)佛坛
シュミット・テスト・ハンマー Schmidt concrete test hammer 施密特式混凝土试验锤,混凝土回弹仪
シュミットのねつりゅうけい 【～の熱流計】 Schmidt heat flowmeter 施密特式热流计
シュミット・ハンマー Schmidt concrete test hammer 施密特式混凝土试验锤,混凝土回弹仪
じゅみょう 【寿命】 mortality (结构的)寿命,耐用年限
シュメールけんちく 【～建築】 Sumerian architecture (公元前2世纪美索不达米亚的)苏美尔建筑
しゅめん 【主面】 principal plane 主平面
じゅもくえん 【樹木園】 arboretum 树木园
しゅモーメント 【主～】 principal moment 主力矩,主矩
じゅもん 【樹門】 live arch 绿化拱门
しゅようかんせんどうろ 【主要幹線道路】 major arterial street 主要干路
しゅようこう 【主要港】 main port 主要港口
しゅようこうぞうぶ 【主要構造部】 main structural part 主要结构部分
しゅようちほうどう 【主要地方道】 principal local road 主要地方道路
しゅようどう 【主要動】 principal shock 主要震动
じゅようりつ 【需用率】 demand factor 需用率,需用系数
シュライン shrine 神殿,圣地,圣陵
じゅらくつち 【聚楽土】 抹泥面层用土
ジュラルミン duralumin 硬铝,飞机合金
ジュラルミンばん 【～板】 duralumin plate 硬铝板
しゅりょくこうじゅうき 【手力扛重器】 hand jack 手摇千斤顶,手动起重器
シュリーレンほう 【～法】 Schlieren's method 施利林法(检验光线进行方向变化用)
シュリンク・ミクス・コンクリート shrink mix concrete 搅拌车搅拌的混凝土
シュリンケージ shrinkage 收缩,皱缩
じゅりんてい 【樹林庭】 树林庭园
ジュール Joule 焦耳
ジュールこうか 【～効果】 Joule effect

焦耳效应
ジュール-トムソンこうか 【～効果】 Joule-Thomson's effect 焦耳-汤姆逊效应
ジュールねつ 【～熱】 Jonle's heat 焦耳热
ジュールのほうそく 【～の法則】 Joule's law 焦耳定律
シュルレアリスム Surréalisme[法] 超现实主义
じゅれい 【樹齢】 age of tree 树龄
シュレーダーてい 【～邸】 Schroder House 施列达尔住宅(1924年荷兰风格派的代表性住宅建筑)
しゅレール 【主～】 main rail 主轨(条)
しゅろ 【棕梠】 Trachycarpus Fortunei [拉], China palm, fortunes windmill palm[英] 棕榈
しゅろがたヴォールト【棕梠形～】 palm vault 棕榈形拱顶
しゅろなわ 【棕梠縄】 palm rope 棕榈绳
しゅろぶせ 【棕梠伏】 掺棕榈纤维抹灰
じゅわき 【受話器】 erceiver 受话器，电话听筒
シュワルツしき 【～式】 Schwarz's formula 施瓦茨(计算长柱)式
じゅんアルミニウム 【純～】 pure aluminum 纯铝
じゅんい 【順位】 order 顺序，位次，等级，次序
じゅんい 【準位】 level 水位，水平面
じゅんえん 【純鉛】 pure lead 纯铅
じゅんおん 【純音】 pure tone, simple tone 纯音，单音
じゅんか 【馴化】 acclimation 驯化
じゅんかたいし＝じゅんこうせき
じゅんかつざい 【潤滑剤】 lubricant 润滑剂，润滑油
じゅんかつゆ 【潤滑油】 lubricating oil 润滑油
じゅんかん 【循環】 circulation 循环
じゅんかんあつりょく 【循環圧力】 circulating pressure 循环压力
しゅんかんガスゆわかしき 【瞬間～湯沸器】 instantaneous gas water heater 瞬时煤气热水器，快速煤气热水器
しゅんかんかんそう 【瞬間乾燥】 flash drying 瞬间干燥，瞬间烘干
じゅんかんき 【循環期】 circulation period 循环期
じゅんかんくうき 【循環空気】 circulating air 循环空气
しゅんかんさいだいふうそく 【瞬間最大風速】 instantaneous maximum wind velocity 瞬时最大风速
しゅんかんさんそようきゅうりょう 【瞬間酸素要求量】 immediate oxygen demand(IOD) 瞬时需氧量
じゅんかんすい 【循環水】 circulating water 循环水
じゅんかんすいとう 【循環水頭】 circulating water head 循环水头
じゅんかんすいポンプ 【循環水～】 circulating pump 循环水泵
じゅんかんすいろばっきほう 【循環水路曝気法】 oxidation ditch 氧化沟，循环水沟曝气法
しゅんかんせっちゃくざい 【瞬間接着剤】 instantaneous adhesive agent 瞬时粘合剂，瞬时胶结剂
じゅんかんそう 【循環槽】 circulation tank 循环池
じゅんかんそうち 【循環装置】 circulating device 循环装置
じゅんかんばっきそう 【循環曝気槽】 recirculated aeration tank 循环曝气池
しゅんかんゆわかしき 【瞬間湯沸器】 instantaneous heater 瞬时沸水器，快速沸水器
じゅんかんりゅうりょう 【循環流量】 circulation discharge 循环流量
しゅんかんりょく 【瞬間力】 instantaneous force 瞬时力
じゅんきょせん 【準拠線】 reference line 参考线
じゅんきょてん 【準拠点】 reference point 参考点，依据点
じゅんきり 【純切】 全弃土挖方，纯挖土，纯挖方
じゅんけいかん 【純径間】 clear span 净

跨

しゅんけつ 【瞬結】 flash setting, quick setting （水泥的)急凝,闪凝,瞬时凝结

しゅんこう 【竣工·竣功】 completion 竣工,完工

じゅんこうか 【準硬化】 quasi-setting 半凝固,半硬化

じゅんこうぎょうちいき 【準工業地域】 quasi-(semi-)industrial zone 准工业区,无污染工业区

しゅんこうしき 【竣工式】 completion ceremony 竣工仪式,竣工典礼

しゅんこうず 【竣工図】 as-built drawing 竣工图

じゅんこうせき 【準硬石】 semi-hard stone 半硬石,次硬石

しゅんざい＝はるざい

しゅんじさいか 【瞬時載荷】 transient loading, instantaneous load 瞬时荷载,瞬载

じゅんしょく 【純色】 pure colour 纯色

じゅんじょけんさ 【順序検査】 ordinal inspection, ordered inspection 顺序检查

じゅんじんこうみつど 【純人口密度】 net density of population 净人口密度

じゅんすい 【純水】 pure water 纯(净)水

じゅんすい 【純粋】 pureness 纯粹,纯净

じゅんすいしゅぎ 【純粋主義】 purism 纯粹主义

じゅんすいのじゅんど 【純水の純度】 purity of demineralized water 纯(净)水纯度

じゅんすいばいよう 【純粋培養】 pure culture 纯系培养

じゅんすいボイラー 【純水～】 pure water boiler 纯水锅炉

じゅんすいまげ 【純粋曲】 pure bending 纯弯曲

じゅんすいろか 【純水濾過】 filtration of demineralized water 纯(净)水过滤

じゅんスパン 【純～】 clear span 净跨

しゅんせつ 【浚渫】 dredging 疏浚,挖泥

しゅんせつき 【浚渫機】 dredger, dredging engine 挖泥机,疏浚机

しゅんせつせん 【浚渫船】 dredger 挖泥船

しゅんせつポンプ 【浚渫～】 dredging pump 吸泥泵

じゅんセメント 【純～】 net cement, non-blended cement 纯水泥

じゅんせんだん 【純剪断】 pure shear 纯剪切,纯剪

じゅんたいかこうぞう 【準耐火構造】 semi-fireproof construction 半耐火构造,准耐火构造

じゅんだんめん 【純断面】 net section 净截面

じゅんだんめんせき 【純断面積】 net sectional area 净截面面积

じゅんち 【馴致】 acclimation 驯化

じゅんちょっけつワイがたりったいこうさ 【準直結Y型立体交差】 semi-direct Y-grade separation 半直接连接Y型立交

じゅんどう 【純銅】 pure copper 纯铜

じゅんとうほう 【準等方】 quasi-isotropy 准各向同性

じゅんどけい 【純度計】 purity meter 纯度计

じゅんニュートンほう 【準～法】 quasi Newton's method 准牛顿法

じゅんのう 【順応】 adaptation 人对环境因素变化的适应

じゅんのうこうそくはっさんど 【順応光束発散度】 adaptation helios 适应光通发射度,适应光通发光度

じゅんのうさよう 【順応作用】 adaptation （眼的)适应作用,调配作用

じゅんのうすいじゅん 【順応水準】 adaptation level 适应水准

じゅんばんまち 【順番待】 依次等候,顺次等候

じゅんびこうじ 【準備工事】 preparatory works 准备工程

じゅんびひ 【準備費】 (施工)准备费

じゅんふねんざいりょう 【準不燃材料】 semi-non-combustible material 准不燃材料

しゅんぶん 【春分】 vernal equinox 春分
しゅんぶんてん 【春分点】 vernal equinoctial point 春分点
じゅんぺん 【潤辺】 wetted perimeter 湿润周界,湿周
じゅんぼうかちいき 【準防火地域】 semi-fire zone 半防火区,类防火区
じゅんまげ 【純曲】 pure bending 纯弯曲
じゅんみつど 【純密度】 net density 净密度
じゅんもり 【純盛】 纯填土,纯填方,全部取土填方
じゅんよう 【馴養】 acclimatization 驯化
じゅんラーメンこうぞう 【純~[Rahmen 德]構造】 pure rigid framed structure 纯刚性构架结构,纯刚架结构,纯框架结构
じゅんりん 【純林】 pure forest,pure stand,single species forest 纯林,单纯林
ショー show 展览,展览会
ジョー jaw 颚(板),爪,夹紧装置,钳子
ショアかたさ 【~硬さ】 Shore hardness 肖氏硬度,肖尔硬度
ショアかたさけい 【~硬さ計】 Shore hardness tester 肖氏硬度计,肖氏硬度试验计
ショアかたさしけん 【~硬さ試験】 Shore hardness test 肖氏硬度试验
しょあつ 【初圧】 initial pressure 初压力
じょあつべん 【除圧弁】 releasing valve,release valve 泄荷阀
ジョイスト joist 搁栅,小梁,起跳板
ジョイスト・スラブ joist slab 小梁并排(平)板,小梁楼板
ジョイナー joiner 接缝条,接合条,接合材料,细木工
ジョイニング joining 连接,结合,接合,接头,接缝,并接
しょいん 【書院】 书院(常指私塾),书斋,日本住宅客厅内的凸窗
しょいんだな 【書院棚】 日本住宅客厅内的凸窗
しょいんづくり 【書院造】 书院式房屋
ジョイント joint 接缝,接合,结点,节点,接头
ジョイント・エイジング・タイム joint aging time 接缝(合)时效期间
ジョイント・グラウト joint grouting 接缝灌浆
ジョイント・クリーナー joint cleaner 清缝机
ジョイント・クリーニング・マシン joint cleaning machine 清缝机
しょいんどこ 【書院床】 日本住宅客厅内的凸窗
ジョイント・シーラー joint sealer 填缝机,封缝机(混凝土路面)接缝填缝机
ジョイント・ドライブ joint drive 万向节传动
ジョイント・プレート joint plate 接合板,连接板
ジョイント・ボックス joint box 接线箱
しょいんにわ 【書院庭】 shoin garden 书院式住宅的庭园
しよう 【仕様】 specification 规格,说明书,规格明细表,规程,规范,施工细则
じょう 【錠】 lock,latch 锁,栓
じょうあつじょうきようじょう 【常圧蒸気養生】 atmospheric steam curing 常压蒸汽养护
じょうあつバーナー 【常圧~】 normal pressure burner 常压燃烧器
しょうあつようポンプ 【昇圧用~】 booster pump 增压泵
しようあつりょく 【使用圧力】 working pressure 工作压力
しょうアプス 【小~[apse]】 apsidiole 半圆形小后殿
じょういこうふくてん 【上位降伏点】 upper yield point 上屈服点
しょういりがわ 【小入側】 passage aisle,minor aisle 小通道,过道,走廊
ショー・ウィンドー show window 陈列窗,橱窗
しょううんぱん 【小運搬】 小搬运
しょうエネルギー 【省~】 energy con-

servation 节(约)能(源)

しょうエネルギーしょうめい 【省～照明】 energy conservation lighting 节能照明方式

しょうえん 【松煙】 turpentine soot 松烟

しょうおうかんち 【照応換地】 照顾原有土地重划用地

しようおうりょく 【使用応力】 working stress 使用应力,资用应力,工作应力

じょうおん 【上音】 overtone 泛音

しょうおんがくどう 【小音楽堂】 minor odeun 小音乐堂,演奏厅

じょうおんかこう 【常温加工】 cold working 常温加工,冷加工,冷作

しょうおんかん 【消音管】 hush pipe (tube) 消声管

しょうおんき 【消音器】 sound absorber,sound attenuator,muffler 消音器,消声器

じょうおんくっきょくしけん 【常温屈曲試験】 cold bend(ing)test 冷弯试验

じょうおんこうか 【常温硬化】 cold setting,room temperature setting 常温固结,冷硬化,室温硬化

じょうおんこうかせっちゃくざい 【常温硬化接着剤】 room temperature setting adhesives 常温固化粘合剂,室温固化粘合剂

じょうおんこんごうしきこうほう 【常温混合式工法】 cold mixing method (沥青混合料)冷拌施工法

しょうおんシスタン 【消音～】 silent cistern 消声贮水器

じょうおんせいけい 【常温成形】 cold moulding 冷成形,冷塑

じょうおんせっちゃく 【常温接着】 room temperature gluing 常温胶接,常温粘合,室温胶接

しょうおんそうち 【消音装置】 sound absorber 消声器,消声装置

しょうおんダクト 【消音～】 sound absorbing duct,sound attenuator 消声管道,吸声管道

しようおんど 【使用温度】 operating temperature,working temperature 工作温度,运转温度

しょうおんばこ 【消音箱】 sound absorbing box,sound attenuating box,silence chamber 消声箱

しょうおんふきだしべん 【消音吹出弁】 silent blowoff valve 无声放气阀

しょうおんボール・タップ 【消音～】 silent falling ball tap 消声球形龙头

じょうおんまげ 【常温曲】 cold bending 冷弯

じょうおんもろさ 【常温脆さ】 cold shortness 冷脆性,常温脆性

じょうおんようほそうタール 【常温用舗装～】 cold-applied road tar 冷用路面煤沥青,冷用路面焦油沥青

しょうか 【消火】 fire extinguishment 灭火,消火

しょうか 【消化】 slaking,digestion 熟化,消化,消解

しょうか 【商家】 commercial house 店铺兼住家

しょうか 【硝化】 nitrification 硝化,硝化作用,硝酸盐析出现象

しょうか 【晶化】 crystallization 结晶

じょうか 【浄化】 purification 净化

しょうかい 【焼塊】 clinker 熔块,烧结块,水泥熟料

しょうがい 【障碍】 obstruction,obstacle 故障,障碍,阻塞,干扰

しょうかいきょう 【昇開橋】 lift bridge 升降桥,直升式开合桥

しょうがいしんごう 【障害信号】 obstruction signal 故障信号,事故信号

じょうかいていり 【上界定理】 upper bound theorem 上限定理(安全系数最小定理),上界定理

しょうがいとう 【障害灯】 obstruction lamp 故障灯,事故灯

しょうがいばば 【障害馬場】 steeplechase racing track 障碍赛马场

しょうがいぶつせいげんひょうめん 【障害物制限表面】 obstruction restriction surface (机场周围)障碍物限制面

しょうかおでい 【消化汚泥】 digested

sludge 消化污泥
しょうかガス 【消化～】 digestive gas 消化气体
しょうかガスのさいじゅんかん 【消化～の再循環】 recirculation of digestion gas 消化气体再循环
しょうかき 【消火器】 fire extinguisher 灭火器
しょうかき 【消化器】 digestor 消化器
しょうかき 【消化機】 slaking machine 消解机
しょうかきん 【硝化菌】 nitrifying bacteria 硝化菌
しょうがく 【正角】 sawn square 方木,枋
じょうかく 【城郭】 城郭
じょうかくえん 【城郭園】 castle garden 城堡园(指由城堡围起来的庭园)
じょうかくけんちく 【城郭建築】 城郭建筑,城堡建筑
しょうかさいきん 【硝化細菌】 nitrifying bacteria, nitrobacteria 硝化细菌
しょうかじかん 【消化時間】 digestion period, digestion time 消化时间,消化期
しょうかしつ 【消化室】 digestion chamber 消化室
しょうかしゃすい 【消火射水】 fire stream 消防喷射水流,灭火水注
しようかじゅう 【使用荷重】 working load 作用荷载,资用荷载,工作荷载,施工荷载
しょうかじゅう 【消火銃】 extinguish gun 灭火(喷)枪
しょうかしゅかん 【消火主管】 firemain 消防干管
しょうかしょり 【消化処理】 digestive treatment 消化处理
しょうかせい 【消化性】 digestibility 消化性,消化度
しょうかせつび 【消火設備】 extinguishment facilities 消防设备,灭火设备
じょうかせつび 【浄化設備】 clarification plant 净化设备,澄清设备
しょうかせん 【消火栓】 fire hydrant, hydrant 消防龙头,消火栓
しょうかせんおおい 【消火栓覆】 hydrant bonnet 消火栓罩
しょうかせんのかいへいべん 【消火栓の開閉弁】 hydrant 消防栓
しょうかせんばこ 【消火栓箱】 fire hydrant cabinet, fire valve box 消火栓箱
しょうかせんばこないのそうび 【消火栓箱内の装置】 fire hose cabinet equipment"B" 消防栓箱第二种装备
しょうかそう 【消化槽】 digestion tank 消化池
じょうかそう 【浄化槽】 septic tank 化粪池
じょうかそうち 【浄化装置】 purification device 净化设备
じょうかち 【浄化池】 clarification basin (污水)净化池,澄清池
しょうかど 【消化度】 slaking degree 消解度,熟化程度
しょうかねつ 【消化熱】 heat of slaking 消解热
じょうかのうりつ 【浄化能率】 clarifying efficiency 净化效率,澄清效率
しょうかノズル 【消火～】 fire (hose) nozzle 水枪,消防喷嘴
じょうかはいすい 【浄化廃水】 clarified wastewater, settled wastewater 净化后的废水
しょうかバクテリア 【硝化～】 nitrifying bacteria, nitrobacteria 硝化细菌,硝化菌
しょうかバケット 【消火～】 fire bucket 消防水桶
しょうかべん 【消火弁】 fire valve, hydrant valve 消火栓阀
しょうかほう 【消化法】 digestion process 消化法
しょうかホース 【消火～】 fire hose 消防水龙带
しょうかポンプ 【消化～】 fire pump 消防泵
じょうかまち 【城下町】 (日本中世纪以来的)城下镇
しょうかめん 【硝化綿】 nitrocellulose

硝化纤维素
しょうかめんとりょう【硝化綿塗料】nitrocellulose lacquer,nitrocellulose dope 硝化纤维涂料,硝化纤维素喷漆
しょうかめんラッカー【硝化綿～】nitrocellulose lacquer 硝化纤维素喷漆,硝基漆
しょうかようすい【消火用水】water for fire-fighting 消防用水
しょうかようすいどう【消火用水道】waterworks for fire-fighting 消防给水设备,消防给水装置
しょうかりつ【消化率】slaking modulus 消解百分率
じょうかりつ【浄化率】clarifing efficiency 净化效率
しょうがん【床岩】bed rock 基岩,底岩,岩床
しょうき【笑気】laughing gas 笑气,一氧化二氮
じょうき【蒸気】vapour,steam 蒸气
じょうぎ【定規·定木】ruler,rule,squares 尺,直角尺,划线板
じょうきあつ【蒸気圧】vapour pressure,steam pressure 蒸气压
じょうきあっしゅくじょうはつほう【蒸気圧縮蒸発法】thermocompression evaporation 热压蒸发法
じょうきあっしゅくほう【蒸気圧縮法】vapour compression 蒸气压缩法
じょうきあつりょく【蒸気圧力】vapour pressure,steam pressure 蒸气压力
じょうきあつりょくけい【蒸気圧力計】steam pressure gauge 汽压计
じょうきあつりょくしきカスケード·ヒーターほうしき【蒸気圧力式～方式】steam pressure type cascade heating system 蒸气加压(串联)采暖方式
じょうきいりぐち【蒸気入口】steam inlet 进汽口
じょうきエジェクター【蒸気～】steam ejector 蒸气喷射器
じょうきオリフィス【蒸気～】steam orifice 蒸气口,蒸气(管)孔
じょうきかいしゅう【蒸気回収】steam recovery 蒸气回收
しょうきガス【笑気～】laughing gas 笑气,一氧化二氮
じょうきかねつコイル【蒸気加熱～】steam heating coil 蒸气加热盘管
じょうきがま【蒸気釜】steam kettle 蒸气锅
じょうきかん【蒸気管】steam pipe 蒸气管
じょうきかんスリーブ【蒸気管～】steam pipe sleeve 蒸气管套
じょうきかんそう【蒸気乾燥】steam drying 蒸汽干燥
じょうききかん【蒸気機関】steam engine 蒸气机
じょうぎぐい【定規杭】stake 定位桩,标桩
じょうきくいうちき【蒸気杭打機】steam pile driver 蒸汽打桩机
じょうきクレーン【蒸気～】steam crane 蒸汽起重机
じょうきげんあつべん【蒸気減圧弁】steam reducing valve 蒸气减压阀
じょうきコイル【蒸気～】steam coil 蒸气盘管
じょうきコイルしきちょとうそう【蒸気～式貯湯槽】steam coil storage tank 蒸气盘管式热水箱
しょうきこう【小気候】microclimate 微气候,小气候
じょうきしき【蒸気式】vapour system 蒸气式,蒸气系统
じょうきしめきりべん【蒸気締切弁】steam stop valve 停气阀,蒸气闸阀
じょうきしゅかん【蒸気主管】steam main 蒸气总管
じょうきしょうひりょう【蒸気消費量】steam consumption 蒸气消耗量,耗汽量
じょうきショベル【蒸気～】steam shovel 蒸汽挖掘机,汽铲
じょうきしょり【蒸気処理】steam treatment 蒸汽处理
じょうぎすじ【定規筋】围墙面上的横线条
じょうぎずり【定規摺】screeding (抹

灰时)用样板刮平,用大杠刮平

**じょうきタービン** 【蒸気～】 steam turbine 蒸气涡轮机

**じょうきタービンはつでんき** 【蒸気～発電機】 steam turbine generator 汽轮发电机

**じょうきだんぼう** 【蒸気暖房】 steam heating 蒸气采暖

**じょうきだんぼうき** 【蒸気暖房器】 steam heating apparatus 蒸气采暖器

**じょうきちょうせいき** 【蒸気調整器】 steam regulator 蒸气调节器

**じょうきちょうせいべん** 【蒸気調整弁】 steam regulating valve 蒸气调节阀

**じょうきちょくせつふきこみかおん** 【蒸気直接吹込加温】 digester heating by direct steaming 直接送进蒸气加温(法)

**じょうきつい** 【蒸気槌】 steam hammer 蒸汽锤,汽锤

**じょうきついほう** 【蒸気槌法】 steam hammer method 汽锤(打桩)法

**じょうぎづみ** 【定規積】 砌大角,砌墙角

**じょうきどうりょく** 【蒸気動力】 steam power 蒸气动力,汽力

**じょうきどめコック** 【蒸気止～】 steam stop cock 停气旋塞,停气活栓

**じょうきどめべん** 【蒸気止弁】 steam stop valve 停汽阀,蒸气闸阀

**じょうきトラップ** 【蒸気～】 steam trap 疏水器,隔汽具,回水盒

**じょうきドラム** 【蒸気～】 steam drum 蒸气罐

**じょうぎどり** 【定規取】 采用标尺,作出标尺,标定尺寸,钢结构铆钉标尺

**じょうぎならし** 【定規均】 striking off, screeding (用靠尺)刮平,整平,抹平

**じょうぎぬり** 【定規塗】 按灰饼冲筋抹灰,贴膏药冲筋抹灰

**じょうぎば** 【定規場】 (石料的)标准琢面

**じょうきはいかんほう** 【蒸気配管法】 steam piping 蒸气管道布置法

**じょうぎばしら** 【定規柱】 reference column 定位柱,标准柱

**じょうきはっせいき** 【蒸気発生器】 steam generator 蒸气发生器

**じょうきハンマー** 【蒸気～】 steam hammer 蒸汽锤,汽锤

**じょうきひやし** 【蒸気冷】 steam cooling 蒸气冷却

**じょうきひょう** 【蒸気表】 steam table 蒸气数据表

**じょうきふくしゃだんぼう** 【蒸気輻射暖房】 steam radiant heating 蒸气辐射采暖

**じょうぎぶち** 【定規縁·帖木縁】 astragal 压缝条,(门窗的)合缝梃

**じょうきふんしゃ** 【蒸気噴射】 steam jet 蒸气喷射

**じょうきふんしゃしきそうち** 【蒸気噴射式装置】 steam jet unit 蒸气喷射装置

**じょうきふんしゃれいとう** 【蒸気噴射冷凍】 steam jet refrigeration 蒸气喷射制冷

**じょうきふんしゃれいとうき** 【蒸気噴射冷凍機】 steam jet refrigerator 蒸气喷射式制冷机

**じょうきぶんぱい** 【蒸気分配】 steam distribution 蒸气分配,蒸气输配

**じょうきふんむ** 【蒸気噴霧】 steam atomizing 蒸气喷雾

**じょうきべん** 【蒸気弁】 steam valve 汽阀,蒸气阀

**じょうきボイラー** 【蒸気～】 steam boiler 蒸气锅炉

**じょうきほうねつき** 【蒸気放熱器】 steam radiator 蒸气散热器

**しょうきぼおすいしょりしせつ** 【小規模汚水処理施設】 small-scale sewage treatment plant 小型污水处理设施

**じょうきポンプ** 【蒸気～】 steam pump 汽泵

**じょうきまげ** 【蒸気曲】 steam bending (木材)蒸汽弯曲

**じょうきメーター** 【蒸気～】 steam meter 蒸气流量表,汽量计

**じょうぎモルタル** 【定規～】 screed mortar strip 定位砂浆,抹灰冲筋,找平层砂浆

**しょうきゃく** 【焼却】 incineration 焚化,焚烧

しょうきゃくろ【焼却炉】incinerator, garbage furnace (垃圾)焚烧炉

じょうきゅうどうろ【上級道路】preference road, major road 优先通行路

しょうぎょういしょう【商業意匠】commercial design 商业设计

しょうぎょうげきじょう【商業劇場】commercial theater 商业剧场(以营利为目的的剧场)

しょうぎょうけん【商業圏】commercial sphere 商业范围圈

しょうぎょうけんちく【商業建築】commercial building 商业建筑

じょうきようじょう【蒸気養生】steam curing 蒸汽养护

しょうぎょうちいき【商業地域】commercial area, business area 商业区

しょうぎょうとし【商業都市】commercial city 商业城市

しょうぎょうびじゅつ【商業美術】commercial art 商业美术

じょうきよく【蒸気浴】vapour bath 蒸汽浴

じょうきよくしつ【蒸気浴室】vapour bathroom 蒸汽浴室

じょうぎり【上切】(石料的)精琢,细琢,最后琢面

じょうきローラー【蒸気～】steam roller 蒸汽压路机,蒸汽路辗

しょうクレーン【檣～】mast crane 桅杆起重机

じょうげかいのはんてい【上下界の判定】bounding 上下限判定

しょうげき【衝撃】impact 冲击

しょうげきあつりょく【衝撃圧力】impulsive force, impulsion 冲击压力,冲力

しょうげきおうりょく【衝撃応力】impact stress 冲击应力

しょうげきおん【衝撃音】impact sound 冲击声,撞击声

しょうげきかじゅう【衝撃荷重】impact load, impulsive load 冲击荷载

しょうげきかたさしけんほう【衝撃硬さ試験法】impact hardness test 冲击硬度试验法

しょうげきけいすう【衝撃係数】impact coefficient 冲击系数

しょうげきしきくうきこうぐ【衝撃式空気工具】pneumatic rock drill 冲击式钻岩工具,冲击式气动工具

しょうげきしきくっさくそうち【衝撃式掘削装置】percussion boring apparatus 冲击式钻探装置,冲击式掘进装置

しょうげきしきトラップ【衝撃式～】impulse trap 冲击式疏水器,冲击式隔汽具

しょうげきしきはさいき【衝撃式破砕機】impact breaker 冲击式破碎机,冲击式碎石机

しょうげきしきボーリング【衝撃式～】percussion boring 冲击钻探,冲击钻孔

しょうげきしきボーリングきかい【衝撃式～機械】impact boring machine 冲击式钻机

しょうげきしけん【衝撃試験】impact test 冲击试验

しょうげきしけんき【衝撃試験機】impact testing machine 冲击试验机

しょうげきしけんへん【衝撃試験片】impact test piece 冲击试件

しょうげきじんせい【衝撃靱性】impact ductility 冲击韧性

しょうげきすりへり【衝撃摩滅】impact abrasion 冲击磨损,冲击磨耗

しょうげきそうおん【衝撃騒音】impact noise 撞击噪声

しょうげきち【衝撃値】impact value 冲击值

しょうげきつよさ【衝撃強さ】impact strength 冲击强度

しょうげきていこう【衝撃抵抗】impact resistance 冲击阻力

しょうげきにがしべん【衝撃逃弁】concussion relief valve 冲击式安全阀

しょうげきは【衝撃波】shock wave 冲击波,激波

しょうげきひっぱりしけん【衝撃引張試験】impact tensile test 冲击拉伸试验

しょうげきまげしけん【衝撃曲試験】impact bending test 冲击弯曲试验

しょうげきまげつよさ【衝擊曲強さ】impact bending strength 冲击弯曲强度

しょうげきようせつ【衝擊溶接】percussion welding 撞击焊接

しょうげきりょく【衝擊力】impact force 冲击力

じょうげそくはきかえシステム【上下足履替～[system]】进出换鞋制

しょうけつ【焼結】sintering, clinkering 烧结

しょうけつこうほう【焼結工法】(处理地基的)烧结干燥脱水方法

しょうけつちじみ【焼結縮】clinkering contraction 烧结收缩,烧缩

しょうけつひずみ【焼結歪】clinkering strain 烧结变形

しょうけつふくらみ【焼結脹】clinkering expansion 烧结膨胀

しょうけつろ【焼結炉】sintering machine 烧结炉

しょうけつわれ【焼結割】clinkering crack 烧结裂纹,烧结裂缝

じょうげどう【上下動】vertical motion (地震的)垂直动,竖向震动

しょうけん【商圏】commercial sphere 商业范围圈

じょうげん【上弦】top chord, upper chord 上弦,上弦杆

じょうけんかんそく【条件観測】conditional observation 条件观测

しょうけんきんこ【証券金庫】securities vault 证券金库

しょうげんけいすう【消減係数】coefficient of extinction, extinction coefficient 衰减系数(指太阳辐射在大气层内的衰减)

じょうげんざい【上弦材】top chord, upper chord 上弦杆,上弦

じょうげんすんぽう【上限寸法】upper limit (构配件的)上限尺寸,最大容许尺寸

しょうけんとりひきじょ【証券取引所】stock exchange 证券交易所

しょうこ【消弧】quenching of arc 熄弧,灭弧,熄灭

しょうこ【焼固】sintering 烧结,熔结,热固结

しょうご【正午】noon 正午

しょうこう【床桁】floor beam 搁栅,楼板梁,楼层梁

しょうこう【昇汞】corrosive sublimate, mercuric chloride 氯化汞,升汞

しょうこう【商港】commercial harbour, commercial port 商港

じょうこう【上昂】上昂

しょうこうえん【小公園】small park 小公园

しょうこうかご【昇降籠】elevator cage 升降机箱,电梯笼

しょうこうき【昇降機】elevator[美], lift[英] 电梯,升降机

しょうこうぐち【昇降口】entrance (建筑物的)的出入口,(日本学校教学楼的)入口换鞋处

じょうこうじょう【乗降場】loading platform 装卸站台,上下客站台

しょうごうちてん【照合地点】checking point (OD调查交通量的)核对地点

しょうこうとし【商工都市】commercial and industrial city 工商业城市

じょうこうふくてん【上降伏点】upper yield point 上屈服点

しょうこうぶたい【昇降舞台】elevating stage 升降舞台

じょうこうようあんぜんとう【乗降用安全島】loading island 装卸岛,(公共车辆上下乘客用的)停车岛

しょうごうようせつ【衝合溶接】butt welding 对接焊

じょうこうりゅうろか【上向流濾過】upward flow filtration 上向流过滤

しょうこうろ【昇降路】elevator pit, elevator shaft 升降机井,电梯井

じょうごがただいべんき【漏斗形大便器】hopper closet 漏斗形大便器

しょうごすんくぎ【正五寸釘】六寸钉

しょうこすんぽう【称呼寸法】nominal dimension 公称尺寸,标称尺寸

じょうこたたき【上小叩】dabbed finish 细剁斧面,细凿琢面

しょうこわり 【小小割】 细木条(2.1厘米×2.4厘米×3.6米)
しょうさ 【照査】 checking 校对,核对,对照,检查
じょうさい 【城砦】 fortification 城堡,要塞
じょうざい 【冗材】 redundant member 多余杆件
しょうさいず 【詳細図】 detail drawing 详图,大样图
しょうさいそくりょう 【詳細測量】 detail surveying 细部测量,详细测量,碎部测量
しょうさん 【硝酸】 nitric acid 硝酸
じょうさん 【蒸散】 transpiration 发散,气化,,蒸发
しょうさんえん 【硝酸塩】 nitrate 硝酸盐
しょうさんえんしかきん 【硝酸塩資化菌】 nitrate assimilating bacteria 硝酸盐同化菌
じょうさんかくマトリックス 【上三角~[Matrix德]】 upper triangular matrix 上三角矩阵
しょうさんカリウム 【硝酸~[Kalium德]】 potassium nitrate 硝酸钾
しょうさんきん 【硝酸菌】 nitrobacteria 硝化菌
しょうさんぎんてきていほう 【硝酸銀滴定法】 titration method by silver nitrate 硝酸银滴定法
しょうさんけいすう 【消散係数】 extinction coefficient (太阳辐射的)消散系数
じょうさんけいすう 【蒸散係数】 transpiration coefficient 蒸发系数
しょうさんせいちっそ 【硝酸性窒素】 nitrate nitrogen 硝酸盐氮
しょうさんせんいそかそぶつ 【硝酸繊維素可塑物】 cellulose nitrate plastics 硝酸纤维素塑料
しょうさんだいにすいぎんてきていほう 【硝酸第二水銀滴定法】 titration method by mercuric nitrate 硝酸汞滴定法
しょうし 【正子】 midnight 正子,子夜
しょうじ 【障子】 屏风,槅扇
じょうじかじゅう 【常時荷重】 stationary load 固定荷载,长期荷载
しょうじがみ 【障子紙】 糊窗纸,糊槅扇纸
しょうじき 【正直】 plumb 靠尺铅锤,靠尺线坠,校直器
しょうしきはくすいしょり 【抄紙機白水処理】 treatment of paper machine white liquor 造纸机白水处理
じょうしこ 【上仕工·上仕子】 finishing plane 细刨,精加工用刨,净面刨
しょうしつくいき 【焼失区域】 burnt area 烧毁区域
しょうしつくいきめんせき 【焼失区域面積】 burnt area 烧毁区面积
しょうしつこすう 【焼失戸数】 damaged premises 烧毁户数
しょうしつたてつぼ 【焼失建坪】 coverage of burnt houses 烧毁建筑面积
しょうしつてん 【消失点】 vanishing point 灭点,消点
しょうしつのべつぼ 【焼失延坪】 floor area of burnt houses 烧失建筑总面积,烧毁建筑总面积
しょうしつめんせき 【焼失面積】 burnt area 烧失面积,焚毁面积
じょうじびどう 【常時微動】 microtremor 常时微动
しょうじゃ 【精舎】 vihara 精舍(印度僧院),佛寺,藏经阁
しょうしゃくざんさ 【焼灼残渣】 ignition residue 燃烧残渣
しょうじやぐら 【障子櫓】 简易框形打桩架,单扇打桩架
じょうしゃこうりつ 【乗車効率】 utilization efficiency of passenger car 乘车效率,客车定员利用率
じょうしゃしゅうかん 【乗車習慣】 riding habit 乘车习性系数(以市民每人每年平均乘车次数表示)
じょうしゃしょり 【蒸煮処理】 boiling treatment (木材)蒸煮处理
じょうじゅうじんこうみつど 【常住人口密度】 常住人口密度
しょうしゅつ 【晶出】 crystallization 结

晶
しょうじゅん 【焦準】 focussing 调焦,对光
しょうじゅん 【焼準】 normal fire 正火,正常化
しようしょ 【仕様書】 specification 施工说明书,做法说明书,规格说明书,规范,操作规程,施工细则
しょうしょく 【消色】 decolouration 脱色,消色,褪色,去色
しょうしょくどう 【小食堂】 lunch room 小食堂
じょうしょげんかい 【蒸暑限界】 sultry limit 闷热界限,酷暑界限
しょうじん 【承塵】 ceiling 顶棚
じょうしんせりもち 【上心迫持】 stilted arch 上心拱(拱心在拱脚线以上)
しょうしんぼく 【正真木】 (日本庭园中的)中心乔木
しょうすい 【沼水】 boggy water 沼泽水
じょうすい 【上水】 potable water 饮用水
じょうすい 【浄水】 clear water 清洁水
じょうすいかん 【浄水管】 clean-water pipe 清水管
じょうすいけんさ 【上水検査】 water examination 给水水质检验
じょうすいこうりつ 【浄水効率】 purification efficiency 净水效率,净化效能
じょうすいしけんほう 【上水試験法】 water examination 给水水质检验法
じょうすいしせつ 【浄水施設】 water purification equipment 净水设施,净水设备
じょうすいじょう 【浄水場】 water purification plant 净水厂
じょうすいしょり 【上水処理】 water purification 给水净化,给水处理
じょうすいしょり 【浄水処理】 water purification 水净化处理
じょうすいそうち 【浄水装置】 water purifying installation 净水装置
じょうすいタンク 【浄水～】 clear-water tank 清水池
じょうすいち 【浄水池】 clear water tank 清水池
じょうすいどう 【上水道】 waterworks, water supply system 给水工程,给水系统
じょうすいほう 【浄水法】 method of water purification 净水法,水质净化法
じょうすいめん 【常水面】 ground water level (地下)常水面,地下水位
しょうすいろ 【承水路】 catch drain, intercepting drain 截水沟,集流沟
しょうすいろ 【捷水路】 cut-off 截弯取直(的)河道
しょうせいかど 【焼成火度】 burnt temperature 烧成火度,烧成温度
しょうせいがま 【焼成窯】 burnt kiln 煅烧窑
じょうせいきだん 【上成基壇】 两层台基
しょうせいこつざい 【焼成骨材】 clinker aggregate 烧成骨料,熔渣骨料
しょうせいしゅうしゅく 【焼成収縮】 burnt contraction, burnt shrinkage 烧成收缩
しょうせいせっかい 【焼成石灰】 burnt lime 煅(烧)石灰
しょうせいたい 【焼成帯】 burnt zone 烧成带,煅烧区
しょうせいたいかぶつ 【焼成耐火物】 burnt refractory 焙烧耐火物,烧成耐火材料
しょうせいドロマイト 【焼成～】 burnt dolomite 煅烧白云石
しょうせいねんど 【焼成粘土】 burnt clay 烧结粘土
しょうせいひん 【焼成品】 burned product 烧成品,烧结品
しょうせいフライ・アッシュ 【焼成～】 sintered fly ash 粉煤灰陶粒,烧结粉煤灰骨料
しょうせいゆ 【松精油】 turpentine 松节油
しょうせいりょくかいろ 【小勢力回路】 low energy power circuit 低功率电路
しょうせいれんが 【焼成煉瓦】 burnt brick 烧结砖
しょうせき 【正脊】 正脊

じょうせきこうえん 【城跡公園】 castle remains park 城堡遗址公园
しょうせきずさ 【硝石苆】 hemp fiber 麻刀,麻筋
しょうせつ 【象設】 (中国陵墓前的)石阙、石碑、石兽等的总称
しょうせっかい 【消石灰】 slaked lime 消石灰,熟石灰
しょうせっこう 【焼石膏】 plaster of paris 烧石膏,熟石膏
しょうせんとう 【小尖塔】 pinnacle (哥特式建筑的)小尖塔
しょうせんとう 【鐘尖塔】 bell turret, bell gable, bell cot 吊钟尖塔,尖顶钟塔,钟楼,钟角楼
しょうそうかたおちかん 【承挿片落管】 spigot and faucet reducing pipe 承插渐缩管,承插异径管
じょうそうろばん 【上層路盤】 upper subbase 基层,底基层上层
じょうそうろばんざいりょう 【上層路盤材料】 upper subbase material 底基层上层材料,基层材料
しょうそんていど 【焼損程度】 burned degree 烧毁程度,烧损程度
しょうそんらく 【小村落】 hamlet 小村庄,小村
じょうたいしすう 【状態指数】 condition number 条件数
じょうたいせっちゃくりょくしけん 【常態接着力試験】 常态粘合力试验(按日本标准判定3级、4级胶合板芯板的试验)
じょうたいせん 【状態線】 cndition line (空气调节的)状态线
じょうたいベクトル 【状態~】 state vector 状态向量,状态矢量
じょうたいほうていしき 【状態方程式】 equation of state 状态方程式
しょうたくち 【沼沢地】 swamp 沼泽地,湿地
じょうたたきいた 【上叩板】 细琢石板
しようだんめん 【使用断面】 working section 工作断面,有效截面
しょうちそくりょう 【小地測量】 plane surveying 平面测量
じょうちゃく 【蒸着】 vacuum evaporation 真空蒸发
しょうちゅうき 【昇柱器】 上杆用脚扣(安装外线工程用)
じょうつきすいせん 【錠付水栓】 lock bib, lock cock 带锁龙头,带锁阀栓
しようつよさ 【使用強さ】 working strength 作用强度,资用强度,工作强度
しょうてん 【消点】 vanishing point 灭点,消点
しょうてん 【商店】 shop[英], store[美] 商店
しょうてん 【焦点】 focus 焦点
しょうでん 【正殿】 正殿
しょうてんがい 【商店街】 shopping street 商店街,商业街道
しょうてんしょく 【焦点色】 focal colour 焦点色彩,重点色彩
しょうど 【沼土】 bog soil 沼泽土
しょうど 【照度】 illumination, illuminance 照度
しょうとう 【小塔】 小塔
じょうとう 【上棟】 completion of the frame work 完成骨架工程,完成上梁工序,完成结构工序
じょうとうしき 【上棟式】 上梁仪式,上梁典礼
しょうとうせつごう 【衝頭接合】 butt joint 对接,对接焊缝
しょうとうだい 【床頭台】 bed-side cabinet 床头橱,床头柜
しょうどうふしょく 【衝動腐食】 water hammer corrosion 水冲腐蚀,冲击腐蚀
しょうどきじゅん 【照度基準】 recommended level of illumination 照度标准
しょうどきょくせん 【照度曲線】 illumination curve 照度曲线
しょうどく 【消毒】 disinfection 消毒
しょうとくがいはちびょう 【承徳外八廟】 (1662~1795年中国河北)承德外八庙
しょうどくき 【消毒器】 disinfector 消毒器
しょうどくしつ 【消毒室】 sterilizing room 消毒室
しょうどくそう 【消毒槽】 disinfection

chamber, sterilizing chamber 消毒池
しょうどくそうち 【消毒装置】 sterilizing apparatus, sterilizer 消毒设备,消毒器
しょうどくタンク 【消毒～】 disinfecting chamber, sterilizing chamber 消毒槽,消毒箱
しょうどけい 【照度計】 illuminometer, illumination meter 照度计
しょうどけいさん 【照度計算】 illuminance calculation 照度计算
しょうとし 【小都市】 small town 小城市,小城镇
しょうとつそうおん 【衝突騒音】 impact noise 撞击噪声
しょうどぶんぷ 【照度分布】 illuminance distribution 照度分布
しょうどん 【焼鈍】 annealing 退火,韧炼
じょうないうんぱん 【場内運搬】 场内搬运,小搬运,近距离搬运
しょうにバス 【小児～】 children's bath 婴儿浴盆
しょうにびょういん 【小児病院】 children's hospital 儿童医院
しょうにびょうとう 【小児病棟】 children's ward 儿童病房楼
しょうにゅうどう 【鐘乳洞】 Karst cave 石灰岩溶洞,石钟乳洞
しようにんしつ 【使用人室】 employee's room, servant's room 勤杂人员室
しょうにんず 【承認図】 drawing for approval 审批用图纸
しょうねんこうえん 【少年公園】 children's play park 少年儿童公园
じょうのみきり 【上鑿切】 细琢,精琢,最后琢面
しょうは 【小破】 little damage 轻微破损
しょうはいろせんち 【正背路線地】 挟在两条路中间的用地
じょうばこ 【錠箱】 lock case, casing 锁箱
じょうはつ 【蒸発】 evaporation, vaporization 蒸发
じょうはつかん 【蒸発罐】 evaporator body 蒸发器,蒸发罐
じょうはつき 【蒸発器】 evaporator, vaporizer 蒸发器
じょうはつけい 【蒸発計】 evaporimeter 蒸发计
じょうはつげんりょう 【蒸発減量】 evaporation loss 蒸发损失
じょうはつざら 【蒸発皿】 evaporating dish 蒸发皿
じょうはつざんりゅうぶつ 【蒸発残留物】 residue on evaporation 蒸发残渣
じょうはつしきぎょうしゅくき 【蒸発式凝縮器】 evaporative condenser 蒸发式冷凝器
じょうはつしきバーナー 【蒸発式～】 evaporative burner 蒸发式燃烧器
じょうはつしけん 【蒸発試験】 evaporation test 蒸发试验
じょうはつせんねつ 【蒸発潜熱】 latent heat of vaporization 汽化潜热
じょうはつぜんねつりょう 【蒸発全熱量】 amount of evaporation 总蒸发热量
じょうはつそうち 【蒸発装置】 evaporating plant 蒸发装置
じょうはつタンク 【蒸発～】 flash tank 蒸发水箱
じょうはつねつ 【蒸発熱】 heat of evaporation 蒸发热
じょうはつのうしゅくしょり 【蒸発濃縮処理】 waste treatment by evaporation 蒸发浓缩处理
じょうはつのうりょく 【蒸発能力】 evaporative capacity 蒸发能力
しょうはっぱ 【小発破】 light shot 小型爆破,轻型爆破
じょうはつりつ 【蒸発率】 evaporation rate 蒸发率
じょうはつりょう 【蒸発量】 amount of evaporation 蒸发量
じょうはつれいきゃく 【蒸発冷却】 evaporative cooling 蒸发冷却
じょうばん 【上盤】 upper circle, vernier circle (经纬仪的)上盘,游标盘
じょうはんさんかくマトリックス 【上半

三角～】 upper triangular matrix 上三角矩阵
じょうばんじょう 【上番匠】 熟练工,熟练木工
しょうひエネルギー 【消費～】 consumed energy 消费能量,消耗能量
しょうひとし 【消費都市】 consumption city 消费城市
しょうびょうぐ 【障屏具】 屏风,槅扇
しょうピラミッド 【小～[pyramid]】 pyramidion 小型金字塔
しょうひりょう 【消費量】 consumption 消费量,需用量
しょうぶ 【床部】 floor plank 桥面板部分
しょうぶげた 【菖蒲桁】 元定脊檩
じょうぶこう 【上部工】 superstructure work 上部结构工程
じょうぶこうぞう 【上部構造】 superstructure 上部结构,上部构造
じょうぶこうふくてん 【上部降伏点】 upper yield point 上屈服点
じょうぶびどうねじ 【上部微動捻子】 upper plate slow motion screw 上盘微动螺旋
じょうぶフランジ 【上部～】 upper flange,top flange 上翼,上部翼缘
じょうぶへんさ 【上部偏差】 upper deviation 偏差上限,最大偏差
しょうぶむね 【菖蒲棟】 元宝屋脊
しょうへき 【障壁】 screen 隔墙,隔断,屏帏,遮幕,遮板
しょうへき 【照壁】 影壁,照壁
しょうへき 【牆壁】 wall 墙,墙壁,壁
じょうへき 【城壁】 rampart 城堡,堡垒
しょうべんき 【小便器】 urinal,urinal stall 小便器
しょうべんきストレーナー 【小便器～】 urinal strainer 小便器滤网
しょうべんきスプレッダー 【小便器～】 urinal spreader 小便器洒水器
しょうべんきトラップ 【小便器～】 urinal trap 小便器存水弯
しょうべんじょ 【小便所】 urinal 小便池,小便处
じょうへんせいちょう 【上偏生長】 epinasty 偏上生长
しょうべんどい 【小便樋】 urinal gutter 小便槽
しょうぼう 【消防】 fire fighting 消防
しょうぼう 【廂房】 厢房
じょうほう 【情報】 information 信息,情报,资料,数据
しょうぼうかんけいほうき 【消防関係法規】 fire protection code 消防法令
しょうほうき 【消泡機】 foam breaker 消泡器
しょうぼうきろく 【消防記録】 fire records 消防记录
じょうほうくうかん 【上方空間】 vertical clearance 竖向净空
しょうほうざい 【消泡剤】 defoaming agent,foam breaking chemical 消泡剂
しょうぼうしせつ 【消防施設】 消防设施
しょうぼうじどうしゃ 【消防自動車】 fire brigade vehicle 消防(汽)车,救火(汽)车
しょうぼうしゃ 【消防車】 fire brigade vehicle 消防车,救火车
しょうぼうしょ 【消防署】 fire station 消防站
しょうぼうすいり 【消防水利】 fire supply 消防供水,消防给水
しょうぼうせんせつびのたてかん 【消防栓設備の立管】 stand pipe of hydrant 消防栓的消防立管
しょうぼうせんばこないのそうび 【消防栓箱内の装備】 fire hose cabinet equipment "A" 消防栓箱第一种设备
しょうぼうたいせんようしょうかせん 【消防隊専用消火栓】 wall hydrant 消防队专用消火栓,墙上消火栓
じょうぼうとし 【条坊都市】 (中国、日本采用棋盘形式道路系统的)条坊城市
しょうほうノズル 【消泡～】 foam breaking nozzle 消泡喷嘴
じょうほうファイル 【情報～】 information file 资料档案,资料卷宗
しょうぼうホース 【消防～】 fire hose 消防水龙带,救火软带

しょうぼうポンプ 【消防～】 fire pump 消防泵

しょうぼうようすい 【消防用水】 fire supply 消防给水

じょうぼく 【上木】 upper tree 上层木，上林层

しょうほせきほそう 【小舗石舗装】 durax (cube) pavement 嵌花式小方石(铺砌)路面，弹街路面

じょうボルト 【上～】 finished bolt 精制螺栓，精加工螺栓

じょうまえ 【錠前】 lock，latch 锁

しょうまるた 【小丸太】 small log 小原木

しょうみかじゅう 【正味荷重】 net load 净荷载

しょうみしごと 【正味仕事】 net work 纯功，净功

しょうみじゅうりょう 【正味重量】 net weight 净重

しょうみふりょく 【正味浮力】 net buoyancy 净浮力

しょうめい 【照明】 illumination，lighting 照明，人工照明

しょうめいかいこう 【照明開口】 opening for lighting 采光口

しょうめいがくてきちゅうかん 【照明学的昼間】 service period for daylighting (可供采光的)有效白昼

しょうめいきぐ 【照明器具】 luminaire [美]，lighting fittings[英] 照明器具，灯具

しょうめいこうか 【照明効果】 illumination effect 照明效果

しょうめいこうげん 【照明光源】 light source of illumination 照明光源

しょうめいこうそく 【照明光束】 flux of illumination 照明光通量

しょうめいコンデンサー 【照明～】 lighting condenser 照明聚光器

しょうめいしゃ 【照明車】 lighting car 照明车

しょうめいせっけい 【照明設計】 lighting design 照明设计

しょうめいせつび 【照明設備】 lighting equipment 照明设备

しょうめいそうさしつ 【照明操作室】 lighting booth 照明操作间，灯光控制室

しょうめいそうち 【照明装置】 lighting equipment 照明装置，照明设备

しょうめいつきひょうしき 【照明付標識】 illuminated sign 照明标志(用外部光源照明)

しょうめいとう 【照明塔】 light tower 照明塔

しょうめいふか 【照明負荷】 cooling load of lighting 照明冷负荷

しょうめいベクトル 【照明～】 illumination vector 照明矢量

しょうめいほうしき 【照明方式】 lighting system 照明方式

しょうめいめんしぼり 【照明面絞】 shutter of visual field 视场光阑

しょうめいようガラス 【照明用～】 illumination glass，illuminating glass 照明玻璃

しょうめいりつ 【照明率】 coefficient of utilization[美]，utilization factor [英] (照明)利用系数，照明利用率

しょうめんず 【正面図】 front elevation 正面图，正立面图

じょうめんず 【上面図】 top view 俯视图

しょうもうノズルしきエレクトロスラグようせつ 【消耗～式～溶接】 electroslag welding with consumable nozzle 熔嘴电渣焊

しょうもうひん 【消耗品】 consumption，consumptives 消耗品，低值易耗品

じょうもん 【城門】 城门

じょうやきれんが 【上焼煉瓦】 best quality brick 高级砖，优质砖

しょうゆせいワニス 【少油性～】 short oil varnish 短油度清漆

じょうようあつりょく 【常用圧力】 normal pressure 常用压力，正常压力

じょうようエレベーター 【乗用～】 passenger elevator 载人电梯

じょうようきょようじたいりょくど 【常用許容地耐力度】 ordinary allowable

soil pressure　常用容许地耐力,普通容许地基承载力

じょうようじ【常用時】civil time　常用时

じょうようじどうしゃ【乘用自動車】passenger automobile　载客汽车,客车

じょうようしゃかんさんち【乗用車換算值】passenger car equivalent　客车换算值

じょうようしゃたんい【乗用車単位】passenger car unit　客车交通量单位(计算通行能力用)

しょうようじゅりん【照葉樹林】laurel forest　月桂树林,常绿阔叶树林,照叶木本群落

しょうらいこうつうりょうすいけい【将来交通量推計】predicting future transportation demand　远景交通量估算

じょうらんうんどう【擾乱運動】turbulent motion　紊流运动

しょうりゃくダイアル【省略～】economization dial　缩短号码电话拔号盘

じょうりゅう【常流】tranquil flow　缓流,稳流

じょうりゅう【蒸留】distillation　蒸馏

じょうりゅうざんりゅうぶつ【蒸留残留物】distillation residue　蒸馏残渣,蒸馏残余

じょうりゅうしきちんでんち【常流式沈殿池】continuous flow settling basin　连续流沉淀池

じょうりゅうすい【蒸留水】distilled water　蒸馏水

じょうりゅうそうち【蒸留装置】distilling apparatus　蒸馏装置,蒸馏器

じょうりゅうちんでん【常流沈殿】continuous-flow sedimentation　连续流沉淀

じょうりゅうとう【蒸留塔】column still　蒸馏塔

じょうりゅうはいえき【蒸留廃液】distillary waste　蒸馏(室)废液

じょうりゅうほう【蒸留法】distillation method　蒸馏法

じょうりゅうめんこうばい【上流面勾配】upstream slope　上游水面坡度

しようりょう【使用料】rent,hire　租金,租费,用费

じょうりょくじゅ【常緑樹】evergreen tree　常绿树

しょうろ【捷路】short cut　捷径

じょうろ【如雨露】sprinkling pot　喷壶,喷水壶

しょうろう【鐘楼】bell-tower,belfry,campanile　钟楼,钟塔,(佛寺内的)钟亭

しょうろうもん【鐘楼門】(日本寺院建筑的)钟楼门

じょうろきょう【上路橋】deck bridge　上承(式)桥

じょうろトラス【上路～】deck truss　上承式桁架

しょうわ【消和】slaking　消化,熟化

しょおうりょく【初応力】initial stress　初始应力,初应力

じょか【除荷】unloading　卸荷,卸载

しょきイギリスしき【初期～式】Early English style　早期英国式(建筑)

しょきいそうかく【初期位相角】initial phase angle　初始相位角

しょきうりょう【初期雨量】initial rain　初期雨量,初始雨量

しょきえきか【初期液化】initial liquefaction　早期液化

しょきおうりょく【初期応力】initial stress　初始应力,初应力

しょきキリストきょうようしき【初期～教様式】Early Christian architecture　早期基督教式建筑

しょききれつ【初期亀裂】premature crack,early-age cracking　早期裂纹,早期裂缝

しょききんちょうりょく【初期緊張力】initial tension force　初拉力,初预拉力

しょきクリープ【初期～】initial creep　初期蠕变,初始徐变

しょきじょうけん【初期条件】initial condition　初始条件

しょきせっせんけいすう【初期接線係数】initial tangent modulus of elasticity　初始切线(弹性)模量

しょきせっちゃくりょく【初期接着力】initial adhesive strength 初始粘合强度

しょきせってんへんい【初期節点変位】initial displacement of nodal point 初节点位移,初节点变位

しょきせんとうしき【初期尖頭式】Early Pointed (英国的)早期尖拱式(建筑)

しょきだんせいけいすう【初期弾性係数】initial modulus of elasticity 初始弹性模量

しょきちもんだい【初期値問題】initial value problem 初值问题,初始值问题

しょきはかい【初期破壊】incipient failure, initial breaking 初期破坏

しょきひずみ【初期歪】initial strain 初始应变,初应变

しょきびどう【初期微動】preliminary tremors 初始微震,初期微震

しょきひびわれ【初期罅割】initial crack 初期裂纹,初期裂缝

しょきひびわれかじゅう【初期罅割荷重】initial cracking load 初期裂缝荷载,初始裂缝荷载

しょきふきゅう【初期腐朽】incipient decay 初期腐朽,初期腐烂

しょきふくすい【初期復水】primary condensation 初凝(结)水

しょきプランタジネットしき【初期～式】Early Plantagenet style 早期不兰他日奈王朝式(建筑),早期金雀花王朝式(建筑)

しょきプレストレス【初期～】initial prestress 初始预应力

しょきベクトル【初期～】initial vector 初始矢量,初始向量

しょきへんい【初期変位】initial displacement 初位移,初变位

じょきゃくとどけ【除却届】demolition report (建筑物)拆除申请书,拆除报告

しょきようじょう【初期養生】initial curing 早期养护,初期养护

しょきよかじゅう【初期予荷重】initial preload 初期预加荷载

しょきりょく【初期力】initial force 初始力

しょく【燭】candle 烛光

ジョグ jog 微动,轻推,啮合,粗糙面,凹凸部

しょくいんしょくどう【職員食堂】mess room 职工食堂

しょくえんすい【食塩水】sodium chloride solution 食盐水,氯化钠溶液

しょくえんそくどそくほう【食塩速度測法】salt-velocity method 盐水速度测定法

しょくがい【食害】insect damage 虫害,虫蚀

しょくぎょうじんこう【職業人口】classified population 职业人口

しょくぎょうびょう【職業病】occupational disease 职业病

しょくさい【植栽】planting 栽植,种植

しょくさいかんかく【植栽間隔】planting interval 栽植间隔,种植距离

しょくさいじばん【植栽地盤】planting ground 栽植地盘,栽植地基

しょくさいち【植栽地】栽植地

しょくさいみつど【植栽密度】planting density 栽植密度,种植密度

しょくじしつ【食事室】dining room 餐室

しょくじばつきだいどころ【食事場付台所】dining kitchen 厨房兼餐室

しょくしゅ【植種】seeding (微生物)接种

しょくじゅたい【植樹帯】planting belt, planting strip 植树带,绿化带

しょくしんぶんり【食寝分離】separation of dining and sleeping spaces 食寝分离(住宅中就餐空间和卧室分设)

しょくせい【植生】vegetation 植物生长,植被,植物(总称)

しょくせいしぜんど【植生自然度】degree of conservation of vegetation 植被自然度(植被保存的程度)

しょくせいず【植生図】vegetation map, chart of conservation of plants 植被图

しょくどう【食堂】dining room, mess

hall, refectory, eating house 餐室,食堂,饭厅
しょくにくかこうはいすい 【食肉加工廃水】 meat processing waste water 肉类加工废水
しょくにくセンター 【食肉～[center]】 肉食类加工中心
しょくにん 【職人】 workman, artisan 工人,工匠,技工
しょくばい 【触媒】 catalyst, catalyzer 催化剂,触媒
しょくばいさよう 【触媒作用】 catalytic action 催化作用
しょくばいさんかねんしょうそうち 【触媒酸化燃焼装置】 oxide catalytic combustion equipment 氧化催化燃烧装置
しょくばいさんかフィルター・メディア 【触媒酸化～】 oxide catalytic filter media 氧化催化滤料
しょくばいはんのう 【触媒反応】 catalytic reaction 催化反应
しょくばいブローン・アスファルト 【触媒～】 catalytic blown asphalt 催化吹制沥青
しょくひんコンビナート 【食品～】 food kombinat 食品工业联合企业
しょくひんちょぞうしつ 【食品貯蔵室】 food storage 食品贮存室,食品库
しょくぶつえん 【植物園】 arboretum, botanical garden 植物园
しょくぶつぐん 【植物群】 flora 植物群
しょくぶつせいたいがく 【植物生態学】 plant ecology 植物生态学
しょくぶつたい 【植物帯】 vegetation community 植物群落
しょくぶつホルモン 【植物～】 phytohormone, planthormone 植物激素,植物生长素
しょくべつこうじ 【職別工事】 按工种分类的工程
しょくべつこうじうけおい 【職別工事請負】 按工种承包工程
しょくもつれんさ 【食物連鎖】 food chain 食物链
ジョー・クラッシャー jaw crusher 颚式破碎机
しょくりん 【触輪】 trolley wheel (电车)触轮
ショー・ケース show case 陈列窗,试演影片用的电影院
じょげんど 【恕限度】 allowable limit 容许限度
しょこ 【書庫】 book vault, stack room 书库,藏书室
じょこうしんごう 【徐行信号】 slow speed signal 慢行信号
じょこうひょうしき 【徐行標識】 slow sign 慢行标志
しょこしき 【書庫式】 stack system 书库独立式(书库和阅览室分开设置的方式)
じょさ 【除渣】 screening 除渣,去除粗大悬浮物
しょさい 【書斎】 study, study room 书房,书斋
ジョージおうちょうようしき 【～王朝様式】 Georgian style (18世纪～19世纪初期英国的)乔治王朝式(建筑)
しょしき 【諸色·諸式】 various materials 各种材料
じょしつ 【除湿】 dehumidification, dehumidifying 除湿,去湿,减湿
じょしつき 【除湿機】 dehumidifier 除湿机,干燥器
じょしゅう 【除臭】 removal of odour 除臭,脱臭
じょしょう 【女牆】 battlement 雉堞
じょしょくだん 【助色団】 auxochrome 助色团
じょじん 【除塵】 dust separation 除尘
じょじんき 【除塵機】 dust arrester, dust catcher, dust collector, dust precipitator 除尘器,吸尘器,集尘器
じょじんこうりつ 【除塵効率】 dust collection efficiency 除尘效率
じょじんそうち 【除塵装置】 dust collector 除尘装置,集尘装置
じょじんフード 【除塵～】 dust arresting hood, dust catching hood 除尘罩
じょすいばん 【除水板】 eliminator, eliminator plate 除水板

ショー・スタンド show stand 陈列台，展销台，陈列棚

じょせいざい 【除錆剤】 rust remover 除锈剂

じょせつさぎょう 【除雪作業】 snow-removing 除雪作业

じょせつしゃ 【除雪車】 snow remover 除雪机

じょせつプラウ 【除雪～】 snow-plough 除雪犁，犁雪机，扫雪机

ジョセルおうのピラミッド 【～王の～】 Pyramid of Djoser （古埃及第三王朝）昭赛尔皇帝金字塔

じょそうき 【除草器】 weeder 除草器

じょそうざい 【除草剤】 herbicide, weed killer 除草剂

じょぞうちゅう 【女像柱】 caryatide 女像柱

しょそうようせつ 【初層溶接】 root pass （多层施焊法的）第一层焊接，根部焊道

しょそく 【初速】 initial velocity 初速（度）

しょたい 【所帯】 household 住户，家庭

しょたい 【書体】 type face 书体，字体

じょだく 【除濁】 turbidity removal 除浊

しょだな 【書棚】 book shelf 书架，书橱

しょちしつ 【処置室】 treatment room 治疗室

しょちゅうコンクリート 【暑中～】 hot-weather concreting 热季浇灌混凝土，暑季混凝土施工

じょちゅうしつ 【女中室】 maids'room 保姆室，女仆室

しょちょうりょく 【初張力】 prestressing force 初拉力，初张力

しょっきしつ 【食器室】 pantry, scullery 备餐室，餐具室

しょっきしつながし 【食器室流】 scullery sink 餐具洗涤池，洗碗池

しょっきせんじょうき 【食器洗浄器】 dish washer 餐具洗涤器

しょっきせんじょうしつ 【食器洗浄室】 dish washing room 餐具洗涤室，食器洗涤室

ショック・ウェーブ shock wave 冲击波

ショックきゅうしゅう 【～吸収】 shock absorption 减震，消震，吸震

ショックふか 【～負荷】 shock loading 冲击负荷

しょっこう 【燭光】 candle, candle power 烛光（发光强度单位）

ショット shot 钢砂，钢粒，钢珠，（喷砂处理用）砥粒

ショットクラウン shot-crown 钻粒钻头

ショットクリート shotcrete 喷射混凝土，喷射水泥砂浆

ショット・ブラスト shot blast (machine) 喷净法，喷丸（清理），（除锈用）喷丸清理机

ショット・ボーリング shot boring 钻粒钻进，钢珠钻探

ショッピング・センター shopping center 购物中心，商业中心

ショッピング・タウン shopping town 商业城镇

ショッピング・モール shopping mall 禁止车辆驶入的商业街，步行街

ショップ shop 车间，作坊，商店

ショップ・テスト shop test 车间试验，工厂试验

じょてつ 【除鉄】 deferrization, iron removal 除铁

ショート・アークようせつ 【～溶接】 short arc welding 短弧焊

ショート・カット short-cut 截弯，取直

ショートべん 【～弁】 short valve 短路阀

ジョー・バイス jaw vice 虎钳

しょひびわれ 【初罅割】 early-age cracking 早期裂纹，初期裂纹

ショーファー chauffeur[法] 汽车司机，驾驶员，司炉

ジョブ・サイト job site 工地，施工现场

ジョー・プレート jaw plate 颚板

しょぶん 【処分】 disposal 处置，处理

ショベル shovel 铲，锹，单斗挖土机

ショベル・アタッチメント shovel attachment 铲土机附件

ショベルけいくっさくき 【～系掘削機】

shovel type excavator 铲式挖土机
ショベルさぎょう 【～作業】 shovelling 挖土
ショベル・トラック shovel truck 汽车挖掘机
ショベル・ローダー shovel loader 铲装机,铲斗装载机
じょマンガン 【除～】 manganese removal,demanganization 除锰
しょようしょうど 【所要照度】 needed illuminance 需要照度
しょり 【処理】 processing 处理
ジョリー Jolly 耐火砖成型机
しょりく 【処理区】 sanitary district (卫生)处理区
しょりすい 【処理水】 treated water 处理后的水
ショルダー shoulder 肩状突出部,路肩
ジョルダンにっしょうけい 【～日照計】 Jordan's heliograph 焦尔丹式日照仪
ショー・ルーム show-room 陈列室
じょれん 【鋤簾】 长柄锄
じょろ 【如露】 sprinkling pot 喷壶,喷水壶
ジョン・ハンコック・センター John Hancock Center 约翰·汉考克中心(1968年美国芝加哥的超高层建筑)
シーラー sealer 填缝材料,嵌缝材料,底层涂料,密封材料
しらがき 【白書】 划线用小刀
しらかし 【白樫】 white oak 白柞木,白栎木,白橡木
しらがずさ 【白毛苆】 hemp fiber 麻刀,麻筋
しらき 【白木·素木】 plain wood 素木(未上油漆的白木)
しらぎしき 【新羅式】 (朝鲜)新罗式(建筑)
しらきづくり 【素木造·白木造】 素木构造,素木做法
しらざい 【白材】 sapwood,alburnum 边材,白木质
しらたざい 【白太材】 sapwood,alburnum 边材,白木质
シーラック SERAC(strong earthquake response analysis computer) 强震反应分析计算机
しらね 【白根】 white root (生长力最旺盛的)幼根
シラブル syllable 音节
シラブルのめいりょうど 【～の明瞭度】 syllable articulation 音节清晰度
シーラント sealant 封塞料,封口胶
シリカ silica 硅土,硅石,二氧化硅,硅质
シリカ・ガラス silica glass 石英玻璃
シリカ・ゲル silica gel 硅胶
シリカ・セメント silica cement 硅石水泥,火山灰水泥
シリカ・フラワー silica flower 硅石华
シリカ・ポリシャー silica polisher 硅石精炼器(用于制成高纯度的水)
シリカれんが 【～煉瓦】 silica brick 硅砖
しりくぎ 【尻釘】 tile pin 压瓦钉,挂瓦钉
シリクロムこう 【～鋼】 silichrome steel,silicon-chromium steel 硅铬钢
シリケート silicate 硅酸盐
シリケート・コットン silicate cotton 矿棉
シリケート・フラックス silicate flux 硅酸盐焊剂,水玻璃熔剂
シリケート・ペイント silicate paint 硅酸盐涂料,硅胶漆
シリコナイジング siliconizing 硅化,硅化处理,渗硅
シリコナイズドてっぱん 【～鉄板】 siliconized steel sheet 渗硅钢片,硅钢板
シリコン silicon 硅
シリコーン silicone 聚硅酮,聚硅氧
シリコン・カーバイド silicon carbide 碳化硅,金刚砂
シリコン・コントロールドせいりゅうきちょうこうそうち 【～整流器調光装置】 silicon controlled rectifier dimming equipment 可控硅整流器调光装置
シリコーンじゅし 【～樹脂】 silicone resin 硅酮树脂,有机硅树脂
シリコーン・シーリングざい 【～材】 silicone sealing compound 硅酮封塞料

シリコーンせっちゃくざい 【～接着剤】 silicone adhesive agent 硅酮粘合剂
シリコーン・ホース silicone hose 聚硅氧塑料软管，有机硅软管
シリコン・マンガンこう 【～鋼】 silicon manganese steel 硅锰钢
シリコーン・レジン silicone resin 硅酮树脂，有机硅树脂
シリシャス・ライム siliceous lime 含硅石灰，硅质石灰
シリシャスれんが 【～煉瓦】 siliceous brick 硅质砖
シリーズ・アークようせつ 【～溶接】 series arc welding 串联弧焊
シリーズ・スポットようせつ 【～溶接】 series spot welding 单面多极点焊，串联点焊
しりどめ 【尻留】 stay pile 牵拉桩
シリマナイトれんが 【～煉瓦】 sillimanite brick 硅线石砖
しりゅう 【支流】 tributary, affluent 支流
しりょう 【試料】 sample 试料，试样
しりょうぐん 【試料群】 sample group 试样组，样品
しりょうさいしゅ 【試料採取】 sampling 取样，采样
しりょうぶんしゅき 【試料分取器】 sample splitter 试料分取器
しりょうほぞん 【試料保存】 sample reservation 试样保存，试样储存
しりょく 【視力】 visual acuity 视力
しりょくず 【示力図】 force diagram, force polygon 力图，力多边形
しりん 【支輪】 顶棚四周的一排上折曲木
シーリング sealing 封，密封，充填，堵塞
シーリングこうじ 【～工事】 sealing work 封闭工程，封塞工程，填充工程，密封工程
シーリング・コンパウンド sealing compound 封塞料，封口胶
シーリングざい 【～材】 sealing compound 封塞料，封口胶
シーリング・ジャッキ ceiling jack 平顶千斤顶，平顶扛重器
シーリング・スポットしつ 【～室】 ceiling spot （剧场观众厅前部上方的）面光天桥（由台口开始有第一道面光、第二道面光）
シーリング・パネル ceiling panel 顶棚镶板
シーリング・ブロック ceiling block 平顶挂线盒
シーリング・メタル ceiling(sheet) metal 薄钢板制的天花板，铁皮顶棚
シーリング・ランプ ceiling lamp 吊灯
シーリング・ローズ ceiling rose 平顶挂线盒，天花板灯线盒
シーリング・ローセット ceiling rosette 平顶挂线盒
シリンダー cylinder 汽缸，圆筒，圆柱体
シリンダー・カット cylinder cut （隧道爆破的）圆筒式掘孔，圆筒式挖孔
シリンダーじょう 【～錠】 cylinder lock 圆筒销子锁，弹簧锁
シリンダー・タッピング cylinder tapping 油缸流出口
シリンダー・ヘッド cylinder head 汽缸盖，汽缸头
シリンダー・ヘッドじょう 【～錠】 cylinder head lock 圆筒销子锁，弹簧锁
シリンダー・ライナー cylinder liner 汽缸衬
シリンドリカル・ボイラー cylindrical boiler 筒形锅炉
シール seal 封闭，封塞，封口，密封
シルエット silhouette 轮廓，侧影
シルエットこうか 【～効果】 silhouette effect 轮廓线效果，侧影效果
シルキング silking （涂层上的）细条纹，绸纹
シル・コック sill cock 小龙头，洒水栓
シール・コート seal coat 封闭层，密封层
ジルコニアれんが 【～煉瓦】 zirconia brick 锆砖，二氧化锆砖
ジルコンじき 【～磁器】 zircon porcelain 锆质瓷（器）
ジルコンしつたいかぶつ 【～質耐火物】 zircon refractory 锆质耐火材料

ジルコン・セメント zircon cement 锆-镁耐火水泥,锆质水泥
シル・テンこう 【～鋼】 Sil-Ten steel 西尔-坦低合金高强度钢
シルト silt 粉砂,泥砂,淤泥
シールド shield 盾,盾构,护罩
シールド・アークようせつ 【～溶接】 shielded arc weld(ing) 保护(电)弧焊
シールド・アークようせつぼう 【～溶接棒】 shielded arc-electrode 保护(电)弧焊条
シールドき 【～機】 shield machine (隧道用)盾构机
シールドくっしんき 【～掘進機】 shield machine 盾构挖进机
シールドこうほう 【～工法】 shield method (隧道)盾构法
シルトしつねんど 【～質粘土】 silty clay 粉质粘土
シルトしつねんどローム 【～質粘土～】 silty clay loam 粉质亚粘土
シルトしつローム 【～質～】 silty loam 粉壤土,粉质亚粘土
シールド・ビームがたランプ 【～形～】 sealed beam lamp 密封光束灯
シールド・ルーム shield room 防护室,隔离室,隔声室
シルバークールばん 【～版】 Silber-kuhl slab 旋转双曲面预应力混凝土板,希尔伯库尔式板
シルバー・クレイ silver gray 银灰色
シルバード・ガラス silvered glass 镀银玻璃
シルバー・ブリッジ silver bridge 乐池周围的通道
シルミン silumin,silicon aluminium 硅铝合金
しれい 【指令】 command 指令
しろ 【白】 zinc 锌(俗称)
しろ 【城】 castle,strong hold 城,城堡
じろ 【地炉】 地炉,地灶
しろあり 【白蟻】 termite,white ant 白蚁
しろうんも 【白雲母】 white mica 白云母
しろガスかん 【白～管】 white gas pipe,galvanized steel pipe 白色煤气管,煤气用白钢管,镀锌钢管
しろがまえ 【城構】 筑城,建造城堡
しろかん 【白管】 galvanized pipe 镀锌钢管,白铁管
しろきず 【白疵】 blind crack 岩石缝隙,岩石裂缝
しろぐされ 【白腐】 white rot 白腐
しろけいせき 【白珪石】 white silica 白硅石
しろげずさ＝しらがずさ
しろじちいき 【白地地域】 空白地区,未经规划地区
しろじっくい 【白漆喰】 white lime plaster (不掺颜料的)白色灰浆,白色灰膏
しろず 【白図】 positive blue print 熏晒的图,白底蓝线图
しろセメント 【白～】 white cement 白水泥
しろちゅうてつ 【白鋳鉄】 white iron 白口铁,白铸铁
シロッコそうふうき 【～送風機】 Sirocco fan 多翼片通风机,多翼片风扇,西劳柯式风扇
シロッコ・ファン Sirocco fan 多翼片通风机,多翼片风扇,西劳柯式风扇
しろつち 【白土】 white clay (面层用)白色土
しろとり 【城取】 建造城墙的规划,建造城墙的平面布置
しろパイプ 【白～】 galvanized steel pipe 镀锌钢管
しろパテ 【白～】 white putty 白油灰,白腻子
しろペンキ 【白～[pek荷]】 white paint 白漆,白色涂料
しろみ 【白身】 sapwood,alburnum 白木质,边材(树干中的外层木质部)
しろみかげ 【白御影】 白云母花岗岩
しろもめん 【白木綿】 白色粗棉布
しろラック 【白～】 white lac 白虫胶,漂白紫胶,白漆片
しろラック・ワニス 【白～】 white shellac varnish 白虫胶清漆

しろラワン 【白～】 white lauan 白柳桉木
しろれんが 【白煉瓦】 white brick 白砖
しろワニス 【白～】 white varnish 珐玛脂清漆,白瓷漆用漆基
しわ 【皺】 (薄板)起皱
しわけしつ 【仕分室】 classification room, assortment room 分类整理室
しわけしょ 【仕訳書】 specification 规程,规范,明细表,说明书
しわけスペース 【仕分～】 classification space, assortment space 分类整理室
じわり 【地割】 划分土地,建筑物平面,拔地,指定场地
じわれ 【地割】 earth fissure 地裂隙
しん 【心】 center 中心,中央,核心
しん 【心·芯】 pith, core, heart 心部,中心,核心,树芯,木髓
シーン scene (古代的)舞台,布景,景色
ジン gin 三脚起重机,打桩机
じんあい 【塵埃】 dust 尘埃
じんあいきょようど 【塵埃許容度】 permissive limit of dust concentration 尘埃容许限度
じんあいけい 【塵埃計】 dust counter 尘埃计
じんあいけいすうき 【塵埃計数器】 dust counter 尘埃计数器
じんあいしょうきゃくじょう 【塵埃焼却場】 incineration house 垃圾焚化站
じんあいじょげんど 【塵埃恕限度】 permissive limit of dust concentration 尘埃容许限度
じんあいのうど 【塵埃濃度】 dust concentration 尘埃浓度
じんあいほしゅうようりょう 【塵埃捕集容量】 dust holding capacity 灰尘收集容量
じんあいろかき 【塵埃濾過器】 dust strainer 滤尘器
しんあなあけ 【心孔明】 center bore 钻中心孔
じんあんとっきょ 【新案特許】 new invention patent 新发明专利
じんいしょくせい 【人為植生】 cultural vegetation 人工植被
しんいた 【心板 cores 芯板
じんいんサブシステム 【人員～】 personal sub-system 丶控部分(人-机系统中由人控制的硬件部分)
じんいんふか 【人員負荷】 human heat load 人数热负荷
シン・ウォール・サンプラー thin-wall sampler 薄壁取样器(取原状土)
しんえい 【新営】 新建
しんえいこうじ 【新営工事】 新建工程
しんえきひ 【浸液比】 submerged ratio 浸液比
しんおう 【震央】 epicenter 震中
しんおうきょり 【震央距離】 epicentral distance 震中距离
しんおうりょく 【真応力】 true stress, actualstress 实际应力,真(实)应力
しんおうりょくど 【真応力度】 actual stress intensity 实际应力(强度)
しんおさえ 【心押·真押】 根据中心线的装配方法,根据中心线放线
しんおん 【震音】 warble tone 啭音(频率作正弦式调制的纯音)
しんおんそくていしつ 【心音測定室】 心电图室
シンカー sinker 沉锤,沉块,冲钻
しんがい 【震害】 earthquake damage 震害,震灾
じんかい 【塵芥】 dust, refuse 尘土,灰尘,垃圾
じんかいおぶつしょうきゃくろ 【塵芥汚物焼却炉】 incinerator 垃圾焚烧炉
じんかいしょうきゃくろ 【塵芥焼却炉】 refuse incinerator, dust destructor 垃圾焚烧炉
しんかいはつ 【新開発】 new development 新发展,新开发
しんかいはつけいかく 【新開発計画】 new development plan 新发展规划,新开发规划
じんがさ 【陣笠】 (牵索起重机桅杆上)伞状铁件
しんかべ 【真壁】 露明柱墙,露柱墙,露筋墙

じんかようエレベーター 【人荷用～】 lift,elevator 客货共用电梯
しんかん 【信管】 detonator 雷管,信管,发爆管
しんかんきょうしゅぎ 【新環境主義】 new environmentalism (1945年以后美国出现的)新环境主义
しんかんきょり 【心間距離】 center to center 中心距(离)
しんかんしききそこうほう 【真管式基礎工法】 中心管式深基础施式法
しんきょ 【心距】 weld spacing 断续焊缝中心距
しんきりだいもちつぎ 【心切台持継】 空心嵌接
しんきん 【真菌】 fungi 真菌(包括霉菌、酵母菌和伞菌等)
シンキング sinking 低陷,沉落
ジンキング zincing 镀锌
シンキング・ポンプ sinking pump (竖坑排水用)沉落泵,深井泵
ジンク zinc 锌
しんくう 【真空】 vacuum 真空
しんくうアスファルト 【真空～】 vacuum asphalt 真空(蒸馏)制沥青
しんくうかえりかん 【真空還管】 vacuum return pipe 真空回水管
しんくうかんそう 【真空乾燥】 vacuum drying 真空干燥
しんくうかんそうき 【真空乾燥器】 vacuum dryer 真空干燥器
しんくうぎじゅつ 【真空技術】 vacuum technique 真空技术
しんくうきゅうすいポンプ 【真空給水～】 vacuum feed-water pump 真空给水泵
しんくうけい 【真空計】 vacuum gauge, vacuum indicator 真空计,真空指示器
しんくうコンクリート 【真空～】 vacuum processed concrete 真空作业混凝土
しんくうコンクリートほそう 【真空～舗装】 vacuum-processed concrete pavement 真空吸水处理混凝土路面
しんくうしき 【真空式】 vacuum(circulation)system 真空(循环)式
しんくうしきガスさいしゅき 【真空式～採取器】 vacuum gas sampler 真空式气体取样器
しんくうしきタンク 【真空式～】 vacuum tank 真空罐
しんくうしきふじょうぶんりそうち 【真空式浮上分離装置】 vacuum type floatation units 真空式浮选分离装置
しんくうじょうはつ 【真空蒸発】 vacuum evaporation 真空蒸发
しんくうじょうはつき 【真空蒸発器】 vacuum evaporator 真空蒸发器
しんくうじょじんほう 【真空除塵法】 vacuum arresting method 真空除尘法
しんくうしょり 【真空処理】 vacuum process 真空处理,真空作业
しんくうせいけい 【真空成型】 vacuum forming 真空成型
しんくうそうじき 【真空掃除器·真空掃除機】 vacuum cleaner, vacuum sweeper 真空清扫器
しんくうそうち 【真空装置】 vacuum plant 真空装置
しんくうだっき 【真空脱気】 vacuum deaeration 真空排气
しんくうだっすい 【真空脱水】 vacuum dewatering 真空脱水
しんくうちょうせいき 【真空調整器】 vacuum governor 真空调节器
しんくうでんきゅう 【真空電球】 vacuum lamp 真空灯泡
しんくうど 【真空度】 degree of vacuum 真空度
しんくうはいかん 【真空配管】 vacuum line 真空管道
しんくうはいすいこうほう 【真空排水工法】 vacuum drainage method 真空排水(降低地下水位)施工法
しんくうはかいそうち 【真空破壊装置】 vacuum breaker 真空破碎机,真空粉碎设备
しんくうふじょうほう 【真空浮上法】 vacuum flotation process 真空气浮法
しんくうべん 【真空弁】 vacuum valve 真空阀
しんくうポンプ 【真空～】 vacuum

pump 真空泵
しんくうれいきゃく 【真空冷却】 vacuum cooling 真空冷却
しんくうれいとうき 【真空冷凍機】 vacuum refrigeration machine 真空制冷机
しんくうれいとうほう 【真空冷凍法】 vacuum refrigeration process 真空冷冻法
しんくうろか 【真空濾過】 vacuum filtration 真空过滤
しんくうろかき 【真空濾過器】 vacuum filter 真空过滤器
ジンク・クロメート zinc chromate 铬酸锌
ジンク・クロメート・プライマー zinc chromate primer 铬酸锌涂底料
ジンク・クロメートぼうせいとりょう 【~防錆塗料】 zinc chromate rustproofing paint 铬酸锌防锈涂料
しんぐされ 【心腐】 heart-rot 心材腐朽,腐心
ジンク・ダスト・ペイント zinc dust paint 锌粉(防锈)漆
ジンク・パテ zinc putty 锌质油灰,锌质腻子
シンクフォイル cinquefoil 五瓣形
シンクフォイル・アーチ cinquefoil arch 五瓣形拱
ジンク・リッチ・プライマー zinc rich primer 多锌油漆底料,富锌油漆底料
シングル shingle 木(片)瓦,屋面板
シングル・ウィンチ single winch 单卷筒绞车
シングル・ウェブだんめん 【~断面】 single-web section 单腹板截面
シングル・オートマチック・エレベーター single automatic elevator 单钮自动电梯,单钮自动升降机
シングル・クッションしきベッド 【~式~】 single cushion type bed 单垫式床,箱形弹簧床
シングル・ステージ・ポンプ single-stage pump 单级泵
シングル・ストレングス single strength 薄窗玻璃,单料窗玻璃(1~2毫米厚)
シングル・ティー・スラブ 【~T~】 single tee slab 单T形混凝土板,单T板
シングル・ドア single door 单扇门
シングルはいきん 【~配筋】 single reinforcement 单层配筋
シングル・ベッド single bed 单人床
シングル・ベッド・ルーム single bed room 单人卧室
シングル・ユニット single-unit 单一机组,单机(的)
シングル・リベッティング single riveting 单行铆钉,单排铆钉
シングル・レイヤー・ウェルディング single layer welding 单层焊
シングル・レーシング single lacing, single latticing 单缀,三角网状单缀条,单缀条
シングル・レール single-rail 单线,单轨
ジン・クロー jim crow 弯轨器
しんけいけいそてっぱん 【浸珪珪素鉄板】 silicon steel sheet 硅钢片
しんけいけんしゅぎ 【新経験主義】 New Empiricism (1945年以后北欧出现的)新经验主义
しんげん 【震源】 hypocenter, earthquake source 震源
じんけん 【人絹】 rayon 人造纤维,人造丝
しんげんきょり 【震源距離】 hypocentral distance 震源距离
しんけんざい 【新建材】 new building material 新建筑材料
しんごう 【信号】 signal 信号,标志
じんこう 【人口】 population 人口
じんこういどう 【人口移動】 migration, mobility of population 人口流动
じんこうおせんぶっしつ 【人工汚染物質】 man-made pollutant 人为污染物质
じんこうかんき 【人工換気】 artificial ventilation 人工换气,人工通风
じんこうかんそう 【人工乾燥】 artificial drying 人工干燥
じんこうかんようちかすい 【人工涵養地下水】 artificial recharged groundwater 人工回灌地下水

じんこうきこう 【人工気候】 artificial climate 人工气候
じんこうきこうしつ 【人工気候室】 environmental control chamber 人工气候室,环境控制室
じんこうきぼ 【人口規模】 population size 人口规模
じんこうけいかく 【人口計画】 population planning 人口规划
しんこうけいとうほうしき 【進行系統方式】 progressive system of traffic control (交通讯号)推进式控制联动系统
じんこうけいりょうこつざい 【人工軽量骨材】 artificial lightweight aggregate 人工轻骨料
じんこうけいりょうこつざいコンクリート 【人工軽量骨材～】 artificial lightweight aggregate concrete 人工轻骨料混凝土
じんこうげすい 【人工下水】 artificial sewage 人为污水
じんこうこうう 【人工降雨】 artificial rainfall 人工降雨
じんこうこうげん 【人工光源】 artificial light source 人工光源
じんこうこうせい 【人口構成】 composition of population, population structure 人口构成,人口组成
じんこうこうぞう 【人口構造】 composition of population, population structure 人口构成,人口组成
じんこうこおり 【人工氷】 artificial ice 人造冰
じんこうこつざい 【人工骨材】 artificial aggregates 人工集料,人工骨料,人造骨料
しんごうシステム 【信号～】 signal system 信号系统
じんこうしば 【人工芝】 artificial grass 人造草皮
しんごうしゃだんスイッチ 【信号遮断～】 signal shutdown switch 信号停止开关(中止交通信号灯运用的人工开关)
じんこうしゅうちゅう 【人口集中】 concentration of population 人口集中
じんこうしゅうちゅうちく 【人口集中地区】 densely inhabited district(DID) 人口集中区
しんごうじょう 【信号場】 signal station 信号站,信号所
じんこうしょうめい 【人工照明】 artificial lighting, artificial illumination 人工照明
しんこうしんごう 【進行信号】 proceed signal 行进信号
しんこうしんごうじかん 【進行信号時間】 traffic movement phase 通行信号时间,通行信号显示
じんこうすいり 【人工水利】 artificial water transportation 人工水运
しんごうせいぎょ 【信号制御】 signal control 信号控制
じんこうせいさく 【人口政策】 policy of population 人口政策
しんこうせいちんか 【進行性沈下】 progressive settlement 进展性沉降
しんこうせいはかい 【進行性破壊】 propressive failure 进展性破坏
しんごうせつび 【信号設備】 signal equipment 信号设备
じんこうぞうかりつ 【人口増加率】 ratio of population increase 人口增长率
じんこうぞうげん 【人口増減】 increase and decrease of population 人口增减
しんごうそうち 【信号装置】 signal apparatus, signal installation 信号装置
しんごうだい 【信号台】 beacon 信号台
しんごうたいひざつおんひ 【信号対比雑音比】 signal to noise ratio 信(号)噪(声)比
じんこうたいようとう 【人工太陽灯】 artificial sunlight lamp 人造太阳灯
じんこうちかすい 【人工地下水】 artificial groundwater 人工地下水
じんこうちゅうこう 【人工昼光】 artificial daylight 人工昼光
しんこうつうシステム 【新交通～】 new transportation system 新交通系统,新运输系统
じんこうつうふう 【人工通風】 artifi-

cial draft 人工通风

しんこうていししんごう 【進行停止信号】 stop-and-go signal 停止再行信号

じんこうどうたい 【人口動態】 dynamic of population 人口动态

じんこうどうたいちょうさ 【人口動態調査】 vital statistics 人口动态调查

じんこうとうりょう 【人口当量】 population equivalent 人口当量

じんこうとくせい 【人口特性】 population characteristics 人口特征,人口构成情况分析结果

しんこうとし 【新興都市】 born city, newly rising city 新兴城市

じんこうとち 【人工土地】 artificial ground 人造土地,人工土地

じんこうドラフト 【人工～】 artificial draft 人工通风

じんこうにっこう 【人工日光】 artificial sunlight 人造阳光

じんこうのみみ 【人口の耳】 artificial ear 仿真耳

しんこうパラメーター 【進行～】 progress parameter 进行性参数,未定参数

じんこうぶんさん 【人口分散】 dispersal of population 人口分散,人口疏散

じんこうぶんぷ 【人口分布】 distribution of population 人口分布

じんこうまさめごうはん 【人工柾目合板】 人工径切纹理胶合板

じんこうみつど 【人口密度】 density of population 人口密度(城市中1公顷单位面积内的平均人口数)

じんこうよそく 【人口予測】 population forecast 人口预测

じんこうりん 【人工林】 artificial forest 人工林,人造林

じんこうりんりつ 【人口林率】 artificial forest rate 人工林比例,人工林率

じんこうろか 【人工濾過】 artificial filtration 人工过滤

じんこうろかまく 【人工濾過膜】 artificial filtrable membrane 人工滤膜

じんこうろざい 【人工濾材】 artificial filter media 人工滤料

しんこてんしゅぎ 【新古典主義】 Neo-classicism (18世纪后半期～19世纪中期欧洲的)新古典主义

しんごね 【真捏】 用紫菜汁(海草)拌和消石灰的抹灰面层

しんこんせい 【深根性】 deep-rooted 深根性

しんこんせいじゅもく 【深根性樹木】 深根性树木

しんざい 【心材】 heart wood 心材

しんさつしつ 【診察室】 consultation room 诊室,诊察室

しんさつつくえ 【診察机】 examining table 诊察桌

しんさりざい 【心去材】 timber without pith 无髓心木材

しんさんぎょうとし 【新産業都市】 new industrial city 新工业城市

しんし 【新市】 new city 新城市

しんじいけ 【心字池】 "sinzi" shaped pond 心字形(水池)

しんしつ 【寝室】 bedroom 卧室

しんしゃ 【辰砂】 cinnabar 辰砂,朱砂

じんじゃ 【神社】 shrine (日本)神社

じんじゃけんちく 【神社建築】 (日本)神社建筑

しんじゃせき 【信者席】 pew 教堂座位,教堂的靠背长凳

しんじゅ 【神樹】 Ailanthus altissima [拉],Tree of heaven[英] 臭椿

しんじゅうたくしがいちかいはつじぎょう 【新住宅市街地開発事業】 development of new residential area 新住宅市区开发事业

しんじゅがん 【真珠岩】 pearlite,perlite 珍珠岩

しんしゅくカップリング 【伸縮～】 expansion coupling 伸缩接头,伸缩联接器

しんしゅくかん 【伸縮管】 expansion pipe 伸缩管

しんしゅくししょう 【伸縮支承】 expansion bearing 伸缩支承

しんしゅくしゃずき 【伸縮写図器】 pantograph,pantagraph 比例绘图仪,缩放仪,缩图尺,放大尺

しんしゅくせつごう 【伸縮接合】 expansion joint 伸缩接头,伸缩连接,伸缩缝
しんしゅくちいきせい 【伸縮地域制】 elastic zoning 弹性分区制,灵活分区制
しんしゅくつぎて 【伸縮継手】 expansion joint 伸缩接头,伸缩缝
しんしゅくつぎめ 【伸縮継目】 expansion joint 伸缩缝
しんしゅくど 【伸縮戸】 folding gate 折叠门
しんしゅくとびら 【伸縮扉】 folding gate 折叠门
しんしゅくベンド 【伸縮～】 expansion bend 伸缩弯管,胀缩弯管
しんしゅくボルト 【伸縮～】 expansion bolt 伸缩螺栓,扩开螺栓,膨胀螺栓
しんしゅくめじ 【伸縮目地】 expansion joint 伸缩缝
しんしゅくりつ 【伸縮率】 degree of shrinkage 伸缩率
しんしゅくループ 【伸縮～】 expansion loop 伸缩环,膨胀圈
しんしゅつしょく 【進出色】 advancing colour 前进色
しんじゅんめん 【浸潤面】 phreatic surface,seepage face 地下水面,浸润面
しんしょう 【新梢】 current shoot （树木的)新梢
しんしょうご 【真正午】 true noon,true midday 正午
しんしょうし 【真正子】 true midnight 真子夜
しんじょうそしき 【針状組織】 acicular structure （金属材料的)针状组织
しんしょく 【侵食】 erosion 侵蚀,腐蚀
しんしょく 【新燭】 candela(cd) 新烛光
しんしょくど 【侵食度】 penetration 侵蚀度,腐蚀度
しんじるし 【真印】 （木工的)中心位置划线记号
しんしん 【心心·真真】 center to center 中到中,中心距
しんしんせい 【心心制】 中到中制,中心距制
しんしんはしらませい 【心心柱間制】 柱距中到中制
しんすい 【心水】 center water 中心水
しんすいからし 【浸水枯】 water seasoning,seasoning by water immersion （木材的)浸水干燥
しんすいかんそう 【浸水乾燥】 seasoning by water immersion,water seasoning （木材的)浸水干燥法
しんすいコロイド 【親水～】 hydrophilic colloid 亲水胶体
しんすいしけん 【浸水試験】 soaking test 浸水试验
しんすいじょうたい 【浸水状態】 submerged condition 浸水状态,浸没状态
しんすいせい 【親水性】 hydrophilicity 亲水性
しんすいせいコロイド 【親水性～】 hydrophilic colloid 亲水胶体,亲水胶质
しんすいそう 【深水層】 hypolimnion 深水层
しんずみ 【真墨·心墨】 center line 中心墨线
じんせい 【靭性】 toughness,ductility 韧性,延性
じんせいざいりょう 【靭性材料】 ductile material 延性材料,韧性材料
しんせいじしつ 【新生児室】 nursery room 哺乳室,乳儿室
しんせき 【浸漬】 steeping 浸渍,浸泡
しんせきぎょうしゅくき 【浸漬凝縮器】 submerged condenser 浸没式冷凝器,潜水冷凝器
しんせきしけん 【浸漬試験】 impregnation test 浸渍试验
しんせきとうけつ 【浸漬凍結】 immersion freezing 浸没冻结
しんせきぬり 【浸漬塗】 dipping 浸渍涂层
しんせきぬれ 【浸漬濡】 immersional wetting 浸湿
しんせきはくりしけん 【浸漬剥離試験】 impregnation test 浸渍剥离试验
しんせきほう 【浸漬法】 dipping process,steeping process 浸渍法,浸泡法

**しんせきろうづけほう** 【浸漬鑞付法】 metal dip brazing 金属浸钎焊

**しんせつほんかん** 【新設本管】 newly laid main 新设干管

**しんせん** 【真線·心線】 center line, core wire 中心线,芯线

**しんせんくうき** 【新鮮空気】 fresh air 新鲜空气

**しんせんくうきとりいれぐち** 【新鮮空気取入口】 fresh air inlet(intake) 新鲜空气入口

**しんせんくうきふか** 【新鮮空気負荷】 fresh air load 新鲜空气负荷

**しんせんそくりょう** 【深浅測量】 sounding 深浅测量,测深

**しんそ** 【心礎】 (木塔的)中心柱础

**じんぞうあらいだし** 【人造洗出】 washing finish of stucco 水刷石饰面,洗石子饰面

**じんぞうがわ** 【人造皮】 artificial leather 人造革

**しんぞうけいしゅぎ** 【新造型主義】 Neo-Plasticism (1917～1932年的)新造型主义

**じんぞうこ** 【人造湖】 man-made lake, reservoir 人造湖,蓄水库

**しんそうさんすいろしょうほう** 【深層散水濾床法】 deep-layer trickling filter 深层生物滤池(法)

**じんぞうせき** 【人造石】 artificial stone 人造石,假石

**じんぞうせきあらいだし** 【人造石洗出】 washing finish of stucco 水刷石饰面,洗石子饰面

**じんぞうせきたたきしあげ** 【人造石叩仕上】 斩假石饰面,剁斧石饰面

**じんぞうせきとぎだし** 【人造石研出】 artificial stone finish 水磨石饰面

**じんぞうせきぬり** 【人造石塗】 抹灰假石,人造石

**じんぞうせきぬりあらいだししあげ** 【人造石塗洗出仕上】 washing finish of stucco 水刷石饰面,洗石子饰面

**じんぞうせきぬりたたきしあげ** 【人造石塗叩仕上】 斩假石饰面,剁斧石饰面

**じんぞうせきぬりとぎだししあげ** 【人造石塗研出仕上】 artificial stone finish 水磨石饰面

**じんぞうせきブロック** 【人造石～】 artificial stone block, cast stone blck 人造石砌块,预制假石块

**じんぞうだいりせき** 【人造大理石】 artificial marble, imitation marble 人造大理石,假大理石

**じんぞうたたきしあげ** 【人造叩仕上】 斩假石饰面,剁斧石饰面

**しんそくぶつしゅぎ** 【新即物主義】 Neue Sachlichkeit[德] 新即物主义(1917年以后德国的一种表现艺术运动)

**しんそこうほう** 【深礎工法】 deep foundation method 深基础施工法

**しんそり** 【真反】 檐端反翘

**シンダー** cinder 炉渣,煤渣,炉底灰

**しんだいかくのうとだな** 【寝台格納戸棚】 bed closet 藏床壁橱

**じんだいすぎ** 【神代杉】 神代杉木(产于日本静冈、京都一带,色黑而坚,用作装饰品)

**じんだいぼく** 【神代木】 黑褐色木料,埋置土中使材色雅致的木料

**しんだいようエレベーター** 【寝台用～】 bed-carrying elevator 载床电梯

**しんたいようじ** 【真太陽時】 true solar time 真太阳时

**しんたいようにち** 【真太陽日】 true solar day 真太阳日

**シンタクティック** syntactic 构成,组成,结成

**シンダー・コンクリート** cinder concrete 溶渣混凝土,炉渣混凝土

**しんだし** 【心出】 centring, centering 找中心,找正

**シンタックス** syntax 句法,结构法,造句法

**シンタード・アルミナ** sintered alumina 烧结氧化铝

**シンタード・ガラス** sintered glass (用玻璃粉烧结的)烧结玻璃

**シンダー・ブロック** cinder block 煤渣砖,炉渣砖,炉渣砌块

シンダーゆか 【～床】 cinder floor 炉渣地面，焦渣地面
シンタリング・ゾーン sintering zone 烧结带，烧结区
しんたんこう 【滲炭鋼·浸炭鋼】 cement(ed) steel, carbonizing steel, case hardened steel 渗碳钢
しんたんほう 【滲炭法】 carbonizing process, cementation process 渗碳法
しんちく 【新築】 new construction, new building 新建，新建筑物
しんちくこうじ 【新築工事】 新建工程
しんちほうしゅぎ 【新地方主義】 New Regionalism 新地方主义(1954年出现的一种建筑思潮)
しんちゅう 【真鍮】 brass 黄铜
しんちゅうかん 【真鍮管】 brass pipe 黄铜管
しんちゅうせいニップル 【真鍮製～】 brazed nipple 黄铜螺纹接口，黄铜螺纹接套
しんちゅうばん 【真鍮板】 brass plate 黄铜板
しんちゅうぼう 【真鍮棒】 brass bar 黄铜条，黄铜棒
しんちゅうろう 【真鍮鑞】 brass solder 黄铜焊料
じんちょうげ 【沈丁花】 Daphne odora [拉], winter daphne[英] 瑞香[英]
しんちょうけい 【身長計】 anthropometer 身长测量计
しんちょうけい 【伸長計】 extensimeter 拉伸计，引伸仪
しんちょうしきテーブル 【伸長式～】 extension table (可加活动桌面的)伸长式桌
しんちょうつうきかん 【伸頂通気管】 stack vent 屋顶(竖向)通气管
しんちょうひずみ 【伸長歪】 tensile strain 拉应变，拉伸应变
シンチレーション・カウンター scintillation counter 闪烁计数器
じんつうじしもんとう 【神通寺四門塔】 (中国山东济南)神通寺四门塔
しんづか 【真束】 king post 桁架中柱，桁架中央直(腹)杆
しんづかぐみ 【真束組】 king-post roof truss 单立柱桁架，单(腹)杆桁架
しんづかこやぐみ 【真束小屋組】 king-post roof truss 单立柱屋架，单柱桁架
しんつぎ 【真継】 seat connection 垫座接(头)
しんつぼ 【真坪】 按墙或柱的中心线间计算的地面面积
しんてっぴん 【伸鉄品】 伸长铁丝，展伸铁丝
しんてん 【心点】 visual center 视中心，主点
しんでん 【神殿】 temple, temple architecture 神庙，庙宇，神殿，神庙建筑
しんでん 【寝殿】 (宫殿式建筑的)正殿，寝殿
しんてんざい 【伸展剤】 vehicle 载色剂，展色料
しんでんづくり 【寝殿造】 寝殿式房屋(日本平安时代贵族的住宅形式)
しんでんづくりていえん 【寝殿造庭園】 (日本平安时代以后)寝殿前面的庭园
しんど 【伸度】 ductility 延度，伸度，延性
しんど 【震度】 seismic coefficient 地震系数，地震荷载系数，震力系数
しんとう 【浸透】 percolation, infiltration 浸透，渗透
しんどう 【振動】 vibration 振动
しんどう 【震動】 vibration, warble tone 震动，颤音调
しんとうあつ 【浸透圧】 osmotic pressure 渗透压(力)
しんどうアドミッタンス 【振動～】 vibration admittance 振动导纳
しんどうインピーダンス 【振動～】 vibration impedance 振动阻抗
しんどううち 【振動打】 vibrating 振捣，振动浇灌
しんどううちコンクリート 【振動打～】 vibrated concrete, vibracast concrete 振捣混凝土，振动浇筑混凝土
しんどうかいせき 【振動解析】 vibration analysis 振动分析

しんどうかじゅう 【振動荷重】 vibration load 振动荷载

しんどうかそくどレベル 【振動加速度～】 vibration acceleration level 振动加速度级

しんどうがたあっしゅくき 【振動形圧縮機】 oscillating compressor 振动式压缩机

しんどうき 【振動機】 vibrator 振动器，振捣器

じんどうきょう 【人道橋】 foot bridge, pedestrian bridge 人行桥，步行侨

しんどうけい 【振動系】 vibratory system 振动体系

しんどうけい 【振動計】 vibration meter, vibrometer 振动计，测振仪，示振计

しんどうげん 【振動源】 vibration source 振动源

しんどうげんかい 【振動限界】 vibration limit 振动界限(混凝土初凝后至具有一定强度时不可振捣的界限)

しんどうげんすい 【振動減衰】 attenuation of vibration 振动衰减

しんどうこうがい 【振動公害】 vibration hazard for citizen 振动公害

しんどうコンクリート 【振動～】 vibrated concrete 振捣混凝土

しんどうコンクリートこうほう 【振動～工法】 vibro-cast concrete method 振捣混凝土施工法

しんどうコンパクター 【振動～】 vibrating compactor 振动压实机

しんどうしきくいうちき 【振動式杭打機】 vibro-pile hammer, vibro-pile driver 振动式打桩机，振动打桩锤

しんどうしきタイヤ・ローラー 【振動式～】 vibrating tyre roller 振动式轮胎压路机，振动式轮胎路辗

しんどうしきパイル・ドライバー 【振動式～】 vibro-pile driver 振动式打桩机

しんとうしきろばん 【浸透式路盤】 bituminous penetration(macadam)base course 贯入式(沥青碎石)基层

しんどうしめかため 【振動締固】 vibrating compaction 振捣压实，振实法

しんどうしゅうき 【振動周期】 vibration period, period of motion 振动周期

しんどうしゅうはすう 【振動周波数】 vibration frequency 振动频率

しんどうしょうがい 【振動障害】 vibration hazard 振动故障

しんどうしんぷく 【振動振幅】 amplitude of vibration 振动振幅，振幅

しんとうすい 【浸透水】 seepage water 渗透水

しんとうすいあつ 【浸透水圧】 seepage pressure 渗透水压

しんとうすいりょく 【浸透水力】 seepage force 渗流水力，渗流压力

しんどうすう 【振動数】 frequency 频率

しんどうすうかんすう 【振動数関数】 frequency function 频率函数

しんどうすうひ 【振動数比】 frequency ratio 频(率)比

しんどうすうほうていしき 【振動数方程式】 frequency equation 频率方程(式)

しんどうせいやくじょうけん 【振動制約条件】 vibration constraints 振动约束条件

しんどうぜつえん 【振動絶縁】 vibration isolation 隔振

しんどうだい 【振動台】 vibration table 振动台

しんとうたんしょうけんさ 【浸透探傷検査】 penetrating inspection 浸透(液)探伤检查

しんどうダンパ 【振動～】 vibration damper 振动阻尼器，减震器

しんとうち 【浸透池】 underdrained settling basin, percolation pond 渗透池，渗水塘，渗漏塘

しんどうちゅうすいほう 【振動注水法】 vibroflotation process (地基)振浮压实法

しんどうつきかため 【振動搗固】 vibro-cast, vibrating compaction 振动捣实

しんどうでんたつりつ 【振動伝達率】 vibration transmissibility 振动传递率

しんどうとくせい 【振動特性】 vibration characteristics 振动特性

しんどうドーザー【振動～】vibrating dozer 振动式推土机

しんどうのきじゅんけい【振動の規準形】normal mode of vibration 简正振动方式,标准振型

しんどうのきょようど【振動の許容度】tolerable limit of vibration 振动容许限度

しんどうのはら【振動の腹】loop 波腹

しんどうは【振動波】vibration wave 振动波

しんどうパイル・ハンマー【振動～】vibro-pile hammer 振动打桩锤,振动式打桩机

しんどうピック・アップ【振動～】vibration pick-up 拾振器

しんどうふるい【振動篩】vibration sieve 振动筛

しんどうへんい【振動変位】vibration displacement 振动位移

しんどうまいびょう【振動毎秒】vibration per second 每秒振动数

しんどうモデル【振動～】vibration model 振动模型

しんどうモード【振動～】vibration mode 振动型式,振型

しんどうりゅう【浸透流】seepage flow 渗流

しんとうりょうけいすう【浸透量係数】coefficient of infiltration 浸透系数,渗透系数

しんどうレベル【振動～】vibration level 振动级

しんどうローラー【振動～】vibrating roller, vibration roller 振动压路机,振动辗压机

しんどかい【震度階】seismic intensity scale, earthquake intensity scale 地震烈度,地震烈度表

しんどかんり【進度管理】management of works progress 进度管理

じんとぎ【人研】水磨石饰面

しんどけい【深度計】depth gauge 测深计

しんとし【新都市】new town 新城市,新城镇

しんどず【震度図】seismicity chart 地震烈度图

しんどほう【震度法】seismic coefficient method 震度法

シンナー thinner 稀释剂,冲淡剂,稀料

しんにほんけんちくかしゅうだん【新日本建築家集団】New Architects' Union of Japan(NAU) (1947年成立的)新日本建筑师联盟

しんにゅうくうき【侵入空気】infiltration 渗透空气,间隙风

しんにゅうくうきしょうおんき【進入空気消音器】air-inlet sound absorber, air-inlet sound attenuator 进气消声器

しんにゅうぐち【進入口】intake 进口(进气口,进水口)

しんにゅうど【針入度】penetration (沥青)针入度,贯入度

しんにゅうどしすう【針入度指数】penetration index(PI) 贯入度指数,针入度指数

しんにゅうひょうめん【進入表面】approach surface (机场跑道的)进入面

しんにゅうべん【進入弁】intake valve 进气阀,进水阀

しんのこうふくてん【真の降伏点】true yield point 真屈服点,实际屈服点

しんのないぶまさつかく【真の内部摩擦角】angle of true internal friction, true angle of internal friction 真内摩擦角,实际内摩擦角

しんのねんちゃくりょく【真の粘着力】true cohesion 真粘聚力,真内聚力,实际粘聚力

じんばく【塵爆】dust explosion 粉尘爆炸,尘埃爆炸

しんばしら【心柱】central post (木造佛塔的)中心柱

しんびき【心挽き】(防止木材干燥开裂)原木通心开槽锯开

しんひじゅう【真比重】true specific gravity 真比重

しんふうどしゅぎ【新風土主義】New Regionalism (1945年以后美国西部的)

新地方主义(建筑),新风土主义(建筑)
しんぷく 【振幅】 amplitude 振幅
しんぷくけいすう 【振幅係数】 amplitude coefficient 振幅系数
しんぷくひ 【振幅比】 amplitude ratio 振幅比
しんぷくへんちょう 【振幅変調】 amplitude modulation 振幅调制
シンプソンそく 【～則】 Simpson's formula 辛普森公式
しんぶちりょうしつ 【深部治療室】 deep therapy room (用X线对人体深部组织治疗用)深部治疗室
シンブル thimble 铁环,套管,套圈,壳筒,嵌环
シンプレックスがたりゅうりょうちょうせつき 【～型流量調節器】 Simplex flow controller 辛普莱克斯式流量调节器(商)
シンプレックスぐい 【～杭】 Simplex pile 简单式灌注桩(边捣实边抽出外壳的混凝土灌注桩)
シンプレックスしきばっきそう 【～式曝気槽】 Simplex aeration tank 辛普莱克斯式曝气池(机械搅拌式活性污泥处理装置)(商)
シンプレックス・ジョイント Simplex joint 辛普莱克斯式接头,单接头
ジン・ブロック gin block 单滑轮
じんぶんけいかん 【人文景観】 cultural (haman) landscape 文化景观,人文景观
しんぶんしゃ 【新聞社】 press office 报社
しんぶんスタンド 【新聞～】 news stand 报摊
しんへんちょう 【浸辺長】 wetted perimeter 湿周,(浸)润周(边)
しんぼう 【心棒·真棒】 axle,shaft rod 轴,轮轴,心棒轴
しんぼうどうづき 【真棒胴突】 心棒轴捣实(夯实)
シンボリズム Symbolism 象征主义
シンボリック・ランゲージ symbolic language 符号语言
シンボル symbol 象征,符号,记号,代号
ジン・ポール gin pole 起重桅杆,中央立柱
ジン・ポール・デリック gin pole derrick 桅杆式起重机,起重桅杆
じんみんえいゆうきねんひ 【人民英雄記念碑】(1952～1958年中国北京)人民英雄纪念碑
じんみんだいかいどう 【人民大会堂】 the Great Hall of the People (1959年中国北京)人民大会堂
シンメトリー symmetry 对称
ジンメンマンほう 【～法】 Zimmerman process 吉默曼法,湿式(污泥)燃烧法
しんもちざい 【心持材】 timber with pith 有髓心木材
しんや 【真矢·心矢】 axle of drop hammer 穿心锤轴,穿心锤杆,落锤心棒
じんや 【陣屋】(日本古代的)府邸警备处、军营、地方官员办公处兼住宅
しんやうち 【真矢打】 穿心锤击打,穿心锤打桩
しんやくいうちき 【真矢杭打機】 ramming pile driuer 穿心锤打桩机
しんようじゅ 【針葉樹】 conifer 针叶树
しんらいせい 【信頼性】 reliability (结构的)可靠性
しんらいせいはかいかいせき 【信頼性破壊解析】 reliability failure analysis 可靠性破坏分析
しんりけんさしつ 【心理検査室】 psychological test room 心理检查室
しんりょうけん 【診療圏】 catchment area 诊疗区
しんりょうじょ 【診療所】 community clinic 诊疗所,医务所,医务处,门诊所
しんりんけいかん 【森林景観】 forest landscape 森林风景,森林景观
しんりんこうえん 【森林公園】 forest park 森林公园
しんりんせいぶつぐん 【森林生物群】 forest biomass 森林生物群
しんりんちいき 【森林地域】 forest area 森林区
しんりんちたい 【森林地帯】 forest zone 森林地带

**しんりんベルト** 【森林～】 forest belt 森林带

**しんりんほぞんちいき** 【森林保存地域】 forest preserve district 森林保护区

**しんりんレクリエーション** 【森林～】 forest recreation 林区的休养、娱乐

**しんろう** 【身廊】 nave 中堂,中殿,中廊

**しんわれ** 【心割】 heart shake （木材的）心裂

# す

ず 【図】 drawing,figure 图,图表,图形
ずあん 【図案】 visual design 图案,造型艺术设计
ずい 【髄】 pith 木髓,树心
すいあげ 【吸上】 suction 吸入,吸收,吸引
すいあげあつりょく 【吸上圧力】 suction pressure 吸引压力
すいあげこうてい 【吸上行程】 suction stroke 吸入冲程
すいあげこうど 【吸上高度】 suction height 吸引高度
すいあげしゅんせつき 【吸上浚渫機】 hydraulic dredger,suction dredger 吸泥机
すいあげつぎて 【吸上継手】 lift fitting 提升接头
すいあげホース 【吸上～】 suction hose 吸水软管
すいあげポンプ 【吸上～】 suction pump 抽水泵
すいあつ 【水圧】 hydraulic pressure, water pressure 水压
すいあつあっしゅくき 【水圧圧縮機】 hydraulic press 水压机
すいあつエジェクター 【水圧～】 hydraulic ejector 水力喷射器
すいあつかん 【水圧管】 pressure pipe 压力管
すいあつかんろ 【水圧管路】 penstock 压力水管
すいあつき 【水圧機】 hydraulic press 水压机,液压机
すいあつきょくせん 【水圧曲線】 hydrostatic curve 水压曲线
すいあつけい 【水圧計】 manometer 水压计
すいあつこうじゅうき 【水圧扛重機】 hydraulic jack 水压千斤顶
すいあつこうばい 【水圧勾配】 hydraulic gradient 水力梯度,水力坡度
すいあつさどうしきえきめんせいぎょ 【水圧作動式液面制御】 water pressure driven level controller 水压驱动式液面控制器
すいあつしけん 【水圧試験】 hydraulic test 水压试验
すいあつジャッキ 【水圧～】 hydraulic jack 水(液、油)压千斤顶,水力起重器
すいあつせんこう 【水圧穿孔】 hydraulic boring 水力钻探
すいあつびょうじめき 【水圧鋲締機】 hydraulic riveter 液压铆钉机,水力铆钉机
すいあつプレス 【水圧～】 hydraulic press 水压机,液压机
すいあつポンプ 【水圧～】 hydraulic pump 水压泵
すいあつリベッター 【水圧～】 hydraulic riveter 液压铆钉机,水力铆钉机
すいあつリベットじめ 【水圧～締】 hydraulic riveting 水压铆接,水力铆
すいい 【水位】 water level 水位
すいいきゅうていか 【水位急低下】 sudden drawdown 水位骤落,水位急降
すいいきょくせん 【水位曲線】 stage hydrograph,time-stage curve 水位曲线
すいいきろくけい 【水位記録計】 water level recorder 水位记录计
すいいけい 【水位計】 water level recorder,water gauge 水位计
ずいいけいやく 【随意契約】 negotiated contract 指定合同
すいいしじき 【水位指示器】 water-level indicator 示水计,水位表,水位标示仪
すいいちょうせいき 【水位調整器】 water level regulator 水位调节器
すいいひょう 【水位標】 water gauge, staff-gauge 水位标尺

すいいひょうじき【水位表示器】water level indicator 水位指示器
すいいりゅうりょうきょくせん【水位流量曲線】water-level-duration curve, stage-discharge curve 水位流量曲线
すいいりゅうりょうず【水位流量図】stage-discharge diagram 水位流量图
すいえいじょう【水泳場】swimming place 利用海滨、河川开辟的游泳场
すいえいプール【水泳～】swimming pool 游泳池
すいえん【水煙】塔刹上的火焰
すいおん【水温】water temperature 水温
すいおんサーモスタット【水温～】water thermostat 水温恒温器
すいおんやくそう【水温躍層】thermocline 水温突变层，斜温层
すいがい【水害】damage by flood 泛灾，洪害
すいがい【透垣】漏空围墙，竹笆围墙
すいがいじょうしゅうちたい【水害常習地帯】经常洪泛地区
すいがいぼうびりん【水害防備林】防洪林
すいかく【水閣】(别墅或寺院内避暑)水阁
すいかねつき【水加熱器】water heater 水加热器，热水炉
すいかぶつ【水化物】hydrate 水合物
すいかもん【垂花門】垂花门
すいかん【水管】water pipe 水管
すいかん【吹管】blow-pipe, torch 吹管，喷焊器，喷灯，焊枪，焊炬，割炬
すいかんきょう【水管橋】water-conduit bridge 水管桥
すいかんしきボイラー【水管式～】water-tube boiler 水管式锅炉
すいかんそうじき【水管掃除機】water tube cleaner 清管机，刮管机
すいかんへき【水管壁】water wall (水管锅炉的)水管壁
すいかんようせつ【吹管溶接】torch welding 吹管焊接，气焊
すいきょくせんせりもち【垂曲線迫持】catenarian arch 悬链线拱
すいぎん【水銀】mercury 汞，水银
すいぎんアークとう【水銀～灯】mercury arc lamp 水银弧光灯，汞弧灯
すいぎんあつりょくけい【水銀圧力計】mercury manometer 水银压力计
すいぎんおせんぎょ【水銀汚染魚】mercury pollution fish 汞污染鱼，水银污染鱼
すいぎんおせんどろ【水銀汚染泥】mercury pollution sludge 汞污染泥，水银污染泥
すいぎんおんどけい【水銀温度計】mercury thermometer 水银温度计
すいぎんかごうぶつ【水銀化合物】mercuric compound 汞化合物，水银化合物
すいぎんきあつけい【水銀気圧計】mercury barometer 水银气压计，汞气压计
すいぎんここうとう【水銀弧光灯】mercury arc lamp 汞弧灯，水银弧光灯
すいぎんスイッチ【水銀～】mercury switch 水银开关，汞开关
すいぎんちゅうメートル【水銀柱～】meter of mercury head 米汞柱(压力单位，等于1.359510公斤/厘米$^2$)
すいぎんとう【水銀灯】mercury-vapour lamp 水银灯，汞灯
すいぎんはいすい【水銀廃水】mercury bearing waste 含汞废水，含水银废水
すいぎんマノメーター【水銀～】mercury manometer 水银压力计，汞压力计
すいぎんランプ【水銀～】Hg lamp 水银灯，汞灯
すいぎんランプ【水銀～】mercury vapour lamp 水银灯，汞灯
すいぐちコック【吸口～】inlet cock 入口旋塞，入口龙头
すいぐちべん【吸口弁】inlet valve 进口阀(进气阀，进水阀)
すいけいでんせんびょう【水系伝染病】water borne disease 水系传染病，由饮用水媒介的传染病
すいげき【水撃】water hammer 水锤
すいげきげんしょう【水撃現象】water hammer 水锤现象

**すいげきさよう** 【水撃作用】 water hammering 水锤作用
**すいげきぼうし** 【水撃防止】 prevention of water hammering 水锤防止
**すいげきポンプ** 【水撃～】 water hammer pump 水锤泵
**すいげん** 【水源】 water source 水源
**すいけんすい** 【水圏水】 hydrospheric water 水圈水
**すいげんち** 【水源地】 water source, headwaters 水源地
**すいげんちたい** 【水源地帯】 stream source area, river-head area 水源地区
**すいげんちょうさ** 【水源調査】 water source investigation 水源调查
**すいこう** 【水耕】 water culture 水培养,溶液培养
**すいこうけい** 【水高計】 glass water gauge (玻璃)水位计
**すいこうけいすう** 【水硬系数】 hydraulic modulus (水泥的)水硬系数,水硬率
**すいこうしすう** 【水硬指数】 hydraulic index 水硬指数
**すいこうせい** 【水硬性】 hydraulicity 水硬性
**すいこうせいせっかい** 【水硬性石灰】 hydraulic lime 水硬(性)石灰
**すいこうせいセメント** 【水硬性～】 hydraulic cement 水硬(性)水泥
**すいこうせいたいかセメント** 【水硬性耐火～】 hydraulic refractory cement 水硬(性)耐火水泥
**すいこうせいたいかぶつ** 【水硬性耐火物】 hydraulic refractory 水硬(性)耐火材料
**すいこうせいたいかモルタル** 【水硬性耐火～】 hydraulic (setting)refractory mortar 水硬(性)耐火砂浆
**すいこうせいモルタル** 【水硬性～】 hydraulic mortar 水硬(性)砂浆
**すいこうもん** 【水閘門】 lock 闸门
**すいこうりつ** 【水硬率】 hydraulic modulus (水泥的)水硬率,水硬系数
**すいこみ** 【吸込】 suction 吸入,吸引
**すいこみあつりょく** 【吸込圧力】 suction pressure 吸力,吸入压力
**すいこみおんど** 【吸込温度】 suction temperature 吸入温度
**すいこみがわ** 【吸込側】 suction side 吸入边,吸入侧
**すいこみかん** 【吸込管】 suction pipe 吸入管,吸水管
**すいこみかんき** 【吸込換気】 suction ventilation 吸入通风,吸入换气
**すいこみくうき** 【吸込空気】 suction air 吸入空气
**すいこみぐち** 【吸込口】 inlet 吸入口,进口
**すいこみぐちせいあつ** 【吸込口静圧】 static pressure of inlet 吸入口静压,入口静压
**すいこみぐちぜんあつ** 【吸込口全圧】 inlet total pressure 吸入口总压,吸口总压
**すいこみげすいだめ** 【吸込下水溜】 pervious cesspool 污水渗井
**すいこみこうりつ** 【吸込効率】 suction efficiency 吸入效率
**すいこみしきフィルター** 【吸込式～】 suction filter 吸滤器
**すいこみしゅかん** 【吸込主管】 suction main 吸入干管,吸水干管
**すいこみすいとう** 【吸込水頭】 suction head 吸水头,吸引位差
**すいこみせいあつ** 【吸込静圧】 suction static pressure 吸水静压
**すいこみせんぷうき** 【吸込扇風機】 suction fan 抽风机,吸风机
**すいこみそうふうき** 【吸込送風機】 suction blower 吸风机,吸入式通风机
**すいこみタンク** 【吸込～】 suction tank 吸水箱
**すいこみチェックべん** 【吸込～弁】 inlet check valve 吸入止回阀,吸水逆止阀
**すいこみチェック・ボール** 【吸込～】 suction check ball 吸入止回球
**すいこみつうふう** 【吸込通風】 suction ventilation 吸入通风
**すいこみはいかん** 【吸込配管】 suction

piping 吸入管道(布置)
すいこみべん 【吸込弁】 suction valve 吸入阀(吸气阀,吸水阀)
すいこみべんざ 【吸込弁座】 suction valve seat 吸入阀座
すいこみホース 【吸込～】 suction hose 吸水软管
すいこみようてい 【吸込揚程】 suction head 吸水头,吸水扬程
すいこみろ 【吸込路】 inlet passage 吸水通道,进水通道
すいこみろかき 【吸込濾過機】 suction filter 吸滤器
すいさい 【水滓】 granulated slag 水渣,水淬渣,粒化矿渣
すいさいが 【水彩画】 water colour 水彩画
すいさいこうさい 【水滓鉱滓】 granulated slag, slag sand 水淬渣,水渣,高炉水渣
すいさいスラグ 【水滓～】 granulated slag, slag sand 水淬渣,水渣,高炉水渣
すいざん 【推山】 推山(屋顶)
すいさんかアルミニウム 【水酸化～】 aluminium hydroxide 氢氧化铝
すいさんかカリウム 【水酸化～[Kalium 德]】 potassium hydroxide 氢氧化钾
すいさんかカルシウム 【水酸化～】 calcium hydroxide 氢氧化钙
すいさんかせっかい 【水酸化石灰】 calcium hydroxide 氢氧化钙,消石灰
すいさんかだいいちてつ 【水酸化第一鉄】 ferrous hydroxide 氢氧化亚铁
すいさんかだいにクロム 【水酸化第二～】 chromic hydroxide 氢氧化铬
すいさんかだいにてつ 【水酸化第二鉄】 ferric hydroxide 氢氧化铁
すいさんかてつ 【水酸化鉄】 iron hydroxide 氢氧化铁
すいさんかナトリウム 【水酸化～[Natrium德]】 sodium hydroxide 氢氧化钠,苛性钠,烧碱
すいさんかぶつ 【水酸化物】 hydroxide 氢氧化物
すいしげん 【水資源】 water resources 水资源
すいしげんかいはつ 【水資源開発】 water resources development 水资源开发
すいしげんりようけいかく 【水資源利用計画】 水资源利用规划
すいしつ 【水質】 water quality 水质
すいしつおせんぼうし 【水質汚染防止】 water pollution control 水污染控制
すいしつおだく 【水質汚濁】 water pollution 水质污染,水污染
すいしつおだくひがい 【水質汚濁被害】 water pollution damage 水污染损害
すいしつかいぜん 【水質改善】 water quality improvement 水质改进,水质改善
すいしつがく 【水質学】 water quality science 水质学
すいしつかんしきこう 【水質監視機構】 water quality monitoring system 水质监视机构,水质监视系统
すいしつかんしけい 【水質監視計】 water quality monitor 水质监测仪
すいしつかんり 【水質管理】 water quality management 水质管理
すいしつきじゅん 【水質基準】 water quality standard 水质标准
すいしつけい 【水質計】 water quality meter 水质测定器
すいしつけんさ 【水質検査】 water quality examination 水质检验,水质化验
すいしつしけん 【水質試験】 water examination 水质检验
すいしつせいみつしけん 【水質精密試験】 complete examination of water quality 水质精确试验
すいしつモニター 【水質～】 water (pollution) monitor 水质监测装置,水质(污染)监测器
すいじば 【炊事場】 kitchen, cookery, cook house 炊事间,厨房
すいしゃき 【水射機】 hydraulic giant 水力喷射破碎机,水力冲碎机
すいしゃしきくいうちき 【水射式杭打機】 water-jet pile-driver 射水式打桩机,冲水打桩机

すいしゃしきくいうちほう 【水射式杭打法】 water-jet method of pile-driving, hydraulic jet piling 射水沉桩法,冲水打桩法

すいしゃのよく 【水車の翼】 blade of water turbine 水轮机叶片

すいじゅんかん 【水準管】 level tube 水准管

すいじゅんき 【水準器】 level, levelling instrument 水平仪,水准仪,水准器

すいじゅんきせん 【水準基線】 benchmark 水准点,基准点,水准标志

すいじゅんきょひょう 【水準拠標】 benchmark 水准点,基准点,高度标志

すいじゅんげんてん 【水準原点】 original benchmark 原始水准基点,原始水准点,水准原点

すいじゅんせん 【水準線】 level line 水准线

すいじゅんそくりょう 【水準測量】 level survey, levelling 水准测量

すいじゅんてん 【水準点】 benchmark 水准点,水准基点,基准点

すいじゅんひょうてん 【水準標点】 benchmark 水准点,基准点,水准基点

すいじゅんめん 【水準面】 level surface 水准面,水平面

すいじゅんもう 【水準網】 level net 水准网

すいしょう 【水晶】 crystal 水晶,石英

すいしょう 【水衝】 water hammer 水击,水锤

すいじょうき 【水蒸気】 water vapour 水蒸气

すいじょうきあつ 【水蒸気圧】 vapour pressure, steam pressure 蒸气压力

すいじょうきかくさん 【水蒸気拡散】 water vapour diffusion 水蒸气扩散

すいじょうきちょうりょく 【水蒸気張力】 vapour tension 水蒸气张力

すいじょうきぶんあつ 【水蒸気分圧】 vapour partial pressure 水蒸气分压力

すいじょうきみつど 【水蒸気密度】 vapour density 水蒸气密度

すいしょうきゅう 【水晶宮】 Crystal Palace 水晶宫(1851年在英国伦敦举办第一届国际博览会的展览馆)

すいしょうしょうど 【推奨照度】 recommended illumination 推荐照度

すいじょうたい 【錐状体】 cone 锥状体,圆锥体

すいじょうとし 【水上都市】 水上城市

すいしょうはっしんしきおやどけい 【水晶発振式親時計】 crystal oscillator master clock 晶体振荡器主钟

すいしょり 【水処理】 water treatment 水处理

すいしん 【水深】 water depth 水深

ずいしん 【髄心】 pith 木髓,树心

すいしんあんていどしけん 【水浸安定度試験】 immersion stability test 浸水稳定性试验

すいしんいちじくあっしゅくしけん 【水浸一軸圧縮試験】 immersion unconfined compression test (以水泥稳定土的)无侧限浸水抗压试验,浸水无侧限压缩试验

すいしんかんそう 【水浸乾燥】 seasoning by water immersion 浸水干燥法

すいしんのふかいトラップ 【水深の深い～】 deep seal trap 深水存水弯

すいしんマーシャルあんていど 【水浸～安定度】 immersion Marshal stability 浸水马氏稳定度

スイスこうさくれんめい 【～工作連盟】 Schweizerischer Werkbund (1913年成立的)瑞士工作联盟

スイスこくどはくらんかいセメント・ホール 【～国土博覧会～】 Cement Hall of the Swiss National Exhibition (1938～1939年)瑞士国家展览会(抛物线薄壳)水泥馆

すいせい 【水制】 groyne, spur dyke 丁坝,拦砂坝,折流坝

すいせいガス 【水性～】 water gas 水煤气

すいせいがん 【水成岩】 aqueous rock, sedimentary rock 水成岩,沉积岩

すいせいきん 【水生菌】 aquatic fungi, water mold 水生菌,水霉

すいせいこんちゅう【水生昆虫】aquatic insect 水生昆虫
すいせいしょくぶつ【水生植物】aquatic plant, aquatic vegetation 水生植物
すいせいステイン【水性～】water stain (木材染色用)水溶着色剂
すいせいせいぶつ【水生生物】aquatic organisms 水生生物
すいせいどうぶつ【水生動物】aquatic fauna 水生动物
すいせいとりょう【水性塗料】water paint, distemper 水性涂料
すいせいにゅうざい【水性乳剤】water emulsion 水乳浊液,水性乳剂
すいせいペイント【水性～】water paint, disemper 水性涂料
すいせいまくほうしょうかやくざい【水成膜泡消火薬剤】light water extinguisher 轻水泡沫灭火剂
すいせいめどめざい【水性目止剤】water filler 水性填孔料
すいせき【垂脊】垂脊
すいせん【水栓】faucet, cock, spout, hydrant, tap 水龙头,旋塞,给水栓
すいせん【水線】water line 水面,水线
ずいせん【髄線】medullary ray 髓线,髓射线
すいせんあなうめふた【水栓穴埋蓋】cock hole cover 旋塞孔洞盖
すいせんしきしっしきだつりゅうき【水洗式湿式脱硫器】scrubber type wet desulfurizing equipment 水洗湿式脱硫器
すいせんしきだいべんき【水洗式大便器】water closet bowl, water closet, closet 冲洗式大便器,抽水马桶
すいせんしきボーリング【水洗式～】wash boring 水冲钻探,冲钻法
すいせんちゅう【水栓柱】tap post, water crane 水栓柱
すいせんべんじょ【水洗便所】water closet (W.C.) 冲水式厕所
すいそ【水素】hydrogen 氢
すいそイオンのうど【水素～濃度】hydrogen-ion concentration 氢离子浓度
すいそう【水槽】water tank 水箱,水柜
すいそうきゅうすい【水槽給水】tank system of water supply 水箱供水
すいそうしゃ【水槽車】water tank car (消防用)水柜车,水箱车
すいぞくかん【水族館】aquarium 水族馆
すいそけつごう【水素結合】hydrogen bond 氢键
すいそしけん【水素試験】hydrogen test (测定焊条质量的)含氢量试验
すいそぜいせい【水素脆性】hydrogen brittleness 氢脆性
すいそてんか【水素添加】hydrogenation 加氢
すいそようせつ【水素溶接】hydrogen welding 氢气焊接
すいそわれ【水素割】hydrogen crack 含氢裂纹,氢从……分离出
すいだしかん【吸出管】draft tube, waste pipe, exhaust pipe 排水管,排气管
すいだしかんき【吸出換気】blowoff ventilation 排气通风,抽气通风
すいだしさよう【吸出作用】suction 吸引作用,吸水作用
すいだしすいとう【吸出水頭】suction head 吸出水头
すいだしせんぷうき【吸出扇風機】exhaust fan 排气风扇
すいだしそうふうき【吸出送風機】induced draft fan 诱导式通风机
すいだしたかさ【吸出高さ】draft head 吸水扬程,吸水头
すいだしつうふう【吸出通風】blow-off ventilation, induced draft 抽气通风,(烟道)诱导通风
すいだしつうふうれいすいとう【吸出通風冷水塔】draw-out type cooling tower 诱导通风式冷却塔
すいちゅう【水柱】water column 水柱
すいちゅうあつりょくほうほう【水柱圧力方法】water column method 水柱压力法
すいちゅうコンクリート【水中～】un-

derwater concreting, concrete in water 水下浇灌混凝土,水下混凝土

すいちゅうさいきん【水中細菌】aquatic bacteria 水生细菌

すいちゅうさぎょう【水中作業】underwater works 水下工作,水下操作,水下作业

すいちゅうさくがんき【水中削岩機】underwater rock drill 水下钻岩机

すいちゅうしょうど【水中照度】underwater illumination 水下照度

すいちゅうしょうめい【水中照明】underwater illumination,underwater lighting 水下照明

すいちゅうせつだん【水中切断】underwater cutting 水下切割

すいちゅうたんいじゅうりょう【水中単位重量】submerged unit weight (of soil) (土的)水中单位重量,单位潜容重,水下容重

すいちゅうでんどうポンプ【水中電動～】underwater electric pump,submerged pump 沉没式电力泵,沉水泵

すいちゅうはっぱ【水中発破】submarine blasting,underwater blasting 水下爆破,水中发爆

すいちゅうぼり【水中堀】wet excavation 水下开挖,水下挖土

すいちゅうポンプ【水中～】submersible pump 潜水泵

すいちゅうマノメーター【水柱～】water column manometer 水柱式(流体)压力计

すいちゅうメートル【水柱～】meter of water head 米水柱(压力单位,1 $mH^2O$=0.099972公斤/厘米$^2$)

すいちゅうようじょう【水中養生】water curing 水中养护,水养护

すいちゅうようせつ【水中溶接】underwater welding 水下焊接,水中焊接

すいちょくウェッジ・カット【垂直～】vertical wedge cut 竖向V形开挖,垂直楔形开挖

すいちょくおうりょく【垂直応力】normal stress 法向应力,正应力,垂直应力

すいちょくおうりょくど【垂直応力度】normal stress 法向应力,垂直应力

すいちょくかじゅう【垂直荷重】normal load,vertical load 垂直荷载,法向荷载

すいちょくざい【垂直材】vertical member 竖向构件,竖向杆件,竖杆

すいちょくさぎょういき【垂直作業域】working area in vertical plane 垂直工作范围(上肢上下活动的范围)

すいちょくさつえい【垂直撮影】vertical photographing 垂直摄影,竖直摄影

すいちょくしき【垂直式】Perpendicular style,perpendicuar lay-out (英国晚期哥特式建筑的)垂直式,垂直式(沟渠)布置

すいちょくしきけんちく【垂直式建築】Perpendicular architecture 垂直式建筑

すいちょくしょうめい【垂直照明】vertical illumination 垂直照明

すいちょくせっちゃく【垂直接着】vertical glue joint 垂直粘合,垂直胶结

すいちょくせっちゃくしゅうせいばり【垂直接着集成梁】vertical glued laminated timber beam 垂直胶合木梁,垂直胶结叠层木梁

すいちょくたんしょうほう【垂直探傷法】vertical beam method 垂直探伤法

すいちょくとうえい【垂直投影】right projection 正投影

すいちょくにゅうしゃ【垂直入射】normal incidence 垂直入射

すいちょくにゅうしゃきゅうおんけいすう【垂直入射吸音係数】normal incident sound absorption coefficient 垂直入射吸声系数

すいちょくにゅうしゃきゅうおんりつ【垂直入射吸音率】normal incident sound absorption coefficient 垂直入射吸声系数

すいちょくはいこうきょくせん【垂直配光曲線】vertical intensity distribution curve 垂直配光曲线

すいちょくはんりょく【垂直反力】nor-

mal reaction 垂直反力,法向反力,竖向反力
すいちょくひずみ 【垂直歪】 normal strain 垂直应变,法向应变
すいちょくひずみど 【垂直歪度】 normal strain intensity 法向应变
すいちょくふうどう 【垂直風胴】 vertical air duct 垂直(竖直)风道
すいちょくブラインド 【垂直～】 vertical blind 竖向百页窗
すいちょくぶんりほうしき 【垂直分離方式】 vertical segregation 垂直分开式
すいちょくぶんりょく 【垂直分力】 vertical component force, normal component force 竖向分力,法向分力,垂直分力
すいちょくへんい 【垂直変位】 vertical displacement 垂直位移
すいちょくほごうざい 【垂直補剛材】 vertical stiffener 竖向加劲杆,竖向加劲筋,竖向加劲肋
すいちょくめんしょうど 【垂直面照度】 vertical illumination 垂直面照度
すいちょくりゅうそくきょくせん 【垂直流速曲線】 vertical velocity curve 竖向流速曲线
すいちょくりょく 【垂直力】 vertical force, normal force 垂直力,竖向力,法向力
すいちりょうほうしつ 【水治療法室】 facilities for hydro-therapy 水疗法室,水疗室
すいつい 【水槌】 water hammer 水锤
すいついげんしょう 【水槌現象】 water hammer 水锤现象
すいついラム 【水槌～】 hydraulic ram 水锤泵
すいつきありざん 【吸付蟻桟】 dovetail cleating, dovetailed ledge 燕尾(楔形)防弯木条(镶在木板背面防止木板弯曲)
すいつきざん 【吸付桟】 dovetail cleating, dovetailed ledge 燕尾(楔形)防弯木条(镶在木板背面防止木板弯曲)
スイッチ switch 开关,电门,电键,接线器,接换器,转换器
スイッチ・オフ switch off 断路,切断(电路),拉闸
スイッチ・オン switch on 接通,接入(电路),合闸
スイッチのは 【～の刃】 knife of switch 开关闸刀
スイッチ・プレート switch plate 开关板
スイッチ・ボックス switch box 配电箱,开关柜,转换开关盒
スイッチ・ボード switch board 开关板,配电盘,配电板,交换机,交换台
スイッチング・イン switching in 合闸,接通,接入
スイッチングべん 【～弁】 switching valve 开关阀,转换阀
すいていがんばんせん 【推定岩盤線】 assumed rock-line 假定岩基线,推定岩基线,估计岩基线
すいていトンネル 【水底～】 subaqueous tunnel 水底隧道
すいていはいしゅつりょう 【推定排出量】 presumptive waste discharge 估计排污量
スイート suite 一个单元,一套房间
スイート sweet 脱硫的,无有害气体的
すいとう 【水塔】 water tower 水塔
すいとう 【水頭】 head 水头,水位差
すいどう 【水道】 waterworks 给水设备,供水系统,自来水厂
すいどう 【隧道】 tunnel 隧道
すいどうきょう 【水道橋】 aqueduct (bridge) 渡槽,高架渠,管桥,水道桥
すいどうげんかん 【水道原管】 water main, water supply main pipe 供水总管,给水总管
すいどうこうじ 【水道工事】 water supply works 给水工程,供水工程
すいとうこうばい 【水頭勾配】 hydraulic gradient 水力梯度,水力坡度
すいとうこうばいせん 【水頭勾配線】 hydraulic gradient line 水力梯度线,水力坡降线
すいどうシェル 【推動～】 translational surface shell 平移面壳

**すいどうじぎょう** 【水道事業】 water utility （生活)给水事业

**すいとうシステム** 【出納～】 circulation system （图书馆的)出纳系统(总称)

**すいどうしせつ** 【水道施設】 water supply plant 给水设施,给水设备

**すいどうすいのすいしつきじゅん** 【水道水の水質基準】 water quality standad for water supply 自来水水质标准,(生活)给水水质标准

**すいどうひきこみかん** 【水道引込管】 water service pipe 给水引入管

**すいどうメーター** 【水道～】 watermeter 水表

**すいどうりょうきん** 【水道料金】 water rate 自来水费

**スイート・ガス** sweet gas 无硫气体,无硫煤气

**スイート・ルーム** suite (of room) (备有卧室、客厅、浴室的)一套房间

**スイーパー** sweeper 清管器,扫除机,地面清扫机,街道清扫机,清洁工

**すいはほう** 【水波法】 ripple tank method 水波法,浪涛式水箱法

**すいばんしゃ** 【水盤舎】 (社寺建筑前院的)洗手用水庭,(茶室角隅处设置的)洗茶具处,供水小屋

**ずいはんマトリックス** 【随伴～】 adjoint matrix 伴随矩阵

**すいひ** 【水簸】 elutriation 淘洗,淘分,淘选

**スイーピング** sweeping 清扫,扫除,扫描

**すいふう** 【水封】 water seal 水封

**すいふうしきあんぜんき** 【水封式安全器】 water closing type safety device 水封式安全器,水封式安全装置

**すいふうしきトラップ** 【水封式～】 water seal trap 水封式存水弯

**すいぶん** 【水分】 moisture content 水分,含水量

**すいぶんしけん** 【水分試験】 moisture test 水分试验,测湿试验,含水量试验

**すいぶんとうりょう** 【水分当量】 moisture equivalent 含水当量,持水当量

**すいぶんひ** 【水分比】 moisture ratio, enthalpy-moisture ratio 水分比,含湿比

**すいぶんぷ** 【水分布】 water distribution 配水,布水(冷却塔等的)

**すいぶんほゆうりょく** 【水分保有力】 water holding capacity 吸水量,蓄水能力,水分保持能力

**すいふんむしょうかせつび** 【水噴霧消火設備】 water-spray extinguishing system 水雾自动撒水设备

**すいへいいどう** 【水平移動】 horizontal displacement 水平位移

**すいへいいどうぶたい** 【水平移動舞台】 sliding stage 活动舞台,水平移动舞台

**すいへいウェッジ・カット** 【水平～】 horizontal wedge cut 横向V形开挖,水平楔形开挖

**すいへいうちつぎめ** 【水平打継目】 lift joint (混凝土)水平施工缝

**すいへいうんどう** 【水平運動】 horizontal motion 水平运动

**すいへいえんどう** 【水平煙道】 horizontal smoke flue 水平烟道

**すいへいかいてんはんけい** 【水平回転半径】 horizontal rotational radius 水平回转半径

**すいへいかくさん** 【水平拡散】 horizontal diffusion 水平扩散

**すいへいかじゅう** 【水平荷重】 horizontal load 水平荷载

**すいへいき** 【水平器】 level vial 水平器,垂线测平器

**すいへいきょくせん** 【水平曲線】 horizontal curve 水平曲线

**すいへいコンパス** 【水平～】 horizontal compass 水平罗盘

**すいへいじく** 【水平軸】 horizontal axis (经纬仪的)水平轴,横轴

**すいへいしせいようせつ** 【水平姿勢溶接】 horizontal position welding 横向焊接,水平焊接

**すいへいしゃしん** 【水平写真】 horizontal photograph 水平摄影

**すいへいしらべ** 【水平調】 levelling 水准测量

**すいへいしんど** 【水平震度】 horizontal

seismic coefficient, lateral seismic factor 水平地震系数
すいへいしんどう【水平振動】horizontal vibration 水平振动
すいへいすいりょく【水平推力】horizontal thrust 水平推力
すいへいすじかい【水平筋違】horizontal braceing 水平支撑
すいへいスチフナー【水平～】horizontal stiffener, longitudinal stiffener 水平加劲杆，水平加劲肋，纵向加劲肋
すいへいすみにくようせつ【水平隅肉溶接】horizontal fillet welding 水平贴角焊，横向角缝焊接
すいへいスラスト【水平～】horizontal thrust 水平推力
すいへいずれ【水平ずれ】horizontal displacement, horizontal slip 水平错位，水平移位，水平滑动
すいへいせっちゃくしゅうせいばり【水平接着集成梁】horizontal glued laminated timber beam 水平胶合木梁，水平胶结叠层木梁
すいへいせん【水平線】horizontal line 水平线
すいへいタイ・プレート【水平～】horizontal tie plate 轨撑水平垫板，(轨条的)水平系板
すいへいつきあわせつぎてようせつ【水平突合継手溶接】horizontal butt welding 水平对接焊，横向对接焊
すいへいどあつ【水平土圧】horizontal earth pressure 水平土压力
すいへいどう【水平動】horizontal motion, horizontal movement 水平运动，水平移动
すいへいとうえい【水平投影】horizontal projection 水平投影
すいへいどうしきしんくうだっすいき【水平動式真空脱水機】Horizontal rudder vacuum filter 水平移动真空脱水器(商)
すいへいトラス【水平～】horizontal truss 水平桁架
すいへいはいこうきょくせん【水平配光曲線】horizontal intensity distribution curve 水平配光曲线
すいへいばん【水平盤】horizontal plate (经纬仪的)水平盘
すいへいハンチ【水平～】horizontal haunch 水平梁腋，水平拱腋
すいへいはんりょく【水平反力】horizontal reaction 水平反力
すいへいひょうしゃく【水平標尺】subtense bar 横测尺
すいへいフィンガー・ジョイント【水平～】horizontal finger joint 水平指形连接
すいへいぶんぷ【水平分布】horizontal distribution 水平分布
すいへいぶんりょく【水平分力】component of horizontal force 水平分力
すいへいへんい【水平変位】horizontal displacement 水平位移
すいへいほごうざい【水平補剛材】horizontal stiffener, longitudinal stiffener 水平加劲杆，水平加劲肋，纵向加劲肋
すいへいめもりばん【水平目盛盤】horizontal circle 水平度盘
すいへいめん【水平面】horizontal plane 水平面，地平面
すいへいめんさぎょういき【水平面作業域】working area in horizontal plane 水平面工作范围(上肢在桌面上水平方向的活动范围)
すいへいめんしょうど【水平面照度】horizontal illumination 水平面照度
すいへいめんにっしゃりょう【水平面日射量】quantity of horizontal solar radiation 水平面太阳辐射量
すいへいようせつ【水平溶接】horizontal welding 横向焊接，水平焊
すいへいりゅうしきちんでんち【水平流式沈殿池】horizontal flow settling basin 平流式沉淀池
すいへいりょく【水平力】horizontal force 水平力
すいへいルーバー【水平～】horizontal louvers 水平百页窗
スイベル swivel 旋转，轮轴，转体，回转

环,旋转接头
**スイベル・シュート** swivel chute 回转溜槽,溜槽弯脖,溜槽拐脖
**スイベル・フーク** swivel hook 转钩
**スイベル・ヘッド** swivel head (水压钻孔机的)旋转机头
**すいへんこうえん** 【水辺公園】 water front park 滨水公园,水边公园
**すいへんりょくち** 【水辺緑地】 water front green 水边绿地
**すいまがき** 【透籬】 神社建筑的内围墙
**すいまく** 【水膜】 filmy water 水膜
**すいまくそうち** 【水幕装置】 water curtain 水幕装置
**すいみつうちつぎめ** 【水密打継目】 watertight working joint 不透水工作缝,水密施工缝
**すいみつコンクリート** 【水密~】 watertight concrete 不透水混凝土,水密性混凝土,防水混凝土
**すいみつせい** 【水密性】 water tightness 不透水性,抗渗性
**すいみつつぎて** 【水密継手】 water tight joint 防水接缝,水密接合
**すいめん** 【水面】 water surface 水面
**すいめんおうりょく** 【垂面応力】 normal stress 垂直应力,正应力,法向应力,垂直内力,法向内力
**すいめんけい** 【水面計】 water gauge 水位计
**すいめんけいガラス** 【水面計~】 water gauge glass 水位计玻璃管
**すいめんけいど** 【水面傾度】 water table gradient 水面梯度,水面倾斜度,水面坡度
**すいめんこうばい** 【水面勾配】 surface slope 水面坡降
**すいめんしようりょう** 【水面使用料】 rent of water surface (施工时使用河湖等)水面使用费,水面租金
**すいめんせきふか** 【水面積負荷】 surface loading 水面负荷
**すいめんせきぶんのほうほう** 【錐面積分の方法】 contour integral method, plane-angle method 锥面积分法
**すいめんふかりつ** 【水面負荷率】 suface loading 水面负荷
**すいめんへんどう** 【水面変動】 water table fluctuation 地下水位升降,潜水面波动
**すいもん** 【水門】 gate 阀门,闸门
**すいもん** 【水紋】 (庭园砂地上象征水纹的)耙痕,水波纹(铺砂纹样)
**すいもんがく** 【水文学】 hydrology 水文学
**すいもんがくほうていしき** 【水文学方程式】 hydrologic equation 水文(学)方程(式)
**すいもんちしつがく** 【水文地質学】 hydrogeology 水文地质学
**すいもんよほう** 【水文予報】 hydrological forecasting 水文预报
**すいようせいじゅしとりょう** 【水溶性樹脂塗料】 water-soluble resin coating 水溶性树脂涂料
**すいり** 【水利】 utilization of water, water use 水利
**すいりがく** 【水理学】 hydraulics 水力学
**すいりがくてきていすう** 【水理学的定数】 hydraulic constant 水力常数
**すいりきがく** 【水力学】 hydraulics 水力学
**すいりけん** 【水利権】 water right 水利权
**すいりけんちくがく** 【水利建築学】 hydraulic architecture 水工建筑学
**すいりちず** 【水利地図】 hydrological map 水文地质图
**すいりとくせいきょくせん** 【水理特性曲線】 hydraulic characteristic curve 水力特性曲线
**ずいりゅうがき** 【瑞竜垣·随流垣】 (日本庭园中的)横板里外错插竹篱
**すいりゅうポンプ** 【水流~】 aspirator 水力吸气泵
**すいりょう** 【水量】 quantity of water, amount of water 水量
**すいりょうけい** 【水量計】 watermeter 水量计,水表

すいりょうちょうせいべん 【水量調整弁】 water regulating valve 水量调节阀
すいりょうメーター 【水量～】 watermeter 水表,水量计
すいりょく 【水力】 water power 水力,水能
すいりょく 【推力】 thrust 推力,侧向压力
すいりょくガントリ・クレーン 【水力～】 hydraulic gantry crane 水力高架起重机
すいりょくこうばい 【水力勾配】 hydraulic gradient 水力梯度,水力坡度
すいりょくこうばいせん 【水力勾配線】 hydraulic-grade line 水力坡度线
すいりょくこうりつ 【水力効率】 hydraulic efficiency 水力效率
すいりょくすいしん 【水力水深】 hydraulic radius 水力半径
すいりょくりよう 【水力利用】 water power utilization 水力利用
すいれい 【水冷】 water cooling 水冷却
すいれいきゃくき 【水冷却器】 water cooler 水冷却器
すいれいきゃくぎょうしゅくき 【水冷却凝縮器】 water cooled condenser 水冷式冷凝器
すいれいしきグリース・トラップ 【水冷式～】 water cooled grease trap 水冷式隔油器,水冷式油池
すいれいじくうけ 【水冷軸受】 water cooled bearing 水冷轴承
すいれいべん 【水冷弁】 water cooled valve 水冷阀
すいろ 【水路】 channel, aqueduct, waterway, canal 水道,渠道,运河
すいろきょう 【水路橋】 aqueduct, aqueduct bridge 渡槽,高架水渠,水管桥
すいろそくりょう 【水路測量】 hydrographic surveying 河海测量,水道测量
すいわ 【水和】 hydration 水化(作用),水合(作用)
すいわさよう 【水和作用】 hydration 水化作用,水合作用
すいわねつ 【水和熱】 hydration heat 水化热,水合热
すいわはんのう 【水和反応】 hydration 水化反应,水合反应
すいわひ 【水和比】 hydration ratio 水化率,水化比
すいわぶつ 【水和物】 hydrate 水化物,水合物
すいわぶつせっかい 【水和物石灰】 hydrated lime 消石灰,熟石灰
スイング・クレーン swing crane 旋臂式起重机,回转式起重机
スイング・サッシュ swing sash 翻窗,摇窗
スイング・ドア swing door 弹簧门,摇门
スイング・レバーがたクレーン 【～型～】 swing lever crane 旋臂式起重机,回转式起重机
スウィート＝スイート
スウェイ sway 摇摆,倾斜,转向
スウェイング swing 摆动,摇摆,偏转,摆度,旋角,回转
スウェージ swage 铁型,铁模,陷型模
スウェディッシュ・ウィンドー Swedish window 瑞典式窗(中间装有活动百页的双层玻璃窗)
スウェディッシュ・モダン Swedish Moderm (1945年后瑞典提倡的)现代建筑形式
スウェーデンしきかんにゅうしけん 【～式貫入試験】 Swedish sounding method 瑞典式探测试验,瑞典式探深法
スウェーデンしきサウンディング 【～式～】 Swedish sounding 瑞典式触探
スウェートれいきゃくほう 【～冷却法】 sweat cooling 蒸发冷却,发汗冷却
すうがくじせんとう 【嵩岳寺 塼塔】 (中国河南)嵩岳寺砖塔
すうがくてきモデル 【数学的～】 mathematical model 数学模型
すうじ 【数字】 number 数,数字
すうしきかいほう 【数式解法】 numerical method 数式解法,数值解法
すうしきじょうけん 【数式条件】 numerical condition 数解条件
すうそうさじきしきかんきゃくせき 【数

層桟敷式観客席】 multi-balcony type auditorium 多层楼座观众席,多层挑台式观众厅

すうちしんごう 【数値信号】 numerical signal 数值信号

すうちせきぶん 【数値積分】 numerical integration 数值积分

すうりけいかくほう 【数理計画法】 mathematical programming 数理规划法

すうりょうかりろん 【数量化理論】 theory of quantification 数量化理论

すうりょうしょ 【数量書】 quantity estimate sheet (建筑物成本构成)数量估算表

すうりょうひょう 【数量表】 schedule of quantities (工程)数量表

すうりょうめいさいしょ 【数量明細書】 bill of quantities (建筑物成本构成)数量明细表

すえおに 【据鬼】 脊端的鬼面装饰瓦

すえくち 【末口】 tip end, top end (原木的)小头,原木梢,梢径

すえくちほそめどり 【末口細目取】 小头最小直径测法(木材截面测定法)

すえつけ 【据付】 installation, fixing, setting 安装,装配,装设

すえつけこうじ 【据付工事】 installation work 安装工程

すえつけナット 【据付～】 holding-down nut 地脚螺栓用螺母

すえつけひ 【据付費】 installation expenses 安装费,装设费

すえつけボルト 【据付～】 holding-down bolt 地脚螺栓

すえまえ 【据前】 (石材等)稳放,安放,安置,放置

スカイウェー skyway 航空线路,高架公路

スカイ・サイン sky sign (高楼顶上的)广告牌,空中广告

スカイ・スクエア sky square 高层建筑街,高楼街

スカイスクレーパー skyscraper 摩天楼

ずかいずこんそくりょう 【図解図根測量】 plane table triangulation 解析图根测量,平板仪图解控制点测量

ずかいずこんてん 【図解図根点】 graphical control station 图解图根点

ずかいトラバースそくりょう 【図解～測量】 graphical traversing 图解导线测量

スカイ・パーキング sky parking 多层停车场,立体式停车场

スカイ・ブルー sky blue 天蓝色

ずかいほう 【図解法】 graphical method 图解法

スカイライト skylight 天窗

スカイライン skyline (建筑物的)空中轮廓,(建筑物等以天空为背景的)天际线、地平线,盘山公路

スカイラブ skylab (sky laboratory) 宇宙实验室

スカイランド skyland 屋顶花园,了望台

ずかいりきがく 【図解力学】 graphical mechanics 图解力学

すがき 【簀垣】 编竹墙

ずかき 【図化機】 plotting instrument 绘图机

すかしいたべい 【透板塀】 透空板围墙

すかしかえるまた 【透蟇股】 蛙股形驼峰透雕

すかしとびら 【透扉】 透空门,透孔门,透格门

すかしべい 【透塀】 透棂围墙,透雕围墙

すかしぼり 【透彫】 openwork 透雕,漏空雕刻

すかしぼり 【透掘】 undermining 潜挖,暗挖,底部深挖

すかしもん 【透門】 透孔门,透空门

すかしらんま 【透欄間】 透雕气窗,透雕楣窗

すがたず 【姿図】 elevation 立面图

スカトール scatole, skatole 粪臭素

スカーフ scarf 斜接,嵌接,(嵌接的)斜面,切口

スカーフィング scarfing 嵌接,气刨,火焰清理,烧剥

スカーフ・ジョイント scarf joint 嵌接,斜接,楔面接

スカーフつぎ 【～継】 scarf joint 斜嵌面接头,倾斜面接头

スカーフつぎて 【～継手】 scarf joint 嵌接,斜接,楔面接
スカベンジャー scavenger 尘垢清除器,下水沟清扫车
スカベンジ・ライン scavenge line 换气管线
スカミラス scamillus 多利安柱式颈部的小槽,爱奥尼亚柱式柱础下面的底座
スカム scum 浮渣,碎渣,泡沫
スカムせいせいきん 【～生成菌】 scum forming bacteria 浮渣生成菌
スカムどめばん 【～止板】 scum board 浮渣挡板
スカム・ノズル scum nozzle 除渣喷嘴
スカムはさいそうち 【～破砕装置】 scum breaker 浮渣破碎装置
スカム・ブレーカー scum breaker 浮渣破碎机
すがもれ 【眇漏】 (由于积水、渗水引起的)屋面内部漏水
スカラー scalar 标量,纯量,无矢量,无向量
スカラーせき 【～積】 scalar product 标量积
スカラッパー＝スクレーパー
スカラップ scallop 凹坑,(避开焊缝交叉的)焊缝缺口,焊缝断开槽
スカラーみつど 【～密度】 scalar density 标量密度
スカリオラ scagliola 仿云石,人造大理石
スカリファイヤー scarifier 松土机,翻路机,耙路机
すがるこうはい 【縋向拝】 挑出廊(日本社寺建筑中有挑出封檐板的参拜廊)
すがるはふ 【縋破風】 挑出廊封檐板
すぎ 【杉】 Cryptomeria japonica[拉], Japanese cedar, cryptomeria[英] 柳杉,日本柳杉
スキアグラフ skiagraph 纵断面图
すきうるし 【透漆】 clear lacquer 精制的半透明漆,透明漆
すきがき 【透垣】 漏空围墙,竹笆围墙
すきがけガラス 【透掛～】 flashed glass, cased glass 套色玻璃,套料玻璃(两种不同颜色的玻璃贴合成为一体)
すきがまえ 【透構】 有低矮土墙或栅栏的城寨
すぎかわ 【杉皮】 cryptomeria bark 杉树皮
すぎかわぶき 【杉皮葺】 cryptomeria bark roofing 杉木皮屋面,铺杉木皮屋面
ずきごう 【図記号】 graphical symbol 制图符号
すぎしょうじ 【杉障子】 杉木槅扇
スキッド skid 滑板,滑道,滑轨,制动,刹车,滑移,空转
スキッドモア・オウイングス・アンド・メリルけんちくじむしょ 【～建築事務所】 Skidmore, Owings and Merrill, architects (SOM) (1935年美国芝加哥成立的)斯基德莫尔、奥文斯、梅里尔建筑师事务所
スキップ skip 桶,吊斗,翻斗车
スキップ・カー ksip car 翻斗车,倾卸车
スキップ・タワー skip tower 吊斗提升塔
スキップ・フロア skip floor 跳层,跳层楼面,跳层式,跃廊式
スキップ・フロアがたしゅうごうじゅうたく 【～[skip floor]型集合住宅】 跳层式公寓,跃廊式公寓,跃廊式集合住宅
スキップ・ホイスト skip hoist 吊斗提升机
スキップようせつ 【～溶接】 skip welding (为了防止焊件变形,通焊之前的)跳焊
スキップ・レベル・エレベーター・システム skip level elevator system 跳层电梯方式
スキップ・ローダー skip loader 箕斗式装载机,翻斗式装料机
すぎど 【杉戸】 cedar panelled door 杉木镶板门
すきとり 【鋤取】 (多余土方的)挖取,切取,削取
すきぼり 【鋤彫】 (在平面上的)浮雕
すきま 【隙間・透間・空間】 clearance 空隙,缝隙,间隙
スキマー skimmer 铲刮机,撇沫器,泡沫

分离器
**すきまかぜ** 【隙間風】 infiltration 渗入风,缝隙风
**すきまかぜふか** 【隙間風負荷】 infiltration load 渗入风负荷,缝隙风负荷
**すきまゲージ** 【隙間～】 thickness gauge 厚薄规,间隙规,塞尺
**すきまそんしつ** 【隙間損失】 clearance loss 间隙损失,缝隙损失
**すきまふしょく** 【隙間腐食】 crevice corrosion 缝隙腐蚀,间隙腐蚀
**すきまようせき** 【隙間容積】 clearance volume 间隙容积,缝隙容积
**スキミング** skimming 油渣撇除
**スキミング・タンク** skimming tank 撇油池,撇渣池,除油池,除渣池
**スキーム** scheme 计划,规划,方案,图解
**スキーム・アーチ** scheme arch 弓形拱(小于半圆的弧形拱)
**すきや** 【数寄屋 数奇屋】 tea-ceremony house (日本)单幢的茶室,茶室风格的建筑物
**すきやづくり** 【数寄屋造】 茶室风格建筑构造,茶室风趣的建筑
**スキャナー・コントロール** scanner control 扫描器控制
**スキャニング** scanning 扫描
**スキュー** skew 斜交,斜砌石
**スキューイング** skewing 歪扭,歪斜,弯曲
**スキュー・カーブ** skew curve 不对称曲线
**スキューバック** skewback 拱座,拱脚,斜块拱石
**スキュー・ブリッジ** skew bridge 斜桥
**すきろう** 【透廊】 敞廊,联系廊
**スキー・ロッジ** ski lodge 滑雪场小屋
**ずきんかなもの** 【頭巾金物】 (柱头上)头巾形装饰铁件
**スキン・コート** skin-coat 罩面层,面层
**スキンチ** squinch 突角拱(墙角支承上层结构的角拱)
**スキント** squint 斜孔小窗,窥视窗
**スクイーザー** squeezer 压榨机,挤压机,压弯机

**すくいしゅんせつき** 【掬浚渫機】 chain bucket dredger 链斗式挖泥机
**すくいだま** 【掬玉】 杓形枝(松树整形避忌枝形)
**すくいのみ** 【掬鑿】 (槽沟截面用的)圆凿
**すくいめ** 【掬目】 (石料的)纵向纹理,直纹
**すぐずみ** 【直墨】 (在凹面上)弹直线墨线
**ずくてつ** 【ずく鉄】 pig iron 生铁,铸铁
**すぐのじ** 【直野地】 平直望板,平直屋面板
**すぐはふ** 【直破風】 平直封檐板,直线封檐板
**スクライブ** scribe 划线
**スクラッチ** scratch 划痕,刮痕,刮糙面
**スクラッチじょうぎ** 【～定規】 scratch rule 刮尺,找平靠尺
**スクラッチ・タイル** scratched tile 条纹面砖,浅沟面砖,槽纹面砖,划痕面砖
**スクラッチャー** scratcher (抹灰用)划痕器,刮糙器
**スクラッバー** scrubber 洗涤器,洗气器,煤气洗涤器,擦洗机
**スクラッビング** scrubbing 洗涤,洗刷,洗涤除尘,湿式除尘
**スクラップ** scrap 碎屑,废铁,废料,残渣
**スクラップ・ビルド** scrap build 设备改装,设备更新
**スグラフィット** sgraffito 彩色拉毛,色粉刷,粉饰,釉雕
**スクリード** screed 整平板,刮板,(抹灰定厚度用)冲筋,灰饼
**スクリーニング** screening 遮蔽,屏蔽,隔离,筛,筛选,筛屑
**スクリーニング・テスト** screening test 筛选试验
**スクリム** scrim (窗帘用)麻布,棉布
**スクリュー** screw 螺钉,螺旋,螺丝钉
**スクリュー・オーガー** screw auger 螺旋钻
**スクリューがたスプレッダー** 【～形～】 helical screw spreader 螺旋推送式摊铺机
**スクリュー・コンベヤー** screw conveyer 螺旋式输送机

スクリュー・ジャッキ screw jack 螺旋起重机,螺旋千斤顶
スクリュー・ソケット screw socket 螺口插座,螺口灯座
スクリュー・デカンター screw decanter 螺旋卸料离心机
スクリュー・ネイル screw nail 木螺钉,木螺丝
スクリュー・フィーダー screw feeder 螺旋喂料器
スクリュー・プレス screw press 螺旋压榨机
スクリュー・ヘッド screw head 螺丝帽,螺钉头
スクリューべん 【~弁】 screw valve 螺旋阀
スクリュー・ポンプ screw pump 螺旋泵
スクリューれいとうき 【~冷凍機】 screw refrigerator 螺旋式制冷机
スクリロスコープ scleroscope (回跳)硬度计,测硬器
スクリーン screen 屏幕,荧光屏,银幕,投影屏,过滤网,滤光器,筛子
スクリーンさ 【~渣】 screenings 栅渣,筛屑
スクリーン・サッシ screen sash 纱窗扇
スクリーンさはさいき 【~渣破砕機】 screening crusher 栅渣破碎机
スクリーンせん 【~線】 screen line 交通越阻线(交通调查时以地图上划出的河流、山脊等为线,调查穿越此线的交通点与数量)
スクリーン・テーブル screen table 折叠桌
スクリーンど 【~戸】 screen door 纱门
スクリーン・トーン screen tone 透明座标纸
スクリーン・フィルター screen filter 筛滤器
スクリーン・ポーチ screen porch 纱门门廊
スクリーンまど 【~窓】 screen window 纱窗
スクリーン・ラインちょうさ 【~調査】 screen line survey 交通越阻线调查
スクール・キャラバン school caravan 临时活动教室
スクレーパー scraper 刮土机,铲运机,刮板,刮刀
スクレーパー・コンベヤー scraper conveyer 刮板式输送机
スクレープ・ドーザー scrape dozer 铲运推土机
すくろ 【素幹】 茅草杆
スクロール scroll 漩涡纹,卷形纹
すけ 【透】 涂层渗透咬色,涂层透色,涂层透底
ずけい 【図形】 figure 图形,图案
ずけいきかがく 【図形幾何学】 descriptive geometry 画法几何学
ずけいじょうけん 【図形条件】 figure condition 图形条件
ずけいにんしき 【図形認識】 pattern recognition 图形识别(对两个不同的图形具有辨别的能力)
スケジューリング scheduling 排日程,排进度,调度,程序设计
スケジュール schedule 时间表,程序表,一览表
スケジュールド・プラン scheduled plan 进度计划
スケッチ sketch 草图,简图,素描,草稿,概要
スケートじょう 【~場】 skating rink 溜冰场
スケート・リンク skating rink 溜冰场
スケーネ skene[希],scene[英] (古希腊的)舞台,布景
すけばしら 【楷柱·助柱】 stay post 撑柱,支撑
スケープ scape 柱身
スケーリング scaling 剥落(漆病)
スケーリング・ハンマー scaling hammer 去锈锤
スケール scale 规模,刻度,标度,尺寸,刻度尺,比例尺,锅垢,水垢,鳞片,鳞屑
スケール・アウト scale out 超过刻度范围
スケール・アップ scale-up (按比率)增加,扩大,升高,放大

スケールおとし 【～落】 de-scaling 除垢,除锈
スケルトン skeleton 骨架
スケルトンほうしき 【～方式】 skeleton system 梁柱承重构架方式
スケール・ファクター scale factor 比例(换算)系数
スケール・ブレーカー scale breaker 锈垢清除器
スケール・ペーパー scale paper 方格纸
スケールようざい 【～溶剤】 de-scaling solvent 除锈垢溶剂
スケロ scraper 刮具,刮刀,刮板
スコ scoop 杓子,戽斗,铲斗,锹
ずこう 【図工】 draftsman 制图员,绘图员
スコーカー squawker,mid-range speaker 中音扬声器
スコーシャ scotia 上收凹圆线脚,凹弧饰
スコーチ・ペンシル scorch pencil 炭笔
スコッチ・カーペット Scotch carpet 苏格兰地毯(里外彩色不同的地毯)
スコッチ・ライト scotch light (作道路标志用的)反射光
スコット・セメント Scott cement 斯科特水泥(由石灰及５%石膏制成)
スコップ scoop 杓子,戽斗,铲斗,锹
スコープ scope 示波器,显示器,阴极射线管,观测设备,范围,广度,作用域,视界
スコヤ square (方形)广场,街区,直角尺,矩形
ずこんそくりょう 【図根測量】 topographic control surveying 地形控制测量
ずこんてん 【図根点】 supplementary control point 图根点,补充控制点,地形控制点
ずこんてんそくりょう 【図根点測量】 supplementary control point surveying 图根点测量,补充控制点测量,辅助控制点测量
すさ 【苆】 hemp fiber for plastering 麻刀
すじ 【筋】 (日本指)南北走向的道路,条纹,纹理
ずし 【図紙】 drawing paper,design paper 图纸,绘图纸
ずし 【厨子】 柜橱,神橱,龛
すじかい 【筋違】 bracing,diagonal bracing 斜撑,对角拉条,对角支撑,剪刀撑,支撑
すじかいいりラーメン 【筋違入～[Rahmen德]】 braced frame 支撑框架,加撑框架
すじかいきん 【筋違筋】 diagonal hoop 对角箍筋,斜筋
すじかいごうし 【筋違格子】 斜格棂条,菱形棂条,斜格窗,菱形格窗
すじかいざん 【筋違栈】 斜棂条,(门的)斜撑
すじかいばけ 【筋違刷毛】 歪毛刷,斜毛刷
すじがり 【筋刈】 剪修路边草坪
ずしきかいほう 【図式解法】 graphical solution 图解法
ずしきけいさん 【図式計算】 graphical calculaton 图解计算
ずしきこうていひょう 【図式工程表】 graphic progress chart 图示工程进度表
ずしきじょうけん 【図式条件】 graphical condition 图解条件
ずしきりきがく 【図式力学】 graphic statics 图解力学
ずしけい 【図示計】 automatograph 自动记录器
すじけびき 【筋罫引】 marking gauge 线勒子(木工起线用的划线工具)
すじこう 【筋工】 simple terracing works 台地工程(山坡上形成梯田,种植苗木)
すいしげんけいかく 【水資源計画】 water resource planning 水资源规划
すじしば 【筋芝】 条形草皮
すじばり 【筋張】 铺植条形草皮,铺植带状草皮
すじびき 【筋引】 切取草皮区周围圈起的绳
すじぶき 【筋葺】 天沟处苫背,底瓦下铺泥
すじべい 【筋塀】 有横线条的土围墙

ずじょうせんてい 【図上選定】 paper location 纸上定线,图上定线
ずしん 【図心】 centroid, center of figure 图心,形心
すす 【煤】 soot 煤烟,烟灰
すず 【錫】 tin 锡
すずかけのき 【篠懸の木】 platanus orientalis[拉], oriental plane tree, sycamore[英] 悬铃木
すずかん 【錫管】 tin pipe 锡管
すずぐすり 【錫釉】 tinny glaze 含锡釉
すすだけ 【煤竹】 smoked bamboo 烟熏竹,煤竹
すすだしぐち 【煤出口】 soot door 出灰口,出渣口,炉门
すずはく 【錫箔】 tin foil 锡箔,锡纸
すすふき 【煤吹】 soot blower 清灰机,烟灰清除机
すずめあしば 【雀足場】 single scaffold 单排脚手架
すずめえだ 【雀枝】 sparrow branch 带花果的小枝
すずめぐち 【雀口】 (檐端瓦口下的)燕窝
すずめっきこうはん 【錫鍍金鋼板】 tin coated steel plate 镀锡钢板
すそ 【裾】 庭园石接地面部分,下边的树枝,物品下部
すそがき 【裾垣】 (墙根处栽植的)低矮绿篱,矮篱
すそばり 【裾梁】 edge beam 边梁
スタイル style 格式,式样,风格
スタジア stadia 视距,视距尺
スタジア・コンピューター stadia computor 视距计算器
スタジアそくりょう 【～測量】 stadia survey 视距测量
スタジアそくりょうき 【～[stadia]測量器】 tachymeter 视距仪(测定距离和方位的仪器)
スタジアていすう 【～定数】 stadia constant 视距常数
スタジア・トランジット stadia transit 视距经纬仪
スタジアひょうしゃく 【～標尺】 stadia rod 视距尺
スタジア・ポイント stadia point 视距点
スタジアム stadium (有看台的)运动场,体育场,棒球场
スタジアムしきかんきゃくせき 【～式観客席】 stadium type auditorium 看台式观众厅,阶梯式观众厅
スタジア・ロッド stadia rod 视距尺
スタジオ studio 作业室,画室,摄影室,播音室,演奏室
スターター starter 起动机,起动装置
スタチュー statue 像,雕像,铸像,塑像
スタック stack 排气管,通风管,烟囱,叠式存贮器,竖管
スタック・ダンパー stack damper 烟道闸
スタッコ stucco[意] 装饰灰浆,饰面粉刷,拉毛水泥
スタッド stud 立筋,灰板条墙筋
スタッド・コネクター stud connector 栓钉连接件,带头栓钉连接件
スタット・ジベル stud dowel 合缝钉,暗榫
スタッド・ボルト stud bolt 双头螺栓,柱头螺栓
スタッドようせつ 【～溶接】 stud welding 螺柱焊接
スタッフ staff 标杆,标尺
スタッフ stuff 材料,原料,填充,要素
スタッフィング stuffing 填塞料,填充
スタディオン stadion[希] (古希腊的)赛跑运动场,(周围有看台的)露天大型运动场
スタティックス statics 静力学
スタティック・モデル static model 静力(实验)模型
スターティング・クランク starting crank 起动摇把,起动曲柄
スターティング・スイッチ starting swich 启动开关
スター・デルタきどう 【～起動】 star delta starting 星形-三角形启动,Y-Δ启动
スター・デルタきどうき 【～起動器】 star-delta starter 星形-三角形启动器,Y-Δ启动器

スタート start 启动,起动,开动
スタトスコープ statoscope 微动气压计,高差仪
スタートべん【～弁】start valve 启动阀
スタート・ボタン start button 启动按钮
スタート・ポンプ start pump 启动泵
スター・ハウス star house 星形平面的塔式住宅
スタビライザー stabilizer 稳定器,(路面底层)稳定土拌和机
スタビリティー stability 稳定性,稳度,稳定,坚固度,牢固
スタビル stabil (抽象主义的)静态雕刻
スタビロメーター stabilometer 稳定仪(指Hveem稳定仪)
スター・モールディング star moulding 星形线脚
スターラップ stirrup 镫形金属构件,镫筋,夹头,箍筋
すたりガス【廃～】waste gas 废气
すだれ【簾·簀垂】竹帘
すだれあけ【簾あけ】苇帘
すだれがき【簾垣】编细竹条墙
すだれがたひよけ【簾形日除】shutter blind 遮阳百页板
すだれぎり【簾切】(石材)剁斧饰面,剁条状斧纹
すだれしあげ【簾仕上】(石材)剁斧饰面,剁条状斧纹
すだれしょうじ【簾障子】竹帘槅扇
すだればりてんじょう【簾張天井】编细竹条顶棚
すだれびょうぶ【簾屏風】编细竹条屏风
スタンダーダイジング・ボックス standardizing box 荷载校准箱,加载试验校正箱
スタンダーダイゼーション standardization 标准化,标定,校准
スタンダード・サイズ standard size 标准尺寸
スタンダード・ワイヤー・ケージ standard wire gauge (S.W.G) 标准线规
スタンド stand 看台,摊棚,立食席
スタンドあぶら【～油】stand oil 熟油
スタンド・バー stand bar 站立进食的酒吧
スタンド・パイプ stand pipe 立管,竖管
スタントンすう【～数】Stanton number 斯坦敦准数(关于固体及与其相接的流体之间传热的无量纲数)
スタンバ stambha[梵](印度的)石雕纪念像柱
スタンプざい【～材】stamp material 磨碎材料,压制材料
スチップルしあげ【～仕上】stipple 点彩饰面,拍凹凸纹饰面
スチップル・ペイント stipple paint 点彩涂料,拍凹凸纹涂料
スチフェニング・ガーダー stiffening girder 加固大梁
スチフナー stiffener 加劲杆,加劲筋,加劲肋
スチフネス stiffness 劲度,劲性,刚度
スチフネス・マトリックス stiffness matrix 刚度矩阵,劲度矩阵
スチフ・リーフ=スティフ・リーフ
スチフ・レッグ・デリック stiff-leg derrick 支柱式人字(动臂)起重机,固定脚起重机
スチーム steam 蒸汽,蒸汽采暖设备,蒸发
スチーム・インジェクター steam injector 蒸汽喷射器
スチーム・エジェクター steam ejector 蒸汽喷射器
スチーム・サプライ・ライン steam supply line 蒸汽供给管道
スチーム・ショベル steam shovel 汽铲,蒸汽挖土机
スチーム・トラップ steam trap 疏水器,隔汽具,回水盒
スチーム・パイル・ドライバー steam pile driver 蒸汽打桩机
スチーム・パイル・ハンマー steam pile hammer 蒸汽打桩锤,打桩汽锤
スチーム・ハンマー steam hammer 蒸汽锤
スチーム・ヒーター steam heater 蒸汽散热器,蒸汽加热器

スチーム・ヒーティング steam heating 蒸汽采暖
スチーム・ヘッダー steam header 集汽管,聚汽室
スチーム・ホイスト steam hoist 蒸汽起重机,蒸汽卷扬机
スチーム・ボイラー steam boiler 蒸汽锅炉
スチーム・リターン・ライン steam return line 回汽管路
スチーム・ローラー steam roller 蒸汽压路机,蒸汽路辗
スチール steel 钢
スチール・アバット steel abutment (预应力混凝土先张法生产的)钢台座
スチール・ウール steel wool 钢丝绒,钢纤维
スチール・エレクター steel erector 钢结构安装机,钢结构安装工
スチール・クリート steel cleat 固着钢楔,系绳钢楔
スチール・サッシュ steel sash 钢窗,钢窗框
スチール・シャッター steel shutter 钢板卷门,铁卷门,钢制活动遮板
スチール・ジョイスト steel joist 钢搁栅,钢小梁,钢托梁
スチルテッド・アーチ=スティルテッド・アーチ
スチール・テープ steel tape 钢卷尺
スチール・ドア steel door 钢门
スチール・バー steel bar 钢筋
スチルブ stilb(sb) 熙提(亮度单位)
スチール・ファイバー・コンクリート steel fibre reinforced concrete 钢纤维混凝土
スチール・フロア・タイル steel floor tile 金属地面钢板
スチール・レール steel rail 钢轨
スチレン styrene 苯乙烯
スチレンじゅし 【~樹脂】 styrene resin 苯乙烯树脂
スチレン・ポリエステル styrene polyester 苯乙烯聚酯
スチロベート stylobate (古典列柱式建筑)三级台基的最上一级,(列柱建筑的)台基
スチロール styrol 聚苯乙烯
スチロール・フォーム styrol foam 聚苯乙烯泡沫
スチロール・マット styrol mat 聚苯乙烯垫层,聚苯乙烯垫块
ズック doek[荷] 帆布
スツーパ=ストゥーパ
ズップ ZUP, zone à urbaniser en priorité[法] (1958法国根据总统令规定的)优先城市化地区
スツール=ストゥール
すて 【捨】 构造用料,非结构性材料,混凝土找平层,混凝土垫层
ステアタイト steatite 块滑石
ステアリング steering 驾驶,转向,控制,转向操纵机构
ステアリング・ギア steering gear 转向装置,转向机构,转向齿轮
ステアリング・ホィール steering wheel 方向盘,舵轮,导向轮,转向轮
ステアリンさん 【~酸】 stearic acid 硬脂酸
ステアリンさんあえん 【~酸亜鉛】 zinc stearate 硬脂酸锌
ステアリンさんアルミニウム 【~酸~】 aluminium stearate 硬脂酸铝
ステイ stay 拉索,支撑
スティクネス stickness 粘结,粘滞,粘性
スティゲオクロニウム Stigeoclonium 毛枝藻属(藻类植物)
すていし 【捨石】 throw stones 散放景石,修堤护岸时投入水底的石头
すていしきそ 【捨石基礎】 rubble-mound foundation, riprap foundation 抛石基础,(防冲)乱石基础,毛石基础
ステイ・バー stay bar 撑窗棍
ステイ・フック stay hook 撑钩
スティフネス stiffness 劲性,劲度
スティフ・リーフ stiff leaf (英国早期哥特式建筑柱头的)密叶饰
ステイ・ボルト stay bolt 撑螺栓,锚栓,拉螺栓
スティーム=スチーム

**スティール＝スチール**

**スティルテッド・アーチ** stilted arch 上心拱(拱心在拱脚线以上)

**スティルト** stilt 耐火垫片,承坯架,高跷,高架,支撑材

**ステイン** stain 着色,染色剂,污点,色斑,疵点

**ステインド・ガラス** stained glass 彩色玻璃,彩画玻璃,冰屑玻璃

**すてかた**【捨方】labourer, common labourer 一般工人

**すてがわら**【捨瓦】(垫脊瓦的)脊平瓦,(低层屋面上防止高层屋檐滴水的)泛水瓦

**ステーキング** staking 立(标)桩

**すてぐい**【捨杭】试验桩,埋置桩,非设计桩

**すてコンクリート**【捨～】concrete sub-slab, leveling concrete 混凝土垫层,混凝土找平层,混凝土底板

**ステージ** stage 舞台

**ステージ・コンストラクション** stage construction 多层面构造,分期建造,分层段施工,分期修建

**ステージ・ボックス** stage box (舞台幕前两旁的)特别包厢

**ステージ・ポンプ** stage pump 多级泵

**ステーション** station 站,台,所,车站,航空站

**ステーション・ホテル** station hotel 车站旅馆

**ステーション・レストラント** station restaurant 车站餐厅

**すてそろばんじぎょう**【捨算盤地形】timber footing 纵横搭接逐层排列的木基础

**ステッキ・スリップ** stick slip 蠕动,蠕变,爬行

**ステップ** step 梯级,台阶

**ステップ・エアレーション** step aeration 分级曝气,阶段曝气

**ステップ・エアレーションほう**【～法】step aeration process 阶段曝气法

**ステップかじゅう**【～荷重】wind load of step type 阶形(风力)荷载

**ステップかんすう**【～関数】step function 阶形函数,阶函数

**ステップ・コントローラー** step controller 分级控制器

**ステップ・コントロール** step control 分级控制

**ステップ・バイ・ステップ・スイッチ** step-by-step switch 史端乔式开关,步进式开关

**ステップ・バイ・ステップほうしき**【～方式】step-by-step telephone system 自动电话交换步进制

**ステップ・バック** step back 后退梯级式建筑

**ステップル** staple 肘钉,U形钉,骑马钉,钩环

**ステディ・フロー** stepdy flow 恒定流,稳定流,定常流

**すてど**【捨斗】散料

**すてど**【捨土】waste, spoil 弃土,废石方,废石料,建筑垃圾

**すてどうぎ**【捨胴木】砌石基础底面的垫木

**すてどだい**【捨土台】地中埋置的梁,连续地梁,地梁

**ステートメント** statement 语句,原始语句单位,控制语言单位

**すてのし**【捨熨斗】脊垫瓦

**すてばしら**【捨柱】(出檐的)支承柱

**すてばり**【捨張】backer 垫衬材料(纸、布、板等),垫层材料

**すてびさし**【捨庇】(日式房屋入口处由柱支承的)出檐

**ステファン-ボルツマンのていすう**【～の定数】Stefan-Boltzmann's constant 斯忒潘-玻耳兹曼常数

**ステファン-ボルツマンのほうそく**【～の法則】Stefan-Boltzmann's law(of radiation) 斯忒潘-波耳兹曼(热辐射)定律

**ステープル＝ステップル**

**すてゆか**【捨床】双层地板

**ステュワートのほうそく**【～の法則】Stewart's law 斯图尔特(人口分布)定律

**ステラジアン** steradian 球面度,立体弧度(立体角单位)
**ステレ** stele[希] 石碑,石柱
**ステレオ・アンプ** stereo amp(lifier) 立体声放大器
**ステレオクローム** stereochrome 有立体感觉的彩色壁画(以水玻璃为调配颜料的媒液并作为保护膜的一种壁画)
**ステレオそうち** 【~装置】 stereophonograph 立体声电唱机
**ステレオテープ** stereotape 立体声磁带,立体声录音带
**ステレオテレビ** stereotelevision 立体电视
**ステレオ・フィルター** Stereo filter 双向滤池(商)
**ステレオベート** stereobate (古希腊神庙的)台基,台阶式基座
**すてわく** 【捨枠】(安装门窗框用的)预埋木框
**ステンシル・ペイント** stencil paint 镂空板印花用涂料,印花涂料
**ステンシレッド・デコレーション** stencilled decoration (用镂花模板的)印花装饰
**ステンド・グラス** stained glass 彩色玻璃
**ステンレスこう** 【~鋼】 stainless steel 不锈钢
**ステンレス・スチール** stainless steel 不锈钢
**すど** 【簀戸】 bamboo-blind door 篱笆门,竹帘门
**ストア** stoa (古希腊建筑的)柱廊,拱廊
**ストゥーパ** stūp[梵],stupa[英] (印度)佛塔,窣堵婆,塔婆
**ストゥープ** stoop 门廊,门前台阶,月台
**ストゥール** stool 窗的下槛压条,内窗台,坐凳,踏脚凳
**ストーカー** stoker 加煤机,烧煤工人,司炉
**ストークス** stokes 池(动力粘度单位)
**ストークスのほうそく** 【~の法則】 Stokes' law 斯托克斯定律
**ストック** stock 原料,备料,成品库,存货
**ストック・ケットル** stock kettle 储水壶
**ストック・スタンド** stock stand 材料台,器材架
**ストック・ヤード** stock yard 牲畜围栏,原材料场
**ストック・レール** stock rail (转辙器的)基本轨,普通铁轨
**ストッパー** stopper 塞子,闭锁装置,制动器,停止器,定塞器,门挡
**ストッパーねじ** 【~螺子】 stopper screw 止动螺钉,紧定螺丝
**ストッピング** stopping 阻止,停止,填塞料,嵌填
**ストップ** stop 停止,塞住,门挡,门闩
**ストップ・ギア** stop gear 停止装置
**ストップ・コック** stop cock 龙头,活栓,管闩,管塞
**ストップ・ビード** stop bead (推拉窗滑槽上的)窗挡条,门窗压条
**ストップべん** 【~弁】 stop valve 截止阀,断流阀
**ストップ・ボタン** stop button 制动按钮,停止按钮
**ストップ・リーバー** stop lever 止动杆
**ストップ・ロッド** stop rod 止动杆
**ストドラほう** 【~法】 Stodola's method 斯托多拉法(渐近法)
**ストーブ** stove 火炉,暖炉
**ストーブ・コイル** stove coil 炉用盘管,火炉盘管
**ストーマーねんせい** 【~粘性】 Stormer viscosity 斯托玛粘度(用斯托玛粘度计测定)
**ストーマーねんどけい** 【~粘度計】 Stormer's viscosimeter 斯托玛旋转式粘度计
**ストラクチュラル・ガラス** structural glass 结构用玻璃,玻璃砖
**ストラック** struck 打,敲
**ストラック・ジョイント** struck joint (斜面朝下的)斜勾缝,(除掉灰缝凸出部分的)刮缝
**ストラット** strut 支撑,支柱,压杆,抗压构件

ストラップ strap 系板,窄板条,带,铁皮条
ストラップ・スチフナー strap stiffner 加劲窄板,加劲片
ストラップワーク strapwork 带箍线条饰,交织凸起带状饰
ストラドル STRUDL (structural design language) 结构设计语言
ストランド strand 绳股,绳束
ストランド・ロープ strand rope 股绞绳,钢丝绳束
ストリーク streak 带色条丝(玻璃缺陷),(油漆)起条
ストリッパブル・ペイント strippable paint 可剥性油漆
ストリッピング striping 汽提,剥离
ストリップ strip 条,条形,板条,带材,脱模,剥落,拉丝,萃取
ストリップ・ライト (stage) strip light 舞台带形灯
ストリート street 街道,市街
ストリート・スイーパー street sweeper 扫路机,街道清扫车
ストリート・スウェッパー=ストリート・スイーパー
ストリート・ファニチュア street furniture 街道公共设施
ストリート・マンホール street manhole 街道窨井
ストリート・ローラー street roller 压路机,路辗
ストリンガー stringer 纵梁,楼梯斜梁
ストリング string 弦索线,楼梯斜梁,一行,一列
ストリング・ワイヤー・コンクリート string wire concrete 钢弦混凝土
ストール stall (urinal) 立式小便器
ストレイン・ゲージ strain gauge 应变仪
ストレージ storage 贮藏,仓库,存贮,记忆装置
ストレージ・タンク storage tank 储罐,贮罐,储油罐,贮水池
ストレス stress 应力,内力
ストレス・クラッキング stress cracking 应力裂纹,应力裂缝
ストレスコート stresscoat 检验应力用涂料,示力涂料
ストレス・コロージョン stress corrosion (钢材的)应力侵蚀
ストレスレス stressless 无应力的
ストレッチ・ストレン stretching strain 拉伸应变
ストレッチャー stretcher 顺砌砖,顺砖,伸张器,矫整机,横木
ストレッチング stretching 延伸,伸展,伸张
ストレート・アスファルト straight asphalt 直馏沥青
ストレート・セメント・モルタル straight cement mortar 纯水泥砂浆
ストレート・ドーザー straight dozer 直刮推土机,直板推土机
ストレート・ビードようせつ 【~溶接】 straight bead welding, parallel welding 直向叠珠焊接,平行焊接
ストレート・ラン・アスファルト・セメント straight-run asphalt cement 直馏沥青胶泥
ストレート・ラン・ピッチ straight-run pitch 直馏沥青
ストレートれんが 【~煉瓦】 straight brick 普通砖,标准砖
ストレーナー strainer 过滤器,滤网,筛,筛网
ストレン strain 应变,变形
ストレングス strength 强度,浓度,力
ストレーン・ハードニング strain hardening 应变硬化
ストレーン・メーター strain meter 应变仪
ストレーン・ライン strain line 应变线,应变微细裂纹
ストローク stroke 冲程,行程
ストロージャーしきスイッチ 【~式~】 Strowger switch, step-by-step switch 史端乔式开关,步进式开关
ストローハルすう 【~数】 Strouhal number 斯特洛哈尔数(桅杆结构的振动系数)

ストロボこうか 【～効果】 stroboscope effect 频闪效应
ストロング・スチール strong steel 高强(度)钢
ストロング・ルーム strong room 刚性结构实验用房屋,坚固性房间,安全性房间,保险库
ストロンチウム strontium 锶
ストーン・アーチ stone arch 石拱
ストーン・アンカー stone anchor 石砌体锚件,石构件锚固铁件
ストーンこうぞう 【～構造】 stone structure 石结构,石筑结构
ストーン・ヘンジ stone henge 巨石围栏(原始社会的巨石遗迹)
すな 【砂】 sand 砂
すなかけべんじょ 【砂掛便所】 earth closet 撒土砂厕所,干厕
すなかべ 【砂壁】 sand coated wall 砂面墙
すなきそ 【砂基礎】 sand foundation 砂基础
すなぎり 【砂切】 截去木材端头,荒刨,粗刨
スナギング snagging 清铲,粗磨,琢磨
すなぐい 【砂杭】 sand pile 砂桩
すなけずりとり 【砂削取】 sand-scraping (慢滤池表面的)刮砂
すなけんま 【砂研摩】 sandpapering 砂纸打光
すなごじ 【砂子地】 gravel ground 砂地(指花园中铺放砂子的地坪)
すなさいしゅじょう 【砂採取場】 sand pit 采砂场,砂坑
すなじぎょう 【砂地業】 sand foundation 砂基,填砂地基
すなじっくい 【砂漆喰】 掺砂灰膏,撒砂抹灰饰面
すなすじ 【砂筋】 sand streak (混凝土表面的)砂纹,跑浆露砂
すなずり 【砂摺】 sand float finish 浮镘砂饰面
すなぜっちん 【砂雪隠】 (日本茶庭内的)铺砂厕所
すなそう 【砂層】 sand stratum 砂层
すなつきルーフィング 【砂付～】 mineral surfaced asphalt felt 撒砂沥青油毡
スナック・バー snack bar 快餐柜,快餐部,小吃店
スナッチ・ブロック snatch block 扣绳滑轮,开口滑轮
スナッバー sunbber 缓冲器,减振器,减声器
スナップ snap 铆钉模,窝模,小平凿,拍照快相
スナップ・スイッチ snap switch 瞬动开关,快动开关
スナップ・タイ snap-tie 模板系紧器,铆钉头压模
スナップ・ヘッド・ボルト snap head bolt 圆头螺栓
スナップべん 【～弁】 snap valve 快动阀
スナップ・リベット・ヘッド snap rivet head 圆头铆钉,铆钉半圆头
すなトラップ 【砂～】 sand trap 截砂井
すなにわ 【砂庭】 gravel garden 砂石庭园
すなのふくらみ 【砂の膨】 bulking of sand 砂的湿胀,(砂的)体积膨胀
すなば 【砂場】 sand pool (公园中供儿童玩的)砂池,砂场
すなふき 【砂吹】 sand blasting 喷砂
すなふきき 【砂吹機】 sand blast machine 喷砂机
すなふきづけ 【砂吹付】 sand blasting 喷砂
すなぶせ 【砂伏】 (铺砖地面的)砂垫层
すなふるいき 【砂篩機】 sand shaker, sand screen 筛砂机,砂筛
すなぼうちょうひ 【砂膨脹比】 sand expansion ratio 砂(层)膨胀率
すなまじりねんどそう 【砂混粘土層】 sandy clay stratum 砂质粘土层,亚粘土层
すなもよう 【砂模様】 sand streak (混凝土表面的)砂纹,跑浆露砂
すなれんが 【砂煉瓦】 sand brick 砂砖,灰砂砖
すなろか 【砂濾過】 sand filtration 砂滤

すなろかき 【砂濾過器】 sand filter 砂滤器,砂滤池

すなろしょう 【砂濾床】 sand bed 砂滤床,砂滤层

すなろしょうほう 【砂濾床法】 sand bed filtration 砂滤法

すなわ 【素縄】 straw rope 草绳

スニフトべん 【～弁】 snift valve 排气阀,吸气阀

すねカバー 【臑～·脛～】 leg-cover(of welder) (焊工)护脚罩,防护鞋盖

スネーク・ポンプ Snake pump 蛇形泵(商)

スネルのほうそく 【～の法則】 Snell's law 斯涅耳定律

すのこ 【簀子】 hurdle, duck board, gridiron, grid, cat ladder, catwalk 栅栏,板道,格子顶棚,格栅板

すのこいた 【簀子板】 hurdle board 篱笆格条,栅栏板条

すのこえん 【簀子縁】 hurdle veranda 铺编竹地板的檐廊

すのこぐみ 【簀子組】 平坐料栱

スノー・サーベイ snow survey 测雪,积雪测量

スノー・サンプラー snow sampler 采雪器(测量积雪的仪器)

スノー・プラウ snow plow, snow plough 扫雪机,雪犁

スノー・ブレード snow blade 除雪机刀片

スノー・メルター snow melter 融雪机,融雪器

スパー spur 有垛墙,凸壁,角撑,联杆,截水墙,挑水坝,支线,侧线

スパイアレット spirelet 小尖塔

スパイク spike 道钉,大钉,测试讯号,尖峰信号

スパイク・タイヤ spike tyre, studded tyre (防滑用)销钉轮胎,钉齿轮胎

スパイク・ハンマー spike hammer 道钉锤

スパイラルこうかん 【～鋼管】 spiral steel pipe 螺旋钢管

スパイラル・シェル spiral shell 螺(旋)壳

スパイラル・シュート spiral shoot, spiral chute 螺旋式(垃圾)溜槽

スパイラル・ステアズ spiral stairs 螺旋式楼梯

スパイラル・ダクト spiral duct 螺旋式风道,螺旋式管道

スパイラル・ドリル spiral drill 螺旋钻

スパイラル・パイプ spiral pipe 螺盘管

スパイラルほう 【～法】 spiral method 螺线法

スパイラル・ロープ spiral rope 钢铰绳,螺旋绳

スパウト spout 喷出,喷水,喷水管,喷水孔

スパーク spark 火花,电火,闪光,金刚石,宝石,钻石

スーパー・グラフィック super graphic 动视处理,高速公路路旁的超大型广告牌(适于视线移动时观看)

スパージャー Sparger 分布器,喷雾器,配电器,扩散管(商)

スーパー・ジュラルミン super duralumin 超级硬铝,超级杜拉铝

スーパースコープ superscope 超宽银幕

スーパー・ストア super store 超级百货商场

スーパーストラクチャー superstructure 上部结构,上层建筑

スパース・マトリックス sparse matrix 稀疏矩阵

スーパーセメント supercement 超级水泥,高级水泥

スーパーチャージ・ポンプ supercharge pump 增压泵

スパッター spatter (焊接的)溅花,溅粒,飞溅物

スパッターそんしつ 【～損失】 spatter loss (焊接的)飞溅损失,焊条溅损

スパッター・ロス spatter loss (焊接的)飞溅损失,焊条溅损

スパッド spud 溢水接管,(大便器供水口与冲洗管连接的)变径活接头

スパッドかなもの 【～金物】 spud 联结(陶瓷器和金属的)铁件

スパナー spanner 扳手,扳头,扳钳,扳紧器

スパニッシュがわら 【～瓦】 Spanish tile 西班牙式屋面瓦,筒瓦

スパニッシュ・タイル Spanish tile 西班牙式屋面瓦,筒瓦

スパニッシュ・ホワイト Spanish white 白色涂料,染白料,西班牙白

スパニッシュ・レッド Spanish red 朱红,西班牙红

スーパーバイザー supervisor 检查员,管理人,监控器,(管理中的)监控部分

スーパービジョン supervision 管理,监督,监视

スーパー・ヒューマン・スケール super human scale 超人尺度(指超过人的尺度的空间尺度)

スーパーブロック super-block 合并街坊,特大街彷

スーパーブロックけいかく 【～計画】 super-block plan 大街区规划

スーパー・ヘテロダイン super hetero-dyne 超外差,超外差收音机

すはま 【州浜·洲浜】 deltaic beach (海滨突出的)沙洲

すはまがわら 【洲浜瓦】 三环形饰面脊头瓦

スーパー・マーケット super market 超级商场,自动售货商店,自选商场

スパラト Spalato 斯帕拉托(南斯拉夫沿亚得里亚海岸的城市,现在的斯普利特城)

スパー・ワニス spar varnish 清光漆

スーパーワニス supervarnish 超级清漆,桐油清漆

ずばん 【図板】 drawing board 绘图板,制图板

ずばん 【図番】 drawing number 图号

スパン span 跨度,跨距

スパン・ガラス spun glass 玻璃纤维,玻璃丝

スパンクリート Spancrete 预应力混凝土制品(商)

スパンデックス spandex 聚氨基甲酸乙酯合成纤维,弹性纤维

スパンドレル spandrel 拱肩,上下层窗间的部拉,上下层窗间墙,窗肚墙

スパンドレル・アーチ spandrel arch 肩拱,腹拱

スパンドレル・ウォール spandrel wall 拱肩墙,拱上挡土墙,上下层窗间墙

スパンドレル・ステップ spandrel step 三角形踏步

スパンドレル・ビーム spandrel beam 窗上过梁

スパンドレル・ブレースド・アーチ spandrel braced arch 空腹拱,桁架式拱

スパン・ワイヤ span wire 张紧线,拉线

スパンわり 【～[span]割】 spacing 间距,间隔,柱网布置柱距

スピーカー (loud) speaker 扬声器,喇叭

スピゴット spigot 塞子,插头,栓,龙头

スピゴット・ジョイント spigot joint 套管接合,窝接,插口接合,联接器,扩口焊接

スピード・ガバナー speed governor 调速器

スピード・スケートきょうぎじょう 【～競技場】 speed skate rink 速度滑冰比赛场

ずひょう 【図表】 diagram 图,图表

ずひょうてきせっけいほう 【図表的設計法】 graphic design 图表设计法

スピリット・ステイン spirit stain 酒精着色剂

スピリット・レベル spirit level 气泡水准器

スピリット・ワニス spirit varnish 酒精清漆,挥发漆

スピルオーバーべん 【～弁】 spillover valve 溢流阀

スピロギラ Spirogyra 水绵属(藻类植物)

スピロールばん 【～板】 Spiroll core floor 预制预应力混凝土空心楼板,斯皮洛尔板(商)

スピンドル spindle 主轴,芯棒,轴梗,锭子

スピンニング spinning 旋转成型,自转,空转

スフィンクス sphinx (古埃及的)狮身人面像,狮身鹰头像,(古希腊传说的带翼狮身怪兽)斯芬克斯

スプライス・プレート splice plate 拼接板
スプライン spline 花键,塞缝片
スプライン・ジョイント spline joint 填实缝
スプラッシュ splash 喷水,喷雾,飞溅,溅声
スプラッシュ・ガード splash guard 挡板,挡泥板,挡溅板
スプラッシュ・ボールド splash board 挡板,挡泥板,挡溅板
スプリッター・ダンパー splitter damper 分流气闸,分流调节风门
スプリッター・プレートがたしょうおんき【～型消音器】 splitter plate type sound absorber (送风管道的)隔板式吸声器,片式吸声器
スプリット・スプーン・サンプラー split spoon sampler 开叉式钻土取样器
スプリット・ティーせつごう【～T接合】 split tee connection T形钢连接
スプリット・フェース split face 分块面,分块饰面,条纹面
スプリンギング springing 起拱点
スプリング spring 弹簧,簧片,簧板,回弹,弹力
スプリング・オフセット spring offset 弹簧偏置式(换向阀)
スプリング・コンパス spring (bow) compasses 弹簧小圆规
スプリング・ディバイダー spring divider 弹簧分规,弹簧两脚规
スプリング・バック spring back 回弹
スプリング・バックけいすう【～係数】 coefficient of spring back 回弹系数
スプリング・バランス・サッシ spring balancing sash 弹簧平衡窗
スプリンクラー sprinkler 喷洒器,洒水车
スプリンクラーせつび【～設備】 automatic sprinkler system 自动撒水设备
スプリンクラー・ヘッド sprinkler head 洒水器喷头
スプリンクラー・ヘッドそくへきがた【～側壁型】 sprinkler head side wall type 撒水头墙壁型
スプリンクラー・ヘッドのさいこうしゅういおんど【～の最高周囲温度】 maximum ceiling temp. of sprinkler head 撒水头最高周围温度
スプリンクラー・ヘッドのデフレクター deflector of sprinkler head 撒水头回水板
スプリンクラー・ヘッドのひょうじおんど【～の標示温度】 temperature rating of sprinkler head 撒水头标示温度
スプリンクラー・ヘッドひょうじゅんがた【～標準型】 sprinkler head standard type 撒水头标准型
スプリング・ローデッドがたリリーフべん【～型～弁】 spring loaded relief valve 弹簧式安全阀
スプルングのこうしき【～の公式】 Sprung's formula 斯普隆公式(计算蒸气压力公式)
スプレー splay 八字面,斜削面,倾斜面
スプレー spray 束状花枝饰,枝状饰,浪花,水花
スプレーがたばっきそうち【～型曝気装置】 spray type aerator 喷射型曝气装置
スプレー・ガン spray gun (喷水泥浆、油、漆等用)喷枪
スプレーかんがい【～灌漑】 spray irrigation 喷洒灌溉
スプレー・ガンとそう【～塗装】 painting by spray gun 喷漆,喷涂
スプレー・コーティング spray coating 喷涂
スプレー・チャンバー spray chamber 喷雾室
スプレッダー spreader (碎石)撒布机,(混凝土)摊铺机
スプレード・アーチ splayed arch 八字形拱
スプレーとう【～塔】 spray tower 喷射塔
スプレー・ドライヤー spray dryer 喷雾干燥器
スプレーぬり【～塗】 spray painting 喷

漆
スプレー・ホール spray hole (汽油用)喷油器
スプレーヤー sprayer 喷射装置,喷嘴,喷漆器,喷浆器
スプロケット sprocket 接椽,檐椽接长木,檐椽支撑木,扣链齿,扣齿,定位
スプロケット・ホィール sprocket wheel 链轮
スプロール sprawl (市区的)无规划扩大,盲目扩大
スプロールげんしょう 【~現象】 sprawl phenomenon (市区的)无规划扩展现象
スプロールちいき 【~地域】 sprawled area 市区盲目扩展地区,市区无规划延伸地区
スプーン・サンプル spoon sample 用开叉式钻土取样器钻取的土样
スペア spare 备件,备用品,节省
スペア・ベッド spare bed (在客房内的)临时添加床位
スペインがわら 【~瓦】 Spanish tile 西班牙式屋面瓦,筒瓦
スペオース spéos[法] (古埃及)石窟墓室,石窟神庙
スペクタクル spectacle 景象,展览物
スペクトル spectrum 谱,波谱,光谱,频谱
スペクトルつよさ 【~強さ】 spectrum intensity 谱强(度)
スペクトルみつど 【~密度】 spectrum density 谱密度
スペクトル(プレッシャー) レベル spectrum (pressure) level (连续)谱声压级
スペクトロメーター spectrometer 分光计,分光仪,频谱仪
スペーサー spacer 衬垫,垫片,隔板,间隔物,(钢筋)定位器
スペーサー・ブロック spacer block 垫块,间隔块,(抹灰用)定位块
スペシフィケーション specification 说明书,规格,规范,规程,施工细则
スペシャル・ルーム special room 专用房间
スペーシング spacing 间距,间隔
スページング=スペーディング
スペース space 空间,场所,空白,余地
スペース・ヒーター space heater 小型散热器
スペース・フレーム space frame 空间框架,立体构架,空间刚架
スペーディング spading 铲除,铲去,铲土,插捣铲,插捣
すべり 【滑·辷】 slip,slide 滑道,滑坡,滑板,滑动,导槽
すべりき 【滑木·辷木】 防磨木
すべりきょり 【滑距離】 skidding distance (车辆)滑行距离
すべりぐるま 【滑車·辷車】 door sheave,sash roller (安装在推拉门窗等底部的)滑轮
すべりけいすう 【滑係数】 coefficient of friction 摩擦系数,滑移系数
すべりげんど 【滑限度】 slip limit 滑限
すべりししょう 【滑支承】 sliding bearing 滑动支承,滚动支承
すべりしんしゅくつぎて 【滑伸縮継手】 sleeve expansion joint 套筒伸缩接头,滑动伸缩接头
すべりすりへり 【滑磨減】 slide abrasion 滑动磨耗(损)
すべりせん 【滑線】 sliding line 滑移线,滑动线
すべりだし 【滑出】 sliding-out (窗的)外旋
すべりだししょうじ 【滑出障子】 sliding-out sash (带撑脚的)滑开窗扇
すべりだしまど 【滑出窓】 sliding-out (sash) window,projected (sash) window 滑开窗
すべりたん 【滑端】 sliding end 滑动端,可动端
すべりていこうせい 【滑抵抗性】 skid resistance 抗滑性
すべりどめ 【滑止】 non-slip nosing 防滑条
すべりどめごうしゆか 【滑止格子床】 safety grating 防滑格栅
すべりどめとりょう 【滑止塗料】 non-

slip paint 防滑涂料
**すべりどめほそう** 【滑止舗装】 non-skid pavement, antiskid pavement 防滑路面
**すべりは** 【滑刃】 scarf 斜接的接头斜面,嵌接斜面,斜嵌槽,斜切口
**すべりはそん** 【滑破損】 sliding failure 滑动损坏
**すべりはつぎ** 【滑刃継】 scarf joint, splay joint 斜嵌面接头,倾斜面接头
**すべりべん** 【滑弁】 slide valve 滑阀
**すべりへんけい** 【滑変形】 slip deformation 滑动变形,滑移变形
**すべりまさつ** 【滑摩擦】 sliding friction 滑动摩擦
**すべりめん** 【滑面】 sliding surface, sliding plane 滑动面,滑移面
**すべりめんせつごう** 【滑面接合】 sliding joint 滑动接合
**スポイル** spoil 弃土,废石料,挖出的泥土,挖出的石屑
**スポウト** spout 喷口,喷嘴,喷水,喷水孔
**スポーク** spoke (扶梯的)踏蹬,楼梯棍
**スポーツ・クラブ** sports club 体育俱乐部
**スポーツしせつ** 【~施設】 sports facilities 体育设施
**スポーツ・センター** sports center 体育中心,综合性运动场,大型体育馆
**スポット** spot 点,疵点,黑点,斑点,部位,定位,辉点,光点
**スポット・ウェルディング** spot welding 点焊
**スポット・クーリング** spot cooling 区域降温,局部降温,走点降温
**スポット・ホモゲンほう** 【~法】 spot-homogen process (钢板)铅覆层法
**スポットようせつ** 【~溶接】 spot welding 点焊
**スポットようせつき** 【~溶接機】 spot welder 点焊机
**スポットライト** spotlight 聚光灯
**スポーツ・ホテル** sports hotel 体育活动地区的旅馆
**すぼり** 【素堀】 excavation without timbering 无支撑挖掘,无支撑开挖
**すぼりたかさ** 【素堀高さ】 unsupported height 无支撑挖掘深度
**スポーリング** spalling 剥落,散裂
**スポンジ** sponge 海绵,泡沫材料,多孔材料
**スポンジ・ゴム** sponge rubber 海绵橡胶,泡沫橡胶
**スポンジ・ラバー** sponge rubber 海绵橡胶,泡沫橡胶
**すまいかた** 【住居方】 way of living 生活方式,居住方式
**すまいかんきょう** 【住居環境】 dwelling environment 居住环境
**スマック** 【SMAC】 SMAC, strong motion accelerometer 强震仪
**すまづけ** 【隅付】 angle block, corner block (家具等)内角加强用三角木条
**スマッジング** smudging 污点,污痕,污染斑
**すみ** 【炭】 charcoal 木炭
**すみ** 【隅】 corner 角隅,墙角,壁角,街道转角
**すみ** 【墨】 墨,墨线
**すみいし** 【隅石】 corner stone, quoin 墙角石,(转)角石
**すみいた** 【隅板】 gusset plate 结点板,节点板,角撑板
**すみいと** 【墨糸】 墨线,墨斗线
**すみいりがく** 【隅入角】 内凹角
**すみいれ** 【隅入】 (直角处的)凹形线脚,凹棱线脚,折棱线脚
**すみいれ** 【墨入】 inking 上墨,描图,绘制墨线图
**すみうち** 【墨打】 marking (对构造部位)弹墨线
**すみえんとつ** 【隅煙突】 angle chimney 转角处烟囱
**すみおきほうねつき** 【隅置放熱器】 corner radiator 墙角散热器
**すみおに** 【隅鬼】 脊端的鬼面装饰瓦
**すみかえ** 【住替】 removal 迁居,移住,转居
**すみかくこうしき** 【隅角公式】 corner loading formula (设计路面厚度的)角隅

荷载公式,隅载公式
すみかけ 【墨掛】 marking (对材料加工)划线,标线,弹墨线
すみかけすんぽう 【墨掛寸法】 cutting dimension 标线尺寸,划线尺寸
すみがっしょう 【隅合掌】 angle rafter 角椽,斜脊椽
すみがね 【角金】 corner metal 隅铁,护角铁
すみからくさがわら 【隅唐草瓦】 翼角檐头仰瓦,翼角檐头花纹瓦
すみがわら 【隅瓦】 转角檐头瓦
すみぎ 【隅木·角木·桷】 angle rafter 角椽
すみきり 【隅切】 corner cutting 切角,道路剪角,交叉口剪角,切角形
すみきりタイル 【隅切~】 corner cutting tile 切角瓷砖,八角形瓷砖
すみさし 【墨刺·墨芯】 (木工划线或作记号用)墨尺,划尺
すみさす 【隅扠首】 檐廊转角处地板龙骨
すみしぶ 【墨渋】 black persimmon juice 黑柿汁漆,黑柿汁
すみしょうとう 【隅小塔】 turret 角楼,角塔
すみそなえ 【隅具·隅備】 角科料栱
すみだし 【墨出】 marking (对构造部位)划线,弹墨线
すみだな 【墨棚】 corner cabinet (断面为三角形的)墙角柜橱,屋角饰架,室内角橱
すみたまぶち 【隅玉縁】 corner bead 墙角护条
すみだるき 【隅垂木·隅棰】 angle rafter 角椽
すみちゅうとう 【隅柱頭】 corner capital 转角柱头
すみつきてあらいき 【隅付手洗器】 corner wash hand basin 墙角洗手盆,角隅式洗手盆
すみつきバス 【隅付~】 corner bath 墙角浴盆
すみつきよくそう 【隅付浴槽】 corner bath 墙角浴池,角隅式浴池
すみつぼ 【墨壺·墨斗】 ink-pot 墨斗
すみてっきん 【角鉄筋】 corner bar 角隅钢筋,转角钢筋
すみと 【隅斗·角斗】 (角科料栱的)角料
すみどもえ 【隅巴】 翼角勾滴筒瓦
すみとり 【隅取】 corner cutting, corner cut-off 切角
すみにく 【隅肉】 fillet 贴角焊缝,圆角,凹楞
すみにくのどあつ 【隅肉喉厚】 throat depth of fillet weld 贴角焊缝厚度(高度)
すみにくようせつ 【隅肉溶接】 fillet weld (贴)角焊
すみにくようせつはめんしけん 【隅肉溶接破面試験】 rupture test of fillet weld 角焊缝断裂试验,角焊缝破坏试验
すみばしら 【隅柱】 corner post, angle post 角柱
すみばり 【隅梁】 angle beam 角梁,翼角梁
すみびかえ 【隅控】 knee brace 隅撑,角撑,斜撑
すみひじき 【隅肘木·角肘木】 斜翘
すみまる 【隅丸】 内圆角,圆弧形内角
すみむね 【隅棟】 hip 斜脊,戗脊
すみもちおくり 【隅持送】 corner bracker 转角托座,转角牛腿
すみゆきひじき 【隅行肘木】 斜翘
スムーザー smoother 路面整平机
スムーズ・ブラスティング smooth blasting 光面爆破,平滑爆破
スメイズ smaze 烟霾
ずめん 【図面】 drawing 图纸,图,图样,图面
ずめんかけ 【図面掛】 plan file 图夹
ずめんばんごう 【図面番号】 drawing number 图号
ずめんもくろく 【図面目録】 list of drawing 图纸目录
すもうじょう 【相撲場】 摔跤场,角力场,相扑场
スモーキング・スタンド smoking stand 烟灰台
スモーキング・ルーム smoking room 吸烟室

**スモーク・タワー** smoke tower 排烟塔(为防止火灾时烟火进入楼梯间,在楼梯间前室设置的排烟系统)
**スモーク・テスター** smoke tester 烟试验器
**スモッグちゅういほう 【～注意報】** smog warning 烟雾注意警报
**スモッグよほう 【～予報】** smog forecast 烟雾预报
**すやき 【素焼】** unglazed porcelain 素(烧)瓷,素烧陶器
**すやきがわら 【素焼瓦】** unglazed roof-tile 无釉屋面瓦(砖)
**すやきのとうき 【素焼の陶器】** unglazed earthenware 素烧陶器
**すやきばち 【素焼鉢】** clay pot (不上釉的)瓦盆
**スライサー** slicer 瓦刀,泥刀,切片机,刨片机,单板刨削机
**スライスドたんばん 【～単板】** sliced veneer 刨平的薄镶板,刨切单板
**スライスド・ベニア** sliced veneer 刨平的薄镶板,刨切单板
**スライディング・ゲート** sliding gate 滑动闸门
**スライディング・サッシ** sliding sash 推拉窗,扯窗
**スライディング・シャッター** sliding shutter 推拉百页窗
**スライディング・ステージ** sliding stage 活动舞台,水平移动舞台
**スライディング・ドア** sliding door 推拉门,滑(动)门
**スライディング・バルブ** sliding valve 滑阀
**スライディング・フォーム** sliding form 滑动模板,滑模
**スライディング・フォームこうほう 【～工法】** sliding form construction method,sliding shuttering construction method 滑动模板施工法
**スライド** slide 滑阀,闸门,闸板,滑板,滑块,拖板,滑动,幻灯片
**スライド・ダンパー** slide damper 滑动式气流调节板
**スライド・レール** slide rail 滑轨
**スライム** slime 软泥,粘泥,矿泥,粘液,泥砂,粘膜
**スライムぼうししょり 【～防止処理】** treatment for slime control 防沉渣处理,沉渣控制处理
**スラグ** slag 矿渣,熔渣,炉渣
**スラグ・ウール** slag wool 矿渣棉
**スラグさいせき 【～砕石】** crushed slag 轧碎矿渣
**スラグ・セメント** slag cement 矿渣水泥
**スラグ・ホール** slag hole 渣口,熔渣孔
**スラグまきこみ 【～巻込】** slag inclusion 夹渣
**スラグもりど 【～盛土】** slag fill 填矿渣
**スラグれんが 【～煉瓦】** slag brick 矿渣砖
**スラスト** shrust 推力,侧向压力
**スラスト・ブロック** thrust block 止推(轴承)座,轨撑
**スラック** slack 煤屑
**スラック・コール** slack coal 煤屑,煤末
**スラックラインくっさくき 【～堀削機】** slackline cableway excavator 拖铲挖掘机
**スラッジ** sludge 污泥,淤渣
**スラッジ・ケーキ** sludge cake 污泥滤饼
**スラッジだっすいそうち 【～脱水装置】** sludge dewatering device 污泥脱水装置
**スラッジ・ドライヤー** sludge dryer 污泥干燥机,污泥干化机
**スラッジねんしょうろ 【～燃焼炉】** sludge incinerator 污泥焚化炉
**スラッジのうど 【～濃度】** sludge concentration 污泥浓度
**スラッジひりょう 【～肥料】** sludge fertilizer 污泥肥料
**スラッジ・ブランケット** sludge blanket 污泥沉淀层,污泥层,悬浮泥渣层
**スラッジ・ポンプ** sludge pump 泥浆泵
**スラット** slat 板条,狭条,木条板
**スラット・コンベヤー** slat conveyor 条

板式输送机
スラブ slab 板,平板
スラブ・アーチきょう【～橋】slab arch bridge 板拱桥
スラブ・ガラス slab glass 厚块光学玻璃,玻璃块(坩埚制光学玻璃毛坯)
スラブきそ【～基礎】slab foundation 平板基础
スラブきょう【～橋】slab bridge 板桥
スラブ・タイプ slab type (apartment house) 板式住宅大楼,板式公寓
スラブ・ドア slab door 厚板门,平板玻璃门
スラム slum 贫民住区,贫民窟
スラム・クリアランス slum clearance 拆除棚户,贫民窟改建
スラムちく【～地区】slum area 棚户区,贫民窟区
スラリー slurry 稀浆,泥浆,淤浆,悬浮物,泥釉,釉浆,生料浆
スラリー・コンクリート slurry concrete 泥浆混凝土
スラリー・シール slurry seal 灰浆封层,泥浆封层,沥青砂浆封层
スラリーていりょうちゅうにゅうき【～定量注入器】slurry proportioning feeder 泥浆定量投注器
スラリー・フィルター slurry filter 泥浆过滤器
スラリー・ポンプ slurry pump 泥浆泵
スラリー・ミキサー slurry mixer 拌浆机,灰浆搅拌机
スランプ slump 坍落度,滑波
スランプ・コーン slump cone (混凝土)坍落度试验锥
スランプしけん【～試験】slump test 坍落度试验
ずり muck 废渣,弃渣土(堆)
すりあわせつぎ【摺合継】双楔形暗销接合
スリー・ウェイべん【～弁】three-way valve 三通阀
ずりうんぱん【ずり運搬】tunnel haulage (隧道)碎渣搬运
すりガラス【摺～】ground glass, obscured glass 磨砂玻璃,毛玻璃
すりざん【摺桟】drawer guide (推拉门窗扇的)导轨,(抽屉的)滑条
スリース sluice 水闸,水门
スリース・ゲート sluice gate 水闸(门),闸门
ずりすて【ずり捨】dumping (隧道)碎渣倾卸
ずりすてば【ずり捨場】muck bank 废渣堆弃场
スリース・バルブ sluice valve 闸门阀,滑板阀
スリースべん【～弁】sluice valve 滑板阀,闸门阀
ずりだし【～出】mucking 搬运废渣,搬运弃渣,清除残渣
スリット slit 微缝,狭缝,缝隙,切口,切缝,槽
スリットがたふきだしぐち【～型吹出口】slit type diffuser 狭缝式散流器
スリット・バーナー slit burner 长口燃烧器
スリット・フォーム slit form 狭缝金属模板
スリップ slip 滑行,滑动,滑移,滑脱,滑泻,舞台边门,(戏院顶层)挑台边座,泥浆,釉浆
スリップ・ウェア slip ware 施釉制品,挂浆制品
スリップ・クラック slip crack 滑动裂缝
スリップ・クレイ slip clay 釉用粘土
スリップ・グレーズ slip glaze 泥釉
スリップ・ケーソン slip caisson 滑动沉箱
スリップ・コーティング slip coating 涂泥釉,上泥釉
スリップ・ジョイント slip joint 伸缩接合,伸缩接头,滑动接头
スリップ・バー slip bar 滑杆,滑动传力杆
スリップ・フォーム slip form 滑升模板,滑模
スリップ・フォームこうほう【～工法】slip form construction method 滑升模板

施工法,滑模施工

スリップ・モデル slip model 滑动模型

ずりつみき 【ずり積機】 muck loader 砂石搬运机,出渣机,除渣机

スリーパー sleeper 轨枕,小搁栅,小龙骨

ずりはね 【研撥】 mucking 清除残渣,搬运残渣

スリー・ヒンジ・アーチ three hinged arch 三铰拱

スリーブ sleeve 套,套筒,套管,轴套,衬套,体壳

スリーブ・ジョイント sleeve joint 套管连接,套筒接头

スリーブしんしゅくつぎて 【~伸縮継手】 sleeve expansion joint 套筒伸缩接头,滑动伸缩接头

スリーブつぎて 【~継手】 sleeve joint, sleeve coupling 套筒接头,套管连接

スリーブ・ナット sleeve nut 套筒螺母

スリーブ・フォーム・ペーバー slip form paver (混凝土路面)滑模摊铺机

スリーブべん 【~弁】 sleeve valve 套筒式阀门,滑阀

スリーブれんが 【~煉瓦】 sleeve brick 筒瓦

すりへり 【磨減】 abrasion 磨损,磨耗

すりへりしけん 【摩減試験】 abrasion test 磨损试验

すりへりていこう 【摩減抵抗】 abrasion resistance 抗磨力,抗磨性

すりへりりょう 【磨減量】 abraded quantity 磨损量,磨耗量

すりみがき 【擦磨】 grind,polish 研磨,磨光

スリムラインがたけいこうほうでんかん 【~型螢光放電管】 slimline fluorescent lamp 细管荧光灯

スリムラインがたけいこうランプ 【~形螢光~】 slimline fluorescent lamp 细管荧光灯

スリムライン・ランプ slimline tube lamp 细管灯

すりめじ 【揩目地】 flush joint,plain cut joint 平(灰)缝

すりめじしあげ 【揩目地仕上】 (砖墙)勾平缝饰面,(瓷砖等)擦缝饰面

スルース=スリース

スループット through-put 生产量,生产率,通过量,容许能力

ずれ slip,shear 滑动,错动,剪切,偏移,离开,改换

スレーキング slaking 水解,水化,消化

スレーキングしけん 【~試験】 slaking test (土的)水解试验,消化试验

スレショールド threshold 阈,阈限,限度,临界值,入口,门槛

スレーターしき 【~式】 Slater's formula 斯雷特尔(推算混凝土、砂浆强度)公式

すれちがいていこう 【擦違抵抗】 medial friction 交会阻力

スレッド thread 螺纹,螺线,线,细丝,穿绳,穿线

スレート slate 石板,板岩,石片,石板瓦

スレートこう 【~工】 slater 石板瓦工,铺石板屋面工

スレートこうじ 【~工事】 slate work 铺石板瓦工程

スレートぶきかべ 【~葺壁】 slate hanging wall 挂(石棉水泥)板(瓦)墙,挂石板(瓦)墙

スレンダーひ 【~比】 slenderness ratio,ratio of slenderness 长细比

スロー・スラキング・ライム slow slaking lime 慢熟石灰

スロッテッド・パイル slotted pile 开槽桩,开缝桩,企口桩

スロット slot 缝,隙,槽,长孔,长方形孔,切槽,开缝

スロットふきだしぐち 【~吹出口】 slotted outlet 缝式送风口,狭槽式送风口

スロットようせつ 【~溶接】 slot welding 槽焊

スロットル throttle 风门,油门,节流阀,节流,调节

スロットルべん 【~弁】 throttle valve 调节阀,节流阀,节气阀

スロットル・リーバー throttle lever 油门杆

スロート throat 喉部,喉管,缩口管,喷管

临界截面
**スロー・バットようせつ**【～溶接】slow butt welding 电阻对焊
**スローピング** sloping 斜,倾斜,斜面,斜坡
**スロープ** slope 坡,坡度,边坡,斜面
**スワッビング** swabbing 擦洗
**すわぼうちょうひ**【すわ膨脹比】foam expansion rate 泡沫膨胀比
**スワール** swirler 涡流帽,旋流器
**スワン・ネック** swan neck 鹅颈形
**スワン・ベース** swan base 插口灯头,卡口灯座
**すんおさえ**【寸押】十分之一(尺寸比率)
**すんだみず**【澄んだ水】clear water 清水,净水
**ずんどきり**【寸胴切】大树桩(一般截去３米以上枝干,留下小枝),插花用竹筒,(点缀庭院或茶室的)树墩
**すんぽう**【寸法】dimension,measurement 尺寸,尺度,大小
**すんぽうあんていせい**【寸法安定性】dimensional stability 尺寸稳定性
**すんぽうきかく**【寸法規格】dimensional standard 尺寸标准
**すんぽうきにゅう**【寸法記入】dimensioning 注尺寸
**すんぽうきょようさ**【寸法許容差】dimension tolerance 尺寸容限,尺寸公差
**すんぽうこうさ**【寸法公差】dimension tolerance 尺寸公差,尺寸容限
**すんぽうこうばい**【寸法勾配】用尺寸表示的坡度
**すんぽうせん**【寸法線】dimension line 尺寸线
**すんぽうちょうせい**【寸法調整】dimensional coordination 尺寸调整,尺寸协调
**すんぽうひきだしせん**【寸法引出線】extension line 尺寸引出线
**すんぽうほじょせん**【寸法補助線】extension line 尺寸引出线
**すんぽうわりあい**【寸法割合】proportion of size 尺寸比例

# せ

せ【背】back 背面,梁,桁的上表面,凸起面,背流(指水流转弯的凸出部分)

せい【丈·成·背】depth, length (水平构件的)高度,深度,垂直尺寸(指梁深、柱高、板厚)

せいあつ【正圧】positive pressure 正压力

せいあつ【静圧】static pressure 静压(力)

せいあつき【整圧器】pressure regulator 调压器

せいあつさいしゅとくほう【静圧再取得法】static pressure regain method (送风管道的)静压再生法,静压再得法

せいあつさいせいほう【静圧再生法】static pressure regain method (送风管道的)静压再生法,静压再得法

せいあつせいぎょき【静圧制御器】static pressure controller 静压控制器

せいあんてい【静安定】static stability 静力稳定

せいい【正位】normal position 正位,正常位置

せいうけい【晴雨計】barometer 晴雨计,气压表

せいうるし【精漆】精制漆,精漆

せいおうりょく【静応力】static stress 静应力

せいおんかん【静音管】hush pipe 静声管,消声管

せいおんとう【静音筒】hush pipe 静声管,消声管

せいがいは【青海波】海波纹,水浪纹

せいかがく【生化学】biochemistry 生物化学

せいかがくけんさしつ【生化学検査室】biochemistry laboratory 生物化学检验室

せいかくず【正角図】conformal map 等轴测投影图

せいかじゅう【静荷重】static load, dead load 静荷载,恒载

せいかたいせき【聖歌隊席】choir 教堂唱诗班席位

せいかつかんきょう【生活環境】living environment 生活环境

せいかつかんきょうしすう【生活環境指数】index of living environment 生活环境指数

せいかつかんきょうしせつ【生活環境施設】community facilities 公共生活设施,社区设施

せいかつきこう【生活気候】domestic climate 生活气候,居住气候(人的生活、起居的适宜气候)

せいかつきのう【生活機能】living function 生活功能(人们生活诸方面的活动习惯及规律)

せいかつきばんしせつ【生活基盤施設】basic life-related facilities 生活基础设施(人们生活健康、方便和舒适所必需的住宅、交通、文化、上下水道、电气、煤气、通讯、道路和公园等)

せいかつきばんちょうさ【生活基盤調査】生活基础设施调查

せいかつくうかん【生活空間】livelihood space 生活空间

せいかつくんれんしつ【生活訓練室】livelihood training room 生活训练室(使病体恢复正常进行活动的训练、进行职业的准备训练、实习训练等)

せいかつけいはいきぶつ【生活系廃棄物】domestic waste 家庭废物,家庭垃圾

せいかつけん【生活圏】life range, activity zone 生活圈,生活范围

せいかつけんこうどうちょうさ【生活圏行動調査】生活范围调查,生活圈市民活动调查

せいかつこうどう【生活行動】living behaviour (人的日常)生活行动,生活活

动
せいかつこうどうちょうさ 【生活行動調査】 生活活动调查,生活圈内市民活动调查
せいかつこうもく 【生活項目】 living related items 生活(污水分析)项目
せいかつじかん 【生活時間】 livelihood time (从时间角度观察到的人的)生活时间
せいかつしゅうかん 【生活習慣】 living habit 生活习惯
せいかつしゅうき 【生活周期】 living cycle 生活活动周期
せいかつすいじゅん 【生活水準】 level of living 生活水平
せいかつぞう 【生活像】 living vision 生活想象,生活幻象
せいかつたい 【生活体】 organism 生活体,生物体,有机体
せいかつよっきゅう 【生活欲求】 living needs 生活需要,生活要求
せいかつりべんしせつ 【生活利便施設】 生活便利设施
せいかつりょういき 【生活領域】 life field 生活领域
ぜいかてん 【脆化点】 brittle point (沥青混合料)脆点
せいかひょう 【成果表】 final result table (测量)成果表
せいかほう 【青化法】 cyaniding process 氰化法
せいかんこうじょう 【製管工場】 pipe manufactory 制管厂
せいかんざい 【清罐剤】 boiler compounds 锅炉除垢剂,锅炉清洗剂
せいきか 【正規化】 normalization 标准化,规格化,统一化
せいきかベクトル 【正規化～】 normalized vector 正规矢量,正规向量,基本矢量
せいきかんすう 【正規関数】 normal function 正态函数
せいきしつ 【聖器室】 sacristy 教堂祭器室
せいきしんどうがた 【正規振動形】 normal mode of vibration 简正振动方式
せいきぶんぷ 【正規分布】 normal distribution 正态分布,正则分布
せいきほうていしき 【正規方程式】 normal equation 正规方程,法方程式,标准方程式
せいぎょ 【制御】 control 控制,节制,管制,调节,操纵
せいきょうとしゅうかいじょ 【清教徒集会所】 Puritan meeting house 清教徒聚会处
せいぎょかいろ 【制御回路】 control circuit 控制电路
せいぎょき 【制御機】 controller 控制机
せいきょくさよう 【成極作用】 polarization 极化作用
せいきょくせい 【正極性】 straight polarity 正极性
せいぎょけい 【制御系】 control system 控制系统,操纵系统
せいぎょシステム 【制御～】 control system 控制系统
せいぎょしつ 【制御室】 control room 控制室
せいぎょスイッチ 【制御～】 control switch 控制开关
せいぎょせん 【制御線】 control line 控制线
せいぎょそうち 【制御装置】 controlling device 控制装置,调节装置
せいぎょてん 【制御点】 control point (自动控制的)控制点
せいぎょどうさ 【制御動作】 control action 控制动作,控制操作
せいぎょばん 【制御盤】 control panel, control board, controlling board 控制盘,控制板,控制屏
せいぎょプログラム 【制御～】 control program 控制程序
せいぎょべん 【制御弁】 control valve 控制阀,调节阀
せいぎょぼう 【制御棒】 control rod 控制杆,控制棒
せいぎょユニット 【制御～】 control unit 控制装置

せいぎょりょう 【制御量】 controlled variable; controlled condition （自动控制的）控制量，控制变数
せいぎょりょく 【制御力】 controlling force 控制力
せいきりゅうりょう 【正規流量】 normal discharge 正常流量
せいくうこう 【青空光】 blue sky light 全晴天扩散光
せいけい 【成形】 moulded formed 造型，成型
せいけいえん 【整形園】 formal style garden 规则式庭园，整齐式庭园
せいけいごうはん 【成形合板】 formed plywood, moulded plywood 成形胶合板（预制成需要的形状的胶合板）
せいけいしきていえん 【整形式庭園】 formal type garden 规正式庭园
せいけいたい 【成形体】 formed body, pressed body, clinkered body 压型体，烧结体
せいけいはっぽうたい 【成形発泡体】 moulded foam plastics 模制泡沫塑料
せいけいひん 【成形品】 moulded product, plastics 模制品，模塑品
せいけいまどり 【整形間取】 体形严整的平面布置（如日字形，田字形平面布置）
せいけつ 【清潔】 cleanliness 清洁，洁净
せいけつさ 【清潔さ】 cleanliness 清洁度
せいげんきゅうすい 【制限給水】 restrictive water supply 限制供水，定量供水
せいげんげんすいしんどう 【正弦減衰振動】 sine damped vibration 正弦阻尼振动，正弦衰减振动
せいげんこうばい 【制限勾配】 ruling grade 限制坡度，最大纵坡
せいげんしんどう 【正弦振動】 sine vibration 正弦振动
せいげんステップほう 【制限～法】 restricted-step method 限制步骤法
せいげんそくど 【制限速度】 regulation speed, limited speed 规定车速，限制车速
せいげんは 【正弦波】 sinusoidal wave, sine wave 正弦波
せいこ 【製糊】 glue preparation 胶结剂调制
せいこう 【整孔】 reaming 扩孔，铰孔
せいごう 【整合】 matching 匹配，配合
せいこうスラグ 【製鋼～】 steel slag 钢渣
せいこうりベットせん 【整孔～[rivet]栓】 drift pin （伸张铆钉孔用）冲钉
せいざい 【製材】 sawing lumber, lumbering 锯材，制材
せいざいきかい 【製材機械】 lumbering machine 制材机械
せいざいきどり 【制材木取】 conversion of timber 制材，锯材
せいさくきごう 【製作記号】 assembly mark （构件的）制作记号，加工记号
せいさくきょようさ 【製作許容差】 work tolerance 制作容（许）差，加工容（许）差
せいさくこうさ 【製作公差】 manufacturing tolerance 制作公差，制作裕度，制造公差
せいさくしつ 【制作室】 studio, atelier 工作间，作业室
せいさくじょ 【製作所】 manufactory, factory 工厂
せいさくず 【製作図】 shop drawing 加工图，制造图
せいさくすんぽう 【製作寸法】 manufacturing measurement, work measurement 制作尺寸，加工尺寸
せいさどうがたべん 【正作働型弁】 direct-acting valve 直动阀
せいさん 【青酸】 hydrocyanic acid, prussic acid 氢氰酸，氰化氢
せいさんカリ 【青酸～[Kali德]】 potassium cyanide 氰化钾
せいさんげんか 【生産原価】 cost of production 生产成本，造价，制造费
せいさんコントロール 【生産～】 production control 生产管理
せいさんサイクル 【生産～】 production cycle 生产周期

せいさんとし【生産都市】productive city 生产城市
せいさんライン【生産～】production line 生产线
せいさんりょくち【生産緑地】productive (agricultural) green 生产绿地
せいし【正視】plus sight 正视,后视
せいし【整枝】trimming 整枝,剪枝
せいし【整姿】trimming, dressing 整姿,修剪,修饰
せいしあげ【精仕上】finish 精加工,表面处理
せいしあつりょく【静止圧力】pressure at rest 静压力
せいじいろ【青磁色】青瓷色,蓝绿色
せいしかく【静止角】angle of repose 休止角,安息角
せいしこうぎょうはいすい【製紙工業廃水】paper mill waste water 造纸工业废水
せいしこうぎょうはくすい【製紙工業白水】paper mill white water 造纸工业白水
せいしじょうたい【静止状態】state of rest 静止状态
せいしスラスト【静止～】statical thrust 静推力
せいしせん【制止線】barrier line 拦阻线,制止线
せいしちんでん【静止沈殿】quiescent sedimentation 静止沉淀
せいしつりあい【静止釣合】static equilibrium 静力平衡,静定平衡
せいしどあつ【静止土圧】earth pressure at rest 静土压力
せいしどあつけいすう【静止土圧係数】coefficient of earth pressure at rest 静土压力系数
せいじとし【政治都市】political city 政治城市
せいしまさつ【静止摩擦】static friction 静摩擦
せいしまさつかく【静止摩擦角】angle of static friction 静摩擦角
せいしまさつけいすう【静止摩擦係数】coefficient of static friction 静摩擦系数
せいしモーメント【静止～】statical moment 静力矩
せいしゃえい【正射影】orthographic projection 正射投影,正交投影
せいしゃえいず【正射影図】orthographic projection 正射投影图,正交投影图
せいしゃずほう【正射図法】orthographic projection 正射投影法,正交投影法
せいじゅくど【成熟度】maturity 成熟度
せいじゅくらん【成熟卵】ripe egg of parasite (寄生虫的)成熟卵
せいじゅん【整準】levelling-up 整平,校平,测平
せいじょ【聖所】sanctuary 圣所,圣殿,内殿
せいじょう【西浄】(日本古代)厕所
せいじょうけいすう【性状係数】form factor, character coefficient 形状系数,特性系数
せいじょうそうち【清浄装置】purifying installation 净化装置
せいじょうなきょどう【正常な挙動】normal behaviour 正常(工作)情况,正常性能
せいしょく【清色】clear colour 清色
せいしょくがんりょう【青色顔料】blue pigment 蓝色颜料
せいしょくしき【盛飾式】Decorated style (英国哥特式建筑的)盛饰式
せいしょくばい【生触媒】bio-catalyst 生物催化剂
せいしんざいりょう【制振材料】damping material 阻尼材料
せいしんじ【清真寺】mosque 清真寺,伊斯兰教寺院
せいしんど【斉心斗】齐心料
せいしんびょういん【精神病院】psychiatric hospital 精神病院
せいじんりつ【成人率】adult ratio 成人比率
せいず【製図】drawing 制图,绘图
せいすいあつ【静水圧】hydrostatic

pressure 静水压(力)
せいすいあつきょくせん 【静水圧曲線】 hydrostatic curve 静水压曲线
せいすいあつじく 【静水圧軸】 hydrostatic axis 静水压力轴
せいすいあつりょく 【静水圧力】 hydrostatic pressure 静水压力
せいすいがく 【静水学】 hydrostatics 流体静力学
せいすいとう 【静水頭】 hydrostatic head, static head 静水头
せいすいひょう 【生水氷】 raw water ice 生水冰
せいすいべん 【制水弁】 sluice valve 截止阀,闸门阀
せいすいめん 【静水面】 still water surface 静水面
せいすいもん 【制水門】 regulating gate 调节闸门
せいすいらくさ 【静水落差】 hydrostatic head 静水头
せいすうけいかくもんだい 【整数計画問題】 integer programming problem 整数规划问题
せいすうせんけいけいかくほう 【整数線形計画法】 integer linear programming 整数线性规划法
せいずき 【製図器】 drawing instrument 绘图仪器,制图仪器
せいずきかい 【製図機械】 drawing machine 制图机,绘图机
せいずこうがく 【製図工学】 drawing 制图学
せいずし 【製図紙】 drawing paper 制图纸,绘图纸
せいずしつ 【製図室】 drafting room 制图室,绘图室
せいずつうそく 【製図通則】 drawing office practice 制图规定
せいずつくえ 【製図机】 drawing table 制图桌,绘图桌
せいずばん 【製図版】 drawing board 制图板
せいずピン 【製図～】 thumb pin 图钉
せいずほうしき 【製図方式】 drawing notation 建筑物或产品的图形标志方式
せいずようぐ 【製図用具】 drawing instrument 绘图仪器,制图仪器
せいずようし 【製図用紙】 drawing paper 制图纸,绘图纸
ぜいせい 【脆性】 brittleness, brashness, fragility 脆性
せいせいうるし 【精製漆】 精制漆,精漆
ぜいせいざいりょう 【脆性材料】 brittle material 脆性材料
せいせいねつ 【生成熱】 heat of formation 生成热
ぜいせいはかい 【脆性破壊】 brittle fracture 脆性破坏,脆裂
ぜいせいはめん 【脆性破面】 brittle fractural face 脆裂面
せいせきけいすう 【成積係数】 coefficient of performance, performance factor 效率系数,有效系数,运行系数,(制冷机的)制冷系数
せいせきめん 【青石綿】 blue asbestos 青石棉
せいせっかい 【生石灰】 quick lime, calcium lime 生石灰
せいせんじゃり 【精選砂利】 screened ballast 过筛砂砾料,过筛道碴
せいそう 【成層】 lamination 成层,分层,叠层,叠片
せいそうけん 【成層圏】 stratosphere 平流层,同温层
せいそうこうじょう 【清掃工場】 garbage disposal facilities, waste incineration plant 废物处理工厂,废物焚化场,垃圾处理厂
せいぞうコスト 【製造～】 cost of production 造价,生产成本
せいそうづみ 【整層積】 range work 成层石工,整层圬工,整层砌石
せいぞうプロセス 【製造～】 manufacture process 加工工艺,制造工艺,加工方法
せいぞうやきん 【製造冶金】 metallic processing 金属加工
せいそうらんづみ 【成層乱積】 coursed random work 成层乱砌石工

せいそく【正則】regular 正则
せいそくマトリックス【正則～】regular matrix 正则矩阵
せいぞんじかん【生存時間】lifetime 寿命,使用期限
せいた【制多】chaitya[梵] 支提
せいた【脊板·背板】outside plank, flitch, back board 曲面板,板皮,(椅子的)背板
せいたいがく【生態学】ecology 生态学
せいたいがくてきせんい【生態学的遷移】ecological succession 生态迁移
せいたいぐん【生態群】biomass 生物群
せいたいけい【生態系】ecosystem 生态系
せいたいけいそく【生体計測】somatometry 人的躯体测量
せいたいけん【生態圏】ecosphere 生态圈
せいたいしょくばい【生体触媒】biocatalyst 生物催化剂
せいたいてきへんい【生態的変異】ecological mutant 生态变异
せいたいぶんぷ【生態分布】ecological distribution 生态分布
せいたいへいこう【生態平衡】ecological balance 生态平衡
せいたこうしき【正多項式】polynomial 多项式,正多项式
せいためんたい【正多面体】regular polyhedron 正多面体
せいだん【成团】group, cluster 成团,成群
せいだん【聖壇】sanctuary 祭坛
せいだんせいけいすう【静弾性係数】static modulus of elasticity 静弹性模量
せいち【整地】leveling of ground, grading 修整土方,平整场地
せいちがい【成違】(相接两个构件的)高度不同
せいちきかい【整地機械】grading equipment 平整路基设备
せいちこうじ【整地工事】leveling of ground, grading 平整场地工程,土方修整工程
せいちず【整地図】grading map 土方地形整理图,地均图
せいちゅうめん【正中面】medial sagittal plane 人体左右对称的断面
せいちゅうやじょうめん【正中矢状面】medial sagittal plane 人体左右对称的断面
せいちょう【生長】growth 生长,长大
せいちょう【清澄】clarification 澄清
せいちょうき【清澄器】clarifier 澄清池,沉淀池
せいちょうざい【清澄剤】clarificant 澄清剂
せいちょうスクリーニング【清澄～】screening for clarification 澄清筛(选)
せいちょうせき【正長石】orthoclase 正长石
せいちょうそう【清澄槽】clarification tank 澄清池
せいちょうそくしん【生長促進】growth promoting 促进生长
せいてい【静定】statically determinate 静定
せいていアーチ【静定～】statically determinate arch 静定拱
せいていきほんけい【静定基本形·静定基本系】statically determinate principal system 静定基本体系,基本静定系统
せいていきほんこう【静定基本構】statically determinate principal system 静定基本体系,静定基本结构
せいていけいとう【静定系統】statically determinate system 静定系统,静定体系
せいていこうぞう【静定構造】statically determinate structure 静定结构
せいていシェル【静定～】statically determinate shell 静定壳体
せいていちマトリックス【正定値～】positive definite matrix 正定矩阵
せいていトラス【静定～】statically determinate truss 静定桁架
せいていばり【静定梁】statically determinate beam 静定梁

せいていはんりょく【静定反力】 statically determinate reaction 静定反力
せいていほねぐみ【静定骨組】 statically determinate framework 静定构架,静定框架
せいていラーメン【静定～[Rahmen德]】 statically determinate rigid frame 静定刚构,静定刚架,静定框架
せいていりったいトラス【静定立体～】 statlcal space truss,simple space truss 静定空间桁架,简单空间桁架
せいてきアプローチ【静的～】 static approach 静力法
せいてきあんてい【静的安定】 statical stability 静力稳定
せいてきかりょく【静的加力】 static loading 静力加荷,静加载
せいてききょよう【静的許容】 statically admissible 静力容许
せいてききょようじょうすう【静的許容乗数】 statically admissible multiplier 静力容许乘数(静力平衡状态下对荷载相乘的系数)
せいてききんさぎょう【静的筋作業】 static work 静力作业,静力工作
せいてきさいてきか【静的最適化】 static optimization (空调)静态最佳化
せいてきサウンディング【静的～】 static sounding (土质)静力测探,静力触探
せいてきたわみ【静的～】 static deflection 静力挠度
せいてきつりあい【静的釣合】 statical equilibrium 静力平衡
せいてきとうか【静的等価】 statically equivalent 静力等效
せいてっきん【正鉄筋】 positive reinforcement 受拉钢筋,正弯矩钢筋,正钢筋
せいてん【西点】 westing 西点
せいでん【正殿】 寺院建筑中正殿
せいでんがたしゅうじんき【静電型集塵器】 electrostatic dust collector 静电集尘器
せいでんがたマイク【静電型～】 electrostatic microphone 静电式传声器
せいてんげすいりょう【晴天下水量】 dry weather flow of sewage 晴天污水量
せいでんしきダスト・サンプラー【静電式～】 static electric dust sampler 静电式尘粒取样器
せいでんとそう【静電塗装】 electrostatic painting 静电涂漆,静电喷漆
せいど【精度】 accuracy 精(确)度,准确度
せいどう【静銅】 bronze 青铜
せいどう【制動】 braking,damping 制动,阻尼,减幅,衰减,减振
せいどう【聖堂】 church 教堂,礼拜堂,教会
せいとうえい【正投影】 orthogonal projection 正投影
せいどうおくれ【制動遅】 brake lag 制动延时(从运用制动器时起至制动生效时止)
せいとうか【正透過】 regular transmission,direct transmission (遵守折射定律向一定方向进行的)规则传透,定向透射
せいどうかじゅう【制動荷重】 braking load 制动荷载,刹车荷载
せいとうかりつ【正透過率】 regular transmittance 规则透射系数,定向透射系数
せいとうき【精陶器】 refined pottery 精陶器(质地为白色的陶器)
せいどうきょり【制動距離】 braking distance 制动距离,刹车距离
せいどうさ【正動作】 direct acting 直接传动,直接作用,(自动控制的)正动作
せいどうりょくけいすう【制動力係数】 braking force coefficient 制动力系数
せいとくせい【静特性】 static characteristics 静态特性
ぜいどけいすう【脆度係数】 bragility coefficient 脆性系数
せいねつぜいせい【青熱脆性】 blue shortness,blue brittleness 蓝脆性
せいのうきてい【性能規定】 performance code 性能规定
せいばくざい【制爆剤】 antiknock sub-

stance 抗爆剂
せいはんしゃりつ 【正反射率】 regular reflection factor, specular reflection factor 定向反射系数,镜面反射系数
せいばんようのこ 【製板用鋸】 vertical saw 制板用锯,竖锯
せいひずみけい 【静歪計】 static strain meter 静态应变仪
せいひょうそうち 【製氷装置】 ice plant 制冰装置
せいひょうタンク 【製氷~】 ice freezing tank 制冰罐
セイビン sabine 赛宾(吸声量单位)
セイビンのざんきょうしき 【~の残響式】 Sabine's reverberation time formula 赛宾混响时间公式
せいぶつかい 【生物界】 biological community 生物界
せいぶつかがくこうがく 【生物化学工学】 biochemical engineering 生物化学工程
せいぶつかがくてきさんそようきゅうりょう 【生物化学的酸素要求量】 biochemical oxygen demand(BOD) 生化需氧量
せいぶつかがくてきぶんかい 【生物化学的分解】 biochemical decomposition 生化分解
せいぶつがく 【生物学】 biology 生物学
せいぶつがくおせんしすう 【生物学汚染指数】 biotic index 生物指标,生物指数
せいぶつがくてきおせんしひょう 【生物学的汚染指標】 biological index of water pollution(BIP) 水污染生物指数(标),生物学污染度
せいぶつがくてきおせんど 【生物学的汚染度】 biological index of water pollution(BIP) 水污染生物指数(标),生物学污染度
せいぶつがくてきぎょうしゅう 【生物学的凝集】 biological flocculation 生物凝聚
せいぶつがくてきけんさ 【生物学的検査】 biological examination 生物学检验
せいぶつがくてきけんてい 【生物学的検定】 bioassay 生物检定,活体检定
せいぶつがくてきさよう 【生物学的作用】 biological activity 生物作用
せいぶつがくてきさんかほう 【生物学的酸化法】 biological oxidation process 生物氧化法
せいぶつがくてきしょり 【生物学的処理】 biological treatment 生物处理
せいぶつがくてきすいしつしけん 【生物学的水質試験】 biological examination of water 生物学水质检验
せいぶつがくてきのうしゅく 【生物学的濃縮】 biological concentration 生物浓缩
せいぶつかんし 【生物監視】 biological monitoring 生物监测
せいぶつくじょ 【生物駆除】 removal of nuisance organisms (有害)生物去除
せいぶつぐんしゅう 【生物群集】 biotic community 生物群落
せいぶつけん 【生物圏】 bio-sphere 生物圈,生物大气层
せいぶつけんだくぶつ 【生物懸濁物】 bioseston 生物悬浮物
せいぶつさんか 【生物酸化】 bio-oxidation 生物氧化
せいぶつさんかちほう 【生物酸化池法】 biological oxidation pond process 生物氧化塘法
せいぶつしひょう 【生物指標】 biological index 生物指标,生物指数
せいぶつじょうかそうち 【生物浄化装置】 biological clarification plant 生物净化装置
せいぶつしょり 【生物処理】 biological treatment 生物处理
せいぶつちょうさ 【生物調査】 biological survey 生物调查
せいぶつてきかんきょう 【生物的環境】 biotic environment 生物环境
せいぶつのうしゅく 【生物濃縮】 bioconcentration 生物浓缩(法)
せいぶつのていこうせい 【生物の抵抗性】 tolerance of organisms 生物耐力
せいぶつはっこう 【生物発光】 biolumi-

nescence 生物发光
せいぶつほう【生物法】 biological process 生物(处理)法
せいぶつぼうじょ【生物防除】 biological control 生物防治
せいぶつまく【生物膜】 biomembrane, biological film, microbial film 生物膜
せいぶつまくのだつらく【生物膜の脱落】 biological film sloughing 生物膜脱落
せいぶつみつど【生物密度】 density of organisms 生物密度
せいぶつよくせい【生物抑制】 control of organisms 生物控制
せいぶつろかき【生物濾過器】 biological filter 生物滤池
せいふん【正吻】 正吻
せいぶん【成分】 component, constituent 成分,组成
せいふんじょ【製粉所】 flour-mill 面粉厂
せいほうマトリックス【正方～】 square matrix 方阵
セイボルト・フロールねんど【～粘度】 Saybolt-Furol viscosity 赛波特粘度
せいみつげんど【精密限度】 limit of precision 精密限度
せいみつしけん【精密試験】 precision test 精密试验
せいみつすいじゅんそくりょう【精密水準測量】 precise levelling 精密水准测量
せいみつろかき【精密濾過器】 precision filter 精滤器
せいめいわり【晴明割】 料栱的五角形计算法式(日本江户时代利用圆内五角形求料栱尺寸的方法)
せいやく【制約】 constraint 制约,约束
せいやくおいこししきょ【制約追越視距】 restricted passing sight distance 制约超车视距,限制超车视距
せいやくじょうけん【制約条件】 constraints 约束条件,控制条件
せいやくじょうけんのさくじょ【制約条件の削除】 constraint deletion 解除约束条件,消除约束条件
せいやくじょうけんのせんけいか【制約条件の線形化】 linearization of constraint 线性化约束条件
せいやくていししきょ【制約停止視距】 restricted stopping sight distance 制约停车视距,限制停车视距
せいようきづた【西洋きづた】 Hedera helix[拉], English ivy[英] 常春藤
せいようけんちく【西洋建築】 Western architecture 西方建筑
せいようこけらぶき【西洋杮葺】 shingle covering 木板瓦屋面,铺木板瓦屋面
せいようしたみ【西洋下見】 cladding [英], siding[美] 横钉压边木板墙
せいようしば【西洋芝】 mixed turfgrass 混合草坪
せいようしょうじ【西洋障子】 玻璃槅扇,玻璃门(窗)扇
せいようていぞうほうずかい【西洋庭造法図解】(1912年日本杉本文太郎著)西方造园法图解
せいようとちのき【西洋栃の木】 Aesculus hippocastanum[拉], common horsechestnut[英] 欧洲七叶树
せいようばいかうつぎ【西洋ばいかうつぎ】 philadelphus grandiflorus[拉] 大花山梅花
せいようばら【西洋薔薇】 Rosa centifolia[拉], cabbage rose[英] 洋蔷薇
せいようひいらぎ【西洋柊】 Ilex Aquifolium[拉], English holly[英] 枸骨叶冬青
せいりきがく【静力学】 statics 静力学
せいりきがくてききじゅん【静力学的基準】 static criterion 静力学准则
せいりきがくてきくいこうしき【静力学的杭公式】 static pile-bearing formulas 桩静力承载公式
せいりゅうき【整流器】 rectifier 整流器
せいりゅうじま【整流島】 channelizing island 渠化交通岛,路口分车岛
せいりゅうばん【整流板】 inlet diffusion plate, distributing plate 整流板,散流板,分流板

せいりょういんりょうようすい 【清涼飲料用水】 water for refreshing drink 冷饮用水

せいりょくけん 【勢力圏】 sphere of influence, effective area 影响范围圈,有效范围圈

せいれいしていとし 【政令指定都市】 政府法令指定的城市

せいろうぐみ 【井籠組·井楼組】 叠木墙

せいワニス 【精～】 spirit varnish 挥发性清漆,醇溶性清漆

せいんそプラスチックス 【繊維素～】 cellulose plastics 纤维素塑料

ゼオライト zeolite 沸石

ゼオライトなんすいほう 【～軟水法】 zeolite softening 沸石软水法

ゼオライトほう 【～法】 zeolite method 沸石(处理)法

せかいじ 【世界時】 universal time 世界时,格林尼治时

せかいほけんきかん 【世界保健機関】 World Health Organization(WHO) 世界卫生组织

せかいモデル 【世界～】 world model (反映全球性的自然、社会、人口等状态的)世界模型

せがえし 【背返】 (椽距等于椽高的)密椽布置

ゼガー・ミキサー seger's concrete mixer 塞格式混凝土搅拌机

セカントけいすう 【～係数】 secant modulus 割线模量

セカンド・ハウス second house 周末休息的郊外住宅,别墅,别馆

セカント・モデュラス secant modulus 割线模量

せき 【脊】 ridge 屋脊

せき 【堰】 weir 堰

せきあげはいすい 【堰上背水】 backwater 壅水,回水

せきい 【赤緯】 declination 赤纬

せきいた 【堰板】 shuttering, sheathering board, poling board (混凝土)模板,(挡土墙的)挡板,支撑板

せきいたさく 【堰板柵】 挡板栅,堰板栅,挡土板栅

せきいのへいこうえん 【赤緯の平行円】 parallel circle of declination 纬度圈

せきえい 【石英】 quartz 石英

せきえいガラス 【石英～】 quartz glass, silica glass 石英玻璃

せきえいすいぎんとう 【石英水銀灯】 quartz mercury lamp 石英汞灯,石英水银灯

せきえいせんい 【石英繊維】 quartz fiber 石英纤维

せきえいそめんがん 【石英粗面岩】 liparite, rhyolite 流纹岩,石英粗面岩

せきえいれんが 【石英煉瓦】 quartz brick 石英岩砖

せきえん 【赤鉛】 red lead 红铅粉,红丹

せきがいせん 【赤外線】 infrared ray 红外线

せきがいせんガスぶんせきけい 【赤外線～分析計】 infrared gas analyzer 红外线气体分析仪

せきがいせんきゅうしゅうガラス 【赤外線吸收～】 infrared ray absorbent glass 吸收红外线玻璃

せきがいせんしゃだんガラス 【赤外線遮断～】 infrared ray insulating glass 隔断红外线玻璃

せきがいせんだんぼう 【赤外線暖房】 infrared ray heating 红外线采暖

せきがいせんとうかガラス 【赤外線透過～】 infrared ray transmitting glass 透红外线玻璃

せきがいせんバーナー 【赤外線～】 infrared ray burner 红外线燃烧器

せきがいせんぶんこうこうどけい 【赤外線分光光度計】 infrared spectrophotometer 红外线分光光度计

せきがいせんようじょう 【赤外線養生】 infrared ray curing 红外线养护

せきがね 【関金】 door stop, door stopper 门挡,门碰头

せきけい 【赤経】 right ascension 赤经

せきざい 【石材】 stone 石材,石料

せきさいかじゅう 【積載荷重】 live load, movable load, superimposed load

活荷载

せきざいグラインダー 【石材～】 stone grinder 石料研磨机

せきざいけんまき 【石材研磨機】 stone grinder 石料研磨机

せきさん 【積算】 surveying[英],estimating[美] 估算,预算

せきさんおんど 【積算温度】 accumulated temperature 累积温度

せきさんおんどほうしき 【積算温度方式】 day-degree method (混凝土养护)累计计算温度方式,温度积算法

せきさんガス・メーター 【積算～】 integrating gas meter 累计气量计

せきさんこうどけい 【積算光度計】 integrating photometer 积分光度计

せきさんでんりょくけい 【積算電力計】 integrating wattmeter,watt-hour meter 累计瓦特计,电(度)表

せきさんにっしゃけい 【積算日射計】 accumulated pyrheliometer 累计太阳辐射仪

せきさんにっしゃりょう 【積算日射量】 amount of solar radiation (在一定时间内单位面积上的)累计太阳辐射量

せきさんひよう 【積算費用】 estimated cost 预算价格(费用)

せきしきそくすいほう 【堰式測水法】 weir method 流量堰法

せきしつ 【石室】 墓室,(墓前)石室,石造坟墓

せきしょくがんりょう 【赤色顔料】 red pigment 红色颜料

せきしょくボーキサイト 【赤色～】 red bauxite 红色铝矾土,赤矾土

せきせつ 【積雪】 deposited snow,snow cover 积雪

せきせつがい 【積雪害】 snow cover damage 积雪灾害

せきせつかじゅう 【積雪荷重】 snow load 雪荷载

せきせつきょうど 【積雪強度】 snowfall intensity 积雪强度(指单位时间内的积雪量)

せきせつけい 【積雪計】 snow-gauge 雪量计

せきせつそくりょう 【積雪測量】 snow survey 测雪,积雪测量

せきせつばん 【積雪板】 snow measuring plate (测量积雪用)测雪板

せきせつみつど 【積雪密度】 snow density,density of snow 雪密度

せきせつみつどけい 【積雪密度計】 snow density gauge 雪密度计

せきせつりょう 【積雪量】 snowfall 积雪量,雪量

せきぞう 【石造】 stone construction 石建筑

せきぞうアーチ 【石造～】 stone arch 石拱

せきぞうかべ 【石造壁】 stone wall 石墙

せきぞうけんちくぶつ 【石造建築物】 stone building 石造建筑物

せきそうざい 【積層材】 laminated wood 层积材,多层胶合木,叠层木

せきそうざいしんごうはん 【積層材心合板】 层积芯材胶合板

せきそうしょか 【積層書架】 多层承重式书架(采用型钢支柱承受书架和楼板的荷载的方式)

せきそうしょかしきしょこ 【積層書架式書庫】 多层承重书架式书库

せきそうせいけい 【積層成形】 lamination 层积成形,叠层成形,层压成形

せきそうぜつえんぶつ 【積層絶縁物】 laminated insulator 分层绝缘物,叠片绝缘物,层压绝缘物

せきそうばん 【積層板】 sandwich board 夹层板,叠层板,夹芯板

せきそうプラスチック 【積層～】 laminated plastic 层压塑料,层积塑料

せきそうもくざい 【積層木材】 laminated timber 层压板,胶合板,叠层木材

せきたけ 【関竹】 (庭园)遮挡竹屏

せきたん 【石炭】 coal 煤

せきたんいれ 【石炭入】 coal bunker 煤仓

せきたんおとしぐち 【石炭落口】 coal hopper 煤斗

せきたんかがくはいすい【石炭化学廃水】 coal chemical waste water 煤化学废水

せきたんガス【石炭～】 coal gas 煤气

せきたんガスはいすい【石炭～廃水】 coal gas manufacture waste water 煤气厂废水

せきたんガスはっせいき【石炭～発生器】 coal gas generator 煤气发生器

せきたんかせいこうじょうはいすい【石炭化成工場廃水】 waste from coal chemicals 煤炭化学工业废水

せきたんがら【石炭殻】 furnace cinder, furnace clinker 炉渣, 煤渣

せきたんこ【石炭庫】 coal bunker 煤仓

せきたんこうかんたいほう【石炭交換体法】 carbonaceous exchanger method 碳质交换剂法

せきたんこうないすい【石炭坑内水】 coal-mine water 煤矿水

せきたんこな【石炭粉】 coal dust 煤粉, 煤屑

せきたんさん【石炭酸】 carbolic acid, phenol 石炭酸, 苯酚

せきたんさんじゅし【石炭酸樹脂】 phenol-formaldehyde resin, phenol resin 苯酚甲醛树脂, 酚醛树脂

せきたんさんじゅしせっちゃくざい【石炭酸樹脂接着剤】 phenolic resin adhesive 酚醛树脂粘合剂

せきたんさんぶんかいきん【石炭酸分解菌】 phenol oxidizing bacteria 苯酚分解菌

せきたんしつ【石炭室】 coal room 贮煤间, 贮煤室

せきたんシュート【石炭～】 coal chute 溜煤槽, 输煤槽

せきたんだきおんすいボイラー【石炭焚温水～】 coal burning hot water boiler 烧煤热水锅炉

せきたんだきボイラー【石炭焚～】 coal burning boiler, coal firing boiler 烧煤锅炉

せきたんタール【石炭～】 coal tar 煤焦油, 煤溚, 煤(焦)沥青

せきたんねんしょうそうち【石炭燃焼装置】 coal-burning equipment 燃煤设备, 烧煤装置

せきたんホッパー【石炭～】 coal hopper 煤斗

せきたんます【石炭枡】 coal bin 量煤斗, 煤箱

せきたんレンジ【石炭～】 coal range 煤炉, 烧煤灶

せきちゅう【積柱】 pier 墩, 砖石支柱

せきてい【石庭】 rock garden, stone garden 山石庭园, 叠石庭园

せきとう【石塔】 stone pagoda 石塔

せきどう【石幢】 (庭园)石憧

せきどう【赤道】 equator 赤道

せきどうざひょう【赤道座標】 equatorial coordinates 赤道坐标

せきとびら【堰扉】 weir gate 堰闸门

せきどめべん【堰止弁】 sluice gate 水闸

せきねつぜいせい【赤熱脆性】 red shortness, hot shortness 红脆性, 热脆性

せきばんせいながし【石板製流】 slate sink 石(板)制洗涤槽

せきぶんき【積分器】 integrator 积分器

せきぶんきゅう【積分球】 integrating sphere (光学测量用)积分球

せきぶんせいぎょ【積分制御】 integral control 积分控制

せきぶんていすう【積分定数】 integral constant 积分常数

せきぶんどうさ【積分動作】 integral action 积分操作

せきぶんほうていしき【積分方程式】 integral equation 积分方程(式)

せきぼく【石墨】 graphite 石墨

せきぼくへんがん【石墨片岩】 graphite schist 石墨片岩

せきめん【石綿】 asbestos 石棉

せきめんアスファルト・フェルト【石綿～】 saturated bitumen asbestos felt, asphalt-saturated asbestos felt 浸沥青石棉毡

せきめんいと【石綿糸】 asbestos cord, asbestos rope, asbestos thread 石棉绳,

石棉线

**せきめんいれゴム・ガスケット** 【石綿入~[gom荷]~】 asbestos rubber gasket 石棉橡胶密封垫片,石棉橡胶垫密片

**せきめんうらばり** 【石綿裹張】 asbestos lining 石棉衬(垫)

**せきめんカバー** 【石綿~】 asbestos cover 石棉盖,石棉套

**せきめんがわら** 【石綿瓦】 asbestos tile 石棉瓦

**せきめんクッション** 【石綿~】 asbestos cushion 石棉垫

**せきめんざい** 【石綿材】 asbestos 石棉材料

**せきめんし** 【石綿紙】 asbestos paper 石棉纸,石棉毡

**せきめんスレート** 【石綿~】 asbestos slate 石棉板,石棉水泥板

**せきめんスレートなみいたぶき** 【石綿~波板葺】 corrrugated asbestos cement slate roofing (铺)石棉水泥波纹板屋面

**せきめんスレートばん** 【石綿~板】 asbestos cement slate 石棉水泥板

**せきめんスレートひらいたぶき** 【石綿~平板葺】 asbestos cement slate roofing (铺)石棉水泥瓦(板)屋面

**せきめんスレートぶき** 【石綿~葺】 asbestos cement slate roofing (铺)石棉水泥瓦屋面

**せきめんセメント** 【石綿~】 asbestos cement 石棉水泥

**せきめんセメントえんとう** 【石綿~円筒】 asbestos cement tube 石棉水泥通风管

**せきめんセメントかん** 【石綿~管】 asbestos cement pipe 石棉水泥管

**せきめんセメントけいさんカルシウムいた** 【石綿~珪酸~板】 (autoclaved)asbestos-cement calcium silicate board 石棉水泥硅酸钙板

**せきめんセメント・パーライトいた** 【石綿~板】 asbestos cement perlite board 石棉水泥珍珠岩板

**せきめんセメントばん** 【石綿~板】 asbestos cement board, asbestos cement sheeting, asbestos cement slate 石棉水泥板

**せきめんたいかれんが** 【石綿耐火煉瓦】 asbestos firebrick 石棉耐火砖

**せきめんつめもの** 【石綿詰物】 asbestos packing 石棉填料,石棉衬垫,石棉填密件

**せきめんテープ** 【石綿~】 asbestos tape 石棉带

**せきめんパッキング** 【石綿~】 asbestos packing 石棉填料,石棉填密件,石棉衬垫

**せきめんばん** 【石綿板】 asbestos sheet 石棉板

**せきめんばんひらいたばり** 【石綿板平板張】 asbestos boarding 铺钉石棉板

**せきめんひも** 【石綿紐】 asbestos cord 石棉绳

**せきめんぷ** 【石綿布】 asbestos cloth, asbestos fabric, asbestos canvas 石棉布

**せきめんフェルト** 【石綿~】 asbestos felt 石棉毡

**せきめんブロック** 【石綿~】 asbestos block 石棉块

**せきめんフロート** 【石綿~】 asbestos float 石棉绒

**せきめんルーフィング** 【石綿~[roofing]】 self-finished bitumen asbestos felt[英], asphalt-saturated and coated asbestos felt[美] 石棉毡浸沥青卷材,沥青石棉毡

**せきめんろかき** 【石綿濾過器】 asbestos filter 石棉过滤器

**せきめんロック・ウールたいかひふくばん** 【石綿~[rock wool]耐火被覆板】 石棉-岩棉耐火覆盖板,石棉矿棉耐火板

**せきめんロープ** 【石綿~】 asbestos rope 石棉绳

**せきもりだけ** 【関守竹】 (庭园)遮挡竹屏

**せきゆ** 【石油】 petroleum 石油

**せきゆアスファルト** 【石油~】 petroleum asphalt 石油沥青

**せきゆアスファルトにゅうざい** 【石油~乳剤】 emulsified asphalt 乳化石油沥青

**せきゆエーテルちゅうしゅつぶっしつ**

【石油～抽出物質】 petroleum-ether soluble matter 石油醚提出物
せきゆエンジン 【石油～】 oil engine 柴油机,内燃机
せきゆかがくこうぎょうはいすい 【石油化学工業廃水】 petrochemical waste water 石油化学工业废水
せきゆせいぞうはいすい 【石油製造廃水】 petroleum waste water 炼油废水
せきゆにゅうざい 【石油乳剤】 petroleum emulsion 石油乳剂,石油乳浊液
せきゆピッチ 【石油～】 petroleum pitch 石油硬沥青
せきゆぶんかいきん 【石油分解菌】 hydrocarbon utilizing bacteria 石油分解菌
せきゆランプ 【石油～】 oil lamp 煤油灯
セキュリット Sekurit 钢化(安全)玻璃(商)
せきようぼく 【夕陽木】 夕阳木(庭园西侧栽植的树木)
せきりつ 【積率】 moment 矩,力矩
せぎりつぎて 【せぎり継手】 joggled lap joint 啮合搭接
せきりょうすいほう 【堰量水法】 weir method 流量堰法
せきろう 【石蠟】 paraffine 石蜡
セクショナル・ボイラー sectional boiler 分节锅炉
セクション section 剖面,截面,断面,剖面图,截面图,断面图
セクション・ペーパー section paper 方格纸,米厘纸
セクスタント sextant 六分仪
セグメンタル・アーチ segmental arch 缺圆拱,平圆拱,弓形拱,弧形拱
セグメント segment (盾构法隧道施工中兼作支撑和覆盖层的)环片,管片,节段,扇形衬砌块,弓形,弧形,扇形体
ゼーゲル・コーン Seger cone 塞格锥,塞氏测温熔锥
ゼーゲル・コーンたいかど 【～耐火度】 refractoriness by Seger cone 塞格锥耐火度
ゼーゲルさんかくすい 【～三角錐】 Seger cone 塞格锥,塞氏测温熔锥,耐火度锥
ゼーゲルすい 【～錐】 Seger cone 塞格锥,塞氏测温熔锥,耐火度锥
セコイア sequoia 红杉,红木
せこう 【施工】 construction, execution of work 施工
せこうかんり 【施工管理】 supervision of works 施工管理
せこうきかく 【施工規格】 performance standard 施工规范,操作规程
せこうきめん 【施工基面】 formation level 路基面,路面-路基交界面,路基标高
せこうぎょうしゃ 【施工業者】 builder 施工人员,建造者,建筑厂商,营造业者
せこうけいかく 【施工計画】 scheme of execution 施工计划
せこうけいかくず 【施工計画図】 execution scheme drawing 施工计划图
せこうけいやく 【施工契約】 construction contract 施工合同,施工契约
せこうしゃ 【施工者】 builder 施工人员,建造者,营造业者
せこうず 【施工図】 shop drawing, working drawing 施工图,加工图
せこうすうりょう 【施工数量】 quantity required 工程量,施工量
せこうつぎめ 【施工継目】 construction joint, work joint 施工缝,工作缝
せこうなんど 【施工軟度】 workability of concrete (混凝土)和易性
せこうのうりつ 【施工能率】 efficiency of construction 施工效率
せこうほう 【施工法】 construction method 施工法
せこうほうしき 【施工方式】 form of construction work 施工方式(指承包或自建)
せこうめじ 【施工目地】 construction joint, work joint 施工缝,工作缝
せごし 【施越】 先施事业(指暂先实施后领国家津贴的公共事业)
せしめうるし 【せしめ漆】 枝漆
セジメント・トラップ sediment trap 沉

泥井

**セジメント・ボウル** sediment bowl 沉淀器,沉淀池

**せしゅ** 【施主】 client,owner 建筑委托人,建筑委托单位,建设单位

**セスプール** cesspool 化粪池,污水渗井

**セセッション** Secession (19世纪末期欧洲的)分离派

**セダー** cedar 杉木

**せたい** 【世帯】 household 住户,家庭

**せたいきぼ** 【世帯規模】 住户规模

**せたいぬし** 【世帯主】 house holder 户主

**せだき** 【瀬滝】 cascade 小瀑布

**せだしちょうばん** 【脊出丁番】 butt hinge,edge hinge 明合页,明铰链

**せついん** 【雪隠】 茶室院厕所

**ゼツェッシオン** Sezession[德] (19世纪末期欧洲的)分离派

**ぜつえん** 【絶縁】 insulation 绝缘

**ぜつえんうすがみ** 【絶縁薄紙】 insulated paper 绝缘纸

**ぜつえんかいきゅう** 【絶縁階級】 insulation level 绝缘等级

**ぜつえんゴム・テープ** 【絶縁～[gom荷]】 insulating rubber tape 绝缘胶带

**ぜつえんコンパウンド** 【絶縁～】 insulating compound 绝缘混合剂,绝缘膏

**ぜつえんざい** 【絶縁材】 insulating material 绝缘材料

**ぜつえんたい** 【絶縁体】 insulator 绝缘体

**ぜつえんたいりょく** 【絶縁耐力】 diselectric strength 绝缘强度,抗电强度,介质强度

**ぜつえんつぎめ** 【絶縁継目】 insulated joint (轨道的)绝缘节

**ぜつえんていこう** 【絶縁抵抗】 insulation resistance 绝缘电阻

**ぜつえんでんせん** 【絶縁電線】 insulated wire 绝缘线

**ぜつえんとりょう** 【絶縁塗料】 insulating paint,insulating varnish 绝缘涂料,绝缘漆

**ぜつえんブッシュ** 【絶縁～】 insulating bush 绝缘套管

**ぜつえんプレート** 【絶縁～】 insulation plate,insulating plate 绝缘板

**ぜつえんワックス** 【絶縁～】 insulating wax 绝缘蜡

**ぜつえんワニス** 【絶縁～】 insulating varnish 绝缘清漆

**せつがい** 【雪害】 snow damage 雪害

**せっかい** 【石灰】 lime 石灰

**せっかいアルミナしつセメント** 【石灰～質～】 lime aluminous cement 铝石灰水泥,铝质石灰水泥

**せっかいか** 【石灰華】 calc-sinter,travertine 石灰华,钙华

**せっかいがま** 【石灰窯】 lime kiln 石灰窑

**せっかいガラス** 【石灰～】 lime glass 钙玻璃

**せっかいがん** 【石灰岩】 limestone 石灰岩,石灰石

**せっかいがんちゅうわ** 【石灰岩中和】 limestone neutralization 石灰石中和

**せっかいクリーム** 【石灰～】 lime cream 石灰膏 石灰乳液

**せっかいけいさんしつセメント** 【石灰珪酸質～】 lime silica cement 硅酸钙水泥

**せっかいしょうせい** 【石灰焼成】 calcination of lime 石灰煅烧,石灰烧成

**せっかいすい** 【石灰水】 lime water 石灰水

**せっかいスラグ・セメント** 【石灰～】 lime slag cement 石灰矿渣水泥

**せっかいせっけん** 【石灰石鹸】 lime soap 石灰皂,钙皂

**せっかいソーダほう** 【石灰～法】 limesoda method 石灰苏打(硬水软化)法

**せっかいソーダりんさんえんほう** 【石灰～燐酸塩法】 lime-soda-phosphate method 石灰苏打磷酸盐(硬水软化)法

**せっかいちゅうわしょり** 【石灰中和処理】 neutralization with lime 石灰中和处理

**せっかいとそう** 【石灰塗装】 lime wash 涂刷石灰,石灰粉刷,刷石灰水

せっかいなんかほう 【石灰軟化法】 lime softening 石灰软化法
せっかいにゅう 【石灰乳】 milk of lime 石灰乳,石灰浆
せっかいひ 【石灰比】 lime ratio 石灰比例
せっかいほうわど 【石灰飽和度】 lime saturation coefficient (水泥)石灰饱和系数
せっかいほそう 【石塊舗装】 block stone pavement 块石路面,块石铺面
せっかいモルタル 【石灰～】 lime mortar 石灰砂浆
せっかいろ 【石灰炉】 lime kiln 石灰窑
せっかせっこう 【雪花石膏】 alabaster 雪花石膏
ぜっかん 【絶乾】 absolutely dry 干透,全干,绝干
ぜっかんじゅうりょう 【絶乾重量】 absolute dry weight 绝干重量
ぜっかんじょうたい 【絶乾状態】 absolute dry condition 绝干状态,全干状态
ぜっかんひじゅう 【絶乾比重】 absolute dry specific gravity 绝干比重,全干比重
ぜっかんようせきじゅう 【絶乾容積重】 absolute dry specific gravity 绝干比重,全干比重
せっき 【炻器】 stoneware 炻器,缸瓦器,缸瓷
せっきしつタイル 【炻器質～】 stoneware tile 炻器面砖,缸瓷砖,缸砖
せっきねんど 【炻器粘土】 stoneware clay 炻瓷土,粗陶土
せっきゃくくうかん 【接客空間】 接待空间,接待面积
せっきょう 【石拱】 stone arch 石拱
せっきょうだい 【説教台】 pulpit 布道坛,讲经坛
せっきょうだん 【説教壇】 pulpit, ambo 布道坛,讲经坛
せっきんけいすう 【接近係数】 access factor 接近系数
せっきんたん 【接近端】 approach end, nose 接近端,(交通岛、行车道分隔带的)端部,引道尽头
せっきんど 【接近度】 accessibility 接近程度,可达性,(交通的)可通性
せっきんりゅうそく 【接近流速】 approach velocity, approaching velocity 行近流速
せっきんりゅうそくすいとう 【接近流速水頭】 approach velocity head, approaching velocity head 行近流速水头
せっくつじいん 【石窟寺院】 石窟寺
せっけい 【設計】 planning, design 设计,规划
せっけいアスファルトりょう 【設計～量】 design asphalt content 设计沥青用量
せっけいいたく 【設計委託】 design entrusting 设计委托
せっけいおうりょく 【設計応力】 design stress 设计应力
せっけいおうりょくど 【設計応力度】 unit stress for design 设计单位应力
せっけいおんど 【設計温度】 design temperature 设计温度
せっけいか 【設計家】 designer 设计师
せっけいか 【設計課】 design office, design section 设计科,设计室
せっけいかじゅう 【設計荷重】 design load 设计荷载
せっけいかてい 【設計過程】 design process 设计过程
せっけいかんり 【設計監理】 design and supervision 设计与监工,设计与工程监督
せっけいかんりひ 【設計監理費】 cost of design and supervision 设计与监工费
せっけいきじゅんきょうど 【設計基準強度】 specified concrete strength (混凝土)设计强度
せっけいくうかん 【設計空間】 design space 设计空间
せっけいけいさん 【設計計算】 design calculation 设计计算
せっけいけいやく 【設計契約】 design contract 设计合同
せっけいこうつうようりょう 【設計交通

容量】 design capacity 设计通行能力,设计交通能力
せっけいこうつうりょう 【設計交通量】 design volume 设计交通量
せっけいシー・ビー・アール 【設計CBR】 design CBR(California bearing ratio) (路面)设计加州承载比
せっけいしゃ 【設計者】 designer 设计人,设计师
せっけいじょうけん 【設計条件】 design conditions 设计条件
せっけいしんど 【設計震度】 seismic coefficient, design base shear coefficient 设计地震系数,设计基底剪力系数
せっけいず 【設計図】 drawings for design presentation 设计表现图
せっけいすうりょう 【設計数量】工程设计数量(根据设计算出建筑工程的数量,根据设计图的尺寸作出的预算)
せっけいスタッフ 【設計~】 design staff 设计工作人员,设计班子
せっけいせこう 【設計施工】 设计施工业务(由一个建筑企业承担建筑物的设计和施工的业务)
せっけいセミナー 【設計~】 design seminar 设计研习班
せっけいそくど 【設計速度】 design speed 设计速率,设计车速
せっけいそしき 【設計組織】 design organization 设计机构
せっけいち 【設計値】 designed value 设计值
せっけいチャート 【設計~】 design chart 设计图表
せっけいつよさ 【設計強さ】 design strength 设计强度
せっけいとしょ 【設計図書】 drawing and specification 设计文件(包括设计图纸及说明书)
せっけいのシステムか 【設計の~化】 systematization of design 设计系统化,设计系列化,设计体系化
せっけいパラメーター 【設計~】 design parameter 设计参数
せっけいひ 【設計費】 cost of design 设计费
せっけいへんこう 【設計変更】 change of design, change of order 设计变更
せっけいへんすう 【設計変数】 design variable 设计变量
せっけいほうしん 【設計方針】 design principle 设计原则,设计方针
せっけいほうほうろん 【設計方法論】 design methodology 设计方法论
せっけいようがいきおんしつど 【設計用外気温湿度】 outdoor design temperature and humidity 室外设计温湿度
せっけいようこがいおんしつど 【設計用戸外温湿度】 outdoor design temperature and humidity 室外设计温湿度
せっけいようしつないおんしつど 【設計用室内温湿度】 indoor design temperature and humidity 室内设计温湿度
せっけいりゃくず 【設計略図】 sketch design, esquisse 设计草图,设计简图
せっけいりんかじゅう 【設計輪荷重】 design wheel load 设计轮载,设计车轮载重
せっけん 【石鹸】 soap 肥皂
せっけんすい 【石鹸水】 soap water 肥皂水
せっけんまく 【石鹸膜】 soap membrane 肥皂膜
せつごう 【接合】 connection, jointing 接合,连接,结合
せっこう 【石膏】 gypsum 石膏
せっこうアーチ 【石工~】 masonry arch 圬工拱
せっこうがた 【石膏型】 gypsum mould 石膏模
せっこうぎじゅつ 【石工技術】 stone masonry technique 石圬工技术,砌石技术
せっこうきゅうおんボード 【石膏吸音~】 acoustic perforated gypsum board 石膏吸声板
せつごうきょうど 【接合強度】 bond strength 粘结强度,接合强度
せつごうぐ 【接合具】 connector 接合环,接合铁件,连接器
せっこうけしょうボード 【石膏化粧~】

decorated gypsum board 装饰石膏板
せつごうざい【接合剤】binding agent 粘合剂,胶粘剂,粘结剂
せっこうしっくい【石膏漆喰】gypsum plaster 石膏抹灰,石膏粉饰
せっこうじゅつ【石工術】stone masonry technique 石圬工技术,砌石技术
せっこうスラグ・セメント【石膏～】gypsum slag cement 石膏矿渣水泥
せっこうスラリー【石膏～】gypsum slurry 石膏稠浆
せつごうせい【接合井】junction well 接合井,连接井
せっこうセメント【石工～】masonry cement 圬工水泥
せっこうセメント【石膏～】gypsum cement 石膏水泥,石膏胶凝材料
せつごうそうるい【接合藻類】Conjuga 接合藻类
せっこうタイル【石膏～】gypsum tile 石膏面砖
せっこうばん【石膏板】gypsum board 石膏板
せっこうプラスター【石膏～】gypsum plaster 石膏抹灰,石膏粉饰
せつごうべん【接合弁】junction valve 连接阀
せつごうほう【接合法】connection 接合法,连接法
せっこうボード【石膏～】plaster board 石膏板
せっこうまきたて【石工巻立】masonry lining 圬工衬砌
せつごうめん【接合面】faying surface 接合面,连接面
せっこうもけい【石膏模型】gypsum model 石膏模型
せっこうモルタル gypsum mortar 石膏砂浆
せつごうやまがたこう【接合山形鋼】connection angle 连接角钢,接合角钢
せっこうラス・ボード【石膏～】gypsum lath board 石膏条板
せつごうりょく【接合力】binding power 结合力,粘合力

せっさく【切削】cutting 切削
せつじょうりょくち【楔状緑地】green wedge 楔形绿地(由城市外围伸向中心的楔形绿化地带)
せっしょく【接触】contact 接触,接触点
せっしょくあんていほう【接触安定法】contact stabilization process 接触稳定法
せっしょくおうりょく【接触応力】contact stress 接触应力
せっしょくかく【接触角】contact angle 接触角
せっしょくがんすいりょう【接触含水量】contact moisture 接触含水量
せっしょくさんかほう【接触酸化法】contact oxidation method 接触氧化法
せっしょくじかん【接触時間】contact period 接触时间
せっしょくしょうかほう【接触消化法】contact digestion 接触消化法
せっしょくしょうほう【接触床法】contact bed method 接触滤床法
せっしょくちんでんほう【接触沈殿法】contact settling process 接触沉淀法
せっしょくでんせん【接触伝染】contagion 接触传染
せっしょくばっき【接触曝気】contact aeration 接触曝气
せっしょくふしょく【接触腐食】contact corrosion 接触腐蚀
せっしょくほう【接触法】contact method (污水处理)接触法
せっしょくめんせき【接触面積】contact area 接触面积
せっしょくろか【接触濾過】contact filtration 接触过滤
せっしょくろかしょう【接触濾過床】contact bed 接触滤床
せっしょくろん【接触論】theory of contact 接触理论
せつじょへいめんほう【切除平面法】cutting plane method 切除平面法,切断平面法
せっせん【雪線】snow line 雪线

せっせんおうりょく【接線応力】tangential stress 切向应力,切线应力
せっせんかじゅう【接線荷重】tangential load 切向荷载,切线荷载
せっせんかそくど【接線加速度】tangential acceleration 切向加速度
せっせんけいすう【接線係数】tangent modulus 切线模量
せっせんけいすうおうりょく【接線係数応力】stress of tangent modulus 切线模量应力
せっせんけいすうかじゅう【接線係数荷重】load of tangent modulus 切线模量荷载
せっせんごうせいマトリックス【接線剛性～】tangential stiffness matrix 切线刚度矩阵
せっせんせいぶん【接線成分】tangential component 切向分量,切线分量
せっせんだんせいけいすう【接線弾性係数】tangent modulus of elasticity 切线弹性模量
せっせんだんめん【接線断面】flat grain (木材的)弦切面,弦锯面
せっせんちょう【接線長】tangent length 切线长度
せっせんひずみ【接線歪】tangential strain 切向应变,切线应变
せっせんぶんりょく【接線分力】tangential component force 切向分力,切线分力
せっせんりょく【接線力】tangential force 切向力,切线力
せつぞくきぐ【接続器具】connector 连接器
せつぞくず【接続図】connection diagram 接线图,配线图
せつぞくスリーブ【接続～】connection sleeve 连接套管
せつぞくばこ【接続箱】joint box, junction box 接线盒,接线箱
せつぞくばんろ【接続坂路】access ramp 接坡,进口坡,进入匝道
せつぞくひも【接続紐】connecting cord 接线(塞)绳,连接软线
せつぞくベンド【接続～】connector bend 连接弯头,弯管
ぜったいあつ【絶対圧】absolute pressure 绝对压力
ぜったいあんていせい【絶対安定性】absolute stability 绝对稳定性
ぜったいおんど【絶対温度】absolute temperature 绝对温度
ぜったいかんそうじゅうりょう【絶対乾燥重量】absolute dry weight 绝(对)干(燥)重量
ぜったいかんそうじょうたい【絶対乾燥状態】absolute dry condition 绝干状态,全干状态
ぜったいくっせつりつ【絶対屈折率】absolute refraction factor 绝对折射率
ぜったいこうつうようりょう【絶対交通容量】absolute traffic capacity 绝对交通容量
ぜったいこうど【絶対高度】absolute height 绝对高度
ぜったいさいこつざいりつ【絶対細骨材率】absolute fine aggregate percentage 绝对细骨料率,绝对含砂率
ぜったいさいだいまげモーメント【絶対最大曲～】absolute maximum bending moment 绝对最大弯矩
ぜったいしさ【絶対視差】absolute parallax 绝对视差
ぜったいしつど【絶対湿度】absolute humidity 绝对湿度
ぜったいたわみかく【絶対撓角】absolute slope 绝对角变,绝对转角,绝对挠角
ぜったいたんい【絶対単位】absolute unit 绝对单位
ぜったいたんいけい【絶対単位系】absolute unit system 绝对单位制
ぜったいテンソル【絶対～】absolute tensor 绝对张量
ぜったいねんどけいすう【絶対粘度係数】absolute viscosity factor 绝对粘度系数
ぜったいひょうてい【絶対標定】absolute orientation 绝对定向

ぜったいプログラム 【絶対～】 absolute program 绝对程序

ぜったいようせき 【絶対容積】 absolute volume 绝对容积,绝对体积

ぜったいようせきほう 【絶対容積法】 absolute volume method (测量加气混凝土空气量的)绝对容积法

ぜったいりゅうそく 【絶対流速】 absolute velocity of flow 绝对流速

ぜったいれいど 【絶対零度】 absolute zero 绝对零度

せつだん 【切断】 cutting 剖切,切断,切削,切割

せつだんざい 【切断材】 sections 切断材(截面固定长度未定的材料)

せつだんさんそべん 【切断酸素弁】 oxygen cutting valve 切割氧气阀

せつだんせん 【切断線】 cutting-plane line 剖切线,剖面位置线

せつだんそうさ 【切断操作】 cutting operation 切割操作,切削操作

せつだんトーチ 【切断～】 cutting torch, cutting blowpipe 割炬,切割吹管

せつだんひぐち 【切断火口】 cutting tip 切割喷嘴,割嘴

せつだんふきかん 【切断吹管】 cutting blowpipe, cutting torch 切割吹管,割炬

せつだんへり 【切断縁】 cutting edge 切割边,气割切口

せつだんほう 【切断法】 method of dissection 断面法,截面法

せつだんほのお 【切断炎】 cutting flame 切割火焰

せつだんめん 【切断面】 cutting plane 剖切面,切割面

せっち 【接地】 earth, earthing, ground, grounding 接地

せっちあつ 【接地圧】 contact pressure (轮胎与地面的)接触压力,接触面压力

せっちアンテナ 【接地～】 earthed antenna, grounded antenna 接地天线

せっちかいへいき 【接地開閉器】 ground switch 接地开关

せっちぎゃくてん 【接地逆転】 ground inversion 接地倒转

せっちこうじ 【接地工事】 ground work 接地工程

せっちせつぞく 【接地接続】 earth connection, ground counnection 接地线连接

せっちせん 【接地線】 earth connection line 地线,接地线

せっちていこうしけん 【接地抵抗試験】 earthing resistance experiment 接地电阻试验

せっちでんきょく 【接地電極】 earth electrode 接地电极

せっちばん 【接地板】 earth plate 接地板

せっちぼう 【接地棒】 earth bar 接地棒,地线棒

せっちゃく 【接着】 adhesion, glueing, bonding 粘合,胶结,胶合,粘附

せっちゃくあつりょく 【接着圧力】 specific adhesion 特性粘结力

せっちゃくエネルギー 【接着～】 bonding energy, adhesional energy 粘合能,粘结能

せっちゃくおんど 【接着温度】 bonding temperature 粘合温度,粘结温度

せっちゃくきこう 【接着機構】 mechanism of adhesion 粘结机理,粘附机理

せっちゃくきょうど 【接着強度】 bonding strength of glue joint, adhesive strength 粘合强度,胶粘强度

せっちゃくけいすう 【接着係数】 joint factor, adhesion factor 接合系数,结合系数,粘合系数

せっちゃくけつごう 【接着結合】 adhesive joint 粘结接合,粘合

せっちゃくざい 【接着材】 adhesive material, binding material 粘合材料,胶粘材料

せっちゃくざい 【接着剤】 adhesive agent, adhesives 粘合剂,粘结剂,胶粘剂

せっちゃくざいかきまぜき 【接着剤攪混機】 glue mixer 粘合剂搅拌机,调胶机

せっちゃくざいしんしゅつ 【接着剤浸出】 bleeding 粘合剂渗出,溢胶,透胶

せっちゃくざいそう 【接着剤層】 adhesive phase 粘合剂层,胶粘剂层

せっちゃくざいちょうごうき 【接着剤調合機】 glue mixer 粘合剂搅拌机,调胶机

せっちゃくざいとふき 【接着剤塗布機】 glue spreader 粘合剂摊铺机,胶液涂敷器,涂胶辊

せっちゃくしけん 【接着試験】 adhesion test 粘附试验,附着试验,粘着试验

せっちゃくジョイント 【接着~】 adhesive joint 粘结接合,粘合接头

せっちゃくせい 【接着性】 adhesive property 粘合性,粘结性,胶粘性

せっちゃくせきそういた 【接着積層板】 glued laminated board 胶合层板,层积材

せっちゃくせきそうざい 【接着積層材】 glue laminated wood, adhesive laminated wood 胶合叠层木,胶合层积材,多层胶合木

せっちゃくせつごう 【接着接合】 adhesive joint 粘着接合

せっちゃくせつごうほう 【接着接合法】 adhesive jointing 粘合法,粘结法

せっちゃくそう 【接着層】 adhesive phase 粘合层,胶结层

せっちゃくそくど 【接着速度】 粘合速度,胶粘速度

せっちゃくつぎて 【接着継手】 adhesive joint 粘结接合,粘合接头

せっちゃくつぎめ 【接着継目】 adhesive joint 粘合缝,胶粘缝

せっちゃくテープ 【接着~】 adhesive tape 胶粘带,粘带

せっちゃくぶ 【接着部】 glue joint 粘合接头,胶结点,胶层

せっちゃくりょく 【接着力】 adhesion, adhesive strength 粘结力,粘合力

せっちゅうしきていえん 【折衷式庭園】 eclectical garden 折衷式庭园(指折衷于东方和西方形式之间的或自然风景式与规则式之间的庭园)

せっちゅうしゅぎ 【折衷主義】 Eclecticism 折衷主义

せっちゅうよう 【折衷様】 折衷式(日本镰仓时代以后日式和天竺式或唐式混合的建筑式样)

せっていてん 【設定点】 controlled point 控制(基准)点

セッティング setting 凝结,凝固,调整,调节,安置,装置,划线,定位

セッティング・オフ setting off 断流,关闭

セッティング・コート setting coat 抹灰饰面层,抹灰面油漆

セッティングしけん 【~試験】 setting test, setting time test 凝结试验,凝结时间检验

セッティング・タイム setting time (混凝土)凝结[固]时间,沉降时间,调整[定位、安装]时间

せってん 【接点】 point of tangency, point of contact 切点,接点,触点,接触点

せってん 【節点】 panel point, joint of framework 节点,结点

せってんいどう 【節点移動】 joint displacement, nodal displacement 节点位移,节点变位

せってんかいてんかく 【節点回転角】 angle of rotation of joint 节点转角

せってんかく 【節点角】 angle of deflection of joint 节点转角,节点变位角,节点挠角

せってんかじゅう 【節点荷重】 load of panel point 节点荷载,结点荷载

せってんこうど 【節点剛度】 stiffness of panel point 节点刚度,结点刚度

せってんへんい 【節点変位】 nodal displacement 节点变位,节点位移

せってんほう 【節点法】 method of joint (桁架)结点法,节点法

せってんほうていしき 【節点方程式】 equation of joint 节点方程(式)

せってんモーメント 【節点~】 moment of panel joint 节点力矩,结点力矩

せってんりょく 【節点力】 nodal force 节点力

セット set 安放,安置,一组,一套,固定,凝固,凝结

セット・アップ set up 装置,装备,配套,组合,建立,安装,装配
セット・アップず 【～図】 set up 装配图,安装图
せっとう hammer 石工用锤
せつどうパラメーター 【摂動～】 perturbation parameter 摄动参数
せつどうほう 【摂動法】 perturbation method 摄动法
せつどうほうていしき 【摂動方程式】 perturbation equation 摄动法方程式
セット・オフ set-off 装饰品,陪衬物,(墙壁的)凸出部
ゼットがたざい 【Z形材】 Z-steel Z形钢材
ゼット・クリート・ガン jet cleat gun 气压水泥喷枪,喷枪
ゼット・シー・エム ZCM,zonal cavity method (室内照明计算的)带式空腔法
セットじかん 【～時間】 set time,setting time 凝结时间
セット・スクリュー set screw 固定螺钉,定位螺钉,调整螺钉
セット・バック set-back 缩进,退进,后退,收进(指建筑物主体或构件)
セット・バック・バットレス set-back buttress 收进式扶垛
ゼットより 【Z撚】 rightlay, regular lay (钢丝绳的)Z形股绞,右转股绞
ゼットよりロープ 【Z撚～】 rightlay rope 右转绳股钢索
せつばん 【折板】 folded plate 折板
せつばんこうぞう 【折板構造】 folded plate structure 折板结构
せつばんやね 【折板屋根】 folded plate roof 折板屋顶
せつび 【設備】 equipment 设备
せっぴ 【石碑】 石碑
せつびこうがく 【設備工学】 equipment engineering 设备工程学
せつびこうじ 【設備工事】 equipment work 设备工程
せつびごうせいてんじょう 【設備合成天井】 integrated ceiling system 综合设备系统的顶棚
せつびしようりつ 【設備使用率】 equipment utilization factor 设备利用率
せつびせいぎょセンター 【設備制御～】 system control center, master control panel (空调的)设备控制中心,主要控制盘
せつびようりょう 【設備容量】 equipment capacity 设备容量,设备能力
ぜつべん 【舌弁】 tongue valve 活瓣阀,舌形阀
せつめいしょ 【説明書】 specification 说明书
せつめいず 【説明図】 explanatory drawing 说明图
ぜつめつ 【絶滅】 extinction 灭绝
せつめんおうりょくど 【接面応力度】 tangential stress 切向应力
せつりゅうべん 【節流弁】 throttle valve 节流阀
せつりょうけい 【雪量計】 snow gauge 雪量计,量雪计
ゼーディ ceti 缅甸寺院的塔
セディフローター Sedi-floator 压力浮选装置(商)
せともの 【瀬戸物】 pottery and porcelain 陶瓷器
ゼニット zenith 天顶
セネデスムス Scenedesmus 栅列藻属
ゼネラル・コントラクター general contractor 总承包人
ゼネレーター generator 发生器,加速器,发电机,传感器,发烟器
セノターフ cenotaph 墓碑,纪念塔,衣冠冢
セパラン Separan 塞帕伦(商)(美国研制的处理高浊度水的有机合成高分子混凝剂)
セパレーター separator 分离器,分隔器,隔板,隔离物,轴承座,分选机
セパレートがたルーム・エア・コンディショナー 【～形～】 separate type room air conditioner 独立式房间空气调节器
セパレートほうしき 【～方式】 separate air conditioner system 分段空调方式
セピア sepia 深棕色,暗褐色

セーフチー＝セーフティ
セーフティ safety 安全,稳定
セーフティ・アーチ safety arch 分载拱,(结构)安全拱
セーフティ・ガバナー safety governor 安全调节器,安全调速器
セーフティ・カラー safety colour 安全色,安全色彩
セーフティ・グラス safety glass 安全玻璃
セーフティ・コック safety cock 安全旋塞
セーフティ・スイッチ safety switch 保险开关,安全开关
セーフティ・スクリーン safety screen 保险遮板,安全网罩,安全屏幕
セーフティ・ゾーン safety zone 安全区域,安全地带,安全岛
セプティック・タンク septic tank 化粪池
セーフティ・ナット safety nut 安全螺母,保险螺母
セーフティ・フューズ safety fuse 安全熔断器,保险丝
セーフティべん 【～弁】 safety valve 安全阀
セーフティ・ロード safety load 安全荷载
セーフ・ライト・ボックス safe light box 安全灯箱
ゼブラ・ゾーン zebra zone 斑马纹安全地带
ゼブラてんじょう 【～天井】 zebra roof 两种颜色的瓦交织铺放的屋顶
セブリ severy (哥特式建筑中)拱顶的分块
せみ 【蝉】 block, pulley 滑轮,滑车
セミ・エアブラストしきとうけつそうち 【～式凍結装置】 semi-airblast freezer 半通风冻结装置,半鼓风喷射冷却装置
セミ・キルドこう 【～鋼】 semi-killed steel 半镇静钢
セミ・ケミカル・パルプはいすい 【～廃水】 semi-chemical pulp mill waste water 半化学纸浆废水
セミ・サーキュラー・ランプ semi-circular (fluorescent) lamp 半环形(荧光)灯
セミ・トレーラー semi-trailer 半拖车,双轮拖车
セミナー・ハウス seminar house 研究班的房屋设施
せみね 【背峰】 脊木棱线
セミ・ハード・ボード semi-hard board 半硬质纤维板
セミパブリック・スペース semi-public space 半公共空间
セミブローン・アスファルト semi-blown asphalt 半吹制(地)沥青,半氧化沥青
セミ・リジッド・ストラクチャー semi-rigid structure 半钢性结构
せめ 【迫】 wedging (隧道拱顶部)楔合
せめうわぎ 【迫上木】 crown lagging (隧道拱顶部)支拱木,支拱条板
せめかんな 【攻鉋】 窄底刨
セメダイン cemedine 胶结剂,粘结剂
せめれんが 【攻煉瓦】 brick for wedge use 楔形砖
セメンタイト cementite 渗碳体,碳化铁体
セメンテーション cementation 胶结作用,硬化,渗碳法,水泥灌浆胶结
セメンテーションほう 【～法】 cementation process (软地基的)水泥灌浆固结法,渗碳法
セメント cement 水泥,胶结材料,胶接剂,胶结
セメントあんていこうほう 【～安定工法】 cement stabilization (软地基)水泥稳定处理法
セメントあんていしょり 【～安定処理】 cement stabilization (软地基)水泥稳定处理法
セメントあんていしょりど 【～安定処理土】 soil cement 水泥稳定土
セメント・ウォーター・ペイント cement-water paint, cement paint 水泥浆涂料

**セメントえき** 【～液】 cement paste 水泥浆
**セメントおきば** 【～置場】 cement bin 水泥(储)仓
**セメントかくさんざい** 【～拡散剤】 cement dispersing agent 水泥分散剂
**セメントがわら** 【～瓦】 cement roof tile 水泥瓦
**セメントがわらぶき** 【～瓦葺】 cement tile roofing 水泥瓦屋面,铺水泥瓦屋面
**セメント・ガン** cement gun 水泥浆喷枪
**セメント・ガンこうほう** 【～工法】 cement gun shooting 水泥浆喷射法
**セメントがんりょう** 【～顔料】 pigment for colouring cement 水泥着色用颜料,水泥着色剂
**セメントくうきゆそうそうち** 【～空気輸送装置】 cement pneumatic conveyer 水泥气压输送机
**セメントくうげきひせつ** 【～空隙比説】 cement-void ratio theory 水泥孔隙比理论
**セメント・クリンカー** cement clinker 水泥熟料
**セメント・ゲル** cement gel 水泥凝胶
**セメントこうか** 【～硬化】 cementation 水泥硬化,水泥胶结
**セメント・コンクリート** cement concrete 水泥混凝土
**セメント・コンクリートほそう** 【～舗装】 cement concrete pavement 水泥混凝土路面
**セメントこんわざい** 【～混和剤】 cement admixture 水泥外加剂
**セメントすいかぶつ** 【～水化物】 cement hydrate 水泥水化物
**セメントせいけいひん** 【～成形品】 cement manufacture, cement product 水泥制品
**セメントせいひん** 【～製品】 cement product, cement manufacture 水泥制品
**セメントそうこ** 【～倉庫】 水泥储存库
**セメントぞうりょうざい** 【～増量材】 cement extender 水泥填充料,填充性水泥混合材料
**セメントだいようど** 【～代用土】 cement substitute 代用水泥,水泥代用土(岩石风化土中掺加消石灰的粉末)
**セメント・タイル** cement tile 水泥地面砖,水泥瓦
**セメント・ダスト** cement dust 水泥粉尘,水泥窑灰
**セメントちゃくしょくざい** 【～着色剤】 pigment for colouring cement 水泥着色剂,水泥着色用颜料
**セメントちゅうにゅう** 【～注入】 cement-grouting 水泥灌浆,灌水泥浆
**セメントにじせいひん** 【～二次製品】 cement product, cement manufacture 水泥制品
**セメントのり** 【～糊】 cement paste 水泥浆
**セメント・バチルス** cement bacillus 水泥杆菌,水化硫铝酸钙
**セメントばん** 【～板】 cement plate 水泥板
**セメントひんしつしけん** 【～品質試験】 cement test 水泥质量检验
**セメントふきつけざい** 【～吹付材】 spray cement coating 水泥喷射涂料,水泥喷射涂层
**セメントぶんさんざい** 【～分散剤】 cement dispersing agent 水泥分散剂
**セメント・ペイント** cement paint 水泥浆涂料
**セメント・ペースト** cement paste 水泥浆
**セメントぼうすいざい** 【～防水剤】 waterproof agent of cement 水泥防水剂
**セメント・ポンプ** cement pump 灌浆泵
**セメント・マカダミックスこうほう** 【～工法】 cement macadamix method 拌有水泥粘结料的混合式碎石路面施工法,水泥粘结碎石路面施工法
**セメントまぜき** 【～混機】 cement mortar mixer 水泥砂浆搅拌机
**セメントみずじゅうりょうひ** 【～水重量比】 cement-water ratio by weight 灰水重量比
**セメントみずひ** 【～水比】 cement-wa-

ter ratio 灰水比

**セメントみずひせつ** 【～水比説】 cement-water ratio theory 灰水比理论

**セメント・モルタル** cement mortar 水泥砂浆

**セメント・モルタルぬり** 【～塗】 cement mortar plastering, cement mortar rendering 水泥砂浆抹面,水泥砂浆刷面

**セメント・モルタルまぜき** 【～混機】 cement mortar mixer 水泥砂浆搅拌机

**セメント・ライニングかん** 【～管】 cement lining pipe 水泥衬里管

**セメントれんが** 【～煉瓦】 cement brick 水泥砖

**セメント・ロータリー・キルン** cement rotary kiln 水泥回转窑,水泥旋窑

**せゆう** 【施釉】 glazing 施釉,上釉

**せゆうがわら** 【施釉瓦】 glazed roof tile 釉面瓦,琉璃瓦

**せゆうタイル** 【施釉～】 glazed tile 釉面砖

**セラ＝ケラ**

**セラー** cellar 地窖,地窨,地下室

**セラダイジングほう＝シェラダイジングほう**

**ゼラチン＝ゲラチン**

**セラック＝シェラック**

**セラミック** ceramic 陶瓷的,制陶的,无机非金属材料的

**セラミック・コーチング** ceramic coating 陶瓷涂层

**セラミック・コート** ceramic coat 陶瓷涂层,难熔非金属覆层

**セラミックざいりょう** 【～材料】 ceramic material 陶瓷材料

**セラミックス** ceramics 陶瓷,陶瓷学,无机非金属材料学

**セラミック・フロア** ceramic floor 瓷砖地面

**セラミック・ブロック** ceramic block 陶制砌块

**セラミック・ボンド** ceramic bond 陶瓷粘合剂

**セラミック・メタル** ceramic metal 金属陶瓷

**セラム** ceram 陶瓷,陶瓷器

**せり** 【迫】 trap,arch 舞台升降装置,拱

**ゼリー** jelly (透明)冻胶,胶冻

**せりいし** 【迫石】 voussoir (拱)楔石,(拱)楔形砌块

**せりうけれんが** 【迫受煉瓦】 skew brick 拱脚斜砖,斜削砖

**せりがしら** 【迫頭】 crown 拱顶

**ゼリグナイト** gelignite 吉里那特,葛里炸药(含有硝铵、硝酸、甘油的炸药)

**セリサイト** sericite 绢云母

**せりだい** 【迫台】 abutment 拱座,拱台

**せりだか** 【迫高】 rise 矢高,拱高,起拱高度

**せりだきがわら** 【迫抱瓦】 skew brick 拱脚斜砖,斜削砖

**せりだし** 【迫出】 trap 舞台面上的升降活动台板

**せりだししきアーチ** 【迫出式～】 corbelled arch 叠涩拱

**せりだしづみ** 【迫出積】 corbel, corbelling 叠涩砌法

**せりだしぶたい** 【迫出舞台】 stage with trap 有升降活动台板的舞台

**セリット** celite C-水泥矿(水泥熟料中的矿物成分),次乙酰塑料,C盐

**セリナイト** selenite 透明石膏,亚硒酸盐

**せりのむくり** 【迫の起】 rise 拱高,矢高,起拱高度

**せりもち** 【迫持】 arch 拱

**せりもちアーチ** 【迫持～】 voussoir arch 楔块拱

**せりもちだい** 【迫持台】 abutment 拱座,拱台

**せりもちれんが** 【迫持煉瓦】 arch brick 砌拱用砖,楔形砖,拱顶异形砖

**せりもと** 【迫元】 impost 拱基,拱墩,拱端托,拱脚

**せりわく** 【迫枠】 centring 拱模,拱架

**せりをまく** 【迫を巻く】 砌拱,砌碹

**セーリング** ceiling 顶棚,平顶,吊顶

**セーリング・パネル** ceiling panel 顶棚镶板

**セーリング・ボード** ceiling board 天花板

セルがたしょうおんき 【～型消音器】 cell type sound absorber 小格型消声器，蜂窝式消声器
セルシアスおんどけい 【～温度計】 Celsius thermometer 摄氏温度计
セルシアスおんどめもり 【～温度目盛】 Celsius thermometric scale 摄氏温标
セルシアスめもり 【～目盛】 Celsius scale 摄氏温度表刻度，百度分划
セルしけん 【～試験】 cell test 压力盒试验(三轴压缩试验中使侧压增大时测定上下压的试验)
セルフ・アクティング・サーモスタット self acting thermostat 自动恒温器
セルフ・クロッジング self closing 自动关闭
セルフ・コントロール self control 自动控制，自动调整
セルフ・チェッキング self checking 自校验，自动检验
セルフ・フォーミング self forming 自成模板(指构件本身作模板用不另支模)
セルフ・ライフ self-life (粘合剂的)贮存期
セルロイド celluloid 赛璐珞，假象牙
セルロイドかん 【～管】 celluloid pipe 赛璐珞管
セルロース cellulose 纤维素
セルロースじゅうてんざい 【～充塡材】 cellulose filler 纤维素填料
セルロースせっちゃくざい 【～接着剤】 cellulose adhesive 硝酸纤维素粘合剂
セレクター selector 选择器，寻线器，选择开关，波段开关，调谐旋钮，选数器
セレクター・スイッチ selector switch 选择器开关，选线器开关
セレクター・バルブ selector valve 换向阀，选择阀
セレクターべん 【～弁】 selector valve 换向阀，选择阀
セレクティブ・コレクティブ selective and collective (system) (电梯运行的)选择性集中方式
セレクトロン selectron 不饱和聚酯树脂(商)

セレナイト＝セリナイト
セレニウム selenium 硒
セレニウム・ルビー・ガラス selenium ruby glass 硒红玻璃
セレニチック・セメント selenitic cement 透明石膏水泥
ゼレンあかガラス 【～[Selen德]赤～】 selenium ruby glass 硒红玻璃
ゼロくうきかんげききょくせん 【～空気間隙曲線】 zero air void curve (土的)零孔隙曲线，完全密实曲线
ゼロくうせききょくせん 【～空積曲線】 zero air void curve 零孔隙曲线
ゼロ・サプレス zero suppression 消零，零的消除
ゼロ・セット zero set 零位调整，调零，对准零位
ゼロちょうせい 【～調整】 zero adjustment 零位调整
セロテックス celotex (board) 纤维板，隔声材料(商)
セロハン cellophane 玻璃纸，赛璐玢
セロハンいと 【～糸】 cellophane thread 赛璐玢丝，玻璃纸条，玻璃纸纤维
セロハンし 【～紙】 cellophane paper 玻璃纸，赛璐玢纸
せわやく 【世話役】 chief labourer, foreman 工长，领工员
せわり 【背割】 (防止木材干燥开裂)背面锯成楔形开口
せわりせん 【背割線】 (街坊内用地的)横向界线
せわりてい 【背割堤】 separation levee 隔堤，分流堤
せわりほう 【背割法】 (防止木材干燥开裂)背面锯成楔形开口法
せん 【栓·針桐】 kalopanax, cock, plug 栓木，栓，旋塞，插塞
ぜんあつ 【全圧】 total pressure 总压力，全压
ぜんあつすみにくようせつ 【全厚隅肉溶接】 all fillet weld, full fillet weld 满角焊
ぜんあつりょく 【全圧力】 total pressure 总压力

せんあな 【栓穴】 cotter hole, pin hole 扁销孔,销钉孔
せんい 【繊維】 fiber, fibre 纤维,纤维材料
せんいおうりょく 【繊維応力】 fiber stress 纤维应力
せんいおうりょくど 【繊維応力度】 fiber stress intensity 纤维应力强度
せんいおんど 【遷移温度】 transition temperature 转移温度
せんいかべ 【繊維壁】 纤维质墙
せんいガラス 【繊維～】 fiber glass, glass fiber 玻璃纤维,玻璃丝
ぜんいきてきさいしょう 【全域的最小】 global minimum 全局最小,全域最小
ぜんいきほうしゅつほうしき 【全域放出方式】 total flooding system (向受灾物)全部喷射(灭火剂)方式
せんいきょうかふくごうざいりょう 【繊維強化複合材料】 fiber reinforced composite material 纤维增强复合材料
せんいしつでいたん 【繊維質泥炭】 fibrous peat 纤维质泥炭
せんいじょうかっせき 【繊維状滑石】 fibrous talc, agalite 纤维滑石,纤滑石
せんいじょうきん 【繊維状菌】 filamentous bacteria, filamentous fungi 丝状菌
せんいじょうじゃもんがん 【繊維状蛇紋岩】 fibrous serpentine 纤维蛇纹岩,蛇纹岩石棉
せんいせいじんあい 【繊維性塵埃】 fabric dust 纤维尘埃
せんいせいろかき 【繊維性濾過器】 fabric filter 纤维过滤器
せんいせっこう 【繊維石膏】 fibrous gypsum 纤维石膏,纤石膏
せんいセメントばん 【繊維～板】 fiber cement board 水泥纤维板
せんいそかそぶつ 【繊維素可塑物】 cellulose plastics 纤维素塑料
せんいそとりょう 【繊維素塗料】 cellulose coating 纤维素涂料
ぜんいた 【膳板】 window board, stool 内窗台板
せんいばん 【繊維板】 fiber board 纤维板
せんいひずみ 【繊維歪】 fiber strain 纤维应变
せんいほうわてん 【繊維飽和点】 fiber saturation point(f.s.p) (木材的)纤维饱和点
せんいほきょうコンクリート 【繊維補強～】 fiber reinforced concrete(FRC) 纤维增强混凝土,纤维加筋混凝土
せんいロープ 【繊維～】 fiber rope 纤维绳
ぜんいんしきていえん 【禅院式庭園】 (日本廉仓、室町时代的)禅院式庭园
せんうけ 【栓受】 receptacle 插座,塞孔
せんうんどう 【線運動】 linear motion 直线运动
せんえいど 【鮮鋭度】 sharpness, acutance 清晰度,照像的锐度
ぜんエネルギー 【全～】 total energy 总能量
ぜんえんそしょり 【前塩素処理】 prechlorination 预加氯处理,预氯化
ぜんおうりょくせっけい 【全応力設計】 fully stressed design(FSD) 全应力设计,满应力设计
せんおさえ 【線押】 cleat 瓷夹,瓷夹板,线夹
ぜんかい 【全壊】 complete collapse, complete destruction 全部破坏,完全破坏,全部倒塌
せんかいうで 【旋回腕】 rotating boom 旋转臂
せんかいかくど 【旋回角度】 swing angle 回转角
せんかいきじゅうき 【旋回起重機】 slewing crane 回转式起重机
せんかいきょう 【旋開橋】 swing bridge (平)旋桥,(平)转桥
せんかいけいかん 【旋開径間】 swing span 平旋跨,平转跨
せんかいゲート 【旋回～】 swing gate 枢转式栏路栅,枢转式栅门
せんかいこうつう 【旋回交通】 gyratory traffic (道路交叉口的)环行交通

せんかいこうつうほうしき【旋回交通方式】gyratory system of traffic （道路交叉口的）环行交通方式
せんかいしめこ【旋回締子】turn buckle 松紧螺旋扣，花篮螺丝
せんかいタワー・クレーン【旋回～】rotating tower crane, revolving tower crane 回转塔式起重机
せんかいポンプ【旋回～】rotary pump 旋转泵
せんかいもくり【旋回木理】spiral grain, twisted grain 螺旋纹理，扭转纹理
せんかいりゅうしき【旋回流式】spiral flow system 旋流式
せんかいりゅうしきばっきそう【旋回流式曝気槽】rotary flow aeration tank 旋流式曝气池
せんかじゅう【線荷重】line load 线荷载
ぜんかじゅうのなすしごと【全荷重のなす仕事】total work of load 全荷载功，总荷载功
せんがたたいすう【線形代数】linear algebra 线性代数
せんかん【潜函】caisson 沉箱
せんかんきそ【潜函基礎】caisson foundation 沉箱基础
せんかんこうほう【潜函工法】caisson work 沉箱施工法
ぜんかんじょうたい【全乾状態】absolute dry condition （木材的）全干状态，绝干状态
ぜんかんひじゅう【全乾比重】absolute dry specific gravity 全干比重，绝干比重
せんかんびょう【潜函病】caisson disease 沉箱病
せんき【線規】wire gauge 线规
ぜんきょう【全強】full strength 全部强度
ぜんきょくがたそうふうき【前曲型送風機】forward blades type fan 前曲叶型通风机
ぜんきょくりつ【全曲率】total curvature 全曲率，总曲率
せんくず【銑屑】iron dust 铁粉，铁屑
せんくずいり【銑屑入】掺加铁粉（抹灰）
せんくつ【洗掘】scour 冲刷
ぜんクロム【全～】total chrome 总铬
せんけい【線形】alignment （道路平面的）线形，线型，定线
ぜんけい【前景】foreground 前景
せんけいおうとう【線型応答】linear response 线性反应，线性回答
せんけいかいせき【線型解析】linear analysis 线性分析
せんけいかそくほう【線型加速法】linear acceleration method 线性加速度法
せんけいかモデル【線型化～】linearized model 线性模型，线性化模型
せんけいけい【線形系】linear system 线性体系
せんけいけいかくほう【線形計画法】linear programming(LP) 线性规划法
せんけいしき【扇形式】fan system 扇形（排水）系统
せんけいしんどう【線形振動】linear vibration 线性振动
せんけいせつ【扇形説】sector theory 扇形理论（城市土地利用形态之一，即以中心商业区为核心，批发及轻工业区、低级住宅区、中级住宅区、高级住宅区按交通路线的放射状呈扇形分布）
せんけいだんせい【線形弾性】linear elastic 线性弹性，线弹性
せんけいとし【線形都市】linear city 直线城，线状连续发展城市
せんけいへんけいじょうけんしき【線形変形条件式】conditions of linear deformation 线性变形条件式
せんけいまくひずみ【線形膜歪】linear membrane strain 线性薄膜应变
せんけいまげひずみ【線形曲歪】linear bending strain 线性弯曲应变
せんけいモデル【線型～】linear model 线性模型
せんけいりろん【扇形理論】sector theory 扇形理论
せんけいれんが【扇形煉瓦】sector

brick 扇形砖
せんこう 【穿孔】 boring 穿孔,钻孔,镗孔
せんこう 【潜孔】 manhole 人孔,进入口,工作口,升降口,探井,检查井
せんこうあっしゅく 【先行圧縮】 preconsolidation 预压固结
せんこうあつみつ 【先行圧密】 preconsolidation 预压固结
ぜんこうか 【前硬化】 early setting 早凝,过早硬化
せんこうかじゅう 【先行荷重】 preloading,precompression load 预加荷载
せんこうカード 【穿孔～】 punched card 穿孔卡片
せんこうき 【穿孔機】 boring machine 钻孔机,镗床
せんこうけいほうき 【閃光警報機】 flashlight signal 闪光信号机
せんこうげん 【線光源】 linear light source 线光源
せんこうこうぐ 【穿孔工具】 boring tool 钻孔工具,穿孔工具
せんこうしけん 【穿孔試験】 boring test 钻孔试验
せんこうしんごう 【閃光信号】 flashing (light)signal 闪光信号,闪灯信号
せんこうスリーブかん 【穿孔～管】 tapping sleeve 钻孔套管,穿孔套管
ぜんこうそく 【全光束】 total luminous flux 总光通量
ぜんこうつうかんのうしんごう 【全交通感応信号】 full traffic-actuated signal 全(车)动式交通信号
ぜんこうつうかんのうせいぎょき 【全交通感応制御機】 full traffic-actuated controller 全(车)动式感应控制器(在接近交叉口的所有道路上全部装置检车感应器)
ぜんこうど 【全硬度】 total hardness 总硬度
せんこうのみ 【穿孔鑿】 boring chisel 钻孔凿,穿孔凿
せんこうパネルくうきふきだしぐち 【穿孔～空気吹出口】 perforated panel air diffuser,perforated panel air outlet 多孔板送风口,孔板散流器
せんこうばん 【穿孔板】 perforated panel 穿孔板
せんこうふう 【旋衡風】 cyclostrophic wind 旋衡风,旋转风
せんこうボーリング 【先行～】 preboring 预先钻探,预钻
せんこうほんやくき 【穿孔翻訳機】 interpreter 穿孔翻译机
ぜんこくそうごうかいはつけいかく 【全国総合開発計画】 Comprehensive National Development Plan 全国综合开发规划
ぜんこけいぶつ 【全固形物】 total solids 总固态物,总固体
ぜんごちゅうろうしき 【前後柱廊式】 amphiprostyle (古希腊神庙中两旁无柱的)前后柱廊式
せんこようせつ 【潜弧溶接】 submerged arc welding 潜弧焊接,埋弧焊,暗弧焊
せんこんせい 【浅根性】 shallow-rooted 浅根性
センサー sensor 传感器,敏感元件
せんざい 【線材】 wire 线材,钢丝
せんざい 【前栽】 庭前栽植的花木,蔬菜园,狭窄的庭园
せんざいおせんぶつ 【潜在汚染物】 latent pollutant 潜在污染物
せんざいおだくぶっしつ 【潜在汚濁物質】 potential pollutants,latent pollutants 潜在污染物
せんざいくうき 【潜在空気】 entrapped air 潜在空气
せんさいとし 【戦災都市】 war damaged city 战灾城市
せんさいふっこうとしけいかく 【戦災復興都市計画】 war damaged city rehabilitation plan 战灾城市复兴规划
センサス census 人口普查,国势调查
センサスくぶん 【～区分】 census division 普查地区分区
ぜんさんかかっせいおでいほう 【全酸化活性汚泥法】 total oxidation activated sludge process 完全氧化活性污泥法

ぜんさんかほう 【全酸化法】 total oxidation 完全氧化法
ぜんさんそようきゅうりょう 【全酸素要求量】 total oxygen demand(TOD) 总需氧量
ぜんさんど 【全酸度】 total acidity 总酸度
ぜんし 【前視】 foresight 前视
ぜんシアン 【全～】 total cyanide 总氰
せんじざ 【亘字座】 须弥座
ぜんしさ 【全視差】 total parallax 全视差
せんししょう 【線支承】 line bearing 线支承
センシティビティ sensitivity 感度,灵敏度,敏感性,灵敏性,感光性
ぜんじどうしきバッチャー・プラント 【全自動式～】 perfect automatic batcher plant 全自动配料装置
センシトメーター sensitometer 感光计,曝光表
センシビリティ sensibility 灵敏度,敏感性
せんしゃき 【洗砂機】 sand washing machine 洗砂机
せんしゃさぎょう 【洗砂作業】 sand washing 洗砂操作,洗砂
ぜんしゅ 【前手】 chain-leader 前点测链员,前尺手
せんしゅうしゅく 【線収縮】 linear shrinkage 线性收缩
ぜんしゅくかん 【漸縮管】 reducer 渐缩管,异径管,大小头[管]
ぜんしゅくかんほう 【漸縮管法】 reducing pipe method 渐缩管道(测流量)法
せんしゅむら 【選手村】 player camping village 运动员村,运动员营地
せんしょう 【専焼】 single firing,single fuel combustion 单品种燃料燃烧
せんじょう 【洗浄】 washing 洗涤,冲洗
せんじょう 【栓錠】 plug fastener 插键扣件
ぜんしょう 【全焼】 burnt down 全毁,全烧
せんじょうかねつ 【線状加熱】 linear heating 线形加热
ぜんしょうかん 【漸小管】 diminishing pipe 渐缩管
ぜんしょうかんそんしつ 【漸小管損失】 friction loss of diminishing pipe 渐缩管损失
せんじょうき 【洗浄機】 washer 洗涤机
せんじょうこうか 【洗浄効果】 cleaning effect 冲洗效果,洗涤效果
せんじょうざい 【洗浄剤】 detergent 洗涤剂,去垢剂
せんじょうしき 【扇状式】 fan system 扇形(排水)系统
せんじょうしきおぶつながし 【洗浄式汚物流】 flushing slop sink 冲洗式污水池
せんじょうしゅうじん 【洗浄集塵】 scrubbing 洗涤除尘,湿式除尘
せんじょうしゅうじんそうち 【洗浄集塵装置】 scrubber 洗涤集尘装置,湿式除尘装置
せんじょうすい 【洗浄水】 wash water, rinse water 冲洗水,洗涤水
せんじょうすいそう 【洗浄水槽】 cistern,flush tank 冲洗水箱
せんじょうそうち 【洗浄装置】 flushing device 冲洗装置,洗涤装置
せんじょうタンク 【洗浄～】 flush tank,cistern 冲洗水箱
せんじょうたんさくもんだい 【線上探索問題】 linear-search subproblem 线上搜索子问题,线上探索子问题
せんじょうち 【洗浄池】 washing basin 洗涤池,冲洗池
せんじょうち 【扇状地】 alluvial fan,alluvial cone 冲积扇,冲积锥
せんじょうちたいりろん 【扇状地帯理論】 sector theory 扇形理论
せんじょうとう 【洗浄塔】 scrubber tower 洗涤塔
せんじょうとし 【線状都市】 linear city 带形城市,线状连续发展城市
せんじょうぶんせき 【洗浄分析】 elutriation 淘洗分析
せんじょうべん 【洗浄弁】 flush valve,

flushometer valve 冲洗阀
せんじょうポンプ 【洗浄～】 flush pump 冲洗泵
せんじょうめん 【洗浄面】 flushing surface 冲洗面
せんじょうようシスタン 【洗浄用～】 flushing cistern 冲洗水箱
せんじょうようすい 【洗浄用水】 water for washing 冲洗用水,洗涤用水
せんじょうようハイ・タンク 【洗浄用～[tank]】 high cistern 冲洗高水箱
せんじょうようロー・タンク 【洗浄用～[tank]】 low cistern 冲洗低水箱
せんしょくはいすい 【染色廃水】 dyeing wastewater 染色废水,印染废水
ぜんしょり 【前処理】 pre-treatment 预处理
ぜんしんほう 【前進法】 straight sequence 直进焊接法,顺序焊接法
ぜんしんようせつ 【前進溶接】 forward welding 前进焊接,左向焊
ぜんしんよく 【全身浴】 plunge bath 全身浴
ぜんしんよくそう 【全身浴槽】 plunge bath 全身浴池
せんすい 【泉水】 garden pond (园内)泉水,池水,园池
せんずい 【山水】 山水园,叠山掘池园
せんすいじゅんそくりょう 【線水準測量】 section levelling 断面水准测量
せんすいしょう 【潜水鐘】 diving bell 潜水钟
ぜんすいとう 【全水頭】 total head 总水头
ぜんせい 【全成·全背·全丈】 overall depth(of section) (截面)总高度,总深度,全高
ぜんせいすうアルゴリズム 【全整数～】 all-integer algorithm 全整数算法
せんせき 【潜堰】 submerged weir 潜堰,淹没堰
ぜんせんとりで 【前線砦】 presidio, front fort 前线堡垒,前列堡垒,要塞
ぜんそうおんばくろレベル 【全騒音曝露～】 total noise exposure level (TNEL) 全噪声暴露级
せんそうしきばっきそう 【浅層式曝気槽】 lower layer aeration tank 浅(层)曝气池
ぜんそえつぎ 【全添継】 full splice 全部拼接
せんそくど 【線速度】 linear velocity 线速度
ぜんそせいモーメント 【全塑性～】 fully plastic moment 全塑性弯矩,全塑性力矩
ぜんだいかん 【漸大管】 increaser pipe 渐扩管
ぜんだいかんそんしつ 【漸大管損失】 friction loss of increaser pipe 渐扩管损失
ぜんたいくみたて 【全体組立】 total assembly 总装配
ぜんたいけいかく 【全体計画】 master plan 总体规划,总体布置图,总图
ぜんたいちからのしごと 【全体力の仕事】 total work of external force 全外力功,总外力功
ぜんたいほうかい 【全体崩壊】 total collapse 全部倒塌,全部破坏
せんたくき 【洗濯機】 washing machine, laundry machine 洗衣机
せんたくきゅうしゅう 【選択吸収】 selective absorption 选择吸收
せんたくけいすう 【選択係数】 selectivity coefficient 选择系数
せんたくしつ 【洗濯室】 laundry 洗衣室,洗衣间
せんたくじょ 【洗濯所】 laundry 洗衣房
せんたくながし 【洗濯流】 laundry sink, laundry tub 洗衣池,洗衣盆
せんたくはいりゅうほう 【選択排流法】 selective drainage method 选择排水法
せんたくふくしゃ 【選択輻射】 selective radiation 选择辐射
せんたくふしょく 【選択腐食】 selective corrosion 选择腐蚀
せんたくべん 【選択弁】 selection valve 选择阀
せんたくや 【洗濯屋】 laundry 洗衣店

センター・スパイラル center-spiral (预应力混凝土的)中心螺旋筋
センター・スポットしつ【～室】center spot room (设在剧场观众厅后墙中心部分的)后墙投光室
センター・ビル center building 中央大楼
センター・フォーセット center faucet 中心旋塞
センター・ポール center pole 场地中心的旗杆,旗杆台
センター・ホール・ジャッキ center-hole type jack 中心孔型起重器,杠杆加压千斤顶
センター・ポンチうち【～打】center-punching 冲心划印,中心冲头打印
センター・マーク center mark 中心标记,中心标志,中心划印
センター・ライン center line 中心线,中线,道路中心标线
センター・ランプ center ramp (立体交叉的)中央匝道,中部接坡
センタリング centering 找中心,定心,打中心孔
せんたん【先端】tip 尖端,尖头,尖物
せんたん【尖端】peak 顶端,尖端,波峰,最高点
せんだん【栴檀】Melia Azedarach[拉], Chinaberry tree[英] 楝树,苦楝,川楝子,紫花树
せんだん【剪断】shear 剪切
せんだんえん【剪断縁】sheared edge 剪切边
せんだんおうりょく【剪断応力】shearing stress 剪应力,切应力,剪力
せんだんおうりょくど【剪断応力度】shearing unit stress 剪应力
せんだんおくれ【剪断遅】shear delay, shear lag 剪切延迟,剪切滞后
せんだんがただんそう【剪断型断層】shear fault 剪切式断层
せんだんきょうど【剪断強度】shearing strength 剪切强度
せんだんけいこうぞうぶつ【剪断形構造物】shear structure 抗剪结构,剪力型结构
せんだんけいすう【剪断係数】shear modulus 剪切模量
せんだんごうせいけいすう【剪断剛性係数】modulus of rigidity in shear 剪切刚性模量,剪切刚度系数
せんだんしけん【剪断試験】shearing test 剪切试验
せんたんしじぐい【先端支持杭】point bearing pile 端承桩,支承桩
せんだんしんどう【剪断振動】shearing vibration 剪切振动
せんだんスパン【剪断～】shear span 剪切跨度,剪跨
せんだんスパンたかさひ【剪断～高さ比】shear span-depth ratio 剪切高跨比
せんだんスパンひ【剪断～比】shear span ratio 剪切跨度比,剪跨比
せんだんすべりはかい【剪断滑破壊】slip plane breaking 剪切滑动破坏,剪移破坏
せんだんずれ【剪断ずれ】shear lag 剪切滞后
ぜんたんそ【全炭素】total carbon 总碳
せんだんたいりょく【剪断耐力】shearing strength 抗剪强度
せんだんだんせいけいすう【剪断弾性係数】modulus of elasticity in shear 剪切弹性模量
せんだんちゅうしん【剪断中心】center of shear, shear center 剪力中心
せんだんつよさ【剪断強さ】shearing strength 剪切强度,抗剪强度
せんたんていこう【先端抵抗】point resistance 顶端阻力,桩尖阻力
せんだんていこう【剪断抵抗】shearing resistance 抗剪(阻)力,剪切抗力
せんだんていこうかく【剪断抵抗角】angle of shearing resistance 抗剪角
せんだんは【剪断波】shear wave, S-wave 剪切波,横波,S-波
せんたんはいすい【選炭廃水】coal dressing waste water 选煤废水
せんだんはかい【剪断破壊】shear failure, breaking of shear 剪切破坏

せんだんはそん 【剪断破損】 shear failure 剪切破坏
せんだんパネル 【剪断～】 shearing panel 受剪板,剪力板
せんだんはめん 【剪断破面】 plane of shear fracture 剪切破裂面
せんだんひずみ 【剪断歪】 shearing strain 剪切应变
せんだんひずみエネルギーせつ 【剪断歪～説】 theory of shearing strain energy 剪切应变能理论
せんだんひずみど 【剪断歪度】 shearing strain 剪切应变
せんだんひびわれ 【剪断罅割】 shear crack,diagonal tension crack 剪切裂缝,剪切开裂,斜裂缝
せんだんへり 【剪断縁】 sheared edge 剪切边
せんだんへんけい 【剪断変形】 shearing deformation 剪切变形
せんだんほきょう 【剪断補強】 reinforcement for shearing 抗剪加固
せんだんほきょうきんひ 【剪断補強筋比】 ratio of shear reinforcing bar 受剪加固筋比,抗剪筋比,抗剪钢筋比
せんだんボルト 【剪断～】 shearing bolt 抗剪螺栓
せんだんまさつあんぜんりつ 【剪断摩擦安全率】 safety factor for shear friction 剪切摩擦安全系数
せんだんめん 【剪断面】 sheared surface 剪切面
ぜんだんめんくっさく 【全断面掘削】 full face driving (隧道的)全截面掘进
せんだんりゅう 【剪断流】 shear flow 剪力流,剪切流
せんだんりょく 【剪断力】 shearing force 剪力
せんだんりょくおうとう 【剪断力応答】 shear response 剪力反应
せんだんりょくけいすう 【剪断力係数】 shear coefficient 剪力系数
せんだんりょくず 【剪断力図】 shearing force diagram 剪力图
せんだんりょくのひやくマトリックス 【剪断力の飛躍～】 jumping matrix of shearing force 剪力的突变矩阵
せんだんりょくはそくど 【剪断力波速度】 shear wave velocity 剪力波速
せんだんりょくぶんぷけいすう 【剪断力分布係数】 distributing coefficient of shearing force 剪力分布系数,水平力分布系数
せんだんわれ 【剪断割】 shear crack 剪切裂纹,剪切裂缝
センチ・オクターブ centi-octave 1/100倍频程,1/100八度音程
センチグレード・サーモメーター centigrade thermometer 百分温度表,摄氏温度计
ぜんちじかん 【前置時間】 presteaming period (混凝土蒸气养护的)预加热时间
センチストークス centistokes 厘沲(动力粘度单位)
ぜんちぞうふくき 【前置増幅器】 preamplifier 前置放大器
センチ・トーン centi-tone 1/100全音程
センチメートルは 【～波】 centimetric wave 厘米波
ぜんちゅうこうりつ 【全昼光率】 total daylight factor 全采光系数,全天然照度系数
ぜんちゅうしき 【前柱式】 prostyle (古希腊神庙的)前柱式(前面有列柱,另三面由外墙围护的形式)
せんちゅうるい 【線虫類】 Nematoda 线虫纲
せんちょう 【尖頂】 spire 尖顶,塔尖
せんちょうがん 【閃長岩】 diorite 闪长岩
ぜんちんでん 【前沈殿】 pre-sedimentation 预沉淀,预沉
せんてい 【剪定】 pruning 修剪,剪枝,整枝
ぜんてい 【前庭】 front yard,front garden 前庭,前院,前园
ぜんていひろば 【前庭広場】 fore court,front court 前面庭院,前院空地
せんてつ 【銑鉄】 pig iron 生铁,铣铁

せんてん 【選点】 reconnaissance 选点,踏勘
ぜんでんあつきどう 【全電圧起動】 full-voltage starting 全电压启动
ぜんてんくう 【全天空】 unobstructed sky 全天空(指天然采光计算中整个天空半球)
ぜんてんくうこうしょうど 【全天空光照度】 illumination from the whole sky 全天空散射光照度
ぜんてんしゃしんき 【全天写真器】 whole-sky camera 全天空摄影机
ぜんてんせつ 【全添接】 full splice 全部拼接,全部联接
ぜんてんにっしゃ 【全天日射】 (直射及散射的)总太阳辐射
ぜんてんふくしゃ 【全天輻射】 天空总扩散辐射
せんどい 【線樋】 wire moulding 线槽
せんとう 【尖塔】 spire,steeple,pinnacle 塔楼尖顶,教堂钟塔,教堂扶壁上端小塔尖
せんとう 【磚塔】 brick pagoda 砖塔
せんとう 【銭湯】 public bath 澡堂,公共浴地
せんどう＝えんどう
ぜんどう 【禅堂】 禅堂
せんとうアーチ 【尖頭～】 pointed arch 尖拱,二心内心桃尖拱
せんとうべん 【尖頭弁】 needle valve 针阀
ぜんどころ 【膳所】 kitchen 膳房,厨房
セント・ソフィヤ St.Sofia (532～537年土耳其伊斯坦布尔)圣索菲亚教堂
セントラリゼーション centralization 集中,(城市)集中化
セントラルくうきちょうわほうしき 【～空気調和方式】 central air conditioning system 集中空调方式
セントラル・コントロール central control 中央控制
セントラル・システム central system 中央管理方式,中央服务系统(如医院将辅助医疗部集中一区供各科室使用)
セントラル・スクリュー central screw (定)中心螺丝钉
セントラル・ヒーティング central heating 集中采暖,集中供热
セントラル・ミキシング・プラント central mixing plant 集中搅拌厂,集中搅拌站
セントラル・ミクス・コンクリート central mixed concrete 集中搅拌混凝土
セントリフューガル・ファン centrifugal fan 离心式风扇
セントリフューガル・ブロワー centrifugal blower 离心式鼓风机
セントリペタル・ポンプ centripetal pump 向心泵
セントレックス centrex (电话)直通内线交换方式
セントロイド centroid 矩心,形心,中心
ぜんどんてんくう 【全曇天空】 overcast sky 全阴天空
せんにゅうくうき 【潜入空気】 entrapped air 潜入空气
せんねつ 【潜熱】 latent heat 潜热
せんねつふか 【潜熱負荷】 latent heat load 潜热负荷
ぜんねつめん 【全熱面】 total heating surface 总散热面,总加热面,总传热面
ぜんねつりょう 【全熱量】 total quantity of heat,total amount of heat 总热量
ぜんねつりょうエントロピせんず 【全熱量～線図】 total heat-entropy diagram 总热熵图
ぜんぱい 【前拝】 (社寺建筑正殿)前面参拜廊
せんはさみ 【線鋏】 wire cutter 钢丝钳,铁丝剪
せんばん 【旋盤】 lathe 车床,旋床
せんばん 【線番】 wire gauge 线材号数,钢丝号码,线规
ぜんぱんかくさんしょうめい 【全般拡散照明】 general diffusion illumination 全面漫射照明
ぜんぱんかんき 【全般換気】 general ventilation 全面通风
せんばんごう 【線番号】 wire gauge 线材号数,线材号码,线规

ぜんはんしゃ 【全反射】 total reflection 全反射
ぜんぱんしょうめい 【全般照明】 general illumination, general lighting 全面照明
ぜんぱんせんだんはかい 【全般剪断破壊】 general shear failure 全剪破坏, 一般剪切破坏
せんびき 【線引】 wire drawing, wire stretching, stretching wire 拉拔, 拉丝, 拔丝, 确定城市规划分区境界线
ぜんひずみ 【全歪】 total distorion 总畸变, 总扭曲, 总应变
せんひずみゲージ 【線歪～】 wire strain gauge 线式应变测定仪
せんぷう 【旋風】 whirlwind 旋风
せんぷうき 【扇風機】 fan, electric fan, blower 风扇, 电扇, 鼓风机, 通风机
ぜんふか 【全負荷】 full load 满载, 满额荷载
ぜんぷくぜき 【全幅堰】 overall width weir 全宽堰
せんべつき 【選別器】 selector 选择器
せんべつき 【選別機】 selector, classifier 分选机, 分级机
せんべつけんさ 【選別検査】 sieve inspection 筛分检验
せんべつスクラップ 【選別～】 sifted scrap 分选残渣, 筛余渣
ぜんヘッド 【全～】 total head 总水头
せんべん 【旋弁】 rotary valve 旋转阀
ぜんぽうこうかいほう 【前方交会法】 forward intersection 前方交会法
ぜんほうこうせい 【全方向性】 isotropic 各向同性
ぜんほうしゃはっさんど 【全放射発散度】 total emissive power 全辐射力
せんぼうちょう 【線膨張】 linear expansion 线膨胀
せんぼうちょうけいすう 【線膨張係数】 linear expansion coefficient 线膨胀系数
せんぼうちょうりつ 【線膨張率】 linear expansion coefficient 线膨胀系数
ぜんポテンシャル・エネルギー 【全～】 total potential energy 总势能, 总位能
ぜんまい 【撥条·発条】 spring 发条, 盘簧
せんまいがん 【千枚岩】 phyllite 千枚岩, 硬绿泥石
ぜんみっぺいあっしゅくき 【全密閉圧縮機】 hermetic compressor 密封式压缩机
ぜんみっぺいがたコンデンシング・ユニット 【全密閉形～】 hermetically sealed condensing unit 密封式冷凝机组
せんめんき 【洗面器】 lavatory bowl, wash basin 洗面器
せんめんきコック 【洗面器～】 lavatory cock 洗面器水嘴
せんめんきトラップ 【洗面器～】 lavatory trap 洗面器存水弯
せんめんきはいすいせん 【洗面器排水栓】 lavatory plug 洗面器排水塞子
せんめんきふぞくかなぐ 【洗面器付属金具】 lavatory fittings 洗面器附件
せんめんきようくさり 【洗面器用鎖】 lavatory chain 洗面器链子
ぜんめんけんちくせん 【前面建築線】 frontage line 临街建筑线
せんめんじょ 【洗面所】 lavatory, toilet, washroom 盥洗间, 盥洗室, 洗脸室
ぜんめんず 【前面図】 front elevation, front view 立面图, 正面图
ぜんめんすみにく 【前面隅肉】 frontal fillet 正面角焊缝
ぜんめんすみにくようせつ 【前面隅肉溶接】 frontal fillet weld, fillet weld in normal shear (搭接接头的)正面(贴)角焊
せんめんながし 【洗面流】 lavatory sink 盥洗盆
せんめんばち 【洗面鉢】 lavatory basin 盥洗盆
ぜんめんふしょく 【全面腐食】 general corrosion 全部腐蚀
せんもうちゅうるい 【繊毛虫類】 Ciliata 纤毛(虫)纲
せんもうはいすい 【洗毛廃水】 wool scouring waste water 洗毛废水
ぜんもうるい 【全毛類】 Holotricha 全

毛亚纲
ぜんもちあげべん 【全持上弁】 full lift valve 全升阀
せんもんこうじぎょうしゃ 【専門工事業者】 分部工程承包
ぜんゆうきえいようさいきん 【全有機栄養細菌】 all heterotrophic bacterium 全异养细菌,全部有机营养细菌
ぜんゆうきたんそ 【全有機炭素】 total organic carbon(TOC) 总有机碳
せんようしゃこ 【専用車庫】 private parking garage 专用车库,私用车库
せんようじゅうたく 【専用住宅】 专用住宅(专作居住用的住宅)
せんようすいどう 【専用水道】 private waterworks 专用给水,专用自来水
せんようせつ 【栓溶接】 plug welding 塞焊
ぜんようせつきょう 【全溶接橋】 all-welded bridge 全焊接桥
せんようせん 【専用栓】 private tap 专用水栓,专用龙头
せんようちいきせい 【専用地域制】 exclusive use zoning 专用区域分区
せんようちく 【専用地区】 exclusive use district 专用区
ぜんようちゃくきんぞくしけんへん 【全溶着金属試験片】 all weld metal test specimen 全溶质试样
ぜんようてい 【全揚程】 total pump head 全扬程,总扬程
せんようどうろ 【専用道路】 single-purpose road 专用道路,专用线(指定为一种交通专用的道路)
ぜんらくさ 【全落差】 total head 总落差
せんりゅう 【潜流】 undercurrent 底流,潜流
ぜんりゅうしつ 【全流失】 全部损失(指灾区建筑物破坏,不能修复)
せんりょう 【染料】 dye,dyestuff 染料
せんりょうけい 【線量計】 dosimeter 放射线计量仪
せんりょうりつ 【線量率】 dose rate 剂量率
せんりょく 【剪力】 shear 剪力
せんりょくがん 【閃緑岩】 diorite 闪长岩
せんれいどう 【洗礼堂】 baptistery 洗礼堂
せんろ 【線路】 track,railway line 线路,铁路线
ぜんろか 【前濾過】 pre-filtration 预滤,预先过滤
せんろもう 【線路網】 railway network, railway system 铁路线网,线路网
せんろゆうこうちょう 【線路有効長】 usable length of track 线路有效长度
せんろようち 【線路用地】 site for railline 线路用地
せんろようりょう 【線路容量】 track capacity of a line 线路容量

# そ

そ 【粗】 gross 粗,毛重,总重,总,全体
ソー saw 锯,锯床
ソイル・アスファルト soil asphalt 沥青稳定土
ソイル・コンクリート soil concrete 掺土混凝土
ソイル・コンパクター soil compactor 填土夯实机
ソイル・スタビリゼーション soil stabilization 土稳定(法),加固土
ソイル・セメント soil cement 水泥稳定土(水泥与土混合料)
ソイル・セメントこうほう 【～工法】 soil-cement (construction)method (钻孔桩中)土壤掺加水泥砂浆施工法,水泥加固土法
ソーイング・テーブル sewing table 缝纫用桌
そう 【相】 phase 相
そう 【槽】 tank,chamber,basin 槽,池
そう 【層】 stratum,layer 地层,层,层次
ぞうあつポンプ 【増圧～】 booster pump 增压泵
そうい 【層位】 horizon (土的)层位,地层,地平,水平线
そういちじがた 【双一次型】 bi-linear 双直线(的),双线性(的),双一次(的),两段直线型
そういんきょうかいどう 【僧院教会堂】 abbey church 修道院教堂
そういんとし 【僧院都市】 僧院城市
そうえん 【桑園】 桑园
ぞうえん 【造園】 landscape architecture,landscape gardening 造园(学),园林营建学,风景建筑学
ぞうえんか 【造園家】 landscape architect 园林营建师,造园师
ぞうえんかんり 【造園管理】 landscape management and maintenance 园林管理(包括维修、养护),造园管理
ぞうえんし 【造園史】 造园史
ぞうえんじゅつ 【造園術】 garden craft 庭园术,造园术
ぞうえんじゅもく 【造園樹木】 trees for landscaping 造园树木,园林树木
ぞうえんしょくぶつ 【造園植物】 plants for landscaping 园林绿化植物,造园植物
ぞうえんせこう 【造園施工】 landscape construction 园林施工,造园施工
ぞうえんせっけいず 【造園設計図】 landscaping plan,gardening plan 园林设计(图),园林平面布置(图)
ぞうえんようしき 【造園様式】 style of landscape architecture 园林风格式样,造园风格式样
そうおん 【騒音】 noise 噪声
そうおんけい 【騒音計】 sound level meter 噪声计,声级计
そうおんげん 【騒音源】 noise source,source of noise 噪声源
そうおんげんしょうりつ 【騒音減少率】 noise reduction coefficient 噪声降低系数,减噪系数(250、500、1000、2000赫吸声系数的平均值)
そうおんげんど 【騒音限度】 noise limit 噪声限度
そうおんこうがい 【騒音公害】 noise pollution 噪声公害,噪声污染
そうおんしゅつりょく 【騒音出力】 noise output 噪声输出量
そうおんせいぎょそうち 【騒音制御装置】 noise control device 噪声控制装置
そうおんそくてい 【騒音測定】 measurement of noise 噪声测定
そうおんそくていようし 【騒音測定用紙】 recording paper of sound level 噪声级测定纸
そうおんど 【騒音度】 degree of noise 噪声度

そうおんのきせい 【騒音の規制】 limiting noise emission, noise emission 噪声限制
そうおんばくろけい 【騒音曝露計】 noise exposure meter 噪声暴露计
そうおんばくろレベル 【騒音曝露～】 noise exposure level 噪声暴露级
そうおんぶんぷ 【騒音分布】 distribution of noise 噪声分布
そうおんぼうしようあてもの 【騒音防止用当物】 noise reduction cushion 减声垫
そうおんりょう 【騒音量】 noise dose 噪声量(与某基准噪声级等效的噪声暴露时间)
そうおんレベル 【騒音～】 noise level 噪声级,声级
そうおんレベルそくていほう 【騒音～測定法】 method of sound level measurement 噪声级测定法
そうおんレベル・メーター 【騒音～】 noise level meter 噪声计,声级计
そうかい 【相界】 phase boundaries 相界
そうがいかおんほう 【槽外加温法】 outer heating of digester matter 消化池外加温法
そうがいすえつけしきポンプ 【槽外据付式～】 outer tank installed pump 安装在池外的(立式)泵
そうかいどう 【僧会堂】 chapter house 僧侣会堂,牧师会礼堂
ぞうかいようれんが 【造塊用煉瓦】 casting pit brick 铸锭用砖
そうかうけおい 【総価請負】 lump sum contract (造价)总额承包,包干承包
そうがくうけおい 【総額請負】 lump sum contract (造价)总额承包,包干承包
そうがくかくていうけおい 【総額確定請負】 lump sum contract (造价)总额承包,包干承包
そうがくどう 【奏楽堂】 concert hall 音乐厅,演奏厅
そうかじゅう 【総荷重】 total load 总荷载,总负载
そうかつせいぎょ 【総括制御】 general control 综合控制
そうかドーム 【葱花～】 bulbous dome 葱头形屋顶
そうかへいきん 【相加平均】 arithmetic mean 算术平均,算术中项
そうがまえ 【総構】 外城
そうがり 【総刈】 (绿篱的)全面修剪
そうがりいけがき 【総刈生垣】 全面修剪的绿篱墙
そうかわ 【総河】 外城
そうかん 【送管】 delivery pipe 输水管
そうかん 【相関】 correlation 相关(值)
ぞうがん 【象嵌·象眼】 inlay 镶嵌,嵌饰
そうかんおんど 【層間温度】 interlayer temperature 层间温度(多层焊接时每层焊接前的温度)
そうかんけいすう 【相関係数】 correlation coefficient 相关系数
そうかんず 【相関図】 interaction diagram 相关图,相关图形
そうかんすい 【層間水】 inter-layer water 层间水
そうかんぜつえん 【層間絶縁】 laminated insulation 层间绝缘
そうかんへんい 【層間変位】 relative storey displacement 层间位移,楼层相对位移
そうかんほう 【挿間法】 interpolation 内插法,插入法,插值法
そうき 【掃気】 scavenging 清除废气,扫气
そうきかん 【送気管】 air transmission pipe 送气管
そうききょうど 【早期強度】 early strength 早期强度
そうきこう 【送気孔】 air inlet 进气孔
そうきこうか 【早期硬化】 early setting 早凝,过早硬化
そうきそ 【総基礎】 raft foundation, floating foundation 满堂基础,浮筏基础,浮式基础
そうきょうざい 【早強剤】 hardening accelerator 早强剂,促硬剂
ぞうきょうざい 【増強剤】 fortifier 增

强剂
そうきょうセメント 【早強～】 high-early-strength cement 快硬水泥,早强水泥
そうきょうポルトランド・セメント 【早強～】 high-early strength portland cement 快硬硅酸盐水泥,早强硅酸盐水泥
そうきょくアークようせつ 【双極～溶接】 double arc welding 双极(电)弧焊,双弧焊接
そうきょくしモーメント 【双極子～】 dipole moment 偶极矩
そうきょくせんがたれいきゃくとう 【双曲線型冷却塔】 hyperbolic cooling tower 双曲线型冷却塔
そうきょくせんたい 【双曲線体】 hyperboloid 双曲线体,双曲面
そうきょくそうとう 【双極双投】 double pole double throw 双极双投
そうきょくたんとう 【双極単投】 double pole single throw 双极单投
そうきょくほうぶつ 【双曲放物·双曲拋物】 hyperbolic paraboloid 双曲抛物面,双曲抛物体
そうきょくほうぶつせんめんシェル 【双曲拋物線面～】 hyperbolic paraboloidal shell,HP shell 双曲抛物面壳体
そうきょくほうぶつめん 【双曲拋物面】 hyperbolic paraboloid 双曲(线)抛物面
そうきょくめん 【双曲面】 hyperboloid 双曲面
ぞうきんずり 【雑巾摺】 窄踢脚板
ぞうきんながし 【雑巾流】 slop sink 污洗池
そうきんるい 【藻菌類】 Phycomycetes 藻菌纲(菌类植物)
そうぐちしょうかれんけつこう 【双口消火連結口】 two way flap valve 消火栓双接口
そうくみたて 【総組立】 general assembly 总装配
そうくみたてず 【総組立図】 general assembly drawing 总装配图
そうぐるわ 【総曲輪】 外城
そうけいかくじんこう 【総計画人口】 planned population size 规划总人口
ぞうけいかんじょう 【造形感情】 plastic sentiment,plastic image 造型感情,造型映象
ぞうけいき 【造型機】 moulding machine 成型机,造型机
ぞうけいきごう 【造形記号】 plastic sign,plastic language 造型记号,造型语言
ぞうけいきょういく 【造形教育】 Gestaltungunterricht[德] 造型教育
ぞうけいげいじゅつ 【造形芸術】 plastic arts,formative arts 造型艺术
ぞうけいげんご 【造形言語】 plastic language 造型语言
ぞうけいてきしこう 【造形的思考】 plastic thinking 造型想法,造型的构思
ぞうけいとくせい 【造形特性】 plastic character 造型特性
ぞうけいはいしょく 【造形配色】 plastic colour 造型配色
そうげんか 【総原価】 total cost 总成本,总造价
そうけんちくみつど 【総建築密度】 total building density,gross building density 总建筑密度
そうけんちくめんせきりつ 【総建築面積率】 total coverage,gross coverage 总建筑(占地)面积系数(总建筑占地面积和建筑用地总面积之比)
そうけんぺいりつ 【総建蔽率】 gross coverage,total coverage 总建筑(占地)面积系数(总建筑占地面积和建筑用地总面积之比)
そうこ 【倉庫】 warehouse,storehouse 仓库
そうこう 【走向】 strike of bed,strike (地层的)走向
そうごううけおい 【総合請負】 main contract[英],general contract[美] 总承包,全部承包
そうごううけおいぎょうしゃ 【総合請負業者】 general contractor 总承包人,总承包商
そうごううんどうじょう 【総合運動場】 sports center 综合运动场,体育中心

そうごうおすいじょうかプラント【総合汚水浄化～】 integrated wastewater treatment plant 综合污水处理厂,综合污水净化设备

そうごうかいはつ【総合開発】 general planning of development 综合开发(规划)

そうごうかんりぎじゅつ【総合管理技術】 industrial engineering(IE) (企业)综合管理技术

そうこうきじゅうき【走行起重機】 traveling crane 移动式起重机

そうごうきぼうせん【総合希望線】 major directional desire line (交通)综合愿望线

そうごうきやく【総合規約】 summation convention 综合规定,综合约定

そうごうきょうしつがた【総合教室型】 activity type 综合教室型

そうごうくうきじょうたいひょう【総合空気状態表】 synthetic air chart 综合空气状态表

そうこうくうきべん【双向空気弁】 two-way air valve 双向空气阀

そうこうクレーン【走行～】 traveling crane 移动式起重机

そうごうけいかく【総合計画】 comprehensive plan,general planning 综合规划,总体规划

そうごうげんすいりょう【総合減衰量】 overall attenuation 总衰减,综合衰减量

そうごうけんせつぎょうしゃ【総合建設業者】 main contractor 总承包人,总承包商

そうごうこうえん【総合公園】 larger park,general park,synthetic park 综合公园(具有观赏、游憩、运动等多种功能的城市大公园)

そうごうこうじぎょうしゃ【総合工事業者】 main contractor[英],general contractor[美] 总承包人,总承包商,综合承包商

そうごうこうつうたいけい【総合交通体係】 integrated transportation system 综合交通体系

そうこうこうはん【装甲鋼板】 steel lining 里衬钢板,装甲钢板

そうごうごさ【総合誤差】 general error 综合误差,总误差

ぞうこうざい【増硬剤】 hardener 增强剂,增硬剂,硬化剂

そうこうさんすいき【走行散水機】 travelling distributor 移动洒水机,移动喷洒器

そうこうじかん【走行時間】 running time 行驶时间,行车时间(车辆在运动中的时间)

そうこうしきさんすいき【走行式散水機】 travelling distributor 移动式喷水车

そうごうせいたいけい【総合生態系】 total ecosystem 全生态系(统)

そうごうせっけい【総合設計】 comprehensive design 综合设计

そうこうそくど【走行速度】 running speed (车辆)行驶速度,行车速度

そうごうだいがく【総合大学】 university 综合大学

そうごうちいきせい【総合地域制】 composite zoning 综合区划

そうこうど【総硬度】 total hardness 总硬度

そうごうど【層剛度】 story-stiffness 楼层刚度

そうごうとし【総合都市】 synthetic city 综合城市

そうごうとまくそう【総合塗膜層】 总涂层

そうごうはっちゅう【総合発注】 general order 总订货

そうごうびょういん【総合病院】 general hospital 综合医院

そうこうホイスト【走行～】 travelling hoist 移动式卷扬机,活动吊车,移动式起重机

そうごうぼうさいけいかく【総合防災計画】 综合防灾规划,综合防灾计划

そうこうモートル・ホイスト【走行～】 traveling motor hoist 移动式电动升降机

そうごうんどう【相互運動】 relative motion 相对运动

**そうごかんしょう** 【相互干渉】 mutual coherence 相互干涉
**そうごかんにゅう** 【相互貫入】 mutual perforation （内外空间的）互相贯穿
**そうごぎょうしゅう** 【相互凝集】 mutual coagulation 相互凝聚,混凝
**そうこクレーン** 【倉庫～】 warehouse crane 仓库起重机
**そうごさよう** 【相互作用】 interaction 相互作用
**そうごさよう** 【相互作用】 reciprocity, mutual effect 相互作用
**そうごさようのきんこうじょうけん** 【相互作用の均衡条件】 interaction-balance conditions 相互作用的平衡条件
**そうこすうみつど** 【総戸数密度】 gross density of dwelling unit 总户数密度
**そうごそうかんかんすう** 【相互相関関数】 cross correlation function 互相关函数,相互作用函数
**そうこちく** 【倉庫地区】 warehouse district 仓库区
**そうごはんしゃ** 【相互反射】 interreflection 相互反射,重复反射
**そうごはんしゃほう** 【相互反射法】 interreflection method （室内照明计算的）相互反射法
**そうさ** 【相差】 phase difference 相差,相位差
**そうさ** 【操作】 operation 操作
**そうざい** 【早材】 spring wood,early wood 早材,春材
**そうさく** 【創作】 creation 创作,创造
**ぞうさく** 【造作】 joinery[英],finishing carpentry[美] 住房建造,住房建造费用,木装修,细木工,室内木装修,装修工程
**ぞうさくざい** 【造作材】 细木工用木材,木装修用材
**ぞうさくようしゅうせいざい** 【造作用集成材】 laminated wood for non-structural members 装修用胶合木,装修用层积材
**そうさけい** 【相差計】 phase meter 相位计,相位差计
**そうさだい** 【操作台】 operating table 操作台
**そうさデスクがた** 【操作～型】 control desk type 操纵台型,控制台型
**そうさばん** 【操作盤】 control board 控制板,控制盘,操纵台
**そうさぶ** 【操作部】 final control element 执行机构,执行元件
**そうさりょう** 【操作量】 regulated condition[英],manipulated variable[美] 操作量
**そうさろう** 【操作廊】 control gallery 操作走廊,监视走廊
**そうじがたけいさんき** 【相似形計算機】 analog computer 模拟计算机
**そうじきょくせん** 【走時曲線】 time-distance curve 时距曲线
**そうじぐいれ** 【掃除具入】 cleaner closet,broom closet 扫除工具橱,扫除工具柜,清洁工具储存柜
**そうじぐち** 【掃除口】 clean out 清除口,清扫口,清洁口
**そうじぐちキャップ** 【掃除口～】 clean-out cap 清除口盖板,清洁孔盖板
**そうじしつ** 【掃除室】 janitor's closet 扫除工具壁柜
**そうじストレーナー** 【掃除～】 cleaning strainer 滤净器,清扫滤网
**そうじそく** 【相似則】 law of similitude 相似法则,同比律,相似律
**そうしつ** 【総室】 open ward 大病房
**そうしはいにん** 【総支配人】 general manager 总经理
**そうじほうそく** 【相似法則】 law of similarity 相似定律
**そうしゃじょう** 【操車場】 (railway shunting) yard 调车场
**そうじゅう** 【走獣】 走兽(屋顶上的装饰)
**そうじゅう** 【戧獣】 戗兽(戗脊上的装饰)
**そうじゅうウィンチ** 【操縦～】 maneuvering winch 操纵绞盘
**そうじゅうかん** 【操縦桿】 control lever 操纵杆
**そうじゅうせい** 【操縦性】 maneuverability 可操纵性,机动性,灵活性,灵敏性
**そうじょうざ** 【僧正座】 cathedra 主教

座位
そうじょうさよう【相乗作用】symergistic effect 相乘作用,协合效应,协同效应,增效作用
そうじょうそしき【層状組織】lamellar structure (金属材料的)层状组织
そうじょうだいりせき【層状大理石】sedimentary marble 层状大理石
そうじようながし【掃除用流】scrub up sink,slop sink 污洗池
そうじょうへいきん【相乗平均】geometric mean 几何平均,等比中数
そうじょうモーメント【相乗～】product moment of inertia 惯积,惯性积
そうしょく【双植】双植,并植
そうしょく【装飾】decoration 装饰
そうしょくきんめっき【装飾金鍍金】ornamental gilding 装饰性镀金
そうしょくげいじゅつ【装飾芸術】decorative art 装饰艺术
そうしょくしき【装飾式】Decorated style (哥特式建筑的)盛饰式
そうしょくしょうめい【装飾照明】decorative illumination 装饰照明
ぞうしょくそう【増殖相】growth phase 生长相,增长相
ぞうしょくそがい【増殖阻害】growth inhibition 增殖抑制
そうしょくでんきゅう【装飾電球】fancy lamp 装饰灯泡
そうしょくようガラス【装飾用～】ornamental glass 装饰用玻璃
そうじりつ【相似律】law of similarity 相似定律
そうじんこうみつど【総人口密度】gross density of population,gross population density 人口总密度
そうしんじょ【送信所】transmitting station (电报、电话及其他电讯)送信设施,(广播的)转播站,播音站
そうすい【送水】water-conveyance 输水
そうすいかん【送水管】service pipe line 给水管线,用户管线
そうすいかんないまさつそんしつすいとう【送水管内摩擦損失水頭】friction loss head of conduit pipe 输水管内摩擦水头损失
そうすいこう【送水口】siamese connection (消防设备专用的)双连送水口
そうすいゴムかん【送水～管】water supply rubber hose 给水软管,供水橡皮管
そうすいしせつ【送水施設】water conveyance 输水设施
そうせい【藻井】藻井
そうせいじゅ【早生樹】fast growing tree 速生树
そうせんけいそせい【双線型塑性】bilinear plasticity 双线形塑性
そうせんだんりょく【層剪断力】story-shearing force 层剪力,楼层剪力
そうせんだんりょくけいすう【層剪断力係数】story shear coefficient 层剪力系数
そうぞう【創造】creation 创造,创作
そうぞうこうがく【創造工学】creative engineering 创造工程学
そうぞうせん【想像線】imaginary line 假想线
そうそしき【層組織】lamellar tissue 层状组织
そうぞり【総反】(檐部或正脊)全部反翘
そうたいアドレス【相対～】relative address 相对地址
そうたいかそくど【相対加速度】relative acceleration 相对加速度
そうたいきかけいかくほう【双対幾何計画法】dual geometric program 对偶几何规划法,双重几何规划法
そうたいごさ【相対誤差】relative error 相对误差
そうたいコンシステンシー【相対～】relative consistency 相对稠度
そうたいしつど【相対湿度】relative humidity 相对湿度
そうたいスカラー【相対～】relative scalar 相对标量
そうたいすべり【相対滑】relative slide 相对滑动

**そうたいそくど** 【相対速度】 relative velocity 相対速度

**そうたいそくどおうとう** 【相対速度応答】 relative velocity response 相対速度反应

**そうたいたわみかく** 【相対撓角】 relative slope 相对倾角,相对角变,相对挠角

**そうたいちょうど** 【相対稠度】 relative consistency 相对稠度

**そうたいつぎめ** 【相対継目】 butt joint 对接缝

**そうたいてきあんていせい** 【相対的安定性】 relative stability 相对的稳定性

**そうたいてきさいしょうてん** 【相対的最小点】 relative minimum 相对最小点

**そうたいテンソル** 【相対～】 relative tensor 相对张量

**そうたいフルードすう** 【相対～数】 relative Froude number 相对弗罗德数

**そうたいへんい** 【相対変位】 relative displacement 相对位移

**そうたいへんいおうとう** 【相対変位応答】 relative displacement response 相对位移反应

**そうたいみつど** 【相対密度】 relative density 相对密度

**そうたいもくてきかんすう** 【双対目的関数】 dual objective function 对偶目标函数,双重目标函数

**そうたいもんだい** 【双対問題】 dual problem 对偶问题,二重问题

**そうたけ** 【総丈】 total height 总高,全高

**そうたんせつび** 【送炭設備】 mechanical stoker,stoker 加煤机,送煤机

**そうだんめん** 【総断面】 gross section 总截面,毛截面

**そうだんめんせき** 【総断面積】 gross sectional area 总截面面积,毛截面面积

**そうち** 【装置】 device 装置,装备,设备

**ぞうちく** 【増築】 extension of building,addition to building 扩建,增建

**そうちけいこうぎょう** 【装置系工業】 plant industry 设备安装工业

**そうちず** 【装置図】 installation plan 设备布置图,机械布置图

**そうちっそ** 【総窒素】 total nitrogen 总氮

**ぞうちゅう** 【像柱】 statuary column 像柱

**そうちょうせき** 【曹長石】 soda feldspar 钠长石

**そうちろてんおんど** 【装置露点温度】 apparatus dew point 器具露点温度,设备露点温度

**そうちんかりょう** 【総沈下量】 total settlement (土的)总沉陷量,总沉降量

**そうていこう** 【総抵抗】 total resistance 总阻力,总电阻

**そうていじょう** 【漕艇場】 划船场

**そうでん** 【送電】 transmission 输电

**そうでんせん** 【送電線】 transmission line 输电线,送电线

**そうでんとう** 【送電塔】 transmission tower 输电塔

**そうとう** 【層塔】 多层塔,密檐塔

**そうとうおうりょく** 【相当応力】 equivalent stress 等效应力

**そうとうおんどさ** 【相当温度差】 equivalent temperature difference 当量温差,相当温度差

**そうとうがいきおん** 【相当外気温】 sol-air temperature (SAT) 室外空气综合温度

**そうとうがいきおんど** 【相当外気温度】 sol-air temperature 室外空气综合温度

**そうとうがいきおんどさ** 【相当外気温度差】 solar air temperature difference 室外空气综合温度差

**そうとうしっきゅうおんど** 【相当湿球温度】 equivalent wet bulb temperature 当量湿球温度

**そうとうじょうはつりょう** 【相当蒸発量】 equivalent evaporation 当量蒸发量

**そうとうそせいりつ** 【相当塑性率】 equivalent ductility factor 等效延性系数,等效韧性系数

**そうとうちょっけい** 【相当直径】 equivalent diameter 等效直径

そうとうながさ【相当長さ】equivalent length 等效长度
そうとうねじりモーメント【相当捩～】equivalent torsional moment, equivalent twisting moment 等量扭矩,等效扭矩
そうとうねつでんどうていこう【相当熱伝導抵抗】equivalent heat conductive resistance 等效导热阻,当量导热阻
そうとうねつでんどうりつ【相当熱伝導率】equivalent heat conductivity 等效导热系数,当量导热系数
そうとうねんせいげんすい【相当粘性減衰】equivalent viscous damping 等效粘性阻尼
そうとうひずみ【相当歪】equivalent strain 等效应变
そうとうほうねつめんせき【相当放熱面積】equivalent direct radiation (EDR) 当量散热面积
そうとうまげモーメント【相当曲～】equivalent bending moment 等量弯矩,等效弯矩
そうとうめんせき【相当面積】equivalent area 等效面积,当量面积
そうないかおんほう【槽内加温法】inner heating of digester matter 消化池内加温法
そうないつりさげしきポンプ【槽内吊下式～】inner tank hanged pump 池内吊式泵
そうにかい【総二階】two-storey house of equal floor space 上下层面积相等的二层建筑物
そうにゅうクレーン【装入～】charging crane 装料起重机,装料吊车
そうにゅうしきおんどちょうせつき【挿入式温度調節器】insertion thermostat 插入式温度调节器,插入式恒温器
そうにゅうそうち【装入装置】charging device 装料设备
そうにゅうねつ【総入熱】amount of heat absorption 总吸热量
そうにゅうホッパー【装入～】loading hopper 装料斗,装料漏斗
ぞうねつすいせいガスはいすい【増熱水性～廃水】carburetted water gas scrubbing wastewater 加热水煤气洗涤废水
ぞうねんざい【増粘剤】增粘剂
そうねんせい【早粘性】premature stiffening, false setting 过早凝结,假凝
そうのき【総軒】屋檐总长,挑檐总长,檐口总长
そうはいきりょう【総排気量】amount of air exhaust 总排气量
そうはつねつりょう【総発熱量】total calorific value 总热量,总热值,总卡值
ぞうばな【象鼻】象鼻形木鼻
そうばり【総張・総貼】(饰面材料的)全贴,全铺,满涂粘贴,(公园绿地的)满栽,全植
そうはんおうりょく【相反応力】reverse stress 反向应力
そうはんおうりょくぶざい【相反応力部材】reversal-stress member 逆应力构件,反向应力部件
そうはんさようのげんり【相反作用の原理】reciprocal theorem 互易定理,倒易理论,相互作用定理
そうはんていり【相反定理】reciprocity theorem 互易定理
そうはんほうそく【相反法則】reciprocity law 互易定律
そうびくうかん【装備空間】equipped space 设备空间(指设备所占的空间)
ぞうひょう【造標】signal crection 建立测量标志,树立觇标
そうふう【送風】blast 送风,鼓风
そうふうかん【送風管】blast pipe 送风管
そうふうき【送風機】blower, fan 鼓风机,通风机
そうふうきケーシング【送風機～】fan casing, fan housing 通风机罩,风扇罩(套)
そうふうきばね【送風機羽根】fan blade 风扇叶片,通风机翼片
そうふうきばねぐるま【送風機羽根車】fan wheel 通风机叶轮

そうふうきほうそく 【送風機法則】 law of fan 通风机性能定律
そうふうさぎょう 【送風作業】 blasting operation 鼓风操作
そうふうとうけつ 【送風凍結】 blast freezing 鼓风冻结
そうふうノズル 【送風～】 blast nozzle 风嘴,送风喷嘴
そうふうバーナー 【送風～】 blowing burner 送风燃烧器,鼓风燃烧器
そうふうりょう 【送風量】 amount of blast 送风量
そうふうれいきゃくしき 【送風冷却式】 forced draft cooling system 强制通风冷却式
ぞうふくき 【増幅器】 amplifier 放大器
ぞうふくけいすう 【増幅係数】 amplification factor 放大系数,增大系数
そうふりょく 【総浮力】 total buoyancy 总浮力
ぞうぶん 【増分】 increment 增量
ぞうぶんけいすうがたけいさんき 【増分計数形計算機】 incremental digital computer 增量数字计算机
そうぼう 【僧房】 僧房
そうほうていしき 【層方程式】 shear equation 剪力平衡方程(式)
そうぼり 【総堀】 overall excavation 大开槽,满堂挖槽
そうみつど 【総密度】 gross density 总密度
そうモーメント 【層～】 story moment 楼层力矩
そうようせきりつ 【総容積率】 gross floor space index 总占地指标(指建筑总面积与建筑用地的比率)
そうようてい 【総揚程】 gross (water) head,gross lift 总扬程,全扬程
そうらくさ 【総落差】 gross head 总落差
ぞうりむし 【草履虫】 paramecium 草履虫
そうりゅう 【層流】 laminar flow 层流
そうりゅうかえん 【層流火炎】 laminar flame 层流火焰
ぞうりゅうがたこつざい 【造粒形骨材】 pelletized type aggregate 粒状骨料,造粒骨料
ぞうりゅうき 【造粒機】 pelletizer 造粒机,成球机
そうりゅうきょうかいそう 【層流境界層】 laminar boundary layer 层流边界层
そうりゅうていそう 【層流底層】 laminar sublayer,sublaminar layer 层流底层
そうりゅうねつでんたつりつ 【層流熱伝達率】 laminar flow heat transfer coefficient 层流传热系数
そうりゅうはくり 【層流剝離】 laminar separtion 层流分离
そうりゅうバーナーかえん 【層流～火炎】 laminar burner flame 层流燃烧器火焰
そうりゅうほうしき 【層流方式】 laminar flow type 层流式
ぞうりょうざい 【増量剤】 extender 补充剂,增充剂,增进剂
そうりん 【相輪】 塔顶相轮,塔刹轮饰
そうるい 【藻類】 algae 藻类
そうるいくじょ 【藻類駆除】 algae removal 除藻
そうわき 【送話器】 telephone transmitter (电话)送话器
そえいし 【添石】 lining stone 配石,点缀石,衬托石
そえいた 【添板】 splice(d) plate 拼接板,镶接板,夹板
そえいたつぎ 【添板継ぎ】 spliced joint,fished joint 夹板联结,拼接板连接,鱼尾板结合
そえかなもの 【添金物】 splice piece (金属)拼接板,镶接板,铁夹板
そえぎ 【添木】 fish plate 接合板,拼接板,鱼尾板,树木支撑,支柱
そえぎつぎ 【添木継】 spliced joint 夹板接合,鱼尾板接合,拼合板接头
そえしんいた 【添芯板】 cross band, cross band veneer,crossing 直交单板,内层文叉单板
そえづか 【添束】 spliced strut 附加短柱,附加瓜柱

そえつぎ 【添継】 fish(ed) joint 夹板接合,鱼尾板接合
そえつぎいた 【添継板】 splice plate 拼接板,镶接板,夹板
そえつぎやまがたこう 【添継山形鋼】 splicing angle 拼接用角钢
そえつけ 【添付】 plain joint 平接,平整接合
そえばしら 【添柱】 reinforcing post 加固柱,增强柱
そえやまがたこう 【添山形鋼】 clip angle 箍固角钢,连接角钢,短角钢
ソーオロジカル・ガーデン zoological garden 动物园
そがい 【阻害】 inhibition 抑制
そがいぶっしつ 【阻害物質】 obstructive matter 障碍物质
そぎいた 【殺板·曾木板·粉板】 shingle board 加工板,削薄的木板,木板瓦
そぎつぎ 【殺継】 scarf joint, splay joint, bevel joint 斜嵌面接头,倾斜面接头
そぎば 【殺刃】 scarf (斜面拼接的)接头斜面,嵌接斜面
そぎば 【殺端】 feather edge 薄边,削边
そぎはぎ 【殺矧】 splayed joint 斜面接头,楔形面接头
そぎばれんが 【殺端煉瓦】 feather-edged brick 楔形砖
そきゅう 【訴求】 appeal 诉请注意,唤起注意,吸引力,魅力
ソーキング soaking 浸湿,浸透,湿渍,徐热,均热,浸水,裂化
そく 【束】 bundle 捆(木材体积单位)
そくあつ 【側圧】 lateral pressure 侧压力,侧压
そくあつおうりょく 【側圧応力】 lateral pressure stress 侧压应力
そくおんていこうたい 【測温抵抗体】 measurement resistor 测温电阻器
そくかいせん 【側界線】 side boundary line 建筑基地边线(不包括前后临街边界)
ぞくかけんちく 【俗家建築】 profane architecture 非宗教性建筑,世俗建筑
そくがわくうかん 【側方空間】 lateral clearance 侧向净空
そくかん 【測桿】 rod-float, float rod, velocity rod 浮标,浮杆,测流速杆
そくかん 【側管】 by-pass 旁通管,绕流管
そくきょぎ 【測距儀】 range finder 测距仪
そくけいかん 【側径間】 side span 边跨,侧跨
そくさ 【測鎖】 chain 测链
そくし 【側枝】 lateral shoot 侧枝
そくじしどうがたけいこうとう 【速時始動形蛍光灯】 rapid-starting flucrescent lamp 快速启动荧光灯
そくじだっけいこうほう 【即時脱型工法】 rapid stripping method 快速脱模法
そくじだっけいコンクリート 【即時脱型~】 rapid stripping concrete 快速脱模混凝土
そくしべん 【塞止弁】 stop valve 截止阀
そくしゃき 【測斜器】 clinometer 测斜仪,倾斜仪
そくしゃけい 【測斜計】 clinometer 测斜仪,倾斜仪
そくしんおうしょくど 【促進黄色度】 accelerated yellowness 促进黄色度
そくしんおでいほう 【促進汚泥法】 activated sludge process 活性污泥法
そくしんき 【測伸器】 extensometer 伸长计,延伸仪,变形测定器
そくしんき 【測深機】 sounding machine 测深机,触探机
そくじんき 【測塵器】 dust counter 测尘器
そくしんざい 【促進剤】 accelerator 加速剂,促进剂,促凝剂,早强剂
そくしんしけん 【促進試験】 accelerating test 加速试验
そくしんばくろしけん 【促進曝露試験】 accelerated weathering test 加速曝露试验
そくしんばくろたいこうせいしけん 【促進曝露耐候性試験】 accelerated weathering test 加速曝露耐久性试验

**そくしんロッド** 【測深～】 measuring rod, sounding pole 测深杆

**そくすいしょ** 【測水所】 stream-gauging station 水文站，河道水位站

**そくせつ** 【測設】 setting, location 定线，放线，放样，测设

**そくせん** 【束線】 ray of flux 通量线

**そくせん** 【足線】 foot line, horizontal projection of visual line 足线，视线的水平投影(线)

**そくせん** 【側線】 siding, side track, course of traverse (铁路)侧线，测线，量线

**そくせんみつど** 【束線密度】 density of flux 通量密度

**そくたい** 【側帯】 marginal strip (车行道)路缘带

**そくちせん** 【測地線】 geodetic line 测地线，短程线

**そくちそくりょう** 【測地測量】 geodetic surveying 大地测量

**ぞくちゅう** 【簇柱】 clustered pier, clustered column, compound pier 束形柱，合成柱，集墩

**そくちゅうしきでんしゃちゅう** 【側柱式電車柱】 side pole 沿路式电车杆

**そくてい** 【測定】 measuring, measurement 测量，测定

**そくてい** 【側庭】 side yard, lateral garden 旁院，侧庭，(建筑物的)侧面庭园，服务院

**そくていあつ** 【測定圧】 measuring pressure 测量压力，计示压力

**そくていきぐ** 【測定器具】 measuring instrument 测量仪器，测量工具，量具

**そくていきじゅん** 【測定基準】 measurement reference 测量基准

**そくていぐ** 【測程具】 range finder 测程仪，测距仪

**そくていけいかく** 【測定計画】 pollution measurement plan 测定规划

**そくていせいど** 【測定精度】 measuring accuracy 计量精度，测量精度

**そくていち** 【測定値】 measurement value 测量值，测定值

**そくてん** 【足点】 foot point 足点

**そくてん** 【測点】 survey point, survey station, measuring point 测点，测站，量点

**そくてんじょうけん** 【測点条件】 station condition 测站条件

**そくど** 【速度】 velocity 速度

**そくどあつ** 【側土圧】 lateral earth pressure 侧向土压力

**そくどあつ** 【速度圧】 velocity pressure, dynamic pressure 速度压力，动压力，速头

**そくどいきひ** 【速度域比】 speed range, speed-change range, speed regulation range 转数调整范围，变速范围

**そくとう** 【喞筒】 pump 泵，抽水机

**そくどう** 【側道】 frontage road, frontage roadway, frontage street[美], service roadway[英] 副路，集散道路，平行主干线的复线

**そくどおうとう** 【速度応答】 velocity response 速度反应

**そくどおうとうスペクトル** 【速度応答～】 velocity response spectrum 速度反应谱

**そくどおよびちたいちょうさ** 【速度および遅滞調査】 speed and delay study (交通)速率及阻滞调查

**そくどきせい** 【速度規制】 speed regulation 速率调节，速率管制

**そくどけい** 【速度計】 velocimeter 速度计

**そくどけいすう** 【速度係数】 coefficient of velocity 流速系数，速度系数

**そくどこうばい** 【速度勾配】 velocity gradient 速度梯度，流速梯度

**そくどさ** 【速度差】 speed difference 车速差

**そくどしんぷく** 【速度振幅】 velocity amplitude 速度振幅

**そくどすいとう** 【速度水頭】 velocity head 流速水头

**そくどスペクトル** 【速度～】 velocity spectrum 速度谱

**そくどせいぎょき** 【速度制御機】 speed

controller 速率控制机,控速机
そくどせいぎょしんごう 【速度制御信号】 speed control signal 速率控制信号,控速信号
そくどせいげん 【速度制限】 speed limit,speed regulation 速率限度,速度限制
そくどせいげんくかん 【速度制限区間】 speed-limit zone 速度限制区
そくどせいげんひょうしき 【速度制限標識】 speed-limit sign 限速标志
そくどていげんほう 【速度逓減法】 velocity reduction method (风道)速度递减法
そくどぶんぷ 【速度分布】 velocity distribution 速度分布,流速分布
そくどヘッド 【速度～】 velocity head 流速水头
そくどマイクロホン 【速度～】 speed microphone 速度传声器,速率式话筒
そくどるいせききょくせん 【速度累積曲線】 speed accumulation curve 速度累积曲线
そくどれい 【測度零】 measure zero 测量起点,度量起点
そくねんせい 【速燃性】 flash burning 速燃性
そくばく 【束縛】 constraints 约束,强制
そくひ 【速比】 speed ratio 速比
そくびき 【測微器】 micrometer 测微计,千分尺
そくびきょう 【測微鏡】 micrometer,microscope 测微镜
そくひょう 【測標】 station mark 测标
ぞくふう 【賊風】 draft,draught 缝隙风
そくへき 【側壁】 side wall 侧壁,侧墙,边墙
そくへきどうこう 【側壁導坑】 side drift,side heading 边墙导坑,(隧道的)侧壁导洞
そくぼう 【測棒】 measuring rod,sounding pole 测深杆
そくほうこうかいほう 【側方交会法】 lateral intersection 侧方交会法
そくほうりゅうどう 【側方流動】 lateral flow (沥青路面)横向流动
そくまどさいこう 【側窓採光】 side lighting,lateral lighting 侧窗采光
そくめんいたうちかさねばり 【側面板打重梁】 sheathed compound beam 钉板(组合)梁,钉合板梁
そくめんいつりゅうかん 【側面溢流管】 side-overflow pipe 侧面溢流管
そくめんず 【側面図】 side elevation,side view 侧面图,侧立面图,侧视图
そくめんすみにく 【側面隅肉】 lateral fillet 侧焊缝,侧缝,侧面角焊缝
そくめんすみにくようせつ 【側面隅肉溶接】 lateral fillet weld,fillet weld in parallel shear (搭接接头的)侧面(贴)角焊(焊缝与受力方向平行)
そくめんせいやく 【側面制約】 side constraint 侧面约束,侧面制约
そくめんはぎ 【側面矧】 edge joint (成角)边接,边缘接缝
そくめんまさつ 【側面摩擦】 side friction 侧面摩擦
そくりゅうけい 【速流計】 current-meter 流速仪
そくりょう 【測量】 survey,surveying 测量
そくりょうがく 【測量学】 surveying 测量学
そくりょうかん 【測量桿】 pole,lining-pole,range-pole 测杆,测量标杆
そくりょうき 【測量旗】 surveyor's flag 标旗,测量旗
そくりょうきかい 【測量器械】 surveying instrument 测量器械
そくりょうきき 【測量機器】 surveying instrument 测量仪器
そくりょうぐ 【測量具】 surveying instrument 测量工具
そくりょうくさり 【測量鎖】 surveyor's chain 测链
そくりょうげん 【測量減】 (土地)实测减少面积
そくりょうコンパス 【測量～】 surveyor's compass,dial compass 测量罗盘
そくりょうさぎょうきてい 【測量作業規

程】 surveying specification 测量工作规程
そくりょうし 【測量士】 surveyor 测量员
そくりょうじゅつ 【測量術】 surveying 测量学,测量术
そくりょうず 【測量図】 survey drawing 测量图
そくりょうぞう 【測量増】(土地)实测涨出面积
そくりょうなわ 【測量縄】 measuring rope 测绳
そくりょうはんい 【測量範囲】 surveying range 测量范围
そくりょうひょう 【測量標】 station marker,surveying marker 测标
そくりょうピン 【測量～】 pin 测针,测钎
そくりょうへいきんほう 【測量平均法】 balancing 测量平均法,平差
そくりょうらしんぎ 【測量羅針儀】 surveyor's compass 测量罗盘
ゾーグレア Zoogloea 菌胶团
そくろう 【側廊】 aisle (教堂中的)侧廊
そくろべん 【側路弁】 by-pass valve 旁通阀
そげ 【削】 庭石削缺
ソケット socket 套筒,承窝,轴孔,灯座,插座
ソケットかん 【～管】 socket pipe 套管,承口管
ソケット・スクリュー socket screw 承接螺钉,凹头螺钉
ソケット・スパナー socket spanner 套筒扳手
ソケットつぎ 【～継】 socket joint 套筒接合
ソケットつぎて 【～継手】 spigot and socket joint 套筒接合,套接,承插接合,球窝接合
ソケット・パイプ socket pipe 承接管,套管
ソケット・ベンド socket bend 承插弯头
ソケット・レンチ socket wrench 套筒扳手

そこ 【底】 bottom 底,底层
そこ 【塞】 城塞,城堡
そこいた 【底板】 base plate,footing piece 底板
そここうばい 【底勾配】 bed slope,bottom slope 河床坡度,底坡
そこち 【底地】 (建筑物)占地,原状土地
そこつざい 【粗骨材】 coarse aggregate 粗集料,粗骨料
そこはば 【底幅】 bed width 底宽
そこばり 【底張】 botton lining 底衬,衬底
そこびらきどうんしゃ 【底開土運車】 bottom dumper 底卸式运土车
そこびらきバケット 【底開～】 drop-bottom bucket 开底箱,活底料斗
そざい 【素材】 raw material,unwrought timber,log 原料,坯料,未经加工的木料
そさいえん 【蔬菜園】 vegetable garden 菜园
そさいがき 【蔬菜垣】 vegetable fence 蔬菜绿篱(使用西红柿、茄子、芝麻、羊角豆、立刀豆等)
そさいき 【粗砕機】 primary crusher 粗碎机,初碎机
そさいこつざいひ 【粗細骨材比】 ratio of coarse to fine aggregate 粗细骨料比
そざいまくらぎ 【素材枕木】 untreated sleeper,untreated tie 未经处理的枕木
そし 【素子】 element 元件,单元
そじ 【素地】 primary,ground,body 质地,底子,坯料,基体
そしきけっかん 【組織欠陥】 defect of tissue 组织缺陷(指木材)
そしきず 【組織図】 systematic diagram 系统图
そしきどんかんせい 【組織鈍感性】 structure insensitive properties 组织钝感性
そしきびんかんせい 【組織敏感性】 structure sensitive properties 组织敏感性
そじごしらえ 【素地拵】 preparation surfaces for painting (油漆的)底层表面处理

そじしあげ【素地仕上】 natural grain finish 露木纹油漆
そじちょうせい【素地調整】 底材处理,底层表面处理
そしつしきびょうしつ【組室式病室】 suite room(for patient) 套间式病房
そしゃ【粗砂】 coarse sand 粗砂
そしゅうき【阻集器】 interceptor, separator 阻隔器,分隔器,截流器
そしゅうます【阻集枡】 intercepting chamber 截流井
そしょく【疎植】 sparse planting 疏植,稀植
ソース source 水源,电源,能源
そすいせい【疎水性】 hydrophobicity 憎水性,疏水性
そすいせいこつざい【疎水性骨材】 hydrophobic aggregate 憎水性集料,疏水性骨料
そすいせいコロイド【疎水性～】 hydrophobic colloid 疏水胶体,憎水胶体
そすいゾル【疎水～】 hydrophobic sol 疏水溶胶,憎水溶胶
そスクリーン【粗～】 coarse screen 粗眼筛
ソース・プログラム source program 源程序,原始程序
そせい【塑性】 plasticity 塑性,可塑性
そせいあっしゅく【塑性圧縮】 plastic compression 塑性压缩
そせいいき【塑性域】 plastic region, plastic range 塑性范围,塑性区域
そせいえいきゅうへんけい【塑性永久変形】 plastic permanent deformation 塑性永久变形
そせいおうりょく【塑性応力】 plastic stress 塑性应力
そせいかいせき【塑性解析】 plastic analysis 塑性分析,塑性解析
そせいがく【塑性学】 theory of plasticity 塑性理论
そせいかこう【塑性加工】 plasticity processing 塑性加工
そせいかんせつ【塑性関節】 plastic hinge 塑性铰
そせいかんせつせん【塑性関節線】 plastic hinge line 塑性铰线
そせいげんかい【塑性限界】 plastic limit 塑限
そせいこうか【塑性効果】 plastic effect 塑性效应
そせいこうふく【塑性降伏】 plastic yield 塑性屈服
そせいざい【塑性剤】 plasticizer, plasticizing agent 增塑剂,塑化剂
そせいざいりょう【塑性材料】 plastic material 塑性材料
そせいざくつ【塑性座屈】 plastic buckling 塑性压曲,塑性失稳,塑性屈曲
そせいしすう【塑性指数】 plasticity index 塑性指数
そせいじょうけい【塑性条件】 plastic condition 塑性条件
そせいシルト【塑性～】 plastic silt 塑性粉土,塑性淤泥
そせいしんちょう【塑性伸長】 plastic elongation 塑性伸长
そせいしんどう【塑性振動】 plastic vibration 塑性振动
そせいず【塑性図】 plasticity chart (土的)塑限图
そせいせっけい【塑性設計】 plastic design (按)塑性理论设计,塑性设计
そせいせっけいほう【塑性設計法】 plastic design 塑性设计法,塑性设计
そせいだんめんけいすう【塑性断面係数】 plastic section modulus 塑性截面模量,塑性截面系数
そせいながれ【塑性流】 plastic flow 塑性流动,塑流
そせいねんど【塑性粘土】 plastic clay 塑性粘土
そせいはんい【塑性範囲】 plastic range, plastic region 塑性范围,塑性区域
そせいヒステリシス【塑性～】 plastic hysteresis 塑性滞后现象
そせいひずみ【塑性歪】 plastic strain 塑性应变,塑性变形
そせいヒンジ【塑性～】 plastic hinge

塑性铰

そせいぶんき 【塑性分岐】 plastic bifurcation 塑性分枝,塑性分岔

そせいぶんせき 【組成分析】 asphalt composition analysis (沥青)组分分析

そせいへいこう 【塑性平衡】 plastic equilibrium 塑性平衡

そせいへんけい 【塑性変形】 plastic deformation, plastic strain 塑性变形,残余变形

そせいほうかい 【塑性崩壊】 plastic collapse 塑性破坏

そせいモーメント 【塑性~】 plastic moment 塑性力矩

そせいモーメントはいぶんほう 【塑性~配分法】 plastic moment distribution method 塑性力矩分配法

そせいりつ 【塑性率】 ductility factor 塑性系数,延性系数

そせいりゅうどう 【塑性流動】 plastic flow 塑流,塑性流动

そせいりろん 【塑性理論】 theory of plasticity, plastic theory 塑性理论

そせき 【組積】 masonry bond 砖石砌筑,圬工

そせき 【礎石】 base 柱础(木柱下的础石),柱磉

そせきこうじ 【組積工事】 masonry, masonry works 砌砖工程,砌石工程,圬工

そせきこうぞう 【組積構造】 masonry construction 砌块构造,圬工构造,砖石结构

そせきコンクリート 【粗石~】 rubble concrete 毛石混凝土

そせきざい 【粗石材】 rubble aggregate 粗石集料,毛石骨料

そせきしきへきたい 【組積式壁体】 masonry wall 圬工墙,砌筑墙

そせきぞう 【組積造】 masonry construction 块材砌筑构造,圬工构造,砖石结构

そそん 【疎村】 hamlet 小村庄

そだ 【粗朶】 fascine 柴束,柴捆

ソーダ 【曹達】 soda 苏打,碳酸钠,纯碱

そだいごみ 【粗大芥】 bulky refuse 大块垃圾

ソーダ・ガラス soda glass 钠玻璃

ソーダしょり 【~処理】 soda treatment 碱处理

ソー・ダスト saw dust 锯屑,锯末

ソー・ダスト・コレクター saw dust collector 锯屑收集器

ソーダせいちょうせき 【~正長石】 soda orthoclase 钠正长石

ソーダせっかい 【~石灰】 soda-lime 碱石灰

ソーダせっかいガラス 【~石灰~】 soda-lime glass 钠钙玻璃

ソーダちょうせき 【~長石】 soda feldspar 钠长石

ソーダばい 【~灰】 soda ash 苏打灰,(钠)碱灰,纯碱

ソーダ・バライタ・ガラス soda baryta glass 钠钡玻璃

ソーダ・ファウンテン soda fountain 冷饮摊,冷饮柜,(装有龙头的)汽水容器

ソーダ・ライム soda lime 碱石灰

そタール 【粗~】 coarse tar 粗焦油,粗沥

そだんせい 【塑弾性】 plasto-elasticity 弹塑性

そだんせいへんけい 【塑弾性変形】 plasto-elastic deformation 弹塑性变形

そちゅうしき 【疎柱式】 araeostyle 疏柱式(柱间距为柱子的四倍)

そっかく 【息角】 angle of repose 休止角,安息角

そっかく 【測角】 measuring of angle, angle measurement 测角,角度测量

そっかくけい 【測角計】 angle gauge 量角器,角度计,倾斜计

そっかんせっちゃくざい 【速乾接着剤】 quick drying adhesive 快干粘合剂,快干胶粘剂

そっかんニス 【速乾~】 quickly drying varnish 快干清漆

そっかんワニス 【速乾~】 quick drying varnish 快干清漆

そっきょ 【測距】 distance measuring 测距

そつぎょうせっけい 【卒業設計】 diplo-

ma design 毕业设计
そっきょぎ 【測距儀】 range finder 测距仪
ソックスレちゅうしゅつほう 【~抽出法】 Soxhlet's extract method 索克斯列提取法(油分测定方法)
そっこう 【側光】 side light 侧窗(采)光
そっこう 【側溝】 side ditch, street gutter 边沟,侧沟,路边排水沟
そっこういちじひょうじゅんき 【測光一次標準器】 primary photometric standard 原始测光标准器
そっこうがく 【測光学】 photometry 光度学,测光学,测光技术
そっこうじょ 【測候所】 observatory, meteorological station 气象局,气象观测站,观象台,观象站
そっこうひょうじゅんき 【測光標準器】 photometric standard 测光用标准光源,光度标准器
そっこうりょう 【測光量】 amount of photometry 光度值(包括光通、光强、照度、亮度等)
そっこん 【側根】 lateral root 侧根
ソー・ツース saw tooth 锯齿
そで 【袖】 翼部,侧厅,建筑物的某一部分
そでいし 【袖石】 石阶侧石,踏步边石,耳石
そでいしがき 【袖石垣】 wing masonry 石砌翼墙
そでがき 【袖垣】 wing fence, side fence 翼墙,翼篱,(门旁两边的)矮绿篱或矮围墙
そでがたがわら 【袖形瓦】 筒瓦,袖形瓦
そでがたちょうばん 【袖形蝶番・袖形丁番】 普通铰链,双袖铰链,蝴蝶铰链
そでかべ 【袖壁】 wing wall, side wall 翼墙,八字墙,侧墙
そでかんばん 【袖看板】 armal sign 悬挑标志牌
そてつ 【蘇鉄】 Cycas revoluta[拉], Sago cycas[英] 苏铁,铁树
そでと 【袖戸】 side door 旁门,边门
そでべい 【袖塀】 (门旁或建筑物旁的)小围墙,两翼围墙
そでまるがわら 【袖丸瓦】 山墙博缝处用筒瓦
そでろう 【袖廊】 transept (十字形教堂的)耳堂,翼堂,翼廊
そど 【粗度】 roughness 粗糙度
そとうば 【卒塔婆】 stupa 佛塔,窣堵婆
そとがわしゃせん 【外側車線】 kerb lane, nearside lane, 外侧车道,边缘车道,靠侧石车道
そとがわぶんりたい 【外側分離帯】 outer separator 外分隔带(限制进入的干道与其副路之间的分隔带)
そどけいすう 【粗度係数】 coefficient of roughness 粗糙系数
そとずみタイル 【外隅~】 外角瓷砖,阳角条
そとだき 【外抱】 reveal 门窗抱柱,门窗口侧墙面
そとだきボイラー 【外焚~】 externally fired boiler 外燃锅炉
そとどい 【外樋】 hung gutter, out-side gutter 外排水管,明水落管
そとのき 【外軒・外檐】 山墙檐口,山墙挑檐
そとのり 【外法】 outside dimension, outside measurement 外包尺寸,外侧尺寸
そとのりせい 【外法制】 outside dimension system 外包尺寸制,外侧尺寸制
そとはま 【外浜】 nearshore, inshore 沿海,近海岸
そとびらき 【外開】 opening out (门窗的)外开式
そとぶたい 【外舞台】 apron 前舞台(台唇)
ソード・ベニヤ sawed veneer 锯制单板,锯制薄木片
そとぼうすい 【外防水】 water-proofing on outside wall 外防水
そとむきこうつう 【外向交通】 outbound traffic 出境交通,外向交通
そとろじ 【外露地】 (茶室)外院场地,室外场地
そとわ 【外輪】 extrados 拱背,拱背线
ソナー sonar 声纳,声波定位仪

ソニック・コンパレーター sonic comparator 声能比较仪
ソニックしけん 【～試験】 sonic test 音响试验
ゾーニング zoning 分区,区划
ゾノトライト xonotlite 硬硅钙石
ソノメーター sonometer 振动式频率计,弦音计
そば 【傍】 side 侧,边,侧面,木板的侧边
そばとりがんな 【傍取鉋】 线刨,边刨,长刨
そばのき 【傍軒】 山墙檐口,山墙挑檐
そばん 【礎盤】 础盘
そひだんせい 【塑非弾性】 plasto-inelasticiry 塑非弹性
ソフィー-ジャーマンのきょくりつ 【～の曲率】 Sophie-Germain curvature 索菲-杰尔曼曲率,平均曲率
ソフィット soffit 拱内面,挑檐底面,拱腹,楼梯底部,过梁底面,下端
ソフィット soffit 拱腹
ソープ・ウォーター soap water 肥皂水
ゾフォロス zophoros[希] (古希腊建筑的)雕带
ソフト・アイアン soft iron 软铁,熟铁
ソフト・ウォーター soft water 软水
ソフト・ウッド soft wood 软材,针叶树材
ソフト・ガラス soft glass 软质玻璃
ソフト・スチール soft steel 软钢
ソフト・ボード soft board 软质纤维板
ソフト・ラバー soft rubber 软质橡胶
ソプラポルト soprappôrto[意] (府邸门上至顶棚之间的)绘画装饰
ソー・ブレード saw blade 锯片,锯条
ソベントつぎて 【～継手】 Sovent fitting 单管式排水透气管接头
ソベントはいすいつうきほうしき 【～排水通気方式】 Sovent system 单管式排水透气方式
そまおおがく 【杣大角】 large hewn square 锛制大枋,劈大枋,大枋
そまがく 【杣角】 hewn square 锛制枋材,劈枋
そまこがく 【杣小角】 small hewn square 锛制小枋,劈小枋,小枋
そまちゅうがく 【杣中角】 medium hewn square 锛制中枋,劈中枋
そまとり 【杣取】 hewing 斧砍,斧伐,斧削,斧劈
そみがき 【粗磨】 rough grind (石材)粗磨
そみつは 【疎密波·粗密波】 compressional wave,pressure wave 疏密波,纵波,压缩波
ソー・ミル saw mill 锯木厂,制材厂
ソム SOM(Skidmore,Owings and Merrill,architects) (1935年美国芝加哥成立的)斯基德莫尔、奥文斯、梅里尔建筑师事务所
そめんがん 【粗面岩】 粗面岩
そめんしあげ 【粗面仕上】 rough coat 粗面层,粗饰面
そめんタイル 【粗面～】 rough face tile 粗面砖,粗面条纹砖,粗面花砖
そめんぬり 【粗面塗】 rough coat (抹灰)毛面,粗面,(石灰、油漆)底层,底层灰
そもうフェルト 【素毛～】 felt 毛毡
ソーラー solar 太阳的,阳光的,日光的,(中世纪邸宅的)起居室
そらじまりボルト 【空締～】 latch bolt, live bolt 弹簧闩,碰簧销
そらじょう 【空錠】 latch 普通门锁,把手门锁
そらせいた 【反板】 deflector 导流板,折流板
そらつき 【空突】 仅树梢有枝的树
ソーラハウス solar house 太阳房(指全面利用太阳能的房屋)
ソラリゼーション solarization 曝晒作用,光致劣化
そり 【反】 camber,warping 起拱,反拱,反弯度,翘曲,反挠
そりかえり 【反返】 warping 翘曲,弯曲,翘起
そりがんな 【反鉋】 弯刨,曲面形刨,凸底刨,船底形刨
ソリジチット solidizit 索利迪契特水泥(混合硅酸盐水泥)
ソリッド・キャスト・ドア solid cast

door 实体浇铸门
ソリッド・ケーブル solid cable 实心电缆
ソリッド・スチール・ドア solid steel door 实心钢门
ソリッド・パネル solid panel 厚镶板
ソリッド・ボーラー solid borer 钻孔,实心钻头,镗刀
ソリッド・ボーリング solid boring 钻孔,实心钻孔
ソリッド・ロール solid roll 实心辊轧
ソリッド・ワイヤー solid wire 单线,实心线
ソリディティ solidity 固态,固体性,坚固性,完整性
そりばな 【反花】 覆莲,伏莲,莲花座
そりはふ 【反破風】 起翘封檐板(中部下凹两端翘起的封檐板)
そりまし 【反増】 翘起,向上翘,翘头
そりもと 【反元】 反翘起点
そりやね 【反屋根】 起翘屋顶,上翘屋顶
そりゅうげんぶがん 【粗粒玄武岩】 coarse basalt 粗颗粒玄武岩
そりゅうど 【粗粒土】 coarse grained soils 粗(颗)粒土
そりゅうどアスファルト・コンクリート 【粗粒度～】 coarse graded asphaltic concrete 粗级配沥青混凝土,粗粒式沥青混凝土
そりゅうばん 【阻流板】 baffle board 阻流板,挡水板
そりゅうりつ 【粗粒率】 fineness modulus (骨料)细度模数
ソリュビリティ solubility 溶度,溶解度,可溶性
ソール sole 基底,底板,底面
ゾル sol 溶胶,胶液
ソルヴェーてい 【～邸】 Solvay House (1893～1895年比利时布鲁塞尔)索尔维住宅
ソルジャー・ビーム soldier beam 挡土板用立桩(木桩或钢桩)
ソールズベリーだいせいどう 【～大聖堂】 Salisbury Cathedral (1220～1265年英国)索尔兹伯里大教堂
ソルダー solder 焊料,焊锡
ソルダリング・アイアン soldering iron 烙铁
ソルダリング・アシド soldering acid (锡)焊酸,(锡)焊液
ソルダリング・フラックス soldering flux 助焊剂,软焊剂
ソルテア Saltaire (1851年英国西普列市的模范工业城镇)索尔太阿
ソルバイト・レール sorbite rail 索氏体钢轨,淬火钢轨
ソール・プレート sole plate (梁、桁、基础等的)底板,地脚板,钢轨垫板
ソルベント solvent 溶剂,溶媒,有溶解力的
ソルベント・センシティブせっちゃくざい 【～接着剤】 solvent sensitive adhesive 溶剂敏感性粘合剂,溶敏性胶粘剂
ソルベント・ナフサ solvent naphtha 溶剂石脑油,石油精溶剂
ソレノイドべん 【～弁】 solenoid valve 电磁阀
ソーレル・セメント Sorel cement 索勒尔胶结料,氧氯化镁胶结料
ぞろ 【揃】 flush 齐平,铺平,对平
ソワゼット soisette 光滑的平纹棉布
ソーン sone 宋(响度单位)
ゾーン zone 地区,范围,(地)带,区段
そんえきけいさんしょ 【損益計算書】 profit and loss statement 损益计算书,盈亏计算表(书)
ゾーンおんどせいぎょ 【～温度制御】 zone temperature control 区域温度控制
ゾーン・コントロール zone control (空气调节的)区域控制,分区控制
そんざいおうりょく 【存在応力】 working stress, existing stress 现存应力,实际应力,工作(资用)应力
そんざいりょくち 【存在緑地】 (改善城市生态环境的)非游览性绿地(如防风林、工业隔离带等)
ゾーン・システム zone system 分区系统,分区制度
そんしつ 【損失】 loss 损失
そんしつエネルギー 【損失～】 energy

loss 损失能量,消耗能

**そんしつけいすう** 【損失係数】 loss factor 损失系数,损耗因数

**そんしつすいとう** 【損失水頭】 loss of head 水头损失

**そんしつねつりょう** 【損失熱量】 heat flow loss 热量损失

**そんしつらくさ** 【損失落差】 head loss, loss of head 水头损失

**そんしょう** 【損傷】 injury, damage, loss 损失,伤害,损坏

**ゾーン・ダィアグラム** zone diagram 区域图,分区图

**ゾーンたんばん** 【～単板】 sawn veneer 锯成的单板,锯制单板

**ゾーンちょうせい** 【～調整】 zone control 区域控制,分区调节

**ソンデ** sonde 探测器,探针,探棒,探头,测锤

**そんどう** 【村道】 village road 村镇道路(由村镇集资修建的道路)

**ゾーン・バス・システム** zone bus system 区间公共汽车制

**ゾーンべつせいぎょほうしき** 【～別制御方式】 zone control system 分区控制系统,分区控制方式

**ゾーン・ベニヤ** sawn veneer 锯成的单板,锯制单板

**ゾーンほうしき** 【～方式】 zone system (空气调节系统的)区域制,分区制,分区系统

**そんもう** 【損耗】 loss 磨损,消耗,损失

**そんらく** 【村落】 village 村庄,农村

**そんらくけいかく** 【村落計画】 rural planning 农村规划,乡村规划

**そんらくけいかん** 【村落景観】 农村风景,农村景观

**そんらくひろば** 【村落広場】 village green 村庄小广场

**そんりょう** 【損料】 hire 维修费,租用,雇用

## た

タイ tie 系杆,拉杆,拉条,连结杆,扎,绑,连结,联接线,轨枕,枕木

ダイ die 冲垫,铆头模,螺丝板,塑模,铸模

ダイアイオン Diaion 代亚昂离子交换树脂(商)

だいアーケード 【大～】 grand arcade 大拱廊,中堂拱廊(哥特教堂中堂和侧廊之间的拱廊)

ダイアゴナル・フープ diagonal hoop 对角箍筋

ダイアスポア diaspore (硬)水铝石,水矾石,水矾土

ダイアスポアねんど 【～粘土】 diaspore clay 水矾石粘土

ダイアパー diaper 菱形花格,菱形花纹

ダイアフラム diaphragm 隔墙,隔板,隔膜,横隔,光阑,光圈,膜片

ダイアフラム・プレート diaphragm plate 隔板,横隔板

ダイアフラムべん 【～弁】 diaphragm valve 隔膜阀,膜片阀

ダイアフラム・ポンプ diaphragm pump 隔膜泵

ダイアモンド diamond 金刚石,金刚钻,钻石

ダイアモンド・インターチェンジ diamond intenchange 菱形立体交叉

ダイアモンドがたインターチェンジ 【～型～】 diamond interchange 菱形立体交叉

ダイアモンドがたりったいせつぞく 【～型立体接続】 diamond interchange 菱形立体交叉

ダイアモンド・カッター diamond cutter 玻璃刀,金刚石切割器

ダイアモンドきり 【～錐】 diamond drill 金刚石钻机

ダイアモンド・シェル diamond shell 菱形薄壳

ダイアモンド・ドリル diamond drill 金刚石钻机

ダイアモンド・ビット diamond bit 金刚石钻头

ダイアモンド・ピラミッドかたさ 【～硬さ】 diamond pyramid hardness 金刚钻角锥硬度,维氏硬度

ダイアモンド・ブレーキ diamond brake 管道加固剪刀撑

ダイアモンド・ボーリング diamond boring 金刚石(钻头)钻探,金刚石(钻头)钻孔

たいアリカリせい 【耐～性】 alkali-resistance 耐碱性,抗碱性

ダイアル dial 标度盘,刻度盘,拨号盘,日晷仪

ダイアルいた 【～板】 dial, dial plate 刻度板,分度板

ダイアル・インジケーター dial indicator 度盘式指示器,千分表,测微仪

たいアルカリ・ガラス 【耐～】 alkali-proof glass 耐碱玻璃

たいアルカリしけん 【耐～試験】 alkali-proof test 耐碱性试验

たいアルカリちゅうてつ 【耐～鋳鉄】 alkali resisting cast iron 耐(抗)碱铸铁

たいアルカリとりょう 【耐～塗料】 alkali-proof paint 耐碱涂料,抗碱油漆

たいアルカリ・ペイント 【耐～】 alkali-proof paint 抗碱油漆,耐碱涂料

ダイアル・ゲージ dial gauge 千分表,测微仪,刻度表,指示表

ダイアル・コンパス dial compass 刻度规,刻度罗盘

ダイアル・サーモメーター dial thermomcter 指针式温度计,度盘式温度计

ダイアル・バス dial bus 电话传呼公共汽车

たいいき 【帯域】 frequeney range band 频率范围,频带,波段,光带,区域,范围

たいいきおんあつレベル 【帯域音圧～】 band pressure level 频带声压级
たいいきくうかんほう 【帯域空間法】 zonal cavity method, zonal cavity interflection method （室内照明计算的）带域空间法，带腔法
だいいきさいてきかい 【大域最適解】 global optimum 全局最优解
たいいきしょうきょフィルター 【帯域消去～】 band-elimination filter, band-exclusion filter 带阻滤波器，带除滤波器
だいいきてきさいしょうちのじょうかい 【大域的最小値の上界】 upper bound of the global minimum 全局的最小值上限，全域的最小值上限
たいいきはば 【帯域幅】 band width 频带宽度，通带宽度
たいいきフィルター 【帯域～】 band-pass filter 带通滤波器
たいいくかん 【体育館】 gymnasium 体育馆
たいいくしつ 【体育室】 gymnastic hall, gymnastic room 体育馆，体育室
だいいた 【台板】 base plywood 底层胶合板
だいいちだんかいのビー・オー・ディー 【第一段階のBOD】 first stage BOD(biochemical oxygen demand) 第一阶段生化需氧量，第一阶段BOD
だいいちちんでんち 【第一沈殿池】 primary settling tank, primary sedimentation tank 一次沉淀池
だいいちてつえん 【第一鉄塩】 ferrous salt 低铁盐，亚铁盐，二价铁盐
だいいっかくほう 【第一角法】 first angle projection 第一角投影法
だいいっしゅきゅうちゃく 【第一種吸着】 primary adsorption 第一类吸附，化学吸附
たいいんせいじゅもく 【耐陰性樹木】 shade-enduring plant, shade-tolerant tree 阴性树，耐阴树
ダイエレクトリック dielectric 电介质，电介体，绝缘材料
ダイエレクトリック・ロス dielectric loss 介质损失
たいえんすいせい 【耐塩水性】 salt water resistance 耐（抗）盐水性
たいえんせい 【耐炎性】 flame resistance 抗火性，耐焰性
たいえんせい 【耐塩性】 salt tolerance 耐盐性，抗盐性
たいえんせいじゅもく 【耐煙性樹木】 smoke-enduring plant 耐烟树木，抗烟树种
たいえんふうせいじゅもく 【耐塩風性樹木】 sea wind enduring tree 耐海风性树木
たいおうごうせい 【対応剛性】 corresponding stiffness 相对刚度
だいおうしょう 【大王松】 Pinus palustris[拉], longleaf pine, pitch pine[英] 北美大王松，长叶松
たいおうすいい 【対応水位】 corresponding water-level 对应水位，相应水位
たいおうへんい 【対応変位】 corresponding displacement 相对位移
たいおうりゅうりょう 【対応流量】 corresponding discharge 对应流量，相应流量
たいか 【大火】 big fire 大火灾
たいか 【耐火】 fireproof, fire-resisting 耐火，防火
たいか 【帯化】 fasciation 扁化，带化（现象）
だいがいく 【大街区】 super-block 大街坊，大街区
だいがえち 【代替地】 代替地，替换地
たいかかくへき 【耐火隔壁】 fire-proof wall 耐火隔墙，防火墙
たいかくぎょうれつ 【対角行列】 diagonal matrix 对角矩阵，对角阵
たいかくきん 【対角筋】 diagonal bar 对角钢筋
たいかくせんアーチ 【対角線～】 diagonal arch 对角拱
たいかくせんリブ 【対角線～】 diagonal rib 对角肋条，交叉肋
だいがくとし 【大学都市】 university

town 大学城(市)

たいかくマトリックス 【対角～】 diagonal matrix 对角矩阵

たいかくみたてじゅうたく 【耐火組立住宅】 耐火构造装配式住宅

たいかくようそ 【対角要素】 diagonal element 对角元素

たいかくれっきょほう 【対角列挙法】 diagonal enumeration 对角列举法

たいかけんちくぶつ 【耐火建築物】 fireproof building 耐火建筑物

たいかこうぞう 【耐火構造】 fireproof construction, fire resisting construction 耐火结构,耐火构造

たいかごうはん 【耐火合板】 fireproof plywood 耐火胶合板

たいかコンクリート 【耐火～】 fireproof concrete, fire resisting concrete 耐火混凝土

たいかさ 【耐火砂】 fireproof sand 耐火砂

たいかざい 【耐火材】 refractory materials, fireproofing materials 耐火材料

たいかざいりょう 【耐火材料】 fireproofing materials, fire resisting materials, refractory materials 耐火材料

たいかじかん 【耐火時間】 fire resistance hour 耐火时间

たいかしけん 【耐火試験】 fire resistance test 耐火性试验

たいかじすう 【退化次数】 column nullity (平衡矩阵的)退化次数

たいかじせんぷう 【大火時旋風】 大火时旋风

たいかじたつまき 【大火時竜巻】 大火时龙卷风

たいかじょうきょうず 【大火状況図】 大火状况图

ダイ・カスト die casting 压模铸件,压铸

たいかせいじゅもく 【耐火性樹木】 耐火性树木

たいかせいのう 【耐火性能】 fire resistance efficiency 耐火性能

たいかせいのうしけん 【耐火性能試験】 fire resistance test 耐火性能试验

たいかせいのうのとうきゅう 【耐火性能の等級】 (建筑构件)耐火性能等级

たいかせっちゃくざい 【耐火接着剤】 fire-proofing adhesives 耐火粘合剂,耐火胶粘剂

たいかセメント 【耐火～】 fire-proofing cement, refractory cement 耐火水泥

たいかだんねつれんが 【耐火断熱煉瓦】 insulating fire brick 绝热耐火砖,耐火保温砖

たいかど 【耐火度】 degree of fireproof 耐火度,耐火等级

たいかぬり 【耐火塗】 fire-proof paint coat, fire-proof paint coating 涂耐火涂料,耐火涂料涂层

たいかねんど 【耐火粘土】 fire clay, refractory clay 耐火粘土

たいかねんど 【耐火粘土】 fire-clay 耐火粘土

たいかねんどしつたいかぶつ 【耐火粘土質耐火物】 耐火粘土质耐火材料

たいかねんどモルタル 【耐火粘土～】 refractory(clay)mortar 耐火(粘土)灰浆,耐火泥

たいかひふく 【耐火被覆】 fireproofing protection 耐火覆盖层,耐火保护层

たいかひふくざい 【耐火被覆材】 耐火覆盖材料

たいかぶつ 【耐火物】 refractory 耐火物,耐火材料

たいかペイント 【耐火～】 fire resisting paint, fire-proofing paint 耐火涂料,耐火油漆

たいかへき 【耐火壁】 fire-proof wall 耐火墙,防火墙

タイガー・ボード Tiger board 泰格板(一种石膏板)(商)

たいかモルタル 【耐火～】 fire-proof mortar 耐火砂浆

たいかれんが 【耐火煉瓦】 fire brick, refractory brick 耐火砖

だいカロリ 【大～】 large calorie, kilogram-calorie 千卡

たいかんおんど 【体感温度】 sensory

temperature 感觉温度,体感温度
たいがんきょり 【対岸距離】 fetch 对岸距离
たいかんしけん 【耐寒試験】 freezing resistance test 抗冻(性)试验,耐低温试验
たいかんしひょう 【体感指標】 sensory index(of warmth) 感温指标,体感指标
たいかんしんど 【体感震度】 感觉地震烈度
たいかんせいじゅもく 【耐乾性樹木】 drought-resistant tree 耐干性树木,抗旱性树木,耐干旱树木
たいかんせいしょくぶつ 【耐乾性植物】 drought-resistant plant 耐干性植物,抗旱性植物,耐旱性植物
だいがんな 【台鉋】 planer 木刨
たいき 【大気】 atmosphere 大气
たいきあつ 【大気圧】 atmospheric pressure,barometric pressure 大气压(力)
たいきあつこうほう 【大気圧工法】 sand drain vacuum method 砂井真空排水(加固地基)施工法
たいきあつしきじょうきだんぼう 【大気圧式蒸気暖房】 atmospheric steam heating 常压蒸汽采暖
たいきあんていど 【大気安定度】 stability of atmosphere 大气稳定度
たいきおせん 【大気汚染】 atmospheric pollution 大气污染
たいきおせんいんし 【大気汚染因子】 air pollution agent 大气污染因子
たいきおせんきせいちいき 【大気汚染規制地域】 air pollution control district 大气污染控制区
たいきおせんコントロール・センター 【大気汚染～】 air pollution control center 大气污染控制中心
たいきおせんそくていもう 【大気汚染測定網】 air monitoring network 大气污染监测网
たいきおせんど 【大気汚染度】 degree of atmospheric pollution 大气污染程度
たいきおせんポテンシャル 【大気汚染～】 air pollution potential 潜在的大气污染
たいきかんそう 【大気乾燥】 air drying,air seasoning 自然干燥,风干
たいきしきぎょうしゅくき 【大気式凝縮器】 atmospheric condenser 大气冷凝器
たいきしきれいきゃくとう 【大気式冷却塔】 atmospheric cooling tower 大气式冷却塔
たいきじんしょう 【大気塵象】 lithometeor 大气浮尘现象,气尘粒
たいきすいしょう 【大気水象】 hydrometeorology 水文气象
たいきとうかりつ 【大気透過率】 coefficient of atmospheric transmission,atmospheric transmittance 大气透明度
たいきふくしゃ 【大気輻射】 atmospheric radiation 大气辐射
たいきぶんせき 【大気分析】 air analysis 大气分析,空气分析
たいきほうしゃ 【大気放射】 atmospheric radiation 大气辐射
だいきぼかいはつプロジェクト 【大規模開発～】 large scale development project 大规模开发方案,大规模开发工程
だいきぼこうぎょうきち 【大規模工業基地】 large scale industrial districts 大规模工业基地
たいきゅうげんかい 【耐久限界】 endurance limit 疲劳极限,持久极限
たいきゅうげんど 【耐久限度】 endurance limit,durability 持久极限,疲劳极限 耐久度
たいきゅうしけん 【耐久試験】 endurance test 疲劳试验,耐久试验
たいきゅうせい 【耐久性】 durability 耐久性,持久性
たいきゅうせいけいすう 【耐久性係数】 coefficient of durability 耐久系数,疲劳系数
たいきゅうせいしけん 【耐久性試験】 durability test 耐久性试验
たいきゅうせいしすう 【耐久性指数】 durability factor(DF) (混凝土的)耐久性指数
たいきゅうテスト 【耐久～】 endurance test 疲劳试验,耐久试验

たいきゅうど 【耐久度】 durability 耐久性,持久性

たいきゅうねんげん 【耐久年限】 durable term 耐久年限,结构使用寿命

たいきゅうねんすう 【耐久年数】 durable years (建筑物)耐用年限,使用寿命

たいきゅうはかい 【耐久破壊】 fatigue fracture, endurance fracture 疲劳破坏,耐久破坏,疲劳断裂

たいきゅうはんい 【耐久範囲】 endurance limit, fatigue limit 耐久限度,疲劳极限

だいぎり 【台切·大切】 大锯,截锯(截取木料两头)

だいぎりおが 【台切大鋸】 pit saw 大锯,截锯

たいきれいすいとう 【大気冷水塔】 atmospheric cooling tower 自然冷却塔,空气冷却塔

だいく 【大工】 carpenter 木工,木匠

だいくこうじ 【大工工事】 carpentry, carpenter's work 木工程,木作

だいくどうぐ 【大工道具】 carpenter's tool 木工工具

ダイグリフ＝ディグリフ

だいけい 【台形】 trapezoid 梯形

たいけいこう 【対傾構】 sway bracing, cross framing (抗风)横撑,抗倾斜的剪刀撑,交叉支撑

だいけいダクト 【大形～】 trunk duct 主管道,主风道

だいけいはこげた 【台形箱桁】 trapezoidal box girder 梯形箱形大梁

だいけいラーメン 【台形～[Rahmen德]】 trapezoidal rigid frame 梯形刚架

タイけんちく 【～建築】 Thai architecture 泰国建筑

たいこ 【太鼓】 (中空层的)两面裱糊,圆木的两面削平

たいこいし 【太湖石】 太湖石

たいこう 【対向】 facing 面向,对向

だいこうえん 【大公園】 large park 大公园

だいこうけいぐい 【大口径杭】 large diameter pile 大口径桩

だいこうけいばしょうちぐいきかい 【大口径場所打杭機械】 大口径就地灌注混凝土桩用机械

たいこうしけん 【耐候試験】 outdoor exposure test, weather exposuer test 耐候性试验,全天候性试验(露天放置试样试验对各种天气影响的安定性)

だいこうずい 【大洪水】 catastrophic flood 大洪水

たいこうせい 【耐光性】 radiationproof 耐光性

たいこうせい 【耐候性】 weather fastness, weatherproof 耐候性,全天候的,抗大气影响的

たいこうせいしけん 【耐光性試験】 radiation-proofing test 耐光性试验

たいこうせいしけん 【耐候性試験】 outdoor exposure test 耐候性试验,全天候性试验,风化试验

たいこうせいすべり 【退行性滑】 retrogressive slide 后退性滑坡

たいこうせいせっちゃくざい 【耐候性接着剤】 weather resistant adhesive 耐候性粘合剂,耐气候老化的粘合剂

たいこうちゅうしゃ 【対向駐車】 facing parking, counter parking 对向停车

たいこうりゅう 【対向流】 counter flow 对流,逆流

たいこおとし 【太鼓落】 圆木的两面削平

だいこくばしら 【大黒柱】 中柱,主要支柱

だいごじ 【醍醐寺】 (9～10世纪日本京都)醍醐寺

だいごじごじゅうのとう 【醍醐寺五重塔】 (925年日本京都)醍醐寺五重塔

たいこど 【太鼓戸】 贴板门

たいこばし 【太鼓橋】 acute arch bridge 罗锅桥,尖拱桥

たいこばめ 【太鼓羽目】 两面铺钉木墙板

たいこばり 【太鼓張】 drum panelling 空腔镶板构造,空腔嵌板构造,(中空层的)两面裱糊,圆木的两面削平

たいこばりしょうじ 【太鼓張障子】 两面裱糊纸槅扇

たいこばりふすま 【太鼓張襖】 两面裱糊

纸榻扇
たいこびょう 【太鼓鋲】 半圆头装饰钉
たいさんアスファルト・タイル 【耐酸～】 acid-proof asphalt tile 耐酸沥青面砖
たいさんいもの 【耐酸鋳物】 acid resisting casting 耐酸铸件
だいさんかくほう 【第三角法】 third angle projection 第三角投影法
たいさんかん 【耐酸管】 acid-resisting pipe 耐酸管
だいさんきそう 【第三紀層】 tertiary deposit 第三纪沉积层
たいさんくろワニス 【耐酸黒～】 acid resisting bituminous varnish 耐酸沥青清漆
たいさんこう 【耐酸鋼】 acid-proof steel, acid resisting steel 耐酸钢
たいさんごうきん 【耐酸合金】 acid resisting alloys 耐酸合金
たいさんコンクリート 【耐酸～】 acid-proof concrete, acid resisting concrete 耐酸混凝土
たいさんざい 【耐酸材】 acid-proof material 耐酸材料
たいさんしけん 【耐酸試験】 acid-proof test 抗酸性试验,耐酸度试验
だいさんじさんぎょう 【第三次産業】 tertiary industry 第三产业
たいさんせい 【耐酸性】 acid resistance 耐酸性
たいさんセメント 【耐酸～】 acid-proof cement, acid resisting cement 耐酸水泥
たいさんタイル 【耐酸～】 acid-proof tile, acid resising brick 耐酸瓷砖,耐酸砖
たいさんてつ 【耐酸鉄】 acid-proof iron 耐酸铁
たいさんとりょう 【耐酸塗料】 acid-proof paint, acid resisting paint 耐酸涂料,耐酸漆
たいさんながし 【耐酸流】 acid-proof sink 耐酸洗涤盆
たいさんペイント 【耐酸～】 acid-proof paint 耐酸漆,耐酸涂料
たいさんべん 【耐酸弁】 acid-proof valve 耐酸阀
たいさんぼく 【泰山木】 Magnolia grandiflora[拉], Southern magnolia[英] 荷花玉兰,广玉兰
たいさんモルタル 【耐酸～】 acid-proof mortar, acid resisting mortar 耐酸砂浆
たいさんラッカー 【耐酸～】 acid-proof lacquer, acid resisting lacquer 耐酸清漆
だいさんレール 【第三～】 third rail 第三轨条(电车的供电用轨条)
たいさんれんが 【耐酸煉瓦】 acidproof brick 耐酸砖
たいし 【体志】 庭园品格,庭园风格
ダイジェスター digester 消化池,(高分子有机物构造的)分解装置
たいしかん 【大使館】 embassy 大使馆
タイしき 【～式】 Thai style 泰国式(建筑)
だいじげんマトリックス 【大次元～】 large matrix 大矩阵,超多元矩阵
たいしつがんりょう 【体質顔料】 extender pigment 填充用颜料,体质颜料
たいしつせい 【耐湿性】 moisture resistance, moisture proofness, damp proofness 耐湿性,抗湿性
たいしつせいじゅもく 【耐湿性樹木】 wet tolerant tree 耐湿性树木
たいしゃ 【台榭】 台榭
たいしゃ 【代謝】 metabolism (新陈)代谢(作用),同化作用
たいしゃ 【滞砂】 deposited silt 沉积砂,淤积砂
だいしゃ 【台車】 truck 运货车,载重车,小轨道运土车
たいしゃあつ 【滞砂圧】 silt pressure 淤砂压力
たいしゃりょう 【堆砂量】 silt quantity 堆砂量,积砂量
たいしょう 【対称】 symmetry 对称
たいしょう 【耐錆】 rust-proofing, rust-resisting 防锈,耐蚀,抗锈
たいしょうおうりょく 【対称応力】 symmetrical stress distribution 对称应力
たいしょうかじゅう 【対称荷重】 sym-

metrical load(ing) 对称荷载
たいしょうげきせい 【耐衝撃性】 impact resistance 耐(抗)冲击性
たいしょうしきさい 【対照色彩】 contrast colour 对比色彩
たいしょうじく 【対称軸】 symmetrical axis 对称轴
たいしょうせい 【耐錆性】 rust resistance 耐锈性,抗腐蚀性
たいしょうせいのちょうわ 【対照性の調和】 harmony of contrast 对比性协调
たいしょうちゅうしん 【対称中心】 symmetrical center 对称中心
たいしょうテンソル 【対称～】 symmetric tensor 对称张量
たいじょうとし 【帯状都市】 linear city,belt line city 带形城市,线状连续发展城市
たいしょうはいれつ 【対称排列】 symmetrical arrangement 对称排列
たいしょうぶんき 【対称分岐】 symmetric bifurcation 对称分枝,对称分岔
たいしょうへんけい 【対称変形】 symmetrical deformation 对称变形
だいしょうべんけんようべんき 【大小便兼用便器】 urinal water closet 大小便两用便器
たいしょうほう 【対称法】 symmetric welding sequence 对称法(焊接)
たいしょうほねぐみ 【対称骨組】 symmetrical frame 对称框架,对称构架,对称刚架
たいしょうマトリックス 【対称～】 symmetrical matrix 对称矩阵
たいしょうモード 【対称モード】 symmetrical mode 对称模型
たいしょうラーメン 【対称～[Rahmen德]】 symmetrical rigid frame 对称刚构,对称刚架,对称框架
たいしょく 【対植】 pair planting 对植
たいしょく 【退色】 fading 褪色
たいしょく 【耐食·耐蝕】 corrosion proof,corrosion resistance 耐蚀,抗腐蚀
たいしょくアルミニウムごうきん 【耐食～合金】 corrosion resisting aluminium alloy 耐蚀铝合金
たいしょくごうきん 【耐食合金】 corrosion resisting alloy 耐蚀合金
たいしょくざいりょう 【耐食材料】 corrosion resisting material 耐蚀材料
たいしょくしけん 【耐食試験】 corrosion test 抗腐蚀试验,耐蚀试验
たいしょくしけん 【退色試験】 fading test 褪色试验
たいしょくせい 【耐食性】 corrosion resistance 耐蚀性
たいしょくせいきんぞく 【耐食性金属】 corrosion resisting metal,corrosion proof metal 耐蚀金属
たいしょくせいこうぶんしざいりょう 【耐食性高分子材料】 anticorrosive high molecular material 耐蚀高分子材料
たいしん 【耐震】 earthquake-proof 抗震
たいしんきてい 【耐震規定】 aseismic code 抗震规范,抗震规程,抗震法规
たいしんこうぞう 【耐震構造】 earthquake proof(ing) construction,aseismic structure 抗震结构
たいしんせい 【耐震性】 aseismicity 抗震性
たいじんせい 【耐塵性】 dust-tightness 防尘性
たいしんせっけい 【耐震設計】 earthquake-proof design,earthquake resistant design,aseismatic design 抗震设计
たいしんつぎて 【耐震継手】 earthquake-proof joint 抗震接头,防震接口
たいしんへき 【耐震壁】 earthquake resisting wall,shear wall 抗震墙,剪力墙
ダイス dies 模,铆头模,塑模,铸模,螺丝板
たいすい 【耐水】 waterproof 耐水,防水,抗水
たいすいあつせい 【耐水圧性】 water tightness 不透水性,耐水压性,抗渗性
たいすいかみやすり 【耐水紙鑢】 waterproof sand paper 耐水砂纸
たいすいけんまし 【耐水研磨紙】 water-

proof sand paper 耐水砂纸
たいすいごうはん【耐水合板】 waterproof plywood 耐水胶合板
たいすいしけん【耐水試験】 water resistant test 耐水试验,防水试验
たいすいせい【耐水性】 waterproof, water resistance 耐水性
たいすいせいせっちゃくざい【耐水性接着剤】 waterproof adhesives 耐水性粘合剂
たいすいそう【帯水層】 aquifer, water-bearing stratum (地层内的)蓄水层,含有多量地下水层
たいすいそうていすう【滞水層定数】 aquifer constant 蓄水层常数
たいすいち【滞水地】 water bearing stratum 含水地层
たいすうげんすいりつ【対数減衰率】 logarithmic decrement 对数衰减率
たいすうげんすいりつ【対数減衰率】 logarithmic decrement 对数衰减率
たいすうせいきぶんぷ【対数正規分布】 logarithmic normal distribution 对数正态分布
たいすうぞうしょくき【対数増殖期】 logarithmic growth period 对数生长期
たいすうぞうしょくそう【対数増殖相】 logarithmic growth phase 对数生长相,对数繁殖期
たいすうひずみ【対数歪】 logarithmic strain 对数应变,对数变形
たいすうへいきんエンタルピーさ【対数平均～差】 logarithmic-mean enthalpy difference 对数平均焓差
たいすうへいきんおんどさ【対数平均温度差】 logarithmic-mean temperature difference 对数平均温(度)差
たいすうへいきんぜったいしつどさ【対数平均絶対湿度差】 logarithmic-mean absolute humidity difference 对数平均绝对湿度差
たいすうへいきんめんせき【対数平均面積】 logarithmic-mean area 对数平均面积
だいずグルー【大豆～】 soybean glue 大豆胶,大豆粉粘合剂
だいずたんぱくせっちゃくざい【大豆蛋白接着剤】 soybean protein glue 大豆蛋白粘合剂,大豆蛋白胶
だいずたんぱくプラスチック【大豆蛋白～】 soybean albumin plastic ,soybean protein plastic 大豆蛋白质塑料
タイ・ストラット tie-strut 系杆,撑杆
タイスのこうしき【～の公式】 Theis's formula 泰斯公式(滞水层的常数计算公式)
だいスパンこうぞう【大～構造】 large span structure 大跨度结构,大跨结构
だいずふんせっちゃくざい【大豆粉接着剤】 soybean glue, soybean meal glue 大豆粉粘合剂,大豆胶
たいせき【堆積】 assembly (被粘结材料的)积压,堆积受压
たいせき【滞積】 deposit, deposition 沉积,沉淀,淤积
たいせきあっしゅくけいすう【体積圧縮係数】 coefficient of volume compressibility 体积压缩系数
たいせきおうりょく【体積応力】 bulk stress, volumetric stress 体积应力
たいせきかいがん【堆積海岸】 accretion beach 堆积海岸,淤积海岸
たいせきがん【堆積岩】 sedimentary rock 沉积岩,水成岩
たいせきがんすいりつ【体積含水率】 volumetric coefficient of water content 体积含水率
たいせききゅうすいりつ【体積吸水率】 volumetric coefficient of water absorption 体积吸水率
たいせきこうりつ【体積効率】 volumetric efficiency 容积效率,体积效率
たいせきしゅうしゅく【体積収縮】 volumetric shrinkage, volume shrinkage 体积收缩
たいせきそくど【体積速度】 volume velocity (声的)体积速度
たいせきだんせいけいすう【体積弾性係数】 bulk modulus of elasticity, volumetric modulus of elasticity 体积弹性

模量
たいせきだんせいりつ 【体積弾性率】 bulk modulus, volumetric modulus of elasticity 体积弹性模量
たいせきどさ 【滞積土砂】 depsited sand 沉积砂,淤砂
たいせきながれ 【体積流】 volume flow 体积流量
たいせきひずみ 【体積歪】 bulk strain, volumetric strain 体积应变
たいせきひずみど 【体積歪度】 bulk strain, volumetric strain 体积应变
たいせきぶつ 【堆積物】 sediment 堆积物
たいせきへんか 【体積変化】 volumetric change 体积变更,体积变化
たいせきへんかりつ 【体積変化率】 modulus of volume change (土的)体积变化率,体积变化模量
たいせきぼうちょう 【体積膨張】 volume expansion 体积膨胀
たいせきぼうちょうけい 【体積膨張計】 volume expansion meter 体积膨胀计
たいせきぼうちょうけいすう 【体積膨張係数】 coefficient of volume expansion 体积膨胀系数
だいせん 【大栓】 (木材接头用)硬木栓,硬木销
だいせんかなもの 【大栓金物】 两块木料咬接处插入的铁栓
たいぜんしつ 【退膳室】 餐具室,餐具存放室
だいた 【駄板】 薄屋面板
だいだいり 【大内裏】 (日本古代的)宫城
だいたぶき 【駄板葺】 薄木板屋面,铺薄屋面板
タイダル・フラッシュ tidal flush 潮水冲洗,潮水冲刷
タイタンきじゅうき 【~起重機】 Titan crane 巨型起重机,桁架桥式起重机
タイタン・クレーン Titan crane 巨型起重机,桁架桥式起重机
タイタンパー tie-tamper 轨枕捣固机,四丁捣棒(机械地将道床道碴填入轨枕下的装置)
だいち 【台地】 plateau, tableland 台地
だいちそくりょう 【大地測量】 geodetic surveying 大地测量
だいちていこうそくていそうち 【大地抵抗測定装置】 earth resistance measuring apparatus 接地电阻测定装置
たいちどうさ 【多位置動作】 multiposition action 多位(置)操作,多位(置)控制
たいちひょうてい 【対地標定】 absolute orientation 绝对定向
だいちょうきん 【大腸菌】 Escherichia coli (E.coli) 大肠菌,大肠杆菌
だいちょうきんぐん 【大腸菌群】 coliform group bacteria 大肠菌群
だいちょうきんぐんさいかくすう 【大腸菌群最確数】 most probable number of coliform bacteria 大肠菌群的最可能数
だいちょうきんぐんしけんほう 【大腸菌群試験法】 coliform test 大肠菌群检验法
だいちょうちせき 【台帳地積】 簿列土地面积
たいづか 【対束】 queen-post (双柱桁架的)双柱,(双柱桁架的)中部对称直(腹)杆
だいつきしょうかせん 【台付消火栓】 pillar hydrant 座式消火栓,支柱式消火栓
だいつきしょうべんき 【台付小便器】 pedestal urinal, standing urinal 台座式小便器,立式小便器
だいつきせんめんき 【台付洗面器】 pedestal lavatory 台座式盥洗盆
だいづけワイヤー 【台付~】 anchor wire, wire sling 锚缆,兜索,吊索,挂钩短索
だいでん 【大殿】 大殿
たいでんぼうしざい 【帯電防止剤】 antistatic agent 抗静电剂,防静电剂
だいと 【大斗】 大枓
タイド・アーチ tied arch 弦系拱,联杆拱,系杆拱(有拉杆的拱)
タイド・アーチきょう 【~橋】 tied arch bridge 联杆拱桥,系拱拱桥,弦系拱桥(有拉杆的拱桥)

**だいとう** 【大塔】 大型多宝塔

**だいどうぐおきば** 【大道具置場】 scene dock, scenery storage 道具布景储存室

**だいどころ** 【台所】 kitchen 厨房,膳房,庖厨

**だいどころつきいま** 【台所付居間】 living room with kitchenette 带厨房的起居室

**だいどころとだな** 【台所戸棚】 kitchen shelf, kitchen rack 厨房餐具架,厨房柜架

**だいどころながし** 【台所流】 kitchen sink 厨房洗涤盆

**だいとし** 【大都市】 metropolis, large city 大城市,大都会

**だいとしくいき** 【大都市区域】 metropolitan area 大都会地区

**だいとしけいかく** 【大都市計画】 metropolitan planning 大都会区规划

**だいとしけん** 【大都市圏】 metropolitan area, metropolitan region 大城市圈,大都会地区

**だいとしちいき** 【大都市地域】 metropolitan area, metropolitan region 大城市圈,大都会地区

**だいとしちいきせいびほうしき** 【大都市地域整備方式】 method for consolidation of metropolitan area 大城市圈整顿方式,大都会区区划整理法

**だいとしちほう** 【大都市地方】 mitropolitan area, metropolitan district 大都会区,大城市圈

**だいとしもんだい** 【大都市問題】 metropolitan problems 大都市问题

**だいとひじき** 【大斗肘木】 替木

**タイド・リブ・アーチ** tied rib arch 有拉杆的肋拱

**たいないくぐり** 【胎内潜】 廊下甬道(联系廊的地下通道)

**だいなおし** 【台直】 位置修整,复位,刨座底面修整

**だいなおしかんな** 【台直鉋】 planer (修理刨座底面用的)直角刨,立刃刨

**ダイナスれんが** 【~煉瓦】 dinas brick 硅(石)砖

**ダイナポリス** dynapolis 动态发展的城市(城市发展形状之一),沿交通干线有计划地发展起来的城市

**ダイナマイト** dynamite 黄色炸药(以硝化甘油为主要成分的烈性混合炸药)

**ダイナミズム** dynamism 动感主义

**ダイナミックス** dynamics 动力学

**ダイナミック・ストレン・メーター** dynamic strain meter 动力应变计

**ダイナミック・スピーカー** dynamic speaker 电动扬声器

**ダイナミック・ダンパー** dynamic damper 动力防振器,动力阻尼器,动力减振器

**ダイナミック・バランス** dynamic balance 动力平衡

**ダイナミック・プログラム** dynamic programming 动态规划

**ダイナミック・マイクロフォン** dynamic microphone 电动传声器,电动式话筒

**ダイナミック・ロード** dynamic load 动力荷载

**ダイナモ** dynamo(generator) 发电机,直流发电机

**ダイナモメーター** dynamometer 测力计,功率计,测功计

**ダイナモメーター・テスト** dynamometer test 测功试验,测功率试验,测力试验

**だいならし** 【台均】 调整刨身

**タイニア** taenia[拉] 束带饰,带形花边

**だいにしゅきゅうちゃく** 【第二種吸着】 secondary adsorption 第二类吸附,物理吸附

**だいにだんかいのビー・オー・ディー** 【第二段階のBOD】 second-stage BOD(biochemical oxygen demand) 第二阶段生化需氧量,第二阶段BOD

**だいにちんでんち** 【第二沈殿池】 secondary settling tank, final sedimentation tank 二次沉淀池

**だいにてつえん** 【第二鉄塩】 ferric salt 高铁盐,三价铁盐

**だいにみなまたびょう** 【第二水俣病】 secondary Minamata disease 第二水俣病,第二甲基汞中毒症

**だいにゅうほう** 【代入法】 substitution

method 代入法
だいにライター・ビル 【第二～】 Second Leiter Building （1889年美国芝加哥)第二賴特尔大楼(芝加哥派早期作品)
だいにん 【代人】 代理人
ダイニング・アルコーブ dining alcove 装设食桌的凹室,进餐凹室
ダイニング・カー dining car 餐车
ダイニング・キッチン dining kitchen (DK) 厨房兼餐室
ダイニング・サルーン dining saloon 餐厅
ダイニング・テーブル dining table 餐桌
ダイニング・テラス dining terrace 进餐用露台,进餐平台
ダイニング・ルーム dining room 食堂,餐室
たいねついもの 【耐熱鋳物】 refractory casting 耐热铸件
たいねつガラス 【耐熱～】 heat resisting glass 耐热玻璃
たいねつこう 【耐熱鋼】 heat resisting steel 耐热钢
たいねつごうきん 【耐熱合金】 heat resisting alloy 耐热合金
たいねつざいりょう 【耐熱材料】 refractory materials,heat resisting material 耐热材料
たいねつじき 【耐熱磁器】 heat proof porcelain 耐热陶瓷
たいねつせいしけん 【耐熱性試験】 heat resistance test 耐热性试验,热稳定性试验
たいねつせいふよざい 【耐熱性付与剤】 耐热外加剂
たいねつど 【耐熱度】 heat resistance 耐热度,耐热性
たいねつとりょう 【耐熱塗料】 heat resisting paint 耐热涂料,耐热油漆
たいねつほうろう 【耐熱琺瑯】 heat reststing enamel 耐热搪瓷,耐热珐琅,耐热釉瓷
たいねんせい 【耐燃性】 burning resistance 耐燃烧性

たいのや 【対屋】 日本寝殿式建筑中在寝殿左右或后面的住房
たいは 【大波】 storm surge 巨浪
たいは 【大破】 large damage 严重破坏,重大破坏
タイ・バー tie bar (铁轨间)连杆,系杆,(混凝土路面接缝的)拉杆
たいはくあかせいごうせいじゅしとりょう 【耐白亜化性合成樹脂塗料】 non-chalking synthetic resin paint 耐白垩化合成树脂涂料
だいはぐるま 【大歯車】 gear wheel 大齿轮
ダイバージェンス divergence,divergency 发散,扩散,发散度,偏差,离向运动
ダイバージェント・ノズル divergent nozzle 扩散喷嘴,渐扩喷嘴
タイバック・アンカー tieback anchor 牵索锚杆,拉条锚杆,牵索锚具
タイバック・ウォール tieback wall (地下连续墙的)牵索墙
タイバックこうほう 【～工法】 tieback method 锚拉挡土墙施工法,后拉挡土墙施工法
タイパッド tie-pad 轨枕衬垫
たいひ 【対比】 contrast 对比
たいひ 【堆肥】 manure,compost 堆肥,粪肥
たいひえんしゅつけいすう 【対比演出係数】 contrast rendition factor 对比显出系数
たいひこうどけい 【対比光度計】 contrast photometer 对比光度计
たいひしかんど 【対比視感度】 contrast sensitivity 对比(视觉)敏感度
たいひしせつ 【退避施設】 refuge 避车设施(桥上避车台、街上安全岛等)
たいひしゃ 【堆肥舎】 manure shed 贮肥舍,堆肥间
たいひしゃせん 【待避車線】 waiting lane 避车道,短时停车道
たいひじょ 【退避所】 shelter 掩护所,隐藏所,隐蔽所
たいひじょ 【待避所】 refuge manhole, turnout,passing place (行人)避车处,

(车行)避车道,让车道
**たいひせん** 【待避線】 refuge track (铁路)避车侧线
**タイ・ビーム** tie-beam 系梁,水平拉杆
**だいひょうち** 【代表値】 representative numerical value 代表值
**ダイビング・スタンド** diving stand (游泳)跳台
**ダイビング・タワー** diving tower (游泳)跳塔,跳台
**たいふう** 【台風】 typhoon 台风
**たいふうケーブル** 【対風~】 wind cable 抗风缆索
**たいふうこう** 【対風構】 wind bracing 抗风联杆,抗风撑
**たいふうすじかい** 【耐風筋違】 wind tie 联杆,抗风剪刀撑,抗风支撑
**たいふうせいじゅもく** 【耐風性樹木】 wind-enduring tree 耐风树木,抗风树木
**たいふうのくいき** 【台風の区域】 typhoon zone 台风区
**たいふうのめ** 【台風の眼】 typhoon eye 台风眼
**たいふきゅうせい** 【耐腐朽性】 decay resistance 耐腐性
**たいふしょくきんぞく** 【耐腐食金属】 corrosion resisting metal 耐腐蚀金属,抗腐蚀金属
**たいふせい** 【耐腐性】 decay resistance 耐腐性
**だいぶつでん** 【大仏殿】 大佛殿(安置大型佛像的殿堂)
**だいぶつよう** 【大仏様】 (日本镰仓时代)天竺式,仿南宋式
**だいぶつようくみもの** 【大仏様組物】 (日本镰仓时代)仿南宋式枓栱
**たいぶつレンズ** 【対物~】 objective lens 物镜
**たいぶつレンズ・マウント** 【対物~】 objective lens mount 物镜支座
**たいぶつレンズ・レボルバー** 【対物~】 objective lens revolver 物镜转换器
**タイプライターだい** 【~台】 typewriter stand 打字台,打字桌
**タイ・プレート** tie plate 系板,垫板
**たいへいづか** 【大瓶束】 柁架中央瓶状短柱
**たいへいびれ** 【大瓶鰭】 梁上短柱左右的雕刻装饰
**だいべんき** 【大便器】 closet, closet bowl 大便器
**だいべんきスパッド** 【大便器~】 closet spad 大便器连接铁件
**だいべんきせんじょうかん** 【大便器洗浄管】 closet flush pipe 大便器冲洗管
**だいべんきせんじょうタンク** 【大便器洗浄~】 closet tank 大便器冲洗水箱
**だいべんきせんじょうべん** 【大便器洗浄弁】 closet valve 大便器冲洗阀
**だいべんきゆかフランジ** 【大便器床~】 closet floor flange 大便器地面联接法兰
**だいべんじょ** 【大便所】 closet 厕所
**たいほうしゃせんとりょう** 【耐放射線塗料】 radiation resisting paint 防放射线涂料
**タイ・ボルト** tie-bolt 系紧螺栓
**タイマー** timer 计时器,定时器,时间(延迟)调节器,时间继电器,时间传感器
**たいまもうこう** 【耐摩耗鋼】 abrasion resisting steel 耐磨钢
**たいまもうせい** 【耐摩耗性】 abrasion resistance, abrasive resistance 耐磨性
**たいまゆ** 【大麻油】 hempseed oil 大麻油,麻籽油
**だいまんりき** 【台万力】 bench vice 台钳,台架钳
**タイミング・チャート** timing chart 计时表,时间图
**タイム・スイッチ** time switch 定时开关
**タイム・スケールこうていず** 【~工程図】 time scale chart 工作时间标出进度表
**タイム・ラグ** time lag 时(间)滞(后),延时
**タイム・ラッグ** time lag 时滞
**だいめばしら** 【台目柱】 中柱
**だいめん=おおめん**
**ダイメンション** dimension 大小,尺寸,尺度,量纲,因次,维,度
**だいもち** 【台持】 桁架中柱台座(桁架中

柱下端的杵状部分),斜嵌接头

だいもちぎ 【台持木】 bolster,corbel 承枕,托木,横撑

だいもちつぎ 【台持継】 scarted joint 斜嵌接头

だいもん 【大門】 (中国住宅建筑中的)大门

タイヤ tyre 轮胎,轮箍

タイヤかじゅう 【～荷重】 tyre load 轮胎荷载,(汽车)轮压

ダイヤ・ガラス diamond glass 有菱形图案的玻璃

たいやくひんせい 【耐薬品性】 chemicalproof 耐化学药剂性

ダイヤグラム diagram 图,线图,图表

タイヤ・クレーン tyre crane 轮胎式起重机,汽车吊

タイヤ・ドーザー tyre dozer 轮式推土机

タイヤはし 【～橋】 inflated bridge, pressure pneumatic tyre bridge 充气桥

ダイヤフラム＝ダイアフラム

ダイヤモンド＝ダイアモンド

ダイヤル＝ダイアル

ダイヤロックス Diallocs 戴洛陶瓷

タイヤ・ローラー tyre roller 轮胎压路机,轮胎路辗,气辗

たいゆしけん 【耐油試験】 oilproof test 耐油试验

たいゆせい 【耐油性】 oil resistance 耐油性,抗油性

たいゆせいせきめんゴム・ジョイント・シート 【耐油性石綿～】 oil proof asbestos rubber joint sheet 耐油石棉橡胶接合垫片

たいよういちず 【太陽位置図】 sun path diagram 太阳位置图

たいようこうど 【太陽高度】 solar altitude 太阳高度

たいようじ 【太陽時】 solar time 太阳时

たいようじかん 【耐用時間】 durable hours 耐用时间,使用时间

たいようじつ 【太陽日】 solar day 太阳日

だいようセメント 【代用～】 cement substitute 代用水泥

たいようていすう 【太陽定数】 solar constant 太阳常数

たいようとう 【太陽灯】 sun lamp 太阳灯,健康灯

たいようねつ 【太陽熱】 solar heat 太阳辐射热

たいようねつおんすいき 【太陽熱温水器】 solar water heater 太阳能热水器

たいようねつりようほう 【太陽熱利用法】 solar energy utilization method 太阳能利用法

たいようねんげん 【耐用年限】 durable term, life limit 耐用年限,使用年限

たいようねんすう 【耐用年数】 durable years, lifetime, service life (建筑物)耐用年限

たいようふくしゃねつ 【太陽輻射熱】 solar radiation 太阳辐射热

たいようほういかく 【太陽方位角】 solar azimuth 太阳方位角

たいようめいすう 【耐用命数】 durable years (建筑物)耐用年限,使用寿命

だいよんアンモニウムえんやくざい 【第四～塩薬剤】 qraternary ammonium salt agent 季铵盐药剂

だいよんき 【第四紀】 Quaternary Period 第四纪

だいよんきそう 【第四紀層】 Quaternary deposit 第四纪沉积层

ダイラテーション dilatation 膨胀,伸缩,扩展,扩张,(地震波)向震中传播

ダイラトメーター dilatometer 膨胀计

たいらなぬま 【平な沼】 flat bog 平坦沼泽

タイラーひょうじゅんふるい 【～標準篩】 Tyler standard sieve 泰勒标准筛

たいらようせつ 【平溶接】 flat welding 平焊,俯焊

たいりくせいきこう 【大陸性気候】 continental climate 大陆性气候

たいりくだな 【大陸棚】 continental shelf 大陆架

たいりくていきあつ 【大陸低気圧】 continental cyclone 大陆性气旋

だいりせき 【大理石】 marble 大理石
だいりせきばん 【大理石板】 marble slab 大理石板
たいりゅう 【対流】 convection 对流
たいりゅう 【滞流】 detention 滞流
たいりゅうがたボイラー 【対流形～】 convection boiler 对流式锅炉
たいりゅうくっせつ 【対流屈折】 refraction of convection 对流折射
たいりゅうじかん 【滞留時間】 detention period, retention time 滞留时间，停留时间
たいりゅうだんぼう 【対流暖房】 convection heating 对流采暖
たいりゅうだんぼうき 【対流暖房器】 convection heater, convection heating apparatus 对流采暖设备
たいりゅうち 【滞留池】 detention basin, retardation basin 滞流池，拦洪水库
たいりゅうでんねつ 【対流伝熱】 heat transfer by convection, heat transmission by convection 对流传热，对流换热
たいりゅうでんねつけいすう 【対流伝熱係数】 coefficient of heat transmission by convection 对流传热系数，对流换热系数
たいりゅうねつでんたつ 【対流熱伝達】 heat transfer by convection, heat transmission by convection 对流传热，对流换热
たいりゅうほうねつき 【対流放熱器】 convector radiator 对流式散热器
たいりょうゆそうきかん 【大量輸送機関】 mass transit 大交通量运输系统，公共交通运输系统
たいりょうゆそうきかんちょうさ 【大量輸送機関調査】 mass transit survey 公共交通运输调查
たいりょく 【耐力】 yield strength 屈服强度，极限强度
たいりょくかべしきこうぞう 【耐力壁式構造】 bearing wall construction, shear wall construction 剪力墙式结构
たいりょくきょうど 【耐力強度】 yield strength 屈服强度，极限强度
たいりょくげんかいち 【耐力限界値】 yield value, elastic limit value 屈服值，弹性极限值
たいりょくしけん 【耐力試験】 elastic limit test 弹性极限(应力)试验
たいりょくパネルほうしき 【耐力～方式】 bearing panel system 预制承重墙板式建筑，大板建筑
たいりょくへき 【耐力壁】 shear wall, bearing wall 剪力墙，抗震墙，承重墙
たいりょくようせつ 【耐力溶接】 strength weld 高强度焊接，(承受应力的)强固焊接
たいりょくリベット 【耐力～】 stress rivet 受力铆钉，传力用铆钉
たいりんへき 【対隣壁】 adjoining wall 两户间相邻的外墙
タイル tile 瓷砖，面砖，花砖，瓦片，瓦管
タイルこうじ 【～工事】 tile work, tiling 铺、贴瓷砖工作
タイルごしらえ 【～[tile]拵】 整配瓷砖，配制瓷砖，切割瓷砖
タイルじき 【～敷】 tile pavement, tile paving 瓷砖铺面，花砖铺面，面砖铺面
タイルばり 【～張】 tile work, tiling, tile facing 铺瓷砖面，贴瓷砖
タイルばりゆか 【～張床】 tile floor 瓷砖地面，花砖地面
タイル・ピン tile pin 瓦钉
タイル・ペーピング tile paving 瓷砖铺面，花砖铺面，铺砖，铺瓦
タイルわり 【～割】 layout of tiling 贴瓷砖的放样
ダイレイタンシー dilatancy 膨胀性，扩容性
ダイレクショナル・コントロールべん 【～弁】 directional control valve 方向控制阀
ダイレクター director 导向器，导向装置
ダイレクターべん 【～弁】 director valve 导向阀
ダイレクト・アクセス direct access 直接入口
ダイレクト・アクティングべん 【～弁】 direct acting valve 直接操作阀，直动阀

ダイレクト・マウンティング direct mounting 直接安装,直接组合
ダイレクトようせつ 【～溶接】 direct welding 双面点焊
ダイレタンシ dilatancy 膨胀性
タイ・ロッド tie rod 系杆,拉杆
だいロンドンけいかく 【大～計画】 Greater London Plan (1944年英国)大伦敦规划
だいわ 【台輪】 平板枋,坐枓枋,额枋,木槛,踢脚线,(日本)鸟居柱上端的圆横木,家具的下挡板
タイ・ワイヤー tie wire 绑扎用铁丝,火烧丝
ダイン dyne 达因(力的单位)
ダインスのふうそくけい 【～の風速計】 Dines pressure tube anemograph 戴因斯(压力管式)风速仪
ダインスのほうしゃけい 【～の放射計】 Dines radiation meter 戴因斯辐射仪
たうえ 【田植】 (在刚浇好的混凝土中)预埋铁件
ダウェル dowel 定缝销钉,暗榫,木钉,(钢筋的)连接筋
ダウェルあな 【～穴】 dowel groove 暗销槽
ダウェル・バー dowel-bar 传力杆
ダウェル・ピン dowel pin 暗销,定位销
タウ・ロープ tow rope 牵索,拖绳
タウン・カー town car 市内汽车
タウン・ガス town gas 城市煤气,民用煤气
タウンシップ township (美国、加拿大的)镇区(县、郡以下的地方行政单位),测区(测量单位,美国土地测量之六英里见方的地区),(澳州指)城市规划地区
タウン・スクランブル town scramble (交通)人行横道,自由通行
タウン・スパイダ・システム town-spider system 市区蛛网状道路系统
タウン・センター town center 城镇中心
ダウン・タウン down town 闹市区,商业区
ダウン・ドラフト down-draft 向下通风,倒风
ダウン・パイプ down pipe 水落管,下流管,溢流管,泄水管
タウン・ハウス town house 城市住房
ダウン・ピーク down peak (电梯乘客)下降高峰
タウン・プランニング town planning 城市规划
タウン・ホール town hall 市政厅
ダウン・ライティング down lighting 下向照明方式
ダウンライト downlinght 下向照明,下注光照明
ダウン・リード down lead (天线)引下线
たえいよう 【他栄養】 heterotrophy 异养
だえん 【楕円】 ellipse,oval 椭圆
だえんアーチ 【楕円～】 elliptical arch 椭圆拱,扁拱
だえんきょくめん 【楕円曲面】 elliptic curved surface 椭圆曲面
だえんけいせんめんき 【楕円形洗面器】 oval lavatory 椭圆形洗面器
だえんコンパス 【楕円～】 elliptic compasses 椭圆规
だえんじょうかいてんきょくめん 【楕円状回転曲面】 elliptic rotational curved surface 椭圆回转曲面
だえんすいきょくめん 【楕円錐曲面】 elliptic-conical curved surface 椭圆锥曲面
だえんスピーカー 【楕円～】 ellipse speaker 椭圆形扬声器
だえんちゅうきょくめん 【楕円柱曲面】 elliptic-cylinder curved surface 椭圆柱曲面
だえんとう 【楕円筒】 elliptic cylinder 椭圆柱,椭圆筒
たえんトーチ 【多炎～】 multi-flame torch 多焰(多头)喷嘴,多焰多头焊枪
だえんべん 【楕円弁】 elliptic(al) valve 椭圆阀
だえんボイラー 【楕円～】 elliptic(al) boiler 椭圆形锅炉
だえんほうぶつきょくめん 【楕円放物曲面】 elliptic paraboloid 椭圆抛物曲面

だえんほうぶつシェル 【楕円放物～】 elliptic paraboloidal shell 椭圆抛物壳

だえんほうぶつせんめんシェル 【楕円放物線面～】 elliptic paraboloidal shell,EP shell 椭圆抛物面壳体

だえんやすり 【楕円鑢】 elliptic file 椭圆形锉,半圆锉

だえんりつ 【楕円率】 elliptic rate 椭圆率

タオルかけ 【～掛】 towel hanger 毛巾挂杆

たおれかま 【倒鎌】 (斜向木构件用的)一侧刻斜槽的插榫

たかあしジブ・クレーン 【高足～】 portal jib crane 高架悬臂起重机

たかいぬきとりけんさ 【多回抜取検査】 multiple sample survey 多次抽样检查

たかうえ 【高植】 垫土栽植

たかくせん 【多角線】 traverse line, course of traverse 导线,多角线

たかくそくりょう 【多角測量】 traversing,traverse survey 导线测量

たかくちゅう 【多角柱】 polygonal column 多角柱,多边柱

たかくてん 【多角点】 traverse station, traverse point 导线测站,导线测点

たかくとし 【多核都市】 multi-nucleus city,multi-core city 多中心城市,多核心城市

たかくもう 【多角網】 traversing net 导线网

たかくろん 【多核論】 multiple nucleus concept (城市)多核心理论

たかさ 【高さ】 height 高度

たかさちいき 【高さ地域】 height district 建筑高度限制区

たかしお 【高潮】 high tide 高潮,满潮

たかしおさいがい 【高潮災害】 high flood tide damage 高潮灾害

たかどま 【高土間】 (剧场观众厅后面的)高座观众席

たがね 【鏨】 chisel 凿子,錾子

たかのはし 【鷹の嘴】 鹰嘴纹样

ダーガバ dagoba[僧伽罗语] 舍利子塔

たかまきもりだし 【高巻盛出】 超高堆土,超高填土

たかまど 【高窓】 clearstory 天窗,高侧窗,气楼

たかまどさいこう 【高窓採光】 high side lighting 高窗采光

たがやさん 【鉄刀木】 Bombay black wood 铁刀木

だかんぎょうしゅくき 【蛇管凝縮器】 coil condenser 盘管冷凝器

たかんしきウィンチ 【多巻式～】 multiple drum winch 多卷筒绞车(卷扬机)

たかんボイラー 【多管～】 multitubular boiler 多管锅炉

たかんほうこうぞくかごうぶつ 【多環芳香族化合物】 polynuclear aromatic compound 多环芳香族化合物

だき 【抱】 jamb,reveal 门窗边框,门窗抱柱,门窗口侧墙面,筒子板,壁炉侧壁

だきあわせばり 【抱合梁】 coupled beam 双并梁

だきあわせほぞ 【抱合枘】 双合榫,扣栓双合榫

たきぐち 【焚口】 fire hole 炉口

たきぐち 【滝口】 fall crest 瀑布项端,瀑布源头,瀑布突出口

たきぐちど 【焚口戸】 furnace door,fire door 炉门

たきぐちとびら 【焚口扉】 furnace door,fire door 炉门

だきこみほぞ 【抱込枘】 扣栓榫,啮合扣接榫

だきじこみ 【抱仕込】 榫接扣栓,榫接加销

タキストスコープ tachistoscope 知觉瞬间显示器

たきせんとし 【滝線都市】 fall line city 急流沿岸的城市

たきぞえいし 【滝添石】 点缀瀑布的配石

たきつけ 【焚付】 firing,ignition 点火,发火

たきつぼ 【滝壺】 瀑布潭

だきづら 【抱面】 平行构件的接触面

たきはじめふかけいすう 【焚始負荷係数】 初烧负荷系数(采暖锅炉额定功率与常用功率之比)

だきはしら 【抱柱】 抱柱,双柱,加固柱
だきびかえ 【抱控】 raking shore 斜撑,戗木
だきほぞ 【抱枘】 双合榫,扣栓双合榫
タキメーター Tachymeter[德] 测距仪,转速表,速测仪
たきょうこうさ 【多橋交差】 multiple-bridge intersection 群桥交叉
たくえつしゅうき 【卓越周期】 predominant period 主周期
たくえつふう 【卓越風】 prevailing wind 主导风,恒风
たくし 【卓子】 table 工作台,台,桌子
タクシー taxi 出租汽车
たくじじょ 【託児所】 day nursery (日托)托儿所
だくしつろうしゅつげんしょう 【濁質漏出現象】 break-through (矾花、悬浮物等)穿透现象
たくじょうがたでんきちくおんき 【卓上型電気蓄音機】 table electrogramphone 台式电唱机
たくじょうせんぷうき 【卓上扇風機】 desk fan 台扇
たくじょうでんわき 【卓上電話機】 desk-stand telephone, desk set telephone 桌上电话机
たくじょうとう 【卓上灯】 desk lamp, table lamp 台灯
だくしょく 【濁色】 dull colour, tonal colour 浊色,暗色
だくすいのしょり 【濁水の処理】 treatment of turbid waters 浑水处理
ダーク・ステージ dark stage 不透光摄影棚,暗室摄影场
たくせき 【卓石】 siliceous limestone 硅质(石)灰岩
ダクタイルちゅうてつかん 【～鋳鉄管】 ductile cast iron pipe 延性铸铁管,可锻铸铁管
ダクタロイ Ductalloy 球墨铸铁,高强度铸铁,可锻铸铁
たくち 【宅地】 curtilage, building lot 宅地,建筑地段,建筑用地
たくちけいすう 【宅地係数】 宅地系数
たくちげすいかん 【宅地下水管】 house sewer 家庭污水管
たくちぞうせい 【宅地造成】 造成住宅用地
たくちぞうせいこうじきせいくいき 【宅地造成工事規制区域】 根据"日本住宅用地造成规定法"由建设大臣指定的区域
たくちみこみち 【宅地見込地】 拟定宅地,预计住宅用地
たくちりつ 【宅地率】 宅地比,住宅用地比
たくちりようぞうしんりつ 【宅地利用増進率】 住宅用地利用增进率
ダクティリティ ductility 延(展)性,可锻性,塑性,韧性
だくど 【濁度】 turbidity 浊度,浑浊度
ダクト duct 通风道,风道,管道,导管,槽沟,波道
ダクトぐち 【～口】 duct inlet 管道入口,风道入口
だくどけい 【濁度計】 turbidimeter 浊度计
タクト・システム tact system 流水作业线
ダクト・スペース duct space 管道空间,风道空间
ダクトすんぽう 【～寸法】 duct size 风管截面尺寸
ダクトすんぽうけいさん 【～寸法計算】 duct sizing 风管尺寸计算,管道尺寸计算
ダクトせっけいほう 【～設計法】 duct design 管道设计(法)
ダクトせつぞくほう 【～接続法】 duct connection 管道连接法
ダクトそんしつ 【～損失】 duct loss 管道阻力损失,风道损失
ダクトつぎて 【～継手】 duct fitting 风管接头,导管接头
ダクトないふうそく 【～内風速】 duct velocity 风道风速,管道风速
だくどひょうじき 【濁度表示器】 turbidity indicator 浊度指示器
ダクトふぞくひん 【～附属品】 duct accessories 管道附件

**タグ-ハイフンロビンソンいろしけん** 【～色試験】 Tag-Robinson's colour test 泰格-鲁宾逊色度测定
**ダーク・ブルー** dark blue 深蓝色
**たくま** 【琢磨】 grind,grinding 琢磨,研磨
**ダグラス・ファー** Douglas fir 美枞,花旗松,美松(黄杉属)
**ダーク・ルーム** dark room 暗室
**たけ** 【竹】 bamboo 竹
**たけあいいた** 【竹合板】 bamboo plywood 胶合竹板,竹制胶合板
**たけあじろ** 【竹網代】 bamboo mat,bamboo hurdle 竹席,竹栅栏
**たけあんきょ** 【竹暗渠】 bamboo drain 竹制排水管,竹制地下管道
**たけいろたほうこう** 【多系路多方向】 多系路多方向,多路多向(避难系统)
**たけえん** 【竹縁】 铺编竹地板的檐廊
**たけおがき** 【竹生垣】 竹篱
**たけがき** 【竹垣】 bamboo rail fence 竹蔑围栏,编竹围墙,竹篱
**だげきちゅうしん** 【打擊中心】 center of percussion 撞击中心
**たけくぎ** 【竹釘】 bamboo nail 竹钉
**たけごうはん** 【竹合板】 bamboo plywood 竹制胶合板,胶合竹板
**たけこまいしたじ** 【竹小舞下地】 bamboo lathing 竹蔑底层,编竹墙骨架,竹条底层
**たけコンクリートきょう** 【竹～橋】 bamboo concrete bridge 竹筋混凝土桥
**たけじゃく** 【竹尺】 bamboo scale 竹尺
**たけしょうじ** 【竹障子】 竹棂窗扇,竹棂槅扇
**たけしんくいむし** 【竹心食虫】 bamboo powder-post beetle 蚀竹虫,竹粉蠹虫
**ターゲット** target 觇板,标板
**ターゲットふんむ** 【～噴霧】 target spray 目标喷雾,对象喷雾
**ターゲット・レーンジ** targrt range 靶场,射击场
**たけのなみかき** 【竹の波垣】 bamboo wave fence 竹制弓形栏干
**たけのふし** 【竹の節】 竹节形(栏杆立柱的形式)
**たけへら** 【竹篦】 bamboo spatula 竹刮刀,竹压刀,竹片
**たけほがき** 【竹穂垣】 竹梢篱笆
**たけボルト** 【竹～】 bamboo bolt 竹制螺栓
**たけまがき** 【竹籬】 bamboo fence 竹篱
**たけモザイク** 【竹～】 bamboo mosaic 竹片马赛克
**たけやね** 【竹屋根】 bamboo roof 铺竹屋顶
**たけやらい** 【竹矢来】 bamboo enclosure 编竹围墙
**たけラス** 【竹～】 bamboo lath 竹板条
**たけるい** 【竹類】 bamboo 竹类
**たけレール** 【竹～】 bamboo rail (推拉门用)竹制轨槽
**たけわりうち** 【竹割内】 内角瓷砖,阴角条
**たけわりそと** 【竹割外】 外角瓷砖,阳角条
**たこ** 【蛸】 hand rammer 手夯,木夯(二人夯,四人夯)
**ターコイズ** turquois(e) 青绿色
**だこう** 【蛇行】 meandering 河曲,弯曲河道,曲路,曲径
**たこうかくさんそうち** 【多孔拡散装置】 porous air diffuser 多孔空气扩散器
**たこうかん** 【多孔管】 perforated pipe 多孔管
**たこうガン** 【多孔～】 porous gun 多孔喷枪
**たこうサイクル** 【多効～】 multiple effect cycle 多效循环
**たこうしききんじ** 【多項式近似】 polynomial approximations 多项式近似
**たこうしつアニオンこうかんじゅし** 【多孔質～交換樹脂】 porous anion exchange resin 多孔阴离子交换树脂
**たこうしつコンクリート** 【多孔質～】 cellular concrete,porous concrete 多孔混凝土
**たこうしつれんが** 【多孔質煉瓦】 porous brick 多孔砖
**たこうしつろかとう** 【多孔質濾過筒】

porous filter tube 多孔滤筒,多孔滤管
たこうせい 【多孔性】 porosity,porousness 多孔性
たこうせいきゅうおんざい 【多孔性吸音材】 sound-absorbing porous material 多孔性吸声材料
たこうせいコンクリート 【多孔性～】 porous concrete 多孔混凝土
たこうせいざいりょう 【多孔性材料】 porous material 多孔性材料
たこうせいひまく 【多孔性皮膜】 porous film 多孔性皮膜,多孔性涂膜
たこうど 【多孔度】 porosity 孔隙率,气孔率
たこうパネル 【多孔～】 perforated panel 多孔板
たこうばん 【多孔板】 porous slab 多孔板
たこうりつ 【多孔率】 porosity 孔隙率,气孔率
たこうれいきゃくき 【多効冷却機】 multi-effective refrigerator 多效制冷机,多效冷冻机
たこうれいとうサイクル 【多効冷凍～】 multi-effective refrigerating cycle 多效冷冻循环,多效制冷循环
たこつき 【蛸突】 ramming 夯实,打夯
ターコード Tercod (特格德)碳化硅耐火材料(商)
たこどうづき 【蛸胴突】 ramming 打夯,夯实
たこベンド 【蛸～】 expansion bend 胀缩弯管,补偿器
たさいもようしあげ 【多彩模様仕上】 multi-colour paint finish 多彩涂料饰面
ターシ tache[法] 瑕疵,斑点
たじくゲージ 【多軸～】 rosette type strain gauge 多轴电阻片,圆花式应变片
だしげた 【出桁】 pole plate 挑檐桁,挑檐枋
だしげたづくり 【出桁造】 挑檐桁构造
たしこうさ 【多枝交差】 multilegs intersection,multiple intersection,compound intersection 多路交叉,复式交叉
たしこうさてん 【多枝交差点】 multi-way junction 复合交叉口,(多条道路)汇合交叉口
たしずなさぎょう 【足砂作業】 replacement of sand 补砂作业,补砂操作
だしばり 【出梁】 挑梁
だしばりづくり 【出梁造】 挑梁构造
タージ・マハル Taj Mahal (1630～1643年印度阿格拉)泰吉·玛哈尔陵,泰姬墓
だしやざま 【出矢狭間】 machicolation 雉堞式射击口,堞眼,枪眼
たしゃせんどうろ 【多車線道路】 multi-lane road 多车道道路
たじゅうエコー 【多重～】 multiple echo,multiecho,flutter(ing) echo 多重回声,颤动回声
たじゅうおんげん 【多重音源】 multiple sound source 多重声源
たじゅうこうようじょうはつかん 【多重効用蒸発罐】 multiple effect evaporator 多效蒸发器
たじゅうこうようじょうはつほう 【多重効用蒸発法】 multiple effect evaporation 多效蒸发法
たじゅうさんらん 【多重散乱】 multiple scattering 多次散射
たじゅうしゃおんそう 【多重遮音層】 multiple sound insulator 多重隔声构造,多重隔声结构
たじゆうどけい 【多自由度系】 multi-degree-of-freedom system 多自由度体系
たじゆうどシステム 【多自由度～】 multi-degree of freedom system 多自由度体系
たじゅうはんきょう 【多重反響】 flutter echo,multiple echo 颤动回声,多重回声
たじゅうはんしゃ 【多重反射】 multiple reflection 多次反射
たじゅうはんしゃエコー 【多重反射～】 multiple reflection echo 多次反射回声
たじゅうめもり 【多重目盛】 manifold graduation 多排刻度
たしょくこうおんけい 【多色高温計】

chromatic pyrometer 多色高温计
たしんがたとしこうぞう【多心型都市構造】multi-nucleus urban structure 多中心型城市构造(结构)
たすうげんごほんやくそうち【多数言語翻訳装置】translation speaker device 多种语言翻译收听设备
たすうわたりばり【多数径梁】multi-span beam 多跨梁
タスカン・オーダー Tuscan order 托斯卡纳柱式
たすき【襷】斜交纹,斜十字纹,斜十字木撑
たすきさん【襷栈】斜十字棂条
たすきすじかい【襷筋違】X brace 交叉支撑,X形支撑,剪刀撑
たすきすみ【襷墨】斜墨线
ダスター duster 除尘器
ダスティング dusting 起尘,起砂,粉化
ダスト dust 灰尘,尘埃,粉尘,屑,粉末,粉剂
ダスト・ガード dust guard 防尘设备,防尘罩,防尘护板
ダスト・カバー dust cover 防尘罩
ダスト・キャッチャー dust catcher 吸尘器,集尘器,除尘器
ダスト・コール dust coal 煤末
ダスト・コレクター dust collector 集尘器,吸尘器,除尘器
ダスト・ジャー dust jar (捕)尘瓶,(捕)尘器
ダスト・シャフト dust shaft 垃圾竖向管道,垃圾井筒
ダスト・シュート dust chute,refuse chute 垃圾溜槽,垃圾卸槽,垃圾道
ダスト・スポット・エア・サンプラー dust spot air sampler 聚尘点空气取样器
ダスト・スポットほう【～法】dust spot method 聚尘点空气测定法
ダスト・セパレーター dust separator 除尘器
ダスト・チャンバー dust chamber 除尘室
ダスト・チューブ dust tube 捕尘管
ダスト・チューブほう【～法】dust tube method 微粒测管法,粉尘测管法,集尘管法
ダスト・ビン dust bin 垃圾筒,垃圾箱,除尘室
ダスト・フード dust hood 吸尘罩,集尘罩
ダスト・ボックス dust box 集尘箱,(捕)尘盒
ダスト・ホッパー dust hopper 集尘斗
ダスト・リング dust ring 防尘环,防尘垫圈
たスパンばり【多～梁】multispan beam 多跨梁
だせい【惰性·惰勢】inertia 惯性,惯量,惰性
たせつくいき【多雪区域】heavy snow district 多雪区
だそう【惰走】idling 空转,空载运行,惯性滑行
たそうきょう【多層橋】multi-deck bridge 多层桥
たそうけんちく【多層建築】multistoried building 多层建筑
たそうこうさ【多層交差】braided intersection 多层交叉
たそうこうじょう【多層工場】multistoried factory 多层工厂
たそうざいりょう【多相材料】mulitiphase material 多相材料
たそうしきていしゃじょう【多層式停車場】multiple-deck station,multiple-level station,multiple-floor station 多层停车场
たそうしゃこ【多層車庫】multi-story garage 多层车库
たそうすじかいつきかこう【多層筋違付架構】multi-story braced frame 多层加撑框架,多层加撑刚架
たそうだんせいりろん【多層弾性理論】multi-layer elasticity theory (沥青路面)多层弹性理论
たそうトレッスル【多層～】multiple-deck trestle,multiple-story trestle 多层式栈桥,多层高架桥

たそうバルコニーしきかんきゃくせき【多層～式観客席】 multi-balcony type auditorium 多层楼座式观众厅,多层厢座式观众厅
たそうへいめんかべ【多層平面壁】 composite plane wall (多层材料)复合墙,组合墙
たそうめっき【多層鍍金】 multiply gilding 多层镀法
たそうようせつ【多層溶接】 multi-layer weld 多层焊,多层焊接
たそうろか【多層濾過】 multi-layer filtration, multi-medium filtration 多层过滤
たそうろかち【多層濾過池】 multi-medium filter 多层滤料滤池
たたき【叩·三和土】 拍打,振捣,琢石,三合土,三合土地面
たたきいた【叩板】(花锤加细剁一遍的)琢面石板,(苫草屋面用)草拍板
たたきしあげ【叩仕上】 剁斧琢面,花锤琢面
たたきのみ【叩鑿】 琢面凿
たたきぶき【叩葺】 杉木皮屋面,铺杉木皮屋面
たたきや【叩屋】 模板振捣工
たたみ【畳】(日本铺床用)席,席面草垫
たたみこみほう【畳込法】 convolution method 褶合法
たたみのみ【敲鑿】 狭刃凿
たたみようじょう【畳養生】 curing by covering mats 草垫养护
たたらづか【楯束】 栏杆柱(勾栏上下横木之间的短柱)
タータン tartan (运动场铺地面用)合成橡胶材料
ただんあっしゅくき【多段圧縮機】 multistage compressor 多级压缩机
ただんうずまきポンプ【多段渦巻～】 multistage centrifugal pump 多级离心泵
ただんかいさいてきか【多段階最適化】 multilevel optimization 多阶段优化,多层次优化
ただんしょうか【多段消化】 multiple-stage digestion, stage digestion 多级消化
ただんせんじょうき【多段洗浄器】 multi-wash scrubber 多级洗涤器
ただんたながたしょうきゃくろ【多段棚型焼却炉】 multistage incinirator 多层架焚烧炉
ただんタービン・ポンプ【多段～】 multistage turbine pump 多级涡轮泵
ただんちゅうしゅつほう【多段抽出法】 multi-stage sampling 多级采样法
ただんフラッシュじょうはつかん【多段～蒸発罐】 multistage flash distillator 多级闪发蒸馏器
ただんフラッシュじょうはつほう【多段～蒸発法】 multistage flash distillation 多级闪发蒸馏法
ただんプレス【多段～】 multi-stage press 多级压制
ただんポンプ【多段～】 multistage pump 多级泵
ただんろか【多段濾過】 multistage filtration 多级过滤
たち【建·立】(用铅锤)取垂直度,(工地茶歇后)开始工作
たち【立つ】 prop 临时支柱
たちあいがき【立合垣】 竖编竹束围墙,竖编苇束围墙
たちあがり【立上】 rise 上升,升高,边端向上折叠的高度,竖向构配件的尺寸
たちあがりかん【立上管】 riser pipe 上流竖管
たちあがりケーブル【立上～】 suspension cable 吊索,悬索
ターチアリウム Tertiarium 特蒂锡铅焊料
たちえず【建絵図】 elevation 立面图
たちさがりかん【立下管】 down pipe, drip riser 下流管,下流竖管
たちさがりしゅかん【立下主管】 falling main 下行干管
たちどころ＝たてどころ
たちね【立根】 taproot 主根,直根
たちのきりょう【立退料】 compensation for removal 迁移费

たちぼうちょう【立包丁】起草皮用长柄刀

たちみせき【立見席】standing space 站席,站票席

たちゅうしき【多柱式】hypostyle 多柱式(建筑)

たちわき【立涌】竖向波形连续纹样,对称的竖向波纹

たつ【断つ】锯去大树枝

だつアルカリなんか【脱～軟化】dealkalinity and softening 脱碱软化

だつイオンすい【脱～水】deionized water 去离子水

だついしつ【脱衣室】dressing-room 更衣室,卸装室

たつうろ【多通路】multi pass 多通路,多次行程

だつえん【脱塩】desalination 除盐,脱盐

だつえんすい【脱塩水】demineralized water 脱盐水(除去离子性物质的水)

だつえんそ【脱塩素】dechlorination 脱氯,除氯

だつえんほう【脱塩法】desalination method 脱盐法

だっき【脱気】deaeration 脱气,除气

だっきかねつき【脱気加熱器】deaerating heater 除气加热器

だっきき【脱気器】deaerator 除气器

だっきさよう【脱気作用】deaeration 除气作用

だっきすい【脱気水】deaerated water 除气水

だっきとう【脱気塔】deairing tower, deaeration tower 脱气塔

タッキ・ドライ tacky dry 干燥粘着性

タッキネス tackiness 粘合性

たっきゅうじょう【卓球場】table tennis court 乒乓球比赛场

タック tack 图钉

タック TAC, The Architects Collaboratives (1946年格罗庇乌斯组织的)协和建筑师事务所

タッグ tag 标签,签条,箍,销钉,电缆终端

ダッグ・アウト dug-out 防空壕,地下避难室

タック・コート tack coat (沥青)粘层,粘结层

タックフリー・タイム tack-free time 指触干时间,不剥落时间

タック・ポインティング tuck pointing (砖砌体)嵌凸缝,勾凸缝

タックようせつ【～溶接】tack welding 临时点焊接,预焊,间断焊

タックル tackle 滑轮,滑轮组,辘铲,索具

だっけい【脱型】removal of form 拆除模板,拆模

だっけい【脱珪】silica removal 脱硅,除硅

だっけいざい【脱珪剤】silica removal agent 脱硅剂

だっさん【脱酸】deoxygenation, deoxidation 去氧,除氧

だっさんざい【脱酸剤】deoxidizer, deoxidizing agent 去氧剂,脱氧剂

だっさんそ【脱酸素】deoxygenation 脱氧,除氧

だっさんそけいすう【脱酸素係数】deoxygenation coefficient 脱氧系数

だっさんそざい【脱酸素剤】deoxygen agent 脱氧剂

だっさんそていすう【脱酸素定数】deoxygenation constant, deoxygenation rate constant 脱氧常数

だっし【脱脂】degrease 脱脂

だっしつ【脱湿】desorption of moisture 干燥,脱水,脱湿

だっしゅうざい【脱臭剤】deodorizer 脱臭剂,除臭剂

ダッシュとう【～灯】dash panel lamp 仪表板灯

ダッシュ・ポット dash pot 缓冲筒,减震器,阻尼延迟器

ダッシュ・ポット・チェックべん【～弁】dash pot check valve 缓冲单向阀

ダッシュ・ボールド dash board 遮雨板,车前挡泥板

ダッシュ・ユニット dash unit 仪表板装

置
だっしょう 【脱硝】 denitrification 脱氮,反硝化(作用),脱氮作用
だっしょく 【脱色】 decolorization 脱色,去色
だっしょくざい 【脱色剤】 decolorant, decolorizer, decoloriser 脱色剂,去色剂
だっすい 【脱水】 dehydration 脱水
だっすいき 【脱水機】 extractor (洗衣)脱水机
だっすいこうほう 【脱水工法】 dewatering method (地基)排水施工法,(地基)除水处理
だっすいざい 【脱水剤】 dewatering agent, dehydrolyzing agent, dehydrating agent 脱水剂,去水剂
だっすいしけん 【脱水試験】 dewatering test 脱水试验
だっすいスクリーニング 【脱水~】 dewatering with screen 滤网脱水,过筛脱水
だっすいせつび 【脱水設備】 dewatering equipment 脱水设备
だっすいそうち 【脱水装置】 dehydrator 脱水器
だっすいそこうそ 【脱水素酵素】 dehydrogenase 脱氢酶
タッセルてい 【~邸】 Tassel House (1892~1893年比利时布鲁塞尔)塔赛尔住宅
だったん 【脱炭】 decarbonization 脱碳,除碳
だったんさん 【脱炭酸】 decarbonation 除去碳酸
タッチ touch (草图的)笔触,笔势
ダッチ・アーチ Dutch arch 荷兰式拱
だつちっきんぐん 【脱窒菌群】 denitrifying bacteria 脱氮细菌群,反硝化细菌群
だつちっそしょり 【脱窒素処理】 denitrification process 脱氮处理
ダッチ・ドア Dutch door 荷兰式门,两截门(上下可分开开关的门)
タッチ・ボタン touching button 触钮
だっちゃく 【脱着】 desorption 解吸(作用)
たつどい=たてどい
タッピング tapping 攻丝,车丝,放液,割浆
タップ tap 龙头,接续口,分接口,塞口,分支,分流,螺丝锥,螺丝攻,刻纹器
タップまわし 【~回】 tap wrench 丝锥扳手,铰杠
ダップ・マンガンほう 【~[Mangan德]法】 DAP(Dry Adsorption Process)manganese process 干吸附氧化锰法,活性氧化锰法
タップ・レンチ tap wrench 丝锥扳手,铰杠
だつぼくはいすい 【脱墨廃水】 dyeing wastewater (造纸)去墨废水,旧纸再生废水
たつほぞ 【竪枘】 vertical tenon 竖榫,立榫
たつまき 【竜巻】 spout 龙卷(风)
だつマンガン 【脱~[Mangan德]】 demanganization 脱锰,除锰
たつみず 【立水·竪水】 perpendicular line, vertical line 垂直线,铅直线
だつらくげんしょう 【脱落現象】 biological film sloughing (生物膜)脱离现象,脱落现象
だつりえき 【脱離液】 supernatant liquor 上层清液,上层分离液,沉清液
だつりゅう 【脱硫】 desulfurization 脱硫(作用),除硫
だつりゅうざい 【脱硫剤】 desulfurater, desulfurating agent 脱硫剂
だつりゅうそうち 【脱硫装置】 desulfurizing equipment 脱硫器
だて 存放杉杆支架,干燥木材支架
たてあいくち 【竪合口】 vertical abutment joint 竖向接缝
たてあな 【立穴】 pit dwelling 竖穴居住
たてあなじゅうきょ 【竪穴住居】 pit house, pit dwelling 竖穴居住
たてあんてい 【縦安定】 longitudinal stability 纵向稳定
たていし 【立石】 standing stone, up-

right stone 立石(指园林中的竖立石景)
たていたばり 【竪板張】 vertical siding work 竖向铺钉墙板
たていれ 【立入】 planting (根据布局要求和植物生长习性)定植
たていれ 【建入】 (用铅锤)取垂直度,(桩的)插入,竖进
たていれなおし 【建入直】 取直,矫正
たてうらいた 【竪裏板】 竖铺望板,竖向铺钉屋面板
たてうり 【建売】 selling of readybuilt house 商品房屋出售
たてうりじゅうたく 【建売住宅】 ready-built house for sale 建成出售的住宅
たておうりょく 【縦応力】 longitudinal stress 纵向应力,纵向内力
たておくり 【縦送】 longitudinal feed 纵向输送,纵向供给
たてかじゅう 【縦荷重】 longitudinal load 纵向荷载
たてかた 【建方】 erection 安装,竖立,架设
たてがたシュート 【竪型～】 drop chute (浇灌混凝土用)跌落式溜槽,跌落式倾卸槽,串筒式溜槽
たてがたふきあげみずのみき 【立形吹上水飲器】 pillar fountain 柱式饮水器
たてがたブランド 【竪型～】 vertical blind 竖向百页窗
たてがたプレス 【立型～】 vertical press 立式压力机
たてかたべつ 【建方別】 classification by construction types 建筑物按施工方法的类别
たてがたボイラー 【竪型～】 vertical boiler 立式锅炉
たてがたポンプ 【竪型～】 vertical pump 立式泵
たてがたルーバー 【竪型～】 vertical louver 竖向百页窗,竖向遮阳板
たてがまち 【竪框·縦框】 stile,style (门窗的)梃,边梃
たてかよいざる 【竪通猿】 vertical cat bar 竖插销
たてがわら 【竪瓦】 方形粘土瓦,方形板瓦
たてかん 【立管】 vertical pipe,riser 立管,竖管
たてかんつうき 【立管通気】 stack vent 竖管通气,竖管透气
たてがんな 【竪鉋】 planer (整修刨座底面用)立刃刨,直角刨
たてきょくせん 【縦曲線】 vertical curve 竖曲线
たて(てっ)きん 【縦(鉄)筋】 vertical reinforcement 纵向钢筋,竖向钢筋
たてぐ 【建具】 fittings,fixtures (日本房屋的门、窗、拉门、槅扇等的)装配件,装修构件
たてぐかなもの 【建具金物】 hardware, finish hardware 建筑五金,门窗五金,小五金
たてぐかなものこうじ 【建具金物工事】 hardware work 建筑五金安装工程,小五金安装工程
たてぐこう 【建具工】 joiner 细木工,装修木工
たてぐこうじ 【建具工事】 joiner's work 细木工程,木质装修工程
たてぐさい 【建具材】 wood for fittings,wood for fixture 门窗木料
たてぐリスト 【建具～】 fittings list 门窗表,配件表
たてぐわく 【建具枠】 frame for fittings 门窗框,门窗樘
たてげすい 【立下水】 slope drain,vertical drain 竖向排水,斜排水
たてげた 【縦桁】 stringer 纵梁,楼梯斜梁
たてげたブラケット 【縦桁～】 stringer bracket 纵梁托座
たてこ 【立子·縦子·竪子·建子】 muntin,mullion,munnion,sash bar (门窗扇间的)竖框,(门窗扇的)中梃,窗棂,窗芯
たてこう 【立坑】 shaft,vertical shaft 竖井,导井,竖坑
たてこしいた 【竪腰板】 vertical wainscot 竖向护墙板
たてこみ 【立込】 tree planting 种植树木

たてこみ 【建込】 fabrication of frame 结构架设,结构装配,骨架安装

たてこみへんさ 【建込偏差】 location deviation 定位偏差,安装误差

たてざい 【竪材】 vertical member 垂直构件,竖向构件

たてざん 【竪桟·縦桟】 muntin 竖棂,梃,中梃

たてじ 【建地】 standard, upright post 直立杆,脚手架立杆,竖杆,立柱

たてじくかいてん 【竪軸回転】 vertical hinge revolving (门轴)竖轴旋转

たてしさ 【縦視差】 vertical parallax, y-parallax 纵视差

たてじまるた 【建地丸太】 standard 脚手架的竖立杆

たてシームようせつ 【立～溶接】 vertical seam welding 竖向缝焊,竖向线焊

たてしゅうしゅく 【縦収縮】 longitudinal shrinkage 纵向收缩

たてしゅかん 【立主管】 riser main 主立管

たてじわり 【建地割】 sectional detail (建筑物垂直切开进行投影的)剖面图,构造大样图

たてしんどう 【縦振動】 longitudinal vibration 纵向振动

たてず 【建図】 elevation 立面图

たてすいせん 【立水栓】 lavatory faucet, pillar tap 支柱式龙头,(卫生间的)竖向水龙头

たてスチフナ 【縦～】 longitudinal stiffener 纵向加劲助,纵向加劲杆

たてぜりれんが 【縦迫煉瓦】 arch brick 拱砖,楔形砖

たてせんだん 【縦剪断】 longitudinal shear 纵向剪切

たてぞり 【縦反】 longitudinal warpage (of timber) (木材的)纵向弯曲

たてだんせいけいすう 【縦弾性係数】 modulus of longitudinal elasticity 纵向弹性模量

たてだんせいりつ 【縦弾性率】 modulus of longitudinal elasticity 纵向弹性模量

たてつうろ 【縦通路】 aisle 纵向通道,观众厅的纵向走道

たてつけ 【建付】 安好门窗(指安装质量,开关难易)

たてつぼ 【建坪】 building area (以坪为单位表示的)建筑占地面积

たてつりど 【竪吊戸·縦吊戸】 vertically suspended door 竖吊门,纵吊门

たてどい 【竪樋·立樋】 leader, down pipe 雨水立管,水落管

たてとう 【立筒】 chimney, chimney shaft 烟囱,竖筒,筒身

たてどころ 【立所】 (建筑物上某一部分的)昂起点

たてなみ 【縦波】 longitudinal wave 纵波

たてなわいれ 【竪縄入】 (防止落灰用)抹入灰层的绳辫

たてのこ 【竪鋸】 vertical saw 竖锯,立锯

たてのこうばい 【縦の勾配】 longitudinal gradient 纵向坡度

たてのこばん 【竪鋸盤】 vertical saw 竖锯

たてのぼせばしら 【建登柱】 long column, through post 通柱,通长柱,直通柱

たてばかんな 【立刃鉋】 立刃刨,直角刨

たてばしら 【竪柱】 立柱仪式

たてはぜ 【立鈎】 立咬口,立折叠,竖向折叠

たてはぜつぎ 【立鈎継】 standing seam (金属板的)立式折缝

たてばた 【縦端太】 vertical batter stud 竖向支撑,竖撑条

たてばめ 【竪羽目】 upright panel 竖钉对接护墙板

たてばめいたばり 【竪羽目板張】 vertical siding work 竖向铺钉墙板

たてびきのこ 【縦挽鋸】 rip saw 纵剖锯,纵割锯,顺木纹锯

たてひずみ 【縦歪】 longitudinal strain 纵向应变,纵向变形

たてひずみど 【縦歪度】 longitudinal unit strain 纵向应变

たてぶざい 【縦部材】 longitudinal member 纵向构件,纵向杆件

たてぶち 【竪縁】 stile (屏风,槅扇等的)竖边

たてへんけいけいすう 【縦変形係数】 modulus of longitudinal deformation 纵向变形模量

たてほうこうあんていせい 【縦方向安定性】 longitudinal stability 纵向稳定性

たてほうこうしゅうしゅく 【縦方向収縮】 longitudinal shrinkage 纵向收缩

たてほごうざい 【縦補剛材】 longitudinal stiffener 纵向加劲杆

たてほぞ 【竪枘】 vertical tenon 立榫,竖榫

たてホーム 【縦~】 longitudinal platform 纵向站台

たてぼり 【竪濠】 一面有陡坡的壕沟(山上城堡在斜坡下面挖掘壕沟的形式)

たてまえ 【建前】 erection of framing 安装构架,结构架设

たてまがりへんけい 【縦曲変形】 longitudinal bending deformation 纵向弯曲变形

たてまげ 【縦曲】 longitudinal bending 纵向弯曲

たてまし 【建増】 extension of building, addition to building 扩建,增建

たてみず 【竪水】 vertical line (木工称呼的)垂直线

たてみずこぐち 【竪水木口】 竖向截断的木构件端头

たてむきげしんようせつ 【立向下進溶接】 downward welding in the vertical position 向下立焊

たてむきじょうしんようせつ 【立向上進溶接】 upward welding in the vertical position 向上立焊

たてむきすみにくようせつ 【立向隅肉溶接】 fillet welding in the vertical position 立式角焊,垂直角焊

たてむきようせつ 【立向溶接】 vertical welding 立焊,垂直焊接

たてめじ 【竪目地】 vertical masonry joint, longitudinal joint 竖缝,直缝,纵向接头

たてもの 【建物】 building 房屋建筑物

たてものかかく 【建物価格】 building price 建筑物市价

たてものきょうきゅう 【建物供給】 building supply 建筑物供应,建筑物供给

たてものけいえい 【建物経営】 building operation 建筑物经营

たてものけいかく 【建物計画】 building project 建筑计划

たてものげんきょう 【建物現況】 建筑物现状

たてものこうじひ 【建物工事費】 construction cost of building 建筑物造价

たてものこうぞうべつげんきょうず 【建物構造別現況図】 existing construction map 建筑物结构分类现状图

たてものしほん 【建物資本】 building as capital 列入资本的建筑物

たてものじゅよう 【建物需要】 building demand 对建筑物的需求

たてものそかい 【建物疎開】 building demolition, building evacuation 建筑物拆除,建筑物疏散,建筑物撤离

たてものていいはいすい 【建物低位排水】 building subdrain 房屋低位排水

たてものトラップ 【建物~】 building trap 房屋(总)水弯

たてものはいすい 【建物排水】 house drainage 房屋排水

たてものはいすいよこしゅかん 【建物排水横主管】 building drain, house drain 房屋排水干管,房屋排水管

たてものほしょう 【建物補償】 compensation for building removal 建筑物迁移补偿

たてものようと 【建物用途】 building use 建筑物用途

たてものりようげんきょう 【建物利用現況】 existing building use 建筑物利用现状

たてやりかた 【竪遣形】 (砌砖用)皮数杆

たてようせつ 【竪溶接】 vertical weld, longitudinal weld 立焊,纵焊

たてりょく 【縦力】 longitudinal force

纵向力
たてわき 【立涌】 竖向波形连续纹样,对称的竖向波纹
たてわきれんじ 【立涌連子】 波形竖棂
たてわれ 【縦割】 longitudinal crack 纵向裂缝,纵向裂纹
たでんきょくアークほう 【多電極~法】 multiple electrode welding process 多电极焊接法
たどうしきウインチ 【多胴式~】 multiple drum winch 多卷筒卷扬机,多卷筒绞车
ダート・コレクター dirt collector 集尘器
ダート・パターン dirt pattern (墙面、顶棚等的)污斑,污痕,污点
ダート・ポケット dirt pocket 除尘袋,泥箱
ダトライト datolite 硅钙硼石
たな 【棚】 棚(日本木材体积单位,等于100立方日尺),架,搁板
たなあげ 【棚揚】 挖土上投,向上倒土
たなあしば 【棚足場】 rack scafford 台架式脚手架,满堂式脚手架
たないた 【棚板】 shelf board 搁板
たながただっきそうち 【棚型脱気装置】 tray deaerator 盘架除气器,搁架除气器
たながり 【店借】 tenancy 租用房屋,租赁房屋
ターナプル・スクレーパー turnapull scraper 拖式铲运机
ダナムこうしき 【~公式】 Danham's formula 达那姆(桩承载力计算)公式
ターナロッカー turnarocker 拖拉后卸式搬运机
たに 【谷】 valley 谷,沟,屋顶排水沟,天沟
たにいた 【谷板】 valley board,valley gutter sheet 天沟底板,斜沟底板,斜沟槽板
たにうつぼ 【谷靫】 U形天沟瓦
たにかぜ 【谷風】 valley breeze,valley wind 谷风
たにがわら 【谷瓦】 valley tile 天沟瓦
たにぎ 【谷木】 valley rafter 天沟椽,斜沟椽(指天沟处的椽子)
たにきり 【谷切】 凹缝,整石砌体做V形缝
たにぐちがわら 【谷口瓦】 天沟两侧瓦
たにさん 【谷桟】 valley-side batten 天沟两侧挂瓦条,斜沟两侧挂瓦条
たにぞえいし 【渓添石】 瀑布口配石
たにそでがわら 【谷袖瓦】 天沟两侧瓦
たにづみ 【谷積】 (石墙)菱形砌法
たにどい 【谷樋】 valley gutter,valley flashing 天沟雨水管,斜沟雨水管,斜沟槽
たにぶき 【谷葺】 laced valley,round-valley 铺(板瓦的)天沟,铺斜沟
たにめんど 【谷面戸】 clearance under valley tiles 天沟两侧瓦下的间隙,斜沟两侧瓦下的间隙
たにめんどがわら 【谷面戸瓦】 (天沟两侧下部的)填缝瓦
ターニングべん 【~弁】 turning valve 换向阀
たぬきじっくい 【狸漆喰】 粘土、砂、石灰、麻刀等混合的灰浆
たぬきぼり 【狸堀】 (陡坡地基的)掏挖,暗挖
たね 【種】 seed 种籽
たねいし 【種石】 broken stone chip (水磨石用)碎石碴
たねおでい 【種汚泥】 seed sludge 接种污泥
ターネ・プレート terne plate 镀铅锡铁板
たねペイント 【種~[paint]】 stainers tinters,pigment in oil,colourinoil 颜料油漆,调色漆
タバナクル tabernacle 临时住房,帐篷,壁龛
たばねそうふうき 【多羽根送風機】 multi-blade fan 多翼片通风机,多翼片风扇
たばねてっきん 【束鉄筋】 bundled bar 盘钢筋,盘元
たばねばしら 【束柱】 clustered column,compound pier 束形柱,(哥特式建筑的)集束柱
ダーハムほうしき 【~方式】 Durham system 达哈姆管道连接方式

タバン tavern 酒馆,小旅馆,客店
タピオラ Tapiola 塔庇奥拉(1951年以来芬兰赫尔辛基建设的新城镇)
タピサブル tapisable (法国式)薄层细粒表面处治
タービジメーター=タービディメータ
タピストリー tapestry 挂毯,花毯,织锦
タービディメーター turbidimeter 浊度仪
タービュレンス turbulence 湍流,紊流,紊动性
タービュレントりゅう【~流】 turbulent flow 紊流,湍流
タービン turbine 叶轮,涡轮,涡轮机,透平机
タービン・ウォーター・メーター turbine water meter 叶轮式流量计,叶轮式水表
タービンがたロータリーしきこうさ【~型~式交差】 turbine-type rotary intersection (道路)涡轮式环形交叉(口)
ダビング dubbing 防水油,塑化剂,刮平,找平,配音
タービンしきばっきそうち【~式曝気装置】 turbine aerator 涡轮式曝气装置
タービンはつでんき【~発電機】 turbine generator, turbo-generator 涡轮发电机,透平(发电)机
タービン・ファン turbine fan 涡轮通风机
タービン・ポンプ turbine pump 涡轮泵,叶轮泵
タービン・ミキサー turbine mixer 涡轮式搅拌机,强制搅拌机
だふ【駝峰】 驼峰
タフテッド・カーペット tufted carpet 立毛地毯
ダブテーラー dovetailer 制榫机
ダブテーリング dovetailing 燕尾形接合,鸠尾形接合,楔形接合
ダブテール dovetail 燕尾形,鸠尾形,燕尾榫,鸠尾榫,楔形榫
ダブテール・ジョイント dovetail joint 燕尾接头,鸠尾接头,楔形接头
ダブテール・マシン dovetail machine 制榫机
タフネス toughness 韧性,粘稠性
タフネスけいすう【~係数】 toughness coefficient 粘稠度系数,粘性系数
タフネスしすう【~指数】 toughness index 粘性指数 粘稠度指数
タフネス・テナシティしけん【~試験】 toughness tenacity test (橡胶沥青)凝聚粘结力试验
タブラリウム tabularium[拉] (古罗马)档案保管所
タブリーヌム tablinum (古罗马)家谱室
ダブリュー・エッチ・オー WHO, World Health Organization 世界卫生组织
ダブリュー・エル WL, water level 水位,水平面
ダブリューしきしんしゅくつぎて【W式伸縮継手】 W-type expansion joint W形伸缩缝,W形伸缩接头
ダブリュー・ダブリュー・エフ WWF, wet weather flow 雨季流量
ダブリュー・ピー・シー・エフ WPCF, Water Pollution Control Federation (美国)水污染控制联合会
ダブリンのかいぞうけいかく【~の改造計画】 Plan for the Reconstruction of Dublin (爱尔兰)都伯林改建规划
ダブル・アクチング・ジャッキ double acting jack 双动千斤顶
ダブル・アクチング・スチーム・ハンマー double acting steam hammer 双动式蒸汽锤
ダブル・アーチ double arch 双券
ダブル・ウィンチ double winch 双卷筒绞车,双卷筒卷扬机
ダブル・ウェブだんめん【~断面】 double-web section 双腹板截面
ダブル・エキストラ・ストロング・パイプ double extra strong pipe 双层高强度钢管,特厚壁钢管
ダブル・エンド・テノーナー double end tenoner 两端开榫机
ダブル・ガーダー・クレーン double girder crane 双梁起重机
ダブル・カテナリーしきちょうか【~式

吊架】 double-trolley system, double-catenary system 双悬链线式吊架

ダブル・キー double key 双键

ダブル・クッションしきベット 【～式～】 double cushion type bed 双垫层式床

ダブル・ゲート double gate 双道闸门

ダブル・コーン・スピーカー double cone speaker 双锥形扬声器

ダブル・サイクロン double cyclone 双旋风除尘器

ダブル・サイザー double sizer 双齐边机

ダブル・サクション double suction 双吸

ダブル・スウィング・ドア double swing door 双摇门

ダブル・スリット double slit 双(狭)缝

ダブル・ソー double saw 双(圆锯)齐边机

ダブル・チェックべん 【～弁】 double check valve 双联单向阀

ダブル・ティー・スラブ 【～T～】 double T slab 双T形板,双T板

ダブル・デッカー double decker 双层公共汽车

ダブル・トランペットがたりったいこうさ 【～型立体交差】 double trumpet interchange 双喇叭形立交

ダブル・ナット double nut 双螺母

ダブル・ニップ double nip 双接口

ダブルはいきん 【～配筋】 double reinforcement 双配筋,双面钢筋

ダブル・バンドルぎょうしゅくき 【～凝縮器】 double bundle condenser 双重冷凝器

ダブル・フェース・カーペット double face carpet 双面地毯

ダブル・ベット double bed 双人床

ダブル・ベット・ルーム double beded room 双人床客房

ダブル・ポンプ double pump 双联泵

ダブル・モジュラス double modulus 双模量

ダブル・リベット・ジョイント double rivet joint 双行铆钉连接

ダブル・レーシング double lacing 双缀条

ダブル・ワーレン・トラス double Warren truss 双交腹杆华伦桁架,复式华伦桁架,交叉腹杆桁架

タブレット tablet 匾额,牌匾,笠石

タープレンス＝タービュレンス

タペストリー＝タピストリー

タベラリア Tabellaria 纵隔硅藻属(藻类植物)

ターペンティン turpentine 松节油

だぼ 【太枘·雑枘】 dowel, joggle 暗榫,暗销,暗咬扣,啮合扣接榫,合缝钉

ターボあっしゅくき 【～圧縮機】 turbo-compressor 涡轮压缩机

たほうガラス 【多泡～】 foam glass 泡沫玻璃

ターボ・コンプレッサー turbo-compressor 涡轮压缩机

だぼそ 【駄枘】 dowel, joggle 暗销,暗榫舌,暗咬扣,啮合扣接榫

ターボそうふうき 【～送風機】 turbo-blower 涡轮式鼓风机

だぼつぎ 【太枘継·太枘接】 dowel joint 暗销接合

だぼはぎ 【太枘矧】 木板用暗销接合

ターボ・ファン turbo-fan 涡轮通风机

ターボ・ブロワー turbo-blower 涡轮式鼓风机

ターボ・ミキサー turbo-mixer 涡轮式搅拌机

ターボれいとうき 【～冷凍機】 turbo-refrigerator, turbo-refrigeration machine 涡轮式制冷机

たまいし 【玉石】 boulder, cobble stone 大卵石,巨砾,漂砾,蛮石

たまいしかべ 【玉石壁】 boulder wall 蛮石墙,巨砾墙,卵石墙

たまいしきそ 【玉石基礎】 boulder foundation 圆砾石基础,卵石基础

たまいしコンクリート 【玉石～】 boulder concrete 卵石混凝土,粗砾石混凝土

たまいしさいせき 【玉石砕石】 crushed gravel 碎石

たまいしじき 【玉石敷】 cobble paving,

boulder paving 圆石铺面,卵石铺面,(园路的)粗砾铺面
たまいしじぎょう 【玉石地業】 boulder foundation 大块卵石填砂基础,蛮石基础
たまいりぎゃくどめべん 【玉入逆止弁】 ball check valve 止回球阀,逆止球阀
たまいりはさいき 【球入破砕機】 ball mill,globe mill 球磨机
たまがき 【玉垣】 (日本神社周围的)石围墙或木围墙的总称
たまがけ 【玉掛】 (起重机的)挂钩,挂兜索
たまがたかん 【球形管】 globe tube 球形管
たまがたシェル 【球形～】 spherical shell 球壳,球形壳体
たまがたつぎて 【球形継手】 globe joint 球形接头
たまがたはなかざり 【玉形花飾】 ball flower 圆球饰
たまがたべん 【球形弁】 globe valve, stop valve 球形阀
たまかりいけがき 【玉刈生垣】 球形绿篱
たまくぎ 【玉釘】 round headed nail 圆头钉
たまごがたげすいきょ 【卵形下水渠】 egg-shaped sewer 卵形下水道,蛋形下水道
たまごじっくい 【玉子漆喰】 淡黄色灰浆
たまコック 【球～】 globe cock 球形旋塞
たまざ 【球座】 宝珠座(宝珠饰下面的承托部分)
たまじくうけつきちょうばん 【玉軸受付丁(蝶)番】 ball bearing butt hinge 滚珠轴承铰链,滚珠轴承合页
たまじゃり 【玉砂利】 gravel,ballast 粗砾石,粗卵石
たません 【球栓】 ball tap,ball cock 浮球阀,球形塞栓
たまつきしつ 【球突室】 billiard room 弹子房
たまつきだい 【玉突台】 billiard table 弹子台
たまつぎて 【玉継手】 ball joint 球窝接合
たまづくり 【玉造】 (树形)修整成球状
たまニュー・タウン 【多摩～】 Tama New Town 多摩新城(日本东京的卫星城)
たまびょう 【玉鋲】 roundhead rivet 圆头(铆)钉
たまぶち 【玉縁】 bead,astragal 串珠饰,圆束形线脚
たまぶちながし 【玉縁流】 roll rim sink 卷边洗涤槽
たまもく 【玉杢·珠杢】 (木材的)球形卷纹
たまり 【溜】 脚手架平台,工地暂设小房,水池
ダミー・ウィンドー dummy window 假窗
ダミー・ゲージ dummy gauge 无效(平衡、补偿)应变片
ターミナル terminal 末端,端点,终点,终点站
ターミナル・エプロン terminal apron (机场)终点停机坪
ターミナルくいき 【～区域】 terminal area (机场)终点区
ターミナル・ステーション terminal station 终点站
ターミナル・デパート terminal department store (交通)终点站百货商店,(交通)大站百货商店
ターミナル・ビルディング terminal building 终点站房屋,码头房屋,港口房屋,街道尽端的建筑物
ターミナル・ペデスタル terminal pedestal 胸像台
ターミナル・ホテル terminal hotel 机场、车站的旅馆
ターミナル・ユニット room terminal unit (单风道的)房间尽端机组
ターミナル・リヒートほうしき 【～方式】 terminal reheat system (空气调节管道)末端再热方式
ダミーめじ 【～目地】 dummy joint (混凝土路面)假缝

ターム　term　胸像柱，术语，条款
ダム　dam　坝，堤，水闸
ダム・サイト　dam site　坝址
ダムメルシュトック・ジードルング　Dammerstock Siedlung[德]（1928年德国卡尔斯路埃）达玛施托克居住区
ため【溜】reservoir　贮存器，蓄水池，贮存桶，贮存箱
だめ【駄目】工程漏项，工程未完项目，工程要求修补部位
ためいけ【溜池】storage reservoir，reservoir　蓄水池，水库
ためうるし【溜漆】透明油光漆
だめコンクリート【駄目～】要求修补的混凝土
ためしかじゅう【試荷重】trial load，test load　试验荷载
ためしかじゅうほう【試荷重法】trial load method　试载法
だめしごと【駄目仕事】修补工程，修理工程
ためしべん【試弁】test valve　试验阀
ためしぼり【試堀】test pit digging　试挖，试验挖掘，探坑
ためしポンプ【試～】test pump　试验泵
だめなおし【駄目直】修补不合格部位，修补漏项部位
ためます【溜桝】catch basin，trap basin　污水渗井，截流井，集水池
だめまわり【駄目廻】检查不合格部位，检查漏项部位
ためんせんだんりベット【多面剪断～】rivet in multiple shear　多面剪切铆钉
たもくてきくうかん【多目的空間】multi-purpose space　多用空间，综合利用空间，多功能空间
たもくてきしつ【多目的室】multi-purpose room　多功能房间，综合利用房间
たもくてきダム【多目的～】multi-purpose dam　多功能坝，综合利用水库
たもくてきちょすいち【多目的貯水池】multi-purpose reservoir　综合利用水库，多功能水库
たもくてきホール【多目的～】multi-purpose hall　多功能厅堂，多用途厅堂，综合利用厅堂
たモードぶんぎ【多～分岐】multi-mode bifurcation　多型式分枝
たもん【多門·多聞】石筑城墙上的城楼或房屋，府邸外围建造的房屋，民居的联廊，民居的附属小屋
たゆせいワニス【多油性～】long oil varnish　长油度清漆
たようかざり【多葉飾】multifoil　多瓣形花饰
たようしつ【多用室】multi-use room　多用室，多用途房间，多功能房间，综合利用房间
たようせいしすう【多様性指数】diversity index　多样性指数，多样性指标
たよくしきそうふうき【多翼式送風機】multiblade fan，Sirocco fan　多翼片通风机，多叶片风扇，西劳柯式风扇
たよくディスクせんぷうき【多翼～扇風機】multiblade disc fan　多叶片盘式电扇
たらいがたミキサー【盥形～】pan type mixer　盘式搅拌机
ダライばん【～[Drehbank德]盤】lathe　车床，旋床
ダラムだいせいどう【～大聖堂】Cathedral，Durham（1093～1130年英国）达拉姆大教堂
ダランベールのげんり【～の原理】d'Alemberte's principle　达朗贝尔原理，动静法，惯性力法
タリアセン・ウェスト　Taliesin West（1938～1959年美国亚利桑那州）塔利辛西部工作间兼住宅建筑群（赖特作品）
ダリヤ　dahlia　大丽菊
たりゅうかゴム【多硫化～[gom荷]】polysulfide rubber　聚硫橡胶
だりょくこうばい【惰力勾配】inertia grade　惰性坡度
タール　tar　焦油，柏油，溚
タール・ウレタン　tar-urethane　氨基甲酸乙酯焦油
タール・オイル　tar oil　溚油，煤焦油
たるがたきゅうりゅう【樽型穹窿】barrel vault　筒形穹顶

たるがたきょうきゃく 【樽形橋脚】 barrel pier 筒形桥墩
たるがたジベル 【樽形～[Dübel德]】 double-cone dowel, coned dowel 筒形暗销, 锥形暗销
たるがたボールト 【樽形～】 barrel vault 筒形穹顶
たるがたミキサー 【樽形～】 barrel mixer 鼓筒式搅拌机
ダル・ガラス dull glass 无光玻璃, 暗淡玻璃
たるき 【垂木·棰】 rafter 椽
たるきいわ 【垂木岩】 裂纹柱状铁平石
たるきかき 【垂木欠】 rafter bearer notch (檩等)承椽槽口, 搁椽槽口
たるきがけ 【垂木掛】 rafter bearer (位于椽的里端的)椽挂板
たるきがた 【垂木形】 barge board 窄封檐板, 窄博缝板
たるきごや 【垂木小屋】 couple roof construction 椽架, 联椽屋架, 排椽屋架
たるきこやぐみ 【垂木小屋組】 couple roof construction, rafter roof construction 椽架, 联椽屋架, 排椽屋架, 人字木屋顶结构, 椽子承重结构
たるきざい 【垂木材】 wood for rafter 椽用材
たるきだけ 【垂木竹】 竹椽
たるきばな 【垂木鼻】 椽端装饰
たるきわり 【垂木割】 distribution of rafter 椽的布置, 排椽法
タルク talc 滑石
タールけいじゅうゆ 【～系重油】 tar heavy oil 重焦油, 厚柏油, 重质柏油
タールけいゆ 【～軽油】 tar light oil 轻焦油, 轻质柏油
タール・コンクリート tar concrete 煤沥青混凝土, 柏油混凝土
ダルシーのほうそく 【～の法則】 Darcy's law 达西定律, 土层透水流速定律
たるせん 【樽栓】 wood plug (混凝土内埋置的)木块, 木栓, 木砖
タールちゅうゆ 【～中油】 tar medium oil 中焦油
タールとそうかん 【～塗装管】 tar-coated pipe 涂沥青管
タール・ドロマイトれんが 【～煉瓦】 tar dolomite brick 焦油白云石砖
ダルトンのほうそく 【～の法則】 Dalton's law, Dalton's rule 道尔顿定律
たるのくち 【樽の口】 桶口状金属饰件
タール・ピッチ tar pitch 硬煤沥青
タール・フェルト tarred felt 柏油油毡, 煤沥青油毡
タール・マカダム tar macadam 煤沥青碎石路, 柏油碎石路
タール・マカダムほそう 【～舗装】 tar macadam pavement 煤沥青碎石路面, 柏油碎石路面
たるまき 【樽巻】 roll up the cask, balled tree (大树移植时)根土球包扎
だるまき 【達磨機】 石料研磨机, 渣壳磨碎机
タールマック tar-mac(adam) 煤沥青碎石路, 柏油碎石路
だるまポンプ 【達磨～】 diaphragm pump 隔膜泵, 蒸汽双缸泵, 气压抽水泵
たるみ 【弛】 relaxation 松弛, 下降, 弛缓, 垂弛, 垂度
たるみ 【垂】 sag 垂度
たるみほせい 【弛補正】 correction for sag 垂度改正, 垂曲改正
ダルムシュタットげいじゅつかむら 【～芸術家村】 Darmstadter Künstlerkolonie[德] (1899～1908年德国)达姆士德艺术家村
ダルムシュタット・ゼツェッシオン Darmstadter Sezession[德] 达姆士德分离派(1899～1914年德国艺术革新运动)
たれ 【垂】 sag, sagging, curtaining 下垂, 垂度
たれかべ 【垂壁】 顶棚下面门窗洞口上面的墙, 垂墙(从平顶下垂50～80cm的墙, 防烟用)
タレット turret 小塔楼, 角楼
たれつリベットかさねつぎて 【多列～重継手】 multiple riveted lap joint 多行(列)铆钉搭接结合, 多行(列)铆钉搭接连接
たれつリベットつぎて 【多列～継手】

multiple riveted joint 多行(列)铆钉连接,多行(列)铆钉结合
たれんスプリットがたエアコンディショナー 【多連～形～】 multi-split type room air conditioner 多段式空气调节器
タワー tower 塔,塔楼,塔架,堡垒
タワー・エキスカベーター tower excavator 塔式挖掘机
タワーくっさくき 【～掘削機】 tower excavator 塔式挖掘机
タワー・クレーン tower crane 塔式起重机
タワー・デリック tower derrick 塔式起重架,塔式起重机桅杆
タワー・バケット tower bucket 塔架内提升斗
タワー・パッキング tower packing 塔架填料,填料塔装料
タワー・ピット tower pit 混凝土塔架底坑
タワー・ブーム tower boom 塔臂,塔架臂杆
タワー・ホイスト tower hoist 塔式升降机
たわみ 【撓】 deflection 挠度,垂度
たわみかく 【撓角】 angle of deflection, deflection angle 偏转角,转角,变位角,挠角
たわみかくほう 【撓角法】 slope-deflection method 角变位移法,倾角位移法,挠角法
たわみかん 【撓管】 flexible pipe 软管,柔性管
たわみきょくせん 【撓曲線】 deflection curve 变位曲线,挠度曲线,挠曲曲线
たわみけい 【撓計】 deflectometer 挠度计
たわみケーブル 【撓～】 flexible cable 软电缆,柔性电缆
たわみゴムかん 【撓～[gom荷]管】 flexible rubber pipe 橡皮软管,柔性橡皮管
たわみじゃく 【撓尺】 spline batten 活动曲线规
たわみじょうぎ 【撓定規】 spline 活动曲线规
たわみせい 【撓性】 flexibility 柔性,易弯性,挠性
たわみせいせっちゃくざい 【撓性接着材】 flexible adhesive 柔性胶粘剂
たわみせいほそう 【撓性舗装】 flexible pavement 柔性路面
たわみせいマトリックス 【撓性～】 flexibility matrix 柔度矩阵
たわみせいろめん 【撓性路面】 flexible pavement 柔性路面
たわみつぎて 【撓継手】 flexible joint 柔性接头,挠性接合,活络接头
たわみど 【撓度】 deflection 挠度,垂度
たわみひょうしき 【撓標識】 flexible sign 柔性标志(车辆经过时弯倒后可以弹回的标志)
たわみホース 【撓～】 flexible hose 柔性软管
たわめる 【撓める】 bewing (branch) 压弯树枝
だん 【段】 step 踏步,梯级,台阶
だん 【壇】 altar 坛,台,佛坛,祭坛
タン tan 黄褐色,棕褐,棕黄
ターンアウト turnout 避车道,分道,(铁路)岔道
たんいきろく 【単位記録】 unit record 单元纪录
たんいくうかん 【単位空間】 unit space 单位空间
たんいクリープ 【単位～】 unit creep 单位徐变,单位蠕变
たんいこうう 【単位降雨】 unit rainfall 单位降雨
だんいし 【段石】 阶段石
たんいしゅほうせんベクトル 【単位主法線～】 unit principal normal vector 单位主法线矢量
だんいた 【段板】 step board, foot board (楼梯的)踏步板,踏面
たんいたいせきじゅうりょう 【単位体積重量】 bulk density 容重,单位体积重量
たんいつあっしゅくざい 【単一圧縮材】 solid compressive member 实体受压构件,单一(材料实心)受压构件

たんいつきょうめいき 【単一共鳴器】 single resonator 单共振器
たんいつサイクロン 【単一～】 single cyclone 单旋风除尘器
たんいつしょくテレビジョン 【単一色～】 monochromatic television 单色电视,黑白电视
たんいつダクトしき 【単一～式】 single duct system 单风道(空调)系统
たんいつたてかんしき 【単一立管式】 single riser system 单立管系统(方式)
たんいつばり 【単一梁】 solid beam,solid girder 实体梁,单一(材料实体)梁
たんいプラン 【単位～】 unit plan 单位平面(建筑物平面构成的基本单位)
たんいへいめん 【単位平面】 unit plan 单位平面(建筑物平面构成的基本单位)
たんいベクトル 【単位～】 unit vector 单位矢量,单位向量
たんいほうせんベクトル 【単位法線～】 unit normal vector 单位法线矢量,单位法线向量
たんいマトリックス 【単位～】 unit matrix 单位矩阵,么阵
たんいめんせきおんきょうインピーダンス 【単位面積音響～】 unit area acoustic impedance,specific acoustic impedance 声阻抗率(单位面积声阻抗)
たんいようせきじゅうりょう 【単位容積重量】 weight of unit volume 单位体积重量,容重
だんおち 【段落】 (庭园的瀑布)分段跌落
ターン・オフ turn-off 关,关闭
ターン・オン turn-on 开,接通
だんおんとくせい 【断音特性】 sound insulation character 隔声特性
たんおんめいりょうど 【単音明瞭度】 monosyllabic articulation,sound articulation 单音节清晰度
だんおんゆかこうぞう 【断音床構造】 sound insulation floor construction 隔声楼板构造
たんか 【炭化】 carbonization 碳化,渗碳
たんか 【単価】 unit price,unit rate 单价,单位价格
タンカー tanker 储油车,沥青喷洒车,油船
だんかいこうせいしゅほう 【段階構成手法】 (城市规划)阶段构成手法(把教育、公园、商店、道路等设施按居住区布局分阶段构成的规划手法)
だんかいろかき 【段階濾過器】 stage filter 分级过滤器,分级滤池
たんかうけおい 【単価請負】 unit price contract 按单价承包,单价包工
たんかカルシウム 【炭化～】 calcium carbide 碳化钙,电石
だんがきつくり 【段欠作】 裁口
たんかけいそ 【炭化珪素】 silicon carbide 碳化硅,金刚砂
たんかけいそしつれんが 【炭化珪素質煉瓦】 silicon carbide brick 碳化硅砖
たんかコルク 【炭化～】 carbonized cork 碳化软木
たんかしけん 【炭化試験】 carbonized test 碳化试验
たんかすいそ 【炭化水素】 hydrocarbon 烃,碳氢化合物
たんかそうち 【炭化装置】 carbonization plant 碳化装置
だんがたこうたい 【段形後退】 step back 阶段式退进,逐层后退
だんがたつま 【段形妻】 stepped gable 踏步式山墙,阶式山墙
たんかねんりょう 【炭化燃料】 carbonized fuel 碳化燃料
たんかほのお 【炭化炎】 carbonized flame 碳化(火)焰,游离碳还原焰
たんがら 【炭殻】 cinder 煤渣,炉渣
たんがらコンクリート 【炭殻～】 cinder concrete 炉渣混凝土,煤渣混凝土
たんガラス 【単～】 single crystal glass 单晶玻璃
たんがられんが 【炭殻煉瓦】 cinder brick 炉渣砖,煤渣砖
たんかん 【短管】 short pipe 短管
たんかんあしば 【単管足場】 tube and coupler scaffolding 单管脚手架,钢管脚手架
たんかんしき 【単管式】 single pipe sys-

tem 单管式,单管系统
たんかんしきはいかんほう 【単管式配管法】 single piping system 单管式配管法
たんかんしきボイラー 【単管式～】 single-tube boiler 单管锅炉
だんぎ 【段木】 stepping wood,stump path,stepping stump 木楼梯的厚踏步板,草坪上踏木(指在草坪上供行走而埋设的厚木段)
たんきおうりょく 【短期応力】 stress due to short-time loading,stress for temporary loading 短期(荷载)应力
たんきかじゅう 【短期荷重】 short-time loading,temporary loading 短期荷载
たんききょうど 【短期強度】 short age strength 短龄期强度,早期强度
たんききょようおうりょく 【短期許容応力】 allowable stress for temporary loading 短期(荷载)容许应力
たんききょようおうりょくど 【短期許容応力度】 allowable unit stress for temporary loading 短期容许应力
ターンキーけいやく 【～契約】 turnkey contract,package deal contract,all-in contract 全部承包合同
だんきざみ 【段刻】 截成梯级状,刻成锯齿状
たんきチェーン・ブロック 【単軌～】 monorail chain block 单轨链滑车,单轨链滑轮组
ダンキー・ボイラー donkey boiler 辅助锅炉
だんきゅう 【段丘】 terrace 阶地,台地
たんきょくカット・アウト 【単極～】 single-pole cut-out 单极断路器,单极保险丝
たんきょくスイッチ 【単極～】 single-pole knife switch 单极开关
たんきょくそうとう 【単極双投】 single-pole double throw 单极双投
たんきょくたんとう 【単極単投】 single-pole single throw 单极单投
だんぎり 【段切】 step cutting,bench cut 台阶式挖土
タンギール tanguile 登吉红柳桉
だんきろ 【暖気炉】 air furnace 热风炉
たん(てっ)きん 【単(鉄)筋】 single reinforcement 单筋,单配筋
たんきんばり 【単筋梁】 single reinforcement beam 单筋梁
タンク tank 桶,柜,池,槽,油箱,水箱
たんぐい 【単杭】 single pile 单桩
タンクがたえきれいきゃくき 【～形液冷却器】 tank-type liquid cooler 箱形液体冷却器
タンクがま 【～窯】 tank kiln 池窑,槽窑
タンク・コック tank cock 水箱龙头,水箱旋塞
タングステン tungsten 钨
タングステン・アークでんきゅう 【～電球】 tungsten arc bulb 钨丝弧光灯泡
タングステン・アークとう 【～灯】 tungsten arc lamp 钨丝弧光灯
タングステンでんきょく 【～電極】 wolfram electrode,tungsten electrode 钨(电)极
タングステンはくねつでんきゅう 【～白熱電球】 tungsten incandescent bulb 钨丝白炽灯(泡)
タングステン・フィラメントでんきゅう 【～電球】 tungsten filament bulb 钨丝灯(泡)
タングステン・ランプ tungsten lamp 钨丝灯
タンクつくりつけがただいべんき 【～[tank]造付形大便器】 close coupled integral water closet 带水箱坐式大便器
タング・バー tongue bar (金库等的墙壁加固用)尖钢条,尖钢棍
タンク・ブロック tank block 池(窑)壁砖,槽炉用砌块
タンク・ポート tank port 水箱孔
タンクみっけつがたすいせんだいべんき 【～[tank]密結型水洗大便器】 close coupled water closet 水箱联结式冲洗大便器
だんくら 【段倉】 (日本古代低洼地区住宅内)防洪用储藏室

タンク・レギュレーター tank regulator 贮液槽调整器,贮罐调节器

タンク・ローリー tank lorry (装运石油或石油液化气的)槽车,油罐汽车

たんけいかん 【単径間】 single span 单跨

たんけっしょうアルミナ 【単結晶～】 single crystal alumina 单晶氧化铝,单晶刚玉

たんげん 【短弦】 subchord 短弦,副弦

たんげんうんどう 【単弦運動】 simple harmonic motion 简谐运动

だんげんエネルギー 【弾限～[Energie德]】 proof resilience 弹性极限能(量)

たんげんこうばい 【短弦勾配】 短弦坡度,半高坡度

たんげんしんどう 【単弦振動】 simple harmonic vibration 简谐振动

たんこう 【鍛鋼】 forged steel 锻钢

だんごう 【談合】 negotiation, conference 商量,协议,(投标前)协商会议,投标协商

たんこうくうきべん 【単向空気弁】 one-way air valve 单向空气阀

たんこうしょうかせん 【単向消火栓】 one-way hydrant 单向消火栓

たんこうろうむしゃじゅうたく 【炭鉱労務者住宅】 煤矿工人住宅

たんごりょうかいど 【単語了解度】 discrete word intelligibility 单词可懂度

たんさい 【淡彩】 wash, light colour 淡色,明亮色

たんさかん 【探査桿】 hand boring 触探杆,探钎

たんざくいし 【短冊石】 rectangular stone (园路用)长方形石块

たんざくがたつぎめいた 【短冊形継目板】 flat joint bar 扁平鱼尾板,扁平接缝板

たんざくかなもの 【短冊金物】 strap 带形铁板,带形铁件

たんさくグラブ 【単索～】 single-rope grab 单索抓斗

たんざくじき 【短冊敷】 (庭园)长方形短石铺地

たんさくどうしんこうけいとうほうしき 【単作動進行系統方式】 simple progressive system 简单进行式交通信号系统

たんさくバケット 【単索～】 single-rope bucket 单索提斗

たんさん 【炭酸】 carbonic acid 碳酸

たんさんえん 【炭酸塩】 carbonate 碳酸盐

たんさんえんか 【炭酸塩化】 carbonation 碳酸盐化,碳化

たんさんえんこうど 【炭酸塩硬度】 carbonate hardness 碳酸盐硬度,暂时硬度

たんさんか 【炭酸化】 carbonating 碳酸化,碳化

たんさんガス 【炭酸～】 carbonic acid gas, carbon dioxide 碳酸气,二氧化碳

たんさんガス・アークようせつ 【炭酸～溶接】 carbon dioxide gas shielded arc welding 二氧化碳气体保护电弧焊

たんさんガスきょようりょう 【炭酸～許容量】 permissible carbon dioxide content, tolerable carbon dioxide content, maximum allowable carbon dioxide content 碳酸气容许含量,二氧化碳容许含量

たんさんガスしょうかき 【炭酸～消火器】 carbon dioxide gas extinguisher 二氧化碳灭火器

たんさんガスしょうかせつび 【炭酸～消火設備】 carbon dioxide gas extinguishing equipment 碳酸气灭火设备,二氧化碳灭火设备

たんさんガスれいとうき 【炭酸～冷凍機】 carbon dioxide gas refrigerator 二氧化碳制冷机

たんさんカリ 【炭酸～[Kali德]】 potassium carbonate 碳酸钾

たんさんカリウム 【炭酸～】 potassium carbonate 碳酸钾

たんさんカルシウム 【炭酸～】 calcium carbonate 碳酸钙

たんさんカルシウム・スケール 【炭酸～】 calcium carbonate scale 碳酸钙水垢

たんさんこうど 【炭酸硬度】 carbonate hardness 碳酸盐硬度,暂时硬度

たんさんすい 【炭酸水】 carbonate water 碳酸水

たんさんすいそえん 【炭酸水素塩】 bicarbonate 碳酸氢盐,重碳酸盐

たんさんすいそナトリウム 【炭酸水素～[Natrium德]】 sodium hydrogen carbonate 碳酸氢钠,小苏打

たんさんせっかい 【炭酸石灰】 calcium carbonate 碳酸钙

たんさんソーダ 【炭酸～[soda]】 sodium carbonate 碳酸钠

たんさんソーダだつりゅうほう 【炭酸～[soda]脱硫法】 sodium carbonate desulfurizing 碳酸钙脱硫法

たんさんナトリウム 【炭酸～[Natrium德]】 sodium carbonate 碳酸钠

たんさんマグネシウム 【炭酸～】 magnesium carbonate 碳酸镁

たんし【端子】 terminal 接线柱,端子,线端

タンジェント・モデュラス tangent modulus 切线模量

たんじかんかんそく 【短時間観測】 short count 短时(交通量)观测,短时计数

たんしきカテナリつり 【単式～吊】 single catenary 单式悬链

たんしきくうきあっしゅくき 【単式空気圧縮機】 single-stage air compressor 单级空气压缩机

たんしきノズル 【単式～】 single nozzle 单式喷嘴

たんじくおうりょく 【単軸応力】 uniaxial stress 单轴应力

たんしつきょじゅう 【単室居住】 一家居住一室

たんしつじゅうたく 【単室住宅】 one-room dwelling 单间公寓(每户为一室的公寓,多为单身使用)

ターン・シート terne sheet 镀铅锡钢板

たんじゃくかなもの 【短尺金物】 strap 带形铁件

たんじゃくレール 【短尺～】 shorter rail 短尺寸路轨

たんしゃしんそくりょう 【単写真測量】 single photograph measurements 单像量测

たんしゅく 【短縮】 contraction 收缩

たんしゅくダイアルそうち 【短縮～装置】 economization dial 缩短号码的电话拔号盘

たんじゅんおん 【単純音】 simple tone 纯音

たんじゅんかしゃくど 【単純化尺度】 simplifyed scale 简化尺度

たんじゅんきょう 【単純橋】 simple bridge 简支桥

たんじゅんぎょうしゅうほう 【単純凝集法】 simple coagulation 简单凝结法

たんじゅんげた 【単純桁】 simple beam 简支梁

たんじゅんこうさ 【単純交差】 single intersection 单交叉

たんじゅんしじ 【単純支持】 simple support 简支

たんじゅんしじえん 【単純支持縁】 simply supported edge 简支边

たんじゅんしじへん 【単純支持辺】 simply supported edge 简支边

たんじゅんしようおうりょく 【単純使用応力】 simple working stress 简单工作应力

たんじゅんちんでんほう 【単純沈殿法】 plain sedimentation 简单沉淀法,自然沉淀法

たんじゅんトラス 【単純～】 simple truss 简支桁架

たんじゅんトラスきょう 【単純～橋】 simple truss bridge 简支桁架桥

たんじゅんなはんぷくほう 【単純な反復法】 simple iteration method 简单迭代法,简单反复法

たんじゅんねじり 【単純捩】 pure torsion, simple torsion 纯扭,纯扭转

たんじゅんばっきほう 【単純曝気法】 simple aeration 简单曝气法

たんじゅんばり 【単純梁】 simple beam 简支梁

たんじゅんばりがたラーメン 【単純梁型～[Rahmen德]】 simply supported rig-

id frame 简支梁式刚架
たんじゅんまげ 【単純曲】 simple bending,pure bending 纯弯曲
たんじゅんむさくいちゅうしゅつほう 【単純無作為抽出法】 simple random sampling 单纯随机抽样法
たんじゅんりったいトラス 【単純立体～】 simple space truss 简单空间桁架,纯空间桁架
たんじゅんロック 【単純～】 simple lock 简单水闸
たんしょう 【単床】 single flooring (仅用木龙骨支承的)单层木地板
たんじょうごがただいべんき 【短漏斗形大便器】 short hopper closet 短漏斗形大便器
たんしょうしきかんきゃくせき 【単床式観客席】 single floor type auditorium 无楼座观众厅
だんしょうしきかんきゃくせき 【段床式観客席】 stepped stalls type auditorium 阶梯式观众厅,看台式观众厅
だんじょうづみ 【壇正積】 brick spread foundation 砖砌大放脚,大放脚砖基础砌法(主要用于佛堂坛基)
たんしょうとう 【探照灯】 search-light 探照灯
たんしょく 【単植】 single planting 单株栽植,孤植
だんしょく 【暖色】 warm colour 暖色
たんしょくけい 【単色計】 monochromatic meter 单色光镜,单色仪
たんしょくこう 【単色光】 monochromatic light,homogeneous light 单色光
たんしょくテレビジョン 【単色～】 monochromatic television 单色电视,黑白电视
たんしょくひょうじ 【単色表示】 monochromatic specification 单色标志
たんしょくふくしゃ 【単色輻射】 monochromatic radiation 单色辐射
たんしょくほうしゃはっさんど 【単色放射発散度】 monochromatic emissive power 单色辐射力,单色发射本领
たんしんきょくせん 【単心曲線】 simple curve 单曲线,圆曲线
たんしんこう 【炭滲鋼】 cementation steel 渗碳钢
たんしんし 【単振子】 simple pendulum 单摆
たんしんしゃじゅうたく 【単身者住宅】 bachelor's dwelling house 单身住宅
たんしんどう 【単振動】 simple harmonic motion 简谐振动
たんすい 【淡水】 fresh water 淡水
たんすい 【湛水】 ponding,clogging 积水,潴水(生物滤池)
だんすい 【断水】 service interruption (of water supply) 断水
たんすいか 【淡水化】 desalination (咸水或海水)淡化
たんすいかぶつ 【炭水化物】 carbohydrate 碳水化合物
たんすいぎょ 【淡水魚】 fresh water fish 淡水鱼
たんすいしょくぶつ 【淡水植物】 fresh water flora 淡水植物
たんすいめんせき 【湛水面積】 ponding area,flooding area 积水面积,潴水面积
たんすいようじょう 【湛水養生】 ponding (混凝土的)围水养护
ターンスタイル turnstile (入口处的)旋转式栅门
ターン・ステアー turn stair 回转式楼梯
たんスパンばり 【単～梁】 single span beam,single span girder 单跨梁
ダンス・フロア dance floor 舞池,跳舞地板
ダンス・ホール dance hall 舞厅
たんスリーブべん 【単～弁】 single sleeve valve 单套阀
だんせい 【弾性】 elasticity 弹性
だんせい 【弾性】 elasticity 弹性
だんせいアーチ 【弾性～】 elastic arch 弹性拱
だんせいあんてい 【弾性安定】 elastic stability 弹性稳定
だんせいいき 【弾性域】 elastic range, elastic region 弹性区域,弹性范围
だんせいエネルギー 【弾性～】 elastic

energy 弹性能
だんせいおうとう 【弾性応答】 elastic response 弹性反应
だんせいおうりょく 【弾性応力】 elastic stress 弹性应力
だんせいおんきょうリアクタンス 【弾性音響～】 elastic acoustical reactance 弹性声抗
だんせいかいふく 【弾性回復】 resilience 回弹,回弹能
だんせいがく 【弾性学】 theory of elasticity 弹性力学,弹性理论
だんせいかじゅう 【弾性荷重】 elastic weight 弹性荷载,弹性荷重
だんせいかじゅうほう 【弾性荷重法】 elastic load method 弹性荷载法
だんせいかんわじかん 【弾性緩和時間】 elastic relaxation time 弹性松弛时间
だんせいきそ 【弾性基礎】 elastic foundation 弹性地基
だんせいきょくせん 【弾性曲線】 elastic curve, elastic line 弹性曲线
だんせいきょくせんのびぶんほうていしき 【弾性曲線の微分方程式】 differential equation of elastic curve 弹性曲线微分方程(式)
だんせいきょくせんほう 【弾性曲線法】 elastic curve method 弹性曲线法
だんせいきょくめん 【弾性曲面】 elastic surface 弹性曲面
だんせいけいすう 【弾性係数】 elastic modulus 弹性模量
だんせいけいすうひ 【弾性係数比】 elastic modulus ratio 弹性模量比
だんせいげんかい 【弾性限界】 elastic limit 弹性极限
だんせいげんど 【弾性限度】 elastic limit, limit of elasticity 弹性极限
だんせいこたい 【弾性固体】 elastic solid 弹性固体
だんせいこていえん 【弾性固定縁】 elastically built-in edge 弹性固定边
だんせいこていたん 【弾性固定端】 elastically built-in end 弹性固定端
だんせいゴム 【弾性～[gom荷]】 elastic rubber 弹性橡胶
だんせいこわさ 【弾性剛さ】 elastic rigidity 弹性刚度
だんせいざいりょう 【弾性材料】 elastic material 弹性材料
だんせいざくつ 【弾性座屈·弾性挫屈】 elastic buckling 弹性屈曲,弹性压曲
だんせいしじ 【弾性支持】 elastic support 弹性支承,弹性支座
だんせいしじえん 【弾性支持縁】 elastically supported edge 弹性支承边
だんせいしじばり 【弾性支持梁】 elastically supported beam 弹性支承梁
だんせいししょう 【弾性支承】 elastic support 弹性支承,弹性支座
だんせいじゅうしん 【弾性重心】 elastic center 弹性中心
だんせいじゅうしんほう 【弾性重心法】 method of elastic center 弹性中心法
だんせいじゅうりょうほう 【弾性重量法】 elastic weight method 弹性重量法
だんせいしょう 【弾性床】 elastic foundation 弹性地基
だんせいしょうとつ 【弾性衝突】 elastic collision 弹性碰撞
だんせいシーリングざい 【弾性～材】 elastic sealing compound 弹性密封材料,弹性密封填料
だんせいしんどう 【弾性振動】 elastic vibration 弹性振动
だんせいせいりきがく 【弾性静力学】 statics of elasticity 弹性静力学
だんせいせっけい 【弾性設計】 elastic design 弹性设计
だんせいせってん 【弾性節点】 elastic joint 弹性结点,弹性节点
だんせいたい 【弾性体】 elastic body 弹性体
だんせいたいりきがく 【弾性体力学】 theory of elasticity 弹性力学,弹性理论
だんせいていすうぎょうれつ 【弾性定数行列】 elasticity matrix 弹性常数矩阵,弹性矩阵
だんせいテンソル 【弾性～】 elasticity tensor 弹性张量

**だんせいどうりきがく** 【弾性動力学】 dynamics of elasticity 弹性动力学

**だんせいとくせい** 【弾性特性】 elastic characteristics 弹性特性

**だんせいながれ** 【弾性流】 elastic flow 弹性流(动)

**だんせいはそん** 【弾性破損】 elastic failure 弹性破坏

**だんせいはたんさ** 【弾性波探査】 elastic wave prospecting 弹性波探测

**だんせいパッキング** 【弾性～】 elastic packing 弹性填料

**だんせいはほう** 【弾性波法】 elastic wave method 弹性波法

**だんせいヒステリシス** 【弾性～】 elastic hysteresis 弹性滞后,弹性滞回

**だんせいひずみ** 【弾性歪】 elastic strain 弹性应变

**だんせいひずみエネルギー** 【弾性歪～】 elastic strain energy 弹性应变能

**だんせいひれいげんど** 【弾性比例限度】 elastic proportional limit 弹性比例极限

**だんせいひろう** 【弾性疲労】 elastic fatigue 弹性疲劳

**だんせいふあんてい** 【弾性不安定】 elastic instability 弹性不稳定,弹性失稳

**だんせいぶんぎ** 【弾性分岐】 elastic bifurcation 弹性分枝,弹性分岔

**だんせいへいこうじょうたい** 【弾性平衡状態】 elastic equilibrium state 弹性平衡状态

**だんせいへんけい** 【弾性変形】 elastic deformation 弹性变形

**だんせいほうていしき** 【弾性方程式】 elastic equation 弹性方程(式)

**だんせいポテンシャル** 【弾性～】 elastic potential 弹性势

**だんせいまげ** 【弾性曲】 elastic bending 弹性弯曲

**だんせいマトリックス** 【弾性～】 elastic matrix 弹性矩阵

**だんせいよこう** 【弾性余効】 elastic after-effect 弹性后效

**だんせいリアクタンス** 【弾性～】 elastic reactance 弹性反作用力,弹性阻抗

**だんせいりきがく** 【弾性力学】 theory of elasticity 弹性力学,弹性理论

**だんせいりつ** 【弾性率】 elastic modulus, modulus of elasticity 弹性模量

**だんせいりつひ** 【弾性率比】 elastic modulus ratio 弹性模量比

**だんせいりょく** 【弾性力】 elastic force 弹性力

**だんせいりれき** 【弾性履歴】 elastic hysteresis 弹性滞后,弹性滞回

**だんせいわジベル** 【弾性輪～[Dübel德]】 spring ring dowel 弹性环销

**たんせつ** 【鍛接】 forge welding, hammer welding 煅接

**たんせつつぎて** 【鍛接継手】 blacksmith welded joint 煅接接头

**たんせん** 【単線】 single track 单线,单轨道

**たんせんきょう** 【単線橋】 single-track bridge 单线桥

**たんせんしきかくうさくどう** 【単線式架空索道】 single-rope aerial(cableway) 单索式架空索道

**たんせんたいりょく** 【単剪耐力】 single shear strength 单剪强度

**たんせんだん** 【単剪断】 single shear 单剪

**たんそ** 【炭素】 carbon 碳

**たんそアークせつだん** 【炭素～切断】 carbon arc cutting 碳(极)弧切割

**たんそアークとう** 【炭素～灯】 carbon arc lamp 碳弧灯

**たんそアークようせつ** 【炭素～溶接】 carbon arc welding 碳(极)弧焊接

**たんそう** 【単層】 single story layer 单层,平房,(材料的)一层

**たんぞう** 【鍛造】 forging 煅,煅造,煅件

**だんそう** 【断層】 dislocation, fault 断层

**だんそう** 【段窓】 multiple window 联窗

**たんそうこうじょう** 【単層工場】 one-storied factory 单层厂房

**たんそうさんせんしき** 【単相三線式】 single phase three wire system 单相三

线制

たんそうじゅうこ 【単層住戸】 one-storied house 单层住宅

だんぞうちゅう 【男像柱】 atlantes, telamon 男像柱

たんそうへいめんかべ 【単層平面壁】 simple wall 单层墙,单一材料墙

たんそうもん 【単層門】 单檐门

だんぞくえんそめっきん 【断続塩素滅菌】 intermittent chlorination 间歇氯化消毒,间歇加氯消毒

だんぞくしきこうつうせいり 【断続式交通整理】 alternate block traffic control system 隔区段通行交通管制体系

だんぞくすみにくようせつ 【断続隅肉溶接】 intermittent fillet welding 间断(贴角)焊接,断续角焊

だんぞくちんでん 【断続沈殿】 intermittent sedimentation 间歇沉淀

だんぞくてんようせつ 【断続点溶接】 intermittent point welding 间断点焊,断续点焊

だんぞくひ 【断続比】 impulse ratio 脉冲比

だんぞくブロワー 【断続~】 intermittent driven blower 间歇驱动鼓风机

たんそくほう 【単測法】 single measurement(of angle) (角度)单测法

だんぞくようせつ 【断続溶接】 intermittent welding 间断焊接,跳焊

たんそげん 【炭素源】 carbon source 碳源

たんそこう 【炭素鋼】 carbon steel 碳素钢,碳钢

たんそこうレール 【炭素鋼~】 carbon steel rail 碳钢轨条

たんそこく 【炭素黒】 carbon black 碳黑,烟末

だんそせい 【弾塑性】 elasto-plasticity 弹塑性

だんそせいおうとう 【弾塑性応答】 elasto-plastic response 弹塑性反应

だんそせいおうとうかいせき 【弾塑性応答解析】 elasto-plastic response analysis 弹塑性反应分析

だんそせいかいせき 【弾塑性解析】 elasto-plastic analysis 弹塑性分析

だんそせいきょうかい 【弾塑性境界】 elasto-plastic boundary 弹塑性边界

だんそせいきょどう 【弾塑性挙動】 elasto-plastic behavior 弹塑性性能

だんそせいざい 【弾塑性材】 elasto-plastic member 弹塑性杆件,弹塑性构件

だんそせいざいりょう 【弾塑性材料】 elasto-plastic material 弹塑性材料

だんそせいじょうたい 【弾塑性状態】 elasto-plastic state 弹塑性状态

だんそせいしんどう 【弾塑性振動】 elasto-plastic vibration 弹塑性振动

だんそせいたい 【弾塑性体】 elasto-plastic body 弹塑性体

だんそせいばり 【弾塑性梁】 elasto-plastic beam 弹塑性梁

だんそせいはんい 【弾塑性範囲】 elasto-plastic range 弹塑性范围

だんそせいまげ 【弾塑性曲】 elasto-plastic bending 弹塑性弯曲

だんそせいりょういき 【弾塑性領域】 elasto-plastic range 弹塑性范围

たんそたいかぶつ 【炭素耐火物】 carbonaceous refractory, carbon refractory 碳素耐火材料

たんそてつ 【炭素鉄】 carbon iron 碳素铁

たんそでんきゅう 【炭素電球】 carbon filament bulb 碳丝灯泡

たんそでんきょく 【炭素電極】 carbon electrode 碳精电极,碳极

たんそどうかさよう 【炭素同化作用】 synthesis of carbon 碳合成作用

たんそとうりょう 【炭素当量】 carbon equivalent 碳当量

たんそパッキング 【炭素~】 carbon packing 碳质填料,碳质衬垫

たんそフィラメントでんきゅう 【炭素~電球】 carbon filament lamp 碳丝灯泡

たんそマイクロホン 【炭素~】 carbon microphone 碳粒传声器

たんそりつ 【炭素率】 carbon ratio 含碳率

たんそれんが 【炭素煉瓦】 carbon brick 碳砖,碳质耐火砖
たんそろかそうち 【炭素濾過装置】 carbon filter 碳滤器,碳滤装置
だんそん 【団村】 成团聚居村
たんたい 【単体】 single body,unit body 单体,个体,组合体的基本单位,建筑群中的个体建筑
たんたいしあげ 【単体仕上】 monolithic finish (混凝土的)整体饰面
だんたな 【段棚】 step shelf 分层搁板,多层搁板
たんだんあっしゅくき 【単段圧縮機】 single-stage compressor 单级(空气)压缩机
たんだんラジアル・コンプレッサー 【単段～】 single-stage radial compressor 单级离心式压缩机
たんち 【探知】 detection 检测
だんち 【団地】 housing estate,grouped site 住宅区,集中规划和经营的一片地区
だんちがい 【段違】 different level 不同标高,拼接不平,差距,错台
だんちがいどうろ 【段違道路】 double level road 双高程道路,双层式道路(上下分驶高度不同的道路)
だんちかいはつ 【団地開発】 site development 组团住宅区开发,住宅组群用地开发
たんちき 【探知器】 locator,detector 探测器,检验器
だんちけいえい 【団地経営】 住宅组群用地经营
だんちけいかく 【団地計画】 estate planning 住宅区规划,住宅组群用地综合规划
だんちげすい 【団地下水】 housing sewage 生活区污水
だんちサービス 【団地～[service]】 住宅区服务性机构与业务
たんちゅう 【短柱】 short column 短柱
たんちゅう 【端柱】 end post (桁架)端(压)杆
たんちゅうほうねつき 【単柱放熱器】 single column radiator 单柱散热器
だんつう 【緞通】 rug 地毯,厚毛毯
だんつうろ 【段通路】 terraced aisle (剧院等的)台阶式通道
だんつぎ 【段継】 halving joint,halved joint,half lap joint 高低缝接合,对开接合,半叠接
だんつきレール 【段付～】 step rail 阶梯式路轨
だんつきわがたジベル 【段付輪形～[Dübel德]】 stepped ring dowel 齿形环销,阶梯式环形抗剪键
たんてつ 【鍛鉄】 wrought iron 煅铁,熟铁
ターン・テーブル turn table 转车台,转车盘,转台,转盘
タンデムがたローラー 【～型～】 tandem roller 串联式压路机,多轮压路机
タンデムじくかじゅう 【～軸荷重】 tandem axle load 双轴荷载,串列轮轴荷载
タンデム・ドライフ tandem drive 串联式驱动,串联传动装置,双轴驱动
タンデム・ミキサー tandem mixer 串联混凝土搅拌机
たんてん 【端点】 terminal 端点
だんとう 【段塔】 plate column,tray column 多层(蒸馏)塔,层板(蒸馏)塔,多层(蒸馏)柱
たんどうウインチ 【単胴～】 single winch 单卷筒绞车
たんどううずまきポンプ 【単動渦巻～】 single-acting centrifugal pump 单动离心泵
たんどうくいうちハンマー 【単動杭打～】 single-acting pile hammer 单动式打桩锤
たんどうくうきポンプ 【単動空気～】 single-acting air pump 单动气泵
たんどうしきくいうちき 【単動式杭打機】 single-acting pile driver 单动式打桩机
たんどうディスク・ハロー 【単動～】 single-acting disc harrow 单动圆盘耙,单动圆盘式路耙
たんどうポンプ 【単働～】 single-acting pump 单动泵

たんどくきそ 【単独基礎】 individual footing, independent footing 单独基础，独立基础

たんどくごうう 【単独豪雨】 isolated storm 局部暴雨(局部地区的小面积暴雨)

たんどくじぎょう 【単独事業】(城市建设的)单独事业(非国库补助金对象的事业))

たんどくしょり 【単独処理】 individual treatment 单独处理，个别处理

たんどくしんごうほうしき 【単独信号方式】 independent signal method 单独信号方式，非联锁式信号方式

たんどくせいぎょ 【単独制御】 independent control (交通信号)单独控制

たんどくつうき 【単独通気】 separate vent 单独透气

たんトライグリフ 【単～】 monotriglyph (多利安柱式檐壁上的两柱间)单块三槽板

だんどり 【段取】 program 施工计划，施工组织计划

だんにげ 【段逃】 退岔砌筑，踏步退岔，阶梯形后退

タンニンなめしはいすい 【～鞣廃水】 tannery wastewater 鞣革废水，制革废水

だんねつ 【断熱】 heat insulation 绝热，隔热，保温

だんねつおんどじょうしょう 【断熱温度上昇】 adiabatic temperature rise (混凝土)绝热温升

だんねつかたむき 【断熱傾】 adiabatic gradient 绝热梯度

だんねつガラス 【断熱～】 heat insulating glass 隔热玻璃

だんねつざい 【断熱材】 heat insulating material, heat insulator 绝热材料，热绝缘材料

だんねつざいりょう 【断熱材料】 heat insulating material 保温材料，绝热材料

だんねつしすう 【断熱指数】 adiabatic index 绝热指数，绝热率

だんねつたいかれんが 【断熱耐火煉瓦】 insulating fire brick 绝热耐火砖，耐火保温砖

だんねつへいこう 【断熱平衡】 adiabatic equilibrium 绝热平衡

だんねつへんか 【断熱変化】 adiabatic change 绝热变化

だんねつほう 【断熱法】 method of heat isolation 隔热法，热绝缘法

だんねつぼうちょう 【断熱膨張】 adiabatic expansion 绝热膨胀

だんねつほうわ 【断熱飽和】 adiabatic saturation 绝热饱和

だんねつほうわおんど 【断熱飽和温度】 adiabatic saturated temperature 绝热饱和温度

だんねつほうわへんか 【断熱飽和変化】 adiabatic saturated change 绝热饱和变化

だんねつモルタル 【断熱～】 heat insulating mortar 隔热砂浆，保温砂浆

だんねつようじょう 【断熱養生】 adiabatic curing (混凝土试件)绝热养护

だんねつれいきゃく 【断熱冷却】 adiabatic cooling 绝热冷却

だんねつれんが 【断熱煉瓦】 heat insulating brick 绝热砖，隔热砖

たんのうとし 【単能都市】 simple function city 单功能城市

タンパー tamper 夯具，打夯机，硪，捣棒，捣固机

ダンパー damper 调节风门，气闸，气流调节器，减速器，减震器，缓冲器，消声器，阻尼器，制动器

ダンパー dumper 自动倾卸车，翻斗车，垃圾车

ターンパイク turnpike 收费路，收税路

ターンパイク・ロード turnpike road 收费道路，收税道路

ダンパーがたちょうせいき 【～形調整器】 damper regulator 气闸调节器，风门调节器

たんぱくあわしょうかざい 【たん白泡消火剤】 protein foam concentreates 蛋白质泡沫灭火剂

たんぱくしつ 【蛋白質】 protein 蛋白质，朊

**たんぱくしつせっちゃくざい** 【蛋白質接着剤】 protein adhesive 蛋白质粘合剂
**たんぱくしつぶんかいこうそ** 【蛋白質分解酵素】 proteolytic enzyme 解朊酶,蛋白水解酶
**たんぱくせいちっそ** 【蛋白性窒素】 albuminoid nitrogen 蛋白氮
**たんぱくせいぶっしつ** 【蛋白性物質】 albuminous matter 蛋白质
**ダンパー・コントロール** damper control 调节器控制
**だんばし** 【段梯】 flight 梯段
**だんばしご** 【段梯子】 flight 梯段
**ダンパーそうち** 【～装置】 damper gear 气闸调节装置
**ターンバックル** turnbuckle (松紧)螺旋索扣,(松紧)螺套,螺丝接头,花篮螺丝
**だんばな** 【段鼻】 nosing 踏步凸边,踏步口
**だんばね** 【段跳】 挖深基坑,分段向上倒土,台阶式向上倒土
**ダンパーべん** 【～弁】 damper valve 调节阀
**ダンパー・レギュレーター** damper regulator 气闸调节器,风门调节器
**たんばん** 【胆礬】 blue vitriol, copper vitriol 胆矾,蓝矾,五水(合)硫酸铜
**たんばん** 【単板】 veneer 薄木板,薄片板,单板
**タンパン** tympan[法] (入口柱廊上或门窗上的)檐饰内的三角面或弓形面
**たんぱんけしょうばりごうはん** 【単板化粧張合板】 decorative glued plywood 饰面胶合板,镶面胶合板
**だんぴすいじゅんき** 【短肥水準儀】 dumpy level 定镜水准仪
**ダンピ・レベル** dumpy level 定镜水准仪
**ターン・ピン** turn pin 硬木旋钉(管工用)
**タンピング** tamping 夯实,捣固,捣实
**ダンピング・グラウンド** dumping ground 拉圾(倾倒)场
**ダンピングけいすう** 【～係数】 damping coefficient 衰减系数,阻尼系数
**タンピング・ローラー** tamping roller 夯式压路机
**ダンプ** dump 翻斗,倾卸装置
**ダンプ・カー** dump car 翻斗车
**ダンプ・カート** dump cart 倾卸车,拉圾车,翻斗车
**だんぶき** 【段葺】 踏步式金属板屋面铺法,踏步式草顶铺法
**ダンプじどうしゃ** 【～自動車】 dump car 翻斗汽车,倾卸车
**ダンプしゃ** 【～車】 dump truck 自卸式货车
**ダンプ・シリンダー** damp cylinder 减振筒
**ダンプター** dumpter 卸货车,倾卸车,自卸货车,拉圾车
**ダンプ・トラック** dump truck 倾卸运货车
**ダンプ・トレーラー** dump trailer 自卸拖车
**ダンプべん** 【～弁】 dump valve 放泄阀
**ダンプ・ボックス** damp box 减振箱
**タンブラー** tumbler 杠杆锁,拨动式开关,齿轮换向器
**タンブラー・スイッチ** tumbler switch 倒顺开关,转换开关
**タンブラー・ロック** tumbler lock 杠杆锁
**たんふりこ** 【単振子】 simple pendulum 单摆
**タンブリング・クラッシャー** tumbling crusher 转筒式粉碎机
**タンブリング・ミル** tumbling mill 滚筒式磨机,翻转(辗压)机
**タンブール** tambour[法] (圆屋顶下面的)鼓形环,拱顶座,鼓形柱础
**ターンブルあお** 【～青】 Turnbull blue 杜尔蓝
**ターン・プレート** terne plate 镀铅锡合金钢板
**ダンプ・ワゴン** dump wagon 翻斗车,倾卸货车
**だんぼう** 【暖房】 heating 采暖,供暖,暖气设备
**だんぼうかん** 【暖房管】 heating pipe 暖

气管

**だんぼうきこう** 【暖房気候】 heating condition 采暖气候,采暖条件

**だんぼうげんかいおんど** 【暖房限界温度】 heating limit temperature 采暖临界温度

**だんぼうこうか** 【暖房効果】 heating effect 采暖效果

**だんぼうこうじ** 【暖房工事】 heating work 采暖工程,暖气工程

**だんぼうしつないおんど** 【暖房室内温度】 indoor design temperature (采暖)室内设计温度

**だんぼうそうち** 【暖房装置】 heating installation 采暖设备,暖气设备

**だんぼうどにち** 【暖房度日】 heating degree-day 采暖度日

**だんぼうふか** 【暖房負荷】 heating load 采暖负荷

**だんぼうほうしき** 【暖房方式】 heatig system 采暖方式

**だんぼうユニット** 【暖房～】 heating unit 采暖机组

**だんぼうようしゅつりょく** 【暖房用出力】 heating capacity of boile (锅炉)供暖能力,供热能力

**だんぼうようねつこうかんき** 【暖房用熱交換器】 heating calorifier 采暖热交换器

**だんぼうようボイラー** 【暖房用～】 heating boiler 采暖锅炉

**たんほごうざい** 【端補剛材】 end stiffener 端加劲杆,端加劲筋,端部加劲构件,端加劲肋

**タンポずり** 【～摺】 tamponing 搓漆(大漆),擦涂

**たんほぞ** 【短枘】 stub tenon,goggle tenon 短榫

**タンポン** tampon[法] 塞子,缓冲器,(涂漆,拍涂用)软布团

**たんまきトランス** 【単巻～】 auto-transformer 自耦变压器

**たんまきへんあつき** 【単巻変圧器】 auto-transformer 自耦变压器

**たんまつ** 【端末】 end 端线,末端

**たんまつじょうけん** 【端末条件】 end condition 末端条件,端部条件

**たんまつそうち** 【端末装置】 terminal device 末端装置

**ダンマル** dammar 达马树脂

**ダンマル・ワニス** dammar varnish 达马脂清漆

**たんみセメント** 【単味～】 nonblended cement 纯水泥

**だんめんいちじモーメント** 【断面一次～】 geometrical moment of area,statical moment of area 几何面积矩,截面积静矩,截面面积矩,截面一次矩

**だんめんおうりょく** 【断面応力】 sectional stress 截面应力,截面内力

**だんめんかんせいだえん** 【断面慣性楕円】 ellipse of inertia of section 截面惯性(矩)椭圆

**だんめんきょくにじモーメント** 【断面極二次～】 polar moment of inertia,polar second moment of area 极惯性矩,面积的极二次矩

**だんめんけいさん** 【断面計算】 design of section,design calculation of section 截面计算,截面设计

**だんめんけいすう** 【断面係数】 section modulus 截面模量,截面抵抗矩

**だんめんこうつうりょうちょうさ** 【断面交通量調査】 spot traffic volume survey (道路)断面交通量调查,车道上某一点车速调查

**だんめんさんてい** 【断面算定】 design of section 截面设计

**だんめんしゅうしゅくりつ** 【断面収縮率】 contraction percentage of area,reduction of area 截面收缩率

**だんめんしゅじく** 【断面主軸】 principal axis (of section) 截面主轴

**だんめんず** 【断面図】 section,sectional drawing 剖面图,断面图,剖视图

**だんめんせき** 【断面積】 sectional area 断面积,截面面积

**だんめんせっけい** 【断面設計】 design of section 截面设计

**だんめんぜんかくそんしつ** 【断面漸拡損

失】 loss of head at gradual expansion of cross-section 渐扩管水头损失

だんめんそうじょうモーメント 【断面相乗～】 product moment of inertia of area 惯性积,惯矩积,截面惯性积

だんめんちぢみりつ 【断面縮率】 contraction percentage of area, reduction of area 截面收缩率

だんめんにじきょくモーメント 【断面二次極～】 polar moment of inertia, polar second moment of area 极惯性矩,面积的极二次矩

だんめんにじだえん 【断面二次楕円】 ellipse of inertia 截面惯性椭圆,惯矩椭圆

だんめんにじはんけい 【断面二次半径】 radius of gyration of area 截面旋幅,截面回转半径,截面惯性半径

だんめんにじモーメント 【断面二次～】 second moment of area, moment of inertia 面积的二次矩,惯性矩,截面惯性矩

だんめんのかく 【断面の核】 core of section 截面核心,截面中心

だんめんのかんせいのうりつ 【断面の慣性能率】 moment of inertia of area 截面惯性矩

だんめんひょう 【断面表】 section list 截面表

だんめんほう 【断面法】 method of sections 截面法

だんめんリスト 【断面～】 section list 截面表

だんめんりょく 【断面力】 section force 截面力,内力

たんゆせい 【短油性】 short oil length (清漆的)短油度

たんゆせいフタルさんじゅしワニス 【短油性～酸樹脂～】 short oil type phthalic resin varnish 短油度邻苯二(甲)酸树脂清漆

たんゆワニス 【短油～】 short oil varnish 短油度清漆

たんようしつ 【単用室】 single use room 专用室,单功能车间

たんようじゅう 【単容重】 weight of unit volume 容重,单位容积重量

たんらく 【短絡】 short circuit 短路

たんらくげんしょう 【短絡現象】 short-circuit phenomenon 短路现象,短流现象

たんらくスイッチ 【短絡～】 short-circuiting switch 短路开关

たんりゅうこうぞう 【単粒構造】 single-grained structure (土的)单颗粒结构,非团粒结构

だんりゅうこうぞう 【団粒構造】 aggregated structure (粘土的)团粒构造,聚集构造,集合体构造

たんりゅうどこつざい 【単粒度骨材】 one-sized aggregate 均一尺寸骨料,等大骨料,单粒级骨料

たんりょうこう 【単綾工】 single lacing 单缀(条)

たんりょうたい 【単量体】 monomer 单体

だんりょく 【弾力】 elastic force 弹性力,弹力

だんりょくけいすう 【弾力係数】 spring constant 弹簧常数,弹力常数

だんりょくりつ 【弾力率】 modulus of elastisity, elastic modulus 弹性模量

たんれつリベット 【単列～】 single-row rivet 单行(列)铆钉

たんれんようアルミニウムごうきん 【鍛錬用～合金】 aluminium alloy for temper 回火用铝合金

だんろ 【暖炉】 stove 火炉

たんろう 【単廊】 corridor 单廊

たんろうしきバシリカ 【単廊式～】 corridor type basilica 单廊式长方形会堂,单廊式巴雷利卡

だんろき 【断路器】 disconnecting switch 切断开关,断路器,隔离开关

だんろぜんぶのたな 【暖炉前部の棚】 mantel 壁炉架

# ち

チァンク・ガラス　chunk glass　玻璃毛坯
ちいき【地域】area,region,zone　地区,区域
ちいきあんぜんきじゅん【地域安全基準】区域安全标准
ちいきおせん【地域汚染】regional pollution　区域污染
ちいきかいはつ【地域開発】regional development　地区开发,区域开发
ちいきかがく【地域科学】regional science　区域科学(以地区为对象综合城市规划、经济、社会、行政等方面的科学)
ちいきかくさ【地域格差】regional difference　地区差别(国内各地区经济指标、生活福利指标的差别)
ちいきかんきょうアセスメント【地域環境～】regional environmental assessment　区域环境评价
ちいきかんこうつう【地域間交通】inter-zone trip　地区间交通
ちいきかんトリップ【地域間～】inter-zone trip　地区间交通
ちいききょうどうしゃかいかいはつ【地域共同社会開発】community development　地区共同体开发,社区开发
ちいきけいかく【地域計画】regional planning　区域规划
ちいきけいすう【地域係数】zone factor　区域系数
ちいきこうぞう【地域構造】regional constitution　区域结构
ちいきしせつ【地域施設】district facilities　地区设施
ちいきしせつけいかく【地域施設計画】地区设施规划
ちいきしせつもう【地域施設網】地区设施网
ちいきしゃかいがく【地域社会学】regional sociology　区域社会学
ちいきず【地域図】regional plan,zoning map　区域图
ちいきせい【地域制】zoning　分区规划,区划,功能分区
ちいきせいげん【地域制限】zoning regulation　分区管理,区划管理,分区限制
ちいきせいこうえん【地域制公園】parks of zoning system　分区制公园
ちいきそうごうモデル【地域総合～】integrated regional planning model　综合区域规划模型
ちいきだんぼう【地域暖房】district heating　区域采暖,区域供热
ちいきちく【地域地区】按城市规划法进行区划的区(如特别用途区、防火区、风景区等)
ちいきちくせい【地域地区制】zoning　分区规划,功能分区
ちいきないトリップ【地域内～】intra-zonal trip　区内交通,区内车流
ちいきぼうさいけいかく【地域防災計画】地区防灾规划
ちいきぼうさいしんだん【地域防災診断】地区防灾调查分析
ちいきれいだんぼうセンター【地域冷暖房～】district heating and cooling center　地区供冷供热中心
ちいきれいぼう【地域冷房】district cooling　区域供冷
ちいるい【地衣類】lichens　地衣类
チィンパヌム＝ティムパヌム
チェア　chair　椅子,座,轨座
チェア・ベッド　chair bed　坐卧兼用椅
チェスト　chest　低柜橱,箱柜
チェストナット　chestnut　栗树
チェーチャ＝チャイトヤ
チェッカー　checker　小方格,棋盘格
チェッカード・プレート　checkered plate,chequered plate　网纹钢板
チェッカーれんが【～煉瓦】checker brick,chequer brick　格子砖,方格砖

チェック check 校核,核对,验算,抑制,阻止,制动,细裂缝,幅裂
チェック・テスト check test 检验,测试
チェック・ナット check nut 防松螺帽,锁紧螺母
チェック・ノズル check nozzle 自动关闭喷嘴
チェック・バルブ check valve 单向阀,止回阀,逆止阀
チェックべん 【～弁】 check valve 单向阀,止回阀,逆止阀
チェック・ポイント check point 检测点,检查点,抽点检验,水准基点
チェック・リスト check list 核对表,检验单,清单
チェリー cherry 樱,樱桃色
ちえん 【遅延】 delay 滞后,延时
チェーン chain 链,链条,锁链,电路,测链
チェーン・エレベーター chain elevator 链式升降机,链式提升机
チェーン・グレート chain grate 链式炉栅,链式炉篦
チェーン・コレクター chain collector 链式刮泥机
チェーン・コンベヤー chain conveyer 链式输送机,链式输送带
ちえんざい 【遅延材】 retarder 缓凝剂,阻滞剂
チェンジ・オーバー・スイッチ change over switch 转换开关
チェンジ・オーバーべん 【～弁】 change over valve 转换阀,换向阀
チェンジ・オーバーほうしき 【～方式】 change over system 转换方式
チェンジべん 【～弁】 change valve 转换阀,换向阀
チェーン・ジャッキ chain jack 链式起重器
チェーン・ストア chain-stores 联号商店(属于同一公司的商店)
チェーン・ソー chain saw 链锯
チェーンそくりょう 【～測量】 chain surveying, chaining 测链测量,链测
ちえんだんせいへんけい 【遅延弾性変形】 delayed elastic deformation 滞后弹性变形,延迟弹性变形
チェーン・デタッチャー chain detacher 链条拆卸器
チェーン・テンショナー chain tensioner 拉链器
チェーン・ドア・ファスナー china door fastener 链式门扣件
チェーン・ドライブ chain drive 链传动
チェーン・トランスミッション chain transmission 链传动
チェーン・トング chain tongs 链钳
チェーン・トングス chain(pipe)tongs 链条(管)钳
チェーン・パイプ・レンチ chain pipe wrench 链条管(子)扳手
チェーン・バケット・エックスカベター chain-bucket excavator 链斗式挖土机
チェーン・バケット・エレベーター chain bucket elevator 链斗式提升机
チェーン・フック chain hook 链钩
チェーン・ブロック chain block 手动葫芦,神仙葫芦,拉链起重器
チェーン・ペンダント chain pendant 灯具吊链
チェーン・ペンダント・ランプ chain pendant lamp 悬链吊灯,吊链灯
チェーン・ホイスト chain hoist 链式起重机,链式升降机
チェーン・ホイール chain wheel 链轮
チェーン・ボルト chain bolt 带链插销
チェーン・リベッティング chain rivetting 并列铆钉,平行铆钉
チオコール thiokol 聚硫橡胶(商)
チオシアンさんだいにすいぎんほう 【～酸第二水銀法】 mercuric thiocyanate method 硫氰酸汞法
チオにょうそじゅし 【～尿素樹脂】 thiourea resin 硫脲树脂,硫脲甲醛树脂
チオりゅうさんえん 【～硫酸塩】 thiosulfate, thiosulphate 硫代硫酸盐
チオりゅうさんソーダ 【～硫酸～】 sodium thiosulphate 硫代硫酸钠,大苏打
チオりゅうさんナトリウム 【～硫酸～[Natrium德]】 sodium thiosulphate 硫

代硫酸钠,大苏打
**ちおん** 【地温】 earth temperature 地温
**ちおんふえきそう** 【地温不易層】 stratum of invariable temperature, constant earth-temperature layer 地下恒温层
**ちか** 【地価】 land price 地价
**ちかあつにゅうしょり** 【地下圧入処理】 underground disposal by pressure 地下压入处置
**ちかい** 【地階】 basement(floor) 地下层,地面以下各层建筑
**ちかいしゅかんしき** 【地階主管式】 basement main system 地下室干管系统
**ちがいだな** 【違棚】(室内放装饰品用的)高低搁板
**ちかいっさんげんすい** 【地下逸散減衰】 dissipation damping 地下耗散阻尼,地下散逸阻尼
**ちかいはいすい** 【地階排水】 basement drainage 地下室排水,地窨排水
**ちがいはぎ** 【違矧】 shiplap joint 错缝接合,错口接合
**ちかうめケーブル** 【地下埋～】 underground cable 地下电缆
**ちかがい** 【地下街】 underground street, underground town 地下街,地下商店街
**ちかかんがい** 【地下灌漑】 subsurface irrigation, subsoil irrigation 地下灌溉
**ちかかんげんしょり** 【地下還元処理】 underground restoration 地下还原处理
**ちかかんろ** 【地下管路】 underground line 地下管道,地下管线
**ちかくうかん** 【地下空間】 underground space 地下空间
**ちかくうんどう** 【地殼運動】 crustal movement, land deformation 地壳运动
**ちかくしょうがい** 【知覚障害】 sensory disturbance 知觉障碍,感觉失调
**ちかくそうおんレベル** 【知覚騒音～】 perceived noise level 感觉噪声级
**ちかくはんのうきょり** 【知覚反応距離】 perception reaction distance (司机的)感觉反应距离
**ちかくはんのうじかん** 【知覚反応時間】 perception reaction time (司机的)感觉反应时间
**ちかくへんどう** 【地殼変動】 land deformation, crustal deformation 地壳变动
**ちかこうじ** 【地下工事】 underground work 地下工程
**ちかしきしょうかせん** 【地下式消火栓】 underground hydrant 地下消火栓
**ちかしつ** 【地下室】 basement, cellar 地下室,地窖,地窨
**ちかしつはいすい** 【地下室排水】 cellar drain, cellar drainage 地下室排水
**ちかしつまど** 【地下室窓】 cellar-window 地下室窗
**ちかしょうてんがい** 【地下商店街】 underground town 地下商店街
**ちかしんとうほう** 【地下浸透法】 underground seepage 地下渗透法,地下渗水法
**ちかすい** 【地下水】 ground water, subsurface water, underground water, subterranean water 地下水
**ちかすいあつ** 【地下水圧】 ground water pressure 地下水压
**ちかすいい** 【地下水位】 ground water level 地下水位
**ちかすいおせん** 【地下水汚染】 pollution of ground water 地下水污染
**ちかすいかんげん** 【地下水還元】 ground water restoration 地下水还原
**ちかすいじゅんそくりょう** 【地下水準測量】 underground levelling 地下水准测量
**ちかすいそう** 【地下水層】 ground water zone 地下水层
**ちかすいちょうさ** 【地下水調査】 survey of ground water 地下水调查
**ちかすいのじんこうかんよう** 【地下水の人工涵養】 artificial recharge of ground water 地下水人工回灌,地下水人工补给
**ちかすいはいじょ** 【地下水排除】 underground water drainage, subsoil (water) drainage 地下水排除
**ちかすいはいじょかん** 【地下水排除管】

subsoil (water) drain　地下水排水管
**ちかすいめん**【地下水面】ground water surface　地下水面
**ちかすいりゅうしゅつ**【地下水流出】ground water run-off　地下水径流
**ちかすなろかほう**【地下砂濾過法】underground sand filtration process　地下砂滤法
**ちかせいどう**【地下聖堂】crypt　地窟，(教堂地下的)墓室
**ちかそくりょう**【地下測量】underground surveying　地下测量
**ちかダクト**【地下～】underground duct　地下管道
**ちかちゅうしゃじょう**【地下駐車場】underground parking　地下停车场
**ちかちゅうしんそくりょう**【地下中心測量】underground alignment　地下定线测量
**ちかちゅうにゅう**【地下注入】underground recharge　地下回灌，地下灌注
**ちかてつどう**【地下鉄道】subway, underground railway　地下铁道
**ちかでんせんろ**【地下電線路】underground circuit　地下线路
**ちかどう**【地下道】subway, underpass　地(下)道，地下铁道，下穿交叉道
**ちかとうけつせん**【地下凍結線】frost-line (in soil)　(地下)冰冻线
**ちかトンネル**【地下～】underground tunnel　地下隧道
**ちかはいすい**【地下排水】underground (water) drainage, subdrainage, subsurface drainage　地下排水
**ちかはいすいそしき**【地下排水組織】underdrainage system　地下排水系统
**ちかへんでんしょ**【地下変電所】underground sub-station　地下变电站
**ちかぼしつ**【地下墓室】hypogeum, hypogaeum　窖室，(古希腊露天剧场下服务用的)地道，地下墓室
**ちかまいせつぶつ**【地下埋設物】underground installation, underground utilities　地下安装设施，地下管网，地下管线
**ちかみちべん**【近路弁】by-pass valve　旁通阀
**ちかよりかく**【近寄角】angle of approach　渐近角，接近角
**ちから**【力】force　力
**ちからいた**【力板】angle brace of sliding door frame　边角撑板(纸槅扇骨架四角的加固木块)
**ちからえだ**【力枝】main branch　主枝，粗大树枝
**ちからぎ**【力木】加劲木，加固木
**ちからこ**【力子】糊纸的槅扇的主骨架
**ちからだるき**【力垂木】加劲椽，增强椽
**ちからてんじょう**【力天井】置物用承重顶棚
**ちからねだ**【力根太】large-size floor joist　大搁栅，大龙骨(间隔置于小搁栅间以加强受力)
**ちからのいどうせい**【力の移動性】mobility of force　力(的)移动性
**ちからのおおきさ**【力の大きさ】magnitude of force　力的大小
**ちからのごうせい**【力の合成】composition of forces　力的合成
**ちからのさようせん**【力の作用線】line of force action　力作用线
**ちからのさようてん**【力の作用点】point of force application　力作用点
**ちからのさんかくけい**【力の三角形】triangle of forces, force triangle　力(的)三角形
**ちからのさんようそ**【力の三要素】three elements of force　力(的)三要素
**ちからのせいぶん**【力の成分】component of force　分力
**ちからのたかくけい**【力の多角形】force polygon　力(的)多边形
**ちからのつりあい**【力の釣合】equilibrium of forces　力(的)平衡
**ちからのつりあいじょうけん**【力の釣合条件】condition of equilibrium of forces　力(的)平衡条件
**ちからのどうかんすう**【力の導関数】force derivatives　力导数
**ちからののうりつ**【力の能率】moment of force　力矩

**ちからのば** 【力の場】 field of force 力场

**ちからのぶんかい** 【力の分解】 decomposition of forces, resolution of forces 力(的)分解

**ちからのへいこうしへんけい** 【力の平行四辺形】 parallelogram of forces 力(的)平行四边形

**ちからのほうこう** 【力の方向】 direction of force 力的方向

**ちからのモーメント** 【力の～】 moment of force 力矩

**ちからのりょういき** 【力の領域】 domain of force 力的领域

**ちからぶち** 【力縁】 stiffening stile 加固边木

**ちからぼね** 【力骨】 糊纸的槅扇的主骨架

**ちかれんぞくかべ** 【地下連続壁】 underground diaphragm wall 地下连续墙

**ちかれんぞくかべこうほう** 【地下連続壁工法】 construction of diaphragm wall 地下连续墙施工法

**ちかんかじゅう** 【置換荷重】 substitute load 置换荷载, 代换荷载

**ちかんこうほう** 【置換工法】 displacement method (软弱地基处理的)换土垫层

**ちかんぶざい** 【置換部材】 substituted member 置换杆件, 置换构件

**チキソトロピー** tixotropy 静置凝胶性, 触变性, 摇溶性

**ちきゅうかんそくえいせい** 【地球観測衛星】 earth survey satellite 地球观测卫星

**ちきゅうだえんたい** 【地球楕円体】 terrestrial ellipsoid 地球椭圆体

**ちきゅうふくしゃ** 【地球輻射】 terrestrial radiation 大地辐射

**ちぎり** 【千切·滕·衽】 双楔形销钉

**ちぎりつぎ** 【千切継·滕継】 双楔形暗销接合

**ちきろ** 【地帰路】 earth return 接地回路

**ちく** 【地区】 area, district 地区, 区域, 区

**チーク** teak 柚木

**ちぐい** 【地杭】 stake 打桩位置桩, 标桩, 标杆

**ちくかいそくりょう** 【地区界測量】 boundary surveying 地区边界测量

**ちくきほんけいかく** 【地区基本計画】 district plan(ning) 区总体规划

**ちくけいかく** 【地区計画】 district plan (ning) 区规划

**ちくこうえん** 【地区公園】 district park, community park 地区公园, 居住区公园

**チークざい** 【～材】 teak wood 柚木

**ちくさいかいはつ** 【地区再開発】 district redevelopment 地区再开发, 地区重新发展

**ちくさんこうがい** 【畜産公害】 stock-breeding pollution 畜产公害, 畜产污染

**ちくじアクセス** 【逐次～】 sequential access 顺序入口, 顺序存取, 按序存取

**ちくじけってい** 【逐次決定】 sequential decision 顺序决定, 序贯决定

**ちくじしょり** 【逐次処理】 sequential processing 顺序处理, 顺序决策(问题)

**ちくじせいぎょ** 【逐次制御】 sequential control 顺序控制

**ちくじせんけいけいかくそうさく** 【逐次線形計画操作】 sequence of linear-programming operations 线性规划操作程序

**ちくしゃ** 【畜舎】 barn, cote, pen 畜舍, 家畜饲养舍

**ちくしゃおすいだめ** 【畜舎汚水溜】 cattle house cesspool 畜舍污水坑

**ちくしゅうふく** 【地区修復】 rehabilitation 地区复兴, 地区修复

**ちくせきどく** 【蓄積毒】 cumulative poisoning 积累中毒

**ちくせきぶつ** 【蓄積物】 accumulation 堆积物, 淤积物, 聚集物

**ちくセンター** 【地区～】 district center 地区中心

**ちくちゅうしん** 【地区中心】 district center 地区中心

**ちくてい** 【築堤】 embankment, banking 筑堤

**ちくでんち** 【蓄電池】 accumulator, stor-

age battery 蓄电池(组)
ちくでんちしつ【蓄電池室】battery room 蓄电池室
ちくでんちしゃ【蓄電池車】battery car 电瓶车
ちくてんほう【逐点法】point-by-point method 照度逐点计算法,逐点法
ちくねつけいすう【蓄熱係数】storage load factor (照明的)蓄热负荷系数
ちくねつすいそう【蓄熱水槽】heat storage tank 保温水箱,蓄热水箱
ちくねつそう【蓄熱槽】heat storaging tank 蓄热箱,蓄热罐
ちくねつふか【蓄熱負荷】storage load 蓄热负荷
ちくひょうか【地区評価】地区评价
ちくぶんさんろ【地区分散路】distict distributor (英国城市道路网中的)地区级交通分流路
ちくほぞん【地区保存】conservation (文物、资源等)地区保护
チクラート＝ジッグラト
ちくわ【竹輪】drop hammer (打桩用)落锤
ちげ (背)土筐
ちけい【地形】topographic feature 地形
ちけいがく【地形学】topography 地形学,地形测量(学)
ちけいじゅんのうがたどうろもう【地形順応型道路網】topographical street system 顺应地形布置的道路网
ちけいず【地形図】topographic map 地形图
ちけいせいぎゃくてん【地形性逆転】geographical inversion 地形性倒转
ちけいそくりょう【地形測量】topographic surveying 地形测量
チケット・ルーム ticket room 票房,售票处
ちこう【地溝】pit 地坑,检修坑,检修地沟
ちこうざい【遅効剤】inhibitor 抑制剂,阻化剂
ちこうふう【地衡風】geostrophic wind 地转风
ちごがしら【稚児頭】(栏杆望柱的)装饰柱头
ちごむね【稚児棟】戗脊前部装饰
ちさきげすい【地先下水】gutter,street drain 街道排水边沟
ちさきげんぶ【地先減歩】site frontage decrease 基地临街建筑线后退
ちじき【地磁気】terrestrial magnetism 地磁
ちじきず【地磁気図】magnetic map 地磁图
ちしつ【地質】geology 地质
ちしつがく【地質学】geology 地质学
ちしつこうがく【地質工学】engineering geology 工程地质
ちしつず【地質図】geological map 地质图,地质构造图
ちしつだんめんず【地質断面図】geological section,geologic profile 地质断面(图)
ちしつちゅうじょうず【地質柱状図】geological columnar section 地质柱状剖面,地质柱状图
ちしつちょうさ【地質調査】geological survey 地质调查,地质勘察
ちしのうど【致死濃度】lethal concentration(LC) 致死浓度
ちしょう【雉墻】battlement 雉堞,城墙垛
ちじょうしきしょうかせん【地上式消火栓】pillar hydrant 地面消火栓,柱式消火栓
ちじょうしゃしん【地上写真】ground photograph,terrestrial photograph 地面照片,地面摄影
ちじょうしゃしんそくりょう【地上写真測量】ground photogrammetry,terrestrial photogrammetry 地面摄影测量
ちじょうすい【地上水】surface water 地表水,地面水
ちじょうそくりょう【地上測量】ground survey 地面测量
ちじょうとうき【地上投棄】land disposal 土地处置

ちじょうはいすい【地上排水】surface drainage 路面排水,地面排水
ちず【地図】map 地图
ちすい【治水】flood control 防洪
ちすうき【置数器】register 寄存器,记录器
ちせいず【地勢図】topographical map 地形图
ちせき【地積】lot area 土地面积
ちせき【地籍】land register 土地登记薄,地籍
ちせきしきかんちけいさんほう【地積式換地計算法】土地面积式换地计算法
ちせきず【地籍図】cadastral map,cadaster 地籍图
ちせきそくりょう【地籍測量】cadastral surveying,cadastration 地籍测量
ちせん【地線】earth wire,ground wire (接)地线
ちせんこうじ【地線工事】earth connection,ground connection 埋设地线工程,接地线
ちそう【地層】stratum(strata) 地层
ちそうりきがく【地層力学】stratum dynamics 地层力学
ちたい【地帯】zone,tract 地带,地区
ちたい【地帯】tract 地带
ちたいけいすう【遅滞係数】coefficient of retardation 阻滞系数,迟滞系数
ちたいげんしょう【遅滞現象】retardation 阻滞作用,阻滞现象,迟滞
ちたいしゅうよう【地帯収用】zone condemnation 征用地带
ちたいそう【遅滞相】lag phase (生化需氧量曲线上的)迟延相
ちたいりょく【地耐力】soil bearing stress,ground bearing capacity 地基承载力
ちだん【地壇】(1531年中国北京)地坛
チタンはく【～白】titan white,titanium pigment 钛白
ちちかなもの【乳金物】乳房状或馒头状门钉
ちぢまないりゅうたい【縮まない流体】imcompressible fluid 非压缩性流体
ちぢみ【縮】shrinkage,contraction 收缩,皱缩
ちぢみエナメル【縮～】wrinkle enamel 皱纹磁漆
ちぢみおうりょく【縮応力】shrinkage stress,contraction stress 收缩应力
ちぢみじゃく【縮尺】scale 缩尺,比例尺
ちぢみしろ【縮代】shrinkage allowance 收缩量,收缩限量
ちぢみりつ【縮率】shrinkage factor 收缩率
ちぢみわれ【縮割】contraction crack,shrinkage crack 收缩裂纹,缩裂
ちちゅうおんど【地中温度】earth temperature 地中温度
ちちゅうおんどけい【地中温度計】earth thermometer 地温温度计,地温计
ちちゅうかんろ【地中管路】underground line 地下管线
ちちゅうしゅかん【地中主管】underground main 地下干管,地下主管
ちちゅうばり【地中梁】footing beam 基础梁
ちちゅうひきこみせん【地中引込線】underground service wire 地下进户线
ちちょう【雉堞】battlement 雉堞,城墙垛
ちぢれもく【縮杢】wavy figure (木材的)波状纹理
ちっかこう【窒化鋼】nitriding steel 渗氮钢
ちっきん【竹筋】bamboo reinforcement 竹筋
ちっきんコンクリート【竹筋～】bamboo reinforced concrete 竹筋混凝土
ちっこうとりょう【蓄光塗料】luminous paint 发光涂料,发光漆
ちっそ【窒素】nitrogen 氮
ちっそく【窒息】asphyxiation,suffocation 窒息
ちっそくしょうか【窒息消火】extinguishment by smothering 窒息灭火
ちっそくせいぶっしつ【窒息性物質】

suffocating substance 窒息性物质
ちっそげん 【窒素源】 nitrogen source 氮源
チッパー chipper 凿子,錾子,风镐
チッパー tipper 倾翻机构,倾卸机构,自动倾卸车
チッパー・ホッパー tipper-hopper 翻斗
チッピング・ハンマー chipping hammer 手锤,尖锤,铲锤
チッピング・ユニット tipping unit 倾翻装置,翻斗装置
チップ chip 木片,刨花,切屑
チップ tip 尖,尖端,梢,翻倒,倾卸,接头,触点,管嘴
チップ・アップ・シート tip-up seat (剧场用)翻椅
チップ・カー tip car 倾卸车,翻斗卡车
チップ・シュート tip chute 倾卸滑槽
チップ・スプレッダー chip spreader (道路用)石屑撒布机,碎石摊铺机
チップ・スプレッダー tip spreader (筑路用)倾卸式撒布机
チップバック tip-back 后倾,后翻
チップ・ブレーカー chip breaker 木片破碎机,断屑机,废料破碎机
チップボード chipboard 碎木胶合板,碎屑板,粗纸板
チップラー tippler 倾卸装置,翻倾机构
ちてんそくどちょうさ 【地点速度調査】 spot speed study 车道上某一点车速调查
ちでんりゅう 【地電流】 earth current, natural current, terrestrial current 大地电流
ちどり 【千鳥】 zigzag, staggered arrangement 曲折,交错,乙字形,之字形,锯齿状
ちどり 【地取】 laying-out land 规划土地,布置土地
ちどりうえ 【千鳥植】 staggered row planting 之字形栽植,交错栽植
ちどりうちリベット 【千鳥打~】 zigzag rivet(ing) 交错(排列的)铆钉,错列铆钉
ちどりがたざせきはいち 【千鳥形座席配置】 staggered seating 前后排座位错开的布置形式
ちどりだんぞくすみにくようせつ 【千鳥断続隅肉溶接】 staggered intermittent fillet weld 交错断续角焊,交错间断焊
ちどりはいれつ 【千鳥配列】 staggered arrangement 交错布置
ちどりはふ 【千鳥破風】 (日本古建筑屋顶窗的)上翘式小封檐板
ちどりばり 【千鳥張】 (防水卷材的)交错搭接,错开铺放
ちどりようせつ 【千鳥溶接】 staggered intermittent weld 交错断续焊接,交错式间断焊
ちどりリベットじめ 【千鳥~締】 zigzag riveting 交错铆接,错列铆接
ちどりリベットつぎて 【千鳥~継手】 zigzag riveting joint 交错铆接头,错列铆接头
ちねつしげん 【地熱資源】 geothermal resource 地热资源
ちばん 【地番】 number of lot 地段编号,规划用地号数
ちひ 【地被】 ground cover 地被植物,植被
ちひょうすい 【地表水】 surface water 地表水
ちひょうすいじゅんそくりょう 【地表水準測量】 surface levelling 陆地水准测量
ちひょうそくりょう 【地表測量】 surface surveying 陆地测量
ちひょうちゅうしんそくりょう 【地表中心測量】 surface alignment 地面定线测量
ちびょうなえはた 【稚苗苗畑】 seedling nursery 苗圃
ちひょうのうど 【地表濃度】 concentration on ground 地表浓度
ちひょうはいすい 【地表排水】 surface drainage 地表排水,地面排水
ちひょうめん 【地表面】 ground level, groumd surface 地表面
ちひょうめんおんど 【地表面温度】 earth-surface temperature 地表温度

ちひょうめんダクト 【地表面～】 surface duct 地面管渠
ちひょうめんちんか 【地表面沈下】 settlement of earth surface 地表沉降，地面下沉
ちひょうりゅう 【地表流】 overland flow，sheet flow 地面(泛)流，地面漫流
ちひらっき 【地平っ木】 creeper，creeping trees 匍匐在地面的低矮树木
ちぶつ 【地物】 planimetric features 地物(对地面上天然物和构造物的总称)，地平面面貌
ちぶつそくりょう 【地物測量】 planimetric surveying 平面图测量，平面测量，地物测量
ちへい 【地平】 horizon 地平(线)，水平线
ちへいずほう 【地平図法】 horizontal projection 水平投影(法)
ちへいせん 【地平線】 horizontal line 地平线，水平线
ちへいめん 【地平面】 horizon plane 地平面，水平面
チベットしき 【～式】 Tibetan style (Chinese architecture) (中国)西藏式(建筑)
ちほうかいはつとし 【地方開発都市】 local development city 地方开发城市，地方开拓城市
ちほうけいかく 【地方計画】 regional planning，local planning 区域规划
ちほうけいかくろん 【地方計画論】 regional planning concept 区域规划理论
ちほうこうせいじ 【地方恒星時】 local sidereal time 地方恒星时
ちほうこうむいんしゅくしゃ 【地方公務員宿舎】 local public service employee's residence 地方职工宿舍
ちほうじ 【地方時】 local time 地方时
ちほうちゅうかくとし 【地方中核都市】 regional hub city 地方核心城市(指影响超出日本"县"以外地区并成为其政治、经济、文化中心的城市，如札幌、仙台、福冈等)
ちほうちゅうしんとし 【地方中心都市】 regional center city 地方中心城市(在政治、经济、文化等方面具有影响力的城市，在日本多指县厅所在的城市)
ちほうてつどう 【地方鉄道】 local reilway，district railway 地方铁路，地区铁路
ちほうとし 【地方都市】 local city 地方城市
ちほうふう 【地方風】 local wind 地方性风
ちほうぶんさん 【地方分散】 地方疏散
ちほうへいきんじ 【地方平均時】 local mean time 地方平均时
ちぼそ 【地枘】 small tenon 小榫
チムガド Timgad 梯姆伽德(公元100年建北非阿尔及利亚城市)
チーム・デザイン team design 成套设计
チーム・テン Team 10 第十次小组(1959年近代建筑国际会议第十次会议闭幕后由青年建筑师组成的新建筑运动小组)
チムニー chimney 烟囱，烟筒，烟囱状物
チムニー・キャップ chimney cap 烟囱帽
チムニー・ダンパー chimney damper 烟囱调节器
チムニーべん 【～弁】 chimney valve 烟道阀
チームのこうしき 【～の公式】 Thiem's formula 蒂姆公式(渗水系数计算公式)
ちもく 【地目】 land category 土地类目，土地种类编目
ちゃ 【茶】 Ther sinensis[拉]，Tea[英] 茶树
チャイトヤ chaitya[梵] 支提
チャイナ・クレー china clay，kaolin 高岭土，瓷土
チャイナ・ストーン china stone，kaolinized granite 高岭土化花岗岩
チャイム chime 组钟，谐音，配谐
ちゃうす 【茶臼】 互咬嵌接(用于梁、枋等的接合)
ちゃえん 【茶園】 (庭园)茶园
ちゃくしょくあえんてっぱん 【着色亜鉛鉄板】 precoated galvanized steel sheet 涂漆镀锌薄钢板，挂漆镀锌薄钢板

**ちゃくしょくアスファルト**【着色～】coloured asphalt 着色沥青
**ちゃくしょくガラス**【着色～】coloured glass 带色玻璃,着色玻璃
**ちゃくしょくがんりょう**【着色顔料】colour pigment 着色颜料
**ちゃくしょくけんだくぶつ**【着色懸濁物】coloured suspended matter 有色悬浮物
**ちゃくしょくコンクリート**【着色～】coloured cement concrete 着色混凝土
**ちゃくしょくざい**【着色剤】colouring agent 着色剂,颜料
**ちゃくしょくしあげ**【着色仕上】colour finish (混凝土)着色饰面,彩色饰面
**ちゃくしょくセメント**【着色～】coloured cement 彩色水泥
**ちゃくしょくポルトランド・セメント**【着色～】coloured portland cement 彩色硅酸盐水泥
**ちゃくしょくりょく**【着色力】colouring capacity 着色强度,着色能力
**ちゃくせいしょくぶつ**【着生植物】epiphytes 附生植物
**ちゃくちのうど**【着地濃度】ground concentration 落地浓度
**ちゃくはつせん**【着発線】arrivaland-departure sidings (铁路的)到发线,起讫线
**ちゃくばらい**【着払】payment on arrival 交货付款
**ちゃくりくくいき**【着陸区域】landing area (飞机)降落场,着陆场
**ちゃくりくたい**【着陸帯】landing zone (飞机)降落场,(飞机)着陆场
**チャーコール** charcoal 木炭
**チャーコール・フィルター** charcoal filter 木炭过滤器
**チャージ** charge 负荷,电荷,充电,充气,充水,装料,加荷
**チャージ・カー** charge car 加料车,装料车
**ちゃしつ**【茶室】tea-ceremony house 茶室
**チャージべん**【～弁】charge valve 充气阀,充水阀,加荷阀
**チャージ・リリーフべん**【～弁】charge relief valve 充气安全阀,充水安全阀
**チャージング** charging 充电,充气,充水,进料,装料
**チャージング・ホッパー** charging hopper 装料漏斗,料斗
**ちゃせき**【茶席】tea room 茶座,茶室
**チャタリング** chattering 振动,震颤
**ちゃだんす**【茶簞笥】日式茶具厨
**ちゃっか**【着火】catch fire, ignition 着火,发火,燃烧
**ちゃっかおんど**【着火温度】ignition temperature, catch fire temperature 着火温度,发火温度
**ちゃっかてん**【着火点】ignition point 着火点,发火点,燃点
**ちゃっこう**【着工】commencement of work 开工
**ちゃっこうけんちくぶつ**【着工建築物】开工建筑物
**ちゃっこうじゅんび**【着工準備】开工准备,施工准备
**ちゃっこうとどけ**【着工届】work start report 开工报告,开工申请
**チャッター・バー** chatter-bar 震颠路障(用作路面障碍物的路面警告标志或多车道窄路的简易中央分隔带)
**チャート** chart 图,图表,记录,记录纸
**チャート** chert 燧石,黑硅石
**ちゃにわ**【茶庭】tea-ceremony garden 茶室院,设有茶室的花园,附设茶室的院子
**ちゃのま**【茶の間】(日本式住宅的)饮茶间,茗茶室
**チャペル** chapel 祭室,(基督教堂内的)祈祷室,小教堂
**チャールスのほうそく**【～の法則】Charles law 查理定律
**チャン** chian 沥青,柏油
**チャンセル** chancel (教堂的)高坛,圣坛
**チャンチン** Chinese mahogany 香椿,中国红木,中国桃花心木
**チャンディ** chandi 爪哇祠堂,(印尼的)墓穴

チャンディガールのこうとうさいばんしょ【～の高等裁判所】 High Court in Chandigarh (1952～1956年印度)昌迪伽尔高等法院

チャンディ・プランバナン Chandi Prambanan (9世纪末印尼爪哇岛)普朗巴南寺

チャン・(ワ)ニス chian varnish 醇溶性松香清漆,松香钙脂清漆

チャンネリゼーション channelization (交通)渠化,导流

チャンネル channel 沟渠,开槽,开渠,管道,管路,波道,电路,槽,槽形,槽钢

チャンネル・スタッド channel stud 槽钢立筋

チャンネル・スラブ channel slab, precast ribbed slab 槽形板,槽板

チャンネル・ビーム channel beam 槽形梁

チャンネル・ブロック channel block (玻璃池窑的)通路砖,槽形大块砖

チャンネル・レール channel rail 槽形轨条

チャンバー chamber 房间,室,卧室

チャンバーがたしょうおんき【～型消音器】 air chamber type muffler 空气室型消声器

チャンファー chamfer 槽,凹线,削角

ちゅうあつおんすい【中圧温水】 medium pressure hot water 中压热水

ちゅうあつタービン【中圧～】 middle pressure turbine 中压汽轮机

ちゅうあつボイラー【中圧～】 middle pressure boiler 中压锅炉

ちゅういしんごう【注意信号】 caution signal 警告信号

ちゅういたんそこう【中位炭素鋼】 medium carbon steel 中碳钢

ちゅういのあつ【中位の圧】 medium pressure 中压,中等压力

ちゅうえいようこ【中栄養湖】 mesotrophic lake (贫富营养湖之间的)中营养湖

ちゅうおうおろしうりいちば【中央卸売市場】 central wholesale market 中心批发市场

ちゅうおうかんがけいかく【中央官衙計画】 (城市)中央政府机关区规划

ちゅうおうかんししつ【中央監視室】 central control room 中央控制室,中心控制室

ちゅうおうかんせい【中央管制】 central control 中央控制,集中控制

ちゅうおうかんりしつ【中央管理室】 central control room 中央控制室,中心控制室

ちゅうおうきゅうとうほう【中央給湯法】 central hot-water supply method 热水集中供应法

ちゅうおうぎょうむちく【中央業務地区】 central business district(CBD) 中央营业区,中心商业区

ちゅうおうけいかん【中央径間】 center span (桥梁的)中(央)跨

ちゅうおうけいりょうほうしき【中央計量方式】 central batching plant system (混凝土搅拌的)集中配料方式

ちゅうおうこうえん【中央公園】 central park 中央公园

ちゅうおうこうさぶ【中央交差部】 crossing (教堂的十字形平面的)中央交叉部分

ちゅうおうこんごうプラント【中央混合～】 central mixing plant 中心拌和厂,混凝土搅拌站

ちゅうおうさんぶんてん【中央三分点】 middle third 中间三分之一点,中间的三分之一,三分中一(三等分的中部一等分)

ちゅうおうしきくうきちょうわそうち【中央式空気調和装置】 central air conditioning equipment 集中式空气调节装置

ちゅうおうしきくうきちょうわほうしき【中央式空気調和方式】 central air conditioning system 集中式空调系统

ちゅうおうしきでんしゃちゅう【中央式電車柱】 center pole (立在街道中心的)路中式电车杆

ちゅうおうしゃせん【中央車線】 center

lane (单数车道道路上的)中央车道

**ちゅうおうしょうぎょうちく** 【中央商業地区】 central commercial district 中心商业区

**ちゅうおうせいぎょ** 【中央制御】 central control 中央控制,中心控制

**ちゅうおうダクトほうしき** 【中央~方式】 central ducting system 集中通风管道方式,集中式通风管道系统

**ちゅうおうだんぼう** 【中央暖房】 central heating 集中采暖,集中供热

**ちゅうおうちゅうしゃ** 【中央駐車】 central parking 路中停车,街心停车

**ちゅうおうてつどうえき** 【中央鉄道駅】 central railway station 中央铁路车站

**ちゅうおうとう** 【中央島】 central island, roundabout island 中心岛,环岛(环形交叉的中心岛)

**ちゅうおうどうこう** 【中央導坑】 central heading (隧道的)中央导坑

**ちゅうおうどうこうしきくっさく** 【中央導坑式堀削】 core method of tunnel construction 中央导坑式开挖

**ちゅうおうねりまぜほうしき** 【中央練混方式】 central mixing system (混凝土)集中搅拌方式

**ちゅうおうはいぜんほうしき** 【中央配膳方式】 centralized tray service system 集中配餐方式

**ちゅうおうひょうじゅんじ** 【中央標準時】 central standard time 中央标准时

**ちゅうおうひろま** 【中央広間】 crossing (教堂的十字形平面的)中央交叉部分

**ちゅうおうプラントこんごう** 【中央~混合】 central plant mixing 集中搅拌,集中拌和

**ちゅうおうぶんりたい** 【中央分離帯】 central reserve, median 中央分隔带,中间分车带

**ちゅうおうぶんりたいしんにゅうきんしひょうしき** 【中央分離帯進入禁止標識】 keep off median sign 禁止进入中央分隔带标志

**ちゅうおうぶんりとう** 【中央分離島】 median island, divisional island 中央分车岛

**ちゅうおうめっきんざいりょうしつ** 【中央滅菌材料室】 central sterilizing supply room 中心消毒室,医院的中心供应室

**ちゅうおうめん** 【中央面】 middle surface 中层面,中面

**ちゅうおうりゅうけい** 【中央粒径】 median diameter (土的)中间粒径,中径

**ちゅうおうりんしょうけんさぶ** 【中央臨床検査部】 central clinical laboratory 中心临床检验室

**ちゅうおんこうかせっちゃくざい** 【中温硬化接着剤】 intermediate temperature setting adhesives 中温硬化粘合剂

**ちゅうおんしょうか** 【中温消化】 mesophilic digestion 中温(污泥)消化

**ちゅうおんすいだんぼうほうしき** 【中温水暖房方式】 medium temperature water heating system 中温热水采暖方式

**ちゅうかい** 【鋳塊】 ingot 铸锭

**ちゅうがい** 【虫害】 vermin blight, insect damage 虫害,虫蚀

**ちゅうかいシュート** 【厨芥~】 garbage chute 垃圾溜槽

**ちゅうかいしょぶん** 【厨芥処分】 garbage disposal 垃圾处理

**ちゅうかいてんかしょうかほう** 【厨芥添加消化法】 combined digestion of sludge and garbage 投加厨房垃圾消化法(粪尿与厨房垃圾的合并厌气消化法)

**ちゅうがく** 【中角】 medium square 中枋

**ちゅうかくとし** 【中核都市】 regional hub city 地方核心城市(指影响超出日本"县"以外地区并成为其政治、经济、文化中心的城市,如札幌、仙台、福冈等)

**ちゅうがたパネル** 【中型~】 medium size panel 中型板材

**ちゅうがたパネルこうぞう** 【中型~構造】 medium panel construction 中型装配式墙板结构

**ちゅうがたパネル・システム** 【中型~】 medium panel system 中型装配式墙板结构系统

ちゅうかんえき 【中間駅】 intermediate station 中间车站

ちゅうかんおびてっきん 【中間帯鉄筋】 middle hoop 中间箍筋

ちゅうかんげすいりょう 【昼間下水量】 daytime sewage quantity 白昼污水量,日间污水量

ちゅうかんけん 【昼間圏】 daytime sphere 昼间活动范围区

ちゅうかんこんごう 【中間混合】 mean colour mixture 均匀混色

ちゅうかんし 【中間視】 intermediate sight 中间视

ちゅうかんじすう 【昼間時数】 daytime hours 昼间时数,白昼时数

ちゅうかんしてん 【中間支点】 intermediate support 中间支座,中间支点

ちゅうかんしゃせん 【中間車線】 middle lane 中间车道

ちゅうかんしゅおうりょく 【中間主応力】 middle principal stress 中间主应力

ちゅうかんしょうぎょうちく 【中間商業地区】 中间商业区(介于中央商业区与邻里商业区之间)

ちゅうかんじょうけんしき 【中間条件式】 intermediate conditioning equation 中间条件方程

ちゅうかんしょく 【中間色】 halftone 中间色(调)

ちゅうかんじんこう 【昼間人口】 daytime population 昼间人口

ちゅうかんじんこうみつど 【昼間人口密度】 昼间人口密度

ちゅうかんスイッチ 【中間~】 intermediate switch 中间开关

ちゅうかんスチフナ 【中間~】 intermediate stiffener 中间加劲肋,中间加劲杆

ちゅうかんたい 【柱間帯】 middle strip 跨中板带

ちゅうかんだつりゅう 【中間脱硫】 intermediate desulfurization 中间脱硫

ちゅうかんちょう 【中間調】 half tone 半(音)度,中间调

ちゅうかんていしゃじょう 【中間停車場】 intermediate station 中间站,中途(车)站

ちゅうかんてん 【中間点】 intermediate station 中间点,插点,插站

ちゅうかんどめべん 【中間止弁】 intermediate stop valve 中间断流阀,中间止水阀

ちゅうかんばらい 【中間払】 (工程)中间付款

ちゅうかんふか 【昼間負荷】 day load 日间负荷

ちゅうかんほごうざい 【中間補剛材】 intermediate stiffener 中间加劲构件,中间加劲杆,中间加劲肋

ちゅうかんれいきゃくき 【中間冷却器】 intercooler 中间冷却器

ちゅうかんわり 【柱間割】 intercolumniation 柱距,柱距的布置

ちゅうきかいしゅうそうち 【抽気回収装置】 bleeding recovery (制冷机冷媒)排气回收装置

ちゅうきゃく 【柱脚】 column base, base of column 柱基,柱座,柱脚

ちゅうきゃくやまがたこう 【柱脚山形鋼】 shoe angle, side angle, clip angle 柱脚角钢

ちゅうくうがいく 【中空街区】 midair block 内敞街区(中央留有公共绿地)

ちゅうくうガラス・ブロック 【中空~】 hollow glass block 空心玻璃砖

ちゅうくうきょうきゃく 【中空橋脚】 hollow pier 空心桥墩

ちゅうくうきょうだい 【中空橋台】 cellular abutment 格间式桥台,隔仓式桥台

ちゅうくうごうはん 【中空合板】 void plywood 中空胶合板

ちゅうくうしょうばんきょう 【中空床版橋】 hollow slab bridge 空心混凝土板桥

ちゅうくうスラブ 【中空~】 void slab 空心板

ちゅうくうにじゅうへき 【中空二重壁】 double wall with empty space 中空双层墙

ちゅうくうへき 【中空壁】 cavity wall 空心墙,中空墙

ちゅうくうれんが 【中空煉瓦】 hollow brick 空心砖
ちゅうけい 【中景】 intermediate view 中景,中间景色
ちゅうけいえき 【中継駅】 transfer station 中转(车)站,中继(车)站,转运(车)站
ちゅうけいき 【中継器】 auxiliary station of fire alarm system 火警受信机副机
ちゅうけいしんごうき 【中継信号機】 transition signal 中继信号机,中转信号机
ちゅうけいとし 【中継都市】 中继城市,交通城市
ちゅうけいほうねつき 【柱形放熱器】 column radiator 柱式散热器
ちゅうけいポンプ 【中継～】 relay pump,booster pump 替续泵,增压泵
ちゅうけいポンプじょう 【中継～場】 relay pumping station,booster pump station 中间泵站,中继泵站
ちゅうこう 【昼光】 daylight 自然光,白昼光
ちゅうこう 【鋳鋼】 cast steel 铸钢
ちゅうこうガラス 【昼光～】 daylight glass 自然光效应玻璃,阳光过滤玻璃
ちゅうこうこうか 【昼光効果】 daylight effect 昼光效果,天然光效果
ちゅうこうこうげん 【昼光光源】 daylight source 自然光光源,白昼光光源
ちゅうこうしょうど 【昼光照度】 daylight illumination 昼光照度,天然照度,自然照度
ちゅうこうしょうどたい 【昼光照度帯】 daylight illumination zone 昼光照度区,天然采光区
ちゅうこうしょうめい 【昼光照明】 daylighting ,natural lighting 天然采光
ちゅうこうしょく 【昼光色】 daylight colour 自然光色,日光色
ちゅうこうでんきゅう 【昼光電球】 daylight lamp 日光灯
ちゅうこうりつ 【昼光率】 daylight factor 天然照度系数,采光系数
ちゅうこうりつきょくせん 【昼光率曲線】 daylight factor curve 采光系数曲线,天然照度系数曲线
ちゅうこうりつぶんぷ 【昼光率分布】 distribution of daylight factor 采光系数分布,天然照度系数分布
ちゅうこうりつぶんぷきょくせん 【昼光率分布曲線】 distribution curve of daylight factor 采光系数分布曲线,天然照度系数分布曲线
ちゅうごくけんちく 【中国建築】 Chinese architecture 中国建筑
ちゅうごくだんつう 【中国緞通】 China rug 中国地毯
ちゅうごみ 【中込】 second coat,brown coat 二道抹灰,中间抹灰层
ちゅうざんりょう 【中山陵】 (1926～1929年中国南京)中山陵
ちゅうしきけんちく 【柱式建築】 columnar architecture 柱式建筑
ちゅうしこかんな 【中仕工鉋】 中级平刨
ちゅうしせい 【注視性】 regardness 注视性(引起注意的造型或视觉效果)
ちゅうじつきょうきゃく 【中実橋脚】 solid pier 实心桥墩
ちゅうしてん 【注視点】 point of attention 注视点
ちゅうしゃ 【中砂】 medium sand 中砂,中粒砂
ちゅうしゃ 【駐車】 parking 停车,车辆停放
ちゅうしゃきせい 【駐車規制】 parking regulation 停车规则
ちゅうしゃきせいくいき 【駐車規制区域】 controlled parking zone 规定停车地段,规定车辆停放场
ちゅうしゃきんしひょうしき 【駐車禁止標識】 parking prohibition sign 禁止停放车标志
ちゅうしゃく 【注釈】 comment 注解,注释
ちゅうしゃけいしき 【駐車形式】 parking form 停车形式
ちゅうしゃコック 【注射～】 jet cock

(启动泵用)注水旋塞

ちゅうしゃじかん【駐車時間】parking duration 停车(延续)时间

ちゅうしゃじっすう【駐車実数】parking demand 停车实际辆数

ちゅうしゃしゃせん【駐車車線】parking lane 停车道

ちゅうしゃじょう【駐車場】parking place 停车场

ちゅうしゃじょうせいびちく【駐車場整備地区】district for provision with parking places 停车场整备区(设有停车场的地区)

ちゅうしゃじょうひょうしき【駐車場標識】parking places sign 停车场标志

ちゅうしゃじょうビル【駐車場~】parking building ,parking garage 多层停车场

ちゅうしゃせん【駐車線】parking strip 停车线

ちゅうしゃたい【駐車帯】parking strip 停车带

ちゅうしゃちょうさ【駐車調査】parking survey,parking study 存车调查,停放车辆调查

ちゅうしゃひょうしき【駐車標識】parking sign 停车标志

ちゅうしゃひろば【駐車広場】parking square,parking place 停车广场

ちゅうしゃようりょう【駐車容量】parking capacity 停车容量,停车场最大停车台数

ちゅうしゃりようりつ【駐車利用率】parking turnover rate 停车场周转率

ちゅうしゅつ【抽出】extraction 提取,萃取

ちゅうしゅつこうつうちょうさ【抽出交通調査】sample traffic survey,traffic survey by sampling 抽样交通调查

ちゅうしゅつしけん【抽出試験】extraction tese 抽提试验,萃取试验

ちゅうしゅつしょり【抽出処理】treatment by extraction 抽提处理,萃取处理

ちゅうしょうきぎょうだんち【中小企業団地】industrial estate for small and medium size industries 中小工业企业用地

ちゅうしょうげいじゅつ【抽象芸術】abstract art 抽象艺术

ちゅうしょうけいたい【抽象形態】abstract form 抽象形式

ちゅうしょうこうぎょうち【中小工業地】zone of middle and small industry 中小工业区

ちゅうじょうしんごうき【柱上信号機】pedestal signal 柱座信号(机)

ちゅうじょうそしき【柱状組織】columnar structure 柱状结构,柱状组织

ちゅうじょうへんあつき【柱上変圧器】pole transformer 杆装变压器

ちゅうしん【中震】strong earthquake 强震

ちゅうしん【柱身】shaft 柱身

ちゅうじん【中陣】(日本神社建筑的)中部房间

ちゅうしんあっしゅく【中心圧縮】central compression 中心压缩,中心受压

ちゅうしんあっしゅくざい【中心圧縮材】centrally loaded compressed member 中心受压构件

ちゅうしんあっしゅくちゅう【中心圧縮柱】centrally compressed column 中心受压柱

ちゅうしんかく【中心角】central angle 中心角

ちゅうしんかざり【中心飾】center piece,center flower 顶心饰,中心花饰(顶棚中央部分的装饰)

ちゅうしんぎょうむちく【中心業務地区】central business district 中心商业区

ちゅうしんきょくげんていり【中心極限定理】central-limit theorem 中心极限定理

ちゅうしんきょり【中心距離】center distance 中心距(离)

ちゅうしんしせつ【中心施設】central facilities 中心设施

ちゅうしんしゅうはすう【中心周波数】center frequency 中心频率

ちゅうしんせん【中心線】center line

中心线
ちゅうしんせんせっち【中心線設置】center surveying 中线设置,中线测量
ちゅうしんちく【中心地区】central area,central district 中心区,市中心
ちゅうしんちりろん【中心地理論】central place theory 中心地理论(小城市与高级城市连结的城市组群理论)
ちゅうしんとうえい【中心投影】central projection 中心投影
ちゅうしんピン【中心～】kingpin 中心销,中心立轴,转向销
ちゅうすい【宙水】perched(ground) water 上层滞水
ちゅうすいどう【中水道】intermediate water supply 中水道,冷却水回收系统,污水回用系统
ちゅうすいほう【注水法】flooding method (现场透水试验的)注水法
ちゅうせいか【中性化】neutralization 中性化,中和
ちゅうせいかしけん【中性化試験】neutralization test 中性化试验,中和试验
ちゅうせいかふかさ【中性化深さ】depth of neutralization 中性化深度
ちゅうせいけんちく【中世建築】Medieval architecture 中世纪建筑
ちゅうせいしほうしゃかぶんせき【中性子放射化分析】neutron activation analysis (NAA) 中子活化分析,中子激活分析
ちゅうせいじょうへきとし【中世城壁都市】中世纪城墙城市
ちゅうせいせん【中性線】neutral line 中性线
ちゅうせいせんざい【中性洗剤】neutral (synthetic) washing agent ,neutral detergent 中性(合成)洗涤剂
ちゅうせいたい【中性帯】neutral zone (室内外等气压的)中性地带
ちゅうせいだい【中生代】Mesozoic era 中生代
ちゅうせいたいかざい【中性耐火材】neutral refractory 中性耐火材料
ちゅうせいたいかぶつ【中性耐火物】neutral refractory 中性耐火材料
ちゅうせいたいかれんが【中性耐火煉瓦】neutral fire brick 中性耐火砖
ちゅうせいとし【中世都市】Medieval town 中世纪城市
ちゅうせいフラックス【中性～】neutral flux 中性焊剂
ちゅうせいほのお【中性炎】neutral flame 中性火焰,标准火焰
ちゅうせきそう【沖積層】alluvium,alluvial deposite 冲积层
ちゅうせきど【沖積土】alluvial soil 冲积土,淤积土
ちゅうそ【柱礎】柱础,柱基座
ちゅうぞう【鋳造】casting 铸造,浇铸,铸塑
ちゅうそうアパート【中層～】中层公寓(日本一般指3～5层公寓)
ちゅうそうけんちくぶつ【中層建築物】中层建筑物(日本一般指3～5层建筑物)
ちゅうぞうこうていはいすい【鋳造工程廃水】founding process waste water 铸造工艺废水,铸造废水
ちゅうそうじゅうたくちく【中層住宅地区】中层住宅区
ちゅうだん【中断】interruption 中断
ちゅうだんこうつうりゅう【中断交通流】interrupted discharge of traffic ,interrupted flow 交通中断,车流中断
ちゅうたんそこう【中炭素鋼】medium carbon steel 中碳钢
ちゅうづけ【中付】second coat,brown coat 二道抹灰,中间抹灰层
ちゅうてい【中庭】inner court 内院,中央空地
ちゅうてい【厨庭】kitchen court 厨房庭院,杂务院
ちゅうてつ【鋳鉄】cast iron 铸铁
ちゅうてつかん【鋳鉄管】cast iron pipe 铸铁管
ちゅうてつかんろ【鋳鉄管路】cast iron pipe line 铸铁管道,铸铁管线
ちゅうてつせいほうねつき【鋳鉄製放熱器】cast iron radiator 铸铁散热器
ちゅうてつソケット【鋳鉄～】cast iron

socket 铸铁套管
ちゅうてつどうかん 【铸鉄導管】 cast iron conduit 铸铁导管
ちゅうてつトラップ 【铸鉄～】 cast iron trap 铸铁存水弯
ちゅうてつボイラー 【铸鉄～】 cast iron boiler 铸铁锅炉
ちゅうでん 【中殿】 中殿
ちゅうてんえん 【中点円】 mid-point circle (斜坡破坏时的)中点圆
ちゅうど 【稠度】 consistency 稠度,流动性
ちゅうとう 【柱頭】 capital 柱头
ちゅうとうかくだいぶ 【柱頭拡大部】 capital 柱顶,柱头
ちゅうとうかざり 【柱頭飾】 capital ornament 柱头饰
ちゅうとうばん 【柱頭板】 dropped panel 柱顶板,柱帽顶板
ちゅうどく 【中毒】 poisoning 中毒
ちゅうとし 【中都市】 medium-size city 中等城市
ちゅうにかい 【中二階】 entresol, mezzanine, half story (一层与二层间的)夹层
ちゅうにゅう 【注入】 injection, grouting 灌入,注入,浇灌,灌浆
ちゅうにゅうい 【注入井】 injection well 注水井
ちゅうにゅうこうほう 【注入工法】 impregnation method (处理地基的化学药品)浸入施工法,灌注施工法
ちゅうにゅうコンクリート 【注入～】 prepacked concrete (预填集料)压力灌浆混凝土
ちゅうにゅうしすいへき 【注入止水壁】 grouted cut-off wall 灌浆帷幕,灌浆截水墙
ちゅうにゅうほしゅう 【注入補修】 grout repairing 灌浆修补
ちゅうにゅうポンプ 【注入～】 injection pump 喷射泵,注射泵
ちゅうにゅうめじざい 【注入目地材】 joint sealing compound 填缝混合料,封缝混合料
ちゅうにゅうやくざい 【注入薬剤】 grouting chemicals 注入化学药剂,灌入化学药剂
ちゅうぬき 【中貫】 中等尺寸的木板(1.5×8×360厘米)
ちゅうねりペイント 【中練～】 semi-paste paint 半膏状厚漆,半糊状涂料
ちゅうのみきり 【中鑿切】 中凿琢面
ちゅうは 【中波】 medium frequency wave 中波
ちゅうはまずさ 【中浜枘】 普通麻刀
ちゅうぶきガラス 【宙吹～·中吹～】 hand blown glass 人工吹制的玻璃
ちゅうぶく 【中ぶく】 卫生陶瓷上的小泡(缺陷)
ちゅうふすいせい 【中腐水性】 mesosaprobic 中腐水性
ちゅうふすいせいすいいき 【中腐水性水域】 mesosaprobic zone 中腐水性水域
ちゅうふすいせいせいぶつ 【中腐水性生物】 mesosaprobien 中腐水性生物
ちゅうぼう 【厨房】 kitchen 厨房
ちゅうほうしゃせいはいえき 【中放射性廃液】 middle-level radioactive waste water 中放射性废液
ちゅうぼうせつび 【厨房設備】 kitchen equipment 厨房设备
ちゅうぼく 【中木】 lower tree 亚乔木,中等高树木
ちゅうボルト 【中～】 中螺栓
ちゅうまるた 【中丸太】 medium size log 中原木
ちゅうみかげ 【中御影】 中等颗粒的花岗岩
ちゅうみつどじゅうたくち 【中密度住宅地】 middle density district 中密度居住区
ちゅうめずな 【中目砂】 medium sand 中砂
ちゅうもん 【中門】 (社寺建筑的)中门,中门廊
ちゅうもん 【注文】 order 定购,订货,定做
ちゅうもんしょ 【注文書】 order sheet 订购单,订货单
ちゅうもんず 【注文図】 drawing for or-

der 订货图纸
**ちゅうもんせいさん** 【注文生産】 ordering manufacture method 订货生产
**ちゅうもんづくり** 【中門造】 曲尺形平面的民居
**ちゅうもんろう** 【中門廊】 (日本古建筑的)中门廊
**ちゅうゆせいワニス** 【中油性～】 medium oil varnish 中油度清漆
**ちゅうようねつセメント** 【中庸熱～】 moderate heat Portland cement 中热水泥
**ちゅうりつあつりょく** 【中立圧力】 neutral pressure 中压力,中和压力
**ちゅうりつあんていせい** 【中立安定性】 neutral stability 中性稳定,中性稳定平衡
**ちゅうりつおうりょく** 【中立応力】 neutral stress 中和应力
**ちゅうりつじく** 【中立軸】 neutral axis 中和轴,中性轴
**ちゅうりつじくひ** 【中立軸比】 neutral axis depth ratio 中和轴比
**ちゅうりつそう** 【中立層】 neutral surface,neutral plane 中和面,中性面
**ちゅうりつたい** 【中立帯】 neutral zone (自动控制的)中性区
**ちゅうりつのつりあい** 【中立の釣合】 neutral equilibrium 中和平衡
**ちゅうりつめん** 【中立面】 neutral plane,neutral surface 中和面,中性面
**ちゅうりょうきどうシステム** 【中量軌道～[system]】 中等交通量轨道系统
**ちゅうれつたい** 【柱列帯】 column strip 柱边带(沿着方形板或矩形板边缘靠近柱子的带状部分)
**ちゅうろう** 【柱廊】 colonnade 柱廊
**ちゅうろきょう** 【中路橋】 halfthrough bridge ,midheightdeck bridge 半穿式桥,中承式桥
**ちゅうわ** 【中和】 neutralization 中和
**ちゅうわざい** 【中和剤】 neutralizing agent 中和剂
**ちゅうわすい** 【中和水】 neutralized water 中和水
**ちゅうわそう** 【中和槽】 neutralizing tank 中和槽,中和池
**ちゅうわそうち** 【中和装置】 neutralizing equipment 中和设备,中和装置
**ちゅうわてきてい** 【中和滴定】 neutralimetry 中和滴定(法),酸碱滴定
**ちゅうわとう** 【中和塔】 neutralizing tower 中和塔
**ちゅうわほう** 【中和法】 neutralization 中和法
**チューダー・アーチ**＝**テューダー・アーチ**
**チューナー** tuner 调谐设备,调谐器
**チュービング・マシン** tubing machine 装管机械,(灌注桩的)套管装卸机
**チューブ** tube 管,管道,电子管,筒,镜筒,地下铁道,隧道
**チューブ・アイス** tube ice (大体积混凝土预冷用)空心筒形冰,管状冰
**チューブ・ソケット** tube socket 管式承窝
**チューブ・ボイラー** tube boiler 管式锅炉
**チューブほう** 【～法】 tube method 声管法,驻波管法
**チューブゆそうシステム** 【～輸送～】 tube freight traffic system 管道输送系统
**チューブラー・ガーター** tubular girder 管式大梁
**チューブラー・コンデンサー** tubular condenser 管形电容器,管式冷凝器
**チューブ・ラジエーター** tube radiator 管式散热器
**チューブラー・ランプ** tubular lamp 管形灯
**チューベローズ** Polianthes tuberosa [拉],tuberose[英] 晚香玉,夜来香
**チュリゲラようしき** 【～様式】 Churriguerresque style (17世纪后期～18世纪初期西班牙)邱利格拉式(建筑)
**ちょう** 【町】 町(土地面积单位,等于9918平方米,长度单位,约等于109米)
**ちょう** 【跳】 出跳
**ちょうあつき** 【調圧器】 pressure gover-

nor 调压器

ちょうあつすいそう 【調圧水槽】 surge-tank 调压水箱

ちょうあつべん 【調圧弁】 relief valve, safety valve 调压阀，安全阀

ちょういぼうえんきょう 【頂位望遠鏡】 top telescope （地下测量用）顶部望远镜，顶端望远镜，顶位望远镜

ちょうえいびんねんど 【超鋭敏粘土】 extrasensitive clay 过敏性粘土

ちょうえんぎょう 【挑檐桁】 挑檐桁

ちょうおう 【調応】 adaptation 适应

ちょうおんぱ 【超音波】 supersonic wave, ultrasonic wave 超声波

ちょうおんぱしゃりょうかんちき 【超音波車輌感知器】 ultrasonic vehicle detector 超声波车辆检测器

ちょうおんぱせいでんとそう 【超音波静電塗装】 ultrasonic static painting 超声波静电涂漆

ちょうおんぱたんしょうけんさ 【超音波探傷検査】 ultrasonic flaw detecting 超声波探伤检查

ちょうおんぱてんようせつ 【超音波点溶接】 ultrasonic wave point welding 超声波点焊

ちょうおんぱびふうそくけい 【超音波微風速計】 ultrasonic anemometer 超声波微风速计

ちょうおんぱようせつ 【超音波溶接】 ultrasonic welding 超声波焊接

ちょうおんぱりゅうりょうけい 【超音波流量計】 ultrasonic flow meter 超声波流量计

ちょうかいきょう 【跳開橋】 bascule bridge 竖旋桥，竖升开启桥，仰开桥

ちょうかいけいかん 【跳開径間】 bascule span （竖旋桥的）竖旋孔，开启跨

ちょうかいげた 【跳開桁】 bascule leaf （竖旋桥的）竖旋翼

ちょうかかじゅう 【超過荷重】 overload, excess load 超载

ちょうかかじゅうしけん 【超過荷重試験】 overload test 超载试验

ちょうかく 【聴覚】 sensation of hearing 听觉

ちょうかくしんごう 【聴覚信号】 audible signal 音响信号，听觉信号

ちょうかくひょうじ 【聴覚表示】 auditory display 听觉显示（通过声音传达信息）

ちょうかじゅう 【超荷重】 overload, excess load 超载

ちょうかしゅうよう 【超過収用】 excess condemnation 超过征用（基地附近土地征用）

ちょうがたダンパー 【蝶形～】 butterfly damper 蝶形换向阀，旋转节气门

ちょうがたちょうばん 【蝶形丁番】 butterfly hinge 长翼铰链，蝶形铰链

ちょうがたねじ 【蝶形螺子】 butterfly screw 蝶形螺丝，蝶形螺钉

ちょうがたべん 【蝶形弁】 butterfly valve 蝶阀

ちょうかとうやく 【超過投薬】 overdose 过量加药

ちょうかひずみ 【超過歪】 overstrain 过度应变，过度变形，超限应变

ちょうかりょうきん 【超過料金】 excess of rates 超额收费

ちょうかんしょうたくち 【潮間沼沢地】 intertidal marsh 潮汐之间沼泽地

ちょうかんず 【鳥瞰図】 bird's-eye view, aerial view, aeroview 鸟瞰图

ちょうかんほせいかいろ 【聴感補正回路】 weighting network used in sound level meter （声级计的）听觉补偿回路，听觉计权网络

ちょうがんもく 【鳥眼杢】 bird's eye figure, bird's eye grain （木材的）鸟眼纹（理）

ちょうきおうりょく 【長期応力】 stress due to long time loading 长期（荷载）应力

ちょうきかきゅうすう 【超幾何級数】 hypergeometric series 超几何级数

ちょうきかじゅう 【長期荷重】 long-time loading, (long) sustained loading 长期荷载，持久荷载

ちょうききょうど 【長期強度】 long age

strength 后期强度,长龄期强度

ちょうききょようおうりょく【長期許容応力】 allowable stress for (long) sustained loading 长期(荷载)容许应力

ちょうきょくめん【超曲面】 hypersurface 超曲面

ちょうきょりようバス【長距離用～】 long distance bus 长途公共汽车

ちょうくうかん【超空間】 hyperspace 超空间

ちょうけいかいどう【長形会堂】 basilica 长方形厅堂,巴雪利卡式教堂

ちょうけいかん【長径間】 large span 大跨度

ちょうげん【長弦】 long chord 长弦

ちょうこう【頂光】 top lighting 顶部采光,天窗采光

ちょうごう【調合】 mixing proportion, mix proportion 调合,按比例配合,配合

ちょうこうあつすいぎんとう【超高圧水銀灯】 super high pressure mercury vapour lamp 超高压水银灯,超高压汞灯

ちょうこうあつボイラー【超高圧～】 superhigh pressure boiler 超高压锅炉

ちょうこうき【調光機】 dimmer 亮度调节器,调光器,遮光器,减光器

ちょうこうきしつ【調光器室】 dimmer room 调光器室,灯光控制室

ちょうこうしゅつりょくけいこうランプ【超高出力螢光～】 extra high-output fluorescent lamp 超高输出荧光灯

ちょうこうそうアパート【超高層～】 highrise apartment 超高层公寓(日本一般指15层以上的公寓)

ちょうこうそうけんちく【超高層建築】 highrise building ,tall building 超高层建筑(日本一般指15层以上的建筑)

ちょうこうそうち【調光装置】 dimming equipment 调光设备

ちょうこうそくどうろ【超高速道路】 freeway 超高速公路

ちょうごうひ【調合比】 mixing ratio 配合比

ちょうごうペイント【調合～】 ready mixed paint 调和漆,溶解性油漆

ちょうこく【彫刻】 sculpture 雕刻,雕刻品

ちょうこくかん【彫刻館】 sculpture gallery 雕刻品陈列馆

ちょうこくのみ【彫刻鑿】 chisel for sculpture 雕刻凿(子)

ちょうざいしつ【調剤室】 dispensary 药房,配药室

ちょうさくウィンチ【張索～】 cable winch 缆绳绞车,缆索卷扬机

ちょうし【調子】 pitch 音调,调子,格调,风格

ちょうじかんエアレーションほう【長時間～法】 extended aeration (活性污泥的)延时曝气法

ちょうじかんかんそく【長時間観測】 long time count (交通量)长时观测,长时计数

ちょうじかんクリープしけん【長時間～試験】 creep test of long period 长时间蠕变试验,长时间徐变试验

ちょうしつき【調湿器】 hygrostat, humidistat 湿度调节器,恒湿器

ちょうじゃくぐい【長尺杭】 long pile 长桩

ちょうじゅうほごく【鳥獣保護区】 wildlife protection 鸟兽保护区

ちょうしゅうめん【聴衆面】 auditory 听众席

ちょうじょうのげんり【重畳の原理】 principle of superposition 叠加原理

ちょうじょうのほうそく【重畳の法則】 principle of superposition 叠加原理

ちょうしょくしつ【朝食室】 breakfast room 早餐室

ちょうしょくどう【朝食堂】 breakfast room 早餐室

ちょうすい【跳水】 hydraulic jump 水跃

ちょうずばち【手水鉢】 stone water-basin (庭园中的)洗手钵

ちょうずや【手水屋】 (日本社寺建筑前面设置的)洗手亭

ちょうせい【調整】 adjustment 调整,调节,调准,校准,校正,平差

ちょうせいかなもの【調整金物】adjuster 窗撑杆
ちょうせいき【調整器】regulator 调节器
ちょうせいくうき【調整空気】conditioned air 调节后的空气,处理后的空气
ちょうせいしつ【調整室】controlling room (设备)控制室
ちょうせいジャッキ【調整～】adjustable jack 可调千斤顶
ちょうせいスクリュー【調整～】adjusting screw 调整螺丝,调整螺钉,校正螺丝
ちょうせいそう【調整槽】regulating tank 调节槽,调节池
ちょうせいそうち【調整装置】adjusting device 调整装置
ちょうせいたく【調整卓】control desk 控制台
ちょうせいダンパー【調整～】balancing damper 平衡调节器
ちょうせいち【調整池】regulating pondage 蓄水池,水量调节池
ちょうせいちせきず【調整地籍図】调整地籍图(根据现状测量经过调整的地籍图)
ちょうせいナット【調整～】adjusting nut 调节螺母
ちょうせいニードルべん【調整～弁】adjusting needle valve 调节针阀
ちょうせいねじ【調整捻子】adjusting screw 调整螺钉
ちょうせいばね【調整発条】adjusting spring 调整弹簧
ちょうせいべん【調整弁】adjusting valve 调节阀
ちょうせいボルト【調整～】adjusting bolt 调整螺栓
ちょうせいめん【調整面】coordination face 协调面
ちょうせいりゅうりょう【調整流量】regulated stream flow 调节流量
ちょうせき【長石】feldspar 长石
ちょうせき【潮汐】tide 潮汐
ちょうせつ【調節】modification, regulation 调节,调整
ちょうせつけい【調節系】conditioning system 调节系统
ちょうせつさよう【調節作用】accomodation 调节作用
ちょうせつせい【調節井】regulating well 调节井
ちょうせつそうち【調節装置】regulator 调节装置,调节器
ちょうせつち【調節池】regulating well 调节池
ちょうせつどうこう【頂設導坑】top heading (隧道)顶部导坑
ちょうせつぶ【調節部】controlling means 调节部位,调节装置
ちょうせつべん【調節弁】control valve 控制阀,调节阀
ちょうせんがき【朝鮮垣】疏距编竹墙
ちょうせんしば【朝鮮芝】Mascareen grass, Korean-velvet grass 细叶结缕草,天鹅绒草,朝鲜芝草
ちょうせんやらい【朝鮮矢来】疏距编竹栅
ちょうそ【彫塑】modelling 雕刻和塑造
ちょうぞう【彫像】statue 雕像
ちょうぞうだいりせき【彫像大理石】statuary marble 雕像大理石
ちょうそくき【調速機】governor 调速器,调速机
ちょうそくき【聴測器】sound locater 声波探测器
ちょうそっこう【頂側光】top side lighting 屋顶侧面光,顶部侧光
ちょうたい【調帯】belt, driving belt 皮带,传动带
ちょうだいかんな【長台鉋】长刨
ちょうだいきょう【長大橋】long span bridge 大跨径桥
ちょうだいしゃちょうきょう【長大斜張橋】long span cable-stayed bridge 大跨度斜拉桥
ちょうだいつりばし【長大つり橋】long span suspension bridge 大跨度吊桥,大跨度悬索桥
ちょうたんぱ【超短波】ultrashort waves 超短波

**ちょうチフスきん** 【腸～[Typhus德]菌】 intestinal typhoid bacteria 肠伤寒菌
**ちょうちゅう** 【長柱】 long column 长柱
**ちょうちんどい** 【提灯樋】 混凝土溜槽
**ちょうちんホッパー** 【提灯～[hopper]】 串筒式溜斗
**ちょうてんかじゅう** 【頂点荷重】 peak load 顶点荷载,最大荷载
**ちょうでんどうたい** 【超伝導体】 superconductor 超导体,超导电体
**ちょうど** 【調度】 furniture, furnishings,household implements 日常家具、设备,日常什物、陈设品
**ちょうど** 【聴度】 audibility 可听度,可闻度
**ちょうとう** 【頂塔】 lantern (采光与通风用)圆顶小塔,穹顶小塔
**ちょうどりつ** 【聴度率】 audibility factor, coefficient of audibility 可闻系数,听度系数
**ちょうな** 【釿】 adze,adz 锛子,扁斧
**ちょうないさいきん** 【腸内細菌】 enteric bacteria (动物)肠内细菌
**ちょうナット** 【蝶～】 butterfly nut, wing nut 蝶形螺帽,元宝螺母
**ちょうなはつり** 【釿斫】 (木材的)锛子削面,扁斧削面
**ちょうなぶり** 【楊】 斧柄,斧把
**ちょうなめけずり** 【釿目削】 (木材的)锛子削面,扁斧削面
**ちょうにゅうしつ** 【調乳室】 调乳室,婴儿饮食调配室
**ちょうば** 【丁場】 quarry, stone quarry, job site (采)石场,建筑施工现场
**ちょうば** 【帳場】 帐房,旅馆服务处
**ちょうばえ** 【蝶蝇】 Psychoda 毛蠓
**ちょうバクテリア** 【腸～】 intestinal bacteria 肠(细)菌
**ちょうばん** 【蝶番·丁番】 hinge, butt 绞链,合页
**ちょうふうそうち** 【調風装置】 ventilation conditioner 通风调节装置
**ちょうぶかいさくほう** 【頂部開削法】 top cut method (隧道的)顶部掘进法
**ちょうふくくりかえしおうりょく** 【重複繰返応力】 multiple repeated stress 多次反复应力,多次重复应力,多次交变应力
**ちょうふくくりかえしかじゅう** 【重複繰返荷重】 multiple repeated load 多次反复荷载,多次重复荷载,多次交变荷载
**ちょうふくはんしゃ** 【重複反射】 multireflection (地震的)重复反射,多次反射
**ちょうぶすきま** 【頂部隙間】 head clearance (电梯的)顶部净空,顶部间隙
**ちょうぶつうき** 【頂部通気】 crown vent 顶部排气,顶部透气
**ちょうへいめん** 【超平面】 hyperplane 超平面
**ちょうへき** 【帳壁】 curtain wall 幕墙,悬墙
**ちょうほうけいオリフィス** 【長方形～】 rectangular orifice 矩形孔口
**ちょうほうけいすいろ** 【長方形水路】 rectangular channel 矩形渠道
**ちょうほうけいばり** 【長方形梁】 rectangular beam 矩形梁
**ちょうほうけいラーメン** 【長方形～[Rahmen德]】 rectangular rigid frame 矩形刚架,矩形框架
**ちょうほうけいれんが** 【長方形煉瓦】 rectangular brick 矩形砖,长方形砖
**ちょうぼり** 【丁堀】 trenching, trench excavation 挖沟,开槽
**ちょうや** 【聴野】 auditory field, domain of hearing 听野
**ちょうゆせい** 【長油性】 long oil type 长油度
**ちょうゆせいワニス** 【長油性～】 long oil varnish 长油度清漆
**ちょうりしつ** 【調理室】 kitchen 厨房
**ちょうりっぽうたいほう** 【超立方体法】 method of hypercubes 超立方体法
**ちょうりゅう** 【潮流】 tidal current 潮流
**ちょうりょく** 【張力】 tension, tensile force 拉力,张力
**ちょうりょく** 【聴力】 auditory acuity 听力,听觉敏锐度
**ちょうりょくけんさしつ** 【聴力検査室】 audiometric examination room 听力检

査室
**ちょうりょくこうぞう**【張力構造】tension structure 张拉结构,受拉结构
**ちょうりょくしょうがい**【聴力障害】hearing defect 听力障碍,听力失调
**ちょうりょくそんしつ**【聴力損失】hearing loss 听力损失
**ちょうりょくほせい**【張力補正】correction for pull (卷尺的)拉力改正
**ちょうりんかいあつ**【超臨界圧】super critical pressure 超临界压(力)
**ちょうりんかいあつボイラー**【超臨界圧～】super critical pressure boiler 超临界压锅炉
**ちょうろう**【潮浪】tidal wave 潮浪
**ちょうわ**【調和】harmony 调和,和谐,谐调
**ちょうわうんどう**【調和運動】harmonic motion 谐运动
**ちょうわかんすう**【調和関数】harmonic function 调和函数,谐函数
**ちょうわくうき**【調和空気】conditioned air 处理后的空气,调节后的空气
**ちょうわしんどう**【調和振動】vibration harmonic,harmonic vibration 谐和振动,谐振
**ちょうわせいぶん**【調和成分】harmonic component 谐波分量,调和成分
**ちょうわは**【調和波】harmonic wave 谐波,调和波
**ちょうわユニット**【調和～】air conditioning unit 空气调节机组
**チョーキング** chalking 粉化,起垩
**チョーク** chalk 白垩,粉笔
**ちょくあつ**【直圧】direct compressive force 直接压力
**ちょくあつりょく**【直圧力】direct compressive force 直接压力
**ちょくえい**【直営】direct undertaking 基建单位自行施工的工程,自营施工
**ちょくえいこうじ**【直営工事】direct undertaking work 自营工程
**ちょくえいせいど**【直営制度】direct management method 自营制度
**ちょくおうりょく**【直応力】normal stress 法向应力,正应力
**ちょくかいだん**【直階段】straight stair 直跑楼梯,单跑楼梯
**ちょくきょう**【直橋】square bridge 正交桥
**ちょくげんけいたい**【直現形態】直接表现形式
**ちょくげんこう**【直弦構】parallel chord truss 平行弦桁架,梯形桁架
**ちょくげんトラス**【直弦～】parallel chord truss 平行弦桁架,梯形桁架
**チョーク・コイル** choke coil 扼流线圈,抗流圈
**ちょくこうりゅうがたれいきゃくとう**【直交流形冷却塔】crossflow type cooling tower 横流式冷却塔
**ちょくし**【直視】direct sight 直视
**ちょくしゃしょうど**【直射照度】direct illumination 直射照度,直接照度
**ちょくしゃずほう**【直射図法】orthographic projection 正投影法
**ちょくしゃにっこう**【直射日光】direct sunlight 直射阳光,直射光
**ちょくしゃにっこうしょうど**【直射日光照度】direct sunlight illumination 直射阳光照度,直射日光照度
**ちょくじょうぎ**【直定規】straight edge (检验路面平整度用的)直尺,直尺规
**ちょくしんかいだん**【直進階段】straight stair 直跑楼梯,单跑楼梯
**ちょくせつうけいれほうしき**【直接受入方式】direct acceptance system 直接联接式
**ちょくせつおうりょく**【直接応力】direct stress 直接应力
**ちょくせつおん**【直接音】direct sound 直达声
**ちょくせつおんすいだんぼう**【直接温水暖房】direct hot water heating 直接热水采暖
**ちょくせつかじゅう**【直接荷重】direct load 直接荷载
**ちょくせつかんせつしょうめい**【直接間接照明】direct-indirect lighting 直接间接照明

ちょくせつかんせつだんぼう【直接間接暖房】 direct-indirect heating 直接间接采暖，冷热交换供热

ちょくせつきそ【直接基礎】 spread foundation 扩展基础

ちょくせつきょりそくりょう【直接距離測量】 direct distance surveying 直接距离测量，直接量距

ちょくせつくどう【直接駆動】 direct drive 直接传动

ちょくせつグレア【直接～】 direct glare 直接眩光

ちょくせつげんか【直接原価】 direct cost 直接费，直接成本

ちょくせつげんかけいさん【直接原価計算】 direct costing 直接成本计算

ちょくせつこう【直接光】 direct light 直射光

ちょくせつこう【直截口】 normal section 直截口，法向断面

ちょくせつこうじひ【直接工事費】 direct construction cost 直接工程费

ちょくせつごうせいほう【直接剛性法】 direct stiffness method 直接刚度法

ちょくせつじょうきだんぼう【直接蒸気暖房】 direct steam heating 直接蒸汽采暖

ちょくせつしょうど【直接照度】 direct illumination 直接照度，直射照度

ちょくせつしょうめい【直接照明】 direct illumination, direct lighting 直接照明(灯具光通量的90～100%直接投射到工作面上)

ちょくせつすいじゅんそくりょう【直接水準測量】 direct levelling, differential levelling 直接水准测量

ちょくせつせっしょくれいとうほう【直接接触冷凍法】 direct contact freezing 直接接触冷冻法

ちょくせつせんだん【直接剪断】 shear-off, direct shear 直接剪切

ちょくせつせんだんしけん【直接剪断試験】 direct shear test, shear-off test 直接剪切试验

ちょくせつだつりゅう【直接脱硫】 direct desulfurization 直接脱硫

ちょくせつたんさくほう【直接探索法】 direct search method 直接搜索法，直接探索法

ちょくせつだんぼう【直接暖房】 direct heating 直接采暖

ちょくせつちゅうこうりつ【直接昼光率】 direct daylight factor 直接采光系数，直接天然照度系数

ちょくせつてんせつ【直接添接】 direct splice 直接拼合，直接拼接，直接镶接

ちょくせつでんどう【直接伝動】 direct transmission 直接传动

ちょくせつほう【直接法】 direct method 直接法，直接解法

ちょくせつぼうちょう【直接膨張】 direct expansion 直接膨胀

ちょくせつぼうちょうコイル【直接膨張～】 direct expansion coil 直接膨胀盘管

ちょくせつぼうちょうしき【直接膨張式】 direct expansion system 直接膨胀式

ちょくせつぼうちょうしきれいきゃくき【直接膨張式冷却器】 direct expansion chiller 直接膨胀冷却器

ちょくせつぼうちょうしきれいとうほう【直接膨張式冷凍法】 direct expansion refrigeration 直接膨胀制冷法

ちょくせつりゅうしゅつ【直接流出】 direct run-off 直接径流

ちょくせつろか【直接濾過】 direct filtration 直接过滤

ちょくせんうんどう【直線運動】 linear motion 直线运动

ちょくせんきょう【直線橋】 straight bridge 直线桥

ちょくせんばり【直線梁】 straight beam 直梁

ちょくせんへんい【直線変位】 linear displacement 线位移

ちょくたつにっしゃ【直達日射】 direct solar radiation 直接太阳辐射，直达日射

ちょくたつにっしゃりょう【直達日射量】 amount of direct solar radiation 太阳直射辐射量

ちょくつうかいだん【直通階段】direct stair 单跑楼梯,直跑楼梯
ちょくつうせん【直通線】through line, open track (铁路)直通线,开放线
ちょくどうじょうきポンプ【直動蒸気～】direct-acting steam pump 直接(传动)蒸汽泵
ちょくにゅうきどう【直入起動】direct starting 直接启动
チョークべん【～弁】choke valve 阻气阀,节流阀
ちょくよう【直用·直傭】direct employment 直接雇用
ちょくようこう【直用工】direct engaged worker 直接雇用工
ちょくりつしき【直立式】Perpendicular style (英国晚期哥特式建筑的)垂直式
ちょくりつふちいし【直立縁石】vertical curb 直立式路缘石
ちょくりつボイラー【直立～】vertical boiler 立式锅炉
ちょくりゅう【直流】direct current 直流
ちょくりゅうアークようせつ【直流～溶接】direct-current arc welding 直流弧焊
ちょくりゅうアークようせつき【直流～溶接機】direct-current arc welder 直流弧焊机
ちょくりゅうエレベーター【直流～】direct-current elevator 直流电梯,直流升降机
ちょくりゅうでんきどけい【直流電気時計】direct-current clock 直流电钟
ちょくりゅうようせつ【直流溶接】direct-current welding 直接焊接
ちょくれつ【直列】series 串联
ちょくれつずひょう【直列図表】alignment chart 准线图,列线图
ちょくれつてんとうようランプ【直列点灯用～】series lighting lamp 串联照明灯
ちょくれつてんようせつ【直列点溶接】series spot welding 串联点焊,单边多点焊
ちょくれつようせつ【直列溶接】series welding 串联焊接
ちょすい【貯水】impoundment 蓄水
ちょすいいていか【貯水位低下】drawdown 贮水位下降,蓄水位低落
ちょすいこ【貯水湖】impounded lake 蓄水湖
ちょすいぜき【貯水堰】impounding weir 蓄水堰
ちょすいそう【貯水槽】water storage tank 贮水箱,蓄水箱
ちょすいダム【貯水～】impounding dam 蓄水坝
ちょすいち【貯水池】reservoir, storage reservoir 蓄水池,水库
ちょすいとう【貯水塔】water-tower 水塔
ちょすいようりょう【貯水容量】reservoir capacity 蓄水池容量,库容
ちょすいようりょうきょくせん【貯水容量曲線】storage-capacity curve 蓄水量曲线,库容曲线
ちょすいりょう【貯水量】storage capacity 蓄水量
ちょぞうあんていせい【貯蔵安定性】storage stability 贮存安定性
ちょぞうこ【貯蔵庫】storehouse, stock-room 储藏库,堆栈,库房
ちょぞうしつ【貯蔵室】storage, storeroom 贮藏室
ちょぞうタンク【貯蔵～】storage tank 蓄水池,储罐,水箱
ちょたんポケット【貯炭～】coal pocket 煤仓
ちょっかくがんな【直角鉋】planer 直角刨,立刃刨
ちょっかくきょう【直角鏡】angle mirror 直角镜
ちょっかくこうさ【直角交差】square crossing (道路)十字形交叉,直角交叉,正交交叉
ちょっかくさんかくぜき【直角三角堰】right angled triangular weir 直角三角堰

ちょっかくしき 【直角式】 perpendicular lay-out, perpendicular system 垂直式(沟渠)布置
ちょっかくちゅうしゃ 【直角駐車】 right-angle parking 横列式停车(停车位置与路线成直角)
ちょっかくとうえい 【直角投影】 orthogonal projection 正射投影
ちょっかくとうぞう 【直角投像】 orthogonal projection 正射投影
ちょっかくへんいず 【直角变位図】 diagram of normal transformation 直角变位图
ちょっかしきヒーター 【直火式～】 direct fired unit heater 直烧采暖器
ちょっかん 【直管】 straight pipe 直管
ちょっかんしきすいかんボイラー 【直管式水管～】 vertical pipe boiler 竖管式水管锅炉
チョックぎ 【～木】 wooden chock (钢轨的)楔形垫木
ちょっけいひ 【直径比】 diameter ratio 直径比
ちょっけつインターチェンジ 【直結～】 directional connection interchange 直连式立体交叉
ちょっけつがたインターチェンジ 【直結型～】 directional interchange 定向立体交叉
ちょっけつがたさんしこうさ 【直結型三枝交差】 direct Y-junction 定向Y型交叉,定向三路交叉
ちょっけつきゅうすいほうしき 【直結給水方式】 directional water supply system 直接供水方式
ちょっけつせつぞくろ 【直結接続路】 direct connection 直接连接路
ちょっけつポンプ 【直結～】 directly connected pump 直联泵
ちょっけつランプ 【直結～】 direct ramp 直接连接匝道
ちょっこういほうせい 【直交異方性】 perpendicular anisotropy, orthotropy 正交各向异性
ちょっこういほうせいシェル 【直交異方性～】 orthotropic shell 正交各向异性壳
ちょっこういほうせいばん 【直交異方性板】 orthotropic plate 正交各向异性板
ちょっこういほうせいばん 【直交異方性板】 orthotropic plate 正交各向异性板
ちょっこうきょくせんざひょう 【直交曲線座標】 orthogonal curvilinear coordinates 正交曲线坐标
ちょっこうざひょう 【直交座標】 orthogonal coordinates 正交坐标
ちょっこうざひょうけい 【直交座標系】 orthogonal coordinates system 正交坐标系
ちょっこうじょうけん 【直交条件】 orthogonality condition 正交条件
ちょっこうせい 【直交性】 orthogonality 正交性,正交
ちょっこうたんばん 【直交単板】 cross-band, cross band veneer, crossing 直交单板,内层交叉单板
ちょっこうちょくせんざひょう 【直交直線座標】 orthogonal Cartesian coordinates 正交直线坐标
ちょっこうほう 【直交法】 rectangular system (百货店柜台)直排布置法
ちょっこうマトリックス 【直交～】 orthogonal matrix 正交矩阵
ちょっこうりゅうがたれいきゃくとう 【直交流型冷却塔】 cross flow cooling tower 横流式冷却塔
ちょっこん 【直根】 tap root, axial root 主根,直根
ちょとうしききょくしょきゅうとうほうしき 【貯湯式局所給湯方式】 storaging local hot water supplying system 热水箱局部热水供应方式
ちょとうしきゆわかしき 【貯湯式湯沸器】 storage heater 贮水式沸水器
ちょとうそう 【貯湯槽】 hot water storage tank 热水储罐,热水贮水箱
ちょとうタンク 【貯湯～】 hot water storage tank 热水贮水箱
ちょひょうこ 【貯氷庫】 ice (storage) house (贮)冰库

ちょぼくじょう【貯木場】timber basin 贮木场
ちょゆそう【貯油槽】oil storage tank 贮油罐,储油池
ちょりゅう【貯留】storage 贮存
ちょりゅうけいすう【貯留係数】storage coefficient 贮存系数
ちらく【地絡】ground fault 接地故障
ちらしすかし【散透】轻度疏枝(一种剪枝方法)
ちり expulsion and surface flash 焊渣飞溅,飞溅的焊渣
ちり【散】两平面间的差距,两平面间形成差距的部位
ちり【塵】dust 尘埃,灰尘,垃圾
ちりいど【地理緯度】geographical latitude 地理纬度
ちりこしつきぎゃくどめべん【塵濾付逆止弁】check valve with filter 带过滤器的逆止阀
ちりじっくい【散漆喰】找平灰,填平灰,填缝灰
ちりだまり【塵溜】dirt pocket (管线中设置的)收灰斗,收尘器
ちりだめ【塵溜】dust collector, dust bin 吸尘器,集尘器,垃圾箱
ちりとり【塵取】dust catcher, dust pan 吸尘器,集尘器,垃圾簸箕
ちりとりき【塵取機】dust catcher 吸尘器,集尘器
チリハウス Chile-haus[德] (1923年德国汉堡)智利营业楼
ちりぼうき【散箒】mitering brush (抹灰前用的)清洗刷子
ちりむら【散斑】两平面间差距的尺寸不齐
ちりめん【縮緬】crape 绉纱
ちりめんとりょう【縮緬塗料】wrinkle finish 绉纹漆
ちりめんもく【縮緬杢】curly figure 波状纹理,绉状纹理
ちりょうしつ【治療室】treatment room 治疗室
ちりよけ【塵除】dust guard 防尘(装置)
ちりよけカバー【塵除～】dust cover 防尘罩
ちりよけごうし【塵除格子】screen, trash rack 拦污栅
ちりよけしつ【塵除室】dust exhausting room 除尘室
チルクス circus[拉] (古罗马的)竞技场,圆形马戏场
チル・クラック chill crack 激冷裂纹
チルティング・カー tilting car 翻斗车,倾卸车
チルティング・レベル tilting level 微倾水准仪
チルト・アップこうほう【～工法】tilt-up construction method 预制构件装配施工法,预制大型墙板装配施工法
チルト・ドーザー tilt-dozer 倾卸式推土机
ちん【亭】pavilion 亭子
ちんか【沈下】sinking subsidence 沉降,沉陷,下降
ちんかちいき【沈下地域】area of depression 沉降地区
ちんぎん【賃金·賃銀】wages 工资
ちんこう【沈降】settling down 沉降,沉淀
ちんこうきょくせん【沈降曲線】settling curve 沉降曲线,沉淀曲线
ちんこうせいぎゃくてん【沈降性逆転】subsidence inversion 沉降性逆转
ちんこうせいぶっしつ【沈降性物質】settling matter 沉淀物质
ちんこうそくど【沈降速度】settling velocity, dropping velocity 沉降速度
ちんこうのうしゅくそうち【沈降濃縮装置】thickener 沉淀浓缩装置,浓缩池
ちんこうぶんせき【沈降分析】sedimentation analysis, wet mechanical analysis 沉降分析,湿法机械分析
ちんこうぶんり【沈降分離】precipitation 沉降分离,沉淀分离
ちんこうぶんりそうち【沈降分離装置】precipitation equipment 沉降分离装置,沉淀分离设备
ちんこうほう【沈降法】sedimentation

method 沉降法 沉淀法
ちんこうめんせき 【沈降面積】 settling area 沉降面积,沉淀面积
ちんこうりょく 【沈降力】 settling force 下沉力,沉降力
ちんこうりろん 【沈降理論】 sedimentation theory 沉淀理论
ちんさ 【沈砂】 grit 沉砂
ちんさせんじょう 【沈砂洗浄】 grit washing 沉砂冲洗
ちんさタンク 【沈砂～】 grit chamber 沉砂池
ちんさち 【沈砂池】 grit chamber 沉砂池
ちんしゃくりょう 【賃借料】 hire 租金
ちんしょうえん 【沈床園】 sunk(en) garden 沉陷园,凹地园
ちんしょうかだん 【沈床花壇】 sunken flower bed 沉陷花坛,沉床花坛
チンスミスろう 【～鑞】 tinsmith solder 锡铅软焊料
ちんせいこう 【鎮静鋼】 killed steel 镇静钢
ちんたいかかく 【賃貸価格】 rental value 租金,租价
ちんたいけいやく 【賃貸契約】 lease 租契,租约,赁借合同
ちんたいしゃく 【賃貸借】 lease 租契,租约,赁借合同
ちんたいじゅうたく 【賃貸住宅】 rental house 出租住宅
ちんたいめんせき 【賃貸面積】 rentable area,rentable space 出租面积,租地面积
ちんたいめんせきひ 【賃貸面積比】 ratio of rentable area 出租面积比(出租面积与总建筑面积之比)
ちんたいりょう 【賃貸料】 rent, rental fee 租金
チンダルげんしょう 【～現象】 Tyndall phenomenon 廷德尔现象
チンダロメーター Tyndallometer 尘埃浓度测量仪,尘埃仪
ちんでい 【沈泥】 silt 淤泥
ちんでいほう 【沈泥法】 colmatage 淤灌法
ちんでん 【沈澱】 precipitation,sedimentation 沉淀,沉降
ちんでんざい 【沈殿剤】 precipitant 沉淀剂
ちんでんじかん 【沈殿時間】 sedimentation period, settling time 沉淀时间
ちんでんしけん 【沈澱試験】 precipitation test,sedimentation test 沉淀试验
ちんでんしょり 【沈殿処理】 sedimentation 沉淀处理
ちんでんせいぶっしつ 【沈殿性物質】 settleable solids 沉淀物
ちんでんそう 【沈殿槽】 precipitation tank,settling tank 沉淀池
ちんでんそくど 【沈殿速度】 settling velocity 沉淀速度,沉速
ちんでんタンク 【沈殿～】 settling tank 沉淀池
ちんでんち 【沈殿池】 settling basin, sedimentation basin,sedimentation tank 沉淀池
ちんでんてきてい 【沈殿滴定】 precipitimetry 沉淀滴定(法)
ちんでんぶつ 【沈殿物】 sediment 沉淀物
ちんでんぶつほそくそうち 【沈殿物捕捉装置】 sedimentation basin 沉淀池
ちんでんぶつりょう 【沈殿物量】 amount of precipitation 沉淀量
ちんでんりつ 【沈殿率】 efficiency of sedimentation 沉淀率,沉降率
ちんとうリベット 【沈頭～】 countersunk head rivet 埋头铆钉
ちんまいこうほう 【沈埋工法】 trench method (水底隧道)沉埋施工法
ちんや＝ちんさ
ちんれつしつ 【陳列室】 exhibition room,showroom 展出室,展览室,陈列室
ちんれつだい 【陳列台】 display stand 展览台,陈列台
ちんれつだな 【陳列棚】 show-case 展览架,陈列柜
ちんれつまど 【陳列窓】 show-window 橱窗

# つ

ツアー tour 旅行,游览,观光
ついえつしきょ 【追越視距】 passing sight distance,overtaking sight distance 超车视距
ついかこうじ 【追加工事】 additional works 追加工程,追加作业
ツィーグラーほう 【~法】 Ziegler's process 齐格勒法(聚乙烯低压聚合制法)
ついざい 【対材】 counter 反斜杆,副斜杆
ついじ 【築地】 土围墙,土堤,土筑墙
ついじべい 【築地塀】 土围墙,泥围墙
ついじめんど 【築地面戸】 脊瓦抹灰裹垅
ついじゅう 【対重】 counterweight 配重,平衡重(量),平衡锤,砝码
ついじゅうきょり 【追従距離】 following distance 后车间距,跟踪车距,(车辆)尾随距离
ツイスティング・モーメント twisting moment 扭转力矩,旋转力矩
ツイステド・ロープ twisted rope 搓捻的绳索
ツイステド・ワイヤー twisted wire 绞合线
ツイスト・ドリル twist drill 麻花钻,螺旋钻
ついせきルーチン 【追跡~】 tracking routine 跟踪程序
ツイター tweeter 高频扬声器,高音扬声器
ついたてばん 【衝立板】 screen 屏蔽板,仪表屏板
ついづか 【対束】 queen post 双柱
ついづかこやぐみ 【対束小屋組】 queen post truss 双柱桁架
ついほせいちいき 【追補制地域】 supplementary zoning 补充区划
ツィンメルマンしきドーム 【~式~】 Zimmermann dome 齐默尔曼式圆顶
ツイン・ルーム twin room (有两个单人床的)双人房间
ツヴィンガー Zwinger[德] 中古城堡内外城墙间的回廊,(1711~1712年德意志)德勒斯登宫殿的中院
ツー・ウェイ・ソート・マージ two way sort merge 二路分类合并
ツー・ウェイ・ドーザー two way dozer 双向推土机
つうえんけん 【通園圏】 kindergarten attendance sphere, catching area 就园范围圈(一个幼儿园的入园孩子的居住分布范围),托幼范围半径
つうがくけん 【通学圏】 school attendance sphere 就学范围圈(以学校为中心的入学学生居住分布范围),走读半径
つうがくしょうがいりつ 【通学障害率】 上学交通阻障率
つうかこうつう 【通過交通】 through traffic 过境交通,直达交通
つうかこうつうろ 【通過交通路】 through road 过境交通道,过境道路
つうかしきていしゃじょう 【通過式停車場】 through station 通过式车站,过路站
つうかじゅうりょうひゃくぶんりつ 【通過重量百分率】 percentage of passing weight 过筛重量百分率,过筛率
つうかしんごうき 【通過信号機】 passing signal 通过信号机,通过预告信号
つうかトンすう 【通過~数】 tonnage passed by 通过吨数
つうかぶん 【通過分】 undersize 筛下物[选矿],过细物
つうき 【通気】 ventilation 通气,透气,排气,通风,换气
つうきえだかん 【通気枝管】 vent branch 通气支管,透气支管
つうきかん 【通気管】 air vent pipe 通气管,透气管,排气管
つうきき 【通気機】 ventilator 通风机,

通风器
つうきぐち 【通気口】 air vent 透气口,排气口,排气管口
つうきけいとう 【通気系統】 vent system 通气系统,透气系统,排气系统
つうきこう 【通気孔】 vent hole 排气孔,通风孔
つうきシャフト 【通気～】 vent shaft 通气井,排风井
つうきしゅかん 【通気主管】 vent main 通气干管,透气干管
つうきそう 【通気層】 ventilated air space (围护结构中的)通风间层
つうきたてかん 【通気立管】 vent stack 通气竖管,透气竖管
つうきテスト 【通気～】 vent test 通气试验,透气试验
つうきトラップ 【通気～】 vent trap 透气阀,通气闸门
つうきヘッダー 【通気～】 vent header 通气集管,透气集管
つうきほう 【通気法】 method of vent 通气方式,透气方式
つうきもう 【通気網】 vent network 通气网,透气网
つうきりょう 【通気量】 draft quantity 通风量
つうきんけん 【通勤圏】 commutable area, commuting sphere 上下班范围圈(至中心城市的上下班者的分布范围)
つうきんこうつう 【通勤交通】 journey-to-work commuting traffic 上下班交通
つうきんしゃりつ 【通勤者率】 commuters ratio 上下班人口率(与居住人口的比率)
つうきんつうがくじんこう 【通勤通学人口】 上班上学人口
つうけい 【通景】 vista 透景线,透视线
つうけいせん 【通景線】 vista 透景线,透视线
つうこうどめひょうしき 【通行止標識】 road closed sign 道路不能通行标志,“此路不通”标志
つうじょうりゅうりょう 【通常流量】 normal stream flow 正常流量
つうしんもう 【通信網】 communication network 通讯网
つうせいけんきせいさいきん 【通性嫌気性細菌】 facultative anaerobes 兼性厌氧细菌
つうせいち 【通性池】 facultative pond 共性塘,兼性塘
つうちょくもくり 【通直木理】 straight grain (木材的)通直纹理
つうでんようじょう 【通電養生】 electric curing (混凝土)电热养护,电流加热养护
つうねんひかげ 【通年日影】 perpetual shadow 全年日影,永久阴影
つうふう 【通風】 ventilation draft 通风
つうふうあつ 【通風圧】 air pressure 通风压力,风压
つうふうおんどけい 【通風温度計】 aspiration thermometer 通风温度计
つうふうがたコンベクター 【通風型～】 draft convector 通风式对流器
つうふうかん 【通風管】 air pipe, ventilating pipe 通风管
つうふうかんしつきゅうおんどけい 【通風乾湿球温度計】 aspiration psychrometer 通风干湿球温度计
つうふうけい 【通風計】 draft gauge 通风计,气流计
つうふうすいとう 【通風水頭】 draft head 气压差,通风压头
つうふうそうち 【通風装置】 ventilator 通风装置
つうふうそんしつ 【通風損失】 stack loss 通风损失,通风阻力
つうふうダクト 【通風～】 air duct 通风道,风道
つうふうだんねつ 【通風断熱】 ventilated insulation 通风绝热
つうふうちょうせい 【通風調整】 draft regulation 通风调节
つうふうちょうせいき 【通風調整器】 draft regulator 通风调节器
つうふうていこう 【通風抵抗】 stack loss 通风阻力,通风损失

つうふうどう 【通風道】 air duct 通风道,风道
つうふうへいこうき 【通風平衡器】 draft stabiliser 通风稳定器,通风平衡器
つうふうりつ 【通風率】 draft rating 通风率
つうふうりょく 【通風力】 draft power 通风力
つうやくブース 【通訳~】 interpreter booth 译员室,翻译间,翻译室
つうろ 【通路】 passage way 通路,通道
つうろぶぶん 【通路部分】 circulation space,passage space (建筑物内部的)通道(指走廊、楼梯等)
ツォップフようしき 【~様式】 Zopfstil [德] 辫发式(18世纪60~80年代德国由洛可可式转入古典主义的式样)
つか 【束】 post,strut 支柱,短柱,压杆
つが 【栂】 Tsuga Siekoldil[拉],Japanese hemlock[英] 日本铁杉
つかいし 【束石】 footing of floor post 底层地板下短柱垫石
つかせ 【突】 斜撑木,斜戗木
つかたてゆか 【束立床】 post-supported floor 短柱支承的底层地板
つかづけ 【束付】 second coat,brown coat 二道抹灰,抹灰垫层
つかみ 【摑】 grab,clamshell 夹钳,抓斗,蛤壳式抓斗
つかみあげき 【摑上機】 grab bucket (挖掘机)抓斗,攫斗,抓戽
つかみくっさくき 【摑掘削機】 grab excavator 抓斗式挖掘机
つかみバケット 【摑~】 grab bucket, clamshell bucket (挖掘机)抓斗,攫斗,抓戽
つかみバケットつちほりき 【摑~土掘機】 clamshell bucket excavator 抓斗式挖掘机,抓铲
つかれ 【疲】 fatigue 疲劳
つかれきれつ 【疲亀裂】 fatigue crack 疲劳裂纹,疲劳裂缝
つかれげんど 【疲限度】 fatigue limit 疲劳极限,疲劳强度
つかれしけん 【疲試験】 fatigue test 疲劳试验
つかれしけんき 【疲試験機】 fatigue testing machine 疲劳试验机
つかれつよさ 【疲強さ】 fatigue strength 疲劳强度
つかれはかい 【疲破壊】 fatigue failure 疲劳断裂,疲劳破坏
つかれはそん 【疲破損】 fatigue failure 疲劳破坏
つかれはめん 【疲破面】 fatigue fracture 疲劳断裂面,疲劳破裂面
つかれひ 【疲比】 fatigue ratio 疲劳系数,疲劳应力比值
つかれへんけい 【疲変形】 fatigue deformation 疲劳变形
つきあげがんな 【突上鉋】 推刨
つきあげど 【突上戸】 top-hinged swinging door 上翻门
つきあげぼう 【突上棒】 tamping rod, transom lifter 捣棒,振捣棒,气窗梃销
つきあげまど 【突上窓】 top-hinged swinging window 上翻窗
つきあげやね 【突上屋根】 (屋面中央升高形成侧窗的)上凸屋面
つきあわせ 【突合】 butt joint,plain joint 对接,平接
つぎあわせ 【継合】 joint,splice,weld 接合,接上,焊上,粘上
つきあわせつぎて 【突合継手】 butt joint,butt junction 对头接,平接头,对接头
つきあわせていこうようせつ 【突合抵抗溶接】 butt resistance welding 电阻对接焊,接触对焊
つぎあわせめ 【継合目】 joint 接缝
つきあわせめじ 【突合目地】 butt joint (混凝土路面)平接接缝
つきあわせようせつ 【突合溶接】 butt welding 对接焊,对头焊
つきあわせようせつつぎて 【突合溶接継手】 butt welded joint 对焊接头
つきあわせようせつつぎてひっぱりしけん 【突合溶接継手引張試験】 tension test of butt welded joint 对焊接头拉伸试

验

つきいし 【築石】 砌筑用石料

つきいた 【突板】 sliced veneer 刨平的薄镶板,刨切单板

つきいたばりごうはん 【突板張合板】 薄层镶面胶合板,贴薄板饰面胶合板

つきかため 【突固】 rod tamping,compacting 夯实,捣固,捣实,压实

つきかためき 【突固機】 tamping machine 夯实机,捣固机

つきかためコンクリート 【突固~】 tamped concrete 捣实混凝土,夯实混凝土

つきがんな 【突鉋·推鉋·突鐁】 推刨

つぎき 【接木】 grafting,ingraft 嫁接

つぎぐい 【継杭】 follower pile 接连桩,送桩

つきじ 【築地】 reclaimed land 填筑土地(由海、河、湖沼等填起来的地)

つきしろ 【付代】 抹灰厚度

つきだし 【突出】 top-hinged outswinging (sash) (窗扇的)上悬外撑

つきだしげたきょう 【突出桁橋】 cantilever beam bridge 悬臂梁桥

つきだししきこうかきょう 【突出式高架橋】 cantilever viaduct 悬臂式高架桥

つきだししょうじ 【突出障子】 overhang sash,top-hinged outswinging window 悬挑窗扇,上悬外撑窗扇

つきだしたてぐ 【突出建具】 overhang sash,top-hinged outswinging window 悬挑窗扇,上悬外撑窗扇

つきだしばり 【突出梁】 cantilever beam 悬臂梁

つきだしまど 【突出窓】 top-hinged outswinging window,overhang sash window 上悬外撑窗

つきだしよろいど 【突出鎧戸】 Venetian awning 上悬外撑百页遮阳板,威尼斯式遮篷

つきたて 【突立】 (填方的)顶部处理,夯实加固

つぎたまいし 【継玉石】 垒砌,蛮石地基,铺砌蛮石地基

つきつけ 【突付】 butt joint 对接,碰头接,对抵接,平接

つきつけしあげ 【突付仕上】 nigged ashlar (石料)琢面,剁斧面

つきつけつぎ 【突付継】 butt joint,butt junction 对头接,平接头,对接头

つきつけめじ 【突付目地】 butt joint 对接缝,平接缝,对头缝,对抵接缝

つきつち 【撞槌】 ram 夯锤,夯具,撞锤

つぎて 【注手】 hopper 注入工具,漏斗,导管

つぎて 【継手】 joint,splice 结合,接合,节点,接榫,接头

つぎてこうりつ 【継手効率】 joint efficiency 连接效率(连接部位强度和构件强度的百分比),接缝效率

つぎとろ 【注とろ】 灌浆,灌入的灰浆或砂浆

つきぬけしきち 【突抜敷地】 through lot 前后都是街道的建筑基地

つぎのま 【次の間】 anteroom,lobby 前室,前厅,穿堂,(附于主室的)辅助房间

つきのみ 【突鑿】 paring chisel 扁凿,修削凿,扁铲,刻刀

つきはぎばん 【突剥盤】 slicer 剥片机,切片机,刨床

つぎばこ 【継箱】 joint box,junction box 接线箱

つきばさみ 【突鋏】 剪枝用长柄剪

つぎはだ 【継肌】 (被接合构件的)接合面

つぎピン 【継~】 connection pin 连接销

つきぼう 【突棒】 rod,tamping rod 夯具,振捣棒,插捣杆

つぎめ 【接芽】 scion bud 芽接

つぎめ 【継目】 seam 缝

つぎめいた 【継目板】 splice plate,fishplate 接合板,鱼尾板,连接板,盖缝条

つぎめおち 【継目落】 rail joint depression (路轨)接缝沉降

つぎめおちせいせいき 【継目落整正器】 low joints adjuster (路轨)接缝沉降调整器

つぎめけい 【継目計】 joint meter (混凝土)接缝测定仪,接头测定仪

つぎめさぎょう 【継目作業】 rail joint work (路轨)接缝作业

つぎめなしこうかん 【継目なし鋼管】 seamless steel pipe 无缝钢管
つぎめボルト 【継目～】 track bolt 路轨接缝板螺栓
つぎめようせつ 【継目溶接】 seam welding 滚焊,线焊,缝焊
つぎモルタル 【注～】 浇灌用砂浆
つきや 【突屋】 (混凝土)振捣工,插捣工
つきやま 【築山】 artificial hill 人工堆筑的小山和丘陵
つきやませんすいのにわ 【築山泉水の庭】 山水庭园
つぎわ 【継輪】 thimble 套管,连接套筒,连接环
つきわれ 【突割】 木材端头裂缝
つくばい 【蹲踞】 茶室入口处的洗手钵
つくりいし 【作石】 叠石,堆石
つくりだし 【造出】 (一木雕成的)雕刻
つくりだしくりかた 【造出繰形】 moulding 雕出线脚,塑出线脚,凹线脚
つくりつけ 【造付】 built-in 嵌入,镶入,固定,埋设
つくりつけかぐ 【造付家具】 built-in furniture 固定式家具,墙内嵌装式家具
つくりつけしょうじ 【造付障子】 built-in sash 嵌装固定窗扇
つくりつけしょうめい 【造付照明】 built-in lighting 嵌入式照明,嵌装式照明
つくりにわ 【作庭】 gardening 人造庭园
つくりまつ 【作松】 formalized pine 整形松树
つげ 【黄楊·柘植】 Buxus microphylla var japonica[拉], Japanese littleleaf box[英] 日本黄杨
つけあしがため 【付足固】 (地板下)固定柱脚的横木
つけいなご 【付稲子】 顶棚上接缝搭扣
つけおくり 【付送】 (抹灰底层)找平,填平,整平
つけおろしびさし 【付卸庇】 lean-to roof (紧靠主房的)单坡低房,披屋,(披屋的)单坡屋顶
つけかえビット 【付替～】 detachable bit 可卸式钻头,活钻头
つけがし 【付貸】 renting with furnitures, furnished house for rent 带有家具和用具的出租房屋
つけがもい 【付鴨居】 picture rail 墙面挂画条
つけげや 【付下屋】 attached penthouse 靠近主房的披屋
ツー・ゲージほう 【～法】 two gauged method 双应变片法,双电阻片法
つけしょいん 【付書院】 日本住宅客厅内的凸窗
つけしろ 【付代】 抹灰厚度
つけだし 【付出·廡】 attached penthouse 靠近主房的披屋
つけどこ 【付床】 (日本住宅客厅内的)移动式凹间
つけどだい 【付土台】 木结构房屋的室外勒脚板,木柱底脚外侧附加的板条
つけぬき 【付貫】 固定竹棂条的横木
つけばしら 【付柱】 pilaster, attached column 壁柱,半露柱,附墙柱
つけぶたい 【付舞台】 台唇,舞台前部,大幕线前面的舞台
つけめん 【付面】 applied moulding (门窗,家具的)木压条,装饰用木线脚
つけめんくりかた 【付面繰形】 planted moulding 镶嵌线脚,贴面线脚
ツー・サイクルほう 【～法】 two-cycle method (分配力矩)二次循环法
つじ 【辻】 street crossing, street intersection 道路交叉口,十字路口
つじかざり 【辻飾】 boss (哥特式建筑的)拱肋交会处的凸雕花饰
つじかなもの 【辻金物】 (天花枝条上的)燕尾铁件,金属岔角
つじまちじどうしゃ 【辻待自動車】 taxi 出租汽车
ツー・ステージ・サイクル two-stage cycle (热压)两级循环
ツー・ステージ・ポンプ two stage pump 双级泵
つた＝すさ
つたいおち 【伝落】 (庭园瀑布的)缓流跌落
つたるい 【蔦類】 Parthenocissus[拉],

Creeper, woodvine[英] 爬山虎属
**つたわり** 【伝】 propagation 传播
**つたわりそくど** 【伝速度】 velocity of propagation, propagation velocity 传播速度
**つち** 【土】 soil, earth 土,土壤,泥土
**つち** 【槌】 hammer, mallet 鎚,锤,槌
**つちい** 【土居】（日本平安、镰仓时代的）土筑围墙,土围子
**つちうちようせつ** 【槌打溶接】 forge welding 煅焊
**つちかきき** 【土掻機】 scarifier 松土机,翻路机
**つちかきき** 【土掻機】 scarifier 松土机,耙路机,翻路机
**つちがたクレーン** 【槌形～】 hammer-head crane 锤头式起重机
**つちかべ** 【土壁】 mud wall 土墙,泥墙
**つちぎめ** 【土極】 捣实围土不灌水的植树法
**つちコロイド** 【土～】 soil colloids 土胶粒,土胶体
**つちさま** 【土狭間】 土城墙或石垒上的枪眼
**つちしめきり** 【土締切】 earth-fill cofferdam 填土围堰
**つちすてば** 【土捨場】 dumping area 渣土倾卸场
**つちだし** 【土出】 earth dike 土堤
**つちどめおしぶち** 【土留押縁】 wale （挡土）横撑,横挡
**つちどめぎ** 【土止木·土留木】 non-slip cleat 防滑木,防滑楔
**つちどめさん** 【土止桟】 non-slip batten 防滑条
**つちどめしばづけ** 【土止芝付】 soil-protective turf grass 挡土草皮,护坡草皮
**つちどめぬき** 【土止貫】 non-silp batten 防滑木条,防滑横木
**つちのあつみつ** 【土の圧密】 consolidation 土的固结
**つちのいちじこうぞう** 【土の一次構造】 primary structure of soil 土的初始结构,原土结构
**つちのくさび** 【土の楔】 soil wedge 楔形土体
**つちのクリープ** 【土の～】 creep of soil 土的徐变
**つちのこうぞう** 【土の構造】 soil structure 土结构
**つちのこっかく** 【土の骨格】 soil skeleton 土骨架
**つちのサクション** 【土の～】 soil suction 土吸力
**つちのしめかため** 【土の締固】 soil compaction 土压实,土夯实
**つちのせんだんつよさ** 【土の剪断強さ】 shearing strength of soil 土的抗剪强度
**つちのそうたいちゅうど** 【土の相対稠度】 relative consistency 土的相对稠度
**つちはだ** 【土膚】 分界面的高坡（檐出与室外地面分界的高坡,河岸和水面分界的高坡）
**つちびさし** 【土庇】（日式房屋入口处由柱支承的）出檐
**つちほりき** 【土掘機】 excavator 挖土机
**つちまじりこつざいこんごうせい** 【土混骨材混合性】 soil-aggregate mixing property 含土骨料拌和性能
**つついど** 【筒井戸】 dug well 掘井,挖土井
**つつがたこうぞう** 【筒形構造】 tube construction 管形构造,管形结构
**つつがたスクリーン** 【筒形～】 drum screen 滚筒筛,转鼓滤网
**つつがたせき** 【筒形堰】 drum weir 鼓形堰
**つつがたてんじょう** 【筒形天井】 vault ceiling 拱顶式顶棚
**つつがたヒューズ** 【筒型～】 cartridge fuse 熔丝管,保险丝管
**つつがわら** 【筒瓦】 筒瓦,圆瓦
**つつきそ** 【筒基礎】 well foundation 井筒基础
**つっこみせん** 【突込線】 dead-end siding （铁路的）尽头线,尽头侧线
**つっこみほぞ**＝**つんごみほぞ**
**つつさきあつりょく** 【筒先圧力】 head pressure （消火栓的）喷嘴压力
**つつじるい** 【躑躅類】 Rhododen-dron

sp.[拉],Rose,Rhododendron[英] 杜鹃花属

つっつき 【突突】 Gundera[德] (石工用)双头凿子,尖锤

つっぱり 【突張】 shore,strut 支柱,撑柱,支撑,顶撑,斜撑

つっぱりクレーン 【突張～】 cantilever crane 悬臂起重机

つづみ 【鼓】 drum 卷筒上的鼓状铁件

つつみあり 【包蟻】 包角扣榫

つな 【綱】 cord,rope,line 绳,绳索,线

つなぎ 【繫】 联系石(在主石、配石之间的增石)

つなぎいた 【繫板】 gusset plate 结点联接板,缀板,拼接板

つなぎかなもの 【繫金物】 strap 系铁,铁夹板,系结铁件

つなぎこばり 【繫小梁】 collar beam 人字屋架系杆,系梁

つなぎざい 【繫材】 tie rod 拉杆,连系杆,系杆

つなぎせん 【繫線】 tie-line 系线

つなぎせんほう 【繫線法】 tie-line method 系线法

つなぎばり 【繫梁】 tie beam,collar brace (独立基础的)拉梁,地梁,(屋架的)联系梁,水平拉杆,(隧道支撑的)系梁,系杆,支撑

つなぎボルト 【繫～】 connecting bolt 联结螺栓,连接螺栓

つなばし 【綱橋】 suspension bridge 悬索桥,索桥

つなばりデリック・クレーン 【綱張～】 guy-derrick crane 牵索(桅杆)转臂起重机

つなみ 【津波】 tsunami,tidal wave 潮汐波,海啸

つなみけいほう 【津波警報】 海啸警报

つのがら 【角柄】 门窗框的凸端

つのがらしょうじ 【角柄障子】 走头窗,框端凸出窗

つのがらまど 【角柄窓】 走头窗,框端凸出窗

つのきっこう 【角亀甲】 带角龟甲纹

つのまた 【角又】 鹿角菜,鸡角菜

つのまたのり 【角又糊】 鹿角菜浆

つのや 【角屋】 L形平面的民居,L形平面的凸出部分

つばいし 【鍔石】 铁烟囱穿墙孔围石

ツー・バイ・フォーこうほう 【～構法】 two by four method 2英寸×4英寸木框架建造法(应用2英寸×4英寸木材建成木框架的施工法)

つばきるい 【椿類】 Camellia sp.[拉], Camellia[英] 山茶属,茶属

つばぐい 【鍔杭】 screw pile,disk pile 螺旋桩,盘头桩

つばだし 【鍔出】 flanging 制成凸缘,折缘,折边,弯边

つばつぎ 【鍔継】 flange joint 法兰接头,凸缘连接

つばつきじゅうじかん 【鍔付十字管】 flanged cross 法兰四通,盘四通

つばつぎて 【鍔継手】 flange joint 法兰接头,盘接口

つばつきほうねつき 【鍔付放熱器】 ribbed radiator 叶片式散热器

つぶ 【粒】 particle 颗粒,颜料颗粒,涂料颗粒

つぶし 【潰】 crushing,breaking 压坏,压碎,破裂

ツー・プライごうはん 【～合板】 two plywood 薄层镶面胶合板,饰面胶合板

つぶれち 【潰地】 collapse land 塌陷地

つぼ 【坪】 坪(日本面积单位,1坪=36平方日尺,1坪=3.30582平方米)

つぼ 【壺】 中庭,庭,院子,(焊接的)弧坑

つぼあたり 【坪当】 每坪,坪平均(指单位面积)

つぼかなもの 【壺金物】 (平开门用)带眼铁件,环首铁件

つぼざがね 【鍔座金】 escutcheon 孔罩,穿墙管的护板,穿板管套

つぼせんざい 【壺前栽】 (日本平安时代邸宅中)种植草木的院子

つぼたんか 【坪単価】 每坪单价,每坪造价

つぼづきじぎょう 【壺突地業】 基坑夯实基础,基坑桩基

つぼにわ 【坪庭】 院内小庭园

つぼほり 【壺掘】 square trench,pit excavation 挖方槽,独立基础槽
つま 【端·妻】 gable,gable end 端部,建筑物侧面,山墙
つまいた 【妻板】 side plate,side board 侧板,边板
つまかざり 【妻飾】 山墙饰(屋檐和山尖装饰的总称)
つまかべ 【妻壁】 transverse wall,diaphragm,gable 横向外墙,(沉箱中的)横隔墙,(壳体结构)侧端的加固墙体,山墙
つまがわ 【妻側】 gable side 山墙面,侧墙面
つまこうりょう 【妻虹梁】 山墙上的虹梁,山墙上的弓形梁
つまさきぶ 【爪先部】 toe slab (挡土墙)趾板
つまばり 【妻梁】 山墙上的梁
つまみ 【撮·摘】 knob,button,stem 捏手,旋钮,提系
つまみかなもの 【撮金物】 knob,button,stem 推拉用小把手
つまり 【詰】 clog 阻塞,堵塞
つみいし 【積石】 masonry stone 石砌体用石料
つみかためしきこうぞう 【積固式構造】 masonry construction 块材砌筑构造,圬工构造,砖石结构
つみこみき 【積込機】 loader 装卸机,装载机
つみこみき 【積込機】 loader 装载机,搬运机
つみこみはとば 【積込波止場】 loading wharf 装载码头,堆栈码头
つみなえこう 【積苗工】 山坡护坡工程(用鱼鳞坑植树或铺草皮)
つむ 【摘む】 摘除
つめ 【爪】 pawl,hook 棘爪,掣爪,制轮爪,钩,吊钩
つめいしはいすい 【詰石排水】 hardcore drain 表面盲沟排水
つめかなもの 【爪金物】 钩状铁件
つめぐみ 【詰組】 攒料栱,平身科,补间铺作
つめぐるま 【爪車】 ratchet 棘轮,单向齿轮
つめゴム 【詰~[gom荷]】 packing rubber 填料橡胶,填密橡胶
つめすかし 【爪透】 盆景整枝,(用手指)轻度疏枝
つめつきいたジベル 【爪付板~[Dübel德]】 claw plate 爪形板暗榫销,爪板
つめつきヒューズ 【爪付~】 link fuse 链熔丝
つめつきわがたジベル 【爪付輪形~[Dübel德]】 toothed-ring dowel,spiked-ring dowel 裂环榫,爪形环销,齿形环销
つめどうぐ 【詰道具】 pad,padding 填料,填塞物,(陶瓷制品)装窑用耐火垫片
つめもの 【詰物】 pad,padding,packing 填料,衬垫,衬料
つや 【艶】 gloss 光泽
つやけし 【艶消】 mat,frosting 消光,无光泽,毛面
つやけしガラス 【艶消~】 frosted glass 磨砂玻璃,毛玻璃
つやけしぐすり 【艶消薬】 frosted glaze,matte glaze 无光釉,无泽釉
つやけしグローブ 【艶消~】 frosted globe 磨砂灯罩,漫射光灯罩
つやけしざい 【艶消剤】 frosting agent 消光剂,无光剂
つやけししあげ 【艶消仕上】 flat finish,matte finish (油漆)无光饰面,磨退饰面
つやけしちょうごうたんさいペイント 【艶消調合淡彩~[paint]】 无光浅色调合漆
つやけしでんきゅう 【艶消電球】 frosted bulb 磨砂灯泡
つやけしぬり 【艶消塗】 flat finish,matte finish (油漆)无光饰面,磨退饰面
つやけしペイント 【艶消~】 trosted paint,matte paint,flat paint 无光油漆,无光涂料,无泽涂料
つやけしラッカー 【艶消~】 matte lacquer,frosted lacquer 无光漆
つやだしけんま 【艶出研磨】 polishing 抛光,磨亮

つやだしみがき 【艶出磨】 polishing 抛光,磨亮

つやなし 【艶なし】 dullness (釉面)无光,光泽不佳

つやむら 【艶斑】 flashing (无光油漆表面上的)闪光点,光斑

つゆうけざら 【露受皿】 drip pan 承滴盘,受滴盘

つゆだま 【露玉】 guttae[拉] (希腊多利安柱式)檐壁上的珠状饰

つよさ 【強さ】 strength 强度

つよさのレベル 【強さの~】 intensity level(of sound) 声强级

つよばり 【強梁】 斜撑木,戗木

つら 【面】 surface,face 面,表面

つらいし 【面石】 砌石面,石砌体表面石

つらいち 【面一】 flush 齐平面

つらうち 【面打】 top nailing 顶部钉固,上部加钉,顶面施钉,对构件表面直接钉装

つらおさえ 【面押】 (装配构配件表面时需要的)定位

つらづけ 【面付】 对构件表面直接钉装,将圆木表面砍光对接

つらづけさる 【面付猿】 surface bolt 明装插销

つらづけじょう 【面付錠】 rim lock 碰簧锁

つらやせ 【面瘦】 (春材干燥收缩后的)凹凸面

つらら 【氷柱】 icicle 冰柱,冰溜

つりあい 【釣合】 equilibrium 平衡

つりあいおもり 【釣合錘】 counterweight 配重,平衡重(量),平衡锤,砝码

つりあいかん 【釣合管】 equalizing pipe 均压管,平衡管

つりあいきょくせん 【釣合曲線】 equilibrium path 平衡曲线,平衡路径

つりあいしき 【釣合式】 equilibrium equation 平衡方程(式)

つりあいしけんき 【釣合試験機】 balancing machine 平衡试验机

つりあいじょうけん 【釣合条件】 condition of equilibrium 平衡条件

つりあいじょうたい 【釣合状態】 equilibrium state 平衡状态

つりあいつうふう 【釣合通風】 balanced draft,equilibrium draft 均衡通风

つりあいてっきんひ 【釣合鉄筋比】 balanced steel ratio 平衡钢筋比,平衡配筋率

つりあいはし 【釣合橋】 balance bridge 平衡桥,开启桥

つりあいべん 【釣合弁】 balanced valve,equalizing valve 平衡阀

つりあいほうていしき 【釣合方程式】 equation of equilibrium 平衡方程(式)

つりあげとびら 【吊上扉】 portcullis 吊门

つりあしば 【吊足場】 suspended scaffold 悬挂脚手架,吊脚手

つりウィンチ 【吊~】 crane winch 起重绞车,悬挂绞车

つりかなもの 【吊金物】 hanger 吊铁,吊钩,吊架

つりがねむし 【釣鐘虫】 Vorticella 钟虫

つりぎ 【吊木·釣木】 hanger rod 吊顶拉杆

つりぎうけ 【吊木受】 carrying rod of ceiling 吊顶拉杆上面的横筋

つりぐさり 【吊鎖】 pendent chain,sash chain 吊窗链,吊链,悬链

つりぐるま 【吊車】 sash hanger,sash pulley,door hanger 吊窗滑轮,吊门滑轮

つりけいかん 【吊径間】 suspended span 悬(索)桥桥跨,悬跨,悬孔

つりこ 【吊子】 clip tingle 压板铁片

つりごうし 【釣格子】 凸格窗

つりこうぞう 【吊構造】 suspension structure 悬索结构,悬挂结构,悬式结构

つりこみ 【吊込·釣込】 hanging 吊挂,吊装

つりこみかなぐ 【吊込金具】 悬挂用小五金,悬吊用小五金

つりざ 【吊座】 ceiling rosette 吊灯座,平顶接线座

つりざい 【吊材】 hanger,suspender 吊钩,吊架

つりさげがたしょうめいきぐ 【吊下形照

明器具】 pendant light fitting[英],suspended luminaire[美] 悬挂式照明器
つりさげクレーン 【釣下~】 jib crane 悬臂起重机
つりだな 【釣棚】 吊柜,吊架,吊橱
つりだなあしば 【吊棚足場】 hanging scaffold,suspended scaffold 悬挂脚手架,吊脚手
つりづか 【吊束】 hanging post,pendant 吊杆,悬杆,悬吊杆件
つりて 【吊手】 hanger 吊钩,吊绳,吊架
つりてんじょう 【吊天井】 hung ceiling 吊顶
つりでんとう 【吊電灯】 pendant lamp 吊灯,悬灯
つりど 【吊戸·釣戸】 top-hinged swinging door,top-railed sliding door 吊门
つりどこ 【釣床】 兜罩,垂罩(日式房屋角隅处由顶棚下垂的罩状装饰)
つりどの 【釣殿】 (日本平安时代寝殿式建筑中的)临水纳凉亭
つりにようブロック 【吊荷用~】 hanging block 起吊用滑轮,吊装用滑轮
つりにわ 【吊庭】 hanging garden 空中花园,悬架式屋顶花园
つりばし 【吊橋】 suspension bridge 吊桥,悬(索)桥
つりひも 【吊紐】 sash cord,sash rope 吊绳,吊窗绳
つりフック 【吊~】 hanger hook 吊钩
つりボルト 【吊~·釣~】 hang bolt, hang rod 吊螺栓,吊杆,吊钩
つりもと 【吊元·釣元】 hanging stile, hinge stile 装旋轴的门梃,门扇的枢轴一侧
つりもとがまち 【吊元框·釣元框】 hanging stile,hinge stile 装旋轴的门梃,门扇枢轴一侧
つりもの 【吊物】 flying scenery,flying equipment 吊挂的大道具类(包括布景等),吊挂机械设备
つりやね 【吊屋根】 suspended roof 悬挂式屋盖,悬索屋顶
つりやねこうぞう 【吊屋根構造】 hanging roof,suspended roof 悬挂式屋盖结构,悬索屋顶结构
つりゆかこうぞう 【吊床構造】 hanging floors,suspended structure 悬吊式楼板,悬挂式结构
つりれんが 【吊煉瓦】 hanger brick 吊顶用砖
つりわく 【吊枠·釣枠】 吊框,吊模板
つるがき 【蔓垣】 蔓生植物的木格围墙
つるしたかくけい 【釣多角形】 funicular polygon, link polygon, line polygon 索多边形
つるしょくぶつ 【蔓植物】 trailing plants,bine plants, vine plants 蔓生植物,藤本植物
つるのこ 【弦鋸】 bow saw 弓锯
つるはし 【鶴嘴】 pick 鹤嘴镐,镐
つるまきかく 【蔓巻角】 helical angle 螺旋角
つるむ 接合,组合,装配,组装
つるもの 【蔓物】 creeper,climber 蔓生植物,藤本植物
つんごみほぞ 【包込枘】 stub tenon,half tenon 粗短榫,半榫
つんぼさじき 【聾栈敷】 dead spot, blind seat,upper gallery 静点,死点,听不到台词的观众席,上层楼座

# て

て 【出】 凸出,凸出的尺寸

であいがまち 【出合框】 meeting stile (双扇门的)合梃,碰头梃,重合部分

であいさ 【出合差】 error of closure 闭合差,闭合误差

であいじょう 【出合錠】 hook bolt lock,sliding door lock,sliding door catch 推拉门锁

であいちょうば 【出合丁場】 共同承包工程的工地

であいぶち 【出合縁】 碰头边

てあき 【手空】 闲着,停工待料,窝工

てあたり 【手当】 抓头,抓手

てあつかい 【手扱】 operation,treatment 操作,处理

テアトル théatre[法] 剧院,剧场

テアトロ theatro[意] 剧院,剧场

てあな 【手穴】 hand hole 手孔,小型检查孔

てあらいき 【手洗器】 lavatory bowl, wash hand basin 洗手盆

てあらいきはいすいせん 【手洗器排水栓】 basin plug 洗手盆排水栓

てあらいじょ 【手洗所】 lavatory 盥洗室,洗手间

デアレーション deaeration 除气,脱气

てい 【亭】 pavilion 亭子

てい 【邸】 mansion 邸宅,府邸,宫邸

でい 【出居】 客厅

ティー tee 丁字钢,丁字管,三通,T形元件

ディー・アイ・エー DIA,Design and Industries Association (1915年英国成立的)工业设计协会

ディー・アイ・エヌ DIN,Deutsche Industrie Normen 联邦德国工业标准

ディー・アイ・ディー DID,densely inhabited district 人口集中区

ディアステュロス diastylos[希] (古希腊、古罗马神庙的)宽间距柱式

ていあつ 【低圧】 low pressure 低压

でいあつ 【泥圧】 silt pressure 泥压,泥砂压力

ていあつあんぜんべん 【低圧安全弁】 low-pressure safety valve 低压安全阀

ていあつうずまきポンプ 【低圧渦巻~】 low-pressure centrifugal pump 低压离心泵

ていあつおんすい 【低圧温水】 low-pressure hot water 低压热水

ていあつがいし 【低圧碍子】 insulator 低压绝缘子

ていあつがわ 【低圧側】 low-pressure side 低压侧,低压边

ていあつかん 【低圧管】 low-pressure pipe 低压管

ていあつくうきしきバーナー 【低圧空気式~】 low-pressure air burner 低压空气燃烧器

ていあつじょうきだんぼう 【低圧蒸気暖房】 low-pressure steam heating 低压蒸汽采暖

ていあつじょうきだんぼうほうしき 【低圧蒸気暖房方式】 low-pressure steam heating system 低压蒸汽采暖方式

ていあつすいぎんとう 【低圧水銀灯】 low-pressure mercury lamp 低压水银灯,低压汞灯

ていあつせいぎょ 【低圧制御】 low-pressure control 低压控制

ていあつせいけい 【低圧成形】 low-pressure moulding 低压成型

ていあつタイヤ 【低圧~】 low pressure pneumatic tyre 低压充气轮胎

ていあつちいき 【低圧地域】 low pressure area, low pressure district 低压区

ていあつちょうせいべん 【定圧調整弁】 constant pressure regulator valve 恒压调节阀

ていあつばっきほう 【低圧曝気法】 low

pressure aeration 低压曝气法

**ていあつひねつ** 【定圧比熱】 specific heat at constant pressure 定压比热

**ていあつフロートべん** 【低圧～弁】 low-pressure float valve 低压浮球阀

**ていあつべん** 【定圧弁】 constant pressure valve 恒压阀

**ていあつボイラー** 【低圧～】 low-pressure boiler 低压锅炉

**ていあつほう** 【定圧法】 equal friction method 送风管道的恒压(计算)法,均等摩阻(计算)法

**ていあつぼうちょうべん** 【定圧膨張弁】 constant pressure expansion valve 恒压膨胀阀

**ていあつボール・タップ** 【低圧～】 low-pressure ball tap 低压球形塞

**ていあつポンプ** 【低圧～】 low-pressure pump 低压泵

**ていあつろか** 【定圧濾過】 constant pressure filtration 恒压过滤

**ディアパソン** diapason[法] 音域,声幅

**ティー・アール・アール・エル** TRRL, Transport and Road Research Laboratory (英国)运输与道路研究所

**ティー・アール・ビー** TRB, Transportation Research Board (美国)运输研究委员会

**ティー-アールりつ** 【T-R率】 top-root ratio (树木的)根冠比例

**ていい** 【定位】 normal position (转辙器的)定位,正常位置

**ディー・イー・アール・ティー** DERT, design evaluation (and) review technique 设计评审法,设计评价和检查技术

**ていいおうげんゆ** 【低硫黄原油】 low sulphur crude petroleum, low sulphur crude oil 低硫原油

**ていいおうじゅうゆ** 【低硫黄重油】 low sulfur heavy oil 低硫重油

**ていいはつねつりょう** 【低位発熱量】 lower calorific value 低发热量,低热值

**ディウィダーグこうほう** 【～工法】 Dywidag method 狄维达格式预应力混凝土后张法

**ティヴォリ** Tivoli 蒂沃里(意大利罗马东方的风景城镇)

**ティー・エー・シーおんど** 【TAC温度】 temperature of TAC (Technical Advisory Committee) (美国采暖冷冻空调协会技术顾问委员会建议采用的)采暖室外设计温度

**ティー・エー・シー・ブイ** TACV, tracked air cushion vehicle 有轨气垫式快车

**ディー・エス・エス** DSS, The society of Domestic and Sanitary Engineering standard 美国卫生工程协会标准

**ディー・エッチ** DH, diagonal hoop 对角箍筋

**ディー・エー・ディーかいせき** 【DAD解析】 DAD(depth-area-duration) analysis DAD分析(降雨深度-面积-历时分析)

**ティー・エヌ・アイ** TNI, traffic noise index 交通噪声指数

**ティー・エヌせんず** 【TN線図】 TN (temperature-entropy) diagram 温度-熵图

**ディー・エフ** DF, durability factor (混凝土)耐久性指数

**ティー・エル・エム** TLM, median tolerance limit 半数生存界限浓度

**ていえん** 【庭園】 garden 园林,花园,庭园

**ていえんかぐ** 【庭園家具】 garden furniture 庭园家具,室外家具

**ていえんけんちく** 【庭園建築】 garden architecture, garden building 庭园建筑,园林建筑

**ていえんさんすいき** 【庭園散水器】 lawn sprinkler 庭园洒水器

**ていえんさんすいせん** 【庭園散水栓】 garden hose valve 庭园洒水栓

**ていえんスプリンクラー** 【庭園～】 garden sprinkler 庭园洒水器

**ていえんせっけい** 【庭園設計】 garden design 园林设计,庭园设计

**ディー・オー** DO, dissolved oxygen 溶解氧

**ティー・オー・シー** TOC, total organic

carbon 总有机碳
ティー・オー・ディー TOD, total oxygen demand 总需氧量
ティー・オー・ディーじどうけんしゅつそうち【TOD自動検出装置】TOD(total oxygen demand) automatic detector 总需氧量自动检测装置,总需氧量自动检测仪
ていおん【定温】constant temperature 恒温
ていおんかくせいき【低音拡声器】woofer 低频扬声器,低音喇叭
ていおんかこう【低温加工】cold work, cold working 冷加工,低温加工
ていおんき【定温器】thermostat 恒温器
ていおんこうかがたせっちゃくざい【低温硬化型接着剤】cold setting adhesives 冷固化粘合剂,冷变定粘合剂(20℃以下变定)
ていおんしきかさいかんちき【定温式火災感知器】constant temperature type fire detector 恒温式火灾探测器
ていおんしきかんちき【定温式感知器】fixed temperature type heat detector 定温型自动火警探测器
ていおんしょうけつ【低温焼結】low-temperature clinkering 低温烧结
ていおんぜいせい【低温脆性】cold brittleness, low-temperature brittleness 冷脆性,低温脆性
ていおんセメント【低温～】low-heat cement 低热水泥
ていおんでんきふくしゃばん【低温電気輻射板】low temperature electric radiant plate 低温电辐射板
ていおんながれ【低温流】cold flow 低温流动
ていおんふくしゃだんぼう【低温輻射暖房】radiant heating of low temparature 低温辐射采暖
ていおんまげ【低温曲】cold bending 冷弯曲,低温弯曲
ていおんようせつ【低温溶接】low-temperature welding 低温焊接
ていおんようせつぼう【低温溶接棒】low temperature welding rod 低温焊条
ていおんれいぞうこ【低温冷蔵庫】chilling room 低温冷藏库
ていおんわれ【低温割】low-temperature crack 冷裂,凝裂
ていか【低下】decrease 降低,减少
ディガー digger 挖掘机,铲斗,挖掘工
ていがいち【堤外地】riverside land, foreland 堤外地,滩地
ていかいはつちいき【低開発地域】underdeveloped regions 不发达地区,未充分开发地区
ていかく【定格】rating 定额,等级,规格,额定值,标称值
ていがくうけおい【定額請負】lump sum contract, stated sum contract (造价)总额承包
ていがくきゅうすい【定額給水】fixed rate water supply 定额供水,定额给水
ていかくしゅつりょく【定格出力】rated output 额定输出
ていがくせい【定額制】fixed rate system 定额制
ていがくせん【定額栓】non-metered tap, fixed-rate tap 固定收费供水龙头
ていかくでんあつ【定格電圧】standard voltage 标准电压,额定电压
ていかくようりょう【定格容量】rated capacity 额定容量
ていかじゅう【定荷重】fixed load 固定荷载,恒载
ティーがたきょうだい【T型橋台】T-abutment T型桥台(墩)
ティーがたこう【T形鋼】T-shape steel, T-bar 丁字钢,T形钢
ティーがたこうさ【T型交差】T-junction, T-intersection T型(平面)交叉,丁字型交叉
ティーがたジベル【T形～[Dübel德]】T-type dowel T形暗销,T形暗榫
ティーがたすみにくわれしけん【T形隅肉割試験】fillet weld crack test T形角焊缝裂纹试验
ティーがたちょうばん【T形丁番】T-hinge T形铰链,T形合页

ティーがたとうかん 【T形陶管】 T-type earthen pipe T形陶管,三通陶管
ティーがたばり 【T形梁】 T-beam T形梁,丁字梁
ティーがたりったいこうさ 【T型立体交差】 T-grade separation T型立体交叉
ていかっしゃ 【定滑車】 fixed pulley 固定滑轮
でいがん 【泥岩】 mud stone 泥石
ティーかん 【T管】 tee 三通,丁字管
ていかんしきけんちく 【帝冠式建築】 (日本30年代~40年代的)瓦屋顶的混凝土建筑
ていきあつ 【低気圧】 low pressure, cyclone 低气压,气旋
ていきあつせいこうう 【低気圧性降雨】 cyclonic precipitation 低气压性降雨,气旋雨
ていきけんさ 【定期検査】 regular inspection 定期检查
ていきしゅうぜんほうしき 【定期修繕方式】 system of periodical maintenance 定期修缮方式
ていきせいびひ 【定期整備費】 定期检修费
ていきてんけん 【定期点検】 periodic inspection and repair 定期检修(检查)
ていきゃく 【堤脚】 dike(dyke) foot 堤脚
ていきゃくデリック 【定脚~】 stiffleg derrick 固定支架桅杆起重机,刚性支柱动臂起重机
ていきゅうしぼうさん 【低級脂肪酸】 lower fatty acid 低级脂肪酸
ティー・キュー・シー TQC, total quality control 全面质量管理
ティグせつだん 【TIG切断】 TIG (inert-gas tungsten) arc cutting 惰性气体保护钨极电弧切割
ていくはいすい 【低区配水】 low service 低区供水
ティグようせつ 【TIG溶接】 TIG (inert-gas tungsten) arc welding 惰性气体保护钨极电弧焊
ディグリーデイ degree day 采暖度日
ディグリー・ディー degree-day 度日
ディグリフ diglyph (多利安柱式檐壁上的)双槽板
ていクリープそくど 【定~速度】 constant creep speed, steady creep speed 恒定蠕变速度,定常徐变速度
ていけいしゃしゃしん 【低傾斜写真】 low oblique photograph 低斜摄影
ていけいラーメン 【梯形~[Rahmen德]】 trapezoidal rigid frame 梯形刚架
ていげんりつ 【逓減率】 diminishing rate of floor area (高层建筑)房间面积递减率
ていこ 【艇庫】 boat house 游艇俱乐部(水边停放游艇并附设俱乐部的场所),艇房,小船库
ていこう 【抵抗】 resistance 抗力,阻力,电阻,热阻,湿阻
ていこう 【堤高】 dam height 堤高
ディーこう 【D鋼】 D(Ducol)steel, low-manganese structural steel 低锰结构钢
ていこうおんどけい 【抵抗温度計】 resistance thermometer 电阻温度计
ていごうきんこう 【低合金鋼】 low alloy steel 低合金钢
ていごうきんこうこうちょうりょくこう 【低合金高抗張力鋼】 low alloy high tensile steel 低合金高强度钢,低合金高抗拉钢
ていこうけいすう 【抵抗係数】 resistance coefficient, friction factor, friction coefficient 阻力系数,流阻系数,电阻系数
ていこうこうおんけい 【抵抗高温計】 resistance pyrometer 电阻高温计
ていこうせんひずみけい 【抵抗線歪計】 resistance wire strain gauge 电阻丝应变仪
ていこうつきあわせようせつ 【抵抗突合溶接】 resistance butt welding 电阻对接焊
ていこうどあつ 【抵抗土圧】 resistant earth pressure 抵抗土压,被动土压
ていこうトルク 【抵抗~】 resisting torque 抗扭矩,抗扭力

ていこうモーメント【抵抗～】resisting moment 抵抗力矩
ていこうモーメント・アーム【抵抗～】resisting moment arm 抵抗力矩臂,内力臂
ていこうモーメントけいすう【抵抗～係数】coefficient of resisting moment 抵抗力矩系数
ていこうようせつ【抵抗溶接】resistance welding 电阻焊,接触焊
ていこうようせつき【抵抗溶接機】resistance welding machine 电阻焊机
ていこうろうづけ【抵抗鑞付】resistance brazing 电阻硬钎焊,接触钎焊
ディザー dither 高频振动,高频脉动
ていさいどしょく【低彩度色】low chromatic colours 低彩度色
ていざいは【定在波】stationary wave, standing wave 驻波
ディサセンブル disassemble 拆卸,分解
ていさんそねんしょう【低酸素燃焼】low oxygen burning 低氧燃烧
ティー・シー TC,trip coil 脱扣线圈
ディ・ーシー DC,direct current 直流(电)
ディー・シー DC,Design Council (1972年英国成立的)设计协议会
ティーじかん【T字管】T branch T形管
ていしきゃく【亭仔脚】canopy sidewalk 走廊式人行道,挑棚式人行道
ていしきょり【停止距離】stopping distance 停车距离,刹车距离
ティー・シーごじゅう TC50,toxic concentration fifty 半致死浓度
ティジ・コン digital computer 数字计算机
ていししきょ【停止視距】stopping distance,non-passing sight distance 停车视距
ていししんごう【停止信号】stop signal 停车标志,停车信号
ていしせん【停止線】stop-line 停车线,停止线
ディジタルけいき【～計器】digital instrument 数字式仪表
ディジタルけいさんき【～計算機】digital computer 数字计算机
ディジタル・コンピューター digital computer 数字计算机
ディジタルしんごう【～信号】digital signal 数字信号
ディジタル・データ digital data 数字数据
ディジタルでんしけいさんき【～電子計算機】digital electronic computer, electronic digital computer 数字电子计算机
ていしつ【底質】substratum,deposit 底物,基质,沉积物
ていしつあっか【底質悪化】deposit deterioration 沉积物变质
ていしつち【低湿地】slough 低湿地,沼泽地
ていしつちたい【低湿地帯】lower swampy zone 低湿地带
ディジット digit 数字,号,位,计数单位
ていしは【停止波】standing wave 驻波,定波
ティーじハンドル【T字～】Tee handle T字拉手
ていしべん【停止弁】stop valve 断流阀,截止阀
ていしゃ【亭榭】pavilions (中国庭园中的)亭子,亭榭
ていしゃ【停車】stopping 停车
ていじゃく【定尺】standard size 标准尺寸,成品尺寸
ていじゃくもの【定尺物】(板类、钢棒、柱等)定型建筑材料
ていじゃくレール【定尺～】rail of gauge length 标定长钢轨,定长钢轨
ていしゃしゃせん【停車車線】stop line (汽车)停车线,短时停车道
ていしゃじょう【停車場】station,railway station 车站,火车站
ていしゃじょうくいきひょう【停車場区域標】station yard post (铁路上的)车站场区标
ていじゅ【庭樹】garden tree 园林树木,庭园的树木

ていしゅうきしきこうつうしんごう【定周期式交通信号】fixed time traffic signal 定时交通信号,固定周期交通信号

ていしゅうきしんごう【定周期信号】fixed time signal,pre-timed signal 定时信号,固定周期信号

ていしゅうきせいぎょ【定周期制御】fixed-time control (交通信号)定时控制,固定周期控制

ていしゅうは【低周波】low frequency 低频

ていしゅうはかねつ【低周波加熱】low frequency heating 低频加热

ていしゅうはすう【低周波数】low frequency 低频率

ていしゅうはフィルター【低周波～】low frequency filter 低频滤波器

でいしょう【泥漿】slip (陶瓷用)泥浆

ティーじょうぎ【T定規】T-square 丁字尺

ていじょうクリープ【定常～】constant creep,steady creep 稳定蠕变,恒速蠕变,定常蠕变

ていしょうしきトレーラー【低床式～】low bed trailer,low platform trailer 低架拖车,低台挂车

ていじょうじょうたい【定常状態】steady state,stationary state 稳定状态

ていじょうしんどう【定常振動】steady state vibration,stationary vibration 稳定振动,稳态振动

ていじょうしんどうすう【定常振動数】stationary frequency 稳定频率,固定频率

ていじょうぜんせん【定常前線】stationary wave front 驻波波前,定常波前

ていじょうねつでんどう【定常熱伝導】steady heat conduction 稳定热传导,稳定导热

ていじょうは【定常波】stationary wave 定波,驻波

ていじょうはひ【定常波比】ratio of standing wave 驻波比,定波比

ていじょうはほう【定常波法】standing wave method,tube method 驻波法(测量法向入射吸声系数用),管测法

ていじょうランダムかてい【定常～過程】stationary random process 稳定随机过程

ていじょうりゅう【定常流】steady flow 恒定流,稳定流,定常流

ていしょく【定植】planting,setting 定植,栽植

ティー・ショップ tea shop 茶馆

ていす【堤洲】barrier beach,bar beach 砂洲

デーイス dais (宴会大厅的)高台,(教会的)讲坛,(广场上的)演奏台,演出坛

ディスアライメント disalignment 未对准,中心线偏移

ていすい【低水】low flow 低流量

ていすいい【低水位】low-water level (L.W.L),low-water stage 低水位

ていすいいそう【低水位槽】constant head tank 恒水位箱

ていすいいとうすいしけんき【定水位透水試験機】constant head permeameter 常水头渗透仪

ていすいかんそく【低水観測】low flow observation 低流量观测

でいすいこうほう【泥水工法】stabilized liquid method (防护钻孔壁面用)泥水稳定液施工法

ていすいごがん【低水護岸】low flow revetment 低流量护岸

ていすいそけいようせつぼう【低水素系溶接棒】low hydrogen type electrode 低氢型焊条

ていすいほうちき【低水報知機】low flow alarm 低水位报警器

ていすいろ【低水路】low-water channel 低水位渠道

ディスィンテグレーション disintegration 蜕变,裂变,崩解,分散,分解

ディスィンテグレーター disintegrator 破碎机,分离器

ていすう【定数】constant 常数

ていすうパラメーター【定数～】pressigned parameters 给定参数,指定参数

ディスカウント・ストア discount store 打折扣出售货物的商店
ディスカウント・ハウス discount house 打折扣出售货物的小商店
ディスカバリー・ドーム dome of discovery(dome of triangular grid) 新发现型圆屋盖,新发现型圆屋顶(三角网圆屋顶)
ディスク disk 圆盘,圆片,圆面,磁盘存贮
ディスク・クスリーン disk screen 圆盘式滤网,圆盘筛
ディスク・サンダー disk sander 砂轮,盘式磨光机
ディスク・ソー disk saw 圆盘锯
ディスクそうふうき 【～送風器】 disk fan 圆盘风扇
ディスク・パイル disk pile 盘头桩,盘底桩
ディスク・ハロー disk harrow 圆盘耙,圆盘式路耙
ディスク・プラウ disk plow 盘式挖沟刨,盘式掘土机
ディスク・メーター disk meter 盘式计量器,盘式流量计
ディスケーリング discaling 碎鳞,除鳞(除去钢材表面锈蚀层)
ディスコン・スイッチ disconnecting switch 隔离开关
ディスターバンス disturbance 干扰,扰动,扰乱
ディスチャージ discharge 放出,卸料,排出,放电
ディスチャージべん 【～弁】 discharge valve 放泄阀,排气阀,排水阀
ディスチャージ・ポンプ discharge pump 排泄泵,排水泵
ディスチャージャー discharger 卸料工具,排出装置,放电器
ディステュロス distylos[希] (古希腊神庙的)双柱式
ディステンパー distemper 壁画颜料,水粉画颜料,刷色浆
ディストーション distortion (表现技法上的)歪曲,失真畸变
ディストリクト・ヒーティング district heating 区域采暖,区域供暖
ディストリビューター distributor 分配器,配电盘,配电器,配水器,喷洒器,撒布机,导向装置
ディストリビューティングべん 【～弁】 distributing valve 分配阀,配水阀
ディスパージョン dispersion 色散,弥散,扩散,分散,散布,分散体
ディスパッチャー dispatcher 调度员
ディスプレー display 显示,指示 显露,表现,示度,示数,数据显示,标记,影象,陈列
ディスプレー display 陈列(品),展览(商品)
ディスプレースメント displacement 位移,沉降,排出量
ディスプレー・デザイン display design 展览设计,陈列设计
ディスペンサー dispenser 分配器,计量器
ディスポーザー disposer 垃圾处理机,垃圾粉碎机
ディスマウンティング dismounting 拆卸,拆除
ていせいしけんほう 【定性試験法】 qualitative test 定性试验法,定性测定
ていせいせいぶつ 【底生生物】 benthos 水底生物,底楼生物
ていせいぶんせき 【定性分析】 qualitative analysis 定性分析
ていせききたいおんどけい 【定積気体温度計】 constant volume gas thermometer 定容气体温度计
ていせきど 【定積土】 sedentary deposit 风化土
ていせきひねつ 【定積比熱】 specific heat at constant volume 定容比热
ていせつどうこう 【底設導坑】 bottom heading (隧道的)下导坑
ディセラレイション deceleration 减速(度),负加速度制止,熄灭
ディーゼル diesel 柴油(发动)机,狄塞尔内燃机
ディーゼル・エキストラクター diesel extractor 柴油拔桩机

ディーゼル・エンジン Diesel engine 狄塞尔发动机,柴油发动机

ディーゼルくいうちハンマー 【～杭打～】 diesel pile hammer 柴油打桩机,柴油打桩锤

ディーゼル・ショベル diesel shovel 柴油机铲,柴油挖掘机

ディーゼルでんきショベル 【～電気～】 diesel electric shovel 柴油电动挖掘机,柴油电力铲

ディーゼル・パイル・ハンマー diesel pile hammer 柴油打桩锤

ディーゼルはつでんき 【～発電機】 diesel generating machine 柴油发电机

ディーゼルはつでんしょ 【～発電所】 diesel power plant, diesel generating station 柴油发电站

ディーゼル・ハンマー diesel hammer 柴油机打桩锤

ていせん 【汀線】 shore line, beach line 海岸线,海滨线

ていそう 【低層】 低层(日本一般指一、二层建筑)

ていそうけんちくぶつ 【低層建築物】 low-storied building 低层建筑物(日本一般指二层以下的建筑物)

ていそうじゅうたく 【低層住宅】 low story dwelling 低层住宅

ていそうじゅうたくち 【低層住宅地】 低层住宅区

ていそくさんすいろしょう 【低速散水濾床】 low-rate trickling filter 低负荷生物滤池

ていそくダクトほうしき 【低速～方式】 low velocity duct system 低速风道式,低速风管系统

ていそくちょうせいべん 【低速調整弁】 low speed control valve 低速调节阀,低速控制阀

ていそくどうんてん 【低速度運転】 low speed operation 低速运转

ていそしき 【定礎式】 corner stone laying ceremony 奠基仪式

ディソルーション dissolution 溶解(作用),分解

ディソルベント dissolvent 溶剂

ていた 【手板】 油漆样板

ていたい 【堤体】 levee body, dam body 堤身,坝体

ていたいあんていど 【定態安定度】 static stability 静稳定性,静力稳定(度)

ていたいくうき 【停滞空気】 dead air, stagnant air 停滞空气,静止空气,闭塞空气

ていたいすい 【停滞水】 stagnant water 静水,滞留水

ていたく 【邸宅】 residence 邸宅,高级住宅

ティー・ダブリュー TW, taxi way (飞机的)滑行道,跑道

ディー・ダブリュー・エフ DWF, dry weather flow 旱季流量

ディー・ダブリュー・ビー DWB, Der Deutsche Werkbund[德] (20世纪初期德国的)德意志制造联盟

でいたん 【泥炭】 peat 泥煤

ていたんそこう 【低炭素鋼】 low carbon steel 低碳钢

でいたんタール 【泥炭～】 peat tar 泥煤柏油

ていち 【庭池】 garden pond 庭池(园林中的水池)

ていちきょう 【定置橋】 fixed bridge 固定桥,非开合桥

ていちクレーン 【定置～】 fixed crane 固定式起重机

ていちしきアスファルト・プラント 【定置式～】 stationary asphalt plant 固定式沥青拌和设备

ディーちほう 【D值法】 D(distribution) value method D值法,分配值法

ていちゃく 【定着】 anchor 锚固,锚定

ていちゃくきょうきゃく 【定着橋脚】 anchor pier 锚固桥墩,锚墩

ていちゃくぐ 【定着具】 anchorage 锚具

ていちゃくけいかん 【定着径間】 anchor span 锚(定)跨,锚定间距

ていちゃくげた 【定着桁】 anchor girder 锚定梁

ていちゃくししょう 【定着支承】 an-

chored bearing 锚固支座
ていちゃくちょう 【定着長】 anchorage length 锚固长度
ていちゃくばん 【定着板】 anchor plate 锚定板,锚固板
ていちゃくぶ 【定着部】 anchorage area 锚定区
ていちゃくほうしき 【定着方式】 type of anchorage 锚固方式
ていちょう 【堤頂】 crest of dam,top of dam 堤顶,坝顶
ティーつぎて 【T継手】 T-joint,T-piece T形管,三通,T形连接,T形接头,T形焊缝
ディッシュ・ウォッシャー dish washer 餐具冲洗(消毒)器
ディッシュ・ウォーマー dish warmer 餐具加温器
ディッチ ditch 沟,槽
ディッチ・ドレッジャー ditch dredger 挖沟机,浚沟机
ディッチング・バケット ditching bucket 挖沟铲斗
ティッパー＝チッパー
ディッパー dipper 铲斗,杓斗,戽斗
ディッパーしゅんせつせん 【～浚渫船】 dipper dredger 铲斗挖泥船
ディッパー・ハンドル dipper handle 杓柄
ディッピング dipping 浸渍涂层
ディップ dip,dip of trap 倾斜,倾角,弛度,浸渍,存水湾浸水部分上端
ディー・ディー・シー DDC,direct digital control 直接数字控制
ディー・ティー・スラブ 【DT～】 DT (double tee)slab 双T板
ディー・ディー・ティー DDT,Dichloro-Diphenyl-Trichloroethane 二氯-二苯-三氯乙烷,滴滴涕
ディー・ディーほうしき 【DD方式】 DD (day-degree)method (混凝土养护)累计计算温度方式
ディデュマイオン Didymaion 迪丢麦昂神庙(建于公元前310年～公元2世纪不亚细亚的米列托斯)
ディテール detail 建筑细部,详图
ディテール・ネットワーク detail network (chart) 详细网示工程进度表
ていてん 【定点】 fixed point 定点
ていてん 【停点】 station point 站点,测点
ていてんさいすい 【定点採水】 water sampling at constant position 定点取(水)样
ていてんほう 【定点法】 fixed point method 定点法
デイド dado 护墙板,墙裙,墩身
でいどうきょう 【泥道栱】 泥道拱
ティトゥスていきねんもん 【～帝記念門】 Arco di Tito[意] (公元81年古罗马)铁突斯凯旋门
ディー・トラップ 【D～】 drum trap D形存水弯,鼓形存水弯
ていないち 【堤内地】 inland,landside, protected lowland 堤内地
ディナー・ウェア dinner-ware 餐具
ディナー・ワゴン dinner-wagon 食品输送车
ていねつセメント 【低熱～】 low-heat cement 低热水泥
ディノブリオン Dinobryon 钟罩藻属(藻类植物)
ディバイディング・コントロールべん 【～弁】 dividing control valve 分配控制阀
ディバイディングべん 【～弁】 dividing valve 分配阀
でいはいど 【泥灰土】 marl 泥灰岩,泥灰土
ティー・ハウス tea house 茶馆,茶室
ていばん 【底板】 sole plate 底板,支座板,基础板
ていばん 【底盤】 base plate,footing piece 柱脚垫板
ディバン divan 长沙发椅(可作床用),吸烟室
でいばんがん 【泥板岩】 shale 油页岩,泥板岩
ティー・ピー T.P.,turning point 转点,转折点,转坡点

ティー・ピー・アイ　TPI, The Town Planning Institute（1834年英国成立的）城市规划协会
ティー・ビー・エム　TBM, tunnel boring machine　隧道挖凿机
ティー・ピース　tee piece　T形管，丁字管，三通
ていひずみがたしけんき【定歪型試験機】定应变式试验机
ディビダークこうほう【～工法】Dywidage method　迪维达克施工法（粗钢筋后张预应力方法）
ティー・ビーム【T～】T-beam　丁字梁，T形梁
ディファレンシャル　differential　差动的，差速的，微分的，差动装置
ディファレンシャルがたリリーフべん【～型～弁】differential relief valve　差动式溢流阀，差动式安全阀
ディファレンシャル・スティアリング　differential steering　差速转向
ディー・ブイでんせん【DV電線】DV wire　低压乙烯绝缘电线
ディープ・ウェルこうほう【～工法】deep well drainage method　深井排水法
ディープ・ストレングス・アスファルトほそう【～舗装】deep strength-asphalt pavement　厚层高强沥青路面
ていぶそう【底部層】bottom stratum　底层
ディープ・ソケット・レンチ　deep socket wrench　长套筒扳手
ていぶちんでんぶつ【底部沈殿物】bottom deposit　底部沉淀物
ディプテロス　dipteros［希］（古希腊神庙的）双重周柱式
ていぶはかい【底部破壊】base failure　基底破坏，地基塌陷
ディープ・ビーム　deep beam　深梁
ていぶほうすいかん【底部放水管】bottom outlet pipe, bottom emptying gallery　底部放水管
ディフューザー　diffuser　漫射器，扩散器，散流器
ディフュージョン　diffusion　扩散，漫射，渗滤
ディフュージョン・ポンプ　diffusion pump　扩散泵
ディフューズ・スフェアー　diffuse sphere　球面扩散
ていフラックス【低～】low flux　低熔点焊剂
ティーぶんぷ【t分布】t-distribution　t分布
デイ・ベッド　day bed　昼间睡椅，两用沙发
ていぼう【堤防】levee　堤，坝，堤防
ていぼうかくちく【堤防拡築】levee enlargement　堤坝扩建
ていぼうかさあげ【堤防嵩上】leree raising　堤顶加高
ていぼうさかみち【堤防坂道】levee ramp　堤防坡道
ていぼうしき【堤防敷】base of levee　堤基
ていほうしゃせいはいえき【低放射性廃液】low-level radioactive waste　低放射性废液
ていぼうはんろ【堤防坂路】levee ramp　堤坝斜道
ていぼうよゆうだか【堤防余裕高】levee free-board　堤顶超高
ていぼく【低木】shrub, shub　灌木
ていぼくたい【低木帯】shrubbery　灌木丛
デイ・ホスピタル　day hospital　白昼医院，日间医院
ていマンガンこう【低～鋼】low manganese steel　低锰钢
ていみつどじゅうたくち【低密度住宅地】low density district　低密度居住区
ティムパヌム　tympanum（入口柱廊上或门窗上的）檐饰内的三角面或弓形面
ティー・メン【T～】traffic men　交通监理员（美国检查违反交通规则的人员）
ディメンショナル・トレランス　dimensional tolerance　尺寸公差
ディメンション　dimension　尺度，尺寸，度，维，量纲，因次
ティモシンコ・ビーム　Timoshenko

beam 铁木辛柯梁
ていゆうごうきん 【低融合金】 fusible alloys 易熔合金
ていようてい 【低揚程】 low pump head 低扬程
ていようひねつ 【定容比熱】 specific heat at constant volume 定容比热
デイライト daylight 昼光,日光,天然光
ていらくさ 【低落差】 low-water head 低水头,低落差
ディラックのデルタかんすう 【～のδ関数】 Dirac's δ function 迪拉克δ函数
テイラーてんかい 【～展開】 Taylor's expansion 泰勒展开(式)
ティラノポリス tyrannopolis 专制统治的消费城市
ティー・ラーメンきょう 【T～[Rahmen 德]橋】 T-rigid frame bridge T型刚架桥
ていりえきかいあんほう 【定利益改案法】 constant merit redesign 恒定优值重新设计法
でいりぐち 【出入口】 access 入口
でいりせいげんどうろ 【出入制限道路】 limited access highway 限制出入的公路
ていりつほう 【定率法】 fixed rate method (固定资产折旧)固定比率法
でいりまゆ 【出入眉】 S形截面的线脚
ていりゅう 【定流】 steady flow 恒定流,稳定流,定常流
ていりゅう 【底流】 underflow,undercurrent 地下水流,潜流
ていりゅうじょうけん 【停留条件】 stationary condition 恒定条件,固定条件,驻值条件
ていりゅうていり 【停留定理】 extremes principle 极值定理,(极限荷载的)上下限定理,驻值定理,逗留值定理
ていりゅうポテンシャル・エネルギーのげんり 【停留～の原理】 principle of stationary potential energy 恒定势能原理,势能驻值原理,势能逗留值原理
ティリュンス Tiryns 蒂伦斯(公元前希腊美锡尼时代的城市)
ていりょうしけん 【定量試験】 quantitative test 定量试验
ていりょうフィーダー 【定量～】 proportioning feeder 定量进水器,定量进料器
ていりょうポンプ 【定量～】 proportioning feed pump 定量泵
ティルティング・カー tilting car 倾卸车,翻斗车
ティルティング・ドラム・ミキサー tilting drum mixer 斜鼓形搅拌机,斜筒式搅拌机
ティルト・アップこうほう 【～工法】 tilt-up constuction method 现场预制吊装施工法
ティー・ルーム tea room 茶室,茶馆
デイ・ルーム day room (营房的)文娱室,(医院、疗养院、学校等的)休息室
ていれ 【手入】 repair 修理,检修
ディレクトワールようしき 【～様式】 Directoire style[法] (1795～1799年法国革命政府)执行内阁时代式样
ディレード・アクション・リフティング delayed action lifting 缓动提升装置,平稳起落装置
ていれひ 【手入費】 mending cost 修理费,清理费
ていれひん 【手入品】 second 次品,质量不良制品,质量不良材料
ていレベルのほうしゃせいはいきぶつ 【低～の放射性廃棄物】 low-level radioactive solids waste 低放射性废料
ディン DIN,Deutsche Industrie Normen [德] 德国工业标准
ティント・カラー tint colour 淡色,浅色
ティン・ポイント tin-point 镀锌三角钉
ディンマー dimmer 减光器,调光器,配光器,调光设备
ディンマー・バンク dimmer bank (水平式排列的)减光器列,调光器组
てうちりベットじめ 【手打～締】 hand riveting 手铆,手工铆
てうちれんが 【手打煉瓦】 hand mould brick 手工砖
ておくりポンプ 【手送～】 hand pump 手压泵,手动抽水唧筒,手摇泵

てぉしかんなばん 【手押鉋盤】 hand planer 手推刨床
てぉしぐるま 【手押車】 hand cart, hand barrow, wheel barrow 手推车,手摇车
てぉしてんようせつ 【手押点溶接】 poke welding 手动焊钳点焊
てぉしトロ 【手押～】 truck 手推车
てぉしピストン・ポンプ 【手押～】 pitcher pump 罐形吸入泵,手压泵,手摇泵
てぉしポンプ 【手押～】 hand pump 手压泵,手动抽水唧筒,手摇泵
てぉの 【手斧】 adze 手斧,锛斧,锛子
てがかり 【手掛】 抓手,抓头
てかけあな 【手掛孔】 手开孔,手提孔
てかけかなもの 【手掛金物】 sash lift, window lift 上下推拉窗拉手,吊窗拉手
デカステュロス dekastylos[希] (古希腊神庙的)十柱式
でかべ 【出壁】 凸出的墙面
デカルコマニー décalcomanie[法] 转绘,转印,转写,图案设计
デカンテーション decantation (悬浮物沉淀分离后清液)倾出,倾滤
てきおうせいぎょ 【適応制御】 adaptive control 适应控制
てきおん 【適温】 optimum temperature 最佳温度
できがたぶぶん 【出来形部分】 work done 完成工程,已完工程
てきごうじょうけん 【適合条件】 condition of compatibility 相容条件,谐调条件
てきごうじょうけんしき 【適合条件式】 equation of compatibility 相容方程,协调方程,适合方程
てきごうモデル 【適合～】 compatible mode 相容模型
てきじせんじょうたんさくほう 【適時線上探索法】 partial linear search method 适时线上搜索法,部分线上探索法
てきしん 【摘心】 pinching, topping 摘心,打尖
テキスタイル・デザイン textile design 纺织品设计
テキスタイル・ブロックほうしき 【～方式】 textile block style 织物纹样砌块风格
デキストリンせっちゃくざい 【～接着剤】 dextrin adhesives 糊精粘合剂
てきせいきぼ 【適正規模】 aptitudal scale 适当规模,适宜规模
てきせいけいすう 【適性係数】 aptitude factor (材料的)适应系数
てきせいこんごうひ 【適正混合比】 reasonable mixing ratio 合理配(合)比
てきせいはいち 【適性配置】 aptitudal station 恰当的布置,适宜的布置
てきせいやちん 【適正家賃】 reasonable rent, just and fair rent 公正房租,合理房租
できだか 【出来高】 completed amount 完成工程量,完成工作量
できだかかんじょう 【出来高勘定】 piece work account 完成工程量结算,完成工程量核算
できだかきゅう 【出来高給】 piece rate wages 计件工资
できだかちんぎん 【出来高賃金】 piece rate wages 计件工资
できだかばらい 【出来高払】 partial payment 部分付款
てきてい 【滴定】 titration 滴定
テーク・アップ take-up 松紧装置,张紧,拉紧,卷取,缠绕
テーク・オフ take-off 取出,卸掉,迁移,捡出,开卷
デグシット Degussit[德] 德格西特氧化铝陶瓷刀具
テクスタイル・ブロック textile block 花纹混凝土砌块,纹样混凝土砌块
テクスチュア texture 质感,材质,组织,纹理,肌理
でぐち 【出口】 exit 出口
でぐちかん 【出口管】 outlet pipe 排出管,出水管
でぐちきかん 【出口気管】 outlet air pipe 排气管
でぐちそんしつ 【出口損失】 outlet loss 出口(水头)损失

でぐちべん 【出口弁】 outlet valve 排泄阀,放出阀,出水阀
でぐちほうこうひょうしき 【出口方向標識】 exit direction sign 出口方向标志
でぐちポート 【出口～】 outlet port 排出孔,出水孔
でぐちランプ 【出口～】 exit ramp 驶出匝道,驶出坡道
テクトン Tecton 特克通(1933年成立的英国近代建筑的设计团体)
テクニシャン technician 技师,技术(人)员,技术专门人员
テクニック technique 技术,技巧,工艺,手法
テクノロジー・アセスメント technology assessment 技术评价,技术评定,技术估价
テクノロジカル・アプローチ technological approach 技术表现手法
でぐみ 【出組】 三踩单翘料栱
デクラッチ・メカニズム declutch mechanism 分离机构
デグリーサー degreaser 去垢剂,去油污剂,脱脂剂,除油装置
デクリノメーター declinometer 磁偏计,测斜仪
テークル tackle 滑轮组,滑车,索具
てぐるま 【手車】 barrow,hand cart 手推车
てこ 【梃子】 lever,crowbar 杠杆,手柄,操纵杆,撬棍,撬杠
てこあんぜんべん 【梃子安全弁】 lever safety valve 杠杆式安全阀
でごうし 【出格子】 凸出花格,凸出棂
でごうしまど 【出格子窓】 凸格窗
てこジャッキ 【梃子～】 lever jack 杠杆起重器,杠杆千斤顶
デコーダー decoder 译码器,记录器
テゴ・フィルム tego film 酚醛树脂薄片胶
てごめがた 【手込型】 hand moulding 手工造型
てこリベットじめき 【梃子～締機】 lever riveter 杠杆式铆接机
デコレイション decoration 装饰,装饰品
デコレイテッド・スタイル Decorated style (哥特式建筑的)盛饰式
てざいく 【手細工】 manipulation 手工操作,手工处理
デザイナー designer 设计师,设计人
デザイン design 设计,计划
デザインきょういく 【～教育】 design education 设计教育
デザインしんり 【～心理】 psychology of design 设计心理
デザイン・スペック design specification 设计说明书
デザインとうた 【～淘汰】 selection of design 设计选择,设计评选
デザイン・プロセス design process 设计过程,设计程序
デザイン・ポリシー design policy 设计政策
デザイン・マニュアル design manual 设计手册,设计便览
デザインりょう 【～料】 design fee 设计费
てさき 【手先】 料栱出跳,踩,门锁梃(门窗边梃中与装合页相反的一边),双扇折门中装锁的一扇
てさきがまち 【手先框】 门锁梃(门窗边梃中与装合页相反的一边)
てさきからど 【手先唐戸】 双扇镶板折门中装锁的一扇
てさぎょう 【手作業】 hand work 手工操作,手工作业
てさげしきしょうかき 【手提式消火器】 portable type extinguisher 手提式灭火器
てしあげ 【手仕上】 hand finishing 人工修整,手工加工
デシケーター desiccator 保干器,干燥器
デシニーパー decineper 分奈(等于0.87分贝)
デシベル decibel 分贝(音强单位)
デシベルメーター decibelmeter 分贝计
てじめリベット 【手締～】 hand rivet, manual rivet 手(工)铆
てジャッキ 【手～】 hand jack 手动千斤顶,手动起重器

てじゅん【手順】procedure, routine 程序，步骤，手续，单用过程，工艺规程
でしょいん【出書院】日本住宅客厅内的凸窗
てしんごう【手信号】hand signal 手提信号，手动信号
デスク desk 写字台，办公桌，书桌
デスクがたそうふうき【～形送風機】disc fan 盘式通风机，盘式风扇
デスク・テレフォン desk telephone 桌上电话机，台式电话
テスター tester 试验器，测试器，测定器，试验员
デ・ステイルは【～[De Stijl荷]派】The Style（1917年荷兰创立的）风格派（建筑）
テスト test 试验，检验，化验，测验
テスト・アンビル test anvil 测砧
テスト・データ test data 试验数据，测试资料
テスト・バルブ test valve 试验阀
テスト・ハンマー testing hammer 试验锤
テスト・ピース test piece 试件，试样，试块
テスト・ピースわく【～枠】test piece mould 试件（样）模子
テスト・ブロック test block 试块
テストべん【～弁】test valve 试验阀
テスト・ボード test board 试验（仪表）板，测试台
テスト・ポンプ test pump 试验泵
テスト・ルーチン test routine 试验程序
テスト・ルーム test room 试验室，实验室
テスト・ロード test load 试验荷载
でずみ【出隅·出角】external angle 凸角，外角
てすり【手摺】balustrade, handrail 栏杆，扶手
てすりかべ【手摺壁】parapet 女儿墙，拦墙，护墙
てすりこ【手摺子】baluster 栏杆（小）柱，扶手柱
てすりじふく【手摺地覆】栏杆地栿（栏杆下的横木）
てすりすみづか【手摺隅束】corner post of balustrade 栏杆（转）角柱
てすりづか【手摺束】baluster 栏杆（小）柱，扶手柱
てすりまるた【手摺丸太】护栏圆木扶手
テセイオン Theseion（公元前450～440年古希腊雅典）提赛昂神庙
デソルナメンタードようしき【～様式】Desornamentado style（西班牙文艺复兴时期的）迭索尔纳门塔多式（建筑），埃列拉式（建筑）
データ data 数据，论据，资料
データかんり【～管理】data management 数据管理
てだき【手焚】hand shoveling of coal 人工加煤
てだこ【手蛸】hand punner 手夯，木夯
てだこうち【手蛸打】手夯拍打，手夯夯实
データしょり【～処理】data processing 数据处理
データしょりシステム【～処理～】data processing system 数据处理系统
デターゼンシー detergency 净化力，去垢能力，流质去污，防堵塞性，洗净，脱垢
デタッチャー detacher 拆卸器，脱钩器
データ・バンク data bank 数据库
データ・ベース data base 数据库
データム datum 数据，资料，特性，已知条件，基准
データよみとりき【～読取機】data reader 数据读出器
データ・レコーダ data recorder 数据记录器
データ・ロガー data logger 数据记录器，数据输出器
データ・ロギング data logging 数据（自动测定、列表）记录
てちがいかすがい【手違鎹】skew clamp iron 异向蚂蝗钉，斜向蚂蝗钉
てちがいぐみ【手違組】组成格子的上下交错嵌接
てちがいしたん【手違紫檀】显白色紫檀木

てつ 【鉄】 iron 铁

てつあみ 【鉄網】 wire mesh 金属丝网,钢丝网,铁丝网

てつあみコンクリートばん 【鉄網~版】 wire mesh concrete plate 钢丝网混凝土板

てつえん 【鉄塩】 iron salt 铁盐

てっかのみ 【鉄火鑿】 开石錾,劈石凿

てっかり plain joint 平接

てっかん 【鉄管】 iron pipe 铁管

てっかんあしば 【鉄管足場】 pipe scaffold 钢管脚手架

てっかんのふしょく 【鉄管の腐食】 corrosion of iron pipe 铁管腐蚀

てつき 【手搗】 hand tamping (混凝土的)手工捣实,手工夯击

デッキ deck 平屋顶,屋面,桥面,层面,台面,甲板,盖板

デッキ・ガラスやね 【~屋根】 deck glass roof 玻璃平屋顶

デッキ・グラス deck glass 铺面用玻璃砖(用于平屋顶、地下室顶棚、路面等处)

デッキ・サンダー deck sander 磨面机,研磨机

デッキ・チェア deck chair (海上用)帆布睡椅,折叠式座椅

デッキ・プレート deck plate,steel deck 宽波纹钢板

てっきょう 【鉄橋】 iron bridge 铁桥,钢桥

てっきょひ 【撤去費】 拆卸费

てっきん 【鉄筋】 reinforcement,reinforcing bar 钢筋

てっきんあしば 【鉄筋足場】 reinforcing steel scaffold 钢筋脚手架

てっきんおうりょくけい 【鉄筋応力計】 reinforcement stress detector 钢筋应力仪

てっきんくっきょくき 【鉄筋屈曲機】 bar bender 钢筋挠曲器,钢筋折弯机

てっきんくみたて 【鉄筋組立】 arrangement of reinforcement 钢筋排列,钢筋绑扎

てっきんけいりょうコンクリートこうぞう 【鉄筋軽量~構造】 lightweight aggregate concrete construction 轻骨料钢筋混凝土结构

てっきんこう 【鉄筋工】 reinforcing bar placer 钢筋工

てっきんこうじ 【鉄筋工事】 reinforcement work 钢筋工程

てっきんコンクリート 【鉄筋~】 reinforced concrete (RC) 钢筋混凝土

てっきんコンクリートかん 【鉄筋~管】 reinforced concrete pipe 钢筋混凝土管

てっきんコンクリートきょう 【鉄筋~橋】 reinforced concrete bridge 钢筋混凝土桥

てっきんコンクリートぐい 【鉄筋~杭】 reinforced concrete pile 钢筋混凝土桩

てっきんコンクリート・ケーブル・トラフ 【鉄筋~】 reinforced concrete cable trough 钢筋混凝土电缆沟(槽)

てっきんコンクリートこうじ 【鉄筋~工事】 reinforced concrete work 钢筋混凝土工程

てっきんコンクリートこうぞう 【鉄筋~構造】 reinforced concrete construction 钢筋混凝土结构

てっきんコンクリートじゅうたく 【鉄筋~住宅】 reinforced concrete house 钢筋混凝土住宅

てっきんコンクリートぞうけんちくぶつ 【鉄筋~造建築物】 building of reinforced concrete construction 钢筋混凝土结构建筑物

てっきんコンクリートばん 【鉄筋~板】 reinforced concrete slab 钢筋混凝土板

てっきんコンクリートほそう 【鉄筋~舗装】 reinforced concrete pavement 钢筋混凝土路面

てっきんコンクリートまくらぎ 【鉄筋~枕木】 reinforced concrete sleeper 钢筋混凝土轨枕

てっきんコンクリートやいた 【鉄筋~矢板】 reinforced concrete sheet pile 钢筋混凝土板桩

てっきんしゅうちょう 【鉄筋周長】 perimeter of reinforcement 钢筋周长

てっきんすじかい 【鉄筋筋違】 round

steel bracing 钢筋斜撑,圆钢支撑
てっきんせつだんき 【鉄筋切断器】 bar cutter 钢筋切断机
てっきんたんさき 【鉄筋探査器】 bar detector 钢筋探测器
てっきんひ 【鉄筋比】 steel ratio, ratio of reinforcement 配筋百分率,钢筋比率,含钢量
てっきんれんが 【鉄筋煉瓦】 reinforced brick 配筋砖
てっきんれんがこうぞう 【鉄筋煉瓦構造】 reinforced brick construction 配筋砖结构
デック deck (卡片)组
てつぐい 【鉄杭】 steel pile 钢桩
テックス tex 软质纤维板
テックスばり 【～張】 textile finishing, fiberboard finishing 纤维板贴面,纤维板饰面
てつけきん 【手付金】 earnest money 定钱,保证金
てつけっこう 【鉄結構】 steel construction 钢结构
でっこ 吊装钢丝绳松扣
てつこうじょう 【鉄工場】 ironworks 铁厂,铁工厂
てっこうせき 【鉄鉱石】 iron ore 铁矿石
てっこうどうぐ 【鉄工道具】 steelworking tool, iron-working tool 钢结构工程用工具
てっこうやすり 【鉄工鑢】 steel file 钢锉
てっこつこうじ 【鉄骨工事】 steel work 钢结构工程,钢框架工程
てっこつこうじょうかこう 【鉄骨工場加工】 steel shop work 钢结构工程的车间加工
てっこつこうぞう 【鉄骨構造】 steel construction, steel structure 钢结构
てっこつこやぐみ 【鉄骨小屋組】 steel truss 钢桁架,钢屋架
てっこつじゅうたく 【鉄骨住宅】 steel framed house 钢框架结构住宅
てっこつぞうけんちくぶつ 【鉄骨造建築物】 building of steel frame construction 钢框架结构建筑物
てっこつてっきんコンクリートこうぞう 【鉄骨鉄筋～構造】 steel framed reinforced concrete structure, composite structure, SRC structure 钢框架钢筋混凝土结构,劲性钢筋混凝土结构,钢骨钢筋混凝土结构
てつ-コンスタンタンねつでんつい 【鉄-～熱電対】 iron-constantan thermocouple 铁-康铜热电偶
てっさ 【轍叉】 frog, crossing (铁路的)辙叉,岔心,道岔
てっさかく 【轍叉角】 frog angle, crossing angle (铁路的)辙叉角
てっさこうてん 【轍叉交点】 theoretical point of frog (铁路的)辙叉交点
てっさばんすう 【轍叉番数】 frog number (铁路的)辙叉号数,辙叉号码
デッサン dessin[法] 素描,制图,图样,图画,轮廓,线条
てつじょうもう 【鉄条網】 barbed wire 刺铁丝
てっせいあしば 【鉄製足場】 iron scaffold 钢制脚手架
てっせいかたわく 【鉄製型枠】 steel form 钢制模板
てつセメント 【鉄～】 iron cement 含铁水泥,铁质胶合剂
てっせん 【鉄線】 steel wire 钢丝,铁丝
てつだいにんそく 【手伝人足】 labourer 辅助工,壮工
てっつい 【鉄槌】 drop hammer, ram (打桩用)落锤,撞锤
てつどう 【鉄道】 railroad, railway 铁路,铁道
てっとう 【鉄塔】 steel tower 铁塔,(架电线用的)塔架
デッド・ウォーター dead water 死水,静水
てっとうがたこうえんとつ 【鉄塔型高煙突】 steel tower type high chimney 铁塔式高烟囱
てつどうきょう 【鉄道橋】 railway bridge 铁路桥
てつどうしんごう 【鉄道信号】 railway

signal 铁路信号
てつどうそくせん 【鉄道側線】 railway siding 铁路侧线
てつどうターミナル 【鉄道～】 railroad terminal 铁路终点站
てつどうでんか 【鉄道電化】 railway electrification 铁路电气化
てつどうとうじかんけん 【鉄道等時間圏】 铁路等时到达区
てつどうトンネル 【鉄道～】 railway tunnel 铁路隧道
てつどうひょうしき 【鉄道標識】 railway sign 铁路标志
てつどうようきょくせんじょうぎ 【鉄道用曲線定規】 railway curve rule 铁路曲线尺
てつどうりん 【鉄道林】 railway protection forest 铁路防护林
てつどうわたしぶね 【鉄道渡船】 railway ferry 铁路渡轮
デッド・エリア dead area 死角区(舞台上灯光照射不到的区域,截面不受力区),死水区
デッド・エンド dead end 死巷,死胡同,尽头,终点
デッド・カラー dead colour 呆色
てつとガラスのまてんろうあん 【鉄と～の摩天楼案】 glass skyscraper project (1921年米斯提出的)钢结构玻璃摩天楼设计方案
デッド・スペース dead space 死空间(不能利用的空间)
デッドなへや 【～な部屋】 dead room 静室,沉寂室(混响时间短的房间)
デッド・ボルト dead bolt 单闩插销
デッドマン deadman 锚定桩,锚定物,拉杆锚桩
デッド・ラッチ dead latch 单闩锁
デッド・ルーム dead room 静室,沉寂室(混响时间短的房间)
デッド・ロード dead load 恒载,静载
てつバクテリア 【鉄～】 iron bacteria 铁(细)菌
てっぱん 【鉄板】 steel plate 铁板,垫板,系板.固定板
てっぱんこう 【鉄板工】 plater 金属板工,钢板工
てっぱんせつごうこうぞう 【鉄板接合構造】 steel plate structure 钢板结构
てっぱんダクト 【鉄板～】 iron sheet duct 钢板导管,钢板管道
てつはんてん 【鉄斑点】 iron spot (砖的)铁斑
てっぱんべい 【鉄板塀】 钢板围墙
てっぴ 【鉄皮】 sheet iron 铁皮,薄钢板
てつひご 【鉄籤】 护窗铁棍
てっぷんけいようせつぼう 【鉄粉系溶接棒】 iron powder type electrode 铁粉型焊条
てっぷんセメント 【鉄粉～】 iron powder cement 铁粉水泥
てっぺいせき 【鉄平石】 铁平石(安山岩的一种)
てっぽう shore,strut 支柱,支撑,顶撑,短水平撑
てっぽう 【鉄砲】 riveting hammer 铆锤
てっぽうがき 【鉄砲垣】 粗竹围墙
てっぽうさま 【鉄砲狭間】 loophole (城墙或城楼的)枪眼,炮眼,窥孔,狭长小孔
てっぽうのみ 【鉄砲鑿】 劈石錾,劈石凿
てっぽうわり 【鉄砲割】 blasting 爆破(采石)
てつポルトランド・セメント 【鉄～】 iron Portland cement 含铁硅酸盐水泥
てつまくらぎ 【鉄枕木】 steel sleeper 钢轨枕
てつまるくぎ 【鉄丸釘】 iron round nail 圆铁钉
てつもうばり 【鉄網張】 wire netting 张拉铁丝网
てつやいた 【鉄矢板】 steel sheet pile 钢板桩
でづら 【出面】 labour attendant 出工人数,日工资
デトネーション detonation 爆炸,爆震,爆燃
デトネーションは 【～波】 detonation wave 爆震波
テトマイヤーのしき 【～の式】 Tetmajer's formula 蒂特迈耶公式(柱子压力

试验公式)

**テトラステュロス** tetrastylos[希] (古希腊神庙的)四柱式

**テトラスポラ** tetraspora 四孢藻

**テトラポッド** tetrapod (钢筋混凝土制)四角(脚)防波块,四脚锥体

**テトロン** Tetoron 聚酯纤维,涤纶(商)

**てなおし**【手直】patch work (工程的)修补,修整

**でなか**【出中】(按营造法作脊侧面划线时)靠中线外边的墨线

**デーナサリー** daynursery 日托托儿所

**テナシティ** tenacity 韧性,韧度

**テナント** tenant 承租人,租屋人,居住者

**テニスきょうぎじょう**【~競技場】tennis court 网球场

**テニス・コート** tennis court 网球场

**デニソン・サンプラー** Denison sampler 戴尼松式(轴向活塞)取样器

**デーニッシュ・モダン** Danish Modern (1945年以后的)丹麦现代式(建筑)

**デニム** denim 斜纹粗棉布

**テニメント** tenement 地产,住房,一套房间,(几户合住的)分租房屋,经济公寓

**てねり**【手練】hand-mixing 手拌,人工搅拌,人工拌和

**てねりコンクリート**【手練~】hand mixed concrete 人工搅拌混凝土,人工拌和混凝土

**でのき**【出軒】出檐,挑檐

**テノーナー** tenoner 制榫机

**てのべしきかせつ**【手延式架設】launching erection, erection by launching (桥梁的)滑曳架设

**テーパー** taper 锥度,圆锥,斜度,坡度,倾斜,楔削,尖削

**てはい**【手配】arrangement 筹备,安排,布置,分配(工料)

**デバイス** device 装置,设备,仪器,仪表,器具,设计,计划,方法,手段

**デバイダー** divider 间隔物,分隔器,除法器,两脚规

**テーパー・ウォッシャー** taper washer 楔形垫圈,斜垫片

**てハッカー**【手~[hooker]】(绑钢筋用)手钩

**デバッギング** debugging 排除计算机故障,排除程序错误,调整,调谐

**デバッグ** debug (程序)调整,调谐,排除故障,消去误差,移去错误

**ではっそう**【出八双】(装饰铁件上的)花头饰

**テーパード・エアレーション** tapered aeration 渐减曝气法

**デパートメント・ストア** department store 百货商店

**でばな**【出鼻】木构件的凸出部分,施加装饰的木构件端部

**てばなれ**【手離】离手

**テーパーばり**【~梁】tapered beam 楔形梁

**テーパぶ**【~部】tapered portion (加宽车道的)渐变部分,宽度渐变路段

**テーパー・フート・ローラー** taperfoot roller 羊脚辗,羊蹄滚筒,羊脚压路机

**テーパーりつ**【~率】taper ratio 楔形率,楔形比

**でばんしょ**【出番所】(日本江户时代府邸、寺院的)门卫所,岗哨所

**てハンマー**【手~】hand hammer 手锤,榔头

**テビ** tebi 埃及泥砖

**てびきのこぎり**【手引鋸】hand saw 手锯

**デビス-グランビルのほうそく**【~の法則】Davis-Granville's law 戴维斯-葛兰维尔定律(混凝土徐变应变与应力成正比)

**テピダーリウム** tepidarium[拉] (古罗马浴场的)低温浴室

**デビトロー・セラミックス** Devitro ceramics 玻璃陶瓷,德维特罗耐热高强陶瓷(一种非透明特种玻璃陶瓷)

**デビルのげんり**【~の原理】Deville's principle (测量)德维尔原理

**テープ** tape 带,卷尺,磁带,纸带

**デファンス** Défense[法] 德方斯(1958年以来法国巴黎建设的副市中心)

**テープ・エア・サンプラー** tape air sampler 纸带空气采样器

デフォルメ déformer[法] 变形表现
てぶきガラス 【手吹～】 hand blown glass 人工吹制玻璃
テープしきろくおんき 【～式録音機】 tape recorder 磁带录音机
テープ・メジャー tape measure 卷尺,带尺,皮尺
テープ・ライブラリー tape library 录音带馆,录音资料馆
デフラックス deflux 去焊药(剂)
デプリシエーション・ファクター depreciation factor 折旧率,折旧系数
テーブルがたしんどうき 【～型振動機】 table vibrator 振动台,振捣台,台式振动机
テーブル・クロス table cloth 台布
デーブル・スレート table slate 屋面石板
デーブル・タップ table tap 台用分歧插座,接线插座
デーブル・バイブレーター table vibrator 振动台
デーブル・フィーダー table feeder 盘式进料器,平板式加料器
デーブル・マナー table manner 餐桌台面
デーブル・ランプ table lamp 台灯
デーブル・レンジ table range 可移动的小型台灶
デフレクター deflector 转向器,偏导器
デフレクトグラフ deflectograph 弯沉仪
テープ・レコーダー tape recorder 磁带录音机
デプレッション depression 真空,排气,抑制,降低,衰减,洼地
テフロンししょう 【～支承】 Teflon bearing 特氟隆(聚四氟乙烯)轴承
テーベ Thebes 底比斯(古埃及尼罗河中流的城市)
デポー dépot[法] 寄放处,保管室
デポジット deposit 淀积物
デポジット・ゲージ deposit gauge 沉积计,落灰计,积尘计
てぼり 【手掘】 hand drilling 人工挖掘,手工挖掘
てぼりいど 【手掘井戸】 dug well, hand-drilling well 手摇钻井,人工钻井
てボール 【手～[Bohr德]】 hand drill, hand brace 手摇钻
てま 【手間】 工时,劳力,工夫,工钱
てまうけおい 【手間請負】 纯工承包,净工承包,单工承包
てまきウィンチ 【手巻～】 hand winch 手动绞车,手动卷扬机
てまち 【手待】 窝工,待料停工
てまちん 【手間賃】 wages 工资
でまど 【出窓】 bay window,oriel window 凸窗
てまのもの 【手間の者】 架子工
てまわしぎり 【手回錐】 hand drill, hand bore 手摇钻
てまわしクレーン 【手回～】 hand crane 手摇起重机
てまわしねじ 【手回螺子】 hand jack 手动千斤顶,手动起重器
デマンド・バス・システム demand bus system 根据需要传呼公共汽车方式
てみ 【手箕】 竹编簸箕
てみがき 【手磨】 hand grinding 手磨
デミ・コラム demi-column 嵌墙柱,半主,壁柱
デミスター demister 除滴器,除雾器
てみずや 【手水屋】 (日本社寺建筑入口处的)洗手亭
でみつど 【出三斗】 枓口跳
テメノス temenos[希] (古希腊的)神庙区
てもちきかいのこ 【手持機械鋸】 portable saw 携带式圆锯
てもちさくがんき 【手持削岩機】 jack hammer drill 手提式凿岩机
てもちでんどうがんな 【手持電動鉋】 portable planer 手撑式电刨
てもと 【手元・手許】 手边,手头,辅助工,助理工
てもとかいへいき 【手元開閉器】 hand switch 手动开关
てもどり 【手戻】 返工,改正颠倒的工序,扭转颠倒的工序
デモリッシャー demolisher 碎岩机,拆毁

器

**デュアメルせきぶん** 【～積分】 Duhamel's integration 杜阿梅尔积分

**デュアル・エアレーションほう** 【～法】 dual aeration 两级曝气法

**デュアルしきエレベーター** 【～式～】 dual elevator 复式电梯,并列电梯,双台电梯

**デュアル・ダクトほうしき** 【～方式】 dual duct system 双风道(空调)系统

**デュアルべん** 【～弁】 dual valve 复式阀,双联阀

**デュアル・モード・システム** dual mode system 两用交通系统(新交通系统中的一种,系具有两种行走方法的运输体系)

**デュアル・モード・バス** dual mode bus 两用公共汽车(既可在专用轨道上无人驾驶,又可在一般路上由人驾驶)

**デュアル・モード・バス・システム** dual mode bus system(DMBS) 两用公共汽车系统(既能在轨道上行驶,又能在一般街道上行驶,能源既可以是石油,也可以是电,既能由人驾驶,也能自动控制的公共汽车系统)

**デュオライト** Duolite 杜奥赖特(离子交换树脂)(商)

**デュコールこう** 【～鋼】 Ducol steel, low manganese structural steel 杜科尔钢,低锰合金结构钢

**テューダー・アーチ** Tudor arch 都铎式拱,四心拱,二心直线尖顶拱

**テューダーしき** 【～式】 Tudor style (15世纪后期～16世纪中期英国)都铎式(建筑)

**テューダーふうアーチ** 【～風～】 Tudor arch 都铎式拱,四心拱,二心直线尖顶拱

**デュハメルのていり** 【～の定理】 Duhamel's theorem 杜哈麦尔定理

**デュー・ポイントしつどけい** 【～湿度計】 dew-point hygrometer 露点湿度计

**デュボスクのひしょくけい** 【～の比色計】 Dubosk's colorimeter 杜波斯克比色计

**デュポンしょうげきしけんき** 【～衝撃試験器】 Dupont's impact tester 杜邦式冲击涂料试验器

**デュラビリティー** durability 强度,耐久性,持久性

**デュロメーター** durometer 硬度计

**テュンパノン** tympanon[希] (入口柱廊上或门窗上的)檐饰内的三角面或弓形面

**てようせつ** 【手溶接】 manual welding, hand welding 手工焊接,人工焊接

**てら** 【寺】 Buddhist temple 佛寺,寺院

**てらこうばい** 【寺勾配】 石墙的凹曲坡面

**テラコッタ** terracotta[意] 陶瓦,陶塑制品,赤土陶器

**テラコッタこうじ** 【～工事】 terracotta work 陶塑(制品)工程,陶瓷(制品)工程

**テラコッタねんど** 【～粘土】 terracotta clay 陶塑用粘土

**テラコッタ・ブロック** terra cotta block 琉璃砖块,饰面空心砖

**テラス** terrace 台地,阳台,露台,草坛,花坛,马路中间的狭长园地

**テラス・ハウス** terrace house (各户有专用院子和分界墙的)联排式房屋

**テラゾ** terrazzo 水磨石

**テラゾこうじ** 【～工事】 terrazzo work 水磨石工程

**テラゾしあげ** 【～仕上】 terrazzo finish 水磨石饰面

**テラゾ・タイル** terrazzo tile (预制)水磨石板

**テラゾ・ブロック** terrazzo block 水磨石砌块

**テラゾ・ミックス** terrazzo-mix 水磨石混合料

**テラゾめじわり** 【～目地割】 division of terrazzo joint, planning of terrazzo joint 水磨石缝划分,水磨石分缝

**テラダイト** tiradact 粘结剂,粘合剂

**デラックス・ツイン** de luxe[法], twin[英] 豪华的套间,高级的套间

**テラモン** telamon 男像柱

**てり** 【照】 concavity, concave upward 凹形,凹面,凹线,反弧形

**てりかえし** 【照返】 reflected solar radi-

ation 反射太阳辐射
デリック derrick 桅杆转臂式起重机,人字起重机
デリック・クレーン derrick crane 桅杆转臂式起重机
デリック・ステップ derrick step 起重桅杆承台
デリックていりん 【～底輪】 derrick bull wheel 桅杆起重机转盘
デリック・ポスト derrick post 柱上转臂式直重机
デリック・マスト derrick mast 起重桅(把)杆
デリニエーター delineator 路边线轮廓标
てりはふ 【照破風】 起翘封檐板(中部下凹两端翘起的封檐板)
デリバリー・カー delivery car 送货车辆,运输车
デリバリー・コック delivery cock 泄放旋塞,出水龙头
デリバリー・シュート delivery chute 输送管,传递滑槽
デリバリーべん 【～弁】 delivery valve 输送阀,排气阀,放水阀
デリバリー・メカニズム delivery mechanism 输送装置
てりまし 【照増】 翘起,向上翘,翘头
てりもと 【照元】 反翘起点
てりやね 【照屋根】 起翘屋顶,上翘屋顶
デーリー・ワーカー daily worker 临时工,散工,日工
デールこうしき 【～公式】 Dorr's formula 狄尔(桩承载力计算)公式
デルタ delta 三角洲
デルタかんすう 【δ関数】 delta function δ函数
テルツァギーこうしき 【～公式】 Terzaghi's formula 太沙基(计算地基承载力)公式
テルハー telpher 高架(架空)索道,电动缆车
テール・パイプ tail pipe 尾管,泵吸管
テルハー・コンベヤー telpher conveyer 缆车输送机,电动缆索输送机
テール・ピース tail piece 接线头,尾管
テルフォードきそ 【～基礎】 Telford base 大石块基层,手摆块石基层,泰尔福式基层
テルペンチン Terpentin[德] 松节油
デルマッグ・ハンマー Delmag pile hammer 迭尔玛格式(柴油)打桩锤
テルミット thermit 热剂,吕热剂
テルミットようせつ 【～溶接】 thermit welding 热剂焊
テルメ thermae[拉] (古罗马的)大浴场
テール・ローダー tail loader 后挂装载机
テルロメーター tellurometer (导线)测距仪,雷达测距仪
テレキャスト telecast(ing),television broadcast 电视广播
テレコントロール telecontrol 遥控,远距离控制
テレサーモメーター telethermometer 遥测温度计
テレスコ・パティション telesco partition 伸缩式隔墙,套叠式隔墙,活动隔墙
テレスコピック・フォーム telescopic form 套筒式模具(多用于隧道衬砌)
テレステリオン Telesterion (公元前430年左右古希腊雅典)提列斯蒂利昂大会堂
テレセット teleset 电视(接收)机
テレタイプ teletype 电传打字机
テレビえいが 【～映画】 telecine,telecinematography 电视(传送的)电影
テレビジョン talevision 电视
テレビジョン・アンテナ television antenma 电视天线
テレビジョン・サテライト television satellite studio 电视差转台
テレビジョン・セット television set 电视(接收)机
テレビスタジオ television studio 电视演播室
テレビでんわ 【～電話】 television telephone 电视电话
テレビとう 【～塔】 television tower 电视塔

テレビンゆ【～油】turpentine oil, terebenthene 松节油
テレフォン telephone 电话,电话机
テレフォン・サブスクライバー telephone subscriber 电话用户
テレプリンター teleprinter 电传打印机
テレメーター telemeter 遥测计,测距仪,测远计
テレメーター・システム telemeter system 遥测系统
テレメーターそうち【～装置】telemeter equipment 遥测设备
テレメータリング telemetering 遥测,遥测术
デレーらいかん【～雷管】delay-action detonator 延发雷管
テレライター telewriter 电传打字机
デロス delos 迭洛斯值(最高面发光度在最高视觉下的最小视角与一定面发光度下的最小视角之比)
デロッカー derocker 清石机,除石机
てん【天】upper part 上部,顶部,顶端
てんあつ【転圧】rolling 辗压
でんあつ【電圧】voltage 电压
でんあつけい【電圧計】voltmeter 电压表,伏特计
でんあつこうか【電圧降下】voltage drop 电压降
てんあつコンクリート【転圧～】rolled concrete 辗实混凝土,碾压式混凝土(沥青路面基层用)
てんあつしきしめかためきかい【転圧式締固機械】rolling compaction machine 路辗,滚动压实机械
てんあつじめ【転圧締】rolling compaction 滚动压实
でんあつへんどうりつ【電圧変動率】voltage regulation factor 电压变动率,电压调整率
てんあつもりど【転圧盛土】rolled fill 辗压填土
てんあんもん【天安門】(中国北京)天安门
てんあんもんひろば【天安門広場】北京天安门广场
てんいおんど【転移温度】transition temperature 转变温度,转变点
てんいこうつうりょう【転移交通量】converted traffic 变增交通量,换乘交通量(从其它类型交通工具改乘本车型时所增加的交通量)
でんいさ【電位差】potential difference 电位差
でんいさけい【電位差計】potentiometer 电位计,电位差计
てんいた【天板】top board 顶板,盖板,顶端板
でんえんけいかん【田園景観】rural landscape 田园景观,田园风光
でんえんこうがい【田園郊外】garden suburb 城郊田园住宅区
でんえんじゅうたくち【田園住宅地】garden suburb 城郊田园住宅区
てんえんせい【展延性】ductility 展性,延伸性,韧性
でんえんそんらく【田園村落】garden village 城郊田园村庄(从城市煤气、水道等公益设施受益的农业村庄)
でんえんちたい【田園地帯】rural zone 乡村地区
でんえんとし【田園都市】garden city 田园城市
でんえんとしうんどう【田園都市運動】garden city movement 田园城市运动
でんえんとしろん【田園都市論】garden city theory 田园城市理论
てんおんげん【点音源】point sound source, simple sound source 点声源,单声源
てんがい【天蓋】canopy, hood 悬盖,天盖(佛像头上悬吊的盖棚),华盖,帽盖,通气罩,烟囱风帽
でんかい【電解·電界】electrolysis, electric fgeld 电解,电场
でんかいえき【電解液】electrolyte 电解液
でんかいかんげん【電解還元】electrolytic reduction 电解还原
てんかいきょう【転開橋】rolling bridge 滚动开合桥

でんかいぎょうしゅうほう 【電解凝集法】 electrolytic coagulation 电解凝聚法，电解凝结法

でんかいきょうど 【電界強度】 electric field strength 电场强度

でんかいけんま 【電解研摩】 electrolytic polishing 电解抛光

でんかいこうかトランジスター 【電界効果~】 field effect transistor 场效应晶体管

でんかいさんかしょり 【電解酸化処理】 electrolytic oxidation 电解氧化处理

でんかいしきふじょうぶんりそうち 【電解式浮上分離装置】 electrolytic floatation units 电解式浮选分离装置

でんかいしつ 【電解質】 electrolyte 电解质

てんかいず 【展開図】 developed elevation 展示图，展开图

でんかいちゃくしょくほう 【電解着色法】 electrolytic colouring 电解着色法

でんかいはっこう 【電界発光】 field luminescense 场致发光

でんかいひょうはく 【電解漂白】 electrolytic bleaching 电解漂白

でんかいぶんせき 【電解分析】 electroanalysis 电解分析

てんかざい 【添加剤】 addition agent, additive, admixture 掺合料，添加剂，外加剂

てんかじゅう 【点荷重】 point load 集中荷载

てんかばん 【天花板】 ceiling, ceiling board 顶棚

てんかぶつ 【添加物】 addition agent, additive, admixture 掺合料，添加剂，外加剂

てんかん 【転換】 rail shifting 转辙(动作)，扳道岔

てんかんき 【転換器】 switch-stand 换辙器，转辙器

てんかんこうつうりょう 【転換交通量】 diverted traffic 转移交通量，导增交通量(从其它道路导至本路所增加的交通量)

てんかんさじょうき 【転換鎖錠器】 switch and lock movement 转辙锁闭器

てんかんスイッチ 【転換~】 changeover switch, circuit changing switch 换路开关，转换开关

てんかんダンパー 【転換~】 reversing damper 换向阀，换向挡板

てんき 【天気】 weather 天气

でんき 【電気】 electricity 电

でんきアイロン 【電気~】 electric iron 电熨斗

でんきあえんめっき 【電気亜鉛鍍金】 galvanizing, galvanization 电镀锌

でんきいどうクレーン 【電気移動~】 electric travelling crane 移动式电动起重机

でんきウインドラス 【電気~】 electric windlass 电动卷扬机，电动绞盘

でんきえいどう 【電気泳動】 electrophoresis 电泳(现象)

でんきおんきょうがく 【電気音響学】 electro-acoustics 电声学

でんきおんきょうへんかんき 【電気音響変換器】 electro-acoustic transducer 电声转换器，电声换能器

でんきかがくせつ 【電気化学説】 electrochemical theory 电化学理论

でんきかがくてきふしょく 【電気化学的腐食】 electro-chemical corrosion 电化学腐蚀

でんきかこうじ 【電気化工事】 electrification work 电气化工程

でんきかんだんけい 【電気寒暖計】 electric thermometer 电温度计

でんきがんな 【電気鉋】 electric planer 电动刨

でんききぐ 【電気器具】 electric fittings 电器

でんききどう 【電気軌道】 tram rail 电车轨道

でんきくうきかねつき 【電気空気加熱器】 electric air heater 电力空气加热器，空气电热器

でんきくうきじょうかそうち 【電気空気浄化装置】 electric air cleaner 电力空气净化装置

でんきくうきスイッチ 【電気空気～】 electropneumatic switch 电动气压开关
でんきくどう 【電気駆動】 electric drive 电力传动,电力驱动
でんきクレーン 【電気～】 electric crane 电动起重机
でんきこう 【電気鋼】 electric steel 电炉钢
でんきこうおんけい 【電気高温計】 electropyrometer 电测高温计
でんきこうじ 【電気工事】 electric work, electric engineering 电气工程, 电机工程
でんきこうせんちりょうしつ 【電気光線治療室】 electro (thermo)therapy room 光电疗室
でんきこけつほう 【電気固結法】 electric consolidation process (地基)电化固结法
でんきこんろ 【電気焜炉】 electric heater 电炉,电热器
でんきサイン 【電気～】 electric sign 电气标志,电气信号,(室外)电广告牌
でんきさくがんき 【電気削岩機】 electric drill 电动凿岩机
でんきサーモスタット 【電気～】 electric thermostat 电热恒温器
でんきし 【電機子】 armature 电枢
でんきしきおんどけい 【電気式温度計】 electric thermometer 电温度计
でんきしきかべパネル 【電気式壁～】 electric wall panel 电热式墙板
でんきしきじどうせいぎょほうしき 【電気式自動制御方式】 electric automatic control system 电力自动控制方式
でんきしきせきがいせんだんぼうき 【電気式赤外線暖房器】 electric infrared heater 电热红外线采暖器
でんきしきねつりょうけい 【電気式熱量計】 electrocalorimeter 电热量计
でんきしきへんいけい 【電気式変位計】 electric displacement meter 电动式位移计,电动式变位计
でんきしつ 【電気室】 electric room 电机室,电器室
でんきしつどけい 【電気湿度計】 electric hygrometer 电湿度计
でんきじばんたんさ 【電気地盤探査】 electric geological survey 电阻式地基探测,电探地基,大地电测
でんきしゅうじん 【電気集塵】 electric precipitation, electrostatic precipitation (静)电集尘,(静)电除尘
でんきしゅうじんき 【電気集塵器】 electric precipitator, electric cleaner, electrostatic precipitator (静)电集尘器,(静)电除尘器
でんきしゅうじんそうち 【電気集塵装置】 electric precipitator, electrostatic cleaner, electrostatic precipitator (静)电集尘装置,(静)电除尘装置
でんきしゅうすいほう 【電気集水法】 electro-osmosis method 电渗聚水法
でんきしょうこうき 【電気昇降機】 electric elevator 电梯
でんきしょうめい 【電気照明】 electric lighting 电气照明
でんきショベル 【電気～】 electric shovel 电铲
でんきしんとう 【電気浸透】 electro-osmosis 电渗(现象)
でんきしんとうはいすい 【電気浸透排水】 drainage by electro-osmosis (地基)电渗降水
でんきしんとうほう 【電気浸透法】 electro-osmosis method 电渗法
でんきすいぶんけい 【電気水分計】 electrical moisture meter 电动湿度计,电动测湿计
でんきスタンド 【電気～】 electric lamp stand 台灯
でんきストーブ 【電気～】 electric stove 电炉
でんきせいこうほう 【電気製鋼法】 electric process 电炉制钢法
でんきぜつえんようとりょう 【電気絶縁用塗料】 electric insulating varnish 电绝缘涂料,电绝缘漆
でんきせつび 【電気設備】 electric equipment 电气设备

でんきせんたくき 【電気洗濯機】 electric washing machine 电动洗衣机
でんきそうじき 【電気掃除器】 electric cleaner 电动扫除器,吸尘器
でんきたんさ 【電気探査】 electric prospecting 电探,电法勘探
でんきだんぼう 【電気暖房】 electric heating 电热采暖
でんきだんぼうき 【電気暖房器】 electric space heater 电热采暖器
でんきちくおんき 【電気蓄音器】 electrogramophone 电唱机
でんきちゅうぞう 【電気鋳造】 electroforming 电铸
でんきちりょうバス 【電気治療~】 electric treatment bath 电疗浴缸
でんきていこうエレメント 【電気抵抗~】 electric resistant element 电阻元件
でんきていこうおんどけい 【電気抵抗温度計】 electric resistance thermometer 电阻温度计
でんきていこうこうおんけい 【電気抵抗高温計】 electric resistance pyrometer 电阻高温计
でんきていこうしきちかたんさ 【電気抵抗式地下探査】 resistivity survey 电阻探测
でんきていこうせんひずみけい 【電気抵抗線歪計】 electrical resistance wire strain gauge 电阻丝应变仪
でんきていこうせんひずみゲージ 【電気抵抗線歪~】 electrical resistance wire strain gauge 电阻丝应变仪
でんきていこうひずみけい 【電気抵抗線歪計】 electrical resistance strain gauge 电阻应变仪
でんきていこうようせつ 【電気抵抗溶接】 electrical resistance welding 电阻焊接
でんきてきしょりほう 【電気的処理法】 electrical treatment 电处理法
でんきてつどう 【電気鉄道】 electric railway 电力铁道
でんきでんどう 【電気伝導】 electric conduction 导电
でんきでんどうど 【電気伝導度】 electric conductivity 导电性,导电率
でんきでんどうりつ 【電気伝導率】 electric conductivity 电导率
でんきてんようせつ 【電気点溶接】 electric point welding 电点焊
でんきとうせき 【電気透析】 electrodialysis 电渗析
でんきどけい 【電気時計】 electric clock 电钟,电表
でんきドリル 【電気~】 electric drill 电钻
でんきにじゅうそう 【電気二重層】 electric double layer 双电荷层,电偶极子层
でんきばくは 【電気爆破】 electric blasting 电力爆破
でんきハンマー 【電気~】 electric hammer 电锤
でんきふくしゃだんぼうほうしき 【電気輻射暖房方式】 electric radiant heating system 电热辐射采暖系统,电热辐射采暖方式
でんきブースター・ポンプ 【電気~】 power booster pump 电动增压泵
でんきぶろ 【電気風呂】 electric bath 电热浴池
でんきぶんかい 【電気分解】 electrolysis 电解
でんきホイスト 【電気~】 electric hoist 电动滑车,电动卷扬机,电葫芦
でんきボイラー 【電気~】 electric boiler 电热锅炉
でんきぼうしょく 【電気防食】 electrolytic protection 电气防蚀,电解防蚀
でんきぼうしょくほう 【電気防食法】 cathodic protection 阴极防蚀,阴极保护法
でんきほうねつき 【電気放熱器】 electric radiator 电热散热器
でんきポンプ 【電気~】 electric pump 电动泵
でんきミシン 【電気~】 electric sewing machine 电动缝纫机
でんきめっき 【電気鍍金】 electropla-

ting 电镀

てんきゅう【天球】celestial sphere 天球

でんきゅう【電球】incandescent lamp (电)灯泡,白炽灯

でんきゅうサイン【電球～】lamp sign 电灯标志,电灯招牌,电灯广告牌

でんきゆわかしき【電気湯沸器】electric water heater 电热沸水器

てんきょうぎ【転鏡儀】transit 经纬仪

でんきようじょう【電気養生】electric curing (混凝土)电热养护,电流加热养护

でんきようせつ【電気溶接】electric welding 电焊(电弧焊和电阻焊等的总称)

でんきようせつき【電気溶接機】electric welding machine 电焊机

でんきようせつこう【電気溶接工】welder 电焊工

でんきようせつこうかん【電気溶接鋼管】electric welding steel pipe 电焊钢管

でんきようせつぼう【電気溶接棒】electric welding rod 电焊条

でんきようりょうしきひずみけい【電気容量式歪計】electrical capacitance strain gauge 电容式应变仪

でんきょくチップ【電極～】electrode tip (点焊)电极尖端

でんきょくでんい【電極電位】electrode potential 电极电位,电极电势

でんきょくぼう【電極棒】electrode welding rod 焊条,电焊条

でんきょくぼうしきおんすいかねつき【電極棒式温水加熱器】electrode water heater 电极式热水器

てんきょりつ【転居率】removal ratio 移居率(某地区的移居户数和总居住户数之比)

でんきらいかん【電気雷管】electric detonator 电动管雷

でんきりゅうそくけい【電気流速計】electric currentmeter 电流速仪

でんきれいぞうこ【電気冷蔵庫】electric refrigerator 电冰箱

でんきレンジ【電気～】electric range 电炉

でんきろ【電気炉】electric oven, electric furnace 电烘炉,电加热炉,电炉

でんきろうせつたんちき【電気漏洩探知機】electric leak detector 漏电探测器

でんきろうづけ【電気鑞付】electric brazing 电加热钎焊

でんきろほう【電気炉法】electric process 电炉(制钢)法

てんくうきど【天空輝度】sky brightness, sky luminance 天空亮度

てんくうこう【天空光】skylight 天空(扩散)光

てんくうこうしょうど【天空光照度】illumination by skylight, skylight illumination 天空(扩散)光照度

てんくうのせいちょうど【天空の清澄度】clearness number of sky 天空清晰度

てんくうのせいちょうりつ【天空の清澄率】clearness number of sky 天空清晰度

てんくうふかしせん【天空不可視線】no-sky line 不可见天空临界线(室内工作面能看到天空和看不到天空分界点的轨迹)

てんくうりつ【天空率】sky factor 天空投射系数,天穹系数

てんくうりつきょくせん【天空率曲線】sky factor curve 天空投射系数曲线,天穹系数曲线

てんくうりつぶんぷ【天空率分布】distribution of sky factor 天空投射系数分布,天穹系数分布

てんくうりつぶんぷきょくせん【天空率分布曲線】distribution curve of sky factor 天空投射系数分布曲线,天穹系数分布曲线

てんくさりせん【点鎖線】dot and dash line 点划线

てんぐす【天狗巣】witches broom (树木的)丛枝病,扫帚病

てんぐだるき【天狗垂木】昂

てんけい【添景】annex landscape 添加

景色，增添情趣
んけいしせつ【添景施設】garden ornament 庭园点缀小品，园林小品
んけいぶつ【添景物】garden ornament 庭园点缀小品
んげん【電源】electric source 电源
んけんあな【点検穴】access hole 检查孔
んけんこう【点検孔】access hole 检查孔
んげんしつ【電源室】power source room 电源室
んげんトランス【電源～】power transformer 电源变压器
んけんピット【点検～】inspection pit 检修坑，修车坑，检查坑，检车坑，探坑
んこう【天候】weather trend 天气形势（短期气象）
んこう【電工】electrician 电工
んこうかく【転向角】angle of turn（车辆）转向角，转弯角度
んこうきんしひょうしき【転向禁止標識】turn prohibition sign 禁止转弯标志
んこうげん【点光源】point light source 点光源
んこうこうつう【転向交通】turning traffic 转弯交通
んこうそうこう【転向走行】turning movement 转弯运行
でんこうニュース【電光～】electric news 电光新闻广告
でんこうばん【電光板】lighting board 电光新闻广告板
でんこうひょうしき【電光標識】electric sign 电光标志
てんこうりょく【転向力】deflection force 偏转力，弯曲力
でんこようせつ【電弧溶接】electric arc welding 电弧焊
でんこようせつき【電弧溶接機】electric arc welder 电弧焊机
てんざい【塡材】filler 填料，垫板，垫片
てんさいとうこうぎょうはいすい【甜菜糖工業廃水】beet sugary waste 甜菜糖工业废水
でんしアナログけいさんき【電子～計算機】electronic analogy calculator 电子模拟计算机
でんじかいへいき【電磁開閉器】magnetic switch 电磁开关
でんしかんしきじどうへいこうけい【電子管式自動平衡計】electronic selfbalance recorder 电子（管）式自动平衡记录器
てんじくよう【天竺様】天竺式（日本镰仓时代初期受当时中国浙江、福建的建筑形式影响形成的日本佛教建筑式样）
てんじくようくみもの【天竺様組物】（日本镰仓时代）仿南宋式枓栱
でんしけいさんき【電子計算機】electronic computer 电子计算机
でんしけいさんきしつ【電子計算機室】computer room 电子计算机室
でんしけいさんきせいぎょ【電子計算機制御】electronic computer control 电子计算机控制
てんじケース【展示～】show case 展览橱，陈列橱，陈列柜
でんしけんびきょう【電子顕微鏡】electron microscope 电子显微镜
でんしこうぎょうようじゅんすい【電子工業用純水】demineralized water for electronics industry 电子工业用纯水
てんじしつ【展示室】exhibition room, showroom 陈列室，展览室
でんじしゃりょうかんちき【電磁車両感知器】magnetic vehicle detector 电磁式车辆感知器
てんししょう【点支承】point bearing 点支承
てんじじょう【展示場】display room, exhibition hall 展览馆，展览厅
でんししょうめい【電子照明】electronic lighting 电子照明
でんじつぎて【電磁継手】electromagnetic joint 电磁接合
てんしば【天芝】坡顶铺的草皮，堤顶铺的草皮

でんしビームようせつ【電子～溶接】electron beam welding 电子射线焊接，电子束焊接
てんしぶ【天渋】(石料)锈点
でんじべん【電磁弁】electromagnetic valve,solenoid valve 电磁阀
でんしゃ【電車】electric car 电车
でんしゃえき【電車駅】electric car station 电车站
でんしゃこ【電車庫】electric car shed 电车库
でんしゃせん【電車線】electric car line 电车路线
てんしゃたい【転車台】turntable (转换机车方向的的)转车台,旋车盘,转盘
でんしゃちゅう【電車柱】tram pole 电车线杆
てんしゅ【天守·殿守·天主】城楼
でんじゆうどう【電磁誘導】electromagnetic induction 电磁感应
てんじゅうぶつ【塡充物】filler,filling matter 填料,填缝料,填充料
てんしゅかく【天守閣】城楼
てんしゅだい【天守台】城楼
てんしゅつりつ【転出率】move out ratio 移出率(某地区的移出户数和总居住户数之比)
てんしゅやぐら【天守櫓】城楼
てんじょう【天井】ceiling 顶棚,天棚,天花板,平顶
てんじょうあしば【天井足場】顶棚,(施工用)脚手架
てんじょうあらためぐち【天井改口】inspection hole of ceiling 顶棚检查孔
てんじょういた【天井板】ceiling board 顶棚面板
てんじょういどうクレーン【天井移動～】overhead travelling crane 高架移动式起重机,桥式起重机
てんじょういどうでんきクレーン【天井移動電気～】overhead travelling electric crane 高架移动式电动起重机,电动桥式吊车
てんじょううけげた【天井受桁】顶棚框承梁
てんじょううめこみがたしょうめい【天井埋込型照明】recessed lighting 平顶暗装式照明,凹装式平顶照明
てんじょうがわ【天井川】河床高出地面的河流,天河
てんじょうクレーン【天井～】overhead crane 高架起重机,桥式吊车
てんじょうげた【天井桁】顶棚框承梁
てんじょうさじき【天井栈敷】(剧院观众厅的)楼座回廊,多层楼座的最顶层楼座
てんじょうじかづけがたしょうめいきぐ【天井直付型照明器具】ceiling filling ,surface mounted luminaire 吸顶灯,吸顶灯具
てんじょうじかづけとう【天井直付灯】ceiling lamp 吸顶灯
てんじょうしたじ【天井下地】顶棚底层,天花板底层
てんじょうじゃばら【天井蛇腹】ceiling cornice 顶棚周围的檐口式线脚
てんじょうせんぷうき【天井扇風機】ceiling fan 平顶吊风扇
てんじょうそうこうきじゅうき【天井走行起重機】overhead crane 高架起重机,桥式起重机
てんじょうそうこうクレーン【天井走行～】overhead crane 高架起重机,桥式起重机
てんじょうだか【天井高】ceiling height 室内净高
てんじょうつきエア·ディフューザー【天井付～】ceiling air diffuser 顶棚空气散流器
てんじょうつきシャワー【天井付～】ceiling shower 平顶淋浴器
てんじょうつりぎ【天井吊木】hanger rod 吊顶拉杆
てんじょうつりぎうけ【天井吊木受】吊顶拉杆上面的横筋
てんじょうとう【天井灯】ceiling light 吸顶灯
てんじょうなげし【天井長押】ceiling rail 顶棚周边压条
てんじょうのぶち【天井野縁】ceiling joist 吊顶木龙骨,吊顶搁栅

てんじょうパネル【天井～】ceiling panel 平顶镶板,顶棚嵌板

てんじょうふきだしぐち【天井吹出口】ceiling diffuser 平顶送风口,顶棚散流器

てんじょうぶせず【天井伏図】ceiling plan 平顶布置图,顶棚仰视图,平顶平面图

てんじょうぶち【天井縁】顶棚边框

てんじょうまわりぶち【天井回縁】顶棚边框

でんじょうもめ【電状もめ】compression failure (木材截面的)压坏斜裂

てんじょうランプ【天井～】ceiling lamp 吸顶灯

てんじょうわく【天井枠】顶棚框承梁

てんしょく【点食】pitting 洞蚀,点蚀,凹痕

でんしょく【電食】electrocorrosion, electrolysis 电腐蚀,电解(作用)

てんしょくざい【展色剤】vehicle 媒液,载色剂,展色料

テンショメーター tensiometer, tensometer 拉力计,张力计,牵力计,应变仪

テンション tension 张力,拉力

テンション・ゲージ tension gauge 拉力计,张力计

テンションこうぞう【～構造】tension structure 张拉结构,受拉结构

テンション・コントロール tension control 拉力控制,张力控制

テンション・ジャッキ tension jack 张拉用千斤顶,拉力千斤顶(非分离式油压千斤顶)

テンション・テスト tension test 抗拉试验,拉力试验,拉伸试验

テンション・バー tension bar 拉杆

テンション・パイル tension pile 受拉桩

テンション・メーター tension meter 拉力计,张力计,牵力计,应变仪

テンション・リング tension ring 拉力环,拉力测力环

テンション・ロッド tension rod 拉杆

でんじりゅうりょうけい【電磁流量計】electromagnetic flow meter 电磁流量计

でんしれいとう【電子冷凍】electronic refrigeration 电子制冷

でんしレンジ【電子～】electronic range 电子灶

でんしレンズ【電子～】electronic lens 电子透镜

でんしんきょく【電信局】telegraph station 电报局,电信局

でんしんしつ【電信室】telegraph room 电讯室,电报室

てんせい【展性】ductility, malleability 延性,延展性,韧性

でんせいかん【伝声管】voice tube 传声管

てんせき【転石】boulder 巨砾,漂砾

てんせつ【添接】splice 拼接,联接,镶接

てんせつばん【添接板】splice plate 接合板,鱼尾板,镶接板

てんせつやまがた【添接山形】splice angle 拼接角钢,镶接角钢

てんせん【点線】dotted line 虚线,点线

でんせんかん【電線管】conduit pipe 电线管,导线管

でんせんかんこうじ【電線管工事】conduit wiring 电气管线敷设工程

てんせんびきからすぐち【点線引烏口】dotting pen 画点线用鸭嘴笔

でんせんびょう【伝染病】communicable disease 传染病

でんせんびょういん【伝染病院】isolation hospital, infectious disease hospital 传染病医院

でんせんびょうとう【伝染病棟】isolated ward 隔离病房,传染病房

でんそう【伝送】transmission 传送,传递,传输

でんそうしゃしんしつ【電送写真室】facsimile room 无线电传真室

でんそうとくせい【伝送特性】transmission characteristics 传播特性

テンソル tensor 张量

テンソルかいせき【～解析】tensor analysis 张量分析

**テンソルのにじきょくめん** 【～の二次曲面】 tensor quadric 张量二次曲面
**テンダー** tender 招标,投标,标件
**でんたつかんすう** 【伝達関数】 transfer function 传递函数
**でんたつしき** 【伝達式】 transfer equation 传递方程
**でんたつながさ** 【伝達長さ】 transmission length (预应力混凝土先张法的)传递长度,锚定长度
**てんだん** 【天壇】 (1749年中国北京)天坛
**てんちぎょうれつ** 【転置行列】 transposed matrix 转置矩阵
**てんちマトリックス** 【転置～】 transposed matrix 转置矩阵
**でんちゃくとそう** 【電着塗装】 电镀涂层,电泳涂漆
**でんちゅうほう** 【電鋳法】 electrogalvanizing 电镀锌法
**でんちゅうれんが** 【電鋳煉瓦】 electrocast brick 电熔铸砖
**てんちょう** 【天頂】 zenith 天顶
**てんちょうアーチ** 【点頂～】 pointed arch 尖拱
**てんちょうぎ** 【天頂儀】 zenith telescope 天顶仪,天顶望远镜
**てんちょうきょり** 【天頂距離】 zenith distance 天项距
**てんつりもの** 【点吊物】 Punktzug[德] (舞台顶部的)吊线
**てんてい** 【天底】 nadir 天底
**デンティル** dentil 檐下齿形装饰
**てんてきろかしょう** 【点滴濾過床】 trickling filter bed 生物滤池
**てんてつき** 【転轍器】 switch 转辙器
**てんてつぼう** 【転轍棒】 switch rod, tie-bar 转辙杆
**テンデム・ミキサー** tandem mixer 联列式(混凝土)搅拌机,复式拌和机
**でんでん** 雨水管卡子
**てんてんばり** 【点点張】 (油毡)甩油铺法
**てんと** 【展都】 首都城市活动功能的分散
**テント** tent 帐篷
**てんとう** 【転倒】 switch 转换,变换,(艺术的)颠倒表现法
**でんとう** 【電灯】 electric lamp, electric light 电灯
**でんどう** 【伝導】 conduction 传导,导电
**てんとうかいろ** 【点灯回路】 lighting circuit 照明电路
**てんとうかん** 【点灯管】 glow starter 荧光灯启动器,启辉器
**でんどうき** 【電動機】 electric motor 电动机
**でんどうごて** 【電動鏝】 electric trowel 电动抹子,电动镘刀
**でんどうしきエレベーター** 【電動式～】 electric elevator 电梯,电动升降机
**でんどうしょう** 【電導床】 conductive floor 导电性地面
**でんどうせい** 【伝導性】 conductivity 传导性
**でんどうせいガラス** 【電導性～】 conductivity glass 导电玻璃
**でんとうそうしょく** 【電灯装飾】 decorative illumination 装饰照明
**でんどうダムウェーター** 【電動～】 electric dumbwaiter 电动货梯
**てんどうたん** 【転動端】 roller end 可动端,转动端,辊轴支座
**でんどうダンパー** 【電動～】 motorized damper 电动气流调节器,电动气闸,电动阻尼器
**てんどうちょうかいきょう** 【転動跳開橋】 rolling bascule bridge, roller-lift bascule bridge, rolling lift bridge 滚动式竖旋桥,滚动开启桥
**でんどうどそくていき** 【伝導度測定器】 electric conductivity meter 电导仪
**でんどうはぐるま** 【伝導歯車】 transmission gear 传动齿轮
**でんとうふか** 【電灯負荷】 lighting load 电灯负荷,照明负荷
**でんどうべん** 【電動弁】 motorized valve 电动阀
**でんどうホイスト** 【電動～】 electric hoist 电动滑车,电动卷扬机,电葫芦
**でんどうポンプ** 【電動～】 motor pump 电动泵
**でんどうまきあげき** 【電動巻揚機】

electric hoist 电动卷扬机,电动滑车
でんどうミシン 【電動～】 motor sewing machine 电动缝纫机
てんとうモーメント 【転倒～】 overturning moment 倾覆力矩
テントこうぞう 【～構造】 tent structure 帐篷结构
てんにゅうりつ 【転入率】 move in ratio 移入率(某地区的移入户数和总居住户数之比)
でんねつ 【伝熱】 heat transfer,heat transmission 传热,热传递
でんねつエレメント 【電熱～】 electric heating element 电热元件
でんねつき 【電熱器】 electric heater 电热器
でんねつけいすう 【伝熱係数】 coefficient of heat transmission 传热系数
でんねつしきゆかパネル 【電熱式床～】 electric-floor panel 电热式地板,辐射板(采暖)
でんねつせんのこぎり 【電熱線鋸】 heat wire saw 电热线锯
でんねつそくど 【伝熱速度】 heat transfer velocity 传热速度
でんねつとうりょう 【電熱当量】 electrothermal equivalent 电热当量
でんねつふか 【伝熱負荷】 heat transmission load 传热负荷
でんねつめんせき 【伝熱面積】 heat transmission area 传热面积
でんねつようじょう 【電熱養生】 electric heat curing (混凝土)电热养护
でんねつりつ 【伝熱率】 heat transfer rate 传热系数,传热率
てんねんアスファルト 【天然～】 natural asphalt 天然沥青
てんねんウラン 【天然～[Uran德]】 natural uranium 天然铀
てんねんガス 【天然～】 natural gas 天然气
てんねんガラス 【天然～】 natural glass 天然玻璃,火山玻璃
てんねんかんそう 【天然乾燥】 natural seasoning,air seasoning,natural drying 自然干燥,空气干燥,风干
てんねんきねんぶつ 【天然記念物】 natural monument 天然纪念物,自然纪念物
てんねんけいしゃ 【天然珪砂】 natural silica-sand 天然硅砂,天然石英砂
てんねんけいりょうこつざい 【天然軽量骨材】 natural lightweight aggregate 天然轻质集料,天然轻骨料
てんねんこうしん 【天然更新】 natural regeneration 天然更新
てんねんこうばい 【天然勾配】 equilibrium slope,natural slope (河流的)平衡坡度,自然坡度
てんねんこくえん 【天然黒鉛】 natural graphite 天然石墨
てんねんゴム 【天然～[gom荷]】 natural rubber 天然橡胶
てんねんじゅし 【天然樹脂】 natural resin 天然树脂
てんねんしょく 【天然色】 natural colour 天然色
てんねんスレート 【天然～】 slate 石板
てんねんスレートぶき 【天然～葺】 slate roofing 石板瓦屋面,铺石板瓦屋面
てんねんせっこう 【天然石膏】 natural gypsum 天然石膏
てんねんせっちゃくざい 【天然接着剤】 natural glue 天然粘合剂,天然胶粘剂
てんねんセメント 【天然～】 natural cement 天然水泥
てんねんそんざいりょう 【天然存在量】 background data (人工污染前元素或放射线的)天然存在量
てんねんといし 【天然砥石】 natural grindstone 天然磨石
てんねんぼくけしょうごうはん 【天然木化粧合板】 天然木材饰面胶合板
てんねんポルトランド・セメント 【天然～】 natural Portland cement 天然硅酸盐水泥
てんねんゆうきせいぎょうしゅうほじょざい 【天然有機性凝集補助剤】 natural organic coagulant aid 天然有机助凝剂
てんねんりん 【天然林】 natural forest 天然林,自然林

てんば 【天端】 upper bed, upper surface, upper side 上端,顶部,顶面,顶端
でんぱしょうがい 【電波障害】 jamming 电波干扰
でんぱそくど 【伝播速度】 velocity of propagation 传播速度
てんばはば 【天端幅】 crown width 堤顶宽度
てんばブロック 【天端～】(浇灌混凝土楼板时控制板厚的)顶端混凝土垫块
てんばよゆうだか 【天端余裕高】 levee free-board 堤顶超高
テンパライト Temperite (混凝土)氯化钙防冻剂(商)
てんばり 【点張】(油毡)甩油铺法
てんばん 【覘板】 sight vane 觇板,照准标,觇标
でんぱんそくど 【伝搬速度】 velocity of propagation 传播速度
でんぱんていすう 【伝搬定数】 propagation constant[美], propagation coefficient[英] 传播常数
テンピエット Tempietto[意] 坦比埃多(1502年意大利罗马圣彼得教堂院内的围廊式圆形建筑物)
てんぴかんそう 【天日乾燥】 sun drying, air drying 晒干,风干
てんぴかんそうしょう 【天日乾燥床】 sludge drying bed 晒泥场
てんひょう 【覘標】 sight vane 觇标
てんびん 【天秤】 balance 天平
てんびんさし 【天秤差】 通长燕尾榫,通长楔形榫,燕尾梳子榫
てんびんしつ 【天秤室】 balance room 天平室
てんびんばり 【天秤梁】 天平梁,大柁
てんぶくろ 【天袋】 阁楼式壁橱,顶柜,天橱
てんふしょく 【点腐食】 pitting 点蚀
てんぷら 电镀制品
テンプレット・タンパー templet tamper (混凝土路面的)模板夯具
テンプレーティング templating 制作样板
でんぷんこうじょうはいすい 【澱粉工場廃水】 waste from(potato)starch processing 淀粉生产废水
でんぷんせっちゃくざい 【澱粉接着剤】 starch glue 淀粉粘合剂
テンペラチュア・センシティブせっちゃくざい 【～接着剤】 temperature sensitive adhesive 温度敏感粘合剂,热敏性胶结剂
でんぽうこうかん 【電縫鋼管】 electric resistance welded tubular 电阻焊钢管
てんぼうだい 【展望台】 sightseeing place, sightseeing tower 眺望台,观景台
でんぽうでんわきょく 【電報電話局】 telegram and telephone station 电报电话局
てんぽちく 【店舗地区】 shopping district 商店区
てんぽつききょうどうじゅうたく 【店舗付共同住宅】 flats with shops 附带商店的公寓(底层商店,上层公寓)
てんぽつきじゅうたく 【店舗付住宅】 附带商店的住宅(前间为商店,后间或楼上为住家)
てんぽへいようじゅうたく 【店舗併用住宅】 combined dwelling house, dwelling house combined with shop 商店住宅,商店兼用住宅
てんまど 【天窓】 top light, skylight, roof light 天窗
てんまどこうせん 【天窓光線】 top light 顶光,平天窗光
てんまどさいこう 【天窓採光】 top lighting 天窗采光,顶部采光
てんめつき 【点滅器】 flasher, local switch 闪烁器,局部开关
てんもんいど 【天文緯度】 astronomical latitude 天文纬度
てんもんけいど 【天文経度】 astronomical longitude 天文经度
てんもんじ 【天文時】 astronomical time 天文时
てんもんだい 【天文台】 observatory 天文台
てんもんたんい 【天文単位】 astronomical unit 天文单位

てんもんどけい 【天文時計】 astronomical clock 天文钟
てんよう 【展葉】 leafing 展叶
てんようじゅうたく 【転用住宅】 converted dwelling 转用住宅(用其他类型建筑改装的住宅)
てんようせつ 【点溶接】 spot welding 点焊
てんようせつき 【点溶接機】 point welding machine, spot-welding machine, spot welder 点焊机
でんらん 【電纜】 cable 电缆
でんり 【電離】 ionization 电离
でんりばこサーベイ・メーター 【電離箱～】 ionization chamber survey meter 电离箱检测计(测定放射线强度)
でんりゅう 【電流】 electric current 电流
でんりゅうけい 【電流計】 ammeter 电流计,安培计,电表
てんりゅうざんせっくつ 【天竜山石窟】 (中国山西)天龙山石窟
でんりゅうふしょく 【電流腐食】 galvanic corrosion 电蚀
でんりょく 【電力】 electric power 电力,电功率
でんりょくけい 【電力計】 wattmeter 电表,瓦特计
でんりょくしょうひりょう 【電力消費量】 electric power consumption 用电量,耗电量
でんりょくぞうふくき 【電力増幅器】 power amplifier 功率放大器
でんりょくはいせん 【電力配線】 power line 动力(配)线,电力(配)线,输电线,电源线
でんれい 【電鈴】 electric bell 电铃
でんろこう 【電炉鋼】 electric steel 电炉钢
てんろスラグ 【転炉～】 LD steel slag (路用)转炉钢渣
てんろダストはいすい 【転炉～廃水】 converter furnace dust scrubbing waste water 转炉煤气洗涤废水
でんわき 【電話機】 telephone 电话机
でんわきおきだな 【電話器置棚】 telephone shelf 电话搁板
でんわキャビネット 【電話～】 telephone cabinet 电话橱
でんわきょく 【電話局】 (telephone)exchange, central telephone exchange 电话局
でんわケーブル 【電話～】 telephone cable 电话电缆
でんわこうかんき 【電話交換機】 telephone exchange 电话交换机
でんわこうかんしつ 【電話交換室】 telephone exchange room 电话总机室,电话交换台
でんわしつ 【電話室】 telephone box, telephone booth, call box 电话间
でんわブース 【電話～】 telephone booth 电话间
でんわボックス 【電話～】 telephone box (公共)电话间,电话亭

# と

と 【戸】 door,shutter,door leaf,window leaf 门,扉,门扇,窗扇
と 【斗】 (枓栱的)枓
ドア door 门,户
ドアかいへいき 【~開閉器】 door closer 门开关器
ドア・キャッチ door catch 门把手,门拉手
ドア・グリル door grille (回气用)门格栅
ドア・クローザー door closer 门开关器,门制止器
ドア・サイズ door size(plywood) 门扇尺寸胶合板(适合门扇尺寸的胶合板)
ドア・スイッチ door switch 门开关
ドア・ステップ door step 门阶
ドア・ストップ door stop 门挡,门碰头
とあたり 【戸当】 door stop 门挡,门碰头
とあたりかなもの 【戸当金物】 door stopper 门挡头,门碰头
ドア・チェック door check,door closer 门开闭器
ドア・チェーン door chain 门链
どあつ 【土圧】 earth pressure,soil pressure 土压(力)
どあつけい 【土圧計】 earth pressure cell 土压计,土压力盒
どあつけいすう 【土圧係数】 coefficient of earth pressure 土压系数
どあつバランス・シールド 【土圧~】 earth pressure balance shield 土压平衡式盾构机
どあつろん 【土圧論】 earth pressure theory 土压理论
ドア・ディテクター door detector (电梯)门上检测器
ドア・ノッカー door knocker 门环
ドア・ハンガー door hanger 门钩,挂门钩
ドア・フォン door phone (来访用)门上通话机,门内外通话器
ドア・プレート door plate 户名牌,门牌
ドア・ベル door bell 门铃
ドア・ポスト door post 门柱
ドア・ホールダー door holder 脚踏制门杆,门支子
ドア・ボルト door bolt 门插销
ドア・マット door mat 门前擦鞋垫
ドア・ロック door lock 门锁
ドア・ロック・アセンブリー door lock assembly 门锁装置,门锁机构
とい 【樋】 trough,gutter 雨水槽,道沟,檐沟,水落管
どい 【土居】 土台,土围子,土堤,土围子内的住宅,挑檐枋
というけいし 【樋受石】 gutter-receiving stone 雨水管下承石,水簸箕
というけかなもの 【樋受金物】 gutter hook,bracket,strap hanger,pipe clip 雨水管托钩,檐槽吊钩,檐槽托
といおろし 【樋卸】 chute unloading 溜槽卸料
といかなもの 【樋金物】 gutter hook,bracket,strap hanger,pipe clip 雨水管托钩,檐槽吊钩,檐槽托
どいがまえ 【土居構】 土围子,土墙寨子,土围子内的住宅
といけいえい 【都市経営】 city management,city operation 城市管理,城市经营
どいげた 【土居桁】 挑檐枋,挑檐桁(支承挑檐木的梁)
といこうじ 【樋工事】 gutter application 雨水管工程,水落管工程
といし 【砥石】 grind stone 磨石
といた 【戸板】 door panel,shutter 门板,护门板
ドイツこうぎょうきかく 【~工業規格】 Deutsche Industrie Normen(DIN)[德]

德国工业标准
ドイツこうさくれんめい 【~工作連盟】 Der Deutsche Werkbund(DWB)[德] (20世纪初期德国的)德意志制造联盟
ドイツこうど 【~硬度】 German hardness 德国硬度
ドイツしたみ 【~下見】 German weather boarding 德式横钉木板墙
ドイツづみ 【~[Duits荷]積】 header bond 顶砖砌合,满顶砌法
といつりかなもの 【樋吊金物】 gutter hanger,strap hanger 雨水管吊钩,雨水管托钩
ドイツ・ロマネスクけんちく 【~[Deutsche德]建築】 German Romanesque architecture (10~20世纪)德意志罗马风建筑
どいとくさ 【土居木賊】 roof sheathing 泥背下屋面板,望板
どいぬり 【土居塗】 瓮瓦的泥底层,泥背,苫背泥
どいばり 【土居梁】 挑檐枋,挑檐桁(支承挑檐木的梁)
どいぶき 【土居葺】 铺瓦下垫层(包括望板,油毡等层次)
トイレット toilet 盥洗室,化妆室
トイレット・ユニット toilet unit 卫生间单元
トイレット・ルーム toilet room 盥洗室,化妆室,厕所
とう 【塔】 pagoda,tower 塔
とう 【藤】 rattan 藤
どう 【堂】 正房,正殿的前部,前室,仪式性房间
どう 【銅】 copper 铜
トウ toe 脚趾,坡脚,柱脚,坝脚,焊边,尖头,斜钉
どうあつ 【動圧】 dynamic pressure 动压力
とうあつきゅうしつきょくせん 【等圧吸湿曲線】 moisture content isobar 吸湿等压曲线
とうあつず 【等圧図】 isobaric chart 等压图
とうあつせん 【等圧線】 isobar,isobaric line 等压线
とうあつめん 【等圧面】 equi-pressure surface 等压面
どうあつりょく 【動圧力】 dynamic pressure 动压力
どうあんてい 【動安定】 dynamical stability 动力稳定,动态稳定
どうアンモニアじんけんはいすい 【銅~人絹廃水】 cupro-ammonium rayon manufacture waste water 铜铵人造丝废水
どういげんそ 【同位元素】 isotope 同位素
どういた 【銅板】 copper plate 铜板
どういたい 【同位体】 isotope 同位素
どういたぶき 【銅板葺】 sheet copper roofing 铜板(皮)屋面,铺铜板(皮)屋面
とういつせい 【統一性】 identity 同一性
どういつせいのちょうわ 【同一性の調和】 harmony of identity (色调的)同一性调和,同一性协调
ドウイレリきゅう 【~宮】 Palais des Tuileries[法] (16世纪法国巴黎)都伊勒里宫
トウ・ウォール toe wall 坝趾墙,趾墙,(土)坡脚墙
どううち 【胴打】 木材伤痕,伐木时树干的伤痕
とうえい 【投影】 projection 投影
とうえいき 【投映機】 projector 放映机,投影机
とうえいじく 【投影軸】 perspective axis 投影轴
とうえいしつ 【投映室】 projection booth 放映室,放映间
とうえいず 【投影図】 projection 投影图
とうえいずほう 【投影図法】 projection drawing 投影图,投影法
とうえいちゅうしん 【投影中心】 center of projection 投影中心
とうえいめん 【投影面】 projection surface,plane of projection 投影面
とうえんしきがま 【倒炎式窯】 down draft kiln 倒焰窑
とうエントロピ 【等~】 isoentropy 等熵

**とうエントロピせんず** 【等～線図】 constant entropy chart 等熵曲线图
**とうエントロピへんか** 【等～変化】 isoentropic change 等熵变化
**どうおうりょく** 【動応力】 dynamical stress 动应力
**どうおうりょくど** 【動応力度】 dynamical stress intensity 动荷载应力值
**ドゥオーモ** duomo[意] 大教堂
**とうおんあっしゅく** 【等温圧縮】 isothermal compression 等温压缩
**とうおんきゅうちゃくきょくせん** 【等温吸着曲線】 adsorption isotherm 吸附等温线
**とうおんきょくせん** 【等音曲線】 loudness contours 等响曲线
**とうおんせん** 【等温線】 isotherm, isothermal line 等温线
**とうおんへんか** 【等温変化】 isothermal change 等温变化
**とうおんぼうちょう** 【等温膨張】 isothermal expansion 等温膨胀
**とうか** 【透過】 transmission 传递,传透,透射
**とうか** 【等価・等化】 equivalent 等效,等量,等值,等价,相等,均等,平均
**どうか** 【同化】 assimilation 同化(作用)
**とうがい** 【凍害】 freezing injury 冻害
**どうがい** 【胴飼】 filled stone, lining stone 填石,填衬石块
**どうかいおんすいだんぼう** 【同階温水暖房】 同层热水采暖
**とうかいりつ** 【倒壊率】 collapsed ratio 倒坍率,破坏率
**とうかえで** 【唐楓】 Acer baergerianum [拉], Buerger maple, Trident maple [英] 三角枫
**とうかおん** 【透過音】 transmitted sound 透射声,传递声
**とうかおん** 【等価温】 equivalent warmth 等效温感(测示体感温度的指标)
**とうかおんど** 【等価温度】 equivalent temperature 等效温度
**とうかがいきおん** 【等価外気温】 equivalent outdoor temperature 等效室外温度
**とうかがいきおんどさ** 【等価外気温度差】 equivalent outdoor temperature difference 等效室外温度差
**とうかかいほうそう** 【等価開放窓】 open window equivalent 等效开敞窗
**とうかかじゅう** 【等価荷重】 equivalent load 等效荷载,当量荷载
**とうかかねつおんどきょくせん** 【等価加熱温度曲線】 equivalent heating thermometric curve 等效加热温度曲线
**とうかきおん** 【等価気温】 equivalent air temperature 等效气温
**とうかく** 【撓角】 slope angle of deflection 角变,变位角,偏转角
**とうかぐ** 【藤家具】 ratten furniture 藤制家具
**とうかくがほう** 【等角画法】 isometric projection 等角投影,等距射影,等测轴测正投影
**とうかくず** 【等角図】 isometric drawing, conformal map 等角投影图,等测轴测正投影图
**とうかくずほう** 【等角図法】 isometric projection 等角投影法,等距射影,等测轴测正投影
**とうかくてん** 【等角点】 isocenter 等角点
**とうかくとうえい** 【等角投影】 isometric projection 等角投影,等距射影,等测轴测正投影
**とうかくほう** 【撓角法】 slope-deflection method 角变位移法,倾角位移法
**とうかけいすう** 【透過係数】 transmission coefficient 透射系数,传透系数
**とうかげんすいていすう** 【等価減衰定数】 equivalent damping constant 等效阻尼常数
**とうかこう** 【透過光】 transmitted light 透射光
**どうかこうか** 【同化効果】 assimilation effect 同化效应
**とうかこうそく** 【透過光束】 penetrating luminous flux 透射光通量
**とうかこうばい** 【等価勾配】 equivalent

grade 等值坡度,等效坡度

とうかごうひ 【等価剛比】 equivalent rigidity ratio 等效刚度比,折算刚度比,换算刚度比

とうかしつりょうみつど 【等価質量密度】 equivalent mass density 等效质量密度

どうかじゅう 【動荷重】 dynamic load 动荷载,动力荷载

とうかしょうめい 【透過照明】 transmitted lighting 透射照明

とうかスチフネス 【等価～】 equivalent stiffness 等效劲度,等效刚度

とうかせい 【透過性】 permeability 渗透性,透水性,透气性

とうかせってんりょく 【等価節点力】 equivalent nodal force 等效节点力

どうかせん 【導火線】 fuse 导火线,引信

とうかせんけいモデル 【等価線形～】 equivalent linear model 等效线性模型

とうかせんだんだんせいけいすう 【等価剪断弾性係数】 equivalent shear modulus of elasticity 等效剪切弹性模量

とうかそうおんレベル 【等価騒音～】 equivalent sound level(Leg) 等效声级(Leg)(亦称等效连续A声级)

とうかそくどうんどう 【等加速度運動】 uniformly accelerated motion 等加速度运动

とうかそんしつ 【透過損失】 transmission loss 透射损失

とうがたクレーン 【塔形～】 tower crane 塔式起重机

とうがたジブ・クレーン 【塔形～】 tower jib crane 塔式悬臂起重机

とうかだんせいけいすう 【等価弾性係数】 equivalent elastic modulus 等效弹性模量

とうかだんめんせき 【等価断面積】 equivalent sectional area 等代截面积,等效截面积,折算面积

とうかちょくかんちょう 【等価直管長】 equivalent length of straight pipe 等效直管长度

とうかちょっけい 【等価直径】 equivalent diameter 等效直径

とうかねんせいげんすいていすう 【等価粘性減衰定数】 equivalent viscous damping factor 等效粘性阻尼比,等效粘性阻尼常数

とうかはんしゃりつ 【等価反射率】 equivalent reflectance 等效反射率,等效反射系数

とうかへんかんほう 【等価変換法】 equivalent transposition (设计方案的)等效变换法

どうからみ 【銅からみ】 铜渣

とうかりつ 【透過率】 transmission factor, transmissivity 透射系数,透射率

とうかりつけい 【透過率計】 transmittance meter 透射系数仪(光度计量仪器与积分球配合使用),能见度测量仪

とうかりゅうけい 【等価粒径】 equivalent grain size 等效粒径

とうかりれきげんすいていすう 【等価履歴減衰定数】 equivalent hysteresis damping constant 等效滞后阻尼常数

どうがれ 【胴枯】 canker 腐烂病,胴枯病

とうかれんけつほう 【等価連結法】 equivalent combination (设计方案)等效结合法,等效配合法

とうかれんりつほうていしき 【等価連立方程式】 equivalent system of equations 等效连立方程,等价连立方程

とうかん 【陶管】 pottery pipe, earthenware pipe 陶管,瓦管

どうかん 【動感】 moving image 动感

どうかん 【道観】 Taoist temple 道观,道教庙宇

どうかん 【銅管】 copper pipe 铜管

どうかん 【導管】 vessel, conduct (阔叶树)导管,引水管,输送管

とうかんおんど 【等感温度】 equivalent warmth 等感温感(测量体感温度的指标)

どうかんかんがい 【導管灌漑】 pipe irrigation 引水管灌溉

とうかんきょくせん 【等感曲線】 loudness contours 等响曲线

とうかんどきょくせん 【等感度曲線】 loudness contours 等响曲线

とうき 【透気】 air permeance 渗透空气
とうき 【陶器】 earthenware 陶器,瓦器
どうぎ 【胴木】 圆木,主要木料
とうきけいすう 【透気係数】 infiltration, air permeance 空气渗透系数
とうきしつ 【陶器質】 china-quality 陶瓷质
とうきしつタイル 【陶器質～】 ceramic tile 瓷砖,陶质面砖
とうきせんてい 【冬季剪定】 winter pruning 冬季修剪
どうきそくど 【同期速度】 synchronous speed 同步速度
とうきちせき 【登記地積】 土地登记薄记载面积
どうきちょうせい 【同期調整】 synchronized hold control 同步调整,整步
とうきどかんぜんかくさんめん 【等輝度完全拡散面】 uniform brightness perfectly diffusing surface 等亮度完全扩散面
とうきどきょくせん 【等輝度曲線】 equi-brightness curve 等亮度曲线
とうきモザイク 【陶器～】 ceramic mosaic 陶瓷锦砖,陶瓷玛赛克
どうきゅうじょう 【撞球場】 billiard saloon 弹子房,台球房
どうきょ 【同居】 lodging 同住,同居,同居户
とうきょうせん 【等響線】 isoacoustics curve 等响线
とうきょうばり 【等強梁】 beam of uniform strength 等强度(变截面)梁,等强梁
どうきょせたい 【同居世帯】 lodging household 同居户
とうきょりしゃえい 【等距離射影】 equidistant projection 等距投影
とうきょりとうえい 【等距離投影】 equidistant projection 等距离投影
とうきりつ 【透気率】 air permeability 透气性,透气率
とうきりつしけん 【透気率試験】 air permeability test 透气性试验
どうぐ 【道具】 tool 工具
どうくつ 【洞窟】 cave, cavern 洞窟,石窟
どうくつじゅうきょ 【洞窟住居】 cave dwelling 洞居,穴居
どうくつしんでん 【洞窟神殿】 cave temple 石窟(寺)
どうぐばこ 【道具箱】 tool-box, tool-chest 工具箱
どうぐまく 【道具幕】 drop curtain (舞台上的)布景垂幕
トウ・クラック toe crack 趾部焊裂
とうげ 【峠】 斜削面间的棱线
とうけいせん 【等傾線】 isoclinics, isoclinic line 等倾线
とうけいてきじしんおうとう 【統計的地震応答】 statistic seismic response 统计地震反应
どうけいベクトル 【動径～】 radius vector 辐向矢径,向量径,动向径
とうげじるし 【峠印】 (待加工木构件上划出的)中线记号
とうけつ 【凍結】 freeze, frost 冻结,冰冻
とうけつおんど 【凍結温度】 refrigerating temperature, freezing temperature 冻结温度,冰点
とうけつき 【凍結器·凍結機】 freezer 制冷器,制冷机
とうけつきかん 【凍結期間】 freezing season 冻结期,冰冻季节
とうけつコイル 【凍結～】 freezing coil 冷冻盘管
とうけつこうほう 【凍結工法】 frosting work method, freezing method 冻结施工法(土壤加固法之一)
とうけつざい 【凍結剤】 freezing mixture 冷却剂,冷冻剂
とうけつさよう 【凍結作用】 frost action 冻结作用
とうけつしけん 【凍結試験】 freezing test 冰冻试验,抗冻试验
とうけつしすう 【凍結指数】 freezing index 冻结指数
とうけつしつ 【凍結室】 freezing room 冷冻间

とうけつしんくうほうそう 【凍結真空包装】 cryo-vac packing 真空冷冻包装
どうけつすい 【洞穴水】 cavern water 洞穴水,洞窟水,岩洞水
とうけつタンク 【凍結～】 freezing tank 冰箱,冷冻箱
とうけつてん 【凍結点】 freezing point 冰点,结冰点
とうけつふかさ 【凍結深さ】 depth of frost penetration (土的)冰冻深度
とうけつほう 【凍結法】 freezing method 冷冻法,制冷法
とうけつぼうしざい 【凍結防止剤】 anti-freezing admixture 防冻剂
とうけつゆうかい 【凍結融解】 freezing and thawing 冻融,冻结融解
とうけつゆうかいしけん 【凍結融解試験】 freezing and thawing test 冻(结)融(解)试验
トゥゲントハットてい 【～邸】 Tugendhat House (1930年捷克斯洛伐克布鲁诺)屠根特哈特住宅(米斯作品)
とうこう 【冬港】 winter harbour 冬港
どうこう 【銅鋼】 copper steel 铜钢
どうこう 【導坑】 heading (隧道掘进用)导洞
とうこうき 【投光器】 projector, flood light projector 探照灯,投射仪
どうごうきん 【銅合金】 copper alloy 铜合金
どうこうさい 【銅鉱滓】 铜渣
とうこうしつ 【投光室】 spotlight booth (舞台的)聚光灯室
とうこうしょうめい 【投光照明】 flood lighting 泛光照明
とうこうせん 【等高線】 contour line 等高线
とうこうせんかんかく 【等高線間隔】 contour interval 等高距,等高线间隔
とうこうどきょくせん 【等光度曲線】 equi-intensity curve of light 等光强曲线
とうこうどず 【等光度図】 isocandela diagram 等光强图,等烛光图
とうこうばり 【等高梁】 beam of uniform depth 等高梁
どう-コンスタンタンねつでんつい 【銅～熱電対】 copper-constantan thermocouple 铜-康铜热电偶
トウ・コンベヤー toe conveyer 轴踵输送机,轨道牵引输送机
とうさ 【踏査】 reconnaissance 草测,踏勘,查勘,勘测
とうさ 【陶砂】 矾水
どうさあつりょく 【動作圧力】 working pressure 工作压力
とうざいさじき 【東西桟敷】 (日本歌舞伎剧场中观众席的)两厢后座
どうさくうかん 【動作空間】 motion space 动作空间(人体进行某种动作所占的空间)
どうさけいすう 【動作係数】 coefficient of performance 运行系数,(冷冻)制冷系数
どうさけんきゅう 【動作研究】 motion study (改善操作方法的)动作研究
どうざし 【胴差】 girth (楼板下的)柱间系梁
どうさすきま 【動作隙間】 differential gap (自动控制的)微动间隙,动作间隙
とうじ 【冬至】 winter solstice 冬至
どうじえんじょうはば 【同時炎上幅】 同时燃烧距(由火灾发生处至熄止处的距离)
どうじかい 【同次解】 homogeneous solution 同次解,齐次解
とうしがほう 【透視画法】 perspective drawing method 透视图法
どうじかんすう 【同次関数】 homogeneous function 同次函数,齐次函数
とうじかんせんず 【等時間線図】 time contour map (交通)等时线图
とうじかんたい 【等時間帯】 time zone 等时区
とうじき 【陶磁器】 pottery ware 陶瓷器
とうじきこうじょうはいすい 【陶磁器工場廃水】 pottery waste water 陶瓷生产废水
とうしきせいやく 【等式制約】 equality constraint 等式约束,等式制约

とうじきょくせん【等時曲線】 isochrone 等时曲线
どうじきんちょう【同時緊張】 simultaneous tension 同时张拉
どうじくケーブル【同軸～】 cO-axial cable 同轴电缆
どうじけい【同次形】 homogeneous 同次形,齐次形
どうじざくつ【同時座屈】 simultaneous buckling 同时屈曲,同时失稳
とうしさつえいだい【透視撮影台】 fluoroscopic table (X射线)透视摄影台
とうしさめん【等視差面】 surface of equal parallax 等视差表面
どうじしようりつ【同時使用率】 usage factor (设备)同时使用率
とうしず【透視図】 perspective drawing 透视图
とうしずほう【透視図法】 perspective drawing method 透视图法
どうじたいひ【同時対比】 simultaneous contrast (色彩的)并存对比,联立对比
どうじたはつせいかさい【同時多発性火災】 同时多发性火灾
とうしつ【透湿】 transmission of humidity 透湿,传湿,渗潮
とうしつ【等質】 homogeneous 均质,匀质
どうしつ【同質】 homogeneity 均质
とうしつけいすう【透湿係数】 vapour permeance, moisture permeance 传湿系数(克/米$^2$·时·毫米汞柱)
とうしつせい【透湿性】 moisture permeability, vapour permeability 透湿性
とうしつていこう【透湿抵抗】 (water) vapour resistance 透湿阻,隔湿性,隔蒸汽性
とうしつど【透湿度】 vapour permeance 透湿系数
とうしつひていこう【透湿比抵抗】 specific vapour resistance 比蒸汽渗透阻(米$^2$·时·毫米汞柱)
とうしつりつ【透湿率】 permeability 透湿率
うしつりつ【透湿率】 permeability 渗湿性,渗透性
とうじてん【冬至点】 winter solstitial point 冬至点
とうしど【透視度】 transparency 透明度
とうしとうえい【透視投影】 perspective projection 透视投影
とうしどけい【透視度計】 transparency meter 透明度计
どうじはかいモードほう【同時破壊～法】 simultaneous mode of failure approach 同时破坏模型法
どうじぶんぎ【同時分岐】 simultaneous branching 同时分枝,同时分岔
とうしゃ【透写】 trace, tracing 描绘,描图
とうしゃかく【投射角】 angle of projection 投射角
どうじゃくり【胴決】 plough groove (木构件侧部刻出的)槽沟
とうしゃし【透写紙】 tracing paper 描图纸
とうしゃしほう【透写紙法】 resection by tracing paper 描图纸法(使用描图纸的后方交会法)
どうじゃばら【胴蛇腹】 string course 腰线
とうしゃふ【透写布】 tracing cloth 描图布
とうしゃりつ【投射率】 configuration factor 投射率
とうじゅう【套獣】 (仔角梁端部的)套兽
とうしゅこう【頭首工】 head works 取水头部,取水头部建筑物,渠首工程,掘进工程
とうじゅろ【唐棕梠】 Trachycurpus fortunei[拉], Fortunes windmillpalm[英] 棕榈
とうじょう【凍上】 frost heave 冻胀,冰冻隆胀
どうしょう【道床】 ballast, road bed (铁路)道碴基床,道碴路基
とうじょうかくやね【筒状殻屋根】 cylindrical shell roof 筒壳屋顶
とうじょうじゅうたく【塔状住宅】 tower dwelling 塔式住宅,塔状平面的住宅

とうしょうず 【投象図】 projection 投影图

とうしょうだいじ 【唐招提寺】 (759年日本奈良)唐招提寺

とうしょうだいじこうどう 【唐招提寺講堂】 (8世纪日本奈良)唐招提寺讲堂

とうしょうだいじこんどう 【唐招提寺金堂】 (759~773年日本奈良)唐招提寺金堂

とうしょうどきゅう 【等照度球】 equilux sphere, isolux sphere 等照度球体

とうしょうどきょくせん 【等照度曲線】 isolux curve 等照度曲线

とうじょうとし【塔状都市】 塔状城市

とうしょうどせん 【等照度線】 isolux line 等照度线

とうしょうどめん 【等照度面】 equilux surface 等照度面

どうしょうふるいわけき 【道床篩分機】 ballast screening machine 道渣筛分机

とうしょく 【等色】 colour matching 配色,等色匹配

とうしょくせん 【等色線】 isochromatics, isochromatic line 等色线

どうじりんかいかじゅう 【同時臨界荷重】 simultaneous critical load 同时临界荷载

どうしんえんせつ 【同心円説】 concentric zone concept 同心圆论(城市土地利用形态之一,即中央商业区为核心,批发及轻工业区,低级住宅区,中级住宅区和高级住宅区以同心圆式向外发展)

どうしんえんちたいりろん 【同心円地帯理論】 concentric zone concept 同心圆论

とうしんぐさ 【灯心草】 rush 灯心草,蔺草

とうしんせん 【等深線】 isobaths 等深线

とうしんだんめん 【透心断面】 (木材的)直纹面,径切面

とうじんやしき 【唐人屋敷】 (1688~1689年日本长崎建造的)中国人居住区

どうしんりんけいくうきふきだしぐち 【同心輪形空気吹出口】 concentric ring air diffuser 同心环形空气散流器

とうす 【東司】 寺院厕所

とうすい 【透水】 percolation 渗水

どうすい 【導水】 water-conveyance 导水,引水,输水

どうすいあつ 【動水圧】 dynamic water pressure 动水压力

どうすいかん 【導水管】 penstock 引水管

どうすいきょ 【導水渠】 driving channel 导水渠,引水渠

とうすいけいすう 【透水係数】 coefficient of permeability 渗透系数

どうすいけいど 【動水傾度】 hydraulic gradient 水力梯度,水力坡度,水力坡降

どうすいこうばい 【動水勾配】 hydraulic gradient 水力坡度,水力梯度

どうすいこうばいせん 【動水勾配線】 hydraulic-gradient line, piezometric head line 水力坡降线,水力梯度线

とうすいしけん 【透水試験】 permeability test 透水性试验,抗渗试验

とうすいしけんき 【透水試験機】 permeameter 渗透仪,渗水试验机

どうすいしせつ 【導水施設】 water-conveying works 引水设施

とうすいせい 【透水性】 permeability 透水性,渗透性

とうすいせいかそうど 【透水性下層土】 permeable subsoil 渗透性下层土

とうすいせいほそう 【透水性舗装】 permeable pavement 透水性路面

とうすいそう 【透水層】 permeable stratum 渗透层,透水层

とうすいそうち 【透水装置】 permeability test apparatus 透水性试验设备

どうすいそんしつ 【導水損失】 conveyance loss 输水损失

どうすいてい 【導水堤】 training dyke, training levee 导流堤

どうすいとう 【動水頭】 hydrodynamic head 动水头

とうすいばん 【透水板】 porous disk (试验土质的)透水板,多孔板

どうすいはんけい 【動水半径】 hydraulic radius 水力半径

とうすいひ　【透水比】 ratio of water permeability　透水比
とうすいりつ　【透水率】 coefficient of water permeability　透水系数
どうすいろ　【導水路】 headrace, headrace channel, headrace tunnel　引水渠
とうせいほうねつき　【陶製放熱器】 porcelain radiator　陶瓷散热器
とうせき　【陶石】 pottery stone　陶石
とうせきずほう　【等積図法】 equalarea projection　等积投影(法)
とうせきそう　【透析槽】 dialysis tank　渗析池, 渗析水箱
とうせきほう　【透析法】 dialysis　渗析法
とうせきまく　【透析膜】 dialysis membrane　渗析膜
とうせっこう　【透石膏】 selenite　透(明)石膏
とうせん　【塔尖】 broach　塔尖
どうせん　【胴栓】 (木构件侧面的)键接
どうせん　【動線】 traffic line, flow line　动线, 流线, 流程线, 人流线
どうせん　【銅線】 copper wire　铜丝
どうせんけいかく　【動線計画】 flow planning　流线设计, 人流线设计
どうせんず　【動線図】 flow diagram　流程图, 流线图, 人流图
とうぞう　【倒像】 inverted image　倒像
とうそくうんどう　【等速運動】 uniform motion　等速运动, 匀速运动
とうそくず　【等測図】 isometric drawing　等测图, 等角投影图, 等测轴测正投影图
とうそくていりゅう　【等速定流】 uniform flow　均匀流, 等速流
とうそくとうえい　【等測投影】 isometric projection　等测投影, 等距射影, 等测轴测正投影
とうそんしつ　【頭損失】 head loss　水头损失
とうだい　【灯台】 lighthouse, beacon　灯塔, 航标
とうだいじ　【東大寺】 (745～751年日本奈良)东大寺
とうだいじこんどう　【東大寺金堂】 (1709年日本奈良)东大寺金堂
とうだいじしょうろう　【東大寺鐘楼】 (1207～1210年日本奈良)东大寺钟楼
とうたつきょり　【到達距離】 throw (of air stream), blow (of air stream)　(喷流)射程
とうたつけいすう　【到達係数】 carry-over factor　传递系数
とうたつモーメント　【到達～】 carry-over moment　传递力矩
とうたつりつ　【到達率】 carry-over factor　传递系数
とうたんしきていしゃじょう　【頭端式停車場】 stub-type station, stab station　尽头站, 尽头客运站
どうだんせいけいすう　【動弾性係数】 dynamic modulus of elasticity　动力弹性模量
とうだんめんざい　【等断面材】 member of uniform section　等截面构件, 等截面杆件
とうだんめんせき　【等断面積】 uniform section　等截面体
とうちかんほう　【等値管法】 equivalent pipe method　等效管法, 等值管法
とうちだんめんせき　【等値断面積】 equivalent sectional area　等效截面积, 等代截面积, 折算面积
とうちとうぶんぷかじゅう　【等値等分布荷重】 equivalent uniform load　等效均布荷载, 等代均布荷载, 折算均布荷载
とうちゃくこうつう　【到着交通】 terminating traffic　到达交通
とうちゃくせん　【到着線】 arrival track (铁路的)到达线
とうちゃくホーム　【到着～】 arrival platform　到达站台
とうちゅう　【灯柱】 pole　电灯杆
どうちゅう　【幢柱】 (印度的)幢柱
とうちゅうこうりつきょくせん　【等昼光率曲線】 daylight factor contours, iso-daylight factor curves　等采光系数曲线, 等天然照度系数曲线
どうちょう　【同調】 tuning　调谐
どうちょう　【鋲長】 rivet length　铆钉长

度
どうちょうき 【同調器】 tuner 调谐器
とうちょうてん 【頭頂点】 vertex (人体的)头顶点
どうちょうよこすいせん 【胴長横水栓】 extended shank bib 长把旋塞,长把龙头
どうつうしけん 【導通試験】 continuity test 导通试验,断路检查试验
どうづき 【胴突·胴搗·胴付】 ramming, shoulder, abutting joint 夯实,捣固,捣实,(榫)肩,碰头接,对接接头
どうづきつぎ 【胴付継】 abutting joint 对接接头,碰头接
どうづきのこ 【胴付鋸】 (加工时防弯曲的)厚背锯
どうづきはぎ 【胴付矧】 plain joint 平(整)接合
どうつりあい 【動釣合】 dynamic equilibrium, dynamic balance 动力平衡,动态平衡
どうてい 【働程】 performance 运行性能,工作特性
どうていきょくせん 【働程曲線】 performance curve 工作特性曲线
どうてきアプローチ 【動的~】 kinematic approach 动力法
どうてきあんていど 【動的安定度】 dynamic stability (沥青混合料)动的稳定度
どうてきえんすいかんにゅうしけん 【動的円錐貫入試験】 dynamic cone penetration test 动力圆锥贯入试验
どうてきおうとう 【動的応答】 dynamic response 动态反应,动力响应
どうてきかいせき 【動的解析】 dynamic analysis 动力分析,动态分析
どうてきかそうしごとのげんり 【動的仮想仕事の原理】 principle of dynamic virtual work 动态虚功原理
どうてきかりょく 【動的加力】 dynamic loading 动力加载,动力加荷
どうてきけいかくほう 【動的計画法】 dynamic programming 动态规划法
どうてきざくつ 【動的座屈】 dynamic buckling 动力压曲,动力失稳,动力屈曲
どうてきシステム 【動的~】 dynamical system 动力体系,动力系统
どうてきじんたいけいそく 【動的人体計測】 dynamic anthropometry 人体动态的测量
どうてきせいしんき 【動的制振器】 dynamic damper 动力减振器,动力阻尼器
どうてきせっけい 【動的設計】 dynamic design 动态设计,动力设计
どうてきぞうふくりつ 【動的増幅率】 dynamic amplification factor 动态放大系数
どうてきそんしつ 【動的損失】 dynamic loss 动水压损失
どうてきつかれ 【動的疲】 dynamic fatigue 动疲劳,动力疲劳
どうてきつよさ 【動的強さ】 dynamic strength 动力强度,冲击强度,疲劳强度
どうてきデータかんりほう 【動的~管理法】 dynamic data management 动态数据管理法
どうてきバランス 【動的~】 dynamic balance 动态平衡
どうてきひずみけい 【動的歪計】 dynamic strain meter, dynamic strain gauge 动态应变仪
どうてきポアソンひ 【動的~比】 dynamic Poisson's ratio 动力泊松比
どうてきほうかいしけん 【動的崩壊試験】 dynamic collapse test 动力破坏试验
どうてきぼうしんそうち 【動的防振装置】 dynamic damper 动力减振器,动力阻尼器
とうてん 【東点】 east point (测量)东点
とうてんくうりつきょくせん 【等天空率曲線】 sky factor contours, iso-sky factor curves 等天空投射系数曲线
どうでんせいせっちゃくざい 【導電性接着剤】 electrically conductive glue 导电性粘合剂,导电性粘结剂
とうでんてん 【等電点】 isoelectric point 等电离点
とうでんてんしょり 【等電点処理】 isoelectric point process 等电离点处理
どうでんりつ 【導電率】 electric con-

ductivity 电导率
どうでんりつすい 【導電率水】 conductivity water 电导水
とうど 【陶土】 kaolin 陶土,瓷土,高岭土
どうど 【撓度】 deflection 挠度
どうとくせい 【動特性】 dynamic characteristics, dynamic behaviour 动特性,动态特性,动力特性
とうどけい 【塔時計】 tower clock 塔钟
どうトラップ 【胴～】 drum trap 鼓型存水弯,鼓式凝汽阀
どうながしすいせん 【胴長止水栓】 extended stop cock 伸长式水龙头
どうながよこすいせん 【胴長横水栓】 extended shank cock 长柄水龙头(安装在墙上的水龙头)
どうなげし 【胴長押】 柱腰线
とうなんけいほうき 【盗難警報機】 burglar alarm 盗窃报警器
とうにっしょうじきょくせん 【等日照時曲線】 equi-sunshining hour curve 等日照时数曲线
どうにゅう 【導入】 transfer 传递,传导,移交
とうにゅうえんそりょう 【投入塩素量】 chlorine dosage 加氯量
どうにゅうかん 【導入管】 inlet pipe 导入管,引入管
とうにゅうさんしゅつぶんせき 【投入産出分析】 input-output analysis 输入输出(购入销售)分析
どうにゅうじプレストレス 【導入時～】 initial prestress 初始预应力
とうにゅうそう 【投入槽】 charging tank (新鲜粪尿)贮存池
どうにゅうそうち 【導入装置】 transfer apparatus (预应力)传递设备
どうにゅうながさ 【導入長さ】 transfer length (预应力)传递长度
どうぬき 【胴貫】 (房屋、围墙、门等的)腰部横木
とうねつせん 【等熱線】 isothermal line 等温线
とうねつたい 【透熱体】 diathermanous body 透热体,热辐射透明体(辐射热的透射系数很大的物体)
どうねんせい 【動粘性】 kinematic viscosity 运动粘度
どうねんせいけいすう 【動粘性係数】 coefficient of kinematic viscocity 运动粘度系数
どうねんせいりつ 【動粘性率】 dynamic viscosity factor 动粘性系数,动粘度系数
どうねんど 【動粘度】 kinematic viscosity 运动粘度
とうば 【塔婆】 stupa 塔婆,窣堵婆
どうはいすいしょり 【銅廃水処理】 copper bearing waste treatment 含铜废水处理
どうはかん 【導波管】 waveguide 波导管
どうばめ 【胴羽目】 (墙壁)腰部护墙板
トゥーパーラーマとう 【～塔】 ThūpārāmA[梵] (公元前1世纪前期斯里兰卡)图帕拉玛佛塔
どうばり 【胴張】 (日本古建筑柱身的)凸肚,凸线,收分线,卷杀
どうばん 【銅板】 copper plate 铜板
どうはんガス 【同伴～】 carrier gas 携带气体,气体载体
どうばんぶき＝どういたぶき
とうひ 【唐檜】 Japanese spruce 鱼鳞松,云杉,针枞
とうひきゅうすうほう 【等比級数法】 geometric series method (折旧的)等比级数法
とうひょう 【灯標】 beacon, light-house 灯塔,航标
とうびょうさよう 【投錨作用】 anchoring 锚定作用,锚固作用
とうびょうち 【投錨地】 anchorage 抛锚地,停泊处
とうふくかくせん 【等伏角線】 isoclinal line 等(磁)倾线,等偏角线
とうふくじぜんどう 【東福寺禅堂】 (14世纪日本京都)东福寺禅堂
どうぶくらみ 【胴脹】 (日本古建筑柱身的)卷杀,凸线,收分线

どうぶち 【胴縁】 furring strips 横向加固构件,横筋
どうぶつえん 【動物園】 zoological garden, zoological park 动物园
どうぶつせいせっちゃくざい 【動物性接着剤】 animal glue 动物胶
どうぶつせいゆ 【動物性油】 animal oil 动物油
どうぶつにかわ 【動物膠】 animal glue 动物胶
どうふん 【銅粉】 copper powder 铜粉
とうぶんぷかじゅう 【等分布荷重】 uniformly distributed load 均布荷载
とうへんかくせん 【等偏角線】 isogonic line 等偏角线,等(磁)偏线
とうへんぶんぷかじゅう 【等変分布荷重】 uniformly varying load 均变荷载,三角分布荷载
とうへんやまがたこう 【等辺山形鋼】 equal angle iron 等边角钢
とうほう 【等方】 isotropy 各向同性
とうほうせい 【等方性】 isotropy 等向性,各向同性,均质性
とうほうせいざいりょう 【等方性材料】 isotropic materials 等向性材料,各向同性材料,均质材料
とうほうせいシェル 【等方性～】 isotropic shell 各向同性壳
とうほうせいばん 【等方性板】 isotropic plate 各向同性板
とうほうたい 【等方体】 isotropic body 各向同性体
とうほうテンソル 【等方～】 isotropic tensor 各向同性张量
とうぼく＝からき
とうポテンシャルせん 【等～線】 equipotential line 等势线,等位线
とうほん 【藤本】 liana, vine 藤本植物
どうまさつ 【動摩擦】 kinetic friction 动摩擦
どうまさつけいすう 【動摩擦係数】 coefficient of kinetic friction 动摩擦系数
とうまさつほう 【等摩擦法】 equal friction method (送风管道的)均等摩阻(计算)法
どうマトリックス 【動～】 dynamic matrix 动力矩阵
とうめいあついたガラス 【透明厚板～】 transparent plate glass 透明厚板玻璃
とうめいがんりょう 【透明顔料】 transparent pigment 透明颜料
とうめいしょく 【透明色】 transparent colour 透明色(透光介质的色彩)
とうめいでんきゅう 【透明電球】 clear lamp 透明灯泡
とうめいど 【透明度】 transparency 透明性,透明度
とうめいとそう 【透明塗装】 transparent finish, clear coating 透明涂面,透明涂饰
とうめいフリット 【透明～】 transparent frit 透明玻璃料,纯玻璃料
とうめいまど 【透明窓】 transparent window 透明窗(采用各种透明材料的窗)
ドゥ・モアブルのこうしき 【～の公式】 de Moivre's formula 德莫弗尔公式
とうもん 【唐門】 Chinese gate 中式园门
とうや 【塔屋】 penthouse (建于大楼平顶上的)楼顶房屋,屋顶间
とうやく 【投薬】 dosage 投药,加药
とうやくそうち 【投薬装置】 dosing apparatus 投药装置
とうゆ 【灯油】 kerosene, lamp oil 煤油,灯油
とうゆ 【桐油】 tung oil 桐油
とうようけんちく 【東洋建築】 oriental architecture 东方建筑
とうようせん 【等容線】 constant volume line 等容线
どうようふるい 【動揺篩】 shaking screen 振动筛
とうラウドネスきょくせん 【等～曲線】 loudness contours 等响曲线
どうりきがく 【動力学】 dynamics 动力学
どうりきがくてきおうとう 【動力学的応答】 dynamic response 动力学反应
どうりきがくてききじゅん 【動力学的基

準】 dynamic criterion 动力学准则

どうりきがくてきくいこうしき【動力学的杭公式】 dynamic pile-driving formula 动力打桩公式

どうりきがくてきだんせいりつ【動力学的弾性率】 dynamic modulus of elasticity 动力弹性模量

とうりつティーがたようへき【倒立T形擁壁】 inverted T-type retaining wall 倒T型挡土墙

とうりゅう【等流】 uniform flow 等速流，均匀流

どうりゅうか【導流化】 channelization (交通)渠化，导流

どうりゅうしきこうさ【導流式交差】 channelized intersection 渠化交通的交叉(口)，导流交叉口

どうりゅうせん【導流線】 channelizing line (交通)渠化线，导流线

どうりゅうてい【導流堤】 training dyke, training levee 导流堤

どうりゅうとう【導流島】 channelizing island 渠化交通岛，路口分车岛，导流交通岛

どうりゅうへき【導流壁】 guide wall, training wall 导流墙

どうりゅうほうしき【導流方式】 channelization (交通)渠化方式

とうりょうほう【等量法】 equalizing method 等量法(在图上计算测量区内面积的一种方法)

どうりょく【動力】 motive power 动力

どうりょくウインチ【動力～】 power winch 动力绞车

どうりょくけい【動力計】 dynamometer 测力计，功率计

どうりょくげん【動力源】 power source 能源，电源，动力源

どうりょくしげん【動力資源】 power resource 动力资源

どうりょくしけんふるい【動力試験篩】 mechanical testing screen 动力试验筛

どうりょくショベル【動力～】 power shovel 机铲，动力铲

どうりょくのこ【動力鋸】 power saw 动力锯，电锯

どうりょくはいせん【動力配線】 power line 动力(配)线，电力(配)线，输电线，电源线

どうりょくパイプ・カッター【動力～】 power pipe cutter 动力切管机

どうりょくハンマー【動力～】 power hammer 动力锤

どうりょくひ【動力費】 cost of power 动力费

どうりょくふか【動力負荷】 power load 动力负荷

どうりょくポンプ【動力～】 power pump 动力泵

どうりょくようすいこうねつひ【動力用水光熱費】 动力用水电费

とうるい【糖類】 saccharide 糖类

ドゥル・シャルキンきゅう【～宮】 Dur Sharrukin Palace (公元前722～705年亚述帝国)萨艮王宫

とうれつしきしんごうき【燈列式信号機】 position light signal 灯列式信号机

どうろ【道路】 road, highway 道路，公路

とうろう【灯籠】 lantern 灯笼

どうろきょう【道路橋】 highway bridge, road bridge 公路桥，道路桥

どうろきょうかいせん【道路境界線】 boundary line of street, line of right of way limit 道路边界线(法律规定的道路与建筑物基地的界线)，道路红线

とうろくぎょうしゃ【登録業者】 registered trade 登记建筑业者

どうろけいかく【道路計画】 planning of road system 道路系统规划

どうろけいかん【道路景観】 road landscape 道路景观，道路风景

どうろけいとう【道路系統】 road system 道路系统

どうろこうえん【道路公園】 park way, roadside garden 道路公园，风景区干道，公园路

どうろこうさ【道路交差】 road junction, intersection 道路交叉点，十字路口

どうろこうつうしんごう【道路交通信号】

highway traffic signal 公路交通信号
どうろこうつうひょうしき【道路交通標識】road traffic sign 道路交通标志
どうろじょうきょうず【道路状況図】condition diagram 道路状况图,道路条件图
どうろしょうめい【道路照明】road lighting 道路照明
どうろそくりょう【道路測量】road survey 道路测量
どうろとうしきじゅん【道路投資基準】highway investment criteria 公路投资标准
どうろのけいざいこうか【道路の経済効果】highway economic effect 公路经济效果
どうろはいすい【道路排水】road drainage 道路排水
どうろはば【道路幅】width of street 路宽
どうろびょう【道路鋲】traffic button (路面标线用)圆头钉,路钮
どうろひょうじ【道路標示】traffic marking,road marking 路面标线,路面划线
どうろひょうしき【道路標識】traffic sign 道路标志,交通标志
どうろひょうじゅんおうだんめん【道路標準横断面】standard cross section of roads 道路标准横断面
どうろぶんるい【道路分類】classification of roads 道路分类
どうろめんせきりつ【道路面積率】rate of road area,road area ratio 道路面积率
どうろもう【道路網】road network,highway network 道路网,公路网
どうろもうけいたい【道路網形態】road network pattern 道路网形式,道路网型
どうろもりど【道路盛土】highway embankment,road embankment 路堤,道路填方
どうろゆ【道路油】road oil 铺路油
どうろようしめかためきかい【道路用締固機械】roller,tamping roller 路辗,压路机
どうろようち【道路用地】right of way 道路用地
どうろりつ【道路率】rate of road,road ratio area 道路(面积)率
どうろローラー【道路～】road roller 压路机,路辗
どうんしゃ【土運車】trolley 运土车
どうんせん【土運船】运土船
とおしオーダー【通～】colossal order,giant order 巨柱式(二层通高的柱式)
とおしかせ【通械】(戗木底脚加固用)通长横木
とおしきん【通筋】through reinforcement 贯通钢筋,连续配筋
とおしたたら【通椨】栏杆立柱,栏杆竖杆
とおしづみ【通積】水平通缝砌石
とおしにわ＝とおりにわ
とおしぬき【通貫】通长横穿板
とおしばしら【通柱】long column,through post 通柱,直通柱,通长柱
とおしほぞ【通枘】penetrated mortise and tenon 通榫,透榫
とおみやぐら【遠見櫓】眺望楼
とおり【通】直通,穿贯,街道(俗称)
とおりくるい【通狂】disorder of line 线位偏移,轨道侧向变形
とおりしん【通心】定位中心,通过中心的划线
とおりなおし【通直】rectification of alignment 路线整直,线位拔正
とおりにわ【通庭】直通庭院,直通院子,穿堂院子
とおりぬけターミナル【通抜～】through terminal 过境总站
とおりひじき【通肘木】联结科栱的水平构件
とが【栂】Japanese hemlock 日本铁杉
とかいへいそうち【戸開閉装置】door closer 门开闭器
とかけがね【戸掛金】door latch 门扣,门锁
とかすいじゅんそくりょう【渡河水準測

量】 over-river levelling 过渡河水准测量

どかたカーブ 【土方～】 navvy curve (现场简便计算土方用的)土方曲线

どかたちょうばり 【土方丁張】 navvy curve (现场简便计算土方用的)土方曲线

どかづけ 【どか付】 一次加厚抹灰

とかど 【外角】 外角,凸角

どかぶり 【土被】 overburden 冲积土,覆土,覆盖层,埋没厚度

どかぶりあつ 【土被圧】 overburden pressure 覆土压力

どかべ 【土壁】 泥土墙,抹泥墙,木骨架土墙

とがりアーチ 【尖～】 pointed arch 尖拱,二心内心桃尖拱

とがりがんな 【尖鉋】 尖刃刨,尖底刨,V形槽刨

とがりづち 【尖槌】 铁锤,尖头锤,(一头尖一头平的)锤

とがりやね 【尖屋根】 steeple,spire 尖屋顶

どかん 【土管】 clay pipe,earthenware pipe 陶土管,瓦管

どかんようねんど 【土管用粘土】 sewer pipe clay 陶土管用粘土

どき 【土器】 earthenware 陶器,瓦器

とぎじる 【研汁】 水磨石用泥浆

とぎだし 【研出】 grind,polish 研磨,磨光,抛光

とぎだしき 【研出機】 polisher (水磨石)磨光机

ときのおくれ 【時の遅】 time lag 时滞,时间延迟

ときペン 【溶～】 ready-mixed paint 溶解性油漆,调和漆

とぎや 【研屋】 水磨石工

ときょう 【斗栱】 科栱

ときわぎ 【常磐木】 evergreen tree 常绿树

ときわもの 【常磐物】 evergreen tree 常绿树

ときん 【頭巾·兜巾】 方锥形望柱头,(小木作的)兜巾状柱头装饰

ときん 【鍍金】 plating 镀金,电镀

ときんかなもの 【兜巾金物】 (柱头上)兜巾状装饰铁件

とくい 【特異】 singular 奇异,奇(的)

とくいマトリックス 【特異～】 singular matrix 奇阵,降秩矩阵,退化矩阵

とくかい 【特解】 particular solution 特解

どくがくじ 【独楽寺】 (984年中国河北蓟县)独乐寺

とくしつたいかれんが 【特質耐火煉瓦】 special quality fire-brick 特种耐火砖

とくしゅいもの 【特殊鋳物】 special casting 特殊铸件

とくしゅかたわく 【特殊型枠】 special form 特殊材料制模板,特定形状模板

とくしゅけんちくぶつ 【特殊建築物】 special building 特殊建筑物

とくしゅこう 【特殊鋼】 special steel 特种钢

とくしゅこうえん 【特殊公園】 specific park 特种公园(包括风景公园、历史文物公园、动物园、植物园、交通公园等)

とくしゅこうはん 【特殊鋼板】 special steel plate 特种钢板

とくしゅゴムけいせっちゃくざい 【特殊～[gom荷]系接着剤】 橡胶系特种粘合剂

とくしゅコンクリートこうぞう 【特殊～構造】 special concrete construction 特殊混凝土构造

とくしゅしょうかき 【特殊消火器】 special extinguisher 特殊灭火器

とくしゅしんどう 【特殊振動】 particular vibration 特殊振动

とくしゅセメント 【特殊～】 special cement 特种水泥

とくしゅたいかぶつ 【特殊耐火物】 special refractory 特种耐火材料

とくしゅテラゾ·ブロック 【特殊～】 special terrazzo block 特种水磨石砌块

とくしゅとしょかん 【特殊図書館】 special library 特殊用途图书馆(如盲人图书馆、海员图书馆等)

とくしゅパテ 【特殊～】 special putty 特种油灰,特种腻子

とくしゅポルトランド・セメント 【特殊～】 special Portland cement 特种硅酸盐水泥

とくしゅポンプ 【特殊～】 special pump 特种泵

とくしゅルーフィング 【特殊～】 special asphalt roofing felt 特种沥青卷材

とくしゅれんが 【特殊煉瓦】 special brick 特种砖

どくしょしつ 【読書室】 reading room 读书室，书房，阅览室

どくしんりょう 【独身寮】 单身宿舍

どくせい 【毒性】 virulence, toxicity 毒性

とくせいインピーダンス 【特性～】 characteristic impedance 特性阻抗

とくせいかんすう 【特性関数】 characteristic function 特性函数，特征函数

どくせいきじゅん 【毒性基準】 toxicity level 毒性标准

どくせいきょうど 【毒性強度】 strength of poison 毒性强度

とくせいきょくせん 【特性曲線】 characteristic curve 特性曲线

どくせいきんぞく 【毒性金属】 toxic metal 有毒金属

とくせいけいすう 【特性係数】 characterizing factor 特性系数，特性因数

どくせいそうるい 【毒性藻類】 toxic algae 有毒藻(类)

とくせいほうていしき 【特性方程式】 characteristic equation 特征方程式

とくそ 【砥糞】 磨(刀)石上的泥浆

ドクター・ロール doctor roll 调节滚筒，涂胶量控制辊

とくていがいく 【特定街区】 特定街区，特定市区

とくていじゅうようこうわん 【特定重要港湾】 特定重要港口

とくべつきょうしつ 【特別教室】 特别教室，专用教室

とくべつきょうしつがた 【特別教室型】 usual(classroom) with variation type 特别教室型，专用教室型

とくべつぎょうむちく 【特別業務地区】 特别业务区(如仓库、批发市场等设施所在地区)

とくべつこうあつじゅでん 【特別高圧受電】 extra-high power receiving equipment 超高压配电(设备)

とくべつこうぎょうちく 【特別工業地区】 特别工业区

とくべつせいそうちいき 【特別清掃地域】 特别清扫区

とくべつちいき 【特別地域】 特定用地，指定用地

とくべつちょうりしつ 【特別調理室】 special kitchen 特餐厨房

とくべつとしげすいろ 【特別都市下水路】 specific city sewerage 特殊城市污水渠道，特殊城市排水渠道

とくべつとしけんせつけいかく 【特別都市建設計画】 特别(城)市建设规划

とくべつひなんかいだん 【特別避難階段】 special emergency stair case 专用太平梯

とくべつほごちく 【特別保護地区】 special conservation (公园规划中的)特别保护区

とくべつようとちく 【特別用途地区】 special use area 特殊用途地区

とぐみ 【斗組】 科栱

とくめい 【特命】 指定承包合同

とくめいうけおい 【特命請負】 special-appointment contract 指定承包(包工)

とくめいけいやく 【特命契約】 special appointment contract 指定承包合同

とくめいこうじ 【特命工事】 special appointment work 指定承包工程

とぐり＝ますぐり

とくりがたミキサー 【徳利形～】 bowel mixer 瓶式搅拌机，倾桶式拌和机

とくりジャッキ 【徳利～】 bottle jack 瓶式千斤顶

どくりつえいよう 【独立栄養】 autotrophism 自养

どくりつきそ 【独立基礎】 independent footing, individual footing 单独基础，独立基础

どくりつさいさんせい 【独立採算制】

self-supporting accounting system 独立核算制
どくりつしきち 【独立敷地】 individual site 专用建筑场地
どくりつじゅうたく 【独立住宅】 detached house 独立住宅
どくりつじゅうたくち 【独立住宅地】 detached house quarter 独立式住宅地段
どくりつだて 【独立建】 detached 独立住宅建造方式
どくりつばしら 【独立柱】 independent post 独立柱
どくりつぶざいかく 【独立部材角】 independent rotation angle 独立转角
どくりつフーティング 【独立～】 independent footing, individual footing 独立基础,单独基础
どくりつフーティングきそ 【独立～基礎】 independent footing, individual footing 独立基础,单独基础
トグル toggle 肘节,肘环,套环,套索栓,套索钉
トグル・ボルト toggle bolt 系墙螺栓,套环螺栓
とぐるま 【戸車】 sash sheave, sash roller, runner 窗扇滑轮,推拉门滑轮
とけいかいてんほうこう 【時計回転方向】 clockwise direction 顺时针方向,顺钟向
とけいじょう 【時計錠】 time lock 定时锁
とけいほうこう 【時計方向】 clockwise direction 顺时针方向,顺钟向
とけいまわり 【時計回】 clockwise rotation 顺时针旋转
とけおち 【溶落】 burn through, melt down 烧穿,烧透
とけおちき 【溶落期】 烧穿期,烧透期
とけこみ 【溶込】 penetration 焊透,焊透深度,溶深
とけこみふそく 【溶込不足】 incomplete penetration, lack of penetration 未焊透
とけスラグ 【溶～】 melt slag 熔渣
どける 石材表面湿润现象,铺石地面返潮现象
とこ 【床】 地板,床铺,铺席床,铺板床,(日本住宅客厅内靠墙处高出地面的)凹间
とこいし 【床石】 (混凝土地面)毛石垫层,地面石垫层
とこいた 【床板】 (日本住宅客厅内)凹间铺放的木地板
どこう 【土工】 earth work 土方,土方工程
どこうきかい 【土工機械】 earth-moving machine 土方工程机械
どこうじ 【土工事】 earth work 土方工程
どこうばん 【土工板】 bowl, mouldboard, blade 刮土板,刮土曲面板,刮板
どこうりょう 【土工量】 earth volume 土方量
とこかえ 【床替】 nursery transplanting 苗床(之间)移植,换床
とこがまち 【床框】 (日本住宅客厅)凹间的木地板边框
とこづけ 【床付】 挖至基槽底
とこのま 【床の間】 (日本住宅客厅内靠墙处高出地面的)凹间
とこばしら 【床柱】 (日本住宅客厅的)凹间木柱
とこぶち 【床縁】 (日本住宅客厅的)凹间的木地板边框
とこぼり 【床掘】 刨槽,挖掘基坑,挖掘基槽
とこやまべや 【床山部屋】 wigmaker's room (剧院的)梳发化妆室
とこわき 【床脇】 (日本住宅客厅)凹间旁边的壁橱,搁板
ドーザー dozer 推土机
ドーザー・ショベル dozer shovel 推土机式铲土机
とさつじょう 【屠殺場】 slaughterhouse 屠宰场
とさみずき 【土佐水木】 Corylopsis spicata[拉], spike winterhazel[英] 日本蜡瓣花
とし 【都市】 city, town 都市,城市,市
とじあわせリベット 【綴合～】 stitch

rivet 缀合铆钉,结合铆钉
としあんぜんきじゅん【都市安全基準】urban safety standard 城市安全标准
としうんえいしせつ【都市運営施設】public services 城市公共设施(指交通、情报通讯、公用事业等设施)
としえいせい【都市衛生】municipal sanitary 城市卫生
としえいせいこうがく【都市衛生工学】municipal sanitary engineering 城市卫生工程(学)
としか【都市化】urbanization 城市化,都市化
としかいぞう【都市改造】town renewal 城市更新,城市改建
としかいぞうじぎょう【都市改造事業】城市改建事业
としかいぞうとちくかくせいりじぎょう【都市改造土地区画整理事業】land readjustment work for urban renewal 城市改建中的土地区划整理
としかいはつ【都市開発】city development 城市开发,城市发展
としかいはつくいき【都市開発区域】城市开发地区
としかいはつしきん【都市開発資金】城市开发资金
としかいりょう【都市改良】city improvement, town renewal 城市改善,城市改建
としがく【都市学】urbanology 城市学
としかくちょう【都市拡張】town extension 城市扩展
としかくちょうけいかく【都市拡張計画】plan(ning) for expanded town 城镇扩展规划
としかくめい【都市革命】urban revolution 城市革命
としガス【都市～】city gas 城市煤气
としガスこうじょうはいすい【都市～工場廃水】waste from town gas plant 城市煤气厂废水
としかぜんせん【都市化前線】城市化前线(城市扩张膨胀过程中,人口增加率最大的地区)
としかぞく【都市家族】城市家庭(形式)
としがたこうぎょう【都市型工業】urban type industry 城市型工业
としかみつか【都市過密化】urban congestion 城市过密化
としかんきょう【都市環境】urban environment 城市环境
としかんけいけん【都市関係圏】urban effective area 城市功能影响区域,大城市范围圈
としかんこうつう【都市間交通】intercity traffic 城市间交通
としかんつうしん【都市間通信】intercity communication 城市间通讯
としきかいかん【都市機械観】mechanical analogy of city 城市机械模拟(像机械的部件与整体的关系一样来说明城市的机构与体制等各要素)
としきぎょう【都市企業】city enterprise 城市企业
としきこう【都市気候】city climate, urban climate 城市气候
としきしょう【都市気象】city climate, urban climate 城市气候,城市气象
としきのう【都市機能】urban function 城市功能
としきのうちょうさ【都市機能調査】城市功能调查
としきばん【都市基盤】urban infrastructure 城市基础设施
としきぼ【都市規模】urban scale 城市规模
としきほんけいかく【都市基本計画】master plan, general plan 城市总体规划,城市规划总图
としきほんず【都市基本図】城市规划总图
としきょうきゅうしょりしせつ【都市供給処理施設】public utility services 城市公用事业
としぎょうせい【都市行政】城市管理
としきり【都市霧】city fog 城市烟雾
としくうかん【都市空間】urban space, urban place 城市空间
としくうかんきけんしすう【都市空間危

険指数】 城市空间危险指数
としぐんちいき 【都市群地域】 conurbation 城市群区域,集合城市区域(二个或几个城市由于不断发展而连成一片的区域)
としけいかく 【都市計画】 city planning,town planning 城市规划
としけいかくがいろ 【都市計画街路】 city streets planning 城市街道规划,城市道路规划
としけいかくぎじゅつ 【都市計画技術】 technique of city planning 城市规划技术
としけいかくきそちょうさ 【都市計画基礎調査】 城市规划基础调查
としけいかくきょうかい 【都市計画協会】 City Planning Association of Japan (日本)城市规划协会
としけいかくくいき 【都市計画区域】 city planning area,town planning area 城市规划法规定的地区
としけいかくこうえん 【都市計画公園】 city planning park 城市规划的公园
としけいかくじぎょう 【都市計画事業】 town planning works 城市规划工作,城市规划事业
としけいかくず 【都市計画図】 town planning map,city planning map 城市规划图
としけいかくせいげん 【都市計画制限】 town planning restriction 城市规划限制(在确定的地区内进行规划或建设时受城市规划法的限制)
としけいかくちょうさ 【都市計画調査】 town planning survey 城市规划调查
としけいかくほう 【都市計画法】 city planning law 城市规划法
としけいかくようちず 【都市計画用地図】 city planning map 城市规划用地图
としけいかん 【都市景観】 townscape, city landscape 市容,城市景观
としけいかんけいかく 【都市景観計画】 townscape plan,city landscape plan 城市景观规划,市容规划
としけいざいがく 【都市経済学】 urban economics 城市经济学
としけいたい【都市形態】 urban pattern 城市型式,城市形态
としけいたいがく【都市形態学】 urban morphology 城市形态学
としげすいろ 【都市下水路】 municipal sewerage 城市下水道,城市污水管道
としけん 【都市圏】 urban area,metropolitan area 城市圈,城市范围圈,城市地区
としけんきゅう 【都市研究】 urban study 城市研究
としけんけいかく 【都市圏計画】 metropolitan area planning 城市范围圈规划
としけんけんきゅう 【都市圏研究】 urban area study 城市范围圈的研究
としけんしょう 【都市憲章】 city charter 城市宪章
としこうえいこうつう【都市公営交通】 municipal transportation 城市公营公共交通
としこうえん 【都市公園】 city park,urban park 城市公园
としこうがい 【都市公害】 urban pollution 城市公害
としこうがく 【都市工学】 urban engineering 城市工程学
としこうきょうしせつ 【都市公共施設】 public facilities 城市公共设施
としこうしん 【都市更新】 urban renewal 城市更新,城市改建
としこうせい 【都市構成】 city constitution 城市组成
としこうぞう 【都市構造】 urban structure 城市结构
としこうそくてつどう 【都市高速鉄道】 urban rapid rail transit 城市高速铁路
としこうそくどうろ 【都市高速道路】 urban expressway 城市高速道路,市区高速公路
としこうつう 【都市交通】 urban traffic,traffic in town 城市交通
としこうつうけいかく 【都市交通計画】 urban transportation planning 城市交通规划

としこうつうけん 【都市交通圏】 urban transportation area 城市交通范围圈
としこっか 【都市国家】 city state 城市国家
としごみしょうきゃくろ 【都市ごみ焼却炉】 incineration refuse furnace 城市垃圾焚化炉
としさいがい 【都市災害】 urban damages 城市灾害
としさいかいはつ 【都市再開発】 urban redevelopment 城市再开发,城市重新扩建,城市复兴
としさいかいはつほう 【都市再開発法】 城市再开发法
としざいせい 【都市財政】 urban finance 城市财政
としし 【都市史】 urban history 城市史
とししきち 【都市敷地】 town site 城市用地,城市建设基地
とししせつ 【都市施設】 urban facilities,public facilities 城市设施,公共设施
とししゃかい 【都市社会】 urban society,urban community 城市社会
とししゃかいがく 【都市社会学】 urban sociology 城市社会学
とししゃかいけいかく 【都市社会計画】 social planning 城市社会(公益、福利)规划
とししじゅうたく 【都市住宅】 urban house 城市住宅
とししゅうだん 【都市集团】 conurbation 城市群区域,集合城市区域(二个或几个城市由于不断发展而连成一片的区域)
とししゅうちゅう 【都市集中】 urban drift 人口城市集中,城市人口流入
とししゅうふく 【都市修復】 urban rehabilitation 城市修复
とししょうめい 【都市照明】 urban lighting 城市照明
とししじんかいしょうきゃくろ 【都市塵芥焼却炉】 urban refuse incinerator 城市垃圾焚化炉
とししじんこう 【都市人口】 urban population 城市人口
としレしんだん 【都市診断】 urban diagnosis 城市调查分析,城市诊断
としすいがい 【都市水害】 城市水害
としせい 【都市性】 urbanism 城市性(指居民生活方式现代化的状态)
としせいかく 【都市性格】 urban character 城市性质
としせいかつきじゅん 【都市生活基準】 urban living standard 城市生活标准
としせいかつけんちょうさ 【都市生活圏調査】 城市生活范围调查
としせいさく 【都市政策】 urban policy 城市政策
としせいたいがく 【都市生態学】 urban ecology 城市生态学
としせいちょう 【都市成長】 urban growth 城市成长
としせいびくいき 【都市整備区域】 urban improvement area 城市整备区,城市更新区,城市改善区
としせっけい 【都市設計】 urban design 城市设计
としそうおん 【都市騒音】 city noise 城市噪声
としそうち 【都市装置】 urban mechanics 城市设备,城市装备(指为适应城市流动、消费、情报等大量化而产生的机构、装置,如大广场、地下铁路、车行道、管道输送、交通控制等)
としそかい 【都市疎開】 urban dispersion 城市疏散
としたいか 【都市大火】 城市大火,城市火灾
としだいこうえん 【都市大公園】 large park 城市大公园
とじたサブルーチン 【閉じた~】 closed subroutine 闭型子程序
としたんいひょうか 【都市単位評価】 城市单位评价(指对地市各地区生活环境指数作对比分析)
としちいき 【都市地域】 urban district, urban area 城市地区
としちゅうしん 【都市中心】 civic central area,urban core 城市中心

としちゅうしんせい 【都市中心性】 城市中心性(指城市功能的影响范围及程度)
としちょうさ 【都市調査】 town planning survey 城市(规划)调查
としちょうさず 【都市調査図】 town planning survey map 城市(现状)调查图
としちりがく 【都市地理学】 urban-geography 城市地理学
どしつ 【土質】 soil character 土质
どしつあんてい 【土質安定】 soil stabilization 土壤稳定,土质稳定
どしつあんていほう 【土質安定法】 soil stabilization 土壤稳定法,土质稳定法
どしつこうがく 【土質工学】 soil engineering 土质工程学
どしつしけん 【土質試験】 soil test 土(壤)试验
どしつちゅうじょうず 【土質柱状図】 soil columnar section 原状土柱图,土质柱状图
どしつちょうさ 【土質調査】 soil exploration,soil survey 土质调查,地质勘探
どしつぶんせき 【土質分析】 soil analysis 土质分析
どしつりきがく 【土質力学】 soil mechanics 土力学
としてつどう 【都市鉄道】 city railway 城市铁路
としとうきゅう 【都市等級】 城市火灾危险等级
としどうろ 【都市道路】 urban road 城市道路
としないぶつりゅう 【都市内物流】 urban freigth movement 城市内货流,城市内物流
としのさいてききぼ 【都市の最適規模】 optimum city size 城市最佳规模
としはいきぶつ 【都市廃棄物】 municipal waste 城市废物
としび 【都市美】 urban amenity,urban beauty 城市美观
としびかうんどう 【都市美化運動】 Movement of City Beautiful (20世纪初期美国开展的)城市美化运动
としびようじゅつ 【都市美容術】 urban cosmetology 城市整容术
としびょうりがく 【都市病理学】 urban pathology 城市病理学
としひろば 【都市広場】 urban square 城市广场
としぶんさん 【都市分散】 urban dispersion 城市疏散
としぶんるい 【都市分類】 classification of city 城市分类
としぼうかけいかく 【都市防火計画】 town fireproof plan 城市防火计划
としぼうくう 【都市防空】 air defence of city 城市防空
としぼうさいけいかく 【都市防災計画】 城市防灾规划
としぼうさいしんだん 【都市防災診断】 城市防灾调查分析
としぼうさいたいさく 【都市防災対策】 城市防灾措施
としぼうちょう 【都市膨張】 city expansion 城市扩张,城市膨胀
としほぜん 【都市保全】 urban conservation 城市保护
とじまりかなもの 【戸締金物】 fastener,locking ware 门用扣件,锁门装置
としモデル 【都市～】 model of metropolis 城市模式
としもんだい 【都市問題】 urban problem 城市问题
とじゃくり 【戸决】 door rebate 门框铲口,门樘铲口
どしゃどう 【土砂道】 earthroad 土路,砂土路
どしゃのうど 【土砂濃度】 sediment concentration 泥砂浓度
どしゃほうかいぼうびりん 【土砂崩壊防備林】 forest for earthfall prevention 土崩防护林
どしゃりゅうしゅつぼうびりん 【土砂流出防備林】 forest for erosion control 水土保持林,土砂冲刷防护林
としゆうきたいかん 【都市有機体観】 organic analogy of city 城市有机体论
としゅつべん 【吐出弁】 discharge valve 泄水阀,排水阀

とじょう【都城】(中国的)都城,(645年以后日本仿照中国建造的)城市
とじょう【屠場】slaughter-house 屠宰场
どじょう【土壌】soil 土壤
どじょうおせん【土壌汚染】land pollution 土壤污染
どじょうかいりょう【土壌改良】soil amendment 改善土壤,土壤改良
どじょうかいりょうざい【土壌改良剤】soil reforming material 土壤改良剂
どじょうがく【土壌学】soil science 土壤学
どじょうくうき【土壌空気】soil air 土壤空气
どじょうこうぞう【土壌構造】soil structure 土壤构造
どじょうこうど【土壌硬度】soil hardness 土壤硬度
どじょうすい【土壌水】soil moisture 土壤水分,土壤湿度
どじょうすいぶん【土壌水分】soil moisture (土的)含水量,土壤水分
どじょうすいぶんていすう【土壌水分定数】soil moisture constant 土的含水常量,土壤持水常数
どじょうせいぶつ【土壌生物】soil organism 土壤生物
としようそ【都市要素】urban element 城市要素
としょうち【徒渉池】wading pool 儿童嬉水池,浅水池
とじょうはいすい【屠場廃水】slaughter-house waste water 屠宰厂废水
どじょうびせいぶつ【土壌微生物】soil micro-organisms 土壤微生物
としようりょう【都市容量】urban capacity 城市容量
としょかん【図書館】library 图书馆
としょしつ【図書室】library 图书室
とじり【斗尻】料底
とじリベット【閉～】stitch rivet 绗(缝)合铆钉
としりょくち【都市緑地】ornamental green space,urban green 城市绿地
としりょくちほぜんほう【都市緑地保全法】城市绿地保护法
としりん【都市林】municipal forest 城市林
としろ【都市路】urban branch road 城市支路
としん【都心】civic central area,urban core 城市中心
としんきのう【都心機能】function of civic center 市中心功能
ドージング・タンク dosing tank 投药料箱,计量箱
としんしょうてんがい【都心商店街】central commercial district 市中心商业区,市中心商店街
としんぶ【都心部】central area,urban core,central business district 市中心区,市中央营业区
とすいこう【吐水口】water spout 出水口,装饰性出水口
トスカナしきオーダー【～式～】Tuscan order 托斯卡纳柱式
どすてば【土捨場】spoil-bank 弃土堆,废土堆
どずり【戸摺】sliding door rail 推拉门槽,推拉门轨
どせい【土性】soil character 土特性
どせいず【土性図】soil map 土壤图
どせいちょうさ【土性調査】soil characteristics survey 土壤特性调查
どせきけいさん【土積計算】masscalculation 土方量计算
どせきず【土積図】mass curve,mass diagram 土方累积图,土积图
どせきりゅう【土石流】debris flow 泥石流
とそう【塗装】coating 喷刷涂料,涂漆,油漆,喷漆
どそう【土層】soil layer,soil stratum 土层
どぞう【土蔵】木骨架泥土墙仓库
どそうい【土層位】soil horizon 土壤层位
とそうきじ【塗装生地】prime coating,prime paint 涂底,涂底漆,底涂层,头道

涂层

とそうけい 【塗装系】 涂料配合层次,涂料选配系统

とそうこう 【塗装工】 painter 油漆工

とそうこうてい 【塗装工程】 painting process 油漆工序,涂料施工程序

とそうごうはん 【塗装合板】 prefinished plywood 油漆胶合板,涂胶胶合板,饰面胶合板

とそうしたじ 【塗装下地】 prime coating 涂底,涂底漆,底涂层,头道涂层

どそうだんめん 【土層断面】 soil profile 土层剖面图,土层纵断面

どぞうづくり 【土蔵造】 木骨架泥土墙构造(一种耐火构造)

とそうめんせき 【塗装面積】 painting area 涂漆面积,油漆面积

とそうようセメント 【塗装用~[cement]】 粉刷用水泥,抹灰用水泥

どだい 【土台】 sill,ground sill 木基础梁,地梁,地槛,门槛

とだいら 【砥平】 细磨石

トータル・スペース total space (城市的)综合空间

トータル・デザイン total design 总体设计

トータル・ヒート total heat 总热量,热函,焓,积分热,变浓热

トータル・フロート total float (TF) (网络工程进度表中的)总富裕(时间)

どたん 【土丹】 hardpan 硬土,坚土,硬(盘)土

トタン tutanaga[葡],galvanized iron [英] 镀锌钢板,镀锌铁皮

トタンいた 【~板】 galvanized iron sheet 镀锌铁皮,镀锌钢板

トタンいたようとりょう 【~板用塗料】 galvanized iron paint 镀锌钢板涂料,镀锌钢板油漆

トタンくぎ 【~釘】 galvanized sheet iron nail 镀锌钢板用钉

どたんばん 【土丹盤】 hardpan,mudstone 硬地基,泥板岩,硬(土)层

トタンびょう 【~鋲】 tin point,glazer's sprig 镀锌三角钉,(镶玻璃用)扁头针

トタンぶき 【~[tutanaga波斯]葺】 galvanized sheet iron roof 镀锌铁皮屋面,铺镀锌铁皮屋面

トタン・ペイント galvanized iron paint 镀锌钢板涂料,镀锌钢板油漆

とち 【土地】 land 土地

とち 【栃】 Aesculus turbinata[拉], horse chestnut[英] 七叶树

トーチ torch 焊炬,焊枪,喷灯,吹管,火炬,火焰

とちいた 【栩板】 厚屋面板

とちかいりょうじぎょう 【土地改良事業】 土地改良事业

トーチかん 【~管】 torch tube 焊灯喷管,焊枪喷管

とちきょうかいせん 【土地境界線】 borderline of land 土地界线

とちくかくせいり 【土地区画整理】 land readjustment 用地再调整,用地重新区划

とちくかくせいりじぎょう 【土地区画整理事業】 land readjustment works 土地区划整理工作

とちしゅうよう 【土地収用】 expropriation of land 土地征用

とちしゅとく 【土地取得】 acquisition of land 土地获得

とちじんこうみつど 【土地人口密度】 population density of land 土地人口密度

とちぞうせい 【土地造成】 用地造成(对土地进行必要的工程措施形成符合各种用途的城市用地)

とちそくりょう 【土地測量】 land surveying 土地测量

とちだいちょう 【土地台帳】 register of land 土地登记簿

とちのき 【橡】 Aesculus turbinata[拉], Japanese horse-chestnut, Janpanese buckeye[英] 日本七叶树

とちのたくえつしゅうき 【土地の卓越周期】 dominant period of ground 土地卓越周期

とちのちんこう 【土地の沈降】 subsidence of land, land sinking 土地沉降,

土地下沉
とちのりゅうき 【土地の隆起】 upheaval of land 土地隆起
とちぶき 【栩葺】 厚屋面板铺屋面
トーチ・ヘッド torch head 气炬焊头,气焊嘴,喷灯头
とちもんだい 【土地問題】 land problem 土地问题
どちゅうすい 【土中水】 soil moisture 土壤水分,土壤湿度
とちゅうてんかん 【途中転換】 throwing of switch under cars (车辆的)途中转辙
とちょうし 【徒長枝】 sucker, water sprout 徒长枝
トーチようせつ 【~溶接】 torch welding 焊炬焊接,吹管焊接
トーチ・ランプ torch lamp 喷灯
とちりよう 【土地利用】 land use, land utilizalion 土地使用
とちりようくぶん 【土地利用区分】 classification of land use 用地分类
とちりようけいかく【土地利用計画】 land use planning 用地规划,土地使用规划
とちりようげんきょうず 【土地利用現況図】 existing land use map 土地利用现状图
とちりようわりあい 【土地利用割合】 ratio of land use 土地利用率
トーチング torching 喷烧(用喷灯烧去旧漆)
とつえん 【突縁】 flange 翼缘,凸缘,法兰盘
とつえんせつごう 【突縁接合】 flange coupling, flange joint 凸缘接合,法兰连接
とづか 【斗束】 枓栱下面的短柱,栏杆上面的蜀柱
とっかけいすう 【特化傾数】 index of specialization (用地平衡)特别指数
とっかん 【突貫】 rush 突击(施工)
とっかんこうじ 【突貫工事】 rush work 突击工程
とつかんすう 【凸関数】 convex function 凸函数
とつきスイッチ【戸付~】 door switch 门上(接触)开关
とっきぶんりたい 【突起分離帯】 raised separater (道路)突起式分隔带
とっきようせつ 【突起溶接】 projection welding 凸出焊接,凸焊
とっきょけん 【特許権】 patent 专利权
ドック dock 船坞,停泊处,(铁路终点站的)站台,(舞台下面的)布景存放处
ドッグ dog 扒钉,蚂蝗灯,卡爪,搭扣,制动爪,拔钉钳
ドック・チャンバー dock chamber 造船所,修船所
トッグル・ジョイント toggle joint 肘环套接,系墙螺栓
トッグル・スイッチ toggle switch, tumbler 拔动开关,搬扭开关
とつけいかくほう 【凸計画法】 convex programming 凸规划(画)法
とっこうかん 【特厚管】 extra heavy pipe 特厚管
どっこほぞ 【独鈷枘】 长插榫,杵状插榫
とつしゅうごう 【凸集合】 convex set 凸集
とっしゅつきゃく 【突出脚】 outstanding leg (角钢等的)突出肢,伸出肢
とつすみにくようせつ【凸隅肉溶接】 convex fillet weld 凸形角焊,凸面角焊缝
とつせい 【凸性】 convexity 凸度,起拱度
とったり (打桩用的)调整绳
とって 【把手·取手】 handle, door handle 把手,拉手,门把手
とってい 【突堤】 groin, groyne, jetty 丁坝,丁字堤,拦砂坝
ドットようせつ 【~溶接】 dot weld (表面缺陷)补焊,点焊,填焊
トッピング topping (混凝土基础、预制板上的)覆盖层,罩面层
とつぶ 【凸部】 summit, crest (道路)坡顶,顶端,凸处
トップ・アングル top angle (钢梁端部设置的)顶端(紧固)角钢,上部角钢

とっぷう 【突風】 gust,gusty air 阵风
とっぷうりつ 【突風率】 gust factor 阵风系数
とつぶひょうしき 【凸部標識】 drum sign (道路竖曲线)凸处标志,路峰部警告标志
トップ・ライト top lighting 顶部采光,天窗采光,屋顶天窗
トップ・ライト・ガラス top light glass 顶部采光玻璃,天窗玻璃
ドップラーこうか 【～効果】 Doppler's effect 多普勒效应
トップ・レール top rail (桥梁)栏杆扶手,上栏杆
ドッペルカペレ Doppelkapelle[德] (12～13世纪德国城堡上的)二层礼拜堂
どづもり 【土積】 土方量估算
どて 【土手】 dam,earth dike 堤坝,土堤
ドデカステュロス dodekastylos[希] (古希腊神庙的)十二柱式
どてずくり 【土手造】 embankment 筑堤
トーテム・ポスト totem post 图腾柱,物象柱
トーテム・ポール totem pole 图腾柱,物象柱
とどうふけんどう 【都道府県道】 prefectural road 都道府县道路(按日本道路法规定经议会批准、都道府县知事认可的道路)
とどまつ 【椴松】 Abies sachalinensis [拉],Sachalin fir[英] 萨哈林冷杉
どどめ 【土止·土留】 sheathing 挡土构筑物,挡土板
どどめいた 【土止板】 lagging board, sheathing board 挡土板
どどめかべ 【土止壁】 retaining wall 挡土墙
どどめしほこう 【土止支保工】 trench timbering,trench sheeting (基槽内)挡土支撑,挡土板栅
どどめようへき 【土止擁壁】 retaining wall 挡土墙
どとりば 【土取場】 borrow-pit,borrowing-pit 借土坑,取土坑
トナー toner 调色剂
ドーナッツ doughnut 环形砂浆隔块,环形砂浆垫块
トーナメントさいかほうしき 【～載荷方式】 tournament loading 分散加载方式
ドニゴール・カーペット Donegal carpet (爱尔兰的)多尼哥尔地毯
どにち 【度日】 degree-day 度日
とねまるがわら 【利根丸瓦】 山墙博缝处用筒瓦
とねりこ 【梣】 Fraxinus japonica[拉], Japanese ash[英] 日本白蜡树
とのこ 【砥の粉】 polishing powder 擦光粉,抛光粉
とのこずり 【砥の粉摺】 (油漆底层)抹粉磨光,擦粉磨光
どは 【土羽·土坡】 tamped slope of earth dam (土坝)夯土坡,路堤边坡坡面
どば 【土場】 土地面,堆料场
ドーバー dauber 抹灰工,泥水工,涂抹工具
どはいた 【土羽板】 (斜坡铺植草皮用)带柄拍坡板
どはうち 【土羽打】 斜坡拍实木板
どばし 【土橋】 earth-paved bridge 土桥
どはしばづけ 【土羽芝付】 斜坡面上交错铺植草皮
とばす 【飛ばす】 剪掉大枝或徒长枝
どはづけ 【土羽付】 slope tamping 边坡培土,边坡夯实
とはば 【斗幅】 (料栱的)栱宽
どばぶみ 【土羽踏】 slope tamping 夯实斜坡,斜坡铺植草皮
トバーモライト tobermorite 雪硅钙石
とばり 【帳】 curtain 幕,帘
ドバルしけん 【～試験】 Deval test 台佛尔磨耗试验
ドバルすりへりしけんき 【～磨滅試験機】 Deval abrasion test machine 台佛尔磨耗试验机
どばわたし 【土場渡】 (材料的)指定交货地点
とはんのうりょく 【登坂能力】 climbing ability (车辆的)爬坡能力
とび 【鳶】 架子工,打桩工

とび 【飛】 sucker, water sprout 徒长枝
とびあな 【鳶孔】 picaroon hole (木材)卡钩尖伤孔
トピアリー topiary (树木的)修剪整形,定型修剪
とびいし 【飛石】 stepping stone 步石,踏石(指园林内草坪上或砂地上供步行的石块)
とびいしだん 【飛石段】 stepping stone stair (园内)做成台阶的踏石
とびいしほう 【飛石法】 skip welding sequence 跳焊法
とびうつり 【飛移】 snapping 突变,跃越,位移剧增
とびうつりかじゅう 【飛移荷重】 snapping load 突变荷载,跃越荷载
とびうつりざくつ 【飛移座屈】 snap buckling 突变屈曲,跃越屈曲
とびえだ 【飛枝】 sucker, water sprout 徒长枝
とびかんち 【飛換地】 apart replotting 远距离换地
とびきず 【鳶疵】 picaroon hole, dog hole (木材)卡钩尖伤孔
とびぐち 【鳶口】 带钢钩的棒棍,钩竿,石墙的转角顶部
とびしょく 【鳶職】 架子工,打桩工
とびつき 【飛付】 ledger (脚手架的)顺水杆,横放木杆
とびつきぬのまるた 【飛付布丸太】 ledger (脚手架的)顺水杆,横放木杆
とびつきまるた 【飛付丸太】 ledger (脚手架的)顺水杆,横放木杆
とびのお 【鴟の尾】 (封檐板端部的)鸱尾状线脚,(正脊端部的)鸱尾
とびばり 【飛梁】 扒梁,四坡顶戗脊的踏脚木
とびひ 【飛火】 flying sparks 飞火,飞出的火星
とびひかえ 【飛控】 flying buttress 拱扶垛,飞券
とびひきょり 【飛火距離】 distance of flying sparks 飞火距离
とびもの 【飛もの】 扒梁
とびや 【飛矢】 劈石楔,开石楔
とびら 【扉】 door leaf 门扇
とびらグリル 【扉~】 door grille 门下通风篦子(格栅)
とひれんぞくたいせつ 【都鄙連続体説】 urban-rural continuum 城乡连续体理论
とぶくろ 【戸袋】 door case, door pocket 门窗箱,推拉门暗箱
とふざい 【塗布剤】 form oil 脱模剂(油),隔离剂
とぶすま 【戸襖】 wooden sliding door 板槅扇(一面铺板的纸槅扇)
どぶづけ 【溝漬】 dipping 浸渍法,热浸法
とふりょう 【塗布量】 glue spread 涂胶量
どべい 【土塀】 立柱泥土围墙
どべこ 石灰膏(工地用语)
とべら 【扉木】 Pittosporum tobira[拉], Pittosporum[英] 海桐花,扉木
どぼく 【土木】 土木工程,土木工程学
どぼくきかい 【土木機械】 civil engineering machines 土木工程机械
どぼくぎし 【土木技師】 civil engineer 土木工程师
どぼくけんちくうけおいぎょう 【土木建築請負業】 土木建筑工程承包业,营造业
どぼくこうがく 【土木工学】 civil engineering 土木工程学
どぼくこうじ 【土木工事】 civil engineering works 土木工程
とほけん 【徒歩圏】 walking sphere, walking distance (居民生活、工作所需的)徒步范围,步行距离圈
とぼそ 【枢】 pivot 支枢,旋轴,中枢
とま 【苫】 苇箔,草席,草帘
どま 【土間】 室内素土地面,三合土地面(旧式剧场正面的)观众席,池座,舞台前地面
ドーマー・ウィンドウ dormer window 屋顶窗,老虎窗
とまく 【塗膜】 coating film, painted film 涂层,漆膜
とまくけんまざい 【塗膜研摩材】 paint film polishing media 漆膜研磨材料

とまくぼうすい 【塗膜防水】 涂膜防水
とまぶき 【苫葺】 编苇箔的屋面,铺编苇箔屋面
ドミナント・カラー dominant colour 主调色彩
ドミノ・システム système Domino[法] 多米诺(骨牌)体系(1914年左右法国勒·考比基埃设计的钢筋混凝土框架住宅方案)
ドーム dome 圆屋顶,圆屋盖,穹顶
トームストーン tombstone 墓碑石
とめ 【留】 mitre joint 45° 斜角缝,割角缝,割角接头
とめかざり 【止飾】 boss (拱肋交会处的)凸雕花饰,浮雕饰
とめかなぐ 【止金具】(家具用)制止铁件,铁挡头
とめかべ 【止壁】 cut-off wall 隔墙,截断墙,拦墙,挡土墙基础底部的矮墙,截水墙,防渗墙
とめぐい 【留杭】 anchor pile 锚桩
とめじょうぎ 【留定規】 斜接规,斜接尺
とめつぎ 【留接】 miter 斜接,斜接面
とめば 【止端】 toe of weld 焊趾
とめば 【留葉】(树木)疏剪后保留的叶
とめべん 【止弁】 stop valve 断流阀,截止阀,止水阀
とめん 【塗面】 coating surface 面层,涂面
トーメンター tormentor (舞台的)第一道侧幕
トーメンター・タワー tormentor tower (舞台的)第一道侧幕背面塔架
ともえがわら 【巴瓦】(古建筑的)勾滴筒瓦
ともがい 【共飼·艫飼·友飼】(砌石后面的)垫块,嵌块
ともこ 【共粉】(修补石料用)同色砂浆
ともちり (用眼估量的)抹灰填缝
ともまち 【供待】 随从人员休息室
とや 【鳥屋】(日本歌舞伎剧场内演员的)上场前休息室,家禽窝,鸡窝
どやがい 【どや街】 flophouse street 简易旅馆街
どやひき 清除粗石料,清除荒料,打扫荒料
とゆう 【都邑】 都,邑(中国的土地区划单位),城市
とよ 【樋】 gutter, trough 雨水槽,檐槽,水落管
どようなみ 【土用波】 ground swell in summer 夏季地隆,夏季地涨
どようめ 【土用芽】 epicormic shoot 夏芽,夏芽生长的枝条(徒长枝)
ドライ・アウト dry out 过早干燥,过速干燥
トライアンファル・アーチ triumphal arch 凯旋门,教堂内分区用大拱门
ドライ・ウォール・ガーデン drywall garden 墙壁花园(如壁泉或附种植物等)
ドライ・エリア dry area 采光井(指半地下室外部的采光井)
ドライ・オイル dry oil, drying oil 干性油
ドライ・クリーニング dry cleaning 干洗(净)
トライグリフ triglyph (多利安柱式檐壁上的)三槽板,三垅板
ドライ・コンストラクション dry construction 干式构造,预制装配式构造
ドライ・システム dry system 干式系统,干式体系,干式地面(不能用水冲洗的地面),干管式配管(平时不通水,用时通水的配管方式)
ドライ・ジョイント dry joint 干式接合(指装配式接合)
ドライ・ドック dry-dock 干船坞,修船坞
トライ・トラック tri-truck 三轮卡车,三轮载货汽车
ドライバー driver 发动机,传动轮,打桩锤,螺丝刀,驾驶人员
ドライ・パッキング dry packing 干填充,干捣固,填充干硬性混凝土
ドライ・パック dry pack 干填充,干捣固,填充干硬性混凝土
ドライビング・シミュレーション driving simulation 行车模拟(用电子计算机推算道路交通流量的一种方法)
ドライブ drive 驱动,传动,驾驶
ドライ・フィーダー dry feeder 干式投药装置

ドライブイット drive-it (混凝土)打钉机
ドライブ・イン drive-in (为汽车乘客服务而使乘客无需下车的)路旁服务设施(如餐馆、银行等)
ドライブ・イン・シアター drive-in theatre 可以坐在车内观看的露天电影场
ドライブ・イン・バンク drive-in bank (美国为汽车乘客服务而使乘客无需下车的)路旁银行
ドライブ・イン・レストラン drive-in restaurant (为汽车乘客服务而使乘客无需下车的)路旁饭馆
ドライブウェー drive way 汽车路,车行道,马车道
トライフォリアム=トリフォリウム
ドライブ・シャフト drive shaft 驱动轴,主动轴
ドライブ・パイプ drive pipe 打入竖管
ドライブ・ユニット drive unit 传动装置,驱动装置
ドライブ・ライン drive line 传动线路,传动系统
ドライブン・シャフト driven shaft 从动轴
トライポッド tripod 三脚架
ドライ・ミキサー dry mixer 干式搅拌机,干式拌和机
ドライ・ミックス dry mix 干拌
ドライ・モルタル dry mortar 干砂浆
ドライヤー drier 干燥机,干燥器,干燥剂
ドライング・チャンバー drying chamber 干燥室
トライング・ルーム trying room 试衣室
ドラヴィダしきけんちく 【～式建築】 Dravidian architecture 德拉维迪亚式建筑(中世纪印度南部寺院的建筑式样)
ドラグ drag 阻力,牵引,拖曳,后拖量(气割中切割火焰入口点与出口点的水平距离)
ドラグクラシファイヤー drag-classifier 刮板分粒机,耙式分级机
ドラグ・コンベヤー drag conveyer 刮板输送机,链板输送机
ドラグ・サクションしゅんせつせん 【～浚渫船】 drag suction dredger 吸泥挖泥船
ドラグ・ショベル drag shovel 拖铲挖土机,拖铲
トラクションしきエレベーター 【～式～】 traction elevator 牵引式升降机
ドラグ・スクレーパー drag-scraper 刮削机,拖铲,拖式铲运机
トラクター tractor 拖拉机,牵引车
トラクター・クレーン tractor crane 牵引式起重机
トラクター・ショベル tractor shovel 拖拉机式铲土机
トラクター・スクレーパー tractor scraper 拖拉机式铲运机
トラクター・ドーザー tractor dozer 拖拉机式推土机
トラクター・ドリル tractor drill 牵引式钻机
ドラグ・ヘッド drag head 挖泥器端头,刮泥器端头
ドラグライン dragline 拉索,导索,拉铲挖土机
ドラグライン・エクスカベーター dragline excavator 拉铲挖掘机,拉索挖土机
ドラグライン・バケット dragline bucket 拉铲铲斗,拉索铲斗
ドラゴン・ビーム dragon beam 支承脊椽梁
とらじり 【虎尻】 stay wire end 牵索末端,风缆坑
トラス truss 桁架
トラス trass 粗面凝灰岩,火山凝灰岩
トラス torus 半圆凸线脚,环状半圆线脚,柱脚圆盘线脚,桁架
トラス・アーチ trussed arch 桁架拱
トラス・アナロジー truss analogy 摸拟桁架
トラス・ガーダー truss girder 桁架梁
トラスきょう 【～橋】 truss bridge 桁架桥
トラスこうぞう 【～構造】 trussed structure 杵架式结构
トラスこうぞうのさいてきせっけい 【～構造の最適設計】 truss systems optimi-

zation 桁架结构的优化设计
トーラス・シェル torus shell 环壳
トラス・タイド・アーチ truss tied arch 桁架系杆拱,桁架拉杆拱
トラスド・アーチ trussed arch 桁架拱
トラスはし 【～橋】 truss bridge 桁架桥
トラスばり 【～梁】 trussed girder 桁架式大梁,平行弦桁架
トラスばん 【～板】 trussed plate 桁架式板
トラスぼう 【～棒】 truss bar 桁架(铁)杆,结构式杆
トラス・ポスト truss post 桁架式柱
トラスやね 【～屋根】 trussed roof 桁架屋顶
トラック truck 运货汽车,卡车
トラック track 跑道,轨道,链轨板,履带板,轮胎胎面,轨距,轮距,铁路线
トラック・カー track car 轨道车
トラック・クレーン truck crane 起重汽车,汽车吊,汽车式起重机
トラック・ゲージ track gauge 轨距,轨距规
トラック・ショベル truck-shovel 汽车式挖土机
トラックスリップ trackslip 滑脱,打滑
トラック・ターミナル truck terminal 卡车站,载重汽车站,货运汽车站
ドラッグ・チェーン・コンベヤー drag chain conveyer, track chain conveyer 刮板链式输送机,轨道链式输送机
トラック・トーウィング・コンベヤー track towing conveyer 轨道牵引式输送机
トラックどうろ 【～道路】 T(truck)-type highway 卡车公路
トラック・ドライブ track drive 履带传动
トラック・トラクター truck-tractor 卡车牵引机,卡车拖头
トラック・トレーラー truck trailer 载重拖车
トラック・バック・ホウ truck back hoe 卡车式反铲
トラック・ミキサー truck mixer 汽车式搅拌机,混凝土搅拌车
トラック・ヤード truck yard 卡车停放厂,停车厂
とらづな 【虎綱】 guy, guy rope 拉绳,拉索,缆风
とらづな 【虎綱】 stay wire, guy rope 牵索,拉线
トラップ trap 回水弯,存水弯,防臭阀,凝汽阀,滤水阀,疏水器,隔汽具
トラップ・ウェア trap weir 存水弯,溢水面
トラップつうき 【～通気】 trap vent 存水弯透气
トラップつきしょうべんき 【～付小便器】 urinal with trap 带存水弯的小便器
トラップ・ドア trap door 调节风门
トラップふうすい 【～封水】 trap seal 存水弯水封
トラップます 【～枡】 trap pit 水封阴井
トーラナ torana[梵] (印度建筑中塔的周围设置的)塔门
トラバース traverse 横梁,导线,通廊
トラバース traverse 导线
トラバースせん 【～線】 traverse line, course of traverse 导线路线,导线行程
トラバースそくりょう 【～測量】 traversing 导线测量
トラバースてん 【～点】 traverse station, traverse point 导线点
トラバースもう 【～網】 traverse net 导线网
トラバーチン travertine 石灰华,钙华,凝灰石
トラフィカビリティ trafficability 可通行性道路的通过能力,通过难易程度
トラフィック traffic 交通,运输
トラフィック・カウンター traffic counter 交通量计数器,交通量计录仪
トラフィック・カウント traffic count 车辆流量计数
トラフィック・コントロール traffic control 交通管制
トラフィック・シミュレーション traffic simulation 交通模拟(用模拟法解决交通计算问题)

トラフィック・ペイント traffic paint 交通用涂料,路面标志油漆
トラフィック・ボリューム traffic volume 交通量,交通密度
トラフィック・ライト traffic light 交通指挥灯
トラフィック・レギュレーション traffic regulation 交通规则
トラフげた【～桁】 trough girder (支承轨条用)槽形梁
ドラフター Drafter 制图机(商)
トラフ・チェーン・コンベヤー trough chain conveyer 溜槽运输链
ドラフト draft 通风,气流,缝隙风,制图,草图,凿槽
ドラフトかん【～管】 draft tube 吸入管,通气管,尾水管
ドラフト・ゲージ draft gauge 示差微压计
ドラフト・コントロール draft control 风量调节
ドラフト・スイッチ draft switch 通风转换装置
ドラフト・ダンパー draft damper 气流阀,气流调节器
ドラフト・チャンバー draft chamber 气流室,通风室,通风柜
ドラフト・テスト draft test 牵引力试验
ドラフト・デバイス draft device 牵引装置
ドラフト・パワー draft power 牵引功率
ドラフト・マシン drafting machine 绘图机,制图机
ドラフトマン draftsman 绘图员
トラフ・プレート trough plate 槽形板
トラベラー traveler 移动式起重机,桥式起重机,活动运物架
トラベリング・クレーン traveling crane 移动式起重机
トラベリング・トラフ・コンベヤー traveling trough conveyer 移动斗式运输机
トラベリング・フォーム traveling form 移动式模板,活动模板
トラベリング・フォームこうほう【～工法】 traveling form construction method 活动模板施工法
トラベリング・ブリッジ・クレーン traveling bridge crane 桥式移动吊车
トラベリング・ホイスト traveling hoist 移动式卷扬机
ドラマチック・ライティング dramatic lighting 舞台照明
ドラム drum 圆筒,鼓状物,穹隆顶座圈,构成圆柱的圆鼓,鼓座
ドラム・ウォッシャー drum-washer 转筒式(集料)洗涤机,鼓式清洗机
トラムカー tramcar (有轨)电车
トラムカー・ストップ tramcar stop 电车站
ドラム・ゲート drum gate 圆闸门
ドラムしきエレベーター【～式～】 drum elevator 卷筒式升降机
ドラム・ドライヤー drum dryer 转筒式干燥器
ドラム・トラップ drum trap 圆筒形存水弯,鼓形存水弯,鼓式凝汽阀
ドラム・ホイスト drum hoist 卷筒式卷扬机
ドラム・ミキサー drum mixer 鼓式搅拌机,鼓式拌和机
トラム・レール tram rail 电车轨道
トラヤヌスていきねんちゅう【～帝記念柱】 colonna Traiana[意] (106～113年古罗马)特拉亚努斯纪念柱
トランク trunk 干线,干管,总管,筒,中继线,信息通路
トランク・ボイラー trunk boiler 筒形火管锅炉
トランク・ルーム trunk room 箱子间,箱子储存室
トランサム transom 气窗,亮子,楣窗,摇头窗,(门窗的)横档
トランジェント・ホテル transient hotel 暂住性旅馆,过路性旅馆
トランジスター transistor 晶体管,晶体三极管
トランジスター・ディジタル・コンピューター transistor digital computer 晶体管数字计算机

**トランジスター・ラジオ** transistor radio 半导体收音机,晶体管收音机
**トランシット** transit 经纬仪
**トランシットほう** 【~法】 transit method 经纬仪法
**トランシットほうそく** 【~法則】 transit rule 经纬仪规则(一种调节经纬仪的方法)
**トランシット・ミキサー** transit mixer (混凝土)运输搅拌车
**トランシット・ミキサー・トラック** transit mixer truck 汽车式(混凝土)搅拌机,混凝土搅拌车
**トランシット・ミックス・コンクリート** transit-mixed concrete 运拌混凝土(在运输车中拌和)
**トランス** transformer 变压器
**トランスシーバー** transceiver 无线电收发两用机
**トランスジューサー** transducer 转换器,变换器,变频器,换能器,换流器,传感器
**トランスバース・ベント** transverse bent 排架,横向构架
**トランスファーせいけい** 【~成形】 transfer moulding 传递模塑法,连续自动送料成型
**トランスフォーマー** transformer 变压器
**トランスフォーマー・ステーション** transformer station 变电站,变电所
**トランスフォーム** trans form 变换,变形
**トランスミッション・シャフト** transmission shaft 传动轴
**トランセプト** transept (教堂的)交叉过道,(教堂的)十字形耳堂
**トランペットがたインターチェンジ** 【~型~】 trumpet type interchange 喇叭形立体交叉(T形立体交叉)
**トランペットりったいこうさ** 【~立体交差】 trumpet type interchange 喇叭形立体交叉(T形立体交叉)
**ドーリー** dolly 铆顶,铆钉窝头,捣棒,小机车桩垫木
**とりあい** 【取合】 connection 接合,联结
**とりあし** 【鳥足】 细根很少的鸡爪粗根
**とりい** 【鳥居】 日本式牌坊(神社入口处)
**とりいがたしちゅう** 【鳥居形支柱】 "torii"style prop 门字形护树架,门字形支架
**とりいれぐち** 【取入口】 intake 进气口,进风口,进水口
**とりいれぐちこうし** 【取入口格子】 intake grating 进气口格栅,进风口篦子
**とりいれぐちスクリーン** 【取入口~】 intake screen 进水口滤网,进水口格栅
**とりいれすいもん** 【取入水門】 intake gate,head gate 进水门
**とりいれぜき** 【取入堰】 diversion weir 分水堰
**トリエンナーレ** Triennale[意] (1923年以来在意大利米兰举办的)设计三年展览会
**ドリーかたさしけんき** 【~硬さ試験機】 Dorry hardness tester 多利式硬度试验机
**とりき** 【取木】 layer,layering,layerage 压条,压枝
**トリグリフ**=**トライグリフ**
**トリグリュフォス** triglyphos[希] (多利安柱式檐壁上的)三槽板
**とりごや** 【鶏小屋】 hen-house 鸡舍
**トリコーン・ビット** tricone bit 三锥齿轮钻头
**ドリスしきオーダー** 【~式~】 Doric order 多利安柱式
**ドリソール** Durisol 刨花水泥板(商)
**トリチェリーのていり** 【~の定理】 Torricelli's theorem 托里切利定理
**とりつけ** 【取付】 fitting,mounting 装配,安装
**とりつけかなぐ** 【取付金具】 hardware,socket,fitting 安装用小五金,配件
**とりつけかん** 【取付管】 lateral sewer 污水支管
**とりつけきょう** 【取付橋】 access bridge 便桥
**とりつけこうぞう** 【取付構造】 accessory structure 附属结构
**とりつけたかさ** 【取付高さ】 mounting height (窗台等的)定位高度,(灯具的)悬挂高度

とりつけてい【取付堤】 approach bank 桥头引道路堤
とりつけどうろ【取付道路】 access road 进入街区道路,入境道路,进路,引路
とりつけひん【取付品】 fitting 配件,零件
とりつけもの【取付物】 fitting 配件,零件
トリッパー tripper 倾卸装置,自动倾卸车,卸料器
トリップ trip 行程,自动停止机构,分离机构,跳闸装置,旅行,出行
トリップ・エンド trip end 交通汇集点,行程终点
ドリップ・ストーン drip stone 滴水石
とりで【砦】 citadel,fortress,stronghold 城堡,要塞
トリー・ドーザー tree-dozer 伐树机,推树用的推土机
とりなべれんが【取鍋煉瓦】 ladle brick 盛钢桶(耐火)衬砖,铁水包(耐火)衬砖
トリニダッド・アスファルト Trinidad asphalt 特里尼达(天然)沥青
トリニトロトルエン trinitrotoluene (TNT) 三硝基甲苯(炸药),黄色炸药,梯恩梯(TNT)炸药
とりはらいちいき【取払地域】 clearance area 清理地区,拆迁地区
とりひきしょ【取引所】 exchange 交易所
とりひきだい【取引台】(银行、邮局等的)柜台
トリビューン tribune 讲演台,观礼台
とりびんれんが=とりなべれんが
トリフォリウム triforium 哥特式教堂拱门上面的拱廊
とりぶきいた【取葺板】 薄屋面板
とりぶきやね【取葺屋根】 铺板屋顶
とりぶすま【鳥衾】 脊端的扣脊瓦
ドリフター drifter 架式凿岩机,架式钻机
ドリフト・ピン drift-pin (伸张铆钉孔用)冲钉,扩口冲头,销钉
とりぶね【取舟】 灰浆槽
トリプル・ベッド・ルーム triple bed room 三床位房间
トリプレックス triplex 三倍,三层,三联,三部分组成的房屋(如三层一套或有三层住房的房屋)
トリプレックス・ガラス triplex glass 三层玻璃,夹层(安全)玻璃
トリボネマ Tribonema 黄丝藻属(藻类植物)
トリポライト tripolite 硅藻石
トリミング trimming 修剪,整理,配料
とりめもく【鳥眼杢】 bird's eye figure,bird's eye grain (木材的)鸟眼纹(理)
トリモ TRIMO(modern,mobilia,modello) 三MO式设计方案(具有现代性、灵活性、模式性的设计方案)
どりゅうし【土粒子】 soil particles 土(颗)粒
どりゅうしかんすいあつ【土粒子間水圧】 soil pore water pressure 土颗粒间水压,土孔隙水压
どりゅうしのひじゅう【土粒子の比重】 unit weight of soil particles 土颗粒成分单位重量
トリュモー trumeau[法] 门窗口的中央柱,窗间墙
とりょう【塗料】 paint,varnish,lacquer 涂料,油漆,厚漆,清漆
とりょうねりき【塗料練機】 paint mixer 调漆机,涂料调和机
とりょうのさぎょうせい【塗料の作業性】 working property of paint 涂料的作业性
どりょうはいぶん【土量配分】 scheme of haul 土方调配,土方布置
とりょうひまく【塗料皮膜】 film of paint 涂料薄膜,油漆薄膜
どりょうへんかりつ【土量変化率】 percent swell and shrinkage 土量胀缩率,土量增减系数
とりょうミキサー【塗料～】 paint mixer 调漆机,涂料调和机
とりょうミル【塗料～】 paint mill 涂料

碾盘,涂料磨

とりょうようさんかてっぷん 【塗料用酸化鉄粉】 涂料用氧化铁粉

とりょうようシンナー 【塗料用～】 paint thinner 涂料稀释剂

とりょうようナフタ 【塗料用～】 paint naphtha 调漆油,油漆溶剂油

とりょうロール 【塗料～】 paint roll 涂料碾辊,涂料研磨机

トリーリニヤーおうとうモデル 【～応答～】 trilinear response model 三线性反应模型

トリーリニヤーがた 【～型】 tri-linear 三线型,三线性

ドリル drill 钻头,钻机,钻进

ドリルあけ 【～明】 drilling 钻孔(工作)

ドリルこう 【～孔】 drilled hole 钻孔

ドリルこう 【～鋼】 drill steel 钻头钢

ドリル・シャープナー drill sharpener 磨钻头机,磨钎机

ドリル・ジャンボ drill jambo 凿岩机车,凿岩机运载装置

ドリル・ブーム drill boom 钻机架

トルー・アップ true-up 校准

トルイジンあか 【～赤】 toluidine red 甲苯胺红

トルオール toluol 甲苯

トルク torque 扭矩,转矩,扭转

トルク・コントロールほう 【～法】 torque control method 扭矩控制法,转矩控制法

トルク・コンバーター torque converter 转矩变速器

トルク・レンチ torque wrench 转矩扳手,扭力扳手

トール・ゲート toll gate 收费门,收税处(收通行税的卡门)

トルコだんつう 【～緞通】 Turkish rug 土耳其地毯

トルコぶろ 【～風呂】 Turkish bath 土耳其浴室,蒸气浴室

ドルしきちんでんち 【～式沈殿池】 Dorrclarifier 多尔式沉淀池,圆周驱动机械刮泥沉淀池

ドルトムントちんでんち 【～沈殿池】 Dortmund tank 多特蒙特式沉淀池(底部锥角大于60°)

ドルノせん 【～線】 Dorno ray 道尔诺线,健康线(太阳辐射中的近紫外线),近紫外线

ドルフィン dolphin 护墩桩

トール・ブース toll-booth (道路)收税亭,收费亭

トール・プラザ foll plaza (收费公路的)收费广场

ドルメン Dolmen 欧洲史前(新石器时代的)巨石墓遗迹(两三块巨形竖石上承一条横石)

トール・ロード toll road 收费道路

トレイ・エレベーター tray elevator 托架升降机

どれきせい 【土瀝青】 土沥青

トレーサー tracer 示踪物,显迹物,同位素,指示剂,显光剂,曳光器,描记器,故障寻找器

トレーサーぶんせき 【～分析】 tracer analysis 示踪分析

トレーサリー tracery 窗头花格,(哥特式建筑的)花饰窗格

トレーシング tracing 描图,描绘,迹线,线路寻迹,故障探测

トレーシング・アタッチメント tracing attachment 描图附件

トレーシング・クロース tracing cloth 描图布

トレーシング・シート tracing sheet 描图纸,透明纸

トレーシング・ペーパー tracing paper 描图纸

トレーシング・マシン tracing machine 描图机

トレース trace 迹线,轨迹,扫描,描绘,描图

ドレス・サークル dress circle 剧院楼座的最低座或前排(昔时需穿晚礼服才能入座)

トレースし 【～紙】 tracing paper 描图纸

トレースず 【～図】 traced drawing 描好的图纸

トレースせいぶん 【～成分】 trace components 微量成分,痕量组分
トレースぬの 【～布】 tracing cloth 描图布
トレース・ルーチン trace routine 跟踪程序,检验程序
ドレッグ＝ドラグ
ドレッジ dredge 挖泥机,挖泥船
ドレッジかん 【～管】 dredge pipe 吸泥管
ドレッジ・ポンプ dredge pump 吸泥泵,泥浆泵,排污泵
ドレッシャー dresser 整修工具
ドレッジャー dredger 挖泥机,挖泥船
ドレッシング・テーブル dressing table 梳妆台
ドレッジング・バケット dredging bucket 挖泥斗
ドレッシング・ハンマー dressing hammer 修整锤
ドレッシング・ルーム dressing room 化妆室,更衣室
トレッスル trestle 支架,栈桥
トレッスルきょう 【～橋】 trestle bridge 栈桥,高架桥
トレッスルきょうきゃく 【～橋脚】 trestle bent (高架桥)桥墩,(栈桥)排架
トレッド tread 车轮或履带着地面,轮胎面花纹,外胎面(轮胎接触路面部分)
トレッドウェー treadway 临时搭板路,临时铺板路
ドレーナー drainer 放泄器,排水器,泄水器
ドレーニング draining 排水,泄水
ドレーニングべん 【～弁】 draining valve 泄水阀,排泄阀
ドレーニング・ポンプ draining pump 排水泵,排泄泵
ドレーパリー drapery 帐帘,帷幔,挂帘
トレパン trepan 割圆锯,穿孔,套孔,凿岩机,凿井机
ドレープ drape 椅套,椅围,椅幔
トレフォイル trefoil 三瓣形
トレホイル＝トレフォイル
トレミー tremie (水下浇灌混凝土用)混凝土导管
トレミーかん 【～管】 tremie pipe (水下浇灌混凝土用)混凝土导管
トレミーこうほう 【～工法】 tremie method (水下灌筑混凝土)导管施工法
トレミー・コンクリート tremie concrete 导管(灌注的)混凝土
トレミー・パイプ tremie pipe (水下浇灌混凝土用)混凝土导管
トレーラー trailer 拖车,挂车
トレーラー・キャンプ trailer camp 旅游拖车(拖带住屋)专用停车场地(设有供应水、电等设施的地域)
トレーラー・キャンプ・サイト trailer camp site 旅游拖车(拖带住屋)专用停车场地(设有供应水、电等设施的地域)
トレーラー・トラック trailer truck 拖挂式卡车,带平板拖车的卡车
トレーラー・ハウス trailer house 用汽车拖带的活动住屋
トレーラー・パーク trailer park 旅游拖车(拖带住屋)专用停车场地(设有供应水、电等设施的地域)
トレーラー・バス trailer bus 带拖车的公共汽车
トレリス trellis 花格墙,花格篱,棚,架,格构凉亭,格子遮板
どれん 【土練】 kneading 和泥,拌泥
ドレーン drain 排水管,排水沟
ドレーンあな 【～穴】 drain hole 排泄孔,泄水孔
ドレーンかん 【～管】 drain pipe, drain tube 排水管,泄水管
ドレーンかんそうじぼう 【～管掃除棒】 drain rod 排水管清扫杆
どれんき 【土練機】 mud mixer 拌土机,和泥机,绞泥机
ドレーン・コック drain cock 排气阀,排气旋塞,放水龙头,放水闸门,放水旋塞
ドレーン・ストッパー drain stopper 排水塞子,放水塞
ドレーン・タンク drain tank 泄水箱,排水箱
トレンチ trench 地沟,沟,电缆沟
トレンチ・カットこうほう 【～工法】

trench cut method 开槽施工法
トレンチ・シート trench sheet 挖沟用钢板桩
トレンチ・シート・パイル trench sheet pile U形钢板桩,槽形钢板桩
トレンチ・ホー trench-hoe 反铲挖沟机,挖沟锹
トレンチャー trencher 挖沟机,开沟机
ドレンチャー drencher (消防)污水幕,水幕式消防车
ドレンチャー・ヘッド drencher head (灭火用)喷嘴
ドレーン・トラップ drain trap 存水弯
ドレーン・パイプ drain pipe 排水管,泄水管
ドレーン・バルブ drain valve 排水阀
ドレーン・パン drain pan (空气调节用)接露(托)盘,排水盘
ドレーンべん【~弁】 drain valve 排水阀
ドレーン・ポート drain port 排水口
ドレーン・ホール drain hole 排水孔
ドレーン・ポンプ drain pump 排泄泵,排水泵
ドレーン・ライン drain line 排水管线
ドレンレヤー drainlayer 排水管铺设机
トレーン・ローダー train loader 组列式装载机,带式装载机
とろ grout (水泥)薄浆,稀浆
どろ【泥】 mud,muck 泥,泥土,泥浆,污泥
トロ=トロッコ
どろあげポンプ【泥揚~】 dredge pump 泥浆泵,排泥泵
トロイア Troia (小亚细亚西北部的)特洛伊古城
トロイダル・スワール toroidal swirl 旋流,旋回涡流
ドローイング・スケール drawing scale 制图比例尺,绘图比例尺
ドローイング・テーブル drawing table 制图桌,绘图桌
ドローイング・ナイフ drawing knife 刮图刀片,(木工用)刮刀
ドローイング・ペーパー drawing paper 绘图纸
ドローイング・ペン drawing pen 绘图笔
トロウェル trowel 抹子,镘刀,泥刀
どろこし【泥濾】 mud filter 滤泥器
とろこねき【とろ捏機】 mortar mixer 灰浆搅拌机
とろしろ 铺石背面和垫层间的间隙
トーロス tholos[希] (古希腊的)圆形神庙,圆形房屋
ドロス dross (气割时所产生氧化)铁渣,浮渣,电镀渣,碎屑
どろだめ【泥溜】 sand pit 砂坑,砂穴
どろだめます【泥溜枡】 gravel basin (排水管道)清泥井,存泥井
トロッケンバウ Trockenbau[德] 干式预制装配式结构
トロッケンモンタジバウ Trockenmontagebau[德] 干式预制装配式建筑
トロッコ truck 小轨道手推车,手车,运货车
ドロップ drop 降落,降低,跌水,落差,吊饰,舞台垂幕
トロッファー troffer 暗槽灯,平顶暗装管形照明器
ドロップ・アーチ drop arch 内心二心尖拱
ドロップ・アーム drop arm 转向臂
ドロップ・コンパス drop compass 点圆规
ドロップしけん【~試験】 drop test 落锤试验,冲击试验
ドロップ・シュート drop chute 降落式滑槽,立式滑槽,降落式溜槽,串筒式溜斗
ドロップ・テスト drop test 落锤试验,冲击试验
ドロップ・ドア drop door 吊门,铰链板
ドロップ・パネル drop panel (无梁楼盖的)柱顶加厚板
ドロップ・パネルこうぞう【~構造】 drop panelling construction 柱顶加厚的无梁楼板结构
ドロップ・ハンチ drop haunch 梁腋,梁托,柱帽
ドロップ・ハンマー drop hammer 打桩

锤,落锤,吊锤
ドロップ・ハンマーしきくいうち 【~式杭打】 pile driving with drop hammer 落锤式打桩
ドロップ・ハンマーしけん 【~試験】 drop hammer test 落锤试验,冲击试验
ドロップ・ピット drop-pit 凹坑
ドロップ・ピン drop pin 落钎,落针
ドロップます 【~枡】 drop pit 凹井,集水坑
とろづめ 【とろ詰】 稀砂浆灌缝,填充稀灰浆
トロナ trona 天然碱,碳酸钠石
どろのき 【唐柳・白楊】 白杨木
どろはきかん 【泥吐管】 blow-off pipe 排泥管
どろはきべん 【泥吐弁】 blow-off valve 排泥阀
ドローバー・パワー draw-bar power 牵引杆功率
ドローバー・ホースパワー draw-bar horsepower 牵引杆马力功率
ドロプラ dolomite plaster 白云石质灰膏
ドロマイト dolomite 白云岩,白云石
ドロマイトがま 【~窯】 dolomite calcining kiln 白云石煅烧窑,白云石煅烧炉
ドロマイト・ガラス dolomite glass 白云石玻璃
ドロマイト・クリンカー dolomite clinker 白云石烧结块
ドロマイトしつせっかいせき 【~質石灰石】 dolomitic limestone 白云石质石灰岩,白云石灰岩
ドロマイトしょうせいがま 【~焼成窯】 dolomite calcining kiln 白云石煅烧窑
ドロマイトせっかい 【~石灰】 dolomite lime 白云石质石灰
ドロマイト・セメント dolomite cement 白云石水泥
ドロマイト・プラスター dolomite plaster 白云石质灰膏,白云石灰浆,白云石灰泥
ドロマイト・プラスターぬり 【~塗】 dolomite plaster finish 白云石灰膏饰面
ドロマイトれんが 【~煉瓦】 dolomite brick 白云石砖
どろまき 【泥巻】 涂泥保护(新栽松树或衰弱树木,为防虫害和冻害,常用泥涂抹在树干上的一种保护方法,一般涂1.5~2.5cm厚)
トロリー trolley 无轨电车,空中吊运车,手推车,手摇车
トロリー・コンベヤー trolley conveyer 悬挂式输送机,架空链板输送机
トロリーせん 【~線】 trolley wire 电车(电)线,(触轮)滑接导线
トロリー・バケット trolley bucket 吊空戽斗,吊空料罐
トロリー・バス trolley bus 无轨电车
トロリー・バッチャー trolley batcher 触轮式分批称料斗
トロリー・ホイスト trolley hoist 悬挂式起重小车,电动小吊车,电葫芦
トロリー・レール trolley rail 滚轮轨道
トロンプ trompe[法] 突角拱
トロンプ・ルイユ trompe l'oeil[法] (表现手法中的)假象,错视构图,错觉构图
とわく 【戸枠】 door frame,stile,rail 门框,竖梃,冒头
トン ton 吨
トーン tone 单音,纯音,音调,色调
とんかち 尖头锤
ドンキー donkey 辅助泵,小活塞泵
ドンキー・ボイラー donkey boiler 辅助锅炉
ドンキー・ポンプ donkey pump 辅助泵
とんぐ stone lifting tongs 石块吊升夹具,石块起运夹具
トング tongs 夹钳,夹具
トング・レール tongue rail (铁路道岔)尖轨
とんこう 【敦煌】 (中国甘肃)敦煌
とんしゃ 【豚舎】 pig-pen 猪舍
ドンジョン donjon[法] 城堡主塔
どんす 【緞子】 damask 缎子,锦缎
トーン・チャネル tone channel 声道
どんちょう 【緞帳】 fly curtain,drop curtain 舞台前大幕,舞台垂幕

どんてんこう 【曇天光】 overcast skylight 阴天光
どんてんりつ 【曇天率】 cloudy day factor 阴天率
とんとん 木瓦
とんとんぶき 【とんとん葺】 木瓦屋面，铺木瓦屋面
トンネル tunnel 隧道，隧洞
トンネル・オーブン tunnel oven 隧道窑
トンネルがたきゅうりゅう 【～型穹窿】 tunnel vault 筒形拱顶
トンネルがたボールト 【～形～】 tunnel vault 筒形穹顶
トンネルがま 【～窯】 tunnel kiln 隧道窑
トンネルかんそうき 【～乾燥器】 tunnel dryer 隧道式干燥器，隧道干燥窑
トンネル・キルン tunnel kiln 隧道窑
トンネルくっさくほうしき 【～掘削方式】 tunnel excavation method 隧道挖掘方式
トンネルくつしんき 【～掘進機】 tunnel boring machine 隧道挖进机
トンネルしょうめい 【～照明】 tunnel lighting 隧道照明
トンネルそくりょう 【～測量】 tunnel surveying 隧道测量
トンネル・ボーラー tunnel borer 隧道挖凿(钻进)机
トンネル・ボーリング・マシン tunnel boring machine 隧道钻(进)机
トンネル・マシン tunnel machine 隧道掘进机械
トンネルろ 【～炉】 tunnel oven 隧道窑
とんび 【鳶】 trigger 制轮器，制滑器，制动具，扳柄
どんぴしゃ 准确定位，尺寸
トンブ・ストーン＝トームストーン
とんや 【問屋】 wholesaler 批发商(店)
とんやがい 【問屋街】 wholesaler street 批发商业街区
とんやセンター 【問屋～】 wholesaler center 批发商业中心
とんやだんち 【問屋団地】 wholesaler's estate 批发商业密集地段
とんやビル 【問屋～[building]】 批发商业中心，批发业大楼

## な

ないあつ【内圧】 internal pressure 内压,内压力
ないあつしけん【内圧試験】 internal pressure test 内压试验
ないがいこうつう【内外交通】 inter-zone trip 区间行程
ないがいトリップ【内外～】 internal-external trip 内外出行
ないぎょう【内業】 office work 室内工作,办公室工作
ないけい【内径】 internal diameter 内径
ないけいひ【内径比】 inside clearance ratio 内径比
ないげんかん＝うちげんかん
ないしきょうけんさしつ【内視鏡検査室】 endoscopy room 器官内腔检查室(使用胃镜、直肠镜等管状医学仪器的检查室)
ないじょう【内城】 inner city (中国、日本城廓的)内城
ないじん【内陣】 presbyterium, chancel (教堂的)内堂,十字架坛,(社寺建筑的)中央大殿
ないじんさじき【内陣桟敷】 rood loft 教堂中十字架坛上面的阁楼
ないじんさじきかいだん【内陣桟敷階段】 rood stairs 教堂中通向十字架坛的楼梯
ないしんしつ【内診室】 vaginal examination room (妇产科的)内诊室
ないじんしょうへき【内陣障壁】 rood screen, chancel screen (教堂中)十字架坛的围屏
ないじんぼしょ【内陣墓所】 Easter sepulchre 内殿灵堂
ナイス Nais 仙女虫
ないすい【内水】 landside waters 堤内水
ないすいおせん【内水汚染】 inland water pollution 内河污染
ないすいはいじょ【内水排除】 drainage of inner basin (堤坝)内侧积水排除
ないせいこきゅう【内生呼吸】 endogenous respiration 内生呼吸,内源呼吸
ないせいこきゅうそう【内生呼吸相】 endogenous respiration phase 内生呼吸相
ないせき【内積】 inner product 内积
ないそうこうじ【内装工事】 interior finish work 内部装修工程
ないそうせいげん【内装制限】 室内装修(防火)限制,室内装修防火规定
ないそうほう【内挿法】 interpolation 内插法,插值法
ないそうようごうはん【内装用合板】 室内装修用胶合板
ないちびき【内地挽】 国内制材
ないてきふせいてい【内的不静定】 statically indeterminate with respect to internal forces 内力超静定
ないてきふせいていこうぞう【内的不静定構造】 statically indeterminate structure with respect to internal forces 内力超静定结构
ないてきふせいていトラス【内的不静定～】 statically indetermined truss with respect to internal forces 内力超静定桁架
ないてん【内点】 interior point (自由空间的)内点
ナイトクラブ nightclub 夜总会
ナイト・スタンド night stand 床头桌,床头柜
ナイト・セットバック night setback (自动控制温度控制点的)夜间降低
ナイト・テーブル night table 床头桌,床头柜
ナイト・デポジット night deposit 夜间存款窗口
ナイト・ホスピタル night hospital 夜间

医院(患者晚间住院接受诊断治疗的医院)
**ナイト・ボルト** night bolt 夜用插销
**ナイト・ラッチ** night latch 弹簧锁
**ないないこうつう** 【内内交通】 intra-zone trip 区内行程
**ないないじん** 【内内陣】 (社寺建筑中的)内殿最后部,内殿中的阁子
**ないないトリップ** 【内内～】 internal trip 区内出行
**ないねんきかん** 【内燃機関】 internal combustion engine 内燃机
**ないぶあしば** 【内部足場】 inside scaffold (室)内脚手架
**ナイフ・エッジ** knife edge 刀刃,刀口,刀口支承,支棱
**ないぶエネルギー** 【内部～】 internal energy 内部能量,内能
**ないぶおうりょく** 【内部応力】 internal stress 内应力
**ないぶかそか** 【内部可塑化】 internal plasticization 内增塑(作用)
**ナイフがたこうべら** 【～形鋼箆】 knife shaped steel spatula (油漆用)钢制铲刀
**ないぶくうかん** 【内部空間】 interior space 室内空间
**ないぶけつろ** 【内部結露】 condensation within structure 内部结露(围护结构内部的蒸汽凝结)
**ないぶこうつう** 【内部交通】 local traffic 一定地区内的交通,局部交通,地方交通
**ないぶしあげ** 【内部仕上】 interior finish 内部装修
**ないぶしごと** 【内部仕事】 internal work 内功
**ないぶしょうじゅんしきぼうえんきょう** 【内部焦準式望遠鏡】 internal focussing telescope 内部调焦望远镜
**ないぶしんどうき** 【内部振動機】 internal vibrator, intravibrator 内部振捣器,插入式振捣器
**ナイフ・スイッチ** knife switch 闸刀开关
**ないぶゾーン** 【内部～】 interior zone (空气调节的)内部区
**ないぶつやけしでんきゅう** 【内部艶消電球】 internal frosted bulb 内磨砂灯泡
**ないぶばっきんかんすう** 【内部罰金関数】 interior penalty function 内部补偿函数,内部罚函数
**ないぶふしょく** 【内部腐食】 internal corrosion 内部腐蚀
**ないぶまさつ** 【内部摩擦】 internal friction, inner friction 内摩擦力
**ないぶまさつかく** 【内部摩擦角】 angle of internal friction 内摩擦角
**ないぶまさつけいすう** 【内部摩擦係数】 coefficient of internal friction 内摩擦系数
**ないぶまさつそんしつ** 【内部摩擦損失】 loss of internal friction (机械的)内摩擦损失
**ないぶゆういん** 【内部誘引】 internal induction (管道内流体的)内部诱导
**ないへき** 【内壁】 inner wall 内墙
**ないほうぶんき** 【内方分岐】 double-curve turnout in same direction (弯道道岔的)向弯道内侧出岔
**ないりくこ** 【内陸湖】 inland lake 内陆湖
**ないりくとし** 【内陸都市】 inland city 内陆城市,内地城市
**ないりょく** 【内力】 internal force 内力
**ないりょくしごと** 【内力仕事】 internal work 内力功,内功
**ないりょくず** 【内力図】 internal force diagram 内力图
**ないりょくベクトル** 【内力～】 internal force vector 内力矢量
**ナイロン** nylon 酰胺纤维,尼龙(商)
**ナイロン・タイヤ** nylon tire 尼龙轮胎
**ナヴィエのかてい** 【～の仮定】 Navier's assumption 那维叶假设,那维叶平面假定
**なえぎ** 【苗木】 nursery stock, nursery plant 苗木
**なえたちがれびょう** 【苗立枯病】 damping off (苗)猝倒病,(苗)立枯病
**なえどこ** 【苗床】 seedbed, nursery bed 苗床

なえば【苗場】nursery,nursery garden 苗圃
なえはた【苗畑】nursery 苗圃
なおす【直す】mend,repair 修理,修补
ナオス naos[希]（古希腊、古罗马神庙中的)主殿
なかい【中居】(日本古代邸宅内的)侍女等候室
なかおれ【中折】中间弯曲
なかがき【中垣】庭园内的篱笆,院内隔墙
なかがまち【中框】middle rail (门窗的)中档,中冒头
なかがんな【中鉋】中刨
なかきせガラス【中被～】内部套色玻璃
なかくぐり【中潜】茶室中小木门
なかくびごて【中首鏝】中央装柄的镘刀,抹子
なかげた【中桁】rough string,carriage 木楼梯中间斜梁
なかご【中子·茎】中心,内部,栅栏柱
ながざ【長座】escutcheon plate 门把手垫板
ながさきめがねばし【長崎眼鏡橋】长崎眼镜桥(1634年日本长崎由中国僧人如定指导建造的拱桥)
ながさはばひ【長さ巾比】ratio of length to width 长宽比
なかざん【中桟】middle rail (门窗的)中档,中冒头
ながし【流】sink 洗涤盆,冲洗盆,污洗池
なかしあげかんな【中仕上鉋】(木材中等加工用)中刨
なかじきい【中敷居】(门窗的)中横档
なかしきち【中敷地】interior lot 街坊内部建筑占地
なかしこう【中仕工】(木材中等加工用)中刨
ながしづくり【流作·流枝作】剪成平枝,修成伸枝
ながしぬり【流塗】flow coating 流动涂层,流布法,流涂法
ながしば【流場】(浴室的)洗身间
ながしばり【流張】浇铺,满油铺贴
ながしほぞ【流枘】一个侧面为斜面的短榫
なかじま【中島】(庭园)水池中的人工小岛
ながシャックル【長～】long shackle 长连结环
ながじょうごがただいべんき【長漏斗形大便器】long hopper closet 长漏斗形大便器
ながしようすのこ【流用簀子】sink grating 污洗池篦子
ながしようマット【流用～】sink mat 污洗池底板
ながしようみずきりいた【流用水切板】sink drain board 污洗池排水挡板
なかしん【中心】core 芯板
ながすぎまるた【長杉丸太】long log 长杉木,长杉杆,长杉条
ながすさかべ【長苆壁】掺长草筋泥墙
なかずみ【中墨】中心线,中心墨线
ながぞなえ【中備·中具】补间直枓,补间墙
ながだいかんな【長台鉋】jointing plane 拼缝刨,长刨
なかたか【中高】crown 隆起,凸起;拱高
なかたてざん【中竪桟】middle stile (镶板门的)中梃
ながだるき【長垂木】长椽
なかづか【中束】中央短柱,中梃
なかづけ【中付】second coat 二道抹灰,中层抹灰
なかつぼ【中壺·中坪】内院,里院
なかづみ【中積】填砌,填筑,填馅砖,填心砖
なかづめ【中詰】填砌,填筑,填充,填料
ながて【長手】stretcher (砖、砌块等的)长边,顺(砌)砖
ながてづみ【長手積】stretcher bond, stretching 顺砖砌合,满条砌法
ながてほうこう【長手方向】longitudinal direction 纵向
なかと【中砥】中级磨石,中层用的磨石
なかにわ【中庭】inner court court garden ,inner garden 内院,中庭,内庭院

なかぬり 【中塗】 second coat ,brown coat 二道抹灰,中间抹灰层
なかぬりつち 【中塗土】(日本墙的)中层用土
なかぬりとりょう 【中塗塗料】 middle coating intermediate 中层涂料
ながねじニップル 【長螺子～】 long screw nipple 长螺纹套筒
なかのと 【中の戸】 中门
ながのべ 【中延】 曲线延长,曲线展开长度
なかびきばり 【中引梁】 中间托梁(木屋架跨中支承大柁的梁)
なかぶせ 【中伏】 填馅砖,填心砖
なかほうだて 【中方立】 mullion (门窗扇间的)中档,竖档,直棂
ながほぞ 【長枘】 penetrated mortise and tenon 长榫
なかま 【中間】(介于城市惯用和农村惯用的开间之间的)开间尺寸
なかまち 【中待】(门诊部诊疗室前面的)中间等候室
ながまるがわら 【中丸瓦】 长筒瓦
ながまるた 【中丸太】 long log 长木,长木杆
ながや 【長屋】 细长形房屋,条形房屋,行列式房屋,联立房屋,(多户同住的)大杂院
ながやだて 【長戸建】 tenement style 长排建造式(数户住宅连接建造的方式),联立式
ながやだてじゅうたく 【長屋建住宅】 tenement house 长排式建造的住宅,联立式住宅
ながやもの 【長屋物】 tile of minimum size 小尺寸日本瓦
ながれ 【流】 slope ,runs,sags,stream 坡,坡面,流,水流,垂度,(刷浆后漆液的)流坠,流挂,溪流,溪水
ながれおうりょく 【流応力】 plastic flow stress,plastic yield stress 塑变应力,塑流应力,屈服应力
ながれおち 【流落】 cascade (庭园)台阶式跌水
ながれず 【流図】 flow diagram 流程图,操作流程图,生产过程图
ながれつぎ 【流継】(木构件的)流水状接合
ながれていこう 【流抵抗】 stream friction,flow resistance (交通)流阻,通行阻滞,水流阻力
ながれどい 【流樋】 straight down gutter (上层流入下层的)直通雨水管
ながれどめ 【流止】 resist sagging, antisagagent,antirunning agent 防流挂,防流挂剂
ながれのかんすう 【流の関数】 stream function 流水函数
ながれはふ 【流破風】 两坡不等长的山墙博缝板
ながれぶし 【流節】 horny knot (木材的)角质节
なかろうか 【中廊下】 middle corridor 内廊(走廊两侧有房间)
なかろうかがた 【中廊下型】 double loaded corridor type 内廊式(走廊两侧有房间的布置方式)
なかろうかしきじゅうたく 【中廊下式住宅】 middle corridor type dwelling house 内廊式住宅
なかろじ 【中露地】 日本茶亭院的里院
なぎ 【凪】 calm 无风,零级风
なぎづら 【薙面·擲面】 adz finish 斧削面(用扁斧砍木材表面)
なぎまゆ 【薙眉】 截面呈浅圆弧状的线脚
なきりゅう 【鳴竜】 flutter echoes 颤动回声
なく 【泣く】 bleed 渗色,油漆流淌
なぐらと 【名倉砥】(由凝灰岩制成的)细磨石
なぐり 【擲·殴】 adz finish 剁斧饰面
なぐり 【名栗】 剁斧,斧剁过的栗木
なぐりづら 【擲面】 adz finish 剁斧饰面
なげかけばり 【投掛梁】 木屋架的大柁,木屋架的系梁
なげかね 【投矩】 投影坡度,投影放坡线
なげこみでんねつき 【投込電熱器】 immersion heater 浸入式电热器
なげし 【長押】 横木板条
なげしびき 【長押挽】 梯形截面的木条
なげしぶた 【長押蓋】(横木板条上的)盖

缝条
なげしまつ【流枝松】（庭园中）树枝伸向水面的临水松
なげすみ【投墨】投影坡度，投影放坡线
ナゲット nugget 焊结圆块，（点焊）熔核
なげる【投げる】施工权利的转交，放弃施工的承担
なげわたしいた【投渡板】（临时通行用）搭板，跳板
なげわたす【投渡す】檩上架椽
ナーサリー・スクール nursery school 幼儿园
なじみ【馴染】密接，拼接密实，间距紧密
なしめ【梨目】梨子状凹凸饰面
なすじょう【茄子錠】pad lock 荷包锁，挂锁
ナース・ステーション nurse's station 护士间，护士办公室
なた【鉈】hatchet 劈刀，短柄斧
なだれ【雪崩】snowslide，avalanche 雪崩
なだれぼうしせつび【雪崩防止設備】check facilities for snow slide 雪崩防止设备
なだれぼうしりん【雪崩防止林】avalanche preventing forest 雪崩防止林
ナチュラル・アスファルト natural asphalt 天然沥青
ナチュラル・ゴム【～[gom荷]】natural rubber 天然橡胶
ナチュラル・スケール natural scale 自然比例，实物大小，原尺度
ナチュラル・セメント natural cement 天然水泥
ナチュラル・レジン natural resin 天然树脂
ナックル knuckle 关节，肘节，钩爪
ナックル・ドライブ knuckle drive 肘节传动，关节传动
なつごえ【夏肥】summer manuring 夏季施肥
なつざい【夏材】summer wood 夏材，晚材
なつざき【夏咲】summer flowering 夏季开花
ナッシュ・ポンプ Nash pump 纳希泵，液封型真空泵
なつつばき【夏椿】Stewartia pseudo-camellia[拉]，Japanese stewartia[英] 假山茶
ナット nut 螺母，螺帽
ナットかいてんほう【～[nut]回転法】用螺母旋转量测定受力量
ナットざがね【～座金】nut washer 螺母垫圈
ナット・レンチ nut wrench 螺母扳手，螺母扳子
なつぶた【夏蓋】mantle board 壁炉盖
なでごてしあげ【撫鏝仕上】抹平饰面，揉抹操作
なでもの【撫物】揉抹工艺的抹灰工程
ナトリウム【～[Natrium德]】sodium 钠
ナトリウム・アザイド【～[Natrium德]～】sodium azide 叠氮化钠
ナトリウムとう【～[Natrium德]灯】sodium vapour lamp 钠光灯，钠蒸气灯
ナトリウム・ベース・エス・ピーはいえき【～[Natrium德]～SP廃液】sodium base SP(sulfite pulp)waste water 钠基亚硫酸纸浆废水
ナトリウム・ランプ【～[Natrium德]～】sodium lamp 钠光灯，钠蒸气灯
ナトロン・カルク natron calk 碱石灰
ななかまど【七竈】Sorbus commixta[拉]，Korean Mountain-Ash[英] 朝鲜花楸，欧亚花楸
ななこ【魚子·斜子】连续半圆形竹或钢筋围栏（接点交叉）
ななご【七五】three quarter bat，three qrarters 七分头砖，四分之三砖
ななこうがい【七公害】seven public nuisances 七种公害（水质污染、空气污染、土壤污染、噪声、振动、地基沉陷、恶臭）
ななこがき【魚子垣】连续拱形编竹围墙，连续拱形铁条围墙
ななこやすり【七子鑢】file 斜纹锉
ななつもやづくり【七つ母屋造】坡面七等分的歇山式屋顶构造（从檐端起2/7处做博缝板）

ななぶくぎ 【七分釘】 七分钉
ななめあいがき 【斜相欠】 oblique halving,oblique scarfing 斜嵌
ななめアーチ 【斜～】 skew arch 斜拱
ななめいし 【斜石】 (庭园)斜石
ななめおうりょく 【斜応力】 oblique stress,diagonal stress 斜应力,对角应力
ななめぐい 【斜杭】 oblique pile,inclined pile 斜桩
ななめくぎ 【斜釘】 toe-nail 斜钉
ななめこうさ 【斜交差】 oblique intersection[美],scissor junction[英] 斜向交叉
ななめざい 【斜材】 diagonal member 斜向构件,斜杆
ななめざがね 【斜座金】 bevelled washer,angle washer 斜垫铁,斜垫片,斜垫圈
ななめしょうごうようせつ 【斜衝合溶接】 oblique butt weld 斜对接焊
ななめスターラップ 【斜～】 inclined stirrup 斜向箍筋
ななめすみにくようせつ 【斜隅肉溶接】 oblique fillet weld 斜贴角焊接
ななめスラブ 【斜～】 skew slab 斜板,斜向板
ななめだんめん 【斜断面】 oblique section 斜截面,斜断面
ななめちゅうしゃ 【斜駐車】 diagonal parking 斜角停放车辆
ななめづか 【斜束】 knee brace 斜撑,隅撑,角撑
ななめつぎ 【斜継】 oblique halving, oblique scarfing 斜接
ななめつぎて 【斜継手】 oblique joint, oblique scarf joint 斜接头,斜嵌接头
ななめてっきん 【斜鉄筋】 diagonal reinforcement 斜钢筋,弯起钢筋
ななめとうえい 【斜投影】 oblique projection 斜投影
ななめはんしゃしょうめいほう 【斜反射照明法】 oblique reflected lighting 倾斜反射照明法
ななめひかえ 【斜控】 diagonal bracing 斜撑条,对角支撑
ななめひっぱりおうりょく 【斜引張応力】 diagonal tensile stress 斜向拉应力
ななめひっぱりてっきん 【斜引張鉄筋】 diagonal tension bar 斜向抗拉钢筋,对角张拉钢筋
ななめほぞ 【斜枘】 oblique tenon 斜榫
ななめめじ 【斜目地】 weather joint, struck joint,skew joint 斜勾缝,风雨缝,坡口缝,斜接缝
ななめりょく 【斜力】 oblique force 斜向力
ななめわがたジベル 【斜輪形～[Dübel德]】 skewed ring dowel 斜向环销,裂环
なにわきょう 【難波京】 难波京(奈良时代初期建于今大阪市东区法圆坂町附近的都市,采用中国条坊制)
ナノ nano 毫微
なばん plumb bob (石工用)靠板铅锤,线锤,线坠
ナフサ naphtha 石脑油,挥发油,粗汽油
ナフタリン naphthalene 萘,萘球,卫生球(俗名)
ナフタリンけいはいすい 【～系廃水】 naphtalene bearing waste water 含萘系化合物废水
ナフタリン・スルホンさんえん 【～酸塩】 naphthalene sulfonate 萘磺酸盐
ナフタリンぶんかいきん 【～分解菌】 naphthalene oxidizing bacteria 萘分解菌
なべ 【鍋】 pan,boiler 罐,锅
なべあたまリベット 【鍋頭～】 pan head rivet 锅头铆钉,盘头铆钉
なべトロ 【鍋～[truck]】 深底手推车,翻斗运土车
なべリベット 【鍋～】 pan head rivet 锅头铆钉,盘头铆钉
ナポレオンさんせいのパリかいぞうけいかく 【～三世の～改造計画】 Napoleon III's projected transformation of Paris (19世纪法国)拿破仑三世巴黎改建方案
なまい 抹灰未干
なまいし 【生石】 新开石料,新采石料
なまおでい 【生汚泥】 raw sludge,fresh sludge,crude sludge 原污泥,生污泥,未处理的污泥

なまき 【生木】 green wood 生材,湿材,新伐木材
なまきじ 【生生地】 green ware 半成品,坯
なまげすい 【生下水】 raw sewage, crude sewage 原污水
なまこ 【生子·海鼠】 corrugated sheet 波纹板,波形板,瓦楞板
なまこいた 【生子板】 corrugated sheet 波纹板,波形板,瓦楞板
なまこいたばり 【生子板張】 铺波纹板,铺瓦楞板
なまこいたぶき 【生子板葺】 corrugated sheet roofing 波纹板屋面,铺波纹板屋面
なまこいたべい 【生子板塀】 贴铺波纹板围墙
なまこうか 【生硬化】 undercure 硫化不足,固化不足
なまこかべ 【生鼠壁】 贴小方砖勾半圆形灰缝的墙
なまこがわら 【海鼠瓦】 普通筒瓦
なまこじっくい 【海鼠漆喰】 勾半圆形灰缝
なまこてっぱん 【生子鉄板】 corrugated iron sheet 波形钢板,瓦楞铁皮
なまこぼう 【生子棒】 eye bar 眼杆,带环拉杆,眼铁,孔杆
なまゴム 【生～】 crude rubber, raw rubber 原生橡胶,生橡胶
なまコン＝なまコンクリート
なまコンクリート 【生～】 ready mixed concrete 预拌混凝土,商品混凝土
なまコンクリート·プラント 【生～】 ready mixed concrete plant 预拌混凝土工厂,商品混凝土站
なまコンしゃ 【生～車】 transit-mixer truck, truck mixer 混凝土搅拌车
なまざい 【生材】 green timber, green wood 生材,湿材,新伐材
なまざいひじゅう 【生材比重】 specific gravity in green 生材比重,湿材比重
なまし 【鈍·生】 annealing 退火,焖火
なましてっせん 【鈍鉄線】 annealed wire 退火钢丝
なましでんせん 【鈍電線】(绑脚手架用)退火电线,软铁丝
なまじょうき 【生蒸気】 live steam 新蒸汽
なまじょうきだんぼう 【生蒸気暖房】 live steam heating 新蒸汽采暖
なまスラッジ 【生～】 raw sludge 未处理的污泥,原污泥,生污泥
なまぞり 【生反】(雕刻用)弯刃凿
なままつやに 【生松脂】 turpentine 生松脂,松节油
なまやきれんが 【生焼煉瓦】 place brick 半烧砖,生烧砖,欠火砖
なまり 【鉛】 lead 铅
なまりアルカリ·ガラス 【鉛～】 lead alkali glass 铅碱玻璃
なまりいた 【鉛板】 lead plate 铅板,铅皮
なまりガラス 【鉛～】 lead glass 铅玻璃
なまりくだ 【鉛管】 lead pipe 铅管
なまりこうじ 【鉛工事】 lead work 衬铅,铅工程
なまりしゃへい 【鉛遮蔽】 lead shield (防放射线用)铅屏蔽
なまりちくでんち 【鉛蓄電池】 lead accumulator 铅蓄电池
なまりつぎ 【鉛継】 lead joint 铅接口,铅接头
なまりつぎて 【鉛継手】 lead joint 铅接头,铅接口
なまりづめつぎて 【鉛詰継手】 lead joint (填)铅接口
なまりトラップ 【鉛～】 lead trap 铅存水弯
なまりはり 【鉛張】 lead lining 衬铅
なまりぼね 【鉛骨】 fret lead, lead cames 装彩色玻璃的铅条骨架
なまりようせつ 【鉛溶接】 burned lead joint 铅熔接,铅焊接
なまりライニング 【鉛～】 lead lining 衬铅
なまりろう 【鉛鑞】 lead solder 铅焊料
なみ 【波】 wave 波
なみいた 【波板】 corrugated sheet 波纹板,波形板,瓦楞板

**なみかえし** 【波返】 parapet, parapet wall 防波墙

**なみがたあえんてっぱん** 【波形亜鉛鉄板】 corrugated galvanized sheet iron 镀锌波形钢板，镀锌瓦楞铁皮

**なみがたあえんてっぱんぶき** 【波形亜鉛鉄板葺】 corrugated zincification sheet roofing 镀锌波形屋面，铺设镀锌波形铁皮屋面

**なみがたあみいりガラス** 【波形網入～】 corrugated wired glass 波形夹丝玻璃，夹丝瓦楞玻璃

**なみがたいた** 【波形板】 corrugated sheet 波形板，波纹板，瓦楞板

**なみがたいたばり** 【波形板張】 铺钉波纹板，铺瓦楞板

**なみがたうず** 【波形渦】 连续漩涡纹

**なみがたガラス** 【波形～】 wave glass, corrugated glass 波纹玻璃，瓦楞玻璃

**なみがたさく** 【波形柵】 wave fence （公园等的）波形栅栏

**なみがたしんしゅくつぎて** 【波形伸縮継手】 corrugated expansion joint 波纹管膨胀接头，波纹管补偿器

**なみがたスレート** 【波形～[slate]】 corrugated asbestos-cement sheet 波形石棉水泥板，瓦楞石棉板

**なみがたせきめんスレート** 【波形石綿～[slate]】 corrugated asbestos cement sheet 波形石棉水泥板，瓦楞石棉板

**なみがたせきめんスレートばん** 【波形石綿～[slate]板】 corrugated asbestos-cement sheet 波形石棉水泥板，瓦楞石棉板

**なみがたせきめんばんぶき** 【波形石綿板葺】 corrugated asbeastos roofing 波形石棉板屋面，铺设波形石棉板屋面

**なみがたてっぱん** 【波形鉄板】 corrugated iron sheet 波形钢板，瓦楞铁皮

**なみがたもく** 【波形杢】 wavy grain （木材的）波状纹理，波纹

**なみがたれんが** 【並形煉瓦】 common brick, brick 普通砖

**なみき** 【並木】 row of trees, roadside trees 树列，成行树木，人行道树

**なみきみち** 【並木道】 boulevard 林荫路

**なみくぎ** 【波釘】 corrugated nail, wave form nail 波形钉

**なみさき** 【波先】 wave front 波前

**なみさんがわら** 【並棧瓦】 切角波形瓦，洼角波形瓦

**なみさんご** 【並三五】 直径为0.35日尺的半圆形薄铁板雨水管，落水檐沟

**なみじゃり** 【並砂利】 unscreened gravel 混砂砾，未过筛砂砾

**なみだあな** 【涙孔】 weep hole 排水孔，泄水孔

**なみつきトタンいた** 【波付～[tutanaga 葡]板】 corrugated sheet iron 波形钢板，瓦楞铁皮

**なみはまずさ** 【並浜苆】 普通漂白麻刀

**なみひらがわら** 【並平瓦】 普通板瓦

**なみまくらぎ** 【並枕木】 regular sleeper, regular tie 普通轨枕，通用轨枕

**なみまるがわら** 【並丸瓦】 普通筒瓦

**なみもん** 【波文】 波纹

**なみやきれんが** 【並焼煉瓦】 common brick, brick 普通砖

**なみよりはりがねロープ** 【並撚針金～】 common strand wire rope 普通扭纹钢丝索

**なみれんじ** 【波連子】 波形竖棂

**なみれんじらんま** 【波連子欄間】 竖波纹棂条气窗

**なや** 【納屋・魚屋】 barn, outhouse 农家或渔家的附属小屋（如贮藏室、库房、谷仓等）

**なやし** 拌和生漆，调生漆

**ならいめ** 【倣目】 （木料）顺纹切削，顺纹面

**ならく** 【奈落】 trap cellar, cellar 舞台下房间，舞台地下室，地窖

**ならしいし** 【均石】 稳放的垫石

**ならしいた** 【均板】 整地板，铺石用靠尺

**ならしコンクリート** 【均～】 levelling using concrete 摊平用混凝土

**ならしじょうぎ** 【均定規】 screed, strik off 刮板，刮尺

**ならるい** 【楢類】 Quercus sp.[拉], Oak [英] 栎属

ナル null 空,零

ナルテックス narthex[希] (初期基督教教堂的)前廊,前厅

ナロー・ゲージ・レールウェー narrow gauge railway 窄轨铁路

なわかくし 【縄隠】 底层绑绳抹泥,底层绑绳抹泥层

なわがたくりかた 【縄型繰形】 cable moulding 绳纹线脚

なわぐみ 【縄組】 圆角箱榫

なわじり 【縄尻】 绳端

なわずみ 【縄墨】 绳墨,墨线

なわたば 【縄束】 绳束(以绳长估算竹、茅数量的一种方法)

なわちぢみ 【縄縮】 (土地)实测减少面积

なわのび 【縄延】 (土地)实测涨出面积

なわばり 【縄張】 staking out work, staking out 工地放线,现场定线,定基线

なわまき 【縄巻】 (竹篾底层等的)用绳绑扎

なわめ 【縄目】 interlocked grain 斜交木纹,交错纹理

なんアスファルト 【軟~】 soft asphalt 软沥青,稀释沥青

なんいど 【難易度】 degrees of difficulty 难度,难易度

なんか 【軟化】 softening, softness 软化

なんかざい 【軟化剤】 softener, softening agent 软化剂,软水剂

なんかてん 【軟化点】 softening point 软化点

なんかほう 【軟化法】 softening (硬水)软化法

なんがん 【軟岩】 soft rock 软岩

なんきんおとし 【南京落】 surface bolt 明装插销

なんきんがんな 【南京鉋】 spoke, spoke shave 小圆刨,辐刨

なんきんしたみ 【南京下見】 bevel siding 互搭披叠木板墙,横钉压边雨淋板

なんきんじょう 【南京錠】 pad lock 荷包锁,挂锁

なんきんずさ 【南京莇】 hemp fiber 麻刀,麻筋

なんきんはぜ 【南京黄櫨】 Sapium sebiferum[拉], Chinese sapium[英] 乌桕

なんきんめん 【南京面】 concave chamfer 凹圆(棱角)面

なんきんワニス 【南京~[vanish]】 杉树脂清漆

なんこう 【軟鋼】 mild steel 软钢,低碳钢

なんざい 【軟材】 soft wood 软质木材

なんしきテニスきょうぎじょう 【軟式~[tennis]競技場】 (日本特有的)软地网球场

なんしつガラス 【軟質~】 soft glass 软质玻璃,低软化点玻璃

なんしつゴム 【軟質~[gom荷]】 soft rubber 软质橡胶

なんしつせんいばん 【軟質繊維板】 fiber insulation board, low-density fiber board, soft board 软质纤维板

なんじゃくじばん 【軟弱地盤】 flimsy ground 软弱地基

なんじゃくじばんしょり 【軟弱地盤処理】 treatment of soft ground 软弱地基处理

なんじゃくそう 【軟弱層】 weak stratum 软弱地层,松软地层

なんじゃくろしょう 【軟弱路床】 soft roadbed, soft subgrade 软土路基

なんすい 【軟水】 soft water 软水

なんすいか 【軟水化】 softening of water 水的软化,硬水软化

なんすいき 【軟水器】 water-softener 软水器

なんすいざい 【軟水剤】 softener 软水剂

なんすいそうち 【軟水装置】 water softening apparatus, water softener 水软化装置

なんすいほう 【軟水法】 water-softening 软水法

なんせき 【軟石】 soft stone 软石

なんぜんじたいでん 【南禅寺大殿】 (782年山西五台)南禅寺大殿

なんだいもん 【南大門】 南大门(日本寺院建筑的正门)

なんちく 【軟竹】 软竹,嫩竹

なんちゅう 【南中】 culmination 中天

**なんちゅうこうど** 【南中高度】 culmination altitude 南中高度,正中高度(太阳到达观测点子午线时的高度)
**なんでい** 【軟泥】 slime 软泥,粘泥
**なんてん** 【南点】 south point 南点
**なんてん** 【南天】 Nandina domestica [拉],Nandina[英] 南天竹,天竺
**なんど** 【納戸】 trunk room,closet 储藏室,固定衣柜,存衣室
**なんど** 【軟度】 consistency 稠度,流动性
**なんどいろ** 【納戸色】 蓝灰色,绿青色
**なんねりコンクリート** 【軟練～】 plastic concrete,wet concrete 塑性混凝土,高流动性混凝土
**なんねりモルタル** 【軟練～】 wet mortar,plastic mortar 塑性砂浆,稀拌灰浆
**なんねりモルタルしけん** 【軟練～試験】 test by wet mortar 稀拌砂浆试验,塑性砂浆试验,(水泥标号)软练砂浆试验
**なんねんかこう** 【難燃加工】 难燃加工,耐火加工
**なんねんごうはん** 【難燃合板】 难燃胶合板,耐火胶合板
**なんねんざいりょう** 【難燃材料】 incombustible material 难燃材料
**なんねんしょり** 【難燃処理】 incombustible transaction 难燃处理,耐火处理
**なんねんせい** 【難燃性】 incombustibility 难燃性,不燃性
**なんねんやくざい** 【難燃薬剤】 难燃药剂
**ナンバー・グループ** number group (电话的)号码组
**なんばん** plumb bob (石工用)靠板铅锤,线锤,线坠
**なんばんぎり** 【南蛮錐】 bolt drill 螺旋孔钻
**なんばんじ** 【南蛮寺】 (16世纪后期日本建造的)基督教堂(俗称)
**なんばんじっくい** 【南蛮漆喰】 屋面抹白灰泥,白灰背
**なんばんろくろ** 【南蛮轆轤】 辘轳
**なんぶつのまた** 【南部角叉】 日本南部产鹿角菜浆汁
**なんぽうざい** 【南方材】 south sea timber,tropical wood 南洋木材,热带木材
**なんもく** 【軟木】 soft wood 软质木材
**なんようざい** 【南洋材】 south-sea timber,tropical wood 南洋木材,热带木材
**なんろう** 【軟鑞】 soft solder 软焊料,低温焊料
**なんろうづけ** 【軟鑞付】 soft soldering 软焊,锡焊

# に

こ【荷】load 荷载,装载
ニー knee 扶手弯头,弯头,弯管
こあげ【荷揚】unloading,discharging 卸载,卸荷,卸货
こあげぐち【荷揚口】lift well 货梯井
にアドレス【二～】two address 二地址的
にあまにゆ【煮亜麻仁油】boiled linseed oil 熟亚麻仁油
にいしきしんごうき【二位式信号機】two position signal (只表示进行、停止的)二位式信号机
にいちせいぎょ【二位置制御】two position control,two-step action control 双位控制
にいちどうさ【二位置動作】two position action 双位动作
においひば Thuja occidentalis[拉], American arborvitae,eastern arborvitae [英] 美国崖柏,美国侧柏,金钟柏
におろし【荷卸】unloading,discharging 卸载,卸荷,卸货
におろしていしゃじょう【荷卸停車場】discharging station 卸货站
にかい【二階】second floor 二层,二层楼房,二楼
にかいそうしきちんでんち【二階槽式沈殿池】two-storey settling tank 双层沉淀池
にかいばり【二階梁】second floor girder 二层楼面大梁
にがしくだ【逃管】escape(valve)pipe, waste(valve)pipe 放出管,排泄管
にがしつうき【逃通気】relief vent,bypass vent 辅助通气(辅助透气管与污水立管连接的透气方式)
にがしべん【逃弁】escape valve,relief valve 放出阀,溢流阀,安全阀
にがたけ【苦竹】苦竹,真竹
にがり【苦汁】bittern 盐卤,苦汁
にかわ【膠】glue 胶,鱼胶,兽胶
にかわづけ【膠附】gluing 粘合,胶粘,粘结
にかわつぼ【膠壺】glue pot 胶桶
にかんしき【二管式】two pipe system 双管式
にかんしきはいかんほう【二管式配管法】two piping system 双管配管法
にきゃくマスト【二脚～】double leg mast 双立柱式电杆
にきゅうしょり【二級処理】secondary treatment 二级处理
にきょくこうぞうがたとし【二極構造型都市】double pole structured city 二极结构型城市
にきょくスイッチ【二極～】double-pole switch 双刀开关
にぎり【握】knob 圆形把手,球形柄
にぎりスイッチ【握～】knob switch 握钮开关,按钮开关
にぎりだま【握玉】knob,door knob 圆形把手,门拗
にぎりだまつきじょうまえ【握玉付錠前】knob lock,knob latch 圆形把手锁,门拗锁
にぎりはす【握蓮】(栏杆扶手下面的)荷叶礅
にぎりぼう【握棒】door handle,handle 手柄,门把手
にきんぞくへん【二金属片】bimetallic element 双金属元件
にくあつ【肉厚】thickness of wall 壁厚
にくがんすいしつけんさ【肉眼水質検査】macroscopic water examination 外观水质检验,肉眼水质检查
にくしこみば【肉仕込場】meat butcher 切肉间
にくちふきあげみずのみき【二口吹上水飲器】two stream drinking fountain

双口饮水器
**にくもち** 【肉持】 涂膜丰满度
**にくもり** 【肉盛】 padding 焊缝隆起，焊缝堆起
**にくもりようせつ** 【肉盛溶接】 built-up welding 堆焊
**にぐろめ** 【煮黒目】 铜、锌、铅合金，涂铜、锌、铅合金色
**にげ** 【逃】 构件位置余量，严密接缝，偏线，借线，依据点，基点
**にげずみ** 【逃墨】 偏离墨线，编线，借线
**にげふだ** 【逃札】 避免中标的投标(投入比额定标价高的标额)
**にげるエネルギー** 【逃げる～】 dissipated energy 消散能量，消耗能量
**にけん** 【二間】 木材标准长度(日本各地不同)
**にげんはいすいけいとう** 【二元配水系統】 dual distribution system 双重配水系统
**にけんもの** 【二間物】 标准长度的木材
**にご** 【二五】 quarter bat, one quarter 找头砖，四分之一砖，四分头
**にこうしきアーチ** 【二鉸式～】 two hinged arch 二铰拱，双铰拱
**にこうせつアーチ** 【二鉸節～】 two hinged arch 二铰拱，双铰拱
**にこうぶんぷ** 【二項分布】 binominal distribution 二项分布
**にこだて** 【二戸建】 semi-detached 二户联立建筑，半独立式建筑
**にこだてじゅうたく** 【二戸建住宅】 semi-detached house 二户联立式住宅，半独立式住宅
**にごりど** 【濁度】 turbidity 浊度，浑浊度
**ニコルスおでいしょうきゃくろ** 【～汚泥焼却炉】 Nichols sludge incinerator 尼科尔斯(多层架)污泥焚化炉
**にサイクルほう** 【二～法】 two-cycle method 二次(弯矩)分配法
**にさんかえんそ** 【二酸化塩素】 chlorine dioxide 二氧化氯
**にさんかえんそしょり** 【二酸化塩素処理】 chlorine dioxde treatment 二氧化氯处理
**にさんかけいそ** 【二酸化珪素】 silicon dioxide 二氧化硅
**にさんかたんそ** 【二酸化炭素】 carbon dioxide 二氧化碳
**にさんかちっそ** 【二酸化窒素】 nitrogen dioxide 二氧化(一)氮
**にさんかなまりほう** 【二酸化鉛法】 lead dioxide method 二氧化铅(测定)法
**にさんかぶつ** 【二酸化物】 dioxide 二氧化物
**にさんかマンガン** 【二酸化～】 manganese dioxide 二氧化锰
**にじあつみつ** 【二次圧密】 secondary consolidation 二次压实，二次固结
**にじおうりょく** 【二次応力】 secondary stress 次应力
**にじおせん** 【二次汚染】 secondary pollution 二次污染
**にじおせんぶつ** 【二次汚染物】 secondary pollutant 二次污染物
**にじかんすう** 【二次関数】 quadratic function 二次函数
**にじくうき** 【二次空気】 secondary air 补充空气，二次空气
**にじくおうりょく** 【二軸応力】 biaxial stress 双轴(向)应力，平面应力
**にじクリープ** 【二次～】 secondary creep 次级徐变，二期蠕变
**にじけいかくほう** 【二次計画法】 quadratic programming 二次规划法
**にじけいしき** 【二次形式】 quadratic form 二次形
**にじけつごう** 【二次結合】 secondary bond 二次键，二次结合
**にじげんあつみつ** 【二次元圧密】 two dimensional consolidation (土的)二向固结
**にじげんおうりょく** 【二次元応力】 two dimensional stress 二维应力，双向应力，平面应力
**にじげんだんせい** 【二次元弾性】 two dimensional elasticity 二维弹性
**にじげんマネキン** 【二次元～】 two di-

mensional manikin 平面状的人体模型
にじげんもんだい 【二次元問題】 two dimensional problem 二维问题,平面问题
にじこうげん 【二次光源】 secondary light source 二次光源
にじこうぞう 【二次構造】 secondary structure (土的)次要结构,次生结构
にじさいがい 【二次災害】 secondary damage 次生灾害
にじしたうけ 【二次下請】 二次承包
にじしょり 【二次処理】 secondary treatment 二级处理
にじせっちゃく 【二次接着】 secondary gluing 二次粘结,二次胶合
にじそうふうユニットしき 【二次送風~式】 secondary air unit 二次送风机组
にじたいきおせんぶつ 【二次大気汚染物】 secondary air pollutant 次生大气污染物
にしつじゅうこ 【二室住戸】 二室户
にじてきじかんこうか 【二次的時間効果】 secondary time effect 次时间效应
にじてきちんか 【二次的沈下】 secondary settlement 二次沉陷,二次沉降
にじてんあつ 【二次転圧】 secondary rolling 二次辗压
にじてんいてん 【二次転移点】 second-order transition point 二级转变点,二次转变点
にしのうち 【西の内】 厚裱糊纸
にじへんそくしゃせん 【二次変速車線】 secondary speed change lane 二次变速车道
にじぼうちょう 【二次膨張】 secondary expasion 二次膨胀,余留澎胀,附加膨胀
にじほかん 【二次補間】 quadratic fitting 二次插值,(抛物线插值),二次拟合
にじみ 【滲】 bleeding (混凝土)泌浆,(沥青路面)泛油,(油漆刷浆)咬色
にじモーメント 【二次~】 secondary moment 附加力矩
にじモーメントだえん 【二次~楕円】 ellipse of moment of inertia 惯性矩椭圆,二次矩椭圆
にしゃくいた 【二尺板】 约二日尺长的安山岩板
にしゃくげんば 【二尺玄番】 二日尺长的安山岩
にしゃせんどうろ 【二車線道路】 two-lane road 双车道道路,双车道公路
にじゅうアーチ 【二重~】 double-deck arch 双层拱
にじゅうイン・アンティス 【二重~】 inantis at both ends (古希腊神庙早期形式的)前后墙双柱式
にじゆういんユニットしき 【二次誘引~式】 secondary induction unit 二次诱导器系统
にじゅうエコー 【二重~】 double echo 双重回声
にじゅうおりあげごうてんじょう 【二重折上格天井】 四周凹圆线脚的(中部凹进的)格子顶棚
にじゅうおりあげこぐみごうてんじょう 【二重折上小組格天井】 四周凹圆线脚的(中部凹进的)细格顶棚
にじゅうおりあげてんじょう 【二重折上天井】 四周凹圆线脚的(中部凹进的)顶棚
にじゅうおれくぎ 【二重折釘】 双段曲钉,双重曲钉
にじゅうがいそうケーブル 【二重外装~】 double armoured cable 双层铠装电缆
にじゅうかべ 【二重壁】 double wall 双层墙,夹层墙
にじゅうガラス 【二重~】 double glass 双层玻璃
にじゅうかんおんどけい 【二重管温度計】 double pipe thermometer 双管温度计
にじゅうかんぎょうしゅくき 【二重管凝縮器】 double pipe condenser 套管式冷凝器
にじゅうかんねつこうかんき 【二重管熱交換器】 double tube type heat exchanger 双管式热交换器
にじゅうかんブラインれいきゃくき 【二重管~冷却器】 double pipe brine cooler 套管盐水冷却器
にじゅうかんれいきゃくき 【二重管冷却

器】 double pipe cooler 双管冷却器
にじゅうきだん 【二重基壇】 两层台基
にじゅうぎゃくどめべん 【二重逆止弁】 double check valve 双止回阀
にじゅうきょうまくせつ 【二重境膜説】 two-film theory 双膜理论
にじゅうげぎょ 【二重懸魚】 双重悬鱼
にじゅうこうようきゅうしゅうしきれいとうき 【二重効用吸収式冷凍機】 double effect absorptive refrigerator 双效用吸收式制冷机
にじゅうこうようじょうはつかん 【二重効用蒸発罐】 double effect evaporator 双效蒸发器
にじゅうゴムしきつぎて 【二重～[gom荷]敷継手】 双层橡胶垫密封接头
にじゅうこやばり 【二重小屋梁】 double beam (位于屋架下弦上面的)系梁,(柁架的)二梁,二柁
にじゅうしききゅうにゅうガスたちあがりかん 【二重式吸入～立上管】 double suction riser 双吸气立管
にじゅうストレーナー 【二重～】 double strainer 双层滤网
にじゅうせきぶん 【二重積分】 double integral 二重积分
にじゅうそうがたしょうかそう 【二重槽型消化槽】 dual tank digester 双池型消化池
にじゅうソケット 【二重～】 double socket 双承管,双承短管
にじゅうダクトほうしき 【二重～方式】 double duct system, dual duct system 双风管系统,双风道(空调)系统
にじゅうてんがい 【二重天蓋】 double hood 双层通气罩,双层帽盖,双层遮罩
にじゅうてんじょう 【二重天井】 double ceiling 双层顶棚,双层天花板
にじゅうどい 【二重樋】 double gutter 双重雨水槽,双重檐槽
にじゅうとふ 【二重塗布】 double coating 两遍涂刷,两遍涂抹
にじゅうトラップ 【二重～】 double trap 双存水弯,双凝汽阀
にじゅうトラップすいせんだいべんき 【二重～水洗大便器】 double trap water closet 双重存水弯冲洗大便器
にじゅうナット 【二重～】 double nut 双螺母
にじゅうばり 【二重梁】 double beam (位于屋架下弦上面的)系梁,柁架的)二梁,二柁
にじゅうはんぷくほう 【二重反復法】 double iteration method 二重迭代法,二重反复法
にじゅうばんめじかんこうつうりょう 【二十番目時間交通量】 twentieth highest hourly volume (设计目标年度内小时交通量中的)第20个最高小时交通量
にじゅうぶたい 【二重舞台】 双层舞台
にじゅうふりこ 【二重振子】 double pendulum 双摆
にじゅうべい 【二重塀】 (日本桃山时代的)双重城墙
にじゅうほぞ 【二重枘】 stepped tenon 重榫舌,阶梯式榫
にじゅうまど 【二重窓】 double window 双层窗
にじゅうまわしぶたい 【二重回舞台】 revolving stage with disc and outer ring 双圈旋转舞台
にじゅうゆか 【二重床】 double floor 双层地板,双层楼板
にじゅうゆかいたばり 【二重床板張】 double flooring 双层木地板,铺双层木板地面
にじゅうろか 【二重濾過】 two-stage filtration 两级过滤
にじりぐち 【躙口】 茶室特有的小出入口
にじりじるし 【躙印】 (木工墨线的)<形记号
にじレベルのもんだい 【二次～の問題】 second-level problem 二阶段问题
にしんしつじゅうたく 【二寝室住宅】 two-bed room dwelling house 二卧室住宅
ニス＝ワニス
にずり 【荷摺】 内墙护板
にずりいた 【荷摺板】 内墙护板

にずりぎ 【荷摺木】 内墙护板

にせアカシア 【贋~】 Robinia pseudoacacia[拉],Black locust[英] 洋槐,刺槐

にせいきだん 【二成基壇】 两层台基疗室

にそうきょう 【二層橋】 double-deck bridge 双层桥

にそうしきどうろ 【二層式道路】 double-deck road 双层(式)道路

にそうろか 【二層濾過】 double medium filtration 双层过滤

にだんあっしゅく 【二段圧縮】 double stage compression 双级压缩

にだんおち 【二段落】 two steps fall (庭园瀑布的)二段跌落

にだんかいさいてきか 【二段階最適化】 two-level optimization 二阶段优化

にだんかたむきいれ 【二段傾入】 double skew notch 双斜槽齿,双斜槽口

にだんくうきあっしゅくき 【二段空気圧縮機】 double-stage air compressor 双级空气压缩机

にだんこうりゅうせんじょう 【二段向流洗浄】 two-stage countercurrent elutriation 两级逆流淘洗

にだんさんすいろしょうほう 【二段散水濾床法】 two-stage trickling filter 两级生物滤池(法)

にだんしょうか 【二段消化】 two-stage digestion 两级消化

にだんばっきほう 【二段曝気法】 two-stage aeration 两级曝气法

にだんばね 【二段跳】 二段排土

にだんビート 【二段~】 double step bead 双段叠珠焊缝(焊接缺陷)

にだんベッド 【二段~】 bunk bed,double deck beds 双层床

にだんリリーフべん 【二段~弁】 two-stage relief valve 两级减压阀

にだんろか 【二段濾過】 two-stage filtration 两级过滤

にだんろかち 【二段濾過池】 double filter bed 两级滤池

にちうりょう 【日雨量】 daily rainfall 日雨量

にちこうすいりょう 【日降水量】 daily precipitation 日降水量,日降雨量

にちこうつうりょうへんかず 【日交通量変化図】 daily traffic pattern (每)日交通量变化图

にちしゅつにゅうほうい 【日出入方位】 bearing of the rising or setting sun 日出落方位

にちじょうせいかつけん 【日常生活圏】 range of daily life,daily living sphere 日常生活范围圈

にちじょうつうきんけん 【日常通勤圏】 daily commuting sphere 日常上班范围圈

にちせきい 【日赤緯】 solar declination 太阳赤纬

にちなんちゅうこうど 【日南中高度】 culmination altitude of the sun 太阳南中高度

にちぼつふっかく 【日没幅角】 western amplitude of the sun 日没方位角

にちゅうしき 【二柱式】 distyle (古希腊神庙的)的双柱式

にちゅうほうねつき 【二柱放熱器】 two column radiator 双柱散热器

にちょうがけ 【二丁掛】 双顶头长瓷砖 (60厘米×227厘米)

にちょうがけタイル 【二丁掛~】 双顶头长瓷砖(60厘米×227厘米)

にちりゅうりょう 【日流量】 daily flow 日流量

にづくり 【荷造】 packing 包装

にづくりしつ 【荷造室】 paacking room 包装室,打包室

にづくりひ 【荷造費】 packing expenses 包装费

ニッケル nickel 镍

ニッケルこう 【~鋼】 nickel steel 镍钢

ニッケルごうきん 【~合金】 nickel alloy 镍合金

ニッケルめっき 【~鍍金】 nickel plating 镀镍,镍镀层

にっこうしつ 【日光室】 sunroom,solarium 日光室,日光浴室,日光治疗室

にっこうとうしょうぐう 【日光東照宮】 (17世纪前期日本日光市)日光东照宫

にっこうよくしつ【日光浴室】sun room,solarium 日光浴室,日光治疗室
にっこうわれ【日光割】sun crack 晒裂
にっしゃ【日射】solar radiation 太阳辐射
にっしゃきゅうしゅうりつ【日射吸収率】absorption factor of solar radiation 太阳辐射吸收率
にっしゃけい【日射計】pyrheliometer 太阳辐射计
にっしゃとうかきおん【日射等価気温】equivalent outdoor temperature 等效室外温度
にっしゃのつよさ【日射の強さ】intensity of solar radiation 太阳辐射强度
にっしゃのにちりょう【日射の日量】amount of daily solar radiation 每日太阳辐射量
にっしゃりょう【日射量】value of solar radiation 太阳辐射量
にっしゅううんどう【日周運動】diurnal motion 周日运动,周日变化
にっしょう【日照】sunshine 日照
にっしょうけい【日照計】sunshine recorder,heliograph 日照仪
にっしょうじかん【日照時間】hours of sunshine 日照时间
にっしょうじすう【日照時数】duratin of sunshine 日照时间
にっしょうじょうけん【日照条件】sunshine condition 日照条件
にっしょうちょうせい【日照調整】sunshine control,solar control 日照调节,日照控制
にっしょうりつ【日照率】percentage of bright sunshine 日照率(日照时间对可照时间的百分比)
ニッチ niche 壁龛,墙上凹洞
ニッパー nippers 钳子,尖头钳,剪线钳
ニッパ・ハウス nipa house 棕榈叶屋面的简单房屋
ニップル nipple 螺纹接口,喷灯,喷嘴
ニップルつぎて【～継手】nipple joint 螺纹接头
にづみ【荷積】loading 加荷,加载
にディー・エム【2DM】tow DM (dimensional manikin) 平面状的人体模型
にディー・ケー【2DK】tow DK(dining kitchen) 两居室并带厨房兼餐室的住宅
ニーディング・コンパクター kneading compactor (沥青混合料)揉搓压实试验机,揉压机
にてんさせん【二点鎖線】tow-dot, chain line 双点划线
にてんとうし【二点透視】tow,point perspective 二点透视
ニト nit 尼特(亮度单位,每平方米烛光数)
にとうさんかくそくりょう【二等三角測量】second-order triangulation,secondary triangulation 二等三角测量
にとうさんかくてん【二等三角点】second-order triangulation station,secondary triangulation station 二等三角点
にとうすいじゅんそくりょう【二等水準測量】second-order levelling 二等水准测量
にとうすいじゅんてん【二等水準点】second order bench mark 二等水准基点,二等水准(标)点
にどうち【二度打】二次打入桩
にときしつ【荷解室】包装及拆包室
にときば【荷解場】包装及拆包场所
ニート・セメント neat cement 净水泥,净浆
ニート・セメント・モルタル neat cement mortar 净水泥砂浆
ニトラ・ランプ nitra-lamp 充气(电)灯泡
ニトリル・ゴム【～[gom荷]】nitoril butadiene rubber(NBR) 丁腈橡胶,丁二烯丙烯腈共聚橡胶
ニトリルぶんかいきん【～分解菌】nitrile attack bacteria 腈分解菌
ニードル needle 指针,针状物,方尖塔,尖石,横撑木
ニードルべん【～弁】needle valve 针(状)阀
ニトロ・セルロース nitro-cellulose 硝

酸纤维(素),硝化棉

ニトロ・セルロースけいラッカー 【～系～】 nitro-celiulose lacquer 硝酸纤维喷漆

ニトロ・セルロースとりょう 【～塗料】 nitro-cellulose paint 硝酸纤维素漆

にないばしら 【担柱】 underpinning post (隧道的)托柱

ににんかけながいす 【二人掛長椅子】 loveseat 双人坐椅,双人沙发

ににんようしんだい 【二人用寝台】 double bed 双人床

にぬり 【丹塗】 涂朱,涂红丹

にのひら 【二の平】 正当沟前面的仰瓦

にばいせいど 【二倍精度】 double precision 双倍精(确)度

にばん 【二番】 heat-affected zone 热影响区

にヒンジ・アーチ 【二～】 two-hinged arch 二铰拱,双铰拱

にヒンジ・トラス・アーチきょう 【二～橋】 tow hinged truss arch bridge 双铰桁架拱桥

ニー・ブレース knee brace 隅撑,角撑,斜撑

にぶんのいちエス・トラップ 【二分の一S～】 1/2 S trap 半S形存水弯,P形存水弯

にほう 【二方】 两面无节疤的方桧木

にほうこうスラブ 【二方向～】 tow way slab 双向板,双向配筋板,四边支承板

にほうこうはいきんスラブ 【二方向配筋～】 tow way slab 双向板,双向配筋板,四边支承板

にほうこうはいきんほう 【二方向配筋法】 tow way system of reinforcement 双向配筋

にほうこうばん 【二方向版】 two way slab 双向板,双向配筋板,四边支承板

にほうこうりゅうろか 【二方向流濾過】 biflow filtration 双向流过滤

にほうコック 【二方～】 tow-way cock 双向龙头,两通旋塞

にほうべん 【二方弁】 two-way valve 双向阀

にほうみのにわ 【二方見の庭】 两面眺望的庭院

にほんインダストリアル・デザイナーきょうかい 【日本～協会】 Japan Industrial Designers' Association (JIDA) (1952年成立的)日本工业美术设计者协会

にほんかべ 【日本壁】 Japanese wall 日式墙

にほんがわら 【日本瓦】 Japanese tile 日式瓦

にほんかんしき 【二本管式】 two-main system 双干管式(双干管系统)

にほんくぎ 【日本釘】 Japanese nail 日式钉

にほんけんちくかきょうかい 【日本建築家協会】 Japan Architects Association (1956年组成的)日本建筑师协会

にほんけんちくがっかい 【日本建築学会】 Architectural Institute of Japan (1897年组成的)日本建筑学会

にほんけんちくがっかいけんちくこうじひょうじゅんしようしょ 【日本建築学会建築工事標準仕様書】 JASS,Japanese Architectural Standard Specification 日本建筑学会建筑工程标准说明书

にほんけんちくがっかいけんちくこうじひょうじゅんしようしょ 【日本建築学会建築工事標準仕様書】 Japanese Architectural Standard Specification (JASS)日本建筑学会建筑工程标准说明书

にほんこ 【二本子】 双搭杆,双杆架,双杆起重架

にほんこう 【二本構】 双搭杆,双杆架,双杆起重架

にほんこうぎょうきかく 【日本工業規格】 JIS(Japanese Industrial Standard) 日本工业标准

にほんこうち 【二本子打】 (防振用)双附木打夯法

にほんこうリフト 【二本構～】 double rail lift 双导轨升降机

にほんしば 【日本芝】 Japanese lawn grass 结缕草

にほんデザイナー・クラフトマンきょうか

い 【日本～協会】 Japan Designer Craftman Association(JDCA) 日本工艺设计者协会
にほんどうろこうだん 【日本道路公団】 Japan Highway public corporation 日本道路公团
にほんのうりんきかく 【日本農林規格】 JAS, Japanese Agricultural Standard 日本农林标准
にほんのうりんきかく 【日本農林規格】 Japanese Agricultural standard(JAS) 日本农林标准
にほんよう 【日本様】 Japanese style 日本式样
にまいあわせごうはん 【二枚合合板】 tow-plywood 双层胶合板
にまいかまつぎ 【二枚鎌継】 双咬口对接
にまいがんな 【二枚鉋】 plane with back iron, plane with cap iron, smoothing plane 双刃刨,带盖刃刨
にまいくみつぎ 【二枚組接】 家具转角双搭扣榫
にまいばりごうはん 【二枚張合板】 tow-plywood 双层胶合板
にまいびらき 【二枚開】 双扇开(门)
にまいほぞ 【二枚枘】 double tenons 双雄榫
にまた 【二又·二股】 双搭架,杆交叉架,双杆起重架
にめんぎり 【二面切】 (石料的)沟形缝(勾平缝时内抹成两面小坡),两面剁边
にめんせんだん 【二面剪断】 double shear 双剪,双面剪切
にめんレフレクター 【二面～】 dorble reflector 双面反射器
にもち 【荷持】 bearing 承重,承重构件
にもちばしら 【荷持柱】 bearing column 承重柱
にもつしつ 【荷物室】 luggage room, baggage room 行李房,行李贮存室
にもん 【二門】 (住宅建筑中的)二门
にやくウインチ 【荷役～】 cargo handling winch 装卸货用绞车,起重绞车
にやくくち 【荷役口】 货物装卸出入口
にやくワイヤ・ロープ 【荷役～】 cargo handling wire rope 装卸钢丝索,起重钢丝绳
ニュアンス nuance[法] 色调、色彩等微细的差别,色调的变化
にゅう 【入】 陶瓷器裂纹,玻璃切割时划纹
にゅうか 【乳化】 emulsification 乳化
にゅうかざい 【乳化剤】 emulsifier 乳化剂
にゅうぎょうはいすい 【乳業廃水】 milk products waste 乳制品工业废水
にゅうざい 【乳剤】 emulsion 乳剂,乳液,乳浊液
にゅうさつ 【入札】 tender[英], bid[美] 投标
にゅうさつかかく 【入札価格】 bid price 标价,报价
にゅうさつしゃ 【入札者】 tenderer, bidder 投标者
にゅうさつせいど 【入札制度】 tender system 投标制度
にゅうさつふちょう 【入札不調】 rupture of tender 投标不和,投标决裂
にゅうさつほしょうきん 【入札保証金】 guaranty money of tender 投标押金,投标保证金
にゅうさん 【乳酸】 lactic acid 乳酸
にゅうさんはっこう 【乳酸発酵】 lactic acid fermentation 乳酸发酵
にゅうじあずかりじょ 【乳児預所】 nursery 婴儿托养所,育婴室
にゅうじいん 【乳児院】 nursery 托儿所,婴儿托养所
にゅうじしつ 【乳児室】 suckling room (托儿所的)乳儿室,医院的新生儿室
にゅうしゃ 【入射】 incidence 入射
にゅうしゃかく 【入射角】 incident angle 入射角
にゅうしゃこうせん 【入射光線】 incident ray 入射光线
にゅうしゃこうそく 【入射光束】 incident light flux 入射光通量
にゅうしゃほうせん 【入射法線】 incident normal 入射法线
にゅうしゃめん 【入射面】 plane of inci-

dence 入射面

にゅうしゅつりょく 【入出力】 input-output 输入输出(量)

にゅうしょくガラス 【乳色～】 opalescent glass 乳色玻璃,乳白玻璃

にゅうしょくすきがけガラス 【乳色すきがけ～】 flashed opal glass 套料乳白玻璃,涂层乳白玻璃

にゅうしょくでんきゅう 【乳色電球】 opalescent lamp,opal bulb 乳白灯,乳白灯泡

にゅうだくえき 【乳濁液】 emulsion 乳胶,乳浊液,乳剂

にゅうだくしつ 【乳濁質】 emulsoid 乳胶体,乳浊液

にゅうはくガラス 【乳白～】 opal glass 乳白玻璃

にゅうはくすきがけガラス 【乳白すきがけ～】 flashed opal glass 套料乳白玻璃,涂层乳白玻璃

にゅうはくでんきゅう 【乳白電球】 opalescent lamp,opal bulb 乳白灯,乳白灯泡

にゅうはっこう 【乳白光】 opalescence 乳白光

にゅうりょく 【入力】 input 输入,输入量,输入功

にゅうりょくそうち 【入力装置】 input device 输入装置

にゅうりょくデータ 【入力～】 input data 输入数据

ニューギルド Nu-gild 装饰用黄铜

ニュー・シティ new city 新城市

ニュー・ジャーマン・バウハウス New German Bauhaus[英],Hochschule für Gestaltung,Ulm[德] (1955年重建的)新德国建筑学院,新德国包豪斯

ニュー・タウン new town (二次大战后欧美按规划建设的)新城市,新城镇

ニューデリーしのけんせつけいかく 【～市の建設計画】 Plan for the Construction of New Delhi (印度)新德里建设规划

ニュートンえきたい 【～液体】 Newtonian liquid 牛顿液体

ニュートンのぜんしんほかんこうしき 【～の前進補間公式】 Newton's forward interpolation formula 牛顿向前插值公式

ニュートンのれいきゃくのほうそく 【～の冷却の法則】 Newton's law of cooling 牛顿冷却定律

ニュートンほう 【～法】 Newton method 牛顿法

ニュー・バウハウス New Bauhaus 新包豪斯(1937年美国芝加哥创立的建筑学院)

ニュー・バロック New Baroque 新巴洛克(1950年出现的现代建筑倾向)

ニュー・ブルータリズム New Brutalism (1954年英国出现的)新粗野主义(以建筑内部的结构和设备管线完全露明为特征)

ニューマークのえいきょうせん 【～の影響線】 Newmark's influence line 钮马克影响线

ニューマティック・ケーソン pneumatic caisson 气压沉箱

ニューマティック・ケーソンこうほう 【～工法】 pneumatic caisson method 气压沉箱施工法

ニューマティックこうぞう 【～構造】 pneumatic structure 充气结构

ニューマティック・ゴム・ホース pneumatic rubber hose 耐压橡皮软管

ニューマティック・コンベヤー pneumatic conveyer 气压输送器,风力输送器

ニューマティック・システム pneumatic system 气(风)动系统,气压系统

ニューマティック・ストラクチャー pneumatic struture 充气结构

ニューマティック・タイヤ pneumatic tire 充气轮胎

ニューマティック・ディスチャージ pneumatic discharge 气动卸料

ニューマティック・ドリル pneumatic drill 风钻

ニューマティック・ハンマー pneumatic hammer 气锤,风动锤

ニューメリック・コード numeric code 数字代码

ニュンフェンブルクきゅう 【～宮】

Schloss, Nymphenburg[德]（18世纪德国慕尼克）宁芬堡宫

にょいほうしゅ【如意宝珠】（屋顶的）宝珠

にょうそ【尿素】urea, carbamide 尿素，脲

にょうそじゅし【尿素樹脂】urea resin 尿素树脂

にょうそじゅしせっちゃくざい【尿素樹脂接着剤】urea resin adhisives 尿素树脂粘合剂

にょうそホルマルデヒドじゅし【尿素～樹脂】urea-formaldehyde resin 脲醛树脂，尿素甲醛树脂

にようちょうかいきょう【二葉跳開橋】double-leaf bascule bridge 双翼竖旋桥，双翼仰开桥

にょりんもく【如鱗杢】（木材的）鱼鳞纹

にらみ【睨】目测

にらみえだ【睨枝】对生枝

にりんておしぐるま【二輪手押車】two-wheel handcart 双轮手推车

にるいごうはん【二類合板】type-two plywood 二类胶合板，高度耐水性胶合板，普通耐水性胶合板

にれ【楡】elm tree 榆木

にれつちゅうしゃ【二列駐車】double parking 双列停车，双行停车

にれつリベットしめ【二列～締】rivet-ing in two rows 双排铆接

にれるい【楡類】Ulmus sp.[拉], Elm [英] 榆属

にれんうち【二連打】（庭园踏步石）二二并列

にれんそう【二連窓】mullion window, double window 双联窗

にれんポンプ【二連～】duplex pump, dual pump 双缸泵，双联泵

にろく【二六】2日尺×3日尺的定型尺寸

にろスイッチ【二路～】two-way switch 双向开关，双路开关

にわ【庭】garden, court, yard 庭园，院子，庭院

にわいし【庭石】garden stone 园石，庭园石

にわいど【庭井戸】庭井（庭园中增添景趣的井）

にわがき【庭垣】庭园篱笆

にわき【庭木】garden trees and shrub-beries 庭园树木，花园草木

にわきど【庭木戸】garden wicket 花园小门，庭园便门

にわさび【庭寂】庭园配石的风化表面

にわし【庭師】gardening technician 园艺师，园艺工人

にわたき【庭滝】artificial waterfall 庭园中的人工瀑布

にわつくり【庭作】gardening 造园

にわば【庭場】courtyard 庭院，院子

にわもの【庭者】gardening technician 造园匠师

にわもん【庭門】garden gate 园门

にんいちゅうしゅつ【任意抽出】ran dom sample 任意取样，任意抽样

にんかあつりょく【認可圧力】autho-rized pressure, licenced pressure 规定压力，容许压力

にんぎょうげきじょう【人形劇場】mar-ionette theatre, puppet theatre 木偶剧院

にんく【人工】amount of labour 劳动力数，定额用工

にんげんかじゅう【人間荷重】load by human crowd 人群荷载

にんげん-きかいシステム【人間-機械～】man-machine system 人-机系统

にんげんこうがく【人間工学】human engineering, human factors engineering 人类工程学

にんげんせいたいがく【人間生態学】human ecology 人类生态学

にんげんてきしゃくど【人間的尺度】human scale 人的尺度

にんげんとくせい【人間特性】human characteristics （人-机系统的）人的特性

にんていがいどうろ【認定外道路】non-designated road 法定以外道路，非指定道路

にんどう【忍冬】honeysuckle ornament

忍冬
**にんどうからくさ** 【忍冬唐草】 honeysuckle ornament 忍冬卷草纹
**にんどうもよう** 【忍冬模様】 honeysuckle ornament 忍冬纹,忍冬饰
**にんぷ** 【人夫】 common labour 壮工,杂工

# ぬ

**ぬいあわせようせつ** 【縫合溶接】 seam welding 缝焊,滚焊,线焊
**ぬいかえし** 【縫返】 replacing of timbering (隧道)支撑替换
**ぬいめ** 【縫目】 seam 缝口,接缝
**ぬかび** 【花柏木】
**ぬかめ** 【糠目】 年轮密集(木材的生长轮过密状态)
**ぬき** 【貫】 batten,rail 横穿板,板条,横档
**ぬきあな** 【貫穴·貫孔】 penetrated mortise hole 穿横板的眼,穿孔,榫眼
**ぬきさまし** 【貫さまし】 砌入墙体内的挑檐木
**ぬきしばり** 【貫縛】 墙内加固窄板披麻抹灰
**ぬきとり** 【抜取】 sampling 取样,采样,抽样
**ぬきとりけんさ** 【抜取検査】 sampling inspection 抽样检查
**ぬきぶせ** 【貫伏】 墙内加固窄板披麻抹灰
**ぬく** 【抜く】 top removal,top off (为庭园植物整行而进行的)摘心
**ぬぐいいた** 【拭板】 净面地板,精加工地板,记事牌
**ぬぐいつぎ** 【拭継】 wiped joint 裹接,拭接
**ぬぐいつぎて** 【拭接手】 wiped joint 焊铅接口,裹铅焊接,裹接
**ぬけうら** 【抜裏】 short cut way 抄道,近道,通向后街的道路
**ぬけこうばい** 【抜勾配】 threshold of cognition 脱模面坡度
**ぬけぶし** 【抜節】 loose knot (木材的)脱落节,松节,死节
**ぬけみち** 【抜道】 shortcut road 抄道,近道
**ぬけむすび** 【抜結】 loose knot (木材的)松节疤,死结,脱落节
**ぬけろじ** 【抜路地】 通道,通路,穿行道
**ぬし** 【塗師】 painter 油漆工
**ぬしこうじ** 【塗師工事】 painting 油漆工程
**ヌッセルトすう** 【～数】 Nusselt number 努册数,努赛尔值
**ぬの** 【布】 cloth,ledger 织物,卧放木杆,横放木杆,顺水杆
**ぬのいし** 【布石】 continuous stone footing 条石,条石连续底脚
**ぬのいしじぎょう** 【布石地業】 continuous stone footing 条石连续底脚
**ぬのいたばり** 【布板張】 纵向钉铺地板,顺向钉铺地板
**ぬのおち** 【布落】 spread falling (庭园瀑布的)布状跌落
**ぬのきそ** 【布基礎】 continuous footing 连续基础,连续底脚,条形基础
**ぬのじ** 【布地】 fabric 织品,织物,纤维制品
**ぬのじき** 【布敷】 stretcher paving 顺砖铺地
**ぬのしつ** 【布室】 linen closet,linen room 被服室
**ぬのずりしあげ** 【布摺仕上】 sackrubbed finish (混凝土表面上)用布片涂抹水泥砂浆的饰面,麻布抛光
**ぬのつぎ** 【布継】 (木构件的)明榫斜嵌接
**ぬのづき** 【布築】 (石工的)平砌法,顺砌法
**ぬのづきじぎょう** 【布突地業】 夯实碎石条形基础,碎石连续基础工程
**ぬのつぎて** 【布継手】 canvas connection 帆布连接
**ぬのづみ** 【布積】 pointed joint of random rubble,coursed masonry (成层砌筑的)乱石砌法,(石工的)平砌法,顺砌法
**ぬのばめ** 【布羽目】 flush boarding 横钉平接护墙板
**ぬのばり** 【布張】 cloth hanging 墙面(油漆前)糊布

ぬのひおおい 【布日覆】 canvas awning 帆布遮阳篷,帆布凉篷

ぬのフィルター 【布～】 cloth filter 布(过)滤器

ぬのぶせ 【布伏】 糊布底层

ぬのホース 【布～】 canvas hose 线织软管,水龙带

ぬのぼり 【布掘】 trenching, trench excavation 挖地槽,刨槽,挖沟,刨沟

ぬのまきじゃく 【布巻尺】 cloth tape 布质卷尺,布卷尺

ぬのまるた 【布丸太】 ledger 卧放水杆,横放木杆,顺水杆

ぬのめがわら 【布目瓦】 布纹瓦

ぬのめぬり 【布目塗】 布纹涂面,布纹饰面,糊布漆面

ヌーボー nouveau[法] 新的,新事物,(20世纪法国的)新艺术派形式

ぬまいり 【沼入】 (桩的)贯入水底土层

ぬまち 【沼地】 marsh, fEN, morass 沼地,沼泽

ぬまちいき 【沼地域】 marshy area 沼泽区

ぬりあつ 【塗厚】 thikness of coating 抹灰厚度,油漆厚度,粉刷厚度

ぬりいえ 【塗家】 plastered house, stucco finished building 混水墙的建筑物,抹灰饰面的建筑物

ぬりおとし 【塗落】 剩余涂层,漏涂部位

ぬりかさね 【塗重】 二道涂层(干燥涂膜上再涂一道同样涂料)

ぬりかべ 【塗壁】 plastered wall 混水墙,抹灰的墙

ぬりかべざいりょう 【塗壁材料】 plastering material 抹灰材料,粉刷材料

ぬりがまち 【塗框】 (日本住宅客厅凹间地面的)涂漆饰面边框

ぬりぐ 【塗具】 paint and varnish 涂料,油漆

ぬりくだ 【塗管】 coated pipe 涂料管,涂层管

ぬりこみぬき 【塗込貫】 抹入窄板(外面抹灰的墙内加固窄板)

ぬりざかい 【塗境】 涂面分色线

ぬりさしまど 【塗さし窓】 细格窗,枝条编格窗

ぬりしたじ 【塗下地】 plaster base 抹灰底层

ぬりしたづみ 【塗下積】 混水墙砌法,(外墙面)加粉刷层砌法

ぬりしろ 【塗代】 depth of plastering 抹灰厚度,粉刷厚度

ぬりつぶし 【塗潰】 满涂,全部涂刷,满披,遍涂

ぬりてんじょう 【塗天井】 plastered ceiling 抹灰顶棚,抹灰平顶

ぬりのこしまど 【塗残窓】 细格窗,枝条编格窗

ぬりまし 【塗増】 addditional coating 追加涂层,增加涂层

ぬりむら 【塗斑】 fading, bleaching 涂面褪色,涂面变色,涂膜不均

ぬりや 【塗屋·塗家】 plastered building 抹灰饰面建筑物,粉刷饰面建筑物

ぬれ 【濡】 wetting 润湿

ぬれいろ 【濡色】 wet colour (外粉刷的)湿色,湿润色

ぬれえん 【濡縁】 石遮雨檐廊

ぬれくされ 【濡腐】 wet rot 湿朽,湿蚀,潮湿腐烂

ぬれせい 【濡性】 wettability 浸湿性,湿润性,可湿性

ぬれめんけいすう 【濡面係数】 (冷却盘管的)湿润面系数

# ね

ね【根】根基,根部,基底,地覆,地袱,接土部分,接地面部分
ネイヴ=ネイブ
ねいし【根石】plinth stone 底石,踢脚石,地袱石
ネイブ nave (早期教堂的)中堂,中殿,中廊
ネイブ・アーケード nave arcade 中堂廊,大廊(哥特式教堂中堂和侧廊之间的拱廊)
ねいれ【根入】depth of embedment 埋深,埋置深度
ねいれはばひ【根入幅比】depth-width ratio (基础埋置的)深宽比
ねいろ【音色】timbre 音色,音品
ネオクラシシズム Neo-Classicism 新古典主义
ネオグリーク Neo-Greek 希腊复兴式(建筑)
ネオゴシック Neo-Gothic 新哥特式(建筑),哥特复兴式(建筑)
ネオソリジチット・セメント neo-solidizit cement 新索利迪契特水泥(一种混合硅酸盐水泥)
ネオバロック Neo-Baroque (19世纪后半期欧洲的)新巴洛克式
ネオビザンチンけんちく【～建築】Neo-Byzantine architecture 新拜占庭建筑
ネオプラスティシズム Neo-Plasticism (1917～1932年的)新造型主义
ネオプレン neoprene 氯丁橡胶
ネオプレン・ガスケット neoprene gasket 氯丁橡胶衬垫
ネオルネサンス Neo-Renaissance (19世纪欧洲的)新文艺复兴式
ネオロマネスク Neo-Ramanesque (19世纪后半期的)新罗马式
ネオローマン Neo-Roman 新罗马式
ネオロマンチシズム Neo-Romanticism 新浪漫主义
ネオンかんとう【～管灯】neon tube lamp 氖管灯,霓虹灯
ネオン・サイン neon sign 霓虹灯,氖灯广告
ネオン・ストリート neon-street 霓红灯街
ネオンでんきゅう【～電球】neon glim lamp 氖灯,霓虹灯
ネオン・ランプ neon lamp 氖灯,霓虹灯
ネガ・アクティブ・パターン negaactive pattern 防灾有效空间类型(城市活动无法利用而在防灾措施中有效的空间类型)
ねがえり【根返】windfall,blow down 风倒木,风倒
ネガオーム negaohm 负(电)阻材料
ねかす【寝かす】(石灰等的)淋化放置,消化放置
ねかせ【根械】deadman 地龙木,桩橛,柱底横挡,柱底横撑
ねがため【根固】consolidation of foundation,foot protection 基础加固,护基
ねがためこう【根固工】foot protection 护基
ネガチブ・カレント negative current 负电流,反向电流
ネガ・プレファブ prefabricated negatives 预制模板施工法,定型模板施工法
ねがらみ【根搦】支柱间加固横木,脚手架立杆间加固横木
ねがらみぬき【根搦貫】bridging batten of floor post 地板下支柱间的加固木板,脚手架立杆间的加固木板
ねがらみまるた【根搦丸太】脚手架立杆脚部的加固杆,扫地杆
ねぎしつち【根岸土】(墙壁罩面用)色土
ねぎり【根切·根伐】excavation 挖基坑,挖基槽
ねぐされ【根腐】root rot 根腐病,烂根

病

ネクトン nekton 浮游生物

ネクロポリス necropolis "死者之城",墓地(尤指古代城市的大墓地),公墓

ねこ 【猫·根子】 楔子,固定铁角,固定木块,(钢结构的)三角檩托,附加角钢

ねこあし 【猫足·猫脚】 (家具立腿的)猫脚形轮廓(上粗中细,下部弯曲)

ねこあしば 【猫足場】 cart way (运送混凝土手推车用的)脚手架,马道(俗称)

ねこいし 【猫石】 (板墙下槛与底脚之间的)柱下垫石

ねこおし 【猫押】 推车运混凝土,混凝土车运工

ねこかいもの 【猫飼物】 垫块,隔块,(板墙下槛与底脚之间的)柱下垫石

ねこかなもの 【猫金物】 (钢结构的)三角形檩托,支承用角钢,吊挂用角钢

ねこぎ 【根扱】 pull up trees 连根拔(树)

ねこぎ 【猫木】 cleat 木檩托

ねこぐるま 【猫車】 buggy,barrow, cart,wheel-barrow 手推双轮车(运送混凝土的手推车)

ネゴシエーション negotiation 协商,洽商,谈判

ねこだ 大张草席

ねこぶき 【猫ぶき】 大张草席

ねこましょうじ 【猫間障子】 门窗扇棂条间的小开扇

ねごや 【根小屋·根古屋】 (日本中世纪)府邸周围的民居

ねじ 【捻子·螺子】 screw 螺旋,螺丝,螺钉

ねじあたま 【捻子頭】 screw head 螺钉头

ねじうんどう 【螺子運動】 screw motion 螺旋运动

ねじがたつぎて 【捻子形継手】 threaded connection 螺纹接合,丝扣接合

ねじきざみ 【捻子刻】 pitch of screw 螺距,螺纹距

ねじきり 【捻子錐】 spiral drill 螺旋钻,麻花钻头

ねじきり 【螺子切】 threading 切削螺纹

ねじきりきかい 【螺子切機械】 screwing machine 螺纹加工机械

ねじきりこうぐ 【螺子切工具】 screwing tool 螺纹加工工具

ねじきりばん 【螺子切盤】 threading machine 螺纹加工机

ねじくぎ 【捻子釘】 screw spike 螺纹道钉

ねじくみ 【捻組】 bevelled halving 斜面接头,斜削接,木结构采口接头

ねじこみくちがね 【捩込口金】 screw base,Edison base 螺口灯头,螺口插座

ねじこみせん 【捻子込栓】 screw plug 螺旋塞,螺丝口栓

ねじこみソケット 【捩込~】 screw socket,Edison socket 螺口插座,螺口灯头

ねじこみたまがたべん 【捩込玉形弁】 screwed globe valve 螺旋式球形阀

ねじこみつぎて 【捩込継手】 threaded joints,screwed joints 丝扣接合,螺纹接头

ねじこみでんきゅう 【捩込電球】 screwed bulb 螺口灯泡

ねじこみべん 【捩込弁】 screwed valve ·螺旋阀

ねじこみボルト 【捩込~】 screwed bolt,tap bolt 紧固螺栓,螺纹螺栓

ねじコンベヤー 【捻子~】 screw conveyer,spiral conveyer 螺旋输送机

ねじしきりゅうりょうけい 【捻子式流量計】 screw type flow meter 螺旋式流量计

ねじしまりかなもの 【捻子締金物】 shutter screw,screw fastener (门窗用)螺旋式锁紧器

ねじしめすいせん 【捻子締水栓】 screw-down tap 螺纹旋塞

ねじジャッキ 【捻子~】 screw jack 螺旋起重机,(螺旋)千斤顶

ねじせつぞく 【螺子接続】 screw connection 螺纹连接,丝扣连接

ねじたて 【螺子立】 tapping 攻丝,车丝扣

ねじつきかん 【捻子付管】 screwed pipe 螺纹管,丝扣管

ねじつきかんつぎて 【捻子付管継手】 screwed collar joint 螺纹套管接头,丝扣套管接头

ねじつきジョイント 【捻子付～】 threaded joint 螺纹接合,丝扣接头

ねじつきソケット 【捻子付～】 screwed socket 螺纹套管,丝扣套管,螺丝承插口

ねじつきタイ・バー 【捻子付～】 threaded tie-bar (混凝土路面用)螺纹头式拉杆

ねじつきつぎて 【捻子付継手】 screwed joint 丝扣接头,螺纹(套管)接头

ねじつぎて 【捻子継手】 screw coupling,screw joint,threaded joint 螺纹接口,螺纹(套管)接头

ねじつきニップル 【捻子付～】 screwed nipple 螺纹联接(短)管,丝扣联接(短)管

ねじどめべん 【螺子止弁】 screwed stop valve 螺旋止水阀

ねじのあゆみ 【捻子の歩】 pitch of screw 螺距,螺纹距

ねじはぎ 【捻矧】 锥孔钉入竹钉

ねじびょう 【捻子鋲·螺子鋲】 screw rivet 螺旋铆钉

ねじプレス 【捻子～】 screw press 螺旋压力机

ねじポンプ 【螺子～】 screw pump,spiral pump 螺旋泵

ねじまわし 【捻子回】 screw driver 扳钳,扳手,改锥,螺丝起子

ねじめ 【根締】 (移植树木时)捣实根部土壤,(插花时)扎紧根部,园林树木或配石旁栽的花草

ねじり 【捩】 twist,torsion 扭转

ねじりいけいてっきん 【捩異形鉄筋】 twisted deformed bar 扭转变形钢筋

ねじりおうりょく 【捩応力】 torsional stress,twisting stress 扭应力,扭转应力

ねじりおうりょくど 【捩応力度】 twisting unit stress 单位扭应力,单位扭转应力

ねじりかいせき 【捩解析】 torsional analysis 扭转分析,扭力解析

ねじりかく 【捩角】 angle of torsion,torsion angle,angle of twist 扭转角

ねじりかじゅう 【捩荷重】 torsional load 扭转荷载

ねじりぐうりょく 【捩偶力】 torstion couple 扭转力偶

ねじりけいすう 【捩係数】 coefficient of torsion 扭转系数

ねじりごうせい 【捩剛性】 torsional rigidity 扭转刚度,抗扭刚度

ねじりごうせいけいすう 【捩剛性係数】 torsional rigidity coefficient 抗扭刚度系数,扭转刚度系数

ねじりこわさ 【捩剛さ】 torsional rigidity 扭转刚度,抗扭刚度

ねじりこわさけいすう 【捩剛さ係数】 torsional rigidity coefficient 抗扭刚度·系数,扭转刚度系数

ねじりざくつ 【捩座屈】 torsional buckling 扭转压曲,扭转失稳,扭转屈曲

ねじりさよう 【捩作用】 twist action 扭转作用

ねじりしけん 【捩試験】 twisting test, torsional test 扭转试验,抗扭试验

ねじりしんどう 【捩振動】 torsional vibration 扭转振动

ねじりちゅうしん 【捩中心】 center of torsion 扭转中心

ねじりつよさ 【捩強さ】 twisting strength,torsional strength 扭转强度,抗扭强度

ねじりのうりつ 【捩能率】 torsional moment,twisting moment 扭矩

ねじりは 【捩波】 tortional wave 扭波

ねじりはかいけいすう 【捩破壊係数】 modulus of torsional rupture 扭转破坏系数

ねじりばしら 【捩柱】 twisted column 麻花形柱,螺旋形柱

ねじりひずみ 【捩歪】 twisting strain, torsional strain 扭应变,扭转应变

ねじりモーメント 【捩～】 torsional moment,twisting moment torgue 扭矩,扭转力矩

ねじりりきりつ 【捩力率】 torsional moment,twisting moment torque 扭矩,扭

转力矩

ねじりりつ 【捩率】 torsional angle of unit length 扭转率(单位长度的扭转角)

ねじれ 【捻·捩】 spiral grain, twisted grain (木材的)扭转纹理,螺旋纹理

ねじれかく 【捩角】 angle of torsion 扭转角

ねじれぎり 【捩錐】 twist drill 螺旋钻,麻花钻

ねじれざくつ 【捩座屈】 torsional buckling 扭转压曲,扭转屈曲

ねじれじしんけい 【捩地震計】 torsion seismometer 扭转地震仪

ねじれしんどう 【捩振動】 torsional vibration 扭转振动

ねじればしら 【捩柱】 twisted column 麻花形柱,螺旋形柱

ねじろ 【根城】 (日本室町时代至桃山时代的)中枢城堡

ねず 【杜松·老柯子】 杜松

ねずこ 【椳】 Thuja standishii[拉], Japanese arbor-vitae[英] 鲜柏,日本侧柏

ネスト nest (混凝土)蜂窝

ネスト・テーブル nested tables 套桌

ねずみがえし 【鼠返】 (防鼠用)柱下厚板,门槛板

ねずみきど 【鼠木戸】 门扇上的小门,(厨房等的)细棂条防鼠门

ねずみさし 【鼠刺】 Juniperus rigda [拉], needle juniper[英] 杜松

ねずみじっくい 【鼠漆喰】 grey plaster 屋面抹青灰背,刷青灰色浆

ねずみせんてつ 【鼠銑鉄】 gray pig iron 灰生铁,灰铣铁

ねずみちゅうてつ 【鼠鋳鉄】 grey cast iron 灰铸铁

ねずみばぎり 【鼠歯錐】 三脚钻,三齿钻

ねずみもち 【鼠黐】 Ligustrum japonicum[拉], Japanese privet[英] 日本女贞

ネスラーかん 【～管】 Nessler-tube 纳斯勒比色管,纳氏比色管

ねだ 【根太】 common joist[英], floor joist[美] 地板搁栅,地板龙骨

ねだうけ 【根太受】 joist strip (钢筋混凝土楼板上面的)搁栅垫块

ねだかけ 【根太掛】 ledger strip 搁栅端部托梁,龙骨端部承木

ねださん 【根太桟】 ledger strip 搁栅端部托梁,龙骨端部承木

ねだぼり 【根太彫】 (梁上的)搁栅槽,龙骨槽

ねだゆか 【根太床】 single flooring (仅用木龙骨支承的)单层木地板

ねつ 【熱】 heat 热

ねつあつ 【熱圧】 hot press 热压

ねつあつせっちゃく 【熱圧接着】 hot gluing 热压粘结,热压粘合

ねつあつりょく 【熱圧力】 thermal pressure 热压(由温度差产生的压差)

ねつい (石工表示石料的)粘硬性

ねついどう 【熱移動】 heat transfer 传热,热传递,热移动

ねつえいきょうぶ 【熱影響部】 heat affected zone (焊接或气割时)热影响区

ねつえいきょうぶわれ 【熱影響部割】 heat affected zone cracking 热影响区裂缝

ねつエネルギー 【熱～】 heat energy 热能

ねつえんはいすい 【熱延廃水】 hotrolling waste water 热轧废水

ねつおうりょく 【熱応力】 thermal stress 热应力,温度应力

ねつおせん 【熱汚染】 thermal pollution 热污染,高温污染

ねつかいさい 【熱解砕】 thermal crushing (废旧沥青混合料)热破碎

ねつかいしゅうシステム 【熱回収～】 heat recovery system (废)热回收系统

ねつかいしゅうヒート・ポンプ 【熱回収～】 boot strap heat pump, heat reclaim pump 热回收泵

ねつかいしゅうほうしき 【熱回収方式】 heat reclaim system 热回收方式

ねつかそせい 【熱可塑性】 thermoplasticity 热塑性

ねつかそせいじゅし 【熱可塑性樹脂】 thermoplastic resin 热塑性树脂

ねつかそせいじゅしせっちゃくざい 【熱可塑性樹脂接着剤】 thermoplastic res-

in adhesives 热塑性树脂粘合剂
ねつかそせいプラスチック【熱可塑性～】thermoplastics 热塑性塑料
ねつかそせいポリエステル【熱可塑性～】thermoplastic polyester 热塑性聚酯
ねっかんあつえんいけいぼうこう【熱間圧延異形棒鋼】hot rolled deformed bar 热轧异形钢筋
ねっかんあつえんぼうこう【熱間圧延棒鋼】hot rolled steel bar 热轧钢筋
ねっかんこうかせっちゃくざい【熱間硬化接着剤】thermosetting adhesive, hot-setting adhesive 热固性粘结剂,热固性粘合剂
ねっかんしあげかん【熱間仕上管】hot-drawn steel pipe 热加工钢管
ねつかんじょう【熱勘定】heat balance 热平衡
ねっかんつぎて【熱間継手】heating joint 加热接合(法)
ねっかんひずみ【熱間歪】thermal deformation 热变形
ねっかんようせつ【熱間溶接】hot welding 热焊
ねつかんりゅう【熱貫流】over-all heat transmission (通过围护结构本身的)总传热
ねつかんりゅうけいすう【熱貫流係数】coefficient of over-all heat transmission (通过围护结构的)总传热系数
ねつかんりゅうていこう【熱貫流抵抗】resistance of over-all heat transmission 总传热阻
ねつかんりゅうりつ【熱貫流率】coefficient of over-all heat transmission, coefficient of heat transmittance 总传热系数
ねつがんりょう【熱含量】thermal enthalpy 焓,热函
ねつぎ【根継】underpinning (木结构)墩接柱根,托换基础
ねつきかん【熱機関】heat engine 热力发动机
ねっきかんそう【熱気乾燥】hot-air seasoning ,hot-air drying 热风干燥
ねっきこうか【熱気硬化】hot-air hardening 热风硬化,热风养护
ねっきだんぼうき【熱気暖房器】hot-air heater 热风采暖装置,热风散热器
ねっきだんろ【熱気暖炉】hot-air stove 热风炉
ねつきでんりょく【熱起電力】thermo-electromotive force 热电动势,温差电动势
ねっきバス【熱気～】hot air bath 热气浴室
ねつきゅうしゅうガラス【熱吸収～】heat absorbing glass 吸热玻璃
ねつきょう【熱橋】heat bridge 热桥(易于传热的部位)
ねつきりゅう【熱気流】heat air current 热气流
ネッキング necking 柱颈,柱颈线脚,颈缩
ねつげん【熱源】heat source 热源
ねつこうかせい【熱硬化性】thermoset 热固性
ねつこうかせいじゅし【熱硬化性樹脂】thermosetting resin 热固性树脂
ねつこうかせいじゅしいりアスファルト【熱硬化性樹脂入～】asphalt with thermosetting polymer 掺热固性树脂沥青,热固性树脂改性沥青
ねつこうかせいじゅしせっちゃくざい【熱硬化性樹脂接着剤】thermosetting resin adhesives 热固性树脂粘结剂
ねつこうかせいフェノールざい【熱硬化性～材】thermosetting phenolic material 热固性酚醛材料
ねつこうかせいプラスチック【熱硬化性～】thermosetting plastics 热固性塑料
ねつこうかん【熱交換】heat exchange, interchange of heat 热交换
ねつこうかんき【熱交換器】heat exchanger 热交换器
ねつこうかんきがたかれいきゃくき【熱交換器形過冷却器】exchanger-type subcooler 热交换式低温冷却器
ねつこうせいたいかモルタル【熱硬性耐火～】heat setting refractory mortar

高温硬化耐火砂浆
ねつこうばい 【熱勾配】 thermal gradient 温度梯度
ねつこうりつ 【熱効率】 thermal efficiency 热效率
ねつコンダクタンス 【熱～】 heat conductance, thermal conductance 热传导系数,热传导
ねつサイクル 【熱～】 heat cycle 热循环
ねつサイクルこうか 【熱～効果】 heat cycle effect 热循环效应
ねつサイホンげんり 【熱～原理】 thermosyphon theorem 热对流原理,温差环流原理
ねつざつおん 【熱雑音】 thermal noise 热噪声
ねつしきせっかいカチオンこうかんほう 【熱式石灰～交換法】 high temperature lime cation exchange method 热式石灰软化法
ねっしゃくげんりょう 【熱灼減量】 ignition loss 灼烧损失,灼烧减量
ねっしゃくざんりゅうぶつ 【熱灼残留物】 ignition residue 灼烧残渣
ねつじゅうごう 【熱重合】 heat polymerization 热聚合
ねつしゅうし 【熱収支】 heat balance 热平衡
ねつじゅじゅ 【熱授受】 heat exchange 热交换
ねつしゅとく 【熱取得】 heat gain 热增益,热获得,受热
ねつしょうげき 【熱衝撃】 heat shock, cold shock 热冲击,热震
ねつしょうひりょう 【熱消費量】 heat consumption 耗热量
ねつしょり 【熱処理】 heat treatment 热处理
ねつすいぶんひ 【熱水分比】 enthalpy-humidity difference ratio 焓湿比
ねつストレス 【熱～】 heat stress (人体生理的)热反应,热应力
ねつせいさん 【熱精算】 heat balance 热平衡计算
ねつぜつえん 【熱絶縁】 heat insulation 绝热,隔热
ねつぜつえんざい 【熱絶縁材】 heat insulating material 绝热材料,保温材料
ねつぜつえんたい 【熱絶縁体】 heat insulator 热绝缘体,绝热体
ねつぜつえんほう 【熱絶縁法】 heat insulation method 绝热措施,隔热措施
ねっせん 【熱線】 heat ray 热(射)线,红外线
ねっせんきゅうしゅうガラス 【熱線吸収～】 heat absorbing glass 吸热玻璃
ねっせんはんしゃガラス 【熱線反射～】 heat-reflecting glass 热反射玻璃
ねっせんふうそくけい 【熱線風速計】 hot-wire anemometer 热线风速计
ねつそんしつ 【熱損失】 heat loss 热量损失
ねつそんしつけいすう 【熱損失係数】 over-all heat loss coefficient 热损失系数
ねったいざい 【熱帯材】 tropical timber 热带木材
ねったいていきあつ 【熱帯低気圧】 tropical cyclone 热带气旋
ねつたいりゅう 【熱対流】 heat convection 热对流
ねつたいりゅうけいすう 【熱対流係数】 coefficient of heat convection 热对流系数
ねつちゅうせいいき 【熱中性域】 zone of thermal neutrality 热量平衡区,热量中和区
ねつつうか 【熱通過】 over-all heat transmission (通过围护结构的)总传热
ねつつうかりつ 【熱通過率】 coefficient of over-all heat transmission 总传热系数
ねづつみ 【根包】 柱脚防蚀包层,柱脚防蚀包护材料
ねつていこう 【熱抵抗】 thermal resistance 热阻
ねつてききれつ 【熱的亀裂】 thermal crack 热裂纹
ねつでんおんどけい 【熱電温度計】

thermo-couple thermometer 热电(偶)温度计

**ねつでんそし** 【熱電素子】 thermo-element 热电偶,温差电偶

**ねつでんたつ** 【熱伝達】 heat transfer 传热,(表面)热转换,热转移,对流换热

**ねつでんたつけい** 【熱伝達系】 heat transfer system 传热系统,热转换系统,热转移系统

**ねつでんたつけいすう** 【熱伝達係数】 heat transfer coefficient,coefficient of heat transfer 传热系数,(表面)热转移系数

**ねつでんたつそくてい** 【熱伝達測定】 measurement of heat transfer 传热测定

**ねつでんたつていこう** 【熱伝達抵抗】 resistance of heat transfer 热阻,(表面)热转移阻

**ねつでんたつりつ** 【熱伝達率】 heat transfer rate 传热系数,(表面)热转移系数,传热率

**ねつでんつい** 【熱電対】 thermocouple, thermo-element, thermo-junction 热电偶,温差电偶

**ねつでんついおんどけい** 【熱電対温度計】 thermoelectric thermometer 热电偶温度计

**ねつでんついふくしゃけい** 【熱電対輻射計】 thermoelectric radiometer 热电偶辐射计

**ねつでんついれつ** 【熱電対列】 thermoelectric pile, thermopile 热电堆,温差电堆

**ねつでんどう** 【熱伝導】 heat conduction, conduction of heat 导热,热传导

**ねつでんどうけいすう** 【熱伝導係数】 coefficient of heat conduction, coefficient of thermal conductance 导热系数,热导率

**ねつでんどうていこう** 【熱伝導抵抗】 resistance of heat conduction, thermal resistivity 导热阻

**ねつでんどうひていこう** 【熱伝導比抵抗】 specific resistance of heat conduction, specific thermal resistance 比导热阻(导热系数的倒数)

**ねつでんどうりつ** 【熱伝導率】 thermal conductivity, heat conductivity 导热率

**ねつでんのう** 【熱電能】 thermoelectric power 热电能

**ねつでんりゅう** 【熱電流】 thermoelectric current 温差电流,热电电流

**ねつでんりゅうけい** 【熱電流計】 thermoammeter 热电偶安培计,温差电偶安培计,热线式安培计

**ねつでんれいきゃく** 【熱電冷却】 thermoelectric cooling 热电冷却,温差冷却

**ねつでんれいとう** 【熱電冷凍】 thermoelectric refrigeration 热电制冷

**ねつでんれいとうき** 【熱電冷凍機】 thermoelectric refrigerator 热电制冷机,热电冷冻机

**ネット・ウェート** net weight 净重

**ねつどうけいでんき** 【熱動継電器】 thermal relay 热敏继电器

**ねつどうじょうきトラップ** 【熱動蒸気~】 thermostatic steam trap 热动凝汽阀,热动疏水器

**ねつどうちょうおんき** 【熱動調温器】 thermostat 恒温器

**ねつどうトラップ** 【熱動~】 thermostatic trap 热动式疏水器

**ねつどうほうねつきトラップ** 【熱動放熱器~】 thermostatic radiator trap 热动散热器的疏水器

**ねつとうりょう** 【熱当量】 heat equivalent 热当量

**ネットしきベッド** 【~式~】 net type bed bottom (以钢丝,棕绳,藤条等编织的)网式床屉

**ネットじんこうみつど** 【~人口密度】 net population density 净人口密度

**ネットワーク** network 网,网络,配电网,广播网,管网,道路网

**ネットワークこうていひょう** 【~工程表】 network progress chart 网络工程进度表

**ネットワーク・システム** network system 网络系统

ネットワーク・シミュレーション network simulation 道路网模拟法(以实际道路网为对象作出容量流量模拟式,用电子计算机算出最佳路径的一种道路网规划方法)
ねつのしごととうりょう 【熱の仕事当量】 mechanical equivalent of heat 热功当量
ねつのしまこうか 【熱の島効果】 heat island effect (城市的)热岛效应
ねつばい 【熱媒】 heating medium 热媒
ねつはいすい 【熱廃水】 hot wastewater 热废水
ねつばん 【熱盤】 heating plate 加热盘
ねつひずみ 【熱歪】 heat strain 热变形,热应变
ねっぷう 【熱風】 hot blast 热风
ねっぷうかんそう 【熱風干燥】 hot air drying,hot air seasoning 热风干燥
ねっぷうろ 【熱風炉】 hot air furnace, warm air furnace 热风炉
ねつふくしゃ 【熱輻射】 heat radiation, thermal radiation 热辐射
ねつぶんかい 【熱分解】 thermal decomposition 热分解
ねつぶんぱい 【熱分配】 heat distribution 热(力)分配
ねつへいこういき 【熱平衡域】 zone of thermal equilibrium 热量平衡区
ねつぼ 【根壺】 卡钉,扣钉
ねつほうさん 【熱放散】 heat dissipation 散热
ねつほうさんけいすう 【熱放散係数】 coefficient of heat emission 散热系数
ねつほうしゃ 【熱放射】 heat radiation, thermal radiation 热辐射
ねつぼうちょう 【熱膨張】 thermal expansion 热膨胀
ねつぼうちょうけいすう 【熱膨張係数】 coefficient of thermal expansion 热膨胀系数
ねつぼうちょうりつ 【熱膨張率】 coefficient of thermal expansion 热膨胀系数,热膨胀率
ねつポンプ 【熱～】 heat pump 热泵
ねづみ 【根積】 footing (砖石砌体的)大放脚
ねつもろさ 【熱脆さ】 hot fragility 热脆性
ねつようゆうせっちゃくほう 【熱溶融接着法】 hot melt method 热熔粘结法
ねつようりょう 【熱容量】 heat capacity,thermal capacity 热容量
ねつらくさ 【熱落差】 heat drop 热降(低)
ねつりきがく 【熱力学】 thermodynamics 热力学
ねつりきがくてきしつきゅうおんど 【熱力学的湿球温度】 thermodynamic wet-bulb temperature 热力学湿球温度
ねつりきがくてきつりあい 【熱力学的釣合】 thermodynamical equilibrium 热力学平衡,热力平衡
ねつりきがくてきパラメーター 【熱力学的～】 thermodynamical parameter 热力学参数
ねつりきがくのほうそく 【熱力学の法則】 law of thermodynamics 热力学定律
ねつりゅう 【熱流】 heat flow 热流
ねつりゅうけい 【熱流計】 heat flow meter 热流计
ねつりょう 【熱量】 quantity of heat, amount of heat 热量
ねつりょうけい 【熱量計】 calorimeter 热量计,卡计,热量表
ねつりょうそくてい 【熱量測定】 calorimetry 热量测定
ねつりょうたんい 【熱量単位】 unit of heat 热量单位
ねつルミネセンス 【熱～】 thermoluminescence 热致发光
ねどめぐい 【根留杭】 anchor pile 锚桩
ねどり 【根取】 拍硪,拍硪工
ねどりのくめん 【根取の工面】 (基坑的)拍底,拍实底层
ねぬき 【根貫】 (支承地板龙骨的)短柱的加劲横木
ねばさ 【粘さ】 viscosity 粘滞度,粘度
ねばち 【根鉢】 root pot (soil) (带土移植树木时)根系带的土球

ねばつち【ねば土】sticky soil 有机质粘性土
ねばり【粘】ductility, viscosity 延性,粘滞性,粘度
ねばり【根張】root spread, root stretch 根展,根部突起,根幅
ねばりけのおおいねんど【粘気の多い粘土】fat clay 重粘土,肥粘土,富粘土
ねばりけのすくないねんど【粘気の少ない粘土】lean clay 贫粘土,瘠粘土
ねばりつきげんかい【粘着限界】sticky limit 粘着限,粘韧度
ねばりつよさ【粘強さ】toughness 韧度,韧性
ねばりつよさしすう【粘強さ指数】toughness index 粘滞度指数,韧性指数
ねばりながれ【粘流】viscous flow 粘性流动,粘流
ねばりりゅうたい【粘流体】viscous fluid 粘性流体
ねひじき【根肘木】短栱
ねぶりつける 密接,严接
ねぼり【根掘】pit excavation 刨槽,开挖槽坑
ねまき【根巻】柱脚防腐包里部分,(移树时的)捆根,扎根
ねまきいし【根巻石】(柱础的)护础石
ねまきモルタル【根巻～[mortar]】定标高用砂浆(立模板时作标高用沿着墨线抹出的砂浆)
ねまわし【根回】(移植树木前的)断根
ねむのき【合歓木】Albizzia julibrissin [拉], silktree albizzia[英] 合欢树
ねむり【眠】(矫正竹节凸部的)锯缝
ねむりめじ【眠目地】closed joint 密缝,密缝接头
ねむる【眠る】密接,严接
ネモ nemo 室外广播
ねやき【根焼】root surface carbonization 根部烧焦防腐
ねゆき【根雪】continuous snow cover, continuous snow coverage 积雪层
ねゆききかん【根雪期間】duration of continuous snow cover age 积雪期,覆雪期
ねりいしばりこう【練石張工】wet masonry 湿铺砌工,砂浆铺砌工,湿砌圬工
ねりいた【練板】concrete mixing vessel (湿凝土)搅拌盘(钢板)
ねりおき【練置】pre-mixing 预先拌和,拌好待用,预拌
ねりおけ【練桶】拌灰桶
ねりかえし【練返】retempering, remixing 重拌,再拌,二次搅拌
ねりかえしげんしょう【練返減少】remoulding loss (粘土强度的)重塑减少
ねりかえししすう【練返指数】remoulding index (土的)重塑指数
ねりかえしぞうだい【練返増大】remoulding gain (粘土强度的)重塑增大
ねりじゃり【練砂利】混凝土
ねりしん【練心】lumber core (胶合板的)成材芯板,厚芯板
ねりスコ【練～】mixing scoop 拌和戽斗
ねりだい【練台】mixing platform 搅拌台
ねりついじ【練築地】瓦和灰土交互砌筑的围墙
ねりつけ【練付】veneering 贴胶合板饰面层
ねりつけこういた【練付甲板】饰面面板
ねりつけしんばん【練付心板】胶合芯板
ねりつち【練土】掺砂和盐的灰土
ねりづみ【練積】wet masonry 用浆铺砌,浆砌
ねりてっぱん【練鉄板】concrete mixing vessel (混凝土)搅拌盘(钢板)
ねりなおし【練直】retempering, remixing 重拌,再拌,二次搅拌
ねりぶね【練舟】mixing box (瓦工用)拌灰箱,和灰槽
ねりべい【練塀】瓦和粘土交互砌筑的围墙
ねりまぜ【練混】mixing 搅拌,拌和
ねりまぜじかん【練混時間】mixing time 搅拌时间
ねりまぜせいのうしけん【練混性能試験】mixer performance test 搅拌性能试验
ねる【練る】mix 搅拌,拌和

ネールのほうほう 【～の方法】 Nehr's method 涅尔法(求截面一次矩、截面二次矩的图解法)
ネールヘッド nailhead (英国罗马风建筑中的)钉头形线脚
ねわり 【根割】 开脚埋设铁件
ねんうりょう 【年雨量】 annual rainfall 年雨量
ねんかんきかいかんりひ 【年間機械管理費】 年度机械管理费
ねんかんひょうじゅんうんてんじかん 【年間標準運転時間】 年度标准运行时间
ねんけつざい 【粘結剤】 binding agent 粘结剂
ねんけつせい 【粘結性】 caking 结块性,粘结性
ねんこううりょう 【年降雨量】 annual rainfall 年降雨量
ねんこうつうりょうじゅんいず 【年交通量順位図】 yearly traffic pattern 年交通型式(显示全年交通量的按递减次序排列图表)
ねんさいだいじかんこうつうりょう 【年最大時間交通量】 maximum annual hourly volume of traffic 年度最高小时交通量
ねんしょう 【燃焼】 combustion 燃烧
ねんしょうおんど 【燃焼温度】 combustion temperature 燃烧温度
ねんしょうき 【燃焼器】 burner 燃烧器
ねんしょうくうきりょう 【燃焼空気量】 amount of combusible air 燃烧空气需要量
ねんしょうこうりつ 【燃焼効率】 combustion efficiency 燃烧效率
ねんしょうざんりゅうぶつ 【燃焼残留物】 combustion residue 燃烧灰烬,燃烧残留物
ねんしょうじかん 【燃焼時間】 combustible hour 燃烧时间
ねんしょうしつ 【燃焼室】 combustion chamber 燃烧室
ねんしょうしつようせき 【燃焼室容積】 furnace volume 燃烧室容积,炉容积
ねんしょうせいせいガス 【燃焼生成～】 combustion gas,burnt gas 燃烧生成气体
ねんしょうせいせいぶつ 【燃焼生成物】 combustion products 燃烧生成物
ねんしょうそうち 【燃焼装置】 fuelburning equipment 燃烧装置,燃烧设备
ねんしょうだっしゅうほう 【燃焼脱臭法】 deodorizing by gas combustion 燃烧脱臭法
ねんしょうねつ 【燃焼熱】 combustion heat,heat of combustion 燃烧热
ねんしょうほうていしき 【燃焼方程式】 equation of combustion 燃烧方程(式)
ねんしょうりつ 【燃焼率】 combustion rate 燃烧率
ねんしょうろ 【燃焼炉】 combustion furnace 燃烧炉
ねんせい 【粘性】 viscosity 粘度,粘性
ねんせいえきたい 【粘性液体】 viscous liquid 粘性液体
ねんせいけいすう 【粘性係数】 coefficient of viscosity 粘性系数,粘度系数
ねんせいげんすい 【粘性減衰】 viscous damping 粘滞阻尼
ねんせいげんすいていこう 【粘性減衰抵抗】 viscous damping resistance 粘滞阻尼阻力
ねんせいげんすいていすう 【粘性減衰定数】 viscous damping factor,tenacity damping factor 粘滞阻尼常数
ねんせいげんすいマトリックス 【粘性減衰～】 viscous damping matrix 粘滞阻尼矩阵
ねんせいげんすいりょく 【粘性減衰力】 viscous damping force 粘滞衰减力,粘滞阻尼力
ねんせいしきフィルター 【粘性式～】 viscous filter 粘滞式过滤器,粘液过滤器
ねんせいたいかぶつ 【粘性耐火物】 viscous refractory 粘性耐火材料
ねんせいていこう 【粘性抵抗】 viscosity resistance 粘滞阻力
ねんせいど 【粘性土】 cohesive soil 粘性土

ねんせいりつ 【粘性率】 coffcient of viscosity 粘滞率,粘滞系数,粘度系数
ねんせいりゅうたい 【粘性流体】 viscous fluid 沾滞性流体
ねんだんせい 【粘弾性】 visco-elasticity 粘弹性
ねんだんせいせつ 【粘弾性説】 visco-elastic theory 粘弹性理论
ねんだんせいたい 【粘弾性体】 visco-elastic body 粘弹性体
ねんだんせいへんけい 【粘弾性変形】 visco-elastic deformation 粘弹性变形
ねんだんせいモデル 【粘弾性～】 visco-elastic model 粘弹性模型
ねんちゃく 【粘着】 adhesion 粘合,粘着,粘附,胶结,胶粘
ねんちゃくげんかい 【粘着限界】 sticky limit (土的)粘限,粘着限度
ねんちゃくざい 【粘着剤】 adhesive agent 粘结剂
ねんちゃくしきエア・フィルター 【粘着式～】 viscous air filter ,cohesive air filter 粘滞式空气过滤器,粘液滤气器
ねんちゃくしきくうきろかき 【粘着式空気濾過器】 viscous air filter,cohesive air filter 粘滞式空气过滤器,粘液滤气器
ねんちゃくしきフィルター 【粘着式～】 viscous filter 粘滞式过滤器,粘液过滤器
ねんちゃくせい 【粘着性】 stickness, tackiness 粘结性,胶粘性
ねんちゃくせいふよざい 【粘着性付与剤】 tackifier 增粘剂
ねんちゃくつよさ 【粘着強さ】 adhesive strength 粘结强度
ねんちゃくほじじかん 【粘着保持時間】 粘性保持时间
ねんちゃくりょく 【粘着力】 cohesion (土的)粘着力,粘聚力,粘结力,内聚力,凝集力
ねんちゃくりょくだか 【粘着力高】 cohesion height 粘着力高度,粘聚力高度
ねんちゅうど 【粘稠度】 consistency 稠度

ねんど 【粘土】 clay 粘土
ねんどがわら 【粘土瓦】 clay roof tile 粘土瓦
ねんどグラウチング 【粘土～】 clay grouting 粘土灌浆
ねんどけい 【粘度計】 viscosimeter 粘度计
ねんどけんだくえき 【粘土懸濁液】 clay suspended liquid 粘土悬浮液,粘土浑浊液
ねんどこうぶつ 【粘土鉱物】 clay mineral 粘土矿物
ねんどしけん 【粘度試験】 viscosity test 粘度试验
ねんどしつたいかれんが 【粘土質耐火煉瓦】 fireclay brick 耐火粘土砖,粘土质耐火砖
ねんどしつど 【粘土質土】 clayer soil 粘性土壤,粘(土)质土,粘土类土
ねんどしつへんがん 【粘土質片岩】 argillaceous schist 泥质片岩
ねんどしつローム 【粘土質～】 clay loam, clayey loam 亚粘土,粘壤土(指粘质砂土和砂质粘土)
ねんどせいひん 【粘土製品】 clay products 粘土制品
ねんどそう 【粘土層】 clay layer, clay statum 粘土层
ねんどちゅうにゅう 【粘土注入】 clay grouting (地基上)粘土灌浆
ねんどようねんど 【撚土用粘土】 wad clay 填塞用粘土
ねんどローム 【粘土～】 clay loam 亚粘土
ねんばんがん 【粘板岩】 clay slate 粘土板,泥板岩
ねんばんがんのスレート 【粘板岩の～】 argillaceous slate 泥质板岩
ねんひだんせい 【粘非弾性】 visco-inelasticity 粘非弹性
ねんへいきんにちこうつうりょう 【年平均日交通量】 average annual daily traffic(AADT) 年平均每日交通量
ねんへいきんりゅうりょう 【年平均流量】 annual mean water discharge 年平均

流量

**ねんへんどう** 【年変動】 yearly fluctuation 年变动,年变化

**ねんりゅうしゅつりつ** 【年流出率】 annual ratio of run-off 年流量比,年径流率

**ねんりょう** 【燃料】 fuel 燃料

**ねんりょうこ** 【燃料庫】 fuel bunker 燃料库

**ねんりょうさいしょり** 【燃料再処理】 fuel reprocessing 燃料再处理

**ねんりょうてんかん** 【燃料転換】 fuel conversion 燃料调换

**ねんりょうほきゅう** 【燃料補給】 fuel feed, fuel filling, fuel supply 燃料供给,燃料补充

**ねんりょうほきゅうき** 【燃料補給機】 fuel feeder 燃料加料机

**ねんりょうゆ** 【燃料油】 fuel oil 燃料油

**ねんりょうようりょう** 【燃料容量】 fuel capacity 燃料容量,燃料容积

**ねんりょく** 【捻力】 torsional force, twisting force 扭力

**ねんりん** 【年輪】 annual ring 年轮,生长轮

**ねんりんみつど** 【年輪密度】 annual ring density 车轮密度

**ねんれいこうぞう** 【年齢構造】 age composition (人口)年龄构成

# の

の 【野】 原野,田野,隐蔽的,粗制的,不加修饰的,毛的

ノイエ・ザッハリヒカイト Neue Sachlichkeit[德] 新即物主义(1920年德国展开的绘画运动)

のいし 【野石】 rubble, quarry stone 毛石,乱石,粗石,荒料

のいしづみ 【野石積】 rubble masonry 毛石砌体,毛石圬工

のいしらんそうづみ 【野石乱層積】 uncoursed rubble masonry 毛石乱层砌合,乱石圬工

ノイズ noise 噪声

ノイズ・ゼネレーター noise generator 噪声发生器

ノイズ・リダクション noise reduction 降低噪声,减噪

ノイズレス・ランプ noiseless lamp 消声灯,无声灯

ノイズ・レベル noise level 噪声级

のいた 【野板】 rough lumber 粗锯木板,毛板

のうか 【農家】 farmhouse 农民住宅,农舍

のうがくどう 【能楽堂】 Noh-theatre 能剧(日本古曲戏剧)院

のうかじんこう 【農家人口】 farming population 农户人口

のうかゆ 【濃化油】 stand oil 熟油

のうぎょうこうぞうかいぜんじぎょう 【農業構造改善事業】 agricultural structure improvement project 农业结构改善事业

のうぎょうじんこう 【農業人口】 agricultural population 农业人口

のうぎょうすいどう 【農業水道】 agricultural water supply 农业给水,农业用水

のうぎょうちたい 【農業地帯】 agricultural district, agricultural zone 农业区

のうぎょうとし 【農業都市】 agricultural city 农业城市

のうぎょうはいきぶつ 【農業廃棄物】 agricultural waste 农业废物

のうぎょうはいすい 【農業廃水】 agricultural effluent 农业废水

のうぎょうようさっちゅうざい 【農業用殺虫剤】 agricultural pesticide 农用杀虫剂,农药

のうぎょうようせっかい 【農業用石灰】 agricultural lime 农用石灰

のうぎょそんけいかく 【農漁村計画】 rural planning 农渔村规划

のうこうかんごびょうとう 【濃厚看護病棟】 intensive care unit(ICU) 集中的特别护理病房

のうこうちたい 【農耕地帯】 agricultural belt 农田地带,农业地带

のうこうゆうきせいはいえき 【濃厚有機性廃液】 high organic content waste 高浓度有机废液

のうこつどう 【納骨堂】 charnel house 尸骨存放所,骨灰堂

のうごや 【農小屋】 农用小房,农家小屋

ノヴゴロトだいせいどう 【~大聖堂】 Cathedral, Novgorod (1045~1052年俄罗斯)诺夫哥罗德大教堂

のうじゅうとしこうそう 【農住都市構想】 农业与城市开发并立的城市构想

のうしゅく 【濃縮】 concentration 浓缩

のうしゅくきょうまく 【濃縮境膜】 concentrated boundary membrane 浓缩界膜

のうしゅくけんたい 【濃縮検体】 condensed sample 浓缩水样

のうしゅくしょり 【濃縮処理】 thickening treatment 浓缩处理

のうしゅくど 【濃縮度】 condensation rate 浓缩率

のうぜんかづら 【凌霄花】 Campsis chinensis[拉],Chinese trumpetcreeper[英] 绫霄花

のうそん【農村】farming village 农村

のうそんかいはつ【農村開発】rural development 农村开发

のうそんけいかく【農村計画】rural planning 乡村规划

のうそんけんちく【農村建築】rural building 农村建筑

のうそんこうぎょうか【農村工業化】industrialization of rural areas 农村工业化

のうそんじゅうたく【農村住宅】farmhouse 农村住宅,农舍

のうち【農地】agricultural land 农地,耕地

のうちくぶん【農地区分】农地区分(从农业用地转为住宅用地的难易性划分)

のうちてんよう【農地転用】耕地转用

のうちてんようきせい【農地転用規制】耕地转用规定

のうちてんようきょかきじゅん【農地転用許可基準】耕地转用许可标准

のうてん【脳天】顶部,上部,上端

のうてん【農転】耕地转用

のうてんうち【脳天打】surface nailing 自木构件上端钉入

のうど【濃度】concentration 浓度

のうどう【農道】agricultural road 农村道路

のうどうほそう【農道舗装】pavement of farm roads,pavement of agricultural roads 农村道路路面

ノウハウ know-how 技巧,实际知识,诀窍

のうやく【農薬】agricultural chemicals 农药

のうやくおせん【農薬汚染】pesticide pollution 农药污染

のうやくざんりゅう【農薬残留】agricultural chemical residue 农药残留

のうようちくいき【農用地区域】rural area 农用地区

のうらいた【野裏板】sheathing,roof board (毛)望板,(毛)屋面板

ノー・ガス・オープンようせつ【～溶接】no-gas open arc welding (涂焊剂钢丝的)无气体保护弧焊

のき【軒】eaves 屋檐,檐口

のきあしば【軒足場】挑檐用脚手架

のきうち【軒内】建筑物外墙与檐口线之间的空间或地面

のきうら【軒裏】檐的底部(露椽或不露椽)

のきうらてんじょう【軒裏天井】plancier 出檐顶棚,挑檐吊顶

のきえん【檐椽】檐椽

のきからはふ【軒唐破風】卷棚博缝

のきがわら【軒瓦·宇瓦】eaves tile 勾滴瓦,檐头瓦

のきげた【軒桁】pole plate 檐檩

のきコーニス【軒～】cornice 檐口

のきさき【軒先】檐头

のきさきうらいた【軒先裏板】檐头望板

のきさきホイスト【軒先～】whip hoist 摇臂起重机

のきさきめんど【軒先面戸】(檐端瓦口下的)燕窝

のきしきがわら【軒敷瓦】檐垫瓦

のきじゃばら【軒蛇腹】cornice 檐口

のきしりん【軒支輪】(日本社寺建筑)内檐的一排凹形弯木

ノギス Nunez[葡],slide calipers[英] 游标测径规,游标卡尺

のきすみがわら【軒隅瓦】翼角的檐瓦

のきだか【軒高】eaves height 檐高(室外地坪到檐桁上皮或桁架下弦下皮的高度)

のきづけ【軒付】茅顶檐头加厚部分

のきてんじょう【軒天井】檐口顶棚

のきどい【軒樋】eaves gutter 檐沟,檐槽,檐头雨水管

のきまるがわら【軒丸瓦】勾滴筒瓦

のきめんど【軒面戸】檐檩上两椽之间的空隙

ノクトビジョン noctovision 暗视,红外线电视

のげた【野桁】concealed girder,rough girder 隐蔽梁,非露明梁,粗制梁

のこ【鋸】saw 锯

のこうばい 【野勾配】 slope of sheathing 望板坡度,屋面板坡度
のこぎり 【鋸】 saw 锯
のこぎりごや 【鋸小屋】 saw-tooth roof 锯齿形屋顶
のこぎりはがたトラス 【鋸歯形～】 saw-tooth truss 锯齿形桁架
のこぎりばさみ 【鋸挟】 锯夹,锯架
のこぎりやね 【鋸屋根】 saw-tooth roof 锯齿形屋顶
のこぎりやねさいこう 【鋸屋根採光】 saw-tooth roof lighting 锯齿形屋顶采光
のこくず 【鋸屑】 saw dust 锯屑,锯末
のこば 【鋸歯】 saw-tooth 锯齿
のこばん 【鋸盤】 sawing machine 锯床,锯机
のこびきたんばん 【鋸挽単板】 sawn veneer 锯成的单板,锯制单板
のごまい 【野小舞】 架在椽上不露明的细长木条
のこみ 【鋸身】 saw blade 锯片,锯条
のこめ 【鋸目】 saw-tooth 锯齿
のこめたてばん 【鋸目立盤】 saw sharpener 锯齿磨床,锯齿修磨机
のこやすり 【鋸鑢】 saw file 磨锯锉
のこりもの 【残物】 residual 残留物
のじ 【野地】 roof sheathing, roof boarding 苫背,屋面垫层,屋面板,望板
のじいた 【野地板】 sheathing, roof board (毛)望板,(毛)屋面板
のじいたばり 【野地板張】 sheathing [英], boxing[美] 钉铺望板,钉铺屋面板
のしがわら 【熨斗瓦】 ridge tile 脊垫瓦
のしづみ 【熨斗積】 铺砌脊垫瓦
のじぬき 【野地貫】 望板下面的横木条
のしば 【野芝】 wild turf, meadow 野生草皮
のしばめ 【熨斗羽目】 upright panel 竖钉对接护墙板
のしぶき 【熨斗葺·伸葺】 杉木皮铺屋面,铺板屋面,铺草屋面
ノーズ nose, approach end (交通岛、行车道分隔带的)端部,引道尽头
ノーズ・エンド nose end 孔端,管口端头
のすみぎ 【野隅木】 隐角梁
ノー・スランプ・コンクリート noslump concrete 无坍落度混凝土
ノズル nozzle 喷嘴,喷口,管嘴
ノズルあなけい 【～穴径】 nozzle hole diameter 喷嘴孔径
ノズルいた 【～板】 nozzle plate 流量板,喷嘴板
ノズルえんとつ 【～煙突】 nozzle stack 管嘴烟囱
ノズルかげんちょうそく 【～加減調速】 nozzle-control governing 喷嘴节流调速
ノズルがたふきだしぐち 【～型吹出口】 nozzle outlet 管嘴式排气口
ノズルしめきりちょうそく 【～締切調速】 nozzle cut-out governing 喷嘴阀开闭调速
ノズルそんしつ 【～損失】 nozzle loss 喷嘴损失
ノズルべん 【～弁】 nozzle valve 喷嘴阀
ノズルめんせきけいすう 【～面積係数】 nozzle area coefficient 喷嘴面积系数
ノズルりゅうりょうけい 【～流量計】 nozzle flow meter 喷嘴流量计
のぞきあな 【覗穴】 peep hole, sight hole, observation hole, inspection hole 观察孔,检查孔
のぞきいけ 【覗池】 pond for overlooking (庭园)俯瞰池
のぞきがき 【覗垣】 带漏窗的编苇墙
のぞきガラス 【覗～】 peep glass 窥视镜
のぞきまど 【覗窓】 peep window 窥视窗,观察孔
のだちかんばん 【野立看板】 field signboard 野外招牌,野外标志牌
のだるき 【野垂木】 concealed rafter, rough rafter 非露明椽,暗椽,毛面椽,粗制椽
のだるきこうばい 【野垂木勾配】 slope of concealed rafter 非露明椽坡度
のちょうば 【野丁場】 郊外工地,远郊工地,单项承包方式
のちょうばとび 【野丁場鳶】 (规模工程)

郊外工地架子工

ノッカー (door)knocker 门环

ノッキング knocking 水锤,敲击信号,爆震,敲(汽)缸

ノック knock 震动,敲打

ノック・アウト knock-out 拆卸,脱模

ノック・アウトそうち【～装置】 knock-out device 脱模装置,顶料装置,拆卸装置

ノック・ダウン knock down 拆卸(部件),现场组装

ノックどけい【～度計】 knockmeter 测震计,爆击测定计

ノッチ notch 凹口,缺口,槽口,刻痕,触点,控制器操作档,开槽,切口

ノッチきょくせん【～曲線】 notching curve 刻凹槽的曲线

ノッチこうか【～効果】 notch effect 切(槽)口效应(应力集中效应)

ノッチド・ビーム notched beam 开槽梁

ノッブ knob 门钮,球形把手,雕球饰

ノッブがいし【～碍子】 knob insulator 鼓形绝缘子

のづみ【野積】 露天堆放

のづみば【野積場】 open freight storage,open freight yard 露天堆货场

のづら【野面】 毛石面

のづらいし【野面石】 quarry stone 粗石,毛石

のづらいしほそう【野面石舗装】 quarry pavement 粗石路面,块石路面,粗石铺面

のづらしあげ【野面仕上】 quarry face (石料的)粗面,原开石面

のづらはぎ【野面矧】 (石料的)粗面砌法,原开石砌法

のてんじょう【野天井】 隐蔽顶棚(双重顶棚中隐蔽在里面的顶棚)

のど【喉】 throat,scotia 喉部,喉道,狭道,焊缝,缩口管,喉管,喷管临界截面,凹弧线,缩口线

ノード node 节,波节,分支,结点,节点,交点

のどあつ【喉厚】 throat(depth) 焊缝厚度,焊喉深度

のどあつりょく【喉圧力】 throat pressure 喉部压力,临界截面压力

のどだんめんせき【喉断面積】 throat section area 焊缝喉部截面积(指焊缝长度与喉厚之积)

ノートル・ダムだいせいどう【～大聖堂】 Notre-Dame de Paris[法] (12～13世纪法兰西)巴黎圣母院

ノートル・ダム・デュ・オーじゅんれいきょうかい【～巡礼教会】 Notre-Dame du Haut[法] (1950～1954年法国郎香)圣母巡礼教会

ノートル・ダム・ド・パリ Notre-Dame de Paris[法] 巴黎圣母院

ノートル・ダム・ラ・グランドせいどう【～聖堂】 Notre-Dame-la-Grande, Poitiers[法] (1100年左右法兰西伯瓦底埃)崇高的圣母院

ノニウス Nonius[德],vernier[英] 游标尺

ノニオン・アスファルトにゅうざい【～乳剤】 nonionic asphalt emulsion 非离子型沥青乳液

のねいた【野根板】 薄木板(指日本野根地方生产的宽15～20厘米、厚0.2厘米的长木板)

のねいたてんじょう【野根板天井】 铺长薄板的顶棚

のび【伸・延】 elongation 伸长,拉伸,延长,构件长度,配件长度,涂面展开面积

のびごうせい【伸剛性】 extensional rigidity,tensile rigidity 抗拉刚度,拉伸刚度

のびこうばい【延勾配】 弦除以股而得的坡度

のびこわさ【伸剛さ】 extensional rigidity 拉伸刚度,抗拉刚度

のびしけん【伸試験】 extensional test, tensile test 抗拉试验,拉伸试验

のびじゃく【延尺】 linear length 总长度,展开长度

のびせい【延性】 extensibility 延展(伸)性

のびのうりょく【伸能力】 extensibility 受拉能力,延伸性,伸长性

ノー・ヒューズしゅだんき 【～遮断器】 no-fuse breaker 无熔丝断路器

ノー・ヒューズ・スイッチ no-fuse switch 无熔丝开关,无保险丝开关

ノー・ヒューズ・パネル no-fuse panel 无熔丝配电盘

ノー・ヒューズ・ブレーカー no-fuse breaker, no-fuse circuit breaker 无熔丝断路器

のびりつ 【伸率】 coefficient of extension 延伸率,伸长率

のぶち 【野縁】 细长垫木,吊顶木筋,板条墙木筋

のぶちうけ 【野縁受】 吊顶木筋承梁

ノフト・スパン lift span 升降(式桥)孔,提升(式桥)孔

ノーブル noble fir 大冷杉

のべ 【延】 √2倍长度(木工用语),(面积、人员、天数等的)总计,合计

のべいし 【延石】 角柱形花岗石

のべけん 【延間】 总间数(按间数计量)

のべじかん 【延時間】 man hour 工时

のべじゃく 【延尺】 linear length 总长度,展开长度

のべすん 【延寸】 exceeding length, tolerance 超长尺寸,余量尺寸,毛长,容限,公差

のべだん 【延段】 (日本庭园中)大小石块间铺的石径

のべつぼ 【延坪】 total floor area 总建筑面积

のべはば 【延幅】 总宽,全宽

のべばらいけいやく 【延払契約】 contract with deferred payment clause 延期付款合同

のべめんせき 【延面積】 total floor area 总建筑面积(建筑物各层面积的合计)

のべゆかめんせき 【延床面積】 total floor area 总建筑面积

のべゆかめんせきりつ 【延床面積率】 floor space index 总建筑面积率(建筑物总面积与地段面积之比)

ノーベル・ホン nobel phone (内部联系用)简易电话,内部电话

ノボシビルスク Novosibirsk 新西伯利亚(1958年扩建的西伯利亚第一大城市)

ノボラック novolac, novolak (线型)酚醛清漆,热塑性酚醛树脂,酸催化酚醛树脂

ノボラック・エポキシ novolac epoxy, novolak epoxy 酚醛环氧树脂

のぼり 【登】 (坡面上的)坡长,倾斜构件,枓栱出踩,梯段,楼梯跑,民居草顶屋檐

のぼりうらごう 【登裏甲】 沿山墙顶铺钉的檐垫板

のぼりかさいし 【登笠石】 raking coping, gable coping 斜面压顶石,山墙压顶石

のぼりかつらいし 【登葛石】 raking curb stone 垂带石

のぼりがま 【登窯】 ascending kiln 升坡窑,串窑

のぼりぎ 【登木】 raking beam (木屋架上的)斜梁

のぼりげた 【登桁】 stringer 楼梯斜梁

のぼりこうばい 【上勾配】 gradient, up-grade 上坡,升坡

のぼりこうらん 【登高欄】 raking balustrade 斜面栏杆,楼梯栏杆

のぼりざかしゃせん 【登坂車線】 climbing lane 爬坡车道

のぼりさんばし 【登り桟橋】 登高脚手架跳板,斜栈桥

のぼりじゃばら 【登蛇腹】 raking cornice 斜檐口线,斜台口线,斜腰线

のぼりのき 【登軒】 沿着山墙的斜檐

のぼりのきづけ 【登軒付】 茅顶山墙檐头加厚部分

のぼりばり 【登梁】 raking beam 斜梁

のぼりよど 【登淀】 山墙封檐板上部的横木

のます 【呑す】 irrigation 灌水,浇水

ノーマリゼーション normalization 规格化,标准化,正规化,归一化,校正

ノーマル・オープンかいろ 【～回路】 normal open circuit 常开回路

ノーマル・オープンべん 【～弁】 normal open valve 常开阀

ノーマル・カレント normal current 正常电流

ノーマル・クローズべん 【～弁】 nor-

mal close valve 常闭阀
ノーマル・テンペラチュア normal temperature 标准温度,正常温度
ノーマル・プレッシァー normal pressure 正常压力
ノーマル・ホース・パワー normal horse power 额定马力,标称马力
ノーマル・ロード normal load 正常荷载,额定荷载,正常负载,额定负载
ノー・マン・コントロール no-man control 无人控制
のみ 【鑿】 chisel 凿子,錾子
のみぎり 【鑿切】 chiseled work (石材)錾凿
のみぎりいた 【鑿切板】 chiseled slate 凿面石板
のみこみ 【呑込】 (构配件的)暗嵌接,暗缝
のむね 【野棟】 不露明脊檩
のめす 削尖木桩头
ノモグラフ nomograph 诺模图,计算图表,列线图
ノモグラフィー nomography 列线图解法,诺模图
ノモグラム nomogram 诺模图,列线图,计算图表
のもの 【野物】 不露明的构件
のもや 【野母屋】 不露明檩
のやね 【野屋根】 草佛栿梁架
のり 【法】 inclination, butter, slope 斜面,斜度,坡度,边坡
のり 【糊】 paste 糊,浆糊
ノリア noria 戽水车,多斗挖土机
のりあげふちいし 【乗上縁石】 mountable curb 斜面路缘石
のりあし 【法足】 length of slope 斜面长度,斜坡长度,斜长
のりおおいこう 【法覆工】 slope pavement 坡面铺盖工程
のりかた 【法肩】 top of slope 坡顶,坡肩
のりきり 【法切】 挖成斜坡,挖方放坡
のりくい 【法杭】 斜坡土方用放线桩
のりさき 【法先】 toe of slope 坡脚
のりじょうドライヤー 【糊状～】 paste drier 糊状干燥剂
のりじり 【法尻】 toe of slope 坡脚,坡底
のりじりフィルター 【法尻～】 top filter 坡脚透水层,坡脚排水层
のりち 【法地】 slope area 坡面占地,斜坡占地
のりづけ 【法付】 基槽放坡
のりづけ 【糊着】 gluing, adhesion, bonding 胶合,粘合,粘结
のりづら 【法面】 face of slope 坡面
のりなが 【法長】 坡面长度
のりはぎ 【糊矧】 粘接,粘贴,贴板
のりふっこう 【法覆工】 slope pavement 坡面铺砌
のりめん 【法面】 face of slope 坡面
のりめんこうばい 【法面勾配】 slope gradient 斜坡坡度,斜坡坡率
のりめんぼうご 【法面防護】 slope protection 边坡加固,边坡保护,护坡(岸)
のりめんほご 【法面保護】 slope protection 边坡加固,边坡保护,护坡(岸)
のりめんりょっか 【法面緑化】 slope planting, slope seeding 坡面绿化,斜坡绿化
ノルマガール normagal 诺马盖尔炉衬耐火材料,铝镁耐火材料
ノルマル・ヘキサンちゅうしゅつぶっしつ 【～抽出物質】 normal hexane soluble matter 正己烷提取物质
ノルマンけんちく 【～建築】 Norman architecture (11～12世纪前半期英法的)诺尔曼建筑
ノルム norme[法] 规范,法则
のれん 【布連】 (填缝用)粗麻布
のろ 【野呂】 lime wash 石灰浆,鹿角菜浆
のろがけ 【野呂掛】 涂薄浆层
のろじっくい 【野呂漆喰】 稠灰浆
のろばけ 【野呂刷毛】 拉毛用灰刷子
のろびき 【野呂引】 刷涂灰浆
ノワイヨンだいせいどう 【～大聖堂】 Cathédrale, Noyeon[法] (12-13世纪法兰西)努瓦荣大教堂
ノン・シュリンク・セメント non-

shrink cement 无收缩水泥
**ノンスキッド** non-skid 防滑
**ノン・スリップ** non-slip 防滑条
**ノン・チェンジオーバーほうしき【～方式】** non-changeover system (诱导器的)无转换方式
**のんど＝のど**
**ノントロナイト** nontronite 绿高岭石，囊脱石
**ノン・フリージング・ソルーション** non-freezing solution 不冻溶液
**ノン・リターンべん【～弁】** non-return valve 单向阀，止回阀
**ノンリニア・バイブレーション** non-linear vibration 非线性振动

# は

は【刃】blade,edge 刀片,刃,刀口

は【歯】cog,tooth 轮齿,齿,齿状物

ば【場】field,site ,situation (建筑物等)位置,地点,场,场地,工地,现场,田野,野外,范围

バー bar 条,棒,杆,杠,铁条,钢筋,闩,横木,巴(气压单位),酒吧,酒馆

はあつ【波圧】wave pressure 波压

はい【灰】ash 灰,粉煤灰

バイアスこう【～光】bias light 背景光,衬托光

バイアスしょうしゃ【～照射】bias lighting 衬托照明

バイアス・ライト bias lighting 背景光,衬托光

はいあつ【背圧】back pressure 回压(力),背压(力),反压(力)

はいあつタービンくどうれいとうき【背圧～駆動冷凍機】back pressure turbine refrigerator 背压式涡轮制冷机

はいあつべん【背圧弁】back pressure valve 回压阀,背压阀,止回阀

はいアルカリ【廃～】waste alkaline 废碱

バイアログ vialog 路程计,测震仪,路面平整度测量仪

はいいれ【灰入】ash can 灰桶

ばいう【梅雨】梅雨

ハイウェイ highway 公路,大道,交通干线

はいうけいし【灰受石】hearth stone 壁炉接灰石,炉底石

はいえきしょうきゃくそうち【廃液焼却装置】waste fluid burning plant 废液焚烧设备

はいえきねんしょうほう【廃液燃焼法】waste combustion process 废液燃烧法

はいエジェクター【灰～】ash ejector 排灰器

ばいえん【煤煙】soot 煤烟,烟灰

はいえんぐち【排煙口】smoke exhaust cone 排烟口

はいえんしゃ【排煙車】smoke-eliminating car 排烟消防车

ばいえんしょりしせつ【煤煙処理施設】smoke treatment plant 煤烟处理设施

はいえんすいさんそうち【排煙吹散装置】smoke eliminating equipment 排烟吹散装置

はいえんせつび【排煙設備】smoke eliminating equipment 排烟设备

はいえんだつりゅう【排煙脱硫】exhaust gas desulfurization 排烟脱硫

はいえんだつりゅうそうち【排煙脱硫装置】stack gas desulfurization facility 烟道气脱硫装置

ばいえんぼうし【煤煙防止】smoke prevention 防烟

バイオアッセイ bioassay 生物鉴定,生物测定

バイオソープション biosorption 生物吸附

バイオソープションほう【～法】biosorption process 生物吸附法

バイオニクス bionics 仿生学

ばいおん【倍音】harmonics,overtone 倍音,谐音

ばいかいへんすうほうていしき【媒介変数方程式】parametric equation 参数方程(式)

はいかん【配管】piping,pipe arrangement 配管,管道布置

はいかんきょ【配管渠】pipe duct 管渠,管沟

はいかんくいき【配管区域】piping tract 配管地区

はいかんけい【配管系】pipe line 管道系统,管线

はいかんけいとう【配管系統】pipe line ,piping 管线系统,管道系统

はいかんこう 【配管工】 plumber 管工,水暖工
はいかんこうじ 【配管工事】 piping work 管道工程,配管工程
はいかんしじ 【配管支持】 piping support 管支座,管支架
はいかんず 【配管図】 piping drawing 管道布置图,管道系统图
はいかんのはいれつ 【配管の配列】 pipe line arrangement 管线布置
はいかんふか 【配管負荷】 pipe tax 管道负荷
はいかんほう 【配管法】 piping system 配管方式,配管方法
はいがんゆうりょう 【灰含有量】 ash content 含灰量
はいき 【排気】 exhaust gas 废气,排气
はいきおせんぶつ 【排気汚染物】 exhaust contaminant 排气污染物
はいきおん 【排気音】 exhaust sound 排气声
はいきおんどきょくせん 【排気温度曲線】 temperature curve of exhaust 排气温度曲线
はいきがさ 【排気笠】 exhaust hood 排气罩
はいきガス 【排気～】 exhaust gas 废气,排气
はいきがらり 【排気がらり】 exhaust air grille louvre 排气口百叶窗
はいきかん 【排気管】 exhaust pipe 排气管
はいきき 【排気機】 exhauster, exhaust fan 排气机,排风机
はいきグリル 【排気～】 exhaust grille 排气格栅
はいきこう 【排気口】 exhaust opening 排气孔,排气口
はいきせんぷうき 【排気扇風機】 exhaust blower 排气机,抽风机,排气风扇
はいきそうち 【排気装置】 (air)exhauster 排气装置,排风装置
はいきそうふうき 【排気送風機】 exhaust blower 排气机,抽风机
はいきダクト 【排気～】 exhaust air duct 排风管,排风道
はいきだんぼう 【排気暖房】 exhaust steam heating 废汽采暖
はいきてんがい 【排気天蓋】 exhaust hood 排气罩,排气帽盖
はいきとう 【排気筒】 roof ventilator (屋顶)排气筒,(屋顶)通风器
はいきとう 【排気塔】 exhaust tower 排气塔
はいきとうつきガスだんぼうき 【排気筒付～暖房器】 vented gas heater 带排气筒的煤气采暖器
はいきとうつきだいべんき 【排気筒付大便器】 seat vent closet 带透气筒的大便器
はいきぶつ 【廃棄物】 waste 废物,废料
はいきぶつさいじゅんかん 【廃棄物再循環】 waste recycling 废物再循环
はいきぶつさいりよう 【廃棄物再利用】 reuse of waste 废物再利用
はいきぶつしょり 【廃棄物処理】 waste disposal 废物处理
はいきぶつしょりしせつ 【廃棄物処理施設】 waste disposal facilities 废物处理设施
はいきべん 【排気弁】 exhaust valve 排气阀
はいきん 【配筋】 bar arrangement, arrangemenf of reinforcement 配筋,钢筋布置
はいきんけんさ 【配筋検査】 钢筋布置检查
はいきんず 【配筋図】 bar arrangement drawing 配筋图,钢筋布置图
ハイクロンじょう 【～錠】 Hi-chlon tablet 可溶性高级漂白粉片剂(商)
はいけい 【背景】 back-ground 背景
はいけい 【配景】 landscape design 配景,景观设计,环境美化综合设计
はいけいおんがく 【背景音楽】 background music 背景音乐
はいこう 【背向】 reverse 背向,反向
はいこう 【配光】 light distribution[英], candle-power distribution[美] 配光,光强分布

はいごう【配合】mixing,mix proportion 配合,拌合,搅拌,配合比例
はいこうかんわきょくせん【背向緩和曲線】reverse transition curve 反向缓和曲线
はいごうきょうど【配合強度】target strength (混凝土的)试配强度
はいこうきょくせん【背向曲線】reverse curve,S-curve 背向曲线,反向曲线,反曲线
はいこうきょくせん【配光曲線】light distribution curve,curve of candle power 配光曲线,光强分布曲线
はいごうせっけい【配合設計】design of mix proportion 配合比设计
はいこうてんてつき【背向転轍器】trailing switch ,trailing point 背向转辙器,背向道岔
バイコール・ガラス Vycor glass 维克玻璃(一种含硼高硅氧玻璃)
ハイコーンばっきそう【～曝気槽】Hi-cone aerator 辛普莱克斯式曝气池(机械搅拌式活性污泥处理装置)
バイサー visor 护目镜,风挡,遮阳板
はいざい【廃材】wood waste 木材废料
ハイ・サイド・ライト high side lighting 高侧窗采光
ハイサーグラフ hythergraph 温湿图
はいさん【廃酸】acid waste 废酸
ハイ・シスタン high cistern 高(位)水箱
ハイ・シスタンだいべんき【～大便器】high cistern water closet 高水箱冲洗大便器
ばいしつ【媒質】medium 介质
はいしゃ【背斜】anticline 背斜,背斜层
はいしゃかん【排砂管】sand discharge pipe 排砂管
はいしゃべん【排砂弁】sand-flash valve,scour valve 排砂阀
はいしゅつかん【排出管】exhaust pipe 排出管,排气管
はいしゅつきじゅん【排出基準】outlet qualitative standard (水质)排放标准
はいしゅつきせい【排出規制】effluent control 排出规定,排放规定
はいしゅつぐち【排出口】exhaust port,exhaust slot 排出口,排放口
はいしゅつげんたんい【排出原単位】emission factor 排出系数
はいしゅつすい【排出水】discharge water 排放水
はいしゅつべん【排出弁】exhaust valve 排气阀,放泄阀
ばいしょう【焙焼】calcination 焙烧,煅烧
ばいしょうおんど【焙焼温度】calcination temperature 焙烧温度,煅烧温度
ばいしょうかま【焙焼窯】calcining kiln 焙烧窑,煅烧窑
ばいしょうき【焙焼機】calcining machine 焙烧机,煅烧机
ばいしょうドロマイト【焙焼～】calcined dolomite 煅烧白云石
ばいしょうほう【焙焼法】charring (木材表面)烧成炭层法,炭化防腐
ばいしょうろ【焙焼炉】calcining oven,calciner 焙烧炉,煅烧炉
はいしょく【配色】colour scheme,harmonious colour arrangement 配色,色彩设计
はいしょく【配植】landscape planting,planting layout 植物配置,配植
はいしょくけいかく【配色計画】colour scheme 配色方案,配色设计
はいしょくたい【灰色体】gray body 灰体
はいしょくふくしゃ【灰色輻射】gray radiation 灰体辐射
はいしょくほう【配色法】colour design method,colour scheme method 配色法,色彩设计法
はいじん【排塵】dust exhaust 排尘,除尘
ばいじん【煤塵】dust,soot and dust 粉尘,灰尘
ばいしんどう【倍振動】harmonic 谐振,谐波
ばいじんほしゅうき【煤塵捕集機】dust collector 烟灰除尘器
ばいじんりょうそくてい【煤塵量測定】

dust measurement 烟尘量测定
バイス vice (老)虎钳,台钳
はいすい【背水】backwater 壅水,回水
はいすい【配水】water distribution 配水
はいすい【排水】drainage,drain 排水
はいすいあつりょく【背水圧力】back water pressure 回水压力
はいすいい【排水位】drainage water level 排水水位
はいすいガス【排水～】sewer gas 下水道气体
はいすいかっせん【排水活栓】drain cock 排水旋塞,放水龙头
はいすいかなぐ【排水金具】metal fittings for sewage 排水管件,排水器具
はいすいかん【配水管】distributing pipe 配水管
はいすいかん【排水管】drain pipe, drainage pipe, waste pipe 排水管,泄水管
はいすいかんがい【廃水灌漑】sewage irrigation 废水灌溉
はいすいかんがいりようのうじょう【廃水灌漑利用農場】sewage farm(field) 废水灌溉农田
はいすいかんせいそうしゃ【排水管清掃車】drain pipe cleaner 排水管清扫车
はいすいかんせんけいとう【配水幹線系統】arterial system of distribution 配水干线系统,配水干管系统
はいすいかんつぎて【排水管継手】drainage fittings 排水管接头
はいすいかんろ【配水管路】distribution pipe line 配水管线,配水管道
はいすいかんろう【排水管廊】drainage gallery 排水管廊
はいすいきじゅん【排水基準】effluent standard 排水标准
はいすいきょ【排水渠】drainage conduit 排水渠道,排水管道
はいすいきょくせん【背水曲線】backwater curve 壅水曲线,回水曲线
はいすいく【排水区】drainage district 排水区
はいすいくいき【配水区域】distributing area 供水区(域)
はいすいくいき【排水区域】drainage district 排水区(域)
はいすいクロス【排水～】sewerage cross 排水十字管,排水四通
はいすいけいとう【配水系統】system of distribution 配水系统
はいすいけいとう【排水系統】drainage system 排水系统
はいすいこう【排水口】outlet 排水口,出水口
はいすいこう【排水孔】weep hole 泄水孔,排水(小)孔
はいすいこう【排水溝】catch-drain 排水沟
はいすいこうほう【排水工法】drainage method 排水施工法
はいすいコック【排水～】drain cock 排水龙头,排水旋塞
はいすいさんじくしけん【排水三軸試験】drained triaxial test (土的)排水三轴试验
はいすいしかん【配水支管】distributing branch 配水支管
はいすいしせつ【配水施設】water distribution system 配水设施
はいすいしゅかん【排水主管】sewer main 排水干管
はいすいず【排水図】drainage plan 排水平面图
はいすいせい【排水井】drain well 排水井
はいすいせつび【排水設備】drainage equipment 排水设备
はいすいせん【排水栓】waste plug 排水栓,放泄塞
はいすいせんだんしけん【排水剪断試験】drained shear test (土的)排水剪切试验,慢剪试验
はいすいそう【排水槽】drainage tank 排水池(坑)
はいすいそうち【配水装置】distribution apparatus 配水设备,配水装置
はいすいそんしつ【配水損失】water

distribution loss 配水损失
はいすいだめ 【排水溜】 sewer basin 排水坑
はいすいだめます 【排水溜枡】 sump pit 排水井,集水井
はいすいタンク 【廃水～】 sewage tank 污水池
はいすいち 【配水池】 distributing reservoir 配水池
はいすいどい 【排水樋】 drain trough 排水沟,排水管
はいすいとう 【配水塔】 water-tower, stand pipe 水塔
はいすいとくせい 【排水特性】 drainage characteristics (土的)排水特性
はいすいトラップ 【排水～】 waste trap 废水存水弯,污水存水弯
はいすいトンすう 【排水～数】 displacement tonnage 排水吨位
はいすいのすいしつきせいきじゅん 【排水の水質規制基準】 effuent water quality standard 排水水质规定标准
はいすいふりょう 【排水不良】 poor drainage 不良排水
はいすいべん 【排水弁】 drain valve 排水阀
はいすいポンプ 【排水～】 drainage pump 排水泵
はいすいポンプじょう 【排水～場】 drainage pump station 排水泵站
はいすいます 【排水枡】 catch basin 截留井,收水井,集水井
はいすいみぞ 【排水溝】 drain ditch 排水沟
はいすいめんせき 【排水面積】 drainage area 排水面积
はいすいもん 【排水門】 drainage sluice 排水闸门
はいすいようティー 【排水用T】 sewerage tee 丁字排水管,排水三通
はいすいようワイ 【排水用Y】 drainage Y Y形排水管,排水用Y形管
はいすいよこえだかん 【排水横枝管】 horizontal drainage branch 横向排水支管,水平排水支管
はいすいよこしゅかん 【排水横主管】 house drain 室内污水管
はいすいりょう 【配水量】 water-delivery, water consumption 供水量,给水量
はいすいりょう 【排水量】 drainage discharge 排水量
はいすいろ 【排水路】 drainage canal, drainage ditch 排水沟,排水渠
ハイ・スクール high school (美国)中学,(英国)大学预科
ばいすけ 运土用浅底竹筐,土篮子
はいすてつつ 【灰捨筒】 ash shoot 除灰槽
ハイ・スピード・ボール・ミル high speed ball mill 高速球磨机
ハイ・スピード・レベル・レコーダー high speed level recorder 高速能级记录仪
はいずみ 【灰墨】 lampblack 烟墨,灯黑,灯烟
パイ・スラブ 【π～】 π-slab 双T形板
ばいせいど 【倍精度】 double precision 双倍精(确)度
はいせいぶん 【灰成分】 ash constituent 灰分
はいせつき 【排雪器】 snow plough 扫雪机,除雪犁
はいせつしせつ 【排雪施設】 snow removal equipment (道路)排雪设施
はいせつぶつ 【排泄物】 fecal matter 排泄物
はいせつれっしゃ 【排雪列車】 snow-plough train 雪犁车队,排雪车队
はいせん 【配線】 arrangement of station line, layout of station line, wiring 车站线路布置,配线,布线,接线
はいせん 【廃川】 abandoned path 废河道
はいせんがいし 【配線碍子】 wiring insulator 配线绝缘子,接线绝缘子,布线绝缘子
はいせんかんひきこみぐち 【配線函引込口】 distributing head lead-in 配线箱进线口
はいせんけつごうばこ 【配線結合箱】

distribution box 配线箱,分线箱
はいぜんしつ 【配膳室】 pantry,serving room 备餐室,配膳室
はいぜんしつながし 【配膳室流】 pantry sink 备餐室洗涤池
はいぜんしゃ 【配膳車】 serving wagon 配餐车
はいぜんしゃだまり 【配膳車溜】 配餐车停放间(处)
はいせんず 【配線図】 wiring diagram, wiring arrangement 配线图,布线图,线路图
はいぜんだい 【配膳台】 service table server 配餐案,配餐台,备餐台
はいせんばん 【配線盤】 distribution board 配线盘
はいせんヒューズばん 【配線～】 distributing fuse board 配线熔丝盘
はいそうセンター 【配送～】 distribution center 分配中心,销售中心,配电中心
ハイ・ソリッド・ラッカー high solid lacquer 高固体漆,高硬性亮漆
はいた 【羽板】 slat,fin,louver board 薄板条,百页板,叶片
ばいたい 【媒体】 medium 媒介,介质
バイタガラス vitaglass 维他玻璃,透紫外线玻璃
はいたて 【はい立】 (砂石)叠方(按锥台状堆放)
ハイ・タフこう 【～鋼】 Hy-Tuf steel 海-塔夫钢(一种高强度耐冲击低合金钢)
はいだめ 【灰溜】 ash pit,ash bin 灰坑,炉灰堆放处
バイタライトとう 【～灯】 vitalight lamp 紫外线灯,太阳灯
バイタライト・ランプ vitalight lamp 太阳灯,紫外线灯
ハイ・タンク high tank 高(位)水箱,高桶,大桶
はいち 【配置】 configuration 布置,配置
ばいち 【培地】 culture medium (细菌的)培养基
はいちけいかく 【配置計画】 block planning,plot planning,layout planning 分区规划,总平面布置,建筑基地规划,基址规划,布置计划
はいちけいかくず 【配置計画図】 block plan,plot plan,layout drawing 总平面布置图,总平面设计图
はいちず 【配置図】 layout drawing, plot plan,block plan 布置图,基址图,总平面图
はいちもしきず 【配置模式図】 model pattern (城市公园系统)布局模式图
ハイツ heights 高台,高地,高台地集体住宅
はいつけ 【配付】 侧面斜向安装
はいつけがっしょう 【配付合掌】 jack rafter 垂脊木两侧的小人字木
はいつけだるき 【配付垂木·配付椽】 hip jack rafter 垂脊木两侧的小椽
はいつけろくばり 【配付陸梁】 角梁两侧平放的小梁
はいでい 【廃泥】 waste sludge 废泥
はいでいかん 【排泥管】 blow-off pipe 排泥管
はいでいのうど 【排泥濃度】 waste sludge concentration 排泥浓度
はいでいべん 【排泥弁】 blow-off valve 排泥阀
はいでん 【拝殿】 (日本神社中的)参拜殿
はいでん 【配電】 power distribution 配电
ばいてん 【売店】 shop[英],store[美] 售货店,售货摊,小卖店
はいでんしつ 【配電室】 power distribution room 配电室
ハイ・テンション high-tension 高强度(的),高抗拉(的)
ハイ・テンション・カレント high tension current 高压电流
ハイ・テンション・スタッド high-tension stud 高压接线柱
ハイ・テンション・ボルト high-tension bolt 高强度螺栓,高抗拉螺栓
ハイ・テンション・ボルトこうほう 【～工法】 high-tension bolt method 高强螺栓联结施工法
はいでんせん 【配電線】 distribution

line, service wire 配电线路
はいでんばこ 【配電箱】 distibution box 配电箱
はいでんばん 【配電盤】 switch board 配电盘
はいでんばんしつ 【配電盤室】 electric control room, panel room, switch-board room 配电盘室
はいでんほうしき 【配電方式】 distribution system 配电方式
はいでんもう 【配電網】 electricity grid, power-supply system 供电系统,配电网
はいどい 【這樋】 straight down gutter (上层流入下层的)直通雨水管
ハイ・トランスミッション・ガラス high transmission glass 高透射玻璃
ハイドラント hydrant 消火栓,消防栓,消防龙头
ハイドロカイネティック・トランスミッション hydrokinetic transmission 液体动力传动(装置)
ハイドログラフ hydrograph 水流测量图,水文曲线,过程线
ハイドロ・クーリング hydro-cooling 洒水冷却法
ハイドロ・クレーン hydro-crane 液压起重机,油压起重机
ハイドロ・クロン hydro-clone 湿式旋风除尘器
ハイドロ・コーン・クラッシャー hydro-cone crusher 油压锥形轧碎机,油压锥形碎石机
ハイドロ・ジャッキ hydraulic jack 液压千斤顶
ハイドロスタチックス hydrostatics 流体静力学
ハイドロスタチック・プレッシャー hydrostatic pressure 流体静压力,静水压力
ハイドロスタティック・ドライブ hydrostatic drive 静压传动,液压传动
ハイドロ・ストップ・シリンダー hydro-stop cylinder 液压闭锁油缸,液压限位油缸
ハイドロダイナミックス hydrodynamics 流体动力学
ハイドロトリーター Hydrotreator 高速水力搅拌混凝沉淀池
ハイドロ・ハロイサイト hydro-halloysite 水化多水高岭土
ハイドロ・フォーミング・マシン hydro-forming machine 液压成型机
ハイドロ・プレス hydro-press 液压机,水压机
ハイドロ・プレーニング hydro planing 水膜滑溜现象,水滑现象
ハイドロメーター hydrometer 液体比重计
ハイドローリック・ウィンチ hydraulic winch 液压卷扬机,液压绞车
ハイドローリック・エックスカベター hydraulic excavator 液压挖掘机,水力挖土机
ハイドローリック・グラブ hydraulic grab 液体操纵抓斗
ハイドローリック・コントロール・シリンダー hydraulic control cylinder 液压操纵油缸
ハイドローリック・コントロールべん 【～弁】 hydraulic control valve 液压控制阀
ハイドローリック・コントロール・レバー hydraulic control lever 液压控制手柄
ハイドローリック・システム hydraulic system 液压系统
ハイドローリック・ジャック hydraulic jack 液压千斤顶
ハイドローリックス hydraulics 水力学
ハイドローリック・ティッパー hydraulic tipper 液压倾卸车,液压倾卸机构
ハイドローリック・ティッピング・ラム hydraulic tipping ram 倾卸液压油缸,翻斗液压油缸
ハイドローリック・ドライブ hydraulic drive 液压传动
ハイドローリック・トランスミッション hydraulic transmission 液压传动
ハイドローリック・ブレーカー hydrau-

lic breaker 液压破碎机
ハイドローリック・プレッシャー hydraulic pressure 水压,液(体)压(力)
ハイドローリック・ホイスト hydraulic hoist 液压式卷扬机
ハイドローリック・ポンプ hydraulic pump 水力泵,液力泵
ハイドローリック・メーン hydraulic main 总水管
ハイドローリック・モーター hydraulic motor 液压马达,油马达
ハイドローリック・モーター・ドライブ hydraulic motor drive 液压马达传动
ハイドローリック・ユニット hydraulic unit 液压机构,液压机组
ハイドローリック・ラム hydraulic ram 水力夯锤,水锤泵,压力扬吸机
ハイドローリック・リフト・シリンダー hydraulic lift(ing) cylinder 液压提升油缸
ハイドローリック・リフト・スクレーパー hydraulic lift scraper 液压提升式铲运机
ハイドローリック・ローダー hydraulic loader 液压装载机
バイナリー・コンピューター binary computer 二进制计算机
はいねつかいしゅう【廃熱回収】 waste heat recovery 废热回收
はいねつかんじょう【配熱勘定】 heat balance, thermal balance 热(量)平衡计算
はいねつボイラー【廃熱~】 waste heat boiler 废热锅炉
はいねんろ【廃燃炉】 waste matter incinerator 废物焚化炉
はいのび【配延】 extension of slope 坡度的延伸,直角三角形斜边与底边的长度比
バイ・パス by-pass, by-path 回绕管,旁通管,溢流渠,旁路
バイ・パスかん【~管】 by-pass pipe 旁通管
バイ・パス・コンデンサー by-pass condenser 旁路电容器,分流电容器
バイ・パス・ダンパー by-pass damper 旁通节气闸,旁通气流调节器
バイ・パス・ファクター by-pass factor 旁通系数(旁通空气量与总空气量之比)
バイ・パスべん【~弁】 by-pass valve 旁通阀
バイ・パスべん【~弁】 by-pass valve 旁通阀
ハイバック・チェア high-back easy chair, grandfather chair 高背安乐椅
ハイパボリック・パラボロイダル・シェル hyperbolic paraboloidal shell 双曲(线)抛物面壳体
ハイパー・マトリックス hyper matrix 超矩阵
ハイパロン chlorosulfonated polyethylene, Hypalon 氯磺酰化聚乙烯合成橡胶,海帕隆(商)
ハイ・ビーム high beam 高光束
パイピング piping 管道,管路,管子,管系,管涌,管流,气泡缝,管道布置,管道输送
パイプ pipe 管子
パイプあしば【~足場】 steel pipe scaffold 钢管脚手架
パイプ・アーチ pipe arch 钢管肋拱,管拱
はいふうき【排風機】 exhauster 排风机
パイプ・カッター pipe cutter 切管机
パイプ・カップリング pipe coupling 管子连接
パイプ・クランプ pipe clamp 管夹
パイプ・クリップ pipe clip 管夹
パイプ・クリーニング pipe cleaning 管道清洗
パイプ・クーリング pipe cooling 冷水管冷却
パイプ・コイル pipe coil 盘管,旋管
パイプ・サポート pipe support (模板用)钢管支柱,钢管杆
はいふしきしょうかき【背負式消火器】 back-pack extinguisher 背负型灭火器
パイプしじ【~支持】 pipe holder, pipe bearer 管道托架,管支座
パイプしちゅう【~支柱】 pipe support (模板的)钢管支柱,钢管杆

パイプ・シャフト pipe shaft 管道竖井,管道井筒
パイプすりあわせ 【~摺合】 pipe fitting 管子配件
パイプせつだんき 【~切断機】 pipe cutter 切管机
パイプ・ダクト pipe duct 管道,管子通道,管沟,管渠
はいぶつうき 【背部通気】 back vent, back venting 背部通气,背部透气
パイプつぎ 【~継】 pipe joint 管子接头,(木桩)接头用铁管
パイプつぎて 【~継手】 pipe joint 管接头
はいぶつながし 【廃物流】 disposal sink 污洗盆
パイプつり 【~吊】 pipe hanger 吊管架,吊管钩
パイプ・トラス pipe truss 钢管桁架,管子桁架
パイプ・トングス pipe tongs 管钳
パイプ・バイス pipe vice 管工台钳,管子虎钳
パイプ・ビル pipe building 钢管构架的建筑物
パイプ・フィッティング pipe fittings 管子配件
パイプ・ブッシング pipe bushing 管衬套
パイプ・プラグ pipe plug 管塞
パイプ・ベンダー pipe bender 弯管器
パイプ・ペンダント pipe pendant 管吊灯
パイプ・ペンダント・ランプ pipe pendant lamp 管吊灯
パイプ・ベンド pipe bend 管弯头,弯管
パイプほうねつき 【~放熱器】 pipe (coil)radiator 盘管散热器
パイプまげき 【~曲機】 pipe bender 弯管机
パイプまげぐ 【~曲具】 pipe bender 弯管机
パイプまげロール 【~曲~】 pipe bending roll 弯管滚子
パイプまわし 【~回し】 pipe wrench 管扳手
パイプまんりき 【~万力】 pipe vice 管子虎钳,管工台钳
パイプやっとこ 【~鋏】 pipe pliers 管钳
ハイ・ブライトネス high brightness 最大亮度
パイプライン pipeline 管道,管系,管线,管路
パイプラインゆそう 【~輸送】 pipeline conveyance 管道输送
パイプ・ラギング pipe lagging 管外保护层
ハイブリッド hybrid 合成,组成,混合,混成
ハイブリッド・ガーダー hybrid girder (不同材质组成的)合成梁,组合梁
パイプ・リーマー pipe reamer 管铰刀
パイプレイヤー pipelayer 管道敷设机,管道安装机,管道安装工
バイブレーション・ランマ vibration rammer 振捣板,振动夯实机
バイブレーション・ローラー vibration roller 振动压路机,振动式路辗
バイブレーター vibrator 振捣器,振动器
ハイ・プレッシャー・パイプ high pressure pipe 高压管
ハイ・プレッシャー・ホーズ high pressure hose 高压软管
バイブレーティング・スクリーン vibrating screen 振动筛
バイブレーティング・テーブル vibrating table 振动台
パイプ・レンチ pipe wrench 管子扳手,管钳
パイプ・ロケーター pipe locator 探管仪,管道定位器
バイブロ・コンポーザー vibro-composer 振动填实砂桩
バイブロ・コンポーザーこうほう 【~工法】 vibro-composer method 振动填实砂桩法
バイブロ・ソイル・コンパクター vibro-soil compacter 土振动压实器,振动打夯机

バイブロ・パイル・ハンマー vibro-pile hammer 振动打桩锤
バイブロ・フローテーションこうほう【～工法】 vibro-flotation method (地基)振浮压实施工法
バイブロ・ランマー vibro-rammer 振动夯,振捣板
はいぶんけいかく【配分計画】 distribution planning 城市布局规划
はいぶんこうつうりょう【配分交通量】 assigned volume 分配交通量
はいべんかん【排便管】 soil pipe 排粪管,粪便管
ハイボーイ highboy[美] 高脚抽屉柜,高腿衣橱
ハイポイント・ワン Highpoint I Block of Flats (1930～1935年英国海波特)公寓区第一高地
はいぼう【牌坊】 牌坊,牌楼
ハイポカースト＝ハイポコースト
ハイポコースト hypocaust (古罗马)地炕采暖构造
ハイポサイクロイド hypocycloid 内摆线,圆内旋轮线,次摆线
ハイポスタイル・ホール hypostyle hall (古埃及神庙的)列柱殿,多柱厅
はいホッパー【灰～】 ash hopper 灰斗
ハイ・ボリウム・エア・サンプラー high volume air sampler 大容量空气取样器
ハイ・ボルテージ high voltage 高电压
ハイ・マストしょうめい【～照明】 high mast lighting 高杆照明
パイミオのサナトリウム【～の～】 Tuberculosis Sanatorium at Paimio (1929～1933年芬兰土库)派米奥结核疗养院
バイメタル bimetal 双金属,复合钢材
バイメタルおんどけい【～温度計】 bimetallic thermometer 双金属温度计
バイメタル・サーモスタット bimetal thermostat 双金属恒温器
バイメタルしきダイアルおんどけい【～式～温度計】 bimetal type dial thermometer 双金属式度盘温度计
バイメタルそし【～素子】 bimetallic element 双金属元件
はいめんず【背面図】 back elevation, rear view 背面图,背立面图,后视图
はいめんはいすい【背面排水】 back drainage 背面排水
はいものかべ【灰物壁】 白灰罩面泥墙
パイヤウット payawut 缅甸佛堂
パイヤサット payasat 缅甸塔
はいゆしょりしせつ【廃油処理施設】 waste oil disposal service 废油处理设施
ばいよう【培養】 culture 培养
ばいようがいろ【培養街路】 feeder street 支线街道,分支街道,辅助街道
ばいようき【培養基】 culture medium 培养基
ハイ・ライトきど【～輝度】 high-light luminance, high-light brightness 最大亮度
ばいりつ【倍率】 amplification factor 放大系数,放大率
バイリニヤ bilinear 双线性
バイリニヤけいすう【～係数】 bilinear factor 双线性系数
バイリニヤりれきけい【～履歴系】 bilinear hysteretic system 双线性滞后系
ハイリーのくいこうしき【～の杭公式】 Hiley's pile driving formula 海利打桩公式,海利桩承载力计算公式
ハイ・リブ・ラス high-rib lath 高肋金属网,肋条钢丝网
はいりょく(てっ)きん【配力(鉄)筋】 distribution bar, transverse reinforcement 分布钢筋,横向钢筋
ばいりん【梅林】 mumeplant woods (庭园)梅林
パイル pile 桩,堆,束,软绒
パイル・エキストラクター pile extractor 拔桩机
パイル・カーペット pile carpet 绒面地毯
パイル・キャップ pile cap 桩帽
パイル・ドライバー pile driver 打桩机
パイル・ハンマー pile hammer 打桩锤

ﾊﾟイレックス・ガラス Pyrex glass 派莱克斯玻璃(商),耐热冲击硼硅酸玻璃

はいれつりろん 【配列理論】 theory of layout 布置理论,布局理论

ハイ・レート・エアレーションほう 【～法】 high-rate aeration 高速曝气法,高负荷曝气法

ハイ・レートかっせいおでいほう 【～活性汚泥法】 high-rate activated sludge process 高负荷活性污泥法

ハイ・レート・フィルター high-rate filter (给水)高速滤池,高负荷生物滤池

ﾊﾟイレン piling machine, pipe wrench 打桩机,管扳手(简称)

ﾊﾟいろう 【牌楼】 牌楼

ﾊﾟイロキシリン・ラッカー pyroxyline lacquer 硝酸纤维漆,硝基漆

ﾊﾟイロスコープ pyroscope 辐射热度计,高温计

ﾊﾟイロスタート pyrostat 高温恒温器,恒温槽,高温控制器

ﾊﾟイロセラム pyroceram 微晶玻璃,玻璃陶瓷

ﾊﾟイロット pilot 引导,导向,导向器,控制导线,导坑(洞)

ﾊﾟイロット・シャフト pilot shaft 导井

ﾊﾟイロット・スイッチ pilot switch 辅助开关

ﾊﾟイロット・トラス pilot truss 导桁架,排障桁架

ﾊﾟイロット・ナット pilot nut 导枢帽,导枢螺母

ﾊﾟイロット・ハウス pilot house 试验性房屋

ﾊﾟイロット・バルブ pilot valve 导阀,控制阀

ﾊﾟイロット・プラント pilot plant 实验性装置,试验性设备,中间试验厂

ﾊﾟイロット・フレーム pilot flame (燃烧器的)起动火舌,导焰

ﾊﾟイロットべん 【～弁】 pilot valve 导阀

ﾊﾟイロットほうしきぼうちょうべん 【～方式膨張弁】 pilot operated expansion valve 膨胀导阀

パイロット・モーター pilot motor 辅助电动机,伺服电动机

パイロット・ランプ pilot lamp 指示灯,标灯

パイロット・リリーフべん 【～弁】 pilot relief valve 控制安全阀,控制溢流阀

ハイ・ローでんあつけい 【～電圧計】 high-low voltmeter 多量程电压表,高-低压电压表

ハイ・ローでんきゅう 【～電球】 high-low bulb, high-low lamp 变光灯(泡)

ハイロートがたさいすいき 【～型採水器】 Heyroth sampler 海罗特式取(水)样器,中层水取样器

パイロメーター pyrometer 高温计

パイロン pylon 埃及式塔门,标塔,桥塔,(飞机场的)定向塔

パイロンくうちゅうせん 【～空中線】 pylon aerial, pylon antenna 铁塔天线

バインダー binder 胶合剂,胶粘剂,结合件,夹子

バインダー・コース binder course (沥青路面)结合层,粘结层

バインディング・ボルト binding bolt 连接螺栓,紧固螺栓

バインドせん 【～線】 binding wire 绑扎用钢丝,系丝,扎线

バインド・ポスト bind post 接线柱

バウシンガーこうか 【～効果】 Bauschinger's effect 鲍辛格效应

バウシンガーぼうちょうしけんき 【～膨張試験器】 Bauschinger's expansion tester 鲍辛格式膨胀(收缩)测定器

ハウジング housing 住宅建筑,房屋群,住宅群,柄,穴,槽,沟,凹部

ハウス house 房,房屋,住宅,馆,院,社,舍,厅,建筑物

ハウス・ガバナー house governor (for gas) 用户煤气调压器

ハウスキーパーしつ 【～室】 housekeeper's room 房屋管理员室,服务人员室

ハウス・タンク house tank 房屋水箱

ハウス・トラップ house trap 房屋排水干管存水弯

ハウス・トレーラー　house trailer　居住拖车,汽车住宅
パウダー　powder　粉末,粉,炸药,火药
パウダーせつだん　【～切断】　powder cutting　氧熔剂切割
パウダー・マガジン　powder magazine　火药库
はうち【羽打】木板削端搭接
はうちばり【羽打張】木板削端搭接
ハウ・トラス　Howe truss　豪威桁架
バウのきごう　【～の記号】　Bow's notation　鲍氏符号
バウハウス　Bauhaus[德]　包豪斯(1919年德国成立的建筑学校)
バウハウスこうしゃ　【～[Bauhaus德]校舍】(1925～1926年德国德绍的)建筑学院校舍,包豪斯校舍
バウヒュッテ　Bauhütte[德]　建筑工地的暂设房屋,(中世纪欧洲的)建筑工人同业行会
バウマンかたさけい　【～硬さ計】　Baumann hardness meter　鲍曼式硬度计
ハウリング　howling　啸声,振鸣,嗥鸣,颤噪效应,再生
バウル-レオンハルトほうしき　【～方式】　Baur-Leonhardt system　鲍尔-列昂哈尔特式预应力混凝土后张法
バウンシング　bouncing　反射式照明法
はえぎ【榱】椽的古称
パエストゥム　Paestum　帕埃斯图姆(古希腊在意大利南部西岸的殖民城市)
パオ　【包】　蒙古包,牧民帐篷
はか　【墓】　tomb　墓,坟
ばか　【馬鹿】　(量基槽深度等用)简易测杆,螺母松弛
ばかあな　【馬鹿穴】　松螺丝眼,瞎炮眼
はかい　【破壊】　rupture, failure, fracture　破坏,破裂,断裂
はかいあんぜんりつ　【破壊安全率】　safety factor for ultimate load　破坏(荷载)安全系数,极限荷载安全系数
はかいエネルギー　【破壊～】　breaking energy　破坏能量,断裂能量
はかいえん　【破壊円】　circle of rupture　破坏圆,破裂圆
はかいおうりょく　【破壊応力】　breaking stress　断裂应力,破坏应力
はかいおうりょくど　【破壊応力度】　breaking unit stress　破坏应力程度
はかいかじゅう　【破壊荷重】　breaking load　断裂荷载,破坏荷载
はかいきょうど　【破壊強度】　breaking strength　破坏强度,断裂强度
はかいきょどう　【破壊挙動】　fracture behavior　破坏性能
はかいけいすう　【破壊係数】　modulus of rupture　扭折模量,弯折模量,挠折模量
はかいしけん　【破壊試験】　destructive test　破坏试验,断裂试验
はかいしょうか　【破壊消火】　destroying extinguishment　破坏(法)灭火
はかいしょうぼう　【破壊消防】　fire defence by destruction　破坏性消防
はかいせん　【破壊線】　yield line, crack line　屈服线,断裂线,破坏线
はかいつよさ　【破壊強さ】　breaking strength　破坏强度,断裂强度
はかいてん　【破壊点】　breaking point　断裂点,破坏点
はかいのかくりつ　【破壊の確率】　failure probability　破坏概率
はかいひずみ　【破壊歪】　breaking strain　破坏应变,断裂应变
はかいひずみど　【破壊歪度】　breaking unit strain　断裂应变,破坏应变
はかいめん　【破壊面】　breaking section　断裂面,破坏面
はかいモデル　【破壊～】　failure model　破坏模型
はかいモード　【破壊～】　failure mode　破坏方式,破坏型
はかいモーメント　【破壊～】　breaking moment　断裂力矩,破坏力矩
はかいりきがく　【破壊力学】　fracture mechanics　断裂力学
はかいりろん　【破壊理論】　theory of breaking　破坏理论,断裂理论
はがかり　【羽掛】　lap　(雨淋板、屋面铺瓦的)搭接部分,重合尺寸

はがさね 【羽重】 lapping (雨淋板、屋面铺瓦的)搭接,压铺,压贴
はかざり 【歯飾】 dentil 齿饰
はかしきち 【墓敷地】 cemetery site 公墓用地
ばかじょうぎ 【馬鹿定規】 (量基槽深度等用)简易测杆
バガス bagasse 甘蔗渣(软质纤维板的原料)
はがたオリフィス 【刃形~】 sharp-edged orifice 锐缘孔口
はがたかいへいき 【刃形開閉器】 knife switch 闸刀开关
はがたスイッチ 【刃形~】 knife switch 闸刀开关
はがたわジベル 【歯形輪~[Dübel德]】 toothed ring dowel 齿形环榫
パーカッション percussion 撞击,冲击,震动,撞声
パーカッション・ドリル percussion drill 冲击式钻机
パーカッション・ボーリング percussion drilling 冲击钻探
バー・カッター bar cutter 钢筋切断机
ばかどめ 【馬鹿留】45° 以外角的斜接
はがね 【鋼】 steel 钢
はがねざし 【鋼差】 steel square (木工用)钢角尺
はがねまきじゃく 【鋼巻尺】 steel tape 钢卷尺
ばかぼう 【馬鹿棒】 (量基槽深度等用)简易测杆
はかまごし 【袴腰】 trapezoid pedestal 裙形垫座铁,钟形垫座铁
パーカライジング parkerizing (钢铁的)磷酸盐防锈处理,磷化处理
パーカライジングほう 【~法】 parkerizing process 磷酸盐防锈处理法,磷化防锈处理法
はかりつきミキサー 【秤付~】 mixer with weigh batcher 装有重量配料斗的搅拌机
はがれ 【剝】 scaling,peeling 剥落,剥离
はぎ 【矧】 joint,jointing of boards 接缝,拼板接合
バギー buggy 手推(小)车
はぎあげ 【剝上】 横栱,横栱高窗
はぎあげれんじ 【剝上連子】 (设于入口门厅墙上的)横栱高窗
ハギア・ソフィアだいせいどう 【~大聖堂】 Hagia Sophia (532~537年君士坦丁堡)圣索菲亚大教堂
はぎあわせ 【矧合】 joint,jointing of boards 接合,接头,拼板接合
はぎあわせこういた 【矧合甲板】 接合顶板,接合面板,接合木板
はぎあわせざい 【剝合材】 assemblies 叠层木,层积材,层积构件
はぎいた 【剝板】 剥制板,薄木板(宽12~20厘米,厚2~3毫米的板)
ハギオスコープ hagioscope 斜孔小窗,窥视窗
はぎおもて 【剝表】 tight side (单板的)切片光面,镟片光面
はきかん 【吐管】 tremie (水下灌注混凝土用)导管
はきぐち 【吐口】 outfall 排出口
はきざみ 【羽刻】 notching 锯齿形刻槽,刻凹槽
はきだし 【吐出】 discharge 放出,流出,喷出,排出
はきだしあつりょく 【吐出圧力】 discharge pressure 排出压力,出水压力
はきだしおんど 【吐出温度】 discharge temperature 排气温度
はきだしガス 【吐出~】 discharge gas 排出气体
はきだしかん 【吐出管】 discharge pipe 排出管,排放管,排泄管
はきだしぐち 【掃出口】 dust-outlet 扫除口,除尘口,垃圾清除口
はきだししぼり 【吐出絞】 exhaust choke 排出节流,出口节气门
はきだしすいとう 【吐出水頭】 draft head 输出水头
はきだしべん 【吐出弁】 exhaust valve 排气阀,放泄阀
はきだしまど 【掃出窓】 扫除窗,扫出窗
はきだしりょう 【吐出量】 discharge 流出量,排出量

はきつけかべ 【掃付壁】 甩手抹灰饰面的墙

はきつけしあげ 【掃付仕上】 甩毛抹灰饰面

はきつけぬり 【掃付塗】 甩毛抹灰

はきみずぐち 【吐水口】 outfall 排水口

バキューム vacuum 真空,真空管,真空的

バキューム・カー vacuum car 卫生车,真空清洁车

バキューム・クリーナー vacuum cleaner 真空除尘器,真空吸尘器

バキューム・コンクリート vacuum concrete 真空作业混凝土

バキューム・ドライヤー vacuum drier 真空干燥器

バキューム・パッド vacuum pad 真空垫

バキューム・ブレーカー vacuum breaker (破坏真空)逆流防止器

バキューム・ポンプ vacuum pump 真空泵

バキューム・マノメーター vacuum manometer 真空压力计

はぎるい 【萩類】 Lespedeza sp.[拉], lespedeza, Bushclover[英] 胡枝子属

パーキング parking 停车

パギング pugging 隔声层

パーキング・エリア parking area 停车区,停车场地

パーキング・スイッチ perking switch 快动开关,速断开关

パーキング・スペス parking space 停车空地,停车广场

パーキング・タワー parking tower 塔型立体停车场,停车塔,多层停车场

パーキング・ビル parking building 停车用建筑物,车库

パーキング・ブレーキ parking brake 停车制动,停车制动器,刹车

パーキング・メーター parking meter 汽车停放计时器,汽车停放收费器

パーク park 公园,停车场

はくあ 【白亜·白堊】 whiting, chalk 白垩,大白粉

はくあえんペイント 【白亜鉛~】 white zinc paint 白锌漆

はくあか 【白亜化】 chalking 粉化,白垩化,(油漆)打粉底

はくあし 【白亜紙】 白垩纸

パーク・アベニュー park avenue 花园路,花园大道

パーク・アンド・ライド park and ride 途中存车换乘火车交通的方式

パークウェイ parkway 公园道路,风景区干道(除卡车以外汽车的专用道路)

はくうんせき 【白雲石】 dolomite 白云石

はくうんも 【白雲母】 muscovite 白云母

はくえん 【白鉛】 white lead 白铅,铅白

はくえんペイント 【白鉛~】 white lead paint 白铅(厚)漆,白铅油

はくおうどう 【白黄銅】 solder 锌铜合金,白黄铜,铜焊料

はくおし 【箔押】 putting leaf 贴金,贴金属箔

はくしょくがんりょう 【白色顔料】 white pigment 白色颜料

はくしょくけいこうとう 【白色螢光灯】 white fluorescent lamp 白色荧光灯

はくしょくざつおん 【白色雑音】 white noise 白噪声

はくしょくセメント 【白色~】 white cement 白水泥

はくしょくノイズ 【白色~】 white noise 白噪声,频谱连续均匀的噪声

はくしょくポルトランド・セメント 【白色~】 white Portland cement 白色硅酸盐水泥

はくしょっこう 【白色光】 white radiation 白光

はくしん 【白心】 flame core 焰心,白色焰心

はくせき 【博脊】 博脊

ばくせきさんせっくつ 【麦積山石窟】 (中国甘肃)麦积山石窟

はくせん 【白銑】 white pig iron 白生铁,白铣铁,白口铁

はくそう 【白霜】 hoar-frost 白霜

はくそうクロマトグラフィー 【薄層~】 thin-layer chromatography 薄色层分离

法,薄层色谱法
はくそうほそう 【薄層舗装】 thin surfacing,carpet-coat 薄层路面
はぐち 【刃口】 cutting edge (井筒或沉箱的)刃口,刃脚
はぐち 【羽口·歯口】 石墙斜面,堤坝坡面
はくちゅうてつ 【白鋳鉄】 white cast iron 白口铸铁,白口铁
バクテリア bacteria 细菌
バクテリアおせん 【~汚染】 bacterial pollution 细菌污染
バクテリアしょう 【~床】 bacterial bed 细菌(滤)床
バクテリアろかき 【~濾過器】 bacteria filter 细菌过滤器,细菌滤膜
はくど 【白土】 siliceous earth,white earth 硅质白土
はくとうど 【白陶土】 kaolin 瓷土,高岭土
はくねつアークとう 【白熱~灯】 incandescent arc lamp 白炽弧光灯
はくねつこう 【白熱光】 incandescent light 白炽光
はくねつでんきゅう 【白熱電球】 incandescent bulb 白炽灯泡
はくねつとう 【白熱灯】 incandescent lamp 白炽灯
はくねつひょうじゅんき 【白熱標準器】 standard incandescent lamp (光强)标准白炽灯
はくねんど 【白粘土】 white clay,argil 白粘土,白土
ばくは 【爆破】 blasting 爆破
ばくはこう 【爆破孔】 blast hole 爆破孔,炮眼
はくばじ 【白馬寺】 (中国洛阳)白马寺
ばくはしけん 【爆破試験】 blasting test 爆破试验
ばくはつ 【爆発】 explosion 爆炸,爆发
ばくはつせいメタン·ガス 【爆発性~】 fire damp,explosive methane 爆炸性沼气(甲烷气)
ばくはつとびら 【爆発扉】 explosion profection door 防爆门
ばくはつりょく 【爆発力】 bursting strength 爆破力,爆破强度
ばくばな 【獏鼻】 貘鼻(貘鼻状木刻线脚)
ばくはぼせん 【爆破母線】 blasting fuse 起爆引线,爆破引线
はくひずみゲージ 【箔歪~】 foil strain gauge 金属箔应变计,金属箔应变片
はくひょう 【白氷】 white ice 乳白色冰
バグ·フィルター bag filter 袋滤器
ばくふう 【爆風】 blasting impulsive wave 爆炸冲击波
ばくふせんとし 【瀑布線都市】 fall line city 急流沿岸的城市
はくぶつかん 【博物館】 museum 博物馆
はくへんひょう 【薄片氷】 flake ice 薄片冰,雪片
はくほう 【博縫】 博缝板,封檐板
はくぼちたい 【薄暮地帯】 blighted (twilight) area 工厂、住宅、商店错杂的简陋街区
パグ·ミル·ミキサー pug-mill mixer 卧式叶片强制式拌和机(用于沥青、水泥混凝土的拌和),窑泥拌和机
はくもくれん 【白木蓮】 Magnolia denudata[拉],yulan magnolia[英] 玉兰,白玉兰
ばくやく 【爆薬】 blasting explosive,explosives 炸药
はくようし 【薄葉紙】 tissue paper 薄纸,薄棉纸
はくらんかい 【博覧会】 exhibition,fair,exposition 展览会,博览会
はくり 【剥離】 biological film sloughing,delamination (生物膜)剥离,剥落
はくりおうりょく 【剥離応力】 peel stress 撕裂应力,剥离应力
はくりきょうど 【剥離強度】 peel strength 撕裂强度,剥离强度
はくりざい 【剥離材】 separating material,separating compound 剥离材料,隔离材料
はくりざい 【剥離剤】 form oil,remover 模板脱离剂,脱模剂,脱模油,去漆剂
はくりしけん 【剥離試験】 stripping test 剥落试验,剥离试验
はくりはかい 【剥離破壊】 case-harden-

ing 剥离破坏
**はくりぼうしざい** 【剝離防止剤】 anti-stripping agent 防止剥落剂
**はくりん** 【白燐】 white phosphorus 白磷,黄磷
**はぐるまそうち** 【歯車装置】 gearing 齿轮装置,传动装置
**はぐるまでんどう** 【歯車伝動】 gear drive 齿轮传动
**はぐるまポンプ** 【歯車～】 gear pump 齿轮泵
**はぐるまりゅうりょうけい** 【歯車流量計】 gear flow meter 齿轮式流量计
**はくれん** 【白蓮】 silver carp 白鲢(鱼)
**はくろう** 【白鑞】 solder, soft solder 铜焊料,软钎焊料
**ばくろしけん** 【曝露試験】 exposure test 曝露试验,曝气试验
**ばくろだい** 【曝露台】 exposure test fence (油漆,涂料的)曝露试验台
**バー・クロッパー** bar cropper 钢筋切断机
**はけ** 【刷毛】 brush 刷子,漆刷,油刷
**はけいてっぱん** 【波形鉄板】 corrugated iron sheet 波纹铁板,瓦楞铁皮
**はけさばき** 【刷毛捌】 brushability 涂刷性,毛刷性能
**バゲージ・ラック** baggage rack 行李架
**バゲージ・ルーム** baggage room 行李房
**はけずり** 【羽削】 板端削薄,板端削成斜面
**バケット** bucket 铲斗,戽斗,吊桶
**パーケット** parquet (美国剧场的)正厅前座,席纹地面,镶木地板
**バケットうんぱんそうち** 【～運搬装置】 bucket carrier 斗式转运机,斗式连续运输机
**バケット・エキスカベータ** bucket excavator 斗式挖土机
**バケット・エレベーター** bucket elevator 斗式提升机
**バケットくっさくき** 【～掘削機】 bucket excavator 斗式挖掘机
**バケット・グラブ** bucket grab (挖土机的)抓斗
**バケット・コンベヤー** bucket conveyer 斗式输送机
**パーケット・サークル** parquet circle (美国剧场的)正厅后座
**バケットしきトラップ** 【～式～】 bucket trap 浮筒式凝汽阀,浮筒式隔汽具
**バケットしゅんせつせん** 【～浚渫船】 bucket dredger 斗式挖泥船
**バケット・シリンダー** bucket cylinder 铲斗油缸
**バケットせん** 【～船】 bucket dredger 斗式挖泥船
**バケット・チェーンしゅんせつき** 【～浚渫機】 bucket-and-chain dredge 链斗式挖泥机
**バケット・チップ・バック** bucket tip-back 铲斗后倾,铲斗后翻
**バケットつきてんじょうクレーン** 【～付天井～】 overhead crane with bucket 桥式抓斗起重机,带抓斗桥式吊车
**バケットつちほりき** 【～土掘機】 bucket excavator 斗式挖土机
**バケット・ドーザー** bucket dozer 斗式推土机
**バケット・ドレッジャー** bucket dredger 斗式挖泥船
**バケット・トレンチャー** bucket trencher 斗式挖沟机
**バケットべん** 【～弁】 bucket valve 活塞阀,汲水阀
**バケット・ホイール・エキスカベータ** bucket wheel excavator 斗轮挖掘机
**バケット・ポンプ** bucket pump 活塞式抽水泵,斗式唧筒
**バケット・ラダー** bucket ladder 多斗(挖泥机)框架,(挖泥船)斗架
**パーケットリ** parquetry 拼花地板,镶木细工
**バケットりゅうそくけい** 【～流速計】 bucket current-meter 叶片式流速计,斗式流速仪
**はけぬり** 【刷毛塗】 brush coating 刷涂层,刷涂
**はけびき** 【刷毛引】 brush finish 刷子拉毛饰面

はけびきしあげ 【刷毛引仕上】 brush finish 刷子拉毛饰面
はけめ 【刷毛目】 brush mark 刷痕,刷纹(漆病)
はけめぬり 【刷毛目塗】 拉毛饰面,刷痕饰面
はごいたかなもの 【羽子板金物】 strap bolt 带眼螺栓(后端为窄铁板带眼的螺栓),长平头螺栓
はごいたボルト 【羽子板～】 strap bolt 带眼螺栓,长平头螺栓
はこかいだん 【箱階段】 叠箱式楼梯,只有侧板、踏板的楼梯
はこかいへいき 【箱開閉器】 box switch 箱形开关
はこがたげた 【箱形桁】 box girder 箱形截面梁,箱形梁
はこがたこうそくけい 【箱形光束計】 box lumen meter 箱式流明计,箱式光通计
はこがたせんだんしけんき 【箱形剪断試験機】 box-shear apparatus 箱形剪力试验机
はこがただんめん 【箱形断面】 box section 箱形截面
はこがただんめんざい 【箱形断面材】 box section member 箱形截面构件
はこがただんめんばしら 【箱形断面柱】 box section column 箱形截面柱,箱形柱
はこがただんめんばり 【箱形断面梁】 box girder 箱形截面梁,箱形梁
はこがたばり 【箱形梁】 box beam 箱形梁
はこかなもの 【箱金物】 U-strap,strap, stirrup U形带铁,箍接铁带,箍筋
はこき 【葉扱】 strip leaves 捋叶
はこげた 【箱桁】 box girder 箱形大梁
はこげたきょう 【箱桁橋】 box girder bridge 箱形(薄壁)梁桥
はこざ 【箱座】 U形座铁
はこじゃく 【箱尺】 staff 水准尺,塔尺
はこジャッキ 【箱～】 rack and pinion jack 齿条齿轮千斤顶
はこじょう 【箱錠】 rim lock 弹簧锁
はこスパナー 【箱～】 box spanner 套筒扳手
パゴダ pagoda 塔
はこだん 【箱段】 叠箱式楼梯,只有侧板、踏板的楼梯
はこどい 【箱樋】 trough gutter,box gutter 槽形天沟,匣形天沟
はこどめ 【箱留】 割角透榫,斜接透榫
はこばしご 【箱梯子】 箱式梯子
はこばしら 【箱柱】 box column 箱形(截面)柱
はこばん 【箱番】 工地办公室
はこぼりしきくっさくほう 【箱掘式掘削法】 trench method 开槽施工法,槽式断面法,放坡挖槽施工法
はこむね 【箱棟】 box-shaped ridge 箱形脊
はこめじばりしたみ 【箱目地張下見】 lying siding 横钉露缝木板墙
はこめちがい 【箱目違】 L形或U形企口接头
はこめちがいつぎ 【箱目違継】 L形或U形企口接合
はこやづち 【箱屋槌】 拔钉锤,起钉锤
パーゴラ pergola 藤架,蔓棚,凉亭
パーコレーションほう 【～法】 percolation process 渗透法,渗滤法
バザー baza(a)r 集市,义卖市场,百货商店,廉价商店
はさい 【破砕】 fracture 破裂,断裂,破碎
はさいき 【破砕機】 breaker 破碎机
はさいたい 【破砕帯】 shuttered zone, fractured zone 破碎带,破裂带
はざま 【狭間】 缝隙,垛口枪眼
はさみがたはいれつ 【鋏形配列】 scissors type (自动扶梯的)叉式布置
はさみがね 【挾金】 liner 填隙片,垫片,隔片
はさみぎ 【挾木】 track skims,skim 轨道垫木
はさみつぎ 【挾接】 splice joint 夹板接合
はさみぬき 【挾貫】 waling strip 夹板横撑,水平连杆
はさみばり 【挾梁】 coupled beam, tie

beam 抱合梁,双合梁,联系梁
はさみほうずえ 【挟方杖】 coupled knee braces 夹板斜撑,夹板对偶撑
はさむ 【挟む】 branchlet pruning 剪切小枝
バサルト basalt 玄武岩,玄武岩制品
はし 【箸】 (煅工用)火钳
はし 【端】 edges 边缘,端部
はし 【階】 台阶
はし 【橋】 bridge 桥,桥梁
はしあき 【端明】 end distance 端距
はしがたクレーン 【橋形~】 bridge crane 桥式起重机,桥式吊车
はじかみかなもの 【生薑金物】 (推拉吊门用)L形铁件
はじき 【撥】 running away, cratering (涂料)不粘着,不附着
はじきのこ 【弾鋸】 fret saw 钢丝锯
はしくりかた 【嘴繰形】 bird's beak moulding, beak moulding 鸟嘴形线脚
はしご 【梯子】 ladder 梯子
はしござい 【梯子材】 tie plate member 缀板构件,格构板构件
はしごだん 【梯子段】 simple wooden staircase 简易木楼梯
はしごどうぎ 【梯子胴木】 (砌石墙基础用)梯形模板
はしごばしら 【梯子柱】 tip plate column, lattice plate column 缀板柱,格构板柱
はしごばり 【梯子梁】 tie plate beam, lattice plate beam 缀板梁,格构板梁
はししきち 【端敷地】 edge lot, edge site 沿边建筑基地,街道端部建筑用地,三面临街建筑基地
はしばさみいし 【橋挟石】 稳桥石(在桥的两侧使桥稳定的石块)
はしばみ 【端喰】 wooden clamp, clamp rail 夹固板,固端板,板端镶木
はしばめ 【端嵌】 wooden clamp 夹固板,固端板,板端镶木
はしばめつぎ 【端嵌継】 wooden clamp connection 板端夹固镶木接合,板端镶接
はしひらがわら 【端平瓦】 檐端板瓦
パージべん 【~弁】 purge valve 清洗阀
はしまくらぎ 【橋枕木】 bridge sleeper 桥梁枕木
はしまるがわら 【端丸瓦】 檐端筒瓦
はじめ 【始】 begin 开始(算法语言中)始
パーシャル・フリューム Parshall flume 帕歇尔式测流槽
パーシャル・プレストレッシング partial prestressing 局部预应力(的)
はしゅつじょ 【派出所】 police station, police box 警察派出所
ばじゅつばば 【馬術馬場】 riding ground 大型跑马场,赛马场
パージ・ユニット purge unit (不冷凝气体的)清除装置,排气器
ばしょう 【芭蕉】 Musa Basjoo[拉], Japanese Banana[英] 芭蕉
はじょうぎ 【刃定規】 刃形抹灰靠尺
ばしょうち 【場所打】 cast-in-place 就地灌注,现场浇注,现浇
ばしょうちコンクリート 【場所打~】 cast-in-place concrete 就地灌注混凝土,现浇混凝土
ばしょうちコンクリートぐい 【場所打~杭】 cast-in-place concrete pile 现场浇注混凝土桩,就地灌注桩
ばしょづめぐい 【場所詰杭】 cast-in-place pile 现场浇注混凝土桩,就地灌注桩
はしら 【柱】 column, post, pillar 柱,支柱,墩
はしらいし 【柱石】 柱础,柱磉
はしらがた 【柱形】 pilaster 壁柱
はしらがたしょうかせん 【柱形消火栓】 post hydrant 柱式消火栓
はしらがたほうねつき 【柱型放熱器】 column radiator 柱式散热器
はしらクレーン 【柱~】 pillar crane 柱式动臂起重机,柱上转臂起重机
はしらしん 【柱心·柱真】 column center 柱中心
はしらづえ 【柱杖】 (木工用)足尺样板,足尺杆
はしらデリック 【柱~】 pole derrick 桅杆,拔杆,把杆,扒杆

はしらぬき 【柱貫】 柱顶横穿板
はしらま 【柱間】 bay, column spacing 柱距,柱间距
はしらよせ 【柱寄】 门旁小柱
はしらリスト 【柱～】 column list 柱截面表
はしらわり 【柱割】 column arrangement, column spacing 柱网布置,柱子布置,柱距分配
バシリカ basilica (古罗马集会或审判用)长方形大会堂,巴雪利卡(长方形教堂)
バシリカがたきょうかいどう 【～型教会堂】 basilican church 长方形教堂
バシリカ・パラディアーナ Basilica Palladiana[意] (1549年意大利维琴察)帕拉第奥的巴雪利卡(长方形厅堂)
バシリカン・チャーチ basilican church 长方形教堂
はしりそくど 【走速度】 traveling speed 移动速度
はしりみち 【走道】 runway 滑道,吊车道
はしろう 【橋廊】 corridor bridge 廊桥,有廊桥
バス bus 公共汽车
バス bath 浴池,浴盆,洗澡盆
バース Bath 巴斯(英国西南部古代城市)
バース berth 车位,泊位,停泊处
パス pass, run 焊道
パス path 小路,人行道,路线,通路,轨迹
バズおん 【～音】 buzz 蜂音
はすかし 【葉透】 leaf thinning 摘去部分老叶
バスク basque 炉缸内衬
バスケット・キャピタル basket capital 花蓝状柱头
バスケット・コート basketball court 篮球场
バスケットボールきょうぎじょう 【～競技場】 basketball court 篮球场
バス・コック bath cock 浴用龙头
バス・コントロール bass control 低音控制
バスしゃせん 【～車線】 bus lane 公共汽车道
パスじゅんじょ 【～順序】 pass sequence 多道焊接操作顺序
バスすいせん 【～水栓】 bath faucet 浴池水龙头
バズ・ソー buzz saw 圆(盘)锯
バスダクト bus duct 母线管道
パスタス pastas[希] (古希腊住宅中的)细长内廊,敞廊
バスタード bastard 坚硬巨砾,硬石,坚石
バス・タブ bath tub 浴盆
バス・ターミナル bus terminal 公共汽车终点站,公共汽车中转站
はすづか 【斜束】 knee brace 斜撑,隅撑,角撑
バスていしゃたい 【～停車帯】 bus bay 公共汽车停车(地)带
パステル pastel 色粉笔,中间色
パステル・カラー pastel colour 中间色
バスト bust 半身像
バス・トレーラ bus trailer 公共汽车拖车
はすのず 【斜の図】 oblique projection 斜轴测投影,三向图
バスハウス bathhouse 公共浴室
ハスプ hasp 搭扣,钩
パースペクティブ perspective, perspective drawing 透视,透视图
はずみ 【弾】 resilience 弹跳,弹回,弹力
はずみぐるま 【弾車】 fly wheel 飞轮,惯性轮
バスゆうせんしゃせん 【～優先車線】 bus priority lane 公共汽车优先车道
バス・ルーム bath room 浴室,澡堂
はぜ 【鈎】 seam 咬口,折叠
はぜつぎ 【鈎継】 seam (金属板端的)咬口,接缝,叠缝
ハゼル hazel 榛木
はせん 【派川】 branch river 支流
はせん 【破線】 short dasbed line, broken line 虚线
パーセンテージ percentage 百分比,百分率
パーセンテージ・ディスターバンス percentage disturbance 受扰百分率
パーセント percent 百分比(%)

はそく【波速】 wave velocity 波速
パーソナル・イメージ personal image 个人映象,个人印象
パーソナル・ミニコンピューター personal mini-computer 个人用微型计算机
はそん【破損】 breakage,failure 损坏,破坏,破损,破裂
パーソン・トリップ person trip 行人行程,个人出行
パーソン・トリップちょうさ【~調査】 person trip survey 行人行程调查,个人出行调查
はだ【肌】 surface 表面,表面色调
ばた【端太】 batter 模板的横竖枋撑
はだあわせ【肌合】 两材面密接
はだいろ【肌色】 skin colour 肤色
はだおち【肌落】 spalling 表层塌落
はだかアークようせつぼう【裸~溶接棒】 bare electrode 光焊条,裸焊条,无药焊条
はだかいしがき【裸石垣】 无护城濠的石寨墙
はだかかし【裸貸】 lease without fixtures 不带装修和设施的出租房屋
ばたかく【端太角】 支撑模板的方木
はだかじろ【裸城】 没有城楼和城墙的城
はだかどうせん【裸銅線】 bare copper wire 裸铜线
はたがね【端金】 端部夹紧铁件,(木构件)端部饰铁
はだかのユニット【裸の~】 exposed unit 露明组件,露明元件
はだかばしら【裸柱】 exposed post, bearing post 露明柱,承重柱
はだかようせつぼう【裸溶接棒】 bare electrode 裸焊条,无药焊条
はだかワイヤーでんきょく【裸~電極】 bare wire electrode (弧焊的)裸线电极
はたごや【旅籠屋】 旅舍,旅店
ばたざい【端太材】 batter 模板用枋材
はたちかんがい【畑地灌漑】 upland farm irrigation 旱田灌溉
はだとり【肌取】 除覆土层
バタフライ・スロットルべん【~弁】 butterfly throttle valve 蝶形节流阀
バタフライ・ダンパー butterfly damper 蝶形气流调节器
バタフライ・テーブル butterfly table 蝶形折叠桌(折叠部分为半圆形桌板)
バタフライ・バルブ butterfly valve 蝶形阀
バタフライべん【~弁】 butterfly valve 蝶形阀,蝶阀
バタフライやね【~屋根】 butterfly shaped roof 蝶形屋顶,V形屋顶
はだめ【肌目】 grain,texture 纹理,结构
はだやき【肌焼】 superficial charring (木料)表面碳化
はだわかれ【肌分】 接合面分离,脱落,剥离
はだわれ【肌割】 surface crack 表面裂纹,表面裂缝
はだん【破断】 rupture,fracture 破裂,破坏,断裂
パターン pattern 型,模,型板,花样,图案,图形
はだんおうりょく【破断応力】 breaking stress 断裂应力,破坏应力
パターン・ステイン pattern stain 污斑,污纹,污点
はだんせん【破断線】 breakline,broken-section line 折断线,断裂线
パターンにんしき【~認識】 pattern recognition 图形识别(对两个不同图形具有识别的能力)
パターンほうこう【~方向】 pattern direction 模式方向,可行方向
はだんめん【破断面】 broken-out section,broken-section 局部剖面,剖切面
はち【鉢】 pot 盆,钵
ばち【撥】 不平行
はちあげ【鉢上】 potting 盆栽,上盆
パーチェス purchase 滑轮组,(杠杆的)支点,起重装置
パチオ patio (西班牙建筑的)内院,庭院,天井,(和房屋连接的)室外就餐处
はちかえ【鉢替】 repotting 换盆
はちがたうち【八形打】 standard rail-spiking 道钉标准打法,道钉八字形打法
はちく【淡竹】 淡竹

はちすのざ 【蓮の座】 莲花座
パチナ patina (金属或矿物)氧化表层,(青铜)绿锈
はちのす 【蜂の巣】 cast iron swage block,honeycomb (锻工用)多孔铁砧,多孔锻台,铸铁型模,铸铁型砧,蜂窝状,多孔层
はちのすこうぞう 【蜂の巣構造】 honeycomb structure 蜂窝状结构,多孔层状构造
はちのすじょうしん 【蜂の巣状心】 honeycomb core 蜂窝状芯材,蜂窝状夹层
はちのすしんごうはん 【蜂の巣心合板】 honeycomb core plywood 蜂窝夹芯胶合板
はちのすばり 【蜂の巣梁】 honeycomb beam,castellated beam (工字钢切割后对焊成的)蜂窝形空腹梁,蜂窝梁
はちのすほうねつき 【蜂の巣放熱器】 honey-comb radiator 蜂窝式散热器
はちまき 【鉢巻】 roll up the bowl ,balled tree (移植树木时)根土球捆扎包装
はちめんたいすいちょくおうりょく 【八面体垂直応力】 octahedral normal stress 八面体垂直应力,八面体法向应力
はちめんたいすいちょくひずみ 【八面体垂直歪】 octahedral linear strain 八面体垂直应变,八面体线性应变
はちめんたいせんだんおうりょく 【八面体剪断応力】 octahedral shearing stress 八面体剪切应力
はちめんたいせんだんひずみ 【八面体剪断歪】 octahedral shearing strain 八面体剪切应变
はちもの 【鉢物】 potted plant 盆栽植物
バーチュアル・メモリー virtual memory 假想存贮
はちよう 【八葉】 octofoil 八瓣形
はちょう 【波長】 wave length 波长
はちょう 【波頂】 wave crest 波峰
はちょうたい 【波長帯】 wave band 波段
はちょうていすう 【波長定数】 wave length constant 波长常数(设波长为λ,$K=2\pi/\lambda$)

はついくそがい 【発育阻害】 growth inhibition 阻碍发育,抑制生长
はつえんしんごう 【発煙信号】 fusee signal 发烟信号,火管信号
はつえんりょう 【発煙量】 smoking value 冒烟量,发烟量
はつが 【発芽】 germination 发芽
はっか 【白化】 blush(ing) (涂料表层的)白雾,白霜
はっか 【白華】 efflorescence 泛白,起霜,凝霜,渗斑,白华
はっか 【発火】 ignition 起火,发火
ハッカー hooker 绑扎钢筋钩子
バッカー backer 背衬,背衬材料
パッカー packer (灌浆管和钻孔间的)封口密垫,(岩壁锚孔灌浆用的)填塞器
ばっかい 【伐開】 clearing and grubbing 清除地面障碍物
はっかおんど 【発火温度】 ignition temperature 发火温度,着火温度
はっかくとう 【八角塔】 八角塔
はっかけ (木结构建筑物中)墙角柱的半露明做法
はっかてん 【発火点】 ignition point, fire point 着火点,燃点,发火点
はっかんいき 【発汗域】 zone of evaporative regulation 发汗温度调节区
はつがんぶっしつ 【発癌物質】 carcinogen 致癌物质
ばっき 【曝気】 aeration 曝气
ばっきかん 【曝気管】 aerator pipe 曝气管
ばっきじかん 【曝気時間】 aeration period 曝气时间
ばっきしきラグーン 【曝気式~】 aerated lagoon 曝气塘,曝气湖
ばっきそう 【曝気槽】 aeration tank 曝气池
ばっきそうち 【曝気装置】 aerator 曝气器,曝气装置
ばっきとう 【曝気塔】 aeration tower 曝气塔
ばっきほう 【曝気法】 aeration 曝气法
はっきゃくもん=やつあしもん
パッキン packing 填(充)料,衬垫,填密

材料,包装
**ばっきんかんすう** 【罰金関数】 penalty function 补偿函数,罚函数
**ばっきんかんすうほう** 【罰金関数法】 penalty-function method 补偿函数法,罚函数法
**バッキング** backing 背衬,衬板,底,垫,后部,反向,后退;回填土,支撑,填料
**バッキング=バッキン**
**バッキンけいすう** 【~係数】 packing coefficient 密封系数
**はっきんコバルトほう** 【白金~法】 platinum-cobalt method 铂钴(测定水的色度)比色法
**バッキンざいりょう** 【~材料】 packing material 填密材料,填(充)料
**バッキン・シールざいりょう** 【~材料】 packing seal material 填密材料
**はっきんだくどけい** 【白金濁度計】 platinum-wire turbidimeter 铂丝浊度计
**はっきん-はっきんロジウム** 【白金-白金~】 platinum-platinum rhodium (热电偶温度计的)铂-铂铑(感温元件)
**バッキン・フェルト** packing felt 毡垫,毡衬
**バッキン・リング** packing ring 密封环,密封圈,填密环,胀圈
**バッキン・レザー** packing leather 填密皮革,皮衬
**バッキン・ワッシャー** packing washer 密封垫圈
**バッグ** pug 可塑土,泥料,捣泥,拌泥,捏泥
**バック・アップざい** 【~材】 back-up material 填衬材料,填充材料
**バック・ウェルディング** back welding 封底焊,背焊
**バック・ウォーシング** back washing 反冲洗
**バック・ウォーター** back-water 壅水,回水
**バック・カレント** back current 反向电流
**バックグラウンド** background 背景
**バックグラウンド・プロジェクション** background projection 背景投影
**バックグラウンドほうしゃせん** 【~放射線】 background radiation 本底辐射
**バックステー** backstay 后拉索,后拉缆,后拉杆,背撑
**バックステージ** backstage 后台
**バック・ステップほう** 【~法】 back-step sequence (焊接)后退法,分段后向法,分段退焊法
**バック・ステップようせつ** 【~溶接】 back-step welding 后退焊接,分段退焊
**バック・ソー** back saw 手锯,弓锯
**バックつきせんめんき** 【~付洗面器】 lavatory with backplate 带后挡板的洗脸盆
**バックつきそうじようながし** 【~付掃除用流】 slop sink with backplate 带后挡板的污洗池
**バック・ディガー** back digger 反铲,反铲挖掘机
**バッグ・トラップ** bag trap 袋形存水弯
**バック・ハウス** pack-house 仓库,堆栈,包装加工厂
**バック・ハンド・ウェルディング** back-hand welding 反手焊接,右向焊
**バック・ファイア** back fire 逆火,反燃,回火
**バックフィラー** backfiller 覆土机
**バック・フィルター** bag filter 袋式过滤器,袋滤器
**バック・プレッシャー** back pressure 回压(力),背压(力),反压(力)
**バック・プレッシャーべん** 【~弁】 back pressure valve 止回阀,逆止阀
**バック・フロー** back flow 逆流
**バック・フローぼうしき** 【~防止器】 back flow preventor 逆流防止器
**バック・ホウ** back hoe(shovel) 反向铲,反铲铲土机
**バック・ホウ・ショベル** back hoe shovel 反铲挖土机
**バック・ホウ・バケット** back hoe bucket 反铲铲斗
**バック・ボード** back board 背板,后挡板

バッグ・モールディング (rubber)bag moulding (橡皮)袋成型,袋模塑
バック・ヤード backyard 后院
バック・ライト back light 背光照明,后照光(电影摄像照明)
バック・ラン back run 背面焊缝,封底焊缝,反转,逆行
バックリング buckling 压曲,屈曲,纵向弯曲,纵力弯曲,皱折
バックル・プレート buckle plate 凹凸板,皱纹板
ハックレー・ガン Hacklay gun 黑克勒式混凝土喷枪
パックレスしんしゅくつぎて 【~伸縮継手】 packless expansion joint 无密封垫伸缩接头
パックレスべん 【~弁】 packless valve 无填料阀,非密封阀
パックレスほうねつきべん 【~放熱器弁】 packless radiator valve 无填料(无密封)散热器阀
パッケージ package 包装,外壳,密封装置,组件,(标准)部件,产品的容器
パッケージがた 【~型】 package type 密封式,封装式,包装式
パッケージがたくうきちょうわき 【~型空気調和器】 packaged air conditioner 成套空调机组
パッケージがたそうち 【~型装置】 packaged equipment 成套装置
パッケージ・コンベヤー package conveyor (包裹防滑用)槽面输送机,包装输送机
パッケージ・ディールけいやく 【~契約】 package deal contract 整批交易合同,一揽子交易合同
はっこう 【発酵】 fermentation 发酵
はっこうこうぎょうはいすい 【発酵工業廃水】 waste water from fermentation industries 发酵工业废水
はっこうこうりつ 【発光効率】 luminescence efficiency 发光效率
はっこうしつ 【発酵室】 fermenting room 发酵室
はっこうしょり 【発酵処理】 fermentation 发酵处理
はっこうスペクトル 【発光~】 luminous spectrum 发光光谱,可见光谱
はっこうそう 【発酵槽】 fermentation tank 发酵池
はっこうたい 【発光体】 illuminant,luminous body 发光体
はっこうタンク 【発酵~】 fermenting tank 发酵池
はっこうてん 【発光点】 luminous point 发光点
はっこうてんじょう 【発光天井】 luminous ceiling 发光平顶,发光顶棚
はっこうとりょう 【発光塗料】 luminous paint 夜光涂料,发光漆
はっこうにゅうとう 【発酵乳糖】 fermenting lactose 发酵乳糖
はっこうぶんこうぶんせき 【発光分光分析】 emission spectro-analysis 发射光谱分析
はっこうりつ 【発光率】 luminous efficiency 发光效率
はっこんりょく 【発根力】 rooting ability 根的生长能力
バッサイのアポロンしんでん 【~の~神殿】 Temple of Apollo Epicurius,Bassai (公元前5世纪古希腊)巴赛的阿波罗神庙
はっさん 【発散】 divergence 发散
はっさんさよう 【発散作用】 transpiration 发散作用,蒸腾作用
はっしゅうげんのみっぺい 【発臭源の密閉】 odour tight 臭气源密封
はっしゅうせいぶつ 【発臭生物】 odour producing organism 发臭生物
はっしゅうぶっしつ 【発臭物質】 odour generating materials 发臭物质
はっしょう 【発錆】 rust,rusting 生锈
はつじょうてんてつき 【発条転轍器】 spring points,spring switch 弹簧转辙器
はっしょくだん 【発色団】 chromophore 发色团
はっしんき 【発振器】 oscillator 振荡器
はっしんたてこう 【発進立坑】 departure shaft (盾构顶进)初始工作坑

**はっすいかこう**【発水加工】water-repellent finish 防水加工,防水整理
**はっせいきのさんそ**【発生機の酸素】nascent oxygen 新生氧,初生(态)氧
**はっせいこうつうりょう**【発生交通量】originating traffic volume,generated traffic volume 始发交通量
**はっせいろガス**【発生炉～】producer gas 发生炉煤气
**はっせいろガスはいすい**【発生炉～廃水】producer gas scrubbing waste water 发生炉煤气废水
**パッセンジャー・カー** passenger car 轿车,小客车
**パッセンジャー・ステーション** passenger station 客运站
**はっそうしつ**【発送室】despatch room 分发室
**はっそうじょう**【発送状】dispatch bill 发送单,发货单
**はっそうほう**【発想法】idea-finding 形成概念,研讨方案,探索方案
**ハッチ** hatch,hatching 升降口,闸门,舱口,窗口画剖面线,画影线
**バッチ** batch 一批,一份,一炉,一窑,分批配料
**バッチ・アジテーター** batch agitator 分批配料搅拌机
**バッチしき**【～式】batch system 间歇式,批量式
**バッチしきアスファルト・プラント**【～式～】batching asphalt plant 分批拌和式沥青混凝土设备
**バッチしきごみやきろ**【～式芥焼炉】batch type dust destructor 分批式垃圾焚烧炉,间歇式垃圾焚烧炉
**バッチ・ミキサー** batch mixer 分批配料搅拌机,间歇式搅拌机
**バッチャー** batcher 分批箱,量斗,配料计量器,(混凝土)分批配料搅拌机
**バッチャー・プラント** batcher plant 混凝土搅拌站,分批配料装置,计量配料搅拌装置
**はっちゅうしき**【八柱式】octastyle 八柱式
**はっちゅうしゃ**【発注者】orderer,owner 订货者,发包单位,委托单位,业主
**はっちゅうず**【発注図】drawing for order 签订工程合同附上的图纸
**はっちゅうひょうじゅんこうじきんがく**【発注標準工事金額】发包工程标准造价
**ぱっちり** latch 碰锁
**ハッチング** hatching,section lining 影线法,剖面线法,断面线法
**パッチング** patching (路面)补坑,修补,修理
**バッテリー** battery 蓄电池
**バッテリー・タイプ** battery type (混凝土板)成组立模制作方式
**バッテリー・プラン** battery plan 同类房间成组布置的平面
**はつでん**【発電】power generation 发电
**はつでんき**【発電機】generator,dynamo 发电机
**はつでんしつ**【発電室】generator room,power room 发电室,发电机室
**はつでんしょ**【発電所】(electric)power station,(elctric)power plant 发电厂,电站
**バット** bat 半砖,砖头,硬块,泥质页岩
**パット** pat (水泥安定性试验的)试块
**パッド** pad 衬垫,填料,垫片,垫圈,缓冲器,衰减器,底座台,法兰盘
**はっとう**【法堂】(日本寺院建筑的)经堂,法堂
**バット・ウィング・アンテナ** bat-wing antenna 蝙蝠翼天线
**バットがたほおんざい**【～型保温材】butt-type heat insulating material 厚板状隔热材料
**バット・シームていこうようせつ**【～抵抗溶接】butt seam(resistance)welding 对接缝电阻焊
**バット・シームようせつ**【～溶接】butt seam weld(ing) 对线焊,对缝焊,滚对焊
**バットつぎて**【～継手】butt joint 对接,对头连接

ハット・フレーム hat frame 帽形架构

ハットメント hutment 临时营房,临时办公室

バットようせつき 【～溶接機】 butt(resistance)welder 对焊机,对缝电阻焊机

パッドリング puddling 捣泥浆,揉捏粘土,搅炼

パッドル paddle 桨叶,叶片,闸板,踏板,搅棒

バットレス buttress 扶壁,墙垛,前扶垛,支墩

バットレスようへき 【～擁壁】 buttressed retaining wall 扶垛式挡土墙,扶壁式挡土墙

はつねつべん 【発熱弁】 heating valve 供暖阀,供热阀

はつねつりょう 【発熱量】 calorific value, calorific power, heating value 发热量,热值

はっぱ 【発破】 blasting 爆破

はっぱけいすう 【発破係数】 coefficient of blasting 爆破系数

はっぱさぎょう 【発破作業】 blasting work 爆破操作

バッハ-シューレしすうしき 【～指数式】 bach-schüle's exponential formula 巴哈-徐列指数公式

バッファー buffer 护柱,减震器,缓冲垫,消声器,阻尼器

バッブリング bubbling 起泡,冒泡,鼓泡

バッフル baffle 抑声器,反射器,遮挡墙,挡板,障板,隔流板

バッブル bubble (水准器)气泡

バッフルいた 【～板】 baffle board 阻流板,挡水板

バッフルしつ 【～室】 baffle chamber 隔板(集尘)室

バッフル・ピアー baffle pier 砥墩,消力墩

バッフル・プレート baffle plate 隔板,挡板,缓冲板

バッフル・ボード baffle board 阻流板,挡水板

はっぽう 【発泡】 foaming 发泡,冒泡,起泡

はっぽうコンクリート 【発泡～】 gas concrete 加气混凝土

はっぽうざい 【発泡剤】 foaming agent 发泡剂,起泡剂

はっぽうスチロール・コンクリート 【発泡～】 gas-forming styrol concrete 泡沫苯乙烯混凝土

はっぽうせっちゃくざい 【発泡接着剤】 foam glue 泡沫胶粘剂

はっぽうプラスチックス 【発泡～】 porous plastics 泡沫塑料

はつみ 【葉摘】 leaf picking 摘叶

はつらいしんごう 【発雷信号】 detonator, detonating cartridge, detonator signal 发爆信号

はつり 【斫】 剁斧

はつりこう 【斫工】 剁斧工,斩假石工

はつりひ 【斫費】 chipping expenses 剁斧工费

パテ putty 油灰,腻子

パティオ patio[西] (西班牙住宅的)中院

バーティカル・ドレーンこうほう 【～工法】 vertical drain method 软土地基竖向加固施工法

バーティカル・ブラインド vertical blind 竖向百页窗

バーティカル・ポンプ vertical pump 立式泵

バーティカル・ライン vertical line 铅垂线,垂直线

バーティカル・ライン vertical line 铅垂线,垂直线

パーティキュレイト・フェイズ particulate phase 微粒相

パーティキュレイト・ポリュータント particulate pollutant 微粒污染

パーティクル particle 颗粒,粒子

パーティクル・ボード particle board 木屑板,碎料板

パーティクル・ボードけしょういた 【～化粧板】 dressed particle board 饰面碎料板,刨花板

ハーディ-クロスほう 【～法】 Hardy-cross method 哈地-柯劳斯(管网计算)法

ばていけいアーチ 【馬蹄形～】 horse-

shoe arch 马蹄形拱
ばていけいだんめん 【馬蹄形断面】 horseshoe-shaped section 马蹄形截面
パーティション partition 隔墙,间壁,分隔,分割
パーティション・ウォール partition wall 隔墙,间壁
バーディー・バック birdy back 陆空联运方式
パーティング parting 道路岔口,错车道
ハーディンジがたろかそうち 【~型濾過装置】 Hardinge filter 哈丁基型自动快滤池(商)
パテかい 【~飼】 puttying 抹腻子,嵌油灰
パテづけ 【~付】 puttying 满嵌油灰(腻子)磨光
パテどめ 【~止】 face puttying, puttying 抹腻子,刮油灰
パテント patent 专利,专利权,专利品,专利的
パトー putto 裸体小儿雕像饰
パート part 部分,配件,零件,部件
はとう 【波頭】 wave front 波阵面
はどう 【波動】 wave motion 波动
ばどう 【馬道】 bridle path 马道,大车道
ハードウェア hardware 硬件,计算机部件,机器,装备,副件,元件,五金,金属器具,构件
ハード・ウォーター hard water 硬水
はどうせん 【波動線】 seismic ray (地震)波动线
ハード・オイル・パテ hard oil putty 干硬性油腻子(油质清漆掺加颜料)
ハード・コア hard core 天然岩石碎块,碎砖块,矿碴碎块,硬核
ハード・テックス hard tex 硬质纤维板
バード・バス bird-bath (庭园中的)鸟浴池
ハードパン' hardpan 硬土,坚土,硬盘,硬(土)层,硬质地层
ハートフォード・コネクション Hartford connection 哈特福德(回水管)连接法
ハートフォードれんけつほう 【~連結法】 Hartford return connection 哈特福德式(回水管)连接法
ハード・ボード hard board 硬质纤维板
ハード・ボードこうじょうはいすい 【~工場廃水】 hard board mill waste water 硬纸板厂废水,硬纤维板厂废水
ハトホルちゅうとう 【~柱頭】 Hathor-headed capital (古埃及建筑的)爱神头像柱头
バドミントンきょうぎじょう 【~競技場】 badminton court 羽毛球场
はとむね 【鳩胸】 cyma reversa 鸽胸形线脚,枭混线脚
はとめ 【鳩目】 bushing, bush 衬套,衬圈
ハード・ライム hard lime 硬化石灰
パドル・クレイ puddle-clay 夯实粘土
パドルしきエアレーション 【~式~】 paddle-wheel aeration 叶轮曝气
パドルしきばっきそう 【~式曝気槽】 paddle aeration tank 叶轮式曝气池
バー・トレーサリー bar tracery 窗头铁楞花格
ハトロンし 【~[Patronen德]紙】 kraft paper 牛皮纸
バトン batten, pipe, button (舞台上吊布景用)水平吊杆,管制吊杆,背景骨架
はな 【鼻·端】 构件端部
バーナー burner (煤气)燃烧器,灶具,灯,灯口
はなかき 【鼻掻】 混凝土漏斗口清扫,混凝土灌筑用具清扫工
はなかくし 【鼻隠】 fascia board 椽头板
はながた 【花形】 pattern 花样,图案
はながらみ 【鼻搦·花絡】 固定封檐板的板条,椽头板
はなくぎ 【花釘】 (钉头有花形装饰的)花饰钉
はなくみこ 【花組子】 花纹棂
はなぐり 【鼻繰】 (木构配件)端部的线脚
はなぐろ 【鼻黒】 顶头过火砖,黑头砖
はなくろれんが 【鼻黒煉瓦】 顶头过火砖,黑头砖
はなさし 【鼻差】 端部系结的绑绳方式
はなざま 【花狭間】 格板花心,花格板,花格气窗

バナジウム・アタック vanadium attack 钒腐蚀
はなせん 【鼻栓·端栓】（透榫的）榫头销
はなだい 【花台】 flower stand 花（盆）架，花（盆）桌
はなたれ 【鼻垂】 efflorescence 凝霜，渗斑，泛霜
はなづつみ 【鼻包】 包头板，镶端板
はなづなそうしょく 【花綱装飾】 festoon （两端挂住中间下垂的）垂花带饰，花彩
はなぬり 【花塗】 涂彩漆
はなばたけ 【花畑】 flower nursery 花圃
はなひじき 【花肘木】 刻花的栱
はなひらがわら 【端平瓦】 檐端板瓦
はなまるがわら 【端丸瓦】 檐端筒瓦
はなまるのこ 【鼻丸鋸】 圆端锯
はなみち 【花道】 花道（日本歌舞伎剧院由舞台侧通向观众席的通道），出场通道
はなむしろ 【花莚】 figured mat 花纹铺席
はなもの 【花物】 ornamental plants 装饰用植物，装饰用花木
はなもや 【鼻母屋·端母屋】 eaves purlin 檐檩
はならんま 【花欄間】 透雕花格上腰窗，透雕花格气窗
はなれ 【離】 detached chamber 与主房分开的房间，与主房相接而在构造上独立的房屋
はなれいし 【離石】 （庭园中的）独立石
はなれおち 【離落】 fall with seperate streams （庭园中瀑布的）分股跌落
バーニア vernier 游标，游尺，副尺，微调发动机
ハニカム honeycomb 蜂窝构造，蜂窝状材料，蜂窝状物，蜂窝
ハニカム・コア honeycomb core 蜂窝状夹层，蜂窝状芯材
ハニカム・コアごうはん 【～合板】 honeycomb core plywood 蜂窝夹芯胶合板
ハニカムこうぞう 【～構造】 honeycomb construction 蜂窝状构造
ハニカムごうはん 【～合板】 honeycomb plywood ,honeycomb core plywood 蜂窝夹芯胶合板
ハニカム・ビーム honeycomb beam, castellated beam （工字钢切割后对焊成的）蜂窝形空腹梁，蜂窝梁
ハニカム・ボード honeycomb board 蜂窝夹芯胶合板
ハニーサックル honeysuckle 忍冬，金银花
パニックバー panic-bar, fire exit bolts 太平门栓
バーニヤ vernier 游标，副尺，游框
はぬき 【葉抜】 leaf picking （树木的）去叶
はね 【羽根】 blade, vane, wing 叶片，刀片，翼片
ばね 【発条】 spring 弹簧，发条
ばねあげしょうかいきょう 【撥上昇開橋】 balanced lever lift bridge 平衡杠杆升降桥
はねあげど 【桔上戸】 trap door （舞台等的）地板门，活板门，活盖门，（屋顶的）活动天窗，调节风门
ばねあんぜんべん 【発条安全弁】 spring safety valve 弹簧安全阀
はねいた 【羽根板】 slat, fin, louver board 薄板条，百页板，叶片
ばねかんしょうき 【発条緩衝器】 coiled spring buffer （电梯的）弹簧缓冲器
はねぎ 【桔木】 挑檐木
はねぐるま 【羽根車】 impeller, runner 叶轮，翼轮
はねぐるまりゅうりょうけい 【羽根車流量計】 impeller flow meter, vane wheel water meter 叶轮式流量计
ばねこう 【発条鋼】 spring steel 弹簧钢
はねこうらん 【刎高欄】 昂头栏杆，翘头栏杆
ばねコンパス 【発条～】 spring(bow) compasses 弹簧小圆规
ばねざがね 【発条座金】 spring washer 弹簧垫圈
ばねじょうすう 【発条常数】 spring constant 弹簧常数
ばねすいせん 【発条水栓】 spring action cock 弹簧旋塞

はねだし 【刎出】 探头脚手板,悬挑脚手板

はねだしあしば 【桔出足場】 flying scaffold 悬空脚手架,悬挂脚手架

はねだしえん 【桔出縁】 balcony 挑阳台,眺台

はねだしさよう 【跳出作用】 (空气冲破存水弯向室内的)气流倒灌作用

はねだしだん 【桔出段】 hanging step (楼梯的)悬空踏步,悬挑踏步

はねだん 【桔段】 hanging step (楼梯的)悬空踏步,悬挑踏步

はねつきグリル 【羽根付～】 vaned grille 叶片式格栅,叶片式通风篦

ばねつきちょうばん 【発条付丁番】 spring hinge,spring butt 弹簧铰链,弹簧合页

ばねていすう 【発条定数】 spring constant 弹簧常数

ばねディバイダー 【発条～】 spring divider 弹簧分规,弹簧两脚规

ばねはハロー 【発条歯～】 spring-tooth harrow 弹齿耙(路机)

はねぶた 【刎蓋·跳蓋】 trap door (舞台等的)地板门,活板门,活盖门

はねぼうき 【羽根箒】 drafting brush 掸图刷

はねよろいいた 【羽根鎧板】 slat,fin, louver,board 薄板条,百页板

パネル panel 节间,板,格板,墙板,护墙板,镶板

パネルか 【～化】 panellization (建筑)大板化

パネルがたエア·フィルター 【～形～】 panel type air filter 平板式空气过滤器

パネル·クーリング panel cooling 辐射冷却,辐射散热

パネル·コイル panel coil 散热盘管

パネルこうぞう 【～構造】 panel construction 大板结构

パネルこうほう 【～工法】 panel construction 大型预制板材施工法

パネル·コンストラクション panel construction 大板结构

パネル·ゾーン panel zone (钢结构)梁柱联结部分的受剪区,结点区

パネル·ドア panel door (格子式)镶板门

パネル·ヒーティング panel heating 辐射采暖

パネルほうしき 【～方式】 panel system (建筑)大板结构体系

パネル·ラジエーター panel radiator 辐射式散热器

パネルわり 【～割】 panel arrangement 大板布置

ばねわがたジベル 【発条輪形～[Dübel德]】 spring-ring dowel 弹簧环销

パノラマ panorama 全景,概观,风景的全貌,全景图,(舞台的)活动画景,全景装置

はばあつぜき 【幅厚堰】 broad crested weir 宽顶堰

はばあつひ 【幅厚比】 width-thickness ratio, depth-thickness ratio 宽厚比,高厚比

はばき 【幅木】 skirting,plinth[英], base,baseboard[美] 踢脚板,踢脚线

はばきだい 【幅木台】 踢脚板底木

はばきタイル 【幅木～】 plinth tile 踢脚板瓷砖

はばきどめ 【幅木留】 plinth block 门头线墩子

はばきほうねつき 【幅木放熱器】 baseboard heater,skirting board heater 沿踢脚板铺设的散热器

はばぐい 【幅杭】 场地界桩,地界桩

はばぞり 【幅反】 cupping (木料的)干缩翘曲

はばつぎ 【幅接】 edge joint 边缘接合,边缘接缝,边接

ハバード·フィールドしけん 【～試験】 Hubbard field test 哈巴德式稳定度现场试验

はばどめ 【幅止】 (混凝土模板外张的)支撑,拉筋

はばどめきん 【幅止筋】 (防止混凝土模板外张的)联系钢筋,防弛钢筋,拉筋

はばのべ 【幅延】 总宽,全宽

はばひろフランジ 【幅広～】 wide flange 宽翼缘

はばひろフランジばしら 【幅広～柱】 wide-flange column 宽翼缘(工字钢)柱
はばり 【葉張】 (树木的)枝叶繁茂
バーバリー burberry 防水布,雨衣
パピエ・コレ papier collé[法] 图片剪贴艺术
はびき 【葉引】 leaf picking (树木的)去叶
はびしゃん 【歯びしゃん】 (石工用)花锤,凸齿锤
パービス parvis 寺院前庭,教堂前廊(建筑物前面的)天井,院子
バビット・メタル Babbitt metal 巴氏合金,轴承合金,耐磨合金
はびょう 【葉鋲】 glazier's point (镶玻璃用)三角条,扁头针
パビリオン pavilion 亭,阁,馆,尖顶帐篷
パビリオン・タイプ pavilion type 分隔式(平面布置),成组分隔式(平面布置)
パピルスちゅう 【～柱】 papyrus capital (古埃及建筑的)莎草花柱头
はびろ 【刃広】 宽刃斧,板斧,阔斧
バビロニアけんちく 【～建築】 Babylonian architecture 巴比伦建筑
バビロン Babylon 巴比伦(公元前20～3世纪古代巴比洛尼亚的首都)
はふ 【破風】 gable,barge board 山墙,山墙面,山墙封檐板
ハブ hub (轮)毂,毂盘,中轴,衬套
バフ buff 浅黄色,软皮,抛光,磨光,抛光轮,磨光轮
パブ pub(public house) 酒店,小旅馆
ハーフアクスル half-axle 半轴
はふいた 【破風板】 barge board,gable board (山墙)封檐板
バー・フィーダー bar feeder (沥青摊铺机的)铁栅供料器
ハーフ・カット half cut 半低地,半挖土地面
ハープけいしきしゃちょうきょう 【～形式斜張橋】 harp-shaped cable-stayed bridge 竖琴形斜张桥
ハーフ・サーキット half circuit (冷却盘管的)半回路方式,半通路方式
ハーフチンバー＝ハーフティンバー
ハーフティンバー half-timber(construction) (～世纪英国的)露明木骨架建筑
ハーフ・バンク half embankment 半填高(地段),半路堤,高场地
はふまど 【破風窓】 gable window 山墙窗
ばぶみ 【馬踏】 堤肩,堤边,堤顶面
バブラー bubbler 洗气瓶,水浴瓶,扩散器,起泡器,喷水饮水口
ハーフ・ラウンドたんばん 【～単板】 half round veneer (胶合板的)半圆旋切单板
はブラシかけ 【歯～掛】 tooth brush holder 牙刷架
はぶり 【歯振】 set tooth,wrest tooth 修整锯齿,掰锯齿
パブリック・スペース public space 公共空间,公共场地
パブリック・ワークス public works 市政工程
パーベ pave[法] 铺面(道路),铺装,铺砌层,路面
バヘッティング buffeting (涡流空气流促使结构物的)颤振,抖振,振动
バー・ベンター bar bender 钢筋弯曲机,弯钢筋机
パーペンティキュラー・スタイル Perpendicular style (英国晚期哥特式建筑的)垂直式
はほう 【波峰】 wave crest 波峰
はほり 【端堀】 扩槽,挖槽帮
はまぐりじゃく 【蛤尺】 oval scale 椭圆尺
はまぐりぶき 【蛤葺】 天然石板铺砌法,德国蛤蜊型铺瓦法
はまさび 【浜寂】 海水蚀石面
はますさ 【浜苆】 hemp fiber 麻刀,麻筋,麻纤维
はますな 【浜砂】 beach sand 海砂
はまにわ 【浜庭】 檐下铺砾散水坡,铺小卵石地面
パーマネント・セット permanent set 永久变形,永存变形,永久凝固,固定沉降
パーミアビリティ permeability 渗透,渗透性,渗透度,渗水性

パーミアンス permeance 磁导,磁导率,渗透,贯穿

パミス pumice 浮石,轻石

パーミタンス permittance 电容性电纳,电容

パーミッティビティ permittivity 电容率,介电常数,介电系数

パーミュター Barminutor (废水)悬浮物破碎机(商)

ハミルトンのげんり 【～の原理】 Hamilton's principle 汉弥尔登原理

バーミンガム・スタンダード Birmingham standard 伯明翰线径规,BS线规

パーム palm 棕榈树

パーム perm 渗透系数单位(美国采用格令/英尺$^2$·小时·英寸水银柱表示)

はむしかんな 【羽虫鉋】 凹圆刨

パームチット permutite 软水砂,滤水砂,人造沸石

はめ 【羽目】 wood siding,wood lining 板壁,木墙板

はめあい 【嵌合】 fit 配合,装配

はめあいほうしき 【嵌合方式】 fit system,system of fit 配合方式,装配方式

はめいし 【嵌石】 陡板石

はめいた 【羽目板】 panel board,siding board 护墙板,衬板,镶板

はめいたばり 【羽目板張】 lining, sheathing,siding 钉铺墙板,钉铺衬板

はめこみがたせんめんき 【嵌込形洗面器】 counter-top lavatory 嵌入式洗脸盆

はめこみじょう 【嵌込錠】 mortise lock 插锁,暗锁

はめごろし 【嵌殺】 fixed fittings,fixed window 固定安装,固定窗

はめごろしまど 【嵌殺窓】 fixed(sash) window 固定窗

はめざし 【葉芽挿】 leaf-bud cutting 叶芽插(花卉繁殖方法)

ハーメチック・パージ hermetic purge 密封清洗,密封净化

はめつぎ 【嵌継】 halving joint 对搭接

はめめつぎ 【嵌芽接】 chip budding 嵌芽接,嫁接

はめん 【波面】 wave surface,wave front 波面,波阵面

はめん 【破面】 surface of fracture 破裂面,断裂面,破坏面

ハーモニー harmony 和谐,调和,协调

はもの 【葉物】 foliage plant 观叶植物

はもの 【端物】 bat 半砖,砖头

はやきりげんじ 【早切現示】 early cut-off (交通信号)早断,(绿灯信号)提前切断

はやけ 【葉焼】 leaf scorch 叶烧,叶灼伤

はら 【腹】 腹,波腹,(物品的)腹部,圆木侧部,梁的凹侧

ばら 【散】 分散,散乱,散堆

パーラー parlour 客厅,起居室,会客室

パラあか 【～赤】 para red,paranitraniline red 黄光颜料红,对位红

はらいあな 【払穴】 side hole 爆破的侧壁炮眼

パライストラ palaistra[希] (古希腊的)健身房,体育场

ばらいた 【散板】 木模用窄板(厚15-20毫米,宽90-120毫米),屋面板用窄板

バライト baryte,barite 重晶石

パーライト pearlite 珠光体,珍珠岩

バライト・コンクリート baryte concrete 重晶石混凝土

ハライドとう 【～灯】 halide torch 卤化物喷灯

パーライトふきつけ 【～吹付】 pearlite spraying 喷珍珠岩,喷珍珠岩饰面

パーライト・プラスターぬり 【～塗】 pearlite plaster finish 抹珍珠岩灰浆,珍珠岩灰浆抹面

バライトふん 【～粉】 baryte(powder) 重晶石粉

パーライト・ボード pearlite board 珍珠岩板

バライト・モルタル baryte mortar 重晶石砂浆

バライト・モルタルぬり 【～塗】 baryte mortar finish 重晶石砂浆抹面(饰面)

パーライト・モルタルぬり 【～塗】 pearlite mortar finish 珍珠岩砂浆抹面(饰面)

はらう 【払う】 clear,reset 消除,清除,

回零

パラウェッジ・ルーバー parawedge louver 楔形遮光格栅辅助照明

はらおこし 【腹起】 wale, waling 横档, 横撑

はら(てっ)きん 【腹(鉄)筋】 web reinforcement 横向钢筋, 抗剪钢筋, 箍筋

はらざい 【腹材】 web member (桁架或空腹梁的)腹杆

ばらしや 【散屋】 (混凝土的)拆模工

ばらす 【散す】 拆除, 拆开, 拆(模板)

バラス=バラスト

はらずけ 【腹付】 levee widening 堤身加宽

パラスケニオン paraskenion[希] (古希腊剧场)舞台两侧耳房

バラスター baluster 栏杆(小)柱, 椅背(小)柱

バラスターばしら 【~柱】 baluster column 栏杆柱

バラスト ballast 石碴, 碎石, 道碴, 镇流器, 镇流电阻

バラストかん 【~管】 ballast tube 镇流管

バラスト・チューブ ballast tube 镇流管

ばらセメント 【散~】 bulk cement 散装水泥

パラチオン parathion 硝苯硫磷酯

はらつぎ 【腹接】 side-grafting 腹接, 侧接

バラック barrack 兵营, 营房, 临时性房屋

はらづけ 【腹付】 widening of embankment, refilling of damaged slope surface 加宽堤坝或路基, 填坡面洼坑

パラッツォ palazzo[意] 宫殿, 府邸, 大型公共建筑

パラッツォ・ヴェッキオ Palazzo Vecchio[意] (1298~1314年意大利佛罗伦萨)维奇奥宫

パラッツォ・ヴェンドラミン・カレルジ Palazzo Vendramin-Calergi[意] (1509年意大利威尼斯)温德拉敏·卡列尔基府邸

パラッツォ・ストロッツィ Palazzo Strozzi[意] (1489~1507年意大利佛罗伦萨)斯特罗奇府邸

パラッツォ・デル・テ Palazzo del Tè[意] (1525~1535年意大利曼特瓦)特离宫

パラッツォ・ドゥカーレ Palazzo Ducale[意] (意大利威尼斯)总督宫

パラッツォ・バルベリーニ Palazzo Barberini[意] (1628~1633年意大利罗马)巴尔贝里尼宫

パラッツォ・ピッティ Palazzo Pitti[意] (15~16世纪意大利佛罗伦萨)庇蒂宫

パラッツォ・ファルネーゼ Palazzo Farnese[意] (意大利)法尔尼斯宫

パラッツォ・メディチ・リッカルディ Palazzo Medici-Riccardi[意] (1444~1460年意大利佛罗伦萨)美狄奇·黎卡尔地府邸

パラッツォ・ルチェライ Palazzo Rucellai[意] (1446~1451年意大利佛罗伦萨)鲁采莱府邸

ばらづみ 【散積】 bulk, bulk loading 散装

パラディオけんちく 【~建築】 Palladio architecture (16世纪意大利)帕拉第奥式建筑

パラディオしゅぎ 【~主義】 Palladianism (16世纪意大利的)帕拉第奥主义

パラディオ・モチーフ Palladian motif 帕拉第奥式建筑处理手法

パラ・トランジット para-transit 副交通, 辅助交通

パラニトロアニリン・レッド paranitraniline red 黄光颜料红, 对位红

ばらにふとう 【ばら荷埠頭】 bulk cargo wharf 散装货物码头

パラフィン paraffin 石蜡

パラフィン・ステイン paraffin stain 石蜡染(着)色剂

パラフィンとふこう 【~塗布工】 paraffin waterproofing 涂蜡防水法, 石蜡防水法

パラフィンろう 【~蠟】 paraffin wax 石蜡

パラペット parapet 女儿墙, 护墙, 栏墙,

胸墙
パラペットとい 【～樋】 parapet gutter 压檐墙天沟,箱形檐槽
パラボラ parabola 抛物线
パラボラがたアーチ 【～型～】 parabolic arch 抛物线拱
パラボリック・アーチ parabolic arch 抛物线拱
パラボロイド paraboloid 抛物面,抛物线体
ばらまど 【薔薇窓】 rose window 玫瑰花形窗,车轮形窗
はらむ 【孕む】 swell 膨胀,鼓出,(模板)外张
パラメシウム paramecium 草履虫
パラメーター parameter 参数,参量
パラメトリックかいせき 【～解析】 parametric analysis 参量分折,参数分折
パラメトリック・プログラミング parametric programming 参量规划,参数规划
ばらるい 【薔薇類】 Rosa sp.[拉],Rose[英] 蔷薇属
パラレッド para-red 黄光颜料红,对位红
パラレル・ワイヤー parallel wire (strand) 平行钢丝绳束
バランシング・ホイル balancing wheel 均衡轮,平衡轮
バランシング・リレー balancing relay 平衡继电器
バランス balance 平衡,平均,相等,天平,秤
バランスあげさげ 【～上下】 (门窗开闭的)上下推拉平衡
バランスあげさげサッシュ 【～上下～】 counter balanced sash 平衡式上下推拉窗
バランスあげさげど 【～上下戸】 balanced door 平衡式上下推拉门
バランス・ウェイト balance weight 平衡重,均衡锤
バランス・ウェーター balance weighter 平衡重,均衡重
バランスきょう 【～橋】 balance bridge 平衡桥
バランスこうせい 【～[balance]構成】 (胶合板的)对称胶合,对称组合
バランス・サッシュ balance sash 平衡式窗扇
バランスしょうめい 【～照明】 balance lighting 窗帘箱式间接照明
バランスド・アーチ balanced arch 均衡拱
はり 【玻璃】 glass 玻璃
はり 【針】 needle 针,指针
はり 【梁】 beam,girder,joist 梁
ばり 顶撑,支撑,模板鼓出
バリアーけいしきちゅうおうぶんりたい 【～型式中央分離帯】 barrier type median 栏式中央分隔带
はりあな 【針穴】 pin hole 销孔,针孔,小孔
バリアブル・コンデンサー variable condenser 可变电容器
バリアブル・ボルテージ・コントロール varialbe voltage control 变压控制
はりあわせと 【張合戸】 veneer door 夹板门,胶合板门
パリアン・セメント Parian cement 仿云石水泥(含硼砂和石膏的水泥)
はりいしこうじ 【張石工事】 stone cladding work, stone facing work 石料镶面工程,镶石工程
はりいたてんじょう 【張板天井】 boarded ceiling 木板顶棚
はりうけ 【梁受】 template,torsel 墙中梁端垫块,梁托,承梁木
はりうけかなもの 【梁受金物】 joist hanger 梁托,搁栅吊钩
ハリウッド・ベッド Hollywood bed 好莱坞式床
バリウムちょうごうしつ 【～調合室】 barium kitchen (医院)钡餐室,调钡室
バリエーション variation 变化
はりがね 【針金】 wire 金属丝,钢丝
はりがねあみ 【針金網】 wire mesh,wire lath 金属丝网,铁丝网,钢丝网
はりがわ 【張側】 tension side,tight side 受拉侧,受拉边,受拉面
はりがわら 【張瓦】 方形粘土瓦,方形板

瓦
りぎ 【張木】 基槽模撑,基槽支撑
りき 【馬力】 horsepower 马力
りきじ 【馬力時】 horsepower hour 马力(小)时
りぎり 【針桐】 Kalopanax pictus[拉], Kalopanax[英] 刺楸
ーリキン・チェック harlequin check 方格花纹,方格斑纹
りぐるみ 【張包】 cover, covering 覆盖,遮盖,罩面,包盖,套饰
リケード barricade 障碍围栏,栅栏
リケーン hurricane 飓风,龙卷风
りこうぞう 【梁構造】 frame structure 梁式结构(连续梁和刚架的总称)
リこくりつとしょかん 【~国立図書館】 Bibliothèque Nationale, Paris[法] (1858~1868年法国)巴黎国立图书馆
はりしば 【張芝】 sodding 铺草皮,铺草坪
はりしばこう 【張芝工】 sodding 铺草皮
はりしょうじ 【玻璃障子】 玻璃槅扇,玻璃门(窗)扇
パリス・グリーン Paris green 翠绿
はりせい 【梁成】 depth of girder, depth of beam 梁高,桁高
はりだしえん 【張出縁】 balcony 挑阳台,眺台
はりだしばり 【張出梁】 overhanging beam, cantilever beam 悬臂梁,悬挑梁
はりだしぶたい 【張出舞台】 apron 前舞台,台唇
はりだしほどう 【張出歩道】 overhanging footway 悬臂式人行道
はりだしまど 【張出窓】 jut window 凸窗
はりだしもの 【張出物】 向一侧突出生长的树枝
はりつけ 【張付】 贴面,镶面,裱糊
はりつけかのうじかん 【張付可能時間】 (裱糊,镶面,贴面)粘结有效时间
はりつけかべ 【張付壁】 face-wall 贴面墙,镶面墙
はりつけごうてんじょう 【張付格天井】 裱糊格子顶棚
はりつけてんじょう 【張付天井】 裱糊顶棚,贴面顶棚
はりつけど 【張付戸】 裱糊门
はりつけわく 【張付枠】 裱糊用的骨架,糊纸框,糊布框
はりつなぎ 【梁繋】 tie beam 系梁
はりつりまきかなもの 【梁吊巻金物】 stirrup 箍铁
バリディティー・チェック validity check 确实性检查,有效的检查
はりてん 【張天】 贴面顶棚,裱糊顶棚
はりてんじょう 【張天井】 裱糊顶棚,贴面顶棚
はりてんじょういた 【張天井板】 贴面开花板
バリニオンのていり 【~の定理】 Varignon's theorem 瓦利农(计算力矩和)定理
はりね 【張根】 近地表生长的根,外露根
パリのオペラざ 【~の~座】 OpéraParis[法] (1861~1875年法国)巴黎歌剧院
はりのさいてきせっけい 【梁の最適設計】 beam optimization 梁的优化设计
はりばさみ 【梁挟】 tie beam 系梁,连系梁
はりばしら 【張柱】 贴板柱
はりぶせず 【梁伏図】 beam plan 梁布置图,梁平面图
はりま 【張間·梁間】 span 跨,跨度,房屋进深长度
はりまさ 【張柾】 直纹贴面胶合板
はりまほうこう 【梁間方向】 房屋横向,进深方向
はりものこうじ 【張物工事】 paper hanger's work 裱糊工程
はりゆか 【梁床】 double floor 木楼板层(梁上架搁栅,上铺地板)
はりゆき 【梁行】 房屋横向,进深方向
はりりろん 【梁理論】 beam theory 梁理论
はりわく 【張枠】 裱糊用的骨架,糊纸框,糊布框
バール bar 巴(压强单位,$10^6$ 达因/厘米$^2$)

バール crowbar 撬棍,铁棍
バルカナイズド・ファイバー vulcanized fiber 硬化纸板
バルキング bulking (砂的)湿胀,膨胀,隆起
バルク bulk 容积,体积,松密度,胀量,散装
バルク・デリバリー bulk delivery 散装输送,无包装输送
はるごえ【春肥】spring manuring 春季施肥
バルコニー balcony 阳台,眺台,凉台,楼座包厢
バルコニー・アクセス balcony access 眺台入口,挑廊入口式(指各室出入口开向挑外廊的布置形式)
バルコニー・フロント balcony front 剧院眺台前沿
はるざい【春材】spring wood, early wood 春材,早材
パルス pulse 脉冲,脉动,冲量,跳动
パルスはんしゃほう【~反射法】pulse echo technique (超声波探伤的)脉冲反射法
パルスへんちょう【~変調】pulse modulation 脉冲调制
パルセーション・システム pulsation system 脉动系统
パルセーター Pulsator 脉冲澄清池,脉动澄清池(商)
バルセロナ・チェア Barcelona chair 镀铬钢材皮垫椅,巴塞罗纳式椅子
バルセロナばんこくはくらんかいドイツかん【~万国博覧会~館】German Pavilion at the International Exhibition at Barcelona (1929年西班牙)巴塞罗纳国际展览会德国馆
はるその【春園】spring garden 春景园
バルダッキーノ baldacchino[意], baldachin[英] (教堂的)龛室,祭坛华盖,墓华盖
パルテノン Parthenon[希] (古希腊雅典)帕提侬神庙
パルピット pulpit 控制台,操纵台,控制室,操纵室,
パール・ビーディング pearl beading 串珠饰,联珠饰
パルビ・ミキサー pulvi-mixer 粉碎搅拌机
パルビン pulvin 拱脚垫块(拜占廷建筑拱脚与柱头之间的倒台形石块)
バルブ bulb 电灯泡,真空管
バルブ valve 阀,阀门,活门
パルプ pulp 纸浆,木浆,纸粕
バルブ・アングル bulb angle 圆头角钢,圆趾角钢
パルプ・セメントいた【~板】pulp cement board 纸浆水泥板
パルプはいえき【~廃液】pulp mill waste water 纸浆废水
バルブレス・フィルター valveless filter 无阀滤池
バールベック Baalbek 巴尔贝克(古罗马在黎巴嫩的殖民城市)
パルマ・ノヴァ Palma, Nova 帕尔玛诺瓦(1593年建设的意大利威尼斯东北的城市
パルメット palmette[法] 棕叶饰
バルール valeur[法], value[英] (色彩的)明度
バルーンこうぞう【~構造】balloon framed construction (19世纪中期美国的)轻捷木骨架构造
バルーンこうほう【~構法】balloon construction method 轻捷构造法(19世纪美国的一种木建筑构造)
はれ【晴】fine 晴天
パレ palais[法], palace[英] 宫殿,府邸,大型公共建筑
バレー・コート volley(ball) court 排球场
はれつあつ【破裂圧】bursting pressure 爆破压力
はれつあんぜんべん【破裂安全弁】bursting disc 事故安全阀,紧急安全阀
はれつえんばん【破裂円板】rupture disk (释放压力用)断裂圆板
はれつしけん【破裂試験】bursting test 爆破试验,炸裂试验
パレット pallet, palette 草垫,抹子,调色

板,制模板集装箱,运送板架,制模板

パレット・コンベヤー pallet conveyer 板架式输送机,集装箱输送机

パレットゆそう 【～輸送】 pallet service 集装箱运输,集装托板运输

バレーボールきょうぎじょう 【～競技場】 volleyball court 排球场

バレリナ・チェック ballerina check 交替斜线格纹,斜交方形花纹

バレル barrel 圆筒,筒形物,桶(容积单位:1美桶＝31.5加仑,1英桶＝4.9英制加仑)

ハレンキルヘ Hallenkirche[德] 大厅式教堂

ハロー harrow 耙路机,路耙

はろう 【波浪】 wave 波浪

ハーロウ Harlow 哈罗(1947年起建设的英国伦敦东北的新城镇)

ハロゲン halogen 卤素

ハロゲンかぶつしょうかき 【～化物消火器】 halogenated extinguisher 卤化烷灭火器

ハロゲンかぶつしょうかせつび 【～化物消火設備】 halogenated extinguishing system 卤化烷灭火设备

ハロゲンでんきゅう 【～電球】 halogen lamp 卤素灯

ハロゲンろうえいけんちき 【～漏洩検知器】 halogen leak locator 漏卤(素)探测器

バロック・スタイル baroque style 巴洛克建筑形式

バロックていえん 【～庭園】 Baroque garden 巴洛克式庭园

バロックようしき 【～様式】 Baroque style 巴洛克式(建筑)

パロドス parodos[希] (古希腊剧场舞台和观众席之间的)侧廊,过道

バロメーター barometer 气压计,晴雨计

バローン・タイア balloon tire 低压轮胎

バローン・タイア・ホイール balloon-tire wheel 低压胎轮

パワー power 功率,电源,动力,能量,幂

パワー・インプット・シャフト power input shaft 动力输入轴

パワー・コンサンプション power consumption 动力消耗

パワー・シャフト power shaft 动力轴,传动轴

パワー・ショベル power shovel 动力铲

パワー・シリンダー power cylinder 动力油缸

パワー・スティーリング power steering 动力转向装置,液压转向装置

パワー・スペクトル power spectrum (抗震结构的)功率谱,能量谱

パワー・テイク・オフ power take-off 动力输出(轴),功率输出端

パワー・テイク・オフ・シャフト power take-off shaft 动力输出轴

パワー・ドライブ・システム power drive system 动力(电力)传动系统

パワー・ドライブ・シャフト power drive shaft 动力传动轴

パワー・トランスミッション power transmission 动力(电力)输送

パワー・トレイン power train 动力传动系

パワー・トレンチャー power trencher 机动挖沟机,动力牵引挖沟机

パワー・パック power pack 动力组件,动力装置

パワー・バーフほう 【～法】 Bower-Barff process (钢材防蚀的)鲍威尔-巴夫法

パワー・ヒューズ power fuse 电力熔丝,电力保险丝

パワー・ファクター power factor(PF) 功率因数

パワー・ポンプ power pump 动力泵

パワー・ユニット power unit 电源设备,功率单位,能量单位,执行机构,动力设备,机械装置

パワー・ライン power line 输电(电力、电源)线

パワー・レベル power level 功率级

パワー・ローダー・ミキサー power loader,mixer 机动装料斗式搅拌机,机械上料式搅拌机

ばん 【板】 plate 板,钢板

ばん 【版】 slab 板
ばん 【盤】 plank 特厚宽板(厚3厘米以上)
バーン barn 农仓,畜棚,车库
パン pan 盘,槽,底座,垫木
はんあしがため 【半足固·半足堅】 半嵌flash固木
はんい 【反位】 reversed position, inverted position (道岔)反位,倒镜
はんえんアーチ 【半円~】 semi-circular arch 半圆拱
はんえんせりもち 【半円迫持】 semi-circulae arch 半圆拱
はんえんちゅう 【半円柱】 semi-circular column 半圆柱
はんえんとうボールト 【半円筒~】 barrel vault, tunnel vault 筒形穹顶
はんおくがいしきはつでんしょ 【半屋外式発電所】 semi-outdoor type power station 半露天式发电站
ハンガー hanger 吊杆,吊架,吊钩,梁托
バンカー bunker 煤箱,燃料仓,斗仓,地下掩体
はんかい 【半壊】 half collapse 半坏,半破,半毁(受灾区建筑物部分损坏或损坏甚大,但通过大修能修复的统计指标)
はんかいかしき 【半開架式】 semi-open stack system (书库)半开架式
パンがたふきだし 【~形吹出】 pan outlet 盘形送风口
パンがたふきだしぐち 【~形吹出口】 pan type air outlet 盘形送风口
はんがとう 【半瓦当】 半圆形瓦当
バンカー・ルーム bunker room 仓库,储槽
ハンガー・レール hanger rail 滑轮吊轨
バンガロー bungalow 平房,有游廊的平房,消夏别墅
はんがん 【斑岩】 porphyry, porphyre 斑岩
はんかんすう 【汎関数】 functional 泛函(数)
はんかんせいゆ 【半乾性油】 semi-drying oil 半干性油
はんかんせつしょうめい 【半間接照明】 semi-indirect lighting, semi-indirect illumination 半间接照明
はんかんせつだんぼう 【半間接暖房】 semi-indirect heating 半间接采暖
はんかんのうしんごう 【半感応信号】 semi-traffic-actuated signal 半感应信号
はんき 【搬器】 carrier 运载器,搬运器,载具
はんきけっさん 【半期結算】 half-yearly settlement 半期结算,中期结算,半年结算
はんぎゃくほう 【半逆法】 semi-inverse method 半逆解法,半逆法
はんきゅうてんじょう 【半球天井】 cupola 半球形顶棚,藻井
はんきょう 【反響】 echo 回声
はんきょうしつ 【反響室】 echo room, live room 回声室,活跃室(混响时间较长的房间)
はんきょうしん 【反共振】 anti-resonance 反共振,反谐振,并联谐振,电流谐振
はんぎょく 【反曲】 cyma 反曲线,波状花边,波纹线脚
はんきょくせん 【反曲線】 reverse curve 反曲线
はんきょくてん 【反曲点】 inflection point, point of contraflexure 反弯点,拐点
はんきょくてんきょり 【反曲点距離】 inflection distance 反弯点距离,拐点距离
はんきょくてんたかさ 【反曲点高さ】 height of inflection point 反弯点高度
はんきれ 【半切】 半劈开(石块)
ばんきんかこう 【板金加工】 sheet metal processing 金属薄板加工,板金加工
ハンギング・ガーデン hanging garden 空中花园,悬园
ハンギング・トラス hanging truss 悬挂桁架
ハンギング・ブリッジ hanging bridge 吊桥,悬桥

はんきんこうじ 【板金工事】 sheet metal work 金属薄板工程,板金工程

バンク bunk 卧铺,座床

バンク bank (一)排,(一)系列,组合,(同一控制系统内)电梯群,气淋用喷嘴列数

バンク 混凝土从模板中流出,跑浆

はんけい 【半径】 radius,semi-diameter 半径

はんけいせきしつたいかぶつ 【半珪石質耐火物】 semi-siliceous refractories 半硅质耐火材料

はんけいせきれんが 【半珪石煉瓦】 semi-silica brick 半硅砖

はんけいほうこうおうりょく 【半径方向応力】 radial stress 径向应力

はんけいほうこうおうりょくど 【半径方向応力度】 radial unit stress 径向应力

はんけいほうこうへんい 【半径方向変位】 radial displacement 径向位移

ばんげた 【板桁】 plate girder 板大梁,板梁

バンケット・ホール banquet hall 宴会厅

はんげんき 【半減期】 half-life 放射性元素量半衰期,声能半衰期

はんこうかかんそう 【半硬化乾燥】 semi-hard drying (涂层的)半硬化干燥

はんこうきょくせん 【反向曲線】 reverse curve,S-curve 反向曲线

はんこうきょくせんせつぞくてん 【反向曲線接続点】 point of reverse curve (PRC),point of S-curve 反向曲线连接点

はんこうこう 【半硬鋼】 half hard steel 中碳结构钢

はんこうしつせんいばん 【半硬質繊維板】 semi-hard board 半硬质纤维板

はんごうせいさいか 【半剛性載荷】 semi-rigid loading 半刚性加载

はんごうせつ 【半剛節】 semi-rigid joint 半刚性结合,半刚性接合,半刚性连接

はんこうつうかんのうせいぎょき 【半交通感応制御機】 semitraffic-actuated controller 半车动控制器(在接近交叉口的道路上局部装检车感应器)

ばんごうど 【板剛度】 flexural rigidity of plate 板刚度,板抗弯钢度

はんこうばい 【半勾配】 半坡度(锥度角的1/2)

はんこうらん 【半高欄】 构造简单的栏杆

はんこてい 【半固定】 half-restrained 半固定,半约束

はんころび 【半転】 柱的上部接照柱径一半倾斜

パン・コンベヤー pan conveyer 平板输送机,盘式输送机

ばんざい 【晩材】 summer wood,autumn wood 晚材,夏材,秋材

ばんざくつけいすう 【板座屈係数】 factor of plate buckling 板压曲系数,板屈曲系数

はんし 【反視】 backward sight 后视

はんしあげボルト 【半仕上~】 half burnished bolt 半磨光螺栓,半抛光螺栓

はんじき 【半磁器】 semi-porcelain 半瓷器

はんじきしつタイル 【半磁器質~】 semi-porcelain tile 半瓷质瓷砖

はんしっしきほう 【半湿式法】 semi-dry process (水泥生产的)半湿式法

はんじどうアークようせつ 【半自動~溶接】 semi-automatic arc welding 半自动焊,半自动电弧焊接

はんじどうけいりょうそうち 【半自動計量装置】 semi-automatic weigh batcher 半自动计量设备,半自动投配设备

はんじどうようせつ 【半自動溶接】 semi-automatic welding 半自动焊接

はんしほうこうかく 【反視方向角】 reverse direction angle 反方向角

はんしゃ 【反射】 reflection 反射

はんしゃおん 【反射音】 reflected sound 反射声

はんしゃかく 【反射角】 angle of reflection 反射角

はんしゃがさ 【反射笠】 reflector 反射罩

はんしゃがたけいこうランプ 【反射型螢

光～】 reflector type fluorescent lamp 反射式荧光灯
はんしゃがたでんきゅう 【反射型電球】 reflector lamp 反光灯,反射灯
はんしゃグレア 【反射～】 reflected glare 反射眩光
はんしゃけいすう 【反射係数】 coefficient of reflection 反射系数
はんしゃこう 【反射光】 reflected light 反射光
はんしゃこうそく 【反射光束】 reflected luminous flux 反射光通量
はんしゃさら 【反射皿】 bowl 碗状灯罩
はんしゃしきどうちゅう 【反射式導柱】 reflector marker post 反射式引导路标,反光路标杆
はんしゃじったいきょう 【反射実体鏡】 reflection stereoscope, mirror stereoscope 立体反光镜
はんしゃしょうど 【反射照度】 reflected illumination, illumination by reflected light 反射光照度
はんしゃだんねつ 【反射断熱】 reflective heat insulation 反射绝热
はんしゃちゅうこうりつ 【反射昼光率】 reflected daylight factor 反射日光系数
はんしゃどうろびょう 【反射道路鋲】 reflecting stud, reflector button 反光路钮,反射路钮
はんしゃとりょう 【反射塗料】 reflectorized paint 反光性涂料(油漆),反光漆
はんしゃのほうそく 【反射の法則】 law of reflection 反射定律
はんしゃびょう 【反射鋲】 reflector button, reflecting stud (交通标线用)反光路钮,反射路钮
はんしゃひょうしき 【反射標識】 reflector sign 反光标志,反射标志
はんしゃめん 【反射面】 reflecting surface 反射面
はんしゃゆうどうひょう 【反射誘導標】 reflector marker post 反射式引导路标,反光路标杆
はんしゃりつ 【反射率】 reflection factor, reflectance 反射率,反射系数
はんしゃりつけい 【反射率計】 reflectometer 反射系数仪,反光计
はんじゅうりょくしききょうだい 【半重力式橋台】 semi-gravity type abutment 半重力式桥台
はんじゅうりょくしきようへき 【半重力式擁壁】 semi-gravity type retaining wall 半重力式挡土墙
はんしょう 【半焼】 partial loss by fire 半烧毁,局部烧毁
ばんしょう 【番匠】 (日本古代的)建筑工匠,木工
ばんじょうきゅうおんざい 【板状吸音材】 panel absorber 板状吸声材料,吸声板材
はんしょうじぶすま 【半障子襖】 上部设窗的糊纸槅扇
ばんじょうじゅうたく 【板状住宅】 slab type apartment house 板式住宅
はんじょうそしき 【斑状組織】 porphyritic texture 斑状组织
はんじょうりょくじゅ 【半常緑樹】 semi-evergreen tree 半常绿树
はんしょくりょく 【繁殖力】 fertility 繁殖力
パンション pension[法] 宿舍,公寓,寄宿学校
はんシリシャスれんが 【半～煉瓦】 semi-siliceous brick 半硅质砖
はんしんせいがん 【半深成岩】 hypabyssal rock 半深成岩,浅成岩
はんしんどうきゅうおんざい 【板振動吸音材】 panel sound absorber 板振动吸声材料,吸声板
ばんすい 【番水】 alternative water 交替用水
はんすいせっこう 【半水石膏】 plaster of Paris, hemihydrate plaster 熟石膏,烧石膏
ばんせん 【番線】 annealing wire 铁丝,软钢丝
はんそうしきインターホン 【搬送式～】 carrier interphone 载波制内部电话
はんそうでんわ 【搬送電話】 carrier te-

lephony 载波电话

はんそうは 【搬送波】 carrier wave 载波

ばんそうばり 【板層梁】 laminated beam 叠层梁

はんだ 【半田】 solder, soft solder 软钎焊料

バン・ダイクかつ 【～褐】 Van Dyck brown, Vandyke brown 深褐色,铁棕色

はんたいしょく 【反対色】 contrary colour 反色

はんたいせいのちょうわ 【反対性の調和】 harmony of contrast 对比性协调

パン・タイルがわら 【～瓦】 pan tile 波形瓦

パンタグラフ pantagraph 缩图器,缩放仪,比例绘图器

ハンターしきひしょくこうたくどけい 【～式比色光沢度計】 Hunter multi-purpose reflectometer 亨特式比色光泽度计

はんだせつごう 【半田接合】 solder joint 软焊,软钎焊接合

はんだつぎて 【半田継手】 solder joint 软钎焊接头

はんだづけ 【半田付】 soldering 软钎焊,锡焊

はんだづけようざい 【半田付溶剤】 soldering flux 软钎焊剂

はんだろう 【半田鑞】 solder, soft solder 软钎焊料

はんたわみせいほそう 【半撓性舗装】 semi-flexible pavement 半柔性路面

はんだんじかん 【判断時間】 driver judgement time (行车)判断时间

パンダンティーフ pendentif[法], pendentive[英] 方墙四角托圆穹顶支承拱,三角穹隅,帆拱

はんだんめいれい 【判断命令】 decision instruction 判断指令

はんだんめん 【半断面】 half section 半剖面,半剖视

はんだんめんくっさく 【半断面掘削】 excavation of half section (隧洞)半断面开挖

ハンチ haunch 加腋,起拱,(拱顶两端的)拱石段,砖拱背圈

パンチ punch, 冲眼,穿孔,冲孔器

はんちく 【版築】 版筑墙,夯土墙

はんちく 【斑竹】 斑竹

ハンチつけスラブ 【～付～】 haunched slab 加腋平板,变截面平板

ハンチばり 【～梁】 haunched beam 加腋梁

ハンチひ 【～比】 hanuch ratio 加腋比,加腋率

はんちょくせつしょうめい 【半直接照明】 semi-direct lighting 半直接照明

ハンチりつ 【～率】 haunch ratio 加腋率,加腋比

ばんちレジスター 【番地～】 address register 地址寄存器

パンチング・シアー punching shear 冲剪

パンチング・マシン punching machine 冲压机,冲床,打孔机

パンチング・メタル punching metal 冲孔(穿孔)金属板

ばんづけ 【番付】 (拆装构件时)标注符号,标注号码,标注数字

はんつめグラブ 【半爪～】 half-type grab 半爪式抓斗

はんティーがたようへき 【反T形擁壁】 inverted T-shaped retaining wall 倒T形挡土墙

ハンティング hunting (仪表指针的)摆动,寻线,振荡

バンディング banding 钉夹板,钉横带,钉箍,打捆

パンテオン Pantheon 潘提翁,万神庙

はんてん 【反転】 reversal 反向,逆转,倒转

はんてんせい 【反転性】 reversibility 倒转性,反转性

はんてんのげんり 【反転の原理】 principle of reversion 反转原理

はんど 【半戸】 dwarf door 矮门

ばんど 【礬土】 alumina 矾土

バンド band 频带,光带,波段,波带,束,区域

バーント・アンバーかつ 【~褐】 burnt umber brown 烧赭土褐色(颜料)
はんどうたい 【半導体】 semiconductor 半导体
はんどうたいひずみゲージ 【半導体歪~】 semi-conductor strain gauge 半导体应变计
はんどうたいひずみゲージ 【半導体歪~】 semiconductor strain gauge 半导体应变仪
はんとうまく 【半透膜】 semipermeable membrane 半透膜
はんとうまくほう 【半透膜法】 semipermeable membrane method 半透膜法
ハンド・オーガー hand auger 手钻,手动螺钻,(取表层土样用的)手转螺旋钻
ハンド・カー hand-car 手推车
ハンド・ガイドしきしんどうコンパクター 【~式振動~】 hand guide type vibrating compactor 手控式振动打夯机,手控式振动压实器
はんどく 【判読】 interpretation 辨识,识别
パントグラフ=パンタグラフ
ハンドクラフト handicraft 手工艺,手工艺技能
はんどくりつじゅうたく 【半独立住宅】 semi-detached house 联立式住宅
ハンド・クレーン hand crane 手摇起重机,手控起重机
はんとけいまわり 【反時計回】 counter clockwise rotation 逆时针方向回转
バンド・コンベヤー band convey 皮带运输机
ばんどさんさんせっかい 【礬土酸三石灰】 tricalcium aluminate 铝酸三钙
バーンド・シエンナ burned sienna 代赭,烧过的富铁黄土
ハンド・ジャッキ hand jack 手摇千斤顶
ハンド・シールド hand shield (电焊用)手持面罩
ハンド・スクレーパー hand scraper 手动(遥控)拖铲
バンド・スタンド band stand 露天音乐台
ハンド・スプレーヤー hand sprayer 手压喷洒器
ハンド・セットほうしき 【~方式】 hand-set speaker system 手持扬声器通话系统
ばんどセメント 【礬土~】 alumina cement 矾土水泥,高铝水泥
ハンド・ソー hand saw 手锯
バンド・ソー band saw 带锯
バンド・ソー・マシン band saw(ing) machine 带锯机
バンド・タイア band tire 实心轮胎
バンド・テープ band tape 皮尺
ハンド・ドリル hand drill 手摇钻
バンドばしら 【~柱】 banded column 箍柱,拼合柱
はんとびら 【半扉】 矮门
ハンド・ブレーカー hand breaker 手动捣碎机
ハンド・プレス hand press 手压机
バンド・プレッシャー・レベル band pressure level 频带声压级
バンド・プレート band plate 带板
ハンド・ボア hand bore 手摇钻
ハンド・ボーリング hand boring 手探钎,手动探钎
ハンド・ホール hand hole (检查用)手孔
ハンドボールきょうぎじょう 【~競技場】 handball playground 手球场
バント・マトリックス band matrix 带形矩阵,带阵
はんドーム 【半~】 semi-dome 半圆形穹顶,半圆屋顶
はんどめ 【半留】 half miter joint 半斜角接缝,半割角接缝
ハンドリング handling 装卸,搬运,操纵,处理
ハンドリング・システム handling system 搬运系统
ハンドル handle 把手,拉手,柄,管理,操纵
ハンド・レベル hand level 手测水准,手持水准器
バンド・レベル band level 频带级

はんなげし 【半長押】 窄横披木条
はんにくぼり 【半肉彫】 half relief, mezzo-relievo 半凸浮雕
ばんねり 【盤練】 subsoil puddling 基土捣固
ばんのうがたしけんき 【万能型試験機】 universal testing machine 万能试验机
はんのうき 【反応器】 reactor 反应器
ばんのうげきじょう 【万能劇場】 universal theatre 通用剧场
ばんのうざいりょうしけんき 【万能材料試験機】 universal testing machine 通用材料试验机,全能试验机
はんのうじかん 【反応時間】 reaction time 反应时间
ばんのうずかき 【万能図化機】 universal plotting instrument 通用绘图仪
はんのうせいせっちゃくざい 【反応性接着剤】 reaction sensitive adhesive 反应灵敏的粘合剂
ばんのうせっちゃくざい 【万能接着剤】 almighty adhesives 万能粘合剂
はんのうねつ 【反応熱】 heat of reaction 反应热
ばんのうまるのこばん 【万能丸鋸盤】 universal saw bench 通用圆锯台
はんのき 【榛·赤楊の木】 Alnus japonica[拉], Japanese alder[英] 日本赤杨,日本桤木
ばんのさいてきせっけい 【板の最適設計】 plate optimization 板的优化设计
はんば 【飯場】 laborer's lodging, laborer's living quarters 工人临时宿舍,工棚
バンパー bumper 缓冲器
はんばしら 【半柱】 half column, engaged column 半露柱,壁柱,附墙柱
はんぱつこうど 【反発硬度】 rebound hardness 反弹硬度,回跳硬度
ハンプ hump (铁路调车场)驼峰
はんふか 【半負荷】 half load 半负荷
はんぷくおうりょく 【反復応力】 repeated stress 反复应力,重复应力
はんぷくかいほう 【反復解法】 iteration 迭代法
はんぷくきんじほう 【反復近似法】 successive approximations 反复近似法,连续近似法
はんふくしゃ 【反輻射】 backward radiation 大气长波辐射(朝向地面部分)
はんぷくせい 【反復性】 repetition (艺术处理的)反复性,重复性
はんぷくほう 【反復法】 repetition method, iterative method 复测法,迭代法
ばんぷくれ 【盤膨】 heaving (地基)隆起,膨胀
ハンプそうしゃじょう 【~操車場】 hump yard (铁路)驼峰调车场
ハンプトン・コートきゅう 【~宮】 Hampton Court Palace (16~18世纪英国伦敦)汉普顿宫
はんへいさそう 【半閉鎖層】 half-closed layer 半封闭层
はんべつしき 【判別式】 criterion 判别式
バンベルクだいせいどう 【~大聖堂】 Dom, Bamberg[德] (11~13世纪德意志)邦贝格大教堂
はんへんけいりょうテンソル 【反変計量~】 contravariant metric tensor 反变度量张量,逆变计量张量
はんへんけいりょうベクトル 【反変計量~】 contravariant metric vector 反变度量矢量,逆变计量矢量
はんへんテンソル 【反変~】 contravariant tensor 反变张量,逆变张量
はんへんひずみテンソル 【反変歪~】 contravariant strain tensor 反变应变张量,逆变应变张量
はんへんベクトル 【反変~】 contravariant vector 反变矢量,逆变矢量
ハンマー hammer 榔头,锤,槌
はんまいづみ 【半枚積】 stretcher bond, stretching bond 半砖(厚)砌法,顺砖砌合
ハンマー・クラッシャー hammer crusher 锤式破碎机,锤式碎石机
ハンマー・グラブ hammer grab 锤式抓斗
はんます 【半枡】 half bat, two quarters 半头砖,二分之一砖
ハンマー・ドリル hammer drill 锤钻,撞

钻,冲钻
ハンマー・トーン hammer tone 锤琢饰面,锤纹饰面,锤琢状涂层
ハンマー・トーン・エナメル hammer tone enamel 锤纹瓷漆,锤纹搪瓷
ハンマー・ヘッドしきクレーン 【～式～】 hammer head crane 锤头式塔式起重机
ハンマー・ミル hammer mill 锤碎机
ハンマリング・コンポーザーこうほう 【～工法】 hammering composer method 重锤夯实砂桩法
はんまるとうかん 【半丸陶管】 channel tile 半圆筒形陶管
はんまるどかん 【半丸土管】 channel tile 半圆筒形陶管
はんまんえきしきじょうはつき 【半満液式蒸発器】 wet expansion type evaporator 半满液式蒸发器
はんみがきボルト 【半磨～】 half burnished bolt 半磨光螺栓
パン・ミキサー pan mixer 锅式搅拌机,盘式强制搅拌机
はんみっぺいがたれいとうき 【半密閉型冷凍機】 semi-hermetic refrigerator 半密闭式制冷机,半密闭式冷冻机
はんむげんこたい 【半無限固体】 semi-infinite solid 半无限固体
はんむげんだんせいたい 【半無限弾性体】 semi-infinite elastic body 半无限弹性体
バーン・メタル Bahn-metal 巴恩合金,巴恩铅基合金,镍-铬-锌合金
はんもぐりオリフィス 【半潜～】 partially-submerged orifice 半潜流孔口,半潜没孔口
はんやえ 【半八重】 semi-double 半重瓣的,不完全重瓣的
パンやきしつ 【～[pao葡]焼室】 baker room 烤面包室
バンヤンき 【～木】 banyan tree 榕木
はんようかん 【半羊羹】 半开条砖,1/4砖
はんらんくいき 【氾濫区域】 inundated district,flood periphery 泛滥区
はんらんげん 【氾濫原】 flood plain 泛滥平原,洪泛区
はんらんげんたいせきぶつ 【氾濫原堆積物】 flood plain deposit 洪泛区沉积土,泛滥平原沉积物
はんらんへいげん 【氾濫平原】 flood plain 泛滥平原,涝原
はんらんめんせき 【氾濫面積】 flood area 泛滥面积
はんりゅう 【反流】 counter-current 逆流,反向电流
はんりゅうしつ 【半流失】 半流失
はんりょく 【反力】 reaction,reaction force 反力
はんりょくえいきょうせん 【反力影響線】 influence line of reaction 反力影响线
はんりょくかべ 【反力壁】 abutment test wall 受反力试验墙,台座试验墙,反力墙
はんりょくぼう 【反力棒】 reaction strut 反力杆,试杆
はんりょくほうていしき 【反力方程式】 reaction equation 反力方程(式)
はんりょくゆか 【反力床】 test floor, test bed 受反力地板,受反力楼板,试验楼板,试验台
はんれいがん 【斑糲岩】 gabbro 辉长岩
はんろ 【搬路】 haul road (施工)运输道路
はんわりとうかん 【半割陶管】 channel earthenware pipe 槽形陶管

# ひ

ひ 【碑】 cenotaph 碑,石碑

ひ 【樋】 gutter,trough 细长槽,细长沟,导水管

ピアー pier 墙垛,墩,支柱,码头,防波堤,桥墩

ビー・アイ BI,biotic index 生物指数

ピー・アイ PI,penetration index 贯入度指数,针入度指数

ピー・アイ・エー・アール・シー PIARC,permanent International Association of Road Congresses 国际道路会议常务委员会

ピー・アイせんず 【P-i線図】 P-i chart,Mollier chart P-i图,热量线图,莫里尔图,压焓图

ピー・アイどうさ 【PI動作】 PI (proportional integral) action 比例积分作用

ビー・アイ・ピー BIP,biological index of water pollution 水污染生物指数(标),生物学污染度

ピー・アイ・ピーこうほう 【PIP工法】 packed in place pile 就地钻孔灌注砂浆桩施工法

ピアきそ 【~基礎】 pier foundation 墩式基础

ひあっしゅくせいりゅうたい 【非圧縮性流体】 incompressible fluid 非压缩性流体

ひあっしゅくせいろさい 【非圧縮性濾滓】 incompressible filter cake 不可压缩的滤渣

ひあつじょうたい 【被圧状態】 artesian condition (地下水)承压状态

ピアッシング・テスト piercing test 冲孔试验,穿孔试验

ひあつすいとう 【被圧水頭】 artesian pressure 自流水压力,自流井水头

ひあつちかすい 【被圧地下水】 confined groundwater,artesian groundwater 承压地下水,自流泉

ピアッツァ piazza[意] (意大利城市中的)广场,市场,有顶的长廊,(美国的)游廊,外廊

ひあつにゅうしすう 【比圧入指数】 specific press-in coefficient 比压进系数,比压入指数

ピアノせん 【~線】 piano wire 硬钢丝,钢弦

ビー・アール BR,butadiene rubber 丁二烯橡胶

ピー-アルカリど 【P-~度】 P-alkalinity P-碱度,酚酞碱度

ピー・アール・シー PRC,prestressed reinforced concrete 预应力钢筋混凝土

ピー・アール・シー PRC,point of reverse curve 反向曲线连接点

ピー・アール・ティー PRT,personal rapid transit 快速客运

ビー・イー BE,building element 建筑构件,建筑功能分区的要素,(建筑)根据生产区分的要素

ピー・イー・アール・ティー PERT,program evaluation and review technique 程序估计和检查技术,统筹计划管理法,计划评审法

ひイオンかいめんかっせいざい 【非~界面活性剤】 non-ionic interface active agent 非离子型界面活性剂

ひイオンけいせんざい 【非~系洗剤】 non-ionic detergent 非离子性洗涤剂

ひイオンひょうめんかっせいざい 【非~表面活性剤】 non-ionic surface active agent 非离子型表面活性剂

ひいっきょう 【避溢橋】 relief bridge 防洪桥

ひいらぎなんてん 【柊南天】 Mahonia japonica[拉],Japanese mahonia[英] 华南十大功劳,日本十大功劳

ひいらぎもくせい 【柊木犀】 Osmanthus fortunei[拉],Fortunes osmanthus[英]

齿叶木犀

**ひいろ**【緋色】scarlet　鲜红色,绯红色

**ピウォット・ゲート**＝ピボット・ゲート

**ひうち**【火打·燧】horizontal angle brace　水平斜撑,水平角撑

**ひうちいし**【火打石·燧石】quartzite　石英岩,硅岩

**ひうちいた**【火打板】angle tie（加固用)隅板,边角,撑板

**ひうちかなもの**【火打金物】corner bracing　隅撑铁件,角撑铁,角隅联系铁件

**ひうちざい**【火打材】horizontal angle brace　水平角撑,水平斜撑

**ひうちぬき**【火打貫】(加固用)角隅穿插板

**ひうちばり**【火打梁】angle brace　水平隅撑,角隅斜梁

**ひうらいし**【日裏石】背阴石料

**ひえいせいしょぶん**【非衛生処分】unsanitary disposal　不卫生处置

**ビー・エス**　BS,back sight　后视

**ビー・エス**　BS,British Standards　英国标准

**ピー・エス**　PS,power slide　米马力(等于0.7355千瓦)

**ピー・エス**　PS,prestress,prestressed　预加应力(的)

**ピー・エス・アイ**　PSI,pound per square inch　每平方英寸磅(磅/平方英寸)

**ピー・エス・エー・エル・アイ**　PSALI, permanent supplementary artificial lighting in interiors　室内常时辅助人工照明,昼间人工照明

**ピー・エス・エス**　PSS,personal sub-system　人控部分(人一机系统中由人控制的硬件部分)

**ビー・エス・エム**　BSM,basic structural module　基本结构模数

**ピー・エスケーブル**【PS～】PS cable, prestressing cable　预应力钢索

**ピー・エスこうざい**【PS鋼材】prestressing steel　预应力钢材

**ピー・エスこうざいのリラクゼーション**【PS鋼材の～】relaxation of prestressing steel　预应力钢材的松弛

**ピー・エスこうしゅうはやきいれこうぼう**【PS高周波焼入鋼棒】预应力高频淬火钢条

**ピー・エスこうせん**【PS鋼線】PSwire, prestressing wire　预应力钢丝

**ピー・エスこうぼう**【PS鋼棒】prestressing steel bar　预应力钢筋

**ピー・エスこうよりせん**【PS鋼撚線】prestressing strand　预应力钢丝束

**ピー・エス・コンクリート**【PS～】PS (prestressed) concrete　预应力混凝土

**ピー・エス・シー**　PSC, prestressed concrete　预应力混凝土

**ピー・エス・ストランド**【PS～】prestressing strand　预应力钢丝束,钢绞线

**ピー・エスねつしょりこうぼう**【PS熱処理鋼棒】oil tempered prestressing steel bar　热处理过的预应力钢筋

**ピー・エス・ブイ**　PSV, polished stone value　石料磨光值(表示路面抗滑性的一种指标)

**ピー・エス・ワイヤー・ストランド**　prestressing wire strand　预应力钢丝束

**ピエゾメーター**　piezometer　测压管,水压计

**ピエゾメーターかん**【～管】piezometer tube　测压管

**ピー・エッチきろくけい**【pH記録計】pH-recorder　pH值记录仪,氢离子浓度记录仪

**ビー・エッチ・シー**　BHC, benzene hexachloride　六氯化苯,六六六

**ピー・エッチじどうちょうせつそうち**【pH自動調節装置】pH automatic controller　pH自动调节装置,氢离子浓度自动调节装置

**ピー・エッチち**【pH値】pH-value　pH值

**ピー・エッチちょうせつ**【pH調節】pH control　氢离子浓度指数调节,pH值控制

**ピー・エッチひしょくひょうじゅんけいれつ**【pH比色標準系列】standard colorimetric colour for pH measurement　氢离子浓度指数比色标准序列,pH比色标准

序列

**ビー・エッチひしょくようしじやく**【pH比色用指示薬】colorimetric indicator for pH 氢离子浓度指数比色用的指示剂,pH比色用的指示剂

**ひえつりゅうダム**【非越流～】non-overflow dam 非溢流坝

**ビー・エヌ・エル** PNL,perceived noise level 感觉噪声级

**ビー・エヌ・シー** PNC,optimum noise criterion 最佳噪声评价值

**ひエネルギー**【比～】specific energy 比能,单位能,能量率

**ビー・エム** BM,bench mark 水准点,水准基点,基准点

**ビー・エム・ディー** BMD,bending moment diagram 弯矩图

**ビー・エム・ブイ** PMV,Predicted Mean Vote 预计热指标

**ビー・エル** PL,pilot lamp 指示灯

**ひえん**【飛椽】飞子,飞檐椽

**ひえん**【飛檐】飞檐

**ひえんすみぎ**【飛檐隅木】仔角梁上的斜脊木

**ひえんだるき**【飛檐垂木】飞子,飞檐椽

**ひエンタルピ**【比～】specific enthalpy 比焓,比热含(量)

**ひおい**【日覆】shade,blind 遮阳板,遮帘

**ビー・オー・エス** POS,pole oil switch 电杆油开关

**ビー・オー・エル** POL,problem-oriented languages 面向问题的语言

**ビー・オー・ディー** BOD,biochemical oxygen demand 生化需氧量

**ビー・オー・ディー-エム・エル・エス・エスふか**【BOD-MLSS負荷】BOD-MLSS loading BOD与MLSS负荷,生化需氧量和活性污泥混合液悬浮固体含量负荷

**ビー・オー・ディーしけん**【BOD試験】BOD test BOD试验,生化需氧量试验

**ビー・オー・ディーじどうそくていそうち**【BOD自動測定装置】BOD auto-analyzer BOD自动测定器,生化需氧量自动测定装置

**ビー・オー・ディーふか**【BOD負荷】BOD loading 生化需氧量负荷

**ビー・オー・ディーようせきふか**【BOD容積負荷】BOD volume loading BOD体积负荷,生化需氧量体积负荷

**ひおもいし**【日表石】朝阳石料

**ひおんきょうインピーダンス**【比音響～】specific acoustical impedance 声阻抗率(单位面积声阻抗)

**ビーカー** beaker 烧杯

**ひかいてんうんどう**【非回転運動】irrotaional motion 非旋转运动

**ひがいりつ**【被害率】damage ratio 损坏率,受灾率

**ひかえ**【控・扣】stay,brace,strut,shore,anchor 撑木,顶木,戗木

**ひかえいし**【控石】bond stone 束石,系石

**ひかえかなもの**【控金物】(里砌石料的)拉紧铁件,锚定铁件

**ひかえかべ**【控壁】buttress 前扶垛,扶壁

**ひかえかべしききょうだい**【控壁式橋台】counterforted abutment 后扶垛式桥台,扶壁式桥台

**ひかえかべしきようへき**【控壁式擁壁】counterforted type retaining wall 后扶垛式挡土墙,扶壁式挡土墙

**ひかえかべようへき**【控壁擁壁】buttressed retaining wall 扶壁式挡土墙

**ひかえかん**【控桿】anchor rod 锚杆,系杆,拉杆

**ひかえかん**【控管】stay tube 支撑管,牵拉管

**ひかえぐい**【控杭】anchor pile 锚桩

**ひかえしつ**【控室】anteroom,waiting room,retiring room 前室,等候室,休息室

**ひかえダム**【控～】buttress dam 支墩坝,扶壁式坝

**ひかえづな**【控綱】stay wire,guy rope 拉索,牵索,缆风

**ひかえてい**【控堤】secondary levee 副堤,次堤

**ひかえどり**【控取】bond stone, stay post 系石,撑柱
**ひかえぬき**【控貫】stay rod (柱和撑柱之间的)缀条,缀带
**ひかえばしら**【控柱】stay post 撑柱,戗柱
**ひかえばん**【控板】anchor plate 锚定板,锚固板
**ひかえぼう**【控棒】tie rod (轨距)联杆,系杆
**ひかえボルト**【控～】stay bolt 锚栓,撑螺栓
**ひがき**【檜垣】桧板漏空围墙,桧木板篱
**ひかきぼう**【火掻棒】fire hook 拔火杆,火通条,火耙
**ひかく**【皮革】leather 皮革
**ひがくおん**【非楽音】noise 噪声
**ひかくかいてんど**【比較回転度】specific rotary speed 比转速
**ひかくしけん**【比較試験】comparison test 对比试验,平衡试验
**ひかくしつど**【比較湿度】relative humidity 相对湿度
**ひかくでんきょく**【比較電極】reference electrode 参考电极
**ひかくほう**【比較法】comparative (cost)planning 比较式(成本分析)法
**ひかげきょくせん**【日影曲線】sun shadow curve 日影曲线
**ビカーしんそうち**【～針装置】Vicat needle apparatus (测定水泥凝结时间用)维卡仪
**ひかっせいおでいせいせいぶつ**【非活性汚泥性生物】non-activated sludge organisms 非活性污泥生物
**ひかりアナログけいさんき**【光～計算機】luminous analogue computer 发光模拟计算机
**ひかりいた**【光板】(校准用)划线样板
**ひかりかべ**【光壁】light wall 发光墙
**ひかりごうせい**【光合成】photosynthesis 光合作用
**ひかりしんごう**【光信号】light signal 光信号
**ひかりてんじょう**【光天井】luminous ceiling 发光平顶,发光顶棚
**ひかりのエネルギーぶんぷ**【光の～分布】energy distribution of light 光能分布
**ひかりのしごととうりょう**【光の仕事当量】mechanical equivalent of light 光功当量
**ひかりひずみ**【光歪】distortion of light 光畸变
**ひかりビーム**【光～】light beam 光束,光柱
**ひかりふくしゃ**【光輻射】luminous radiation 光辐射
**ひかりもぞう**【光模像】optical model (立体摄影测量的)光学模型
**ひかん**【樋管】sluiceway 泄水道
**びかんちく**【美観地区】aesthetic area, fine-sight district 街景区,美观区,风景区
**びかんどうろ**【美観道路】aesthetic road 美观道路,风景道路
**びかんひろば**【美観広場】aesthetic square 城市美观广场
**ひきあげゲート**【引上～】vertical lift gate 提升闸门
**ひきあげせん**【引上線】lead track, draw-out track (铁路车站的)导出线(路),出站线
**ひきいし**【挽石】粗加工的石板
**ひきいた**【挽板】sawn plank, lamina 锯制板,(叠层木材等的)薄板
**ひきいたせきそうざい**【挽板積層材】assemblies 叠层木,层积材,层积构件
**ひきいれかん**【引入管】inlet pipe 进水管
**ひきいれぐち**【引入口】inlet 入口
**ひきがく**【挽角】sawn square 方木,方材,枋子
**ひきかた**【曳方】removing and reconstructing 迁建,移建,原拆原建
**ひきがた**【引型】mould plate (抹灰用)线脚模板
**ひきかなもの**【引金物】twisted wire anchor 弯钩锚固铁件,锚钩
**ひきくさり**【引鎖】pull chain 拉链,牵引链条

びきこう【微気候】microclimate 微小气候,小气候
ひきこみかいへいき【引込開閉器】service entrance switch (用户)引入线开关
ひきこみかん【引込管】service pipe 用户(进)水管
ひきこみかんせつぞく【引込管接続】service connection 用户接管
ひきこみかんろ【引込管路】service pipe line 用户管线
ひきこみくだ【引込管】incoming line 引入管
ひきこみけいりょうき【引込計量器】service meter 用户水表
ひきこみしすいせん【引込止水栓】curb cock,service cock 用户止水栓,进水管阀门,引水龙头,供水旋塞
ひきこみしすいせんばこ【引込止水栓箱】curb cock box,curb service box (用户)进水止水阀(铁)箱
ひきこみしゅかん【引込主管】service main 引水总管,进水总管
ひきこみすいろ【引込水路】feed canal 引水管渠
ひきこみせん【引込線】industrial line,industrial siding (铁路)引入线,工厂专用线
ひきこみど【引込戸】sliding door 推拉门,滑动门
ひきこみどめ【挽込留】嵌入加固铁片的斜角对接
ひきこみばこ【引込箱】service box,leading-in box 进线箱
ひきこみめじ【引込目地】recessed joint 凹槽灰缝
ひきこみメーター【引込~】house service meter 用户水表
ひきこみりょうすいき【引込量水器】service water meter 用户水表
ひきざい【挽材】lumber 木料,成材,制材,锯材
ひきざいしんごうはん【挽材心合板】lumber-core plywood 成材芯板胶合板
ひきしめねじ【引締螺子】turnbuckle 松紧螺丝扣,螺丝接头,花蓝螺丝

びきしょう【微気象】micro-climate 小气候
ひきしょうじ【引障子】horizontally sliding sash 水平推拉槅扇
ひきたおし【引倒】bottom-hinged in-swinging 下悬内开式
ひきたおしまど【引倒窓】bottom-hinged in-swinging window 下悬内开窗
ひきだしかん【引出管】outlet pipe 出水管,排出管
ひきだしぐち【引出口】outlet 出口,出水口
ひきだしせん【引出線】leader line 引出线
ひきたてざい【挽立材】sawn wood 成材,锯成的木材
ひきちがい【挽違·引違】斜面锯法,斜面板,双槽推拉
ひきちがいど【引違戸】double sliding door 双槽推拉门(两扇以上)
ひきちがいまど【引違窓】double sliding window 双槽推拉窗
ひきづな【曳綱·引綱】guy,guy-rope,guywire,pull rope 牵索,拉索,(窗用)拉绳,牵绳
ひきづなくっさくき【引綱掘削機】dragline excavator 拉铲挖掘机,拉索挖土机
ひきづら【挽面】sawed surface 锯开面
ひきて【引手】pull,catch 拉手
ひきていた【引手板】door pull(board) 装门拉手的垫板
ひきど【引戸】sliding door 推拉门
ひきとおし【引通】拉通,拉直,拉通线,拉直线,拉直面
ひきどじょう【引戸錠】sliding door lock 推拉门锁
ひきどっこ【引独鈷】wooden key,wooden cotter (接合用)木键,木销
ひきどつりかなもの【引戸吊金物】sliding door hanger 推拉门吊钩
ひきとめ【引留】anchor pile 拉桩,拉线柱
ひきどようレール【引戸用~】sliding

door rails 推拉门滑轨
ひきぬき 【引抜】 pull-out 拔出,拉伸,拉拔
ひきぬきかん 【引抜管】 drawn tube 拉制管,冷拔管
ひきぬきこうかん 【引抜鋼管】 solid-drawn steel pipe 拉制无缝钢管
ひきぬきしけん 【引抜試験】 pullout test 拔拉试验,拔桩试验,钢筋握裹力试验
ひきぬきていこう 【引抜抵抗】 pullout resistance 拔拉阻力
ピギーバックほうしき 【～方式】 piggy-back system 集装箱公路、铁路联运方式
ピギーバックゆそう 【～輸送】 piggy-back transport 公路-铁路挂车联运(把装好货物的卡车挂车直接装在货车上的运输方式)
ひきパテ 【引～】 glazing putty (嵌)玻璃油灰,嵌釉
ひきぶ 【挽歩】 木材加工减少量,制材损耗量
ひきぶたい 【引舞台】 sliding stage 活动舞台,水平移动舞台
ひきベニヤ 【挽～】 sawn veneer 锯制单板
ひきべりりょう 【挽減量】 木材加工减少量,制材损耗量
ひきまど 【引窓】 内部加设推拉扇的窗,绳拉天窗
ひきまわし 【挽回】 fret saw, keyhole saw, piercing saw 弓锯,钢丝锯,开孔锯
ひきまわしど 【引回戸】 单轨折叠推拉门
ひきまわしのこ 【挽回鋸】 fret saw, key-hole saw, piercing saw 弓锯,钢丝锯,开孔锯
ひきまわしのこき 【挽回鋸機】 fret saw-ing machine 线锯床
ひきもの 【挽物】 turned work, turned wooden articles 旋床加工的木配件(如栏杆柱等)
ひきや 【曳家·引家】 搬移房屋,移动房屋
ひきやとび 【曳家鳶】 搬移房屋起重工
ひきわく 【引枠】 stage wagon 舞台道具用推拉车(装置舞台布景的车台)
ひきわけど 【引分戸】 drawn door (单轨)双扇推拉门
ひきわたし 【引渡】 delivery 交付(使用),竣工交工
ひきわたしこうばい 【引渡勾配】 交代坡度,真坡度(有曲线的屋顶上下两端连结线的坡度)
ひきわたしずみ 【引渡墨】 弹直线墨线
ひきわり 【挽割】 strips, sawn timber 板条,窄板
ひきんぞくかん 【非金属管】 non-metal pipe 非金属管
ひく 【引く·曳く】 draw 拉,拉延,拉制,牵引
ひく 【挽く】 saw off (枝干的)锯掉
ひくいあしつきたんす 【低い脚付簞笥】 chest of drawers 矮脚屉柜
ひくいたなつきせんめんき 【低い棚付洗面器】 ledge back lavatory 带背架洗脸盆
ピークこうつうりょう 【～交通量】 peak traffic 高峰(时间)交通,高峰交通量
ピークじけいすう 【～時係数】 peak hour factor (交通量)高峰时间系数,高峰小时系数
ひぐしょうげいじゅつ 【非具象芸術】 non-figurative art 非图形表示的艺术
ひぐち 【火口】 nozzle, tip 喷火口
ひぐち 【樋口】 outlet (引水管)出水口,雨水管口
ピクチャレスク picturesque 景色似画的,富有画趣(意)的
ピクチュア·ウィンドー picture win-dow 眺望窗,借景窗
ピクチュア·モールディング picture moulding 挂镜线,挂画条
ピクチュア·レール picture rail 挂镜线,挂画条
ピクトグラフ pictograph 用绘画表示的图表
ビクトリックつぎて 【～継手】 Victoric joint 维克托利克型管接头,抗震接头,防漏接头
ピクニックじょう 【～場】 picnic area

郊游野餐场所,郊宴场所
ピクノメーター pycnometer 比重计,比重瓶,比色计
ピクノメーターほう 【～法】 pycnometer method (测液体和集料比重的)比重瓶法
ピーク・バリュー peak value 峰值,最大值
ピーク・パワー peak power 最大功率,峰值功率
ピークふか 【～負荷】 peak load 高峰负荷,最高负荷 ,最高载重
ビークヘッド beakhead 鸟嘴头饰
ひクリープ 【比～】 specific creep 比徐变
ピークりゅうりょう 【～流量】 peak flood 洪峰,高峰流量
ひグレートぼう 【火～棒】 grate bar 炉条
ひグレートめんせき 【火～面積】 grate area 炉篦面积,炉栅面积
ひけいきようかっそうろ 【非計器用滑走路】 non-instrument runway (机场)不用仪器的滑行道
ひげこ 【鬚子】 短麻缏
ひげこうち 【鬚子打】(防止抹灰层开裂)钉麻缏
ひげとら 【鬚虎】 (调整吊装方向用)控制缆绳
ひげね 【鬚根】 fibrous root 须根
ひけんいんしきトロ 【被牽引式～[truck]】 牵引式四轮车
ひげんかこうもく 【非原価項目】 non-cost items 非造价项目,非成本项目
ひこう 【比高】 relative height 相对高度,高低差
ひこう 【飛昂】 下昂
ひこうきこ 【飛行機庫】 aerodrome , hanger 飞机库,机库
ひこうこうど 【飛行高度】 flying height (空中摄影的)飞行高度
ひこうコース 【飛行～】 course of flight (空中摄影的)航线
ひごうし 【火格子】 fire grate 炉篦,炉栅,火床
ひごうしめんせき 【火格子面積】 grate area 火床面积,炉篦面积
ひこうじょう 【飛行場】 aerodrome,airport 飞机场
ひこうじょうしょうめい 【飛行場照明】 airport'lighting 机场照明
ひこうじょうとうだい 【飛行場灯台】 aerodrome-beacon 机场灯塔
ひこうじょうひょうてん 【飛行場標点】 aerodrome reference point (飞)机场(测量)参考点,(飞)机场标点
ひこうぞうぶざい 【非構造部材】 non-structural component 非结构性构件
ひこうぞうようせっちゃくざい 【非構造用接着剤】 nonstructural adhesives 非结构用粘合剂
ひこくたい 【非黒体】 non-black body 非黑体
ピー・コック 【P～】 p(pet) cock 小旋塞,小龙头,油门
ひこばえ 【蘖生】 sucker 蘖生条,根蘖
ビーコン・ランプ beacon lamp 标向灯,航标灯
びさあつりょくけい 【微差圧力計】 micromanometer 微压力表,微气压计
ひさいせたい 【被災世帯】 damaged housing unit 受灾户
びさいもうろかそうち 【微細網濾過装置】 microstrainer 细孔网滤器,微滤机
ひさかき 【妃榊·柃·野茶】 Eurya japonica[拉],Japanese eurya[英] 柃木,野茶
ひざかり 【火盛】 fire peak 火势旺盛期,旺火期
ひさし 【庇·厢】 eaves,hood,canopy, pent roof ,penthouse 屋檐,出檐,挑檐,遮雨檐,披屋
ひざしのきょくせん 【日差の曲線】 反日影曲线
ピサだいせいどう 【～大聖堂】 Duomo, pisa[意] (1063～1121年意大利)比萨大教堂
ひざわりのき 【灯障の木】 庭园灯笼附近栽植的树木(为使灯火及树木枝叶时隐时现,形成夜景)
ひさんかせいふしょくよくせいざい 【非

酸化性腐食抑制剤】 non-oxidizing corrosion inhibitor 不氧化防蚀剂
ビザンティウム Byzantium 拜占庭(公元前667年创建的古代城市,现为土耳其伊斯坦堡)
ビザンティンけんちく 【～建築】 Byzantine architecture 拜占庭建筑
ビザンティンようしき 【～様式】 Byzantine style 拜占庭式(建筑)
ひさんなまり 【砒酸鉛】 lead arsenate 砷酸铅
ひし 【菱】 rhombus, lozenge, diaper 菱形,菱纹
ピー・シー PC, prestressed concrete, precast concrete 预应力混凝土,预制混凝土
ピー・シー PC, point of curve 曲线始点
ピー・シーあつえんこうぼう 【PC圧延鋼棒】 rolled steel bar of prestressed concrete 预应力混凝土轧制钢筋
ピー・シー・アール PCR, polychloroprene 聚氯丁二烯,氯丁二烯橡胶
ひしいげた 【菱井桁】 lozenge-shaped well crib, diaper 菱形井栏,菱形格子,菱纹
ピー・シー・エス PCS, punched card system 穿孔卡片系统
ピー・シー・エーほう 【PCA法】 PCA (Portland Cement Association) method PCA法(美国硅酸盐水泥协会制订的设计刚性路面厚度的一种方法)
ひしがき 【菱垣】 菱格篱笆
ひしがく 【菱角】 菱形截面的方木
ひじかけいす 【肘掛椅子】 arm chair 扶手椅
ひじかけまど 【肘掛窓】 倚臂窗
ひしがた 【菱形】 lozenge-pattern 菱纹
ひしがたこうさ 【菱形交差】 diamond crossing, diamond junction 菱形交叉
ひしがたぶき 【菱形葺】 diagonal roofing, French method roofing (板材屋面的)斜向铺法,菱形铺法
ひじかなもの 【肘金物】 hook 钩,挂钩
ひじがね 【肘金】 hook 钩,挂钩
ひじかん 【肘管】 elbow 肘管,弯管,弯头
ひしかんど 【比視感度】 spectral luminous efficiency, relative visibility 光谱发光效率
ひしかんどきょくせん 【比視感度曲線】 spectral luminous efficiency curve, relative visibility curve 光谱发光效率曲线
ひじき 【肘木】 (科栱的)栱,翘
ピー・シーきょう 【PC橋】 PC (prestressed concrete) bridge 预应力混凝土桥
ピー・シーぐい 【PC杭】 PC (prestressed concrete) pile 预应力混凝土桩
ひしこ 【菱子】 菱形(截面的)棂条
ひじこう 【非磁鋼】 non-magnetic steel 非磁性钢
ピー・シーこうざい 【PC鋼材】 prestressing steel 预应力用高强钢材
ピー・シーこうざいはいちこう 【PC鋼材配置孔】 duct for prestressing steel arrangement, conduit for prestressing steel arrangement 预应力钢材排列孔,预应力钢筋孔道
ひしこうし 【菱格子】 菱格棂条
ひしごうしらんま 【菱格子欄間】 菱格气窗,菱格楣窗
ピー・シーこうせん 【PC鋼線】 prestressing wire 预应力钢丝
ピー・シーこうぼう 【PC鋼棒】 prestressing (steel) bar 预应力钢筋
ピー・シーこうよりせん 【PC鋼撚線】 steel wire strand for prestressed concrete 预应力钢绞线
ひしこぐみ 【菱子組】 菱格棂条
ピー・シー・シー PCC, point of compound curve 复曲线连接点,复曲线点
ひしたけやらい 【菱竹矢来】 菱格竹篱,菱格竹栅
ビジターセンター visitor center 游客观光中心
ひしつ 【比湿】 specific humidity 比湿
ひじつぼ 【肘壺】 hook and eye 钩与扣眼,钩扣铰链
ひじつぼかなもの 【肘壺金物】 hook

and eye 钩与扣眼,钩扣铰链
ひじつり 【肘吊·肘釣】 钩扣铰链吊挂
ビジネス・センター business center 商业区,营业区
ビジネス・ホテル business hotel 商务用旅馆
ピー・シーばん 【PC版】 PC(precast concrete)panel 预制混凝土板
ピー・シー・ビー PCB,polychloro biphenyl 聚氯联苯,多氯联苯
ピー・シー・ピー PCP,penta-chlorophenol 五氯苯酚
ひじひきて 【肘引手】 hospital door arm 压把拉手
ピー・シー・ピー・ブイ PCPV,prestressed concrete pressure vessel 预应力混凝土压力容器
ビジビリティ visibility 能见度,可见度,视度
ひしぶき 【菱葺】 diagonal roofing, French method roofing (板材屋面的)斜向铺法,菱形铺面
ひじめいかい 【非自明解】 non-trivial solution 非平凡解
びしゃ 【微砂】 very fine sand 特细砂
びしゃちょうせき 【微斜長石】 microcline 微斜长石
ひしゃぼうびりん 【飛砂防備林】 sandbreak,sand fixation forest,dune-fixing forest 防砂林,固砂林
ひしやらい 【菱矢来】 菱格篱笆,菱格栅栏
びしゃん bush hammer 花锤,凿锤
びしゃんしあげ 【びしゃん仕上】 bush hammered finish 花锤饰面,凿锤饰面
びしゃんたたき bush hammered finish 花锤琢面,花锤饰面
びしゃんどん bush hammered finish 花锤饰面
ビジュアル・デザイン visual design 视觉对象设计(指图表、陈列、标志、包装等的设计)
ひじゅう 【比重】 specific gravity 比重
ひしゅうきうんどう 【非周期運動】 aperiodic motion,non-periodic motion 非周期运动
ひじゅうけい 【比重計】 hydrometer (液体)比重计
ひじゅうけいほう 【比重計法】 hydrometer method (测量土的粘度的)比重计法
ひじゅうびん 【比重壜】 pycnometer 比重瓶
ひじゅうふくざい 【比充腹材】 open web member 空腹构件
びじゅつかん 【美術館】 art gallery 美术(陈列)馆
びじゅつはくぶつかん 【美術博物館】 art museum 美术博物馆,艺术博物馆
ひじょうかいだん 【非常階段】 emergency staircase 太平梯,疏散梯
ひじょうかじゅう 【非常荷重】 unusual load 特殊荷载
ひじょうぐち 【非常口】 emergency exit,escape exit 太平门,疏散口
ピー・シーようグラウト 【PC用～】 prestressed concrete grout 预应力混凝土灌注浆
ひじょうコンセント 【非常～】 emergency consent 事故插座,备用插座
ひじょうじかじゅう 【非常時荷重】 non-stationary load 非定常荷载
びしょうしつ 【微晶質】 microcrystalline 微晶质
ひじょうちゅうしゃたい 【非常駐車帯】 emergency parking bay 紧急停车带
ひじょうとう 【非常灯】 emergency lamp 事故用灯,应急灯
ひじょうどめ 【非常止】 safety device (电梯的)安全装置,紧急刹车
びしょうひずみのかてい 【微小歪の仮定】 assumption of small strain 微小应变假定
ひじょうべん 【非常弁】 emergency valve 事故阀,安全阀,备用阀
びしょうへんいきんじ 【微小変位近似】 small displacement approximation 小变形假定,微小位移假定
びしょうへんけいりろん 【微小変形理論】 infinitesimal deformation theory 微小变形理论,小变形理论

ひしょうめん【被照面】illuminated surface 受照面
ひじょうようじゅえきき【非常用受液器】emergency receiver 备用贮液器,急用贮液器
ひじょうようしょうめいきぐ【非常用照明器具】emergency lighting fittings 事故照明器,备用照明器,应急照明器
ひじょうようでんげんそうち【非常用電源装置】emergency power source apparatus 事故电源设备,备用电源设备
ひじょうようロック【非常用～】emergency lock 应急气闸,紧急闸,安全闸
ひしょくかん【比色管】colour comparison tube 比色管
ひしょくけい【比色計】colorimeter 比色计
ひしょくぶんせき【比色分析】colorimetric analysis 比色分析
ひしょくほう【比色法】colorimetric method 比色法
ひしょさんそう【避暑山荘】(18世纪中国河北承德)避暑山庄
ひしらんま【菱欄間】菱格气窗,菱格楣窗,菱格上腰窗
びしん【微震】slight earthquake 微震
ビス vis[法] 小螺丝钉
ピース piece 片,块,件,零件,部件,构件,管接头,坯料
ピース・アングル piece angle 角钢断片,接合用角钢,接头角钢
ひすいせんべんき【非水洗便器】dry closet 便坑,干厕
ひすいせんべんじょ【非水洗便所】dry closet 干厕
ビスコース viscose 粘胶,粘胶丝
ビスコースせっちゃくざい【～接着剤】viscose glue 粘胶,胶水
ビスコースようすい【～用水】water for viscose 粘胶用水
ビーズこちゃくせい【～固着性】adhesive property of beads (反射性涂料表面的)玻质球的粘合性
ビスコメーター viscometer 粘度计,粘度仪
ビスタ vista 透视线,透景线,路旁风景线,狭长的景色
ヒステリシス hysteresis 滞变,滞回,滞后作用,滞后现象,磁滞
ヒステリシス・ループ hysteresis loop 滞变回线,迟滞回线,滞回曲线,滞回环线
ピストルしゃげきじょう【～射撃場】pistol range 手枪射击场
ピストン piston 活塞
ピストンがたあっしゅくき【～形圧縮機】piston compressor 活塞式压缩机
ピストン・サンプラー piston sampler 活塞(式)取样器
ピストンしきくうきあっしゅくき【～式空気圧縮機】compressor of reciprocating piston type 活塞式空气压缩机,往复式空气压缩机
ピストンべん【～弁】piston valve 活塞阀
ピストンぼう【～棒】piston rod 活塞杆
ピストン・ポンプ piston pump 活塞泵
ピストン・リング piston ring 活塞环,胀圈
ピストン・ロッド piston rod 活塞杆
ビスねじ【～[vis法]螺子】screw 螺钉,螺丝
ひずみ【歪】strain, deformation 应变,变形
ひずみエネルギー【歪～】strain energy 应变能
ひずみエネルギーかんすう【歪～関数】strain energy function 应变能函数
ひずみエネルギーきじゅん【歪～規準】strain-energy criteria 应变能准则
ひずみエネルギーほう【歪～法】strain energy method (计算超静定结构的)应变能法
ひずみけい【歪計】strain gauge, strain meter 应变计,应变仪
ひずみけいろ【歪経路】strain path 应变途径,应变轨迹
ひずみゲージ【歪～】strain gauge 应变仪
ひずみこうか【歪硬化】strain hardening 应变硬化,变形硬化

ひずみごうせい 【歪剛性】 strain rigidity 应变刚度
ひずみじこう 【歪時効】 strain aging 应变时效,应变老化
ひずみしゅうせい 【歪修正】 rectification (空中摄影变形的)矫正,修正,纠正
ひずみしゅうせいき 【歪修正機】 rectifier (空中摄影变形的)矫正仪
ひずみせいぎょ【歪制御】 strain control 应变控制
ひずみせいぶん 【歪成分】 strain component 应变分量
ひずみそくど 【歪速度】 strain velocity, strain rate 应变速度,应变率
ひずみだえん 【歪楕円】 strain ellipse 应变椭圆
ひずみだえんたい 【歪楕円体】 strain ellipsoid 应变椭圆体,应变椭球
ひずみテンソル 【歪~】 strain tensor 应变张量
ひずみど 【歪度】 unit strain,strain intensity 应变强度
ひずみとへんいのかんけい 【歪と変位の関係】 strain-displacement relations 应变位移关系
ひずみとり 【歪取】 straightening 挑直,矫直,调直,矫正
ひずみなおし 【歪直】 straightening 矫直,调直,取直,矫正
ひずみマトリックス 【歪~】 strain matrix 应变矩阵
ひずみもけい 【歪模型】 distorted model 变态模型
ひずみもよう 【歪模様】 strain figure 应变图形
ひずみりつ 【歪率】 distortion factor 畸变系数,失真系数
ひずみりょう 【歪量】 strain quantity 应变量,变形量
ピース・ワーク piece work 计件工作,单件生产
ひせいじとし 【非政治都市】 non-political city 非政治城市
びせいぶつ 【微生物】 microorganism 微生物
びせいぶつがく 【微生物学】 microbiology 微生物学
びせいぶつしょり 【微生物処理】 microorganism treatment 微生物处理
びせいぶつまく 【微生物膜】 microorganism membrane 微生物膜
ひせっちゃく 【比接着】 specific adhesion 比粘合,特性粘合
ひせんけい 【非線型】 non-linear 非线型,非线性
ひせんけいおうとう 【非線形応答】 non-linear response 非线性反应
ひせんけいきそしき 【非線形基礎式】 non-linear basic equation 非线性基本方程(式)
ひせんけいけい 【非線形系】 non-linear system 非线性系,非线性体系
ひせんけいけいかくほう 【非線形計画法】 non-linear programming methods 非线性规划法
ひせんけいごうせい 【非線形剛性】 non-linear stiffness 非线性刚度
ひせんけいこうぞうぶつ 【非線形構造物】 non-linear structure 非线性结构
ひせんけいさいてきか 【非線形最適化】 unconstrained optimization ,nonlinear optimization 非线性最优化
ひせんけいしんどう 【非線形振動】 non-linear vibration 非线性振动
ひせんけいだんせいざいりょう 【非線形弾性材料】 non-linear elastic material 非线形弹性材料
ひせんけいばね 【非線形発条】 non-linear spring 非线性弹簧
ひせんけいひずみ 【非線形歪】 non-linear strain 非线性应变
ひせんけいふくげんりょく 【非線形復原力】 non-linear restoring force 非线性恢复力
ひせんけいへんけいじょうけんしき 【非線形変形条件式】 conditions of non-linear deformation 非线性变形条件式
ひせんけいりれきけい 【非線形履歴系】 non-linear hysteretic system 非线性滞后系

ひせんざわり 【飛泉障】(为增加庭园情趣以常绿树)部分遮挡瀑布
ひそ 【砒素】 arsenic 砷
ビーそうい 【B層位】 B-horizon B层(土),乙层(土),淋积(土)层,淀积(土)层
ひそうでんりょく 【皮相電力】 apparent power 表观功率,视在功率
ひぞうりゅうがたこつざい 【非造粒形骨材】 coated type aggregate 非造粒(原石烧成的)骨料,碎石烧成的骨料
ひそくど 【比速度】 specific speed 比速
ヒーター heater 加热器,放热器,采暖装置
ビーター beater 夯实机,捣棒,打浆机
ひたいしょうせい 【非対称性】 asymmetry (构图的)不对称
ひたいしょうぶんぎ 【非対称分岐】 antisymmetric bifurcation 非对称分枝,非对称分岔
ひたいりょくパネル 【非耐力～】 nonbearing panel 非承重板
ビタ・ガラス vita glass 维他玻璃,透紫外线玻璃
ひだきどうぐ 【火焚道具】 firing tool 点火工具
ひだくほう 【比濁法】 nephelometric method ,turbidimetric method 比浊法,浊度测定法
ひたしぬり 【浸塗】 dipping 浸涂
ヒーター・パイプ heater pipe 暖气管
ビー・ダブリュー・エス PWS,parallel wire strand 平行钢索束,平行钢丝束
ビー・ダブリュー・エル PWL,acoustic power level (声)功率级
ヒーター・プレーナー heater planer (黑色路面)烫平机,加热整平机
ビーダーマイヤー ようしき 【～様式】 Biedermeierstil[德] 毕德迈尔式(19世纪前半期德国奥地利流行的家具风格)
ひだりおやゆびのほうそく 【左親指の法則】 left thumb rule 左拇指定则(用于测量仪器的调平)
ひだりしゃせん 【左車線】 left lane (多车道道路的)左边车道
ひだりちょっけつランプ 【左直結～】 left-turn direct ramp 直接左转弯匝道
ひだりまわりうんどう 【左回運動】 counter clock motion, anti-clockwise motion 逆时针运动,反时针方向运动
ひたんさんえんこうど 【非炭酸塩硬度】 noncarbonate hardness 非碳酸盐硬度
ひだんせい 【非弾性】 inelasticity 非弹性
ひだんせいいき 【非弾性域】 inelastic region 非弹性区域
ひだんせいざくつ 【非弾性座屈】 nonelastic buckling 非弹性压曲
ひだんせいどうてきおうとう 【非弾性動的応答】 inelastic dynamic response 非弹性动力反应,非弹性动态反应
ひだんせいはんい 【非弾性範囲】 inelasic range 非弹性范围
ひだんせいりょういき 【非弾性領域】 inelastic region 非弹性区域
ビーチ・ハウス beach house 海滨别墅,海水浴休息室
ひちゃくざい 【被着剤】 adhesive 粘合剂,胶粘剂
ひちゃくざいりょう 【被着材料】 adhesive (被)粘结材料,(被)粘附材料
ひちゃくたい 【被着体】 adhesive, adherent (被)胶结材料,(被)粘附体
ビチューメン bitumen (地)沥青(指纯沥青或沥青材料)
ビチューメンあんていこうほう 【～安定工法】 soil stabilization with bitumen 沥青稳定土施工法
ひちょうわせいぶん 【非調和成分】 nonharmonic component (声的)非谐分量,非谐波成分
ひつ 【筆】 lot 地皮的块数单位
ひっかい 【筆界】 一块地皮的界线
ビッカーかたさ＝ヴィッカースかたさ
ビッカーかたさしけん＝ヴィッカースかたさしけん
ひっかきかたさ 【引掻硬さ】 scratching hardness 刮痕硬度,刻痕硬度
ひっかきかたさしけんほう 【引掻硬さ試験法】 scratching test 刮痕硬度试验
ひっかきていこう 【引掻抵抗】 scratch-

ing resistance 刮痕阻力,抗刻划力

ひっかきのみ 【引掻鑿】 (剥木皮用)刮凿

ひっかけがわら 【引掛瓦】 波形挂瓦

ひっかけさんがわら 【引掛桟瓦】 波形挂瓦

ひっかけさんがわらぶき 【引掛桟瓦葺】 波形挂瓦屋面

ピック・アップ pick-up 拾波,拾音,拾音器,拾波器,传感器

ピック・ハンマー pick hammer 尖头凿岩锤,尖头钻孔机

ひづくり 【火造】 forging 煅工,煅造

ひづくりまげ 【火造曲】 forging 煅烧弯曲,加热弯曲

ピックリング pickling 酸浸(除锈),酸洗(除锈)

ピックリングはいすい 【~廃水】 spent pickling liquids 酸洗废水

ひっこみくち 【引込口】 lead-in gate 进线口

ひっこみくちそうち 【引込口装置】 lead-in gate device 进线(配电)装置

ひっこみせん 【引込線】 service wire 引入线,进户线

ヒッタイトけんちく 【~建築】 Hittite architecture (公元前1800~1200年间小亚细亚东部及叙利亚北部古代的)赫梯建筑

ピッチ pitch 硬沥青,溚脂,节距,螺距,铆钉距,高跨比,斜度

ヒッチ・アングル hitch angle 联结角钢,,套钩角钢,绑系角钢

ヒッチ・デバイス hitch device 联结装置,挂结装置,索结装置

ピッチング pitting 点蚀,凹痕,起坑,锈斑

ピッツバーグはぜ 【~鈎】 pittsburg seam (管道四角)卷边接缝

ビット bit 钻头,锥,锥刃

ピット pit 坑,槽,穴,电梯井坑,管沟,地窖

ビット・ゲージ bit gauge 钻头径规

ピットのふかさ 【~の深さ】 电梯井炕深度

ピットマン pitman 联接杆,连杆,矿工,机工,锯木工

ピットマン・シャフト pitman shaft 连接杆轴

ひっぱり 【引張】 tension 拉力,张力,拉伸

ひっぱりあっしゅくつかれげんど 【引張圧縮疲限度】 tension-compression fatigue limit 拉压疲劳极限

ひっぱりえん 【引張縁】 extreme tension fiber 最外受拉纤维,受拉边

ひっぱりおうりょく 【引張応力】 tensile stress 拉应力,拉伸内力

ひっぱりおうりょくど 【引張応力度】 unit tensile stress 拉应力

ひっぱりかじゅう 【引張荷重】 tensile load 受拉荷载

ひっぱりきょうど 【引張強度】 tensile strength 抗拉强度

ひっぱり(てっ)きん 【引張(鉄)筋】 tension reinforcement 拉力钢筋,受拉钢筋,抗拉钢筋

ひっぱりざい 【引張材】 tension member 受拉杆件,受拉构件

ひっぱりしけん 【引張試験】 tension test 抗拉试验,张拉试验,拉伸试验

ひっぱりしけんきょくせん 【引張試験曲線】 tension test curve 张拉试验曲线,抗拉试验曲线

ひっぱりしけんず 【引張試験図】 tension test diagram 拉伸试验图

ひっぱりしけんへん 【引張試験片】 tension test piece 受拉试件

ひっぱりせいけいほう 【引張成形法】 stretch forming 张拉成形法

ひっぱりつよさ 【引張強さ】 tensile strength 抗拉强度,拉力强度

ひっぱりつよさけいすう 【引張強さ係数】 modulus of tensile strength 抗拉强度模量,拉力强度系数

ひっぱりばね 【引張発条】 tention spring 抗拉弹簧,拉力弹簧

ひっぱりひずみ 【引張歪】 tensile strain 拉应变,伸长应变,拉伸变形

ひっぱりひずみど 【引張歪度】 tensile strain intensity 拉应变度

ひっぱりフランジ 【引張～】 tension flange 受拉翼缘,受拉凸缘

ひっぱりボルト 【引張～】 tension bolt 受拉螺栓,拉力螺栓

ひっぱりりょく 【引張力】 tensile force 拉力

ひっぱりリング 【引張～】 tension ring 拉力环

ヒップ・ポイント hip point(HP) (桁架)上弦与端斜杆连接结点,屋脊节点,脊节点

ひつようえんそりょう 【必要塩素量】 chlorine demand 需氯量

ひつようがいきりょう 【必要外気量】 ventilation requirement 必需通风量,必需换气量

ひつようかんきりょう 【必要換気量】 ventilation requirement 必需通风量,必需换气量

ビデー bidet[法] 坐浴盆,洗身盆,妇女盆

ビー・ティー PT,potential transformer 电压互感器

ビー・ティー PT,point of tangent 曲线终点

ひていかいろ 【否定回路】 "not" circuit "非"电路

ひていこう 【比抵抗】 specific resistance 比阻,阻率

ひていこうほう 【比抵抗法】 specific resistivity method (地基的)比抗性测定法,比电阻法,单位阻力测定法

ビー・ティー・シー BTC,beginning of transition curve 缓和曲线始点

ひていじょうじょうたい 【比定常状態】 unsteady state, variable state 不稳定状态

ひていじょうしんどう 【非定常振動】 transient state vibration,unsteady state vibration 非定常振动,瞬态振动,非稳态振动

ひていじょうしんどうすう 【比定常振動数】 nonstationary frequency 非稳定频率,非固定频率

ひていじょうねつでんどう 【比定常熱伝導】 unsteady heat conduction 不稳定热传导,非稳态导热

ひていじょうりゅう 【非定常流】 transient flow 不稳定流,非定常流

ビー・ティー・ユー BTU,British thermal unit 英(国 热(量)单位

ビデオ・サイン v leo sign 荧光灯广告牌

びてきかんじょう 【美的感情】 aesthetic feeling 美感

ひてつきんぞく 【非鉄金属】 nonferrous metal 有色金属,非铁金属

ひてつごうきん 【非鉄合金】 nonferrous alloy 有色金属合金

ひでんかいしつ 【非電解質】 non-electrolyte 非电解质

びど 【美度】 aesthetic measure (色彩调配的)美观程度

ヒート heat 热,热能,热气

ビード bead 串珠饰,联珠饰,凸圆线脚,边角圆线脚,焊迹,叠接焊缝

ヒート・アイランド heat island (城市形成高温的)热岛现象

ピーどうさ 【P動作】 P(proportional)action 比例动作

ひどうでんりつ 【比導電率】 specific conductivity 电导系数

ひどうりゅうしきこうさ 【非導流式交差】 unchannelized intersection 非渠化式交叉

ビートおん 【～音】 beat tone 拍音

ひとかわあしば 【一側足場】 single scaffold 单排脚手架

ピトーかん 【～管】 Pitot tube 皮托管,流速测定管

ひどけい 【日時計】 dial,sundial 日规,日晷

ヒート・サイクル heat cycle 热循环

ビードしたわれ 【～下割】 underbead crack 焊道下裂纹,焊根裂纹

ひとしょうふたつばちょうじかん 【一承二鍔丁字管】 one-socket and two collar tee fitting 单承双盘丁字管,单承双盘三通

ヒート・ショック heat shock (感觉不舒适的)热冲击

ヒート・シール heat seal 热封,熔焊
ひとすじ 【一筋】(木配件的)单槽沟
ヒート・ストレイン heat strain 热应变,热变形
ピトーせいあつかん 【~静圧管】 Pitot static tube 皮托静压管
ひとて 【一手】(枓栱的)单翘
ひとてさき 【一手先】 出一跳
ひとのき 【一軒】 单檐
ヒート・ポンプ heat pump 热力泵
ピトーメーター Pitometer,Pitot meter 皮托压差计(测流速用)
ピー・トラップ 【P~】 P-trap P形存水弯
ひとりあたりきゅうすいりょう 【一人当給水量】 consumption per capita 每人用水量
ひとりあたりこうえんめんせき 【一人あたり公園面積】 per-capita park area 公园面积定额,公园定额(每人平均占有公园面积)
ひとりいちにちあたりきゅうすいりょう 【一人一日当給水量】 consumption per capita per day 每人每日用水量
ひとりいちにちあたりしょうひりょう 【一人一日当消費量】 consumption per capita per day 每人每日消耗量
ひとりいちにちおすいりょう 【一人一日汚水量】 sanitary sewage per capita per day 每人每日污水量
ひとりいちにちさいだいきゅうすいりょう 【一人一日最大給水量】 maximum water consumption per capita per day 每人每日最大用水量
ひとりおやかた 【一人親方】 单人工头
ビトリファイド・パイプ vitrified pipe 陶管
ビトリファイド・パイプ vitrified pipe 陶管
ひとりようしんだい 【一人用寝台】 single bed 单人床
ビードロしょうじ 【~[vidro葡]障子】 玻璃槅扇,玻璃门(窗)扇
ビードわれ 【~割】 bead crack 焊道裂纹,焊珠裂纹

ひながた 【雛形】 雏型,预型模
ピナクル pinnacle (哥特式建筑上的)小尖塔,尖顶,顶峰
ピナコテーク Pinakothek[德] 绘画馆
ひなだん 【雛壇】 band platform (舞台上的)伴奏席
ひなづか 【雛束】(壁橱内两层隔板中间的)小柱
ひなどめ 【雛留】 斜角暗接榫
ひなん 【避難】 refuge 避难
ひなんかい 【避難階】 fire escaping floor 安全层(设安全出口的楼层)
ひなんかいだん 【避難階段】 fire escape stair,emergency stair 安全梯,防火楼梯
ひなんきぐ 【避難器具】 fire escape (火灾时用的)安全设备
ひなんきょてん 【避難拠点】 refuge shelter 避难点,避难所,庇护所
ひなんけいかく 【避難計画】 refuge project 避难计划
ひなんけんいき 【避難圏域】 district of refuge 避难区
ひなんげんかいきょり 【避難限界距離】 distance of refuge limit 避难界限距离
ひなんこうつうしせつ 【避難交通施設】 evacuation traffic facilities,traffic device of refuge 避难交通设施
ひなんシステム 【避難~】 evacuation system,refuge system 避难系统,避难方式
ひなんしせつ 【避難施設】 refuge device 避难设施
ひなんしょうがい 【避難障害】 refuge impedance 躲避阻碍
ひなんち 【避難地】 refuge 躲难地
ひなんつうろ 【避難通路】 refuge passage 避难通道
ひなんでいりぐち 【避難出入口】 fire escape door way 避难出口
ひなんはし 【避難橋】 fire escape bridge 避难桥
ひなんようタラップ 【避難用~】 escape trap 避难用、逃生用踏梯
ひなんりょくち 【避難緑地】 open space for emergency 避难绿地,安全绿地

ひなんろ 【避難路】 refuge road, evacuation road 避难路
ひなんろうか 【避難廊下】 fire escape corridor 避难通道
ひなんろせんひょうしき 【避難路線標識】 evacuation route marker, signal of refuge line 避难路线标志
ひなんロープ 【避難～】 escape rope 避难绳索
ビニル vinyl 乙烯基,乙烯树脂
ビニル・アスベスト・タイル vinyl asbestos tile 乙烯基石棉瓦
ビニルこうばん 【～鋼板】 vinyl steel plate 乙烯基饰面钢板
ビニルじゅし 【～樹脂】 vinyl resin 乙烯基树脂
ビニルじゅしとりょう 【～樹脂塗料】 vinyl, paint 乙烯基树脂涂料(油漆)
ビニル・ダクト vinyl duct 乙烯基(塑料通风)管道
ビニルとりょう 【～塗料】 vinyl, paint 乙烯基树脂涂料(油漆)
ビニルとりょうぬり 【～塗料塗】 vinyl-resin paint coating 乙烯基树脂涂料涂层
ビニル・ブチラールじゅし 【～樹脂】 polyvinyl butyral resin 聚乙烯醇缩丁醛树脂
ビニル・ペイント vinyl paint 乙烯基涂料
ビニルゆかシート 【～床～】 vinyl floor sheet 乙烯基塑料地面卷材
ビニルゆかタイル 【～床～】 vinyl floor tile 乙烯基塑料地面砖
ビニル・レザー vinyl leather 乙烯基塑料人造革
ビニロイド・シート vinyloid sheet 乙烯基塑料薄板
ビニロン vinylon 维尼纶(商),聚乙烯醇缩甲醛纤维.
ビーニング peening 锤打,锤击,喷珠(丸)硬化
ひねつ 【比熱】 specific heat 比热
ひねつひ 【比熱比】 specific heat ratio 比热率
ひねり 【捻·拈】 door handle, door knob 门拉手
ひねりかけ 【拈掛】 filleting 抹灰填缝
ひねりこ 【捻子】 木栏杆上的水平棂条(位于木扶手的下面)
ひねりスイッチ 【捻～】 rotary switch, perking switch 旋转开关,快动开关,速断开关
ひねんせいど 【非粘性土】 cohesionless soil, non-cohesive soil 非粘性土
ひねんど 【比粘度】 specific viscosity 比粘度
ひのき 【檜】 桧木
ひのこ 【火の粉】 fire-flakes, sparks 火星,火焰飞片
ひのでずな 【日出砂】 色砂(商)
ひのでふっかく 【日出幅角】 eastern amplitude of the sun 日出方位角
ひのみやぐら 【火見櫓】 (日本江户时代的)望火楼,了望台
ビノリウム vinoleum 乙烯地毡,乙烯布
ひば 【羅漢柏·檜葉】 罗汉柏
ピーは 【P波】 P wave, primary wave P波,纵波,疏密波
ひはかいけんさ 【非破壊検査】 nondestructive inspection 无损检验,非破坏检验
ひはかいしけん 【非破壊試験】 non-destructive test 不损坏试验
ひはかいしけんほう 【非破壊試験法】 non-destructive test method 不损坏试验法,非破坏试验法
ひはだ 【檜皮】 桧树皮
ひばた 【樋端】 (木配件的)槽沟边缘
ひはだぶき 【檜皮葺】 桧树皮屋面,铺桧树皮屋面
ひばなつきあわせようせつ 【火花突合溶接】 flash butt welding 闪光对接焊,闪光对焊
ビーバー・ボード beaver board 轻质木纤维板
ビハーラ vihāra[梵], vihara[英] 毘诃罗,寺院,庙宇
ひはんしゃりつ 【比反射率】 specific reflectance 折射率差度

ビー・ビー・アール・ブイほうしき【BBRV方式】BBRV(Birkenmaier-Brandestini-Ros-Vogt)system BBRV式预应力混凝土后张法
ビー・ビー・エックス PBX,private branch exchange 专用电话交换机,用户小交换机
ビー・ビー・エム ppm,parts per million 百万分率,百万分之(几),$10^{-6}$
ビヒクル vehicle 展色料,载色剂
ひびごて【罅鏝】劈缝溜子
ひびつきごて【罅突鏝】劈缝溜子
ビー・ビー・ピー・アール BBPR,Barbiano-Banfi-Peressutti-Rogers BBPR设计组(意大利的现代建筑设计组织)
ビー・ピー・ビー・エス PPBS,planning programming budgeting system 规划、计划、预算制度(新的规划管理方法)
ひひょうめんせき【比表面積】specific surface area 比表面积,表面系数
ひびわれ【罅割】crack 裂缝,裂纹,龟裂
ひびわれあんぜんりつ【罅割安全率】safety factor for cracking load 裂缝荷载安全系数
ひびわれかじゅう【罅割荷重】cracking load 裂缝荷载
ひびわれかんかく【罅割間隔】spacing of cracks 裂缝间距,裂缝间隔
ひびわれしけん【罅割試験】crack detection 裂纹试验,抗裂试验
ひびわれねんど【罅割粘土】fissured clay 裂隙粘土
ひびわれはば【罅割幅】crack width 裂缝宽度
ひびわれりつ【罅割率】cracking ratio (路面)裂缝率
ヒービング heaving (道路)冻胀,胀起,隆起
ビブ bib 水龙头,弯嘴龙头,喷嘴
ビー・ブイ・エフ PVF,polyvinyl fluoride 聚氟乙烯
ビー・ブイ・シーせん【PVC線】polyvinyl chloride wire 聚氯乙烯绝缘线
ビー・ブイ・シー・タイル【PVC～】polyvinyl chloride tile 聚氯乙烯面砖
ビー・ブイ・シーでんせん【PVC電線】PVC (polyvinyl chloride) wire 聚氯乙烯被覆线
ビー・ブイせんず【PV線図】PV (pressure-volume) chart 压力-体积曲线图
ひふく【被覆】overlay,covering 覆盖,罩面,外皮,壳层,包层,(焊条)药皮,涂层,(道路)盖层,铺面
ひふくアークようせつぼう【被覆～[arc]溶接棒】covered electrode,coated electrode 包剂焊条,涂剂焊条,涂药皮焊条
ひふくざい【被覆材】covering material 覆盖材料,罩面材料
ひふくざい【被覆剤】covering,coating material 覆盖剂,包剂,涂剂
ひふくざいりょう【被服材料】clothing material 衣类和被服材料(纤维、皮革、橡胶等)
ひふくしゃ【被輻射】irradiation 光辐照,受辐射
ひぶくらはぎ【樋部倉矧】herringbone joint,V-shaped joint 木板的人字形(V形)缝拼接
ひふくりょく【被覆力】coating ability,covering power 遮盖力,覆盖力
びふん【微粉】fine particles 微粒,微粉
びふんさいき【微粉砕機】pulverizer 细粉碎机,研碎机
びぶんせいぎょ【微分制御】differential control 微分控制,差动控制
びふんたん【微粉炭】powdered coal,pulverised coal 粉煤
ひへいこうこうしき【非平衡公式】non-equilibrium formula 非平衡公式
ピペット pipette,pipet 移液管,吸管,吸量管
ピペットほう【～法】pipette method 吸管法(土的粒度试验方法)
ひほうしゃのう【比放射能】specific radioactivity 比放射性,放射性比度
ひぼしれんが【日干煉瓦】sun-dried brick,adobe 天然干燥砖坯,土坯
ひほぞんてきさいか【非保存的載荷】

non-conservative loading 非保持加載，非保持系统加载

ピボッテット・コンベヤー pivoted conveyor 旋转式输送机

ピボット pivot 集合，点集

ピボット・ゲート pivot gate 旋转门，旋转式闸门

ピボット・シャフト pivot shaft 枢轴，心轴

ピボットそうさく【～操作】pivot operation 集合的运算

ピボット・ヒンジ pivot hinge 尖轴铰链，尖轴合页，轴承合页

ひまく【皮膜】薄膜，皮膜，氧化膜，保护膜

ひまく【被膜】覆膜

ひまくげんき【被膜眩輝】veiling glare 光帷眩光，光幕眩光

ひまくはんしゃ【被膜反射】veiling reflection 光膜反射，光帏反射

ひまくようじょう【被膜養生】membrane curing 薄膜养护

ひまつどうはん【飛沫同伴】entrainment 雾沫

ビマーナ＝ヴィマーナ

ヒマラヤすぎ【～杉】Cedrus Deodara[拉]，Deodar cedar，Himalayan cedar，Indian cedar[英] 雪松，喜马拉雅杉树

ビーム beam 梁，横梁，(光的)柱，束

ビーム・カラム beam-column 梁，柱，偏心压杆，压弯构件

ビームこうそく【～光束】beam luminous flux 光束光通量

ビーム・コヒージョメーター Hveem cohesiometer 维姆粘聚力仪

ビーム・コンパス beam compasses 长臂圆规

ビーム・セオリー beam theory 梁理论

ビーム・ベンダー beam bender 型钢折弯机，弯梁机

ビーム・ランプ beam lamp 光(射)束灯

ひめこまつ【姫小松】Pinus Himekomatsu[拉] 五须松

ひめしば【姫芝】Digitaria sanguinalis [拉]，Sanguinalis finger-grass[英] 血红色马唐，假马唐，红水草

ひも【紐】string，cord，braid，lace 线，绳，带，条，绳束，软线

ひもじっくい【紐漆喰】(屋面瓦的)抹灰裹缝

ひもつきけいやく【紐付契約】附带条件合同

ひもつりとう【紐吊灯】cord pendant lamp 软线吊灯

ひもと【火元】origin of fire 火源，火灾起火点

ひもどめ【紐止】transom cleats 拉绳挂铁，系绳铁角

ひもひきスイッチ【紐引～】pull switch 拉线开关

ひや【火屋】火葬场，火葬场中置棺室的建筑形式

ひゃくじっこう【百日紅】Lagerstroemia indica[拉]，common crapemyrtle[英] 紫薇，满堂红，百日红，痒痒树

びゃくしん【柏槇】Juniperus chinensis，Sabina chinensis[拉]，chinese juniper[英] 桧柏，圆柏，刺柏

ひやくマトリックス【飛躍～】jumping matrix 跳跃矩阵

ひゃくようばこ【百葉箱】instrument screen，shelter 百页箱

ひやくりょう【飛躍量】jumping quantity 跳跃量，突变量

ひやけ【日焼】sun scald，sun scorch 晒伤，日灼伤

ひやしみず【冷水】cooling water 冷却水

ひゃっかてん【百貨店】department store 百货商店，百货公司

ひやとい【日雇】daily employment 计日工制，计日工

ひやといろうむしゃ【日雇労務者】day labourer 计日工

ビヤ・ホール beer hall 啤酒店，小酒馆

ひゆうどうしょく【被誘導色】induced colour 被诱导色(由一种色刺激视觉所引起的互补色残像的色)

ピュクノステュロス pykhnostylos[希]

(古希腊、古罗马神庙的)密柱式(柱间距为柱径的1.5倍)

**ヒューズ** fuse 熔丝,保险丝,熔片,可熔片,熔断器,信管,导火线,熔化,融合

**ビューティー・サロン** beauty salon 美容室

**ビューティー・パーラー** beauty parlour 美容院

**ビューフォートふうりょくかいきゅう** 【~風力階級】 Beaufort wind-scale 蒲福风级

**ヒューマス** humus 腐殖土,腐殖污泥

**ヒューマスおでい** 【~汚泥】 humus sludge 腐殖质污泥

**ヒューマン・スケール** human scale (衡量建筑物及外部空间用)以人体为标准的尺度

**ヒューマン・ファクター** human factor 人的因素,人体因素

**ヒューミディスタット** humidistat 调湿器

**ヒューム** fume 烟,烟雾,蒸气

**ヒュームかん** 【~管】 Hume pipe, centrifugal reinforced concrete pipe 离心法制钢筋混凝土管,休谟管

**ヒューム・フード** fume hood 通风橱,排烟罩,排毒气罩

**ピューリズム** Purisme[法] (1919年法国的)纯粹主义,纯粹派

**ビュレット** burette 滴定管,量管

**ビューロー** bureau (附有工作台的)大衣柜,小事务所,局,司,处,办公室

**ピュロスのきゅうでん** 【~の宮殿】 Palace of Pylos (公元前13世纪古希腊的)庇洛斯宫殿

**ピュロン** pylon[希] 埃及式塔门

**びょう** 【鋲】 pin, rivet 小圆钉,铆钉

**びょう** 【廟】 temple 庙,庙宇,寺院

**ひょうあつ** 【氷圧】 ice pressure 冰压力

**びよういん** 【美容院】 beauty parlour 美容院

**びょういん** 【病院】 hospital 医院

**びょううちき** 【鋲打機】 riveter, riveting machine 铆钉枪,铆钉机

**びょうがしけん** 【描画試験】 scratch drawing test 针划涂层粘结力试验

**ひょうかんじょうたい** 【表乾状態】 surface-dried condition 表面干燥状态(集料表面干燥、内部饱和的状态)

**ひようかんすう** 【費用関数】 cost function 值函数,费用函数

**びょうきょ** 【鋲距】 rivet pitch 铆钉间距,铆距

**ひょうぐい** 【標杭】 marking stake 标桩

**ひょうけいさんず** 【表計算図】 nomogram 诺模图,列线图解,列线图表

**ひょうけっしょう** 【氷結晶】 ice crystal 冰结晶,冰晶体

**ひょうげん** 【表現】 expression 表现

**びょうげんきん** 【病原菌】 pathogenic bacteria 病原菌,致病菌

**ひょうげんしゅぎ** 【表現主義】 expressionism (20世纪初期德国的)表现主义

**ひょうげんは** 【表現派】 expressionist 表现派

**ひょうこう** 【標高】 true height, altitude, elevation 标高,海拔

**びょうこう** 【鋲孔】 rivet hole 铆钉孔

**びょうこう** 【鋲構】 riveted truss 铆接桁架

**ひょうこうとうえい** 【標高投影】 indexed plan, contour map 标高投影

**ひょうこうひょうていてん** 【標高標定点】 vertical control point 高程控制点

**ひょうしき** 【標識】 mark, flag, tag, sentinel 标识,标志,符号

**ひょうじき** 【表示器】 indicator 指示器

**ひょうじじかん** 【表示時間】 显示时间

**ひょうじじゅんじょ** 【表示順序】 colour sequence (信号周期中)色灯显示顺序

**ひょうじじょう** 【表示錠】 indicator lock 指示锁,对字锁

**ひょうしつ** 【氷室】 ice chamber 冰室

**びようしつ** 【美容室】 beauty parlour, beauty salon 美容室

**びょうしつ** 【病室】 patient's room, ward 病房,病室

**ひょうじとう** 【表示灯】 indicating lamp, pilot lamp 指示灯

びょうじめ【鋲締】rivet joint, riveting, riveted joint　铆接

びょうじめき【鋲締機】riveter, riveting machine　铆钉机，铆枪

ひょうじもちこし【表示持越】carry-over　(绿灯)信号延长

ひょうしゃく【標尺】staff, levelling rod　(水准)标尺，水准尺，测量标杆

ひょうしゃくだい【標尺台】turning plate, foot-plate　水准尺的尺垫，脚基

ひょうじゅんいせん【標準緯線】standard parallel　标准纬线

ひょうじゅんえんちゅうきょうしたい【標準円柱供試体】standard cylinder specimen　标准圆柱形(混凝土)试件

ひょうじゅんおうだんめん【標準横断面】typical cross-section　标准横断面

ひょうじゅんおんあつレベルさ【標準音圧～差】standard sound level difference　标准声压级差

ひょうじゅんおんど【標準温度】standard temperature　标准温度

ひょうじゅんか【標準化】standardization　标准化

ひょうじゅんかさいおんどじかんきょくせん【標準火災温度時間曲線】standard temperature time curve　标准火灾温度一时间曲线

ひょうじゅんかじゅう【標準荷重】standard load　标准荷载

ひょうじゅんかそくどスペクトル【標準加速度～】standard acceleration spectrum　标准加速度谱

ひょうじゅんがたとし【標準形都市】city of standard urban structure, standard area of urban structure　标准型城市，标准结构城市

ひょうじゅんかっせいおでいほう【標準活性汚泥法】conventional activated sludge process　普通活性污泥法，常规活性污泥法

ひょうじゅんかねつおんどきょくせん【標準加熱温度曲線】标准加热温度曲线(指防火性能试验)

ひょうじゅんかんきかいすう【標準換気回数】standard number of air change　标准换气次数

ひょうじゅんがんすいりつ【標準含水率】standard moisture content　标准含水率

ひょうじゅんかんにゅうしけん【標準貫入試験】standard penetration test　标准贯入试验，(沥青)标准针入度试验

ひょうじゅんきあつ【標準気圧】standard atmospheric pressure　标准大气压

ひょうじゅんきかん【標準軌間】standard gauge　标准轨距(1.435米)

ひょうじゅんきょうど【標準強度】standard strenth　标准强度

ひょうじゅんくうき【標準空気】standard air　(空气调节的)标准空气

ひょうじゅんけいかん【標準径間】standard span　标准跨度

ひょうじゅんけいりょう【標準計量】standard measuring, standard batching　(混凝土集料)标准计量

ひょうじゅんけいりょうちょうごう【標準計量調合】(混凝土)标准计量配合

ひょうじゅんけんちくひ【標準建築費】standard building cost　标准建筑造价

ひょうじゅんこうかおんど【標準効果温度】standard operative temperature　标准有效温度，标准工作温度

ひょうじゅんこうげん【標準光源】standard light source　标准光源

ひょうじゅんごうど【標準剛度】standard rigidity　标准刚度

ひょうじゅんこうばい【標準勾配】standard grade　标准坡度

ひょうじゅんこんすいりょう【標準混水量】(混凝土)标准加水量

ひょうじゅんさいかしけん【標準載荷試験】standard loading test　标准荷载试验

ひょうじゅんさんすいろしょう【標準散水濾床】low-rate trickling filter　标准生物滤池，低负荷生物滤池

ひょうじゅんじ【標準時】standard time　标准时(间)

ひょうじゅんしきひょう【標準色票】

standard colour chip　标准色卡
ひょうじゅんしけん【標準試験】standard test　标准试验
ひょうじゅんしけんたい【標準試験体】standard test specimen, standard test piece　标准试件
ひょうじゅんしけんほうほう【標準試験方法】standard testing method　标准试验方法
ひょうじゅんしゃ【標準砂】standard sand, normal sand　标准砂
ひょうじゅんしようしょ【標準仕様書】standard specification　标准规范,技术标准,标准说明书
ひょうじゅんじょうたい【標準状態】standard condition　标准状态
ひょうじゅんしょうど【標準照度】standard intensity of illumination, standard illumination　标准照度
ひょうじゅんしょく【標準色】standard colour　标准色
ひょうじゅんすんぽう【標準寸法】standard dimension　标准尺寸
ひょうじゅんせっけい【標準設計】typical design　标准设计,典型设计
ひょうじゅんセメント【標準～】standard cement　标准水泥
ひょうじゅんたいき【標準大気】standard atmosphere　标准大气压
ひょうじゅんたいせき【標準体積】normal volume　标准体积
ひょうじゅんだんぼうどにち【標準暖房度日】normal heating degree-days　标准采暖度日
ひょうじゅんちょうごう【標準調合】(混凝土)标准配合
ひょうじゅんちょうりょく【標準張力】standard tension　标准拉力,标准张力
ひょうじゅんでんぱ【標準電波】standard wave　标准电波
ひょうじゅんとしけんとうけいちいき【標準都市圏統計地域】standard metropolitan statistical area(SMSA)　标准城市(范围)圈统计区
ひょうじゅんとしちいき【標準都市地域】standard metropolitan area(SMA)　标准城市区
ひょうじゅんなんど【標準軟度】standard consistency　标准稠度
ひょうじゅんにゅうしゃかく【標準入射角】standard incidence angle　标准入射角
ひょうじゅんふるい【標準篩】standard sieve　标准筛
ひょうじゅんへんさ【標準偏差】standard deviation　标准偏差,均方误差
ひょうじゅんようじょうおんど【標準養生温度】standard curing temperature　标准养护温度
ひょうじゅんりゅうど【標準粒度】standard grading　标准级配
ひょうじゅんれいとうサイクル【標準冷凍～】standard freezing cycle　标准冷冻循环
ひょうしょう【表粧】facing　饰面(层)
ひょうすいそう【表水層】epilimnion　表水层,湖面温水层
ひょうせき【標石】stone marker, stone monument　标石
びょうせつ【鋲接】rivet　铆接
びょうせつごう【鋲接合】riveted joint　铆接,铆钉接合
びょうせん【鋲線】rivet line　铆钉线
ひょうそうかんかく【表層感覚】(家具软垫的)表层感觉
ひょうそうざいりょう【表層材料】surface course material　(路面)面层材料
ひょうそうたいせきぶつ【表層堆積物】surface deposit　表层堆积物
ひょうそうはくり【表層剝離】scaling　表层剥落
びょうつぎ【鋲接】riveted bond, riveted connection　铆接,铆钉接合
びょうつづり【鋲綴】rivet joint, riveting, riveted joint　铆接
ひょうてい【標定】orientation　定向,定位,标定
びょうていかん【錨碇桿】anchor bar, anchor rot　锚固杆,锚定拉杆
ひょうていそくど【表定速度】sched-

ule speed 规定速率,规定车速

ひょうていてん 【標定点】 control point 控制点

ひょうていてんそくりょう 【標定点測量】 control surveying 控制测量,标定点测量

ひょうてんきょり 【標点距離】 gauge length 标距

ひょうど 【表土】 surface soil 表土,面层土

ひょうどいどう 【表土移動】 soils removal 表土移动

びょうとう 【病棟】 ward 病房区

ひょうどはぎ 【表土剝】 stripping 表层土剥落,面层土剥落,挖除表土

ひょうどほぜん 【表土保全】 conservation of surface soil 表土保护

びょうにんロック 【病人～】 hospital lock 人工气压室

ひょうはくふん 【漂白粉】 chloride of lime, bleaching powder 漂白粉

ひょうひかんそう 【表皮乾燥】 surface dry 表面干燥

びょうぶ 【屛風】 screen 屏风

びょうぶおり 【屛風折】 triangular diffuser 屏风型扩声体,三角形扩声体

びょうぶがき 【屛風垣】 屏风状围墙

ひようべんえきぶんせき 【費用便益分析】 benefit-cost analysis 受益-成本分析,投资效果分析

びょうほ 【苗圃】 nursery, nursery garden 苗圃

ひょうほんこうつうちょうさ 【標本交通調査】 sample traffic survey 交通抽样调查

ひょうほんしつ 【標本室】 sample room 标本室

ひょうほんちょうさほう 【標本調査法】 sampling method 抽样调查法

ひょうほんぼく 【標本木】 sample tree 标本树,标本木

ひょうめんうき 【表面浮子】 surface float 表面浮子

ひょうめんうず 【表面渦】 surface eddy 表面涡流

ひょうめんかしつき 【表面加湿器】 surface type humidifier 表面加湿器

ひょうめんかっせいざい 【表面活性剤】 surface active agent 表面活性剂

ひょうめんかねつき 【表面加熱機】 surface heater (沥青路面修补用)热面器,表面加热机

ひょうめんかんそう 【表面乾燥】 surface dry 表面干燥

ひょうめんかんそうじょうたい 【表面乾燥状態】 surface-dry condition 表面干燥状态(骨料表面干燥、内部饱和的状态)

ひょうめんかんそうないぶほうわじょうたい 【表面乾燥内部飽和状態】 saturated surface-dried condition (骨料)表面干燥内部饱和状态,面干饱和状态

ひょうめんかんそうほうすいじょうたい 【表面乾燥飽水状態】 saturated surface-dry condition (骨料)面干饱和状态

ひょうめんかんそうほうわじょうたい 【表面乾燥飽和状態】 saturated surface dried condition (骨料的)表面干燥内部饱和状态,面干饱和状态

ひょうめんぎょうしゅくき 【表面凝縮器】 surface condenser 表面凝结器,表面冷凝器

ひょうめんけつろ 【表面結露】 surface condensation 表面结露

ひょうめんげんしつき 【表面減湿器】 surface type dehumidifier 表面减湿器

ひょうめんこうか 【表面硬化】 case hardening 表面硬化

ひょうめんざいりょう 【表面材料】 surface material 表面材料,表层材料,面层材料

ひょうめんしあげ 【表面仕上】 surface finishing 表面处理,表面修整,饰面

ひょうめんしょく 【表面色】 surface colour 表面色

ひょうめんしょり 【表面処理】 surface treatment 表面处治,表面处理,路面处理

ひょうめんしんしょく 【表面浸食】 surface erosion (土地的)表面浸蚀,表面冲刷

ひょうめんしんどうき【表面振動機】surface vibrator 表面振捣器,平板振捣器

ひょうめんすい【表面水】surface water 地面水,地表水

ひょうめんすいじゅんそくりょう【表面水準測量】surface levelling (隧道)表面水准测量

ひょうめんすいりょう【表面水量】surface moisture 表面含水量

ひょうめんせきりろん【表面積理論】theory of surface area 表面积理论

ひょうめんせんじょう【表面洗浄】surface washing 表面冲洗

ひょうめんそど【表面粗度】surface texture (路面)表面纹理深度,表面粗度

ひょうめんちょうせい【表面調整】surface treatment 表面处理

ひょうめんちょうりょく【表面張力】surface tension 表面张力

ひょうめんでんねつけいすう【表面伝熱係数】surface heat transfer coefficient 表面热转系数,表面换热系数

ひょうめんでんねつていこう【表面伝熱抵抗】thermal resistance of the surface 表面热阻

ひょうめんとうけつ【表面凍結】surface freezing 表面冻结

ひょうめんとうしつけいすう【表面透湿係数】surface vapour permeance 表面蒸汽转移系数,表面透湿系数

ひょうめんとうしつていこう【表面透湿抵抗】surface vapour resistance 表面蒸汽渗透阻力,表面透湿阻力

ひょうめんねんしょう【表面燃焼】surface combustion 表面燃烧

ひょうめんねんしょうバーナー【表面燃焼~】surface combustion burner 表面燃烧器

ひょうめんは【表面波】surface wave 面波,表面波

ひょうめんはいすい【表面排水】surface drainage 表面排水

ひょうめんばっき【表面曝気】surface aeration 表面曝气

ひょうめんビー・オー・ディーふか【表面BOD負荷】surface BOD loading 表面BOD负荷,表面生化需氧量负荷

ひょうめんもれ【表面漏】surface leakage 表面漏泄

ひょうめんりゅうしゅつ【表面流出】surface run-off 表面漫流

ひょうめんりゅうそく【表面流速】surface velocity 表面流速

ひょうめんりょく【表面力】surface force 表面力

ひょうめんれいきゃく【表面冷却】surface cooling 表面冷却

ひょうめんろか【表面濾過】surface filtration 表面过滤,滤层过滤

ひょうめんわれ【表面割】surface crack 表面裂缝,表面裂纹

ひようゆうこうどぶんせき【費用有効度分析】cost-effectiveness analysis 成本效果分析

びょうりけんさしつ【病理検査室】pathology laboratory 病理检查室,病理检验室

ひょうりゅうかん【漂流桿】drift pole 漂流杆

ひょうりゅうすい【表流水】surface water 地表水

ひようりょう【比容量】specific capacity 比容量

びょうれきほかんしつ【病歴保管室】medical record library room 病历(保管)室

ひよくど【肥沃度】fertility 肥力,繁殖力

ひよけ【日除】sunshade,awning 遮阳,遮篷,遮帘

ひよけがたまど【日除型窓】awning (type)window 遮阳式窗,遮篷式窗

ひよどりせん【鵯栓】贯穿椽与翼角椽的销栓

ひら【平】平坦,平面,正面,大面,长边的面,普通

ビラ=ヴィラ

ピラー pillar 支柱,墩

ひらいき【避雷器】lightning arrester

避雷器,避雷装置
ひらいし【平石】扁石,扁平石
ひらいしん【避雷針】lightning rod, lightning guard 避雷针
ひらいた【平板】asbestos cement board,plate,sheet 石棉水泥板,薄金属板,平板
ひらいたサブルーチン【開いた～】open subroutine 开型子程序,直接插入子程序
ひらいたそう【開いた層】open layer (土的)开层
ひらいたぶき【平板葺】flat seam roofing 平板屋面,铺平板屋面
ひらいり【平入】与脊成垂直方向设置的入口
ひらうち【平打】flattening 打扁,整平,压平,压扁
ひらがしらくぎ【平頭釘】flat nail 平头钉
ひらがたつぎめいた【平形継目板】flat joint bar (轨道的)平接缝板,平型鱼尾板
ひらかべ【平壁】没有线脚的平墙,建筑物正立面的墙
ひらかめ【平亀】石磙
ひらからくさがわら【平唐草瓦】带花边的檐头瓦
ひらがわ【平側】正立面(与山墙垂直的墙面)
ひらがわら【平瓦】板瓦,平瓦
ピラカンサるい【～類】Pyracantha sp.[拉],Firethorn[英] 火棘属
ひらがんな【平鉋】平刨
ひらき【開】张开间距,平开,外倾角度
ひらきしょうじ【開障子】casement screen (装合页的)平开槅扇
ひらきすいろ【開水路】open channel 明沟,明渠
ひらきど【開戸】hinged door (装合页的)平开门
ひらきはかい【開破壊】tensile rupture 拉断,拉裂
ひらきボルト【開～】expansion bolt 伸缩栓,开口螺栓
ひらきまど【開窓】casement window, sash window (装合页的)平开窗
ひらきまどちょうせいき【開窓調整器】adjuster 窗开关调节器,活动窗钩
ひらくぎ【平釘】flat nail 平头钉
ひらけずりばん【平削盤】planer 刨床
ひらげた【平桁】栏杆的横档
ひらこう【平鋼】flat bar,flat steel 扁钢
ひらごうし【平格子】平格窗(日本住宅中和墙面齐平的格窗)
ひらごうてんじょう【平格天井】嵌板顶棚,平格天花板
ひらさんじょう【平山城】平顶山城
ひらじろ【平城】town in a plain 平原城市,平地筑城
ピラスター pilaster 壁柱,半露柱
ひらすみにく【平隅肉】flat faced fillet 贴平角焊缝,平填角焊缝
ひらすみにくようせつ【平隅肉溶接】flat faced fillet weld(ing),flush fillet weld(ing) 平填角焊,贴平角焊
ひらぞこレール【平底～】flat bottom rail,Vignole's rail 平底钢轨,丁字形钢轨
ひらぞなえ【平備·平具】平身科枓栱
ひらだい【平台】platform 台,平台,高地面
ひらたこ【平蛸】硪
ひらだん【平段】flier,flyer 直梯段的各级踏步,梯级
ひらつきバス【平付～】pier bath 单间浴室
ひらづくり【平造】正立面上设置出入口的构造
ひらど【平戸】flush door 平面门,光板门
ひらどま【平土間】(日本歌舞伎剧场的)正面后排池座
ひらどめ【平留】用键加固的斜角接合
ひらどめつぎ【平留接】用键加固的斜角接合
ひらにわ【平庭】flat garden 平地庭园(在平坦的土地上造园,没有堆山、水池的花园)

ひらの 【平野】 (庭园中的)平地,平野,旷地

ひらのき 【平軒】 水平檐

ひらのし 【平熨斗】 普通脊垫瓦

ひらのじ 【平野地】 平望板(不作反翘的望板)

ひらのみ 【平鑿】 平凿

ひらはぎばん 【平剝盤】 slicer 切片机,刨片机,单板刨削机

ひらひじき 【平肘木】 除角拱以外的拱

ひらびょう 【平鋲】 flat-head rivet, flattened rivet 平头铆钉

ひらピン 【平～】 flat pin 平销

ひらぶき 【平葺】 平板瓦屋面,铺板瓦屋面

ひらぶち 【平縁】 平压边条,交圈压条

ひらぶちてんじょう 【平縁天井】 panel-stripped ceiling 顺条顶棚,顺条平顶

ひらふで 【平筆】 排笔

ひらベルト 【平～】 flat belt 平皮带

ひらみず 【平水】 水平

ピラミッド pyramid 金字塔,棱锥四面体

ピラミッド・カット pyramid-cut (爆破的)角锥式钻眼,角锥形掏槽

ひらみつどぐみ 【平三斗組】 (平身科)一料三栱

ビラムがたびふうそくけい 【～型微風速計】 Biram's wind meter 毕拉姆式风速计

ひらめじ 【平目地】 flush joint, plain cut joint 平(灰)缝

ひらや 【平家】 one-storied house, one-storeyed house 平房

ひらやすり 【平鑢】 file 平锉,锉

ひらやだて 【平家建】 one-storied house, one-storeyed house 平房

ひらやね 【平屋根】 flat roof, deck roof 平屋顶

ひらようせつ 【平溶接】 flat welding 平焊

ひらりベット 【平～】 flat-head rivet, flattened rivet 平头铆钉

びり 掺砾砂

ピリジンはいすい 【～廃水】 pyridine manufacture wastewater 吡啶废水,氮(杂)苯废水

ピリジン・ピラゾロンほう 【～法】 pyridine-pyrazolone method 吡啶吡唑啉酮测定法

ビリット billet 错齿线脚

ビリディアン viridian 翠绿色(颜料)

ビリャード billiard room 弹子房

びりゅうし 【微粒子】 particulate 微粒

びりゅうしおせん 【微粒子汚染】 pollution by particulates 颗粒物质污染

ひりゅうりょう 【比流量】 unit discharge, specific discharge 比流量,单位流量

ひりょう 【肥料】 fertilizer 肥料

ひりょう＝とびばり

びりょうえいようそ 【微量栄養素】 micronutrients 微量养料

びりょうちゅうしゃき 【微量注射器】 microsyringe 微量注射器

ひる 【蛭】 环,环钩,环形物

ビル building 房屋,建筑物,大楼,建造

ひるいし 【蛭石】 vermiculite 蛭石

ひるいしぬり 【蛭石塗】 抹蛭石浆

ひるいしプラスター 【蛭石～】 vermiculite plaster 蛭石灰浆

ひるいしプラスターぬり 【蛭石～塗】 vermiculite plaster finish 抹蛭石灰浆

ひるいしモルタル 【蛭石～】 vermiculite mortar 蛭石砂浆

ひるいしモルタルぬり 【蛭石～塗】 vermiculite mortar finish 抹蛭石砂浆

ビル・オフ・クォンティティーズ bill of quantities 建筑工程量表,数量清单,初步估算

ひるかぎ 【蛭鈎】 leech hook 挂钩,蛭形钩

ビルかさい 【～火災】 fire hazard of high-rise building 高层建筑火灾

ビルけいえい 【～経営】 中高层建筑物的经营

ビールじょうぞうこうていはいすい 【～醸造工程廃水】 beer brewing process wastewater 啤酒酿造工艺废水

ビールス virus 病毒

ビルダー builder 建筑者,建造者,建筑

工人
**ビルディング** building 房屋,建筑物,大楼,建造
**ビルディング・エレメント** building element 建筑构件,建筑构成要素
**ビルディング・コンストラクション** building construction 建筑构造,建筑结构
**ビルト・アップ・メンバー** built-up member 组合构件
**ビルマけんちく**【～建築】Burmese architecture 缅甸建筑
**ビルマしき**【～式】Burmese style 缅甸式(建筑)
**ビルラ＝ヴィラ**
**ひれ**【鰭】fin 鳍,鳍状物,鱼翅饰(悬于两侧的陪衬装饰),(散热,冷却)叶片
**ひれいいちどうさ**【比例位置動作】proportional position action 比例位置动作
**ひれいけいすうかん**【比例計数管】proportional counter 正比计数管
**ひれいげんど**【比例限度】proportional limit 比例极限
**ひれいコンパス**【比例～】proportional compasses 比例规,比例圆规
**ひれいさいか**【比例載荷】proportional loading 比例荷载,比例加载
**ひれいせいぎょ**【比例制御】proportional control 比例控制
**ひれいたい**【比例帯】proportional band 比例区域,比例范围
**ひれいどうさ**【比例動作】proportional action 比例动作,比例调节作用,比例位置作用
**ひれいひ**【比例費】proportional cost 比例费(指按增加工程量的比例而增加的费用)
**ひれがわら**【鰭瓦】底部有纹样的装饰性脊头瓦
**ひれつきかん**【鰭付管】finned tube 加肋管,翅片管
**ひれつきかんほうねつき**【鰭付管放熱器】finned tube radiator 肋形管式散热器,翅管式散热器
**ひれつきほうねつき**【鰭付放熱器】finned radiator 片式散热器,肋形散热器
**ひれつきラジエーター**【鰭付～】finned radiator 片式散热器,肋形散热器
**ひれつきれいきゃくかん**【鰭付冷却管】finned cooling pipe 片式冷却管,肋形冷却管
**ひれつきれいきゃくき**【鰭付冷却器】finned cooler 片式冷却器,肋形冷却器
**ヒレット** fillet (机场)滑行道扩宽部分
**ビレット＝ビリット**
**ひれんどうシステム**【非連動～】decoupled system 非相关体系,隔离系统
**ひろ**【尋】fathom 英寻(等于1.829米)
**ひろいだし**【拾出】taking-off (由设计图纸)计算工程量,估算工料
**ひろいパテ**【拾～】puttying 抹腻子,用油灰抹平
**ひろう**【疲労】fatigue 疲劳
**ひろうきょうど**【疲労強度】fatigue strength 疲劳强度
**ひろうクラック**【疲労～】fatigue crack 疲劳裂纹
**ひろうけいすう**【疲労係数】fatigue ratio 疲劳系数
**ひろうげんど**【疲労限度】fatigue limit 疲劳极限,疲劳限度
**ひろうしけん**【疲労試験】fatigue test 疲劳试验
**ひろうしけんき**【疲労試験機】fatigue testing machine 疲劳试验机
**ひろうはかい**【疲労破壊】fatigue failure 疲劳破坏,疲劳断裂
**ひろえん**【広縁】wide corridor 宽檐廊
**ひろがりはかい**【広がり破壊】failure of spreading 扩展破坏,拉伸破坏
**ひろこうじ**【広小路】(日本江户时代城市中的)宽阔街道
**ひろこまい**【広小舞】tilting board, eaves board 椽上封檐板条,连檐垫板
**ひろさ**【広さ】width, extent 宽度,广度
**ひろじ**【広路】boulevard 林荫大道,宽阔街道
**ピロー・スピーカー** pillow speaker 枕

形扬声器
ピロティ pilotis[法] 鸡腿式样(楼房架空、底层开敞、用柱支承的建筑式样)桩基
ビロード veludo[葡] 天鹅绒
ひろにわ 【広庭】 large garden 规模大的庭园,大门前的前庭
ひろば 【広刃】 axe,ax 斧
ひろば 【広場】 place,square,plaza 广场
ひろま 【広間】 hall,lobby 大厅,门厅,厅堂
ひろまくおでい 【比濾膜汚泥】 nonbiological film sludge 非滤膜污泥,非生物膜污泥
ひろまじききょうどうじゅうたく 【広間式共同住宅】 apartment-house of direct access 服务性空间共用的公寓,门厅,楼梯共用的公寓
ひろまちゅうしんしき 【広間中心式】 central hall type 中央大厅式(平面布置)
ひろまもの 【広間物】 (用于庙宇、宫殿建筑物)大瓦
びわいた 【琵琶板】 垫拱板
ひわだ 【檜皮】 桧木皮
ひわれ 【干割】 season crack (木材的)干裂,晒裂
ビン bin 料仓,谷仓,煤仓,贮仓,贮藏箱
ピン pin 枢轴,销,栓,铰
ひんえいようこ 【貧栄養湖】 oligotrophic lake 贫营养湖
ひんがん 【玢岩】 porphyrite 玢岩
ピン・キー pin key 销键
ピンク・ラワン pink lauan 红柳桉
ピンこう 【~構】 pin-connected truss 铰接桁架
ピンこうぞう 【~構造】 pin-connected construction 铰接构造,枢接构造
びんころ 一遍油漆完工,铺石路面
ヒンジ hinge 铰,铰接
ヒンジ・アーチ hinged arch 铰接拱,铰拱
ヒンジししょう 【~支承】 hinged bearing 铰支承,铰支座
ヒンジ・ジョイント hinge joint 铰链接合,铰接
ピンししょう 【~支承】 pin bearing,pin support 枢轴支承,轴承销
ヒンジ・ピン hinge pin 铰销,铰轴
ヒンジ・ベアリング hinge bearing 铰支承,铰支座
ピン・ジョイント pin joint 铰接,销接
ヒンジ・ラーメン 【~[Rahmen德]】 hinged frame 铰接框架
ピンせつごう 【~接合】 pin connection 枢接合,铰接合,铰接
ピン・タンブラーじょう 【~錠】 pin tumbler lock 转向销子锁,圆筒销子锁
ひんちょうごう 【貧調合】 lean mix 少灰配合,贫配比
ひんちょうごうコンクリート 【貧調合~】 lean-mix concrete 贫配比混凝土,少灰混凝土
ピンちょうばん 【~丁番】 pin hinge 销铰,枢轴合页
ピンつきコイル 【~付~】 finned coil 翼片盘管,翅片盘管
ピンつぎて 【~継手】 pin joint 枢接,铰接,销接
びんづめいんりょうすい 【瓶詰飲料水】 bottled drinking water 瓶装饮用水
びんづら 【鬢面】 (木构件接头的)接合面
びんづらどめ 【鬢面留】 斜向搭边接合
ヒンドゥーきょうけんちく 【~教建築】 Hindu architecture (7~13世纪)印度教建筑
ピン・トラス pin-connected truss 铰接桁架
びんトラップ 【瓶~】 bottle trap,pot trap 瓶式存水弯
ピントル pintle 枢轴,枢栓,扣针
ひんはいごう 【貧配合】 lean mix 贫配比,少灰配合比
ひんはいごうコンクリート 【貧配合~】 lean-mix concrete 贫配比混凝土,少灰混凝土
ひんふすいせい 【貧腐水性】 oligosaprobic 低腐水性
ひんふすいせいすいいき 【貧腐水性水域】 oligosaprobic waters 低污染水域

**ひんふすいせいせいぶつ 【貧腐水性生物】** oligosaprobic organism 低腐水性生物
**ピン・プレート** pin plate 枢板,栓接板
**ピンホール** pinhole 销孔,针孔,小孔,砂眼,气孔
**ピンポンきょうぎじょう 【～競技場】** 竞技场
**ピンポンしつ 【～室】** ping-pong ball room, table tennis room, table tennis court 乒乓球室,乒乓球比赛场
**ひんみんくつ 【貧民窟】** slum, gutter 贫民区,贫民窟
**ひんもうるい 【貧毛類】** Oligochaeta 寡毛目
**ピンヤード** vineyard 葡萄园
**ピンれんけつ 【～連結】** pin connection 枢接合,铰接合

## ふ

ふ【斑】spot,speck,speckle 斑点,斑纹,石斑,木斑
ブー (日本虾夷人的)贮藏室,仓库
ファイア・ウォール fire-wall 防火墙
ファイア・エスケープ fire escape 太平梯,安全出口
ファイア・スクリーン fire screen 防火幕,火炉栏
ファイアプレース fireplace 壁炉
ファイア・ポット fire pot 火箱,燃烧室
ファイストスのきゅうでん【～の宮殿】Palace of Phaistos (古代克里地岛的)费斯托斯宫
ファイナル・ドライブ・リダクション final drive reduction 最终传动减速
ファイニアル finial 叶尖饰,头顶饰,(哥特式建筑上的)小尖塔
ファイバー fibre,fiber 纤维,纤维材料,纤维制品
ファイバーおうりょく【～応力】fiber stress 纤维应力
ファイバー・ガラス fiber glass 玻璃纤维
ファイバーかん【～管】fiber pipe 纤维管
ファイバー・コンクリート fiber reinforced concrete 纤维增强混凝土
ファイバー・ボード fiber board 纤维板,木丝板
ファインネス fineness 细度,纯度,光洁度
ファウル・ガス foul gas 污浊气体,恶臭气体
ファウンデーション・ボルト foundation bolt 基础螺栓,地脚螺栓
ファクター factor 因数,系数,因子,因素,要素
ファクテュール facture[法] 表面处理手法,表现技法
ファサード facade[法],facade[英] 建筑立面
ファスチャン fustian 粗鹅绒,灯芯绒,粗斜纹布
ファースト・ギア first gear 第一速度齿轮,头档齿轮
ファースト・フロア first floor 第二层楼(英),第一层楼,底层(美)
ふあつ【負圧】negative pressure 负压
ファニチャー furniture 家具,器具
ファニチュア＝ファニチャー
ファーニッシング furnishing 装璜,陈设,装修
ファーネス furnace 炉,火炉,高炉,熔炉
ファーネス・アーチ furnace arch 炉拱顶,炉顶拱
ファヤンスやきタイル【～焼～】faience tile 彩色瓷砖
ファラデーのほうそく【～の法則】Faraday's law 法拉第定律
ファランステール Phalanstère[法] 共产自治村,法朗吉(法国空想社会主义者傅立叶提出的2000人左右为基本生产消费单位的社会主义生活共同体)
ファーレンハイト・サーモメーター Fahrenheit thermometer 华氏温度计
ファロサージュ pharosage 辐射照度与照明学上的照度的总称
ファロス pharos 辐射通量与光通量的总称
ファン fan 扇,风扇,通风机
ファンクション function 功能,机能,作用,函数
ファング・ボルト fang bolt 棘锚栓,地脚螺栓,板座栓
ファン・クーラー fan cooler 风扇冷却器
ファン・コイル・ユニット fan-coil unit 风机-盘管空调机
ファン・コイル・ユニットほうしき【～方式】fan-coil unit system 风机-盘管

空调机系统
ファン・コンベクター・ヒーター fan convector heater 强制对流加热器
ファン・コンベヤー fan conveyor 风动输送机
ファンスワースてい 【~邸】 House for Dr.E.Farnsworth (1945~1950年美国) 范斯沃思住宅(米斯作品)
ふあんてい 【不安定】 unstability 不稳定,失稳
ふあんていこうぞうぶつ【不安定構造物】 unstable structure 不稳定结构物
ふあんていつりあい 【不安定釣合】 unstable equilibrium 不稳定平衡
ファン・デル・ワールスきゅうしゅうさよう 【~吸収作用】 Van der Waal's absorption 范德瓦耳斯吸附作用
ファン・デル・ワールスのちから 【~の力】 Van der Waal's force 范德瓦尔斯力
ファン・デル・ワールスりょく 【~力】 Van der Waal's force 范德瓦尔斯(分子结合)力
ファンネルねんせい 【~粘性】 funnel viscosity 漏斗粘度计测定的粘性
ファン・ボールト fan vault 扇形穹顶,扇肋拱顶(由扇形网状肋构成)
フィアツェーンハイリゲンせいどう 【~聖堂】 Wallfahrtskirche, Vierzehnheiligen[德] (1743~1772年德意志邦贝尔克)十四圣人巡礼教堂
フィアットこうじょう 【~工場】 Fabbrica di FIAT[意] (1919~1923年意大利托里诺)菲阿特工厂
ブイ・エス・エルほうしき 【VSL方式】 VSL system VSL式(钢丝束)预应力混凝土后张法(以瑞士 Vor Spann 認 Losinger公司的第一个字母命名)
ブイ・エッチ・エフ VHF, very high frequency 甚高频
ブイがたかなもの 【V形金物】 V-strap V形带钢
ブイがたグルーブ 【V形~】 single groove 单槽(焊),V形槽(焊),V形焊口(坡口)
ブイがたそっこう 【V型側溝】 V-shaped street drain V形侧沟
ブイがためじ 【V形目地】 V-shaped joint (砖石砌体的)V形缝
ブイカット 【V~】 V-cut V形开挖,V形切割法
ブイ・グルーブごうはん 【V~合板】 V-grooved plywood V形槽胶合板
ふいご 【鞴】 bellows 风箱
フィーダー feeder 送料器,加料器,送水管,给油器,馈电线
フィーダーどうろ 【~道路】 feeder road 支路
フィッシー・バックほうしき 【~方式】 fishy back system 水陆联运方式
フィッシュ・プレート fish plate 接合板,鱼尾板,接轨夹板
フィッティング fitting 配件,零件,锚具,拼装,装配
フィット fit 配合,装配
フィード・パイプ feed pipe 送料管,给水管,给气管,给油管
フィード・バック feed back 反馈,回授
フィニアル=ファイニアル
フィニッシャー finisher 磨光机,(表面、路面)修整器,整面机
フィニッシャビリティー finishability 可修整性,易修整性,表面加工性
フィニッシュ finish 磨光,精制,修整,最后加工,装修,饰面
ブイ-ノッチ 【V~】 V-notch V形堰,三角堰
ブイ・バケット・コンベヤー 【V~】 V-bucket conveyer V形斗式输送机
ブイ・ピー・アイ VPI, vapour phase inhibitor 汽相(氧化)抑制剂
ブイ・ピー・アイし 【VPI紙】 vapour phase inhibitor impregnated paper 汽相抑制剂浸透纸
ブイ・ビー・コンシストメーター 【VB~】 VB consistometer VB稠度计,工业用粘度计
ぶいべつもくひょうち 【部位別目標値】 elemental target cost planning 构件指标式成本分析

ブイ・ベルト 【V～】 V-belt V形皮带,三角皮带

ブイ・ベルト 【V～】 V-belt V形皮带,三角皮带

ブイ・ベルト・トランスミション 【V～】 V-belt transmission 三角皮带传动

フイボナッチきゅうすう 【～級数】 Fibonacci series 费班纳赛序列

フィボナッチすうれつ 【～数列】 Fibonacci's sequence 费伯纳齐数列(制订模数用)

フィラー filler 填料,填充剂,垫片,垫板,加油口,注入器,漏斗

フィリピン・マホガニー Philippine mahogany 菲律宾桃花心木(指菲律宾红柳桉,白柳桉)

フィリング・ストレーナー filling strainer 加油过滤器,注液过滤器

フィリング・タンク filling tank 加油罐

フィルザバードきゅうでん 【～宮殿】 Firuzabād (3世纪波斯萨珊王朝)菲鲁札巴德宫

フィルター filter 过滤器,滤光器,滤色器,滤波器,过滤,滤清

フィルターいど 【～井戸】 filter well 滤井

フィル・タイプ・ダム fill-type dam 填土坝

フィルターがたしょうおんき 【～型消音器】 filter-type silencer, filter-type muffler 滤波式消声器

フィルター・ケーキ filter cake 滤饼

フィルター・サンド filter sand 滤砂

フィルター・プレス filter press 压滤机

フィールド field 场,场地,野外,领域,范围,区域,方面

フィールド・ハウス field house 田径馆

フィルム film 薄膜

フィルム・アプリケーター film applicator (涂膜试验用)涂膜涂匀器

フィルムこ 【～庫】 film storage 胶片库

フィルムせっちゃくざい 【～接着剤】 film adhesives 薄膜粘合剂

フィルムどくえいしつ 【～読影室】 X-ray film-viewing room X光影片检视室,观片室

フィル・ライト fill light (为减少阴影和对比范围的)附加照明

フィレット fillet 带饰,带状物,平边,圆抹角,楞条,嵌条,角焊缝

フィレット・ウェルディング fillet welding (贴)角焊,条焊

フィレンツェ・スタジアム Giovanni berta Stadium, Firenze[意] (1930年意大利)佛罗伦萨体育场

フィレンツェだいせいどう 【～大聖堂】 Duomo, Firenze[意] (13～15世纪意大利)佛罗伦萨大教堂

フィーレンデールげた 【～桁】 Vierendeel girder 空腹大梁,空腹梁

フィーレンデール・トラス Vierendeel truss 空腹桁架

フィン fin 百页板,散热片

フィンガー・ジョイント finger joint 指形接合,梳形接合

フィンガー・ダクト finger duct (空气调节的)指形送风管

フィンガー・プラン finger plan 指形城市形态(城市沿辐射形交通线发展的结果),指形平面布置

フィンガー・プレート finger plate (桥面、路面伸缩缝的)指状钢板,梳齿状钢板

フィンガー・ポスト finger post 指路牌,指向柱

フィンク・トラス Fink truss 芬克式桁架,芬式桁架

フィンつきかん 【～付管】 finned tube 翅片管

ふう 【楓】 Liquidambar formosana[拉], Formosa sweet geen[英] 枫香

ふうあい 【風合】 质感,纹理,肌理

ふうあつ 【風圧】 wind pressure 风压

ふうあつけい 【風圧計】 wind pressure meter 风压计

ふうあつけいすう 【風圧係数】 wind pressure coefficient 风压系数

ふうあつりょく 【風圧力】 wind pressure 风压,风压力

ふうか 【風化】 efflorescence, weathering, areration 风化,粉化,风蚀,老化

ふうがい 【風害】 wind damage 风灾
ふうかしけん 【風化試験】 weathering test 风化试验
ふうかじゅう 【風荷重】 wind load 风荷载
ふうかせっかい 【風化石灰】 weathering lime 风化石灰
ふうかど 【風化土】 soil of weathered rock, sedentary soils, sedentary deposit 风化土,原生土
ふうかん 【風乾】 air drying, natural decicate 风干,空气干燥,自然干燥
ふうかんざい 【封緘剤】 sealing compound (混凝土)养护剂,封缝剂,密封混合物,封口胶
ふうきちく 【風紀地区】 discipline district 风纪区,有戒律地区
ふうきゅう 【風級】 wind scale 风级
ふうけいけいかく 【風景計画】 landscape design 风景规划,风景设计
ふうけいしきていえん 【風景式庭園】 landscape style garden 风景式庭园
ふうけいち 【風景地】 scenic area 风景区,风景胜地
ふうけいちけいかく 【風景地計画】 planning of scenic area 风景区规划,风景区设计
ふうけいようそ 【風景要素】 landscape element 风景要素
ふうこう 【風向】 wind direction 风向
ふうこうがわ 【風向側】 windward 向风的,迎风的,顶风的,上风的
ふうこうけい 【風向計】 wind vane 风向标
ふうこうしじき 【風向指示器】 wind direction indicator 风向指示器
ふうこうふうそくず 【風向風速図】 wind rose 风玫瑰,风向频率图
ふうしゃふうそくけい 【風車風速計】 vane anemometer, anemometer of wind mill type 翼轮风速仪,风车式风速仪
ふうしょく 【風食】 wind erosion 风蚀
ふうじん 【風塵】 dust storm, sand storm 尘暴,砂暴
ふうず 【風図】 wind diagram 风图(表示风位、风速、风压的图表)
ふうすい 【封水】 water sealing 水封
ふうせいたいせきぶつ 【風成堆積物】 wind laid deposit, Aeolian deposit 风积土,风成沉积
ふうせきそう 【風積層】 Aeolian deposit 风积层,风成沉积
フウセット faucet 水龙头,出水嘴,承口,插口
ふうそく 【風速】 wind velocity, wind speed 风速
ふうそくけい 【風速計】 anemometer 风速计,风速仪
ふうそん 【風損】 windage loss 气流损失,风阻损失
ふうたく 【風鐸】 风铃,风铎
ふうち 【風致】 scenery, scenic 风景,风趣,景色
ふうちけいかく 【風致計画】 landscape design 风景设计,景观设计
ふうちこうえん 【風致公園】 park of scenic beauty 风景公园
ふうちしきていえん 【風致式庭園】 naturalistic garden 天然风景式庭园,风景公园
ふうちちく 【風致地区】 scenic zone, scenic spots, scenic beauty conservation area 风景区
ふうちりん 【風致林】 ornamental forest, forest for scenery 风景林
ふうつうおり 【風通織】 ingrain carpet 交织色地毯
ふうてい 【風程】 wind run 风程
ふうどう 【風道】 air duct, air shaft 风道,通风道
ふうどう 【風胴】 wind channel, wind tunnel 风洞,风道
ふうどうしけん 【風洞試験】 wind tunnel experiment, wind tunnel test 风洞试验
ふうは 【風波】 wind wave 风波,风浪
ふうはいず 【風配図】 wind rose 风玫瑰,风向频率图
ふうはいふうそくけい 【風杯風速計】 cup anemometer 转杯风速仪

ふうふしんしつ【夫婦寝室】夫妇寝室
ふうふまど【夫婦窓】双联窗
ふうりょく【風力】wind force 风力
ふうりょくかいきゅう【風力階級】wind(force) scale 风力级
ふうりょくけいすう【風力係数】coefficient of wind force 风力系数
ふうろつきほうねつき【風路付放熱器】flue radiator 风道散热器,烟道散热器
フェイス・モーメント face moment (框架的)端部节点弯矩
ふえいせいちく【不衛生地区】unhealthy area, clearance area 不卫生地区
ふえいようか【富栄養化】eutrophication 富营养化
ふえいようこ【富栄養湖】eutrophic lake 富营养湖
フェーオフィティン phaeophytin 脱镁叶绿素
ふえきそう【不易層】constant earth-temperature layer 地下恒温层
フェザー feather 滑键,薄边,企口,羽毛
フェース・アーチ face arch 前拱
フェース・ダウン・タイル face-down tile 仰顶瓦
フェストゥーン festoon (两端挂住中间下垂的)垂花带饰,花彩
フェース・プレート face plate 面板
フェード・アウト fade-out (灯光)渐暗,(电影)渐隐,(电视)淡出
フェード・イン fade-in (灯光)渐亮,(电影)渐显,(电视)淡入
フェノプラスツ phenoplast 酚醛塑料
フェノリックス phenolics 酚醛塑料
フェノール phenol (苯)酚,石碳酸
フェノールジスルフォンさんほう【~酸法】phenoldisulfonic acid method 苯酚二磺酸(测定水中硝酸离子)法
フェノールじゅし【~樹脂】phenolformaldehyde resin, phenol resin 酚醛树脂,苯酚甲醛树脂
フェノールじゅしこうじょうはいすい【~樹脂工場廃水】phenol resin manufacture waste water 酚醛树脂生产废水
フェノールじゅしせっちゃくざい【~樹脂接着剤】phenolic resin adhesive 酚醛树脂粘合剂
フェノールじゅしとりょう【~樹脂塗料】phenolic resin paint 酚醛树脂涂料
フェノールじょきょ【~除去】phenols removal 除酚,脱酚
フェノールフタレイン phenolphthalein 酚酞
フェノールフタレイン・アルカリど【~度】phenolphthalein alkalinity 酚酞碱度
フェノールぶんかいきん【~分解菌】phenol decomposing bacteria 酚分解菌
フェノールるい【~類】phenols (苯)酚类
フェノールるいがんゆうはいすい【~類含有廃水】phenols bearing waste water 含酚废水
フェヒネルのほうそく【~の法則】Fechner's law 费希纳定律
フェラリー・セメント Ferrary cement 费拉里水泥,耐硫酸盐水泥
フェリシアンかカリウム【~化~[Kalium德]】potassium ferricyanide 铁氰化钾,赤血盐
フェリトリー feretory (中世纪大型教堂圣坛后部保存圣骨匣的)神龛
フェリー・ボート ferry boat 渡船,轮渡,联络船
フェルト felt (毛)毡,油毡,毡圈,绝缘纸
フェルト・カーペット felt carpet 毡毯,毛毯
フェルト・パッキン felt packing 毛毡填料,毛毡衬料,毛毡衬垫
フェルトーリ=フェリトリー
フェルミ・レベル Fermi level 费密(能)级
フェルール ferrule (金属)套圈,箍环,(锅炉)水管口密封套
フェーン Fohn[德] 高温干燥风,焚风
フェンシングしあいじょう【~試合場】fencing field 击剑比赛场
フェンス fence 篱笆,围墙,栅栏

フェンダー fender 防护板,围板,火炉围栏,防冲桁,挡土板
フォアベイ forebay (取水口)前池
フォアマン foreman 工长,领工员
フォイル foil 箔,瓣,叶形饰,金属薄片
フォイル・サンプラー foil sampler 衬托薄片取样器
フォイルド・アーチ foiled arch 瓣形拱
フォーカス focus 焦点,聚焦
フォーカル・ポイント focal point (街景或园林布置的)焦点,结点
フォークがたこうさ 【~型交差】 fork junction 叉形交叉,Y形交叉
フォーク・リフト fork-lift 叉架起货机,(堆垛用)叉车
フォーク・リフト・トラック fork lift truck 叉式起重机,电瓶叉车,升降叉车
フォー・ゲージほう 【~法】 four gauge method (应变片的)四片连接法
フォッグ・コート fog-coat 雾化沥青封层,沥青雾层,喷雾封层(以稀释沥青乳液洒布路面的封层)
フォト phot(pH) 辐透(照度单位,等于1流明/厘米$^2$)
フォト・エラスティシティ photoelasticity 光弹性
フォード・カップがたねんどけい 【~型粘度計】 Ford cup type viscosimeter 福特杯式粘度计
フォトメーター photometer 光度计
フォトメトリー photometry 测光,测光学,光度学
フォトリーダー photoreader 光电式阅读机
フォトルミネッセンス photoluminescence 光致发光
フォトン photon 光子
フォブール faubourg[法] 市郊,郊区
フォーマット format 格式,规格,信息安排,信息安排形式
フォーム form 模板,模壳,型,外型,外形,式样,形式,方式
フォーム・タイ form tie 模板用拉杆(系杆),模板用系紧螺栓
フォームド・アスファルトこうほう 【~工法】 foamed asphalt method 泡沫沥青路面施工法
フォーム・プラスチック foamed plastics 泡沫塑料
フォーム・ヘッド foam head (泡沫灭火器的)泡沫喷头
フォーム・ラバー foam rubber 泡沫橡胶
フォルステライトれんが 【~煉瓦】 forsterite brick 镁橄榄石砖
フォールディング・チェア folding chair 折椅
フォルマリズム formalism 形式主义
フォルマント formant (元音)共振峰,峰段,主要单元
フォルム forme[法] 形,形式,形体
フォルム forum (古罗马城镇)广场或市场,会场,论坛,讨论会
フォルムアルデヒドしょりもくざい 【~処理木材】 formaldehyde-treated wood 甲醛处理木材
フォルムレ formeret[法] 附墙拱肋(在拱顶和垂直墙体的交接部分的拱肋)
フォルム・ロマーヌム Forum Romanum [拉] 古罗马广场(遗址)
フォーレルひょうじゅんしょく 【~標準色】 Forel's standard colour 福雷尔氏标准色(鉴别水的污染度)
フォロー・アップ follow up 赶工,追赶进度
フォロイング・アップ・システム following-up system 随动系统,跟踪系统
フォロー・スポットライト follow spotlight 追踪聚光灯
フォワイエ=ホワイエ
フォン phon 方(声音响度级单位)
フォンテーヌブローきゅう 【~宮】 Palais de Fontainebleau[法] (16~18世纪法国巴黎)枫丹白露宫
ふか 【負荷】 load 负荷
ふかいきそ 【深い基礎】 deep foundation 深基础
ふかいグレア 【不快~】 discomfort glare 不舒适眩光
ふかいしすう 【不快指数】 discomfort index 不舒适指标(人体对温度、湿度的感

觉)
ふかいすいふう【深い水封】deep seal 深水封
ふかいちかすい【深い地下水】profound groundwater 深层地下水
ふかいど【深井戸】deep well 深井
ふかいどこうほう【深井戸工法】deep well drainage method 深井排水施工法
ふかいどはいすい【深井戸排水】deep-well drainage 深井排水
ふかいどポンプ【深井戸～】deep well pump 深井泵
ふかうえ【深植】deep planting 深植
ふかかち【付加価値】added value 附加价值
ぶがかり【歩掛】定额,工效
ふかぎゃくはんのう【不可逆反応】irreversible reaction 不可逆反应
ふかきょくせん【負荷曲線】load curve 负荷曲线
ふかくぼひらがわら【深窪平瓦】洼板瓦
ふかくらんしりょう【不攪乱試料】undisturbed sample 未扰动试样
ふかけいすう【付加係数】exposure factor 方向附加系数
ふかげんか【付加原価】附加成本
ふかさけいすう【深さ係数】depth factor 深度系数
ふかしこうせん【不可視光線】invisible light 不可见光
ふかしそう【蒸槽】淋灰池
ふかしば【蒸場】淋灰场
ふかす【蒸す】淋灰,汽焊穿孔
ふかタップきりかえき【負荷～切替器】on-load tap changer 带负荷抽头转换开关
ふかてんこうしゃせん【付加転向車線】added turning lane (交叉口处)外加转弯车道
ふかのうせっけい【不可能設計】infeasible design 不可行设计
ふかふうすいトラップ【深封水～】deep seal trap 深水封存水弯
ふかみぞかごがたでんどうき【深溝籠形電動機】deep-slot squirrelcage motor 深槽鼠笼式电动机
ふかりつ【負荷率】load factor 负荷率,负荷系数
ふかんすいりょう【不感水量】unmeasured water 无表感水量
ふかんせいゆ【不乾性油】non-drying oil 非干性油
ふかんぜんアーチ【不完全～】imperfect arch 不完全拱(抛物线拱以外的拱)
ふかんぜんえつりゅう【不完全越流】incomplete overflow 不完全溢流
ふかんぜんかくさん【不完全拡散】imperfect diffusion 定向扩散,不完全扩散
ふかんぜんかくさんとうか【不完全拡散透過】imperfect diffused transmission 定向扩散透射,定向扩散传透
ふかんぜんかくさんはんしゃ【不完全拡散反射】imperfect diffused reflection 定向扩散反射
ふかんぜんクローバーリーフ・インターチェンジ【不完全～】partial cloverleaf interchange 不完全的四叶式(指交叉口),部分苜蓿叶式(指道路枢纽)
ふかんぜんこうぞう【不完全構造】imperfect structure 有缺陷结构,不完全结构
ふかんぜんせい【不完全性】imperfection 缺陷,缺点
ふかんぜんせいパラメーター【不完全性～】imperfection parameter 缺陷参数,缺陷性参数
ふかんぜんせいびんかんせい【不完全性敏感性】imperfection sensitivity 缺陷敏感性
ふかんぜんだんせい【不完全弾性】imperfect elastic 不完全弹性
ふかんぜんだんせいたい【不完全弾性体】imperfect elastic body 不完全弹性体
ふかんぜんねんしょう【不完全燃焼】imperfect combustion 不完全燃烧
ふかんぜんモデル【不完全～】imperfect model 有缺陷模型
ふかんぜんりったいこうさ【不完全立体交差】partial grade separation 不完全立体交叉

ふきあげみずのみき 【吹上水飲器】 drinking fountain 喷泉式饮水器
ふきいた 【葺板】 屋面板,屋面铺板
ふきおろししきユニット 【吹降式～】 down flow unit 向下吹风式净化机组
ふきかん 【吹管】 blow pipe 吹管,风管
ふきこみガラス 【吹込～】 blown glass 吹制玻璃
ふきこみせいけい 【吹込成形】 blow moulding 吹气成型
ふきじ 【葺地】 sheathing,bed of roofing 屋面底层,屋面垫层
ふきしたじ 【葺下地】 sheathing,bed of roofing 屋面底层,屋面垫层
ふきそく 【不規則】 random 随机,任意
ふきそくしんどう 【不規則振動】 random vibration 随机振动,不规则振动
ふきそくしんどうろん 【不規則振動論】 random vibration theory 随机振动理论
ふきそくていえん 【不規則庭園】 informal garden 非规则式庭园
ふきそくどそう 【不規則土層】 erratic deposit 不规则积土层,移动积土层
ふきそくれいしんさいか 【不規則励振載荷】 random excitation loading 随机激振加载
ふきだしぐち 【吹出口】 air outlet 风口,出风口,送风口,排气口
ふきだしぐちしょうおんき 【吹出口消音器】 outlet sound absorber,outlet sound attenuator 送风口消声器
ふきだしコック 【吹出～】 blow-off cock 排泄龙头,排泄栓,排汽阀
ふきだしそくど 【吹出速度】 outlet velocity 排气速度,送风速度
ふきだしべん 【吹出弁】 blow-off valve 吹泄阀,放气阀
ふきだまり 【吹溜】 snow drift (为风所吹集的)堆雪
ふきつけあつりょく 【吹付圧力】 spraying pressure 喷吹压力,喷射压力
ふきつけきょり 【吹付距離】 spraying distance 喷吹距离,喷射距离
ふきつけコンクリート 【吹付～】 shotcrete 喷射混凝土
ふきつけコンクリートこうほう 【吹付～工法】 pneumatic applied concrete method,shotcrete 喷射混凝土施工法
ふきつけざい 【吹付材】 gunited material 喷涂材料
ふきつけせきめんロック・ウールたいかひふくざい 【吹付石綿～[rock wool]耐火被覆材】 喷射石棉岩棉耐火覆盖材料
ふきつけとそうき 【吹付塗装機】 spray coating machine 喷涂机
ふきつけとそうしつ 【吹付塗装室】 spray booth 喷涂工作间
ふきつけぬり 【吹付塗】 spraying 喷涂
ふきつけモルタルこうほう 【吹付～工法】 pneumatic applied mortar method 喷浆施工法
ふきつけリシン 【吹付～[Lithin德]】 spraying scraped finish 喷涂疙疸灰
ふきつち 【葺土】 苫背用土
ふきぬけ 【吹抜】 竖井(建筑物内部有数层贯通的空间),大厅共同空间
ふきのじ 【葺野地】 屋面底(垫)层
ふきはつせいアンモニア 【不揮発性～】 fixed ammonia 结合氨,固定氨
ふきはつせいたんかすいそ 【不揮発性炭化水素】 non-volatile hydrocarbon, fixed hydrocarbon 非挥发性烃,非挥发性碳氢化合物
ふきはつぶん 【不揮発分】 non-volatile matter 不挥发物
ふきはなち 【吹放】 开敞,通敞,竖井
ふきゅう 【腐朽】 decay,rot 腐朽
ふきゅうきん 【腐朽菌】 rot-fungi 腐朽菌
ふきゅうしけん 【腐朽試験】 rot test 腐朽试验
ふぎょうかく 【俯仰角】 angle of tip (摄影测量的)俯仰角
ふぎょうしゅくガス 【不凝縮～】 non-condensable gas 不凝气体,惰性气体
ふきょうわ 【不協和】 discord 不调和,不协调
ふきよせ 【吹寄】 (木配件的)成组疏开布置
ふきよせこうしど 【吹寄格子戸】 棂条成

组疏置门扇
ふきよせだるき 【吹寄垂木】 成组疏置椽
ふきよせよつめがき 【吹寄四目垣】 竹编方格篱
ぶぎれ 【分切】 称量与尺寸不足
ふきわけ 【葺分】 瓦件分铺(同一屋面上屋面瓦的不同铺法)
ふきんみとりず 【付近見取図】 工地附近现状图
ふく 【腹】 loop (波)腹,腹点
ぶく blow-hole 气孔,气泡,砂眼
ふくいん 【幅員】 width of road 道路宽度
ふくいんしゅくしょうひょうしき 【幅員縮少標識】 road narrows sign 路幅缩窄标志
ふくかく 【伏角】 dip, inclination 俯角,倾角
ふくかんしき 【複管式】 double pipe system 双管式
ふくきん 【複筋】 double reinforcement 双面钢筋,双配筋
ふくきんひ 【複筋比】 double reinforcement ratio 双配筋比,双筋比
ふくげん 【復原·復元】 restoration 修复,复原
ふくげんきょくせん 【復元曲線】 rebound curve 回弹曲线,恢复曲线
ふくげんりょく 【復元力】 restoring force 恢复力
ふくげんりょくとくせい 【復元力特性】 hysteresis characteristics 恢复力特性,滞回特性
ふくげんりょくモデル 【復元力～】 restoring force model 恢复力模型
ふくごうアークようせつぼう 【複合～溶接棒】 composite electrode 混合(弧)焊条
ふくごうおうりょく 【複合応力】 combined stress 综合应力,组合应力
ふくごうおせん 【複合汚染】 combined pollution 复合污染,混合污染
ふくごうおん 【複合音】 compound tone 复合音
ふくごうがたぎょうしゅうちんでんそうち 【複合型凝集沈殿装置】 combined coagulation-sedimentation equipment 复合式混凝沉淀池
ふくごうがたクロソイド 【複合形～】 compund clothoid 复式回旋(曲)线
ふくごうがたじゅうたく 【複合型住宅】 hall and corridor type apartment house, compound type apartment house 复合式住宅
ふくごうきそ 【複合基礎】 combined footing foundation 联合柱基,双柱底脚基础
ふくごうきょくせん 【複合曲線】 compound curve 复曲线,多圆弧曲线
ふくごうけんちく 【複合建築】 complex building 复合建筑(底层及上层为不同使用性质的部分组成的建筑)
ふくごうさいか 【複合載荷】 multiple loading 复合加载
ふくごうさいかパラメーター 【複合載荷～】 multiple loading parameter 复合加载参数
ふくごうざいりょう 【複合材料】 composite material 复合材料,组合材料
ふくごうしきオーダー 【複合式～】 composite order 混合柱式
ふくごうしゅうしん 【複合就寝】 卧室合住
ふくごうすべりめん 【複合滑面】 composite surface of sliding 混合滑动面,复合滑动面
ふくごうせいやくめん 【複合制約面】 composite constraint surface 复合约束面
ふくごうターミナル 【複合～】 composite terminal 多种交通联合转运基地
ふくごうてんじょうシステム 【複合天井～】 integrated ceiling system 复合顶棚体系
ふくごうトラス 【複合～】 multiple truss 复合桁架,复式桁架
ふくごうパネル 【複合～】 composite panel 复合板,组合板
ふくごうフィルター 【複合～】 composite filter 复合过滤器,复合滤波器

ふくごうフーティング【複合～】combined footing 联合柱基,双柱底脚
ふくごうゆかいた【複合床板】composite floor board 复合楼板,组合楼板
ふくごうゆそう【複合輸送】intermodal transportation 联合运输,联运
ふくごうりょうすいき【複合量水器】compound water meter 复式水表
ふくざい【副材】secondary member 副杆,次要杆件
ふくざい【腹材】web member 腹杆
ふくさくがたグラブ【複索型～】double rope grab 双缆抓斗
ふくさくグラブ【複索～】double rope grab 双缆抓斗
ふくさくどうしんこうけいとうほうしき【複作動進行系統方式】progressive system of traffic control 推进式交通控制信号联动系统,弹性行进式(信号)系统(联动信号的一种)
ふくざつなシステムのさいてきか【複雑な～の最適化】large systems optimization 复杂体系的优化
ふくさんけいりょうこつざい【副産軽量骨材】by-product lightweight aggregate 副产品轻骨料
ふくさんぶつ【副産物】by-product 副产品
ふくしきトラス【複式～】multiple truss 复式桁架
ふくしきようせつき【複式溶接機】multi-operator welding machine 多焊工用焊机(二人以上同时使用的焊机)
ふくしきロック【複式～】compound lock 复式闸门,双道闸门
ふくじくがたトランシット【複軸形～】double axes type transit 双轴型经纬仪
ふくししせつ【福祉施設】social welfare facilities 社会福利设施
ふくしゃ【輻射】radiation 辐射
ふくしゃエネルギー【輻射～】radiant energy 辐射能
ふくしゃえんしょう【輻射延焼】fire spreading by radiation 火灾的辐射蔓延
ふくしゃおんど【輻射温度】radiant temperature 辐射温度
ふくしゃく【副尺】vernier 游标,游标尺
ふくしゃけい【輻射計】radiometer,bolometer 辐射计
ふくしゃこうおんけい【輻射高温計】radiation pyrometer 辐射高温计
ふくしゃこうかん【輻射交換】radiation exchange 辐射交换
ふくしゃざいトラス【複斜材～】double-intersection truss 双腹杆桁架
ふくしゃじゅねつじかんひょうじゅんきょくせん【輻射受熱時間標準曲線】standard fire radiation-time curve 耐火极限时间标准曲线
ふくしゃじょうすう【輻射常数】radiant constant 辐射常数
ふくしゃしょうど【輻射照度】radiant illumination 辐射照度,辐照度
ふくしゃじょうりゅういき【輻射状流域】radial basin,radial drainage 辐射形排水区域
ふくしゃせいず【複写製図】copy 复制图
ふくしゃせん【輻射線】radiant ray 辐射线
ふくしゃたい【輻射体】radiating body 辐射体
ふくしゃたいりゅうおんど【輻射対流温度】radiation convection temperature 辐射对流温度,黑球温度
ふくしゃだんぼう【輻射暖房】panel heating,radiant haeting 辐射采暖
ふくしゃだんぼうき【輻射暖房器】radiator,panel heater 辐射式散热器
ふくしゃでんねつ【輻射伝熱】radiation heat transfer 辐射传热
ふくしゃねつ【輻射熱】radiated heat,heat of radiation 辐射热
ふくしゃねつでんたつりつ【輻射熱伝達率】radiant heat transfer coefficient 辐射换热系数
ふくしゃのう【輻射能】emissive power 辐射能力,辐射本领
ふくしゃはっさんど【輻射発散度】em-

issive power 辐射力,辐射能力
ふくしゃパネル 【輻射～】 radiant panel 辐射板
ふくしゃボイラー 【輻射～】 radiation boiler 辐射锅炉
ふくしゃほうそく 【輻射法則】 law of radiation 辐射定律
ふくしゃほうねつき 【輻射放熱器】 radiative type heater 辐射式散热器
ふくしゃりつ 【輻射率】 emissivity, radiation factor 辐射系数,辐射率
ふくしゃりょう 【輻射量】 amount of radiation 辐射量
ふくしゃれいぼう 【輻射冷房】 panel cooling 辐射冷却,辐射散热
ふくじゅすいそう 【副受水槽】 sub-reservoir 辅助蓄水池
ふくしょう 【複床】 double floor 木楼板层(梁上架搁栅上铺地板)
ふくしょうしきじゅんすいせいぞう 【複床式純水製造】 multi-beds system demineralization 复床系统制取纯水,复床式水软化系统
ふくしん 【匐進】 rail creeping (钢轨)爬行,蠕变
ふくしんきょくせん 【複心曲線】 compound curve 复曲线,多圆弧曲线
ふくしんきょくせんせつぞくてん 【複心曲線接続点】 point of compound curve 复曲线连接点
ふくしんし 【複振子】 compound pendulum 复摆
ふくしんぼうしそうち 【匐進防止装置】 anti-creeping device (钢轨)防爬设备,防蠕变装置
ふくすい 【復水】 condensation 冷凝水
ふくすいかん 【復水管】 condenser tube 冷凝管
ふくすいき 【復水器】 condenser 冷凝器
ふくすいきようすい 【復水器用水】 water for condensor 冷凝器用水
ふくすいしょり 【復水処理】 condensate treatment 冷凝水处理
ふくすいスカベンジャー 【復水～】 scavenger for condensate water 冷凝水净化处理装置
ふくすいちょくざい 【副垂直材】 sub-vertical 副竖杆
ふくすいほう 【復水法】 restoring method, tube method 恢复水位法
ふくすいりょうけい 【副水量計】 by-path meter, by-pass water-meter 旁通水表,分流水表
ふくせい 【複製】 duplicate 复制
ふくせいしき 【復生式】 revival 复兴式(建筑)
ふくせいすいべん 【副制水弁】 by-pass valve 旁通阀
ふくせん 【複剪】 double shear 双剪
ふくせん 【複線】 double track (铁路)复线,双线,双轨
ふくせんしきかくうさくどう 【複線式架空索道】 double rope aerial cableway 复线式架空索道,双缆式架空索道
ふくせんたいりょく 【複剪耐力】 double shear strength 双剪强度
ふくそうガラス 【複層～】 double glazing 双层中空玻璃
ふくそうじゅうこ 【複層住戸】 duplex apartment 跃廊式公寓,跳层式公寓
ふくそしんぷく 【複素振幅】 complex amplitude 复合振幅,合成振幅
ふくそへんい 【複素変位】 complex displacement 复合位移,合成位移
ふくたてかんしき 【複立管式】 double riser system 双立管系统
ふくちゅうざい 【副柱材】 substrut 副撑
ふくちゅうしんせい 【複中心制】 (城市)多中心制
ふくちゅうとう 【副柱頭】 pulvin 柱头垫石
ふくてっきん 【腹鉄筋】 web reinforcement 腹筋,抗剪钢筋
ふくてっきん 【複鉄筋】 double reinforcement 双面钢筋,双配筋
ふくどう 【副道】 bypath 支路,旁路
ふくどうあっしゅくき 【復動圧縮機】 double-acting compressor 双动压缩机
ふくどうウィンチ 【複胴～】 double

winch 双卷筒绞车,双卷筒卷扬机

ふくどうくいうちハンマー 【複動杭打～】 double acting pile hammer 双动式打桩锤

ふくどうしきエスカレーター 【複動式～】 double-acting escalator 双动式自动扶梯,双动式自动升降机

ふくどうシリンダー 【複動～】 double-acting cylinder, double-action cylinder 双作用油缸,双动油缸

ふくどうプランジャー・ポンプ 【複動～】 double-acting plunger pump 双动式柱塞泵

ふくどうポンプ 【複動～】 double-acting pump 双动泵,双向作用泵

ふくとしん 【副都心】 sub-civic center (大城市中的)区域性繁华区

ふくとしんけいかく 【副都心計画】 sub-civic center planning (大城市中的)区域性繁华区规划

ふくトライグリフ 【複～】 ditriglyph (多利安柱式檐壁上的)两柱间双块三槽板

ふくのうとし 【複能都市】 compound function city 多功能城市,综合性城市

ふくばち 【覆鉢·伏鉢】 (塔刹上的)覆钵

ふくばん 【腹板】 web plate 腹板

ふくひっぱりざい 【副引張材】 subtie 副系杆,副拉杆

ふくぶ 【腹部】 web (梁的)腹部,梁腹

ふくぶんぎき 【複分岐器】 double turnout, double-switch turnout 复道岔

ふくほんせん 【副本線】 sub-main line, subsidiary main track (车站内的)副干线

ふくみ 【含】 (枓栱的)枓口

ふくようしつ 【複用室】 multi-use room 多功能房间,多用室

ふくラチス 【複～】 double lattice 双缀条,双格构,复式斜条格构

ふくらみ 【脹】 bulking (砂的)湿胀,体积膨胀

ふくリブ 【副～[rib]】 tierceron 居间的拱肋

ふくりゅうしんとう 【伏流浸透】 influent seepage 渗流

ふくりゅうすい 【伏流水】 river-bed water, subsoil water 潜流水,伏流水

ふくりょうこう 【複綾工】 double lattice 双缀条,双格构,复式斜条格构

ふくりんめじ 【覆輪目地】 convex tooled joint, concave tooled joint 圆截面缝,勾圆缝

ふくれ 【膨】 blistering 气孔,气泡,起泡,结疤

ふくれあがり 【膨上】 heaving 胀起,隆起,冻胀

ふくれあがりパイピング 【膨上～】 piping due to heave 隆起管涌现象

ふくれつけいしきしゃちょうきょう 【複列形式斜張橋】 double tower type cable-stayed bridge 双塔式斜拉桥

ふくろう 【複廊】 复廊,双面廊,中间有隔墙的回廊

ふくろく 【副助】 tierceron 居间的拱肋

ふくろこうじ 【袋小路】 cul-de-sac, dead-end street 死胡同,尽端路,尽头路

ふくろじ 【袋路】 cul-de-sac, dead-end street 死胡同,尽端路,尽头路

ふくろしょうじ 【袋障子】 两面裱糊纸槅扇

ふくろだな 【袋棚】 搁橱,格架

ふくろづめセメント 【袋詰～】 sacked cement 袋装水泥

ふくろど 【袋戸】 搁橱门扇,格架门扇

ふくろとだな 【袋戸棚】 搁橱,格架

ふくろトラップ 【袋～】 bag trap 袋式存水弯

ふくろナット 【袋～】 cap nut 外套螺帽,盖形螺母

ふくろばり 【袋張】 沿边粘贴

ふくろボルト 【袋～】 cap bolt 外套螺栓,盖螺栓,预埋螺帽的螺栓

ふくわめじ＝ふくりんめじ

ふけ (未淋好的)石灰起泡,腐朽

ふけいしきミキサー 【不傾式～】 non-tilting mixer 非翻转式搅拌机,非倾卸式搅拌机

ふけばい 【化灰】 air slaked lime 风化

石灰

ふける slake,rot 消化,淋化,起泡,腐朽

ふげんすいこゆうしんどうすう 【不減衰固有振動数】 undamped natural frequency 无阻尼自振频率

ふげんすいしんどう 【不減衰振動】 undamped vibration 无阻尼振动

ふげんすいは 【不減衰波】 undamped wave 无阻尼波

フーゲンベルガーがたひずみけい 【～型歪計】 Huggenberger type strain meter 胡根贝尔格型应变仪

ふご 【畚】 earth carrier 土筐

ふこうりょう 【不好量】 minimum escaping concentration (鱼类的)最低厌恶浓度,最低(鱼类)逃避浓度

フーコールほう 【～法】 Fourcault's method 弗克法(垂直有槽引上平板玻璃法)

ふさ 【浮渣】 scum 浮渣

ブザー buzzer 蜂鸣器,蜂音器

ぶざい 【部材】 member 构件,杆件

プサイ psi(pounds per square inch) 磅/平方英寸

ぶざいあっしゅくぶ 【部材圧縮部】 compression area of member, compressive region of member 杆件受压区

ぶざいかいてんかく 【部材回転角】 rotation angle of member, joint translation angle 构件转角,杆件转角

ぶざいかく 【部材角】 rotation angle of member, joint translation angle 构件转角,偏转角,变位角,节点转角

ふさいかげん 【不載荷弦】 unloaded chord 无荷载弦

ぶざいちかんほう 【部材置換法】 method of member substitution 杆件代替法

ぶざいのさいてきか 【部材の最適化】 elements optimization 构件优化

ぶざいひっぱりぶ 【部材引張部】 tensile area of member 构件受拉区

ぶざいひょう 【部材表】 member list 构件表

ぶざいようそのごうせいマトリックス 【部材要素の剛性～】 stiffness matrix of element 构件单元刚度矩阵,杆件单元刚度矩阵

ぶざいりょく 【部材力】 member forces 杆力,杆内力

プサリ PSALI (permanent supplementary artificial lighting in interiors) 室内辅助(天然采光不足的)照明

ぶさん 【分算】 (木构件尺寸的)划分计算

ふし 【浮子】 float 浮子

ふし 【節】 knot, node, joint node 节,结,结点,波带

ふし 【負視】 minus sight 前视(水准测量)

ふじ 【藤】 Wisteria floribunda[拉], Japanese wistaria[英] 多花紫藤

ふしおとし 【節落】 削去竹节,削取竹节

ふじかき 【藤掻】 绑扎藤条

ふしけずり 【節削】 削去竹节,削取竹节

ふじしば 【富士芝】 富士山麓草皮

ふじだな 【藤棚】 wisteria trellis 藤萝花架,藤萝棚架,紫藤棚架

ふしつ 【付室】 (设于楼梯间的)排烟室

ふしどめ 【節止】 knotting, killing knot 节疤嵌油灰,节疤抹腻子,填补节疤

ふしとり 【節取】 削取竹节

ブーシネスクしき 【～式】 Boussinesq's equation (土中应力分布的)布辛涅斯克公式

ふじばし 【藤橋】 rattan bridge 编藤吊桥(一种原始吊桥)

ふしゅうこう 【不銹鋼】 stainless steel 不锈钢

ふじゅくど 【腐熟度】 putrefaction ratio 腐烂程度,腐烂率

ふじょうしょり 【浮上処理】 floatation treatment 浮选处理,气浮处理

ふしょうせいれんが 【不焼成煉瓦】 unburned brick 不烧砖,化学结合砖

ふじょうそう 【浮上槽】 floatation tank 浮选池,气浮池

ふじょうぶっしつ 【浮上物質】 floating substance 漂浮物

ふじょうぶんりそうち 【浮上分離装置】 floatation units 浮选分离装置,气浮分离装置

ふじょうぶんりほう【浮上分離法】floatation 浮选分离法,气浮分离法
ふじょうほう【浮上法】flotation 浮选法,气浮法
ふしょく【腐食】corrosion 腐蚀
ふしょくざい【腐食剤】corrosive 腐蚀剂
ふしょくしけん【腐食試験】corrosion test 腐蚀试验
ふしょくせいようかいえんるい【腐食性溶解塩類】corrosive soluted salt 腐蚀性溶解盐(类)
ふしょくそう【腐食槽】humus tank 腐殖泥池,(在生物滤池后的)二次沉淀池
ふしょくていこう【腐食抵抗】corrosion resistance 耐腐性,抗腐蚀性
ふしょくでんい【腐食電位】corrosive potential 腐蚀电位,腐蚀电势
ふしょくど【腐食度】corrosion rate 腐蚀率
ふしょくど【腐植土】humus soil 腐殖土,腐殖污泥
ふしょくふ【不織布】non-woven fabric 非纺织纤维布,粘着纤维布
ふしょくぼうかほう【腐食防化法】anti-corrosion 防腐法,防蚀法
ふしょくぼうしざい【腐食防止剤】corrosion inhibitor,anticorrosive agent,anticorrosion substance 防蚀剂
ふしょくよくせいざい【腐食抑制剤】corrosion inhibitor 腐蚀抑制剂,抗腐蚀剂
ふしょくよくせいぶつ【腐食抑制物】corrosion inhibitor 腐蚀抑制剂,抗腐蚀剂
ふしょくわれ【腐食割】corrosive check,corrosive shake 腐蚀裂纹,腐蚀裂缝
ふしん【浮心】center of buoyancy 浮力中心,浮心
ふしん【普請】timbering,construction 木模,木撑,加固,支撑,土木建筑工程
ふしんとう【不浸透】imperviousness 不透水(性)
ふしんとうそう【不浸透層】impermeable layer 不透水层
ふしんとうちそう【不浸透地層】impermeable strata 不透水地层
ブース booth 有篷货摊,(隔开的)小间,(餐厅的)火车座式餐座,公用电话间
ふすいとう【負水頭】negative head 负水头,负水压
ブースター booster 升压器,加速器
ブースターあっしゅくき【～圧縮機】booster compressor 升压压缩机
ブースターきょく【～局】booster (接收电视用的)电波增强站
ブス・ダクト bus duct 母线管道,汇线管
ブースター・コイル booster coil 增压线圈
ブースター・ファン booster fan 升压通风机
ブースター・ポンプ booster pump 增压泵
ふすま【襖】paper sliding-screen,paper sliding-door 纸槅扇,糊纸或布的推拉门
ふすまがみ【襖紙】裱糊纸
ふすまぶち【襖縁】糊纸槅扇边框
ふせいけいラーメン【不整形～[Rahmen 德]】irregular rigid frame 不规则刚(构)架
ふせいこうぞう【不整構造】erratic structure (土层境界的)不规则结构,移动结构
ふせいし【伏石】(庭园中的)卧石,横放石景
ふせいせきせつ【不整積雪】uneven snow coverage 不均匀积雪
ふせいてい【不静定】statically indeterminate,redundancy 超静定,静不定
ふせいていアーチ【不静定～】statically indeterminate arch 超静定拱
ふせいていきほんけい【不静定基本形】statically indeterminate principal system 超静定基本体系
ふせいていきょうかいモーメント【不静定境界～】statically indeterminate boundary moment 超静定边界力矩

ふせいていきょうかいりょく【不静定境界力】 statically indeterminate boundary force 超静定边界力

ふせいていけいとう【不静定系統】 statically indeterminate system 超静定体系

ふせいていこうぞう【不静定構造】 statically indeterminate structure, redundant structure 超静定结构

ふせいていシェル【不静定～】 statically indeterminate shell 超静定壳体

ふせいていじすう【不静定次数】 degree of redundancy 超静定次数,超静定度

ふせいていせいかじょうはんりょく【不静定性過剰反力】 redundant reaction 超静定反力,多余反力

ふせいていトラス【不静定～】 statically indeterminate truss 超静定桁架

ふせいていばり【不静定梁】 statically indeterminate beam 超静定梁

ふせいていはんりょく【不静定反力】 statically indeterminate reaction 超静定反力,多余反力

ふせいていみちりょう【不静定未知量】 statically indeterminate quantity 超静定未知量,多余未知量

ふせいていよざい【不静定余材】 redundant member 超静定杆件,多余杆件

ふせいていラーメン【不静定～[Rahmen 德]】 statically indeterminate rigid frame 超静定刚架,超静定框架

ふせいていりょく【不静定力】 statically indeterminate force 超静定力,多余力

ふせいとうじょう【不斉凍上】 uneven frost heaving 不均匀冻胀

プセウド・ディプテロス pseudo-dipteros[希],pseudo-dipteral[英] (古希腊神庙的)仿双重周柱式

プセウド・ペリプテロス pseudo-peripteros[希],pseudo-peripteral[英] (古希腊神庙的)仿周柱式

ふせがわら【伏瓦】 盖瓦,合瓦,伏瓦

ふせごしかん【伏越管】 inverted siphon 倒虹吸管

ふせこみ【伏込】 埋设瓦管,拍麻刀抹灰

ふせじ【伏地】 plan,framing plan 平面图,结构平面图

ふせじわり【伏地割】 plan 平面图

ふせず【伏図】 plan,framing plan 平面图,结构平面图,俯视图

ふせつ【布設·敷設】 construction, laying, erection 架设,铺设,敷设,安装

ふせっかい【富石灰】 rich lime 富石灰,肥石灰,多钙石灰

ふせづくり【伏造】 layerage (树木的)压条,压枝

ふせどい【伏樋】 covered drain 排水暗沟

ふせんき【浮選機】 floatator 浮选机

ブーソア voussoir[法],voussoir[英] 拱石,拱楔石

ふそくげんすい【不足減衰】 under damping 不足阻尼

ふぞくこうじ【付属工事】 appurtenant work 附属工程

ふぞくしせつ【付属施設】 accessory structures 附属设施

ふぞくしんりょうじょ【付属診療所】 infirmary 附属诊疗所

ふぞくせつび【付属設備】 accessory equipment 附属设备

ふぞくそうち【付属装置】 attachment 附属设备,附属装置,附件

ふぞくや【付属家】 annex 附属房屋,配房,配楼

ふたい【浮体】 floating body 浮体

ぶたい【舞台】 stage 舞台

ぶたいうら【舞台裏】 proscenium, back stage (舞台的)后台

ぶたいかいこう【舞台開口】 proscenium opening 舞台台口

ぶたいかべ【舞台壁】 proscenium wall, stage wall 舞台的台口墙

ぶたいがまち【舞台框】 architrave of proscenium 舞台口边框

ぶたいかんとくしつ【舞台監督室】 舞台监督室,导演室

ぶたいぐち【舞台口】 proscenium opening 舞台台口

ふたいこうじ 【付帯工事】 equipment works 设备工程
ぶたいしょうめい 【舞台照明】 stage lighhting 舞台照明
ふたいせつび 【付帯設備】 services[英], utilities[美] 附带设备,附属设备
ぶたいづくり 【舞台造】 陡坡地建筑,临崖建筑
ぶたいのおくゆき 【舞台の奥行】 舞台进深
ぶたいのたかさ 【舞台の高さ】 舞台高度(舞台面至屋顶下端的高度)
ぶたいばな 【舞台端·舞台鼻】 舞台前端,台唇
ふたいラーメン 【付帯～[Rahmen德]】 附带刚性构架,抗震墙周边刚架
ぶたいわき 【舞台脇】 side stage 舞台侧台
ぶたかんさん 【豚換算】 hog unit 换算成猪的头数(的污水量)
ふたこしやね 【二腰屋根】 curb roof 折线形屋顶,复折形屋顶
ブタジエン butadiene 丁二烯
ブタジエン・ゴム butadiene rubber 丁二烯橡胶
ふたしょうかたおちかん 【二承片落管】 two-socket reducing pipe 双承渐缩管,双承异径管
ふたしょうちょうじかん 【二承丁字管】 two-socket tee fitting 双承丁字管,双承三通
ふたしょうひとつばちょうじかん 【二承一鍔丁字管】 two-socket and onecollar tee fitting 双承单盘丁字管,双承单盘三通
ふたつど 【二つ斗·双斗】 一枓二枡
ふたつばちょうじかん 【二鍔丁字管】 two-collar tee fitting 双盘丁字管,双盘三通
ふたつわり 【二割】 half sawing (木料)锯开两片,锯成两块,一开二
ふたてさき 【二手先】 出二跳
ふたのき 【二軒】 double eaves 重檐边
ブタノール butanol 丁醇
ブタノールはいえき 【～廃液】 butanol stillage 丁醇废液
ふたまたクレーン 【二又～】 shear leg crane, shear legs 两木搭的起重架,两脚起重架
ふたまたれんけつぐち 【二股連結口】 siamese connection 二重联接,复式联接
フタルさんじゅし 【～酸樹脂】 phthalic acid resin 邻苯二(甲)酸树脂
フタルさんじゅしとりょう 【～酸樹脂塗料】 phthalate resin paint 邻苯二(甲)酸酯树脂涂料
フタルさんじゅしワニス 【～酸樹脂～】 phthalate resin varnish 邻苯二(甲)酸酯树脂清漆
ブタン butane 丁烷
ふち 【縁】 stile, style, rail 边,边梃,框边
ふちいし 【縁石】 kerb[英], curb[美] 路缘(石),侧石,道牙
ふちいしきょくせんぶ 【縁石曲線部】 curb return 转角处路缘石,路缘(石)转弯部分
ふちいしせん 【縁石線】 curb line 缘石线,路缘线,路边线
ふちいしひょうじ 【縁石標示】 curb marking 路缘标线
ふちおうりょくど 【縁応力度】 extreme fibre stress, external fibre stress 最外层纤维应力,边缘应力
ぶちがい 【分違】 variation in sawing 脱离锯线的部位,脱离锯线的制品
ふちかくらん 【縁攪乱】 edge disturbance 边缘干扰
ふちがり 【縁刈】 edge shearing 修剪草皮边缘
ふちぎむちゅうしゃしせつ 【付置義務駐車施設】 obligated parking lot 附设义务停车场
ふちけずりばん 【縁削盤】 edge planer 切边刨床,刨边机
ふちじょうけん 【縁条件】 edge condition 边界条件
ぶちだけ 【斑竹】 斑竹
ふちちから 【縁力】 edge force 边缘力
ふちちゅうしゃじょう 【付置駐車場】

obligated parking lot 附设停车场
ふちどり【縁取】edging,bordering（草坪、花坛的)边缘修剪,切边,修边,镶边(用草皮或草花)
ふちばり【縁梁】edge beam（壳体结构的)边梁
ふちはんりょく【縁反力】edge reaction 边反力,边缘反力
ふちほごかなぐ【縁保護金具】rim guard 边缘防护装置
ふちモーメント【縁～】edge moment 边缘弯矩
ふちゃく【付着】bond 结合,粘结,粘着,附着
ふちゃくおうりょく【付着応力】bond stress 粘着应力,粘结应力,握裹应力
ふちゃくおうりょくど【付着応力度】bond unit stress 单位粘结应力,单位握裹应力
ふちゃくきょうどしけん【付着強度試験】bond test 粘结强度试验,握裹力试验
ふちゃくせい【付着性】adhesion 粘合性,胶粘性,粘着性
ふちゃくせいぶつ【付着生物】Periphyton 水中悬垂生物
ふちゃくつよさ【付着強さ】bond strength 粘结强度,粘着强度
ふちゃくりょく【付着力】adhesive force 附着力,粘附力,粘着力
ふちょうごう【富調合】rich mix 富配比,多灰配合
ふちょうごうコンクリート【富調合～】rich-mixed concrete 富配比混凝土,多灰配合混凝土
ブチル・ゴム butyl rubber 异丁(烯)橡胶
フーチング＝フーティング
ふつうあつかん【普通圧管】normal pressure pipe 普通压力管
ふつうかっせいおでいほう【普通活性汚泥法】standard activated sludge process 普通活性污泥法,标准活性污泥法
ふつうきょうしつ【普通教室】classroom 普通教室
ふつうこうえん【普通公園】ordinary park,common park 普通公园
ふつうコンクリート【普通～】plain concrete,normal concrete 普通混凝土,素混凝土,无筋混凝土
ふつうしきょ【普通視距】ordinary sight distance 视距,一般视距
ふつうせたい【普通世帯】ordinary household 普通住户
ふつうセメント【普通～】ordinary cement 普通水泥,普通硅酸盐水泥
ふつうたいすいごうはん【普通耐水合板】耐水胶合板
ふつうちんでん【普通沈殿】natural sedimentation,plain sedimentation 自然沉淀,普通沉淀
ふつうちんでんち【普通沈殿池】plain sedimentation basin 自然沉淀池
ふつうどめ【普通留】miter 斜接,斜角缝,斜榫
ふつうりょくち【普通緑地】ordinary open space 一般绿地
ふつうれんが【普通煉瓦】brick 普通砖,粘土砖
ふっかオスミウム【弗化～】osmium fluoride 氟化锇
ブーツかがくこうじょう【～化学工場】Boots Chemical works（1930～1938年英国贝斯敦)布茨化学工厂
ふっかすいそ【弗化水素】hydrogen fluoride 氟化氢
ふっかすいそさん【弗化水素酸】hydro-fluoric acid 氢氟酸
ふっかソーダ【弗化～】sodium fluoride 氟化钠
ふっかつげんしょう【複活現象】aftergrowth（处理后的水中生物的)再生现象
ふっかナトリウム【弗化～[Natrium德]】sodium fluoride 氟化钠
ふっかビニルじゅし【弗化～樹脂】vinyl fluoride resin 氟乙烯树脂
ぶつがん【仏龕】佛龛
ふっきゅう【復旧】restoration 修复,恢复原状
ふっきゅうず【復旧図】restoration drawing 复原图,修复图

ぶっきょうけんちく 【仏教建築】 buddhist architecture 佛教建筑
ふっきんばり 【複筋梁】 double reinforced beam 双筋梁
フック hook 钩,弯钩,挺钩,挂钩,吊钩,钩状物
ブック・ケース book case 书箱,书橱,书柜
フックド・ラッグ hooked rug 钩织地毯
フックのほうそく【～の法則】 Hooke's law 虎克定律,弹性定律
フックぼう 【～棒】 hook bar (开关翻扇等用)带钩细棍
フック・ボルト hook bolt 钩头(地脚)螺栓,弯钩螺栓
ふっこう 【覆工】 lining 衬砌,衬垫,镶衬,衬里
ぶっこうじたいでん 【仏光寺大殿】 (857年中国山西五台县)佛光寺大殿
ふっこうばん 【覆工板】 (隧道侧墙的)混凝土模板,路面临时铺板
ぶっしついどうけいすう 【物質移動係数】 mass transfer coefficient 质量交换系数
ぶっしつしゅうし 【物質収支】 material balance 物质平衡
ぶっしつでんたつ 【物質伝達】 mass transfer 质量交换,质量传递
ブッシュ bush 衬套,轴衬,轴瓦
ブッシュドーザー pushdozer 推土机
ブッシュ・フォン push phone 按钮式电话机
ブッシュ・プレート push plate 门上推手板,推门板
ブッシュ・ロッド push rod 推杆
ぶっしりゅうつうきょてん 【物資流通拠点】 goods distribution center 货物转运站
ブッシング bushing 螺丝缩节,衬套,衬圈,轴套,轴衬,轴瓦
ふっそ 【弗素】 fluorine 氟
ふっそイオン 【弗素～】 fluorine ion 氟离子
ふっそがんゆうはいすい 【弗素含有廃水】 flourine bearing waste water 含氟废水
ふっそゴム 【弗素～】 fluoroelastomer 氟橡胶
ふっそじゅし 【弗素樹脂】 fluor resin 氟树脂
ふっそのげんかいち 【弗素の限界値】 limit of fluorine 含氟极限值
ぶったいしょく 【物体色】 object colour 物体色(物体反射或透射光的色彩,其组成以介质色彩为主)
ぶったいりょく 【物体力】 body force 体积力,体力
ぶつだん 【仏壇】 佛坛,佛龛座
ぶっつけ 【打付】 劈石裂缝,开石裂缝
ぶってきりゅうつう 【物的流通】 physical distribution 物资流通
ふってん 【沸点】 boiling point 沸点
ぶつでん 【仏殿】 佛殿
ふっとう 【沸騰】 boiling, ebullition 沸腾
ぶつどう 【仏堂】 佛堂
ぶっとう 【仏塔】 pagoda 佛塔,塔
ふっとうてん 【沸騰点】 boiling point 沸点
フット・ステップ foot step 脚踏板
フット・スロットル foot throttle 脚踏风(油)门
フット・タイトがたこうぎょう 【～型工業】 foot-tight type industry 选址受限制的工业
フット・バス foot bath 洗脚池
フット・パス foot path 人行道,小路
フット・パス・システム foot-path system 人行道系统
フット・ブリッジ foot bridge 悬索脚手桥(架设吊桥悬索用)
フッド・モールド hood mould (拱上的)滴水线脚,防水线条
フット・ライト foot lights 舞台脚光,舞台前缘灯
フット・ランベルト foot-lambert 英尺一朗伯
フット・ルーズがたこうぎょう 【～型工業】 foot-loose type industry 选址不受限制的工业

フット・レバー foot lever 脚操纵杆,脚踏杆
ぶっぴんかじゅう 【物品荷重】 live load 物品荷载,活荷载
ふつりあいのモーメント 【不釣合の～】 unbalanced moment 不平衡力矩
ふつりあいりょく 【不釣合力】 non-equilibrium force 不平衡力
ぶつりきゅうちゃく 【物理吸着】 physical adsorption 物理吸附
ぶつりけんそう 【物理検層】 physical logging 钻孔壁的物理检验
ぶつりせいしつ 【物理性質】 physical property 物理性质
ぶつりそっこう 【物理測光】 physical photometry 物理测光(指用光电池、光电管等为接收器的测光法)
ぶつりたんさ 【物理探査】 physical prospecting, physical exploration 物理勘探,物理探测
ぶつりちかたんさ 【物理地下探査】 physical geological exploration 地质物理探测法,地基物理探测法
ぶつりてきおせん 【物理的汚染】 physical pollution 物理污染
ぶつりてきせっちゃく 【物理的接着】 物理结合,物理粘接
ぶつりてきたいようねんすう 【物理的耐用年数】 physical durable years 物理耐用年限
ぶつりてきたいようめいすう 【物理的耐用命数】 physical life-time of building (受材料、结构、施工及其他因素影响的房屋)使用期限,耐久期限
ぶつりてきひせんけい 【物理的非線形】 physical non-linear 物理非线性
ぶつりてきふうか 【物理的風化】 physical weathering 物理(性)风化,机械风化作用
ぶつりてきぼうじょ 【物理的防除】 physical control 物理防治,物理控制
ぶつりふりこ 【物理振子】 physical pendulum 物理摆,复摆
ぶつりモデル 【物理～】 physical model 物理模型
ぶつりゅう 【物流】 physical distribution 物资流通
ぶつりゅうセンター 【物流～】 distribution center 物流中心,商品流通业务中心区,物资转运中心(站)
ぶつりりょうのじげん 【物理量の次元】 dimension of phycical quantity 物理量的量纲,物理量的因次
ぶつりりょうほうしつ 【物理療法室】 facilities for physical therapy 理疗室
ふで 【筆】 lot 地皮的块数单位(地皮的数量单位)
ふていじょうじょうたい 【不定常状態】 unsteady state 不稳定状态
ふていじょうねつでんどう 【不定常熱伝導】 unsteady heat conduction 不稳定导热,非稳态导热
ふていりゅう 【不定流】 unsteady flow 非稳定流
フーティング footing 基脚,底脚,大放脚
フーティングきそ 【～基礎】 footing foundation 底脚基础(有底脚的基础),底座基础
フーティング・ビーム footing beam 基础梁
ふでがえし 【筆返】 家具端部翘起的线脚
ふてっきん 【負鉄筋】 negative (moment) reinforcement 负钢筋,负弯矩钢筋
ぶでん 【廡殿】 庑殿
フード hood (烟囱、通风管等的)帽盖,(机器设备等的)防护蓬罩,出檐
ふとう 【不凍】 frost-proof 防冻
ふとう 【埠頭】 quay, wharf, pier 码头,港口
ふとうえき 【不凍液】 antifreeze solution 防冻液,阻冻液
ふとうおうだん 【不当横断】 jay walking (不守交通规则)随意穿越街道
ふとうかくとうえい 【不等角投影】 axonometric projection 不等角投影,轴测投影
ふとうかてい 【不透過堤】 impermeable groyne 不透水堤
ふとうけつコイル 【不凍結～】 non-

freeze coil 防冻盘管
ふとうざい 【不凍剤】 antifreeze agent 防冻剂,阻冻剂
ふとうしきせいやく 【不等式制約】 inequality constraint 不等式约束,不等式制约
ぶどうじょう 【武道場】 武术比赛场
ふとうしょうかせん 【不凍消火栓】 antifreezing hydrant 防冻消火栓
ふどうしょうすうてんひょうじ 【浮動小数点表示】 floating point representation 浮点表示(法)
ぶどうしょく 【葡萄飾】 pampre[法] 葡萄饰
ふどうすいあつ 【不同水圧】 differential water pressure 差动水压
ふとうすいせい 【不透水性】 impermeability 不渗透性,不透水性
ふとうすいせいブランケット 【不透水性～】 impervious blanket 不透水层,不透水毡
ふとうすいせん 【不凍水栓】 unfreezable tap 防冻龙头
ふとうすいせんだいべんき 【不凍水洗大便器】 frost-proof water closet 防冻冲洗大便器,防冻水厕
ふとうすいそう 【不透水層】 impermeable layer, impervious blanket 不渗透层,不透水层,不透水膜
ふどうせき 【不動石】 瀑布两侧的配石
ふとうそうこ 【埠頭倉庫】 warehouse 码头仓库,货栈
ふとうそくていりゅう 【不等速定流】 non-uniform flow 变速流,非均匀流
ふどうたい 【不動態】 passive state 钝态
ぶどうだな 【葡萄棚】 grape trellis 葡萄架
ふどうちんか 【不同沈下】 differential settlement 差异沉降,不均匀沉降,沉降差
ふとうねつたい 【不透熱体】 athermanous body 不透辐射热体(指辐射透射系数极小的物体),绝热体
ふとうひょう 【不透氷】 milky ice 乳白冰
ふとうへんやまがたこう 【不等辺山形鋼】 unequal-sided angle iron 不等边角钢
ふとうみずぬきせん 【不凍水抜栓】 frost-proof drain valve 防冻排水阀
ふとうめいあついたガラス 【不透明厚板～】 opaque plate glass 不透明厚板玻璃,乳白玻璃
ふとうりゅう 【不等流】 non-uniform flow, varied flow 变速流,非均匀流
フート・カンデラ foot-candela 英尺烛光
フート・カンドル＝フート・キャンドル
フート・キャンドル foot-candle 英尺烛光(照度单位)
ふところ 【懐】 (双排柱脚手架的)内距,怀抱
ふところえだ 【懐枝】 interfering branch, heart branch 内膛枝(隐在树冠内部的枝)
ふところすかし 【懐透】 疏剪内膛枝
ふとせんびきからすぐち 【太線引烏口】 detail pen, border pen 粗线条直线笔,粗线条鸭嘴笔
フート・バルブ foot valve 底阀,背压阀
フートべん 【～弁】 foot valve 底阀,背压阀
ふとほぞ＝だぼ
ぶどまり 【歩止・歩留】 yield, yield rate (材料)利用率,有效利用率
ふとまるた 【太丸太】 粗圆木(直径40厘米以上)
ふともの 【太物】 粗竹(周长6日寸以上)
フート・ランベルト foot-lambert 英尺一朗伯(亮度单位)
ぶな 【橅・毛欅】 Fagus crenata[拉] 山毛榉
ふないし 【舟石】 boat-like stone (日本庭园布置中的)船形石
ふないた 【舟板】 (支柱等下面便于移动的)槽形垫板
ふなぞこてんじょう 【舟底天井】 splayed ceiling 八字顶棚,船底形顶棚
ふなだまり 【船溜】 basin 船舶停泊处,

船坞
ふなつき【船着】landing place 码头,栈桥
ふなつきいし【舟着石】landing stone (庭园中池畔的)停船石
ふなばし【船橋】pontoon bridge 浮桥
ふなひじき【舟肘木】(日本古建筑中的)舟状拱
ふね【舟·槽】mixing box,mixing tub 灰槽,和灰槽,灰桶
ふねんか【不燃化】non-combustion 不燃烧,不燃化,耐火
ふねんかりつ【不燃化率】(建筑物)不燃率
ふねんくみたてじゅうたく【不燃組立住宅】不燃装配式住宅,耐火装配式住宅
ふねんこうぞう【不燃構造】(由不燃性材料做成的)不燃构造
ふねんざいりょう【不燃材料】non-combustible material 不燃材料
ふねんじゅうたく【不燃住宅】不燃住宅
ふねんじゅうたくち【不燃住宅地】不燃住宅区
ふねんせい【不燃性】non-combustibility 不燃性
ふねんちゃくせい【不粘着性】non-cohesive property 不粘结性,不粘合性
ふねんまじきりかべ【不燃間仕切壁】(由不燃性材料做成的)不燃隔墙
ふねんりつ【不燃率】不燃率
ふのげんすい【負の減衰】negative damping 负阻尼
ふのしゅうめんまさつ【負の周面摩擦】negative skin friction 负表面摩擦(桩基)
ふのそくめんまさつ【負の側面摩擦】negative skin friction 负表面摩擦(桩基)
ふのり【布海苔】(刷浆用)石花菜,鹿角菜
ふはいきん【腐敗菌】putrefying bacteria 腐败菌,腐化菌
ふはいげすい【腐敗下水】septic sewage 腐化污水
ふはいごう【富配合】rich mix 富配比,多灰配合
ふはいごうコンクリート【富配合～】rich-mixed concrete 富配比混凝土,多灰配合混凝土
ふはいさよう【腐敗作用】putrefaction 腐化作用
ふはいしょり【腐敗処理】putrefaction 腐化处理
ふはいしょりそうち【腐敗処理装置】septic treatment plant 腐化处理设备
ふはいせいぶっしつ【腐敗性物質】putrefactive substance 腐败性物质,腐败物
ふはいそう【腐敗槽】septic tank 化粪池,腐化池
ふはいタンク【腐敗～】septic tank 化粪池,腐化池
ふはくぼう【普柏枋】普柏枋
ふはっぽうざい【不発泡剤】anti-foaming agent 除泡剂,消泡剂
ふばらいほしょう【不払補償】compensation for non-payment 未付款补偿(率)(预计不付或拖期付房租等)
ふひょう【浮標】floating mark,buoy 浮标
ぶひん【部品】part 配件,零件,部件
ぶひんず【部品図】part drawing 配件图,零件图
フープ hoop 箍筋,箍铁,环箍
フープおうりょく【～応力】hoop stress 环向应力
ふぶき【吹雪】snowstorm 暴风雪
ぶぶんあっしゅく【部分圧縮】local compression 局部受压
ぶぶんおん【部分音】partial tone 分音
ぶぶんかたぶりおうりょく【部分片振応力】partly pulsating stress 部分脉动应力
ぶぶんけいかく【部分計画】partial plan 部分规划,局部规划
ぶぶんさいてきか【部分最適化】suboptimization 局部优化
ぶぶんさいてきかい【部分最適解】suboptimal solution 部分最优解
ぶぶんしよう【部分使用】partial use

(工程)部分使用
ぶぶんしょう 【部分焼】 partial burnout 部分烧毁
ぶぶんしょり 【部分処理】 partial treatment 部分处理,局部处理
ぶぶんしんどう 【部分振動】 partial vibration 部分振动,局部振动
ぶぶんてんせつ 【部分添接】 partial splice 部分拼接,局部拼接
ぶぶんばらい 【部分払】 partial payment 部分付款
ぶぶんひきわたし 【部分引渡】 partial delivery 部分交付
ぶぶんマトリックス 【部分~】 submatrix 子(矩)阵
ぶぶんりょうぶりおうりょく 【部分両振応力】 partly alternating stress 部分交替应力
ふへき 【扶壁】 parapet 扶壁,扶垛,墙垛,栏墙,女儿墙,矮墙
ふへきしききょうだい 【扶壁式橋台】 buttressed abutment, counterforted abutment 扶壁式桥台
ふへきしきようへき 【扶壁式擁壁】 buttressed retaining wall, counterforted type retaining wall 扶壁式挡土墙
ふへんしょくガラス 【不変色~】 nonbrowning glass 不变暗玻璃
ふほうとうき 【不法投棄】 illegal discharge 非法抛弃(废物),非法排放
ふほうわポリエステルじゅし 【不飽和~樹脂】 unsaturated polyester resin 不饱和聚酯树脂
ふほうわポリエステルとりょう 【不飽和~塗料】 unsaturated polyester coating 不饱和聚酯涂料
フマルさん 【~酸】 fumaric acid 反丁烯二酸,富马酸
ふみいし 【踏石】 (日本庭园茶亭门口的)踏脚石,脱履石
ふみいた 【踏板】 tread, treadboard, footboard, flier, winder (楼梯)踏步板
ふみかけいた 【踏掛板】 approach cushion plate (梯段)最上踏步板,桥头踏板
ふみきり 【踏切】 railroad grade crossing (铁路和道路的)平面交叉,道口
ふみきりけいひょう 【踏切警標】 crossing warning post, railroad crossing warning sign (铁路与公路交叉)道口警告标志
ふみきりけいほうき 【踏切警報機】 highway crossing signal (铁路与公路)交叉道口警告信号(机)
ふみきりこうかく 【踏切交角】 railroad crossing angle (铁路与道路)道口交叉角
ふみきりしゃだんき 【踏切遮断機】 crossing gate, barrier (铁路与道路)交叉道口栅门,道口栏路木
ふみきりほあんせつび 【踏切保安設備】 safety appliance of railroad crossing (铁路与公路)交叉道口安全设备
ふみきりぼうごせつび 【踏切防護設備】 railroad crossing protection device (铁路与公路)交叉道口防护设备
ふみきりみち 【踏切道】 railway grade crossing, railroad crossing (铁路与公路)交叉道口
ふみこみ 【踏込】 出入口处的地板
ふみこみいた 【踏込板】 出入口处的地板(与入口处地板面同高)
ふみさがり 【踏下】 (坡屋顶的)坡长
ふみざん 【踏桟】 (斜道上的)防滑条
ふみづら 【踏面】 tread (楼梯)踏步面,踏步板面
ふみはば 【踏幅】 tread 踏步宽
ふみわけいし 【踏分石】 (庭园中几路不相连的石板铺成的石径交会处的)分径石
フミンさん 【~酸】 humic acid 腐殖酸
フミンしつ 【~質】 humic substances, humics 腐殖质
ブーム boom (工程机械的)动臂,起重臂架,吊杆,桅杆,弦杆
ブーム・シリンダー boom cylinder 动臂油缸
ブーム・タウン boom town 新兴城市
ブーム・リフティング・ラム boom lifting ram 动臂提升油缸
ふゆう 【浮遊】 suspension 悬浮,浮游
ふゆうおでい 【浮遊汚泥】 floating

sludge 浮泥
ふゆうしゃ 【浮遊砂】 suspended sand 悬浮砂
ふゆうせいぶつ 【浮遊生物】 plankton 浮游生物
ふゆうどしゃ 【浮遊土砂】 suspended sediment 悬浮泥砂
ふゆうびりゅうし 【浮遊微粒子】 floating fine particle 浮游微粒,悬浮微粒
ふゆうぶつ 【浮遊物】 suspended solids,suspended matter 悬浮物,悬浮固体
ふゆうぶっしつ 【浮遊物質】 suspended solids 悬浮物质,悬浮固体
ふゆうほう 【浮遊法】 flotation 浮选法,气浮法
ふゆうゆ 【浮遊油】 floating oil 漂浮油
フュエル・ストレーナー fuel strainer 燃油滤清器,燃油过滤器
フュエル・タンク fuel tank 燃料箱
フュエル・フィルター fuel filter 燃油滤清器,燃油过滤器
フュエル・ライン fuel line 燃料管
ふゆごえ 【冬肥】 winter manuring 冬季施肥
ふゆざき 【冬咲】 winter flowering 冬季开花
ふゆぞの 【冬園】 winter garden 冬园
ふゆづた 【冬蔦】 Hedera japonica[拉], Tallclimbing ivy,Japanese ivy[英] 日本常春藤
フューム fume 烟(雾)
ふようかいざんぶん 【不溶解残分】 insoluble residue 不溶解残渣,不溶解残留物
ふようざんぶん 【不溶残分】 insoluble residue 不溶解残渣,不溶解残留物
ふようど 【腐葉土】 leaf mold 腐叶土
プライ ply 层(片),绳股,摺叠
フライアー flier,flyer 飞轮,转盘
フライ・アッシュ fly-ash 粉煤灰,烟灰,飞灰
フライ・アッシュ・セメント fly ash cement 粉煤灰水泥
フライ・アッシュ・セメント・コンクリート fly-ash cement concrete 粉煤灰水泥混凝土
フライイング・バットレス flying buttress 拱扶垛
プライウッド plywood 胶合板
フライ・ギャラリー fly gallery 舞台天桥,(舞台上部)环墙通廊,布景通廊
フライズ flies 舞台上部空间
フライスばん 【~[fraise]盤】 milling machine 铣床
フライ・タワー fly tower 舞台上部挑架
ブライトネス brightness 亮度
ブライト・バント bright band 亮带,亮区
プライバシー privacy 清静,隐蔽,不受干扰的环境
フライ・フロア fly floor (舞台上部的)第一层天桥,第一层环墙通廊
プライベート・カー private car 私人汽车,自用汽车
プライベート・スペース private space 个人占有空间,个人用面积,个人用地,私人用地
プライベート・ルーム private room 个人用房间,私人房间
フライ・ホイール fly-wheel 飞轮
フライ・ホイール・ホースパワー fly-wheel horsepower 飞轮马力,飞轮功率
プライマー primer 底层,第一层,底层涂料,底漆,底剂
プライマー・オイル primer oil 涂底用熟炼油,底子油
プライマー・サーフェーサー primer surfacer 底层面层两用涂料
プライマックス plymax 金属贴面胶合板
プライマリ・ウェーズ primary ways 干线道路,主要公路,主要道路
プライム・コート prime coat 抹灰打底,第一道抹灰,(沥青)透层,路面头道沥青,底涂层
フライヤー flyer (楼梯的)梯级
フライヤー fryer 油炸锅灶(厨房设备之一)
フライ・ロフト fly loft 舞台上部空间
ブライン brine 盐水

**ブラインかきまぜき** 【～攪雑器】 brine agitator 盐水搅拌器
**フライング・アーチ** flying arch 移动式拱架支撑
**フライング・ケージ** flying cage 禽笼
**ブライン・クーラー** brine cooler 盐水冷却器
**ブラインしきこうしかんコイルほうしき** 【～式格子管～方式】 brine pipegrid-coil system 盐水管网格盘管系统
**ブラインじょうはつき** 【～蒸発器】 brine evaporator 盐水蒸发器
**ブライン・タンク** brine tank 盐水池
**ブラインド** blind 遮帘,窗帷,百叶窗
**ブラインとうけつ** 【～凍結】 brine freezing 盐水冻结
**ブラインド・オペレーター** blind operator 百叶窗片控制器
**ブラインド・ストーリー** blind storey 暗楼,无窗楼层(尤指哥特式教堂拱门上面的拱廊)
**ブラインドまど** 【～窓】 window blind 百叶窗,遮光窗
**ブラインぼうちょうタンク** 【～膨張～】 brine expansion tank 盐水膨胀箱
**ブライン・ポンプ** brine pump 盐水泵
**ブラインれいきゃくき** 【～冷却器】 brine cooler 盐水冷却器
**プラウ** plough 犁,路犁
**ブラウジング・ルーム** browsing room 开架阅览室,随意取读阅览室
**プラウばん** 【～板】 ploughing blade 犁刀(片)
**ブラウン** brown 褐色,棕色
**ブラウン・アンド・シャープ** Brown and Sharpe B&S规,美国线规,布朗沙普线规
**プラカード** placard 标语牌,广告牌
**フラギラリア** Fragilaria 带列硅藻属(藻类植物)
**プラーク** plaque 饰板,孔洞饰板,(平顶)送风口散流板
**プラグ** plug 填塞,堵头,塞子,插头,木栓,木楔
**プラグ・イン** plug in 插入,插入式的,插换的,带插头接点的
**フラクタブル** fractable 山墙端盖顶(石),山墙凸出屋顶的部分
**プラグマティック** pragmatic (造型的)物质体现,实际映象的,实用主义的
**プラグようせつ** 【～溶接】 plug welding 塞焊
**ブラケット** bracket 托座,牛腿,隅撑
**ブラケットしょうめい** 【～照明】 bracket lighting 壁灯照明
**ブラケットとう** 【～灯】 bracket lamp 壁灯
**プラザ** plaza[西] 广场,市场
**ブラシ・カッター** brush cutter 灌木清除机
**ブラシばっき** 【～曝気】 brush aeration 转刷曝气
**フラスコ・トラップ** flask trap 瓶式存水弯
**プラスター** plaster 灰泥,灰膏,灰浆,熟石膏,抹灰,粉饰
**プラスター・オブ・パリス** plaster of Paris 熟石膏,烧石膏,巴黎石膏
**プラスター・ボード** plaster board 石膏板,石膏(抹)灰板,石膏粉刷板
**プラスチサイザー** plasticizer 塑化剂,增塑剂
**プラスチック・ウッド** plastic wood 填缝油膏
**プラスチック・カオリン** plastic kaolin 塑性高岭土,塑性瓷土
**プラスチックかん** 【～管】 plastic pipe 塑料管
**プラスチックけしょうばん** 【～化粧板】 plastic decorative board 塑料饰面板,塑料装饰板
**プラスチック・ケーブル** plastic cable 塑料绝缘电缆
**プラスチック・コーティング** plastic coating 塑料涂层
**プラスチック・コンクリート** plastic concrete 塑性混凝土
**プラスチック・サイン** plastic sign 塑料招牌,塑料标志牌
**プラスチック・シート** plastic sheet 塑

料板,塑料薄片
プラスチックしゅうしゅくひびわれ 【～収縮罅割】 plastic shrinkage crack 塑性收缩裂缝
プラスチックス plastics 塑料,塑胶,塑料制品,合成树脂
プラスチックス・コンクリート plastics concrete 塑料混凝土
プラスチックス・パイプ plastics pipe 塑料管
プラスチックたいかぶつ 【～耐火物】 plastic refractory, mouldable refractory 塑性耐火材料,塑性耐火制品
プラスチック・タイル plastic tile 塑料面砖,塑料铺板
プラスチックねんせい 【～粘性】 plastic viscosity 塑粘性
プラスチック・バインダー plastic binder 塑性胶粘剂,塑性粘结剂
プラスチック・ハウス plastic house 塑料房屋
プラスチックはっぽうたい 【～発泡体】 plastic foam 泡沫塑料,多孔塑料,塑料泡沫
プラスチックひふく 【～被覆】 plastic coat, plastic coating 塑料涂层,塑料涂料
プラスチック・ヒンジ plastic hinge 塑性铰
プラスチック・フィルム plastic film 塑料薄膜
プラスチック・フォーム plastic foam 泡沫塑料,多孔塑料,塑料泡沫
プラスチック・フロー plastic flow 塑性流动,塑性滑移
プラスチック・ホース plastic hose 塑料软管
プラスチック・メディア plastic media 塑料媒介体,塑料介质,塑料滤料
プラスティシティ plasticity 塑性,可塑性
プラスティング blasting 鼓风,(电话)超载失真,爆破
プラスティング・マット blasting mat 防爆垫
プラストグラフ plastograph 混凝土稠度计,塑性记录仪,塑性形变记录仪
ブラストホール・ドリル blast-hole drill 爆破孔风钻,炮眼钻机,凿岩机
プラストマー plastomer 塑料,塑性体
フラースのぜいかはかいてん 【～の脆化破壊点】 Fraas breaking point 弗拉斯脆化断裂点(温度)
フラースはかいてん 【～破壊点】 Fraas brdaking point (沥青材料)弗拉斯脆点
プラズマ・アークせつだん 【～切断】 plasma arc cutting 等离子体(电弧)切割
プラセディ p[illegible] ra-chedi[泰] 泰式高塔
プラチナム platinum 铂
ブラック・アウト black out 熄灭,匿影,关闭,遮蔽,截止,封锁
ブラック・サフェース black surface 黑色路面,沥青路面
フラックス flux 助熔剂,焊剂,钎剂,熔剂,稀释剂
フラックスいりワイヤー 【～入～】 flux-cored wire 填充焊剂金属丝,管状焊丝
フラックスべん 【～弁】 flux valve 流量阀
ブラック・ブリック black brick 青砖
ブラック・ベース black base 黑色路面底层,沥青路面底层
ブラック・ホール black hole 黑洞(现象)
ブラック・ライト black light 不可见光
ブラック・ライト・ランプ black light lamp 不可见光(低压汞)灯
フラッシュ flush 奔流,泛滥,冲水,冲洗
ブラッシュ brush (表现技法的)笔势,笔力,毛笔,刷子,电帚,炭刷
フラッシュ・ガス flash gas (冷媒)急骤蒸发气体,闪发气体
フラッシュがたかれいきゃくき 【～形過冷却器】 flash-type subcooler 骤冷式低温冷却器
フラッシュじょうはつほう 【～蒸発法】 flash evaporation method 闪蒸法,急骤蒸发,闪发
フラッシュ・スクリーン・ポンプ flush

screen pump 冲洗筛泵
フラッシュ・タンク flush tank 冲洗池
フラッシュど 【～戸】 flush door 平面门,光板门
フラッシュ・ドア flush door 平面门,光板门
フラッシュ・バットようせつ 【～溶接】 flash butt welding,flash welding 闪光对接焊
フラッシュ・バットようせつつぎて【～溶接継手】 flash butt welded joint 闪光(电阻)对接焊接头
フラッシュ・バルブ flash bulb (摄影)闪光灯,镁光灯
フラッシュべん 【～弁】 flush valve 冲洗阀
フラッシュ・ボート flash board (坝顶调节水位的)闸板
フラッシュ・ボルト flush bolt 平插销,平头螺栓
フラッシュ・ミキサー flash-mixer (投药混合设备的)急骤搅拌器
フラッシュようせつ 【～溶接】 flash weld(ing) 闪光对焊
フラッシング flashing 泛水,防雨板
フラッター flutter 颤动,振动,浮动
フラッター・エコー flutter echo 颤动回声
プラッテ platte[德],plate[英] 平板,板
フラッディング・ノズル flooding nozzle 满溢喷嘴,满风喷嘴,泛风喷嘴
フラット flat 楼层的一层,平的,扁平的,平面的
フラット・アーチ flat arch 平拱
フラットくぎ 【～釘】 flat nail 平头钉
フラットしきアパート 【～式～】 flat apartment house 同层式公寓(每户的房间均在同一楼层内)
フラット・ジャッキ flat jack 扁千斤顶
フラット・スラブ flat slab 无梁楼板,平板
フラット・スラブこうぞう 【～構造】 flat-slab construction (有托座)无梁楼板结构
フラット・トップ・コンベヤー flat top conveyor 平台承重式输送机
フラット・トップ・チェーン・コンベヤー flat top chain conveyor 平台承重链式输送机
プラット・トラス Pratt truss 普腊桁架,竖斜杆桁架
フラット・トラック flat truck 平板卡车
フラット・バー flat (steel) bar 扁钢(条)
フラット・ファイル flat file 扁(平)锉
プラットフォーム platform 月台,站台,讲台
プラットフォーム・クレーン platform crane 台式起重机
プラットフォームこうほう 【～構法】 platform construction method 台座式施工法
プラットフォーム・コンベヤー platform conveyer 平台输送机
プラットフォーム・トラック platform truck 平板卡车,平板敞车
プラットフォーム・トレイラー platform trailer 平板拖车
フラット・プレート flat-plate (无托座)无梁楼板(结构)
フラット・プレートこうぞう 【～構造】 flat-plate construction (无托座)无梁楼板结构
フラット・ペイント flat paint 无光漆,无泽油漆,晦漆
プラットホーム platform 月台,站台,台,高台,讲台
プラットホーム・ブリッジ platform bridge 天桥
フラッド・ライト flood light 泛光灯,探照灯,泛光(强力)照明
フラット・ルーフ flat roof 平屋面,平屋顶
フラップ flap 板,片,铰链板,(活板门的)活板,(折叠式桌子的)折板,(散热器等的)风门,鱼鳞片,活瓣,活盖
プラテレスコ Plateresque (15～16世纪西班牙)银匠式(建筑)
プラテレスコようしき 【～様式】 Plater-

esque style （15～16世纪西班牙）银匠式（建筑）
プラトゥーンがた 【～型】 platoon type （学校班级）轮班分组上课式
プラニメーター planimeter （平面）求积仪
プラネタリウム planetarium 天文馆,天象仪
プラネタリー・ギア planetary gear 行星齿轮
プラネタリー・トランスミッション planetary transmission 行星变速器,行星齿轮传动
プラノ・コンベックスれんが 【～煉瓦】 plano-convex brick 凸面砖
プラム plum 李树,李子
プラム plumb 测锤,铅锤,垂直,铅直
フラリー・メタル Frary metal 钡钙铅合金,弗雷里（铅-碱土金属轴承）合金
フラワー・ベース flower vase 花瓶
フラワー・ベッド flower bed 花台,花坛,花圃
フラワー・ボックス flower box 花箱
フラワーポット flowerpot 花盆
プラン plan 规划,计划,方案,平面图,设计图,样式
ふらんき 【孵卵器】 incubator 孵卵器,孵化器
フランキー・パイル Franki pile 弗兰基式现场（就地）灌注桩,荷兰桩
ブランク blank 空白
プランク plank 板,木板,厚板
ブランク・アーケート blank arcade 实心联拱,封闭式拱廊,假拱廊
ブランク・アーチ blank arch 假拱,装饰拱,拱形饰
プランクじょうすう 【～常数】 Plank's constant 普朗克常数
プランクトン plankton 浮游生物
プランクトン・ネット plankton net 浮游生物网
フランクフルトすいへいめん 【～水平面】 Frankfurt plane 耳眼水平面（耳眼联线形成的水平面）,法兰克福水平面
フランクリンがいのアパート 【～街の～】 Immeuble, Rue Franklin Paris[法] （1902～1903年法国巴黎）富兰克林街上的公寓
ブランケット blanket （透水或不透水的）覆盖层,垫层,罩面,毡,铺面,表面层,污泥悬浮层,沉淀凝聚物
フランジ flange 翼缘,凸缘,法兰（盘）
フランジあたまリベット 【～[flange]頭～】 cover plate rivet 梁翼盖板铆钉,翼缘盖板铆钉,头钉
フランジ・カバー・プレート flange cover plate 翼缘板,翼缘盖板
フランジがわリベット 【～側～】 flange-to-web rivet 翼缘腹板连接铆钉,颈钉
フランジくだ 【～管】 flange pipe 法兰管,盘管,凸缘管
フランジ・スルースべん 【～弁】 flange sluice valve 法兰闸门阀
フランジそえつぎ 【～添継】 flange splice 翼缘拼接
フランジつきうけぐち 【～付受口】 flanged socket 凸缘承口,法兰承口,盘承口
フランジつきかん 【～付管】 flanged pipe 凸缘管,法兰管,盘管
フランジつきさしぐち 【～付差口】 flanged spigot 凸缘插口,法兰插口,盘插口
フランジつきつぎて 【～付継手】 flanged joint 凸缘接头,法兰接头,盘接头
フランジつぎて 【～継手】 flange(d) joint, flange coupling 法兰连接,翼缘接头,凸缘接头
フランジつきワイ 【～付Y】 flanged Y 法兰Y形管,盘Y形管,凸缘Y形管
フランジ・テーパーばり 【～梁】 beam with tapered flange 楔形翼缘梁
フランジ・プレート flange plate 翼缘板
フランジへりようせつ 【～縁溶接】 flanged edge weld 卷边焊,翼缘边焊接
フランジャー flanger 扩缘楔,突缘楔,弯边机,涨管楔,起缘机,翻边机
プランジャー plunger 柱塞
プランジャー・ポンプ plunger pump 柱

塞泵
**フランジやまがた** 【～山形】 flange angle 翼缘角钢
**プランジャー・ロッド** plunger rod 柱塞杆
**フランじゅし** 【～樹脂】 furan(e) resin 呋喃树脂
**フランじゅしせっちゃくざい** 【～樹脂接着剤】 furan resin adhesive 呋喃树脂粘合剂
**フランジ・リベット** flange rivet 凸缘铆钉
**フランスおとし** 【～落】 flush bolt, flushing bolt 平插销
**フランスがわら** 【～瓦】 French roof tile 法国槽瓦,联锁片瓦
**フランスこうど** 【～硬度】 French hardness 法国(水质)硬度
**フランスしきていえん** 【～式庭園】 French garden (17世纪)法国式庭园
**フランスだんつう** 【～緞通】 French rug 法国毯子,法国地毯
**フランスちょうばん** 【～丁番】 olive knuckle butts 松轴合页,橄榄形肘节铰链(合页)
**フランスづみ** 【～積】 Flemish bond 一顺一丁砌砖法
**フランスど** 【～戸】 French door 法兰西式门(宽框内嵌装方格玻璃的门)
**フランスまど** 【～窓】 French window 法兰西式窗,落地窗
**フランスやね** 【～屋根】 French roof, mansard roof, gambrel roof 法式屋顶,孟沙屋顶,折线形屋顶
**プランタジェネットしき** 【～式】 Plantagenet style (英国)不兰他日奈王朝式(建筑),金雀花王朝式(建筑)
**ブランチ** branch 支管,支路,分支,支线,分路,支流,分流
**ブランチかんかく** 【～間隔】 branch interval 支管间距
**ブランチ・スイッチ** branch switch 支路开关,分路开关
**ブランチド・フルーほうしき** 【～方式】 branched flue system 分烟道方式
**ブランデーじょうりゅうはいえき** 【～蒸留廃液】 brandy distillery waste liquor 白兰地酒蒸馏废液
**プラント** plant 设备,机械设备,工厂设备,成套设备,工厂,车间
**プラントこんごう** 【～混合】 plant mixing 厂拌,厂拌混合料
**プラントルけいびあつけい** 【～形微圧計】 Prandtl micro-manometer 普兰特式微压计
**プラントルすう** 【～数】 Prandtl number 普兰特数,普兰特准数,pr准数
**プランニング** planning 规划,计划,设计
**プランニング** planning 规划,设计
**プランニング・グリッド** planning grid (平面草图)设计网格
**プランニング・メソッド** planning method 规划方法,设计方法
**フランネル** flannel 法兰绒
**フランボワイヤンしき** 【～式】 flamboyant style (哥特式建筑的)火焰纹式
**プラン・ユーティリティー** plan utility 平面利用效果
**フリー・アクセス・フロア** free access floor 自由通路层
**プリィ** pulley 滑轮,滑车,皮带轮
**フリーウェー** freeway 高速公路(美国高速公路的一种,进入完全受限制,全部立交)
**フーリエぎゃくへんかん** 【～逆変換】 inverse Fourier transformation 傅里叶逆变换,傅里叶反变换
**フーリエすう** 【～数】 Fourier' s number 傅里叶数
**フーリエのきゅうすう** 【～の級数】 Fourier' s series 傅里叶级数
**フーリエのほうそく** 【～の法則】 Fourier' s law 傅立叶定律
**フーリエへんかん** 【～変換】 Fourier transformation 傅里叶变换
**フリー・エリア** free area 自由面积
**ふりかえ** 【振替】 transfering(of rail) (钢轨的)移换,替换
**ブリキ** blik[荷] 镀锡薄钢板,镀锡铁皮,白铁皮

ブリキいた 【～[blik荷]板】 tinned plate 镀锡薄钢板,镀锡铁皮,白铁皮
ブリキかん 【～[blik荷]管】 tinned plate pipe 镀锡薄钢管,镀锡铁皮管,白铁皮管
フリギダーリウム frigidarium[拉] (古罗马浴场的)冷浴室
ブリキてっぱん 【～[blik荷]鉄板】 tinned plate 镀锡薄钢板,镀锡铁皮,白铁皮
フリクション friction 摩擦(力)
フリクション・キャッチ friction catch 碰锁,弹簧锁
フリクションちょうばん 【～丁番】 friction hinge 摩阻铰链,摩阻合页
フリクション・ホイール・ドライブ friction wheel drive 摩擦轮传动
フリクション・ボルトこうほう 【～工法】 friction-bolted connections method 高强度摩擦紧固螺栓接合法
ブリケットきょうしたい 【～供試体】 briquet test specimen (水泥砂浆抗拉强度试验用)8字形试块
ふりこうんどう 【振子運動】 pendulum motion 摆动运动
ふりこがたどうりょくけい 【振子型動力計】 pendulum dynamometer 摆式测力计
フリーザー freezer 冷却器,制冷器,冷藏库,冰箱,冷冻机
ブリザード blizzard 暴风雪
ブリージング bleeding (混凝土)泌浆,泌水,(沥青路面)泛油,(液体或气体)放出
ブリージングすい 【～水】 bleeding water (混凝土)泌浆,泌水,析水
フリーズ frieze (西方古典柱式的)檐壁
ブリーズ・ソレイユ brise-soleil[法] 遮阳板
ブリストルうわぐすり 【～上薬】 bristol glaze (陶瓷用)窑釉
プリストレッシング＝プレストレッシング
プリズムいたガラス 【～板～】 prism plate glass 棱镜板玻璃
プリズム・ガラス prism glass 棱镜玻璃
プリズム・コンパス prismatic compass 棱镜罗盘
プリズム・タイル prism tile 棱镜玻璃砖
ブリーズ・ラインふきだしぐち 【～吹出口】 breeze-line diffuser 条形散流器
ブリーダがたたいきぎょうしゅくき 【～型大気凝縮機】 bleeder type condenser 淋浇式空气冷凝器
フリッカーレスかいろ 【～回路】 flickerless circuit 无闪光电路,无闪烁电路
フリッカレスきぐ 【～器具】 flickerless fixture 无闪光灯具
ブリック・アーチ brick arch 砖拱
ブリックばり 【～張】 brick lining 砌砖内衬,砖衬料
ブリック・マシン brick machine 制砖机
ブリック・レッド brick red 红砖色,红褐色
ブリッジ bridge 桥,桥梁
ブリッジかいろ 【～回路】 bridge circuit 桥接电路,电桥电路
ブリッジ・クレーン bridge crane 桥式起重机
ブリッジ・デッキ bridge deck 桥面系
ブリッジ・フォーム bridge form 桥型
ブリッジ・ポート bridge port (收费公路的)桥梁入口
ブリッジ・リーマー bridge reamer 桥梁用扩孔钻
ブリッジング bridging 搁栅撑,联结杆,支杆,跨接,搭接,架接,桥接,架桥
フリッチ flitch 厚条板,组合板,贴板
フリット frit 溶块,玻璃料
フリットぐすり 【～薬】 fritted glaze 熔块釉,熟釉,釉药
フリットじき 【～磁器】 frit porcelain 熔块瓷
ブリティッシュ・ミューゼアム British Museum (1823～1847年英国伦敦)大不列颠博物馆
ブリネルかたさ 【～硬さ】 Brinell hardness 布氏硬度
ブリネルかたさしけん 【～硬さ試験】 Brinell hardness test 布氏硬度试验
フリー・ハンド free hand 徒手画图
プリヒーティング preheating 预热

フリー・フロート free float (FF) (网络工程进度表中的)自由富裕
ふりぼうず【振坊主】 简易桅(把)杆起重机
フリーボード freeboard 超高
ふりまわしおんしつどけい【振回温湿度計】 sling psychrometer 甩动式温湿度计,手摇式干湿球温湿度计
ふりまわしsきかんしつきゅうしづどけい【振回式乾湿球湿度計】 sling psychrometer 甩动式干湿球温湿度计
ふりまわししつどけい【振回湿度計】 sling hygrometer 甩动式湿度计
プリミックス premix 预搅拌,预拌和,预混合
ふりゅうりつ【浮粒率】 ratio of floating particles (in coarse aggregate) (混凝土粗骨料的)浮粒率
プリュタネイオン prytaneion[希] (古希腊的)市政厅,宾馆[希]
フリューム flume 渡槽,水槽
フリューロン fleuron 鸢尾花纹样(图案化的花,叶组成的纹样)
ふりょうじゅうたく【不良住宅】 deteriorated dwelling house 破旧住宅
ふりょうじゅうたくちく【不良住宅地区】 deteriorated residential quarter 破旧住宅区
ふりょうじゅうたくちくかいりょう【不良住宅地区改良】 破旧住宅区改良
ふりようち【不利用地】 不利用地
ふりようちたい【不利用地帯】 unused zone 不利用地区
ふりょく【浮力】 buoyancy 浮力
ふりょくのちゅうしん,【浮力の中心】 center of buoyancy 浮力中心,浮心
ブリリアンス brilliance 亮度,耀度
プリロマネスクしき【~式】 Pre-Romanesque style 罗马式建筑风格以前的形式
ふりわけ【振分】 分中,等分,中线
ふりわけぶんぎき【振分分岐器】 unsymmetrical double-curve turnout 异向双开岔道
プリング・ジャッキ pulling jack 拉力千斤顶
プリンス plinth 柱基,基座,底座,勒脚
プリンター printer 打印机,印刷机
プリンテッド・リノリウム printed linoleum 花纹漆布,印花漆布
フリント・ガラス flint glass 火石玻璃,含铅玻璃
フリント・クレイ flint clay 硬质耐火土
プリントごうはん【~合板】 printed plywood 印花胶合板,印纹胶合板
ふる【振る】 偏移
フルー flue 烟道
ブルー blue 蓝色,青色
プール pool,swimming pool 水池,游泳池
ふるい【振】 shake,shock 根土抖落(刨裸根树,多用于中、小树及易成活的树种)
ふるい【篩】 sieve 筛
ふるいざんぶん【篩残分】 sieve residue 筛余渣,筛余,筛余百分率
ふるいしば【振芝】 铺草皮
ふるいじゃり【篩砂利】 screened gravel 过筛砾石
ふるいしんどうき【篩振動機】 vibrating sieving machine 摆筛机,振动筛选机
フルーイッド・プレッシャー・ライン fluid pressure line 液压管线
フルーイッド・メーター fluid meter 粘度计,稠度计,流动度计
ふるいのめ【篩の目】 sieve mesh 筛眼,筛孔
ふるいぶんきゅう【篩分級】 sieving, sieve analysis 筛分,筛选分析
ふるいぶんせき【篩分析】 sieve analysis 筛分
ふるいめのひらき【篩目の開】 sieve opening 筛眼,筛孔(尺寸)
ふるいわけ【篩分】 sieving 筛分,筛选
ふるいわけき【篩分機】 sieving machine 筛分机,过滤器
ふるいわけきょくせん【篩分曲線】 sieve analysis curve 筛分曲线,筛选曲线
ふるいわけけいすう【篩分係数】 sorting coefficient 筛分系数
ふるいわけしけん【篩分試験】 sieve

analysis test 筛分试验
ふるかぶぬき 【古株抜】 拔除枯株
ブルキンエげんしょう 【～現象】 Purkinje phenomenon 普尔金耶现象
ブルキンエこうか 【～効果】 Purkinje effect 普尔金耶效应
ブル・グレーダー pull-grader 拖式平地机
フル・サイズ full size 足尺
ブルシャン・ブルー Prussian blue 普鲁士蓝
ブル・ショベル pull shovel 拉铲,索铲
ブルシンほう brucine method 二甲马钱子碱(测定)法,番木鳖硷法
ブル・スイッチ pull switch 拉线开关
ブールだいすう 【～代数】 Boolean algebra 布尔代数
ブルータリズム Brutalism (50年代建筑形式的)粗野主义
フルーツ・パーラー fruits parlour 水果店兼冷饮店
フルーティング fluting 柱身凹槽,柱槽
ブル・テスト pull test 拉伸试验,牵引(力)试验
フル・デプス・アスファルト full depth asphalt 全厚式沥青混凝土(路面)
フルート flute 沟,槽,柱身凹槽
ブルドーザー bulldozer 推土机,压弯机,粗碎机
フルードすう 【～数】 Froude's number 弗劳德数
ブルドンかん 【～管】 Bourdon's tube 布尔登管
ブルドンかんあつりょくけい 【～管圧力計】 Bourdon gauge 布尔登管压力计,弹簧管压力计
ブルドンかんおんどけい 【～管温度計】 Bourdon tube thermometer 布尔登管式温度计
ブールバート boulevard[法] 林荫大道
ブールバール boulevard[法] 林荫大道
ブルーピング・リング proving ring (压力机上的)校验环
ブルーフ・テスト proof test 验收试验,检(校)验

ブルー・ブラック blue black 蓝黑色
フルフラールじゅし 【～樹脂】 furfural resin 糠醛树脂
フルフラールじゅしせっちゃくざい 【～樹脂接着剤】 furfural resin adhesive 糠醛树脂粘合剂
ブルー・プリント blue print 蓝图
フル・プレストレシング full prestressing 全预应力
ブルーフ・ローリング proof rolling 检验辗压,复验辗压(检验路基是否有软弱处)
ブル・ホイール bull wheel (桅式起重机桅杆下面的)底轮,转盘,大齿轮
ブル・ボックス pull box 分线盒,引线箱
ふるみ 【古味】 加工成古色,仿古色调
ブルーム broom 路帚,路刷
ブル・ロッド pull rod 拉杆,牵引杆
ブールワール boulevard[法] 林荫大道
ブルントのしき 【～の式】 Brunt's formula 布隆特公式(晴天天空反辐射量计算公式之一)
ふれ 【振】 deflection, deflection angle 偏,偏移,偏转,变位,偏转角,变位角
フレアつぎて 【～継手】 flared fitting 扩(张喇叭)口管接头,扩口翼板管接头
ブレ・アッセンブリング pre-assembling 预制装配,预装配
フレアようせつ 【～溶接】 flare welding 喇叭口焊接
ブレ・アンプ pre-amp(lifier) 前置放大器
ブレイ・スカルプチュア play sculpture (可表演或向游人开玩笑的)游戏雕刻
ブレイ・ルーム play room 游戏室
ブレイ・ロット play lot (儿童)游戏场地
ブレウェッティング prewetting (吸水性大的材料的)预湿
ブレウテリオン buleuterion[希] (古希腊)市会议场
フレオン Freon 二氯二氟甲烷制冷剂,氟利昂(商)
フレオンれいばい 【～冷媒】 Freon 氟冷剂,氟氯烷,氟利昂(商)

ブレーカー breaker 破碎机,碎石机,开关闸,断路器

プレー・ガイド play-guide 影剧院预售票处

プレカスト=プレキャスト

ブレーキ brake 制动器,闸,刹车

フレキシ・バン flexi-van 弗立克西型货车,水陆联运车(装载有水陆运通用集装箱的拖车体的货车)

フレキシビリティー flexibility 机动性,适应性,柔性,柔韧性,可弯性,可挠性

フレキシブルごうはん 【～合板】 flexible plywood 柔性胶合板

フレキシブル・コンジット flexible conduit 柔性管道,软管,蛇皮管

フレキシブル・シート flexible sheet 柔(挠)性(石棉水泥)板

フレキシブル・シャフト flexible shaft 软轴,挠(柔)性轴

フレキシブル・シュート flexible shoot (浇筑混凝土用)柔性滑槽

フレキシブルしんしゅくつぎて 【～伸縮継手】 flexible expansion joint 柔性伸缩接头

フレキシブル・ドライブ flexible drive 挠性传动,软轴传动

フレキシブルばん 【～板】 flexible sheet 柔(挠)性(石棉水泥)板

フレキシブル・ボード flexible board 柔(挠)性(石棉水泥)板

フレキシブル・メタル・ホーズ flexible metal hose 挠(柔)性金属管,金属软管

フレキシボード flexiboard 柔(挠)性(石棉水泥)板

ブレーキ・シュー brake shoe 闸瓦,制动片,刹车片

ブレーキ・ステップ brake step 刹车踏板,闸踏板

ブレーキ・トラス brake truss 制动桁架

ブレーキ・パーキング・レバー brake parking lever 停车制动杆

ブレーキ・パドル brake paddle 刹车踏板,闸踏板

ブレーキ・ホースパワー brake horsepower 制动马力,刹车马力

プレキャスト precast 预浇铸的,预制的

プレキャスト・カンティレバーこうほう 【～工法】 precast cantilever method (预应力混凝土桥)预制块悬臂施工法

プレキャストけいりょうコンクリートいた 【～軽量～板】 precast light concrete slab 预制轻质混凝土板

プレキャスト・コンクリート precast concrete(PC) 预制混凝土,预制混凝土构件

プレキャスト・コンクリートぐい 【～杭】 precast concrete pile 预制混凝土桩

プレキャスト・コンクリート・パネル precast concrete panel 预制混凝土板材

プレキャストてっきんコンクリート 【～鉄筋～】 precast reinforced concrete 预制钢筋混凝土

プレキャストてっきんコンクリートこうぞう 【～鉄筋～構造】 precast reinforced concrete construction 预制钢筋混凝土结构,装配式钢筋混凝土结构

プレキャスト・ブロック precast (concrete) block 预制混凝土砌块

ブレーキ・レバー brake lever 制动杆

ブレーキング・システム braking system 制动系统

ブレーキング・パワー braking power 制动力,制动功率

ブレーキング・ロード breaking load 断裂荷载,破坏荷载

フレーク・アイス flake ice (浇筑混凝土时降低温度用)冰块,薄冰块

プレクシグラス plexiglass 树脂玻璃,有机玻璃,化学玻璃

プレグナンス pregnancy (表现技法的)简洁,含蓄,富于想象力

プレクーリング precooling 预冷,预冷却

ふれこうばい 【振勾配】 不同坡面戗脊的坡度(指戗脊椽与挑檐桁相交不成45°的状态下的坡度)

プレコート・マカダムこうほう 【～工法】 precoat macadam method 预浇沥青碎石路施工法

プレコートろか 【～濾過】 precoat filtration 预涂层过滤

プレーサビリティ placeability (混凝土的)可灌筑性
プレシオメーター pressiometer (测定地基系数的)压力仪
フレシネ・ケーブル Freyssinet cable (预应力混凝土的)弗雷西奈式钢丝束,圆形钢丝束
フレシネーこうほう 【～工法】 Freyssinet method 弗莱西奈预应力施工法
フレシネ・コーン Freyssinet cone (预应力混凝土的)弗雷西奈式锚具
フレシネほうしき 【～方式】 Freyssinet method (预应力混凝土的)弗雷西奈式后张法
プレシピテーター precipitator 沉淀器,聚尘器,除尘器
ブレーシング bracing 撑条,拉条,加劲肋,拉结,支撑
プレシンクト precinct 境界,区域,管区,围场
ブレーシング・ピース bracing piece 加劲杆,支撑杆
ブレース brace 支撑,斜撑,联结
プレス press 压力机,压床
プレスきょうせいき 【～矯正機】 press straightening machine 压直机,校直机
フレスコ fresco 壁画,湿壁画法(墙面粉刷未干即以水彩作画的壁画)
プレスしあげき 【～仕上機】 garment press 压力矫正机
プレスティージ・ストア prestige store 有名望的商店
ブレースト・アーチ braced arch 桁架形拱
ブレースト・タイド・アーチ braced tied-arch 桁架式连杆拱,系杆拱桥
ブレースト・チェーンつりばし 【～吊橋】 braced -chain suspension bridge 悬链桥,桁链悬索桥
プレストレス prestress 预应力,预加应力
プレストレスト・コンクリート prestressed concrete(PSC) 预应力混凝土
プレストレスト・コンクリートかん 【～管】 prestressed concrete pipe 预应力(钢筋)混凝土管
プレストレスト・コンクリートぐい 【～杭】 prestressed concrete pile 预应力混凝土桩
プレストレスト・コンクリートこうぞう 【～構造】 prestressed concrete structure 预应力混凝土结构
プレストレスト・コンクリートほそう 【～舗装】 prestressed concrete pavement 预应力混凝土路面
プレストレスのげんたい 【～の減退】 reduction of prestress 预应力降低
プレストレスのそんしつ 【～の損失】 loss of prestress 预应力损失
プレストレスのまさつそんしつ 【～の摩擦損失】 friction loss of prestress 预应力摩擦损失
プレストレスのゆうこうりつ 【～の有効率】 effective ratio of prestress 预应力有效率
プレストレッシング prestressing 预应力,预加应力
プレスビテリウム presbyterium[法] 司祭席,牧师席
プレス・フィルター press filter 压滤机,压力式过滤器
プレス・ボタン・システム press-button system 按钮操纵系统
プレス・ポンプ press pump 加压泵,压力泵
ふれすみ 【振隅】 不同坡面戗脊(指戗脊椽与挑檐桁相交不成45° 的状态)
ふれすみぎ 【振隅木】 与挑檐桁相交成45° 以外的戗脊椽
プレゼンテーション presentation 表现方式,建筑渲染
プレッシャー pressure 压力,压强,压缩,挤压
プレッシャー・フルーイッド pressure fluid 液压系统工作液体
プレッシャー・プロポーショナーほうしき 【～方式】 pressure proportioner system (灭火剂的)压力混合法
プレッシャー・ヘッド pressure head 压力水头,压头
プレッシャー・ポンプ pressure pump 压

力泵，加压泵

**プレッシャー・リリーフ・レギュレーター** prêssure-relief regulator 减压调节器，减压安全阀

**プレッシャー・レギュレーター** pressure regulator 调压器，压力调节器，电压调整器

**フレッシュ** fLèche［法］尖顶塔，（钟楼等的）尖顶

**プレッシュア＝プレッシャー**

**フレッチャー・マンソンのとうおんきょくせん**【～の等温曲線】equal-loudness contours of Fletcher and Manson 弗雷契尔-曼松等响曲线

**フレッティング** fretting （道路）松散损坏

**フレット** fret 回纹饰，万字纹

**フレット・ソー** fret saw （细工、雕花用）钢丝锯，线锯

**ブレーデッドせきめんパッキング**【～石綿～】braided asbestos packing 编织石棉填料

**プレテンショニング** pre-tensioning （预应力混凝土）先张法

**プレテンショニング・プレストレスト・コンクリート** pre-tensioning prestressed concrete 先张法预应力混凝土

**プレテンションこうほう**【～工法】pre-tensioning system （预应力混凝土）先张法

**プレテンションほう**【～法】pre-tensioning method （预应力混凝土）先张法

**プレテンションほうしき**【～方式】pre-tensioning type 先张法

**ブレード** blade 叶片，刮板，刮刀，刀片

**プレート・アングルばしら**【～柱】plate and angle column 钢板角钢组合柱

**プレート・ガーダー** plate girder 板梁，板大梁，钢板梁

**プレート・ガーダーきょう**【～橋】plate-girder bridge 板梁桥

**プレートがたしょうおんき**【～型消音器】plate muffler 隔板式消声器

**プレートがたそうふうき**【～形送風機】plate blower 板状叶片送风机

**プレート・カッター** plate cutter 截板机

**プレート・グラブ** plate grab 钢板制抓斗

**プレート・コンベヤー** plate conveyer 平板式输送机

**プレート・シア** plate shear 剪板机

**プレートじょうはつき**【～蒸発器】plate evaporator 板状叶片蒸发器

**プレート・タイプきゅうおんそうち**【～吸音装置】plate type absorber 隔板式吸声装置

**プレート・チャンネルばしら**【～柱】plate and channel column 钢板和槽钢组合柱

**プレート・トレーサリー** plate tracery 石板镂刻窗花格

**プレートばしら**【～柱】plate column 钢板组合柱

**プレートばり**【～梁】plate girder 板梁，板大梁，钢板梁

**プレート・ファン** plate fan 板状翼片通风机（排尘通风机）

**プレート・フィン** plate fin 薄板翼片

**プレート・フィン・コイル** plate fin coil 板状翼片盘管

**プレート・プライアーズ** plate pliers 平钳

**プレートべん**【～弁】plate valve 板阀，闸阀

**プレート・ベンダー** plate bender 弯板机

**ブレード・ホイール** blade wheel 叶轮

**ふれどめ**【振止】bracing, bridging 支撑，剪刀撑，搁栅撑，联系，系杆，加劲

**フレート・ライナー** freight liner 高速货运定期列车，集装箱专用直达列车

**ブレードレス・ポンプ** bladeless pump 无叶片泵

**プレーナー** planer 刨，电刨，刨床

**プレナム・チャンバー** plenum chamber （空调用的）充风室，送气室，充风箱

**プレナムふうそく**【～風速】plenum velocity 静压箱风速

**ブレニムきゅう**【～宮】Blenheim Palace (1705～1724年英国牛津)伯仑尼姆宫,布仑罕姆宫

フレネ-セレーのこうしき 【～の公式】 Frenet-Serret's formula 弗列涅-塞列公式

プレパクト・コンクリート Prepakt concrete 预填石料压浆混凝土

プレパックト・コンクリート prepacked concrete (预填骨料)压力灌浆混凝土

プレパックト・コンクリートぐい 【～杭】 prepacked concrete pile (预填骨料)压力灌浆混凝土桩

プレパックト・ソイル・コンクリートぐい 【～杭】 prepacked soil concrete pile 预填土砂压力灌浆混凝土桩

プレパックトようモルタル・ミキサー 【～用～】 prepacked grout mixer (预填集料)压力灌浆用搅拌机

プレヒーター preheater 预热器

プレファブ prefabrication 预制,预制品,预制构件

プレファブけんちく 【～建築】 prefabricated building 预制装配式建筑

プレファブこうほう 【～工法】 prefabrication 预制装配施工法

プレファブこうほう 【～構法】 prefabricated construction method 预制装配式构造方法,预制装配法

プレファブ・コンクリート・パネルかべ 【～壁】 prefabricated concrete panel wall 预制混凝土板墙

プレファブじゅうたく 【～住宅】 prefabricated house 预制装配式住宅

プレファブリケーション prefabrication 预制装配化,工厂预制

プレフィニッシュ prefinish 预做饰面,(胶合板的)预施油漆

プレフレックスこうほう 【～工法】 preflex system (制做预应力混凝土构件的)预弯工字钢法

プレミックサ pre-mixer 预混(空气)器

フレミッシュづみ 【～積】 Flemish bond 一顺一丁砌砖法

フレーム frame 框架,构架,机架,刚架

フレーム flame 火焰,火舌

フレーム・アナロジー frame analogy 框架模拟

フレーム・スタビリティー frame stability 刚架稳定性,框架稳定性

フレーム・トレッスル frame trestle 构架式栈道

フレーム・プレーナー frame planer 龙门式自动气割机

フレームレス・ドア frameless door 无框玻璃门

フレームワーク framework 构架(工程)

フレヤー flare 闪光,闪光信号,照明灯

プレロードこうほう 【～工法】 preload system 预加荷载法,预加应力法

フレンガー・パネル Frenger panel 弗林格辐射板

ブレーンくうきとうかほう 【～空気透過法】 Blaine's air permeability method 布莱恩(细度试验的)透气法

プレーン・コンクリート plain concrete 素混凝土

ブレーンしけん 【～試験】 Blaine test 布莱恩细度(粉末比表面积)试验

ブレーン・ストーミング brain storming 妙思(突然显现出的构思)

ふれんぞくてん 【不連続点】 break-point 间断点

ふれんぞくてんえんそしょり 【不連続点塩素処理】 break-point chlorination 折点加氯,折点氯化

ふれんぞくりゅう 【不連続流】 discontinuous flow 非连续流

ふれんぞくりゅうど 【不連続粒度】 discontinuous grading,gap grading 不连续级配,间断级配

フレンチ・ウィンドー French window 法兰西式窗,落地窗

フレンチ・ブルー French blue 法国蓝,群青,深蓝

プレーン・テルミット plain thermit 铝热剂

フレンドリッヒのきゅうちゃくとうおんしき 【～の吸着等温式】 Freundlich's adsorption-isotherme equation 弗罗因德利希吸附等温公式

ブレーンほう 【～法】 Blaine test method 布莱恩细度(粉末比表面积)试验法
ブレーン・リノリウム plain linoleum 素色漆布,单色油地毡
フロー flow 流,流动,流量
ブロー blow 送风,吹气,涌水
フロア・タイル floor tile 地面砖
フロア・ダクト floor duct 楼(地)板下管道
ブロー・アップ blow-up (混凝土路面)胀裂,鼓胀
フロア・ヒンジ floor hinge 地面门铰链,地龙
フロア・ポケット floor pocket (舞台)地面接线盒
フロア・ホッパー floor hopper 活底卸料斗
フロア・ポリッシャー floor polisher 地板擦光器
フロアリング flooring 地板材料,铺地板,铺地面,桥面安装
フロアリング・ブロック flooring block 铺地板木块
フロアリング・ブロックばり 【～張】 wood block floor(ing) 硬木拼花地板,铺木块地面
フロアリング・ボード flooring board (铺)地面木板,(铺)楼面木板
ブローイング blowing 喷吹,吹除,鼓风,吹气,陶瓷表面起泡
フロー・カーブ flow curve 流变曲线,流动曲线,流量曲线,塑流曲线
プロクターしけん 【～試験】 Proctor (density) test 蒲劳克特(土密度)试验
プロクタしめかためしけん 【～締固試験】 Proctor compaction test 葡氏击实试验
プログラミング programming 程序设计,编程序,计划,规划
プログラミングげんご 【～言語】 programming language 程序(设计)语言
プログラム program 程序,计划,方案,大纲,进度表,节目
プログラムきおくしきけいさんき 【～記憶式計算機】 stored program computer 存贮式程序计算机
プログラムせいぎょ 【～制御】 program control 程序控制
プログラム・タイマー program timer 程序定时器,程序装置,计划调节器
プログラム・チェック program check 程序检查
プログラム・ライブラリー program library 程序库
プログラム・リレー program relay 程序继电器
フログ・ランマー frog rammer 蛙式打夯机,蛤蟆夯
ブロークン・ペディメント broken pediment (门窗上的)中断三角形或弧形檐饰
フロー・コーター flow coater 流动涂敷机
フロー・コーン flow cone (混凝土流动性试验用)流动锥
フロー・コントロール flow control 流量调节,流量控制
フロー・コントロールべん 【～弁】 flow control valve 流量控制阀,节流阀
フロー・コンベヤー flow conveyor 流动式输送机,(粉体用)槽形链式输送机
プロジェクション projection 投影,投影图,投影法,突出部分
プロジェクター projector 投射器,放映机,设计者,放映者
プロジェクト project 设计,方案,草图,计划,规划,投影,伸出
プロジェクト・チーム project team 设计方案(小)组
フローしけん 【～試験】 flow test 流动度试验,流动性试验
プロシージャー procedure 工序,工艺程序,单项过程
プロスケニオン proskenion[希] 舞台台口
プロステュロス prostylos[希] (古希腊神庙的)前柱式(前面有列柱,另三面由外墙围护的形式)
フロストべん 【～弁】 frost valve 防冻阀
プロスペクトラーゲル Prospektlager[德]

(剧场舞台后部)收藏背景设施
**プロセス** process 工艺,工序,工艺方法,加工,处理
**プロセス・オートメーション** process automation 工艺自动化,自动化流程
**プロセスせいぎょ** 【~制御】 process control (生产)过程控制,(工艺)程序控制
**プロセス・ライン** process line 生产过程,流水线,工艺顺序
**プロセデュア** procedure 单用过程
**プロセニアム** proscenium 舞台台口
**プロセニアム・アーチ** proscenium arch 舞台口
**プロセニアム・ステージけいしき** 【~形式】 proscenium stage type 台门式剧场布置
**プロセニアム・スピーカー** proscenium speaker 舞台口扬声器
**プロセニアム・ブリッジ** proscenium bridge 舞台口上部的灯光通廊
**プロセニアム・ボックス** proscenium box 舞台前侧包厢
**フロー・ダイアグラム** flow diagram 工艺流程图,操作程序图
**フロー・ダイヤグラム**=フロー・ダイアグラム
**プロダクション・プログラム** production program 生产程序,生产计划
**プロダクション・ライン** production line 生产线
**プロダクト・イメージ** product image 制品形象
**フローち** 【~値】 flow valve 流(动)值(马歇尔氏沥青混合料稳定度指标)
**ブローチ** broach (教堂的)尖塔,塔尖,尖角面,尖头工具
**フロー・チャート** flow chart 流程图,作业图,生产过程图
**フロッキュレーション** flocculation 絮凝(作用)
**フロッキュレーター** flocculator 絮凝池,反应池
**フロック** floc 絮状体,矾花,绒体,絮粒
**フロック** flock 絮状沉淀物
**ブロック** block 独立成栋的建筑物,观众席的一区,区段,街区,砌块,滑轮,分程序,块,方块
**ブロックあな** 【~穴】 block hole (大块岩石破碎用)爆破孔
**ブロック・キャピタル** block capital (罗马风)上方下圆的柱头
**フロックきょうど** 【~強度】 strength of floc particles 絮粒强度,矾花强度
**フロックけいせい** 【~形成】 floc-forming, flocculation 絮粒形成,矾花形成
**フロックけいせいざい** 【~形成剤】 floc-forming agent, flocculating 絮凝剂,混凝剂
**フロックけいせいそう** 【~形成槽】 flocculation tank 絮凝池,反应池
**フロックけいせいち** 【~形成池】 flocculation basin 絮凝池,反应池
**ブロックけんちく** 【~建築】 block architecture 大型砌块建筑
**ブロックじゅうたく** 【~住宅】 block house 大型砌块住宅
**ブロックじょうちゅうとう** 【~状柱頭】 block capital (罗马风)上方下圆的柱头
**フロックせいせいきん** 【~生成菌】 floc-forming bacteria 絮凝生成菌
**ブロックせんず** 【~線図】 block diagram 分块图,区划图,略线图
**ブロック・ダイアグラム** block diagram 分块图,区划图,分析图
**ブロック・チェンバー** block chamber 闭塞的房间,机密室
**ブロック・プラン** block plan 街区规划,区划图,略图
**ブロックぼうはてい** 【~防波堤】 concrete block breakwater 混凝土砌块防波堤
**ブロック・ヤード** block yard 混凝土砌块厂
**ブロックようせつほう** 【~溶接法】 block sequence welding 分段连续焊接(法)
**プロッター** plotter 描绘器,绘图仪
**フロッタージュ** frottage[法] 擦出技法(在作画时表现质感的一种摩擦技法)

**プロット** plot 图示,图表,图,曲线,划曲线,测绘板,绘图,计划,土地划分,基址,地段

**フローティング・カバー** floating cover 浮动顶盖(罐)

**フローティング・クレーン** floating crane 浮式起重机,水上起重机,起重(机)船

**フローティング・シール** floating seal 浮式密封,浮动密封

**フローティングせいぎょ【~制御】** floating control 浮动控制,飘移控制

**プロテクター** protector 保护器,防护器,保护装置

**プロテクティブ・デバイス** protective device 防护装置,安全装置

**フローテーター** floatator 浮选机,气浮机

**フロー・テーブル** flow table 流动度试验台,流动度试验桌

**フロート** float 富裕(时间)

**ブロードエーカー・シティー** Broadacre City 广阔一亩城市(美国莱特设想的城市规划方案)

**フロートしきえきめんちょうせつべん【~式液面調節弁】** float valve 浮球式液面调节阀,浮球阀

**フロート・スイッチ** float switch 浮子式开闭器,浮动开关,浮球开关

**ブロー・トーチ** blow torch 焊接灯,喷灯

**フロート・トラップ** float trap 浮球式汽水阀,浮筒疏水器

**プロト・ドリスしきオーダー【~式~】** proto-Doric order 多利安柱式的原型

**フロート・バルブ** float valve 浮球阀,浮子阀

**フロートべん【~弁】** float valve 浮球阀,浮子阀

**フロート・ボール** float ball 浮球

**プロドムス** prodomus[拉] (古罗马住宅的)门厅

**プロトラクター** protractor 量角规,分度规

**フロートりゅうりょうけい【~流量計】** float flow meter 浮子式流量计

**フロー・ネット** flow net 流网

**フロー・ノズル** flow nozzle (流量计)测流嘴

**ブローバイ・ガス** blow-by gas 漏气,内燃机废气

**ブロー・パイプ** blow pipe,flow pipe 吹管,火焰喷管,焊枪,焊炬,给水管,输水管

**プロパルション・システム** propulsion system 推进系统

**プロパルジョン・トランスミッション** propulsion transmission 动力传动

**プロパン** propane 丙烷

**プロパン・ガス** propane gas 丙烷气

**プロピュライア** propylaia[希] (古希腊神庙、宫殿前面的)门,雅典卫城的入口

**プローブ** probe 探针,探测器,探测

**プロフィール** profil[法] 侧面,轮廓,截面

**プロフィロメーター** profilometer 路面平整度记录器,平整度测绘仪

**プロブレム・オリエンテッド・ランゲージ** problem oriented language 面向问题的语言

**プロペラー・シャフト** propeller shaft 螺旋桨轴,传动轴

**プロペラーそうふうき【~送風機】** propeller fan 螺旋桨式通风机

**プロペラー・ファン** propeller fan 螺旋桨式通风机

**プロペラー・ポンプ** propeller pump 螺旋桨(式)水泵,螺桨泵

**プロペラーりゅうそくけい【~流速計】** propeller current-meter 螺旋桨式流速仪

**フローべん【~弁】** flow valve 流量阀

**ブローべん【~弁】** blow valve 通风阀,送风阀

**プロポーション** proportion 比例

**ブローホール** blowhole 气孔,气泡,砂眼

**プロムナード** promenade (剧场走廊、大街、海滨大道等的)散步道,宽廊,商业区走廊人行道

**フロー・メーター** flow meter 流量计

**プロモーショナル・デパートメント・ストア** promotional department store 大众

性百货店
ふろや【風呂屋】bath-house 澡堂,浴室
フロラ flora 植物区系
ブロー・ランプ blow lamp 喷灯,吹管
フローレッセン fluorescein 荧光素,荧光黄
フローレッセン・イエロー fluorescein yellow 荧光黄
ブロレットー broletto[意] 市政厅,与市政有关的建筑物
フローレンス・モザイク Florentine mosaic 佛罗伦萨式锦砖,佛罗伦萨式马赛克
ブロワー blower 通风机,鼓风机,风箱
ブロワのじょうかん【～の城館】Château de Blois[法] (13～14世纪法国)布洛瓦府邸
フロン＝フレオン
ブローン・アスファルト blown asphalt 吹制沥青,氧化沥青
ブロンズ bronze 青铜
ブロンズいろがんりょう【～色顔料】bronze pigment 青铜色颜料
フロンタール frontal 房屋前面,房屋正面,门窗上部三角顶饰
フロンテ・ジャッキング frontage jacking (路面下管道施工的)向前顶进法,顶管法
ブロンデル blondel 布朗迭尔(光通发射度单位)
フロント front 正面,前面,舞台前部,剧院办公室,剧院舞台口以外的部分(包括观众厅、休息厅、门厅、售票室等)
フロント・オフィス front office 旅馆前厅办公室
フロント・スポット front spot 前光(设于剧院观众厅的面光、耳光、后墙光、挑台光的总称)
フロンプター・ボックス prompter box 舞台上提词员席,(凸出于台面上的)提词孔
フー-ワシズのげんり【～の原理】Hu-Washizu's (variational) principle 胡-鹫津(变分)原理
ふん【吻】吻(正吻,旁吻)
ぶんあつ【分圧】partial pressure 分压
ぶんおうりょく【分応力】component of stress 分应力,应力分量
ふんか【粉化】powdering,chalking 粉化
ぶんかい【分解】disassembly 分解,拆卸
ぶんかいさよう【分解作用】decomposition 分解作用
ぶんかいじょうりゅう【分解蒸留】cracking distillation 裂解蒸馏
ぶんかいせいぶつ【分解生物】decomposed organism 分解生物
ぶんかいほう【分解法】decomposition method 分解法
ぶんかくトラス【分格～】truss with sub-divided panels 再分节间桁架,再分式桁架
ぶんかけいかん【文化景観】cultural landscape 文化景观
ぶんかざい【文化財】historical monument 历史文物,历史遗产
ぶんかしせつ【文化設施】cultural facilities 文化设施
ぶんかセンター【文化～】cultural center 文化中心
ぶんかちゅうしん【文化中心】cultural center 文化中心
ぶんかつうけおい【分割請負】split contract,division contract 分包工程,分项承包,部分承包
ぶんかつかんち【分割換地】分割换地(一块地分成两块地交换)
ぶんかつき【分割器】divider 比规,两脚规
ぶんかつしきかんひふく【分割式管被覆】sectional pipe covering 分段管盖,分段管罩
ぶんかつへき【分割壁】division wall (分)界墙,分水墙
ぶんかつマトリックス【分割～】distributed matrix 分块矩阵,列联矩阵
ぶんかつモーメント【分割～】distributed moment 分配力矩
ぶんかつりつ【分割率】moment distri-

bution factor 弯矩分配率,分配系数
ぶんかとし 【文化都市】 cultural city 文化城市
ぶんき 【分岐】 ramification, turnout 分支,分叉,(铁路)岔道
ぶんきえき 【分岐駅】 junction station 枢纽站,联轨站
ぶんきかいへいき 【分岐開閉器】 branch switch 分路开关,支路开关
ぶんきかいろ 【分岐回路】 branch circuit (分)支(电)路
ぶんきかん 【分岐管】 branch pipe 支管
ぶんきかんそんしつ 【分岐管損失】 branch loss 支管(水头)损失
ぶんきげんていほう 【分岐限定法】 branch and bound method 分枝边界法,分枝限定法
ぶんきすいろ 【分岐水路】 branched channel 支渠
ぶんきせん 【分岐線】 track on turnout side, turnout track (铁路)岔道,分叉(路)线,岔线
ぶんきたい 【分岐帯】 saddle clip, tapping sleeve 管卡,管箍
ぶんきてん 【分岐点】 branching point 分枝点,分岔点
ぶんきゅうき 【分級機】 classifier 分级机,选分机
ぶんきょうセンター 【文教～】 educational center 文教中心,教育中心
ぶんきょうちく 【文教地区】 educational area, educational district 文教区
ぶんきょうちゅうしん 【文教中心】 educational center 文教中心
ぶんくえん 【分区園】 allotment garden 分租给个人栽培的园地
ぶんこうエネルギーぶんぷ 【分光～分布】 spectral energy distribution of light 光谱能量分布
ぶんこうきょくせん 【分光曲線】 spectral curve 光谱曲线
ふんさいき 【粉砕機】 grinder 粉碎机
ふんさいじょざい 【粉砕助材】 grinding aIDS 助磨剂
ぶんさん 【分散】 variance, dispersion 离散,光的散射
ぶんさんエアレーションほう 【分散～法】 dispersed aeration process 分散曝气法
ぶんさんえき 【分散液】 dispersion 分散液(体)
ぶんさんかいはつ 【分散開発】 dispersed development 分散开发,分散发展
ぶんさんがたはいち 【分散型配置】 (设施)分散式布置
ぶんさんざい 【分散剤】 dispersing agent 分散剂
ぶんさんせいのは 【分散性の波】 dispersion wave 分散波
ぶんさんぞうしょくばっきほう 【分散増殖曝気法】 dispersed growth aeration 分散增殖曝气法
ぶんさんど 【分散度】 dispersion degree 分散度
ぶんさんはいぜんほうしき 【分散配膳方式】 分散备餐方式(主食与副食各自分别配餐的方式)
ぶんさんぶんせきほう 【分散分析法】 analysis of variance 离散分析法
ぶんさんようき 【分散容器】 dispersion cup (土颗粒的)分散容器,分散杯
ぶんさんりゅうし 【分散粒子】 dispersed particle 分散颗粒,分散粒子
ぶんさんろ 【分散路】 distributor, distribution road 分流道路(分布交通流量的道路)
ぶんし 【分子】 molecule 分子
ぶんしかくさん 【分子拡散】 molecular diffusion 分子扩散
ぶんしかくさんりょう 【分子拡散量】 rate of molecular diffusion 分子扩散量,分子扩散率
ぶんしげんていほう 【分枝限定法】 branch-and-bound method 分支限制法,分支限定法
ぶんしせいぶつがく 【分子生物学】 molecular biology 分子生物学
ぶんしねんせい 【分子粘性】 molecular viscosity 分子粘度
ふんしゃ 【噴射】 injection 喷射

ふんしゃあつ【噴射圧】injection pressure 喷射压力
ふんしゃイット【噴射～】nozzle head 喷头
ふんしゃかん【噴射管】injection pipe 喷射管
ふんしゃノズル【噴射～】ejector nozzle 喷嘴
ふんしゃべん【噴射弁】injection valve 喷射阀
ふんしゃポンプ【噴射～】ejector pump 射流泵,喷射泵
ぶんしゅう【分集】recentralization 城市集散(城市设施和人口按合适规模分成几处有计划的分散)
ふんしゅつがん【噴出岩】extrusive rock,effusive rock 喷出岩,火山岩
ふんじょうかっせいたんほう【粉状活性炭法】powdered active carbon process 粉末活性炭法
ぶんじょうじゅうたく【分譲住宅】ready-built house for sale,house for instalment sale 建成出售的住宅,分期付款出售的住宅
ぶんじょうち【分譲地】land for sale in lots,lots for sale 分售地(分成几块出售的一组建筑用地)
ぶんしょくしき【分飾式】Decorated style (哥特式建筑的)盛饰式
ぶんしょこ【文書庫】muniment house, muniment room 档案库
ぶんしりょう【分子量】molecular weight 分子量
ぶんしん【分心】branch center 区中心,小区中心等的总称
ふんじんけいすうそうち【粉塵計数装置】particle counting penetrometer 粉尘计数装置
ふんじんばくはつ【粉塵爆発】dust explosion 尘埃爆炸,微粒爆炸,粉尘爆炸
ふんすい【噴水】fountain 喷水池,喷泉
ぶんすいかい【分水界】watershed,divide 分水界,分水线
ふんすいぐち【噴水口】nozzle 喷嘴
ふんすいしょうめい【噴水照明】fountain lighting 喷水照明
ぶんすいせい【分水井】dividing well 分水井
ぶんすいせん【分水線】divide line 分水线
ふんすいち【噴水池】spray pond 喷水池
ふんすいとう【噴水頭】drinking fountain head (饮水器)喷射水头
ぶんすいひ【分水比】diversion ratio 分水比,分水比率
ふんすいみずのみき【噴水水飲器】drinking fountain 喷泉式饮水器
ぶんすいれい【分水嶺】watershed, ridge 分水岭,排水脊,屋面排水分水线
ぶんすいろ【分水路】diversion channel 分水渠
ぶんすうこうばい【分数勾配】fractional slope 用分数表示的坡度
ぶんせきかがく【分析化学】analytical chemistry 分析化学
ぶんせきしゃ【分析者】analyst 分析人员
ぶんせきしりょう【分析資料】analytical data 分析资料
ぶんせきそくてい【分析測定】analytical determination 分析测定
ぶんせきほう【分析法】analytical method 分析法
ぶんせつ【分節】分段处理手法,分离处理手法
ふんせん【噴泉】spurting,mono-fountain 喷泉
ふんせんき【復線器】rerailing ramp, car-replacer (脱轨车辆用)复轨器
ふんせんきょう【複線橋】double-track buidge 复线铁路桥
ブンゼン・バーナー bunsen burner 本生灯
ぶんそうしょり【分層処理】layer separation process 分层处理(法)
ぶんちゅうばっきほう【分注曝気法】step aeration 分级曝气法,阶段曝气法
ふんでい【噴泥】mud pumping action 吸泥(作用),抽泥(作用)

ぶんでんばん 【分電盤】panel board, cabinet panel, distribution board 配电盘,分组接线板

ふんどう 【分銅】 counter weight, sash weight 吊窗锤,平衡锤

ふんどうあげさげまど 【分銅上下窓】 double hung windows 上下推拉窗

ふんどうばこ 【分銅箱】space for balance 推拉窗的平衡锤箱

ふんどうへだていた 【分銅隔板】 parting strip 推拉窗的平衡锤箱隔板

ぶんどき 【分度器】protractor 分度器

ふんどし 【褌】 U-strap 铁兜绊,箍铁

ふんにょう 【糞尿】manure 粪便,粪尿

ぶんぱいそく 【分配則】 law of distribution 分配定律

ぶんぱいはいかん 【分配配管】 distributing pipe line 配水管线

ぶんぱいべん 【分配弁】 distributing valve 分配阀,配水阀

ぶんぱいモーメント 【分配～】 distributed moment 分配力矩

ぶんぱいりつ 【分配率】 moment distribution factor 弯矩分配率,弯矩分配系数

ふんばり 【踏張】(柱等下部的)外倾,外张,外倾距,外张距

ぶんぴつ 【分筆】 subdivision of (dividing)lot 细分用地(一块用地的所有权再细划分)

ぶんぷかじゅう 【分布荷重】 distributed load 分布荷载

ぶんぷけいすう 【分布係数】 distribution coefficient 分配系数,分布系数

ぶんぷこうつう 【分布交通】 traffic distribution 交通分配

ぶんぷこうつうりょう 【分布交通量】 distributed traffic volume 分布交通量

ぶんぷしつりょうけい 【分布質量系】 distributed mass system 分布质量体系,分布质量系

ぶんぷばん 【分布板】 inlet diffusion plate 进气散流板

ぶんべつじょうりゅう 【分別蒸溜】 fractional distillation 分别蒸馏,分馏(作用)

ふんべん 【糞便】 excrements, faeces 粪便

ぶんべんしつ 【分娩室】 delivery room 分娩室

ふんべんせいれんさきゅうきん 【糞便性連鎖球菌】 faecal streptococcus 粪便性链球菌

ふんまつかっせいたん 【粉末活性炭】 powdered activated carbon 粉末活性炭

ふんまつしょうかき 【粉末消火器】 powder extinguisher 粉末灭火器

ふんまつしょうかせつび 【粉末消火設備】 powder extinguishing system 粉末灭火设备

ふんまつじょうせっちゃくざい 【粉末状接着剤】 powdered glue 粉状胶粘剂,粉末粘合剂

ふんまつせいけい 【粉末成形】 powder moulding 粉末成型

ふんまつせんだん 【粉末切断】 powder cutting 粉末切割,氧熔剂切割,助熔剂氧气切割

ふんまつど 【粉末度】 fineness (颗粒)细度

ふんまつどしけん 【粉末度試験】 fineness test 细度试验

ふんむかんそうき 【噴霧乾燥器】 spray dryer 喷雾干燥器

ふんむさんかほう 【噴霧酸化法】 atomized suspended oxidation technique 喷雾氧化法

ふんむしきくうきせんじょうき 【噴霧式空気洗浄器】 spray type air washer 喷雾式空气洗涤器

ふんむしきげんしつき 【噴霧式減湿器】 spray type dehumidifier 喷雾式减湿器

ふんむしつ 【噴霧室】 spray chamber 喷雾室

ふんむち 【噴霧池】 spray pond 喷雾池

ふんむとう 【噴霧塔】 spray tower 喷雾塔

ふんむとそうき 【噴霧塗装機】 spray coating machine 喷涂机

ふんむノズル 【噴霧～】 spray nozzle 喷

雾嘴
ふんむようじょう 【噴霧養生】 fog curing （混凝土的）喷雾养护
ふんむれいきゃくとう 【噴霧冷却塔】 spray cooling tower 喷水冷却塔
ぶんり 【分離】 segregation 分离，离析
ぶんりおでいしょうか 【分離汚泥消化】 separate sludge digestion 分离式污泥消化
ぶんりおでいしょうかそう 【分離汚泥消化槽】 separate sludge digestion tank 分离式污泥消化池
ぶんりき 【分離器】 separator 分离器，分隔器，离析器
ぶんりくかんおわりひょうしき 【分離区間終標識】 divided highway ends sign 分车道行驶公路区段终点标志，分隔公路区段终点标志
ぶんりくかんよこくひょうしき 【分離区間予告標識】 divided highway sign 分车道行驶公路区间前置标志，分隔公路区间前置标志
ぶんりしゅうしん 【分離就寝】 分室居住（指父母和儿童、成年子女分住）
ぶんりそう 【分離槽】 separation tank 分离池
ぶんりたい 【分離帯】 separator 分隔带，分车带
ぶんりてきもんだい 【分離的問題】 separable programming(SEP) 可分问题，分离程序
ぶんりてんこうしゃせん 【分離転向車線】 separated turning lane 分隔式转弯车道
ぶんりとう 【分離島】 divisional island 分车岛
ぶんりどうろ 【分離道路】 dual carriageway road[英], divided road[美] 复式车行道道路，有分隔带的公路
ぶんりとふせっちゃくざい 【分離塗布接着剤】 separated application adhesive 分别涂敷粘合剂
ぶんりはかい 【分離破壊】 cleavage fracture 劈裂破坏
ぶんりはそん 【分離破損】 separation failure 分离（裂）破损
ぶんりばっきがたじょうかそう 【分離曝気型浄化槽】 pre-settling system septic tank 分离曝气式化粪池
ふんりゅう 【噴流】 jet 喷流，射流
ぶんりゅう 【分流】 diverging （交通）分流，（河流）支流
ぶんりゅう 【分溜】 fractional distillation 分别蒸馏，分馏（作用）
ぶんりゅうしき 【分流式】 separate system 分流制
ぶんりゅうしきげすいどう 【分流式下水道】 sewerage of separate system 分流制下水道，分流制排水工程
ぶんりゅうしきはいすいほう 【分流式排水法】 separated drainage system 分流制排水法
ぶんりゅうてい 【分流堤】 separation levee 分流堤
ぶんりゅうとう 【分流島】 divisional island 分车岛，分隔岛
ふんりゅうのかくさん 【噴流の拡散】 jet diffusion 射流扩散
ぶんりょく 【分力】 component of force 分力
ぶんるい 【分類】 sort 分类
ぶんるいき 【分類機】 sorter 分类机
ぶんるいとくせい 【分類特性】 index property （土的）分类特性
ぶんれつきん 【分裂菌】 schizomycetae, schizomycetous fungi 裂殖菌
ぶんれつはかい 【分裂破壊】 separation failure 断裂破坏

# へ

ペア・グラス pair glass 双层玻璃

ヘアー・クラック hair crack 发丝裂缝,微细裂纹

ヘアクロス haircloth 毛布,夹毛布

ベーアのほうそく 【～の法則】 Beer's law 比尔定律(光的透射与吸收定律)

ヘアピン hairpin 回头急弯,小半径弯道,发针形弯道

ヘアピン・カーブ hairpin curve (公路)回头曲线,发针形曲线

ヘア・ライン hair line 线,丝

ベアリング bearing 方位,定位,测位,轴承

ベアリング・パイル bearing pile 承重桩,支承桩

ベアリング・プーラー bearing puller 轴承拉出器

ベアリング・プレート bearing plate 支承板,承重板

ベアリング・ボルト bearing bolt 承压螺栓,支承螺栓

へい 【塀】 fence, wall 围墙,墙壁,屏壁

ベイ bay 开间,间(四根柱包括的平面空间的单位),汽车停车场,出租汽车指定停车场,海湾

へいあんきょう 【平安京】 平安京(公元794年日本在现京都建设的城市)

ベイ・ウィンドー bay window 凸窗

へいかいろテレビ 【閉回路～】 closed circuit television 工业电视,闭路电视

へいかしき 【閉架式】 closed stack system (图书馆书库的)闭架式

へいきこ 【兵器庫】 armoury 武器库

へいきんおうとうスペクトル 【平均応答～】 mean response spectrum 平均反应谱

へいきんおうりょく 【平均応力】 mean stress 平均应力

へいきんおんど 【平均温度】 mean temperature 平均温度

へいきんおんどさ 【平均温度差】 mean temperature difference 平均温差

へいきんかいすう 【平均階数】 average number of storey (一定地区内建筑物的)平均层数

へいきんかいめん 【平均海面】 mean sea-level 平均海拔高度

へいきんかじゅう 【平均荷重】 mean load 平均荷载

へいきんきゅうすいりょう 【平均給水量】 mean water-consumption 平均供水量

へいきんきゅうめんこうど 【平均球面光度】 mean spherical intensity 平均球面发光强度

へいきんきょくりつ 【平均曲率】 average curvature (板的)平均曲率

へいきんくかんそくど 【平均区間速度】 average over-all(travel)speed 平均总速率,路段平均车速

へいきんこうすいりょう 【平均降水量】 average precipitation 平均降水量,平均雨量

へいきんこうばい 【平均勾配】 average grade 平均坡度,平均纵坡

へいきんごさ 【平均誤差】 average error 平均误差

へいきんさいだいふうそく 【平均最大風速】 mean maximum air velocity 平均最大风速

へいきんじ 【平均時】 mean time 平(均)时,平(均)太阳时

へいきんじゆうろ 【平均自由路】 mean free path 平均自由程

へいきんしょうど 【平均照度】 average illumination 平均照度

へいきんしょうひりょう 【平均消費量】 mean consumption 平均消费量

へいきんすいい 【平均水位】 mean water level(MWL) 平均水位

へいきんすいとう 【平均水頭】 average

head 平均水头

へいきんせんだんおうりょくど 【平均剪断応力度】 average shearing stress(intensity) 平均剪应力(强度)

へいきんそくど 【平均速度】 average speed 平均速率

へいきんそくどさ 【平均速度差】 average speed difference 平均速差

へいきんたいよう 【平均太陽】 mean sun 平(均)太阳

へいきんたいようじ 【平均太陽時】 mean solar time 平均太阳时

へいきんたいようじつ 【平均太陽日】 mean solar day 平(均)太阳日

へいきんたいりゅうち 【平均滞流池】 equalization basin 平衡池,调节池

へいきんち 【平均値】 average value, mean value 平均值

へいきんていすいい 【平均低水位】 average low water 平均低水位

へいきんどうろそくど 【平均道路速度】 average highway speed 公路平均车速

へいきんにいちせいぎょ 【平均二位置制御】 timed tow position contorl 平均双位控制

へいきんにじょうごさ 【平均二乗誤差】 mean square error 均方误差

へいきんねんりんはば 【平均年輪幅】 平均年轮宽度

へいきんパワー 【平均~】 average power 平均动力,平均功率

へいきんひょうめんおんど 【平均表面温度】 mean surface temperature 平均表面温度

へいきんふうそく 【平均風速】 average wind velocity 平均风速

へいきんふくしゃおんど 【平均輻射温度】 mean radiant temperature(MRT) 平均辐射温度

へいきんへいすいい 【平均平水位】 average of normal water-levels 平均正常水位

へいきんよめいすう 【平均余命数】 average remaining durable years (建筑物)平均剩余使用年限

へいきんりゅうけい 【平均粒径】 average grain diameter 平均粒径

へいきんりゅうさりょう 【平均流砂量】 annual average sediment yields (年)平均流砂量

へいきんりゅうしゅつりょう 【平均流出量】 average discharge, average flow 平均流量,平均出水量

へいきんりゅうそく 【平均流速】 mean flow velocity 平均流速

へいきんりゅうそくこうしき 【平均流速公式】 mean flow velocity formula 平均流速公式

へいきんりゅうりょう 【平均流量】 mean flow 平均流量

へいげい 【睥睨】 battlement 雉堞,城墙垛

へいこう 【平衡】 equilibrium 平衡

へいこうあげさげしょうじ 【平衡上下障子】 counter balanced sash 平衡式上下推拉窗

へいこうえん 【平行円】 parallel circle of declination 纬度圈

へいこうおくれ 【平衡遅】 equilibrium delay 平衡延迟,平衡迟滞

へいこうかっそうろ 【平行滑走路】 parallel runway (机场的)平行跑道

へいこうがんすいりつ 【平衡含水率】 equilibrium moisture content 平衡湿度,平衡状态含水量

へいこうけん 【平行圏】 parallel circle, parallel of latitude 平行圈,纬度圈

へいこうげん 【平行弦】 parallel chord 平行弦

へいこうけんきょくりつはんけい 【平行圏曲率半径】 transverse radius of curvature 平行圈曲率半径,纬度圈曲率半径

へいこうげんトラス 【平行弦~】 parallel chord truss 平行弦桁架

へいこうこうしき 【平衡公式】 equilibrium formula 平衡公式

へいごうごさ 【閉合誤差】 error of closure 闭合误差,闭合差

へいこうさつえい 【平行撮影】 parallel

photographing 平行摄影
へいこうしき 【平行式】 parallel system 平行系统,平行方式,平行制
へいこうしゃしん 【平行写真】 parallel photograph 平行影片,平行照片
へいこうじょうぎ 【平行定規】 parallel slide 平行尺,平行导板
へいこうじょうけん 【平衡条件】 conditions of equilibrium 平衡条件
へいこうじょうりゅういき 【平行状流域】 parallel drainage,parallel basin 平行水系
へいこうすいおん 【平衡水温】 balanced water temperature 平衡水温
へいこうすいぶん 【平衡水分】 equilibrium moisture content 平衡水分,平衡含水量
へいこうせんけいけいかくほう 【平衡線形計画法】 equilibrium linear programming 平衡线性规划法
へいこうせんケーブル 【平行線~】 parallel wire cable,parallel wire strand 平行钢丝束
へいこうせんストランド 【平行線~】 parallel strand 平行钢丝束
へいこうだるき 【平行垂木·平行棰】 (日本古建筑中的)平行的翼角椽
へいこうちゅうしゃ 【平行駐車】 parallel parking 平行式停车,并列式停车
へいこうていすう 【平衡定数】 equilibrium constant 平衡常数
へいこうとうえい 【平行投影】 parallel projection 平行投影
へいこうとうし 【平行透視】 parallel perspective 平行透视
へいこうはいち 【平行配置】 平行布置
へいごうひ 【閉合比】 ratio of closure 闭合比
へいこうほう 【平衡法】 balancing method 平衡法
へいこうゆうどうろ 【平行誘導路】 parallel taxiway (机场的)平行滑行道
へいこうりゅうしきちんでんち 【平行流式沈殿池】 horizontal flow settling basin 平流式沉淀池
へいこうりょく 【平行力】 parallel forces 平行力
へいこうわれ 【平行割】 平行裂纹,平行裂缝
へいさ 【閉鎖】 closure,closing 闭合,闭锁,封闭
べいざい 【米材】 American timber 美国木材
へいさいど 【閉鎖井戸】 closed well 封闭井
へいさがたかんしきスプリンクラーせつび 【閉鎖型乾式~設備】 closed dry type sprinkler system 密闭干式自动撒水灭火设备
へいさがたしっしきスプリンクラーせつび 【閉鎖型湿式~設備】 closed wet type sprinkler system 密闭湿式自动撒水灭火设备
へいさがたスプリンクラーヘッド 【閉鎖型~】 closed sprinkler head 密闭式喷水头
へいさがたはいでんばん 【閉鎖型配電盤】 enclosed type switchboard 封闭式配电盘
へいさこうじ 【閉鎖工事】 block work 铁路(线路)闭塞工程,线路中断,线路闭塞
へいさじかん 【閉鎖時間】 closing time 关闭时间
へいさたいせきじかん 【閉鎖堆積時間】 closed assembly time (被粘结材料的)积压时间,堆积受压期间,堆积生效时间
ベイシック・デザイン basic design 基本设计法,设计基础技法(设计教育的基础技能的教学)
ベイシック・モデュール basic module 基本模数(指100毫米)
へいしゃえい 【平射影】 stereographic projection 立体投影,球极平面射影
へいしゃずほう 【平射図法】 stereographic projection 立体投影,球极平面射影
へいしゃとうえいほう 【平射投影法】 stereographic projection 立体投影,球极平面射影
へいじょうかじゅう 【平常荷重】 usual

load 普通荷载，一般荷载
へいじょうきょう 【平城京】 平城京(公元710年日本在奈良平野北部建设的城市，模仿中国长安制度)
へいしょく 【並植】 alley planting 井植(等距成行种植的树木)
へいしんうんどう 【並進運動】 translation 平移运动，平移，平动
へいすいい 【平水位】 normal water-level(N.W.L.) 正常水位
へいすいりゅうりょう 【平水流量】 ordinary water discharge 正常水流量
へいすいりょう 【平水量】 ordinary water discharge 正常水流量，普通水流量
べいすぎ 【米杉】 red cedar 美国杉木(包括红杉、白杉)
へいそく 【閉塞】 blocking, clogging 闭塞，阻塞，堵塞
へいそくいど 【閉塞井戸】 closed well 暗井，封闭井
へいそくくかん 【閉塞区間】 block section 闭塞区间，阻塞区段
へいそくじゅんようほう 【閉塞準用法】 block applied method (铁路)闭塞准用法(常用闭塞方式不能使用时，为了保证列车安全运行的其它保安方法，一般为时间间隔法)
へいそくしんごうき 【閉塞信号機】 block signal 闭塞信号机
へいぞんじゅうたく 【併存住宅】 apartments combining shop and dwelling units 底层为商店等的集体住宅
ヘイダイト haydite 陶粒
へいたかっけいラーメン 【閉多角形～[Rahmen德]】 closed polygonal rigid frame 闭合式多边形刚架
へいたんせい 【平坦性】 surface smoothness (路面)平整性，平坦性
へいたんとくせい 【平坦特性】 flat response, linear response (声级计的)平直响应特性
へいだんめん 【閉断面】 closed section 闭合截面
へいだんめんざい 【閉断面材】 member with closed section 闭合截面构件，闭合截面杆件
へいちぶ 【平地部】 level terrain 平原地带，(线路)平坦部分
べいつが 【米栂】 hemlock 美国铁杉
へいていレール 【平底～】 flat bottomed rail, T-rail 宽底钢轨，T形钢轨
ベイティングこうていはいすい 【～工程廃水】 bating process wastewater 皮革脱灰工艺废水
へいでん 【幣殿】 (日本神社中捐献币帛的)中殿
へいとう 【平頭】 (塔刹覆钵上的)平头方箱
べいとうひ 【米唐檜】 Sitka spruce 美国西加云杉
へいトラバース 【閉～】 closed traverse 闭合导线
へいにゅうがん 【迸入岩】 intrusive rock 侵入岩
へいばん 【平板】 plate, plane-table 板，平板，平板仪
へいばんさいかしけん 【平板載荷試験】 plate bearing test 平板承载试验
へいばんしきしんどうしめかためき 【平板式振動締固機】 plate-vibrating compactor 平板式振动压实机
へいばんしゃしんそくりょう 【平板写真測量】 plane-table photogrammetry 平板仪摄影测量
へいばんせっしょくとうけつそうち 【平板接触凍結装置】 contact plate freezer 接触式平板冻结装置
へいばんそくりょう 【平板測量】 plane-table surveying 平板(仪)测量
へいばんそくりょうき 【平板測量器】 kit for plane tabling 平板仪测量器，平板仪测量用具箱
へいばんほう 【平板法】 plane-table method 平板仪法
へいばんぼう 【平板枋】 平板枋
へいばんりろん 【平板理論】 theory of plate 平板理论
べいひ 【米檜】 white cedar 白桧
べいひば 【米檜葉】 yellow cedar, yellow cypress 黄桧

へいべいたんか 【平米単価】 cost per square meter 平方米单价
へいほうこんほう 【平方根法】 square root method 平方根法
べいまつ 【米松】 Douglas fir ,Oregon pine 美国黄松,花旗松
へいめん 【平面】 plane,flat 平面
へいめんいれかえそうしゃじょう 【平面入換操車場】 flat shunting yard 平面调车场,平地调车场
へいめんうんどう 【平面運動】 plane motion 平面运动
へいめんおうりょく 【平面応力】 plane stress 平面应力
へいめんおうりょくじょうたい 【平面応力状態】 state of plane stress 平面应力状态
へいめんがいろ 【平面街路】 plane street 地面街道
へいめんきょくせん 【平面曲線】 plane curve 平面曲线
へいめんけい 【平面型】 平面型式
へいめんけいかく 【平面計画】 floor planning 平面布置
へいめんこうさ 【平面交差】 at-grade intersection 平面交叉
へいめんこうさてん 【平面交差点】 at-grade intersection 平面交叉
へいめんこうぞう 【平面構造】 plate structure 平面结构,平板结构
へいめんさぎょういき 【平面作業域】 working area in horizontal plane 水平面工作范围(上肢在桌面上水平方向的活动范围)
へいめんししょう 【平面支承】 plane surface bearing 平面支承,平面支座
へいめんず 【平面図】 plan 平面图
へいめんせいていトラス 【平面静定~】 determinate plane truss 平面静定桁架
へいめんせんけい 【平面線形】 horizontal alignment 平面线形
へいめんそくりょう 【平面測量】 planimetric surveying,planimetry 平面测量,平面测绘
へいめんちず 【平面地図】 planimetric map 平面地图
へいめんちょっかくざひょう 【平面直角座標】 plane rectangular coordinates 平面直角坐标
へいめんデザイン 【平面~】 design of plan 平面设计
へいめんトラス 【平面~】 plane truss 平面桁架
へいめんのきじゅんすんぽう 【平面の基準寸法】 measurement unit of plan 平面的基准尺寸,平面布置的单位尺寸
へいめんは 【平面波】 plane wave 平面波
へいめんバイブレーター 【平面~】 vibrating board,surface vibrator 平板振捣器,表面振捣器
へいめんばん 【平面板】 plate 平板
へいめんひずみ 【平面歪】 plane strain 平面应变
へいめんフレーム 【平面~】 plane frame 平面构架,平面刚架,平面框架
へいめんぶんりほうしき 【平面分離方式】 horizontal segregation (交通)平面分离方式
へいめんへんけい 【平面変形】 plane deformation 平面变形
へいめんへんけいじょうたい 【平面変形状態】 state of plane deformation 平面变形状态
へいめんほじのほうそく 【平面保持の法則】 law of plane conservation 平面守恒定律
へいめんほねぐみ 【平面骨組】 plane framework 平面框架,平面构架
へいめんまげ 【平面曲】 plane bending 平面弯曲
へいめんまげつかれげんど 【平面曲疲限度】 fatigue limit under plane bending 平面弯曲疲劳极限
べいもみ 【米樅】 white fir,noble fir 白冷杉,大冷杉,美国白松
へいようかんきほう 【併用換気法】 combined ventilation system,supply exhaust ventilation system 联合通风系统
へいようじゅうたく 【併用住宅】 house

for dwelling and other uses 兼作其他用途的住宅

へいようつぎて 【併用継手】 composite joint 混合接头,混合连接

ベイラー bailer 泥浆泵,抽泥筒

ベイリー bailey 城墙,城廓,外栅

へいりゅう 【並流】 parallel current 并流,平行流

へいりゅうかいてんかんそうき 【並流回転乾燥機】 parallel flow rotary dryer 并流旋转干燥器

ベイル bale,bundle 捆,束,包

へいれいじせっくつ 【炳霊寺石窟】 (中国甘肃)炳灵寺石窟

べいれいとうトン 【米冷凍～】 American ton of refrigeration 美制冷冻吨

へいれつうんてん 【並列運転】 parallel operation,parallel running 平行操作,平行运转

へいれつえんとうシェル 【並列円筒～】 multiple cylindrical shells 多波筒壳

へいれつだんぞくすみにくようせつ 【並列断続隅肉溶接】 chain intermittent (fillet)weld 并列间断贴角焊,双面链状角焊,链式分段角焊

へいれつようせつ 【並列溶接】 chain weld(ing) 并列焊接,链状焊接

へいれつリベットしめ 【並列～締】 chain riveting 并列铆接,平行铆接,链式铆接

へいれつロック 【並列～】 twin lock 并联闸门

へいろこう 【平炉鋼】 open hearth steel 平炉钢,马丁炉钢

へいろれいきゃく 【閉路冷却】 closed cycle cooling 封闭循环冷却

ペインテッド・ディスプレイ painted display 油漆涂绘手法(室外广告制做方式之一)

ペイント paint 涂料,油漆

ペイント・シンナー paint thinner 涂料稀释剂,油漆稀释剂

ペイント・スプレーヤー paint sprayer 喷漆机

ペイントぬり 【～塗】 painting 刷涂料,刷油漆,喷油漆

ペイントふきつけき 【～吹付機】 air painter,paint sprayer 喷漆机

ペイント・ミキサー paint mixer 调漆机,涂料调和器

ペイント・リムーバー paint remover 除漆剂,去漆剂,去漆工具

ペイント・ローラー paint roller 涂料滚筒,油漆滚子

ペーヴメント・グラス pavement glass 铺面玻璃

ベェランダ veranda(h) 游廊,走廊,阳台

ベーカー baker 烤炉,烘炉

べかつき 【べか搗·べか突】 夯实

ベーカリーしつ 【～室】 bakery room 面包房

へぎいた 【枌板】 shingle 薄屋面板

へきが 【壁画】 wall painting,mural painting 壁画

へきかいせいそしき 【劈開性組織】 cleavage structure 劈裂性组织

へきがん 【壁龕】 niche 壁龛

べききゅうすう 【冪級数】 power series 幂级数

ヘキサメタりんさんソーダ 【～燐酸～】 sodium hexameta-phosphate 六偏磷酸钠

へきせん 【壁泉】 wall fountain 壁泉

へきたい 【壁体】 wall 墙,墙体

へきタイル 【壁～】 wall tile 瓷砖,贴面砖,墙面砖

へきてい 【壁庭】 wall garden 墙顶花池

へきないちゅう 【壁内柱】 midwall column 墙内柱

へきめん 【壁面】 wall surface 墙面

へきめんこうこく 【壁面広告】 wall-sign 墙面广告

へきめんせん 【壁面線】 wall surface line (临街建筑)墙面位置线,建筑基线

へきめんまさつ 【壁面摩擦】 wall friction 墙面摩擦(地下建筑物的墙面和土的摩擦)

へきめんレジスター 【壁面～】 wall-register 墙面通风装置

ベーク・オーブン baking oven 烘箱,烤

箱，干燥炉，烤炉

**ヘクサステュロス** hexastylos[拉]（古希腊神庙的）六柱式

**ベクター＝ベクトル**

**ヘクタール** hectare 公顷

**ベクトル** Vektor[德]，vector[英] 矢量，向量

**ベクトルさんかくけい**【～三角形】triangle of vectors 矢量三角形

**ベクトルせき**【～積】vector product 矢(量)积

**ベクトルのかいてん**【～の回転】rotation of vector，curl of vector 矢量旋度，向量旋度

**ベクトルのこうばい**【～の勾配】gradient of vector 矢量梯度，向量梯度

**ベクトルのはっさんりょう**【～の発散量】divergence of vector 矢量散度，向量散度

**ベクトルわ**【～和】sum of vectors 矢量和

**ベークライト** Bakelite 酚醛塑料，酚醛树脂，绝缘胶木，(酚醛)电木

**ベークライト・ワニス** bakelite varnish 胶木清漆，酚醛树脂清漆

**ペクレすう**【～数】Péclet number 配克立数(雷诺数和普朗特数之积)

**へげいし**【へげ石】一种辉石安山岩

**へこみすみにくようせつ**【凹隅肉溶接】concave fillet weld 凹形贴角焊

**へこめじ**【凹目地】raked joint 刮缝，凹缝，卧缝

**へし**【押】边角加工的方木

**ページ** fish plate 鱼尾板，接合板

**ヘシアン・シーティング** hessian sheeting 浸沥青的粗麻布，粗麻布沥青油毡

**へしがく**【押角】边角加工的方木

**へしこみ**【減込】nail set（使钉头钉入木材表面用的）钉凿

**ペジメント＝ペディメント**

**ペシャワール** Peshawar 白沙瓦(巴基斯坦北部城市)

**ベージュ** beige 米黄色

**ページングそうち**【～装置】paging device 分页装置

**ベース** base 底，基础，柱础，基线

**ベース・コース** base course（路面）基层

**ベース・シア** b se shear 底部剪力，基底剪力

**ベース・シアけいすう**【～係数】base shear coefficie 基底剪力系数，底部剪力系数，底部抗剪系数

**ペースト** paste 膏，浆料

**ベース・プレート** base plate 底板

**ベース・フレーム** base frame 底座，支架

**ベースボードがたほうねつき**【～形放熱器】baseboard radiator 踢脚板式散热器

**ベースボードがたユニット**【～形～】baseboard type unit 踢脚板式装置

**ベースボード・ヒーター** baseboard heater，skirting heater 沿踢脚板式采暖器

**ベース・マップ** base map（城市规划的）基本地图

**ベース・レジスター** base register 基准寄存器

**ヘーズンほう**【～法】Hazen's method 哈赞法(计算均匀砂层透水系数)

**べた** 全部，全面，满堂

**べたうち**【べた打】全面打桩，全面浇筑混凝土

**べたきそ**【べた基礎】mat foundation，raft foundation 板式基础，浮筏基础，格床基础

**べたじぎょう**【べた地業】mat foundation work 板式基础工程，筏基工程

**へたち**【へた地】地形不整的用地

**ベーターちゅうふすいせいせいぶつ**【$\beta$中腐水性生物】$\beta$-mesosaprobic organism $\beta$-中腐水性生物

**へだていた**【隔板】separate board，separate plate 分隔板

**へだてこ**【隔子】separator 垫块，隔垫，隔离件

**べたばり**【べた張】mat sodding 全面裱糊，整片密铺草皮，密铺草坪

**べたぶき**【べた葺】全面苫背(窑瓦)

**べたぼり**【べた掘】overall excavation 全面开挖，全面挖掘，满堂开挖

**ペダル** pedal 踏板，脚蹬

ペダル・シャフト pedal shaft 踏板轴
へち 边缘,端部,周边
ペチカ печка[俄] 俄罗斯式壁炉
べついん 【別院】(寺院建筑中的)别院,分寺
べっかん 【別館】 annex 别馆(添加的建筑物,另建的建筑物,另分机构的建筑物)
ベックマンおんどけい 【～温度計】 Beckmann thermometer 贝克曼温度计
ベックマンほうしゃけい 【～放射計】 Beckmann bolometer 贝克曼辐射计
ベッセル vessel 容器,罐,槽
ベッセルかんすう 【～関数】 Bessel function 贝塞尔函数
ベッセルだえんたい 【～楕円体】 Bessel's ellipsoid,Bessel's spheroid 贝塞尔椭圆体
ベッセルほう 【～法】 Bessel's method 贝塞尔(图上定位)法
べっそう 【別荘】 villa 别墅
ヘッダー header 集(合)管,总管,联管箱,头部,顶盖
ヘッダー・パイプ header pipe (井点排水的)集水管,集管,总管
べっちん 【別珍】 velveteen 棉天鹅绒,绒布
ベッティのそうはんさようのていり 【～の相反作用の定理】 Betti's reciprocal theorem 贝蒂互等定理
ベッティのていり 【～の定理】 Betti's law 贝蒂定律,功的互等定理
ヘッディング heading 露头石,露头砖,露头钢筋
ペッテンコーヘルのしき 【～の式】 pettenkofer's formula 裴坦科弗尔公式(计算通风量公式)
ペッテンコーヘルほう 【～法】 pettenkofer's method 裴坦科弗尔法(测定空气中二氧化碳法)
ヘッド head 水头,落差,顶盖,前部,上部
ベッド bed 床,床位,工作台,台座,底盘,垫层,基层,路基
べっとけいやく 【別途契約】 separate contract 另项工程合同,项外工程合同
べっとこうじ 【別途工事】 separate work 额外工程,项外工程,另项工程
ベッド・システム bed system 以床为寝具的居住方式
ベッド・ジョイント bed joint 层间接缝,平缝
ヘッドストック headstock 车床头(座),(机床的)床头箱,主轴箱,机头座
ベッド・センター bed center (医院的)病床工作中心,寝具消毒、整理中心
ベッド・タウン bed town 住宅城(分担大城市就业区的居住功能的城市),卧城
ヘッド・タンク head tank 落差贮水池,压力水箱,高位水箱
ベッド・ハウス bed house 简易旅馆
ヘッドフォン headphone 头戴式受话机,耳机
ヘッド・プーリー head pulley (皮带输送机的)顶部皮带轮
ベッド・プレート bed plate,base plate 支承板,底板,座板
ベッド・メーキング bed making 寝具整理工作(服务工作)
ベッド・ライト bed light 床头灯
ベッド・ラジオ bed radio 床边(无线电)收音机
ベッド・ランプ bed lamp 床头钉
ベッド・ロック bed rock 基岩,岩床
ヘッド・ワーク head work 拱顶石饰,渠头建筑物
ヘップルホワイトしき 【～式】 Hepplewhite style (18世纪后半期英国)黑波怀特家具样式
ペディスタル pedestal 支座,后座,柱脚
ペディメント pediment (入口柱廊上或门窗上的)三角形或弧形檐饰
ペディメント・アーチ pediment arch 三角形或弧形拱饰
ベディング bedding 底层,垫层,基层
ペデスタル pedestal 基座,台座
ペデスタルぐい 【～杭】 pedestal pile 扩底桩,爆扩桩
ペデスタル・パイル pedestal pile 扩底桩,爆扩桩
ペデスタル・ランプ pedestal lamp 台灯,座灯

ペデストリアン・ウェー pedestrian way 人行道
ペデストリアン・デッキ pedestrian deck 立体人行道,高架人行走廊
ペデやぐら 【～櫓】 pedestal pile driving rig 扩底桩用钢制桩架
ペトリざら 【～皿】 petri's dish 佩替氏培养皿
ヘドロ bottom sludge (腐化后含水率高的)沉淀污泥,底泥
ペトロール・タンク petrol tank 汽油箱
ペトローレン petrolene 石油烯,沥青脂,软沥青
ベトン beton[德、法],concrete[英] 混凝土
へなつち 【粘土】 抹墙用黄褐色粘土
ベナレス Benares 贝拿勒斯(印度恒河中游左岸的城市)
べにがら 【紅殼·紅柄】 red oxide rouge,red iron oxide 红土子,铁丹
べにひ 【紅檜】 Chamaecyparis formosensis[拉] 红桧
べにまつ 【紅松】 red pine 赤松,红松
ベニヤ veneer 薄木板,单板
ベニヤいた 【～[veneer]板】 plywood 胶合板
ベニヤいたど 【～板戸】 veneer door 贴面板门
ベニヤいたばり 【～[veneer]板張】 plywood sheathing 贴铺胶合板
ベニヤ・コアごうはん 【～合板】 veneer core plywood 薄芯板的胶合板
ベニヤごうはん 【～合板】 veneer board 胶合板,夹板
ベニヤたんばん 【～単板】 veneer 单板,薄木
ベニヤリング veneering 镶贴面薄板
ベネシアン Venetian 威尼斯的,威尼斯式的
ベネシアン・アーチ Venetian arch 威尼斯拱
ベネシアン・ブラインド Venetian blind 软百页窗,威尼斯式百页窗
ベネシアン・モザイク Venetian mosaic 威尼斯嵌镶细工
ベネチャン＝ベネシアン
ペネトロメーター penetrometer 贯入度仪,针入度仪,贯入仪,透度计
ベノトき 【～機】 Benoto machine 贝诺托式(大口径)挖掘机
ベノトぐい 【～杭】 Benoto pile 贝诺托钻孔灌注桩
ベノトこうほう 【～工法】 Benoto method 贝诺托式(大口径现浇混凝土桩)施工法
ペーバー paver 铺路机,铺料机,摊铺机,铺砌工
ペーパー paper 纸,砂纸
ペーパーがけ 【～掛】 sandpapering 砂纸打磨
ペーパー・スカルプチュア paper sculpture 纸制装饰
ペーパー・ドレーン paper drain (软土地基处理用)纸板排水
ペーバーほうしき 【～方式】 paver method 摊铺机施工,铺料机施工
ベーパライザー vapourizer 蒸发器,汽化器
ペーパー・ロケーション paper location 纸上定线法
へびぐち 【蛇口】 eye splice 环接索眼
ベビー・スイッチ baby switch 小型安全开关,瓷插式熔断开关
ベビー・スポット baby spotlight 小型聚光灯
ベビー・ルーム baby room 婴儿室
ヘフネルそく 【～燭】 Hefner candle 亥夫纳烛
ヘフネル・ランプ Hefner lamp 亥夫纳灯
ペーブメント pavement 路面,铺面,铺砌层,铺装
ペーブメント・ガラス pavement glass 铺面玻璃
ヘプラーねんどけい 【～粘度計】 hoppler dropball viscosimeter 赫普勒落球粘度计
ヘプラーらっきゅうねんどけい 【～落球粘度計】 Hoeppler viscometer 赫普勒落球式粘度计
ペブル pebble 卵石,石子

べベルかくど 【～角度】 bevel angle (焊缝)倾斜角,斜面角,坡口角度
べベル・ギア・ドライブ bevel gear drive 圆锥齿轮传动,伞齿轮传动
べーマ bema[希] 讲坛,司祭席,(犹太教的)诵经堂
へム hem 柱头上的蜗缘饰
へム・シュー hem shoe (运转中车辆减速用)钢靴,防滑靴
へムロック hemlock 铁杉
へや 【部屋·室】 room 房间,室
ペヤ・ガラス pair glass 双层中空玻璃
へやだい 【部屋代】 room rent 房间租金
へら 【篦】 spatula (油漆用)刮刀,刮铲,开刀
べーラー bailler (凿井用)掏泥筒,抽泥筒,泥浆泵,排水吊桶
へライオン Heraion[希] (古希腊)海拉女神庙
べーライト barite 重晶石
べラスギスぞう 【～造】 pelasgian construction (古代小亚细亚等地的)巨石结构
べランダ veranda(h) 阳台,游廊
へりあき 【縁明】 edge distance 边距
へりいし 【縁石】 curb stone 路边石,路缘石,侧石,道牙
へリウムあっしゅくき 【～圧縮機】 helium compressor 氦压缩机
へリウムえきかき 【～液化器】 helium liquifier 氦液化器
へリウム・ランプ helium lamp 氦灯
へりおうりょく 【縁応力】 extreme fiber stress 边缘纤维应力
べリオファスあか 【～赤】 periofus red 鲜红色(颜料)
へりかだん 【縁花壇】 ribbon flower bed 边缘花坛,带边花坛,镶边花坛
へリカル・オーガー helical auger 螺旋钻,麻花钻
べーリーきょう 【～橋】 Bailey bridge 贝雷桥
べリグーだいせいどう 【～大聖堂】 Cathédrale,Perigueux[法] (1120～1160年法兰西)贝里格大教堂

へリコプター helicopter 直升飞机
へりしたがみ 【縁下紙】 草席镶边用纸
へりしば 【縁芝】 fringe sod 边缘草皮,镶边草皮
べリステュリウム peristylium[拉] (古希腊、古罗马住宅中)有柱廊的庭院,列柱中庭
へりつぎて 【縁継手】 edge joint 成角边接,边缘接缝,顶头焊缝
べリット belit B-水泥石,贝立特(水泥熟料中矿物成分,主要由硅酸二钙组成)
べリドート peridot 橄榄石
へりなしだたみ 【縁無畳】 borderless mat 无边床席
べリーのひずみけい 【～の歪計】 Berry type strain meter 柏利式应变仪
べリプテロス peripteros[希] (古希腊神庙的)周柱式
へリポート heliport 直升飞机场
べリメーター perimeter 周边
べリメーターしき 【～式】 perimeter system 周边式(设备系统)
べリメーター・ゾーン perimeter zone (空气调节)周边区
べリメーターだんぼう 【～暖房】 perimeter heating (建筑物)外周采暖,周边采暖
べリメーターふか 【～負荷】 perimeter load 周边负荷
べリメーターほうしき 【～方式】 perimeter system 周边式
へりようせつ 【縁溶接】 edge weld 边缘焊,端面焊,道焊
べリリウム beryllium 铍
へりわ 【縁輪】 cincture 边轮,边圈,环形装饰,柱头带饰,柱身上下端的环形线脚
へリンガー-ライスナーのげんり 【～の原理】 Hellinger-Reissner's variational principle 赫林格-赖斯纳(变分)原理
へリングのよんげんしょくせつ 【～の四原色説】 Hering's theory of four primary colours 赫林四种原色理论
へリングボーン herringbone 人字形,鱼脊形
へリングボーンしきじょうはつき 【～式

蒸発器】 herringbone evaporator V形蒸发器
ベル bel,bell 贝(耳)(声音量级单位),铃,电铃,门铃
ベルア velours[法] 天鹅绒
ベル・アーチ bell arch 钟形拱
ベルヴェデーレ belvedere[意] (宫殿、邸宅屋顶上的)眺望楼,观景楼,(庭园内)高台建筑
ベルヴェデーレきゅう 【~宮】 Belvedere,wien[德] (18世纪初期奥地利维也纳)贝尔维德雷宫
ベルガモン Pergamon 倍尔迦蒙(古希腊在小亚细亚西北部的城市)
ベルギーしきけんちく 【~式建築】 Belgian architecture 比利时式建筑
ベルゴラ pergola 藤顶棚,棚架
ベルシアけんちく 【~建築】 Persian architecture 波斯建筑
ベルシア・ブラインズ Persian blinds 百页窗
ベルシャだんつう 【~段通】 Persian carpet 伊朗地毯,波斯地毯
ヘルシンキえき 【~駅】 Helsinki railway station (1910~1914年芬兰)赫尔辛基车站
ヘルス・センター health center 休养中心
ベルセポリス Persepolis (公元前500年前后古波斯)帕赛波里斯宫
ベル・タワー bell-tower 钟楼,钟塔
ベルチエーこうか 【~効果】 Peltier effect 珀尔帖埃效应
ヘルツ Hertz(Hz) 赫,赫兹(频率单位,周,秒)
ベルト belt 带,(传动、运输)皮带
ベルト・コンベヤー belt conveyor 带式输送机,皮带运输机
ベルト・サンダー belt sander 皮带砂轮,皮带擦磨机
ベルトしあげ 【~仕上】 belt finishing (混凝土路面)皮带拖平
ベルト・スクリーン belt screen 带式筛分机
ベルトちょうりょく 【~張力】 belt tension 皮带拉力
ベルトでんどう 【~伝動】 belt drive 皮带传动
ベルトとじかなぐ 【~綴金具】 belt fastener 皮带扣,皮带卡子
ベルト・ドライブ belt drive 皮带传动
ベルト・トランスミッション belt transmission 皮带传动
ベルト・フィーダー belt feeder 皮带送料器,皮带加料器
ベルト・フィルター belt filter 带式过滤器
ベル・トラップ bell trap 钟形存水弯
ベルヌーイ-オイラーのかてい 【~の仮定】 Bernoulli-Euler's assumption 伯努利-欧拉(平面保持)假定
ベルヌーイのていり 【~の定理】 Bernoulli's theorem 伯努利定理
ベルヌーイのほうていしき 【~の方程式】 Bernoulli's equation 伯努利方程(式)
ベルフライ=ベルフリー
ベルフリー belfry 钟楼,钟塔
ベルベッティーン velveteen 绒布
ベルベット velvet 天鹅绒
ベルベット velvet 天鹅绒
ベルベット・カーペット velvet carpet 天鹅绒地毯
ベルベット・タピズトリ・カーペット velvet tapestry carpet 天鹅绒(挂)毯
ベル・マウス bell mouth 漏斗口,承口,钟形口,喇叭口,锥形口
ヘルムホルツきょうめいき 【~共鳴器】 Helmholtz resonator 亥姆霍兹共振器,亥姆霍兹共鸣器
ヘルメット helmet 盔形(安全)帽,盔饰,头盔
ベルラーゲのしき 【~の式】 Berlage's formula 贝尔拉盖公式(晴天条件下计算室外水平面扩散光照度公式)
ベルーラミウム Verulamium 魏鲁拉米乌木(古罗马殖民城市)
ベルリンあお 【~青】 Berlin blue 柏林蓝,深蓝色
ベローズ bellows 风箱,折箱,折箱式接头,真空膜盒,波纹管,皱纹管

ベローズしんしゅくつぎて【～伸縮継手】bellows type expansion joint 波纹管式伸缩接头

べん【弁】valve 阀,阀门,活门,截门

へんあつき【变圧器】transformer 变压器

へんい【変位】displacement 位移,变位

へんいおうとう【変位応答】displacement response 位移反应

へんいおうとうスペクトル【変位応答～】displacement response spectrum 位移反应谱

へんいかんすう【変位関数】displacement function 位移函数,变位函数

へんいけい【変位計】displacement meter 变位计,位移计

へんいけいすう【変位係数】coefficient of displacement 位移系数,变位系数

へんいごさ【変位誤差】displacement error 变位误差;位移误差

へんいさいか【変位載荷】displacement loading 变位加载,位移加载

へんいさいかモデル【変位載荷～】displacement loading model 变位加载模型,位移加载模型

へんいしゅうせい【偏位修正】rectification (空中摄影偏位的)矫正,纠正

へんいしゅうせいき【偏位修正機】rectifier (空中摄影的)偏位矫正仪,偏位纠正仪

へんいず【変位図】diagram of transposition,displacement diagram 变位图

へんいベクトル【変位～】dislacement vector 位移矢量,位移向量

へんいへんかんしき【変位変換式】equations of displacement transformation 位移变换方程(式)

へんいほう【変位法】displacement method 变位法,位移法,变形法

べんえきしせつ【便益施設】service facilities (公园的)服务性设施

べんか【便化】conventionalization (纹样、雕刻题材原形的)简化,图案化,程式化

へんかく【偏角】deflection angle 偏(转)角,偏移角

へんかくほう【偏角法】deflection-angle method 偏(转)角法,偏移角法

へんかせい【変化性】variation 变化性

べんがら【弁柄】ferric oxide rouge, red iron oxide 红土子,铁丹,铁红

へんがん【片岩】schist 片岩

へんかんぶ【変換部】exchanger (自动控制机械的)交换器

へんかんへんけいくうかん【変換変形空間】transformed deformation space 变换变形空间,转换变形空间

へんかんポテンシャルかんすう【変換～関数】transformed potential function 变换势能函数,变换位能函数

へんかんマトリックス【変換～】transformation matrix 变换矩阵,转换矩阵

べんき【便器】urinal 便器

ペンキ pek[荷] 涂料,油漆

べんきしょうどくき【便器消毒器】bedpan washer and sterilizer 便器消毒器

ヘンキーのひずみ【～の歪】Henky's strain 亨基应变,对数应变

ペンキふんむき【～[pek荷]噴霧機】paint atomizer 喷漆器,喷漆枪

べんきょうしつ【勉強室】study room 学习室

べんきようすいそう【便器用水槽】water closet cistern tank 便器冲洗水箱

へんけい【変形】deformation 变形

へんけいエネルギー【変形～】potential energy of deformation 变形位能,变形势能

へんけいエネルギーせつ【変形～説】theory of strain energy 变形能理论,应变能理论

へんけいけいすう【変形係数】modulus of deformation 变形模量

へんけいしごと【変形仕事】work of deformation,potential energy of deformation 变形功,变形位能,变形势能

へんけいじょうけんしき【変形条件式】deformation equation 变形方程(式)

へんけいぜんぞうほうかい【変形漸増崩壊】incremental collapse (变形)渐增

破坏
へんけいていこう 【変形抵抗】 deformation resistance 变形阻力
へんけいど 【変形度】 unit strain 单位变形,单位应变
へんけいほう 【変形法】 deformation method 变形法,变位法,位移法
ベンケルマン・ビーム Benkelman beam 贝克曼梁,(测量路面挠度用)贝克曼测杆,路面挠度仪,路面弯沉仪
へんこう 【変更】 alteration 更迭,变更,交替,改变,改建
へんこうざい 【変高材】 member of non-uniform depth 不同截面高度的构件,变高构件,宽度一定的变截面杆
へんこうだんせいがく 【偏光弾性学】 polarization photoelasticity 偏光弹性学,光测弹性力学
へんこうフィルター 【偏光～】 polarized light filter 偏光滤光器
ベーン・コントロール vane control 叶片收缩控制,光圈阀控制
へんさ 【偏差】 deviation 偏差,偏离
べんざ 【弁座】 valve seat 阀座
べんざ 【便座】 closet seat 坐式便器,带盖便座,马桶便座
べんざあたりとめ 【便座当止】 seat bumper 便座盖(橡皮)垫角
へんざい 【辺材】 sap-wood,sap 边材
へんざいぐされ 【辺材腐】 sap rot 边(材)腐(朽)
へんざいじゅ 【辺材樹】 sap-wood tree 边材树
へんざいふきゅう 【辺材腐朽】 sap rot 边(材)腐(朽)
へんさおうりょく 【偏差応力】 stress deviation 偏应力(指三轴压缩试验中轴向应力与侧向应力之差)
へんさひずみ 【偏差歪】 deviator strain 偏应变
へんさひずみエネルギー 【偏差歪～】 deviatoric strain energy 偏应变能
べんざふた 【便座蓋】 closet seat cover,seat cover 大便器座盖
ベーンしけん 【～試験】 vane shear test (土的)十字板剪力试验
ベーンしけんき 【～試験機】 vane shear apparatus (土的)十字板剪力试验机
ベンジジン benzidine 联苯胺
へんしつ 【変質】 alternation 变质
へんしつぶ 【変質部】 affected zone (焊接的)变质区
へんしゅ 【変種】 variety 变种
べんじょ 【便所】 water-closet,privy 厕所
へんじょうけん 【辺条件】 side condition (三角网的)边条件
へんじょうど 【変状土】 disturbed soil 扰动土
へんしょく 【変色】 stain colour change,discolouration 变色,褪色
へんしょくきん 【変色菌】 stain fungi (木材)变色菌
へんしん 【偏心】 eccentricity 偏心(距)
へんしんあっしゅく 【偏心圧縮】 eccentric compression 偏心受压
へんしんあっしゅくざい 【偏心圧縮材】 eccentrically loaded compressed member 偏心受压构件,偏心压杆
へんしんあっしゅくちゅう 【偏心圧縮柱】 eccentrically compressed column 偏心受压柱
へんしんおうりょく 【片振応力】 pulsating stress 脉动应力
へんしんかじゅう 【偏心荷重】 eccentric load 偏心荷载
へんしんかじゅう 【偏振荷重】 pulsating load 脉动荷载
へんしんかんつぎて 【偏心管継手】 eccentric fitting 偏心管接头
へんしんきょり 【偏心距離】 eccentric distance 偏心距
へんしんけいちがいつぎて 【偏心径違継手】 eccentric reducer 偏心异径管,偏心渐缩管
へんしんごさ 【偏心誤差】 eccentric error 偏心误差
へんしんソケット 【偏心～】 eccentric socket 偏心套管,偏心承口(管)
へんしんティー 【偏心T】 eccentric tee

偏心异径三通
へんしんブシン【偏心～】eccentric bushing 偏心异径套管,偏心轴套
へんしんモーメント【偏心～】eccentric moment 偏心力矩
へんしんれんけつ【偏心連結】eccentric connection 偏心联结,偏心连接
べんすい【便水】soil water 粪便(污)水
へんすいいとうすいしけん【変水位透水試験】falling head permeameter 降水头渗透试验,降水头渗透仪
へんすいいとうすいしけんき【変水位透水試験機】falling head permeameter 降水头渗透仪
べんすいかん【便水管】soil pipe 污水管,粪便水排水管
べんすいじょうかそう【便水浄化槽】sewage purifier 污水处理池,化粪池
べんすいじょうかそうち【便水浄化装置】sewage purifier 粪便污水处理装置
へんすいそう【変水層】metalimnion 变相水层,变相湖沼
へんすうへんかん【変数変換】transformation of variables 变量变换,变量转换
ペンストック penstock 压力水管,闸门,消火栓
へんせいがん【変成岩】metamorphic rock 变质岩,变成岩
へんせいけんきせいさいきん【偏性嫌気性細菌】Obligate anaerobic bacteria 专性厌氧细菌
へんせいもくざい【変性木材】modified wood 变性木材,改良木材
ベンゼン benzene,benzol 苯
へんそうおでい【返送汚泥】returned sludge 回流污泥
へんそうすい【返送水】return water 回流水,回水
へんそうスラッジ【返送～】returned sludge 回流污泥
へんそくき【変速機】speed change gear 变速器,变速齿轮
へんそくくかん【変速区間】speed change area,speed change section (车辆)变速区段
へんそくしゃせん【変速車線】speed change lane 变速车道
ベンゾール benzol 苯,粗苯,安息油
ベンソン・ボイラー Benson boiler 本森锅炉(商)
ベンダー bender 弯曲机,弯钢筋机
へんたい【変態】modification 变态,改良,改型
へんたいじゅし【変態樹脂】modified resin 改良树脂,改性树脂
へんたいてん【変態点】transition point,transformation point 变态点(如冰点、融点等)
ペンタクロロフェノール pentachlorophenol 五氯苯酚
ペンタステュロス pentastylos[希](古希腊神庙的)五柱式
べんだめ【便溜】midden,cesspool 粪便污水渗井
ペンタン pentane 戊烷
ペンダント pendant (屋顶或穹窿上的)悬垂装饰,(贴墙的)悬垂形浮雕花饰
ペンダント・スイッチ pendant switch 悬吊开关,手握开关
ペンダント・ランプ pendant lamp 垂饰吊灯
へんだんめんざい【変断面材】member of non-uniform section 变截面构件
へんだんめんばしら【変断面柱】column of non-uniform section 变截面柱
へんだんめんばり【変断面梁】beam of non-uniform section 变截面梁
ベンチ bench 长凳,长椅,工作台,台座,阶地,梯段地,护道
ペンチ pincher 钳子,钢丝钳
ベンチ・アバット(メント) bench abutment 张拉台座
ベンチ・カット bench cut (隧道的)台阶式挖掘
ベンチこうどけい【～光度計】bench photometer 台式光度计
ベンチ・スケール bench scale 实验规模
ベンチ・ボードばん【～盤】bench board panel 工作台控制盘
ベンチ・マーク bench mark 水准基点,

水准(标)点,基准点
ベンチュリかん【～管】Venturi tube 文丘里管
ベンチュリけい【～計】Venturi meter 文丘里流量计
ベンチュリ・スクラバー Venturi scrubber 文丘里洗涤器
ベンチュリ・フリューム Venturi flume 文丘里量水槽
ベンチュリ・メーター Venturi meter 文丘里流量计,文丘里水表
ベンチュリりゅうりょうけい【～流量計】 Venturi flow meter 文丘里流量计
へんちょう【変調】modulation (声的)变调,转调,调制
ベンチレーター ventilator 通风器,通气筒,通风机,送风机
ペンデュラム・シャフト pendulum shaft 摆轴
へんでんしつ【変電室】transformer room 变电室
へんでんしょ【変電所】substation 变电所
へんでんせつび【変電設備】transform equipment 变电设备
ペンデンティブ pendentive 穹隅(圆屋顶过渡到支柱之间渐变曲面),方墙四角托圆穹顶支承拱,帆拱
ベンド bend 弯头,弯管,肘管
へんどうおうりょく【変動応力】varying stress 变量应力,不定应力
へんどうそくど【変動速度】fluctuation velocity 变化速度
へんどうひ【変動費】variable expense (工程)变动费,变更费
へんどうふか【変動負荷】fluctuating load 波动负荷
ベンドがたしんしゅくつぎて【～型伸縮継手】bend type expansion joint 弯管式伸缩接头,胀缩弯管
ベンドかん【～管】bend pipe 弯(曲)管
ベント・コンデンサー vent condenser 排气冷凝器
ベントス benthos 底栖生物,海底生物
ベンドつぎて【～継手】bend joint 弯头接头,弯管接头
ベントナイト bentonite 皂土,浆土,膨润土,膨土岩
ベントナイトあんていえき【～安定液】bentonite stabilizing fluid 膨土岩稳定液,膨润土稳定液
ベントナイトしょり【～処理】bentonite treatment 膨润土处理
ベント・パイプ vent pipe 透气管,通气管,排气管
ペントハウス penthouse 楼顶房屋,阁楼,披屋,靠墙单坡棚,楼顶上的电梯机器房
ベント・ファン vent fan 通风机,排气风扇
ベントべん【～弁】vent valve 通气阀,排气阀,排泄阀
ベント・ホール vent hole 透气孔,通气孔,排气孔
ベンド・ユニオン bend union 弯管活接头
ヘンネベルグほう【～法】Henneberg's method 赫尼贝格法
べんのようてい【弁の揚程】valve lift 阀升程
ベンひ【～比】vane ratio 叶片比
ヘンプ・ロープ hemp rope 麻绳,麻索
へんぶんほう【変分法】variational method 变分法
へんぺいシェル【扁平～】flat shell 扁壳
べんべついき【弁別域】threshold of discrimination 识别阈,鉴别阈,辨识阈
べんべついきち【弁別域値】difference limen 识别阈值,辨别阈值
べんべつげん【弁別限】limit of recognition (感觉)辨别限度
べんべつげんど【弁別限度】limit of recognition (感觉)辨别限度
へんぼく【変木】变木(日本的一种名贵木材)
へんまがん【片麻岩】gneiss 片麻岩
ベンマリ bain-marie 食物保温器
へんむけいやく【片務契約】unilateral contract 片面合同,一方合同,单方负债合同

べんもうちゅう 【鞭毛虫】 flagellate, mastigophora 鞭毛虫

べんもうちゅうるい 【鞭毛虫類】 Flagellata, Mastigophora 鞭毛虫纲

べんりがわら 【便利瓦】 asphalt roofing 沥青卷材,沥青卷材屋面

ヘンリーななせいれいはいどう 【～七世礼拝堂】 HenryⅦ's chapel Westminster Abbey (1503～1519年英国伦敦)亨利七世礼拜堂

ヘンリのほうそく 【～の法則】 Henry's law 亨利定律

べんリフト 【弁～】 valve lift 阀升程

へんりゅうき 【変流器】 current transformer 变流器,电流互感器

へんりゅうすい 【返流水】 return water 回流水,回水

へんりゅうダンパー 【偏流～】 deflecting damper 偏流气闸,导流风门

へんりゅうひ 【返流比】 return ratio 回水比,回水系数

へんりゅうりょうほうしき 【変流量方式】 changing discharge method 变流量方式

# ほ

ほ【穂】(脚手架)杉杆尖端,凿刃,刨刃

ポアソンぎゃくひ【～逆比】Poisson's number 泊松比倒数,泊松数

ポアソンけいすう【～係数】Poisson's number 泊松数,泊松比倒数

ポアソンすう【～数】Poisson's number 泊松比倒数,泊松数

ポアソンひ【～比】Poisson's ratio 泊松比

ポアソンぶんぷ【～分布】Poisson's distribution 泊松分布

ほあんき【保安器】protector 防护器

ほあんきじゅん【保安基準】safety standard 安全标准

ほあんしょうめい【保安照明】protectional lighting 安全照明,防护照明

ほあんそうち【保安装置】protective device 安全装置,防护设备

ほあんぼう【保安帽】protective cap, helmet 安全帽

ほあんりん【保安林】protection forest 防护林

ほいくしつ【保育室】nursery room 托儿室

ほいくしょ【保育所】nursery, nursery school 托儿所,幼儿园

ホイゲンスのげんり【～の原理】Huygen's principle 惠更斯原理

ポイズ poise 泊(粘度单位),砝码,秤锤

ホイスト hoist 卷扬机,绞车,吊车,起重机

ホイストしきてんじょうクレーン【～式天井～】hoist ceiling crane 电葫芦,单梁吊车

ホイスト・モーター hoist motor 起重发动机,卷扬发动机

ホイップル・トラス Whipple truss 惠伯桁架

ホイップル・マイクロメーター Whipple micrometer 惠普尔测微器(用于生物检验)

ボイド void 空的,空隙,空隙率,孔率,真空

ほいとこ 滑开上旋窗开闭的小五金

ホイヘンスせつがんレンズ【～接眼～】(lens)Huygens' ocular 惠更斯式接目镜

ホイヘンスのげんり【～の原理】Huygens' principle 惠更斯原理

ホイム whim 绞盘,卷扬机

ボイラー boiler 锅炉,蒸煮器

ボイラーあつ【～圧】boiler pressure 锅炉压力

ボイラーうけ【～受】boiler seat 锅炉座

ボイラーおおい【～覆】boiler shield 锅炉防护罩

ホイラーがたかぶしゅうすいそうち【～型下部集水装置】Wheeler type underdrain system 惠勒式(滤池)集水装置

ボイラーかん【～管】boiler tube 锅炉管

ボイラーきゅうすい【～給水】boiler feed water 锅炉给水

ボイラーくだそうじき【～管掃除機】boiler tube cleaner 锅炉管清扫器

ボイラーけいほうき【～警報器】boiler alarm 锅炉(水位)报警器

ボイラー・ゲージ boiler gauge 锅炉水位计

ボイラー・ケーシング boiler casing 锅炉外壳,锅炉外护板

ボイラーこうし【～格子】boiler grate 锅炉炉篦

ボイラーごけ【～苔】boiler scale 锅(炉水)垢

ボイラーざ【～座】boiler seat 锅炉座

ボイラーささえ【～支】boiler support 锅炉支座

ボイラーしつ【～室】boiler room 锅炉间,锅炉房

ボイラー・ジャケット boiler jacket 锅炉外壳
ボイラーしゅつりょく 【~出力】 boiler output,boiler rating 锅炉输出能力,锅炉输出功率
ボイラー・スケール boiler scale 锅(炉水)垢
ボイラーせいじょうざい 【~清浄剤】 boiler compound 锅炉防垢剂
ボイラーつり 【~吊】 boiler suspender 锅炉吊架
ボイラーどう 【~胴】 boiler drum,boiler shell 锅炉壳,锅炉筒体
ボイラーとりつけもの 【~取付物】 boiler fittings,boiler mountings 锅炉配件
ボイラーのこうりつ 【~の効率】 efficiency of boiler 锅炉效率
ボイラーのじょうようしゅつりょく 【~の常用出力】 normal power of boiler 锅炉正常输出功率
ボイラーのだんぼうしゅつりょく 【~の暖房出力】 heating output of boiler 锅炉供暖输出功率
ボイラーのていかくしゅつりょく 【~の定格出力】 rated output of boiler 锅炉额定输出功率
ボイラーのふしょく 【~の腐食】 boiler corrosion 锅炉腐蚀
ボイラー・ハウス boiler house 锅炉房
ボイラーばくはつ 【~爆発】 boiler blasting 锅炉爆作
ボイラーばりき 【~馬力】 boiler horse power 锅炉马力
ボイラー・プラント boiler plant 锅炉设备,锅炉装置
ボイラー・ベッド boiler bed,boiler seating,boiler stool 锅炉座
ボイラーみず 【~水】 boiler water 锅炉水
ボイラーようすい 【~用水】 boiler(supply)water 锅炉用水
ボイラーようりょう 【~容量】 boiler capacity 锅炉容量
ボイラー・ラギング boiler lagging 锅炉保温套层
ボイラー・ルーム boiler room 锅炉房,锅炉间
ボイラー・レーティング boiler rating 锅炉功率,锅炉额定功率
ボイリング boiling 涌砂,腾砂,流砂腾起
ホイール・クレーン wheel crane 轮式起重机
ホイール・コンベヤー wheel conveyor 滚轮输送机,辊道
ボイル・シャールのほうそく 【~の法則】 Boyle-Charles'law 波义耳-查理定律
ホイール・ショベル wheel(ed)shovel 轮式拖铲,轮胎式挖掘机
ホイール・トラッキングしけん 【~試験】 wheel tracking test (室内沥青路面)轮迹试验,车辆行驶稳定性试验
ホイール・プッラー wheel puller 拆轮器,卸轮器
ボイルゆ 【~油】 boiled oil 熟炼油
ポインティング pointing 勾缝,嵌填,削尖
ポインテッド・アーチ=とがりアーチ
ポイント point 点,尖端,道岔尖,辙尖
ポイント・ハウス point house 点式住宅,塔式住宅
ポイント・ブロック point block 塔式建筑群
ぼう 【棒】 bar,rod 棒,杆,条,棍,横木
ぼう 【帽】 cap (管)帽,(管)盖
ほうい 【方位】 azimuth bearing 方位
ほういえん 【方位円】 azimuth circle 方位圈,地平经圈
ほういかく 【方位角】 azimuth,azimuth angle 方位角
ほういかくほう 【方位角法】 azimuth method 方位角法
ほういきてん 【方位基点】 cardinal point 方位基点
ほういけいすう 【方位係数】 exposure factor,azimuth factor 方向系数,附加系数
ほういコンパス 【方位~】 azimuth compass 方位罗盘
ほういずほう 【方位図法】 azimuthal projection,zenithal projection 方位投

影

ボウ・ウィンドー bow window 凸肚窗，圆肚窗

ホウ・エキスカベーター hoe excavator 铲式挖掘机，电铲挖掘机

ぼうえきふう【貿易風】 trade wind 信风，贸易风

ボーヴェだいせいどう【～大聖堂】 Cathédrale, Beauvais［法］（13世纪法兰西）鲍威大教堂

ぼうえんきょうつきアリダード【望遠鏡付～】 telescopic alidade 望远镜照准器

ぼうえんへき【防煙壁】 smokeproof wall 防烟墙

ぼうおとりょう【防汚塗料】 stainless paint, stain-resisting paint 防污涂料

ぼうおん【防音】 soundproofing, sound isolation, sound insulation 隔声

ぼうおんカバー【防音～】 sound proof cover 隔声罩

ぼうおんこうじ【防音工事】 soundproof work 隔声工程

ぼうおんこうぞう【防音構造】 soundproof construction 隔声构造

ぼうおんざいりょう【防音材料】 soundproof material 隔声材料

ぼうおんしけん【防音試験】 soundproof test, sound insulation test 隔声试验

ぼうおんしつ【防音室】 soundproof chamber 隔声室

ぼうおんしょくさい【防音植栽】 sound insulation planting, noise-abatement planting 防噪声栽植，隔声栽植

ぼうおんそう【防音窓】 soundproof window 隔声窗

ぼうおんそうち【防音装置】 sound arrester 隔声装置

ぼうおんど【防音戸】 soundproof door 隔声门

ぼうおんドア【防音～】 soundproof door 隔声门

ぼうおんとびら【防音扉】 soundproof door 隔声门

ぼうおんとりょう【防音塗料】 sound absorption paint 吸声涂料，吸声油漆

ぼうおんへき【防音壁】 soundproof wall, sound insulating wall 隔声墙

ぼうおんゆか【防音床】 soundproof floor 隔声地板，隔声地面

ほうが【萌芽】 sprout 发芽，萌芽

ぼうか【防火】 fireproof 防火

ほうかい【崩壊】 collapse, rupture 破坏，倒塌

ぼうがいイオン【妨害～】 interfering ion 干扰离子

ほうかいかじゅう【崩壊荷重】 ultimate load, collapse load 极限荷载，破坏荷载

ほうかいきこう【崩壊機構】 collapse mechanism 破坏机理

ほうかいせき【方解石】 calcite 方解石

ほうかいせっけい【崩壊設計】 collapse design 破坏阶段设计，极限（状态）设计

ぼうかおでい【膨化汚泥】 bulking sludge 膨胀污泥

ぼうかかいしゅう【防火改修】 slow burning repairing 防火构造改建

ぼうかかいへき【防火界壁】 firebreak, fire bulkhead 防火隔墙，挡火墙

ぼうかかくへき【防火隔壁】 fireproof bulkhead 防火隔墙，挡火墙

ぼうかぎ【棒鍵】 bit key 钻形钥匙，锥形钥匙

ぼうかきそく【防火規則】 fire protection specification 防火规范

ぼうかくうち【防火空地】 firebreak 防火线，防火地带（在森林或牧场中防止延烧的净空地带）

ぼうかくかく【防火区画】 fire partition, fire break, fire limit 防火间隔

ぼうかけいかく【防火計画】 fire scheme 防火系统，防火设计，防火方案

ぼうかけんちく【防火建築】 fireproof building 防火建筑，耐火建筑

ぼうかけんちくたい【防火建築帯】 fire-proof building belt 防火建筑带

ぼうかこうぞう【防火構造】 fire protection construction 防火构造，耐火构造

ぼうかごうはん【防火合板】 fireproof

plywood 防火胶合板
ぼうかざいりょう【防火材料】fireproof material, fireresisting material 防火材料
ぼうかしけん【防火試験】fire protecting test 防火试验
ぼうかシャッター【防火～】fire protecting shutter 防火金属门
ぼうかじゅ【防火樹】fire protecting trees 耐火树,防火树
ぼうかしょくじゅたい【防火植樹帯】fire protective green belt, fire-mantle 防火植树带,防火树带
ぼうかしょり【防火処理】incombustible transaction 防火处理,难燃处理
ぼうかすいまくそうち【防火水幕装置】fire drencher 防火水幕设备
ぼうかせいのう【防火性能】fire protecting performance 防火性能
ぼうかせいのうしけん【防火性能試験】fire protecting test 防火性能试验
ぼうかせきめんセメントばん【防火石綿～板】fire-proof asbestos cement board 防火石棉水泥板
ぼうかたい【防火帯】fire belt 防火带
ぼうかダンパー【防火～】fire damper 火灾阻止器,火灾遮断器
ぼうかちいき【防火地域】fire zone 防火区
ぼうかちいきせい【防火地域制】fire-zoning 防火分区
ぼうかちく【防火地区】fire protection zone 防火区
ぼうかど【防火戸】fire door, fire check door 防火门
ぼうかどうろ【防火道路】fire trail 防火道
ぼうかとそう【防火塗装】fire-proof paint, fireresisting paint 防火漆,防火涂料,防火涂层
ぼうかとびら【防火扉】fire door 防火门
ぼうかとりょう【防火塗料】fire-proof paint, fireresisting paint 防火涂料,防火漆
ぼうかドレンチャ【防火～】fire drencher 防火水幕装置
ぼうかひふく【防火被覆】covering for fire protection 防火保护层,防火材料面层,缓燃材料覆面层
ぼうかへき【防火壁】fire resisting wall, division wall[英], fire wall, fire division wall[美] 防火墙
ぼうかまく【防火幕】fire curtain 防火幕
ぼうかまじきり【防火間仕切】fire partition 防火隔墙
ぼうかもくざい【防火木材】fire killed timber, fire proofing wood 防火木材
ぼうかりん【防火林】fire-break 防火林带
ぼうかんこうぞう【防寒構造】cold proof construction 防寒构造
ほうがんし【方眼紙】section paper 方格纸
ぼうかんじゃくり【防寒决】cold proof rebate (门窗构造的)防寒槽口
ぼうかんじゅうたく【防寒住宅】cold proof dwelling house 防寒住宅
ほうきしあげ【箒仕上】broom finishing (混凝土路面)扫毛
ほうきたい【包気帯】unsaturated zone (地层的)非饱和区,含气区
ほうきづけ【箒付】摊铺,摊展,扫摊
ほうきめ【箒目】trace of rake, rake tracing 扫帚痕纹(饰面抹灰),(白砂上的)耙纹
ぼうぎめ【棒極】ramming, tamping (植树时使泥土和根部密切接合)用冲棍冲实,捣实根部回土
ほうきめしあげ【箒目仕上】broom finish 扫帚痕纹饰面
ぼうぎゃくべん【防逆弁】check valve 逆止阀,止回阀,单向阀
ほうきょういんとう【宝篋印塔】单层方形塔(原为存放宝箧印陀罗尼经的塔)
ほうぎょうづくり【方形造·宝形造】pyramid-shaped roof 棱锥形屋顶
ほうぎょうやね【方形屋根·宝形屋根】pyramidal roof, pavillion roof 棱锥形屋

顶,方攒尖顶
ほうきょくりつ【法曲率】normal curvature 法向曲率
ぼうきりき【棒切器】bar cutter 钢筋剪切机
ほうきん【砲金】gun metal 炮铜,锡锌青铜
ぼうくい【棒杭】picket 尖木桩
ぼうくうごう【防空壕】bomb shelter, air raid shelter 防空洞,防空壕
ぼうくうとし【防空都市】air defence city 空防城市
ぼうくうとしけいかく【防空都市計画】防空城市规划
ぼうくうりょくち【防空緑地】open space for air defence 防空绿地
ほうけいガラス【硼珪~】borosilicate glass 硼硅酸盐玻璃
ほうけいきそ【方形基礎】square footing 方形基础
ほうけいクラウン・ガラス【硼珪~】borosilicate crown glass 硼硅酸盐冕玻璃
ほうけいタイル【方形~】square tile 方形瓷砖
ぼうげんガラス【防眩~】glareproof glass 防眩光玻璃
ほうけんとし【封建都市】feudal town 封建(时代建立的)城市
ぼうげんもう【防眩網】anti-dazzle net 防眩网
ほうこう【芳香】aromatic smell, aromatic ordour 芳香
ぼうこう【棒鋼】steel bar 棒钢,条钢,圆钢,钢筋
ほうこうおよびきょりひょうしき【方向及距離標識】destination and distance sign 终点方向及距离标志
ほうこうかく【方向角】directional angle 方向角
ほうこうぞくたんかすいそ【方香族炭化水素】aromatic hydrocarbon 芳(族)烃
ほうこうひょうしき【方向標識】directional sign 指路标志,方向标志
ほうこうぶんりたい【方向分離帯】directional separator (车道)方向分隔带
ほうこうべつうんてん【方向別運転】direction traffic 定向交通,定向上下行驶
ほうこうほう【方向法】direction method 方向法
ほうこうよげん【方向余弦】direction cosine 方向余弦
ほうこうろめんひょうじ【方向路面標示】directional pavement marking, directional roadway marking 路面指向标示
ぼうごさく【防護柵】guard fence, guard rail 护栏
ほうこせき【抱鼓石】抱鼓石
ぼうさ【防砂】sand prevention 防砂
ぼうさいがいく【防災街区】防灾街坊
ぼうさいかがく【防災科学】防灾科学
ぼうさいきせいくいき【防災規制区域】防灾规定区
ぼうさいきょてん【防災拠点】防灾据点
ぼうさいけいかく【防災計画】disaster prevention plan 防灾规划
ぼうさいけんちくがいく【防災建築街区】fireproof building block 防灾建筑街区
ぼうさいけんちくがいくぞうせいじぎょう【防災建築街区造成事業】development work of fire-proof building blocks 防灾建筑区建造事业
ぼうさいけんちくぶつ【防災建築物】hazard resistant building, disaster-proof building 防灾建筑物
ぼうさいこうつうけいかく【防災交通計画】disaster prevention traffic plan 防灾交通规划
ぼうさいセンター【防災~】disaster prevention center, fire control center, safety control equipment 防灾中心,火灾控制中心,防灾设备
ぼうさいダム【防災~】disaster prevention dam 防灾堤坝
ぼうさいどうろ【防災道路】disaster prevention road 防灾道路
ぼうさいとしけいかく【防災都市計画】disaster prevention city plan 防灾城市

规划
ぼうさいとちりようけいかく 【防災土地利用計画】 防灾土地利用规划
ぼうさいほうしき 【防災方式】 (城市各区的)防灾方式
ぼうさいりょくち 【防災緑地】 calamity-prevention open space 防灾绿地
ぼうさいりょくどう 【防災緑道】 calamity-prevention green way 防灾绿化道路
ほうさくき 【抱索機】 wire grip 钢丝绳固定器,钢缆夹具
ほうさんフリント・ガラス 【硼酸~】 boracic acid flint glass 硼酸火石玻璃
ぼうじぐい 【榜示杭】 境界标桩,界桩
ぼうしつ 【防湿】 moisture-proof, vapourproof, dampproofing 防潮,防湿
ぼうしつざいりょう 【防湿材料】 vapour-proofing material 防湿材料
ぼうしつじゅ 【防湿樹】 damp tolerant tree 耐湿树
ぼうしつそう 【防湿層】 vapour barrier, vapourproof layer, dampproof coating 防潮层,隔汽层
ほうしつど 【飽湿度】 percentage humidity 饱和度(含湿率和饱和含湿率之比)
ぼうしへき 【防止壁】 baffle wall 遮护壁,障壁
ほうしゃ 【放射】 radiation 辐射
ほうしゃあつ 【放射圧】 radiation pessure 辐射压
ほうしゃインピーダンス 【放射~】 radiation impedance 辐射阻抗
ほうしゃかがくじっけんしつ 【放射化学実験室】 radio-chemical laboratory 放射化学实验室
ほうしゃがたどうろ 【放射型道路】 radial road 放射式道路
ほうしゃかぶんせき 【放射化分析】 activation-analysis 放射性分析,活化分析,激活分析
ほうしゃかんじょうがたどうろもう 【放射環状型道路網】 radial and ring road system 放射环形道路网,放射环形道路系统
ほうしゃげんすい 【放射減衰】 radiation damping 散逸阻尼,扩散衰减
ほうしゃこうざい 【放射孔材】 radial porous wood, wood with radial pore band 辐射状孔木材
ほうしゃさんかくそくりょう 【放射三角測量】 radial triangulation 辐射三角测量
ほうしゃしき 【放射式】 radial system 辐射式(排水系统)
ほうしゃじゅうおうがたがいろ 【放射縦横形街路】 radial and checker board street system 方格放射形混合式街道网
ほうしゃじょうきん 【放射状菌】 actinomyces 放线菌
ほうしゃじょうさいしつぐん 【放射状祭室群】 radiating chapels 教堂中放射状平面布置的祈祷室
ほうしゃじょうせんだんいき 【放射状剪断域】 radial shear zone 径向剪力区
ほうしゃじょうせんだんたい 【放射状剪断帯】 radial shear zone 径向剪切带,辐向剪切带
ほうしゃじょうとし 【放射状都市】 radial shaped city 放射形城市(有放射式街道系统,各项城市功能沿道路作放射状布置的城市)
ほうしゃじょうふんりゅう 【放射状噴流】 radial jet (散流器的)辐射状喷流
ほうしゃじょうりょくち 【放射状緑地】 green wedge 楔形绿地(城市道路放射状扩展后原有绿地的楔形残余)
ほうしゃじょうれんが 【放射状煉瓦】 radial brick 扇形砖,辐向砖
ほうしゃせい 【放射性】 radioactivity 放射性
ほうしゃせいおせん 【放射性汚染】 radioactive contamination 放射性污染
ほうしゃせいかくしゅ 【放射性核種】 radionuclide 放射性核素
ほうしゃせいぎゃくてん 【放射性逆転】 radiation inversion 放射性逆转
ほうしゃせいこうかぶつ 【放射性降下物】 radioactive fall-out 放射性灰尘,放射性微粒
ほうしゃせいどういげんそ 【放射性同位

元素】 radioactive isotope(R.I.) 放射性同位素
ほうしゃせいトレーサー【放射性～】 radioactive tracer 放射性示踪物质
ほうしゃせいはいえきちょりゅうしょりほう【放射性廃液貯留処理法】 storage treatment of radioactive wastewater 放射性废液贮存处理法
ほうしゃせいはいすいしょり【放射性廃水処理】 radioactive wastewater treatment 放射性废水处理
ほうしゃせいはいすいはっせいげん【放射性廃水発生源】 source of radioactive wastewater 放射性废水污染源
ほうしゃせいぶっしつ【放射性物質】 radioactive substance 放射性物质
ほうしゃせん【放射線】 radioactive rays 放射线
ほうしゃせんおせんくいき【放射線汚染区域】 radioactive contaminating area 放射线污染区
ほうしゃせんかんりくいき【放射線管理区域】 radioactive managing area 放射线管理区
ほうしゃせんかんりしつ【放射線管理室】 supervision room for radioactive rays 放射线管理室
ほうしゃせんきゅうしゅうけいすう【放射線吸収係数】 absorption coefficient of radioactive rays 放射线吸收系数
ほうしゃせんけんそう【放射線検層】 radioactive inspection 放射线检查,放射线探伤
ほうしゃせんしゃへいとびら【放射線遮蔽扉】 shielding door for radioactive rays 放射线防护门
ほうしゃせんしゃへいまど【放射線遮蔽窓】 radiation shielding window 放射线防护窗
ほうしゃせんしんだんぶ【放射線診断部】 radiology department 放射线诊断部
ほうしゃせんちりょうぶ【放射線治療部】 radiation therapy department 放射线治疗部
ほうしゃせんとうかしけん【放射線透過試験】 radiant ray inspection 放射线透视检验,放射线透视检查
ほうしゃせんとうかたんしょうほう【放射線透過探傷法】 radiographic detection 放射线透视探伤法
ほうしゃせんりょうりつ【放射線量率】 dose rate 放射剂量率
ほうしゃだんぼう【放射暖房】 radiant heating,panel heating 辐射采暖
ほうしゃだんぼうき【放射暖房器】 radiant heater,radiative type heater 辐射散热器
ほうしゃねつ【放射熱】 radiant heat 辐射热
ほうしゃのう【放射能】 radioactivity 放射能力
ほうしゃのうはいえきイオンこうかんしょりほう【放射能廃液～交換処理法】 ion exchange process of radioactive waste water 放射性废液离子交换处理法
ほうしゃのうひょうしき【放射能標識】 radioactive mark 放射能标识
ほうしゃのうレベルくぶん【放射能～区分】 classification of radioactive level 放射能级分类
ほうしゃのつよさ【放射の強さ】 radiation intensity 辐射强度
ほうしゃほう【放射法】 method of radiation 辐射(线)法
ほうしゃりつ【放射率】 emissivity 黑度,发射率
ほうしゃリブ【放射～】 tierceron 放射肋,居间肋
ほうしゃりゅういき【放射流域】 radial drainage ,radial basin 辐射形流域
ほうしゃりゅうしきちんでんち【放射流式沈殿池】 radial flow settling basin 辐射流式沉淀池
ほうしゅ【宝珠】 宝珠
ぼうしゅうざい【防臭剤】 deodorant 防臭剂
ぼうしゅうふた【防臭蓋】 odour tight cover 防臭盖
ぼうしゅうべん【防臭弁】 stench trap

防臭阀

ぼうしゅうます【防臭枡】intercepting chamber 防臭井

ぼうしゅうゆ【防銹油】rust preventive oil 防锈油

ほうしゅつ【放出】discharge 排放,排出

ほうしゅつがん【迸出岩】extrusive rock effusive rock 喷出岩

ほうしゅばしら【宝珠柱】带宝珠栏杆柱

ぼうじゅん【膨潤】swelling 湿胀,膨润

ぼうじゅんあつ【膨潤圧】swelling pressure 膨胀压力

ぼうじゅんしけん【膨潤試験】swelling test 膨胀试验

ぼうじゅんひずみ【膨潤歪】swelling strain 膨胀变形

ぼうしょう【芒硝】Glauber's salt 芒硝

ぼうじょうアンテナ【棒状～】rod antenna 杆式天线

ぼうじょうぎ【棒定規】pole strip (标定铆孔位置的)尺杆

ほうしょうちく【鳳笙竹】(庭园)观赏竹

ぼうじょうバイブレーター【棒状～】internal vibrator 插入式振捣器,内部振捣器

ぼうしょく【防食】anticorrosion, corrosion-proofing 防腐,防蚀

ぼうしょくかん【防食管】non-corrosive pipe 防腐蚀管

ぼうしょくぎじゅつ【防食技術】anticorrosive technique 防蚀技术,防腐技术

ぼうしょくざい【防食剤】corrosion preventive, anticorrosive agent 防腐剂,防锈剂

ぼうしょくしょり【防食処理】anticorrosive treatment 防蚀处理,防锈处理

ぼうしょくでんりゅう【防食電流】protection current 防蚀电流

ぼうしょくでんりゅうみつど【防食電流密度】anticorrosive current density 防蚀电流密度

ぼうしょくとりょう【防食塗料】corrosion-proof paint, anti-corrosive paint 防腐涂料,防锈漆

ぼうしょくひふく【防食被覆】protective coating, corrosion-proof coating 防腐保护层,耐蚀面层

ぼうしょくペイント【防食～】corrosion-proof paint, corrosion-resistant paint 防锈漆,防腐涂料

ぼうしょくりつ【防食率】anticorrosive ratio 防蚀率,防锈率

ぼうじょしせつ【防除施設】prevention equipment 预防设施,预防设备

ぼうしん【防振】vibration isolation 防振,隔振

ぼうじんカバー【防塵～】dustproof cover 防尘盖,防尘罩

ぼうしんきそ【防振基礎】vibration-proof foundation 防振基础

ぼうしんけいさん【防振計算】calculation of vibration isolation 隔振计算

ぼうしんこう【防振溝】vibration-proof trench 防振沟

ぼうしんゴム【防振～[gom荷]】rubber spring, rubber pad, vibration-proof rubber 橡胶防振制品,防振橡胶垫

ぼうしんざい【防振材】resilient isolator 防振材料,隔振材料

ぼうしんざいりょう【防振材料】vibration-proof material 防振材料

ぼうじんしょくさい【防塵植栽】dust prevention planting 防尘栽植

ぼうず【坊主】post, strut, gin pole 支撑,支柱,起重桅(把)杆

ほうすい【放水】drainage 放水,排水

ぼうすい【防水】waterproofing 防水

ぼうすいおさえそう【防水押層】防水保护层

ほうすいかん【放水管】outlet conduit 放水管,排水管

ほうすいき【豊水期】wet season 丰水期,雨季

ぼうすいくいき【防水区域】waterproofing 防水区域

ほうすいぐち【防水口】outlet 放水口,排水口

ぼうすいこうじ【防水工事】water-

proofing work 防水工程
**ぼうすいコンクリート** 【防水～】 waterproof concrete 防水混凝土,抗渗混凝土
**ぼうすいざい** 【防水剤】 waterproof agent,waterproof stuff 防水剂
**ぼうすいざいりょう** 【防水材料】 waterproof material 防水材料
**ぼうすいし** 【防水紙】 waterproof paper 防水纸
**ぼうすいしけん** 【防水試験】 waterproof test 防水试验
**ぼうすいしたじ** 【防水下地】 substratum for waterproofing 防水底层
**ぼうすいしょり** 【防水処理】 waterproofing,waterproof treatment 防水处理
**ほうすいせい** 【抱水性】 hydratability 水合性,水化性能
**ぼうすいせい** 【防水性】 waterproof 防水性
**ぼうすいぜき** 【防水堰】 cofferdam 围堰
**ぼうすいセメント** 【防水～】 waterproof cement 防水水泥,防潮水泥
**ぼうすいそう** 【防水層】 waterproof layer,damp-proof course 防水层
**ほうすいてい** 【放水庭】 afterbay 尾水池
**ぼうすいぬの** 【防水布】 waterproof cloth 防水布
**ぼうすいのぜつえんこうほう** 【防水の絶縁工法】 防水绝缘施工法
**ぼうすいブロック** 【防水～】 waterproof block 防水砌块
**ぼうすいべん** 【防水弁】 waterproof valve 防水阀
**ぼうすいモルタル** 【防水～】 waterproofed mortar 防水砂浆
**ぼうすいモルタルぬり** 【防水～塗】 砂浆防水层,抹防水砂浆
**ほうすいろ** 【放水路】 flood control channel,flood way,diversion channel 泄洪道,分水渠,尾水渠
**ぼうスクリーン** 【棒～】 bar screen,rod screen 格筛,铁栅筛
**ボウストリング・トラス** bowstring truss 弓弦桁架,弧形桁架
**ぼうずまるた** 【坊主丸太】 起重架用桅(把)杆
**ぼうすみ** 【棒隅】 不起翘的檐角
**ぼうせいざい** 【防錆剤】 rust-proof agent 防锈剂
**ぼうせいざいりょう** 【防錆材料】 rust preventive material,rust-proof material 防锈材料
**ぼうせいしょり** 【防錆処理】 rustproofing 防锈处理
**ぼうせいてんかざい** 【防錆添加剤】 rust inhibitor 抗腐蚀附加剂,防锈掺加剂
**ぼうせいとりょう** 【防錆塗料】 rust-proof paint 防锈涂料,防锈漆
**ぼうせいゆ** 【防錆油】 rustproof oil 防锈油
**ぼうせつ** 【防雪】 snow protection 防雪
**ぼうせつさく** 【防雪柵】 snow screen, snow-protection fence 防雪栅栏
**ぼうせつじゅもく** 【防雪樹木】 snow-protection tree 防雪树木
**ぼうせつべい** 【防雪塀】 snow screen, snow-protection fence 防雪栅栏
**ぼうせつりん** 【防雪林】 snow break forest,snow-protection forest,snow shelter forest 防雪林
**ほうせんおうりょく** 【法線応力】 normal stress 正应力,法向应力
**ほうせんかじゅう** 【法線荷重】 normal load 法向荷载,正常荷载
**ほうせんきど** 【法線輝度】 normal brightness 法向亮度
**ほうせんきょくりつ** 【法線曲率】 normal curvature 法线曲率
**ほうせんきん** 【放線菌】 actinomyces 放线菌
**ほうせんこうど** 【法線光度】 normal intensity of light 法向发光强度,法向光强
**ほうせんざひょう** 【法線座標】 normal coordinate 简正坐标,法线坐标,正规坐标
**ほうせんしょうど** 【法線照度】 normal illumination 法向照度,垂直照度
**ほうせんせいぶん** 【法線成分】 normal component 法线分量

ほうせんはんりょく【法線反力】normal reaction 法向反力
ほうせんめんしょうど【法線面照度】normal illumination 法向(面)照度
ほうせんめんにっしゃのつよさ【法線面日射の強さ】intensity of normal solar radiation 法线面太阳辐射强度
ほうせんりょく【法線力】normal force 法向力,正交力,垂直力
ほうそ【硼素】boron 硼
ほうそうきょく【放送局】broadcasting station,sending station 广播电台
ほうそうげ【宝相花】宝相花
ほうそうこうじょう【包装工場】packing house 包装工厂,包装车间
ほうそうせつび【放送設備】broadcasting equipment 广播设备
ほうそうとう【放送塔】broadcasting tower,wireless tower 无线电发射塔,无线电塔
ほうだて【方立】door stud 门边立木,抱框
ぼうちゅう【防虫】vermin proof 防虫
ぼうちゅうごうはん【防虫合板】borer-proof plywood,antiborer plywood 防虫蛀胶合板
ぼうちゅうざい【防虫剤】insecticide 防虫剂,杀虫剂
ぼうちゅうスクリーン【防虫~】mosquito screen,fly screen 窗纱,纱窗,纱门
ぼうちゅうもう【防虫網】insecticide net 防虫网
ぼうちょう【防潮】tide preventation 防潮汐
ぼうちょう【膨張·膨脹】expansion 膨胀
ぼうちょうおんど【膨張温度】expansion temperature 膨胀温度
ぼうちょうかん【膨張管】expansion pipe 膨胀管,伸缩管
ぼうちょうきず【膨張傷】expansion crack 膨胀裂纹,膨胀伤痕
ぼうちょうきょくせん【膨張曲線】expansion curve 膨胀曲线
ぼうちょうけいすう【膨張係数】expansion coefficient 膨胀系数
ぼうちょうゲート【防潮~】tide gate 防潮(水)闸门
ぼうちょうコイル【膨張~】expansion coil 膨胀盘管
ぼうちょうコンクリート【膨張~】expansive concrete 膨胀混凝土,自应力混凝土
ぼうちょうざい【膨張剤】expansion agent 膨胀剂
ぼうちょうしけん【膨張試験】expansion test 膨胀试验
ぼうちょうしすう【膨張指数】expansion index 膨胀指数
ぼうちょうしせつ【防潮施設】protection structure for tide-water 防潮设施
ぼうちょうしょく【膨張色】expanding colour (人所感觉的)膨胀色
ぼうちょうしろ【膨張代】expansion,expansion joint 膨胀量,收缩余量,伸缩缝
ぼうちょうすいそう【膨張水槽】expansion tank 膨胀水箱
ぼうちょうすきま【膨張隙間】expansion clearance 膨胀间隙,伸缩缝隙
ぼうちょうスラグ【膨張~】expansive slag 多孔炉渣,膨胀矿渣
ぼうちょうせいじばん【膨張性地盤】swelling ground (膨)胀土地基
ぼうちょうせいどあつ【膨張性土圧】swelling pressure 膨胀压力,膨胀性土压
ぼうちょうせいむしゅうしゅくセメント【膨張性無収縮~】expanding and non-contracting cement 膨胀性无收缩水泥
ぼうちょうぜき【防潮堰】tide weir 防潮堰
ぼうちょうセメント【膨張~】expansive cement 膨胀水泥
ぼうちょうタンク【膨張~】expansion tank 膨胀水箱
ぼうちょうつぎて【膨張接手】expansion (pipe) joint 膨胀接头,伸缩接头
ぼうちょうてい【防潮堤】tide embank-

ment, sea-wall, coastal dyke 海岸堤，防波堤
ぼうちょうど 【膨張度】 expanding rate, dilation, dilatation 膨胀率，膨胀度
ぼうちょうはいぶつ 【膨張廃物】 bulky refuse 大量废物
ぼうちょうひびわれ 【膨張罅割】 expansion crack 膨胀裂缝，伸缩裂缝
ぼうちょうへき 【防潮壁】 sea wall 海岸堤，海塘
ぼうちょうべん 【膨張弁】 expansion valve 膨胀阀
ぼうちょうめじ 【膨張目地】 expansion joint (混凝土路面)胀缝，伸缩缝
ぼうちょうりつ 【膨張率】 expansion factor 膨胀率
ぼうちょうりん 【防潮林】 salty wind protection forest 防海风林
ほうづえ 【方杖】 knee brace[英], batter brace, diagonal brace[美] 斜撑，隅撑，角撑，(屋架的)斜腹杆
ほうづえきょう 【方杖橋】 strutted beam bridge, trussed beam bridge 八字撑架桥，斜撑梁桥
ほうづえラーメンきょう 【方杖～[Rahmen德]橋】 strutted rigid frame bridge 八字撑架式刚架桥
ぼうつき 【棒突】 rodding (用棒)捣实，插捣，捣固
ほうてい 【法庭】 courtroom 法庭
ほうていけいかく 【法定計画】 official plan, statutory plan 法定规划
ほうでん 【宝殿】 (寺院建筑中的)正殿
ほうでんきょく 【放電極】 discharge electrode 放电极
ほうでんとう 【放電灯】 discharge lamp 放电灯，放电管
ほうと 【方斗】 齐心枓
ほうとう 【宝塔】 pagoda 塔，佛塔
ぼうとうけつざい 【防凍結剤】 freeze-proof agent 防冻剂
ぼうとうざい 【防凍剤】 antifreezing admixture 防冻剂
ほうねつ 【放熱】 heat dissipation (人体的)散热
ぼうねつガラス 【防熱～】 heat proof glass, heat insulation glass 绝热玻璃，隔热玻璃
ほうねつき 【放熱器】 radiator 散热器
ほうねつきかぶブラケット 【放熱器下部～】 bottom radiator bracket 散热器下部托座
ほうねつきしかん 【放熱器枝管】 radiator branch 散热器支管
ほうねつきシールド 【放熱器～】 radiator shield 散热器罩
ほうねつきセクション 【放熱器～】 radiator section 散热器片，暖气片
ほうねつきだい 【放熱器台】 radiator pedestal 散热器脚，散热器台座
ほうねつきつりかなぐ 【放熱器吊金具】 radiator hanger 散热器吊钩
ほうねつきトラップ 【放熱器～】 radiator trap 散热器疏水器，散热器隔汽具
ほうねつきニップル 【放熱器～】 radiator nipple 散热器螺纹接口
ほうねつきねじニップル 【放熱器捻子～】 radiator screw nipple 散热器螺纹接口
ほうねつきブラケット 【放熱器～】 radiator bracket 散热器托架
ほうねつきべん 【放熱器弁】 radiator valve 散热器阀
ほうねつきめくらニップル 【放熱器盲～】 radiator blind nipple 散热器暗螺纹接口
ほうねつフィン 【放熱～】 radiator fin 散热片
ほうねつめん 【放熱面】 heating surface 散热面
ほうねつめんせき 【放熱面積】 radiating area 散热面积
ぼうのり 【棒法】 直线状的倾斜
ぼうばいとりょう 【防黴塗料】 fungus resisting paint 防霉涂料，防霉漆
ぼうばく 【防爆】 explosion proofing 防爆
ぼうばくへき 【防爆壁】 explosion proof wall 防护墙，防爆墙

ぼうはてい【防波堤】breakwater 防波堤
ボウ・ビーム bow beam 弓形梁,曲梁
ぼうふう【防風】storm protection 防风
ぼうふう【暴風】high wind,strong wind,wind storm 大风,暴风,风暴
ぼうふういけがき【防風生垣】windbreak hedge 防风绿篱
ぼうふうう【暴風雨】storm,rainstorm 暴风雨
ぼうふうううけいほう【暴風雨警報】storm warning 暴风雨警报
ぼうふうしょくさい【防風植栽】windbreak planting 防风植栽
ぼうふうせつ【暴風雪】strong snow storm 暴风雪
ぼうふうりん【防風林】windbreak 防风林
ぼうふごうはん【防腐合板】preserved plywood 防腐胶合板
ぼうふこうほう【防腐工法】wood preservative (木材)防腐法
ぼうふざい【防腐剤】preservative,preservative substance,antiseptics 防腐剂
ぼうふしょり【防腐処理】preservation treatment 防腐处理
ほうぶつきょくせん【放物曲線】parabolic curve 抛物线
ほうぶつせんアーチ【放物線～】parabolic arch 抛物线拱
ほうぶつちゅうきょくめん【放物柱曲面】paraboloidal surface 抛物柱(面、体)曲面
ぼうふまくらぎ【防腐枕木】treated sleeper,treated rail-tie 防腐(处理过的)枕木
ぼうふワニス【防腐～】antiseptic varnish 防腐清漆
ほうふん【方墳】方坟(方锥台形古墓)
ぼうふん【旁吻】垂兽
ぼうまげき【棒曲機】bar bender 钢筋弯曲器,棒材弯曲机
ほうまつしょうかき【泡沫消火器】foam extinguisher 泡沫灭火器
ほうまつぶんりほう【泡沫分離法】foam separation 泡沫分离法
ぼうむりん【防霧林】fog prevention forest 防雾林
ほうらいじま【蓬萊島】Horai island 蓬莱岛,神仙岛(按从中国渡来神仙的思想建造的池中小岛)
ほうらいちく【蓬萊竹】Bambusa multiplex[拉],Hedge bamboo[英] 孝顺竹,观音竹
ほうらくほう【包絡法】envelope method 包络法
ほうりゅうかんきょ【放流管渠】effluent pipe 排水管道
ほうりゅうじ【法隆寺】(7世纪后半期日本奈良)法隆寺
ほうりゅうすいめん【放流水面】receiving water 受纳水体
ほうりゅうせつび【放流設備】outlet works,outlet structure 排放设施
ボウリングじょう【～場】bowling stadium 滚木球场,保龄球场
ボウル bowl (挖掘机的)斗
ボウル・クラシファイヤー bowl-classifier 料斗分级机
ぼうろ【防露】dew-retardation,dew proofing 防结露(包括结构表面和内部的)
ほうろう【琺瑯】porcelain enamel 搪瓷,珐琅
ぼうろう【望楼】watch tower,fire tower 了望塔,消防了望楼
ほうろうてっき【琺瑯鉄器】enamelled ironware 搪瓷(卫生)器具
ほうろうねんど【琺瑯粘土】enamel clay 釉瓷粘土,搪瓷粘土
ほうろうびききぐ【琺瑯引器具】enamelled ironware 搪瓷(卫生)器具
ぼうろこうじ【防露工事】antisweat work 防止结露工程
ぼうろひふく【防露被覆】antisweat covering 防露覆盖层,防露面层
ほうわ【飽和】saturation 饱和
ほうわえきせん【飽和液線】saturation liquid line 液体饱和线
ほうわおんど【飽和温度】saturation

temperature 饱和温度
ほうわがんすいりつ 【飽和含水率】 percentage of saturated water content 饱和含水率
ほうわきょくせん 【飽和曲線】 saturation curve 饱和曲线
ほうわくうき 【飽和空気】 saturated air 饱和空气
ほうわこうつうりょう 【飽和交通量】 saturation traffic flow 饱和交通量
ほうわこうりつ 【飽和効率】 saturation efficiency 饱和效率
ほうわしすう 【飽和指数】 saturation index 饱和指数
ほうわしつど 【飽和湿度】 saturated humidity 饱和湿度
ほうわしめりくうき 【飽和湿空気】 saturated moist air 饱和湿空气
ほうわじょうき 【飽和蒸気】 saturated vapour 饱和蒸汽
ほうわじょうきあつ 【飽和蒸気圧】 saturated vapour pressure 饱和蒸汽压力
ほうわじょうきひょう 【飽和蒸気表】 table of saturated steam 饱和蒸汽表
ほうわじょうたい 【飽和状態】 saturation 饱和状态
ほうわすいじょうき 【飽和水蒸気】 saturated steam 饱和水蒸汽
ほうわぜったいしつど 【飽和絶対湿度】 saturated absolute humidity 饱和绝对湿度
ほうわせん 【飽和線】 saturation line 饱和线
ほうわたい 【飽和帯】 saturation zone (地下水)饱和带,饱和层
ほうわてん 【飽和点】 saturation point 饱和点
ほうわど 【飽和度】 degree of saturation 饱和度
ほうわようえき 【飽和溶液】 saturated solution 饱和溶液
ほうわようぞんさんそ 【飽和溶存酸素】 saturated dissolved oxygen 饱和溶解氧
ぼえん 【墓園】 park cemetery 墓园
ほおのき 【朴】 Magnolia obovata[拉], Japanese cucumber tree, silver magnolia[英] 日本厚朴
ほおん 【保温】 heat insulation 保温,绝热
ほおんこうじ 【保温工事】 heat insulating work, heat reserving work 保温工程
ほおんこうりつ 【保温効率】 heat insulating efficiency 保温效率,绝热效率
ほおんざい 【保温材】 heat insulating material, heat insulator, heat reserving material 保温材料,绝热材料,热绝缘材料
ほおんざいりょう 【保温材料】 heat insulating material ,heat insulator, heat reserving material 保温材料,绝热材料
ほおんすきま 【保温隙間】 dead air space 绝热空气层,保温间隙
ほおんたい 【保温帯】 heat insulating belt 保温带,带状保温材料,带状绝热材料
ほおんとう 【保温筒】 heat insulation tube 保温套,绝热管,管道保温瓦
ほおんばん 【保温板】 heat insulating board 保温板
ほおんひも 【保温紐】 heat insulating rope 保温绳,热绝缘用绳
ほおんようじょう 【保温養生】 heat reserving curing 保温养护
ほおんれんが 【保温煉瓦】 heat insulating brick 保温砖,隔热砖,热绝缘用砖
ぼかん 【母管】 header pipe 集管,总管
ほかんかんすう 【補間関数】 interpolation function 插值函数
ほかんほさく 【補間鋪作】 补间铺作
ボギー bogie 转向架,转向车
ボーきごうほう 【~記号法】 Bow's notation (桁架内力图解法的)鲍氏符号标注法
ボーキサイト bauxite 铁铝氧石,铁矾土,铝矾土
ボーキサイトしつねんど 【~質粘土】 bauxitic clay 高铝粘土,铝质粘土
ボーキサイト・セメント bauxite cement 铝土水泥,矾土水泥,高铝水泥

ボーキサイトたいかれんが【~耐火煉瓦】bauxite firebrick 高铝耐火砖,矾土耐火砖

ボーキサイトれんが【~煉瓦】bauxite brick,bauxite firebrick 矾土耐火砖,铝土耐火砖,高铝砖

ほきゅう【補給】replenishment 补充,补给

ほきゅうすい【補給水】make-up water 补给水

ほきゅうち【補給池】replenishing basin 补充池,补给池

ほきょう【補強】reinforcing 加固,增强,补强

ほきょうきん【補強筋】reinforcing bar 加固(钢)筋,补强(钢)筋,加力筋

ほきょうコンクリート・ブロック【補強~】reinforced concrete block 加筋混凝土砌块

ほきょうコンクリート・ブロックこうぞう【補強~構造】reinforced concrete block construction 加筋混凝土砌块结构,配筋混凝土砌块结构

ほきょうざい【補強材】reinforcement member 加固构件

ほきょうステー【補強~】reinforcing stay 加固支撑,加固拉条

ほきょうべんざ【補強便座】reinforced seat 增强便器座

ほきんしゃ【保菌者】carrier of germs 细菌载体,病媒,带菌者

ぼくぎょうちいき【牧業地域】meadow district,stock-farming district 牧业区

ぼくぎょうちたい【牧業地帯】meadow district,stock-farming district 牧业区

ぼくじょうしゅうらく【牧場集落】village green 牧场村落

ボクシングじょう【~場】boxing field,boxing arena 拳击场

ボグライム boglime 沼泽石灰质堆积土

ぼけ【木瓜】Chaenomeles lagenaria [拉],Common flowering guince[英] 贴梗海棠

ポケット pocket 小型的,袖珍的,凹处,(舞台面上设置的)电线接线盒

ポケット・コンパス pocket compass 袖珍罗盘仪

ポケット・ベル pocket bell 袖珍无线电传呼机

ほけん【保険】insurance 保险

ほけんじょ【保健所】health center 保健站,医疗所

ほけんセンター【保健~】health center 保健中心

ほけんちゅうしん【保健中心】health center 保健中心

ほけんようくうきちょうせい【保健用空気調整】comfort air conditioning 保健空气调节

ほけんりん【保健林】forest for public health 保健林

ほごあずかりこ【保護預庫】safe deposit vault 保管库

ほごう【補剛】stiffening 加劲,加强

ほごうかん【補剛環】stiffener ring 加劲环

ほこうきょり【歩行距離】步行距离(疏散计算用语,由建筑物某一部分到另一部分步行可能通行的最短距离)

ほごうげた【補剛桁】stiffening girder 加劲大梁

ほごうこう【補剛構】stiffening truss 加劲桁架

ほごうざい【補剛材】stiffener 加劲构件,加劲杆,加劲肋

ほこうしゃおうだんひょうしき【歩行者横断標識】pedestrian crossing sign 人行横道标志

ほこうしゃかじゅう【歩行者荷重】pedestrian load 人群荷载,行人荷载

ほこうしゃかんそく【歩行者観測】pedestrian count (一定时间内通过一定地点的)行人数观测,行人计数

ほこうしゃかんちき【歩行者感知器】pedestrian detector 行人感知器,行人探测器

ほこうしゃくうかん【歩行者空間】pedestrian space 人行空间

ほこうしゃしんごう【歩行者信号】pedestrian sign 行人(交通)信号

**ほこうしゃせんようどうろ** 【歩行者専用道路】 pedestrian road 人行专用道路
**ほこうしゃどう** 【歩行者道】 walk 人行道
**ほこうしゃぼうごさく** 【歩行者防護柵】 pedestrian guard rail 行人护栏
**ほこうしゃようあんぜんとう** 【歩行者用安全島】 pedestrian island (交叉口处)行人安全岛
**ほこうしゃようさく** 【歩行者用柵】 pedestrian barrier 行人护栏
**ほごうつりばし** 【補剛吊橋】 stif fened suspension bridge 加劲悬索桥,加劲吊桥
**ほごうトラス** 【補剛～】 stiffening truss 加劲桁架
**ほごうブラケット** 【補剛～】 stiffened bracket 加劲托座
**ほごうやまがた** 【補剛山形】 stiffener angle 加劲角钢
**ほこうようやね** 【歩行用屋根】 可行走屋顶
**ほごきんこ** 【保護金庫】 coupon room 保险金库
**ほごぐ** 【保護具】 protective equipment 保护用品,保护用具,保护设备,防护设备
**ほごけいでんき** 【保護継電器】 protective relay 保护继电器
**ほごこ** 【保護庫】 safe deposit vault 保险库,安全贮存库
**ほごコロイド** 【保護～】 protective colloid 保护胶体,保护胶质
**ほござい** 【保護剤】 protective agent,antiseptics,anti-oxidizing agent 保护剂,防腐剂,抗氧化剂
**ほごちく** 【保護地区】 conservancy district 保护区
**ほごちゅう** 【保護柱】 bollard[英],buffer[美] 护柱
**ほごてぶくろ** 【保護手袋】 protective gloves 防护手套,安全手套
**ほごぼう** 【保護帽】 helmet,protective cap 安全帽
**ほごめがね** 【保護眼鏡】 protecting glasses 防护眼镜
**ほごモルタル** 【保護～】 protective mortar 防护用砂浆,保护用砂浆,砂浆保护层
**ほこりよけ** 【埃除】 dust proof cover 防尘罩
**ほさ** 【補砂】 resanding 补砂
**ぼさ** spot,kont,patch 石料中斑点,石材腐蚀
**ぼざい** 【母材】 base metal 主体金属,母料,基焊料,母材
**ぼざいしけんへん** 【母材試験片】 base metal test specimen 受焊金属试件,主体金属试件,母料试件
**ほさく** 【鋪作】 铺作
**ボサンケ・ペアソンのしき** 【～の式】 Bosanquet and Pearson's diffusion formula 鲍桑克-泊松(扩散)公式
**ぼし** 【母市】 mother city,central city,core city 中心城市,核心城市
**ポジウム＝ポディウム**
**ほしがたきゅうりゅう** 【星形穹窿】 star vault 星状肋的拱顶
**ほしがたボールト** 【星形～】 stellar vault,star vault 星状肋的拱顶
**ほしじっくい** 【星漆喰】 脊垫瓦裹陇用灰浆
**ポジショナー** positioner 定位器,位置控制器,夹具,(阀的)反馈装置
**ほしゅう** 【補修】 repair 修缮,修补,修理
**ほしゅうぬり** 【補修塗】 touch up 局部补修,找补,补抹
**ほしゅりつ** 【保守率】 maintenance factor 维修率
**ほじょいた** 【補助板】 辅助模板,(定型模板用)补档模板
**ほしょうしきかさいかんちき** 【補償式火災感知器】 compensating fire detector 补偿式火灾检测器
**ほしょうせいぎょ** 【補償制御】 compensated control 补偿控制
**ほしょうち** 【保勝地】 scenic area 风景地,名胜地
**ほじょかんせんがいろ** 【補助幹線街路】 local distribution,collector road 辅助

干道(连接干道与地方道路的街道)
ほじょきじゅんめん 【補助基準面】 辅助基准面
ほじょきせん 【補助基線】 auxiliary base-line 辅助基线
ほじょきそう 【補助基層】 subbase 基层下层,底基层,副基层
ほじょ(てっ)きん 【補助(鉄)筋】 additional bar 附加钢筋,补助钢筋
ほしょく 【補色】 complementary colour 互补色
ほしょく 【補植】 replanting 补种,补植
ほしょくしきそう 【補色色相】 complementary hue 互补色相
ほしょくたいひ 【補色対比】 complementary contrast 互补色对比
ほしょくちょうわ 【補色調和】 complementary colour harmony 补色调和,补色协调
ほじょげすいきょ 【補助下水渠】 relief sewer 辅助排水渠道
ほじょこうばい 【補助勾配】 assisting grade,helper grade,pusher grade (平地调车场的)辅助坡度,推送坡度
ほじょざん 【補助桟】 (木模板的)加固板条,补助板条
ほじょしゃせん 【補助車線】 auxiliary lane 辅助车道线
ほじょず 【補助図】 auxiliary view 辅助视图
ほじょせん 【補助線】 auxiliary line 辅助线
ほじょダム 【補助～】 auxiliary dam 辅助坝
ほじょとうえい 【補助投影】 auxiliary projection 辅助投影
ほじょとうえいず 【補助投影図】 auxiliary projection drawing 辅助投影图
ほじょどうしょう 【補助道床】 sub-ballast (铁路)底碴,辅助道床
ほじょどうろ 【補助道路】 secondary road,minor road,subsidiary road 次要道路,辅助道路,分散交通的道路
ほじょねんりょう 【補助燃料】 auxiliary fuel 辅助燃料,副燃料
ほじょパネル 【補助～[panel]】 补助模板,补档用预制模板,附加模板
ほじょべん 【補助弁】 auxiliary valve 辅助阀
ほじょボイラー 【補助～】 auxiliary boiler 辅助锅炉
ほじょポンプ 【補助～】 auxiliary pump 辅助水泵
ほじりょく 【保持力】 retentive power 保持力
ほしわれ 【星割】 star shake 星形裂纹,星裂
ホース hose 软管,水龙带
ボス boss 凸饰,浮雕饰,灰泥桶,工长
ほすい 【補水】 refill 补充水,添水
ほすいせい 【保水性】 water retentivity 保水量,保水性
ほすいせいしけん 【保水性試験】 water retention test 保水性试验
ほすいのうりょく 【保水能力】 water retaining capacity 持水量,保水能力
ほすうけい 【歩数計】 pedometer,passometer 计步器,步程计
ホースかけ 【～掛】 hose rack,hose bracket 软管(水龙带)托架
ホース・カップリング hose coupling 软管(水龙带)接头
ホースぐるま 【～車】 hose carriage 软管(水龙带)车
ホースさんすいせん 【～散水栓】 hose sprinkler 软管(水龙带)喷水头
ホースせつぞく 【～接続】 hose connection 软管(水龙带)连接
ホースつぎて 【～継手】 hose joint 软管接头
ホステル hostel 宿舍,简易旅社
ポスト post 柱,支柱
ポスト・キュア post cure 后处理,后硬化,后硫化
ポスト・テンショニング post-tensioning (预应力混凝土)后张法,后加拉力
ポスト・テンションこうほう 【～工法】 post-tensioning system (预应力混凝土)后张法
ポスト・テンション・ティーげたきょう

【～T桁橋】 post-tensioning T girder bridge （预应力混凝土)后张法T形梁桥

ポスト・テンションほうしき 【～方式】 post-tensioning type 后张法

ポスト・パージ post purge 后清除,后清洗

ポスト・ホール・オーガー post-hole auger 柱孔螺旋钻

ホースばこ 【～箱】 hose box 软管(水龙带)箱

ホースパワー horsepower 马力,功率

ホスピタル・ロック hospital lock （潜水病的)治疗室,人工气压室

ホースまき 【～巻】 hose reel 软管(水龙带)卷轴

ホース・ライン hose line 水龙带,软管线

ホース・ラック hose rack 水龙带架子,软管架子

ポースリンかん 【～管】 porcelain tube (绝缘)瓷管

ほせいけいすう 【補正係数】 correction factor,modified factor 修正系数

ほせいごうど 【補正剛度】 modified stiffness 修正劲度,修正刚度

ほせいこうばい 【補正勾配】 compensating grade 折减坡度

ほせいばん 【補正板】 compensating plate,aspheric plate （光学投影绘图机的)补偿板,补正板

ほせいりつ 【補正率】 correction factor 修正系数

ほせきほそう 【舗石舗装】 stone pavement 石料路面

ほせつ 【舗設】 paving 铺路,铺砌,铺设

ほせん 【保線】 maintenance of way 养路,线路养护

ぼせん 【母線】 generating line 母线

ほせんく 【保線区】 maintenance of fice 养路工区

ほぜんくいき 【保全区域】 conservation 保护区域

ほぜんせい 【保全性】 maintainability 保持能力,保养性能,维护性能

ほぜんちいき 【保全地域】 conservation 保护地,保存地(以自然保护为目的,禁止作其它用途的土地)

ほぜんど 【保全度】 maintainability 保持能力,保养性能,维护性能

ほぜんようとりょう 【保全用塗料】 maintenance paint 维护涂料,维护油漆,保全涂料

ほぞ 【枘】 tenon 榫,榫舌,销

ボー・ソー bow saw 弓形锯

ほぞあな 【枘穴】 mortice,mortise 榫孔,榫眼,榫槽,榫卯

ほぞあなうちぬきじるし 【枘穴打抜印】 榫眼位置记号

ほぞあなじるし 【枘穴印】 榫眼位置记号

ほそう 【舗装】 pavement,paving 路面,铺面,铺砌层,铺装

ほそうごうけいあつ 【舗装合計厚】 total thickness of pavement 路面总厚,总路面厚度

ほそうこうぞう 【舗装構造】 pavement structure 路面结构

ほそうタール 【舗装～】 road tar 筑路柏油,筑路焦油沥青,筑路沿

ほそうどうろ 【舗装道路】 paved road, pavement 铺面路,有路面的路,铺装道路

ほそうのひょうそう 【舗装の表層】 surface coures 铺砌面层,铺装面层

ほそうはさいき 【舗装破砕機】 pavement breaker 路面破碎机

ほそうばん 【舗装版】 pavement slab 路面板

ほそうようアスファルト 【舗装用～】 asphalt for paving 铺路用沥青

ほそうようシート 【舗装用～】 geotextile for pavement 路面用土工织物

ほそうりつ 【舗装率】 rate of paved road （道路)铺面率,铺装率

ほそうろけん 【舗装路肩】 paved shoulder 铺装路肩

ほそく 【歩測】 pacing 步测

ほそくエネルギー 【補足～】 complementary energy 余能

ほぞさし 【枘差し】 tenon joint 榫接,透榫接合

ほそすじかい 【細筋違】 slender diagonal bracing 细长支撑,对角支撑,剪刀撑

ほぞつぎて 【枘継手】 mortise and tenon joint,tenon joint 镶榫接合,榫接头

ほぞつきばん 【枘突盤】 tenoner,tenoning machine,tenon-cutting machine 制榫机,打榫机

ほそながひ 【細長比】 slenderness ratio 长细比

ほそばもの 【細葉物】 具有细长叶的树木

ほぞびきのこ 【枘挽鋸】 tenon saw 截榫锯,裁榫锯

ほそめずな 【細目砂】 fine sand 细砂

ポゾラン pozzolan,pozzolana 火山灰

ポゾラン・セメント pozzolan cement 火山灰质水泥

ポゾラン・ポルトランド・セメント pozzolan portland cement,portland pozzolan cement 火山灰硅酸盐水泥

ほぞんかのうきかん 【保存可能期間】 storaging time 可能保存期限,保存期限,保管时间

ほぞんきかん 【保存期間】 storaging time,storage life 保存期限,保管时间

ほぞんち 【保存地】 reserve 保存地,保留用地

ほぞんてきさいか 【保存的載荷】 conservative loading 保守系统加载,保守加载

ほぞんりょくち 【保存緑地】 reserved open space 保存绿地,保存空地

ボーダー border,border button 舞台(上部)檐幕,舞台布景吊杆

ポータブル・アスファルト・プラント portable asphalt plant 简易沥青搅拌厂,移动式沥青搅拌设备

ポータブル・エレベーター portable elevator 移动式升降机,轻便升降机

ポータブル・クラッシング・プラント portable crushing plant 移动式碎石机

ポータブル・コンプレッサー portable compressor 轻便(移动)式空气压缩机

ポータブル・コンベヤー portable conveyer 移动式输送机,轻便式运输机

ポータブル・スキッド・テスタ portable skid tester 轻便式抗滑试验器

ポータブル・ソー portable saw 轻便锯,移动式圆锯

ポータブルていこうようせつき 【~抵抗溶接機】 portable resistance welder 轻便(电阻)电焊机,移动式(电阻)电焊机

ポータブル・ハウス portable house 活动房屋

ポータブル・バス portable bath 可移动浴室

ポータブル・バス portable bath 移动式浴盆

ポータブル・ベルト・コンベヤー portable belt conveyer 移动式皮带输送机

ポータブル・ミキサー portable mixer 轻便搅拌机,移动式搅拌机

ポータブル・レールウェー portable railway 工地轻便铁路

ボーダー・ライト border light (舞台上方的)缘饰灯,场界灯

ボーダーライン borderline 边线,界线

ポータル portal 正门,大门,入口,桥门,隧道门

ポータルほう 【~法】 portal method (计算柱剪力分布的)门架式解法

ボタン button 电钮,按钮

ボタンでんわ 【~電話】 button telephone 按钮电话,键盘式电话

ぼたんもく 【牡丹杢】 牡丹花瓣状木纹

ぼち 【点】 填补料(指填补石材缺角或孔隙用材料)

ぼち 【墓地】 cemetery,gravayard 公墓,墓地,坟地

ポーチ porch 门廊,有柱的门廊

ポーチコ portico 有柱的门廊

ぼちこうえん 【墓地公園】 park cemetery 公园墓地,墓园

ぼちもん 【墓地門】 lych gate,lich gate (教堂墓地举行葬礼处的)停柩门

ぼつ 【点】 陶瓷制品表面起泡

ほつきまるた 【穂付丸太】 long log with slender top 带梢原(圆)木,带梢杉杆

ほっきょくせい 【北極星】 Polaris, North star 北极星

ボックシング boxing 装箱,制箱木料,挡板,模板,环焊,绕焊,吊窗盒

**ボックス** box(seat) (剧院)包厢席,(运动场等)正面看台座位

**ボックス・ガーダー** box girder 箱形截面梁,箱形梁

**ボックス・ガーダー・グレーン** box girder crane 箱形梁式起重机

**ボックス・カルバート** box culvert 箱形暗渠,箱形涵洞

**ボックス・コラム** box column 箱形柱

**ボックス・シーン** box scene (舞台上的)由墙、顶棚等景片组成的室内场面

**ボックス・スパナー** box spanner 套筒扳手

**ボックス・スプリング・ベッド** box spring bed 箱形弹簧床,单垫式床

**ボックス・スプレッダー** box spreader (混凝土路面)箱式摊铺机

**ボックス・セット** box set (舞台上的)由墙、顶棚等景片组成的室内场面

**ボックス・レンチ** box wrench 套筒扳手

**ホッケーきょうぎしょう** 【～競技場】 hockey ground 曲棍球场

**ほったて** 【掘立】 埋柱,刨槽立柱

**ほったてごや** 【掘立小屋】 埋立柱子的简易构造房屋

**ほったてばしら** 【掘立柱】 埋立柱

**ホット・ウェル** hot well 温水井,热水井

**ホット・ガスしきじょそう** 【～式除霜】 hot gas defrosting 热气除霜

**ホット・ガス・バイパス** got gas bypass 热气旁通管

**ホット・コンクリート** hot concrete (蒸气喷射)加热拌制混凝土,热拌混凝土

**ポットしきバーナー** 【～式～】 pot type burner 盆式燃烧器,引燃盘

**ホット・ジョイント** hot joint 热灌沥青缝

**ホット・スタート** hot start (电弧的)热起动

**ホット・スプレー** hot spray 热喷涂

**ホット・セル** hot cell 强放射性物质操作间

**ホット・ビン** hot bin 加热集料仓,热料贮仓

**ホット・プレス** hot press 热压机

**ポット・ホール** pot-hole 路面凹坑,(路面上的)坑洞

**ホット・ミクス** hot mix 热搅拌,热拌和,热拌

**ポット・ライフ** pot life (粘合剂的)适用期

**ホット・ラッカー** hot lacquer 热喷漆

**ホット・ラボ** hot laboratory 强放射性物质研究实验室

**ホッパー** hopper 料斗,漏斗,贮槽,贮器,计量器

**ホッパーしゅんせつせん** 【～浚渫船】 hopper dredger 底卸式挖泥船

**ホッパーつきトラップ** 【～付～】 hopper trap 带漏斗存水弯

**ホッパーどうんせん** 【～土運船】 hopper barge 底卸式运土船

**ホッパー・ビン** hopper bin 底卸式料仓,下部开口储料斗

**ポッピー・ヘッド** poppy head 顶花饰

**ポップ・アウト** pop out (混凝土、抹灰的)暴裂,胀裂,气泡

**ポップ・アップはいすいかなぐ** 【～排水金具】 pop up waste plug 突开排水塞子

**ポップ・アート** pop art (二次大战后美国以杂物为题材的)流行艺术,通俗艺术

**ポップしきあんぜんべん** 【～式安全弁】 pop safety valve 紧急式安全阀

**ホッホストラッセルこうほう** 【～工法】 Hochstrasser-Weise method 霍赫斯特拉赛尔式大口径现浇混凝土桩施工法

**ボディー** body 物体,躯干,坯体,机身,机壳,基础,涂料稠度

**ポディウム** podium 墩座墙,(古代圆形剧场)竞技场地和观众席隔开的矮墙

**ほていけい** 【歩程計】 pedometer, passometer, odometer 步程计,计步计

**ボディー・ワニス** body varnish 面层用清漆,多油性清漆

**ボーテックス** vortex 旋涡,涡流

**ホテル** hotel 旅馆,饭店

**ほてん** 【補点】 supplementary station, auxiliary point 补站,补点

**ポテンシャル** potential 电势,电位

ポテンシャル・エネルギー potential energy 势能,位能

ポテンシャル・エネルギー potential energy 势能,位能

ポテンシャルかんすう 【～関数】 potential function 势函数

ポテンシャルめん 【～面】 potential surface 势能面,位能面

ポテンシャルりゅう 【～流】 potential flow 潜流,伏流

ポテンショメーター potentiometer 电势计,电位计,分压器

ほど 【火床】 forge 煅炉,弯钢筋用加热炉

ホート fort 堡垒,要塞,边界贸易站

ボート bot[泰] 泰国寺院建筑主要殿堂

ポート port 口,孔,门,出入口,进气口,排气口,喷口,港口

ほどう 【歩道】 footpath,footway[英],sidewalk[美] 人行道

ほどう 【舗道】 pavement 铺面道路

ほどうかじゅう 【歩道荷重】 sidewalk loading 人行道荷载

ほどうガラス 【歩道～】 paving glass 铺地玻璃

ほどうきょう 【歩道橋】 sidewalk bridge,pedestrian bridge 行人桥,人行桥

ほどうたてげた 【歩道縦桁】 sidewalk stringer 人行道纵梁

ほどうれんが 【舗道煉瓦】 paving brick 铺地砖,路面砖,铺路砖

ホドグラフ hodograph 速度图,速矢端迹,速端曲线

ボート・コース boat course 赛船用划道

ポート・サンライト Port Sunlight (1888年在英国利物浦附近建设的)阳光港-模范工业村

ぼとし 【母都市】 mother city,centrai city,core city 中心城市,核心城市

ホートスタット photostat 摄影复制图

ポドソール podsol (podzol) 灰化土,灰壤

ボート・ハウス boat house 游艇俱乐部(水边停放游艇并附设俱乐部的场所)艇房,小船库

ポドビルニアクしきだつフェノールそうち 【～式脱～装置】 Podobielniak dephenolizing equipment 波氏脱酚装置(用苯提取废水中酚类的装置)

ボトム bottom 基底,铺底,底板,底脚

ボトム・ディスチャージ bottom discharge 底部排水,活底卸料,下出料

ボトム・ドア bottom door 底排水孔,清扫孔,底门

ボード・メジャー board measure 板积计(按板尺计算材积),板尺(等于1立方英尺的1/12)

ボトルがたミキサー 【～型～】 bottle mixer 瓶形搅拌机

ボトルネック bottleneck (道路的)狭窄段,瓶颈(局部狭窄路段)

ホートレス fortress 堡垒,要塞,炮台

ポニー・トラス pony truss 矮桁架,半穿式桁架

ポニー・トラック pony truck 小台车,拖车,小型转向架

ほぬの 【帆布】 canvas 帆布

ほねぐみ 【骨組】 frame,skeleton 框架,骨架,构架,刚架

ほねぐみきょくせん 【骨組曲線】 skeleton curve 骨架曲线

ほねぐみけた 【骨組桁】 framed girder 构架梁,框架横梁

ほねぐみしきこうぞう 【骨組式構造】 framed structure 框架结构,构架结构

ほねぐみそくりょう 【骨組測量】 skeleton surveying 草测

ほねぐみのさいてきせっけい 【骨組の最適設計】 frame optimization 框架优化设计,骨架优化设计

ほねしばり 【骨縛】 裱糊骨架,裱糊底层

ほねしめ 【骨締】 裱糊骨架,裱糊底层

ほねつ 【補熱】 concurrent heating 补热

ほのおせいそう 【炎清掃】 flame cleaning 火焰清除,火焰清理

ほのおちょうせい 【炎調整】 flame adjustment 火焰调整

ホーバートレーン hovertrain 气垫列车,气垫式超高速铁路(英国称呼)

ポバール poval(polyvinyl alcohol) 聚乙烯醇
ボー・ビーム bow beam 弓形梁,弧形梁
ポピング poping (混凝土、抹灰的)暴裂,胀裂,气泡
ホーフ Hof[德] 庭院,天井,场地,中庭,馆
ほふく【匍匐】 creep 徐变,蠕变
ほふくせいしょくぶつ【匍匐性植物】 creeper 匍匐性植物
ホフマンがま【～窯】 Hoffmannkiln 霍夫曼式窑
ポプラーざい【～材】 poplar wood (白)杨木
ポプラるい【～類】 Populus sp.[拉], Poplars[英] 杨树属
ポペットべん【～弁】 poppet valve 提升阀
ボヘミア・ガラス Bohemian glass 波希米亚玻璃
ホーマイト foamite 泡沫灭火剂
ホーム・スパン homespun 粗毛纺织品
ホーム・タイ form tie 模板拉撑,模板拉杆
ホーム・ビルダー home builder 住宅建筑厂商,住宅建筑施工人员
ホームゆうこうちょう【～有効長】 available length of platform 站台有效长度
ホームようへき【～擁壁】 platform wall 站台(挡土)墙
ホーム・ラバー foam rubber 发泡橡胶
ホームルーム homeroom 小班教室,小班活动室
ボーメひじゅうけい【～比重計】 Baume's hydrometer 波美比重计
ホモゲンほう【～法】 homogen process 铁板铅被覆法,钢板熔覆铅层法
ホモゲンホルツ Homogenholz[德] 硬质纤维板,刨花板(商)
ホモジナイザー homogenizer 均化器,高速搅拌器
ホモ・モーベンス homo-movence 人口移动
ぼもん【墓門】 lich gate (教堂墓地举行葬礼处的)停柩门
ぼや【小火】 incipient fire 小火灾(损失面积不超过3.3米$^2$,建筑物损失不超过10%的局部小火)
ほようしょ【保養所】 health resort 休养地,疗养地
ほようとし【保養都市】 resort town 休养城市,疗养城市
ホーラ fora 古罗马城镇的广场
ポーラス・ストーン porous stone 多孔石,透水石
ポーラス・スラブ porous slab 多孔板
ポーラス・スラブがたかぶしゅうすいそうち【～型下部集水装置】 porous slab type underdrainage system 多孔板型底部集水装置,多孔板(滤池)集水装置
ボラード bollard 系船柱
ボラール boral 碳华硼铝(遮蔽中子的材料),碳酒石酸铝
ポーラログラフぶんせき【～分析】 polarographic analysis 极谱分析
ボランタリー・チェーン voluntary chain (商业的)自愿联合
ほり【濠·堀】 moat 濠沟,城濠,护城河
ポリアセタール polyacetal 聚甲醛
ポリアミド polyamide 聚酰胺
ポリアミドけいじゅし【～系樹脂】 polyamide resin 聚酰胺树脂
ポリイソブチレン polyisobutylene 聚异丁烯
ほりいど【掘井戸】 dug well 挖的井,掘的井
ポリウレタン polyurethane 聚氨酯
ポリウレタンじゅし【～樹脂】 polyurethane resin 聚氨酯树脂
ポリウレタンじゅしせっちゃくざい【～樹脂接着剤】 polyurethane resin adhesive 聚氨酯树脂粘合剂
ポリウレタン・フォーム polyurethane foam 聚氨酯泡沫塑料
ポリエステル polyester 聚酯
ポリエステル・ガラスせんいせきそうざい【～繊維積層材】 polyester-glassfiber veneer 聚酯玻璃纤维层合板,聚酯玻璃纤维饰面板

ポリエステルごうはん【～合板】 polyester plywood 聚酯胶合板
ポリエステルじゅし【～樹脂】 polyester resin 聚酯树脂
ポリエステル・パテ polyester putty 聚酯油灰,聚酯腻子
ポリエステル・レジン polyester resin 聚酯树脂
ポリエチレン polyethylene 聚乙烯
ポリエチレンかん【～管】 polyethylene pipe 聚乙烯管
ポリエチレンじゅし【～樹脂】 polyethylene resin 聚乙烯树脂
ポリエチレンでんせん【～電線】 polyethylene(insulated)wire 聚乙烯绝缘线
ポリエチレン・フィルム polyethylene film 聚乙烯薄膜
ポリエーテル polyether 聚醚
ポリえんかビニル【～塩化～】 polyvinyl chloride(PVC) 聚氯乙烯
ポリえんかビニルきんぞくせきそうばん【～塩化～金属積層板】 polyvinyl chloride-metal laminated sheet 聚氯乙烯金属层板
ポリえんかビフェニル【～塩化～】 polychlorinated biphenyl(PCB) 多氯联(二)苯
ポリオキシカルボンさん【～酸】 polycarboxylic acid 多羧酸
ポリオレフィン polyolefine 聚烯烃
ほりかた【掘方】 挖掘工人,土工,矿工
ポリカーボネイト polycarbonate 聚碳酸酯
ポリグラス polyglass 苯乙烯玻璃(塑料)
ポリグリコール polyglycol 聚乙二醇,多二醇
ポリクロロプレン poly-chloroprene 聚氯丁二烯,氯丁橡胶
ほりこし【掘越】 over-cutting 超挖,多挖
ほりこみあげおろしかなもの【彫込上下金物】 flush bolt 平插销
ほりこみこうわん【堀込港湾】 excavated artificial harbour 人工港
ほりこみざる【彫込猿】 flush bolt 平插销
ほりこみじょう【彫込錠】 mortise lock,cut lock 插锁
ほりこみだて【掘込建】 埋柱,刨槽立柱
ほりこみはこじょう【彫込箱錠】 mortise lock 插锁
ほりこみみなと【掘込港】 dredged inland port 内浚港,掘进港
ポリゴン polygon 多边形,多角形
ポリさくさんビニル【～酢酸～】 polyvinyl acetate 聚醋酸乙烯酯
ほりさげポンプ【掘下～】 sinking pump 凿井水泵,沉落泵
ポリサルファイド・ゴム polysulfide rubber 硫合橡胶,多硫橡胶
ポリシ polish 磨光,擦亮,抛光剂,亮油,虫胶清漆
ポリシしあげ【～仕上】 polishing 擦光,磨光,擦亮,抛光
ポリシャー polisher 磨光机,抛光机
ポリシリンダー polycylinder(多个连续的)圆筒型散声体
ポリシング・コンパンド polishing compound 抛光剂,擦光膏
ポリシングさよう【～作用】 polishing action (路面)磨光作用
ポリシング・ワニス polishing varnish 擦光清漆,打光漆
ポリス polis (由村落联合的)早期城市,城邦
ポリスチレン polystyrene 聚苯乙烯
ポリスチロール polystyrol 聚苯乙烯
ポリセンター・システム polycenter system 多中心系统
ホリゾンタル・エキジット horizontal exit 水平安全出口
ホリゾンタル・オーガ horizontal auger 水平螺旋钻,卧式钻土钻
ホリゾント Horizont[德],cyclorama[英] 圆形画景,(舞台的)半圆形透视背景,舞台天幕
ホリゾントしょうめい【～照明】 horizontal light (舞台上的)水平照明
ホリゾント・ライト horizontal light,cyclorama 天空布景照明,半圆形透视背景

照明

**ホリデイ・キャラバン** holiday caravan 假日用大篷车,(汽车牵引的)旅游用活动住屋

**ポリテーン** polythene 聚乙烯,波利坦聚乙烯纤维(商)

**ポリトロープあっしゅく【～圧縮】** polytropic compression 多向压缩

**ポリトロープへんか【～変化】** polytropic change 多元变化,多因素变化

**ほりぬきいど【掘抜井戸】** artesian well,bore hole well 自流井,深井

**ほりぬきいどポンプ【掘抜井戸～】** artesian well pump 自流井泵,深井泵

**ポリ・バス** polyester bath 聚酯塑料浴盆

**ポリビニル** polyvinyl 聚乙烯

**ポリビニル・アルコール** polyvinyl alcohol(PVA) 聚乙烯醇

**ポリプロピレン** polypropylene(PP) 聚丙烯

**ポリプロピレンせんい【～繊維】** polypropylene fiber(PPF) 聚丙烯纤维

**ポリマーあんていえき【～安定液】** polymer stabilizing fluid 聚合物稳定液

**ポリマーがんしんコンクリート【～含浸～】** polymer-impregnated concrete 聚合物浸渍混凝土

**ポリマーがんしんせっこう【～含浸石膏】** polymer-impregnated gypsum 聚合物浸渍石膏

**ポリマーがんしんりつ【～含浸率】** polymer loading 聚合物浸渍率

**ポリマー・セメント・コンクリート** polymer cement concrete(PCC) 聚合物水泥混凝土

**ポリマー・セメントひ【～比】** polymer-cement ratio 聚合物-水泥比

**ポリマー・ディスパージョン** polymer dispersion 聚合物的分散(作用)

**ポリメチル・アクリレート** polymethyl acrylate 聚甲基丙烯酸酯

**ポリメチル・メタアクリレート** polymethyl methacrylate 聚甲基丙烯酸甲酯

**ほりもの【彫物】** sculpture 雕刻,雕刻品

**ほりゅうち【保留池】** retaining basin 拦水池

**ほりゅうち【保留地】** reservation land 保留地(指土地区划整理中土地所有者提供的不作为换地,而作为再开发事业用的用地)

**ほりゅうちげんぶ【保留地減歩】** decrease of reservation land (土地区划整理前后)保留地面积缩减

**ボリュート** volute 卷涡纹

**ボリュート・ポンプ** volute pump 螺旋泵

**ボリューム・ダンパー** volume damper 风量调节阀

**ポリりんさん【～燐酸】** polyphosphoric acid 多磷酸

**ポリりんさんえん【～燐酸塩】** polyphosphate 多磷酸盐

**ほりわり【掘割】** trench 沟,槽,濠沟

**ボーリング** boring 钻探,钻孔,打眼,镗削加工

**ポーリング** poling 支撑,架杆,立杆,架线路

**ボーリングちゅうじょうず【～柱状図】** boring log 钻探柱状图,钻探记录,土壤分层图

**ボーリング・マシン** boring machine 钻探机,镗床

**ホール** hall 大厅,会堂

**ポール** pole 柱,杆,电杆,测杆

**ホール・アクセス・タイプ** hall access type 厅式平面(各户入口开向大厅的平面布置方式)

**ボール・クレイ** ball clay 球土

**ボール・コック** ball cock 球旋塞

**ホールしきアパート【～式～】** hall system apartment 厅式公寓(各户出入口开向大厅的形式)

**ボール・ジョイント** ball joint 球节,球窝接头

**ボルスター** bolster 支撑,横撑,承梁,承枕,肱木,托木

**ホールダー** holder 夹具,柄,托架,支架,座,容器

**ボール・タップ** ball tap 浮球阀,球塞,

球形水嘴
**ポルタ・ニグラ** Porta Nigra, Trier （4世纪德意志特利亚的）黑门
**ポルタムメーター** voltammeter 伏安计
**ポルタール** portal[德] 入口，正门，门廊，（舞台上的）假台口
**ポルタールかいこう** 【～開口】 Portaloffnung[德] 舞台上假台口的开口宽度
**ポルタールテュルム** Portalturm[德] 舞台上假台口灯光架
**ポルタールブリュッケ** Portalbrücke[德] 假台口上部灯光通廊
**ポルチコ＝ポーチコ**
**ホルツァーほう** 【～法】 Holzer's methld （自振频率计算的）霍尔泽尔法，试算法
**ボールつぎて** 【～継手】 ball joint 球节，球窝接合
**ポルティコ＝ポーチコ**
**ボルティセラ** Vorticella 钟虫属
**ボルテージ** voltage 电压，伏特数
**ポール・デリック** pole derrick 起重桅杆，桅杆式起重机
**ホールド** hold 同期，同步，保持，吸持（继电器）
**ボールト** vault 拱顶
**ボルト** bolt 螺栓，门闩，插销
**ボルト** volt 伏特
**ボルトあな** 【～孔・～穴】 bolt hole 螺栓孔
**ボルト・アンペア** volt-ampere 伏安
**ボルト・アンペア・メーター** volt-ampere meter 伏安计
**ボルトかんかく** 【～間隔】 bolt pitch 螺栓（间）距，栓距
**ボルトきり** 【～錐】 bolt drill 螺栓孔钻，木钻
**ボルト・クリッパー** bolt clipper 螺栓剪断器
**ボルト・ゲージ** bolt gauge 螺栓线规
**ホルト・コシェール** porte cochère[法] （古时供车辆进入内院的）门洞，（供车辆驶到建筑物入口处的）停车门廊
**ボルトしめこみき** 【～締込機】 bolt tightener 螺栓绞紧器
**ボルトしめつぎて** 【～締継手】 bolted joint 螺栓接合，螺栓联接
**ボルトせつごう** 【～接合】 bolted joint 螺栓连接，螺栓接合，螺栓联结
**ボルトそえつぎ** 【～添継】 bolted(fish-plate)splice 螺栓（鱼尾板）接合
**ボルトつぎ** 【～継】 bolt(ed) joint 螺栓接合，螺栓联接
**ボルトつぎて** 【～継手】 bolted joint 螺栓接合，螺栓联接
**ポルト・デ・リラこうほう** 【～工法】 Porte des Lilas self lift system 里拉门（高层建筑钢结构框架）顶升施工法
**ボルト・ピッチ** bolt pitch 螺栓（间）距，栓距
**ボルトメーター** voltmeter 电压表，伏特计
**ボール・トラップ** ball trap 球形存水弯
**ホルトラン** FORTRAN(formula translation, formula translator) 公式翻译，公式译码，公式变换程序，公式翻译程序，公式转换器
**ポール・トランス** pole transformer 杆装变压器
**ポルトランダイト** portlandite 羟钙石，氢氧钙石，波特兰石
**ポルトランド・セメント** Portland cement 硅酸盐水泥，波特兰水泥
**ポルトランド・セメント・ペイント** Portland cement paint 波持兰水泥涂料，硅酸盐水泥涂料
**ボルネオてつぼく** 【～鉄木】 Borneo ironwood 婆罗洲铁木，苏门答腊铁木
**ポールのこうしき** 【～の公式】 Paul's formula 波尔（低压煤气输送）公式
**ボール・フラワー** ball-flower 圆球饰
**ボール・フレーム・オイル・バーナー** ball flame oil burner 球形火焰燃油器
**ボール・フロートべん** 【～弁】 ball float valve 浮球阀
**ボール・ベアリング** ball bearing 滚珠轴承
**ボール・ベアリングちょうばん** 【～丁番・蝶番】 ball bearing hinge 滚珠轴承绞

链,滚珠轴承合页
ボールべん 【~弁】 ball valve 球阀
ボルボックス Volvox 团藻属(藻类植物)
ホルマリン formalin 福尔马林,甲醛水溶液
ホルマリンはいすい 【~廃水】 formalin manufacture waste water 甲醛生产废水,福尔马林废水
ホルミディウム Phormidium 席藻属(藻类植物)
ボール・ミル ball mill 球磨机
ボールルーム ballroom 跳舞厅,舞场
ボール・レース ball race 滚珠(轴承)座圈
ホルンフェルス hornfels 角页岩
ほれいこうじ 【保冷工事】 cold reserving work 保冷工程
ほれいざい 【保冷材】 cold insulator, cold reserving material 保冷材料
ほれいとう 【保冷筒】 cold reserving cover 圆筒型保冷材料,保冷管套
ほれいばん 【保冷板】 cold reserving board 保冷板
ぼろ 【襤褸】 speck 釉面小瘤,釉面斑点
ほろう 【歩廊】 步廊(社寺、宫殿建筑的殿外狭长房屋)
ポロがたぼうえんきょう 【~形望遠鏡】 Poro-type telescope 波柔式望远镜,内聚焦式望远镜
ボロカルサイト borocalcite 含氧化硼的方解石(遮蔽性混凝土的骨料)
ホログラフィー holography 全息摄影(用于非破坏检查和振动分析)
ポロー・コッペのげんり 【~の原理】 Porro-Koppe's principle 波罗-寇普原理(摄影测量原理)
ポロシティ porosity 孔隙率,孔隙度,针孔度,疏松度
ホロー・シャッター hollow shutter 空缝百页窗
ホロー・タイル hollow tile 空心砖
ボロブドゥル Borobudur (8世纪后半期9世纪前半期印尼中爪哇建造的)婆罗布闍大寺
ホロー・ブリック hollow brick 空心砖
ホロー・ブロック hollow block 空心砌块
ボロメーター bolometer 辐射热测量计
ボロン・グラス boron glass 硼玻璃
ホワイエ foyer[法] (剧场、旅馆等的)门厅,休息室
ホワイティング whiting 白粉,研细的白垩
ホワイト white 白,白色
ホワイト・ウオッシュ white wash (树干)涂白,刷白
ホワイト・ゴールド white gold 白金,铂
ホワイト・セメント white cement 白水泥
ホワイト・ノイズ white noise 白噪声(与频率无关的声谱)
ホワイト・ブロンズ white bronze 白青铜
ホワイト・ベース white base 白色底层(沥青路面下的混凝土板或碎石基层),混凝土底层
ホワイト・ラワン white lauan 白柳桉
ぼん 【盆】 disc, turntable 舞台转盘(回转舞台的圆形地板)
ホーン hone 极细砂岩,油石,磨石
ほんあしば 【本足場】 scaffold(ing) 双排脚手架,普通脚手架
ほんいなご 【本稲子】 顶棚上矩形压缝木条
ほんかわらぶき 【本瓦葺】 正规铺瓦屋面,正常铺瓦屋面,有垫层的铺瓦屋面
ほんかん 【本管】 main, main pipe 干管,总管
ほんかん 【本館】 main building 主楼,正楼
ほんき 【本木】 木料背部向上的水平构件
ボーンくろ 【~黒】 bone black 骨炭,骨黑
ぼんさい 【盆栽】 miniature potted tree, potted plant 盆栽,植物盆景
ほんざね 【本実】 tongue and groove joint 企口接合,槽舌接合
ほんざねはぎ 【本実矧】 tongue and groove joint 企口接合,槽舌接合
ほんしげわり 【本繁割】 (椽距等于椽高

的)密椽布置

ほんじまりじょう【本締錠】dead lock 单闩锁

ほんじまりボルト【本締～】dead bolt 单闩插销

ほんじめ【本締】tightening 系紧,固紧,拧紧

ほんじめじょう【本締錠】dead lock 单闩销

ほんじめボルト【本締～】dead bolt 单闩插销

ほんしょしごせん【本初子午線】prime meridian, initial meridian, zero meridian 起始子午线,零子午线

ホーン・スピーカー horn speaker 喇叭形扬声器

ほんせき【本石】natural stone 天然石料

ほんせん【本川】main river, main stream 主河流,干流

ほんせんろ【本線路】main line, main track 干线,正线

ほんだな【本棚】book shelf, book rack 书架,书柜

ぼんち【盆地】basin 盆地,谷地

ポンチ punch, puncher 冲孔,打眼,冲孔器,打眼钻

ポンチあけ【～明】punching 冲孔,打眼

ほんつぼ【本坪】草皮面积单位(等于182平方厘米)

ほんつりあしば【本吊足場】活动吊脚手架

ポンツーン pontoon 浮桥,浮码头,浮筒,起重机船,潜水钟(箱)

ほんてい【本堤】main levee 主堤

ポンディング ponding (生物滤池内)淤积的污水

ボンディング・ストレングス bonding strength 结合强度,粘着强度,粘结强度

ボンデこうばん【～鋼板】bonderized sheet iron 磷酸盐处理的耐蚀镀锌钢板

ボンデライジング bonderizing (金属表面)磷酸盐处理法

ボンデライトほう【～法】bonderite process 磷酸盐(薄膜防锈)处理

ほんでん【本殿】(社寺建筑的)本殿,宝殿,大殿

ほんでんわき【本電話機】official telephone 公务电话机

ボンド bond 链,耦合,结合,砌合,粘合,粘结料,胶合剂,接续线,熔透区,熔合部分

ポンド pound 磅

ほんどう【本堂】(寺院中安放主尊的)主殿

ほんどおり【本通】main street 主要大街

ボンド・クレー bond clay 砌合粘土,结合粘土

ボンドていちゃく【～定着】bondfixing (预应力混凝土先张法的)粘着固定

ボンドレス・プレテンション bondless pretensioning 无握裹先张法

ボンドレス・ポストテンション bondless post-tensioning 无握裹后张法

ほんはいせんばん【本配線盤】main distributing 总配线架,主配线架

ほんばしら【本柱】main column, main post 主柱

ポンパビリティ pumpability 泵送能力,可泵性,泵唧性

ほんはまずさ【本浜苆】优质麻刀,优质麻筋

ボーンビル Bourneville (19世纪末英国)鲍恩维尔模范工业村

ポンピング・アクション pumping action 抽水作用,(刚性路面下的)吸泥作用

ポンプ pump 泵,抽水机

ポンプ・アップ pump-up 泵送,唧送

ほんぶき【本葺】正常铺瓦屋面,有垫层的铺瓦屋面

ポンプけいとう【～系統】pumping system, pumping-out system 泵送系统,抽水系统

ポンプこうけい【～口径】pump caliber 水泵口径

ポンプこうりつ【～効率】pump efficiency 水泵效率

ポンプこしあみ【～濾網】pump strainer 泵滤网

**ポンプ・コンクリート** pumped concrete 泵送混凝土,泵浇混凝土
**ポンプしつ** 【～室】 pump room, pump chamber 泵室,泵房
**ポンプしゅんせつせん** 【～浚渫船】 pump dredger 泵式挖泥机,吸泥船
**ポンプじょう** 【～場】 pumping station 泵站
**ポンプすいこみがわ** 【～吸込側】 pump suction side 泵吸入侧
**ポンプ・ステーション** pump station 扬水站,抽水站
**ポンプせん** 【～船】 pump dredger, suction dredger 吸泥船
**ポンプ・チャンバー** pump chamber 泵室,泵房
**ポンプちょくそうしき** 【～直送式】 direct pumping system 直接泵送式
**ポンプのきゅうすいがわ** 【～の吸水側】 Suction side of fire pump 消防水泵吸水端
**ポンプのこすいそうち** 【～の呼水装置】 primary water device of fire pump 消防水泵灌水装置
**ポンプのせいのう** 【～の性能】 efficient of fire pump 消防水泵效率
**ポンプのぜんようてい** 【～の全揚程】 total head of fire pump 消防水泵全扬程
**ポンプのつつ** 【～の筒】 barrel of pump 泵筒
**ポンプのとしゅつりょう** 【～の吐出量】 capacity of fire pump 消防水泵扬水量
**ポンプのようてい** 【～の揚程】 lift, head 水泵扬程
**ポンプはいすい** 【～排水】 pumping drainage 水泵排水
**ポンプばりき** 【～馬力】 pump horse power 泵马力
**ポンプ・ピット** pumping pit 泵井
**ポンプ・プロポーショナーほうしき** 【～方式】 pump proportioner system (灭火剂的)泵混法
**ポンプます** 【～枡】 pump well 水泵吸水井
**ボンベ** Bombe[德] 氧气瓶,筒状储气瓶
**ほんまき** 【本巻】 (隧道侧壁由下而上的)正常衬砌
**ほんみがき** 【本磨】 polishing 抛光,磨亮
**ほんや** 【本屋·本家】 main building, inherited house, book shop, book store 正房,主房,祖传住房,书店
**ほんやぐら** 【本櫓】 (自落锤用)打桩架
**ほんやくルーチン** 【翻訳～】 translating routine, translator 翻译程序
**ほんようせつ** 【本溶接】 regular welding 正规焊接,正式焊接
**ほんりゅう** 【本流】 main river, main stream 主河流,干流

# ま

ま 【間】 bay,span,clearance,room,chamber 开间,跨度,净空,间隙,房间,室,间

まいぎり 【舞錐】 bow-drill,Chinese drill stock 弓形钻,手钻,辘轳钻

マイク mike,microphone 传声器,麦克风,话筒

マイクロキュリー microcurie 微居里

マイクロクラック microcrack(ing) 微小裂缝,细裂纹,微裂纹

マイクロシーズム microseism 微震

マイクロスイッチ microswitch 微型开关,微动开关

マイクロスクリーニング microscreening 微滤

マイクロストレーナー microstrainer 微滤器,微滤网

マイクロゾーニング micro-zoning (地震烈度区划的)微细分区

マイクロは 【～波】 microwave 微波

マイクロパイロメーター micropyro meter 测微高温计,精测高温计

マイクロバール microbar 微巴(压力单位,1巴的百万分之一)

マイクロフォン microphone 传声器,麦克风,话筒,微音器

マイクロフォン・リフト microphone lift (舞台)升降传声器,升降话筒

マイクロフロックほう 【～法】 microfloc method 微絮凝法

マイクロ・プロフィログラフ micro-profilograph 测微平整度仪

マイクロホン＝マイクロフォン

マイクロマノメーター micromanometer 微压力计,微气压计

マイクロメーター micrometer 测微计,千分尺

マイクロメーターしきひずみけい 【～式歪計】 micrometer-type strain gauge 测微计式应变仪

マイクロレベリング・コントロール microleveling control 微动液面控制法

マイクロわれ 【～割】 microcrack 细裂纹,微小裂缝,微裂纹

まいせつアンカー 【埋設～】 预埋锚件

まいせつかんたんちき 【埋設管探知器】 pipe locator 探管仪,地下管道探测仪

まいせつしょうかせん 【埋設消火栓】 sunk hydrant 地下式消火栓

まいせつふかさ 【埋設深さ】 buried depth 埋置深度,埋深

マイター miter 斜接,斜角缝,斜接面

マイナー・オーバーホール minor overhaul 小(规模检)修

マイナー・ストラクチュア minor structure (城市)辅助结构,局部结构

まいにちのきゅうすいりょう 【毎日の給水量】 daily water consumption 日供水量,日用水量

まいにちひとりあたりしょうひりょう 【毎日一人当消費量】 consumption per capita per day 每人每日消费量

まいぼつげんか 【埋没原価】 sunk cost 不能回收的成本

マイヤーホッフこうしき 【～公式】 Meyerhof's formula 麦耶霍夫公式(桩承载力公式)

マイヤー・ポンプ Meyer pump 麦尔氏泵,手摇泵

まいらど 【舞良戸】 upright ventilating slit door 棂条门,竖式百页门

マインツだいせいどう 【～大聖堂】 Dom,Mainz[德] (1100～1239年德意志)美因茨大教堂

マウソレイオン Mausoleion[希] (公元前4世纪小亚细亚西南岸卡利亚)莫索洛斯王庙

マウンタブル・カーブ mountable curb 坡式路缘石,汽车可驶上的缘石

マウンティング mounting 固定,安装,装配,悬挂,架,座,装置

マウンド mound 小山,土山,丘陵
まえいた【前板】 drawer front 迎面板,抽屉正面板
まえエアレーション【前～】 pre-aeration 预曝气
まええんそしょり【前塩素処理】 pre-chlorination 预氯化,预加氯处理
まえこうか【前硬化】 precure 早期硬化,前期硬化
まえしょり【前処理】(油漆的)底层表面处理
まえづけ【前付】 front setting (造园中栽植、叠石等的)前置,配植
まえづつみ【前包】 歇山屋顶山花下端的模枋
まえつぼ【前坪】 frontage (庭园的)前院,院前平地
まえながれ【前流】 frontal slope 房屋正面的坡屋面
まえにわ【前庭】 frontyard, front garden 前院,前庭
まえばっき【前曝気】 pre-aeration 预曝气
まえばらい【前払】 advance payment 预付款
まえばらいきん【前払金】 advance payment 预付款
まえびき【前挽】 单人用宽幅大锯
まえびきのこ【前挽鋸】 单人用宽幅大锯
まえひろま【前広間】 antehall 前厅
まえぶたい【前舞台】 forestage 台唇,前舞台
まえまがりはね【前曲羽根】 forward curved blade 前弯曲叶片
まえまるせんめんき【前丸洗面器】 round front lavatory 前圆形洗面器
まえまるべんざ【前丸便座】 closed front seat 前圆形便座器
まえら【前羅】 单人用宽幅大锯
まえわたしきん【前渡金】 advances 预付款,定金
まえわれべんざ【前割便座】 open front seat 前开式便器座
まがき【籬】 fence 篱笆,栅栏
マガジン magazine 料盘,软片盒,仓库,军械库,杂志
マガジン・ラック magazine rack 杂志架
マカダミックス macadamix 沥青碎石混合料
マカダム macadan 碎石路(面),马克当路(面)
マカダムがたローラー【～型～】 macadam roller 碎石压路机,碎石路辗
マカダムほそう【～舗装】 macadam pavement 碎石路面
マカダム・ローラー macadam roller 碎石压路机,碎石路辗,三轮压路机
まがったながれ【曲がった流】 curved flow 弯曲流,曲线流
まがね【真矩】(木工用)直角形尺,矩尺,曲尺,方形,直角,垂直矩
まがねこぐち【真矩木口】 方木端部的横截面
まがり【曲】 curve, bend curvature, flexure, flexion 弯曲,反翘,起拱,挠曲,曲线,曲率
まがりいた【曲板】 shell, curved board 壳,壳体,薄壳,曲板
まがりおんどけい【曲温度計】 curved thermometer 曲管温度计
まがりがたほうねつき【曲形放熱器】 curved radiator 弧形散热器,弯曲形散热器
まがりかね【曲矩】 曲尺,矩尺
まがりがわら【曲瓦】 warped roof tile (不同坡度的屋脊相交处的)翘曲瓦,曲瓦
まがりかん【曲管】 curved pipe 弯管,曲管
まがりくだ【曲管】 bend 弯管,弯头
まがりなおし【曲直】 straighten 校直,调直
まがりにん【間借人】 lodger, roomer 房客,寄宿者
まがりのそんしつ【曲の損失】 bend loss 弯曲(水头)损失,弯管(水头)损失
まがりばね【曲羽根】 curved blade 弯曲叶片,弧形翼片
まがりばり【曲梁】 curved beam 曲梁
まがりもの【曲物】 菱形椽条
まがりや【曲家】 dwelling house of L-

shaped plan L形平面住宅

まがりやづくり 【曲屋造】 L形平面的住宅建筑

マカロニようしき 【～様式】 Macaroni style 意大利新艺术派形式

まき 【槙·真木】 podocarp, Chinese blak pine 罗汉松

まきあがりつるわかば 【巻上蔓若葉】 巻蔓嫩叶纹样

まきあげき 【巻上機】 winch 卷扬机,绞车

まきあげしきとだな 【巻上式戸棚】 rolling-up cabinet 卷升门式柜厨

まきあげでんどうき 【巻上電動機】 lifting motor 卷扬电动机

まきあげと 【巻上戸】 rolling-shutter door, roll-up door 卷升门

まきあげブラインド 【巻上～】 rolling-up blind 卷(升)帘,卷帘窗

まきあげやぐら 【巻上櫓】 hoist tower 卷扬架,起重架,卷扬塔

まきあつ 【巻厚】 thickness of tunnel lining 隧道衬砌厚度

まきかなもの 【巻金物】 strap, stirrup 带铁,箍铁,箱形带铁

まききん 【巻筋】 spiral reinforcement 螺旋钢(箍)筋

まききんばしら 【巻筋柱】 spirally reinforced column 螺旋箍筋柱,配螺旋箍筋的混凝土柱

まきこはぜ 【巻鞐】 locked flat seam (金属板或铁皮接合的)卧式咬口

まきこみシャッター 【巻込～】 rolling shutter 卷升门,卷帘门

まきこみど 【巻込戸】 rolling shutter 卷升门

まきしば 【播芝】 sod sowing 播种草皮

まきじゃく 【巻尺】 measuring tape, surveying tape 卷尺

まきしろ 【巻代】 (卷扬机卷筒上的)绕绳量,卷绳量

まきせんがたゆうどうでんどうき 【巻線型誘導電動機】 wound-rotor induction motor 绕线式感应电动机

まきだしあつ 【巻出厚】 spreading depth 摊铺厚度

まきたて 【巻立】 lining 衬,衬砌,镶衬

まきだれ 【巻垂】 icicle 冰柱,檐口冰溜

まきと 【巻斗】 散枓

まきどう 【巻胴】 drum 卷筒,卷绳转筒

まきなわ 【巻縄】 (移植树木用)卷包草绳

まきばしら 【巻柱】 有金属饰件和彩画的柱

まきもく 【巻杢】 swirl grain (木材的)涡卷纹

まきるい 【槙類】 Podocarpus macrophyllus[拉], Podocarpus, Yellow wood, Longstalked yen[英] 罗汉松属

マーキング marking 划线,标号

まく 【幕】 curtain, hangings 幕,帘

まく 【膜】 membrane 膜,薄膜,隔膜,薄片层

まくあつけい 【膜厚計】 thickness gauge 膜厚仪

まくいた 【幕板】 modesty panel 横铺板,围板,挡板

まくおうりょく 【膜応力】 membrane stress 薄膜应力

まくおうりょくじょうたい 【膜応力状態】 condition of membrane stress 薄膜应力状态

まくかい 【膜解】 membrane solution 薄膜解

マグ-クロれんが 【～煉瓦】 magnesite-chrome brick 铬镁砖

まくこうぞう 【膜構造】 membrane structure 薄膜结构

まぐさ 【楣】 lintel 过梁,过木,楣

まぐさいし 【楣石】 lintel stone 石过梁,楣石

まぐさしき 【楣式】 trabeated style 横梁式,过梁式,楣式

まくしんどう 【膜振動】 vibration of membrane, diaphragm oscillation 膜振动

マクスウェルのていり 【～の定理】 Maxwell's law 麦克斯韦定理

マクスウェル-ベッティのていり 【～の定理】 Maxwell-Betti's law 麦克斯韦-贝蒂定理

マクスウェル-モールのほうほう 【～の方法】 Maxwell-Mohr's method 麦克斯韦-摩尔法

まくせん 【幕線】 curtain line 幕位线,大幕线

まくそうじ 【膜相似】 membrane analogy 薄膜模拟,薄膜比拟

まくだまり 【幕溜】 curtain zone 拉幕区,(大幕拉开后的)停幕处

まぐち 【間口】 frontage (建筑用地或建筑物的)正面宽度,开间

まくでんい 【膜電位】 membrane potential 膜电位,膜电势

マグニスケール magni-scale 放大比例尺

マグニチュード magnitude 大小,量,震级

マグネサイト magnesite 菱镁矿,菱镁土,菱苦土

マグネサイトぬりゆか 【～塗床】 magnesite flooring 菱苦土地面

マグネシア magnesia 氧化镁,镁氧,菱苦土

マグネシア・クリンカー magnesia clinker 氧化镁熔块,重烧苦土

マグネシアじき 【～磁器】 magnesia porcelain 镁质瓷器

マグネシアしつたいかれんが 【～質耐火煉瓦】 magnesia brick 镁砖,镁氧耐火砖

マグネシアせっかい 【～石灰】 magnesia lime 镁氧石灰

マグネシア・セメント magnesia cement 镁氧水泥,菱苦土水泥

マグネシア・セメントぬりゆか 【～塗床】 magnesia flooring 菱苦土地面

マグネシア・セメントばん 【～板】 magnesia cement board 镁氧水泥板,菱苦土水泥板

マグネシアたいかぶつ 【～耐火物】 magnesia refractory materials, magnesia refractories 镁质耐火材料

マグネシアれんが 【～煉瓦】 magnesia brick 镁砖

マグネシウム magnesium 镁

マグネシウム・ベース・エス・ピー・はいえき 【～廃液】 magnesium base SP (sulfite pulp) wastewater 镁基亚硫酸纸浆废液

マグネット magnet 磁石,磁铁,磁体

マグネット・スイッチ magnet switch 电磁开关

マグネット・スタンド magnetic stand (固定千分表的)磁力表架

マグネティック・スピーカー magnetic speaker 磁性扬声器

マグネティック・ポンプ magnetic pump 磁力泵

マグネル-ブラトンほう 【～法】 Magnel-Blaton method 马格内尔-布拉敦式预应力混凝土后张法(锚具由承压板、夹头及楔子组成)

マグネルほうしき 【～方式】 Magnel system 马格内尔式预应力混凝土后张法

まくばり 【間配】 compartition、空间分割,房间布置,房间划分

まくばりだるき 【間配垂木·間配椲】 疏椽,疏置椽子

マクベスしょうどけい 【～照度計】 MacBeth illuminometer 麦克贝思照度计

まくべん 【膜弁】 diaphragm valve 隔膜阀

まくポンプ 【膜～】 diaphragm pump 薄膜泵,隔膜泵

まくようじょう 【膜養生】 membrane curing 薄膜养护

まくら 【枕】 sleeper, cotter, crosstie 梁下枕木,垫木,横木

まくらぎ 【枕木】 sleeper, tie 枕木,轨枕,垫木

まくらとう 【枕灯】 pillow light 床头灯

まくらばり 【枕梁】 承梁枋,托梁

まくらわたし 【枕渡】 滚杠传送,滚木移石,滚木运石

まくりろん 【膜理論】 membrane theory 薄膜理论

まくれ 【捲】 burr 钢材毛口,钢材毛头,钢材卷边

マクロリンてんかい 【～展開】 Maclaurin expansion 麦克劳林展开(式)

まげ 【曲】 bending,flexure 弯曲,挠曲,弯起
まげあげきん 【曲上筋】 bent(up)bar 挠曲钢筋,弯起钢筋
まげおうりょく 【曲応力】 bending stress 弯曲应力,弯曲内力
まげおうりょくど 【曲応力度】 bending unit stress 弯曲应力
まげガラス 【曲～】 bent glass 曲面玻璃,弯曲玻璃
まげき 【曲木】 bent wood 弯曲木材
まげいす 【曲木椅子】 bent wood chair 曲面木椅
まげクリープしけん 【曲～試験】 bending creep test 弯曲徐变试验,弯曲蠕变试验
まげごうせい 【曲剛性】 flexural rigidity 弯曲刚度,抗弯刚度
まげこわさ 【曲剛さ】 flexural rigidity 弯曲刚度,抗弯刚度
まげざい 【曲材】 bending member,member subjected to bending 受弯构件,抗弯构件
まげざくつ 【曲座屈】 flexural buckling 弯曲压曲,弯曲失稳,弯曲屈曲
まげしけん 【曲試験】 bending test 弯曲试验,抗弯试验
まげしけんへん 【曲試験片】 bend test piece 受弯试件
まげしんどう 【曲振動】 bending vibration 弯曲振动
まげだい 【曲台】 bar bending table 弯钢筋台
まげだんせい 【曲弾性】 bending elasticity 弯曲弹性
まげちゅうしん 【曲中心】 flexural center 弯曲中心,挠曲中心
まげつかれしけん 【曲疲試験】 bending fatigue test 弯曲疲劳试验
マーケット market 市场,商场
マーケット・ストリート market street 市场街,商店街
まげつよさ 【曲強さ】 bending strength 抗弯强度
まげねじりごうせい 【曲捩剛性】 flexural-torsional rigidity 弯曲扭转刚度,弯扭刚度
まげねじりざくつ 【曲捩座屈】 flexural-torsional buckling 弯曲扭转屈曲,弯曲扭转失稳,弯扭屈曲
まげねじりじょうすう 【曲捩常数】 flexural-torsional constant 弯曲扭转常数
まげねじりモーメント 【曲捩～】 warping moment 扭曲力矩
まげはかいけいすう 【曲破壊係数】 modulus of rupture in bending(flexure) 弯折模量,弯曲破裂模量
まげひびわれ 【曲罅割】 transverse tension crack 弯曲裂缝,横向受拉裂缝
まげへんけい 【曲変形】 deflection due to bending 弯曲变形,挠曲变形
まげほきょうきん 【曲補強筋】 bending reinforcement(around opening of wall) (孔洞周围、墙体的)加固弯筋
まげもの 【曲物】 曲线棂条,弯曲薄板
まげモーメント 【曲～】 bending moment 弯矩
まげモーメントきょくりつず 【曲～曲率図】 moment-curvature relationship 弯矩-曲率图
まげモーメントず 【曲～図】 bending moment diagram(BMD) 弯矩图
まげゆるしおうりょく 【曲許応力】 allowable bending stress 弯曲容许应力
まげりろん 【曲理論】 bending theory 弯曲理论
まげる 【曲げる】 branch winding 弯起树枝(造形)
まげわれ 【曲割】 bending crack 弯曲裂纹,挠裂
まごづか 【孫束】 princess post 桁架两侧小直(腹)杆
まさ 【柾】 straight grain 木材直纹,直行纹理
まさ 【真土】 (抹灰用)掺砂粘土
まさかり 【鉞】 broad-axe 宽刃斧,阔斧
まさき 【柾·正木】 Euonymus japonicus[拉],Evergreen euonymus[英] 大叶黄杨,正木
まさだて 【柾立】 laid on edge 立砖铺

砌,斗砖铺砌,斗砌,侧砌,长身斗砌

まさつ【摩擦】friction 摩擦,摩阻

まさつえん【摩擦円】friction circle 摩擦圆

まさつえんほう【摩擦円法】friction circle analysis 摩擦圆分析法,摩擦圆法

まさつかく【摩擦角】angle of friction, friction angle 摩擦角

まさつぐい【摩擦杭】friction pile 摩擦桩,摩阻桩

まさつけいすう【摩擦係数】coefficient of friction 摩擦系数

まさつこうばい【摩擦勾配】friction slope (水流的)摩擦坡度

まさつこうりょく【摩擦抗力】frictional resistance 摩擦阻力

まさつすいとう【摩擦水頭】friction head 摩擦水头

まさつそくど【摩擦速度】friction velocity 摩擦速度

まさつそくど【摩擦速度】friction velocity 摩擦速度

まさつそんしつ【摩擦損失】friction loss 摩擦损失

まさつそんしつすいとう【摩擦損失水頭】friction head loss 摩擦水头损失

まさつていこう【摩擦抵抗】frictional resistance 摩擦阻力

まさつヘッド【摩擦～】friction head 摩擦水头

まさつボルトせつごう【摩擦～接合】friction bolt joint 摩擦螺栓接合,摩擦螺栓连接

まさつりょく【摩擦力】friction force 摩擦力

まさどり【柾取】quarter-sawn conversion(of log) 锯制直纹木材,原木径截

まさぶき【柾葺】直纹木板叠铺屋面,直纹木板叠铺法

まさめ【柾目】straight grain, edge grain, quarter-sawn grain (木材的)直行纹理,径面纹理

まさめいた【柾目板】straight grain board 直纹木板

まさめきどり【柾目木取】quarter-sawn conversion(of log) 锯制直纹木材,原木径截

まさめどり【柾目取】quarter-sawn conversion(of log) 锯制直纹木材,原木径截

まさめめん【柾目面】(木材的)直纹面

まさわり【柾割】straight grain board 直纹木板

ましかんち【増換地】increased replotting 增加换地(换地后面积比从前增大)

まじきり【間仕切】partition 隔墙,隔断,间壁

まじきりかべ【間仕切壁】partition wall 隔墙,间壁

まじきりげた【間仕切桁】木筋隔墙的上槛

まじきりだいわ【間仕切台輪】木筋隔墙的上槛或下槛

ましぐい【増杭】pile for reinforcing 加劲桩,加固桩

ましぐい【増杭】pile for reinforcing 加固桩

マジック・アイ magic eye 电眼,光调谐指示管

マジック・ガラス magic glass 单面可视玻璃(从室内可看见室外,室外看不见室内)

マジック・ガラス magic glass 单面可视(透明)玻璃

マジック・ドア magic door 自动开关门

マーシャルあんていど【～安定度】Marshall stability 马歇尔稳定度

マーシャルあんていどしけん【～安定度試験】Marshall stability test 马歇尔稳定度试验(骨料上浇灌热沥青的稳定度试验)

マーシャルしけんき【～試験機】Marshall-test machine 马歇尔试验机

マジャールちょうしき【～朝式】Magyar style (15世纪后半期)马札尔王朝建筑形式

マジョリカ majolica 不透明色釉陶瓷

マジョリカえのぐ【～絵具】(陶瓷器的)不透明色釉

マシン・オリエンテッド・ランゲージ

machine oriented language 面向机器语言

ます 【枡·升·桝】 inlet 槽,升料,升形容器,雨水口,进水口

ますがた 【枡形】 古时城镇入口用方形或长方形石墙的布置形式

ますがたルーバー 【枡形～】 egg-crate type louver,grille louver 格子百页窗,格形百页窗

マスキング masking 掩蔽,遮蔽,屏蔽

マスキングげんしょう 【～現象】 masking 掩蔽现象

マスキング・スペクトル masking acoustic spectrum 掩蔽声谱

マスキング・テープ masking tape 遮盖用贴条,防护用胶条

マスキングほう 【～法】 masking method 掩蔽法

ますぐみ 【枡組】 枓栱,纵横棂条

ますぐり 【斗繰】 枓下部的凹线

マス・コンクリート mass concrete 大体积混凝土

マスジド masjid[阿] 清真寺

ますじり 【斗尻】 枓底

ますせき 【桝席·枡席】 棋盘式观众席

マスター・カーブ master curve (沥青混合料)通用曲线

マスター・キー master key 万能钥匙,总钥匙,总键

マスター・クラッチ master clutch 主离合器,总离合器

マスター・コントロール・ルーム master control room 主控室,中央控制室

マスター・ステーション master station 主台,主控台

マスターせいぎょ 【～制御】 master control 主控制,总控制,中心控制

マスターせいぎょき 【～制御器】 master controller 主控制器

マスター・ネットワーク master network 综合网格,总网格

マスタバ mastaba(h)[阿] (古埃及的)台形石椁墓

マスター・プラン master plan 总(平面)图,总体规划

マスター・ブロック master block 街区总体布置

マスチック mastic 乳香,玛琋脂,沥青胶,粘合料

マスチック・アスファルト mastic asphalt (地)沥青(胶)砂,沥青玛琋脂

マスチックス mastics 玛琋脂,乳香树脂,胶粘剂,砂胶

マスチック・セメント mastic cement 脂胶水泥,水泥砂胶

マスチックぼうすい 【～防水】 asphalt mastic waterproofing 沥青砂胶防水

マスト mast 杆,桅杆,柱,支柱

ますどい 【枡樋】 leader head 雨水斗

マスト・クレーン mast crane 桅杆式起重机

マス・トランシット mass transit 公共交通

ますはば 【斗幅】 枓宽

ますみ 【真隅】 同坡面戗脊(指戗脊椽与挑檐桁相交成45°的状态)

まぜがき 【交垣】 杂植绿篱

マゼンタ magenta 品红

マソナイト masonite 绝缘纤维板

まだい 【間代】 room rent 房租,房间租金

またかん 【股管·叉管】 Y-branch Y形支管,分叉支管,斜三通

またぎほぞ 【跨枘】 box wedging 楔榫,闷榫

またくぎ 【股釘】 staple 肘钉,卡钉,U形钉,钩环

まだけ 【真竹】 真竹,苦竹

またびさし 【又庇·又厢】 最外檐

まだら 【斑】 mottle ,stripe 斑点

まだらもく 【斑杢】 mottled grain 斑纹,斑点木纹

まち 【町·坊】 town,street 小城市,镇,街道

まちあいしつ 【待合室】 waiting room 等候室,候车室,候诊室

まちぎょうれつ 【待行列】 waiting line 等待线

まちちょうば 【町丁場】 市区内的工地

まちなみ 【町並】 沿街建筑群,街道远景

まちや 【町家·町屋】（日本平安、镰仓、室町时代的）商店住宅，市内的商家，沿街店铺

マーチャンダイズ・マート merchandise mart 商品批发中心

マチュリティー maturity 成熟，完成，硬化，养护到期，成熟度

まつ 【松】 pine 松，松木

マッカリスターのきゅう 【～の球】 McAllister's sphere 等照度球，马卡利斯特球

まつかわぶき 【松皮葺】 瓦筒上抹灰，裹瓦垅，仰瓦灰梗

まつぐい 【松杭】 pine pile 松木桩

マックスウェルのそうはんさようのていり 【～の相反作用の定理】 Maxwell's reciprocal theorem 麦克斯韦相互作用定理

マックスウェルのほうそく 【～の法則】 Maxwell's law 麦克斯韦定理

マックス・セメント Mack's cement 麦克斯水泥（铺面无水石膏灰泥）

まっこうくつ 【莫高窟】（中国甘肃敦煌）莫高窟

マッシュルームがたすいこみぐち 【～型吸込口】 mushroom type inlet 蘑菇形进风口，伞形进风口

マッシュルームこうぞう 【～構造】 mushroom construction 无梁楼板结构，平板结构

マッシュルーム・ディフューザー mushroom diffuser 伞形散流器

マッシュルームはいきんほう 【～配筋法】 mushroom reinforcement system 环幅式排列的配筋法

マッス mass 体量

まったんしけんべん 【末端試験弁】 test valve 末端试验阀

マッチング matching 拼花板，拼花，配合，选配，装配，调配

マット mat 地席，垫席

マット matte 无光泽，褪光，暗淡

マッド mud 泥浆，滤泥，沉渣

マッド・ウォール mud wall 土墙，泥墙

マット・ガラス mat glass 磨砂玻璃

マットきそ 【～基礎】 mat foundation 板式基础，浮筏基础

マッドキャップ mudcap 覆土爆破法，覆泥爆破法

マッドジャッキ mudjack （填充混凝土路面下空隙用）压浆泵

マッドジャッキング mudjacking （填充混凝土路面下空隙用）压浆

マッド・ドレッジャー mud dredger 挖泥机

マッド・ベアラー mud bearer 载泥器，承泥器

マッド・ボール mud ball （快滤池内的）泥球

マッド・ポンプ mud pump 泥浆泵

マットレス mattress 褥垫，垫子，钢筋网，柴排，沉排

まつば 【松葉】 Y-shaped pattern 松针纹，Y字形纹样

マッハすう 【～数】 Mach number 马赫数

マッフルがま 【～窯】 muffle kiln 马弗炉，隔焰窑

マッフルろ 【～炉】 muffle furnace 马弗（隔焰）炉

まつやに 【松脂】 rosin 松脂，松香

まてばしい 【馬刀葉椎·全手葉椎】 Pasania edulis, Lithocarpus edulis[拉], Japanese tanoak[英] 日本石柯

まてんろう 【摩天楼】 skyscraper 摩天楼

まてんろうとし 【摩天楼都市】 skyscraper city 摩天楼城市（高层建筑群林立的城市）

まど 【窓】 window 窗

まどいす 【窓椅子】 window seat 窗座

まどうえきだい 【窓植木台】 窗外放盆花用挑台

まどかけ 【窓掛】 curtain 窗帘，窗帷

まどかけがたくうきちょうわき 【窓掛型空気調和機】 window type air conditioner 窗式空调器

まどかざり 【窓飾】 window ornaments, window trim 窗饰

まどガラス 【窓～】 window glass 窗玻

璃
まどぐち【窓口】window opening 窗口
まどぐるま【窓車】sash pulley (上下推拉窗用的)窗滑轮
まどさきくうち【窓先空地】窗前空地
まどさきだな【窓先棚】窗前挑架
まどしたほうねつき【窓下放熱器】window radiator 窗下散热器
まどだい【窓台】window sill 窗台
まどだいいし【窓台石】stone sill of window 窗台石
マトック mattock 鹤嘴镢
まどにわ【窓庭】window box garden 窗箱花园,种花外窗台
まどのえんざん【窓の鉛桟】window lead 铅制窗棂,窗的铅棂条
まどパネル【窓～】window panel 带窗口的墙板
まとまり【纒】grouping 归类组合,组集
まとめ【纒】编制预算书
まどめんきど【窓面輝度】brightness of window surface 窗面亮度,窗口亮度,采光口亮度
まどめんせきひ【窓面積比】window area ratio 窗面积比(窗的有效面积和地板面积之比)
まどめんちゅうこうりつ【窓面昼光率】window daylight factor 窗面采光系数
マドラッサ madrassa[阿] 清真寺兼学校
まどり【間取】room planning, floor plan 房间配置,平面布置
マトリックス matrix 矩阵,矩阵变换电路
マトリックスこうぞうかいせきほう【～構造解析法】matrix method of structural analysis 结构分析矩阵法
マトリックスだいすう【～代数】matrix algebra 矩阵代数
マトリックスちくじきんじほう【～逐次近似法】matrix iteration method 矩阵迭代法,矩阵逐次近似法
マトリックスのじすう【～の次数】order of matrix 矩阵阶数
マトリックスのしゅたいかくせん【～の主対角線】principal diagonal line of matrix 矩阵的主对角线
マトリックスほう【～法】matrix method 矩阵法
まどわく【窓枠】window frame 窗框,窗扇框
マナーリズム Mannerism (16世纪初期至末期欧洲建筑的)风格主义,式样主义,手法主义
マニフォールド manifold (灌浆等用)多支管,集合管,总管,复式接头,多接口管段
マニプレーター manipulator, magic hand 操纵控制器,键控器,机械手,(自动焊接)操作台
マニホルド manifold 岐管,多支管,集(合)管,复式接头,多接口管段
マニュアル・コントロール・レバー manual control lever 人工操纵手柄
マニラあさづな【～麻綱】Manila rope 粗麻绳,白棕绳,马尼拉麻绳
マニラずさ【～苆】hemp fiber 白麻刀,麻筋
マニラ・ロープ Manila rope 马尼拉麻绳,粗麻绳
マニングのこうしき【～の公式】Manning's formula 曼宁流速公式
まね【真土】loam 砂质粘土
まねきのき【招軒】不等长双坡屋顶短坡的一面
まねきはふ【招破風】两坡不等长的山墙博缝板
まねきむね【招棟】高低脊间的联接脊
まねきやね【招屋根】unequal gable roof 不等长双坡屋顶
まねれんが【真土煉瓦】砂质粘土砖
マノメーター manometer 流体压力计,压力表,气压表
まばしら【間柱】stud 立筋,间柱
まばら【疎】疏置手法,艺术处理的疏朗布置
まばらぐみ【疎組】疏置枓栱,稀置枓栱(仅在柱头用枓栱的方式)
まばらだるき【疎垂木·疎棰】疏置椽,稀椽
まばらたるきわり【疎垂木割】疏椽的分档
まばらわり【疎割】稀分档,疏开分档

まびがき＝まゆかき
まびき 【間引】 thinning 间苗,间伐
まぶ 【麻布】 hemp cloth 麻布
まぶしコンクリート 【塗～】 nonfine concrete 无砂混凝土,大孔混凝土
まぶしさ 【眩さ】 glare 眩光
まぶしさよけ 【眩さ除】 glare shield 遮光罩
マフラーがたしょうおんき 【～型消音器】 muffler type sound absorber 减声器式消声器,掩声式消声器
マーブリング marbling 仿制大理石纹理
マーブル marble 大理石
マホガニ mahogany 硬红木,桃花心木
まめいた 【豆板】 honeycomb 蜂窝,麻面
まめさいせきしきこみほう 【豆枠石敷込法】 shovel packing 细碎石撒铺法
まめジャッキ 【豆～】 minimum jack 小型千斤顶
まめじゃり 【豆砂利】 pea gravel 豆砾石,绿豆砂,小砾石
まめまきいし 【豆撒石】 不规则布置的园石,(园林地面)撒布的细卵石
まもう 【摩耗】 abrasion 磨损,磨耗,磨蚀
まもうしけんき 【摩耗試験器】 abrasion tester 磨耗试验器
まもうそう 【摩耗層】 wearing course 磨耗层
まもの 【真物】(组合件的)单一构件
まや 【馬屋·厩】 stable 马棚
まゆかき 【眉欠】 构件端部的雕刻线脚,眉形雕刻
まゆみ 【檀·真弓】 Euonymus alatus [拉],winged euonymus[英] 卫矛
まよいえん 【迷園】 labyrinth 迷园
マラカイトりょく 【～緑】 malachite green 孔雀绿
マラリヤ malaria 疟疾,瘴气
マリア・ラーハしゅうどういんせいどう 【～修道院聖堂】 Abteikirche,Maria Laach[德] (1093～1177年德意志)拉哈的玛丽亚修道院教堂
まるいし 【丸石】 pebble 小卵石,小砾石
まるおとし 【丸落】 flush bolt,barrel bolt 插销,平插销,明插销
まるがたすいじゅんき 【丸形水準器】 circular level 圆水准器
まるがわら 【丸瓦】 channel tile,concave tile 筒瓦
まるがんな 【丸鉋】 circular plane,hollow-nosed plane 圆弧面刨,洼面刨,圆刨
まるき 【丸木】 log 原木,圆木
まるきづくり 【丸木造】 log house 圆木房
まるくぎ 【丸釘】 wire nail,nail 圆钉
マルクス・アウレリウスていきねんちゅう 【～帝記念柱】 Colonna di Marco Aurelio[意] (176～193年古罗马)玛科斯·奥雷利欧大帝纪念柱
まるこう 【丸鋼】 round bar 圆钢,钢筋
まるこうすじかい 【丸鋼筋違】 round bar bracing 圆钢斜撑,圆钢支撑
まるざがね 【丸座金】 circular washer 圆垫圈
まるささのみ 【円笹鑿】 (凿沟用)圆凿
まるショベル 【丸～】 round shovel, round-pointed shovel 圆头锹,圆头铲
マルセイユのアパート 【～の～】 Unité d'Habitation,Marseille[法] (1947～1952年法国)马赛公寓
まるた 【丸太】 log 原木,圆木,伐木
まるたあしば 【丸太足場】 log scaffolding 圆木脚手架,杉杆脚手架
まるたさく 【丸太柵】 round wood railings 圆木栅栏
まるたやらい 【丸太矢来】 round wood railings 圆木栅栏
まるだるき 【丸垂木】 round rafter 圆椽
まるタンク 【丸～】 cylindrical tank 圆形水箱,圆形水池
マルチクロン multiclone 多管式旋风除尘器
マルチサイクロン multicyclone 多管式旋风除尘器
マルチサイクロンしきしゅうじんき 【～式集塵器】 multicyclone dust catcher, multicyclone dust collector 多管式旋风除尘器

マルチスタジオ multi-studio 多用室,多功能室
マルチスピーカー・システム multispeaker system 多扬声器方式
マルチゾーン・エア・ハンドリング・ユニット multi-zone type air handling unit 多区空调机
マルチゾーン・ユニット multi-zone unit 多区机组,多区空调机
マルチチャンネルほうしき【～方式】 multi-channel method 多路(放大)方式,多频道方式
マルチパネルがたくうきろかき【～形空気濾過器】 multi-panel type air filter 多格式空气过滤器
マルチパネル・フィルター multi-panel filter 多格式空气过滤器
マルチパーパス・スペース multi-purpose space 多功能空间
マルチパーパス・ローダー multi-purpose loader 多用式装载机
マルチフォイル multi-foil 多瓣形
マルチフォイル・アーチ multi-foil arch 多瓣形拱
マルチプログラミング multiprogramming 多道程序设计
マルチプロジェクト multi-project 多项工程计画网络管理法
マルチモデュール multi-module 扩大模数
マルチリニヤーがた【～型】 multi-linear 多线型,多线性
マルテンサイト martensite 马氏体,碳甲铁
まるてんじょう【丸天井】 vault 拱形顶棚
マルテンスかがみしきのびけい【～鏡式伸計】 Marten's mirror extensometer, Marten's mirror strainmeter 马丁斯镜式应变仪
マルテンスかたさしけん【～硬さ試験】 Marten's hardness test 马丁斯(钢球压痕)硬度试验
まるのこ【丸鋸】 circular saw 圆盘锯
まるのこき【丸鋸機】 circular sawing machine, circular saw bench 圆锯床,圆锯机,圆盘锯
まるのこばん【丸鋸盤】 circular sawing machine 圆锯床
まるのみ【丸鑿】 gouge 圆凿
まるはぎばん【丸剝盤】 veneer rotary lathe 单板镟切机
まるばしら【丸柱】 round column 圆柱
まるびょう【丸鋲】 round-head rivet, button head rivet 圆头铆钉
まるボイラー【丸～】 cylindrical boiler 筒形锅炉
まるぼり【丸彫】 圆雕,圆凹雕
まるまど【丸窓·円窓】 round window 圆窗,小圆窗
まるみ【丸身】 wane 圆棱方木,缺边方木,缺角方木
まるみいた【丸身板】 waney board 缺边木板,缺角木板
まるめん【丸面·円面】 圆(棱角)面,小圆(棱角)面
まるもの【丸物】 three dimensional unit (剧场的)立体道具
まるやね【円屋根·丸屋根】 dome 圆屋顶,穹顶
まるリベット【丸～】 roundhead rivet 圆头铆钉
マレニット malenit 氟二硝基酚合剂(木材防腐剂)
まわしひきど【回引戸】 单轨折叠推拉门
まわしびきのこ【回挽鋸】 fret saw 线锯,钢丝锯
まわたしだけ【間渡竹】 furring of bamboo 竹板条
まわり【周·回】 perimeter 周围,周边
まわりえん【回縁】 回廊,周围外廊
まわりかいだん【回階段】 spiral staircase, helical staircase, winding stairs 螺旋形楼梯
まわりこうらん【回勾欄】 回绕形栏杆,回栏,螺旋式栏杆
まわりだん【回段】 winder, spandrel step 螺旋形楼梯的楔形踏步,楼梯斜踏步
まわりばしご【回梯子】 spiral stairs,

helical staircase 螺旋式楼梯,螺旋梯
まわりぶたい 【回舞台】 disc,revolving stage 转台,旋转舞台
まわりぶち 【回縁】 顶棚周边框
まわりフック 【回~】 swivel hook 旋钩
まわりべん 【回弁】 rotary valve 回转阀
まわりみち 【回道】 detour, loop road 迂回路,环绕路
まわりようせつ 【周溶接】 circum-ferential weld(ing) 环焊
マン・アワー man hour 工时
まんえきしき 【満液式】 flooded system (冷冻)氨水满流式
まんえきしきぎょうしゅくき 【満液式凝縮器】 flooded type condenser (冷冻)氨水满流式冷凝器
まんえきしきコイル 【満液式~】 flooded coil (冷冻)氨水满流式盘管
まんえきしきじょうはつき 【満液式蒸発器】 flooded type evaporator (冷冻)氨水满流式蒸气器
まんえきしきれいきゃくき 【満液式冷却器】 flooded cooler (冷冻)氨水满流式冷却器
まんかい 【満開】 full bloom 盛开,盛花期
マンガン Mangan[德],manganese[英] 锰
マンガン・クロムこう 【~鋼】 chrome-manganese steel 铬锰钢
マンガンこう 【~鋼】 manganese steel 锰钢
マンガンじょきょ 【~除去】 manganese removal 除锰
マンガンすな 【~砂】 manganese sand 锰砂
マンガン・ゼオライト manganese zeolite 锰沸石
マンクス・クロス Munk's cloth 粗麻棉布
マンサード mansard(roof) 折线形屋顶
マンサード・トラス mansard truss, mansard roof truss 折线形桁架,折面屋顶的屋架
マンサードやね 【~屋根】 mansard roof 折线形屋顶
まんじくずし 【万字崩・卍崩】 曲尺纹,卍字变体纹样
まんじつなぎ 【万字繋・卍繋】 swastika 万字纹连续图案
まんじゅう 【饅頭】 半球状灰饼
まんじゅうかなもの 【饅頭金物】 馒头状或乳房状钉(五金)
マンション mansion 大厦,大楼,公寓大厦,邸宅,府邸,宅第
まんせいどくせい 【慢性毒性】 chronic toxicity 慢性毒性
マンセルいろりったい 【~色立体】 Munsell colour solid 孟赛尔色彩立体
マンセルきごう 【~記号】 Munsell's colour notation 孟赛尔色彩标记
マンセルしきひょう 【~色票】 Munsell book of colour 孟赛尔色谱
マンセルたいけい 【~体系】 Munsell's colour system 孟赛尔标色体系
マンダパ mandapa[梵] (印度教寺院的)前堂,祭殿
マントル mantel 罩,壁炉架,壁炉台
マントルピース mantelpiece 壁炉台,壁炉装饰
マンニングのこうしき 【~の公式】 Manning's formula 曼宁公式(管道流速计算公式)
マンニングのそどけいすう 【~の粗度係数】 Manning's coefficient of roughness 曼宁粗度系数,曼宁粗糙系数
まんのう 【万能】 dredge scoop 挖土戽斗,挖泥杓斗
マンホール manhole 检查井,检修孔,(进)人孔,升降口
マンホール・カバー manhole cover (进)人孔盖,检查井盖,升降口盖
マンホールふた 【~蓋】 manhole cover 检查井盖,进人孔盖
マン・マシン・インターラクション・システム man-machine interaction system 人机交互作用体系
マンモス・アパート mammoth apartment 大型多层公寓
マンモス・ビル mammoth building 大型

建筑物
まんりき 【万力】 vice (老)虎钳，台钳
まんりきだい 【万力台】 vice bench 虎钳台，钳台
まんりゅう 【满流】 full flow (管道内的)满流

# み

みあげいた 【見上板】 檐口望板
みえいどう 【御影堂】 祖师堂(寺院祀奉开基僧人的大殿)
みえがかり 【見掛】 face side 可见面,外露面
みえがくれ 【見隠】 back side 隐蔽面,背面,庭园布置的隐现手法
みえかた 【見方】 visibility 能见度,视度
みえないせん 【見えない線】 hidden line 不可见线
みえるせん 【見える線】 object line 可见线
みがき 【磨】 polish,polishing 磨面,磨光,擦亮,抛光
みがきあていた 【磨当板】 polished press plate (制纤维板用)抛光压板
みがきいたガラス 【磨板~】 polished plate glass 磨光平板玻璃,抛光的平板玻璃
みがきおおつ 【磨大津】 (日式墙壁的)高级抹灰
みがきガラス 【磨~】 polished(plate) glass 磨光玻璃,镜玻璃,抛光的板玻璃
みがきしあげ 【磨仕上】 polish finish 磨光饰面,抛光饰面
みがきボルト 【磨~】 finished bolt 精制螺栓,光制螺栓
みがきまるた 【磨丸太】 磨皮杉杆(剥皮后经过蘸水砂磨的杉杆)
みかく 【味覚】 palate 味觉
みかげいし 【御影石】 granite 花岗岩
みかけおんど 【見掛温度】 apparent temperature 表观温度
みかけでんねつけいすう 【見掛伝熱係数】 apparent cofficient of heat transmission 表观传热系数,标称传热系数
みかけねんせい 【見掛粘性】 apparent viscosity 表观粘性,似粘性,视粘性
みかけねんちゃくりょく 【見掛粘着力】 apparent cohesion 表观凝聚力,假内聚力
みかけのおうりょく 【見掛の応力】 apparent stress 表观应力,视应力
みかけのおうりょくど 【見掛の応力度】 apparent unit stress 表观单位应力,视单位应力
みかけのヤングけいすう 【見掛の~[Young]係数】 apparent modulus of elasticity 视弹性模量,表观弹性模量
みかけひじゅう 【見掛比重】 apparent specific gravity 表观比重,视比重
みかけみつど 【見掛密度】 apparent density 表观密度,视密度
みかけようせき 【見掛容積】 apparent volume 视容积,松装体积
みかづきアーチ 【三日月~】 crescent arch,sickle shaped arch 月牙拱
みき 【幹】 trunk,main stem 主干,干,树干
ミキサー mixer 搅拌机,拌和机
ミキサー・ルーム mixer room (剧院及广播电台播音室的)调声室,音质调整室
ミキシング・ドラム mixing drum 搅拌滚筒,拌和滚筒
ミキシング・プラント mixing plant 搅拌装置,拌和设备,搅拌站,搅拌厂
ミキシングべん 【~弁】 mixing valve (冷热水)混合阀
ミキシング・ユニット mixing unit (冷热风)混合装置
みきふき 【幹吹】 剪除树干冗枝
みきまき 【幹巻】 trunk wrapping (树木移植时)缠裹树干
みきまわり 【幹回】 chest-height diameter 树干胸径(距地面1.2米处的尺寸)
みぎまわり 【右回】 clockwise 右转,顺时针转
みぎまわりうんどう 【右回運動】 clockwise motion 顺时针方向运动,右转运动

みきもの【幹物】trunk ornamental 以树干为特色的观赏树
みきり【見切】端部,端部的形状,端部的置放方法,端部构造形式
みぎり【砌】铺石坡道,散水坡
みきりぶち【見切縁】corner bead 墙角护条,转角圆棍线
みぎわ【汀】edge of pond（园内)池边,溪旁,水边
ミクロシスティス Microcystis 微囊藻属(藻类植物)
ミクロわれ【～割】microcrack 毛细裂缝,细微裂纹
ミクロン micron 微米
みこし【見越】background setting 配景,陪衬,衬景
みこしのき【見越の木】background woody plants 衬景树木
みこみ【見込】depth（侧面)深度,进深
みこみしろ【見込代】allowance（加工)余量,容限,留量,裕量
みしていち【未指定地】non-designated area 未拨用地,待定用地
みしょうがき【実生垣】seedling hedge 播种绿篱
みしょうなえ【実生苗】seedling 实生苗,幼苗,苗木
みしりしあげ【みしり仕上】凿子琢面
みじん【微塵】细碎草筋
みじんこ【微塵粉】(刷墙用)微细石粉
みじんこるい【微塵子類·水蚤類】cladocera 枝角类,水蚤,红虫
みじんずさ【微塵苆】细碎草筋
みず【水】water,level,level line 水,水平,水平线
みずあか【水垢】deposit 水垢,水锈
みずあかけいすう【水垢係数】scale factor,fouling factor 水垢系数
みずあげいし【水揚石】洗手钵旁的石阶
みずあげぎゃくどめべん【水揚逆止弁】check valve for water supply system 压力管止回阀
みずあげげんあつべん【水揚減圧弁】reducing valve for water supply system 压力管减压阀
みずあげこうじ【水揚工事】pumping work 抽水工程
みずいと【水糸】leveling string（放线用)水平细线,水平细绳,小线
みずうけいし【水受石】(庭园瀑布口的)承瀑石
みずうみ【湖】lake 湖
みずエジェクター【水～】water ejector 水喷射器
みずおちいし【水落石】(庭园瀑布口的)跌瀑石
みずおちぐち【水落口】落水承石,落水承台,落水口
みずがえこうほう【水替工法】drainage 排水(施工)法
みずかえし【水返】back board,flashing 返水,返水挡条,披水,披水条
みずがえしこうばい【水返勾配】weathering（窗台等)泻水坡度,排水坡度
みすがき【御簾垣】细竹篱笆
みずがき【瑞垣·瑞籬】神社建筑的内围墙
みずかび【水黴】Saprolegnia 水霉属(菌类植物)
みずガラス【水～】water-glass 水玻璃,硅酸钠
みずがれ【水枯】water famine 干旱,水荒
みずき【水木】Cornus controversa[拉],giant dogwood[英] 灯台树,瑞木
みずぎめ【水極】(种树的)浇水固土
みずきり【水切】throating,water drip 滴水槽,滴水沟,披水屋檐
みずきりいた【水切板】throating plate,flashing 披水板
みずきりこうばい【水切勾配】weathering（窗台等)泻水坡度,排水坡度
みずきりだい【水切台】drain board 滴水板,泻水板
みずきりみぞ【水切溝】throating,water drip 滴水槽,滴水沟
みずぐい【水杭】leveling peg,stake 标桩,放线桩,放线板用桩
みずくうきひ【水空気比】water air ratio 水(空)气比

**みずぐちまど** 【水口窓】(厨房外墙上开设的)取水窗口

**みずクッション** 【水～】 water cushion 水垫

**みずくり** 【水繰】 凹线(水平构件或配件的顶面或底面部分凹入的线脚,栏杆地袱兼起排水作用的通长凹线面)

**みずげきじょう** 【水劇場】 water theatre (意大利巴洛克庭园利用水力产生各种音响效果的)水声剧场

**みずこうかん** 【水交換】 water exchange 水交换

**みずこうばい** 【水勾配】 slope of water 流水坡度,排水坡度

**みずさいばい** 【水栽培】 water culture 水培养,液体培养

**みずジェット・コンデンサー** 【水～】 water-jet condenser 喷水冷凝器

**みずしげん** 【水資源】 water resources 水资源

**みずしげんかいはつ** 【水資源開発】 water resources development 水资源开发

**みずしげんりようけいかく** 【水資源利用計画】 水资源利用规划

**みずじめ** 【水締】 water binding, hydraulic filling 洒水固结,水结,注水粘固,水力填土

**みずしめし** 【水湿】 (砌砖前)浸水,洒水,施水

**みずしめマカダム** 【水締～】 water bound macadam 水结碎石,水结碎石路

**みずしゅうししき** 【水収支式】 water balance formula 水平衡公式

**みずじゅんかん** 【水循環】 water circulation 水的循环

**みずしょうかき** 【水消火器】 water extinguisher 水灭火器

**みずしょうひりょう** 【水消費量】 water consumption 用水量

**みずしょり** 【水処理】 water treatment 水处理

**みずシール** 【水～】 water sealing 水封

**みずじるし** 【水印】 木工对口记号

**みずすみ** 【水墨】 level line mark 木工对口记号

**みずセメントひ** 【水～比】 water-cement ratio 水灰比

**みずそんしつ** 【水損失】 water loss 水(量)损失

**みずたたき** 【水叩】 apron 防冲铺砌,护床

**みずたて** 【水建】 脚手架上的斜撑杆

**みずため** 【水溜】 reservoir, storage reservoir 蓄水池,水槽,水池

**みずたれ** 【水垂】 weathering[英], wash[美] (窗台等)泻水坡度,排水坡度

**みずたれこうばい** 【水垂勾配】 weathering, weathered slope[英], wash[美] (窗台等)泻水坡度,排水坡度

**みずタンク** 【水～】 water tank 水池,水箱

**みずタンクとう** 【水～塔】 water tower 水塔

**みずとうりょう** 【水当量】 water equivalent 水当量

**みずとぎ** 【水研】 sandpapering with water 水磨(喷漆前蘸水打磨)

**ミスト・セパレーター** mist separator 除雾器,湿气分离器

**みずとり** 【水取】 (屋面、楼地面的)排水

**みずとりこうばい** 【水取勾配】 排水坡度

**みずなわ** 【準縄】 leveling string (放线用)水平细线,水平细绳,小线

**みずにわ** 【水庭】 water garden 水面庭园,水景庭园(以池泉为主题的庭园)

**みずぬき** 【水貫】 batte board 放线板,龙门板

**みずぬき** 【水抜】 draw-off, scupper, drain hole 泄水,排水,排水孔,泄水口

**みずぬきこう** 【水抜坑】 drainage heading (隧道的)排水洞

**みずぬきトンネル** 【水抜～】 drain tunnel 排水隧洞

**みずねつげんヒート・ポンプほうしき** 【水熱源～方式】 water source heat pump system 水源热泵方式

**みずのあじ** 【水の味】 taste of water 水味

**みずのきょしてきぶんせき** 【水の巨視的分析】 macroscopical analysis of water

水的外观分析
みずのなみ 【水の波】 water wave 水波
みずのみき 【水飲器】 drinking fountain 饮水器
みずのみば 【水飲場】 public drinking fountain 公共饮水处
みずはきぐち 【水吐口】 (庭园或下水的)排水口,出水口
みずばけ 【水刷毛】 蘸水毛刷
みずばち 【水鉢】 saucer (树木根部周围的)碟形浇水坑
みずばり 【水張】 watering 喷水铺贴图纸
みずばりき 【水馬力】 water horse power 抽水马力
みずぶそく 【水不足】 water shortage 缺水
みずふんしゃ 【水噴射】 water jet 水力喷射
みずぶんせき 【水分析】 water analysis, wet mechanical analysis 水分析,(粒径级配的)比重计分析(法),沉淀分析(法)
みずふんむしょうかせつび 【水噴霧消火設備】 water spray extinguishment facilities 喷水消火设备
みずふんむせつび 【水噴霧設備】 air washer 喷水设备,洒水设备,净化淋水设备,空气洗涤器
みずべん 【水弁】 water valve 水阀,水门
みずみがき 【水磨】 rubbing 石材表面研磨,水磨
みずめきどい 【水抜樋】 drain (厨房、浴室等的)排水管
みずもり 【水盛】 leveling 抄平,水准测量
みずもりすいへいき 【水盛水平器】 water level 水准器
みずもりだい 【水盛台】 水槽水准器,水鸭子
みずもりやりかた 【水盛遣形】 leveling 抄平放线,水准测量
みずや 【水屋】 (社寺建筑前院的)洗手用水庭,(茶室角隅处设置的)洗茶具处,供水小屋
みずろか 【水濾過】 water filtration 水的过滤
みずわけいし 【水分石】 (庭园瀑布口的)分瀑石
みずわれ 【水割】 木材的自然裂缝,裂缝木料
みせ 【店·見世】 商店,店铺
みせいこうじ 【未成工事】 uncompleted construction 未竣工工程,未完工程
ミセル micelle 胶态粒子,胶粒,胶束
みぞ 【溝】 groove, gutter, drain, sewerage, ditch 沟,槽,切口,轨槽,水沟,水渠
みぞがし 【溝樫】 防磨橡木
みぞがたこう 【溝形鋼】 channel 槽钢
みぞがたとうかん 【溝形陶管】 channel tile pipe 槽形陶管
みぞがんな 【溝鉋】 plough plane, grooving plane (木工)开槽刨,起槽刨
みぞきり 【溝切】 grooving tool (土样上)划沟器
みぞきりこうほう 【溝切工法】 grooving (路面)刻槽防滑施工法
みぞきりのこ 【溝切鋸】 drunken saw, grooving saw 开槽锯
みぞくるま 【溝車】 grooved pulley 槽轮,三角皮带轮
みぞつきごうはん 【溝付合板】 槽纹胶合板
みぞつきざがね 【溝付座金】 slotted washer 开口垫圈,长圆孔垫圈
みぞほりき 【溝彫機】 grooving machine 刻槽机,切缝机
みぞほりき 【溝掘機】 ditcher, trench digger, trench excavator 挖沟机,挖槽机
みぞようせつ 【溝溶接】 slot welding 槽焊
みださないつち 【乱さない土】 undisturbed soil 未扰动土,原状土
みだされたしりょう 【乱された試料】 disturbed sample 扰动样品,非原状样品,扰动土样
みだされないしりょう 【乱されない試料】 undisturbed sample 未扰动样品,原状样品,未扰动土样

**みだしたつち** 【乱した土】 disturbed soil 扰动土,非原状土
**みだれ** 【乱】 turbulence 紊流,湍流
**みだれうんどう** 【乱運動】 turbulent motion 紊流运动,湍流运动
**みだれえだ** 【乱枝】 tangled shoots 乱生枝,乱枝
**みだれじき** 【乱敷】 crazy paving 乱铺
**みだれながれ** 【乱流】 turbulent flow, eddy flow 紊流,湍流
**みだれのけいすう** 【乱の係数】 turbulent factor 紊流系数,湍流系数
**みちいた** 【道板】 铺道板,脚手板
**みちならしき** 【道均機】 blade grader 平路机,平地机
**みちぶしん** 【道普請】 road-repair, road-mending 道路修补,修路
**みつあしぎり** 【三足錐】 三刃锥
**みつおりのかね** 【三折の曲尺】 三等分折尺
**みつき** 【見付】 face, width, face measure (建筑物的)正面,立面,(正面)宽度
**みつけめんせき** 【見付面積】 apparent area 外表面积,外观面积,立面面积
**みつじゅう** 【密住】 crowded dwelling 密集居住
**みっしゅうかいはつ** 【密集開発】 compact development 密集开发,稠密发展
**みつしょうじゅうじかん** 【三承十字管】 three-socket cross pipe 三承十字管,三承四通
**みつしょうちょうじかん** 【三承丁字管】 three-socket tee fitting 三承丁字管,三承三通
**みつしょく** 【密植】 dense planting, close planting 密植,密播
**ミッションがたがわら** 【～型瓦】 mission tile 阴阳瓦,半圆形截面瓦
**みっせつきょり** 【密接距離】 intimate distance (建筑物间)密接距离
**みつだそう** 【密陀僧】 litharge 密陀僧,铅黄,一氧化铅
**みつつばじゅうじかん** 【三鍔十字管】 three-collar cross pipe 三盘十字管,三盘四通
**みつつばちょうじかん** 【三鍔丁字管】 three-collar tee fitting 三盘丁字管,三盘三通
**みつど** 【三斗】 一枓三枡
**みつど** 【密度】 density 密度
**みつどうべん** 【三道弁】 three-way valve 三通阀
**みつどぐみ** 【三斗組】 一枓三枡
**みつどこうぞう** 【密度構造】 density structure (城市)密度结构
**みつどちく** 【密度地区】 density district 建筑密度限制区
**みつどもえ** 【三巴】 圆内三卷涡纹
**みつどりゅう** 【密度流】 density current 密度流,异重流
**みつどろん** 【密度論】 theory of population density 人口密度理论
**みつばなげぎょ** 【三花懸魚】 (左、右、下三向花样相同的)三花悬鱼
**みっぺいあっしゅくき** 【密閉圧縮機】 enclosed compressor 密闭压缩机
**みっぺいかいろ** 【密閉回路】 closed circuit 闭合电路
**みっぺいがたれいとうき** 【密閉形冷凍機】 enclosed refrigerator 封闭式制冷机
**みっぺいきゅうすいヒーター** 【密閉給水～】 closed feed water heater 封闭给水加热器
**みっぺいしきさいじゅんかんほうしき** 【密閉式再循環方式】 closed recirculation system 闭合再循环方式
**みっぺいスプレーしきれいきゃくき** 【密閉～式冷却器】 enclosed spray type cooler 密闭喷雾式冷却器
**みつまた** 【三又】 tripod derrick 三脚起重架
**みつまたがわら** 【三又瓦】 Y-type roof tile 三叉瓦,Y形瓦(脊高相同集中于一处的三块瓦)
**みつもり** 【見積】 estimation, cost estimate 估算,预算,概算
**みつもりあわせ** 【見積合】 估算比较
**みつもりかかく** 【見積価格】 estimated amounts, estimated value 预算价格,估计价格

みつもりきかん 【見積期間】 period of estimate 估算期间,预算期间
みつもりげんかけいさん 【見積原価計算】 estimated cost account 预算成本计算
みつもりしょ 【見積書】 written estimate, estimate sheet 概算书,估算书,预算书
みつもりじょうけん 【見積条件】 terms of estimate (设计图纸以外的)估算条件,预算条件,预算项目
みつもりしりょう 【見積資料】 data of estimate 预算资料
みつもりず 【見積図】 drawing for estimate 预算图,概算图
みつもりせいど 【見積精度】 estimate accuracy 估算精度,概算精度
みつもりようこう 【見積要項】 terms of estimate 预算项目,估算项目
みつりゅうどアスファルト・コンクリート 【密粒度～】 dense-graded asphalt concrete 密级配沥青混凝土
みつろう 【密蠟】 beeswax 蜜蜡,蜂蜡
みつわりまど 【三割窓】 上下推拉三扇窗(窗扇分上、中、下三段,可以竖向推拉)
ミーティング・ハウス meeting house (基督教教友会的)聚会所
みとおしくかん 【見通区間】 section of highway ahead visible to the driver 司机通视路段
みとおしせん 【見通線】 vista 透景线,树列透景
みどりいろのも 【緑色の藻】 green alga 绿藻
みとりず 【見取図】 pictorial drawing, sketch drawing 透视图,草图,略图
みどりつみ 【緑摘】 buds off 摘芽,剥芽
みどりみち 【緑道】 pedestrian parkway, green belt 公园化的步行道,绿带
みどりむし 【緑虫】 Euglena 眼虫属
みなづち 【水槌】 water hammer 水击,水锤
みなづちポンプ 【水槌～】 water hammering pump 水力泵,水压扬汲机
みなとまち 【港町】 port town 港口城市
みなまたびょう 【水俣病】 Minamata disease 水俣病,甲基汞中毒症
ミナール minar 灯塔,望塔
ミナレット minaret (清真寺内的)光塔
みなわ 【水泡·水沫】 bubble 水泡,气泡
ミニアム minium 红丹,铅丹,四氧化三铅
ミニ・コンピューター mini-computer 小型计算机,微型计算机
ミニプラント mini-plant 小规模实验装置,小型实验装置
ミネラル・ウォーター mineral water 矿质水,矿泉水
ミネラル・ウール mineral wool 矿棉
ミネラル・スピリット mineral spirit 矿精溶剂,矿油精
ミネラル・ラバー mineral rubber 矿质像胶
みのうしゅくユリアじゅしせっちゃくざい 【未濃縮～[urea]樹脂接着剤】 未浓缩尿素树脂粘合剂
みのがみ 【美濃紙】 美浓纸(日本美浓出产的厚裱糊纸)
みのき 【三軒】 三重檐
みのこう 【箕甲】 博缝板上端封檐的曲面
みのづか 【蓑束】 蓑形的直料
みのばり 【蓑張】 (糊墙纸)半张搭接裱糊法,半幅搭接裱糊法,蓑衣式裱糊法
ミハエリスがたまげしけんき 【～型曲試験機】 Mihaelis bending test machine 米哈耶利斯式抗弯强度试验机
みはらしだい 【見晴台】 gazebo 阳台,眺台,望台,露台
ミヒラブ mihrab[阿] 清真寺中的壁龛
みほん 【見本】 sample 样品,样本,取样,抽样
みまわし 【見回】 (由正面向侧面的)环绕,交圈
みみいし 【耳石】 耳石,踏步边石,石阶侧石
みみげた 【耳桁】 outside girder (桥的)最外侧大梁,边梁
みみしば 【耳芝】 fringe sod 边缘草皮
みみつきいす 【耳付椅子】 winged chair, wing chair, winged easy chair, saddle check (可以挡风、靠头的)高背椅子

**みもの** 【実物】 fruit ornamental 果实观赏树
**みや** 【宮】 palace 宫殿,宫邸
**みゃくどう** 【脈動】 microseism 微震,脉动
**みゃくどうようせつ** 【脈動溶接】 pulsation welding 脉冲焊接
**みゃくらくしせつ** 【脈絡施設】 network of services 服务网,服务设施网
**みゃくり** 【脈理】 grain 脉络,脉纹,纱理,玻璃波筋
**みやこどり** 【都鳥】 游鸟纹样
**みやますかし** 【深山透】 natural form training (of tree) 修整成自然树形
**ミュージック・ストゥール** music stool (演奏用)琴凳(椅)
**ミュージック・ホール** music hall 音乐厅,音乐会场,(英)杂耍剧场
**ミューテュール＝ムトゥルス**
**ミュニシピウム** municipium[拉] 城市,市政厅,(古罗马)自由市
**ミュンスター** Münster[德] 大教堂,修道院
**みょうちょうじゅうさんりょう** 【明朝十三陵】 (15～17世纪中国北京)明十三陵
**みょうばん** 【明礬】 alum 矾,明矾
**みらいとし** 【未来都市】 visionary city, future city 未来城市(未来主义理想新城市)
**みらいは** 【未来派】 Futurism (20世纪初期意大利建筑的)未来派
**ミラードてい** 【～邸】 Millard House (1921～1923年美国加州帕萨迪纳)米拉德住宅(赖特作品)
**ミラーのしき** 【～の式】 Miller's formula 米勒公式,排水管道最大流量计算公式
**ミラノだいせいどう** 【～大聖堂】 Duomo, Milano[意] (14世纪意大利)米兰大教堂
**ミラノ・トリエンナール** Triennale di Milano[意] (1924～1957年在意大利举行的三年一度)米兰展览会(包括工艺、建筑等)
**ミラー・ボール** mirror ball 小型球面反射镜
**ミリセコンドらいかん** 【～雷管】 millisecond detonator 毫秒雷管
**ミリバール** millibar 毫巴
**ミリホト** milliphot(mph) 毫辐透(照度单位)
**みりようち** 【未利用地】 unused land 未用地
**ミリランベルト** millilambert 毫朗伯(亮度单位)
**ミリリットル** milliliter 毫升(c.c.)
**ミル** mill 磨机,碾磨机,轧钢机,制造厂
**ミルク・カゼイン** milk-casein 乳酪朊
**ミル・シート** mill sheet 制造工艺规程表,制造厂产品记录
**ミル・スケール** mill scale 轧制氧化皮,轧制铁鳞,轧制氧化薄膜,二次铁鳞
**ミルトン・ロイ・ポンプ** Milton Roy pump 米尔通·罗伊泵(商)(高精度定量泵)
**ミル・ボード** mill board 碾压板(指石棉板、木丝板、菱苦土板等)
**みろすい** 【未濾水】 unfiltered water 未滤水,滤前水
**みんか** 【民家】 民居
**みんかんけいやく** 【民間契約】 private work contract 民间工程合同
**みんかんこうじ** 【民間工事】 private work 民间工程
**みんしゅうげいじゅつ** 【民衆芸術】 folk art, folk craft, folk handicraft 民间艺术
**ミンバール** minbar[阿] 清真寺中讲经坛

## む

むあつトンネル 【無圧～】 non-pressure tunnel 无压风洞
むえいしょうめいとう 【無影照明灯】 shadowless operating light 无影灯
むえいとう 【無影灯】 shadowless operating light 无影灯
むえんたん 【無煙炭】 anthracite coal 无烟煤
むえんたんろかき 【無煙炭濾過機】 anthracite filter 无烟煤滤料滤器,无烟煤滤料滤池
むえんねんしょう 【無煙燃焼】 smokeless combustion 无烟燃烧
むか 【霧化】 atomization 雾化,喷雾
むかいあわせはいち 【向合配置】 double layout 对面布置,双面布置
むかいあわせはいれつ 【向合配列】 opposite arrangement (路灯)两侧相对排列
むかいからもん 【向唐門】 正面和背面有卷棚博缝的大门
むかおんおでいしょうかタンク 【無加温汚泥消化～】 unheated sludge digestion tank 不加温污泥消化池
むかおんしょうかほう 【無加温消化法】 non-heating anaerobic digestion 不加温消化法
むかじゅう 【無荷重】 no-load 无载
むかでコンベヤー 【百足～】 scraper conveyer 刮板式输送机
ムガールちょうけんちく 【～朝建築】 architecture of the Mogul Empire, architecture of Mughal Empire (印度)莫卧儿帝国(或蒙兀儿王朝)建筑
むき 【向】 direction 方向,方位,指向
むきえいようえんるい 【無機栄養塩類】 inorganic nutritive salts 无机营养盐(类)
むきえいようせいさいきん 【無機栄養性細菌】 autotrophic bacteria 自养菌,无机营养菌
むきか 【無機化】 inorganization 无机化(作用)
むきかんでいちょうせいざい 【無機罐泥調整剤】 inorganic boiler sludge conditioner 无机锅泥调节剂,无机锅炉沉淀物调节剂
むきがんりょう 【無機顔料】 inorganic pigment 无机颜料
むきぎょうしゅうほじょざい 【無機凝集補助剤】 inorganic coagulant aid 无机助凝剂
むきしつせんいばん 【無機質纖維板】 inorganic fiber board 无机纤维板
むきしつど 【無機質土】 inorganic soil 无机土,无机质土
むきしつひりょう 【無機質肥料】 inorganic fertilizer 无机肥料
むきしつふしょくよくせいざい 【無機質腐食抑制剤】 inorganic corrosion inhibitor 无机防腐剂
むきすいぎんかごうぶつ 【無機水銀化合物】 inorganic mercury compound 无机汞化合物
むきすいぎんざい 【無機水銀剤】 inorganic mercury chemicals 无机汞剂
むきどうでんしゃ 【無軌道電車】 trolley bus 无轨电车
むきはいすい 【無機廃水】 inorganic wastewater 无机废水
むきひそざい 【無機砒素剤】 inorganic arsenic chemicals 无机砷剂
むきぶっしつ 【無機物質】 inorganic matter 无机物
むきベニヤ 【剝～】 rotary cutting veneer 镟切单板
むきや 【剝屋】 剥砍树皮工,剥皮作坊
むきようかいせいぶっしつ 【無機溶解性物質】 inorganic dissolved substance 无机溶解性物质

**むきょうしつ** 【無響室】 anechoic room, anechoic chamber 消声室,无回声室
**むきんコンクリート** 【無筋～】 plain concrete 素混凝土,无筋混凝土
**むきんコンクリート・アーチ** 【無筋～】 plain concrete arch 素混凝土拱
**むきんコンクリートぞう** 【無筋～造】 plain concrete construction 素混凝土结构,无筋混凝土结构
**むきんしつ** 【無菌室】 无菌室
**むくげ** 【木槿】 Hibiscus syriacus[拉], Shrubby althea[英] 木槿
**むくのき** 【椋の樹】 Aphananthe aspera [拉],Scarbrous aphananthe[英] 糙叶树,朴树
**むくり** 【起】 camber 起拱,凸线,凸面,下卷,反挠度
**むくりはふ** 【起破風】 camber gable, camber barge-board 下卷式博缝板,弓形博缝板
**むくりばり** 【起梁】 cambered beam 拱形梁,上弯梁,上凸梁
**むくりやね** 【起屋根】 camber roof 弓形屋面
**むげんきどうつきクレーン** 【無限軌道付～】 crawler crane, caterpillar crane 履带起重机
**むげんていくうかん** 【無限定空間】 universal space 通用空间,多用空间,灵活空间
**むこうがいエンジン** 【無公害～】 pollution-free engine 无污染发动机
**むこうがいさんぎょう** 【無公害産業】 non-polluting industry 无公害工业
**むこうからもん** 【向唐門】 正面和背面有卷棚博缝的大门
**むこうしきアーチ** 【無鉸式～】 hingeless arch 无铰拱,固定拱,固端拱
**むこうちょすいようりょう** 【無効貯水容量】 dead storage 无效蓄水量,死库容
**むこうづま** 【向妻】 正面山墙式(山墙面作为主出入口的形式),正面博缝板式
**むこうでんりょく** 【無効電力】 reactive power 无功功率
**むこうまちのみ** 【向待鑿】 窄刃凿
**むさいしょく** 【無彩色】 achromatic colour 中和色,消色差颜色
**むしくい** 【虫食】 worm channel, worm hole 蛀孔,蛀眼,剥釉
**むじげん** 【無次元】 non-dimensional 无量纲,无因次
**むじげんけいすう** 【無次元係数】 non-dimensional coefficient 无量纲系数,无因次系数
**むしこうせいマイクロホン** 【無指向性～】 omnidirectional microphone, non-directional microphone, astatic microphone 无定向传声器,全向话筒
**むしていち** 【無指定地】 non-designated area 未拔用地,未指定地
**むしゃだち** 【武者立】 多枝干灌木树形
**むしゃまど** 【武者窓】 望窗(粗框竖棂横窗)
**むしゅうきうんどう** 【無周期運動】 aperiodic motion 非周期(性)运动
**むしゅうきしんどう** 【無周期振動】 aperiodic vibration 非周期(性)振动
**むしゅうしゅくセンメト** 【無收縮～】 non-shrink cement 无收缩水泥,膨胀水泥
**むしゅうすい** 【無臭水】 odourless water 无臭水,无气味水
**むしょうしきゅうざいりょう** 【無償支給材料】 supplied material 供给材料,供应材料
**むしろ** 【莚·蓆】 mat, straw-mat 席,草席
**むしろようじょう** 【莚養生】 草席养护
**むじんしつ** 【無塵室】 clean room 无尘室,净化室
**むじんそうこ** 【無人倉庫】 (由计算机管理的)无人仓库
**むじんそうち** 【無塵装置】 cleaning apparatus 除尘装置,净化设备
**むすいアンモニア** 【無水～】 anhydrous ammonia 无水氨
**むすいけいさん** 【無水珪酸】 silicic (acid) anhydride 硅(酸)酐,二氧化硅
**むすいせっこう** 【無水石膏】 anhydrous gypsum 无水石膏
**むすいせっこうプラスター** 【無水石膏～】

anhydrous gypsum plaster 烧石膏粉刷,无水石膏灰浆

むすいたんさん【無水炭酸】carbon dioxide 二氧化碳

むすいたんさんソーダ【無水炭酸～】anhydrous sodium carbonate 无水碳酸钠

むすいぶつ【無水物】anhydride 酐,脱水物

むすいりゅうさん【無水硫酸】sulphuric anhydride,sulfur trioxide 三氧化硫,硫酐

むせいはんしょく【無性繁殖】asexual propagation 无性繁殖

むせつごうかん【無接合管】jointless (steel) pipe 无缝钢管

むせってんスイッチ【無接点～】non-contacting switch 无触点开关

むせんきょく【無線局】radio station 广播电台

むせんでんきょく【無線電局】wireless station 无线电通讯台

むせんとう【無線塔】radio tower 无线通讯塔

むそう【無双】自由移动的配件,内外都用同样材料制作的器具

むそうおんくいこうほう【無騒音杭工法】noiseless pile driving method 无噪声打桩法

むそうけんちく【無窓建築】windowless building 无窗建筑物

むそうこうじょう【無窓工場】windowless factory 无窗工厂,无窗车间

むそうまど【無双窓】hit and miss window 双道通风窗

むだんへんそくき【無段変速機】stepless speed change device 无级变速器

むちゅうしき【無柱式】astylar 正面无柱式(建筑)

ムーディせんず【～線図】Moody's chart 穆迪线图

むてさき【六手先】出六跳

ムトゥルス mutulus[拉](西方古典建筑多利安柱式的)檐口底托石

ムードしょうめい【～照明】mood lighting 气氛照明

ムトン mouton[法](打桩机的)落锤

むながわらどめ【棟瓦止】脊瓦固定(脊瓦用铁丝系紧)

むなぎ【棟木】ridge pole,ridge beam 脊木,扶脊木,脊桁,脊檩,栋梁

むなづか＝むねづか

むね【棟】ridge 脊,屋脊

むねあげしき【棟上式】framing completion ceremony 上梁仪式,屋架完成仪式

むねかざり【棟飾】ridge ornament 脊饰

むねかべ【胸壁】parapet 胸墙,护墙,女儿墙,栏杆

むねがわら【棟瓦】ridge tile 脊瓦

むねすみがわら【棟隅瓦】ridge corner tile 脊角瓦,脊端瓦

むねだか【棟高】building height (up to ridge) 房高(由地坪至屋脊的高度),脊高

むねづか【棟束】post under ridge pole 脊檩下支柱,脊瓜柱

むねづつみ【棟包】包脊(用瓦或金属板包裹起来的屋脊)

むねリブ【棟～】ridge-rib (拱顶的)脊肋

むはかいしけんほうほう【無破壊試験方法】non-destructive inspection method 非破损试验法

むはんしゃガラス【無反射～】non-reflection glass 防反射玻璃,不反射玻璃

むひほうアークようせつ【無被包～溶接】no-gas open arc welding 无气体保护焊接

ムービング・コイル・マイクロフォン moving-coil microphone 动圈式话筒,电动传声器

むふかどうりょくしょうひりょう【無負荷動力消費量】no-load power consumption 空载功率消耗

ムーブマン mouvement[法] 运动,活动,动感,生动

むへきラーメン【無壁～[Rahmen德]】non-walled rigid frame,rigid frame without wall 无墙刚架,无壁刚架,无墙

框架

**むほごうつりばし** 【無補剛吊橋】 unstiffened suspension bridge 未加劲悬(索)桥,柔式吊桥

**むみ** 【無味】 tasteless 无味

**むめ** 【無目】 transom 门窗口的中槛,门窗口的横档

**むゆうがわら** 【無釉瓦】 unglazed roofing tile 素烧瓦,无釉瓦

**むゆうじき** 【無釉磁器】 unglazed porcelain 素瓷,素烧陶瓷制品

**むゆうタイル** 【無釉～】 unglazed tile 素烧瓷砖,无釉瓷砖

**むようざいワニス** 【無溶剤～】 solventless varnish 无溶剂清漆,聚酯树脂涂料

**むら** 【村】 village 村庄

**むら** 【斑】 spots 斑纹,斑点

**ムライト** mullite 莫来石

**むらきり** 【斑切】 brushing,leveling (油漆)刷平,刷匀

**むらさきはしどい** 【紫丁香花】 Syringa vulgaris[拉],Common lilac[英] 西洋丁香,欧丁香

**むらとり** 【斑取】 leveling,leveling planer 整平,刮平,修平,整平刨,刮平刨

**むらとりかんなばん** 【斑取鉋盤】 leveling planer 木工刨床

**むらなおし** 【斑直】 dubbing out (抹灰底层)修整,找平,抹平

**ムリオン** mullion (窗扇的)直棂

**むりょうばん** 【無梁版】 flat slab 无梁楼板,平板

**むりょうばんこうぞう** 【無梁版構造】 flat-slab construction (有托座)无梁楼板结构

**むろ** 【室】 房间,室,住房,(神社的)后殿

**むんちゅうばか** 【門中墓】 同族坟墓

# め

め 【目】 缝,缝隙,纹,纹理,眼,网眼,齿,孔齿,格,点,序号

めあらし 【目荒】 (抹灰底层)划纹

メアンダー meander 回纹饰,波纹饰,曲径,羊肠小道

めいあんほう 【明暗法】 shading 明暗法,阴影法

めいえん 【迷園】 maze,labyrinth 迷园

めいきょはいすい 【明渠排水】 open ditch drainage 明沟排水

めいさい 【明細】 details,specification 详图,说明

めいさいしょ 【明細書】 specification, details 明细表,说明,数据表

めいしのきょり 【明視の距離】 distance of distinct vision 明视距离

めいしや 【明視野】 bright field,light field 明视场,亮视场

メイジャー・オーバーホール major overhaul 大修(理),总检修

めいじゅんのう 【明順応】 light adaptation (视觉的)明适应

めいしょ 【名所】 famous scenic spot 名胜(地),古迹

めいしょう 【名勝】 famous scenic spot 名胜(地)

めいしょく 【明色】 light colour 亮色

めいしょくアスファルト・タイル 【明色～】 light colour asphalt tile 淡色沥青砖

めいしょくこつざい 【明色骨材】 light-coloured aggregate (人造)白色骨料

めいしょし 【明所視】 photopic vision 明视觉(正常人眼适应几个坎德拉每平米以上的光亮度时的视觉)

めいしろん 【明視論】 science of seeing 视感理论,明视理论

めいそう 【明層】 clerestorey 高侧窗,(教堂侧廊顶上的)纵向天窗或气楼

めいそうちでんりゅう 【迷走地電流】 stray earth current 杂散泄地电流

めいた 【目板】 batten,panel strip,butt strap 压缝条,盖缝条,嵌板,嵌条,对接搭板,对接盖板

めいたがわら 【目板瓦】 shingles with panel strips 压缝平板瓦

めいたつぎて 【目板継手】 panel strip joint 盖缝条接合,嵌板接合

めいたはぎ 【目板矧】 panel strip joint 盖缝条接合,嵌板接合

めいたばめ 【目板羽目】 battened panel 有压缝条的木墙板

めいたばり 【目板張】 钉压缝条

めいちく 【銘竹】 特种竹

めいちょうおう 【明調応】 light adaptation (视觉的)明适应

めいど 【明度】 value,lightness 明度

めいどたいひ 【明度対比】 value contrast 明度对比

めいどちょうわ 【明度調和】 value harmony 明度调合,明度谐调

めいぼく 【銘木】 precious wood,fancy wood,choice wood 贵重木材

めいりょうど 【明瞭度】 articulation (声的)清晰度

めいりょうどしけん 【明瞭度試験】 articulation test 清晰度试验

めいりょうどしすう 【明瞭度指数】 index of articulation 清晰度指数

めいりょうどのていかりつ 【明瞭度の低下率】 reduction of articulation 清晰度降低系数

メイル・シュート mail chute (高层建筑各层所设的)邮件投递滑筒

めいれいレジスター 【命令～】 instruction register 指令寄存器

めいろえん 【迷路園】 maze,labyrinth 迷园

めいろしきしゅうじんき 【迷路式集塵機】 staggered channel separator 交错槽式

除尘器
**メイン・エントランス** main entrance 主要入口,总入口
**メイン・ガバナー** main governor 主调压器,总调节器
**メイン・コックべん** 【～弁】 main-cock valve 主旋塞阀
**メインテナンス** maintenance 维持,维护,维修,保养,保管,养护
**メインテナンス・コスト** maintenance cost 维修费
**メイン・トラップ** main trap 总存水弯
**メイン・ルーチン** main routine 主程序
**めうち** 【目打】 center punching 冲心,中心冲孔,中心冲眼
**めおとづか** 【夫婦束】 queen post 双柱,双竖杆
**めおとてんば** 【夫婦天端】 砌石顶部,用五角石砌顶
**めおとまど** 【夫婦窓】 mullion window, double window 双联窗
**メガー** meger 兆欧计,高阻计,摇表,迈格表
**めかくし** 【目隠】 screen, enclosure 遮屏,屏蔽,围墙
**めかくしべい** 【目隠塀】 screen wall 遮挡墙,隐蔽墙
**めかすがい** 【目鎹】 clamp 带孔扒钉
**めかすがいづり** 【目鎹吊】 用U形钉加固斜接面
**メカニカル・ガバナー** mechanical governor 机械调速器,机械调节器
**メカニカル・ジョイント** mechanical joint 机械式接头
**メカニカル・シール** mechanical seal 机械密封
**メカニカル・シールド** mechanical shield (开挖隧道用)机械盾构
**メカニカル・スクリーン** mechanical screen 机动筛,机动滤网
**メカニカルつぎて** 【～継手】 mechanical joint (铸铁管)法兰接头,螺栓接合
**メカニカル・ハンドリング** mechanical handling 机械装卸(运输)
**メカニカル・レンチ** mechanical wrench 机动扳手,机动扳子
**メカニズム** mechanism 机构,机械装置,机械构造,机械学,机理
**めがねばし** 【眼鏡橋】 (日本江户时代的)石造拱桥(由中国僧人如定传来的技术)
**めかぶ** 【雌株】 female plant 雌株
**メガフォン** megaphone 扩音器,喇叭筒,喊话器
**メガホン**＝**メガフォン**
**メガメーター** megameter 高阻表,迈格表,兆欧表
**メガロポリス** megalopolis 特大城市,巨型城市群,大都市连绵区
**メガロン** megaron[希] (古代迈西尼宫殿的)起居室,(古希腊神庙的)内殿
**めがわら** 【雌瓦】 channel tile, concave tile 牝瓦,仰瓦
**めぎ** 【女木】 有卯眼的木构件
**メキシコけんちく** 【～建築】 Mexican architecture 墨西哥建筑
**めきれ** 【目切】 cross grain (木材的)斜行纹理,交叉斜纹
**メーク・アップ** make up 制作,制造,制备,装配,接通
**めくらアーケード** 【盲～】 blind arcade 装饰性拱廊(假拱廊)
**めくらかい** 【盲階】 blind story 暗楼,无窗楼层
**めくらかべ** 【盲壁】 blind wall 无窗墙,闷墙
**めくらげすい** 【盲下水】 stone-filled trench, French drain 盲沟排水
**めくらじ** 【盲地】 不临街的场地
**めくらつうき** 【盲通気】 blind vent 暗通气,隐蔽透气
**めくらつぎて** 【盲継手】 closed joint 密缝接头,密缝接合
**めくらつみ** 【盲摘】 (松树的)剥芽,摘芽
**めくらパネル** 【盲～】 blind panel 不开窗口的墙板
**めくらフランジ** 【盲～】 blank flange, blind flange 无孔法兰盘,堵塞法兰,管口盖凸缘
**めくらまど** 【盲窓】 blind window 假窗
**めくらめじ** 【盲目地】 closed joint 密

缝,瞎缝,磨砖对缝
めくられんじ 【盲連子】 blind lattice 假竖棂条(木板上做出竖棂条的形状)
めげがわら 【めげ瓦】 破瓦片
メザニン mezzanine 中二层,夹层,夹楼层
メザニン・フロア mezzanine floor 楼层夹层,夹层楼面
めじ 【目地】 joint 缝,接缝,(砖、石、砌块的)砌缝
めしあわせ 【召合】 meeting stile (门窗扇的)碰头,碰头边梃,合梃
めしあわせがまち 【召合框】 meeting stile (门窗扇的)碰头边梃,合梃
めしあわせぶち 【召合縁】 (门窗扇的)合梃的镶边
めじいた 【目地板】 performed joint filler 填缝板,嵌缝板,嵌缝料
めじかなもの 【目地金物】 metallic joiner 金属接缝条,金属接缝片
めじがね 【目地金】 metallic joiner 接缝条,(装饰用接缝的)金属条
めじかんかく 【目地間隔】 joint spacing (混凝土路面)接缝间距,接缝间隔
めじくそ 【目地糞】 (砌体)接缝淤灰
めじごしらえ 【目地拵】 pointing, jointing 修饰接缝,修整灰缝,勾缝
めじごて 【目地鏝】 pointing trowel 勾缝抹子,勾缝溜子
めじざい 【目地材】 joint filler 填缝料,嵌缝料
めじしあげ 【目地仕上】 joint finishing, jointing 勾缝
めじしば 【目地芝】 庭园石缝处植草,混凝土路面接缝处植草,间隙嵌草
めじなおし 【目地直】 rejointing 修整勾缝
めじはば 【目地幅】 width of joint (块状或板状材料砌合的)缝宽
めじばり 【目地張】 留边缝(约3 cm)铺种草坪
めじぼう 【目地棒】 jointer, joiner 接缝条,分缝条,饰缝条
めじぼり 【目地掘】 raking 修饰接缝,修整灰缝,刮缝,清除接缝积灰
めじや 【目地屋】 勾缝工
メージャー・ストラクチュア major structure (城市中的)重点结构,大型结构
メジャリング・ホッパー measuring hopper 定量(料)斗,计量斗
メジャリング・マーク measuring mark 测标
めじわり 【目地割】 joint plan 接缝划分,分缝
めすかし 【目透】 透眼,透孔,透条,透格
めすきど 【目透戸】 百页门,透缝门,透隙门
めすコーン 【雌~】 female cone (预应力混凝土后张法用)锥形锚楦的锚环
メス・マーク Mess mark[德],measuring mark[英] 测标
めずり 【目擦】 leveling 磨平,整平
メゾネット maisonettes 跃廊式公寓,跳层式公寓
メゾネットけいしき 【~形式】 maisonette type 跃廊式(公寓),跳层式(公寓)
メソポタミアけんちく 【~建築】 Mesopotamian architecture 美索不达米亚建筑
メーゾン・カレ Maison Carrée (公元前1世纪末在法国尼姆的古罗马)卡列神庙
メーソンリー masonry 圬工,砌筑,砌石工程
メーソンリーしたじ 【~下地】 masonry bed, masonry base 粉刷底层,抹灰底层
メーソンリー・セメント masonry cement 砌筑水泥,圬工用水泥
メーソンリー・モルタル masonry mortar 砌筑砂浆,圬工砂浆
メーター meter 仪表,测量仪表,计数器,米
めだけ 【女竹】 女竹,筱竹,山竹
メタセンター metacenter 定倾中心
メタセンターだかさ 【~高さ】 metacenter height 定倾中心高度
めたて 【目立】 set filling 磨锐锯齿,锉锯齿
メーター・ボックス meter box 仪表箱
メタボリズム metabolism 新陈代谢(日本

的建筑师在1960年东京世界设计会议时结成的小组所创造的建筑与城市规划的思想概念,从而成为该小组的名称)

めだま 【目玉】 wire thimble 钢丝绳垫环

メタリコンほう 【～法】 metalikon process 金属喷膜法,喷涂金属法

メタリック・パッキング metallic packing 金属(密封)填料,金属垫片

メタリック・ペイント metallic paint 金属涂料,金属油漆

メタル metal 金属,金属制品,合金

メタル・シーリング metal ceiling 金属顶棚

メタル・タッチつぎて 【～継手】 metal touch joint 金属接触面接合,顶紧传力接头

メタル・ハライド・ランプ metal-halide lamp 金属卤化物灯

メタル・フォーム metal form 金属模板

メタル・ペイント metallic paint 金属涂料,金属漆

メタル・ラス metal lath 金属网,钢丝网

メタル・ラスしたじ 【～下地】 metal lath base 金属网抹灰底层

メタル・ラッカー metallic lacquer 金属亮漆,金属喷漆

メタン methane 甲烷,沼气

メタン・ガス・ランプ methane gas lamp 沼气灯

メタンきん 【～菌】 methane bacteria 甲烷细菌

メタンはっこう 【～発酵】 methane fermentation 甲烷发酵

メチエ métier[法] 彩画法,施彩法,手艺,技巧

めちがい 【目違】 凸芯接合

めちがいつぎ 【目違継】 凸芯接合,凸芯接头

めちがいどめ 【目違留】 凸芯斜接

めちがいなおし 【目違直】 最后刨光,用细刨刨净地板表面

めちがいばらい 【目違払】 leveling 磨平,整平,打平

めちがいほぞ 【目違い枘】 凸芯榫

メチル・クロライド methyl chloride 氯代甲烷

メチルすいぎん 【～水銀】 methyl mercury 甲基汞

メチルすいぎんしょう 【～水銀症】 methyl mercury symptoms 甲基汞中毒症,水俣病

メチル・セルロース methyl-cellulose 甲基纤维素

メチレン・クロライド methylene chloride 二氯甲烷

メチレン・ブルーだっしょくじかん 【～脱色時間】 methylene blue decoloring time 亚甲蓝脱色时间

めっき 【鍍金】 plating 镀,电镀

めっきこうていはいすい 【鍍金工程廃水】 (metal)plating waste water 电镀废水

めっきしあげ 【鍍金仕上】 plated finish 电镀加工

めっきはいすい 【鍍金廃水】 metal plating waste water 电镀废水

めっきん 【滅菌】 sterilization 杀菌,消毒

めっきんき 【滅菌器】 sterilizer 消毒器,灭菌装置

めっきんしつ 【滅菌室】 sterilized room 杀菌室,消毒室

めっきんすい 【滅菌水】 sterilized water 消毒水

めっきんせいせいすい 【滅菌精製水】 sterilized pure water 消毒纯(净)水

めつけいし 【目付石】 池中石,溪中石

めっしつけんちくぶつ 【滅失建築物】 ruined building 毁灭建筑物

メッシュ mesh 筛眼,筛孔,网孔,网格,号(粒度单位),(单位面积)孔眼数

メッシュ・サイン mesh sign 网格式变换文字广告灯

メッシュ・スクリーン mesh screen 格网,网筛

メッシュ・マップ mesh map 网格图

メッシュ・ローラー mesh roller 网格面压路机

メッシュ・ワイヤー mesh wire 金属网丝

メッセージ message 消息,情报,信息

メッセル・シールド Messer shield 梅塞尔(钢插板)盾构
メッセンジャー messenger 吊线缆,电缆吊绳,钻孔取样器
めつち【目土】 top-dressing (培育草皮用)过筛的细土,(铺草皮时的)填缝土
めつちいれ【目土入】 培养草皮覆土,细土填缝
メット met 人体代谢量单位(等于50千卡每小时每平方米)
めつぶし【目潰】(路面或建筑物碎石基础的)砾石填充,填缝,填缝料
めつぶし【芽潰】 去芽,摘芽(除去部分花芽和叶芽)
めつぶしこつざい【目潰骨材】 cover aggregate, chippings 撒面集料,填缝骨料
めつぶしじゃり【目潰砂利】 gravel ballast 砾石碴,填缝石碴
メディア media 介质,媒质,方法,传达手法,介入手法
メディアン median 中位数,中间值
メティエ métier[法] 技能,技巧,专长
メディシン・キャビネット medicine cabinet (浴室的)化妆品壁柜
めどあな【目途穴】 穿绳孔
めどおり【目通】 目视高直径(一般指地面以上1.2米高的位置树干粗度),接缝
めどおりけい【目通径】 目视高直径
めどこ【目床】 锯齿根部
メトープ metope (多利安柱式檐壁上的)三槽板间平面
めどめ【目止】 wood filling (木材)裂缝抹腻子,裂缝填油灰
めどめおさえ【目止押】 sealer 压盖填缝料,封填料
めどめざい【目止剤】 wood filler (木材的)填隙(缝)料
メートル meter 米,计,表,仪
メートルしゃく【~尺】 meter rule 米尺
メトル・セイビン meter sabine 米赛宾(吸声量单位)
メートルばりき【~馬力】 horsepower per meter 马力每米
メドレス=メドレッセ
メドレッセ medresse 伊斯兰教学院
メトロポリス metropolis 大都市,大都会区
メトロポリタン・エリア metropolitan area 大都会地区
メトロポリタン・リージョン metropolitan region 大都会地区
メナーゼ・ヒンジ Mesnagée hinge 梅纳惹式(钢筋混凝土)铰
メニー minium 铅丹,朱红
めねじ【雌捻子】 female screw 内螺纹螺丝
めはじき【目撥】 木材不打底色和填缝的白坯涂漆法
めばち【目撥】 木缝裂开,木缝张开,抹腻子不牢,棕眼生粉不均匀
めばり【目張】 seal up 堵缝,贴缝,塞缝,糊缝
めべり【目減】 decrease, loss (体积)减少量,损耗量,减量
めぼり【目掘】 raking 划缝,刮缝,刮掉缝灰
めまわり【目回】 cup shake, ring shake, wind shake (木材)轮裂,环裂,风裂
めもり【目盛】 graduation 分度,刻度
メモリー memory 存贮,存贮器;记忆,记忆装置
メモリアル・アーチ memorial arch 纪念拱门
メモリアル・ハウス memorial house 纪念馆
メモリアル・ホール memorial hall 纪念堂
めもりじょうぎ【目盛定規】 setting-out rod 放线杆,定线杆
めもりせん【目盛線】 scale mark, graduation mark, reading line 分度线,刻度线
めもりばん【目盛盤】 graduated plate 分度盘,刻度盘
めもりやりかた【目盛遣形】(砌砖用)皮数杆
めやすてん【目安点】 point of reference 控制点,参考点
めやせ【目痩·面痩】 raised grain, col-

lapse 凹凸纹,(木材干燥)皱缩,涂膜不平,涂膜组织不均
メラミンじゅし 【～樹脂】 melamine resin 三聚氰胺树脂,密胺树脂
メラミンじゅしせっちゃくざい 【～樹脂接着剤】 melamine resin adhesive 三聚氰胺树脂粘合剂,密胺树脂粘合剂
メラミン・プラスチックけしょういた 【～化粧板】 melamine plastic board 三聚氰胺塑料饰面板
メラン・アーチ Melan arch 米兰式拱,钢骨混凝土拱
めり 【減】 减量,松弛,减少部分
めりこみ 【減込】 compressive strain inclined to the grain 斜向木纹受压变形,(向木材)压入,陷入,深入
めりこみあっしゅくひれいげんど 【減込圧縮比例限度】 proportional limit on the compressive strength inclined to the grain 斜向木纹抗压比例限度
めりこみおうりょく【減込応力】 compressive stress inclined to the grain 斜向木纹的受压应力,木材的斜纹承压应力
めりこみおうりょくど 【減込応力度】 compressive unit stress inclined to the grain 木材的斜纹承压应力强度,斜向木纹的单位受压应力
めりこみつよさ 【減込強さ】 compressive strength inclined (perpendicular) to the grain 斜向木纹的抗压强度,木材的斜纹抗压强度
メル mel 美(声学单位)
メルカトールずほう 【～図法】 Mercator projection 麦卡托投影法,等角圆柱投影法
メルカプタン mercaptan 硫醇
メルクしゅうどういん 【～修道院】 Benediktinerstift,Melk[德] (1702～1736年奥地利)梅尔克修道院
メールボックス mailbox 信箱
メロヴィングちょうけんちく 【～朝建築】 Merovingian architecture (法国5世纪后半期～8世纪中期的)梅罗旺朝建筑
メロシラ Melosira 丝状硅藻属(藻类植物)
めん 【面】 bevel,chamfer 面,表面,削角面,棱角线,棱角面,面罩
メーン main 总管,干管,干线
めんあさせんしょくはいえき 【綿麻染色廃液】 cotton and linen textile dyeing wastewater 棉麻纺织品印染废水
めんうち 【面内】 (构配件)倒棱后的面宽,削角后的面宽,削面以外的大面组装
めんおし 【面押】 (构配件)接面严实组装,(削面构配件的)对正组装
めんかいしつ 【面会室】 parlour 会客室
めんがいせんだんへんけいりろん 【面外剪断変形理論】 transverse shear deformation theory 面外(组合)剪切变形理论
めんかじゅう 【面荷重】 surface load 表面荷载
メーン・ガーダー main girder 主梁
めんがり 【面刈】 plane topiary 草皮平面修剪
めんかわ 【面皮】 半加工材,一部分表皮保留着的木材
めんぎ 【面木】 chamfer strip 施工缝小木条,模板内角八字小木条
めんくだき 【面砕】 根据柱面划分构件尺寸
めんくり 【面繰】 料下部的凹面
メーン・ゲート main gate 总出入口,总门
めんこうげん 【面光源】 surface source of light 面光源
めんごうし 【面格子】 铁棂条格窗
めんごし 【面腰】 coped joint 暗缝,卡腰,(门窗棂条、线脚框边的)斜面交角
めんごて 【面ごて】 bull-nose trowel, edger 修边器
めんじつゆ 【綿実油】 cotton seed oil 棉籽油
めんすいじゅんそくりょう 【面水準測量】 areal levelling 面水准测量
メーン・スタジアム main stadium 大型体育场
メーン・スタンド main stand 运动场看台正面席
メーン・ストリート main street 主要街道,大街

めんせきうりょう 【面積雨量】 average precipitation over area 面积降雨量

めんせきけい 【面積計】 planimeter （平面）求积仪

めんせきちいき 【面積地域】 area district （土地利用规划的）面积分区

めんせきひ 【面積比】 area ratio 面积比

めんせきまげモーメントほう 【面積曲～法】 area moment method 面积弯矩法

めんせきりゅうりょうけい 【面積流量計】 area flow meter 面积流量计

めんそぎつぎ 【面削継】 scarf, scarf joint 嵌接,［木］斜嵌槽接,斜口接合

めんそく 【面速】 face velocity （空气流入设备的）迎面速度

メーン・チャンネル main channel 主通道

めんてきせいび 【面的整備】 （城市设施的）总体整备,综合整顿

メンテナンス maintenance 养护,维修,养路

めんテンソル 【面～】 surface tensor 面张量

めんど 【面戸】 檐垫板,椽档,脊垫瓦,填档材料

めんどいた 【面戸板】 eave fascia 檐垫板

めんどがわら 【面戸瓦】 盖缝瓦（指堵塞檐口或脊垫瓦和平板瓦之间的瓦）

めんとり 【面取】 chamfering, beveling 削角,斜削角,斜切面

めんとりがんな 【面取鉋】 chamfering plane 削角刨,倒角刨,倒棱刨

めんとりき 【面取機】 削角机,倒角机,切面机

めんとりさんがわら 【面取棧瓦】 线脚板瓦

めんとりばん 【面取盤】 moulding machine （木工）修边机,起线机,线脚压制机,倒棱机

めんとりめじ 【面取目地】 rustic joint 粗琢缝

めんなか 【面中】 （构配件）棱面吃中安装,棱面居中组装,棱面对中安装

メンバー member 构件,杆件

メンバー・グループ member group 杆件群

めんびきごて 【面引鏝】 抹角镘,抹角用抹子

メンヒル menhir （史前时代遗留的）糙石巨柱

めんフェルト 【綿～】 cotton felt 棉毡

メンブラン membrane 膜,薄片层

メンブランぼうすい 【～防水】 membrane waterproofing 防水膜层

メンブレン・フィルター membrane filter 薄膜过滤器

メーンべん 【～弁】 main valve 主阀,总阀

メーン・ポンプ main pump 主泵

めんみつど 【面密度】 surface density 面密度

めんもうか 【綿毛化】 flocculation （土的）絮凝作用

めんもうこうぞう 【綿毛構造】 flocculent structure （土的）絮凝结构,密族结构

# も

も 【藻】 alga 水藻,海藻
モアレほう 【～法】 moire method (结构检验的)云纹法,波纹法
もうがっこう 【盲学校】 blind school 盲人学校
もうかんぎょうしゅく 【毛管凝縮】 capillary condensation 毛细管凝缩,毛细管凝聚
もうかんげんしょう 【毛管現象】 capillarity 毛细管作用,毛细管现象
もうかんさよう 【毛管作用】 capillary action 毛细管作用
もうかんろか 【毛管濾過】 capillary filtration 毛细管过滤
もうこパオ 【蒙古～】 yurt 蒙古包
もうさいかんげんしょう 【毛細管現象】 capillarity 毛细管作用,毛细管现象
もうさいきれつ 【毛細亀裂】 hair crack 毛细裂纹,发丝裂纹,发裂,细裂缝
もうじょうドーム 【網状～】 net-worked dome 网状穹盖,网架圆顶
もうじょうトラバース 【網状～】 traverse net 导线网
もうじょうトレーサリー 【網状～】 net tracery 网格窗(花)格
もうじょうルーフィング 【網状～[roofing]】 asphalt-saturated loose fabric 网状屋面板
もうせん 【毛氈】 felt carpet 毛毡,油毡覆面层
もうせんかだん 【毛氈花壇】 carpet bed 地毯式花坛,毛毡花坛
もうそうちく 【孟宗竹】 phyllostachys edulis[拉],Moso bamboo,sprout bamboo[英] 毛竹,南竹,孟宗竹
もうはつしつどけい 【毛髪湿度計】 hair hygrometer 毛发湿度计
もうはつじょうわれ 【毛髪状割】 hair crack 发裂,毛细裂纹,发丝裂纹,细裂缝
もえぎいろ 【萌黄色·萌葱色】 黄绿色
もぎ 【模擬】 analogy 模拟,仿真
もぎじっけん 【模擬実験】 simulation test 模拟实验
もぎり 【捥り】 札口
もぎる 【捥る】 pinch,pinch off (枝叶的)掐取,掐掉
もく 【杢】 grain 木纹
もくあわせ 【杢合】 grain matching 拼成木纹
もくきょう 【木橋】 timber bridge,wooden bridge 木桥
もくげたきょう 【木桁橋】 wooden beam bridge 木梁桥,木桁架桥
もくこうぞう 【木構造】 timber structure,timber construction,wooden construction 木结构
もくコンクリートげた 【木～桁】 wood-concrete composite beam 木-混凝土组合梁
もくざい 【木材】 wood,timber,lumber 木材,木料
もくざいかんそう 【木材乾燥】 drying,seasoning,decication(of wood) 木材干燥
もくざいセルロース 【木材～】 wood cellulose 木材纤维素
もくざいのけつごうすい 【木材の結合水】 absorbed water in wood 木材的吸附水
もくざいのじゆうすい 【木材の自由水】 free water in wood 木材的自由水
もくざいのしんひじゅう 【木材の真比重】 density of wood substance 木材比重,木材密(实)度
もくざいひょうめんたんかほう 【木材表面炭化法】 surface carbonizing process 木材表面碳化法
もくざいふきゅうきん 【木材腐朽菌】 wood-rotting fungi 木材腐朽菌
もくざいぼうふざい 【木材防腐剤】

wood preservative 木材防腐剂
もくざいめどめざい 【木材目止材】 wood filler 木材填料,木材填缝料
もくしかんそく 【目視観測】 eye-measurement 目测
もくしつぶ 【木質部】 woody part,wood xylon 木质部分
もくせいかたわく 【木製型枠】 wooden form 木模板
もくせいきゅうすいタンク 【木製給水～】 wooden water tank 木水箱,木给水箱
もくせいきりばり 【木製切張】 wooden shore strut 木制顶撑,木支撑
もくせいたてぐ 【木製建具】 wooden fittings,wooden fixtures 木门窗,木制配件
もくせいたてやいた 【木製竪矢板】 wooden sheet pile 木板桩
もくせいるい 【木犀類】 Osmanthus sp.[拉],Osmanthus[英] 木樨属,桂花树类
もくせん 【目線】 eye line (透视图上的)视平线
もくせんい 【木繊維】 wood fiber 木材纤维
もくせんいセメントばん 【木繊維～板】 cemented wood fiber board 水泥木丝板
もくぞう 【木造】 wooden construction, timber structure 木构造,木结构
もくぞうきょう 【木造橋】 timber bridge,wooden bridge 木桥
もくぞうけんちく 【木造建築】 wooden building,timber building 木造建筑,木房屋,木结构建筑
もくぞうけんちくぶつ 【木造建築物】 building of wooden construction 木结构建筑物,木造建筑物
もくぞうじゅうたく 【木造住宅】 wooden house,timber house 木结构住宅,木造住宅
もくぞうとう 【木造塔】 wooden pagoda 木塔
もくぞうトラス 【木造～】 timber truss 木桁架
もくぞうトレッスル 【木造～】 wooden trestle,timber trestle 木栈桥,木栈道
もくぞうパネルこうほう 【木造～構法】 wood panel construction 木制板材构造施工法
もくぞうわくぐみかべこうほう 【木造枠組壁構法】 wood frame construction 木框架构造施工法
もくそく 【目測】 eye-estimation,measuring by sight 目测,目估
もくタール 【木～】 wood tar,pine tar 木焦油沥青,木柏油,木溚
もくタール・クレオソートゆ 【木～油】 wood tar creosote oil 木焦油制杂酚油
もくたんし 【木炭紙】 charcoal paper 木炭画纸
もくたんろかき 【木炭濾過器】 charcoal filter 木炭过滤器
もくちょう 【木彫】 wood carving 木雕
もくちんアパート 【木賃～】 wooden apartments for rent 出租木结构公寓
もくてきかんすう 【目的関数】 object function 原函数,目的函数,目标函数
もくてきかんすうのとうこうせん 【目的関数の等高線】 objective function contours 目标函数的等高线
もくてきち 【目的地】 destination (交通)目的地,终点
もくトラスきょう 【木～橋】 wooden truss bridge,timber truss bridge 梁式木桥
もくとり 【杢取】 选取木纹制材
もくねじ 【木捻子】 wood screw 木螺丝钉
もくねじまわし 【木捻子回】 wood screw driver 木螺丝起子,木螺丝拧子
もくはりつ 【木破率】 wood failure ratio 木质破坏率
もくはんげた 【木板桁】 wooden plate girder 木板大梁,木板梁
もくはんじゅつ 【木版術】 xylography 木刻(术)
もくばんせいかん 【木板製管】 wooden-stave pipe 木管
もくひょうきょうど 【目標強度】 target strength (混凝土)预期强度,配合设计强

度
もくひょうち【目標値】set point,desired value （自动控制的）设定值,给定值,期待值
もくぶしたぬりようちょうごうペイント【木部下塗用調合～】primer mixed paint 木材底层用调合漆
もくぶそじごしらえ【木部素地拵】木质底层准备操作,预制木构件底层加工
もくぶはだんりつ【木部破断率】wood failure ratio 木质破坏率、
もくへん【木片】chip 木片,碎木,刨花
もくへんセメントばん【木片～板】cemented chip board 水泥刨花板
もくめ【木目】grain,moire 木纹,木材纹理
もくめざい【杢目材】有奇形木纹的木材
もくめてんしゃ【木目転写】（印花胶合板上的）木纹印制
もくめとそう【杢目塗装】graining 假木纹油漆,漆画木纹
もくめぬり【木目塗】graining 假木纹油漆,漆画木纹
もくもう【木毛】wood wool 刨花,刨屑,木丝
もくもうセメントばん【木毛～板】cemented excelsior board 水泥刨花板,水泥木丝板
もくもうばん【木毛板】excelsior-board,excelsior plate 锯屑板,木丝板
もくやいた【木矢板】timber sheetpile, wooden sheetpile 木板桩
もぐらあんきょ【土竜暗渠】mole drain 鼠道式排水沟
もくり【木理】grain,moire 木纹
もぐりオリフィス【潜～】submerged orifice 潜没孔口,潜流孔口
もくれんが【木煉瓦】wood brick, wooden block 木砖,木(砌)块,木栓
もくれんがゆか【木煉瓦床】wooden brick floor 木砖地面
もくれんるい【木蓮類】Magnolia sp.[拉],Magnolia[英] 木兰属
もくろう【木蠟】Japan tallow,Japan wax 木蜡,日本蜡
もくろくしつ【目録室】catalogue room 目录室
もくろくばこ【目録箱】card box,card file box 目录箱
もけい【模型】model 模型
もけいしけん【模型試験】model test 模型试验
もけいそく【模型則】law of similitude 相似定律
もこし【裳階·裳層】副阶,副层,佛塔外檐
モザイク mosaic 锦砖,马赛克,镶嵌细工,嵌花,拼花
モザイク・ガラス mosaic glass 嵌镶玻璃,锦玻璃,玻璃马赛克
モザイクきん【～金】mosaic gold 铜锌合金,装饰用黄铜
モザイク・タイル mosaic tile 锦砖,马赛克瓷砖
モザイクゆか【～[mosaic]床】tessellated pavement 马赛克铺面,镶嵌花纹路面,铺成棋盘形路面
もじあわせじょう【文字合錠】combination lock 字码锁,暗码锁
もじいれ【文字入】lettering 注字
もじがたばん【文字形盤】lettering guide 字形板
もじぎり【錑】bolt drill,gimlet 螺钻,手钻
もじじょう【文字錠】indicator lock 提示锁,对字锁
もじまく【綟幕】gauze 纱幕
もしゃ【模写】tracing 复制图,描图
モジュラー＝モデュラー
モジュラス modulus 模量,模数,系数
モジュール＝モデュール
もじり （紧固模板用）铁丝紧张器
モジリョン＝モディリオン
モースかたさ【～硬さ】Mohs hardness 莫氏硬度
モスク mosque 清真寺
モスクワけんせつけいかく【～建設計画】Plan for the reconstruction of Moscow （1935年制订的）莫斯科扩建规划
もぞうがわ【模造皮】imitation leather

人造皮革
モーター motor 发动机,电动机,马达,原动机
モーター・イン motor inn 汽车游客旅馆
モーター・ウエー motorway 机动车道,高速公路
モーター・カー motor car 汽车,(汽油)小型轨道车
モーター・グレーダー motor grader 自动平地机
モーターケード motorcade 汽车行列,汽车队
モーター・サイレン motor siren 电动气笛,电动警笛
モーターしゅつりょく【～出力】motor out-put 马达输出功率
モーター・スイーパー motor sweeper 扫路机,机动扫帚
モーター・スクレーパー motor scraper 自行式铲运机
モーター・ダンパー motorized damper 电动气流调节器,电动气闸,电动阻尼器,电动制动器
モータートラック motortruck 卡车,载重汽车
モーター・ドローム motordrome 汽车比赛场,汽车试车场
モダニズム Modernism 现代主义
モーター・パーク motor park 停车场,汽车停放场
モーター・プール motor pool 汽车停放场,室外停车场
モーターべん【～弁】motorized valve 电动阀
モーター・ホイスト motor hoist 电葫芦
モーター・ホテル motor hotel 汽车旅行者旅馆
モータリゼーション motorization 汽车普及化
モーダル・アナリシス modal analysis 振型分析
モーダルかいせき【～解析】modal analysis 振型分析
モーダル・スプリット modal split 定型的交通分流,交通方式划分,按运输工具分担
モーター・ローラー motor roller 机动路辗
モダン・アート modern art 现代艺术
もちおくり【持送】bracket,console 托架,支架,托座,牛腿
もちおくりアーチ【持送～】corbelled arch 叠涩拱
もちおくりづみ【持送積】corbelled coursing 挑砌,叠涩砌法
もちおくりびさし【持送庇】带托座挑檐
もちだし【持出】corbel 挑出部分,挑头
もちだしちょうばん【持出丁番】projecting butt hinge 突边铰链,突边合页
もちだしつぎ【持出継】corbel joint 挑头接合
もちだしづみ【持出積】corbel,corbelling 叠涩砌法
もちはこびボイラー【持運～】portable boiler 移动式锅炉
もちはなし【持放】corbel 挑出部分,挑头
モチーフ＝モティーフ
もちぶん【持分】equity,interests 股分,权利
もちや【持家】private house,owned house 私有房屋,自用房屋
もちゆきクレーン【持行～】traveling crane 移动式起重机
もちるい【黐類】Ilex sp.[拉],Holly[英] 冬青属
もっかいじき【木塊敷】flooring block 铺地板木块
もっかいほそう【木塊鋪装】wooden block pavement 木块路面,木块铺面
もっかん【木管】wooden pipe 木管
もっきょう【木橋】wooden bridge 木桥
もっきんごうはん【木金合板】木材金属胶合板
もっこ【畚·簣】earth carrier 运土筐
もっこう【木工】wood working,carpenter 木材加工,木工(匠)
もっこうおびのこばん【木工帯鋸盤】carpenter's band saw 木工带锯

**もっこうがた** 【木瓜形】 木瓜形纹样，窠形花纹

**もっこうきかい** 【木工機械】 wood working machine 木工机械

**もっこうぐ** 【木工具】 wood working tool, capenter's tool 木工工具

**もっこうじ** 【木工事】 carpentry, carpenter's work 木工，木作，木工工程

**もっこうしょくば** 【木工職場】 carpenter shop 木工车间

**もっこうせんばん** 【木工旋盤】 wood turning lathe 木工旋床

**もっこうぞう** 【木構造】 timber structure, timber construction, wooden construction 木结构

**もっこうバンド・ソー** 【木工～】 carpenter's band saw 木工带锯

**もっこうフライスばん** 【木工～盤】 wood fraise machine, wood milling machine, wood miller 木工铣床

**もっこうボールばん** 【木工～盤[Bohr德]】 borer wood boring machine 木钻，木工镗床

**もっこうまんりき** 【木工万力】 wood vice 木工钳

**もっこうやすり** 【木工鑢】 carpenter's file 木工锉，木锉

**もっこうようあっていぐ** 【木工用圧締具】 wood working clamp 木工夹钳

**もっこうようおびのこきかい** 【木工用帯鋸機械】 carpenter's band saw(ing) machine 木工带锯机

**もっこうようしめつけぐ** 【木工用締付具】 wood working clamp 木工夹钳

**もっこうろくろ** 【木工轆轤】 wood working spinning lathe 木工镟床

**もっこく** 【木斛】 Ternstroemia gymnanthera[拉], Japanese cleyera[英] 厚皮香

**もっこつせきぞう** 【木骨石造】 timber-framed stone construction 木构架包石结构

**もっこつぞう** 【木骨造】 timber framed construction 木骨架，木构架，木架结构

**もっこつれんがぞう** 【木骨煉瓦造】 timber-framed brick construction 木构架包砖结构

**もっこつれんがづみ** 【木骨煉瓦積】 brick nogging 木构架包砖

**モット** motte[法] (欧洲在圆丘上用木栅围起的)城寨

**モットリング** mottling 涂面斑点，涂面雾点

**モップぬり** 【～塗】 mop rendering 用拖把涂刷

**モティーフ** motif, motive 主题，题材，动机，创作思想，(图案的)基本花纹或基本色彩

**モディファイド・エアレーション** modified aeration 改进曝气法，改良曝气法

**モディリオン** modillion 飞檐托，托檐石，托饰

**モデュラー** modular 模数的，制成标准尺寸的

**モデュラー・グループ** modular group 模数体系

**モデュラー・コオーディネーション** modular coordination 模数协调，模数调整

**モデュラーせっけいほうしき** 【～設計方式】 modular design method 模数制设计方法

**モデュラー・プラン** modular plan 模数化平面

**モデュール** module 模数

**モデュールきじゅんけい** 【～基準系】 modular reference system 模数基本系统

**モデュールきじゅんせん** 【～基準線】 modular line 模数(基准)线

**モデュールきじゅんてん** 【～基準点】 modular point 模数基准点

**モデュールきじゅんへいめん** 【～基準平面】 modular plane 模数基准平面

**モデュールごうし** 【～格子】 module grid 模数网格

**モデュール・コード** module chord 模数协调

**モデュールすんぽう** 【～寸法】 modular dimension 模数尺寸

**モデュールせん** 【～線】 modular line

模数(基准)线
モデュールてんじょう 【～天井】 module panel ceiling 模数镶板(控制板)平顶
モデュール・ボックス module box 按模数设计的箱型构件(作为构成建筑物的单位)
モデュールりったいきじゅんごうし 【～立体基準格子】 modular space grid 模数基准空间网格
モデュールりったいごうし 【～立体格子】 modular space grid 模数空间网格
モデュールわり 【～割】 modular coordination 模数协调
モデュレーション modulation 调节,调整,调谐,调制,调幅,变换
モデュレーティング・モーター modulating motor 调节电动机
モデュロール modulor[法] 设计基本尺度(勒·考比基埃创制的以人体为依据的设计基本模数)
モデリング modelling (造型艺术的)立体感,塑造
モデリングこうか 【～効果】 modelling effect (造型艺术的)立体感效果,塑造效果
モーテル motel 汽车游客旅馆
モデル model 模型,模式,式样,样板
モデルか 【～化】 modelization 模型化
モデルじしんがく 【～地震学】 model seismology 模型地震学
モデルちょうせいほう 【～調整法】 model coordination method 模型调整法
モデル・テスト model test 模型试验
モデル・ハウス model house 典型住宅
モデル・ルーム model room 典型房间
モデレーター moderator 缓和剂,减速剂,调节器
モード mode 方式,方法,形式,模型
もとうけ 【元請】 original contract, general contract 总承包施工
もとうけおい 【元請負】 original contractor 总承包厂商
もとうけおいにん 【元請負人】 original contractor, prime contractor 总承包人
もとうけぎょうしゃ 【元請業者】 original contractor, prime contractor 总承包人员,总承包厂商
もとうけけいやく 【元請契約】 original contract, prime contract 总承包合同
モドゥルス modulus[拉] 模数(西方古典建筑以柱径为单位表示的构件间的比例关系),模量
もとおうりょく 【元応力】 initial stress 初应力
もとおうりょくコンクリート 【元応力～】 prestressed concrete 预应力混凝土
もとくち 【元口】 bottom end 原木大头
もとくびごて 【元首鏝】 后端有柄的抹子
もとごえ 【元肥·基肥】 base manure 基肥,底肥
もどしかん 【戻管】 return pipe 回流管,回水管,回汽管
もとず 【元図】 original drawing 原图
もとば 【元歯·本歯】 锯齿根部
もとばらい 【元払】 carriage prepaid 预付运费
モートピア motopia 在建筑顶层行车的理想城市
もとひずみ 【元歪】 initial strain 初应变
もどり 【戻】 after tack 反粘
もどりどめナット 【戻止～】 self-locking nut 自锁螺母,防松螺母
もどりどめべん 【戻止弁】 check-valve 逆止阀
もどりながれ 【戻流】 return flow 回流
もどりびボイラー 【戻火～】 return tube boiler 回管式锅炉
もどりみずしょり 【戻水処理】 treatment of reclaimed water 回用水处理(循环再利用的废水处理)
モードれんせい 【～連成】 mode coupling 形式相关
モナドノック・ビル Monadnock Building (1891年美国芝加哥)蒙纳德诺克大楼(17层砖墙承重大厦)
モニター monitor 监视器,监测器,监控器
モニタリング monitoring 监督,监控,监视,监听,控制,操纵,剂量测定,(放射性)

监测

**モニタリング・ステーション** monitoring station 水质控制台，水质监测站

**モニュメンタルなひろば** 【～な広場】 monumental square 纪念性广场

**モニュメント** monument 纪念碑，纪念馆，纪念物，纪念性建筑物

**モネル・メタル** Monel metal 蒙乃尔高强度耐蚀镍铜合金，镍铜（锰铁）合金

**ものおき** 【物置】 storage 贮藏室，壁橱，柜橱

**モノグラフ** monograph 图，记录，专题论文

**モノクローム** monochrome 单色，单色画

**モノクロ・メーター** monochro-meter 单色仪

**ものさし** 【物差·物指】 scale 尺，刻度尺

**モノトーン** monotone 单调

**モノバルブ・フィルター** Monovalve filter 单阀滤池（商）

**モノプテロス** monopteros［希］（古希腊、古罗马的）圆形外柱廊式建筑

**ものほしさくばしら** 【物干索柱】 clothes-pole 晒衣绳柱

**ものほしば** 【物干場】 drying area，drying space 晒衣用地，凉衣院子

**モノマー** monomer 单（分子）体

**モノマーがんしんりつ** 【～含浸率】 monomer loading 单体浸渍率

**モノリシックこうぞう** 【～構造】 monolithic structure 整体式结构

**モノリシック・コンクリートこうぞう** 【～構造】 monolithic concrete construction 整体式混凝土结构

**モノリス** monolith 独石柱，整块石料，整体式

**モノレール** monorail 单轨铁路

**モノレール・トランスポーター** monorail transporter 单轨运搬车

**モノロック** monolock，unit lock 单锁

**もはんこうぎょうそん** 【模範工業村】 model industrial city 模范工业城镇（与工业革命以后工业城市的出现相对应由英国首倡提出的理想的田园式工业城市）

**もはんこうぎょうとし** 【模範工業都市】 model industrial city 模范工业城镇（与工业革命以后工业城市的出现相对应由英国首倡提出的理想的田园式工业城市）

**モビリチー＝モビリティー**

**モビリティー** mobility 可移动性，机动性，变动性，活动性，流动性

**モビール** mobile 可动的，活动的，活动性，活动状态，可动装置

**モビールあぶら** 【～油】 mobile oil 流性油，机油，润滑油

**モビール・キャラバン** mobile caravan 活动住宅，移动住宅，车载住宅

**モビール・クレーン** mobile crane 移动式起重机，活动式起重机

**モビール・ハウス** mobile house 活动住宅，移动住宅，住宅拖车（由汽车拖拉的活动房屋）

**モービル・ホーム** mobile home 移动式住宅

**モビレージ** movillage 旅游区汽车游客住宿设施

**モビローダー** mobiloader 机动装卸机

**モヘンジョダロ** Mohenjo-daro 莫恒党达罗（公元前3250～2750年印度的古代城市）

**もみ** 【樅】 Abies firma［拉］ 枞木，冷杉

**もみあげ** 【揉上】 摘掉树木枯叶及下部枝叶

**もみがら** 【籾殻】 rice-hulls，chaffs 稻壳，稻皮

**もみじ** 【楓】 maple 枫木

**もみすさ** 【揉苆】 抹灰中层用麻刀

**もみぬき** 【揉抜】 drilling 钻孔

**もめ** 【揉】 compression failure （木材的）压缩破坏

**モーメント** moment 矩，力矩，弯矩

**モーメントかじゅう** 【～荷重】 moment load 弯矩荷载，力矩荷载

**モーメントばね** 【～発条】 moment spring 力矩弹簧，弯矩弹簧

**モーメント・プレート** moment plate 弯矩板（用于钢板梁的腹板上）

**モーメントぶんぱいほう** 【～分配法】 moment distribution method 弯矩分配法

**モーメントほう** 【～法】 moment method

力矩法(桁架的一种解法)
もめんなわ 【木綿縄】 cotton rope 棉绳
ももいろみかげ 【桃色御影】 桃色花岗岩
もや 【母屋・身舎】 正房,主房,檩,檩条
もや 【靄】 mist[英],damp haze[美] 雾气
もやげた 【母屋桁】 purlin 檩条
もやころびどめ 【母屋転止】 (防滑)檩托
もやづか 【母屋束】 purlin post 檩条下支柱
もやわり 【母屋割】 檩条布置
もよう 【模様】 figure,pattern 图案,花纹,纹样
もようがえ 【模様替】 rearrangement 改变式样,变更装修,建筑装修翻新
もようかだん 【模様花壇】 mosaic flower bed 图案花坛,镶嵌花坛
もようしあげ 【模様仕上】 (抹灰)花纹饰面
もようつきほうねつき 【模様付放熱器】 ornamental radiator 装饰性散热器
もよりひん 【最寄品】 convenience goods 日用品,便利品,急需品
もりあげ 【盛上】 升高水平线
モリエルせんず 【~線図】 Mollier diagram 莫里尔(湿空气)曲线图
もりかえ 【盛替】 replace 拆换,挪位,拆模后临时支撑
もりかえてん 【盛換点】 turning point, turning station 转点(水准测定)
もりさげ 【盛下】 降低水平线
もりつぎ 【盛継】 cup joint 套接
もりつち 【盛土】 banking,filling 填土
もりつちじばん 【盛土地盤】 fill-up ground 填土地基
もりど 【盛土】 banking,filling 填土
もりどじばん 【盛土地盤】 fill-up ground 填土地基
モリブデンせいほう 【~青法】 molybdenum blue method 钼蓝法(砷定量法)
モリブデンせん 【~線】 molybdenum wire 钼线
モール mall 林荫路,公路中间的带状草坪,步行道,木球运动场
モール mole (室内配线用)木线板,鱼尾螺栓,轨节螺栓
モールあみ 【~網】 mall net 步行道网
モルグ morgue 陈尸所,停尸间
モル-ゴルチンスキーのにっしゃけい 【~の日射計】 Moll-Gorczynski's solarimeter 莫尔-果尔琴斯基式太阳辐射计
モルタル mortar 砂浆,灰浆
モルタルあっそうき 【~圧送機】 mortar squeezing conveyer 砂浆泵送机,砂浆压送机
モルタルいた 【~板】 mortar plate 水泥砂浆薄板
モルタルガン mortar gun 砂浆喷枪
モルタル・グラウト mortar grout 灌注砂浆
モルタルこうかん 【~鋼管】 mortar lining steel pipe 砂浆衬里钢管
モルタルしあげ 【~仕上】 mortar finish 砂浆饰面
モルタルしけん 【~試験】 mortar test 砂浆试验
モルタルせいひん 【~製品】 mortar manufacture 水泥砂浆制品
モルタルちゅうにゅう 【~注入】 mortar injection,mortar grouting 灌注砂浆,喷射砂浆,注入砂浆
モルタルつぎめ 【~継目】 mortar joint 灰缝,砂浆接缝
モルタルぬり 【~塗】 cement plastering 抹砂浆,抹水泥砂浆,砂浆抹面
モルタルばん 【~板】 mortar plate 水泥砂浆薄板
モルタルふきつけ 【~吹付】 mortar spraying 砂浆喷涂
モルタルふきつけき 【~吹付機】 mortar spray gun 砂浆喷枪,喷砂浆机
モルタルぼうすい 【~防水】 mortar finishing waterproofing 砂浆防水
モルタル・ポンプ mortar pump 砂浆泵
モルタル・ミキサー mortar mixer 砂浆搅拌机
モルタル・ライニングちゅうてつかん 【~鋳鉄管】 mortar lining cast iron pipe 砂浆衬里铸铁管
モルタルれんが 【~煉瓦】 mortar brick

水泥砖
**モールディング** moulding 线脚,线条
**モールデッド・フォーム** moulded foam-plastics 模压泡沫塑料
**モールド** mould 型,模型,铸型,模板,试模(制作混凝土试件的模型)
**モルのうど** 【~濃度】 molarity (体积的)摩尔浓度
**モールのえん** 【~の円】 Mohr's circle, Mohr's stress circle 摩尔应力圆
**モールのおうりょくえん** 【~の応力円】 Mohr's stress circle 摩尔应力圆
**モールのかいてんへんいず** 【~の回転変位図】 Mohr's rotation displacement diagram 摩尔旋转位移图
**モールのていり** 【~の定理】 Mohr's theorem (求梁变形的)摩尔定理
**モールのはかいせつ** 【~の破壊説】 Mohr's theory of rupture, Mohr's breaking theory 摩尔破裂理论
**モールのひずみえん** 【~の歪円】 Mohr's strain circle 摩尔应变圆
**モールのほうほう** 【~の方法】 Mohr's method 摩尔法(求截面惯性矩的图解法)
**モールほう** 【~法】 Mohr's method 莫尔法(氯离子定量法)
**もれしけん** 【漏試験】 leakage test 渗漏试验
**もれでんりゅう** 【漏電流】 leakage current 漏泄电流,漏电
**もれどめようせつ** 【漏止溶接】 seal weld 密封焊接,密封焊缝
**もろおりど** 【両折戸·諸折戸】 双开折门
**もろおりりょうびらき** 【諸折両開】 双开折门
**もろさ** 【脆さ】 brittleness, fragility 脆性,易碎性
**もろさけいすう** 【脆さ係数】 coefficient of brittleness 脆性系数
**もろはがんな** 【両刃鉋】 两刃刨
**もん** 【門】 gate, gateway 门,大门,门道
**もんがたてっとう** 【門形鉄塔】 portal steel tower 门型铁塔
**もんがたフレーム** 【門型~】 portal frame 门式框架,门式刚架
**もんがたラーメン** 【門形~[Rahmen德]】 portal rigid frame 门式刚架,门式框架,桥门架
**モンキー** monkey 钉桩锤,落锤,活动扳钳
**モンキーくいうちき** 【~杭打機】 monkey engine 锤式打桩机
**モンキー・スパナ** monkey spanner 活动扳钳
**モンキー・レンチ** monkey wrench 活动扳钳
**もんけいいどうクレーン** 【門形移動~】 portal traveling crane 门式移动起重机
**もんけいクレーン** 【門形~】 portal crane 门式起重机
**もんけいジブ・クレーン** 【門形~】 portal jib crane 门式悬臂起重机
**もんけん** monkey 打桩锤
**もんさん** 【門轡】 门轡
**もんじ** 【文字】 character 文字,符号
**もんじょうこうぞうぶつ** 【門状構造物】 portal frame 门式框架,门式结构
**もんしょうばん** 【紋章板】 escutcheon 有纹饰的盾形板
**もんじろめんひょうじ** 【文字路面標示】 word marking 路面文字标记,交通标志
**モンスーン** monsoon 季风,季节风
**もんぜんまち** 【門前町】 庙前街(中世纪末期日本社寺建筑门前的街道)
**モンタージュ** montage[法] 装配,安装,剪辑
**もんちゅう** 【門柱】 gate post 门柱
**もんとう** 【門灯】 entrance lamp 门灯
**もんとう** 【門塔】 gate tower 门塔,门楼
**もんにわ** 【門庭】 gate garden 门前庭园
**モンパルナス** Montparnasse[法] 蒙帕纳斯(巴黎西南部艺术中心)
**もんばんじょ** 【門番所】 porter's lodge 门卫室,值班室,值班门房
**もんべり** 【紋縁·文縁】 花纹席边
**もんべん** 【門弁】 sluice valve 闸门阀,滑板阀
**モンモリロナイト**=モンモリロンせき
**モンモリロンせき** 【~[montmorillon法]石】 montmorillonite 蒙脱石
**もんよう** 【文様】 pattern 纹样,花纹,花

样

もんようじき 【文様敷】 pattern paving
花样铺面，花样铺砌

モンレアーレだいせいどう 【～大聖堂】
Duomo, Monreale[意] （1174～1182年西西里岛）蒙列阿列大教堂

# や

や 【矢】 (spalling) wedge 碎石楔,开石楔子

やあな 【矢穴】 wedge hole (开石用)插楔孔

やいた 【矢板】 sheet pile 板桩,钢板桩

やいたきそ 【矢板基礎】 sheet pile foundation 板桩基础

やいたしめきり 【矢板締切】 sheet pile cofferdam 板桩围堰

やいたぼり 【矢板掘】 excavation with sheet piling 打板桩挖掘

やえ 【八重】 double 双重的,重瓣的

やえいじょう 【野営場】 camp site 野营用地

やがいけいさん 【野外計算】 field calculation 野外计算

やがいげきじょう 【野外劇場】 open-air theater, outdoor theater 露天剧场

やがいろ 【野外炉】 picnic fireplace 野餐炉

やかたてんじょう 【屋形天井】 splayed ceiling 八字顶棚,槽形顶棚

やかんじんこう 【夜間人口】 night population, dormitory population 夜间人口

やかんじんこうみつど 【夜間人口密度】 night-time population density 夜间人口密度

やかんふくしゃ 【夜間輻射】 nocturnal radiation 夜间辐射(大地与大气之间长波辐射之差)

やかんほうしゃ 【夜間放射】 nocturnal radiation 夜间辐射

やかんれいきゃく 【夜間冷却】 nocturnal cooling 夜间冷却

やきいた 【焼板】 (增强耐久性用)表面烘焦板

やきいれ 【焼入】 hardening, quenching 硬化,淬火

やきいれえき 【焼入液】 quenching agent 淬火剂

やきえガラス 【焼絵~】 stained glass 烧彩玻璃,彩绘玻璃

やきこ 【焼粉】 chamotte 熟料,火泥,耐火粘土

やきこみ 【焼込】 (在木材上)灼热钢棒穿孔

やきすぎれんが 【焼過煉瓦】 clinker brick, cherryhard brick, hardburnt brick 缸砖,过火砖

やきせっこう 【焼石膏】 plaster of Paris, casting plaster, hemihydrated plaster 熟石膏

やきつき 【焼付】 (陶瓷器)上彩

やきつけガラス 【焼付~】 stained glass 烧彩玻璃,烧花玻璃

やきつけかんそう 【焼付乾燥】 baking dryness, stoving dryness 烘干,焙干,烧干

やきつけき 【焼付機】 printing machine 晒图机,印相机

やきつけとりょう 【焼付塗料】 baking varnish, stoving varnish, baking paint, stoving paint 烘干涂料,烤干涂料

やきつけわく 【焼付枠】 printing frame 晒图架,印相架

やきつけワニス 【焼付~】 baking varnish, stoving varnish 烤漆

やきドロマイト 【焼~】 burnt dolomite 煅烧白云石

やきなまし 【焼鈍】 annealing 退火,焖火,韧炼,韧化

やきボルト 【焼き~[bolt]】 (穿孔用)灼热螺栓

やきもどし 【焼戻】 tempering 回火

やきもどしガラス 【焼戻~】 tempering glass 淬火玻璃,钢化玻璃

やきもの 【焼物】 ceramic ware, earthenware, crockery 陶瓷制品

やきゅうじょう 【野球場】 baseball ground, diamond 棒球场,垒球场

やきれんが 【焼煉瓦】 burnt brick 烧透砖

やくいし 【役石】 trump stone 主景石(在功能、美观及手法上起重要作用的堆石)

やくえきちゅうにゅうほう 【薬液注入法】 chemical feeding method (地基加固的)化学溶液灌注法

やくがい 【薬害】 chemical injury, spray injury 药害

やくがわら 【役瓦】 用于特定部位的瓦

やくぎ 【役木】 trump tree 主景树(在功能、美观及手法上起重要作用的树木)

やくしょ 【役所】 public office, government office (行政)机关,办事处

やくじょうばば 【躍乗馬場】 障碍赛马场

やくすぎ 【屋久杉】 日本杉木(产于鹿儿岛县屋久岛)

やくそうえん 【薬草園】 herb garden 药草园,百草园

やくば 【役場】 town office, town hall [英], city hall[美] 官署,官厅,区公所,村公所,(石砌体的)技术关键部位

やくひんきょうきゅう 【薬品供給】 chemical feed 投药,加药

やくひんきょうきゅうき 【薬品供給機】 chemical feed machine 投药机械

やくひんぎょうしゅうそう 【薬品凝集槽】 coagulation tank 混凝反应池,凝聚反应池

やくひんぎょうしゅうちんでんそう 【薬品凝集沈殿槽】 coagulation-sedimentation tank 混凝沉淀池

やくひんグラウティング 【薬品～】 chemical grouting 化学灌浆,药剂灌浆

やくひんこんわち 【薬品混和池】 mixing basin 药品混合池

やくひんじょうか 【薬品浄化】 chemical purification 投药净化

やくひんしょうかき 【薬品消火器】 chemical fire extinguisher 药物灭火器

やくひんしょぶん 【薬品処分】 chemical proceeding 投药处理

やくひんしょり 【薬品処理】 chemical treatment 化学处理

やくひんちゅうにゅう 【薬品注入】 dosing 投药,加药

やくひんちゅうにゅうそうち 【薬品注入装置】 dosing device 投药装置

やくひんちゅうにゅうタンク 【薬品注入～】 dosing tank 药剂投配池,投药池

やくひんちんでん 【薬品沈殿】 chemical precipitation, chemical sedimentation 化学沉淀,混凝沉淀

やくひんちんでんち 【薬品沈殿池】 coagulation sedimentation tank 混凝沉淀池

やくひんちんでんほう 【薬品沈殿法】 chemical sedimentation 混凝沉淀(法)

やくひんふかつかっせいたん 【薬品賦活活性炭】 chemically activated carbon 药剂活化活性炭,化学活性炭

やくひんほう 【薬品法】 chemical process 投药法,化学法

やくひんようかいそう 【薬品溶解槽】 chemical solution tank 溶药槽,溶药池

やくひんようかいタンク 【薬品溶解～】 chemical solution tank 溶药槽,溶药池

やくぶつていこうせい 【薬物抵抗性】 drug resistance 药物抵抗性,抗药性

やくもの 【役物】 特殊功用的变形材料(制品)

やぐら 【櫓·矢倉·屋倉】 城门楼,眺望楼,城堡的高楼,武器库

やぐらけむりだし 【櫓煙出】 monitor 屋脊气窗排烟口

やぐらじょう 【櫓錠】 固定门闩用铁件

やぐらどうづき 【櫓胴突】 (人力)塔架打夯机

やぐらぬき 【櫓貫】 由两根楔状木条拼成的系杆

やぐらもの 【櫓物】 城门楼顶用瓦

やぐらもん 【櫓門】 barbican 望楼门,城门楼

やぐれ 【屋榑】 直纹屋面板(沿着年轮锯制的木板)

ヤグローのゆうこうおんど 【～の有効温度】 Yaglou's effective temperature 雅哥洛式有效温度

やけ 【焼】 yellowing (油漆)变黄

やけどまり 【焼止】 火灾熄灭处
やけりつ 【焼率】 ratio of burnt area 烧失率,烧损率(建筑物烧损面积与总面积之比)
やげんどい 【薬研樋】 V-gutter V形截面雨水槽(管)
やげんぼり 【薬研彫】 V形截面雕刻,V形截面雕法
やげんぼり 【薬研濠】 V字形截面的护城河
やご tiller 树根附近生的小枝
やこうとりょう 【夜光塗料】 luminous paint 发光涂料,发光漆
ヤコビアン Jacobian 雅各比行列式,函数行列式
ヤコビほう 【~法】 Jacobi's method 雅各比(迭代)法
ヤコブスほう 【~法】 Jacobs method 雅科布斯法(一氧化氮和二氧化氮测定分析)
やざま 【矢狭間】 loophole 放箭口
やしき 【屋敷·屋鋪】 建筑用地,房地,住宅,公馆,邸宅
やしゃ 砥粉掺料
やじょう 【夜錠】 night latch 弹簧锁,弹子锁
やしるい 【椰子類】 palm 棕榈类
やじるし 【矢印】 arrow head, arrow sign 箭头,指针
やすめかけがね 【休掛金】 U形门闩挂铁
やすめかなもの 【休金物】 门制止器,门挡
やすり 【鑢】 file 锉
やすりがみ 【鑢紙】 sand paper 砂纸
やせいえん 【野生園】 wild garden 野景园,自然景色园林
やせせっかい 【瘠石灰】 poor lime 贫石灰,劣质石灰
やだか 【矢高】 bowed height 矢高
やだこ 【矢蛸】 dolly, follower 护顶桩,送桩
やち 【谷地】 marsh land 沼泽地,低湿地(带)
やちょう 【野帳】 field book, field note 工地记录簿,野外作业记录本
やちん 【家賃】 house rent 房租
やつあしもん 【八脚門】 (日本大寺院的)八柱门(大门有四根柱,在其前后又设置八根戗柱)
やっきょく 【薬局】 pharmacy, dispensary 药房,配药处
やっこうのあるいずみ 【薬効のある泉】 medicinal spring 药效泉
やっこさんがわら 【奴棧瓦】 切一角的波形瓦
やつで 【八手】 Fatsia japonica[拉], Japan fatsia[英] 日本八角金盘
やっとこ 【鋏】 pliers, follower 铗,钳子,夹钳,锻工钳,垫顶桩,送桩
やつはし 【八橋】 zigzag bridge 窄板曲桥(由八块板架起的回折小桥得名,用于园林中),之字曲桥
ヤード yard 码
やといぐい 【雇杭】 dolly, follower 垫桩,垫顶桩,送桩
やといざね 【雇実·雇核】 spline, slip feather detached tongue 塞缝片,嵌榫
やといざねはぎ 【雇実矧】 spline joint 嵌榫拼接
やといざねばり 【雇実張】 ploughed-and-tongued joint, spline joint 嵌榫拼接铺板
やといほぞ 【雇枘】 (榫的)塞木,嵌木,嵌片
ヤード·クレーン yard crane 场内移动起重机
やどや 【宿屋】 inn, tavern 客栈,旅店
やなかだけ 【屋中竹】 bamboo purlin 竹檩条
やなぎ 【柳】 willow 柳树
やなぎるい 【柳類】 Salix sp.[拉], Willow[英] 柳属
やなみせん 【家並線】 line of row houses 房列线,成行房屋线
やにすじ 【脂条】 resin streak 树脂条,线状树指囊
やにつぼ 【脂壺】 resin pocket 树脂囊,油眼
やにどめ 【脂止】 killing, knotting 涂抹节疤,填补节疤
やにみぞ 【脂溝】 resin duct, resin ca-

nal 树脂道
やね 【屋根】 roof 屋顶,屋面
やねアンテナ 【屋根～】 roof antenna 屋顶天线
やねいた 【屋根板】 shingle,sheathing 屋面板
やねうら 【屋根裏】 garret,attic,loft 露明坡顶内侧,屋顶层,阁楼
やねうらしゅかんしき 【屋根裏主管式】 attic main system 顶楼干管式,上行下给式
やねうらタンク 【屋根裏～】 attic tank 闷顶水箱,顶楼水箱
やねうらべや 【屋根裏部屋】 attic,garret 屋顶阁楼,屋顶房间
やねくぎ 【屋根釘】 roof nail 屋面板用钉
やねクレーン 【屋根～】 roof crane 屋顶起重机
やねこうじ 【屋根工事】 roofing work 屋顶工程
やねこうばい 【屋根勾配】 pitch of roof 屋面坡度
やねしたじいたばり 【屋根下地板張】 sheathing[英],boxing[美] 铺钉望板,铺钉屋面板
やねじっくい 【屋根漆喰】 roofing plaster 屋面抹灰
やねトラス 【屋根～】 roof truss 屋架
やねはいすい 【屋根排水】 roof drain 屋面排水
やねぶき 【屋根葺】 roofing 铺盖屋顶,铺屋面,屋面工程
やねぶきこうじ 【屋根葺工事】 roof covering work 屋面工程
やねぶせず 【屋根伏図】 roof plan 屋顶平面图
やねふねんくいき 【屋根不燃区域】 屋顶不燃区
やねべや 【屋根部屋】 garret,attic 屋顶房间,屋顶阁楼
やねまど 【屋根窓】 dormer window,dormer 屋顶窗,老虎窗
やはず 【矢筈】 notch,herringbone 槽口,V形刻槽,人字纹,人字纹花饰,席纹
やはずづみ 【矢筈積】 (石墙的)菱形砌合
やはずはぎ 【矢筈矧】 V-shaped joint, herringbone joint 木板的人字形(V形)缝拼接
やはずもよう 【矢筈模様】 herringbone 人字纹
やばづみ 【矢羽積】 卵石交替人字砌合(一层向左斜,一层向右斜)
やぶれ 【破】 rupture 断裂,破裂
やぶれめじ 【破目地】 breaking joint, staggered joint 交错式接缝,半砖错缝,断缝,分段缝
やまいし 【山石】 mountain stone 山石,假山石
やまか (石英粗面)凝灰岩
やまかけ 【山掛】 放余尺寸,下料尺寸,毛尺寸
やまかけすんぽう 【山掛寸法】 (制材)弹线尺寸,下料尺寸,采石放余尺寸
やまかこい 【山囲】 大规模挡土设施,大型挡土板
やまかぜ 【山風】 mountain breeze, mountain wind 山风
やまがたアーチ 【山型～】 gabled arch 山形拱,人字拱
やまがたこう 【山形鋼】 angle,angle steel 角钢
やまがたこうせつだんき 【山形鋼切断機】 angle cutter 角钢切割机,角铣刀
やまがたこうそえつぎ 【山形鋼添継】 angle splice joint 角钢拼合接头,角钢拼接
やまがたごや 【山形小屋】 gable roof truss 三角形屋架,人字屋架
やまがたざい 【山形材】 angle,angle bar 角钢,角钢杆件
やまがたラーメン 【山形～[Rahmen德]】 gable roof rigid frame 人字顶架,山形刚架,硬山式刚架
やまがや 【山茅】 山地茅草
やまき 【山木】 乡土树种
やまきず 【山疵·山傷】 quarry fault, quarry defect 石料缺陷
やまぎり 【山桐】 山桐,油桐,针桐
やまぎり 【山錐】 drill bit,flat drill

(凿岩机用)钻头,扁钻,平钻
やまぎりのこ 【山切鋸】 伐木用细长锯
やまくずれ 【山崩】 land slide, land slip 山崩,土崩,坍坡
やまこや 【山小屋】 mountain hut 山地房舍,登山人员房舍
やまさび 【山寂】 (庭园中的)蚀面山石
やまじゃり 【山砂利】 pit gravel 山砾石,坑砾石
やまじろ 【山城】 mountain town 山城
やまずな 【山砂】 pit sand 山砂,坑砂,旱砂
やまだしなえ 【山出苗】 planting stock 出圃苗木,出圃树苗
やまたたきいた 【山叩板】 粗凿石板
やまたにかぜ 【山谷風】 mountain and valley breezes 山谷风
やまつなみ 【山津波】 mud avalanche 泥石流
やまとうろう 【山灯籠】 (庭园中的)天然石制灯笼
やまとしろあり 【大和白蟻】 Leucotermes speratus 日本白蚁
やまとばり 【大和張】 (木板的)交错铺钉
やまどめ 【山止】 sheathing 塌坡防护墙,挡土墙
やまどめこうじ 【山止工事】 sheathing work 挡土(板)墙工程,坑壁支撑工程
やまどり 【山取】 nature plants gathering 野生苗移植
やまのて 【山の手】 uptown 台地居住区,城市高地
やまのてじゅうたくち 【山の手住宅地】 台地居住区
やまのぼりほう 【山登法】 hill-climbing procedure 爬山法
やまはね 【山撥】 rock burst 石滚,山崩,岩崩
やまびきいた 【山挽板】 伐木场的锯制木板
やまびきざい 【山挽材】 原伐材
やまぶき 【山吹·款冬】 Kerria japonica [拉],Kerria[英] 棣棠,棣棠花
やままるびょう 【山丸鋲】 roundhead rivet 圆头铆钉
やまもも 【山桃】 Myrica rubra[拉], Wax myrtle[英] 杨梅
やまわり 【山割】 (编竹用的)劈开竹
やらい 【矢来】 fence, paling 栅栏,篱笆,围墙
やりかた 【遣方·遣形】 batter board (基础)放线架,龙门架,放线板,龙门板
やりかたぐい 【遣形杭】 stake, batter post 放线桩,标桩,放线板用桩
やりかたぬき 【遣形貫】 batter board 放线板,龙门板
やりがんな 【槍鉋·鑓·鉋】 枪头刨(似枪头弯曲状的刨)
やりちがいめじ 【遣違目地】 joint of Flemish bond 一顺一丁砌法接缝,梅花顶砖砌合接缝
やりど 【遣戸】 sliding door 推拉门
やりみず 【遣水】 artificial brook (庭园中的)人工细流
やれいげた 【破井桁】 连续不规则的井栏纹样
やわらかいねんど 【柔らかい粘土】 soft clay 柔性粘土
やわり 【矢割】 wedging (石料的)加楔劈开,插楔挤进,楔入,楔开
ヤーン yarn 麻线,麻纱,麻丝
ヤングけいすう 【～係数】 Young's modulus, modulus of elasticity 弹性模量,杨氏模量
ヤングけいすうひ 【～係数比】 ratio of Young's modulus 弹性模量比,杨氏模量比
ヤング·フィルター Young-filter 杨氏过滤器(商),连续真空过滤器
ヤングりつ 【～率】 Young's modulus 弹性模量,杨氏模量

# ゆ

ゆ【湯】hot water, bath 热水，浴池
ユー・アイ・エー UIA, Union Internationale des Architectes[法]（1948年在瑞士成立的）国际建筑师联盟
ゆあか【湯垢】incrustation 水垢，水锈
ゆあつ【油圧】oil pressure 油压，液压
ゆあつクレーン【油圧～】hydro-crane 油压起重机，液压起重机，液压吊
ゆあつゲージ【油圧～】oil pressure gauge 油压计，油压表
ゆあつしきエレベーター【油圧式～】hydromatic elevator 液压式升降机（电梯）
ゆあつしきしけんき【油圧式試験機】oil pressure testing machine 油压试验机，液压试验机
ゆあつジャッキ【油圧～】oil jack, hydraulic jack 油压千斤顶，液压千斤顶
ゆあつタンク【油圧～】pressure oil tank 压力油箱，液压油箱
ゆあつほごスイッチ【油圧保護～】oil protection switch 油压保护开关
ゆあつモーター【油圧～】hydraulic motor 液压马达
ゆいわた【結綿】棉花纹，结棉纹
ゆいわたがしら【結綿頭】棉花形柱头
ゆういすいじゅん【有意水準】level of significance 重要水准，精密水准（一般采用0.01或0.05）
ゆういん【誘引】（造园的）弯枝绑捆
ゆういんざい【誘引剤】attractant 引诱剂，诱虫剂
ゆういんつうふう【誘引通風】induced draft 诱导通风
ゆういんファン【誘引～】induced draft fan 诱导通风风扇
ゆういんユニット【誘引～】induction unit 诱导（式空调）器
ゆういんユニットほうしき【誘引～方式】induction unit system 诱导器式（空调系统）
ゆうえんち【遊園地】pleasure land, amusement park, recreation ground 游乐园地，供公众户外娱乐的园地
ゆうかい【融解】fusion, melting 熔解，熔化，熔融，融合
ゆうがいいんし【有害因子】adverse factor 有害因素，不利因素
ゆうがいかごうぶつ【有害化合物】harmful compound 有害化合物
ゆうがいせいぶつぼうじょざい【有害生物防除剤】chemicals for harmful organism control 有害生物防止剂，有害生物抑制剂
ゆうかいねつ【融解熱】heat of fusion 熔融热，熔化热
ゆうかくとうし【有角透視】angular perspective 斜透视
ゆうかくとうしずほう【有角透視図法】angular perspective 斜透视投影法，二点透视投影法
ゆうかん【遊間】expansion spacing of rail joint, laying gap（轨道）接合间隙，胀缝隙
ゆうきえいようせいさいきん【有機栄養性細菌】heterotrophic bacteria 异养菌，有机营养菌
ゆうきえんそかごうぶつ【有機塩素化合物】organic chlorinated compound 有机氯化物
ゆうきえんそけいさっちゅうざい【有機塩素系殺虫剤】organochlorine insecticides 有机氯系杀虫剂
ゆうきえんそざい【有機塩素剤】organic chlorinate chemicals 有机氯药剂
ゆうきガラス【有機～】organic glass 有机玻璃
ゆうきかんでいちょうせいざい【有機罐泥調整剤】organic boiler sludge conditioner 有机锅泥调节剂

ゆうきがんりょう 【有機顔料】 organic pigment 有机颜料

ゆうきぎょうしゅうほじょざい 【有機凝集補助剤】 organic coagulant aid 有机助凝剂

ゆうきけいインヒビター 【有機系～】 organic inhibitor 有机抑制剂

ゆうきけいぼうしょくざい 【有機系防食剤】 organic anticorrosion agent 有机防腐剂

ゆうきコロイドてつ 【有機～鉄】 organic colloidal iron 有机胶态铁

ゆうきさん 【有機酸】 organic acid 有机酸

ゆうきさんアルカリど 【有機酸～度】 organic acid alkalinity 有机酸碱度

ゆうぎしせつ 【遊戯施設】 play facilities 游戏设施

ゆうぎしつ 【遊戯室】 play room 游戏室

ゆうきしつけつごうざい 【有機質結合剤】 organic binding agent 有机粘结剂,有机结合剂

ゆうきしつせんいばん 【有機質繊維板】 organic fibre,fiberboard 有机纤维板

ゆうきしつど 【有機質土】 organic soil 有机质土

ゆうきしつねんど 【有機質粘土】 organic clay 有机粘土

ゆうきしつひりょう 【有機質肥料】 organic fertilizer,organic manure 有机肥料

ゆうきしつふしょくよくせいざい 【有機質腐食抑制剤】 organic corrosion inhibitor 有机防腐剂

ゆうぎじょう 【遊戯場】 playground 游戏场

ゆうぎじょう 【遊技場】 recreation hall,game house,gambling house 游艺场

ゆうきすいぎん 【有機水銀】 organic mercury 有机汞

ゆうきせいだっしゅうざい 【有機性脱臭剤】 organic deodorizer 有机脱臭剂

ゆうきせいたんそ 【有機性炭素】 organic carbon 有机碳

ゆうきせいちっそ 【有機性窒素】 organic nitrogen 有机氮

ゆうきせいはいきぶつ 【有機性廃棄物】 organic waste 有机废物

ゆうきせいはいすい 【有機性排水】 organic wastewater 有机废水

ゆうきてきくうかん 【有機的空間】 organic space 有机组成的空间,有组织的空间

ゆうきてきけいたい 【有機的形態】 organic form 有机组成的形式,有组织的形式

ゆうきてきけんちく 【有機的建築】 organic architecture (1945年以后出现的)有机建筑

ゆうきひそざい 【有機砒素剤】 organoarsenic chemicals 有机砷剂

ゆうきぶっしつ 【有機物質】 organic matter 有机物

ゆうきぶつしつどけい 【有機物湿度計】 organic hygrometer 有机物湿度计

ゆうきぶつスカベンジャー 【有機物～】 scavenger for organic matter 有机物清除剂

ゆうきりん 【有機燐】 organic phosphorous 有机磷

ゆうげんさいてきかもんだい 【有限最適化問題】 finite optimization 有限优化问题

ゆうげんだんせいひずみ 【有限弾性歪】 finite elastic strain 有限弹性应变

ゆうげんへんけいりろん 【有限変形理論】 theory of finite deformation 有限变形理论

ゆうげんようそほう 【有限要素法】 finite element method 有限单元法

ゆうこうあつ 【有効圧】 effective pressure 有效压力

ゆうこうアドレス 【有効～】 effective address 有效地址

ゆうこううりょう 【有効雨量】 effective rainfall 有效雨量

ゆうこうおうりょく 【有効応力】 effective stress 有效应力

ゆうこうおうりょくけいろ 【有効応力径

路】effective stress path 有效应力途径

ゆうこうおんきょうちゅうしん【有効音響中心】effective acoustic center 有效声中心

ゆうこうおんど【有効温度】effective temperature 有效温度,感觉温度

ゆうこうおんどずひょう【有効温度図表】effective temperature chart 有效温度图表

ゆうこうかじゅう【有効荷重】effective load(ing) 有效荷载

ゆうこうきしゃく【有効希釈】available dilution 有效稀释

ゆうこうきゅうすいりょう【有効吸水量】effective absorption of water 有效吸水量

ゆうこうくうげき【有効空隙】effective porosity (沥青混合料)有效孔隙率

ゆうこうグラフ【有向~】oriented graph 有向图

ゆうこうけい【有効径】effective size of grain (滤砂的)有效粒径

ゆうこうごうはん【有孔合板】perforated plywood 穿孔胶合板

ゆうこうごうひ【有効剛比】effective stiffness ratio 有效劲度比,有效刚度比

ゆうこうざい【有孔材】porous wood, broad-leaved wood 有孔材,阔叶树材

ゆうこうしごと【有効仕事】effective work 有效功

ゆうこうしつりょう【有効質量】effective mass 有效质量

ゆうこうじょうさいあつりょく【有効上載圧力】effective overburden pressure 有效积土压力

ゆうこうすいこみすいとう【有効吸込水頭】effective suction head 净吸水高度,有效吸程

ゆうこうすいしん【有効水深】effective depth 有效水深

ゆうこうすいとう【有効水頭】effective head 有效水头,有效落差

ゆうこうスパン【有効~】effective span 有效跨距,有效跨度

ゆうこうせい【有孔性】porosity 多孔性,孔隙度,气孔率,孔隙率

ゆうこうせい【有効成】effective depth 有效高度,有效深度

ゆうこうせきさんおんど【有効積算温度】effective cumulative temperature 有效积温

ゆうこうたかさ【有効高さ】effective depth, effective height 有效高度,有效深度

ゆうこうだんめん【有効断面】effective cross section 有效截面,有效断面

ゆうこうだんめんせき【有効断面積】effective sectional area 有效截面面积

ゆうこうちょくけい【有効直径】effective diameter 有效直径

ゆうこうちょすいようりょう【有効貯水容量】effective storage 有效蓄水量

ゆうこうちょすいりょう【有効貯水量】effective storage capacity 有效储水量,有效蓄水量

ゆうこうでんりょく【有効電力】active power 有效功率,有功功率

ゆうこうとうかだんめん【有効等価断面】effective equivalent section 有效等效截面,有效等值截面,有效折算截面

ゆうこうのどあつ【有効喉厚】effective throat depth 有效焊缝厚度

ゆうこうはば【有効幅】effective (flange)width 有效(翼缘)宽度

ゆうこうばり【有孔梁】perforated beam 穿孔梁,有孔梁

ゆうこうばん【有孔板】perforated panel 穿孔板

ゆうこうばんごうぐん【有効番号群】active set 有效(序号)集

ゆうこうひずみ【有効歪】effective strain 有效应变,有效变形

ゆうこうひっぱりりょく【有効引張力】effective tension (预应力混凝土中钢材的)有效拉力

ゆうごうぶ【融合部】fusion zone, penetration zone 熔化区,熔合区,熔透区

ゆうこうふうすい【有効封水】effective seal 有效水封(深度)

**ゆうこうふくいん**【有効幅員】effective width 有效宽度

**ゆうこうふくしゃ**【有効輻射】effective radiation 有效辐射(亦称夜间辐射)

**ゆうこうふくしゃおんど**【有効輻射温度】effective radiation temperature 有效辐射温度

**ゆうこうふくしゃていすう**【有効輻射定数】effective radiation constant 有效辐射系数,相当辐射系数

**ゆうこうふくしゃりつ**【有効輻射率】effective emissivity 相当发射率,相当黑度,等效黑度

**ゆうごうふりょう**【融合不良】lack of fusion (焊接)熔化不良,未熔合,未焊透

**ゆうこうプレストレス**【有効~】effective prestress 有效预应力

**ゆうこうブロック**【有孔~】porous block 多孔滤板

**ゆうこうベニヤいた**【有孔~[veneer]板】perforated plywood 穿孔胶合板

**ゆうこうほそながひ**【有効細長比】effective slenderness ratio 有效长细比,有效柔度

**ゆうこうめんせき**【有効面積】effective area 有效面积,使用面积

**ゆうこうらくさ**【有効落差】effective head 有效水头

**ゆうこうりつ**【有効率】ratio of effective prestress to initial prestress 有效比(有效预应力和初始预应力之比)

**ゆうさいしょく**【有彩色】chromatic colour 彩色(具有色相和彩度的色)

**ゆうしてっせん**【有刺鉄線】barbed wire 刺铁丝

**ゆうじゃく**【遊尺】vernier 游标,副尺

**ゆうしょくこつざい**【有色骨材】colored aggregate 有色骨料

**ゆうしょくねつ**【融触熱】heat of melting 熔解热

**ゆうしんアークようせつぼう**【有心~[arc]溶接棒】cored electrode 型芯弧焊条,药心焊条

**ゆうしんけんちく**【有心建築】building of radial plan 辐射形平面的建筑,向心式平面的建筑

**ゆうすいそう**【湧水槽】artesian spring tank 涌水池

**ゆうすいち**【遊水池】retarding basin 缓冲池,滞洪区,滞洪水库

**ゆうせいはんしょく**【有性繁殖】sexual reproduction 有性繁殖

**ゆうせいぼく**【優勢木】dominant tree 优势树木,优良树木

**ゆうせつ**【融雪】snow melting 融雪

**ゆうせつ**【融接】fusion welding 熔焊

**ゆうせつこうずい**【融雪洪水】flood of melted snow ,snow flood 融雪洪水

**ゆうせつせつび**【融雪設備】snow-melting equipment 融雪设备

**ゆうせつそうち**【融雪装置】snow melting plant 融雪设备

**ゆうせん**【湧泉】gushing spring 涌泉

**ゆうせんサイズ**【優先~】preferred sizes 选用尺寸

**ゆうせんしがいかちいき**【優先市街化地域】zone à urbaniser en priorité (ZUP)[法] (1958年法国根据总统令规定的)优先城市化地区

**ゆうせんどうろ**【優先道路】preference road 优先通行路(在交叉口可以直通穿过,无须停车)

**ゆうせんほうそう**【有線放送】wired broadcasting 有线广播

**ゆうちきょり**【誘致距離】attractive distance,service distance 吸引距离,服务距离(日常利用某些设施的人的住地和设施的距离)

**ゆうちけん**【誘致圏】catchment area, served area,attractive sphere 服务对象范围,(设施服务)吸引范围

**ゆうちけんいき**【誘致圏域】catchment area,served area,attractive sphere (设施服务)吸引范围,服务对象范围

**ゆうちじんこう**【誘致人口】catchment population 设施利用人口,服务对象人口

**ゆうちはんけい**【誘致半径】radius served,attractive radius,service radi-

us 服务半径,(设施服务)吸引半径
ゆうちゃくおんど 【融着温度】 fusion weld temperature 熔化焊接温度,熔接温度
ゆうちょうかせん 【有潮河川】 tidal river 潮汐河流,潮水河
ゆうちりつ 【誘致率】 catchment effective ratio (设施服务的)吸引率
ゆうていぶ 【有堤部】 embanked reach 堤段,堤区
ゆうてん 【融点】 melting point,fusing point 熔点
ゆうでんかねつ 【誘電加熱】 high frequency heating,dielectric heating 电介质加热,高频加热
ゆうどうかねつろうづけ 【誘導加熱蠟付】 induction brazing 感应加热钎焊
ゆうどうしきよびだしそうち 【誘導式呼出装置】 inductive wireless call device 感应式无线呼叫装置
ゆうどうしょく 【誘導色】 inducing colour 诱导色(刺激视觉而引起互补色残像的色)
ゆうどうしんごうき 【誘導信号機】 calling-on signal 招呼信号机
ゆうどうでんあつちょうせいき 【誘導電圧調整器】 induction voltage regulator 感应式调压器
ゆうどうでんどうき 【誘導電動機】 induction motor 感应电动机
ゆうどうとう 【誘導灯】 refuge inductive light (避难)诱导灯
ゆうどうとう 【誘導島】 directional island 方向岛
ゆうどうとうおよびゆうどうひょうしき 【誘導燈及誘導標識】 safty lamp and sign 标示设备
ゆうどうひ 【誘導比】 induction ratio 诱导比,诱导率
ゆうどうほしょく 【誘導補色】 induction complementary colour 诱导互补色
ゆうどうむせん 【誘導無線】 inductive radio 感应式无线电设备
ゆうどうろひょうしき 【誘導路標識】 taxiway marking 诱导路标
ゆうどくそうるい 【有毒藻類】 toxic algae 有毒藻(类)
ゆうどくぶっしつ 【有毒物質】 toxic substances 有毒物质
ゆうはつこうつう 【誘発交通】 induced traffic 诱增交通量,吸引交通量
ゆうはつこうつうりょう 【誘発交通量】 induced traffic volume 吸引交通量,诱增交通量
ゆうひょう 【遊標】 vernier 游标
ゆうひょうのうりょく 【融氷能力】 ice melting capacity 融水能力
ゆうびんうけ 【郵便受】 mail box 信箱,邮筒
ゆうびんきょく 【郵便局】 post office 邮局
ゆうへきラーメン 【有壁~[Rahmen德]】 walled frame 壁式框架,有剪力墙的框架
ゆうほじょう 【遊歩場】 foyer,promenade 休息厅,散步廊
ゆうほどう 【遊歩道】 promenade 散步道
ゆうほろう 【遊歩廊】 promenade 散步廊,游廊
ゆうもくせい 【誘目性】 attractiveness (构图形式及色彩效果的)吸引力
ゆうやく 【釉薬】 glaze 釉,上釉药
ゆうやくがわら 【釉薬瓦】 glazed tile 釉面瓦,琉璃瓦
ゆうやくれんが 【釉薬煉瓦】 glazed brick 釉面砖,琉璃砖
ゆうようぶっしつのかいしゅう 【有用物質の回収】 waste resources technique 有用物质回收
ゆうようりょくたいせいぶつ 【有葉緑体生物】 chloroplast-bearing organisms 含叶绿体生物
ゆうらんこう 【遊覧港】 sightseeing harbour 游览港
ゆうり 【遊離】 liberation 游离
ゆうりえんそ 【遊離塩素】 free chlorine 游离氯
ゆうりけいさん 【遊離珪酸】 free silicic acid 游离硅酸

ゆうりざんりゅうえんそ 【遊離残留塩素】 free residual chlorine 游离余氯
ゆうりすい 【遊離水】 free water 游离水,自由水
ゆうりせっかい 【遊離石灰】 free lime 游离石灰
ゆうりたんさん 【遊離炭酸】 free carbonic acid 游离碳酸
ゆうりゆうこうえんそ 【遊離有効塩素】 free available chlorine 游离有效氯
ゆうりょうきょう 【有料橋】 toll bridge 收税桥,收费桥
ゆうりょうちゅうしゃじょう 【有料駐車場】 parking area with charge 收费停车场
ゆうりょうどうろ 【有料道路】 toll road 收税道路,收费道路
ゆうりょうトンネル 【有料～】 toll tunnel 收费隧道,收税隧道
ユー・エス・エス USS,United States Standard 美国标准
ユー・エス・ディーこうほう 【USD工法】 upside down method (屋面)倒铺法
ユー・エッチ・エフ UHF,ultra-high frequency 超高频
ゆえん 【油煙】 lamp black 烟墨,灯黑,油烟
ユー・オー・ディー UOD,ultimate oxygen demand 最终需氧量
ゆか 【床】 floor 地面,地板,楼面
ゆかい 【油塊】 oil clot 油块
ゆかいた 【床板】 floor board ,floor slab(of bridge) 地板,楼面板,桥面板
ゆかいたブロック 【床板～】 flooring block 铺地板(木)块
ゆかぐみ 【床組】 floor framing,floor system,floor construction 地板构造,楼板构造,桥面系,桥面结构
ゆかげた 【床桁】 floor beam 楼板梁,地板梁,(桥梁的)桥面(横)梁
ゆかこうじ 【床工事】 floor work 地面工程,地板工程
ゆかこうばん 【床鋼板】 steel deck 地面网纹钢板
ゆかコンセント 【床～】 floor box , floor consent 地板(电)插口
ゆかしあげ 【床仕上】 flooring,floor finish 地面饰面,楼板面层
ゆかした 【床下】 底层木地板下面的空间
ゆかしたかんきこう 【床下換気孔】 underfloor venthole 地板下通风口
ゆかしたせんぴこうじ 【床下線被工事】 underfloor wiring work 地板下布线工程
ゆかしょうげきおん 【床衝撃音】 impact noise of floor 地板撞击声
ゆかスタンド 【床～】 floor lamp 落地灯
ゆかスラブ 【床～】 floor slab 楼板
ゆかだか 【床高】 floor height 地板面高度(地基面至底层地板面的高度)
ユーがたきょうだい 【U形橋台】 U-abutment U形桥台
ユーがたグルーブ 【U形～】 single U-groove U形坡口,U形槽
ユーがたしんしゅくかん 【U形伸縮管】 expansion U pipe U形伸缩管,U形补偿器
ユーがたはいすいこう 【U形排水溝】 U-drain U形排水沟
ゆかだんぼう 【床暖房】 floor heating 地面采暖,楼板采暖
ゆかちがい 【床違】 不同标高地板,不同标高地面
ゆかづか 【床束】 floor post 地板下短柱
ゆかづかつなぎ 【床束繋】 floor post 地板下短柱系杆
ゆかつきちょうばん 【床付丁番】 floor hinge 地面门铰链,地龙
ゆかトラップ 【床～】 floor trap 地漏
ゆかはいすい 【床排水】 floor drain 地板面排水,楼面排水
ゆかパネル 【床～】 floor panel (作为辐射采暖的加热面的)地面铺板
ゆかばり 【床梁】 floor beam 楼板梁,地板梁,楼层梁
ゆかばり 【床張】 flooring ,boarding 铺地面,铺地板,桥面铺装
ゆかばん 【床版】 floor slab 楼板
ゆかぶせず 【床伏図】 floor framing plan,floor construction plan 地板结构

平面图,地板布置图

ゆかフランジ 【床～】 floor flange (大便器等用)地面法兰

ゆがみ 【歪】 distortion, warping 歪扭,扭曲,翘曲,变形,畸变

ゆがみかく 【歪角】 angle of distortion 歪扭角,偏斜角

ゆがみなおし 【歪直】 straightening 矫正,挑直,校直

ゆがみばしら 【曲柱】 (日本茶室内)以翘曲树皮饰面的中柱

ゆかめん 【床面】 floor 地面,楼面

ゆかめんせき 【床面積】 floor area, floor space 建筑各层面积,楼面面积,地面面积

ゆかめんせきりつ 【床面積率】 floor area ratio, floor space index (ratio of total floor area to site) 楼面面积率(总建筑面积对基地面积的比率)

ゆかようこうはん 【床用鋼板】 steel floor plate 地面用钢板

ユーカリのき 【～の木】 Eucalyptus globulus[拉], tasmanian bluegum[英] 蓝桉

ゆきあいつぎ 【行合継·往会継】 (木料的)梢端接头

ゆきおおい 【雪覆】 snow-shed 防雪棚

ゆきかき 【雪掻】 snow shovel 雪铲,除雪铲

ゆきかきしゃ 【雪掻車】 snow-plough car 雪犁车

ゆきかじゅう 【雪荷重】 snow load 雪(荷)载

ゆききり 【雪切】 (街道路面)除雪

ゆきげた 【行桁】 stringer 纵梁,楼梯斜梁

ゆきさきちあんないひょうしき 【行先地案内標識】 destination sign 目的地指示标志,去向指示标志

ゆきじゃく 【雪尺】 snow measuring rod, snow scale, snow stake 量雪标尺,雪深尺

ゆきすぎせいげんスイッチ 【行過制限～】 limit switch 限位(极限、行程、终端)开关

ゆきつり 【雪釣】 suspension to prevent snow damage 松树防雪压的伞形吊绳

ゆきどい 【雪樋】 snow gutter 排雪槽,排雪沟

ゆきどまりかん 【行止管】 dead-ended pipe 尽端管

ゆきどまりしきはいかん 【行止式配管】 branching network 枝状管网

ゆきどめ 【雪止】 snow guard 防雪板

ゆきどめがわら 【雪止瓦】 snow guard tile 挡雪瓦

ゆきどめさく 【雪止栅】 snow protection fence 防雪栅(栏)

ゆきながしみぞ 【雪流溝】 snow drain, snow drainage ditch 排雪沟

ゆきびさし 【雪庇】 snow cornice 防雪挑檐

ゆきほり 【雪掘】 snow removal 清除积雪,除雪

ゆきみしょうじ 【雪見障子】 上下推拉门窗扇

ゆきみどうろう 【雪見灯籠】 stone lantern of yukimi type 雪见式石灯(指角形笠状石灯)

ゆきよけ 【雪除】 snow-shed 防雪设施,防雪棚

ゆきわり 【雪割】 (街道路面)除雪,犁雪

ゆぐち 【湯口】 gate, ingate, pouring gate 浇口,直浇口,溢口

ユグノーようしき 【～様式】 Hugenottenstil[德] (17世纪荷兰、德国的)雨格诺式(建筑)

ユーグレナ Euglena 眼虫属

ユーゲント・シュティル Jugend Stil [德] (20世纪初期奥地利的)青年式(建筑),青年风格派

ゆごう 【癒合】 fusion, healing 愈合,并合,融合

ゆごや 【湯小屋】 现场开水房

ユー・シー・エス UCS, uniform chromaticity scale 均匀色品标度

ユー・シー・エスひょうしょくけい 【UCS表色系】 UCS(uniform chromaticity scale)system 均匀色品标度系统

ユーじかん 【U字管】 U-tube U形管

**ユーじかんあつりょくけい**【U字管圧力計】U-tube manometer U形管压力计

**ユーじかんマノメーター**【U字管～】U-tube manometer U形管压力计

**ユーじこう**【U字溝】U-ditch U形沟，马蹄形沟

**ゆすいぶんりそうち**【油水分離装置】oil separator 油水分离器，隔油器

**ゆすぎみず**【濯水】rinse water 洗涮水，洗后污水

**ゆすぶりしけん**【搖振試験】shaking test （土的）振荡试验，摇动试验

**ユース・ホステル** youth hostel （为徒步或骑自行车旅游者所设的）青年招待所

**ゆすりかのようちゅう**【揺蚊の幼虫】Tendipes larva，Chironomidae larva 摇蚊幼虫

**ゆずりは**【譲葉】Daphniphyllum macropodum[拉]，Sloumi，Macropodous daphniphyllum[英] 交让木

**ゆずれひょうじせん**【譲標示線】give-way line 让车标线

**ゆせいエナメル**【油性～】oil enamel 油性磁漆，油性搪瓷

**ゆせいコーキング**【油性～】oil caulking 油膏，油性密封材料

**ゆせいしたじとりょう**【油性下地塗料】bed oil paint 油性底层涂料

**ゆせいステイン**【油性～】oil stain 油性着色剂，油污迹

**ゆせいとりょう**【油性塗料】oil paint 油性涂料，油性调合漆

**ゆせいペイント**【油性～】oil paint 油性涂料，油性调合漆

**ゆせいめどめざい**【油性目止剤】oil filler 油性填缝料

**ゆせいワニス**【油性～】oil varnish 油性清漆

**ゆせんはいすい**【油洗廃水】oil scouring wastewater 油洗废水

**ゆそう**【湯槽】hot water tank 热水箱

**ゆそうがいろ**【輸送街路】traffic artery 运输干道，交通要道

**ゆそうきょう**【輸送橋】transporter bridge 运输桥，运货桥，渡桥

**ゆそうはいかん**【湯送配管】hot water piping 热水输送管道

**ゆそうりょく**【輸送力】transportation capacity 运输能力

**ゆだんぼう**【湯暖房】hot water heating 热水采暖

**ゆちゃく**【癒着】autogenous healing 愈合，自愈

**ゆちょう**【油長】oil length 油度，油长

**ユッカるい**【～類】Yucca sp.[拉]，Yucca[英] 丝兰属

**ユーティリティ** utility 公用事业

**ユーティリティーズ** utilities 辅助设备，辅助设施

**ユーティリティ・プログラム** utility program 实用程序，应用程序

**ユーティリティ・ルーム** utility room 杂务室，杂用室

**ゆでんすい**【油田水】oil well water （石）油井水，油田水

**ユー・ドーザー**【U～】U-dozer U形翼板推土机

**ゆどの**【湯殿】浴室，烧水室

**ユー・トラップ**【U～】U-trap U形存水弯

**ユードリナ** Eudorina 空球藻属（藻类植物）

**ゆならし**【湯ならし】hot water process （试件的）热水处理法

**ユニオン・エルボ** union elbow 弯管接头

**ユニオンくだつぎて**【～管継手】union (pipe) joint 管接头

**ユニオン・ジョイント** union joint 管子活接头，管接合

**ユニオンつぎて**【～継手】union joint 管子活接头，管接合

**ユニオン・ナット** union nut 联接螺母

**ユニオンひしょくけい**【～比色計】union colorimeter 联合比色计

**ユニオンメルト** unionmelt 潜弧焊机（商），潜弧焊

**ユニオンメルトようせつほう**【～[unionmelt]溶接法】submerged-arc welding 潜弧焊接

ユニクロムめっき 【～鍍金】 unichrome galvanization 光泽镀锌
ユニセレクター uni-selector 旋转式选择器,单动作选择器
ユニット unit 单位,单元,组合,元件,部件,组件,机组,单位数
ユニット・エア・コンディショナー unit air conditioner 单元式空调机,空调机组
ユニットか 【～化】 单元式化,统一化,一体化
ユニットがたエア・フィルター 【～形～】 unit type air filter 单元式空气过滤器
ユニット・キッチン unit kitchen 单元式厨房,定型厨房的基本单位
ユニット・クーラー unit cooler 单元式冷却器,冷却机组
ユニット・ケーブル unit cable 组合电缆
ユニット・コントロール unit control 单元控制
ユニットしき 【～式】 unit type 单元式,单位式,机组式
ユニット・システム unit system 单元式,组件式,元件组装式
ユニットじゅうたく 【～住宅】 unit house 单元式住宅
ユニット・スイッチ unit switch 组合开关,单元开关
ユニット・ハウス unit house 单元式住宅
ユニット・ヒーター unit heater 单元加热器,供暖机组,暖风机
ユニット・ファニチュア unit furniture 装配式家具,组装式家具
ユニット・フィルター unit type air filter 单元式空气过滤器
ユニット・プラン unit plan 单元平面
ユニット・ベンチレーター unit ventilator 单元式通风机,通风机组
ユニット・ホースパワー unit horsepower 单位马力
ユニット・ボリューム unit volume 单位容积,单位体积
ユニット・レコード・システム unit record system 单元纪录系统,穿孔卡片系统
ユニット・ロード・システム unit load system 单位装载运输方式(如集装箱运输)
ユニティきょうかい 【～教会】 Unity Church (1906年美国芝加哥)统一教会(赖特早期作品)
ユニテ・ダビタシオン Unité d'Habitation[法] 居住单位(公寓的名称)
ユニバーサル・シャフト universal (joint)shaft 联接轴,万向(节)轴
ユニバーサル・スペース universal space 通用空间,多用空间,灵活空间
ユニバーサル・タイム universal time 世界时,格林威治时
ユニバーサル・ディジタル・コンピューター universal digital computer 通用数字计算机
ユニバーサルべん 【～弁】 universal valve 万向阀
ユニバーサル・ボックス universal box 通用箱形构件,通用盒子结构
ユニバーサル・メーター universal meter 通用电表,万用表,万能表
ユニフォーム・イルミネーション uniform illumination 均匀照明,均匀照度
ユニフォーム・ライティング uniform lighting 均匀照明
ユニフォーム・ロード uniform load 均布荷载
ユニフロー uniflow 单流,直流,顺流
ゆにゅうかんしょうき 【油入緩衝器】 oil buffer 油压缓冲器
ゆねんしょうそうち 【油燃焼装置】 oil-fired equipment 燃油装置
ユーパセオスコープ eupatheoscope 舒适感测定仪
ユー・バーレ 【U～】 U-vale (哈斯特地形的)干宽谷,溶崖
ユビィオール・ガラス uviol glass 透紫外线玻璃
ゆびわり 【指割】 pinch 掐取,摘取
ゆふ 【油布】 oil cloth,oiled linen 油布
ユー・ブイ・エー UVA,ultra-violets

absorption 紫外线吸收
ゆふう 【油封】 oil seal 油封
ゆぶんのうどけい 【油分濃度計】 oil concentration analyzer 油浓度测定仪
ユー・ボルト 【U～】 U-bolt U形螺栓,马蹄螺栓
ゆまくつよさ 【油膜強さ】 strength of oil membrane 油膜强度
ユーマス・タンク humus tank 腐化槽,腐化池
ゆみがたアーチ 【弓形～】 segmental arch 弓形拱(小于半圆的弧形拱)
ゆみずこんごうすいせん 【湯水混合水栓】 mixing faucet 冷热水混合龙头
ゆみぞり 【弓反】 bow crook (木料的)翘曲,弓形弯曲
ゆみつ 【油密】 oil tight 油封
ゆみとら 【弓虎】 转向缆索,变向缆索
ゆみのり 【弓法】 (石墙上的)弯曲坡度
ゆみはりがたけた 【弓張形桁】 bow-beam, bowstring beam, bowstring girder 弓弦式梁,弓弦式大梁
ゆみはりまど 【弓張窓】 bow window, lunette 圆肚窗,凸肚窗,弧形窗
ゆみまゆ 【弓眉】 (月梁端的)弓形斜项
ゆみれんじ 【弓連子】 波形竖棂
ゆめんけい 【油面計】 oil level gauge 油位计,油位表
ユー・ライン・ランプ 【U～】 U-line lamp U形(荧光)灯
ユリアじゅし 【～樹脂】 urea resin 尿素树脂
ユリアじゅしせっちゃくざい 【～樹脂接着剤】 urea resin adhesive 尿素树脂粘合剂
ゆりいす 【揺椅子】 rocking chair 摇椅
ゆりのき 【百合樹】 Liriodendron tulipifera[拉], Tulip tree, yellow poplar[英] 北美鹅掌楸,百合木
ゆりふるい 【揺篩】 vibrating screen, vibrating sieve, vibration screen 震动筛,摇动筛,振动筛,摆动筛
ユー・リンク 【U～】 U-link U形夹,U形钩,马蹄形钩
ユルゲスのしき 【～の式】 Jürgese's formula 余尔盖斯公式(计算导热系数和风速关系的公式)
ゆるししろ 【許代】 tolerance, common difference 容许公差,允差
ゆるみ 【弛】 looseness 松驰
ゆるみどめざがね 【弛止座金】 locking washer 防松垫圈
ゆるめくだ 【弛管】 release pipe 排泄管
ゆるめべん 【弛弁】 release valve 放气阀,放泄阀,释放阀
ゆわかしき 【湯沸器】 hot water heater 热水器,沸水器
ゆわかししつ 【湯沸室】 hot-water service room 热水供应室,开水供应室

# よ

よいとまけ 穿心棒夯实
よいんし【余因子】cofactor 余因子
よいんすうマトリックス【余因数～】cofactor matrix 余因数矩阵,余因子矩阵
よう【葉】foil 张,片,枚,杏叶状,花瓣状
よう【様】style,shape,form,pattern,way,manner,system,school 式样,风格,形式,纹样,方式,流派
ようあつりょく【揚圧力】uplift 浮力,上升力
ようあん【溶暗】fade-out (灯光)渐暗,(电影)渐隐,(电视)淡出
ようイオン【陽～】cation,positive ion 阳离子 正离子
ようイオンかいめんかっせいざい【陽～界面活性剤】cationic surface active agent,cationic surfactant 阳离子界面活性剂,阳离子表面活性剂
ようイオンこうかんざい【陽～交換剤】cation exchange agent ,cationite 阳离子交换剂
ようイオンこうかんじゅし【陽～交換樹脂】cation exchange resin 阳离子交换树脂
ようイオンこうかんようりょう【陽～交換容量】cation exchange capacity 阳离子交换容量
よういくいん【養育院】alms-house 养老院,救济院
よういりすみ【葉入隅】凹棱线脚,折棱线脚
ようえき【溶液】solution 溶液
ようえきどうでんりつほう【溶液導電率法】conductometric analysis 溶液电导(定量)分析法
ようえきぶぶん【用益部分】welfare facilities,service space,service area 福利设施,服务面积
ようかい【溶解】dissolution,solution 溶解(作用)
ようかい【熔解·鎔解】fusion 熔解,熔化
ようかいアセチレン【溶解～】dissolved acetylene (在液体或丙酮中的)溶解乙炔
ようかいえんのうど【溶解塩濃度】dissolved salinity 溶解盐浓度
ようかいおんど【熔解温度】fusing point,fusion temperature 熔点,熔解温度
ようかいガス【溶解～】dissolved gas 溶解气体
ようかいこうみょうたん【溶解光明丹】red lead paint 红丹油性防锈漆,红丹漆
ようかいせいじょうはつざんりゅうぶつ【溶解性蒸発残留物】dissolved residue on evaporation 溶解性蒸发残渣
ようかいせいてつ【溶解性鉄】soluble iron 可溶性铁
ようかいせいマンガン【溶解性～】soluble manganese 可溶性锰
ようかいそう【溶解槽】solution tank 溶解池
ようかいそくど【溶解速度】dissolution rate 溶解速度
ようかいど【溶解度】solubility 溶解度
ようかいパルプこうじょうはいすい【溶解～工場廃水】dissolving pulp mill wastewater 溶解纸浆生产废水
ようかいぶっしつ【溶解物質】dissolved matter 溶解物
ようかいペイント【溶解～】ready mix paint 调合漆
ようかざい【溶加材】filler metal 填充金属,金属焊料
ようかざいしけんへん【溶加材試験片】filler metal test specimen 金属焊料试样,焊条试样

ようがさこうか 【洋傘効果】 umbrella effect (大气中增加微粒引起的)雨伞效应
ようかそじしつ 【溶化素地質】 vitreous body, vitreous china 釉瓷,玻化陶瓷
ようがたがわら 【洋形瓦】 西式瓦,粘土瓦
ようがたセメントがわら 【洋形~瓦】 水泥瓦
ようかぼう 【溶加棒】 焊条
ようがわら 【洋瓦】 西式瓦,粘土瓦
ようがわらぶき 【洋瓦葺】 西式瓦屋面,铺西式瓦屋面
ようかん 【羊羹】 queen closer 大开条砖,对开顺砖
ようがん 【溶岩】 lava (火山)熔岩
ようき 【容器】 container, chest 容器
ようきが 【用器画】 instrumental drawing 器械制图,用器画
ようきそうち 【揚軌装置】 rail lifting device 起轨装置,起道装置
ようきべん 【容器弁】 cylinder valve 容器阀,气瓶阀
ようぎょう 【窯業】 ceramic industry 陶瓷制造业,窑业
ようぎょうせいひん 【窯業製品】 ceramic products, ceramics 陶瓷制品
ようきょく 【陽極】 anode 阳极,正极
ようきょくさんか 【陽極酸化】 anodic oxidation 阳极氧化
ようきょくさんかほう 【陽極酸化法】 anodic oxidation method 阳极氧化法
ようきょくよくせいざい 【陽極抑制剤】 anodic inhibitor 阳极抑制剂
ようぎん 【洋銀】 white metal, German silver, nickel silver 锌白铜,铜镍锌合金,德国银
ようきんじょ 【養禽所】 aviary 飞禽饲养所,鸟舍
ようくぎ 【洋釘】 nail 圆钉,钉
ようこうろかす 【溶鉱炉滓】 slag 高炉矿渣,熔渣
ようこうろガスせんじょうはいすい 【熔鉱炉~洗浄廃水】 blast furnace dust scrubbing wastewater 高炉煤气洗涤废水
ようこうろはいすい 【熔鉱炉排水】 blast furnace drainage 鼓风炉排水,高炉排水
ようこうろれいきゃくすい 【熔鉱炉冷却水】 cooling water for smelting furnace 鼓风炉冷却水,高炉冷却水
ようごしせつ 【養護施設】 weak children's facilities 弱质儿童抚育机构
ようごや 【洋小屋】 roof truss 西式屋架
ようさい 【溶滓】 slag 矿渣,熔渣
ようさい 【要塞】 fortress 堡垒,要塞
ようざい 【用材】 lumber, timber 木材,木料
ようざい 【溶剤】 solvent 溶剂,溶媒
ようざいがたせっちゃくざい 【溶剤型接着剤】 solvent adhesives 溶剂型粘合剂
ようざい(の) きょようど 【溶剤(の)許容度】 permissible air pollution (空气污染的)溶剂容许限度
ようざいちゅうしゅつほう 【溶剤抽出法】 solvent extraction method 溶剂提取法
ようざいふようぶつ 【溶剤不溶物】 solvent insoluble matter 溶剂不溶物
ようし 【洋紙】 外来纸(指用近代造纸法制造的各种纸张)
ようしき 【様式】 style 式,式样,形式,风格
ようしきさいこう 【様式再興】 revival of (architectural) style (建筑)形式复兴
ようしきしたみ 【洋式下見】 cladding [英], siding [美] 横钉压边木板墙
ようじこうえん 【幼児公園】 play lot 幼儿游戏场地
ようじしつ 【幼児室】 baby room 幼儿室,(保育院及幼儿园的)保育室,(医院的)儿童病室
ようじじんこう 【幼児人口】 幼儿人口
ようしつ 【溶質】 solute 溶质
ようしつ 【陽疾】 compression wood 生压木,应压木(受压后生长轮变化的木材)
ようしゃ 【溶射】 metallizing, spraying 喷镀,包镀

ようじゅ 【陽樹】 intolerant tree, sun-loving tree 阳性树，喜光树
ようじゆうえん 【幼児遊園】 幼儿游园
ようじゅうき 【揚重機】 hoist 起重机，卷扬机
ようじょう 【養生】 curing （对植物的）保育，（混凝土等的）养护，养生
ようじょうあさがお 【養生朝顔】 protective shelf （作业时防止物体坠落伤人的）防护架，防护棚
ようじょうあしば 【養生足場】 protective scaffold 防护用脚手架，防护架子
ようじょうおんど 【養生温度】 curing temperature 养护温度
ようじょうがたせいみつろかき 【葉状型精密濾過器】 leaf-type precision filter 叶状精滤器
ようじょうかなあみ 【養生金網】 （脚手架外侧的）防护钢丝网
ようじょうかりわく 【養生仮枠】 protective cover 养护用盖板
ようじょうこうだい 【養生構台】 （人行道上暂设的）保护用垫台
ようじようしんだい 【幼児用寝台】 crib, baby cot （四周有栏杆的）儿童小床
ようじょうタンク 【養生～】 curing tank 养护池
ようじょうほう 【養生法】 method of curing 养护方法
ようじょうマット 【養生～】 curing mat 养护覆盖物
ようじょうろかき 【葉状濾過機】 leaf filter 叶式滤机（器）
ようじんぐさり 【用心鎖】 chain door fastener 链式门扣
ようじんてっきん 【用心鉄筋】 additional bar 附加钢筋
ようすい 【揚水】 lift pumping 抽水，升水，扬水
ようすいかん 【揚水管】 lift pipe 扬水管
ようすいき 【揚水機】 water-pumping set 扬水机，抽水机
ようすいげん 【用水源】 water source 水源
ようすいしけん 【揚水試験】 pumping test 抽水试验，扬水试验
ようすいせい 【揚水井】 pumping well 水泵（吸水）井
ようすいせつび 【揚水設備】 pumping equipment 抽水设备，扬水设备
ようすいのかいしゅうりつ 【用水の回収率】 recovery rate of water 水回用率
ようすいポンプ 【揚水～】 lift pump 提升泵，扬水泵
ようすいりょう 【容水量】 specific yield 容水量（从饱和的岩石或土壤中由重力排水的水量），比流量
ようすいりょう 【揚水量】 lifting capacity, pumping capacity 扬水量，抽水量
ようすいろ 【用水路】 irrigation channel 灌溉渠
ようせいしょくぶつ 【陽性植物】 sun plant 阳地植物，喜光植物
ようせいシリカ 【溶性～】 soluble silica 可溶二氧化硅
ようせき 【容積】 volume 容积，体积
ようせきこうせい 【容積構成】 constitution of building volume 建筑容积的组成
ようせきせいげん 【容積制限】 （城市中建筑）容积限制
ようせきだんせいけいすう 【容積弾性係数】 modulus of elasticity of bulk 容积弹性模量
ようせきちいき 【容積地域】 bulk district, volume district 按建筑容积分区指定的地区
ようせきちいきせい 【容積地域制】 bulk zoning 建筑容积分区（对建筑容积加以区域限制的方法）
ようせきちく 【容積地区】 bulk-district 按建筑容积分区指定的地区，限制建筑容积率的地区
ようせきちょうごう 【容積調合】 mix proportion by volume 体积配合，容积配合
ようせきはいごう 【容積配合】 mix proportion by volume 容积配合，体积配合
ようせきひずみ 【容積歪】 bulk strain,

volumetric strain 体积应变
ようせきぼうちょう【容積膨張】volumetric expansion 体积膨胀
ようせきほうほう【容積方法】volumetric method (测量混凝土空气量的)容积法
ようせきます【容積枡】volume pit (测定流量用的)容积量斗
ようせきりつ【容積率】floor area ratio, floor space index 建筑容积率(指建筑容积与建筑用地之比)
ようせきりつせいげん【容積率制限】体积限制(建筑物总面积与地段面积之比的限制),建筑容积率限制
ようせきりゅうりょう【容積流量】volume flow 容积流量
ようせきりゅうりょうけい【容積流量計】positive displacement flow meter, volume displacement flow meter 容积流量计
ようせつ【熔接·溶接】welding, weld 焊接
ようせつエッチがたこう【溶接H形鋼】welded wide flange shapes 焊接宽翼缘工字钢
ようせつえん【溶接炎】welding flame 焊接火焰
ようせつおうりょく【溶接応力】welding stress 焊接应力
ようせつかたこう【溶接形鋼】welded section steel 焊接的型钢
ようせつかなあみ【溶接金網】welded wire fabric, welded wire mesh 焊接钢丝网
ようせつガン【溶接～】welding gun 焊枪
ようせつき【溶接機】welder, welding machine 焊机
ようせつきごう【溶接記号】welding symbol 焊接符号
ようせつぎじゅつけんていしけん【溶接技術検定試験】welder qualification test 焊工技术考试,焊工资格试验
ようせつきょう【溶接橋】welded bridge 焊接桥
ようせつきんぞく【溶接金属】weld metal 焊接金属
ようせつきんぞくわれ【溶接金属割】weld metal cracking 焊接金属裂纹
ようせつくみたて【溶接組立】welding fabrication 焊接装配,焊接组装
ようせつけっかん【溶接欠陥】weld flaw, welding defect 焊接缺陷
ようせつけっこう【溶接結構】welded structures 焊接结构
ようせつけんさ【溶接検査】welding inspection 焊接检查
ようせつこう【溶接工】welder 焊工
ようせつこう【溶接鋼】welded steel 焊接钢
ようせつこうかん【溶接鋼管】welded steel pipe 焊接钢管
ようせつこうきょう【溶接鋼橋】welded steel bridge 焊接钢桥
ようせつこうじ【溶接工事】welding work 焊接工程
ようせつこうじょう【溶接工場】welding shop, welding field 焊接车间,焊接工地
ようせつざい【溶接剤】welding flux 焊剂,焊接熔剂,焊药
ようせつざいりょう【溶接材料】welding material 焊接材料
ようせつざんぼう【溶接残棒】remnant of welding rod 焊条余头
ようせつざんりゅうおうりょく【溶接残留応力】welding residual stress 焊接残余应力
ようせつじく【溶接軸】axis of weld 焊接轴,焊缝中心线
ようせつジグ【溶接～】welding jig 焊接夹具
ようせつしせい【溶接姿勢】position of weld, welding position 焊接位置
ようせつじゅんじょ【溶接順序】weld sequence 焊接次序
ようせつじょうけん【溶接条件】welding condition 焊接工艺条件
ようせつすんぽう【溶接寸法】weld size 焊接尺寸

ようせつせい【溶接性】 weldability 可焊性
ようせつせいしけん【溶接性試験】 weldability test 可焊性试验
ようせつせこうしけん【溶接施工試験】 welding procedure qualification test 焊接施工试验
ようせつせこうしょうさい【溶接施工詳細】 welding technology 焊接工艺
ようせつせつび【溶接設備】 welding equipment, welding outfit 焊接设备
ようせつせん【溶接線】 axis of weld 焊接线
ようせつそくど【溶接速度】 welding speed 焊接速度
ようせつつぎて【熔接継手】 welded joint 焊接接头
ようせつつぎてしけんへん【溶接継手試験片】 welded joint test specimen 焊缝试件,焊接接头试件
ようせつつぎめ【溶接継目】 welding seam 焊缝
ようせつて【溶接手】 welder 焊工
ようせつとう【溶接頭】 welding head (焊机的)焊头,焊枪
ようせつトーチ【溶接～】 welding torch 焊接吹管,焊炬
ようせつながさ【溶接長さ】 weld length 焊接长度
ようせつのルート【溶接の～】 root of welding, weld root 焊缝根部
ようせつピッチ【溶接～】 weld pitch 焊缝间距,断续焊缝中心距
ようせつビード【溶接～】 weld bead 焊道,焊珠
ようせつひょうめん【溶接表面】 face of weld 焊接面
ようせつぶ【溶接部】 weld zone 焊接部分,焊接区
ようせつぶさいこうかたさしけん【溶接部最高硬さ試験】 maximum hardness test of weld zone 焊接区最高硬度试验
ようせつふしょく【溶接腐食】 weld corrosion 焊接腐蚀
ようせつぶつ【溶接物】 welded piece, weldment 焊接件,焊接构件
ようせつフラックス【溶接～】 welding flux 焊剂,焊接溶剂,焊药
ようせつフランジ【溶接～】 welded flange 焊接翼缘
ようせつヘッド【溶接～】 welding head (焊机的)焊头,焊枪
ようせつほう【溶接法】 welding process 焊接方法,焊接程序
ようせつぼう【溶接棒】 welding rod 焊条
ようせつぼうホルダー【溶接棒～】 electrode holder 焊条夹钳
ようせつボンド weld bond 焊接熔合部分,焊接接头
ようせつレール【溶接～】 welded rail 焊接轨道
ようせつワイヤー【溶接～】 welding wire 焊丝
ようせつわれ【溶接割】 weld crack 焊接裂缝
ようせつわれしけん【溶接割試験】 weld cracking test 焊接裂缝试验
ようせん【溶栓】 fusible plug 易熔塞
ようそ【沃素】 iodine 碘
ようそ【要素】 elcment 元素,要素,单元
ようそか【沃素価】 iodine value 碘值
ようそしょうひりょう【沃素消費量】 iodine consumed 耗碘量
ようそてきていほう【沃素滴定法】 iodometric titration 碘量滴定法
ようそでんきゅう【沃素電球】 iodine lamp 碘灯
ようそランプ【沃素～】 iodine lamp 碘灯,碘蒸气灯
ようそん【溶損】 loss on welding 熔损,熔焊损失
ようぞんガス【溶存～】 dissolved gas 溶解气体
ようぞんさんそ【溶存酸素】 dissolved oxygen (DO) 溶解氧
ようぞんさんそけい【溶存酸素計】 dissolved oxygen meter 溶解氧仪,溶氧仪
ようぞんぶっしつ【溶存物質】 dissolved matter 溶解物质

ようち【用地】用地
ようちえん【幼稚園】kindergarten 幼儿园
ようちほしょう【用地補償】indemnity for area loss 用地补偿
ようちめんせき【用地面積】lot area, site area 用地面积
ようちゃくきんぞく【溶着金属】deposited metal 溶敷金属
ようちゃくきんぞくしけんへん【溶着金属試験片】deposited metal test specimen 受焊金属试件
ようちゃくきんぞくぶ【溶着金属部】deposited metal zone 溶敷金属区
ようちゃくりつ【溶着率】deposition efficiency 溶敷率(实用焊条和溶敷金属的重量比)
ようちゅうせつごう【熔注接合】hot-poured joint 热灌接口
ようてい【揚程】head, lift (水泵)扬程
ようていけいすう【揚程係数】lift coefficient 扬程系数
ようてき【溶滴】globule, droplet (焊接)溶滴,熔粒,熔珠
ようでないせいやく【陽でない制約】implicit constraint 隐约束,隐制约
ようど【用度】supply, cost 供应,费用
ようどうロストル【揺動～[rooster荷]】oscillating grate 摇动炉栅(炉篦)
ようとけいすう【用途係数】strength coefficient of building use (建筑)用途系数
ようとちいき【用途地域】use district 按功能分区规定的地区
ようとちいきせい【用途地域制】use zoning 功能分区,用途分区
ヨウドほう【～法】iodometry 碘量滴定法
ようねんこうえん【幼年公園】little children's park 少年公园(以小学生为对象的儿童公园)
ようのせいやく【陽の制約】explicit constraint 显约束,显制约
ようばい【溶媒】solvent 溶剂,溶媒
ようばいせっちゃく【溶媒接着】solvent adhesion 溶媒粘合,溶剂粘合
ようばいちゅうしゅつほう【溶媒抽出法】solvent extraction 溶剂萃取法
ようはく【洋白】German silver, nickel silver 锌白铜,铜镍锌合金,德国银
ようひょうそうち【溶氷装置】thawing apparatus 融冰装置,融冰器
ようふうあらいおとしきだいべんき【洋風洗落式大便器】flushing water closet 西式冲洗大便器
ようふうこうぞう【洋風構造】western construction 西(方)式结构
ようふうだいべんき【洋風大便器】water closet 西式大便器
ようふうよくそう【洋風浴槽】bathtub 西式浴盆,西式浴池
ようぶん【養分】nutrient, nutrition 养分,营养素
ようへき【擁壁】retaining wall 挡土墙
ようべに【洋紅】carmine 洋红,胭脂红,卡红
ようへんせい【揺変性】thixotropy 摇溶性,触变性
ようほうじょ【養蜂所】apiary 养蜂场
ようめい【溶明】fade-in (灯光)渐亮,(电影)渐显,(电视)淡入
ようめんかんすい【葉面灌水】syringeing 叶面喷水(喷灌)
ようもうせんしょくせいりはいすい【羊毛染色整理廃水】wool dyeing and finishing wastewater 羊毛染整废水
ようゆうあえんめっき【溶融亜鉛鍍金】hot dip galvanizing, hot dip zincing 热浸镀锌
ようゆうスラグ【溶融～】fused slag 熔渣
ようゆうせっちゃく【溶融接着】deposited adhesion 熔化粘合
ようゆうセメント【溶融～】fused cement 熔融水泥,高铝水泥,矾土水泥
ようゆうそくど【溶融速度】melting speed (焊条)熔化速度
ようゆうち【溶融池】molten pool 熔化池
ようよう【陽葉】sun leaf 阳叶

ようらく 【瓔珞·瑤珞】 keyura 璎珞,垂饰,璎珞式博缝板
ようりょう 【揚量】 lift water quantity 扬水量
ようりょうせいぎょ 【容量制御】 capacity control 容量控制
ようりょうちょうせい 【容量調整】 capacity regulation 容量调节
ようりょうちょうせいべん 【容量調整弁】 capacity regulating valve 容量调节阀
ようりょうほう 【容量法】 volumetric analysis 容量分析法
ようりょくそ 【葉緑素】 chlorophyll 叶绿素
ようれんが 【窯煉瓦】 kiln brick 窑烘砖
よかじゅう 【予荷重】 preload 预加荷载
よき 【与岐】 宽刃斧
よく 【翼】 wing 翼,侧面,侧厅,耳房,厢房
ヨーク yoke (上下推拉窗的)上槛,窗头板,固定模板的横木,护轨夹,(滑升模板用的)滑升架,框
よくがたきょうだい 【翼形橋台】 wing abutment,splayed abutment 翼形桥台,八字形桥台
よくがたそうふうき 【翼形送風機】 airfoil fan 翼片式风扇,翼片式通风机
よくかん 【浴館】 thermae (古希腊、古罗马的)大浴场
よくげん 【翼弦】 chord 翼弦,弦杆
よくしつ 【浴室】 bathroom 浴室,洗澡间
よくしつふぞくかなぐ 【浴室付属金具】 bath room fittings 浴室配件
よくしゃしき 【翼車式】 paddle wheel type 叶轮式,桨轮式
よくしゃしきばっき 【翼車式曝気】 paddle wheel aeration 叶轮曝气
よくしゃりゅうりょうけい 【翼車流量計】 impeller flow meter 叶轮式流量计
よくせいざい 【抑制剤】 inhibitor 抑制剂,防腐剂
よくそう 【浴槽】 bath tub 浴盆,浴缸
よくそうはいすいせん 【浴槽排水栓】 bath tub plug 浴缸排水塞子
よくへき 【翼壁】 wing wall,side wall 翼墙,八字墙,侧墙
よくろう 【翼廊】 transept (十字形教堂的)翼廊,翼堂,耳堂
よこあつ 【横圧】 lateral pressure 侧向压力,横向压力
よこあんてい 【横安定】 transverse stability,lateral stability 侧向稳定
よこいし 【横石】 (庭园中的)横卧石,横放细长石
よこいどう 【横移動】 horizontal displacement 水平位移
よこうかんすう 【余効関数】 after-effect function 后效函数
よこえだ 【横枝】 lateral branch 横向支管
よこえつりゅう 【横越流】 side-overflow 侧向溢流
よこえつりゅうぜき 【横越流堰】 side-overflow weir 侧向溢流堰
よこおうりょく 【横応力】 transverse stress,lateral stress 横向应力
よこおきしきはんじどうようせつほう 【横置式半自動溶接法】 E(Elin) H (Hafergut) welding,firecraker welding 躺焊法,卧式半自动焊接法,EH焊接法(以奥地利Elin公司的Hafergut 1933年发表的方法命名)
よこおくりジャッキ 【横送~】 traversing(screw) jack,sliding(screw) jack 横式螺旋起重器,滑座螺旋起重器
よこかじゅう 【横荷重】 lateral load 横向荷载,侧向荷载
よこがたあっしゅくき 【横形圧縮機】 horizontal compressor 卧式压缩机
よこがたじざいすいせん 【横形自在水栓】 horizontal swing faucet 水平旋转龙头
よこがたポンプ 【横型~】 horizontal pump 卧式泵
よこがたれんぞくしきえんしんぶんりき 【横型連続式遠心分離機】 horizontal continuous centrifuge 卧式连续离心分离机

よこがまち 【横框】 horizontal frame (门窗的)横档

よこかよいざる 【横通猿】 horizontal cat bar 横插销

よこかん 【横管】 horizontal pipe 横管,水平(安装)管

よこぎ 【横木】 木背横向的水平构件,横担木

よこきん 【横筋】 horizontal reinforcement 横向钢筋,横向配筋,(墙体上配置的)水平钢筋

よこくひょうしき 【予告標識】 advance sign 前置交通标志,预告标志

よこぐろ 【横黒】 顺面(纵面)过火砖

よこげた 【横桁】 cross beam,floor beam 横梁,楼板梁,地板梁

よこざい 【横材】 horizontal member 水平构件

よこざくつ 【横座屈】 lateral buckling 横向屈曲,侧向屈曲,侧向失稳,侧向压曲

よこさけ 【横裂】 lateral crack 横向裂缝,横裂

よこさし 【横差】 (块石等的)横向直径

よこさしもの 【横指物】 横向榫接构件

よこざる 【横猿】 cat bar horizontal 横插销

よこざん 【横桟】 horizontal muntin (门窗)横棂条

よこざんど 【横桟戸】 横棂门

よこじく 【横軸】 horizontal axis 水平轴,横座标轴,横轴

よこじくかいてん 【横軸回転】 horizontally revolving 横轴旋转

よこじくずほう 【横軸図法】 transverse projection 横投影法

よこしげ 【横繁】 密置横棂格

よこしさ 【横視差】 horizontal parallax 水平视差,横向视差

よこしゅうしゅく 【横収縮】 transverse shrinkage・横向收缩

よこしんどう 【横振動】 transverse vibration,lateral vibration 横向振动

よこすいせん 【横水栓】 sink faucet (洗涤盆的)横向龙头

よこすべり 【横辷】 lateral skidding (车辆)侧向滑溜,侧向滑行

よこぜりれんが 【横迫煉瓦】 arch brick (砌拱用)楔形砖

よこせんこうていひょう 【横線工程表】 bar chart 横道工程进度表

よこだおれざくつ 【横倒座屈】 lateral buckling 横向屈曲,侧向屈曲,侧向失稳,侧向压曲

よこだんせいけいすう 【横弾性係数】 modulus of transverse elasticity,shearing modulus 横向弹性模量,剪切模量

よこだんせいりつ 【横弾性率】 transverse modulus of elasticity,shear modulus 横向弹性模量,剪切模量

よこだんめん 【横断面】 transverse section 横剖面,横断面

よこちぢみ 【横縮】 transverse shrinkage,lateral shrinkage 横向收缩,径缩

よこつうろ 【横通路】 crossover 观众厅横向过道

よこつぎめ 【横継目】 transverse joint 横向(施工)缝

よこつりど 【横吊戸】 横吊门

よこてっきん 【横鉄筋】 horizontal reinforcement,lateral reinforcement 横向钢筋,水平钢筋

よこてようせつ 【横手溶接】 horizontal welding 横向焊接,水平焊

よこなみ 【横波】 transverse wave,shear wave 横波,剪切波

よこならびびょうしめ 【横並鋲締】 chain riveting 并列铆接,平行铆接

よこならびびょうつぎて 【横並鋲継手】 chain rivet joint 并列铆钉接合

よこね 【横根】 lateral root 侧根,横根

よこば 【横端】 横端,横头,侧面

よこばた 【横端太】 walers,waling 横撑,水平支撑

よこばめ 【横羽目】 lying panel,lay panel 横钉平接护墙板

よこはめばり 【横羽目張】 lying panel lay panel 横钉平接护墙板

よこびきのこ 【横挽鋸】 crosscut saw 横截锯

よこひずみ 【横歪】 lateral strain,transversal strain 横向应变,侧向应变,横向变形

よこひずみど 【横歪度】 lateral unit strain 横向应变

よこボイラー 【横~】 horizontal boiler 卧式锅炉

よこほうこうスラスト 【横方向~】 horizontal thrust, transverse thrust 横向推力

よこほうこうぶんぷ 【横方向分布】 transverse distribution 横向分布

よこほごうざい 【横補剛材】 transverse stiffener 横向加劲杆,横向加劲肋

よこまくらぎ 【横枕木】 transverse sleeper 轨枕

よこみず 【横水】 水平墨线

よこむきつきあわせようせつ 【横向突合溶接】 horizontal butt welding 横向对接焊,水平对接焊

よこむきようせつ 【横向溶接】 horizontal welding 横向焊接,水平焊接

よこめ 【横目】 (石料的)横向纹理

よこめいた 【横目板】 lying panel strip 横向盖缝板

よこめじ 【横目地】 horizontal joint, transverse joint, bed joint 横缝,水平缝

よこもち 【横持】 改运,小搬运

よこもちおくり 【横持送】 transverse bracket 横向托座,横向牛腿

よこやいた 【横矢板】 horizontal sheeting (挡土)横向板桩,水平板桩

よこりょく 【横力】 horizontal force, transverse force, lateral force 水平力,横向力,侧向力

よこりょくぶんぷけいすう 【横力分布係数】 distributing coefficient of horizontal force 水平力分布系数,剪力分布系数

よごれ 【汚】 contamination 污染,沾染

よごれけいすう 【汚係数】 scale factor, fouling factor 锅垢系数,水垢系数

よごれどめペイント 【汚止~】 stain-proof paint, stainless paint, stain resisting paint 防锈涂料,防锈漆,防蚀油漆

よごれぼうしリング 【汚防止~】 anti-smudging ring 防污环

よこれんじ 【横連子】 (门窗心的)横棂条,横格条

よこわれ 【横割】 transverse crack, cross break 横向断裂,横向裂纹

よざい 【余材】 redundant member 多余杆件,赘杆

よさん 【預算】 estimate 预算,估算

よさんかんり 【預算管理】 budget management 预算管理

よし 【葦·葭】 marsh-reed 芦苇

よしがき 【葦垣·葭垣】 reed fence 编苇篱笆

よしず 【葦簾·葭簀】 marsh-reed screen 苇帘,苇箔

よじのぼりしょくぶつ 【攀登植物】 climbing plant 攀缘植物

よじょうおうりょく 【余剰応力】 redundant stress 多余应力,超静定应力

よじょうおでい 【余剰汚泥】 excess sludge, surplus sludge 剩余污泥

よじょうかっせいおでい 【余剰活性汚泥】 excess activated sludge 剩余活性污泥

よじょうこうつう 【余剰交通】 waste traffic 空载交通,无效果交通,多余交通

よじょうざい 【余剰材】 redundant member 多余杆件,赘杆

よじょうしにょう 【余剰屎尿】 excess nightsoil 剩余粪尿

よしょうじゅうじかん 【四承十字管】 four-socket cross pipe 四承十字管,四承四通

よじょうスラッジ 【余剰~】 excess sludge 剩余污泥

よじょうはんりょく 【余剰反力】 redundant reaction 多余反力

よじょうりょく 【余剰力】 redundant force 多余力,超静定力

よしょく 【余色】 complementary colour 互补色

よしん 【余震】 after shock 余震

よすいはき 【余水吐】 spillway 溢洪道

よすいろ 【余水路】 spillway, wasteway 溢洪道,溢流道

よせ 【寄席】 variety hall 杂技场,曲艺场,说书场

よせあいば 【寄合端】(石砌体的)多角形接缝

よせあり 【寄蟻】 dove tenon 燕尾榫,鸠尾榫

よせいしじき 【寄石敷】(庭园中)什锦石铺地面

よせうえ 【寄植】 group planting 丛植,群植

よせうえかだん 【寄植花壇】 massing flower bed 集栽花坛,群植花坛

よせうえかりこみ 【寄植刈込】 丛植或群植的树丛,树群剪修成整体树冠

よせがき 【寄垣】 杂植绿篱

よせかりこみ 【寄刈込】 丛植或群植的树丛,树群剪修成整体树冠

よせぎ 【寄木】 parquet (席纹、拼花地板的)镶木

よせぎばり 【寄木張】 parquetry, parquet floor (地板)镶木法,镶嵌细工,拼花地板,席纹地板

よせづか 【寄束】 spliced strut 附加短柱,附加瓜柱

よせつぎ 【寄接】 inarching, approach grafting 靠接

よせどうろう 【寄灯籠】(庭园中的)组合石灯笼

よせむね 【寄棟】 hipped roof 四坡顶

よせむねやね 【寄棟屋根】 hipped roof 四坡顶

よそく 【予測】 preliminary surveying 预测,初测

よそくせいぎょ 【予測制御】 predictive control 预测控制

よそくせん 【予測線】 preliminary line 初测线

ヨッテル yachtel 游艇旅馆(可停放游艇的旅馆)

ヨット・ハウス yacht house 游艇俱乐部

ヨット・ハーバー yacht harbour 游艇港,快艇港

よつどめ 【四留】 十字交叉斜接面

よつばじゅうじかん 【四鍔十字管】 four collar cross pipe 四盘十字管,四盘四通

よつめ 【四目】 四个方形组合纹样

よつめがき 【四目垣】 latticed bamboo-fence, trellised fence 方格栏干,方孔竹篱

よつめきり 【四目錐】 四棱锥

よつめめじ 【四目目地】 十字缝砌石法(横竖缝均为通缝)

よつめも 【四目藻】 Tetraspora 四孢藻

よつやねづくり 【四屋根造】 hipped roof construction 四坡顶构造

よつやまるた 【四谷丸太】(日本东京)四谷产磨皮杉杆

よつやみがきまるた 【四谷磨丸太】(日本东京)四谷产磨皮杉杆

よつわりざい 【四割材】 quartered timber 四开木材,四开原木

よていかかく 【予定価格】 predetermined amount 预算造价,预定造价

よてさき 【四手先】 出四跳

よど 【淀】 tilting board 檐垫板

ヨード iodine 碘

よどみ 【澱】 dead water 死水,静水

よどみてん 【澱点】 stagnation point 滞点,驻点,静点

よねつ 【余熱】 remaining heat 余热,废热

よねつ 【予熱】 preheating 预热

よねつき 【予熱器】 preheater 预热器

よねつくうき 【予熱空気】 preheated air 预热空气

よねつじかん 【予熱時間】 preheating period 预热时间

よねつりよう 【余熱利用】 utilization of waste heat 废热利用

ヨハネス・ネポムクせいどう 【～聖堂】 Sankt Johann-Nepomuk-Kirche[德](1733～1746年德国慕尼克)圣约翰·涅波姆克教堂

よびおしぬき 【予備押抜】 subpunching (铆接)初冲孔,试冲孔

よびかおんほう 【予備加温法】 preheating method 预热法,预加热法

よびかけしらせばん 【呼掛知盤】 annunciator 呼唤器,信号器,(电梯)位置指示

器

よびカット・オフ【呼～】 nominal cut-off 标称节流,额定节流

よびきょうど【予備強度】 reserved strength （塑性设计的)储备强度

よびきりもみ【預備錐揉】 subdrilling (铆接)初钻,试钻

よびけい【呼径】 nominal diameter 标称直径,规定直径

よびしけん【予備試験】 preliminary examination 初步试验,预备试验

よびしつ【予備室】 spare room 预备室,备用室

よびじょうか【予備浄化】 preliminary clarification 初步净化(预处理)

よびしょり【予備処理】 primary treatment,pretreatment 初步处理,预处理

よびすんぽう【呼寸法】 nominal dimension,nominal size 公称尺寸,标称尺寸,通称尺寸

よびせん【予備線】 spare line 备用线

よびせん【呼線】 call wire,order wire 传号线,联络线

よびだししんごうそうち【呼出信号装置】 signal call device 信号呼叫装置

よびだしひょうじき【呼出表示器】 annunciator 电铃号码箱,呼唤器

よびちょりゅうそう【予備貯留槽】 preliminary storage tank 预贮存池

よびでんげんせつび【予備電源設備】 spare power source,emergency power supply facility 备用电源设备

よびどい【呼通】 gooseneck 落水管弯头

よびとう【予備灯】 auxiliary lamp, emergency lamp 备用灯

よびぬり【呼塗】 背面抹灰,内外对称抹灰

よびばっき【予備曝気】 pre-aeration 预曝气

よびばりき【呼馬力】 nominal horsepower 标称马力,额定马力

よびべん【予備弁】 spare valve 备用阀

よびみず【呼水】 priming （水泵的)启动灌水

よびみずいれ【呼水入】 priming （水泵的)启动灌水

よびみずぐち【呼水口】 priming cup (水泵)灌水启动的注水口

よびりん【呼鈴】 call bell,bell 电铃,呼叫铃

よびろかそう【予備濾過槽】 preliminary screening tank 粗滤池,初滤池

よほうぎじゅつ【予報技術】 forecasting technique 预报技术

よぼり【余掘】 多挖,超挖

よまいゲージほう【四枚～法】 four gauge method （应变片的)四片连接法

よまいほぞ【四枚枘】 four-tongue tenon 两排双榫,四舌榫

よまき【余巻】 （钢丝绳)缠绕裕量,超挖衬砌

よみ【読】 reading 读数

よみこみそくど【読込速度】 input speed 输入速度

よみとり【読取】 reading 读出,读数

よみとりごさ【読取誤差】 reading error 读数误差

よみとりせいど【読取精度】 accuracy of reading 读数精度

よめいすう【余命数】 remaining durable years （建筑物预计)剩余耐用年限

ヨー・メーター yaw meter 偏流计,偏航仪

よもばしら【四方柱】 square column 正方形柱

よもり【余盛】 excessive fill,extra reinforcement (of weld) 多余填土,超填,虚填,额外增强,额外补强

よゆう【余裕】 allowance 裕量,容许量

よゆうきょうど【余裕強度】 reserve strength 备用强度

よゆうじゅうたく【余裕住宅】 dwelling house with spare rooms 有多余房间的住宅

より【撚】 strand,lay 股,绞,股线,绳股,捻,搓,扭绞

よりあいスーパー【寄合～】 几个小店铺联合经营的市场

よりあいひゃっかてん【寄合百貨店】 联合经营的百货店

よりあわせせつぞく 【撚合接続】 stranding connection 绞接,扭接,绞合
よりきまど 【与力窓】 横向粗格窗
よりこ 【撚子】 strand 绳股,绳缕,绳绞
よりずみ 【寄墨】 离开墨线,脱离墨线
よりせん 【撚線】 stranded wire,stranded cable 多股绞合电缆,多股绞合线
よりつき 【寄付】 gateway,approach,resting owning 门道,出入口,(庭园内)简便休息室,坐凳,坐椅
よりなわ 【撚縄】 stranded rope 股绞绳
よりひも 【撚紐】 twist string 搓捻绳,搓捻线
よりょく 【余力】 redundant force 多余力,赘余力
よれいき 【予冷器】 precooler 预冷器
よろいいた 【鎧板】 louver board,slat 百页板,薄板条
よろいしたみ 【鎧下見】 bevel siding,lap siding 互搭披叠木板墙,横钉压边雨淋板
よろいど 【鎧戸】 百页门
よろいばり 【鎧張】 (防水油毡的)搭接一半铺法,半幅搭接铺法,压中铺法
よろいばりしたみ 【鎧張下見】 bevel siding,lap siding 互搭披叠木板墙,横钉压边雨淋板
よろいぶき 【鎧葺】 压铺杉木皮屋面(用于亭子的屋顶)
よろいまど 【鎧窓】 百页窗
よんウェイべん 【四～弁】 four-way valve 四通阀
よんかんしきはいかんほう 【四管式配管法】 four piping system 四管式配管法
よんさかん 【四叉管】 four-way branch 四通管
よんしつじゅうこ 【四室住戸】 四室户
よんしゅうきょうど 【四週強度】 four week age strength (龄期)28天强度
よんしんアーチ 【四心～】 都铎式拱,四心拱,二心直线尖顶拱
よんすんくぎ 【四寸釘】 四寸钉
よんそうこうさ 【四層交差】 four level crossing 四层式立交
よんてんほう 【四点法】 four-point method 四点法
よんモーメントほう 【四～法】 four moment method 四弯矩法(超静定框架解法之一)

# ら

ライイングイン・ホスピタル lying-in hospital 产科医院
らいう 【雷雨】 thunderstorm 雷雨
らいがい 【雷害】 thunderstorm damage 雷灾,雷害,雷雨灾害
らいかん 【雷管】 detonator 雷管
らいごうばしら 【来迎柱】 须弥坛四角圆柱
らいごうへき 【来迎壁】 须弥坛后面隔墙
ライザー riser 立管,竖管,竖井
ライザー・パイプ riser pipe 立管,竖管,连接用立管
ライシメーター lysimeter 浸漏测定计,液度计,溶度佑度计,渗水计
ライズ rise 由基准面量起的高度,楼梯踏步高度,拱高,矢高
ライセンス licence 许可,许可证,执照,检查证
ライチング＝ライティング
ライティング lighting 照明
ライティング・システム lighting system 照明装置,照明系统
ライティング・スイッチ lighting switch 照明开关,灯开关
ライティング・テーブル writing table 办公桌,写字台
ライティング・パワー lighting power 照明功率
ライド・アンド・ライド・システム ride and ride system 支线和干线交通工具换乘制(日本大阪城市交通规划内容之一)
ライト・ウェル light well 采光天井
ライト・ウォーター light water 轻水(灭火剂),氟灭火剂
ライト・カー light car 小汽车,轻型汽车
ライトしき 【～式】 Wright style (美国建筑师)赖特式样,赖特风格
ライト・シグナル light signal 灯火信号
ライト・タワー light tower 照明塔
ライト・トラック light truck 轻(型)运货汽车
ライトニング・アレスター lightning arrester 避雷针
ライトニング・プロテクター lightning protector 避雷器
ライトニング・ロッド lightning rod 避雷针
ライト・バリュー light value 光量值
ライト・ビーム light beam 光束,光线
ライト・ブリッジ light bridge 照明器具操作用栈桥
ライトメーター lightmeter 照度计
ライト・メタル light metal 轻金属
ライナー liner 衬垫,衬圈
ライニング lining 衬,衬砌,衬垫,镶衬
ライニングかん 【～管】 lining pipe 衬砌管
らいはいじ 【礼拜寺】 清真寺,礼拜寺
らいはいどう 【礼拝堂】 chapel (教堂内的)礼拜堂,(学校、医院内设置的)小教堂
ライフ・サイクル (family) life cycle 家庭人口变化周期
ライブなへや 【～な部屋】 live room (音质)活跃室(混响时间长的房间)
ライブラリー library 图书馆,图书室
ライブ・ロード live load 活荷载
ライム・ケーキ lime cake 石灰泥饼
ライム・デポジット lime deposit 碳酸钙沉淀物,锅垢
ライム・モルタル lime mortar 石灰砂浆
ライムライト limelight (舞台照明用)灰光灯
らいもん 【雷文】 fret,meander 雷纹,闪电纹
ライラック common lilac 西洋丁香
ライン line 线,路线
ライン・スイッチ line switch (自动电话)选线机,线路开关
ライン・スタッフそしき 【～組織】 line

staff system 生产(线)管理组织
ラインそしき 【～組織】 line system 生产(线)组织
ライン・チェックべん 【～弁】 line check valve 管道单向阀,管道止回阀
ライン・ポンプ line pump 管道泵
ライン・マーカー line marker (道路面)划标线机
ラヴェンナ Ravenna 拉文纳(公元5世纪建意大利北部城市)
ラウドスピーカー loudspeaker 扬声器,喇叭
ラウドネス loudness 响度
ラウドネス・コントロール loudness control 响度控制
ラウドネス・レベル loudness level 响度级
ラウンジ lounge (旅馆的)起居室,休息室,谈话室,躺椅
ラウンジ・チェア lounge chair 躺椅
ラウンド・チェア round chair 转椅
らかん 【螺桿】 bolt bar 螺杆
らぎょうぎり 【螺形錐】 spiral drill 螺旋钻
ラギング lagging 外罩,外套板,铺板,横挡板,护墙板,型板
ラーキン・ビル Larkin Administration Building (1904年美国巴伐洛市)拉金管理大楼(赖特作品)
ラグいた 【～板】 lug plate 接线板,接线片,焊片
らくうしょう 【落羽松】 Taxodium distichum[拉],Common baldcypress[英] 落羽杉
らくこう 【落高】 height of drop hammer 落锤高度
らくさ 【落差】 fall,head loss 落差,水位差
らくさつかかく 【落札価格】 successful price tendered 中标价格
らくさつしゃ 【落札者】 successful tender[英],successful bidder[美] 中标人
らくさん 【酪酸】 butyric acid 丁酸,酪酸
らくしゃしょうめいき 【落射照明器】 reflecting luminaire 反射照明器
らくじゅうしけん 【落重試験】 drop test 落锤试验,冲击试验
らくすい 【落錘】 drop hammer 落锤
らくすいくいうちき 【落錘杭打機】 drop hammer pile driver 落锤打桩机
らくすいし 【楽水紙】 彩色裱糊纸
らくすいしきコンパクター 【落錘式～】 drop-ram compactor 落锤式夯具,落锤式打夯机
らくすいしけん 【落錘試験】 drop hammer test,pile driving test 落锤试验,打桩试验
らくすいしょうげきしけん 【落錘衝撃試験】 drop impact test 落锤冲击试验
らくすいそう 【落水荘】 Falling Water (1936年美国宾州)瀑布庄别墅(赖特作品),流水别墅
らくすいめん 【落水面】 (庭园中瀑布的)水落面
らくせいしき 【落成式】 completion ceremony 落成典礼,竣工仪式
らくせき 【落石】 rock fall 岩崩,岩石塌落
らくせきぼうしさく 【落石防止柵】 prevention fence for falling stone 滚石防护栏
らくせきぼうしりん 【落石防止林】 forest for rockfall prevention 落石防护林
ラグーニング lagooning 氧化塘处理
らくばん 【落盤】 cave-in 塌陷,崩塌,陷落
らくようこうようじゅ 【落葉広葉樹】 broad leaf deciduous tree 落叶阔叶树
らくようざい 【落葉剤】 defoliant,defoliator 落叶剂,脱叶剂
らくようじゅ 【落葉樹】 deciduous tree 落叶树
らくようしょう 【落葉松】 larch wood 落叶松木
らくようびょう 【落葉病】 leaf cast 落叶病
らくらい 【落雷】 thunderbolt 雷电,雷击,落雷
ラグランジュかんすう 【～関数】

Lagrangs function 拉格朗日函数
ラグランジュのうんどうほうていしき【～の運動方程式】Lagrange's kinematic equation, Lagrange's equation of motion 拉格朗日运动方程(式)
ラグーンち【～池】lagoon 氧化塘
ラグーンちほう【～池法】lagoon process 氧化塘法
ラザーレット lazaret 检疫所,传染病院
らし【螺子】screw 螺钉,螺丝钉
ラジアン radian 弧度
ラジアント・チューブ radiant tube 辐射管
ラジアント・ヒーター radiant heater 辐射散热器
ラジウム radium 镭
ラジエーション radiation 辐射,放射
ラジエーション・ヒート radiation heat 辐射热
ラジエーター radiator 散热器,暖气片,辐射器
ラジエーター・シャッター radiator shutter 散热器(百页)罩
ラジエーター・トラップ radiator trap 散热器疏水阀
ラジエーター・ヒーター radiator heater 采暖散热器
ラジオ radio 无线电,无线电广播,无线电传送,无线电收音机
ラジオ・アイソトープ radio isotope 放射性同位素
ラジオ・スタジオ radio studio 广播室,播音室,广播播音室
ラジオ・スピーカー radio speaker 无线电扬声器,无线电扩音器
ラジオ・セット radio set 收音机,无线电收发报机
ラジオ・タワー radio tower 广播塔,无线电铁塔
ラジオテレフォン radiotelephone 无线电话
ラジオテレフォン・ステーション radiotelephone station 无线电话局
ラジオ-でんわくみあわせキャビネット【～電話組み合せ～】radio-telephone exchange cabinet 播音电话间,广播兼电话交换室
ラジオ・ブロードカスチング・ステーション radio-broadcasting station 广播电台
ラジオメーター radiometer 辐射计
らししょくぶつ【裸子植物】gymnospermae 裸子植物
らしゃがみ【羅紗紙】粗面厚纸
らしんぎ【羅針儀】magnetic compass 罗盘仪
らしんばん【羅針盤】magnetic compass 罗盘仪
ラス lath 板条,条板
ラスこすり【～擦】板条或金属网底层抹灰(层)
ラスしたじ【～下地】板条或金属网抹灰底层
ラス・シート lath sheet 抹灰底层板条,抹灰底层金属网
ラスター luster 光泽,分枝吊灯
ラスター・ガラス luster glass 虹彩玻璃
ラスプ rasp 粗锉,木锉
ラス・ボート lathing board (底层用)穿孔石膏板
ラス・ボートしたじ【～下地】(gypsum) lath board base 穿孔石膏板底层
ラス・マーク lath mark 抹灰面板条露痕
ラス・モルタル mortar finishing on metal lath 板条金属网抹灰砂浆
ラス・モルタルぬり【～塗】mortar finish on metal lathing 钢丝网抹灰,钢丝网抹砂浆
らせん【螺旋】spiral 螺旋,螺线,涡线,螺纹
らせんかいだん【螺旋階段】spiral stairs 螺旋式楼梯
らせんがたフィン【螺旋形～】helical fin 螺旋式叶片
らせんかん【螺旋管】spiral conduit 螺旋管
らせんきょくめん【螺旋曲面】spiral surface 螺旋曲面
らせんぎり【螺旋錐】spiral drill 螺旋钻

らせんきん【螺旋筋】spiral reinforcement 螺旋钢筋
らせんぐい【螺旋杭】screw pile 螺旋桩
らせんじょうもくり【螺旋状木理】spiral grain 木材的螺旋纹理
らせんてっきん【螺旋鉄筋】spiral reinforcement 螺旋钢筋
らせんびょう【螺旋鋲】screw rivet 螺纹铆钉
らせんりゅう【螺旋流】helical flow 螺旋流
ラーダー larder 食品间,藏肉处
ラダー・パターン ladder pattern (城市街道)梯型规划图
ラチェット ratchet 棘轮,单向齿轮,棘轮机构
ラチス lattice 斜条,格构,格构式
ラチスざい【～材】lattice bar 缀条,格条
ラチス・ドーム lattice dome 格构圆顶,格构圆屋盖
ラチス・トラス lattice truss 格构桁架
ラチス・バー lattice bar 缀条,格条
ラッカー lacquer 硝基清漆,喷漆,腊克(俗称)
ラッカー・エナメル lacquer enamel 硝基磁漆
ラッカーきしゃくえき【～稀釈液】lacquer thinner, lacquer diluent 漆料稀释剂,稀漆剂
ラッカーけいあらしたじざい【～系粗下地材】lacquer putty 喷漆底层用油灰(腻子)
ラッカー・サーフェーサー lacquer surfacer 硝基纤维整面漆,整面涂料
らっかしけん【落下試験】drop test 落锤试验,冲击试验
ラッカー・シンナー lacquer thinner 漆料稀释剂,稀漆剂
らっかとうかいきけん【落下倒壊危険】落下物或倒塌危险
ラッカーとりょう【～塗料】lacquer paint 硝基漆,喷漆
ラッカーぬり【～塗】lacquer finish 喷漆饰面,硝基漆饰面
ラッカー・パテ lacquer putty 喷漆底层用油灰(腻子)
ラッカー・ペイント lacquer paint 硝基漆,喷漆
らっかほう【落下法】(测定空中细菌的)降落法
ラッカリング・マシン lacquering machine 喷漆机,涂漆机
ラッカー・ワニス lacquer varnish 喷漆用清漆
らっきゅうねんどけい【落球粘度計】falling ball viscometer 落球粘度计
らっきょ U形箍筋
ラッキング racking 推压,挤压
ラッギング lagging 板皮,外罩,覆盖层
ラック lac 虫胶,紫胶
ラック rack 架子,台架,格架,齿条,导轨,支架
ラッグ rug 地毯,绒毯
ラッグきず【～傷】ragging 划痕,划伤,刻纹
ラックくどうジャッキ【～駆動～】rack and pinion jack 齿条齿轮千斤顶,齿条齿轮起重器
ラック・ジャッキ rack-jack 齿条千斤顶,齿条起重器
ラック・ジョバー rack jobber 超级市场
ラッグ・スレート rag slate 石板瓦
ラックそうこ【～倉庫】rack warehouse 以台架存放物品的仓库
ラックとそう【～塗装】lac varnishing 涂(虫胶)清漆
ラック・ニス lac varnish 虫胶清漆
ラッグ・ボルト rag bolt 棘螺栓
ラック・レジン lac resin 虫胶树脂
ラック・ワニス lac varnish 虫胶清漆,光漆
ラッゲージ・オフィス luggage office 行李房
ラッシャー lasher 拦河坝,蓄水池
ラッシュ・アワー rush hour (RH) 高峰时间,上下班交通拥挤时间
ラッシュ・カレント rush current 冲流,奔流

ラッシング lashing 清除岩石,清除石料
ラッチ latch 碰锁,弹簧闩
ラッチ・ボルト latch bolt 弹簧闩,夜销
ラッチ・ロック latch lock 碰锁,弹簧锁
らっぱ 【喇叭】 (现浇混凝土)预留孔,预埋套筒
らっぱがたつぎて 【喇叭形継手】 flared joint,trumpet joint 喇叭形管接头,扩口管接头
らっぱくち 【喇叭口】 flared tube 喇叭口(管),扩口管
ラッピング lapping 搭接
ラップ lap 互搭,搭接,(瓦的)覆盖接叠
ラップ・ウェルド lap weld 搭焊
ラップさぎょう 【~作業】 lapping work 搭接作业
ラップ・ジョイント lap joint 搭接,搭接接头
ラップル rubble 碎石,碎砖瓦
ラテックス latex 乳胶,橡浆
ラテックスかいしつアスファルト 【~改質~】 improved asphalt with latex 胶乳改性沥青
ラテックスせいぞうはいすい 【~製造廃水】 latex manufacture wastewater 乳胶生产废水
ラテックス・ペイント latex paint 乳液涂料,乳胶漆
ラテライト laterite 红土,铁矾土
ラテンじゅうじ 【~十字】 Latin cross 拉丁十字(纵向长于横向的十字形)
ラドバーン Radburn 拉德伯恩镇(1928年在美国新泽西州建设的城市,采用人行道与车行道分开的交通方式以"汽车时代的城市"而闻名)
ラドバーンほうしき 【~方式】 Radburn system 拉德伯恩镇方式(居住区中人行道与车行道分开方式的设计手法)
ラドフォト radphot (rph) 辐射辐透(照度单位)
ラドルクス radlux 辐射勒克斯(面发射度单位)
ラバー・シート rubber sheet 橡胶板,橡皮板
ラバー・セメント rubber cement 橡胶胶水,橡胶胶粘剂
ラバー・タイア rubber tire 橡胶轮胎
ラバー・タイル rubber tile 橡皮砖
ラバトリー lavatory 盥洗室,化妆室,厕所
ラバー・パッキング rubber packing 橡胶衬垫,橡胶填料
ラバー・ラテックス rubber latex 橡浆,乳胶
ラバー・リング rubber ring 橡皮圈
ラーバン rurban 城乡中间区,城乡结合区,城镇郊区
ラーバンちいき 【~地域】 rurban area, rurban region 城乡结合地区
ラピッド・スタートかいろ 【~回路】 rapid start circuit 快速启动(荧光灯)电路
ラピッド・スタートがたけいこうとう 【~形螢光灯】 rapid start fluorescent lamp 快速启动荧光灯,瞬时点燃荧光灯
ラビット・チューブ rabbit tube 气压输送管
ラピッド・ドライヤー rapid dryer 快速干燥器
ラピッド・ブロックほうしき 【~方式】 Rapid bloc process 快速均匀完全混合方式(活性污泥处理装置)(商)
ラビング・コンパウンド rubbing compound 粉状研磨材料
ラビング・ストーン rubbing stone 磨光石
ラフ・コート・シーラー rough coat sealer 粗涂密封材料,粗涂密封层
ラブコール Rubkor 拉布阔尔式跑道面层做法(橡胶、软木、沥青掺合的铺面)(商)
ラブ・シート love seats 双人沙发椅
ラフ・スケッチ rough sketch 草图,略图
ラプチュアつよさ 【~強さ】 rupture strength 破裂强度,断裂强度
ラフトきそ 【~基礎】 raft foundation 浮筏基础,格床基础
ラフネス・メーター roughness meter (路面)粗糙度测定仪
ラブのかてい 【~の仮定】 Love's as-

sumption 洛夫假定

ラブは 【～波】 Love wave 洛夫波

ラプラスぎゃくへんかん 【～逆変換】 inverse Laplace transformation 拉普拉斯逆(反)变换

ラプラスへんかん 【～変換】 Laplace transformation 拉普拉斯变换

ラベットうけ 【～受】 rivet catcher 接铆器,铆钉接受器,铆钉承具

ラベリング ravelling 剥落,解开,(路面)松散

ラベル label 标记,披水石

ラボ・システム laboratory system 语音教室(每位一台录音机),电化教屋

ラボラトリー laboratory 实验室,研究所

ラマとう 【喇嘛塔·ラマ塔】 Lamaist pagoda 喇嘛塔,瓶形塔

ラミー ramee,ramie 苎麻

ラミナ lamina 薄片,薄层

ラミナりゅう 【～流】 laminar flow 层流,片流

ラミネーテッド・ウッド laminated wood 胶合板,叠层板,层积木

ラミネーテッド・ドア laminated door 叠层门

ラミネーョン lamination 层压,层叠,叠层状纹理,夹层,起鳞(轧件缺陷)

ラミン・ボート laminated board 叠层板,层积板

ラム ram 夯,桩锤,压头,冲头,捣锤,活塞

ラーメのおうりょくだえん 【～の応力楕円】 Lamé's stress ellipse 拉梅应力椭圆

ラーメのじょうすう 【～の常数】 Lamé's constant 拉梅常数

ラーメのていすう 【～の定数】 Lamé's constant 拉梅常数

ラーメのパラメーター 【～の～】 Lamé's parameter 拉梅参数

ラーメン Rahmen[德],rigid frame[英] 刚性构架,刚性框架,刚架

ラーメンきょう 【～[Rahmen德]橋】 rigid-frame bridge 刚架桥

ラーメンきょうきゃく 【～[Rahmen德]橋脚】 rigid-frame pier 刚架桥墩

ラーメンげた 【～[Rahmen德]桁】 rigid-frame girder 刚架大梁

ラーメンこうぞう 【～[Rahmen德]構造】 rigid-frame construction 框架结构

ラーメンしきこうぞうたいしんへき 【～[Rahmen德]式構造耐震壁】 rigid-frame type shear wall 刚架式抗震墙,框架式剪力墙

ラーメン・ドーム rigid-jointed framed dome 刚架穹顶

ラモント・ボイラー Lamont boiler 拉蒙特锅炉

ラルゼンがたこうやいた 【～型鋼矢板】 Larssen's sheet piling 拉森式钢板桩

ラワチェックしきねんどけい 【～式粘度計】 Lawaczek viscometer 拉瓦切克式粘度计

ラワン lauan 柳桉木,婆罗双树

らん 【乱】 staggered 错开,交错,散开,乱砌,乱铺,不规则

ランガー ranger 板桩横档

らんがく 【闌額】 阑额

ランカシ・ボイラー Lancashire boiler 兰开夏锅炉

ランガー・トラスきょう 【～橋】 Langer truss bridge 刚性桁架柔拱桥

らんかん 【欄干】 balustrade 栏杆

ランキンどあつろん 【～土圧論】 Rankine's earth-pressure theory 兰金土压理论

ランキンのかせつ 【～の仮説】 Rankine's hypothesis 兰金(土压)假说

ランキンのこうしき 【～の公式】 Rankine's formula 兰金(土压)公式

ランキンのていあつガスねんどけい 【～の定圧～粘度計】 Rankine's constant pressure gas viscometer 兰金定压气体粘度计

ランキンのどあつ 【～の土圧】 Rankine's earth pressure 兰金土压

ランキン-マーチャントかじゅうけいすう 【～荷重係数】 Rankine-Merchant's load factor 兰金-马强特荷载系数

らんぐい 【乱杭】 picket (园内岸边)参差不齐的木桩

ラングミュアのしき 【～の式】 Langmuir equation 兰格缪尔方程式(吸附剂质量与被吸附物质量之间的理论方程式)
ラングムかてい 【～過程】 random process 随机过程
ラングより 【～撚】 lang lay twist (缆绳的)顺捻,同向捻法
ラングレー langley 洛格列(辐射热量单位 1 ly= 1 cal/cm² )
ランゲージ・トランスレーター language translator 语言译码程序,语言译码器
ランゲージ・ラボラトリー language laboratory (LL) 语言实验室,语音学习室
ランコーンけいかく 【～計画】 Runcorn planning 朗科恩规划(1967年英国利物浦新城镇的规划)
らんじゃく 【乱尺】 长度不定,长度不齐
らんじゅん 【欄楯】 栏楯(塔周围的矮墙)
らんしょうせき 【藍晶石】 kyanite 蓝晶石
ランジリアしすう 【～指数】 Langelier's index 兰热利埃指数(饱和指数)
らんすう 【乱数】 random number 随机数
ランスだいせいどう 【～大聖堂】 Cathédrale,Reims[法] (1211～1285年法国)理姆斯大教堂
ランセオレしき 【～式】 Lanceole style 箭矢形尖券式(12世纪中期13世纪初期法国哥特式建筑式样)
らんせきづみ 【乱石積】 random rubble 粗石乱砌,砌毛石
ランセット lancet (无花格的)小尖拱窗,长狭尖头窗,锐尖窗,矢状饰
ランセット・アーチ lancet arch 尖券,二外心桃尖券
ランセットしき 【～式】 lancet style (英国早期的)尖头窗式(建筑)
ランセットまど 【～窓】 lancet window 尖头窗
らんせんせき 【藍閃石】 glancophane 蓝闪石
ランソー rinceau[法] 卷草花纹,蔓叶花纹
らんそうづみ 【乱層積】 broken work 乱层砌(石)法
らんそうるい 【藍藻類】 Cyanophyceae 蓝藻类
らんぞくもんよう 【卵鏃文様】 egg and dart,egg and tongue,egg and anchor 卵箭纹样,卵舌纹样
らんたい 【乱袋】 (包装松散材料的)破袋,裂袋
ランダム・サンプリング random sampling 随机抽样,随机取样
ランダムしょり 【～処理】 random processing 随机存取数据处理
ランダムしんどう 【～振動】 random vibration 不规则振动,随机振动
ランダムにゅうしゃ 【～入射】 random incidence 无规入射
ランダム・ノイズ random noise 无规噪声
ランダムは 【～波】 random wave 不规则波,无规波,随机波
ランダムへんいりれき 【～変位履歴】 random deflection hysteresis 不规则变位滞后,随机变位滞回
ランタン lantern 提灯,灯笼,信号灯,幻灯
ランチ・カウンター lunch counter 便餐桌
ランチ・ホール lunch hall 便餐厅,小饭馆
ランチルーム lunchroom 快餐馆
らんつぎ 【乱継】 random joint 分散接头,错开接头,非集中接头
らんづみ 【乱積】 random rubble 粗石乱砌
ランディング landing 楼梯平台
ランド land 陆地,土地,国土
らんとう 【卵塔·蘭塔】 多角形台座宝顶墓标
ランド・キャリッジ land carriage 陆上运输,陆运
ランドスケープ landscape 景观,风景,风景画
ランドスケープ・アーキテクチュア

landscape architecture　园林营建学,风景建筑学,园林艺术
ランドスケープ・デザイン　landscape design　风景设计,园林设计
ランドスケープ・プランニング　landscape planning　风景规划,园林规划
ランドスリップ　landslip　塌方,塌坡,山崩
ランド・タックス　land tax　地租,土地税
ランドマーク　landmark　地区标志,岸标,界标
ランドリー　laundry　洗衣房
ランナー　runner　滑道,滑木,转子,叶轮,承辊,导向滑轮
ランニング・ギア　running gear　行车机件,行车装置,传动齿轮
ランニング・コスト　running cost　(设备)运转费,行车费
ランニング・タイム　running time　行驶时间,行车时间
ランニング・トラップ　running trap　U形存水弯,房屋排水存水弯
らんぱく【卵白】 albumen　蛋白
らんぱくアルブミン【卵白～】 eggalbumin　蛋白胶合剂,白朊胶合剂
ランバー・コア　lumber core　成材芯板
ランバー・コアごうはん【～合板】 lumber core plywood　成材芯板胶合板
ランバー・ルーム　lumber-room　库房
らんはんしゃ【乱反射】 irregular reflection　漫反射,不规则反射
ランパント・アーチ　rampant arch　跛券,高低脚券
ランピアン　lampion　有色装饰小灯
ランプ　ramp　坡道,斜面,匝道
ランプかさ【～笠】 lamp shade　灯罩
ランプ・コード　lamp cord　电灯(软)线
ランプ・ジャック　lamp jack　灯插口,灯座
ランプ・ソケット　lamp socket　灯插口,灯座
ランプ・ブラケット　lamp bracket　灯架,壁灯架
ランプ・ブラック　lamp black　灯黑,灯烟,炭黑
ランプ・フラッシュ　lamp flashing　灯闪
ランプ・リフレクター　lamp reflector　灯光反射器
ランプりゅうにゅうちょうせい【～流人調整】 ramp metering　匝道车流调节
ランブルカン　lambrequin[法]　门窗垂饰
ランベルト　lambert　朗伯(亮度单位)
ランベルトのよげんほうそく【～の余弦法則】 Lambert's cosine law　朗伯(辐射)余弦定律
ランベルト-ベーアのほうそく【～の法則】 Lambert-Beer's law　朗伯-比尔定律(光的透射吸收定律)
らんま【欄間】 transom[英],fanlight[美]　上腰窗,楣窗,通气窗,亮窗
ランマー　rammer　夯具,撞锤,捣锤,冲击式夯实机
らんまがもい【欄間鴨居】门窗上亮子的上框
らんまぶち【欄間縁】 气窗边梃,摇头窗边梃,亮子边梃
ランミング・スピード　ramming speed　打夯速度,夯实速度
らんりゅう【乱流】 turbulent flow,eddy flow　紊流,湍流
らんりゅううんどう【乱流運動】 turbulent motion　紊流运动,湍流运动,涡旋运动
らんりゅうかくさん【乱流拡散】 turbulent diffusion　紊流扩散,湍流扩散
らんりゅうかくさんけいすう【乱流拡散係数】 diffusion coefficient by turbulent flow　紊流扩散系数,湍流扩散系数
らんりゅうきょうかいそう【乱流境界層】 turbulent boundary　紊流边界层,湍流边界层
らんりゅうきょうど【乱流強度】 intensity of turblence　紊流强度,湍流强度
らんりゅうねつでんたつりつ【乱流熱伝達率】 heat transfer coefficient of turbulent flow　紊流换热系数

## り

リアクション reaction 反作用,反力,反冲,反应
リアクション・センシティブせっちゃくざい 【～接着剤】 reaction sensitive adhesive 反应灵敏性粘合剂
リアクション・トルク reaction torque 反作用转矩,反作用扭矩,反扭矩
リアクタンス reactance 电抗
リアクトル reactor 电抗器,反应堆,反应器
リアクトルきどう 【～起動】 reactor starting 电抗器启动
リア・ダンピング・トラック rear-dumping truck 后(部)卸(料)式卡车
リア・ダンプ rear-dump(truck) 后(部)卸(料)式卡车
リアドス reredos (教堂的)供坛背壁,供坛后面高架
リア・ドライブ・シャフト rear drive shaft 后驱动轴,后主动轴
リアリズム realism 现实主义
リアル・タイム・コントロール real time control (交通信号)实时控制
リアル・ロード real load 实际荷载
リアレンジメント rearrangement 重新布置,改变式样,变更装修
リアーン・リブ lierne rib 枝肋
りかがくてきすいしつしけん 【理化学的水質試験】 physical and chemical examination of water quality 水质物理化学检验
りがくりょうほうしつ 【理学療法室】 facilities for physical therapy 理疗室
リカバリー recovery 恢复,回复,回收,收复,再生
リカバリー・ルーム recovery room 手术后的特别病房,手术后康复室
リカーボネーション recarbonation 再碳化作用
リーカンス leakance 电漏
りがんりゅう 【離岸流】 offshore current 离岸流
りきがく 【力学】 mechanics, dynamics 力学
りきがくてきエネルギー 【力学的～】 mechanical energy 力学能
りきがくてききょうかいじょうけんしき 【力学的境界条件式】 mechanical boundary condition 力学边界条件(式)
りきがくてきさいか 【力学的載荷】 mechanical loading 力学加载
りきがくてきせいしつ 【力学的性質】 mechanical property 力学性质,机械性质
りきがくモデル 【力学～】 mechanical model 力学模型
りきさいか 【力載荷】 force-loading 力加载,力荷载
りきさいかモデル 【力載荷～】 force-loaded model 力加载模型
りきせき 【力積】 impulse 冲量,冲力
りきせきせん 【力積線】 impulse line 冲量线,冲力线
りきせん 【力線】 line of force 力线(垂直贯通等势面的曲线)
リギダまつ 【～松】 Pinus rigida[拉], Pitch pine, Northern pitch pine[英] 北美油松,刚松
りきつい 【力対】 couple of forces 力偶
リキッド・フィルター liquid filter 液体过滤器
りきどうかん 【力動感】 dynamic image 强烈动感
りきゅう 【離宮】 detached palace 离宫
りきゅういろ 【利休色】 暗绿灰色
りきりつ 【力率】 power factor 功率因数
りきりつかいぜん 【力率改善】 power factor improvement 功率因数改善
リーク leak 漏泄,漏损,漏水,漏气,漏

油,漏电

**リクェファクション** liquefaction 液化作用

**りくきょう 【陸橋】** viaduct 旱桥,高架桥,跨线桥

**りくじょうおせんげん 【陸上汚染源】** land-based pollution 陆地污染源

**りくじょうきょうぎじょう 【陸上競技場】** ground,stadium 运动场,田径场

**りくじょうとうき 【陸上投棄】** land disposal 土地处置

**りくすい 【陸水】** inland waters 内陆水

**りくちそくりょう 【陸地測量】** land surveying 陆地测量,土地测量

**リーク・テスト** leak test 泄漏试验

**リグニン** lignin 木素,木质,木质素

**リグニンじゅし 【～樹脂】** lignin resin 木质素树脂

**リグノイド** lignoid 菱镁土水泥,镁氧水泥菱苦土

**リグノセルロース** lignocellulose 木质纤维素

**りくふう 【陸風】** offshore wind,land wind,land breeze 陆地风

**リクーラー** recooler 二次冷却器,再冷却器

**りけいざい 【離型剤】** mould releasing agent,surface lubricant 脱模剂

**リコンストラクション** reconstruction 改建,重建

**リコンディション** recondition 修理,修复,补修,检修

**リサイクリング** (pavement) recycling (路面)再生利用

**リサイクル・プラント** recycling asphalt plant 沥青路面废料再生设备

**りさいせたい 【罹災世帯】** 受灾户

**リサーキュレーション** recirculation 再循环

**リサーキュレーションひ 【～比】** recirculation ratio 再循环比

**リサージ** litharge 密陀僧,一氧化铅,铅黄

**リサジュのずけい 【～の図形】** Lissajous' figure 黎萨茹(振动)图形

**リザーボア** reservoir 蓄水池,油箱

**リザルタント** resultant 合力,合矢量,合量,总和

**りさんかごさ 【離散化誤差】** discretization error 离散化误差

**りさんてきさいてきかい 【離散的最適解】** discrete optimum 离散最优解

**りさんてきしゅうごう 【離散的集合】** discrete set 离散集

**りさんへんすうモデル 【離散変数～】** discrete-variable mode 离散变量模型

**リージョナル・サイエンス** regional science 地区科学(以地区为对象综合城市规划、经济、社会、行政等方面的科学)

**リシンしあげ 【～[Lithin德]仕上】** scratching finish of stucco,scraped finish 搔痕饰面,扒拉灰饰面

**リシンぬり 【～[Lithin德]塗】** scratching finish of stucco,lithinputz 扒拉灰饰面,搔痕饰面,抹彩色水泥砂浆

**りしんりつ 【離心率】** eccentricity 离心率,偏心率

**りすい 【利水】** water utilization,water use 水利,水的利用

**リスト** wrist 销轴,肘杆

**リスニング・カーテン** listening curtain 隔声帘

**リスニング・ルーム** listening room 音乐室,试听室

**リスポンド** respond 回答,响应,(柱、拱基等的)对称,支承拱的壁柱

**リズム** rhythm 韵律,节奏(构图手法之一)

**リセット・スケジュール** reset schedule 重调控制程序

**リセットせいぎょ 【～制御】** reset controls 重调控制,复位控制

**リセットどうさ 【～動作】** reset action 重调动作

**リセプタクル** receptacle 插销座

**りそうきたい 【理想気体】** ideal gas, perfect gas 理想气体

**りそうとし 【理想都市】** ideal city 理想城市

**りそうモデル 【理想～】** idealized

model 理想模型

**りそうりゅうたい【理想流体】** ideal fluid 理想流体

**りそうれいとうき【理想冷凍機】** ideal refrigerator 理想制冷机

**りそうれいとうサイクル【理想冷凍～】** ideal refrigerating cycle 理想制冷循环

**リゾート・ホテル** resort hotel 游览地旅馆,休养地旅馆

**リーダー** leader 导管,排水管,水落管,引线

**りたい【履帯】** crawler belt caterpillar 履带

**りたいしきトラクター・ショベル【履帯式～】** crawler type tractor shovel 履带拖拉机式铲土机

**りたいちゅうしんきょり【履帯中心距離】** track gauge 履带中心距

**リダクション・ギア** reduction gear 减速齿轮

**リダクション・タキメーター** reduction tacheometer 自动归算视距仪

**リターダー** retarder 延时器,减速器,隔离扼流圈,缓凝剂,阻滞剂

**りだつ【離脱】** detachment 拆开,分开,脱离,脱钩

**リターン** return 回路,回水,回程

**リターン・アドレス** return address 归回地址,回位地址

**リターン・エア** return air 回气,循环空气

**リターン・エア・コンデンサー** return air condenser 回气式冷凝器

**リターン・コック** return cock 回水阀

**リターン・トゥー・ゼロ** return to zero 复零

**リターン・パイプ** return pipe 回流管,回水管,回汽管,回油管

**リタンピング** retamping (混凝土浇灌后)二次振捣,再振捣

**リターン・ヘッダー** return header 回水集水管

**リターンべん【～弁】** return valve 回流阀

**リターン・ベンド** return bend 回转弯头,U形弯头

**リタン・ローラー** return roller 返复滚轴

**リーチ** reach 伸出长度,有效半径,有效范围,可达距离

**リチウム・クロライド** lithium chloride 氯化锂

**りちょうしき【李朝式】** Li style(Korean architecture) (朝鲜高丽时代)李朝式(建筑)

**りつい【立位】** standing posture (人体的)站立姿势

**リックス** RICS,The Royal Institution of Chartered Surveyors 英国皇家特许测量师学会

**りったいおうだんほどう【立体横断步道】** pedestrian crossing bridge(tunnel) 立体式人行横跨设施(包括人行天桥和地下人行横道)

**りったいおん【立体音】** stereophonic sound 立体声

**りったいおんきょうけい【立体音響系】** stereophonic sound system 立体声系统

**りったいおんてきこうか【立体音的効果】** stereophonic sound effect 立体声效应

**りったいか【立体化】** (建筑物的)立体化(指建筑物之间的空间发展),立体处理

**りったいかく【立体角】** solid angle 立体角

**りったいかくとうしゃえい【立体角投射影】** orthographic projection 正射投影,正交投影

**りったいかくとうしゃず【立体角投射図】** orthographic projection diagram 正射投影图,正交投影图

**りったいかくとうしゃずひょう【立体角投射図表】** orthographic projection diagram 正射投影图,正交投影图

**りったいかくとうしゃのほうそく【立体角投射の法則】** law of orthographic projection 立体角投射定律

**りったいかくとうしゃめんせき【立体角投射面積】** area of solid angle projection 立体角投射面积

りったいかくとうしゃりつ 【立体角投射率】 configuration factor, sky factor 立体角投射率

りったいかん 【立体感】 cubic effect 立体感

りったいかんち 【立体換地】 立体换地(指包括一部分建筑物的换地)

りったいこうさ 【立体交差】 grade separation 立体交叉

りったいこうぞう 【立体構造】 space structure 空间结构

りったいこうぞうぶつ 【立体構造物】 space structure 空间结构(物)

りったいさぎょういき 【立体作業域】 立体活动范围(上肢水平及垂直方向的活动范围)

りったいしきロータリー 【立体式～】 bridged rotary interchange 环形立体交叉

りったいせつぞくこうさ 【立体接続交差】 interchange 互通式立体交叉

りったいせつぞくぶ 【立体接続部】 interchange 互通式立体交叉,(线路)立体连接部分

りったいちゅうしゃじょう 【立体駐車場】 multi-storey parking space 立体停车场,多层停车场

りったいデザイン 【立体～】 three dimensional design 立体造型设计

りったいトラス 【立体～】 space truss 空间桁架

りったいは 【立体派】 cubism 立体派

りったいぼち 【立体墓地】 charnel house 立体式藏骸墓地,立体式建筑的积骨堂

りったいほねぐみ 【立体骨組】 space frame 空间框架,空间骨架

りったいラーメン 【立体～[Rahmen德]】 space rigid frame 立体刚架,空间刚架

りったいラーメンきょう 【立体～[Rahmen德]橋】 space rigid frame bridge 空间刚架桥

リッターほう 【～法】 Ritter's method (求桁架内力的)截面法,黎特尔法

りっち 【立地】 habitat 生长环境,产地,分布地

りっちいんし 【立地因子】 location factor 用地选择因素,选址因素

りっちじょうけん 【立地条件】 location condition 用地选择条件,选址条件

リッチのテンソル 【～の～】 Ricci's tensor 里奇张量

りっちゅうしき 【立柱式】 立柱仪式

りっちりろん 【立地理論】 location theory 选址理论,地理区位理论

りってん 【立点】 station point 站点,测点

りつどうかん 【律動感】 rhythmical image 韵律感(运用韵律效果产生动感的形象)

リッパー ripper 松土机,耙路机,粗齿锯

リップ leap (拉钢索时出现的)垂度

リップみぞがたこう 【～溝形鋼】 lip channel 卷边槽钢,卷边薄壁槽钢

リップルド・グラス rippled glass 波纹玻璃

りっぽうきょうしたい 【立体供試体】 cube test specimen 立方体试块

りっぽうごうししき 【立方格子式】 cubical modular method 立方网格模数制

りっぽうたいきょうど 【立方体強度】 cube strength 立方体强度

りっぽうたいつよさ 【立方体強さ】 cube strength 立方强度,立方体试件抗压强度,立方体强度

りつめんず 【立面図】 elevation 立面图

りつもうほしょう 【立毛補償】 (拨地时)种植物补偿

リテイナー retainer 护圈,制动圈,定位器,承盘,挡板

リーディング reeding 小凸嵌线,芦杆束状线脚

リーディング・エラー reading error 读数误差

リテーブル retable (教堂的)供坛背壁,供坛后面高架

リテール・ストア retail store 零售店,小卖店

リード reed 簧片,爆破导火线,钢材表面夹杂物

リード・イン lead-in 引入线,引入端,输入端,引入,输入
りどう 【里道】 nondesignated road 乡村道路,乡镇道路,日本道路法以外的非正式道路
りどく 【利得】 gain 增益,放大
リトグラフ lithographe[法] 石版,石版画
リード・シート lead sheet 铅皮
リード・ジョイント lead joint 填铅接缝,捻铅接头,铅接
リード・パイプ lead pipe 铅管
リード・フラッシュ lead flush 手拉水箱冲洗,导水冲洗
リトポン lithopone 锌钡白
リトマスしけんし 【~試験紙】 litmus paper 石蕊试纸
リード・レール lead rail (铁路道岔的)导轨
リード・ワイヤー lead wire 导线,引线,铅皮线
リニア・シティ linear city 线状连续发展城市,直线城市,带形城市
リニア・ハウス linear house 长条形房屋
リニア・パターン linear pattern (城市)带形型,直线型,线状连续发展型
リニア・プラン linear plan 线型平面,线形布置
リニア・ロード linear load 线性荷载
リネン linen 亚麻布,亚麻布制品
リネンしつ 【~室】 linen closet 布巾贮藏室,被服贮存室
リネン・シュート linen chute (医院、旅馆等)运送被服至洗衣室的溜槽
リネンフォールド linenfold 仿布褶纹的饰面,褶巾形雕饰墙板
リノタイル linotile 油地毡块
リノリウム linoleum 亚麻油毡,油地毡
リノリウムじき 【~敷】 linoleum flooring 油地毡铺地面
リノリウム・セメント linoleum cement 油地毡胶粘剂
リノリウム・セメントしき 【~敷】 linoleum cement flooring 油地毡铺面,粘铺油地毡
リノリウム・タイル linoleum tile 油地毡面砖
リノリウムゆ 【~油】 linoleum oil 油地毡用油
リハーサルしつ 【~室】 rehearsal room 排练室,排演室
リバーシブル・サイクル reversible cycle 可逆循环
リバージング・ギア reversing gear 反向齿轮,回动装置
リバースがたそうふうき 【~形送風機】 reverse blower (翼片)反弯鼓风机
リバースき 【~機】 reverse circulation drilling machine 反向循环钻探机
リバース・ギアボックス reverse gear-box 反向变速(齿轮)箱,可逆变速(齿轮)箱
リバース・サーキュレーションこうほう 【~工法】 reverse circulation drill method 反向循环钻孔施工法
リバース・サーキュレーション・ドリル reverse circulation drill 反向循环钻机(一种大口径钻机)
リバース・サーキュレーション・ドリル・パイル reverse circulation drill pile 反循环钻孔桩
リバースべん 【~弁】 reverse valve 回动阀,可逆阀
リバース・リターンほうしき 【~方式】 reverse-return system 回程式管道系统
りはつしつ 【理髪室】 barber's shop 理发室
リハビリテーション rehabilitation 恢复,复兴,房屋翻新,身体康复
リハビリテーションしせつ 【~施設】 rehabilitation facilities (医院病人机能障碍的)恢复设施
リバーベレーション reverberation 混响
リバリング livering (含有颜料的涂料)变稠,凝固,硬化
リパルジョン repulsion 斥力
リビング・キッチン living kitchen (LK) 起居室兼厨房及餐室
リビング・ダイニング living dining

(LD) 起居室兼餐室
リビング・ダイニング・キッチン living dining kitchen 兼作居室、餐室、厨房的房间
リビング・ルーム living room 起居室，居室
リブ rib 肋，拱肋，肋板，棱
リファイナー refiner 精制机，提纯器，匀料机，(玻璃窑)澄清带
リブ・アーチ ribbed arch 肋拱
リブ・アーチきょう 【～橋】 ribbed arch bridge 肋拱桥
リブ・アンド・ラッギング rib-and-lagging (隧道支撑用)肋条与横挡板构造的撑架
リーフィング leafing (涂膜上的)鳞片色泽
リフェクトリー refectory (寺院或其他公共建筑内的)食堂
リブ・スレート rib slate 带肋石棉板
リフター lifter 提升机构，升降机，起重设备
リフティング lifting 提升，举起，(油漆)起皱，起纹
リフティング・ドラム lifting drum 提升机卷筒
リフティング・フーク lifting hook 吊钩，起重钩
リフティング・ブレーキ lifting brake 起重制动器
リフティング・レバー lifting lever 起升杆，起落杆
リーフ・テスト leaf test 薄片试验，箔试验
リフト lift 升降机，升液机，起重机，电梯，升程，扬程，提升，举起，升力
リフト・アップこうほう 【～工法】 lift-up method 顶升法
リブド・ヴォールト＝リブド・ボールト
リフトくるま 【～車】 lift car 高空作业车
リフト・スラブ lift slab 顶升楼板，升板
リブド・スラブ ribbed slab 密肋楼板
リフト・スラブこうほう 【～工法】 lift slab construction method 升板施工法
リフト・タワー lift tower 升降塔，升降架
リフトつり 【～釣】 lifting hook 吊钩，起重钩
リフト・デバイス lift device 起重装置，提升装置
リフト・トラック lift truck 起重车，升降式装载车
リブド・バー ribbed bar 压痕钢筋
リフト・バンク lift bank 电梯组
リフト・ハンマー lift hammer 落锤
リフトべん 【～弁】 lift valve 提升阀
リブド・ボールト ribbed vault 带肋拱顶
リフト・ポンプ lift pump 升液泵，提升泵
リブ・ドーム rib dome 带肋穹顶，带肋圆盖
リフト・ラム lift(ing) ram 提升油缸，起落油缸
リフト・ワイヤー lift wire 吊索，提升用钢丝绳
リブド・ワイヤー ribbed wire 肋纹钢丝，压痕钢丝，刻痕钢丝
リブばしら 【～柱】 shaft of ribbed vault 支肋柱(支承拱顶肋条的柱)
リブ・プレート rib plate 肋板
リーブマンぶんるいほう 【～分類法】 Liebman's classifications 黎布曼(污水生物)分类法
リブ・ラス rib lath 肋条网眼钢板
リフリジェラント refrigerant 制冷剂，冷冻剂
リフリジェレーション refrigeration 制冷，冷冻
リフリジェレーター refrigerator 制冷机，冷冻机，冰箱
リフレクション reflection 反射
リフレクション・サーフェース reflection surface 反射面
リフレクトスコープ reflectoscope 超声波探伤器
リフレクトメーター reflectometer 反射计
リプロデューサー reproducer 复制器，

重现器,再生器,复穿机,扬声器
リベッター riveter 铆机,铆(钉)枪,铆工
リベッティング riveting 铆接
リベッティング・トングズ riveting tongs 铆钉钳
リベッティング・ハンマー riveting hammer 铆锤
リベット rivet 铆钉
リベットあたま 【~頭】 rivet head 铆钉头
リベットあな 【~孔】 rivet hole 铆钉孔
リベットあなけい 【~孔径】 diameter of rivet hole 铆钉孔径
リベットうち 【~打】 riveting 铆接,铆合
リベットうちき 【~打機】 riveter 铆机,铆(钉)枪
リベットかさねつぎて 【~重継手】 riveted lap joint 铆钉搭接
リベットかなばし 【~金箸】 rivet pitching tongs 铆钉钳
リベットかねつろ 【~加熱炉】 riveting forge 铆钉加热炉
リベット・カラー rivet collar 铆钉环口
リベットかん 【~管】 riveted pipe 铆合管,铆接管
リベットきり 【~切】 rivet cutting,rivet cutter 铆钉切割,铆钉切断器
リベットきりとりき 【~切取機】 rivet buster,rivet cutter 铆钉切断机,铆钉机
リベット・グリップ rivet grip 铆接(钢板的)总厚度
リベットけい 【~径】 diameter of rivet 铆钉直径
リベット・ゲージ rivet gauge 铆钉行距,铆钉线距
リベットけっこう 【~結構】 riveted structure 铆接结构,铆合结构
リベットこう 【~鋼】 rivet steel 铆钉钢
リベットじめ 【~締】 riveting 铆接,铆合
リベットじゅうえん 【~縦縁】 longitudinal riveted joint 纵向铆接缝
リベット・スナップ rivet snap 铆钉模
リベットせつごう 【~接合】 rivet joint,rivet connection 铆接,铆钉接合
リベットせつごうかん 【~接合管】 riveted pipe 铆接管,铆合管
リベットせん 【~線】 line of rivet 铆钉线,铆合线
リベットつぎ 【~継】 rivet joint,rivet connection 铆接,铆钉接合
リベットつぎて 【~継手】 rivet joint 铆接头,铆钉接合
リベット・トラス riveted truss 铆接桁架,铆合桁架
リベットながさ 【~長さ】 rivet shaft length 铆钉长度
リベットのまたぎ 【~の跨】 rivet pitch,rivet spacing 铆钉(间)距
リベット・ハンマー rivet hammer 铆锤
リベット・ピッチ rivet pitch 铆钉(间)距
リベットひょう 【~表】 rivet list 铆钉表
リベット・ヘッド rivet head 铆钉头
リベット・ホール rivet hole 铆钉孔
リベット・ポンチ rivet punch 铆钉冲头,铆冲器
リベットやき 【~焼】 rivet heating 铆钉加热
リベットやきようろ 【~焼用炉】 rivet furnace 热铆炉,铆钉加热炉
リベットようてづち 【~用手槌】 hand riveting hammer 铆锤
リベットようひばし 【~用火箸】 rivet tongs 铆钉钳
リペヤー・ピース repair piece 配件,备用零件
りべんしせつ 【利便施設】 conveniences 生活便利设施
りべんせい 【利便性】 convenience 便利性(城市规划原则之一)
リボルビング・ステージ revolving stage 转台,旋转舞台
リボンかだん 【~花壇】 ribbon flower bed 带状花坛
リボンじょうはってん 【~状発展】 ribbon development 城市沿路带形发展,沿

路边缘发展
リボン・スチール ribbon steel 带钢，条钢
リボン・ソー ribbon saw 带锯，曲线锯
リボン・ディベロプメント ribbon development 城市沿路带形发展
リボン・バーナー ribbon burner 带型(煤气)燃烧器
リボン・フィラメント ribbon filament 带状灯丝
リボンもく【～杢】ribbon figure, stripe figure (木材的)条纹
リーマー reamer 扩孔器，扩锥，扩孔钻，铰刀
リーマーかけ【～掛】reaming 扩孔，铰孔
リー・マッコールほうしき【～方式】Lee-McCall system 黎麦考尔式预应力混凝土钢棒锚定法
リーマーとおし【～通】reaming 扩孔，铰孔
リーマン-クリストッフェルのきょくりつテンソル【～の曲率～】Riemann-Christoffel's curvature tensor 黎曼-克利斯托弗尔曲率张量
リミッター limiter 限幅器，限制器
リミット・アナリシス limit analysis 极限分析
リミットせいぎょ【～制御】limit control 极限控制，限位控制
リミットせっけいほう【～設計法】limit design method 极限(状态)设计法
リミット・デザイン limit design 极限(状态)设计
リミット・ロードそうふうき【～送風機】limit load blower 极限负荷鼓风机
リム rim 边缘，轮缘，轮圈，轮箍
リム・ガード rim guard 缘口防护装置
リムドこう【～鋼】rimmed steel 沸腾钢
リム・ノッブ・ロック rim knob lock 带把手的碰簧锁
リムーバー remover 拆卸工具，拔取器，脱模剂
リムーバブル・ペイント removable paint 可清除的涂料，可清除的油漆
リム・ロック rim lock 弹簧锁
リモ・コン・スイッチ remote control switch 遥控开关
リモ・コンはいせん【～配線】remote control switch system 遥控开关系统
リモート・オペレイション・ホイスト remote-operation hoist 遥控起重机，遥控卷扬机
リモート・コンデンサがたエアコンディショナー【～形～】remote control condenser type air conditioner 遥控冷凝式空调器
リモート・コントロール remote control 遥控
リモート・センシング remote sensing 遥感
リモート・ピック・アップちゅうけい【～中継】remote pick-up relpy 远距离电视摄像中继，远距离拾波中继，电视实况转播
リモルディングしけん【～試験】re-moulding test 重塑试验
リモールド remoulding 重塑
リヤ・カー rear-car 拖车
りゃくが【略画】sketch 草图，简图
りゃくかまつぎ【略鎌継】oblique scarf joint, French scarf joint 斜嵌接
りゃくず【略図】sketch drawing 草图，简图，略图
りゃくせっけいず【略設計図】sketch drawing 草图，设计草图
リヤ・ダンプ rear dump(truck) 后卸式卡车
りゃん【乱】staggered 交错，错列，乱搭头，乱接头，错缝
りゃんこ【両個】交互，成双，成对
りゃんつぎ【乱継】break joint 错列接缝，错缝接合
りゅうあん【硫安】ammonium sulfate 硫酸铵
りゅういき【流域】drainage basin, river basin 流域
りゅういきげすいどう【流域下水道】river basin sewerage system, catchment

basin sewerage 流域排水系统,流域下水道
りゅういきべつげすいどうせいびそうごうけいかく 【流域別下水道整備総合計画】 comprehensive program of catchment sewerage 各种流域排水工程整理综合规划,各种流域下水道配备全面规划
りゅういきめんせき 【流域面積】 drainage area 流域面积
りゅうかいふしょく 【粒界腐食】 intergranular corrosion 颗粒间腐蚀,晶粒间腐蚀
りゅうかいわれ 【粒界割】 intergranular crack 晶间裂纹
りゅうかカドミウム 【硫化～】 cadmium sulfide 硫化镉
りゅうかゴム 【硫化～】 vulcanized rubber 硫化橡胶
りゅうかじかん 【流下時間】 time of flow (雨水)流行时间
りゅうかじかん 【流過時間】 flowing-through period 流过时间
りゅうかすいそ 【硫化水素】 hydrogen sulphide 硫化氢
りゅうかせんりょうせんしょくはいすい 【硫化染料染色廃水】 sulfur dye work waste water 硫化染料印染废水
りゅうかとうけつほう 【流下凍結法】 fluidized freezing system 流态式制冷法
りゅうかぶつ 【硫化物】 sulfide,sulphide[美] 硫化物
りゅうき 【隆起】 heaving (地基的)隆起,升高
りゅうきょう 【流況】 hydrological regime,stream regime 水文情况,流量历时状况
りゅうきょうきょくせん 【流況曲線】 flow-duration curve,discharge duration curve 流量历时曲线
りゅうきんときょう 【溜金斗栱】 溜金斗栱
りゅうけい 【粒形】 grain shape 粒形,颗粒状
りゅうけい 【粒径】 grain size 粒径,颗粒尺寸
りゅうけいかせききょくせん 【粒径加積曲線】 grain size accumulation curve (骨料)粒径累计筛分曲线
りゅうけいぶんぷ 【粒径分布】 particle size distribution,grain size distribution 粒径分布
りゅうけいぶんぷのよいつち 【粒径分布の良い土】 well graded soil 良好级配土
りゅうご 【立鼓】 鼓状纹样
りゅうこうしょく 【流行色】 fashion colour 流行色
りゅうさ 【流砂】 drift sand 流砂
りゅうさげんしょう 【流砂現象】 liquefactive apparition 液化现象(流砂现象)
りゅうさん 【硫酸】 sulphuric acid 硫酸
りゅうさんあえんふしょくよくせいざい 【硫酸亜鉛腐食抑制剤】 zinc sulfate corrosion inhibitor 硫酸锌防腐剂
りゅうさんアルミニウム 【硫酸～】 aluminium sulfate 硫酸铝
りゅうさんアンモニア 【硫酸～】 ammonia sulfate 硫酸铵
りゅうさんアンモニウム 【硫酸～】 ammonium sulfate 硫酸铵
りゅうさんイオン 【硫酸～】 sulfate ion 硫酸根离子
りゅうさんえん 【硫酸塩】 sulfate 硫酸盐
りゅうさんかいしゅうほう 【硫酸回収法】 sulfuric acid recovery process 硫酸回收法
りゅうさんカルシウム 【硫酸～】 calcium sulfate 硫酸钙
りゅうさんかんげんきん 【硫酸還元菌】 sulfate-reducing bacteria 硫酸盐还原菌
りゅうさんこうじょうはいすい 【硫酸工場廃水】 sulfuric acid manufacture waste water 硫酸生产废水
りゅうさんし 【硫酸紙】 tracing paper 描图纸,透明纸,硫酸纸
りゅうさんスラッジ 【硫酸～】 sulfate

sludge 硫酸污泥
りゅうさんソーダえきしょうかき 【硫酸～液消火器】 sulfuric acid and soda fire extinguisher 硫酸苏打灭火器
りゅうさんだいいちてつ 【硫酸第一鉄】 ferrous sulfate 硫酸亚铁
りゅうさんだいにてつ 【硫酸第二鉄】 ferric sulfate 硫酸铁
りゅうさんだいにどう 【硫酸第二銅】 cupric sulfate 硫酸铜
りゅうさんちょそう 【硫酸貯槽】 storage tank of sulfuric acid 硫酸储存池
りゅうさんてつふしょくよくせいざい 【硫酸鉄腐食抑制剤】 ferrous sulfate corrosion inhibitor 硫酸铁防腐剂
りゅうさんどう 【硫酸銅】 copper sulfate, cupric sulfate 硫酸铜
りゅうさんバリウム 【硫酸～】 barium sulfate 硫酸钡
りゅうさんマグネシウム 【硫酸～】 magnesium sulfate 硫酸镁
りゅうさんミスト 【硫酸～】 sulfuric acid mist 硫酸雾
りゅうしそくど 【粒子速度】 particle velocity (声的)质点速度,粒子速度,颗粒速度
りゅうしとくせい 【粒子特性】 grain property (土的)颗粒性质,颗粒特性
りゅうしのちんこうそくど 【粒子の沈降速度】 settling velocity of particle 颗粒沉降速度,粒子沉淀速度
りゅうしみつど 【粒子密度】 grain density 晶粒密度,颗粒密度
りゅうしゃ 【竜舎·竜車】 塔刹宝珠下半圆珠饰,塔刹装饰
りゅうしゅつ 【流出】 run-off 径流
りゅうしゅつかん 【流出管】 effluent pipe, run-off pipe 出水管
りゅうしゅつきょ 【流出渠】 effluent conduit 出水渠道
りゅうしゅつけいすう 【流出係数】 ratio of run-off, coefficient of discharge 径流系数,流量系数
りゅうしゅつげすい 【流出下水】 effluent sewer 污水流出
りゅうしゅつこうつう 【流出交通】 outbound traffic 出境交通,外向交通
りゅうしゅつすい 【流出水】 effluent 流出水,出水
りゅうしゅつすいろ 【流出水路】 effluent channel 出水渠道
りゅうしゅつだか 【流出高】 height of run-off, depth of run-off 径流深度
りゅうしゅつてんこう 【流出転向】 exit turn 出线转向,转弯驶出
りゅうしゅつどい 【流出樋】 effluent channel 出水沟(槽)
りゅうしゅつべん 【流出弁】 running valve, outlet valve 出水阀
りゅうしゅつゆ 【流出油】 spillage oil 流出油
りゅうしゅつりつ 【流出率】 ratio of run-off, coefficient of discharge 流量系数,径流系数,出水率
りゅうじょうかっせいたん 【粒状活性炭】 activated granular carbon 粒状活性炭
りゅうじょうかっせいたんろか 【粒状活性炭濾過】 activated granular carbon filtration 粒状活性炭过滤
りゅうじょうそしき 【粒状組織】 pearl composition 粒状构成,粒状组织
りゅうしん 【流心】 thalweg (河流)深泓,流域最深部
りゅうしんせん 【流心線】 thalweg, line of maximum depth (河流)深泓线,溪线
りゅうすい 【流水】 flowing water, running water 流水
りゅうすいきじゅん 【流水基準】 water quality criteria of river 河流水质标准
りゅうすいつぎ 【流水継】 (木构件的)流水状接合
りゅうせき 【流積】 cross-sectional area of stream 水流截面积,水流横断面
りゅうせきせん 【流跡線】 path of particle 流迹线(流体粒子径路)
りゅうせつこう 【流雪溝】 drain for snow-removing 排雪沟
りゅうせん 【流線】 stream-line, flow line 流线

りゅうせんこうさ 【流線交差】 traffic cut 交通流线交叉
りゅうせんず 【流線図】 flow line plan 流线图
りゅうせんもう 【流線網】 flow net 流网
りゅうそく 【流速】 velocity of flow 流速
りゅうそくけい 【流速計】 current meter 流速仪
りゅうそくけいすう 【流速係数】 coefficient of velocity 流速系数
りゅうそくけいほう 【流速計法】 current meter method 流速仪法
りゅうそくすいとう 【流速水頭】 velocity head 流速水头,速位差
りゅうそくぶんぷ 【流速分布】 velocity distribution 流速分布
りゅうそくほう 【流速法】 stream velocity measuring method 流速测定法
りゅうたい 【流体】 fluid 流体
りゅうたいコンベヤー 【流体～】 fluid conveyer 流体输送机
りゅうたいだんせい 【流体弾性】 fluid elasticity 流体弹性
りゅうたいつぎて 【流体継手】 fluid coupling 流体联结器,液压联轴器
りゅうたいまさつ 【流体摩擦】 fluid friction 流体摩擦
りゅうたいまさつていこう 【流体摩擦抵抗】 resistance of fluid friction 流体摩擦阻力
りゅうたいりきがく 【流体力学】 hydromechanics 流体力学
りゅうたつじかん 【流達時間】 time of concentration 集流时间
りゅうちせん 【留置線】 storage track 储备路线,留置路线
りゅうつうかくめい 【流通革命】 distribution revolution (商品)流通方式革新
りゅうつうぎょうむしせつ 【流通業務施設】 distribution facilities (商品)流通业务设施
りゅうつうぎょうむだんち 【流通業務団地】 distribution estate, complex distribution center 商品流通业务中心区(在法律承认的流通业务区中各种流通业务设施集中的地区)
りゅうつうぎょうむちく 【流通業務地区】 (由有关流通业务市区整顿的法律指定的)流通业务区
りゅうつうコンビナート 【流通～[Комбинат 俄]】 流通业务联合企业
りゅうつうセンター 【流通～】 goods distribution center 商品流通中心
りゅうつうそうこ 【流通倉庫】 distribution warehouse 流通仓库
りゅうつうだんち 【流通団地】 distribution estate, complex distribution center 商品流通业务中心区(在法律承认的流通业务区中各种流通业务设施集中的地区)
りゅうど 【粒度】 grading 粒度,级配
りゅうどうかん 【流動感】 fluidity 流动感
りゅうどうきょくせん 【流動曲線】 flow curve 流动曲线,流量曲线
りゅうどうけいたい 【流動形態】 flow pattern 流态,水流形式
りゅうどうげんかい 【流動限界】 liquid limit 液限
りゅうどうコンクリート 【流動～】 flowing concrete 流动性混凝土,自密实混凝土
りゅうどうざひょうけい 【流動座標係】 sliding cO-ordinate frame 随动坐标系,可动坐标系
りゅうどうしすう 【流動指数】 flow index 流动指数
りゅうどうしょう 【流動床】 fluidized-bed 流化层,流化床
りゅうどうせっしょくぶんかいそうち 【流動接触分解装置】 fluidized catalytic cracker 液化催化裂解装置
りゅうどうそう 【流動層】 fluidized-bed 流化层,流化床
りゅうどうそうかんそうき 【流動層乾燥機】 fluidized-bed dryer 流化床干燥机
りゅうどうそうしょうきゃくろ 【流動層焼却炉】 fluidized-bed incinerator 流

化床焚烧炉

りゅうどうでんい 【流動電位】 streaming potential 流动电势,流动电位

りゅうどうへんいへんかん 【流動変位変換】 sliding displacement transformation 随动位移变换,可动位移变换

りゅうどきょくせん 【粒度曲線】 grading curve (颗粒)级配曲线

りゅうどけいすう 【粒度係数】 coefficient of grain size, coefficient of grading 粒度系数,级配系数

りゅうどしけん 【粒度試験】 grain size analysis 粒度试验,粒径分析

りゅうどそせい 【粒度組成】 grading 级配,颗粒组成

りゅうどとくせい 【粒度特性】 grain size characteristic 粒径特性,粒度特性

りゅうどはいごう 【粒度配合】 grain composition 颗粒组成

りゅうどはいれつ 【粒度配列】 grading, gradation 级配,粒级配合

りゅうどはんい 【粒度範囲】 grading envelope 级配范围

りゅうどぶんせき 【粒度分析】 grain size analysis, mechanical analysis of grain 粒径分析,粒度分析,级配分析

りゅうどぶんぷ 【粒度分布】 grain size distribution 粒径分配,粒度分布

りゅうどぶんぷきょくせん 【粒度分布曲線】 grading curve 级配曲线,粒径分布曲线

りゅうないわれ 【粒内割】 transgranular crack 晶内裂纹

りゅうにゅう 【流入】 influx, inflow 进水

りゅうにゅうこうつう 【流入交通】 inbound traffic 入境交通

りゅうにゅうじかん 【流入時間】 time of inlet, time of concentration (雨水)集流时间

りゅうにゅうしせつ 【流入施設】 inflow installation 进水设施

りゅうにゅうすいとう 【流入水頭】 inlet head 进水水头

りゅうにゅうそくど 【流入速度】 inlet velocity 进水速度

りゅうにゅうてんこう 【流入転向】 entrance turn 进线转向,转弯驶入

りゅうにゅうべん 【流入弁】 inlet valve 进水阀

りゅうにゅうりゅうりょう 【流入流量】 inflow discharge, rate of inflow 进水流量

りゅうにゅうりょう 【流入量】 inflow 进水量

りゅうにゅうりょうるいかきょくせん 【流入量累加曲線】 inflow mass curve 进水量累积曲线

りゅうひょうよけ 【流氷除】 iceguard (桥墩的)破冰构造,挡冰栅,冰挡

りゅうまつこうじ 【流末工事】 water plumbing 给排水管道末端工程(指室内部分)

りゅうもんがん 【流紋岩】 rhyolite 流纹岩

りゅうようもりど 【流用盛土】 挖土填土,原土回填

りゅうりょう 【流量】 discharge 流量

りゅうりょうきょくせん 【流量曲線】 discharge curve 流量曲线

りゅうりょうけい 【流量計】 flow meter 流量计

りゅうりょうけいすう 【流量係数】 coefficient of discharge, flow coefficient 流量系数

りゅうりょうじかんきょくせん 【流量時間曲線】 discharge hydrograph 流量时间曲线,流量过程线

りゅうりょうず 【流量図】 discharge diagram 流量图

りゅうりょうせいぎょべん 【流量制御弁】 flow control valve 流量控制阀,节流阀

りゅうりょうそくてい 【流量測定】 discharge measurement, stream gauging 流量测定

りゅうりょうそんしつ 【流量損失】 discharge loss 流量损失

りゅうりょうちょうせいき 【流量調整器】 flow controller 流量调节器,流量控制

器

りゅうりょうちょうせつき 【流量調節器】 flow controller 流量调节器

りゅうりょうはいぶんずほう 【流量配分図法】 distribution graph method 流量分布图解法

りゅうりょうパラメーター 【流量～】 mass flow parameter 流量参数

りゅうりょうひれいしきえんそちゅうにゅうき 【流量比例式塩素注入機】 proportioning chlorinator 比例流量加氯器

りゅうりょうへんすう 【流量変数】 discharge variable 流量变量

りゅうりょうるいかきょくせん 【流量累加曲線】 discharge mass curve, run-off curve 流量累积曲线

りゅうろ 【流路】 watercourse 水道,水流,河(道)

りゅうろえんちょう 【流路延長】 length of river channel 河流长度

りゅうろていこう 【流路抵抗】 resistance of watercourse, resistance of passage 水道阻力

リュキアけんちく 【～建築】 Lycian architecture (小亚细亚西南部)律基亚建筑

リュクサンブールきゅう 【～宮】 Palais de Luxembourg[法] (1615～1624年法国巴黎)卢森堡宫

リュシクラテスきねんひ 【～記念碑】 Monument of Lysikratis (公元前334年古希腊雅典)律西克拉蒂斯纪念碑

リューダーせん 【～線】 Lüder's line 吕德线,吕氏线,滑移线(金属受拉后的表面线纹)

リュ・ド・リヴォリ Rue de Rivoli 里沃利街(1801年创建在法国巴黎的街道)

りょう 【陵】 mausoleum 陵墓

りょう 【寮】 宿舍,别墅

りょうあしつきせんめんき 【両足付洗面器】 two leg lavatory 双柱洗面器

りょうえだとうかん 【両枝陶管】 double branch earthenware pipe 双叉瓦管,双支陶管

りょうえんぼう 【撩檐枋】 撩檐枋

りょうかいど 【了解度】 intelligibility 可懂度

りょうかっせいかせっちゃく 【両活性化接着】 duplicated adhesive 加倍活化粘合

りょうかっせつアーチ 【両滑節～】 two hinged arch 两铰拱,双铰拱

りょうがわさいこう 【両側採光】 bilateral lighting 两侧采光

りょうがわすいこみそうふうき 【両側吸込送風機】 double aspiration blower, double suction fan 双进风鼓风机

りょうがわそえいたつぎ 【両側添板継】 splice plate joints 两侧拼接板接合

りょうかわりかじゅう 【両替荷重】 alternating load 交替荷载,反复荷载

りょうかん 【量感】 volume 量感

りょうきん 【料金】 rate, fee 费用

りょうきんちょうしゅうじょ 【料金徵収所】 toll gate 收费门,收税处(收通行税的卡门)

りょうきんひょう 【料金表】 tariff 收费表,价目表

りょうくさび 【両楔】 两面加楔,两侧加楔,加双楔

りょうくどがん 【菱苦土岩】 magnesite 菱苦土,菱镁矿,菱苦土矿

りょうくどせき 【菱苦土石】 magnesite 菱苦土矿,菱镁矿

りょうけいさ 【菱形鎖】 rhomboid chain, chain of lozenge 菱形锁(用丁辐射三角测量)

りようけん 【利用圏】 utility circle (公用设施)利用范围圈

りようけんいき 【利用圏域】 utility circle (公用设施)利用范围圈

りょうこうりゅうろか 【両向流濾過】 biflow filter 双向过滤

りょうさき 【両先】 两刃凿,两端尖刃凿,双刃凿

りょうさげ 【両下】 双坡屋顶,人字屋顶

りょうさんじゅうたく 【量産住宅】 mass production house 大量生产住宅

りょうじこうか 【両耳効果】 binaural effect 双耳效应(听觉的)

りょうじゆうど【両自由戸】double swing doors 双摇门
りようじょ【理容所】barber's shop 理发馆,美容店
りようじんこう【利用人口】(设施的)利用人口
りょうすいきょくせん【量水曲線】hydrograph,curve of discharges 流量曲线,过程线
りょうすいけい【量水計】water meter 水表
りょうすいこみ【両吸込】double suction 双吸,双进水
りょうすいこみはねぐるま【両吸込羽根車】double suction impeller 双吸叶轮
りょうすいこみポンプ【両吸込～】double suction pump 双吸泵
りようすいしん【利用水深】available depth,effective depth 资用水深,有效水深
りょうすいせい【量水井】gauging well 量水井
りょうすいぜき【量水堰】measuring weir 量水堰
りょうすいタンク【量水～】watermeter tank 量水箱
りょうすいひょう【量水標】staff-gauge,water gauge 水位标尺
りょうせいイオンこうかんじゅし【両性～交換樹脂】amphoteric ion exchange resin 两性离子交换树脂
りょうそうかたおちかん【両挿片落管】two plug-in reducing pipe 双插渐缩管,双插异径管
りようちょすいりょう【利用貯水量】available storage capacity 资用蓄水量,有效蓄水量
りょうつばくだ【両鍔管】double collar pipe 双盘直管
りょうつみ【稜積】quoins 砌角石块,屋角石块
りょうてきじゅうたくなん【量的住宅難】quantitative housing shortage 住房数量短缺
りょうねじボルト【両捻子～】double screwed bolt 双头螺栓
りょうば【両刃】flat lump hammer 双刃锤,双面斜斧
りょうばがたつきあわせつぎて【両刃形衝合接手】double bevel butt joint W形对焊接头
りょうばのこ【両歯鋸·両刃鋸】double tooth saw 双边齿锯
りょうびきど【両引戸】drawn door (单轨)双扇推拉门
りょうびらき【両開】double swing (door) 双开(门),双扇弹簧门
りょうびらきど【両開戸】double swing door 双开门,双扇弹簧门
りょうびらきぶんき【両開分岐】double curved turnout 双开岔道
りようひんど【利用頻度】frequency of usage (住户设施)利用率
りょうぶりおうりょく【両振応力】repeated stress 反复应力,重复应力
りょうぶりかじゅう【両振荷重】repeated load,cyclic load 反复荷载,重复荷载,周期性荷载
りょうぶりしけん【両振試験】repeated(load)test 重复(荷载)试验,反复(荷载)试验
りょうぶりつかれげんど【両振疲限度】fatigue strength of cyclic load 重复荷载疲劳强度,反复荷载疲劳强度
りょうへん【綾片】lacing bar 缀条
りょうほぞ【両枘】two-stepped tenon 重榫,双重榫
りょうめんきほうかん【両面気泡管】reversible level 双面水准管,回转水准管
りょうめんグルーブ【両面～】double groove 双面槽,双面坡口
りょうめんジェーがたグルーブ【両面J形～】double J-groove 双面J形坡口
りょうめんしきはいれつ【両面式配列】在通道的两侧排列的停车方式
りょうめんとふ【両面塗布】double side coating 两面涂层,两面涂刷,两面涂抹
りょうめんブイがたグルーブ【両面V形

～】 double V-groove 双面V形坡口
りょうめんみがき【両面磨】double side flatting 两面磨平(瓦)
りょうようじょ【療養所】sanatorium 疗养院
りょうようひききりのこ【両用挽切鋸】双边齿锯
りようらくさ【利用落差】effective head 有效落差,有效水头
りょうりしつ【料理室】cooking room 烹调间,烹调室
りようりつ【利用率】utilization factor 利用系数
りようりょくち【利用緑地】utility green 利用绿地,资用绿地
りょかくうわや【旅客上屋】passenger terminal building 客运枢纽站主楼
りょかくえき【旅客駅】passenger station 客运(车)站
りょかくせつび【旅客設備】passenger facilities 客运设备
りょかくせん【旅客線】main line for passenger train 铁路客运干线
りょかくふとう【旅客埠頭】passenger wharf 客运码头
りょかくホーム【旅客～】passenger platform 旅客站台
りょかくれっしゃ【旅客列車】passenger train 旅客列车,客车
りょかん【旅館】inn,hotel 旅馆
りょくいんじゅ【緑陰樹】shade tree 庭荫树,遮荫树
りょくいんようじゅもく【緑陰用樹木】shade tree 遮荫树,庭荫树
りょくしざし【緑枝挿】softwood cutting 绿枝扦插,嫩枝扦插
りょくしつぎ【緑枝接】softwood grafting 嫩枝嫁接
りょくしょくがんりょう【緑色顔料】green pigment 绿色颜料
りょくそうるい【緑藻類】Chlorophyceae 绿藻类
りょくち【緑地】green space 绿地
りょくちけいかく【緑地計画】open space planning 绿地规划
りょくちけいしせつ【緑地系施設】green facilities 绿地设施
りょくちけいとう【緑地系統】open space system 绿地系统
りょくちたい【緑地帯】green belt 绿化带
りょくちちいき【緑地地域】green district 绿地区
りょくちはいちず【緑地配置図】green area plan 绿地布局图,绿化区总平面图
りょくちほぜんちく【緑地保全地区】open space conservation area 绿地保护区
りょくちもう【緑地網】green network 绿地网
りょくちようち【緑地用地】land for green 绿化用地
りょくちりつ【緑地率】rate of green area coverage 绿地率,绿化覆盖率
りょくてい【緑亭】arbo(u)r pergola 棚架,花架
りょくどう【緑道】green way 绿荫道路,园林式道路
りょくばん【緑礬】green vitriol 绿矾
りょくひ【緑肥】green manure 绿肥
りょくひちりつ【緑被地率】ratio of greenery space 绿地率,绿化覆盖率(各项用地中绿化用地所占面积比例)
りょくもん【緑門】green arch (西欧式庭园的)绿化拱门,(用松枝等装饰的)彩牌门,(用松木围成的)拱门
りょくろう【緑廊】pergola 绿化廊,绿化凉亭,花架廊,藤顶廊,藤顶凉亭
りょこうじかん【旅行時間】journey time,travel time (在车行道上的全部的)旅行时间,出行时间
りょっか【緑化】tree planting 绿化
りょっかうんどう【緑化運動】green planted campaign 绿化运动
りょっかとし【緑化都市】city planting 绿化城市
リライアビリティー reliability 可靠度,安全性,可靠性
リラクセーション relaxation 松弛,弛缓
リラクセーションほう【～法】relaxa-

tion method 松弛(渐近)法,逐次近似法
リラティブ・エラー relative error 相对误差
リリース・コック release cock 放气活门,放泄旋塞
リリース・ペダル release pedal 分离踏板,放松踏板
リリースべん 【～弁】 release valve 放泄阀
リリーフ・コック relief cock 安全旋塞,减压龙头,放泄旋塞
リリーフ・セットあつりょく 【～圧力】 relief set pressure (安全阀)全开额定压力
リリーフべん 【～弁】 relief valve 安全阀,溢流阀
リールド・リベットじめ 【～締】 reeled riveting 交错铆,曲折形钉铆
リレー relay 继电器,中继,转换
りれきおうとう 【履歴応答】 hysteresis response 滞回反应,滞后反应
りれききょくせん 【履歴曲線】 hysteresis curve 滞回曲线,滞后曲线
りれきけい 【履歴系】 hysteretic system 滞后系,滞回体系
りれきげんしょう 【履歴現象】 hysteresis 滞后现象,磁滞现象
りれきげんすい 【履歴減衰】 hysteresis damping 滞回阻尼,滞后阻尼
りろんあっしゅくしごと 【理論圧縮仕事】 theoretical compression work 理论压缩功
りろんおうりょくしゅうちゅうけいすう 【理論応力集中係数】 theoretical factor of stress concentration 理论应力集中系数
りろんきこうモデル 【理論機構～】 theoretical mechanical model 理论机构模型
りろんごさ 【理論誤差】 theoretical error 理论误差
りろんねんしょうくうきりょう 【理論燃焼空気量】 theoretical air quantity for combustion 理论燃烧空气量
りろんのどあつ 【理論喉厚】 theoretical throat depth 焊缝理论厚度
りろんりゅうたい 【理論流体】 theoretical fluid 理论流体
りろんりゅうりょうけいすう 【理論流量係数】 theoretical coefficient of discharge, theoretical flow coefficient 理论流量系数
りん 【燐】 phosphorus 磷
りんかいあつ 【臨界圧】 critical pressure 临界压力
りんかいあつりょくこうか 【臨界圧力降下】 critical pressure drop 临界压(力)降(低)
りんかいえん 【臨界円】 critical circle 临界圆
りんかいおんど 【臨界温度】 critical temperature 临界温度
りんかいおんどたい 【臨界温度帯】 critical temperature zone 临界温度范围,临界温度带
りんかいかじゅう 【臨界荷重】 critical load 临界荷载
りんかいがたこうぎょうりっち 【臨海型工業立地】 coastal industrial location 沿海工业选址
りんかいかんげきひ 【臨界間隙比】 critical void ratio 临界孔隙比
りんかいげんすい 【臨界減衰】 critical damping 临界阻尼,临界衰减
りんかいげんすいけいすう 【臨界減衰係数】 critical damping coefficient 临界阻尼系数,临界衰减系数
りんかいこ 【臨海湖】 seaside lake 海边湖,沿海湖
りんかいご 【臨界後】 post-critical 临界后,屈曲后
りんかいこうぎょうちたい 【臨海工業地帯】 littoral industrial area 沿海工业地区
りんかいごきょうど 【臨界後強度】 post-critical strength 屈曲后强度,临界后强度
りんかいごきょくりつ 【臨界後曲率】 post-critical curvature 临界后曲率,屈曲后曲率

りんかいしゃせん【臨界車線】critical lane 临界车道,紧急备用车道
りんかいしゅうはすう【臨界周波数】critical frequency 临界频率
りんかいしんどうすう【臨界振動数】critical frequency 临界(振动)频率
りんかいすいとう【臨界水頭】critical head 临界水头
りんかいせき【燐灰石】apatite 磷灰石
りんかいせんだんスパンひ【臨界剪断~比】critical shear span ratio 临界剪切跨度比,临界剪跨比
りんかいそくど【臨界速度】critical velocity, critical speed 临界速度
りんかいたかさ【臨界高さ】critical height 临界高度
りんかいてん【臨界点】critical point 临界点
りんかいどうすいこうばい【臨界動水勾配】critical hydraulic gradient 临界水力坡降,临界水力梯度
りんかいとし【臨海都市】sea-side city 海滨城市
りんかいはちょう【臨界波長】critical wave length 临界波长
りんかいみつど【臨界密度】critical density 临界密度
りんかいりゅうそく【臨界流速】critical velocity 临界流速
りんかいりゅうりょう【臨界流量】critical discharge 临界流量
りんかいれいきゃくそくど【臨界冷却速度】critical cooling velocity 临界冷却速度
りんかいレイノルズすう【臨界~数】critical Reynolds number 临界雷诺数
りんかく【輪郭】outline, border, contour 轮廓
りんかくせん【輪郭線】border line 轮廓线
りんがけ【厘掛·輪掛】堆积伐材的垫木
りんかじゅう【輪荷重】wheel load 车轮载重,轮载
りんかようじょう【隣家養生】相邻建筑物保护
りんかん【林冠】canopy 林冠
りんかんがっこう【林間学校】camping school 林间学校,露营学校
リンカーンだいせいどう【~大聖堂】Lincoln Cathedral (12~14世纪英国)林肯大教堂
りんぎ【厘木】垫木
りんぎょうちく【林業地区】forest district 林业区
リンク link 索线,连杆,环节,链环,连接,返回,连接线,联系线
リング ring 环,圈,环形物,轮圈,环路
リング·ガーダー ring girder 环形梁,圈梁
リンクがたパイプ·カッター【~形~】link type pipe cutter 环形切管机
リンクサイド rinkside 滑冰场边观众席
リングサイド ringside 拳击台周围观众席
リングしききゅうゆほう【~式給油法】ring lubrication 环式供油法,油环润滑法
リングしょうめい【~照明】ring lighting 环形照明
リンクス links 高尔夫球场
リンクそうち【~装置】linkage 联动装置,链系
リンクたかくけい【~多角形】link polygon, funicular polygon, line polygon 索多边形
リンクド·トリップ linked trip 全程出行
リング·バーナー ring burner 环式煤气燃烧器
リング·ハンドル ring handle 环形柄锁
リング·ビーム ring beam 环梁
リングべん【~弁】ring valve 环形阀
リンク·ロッド link rod 连杆
リング·ロード ring road 环路,环形路
りんけいち【輪形池】ring-shaped basin 环形池
リンケージ linkage 联系,连结(城市设计方法上的一种分析概念)
リンゲルマンこくえんのうどひょう【~黒煙濃度表】Ringelmann smoke chart

林格曼煤烟黑度比色表
リンゲルマンばいえんひだくひょう 【~煤煙比濁表】 Ringelmann smoke charts 林格曼煤烟比色表
りんこう 【燐光】 phosphorescence 磷光
りんこうしせつ 【臨港施設】 terminal facilities 港口设施
りんこうせん 【臨港線】 port railroad, harbour railway 海港线,海港铁路线
りんこうたい 【燐光体】 phosphorescent substance 磷光体,磷光物质
りんこうちく 【臨港地区】 harbour district 港湾区,港口地区
りんこうてつどう 【臨港鉄道】 port railroad, harbour railway 海港铁路,港区铁路
りんこうどうろ 【臨港道路】 harbour road 沿港口道路
りんこうぶっしつ 【燐光物質】 phosphorescent substance 磷光物质
りんさん 【燐酸】 phosphoric acid 磷酸
りんさんえんじょきょ 【燐酸塩除去】 phosphate removal 脱磷酸盐,除磷酸盐
りんさんえんなんかほう 【燐酸塩軟化法】 phosphate softening 磷酸盐(硬水)软化法
りんさんクラウン・グラス 【燐酸~】 phosphoric crown glass 磷酸冕玻璃
りんさんていちゃくとりょう 【燐酸定着塗料】 wash primer, etching primer, active primer 磷化底漆,洗涤底漆,金属底层处理用漆
りんさんピックリングえき 【燐酸~液】 phosphoric acid pickling waste 磷酸酸洗废水
りんさんフリント・グラス 【燐酸~】 phosphoric flint glass 磷酸火石玻璃,磷酸铅玻璃
りんじかじゅう 【臨時荷重】 temporary load(ing) 临时荷载,暂时荷载
りんじしんごうき 【臨時信号機】 portable signal 临时信号机,移动式信号机,携带式信号机
リンシード・オイル linseed oil 亚麻仁油,亚麻子油
りんしょうけんさしつ 【臨床検査室】 clinical laboratory 临床化验室
りんじょうはいすいほう 【輪状配水法】 ring distribution system 环形配水法
りんじょきょ 【燐除去】 phosphorus removal 除磷
りんせいどう 【燐青銅】 phosphor bronze 磷青铜
りんせん 【林泉】 land-scape, landscape garden (庭园)林泉,有树木和泉水的庭园
りんぞう 【輪蔵】 轮藏(藏经库)
りんち 【林地】 wood land, forest land 林地
りんちきょうかいせん 【隣地境界線】 boundary line of adjacent land 邻地边界线
りんちゅうどく 【燐中毒】 phosphorism (慢性)磷中毒
リンデマン・ガラス Lindemann glass 林德曼玻璃,透紫外线玻璃
リンデン Tilia[拉], linden[英] 菩提树,椴树
りんどう 【林道】 forest-road 林道(经营管理森林用道路)
りんとうかんかく 【隣棟間隔】 pitch of building 建筑物间距
りんとうかんかくけいすう 【隣棟間隔係数】 coefficient of pitch of building 建筑物间距系数
りんとうけいすう 【隣棟係数】 coefficient of pitch of building 建筑物间距系数
りんば 【厘場·輪場】 晾晒木材的支架,锯木场
リーンバーン Lijnbaan 林蓬(1956年建成的荷兰鹿特丹市中心的商业区)
りんぽく 【隣保区】 小邻里区(20~40户)
りんぽじぎょう 【隣保事業】 settlement work 小邻里区福利事业
りんぽぶんく 【隣保分区】 小邻里区(20~40户)
りんやかさい 【林野火災】 forest fire 森林火灾

# る

**ルアーヴルさいけんけいかく** 【～再建計画】 Le Havre reconstruction project (1951年法国)勒阿弗尔重建规划

**るいかきょうどしき** 【累加強度式】 addition theorem 累加强度公式,叠加强度定理

**るいかつよさしき** 【累加強さ式】 addition theorem 累加强度公式,叠加强度定理

**るいじせいのちょうわ** 【類似性の調和】 harmony of similarity 类似性谐调

**ルイじゅうごせいしき** 【～十五世式】 Louis XV style (18世纪法国的)路易十五时代式(建筑)

**ルイじゅうよんせいしき** 【～十四世式】 Louis XIV style (17世纪后半期法国的)路易十四时代式(建筑)

**ルイじゅうろくせいしき** 【～十六世式】 Louis XVI style (18世纪末期法国的)路易十六时代式(建筑)

**るいしょう** 【類焼】 burning by catching fire (火灾)蔓延烧毁

**ルイスすう** 【～数】 Lewis number 路易斯数

**るいせきごさ** 【累積誤差】 cumulative error 累积误差

**ルーヴル** Louvre (13～16世纪法国巴黎)鲁佛尔宫

**ルクス** lux 勒克斯,米烛光(Lx,照度单位)

**ルクスけい** 【～計】 luxmeter 照度计,勒克斯计

**ルクス・ゲージ** lux gauge 照度计,勒克斯计

**ルクスメーター** luxmeter 照度计,勒克斯计

**ルージ** rouge 红铁粉,铁丹,过氧化铁粉,三氧化二铁

**ル・シャテリエひじゅうびん** 【～比重瓶】 Le Chatelier's pycnometer (测定水泥比重用)李氏比重瓶

**ルーズ・ジョイント** loose joint 松节,松弛接头

**ルーズ・ジョイントちょうばん** 【～丁番·～蝶番】 loose joint butt(hinge) 抽心铰链,抽心合页

**ルスティカ** rustica[意],rustication[英] 粗面石饰面,粗面石砌法

**るすでんわ** 【留守電話】 recording telephone 录音电话

**ルースのろかていすう** 【～濾過定数】 Ruth's filtering constant 鲁思过滤常数

**ルーソーず** 【～図】 Rousseau diagram 卢梭图解(光强和立体角的关系图)

**ルーソーずほう** 【～図法】 Rousseau diagram (测量光通量的)卢梭图解法

**ルーター** rooter 除根机,翻土机

**ルーター・マシン** rooter machine (木工)加工机,薄金属板切割机

**ルーツしきそうふうき** 【～式送風機】 Roots blower 罗茨通风机,罗茨鼓风机

**ルーツしきりゅうりょうけい** 【～式流量計】 Roots meter 罗茨流量计

**ルーツ・ブロワー** Roots blower 罗茨式通风机,罗茨式鼓风机

**るつぼがま** 【坩堝窯】 crucible kiln 坩埚窑

**るつぼこう** 【坩堝鋼】 crucible steel 坩埚炼的特种钢

**ルーツ・メーター** Roots meter 罗茨流量计

**ルート** root 根,方根,基础,焊接根部,焊缝坡口底部

**ルート** route 线路,轨迹

**ルドゥーのりそうとし** 【～の理想都市】 La Cité IDéale,Ledoux[法] (18世纪法国)勒杜规划的理想城市

**ルート・エッジ** root edge 焊缝坡口底部边(缘)

**ルート・ガイダンス・システム** route

guidance system 路线导向系统(车上和路上两方备有通讯机,便于驾驶人选择到达目的地的路线)
ルートかんかく 【~間隔】 root gap,root opening 焊根间隙,焊根开度
ルートけっかん 【~欠陥】 root defect (of welding) 焊根缺陷
ルートせんてい 【~選定】 route selection 路线选择,选线
ルート・ティーほう 【√t法】 square root of time fitting method (求固结系数用)时间方根配算法
ルートはんけい 【~半径】 root radius 焊缝坡口底部的圆角半径
ルートめん 【~面】 root face 焊根面积,焊缝坡口钝边
ルートわれ 【~割】 root crack 焊缝坡口裂纹
ルナティック・アシラム lunatic asylum 精神病院,疯人院
ルナー・パーク lunar park 月光公园
ルナールすう 【~数】 Renard number 瑞纳尔数
ルネサンスけんちく 【~建築】 Renaissance architecture 文艺复兴建筑
ルネサンスようしき 【~様式】 Renaissance style 文艺复兴式(建筑)
ルーネット lunette 弦月窗
ルーバー louver 气窗,百页窗,百页窗板,通气格栅,遮阳格栅,遮光格栅
ルーバー・オール louver all 全顶栅遮光格栅照明
ルーバーがたしゅうじんき 【~型集塵器】 louver separator 百页式除尘器
ルーバーがたダンパー 【~形~】 louver damper 百页式调节风门
ルーバーがたディフューザー 【~形~】 louver diffuser 百页式空气散流器
ルーバーしょうめい 【~照明】 louver lighting 遮光格栅照明
ルーバーてんじょうしょうめい 【~天井照明】 louvered ceiling lighting 遮光格栅平顶照明
ルーバー・ドア louver door 百页门
ルーバーひさし 【~庇】 louver eaves 百页式挑檐,百页式水平遮阳板
ルーバー・ボード louver board 散热片,百页片
ルビー・ガラス ruby glass 宝石红玻璃,玉红玻璃
ルーヒング roofing 屋面材料
ルーフ roof 屋顶
ループ loop 环,圈,箍,回线,环线,匝道
ループ・アンテナ loop antenna 环形天线(电视)
ルーフィング roofing 屋面材料,铺盖屋面,沥青卷材,沥青油毡
ルーフィング・ランプ roofing lamp 屋顶灯
ループがたしんしゅくつぎて 【~形伸縮継手】 loop expansion joint 环形伸缩接头,伸缩圈,胀力圈
ルーフ・ガーデン roof garden 屋顶花园
ループ・コイル loop coil 环形线圈
ルーフ・コーティング roof coating 屋面防水涂料,屋面防水涂层
ループしきじゅでん 【~式受電】 loop transmission system 环形供电
ループしゃりょうかんちき 【~車両感知器】 loop vehicle detector 环线车辆感知器
ルーフ・シールド roof shield 顶部(半圆)盾构
ループせつぞくろ 【~接続路】 inner loop,loop road (立体交叉的)内转匝道,插入匝道,内环路
ループせん 【~線】 loop line 盘山路线,环线
ループ・センス・アンテナ loop sense antenna 环形辨向天线
ループつうき 【~通気】 loop vent 环路透气,环路通气,环形通风
ルーフ・ドレン roof drain 屋顶排水口,雨水斗
ループ・パーキング roof parking 屋顶停车场
ルーフ・ベンチレーター roof ventilator 屋顶通风器
ルーフ・ボルト roof bolt (隧道等)顶部锚定螺栓

ループ・ライン loop line 环线,圈线
ルミナス・シーリング luminous ceiling 发光顶棚,光顶
ルミナス・ペイント luminous paint 发光漆,发光涂料,荧光涂料
ルミナス・ポイント luminous point 光点,光标
ルミネアー luminaire 照明设备,照明器具,灯具,光源,发光体
ルミネセンス luminescence 发光,冷光
ルミノシティ luminosity 发光度,发光本领,光辉
ルミノメーター luminometer 光度计
ルーム room 室,房间
ルーム・エアコン room air-conditioner 窗式空调器
ルーム・エア・コンディショナー room air conditioner 窗式空调器
ルーム・クーラー room cooler 窗式空调器,室内冷气装置
ルーム・サイズ・パネル room size panel 符合房间大小的板材
ルーム・サービス room service (旅馆内)将饮食送到客房就餐的服务方式
ルーム・サーモスタット room thermostat 室内恒温器
ルーム・チェック・システム room check signal system 房间(占用、空闲)检查信号系统
ルーム・ヒーター room heater 室内暖气装置
ルーメン lumen 流明(光通量单位)
ルーメン・アワー lumen-hour 流明小时
ルーメンかんど 【~感度】 lumen susceptibility 流明灵敏度,流明敏感度
ルーメン・メーター lumen meter 流明计
ルーラー ruler 直尺,划线板
るりがわら 【瑠璃瓦】 琉璃瓦
ルーリング・マシン ruling machine 划线机
ルンド・ペン round pen (制图注字用)圆笔尖
ルントホリゾント Rundhorizont[德] 舞台圆(弧)形天幕,舞台圆形布景,全景电影

# れ

レア・メタル rare metal 稀有金属
レアリスム Réalisme[法] 现实主义
レイアウト layour 设计,布局,配置,放样,定位,放线,场地规划
れいあつ 【冷圧】 cold press 冷压
れいあつせっちゃく 【冷圧接着】 setting cold adhesion 冷压粘合
れいあつプレス 【冷圧～】 cold press 冷压机
れいあんしつ 【霊安室】 mortuary 停尸室,太平间
れいいほう 【零位法】 zero method 零点法
れいえん 【霊園】 cemetery 墓园,墓地公园
れいえんはいすい 【冷延廃水】 cold rolling wastewater 冷轧钢废水
れいおんすいコイル 【冷温水～】 heat changing coil (冷热水)热交换盘管
れいおんすいポンプ 【冷温水～】 heat changing pump 热交换泵,冷热水泵
れいかんあっしゅくつよさ 【冷間圧縮強さ】 cold crushing strength 低温抗压强度
れいかんかこう 【冷間加工】 cold-working 冷加工,冷处理
れいかんかこういけいぼうこう 【冷間加工異形棒鋼】 cold worked deformed bar 冷加工异形钢筋
れいかんきれつ 【冷間亀裂】 cold crack 低温裂纹,冷裂
れいかんこうかせっちゃくざい 【冷間硬化接着剤】 cold setting adhesives 冷固化粘合剂
れいかんつぎて 【冷間継手】 cold joint 冷接合,冷连接
れいかんひきぬき 【冷間引抜】 cold drawing 冷拉,冷拔
れいかんひきぬきこう 【冷間引抜鋼】 cold-drawn steel 冷拉钢材
れいかんひきぬきこうせん 【冷間引抜鋼線】 cold-drawn wire 冷拔钢丝
れいかんひっぱりつよさ 【冷間引張強さ】 cold-drawing strength 冷拉强度
れいかんまげしけん 【冷間曲試験】 cold bend(ing) test 冷弯试验
れいかんリベット 【冷間～】 cold rivet,cold riveting 冷铆钉,冷铆
れいきゃく 【冷却】 cooling 冷却
れいきゃくいき 【冷却域】 zone of body cooling (人体)冷却区域,冷却范围
れいきゃくいた 【冷却板】 cooling plate 冷却板
れいきゃくえき 【冷却液】 cooling liquid,cooling water 冷却液,冷却水
れいきゃくおうりょく 【冷却応力】 cooling stress 冷却应力
れいきゃくかん 【冷却管】 cooling pipe 冷却管
れいきゃくき 【冷却器】 coolcr 冷却器,冷凝器
れいきゃくきつきふきあげみずのみき 【冷却器付吹上水飲器】 cooler and drinking fountain 带冷却器的喷水饮水器
れいきゃくけい 【冷却系】 cooling system 冷却系统
れいきゃくけいすう 【冷却系数】 heat extraction coefficient 冷却系数
れいきゃくコイル 【冷却～】 cooling coil 冷却盘管
れいきゃくこうか 【冷却効果】 cooling effect 冷却效果
れいきゃくざい 【冷却材·冷却剤】 refrigcrant 冷却材料,冷却剂
れいきゃくざいポンプ 【冷却剤～】 coolant pump,cooling pump 冷却剂泵,冷媒泵
れいきゃくしきろてんけい 【冷却式露点計】 cooling dcw point thermometer 冷

却式露点温度计
れいきゃくジャケット 【冷却～】 cooling jacket 冷却(水)套,冷却护套
れいきゃくしょうか 【冷却消火】 cooling extinguishment 冷却灭火,冷却熄火
れいきゃくすい 【冷却水】 cooling water 冷却水
れいきゃくすいちょうせいべん 【冷却水調整弁】 cooling water regulating valve 冷却水调节阀
れいきゃくすいとりみずぐち 【冷却水取水口】 cooling water intake 冷却水进水口
れいきゃくすいポンプ 【冷却水～】 cooling water pump 冷却水泵
れいきゃくすいろ 【冷却水路】 cooling (water) channel 冷却水径路,冷却水系统
れいきゃくせつび 【冷却設備】 cooling installation, cooling equipment 冷却设备
れいきゃくせんぷうき 【冷却扇風機】 cooling fan 冷却风扇
れいきゃくそうち 【冷却装置】 cooling apparatus 冷却装置
れいきゃくダクト 【冷却～】 cooling duct 冷却导管
れいきゃくタンク 【冷却～】 cooling tank 冷却箱,冷却槽,冷却池
れいきゃくち 【冷却池】 cooling pond 冷却池
れいきゃくつうふう 【冷却通風】 cooling draught, cooling draft 冷却通风
れいきゃくとう 【冷却塔】 cooling tower 冷却塔
れいきゃくトンネル 【冷却～】 cooling tunnel 隧道式冷却装置,冷却隧道
れいきゃくはいすいのちかかんりゅう 【冷却排水の地下還流】 groudwater recharge of cooling water 冷却水地下回灌
れいきゃくばこ 【冷却箱】 cooling box 冷却箱
れいきゃくファン 【冷却～】 cooling fan 冷却风扇
れいきゃくフィン 【冷却～】 cooling fin 散热片,冷却翅片
れいきゃくポンプ 【冷却～】 cooling pump, coolant pump 冷却泵
れいきゃくめん 【冷却面】 cooling surface 冷却表面
れいきゃくもろさ 【冷却脆さ】 cooling brittleness 冷脆性
れいきゃくようすい 【冷却用水】 cooling water 冷却用水
れいきょう 【冷橋】 cold bridge 冷桥
れいこうちゅうてつ 【冷硬鋳鉄】 cooling hardness cast iron 冷硬铸铁
レイコールド Laykold 列阔尔德式沥青混凝土铺面(商)
れいざい 【冷材】 refrigerant 冷却材料,冷却剂
れいさいこうぎょうち 【零細工業地】 zone of small industry 中小工业区
れいじき 【励磁器】 exciter 励磁机,激励器
れいじしゅう 【冷時臭】 odour of low temperature 低温气味,冷水气味
れいしん 【励振】 excitation 激振
れいすい 【冷水】 chilled water, cold water 冷水
れいすいじゅんかん 【冷水循環】 recirculation of cooling water 冷却水循环
れいすいそうち 【冷水装置】 cooling plant 冷却(水)装置
れいすいとう 【冷水塔】 cooling tower 冷却塔
れいすいポンプ 【冷水～】 cooling water pump 冷水泵
れいすいよく 【冷水浴】 cold bath 冷水浴
れいせい 【瀝青】 bitumen 沥青
れいせつてん 【冷接点】 cold junction 冷接点,冷结点
れいぞう 【冷蔵】 cold storage 冷藏
れいぞうおんど 【冷蔵温度】 refrigeration temperature 冷藏温度
れいぞうこ 【冷蔵庫】 cold storage 冷藏库
れいぞうことびら 【冷蔵庫扉】 cold

storage door 冷藏库门,冰箱门
れいぞうしつ 【冷蔵室】 refrigerating room,cold room 冷藏室,冷藏间
れいぞうしゃ 【冷蔵車】 refrigerator car,chill car,freezer car 冷藏车
れいぞうそうこ 【冷蔵倉庫】 stock freezer 冷藏仓库
れいぞうばこ 【冷蔵箱】 ice box 冰箱
れいぞうぶつ 【冷蔵物】 cold accumulation 冷藏物
レイタンス laitance (水泥)泌浆,乳沫,乳浆,浮浆
れいちょう 【冷調】 cool tone 冷调
れいテンソル 【零～】 zero tensor 零张量
れいとう 【冷凍】 refrigeration 制冷,冷冻
れいとうあっしゅくき 【冷凍圧縮機】 refrigerating compressor 制冷压缩机,冷冻压缩机
れいとうおんど 【冷凍温度】 refrigerating temperature 冷冻温度
れいとうき 【冷凍器】 refrigerator,refrigerating machine 冷冻器,制冷器,冷柜,冰箱
れいとうき 【冷凍機】 refrigerating machine,refrigerator 冷冻机,制冷机
れいとうきゆ 【冷凍機油】 refrigerating machine oil 冷冻机油,制冷机油
れいとうこうか 【冷凍効果】 refrigerating effect 冷冻效果,制冷效果
れいとうコンテイナー 【冷凍～】 refrigerated container 冷藏容器,冷冻容器
れいとうざい 【冷凍剤】 refrigerant 冷冻剂,制冷剂
れいとうサイクル 【冷凍～】 refrigerating cycle 制冷循环,冷冻循环
れいとうシステム 【冷凍～】 refrigerating system 制冷系统,冷冻系统
れいとうしつ 【冷凍室】 refrigerating room,refrigeration room 制冷室,冷冻室
れいとうそうこ 【冷凍倉庫】 cold storage 冷藏库
れいとうそうち 【冷凍装置】 refrigerating plant 冷冻设备,制冷装置
れいとうどうげん 【冷凍動源】 refrigerant 制冷剂,冷媒
れいとうトン 【冷凍～】 refrigeration ton,ton of refrigeration 冷吨
れいとうのうしゅくほう 【冷凍濃縮法】 concentration by refrigeration 冷冻浓缩法
れいとうのうりょく 【冷凍能力】 refrigerating capacity 冷冻能力,制冷能力
れいとうばこ 【冷凍箱】 ice box,ice chamber,refrigerating chamber,cold storage 冰箱,冰柜,冷藏箱,冷冻箱
れいとうふか 【冷凍負荷】 refrigeration load 冷(冻)负荷
れいとうプラント 【冷凍～】 refrigerating plant 制冷设备,冷冻装置
れいとうようりょう 【冷凍容量】 refrigerating capacity 制冷能力,冷冻能力
れいねつばい 【冷熱媒】 refrigerant 制冷剂,冷冻剂,冷媒
レイノルズすう 【～数】 Reynolds number 雷诺数
れいはい 【蠣灰】 oyster lime 蛎壳灰
れいばい 【冷媒】 refrigerant 制冷剂,冷冻剂,冷却剂
れいばいポンプ 【冷媒～】 refrigerant pump 冷媒泵
れいびょう 【霊廟】 灵庙
れいふう 【冷風】 cold air 冷风,冷气
れいふうしゅかん 【冷風主管】 cold blast main 冷风总管
れいふうじゅんかんほうしき 【冷風循環方式】 cold air circulating system 冷风循环系统
れいぼう 【冷房】 cooling,cooling system 冷气设备
れいぼうげんかいおんど 【冷房限界温度】 cooling-limit temperature 冷气限制温度
れいほうこう 【零方向】 zero direction,initial direction 零方向,(方向法測角的)起始方向
れいぼうそうち 【冷房装置】 cooling system 冷气设备,冷气装置
れいぼうどにち 【冷房度日】 cooling de-

gree-days 供冷度日
れいぼうふか 【冷房負荷】 cooling load 冷气负荷
れいマトリックス 【零～】 null matrix 零矩阵
レイモンドしきくい 【～式杭】 Raymond concrete pile 雷蒙式(灌注)混凝土桩(外壳存留地中的现浇混凝土桩)
レイヨグラム rayogram 直接投光印图
レイヨナンしき 【～式】 Rayonnant style (13世纪中期～14世纪法国哥特式建筑中以辐射式窗为特色的)辐射式
レイリーえんばん 【～円板】 Rayleigh disk 瑞利声盘(测定声强用)
レイリーは 【～波】 Rayleigh wave 瑞利波(沿半无限弹性体表面传播的波)
レイリーぶんぷ 【～分布】 Rayleigh distribution 瑞利分布
レイリーほう 【～法】 Rayleigh method (分析振动总能量的)瑞利法
レイリー・リッツほう 【～法】 Rayleigh-Ritz method 瑞利-里茨法(三维线性弹性理论近似解法之一)
レイング laying 敷设,铺设,衬垫
レウィス・ボルト lewis bolt 地脚螺栓,棘螺栓
レヴィットタウン Levittown 列维特镇(美国列维特父子公司建设经营的大规模郊区居住镇)
レオスタット rheostat 变阻器
レオトーム rheotome 周期断流器
レオノーム rheonome 电流强度变换器
レオバほうしき 【～方式】 Leoba system (预应力混凝土后张法的)列奥巴式钢丝束锚固法
レオロジー・モデル rheological model 流变模型
レがたグループ 【レ形～】 single bevel groove 单斜角坡口,半V形坡口
れき 【礫】 gravel,pebble 砾石,卵石
レーキ lake(colour) 沉淀色料,色淀染料
レーキ rake 耙,长柄耙,多齿耙
レーキ・アスファルト lake asphalt 湖(地)沥青
れきがん 【礫岩】 conglomerate rock 砾岩
レーキがんりょう 【～顔料】 lake colour 沉淀色料,色淀颜料
レーキ・クラシファイヤー rake classifier 耙式分级机,耙式选分机
れきしかんきょう 【歴史環境】 historical environment 历史环境
れきしかんきょうほぜんちいき 【歴史環境保全地域】 historic environment conservation area 历史环境保护地区
れきしこうえん 【歴史公園】 history park,historical park 历史公园
れきしてきふうどとくべつほぞんちく 【歴史的風土特別保存地区】 special preserving area of historical remains 历史遗迹特别保护区
れきしてきふうどほぞんくいき 【歴史的風土保存区域】 preserving area of historical remains 历史遗迹保护区
れきしはくぶつかん 【歴史博物館】 historical museum 历史博物馆
れきせいあんていしょり 【瀝青安定処理】 bituminous stabilization 沥青稳定处理
れきせいけいさびどめぜつえんとりょう 【瀝青系錆止絶縁塗料】 bituminous insulating paint 沥青系防锈绝缘涂料
れきせいけいほそう 【瀝青系舗装】 asphalt pavement,asphalt paving 沥青铺面,沥青路面
れきせいざいりょう 【瀝青材料】 bituminous material 沥青材料
れきせいしつひふく 【瀝青質被覆】 asphalt covering 沥青涂层,沥青覆盖层
れきせいたん 【瀝青炭】 bituminous coal 烟煤,沥青煤
れきせいたんタール 【瀝青炭～】 coal tar 焦油沥青,煤沥青,煤焦油
れきせいたんピッチ 【瀝青炭～】 tar pitch 硬柏油,硬煤沥青
れきせいにゅうざい 【瀝青乳剤】 bituminous emulsion 沥青乳剂,乳化沥青
れきせいぬり 【瀝青塗】 bitumen coating 沥青涂层,沥青涂刷

れきせいぶっしつ【瀝青物質】bituminous substance 沥青物质

れきせい(こんごう)プラント【瀝青(混合)～】asphalt mixing plant 沥青搅拌站,沥青搅拌设备

れきせいマカダムほそう【瀝青～舗装】bituminous macadam pavement 沥青碎石路面

れきせいマスチック【瀝青～】bituminous mastic 沥青砂胶,沥青胶,沥青玛琋脂

れきせいろめんしょり【瀝青路面処理】bituminous surface treatment 沥青表面处理

れきせいワニス【瀝青～】black varnish 沥青清漆,黑色清漆

レーキ・ドーザー rake dozer 刮板推土机,耙式推土机

レキュー・タワーシャ rescue tower 中高层建筑物用救人吊篮车

レキュペレーター recuperator 同流换热器

レギュラー・ツイン regular twin 标准套间

レギュレーター regulator 调整器,调节器,稳定器,校准器,控制器,节制闸

レギュレーターべん【～弁】regulator valve 调节阀

レギュレーテッド・セット・セメント regulated set cement 调凝水泥

レーキング・コーニス raking cornice 斜檐口线,斜台口线,斜腰线

レークサイド・ホテル lakeside hotel 湖滨旅馆

レクターン lectern,写字台,讲坛

レグラ regula (多利安柱式)三槽板下面的珠饰

レクリエーションけいかく【～計画】recreation planning 休养娱乐规划

レクリエーションしせつ【～施設】recreation facilities 娱乐设施,休养设施

レクリエーションとし【～都市】recreation city 风景城市,休养城市,旅游城市

レクリエーションようち【～用地】recreation area 休养娱乐用地

レコーディング・スタジオ recording studio 录音室

レコーディング・メーター recording meter 自记仪表,记录仪,自记计数器

レコード・プレーヤー record player 电唱机

レコード・ライブラリー record library 唱片图书馆

レーザー laser(light amplification by stimulated emission of radiation) 激光,激光器,光激发射器,莱塞

レザー・クロース leather cloth 人造革,漆布

レーザー・ハウス lazar house 麻疯病院,隔离医院

レザー・ハード leather hard (窑业制品)半干状毛坯

レーザー・レーダー laser radar 激光雷达

レーザー・レンジ・ファインダー laser range finder 激光测距仪

レジスター register (通风)节气门,调风器,(计算机)寄存器,记录器,音域

レジスタンス resistance 阻力,阻尼,抵抗,电阻

レジスト resist 抗蚀性保护膜,抗蚀剂

レジット resite 丙阶段酚醛树脂,不熔酚醛树脂

レジットじょうたい【～状態】resite condition 酚醛树脂丙阶段状态(热固性酚醛树脂固化的最后阶段)

レジデンシャル・キャラバン residential caravan 长期居住的篷车

レジデンシャル・ホテル residential hotel (旅游客较长期居住的)居住性旅馆,住宅性旅馆

レジデンス residence 住宅,住所

レジトール resitol 乙阶段酚醛树脂,半熔酚醛树脂

レジトールじょうたい【～状態】resitol condition 酚醛树脂乙阶段状态(热固性酚醛树脂固化的第二阶段)

レジノイド resinoid 树脂形物,热固性粘合剂(商)

レジビリティ legibility 明确性,明了性

(城市设计方法的一种分析概念)
レシプロケーティング・ポンプ reciprocating pump 往复式(水)泵
レシプロケートべん 【~弁】 reciprocate valve 滑动阀,往复阀
レシプロれいとうき 【~冷凍機】 reciprocating refrigerator 往复式制冷机,往复式冷冻机
レジャー・インダストリー leisure industry 娱乐观光产业
レジャー・サービス leisure service 娱乐观光服务业
レジャーしせつ 【~施設】 leisure facilities 闲暇消遣设施
レジャー・スペース leisure space 娱乐场所
レジャー・センター leisure center 消闲中心,休息中心
レジャー・ランド leisure land 疗养地,休养地,游乐园
レジリエンス resilience 回弹
レジレージ resillage 网状裂纹,龟裂
レジン resin 树脂,松香
レーシング lacing 单缀,缀合
レージング・ギア raising gear 升降装置,起落齿轮
レーシング・バー lacing bar 缀条
レジン・コンクリート resin concrete 树脂混凝土
レジン・シート resin sheet 树脂薄片,树脂纸片
レジン・シート・オーバーレイ resin sheet overlay 树脂薄片罩面层
レジン・ペーパー resin paper 树脂纸片
レジンりつ 【~率】 resin content 含树脂率
レス loess 黄土,大孔性土
レース lace 带,束带,精细网织品,皮带卡子,皮带扣,斜缀条
レース lathe 车床,旋床
レース race (滚珠轴承的)座圈,路线
レース・コース race course 跑道,跑马场
レスト rest 架,座,支柱,静止
レスト・ハウス rest house 客栈,招待所
レスト・ホテル rest hotel 游览地饭店
レストラン restaurant 饭店,餐馆
レストラン・シアター restaurant theater 备有舞台的餐馆
レスト・ルーム rest room 休息室
レスピロメーター respirometer 呼吸测定器,透气性测定器
レスプリ・ヌーヴォーかん 【~館】 Pavillon"L'Esprit Nouveau"[法] (1925年法国巴黎装饰美术展览会的)新精神馆
レスポンス response 反应,响应,回答,灵敏度,特性曲线
レスポンス・スペクトル response spectrum 反应谱
レスリングしあいじょう 【~試合場】 wrestling field 摔跤场,角力场
レセス・ベッド recess bed 立置于墙面内凹处的活动床,橱柜活动床
レセプション・ルーム reception room 会客室,接待室
レセプター receptor 接收器,感受器
レセプタクル receptacle 插座,塞孔,贮藏所,贮池,贮罐
レゾート・ホテル=リゾート・ホテル
レゾール resol 甲阶段酚醛树脂,可熔酚醛树脂
レゾルシノール resorcinol 间苯二酚,雷琐辛(酚)
レゾルシノールじゅしせっちゃくざい 【~樹脂接着剤】 resorcinol resin adhesive 间苯二酚树脂粘合剂
レゾールじょうたい 【~状態】 resol condition 酚醛树脂甲阶段状态(苯酚和甲醛在碱性催化剂中进行反应生成热固性树脂的第一阶段)
レダクター reductor 减速器,减压器,还原剂,变径管
レーダーしゃりょうかんちき 【~車両感知器】 radar vehicle detector 雷达车辆探测器,雷达侦车器,雷达车辆感应器
レターダー retarder 缓凝剂
レター・タイプ・コード letter type code 字母型代码
レタリング lettering 图面注字
レタリング・セット lettering set 图面

注字用具
レチクルせん 【～線】 reticle 十字线,叉线,刻线,标线片
れつ 【列】 column 行,列,类,组
れっか 【劣化】 deterioration 恶化,变质,蜕化
レッカー wrecker 救险车,救援车
レッカーしゃ 【～車】 wrecking car 救险车,小型起重汽车
れっかすい 【裂罅水】 fissure water 裂隙水
れっきょうろう 【列拱廊】 arcade 联拱廊,拱廊
れっきょそんらく 【列居村落】(沿道路或水路聚居的)列状村落
レッグ・ドリル leg drill 支柱式钻机
れっしゃせっきんしんごう 【列車接近信号】 train-approach signal 列车接近信号
れつじょうそんらく 【列状村落】(沿道路或水路聚居的)列状村落
れっしょく 【列植】 series planting 列植,成排种植
れっしん 【烈震】 disastrous earthquake 烈震,破坏性地震
れっそん 【列村】(沿道路或水路聚居的)列状村落
れっちゅうしき 【列柱式】 orthostyle 列柱式,柱廊式
れっちゅうろう 【列柱廊】 colonnade 柱廊
レッチワース Letchworth 莱曲华斯(1903年在伦敦以北56公里处创建的田园城市)
レッド lead 铅,测锤
レッド・チェック red-check 红色染料渗透液(商),红色染料浸透检查,红液渗透探伤法
レッドづな 【～綱】 lead line (水深测量的)测深绳
レッド・ブリック red brick 红砖
レッド・ラワン red lauan 红柳桉
れつベクトル 【列～】 column vector 列矢量,列向量
れつマトリックス 【列～】 column matrix 列矩阵
レディ・ミクスト・コンクリート ready mixed concrete 预拌混凝土,商品混凝土
レディ・ミックス ready mix 预拌,预配合,预拌物
レーテッド・エアレーション Rated aeration (活化污泥的)小规模长时间曝气方式(商)
レーテッド・フロー rated flow 额定流量
レデューサー reducer 渐缩管,异径接头,减压器,减速器
レデューシング・ソケット reducing socket 异径管箍,缩径承插口
レデューシングべん 【～弁】 reducing valve 减压阀,减速阀
レート rate 速度,速率,比率,比值,差率,程度,等级,估价,定额
レート・ポインテッドしき 【～式】 late pointed style 晚期尖头式,晚期垂直式
レトルト retort 曲颈瓶,蒸馏罐
レーニンりょう 【～陵】(1924～1930年苏联莫斯科)列宁墓
レーバー・エクスチェンジ labour exchange 职业介绍所
レバーしきあんぜんべん 【～式安全弁】 lever safety valve 杠杆式安全阀
レバーしきジャッキ 【～式～】 lever jack 杠杆(式)千斤顶
レバー・スティアリング lever steering 杠杆式转向机构
レバー・タンブラーじょう 【～錠】 lever-tumbler lock 杠杆锁,握柄转向锁
レパートリー repertory 储藏室
レバー・ハンドル lever handle 长臂把手,搬把式门拉手
レバー・ハンドル・コック lever handle cock 杠杆手柄龙头
レバー・ブロック lever block 杠杆式滑车
レーバほう 【～法】 Leoba method (预应力混凝土后张法的)列奥巴式钢丝束锚固法
レピティション repetition 反复出现,重

复性
レビューげきじょう 【～劇場】 revue theater 活报剧院,杂剧院
レビントンこうしき 【～公式】 Levinton's formula 列文敦(计算桩的横向阻力)公式
レファレンス・ポイント reference point 基准点,参考点,控制点
レファレンス・ライン reference line 标准线,基准线,零位线,参考线
レファレンス・ルーム reference room 参考书室,资料室
レフェクトリウム refectorium[拉] (修道院、神学校的)食堂
レーブル＝レーベル
レフレクション・クラック reflection crack 对应裂缝,反应裂缝(路面面层因基层开裂而生的裂缝)
レベリング levelling 水准测量,抄平,测平,整平,调平
レベリングそう 【～層】 levelling course 整平层
レベル level 水准,水平,水平面,水平线,水准器,水平仪,等级
レーベル label (门窗洞上部的)披水石,披水罩线脚
レベル・ゲージ level gauge 水准器,液位指示计
レベル・レコーダー level recorder 噪声级记录仪,电平记录仪
レポール・キルン Lepol kiln 立波尔窑
レポールほう 【～法】 Lepol process 立波尔法
レーマンほう 【～法】 Lehmann's method 雷曼(后方交会)法
レミコン ready-mixed concrete 预拌混凝土,商品混凝土
レム rem(roentgen equivalent man) 雷姆,人体伦琴当量
レーヨン rayon[法] 人造纤维,粘胶纤维,人造丝
レリーフ・フォト relief photography 浮雕感照片
レリーフべん 【～弁】 relief valve 安全阀,溢流阀

レール rail 导轨,轨条,钢轨,围栏横条
レールウェー・ステーション railway station 火车站
レールウェー・スリーパー railway sleeper 枕木,轨枕
レールカー railcar 有轨机动车(单节)
レール・キャッチ rail catch 钢轨钳
レールきょうせいき 【～矯正機】 rail-straightening machine 轨条矫正机
レールぐい 【～杭】 rail pile 轨条桩
レールくせ 【～癖】 deflection of rail 钢轨挠曲,钢轨弯曲
レール・ゲージ rail gauge 轨距
レールげた 【～桁】 rail beam 钢轨梁
レールこうかん 【～更換】 renewal of rail 路轨更换
レールしざい 【～支材】 wood chock, wood strut, rail brace 钢轨支撑,轨撑
レール・ジャッキ rail jack 起道机,钢轨千斤顶
レールたんしょうき 【～探傷器】 defectoscope 钢轨探伤器
レールたんしょうしゃ 【～探傷車】 rail-defect detector 钢轨探伤车
レールつぎて 【～継手】 rail joint 钢轨接头,鱼尾板接合
レールつぎめ 【～継目】 rail joint 钢轨接缝
レールつぎめぜつえん 【～継目絶縁】 rail joint insulator 钢轨缝绝缘体
レールとゆ 【～塗油】 rail oiling 钢轨涂油
レールのこうさ 【～の交叉】 rail junction 轨道交叉(处)
レールまげき 【～曲機】 rail bender 弯轨机
レールめん 【～面】 rail level 轨面,轨顶标高
レールわたし 【～渡】 delivery on rail 运到交货
れんが 【煉瓦】 brick 砖
れんがアーチ 【煉瓦～】 brick arch 砖拱
れんがえんとつ 【煉瓦煙突】 brick chimney 砖烟囱

れんがかべ 【煉瓦壁】 brick wall 砖墙
れんがきず 【煉瓦傷】 brick defect, brick flaw 砖疵,砖内夹渣,砖内夹石
れんがきょう 【煉瓦橋】 brick bridge 砖砌桥
れんかくしょう 【練革床】 magnesite flooring 菱苦土地面,菱苦土水泥地面
れんがこう 【煉瓦工】 bricklayer mason 砌砖工,瓦工
れんがこう 【煉瓦拱】 brick arch 砖拱
れんがこうじ 【煉瓦工事】 brick work 砌砖工程
れんがこうぞう 【煉瓦構造】 brick construction 砖结构
れんがそう 【煉瓦層】 brick course 砖层,砖行
れんがぞうけんちくぶつ 【煉瓦造建築物】 brick building 砖结构建筑物,砖造建筑物
れんがづみ 【煉瓦積】 brick masonry, brick work, brick laying 砌砖,砌砖法,砖砌体,砌砖工程
れんがどこ 【煉瓦床】 brick floor 铺砖地面,墁砖地面
れんがねんど 【煉瓦粘土】 brick clay 烧砖用粘土
れんがべい 【煉瓦塀】 brick fencing wall, brick enclosure 砖围墙
れんがほそう 【煉瓦舗装】 brick pavement 砖铺砌,砖铺面,铺砖地面,砖铺路面
れんがほそうどう 【煉瓦舗装道】 brick paving 铺砖路面,砖砌路面
れんがゆか＝れんがどこ
れんぎょう 【連翹】 Forsythia suspensa [拉], Weeping forsythia[英] 连翘
れんげアーチ 【蓮華～】 ogee arch 葱头形拱,莲蕾形拱
れんげざ 【蓮華座】 (安放佛像的)莲花座
れんけつかん 【連結管】 connecting conduit, connecting pipe 连接管(渠)
れんけつき 【連結器】 coupling device 联接器
れんけつきそ 【連結基礎】 continuous foundation 连续基础,刚性连结基础
れんけつさどうとうけつき 【連結作動凍結器】 continuously working freezer 连续式冻结器
れんけつフーティング 【連結～】 continuous footing 连续底脚
れんけつブリッジ 【連結～】 Verbindungsbrücke[德] (剧场舞台上部的)环墙通廊(天桥)
れんけつやまがたこう 【連結山形鋼】 connection angle 连接角钢,结合角钢
れんけつようじょう 【連結養生】 combined air and water curing (混凝土空气养护和水养护的)联合养护,混合养护
れんげのみ 【蓮華鑿】 (凿沟用)圆凿
れんこうかじゅう 【連行荷重】 traveling load 移动荷载
れんこうくうき 【連行空気】 entrained air 混凝土中加气剂所产生的气泡
れんごうとし 【連合都市】 allied city 集合城市(两个或几个城市由于不断发展而连成一片),联合城市(相邻的城市为了共同达到行政目标而联合)
れんごうとしけいかく 【連合都市計画】 allied city planning 联合城市规划
れんごうながし 【連合流】 combination sink 综合洗涤盆
れんさ 【連鎖】 interlocking 联锁
れんさがたれんぞくじゅうたく 【連鎖型連続住宅】 linked house 连锁型多层住宅
れんじ 【櫺子・連子・連滋】 muntin, vertical bar (直棂窗的)棂条,格棂
レンジ range 序,行,列,组,线,区域,范围,限度,界限,幅度,距离,量程,波段,排列
レンジアビリティー rangeability (被调量的)可调范围
れんじまど 【連子窓】 muntin window, vertical bar window 直棂窗,棂子窗
レンズがたトラス 【～形～】 lenticular truss 叶形桁架,鱼腹式桁架
れんせいけい 【連成計】 compound gauge 真空压力两用表
れんせいしんどう 【連成振動】 coupled vibration 联合振动,耦合振动

れんせつピン【連接～】connecting pin 连接销

れんそう【連窓】multiple window 联窗

れんそうまど【連双窓】mullion window, double window 双联窗

れんぞくアーチ【連続～】continuous arch 联拱,连续拱

れんぞくえんしんぶんりき【連続遠心分離機】continuous centrifugal separator 连续离心分离器

れんぞくえんとうシェル【連続円筒～】continuous cylindrical shell 连续筒壳,连续圆筒壳

れんぞくかいてんろかき【連続回転濾過機】continuous rotary filter 连续旋转滤机

れんぞくかべ【連続壁】continuous wall 连续墙

れんぞくがま【連続窯】continuous kiln 连续式窑

れんぞくかんすう【連続関数】continuous function 连续函数

れんぞくかんてんにっすう【連続干天日数】continuous drought days 连续干旱天数

れんぞくきそ【連続基礎】continuous footing 连续基础,连续底脚

れんぞくきょう【連続橋】continuous bridge (主结构两孔以上连续的)连续桥

れんぞくけたばし【連続桁橋】continuous girder bridge 连续梁桥

れんぞくこうつうりゅう【連続交通流】uninterrupted(traffic) flow 不间断车流,连续流

れんぞくさいすい【連続採水】continuous water sampling 连续取(水)样

れんぞくさいすいき【連続採水器】continuous water sampler 连续取(水)样器

れんぞくしきじゅんすいせいぞうそうち【連続式純水製造装置】continuous demineralizing plant 连续式纯水制备装置

れんぞくしきだつえんほう【連続式脱塩法】continuous desalination method 连续脱盐法

れんぞくじゅうたく【連続住宅】continuous house 毗连式集合住宅,联排式多户住宅

れんぞくしんくうろかき【連続真空濾過機】continuous vacuum filter 连续真空滤机

れんぞくスペクトル【連続～】continuous spectrum 连续光谱,连续频谱

れんぞくすみにくようせつ【連続隅肉溶接】continuous fillet weld 连续贴角焊

れんぞくせいちょうそうち【連続清澄装置】continuous clarifier 连续澄清装置,连续澄清池

れんぞくせいのほうそく【連続性の法則】continuousness laws 连续性定律

れんぞくそくてい【連続測定】continuous measurement 连续测定

れんぞくたいのかいせき【連続体の解析】analysis of continuous structure 连续结构的分析

れんぞくたいのさいてきせっけい【連続体の最適設計】continuous systems optimization 连续体系的优化设计,连续结构的优化设计

れんぞくだて【連続建】毗连式建筑

れんぞくつうかたい【連続通過帯】through band 连续通过时距(按推进式信号联动系统的设计速率,从通过第一辆车到可能最后一辆车的时距)

れんぞくつうき【連続通気】continuous vent 连续透气,连续通气

れんぞくていかく【連続定格】continuous rating 连续运转额定值

れんぞくてきさいてきかい【連続的最適解】continuous optimum 连续最优解

れんぞくてっきんコークリートほそう【連続鉄筋～舗装】continuously reinforced concrete pavement 连续钢筋混凝土路面

れんぞくとし【連続都市】conurbation 集合城市(两个或几个城市由于不断发展而连成一片)

れんぞくトラス【連続～】continuous

truss 连续桁架
れんぞくトラスきょう 【連続～橋】 continuous truss bridge 连续桁架桥
れんぞくのうしゅくそうち 【連続濃縮装置】 continuous thickener 连续浓缩装置,连续浓缩池
れんぞくはいすいかん 【連続排水管】 continuous waste pipe 连续排水管
れんぞくバケットくっさくき 【連続～掘削機】 bucket wheel excavator 连续斗式挖土机,斗轮挖土机
れんぞくばり 【連続梁】 continuous beam 连续梁
れんぞくフィーダー 【連続～】 continuous feeder 连续加料器
れんぞくフーティング 【連続～】 continuous footing 连续底脚
れんぞくほう 【連続法】 continuous process (污水处理)连续法
れんぞくミキサー 【連続～】 continuous mixer 连续式搅拌机
れんぞくゆそうシステム 【連続輸送～[system]】 连续运输系统
れんぞくようせつ 【連続溶接】 continuous weld 连续焊接
れんぞくりゅうしゅつりょう 【連続流出量】 continuous flow 连续出水量
れんぞくりゅうど 【連続粒度】 continuous grading 连续级配
れんぞくりゅうにゅうりょう 【連続流入量】 continuous inflow 连续进水量
レンタブル・エリア rentable area 可供出租面积
レンタブル・スペース rentable space 可供出租面积
レンタブルひ 【～比】 rentable space ratio 出租面积系数
レンダリング rendering 渲染,外粉刷,底层抹灰
レンタル・スペース rental space 出租面积,出租区
れんたん 【煉炭】 briquette 煤砖,煤球,料块
れんたんきょてん 【連担拠点】 continued position 有机连接的防灾据点
れんたんしがいち 【連担市街地】 continued urban area 连续的市区(两个以上的市区联成一体时的中间区域)
れんたんとし 【連担都市】 conurbation 集合城市(两个或几个城市由于不断发展而连成一片)
レンチ wrench 扳手,扳钳,扳头
れんてつ 【錬鉄】 wrought iron 熟铁,锻铁
れんてつかん 【錬鉄管】 wrought iron pipe 熟铁管,锻铁管
れんどう 【連動】 interlocking 联锁
れんどうずひょう 【連動図表】 interlocking table 联锁图表
れんどうそうち 【連動装置】 interlocking plant 联锁设备,联锁装置
れんどうへいそくしき 【連動閉塞式】 interlocking block system 联锁闭塞式,联锁闭塞系统
レントゲン Rontgen[德],roentgen[英] 伦琴,伦琴射线,X射线
レントゲンけんさ 【～[Rontgen德]検査】 roentgen test 放射线检验,X射线检验
レンドゲンしつ 【～[Rontgen德]室】 radioactive ray room, X-ray room X光室
レントゲンせん 【～[Rontgen德]線】 roentgen ray X射线,伦琴射线
レンニライト lennilite 蛭石,绿色长石
れんべん 【蓮弁】 莲瓣纹样
レーン・マーク lane marking 车道标线
れんようきぐ 【連用器具】 interchangeable wiring device 互换接线电器
れんらくかん 【連絡管】 communication pipe 联络管,连接管
れんらくケーシング 【連絡～】 apparatus casing 综合仪器箱
れんらくこう 【連絡坑】 connecting gallery (隧道的)连络坑道
れんらくせん 【連絡線】 connecting line 联接线,连络线
れんらくろ 【連絡路】 cross connection 连通路
れんりょくけい 【連力形】 link polygon, funicular polygon 索多边形
れんりょくず 【連力図】 link polygon,

funicular polygon, line polygon 索多边形

# ろ

ろ 【炉】 fire pit, hearth, furnace 火炉,火床,炉灶
ロー row 行,排,(排)列
ろいがい 【浪害】 sea-wave damage 海浪灾害
ろいかぼうしざい 【老化防止剤】 aging resistant, aging-proof agent 抗老化剂,防老化剂
ろいろぬり 【呂色塗】 无油磨光漆
ロー・インピーダンス・バス・ダクト low impedance bus duct 低阻抗母线管
ろう 【廊】 廊,走廊,回廊,联廊
ろう 【楼】 楼,楼层
ろう 【鑞】 wax, brazing filler 蜡,焊料,钎料
ろうあじしせつ 【聾唖児施設】 facility for deaf and dumb children 聋哑儿童设施
ろうえい 【漏洩】 leakage 漏,泄漏,渗漏
ロヴェルてい 【～邸】 Lovell House (1927～1929年美国洛杉矶)罗维尔住宅
ろうおん 【漏音】 sound leakage, leakage of sound 漏声
ろうか 【老化】 aging 老化,陈化
ろうか 【廊下】 corridor 走廊,过道
ろうかかい 【廊下階】 corridor floor(of skip floor type) (跃廊式住宅的)走廊层
ろうかしききょうどうじゅうたく 【廊下式共同住宅】 apartment house of corridor access 廊式公寓
ろうかしけん 【老化試験】 aging test 老化试验
ろうかど 【老化度】 degree of aging 老化程度
ろうかばし 【廊下橋】 corridor-bridge 廊桥,亭桥
ろうがみ 【蠟紙】 waxed paper 蜡纸
ろうきべん 【漏気弁】 snifting valve 排气阀,漏气阀,吸气阀
ろうきゅうじゅうたく 【老朽住宅】 dilapidated house 老朽房屋
ろうきょう 【廊橋】 corridor-bridge 廊桥
ろうざい 【鑞材】 brazing filler metal 钎料,焊料
ろうしゅつ 【漏出】 break through 漏出,漏走
ろうじんクラブ 【老人～[club]】 老人俱乐部
ろうじんしつ 【老人室】 room for the aged 老人室
ろうじんじゅうたく 【老人住宅】 house for the aged 老人院
ろうじんびょういん 【老人病院】 geriatric hospital 老人医院
ろうじんふくしセンター 【老人福祉～[center]】 老人福利中心
ろうじんふくしほう 【老人福祉法】 老人福利法
ろうじんホーム 【老人～[home]】 老人福利设施,老人之家
ろうすい 【漏水】 leakage 漏水,渗漏
ろうすいたんちき 【漏水探知機】 leak detector 检漏器,探漏器
ろうすいはっけんき 【漏水発見器】 leak detector 检漏器,探漏器
ろうすいぼうし 【漏水防止】 leak prevention, leak stoppage 防漏水
ろうすいりつ 【漏水率】 rate of leakage 漏水率
ろうすいりょう 【漏水量】 amount of leakage 漏水量
ろうせき 【蠟石】 agalmatolite 蜡石
ろうせきこ 【蠟石粉】 phrophyllite 蜡石粉
ろうせきしつたいかぶつ 【蠟石質耐火物】 agalmatolite fireproofing materials 蜡石耐火材料
ろうせきたいかれんが 【蠟石耐火煉瓦】 agalmatolite firebrick 蜡石耐火砖

ろうせきれんが 【蠟石煉瓦】 agalmatolite brick 蜡石耐火砖,寿山石耐火砖
ろうそくいし 【蠟燭石】 竖长形整石,蜡烛状整石
ろうそくじぎょう 【蠟燭地業】 竖长形整石基础
ろうそくだて 【蠟燭立】 安放竖长形整石
ろうづくり 【楼造】 数房式
ろうづけ 【鑞付】 brazing 钎焊,钎接,硬焊
ろうでん 【漏電】 leak, leakage 漏电
ろうでんけいほうき 【漏電警報器】 earth leakage fire alarm 漏电(火灾)报警器
ろうと 【漏斗】 hopper 漏斗,戽斗
ろうどうえいせい 【労働衛生】 labour hygiene 劳动卫生
ろうどうかんきょう 【労働環境】 working environment 劳动环境,工作环境
ろうどうじかん 【労働時間】 working hours, hours of labour 劳动时间
ろうどうじょうけん 【労働条件】 working conditions 劳动条件
ろうどうたいしゃ 【労働代謝】 work metabolism 劳动(新陈)代谢
ろうどうりょくじんこう 【労働力入口】 labour force 劳动力人口
ろうびき 【蠟引】 waxing 涂蜡,上蜡,烫蜡修补(石料缺棱掉角的修补方法)
ろうびきき 【蠟引機】 wax coater 涂蜡机
ろうびきし 【蠟引紙】 waxed paper 蜡纸
ろうみがき 【蠟磨】 waxing and polishing 打蜡(擦光)
ろうむかんり 【労務管理】 labour management 劳动管理
ろうむしゃじゅうたくち 【労務者住宅地】 工人居住区
ろうむしゃしゅくしゃ 【労務者宿舎】 labo(u)rer's house 工人宿舍
ろうむひ 【労務費】 labour cost 劳动费,劳动成本
ろうもん 【楼門】 门楼
ろうわ 【漏話】 crosstalk 串话,串音
ろえき 【濾液】 filtrate 滤(出)液
ろか 【濾過】 filtration 过滤
ろかあつりょく 【濾過圧力】 filtration pressure 过滤压力,滤压
ろがいちゅうしゃ 【路外駐車】 off-street parking 道路外停车
ろがいちゅうしゃじょう 【路外駐車場】 off-street parking space 街(道)外停车场,路外停车场
ロカイユ rocaille[法] 人工石窟,壳式曲线装饰
ろかき 【濾過器】 filter 过滤器,滤池
ろかきのつまり 【濾過器の詰】 choking of the filter 滤器阻塞,滤池堵塞
ろかけいぞくじかん 【濾過継続時間】 filter run 过滤持续时间,滤池运行周期,过滤周期
ろかこうぞう 【濾過構造】 filtering fabric 滤层构造,滤层结构
ろかこうりつ 【濾過効率】 efficiency of filtration 过滤效率
ろかこうりょく 【濾過効力】 filtration effect 过滤效果
ろかざい 【濾過材】 filter medium 过滤材料,过滤介质
ろかし 【濾過紙】 filter paper 滤纸
ろかしけん 【濾過試験】 filter test 过滤试验
ろかじぞくじかん 【濾過持続時間】 filter run 过滤持续时间,过滤周期
ろかじゃり 【濾過砂利】 filter gravel 过滤砾石
ろかしゅうじんそうち 【濾過集塵装置】 filter dust separator 过滤式除尘器
ろかしょう 【濾過床】 filter bed 滤床,过滤层
ろかじょざい 【濾過助剤】 filter aid 助滤剂
ろかすい 【濾過水】 filter water 过滤水
ろかすいとう 【濾過水頭】 filtering head 过滤水头
ろかすいりょうせいぎょほう 【濾過水量制御法】 filter rate control system 过滤水量控制法
ろかすな 【濾過砂】 filter sand 过滤砂,

砂滤料
ろかせいのう【濾過性能】filterability 过滤能力，过滤性能，可滤性
ろかせつび【濾過設備】filter equipment 过滤设备
ろかそう【濾過層】filter layer 滤层
ろかそう【濾過槽】filter 滤池
ろかそうち【濾過装置】filter 滤器，滤机，过滤装置
ろかそくしんざい【濾過促進剤】filter aid 助滤剂
ろかそくど【濾過速度】rate of filtration 过滤速度
ろかた【路肩】shoulder 路肩
ろかち【濾過池】filter basin 滤池
ろかていこう【濾過抵抗】filtration head loss 过滤阻力
ロガトムめいりょうど【～明瞭度】logatome articulation 音节清晰度
ろかのうりつ【濾過能率】filter efficiency 过滤效率
ろかばいたい【濾過媒体】filter medium 滤料，过滤介质
ろかまくのせんこう【濾過膜の穿孔】perforation of filter film 滤膜穿孔
ろかまくのはくり【濾過膜の剝離】floatation of filter film 滤膜脱落，滤膜剥落
ろかまくめんせいぶつ【濾過膜面生物】filter film surface organisms 滤膜面生物
ろかめんせき【濾過面積】filtration area 过滤面积
ろかりゅうすい【濾過流水】filter effluent 滤出液，滤后水
ローカル・エアライン local airline 地方航线(航空)
ローカル・エレベーター local elevator 局部电梯，局部升运机
ローカル・カラー local colour 地方色彩，乡土情调
ローカル・センター local center 市郊中心，地方中心
ローカル・トレーン local train 短途列车，地方列车
ローカル・ファン local fan 局部通风机，局部风扇
ローカル・ライン local line 铁路支线，地方航线
ローカル・レールウェー local railway 地方铁路
ろかんそうじょうたい【炉乾燥状態】oven-dry condition 炉干状态，窑干状态
ろかんど【炉乾土】oven-dried soil 烘干土
ろきょう【炉胸】chimney breast, chimney pocket 壁炉腔
ろく【陸】flat, level 平坦，水平
ログ log 测程仪，工程记录
ろくアーチ【陸～】flat arch, straight arch 平拱
ろくざい【肋材】ribbed member 带肋杆件
ろくしがけ【六枝掛】(14世纪初期日本)按照椽距确定料栱尺寸法
ろくずみ【陸墨】horizontal line mark 水平墨线，水平标志
ろくぜりもち【陸迫持】flat arch 平拱
ろくだにどい【陸谷樋】水平天沟，平底排水沟
ろくちゅうしき【六柱式】hexastyle (古希腊神庙的)六柱式
ろくどい【陸樋】水平天沟，平底排水沟
ろくばり【陸梁】tie beam, lower chord 系梁，屋架下弦
ろくぶくぎ【六分釘】六分钉
ろくぶんぎ【六分儀】sextant 六分仪
ろくぶんボールト【六分～】sexpartite vault 六肋拱顶
ろくやね【陸屋根】flat roof, deck roof 平屋顶
ろくよう【六葉】sexfoil 六瓣形，六叶形金属装饰
ろくりんじどうしゃ【六輪自動車】six-wheel-drive truck 六轮卡车，六轮汽车，六轮驱动运货车
ろくろ【轆轤】lathe, potter's wheel 辘轳
ろくろぎり【轆轤錐】bow drill, chinese drill stock 弓形钻，辘轳钻

ロケーション location 位置,部位,定位,单元地址,存贮数据位置
ロケーション・カウンター location counter 定位地址计数器
ろこうき【濾光器】light filter 滤光器
ロココけんちく【～建築】Rococo architecture 洛可可建筑
ロー・コストどうろ【～道路】low cost road 简易道路,低造价道路,低级道路
ロー・コスト・ハウジング low cost housing 低造价的住宅建设
ロー・コスト・ハウス low-cost house 廉价住宅
ローザ rosa[葡] 蔷薇,玫瑰
ろざい【濾材】filter medium ,filter material 滤料
ろさいろか【濾滓濾過】cake filtration 滤饼(渣)过滤
ロザース rosace[法] 蔷薇花纹样,玫瑰花饰,圆花窗
ロサンゼルスしけんき【～試験機】Los Angeles machine (混凝土粗骨料磨耗试验用)洛杉矶式试验机
ロサンゼルスすりへりしけん【～すりへり試験】Los Angeles abrasion test 洛杉矶(石料)磨耗试验
ろし【濾紙】filter paper 滤纸
ろじ【路地】alley 小路,巷,胡同
ろじ【露地·路地】(茶室的)院子,通道,小巷,胡同
ロジア loggia 凉廊
ろじいくびょう【露地育苗】raising seedling in the open 露地育苗
ろしじんあいけい【濾紙塵埃計】filter-paper dust counter 滤纸尘埃计数器
ロー・シスタン low cistern 低(位)水箱
ロー・シスタンだいべんき【～大便器】low cistern water closet 低水箱冲洗大便器
ロジック logic 逻辑,逻辑性,逻辑学,推理,逻辑的,合理的
ろじにわ【露地庭】茶室院子
ろしほう【濾紙法】filter paper method 滤纸法
ろしゃ【濾砂】filter sand 滤砂
ろしゅつ【露出】exposure 露出,曝光,露光,辐照
ろしゅつこうじ【露出工事】open work (管线的)露明工程,明线工程
ろしゅつコンセント【露出～】open consent 明装插座
ろしゅつタンブラー・スイッチ【露出～】exposed tumbler switch 明装转换开关,明装倒顺开关
ろしゅつはいかん【露出配管】open piping 明装管道
ろしゅつはいせん【露出配線】open wiring 明线
ろしゅつはいせんこうじ【露出配線工事】open wiring (露)明(配)线工程
ろしょう【路床】subgrade 路基,路床,土基
ろじょう【露場】observation field 气象观测场,露天观测场地
ろじょうこんごうほうしき【路上混合方式】mixed-in-place construction 路拌施工法
ろじょうしせつ【路上施設】street utilities,street furniture 道路公共设施,街道管线
ろじょうしせつたい【路上施設帯】street facilities belt 道路公共设施地带,街道铺设管网地带
ろしょうせいぶつ【濾床生物】trickling filter organism 滤池生物
ろしょうせいぶつまく【濾床生物膜】biological film of filter 滤池生物膜
ろじょうちゅうしゃ【路上駐車】curb parking 路边停车
ろじょうちゅうしゃじょう【路上駐車場】curb parking space 路边停车场
ろじょうちょうそく【路上調測】ground count 路面(交通量)计数
ろしょうど【路床土】subgrade soil 路基土
ろしょうのまんすい【濾床の満水】filter flooding (生物滤池)滤床满水
ろしょうばえ【濾床蠅】psychoda (生物滤池)毛蠓,滤池蝇
ろしょうふか【濾床負荷】filter load-

ing 滤池负荷
ろしょうへいそく【濾床閉塞】filter clogging 滤池堵塞,滤层阻塞
ロジン rosin 松脂,松香
ロジン・ワニス rosin varnish 松香清漆,松香凡立水
ロス loss 损失,损耗
ローズ rose 蔷薇,月季,玫瑰花饰,圆花窗
ろすい【濾水】filtered water 滤后水,滤过水
ろすいしゃ【濾水車】filter car 滤水车(具有过滤设备的车)
ローズ・グレーン rose grain 铬刚玉磨料,玫瑰色磨料
ロースター roaster 焙烧炉,烘炉
ロス・タイム loss time 损耗时间,空载时间,浪费时间
ロストル rooster[荷],grate[英] 炉栅,炉条,炉篦
ローゼげた【～桁】Lohse girder 空腹大梁,空腹桁架,罗氏桁架
ローゼット rosette 插座,接线盒,罩盘,套筒,蔷薇花纹,玫瑰花饰,圆花窗
ロゼット・ゲージ rosette type strain gauge 圆花式应变片,多轴电阻片
ろせん【路線】route, line 线路
ろせんか【路線価】street value 街道评价值
ろせんけいかく【路線計画】planning of highway location 路线规划
ろせんじっそく【路線実測】finial location 线路实测,线路测定
ろせんしょうぎょうちいき【路線商業地域】street commercial district 线路商业区,沿路商业区
ろせんしょうてんがい【路線商店街】线路商店街
ろせんせんてい【路線選定】route selection 选线,线路选择,定线
ろせんそくりょう【路線測量】route surveying 线路测量
ろせんばんごうかくにんひょうしき【路線番号確認標識】confirming route marker 路线编号标志
ろせんひょうしき【路線標識】route sign 路线标志
ろせんべつこうつうりょうはいぶん【路線別交通量配分】路线交通量分配
ろせんぼうかちいき【路線防火地域】linear fire zone 沿线带形防火区
ろそう【濾層】filter layer 滤层
ろそうおしとりき【濾層押取器】sampling cylinder for filter media 滤料取样器
ろそく【路側】road-side 路边,路旁地带,路侧地带
ろそくじょうこうちたい【路側乗降地帯】curb loading zone 路旁上下车地带
ろそくたい【路側帯】margin, verge[英], side strip[美] 路缘带
ろそくちゅうしゃ【路側駐車】road side parking 路旁停车
ろそくていこう【路側抵抗】marginal friction 路边(交通)阻滞,路边阻力,路边阻碍(指路边设置的护栏等对于行车的影响)
ろそくバリケード【路側～】wing barricade 路侧栅栏
ろそん【路村】规模较小的列状村落
ローダー loader 寄存程序,输入程序,引入程序,程序载送器,程序移送器,输入器,加载器,装料机,装载机,装卸机
ローダー・アンローダー loader-unloader 装卸机
ろだい【露台】露天舞台,凉台
ロータスちゅう【～柱】lotus column 莲形柱头的柱子
ロータップ・シェーカー ro-tap shaker 转动锤击式振动筛
ローダー・ディッガー loader-digger 挖掘装载两用机
ロータティングべん【～弁】rotating valve 回转阀
ローダー・バケット loader bucket 荷载斗,荷载桶
ロタメーター rotameter 转子流量计,转子式测速仪,曲线测长计
ロータリーあっしゅくき【～圧縮機】rotary compressor 旋转式压缩机
ロータリー・オイル・バーナー rotary

oil burner 旋转燃油器
ロータリーがたインターチェンジ 【～型～】 rotary interchange 环形立体交叉
ロータリー・キルン rotary kiln 旋窑,回转炉,回转窑
ロータリーこうさ 【～交差】 rotary,rotary intersection,round about 转盘式交叉,环形交叉
ロータリーしきさくせい 【～式鑿井】 rotary drilling 旋转钻井
ロータリー・システム rotaty system 环路系统,环形道口
ロータリー・スイッチ rotary switch 旋转开关
ロータリー・スクリーン rotary screen 旋转筛,转动筛
ロータリー・スロットルべん 【～弁】 rotary throttle valve 回转节流阀
ロータリーたんばん 【～単板】rotary veneer 旋制薄板,旋切单板
ロータリーたんばんせいぞうき 【～単板製造機】 veneer rotary lathe 单板旋切机
ロータリー・ドライヤー rotary dryer 旋转干燥器,转筒干燥器
ロータリー・ドリル rotary drill 旋转式钻机
ロータリー・パーカッション・ドリル rotary percussion drill 旋转式冲钻
ロータリー・バーナー rotary burner 旋转式燃烧器
ロータリー・バルブ rotary valve 回转阀
ロータリー・ピストンがたすいどうメーター 【～形水道～】 rotary piston meter 旋转活塞式水表
ロータリーひろば 【～広場】 rotary square 环形广场,转盘式广场
ロータリー・プレーナー rotary planer 旋转刨床
ロータリー・ブロワー rotary blower 旋转式鼓风机,旋转式通风机
ロータリー・ベニヤ rotary veneer 旋制薄板,旋制单板
ロータリーべん 【～弁】 rotary valve 回转阀
ロータリー・ボーリング rotary boring 旋转式钻探,转钻
ロータリー・ポンプ rotary pump 回转泵,转轮泵
ロータリー・ミキサー rotary mixer 旋转式搅拌机,转筒式搅拌机
ロータリーゆきかきしゃ 【～雪掻車】 rotary snow-plough 旋转式雪犁,旋转式犁雪机
ロータリーれいとうき 【～冷凍機】 rotary refrigerator,rotary refrigerating machine 旋转式制冷机
ろだん 【露壇】 terrace 露台,阳台,阶地
ろだんえん 【露壇園】 terraced garden 台地园,梯台式园林
ロー・(ダウン)・タンク low (down) tank 低(位)水箱
ロー・タンク low tank 低(位)水箱
ロー・(ダウン)・タンクだいべんき 【～大便器】 low (down) tank closet 低水箱(冲洗)大便器
ロータンダ rotunda 圆顶建筑物,圆亭,圆形大厅,(旅馆等的)中央大厅
ろちょう 【路頂】 crown (of road) 路拱,拱顶,路拱顶
ろちょうこう 【路頂高】 crown height 路拱高
ロッカー locker 公共场所临时存物柜
ロッカー rocker (桥梁)摇座,摆动支座,摇杆,摇轴
ロッカーきょうきゃく 【～橋脚】 rocker pier,hinged pier,hinged post 摇座桥墩,铰接桥墩
ろっかくがたぼう 【六角形棒】 hexagon bar 六角形棒,六角形钢筋
ろっかくタイル 【六角～】 hexagonal tile 六角形面砖
ろっかくナット 【六角～】 hexagon nut 六角形螺母
ろっかく(あたま)ボルト 【六角(頭)～】 hexagon headed bolt 六角形螺栓
ロッカーししょう 【～支承】 rocker bearing (桁架的)摇动支座
ロッカーしつ 【～室】 locker room 衣帽间,更衣室

ロッカー・ショベル rocker shovel 摇臂铲运机
ロッカー・プラント locker plant 抽屉式冷柜
ろっきん【肋筋】 stirrup 箍筋,钢筋箍
ロッキング locking 制动,防松,锁闭,锁定
ロッキング rocking 摇动,摇摆
ロッキングしんどう【～振動】 rocking vibration 摇摆振动
ロッキング・チェア rocking chair 摇椅
ロッキング・バー locking bar 带锁闩,锁杆
ロッキング・ワイヤー locking wire 锁紧用钢丝
ロッキング・ワッシャー locking washer 防松垫圈,锁紧垫圈
ロック lock 锁,闸门,船闸
ロック・アスファルト rock asphalt 天然沥青,岩沥青
ロックウェルかたさ【～硬さ】 Rockwell hardness 洛氏硬度
ロックウェルかたさけい【～硬さ計】 Rockwell hardness tester 洛氏硬度计
ロックウェルかたさしけん【～硬さ試験】 Rockwell hardness test 洛氏硬度试验
ロック・ウール rock wool 岩棉,矿棉,矿物质纤维
ロック・ガーデン rock garden 岩石园,有假山的花园
ロッグ・キャビン log-cabin 小木屋
ロック・ゲート lock gate 闸门
ロック・スクリュー lock screw 锁紧螺丝钉
ロッグ・ティーほう【～T法】 logarithm of time fitting method (求固结系数的)时间对数配算法
ロック・ナット lock nut 锁紧螺母
ロック・ビット rock bit 凿岩钻头,凿岩钎头
ロック・フィル rock fill 填石,堆石
ロック・フィル・ダム rock fill dam 堆石坝
ロック・ボルト lock bolt 锁紧螺栓,锚定螺栓
ロック・メタル rock metal (水中)白色碳酸钙沉淀物
ロッケージ lockage 闸程,闸内外水位差
ろっこつ【肋骨】 framework,rib,ribbed bar 构架,肋,加强筋
ロッジ lodge 小屋,传达室
ロッジア loggia[意] 凉廊,敞廊
ロッジング lodging 出租房间,住处,寓所,宿舍
ロット lot 组,群,地段,地皮,地区,地块
ロッド rod 杆,棒,棒材,钢筋,圆钢,测杆
ロッド・アンテナ rod antenna 杆式天线
ロッドとおし【～通】 duct-cleaning rod (清扫管道用)通棒
ロッド・ミル rod-mill 棒磨机
ロットリング Rotring 绘图墨水笔
ろっぴゃくめぐぎ【六百目釘】 日本旧式长钉(长114毫米)
ろっぽうせき【六方石】(日本静冈县地方产的)角柱状玄武岩
ろていけい【路程計】 odometer 里程表,路码计,自动计程仪
ローディング loading 荷载,装载,加荷,加感,充电
ローディング・プログラム loading program 载送程序,移送程序,记忆程序,读入程序
ローテーター rotator 旋转器,转子,转动体
ろてん【露点】 dew point 露点
ろてんおんど【露点温度】 dew point temperature 露点温度
ろてんけい【露点計】 dew point meter 露点计
ろてんしつどけい【露点湿度計】 dew point hygrometer 露点湿度计
ろてんしつどちょうせい【露点湿度調整】 dew point humidity control 露点湿度调节
ロー・テンション・スタッド low tention stud 低压接线柱
ろてんせいぎょ【露点制御】 dew point control 露点控制
ろと【櫨料】 栌料

ロード　load　荷载,加载,装载
ろとう【露頭】outcrop　露头
ろとうえんかんしきボイラー【炉筒煙管式～】overhead fire tube boiler　架空式火管锅炉
ロード・サイン　road sign　道路标志,路标,路牌
ロード・スイーパー　road sweeper　道路清扫车
ロード・スクレーパー　road scraper　(筑路)铲运路机,刮路机
ロード・スタビライザー　road stabilizer　路用稳定剂
ロード・セル　load cell　荷载计,荷重计
ロード・センター　load center　负荷中心
ロード・テスト　load test　荷载试验,负载试验
ロード・パーク　road park　街心公园,路边公园
ロード・パッカー　road packer　垃圾收集车
ロード・ヒーター　road heater　沥青路面加热器
ロード・フィニッシャー　road finisher　路面修整机
ロート・プラグ・セル　Roto-plug cell　低速旋转污泥浓缩装置(商)
ロード・ライン　load line　负荷线
ロード・ルーター　road rooter　路用除根机
ロード・ローラー　road roller　辗压机,钢轮压路机,路辗
ロトンド　rotonde[法]　圆亭,圆形大厅,圆顶建筑物
ろないろうづき【炉内鑞付】furnace brazing　炉内钎合,炉内烧焊
ろはき【濾波器】wave filter　滤波器
ロバートソン・メタル　Robertson metal　罗伯逊式防水钢板(薄钢板两面涂沥青,外包石棉,上涂防水剂)
ろははずし【ろは外】根梢不能弹线成材的弯木
ろばん【路盤】subbase course　路面下基层,副基层,底基层
ろばん【露盤】塔顶部的相轮,露盘(相轮底部的方形台座)
ろばんけいすう【路盤係数】coefficient of subbase course　路面下基层承载力系数
ろばんざいりょう【路盤材料】subbase course material　路面下基层材料
ろばんし【路盤紙】underlay paper　衬垫纸(浇灌混凝土前铺放在底基层表面的纸)
ろばんはば【路盤幅】subbase course width　路面下基层宽度
ろばんはんりょくけいすう【路盤反力係数】coefficient of subbase reaction　路面下基层反力系数
ろばんまさつ【路盤摩擦】subbase friction　路面下基层摩擦阻力
ろばんようきかい【路盤用機械】subbasic machine　路基机械
ロビー　lobby　门厅,前厅,大厅,休息厅
ロビッチにっしゃけい【～日射計】Robitzsch's actinograph, Robitzsch's pyrheliometer　洛比奇日射计(双金属片式自记太阳辐射计)
ロビー・フロア　lobby floor　前厅层,大厅层,休息厅层
ロビンソンふうそくけい【～風速計】Robinson's anemometer　鲁滨逊风速仪,转杯风速仪
ろふ【濾布】filtering cloth　滤布
ロープ　rope　绳,绳索
ロープ・ウェー　rope way　索道,缆索道
ろふがいせんがたフィルター【濾布外洗型～】vacuum belt filter　滤布外洗式过滤器,真空带式过滤器
ロープぐるま【～車】rope pulley　绳索滑轮,滑车
ロープじゅんかつざい【～潤滑剤】rope lubricant　绳索润滑剂,钢丝绳润滑剂
ロープつかみ【～摑】rope clamp　绳夹,绳卡
ロープト・アーチ　lobed arch　扁圆拱
ロープどめデリック【～止～】rope guy derrick　牵索(桅杆)转臂起重机
ロープ・ドライブ　rope drive　绳索传动,

钢丝绳传动

**ロー・ヘッド** low head 低水头

**ローボーイ** lowboy 化妆用桌,矮衣柜

**ろぼうしゅうけい**【路傍修景】roadside landscaping 路旁美化,路旁造景

**ろぼうしょくさい**【路傍植栽】roadside planting 路旁栽植,路边种植

**ロボット・ガイディング・システム** robot guiding system 自动驾驶系统

**ロボン・ガラス** Robon glass 罗邦(隔热)玻璃

**ローマがわら**【～瓦】Roman roof tile 罗马式屋面瓦

**ろまくおでい**【濾膜汚泥】filter film sludge 滤膜污泥

**ろまくせいぶつ**【濾膜生物】filter film organism 滤膜生物

**ローマけんちく**【～建築】Roman architecture 古罗马建筑

**ローマしきオーダー**【～式～】Roman order 罗马柱式

**ローマ・セメント** Roman cement 天然水泥,罗马水泥

**ローマどうろ**【～道路】Roman road 古罗马的道路遗迹

**ロマネスクけんちく**【～建築】Romanesque architecture 仿罗马式建筑,罗马风建筑

**ロマネスクようしき**【～様式】Romanesque style 仿罗马式(建筑),罗马风(建筑)

**ローマ・モザイク** Roman mosaic 罗马式镶嵌细工,罗马式镶嵌玻璃

**ローマン・アーチ** Roman arch 罗马式拱,半圆拱

**ロマンしゅぎ**【～主義】romanticism 浪漫主义

**ロマンしゅぎけんちく**【～主義建築】romanticism architecture 浪漫主义建筑

**ローマン・タウン** Roman town 古罗马城镇

**ロマンティシズム** romanticism 浪漫主义

**ローム** loam 亚沾土,亚砂土,壤土,垆坶(土)

**ロームしつのつち**【～質の土】loamy soil 亚粘土,亚砂土,壤土,垆坶(土)

**ろめんしあげき**【路面仕上機】road finisher 路面修整机

**ろめんせっさくき**【路面切削機】road cutter,road planer 路面铣刨机

**ろめんでんしゃかんちき**【路面電車感知器】street-car detector 有轨电车探测器

**ろめんてつどう**【路面鉄道】surface railway,tranway 地面电车轨道

**ろめんでんしゃ**【路面電車】tram (car)［英］,street car［美］有轨电车

**ろめんでんしゃもう**【路面電車網】tram (car) network 有轨电车网

**ろめんならしき**【路面均機】road-drag 刮路机,平路机

**ろめんのあらさ**【路面の粗さ】surface roughness 路面粗糙性

**ろめんのうねり**【路面のうねり】corrugation 路面上搓板现象,路面上起波纹状

**ろめんはいすい**【路面排水】surface drainage,road drainage 路面排水

**ろめんびょう**【路面鋲】traffic button 路钮

**ろめんひょうじ**【路面標示】road marking 路面划线,道路标线,路标

**ろめんほしゅうしゃ**【路面補修車】road maintenance vehicle 路面维修车

**ローラー** roller 滚子,滚轴,滚筒,辗压机,压路机,路辗,轧辊

**ローラー・ゲート** (fixed) roller gate 滚轴提升闸门

**ローラー・コーティング** roller coating 滚筒涂覆法,滚涂

**ローラー・シェード** roller shade 卷轴遮阳板

**ローラーししょう**【～支承】roller bearing,roller support 滚柱轴承,滚轴支座,辊轴支座

**ローラーしてん**【～支点】roller support 滚轴支座

**ローラー・スケートじょう**【～場】roller-skate rink 室内四轮鞋溜冰场,旱冰场

ローラーたん 【～端】 roller end 滚轴端,滑动端
ローラーでんきょく 【～電極】 roller electrode 滚子电极,滚轴电极
ローラーぬり 【～塗】 roller coating 滚涂
ローラー・ベアリング roller bearing 滚珠轴承,滚柱轴承
ローリー lorry 运货汽车,运料车,载重卡车
ローリー・ローダー lorry loader 运货车式装载机,自动装卸机
ローリング・ゲート rolling gate 滚动式闸门
ローリング・タワー rolling tower 滚动式塔架,(室内用)移动式脚手架
ローリングほう 【～法】 rolling method (测定混凝土空气量的)滚动法
ロール roll 滚筒,辊轴,(柱头的)旋涡饰,辗压,压平
ロール・アウト roll out 辊平,拉出,延伸,卷平,扩口,离开转出,(向辅助记忆设备)转移
ロール・イン roll in 转入,(向主要记忆设备)返回
ロール・オーバー・スクレーパー roll-over scraper 翻斗式铲运机
ロール・クラッシャー roll crusher 辊筒式破碎机,滚轴式碎石机
ロール・コアごうはん 【～合板】 rolling core veneer 卷芯式胶合板
ロールごうはん 【～合板】 rolling core veneer 卷芯式胶合板
ロール・シャッター roll shutter, rolling shutter 卷升百页窗,卷升百页门
ロール・スクリーン rolling screen 卷帘
ロールてんあつてっきんコンクリートかん 【～転圧鉄筋～管】 rolled reinforced concrete pipe 滚压钢筋混凝土管
ロールド・アスファルト rolled asphalt 碾压式沥青混凝土
ロールド・ガラス rolled glass 压延玻璃
ロールとふ 【～塗布】 roller coating 滚涂
ロール・バック roll back 重新运行,重绕,反转,滚回,(向最近检查点)返回
ロール・ブラインド roll blind 卷帘
ロールれいきゃくすい 【～冷却水】 roll cooling water 轧辊冷却水
ろんえんかベンゼン 【六塩化～】 benzene hexachloride (BHC) 六氯化苯,六六六
ロング・アンド・ショート longs and shorts 长短角石交互砌筑法
ロング・アンド・ショート・ワーク long and short work 墙角石长短交错砌合,墙角石横竖交错砌合
ロングス・アンド・ショーツ longs and shorts (墙角石的)长短砌合
ロング・ラインほう 【～法】 long line method (预应力混凝土先张法的)长线法
ローンジ lounge 休息室
ロンシャンのきょうかい 【～の教会】 Notre-Dame-du-Haut, Ron-champ[法] (1950～1954年法国)朗香教会
ロンジュリェしすう 【～指数】 Langelier's index 兰格里尔指数,饱和指数
ロンドンさいけんけいかく 【～再建計画】 Wren's plan for London (1666年大火后英国)伦敦重建规划
ロンドンとう 【～塔】 Tower of London (11世纪英国)伦敦塔
ロンバルドたい 【～帯】 Lombard band (意大利伦巴第式建筑中的)墙面扁带饰
ロンバルド・バンド Lombard band (意大利伦巴第式建筑中的)墙面扁带饰
ロンパー・ルーム romper room 儿童游戏室
ローン・モーア lawn mower 剪草机
ろんりえんざん 【論理演算】 logical operation 逻辑运算
ろんりきごう 【論理記号】 logical symbol 逻辑符号
ろんりそし 【論理素子】 logical element 逻辑元件
ろんりへんすう 【論理変数】 Boolean variable 逻辑变量,布尔变量

# わ

わ 【輪】 环,脊瓦的带状边缘
ワイえだかん 【Y枝管】 Y-shaped bend Y形支管
ワイがたかん 【Y形管】 Y-type vitrified pipe, Y-type pipe Y形管,叉形管
ワイがたグルーブ 【Y形～】 Y-groove (weld) Y形坡口(焊缝)
ワイがたこうさ 【Y型交差】 Y-intersection, Y-junction Y形交叉
ワイがたストレーナー 【Y形～】 Y-type strainer Y形滤网
ワイがたとうかん 【Y形陶管】 Y-type earthen pipe Y形陶管,叉形陶管
ワイがたべん 【Y形弁】 Y-shaped valve Y形阀
ワイがたりったいこうさ 【Y型立体交差】 Y-grade separation Y形立体交叉
ワイがたレベル 【Y型～】 Y-level Y型水准仪,回转水准仪
わいきょく 【歪曲】 distortion 畸变
ワイせん 【Y線】 Y-track Y形轨道,三叉形轨道
ワイつぎて 【Y継手】 Y-joint, Y-shaped fitting Y形管接头
ワイド・スクリーン wide screen 宽银幕
ワイド・バンド wide band 宽频带
ワイド・フランジ wide flange 宽翼缘(工字钢)
ワイパイプ 【Y～】 Y-pipe Y形管接头,三通管接头,分叉管接头
ワイパー・リング wiper ring 刮垢环,清洁环
ワイベンド 【Y～】 Y-bend Y形弯头,分叉弯头,Y形接合
ワイヤ wire 铁丝,钢丝,金属线,电线
ワイヤあみ 【～網】 wire mesh, wire lath, wire fabric 铁丝网,钢丝网,金属丝网
ワイヤ・カッター wire cutter 钢丝剪,钢丝轧断钳
ワイヤ・ガラス wired glass 夹丝玻璃
ワイヤ・クリッパー wire clipper 钢丝剪,剪钢丝器
ワイヤ・クリップ wire clip 钢丝绳夹,(钢窗上安装玻璃的)金属线卡子
ワイヤ・ゲージ wire gauge 线材号数,钢丝号码
ワイヤ・ケーブル wire cable, wire rope 钢丝绳,钢缆
ワイヤ・コース wire course 套管,嵌环
ワイヤ・シア wire shears 线材剪切机,钢丝剪切机
ワイヤ・シンブル wire thimble 钢索嵌环,钢丝绳嵌环
ワイヤ・ストランド wire strand (预应力)钢丝束
ワイヤ・ストレイン・ゲージ wire strain gauge 金属丝应变仪
ワイヤ・ストレイン・ゲージがたどあつけい 【～型土圧計】 wire strain gauge earth pressure meter 金属丝应变仪式土压计
ワイヤ・ソー wire saw 钢丝锯
ワイヤ・ソケット wire socket 钢丝绳套节,钢丝绳索扣
ワイヤ・タイ wire tie 绑扎用钢丝,绑扎用钢筋,模板用钢丝箍
ワイヤ・ダクト wire duct 电线管道
ワイヤ・バフ wire buff 金属线抛光机
ワイヤ・ブラシ wire brush 钢丝刷,金属丝刷
ワイヤ・プリンター wire printer 钢丝打印机
ワイヤ・メッシュ wire mesh 金属丝钢
ワイヤ・メモリー (woven)wire memory 磁线存贮器
ワイヤもっこ 【～畚】 金属丝网编筐
ワイヤ・ラス wire lath 钢丝网,金属丝网
ワイヤ・ラスしたじ 【～下地】 wire

lath bed 钢丝网底层,金属丝网基层
ワイヤリング wiring 电线路,配线,接线
ワイヤリング・ダクト wiring duct 布线管道
ワイヤレス・アンプ wireless amplifier 无线(电)放大器
ワイヤレス・コール wireless call 无线(电)呼叫
ワイヤレス・マイク wireless microphone 无线电传声器,无线电话筒
ワイヤ・ロッド wire rod 盘条,线材
ワイヤ・ロープ wire rope 钢丝索,钢缆,钢丝绳
ワイルド・スチール wild steel 强烈沸腾钢,粗钢
ワイン wine 紫红色,葡萄酒色
ワインショップ wineshop 酒馆
ワインディング・シース winding sheath 螺旋形套筒,螺旋形导管
ワインディング・ステアズ wiading stairs 螺旋楼梯
ワインディング・パイプ winding pipe 盘管,螺旋管
ワインディング・ロープ winding rope 起重索
わかぎ【輪鍵】 latch 环形闩锁
わかぐ【和家具】 日本式家具
わかけがね【輪掛金】 latch 环形闩锁
わかしこみ【沸込】 making penetration 深熔焊接
わがたいぶしがわら【和型燻瓦】 日本式熏瓦
わがたがわら【和形瓦】 Japanese tile 日式粘土瓦
わがたジベル【輪形~】 ring dowel 环形暗榫
わがたセメントがわら【和形~瓦】 Japanese cement tile 日式水泥瓦
わがたてんざい【輪形塡材】 ring filler,filling ring 环形填料
わかつの【若角】 劣质鹿角菜,贮存期短的鹿角菜
わかば【若葉】 图案化嫩叶花纹
ワーカビリティ workability 和易性,可加工性,可施工性
わがま【輪窯】 ring kiln 轮窑
わかれおち【分落】 庭园瀑布分段左右分流
わがわら【和瓦】 Japanese tile 日式粘土瓦
わきがんな【脇鉋】 边刨,长刨
わきぐち【脇口】 postern,side door 后门,旁门,步行门,便门
わきだし【沸出】 boiling 涌出
わきづら【脇面】 side face 侧面
わきど【脇戸·掖戸】 side door 旁门,侧门
わきとり【脇取】 边槽刨
わきとりがんな【脇取鉋】 边槽刨
わきぶたい【脇舞台】 side stage (舞台的)侧台
わきもん【脇門·掖門】 side gate 大门旁边的小门
ワーキング・スカベンジャー working scavenger 资用净化剂,有效清除剂
ワーキング・ストレージ working storage 工作存贮区,工作存储器,工作库容
わく【枠】 frame 框,边框
わくぎ【和釘】 Japanese nail 日式手制钉
わくぐみあしば【枠組足場】 prefabricated scaffolding 装配式脚手架
わくぐみかべこうほう【枠組壁構法】 wood frame construction 木框架做法(应用2英寸×4英寸木材建成木框架的施工法)
ワークショップ workshop 车间,工厂
ワーク・スペース working space (人体的)活动空间,(人体的)工作空间
わくづけ【枠付】 frame of reference (造型设计时判断空间用的)基准框架
わくづり【枠吊】 框架吊挂
ワーク・テープ work tape 工作记录带
ワグナーのねじり【~の捩】 Wagner's torsion 瓦格纳式扭转
わくびかえ【枠控】 框架顶撑,框架支撑,撑架
ワークマンシップ workmanship 手艺,技巧,本领
ワーク・ルーム work room 工作室,工作

间
ワコー・フィルター Wako filter 瓦科滤机(用于纸浆等方面的滤机)(商)
わごや【和小屋】Japanese roof truss 日式屋架
ワゴン wagon (舞台)车台,(餐室的)流动服务车,货车,小型手推车
ワゴン・ドリル wagon drill 汽车式钻机,钻机车
わじゅう【輪中】四周有防洪水泛滥的围堤的低地
ワシントン・モニュメント the Washington Monument 华盛顿纪念碑
ワース・トケース・ノイズ worstcase noise 最坏情况噪声
わせだけ【早生竹】phyllostachys edulis[拉],moso bamboo[英] 孟宗竹,毛竹,南竹
ワセリン vaseline 凡士林,矿脂
わたかび【綿黴】Achlya 绵霉属(菌类植物)
わたきりろくろ【綿切轆轤】起重滑轮
わたしいた【渡板】跳板,渡板,踏板
わたしかなもの【渡金物】catch 扣件,拉手
わたしづみ【渡積】露空搭砌
わたしばし【渡橋】transfer bridge 渡桥
わだちぼれ【轍掘】rutting 路面上形成车辙
わたどの【渡殿】connecting corridor 穿廊,联系廊
わたり【径】span 跨度,跨距
わたりあご【渡腮】cogged joint 相交搭接
わたりいた【渡板】跳板,渡板,踏板
わたりぬのつぎて【渡布継手】顺水杆接头
わたりま【径間】span 跨度,跨距,间距,中心距
わたりやぐら【渡櫓】过街楼,城门楼
わたりろうか【渡廊下】connecting corridor 穿廊,联系廊
わだるき【輪垂木】(日本古建筑中的)弯曲椽

わちがい【輪違】intersecting-circle pattern 套环纹,套钱纹
わちがいがわら【輪違瓦】套环式瓦件
わちがいづみ【輪違積】(装饰脊瓦的)毂铲钱式砌法
ワックス wax 蜡,石蜡,黄蜡
ワッシャー washer 垫圈,垫片,洗涤器(洗衣机,洗煤机等)
ワット watt 瓦(特)
ワット vAT[柬](柬埔寨)寺院
ワット・アワー・メーター watt-hour meter 电(度)表,瓦(特小)时计
ワットじ【~時】watt-hour 瓦(特小)时
ワットマンし【~紙】whatman paper 高级绘画纸
ワットメーター wattmeter 瓦特计,电(力)表,功率表
わつなぎ【輪繋】结绳纹,交叉波纹
ワッフルこうぞう【~構造】waffle construction 井字梁楼板结构
ワッフル・スラブ waffle(shape) slab 井字形密肋楼板
ワード word 字,单词,字码,代码,记号
ワードローブ wardrobe 衣室,衣橱
ワニス varnish 清漆
ワニス・カバー varnish cover 清漆涂层
ワニス・キュアー varnish cure 清漆固化,清漆熟化
ワニス・ステイン varnish stain 清漆着色剂
ワニスぬり【~塗】varnish work,varnishing 涂刷清漆
ワニスばけ【~刷毛】varnish brush 清漆毛刷
ワニスびききかい【~引機械】varnish coater 涂清漆机
ワニス・レジン varnish resin 清漆树脂
わびゃくだん【和白檀】(日本产)杜松
ワープ warp 翘曲,扭曲
わふうこうぞう【和風構造】construction of Japanese style 日式构造样式
わふうサイホン・ジェットだいべんき【和風~大便器】Japanesque siphon jet water closet 日式虹吸喷水大便器
わふうじゅうたく【和風住宅】dwell-

ing house of Japanese style 日式住宅
わふうすいせんべんき 【和風水洗便器】 squatting water closet 日式冲洗大便器,蹲式冲水大便器
わふうだいべんき 【和風大便器】 squatting water closet 日式大便器,蹲式大便器
わふうトラップつきだいべんき 【和風～付大便器】 Japanesque water closet with trap 日式带存水弯大便器
わふうバス 【和風～】 Japanesque bathtub 日式澡盆,日式浴缸
わふうよくそう 【和風浴槽】 Japanesque bath 日式浴池
ワーフ・エプロン wharf apron 码头栈桥
ワーム worm 蜗杆,螺杆,螺旋,螺旋推进器
わむしるい 【輪虫類】 Rotifera 轮虫纲
わむすび 【輪結】 绳结,绳扣
わよう 【和様】 Japanese style 日本式(建筑)
わようくみもの 【和様組物】 日本式料栱
わようときょう 【和様斗栱】 日本式料栱
わようひじき 【和様肘木】日本式栱
わら 【藁】 straw 稻草,麦杆
わらい 【笑】 砌石开口缝
わらいづみ 【笑積】 random rubble 粗石乱砌
わらいめじ 【笑目地】 砌石开口缝
わらう 【笑う】 发笑(油漆面层由于收缩产生的锯齿、圆珠、针孔等缺陷)
わらがこい 【藁囲】 草围,做成草围
わらずさ 【藁苆】 thatch-fiber 滑秸,草麻刀
わらなわ 【藁縄】 straw-rope 草绳
わらパルプはいすい 【藁～廃水】 straw pulping wastewater 草(纸)浆废水
わらびて 【蕨手】 (用于构件端部的)蕨芽纹样
わらびなわ 【蕨縄】 蕨(制)绳
わらぶき 【藁葺】 thatch roofing 茅草屋顶,盖茅草屋顶
わりあい 【割合】 rate 比例,比率
わりあしがため 【割足固·割脚固·割足堅】 用夹板加固柱脚
わりあて 【割当】 allotment 分配,指派
わりいし 【割石】 rag stone 长方形石块
わりがく 【割角】 锯开的方木
わりかけ 【割掛】 cost of management 经营费,管理费
わりくさび 【割楔】 wedging 打楔子,楔固
わりくさびしめ 【割楔締】 加楔
わりぐり 【割栗】 broken stone 碎石
わりぐりいし 【割栗石】 broken stone 碎石
わりぐりじぎょう 【割栗地業】 broken stone foundation 碎石基础
わりけびき 【割罫引】 marking gauge 线勒子,划线规,勒刀
わりざい 【割材】 split timber,billet timber 劈开的木材
わりさき 【割裂】 cleavage 劈裂
わりさききょうど 【割裂強度】 cleavage strength (木材的)劈裂强度
わりざん 【割算】 division 除法
わりじょうぎ 【割定規】 (刨身检查用)刨座尺
わりだし 【割出】 推算,估算,分配工程造价,按各种规格加工木料
わりづか 【割束】 人字栱
わりつぎわ 【割継輪】 split thimble 拼装套管
わりつけ 【割付】 划线定位,放样布置,搭底
わりつけず 【割付図】 distribution map (砌筑砖、石等用)划分布置图,放样布置图
わりどん 【割緞】 tableau curtain (由中间向上方两侧提起的)大幕
わりなわ 【割縄】 结绳,绑结绳扣,树架与树干之间垫的草绳
わりのしがわら 【割熨斗瓦】 半开的脊垫瓦
わりはだ 【割肌】 节点详图
わりはなしさいせき 【割放砕石】 crusher-run 未筛碎石,混碴
わりひ 【割檜】 锯开的方桧木
わりほう 【割法】 (草席的)划分布置
わりぼん 【割本】 (草席的)划分布置

わりま 【割間】 竹、木编围墙横撑板间距部分
わりまさ 【割柾】 shingle 薄木板
わりましけいすう 【割増係数】 exposure factor (方向)附加系数
わりましじかん 【割増時間】 additional time 增额时间,补充时间,附加时间
わりましりつ 【割増率】 additional allowance, correction factor (计算采暖负荷的)附加率,修正系数
わりまど 【割窓】 中间设支柱的双联窗
わりまるた 【割丸太】 sawn log 锯开的圆木,锯成梯形截面的圆木
わりむすび 【割結】 绑扎绳扣
わりめ 【割目】 break 切口,裂纹
わりや 【割矢】 wedge 劈开楔
わりゅうゴム 【和硫～[gom荷]】 valcanized rubber 加硫橡胶,硫化橡胶
わる 【割る】 cut, branch cutting 切,割,(树木)切割大枝
ワルド・トレード・センター World Trade Center (美国建造的超高层建筑)世界贸易中心
ワルドラムず 【～図】 Waldram's diagram 瓦尔德拉姆图(求立体角投射率的网格图)
ワールブルグけんあつけい 【～検圧計】 Warburg manometer 瓦勃氏压力计,瓦勃氏呼吸测压器,瓦勃氏呼吸仪
われ 【割】 check and shake 裂纹,裂缝,开裂
われかんど 【割感度】 crack sensitivity (焊接)裂缝灵敏度
われめ 【割目】 check, shake, fissure, crack 裂纹,裂缝
われめなおし 【割目直】 (陶瓷)裂纹修补
われめふしょく 【割目腐食】 shake rot 裂纹腐蚀
われる 【割れる】 distribution of stone arrangement (石组的)分布,布局,协调
ワーレンげた 【～桁】 Warren girder 华伦大梁
ワーレン・トラス Warren truss 华伦桁架,斜腹杆桁架
ワンアワー・セメント one-hour cement 超快硬水泥(一小时强度水泥)
ワンウェー・ラム one-way ram 单作用油缸,单程油缸
わんきょう 【湾橋】 bay bridge, beach bridge 港湾桥 湾滩桥
わんきょく 【湾曲】 bend 弯曲
わんきょくごうせい 【湾曲剛性】 flexural rigidity 弯曲刚度,抗弯刚度
わんきょくざい 【湾曲材】 curved member 弯曲构件,曲杆
わんきょくしけん 【湾曲試験】 bending test 弯曲试验
わんきょくしゅうせいざい 【湾曲集成材】 curved laminated wood 曲型层积材,曲型多层胶合木
わんきょくとうかん 【湾曲陶管】 curved earthenware pipe 弯陶管,弯曲陶管
ワン・ストップ・ショッピング one-stop shopping 在一处购买多种多量商品
ワン・センター・システム one center system (分区规划的)一中心方式
ワン・ディー・ケー 【1DK】 one living room with dining kitchen 由一居室和餐室厨房组成的住户
ワンディー・セメント one-day cement 超早强水泥(一天强度水泥)
わんトラップ 【椀～】 bell trap 钟罩式存水弯
わんにゅうどうろ 【湾入道路】 winding road 弯曲小路,曲径,深入小道
ワン・パスようせつ 【～溶接】 one-pass weld 单道焊
ワン・ポイント one point 一点突出,重点突出,集中点,注视点
ワンマン・カー one-man car 司机兼售票员的公共汽车或电车
ワンマンつぎて 【～継手】 one-man fitting 简易接头,活接头
ワン・ルーム・システム one-room system 每户以一大室作灵活分间的住宅平面体系
ワン・ルームじゅうたく 【～住宅】 one-room house 一室户住宅

# 英 文 索 引

## A

Aachen[德] 28
AADT 89
AAPT 89
AASHO 88
AASHO method 88
AASHO road test 88
AASHO(American Association of State Highway Officials)soil classification system 88
AASHO type profil emeter 88
AASHTO 88
abacus 26
abandoned path 785
abat-jour[法] 6
ABB 98
Abbaye 276
abbey 28
abbey church 566
Abbot's water pyrhcliometer 29
ABC 98
abele 28
aberration 28,319,448
Abies firma[拉] 974
abies oil 26
Abies sachalinensis[拉] 726
abietyl 27
abjustable wrench 11
abnormal noise 43
abnormal scattering 47
abnormal setting 47
abnormal sloughing(of biological film) 47
abraded quantity 309,528
abrasion 528,946
abrasion fatigue 383
abrasion of tools 319
abrasion resistance 528,596
abrasion resisting steel 596
abrasion test 28,528
abrasion tester 946
abrasion test of aggregate 348
abrasive 28,309
abrasive cement 28
abrasive disc 28
abrasive powder 28
abrasive resistance 596
ABS 98
absolute dry condition 545,548,557
absolute dry specific gravity 545,557
absolute dry weight 545,548
absolute filter 27
absolute fine aggregate percentage 548
absolute height 548
absolute humidity 548
absolutely dry 545
absolute maximum bending moment 548
absolute orientation 548,593
absolute parallax 548
absolute pressure 548
absolute program 549
absolute refraction factor 548
absolute slope 548
absolute stability 548
absolute temperature 548
absolute tensor 548
absolute traffic capacity 548
absolute unit 548
absolute unit system 548
absolute vacuum 205
absolute velocity of flow 549
absolute viscosity factor 548
absolute volume 549
absolute volume method 549
absolute white body 205
absolute zero 549
absorbed energy 232
absorbed water in wood 968
absorbent 27,232
absorber 27,232

absorbing power 232
absorbing tower 232
absorption 27,231
absorption apparatus 232
absorption coefficient of radioactive rays 916
absorption factor of solar radiation 754
absorption heat 232
absorption hygrometer 232
absorption luminous flux 232
absorption of moisture 231
absorption of oxygen 395
absorption photometry 231
absorption refrigerating machine 232
absorption refrigerating plant 232
absorption refrigerator 232
absorption spectrum 232
absorptive capacity 232
absorptive power 232
absorptivity 232
ABS (alkyl benzene sulfonate) oxidizing organism 98
ABS(acrylonitrile-butadiene-styrene)resins 98
abstract 27
abstract art 645
abstract form 645
abstraction 27
ABS(alkyl benzene sulfonate)valve 98
Abteikirche 946
abutment 2,17,26,240,554
abutment arch 74
abutment joint 161
abutment-pier 237
abutment test wall 822
abuttal 236
abutting joint 711
AC 92
acacia 5
academic city 157
academism 5
academy 5
acanthus 6
ACB 92
ACC 92
Accelator 7
accelerated motion 171
accelerated torque 171
accelerated weathering test 575
accelerated yellowness 575
accelerating agent 231,237
accelerating hot-water heating 171
accelerating jet 7
accelerating pump 171
accelerating reducing valve 171
accelerating test 575
acceleration 171
acceleration area 171
acceleration coefficient 171
acceleration lane 171
acceleration of gravity 456
acceleration pedal 7
acceleration response 171
acceleration response spectrum 171
acceleration seismometer 171
acceleration spectrum 171
acceleration vector 171
accelerator 7,231,237,324,575
accelerator pedal 7
Accelo-filter 7
accent colour 8
accent light 8
acceptable daily intake(ADI) 51
acceptable daily intake 96
acceptable noise level 247
acceptance test 74
access 7,679
access bridge 732
access door 7,31
access factor 545
access hole 31,695
accessibility 7,545
access method 7
accessory 7
accessory equipment 865
accessory structure 732
accessory structures 865
access ramp 548
access road 733
access time 7

accidental discharge 414
accidental error 262
accident error 262
accident signal 414
acclimation 462,463
acclimatization 216,464
accomodation 651
accordion curtain 10
accordion door 10
accretion beach 592
accumulated pyrheliometer 540
accumulated temperature 540
accumulation 635
accumulator 7,635
accuracy 158,536
accuracy of reading 1003
Acer baergerianum[拉] 704
Acer mono Maxim[拉] 49
acetaldehyde 15,16
acetaldehyde resin 15
acetate 16,379
acetic acid 379
acetic acid degrading bacteria 379
acetone 16
acetylated wood 15
acetyl-cellulose 379
acetyl-cellulose plastic 15
acetyl-cellulose plastics 379
acetylene 16
acetylene flame 16
acetylene gas 16
acetylene gas generator 16
acetylene generator 16
acetylene lamp 16
acetylene reducing flame 16
acetylene sludge 16
acetylene welder 16
acetylene welding 16
acetylene welding torch 16
Achlya 1058
Achnanthes 8
ACHOBA 12
achromatic 60
achromatic colour 958
achromatic lens 60
ACI 92
acicular structure 489
acid 389
acid brick 394
acid bronze 11
acid catalyst 393
acid cleaning wastewater 394
acid consumption 393
acid content 394
acid corrosion 398
acid decomposition 394
acid degree 396
acid drain 394
acid fermentation 394
acid formation stage 398
acidic rock 394
acidimetry 396
acid metal 11
acid mine water 394
acid mist 398
acid pickling 396
acid precipitation 394
acid-proof asphalt tile 590
acidproof brick 590
acid-proof cement 590
acid-proof concrete 590
acid-proof iron 590
acid-proof lacquer 590
acid-proof material 590
acid-proof mortar 590
acid-proof paint 590
acid-proof sink 590
acid-proof steel 590
acid-proof test 590
acid-proof tile 590
acid-proof valve 590
acid refractory 394
acid regression stage 395
acid resising brick 590
acid resistance 590
acid resisting alloys 590
acid resisting bituminous varnish 590
acid resisting casting 590
acid resisting cement 590
acid resisting concrete 590

acid resisting lacquer 590
acid resisting mortar 590
acid resisting paint 590
acid-resisting pipe 590
acid resisting steel 590
acid river 394
acid slag 394
acid soil 394
acid steel 394
acid treatment 393
acid waste 783
acid waste liquid 397
acid waste water 397
acoustic 10
acoustic(al) absorbent 230
acoustic admittance 134
acoustical capacitance 127,134
acoustical environment 134
acoustical fiber board 230
acoustical plastic(s) 10
acoustical reactance 127
acoustical resonance 134
acoustic board 10
acoustic bridge 135
acoustic(al) capacitance 135
acoustic conductivity 135
acoustic current-meter 134
acoustic(al) filter 135
acoustic(al) impedance 126,134
acoustic(al) inertance 126
acoustic memory 10
acoustic(al) oscillograph 134
acoustic perforated gypsum board 230,546
acoustic plaster 230
acoustic power level 135,834
acoustic ratio 10
acoustic(al) reactance 135
acoustic(al) resistance 134
acoustics 134
acoustic signal 134
acoustic tex 10
acoustic treatment 230
acoustic wedge 229
acoustimeter 10
acoustmeter 10
acoustometer 10
acquisition cost of house 151
acquisition of land 724
acre 89
acrolein 9
Acropolis 9
acrylaldehyde 9
acrylic ester 9
acrylic glass 9
acrylic gum 9
acrylic plastic(s) 9
acrylic resin 9
Acrylite 9
acryl lacquer 9
Acryloid 9
acrylonitrile 9
acting area 8
actinic glass 8
actinometer 8
actinomyces 915,918
action 387
activated adsorption 176
activated aeration 8
activated aeration process 8
activated alumina 176
activated carbon adsorption 177
activated carbon adsorption method 177
activated carbon by gas method 168
activated carbon deodorization 177
activated carbon filter 177
activated charcoal 177
activated complex 177
activated granular carbon 1022
activated granular carbon filtration 1022
activated pigment 176
activated sludge 177
activated sludge organisms 176
activated sludge plant 176
activated sludge process 176,177,575
activated sludge tank 176
activated white earth 177
activation 176
activation-analysis 915

activation energy 176
activator 176,179,324
active 8
active area 388
active carbon 177
active carbon filtration 177
active carbon regenerator 177
active earth pressure 460
active material 8,177
active power 8,985
active primer 253,254,1030
active Rankine pressure 460
active set 985
active silica 177
active silicic acid 176
activity 8,177
activity room 8
activity space 378
activity type 569
activity zone 530
actual breaking load 425
actual clearance 426
actual deviation 427
actual dimension 426
actual displacement 428
actual evaporation 425
actual field of view 426
actual gap 8
actual loading test 428
actual power 8
actual size 32,426
actual stress 423,425
actualstress 484
actual stress intensity 484
actual throat depth 425
actuator 8
acutance 556
acute arch 87
acute arch bridge 589
acute poisoning 233
AD 96
Adam architecture 17
Adamson joint 17
Adam style 17
adaptation 463,649
adaptational lighting 210
adaptation helios 463
adaptation level 463
adapter 16
adaptive control 16,680
adaptor 16
addditional coating 761
added turning lane 857
added value 857
adder 162
addition 23
addition agent 691
additional allowance 1060
additional bar 925,995
additional time 1060
additional weight 23
additional works 659
addition theorem 1031
addition to building 572,610
additive 23,691
additive colour mixture 165
additive mixture 186
additive process 165
address 24
address computation 24
addressing system 24
address modification 24
address register 819
adherent 834
adhesion 24,240,549,550,772,779,867
adhesional energy 549
adhesion factor 549
adhesion test 550
adhesive 24,332,347,834
adhesive agent 549,772
adhesive force 867
adhesive for plywood 337
adhesive joint 549,550
adhesive jointing 550
adhesive laminated wood 550
adhesive material 549
adhesive phase 549,550
adhesive property 550
adhesive property of beads 832
adhesives 549

adhesive strength 296,549,550,772
adhesive tape 550
ADI 96
adiabatic change 627
adiabatic cooling 627
adiabatic curing 627
adiabatic equilibrium 627
adiabatic expansion 627
adiabatic gradient 627
adiabatic index 627
adiabatic saturated change 627
adiabatic saturated temperature 627
adiabatic saturation 627
adiabatic temperature rise 627
adit 114
adjoining wall 598
adjoint matrix 504
adjustable bolt 160
adjustable-head T-square 288
adjustable jack 651
adjustable lever 11
adjustable louver 176,180
adjustable shelves 180
adjustable spanner 11,415
adjustable speed sheave 11
adjustable triangle 336
adjuster 11,147,651,846
adjusting bolt 12,651
adjusting cock 160
adjusting device 12,651
adjusting needle valve 651
adjusting nut 12,160,651
adjusting screw 11,160,651
adjusting spring 11,651
adjusting valve 160,651
adjustment 12,160,650
adjustment of aberration 448
adjustment of sound field 137
adjustment of track gauge 215
adjustment of tri-lateration 398
administration center 239,240
admissible function 247
admissible function of displacement 248
admissible stress 246
admissible unit stress 246
admission pipe 24
admission valve 24
admittance 24
admixture 365,691
adobe 23,24,839
adsorbate 234
adsorbed water 234
adsorbent 234
adsorption 24,234
adsorption equilibrium 234
adsorption field-effect transistor 234
adsorption isobar 234
adsorption isotherm 234,704
adsorption method 234
adsorption potential 234
adsorption refrigeration 234
adsorption refrigerator 234
adsorption system 234
adsorptive capacity 234
adsorptive filtration 234
adulterant 251
adult ratio 533
advanced treatment 316
advanced waste treatment 94
advance payment 938
advances 938
advance sign 1000
advancing colour 489
adventure playground 189
adverse factor 983
advertisement lighting 320
advertising tower 320
adz 652
adze 652,680
adz finish 742
AEA 86
AE (air entraining) agent 87
AE agent 262
AE(air entraining)cement 87
AE concrete 84
AE(air entraining) concrete 87
aedicule 96
Aegean art 91
AEG (Allgemeine Elektritats-Gesell-schaft) Tubinen Halle[德] 87

Aeolian deposit 854
AE(air entrained) portland cement 88
aerated grit chamber 86
aerated lagoon 316,801
aerating oxidation 223
aeration 86,223,391,801
aeration device 223
aeration period 86,801
aeration tank 86,801
aeration tower 86,801
aerator 86,223,801
aerator pipe 801
aerial 41
aerial cable 155
aerial cableway 86,155
aerial conductor 155
aerial levelling 263
aerial lighthouse 319
aerial line 155
aerial map 319
aerial photogrammetry 262,319
aerial photograph 262
aerial photographic surveying 262
aerial railway 86,155
aerial ropeway 155
aerial survey 263
aerial triangulation 262
aerial view 257,649
Aero-accelator 86
aero-accelerator 331
aerobe 316
aerobic 316
aerobic algal pond 316
aerobic atmosphere 316
aerobic bacteria 316
aerobic biological treatment 316
aerobic living 316
aerobic microbe 316
aerobic sludge digestion 316
aerobic treatment 316
acrodrome 829
aerodrome 829
aerodrome-beacon 829
aerodrome reference point 829
aerodynamic coefficient 262
aerodynamics 261
aerofin 103
aerofin heater 103
aerofin-type heater 103
aerometer 86
aerosol 86,102,112
aerosol layer 112
aerostatics 259
aerotrain[法] 4
áerotrain-interurbain[法] 4
aerotriangulation 262
aerovane 86
aeroview 257,649
Aesculus hippocastanum[拉] 538
Aesculus turbinata[拉] 724
aesthetic area 826
aesthetic feeling 836
aesthetic measure 836
aesthetic road 826
aesthetic square 826
AFC 89
affected zone 906
affluent 482
afforestation for sand protection or erosion control 386
"A" fire door (window) 323
African mahogany 28
after 27
after baking 24
afterbay 918
after burner 27
after care 27
after contraction 23,24
after cooling 27
after damage 312
after-effect function 999
after expansion 24
after-growth 867
after hardening 23
after image 395
after service 27
after shock 1001
after shrinkage 23,24
after-strain 415
after tack 973

after-taste 23
after thickening 27
agalite 6,556
agalmatolite 1046
agalmatolite brick 1047
agalmatolite firebrick 1046
agalmatolite fireproofing materials 1046
agar 207
AGC 92
age composition 773
age hardening stainless steel 413
ageing 291,413
age of tree 462
agglomerant 9
agglomerate 9,445
agglomerated settlement 447,451
agglomeration 9
agglomeration of industries 317
agglutination 9
aggradation 8
aggreagte correction factor 347
aggregate 347
aggregate batcher 347
aggregated structure 630
aggregate plant 348,371
aggregate size 347
aggregate spreader 347
aggregate washer 347
aggressive tack hour 416
aging 92,413,457,1046
aging-proof agent 1046
aging resistant 1046
aging test 1046
agitating device 11
agitation 11
agitator 11
agitator car 11
agitator truck 11
agnails 381
agora 10
Agra work 8
agreement 291
agribusiness 9
agricultural belt 774
agricultural chemical residue 775
agricultural chemicals 775
agricultural city 774
agricultural district 774
agricultural effluent 774
agricultural land 775
agricultural lime 774
agricultural pesticide 774
agricultural population 774
agricultural road 775
agricultural structure improvement project 774
agricultural waste 774
agricultural water supply 774
agricultural zone 774
A.Hi process 89
A-horizon 94
aibumin 35
AID 84
Ailanthus altissima[拉] 488
aily maximum sewage rate 51
aiming point 416
AIP 84
air-acetylene welding 257
air agitation 258
air analysis 588
air-atomizing 261
air base 319
air bath 85
air beam 85
air blast 85
air-blast circuit breaker 98
air blast cooling system 85
air blast freezer 85
air blow 261
air blow floatation units 261
air borne noise 260
air-borne sound 85
air borne sound 260
air bottle 260
air brake 85,259
air-breather 44
air brush 85
air-bubble level 224
air car 84
air casing 258

air chamber 85,259
air chamber type muffler 641
air circuit breaker 92
air circulation 259
air cleaner 84,259
air cleaning 259
air cock 84,259
air compression pump 258
air compressor 84,258
air condenser 84
air conditioner 84,258,260
air conditioning 84,260
air conditioning inlet 260
air conditioning machine room 263
air conditioning room 260
air conditioning system 260
air conditioning system of floor units and ducts 155
air conditioning unit 260,653
air consumption 259
air contaminant 84
air content 262
air conveyer 258
air conveyer 259
air cooled chiller unit 263
air-cooled compressor 84
air cooled cylinder 263
air-cooled engine 84
air cooled grease trap 263
air cooler 84,262
air cooling 262
air cooling coil 262
air cooling condenser 263
air cooling dehumidifier 262
air cooling system 262
air cooling valve 263
air craft noise 319
air craft surveying 319
air curing 263
air current 250,260
air current velocity 250
air curtain 84
air cushion 258
air cushion car 84
air cushion high speed ground transportation 261
air cycle 84
air cycle efficiency 259
air damper 85,259
air defence city 914
air defence of city 722
air dehumidifier 258
air delivery 85
air diffuser 85
air diffusing 258
air diffusing outlet 258
air distribution 85,250,261
air distribution system 261
air door 85
air dried lumber 215
air dried material 215
air dried state 215
air dried weight 215
air dried wood 215
air drier 85
airdrom 262
air drome 85
air drying 85,588,700,854
air duct 85,262,660,661,854
air-dump car 260
air ejector 258
air eliminator 84
air elutriation 170
air elutriator 170
air-entrained portland cement 262
air entraining agent(AEA) 84
air-entraining agent 86
air-entraining agent(AEA) 262
air entraining cement 84
air entraining concrete 84
air escape 84,260
air escape cock 260
air escape valve 260
air exit 260
air filter 85,258,259,261,262
air flow 250,260,261
air flow meter 261
air flow velocity 250
air foam 85
air foam compound 85

air-foil fan 85,999
air freezing 260
air freezing method 260
air friction 261
air-fuel råtio 260
air furnace 619
air gap 84
air gauge 84,258
air gun 258
air hammer 85,261
air handling unit 85
air heater 85,258
air heater battery 258
air hole 85,197,258
air hose 85
air humidification 258
air humidifier 258
air infiltration 259
airing 86
air injection 84
air injection system 84,261
air inlet 84,169,258,567
air-inlet sound absorber 493
air-inlet sound attenuator 493
air inlet valve 84,258
air intake 84,230,260
air intake pipe 258,260
air intake sound absorber 258
air ion 258
air jacket 259
air jet 261
air leak 86
air leakage 261
airless spray 86
air lift 86,259
air lift pump 86,224,261
air-lift type agitator 86
air line 85
air line system 261
air lock 86,216,261
air mass 85,221
air mat filter 85
air meter 85
air micrometer 261
air monitor 85
air monitoring network 588
air mortar 85
air motion 222,260
air nozzle 85,260
air opening 160
air outlet 260,858
air outlet valve 84,260
air packing 261
air painter 85,899
air permeability 260,706
air permeability test 706
air permeance 706
air pipe 85,258,660
air piping 261
air piping filter 261
air pocket 85
air pollution 258
air pollution agent 588
air pollution control center 588
air pollution control district 588
air pollution potential 588
air pollution with lead particles 103
air port 85
airport 262,829
airport hotel 262
airport lighting 262,829
air-port lighting board 262
airport pavement 262
airport surveillance radar 262
air precooler 261
air preheater 261
air pressure 257,660
air pressure booster 258
air pressure gauge 85,258
air pressure test 211
air pump 85,211,261
air purification 259
air purity 259
air raid shelter 914
air recirculation 259
air refrigerating machine 262
air regulator 86
air release valve 86,260
air relief speed 261
air resistance 170,260

air return type 86
air rock drill 259
air scrubber 259
air seasoned wood 215
air seasoning 258,419,588,699
air seasoning method 258
air separating tand 261
air separation test 170
air separator 170,261
air set 85
air set pipe 85
air setting 216
air setting cement 216
air setting property 216
air-setting refractory mortar 216
air shaft 854
air shed 84
air shooter 84,220
air slaked lime 862
air slide conveyor 84
air sound absorber 259
air sound attenuator 259
air source heat pump 260
air space 84,259
air space ratio 258
air speed 84,259,261
air spraying 84
air spring 261
air station 84
air sterilizing 259
air strainer 84
air suction 84,259
air suction hole 259
air suction pipe 259
air suction valve 259
air supply 230
air supply valve 230
air tank 260
air temperature 212
air terminal 85,262
air test 259
air thermostat 259
air tight joint 85,225
air tightness 225
air-tight sash 85,225
air tire 85
air tool 85
air transmission pipe 567
air trap 85,260
air treatment 259
air tumbler 85
air turbine 260
air valve 85,261
air vent 85,260,660
air vent pipe 659
air vent type 85
air vessel 259
air void ratio 258,262
air washer 84,86,258,259,953
air washer tank 259
air washing 259
Airy's stress function 4
AISC 84
AISI 84
aisle 4,578,609
Aitoff projection 88
Aizu porcelain 3
Akron plan 9
akroterion[希] 9
ala[拉] 31
ALA 89
alabaster 32,545
alabaster glass 32
alameda[西] 32
alarm 291
alarm bell 32,291
alarm buzzer 291
alarm facilities 291
alarm lamp 291
alarm valve 32
albedo 35
Albert cottage 34
Albi[法] 34
Albizzia julibrissin[拉] 770
albumen 1012
albuminoid nitrogen 35,628
albuminous matter 628
alburnum 481,483
ALC 89
alcázar[西] 33

Alcoa (Aluminum Company of America) 34
alcohol 34,459
alcoholic stain 34
alcohol-insoluble matter 34
alcohol level 34
alcohol thermometer 34
alcohol torch lamp 34
alcove 34
ALC(autoclaved light concrete)slab 89
aldehyde 34
aldehyde resin 34
alfalfa 35
alga 968
algae 574
algae removal 574
algicide 33,383
alginic acid 34
ALGOL (algo rithmic language) 101
Alhambra 34
alidade 32
alidade stadia method 32
alignment 31,557
alignment chart 240,655
alignment disc 31
alignment scope 31
aliphatic compound 435
alite 32
alive 44
alkali 33
alkali-aggregate reaction 33
alkali alumina silicate 33
alkali consumption 33
alkali content 33
alkali digestion 33
alkali error 33
alkali filter paper method 33
alkali metal 33
alkalimetry 33
alkaline accumulator 33
alkaline agent 33
alkaline earth metal 33
alkaline fermentation 33
alkaline reaction 33
alkalinity 33
alkali-proof glass 585
alkali-proof paint 585
alkali-proof test 585
alkali reaction aggregate 33
alkali remover 33
alkali-resistance 585
alkali resisting cast iron 585
alkali soil 33
alkali stain 33
alkalitrophic lake 33
alkali wastewater 33
alkyd resin 33
alkyd resin adhesives 33
Alkyl benzene sulfonate 98
alkyl benzene sulphonate 34
alkyl lead 34
alkyl mercury 34
alkyl mercury compound 34
all clay body 293
alley 1049
alley-house 80
alley planting 897
all fillet weld 555
all heterotrophic bacterium 565
allied city 1042
allied city planning 1042
alligator closedring dowel 32
alligatoring 32
all-in contract 619
all-integer algorithm 560
allocation 36
allotment 436,1059
allotment garden 36,436,890
allowable bearing capacity 247
allowable bearing power 247
allowable bearing power of soil 247
allowable bearing stress 247
allowable bearing stress(of rivet) 247
allowable bearing stress 248
allowable bearing unit stress 247
allowable bending stress 248,941
allowable bond stress 248
allowable buckling stress 247
allowable compressive stress 246
allowable concentration 248

allowable contact stress 247
allowable crack width 248
allowable creep strain 247
allowable deflection 247
allowable electric current 248
allowable error 247
allowable flexual stress 248
allowable flexual unit stress 248
allowable flooding depth 247
allowable limit 479
allowable load 247,248
allowable moment 248
allowable noise exposure time 248
allowable pressure 246
allowable pressure difference 247
allowable reverberation time 247
allowable shear 247
allowable shearing stress 247
allowable soil pressure 247
allowable strength 248
allowable stress 246
allowable stress design method 246
allowable stress for (long) sustained loading 650
allowable stress for temporary loading 619
allowable temperature 247
allowable tension stress 248
allowable torque 248
allowable torsional stress 248
allowable ultimate strain 247
allowable unit stress 246
allowable unit stress for bearing(of rivet) 247
allowable unit stress for bearing 248
allowable unit stress for bending 248
allowable unit stress for bond 248
allowable unit stress for buckling 247
allowable unit stress for compression 246
allowable unit stress for contact 247
allowable unit stress for shearing 247
allowable unit stress for temporary loading 619
allowable unit stress for tension 248
allowable unit stress for torsion 248
allowable value 247
allowable working stress 247
allowance 36,246,248,951,1003
allowance of track irregularity 222
alloy 318
alloy pipe 318
alloy steel 36,319
alloy tool steel 319
all-purpose room 133
all set 133
alluvial cone 559
alluvial deposite 646
alluvial fan 559
alluvial soil 646
alluvium 646
all-welded bridge 565
all weld metal test specimen 565
almighty adhesives 821
alms-house 993
Alnus japonica[拉] 821
alphanumeric 87
alpha rays 34
altar 34,373,617
alteration 906
alternate block traffic control system 625
alternate load 337
alternate load testing machine 337
alternate plastic hinge 337
alternate stress 337
alternating current 92
alternating current(AC) 340
alternating current arc welding 340
alternating current arc welding machine 340
alternating current elevator 340
alternating current generator 340
alternating current two-speed elevator 340
alternating load 337,1025
alternating stress 337
alternation 906
alternative matrix 331
alternative plan 133

alternative water 818
alternator 340
Altile 34
altitude 146,335,841
alum 956
Alumilite method 35
alumina 35,819
alumina brick 35
alumina cement 35,820
alumina porcelain 35
alumina powder 35
alumina silica refractory 35
aluminium 35
aluminium alloy 35
aluminium alloy bridge 35
aluminium alloy for temper 630
aluminium cable 35
aluminium chrome steel 35
aluminium electrode 35
aluminium electrode method 35
aluminium foil 35
aluminium grease 35
aluminium hydroxide 499
aluminium oxide 389
aluminium paint 35
aluminium paste 35
aluminium plate 35
aluminium powder 35
aluminium sash 35
aluminium sheet 35
aluminium solder 35
aluminium stearate 515
aluminium steel 35
aluminium sulfate 1021
aluminium welding rod 93
alumino-silicate brick 35
aluminum chloride 103
aluminum paint 253
aluminum silicate 287
alumite 35
alundum 32
alundum cement 32
alundum tile 32
āmalaka[梵] 29
amalgamated dwelling 447
Amaravatti 29
amber 41
amber glass 41
Amberlite 41
ambient noise 39
ambiguity 3
ambo 42,545
Amboina wood 42
ambry 41
ambulatory 41,454
amenity 30
American arborvitae 749
American architecture 30
American Association of State Highway and Transportation Officials 88
American Association of state Highway Officials 88
American Association of State Highway Officials method 88
American bond 30,31
American Concrete Institute 92
American Institute of Decorators 84
American Institute of Steel Construction 84
American Iron and Steel Institute 84
American National Standards Institute 89
American plane tree 30
American Society for Testing Materials 89
American Society of Civil Engineers 89
American Society of Heating Refrigerating and Air-Conditioning Engineers 12
American Society of Industrial Designers 30,88
American standard wire gauge 31
American timber 896
American ton of refrigeration 899
amide 30
Amiens[法] 29
amilan 30
amine 30
amine adducts 30
amino 30

amino-acid 30
amino alkyd resin coating 30
amino resin 30
ammeter 42,701
Ammon[德] 42
ammonia 42
ammonia absorbent refrigerator 42
ammoniacal nitrogen 42
ammonia compressed refrigerator 42
ammonia compressor 42
ammonia condensator 42
ammonia generator 42
ammonia liquor 42
ammonia pump 42
ammonia purifier 42
ammonia recovery plant 42
ammonia refrigerator 42
ammonia regenerator 42
ammonia soda 42
ammonia strainer 42
ammonia sulfate 1021
ammonia treatment 42
ammonia vapour 42
ammonia water 42
ammonium 42
ammonium alum 42
ammonium chloride 103
ammonium sulfate 1020,1021
amoeba 30
amoebic dysentery 30
amount of air exhaust 573
amount of allowable strain 248
amount of blast 574
amount of combusible air 771
amount of daily solar radiation 448,754
amount of direct solar radiation 654
amount of evaporation 474
amount of fire radiation 161
amount of heat 769
amount of heat absorption 573
amount of labour 758
amount of leakage 1046
amount of photometry 581
amount of precipitation 326,658
amount of radiation 861
amount of rain-fall 81
amount of rainfall 312
amount of solar radiation 540
amount of ventilation 198
amount of water 506
amount of water absorption of aggregate 347
amount of work 414
amount of work done 322
amperage 42
ampere 42
amperemeter 42
amphibolite 157
amphiprostyle 558
amphiprostylos[希] 41
amphitheatre 41,105
amphoteric ion exchange resin 1026
amplification 42
amplification factor 574,790
amplifier 41,574
amplifier installation 157
amplifier system 157
amplitude 41,494
amplitude coefficient 494
amplitude modulation 494
amplitude of vibration 492
amplitude ratio 494
Amsler's method 30
Amsler type testing machine 30
Amsterdam Bosch 30
Amsterdam Exchange 30
Amsterdam Group 30
amusement and recreation area 355
amusement center 30,58,355,377
amusement district 58
amusement facilities 355
amusement hall 30
amusement park 30,983
Anabaena 25
Anaconda 25
anaerobe 300
anaerobic 300
anaerobic adhesives 300
anaerobic bacteria 300

anaerobic condition 300
anaerobic contact digestion 300
anaerobic decomposition 301
anaerobic digestion 300
anaerobic lagoon 301
anaerobic living 300
anaerobic pond 300
anaerobic treatment 300
analog(analogue) 25
analog computation 25
analog computer 25,570
analog curve plotter 25
analog digital 25
analog digital converter 25
analog distributor 25
analog electronic computer 25
analogous sound generator 217
analog signal 25
analog simulation 25
analog system 25
analogy 968
analysis 141
analysis of continuous structure 1043
analysis of existing circumstance 301
analysis of existing conditions 301
analysis of variance 890
analyst 891
analytical chemistry 891
analytical data 891
analytical determination 891
analytical method 891
analytical method of cyanic ion 402
analytical photogrammetry 141
Anatoria carpet 25
anchor 36,200,676,825
anchorage 37,676,712
anchorage area 677
anchorage length 677
anchorage system 37
anchor arm 36
anchor bar 36,843
anchor beam 37
anchor block 37,349
anchor bolt 37,221
anchor capstan 36
anchored bearing 676
anchored pretensioning 36
anchor girder 676
anchor grip 36
anchoring 36,712
anchor pier 676
anchor pile 36,37,728,769,825,827
anchor pin 37
anchor plate 37,677,826
anchor rod 37,825
anchor rope 37
anchor rot 843
anchor screw 36
anchor span 676
anchor wire 37,593
ancient architecture 347
ancient bridge 346
ancient city 347
ancon 75
ancylostoma 332
andalusite 40,332
andesite 38
Andreasen pipette method 41
andron[希] 41
anebarometer 26
anechoic chamber 958
anechoic room 958
anemograph 26
anemometer 26,854
anemometer of wind mill type 854
Anemostat 26
aneroid 26
aneroid barometer 26
Angkor VAT 38
angle 37,981
angle bar 37,981
angle beam 525
angle beam method 439
angle bender 37
angle block 37,524
angle brace 824
angle brace of sliding door frame 634
angle buttress 37
angle check valve 37
angle chimney 524

ngle clip 37
ngle cock 37
ngle cutter 37,981
ngle dozer 37
ngle equation 158
ngle factor 155
ngle file 37
ngle gauge 37,158,580
ngle graduation 158
ngle joint 37
ngle measurement 157,580
ngle mirror 655
ngle of approach 634
ngle of axes 411
ngle of deflection 617
ngle of deflection of joint 550
ngle of diffraction 141
ngle of distortion 989
ngle of elevation 334
ngle of emergence 440
ngle of friction 942
ngle of internal friction 740
ngle of projection 708
ngle of reflection 817
ngle of refraction 267
ngle of repose 39,125,231,533,580
ngle of rotation 143
ngle of rotation of joint 550
ngle of scattering 399
ngle of shearing resistance 561
ngle of slope 285,288
ngle of static friction 533
ngle of tip 858
ngle of torsion 764,765
ngle of true internal friction 493
ngle of turn 695
ngle of twist 764
ngle of view 151
ngle of visible sky 163
ngle of visual field 439
ngle parking 158,439
ngle pipe 37
ngle post 525
ngle rafter 525
ngle roller 37
angle shear 37
angle splice joint 981
angle splice plate 37
angle steel 37,981
angle tie 824
angle type joint bar 37
angle-type radiator valve 37
angle valve 37
angle variable 158
angle washer 744
angle weld 37
angle welding 101,181
Anglo-Chinese garden 88
Anglo-classic architecture 37
Anglo-classic style 37
Anglo-Norman architecture 37
Anglo-Palladian architecture 37
Angot's formula 37
Angoulême[法] 37
Angstrom 135
Angstrom's (compensation) pyrheliometer 135
angular acceleration 155
angular coordinates 156
angular deformation 158
angular displacement 145,158
angular distance 155
angular field 151
angular frequency 157
angular kinetic energy 155
angular momentum 155
angular motion 155
angular perspective 983
angular transformation 158
angular velocity 157
anhydride 959
anhydrite 328
anhydrite plaster 328
anhydrous ammonia 958
anhydrous gypsum 958
anhydrous gypsum plaster 958
anhydrous sodium carbonate 959
aniline 26
aniline acetate method 379
aniline point test 26

animalcule 245
animal glue 713
animal hair felt 455
animal oil 713
animals shed 175
animation 26
anion 25
anion active agent 61
anion exchange liquid 25
anion exchange membrane 25
anion exchanger 61
anion exchange resin 61
anionic asphalt emulsion 25
anionic surface active agent 25,61
anionic surfactant 61
anion surface active agent 25
anisotropical material 58
anisotropic consolidation 58
anisotropic material 58
anisotropic plate 58
anisotropic shell 58
anisotropy 25,58
anneal 26
annealed wire 745
annealing 26,474,745,978
annealing kiln 26
annealing wire 818
annex 26,865,901
annex landscape 694
announcer's booth 25
annual average daily traffic 89
annual average sediment yields 895
annual mean water discharge 772
annual rainfall 771
annual ratio of run-off 773
annual ring 773
annual ring density 773
annular basin 202
annular(ring)budding 202
annular piston meter 202
annular piston valve 202
annular tank 202
annular valve 202,442
annulet 26
annunciator 25,1002,1003
anode 26,994
anodic inhibitor 994
anodic oxidation 994
anodic oxidation method 994
anorak 26
ANSI 89
anta[拉] 39
antagonism 221
antefix 41
antefixae[拉] 41
antehall 938
antenna 41
antependium[拉] 41
anteroom 662,825
anthermion 41
anthracite 38
anthracite coal 957
anthracite filter 957
anthraxolite 38
anthropometer 39,491
antibiotics 327
antiborer plywood 919
anticline 783
anti-clockwise 40
anti-clockwise motion 834
anticorrosion 864,917
anticorrosion substance 864
anti-corrosive 385
anti-corrosive agent 385
anticorrosive agent 864,917
anticorrosive coating with oxides 391
anticorrosive current density 917
anticorrosive high molecular material 591
anticorrosive paint 54
anti-corrosive paint 385,917
anti-corrosive pigment 385
anticorrosive ratio 917
anticorrosive technique 917
anticorrosive treatment 917
anti-creeper 40
anti-creeping device 861
anticreeping stake 276
anti-dazzle net 914
anti-foaming agent 871

antifreeze agent 870
antifreeze solution 869
antifreezing admixture 707,920
antifreezing hydrant 870
anti-freezing solution 40
anti-friction metal 309
anti-knock 40
anti-knock fuel 40
antiknock substance 536
antimacassar 41
antimony 40
antimony electrode 40
anti-oxidant 40
antioxidant 321
anti-oxidizing agent 924
anti-pollution measure 197
antipollution measure 314
antique 40
antique glass 40
anti-rattler 40
anti-rattler pad 40
anti-resonance 816
antirunning agent 742
anti-rust grease 40
antisagagent 742
antiseptics 921,924
antiseptic varnish 921
anti-siphoning 375
anti-siphon trap 375
anti-skid 40
antiskid pavement 524
anti-smudging ring 40
antismudging ring 1001
antistatic agent 593
antistripping agent 796
antisweat covering 921
antisweat work 921
antisymmetric 226
antisymmetrical load 377
antisymmetric bifurcation 834
antisymmetric deformation 226
antisymmetric load 226
antisymmetric matrix 226
antisymmetric stress distribution 226
anvil 41,181,222
anvil seat 181
apart 26
apartment 26
apartment area 447,452
apartment hotel 26
apartment house 26,241
apartment house for employees 235
apartment house of corridor access 1046
apartment-house of direct access 849
apartment in clogs 11,295
apartments combining shop and dwelling units 897
apart replotting 727
apatite 1029
aperiodic motion 831,958
aperiodic vibration 958
aperture 24,25,26,140
aperture area 140
aperture ratio 319
aperture type fluorescent lamp 452
Aphananthe aspera[拉] 958
aphelion 106
apiary 998
Apiton 27
aplite 27
AP meter 98
Apollo glass 29
apostilb(asb) 29
apparatus 26
apparatus casing 1044
apparatus dew point 572
apparent area 954
apparent brightness 26
apparent cofficient of heat transmission 950
apparent cohesion 950
apparent density 950
apparent modulus of elasticity 950
apparent power 834
apparent semidiameter 434
apparent specific gravity 950
apparent stress 950
apparent temperature 950
apparent unit stress 950
apparent viscosity 950

apparent volume 950
appartement[法] 26
appeal 575
appearance test 139
apple ring dowel 264
application drawing 459
application for confirmation 158
applied elasticity 115
applied mechanics 115
applied moulding 663
applique[法] 21
apprentice 216
approach 28,1004
approach alignment 28
approach bank 733
approach cushion 28
approach cushion plate 872
approach end 545,776
approach-fill 28
approach grafting 1002
approaching velocity 545
approaching velocity head 545
approach light 28
approach slab 28
approach span 28
approach surface 493
approach velocity 545
approach velocity head 545
approximate 253
approximate analysis 253
approximate calculation 253
approximate error 253
approximate estimation sheet 140
approximate formula 253
approximate value 253
appurtenant work 865
apricot 38
apron 99,581,813,952
apron conveyer 99
apron elevator 99
apron-feeder 99
apron marking 99
apron stage 99
apse 27
apsidiole 464
aptitudal scale 680
aptitudal station 680
aptitude factor 680
aquarium 7,501
aquatic bacteria 502
aquatic fauna 501
aquatic fungi 500
aquatic insect 501
aquatic organisms 501
aquatic plant 501
aquatic vegetation 501
Aquazur filter 5
aqueduct (bridge) 503
aqueduct 507
aqueduct bridge 507
aqueous ammonia 42
aqueous rock 500
aquifer 592
aquifer constant 592
arabesque 32,189
Arabian architecture 32
Arabian style 32
Arabic gum 32
araeostyle 580
araeostylos[希] 31
Araldite 32
Arbeitsrat für Kunst[德] 288
arbor 241,338
arboretum 461,479
arbo(u)r pergola 1027
arbour 26,110
arc 7
arcade 10,1040
arcaded side walk 10
arcade lobby 10
arcade store 10
arc air cutting 7
arc air gouging 7
arc atmosphere 8
arc bearing 7
arc brazing 9
arc chamber 8
arc current 8
arc cutter 7
arc cutting 7

Arc de Triomphe de l'Étoile[法] 96
arc flame 7,8
arch 17,236,554
arch abutment 17
archaic 9
archaique[法] 33
arch analogy 17
arch axis 17
arch brick 17,554,609,1000
arch bridge 17,237
arch construction 17
arch crown 17
arch culvert 17,312
arch dam 17
arch dome 17
arch door 17
arched beam 17
arched culvert 17
arched girder 17
arched timbering 17
archery range 17
archery site 234
arch frame construction 17
arch gravity dam 17
Archimedes' axiom 34
Archimedes spiral 33
arching 17
arching effect 17
architect 6,304
architect designer 6
architects (SOM) 509
architect's office 305
architectural acoustics 304
architectural climatic zoning 305
architectural concrete finishing 358
architectural conservation 306
architectural criticism 306
architectural decoration 306
architectural design 6,305
architectural designing documents 305
architectural environmental engineering 304
architectural firm 305
architectural garden 327
Architectural Institute of Japan 755
architectural journalism 305
architectural lighting 304
architectural module 306
architectural ornament 306
architectural programme 305
architectural sculpture 306
architectural space 305
architectural style garden 305
architectural surveying 306
architecture 6,304
architecture of Mughal Empire 957
architecture of the Mogul Empire 957
architrave 6,158
architrave of proscenium 865
archivolt 6,17
arch rib 17
arch ring 17
arch rise 17
arch span 17
arch thrust 17
arch type 17
arch viaduct 17
arch wall 17
archway 17,243
arch window 17
arc lamp 8,9
arc lamp globe 9
arc length 8
arc light 8,344,349
arc lighting 7
arc light projector 8
arc noise 8
Arco di Constantio[意] 362
Arco di Tito[意] 677
arcola 34
arc point welding 8
arc resistance 8,9
arc shield 8
arc spot welding 7
arc stiffness 7
arc strike 7
arc time 7,8
arc tip 8
arc torch 8
arcuated construction 238

arc voltage 8
arc-weld 8
arc-welded steel pipe 8
arc welder 7
arc-welding 7,8
arc-welding electrode 8
arc-welding machine 8
arc-welding outfit 8
arc-welding rod 8
arc welding set 8
are[法] 33
area 256,631,635
area(traffic)control 312
area district 967
area drain 191
area drainage 191
area flow meter 967
areal effect of colour 61
areal levelling 966
area moment method 967
area of depression 657
area of perpetual shadow 86
area of solid angle projection 1015
area ratio 967
arcaway 191
arena 32
arena[拉] 36
arena stage type 32,105
arena theater 105
areometer 35,74
areo-pycnometer 35
arepycnometer 36
areration 853
argil 795
argillaceous schist 772
argillaceous slate 772
argillite 288
argon lamp 34
argument 7
ARI(Air-Conditioning and Refrigeration Institute) 32
arithmetic instruction 106
arithmetic(al) mean 292
arithmetic mean 393,567
arithmetic unit 106
arm 30,78,358
armal sign 581
armature 29,692
arm chair 830
arm crane 78
arm elevator 30,78
arm of couple 263
armoire[法] 35
armour coat 29
armoured cable 142
armour plate 29
armoury 894
arm tie 30
aromatic hydrocarbon 914
aromatic ordour 914
aromatic smell 914
arrangemenf of reinforcement 782
arrangement 36,173,686
arrangement of reinforcement 683
arrangement of station line 785
array 35
arrester 35
arris-ways 221
arrivaland-departure sidings 640
arrival platform 710
arrival track 710
arrow 36,416
arrow head 980
arrow sign 980
arrow-type network 36
ars[拉] 34
arsenic 834
arsenite 27
art 288
artemision[希] 34
arterial highway 205
arterial road 205
arterial system of distribution 784
artery 23
artesian condition 823
artesian groundwater 823
artesian pressure 823
artesian spring tank 986
artesian water 435
artesian well 379,932

artesian well pump 932
art for art's sake 288
art-gallery 23
art gallery 831
art glass 319
articles on free market 434
articulation 313,961
articulation test 961
artificial aggregates 487
artificial brook 982
artificial climate 487
artificial daylight 23,487
artificial draft 487,488
artificial drying 486
artificial ear 488
artificial fiber 152
artificial filter media 488
artificial filtrable membrane 488
artificial filtration 488
artificial forest 488
artificial forest rate 488
artificial grass 326,487
artificial ground 488
artificial groundwater 487
artificial hill 162,219,663
artificial ice 487
artificial illumination 487
artificial leather 490
artificial light aggregate 89
artificial lighting 487
artificial light source 487
artificial lightweight aggregate 487
artificial light-weight aggregate concrete 487
artificial marble 490
artificial rainfall 487
artificial recharged groundwater 486
artificial recharge of ground water 633
artificial sand 23
artificial seasoning 23
artificial sewage 487
artificial stone 490
artificial stone block 490
artificial stone finish 490
artificial sunlight 488
artificial sunlight lamp 487
artificial ventilation 486
artificial waterfall 758
artificial water transportation 487
artisan 34,479
art museum 831
Art Nouveau[法] 34
art paper 23
arts and crafts 17,319
Arts and Crafts Movement 18
art theatre 23
Artz press sheet 21
aruhuesiru 35
Arundel method 32
Asamkirche[德] 10
asbest crusher 15
asbestine 15
asbestos 15,47,541,542
asbestos block 542
asbestos board 47
asbestos boarding 542
asbestos canvas 542
asbestos cement 15,542
asbestos cement board 542,846
(autoclaved)asbestos-cement calcium silicate board 542
asbestos cement perlite board 542
asbestos cement pipe 542
asbestos cement sheeting 542
asbestos cement slate 542
asbestos cement slate roofing 542
asbestos cement tube 542
asbestos cloth 542
asbestos cord 15,47,541,542
asbestos cover 542
asbestos curtain 15
asbestos cushion 542
asbestos fabric 542
asbestos felt 47,542
asbestos fiber 15
asbestos filter 542
asbestos firebrick 542
asbestos float 542
asbestos gasket 15,47
asbestos gland packing 15

asbestos hose 47
asbestos lagging 47
asbestos lining 15,542
asbestos mill board 15
asbestos mortite 15
asbestos packing 15,47,542
asbestos paper 15,542
asbestos paper gasket 47
asbestos pipe 47
asbestos ring 47
asbestos roofing 15
asbestos rope 15,541,542
asbestos rubber gasket 542
asbestos sheet 15,542
asbestos sheet packing 47
asbestos slate 15,542
asbestos tape 542
asbestos thread 541
asbestos tile 15,542
asbestos washer 15,47
as-built drawing 463
ascarid egg 142
ASCE 89
ascending kiln 778
ASCORAL 12
aseismatic design 591
aseismic code 591
aseismicity 591
aseismic structure 591
asexual propagation 959
ash 18,146,781
ash bin 786
ash can 781
ash concrete 20
ash constituent 785
ash content 147,782
ash crusher 20
ash ejector 18,781
ash hopper 790
ash-lagoon 147
ashlar 248
ashlaring 248
ashlar joint 248
ashlar masonry 248
ashlar paving 248
ash pan 20
ash pit 20,786
ASHRAE 12
ash shoot 785
Asiatic cholera 11
ASID 30,88
aspect ratio 15,140
aspen 15
asphalt 13
asphalt base 14
asphalt batch plant 14
asphalt block 14
asphalt block pavement 14
asphalt brick 15
asphalt brown 13
asphalt cement 13
asphalt coating 13
asphalt composition analysis 580
asphalt compound 13
asphalt concrete 12,13
asphalt concrete base 13
asphalt concrete binder 13
asphalt concrete pavement 13
asphalt concrete surface 13
asphalt content 15
asphalt cooker 13
asphalt covered steel pipe 14
asphalt covering 13,1037
asphalt curb 13
asphalt dip 13
asphalt distributor 13
asphalt drum mixer 13
asphalt ductility 14
asphalt emulsion 13,14
asphaltene 13
asphalt facing 14
asphalt felt 14
asphalt finisher 14
asphalt floor 14
asphalt for paving 926
asphalt friction course 14
asphalt grout 13
asphalt grouting 13
asphalt gutter 13
asphaltic 13

asphaltic oil 13
asphaltite 13
asphalt jute 13
asphalt jute pipe 13
asphalt kerb 13
asphalt kettle 13
asphalt lac 14
asphalt macadam 14
asphalt macadamix 14
asphalt macadamix method 14
asphalt macadam pavement 14
asphalt mastic 14
asphalt mastic waterproofing 943
asphalt mat 14
asphalt mixer 14
asphalt mixing matter 13
asphalt mixing plant 1038
asphalt mixture 13
asphalt mortar 14
asphalt mortar finish 14
asphalt overlay 13
asphalt paint 13,14
asphalt patching 14
asphalt pavement 14,1037
asphalt paving 14,1037
asphalt pipe 13
asphalt plant 14
asphalt powder 13,14
asphalt primer 14
asphalt pump 14
asphalt rock 13
asphalt roofing 909
asphalt roofing felt 15
asphalt-saturated and coated asbestos felt 542
asphalt-saturated and coated felt 15
asphalt-saturated asbestos felt 541
asphalt-saturated loose fabric 968
asphalt saturated rock wool felt 209
asphaltsaturated woven fabric 281
asphalt seal coat 13
asphalt sheet 13,14
asphalt sprayer 13
asphalt spreader 13
asphalt surface 13
asphalt surface treatment 14
asphalt tile 13
asphalt varnish 15
asphalt waterproof 14
asphalt waterproofing 14
asphalt with thermosetting polymer 766
aspheric plate 926
asphyxiation 637
aspirating pipe 230
aspirating pressure 230
aspiration 230
aspiration inlet 230
aspiration pipe 230
aspiration pressure control 230
aspiration psychrometer 230,660
aspiration thermometer 660
aspiration valve 230
aspirator 12,506
Assemblée de Constructeurs pour une Rénovation Architecturale[法] 12
assemble planting 283
assembler 16,269
assemblies 16,450,793,826
assembling 16,268
assembling mark 268
assembly 16,268,592
assembly drawing 269
assembly hall 139,217,219,445
assembly language 16
assembly line 16
assembly mark 532
assembly parts 16,447,450
assembly production 269
assembly program 16
assembly room 139,445
assembly shop 16
assembly time 16
assessment 15
assigned volume 790
assimilation 405,704
assimilation effect 704
assisting grade 925
Assmann psychrometer 15
Assmann's aspiration psychrometer 15
Association of Asphalt Paving Technolo-

gists 89
association of house lessor 164
association of tenants 439
associative memory 16
assortment room 484
assortment space 484
assumed rock-line 503
assumption of small strain 831
Assyrian architecture 20
Assyrian ornament 20
Assyrian style 20
astatic microphone 958
aster 12
Asterionella 12
ASTM 89
AST(atomized suspension technique) methods 89
ASTM (American Society for Testing Materials)standards 89
astragal 12,468,614
astral lamp 12
astronomical clock 701
astronomical latitude 114,700
astronomical longitude 700
astronomical time 700
astronomical unit 700
astylar 959
asymmetry 12,834
ata(Atamosphare Absolut)[德] 16
atelier[法] 24
atelier 532
at-grade intersection 898
Athenai 23
athermanous body 870
atlantes 625
atmometer 24
atmosphere 24,588
atmospheric condenser 588
atmospheric cooling tower 588,589
atmospheric pollution 588
atmospheric pressure 588
atmospheric radiation 588
atmospheric steam curing 464
atmospheric steam heating 588
atmospheric transmittance 588
atmospheric water 216
atmos(pheric)valve 24
atom 301
atomic absorption method 301
atomic emission spectro-chemical analysis 302
atomic energy 24,302
atomic-energy power station 302
atomic-energy research laboratories 302
atomic hydrogen welding 301
atomic weight 302
atomization 250,957
atomized suspended oxidation technique 892
atomizer 24,112,250
atomizing nozzle 250
ato-muffler 24
ATP 30
atrium 24
atrophy 47
attached building 16
attached column 16,663
attached pent-house 663
attachment 16,865
attachment plug 16,381
attack 16
attainment of superelevation 173
attainment of widening 158
attenuation band 303
attenuation constant 303
attenuation of sound 137
attenuation of vibration 492
attenuation ratio 303
attenuator 20
Atterberg limits 20
Atthcya 23
attic 17,119,981
attic base 17
attic floor 119
attic main system 981
attic order 17
attic story 17,119
attic tank 981
Attika[德] 23
attractant 983

attracted traffic volume 229
attracted trip 452
attractive distance 986
attractive force 229
attractiveness 987
attractive radius 986
attractive sphere 986
attribute 20
attrition mill 24
aucuba japonica[拉] 5
audibility 652
audibility factor 652
audible limit 175
audible range 176
audible signal 649
audible sound 175
audience chamber 125
audio 125
audio frequency 175
audiogram 125
audiometer 122,125
audiometric examination room 652
audio noise meter 122
audio-visual 125
audiovisual center 423
audio-visual classroom 423
audiovisual classroom 423
audition 125
audition room 423
auditorium 126,226
auditorium seating 226
auditory 650
auditory acuity 652
auditory display 649
auditory field 652
auger 48,118,154
auger bit 119
auger boring 119
auger conveyer 119
auger delivery 119
auger drive 119
auger feeder 119
auger head 119
auger pile 119
auger spindle 119
August's psychrometer 119
aula[拉] 4
aural signal 136
aureola 133
aureole 133
austenite 123
austenitic stainless steel 123
authorized pressure 758
authorized street parking 336
auto-analyzer 126
Autobahn[德] 4
auto-balanced crane 127
autobicycle 127
autocatalysis 417
autoclave 126,311
autoclave curing 126,311
autoclaved light-weight concrete 89
autoclave expansion test 126
autoclave test 126
autocorrelation function 414
autodoor 126
autogenous healing 990
auto guard 126
autohesion 414,422
auto-level 432
autolift 128
autoline 128
autoloading 128
automated optimal design 430
automatic 127
automatic air valve 430
automatically electric welding machine 431
automatic arc welding 429
automatic ball valve 432
automatic Benkelman beam apparatus 432
automatic boiler control 98,432
automatic burner control 98
automatic cake discharge type filter press 292
automatic change operation device 430
automatic check valve 430
automatic cistern 431
automatic coding 430

automatic combustion control 92,431
automatic control 430,431
automatic control board 431
automatic control device 431
automatic control system 431
automatic control valve 429
automatic design 96
automatic design procedure 431
automatic digital computer 289
automatic discharge-gauge 411
automatic dosing device 431
automatic drafting 431
automatic drain valve 431
automatic exchange 430
automatic expansion valve 432
automatic feed 429
automatic feed water pump 430
automatic filter press 431
automatic fire alarm 429
automatic fire sprinkler 430
automatic flushing 431
automatic flushing cistern 431
automatic flush tank 431
automatic form 431
automatic frequency control 89,454
automatic gain control 92
automatic gas cutting 429
automatic geyser 432
automatic grab 127
automatic intake device 430
automatic lift-trip scraper 127
automatic noise controller 431
automatic programming 431
automatic puller 127
automatic pump station 432
automatic reducing valve 430
automatic regulating apparatus 431
automatic regulating valve 431
automatic regulation 431
automatic regulator 431
automatic respirometer 430
automatic riveter 431
automatic safety device 127
automatic safety valve 429
automatic signal 127,430
automatic siphon 430
automatic softening installation 431
automatic speed governor 127
automatic sprinkler 431
automatic sprinkler system 522
automatic stack 431
automatic starter 429
automatic steering 127
automatic stop 127
automatic stopper 431
automatic stop valve 127
automatic surfacer 429
automatic switch 429
automatic temperature control 429
automatic thermal regulator 429
automatic throttle 431
automatic throttling valve 430
automatic transmission 127
automatic valve 127,432
automatic water closet 430
automatic water-gauge 409
automatic water meter 431
automatic water supply tank 431
automatic water syphon 430
automatic welding 432
automatic window 127
automation 128
automatization 127
automatograph 430,512
automobile exhaust gas 430
automobile road 430
autonomous city 422
auto-oxidation 414
autopark 127
auto-programming 127
autopurification 430
auto-regression 414
auto-regressive model 414
autoroute 128
autostop 126
auto-terminal 430
auto-titrator 431
auto-transformer 126,629
auto-tricycle 126
autotrophic bacteria 957

autotrophic microbe 403
autotrophism 717
autotrophy 402
auto-truck 126
autumnal equinoctial point 454
autumnal equinox 454
Autumn elaeagnus 6
autumn flowering 6
autumn garden 6
autumn manuring 6
autumn planting 6
autumn wood 448,817
autumn wood ratio 448
auxiliary base-line 925
auxiliary boiler 925
auxiliary dam 925
auxiliary fuel 925
auxiliary lamp 1003
auxiliary lane 925
auxiliary line 925
auxiliary point 928
auxiliary projection 925
auxiliary projection drawing 925
auxiliary pump 925
auxiliary station of fire alarm system 644
auxiliary valve 925
auxiliary view 925
auxin 119
auxochrome 479
available depth 1026
available dilution 985
available length of platform 930
available storage capacity 1026
avalanche 743
avalanche preventing forest 743
avantcorps[法] 26
Avarishe Rings 4
aventurine glass 28
avenue 4,118
average annual daily traffic(AADT) 772
average curvature 894
average discharge 895
average error 894
average flow 895
average grade 894
average grain diameter 895
average head 894
average highway speed 895
average illumination 894
average low water 895
average number of storey 894
average of normal water-levels 895
average over-all(travel)speed 894
average power 895
average precipitation 894
average precipitation over area 967
average remaining durable years 895
average sewage rate per day 51
average shearing stress(intensity) 895
average sound pressure level 427
average speed 895
average speed difference 895
average story number of dwelling houses 451
average value 895
average water consumption per day 51
average wind velocity 895
aviary 994
Avogadro's law 29
awning 845
awning (type)window 845
AWT 94
ax 128,849
axe 128,849
axial 412
axial blower 412
axial bolt 412
axial column 412
axial compression ratio 411
axial compressive force 411
axial distance 411
axial flow blower 412
axial flow pump 413
axial force 412,413
axial force diagram(AFD) 412
axial force diagram 413
axial jet velocity 412
axial load 411,412

axial mount 6
axial pump 413
axial reinforcement 412
axial root 656
axial strain 412
axial stress 412
axis 7,411
axis of exposure 382
axis of member 369
axis of revolution 144
axis of weld 996,997
axisymmetrical load 412
axisymmetric condition 412
axisymmetric deformation 412
axisymmetric deformation condition 412
axle 7,494
axle load 412,440
axle of drop hammer 494
axle yoke 7
Axminstar carpet 18
axonometric projection 412,869
azeotropic refrigerant 241
azimuth 11,911
azimuthal projection 911
azimuth angle 911
azimuth bearing 911
azimuth circle 911
azimuth compass 911
azimuth factor 911
azimuth method 911

## B

Baalbek 814
Babbitt metal 809
baby carriage 78
baby cot 995
Babylon 809
Babylonian architecture 809
baby room 902,994
baby spotlight 902
baby square 341
baby switch 38,902
bachelor's dwelling house 622
bach-schüle's exponential formula 805
bacillus 198
back 530
back board 79,535,802,951
back boundary line 79
back chipping 80
back connection 80
back court 80
back current 802
back digger 802
back door 80
back drainage 790
back elevation 790
back entrance 80
backer 516,801
back fill(ing) 23
backfiller 802
back filling 79,80
back-filling concrete 80
back-filling material 80
back filling soil 79
back-filling tamper 80
back fire 226
back-fire 227
back fire 802
back flow 227,802
back-flow preventer 227
back flow preventor 802
back flow valve 227
backflow valve 227
back garden 334
back ground 105
back-ground 782
background 802
background data 699
back-ground music 782
background noise 39,433
background projection 802
background radiation 802
background setting 951
background woody plants 951
backhand welding 802
back hoe(shovel) 802
back hoe bucket 802
back hoe shovel 802
back hook 80

back house 80
backing 79,80,421,802
backing coat 422
backing stone 80
backing strip 79
backing weld 79
back levee 227
back light 803
back lining 80
back marsh 336
back mortaring 80
back-pack extinguisher 788
back plastering 79,80
back pressure 781,802
back pressure turbine refrigerator 781
back pressure valve 781,802
back putty 410
back run 80,803
back saw 802
back service road 80
back side 79,950
backsight 321
back sight 824
back siphon 227
back siphonage 226,227
back site 80
back slope 80
back stage 75,79,159
backstage 802
back stage 865
back stairs 79
backstay 802
backstep sequence 331,802
back-step welding 802
back street 80
back-up lining brick 80
back-up material 802
back vent 789
back venting 789
backward curved blade 75
backward erosion 331
backward radiation 821
backward sight 817
backward type centrifugal fan 318
backward welding 325
back washing 226,227,802
back washing by air and water 261
backwash water 227
backwater 539,784
back-water 802
backwater curve 784
back water pressure 784
back water trap 227
back welding 802
back yard 80,334
backyard 803
bacteria 367,368,795
bacteria bed 367
bacteria filter 795
bacterial bed 795
bacterial colony 367
bacterial corrosion 368
bacterial pollution 795
bactericidal effect 383
bactericidal lamp 383
bacteriological examination 367
bacteriological examination of water 367
bacteriology 367
bacteriology laboratory 367
badminton court 806
baering capacity of soil 421
baffle 805
baffle board 158,583,805
baffle chamber 805
baffled flocculating tank 80
baffle pier 805
baffle plate 442,443,805
baffle wall 915
bagasse 793
bag filter 795,802
baggage rack 796
baggage room 756,796
(rubber)bag moulding 803
bag trap 802,862
Bahn-metal 822
bailer 899
bailey 899
Bailey bridge 903
bailler 903

bailout latrine 269
bain-marie 908
Bakelite 900
bakelite varnish 900
baker 899
baker room 822
bakery room 899
baking 262
baking dryness 978
baking oven 899
baking paint 978
baking soda 450
baking varnish 978
balance 700,812
balance bridge 667,812
balanced arch 812
balanced door 812
balanced draft 667
balanced lever lift bridge 807
balanced steel ratio 667
balanced valve 667
balanced water temperature 896
balance lighting 812
balance of sound 127
balance room 700
balance sash 812
balance weight 812
balance weighter 812
balancing 578
balancing damper 651
balancing machine 667
balancing method 896
balancing moment 252
balancing of exchanged lots 207
balancing relay 812
balancing wheel 812
balcony 808,813,814
balcony access 814
balcony access type 172
balcony front 814
balcony type 175
baldacchino[意] 814
baldachin 814
bale 273,899
ballast 40,443,614,708,811
ballast for shovel packing 409
ballast screening machine 709
ballast-spreader 443
ballast tube 811
ball bearing 933
ball bearing butt hinge 614
ball bearing hinge 933
ball check valve 614
ball clay 932
ball cock 614,932
balled tree 616,801
ballerina check 815
ball flame oil burner 933
ball float valve 232,933
ball flower 614
ball-flower 933
ball game ground 230
ball joint 614,932,933
ball mill 614,934
balloon construction method 814
balloon framed construction 814
balloon tire 815
balloon-tire wheel 815
ball race 934
ballroom 934
ball tap 614,932
ball trap 933
ball valve 73,934
baluster 132,682,811
baluster column 811
balustrade 339,682,1010
Bamberg[德] 821
bamboo 602
bamboo-blind door 517
bamboo bolt 602
bamboo concrete bridge 602
bamboo drain 602
bamboo enclosure 602
bamboo fence 602
bamboo hurdle 602
bamboo lath 352,602
bamboo lathing 602
bamboo-lath transom 121
bamboo mat 602
bamboo mosaic 602

bamboo nail 602
bamboo plywood 602
bamboo powder-post beetle 602
bamboo purlin 980
bamboo rafter 96
bamboo rail 602
bamboo rail fence 602
bamboo reinforced concrete 637
bamboo reinforcement 637
bamboo roof 602
bamboo scale 602
bamboo spatula 602
bamboo wave fence 602
Bambusa multiplex[拉] 921
band 819
band convey 820
banded column 820
band-elimination filter 586
band-exclusion filter 586
banding 819
band level 820
band matrix 129,820
bandpass filter 586
band plate 820
band platform 837
band pressure level 586,820
band saw 129,820
band saw blade 129
band sawing machine 129
band saw(ing) machine 820
band saw sharpener 129
band stand 820
band steel 129
band tape 129,820
band tire 820
band width 586
bank 252,817
bank erosion 153
banking 635,975
banquet hall 103,817
banyan tree 822
baptistery 565
bar 377,781,813,911
bar arrangement 782
bar arrangement drawing 782
bar beach 674
barbed wire 684,986
bar bender 683,809,921
bar bending table 941
barber's shop 1017,1026
Barbiano-Banfi-Peressutti-Rogers 839
barbican 979
Barcelona chair 814
bar chart 1000
bar cropper 796
bar cutter 684,793,914
bar detector 684
bare copper wire 800
bare electrode 800
bare wire electrode 800
bar feeder 809
barge board 49
bargeboard 162
barge board 616,809
barite 449,810,903
barium kitchen 812
barium oxide 390
barium sulfate 1022
barking 195
barking machine 195
bark pocket 59,388
bark scorching 195
bark seam 59
Barminutor 810
barn 635,746,816
barometer 211,530,815
barometric gradient 211
barometric levelling 211
barometric pressure 588
barometric surveying 211
Baroque garden 815
baroque style 815
Baroque style 815
barrack 811
barrel 187,815
barrel bolt 9,266,946
barrel mixer 616
barrel of pump 936
barrel pier 616
barrel roof 187

barrel vault 615,616,816
barren land 338
barricade 813
barrier 872
barrier beach 674
barrier curb 278
barrier line 533
barrier type median 812
barrow 681,763
bar screen 918
bar tracery 806
baryta 390
baryte 449,810
baryte(powder) 810
baryte concrete 810
baryte mortar 810
baryte mortar finish 810
basal fertilizer 224
basal metabolism 220
basalt 308,798
bascule bridge 649
bascule leaf 649
bascule span 649
base 46,104,217,580,808,900
base address 218
base-altitude method 393
baseball ground 978
baseboard 808
baseboard heater 808,900
baseboard radiator 900
baseboard type unit 900
base-coated welding rod 104
base course 220,900
base exchange 105
base failure 678
base frame 900
base-height ratio 220
base-line 220
base line measurement 220
base manure 973
base map 225,900
basement(floor) 633
basement 633
basement drainage 633
basement main system 633
base metal 924
base metal test specimen 924
base of column 643
base of levee 678
base of post 266
base plate 578,677,900,901
base plywood 586
base register 900
base shear 900
base shear coefficient 900
base vector 225
basic 104
basic aluminium choride 104
basic brick 104
basic(roadway)capacity 225
basic(traffic)capacity 225
basic capacity 225
basic clinker 104
basic control point 220
basic control point surveying 218
basic design 896
basic dye 104
basic frame 225
basic investigation 220
basicity 105
basic lead chromate 104
basic lead chromate anticorrosive paint 104
basic life-related facilities 530
basic map 225
basic materials 217
basic module 225,896
basic motion 220
basic nutrients 33
basic park 215
basic pigment 104
basic price 224
basic rate 225
basic refractory 104
basic refractory brick 104
basic rock 104
basic size 218
basic slag 104
basic steel 104
basic structural module 824

basic tolerance 225
basic variable 222
basic welding rod 104
basilica 650,799
Basilica di Constantio[意] 362
basilican church 799
Basilica Palladiana[意] 799
basin 140,566,870,935
basin plug 669
basis hole system of fits 25
basketball court 799
basket capital 799
basque 799
bas-relief 75
Bassai. 803
bass control 799
basso rilievo 75
bastard 799
bat 804,810
batch 804
batch agitator 804
batcher 804
batcher plant 804
batch filter 147
batching 291
batching asphalt plant 804
batch mixer 804
batch precipitation 147
batch process 146
batch system 804
batch type dust destructor 804
batch(cycle)vacuum filter 146
bath 799
Bath 799
bath 983
bath cock 799
bath faucet 799
bathhouse 799
bath-house 889
bath room 799
bathroom 999
bath room fittings 999
bath tub 799
bathtub 998
bath tub 999
bath tub plug 999
bating process wastewater 897
batte board 952
batten 123,760,806,961
battened panel 961
batten of roof truss 354
batten plate 129
batten seam 195
batten seam roofing 195
batter 800
batter board 982
batter brace 920
battered pile 439
batter post 307,982
battery 804
battery car 636
battery plan 804
battery room 636
battery type 804
battlement 479,636,637,895
bat-wing antenna 804
Bauhaus[德] 792
Bauhütte[德] 792
Baumann hardness meter 792
Baume's hydrometer 930
Baur-Leonhardt system 792
Bauschinger's effect 791
Bauschinger's expansion tester 791
bauxite 922
bauxite brick 923
bauxite cement 922
bauxite firebrick 923
bauxitic clay 922
bay(urdan dwelling house) 241
bay 799,894,937
bay bridge 1060
bayonet socket 381
bay window 687,894
baza(a)r 797
BBPR 839
BBRV(Birkenmaier-Brandestini-Ros-Vogt)system 839
BE 823
beach bridge 1060
beach house 834

beach line 676
beach sand 78,809
beacon 487,710,712
beacon lamp 829
bead 123,614,836
bead and quirks 182
bead crack 837
beaded joint 273
beaker 825
beakhead 829
beak moulding 798
beam 338,351,812,840
beam bender 840
beam bridge 295
beam-column 840
beam compasses 376,840
beam cutter 173
beam lamp 840
beam luminous flux 840
beam of non-uniform section 907
beam of uniform depth 707
beam of uniform strength 706
beam optimization 813
beam plan 813
beam seat 295
beam span 295
beam theory 813,840
beam with tapered flange 877
bearing 416,756,894
bearing bolt 402,894
bearing bolt connection 402
bearing capacity 417
bearing column 756
bearing flange 411
bearing hanger 411
bearing of the rising or setting sun 753
bearing panel system 598
bearing pile 416,894
bearing plate 402,894
bearing post 800
bearing power 417
bearing power of soil 421
bearing pressure 402,411
bearing puller 894
bearing-ratio test 417
bearing sleeve 411
bearing spigot 411
bearing strength 402
bearing stress 402
bearing surface 17,295
bearing unit capacity 417
bearing unit stress 402
bearing value 417
bearing wall 598
bearing wall construction 598
bearing wall structure 185
beat 78
beater 834
beat tone 836
Beaufort wind-scale 841
beauty parlour 841
beauty salon 841
Beauvais[法] 912
beaver board 838
Beckmann bolometer 901
Beckmann thermometer 901
bed 901
bed-carrying elevator 490
bed center 901
bed closet 490
bedding 901
bed ground 421
bed house 901
bed joint 410,901,1001
bed lamp 901
bed light 901
bed making 901
bed mortar 410
bed of roofing 858
bed oil paint 990
bedpan washer and sterilizer 905
bed plate 901
bed radio 901
bed-rock 208,215
bedrock 224
bed rock 467,901
bed-rock test 208
bedroom 488
bed-side cabinet 473
bed slope 578

bed system 901
bed town 901
bed width 578
beer brewing process wastewater 847
beer hall 840
Beer's law 894
beeswax 955
beet sugary waste 695
begin 798
beginning of curve(B.C.) 244
beginning of transition curve 836
behaviour 246
behaviour constraint 246
behaviour planning 335
beige 900
bel 904
belfry 477,904
Belgian architecture 904
belit 903
bell 904,1003
bell and spigot joint 381
bell arch 904
bell cot 473
bell gable 473
bell mouth 904
bellows 852,904
bellows type expansion joint 905
bell-tower 477,904
bell trap 904,1060
bell turret 473
bell valve 182
belt 651,904
belt city 129
belt conveyor 904
belt drive 904
belt fastener 904
belt feeder 904
belt filter 904
belt finishing 904
belt line city 591
belt pulley 195
belt sander 904
belt screen 904
belt tension 904
belt transmission 904
belvedere[意] 904
Belvedere 904
bema[希] 903
Benares 902
bench 907
bench abutment 907
bench board panel 907
bench cut 619,907
benchmark 500
bench mark 825,907
bench photometer 907
bench scale 907
bench vice 596
bend 908,938,1060
bend curvature 938
bender 907
bending 133,941
bending crack 941
bending creep test 941
bending elasticity 941
bending fatigue test 941
bending member 941
bending moment 941
bending moment diagram 825
bending moment diagram(BMD) 941
bending reinforcement(around opening of wall) 941
bending strength 328,941
bending stress 941
bending test 941,1060
bending tester 267
bending theory 941
bending unit stress 941
bending vibration 941
bend joint 908
bend loss 267,938
bend of a river 195
bend pipe 243,908
bend test piece 941
bend type expansion joint 908
bend union 908
Benediktinerstift 966
beneficiary charge 456
benefit assessment 456
benefit-cost analysis 844

Benkelman beam 906
Benoto machine 902
Benoto method 902
Benoto pile 902
Benson boiler 907
bent bar 133
bent(up)bar 941
bent glass 941
benthos 675,908
bentonite 908
bentonite stabilizing fluid 908
bentonite treatment 908
bent-up bar 133
bent up bar 133
bent wood 941
bent wood chair 941
bent wood for coved ceiling 132
benzene 907
benzene hexachloride 824
benzene hexachloride (BHC) 1055
benzidine 906
benzol 907
Berlage's formula 904
Berlin blue 904
berm 57
Bernoulli-Euler's assumption 904
Bernoulli's equation 904
Bernoulli's theorem 904
Berry type strain meter 903
berth 291,799
beryllium 903
Bessel function 901
Bessel's ellipsoid 901
Bessel's method 901
Bessel's spheroid 901
best quality brick 476
beton[德、法] 902
betterment 148
Betti's law 901
Betti's reciprocal theorem 901
Betula sp.[拉] 208
bevel 439,966
bevel angle 903
bevel gear drive 903
beveling 967
bevel joint 575
bevelled halving 763
bevelled housing 172
bevelled washer 744
bevel siding 44,747,1004
bewing (branch) 617
"B"Fire door(window) 125
BHC 824
B-horizon 834
BI 823
bias light 781
bias lighting 781
biaxial stress 750
bib 839
Bibliothèque Nationale 813
Bibliothèque Sainte-Geneviève[法] 397
bicarbonate 452,621
bicarbonate alkalinity 452
bicarbonate hardness 452
bicycle and pedestrian path 429
bicycle racing track 292
bicycle track 429
bid 756
bidder 756
bidet[法] 836
bid opening 140
bid price 756
Biedermeierstil[德] 834
biennial 96
biflow filter 1025
biflow filtration 755
big fire 586
big log 118
big nail 117
big square 117
bilateral lighting 1025
bilection 74
bi-linear 566
bilinear 790
bilinear factor 790
bilinear hysteretic system 790
bilinear plasticity 571
billet 847
billet timber 1059
billiard room 230,614,847

billiard saloon 706
billiard table 234,614
bill of materials 376
bill of quantities 508,847
bimetal 790
bimetallic element 749,790
bimetallic thermometer 790
bimetal thermostat 790
bimetal type dial thermometer 790
bin 849
binary computer 788
binaural effect 1025
binder 347,351,791
binder course 220,296,791
binding 296
binding agent 296,547,771
binding bolt 791
binding material 549
binding metal 252
binding power 547
binding wire 252,296,791
bind post 791
bine plants 668
binominal distribution 750
bioassay 537,781
bio-catalyst 533
biocatalyst 535
biochemical decomposition 537
biochemical engineering 537
biochemical oxygen demand(BOD) 537
biochemical oxygen demand 825
biochemistry 530
biochemistry laboratory 530
bioconcentration 537
biological activity 537
biological clarification plant 537
biological community 537
biological concentration 537
biological control 538
biological examination 537
biological examination of water 537
biological film 538
biological film of filter 1049
biological film sloughing 538,607,795
biological filter 538
biological flocculation 537
biological index 537
biological index of water pollution (BIP) 537
biological index of water pollution 823
biological monitoring 537
biological oxidation pond process 537
biological oxidation process 537
biological process 538
biological survey 537
biological treatment 537
biology 537
bioluminescence 537
biomass 535
biomembrane 538
bionics 781
bio-oxidation 537
bioseston 537
biosorption 781
biosorption process 781
bio-sphere 537
Biota orientalis[拉] 351
biotic community 537
biotic environment 537
biotic index 537,823
biotite 280
BIP 823
Birám's wind meter 847
birch 183
Birch 208
bird-bath 806
bird's beak moulding 798
bird's eye figure 649,733
bird's eye grain 649,733
bird's eye view 257
bird's-eye view 649
birdy back 806
Birmingham standard 810
biscuit 217
bit 835
bit gauge 835
bit key 912
bittern 265,749
bitumen 834,1035
bitumen coating 1037

bituminous coal 1037
bituminous emulsion 1037
bituminous insulating paint 1037
bituminous macadam pavement 1038
bituminous mastic 1038
bituminous material 1037
bituminous penetration(macadam)base course 492
bituminous stabilization 1037
bituminous substance 1038
bituminous surface treatment 1038
black bamboo 281
black base 875
black body 204,343
black body radiation 343
black body temperature 343
black bolt 280,282
black brick 875
black coating 281
black glass 343
black granite 282
black hole 875
black iron sheet 280
black light 875
black light lamp 875
black liquor 342
black liquor combustion process 342
Black locust 753
black nut 280
black out 875
black paint 280
black persimmon juice 525
black persimmon wood 280
black pigments 343
black pipe 280
black powder 343
blacksmith 163
blacksmith welded joint 624
black surface 875
black varnish 283,1038
black water 280
blade 718,781,807,884
blade grader 954
bladeless pump 884
blade of water turbine 500
blade wheel 884
Blaine's air permeability method 885
Blaine test 885
Blaine test method 886
blank 877
blank arcade 877
blank arch 877
blanket 877
blank flange 962
blast 573
blast coil 261
blast freezing 574
blast furnace drainage 994
blast furnace dust scrubbing wastewater 994
blast furnace lining 341
blast furnace slag 341
blast furnase gas scrubbing wastewater 341
blast hole 795
blast-hole drill 875
blasting 685,795,805,875
blasting explosive 795
blasting fuse 795
blasting impulsive wave 795
blasting mat 875
blasting operation 574
blasting powder 380
blasting test 795
blasting work 805
blast nozzle 574
blast pipe 573
bleached fiber 388
bleached glue 388
bleaching 761
bleaching agent 388
bleaching by chlorine gas 108
bleaching by oxidation 390
bleaching liquid 388
bleaching powder 388,844
bleed 742
bleeder type condenser 879
bleeder well 299
bleeding 74,549,751,879
bleeding recovery 643

bleeding water 879
blended cement 361
blended portland cement 361
Blenheim Palace 884
blighted area 18,337
blighted (twilight) area 795
blik[荷] 878
blind 825,874
blind arcade 962
blind crack 483
blind flange 962
blind lattice 963
blind nail 157,433
blind nailing 157
blind operator 874
blind panel 962
blind school 968
blind seat 668
blind storey 874
blind story 962
blind vent 962
blind wall 962
blind window 962
blistering 862
blizzard 879
block 138,139,176,253,552,887
block applied method 897
block architecture 887
block capital 887
block chamber 887
block diagram 887
block hole 887
block house 887
block ice 140
block-in course bond 436
blocking 897
block plan 409,786,887
block planning 139,786
block section 897
block sequence welding 887
block signal 897
block stone pavement 545
block tin 61
block work 896
block yard 887
blondel 889
blood adhesion 295
blood-albumin 447
blood albumin glue 295
blood examinating room 295
Bloodworm(Tendipes) 6
blow (of air stream) 710
blow 886
blow-by gas 888
blow down 762
blower 564,573,889
blow hole 216
blow-hole 224,859
blowhole 888
blowing 886
blowing burner 574
blow lamp 889
blow moulding 858
blown asphalt 889
blown glass 858
blow-off cock 858
blow-off pipe 737,786
blow-off valve 737,786,858
blowoff ventilation 501
blow-off ventilation 501
blow-pipe 497
blow pipe 858,888
blow torch 888
blow-up 886
blow valve 888
blue 880
blue asbestos 534
blue black 881
blue brick 283
blue brittleness 536
blue grind stone 5
blue pigment 533
blue powder 4
blue print 5,881
blue rot 5
blue shortness 536
blue sky light 532
bluestone 5
blue vitriol 628
blurs 61

blush(ing) 801
BM 825
BMD 825
board 808
board eaves 49
boarded ceiling 49,812
boarded door 49
boarded floor 48,49
board fence 49
boarding 48,49,988
boarding fence 48
board joint 49
board measure 929
board partition 48
boat course 929
boat house 672,929
boat-like stone 870
BOD 825
BOD auto-analyzer 825
BOD loading 825
BOD-MLSS loading 825
BOD test 825
BOD volume loading 825
body 578,928
body force 868
body of plane 208
body varnish 928
body waves 427
boggy water 472
bogie 922
boglime 346,923
bog soil 473
Bohemian glass 930
boiled linseed oil 749
boiled oil 911
boiler 187,443,744,910
boiler alarm 910
boiler bed 911
boiler blasting 911
boiler capacity 911
boiler casing 910
boiler compound 911
boiler compounds 531
boiler corrosion 911
boiler drum 911
boiler feed water 910
boiler fittings 911
boiler gauge 910
boiler grate 910
boiler horse power 911
boiler house 911
boiler jacket 911
boiler lagging 911
boiler mountings 911
boiler output 911
boiler plant 911
boiler pressure 910
boiler rating 911
boiler room 910,911
boiler scale 910,911
boiler seat 910
boiler seating 911
boiler shell 911
boiler shield 910
boiler stool 911
boiler support 910
boiler suspender 911
boiler tube 910
boiler tube cleaner 910
boiler water 911
boiler(supply)water 911
boiling 443,868,911,1057
boiling point 868
boiling test 443
boiling treatment 443,471
boil seasoning 443
bolection 74
bollard 924,930
bolometer 860,934
bolster 597,932
bolt 9,388,933
bolt bar 1006
bolt clipper 933
bolt drill 748,933,970
bolted joint 933
bolted(fish-plate)splice 933
bolt gauge 933
bolt hole 933
bolt(ed) joint 933
bolt pitch 933

bolt tightener 933
Bombay black wood 600
Bombe[德] 936
bomb shelter 914
bond 867,935
bond clay 935
bonderite process 935
bonderized sheet iron 935
bonderizing 935
bondfixing 935
bonding 549,779
bonding energy 549
bonding mortar 296
bonding strength 935
bonding strength of glue joint 549
bonding temperature 549
bondless post-tensioning 935
bondless pretensioning 935
bond stone 825,826
bond strength 296,546,867
bond stress 867
bond test 867
bond unit stress 867
bone black 348,934
book case 868
booking office 459
booking window 459
book rack 935
book shelf 480,935
book shop 936
book store 936
book vault 479
Boolean algebra 881
Boolean variable 1055
boom 872
boom cylinder 872
boom lifting ram 872
boom town 872
booster 864
booster coil 864
booster compressor 864
booster fan 864
booster pump 290,464,566,644,864
booster pump station 644
booth 864
Boots Chemical works 867
boot strap heat pump 765
boracic acid flint glass 915
boral 930
border 927,1029
border button 927
border flower bed 238
bordering 867
borderless mat 903
border light 927
borderline 927
border line 1029
borderline of land 724
border line of lot 409
border pen 870
border planting 238
bored pile 79
bored well 379
bore hole 379
bore hole well 932
borerproof plywood 919
borer wood boring machine 972
boring 558,932
boring chisel 558
boring log 932
boring machine 558,932
boring test 558
boring tool 558
born city 488
Borneo ironwood 933
Borobudur 934
borocalcite 934
boron 919
boron glass 934
borosilicate crown glass 914
borosilicate glass 914
borrowed scenery 442
borrowing-pit 726
borrowing space 442
borrow material 369
borrow-pit 726
Bosanquet and Pearson's diffusion formula 924
boss 131,663,728,925
bot[泰] 929

botanical garden 479
bottled drinking water 849
bottle jack 717
bottle mixer 929
bottleneck 929
bottleneck road 238
bottle trap 849
bottom 187,201,578,929
bottom bar 422
bottom board 433
bottom chord 160
bottom chord member 160
bottom deposit 678
bottom discharge 929
bottom door 929
bottom dump bucket 143
bottom dumper 578
bottom emptying gallery 678
bottom end 973
bottom grass 421
bottom heading 675
bottom-hinged in-swinging 827
bottom-hinged in-swinging window 827
bottom of bore hole 25
bottom outlet pipe 678
bottom radiator bracket 920
bottom rail 422,438
bottom reinforcement 422
bottom slope 578
bottom sludge 902
bottom stratum 678
botton lining 578
boulder 613,697
boulder concrete 613
boulder foundation 613,614
boulder paving 613
boulder wall 613
boulevard 746,848
boulevard[法] 881
bouncing 792
boundary beam 236
boundary condition 112,236,454
boundary effect 236
boundary face 148
boundary layer 236
boundary line 236
boundary line of adjacent land 1030
boundary line of street 714
boundary region 236
boundary stress 236
boundary surveying 635
boundary value 236
bounding 469
bound water 296
Bourdon gauge 881
Bourdon's tube 881
Bourdon tube thermometer 881
Bourneville 935
Boussinesq's equation 863
bow beam 921,930
bow-beam 992
bow crook 992
bow-drill 937
bow drill 1048
bowed height 980
bowel mixer 717
Bower-Barff process 815
bowl 388,718,818,921
bowl-classifier 921
bowling stadium 921
bow saw 668,926
Bow's notation 792,922
bowstring beam 992
bowstring girder 992
bowstring truss 231,918
bow window 912,992
box 411
box(seat) 928
box beam 797
box column 797,928
box culvert 264,928
box frame construction 185
box frame type reinforced concrete construction 186
box frame type shear wall 185
box girder 797,928
box girder bridge 797
box girder bridge with steel plate floor 324
box girder crane 928

box gutter 797
boxing 79,776,927,981
boxing arena 923
boxing field 923
box joint 269
box lumen meter 797
box scene 928
box section 797
box section column 797
box section member 797
box set 928
box-shaped ridge 797
box-shear apparatus 797
box shear apparatus with a single surface 52
box spanner 797,928
box spreader 928
box spring bed 928
box switch 797
box wedging 414,943
box wrench 928
Boyle-Charles'law 911
BR 823
brace 77,94,825,883
braced arch 883
braced -chain suspension bridge 883
braced frame 512
braced rib arch 146
braced tied-arch 883
brace of roof truss 354
bracing 31,512,883,884
bracing piece 883
bracket 74,78,702,874,971
bracket lamp 186,874
bracket lighting 874
bracket metal 74
brackish water 219
brackish-water lake 219
bragility coefficient 536
braid 840
braided asbestos packing 884
braided door 30
braided intersection 604
brain storming 885
brake 882
brake horsepower 882
brake lag 536
brake lever 882
brake paddle 882
brake parking lever 882
brake shoe 882
brake step 882
brake truss 882
brake-van siding 197
braking 536
braking distance 536
braking force coefficient 536
braking load 536
braking power 882
braking system 882
branch 878
branch and bound method 890
branch-and-bound method 890
branch center 891
branch circuit 890
branch cutting 1060
branched-attitude 94
branched channel 890
branched flue system 878
branch feed pipe 233
branching network 989
branching point 890
branch interval 878
branchlet pruning 798
branch line 419
branch loss 890
branch pipe 94,406,890
branch river 799
branch sewer 294
branch-shaped timbering 94
branch switch 878,890
branch unit of neighbourhood 255
branch winding 941
brandy distillery waste liquor 878
brashness 534
brass 115,491
brass bar 491
brass ferrule 115
brass pipe 115,491
brass plate 491

brass plating 115
brass sheet 115
brass solder 491
brass trap 115
brass tube 115
brazed nipple 491
brazing 1047
brazing filler 1046
brazing filler metal 1046
brazing solder 115
break 1060
breakage 800
break-down maintenance 415
breaker 441,797,882
breakfast room 650
breaking 133,665
breaking energy 792
breaking joint 78,981
breaking load 792,882
breaking moment 792
breaking of shear 561
breaking point 792
breaking section 792
breaking strain 792
breaking strength 792
breaking stress 792,800
breaking stress test 117
breaking unit strain 792
breaking unit stress 792
break joint 1020
breakline 800
break-point 885
break-point chlorination 885
break-through 601
break through 1046
break-through point 209
breakwater 921
breast height diameter 237
breast wall 241
breather pipe 44
breather valve 342
breathing line 342
breccia 159
breeding station 45
breeze-line diffuser 879
brick 746,867,1041
brick arch 879,1041,1042
brick bridge 1042
brick building 1042
brick chimney 1041
brick clay 1042
brick construction 1042
brick course 1042
brick defect 1042
brick enclosure 1042
brick fencing wall 1042
brick flaw 1042
brick floor 1042
brick for wedge use 552
bricklayer mason 1042
brick laying 1042
brick lining 879
brick machine 879
brick masonry 1042
brick nogging 972
brick pagoda 563
brick pavement 1042
brick paving 1042
brick red 879
brick spread foundation 622
brick wall 1042
brick work 1042
bridge 243,798,879
bridge board 381
bridge circuit 879
bridge crane 798,879
bridge deck 879
bridge deck pavement 242
bridged rotary interchange 1016
bridge floor 239
bridge form 879
bridge girdors erection equipment 170
bridge inspecting vehicle 243
bridge on slope 336
bridge pier 237
bridge port 879
bridge reamer 879
bridge seat 238
bridge side walk 240
bridge site 154

bridge sleeper 243,798
bridging 879,884
bridging batten of floor post 762
bridle path 806
bright band 873
bright field 961
bright line spectrum 220
brightness 153,222,873
brightness contrast 222
brightness distribution 222
brightness of window surface 945
brightness ratio 222
brilliance 880
brine 202,873
brine agitator 874
brine cooler 874
brine evaporator 874
brine expansion tank 874
brine freezing 108,874
Brinell hardness 879
Brinell hardness test 879
brine pipegrid-coil system 874
brine pump 874
brine tank 874
briquette 1044
briquet test specimen 879
brise-soleil[法] 879
bristol glaze 879
British Museum 879
British Standards 824
British thermal unit(BTU,Btu) 88
British thermal unit 836
British zonal method 44
brittle coating method 116
brittle fractural face 534
brittle fracture 534
brittle material 534
brittleness 534,976
brittle point 531
broach 710,887
Broadacre City 888
broad-axe 941
broadcasting equipment 919
broadcasting station 919
broadcasting tower 919
broad-crested weir 332
broad crested weir 808
broad-gauge 316
broad-gauge railway 316
broad leaf deciduous tree 1006
broad-leaved tree 178,339
broad-leaved wood 339,985
broken gravel 371
broken line 799
broken-out section 800
broken pediment 886
broken-section 800
broken-section line 800
broken stone 274,1059
broken stone chip 611
broken stone foundation 1059
broken work 1011
broletto[意] 889
bromine 450
bronze 536,889
bronze pigment 889
brooklet 375
broom 881
broom closet 570
broom finish 913
broom finishing 913
brown 175,874
Brown and Sharpe 874
browncoal 17
brown coal 177
brown coal-tar 177
brown coat 644,646,661,742
brown haematite 177
brown paint 176
brown pigment 176
brown rot 5
browsing room 874
brucine method 881
Brunt's formula 881
brush 796,875
brushability 796
brush aeration 874
brush coating 796
brush cutter 874
brush finish 796,797

brushing 960
brush mark 797
brushwood fence 433
Brutalism 881
BS 824
BSM 824
BTC 836
BTU 836
bubble 36,805,955
bubble agitation tank 224
bubbled aeration 224
bubble extinguisher 36
bubbler 809
bubble resin 36
bubble tube 224
bubble tube axis 224
bubble viscometer 36
bubbling 36,805
bubbling tower 224
bucket 796
bucket-and-chain dredge 796
bucket carrier 796
bucket conveyer 796
bucket current-meter 796
bucket cylinder 796
bucket dozer 796
bucket dredger 796
bucket elevator 796
bucket excavator 796
bucket grab 796
bucket ladder 796
bucket pump 796
bucket tip-back 796
bucket trap 796
bucket trencher 796
bucket valve 796
bucket wheel excavator 796,1044
buckle plate 803
buckling 379,803
buckling coefficient 380
buckling constraints 380
buckling curve 379
buckling length 380
buckling load 379
buckling strength 380
buckling stress 379
buckling stress(intensity) 379
buckling time 380
buddhist architecture 868
buddhist temple 191
Buddhist temple 688
budget management 1001
bud mutation 94
buds off 955
bud sport 94
Buerger maple 704
buff 809
buffer 201,805,924
buffer action 201
buffer green belt 202
buffer index 201
buffering effect 201
buffer memory 201
buffer rail 278
buffer solution 201
buffer stop 278
buffeting 809
buggy 763,793
builder 303,305,543,847
builder's jack 305
building 88,151,306,610,847,848
building activities and losses 306
building activity 304
building acts 305
building administration 305
building agreement 305
building and repair 87
building area 306,609
building as capital 610
building block 306
building boon cycles 305
building capital 305
building code 306
building construction 305,848
building contract 305
building contractor 304
building control 306
building cost 306
building coverage 306,308
building demand 610

building demolition 610
building density 306
building drain 610
building economy 305
building element 823,848
building engineer 305
building equipment 305,306
building equipment drawing 306
building evacuation 610
building frame 265
building fund 305
building height (up to ridge) 959
building industry 304,305
building investment 306
building labour 307
building law 306
building line 305,306
building lot 601
building materials 305
building of radial plan 986
building of reinforced concrete construction 683
building of steel frame construction 684
building of wooden construction 969
building operation 610
building plot 305
building price 610
building production 305
building project 610
building regulation 306
building sewer 409
building site 305,307,322
building square 306
building standard 305
building subdrain 610
building supply 610
building team 306
building-to-land ratio 308
building trap 610
building type 305
building use 610
building volume 306
building work 305
building zone 306
build labourer 307
built area 405
built-in 304,663
built-in edges 79
built-in end 79
builtin function 268
built-in furniture 663
built-in gutter 77
built-in lighting 663
built-in sash 663
built-in support 79
built-up arch 268
built-up area 213,219
built-up beam 162,269
built-up column 268,269
built-up compression member 268
(reinforced concrete) built-up culvert blocks 268
built-up frame 268
built-up girder 268
built-up glued beam 332
built-up joint 268
built-up member 268,269,848
built-up pier 269
built-up purlin 269
built-up section 268,269,450
built-up truss 361
built-up type scaffolding 268
built-up welding 750
bulb 814
bulb angle 814
bulbous dome 567
bulb pile 231
bulcuterion[希] 881
bulk 160,811,814
bulk cargo wharf 811
bulk cement 811
bulk delivery 814
bulk density 617
bulk district 995
bulk-district 995
bulking 814,862
bulking agent 453
bulking of sand 519
bulking sludge 912

bulk loading 811
bulk modulus 593
bulk modulus of elasticity 592
bulk specific gravity 162
bulk strain 593,995
bulk stress 592
bulky refuse 580,920
bulk zoning 995
bulldozer 122,881
bulletin-board 288
bull-nose trowel 966
bull wheel 881
bumper 821
bunching 439
bundle 273,575,899
bundled bar 611
bungalow 816
bunk 817
bunk bed 753
bunker 816
bunker room 816
bunsen burner 891
buoy 871
buoyancy 880
burberry 809
bureau 841
burette 841
burglar alarm 712
buried depth 937
buried fire hydrant 458
buried pier 237
burl 352
Burmese architecture 848
Burmese style 848
burned degree 473
burned lead joint 745
burned product 472
burned sienna 820
burner 771,806
burner port 105
burning by catching fire 1031
burning resistance 595
burnt area 471
burnt brick 472,979
burnt clay 472
burnt contraction 472
burnt dolomite 472,978
burnt down 559
burnt gas 771
burn through 718
burnt kiln 472
burnt lime 472
burnt refractory 472
burnt shrinkage 472
burnt temperature 472
burnt umber brown 820
burnt zone 472
burr 57,940
bursting disc 814
bursting pressure 814
bursting strength 795
bursting test 814
burtoning shifting guy system 300
burton system 300
bus 799
bus bay 799
bus duct 799,864
bush 806,868
Bushclover 794
bush hammer 831
bush hammered finish 831
bushing 806,868
business area 469
business center 436,831
business district 242
business hotel 831
business room 86
business street 241
bus lane 799
bus priority lane 799
bust 799
bus terminal 799
bus trailer 799
butadiene 866
butadiene rubber 823,866
butane 866
butanol 866
butanol stillage 866
butt 36,652
butt end 343

butter 779
butterfly damper 649,800
butterfly hinge 649
butterfly nut 652
butterfly screw 649
butterfly shaped roof 800
butterfly table 800
butterfly throttle valve 800
butterfly valve 649,800
butt hinge 544
butt joint 58,473,572,661,662,804
butt junction 661,662
button 666,806,927
button head rivet 947
button telephone 927
butt resistance welding 661
buttress 381,805,825
buttress dam 825
buttressed abutment 872
buttressed retaining wall 805,825,872
buttressed type retaining wall 381
butt rivet joint in three rows 399
butt seam weld(ing) 804
butt seam(resistance)welding 804
butt strap 961
butt-type heat insulating material 804
butt welded joint 661
butt(resistance)welder 805
butt welding 2,470,661
butyl rubber 867
butyric acid 1006
Buxus microphylla var japonica[拉] 663
buzz 799
buzzer 863
buzz saw 799
by-pass 94,575,788
by-pass condenser 788
by-pass damper 788
by-pass factor 788
by-pass pipe 788
by-pass valve 195,578,634,788,861
bypass vent 749
by-pass water-meter 861
by-path 788
bypath 861
by-path meter 861
by-product 860
by-product lightweight aggregate 860
Byzantine architecture 830
Byzantine style 830
Byzantium 830


## C


cab 227
cabaret 228
cabbage rose 538
cabin 423
Cabinen taxi(CAT) 228
Cabinen Taxi 403
cabinet 228
cabinet hardware 228
cabinet heater 228
cabinet lavatory 228
cabinet-maker 156
cabinet maker 228
cabinet making 228
cabinet panel 892
cabinet speaker 228
cabinet urinal 228
cable 297,701
cable band 297
cable bond 297
cable box 297
cable car 297
cable clamp 297
cable clip 297
cable conveyer 297
cable crane 297,380
cable duct 297
cable erection 297
cable excavator 297
cable head 297
cable lift 297
cable moulding 747
cable-net structure 297
cable network 297
cable railroad 297
cable railway 320
cable saddle 297

cable scraper 297
cable shoe 297
cable-stayed bridge 441
cable-suspension bridge 297
cable-way 297
cableway 380
cable winch 650
cable work 297
caboose siding 197
cab tire 228
cabtyre cable 228
cabtyre cord 228
cabtyre wire 228
CAD 403
cadaster 637
cadastral map 637
cadastral surveying 637
cadastration 637
cadmium 181
cadmium disease 181
cadmium poisoning 181
cadmium-polluted fertilizer 181
cadmium red 181
cadmium sulfide 1021
cadmium yellow 181
CA' d'Oro[意] 181
CAD(computer-aided design)system 403
CAE 402
cafeteria 184
cafe-terrace 184
cage 160,292
cage type induction motor 160
caisson 295,557
caisson disease 295,557
caisson foundation 295,557
caisson method 295
caisson separator 295
caisson work 557
cake 292
cake filtration 292,1049
cake production 292
caking 292,771
calamity 366
calamity danger district 366
calamity danger energy 366
calamity foreknowledge 367
calamity-prevention green way 915
calamity-prevention open space 915
calamity statistics 366
calamity survey 366
calandria 191
calary per day 194
calcimeter 193
calcimine 193
calcination 164,193,783
calcination of lime 544
calcination temperature 783
calcinator 192,193
calcined dolomite 165,783
calcined gypsum 165
calcined magnesia 165
calciner 192,783
calcining kiln 783
calcining machine 783
calcining oven 192,783
calcining zone 165,193
calcite 912
calcium 193
calcium bicarbonate 452
calcium carbide 193,618
calcium carbonate 193,448,620,621
calcium carbonate scale 620
calcium chloride 103
calcium hardness 193
calcium hydroxide 499
calcium hypochlorite 401
calcium hypochlorite process 401
calcium lime 534
calcium oxide 389
calcium silicate 287
calcium silicate heat insulating material 287
calcium sulfate 1021
calcium sulfoaluminate 193
calc-sinter 544
calculated term of works 287
calculation 287
calculation error 287
calculation of vibration isolation 917
calculative cost 287

calculator 193
caldarium[拉] 193
caldron 187
calendering 194
caliber 229
calibration 229
calibration curve 309
California bearing ratio 434
call bell 357,1003
call box 357,701
call indicator 356
calling-on signal 987
call sign 356
callus 193
call wire 1003
calm 742
calomel electrode 194
calorie 194
calorie-day 194
calorific power 805
calorific value 194,805
calorimeter 194,769
calorimetry 194,769
calorizing process 194
calorizing steel 194
calory 194
Calowlex glass 194
calx[拉] 193
cam 188
camber 9,229,582,958
camber angle 209
camber arch 229
camber barge board 191
camber barge-board 958
cambered beam 958
camber gable 958
cambering machine 229
camber roof 958
cambium 289
Cambodian style 209
cambric 208
cam drive 188
Camellia 665
Camellia sp.[拉] 665
cameo 188
cameo glass 188
camera axis 382,440
camera station 383
camion[法] 187
camouflage[法] 188
campaign 229
campanile 183
campanile[意] 208
campanile 477
Campbell-Stokes' heliograph(sunshine re corder) 209
Campbell-Storks'pyrheliometer 229
camphor tree 265
Campidoglio[意] 208
camping school 1029
campo santo[意] 209
Campsis chinensis[拉] 774
camp site 229,978
campus 229,334
campus plan 229
campus planning 229
cam shaft 188
cam shaft timing gear 188
canal 82,182,507
canal bridge 82
canal garden 82
canal harbour 82
canalization 82
canal lift 82
canal port 82
canal reach 82
canal surveying 82
canary 182
canary bulb 182
cancelli[拉] 206
candela 207
candela(cd) 489
candle 478,480
candle power 480
candle-power distribution 782
candy store 229
cane chair 304
canker 705
canned motor pump 229
canned pump 229

canning waste 203
canopy 29,228,250,690,829,1029
canopy closure 78
canopy door 228
canopy side-walk 673
canopy switch 183
canria[西] 182
cant 173,207
cant gradual-decrease distance 207
cantilever 207
cantilever arm 174
cantilever beam 173,174,662,813
cantilever beam bridge 662
cantilever bridge 173
cantilever crane 174,207,665
cantilever erection 174,207
cantilever footing 174
cantilever girder 174
cantilever retaining wall 174
cantilever rigid frame 174
cantilever sheet pile 174
cantilever span 174
cantilever truss 174
cantilever viaduct 662
canvas 208,229,929
canvas awning 761
canvas belt 208
canvas chair 229
canvas connection 229,760
canvas hose 229,761
cap 122,227,266,357,911
capacitance 184,228
capacitor 228
capacity 228
capacity control 999
capacity of fire pump 936
capacity of trickling filter 394
capacity of water supply 233
capacity regulating valve 999
capacity regulation 999
capa veneer[葡] 178
cap bolt 228,862
cap cable 227
cape-jasmine 266
capenter's tool 972
capillarity 228,968
capillary 228
capillary action 968
capillary condensation 968
capillary filter 228
capillary filtration 968
capillary tube 228
capillary viscosimeter 367
capital 184,228,343,460,647
capital ornament 647
Capitol 228
capitol 347
cap nut 227,862
Cappélla Sistina[意] 418
capping 227
capping stone 161,203
cap screw 227
capstan 178
capstan winch 178
capstan windlass 178,185
capsule 220
caput fibulae height 172
car 138,160
caramel 228,369
carat 190
caravansary 228
caravanserai 228
carbamide 758
carbide 183
carbide slag 183
carbide waste 183
carbohydrate 622
carboid 186
carbolic acid 541
carbon 624
carbonaceous exchanger method 541
carbonaceous refractory 625
carbonado 186
carbon-alcohol extract 402
carbon amber glass 186
carbon arc 186
carbon arc cutting 624
carbon arc lamp 624
carbon arc welding 624
carbonate 620

carbonate hardness 620
carbonate water 621
carbonating 620
carbonation 620
carbon black 187,625
carbon brick 626
carbon chloroform extraction 415
carbon dioxide 620,750,959
carbon dioxide gas extinguisher 620
carbon dioxide gas extinguishing equipment 620
carbon dioxide gas refrigerator 620
carbon dioxide gas shielded arc welding 620
carbon dust filter 186
carbon electrode 625
carbon equivalent 625
carbon fiber reinforced concrete(CFRC) 186
carbon filament bulb 625
carbon filament lamp 186,625
carbon filter 626
carbonic acid 620
carbonic acid gas 620
carbonic oxide 390
carbon iron 625
carbonization 618
carbonization plant 618
carbonized cork 618
carbonized flame 618
carbonized fuel 618
carbonized test 618
carbonizing process 491
carbonizing steel 491
carbon microphone 625
carbon monoxide 53
carbon monoxide detector 53
carbon monoxide poisoning 53
carbon packing 625
carbon ratio 625
carbon refractory 625
carbon remover 187
carbon rod 187
carbon source 625
carbon steel 186,403,625
carbon steel rail 625
carbon tetrachloride 404
carborundum 186
carborundum brick 186
carborundum refractory 186
carborundum tile 186
carboxymethyl cellulose(CMC) 194
carboxymethyl-cellulose 404
carbureter 184
carburetor 184
carburetted water gas scrubbing wastewater 573
carcase 153
carcass 153
carcass roofing 153
carcinogen 801
card 180
cardan drive 193
cardan joint 175,193
cardan shaft 193
cardboard drain 188
card box 970
card code 181
carden 175
card file box 970
cardinal point 911
card of work order 378
card punch 181
card puncher 181
card reader 181
card room 181
card table 181
car dumper 175
card verifier 181
car elevator 430
caretaker's room 209
cargo handling winch 756
cargo handling wire rope 756
cargo truck 160
car inspecting track 302
car lift 192,430
car lock 194
Carlson type strain gauge 193
carmine 187,211,998
carnation 182

Carnot refrigerating cycle 193
Carnot's cycle 193
Carnot's principle 193
Carolingian architecture 194
car ownership rate 430
carpenter 589,971
carpenter's band saw 971,972
carpenter's band saw(ing) machine 972
carpenter's file 972
carpenter shop 972
carpenter's square 381
carpenter's tool 589
carpenter's work 589,972
carpentry 589,972
carpet 186,452
carpet bed 968
carpet-coat 186,795
Carpinus[拉] 268
Carpinus sp.[拉] 429
car-port 186
carrage way 229
carrel 229
car-replacer 891
carriage 226,229,741
carriage porch 229
carriage prepaid 973
carriageway 442
carrier 229,816
Carrier chart 229
Carrier diagram 229
carrier gas 229,712
carrier interphone 818
carrier of germs 923
carrier telephony 818
carrier wave 819
carry 228
carry-all 228
carry-all scraper 228
carrying rod of ceiling 667
carry-over 228,842
carry-over factor 710
carry-over moment 710
carry scraper 228
Carson Pirie and Scott Department Store 172
cart 180,763
carton 181
cartouche[法] 193
cartridge fuse 664
cart way 180,763
cart way pannel 181
carving 184
caryatide 480
Casa dei Vettii[意] 70
Casa del Popolo[意] 161
Casa Mila[西] 162
cascade 166,544,742
cascade carry 166
cascade condenser 166
cascade control 166
cascade impactor 166
cascade principle 166
cascade pump 166
cascade system 166
Cascade tunnel 166
case 293
cased glass 509
cased pile 294
case handle 295
case hardened glass 294
case hardened steel 491
case hardening 294
case-hardening 795
case hardening 844
casein 169
casein adhesive 169
casein glue 169
casein plastics 169
casein water paint 169
casement (cloth) 295
casement adjuster 5
casement screen 846
casement window 846
case study house 424
case way wiring system 294
cashew paint 164
cashew resin enamel 164
cashew resin paint 164
cashew resin putty 164
cashew water coat 164

casing 158,160,293,387,474
casing of wells 56
casing pipe 293
casino 163
casino folie[意] 163
cassava 176
casseroles brown coal 177
castable refractory 227
Castanea crenata[拉] 273
castellated 167
castellated beam 801,807
castellation 167
castellum[拉] 167
Castigliano's first theorem 167
Castigliano's principle of least work 167
Castigliano's second theorem 167
Castigliano's theorem 167
casting 45,58,646
casting article 58
casting pit brick 567
casting plaster 978
casting shop 58
casting yard 45
cast-in-place 307,798
cast-in-place concrete 307,798
cast-in-place concrete pile 307,798
cast-in-place pile 307,798
cast-in-situ pile 307
cast iron 167,646
cast iron boiler 647
cast iron conduit 647
cast iron pipe 646
cast iron pipe line 646
cast iron radiator 646
cast iron socket 646
cast iron swage block 801
cast iron trap 647
castle 483
castle garden 466
castle remains park 473
castor oil 167
cast plastics 167
cast resin 167
cast steel 167,403,644
cast steel anvil 181
cast stone 220
cast stone blok 490
casualty department 230
CAT 403
catacomb 173
catalogue 175
catalogue room 970
Catalonian architecture 175
catalyst 174,227,479
catalytic action 479
catalytic blown(asphalt) 227
catalytic blown asphalt 479
catalytic reaction 479
catalyzer 479
catastrophic flood 589
cat bar 388
cat bar horizontal 1000
catch 76,159,227,296,827,1058
catch basin 139,615,785
catch drain 472
catch-drain 784
catcher 227
catch fire 640
catch fire temperature 640
catching area 659
catchment 449
catchment area 86,299,450,494,986
catchment basin 449,450
catchment basin sewerage 1020
catchment effective ratio 987
catchment population 986
catenarian arch 497
catenary 179
catenary arch 179
catenary curve 303
catenary suspension 179
caterpillar 174
caterpillar crane 174,958
caterpillar tractor 174
cathedra[拉] 410
cathedra 570
Cathedral 71
cathedral 163
Cathedral 281,615,774

Cathedral Canterbury 206
Cathédrale
29,34,37,444,779,903,912,1011
cathedral plan 163
cathetometer 170
cathode non-corrosive method 61
cathode-ray tube display 61
cathodic corrosion 171
cathodic protection 61,693
cation 175,993
cation asphalt emulsion 175
cation exchange agent 993
cation exchange capacity 993
cation exchange liquid 175
cation exchange process 175
cation exchange resin 175,993
cationic surface active agent 993
cationic surfactant 993
cationite 993
cation surface active agent 175
cat ladder 520
CATS 403
cattle hair felt 235
cattle house cesspool 635
cattle manure 175
cattleskin chrome-tanning wastewater
282
cattle watering place 175
CATV 403
catwalk 227,520
Caucasian carpet 341
Caucasian rug 341
caul 23
caulked joint 163
caulking 163,342
caulking hammer 163,342
caulking joint 163
caulking rammer 342
caulking tool 163
caulk-weld 344
caustic alkalinity 169
caustic embrittlement 169
causticization 169
caustic potash 169
caustic potash lye 169
caustic soda 169
caustic soda lye 169
caustic soda solution 169
caution money 408
caution signal 641
cave 706
cavea[拉] 150
cave dwelling 706
cave-in 1006
cavern 706
cavern water 707
cave temple 267,706
cavetto 341
cavetto vault 155
cavitation 228,262
cavitation damage 228
cavitation erosion 228
cavitation resistance 228
cavity resonance 263
cavity resonator 263
cavity wall 643
CBD 434
CBR 434
CBR(California bearing ratio) method
434
CCE 415
CCL(Cable Covers Limited)system 415
CCTV 416
CDC 428
CDL 428
cedar 544
cedar panelled door 509
Cedrus Deodara[拉] 840
ceiling 472,554
ceiling 691
ceiling 696
ceiling air diffuser 696
ceiling block 482
ceiling board 554,691,696
ceiling cornice 696
ceiling diffuser 697
ceiling fan 696
ceiling filling 696
ceiling height 696
ceiling jack 482

ceiling joist 696
ceiling lamp 482,696,697
ceiling light 696
ceiling(sheet) metal 482
ceiling panel 482,554,697
ceiling panel strip 376
ceiling plan 697
ceiling plate 377
ceiling rail 696
ceiling rose 482
ceiling rosette 482,667
ceiling shower 696
ceiling spot 482
Celcius scale 437
celestial latitude 114
celestial longitude 319
celestial sphere 694
celite 554
cell 375
cella[拉] 298
cellar 25,298,554,633,746
cellar drain 633
cellar drainage 633
cellar-window 633
cellophane 555
cellophane paper 555
cellophane thread 555
cell test 555
cell type sound absorber 555
cellular abutment 643
cellular concrete 375,602
cellular resin 36
cellular rubber 375
celluloid 555
celluloid pipe 555
cellulose 555
cellulose acetate 379
cellulose acetate plastics 379
cellulose adhesive 555
cellulose coating 556
cellulose filler 555
cellulose nitrate plastics 471
cellulose plastics 539,556
celotex (board) 555
Celsius scale 555
Celsius thermometer 555
Celsius thermometric scale 555
Celtic architecture 298
Celtic ornament 298
Celtis sinensis[拉] 98
cemedine 552
cement 552
cement admixture 553
cementation 552,553
cementation process 491,552
cementation steel 622
cement bacillus 553
cement bin 553
cement brick 554
cement clinker 553
cement concrete 553
cement concrete pavement 553
cement dispersing agent 553
cement dust 553
cemented chip board 970
cemented excelsior board 970
cemented wood fiber board 969
cement extender 553
cement gel 553
cement-grouting 553
cement gun 553
cement gun shooting 553
Cement Hall of the Swiss National Exhibition 500
cement hydrate 553
cementite 552
cement lining pipe 554
cement macadamix method 553
cement manufacture 553
cement mortar 554
cement mortar mixer 553,554
cement mortar plastering 554
cement mortar rendering 554
cement paint 552,553
cement paste 553
cement plastering 975
cement plate 553
cement pneumatic conveyer 553
cement product 553
cement pump 553

cement roof tile 553
cement rotary kiln 554
cement stabilization 552
cement(ed) steel 491
cement substitute 553,597
cement test 553
cement tile 553
cement tile roofing 553
cement-void ratio theory 553
cement-water paint 552
cement-water ratio 553
cement-water ratio by weight 553
cement-water ratio theory 554
cemetery 241,927,1034
cemetery site 793
cenaculum[拉] 297
cenotaph 551,823
census 343,558
census division 558
census of housing 451
centaurus[拉] 304
center 484
center bore 484
center building 561
center distance 645
center drill 154
center faucet 561
center flower 645
center frequency 645
center hinge 412
center-hole type jack 561
centering 490,561
center lane 641
center line 489,490,561,645
center line of wall 186
center mark 561
center of buoyancy 864,880
center of curvature 245
center of figure 289,513
center of gravity 449,456
center of mass 428
center of percussion 602
center of projection 703
center of rigidity 325,327
center of rotation 144
center of shear 561
center of torsion 764
center piece 645
center pole 561,641
center-punching 561
center punching 962
center ramp 561
center shop 158
center span 641
center-spiral 561
center spot room 561
center surveying 646
center to center 485,489
center water 489
centigrade scale 437
centigrade thermometer 562
centimeter-gram-second system of units 415
centimetric wave 562
centi-octave 562
centistokes 562
centi-tone 562
centrai city 929
central air conditioning equipment 641
central air conditioning system 563,641
central angle 645
central area 646,723
central axis 449
central batching plant system 641
central business district 434
central business district(CBD) 641
central business district 645,723
central city 924
central clinical laboratory 642
central commercial district 642,723
central compression 645
central concrete mixing plant 453
central control 563,641,642
central control room 641
central district 646
central ducting system 642
central dust collecting system 453
central dust precipitating system 453
central facilities 645
central hall type 849

central heading 642
central heating 563,642
central hot-water supply method 641
central island 642
centralization 563
centralization system 453
centralized data processing 453
centralized tray service system 642
central-limit theorem 645
centrally compressed column 645
centrally loaded compressed member 645
central mixed concrete 563
central mixing plant 563,641
central mixing system 642
central park 641
central parking 642
central place theory 646
central plant mixing 642
central post 493
central processing unit 434
central projection 646
central railway station 642
central reserve 642
central screw 563
central standard time 642
central sterilizing supply room 642
central street refuge 149
central system 563
central telephone exchange 701
central terminal station 428
central wholesale market 641
centrex 563
centrifugal acceleration 107
centrifugal air classifier 107
centrifugal blower 76,107,143,563
centrifugal casting 107
centrifugal casting steel pipe 107
centrifugal cast-iron pipe 107
centrifugal cast pipe 107
centrifugal compressor 107
centrifugal concrete pile 107
centrifugal deep-well pump 107
centrifugal dewatering 107
centrifugal dust collector 107
centrifugal dust separator 107
centrifugal fan 76,107,563
centrifugal filter 108
centrifugal filtration 107
centrifugal filtration process 108
centrifugal force 107
centrifugal governor 107
centrifugal humidifier 107
centrifugal load 107
centrifugally cast-iron pipe in metal moulds 107
centrifugally cast-iron pipe in sand moulds 107
centrifugal method 107
centrifugal moisture equivalent 107
centrifugal pump 76,107,265
centrifugal refrigeration machine 107
centrifugal refrigerator 107
centrifugal reinforced concrete pipe 107,841
centrifugal separation 107
centrifugal separator 107
centrifugal stress 107
centrifugation 107
centrifuge 107
centring 17,232,435,490,554
centripetal force 232
centripetal pump 563
centroid 289,513,563
Cephalotaxus harringtonia[拉] 57
ceram 554
ceramic 554
ceramic block 554
ceramic bond 554
ceramic coat 554
ceramic coating 554
ceramic floor 554
ceramic industry 994
ceramic material 554
ceramic metal 554
ceramic mosaic 706
ceramic products 994
ceramics 554,994
ceramic tile 706
ceramic ware 978

Cercidiphyllum japonicum[拉] 179
cesspipe 294
cesspool 123,544,907
ceti 551
Cfm 404
CGP(chemical ground pulp)liquor 416
CGS 415
Chaenomeles lagenaria[拉] 923
chaffs 974
chain 265,575,632
chain block 632
chain bolt 632
chain bucket dredger 510
chain bucket elevator 632
chain-bucket excavator 632
chain collector 632
chain conveyer 632
chain detacher 632
chain door fastener 265,995
chain drive 632
chain elevator 632
chain-follower 323
chain grate 632
chain hoist 632
chain hook 632
chaining 632
chaining downhill 330
chain intermittent(fillet)weld 899
chain jack 632
chain-leader 559
chain line 382,754
chain of lozenge 1025
chain pendant 632
chain pendant lamp 265,632
chain pipe wrench 265,632
chain riveting 351,632,899,1000
chain rivet joint 1000
chain saw 265,632
chain sawing machine 265
chain-stores 632
chain surveying 632
chain tensioner 632
chain tongs 632
chain(pipe)tongs 632
chain transmission 265,632
chain weld(ing) 899
chain wheel 632
chair 631
chair bed 631
chaitya[梵] 535,639
chalk 352,653,794
chalking 653,794,889
Chamaecyparis formosensis[拉] 902
Chamaecyparis pisifera[拉] 389
chamber 423,566,641,937
chamfer 56,77,118,641,966
chamfering 967
chamfering plane 967
chamfer strip 966
chamotte 443,978
chamotte brick 443
chamotte refractory 443
chamotte sand 443
chancel 640,739
chancel screen 739
chandelier 445
chandi 640
Chandi Prambanan 641
change of design 546
change of order 546
change-over cock 249
change-over switch 249
change over switch 632
changeover switch 691
change over system 632
change-over valve 249
change over valve 632
change valve 632
changing discharge method 909
changing point of gradient 337
channel 195,507,641,953
channel beam 641
channel block 641
channel earthenware pipe 822
channel glazing 278
channelization 441,641,714
channelized intersection 714
channelizing island 538,714
channelizing line 714
channel rail 641

channel slab 641
channel stud 641
channel tile 822,946,962
channel tile pipe 953
chapel 369,640,1005
chapter house 567
character 228,976
character coefficient 533
character display 228
characteristic curve 717
characteristic equation 717
characteristic function 717
characteristic impedance 717
characterizing factor 717
character of energy damping 97
charcoal 524,640
charcoal filter 640,969
charcoal paper 969
charge 640
charge car 640
charger 453
charge relief valve 640
charge valve 640
charging 640
charging crane 573
charging device 573
charging hopper 640
charging tank 712
charging valve 453
Charles law 640
charnel house 774,1016
Charpy impact test 444
Charpy impact test machine 444
Charpy impact value 444
Charpy tester 444
Charpy type impact testing machine 444
charring 783
chart 640
Charte d'Athènes[法] 23
chart of conservation of plants 478
Chartres[法] 444
chartreuse[法] 444
chassis 440
chateau[法] 442
Chateau d'Azay-le-Rideau[法] 16
Chateau de Chambord[法] 445
Chateau de Chenonceaux[法] 461
Chateau de Maisons[法] 442
Chateau de Vaux-le-Vicomte[法] 73
chatelet[法] 442
chatter-bar 640
chattering 640
chauffeur 82
chauffeur[法] 480
check 356,632,1060
check and shake 1060
checker 631
checkerboard street system 321
checkerboard type of street system 351
checker brick 631
checkered plate 351,631
checker plate 433
checkerwork 52
check facilities for snow slide 743
checking 10,471
checking point 470
check list 632
check nozzle 632
check nut 632
check of drawing 302
check point 632
check room 290
check test 632
check-valve 55
check valve 226,632,913
check-valve 973
check valve for water supply system 951
check valve with filter 657
checkwork 52
chelate resin 251
chelating agent 251
chemical action 152
chemical adhesion 152
chemical agent 153
chemical analysis 152
chemical bond 151
chemical cleaning 152
chemical coagulation 152
chemical colouring 152

chemical components 152
chemical constituents 152
chemical corrosion 152
chemical danger 360
chemical dewatering 152
chemical dosimeter 152
chemical energy 151
chemical equilibrium 152
chemical examination 152
chemical fallout 152
chemical faucet 152
chemical feed 979
chemical feeding method 979
chemical feed machine 979
chemical fertilizer 152
chemical fire extinguisher 979
chemical foam 298
chemical gilding 151
chemical glass 153
chemical grouting 297,979
chemical injury 979
chemical laboratory 152
chemical luminescence 153
chemical luminescence method 298
chemically activated carbon 979
chemically pure 152
chemical oxidizing agent 152
chemical oxygen demand(COD) 152
chemical oxygen demand 404
chemical plating 153,298
chemical plating liquid 153
chemical polishing 152,298
chemical potential 153
chemical precipitation 979
chemical prestressed concrete 298
chemical prestressing 298
chemical proceeding 979
chemical process 979
chemicalproof 597
chemical properties 152
chemical pulp 152
chemical pulverization 152
chemical purification 152,979
chemical ray 152,153
chemical reaction 152
chemical remove 152
chemical sedimentation 152,979
chemicals for harmful organism control 983
chemical solution tank 979
chemical stabilization 152
chemical structure 152
chemical substance 152
chemical treatment 152,979
chemical treatment process 152
chemical works 152
chemi-ground pulp wastewater 298
Che-M·I-ject construction method 298
chemisorption 151
chemistry 151
chemoautotrophic bacteria 151
chemosphere 151
chequer brick 631
chequered plate 631
chequered steel plate 436
chequerwork 52
cherry 380,632
cherryhard brick 978
cherry-tree 380
chert 155,640
chest 631,994
chest-height diameter 950
chestnut 273,631
chest of drawers 828
chevet[法] 404,445
chevron[法] 403
Chézy's coefficient 403
Chézy's formula 403
chian 640
chian varnish 641
chic[法] 424
Chicago 406
Chicago area transportation study 403
Chicago area transportation study (CATS) 406
Chicago School 406
Chicago window 406
chief engineer 217,460
chief labourer 555
children's bath 474

children's hospital 350,474
children's house 429
children's library 431
children's palace 429
children's park 430
children's playground 432
children's play park 474
children's room 350
children's ward 474
child's highchair 350
Chile-haus[德] 657
chill car 1036
chill crack 657
chilled glass 236
chilled water 1035
chilled water supplying equipment 66
chilling room 671
chime 639
chimney 111,609,639
chimney breast 1048
chimney cap 111,639
chimney capacity 111
chimney damper 639
chimney draft 111
chimney effect 111
chimney efficiency 111
chimney pipe 111
chimney pocket 1048
chimney shaft 609
chimney stay 111
chimney valve 639
chimney ventilation 111
China aster 12
Chinaberry tree 561
china clay 151,639
china door fastener 632
China palm 462
china-quality 706
China rug 644
china stone 639
chinaware 407
China wood oil 248
Chinese arborvitae 351
Chinese architecture 644
Chinese blak pine 939
Chinese character printer 201
Chinese drill stock 937
chinese drill stock 1048
Chinese elm 6
Chinese gate 713
Chinese hack berry 98
chinese juniper 840
chinese lacquer 81
Chinese mahogany 640
Chinese paeony 439
chinese parasoltree 5
Chinese sapium 747
Chinese trumpetcreeper 774
chinoiserie[法] 433
chip 348,380,638,970
chipboard 638
chip breaker 638
chip budding 810
chipped glass 296
chipper 638
chipping expenses 805
chipping hammer 638
chipping knife 105
chippings 965
chips 265
chip spreader 638
Chironomidae larva 990
chisel 600,779
chiseled slate 779
chiseled work 779
chisel for sculpture 650
chisel for stone 46
chiselling 17
Chlamydomonas 272
chloramination 283
chloramine 283
chloramine treatment 283
Chlor Ammon[德] 283
chlorate 108
Chlorella 283
chloride 104
chloride content 112
chloride of lime 844
chlorinated copperas 103
chlorinated gum 103

chlorinated polyethylene 108
chlorination 103,109
chlorination apparatus 109
chlorinator 109
chlorine 108
chlorine absorptive properties 108
chlorine addition 109
chlorine admixture 108
chlorine and chlorine derivative disinfectants 108
chlorine content 108
chlorine demand 109,836
chlorine dioxde treatment 750
chlorine dioxide 750
chlorine dosage 712
chlorine gas poisoning 108
chlorine ion 108
chlorine solution 109
chlorine sterilization 108
chlorine water 109
chlorinity 109
chlorkalk 283
chlorophenol 283
chlorophenol odour 283
Chlorophyceae 1027
chlorophyll 283,999
chloroplast-bearing organisms 987
chloroprene 283
chloroprene gum(CG) 283
chloroprene sheathed cable 283
chlorosis 283
chlorosulfonated polyethylene 788
choice wood 961
choir 283,530
choke coil 653
choke valve 655
choking of the filter 1047
cholera 357
chophouse 62
chopping 346
chord 299,349,999
chord deflection 308
chord member 301
chord modulus 350
C-horizon 421
Chrám sv.Vita[捷] 395
Christian architecture 250
chroma 373
chromansil 282
chromate 282
chromate treatment 282
chromatic aberration 60
chromatic adaptation 60
chromatic after image 60
chromatic colour 986
chromatic contrast 374
chromatic coordinates 410
chromaticity 282,409
chromaticity diagram 410
chromaticity test 410
chromatic pyrometer 603
chromatics 282
chromatography 282
chrome 282
chrome brick 282
chrome dyeing wastes 282
chrome green 282
chromel-alumel 282
chrome magnesia brick 282
chrome magnesite brick 282
chrome-manganese steel 948
chrome molybdenum steel 282
chrome plating 282
chrome plating wastewater 282
chrome red 282
chrome steel 282
chrome yellow 114,282
chromic acid 282
chromic acid treatment 282
chromic hydroxide 499
chromic oxide green 390
chromium 282
chromium trioxide 282
chromizing process 282
chromophore 803
chronic toxicity 948
chronocycle graph method 281
chronometer 281
chronotropic deceleration 413
chrysotile 275

Château de Blois[法] 889
chunk glass 631
church 236,536
church yard 440
Churriguerresque style 648
chute 441,460
chute unloading 702
chuting 459
CIAM 402
CIB 401
ciborium[拉] 224
CIE 401
Ciliata 564
ciment fondu[法] 436
cincture 903
cinder 490,618
cinder block 490
cinder brick 618
cinder concrete 490,618
cinder floor 491
cinema 86,433
cinepanoramic(house) 433
cinerama 433
cinnabar 488
Cinnamomum camphora[拉] 265
cinquefoil 355,486
cinquefoil arch 352,486
CIP(cast-in-place) pile method 401
circle 380
circle fluorescent lamp 380
circle of influence 86
circle of principal stress 456
circle of rupture 792
circuit 149,377
circuit breaker 377,441
circuit change valve 149
circuit changing switch 691
circuit diagram 141,149
circuit drill 377
circuit main 201
circuit network 149
circuit tester 149,377
circuit vent 149,202
circuit vent pipe 149
circular arch 105,377
circular arc method 105
circular butt welding 106
circular curve 105
circular curve rule 105
circular foundation 105
circular frequency 107
circular green belt 202
circular joint 106
circular level 946
circular motion 103,378
circular pediment 265
circular pipe 104
circular plane 946
circular planting 202
circular plate 112
circular polarized light 112
circular prestressing 377
circular saw 111,377,947
circular saw bench 377,947
circular sawing machine 947
circular section 105
circular slip 105
circular temple 105
circular washer 946
circulating air 462
circulating device 462
circulating pressure 462
circulating pump 462
circulating water 462
circulating water head 462
circulation 378,462
circulation discharge 462
circulation line 378
circulation period 462
circulation space 378,661
circulation system 504
circulation tank 462
circulator 378
circuline fluorescent lamp 380
circumferential displacement 106
circumferential driven thickener 454
circumferential seam 106,453
circumferential strain 106
circumferential stress 106,454
circumferential velocity 106,451

circumferential weld 106
circum-ferential weld(ing) 948
circumpacific earthquake zone 206
circus 377
circus[拉] 657
cistern 418,559
cistern valve 418
citadel 733
citizen hall 436
citizen's charter 436
citizen's participation 436
citizen's square 436
citric acid cycle 263
city 401,718
city air blanket 428
city area 402
city beautiful 429
city bridge 405
city cable 432
city charter 720
city climate 719
city constitution 720
city development 719
city enterprise 719
city expansion 722
city fog 719
city gas 719
city hall 423,979
city hotel 429
city improvement 719
city landscape 720
city landscape plan 720
city management 702
city noise 721
city of standard urban structure 842
city operation 702
city park 720
city planning 720
city planning administration 285
city planning area 720
City Planning Association of Japan 720
city planning law 720
city planning map 720
city planning park 720
city planting 1027
city railway 722
city scape 428
city state 721
city streets planning 720
city terminal 428
civic area 434
civic center 316
civic central area 721,723
civil engineer 727
civil engineering 727
civil engineering machines 727
civil engineering works 727
civil minimum 434
civil time 477
clad board 271
cladding 271,538,994
cladding steel 271
cladocera 951
Cladophora 272
clad steel 271
claim 279
clam 272
clamp 165,252,273,437,962
clamp bolt 121,273
clamp holder 273
clamping 437
clamping apparatus 437
clamping bolt 123,437
clamping nut 437
clamping screw 437
clamping yokes 437
clamp nut 273
clamp plate 273,437
clamp rail 798
clamp ring 273
clamp screw 273
clamshell 272,661
clamshell bucket 661
clamshell bucket excavator 661
clamshell dredger 272
clamshell excavator 272,273
Clapeyron's theorem of three moments 272
clarificant 535
clarification 535

clarification basin 466
clarification plant 466
clarification tank 535
clarified wastewater 466
clarifier 273,535
clarifing efficiency 467
clarifying efficiency 466
CLASP (Consortium of Local Authorities Special Programme) 271
class hardness 271
classic 270
classical architecture 349
classic architecture 270
classicism 270,349
classic order 270
classic revival 270
classic style 349
classification by construction types 608
classification of building by use 306
classification of city 722
classification of land use 725
classification of radioactive level 916
classification of roads 715
classification room 484
classification space 484
classified population 478
classifier 564,890
classroom 238,271,867
claustra[拉] 270
claustrum[拉] 270
claw 280
claw plate 666
clay 31,32,278,772
clay bond 278
clay bucket 279
C-layer 421
clayer soil 772
clayey loam 772
clay grouting 772
clay layer 772
clay loam 772
clay mineral 772
clay pipe 716
clay pot 526
clay products 772
clay roof tile 772
clay silicate 288
clay slate 772
clay statum 772
clay suspended liquid 772
clean 299
cleaner 275
cleaner closet 570
cleaning 275
cleaning apparatus 958
cleaning bucket 275
cleaning effect 559
cleaning pump 275
cleaning strainer 570
cleaning work 299
cleanliness 532
clean out 570
clean-out cap 570
clean room 277,958
cleanser 279
cleansing 279
clean-up scraper 276
clean-water pipe 472
clear (varnish) 273
clear 276,810
clearance 6,16,273,509,937
clearance angle 16
clearance area 733,855
clearance height of bridge 243
clearance limit 305
clearance limit of bridge 243
clearance loss 510
clearance of girder 295
clearance under valley tiles 611
clearance volume 510
clearator 274
clear coating 713
clear colour 533
clear glass 273
clear height 6
clearing and grubbing 801
clear lacquer 273,509
clear lamp 713
clearness number of sky 694
clear sky 141

clear skylight 5
clear span 273,462,463
clearstory 600
clear water 472,529
clear-water tank 472
clear water tank 472
clear way 273
clear weather 141
cleat 275,358,556,763
cleated tire chain 275
cleavability 179
cleavage 179,1059
cleavage fracture 893
cleavage strength 179,1059
cleavage structure 899
cleavage test 179
Clemens hardness apparatus 279
clerestorey 273,961
clerestorey lighting 273
clevis 279
clevis eye 279
click 275
click bore 274
client 270,306,544
climatic chart 216
climatic control 216,270
climatic cycles 216
climatic data 216
climatic element 217
climatic environment 216
climatic factor 216
climatic province 216
climatological data 216
climber 668
climbing ability 726
climbing lane 778
climbing plant 1001
climograph 270,276
clinical laboratory 1030
clinical sink 59
clinic center 59
clinker 276,465
clinker aggregate 472
clinker brick 276,978
clinker cooler 276
clinkered body 532
clinker hole 276
clinkering 470
clinkering contraction 470
clinkering crack 470
clinkering expansion 470
clinkering strain 470
clinker tile 276
clinometer 276,575
clip 275,348
clip angle 275,575,643
clip gauge 275
clippers 275
clip tingle 667
clo 280
Cloaca Maxima[拉] 280
cloakroom 145
cloak room 280,290
cloak stand 280
clock tower 281
clockwise 281,950
clockwise direction 718
clockwise motion 950
clockwise rotation 718
clog 666
clogging 622,897
cloisonne 428
cloisonneware 428
cloister 280
cloister vault 280
clolur lighting 408
close 280
close coupled integral water closet 619
close coupled water closet 619
closed assembly time 280,896
closed channel 79
closed circuit 954
closed circuit television 416,894
closed cycle cooling 899
closed dry type sprinkler system 896
closed feed water heater 954
closed front seat 938
closed joint 770,962
closed polygon 436
closed polygonal rigid frame 897

closed position 281
closed recirculation system 954
closed ring dowel 251
closed section 897
closed space 280
closed sprinkler head 896
closed stack system 894
closed subroutine 721
closed system 280
closed traverse 897
closed well 896,897
closed wet type sprinkler system 896
close-off rating 280
close planting 954
closet 122,281,501,596,748
closet bowl 596
closet floor flange 596
closet flush pipe 596
closet seat 906
closet seat cover 906
closet spad 596
closet tank 596
closet valve 596
closing 896
closing levee 437
closing time 896
Clostridium 281
closure 896
cloth 133,760
clothes-pole 974
cloth filter 761
cloth hanging 760
clothing material 839
clothoid 281
clothoid curve 281
cloth tape 761
cloud amount 83
cloud cover factor 83
cloud machine 270
cloudy 269
cloudy day factor 738
clour chip 410
clo value 281
clover-leaf crossing 282
clover-leaf interchange 281
clover-leaf junction 282
club 272
clubhouse 272
club room 272
Cluny[法] 276
cluster 271,535
clustered column 576,611
clustered pier 576
cluster plan 271
cluster structure 283
clutch 271
clutch control rod 271
clutch facing 271
clutch lever 271
clutch pedal 271
clutch plate 271
clutch rod 271
clutch shifter 271
CMC 404
cndition line 473
C-N(carbon-nitrogen)ratio 404
coach 226
coach screw 347
coach yard 226
coagulant 238
coagulant aid 238
coagulant dosing apparatus 238
coagulated matter 238
coagulating agent 237
coagulation 237,238
coagulation basin 238
coagulation-sedimentation tank 979
coagulation sedimentation tank 979
coagulation tank 238,979
coagulation value 237
coagulative precipitation 238
coagulative precipitation tank 238
coal 356,540
coal bin 357,541
coal bunker 540,541
coal burning boiler 541
coal-burning equipment 541
coal burning hot water boiler 541
coal chemical waste water 541
coal chure 356

coal chute 541
coal dressing waste water 561
coal dust 541
coal equipment 234
coalesce reaction rate 238
coal field area 396
coal firing boiler 541
coal gas 356,541
coal gas generator 541
coal gas manufacture waste water 541
coal hopper 540,541
coaling equipment 234
coal-mine water 541
coal oil 356
coal pick 357
coal pocket 655
coal range 541
coal room 541
coal stock 356
coal tar 356,541,1037
coal tar creosote oil 356
coal tar paint 356
coal tar pitch 356
coal tip 356
coarse aggregate 578
coarse basalt 583
coarse graded asphaltic concrete 583
coarse grained sand 31
coarse grained soils 583
coarse sand 32,579
coarse screen 579
coarse tar 580
coarse-to-fine filter 227
coastal area 139
coastal dyke 919
coastal harbour 104
coastal industrial location 1028
coastal road 104
coastal street 104
coat 349
coated electrode 839
coated macadam 361
coated pipe 761
coated type aggregate 834
coater 346
coat glass 220
coating 185,347,723
coating ability 839
coating film 727
coating for light metal 286
coating machine 347
coating material 347,839
coating set 347
coating surface 728
cO-axial cable 708
cob 31,32
cobalt 351
cobalt 60 applying room 351
cobalt blue 351
cobbing 358
cobble 348
cobble paving 613
cobblestone 348
cobble stone 613
cobwebbing 269
coccus 232
Cochran boiler 344
cock 177,191,347,439,501,555
cock hole cover 501
cocktail lounge 158
cock wrench 347
COD 404
Codazzi conditions 347
code 349
code check 349
code design 349
coding 349
coding sheet 349
coefficient 289
coefficient matrix 289
coefficient of active earth pressure 460
coefficient of atmospheric transmission 588
coefficient of audibility 652
coefficient of bearing area 445
coefficient of bearing capacity 417
coefficient of blasting 805
coefficient of brittleness 976
coefficient of compressibility 19
coefficient of condensation 239

coefficient of consolidation 21
coefficient of contraction 449
coefficient of crowd outflow 283
coefficient of discharge 1022,1024
coefficient of displacement 905
coefficient of durability 588
coefficient of earth pressure 702
coefficient of earth pressure at rest 533
coefficient of eddy viscosity 75,180
coefficient of environment 198
coefficient of extension 778
coefficient of extinction 470
coefficient of friction 523,942
coefficient of grading 1024
coefficient of grain size 1024
coefficient of heat conduction 768
coefficient of heat convection 767
coefficient of heat emission 769
coefficient of heat transfer 768
coefficient of heat transmission 699
coefficient of heat transmission by convection 598
coefficient of heat transmittance 766
coefficient of infiltration 493
coefficient of internal friction 740
coefficient of kinematic viscocity 712
coefficient of kinetic friction 83,713
coefficient of local resistance 245
coefficient of over-all heat transmission 766,767
coefficient of passive earth pressure 460
coefficient of performance 534,707
coefficient of permeability 709
coefficient of photoelasticity 332
coefficient of pitch of building 1030
coefficient of reflection 818
coefficient of resisting moment 673
coefficient of retardation 637
coefficient of rigidity 326
coefficient of rolling friction 357
coefficient of roughness 581
coefficient of scattering 399
coefficient of sound pressure reflection 134
coefficient of spring back 522
coefficient of static friction 533
coefficient of subbase course 1053
coefficient of subbase reaction 1053
coefficient of subgrade reaction 295,434
coefficient of thermal conductance 768
coefficient of thermal expansion 769
coefficient of torsion 764
coefficient of utilization 476
coefficient of velocity 576,1023
coefficient of viscosity 771
coefficient of volume compressibility 592
coefficient of volume expansion 593
coefficient of water absorption 233
coefficient of water permeability 710
coefficient of wind force 855
cofactor 993
cofactor matrix 993
coffcient of viscosity 772
coffee shop 351
coffer(dam) 178
coffer 338,348
cofferdam 348,437,918
coffered ceiling 335
cog 781
cogged joint 10,1058
cogging 10
cohere 351
coherence 202,351
coherence of light wave 337
coherency 202
coherent light 153
coherent scattering 153,202
cohesiometer 351
cohesion 238,351,772
cohesion height 772
cohesionless soil 838
cohesive air filter 772
cohesive failure 238
cohesive soil 771
COID 310
coil 310

coil assembly 310
coil boiler 310
coil condenser 310,600
coil cooler 310
coiled spring buffer 807
coil enamel 310
coil heating 310
coil pipe 310
coil spring 310
coil tie 310
coil varnish 310
coincidence 310
coincidence effect 310
coke 142,343
coke oven 343
coke oven gas 344
colcrete 356
cold 174
cold accumulation 1036
cold air 1036
cold air circulating system 1036
cold air machine 356
cold-applied road tar 465
cold bath 1035
cold bending 357,465,671
cold bend(ing)test 465
cold bend(ing) test 1034
cold blast main 1036
cold bridge 1035
cold brittleness 671
cold chain (system) 356
cold check resistance 209
cold crack 1034
cold crushing strength 1034
cold drawing 357,1034
cold-drawing strength 1034
cold drawn 173
cold-drawn steel 1034
cold-drawn wire 173,1034
cold flow 671
cold gluing 356
cold insulator 934
cold joint 356,1034
cold junction 1035
cold mixing method 465
cold moulding 465
coldness 197
cold press 357,1034
cold proof construction 913
cold proof dwelling house 913
cold proof rebate 913
cold reserving board 934
cold reserving cover 934
cold reserving material 934
cold reserving work 934
cold rivet 1034
cold riveting 357,1034
cold rolling wastewater 1034
cold room 1036
cold setting 423,465
cold setting adhesives 671,1034
cold shock 356,767
cold shortness 356,465
cold storage 1035,1036
cold storage door 1035
cold strain 356
cold test 357
cold trap 357
cold water 1035
cold weld 356
cold work 671
cold worked deformed bar 1034
cold working 357,465,671
cold-working 1034
coliform bacteria 356
coliform group bacteria 593
coliform test 593
collage[法] 355
collapse 355,912,965
collapse design 912
collapsed ratio 704
collapse land 665
collapse load 369,912
collapse mechanism 912
collar 189
collar beam 191,665
collar brace 665
collar joint 189,190
collecting channel 449,450
collecting conduit 449

collecting electrode 449
collecting main pipe 447
collecting tank 447
collecting trough 450
collecting well 447,449,450
collection 449
collection of water 449
collective control elevator 357
collector 449
collector-distribution street 453
collector-distributor roads 448
collector road 924
collegiate architecture 176
collimation 416
collimation axis 416
collimator 356
colloid 322,324,357
colloidal 357
colloidal iron 357
colloidal matter 357
colloidal solution 357
colloidal state 357
colloid clay 357
colloid particle 357
colloid silica 357
colmatage 658
Colonial furniture 358
Colonial style 358
colonnade 358,648,1040
Colonna di Marco Aurelio[意] 946
colonna Traiana[意] 731
colonnette 358
colony 357
colophonium 358
colophony 358
colorama lighting 358
colored aggregate 986
colorimeter 191,358,409,832
colorimetric analysis 191,832
colorimetric indicator for pH 825
colorimetric method 832
colorimetric pyrometer 409
colorimetry 191
colossal order 715
colour 60,189,408
colour analyzing filter 189
colour association 61
colour balance 191
colour card 410
colour chart 60,190
colour chip 410
colour circle 408,409
colour coating glass 60
colour comparison tube 832
colour compensation 60
colour concrete 189
colour conditioning 189,408
colour contrast 60,189
colour control 408
colour coordination 189
colour cord 189
colour design method 783
colour difference 408
colour direction 190
colour dynamics 190
coloured asphalt 640
coloured bulb 60
coloured cement 640
coloured cement concrete 640
coloured cement spraying 60
coloured clay 60
coloured glass 60,191,640
coloured mortar finish 61
coloured mortar spraying 61
coloured paint 61
coloured pavement 191
coloured plaster 60
coloured portland cement 640
coloured sand 60
coloured speck 61
coloured suspended matter 640
colour education 408
colour effect 189
colour evaluation of time 60
colour evaluation of weight 60
colour filter 61,191
colour finish 640
colour flock 191
colour harmonic theory 408
colour harmony 191,408

colour harmony manual 191
colour impulsiveness 60
colour index 60
colouring 191,370
colouring agent 640
colouring capacity 640
colourinoil 611
colour lacquer 60
colour light signal 191
colour matching 60,709
colour memory 60
colour mixture 362
colour name charts of ISCC(Inter Society Colour Council)NBS(National Bureau of Standards) 1
colour notation system of CIE 401
colour perception 60
colour perspective 60
colour pigment 640
colour planning 408
colour policy 191
colour preference 408
colour removal 60
colour rendering 106
colour rendition 106
colour reproduction 60
colour sample 61
colour scheme 783
colour scheme method 783
colour sensation 60,408
colour sensitivity 60
colour sentiment 408
colour sequence 841
colour slide 190
colour solid 61
colour space 60,408
colour specification 408
colour stimulus 60
colour symbol 408
colour synaesthesia 60
colour system 60,408
colour system by colour appearance 302
colour system by colour mixing 362
colour television 190,408
colour temperature 60
colour tone 409
colour transparency 191
colour tutanaga 191
columbarium 355
column 109,295,355,798,1040
columnar architecture 644
column arrangement 799
columnar structure 645
column base 355,643
column capital 191
column center 798
column clamp 355
Column-Deflection-Curves 428
column list 799
column matrix 1040
column nullity 587
column of non-uniform section 907
column radiator 644,798
Column Research Council 402
column spacing 799
column still 477
column strip 648
column supported pier 237
column vector 1040
combination 36,160,268
combination beam 362
combination gauge 268
combination lock 970
combination of loads 164
combination painting 364
combination pump 364
combination sink 1042
combination table 364
combination tone 296
combination trap 268
combination treatment of oxidation and coagulation 389
combination valve 364
combined air and water curing 1042
combined available chlorine 296
combined burner of oils and gases 362
combined carbon dioxide 296
combined chlorine 296
combined coagulation-sedimentation equipment 859

combined condition collision diagram 414
combined digestion of sludge and garbage 642
combined disposal of sewerage 241
combined ditch 240
combined domestic sewage treatment plant 241
combined drainage system 340
combined dredger 363
combined dwelling house 700
combined efficiency 326
combined factor of stress concentration 268
combined footing 860
combined footing foundation 859
combined glass 296
combined gradation (of aggregate) 327
combined inlets chamber 340
combined joint 365
combined loads 268
combined member 296
combined piping loss 340
combined pollution 859
combined residual chlorine 296
combined sewage disposal facility 241
combined stress 268,326,859
combined system 340
combined use district 361
combined valve 361
combined ventilation system 898
combined water 296
comb plate 265
combustibility 183
combustible gas 183
combustible hour 771
combustible material 183
combustible substance 183
combustible wastes 183
combustion 771
combustion chamber 771
combustion efficiency 771
combustion furnace 771
combustion gas 771
combustion heat 771
combustion products 771
combustion rate 771
combustion residue 771
combustion temperature 771
comer post of balustrade 682
comfortability 42
comfortable temperature 139,143
comfort air conditioning 139,923
comfort index 139,143
comfort line 139
comfort point 139
comfort station 323
comfort temperature 139,143
comfort zone 139
comfort zone chart 139
comma bacillus 365
command 353,483
command definition language 428
commencement of work 640
comment 644
commercial and industrial city 470
commercial area 469
commercial art 353,469
commercial base 353
commercial building 469
commercial car interview survey 86
commercial city 469
commercial design 353,469
commercial harbour 470
commercial hotel 353
commercial house 465
commercial port 470
commercial sphere 469,470
commercial theater 469
commercial vehicles ratio 117
Commission International de l'Eclairage[法] 401
Commission Internationale de l'Éclairage(CIF)[法] 342
commode 188
common 242
common antenna television 241
common arch 365
common area 242
Common baldcypress 1006

common battery type telephone exchange system 240
common brick 746
common crapemyrtle 388,840
common decrease 240
common difference 992
common duct 240
common facilities 240
Common flowering guince 923
common horsechestnut 538
common joist 765
common labour 759
common labourer 516
common language 240
Common lilac 960
common lilac 1005
common lodging house 221
common mode noise 354
common park 867
common pitch 365
common place 58
common pollution control facilities 240
common room 242,365
common service expense 236
common space 242
common strand wire rope 746
common tap 242
common trap 242
common use space 242
communal building 240
communal disposal 241
communal forest 242
communal garden 241
communal land 242
communicable disease 697
communication network 660
communication pipe 1044
Communitor 353
community 353,455
community antenna television(CATV) 241
community antenna television 403
community center 353
community clinic 494
community development 353,631
community facilities 353,451,530
community facilities planning 353
community organization 353
community park 635
community planning 353
community plant 353
community service 353
community theatre 353
commutable area 660
commuter 353
commuters ratio 660
commuting sphere 660
compact 364
compact city 364
compact development 954
compacting 662
compacting equipment 437
compaction 437
compaction pile 364,437
compaction pile method 437
compaction test 437
compactor 364
compact stack 364,454
companion cropping 362
company's house for employees 441
comparative(cost)planning 826
comparator 364
comparison test 826
compartition 940
compartment 364,410
compartment roofing 364
compass 364
compasses 211
compass rule 364
compass surveying 364
compatibility 364
compatible mode 680
compelled sedimentation equipment 240
compensated control 924
compensating fire detector 924
compensating grade 926
compensating plate 926
compensational control 139
compensation for building removal 610
compensation for non-payment 871

ompensation for removal 605
ompensation of errors 345
ompensator 365
ompetent authorities 207
ompetition 365
ompetition design 314
ompetition style 365
ompetitive bidding 240
ompile 363
ompiler 363
omplementary after image 395
omplementary colour 925,1001
omplementary colour harmony 925
omplementary contrast 925
omplementary energy 926
omplementary hue 925
omplete bath 364
omplete collapse 556
ompleted amount 680
omplete destruction 556
omplete examination of water quality 499
omplete inspection 204
ompletely mixed aeration system 364
omplete mixing activated sludge process 204
omplete mixing process 204,364
omplete overhaul 364
omplete oxidation activated sludge process 205
omplete project management 434
omplete shadow during the day 448
omplete treatment 205,316
ompletion 463
ompletion ceremony 463,1006
ompletion of the frame work 473
omplex 379
omplex amplitude 861
omplex building 859
omplex compound 379
omplex displacement 861
omplex distribution center 1023
omplex ion 364,378
omplex salt 379
omplex salt method 379
compliance 364
compliance tensor 450
component 305,365,538
component of cross section 115
component of force 634,893
component of horizontal force 505
component of stress 889
components 326
component specification 403
composite beam 327,362
composite bridge 326
composite column 327
composite constraint surface 859
composite cost 368
composite door 365
composite electrode 859
composite filter 859
composite floor board 860
composite gradient 326
composite joint 899
composite land development 344
composite material 859
composite nailed beam 264
Composite order 365
composite order 859
composite panel 859
composite pavement 362
composite pier 269
composite pile 326
composite plane wall 605
composite region 361
composite rigid frame 327
composite roof truss 268
composite sample 361
composite sampler 365
composite slab 365
composite sleeper 450
composite soil 327
composite structure 684
composite surface of sliding 859
composite terminal 859
composite wood 365
composite zoning 569
composition 325,326,365
composition backing 365

composition of forces 634
composition of population 487
composition of stress 116
compost 365,595
compound 160,336,364
compound arch 268,364
compound catenary system 364
compound curve 859,861
compound function city 862
compound gauge 1042
compound intersection 603
compound lock 860
compound pendulum 861
compound pier 364,576,611
compound tensor 361
compound tone 859
compound truss 361
compound type apartment house 859
compound water meter 860
compreg 364
compregnated wood 19
comprehensive design 364,569
Comprehensive National Development Plan 558
comprehensive plan 569
comprehensive program of catchment sewerage 1021
compressed air 19,365
compressed-air caisson method 18
compressed air drill 19
compressed-air drop hammer 19
compressed air ejector 18
compressed air hammer 19
compressed-air pile driver 19
compressed air pump 18
compressed-air pump 19
compressed air system 19
compressed gas 18
compressed gas extinguisher 18
compressed laminated wood 237
compressed pile 364
compressed wood 237
compressibility 19,164
compressibility index 19
compressible filter cake 19
compressible jet 19
compression 18,364
compressional wave 582
compression area of member 863
compression bar 19
compression curve 19
compression failure 697,974
compression failure test 18
compression fiber 18
compression flange 311
compression fracture 20
compression index 19
compression link 20
compression member 19,311
compression moulding 19
compression moulding press 19
compression pressure 18
compression ratio 19
compression refrigerating machine 20
compression relief valve 364
compression ring 20,365
compression strength 19
compression stroke 19
compression system 20
compression test 19
compression testing machine 19
compression wood 23,994
compression zone 18
compressive breaking strength 19
compressive deformation 19
compressive flange 19
compressive force 20
compressive load 18
compressive region of member 863
compressive reinforcement 19
compressive strain 19
compressive strain inclined to the grain 966
compressive strength 19
compressive strength inclined (perpendicular)to the grain 966
compressive strength testing machine 19
compressive stress 18
compressive stress inclined to the grain 966

compressive unit stress inclined to the grain 966
compressive wave 19
compressol concrete pile 365
compressor 18,364
compressor of reciprocating piston type 832
compund clothoid 859
computation 287,364
computation center 288
computation of coordinates 385
computation room 287
computer 287,364
computer-aided design 403
computer controlled vehicles system 434
computer-controlled vehicle system 434
computer floor 364
computer of curve correction 244
computer room 364,695
computing centre 364
computing machine 287
computing time 106
concave chamfer 382,747
concave fillet weld 900
concave tile 946,962
concave tooled joint 862
concave upward 688
concavity 688
concealed electric wiring 79
concealed girder 775
concealed piping 157
concealed radiator 66
concealed rafter 776
concealed tumbler switch 79
concealed wiring 66
concealed work 66,157
concent 381
concentrated boundary membrane 774
concentrated force 453
concentrated load 452
concentrated pipe 447
concentrated smoke stack 452
concentrated stack 452
concentrated stress 452
concentrated use of sleeping space 453
concentration 774,775
concentration by refrigeration 1036
concentration factor 452
concentration of population 487
concentration on ground 638
concentration process by reduced pressure 299
concentric city 455
concentric ring air diffuser 709
concentric zone concept 709
concert garden 108
concert hall 134,361,567
concession space 362
conclusion 173
concordant cable 361
concourse 361
concrete 358,902
concrete admixture 359
concrete agitator 358
concrete bin 359
concrete block 360
concrete block breakwater 887
concrete block construction 360
concrete block for shielding 443
concrete block pavement 360
concrete block pitching 359
concrete block works 360
concrete box 360
concrete breaker 359
concrete breaker 359
concrete bridge 358
concrete bucket 359
concrete cart 358
concrete conveying pipe 360
concrete core 358
concrete cutter 358
concrete cylinder 359
concrete distributing tower 359
concrete duct 359
concrete elevator 358
concrete finisher 359,360
concrete finishing screed 359
concrete flag 359
concrete form 265
concrete foundation 358

concrete foundation work 359
concrete hardener 359
concrete hardening agent 359
concrete head 360
concrete in water 501
concrete liner 360
concrete matrix 360
concrete mix 360
concrete mixer 359,360
concrete mixer truck 360
concrete mixing vessel 359,770
concrete paint 360
concrete pavement 360
concrete pavement slab 360
concrete pile 358,359
concrete pipe 358
concrete placer 358,359
concrete placing 358
concrete plan 359
concrete plant 359
concrete plant ship 359
concrete post 359
concrete product 359
concrete pump 360
concrete pumping 20
concrete roadbed 359
concrete saw 359
concrete sheet pile 359
concrete skin 359
concrete slab 359
concrete sleeper 360
concrete spraying machine 359
concrete spreader 359
concrete stopper 359
concrete sub-slab 516
concrete surfacing grinder 359
concrete test hammer 359
concrete tower 359
concrete transporter 360
concrete truss 359
concrete vibrator 359
concrete wall 358
concrete works 359
concreting in rain 77
concurrent heating 929
concurrent operation 358
concussion relief valve 469
condensate 239
condensate heat 239
condensate return 202
condensate treatment 861
condensation 238,297,363,457,861
condensation by adsorption 234
condensation phosphate anticorrosion inhibitor 457
condensation point 237
condensation pump 239,363
condensation rate 774
condensation setting 237
condensation trap 363
condensation valve 237
condensation within structure 740
condensator casing 239
condensator coil 239
condensed sample 774
condensed water 238,239
condenser 239,363,447,861
condenser coil 239
condenser microphone 363
condenser pan 239
condenser pipe 239
condenser speaker 363
condenser tube 861
condensing coil 363
condensing plant 363
condensing pressure 239
condensing unit 363
condensing valve 237
conditional equation on axial stiffness 412
conditional observation 470
condition diagram 715
conditioned air 651,653
conditioner 363
conditioning system 651
condition number 473
condition of compatibility 680
condition of equilibrium 667
condition of equilibrium of forces 634
condition of mechanism 216

condition of membrane stress 939
conditions for site planning 409
conditions of equilibrium 896
conditions of linear deformation 557
conditions of non-linear deformation 833
conduct 705
conduction 698
conduction of heat 768
conductive floor 698
conductivity 698
conductivity glass 698
conductivity of sound 135
conductivity water 712
conductometric analysis 993
conductor 75
conduit 196,361
conduit for prestressing steel arrangement 830
conduit pipe 361,697
conduit tube 361
conduit weather master system 361
conduit wiring 697
cone 108,358,500
cone crusher 358
coned dowel 616
cone gauge 360
cone loudspeaker 361,362
cone of colour 408
cone of light 325
cone penetration test 108,358
cone penetrometer 365
cone resistance 108
conference 620
conference hall 139,217,219
conference room 139
conference table 139
configuration 786
configuration factor 355,708,1016
configuration variable 289
confined compression test 330
confined groundwater 823
confirming route marker 1050
confluence 340
conformal map 530,704
congestion degree 361
conglomerate rock 1037
conical earthenwar pipe 108
conical mixer 108,350
conical shell 108
conical tilting mixer 108
conical valve 108
conic loudspeaker 108
conic section 108
conifer 494
Conjuga 547
conjugate axes 242
conjugate beam 242
conjugate complex number 242
conjugate depths of the jump 242
conjugate-direction method 242
conjugate gradient method 242
conjugate stress 242
conjugate tensor 242
connecting bolt 665
connecting conduit 1042
connecting cord 548
connecting corridor 1058
connecting flange 350
connecting gallery 1044
connecting line 1044
connecting pin 1043
connecting pipe 363,1042
connecting rod 350
connecting toilet 374
connecting water supplying pipe 301
connection 36,350,412,546,547,732
connection angle 547,1042
connection box 350
connection diagram 548
connection pin 662
connection screw 350
connection sleeve 548
connector 350,546,548
connector bend 548
connector pin 350
conoid shell 351
Conseil International du Batiment pour la Recherche 401
Conseil Internationale du Batiment pour

la Recherche 342
consent 362
consent plate 362
conservancy district 924
conservation 636,926
conservation of angular momentum 155
conservation of mass 428
conservation of nature 420
conservation of surface soil 844
conservative loading 927
consistency 252,361,647,748,772
consistency index 252,361
consistency limit 361
consistency limits 252
consistency meter 361
consistency test 252,361
console 362,971
consolidated quick test 21
consolidated slow compression test 21
consolidated slow test 21
consolidated undrained shear test 21
consolidation 21,664
consolidation curve 21
consolidation grout 362
consolidation line 21
consolidation of foundation 762
consolidation process 344
consolidation settlement 21
consolidation stress 21
consolidation test 21
consolidometer 21
consonant 402
const(ant) 362
constancy 40
constant 674
constantan 362
constant creep 674
constant creep speed 672
constant drying rate 339
constant earth-temperature layer 633,855
constant entropy chart 704
constant head permeameter 674
constant head tank 674
constant humidity 322
Constantinople 362
constant load 54,362
constant merit redesign 679
constant pressure expansion valve 670
constant pressure filtration 670
constant pressure regulator valve 669
constant pressure valve 670
constant temperature 313,671
constant temperature type fire detector 671
constant thermal chamber 313
constant volume gas thermometer 675
constant volume line 713
constant water content law 54
constituent 538
constitution of building volume 995
constitutive coefficient 326
constitutive equations 327
constraint 538
constraint deletion 538
constraints 538,577
construction 87,303,304,321,328,362,543,864,865
construction contract 321,543
construction cost 322,337
construction cost estimate 337
construction cost of building 610
construction equipment 303
construction gauge 305,362
construction guide 362
construction industry 304
construction investment 304
construction joint 362,543
construction line 379
construction management 322
construction method 338,543
construction method of chemical churning pile 416
construction of diaphragm wall 635
construction of Japanese style 1058
construction of space 257
construction price 321
construction program 334
construction shed 421
construction site access road 324

construction specifications 322
construction steel 306
constructivism 326
consturction supervision 322
consultant engineer 361
consultation room 488
consulting room 361
consumed energy 475
consumption 361,475,476
consumption city 475
consumption of materials 375
consumption per capita 837
consumption per capita per day 837,937
consumption per day 51
consumptives 476
contact 362,547
contact aeration 547
contact angle 547
contact area 547
contact bed 547
contact bed method 547
contact cement 362
contact corrosion 547
contact digestion 362,547
contact electrode 363
contact factor 362
contact filtration 547
contact grout 362
contact method 547
contact moisture 547
contact oxidation method 547
contact period 547
contact plate freezer 897
contact pressure 549
contact settling process 547
contact stabilization 362
contact stabilization process 547
contact stress 547
contact surface 17
contact type adhesives 362
contact type strain gauge 362
contagion 547
container 994
containerization 363
containerized transportation 363
container of reactor 302
container service 363
contaminant 124
contamination 124,1001
content 209
continental climate 597
continental cyclone 597
continental shelf 597
continued position 1044
continued urban area 1044
continuity test 711
continuous arch 1043
continuous beam 1044
continuous bridge 1043
continuous centrifugal separator 1043
continuous clarifier 1043
continuous cylindrical shell 1043
continuous demineralizing plant 1043
continuous desalination method 1043
continuous drought days 1043
continuous feeder 1044
continuous fillet weld 1043
continuous flow 1044
continuous-flow sedimentation 477
continuous flow-settling basin 477
continuous footing 760,1042,1043,1044
continuous foundation 1042
continuous function 1043
continuous girder bridge 1043
continuous grading 1044
continuous heating 290
continuous house 1043
continuous inflow 1044
continuous kiln 1043
continuous line 426
continuously harmonious colour 288
continuously reinforced concrete pavement 1043
continuously working freezer 1042
continuous measurement 1043
continuous mixer 363,1044
continuousness laws 1043
continuous optimum 1043
continuous process 1044
continuous rating 363,1043

continuous rotary filter 1043
continuous sash 363
continuous snow cover 770
continuous snow coverage 770
continuous spectrum 1043
continuous stone footing 760
continuous systems optimization 1043
continuous thickener 1044
continuous truss 1043
continuous truss bridge 1044
continuous vacuum filter 1043
continuous vent 1043
continuous wall 1043
continuous waste pipe 1044
continuous water sampler 1043
continuous water sampling 1043
continuous weld 1044
contour 362,1029
contour integral method 506
contour interval 707
contour line 707
contour map 841
contour pen 244
contract 74,291
contract agreement 74
contract amount 74
contract award 74
contract construction 74
contract document 74,291
contracted flow 457
contracting business 74
contracting colour 448
contraction 448,621,637
contraction coefficient 448
contraction crack 449,637
contraction joint 448,449
contraction loss 457
contraction percentage of area 629,630
contraction strain 449
contraction stress 448,637
contractor 74,303,305,363
contract renewal 291
contract with deferred payment clause 778
contract work 74
contral valve 363
contrary colour 819
contrast 363,595
contrast colour 591
contrast photometer 595
contrast rendition factor 595
contrast sensitivity 595
contravariant metric tensor 821
contravariant metric vector 821
contravariant strain tensor 821
contravariant tensor 821
contravariant vector 821
control 363,531
control action 531
control board 363,531,570
control card 363
control center 363
control circuit 531
control cost 209
control desk 363,651
control desk type 570
control display 363
control gallery 570
control interlock 363
controlled-access highway 459
Controlled bio-filter 363
controlled condition 532
controlled parking zone 644
controlled point 550
controlled sheave 363
controlled variable 532
controller 363,531
controller differential 436
control lever 363,570
control line 531
controlling board 531
controlling device 531
controlling force 532
controlling means 651
controlling room 651
control of access 459
control of organisms 538
control panel 363,531
control point 218,531,844
control program 363,531

control rod 531
control room 209,531
control section 433
control surveying 844
control switch 531
control system 531
control total 363
control tower 203
control unit 531
control valve 363,433,531,651
conurbation 350,720,721,1043,1044
convection 598
convectional rainfall 250
convection boiler 365,598
convection heater 598
convection heating 598
convection heating apparatus 598
convector 365
convector heater 365
convector radiator 598
convenience 1019
convenience goods 975
conveniences 1019
convent 453
conventional activated sludge process 842
conventionalization 905
convention hall 365
convergence criteria 451
convergent luminous flux 456
convergent photograph 450
convergent photographing 450
conversational programing system 434
conversation room 364
conversion 222,364
conversion burner 364
conversion factor 200
conversion of timber 532
converted dwelling 701
converted traffic 690
converter furnace dust scrubbing waste water 701
convertible room 364
convertible shovel 364
convex fillet weld 725
convex function 725
convexity 725
convex programming 725
convex set 725
convex tooled joint 862
conveyance 82
conveyance loss 709
conveyer 48,83,365
conveyer loader 365
conveyer train 365
conveying pipe line 48
conveying pump 48
convolution method 605
conway shovel 358
cookery 499
cook house 499
cooking 267,443
cooking room 1027
coolant 273
coolant filter 273
coolant pump 1034,1035
cool colour 202
cooler 270,1034
cooler and drinking fountain 1034
cooler pipe 272
cooler unit 273
cooling 276,1034,1036
cooling apparatus 1035
cooling box 1035
cooling brittleness 1035
cooling by natural convection 420
cooling(water) channel 1035
cooling coil 277,1034
cooling degree-days 1036
cooling dew point thermometer 1034
cooling draft 1035
cooling draught 1035
cooling duct 1035
cooling effect 1034
cooling equipment 1035
cooling extinguishment 1035
cooling fan 277,1035
cooling fin 277,1035
cooling hardness cast iron 1035
cooling installation 1035

cooling jacket 1035
cooling-limit temperature 1036
cooling liquid 1034
cooling load 1037
cooling load of lighting 476
cooling pipe 277,1034
cooling plant 277,1035
cooling plate 1034
cooling pond 1035
cooling pump 277,1034,1035
cooling stress 1034
cooling surface 1035
cooling system 1034,1036
cooling system of natural air circulation 419
cooling tank 1035
cooling tower 277,1035
cooling tunnel 1035
cooling water 276,840,1034,1035
cooling water for smelting furnace 994
cooling water intake 1035
cooling water pump 1035
cooling water regulating valve 1035
cool-ray lamp 278
cool tone 1036
coordinated control 290
coordinated control system 291
coordinated signal 290
coordinated transportation 296
cO-ordinates 385
coordinates of curve 244
coordination face 651
copal 351
copal varnish 351
coped joint 966
Copenhagen rib 352
copepoda 309
coping 161,351
coping stone 161,203
copolymer 238
copolymerization 238
copo-lymerization 361
copper 5,703
copper alloy 707
copper bearing waste treatment 712
copper-constantan thermocouple 707
copper pipe 705
copper plate 5,184,703,712
copper powder 713
copper steel 707
copper sulfate 1022
copper vitriol 628
copper wire 184,710
copper wool filter 348
coprecipitation 241
coprostane 352
coprostanol 352
copy 351,860
copying lamp 351
corbel 554,597,971
corbel joint 971
corbelled arch 554,971
corbelled coursing 971
corbelling 554,971
corbel table 352
cord 349,665,840
cord adjusting ball 415
cord connector 349
cordon 350
cordon count 333,350
cordon interview survey 350
cordon traffic survey 333,350
cord pendant 349
cord pendant lamp 350,840
cord switch 349
core 155,310,484,741
core bit 310
core board 310
core boring 310
core boring rig 310
core city 924,929
core concrete 156,310
core construction 310
core cutter 310
cored electrode 986
core distance 155
cored pedestal pile 310
core drill 310
core drill rig 310
core method of tunnel construction 642

core moment 159
core of section 630
core of the section 155
core pin 310
core plan 310
core recovery 202,310
cores 484
core sample 310
core system 310
core test 310
core tube 310
core wire 490
coring 356
Corinthian order 356
Corinthian style 356
Corioli's force 355
cork 356
cork board 356
cork bust 356
cork carpet 356
cork flooring 356
cork gasket 356
cork joint-filler 356
cork oak 356
cork plug 356
cork tree 356
corner 180,350,524
corner bar 525
corner bath 525
corner bead 350,525,951
corner bead、corner guard 181
corner block 524
corner bracing 824
corner bracker 525
corner cabinet 525
corner cant 350
corner capital 525
corner cut-off 525
corner cutting 181,525
corner cutting tile 525
corner furniture 350
corner joint 181
corner loading formula 524
corner lot 180,181
corner metal 525
corner of intersection 257
corner of pavement at intersection 320
corner pile 350
corner post 350,525
corner radiator 524
corner reinforcement 257
corner shop 350
corner stone 350,524
corner stone laying ceremony 676
corner stress 257
corner wash hand basin 525
corner weld 350
corner welding 101,181
cornice 250,350,442,775
cornice lighting 350
Cornish boiler 357
Cornus controversa[拉] 951
Cornus officinalis[拉] 393
corona 357
corporate house 352
corrected effective temperature (CET) 450
correction data 357
correction factor 357,926,1060
correction for gravity 456
correction for pull 653
correction for sag 616
correction for temperature 137
correlation 567
correlation coefficient 567
corresponding discharge 586
corresponding displacement 586
corresponding stiffness 586
corresponding water-level 586
corridor 630,1046
corridor access type 355
corridor bridge 799
corridor-bridge 1046
corridor floor 103
corridor floor (of skip floor type) 355
corridor floor(of skip floor type) 1046
corridor type basilica 630
corrosion 141,357,864
corrosion inhibitor 864
corrosion of iron pipe 683

corrosion of steel 320
corrosion preventive 917
corrosion proof 591
corrosion-proof coating 917
corrosion-proofing 917
corrosion proof metal 591
corrosion-proof paint 917
corrosion rate 864
corrosion remover 357
corrosion resistance 591,864
corrosion-resistant paint 917
corrosion resisting alloy 591
corrosion resisting aluminium alloy 591
corrosion resisting material 591
corrosion resisting metal 591,596
corrosion test 591,864
corrosive 864
corrosive check 864
corrosive potential 864
corrosive shake 864
corrosive soluted salt 864
corrosive sublimate 470
corrrugated asbestos cement slate roofing 542
corrugated aluminium sheet 35
corrugated asbeastos roofing 746
corrugated asbestos-cement sheet 746
corrugated asbestos cement sheet 746
corrugated asbestos-cement sheet 746
corrugated core 356
corrugated expansion joint 746
corrugated galvanized sheet iron 746
corrugated glass 746
corrugated iron sheet 745,746,796
corrugated nail 746
corrugated pipe 356
corrugated sheet 745,746
corrugated sheet iron 746
corrugated sheet roofing 745
corrugated wired glass 746
corrugated zincification sheet roofing 746
corrugating 356
corrugation 356,1054
cortile[意] 356
corundum 318,355
Corylopsis spicata[拉] 718
Coslett process 346
Cosmarium 346
cosmopolis 346
cO-sorption 240
cost 346,998
cost account 300
cost allocation 346
cost analysis 300,346
cost applicable to construction revenue 203
cost calculation 300
cost concept 300
cost control 300,346
cost down 346
cost-effectiveness analysis 845
cost estimate 954
cost function 841
cost index 300
cost of construction 346
cost of design 546
cost of design and supervision 545
cost of erection 346
cost of installation 346
cost of management 346,1059
cost of power 714
cost of production 532,534
cost of repair 346
cost of upkeep 346
cost of working-up 320
cost per square meter 898
cost planning 346
cost plus fee contract 428
cost price 299
cost programming 346
cost study 346
cote 635
cottage 348
cotter 139,200,348,353,940
cotter bolt 348
cotter hole 556
cotter joint 348
cotter pin 348
cotton and linen textile dyeing wastewa

ter 966
cotton felt 967
cotton rope 975
cotton sail cloth 348
cotton seed oil 966
Cottrell precipitator 348
couch 150
coulee 443
Coulomb 283
Coulomb damping 283
coulombmeter 283
Coulomb's earth-pressure theory 283
Coulomb's formula 283
Coulomb's law 283
Coulomb's standard formula 283
Council of Industrial Design 310
Council of Industrial Design(COID) 318
count 289
counter 150,289,659
counter apse 150
counter balance 150
counter balanced sash 150,812,895
counter clock-motion 834
counter clockwise rotation 226,820
countercurrent 340
counter-current 822
countercurrent cooling tower 340
counter display 150
counter-flow 227
counterflow 340
counter flow 589
counterflow coil 340
counter-flow condenser 227
counterflow cooling tower 340
counterforted abutment 825,872
counterforted retaining wall 227
counterforted type retaining wall 825,872
counter ion 150
counter parking 589
counterpoise 150
counter pressure 150
counter sink drill 215
countersunk 150
countersunk and chipped rivet 295
countersunk headed bolt 388
countersunk head rivet 388,658
counter-sunk nut 150
countersunk(head) rivet 388
countersunk rivet 388
countersunk screw 388
counter-top lavatory 810
counter weight 150
counterweight 417,659,667
counter weight 892
counter-weight fill 121
counter-weight sash 150
counting method of individual number of organisms 347
country club 207
county seat 307
couple 53
coupled beam 36,600,797
coupled knee braces 798
coupled vibration 1042
couple of forces 263,1013
coupler 178
couple roof construction 616
coupler sheath 178
coupling 178
coupling bolt 178
coupling coefficient 178
coupling device 178,1042
coupling flange 3
coupling sink faucet 178
coupon room 268,924
cour d'honneur[法] 277
coursed masonry 760
coursed random work 534
course of flight 829
course of river 195
course of traverse 576,600,730
court 62,77,758
court house 349
court of justice 374
courtroom 920
court yard 77
courtyard 350,758
covalent bond 242

covariance 241
covariant differentiation 241
covariant metric tensor 241
covariant tensor 241
covariant vector 241
cove 132,351,352
coved ceiling 132
coved checker ceiling 132
coved lattice ceiling 132
cove lighting 352
cover 183,813
coverage of burnt houses 471
cover aggregate 965
covered conduit 37,79
covered diamond 121
covered drain 865
covered electrode 839
covered radiator 66
covered riding ground 117
covered street way 197
covered terrace 184
covered walk 318
covered wire 184
covergent nozzle 377
covering 185,813,839
covering depth 117,185
covering for fire protection 913
covering material 839
covering mortar 121
covering power 66,184,839
cover plate 184
cover plate rivet 16,877
coverture 184
cow fur felt 235
cow-house 221
cowl 150
cow-shed 221
CPM 434
CPS 434
CPU 434
crab winch 272
crack 219,251,271,839,1060
crack detection 839
cracking 271
cracking distillation 889
cracking gas 271
cracking load 839
cracking ratio 839
crack line 337,792
crack meter 271
crack pattern 251
crack propagation 271
crack sensitivity 1060
crack test 251
crack width 839
cradle 279
cramp 165
crane 217,279
crane control box 279
crane control compartment 279
crane counterweight 279
crane girder 279
crane hinge 279
crane hook 279
crane load 279
crane man 280
crane output 279
crane post 280
crane rail 280
crane stopper 279
crane truck 279
crane winch 279,667
crane wire rope 280
crank 273
crank case 273
crank pump 273
crank rod 273
crank shaft 273
crannog 272
crape 657
crater 160,279
crater crack 279
cratering 798
crater treatment 279
crawler belt caterpillar 1015
crawler crane 282,958
crawler drill 282
crawler-mounted bulldozer for swamp 427
crawler shovel 282

crawler type tractor shovel 1015
crawless pump 283
crayon 279
craze 278
crazing 208,278,358
crazy paving 954
CRC 402
cream colour 276
crease 133
created response surface technique 115
creation 274,570,571
creative engineering 571
creative playground 189
credence 367
credence table 367
creep 276,930
creep breaking strength 276
creep curve 276
creep enlargement factor 276
creeper 639
Creeper 663
creeper 668,930
creep function 276
creeping trees 639
creep limit 276
creep of soil 664
creep rate 276
creep recovery 276
creep response 276
creep strain 276
creep strength 276
creep test 276
creep testing machine 276
creep test of long period 650
crematorium 171,279
crematory 171
Cremona's method 279
Cremona's stress diagram 279
cremone(bolt) 279
cremone bolt 279
crenelation 279
creosote 278
creosote oil 278
creosoting 278
creosoting post 278
crescent 278
crescent arch 950
cresol 279
cresol resin adhesive 279
crest 278,725
crest of dam 677
crest of overflow 96
crest tile 278
crevasse 380
crevice corrosion 279,510
crib 276,995
crimp 277
crimped angle 277
crimping 277
crimp mesh 277
crimp wire netting 277
crimson 106
crimson foliage tree 339
critcal speed 300
criteria 275
criterion 821
critical circle 299,1028
critical cooling velocity 1029
critical damping 299,1028
critical damping coefficient 1028
critical density 300,1029
critical depth 300
critical depth of foundation 300
critical discharge 300,1029
critical distance of fire spreading 106
critical frequency 216,1029
critical friction velocity 300
critical head 1029
critical height 300,1029
critical hydraulic gradient 300,1029
critical injection pressure 300
critical job 275
critical lane 1029
critical lighting 275
critical load 216,299,1028
critical moisture content 299
critical path 275
critical path method 434
critical point 1029
critical pressure 1028

critical pressure drop 1028
critical Reynolds number 1029
critical section 300
critical shear span ratio 1029
critical slope 299
critical speed 216,1029
critical stress 299
critical temperature 1028
critical temperature zone 1028
critical velocity 300,1029
critical void ratio 299,1028
critical wave length 1029
crockery 978
crocket 281
cromlech 282
cross 280,448
cross air duct 321
cross arm 280
crossband 281
cross band 574
cross-band 656
cross band veneer 574,656
crossbar 281
crossbar type automatic telephone exchange method 281
crossbar type automatic telephone switch board 281
cross beam 281
cross-beam 295
cross beam 321,1000
cross-bedding 220
crossbill joint 47
cross-bolt lock 281
cross bond 281
cross brace 281
cross break 1001
cross cock 435
cross connection 280,321,1044
cross correlation function 570
cross current 449
crosscut adhesion test 351
crosscut saw 1000
crossfall 114
cross flow cooling tower 656
crossflow type cooling tower 653
cross framing 589
cross girder 280,321
cross-grade 114
cross grain 320,962
cross-hairs 448
cross-hairs ring reticule 448
cross hatching 281
crossing 281,321,448,574,641,642,656,684
crossing angle 684
crossing flow type cooling tower 449
crossing gate 872
crossing warning post 872
cross joint 280
cross-levelling 115
crosslinked 154
crosslinking agent 154
crosslinking formation 154
crossover 1000
crossover valve 280
cross parking 320
cross piece 281
cross pin 281
cross pipe 448
cross protection 362
cross rib 321
cross roads 448,449
cross road sign 448
cross-section 115
cross section 343
cross-sectional area 115
cross-sectional area of stream 1022
cross-sectional drawing 115
cross-section of heading 169
cross shaft 280
cross shake 280
cross-shaped budding 448
cross shape joint 280
Cross's method 281,349
crosstalk 1047
crosstie 940
cross-type dowel 448
cross valve 281,423,435
cross vault 320,321,448
crosswalk 115

crosswalk line 115
crosswalk sign 115
cross wall 280
cross weld 280
cross-wires 448
crow bar 164,181,270
crowbar 281
crow bar 346
crowbar 681,814
crowded dwelling 954
crowd walking 283
crowd walking speed 283
crown 270,554,741
crown (of road) 1051
crown bar 270
crown brick 270
crown gall 363
crown glass 270
Crown Hall 270
crown height 1051
crowning 270
crown lagging 552
crown post 270
crown tile 270
crown vent 652
crown width 700
crow step 280
crucible 277
crucible kiln 1031
crucible steel 1031
cruciform joint 448
crude rubber 745
crude sewage 745
crude sludge 744
crushed gravel 371,613
crushed ice 374
crushed sand 369,371
crushed slag 526
crushed stone 371
crushed stone concrete 371
crushed stone dust 371
crushed stone macadam 371
crusher 271,366
crusher-run 249,1059
crushing 665
crushing mill 271
crushing plant 271
crush room 271
Crustacea 315
crustal deformation 633
crustal movement 633
cryogen 274
cryogenic quenching 274
cryogenics 274
cryometer 274
cryo-vac packing 707
crypt 276,634
cryptomeria 509
cryptomeria bark 509
cryptomeria bark roofing 509
Cryptomeria japonica[拉] 509
cryptometer 276
crystal 274,500
crystal colloid theory 296
crystal finish 296
crystal glass 274
crystalline glaze 296
crystalline schist 296
crystallization 296,465,471
crystal microphone 275
crystal oscillator master clock 500
Crystal Palace 500
crystal speaker 274
crystal water 296
CS 403
CT 428
CTS 428
cube 236
cube globe 236
cube mixer 236
cube strength 1016
cube test specimen 1016
cubical modular method 1016
cubic effect 1016
cubic fitting 393
cubic function 393
cubicle 236
cubicle control panel 236
cubicle switch board 236
cubicle switchgear 236

cubicle system 236
cubic space 220
Cubiculum[拉] 267
Cubie feet per minute 404
cubism 1016
cubisme[法] 236
cul-de-sac[法] 277
cul-de-sac 862
culex pipiens 5
culina[拉] 275
cullet 194
Culmann-Ritter's method of dissection 278
Culmann's line 278
Culmann's method 278
Culmann's procedure for computing earth pressure 278
culmination 285,747
culmination altitude 748
culmination altitude of the sun 753
cultivating garden 366
cultural center 889
cultural city 890
cultural facilities 889
cultural(haman) landscape 494
cultural landscape 889
cultural vegetation 484
culture 790
culture medium 786,790
culvert 37,193
cumarone resin 268
Cumbernauld 208
cumulative error 1031
cumulative poisoning 635
cup 178
cup anemometer 854
cup bearing 384
cup joint 975
cupola 236,816
cupola brick 236
cupping 178,808
cupric chloride 103
cupric sulfate 1022
cupro 236
cupro-ammonium rayon manufacture
waste water 703
cup shake 170,965
cup valve 178
curb 184,866
curb cock 827
curb cock box 827
curb line 866
curb loading zone 1050
curb marking 866
curb parking 1049
curb parking space 1049
curb return 866
curb roof 352,866
curb service box 827
curb stone 179,903
cure 229
curie 236
curing 436,995
curing agent 315
curing by covering mats 605
curing mat 995
curing period 229
curing speed 315
curing strain 315
curing tank 995
curing temperature 229,314,995
curing time 229,315
curl 193
curl of vector 900
curly figure 657
current 194
current city 304
current condenser 194
current converter 194
current-meter 577
current meter 1023
current meter method 1023
current regulator 194
current shoot 489
current transformer 428,909
curtain 179,726,939,944
curtain box 180
curtain coater 179
curtain hardware 179
curtaining 616

curtain line 180,940
curtain rail 180
curtain ring 180
curtain rod 180
curtain wall 179,652
curtain wall construction 179
curtain zone 940
curtilage 451,601
curvature 184,245
curvature scalar 245
curvature vector 245
curve 184,244,938
curve bridge 184
curve compensation 244
curved beam 133,938
curved blade 938
curved board 938
curved box girder bridge 244
curved brick 245
curved bridge 244
curved bridge on slop 336
curved cable-styed bridge 244
curved chord truss 243
curved earthenware pipe 1060
curved element 244
curved flow 938
curved girder bridge 244
curved grillage girder bridge 244
curved laminated wood 1060
curved member 244,1060
curved pipe 938
curved plate 245
curved plywood 245
curved radiator 938
curved surface 245
curved thermometer 938
curve gauge 185
curve length 244
curve of candle power 783
curve of discharges 1026
curve pen 244
curve radius 244
curve ruler 244
curve setting 244
curve sign 185
curve tracer 185
curvilinear coordinate 244
curvilinear flow 244
curvilinear motion 244
curvilinear tunnel 244
curvimeter 244
curvimetre[法] 251
cushion 267
cushion capital 267
cushion material 267
cushion tank 267
cusp 57,168
cusped arch 168
customer 167
cut 177,1060
cut and cover method 140
cut and fill 250
cut back 178
cut-back asphalt 178
cut-back pitch 178
cut-back tar 178
cut down 178
cut flower garden 250
cut glass 178,249
cut-in(CI) 178
cut joint 177
cut length 178
cut lock 931
cut nail 178
cut-off 178,472
cut-off relay 178
cut-off trench 418
cut-off valve 178,437
cut-off wall 418,728
cut-out(CO) 177
cut-out case 178
cut-out cock 178
cut-out device 178
cut-out switch 178
cut-out valve 250
cut-over 178
cut pipe 249
cut size 178
cut stone 178,248
cut string 381

cutter 177
cutting 250,547,549
cutting blowpipe 549
cutting by hammer 307
cutting depth 177
cutting dimension 525
cutting edge 549,795
cutting edge of caisson 295
cutting face 250
cutting flame 549
cutting gauge 297
cutting off 250
cutting operation 549
cutting plan 177
cutting plane 549
cutting-plane line 549
cutting plane method 547
cutting tip 549
cutting torch 549
cut wire 178
CVS 434
cyan 402
cyan bearing waste water 402
cyanic acid 402
cyanic complex ion 402
cyanic ion 402
cyanide 402
cyanide-attack bacteria 402
cyanide bearing waste water 402
cyanide monitor 402
cyanide poisoning 402
cyaniding process 531
cyanite 138,188
cyano-acrylate adhesive 402
cyanogen 402
cyanogen chloride 103
Cyanophyceae 1011
Cycas revoluta[拉] 581
cycle 368,453
cycle counter 368
cycle efficiency 368
cyclegraph 368
cycle operation 368
cycle path 429
cycle per second 368
cycle-race course 429
cycle race track 368
cycle track 429
cycle-type network 380
cyclic load 1026
cycling 368
cycling period 368
cyclized rubber 196
cycloid 368
cycloidal arch 368
cyclone 368,672
cyclone burner 368
cyclone collector 368
cyclone dust collector 368
cyclone scrubber 368
cyclone scruber dust collector 368
cyclonic precipitation 672
cyclopean concrete 246
cyclopean masonry 246,368
cyclopean wall 368
cyclorama 368,931
cyclorubber 196
cyclostrophic wind 558
cyclostyle 368
cylinder 110,482
cylinder cut 482
cylinder gauge 110
cylinder head 482
cylinder head lock 482
cylinder liner 482
cylinder lock 482
cylinder strength 109
cylinder tapping 482
cylinder valve 994
cylindrical boiler 110,482,947
cylindrical coordinates 109,110
cylindrical function 110
cylindrical high chimney 110
cylindrical hot water boiler 110
cylindrical projection 110
cylindrical shell 105,110
cylindrical shell roof 708
cylindrical tank 103,946
cylindrical type precise filter 110
cylindrical wave 109

cyma 375,816
cyma recta 375
cyma reversa 375,806
Cymbella 255
cypress 375
cypress tree 56
cytoplasm 375

## D

dabbed finish 347,470
dabbed mortar 23
DAD(depth-area-duration)analysis 670
dado 345,677
dado joint 114,117
dagoba[僧伽罗语] 600
dahlia 615
daily commuting sphere 753
daily employment 840
daily flow 753
daily living sphere 753
daily maximum water consumption 51
daily precipitation 753
daily rainfall 753
daily traffic pattern 753
daily water consumption 51,937
daily worker 689
daimyo oak 165
dais 674
d'Alemberte's principle 615
Dalton's law 616
Dalton's rule 616
dam 110,615,726
damage 584
damage by flood 497
damaged housing unit 829
damaged premises 471
damage ratio 825
damask 737
dam body 676
dam height 672
dammar 629
dammar varnish 629
Dammerstock Siedlung[德] 615
damp air 423
damp box 628
damp course 424
damp cylinder 628
damped vibration 303,308
damper 232,303,627
damper control 628
damper gear 628
damper regulator 627,628
damper valve 628
damp haze 975
damping 536
damping attenuation 303
damping capacity 303
damping coefficient 303,628
damping constant 303
damping force 303
damping index 303
damping material 533
damping natural frequency 303
damping off 740
damping ratio 303
damping resistance 303
dampproof coating 915
damp-proof course 424,918
dampproofing 915
damp proofness 590
damp tolerant tree 915
dam site 615
dance floor 622
dance hall 622
dangerous articles 216
dangerous building 216
dangerous industrial district 216
dangerous section 216
dangerous zone 216
danger zone 216
Danham's formula 611
Danish Modern 686
Daphne odora[拉] 491
Daphniphyllum macropodum[拉] 990
DAP(Dry Adsorption Process)manganese process 607
dapping 153
Darcy's law 616
dark adaptation 38,40

dark blue 602
dark change 41
dark field 38
dark room 38,602
dark stage 601
Darmstadter Künstlerkolonie[德] 616
Darmstadter Sezession[德] 616
dash board 606
dash panel lamp 606
dash pot 606
dash pot check valve 606
dash unit 606
data 682
data bank 682
data base 682
data logger 682
data logging 682
data management 682
data of estimate 955
data processing 682
data processing center 288
data processing system 682
data reader 682
data recorder 682
datolite 611
datum 682
datum level 219
datum line 218,225
datum plane 225
datum survey 225
datum water level 218,225
dauber 726
Davis-Granville's law 686
day bed 678
day-degree method 540
day hospital 678
day labourer 840
daylight 644,679
daylight colour 644
daylight effect 644
daylight factor 644
daylight factor contours 710
daylight factor curve 644
daylight glass 644
daylight illumination 644
daylight illumination zone 644
daylighting 368
daylighting 644
daylighting area 368
daylighting opening 368
daylight lamp 644
daylight source 644
day load 643
day nursery 601
daynursery 686
day room 679
daytime hours 643
daytime population 643
daytime sewage quantity 643
daytime sphere 643
DC 673
DDC 677
DD(day-degree)method 677
DDT 677
dead air 676
dead air space 260,262,922
dead anchor 79
dead area 685
dead bolt 685,935
dead burned magnesia 323
dead-burned magnesia 324
dead burnt gypsum 416
dead colour 685
dead end 422,685
dead-ended pipe 989
dead-end siding 664
dead-end site 120
dead-end street 862
dead knot 432
dead latch 685
dead load 86,348,406,530,685
dead-load stress 406
dead lock 935
deadman 685,762
dead point 429
dead room 685
dead space 685
dead spot 429,668
dead storage 958
dead timber 194

dead water 418,684,1002
dead weight 416
dead well 194
dead zone 402
deaerated water 606
deaerating heater 606
deaeration 606,669
deaeration by heating 183
deaeration tower 606
deaerator 606
deairing tower 606
dealkalinity and softening 606
death rate 435
debris 203
debris flow 723
debug 686
debugging 686
décalcomanie[法] 680
decantation 680
decantation test 31
decarbonation 607
decarbonization 607
decastyle 453
decay 265,303,858
decay curve 303
decay of sound 127
decay resistance 596
deceleration 675
deceleration area 304
deceleration lane 304
dechlorination 606
decibel 681
decibelmeter 681
decication(of wood) 968
deciduous tree 1006
decineper 681
decision instruction 819
decisionmaking problem 296
deck 683,684
deck bridge 477
deck chair 683
deck glass 683
deck glass roof 683
deck plate 683
deck roof 847,1048
deck sander 683
deck truss 477
declination 358,539
declining rate filtration 303
declinometer 681
declivity 266
declutch mechanism 681
decoder 145,681
decolorant 607
decoloriser 607
decolorization 607
decolorizer 607
decolouration 472
decomposed organism 889
decomposition 148,889
decomposition method 889
decomposition of forces 635
decompression device 299
decontaminating agent 124
decontamination factor 124
decorated gypsum board 293,546
decorated pulp cement board 293
Decorated style 533,571,681,891
decorating 370
decoration 571,681
decorative art 571
decorative glued laminated wood 293
decorative glued plywood 628
decorative illumination 571,698
decorative sheet 293
decoupled system 848
decrease 308,671,965
decrease for public 317
decrease of reservation land 932
decreasing rate of drying 309
decrement factor 308
deduction 302
deep beam 678
deep blue 1
deep foundation 856
deep foundation method 490
deep-layer trickling filter 490
deep planting 857
deep-rooted 488
deep seal 857

deep seal trap 500,857
deep-slot squirrelcage motor 857
deep socket wrench 678
deep strength-asphalt pavement 678
deep therapy room 494
deep well 857
deep-well drainage 857
deep well drainage method 678,857
deep well pump 76,857
defect 163,219,295
defect compensation 163
defect of lacquer 426
defect of tissue 578
defectoscope 1041
Défense[法] 686
deferrization 480
deflecting damper 909
deflection 617,712,881
deflection angle 174,617,881,905
deflectionangle method 905
deflection curve 617
deflection due to bending 941
deflection force 695
deflection of rail 1041
deflectograph 687
deflectometer 617
deflector 582,687
deflector of sprinkler head 522
deflux 687
defoamer agent 36
defoaming agent 36,224,475
defoaming tank 36
defoliant 355,1006
defoliator 1006
deformation 277,832,905
deformation equation 905
deformation method 906
deformation resistance 906
deformation under load 164
deformed bar 45
deformed (reinforcing) bar 45
deformed flat steel 45
deformed light channel steel 45
deformed pipe 45
deformed pre-stressed concrete steel
wire 45
deformed rigid frame 45
deformed round steel bar 45
deformed steel bar 45
déformer[法] 687
defrost 438
degasification 166
degasifier 166
degrease 606
degreaser 28,681
degree day 672
degree-day 672,726
degree of aging 1046
degree of atmospheric pollution 588
degree of compaction 437
degree of conservation of vegetation 478
degree of consolidation 21
degree of curvature 244
degree of dissociation 148
degree of fireproof 587
degree of freedom 453
degree of mechanical freedom 216
degree of noise 566
degree of pollution 124
degree of polymerization 447
degree of redundancy 865
degree of saturation 922
degree of sensitivity 88
degree of shrinkage 489
degree of taste 11
degree of vacuum 485
degrees of difficulty 747
Degussit[德] 680
dehumidification 301,479
dehumidifier 302,479
dehumidifying 479
dehumidifying effect 302
dehydrating agent 607
dehydration 607
dehydrator 607
dehydrofreezing 206
dehydrogenase 607
dehydrolyzing agent 607
deionized water 606

dekastylos[希] 680
delamination 795
delay 121,632
delay-action detonator 690
delayed action lifting 679
delayed crack 121
delayed elastic deformation 632
delineation planting 420
delineator 689
delivery 121,828
delivery car 689
delivery chute 689
delivery cock 689
delivery head 121
delivery mechanism 689
delivery on rail 1041
delivery pipe 121,567
delivery room 75,892
delivery valve 121,689
Delmag pile hammer 689
delos 690
delta 390,689
delta function 689
deltaic beach 521
de luxe[法] 688
demand bus system 687
demand factor 461
demanganization 481,607
demi-column 687
demineralization 338
demineralized water 606
demineralized water for electronics industry 695
demister 687
de Moivre's formula 713
demolisher 687
demolition 142
demolition 142
demolition report 478
demulsifying agent 145
dendritic structure 458
denim 686
Denison sampler 686
denitrification 607
denitrification process 607
denitrifying bacteria 607
dense-graded asphalt concrete 955
densely inhabited district(DID) 487
densely inhabited district 669
dense planting 954
densified laminated wood 237,315
density 954
density current 954
density district 954
density of dwelling unit 346,448
density of flux 576
density of habitable rooms 448
density of light 339
density of organisms 538
density of population' 488
density of sleeping space 449
density of snow 540
density of wood substance 968
density of work 414
density structure 954
dental lavatory 406
dentil 698,793
dentil band 417
Deodar cedar 840
deodorant 916
deodorizer 606
deodorizing by gas combustion 771
deoxidation 606
deoxidizer 606
deoxidizing agent 606
deoxygen agent 606
deoxygenation 606
deoxygenation 606
deoxygenation coefficient 606
deoxygenation constant 606
deoxygenation rate constant 606
department store 686,840
department system 236
departure 286
departure line 459
departure shaft 803
depletion 341
deposit 408,592,673,687,951
deposit deterioration 673
deposited adhesion 998

deposited metal 998
deposited metal test specimen 998
deposited metal zone 998
deposited silt 590
deposited snow 540
deposit gauge 687
deposition 592
deposition efficiency 998
dépot[法] 687
depreciation 300
depreciation coefficient 301
depreciation expense 300
depreciation expense of house 151
depreciation factor 301,687
depression 687
depression storage 115
depsited sand 593
depth 121,530,951
depth factor 857
depth gauge 493
depth of beam 813
depth of embedment 762
depth of frost penetration 707
depth of girder 813
depth of lot 157
depth of neutralization 646
depth of plastering 761
depth of rainfall 326
depth of run-off 1022
depth-thickness ratio 808
depth-width ratio 762
Der Blaue Reiter[德] 5
Der Deutsche Werkbund[德] 320,676
Der Deutsche Werkbund(DWB)[德] 703
derived units 269
derocker 690
derrick 689
derrick bull wheel 689
derrick crane 689
derrick mast 689
derrick post 689
derrick step 689
der Sturm[德] 460
DERT 670
desalination 606,622
desalination method 606
desalting 202
de-scaling 512
de-scaling solvent 512
descent 313
descriptive geometry 511
desiccating agent 205
desiccator 205,681
design 47,312,545,681
Design and Industries Association 669
design and supervision 545
design asphalt content 218,545
designated city 429
designated fire-proof construction 428
designated statistics 429
designated term of works 428
designation of replotting 207
design base shear coefficient 546
design calculation 545
design calculation of section 629
design capacity 545
design CBR(California bearing ratio) 546
design chart 546
design competition 237
design conditions 546
design contract 545
Design Council 673
designed daily volume 285
designed drainage district 286
designed flood discharge 285
designed high water level 285
designed sewage quantity 285
designed traffic volume 285
designed treatment area 285
design education 681
designed value 546
design entrusting 545
designer 545,546,681
design evaluation (and) review technique 670
design fee 681
design-flood discharge 285
design load 545
design manual 681

design methodology 546
design of experiments 424
design office 545
design of mix proportion 783
design of plan 898
design of section 629
design organization 546
design outdoor condition 139
design paper 512
design parameter 546
design policy 681
design principle 546
design process 545,681
design rainfall 285
design section 545
design seminar 546
design space 545
design specification 681
design speed 546
design staff 546
design strength 546
design stress 545
design temperature 545
design variable 546
design volume 546
design wheel load 546
desired value 970
desire line 224
desk 682
desk fan 601
desk lamp 601
desk set telephone 601
desk-stand telephone 601
desk telephone 682
Desornamentado style 682
desorption 607
desorption of moisture 606
despatch room 804
dessimilation 44
dessin[法] 684
destination 969
destination and distance sign 914
destination sign 989
destroying extinguishment 792
destructive test 792
desulfurater 607
desulfurating agent 607
desulfurization 607
desulfurizing equipment 607
desuperheater 183
detachable bit 663
detached 718
detached chamber 807
detached house 53,347,718
detached house quarter 718
detached palace 1013
detacher 682
detachment 1015
detail 677
detail drawing 471
detail estimate sheet 74
detail network (chart) 677
detail pen 870
details 961
details of work items 77
detail surveying 375,471
detection 302,626
detector 626
detector tube method 304
detention 598
detention basin 598
detention period 598
detention reservoir 325
detergency 682
detergent 559
deteriorated area 18
deteriorated dwelling house 880
deteriorated residential quarter 880
deteriorating area 18
deterioration 1040
determinant 243
determinate plane truss 898
deterministic design methodology 296
detonated dynamite 132
detonating cartridge 805
detonation 685
detonation wave 685
detonator 485,805,1005
detonator signal 805
detour 73,948

detour arrow sign 73
detour road 73
detoxicant 297
detritus 203
detritus 371
Deutsche Industrie Normen 669
Deutsche Industrie Normen[德] 679
Deutsche Industrie Normen(DIN)[德] 702
Deutzia & weigela 78
Deutzia & Weigela sp.[法] 78
Deval abrasion test machine 726
Deval test 726
devastated stream 336
developed elevation 691
development 146
development administration 146
development area 146
development expenses 146
development of lake and pond 346
development of new residential area 488
development plan 146
development restriction 146
development restriction area 146
development traffic volume 146
development work of fire-proof building blocks 914
deversoir 96
deviation 174,906
deviatoric strain energy 906
deviator strain 906
device 572,686
Deville's principle 686
Devitro ceramics 686
dewatering agent 607
dewatering equipment 607
dewatering method 607
dewatering test 607
dewatering with screen 607
dew condensation 297
dew point 1052
dew point control 1052
dew point humidity control 1052
dew-point hygrometer 688
dew point hygrometer 1052
dew point meter 1052
dew point temperature 1052
dew proofing 921
dew-retardation 921
dextrin adhesives 680
DF 670
DH 670
DIA 669
diabase 250
diagonal arch 586
diagonal bar 586
diagonal brace 920
diagonal bracing 512,744
diagonal element 587
diagonal enumeration 587
diagonal hoop 512,585,670
diagonal matrix 586,587
diagonal member 288,440,744
diagonal parking 744
diagonal reinforcement 744
diagonal rib 586
diagonal roofing 434,830
diagonal roofing 831
diagonal street 441
diagonal stress 744
diagonal tensile stress 744
diagonal tension 441
diagonal tension bar 744
diagonal tension crack 562
diagonal web member 288
diagram 521,597
diagram of normal transformation 656
diagram of transposition 905
Diaion 585
dial 417,585,836
dial bus 585
dial compass 577,585
dial gauge 585
dial indicator 585
Diallocs 597
dial plate 585
dial thermometer 585
dialysis 710
dialysis membrane 710

dialysis tank 710
diamant[荷] 228
diameter 382
diameter of rivet 1019
diameter of rivet hole 1019
diameter ratio 656
diamond 228,585,978
diamond bit 585
diamond boring 585
diamond brake 585
diamond crossing 830
diamond cutter 585
diamond drill 585
diamond glass 597
diamond intenchange 585
diamond interchange 585
diamond joint 434
diamond junction 830
diamond paving 434
diamond pyramid hardness 585
diamond shell 585
Dianthus caryophyllus[拉] 182
diapason[法] 670
diaper 585,830
diaphragm 158,585,666
diaphragm oscillation 939
diaphragm plate 585
diaphragm pump 585,616,940
diaphragm valve 585,940
diaspore 585
diaspore clay 585
diastylos[希] 669
diathermanous body 712
diatomaceous earth 289
diatomaceous-earth filter 289
diatomaceous earth filtration 289
diatomite 289
diatomite filtration 289
diatomite heat insulator 289
Diatoms 290
dicalcium silicate 288,406
Dichloro-Diphenyl-Trichloroethane 677
DID 669
Didymaion 677
die 585
die-away curve 303
dieback 94
die casting 587
dielectric 586
dielectric heating 987
dielectric loss 586
dies 591
diesel 675
diesel electric shovel 676
Diesel engine 676
diesel extractor 675
diesel generating machine 676
diesel generating station 676
diesel hammer 676
diesel pile hammer 676
diesel power plant 676
diesel shovel 676
diet library 344
difference 140
difference equation 140
difference limen 908
difference of brightness 222
difference of elevation 334
difference of luminance 222
difference of parallax 415
difference table 140
difference tone 376
differential 678
differential-acting pilehammer 384
differential-acting steam hammer 384
differential active fire detector 384
differential control 839
differential cooling curve 415
differential detector 384
differential equation of elastic curve 623
differential equation of Gauss-Weingarten 150
differential gap 707
differential levelling 654
differential manometer 384,415
differential perceiver 384
differential plunger pump 384
differential pressure 366
differential pressure control 366

differential pressure meter 366
differential pressure type flow meter 366
differential relief valve 678
differential settlement 870
differential steering 678
differential system 366
differential thermal expansion meter 415
differential water pressure 870
differentiation of room 428
different level 626
diffracted beam 141
diffracted light 141
diffracted scattering 141
diffracted sound 141
diffracted wave 141
diffraction 141
diffraction effect 141
diffraction of sound 126
diffuse(d) coating 156
diffuse combustion 156
diffused air aeration 391
diffused-air aeration tank 391
diffused air tank 391
diffused daylight factor 156
diffused illumination 156
diffused light 156
diffused light flux 156
diffuse double layer 156
diffused photometer 156
diffused rays 156
diffused sound 156
diffuse-porous wood 392
diffuser 156,391,678
diffuse radiation 156
diffuse reflection 156
diffuse reflection factor 156
diffuser plate 391
diffuser tube 391
diffuse sound field 156
diffuse sphere 678
diffuse(d) surface 156
diffuse transmission 156
diffuse transmission factor 156
diffuse window 156
diffusing agent 156
diffusing factor 156
diffusing glass 156
diffusing globe 156
diffusing power 156
diffusion 156,678
diffusion coefficient 156
diffusion coefficient by turbulent flow 1012
diffusion constant 156
diffusion dialysis 156
diffusion field 156
diffusion of free molecules 454
diffusion of sound 127
diffusion pump 156,678
diffusion rate 157
digested sludge 465
digester 590
digester heating by direct steaming 468
digestibility 466
digestion 465
digestion chamber 466
digestion chamber by heating 151
digestion period 466
digestion process 466
digestion tank 466
digestion time 466
digestive gas 466
digestive treatment 466
digestor 466
digger 671
digit 295,673
digital computer 289,673
digital data 673
digital electronic computer 673
digital instrument 673
digital signal 673
Digitaria sanguinalis[拉] 840
diglyph 672
dike(dyke) foot 672
dilapidated buildings 336
dilapidated house 1046
dilatancy 598,599
dilatation 597,920

dilation 920
dilatometer 597
diluent 217
diluted ventilation 217
diluting effect 217
diluting tank 217
diluting water 217
dilution 217
dilution and diffusion 217
dilution discharge 217
dilution disposal 217
dilution entropy 217
dilution method 217
dilution property test 217
dilution ratio 217
dilution stability 217
dilution velocity 217
diluvial deposit 328
diluvium 328
dimension 438,529,596,678
dimensional coordination 529
dimensional stability 529
dimensional standard 529
dimensional tolerance 678
dimensioning 529
dimension line 529
dimension of phycical quantity 869
dimension tolerance 529
diminishing pipe 559
diminishing rate of floor area 672
dimmer 650,679
dimmer bank 679
dimmer room 650
dimming equipment 650
DIN 669,679
dinas brick 594
Dines pressure tube anemograph 599
Dines radiation meter 599
dining alcove 595
dining car 595
dining kitchen 478
dining kitchen(DK) 595
dining room 478,595
dining saloon 595
dining table 595
dining terrace 595
dinitrophenol[德] 432
dinner-wagon 677
dinner-ware 677
Dinobryon 677
diopter 405
diorama 405
diorite 562,565
Diospyros kaki[拉] 154
dioxide 750
dioxin 404
dip 288,677,859
diploma design 580
dip of trap 677
dipole moment 568
dipper 677
dipper dredger 677
dipper handle 677
dipping 489,677,727,834
dipping process 489
dip sign 115
dipteros[希] 678
Dirac's $\delta$ function 679
direct acceptance system 653
direct access 598
direct access type 142
direct acting 536
direct-acting steam pump 655
direct-acting valve 532
direct acting valve 598
direct compressive force 653
direct connection 656
direct construction cost 654
direct contact freezing 654
direct cost 654
direct costing 654
direct current 655,673
direct-current arc welder 655
direct-current arc welding 655
direct-current clock 655
direct-current elevator 655
direct-current welding 655
direct daylight factor 654
direct desulfurization 654
direct digital control 677

direct distance surveying 654
direct drive 654
direct drying 406
direct employment 655
direct engaged worker 655
direct expansion 654
direct expansion chiller 654
direct expansion coil 654
direct expansion refrigeration 654
direct expansion system 654
direct filtration 654
direct fired absorption type refrigerating unit 406
direct fired unit heater 656
direct foundation 348
direct glare 654
direct heating 654
direct hot water heating 653
direct illumination 653,654
direct-indirect heating 654
direct-indirect lighting 653
direction 957
directional angle 914
directional chracteristics 413
directional connection interchange 656
directional control valve 598
directional interchange 656
directional island 987
directionality of sound 127
directional pavement marking 914
directional roadway marking 914
directional separator 914
directional sign 914
directional water supply system 656
direction cosine 914
direction method 914
direction of force 635
direction of principal curvature 457
direction of principal stress 456
direction of revolution 145
direction of rotation 145
direction traffic 914
directivity 413
directivity factor 413
directivity index 413
direct levelling 654
direct light 654
direct lighting 654
direct load 653
directly connected pump 656
direct management method 653
direct method 654
direct mounting 599
Directoire style[法] 679
director 598
director valve 598
direct pumping system 936
direct ramp 656
direct return trap 402
direct run-off 654
direct search method 654
direct shear 654
direct shear test 654
direct sight 653
direct solar radiation 654
direct sound 653
direct splice 654
direct stair 655
direct starting 655
direct steam heating 654
direct stiffness method 654
direct stress 653
direct sunlight 653
direct sunlight illumination 653
direct transmission 536,654
direct undertaking 653
direct undertaking work 653
direct valve 406
direct welding 599
direct Y-junction 656
dirt collector 611
dirt pattern 611
dirt pocket 611,657
dirty incinerator 130
dirty utility 130
disability glare 307
disalignment 674
disassemble 673
disassembly 889
disaster 366

disaster prevention center 914
disaster prevention city plan 914
disaster prevention dam 914
disaster prevention plan 914
disaster prevention planning 366
disaster prevention road 914
disaster prevention traffie plan 914
disasterproof building 914
disaster warning 366
disastrous earthquake 1040
disc 112,934,948
discaling 675
disc dowel 112
disc fan 682
discharge 675,793,917,1024
discharge curve 1024
discharge diagram 1024
discharge duration curve 1021
discharge electrode 920
discharge gas 793
discharge hydrograph 1024
discharge lamp 920
discharge loss 1024
discharge mass curve 1025
discharge measurement 1024
discharge of storm sewage 75
discharge pipe 793
discharge pressure 793
discharge pump 675
discharger 675
discharge temperature 793
discharge to ocean 112
discharge valve 675,722
discharge variable 1025
discharge water 783
discharging 749
discharging port 10
discharging station 749
discipline district 854
discolouration 906
discomfort glare 856
discomfort index 856
disconnecting switch 630,675
discontinuous flow 885
discontinuous grading 885
discord 858
discount house 675
discount store 675
discrepancy 320
discrete optimum 1014
discrete set 1014
discrete-variable mode 1014
discrete word intelligibility 620
discretization error 1014
disc valve 112
disc water-meter 112
disc water meter 112
diselectric strength 544
disemper 501
dish warmer 677
dish washer 480,677
dish washing room 480
disigned population for sewage 285
disinfecting chamber 474
disinfection 473
disinfection by chlorine 109
disinfection by ozone 124
disinfection chamber 473
disinfection of air 259
disinfector 473
disintegration 147,418,674
disintegration constant 147
disintegration rate 147
disintegration series(of radioactive elements) 147
disintegrator 674
disk 112,675
disk fan 675
disk flow meter 112
disk harrow 675
disk meter 675
disk pile 665,675
disk plow 675
disk sander 675
disk saw 675
disk screen 675
dislacement vector 905
dislike value 301
dislocation 624
dismantling inspection 142

dismounting 142,675
disorder of gauge 214
disorder of line 715
dispatch bill 804
dispatcher 675
dispensary 650,980
dispenser 675
dispersal of industry decentralization of industry 318
dispersal of population 488
dispersed aeration process 890
dispersed development 890
dispersed growth aeration 890
dispersed particle 890
dispersed settlement 392,395
dispersing agent 890
dispersion 398,675,890
dispersion cup 890
dispersion degree 890
dispersion wave 890
displaced foundation 119
displacement 123,675,905
displacement diagram 905
displacement error 905
displacement function 905
displacement loading 905
displacement loading model 905
displacement meter 905
displacement method 635,905
displacement response 905
displacement response spectrum 905
displacement tonnage 785
display 675
display design 675
display room 695
display stand 658
disposal 480
disposal of replotting 207
disposal sink 789
disposer 675
disposition 173
dissecting room 147
dissipated energy 750
dissipation damping 633
dissipation function 389
dissociation 148
dissociation constant 148
dissolution 676,993
dissolution rate 993
dissolved acetylene 993
dissolved-air floatation 138
dissolved-air floatation equipment 138
dissolved gas 993,997
dissolved matter 993,997
dissolved oxygen 670
dissolved oxygen (DO) 997
dissolved oxygen meter 997
dissolved quantity of metals 254
dissolved residue on evaporation 993
dissolved salinity 993
dissolvent 676
dissolving pulp mill wastewater 993
distance 248
distance between centers of tension and compression 116
distance between supporting points 429
distance mark 248
distance measuring 580
distance measuring equipment(DME) 248
distance of distinct vision 961
distance of flying sparks 727
distance of refuge limit 837
distance seismograph 107
distance surveying 248
distant control 103
distant signal 112
distant view 105
distemper 501,675
distibution box 787
distict distributor 636
distillary waste 477
distillation 477
distillation method 477
distillation residue 477
distilled water 477
distilling apparatus 477
distorted model 833
distortion 675,989,1056
distortion factor 833

distortion of light 826
distributed load 892
distributed mass system 892
distributed matrix 889
distributed moment 889,892
distributed traffic volume 892
distributing area 784
distributing bar 70
distributing branch 784
distributing coefficient of horizontal force 1001
distributing coefficient of shearing force 562
distributing fuse board 786
distributing head lead-in 785
distributing pipe 94,784
distributing pipe line 892
distributing plate 538
distributing reservoir 785
distributing valve 675,892
distribution apparatus 784
distribution bar 790
distribution board 786,892
distribution box 785
distribution center 453,786,869
distribution coefficient 892
distribution curve of daylight factor 644
distribution curve of sky factor 694
distribution diagram 290
distribution estate 1023
distribution facilities 1023
distribution graph method 1025
distribution line 786
distribution map 1059
distribution of daylight factor 644
distribution of energy 97
distribution of noise 567
distribution of population 488
distribution of rafter 616
distribution of sky factor 694
distribution of stone arrangement 1060
distribution of transport usages 333
distribution pipe line 784
distribution planning 790
distribution plate 402
distribution revolution 1023
distribution road 890
distribution station 453
distribution street 448
distribution system 787
distribution warehouse 1023
distributor 394,675,890
district 256,635
district center 635
district cooling 631
district facilities 631
district for provision with parking places 645
district heating 631,675
district heating and cooling center 631
district of house with allotment garden 366
district of refuge 837
district park 635
district plan(ning) 635
district railway 639
district redevelopment 635
district water-meter 263
disturbance 675
disturbed sample 953
disturbed soil 906,954
distyle 753
distylos[希] 675
ditch 677,953
ditch dredger 677
ditcher 953
ditch house 323
ditching bucket 677
dither 673
ditriglyph 862
diurnal motion 754
divan 677
divergence 595,803
divergence of vector 900
divergence theorem of Gauss 150
divergency 595
divergent nozzle 595
diverging 893
diversion channel 891,918

diversion ratio 891
diversion weir 458,732
diversity index 615
diverted traffic 691
divide 891
divided highway ends sign 893
divided highway sign 893
divided road 893
divide line 891
divider 686,889
dividing control valve 677
dividing strip 441
dividing valve 677
dividing well 891
divigion line 441
diving bell 560
diving stand 596
diving tower 596
division 185,1059
divisional island 642,893
division contract 889
division of terrazzo joint 688
division wall 889,913
DO 670
dock 725
dock chamber 725
doctor roll 717
doctor's lounge 44
doctor's room 58
dodekastylos[希] 726
doek[荷] 515
dog 725
dog hole 727
dog spike 57
dog-tooth moulding 301
dolly 23,732,980
Dolmen 734
dolomite 263,737,794
dolomite brick 263,737
dolomite calcining kiln 737
dolomite cement 737
dolomite clinker 737
dolomite glass 737
dolomite lime 737
dolomite plaster 737
dolomite plaster finish 737
dolomitic limestone 737
dolphin 734
Dom 73,298,461,821,937
domain of force 635
domain of hearing 652
domain of loading 164
dome 103,728,947
dome of discovery(dome of triangular grid) 675
Dome of the Rock 61
domestic airport 344
domestic climate 530
domestic consumption 179
domestic dust bin 179
domestic electric heater 179
domestic electric heating 179
domestic electrification 179
domestic filter 179
domestic garbage 179
domestic industrial district 181
domestic refuse 179
domestic sanitary engineering 120
domestic sewage 179
domestic shallow pump 179
domestic softener 179
domestic waste 179,530
domestic water meter 179
domestic water supply 151,179
dominant colour 728
dominant period of ground 724
dominant tree 986
Donegal carpet 726
donjon[法] 737
donkey 737
donkey boiler 619,737
donkey pump 737
door 702
door bell 702
door bolt 702
door case 59,727
door catch 702
door chain 702
door check 702
door closer 702,715

door detector 702
door fame 59
door frame 737
door grille 702,727
door handle 725,749,838
door hanger 667,702
door holder 702
doorkeeper 209
door knob 749,838
door knocker 702
door latch 715
door leaf 702,727
door lock 702
door lock assembly 702
door mat 702
door panel 702
door phone 702
door plate 702
door pocket 727
door post 702
door pull(board) 827
door rebate 722
door sheave 523
door sill 267
door size(plywood) 702
door step 702
door-stone 267
door stop 5,539,702
door stopper 539,702
door stud 919
door switch 702,725
Doppelkapelle[德] 726
Doppler's effect 726
dorble reflector 756
Doric order 732
dormer 981
dormer window 727,981
dormitory 157,218,457
dormitory population 978
Dorno ray 734
Dorrclarifier 734
Dorr's formula 689
Dorry hardness tester 732
Dortmund tank 734
dosage 713
dose rate 565,916
dosimeter 565
dosing 979
dosing apparatus 713
dosing device 979
dosing tank 723,979
dot and dash line 382,694
dotted line 697
dotting pen 697
dot weld 725
double 978
double-acting compressor 861
double-acting cylinder 862
double-acting escalator 862
double acting jack 612
double acting pile hammer 862
double-acting plunger pump 862
double-acting pump 862
double acting spring hinge 415,453
double acting steam hammer 612
double-action cylinder 862
double action door 415
double-action door 453
double arch 612
double arc welding 568
double armoured cable 751
double aspiration blower 1025
double axes type transit 860
double beam 752
double bed 613,755
double beded room 613
double bevel butt joint 1026
doublebevel groove 292
doublebevel groove weld 292
double branch earthenware pipe 1025
double bundle condenser 613
double-catenary system 612
double ceiling 752
double check valve 613,752
double coating 752
double collar pipe 1026
double-cone dowel 616
double cone speaker 613
double curved turnout 1026
double-curve turnout in same direction

740
double cushion type bed 613
double cyclone 613
double-deck arch 751
double deck beds 753
double-deck bridge 753
double decker 613
double-deck road 753
double duct system 752
double eaves 866
double echo 751
double effect absorptive refrigerator 752
double effect evaporator 752
double ended bolt 71
double end tenoner 612
double extra strong pipe 612
double face carpet 613
double filter bed 753
double floor 752,813,861
double flooring 752
double flower 454
double-folded vernier 132
double Fourier series 454
double gate 613
double girder crane 612
double glass 751
double glazing 861
double groove 1026
double gutter 752
double hood 752
double-hung 9
double-hung sash 9
double-hung window 9
double hung windows 892
double integral 752
double-intersection truss 860
double iteration method 752
double J-groove 1026
double key 613
double lacing 613
double lattice 862
double layout 957
double-leaf bascule bridge 758
double leg mast 749
double level road 626
double loaded corridor type 742
double medium filtration 753
double modulus 613
double nip 613
double nut 613,752
double parking 758
double pendulum 752
double pipe brine cooler 751
double pipe condenser 751
double pipe cooler 751
double pipe system 859
double pipe thermometer 751
double pointed nail 2,249,278
double pole double throw 568
double pole single throw 568
double pole structured city 749
double-pole switch 749
double precision 755,785
double pump 613
double rail lift 755
double reinforced beam 868
double reinforcement 613,859,861
double reinforcement ratio 859
double riser system 861
double rivet joint 613
double rope aerial cableway 861
double rope grab 860
double saw 613
double screwed bolt 1026
double shear 756,861
double shear strength 861
double side coating 1026
double side flatting 1027
double sizer 613
double skew notch 753
double sliding door 827
double sliding window 827
double slit 613
double socket 752
double-stage air compressor 753
double stage compression 753
double step bead 753
double strainer 752
double suction 613,1026

double suction fan 1025
double suction impeller 1026
double suction pump 1026
double suction riser 752
double swing(door) 1026
double swing door 613,1026
double swing doors 1026
double-switch turnout 862
double tenons 756
double tooth saw 1026
double tower type cable-stayed bridge 862
double track 861
double-track buidge 891
double trap 752
double trap water closet 752
double-trolley system 612
double trumpet interchange 613
double T slab 613
double tube type heat exchanger 751
double turnout 862
double U groove 95
double-V butt joint 95
double-V groove 94
double V-groove 1026
double wall 751
double wall with empty space 643
double Warren truss 613
double-web section 612
double weight 20
double winch 612,861
double window 752,758,962,1043
doughnut 726
Douglas fir 602
Douglas fir 898
dovetail 32,612
dovetail cleating 503
dovetailed ledge 503
dovetailer 612
dovetailing 32,612
dovetail joint 32,612
dovetail ledge 32
dovetail machine 612
dovetail miter 32
dovetail tenon 32
dovetail type 235
dove tenon 1002
dowel 441,599,613
dowel-bar 599
doweled joint timber construction 435
dowel groove 599
dowel joint 435,613
dowel keyed compound beam 435
dowelled beam 441
dowel pin 599
dowel timber connector 435
downcomer 325
down draft 422
down-draft 599
down draft boiler 422
down draft kiln 703
down-feed system 422
downflow draft 160
down flow unit 858
downgrade 266
downhill grade 266
down lead 599
downlight 422
down lighting 599
downlinght 599
down peak 599
down pipe 599,605,609
downtake pipe 53
downtown 422
down town 599
downward butt weld 422
downward ventilation 422
downward welding in the vertical position 610
dozer 718
dozer shovel 718
draft 577,731
draft chamber 731
draft control 731
draft convector 660
draft damper 731
draft device 731
drafted margin 249
Drafter 731
draft gauge 660,731

draft head 232,501,660,793
drafting brush 808
drafting machine 731
drafting room 534
draft power 661,731
draft quantity 660
draft rating 661
draft regulation 660
draft regulator 660
draftsman 512,731
draft stabiliser 661
draft switch 731
draft test 731
draft tube 501,731
drag 729
drag chain conveyer 730
drag-classifier 729
drag coefficient 340
drag conveyer 729
drag head 729
dragline 729
dragline bucket 729
dragline excavator 729,827
dragon beam 729
drag-scraper 729
drag shovel 388,729
drag suction dredger 729
drain 735,784,953
drainage 784,917,951
drainage area 785,1021
drainage basin 1020
drainage by electro-osmosis 692
drainage canal 785
drainage characteristics 785
drainage conduit 784
drainage discharge 785
drainage district 784
drainage ditch 785
drainage equipment 784
drainage fittings 784
drainage gallery 784
drainage heading 952
drainage method 784
drainage of inner basin 739
drainage path of consolidation 21
drainage pipe 784
drainage plan 784
drainage pump 785
drainage pump station 785
drainage sluice 785
drainage system 784
drainage tank 784
drainage water level 784
drainage Y 785
drain board 951
drain cock 735,784
drain ditch 785
drained shear test 784
drained triaxial test 784
drainer 735
drain for snow-removing 1022
drain hole 735,736,952
draining 735
draining pump 735
draining valve 735
drainlayer 736
drain line 736
drain pan 418,736
drain pipe 735,736,784
drain pipe cleaner 784
drain port 736
drain pump 736
drain rod 735
drain sewer 294
drain stopper 735
drain tank 735
drain tile 294
drain trap 736
drain trough 785
drain tube 735
drain tunnel 952
drain valve 736,785
drain well 784
dramatic lighting 731
drape 735
drapery 735
draught 577
Dravidian architecture 729
draw 828
draw-bar horsepower 737

draw-bar power 737
draw-bar pull 299
draw-down 655
drawer front 938
drawer guide 527
drawing 496,525,533,534
drawing and specification 546
drawing board 521,534
drawing for approval 474
drawing for estimate 955
drawing for order 647,804
drawing instrument 534
drawing knife 736
drawing machine 534
drawing notation 534
drawing number 521,525
drawing office practice 534
drawing paper 512,534,736
drawing pen 189,736
drawing room 114
drawing scale 736
drawings for design presentation 546
drawing table 534,736
drawn door 828,1026
drawn tube 828
draw-off 952
draw-out track 826
draw-out type cooling tower 501
dredge 735
dredged inland port 931
dredge pipe 735
dredge pump 735,736
dredger 463,735
dredge scoop 948
dredging 463
dredging bucket 735
dredging engine 463
dredging pump 463
Drehscheibewagen[德] 144
drencher 736
drencher head 736
dress circle 734
dressed particle board 805
dressed plants 422
dresser 240,735
dressing 533
dressing hammer 735
dressing room 159,214,293,312
dressing-room 606
dressing room 735
dressing table 240,735
dried region 205
dried wood 205
drier 205,729
drift bolt 76
drifter 733
drift pin 532
drift-pin 733
drift pole 845
drift sand 1021
drill 248,734
drill bit 981
drill boom 734
drilled hole 734
drilling 25,379,734,974
drilling jig 25
drilling rod 25
drillings 25
drill jambo 734
drill sharpener 734
drill steel 734
drinking fountain 858,891,953
drinking fountain head 891
drinking water 66
drinking water cooler 66
drinking water testing method 66
drinking water treatment plant 66
drip cap 29
drip pan 667
drip riser 605
drip stone 733
dripstones 30
drive 728
drive-in 729
drive-in bank 729
drive-in restaurant 729
drive-in theatre 729
drive-it 304,729
drive line 729
driven pile 76

driven shaft 729
driven well 76
drive pipe 729
driver 82,728
driver judgement time 819
driver stopping distance 82
driver training school 430
drive shaft 729
drive unit 729
drive way 729
driving belt 651
driving channel 709
driving device 267
driving simulation 728
drop 315,736
drop arch 736
drop arm 736
drop-bottom bucket 578
drop chaining 330
drop chute 608,736
drop compass 736
drop curtain 706,737
drop door 736
drop-hammer 126
drop hammer 636,684,736,1006
drop hammer pile driver 1006
drop hammer test 737,1006
drop haunch 736
drop impact test 1006
droplet 998
drop panel 736
drop panelling construction 736
dropped panel 647
drop pin 737
dropping velocity 657
drop-pit 737
drop pit 737
drop-ram compactor 1006
drop test 736,1006,1008
dross 181,736
drought 208
drought damage 205
drought period 176
drought-resistant plant 588
drought-resistant tree 588
droughty water discharge 176
drowned valley 131
drug resistance 979
drum 665,731,939
drum dryer 731
drum elevator 731
drum gate 731
drum hoist 731
drum mixer 731
drum panelling 589
drum screen 664
drum sign 726
drum tower 357
drum trap 677,712,731
drum-washer 731
drum weir 664
drunken saw 953
dry absorption method 200
dry activated carbon method 200
dry air 195,205
dry air cooler 200
dry air filter 200
dry area 191,728
dry ball mill 201
dry-bulb temperature 197
dry-bulb thermometer 197
dry cell 207
dry cleaning 728
dry closet 832
dry coil 195
dry compression 195
dry concrete 173
dry construction 200,728
dry cooler 201
dry corrosion 202
dry curing 206
dry density 206
dry desulfurizing equipment 200
dry desulfurizing process 200
dry distillation 202
dry-dock 728
dry electrical dust precipitator 201
dryer 205
dry feeder 201,728
dry feeding 201

dry filter 201
dry gas meter 200
dry haze damage 112
drying 205,968
drying agent 205
drying apparatus 205
drying area 974
drying bed 205,206
drying chamber 729
drying characteristic curve 205
drying equipment 205
drying of wood by direct fire 406
drying oil 203,728
drying oven 206
drying period 205
drying plant 205
drying process 206
drying room 205
drying screen 205
drying shrinkage 205
drying space 974
drying test 205
drying time 205
drying tumbler 205
dry joint 191,728
dry Kata thermometer 196
dry-landscape garden 194
dry masonry 190
dry materials 200
dry matter 206
dry mix 341,729
dry mixer 729
dry mixing 191
dry mortar 173,729
dry oil 728
dry out 728
dry pack 728
dry packing 728
dry paint film 206
dry pitching 189,191
dry prefabricated construction 200
dry prefabricated frame assembly method 200
dry process 201
dry residue 205
dry return pipe 200
dry return system 195
dry-rot 202
dry rot 208
dry sanding 190
dry saturated steam 195
dry season 176
dry slaking 200
dry sludge 205
dry solid matter 205
dry spell 176
dry sprinkler 200
dry strength 205
dry system 728
dry through 314
dry transformer 201
dry-type water meter 200
dry vent pipe 203
drywall garden 728
dry weather flow 676
dry weather flow of sewage 536
dry weight 205
dry well 189
dry well method 200
dry-wet cycle test 201
DSS 670
D(Ducol)steel 672
DT(double tee)slab 677
dual aeration 688
dual carriageway road 893
dual distribution system 750
dual duct system 688,752
dual elevator 688
dual geometric program 571
dual highway 441
dual mode bus 688
dual mode bus system(DMBS) 688
dual mode system 688
dual objective function 572
dual problem 572
dual pump 758
dual relief bypath vent 242
dual tank digester 752
dual valve 688
dual vent pipe 242

dubbing 612
dubbing out 960
Dübel[德] 435
Dubosk's colorimeter 688
duck board 520
Ducol steel 458,688
duct 601
duct accessories 601
Ductalloy 601
duct-cleaning rod 1052
duct connection 601
duct design 601
duct fitting 601
duct for prestressing steel arrangement 830
ductile cast iron pipe 601
ductile fracture 108
ductile material 108,489
ductility 108,489,491,601,690,697,770
ductility factor 580
duct inlet 601
duct loss 601
duct size 601
duct sizing 601
duct space 601
duct velocity 601
dug-out 606
dug well 664,687,930
Duhamel's integration 688
Duhamel's theorem 688
dull colour 601
dull glass 616
dullness 667
dummy gauge 614
dummy joint 76,614
dummy window 614
dump 628
dump car 628
dump cart 628
dumper 627
dumping 527
dumping area 664
dumping ground 628
dumpter 628
dump trailer 628
dump truck 628
dump valve 628
dump wagon 628
dumpy level 628
dune-fixing forest 831
Duolite 688
Duomo 133,404
duomo[意] 704
Duomo 829,853,956,977
duplex apartment 861
duplex pump 758
duplex type apartment 450
duplicate 861
duplicated adhesive 1025
Dupont's impact tester 688
durability 588,589,688
durability factor(DF) 588
durability factor 670
durability test 588
durable hours 597
durable term 589,597
durable years 589,597
duralumin 461
duralumin plate 461
duratin of sunshine 754
duration of continuous snow cover age 770
duration of possible sunshine 165
duration of rainfall 30,325
duration of structure 329
durax (cube) pavement 476
Durham 615
Durham system 611
Durisol 732
durometer 688
Dur Sharrukin Palace 714
dust 484,604,657,783
dust arrester 449,479
dust arresting hood 479
dust bin 604,657
dust box 604
dust catcher 449,479,604,657
dust catching hood 479
dust chamber 604
dust chute 353,604

dust coal 604
dust collection 449
dust collection efficiency 479
dust collection plant 232
dust collector 232,449,479,604,657,783
dust concentration 202,484
dust counter 484,575
dust cover 604,657
dust destructor 353,484
duster 604
dust exhaust 783
dust exhausting room 657
dust explosion 493,891
dust guard 604,657
dust holding capacity 484
dust hood 604
dust hopper 604
dusting 350,604
dusting of formed concrete surface 358
dust jar 604
dust measurement 783
dust-outlet 793
dust pan 657
dust precipitator 449,479
dust prevention planting 917
dustproof cover 917
dust proof cover 924
dust ring 604
dust separation 479
dust separator 604
dust shaft 604
dust spot air sampler 604
dust spot method 604
dust storm 854
dust strainer 484
dust-tightness 591
dust tube 604
dust tube method 604
dusty gas 202
Dutch arch 132,607
Dutch bond 132
Dutch cone penetration test 132
Dutch door 132,607
Dutch-lap method 52
D(distribution)value method 676
DV wire 678
dwarf door 819
dwarfing 47
DWB 676
dwelling 446
dwelling ability 246
dwelling area noise 447
dwelling conditions 246,451
dwelling density 346
dwelling district 246
dwelling environment 246,446,524
dwelling expenses 447
dwelling facilities 246
dwelling habits 446
dwelling house 445,451
dwelling house combined with shop 700
dwelling house for employees 235
dwelling house of Japanese style 1058
dwelling house of L-shaped plan 938
dwelling house scale 451
dwelling house with spare rooms 1003
dwelling level 246,447
dwelling room 58
dwelling standard 446,447
dwelling type 447
dwelling unit 310,447
dwelling unit scale 447
dwelling unit type 447
DWF 676
dye 565
dyeing wastewater 560,607
dyestuff 565
dynamical stability 703
dynamical stress 704
dynamical stress intensity 704
dynamical system 711
dynamic amplification factor 711
dynamic analysis 711
dynamic anthropometry 711
dynamic balance 594,711
dynamic behaviour 712
dynamic buckling 711
dynamic characteristics 712
dynamic collapse test 711
dynamic cone penetration test 711

dynamic criterion 713
dynamic damper 594,711
dynamic data management 711
dynamic design 711
dynamic equilibrium 711
dynamic fatigue 711
dynamic image 1013
dynamic load 594,705
dynamic loading 711
dynamic loss 245,711
dynamic loss coefficient 22,245
dynamic matrix 713
dynamic microphone 594
dynamic modulus of elasticity 710,714
dynamic of population 488
dynamic pile-driving formula 714
dynamic Poisson's ratio 711
dynamic pressure 576,703
dynamic programming 594,711
dynamic response 711,713
dynamics 594,713,1013
dynamics of elasticity 624
dynamics of rigid body 331
dynamic speaker 594
dynamic stability 711
dynamic strain gauge 711
dynamic strain meter 594,711
dynamic strength 711
dynamic viscosity factor 712
dynamic water pressure 709
dynamism 594
dynamite 594
dynamo(generator) 594
dynamo 804
dynamometer 594,714
dynamometer test 594
dynapolis 594
dync 599
Dywidage method 678
Dywidag method 670

## E

earliest finish time (EFT) 371
earliest starting time(EST) 371
early-age cracking 477,480
Early Christian architecture 477
early cut-off 810
Early English style 477
Early Plantagenet style 478
Early Pointed 478
early setting 558,567
early strength 567
early wood 570,814
earnest money 684
Earp-Thomas composting plant 27
earth 12,549,664
earth anchor 12
earth anchor method 12
earth auger 12
earth bar 549
earth bus 15
earth carrier 863,971
earth closet 519
earth connection 12,549,637
earth connection line 549
earth current 638
earth dam 12
earth dike 664,726
earth drill 12
earth drill method 12
earthed antenna 549
earth electrode 549
earthenware 706,716,978
earthenware body 322
earthenware pipe 705,716
earth-fill 79
earth-fill cofferdam 664
earth fissure 484
earthing 549
earthing resistance experiment 549
earth leakage fire alarm 1047
earth line 15
earth loader 15
earth-moving machine 718
earth-paved bridge 726
earth plate 12,549
earth pressure 12,702
earth pressure at rest 533
earth pressure balance shield 702

earth pressure cell 702
earth pressure during earthquake 417
earth pressure theory 702
earthquake 417
earthquake damage 484
earthquake disaster 417
earthquake engineering 417
earthquake fire 417
earthquake intensity scale 493
earthquake load 417
earthquake periodic theory 417
earthquake prediction 417
earthquake prediction planning 417
earthquake-proof 591
earthquake proof(ing) construction 591
earthquake-proof design 591
earthquake-proof joint 591
earthquake recording system 417
earthquake resistant design 591
earthquake resisting wall 591
earthquake response 417
earthquake response spectrum 417
earthquake source 486
earthquake statistics 417
earthquake stress 417
earthquake zone 417
earth resistance measuring apparatus 593
earth return 15,635
earthroad 722
earth scraper 12
earth station 12
earth-surface temperature 638
earth survey satellite 635
earth temperature 633,637
earth thermometer 637
earth volume 718
earth wall(construction)method 12
earth wire 15,637
earthwork 15
earth work 718
easel 48
easement curve 210
eastern amplitude of the sun 838
eastern arborvitae 749
Easter sepulchre 739
east point 711
easy chair 46
eating house 478
eave 58
eave fascia 967
eaves 775,829
eaves board 848
eaves-channel 29
eaves gutter 29,775
eaves height 775
eaves purlin 807
eaves tile 775
ebonite 99,322
ebonite board 99
ebony 99
ebony wood 343
ebullition 868
E.C. 45
eccentrically compressed column 906
eccentrically loaded compressed member 906
eccentric bit 90
eccentric bushing 907
eccentric compression 906
eccentric connection 907
eccentric distance 91,906
eccentric error 906
eccentric fitting 906
eccentricity 90,906,1014
eccentric load 906
eccentric moment 907
eccentric reducer 906
eccentric shaft 90
eccentric socket 906
eccentric tee 906
ecclesia 91
echinus 91
echo 91,816
echo chamber 92
echo machine 92
echo-machine 392
echo room 92,816
eclectical garden 550
Eclecticism 550

ecliptic 115,335
ecliptic longitude 319
ecocide 92
École Cistercienne[法] 432
École d'Anjou[法] 38
École des Beaux Arts[法] 92
École Polytechnique[法] 92
E.coli 45
ecological architecture 92
ecological balance 535
ecological distribution 535
ecological mutant 535
ecological planning 92
ecological succession 535
ecology 535
economical city 287
economical development 287
economical durable years 287
economical span length 287
economic analysis 287
economic principle 287
economic sphere 287
economic survey 287
economization dial 477,621
economizer 92
ecosphere 535
eco-system 92
ecosystem 535
ecumenopolis 91
Eddington's ε(Epcilon) 96
eddy flow 75,954,1012
eddy viscosity 75
edeg joint 95
Edfu 96
edge 95,250,781
edge action 106
edge beam 513,867
edge card 95
edge condition 112,866
edge distance 105,109,903
edge disturbance 866
edge effect 95
edge force 866
edge gluer 95
edge gluing 95
edge grain 942
edge grinding machine 351
edge hinge 544
edge joint 577,808,903
edge lot 798
edge moment 867
edge of pond 951
edge planer 95,866
edge preparation 140
edger 966
edge reaction 867
edge ring 95
edges 798
edge shearing 866
edge site 798
edge tool 95
edge weld 903
edging 867
Edison base 763
Edison socket 763
edit 96
EDP 55
EDR 55
EDSAC 96
EDTA 55
educational area 890
educational center 890
educational district 890
educational facilities 236
education center 237
eduction valve 94
Edwardian style 96
E.E.(easy and economical) filter 43
effect 313
effective absorption of water 985
effective acoustic center 985
effective address 984
effective area 539,986
effective cross section 985
effective cumulative temperature 985
effective depth 985,1026
effective diameter 985
effective emissivity 986
effective equivalent section 985
effective head 985,986,1027

effective height 985
effective humidity 424
effective load(ing) 985
effective mass 985
effective overburden pressure 985
effective perceived noise level(EPNL) 424
effective porosity 985
effective power 98
effective pressure 984
effective prestress 986
effective radiation 425,986
effective radiation constant 986
effective radiation temperature 425,986
effective rainfall 984
effective ratio of prestress 883
effective reflectance 425
effective Reynolds number 425
effective seal 985
effective sectional area 985
effective section area of compresive member 19
effective shear modulus 424
effective size of grain 985
effective slenderness ratio 986
effective sound pressure level difference 424
effective span 406,985
effective stiffness ratio 985
effective storage 985
effective storage capacity 985
effective strain 985
effective stress 984
effective stress path 984
effective suction head 985
effective temperature 98,196,314,423,424,985
effective temperature chart 196,985
effective tension 985
effective throat depth 985
effective value 425
effective(flange)width 985
effective width 986
effective width not covered by car 441
effective work 985
effect of bulking agent 453
effect of ground 406
efficiency 98,339
efficiency of boiler 911
efficiency of construction 543
efficiency of filtration 1047
efficiency of light source 319
efficiency of sedimentation 658
efficiency type 452
efficiency type apartment house 452
efficient of fire pump 936
efflorescence 99,212,801,807,853
effluent 1022
effluent channel 1022
effluent conduit 1022
effluent control 783
effluent pipe 921,1022
effluent seepage 209
effluent sewer 1022
effluent standard 784
efflux 99
effuent water quality standard 785
effusion 99
effusive rock 891
e-functional method 44
eggalbumin 1012
egg and anchor 1011
egg and dart 94,1011
egg and tongue 94,1011
egg-crate canopy 321
egg-crate louvers 264
egg-crate type louver 325,943
egg-shaped sewer 614
église abbatiale 397
Église Cistercien[法] 432
Église de la Madeleine 70
Egyptian architecture 92
Egyptian style 92
EH welding 43
E(Elin) H(Hafergut) welding 999
eidograph 3
El Escorial 93
eigenvalue 355
eigenvalue problem 355
eigen vector 355

Einstein Tower 4
Einstein Turm[德] 4
Eisbahn[德] 2
ejector 92
ejector condenser 92
ejector nozzle 891
ejector pump 891
ejector type agitator 92
ejector type dredger 92
ejector type ventilator 92
ekistics 90
Ekman reversing thermometer 91
Elaeagnus[拉] 269
elaeagnus sp. 269
Elaeagnus umbellata Thunb[拉] 6
elastic 100
elastica 100
elastic acoustical reactance 623
elastic after-effect 624
elastically built-in edge 623
elastically built-in end 623
elastically supported beam 623
elastically supported edge 623
elastic arch 622
elastic bending 624
elastic bifurcation 624
elastic body 623
elastic buckling 623
elastic center 623
elastic characteristics 624
elastic collision 623
elastic curve 623
elastic curve method 623
elastic deformation 624
elastic design 623
elastic energy 622
elastic equation 624
elastic equilibrium state 624
elastic failure 624
elastic fatigue 624
elastic flow 624
elastic force 624,630
elastic foundation 623
elastic hysteresis 624
elastic instability 624
elasticity 622
elasticity matrix 623
elasticity tensor 623
elastic joint 623
elastic limit 623
elastic limit test 598
elastic limit value 598
elastic line 623
elastic load method 623
elastic material 623
elastic matrix 624
elastic modulus 623,624,630
elastic modulus ratio 623,624
elastic packing 624
elastic potential 624
elastic proportional limit 624
elastic range 622
elastic reactance 624
elastic region 622
elastic relaxation time 623
elastic response 623
elastic rigidity 623
elastic rubber 623
elastic sealing compound 623
elastic solid 623
elastic stability 622
elastic strain 624
elastic strain energy 624
elastic stress 623
elastic support 623
elastic surface 623
elastic vibration 623
elastic wave method 624
elastic wave prospecting 624
elastic weight 623
elastic weight method 623
elastic zoning 489
Elastite 100
elastomer 100
elastomer adhesives 101
elastomer seal 101
elasto-plastic analysis 625
elasto-plastic beam 625
elasto-plastic behavior 625
elasto-plastic bending 625

elasto-plastic body 625
elasto-plastic boundary 625
elasto-plasticity 625
elasto-plastic material 625
elasto-plastic member 625
elasto-plastic range 625
elasto-plastic response 625
elasto-plastic response analysis 625
elasto-plastic state 625
elasto-plastic vibration 625
elbow 101,198,830
elbowed leader 37
elbow joint 101
elbow lamp bracket 101
elbow union 101
electric air cleaner 691
electric air heater 691
electrical capacitance strain gauge 694
electrically conductive glue 711
electrical moisture meter 692
electrical pipe space 57
electrical pulse 102
electrical resistance strain gauge 693
electrical resistance welding 693
electrical resistance wire strain gauge 693
electrical shock prevention 207
electrical space control 43
electrical treatment 693
electric arc welder 695
electric arc welding 695
electric automatic control system 692
electric bath 693
electric bell 701
electric blasting 693
electric boiler 693
electric brazing 694
electric car 696
electric car line 696
electric car shed 696
electric car station 696
electric cleaner 692,693
electric clock 693
electric conduction 693
electric conductivity 693,711
electric conductivity meter 698
electric consolidation process 692
electric control room 787
electric crane 102,692
electric curing 660,694
electric current 701
electric currentmeter 694
electric detonator 694
electric displacement meter 692
electric double layer 693
electric drill 692,693
electric drive 692
electric dumbwaiter 698
electric elevator 692,698
electric engineering 692
electric equipment 692
electric fan 564
electric fgeld 690
electric field strength 691
electric fittings 691
electric-floor panel 699
electric furnace 694
electric geological survey 692
electric hammer 693
electric heat curing 699
electric heater 102,692,699
electric heating 693
electric heating element 699
electric hoist 102,693,698
electric hygrometer 692
electrician 695
electrician solder 102
electric infrared heater 692
electric insulating varnish 692
electriciron 102
electric iron 691
electricity 102,691
electricity grid 787
electric lamp 698
electric lamp stand 692
electric leak detector 694
electric light 698
electric lighting 692
electric motor 698
electric news 695

electric oven 694
electric planer 691
electric point welding 693
electric portable drill 102
electric power 701
electric power consumption 701
electric precipitation 692
electric precipitator 692
electric process 692,694
electric prospecting 693
electric pump 693
electric radiant heating system 693
electric radiator 693
electric railway 693
electric range 694
electric refrigerator 694
electric resistance pyrometer 693
electric resistance thermometer 693
electric resistance welded tubular 700
electric resistant element 693
electric room 692
electric sewing machine 693
electric shovel 692
electric sign 692,695
electric source 695
electric space heater 693
electric steel 692,701
electric stove 102,692
electric thermometer 691,692
electric thermostat 692
electric travelling crane 691
electric treatment bath 693
electric trowel 698
electric wall panel 692
electric washing machine 693
electric water heater 694
electric welding 694
electric welding machine 694
electric welding rod 694
electrie welding steel pipe 694
electric wet and dry-bulb hygrometer 201
electric windlass 691
electric work 692
electrification work 691
electro-acoustics 691
electro-acoustic transducer 691
electroanalysis 691
electrocalorimeter 692
electro-cast brick 698
electro-chemical corrosion 691
electrochemical theory 691
electrocorrosion 697
electrode 102
electrode holder 102,997
electrode potential 694
electrode tip 694
electrode water heater 694
electrode welding rod 694
electrodialysis 693
electroforming 693
electrogalvanizing 698
electrogramophone 693
electrokinetic potential 148
electrolier 102
electroluminescence 102
electrolysis 690,693,697
electrolyte 690,691
electrolytic bleaching 691
electrolytic coagulation 691
electrolytic colouring 691
electrolytic floatation units 691
electrolytic oxidation 691
electrolytic polishing 691
electrolytic protection 693
electrolytic reduction 690
electromagnetic flow meter 697
electromagnetic induction 696
electromagnetic joint 695
electromagnetic valve 696
electron 102
electron beam welding 696
electronic analogy calculator 695
electronic computer 102,695
electronic computer control 695
electronic data processing 55
electronic data storage automatic com puter 96
electronic digital computer 673
electronic lens 697

electronic lighting 695
electronic range 697
electronic refrigeration 697
electronics 102
electronic selfbalance recorder 695
electron microscope 695
electro-osmosis 692
electro-osmosis method 692
electrophoresis 691
electroplating 102,693
electropneumatic switch 692
electropyrometer 692
electro-slag welding 102
electroslag welding with consumable nozzle 476
electrostatic cleaner 692
electrostatic dust collector 536
electrostatic microphone 536
electrostatic painting 536
electrostatic precipitation 692
electrostatic precipitator 692
electrotherapy room 328
electro (thermo)therapy room 692
electrothermal equivalent 699
element 102,220,578,997
elemental target cost planning 852
elementary analysis 304
elements of cost 300
elements optimization 863
elevated basin 315
elevated duct 324
elevated railroad 315
elevated railway 315
elevated reservoir 315
elevated road overhead road 315
elevated storage tank 315
elevated(water)tank 315
elevated water tank 155
elevating grader 102
elevating ram 102
elevating scraper 102
elevating stage 470
elevation 102,146,508,605,609,841,1016
elevation computation 334
elevation head 51
elevation planning of building 307
elevator 102,470,485
elevator bank 102
elevator belt 102
elevator bolt 102
elevator bucket 102
elevator cage 102,470
elevator hall 102
elevator jib 102
elevator lobby 102
elevator microphone 102
elevator pit 470
elevator shaft 102,470
elevator tower 102
eliminator 101,479
eliminator plate 479
Elizabethan style 101
EL(electro-luminescent) lamp 43
ellipse 101,599
ellipse of inertia 203,630
ellipse of inertia of section 629
ellipse of moment of inertia 751
ellipse speaker 599
ellipsoid 101
ellipsoid of stress 116
elliptical arch 599
elliptic(al) boiler 599
elliptic compasses 599
elliptic-conical curved surface 599
elliptic curved surface 599
elliptic cylinder 599
elliptic-cylinder curved surface 599
elliptic file 600
elliptic paraboloid 599
elliptic paraboloidal shell 600
elliptic rate 600
elliptic rotational curved surface 599
elliptic(al) valve 599
elm 102
Elm 758
elm tree 758
elongation 777
elongation of yield point 338
elutriation 101,504,559

elutriation method 101
Emanuel style 99
embanked reach 987
embankment 635,726
embassy 590
embed 78
embedded bar 79
embedded length 79
embedded panel 79
embedded pipe 79
emboss 73
embossed glass 173
embossing 112
embroider carpet 416
emerald green 100
emergency aid center sign 252
emergency bridge 114
emergency consent 831
emergency department 230
emergency exit 39,831
emergency hospital 230
emergency house 114
emergency lamp 831,1003
emergency lighting fittings 832
emergency lock 832
emergency parking bay 831
emergency power source apparatus 832
emergency power supply facility 1003
emergency receiver 832
emergency repair 114
emergency room 230
emergency speed sign 252
emergency stair 837
emergency staircase 831
emergency stop of water supply 233
emergency temporary construction 114
emergency valve 215,831
emergency water supply 114
emery 100,361
emery cloth 100,361
emery paper 100
emery sand paper 100
emission factor 783
emission spectro-analysis 803
emissive power 860
emissivity 861,916
empire cloth 111
Empire State Building 111
employee's house 446
employee's room 474
employment forecast 355
emporium 112
empress slate 112
emulsification 756
emulsified asphalt 542
emulsifier 756
emulsion 99,756,757
emulsion paint 99
emulsion waste oil 99
emulsoid 99,757
enamel 96
enamel clay 921
enamel lacquer 97
enamelled ironware 921
enamelled reflector 96
enamelling 96
enamel paint 97
enamel paint finish 96
enamel paraffin wire 96
enamel wire 97
en-block 112
encaustic tile 366
enclosed carbide furnace gas scrubbing wastewater 183
enclosed compressor 954
enclosed refrigerator 954
enclosed spray type cooler 954
enclosed type switchboard 896
enclosed welding 105
enclosure 105,160,962
enclosure plan 160
enclosure planting 47
encode 105
encoder 105
end 134,629
end block 111
end board 194
end check 343
end clean out 209
end condition 629

end distance 798
end grain 343
end joint 111
endless belt conveyer 111
endless belt type elevator 111
endless joint 111
endless track 111
end matcher 111
end moment 373
end mould 111
end of curve 45
end of curve(E.C.) 244
end of drill hole 25
end of transition curve 55
endogenous respiration 739
endogenous respiration phase 739
endoscopy room 739
end plate 111,153
end plate connection 111
end post 111,626
end pulley 111
end restraint 373
end shake 111,343
end split 343
end stiffener 629
end stiffness of member 373
end stress of member 373
end tab 111
end tenoner 111
end trap 209
endurance fracture 589
endurance limit 588,589
endurance test 588
end wall 195
end wrench 111
energy 97
energy balance 97
energy-balanced method 97
energy-budget method 97
energy coefficient 97
energy conservation 464
energy conservation lighting 465
energy dissipator 303
energy distribution of light 826
energy equivalent 97
energy facilities 97
energy gradient 97
energy gradient line 97
energy head 97
energy industry 97
energy killer 303
energy line 97
energy loss 97,583
energy method 97
energy of angular motion 155
energy of deformation 289
energy revolution 97
energy-type industry 97
enforcement 413
enframement 155
engaged column 821
Engesser's first theorem 105
Engesser's second theorem 105
engine 106,214
engine driven generator 406
engineer 217
engineer-in-charge 460
engineer in chief 217
engineering 106
engineering drawing 314
engineering geology 636
engineering news formula 106
engineering surveying 322
engineering thermodynamics 315
engine oil 107
engine power 107
engine room 215
engine sprayer 107
engine sweeper 107
Engler viscometer 105
Engler viscosimeter 105
Engler viscosity 105
English bond 45
English cross bond 45
English hardness 44
English holly 538
English ivy 538
English landscape style garden 45
English roof tile 44
English shingle 44

English spanner 45
English style garden 44
engobe 105,293
engraving 105
enlargement 250
enquête[法] 37
ensemble[法] 38
entablature 109
entasis 109
enteric bacteria 652
enterprise 215
entertainment center 30,58
enthalpy 109
enthalpyhumidity difference ratio 767
enthalpy-moisture ratio 504
enthalpy potential 109
entrained air 111,1042
entrainment 840
entrainment ratio 111
entrance 59,470
entrance court 111
entrance hall 111,300
entrance lamp 976
entrance loss 59
entrance ramp marking 59
entrance turn 1024
entrapped air 111,558,563
entresol 41,647
entropy 111
entropy elasticity 111
entropy of activation 176
entry 111
envelope method 921
environment 111,197
environmental amenity 198
environmental assessment(EA) 197
environmental assimilating capacity 198
environmental climate 198
environmental colours 198
environmental control chamber 487
environmental cycle 198
environmental design 198
environmental disruption 111,198
environmental engineering 198
environmental evaluation 198
environmental factor 198
environmental gap 198
environmental green space 198
environmental hygiene 197
environmental impact 197
environmental index 198
environmental items 198
environmental level 198
environmental noise 198
environmental pollution control 198
environmental pollution control measure 197
environmental polutant 197
environmental protection 198
environmental psychology 198
environmental right 198
environmental sanitation 197
environmental science 197
environmental space 198
environmental standard 198
environmental temperature 197
environment control system 198
environment system 198
enzyme 328
enzyme reaction 331
enzymic treatment 331
ephebeion[拉] 98
épi[法] 98
epicenter 484
epicentral distance 484
epichlorohydrin manufacture wastewater 98
epicormic shoot 728
epicycloid 140,143,146
Epikote 98
epilimnion 843
epinaos 98
epinasty 475
epiphytes 640
epipolar axis 157
epipolar plane 159
epipolar ray 157
epipole 158
epistylion[希] 98
epm 57

Epon 99
epoxide resin adhesive 99
epoxide resin paint 99
epoxy asphalt pavement 99
epoxy concrete 99
epoxy film 99
epoxy glass 99
epoxy resin 99
epoxy resin hardened at room air temperature 423
epoxy resin lining 99
Eppley pyrheliometer 99
EPR 57
EPS 57
EP(elliptic paraboloidal) shell 57
EP shell 600
equal angle iron 713
equalarea projection 710
equal-friction method 252,254
equal friction method 670,713
equality constraint 707
equalization basin 895
equalizing method 714
equalizing pipe 667
equalizing valve 667
equal-loudness contours of Fletcher and Manson 884
equation of angular motion 155
equation of combustion 771
equation of compatibility 680
equation of diffusion 156
equation of equilibrium 667
equation of joint 550
equation of kinetics 83
equation of state 473
equation of time 253,407,415
equations of displacement transformation 905
equations of Gauss 150
equator 541
equatorial coordinates 541
équerre[法] 45
equi-brightness curve 706
equidistant projection 706
equi-intensity curve of light 707
equilibrium 91,667,895
equilibrium constant 896
equilibrium delay 895
equilibrium draft 667
equilibrium equation 667
equilibrium equation of three-dimensional elastic body 393
equilibrium formula 895
equilibrium linear programming 896
equilibrium moisture content 895,896
equilibrium of forces 634
equilibrium of motion 83
equilibrium path 667
equilibrium slope 699
equilibrium state 667
equilux sphere 709
equilux surface 709
equipment 551
equipment capacity 551
equipment engineering 551
equipment utilization factor 551
equipment work 551
equipment works 866
equipotential line 713
equipped space 573
equi-pressure surface 703
equi-sunshining hour curve 712
equity 971
equivalent 704
equivalent air temperature 704
equivalent area 573
equivalent bending moment 573
equivalent combination 705
equivalent damping constant 704
equivalent diameter 572,705
equivalent direct radiation 55
equivalent direct radiation (EDR) 573
equivalent ductility factor 572
equivalent elastic modulus 705
equivalent evaporation 200,572
equivalent fluid method 200
equivalent girder 91
equivalent grade 200,704
equivalent grain size 705
equivalent heat conductive resistance

573
equivalent heat conductivity 573
equivalent heating thermometric curve 704
equivalent hysteresis damping constant 705
equivalent length 573
equivalent length of straight pipe 705
equivalent linear model 705
equivalent load 704
equivalent mass density 705
equivalent nodal force 705
equivalent noise pressure 383
equivalent of work 414
equivalent outdoor temperature 704,754
equivalent outdoor temperature difference 704
equivalent parts per million 57
equivalent pipe method 710
equivalent reflectance 705
equivalent rigidity ratio 705
equivalent sectional area 200,705,710
equivalent shear modulus of elasticity 705
equivalent sound level(Leg) 705
equivalent stiffness 705
equivalent strain 573
equivalent stress 572
equivalent system of equations 705
equivalent temperature 704
equivalent temperature difference 572
equivalent torsional moment 573
equivalent transposition 705
equivalent twisting moment 573
equivalent uniform load 710
equivalent viscous damping 573
equivalent viscous damping factor 705
equivalent warmth 704,705
equivalent wet bulb temperature 572
erasing plate 293
erasing shield 413
erceiver 462
Erechtheion 102
erecting welding 102
erection 88,102,169,268,608,865
erection allowance 269
erection bar 269
erection by launching 686
erection by staging 11
erection jig 269
erection load 169
erection of framing 610
erection reference plane 268
erection stress 169
erection truss style 102
erection welding 269
erector 102
erg 101
ergometer 101
ergonomics 10
Erichsen test 101
Erie canal 101
erosion 102,141,489
erosion control and torrential improvement 386
erratic deposit 858
erratic structure 864
error 31,100,344
error curve 345
error due to curvature of earth 231
error equation 100
error function 345
error integral 345
error list 101
error message 101
error of closure 669,895
error of departure 286
erythemal lamp 301
E.S.C. 43
escalator 93,429
escape 93
escape exit 831
escape(valve)pipe 749
escape rope 838
escape shoot 232
escape trap 837
escape valve 93,749
Escherichia coli (E.coli) 593
escutcheon 153,665,976
escutcheon plate 741

esplanade 94
esquisse[法] 93
esquisse 546
estate planning 626
ester gum 93
ester solvents 93
ester value 93
estimate 1001
estimate accuracy 955
estimated amount 285
estimated amounts 954
estimated cost 540
estimated cost account 955
estimated daily maximum intake water 285
estimated length of weld 200
estimated maximum water consumption per day 285
estimated value 954
estimated water supply district 285
estimate sheet 955
estimating 540
estimation 93,954
estuary 160
estuary closure 160
estuary harbour 160
estuary lake 160
estuary weir 160
etalon[法] 94
eta($\eta$)-method 94
Etanite pipe 94
ETC 55
etching 96
etching glass 96
etching primer 96,253,254,1030
etch primer 96
ethanol 94
ethanolamine 94
ethoxyline resin 96
ethylacrylate 9
ethyl chloride 103
ethylene 94
ethylene chloride 103
ethylene diamine tetra-acetic acid 55
ethylenediaminetetraacetic acid(EDTA) 94
ethylene glycol 94
ethylene propylene methylene lintage 94
ethylene propylene rubber 57,94
ethylene-vinyl acetate copolymer(EVAC) 94
ethyl mercury 94
ethyl parathion 94
etiolation 114
Etruscan architecture 96
ettringite 96
Eucalyptus globulus[拉] 989
Eudorina 990
Euglena 955,989
Euler-Bernoulli's assumption 113
Euler hyperbola 113
Euler's formula 113
Euler's load 113
Euler's stress tensor 113
Euonymus alatus[拉] 946
Euonymus japonicus[拉] 941
eupatheoscope 991
Eurya japonica[拉] 829
eustylos[希] 88
eutectic point 242
eutrophication 855
eutrophic lake 855
evacuation road 838
evacuation route marker 838
evacuation system 837
evacuation traffic facilities 837
evaluation test 57
evaporating dish 474
evaporating plant 474
evaporation 474
evaporation loss 474
evaporation rate 474
evaporation test 474
evaporative burner 474
evaporative capacity 474
evaporative condenser 474
evaporative cooling 474
evaporator 98,474
evaporator body 474
evaporimeter 474

even function 257
ever-flowering 408
evergreen 98
Evergreen euonymus 941
evergreen tree 477,716
every floor unit system 155
Evian water 98
E-viton 57
evolute 99
examination 413
examination of pollution index 124
examining table 488
excavated artificial harbour 931
excavating machinery 267
excavating work 267
excavation 267,762
excavation of half section 819
excavation without timbering 524
excavation with sheet piling 978
excavator 89,267,664
exceeding length 778
excelsior-board 970
excelsior plate 970
excess activated sludge 1001
excess air 90
excess air ratio 258
excess condemnation 649
excess glaze 265
excessive approximate value 172
excessive fill 1003
excess lime process 169
excess load 184,649
excess nightsoil 1001
excess of rates 649
excess revolution 151
excess sludge 164,1001
exchange 316
(telephone)exchange 701
exchange 733
exchanger 316,905
exchanger-type subcooler 766
excitation 140,1035
exciter 1035
exciting force 165,219
exclusive industral water supply 406
exclusive residential area 447
exclusive use district 565
exclusive use zoning 565
excrements 892
execution 91
execution of work 543
execution programme of works 334
execution scheme drawing 543
exedra 91
exercise bath room 83
exhaust 90
exhaust air duct 782
exhaust air grille louvre 782
exhaust blower 90,782
exhaust choke 793
exhaust close 90
exhaust contaminant 782
exhaust cover 90
exhauster 90,782
(air)exhauster 782
exhauster 788
exhaust fan 501,782
exhaust gas 90,782
exhaust gas desulfurization 781
exhaust grille 782
exhaust hole in the gable 298
exhaust hood 782
exhaust muffler 90
exhaust nozzle 90
exhaust open 90
exhaust opening 782
exhaust pipe 90,501,782,783
exhaust port 783
exhaust slot 783
exhaust sound 782
exhaust steam heating 782
exhaust tower 782
exhaust valve 90,782,783,793
exhibition 89,795
exhibition hall 695
exhibition room 658,695
existing building use 610
existing construction map 610
existing land use map 725
existing stress 583

exit 680
exit direction sign 681
exit ramp 681
exit turn 1022
expanded metal 90
expanded metal lath 90
expanded plastics 90
expander 90
expanding and non-contracting cement 919
expanding colour 919
expanding rate 920
expanding town 90
expansion 90,919
expansion agent 919
expansion bearing 488
expansion bend 243,489,603
expansion bolt 489,846
expansion-chamber type absorber 157,263
expansion clearance 919
expansion coefficient 919
expansion coil 919
expansion coupling 488
expansion crack 919,920
expansion curve 919
expansion factor 920
expansion index 919
expansion joint 90,489,919
expansion (pipe) joint 919
expansion joint 920
expansion loop 489
expansion pipe 488,919
expansion spacing of rail joint 983
expansion tank 90,919
expansion temperature 919
expansion test 919
expansion U pipe 988
expansion valve 920
expansive cement 919
expansive concrete 919
expansive slag 919
expellant gas cylinder 138
expellant gas type extinguisher 138
expense 291
expense of maintenance and management 46
expenses of machines and tools 212
experimental apparatus of photoelasticity 332
experimental city 424
experimental data 424
experimental investigation 424
experimental mechanical model 424
experimental structural model 424
experimental theatre 424
experimentation sink 152
explanatory drawing 551
explicit constraint 998
exploder 90
explosion 795
explosion accident in sewer 294
explosion profection door 795
explosion proofing 920
explosion proof wall 920
explosive methane 795
explosives 795
exponential distribution 418
exponential representation 418
exposed-aggregate finish 31
exposed aggregate finish 347
exposed body 265
exposed piping 32
exposed post 800
exposed tumbler switch 1049
exposed unit 800
exposition 795
exposure 90,1049
exposure factor 857,911,1060
exposure test 796
exposure test fence 796
expression 841
expressionism 841
expressionist 841
expressway 90,330
expropriation of land 724
expulsion and surface flash 657
extended aeration 650
extended shank bib 711
extended shank cock 712

extended stop cock 712
extender 90,574
extender pigment 590
extensibility 90,777
extensimeter 491
extension 90
extensional rigidity 777
extensional test 777
extension arm 90
extension boom 90
extension library service 90
extension line 529
extension of approach surface 109
extension of building 572,610
extension of slope 788
extension table 275,491
extensive city 312
extensive town planning 312
extensometer 90,575
extent 848
exterior 119,146
exterior coating 146
exterior column 142
exterior covering 146
exterior drain 120
exterior escape stair 120
exterior finish 142
exterior focussing telescope 146
exterior installation 120
exterior lighting 119
exterior noise 146
exterior noise index 148
exterior paint 148
exterior penalty function 146
exterior piping 120
exterior point 143
exterior space 146
exterior stairway 119
exterior type plywood 142
exterior wiring 120
external angle 138,682
external coating 148
external cordon trip 350
external dimension 141
external drencher 90
external energy 146
external fibre stress 866
external force 149
external force line 149
external force surface 149
external form 139
external load 146
externally fired boiler 581
external parameter 146
external pressure 138
external pressure test 138
external secant 139,141
external temperature 146
external treatment 196
external trip 44
external vibrator 146
external wall 140,147
external work 146,149
extinction 551
extinction analysis 231
extinction coefficient 470,471
extinguish gun 466
extinguishment by smothering 637
extinguishment facilities 466
extraction 645
extraction tese 645
extractor 90,607
extrados 581
extra hard steel 368
extra heavy pipe 725
extra high-output fluorescent lamp 650
extra-high power receiving equipment 717
extra mild steel 344
extra reinforcement (of weld) 1003
extrasensitive clay 649
extrasoft steel 344
extra strong pipe 90
extratropical cyclone 136
extreme compression fiber 18
extreme fiber stress 903
extreme fibre stress 866
extremes principle 679
extreme tension fiber 835
extrudate 122

extruded shape 122
extruder 122
extruding machine 122
extruding press 122
extrusion 122
extrusion moulding 122
extrusion product 122
extrusive rock 891
extrusive rock effusive rock 917
eye 1
eye bar 3,745
eye bar packing 3
eye bolt 3
eye catcher 2
eye-estimation 969
eyelet 4
eyelet work 4
eye line 969
eye-measurement 969
eyepiece micrometer 3
eye point 429
eye splice 2,902
eye-stop 2
eye strain 2
Eyring's reverberation time formula 4

F

FAA (Federal Aviation Agency)method 98
Fabbrica di FIAT[意] 852
fabric 760
fabrication 249
fabrication of frame 609
fabric dust 556
fabric filter 556
facade[法] 851
facade 851
face 667,954
face arch 855
face-bend specimen 131
face bend test 131
face board 131
face brick 131,293
face-down tile 855
face measure 954
face moment 855
face of slope 779
face of weld 997
face plate 855
face puttying 806
face side 950
facet 250
face velocity 967
face wall 813
facilities 418
facilities for hydro-therapy 503
facilities for occupational therapy 378
facilities for physical therapy 869,1013
facilities usage ratio 419
facility for children's welfare 431
facility for deaf and dumb children 1046
facing 141,589,843
facing brick 131,293
facing parking 589
facsimile room 697
factor 62,851
factorization 62
factor of comfort air 143
factor of plate buckling 817
factor of stress concentration 116
factor of subdivision 263
factory 336,532
factory area 324
factory building 324
factory cost 324
factory illumination 324
factory lighting 324
factory management 323
factory noise 324
factory planting 324
factory railway 324
factory site 324
facture[法] 851
facultative anaerobes 660
facultative pond 660
fade-in 855,998
fade-out 855,993
fading 591,761

fading test 591
faecal streptococcus 892
faeces 892
Fagus crenata[拉] 870
Fahrenheit thermometer 851
faience tile 851
failure 792,800
failure mode 792
failure model 792
failure of spreading 848
failure probability 792
fair 795
fair-faced concrete 77
fairway 341
fall 1006
fall crest 600
fall dressing 6
falling ball viscometer 1008
falling head permeameter 907
falling main 605
Falling Water 1006
fall line city 600,795
fall planting 6
fall with seperate streams 807
false annual ring 223
false-bedding 220
false heart wood 219
false member 16
false set 215
false setting 573
falsework 11
family composition 171
family make-up 171
famous scenic spot 961
fan 564,573,851
fan blade 573
fan casing 573
fan-coil unit 851
fan-coil unit system 851
fan convector heater 852
fan conveyor 852
fan cooler 851
fancy lamp 571
fancy plywood 293
fancy wood 961
fang bolt 128,377,851
fan housing 573
fanlight 1012
fanning plume 114
fanshaped brick 114
fan-shaped tenon 114
fan system 557,559
fan vault 114,852
fan wheel 573
Faraday's law 851
fare 82
fare adjustment office 82
farmhouse 774,775
farming population 774
farming village 775
fascia board 806
fasciation 586
fascine 580
fashion colour 1021
fastener 436,722
fast growing tree 571
fat clay 770
fat collector 435
fathom 848
fatigue 661,848
fatigue crack 661,848
fatigue deformation 661
fatigue failure 661,848
fatigue fracture 589,661
fatigue limit 589,661,848
fatigue limit under plane bending 898
fatigue ratio 661,848
fatigue strength 661,848
fatigue strength of cyclic load 1026
fatigue test 661,848
fatigue testing machine 661,848
fats 435
Fatsia japonica[拉] 980
fatty acid 435
faubourg[法] 856
faucet 191,233,439,501,854
faucet joint 67
fault 624
faying surface 547
FDA(food and drug administration)

standards 99
F-distribution 99
feasible design 183
feather 855
feather edge 575
featheredged brick 575
fecal matter 785
Fechner's law 855
Federal Highway Administration 98
Fédération International dela PRécontra inte[法] 98
fee 1025
feed 121,234
feed back 852
feed canal 827
feed check valve 232
feeder 234,309,852
feeder line 222
feeder road 263,852
feeder street 790
feeding center 232
feeding device 237
feed pipe 121,232,233,852
feed pump 233
feed valve 233
feed water cock 232
feed water filter 232,233
feed water heater 232
feed water preheater 233
feed water pressure 232
feed water pump 233
feed water softener 233
feed water tank 233
fee of handling 83
feldspar 651
felt 582,855
felt carpet 855,968
felt packing 855
FEM 98
female cone 963
female plant 962
female screw 965
fEN 761
fence 153,378,855,894,938,982
fencing field 855
fender 856
feretory 855
fermentation 803
fermentation tank 803
fermenting lactose 803
fermenting room 803
fermenting tank 803
Fermi level 855
Ferrary cement 855
ferric chloride 103
ferric hydroxide 499
ferric oxide 189,390
ferric oxide rouge 905
ferric salt 594
ferric sulfate 1022
ferrite 429
ferromagnetic 238
ferro-silicon 290
ferrosilicon electrode 290
ferrous earth 385
ferrous hydroxide 499
ferrous oxide 390
ferrous salt 586
ferrous sand 385
ferrous sulfate 1022
ferrous sulfate corrosion inhibitor 1022
ferrule 266,855
ferry boat 855
fertility 818,845
fertilized egg 459
fertilizer 847
festoon 159,380,807,855
fetch 588
feudal town 914
FHWA 98
fiat seam roofing 846
fiber 556,851
fiber board 556,851
fiberboard 984
fiberboard finishing 684
fiber cement board 556
fiber glass 556,851
fiber insulation board 747
fiber pipe 851
fiber reinforced composite material 556

fiber reinforced concrete(FRC) 556
fiber reinforced concrete 851
fiber reinforced plastics 98
fiber rope 556
fiber saturation point(f.s.p) 556
fiber strain 556
fiber stress 556,851
fiber stress intensity 556
Fibonacci series 853
Fibonacci's sequence 853
fibre 556,851
fibrous gypsum 556
fibrous peat 556
fibrous root 369,829
fibrous serpentine 556
fibrous talc 556
field 307,322,378,414,781,853
field assembling 412
field book 980
field calculation 978
field calibration 137
field control panel 308
field edit 307
field effect transistor 691
field expenses 308
field house 853
field investigation 427
field joint 308
field luminescense 691
field management 308
field measuring 308
field mix 308
field moisture equivalent 308
field note 980
field office 192,308
field of force 635
field of view 405
field representative 308
field rivet 308
field riveting 307
field sign-board 776
field splice 308
field survey 308
field test 427
field welding 308
field-work 139
field works 308
figurant's dressingroom 118
figure 496,511,975
figure condition 511
figure contrast 88
figured glass 172
figured mat 807
figure of merit 175
filamentous bacteria 556
filamentous fungi 556
file 743,847,980
filled stone 704
filler 148,453,695,696,853
filler concrete 453
filler metal 993
filler metal test specimen 993
fillet 525,848,853
filleting 838
fillet weld 525
fillet weld crack test 671
fillet welding 853
fillet welding in the vertical position 610
fillet weld in normal shear 564
fillet weld in parallel shear 577
filling 354,975
filling agent 453
filling matter 696
filling ring 1057
filling strainer 853
filling tank 853
fill light 853
fill-type dam 853
fill-up concrete block 175
fill-up concrete block construction 175
fill-up ground 975
film 853
film adhesives 853
film applicator 853
film coefficient 89
film coefficient of heat transfer 241
film of paint 733
film storage 853
filmy water 506

filter 853,1047,1048
filterability 1048
filter aid 1047,1048
filter basin 1048
filter bed 1047
filter cake 125,853
filter car 1050
filter clogging 1050
filter dust separator 1047
filtered water 1050
filter efficiency 1048
filter effluent 1048
filter equipment 1048
filter film organism 1054
filter film sludge 1054
filter film surface organisms 1048
filter flooding 1049
filter gravel 1047
filtering 247
filtering cloth 345,1053
filtering fabric 1047
filtering head 1047
filter layer 1048,1050
filter loading 1049
filter material 1049
filter media of copper wool 178
filter medium 1047,1048
filter medium 1049
filter paper 1047,1049
filter-paper dust counter 1049
filter paper method 1049
filter press 19,23,853
filter press technique 23
filter rate control system 1047
filter run 1047
filter sand 853,1047,1049
filter test 1047
filter-type muffler 853
filter-type silencer 853
filter water 1047
filter well 853
filtrate 1047
filtration 1047
filtration area 1048
filtration effect 1047
filtration head loss 1048
filtration of demineralized water 463
filtration pressure 1047
fin 786,807,808,848,853
final assembly 369
final control element 570
final drive reduction 851
final drying 369
final filter 369
final filtration 369
final inspection 369
final purification 369
final purification tank 369
final result table 531
final sedimentation tank 369,594
final set 447
final setting 447
final settling 369,453
final settling tank 369
final stable posture 369
final treatment 369,454
final value 445
final value problem 369
fine 814
fine aggregate 369
fine art 288
fine graded asphalt concrete 375
fine grain 56
fine grained soils 375
fineness 352,851,892
fineness modulus 98,583
fineness test 892
fine particles 839
fine sand 369,375,927
fine screen 371
fine-sight district 826
finger duct 853
finger joint 853
finger plan 853
finger plate 853
finger post 853
finial 851
finial location 1050
finish 401,533,852
finishability 852

finish chisel 401
finish coating 81,401
finish coat resistance 81
finish coat resistance test 81
finished bolt 401
finished bolt 476,950
Finished nut 401
finished products 203
finished size 401
finisher 852
finish file 401
finish hardware 608
finishing carpentry 570
finishing of wall 185
finishing plane 401,471
finishing plant 401
finishing work 401
finish inspection 401
finish mark 401
finish marking 401
finish rolling 401
finish trowel 401
finish varnish 401
finish weld 401
finish works 401
finite difference 386
finite difference method 386
finite elastic strain 984
finite element method 98,984
finite optimization 984
Fink truss 853
finned coil 849
finned cooler 848
finned cooling pipe 848
finned radiator 848
finned tube 848,853
finned tube radiator 848
fin radiator 58
FIP 98
fire 161
fire alarm 161
fire alarm apparatus 161
fire alarm area 285
fire alarm signaling system 161
fire alarm zone 206
fire atmospheric phenomena 161
fire belt 913
fire-box 163
firebreak 912
fire break 912
fire-break 913
fire breakout ratio 459
fire brick 587
fire brigade vehicle 475
fire bucket 466
fire bulkhead 912
fire check door 913
fire clay 587
fire-clay 587
fireclay brick 772
fire control center 914
fire-cracker welding 43
firecraker welding 999
fire curtain 913
fire damage 161
fire damp 795
fire damper 913
fire danger temperature 161
fire defence by destruction 792
fire-detecting area 206
fire detector 161,206
fire division wall 913
fire door 600,913
fire drencher 913
fire duration time 161
fire escape 39,837,851
fire escape bridge 837
fire escape corridor 838
fire escape door way 837
fire escape stair 837
fire escaping floor 837
fire exit bolts 807
fire experiment 161
fire extinguisher 466
fire extinguishment 465
fire fighting 475
fire-flakes 838
fire furnace 183
fire grate 829
fire hazard of high-rise building 847

fire hole 600
fire hook 826
fire hose 466,475
fire hose cabinet equipment "A" 475
fire hose cabinet equipment"B" 466
fire hydrant 466
fire hydrant cabinet 466
fire killed timber 913
fire limit 912
fire load 161
firemain 466
fire-mantle 913
fire (hose) nozzle 466
Firenze[意] 853
fire partition 912,913
fire peak 829
fire pit 61,1046
fireplace 186,851
fire plume 161
fire point 801
fire pot 851
fireproof 586,912
fire-proof asbestos cement board 913
fireproof building 587,912
fire-proof building belt 912
fireproof building block 914
fireproof bulkhead 912
fireproof concrete 587
fireproof construction 587
fire-proofing adhesives 587
fire-proofing cement 587
fireproofing materials 587
fire-proofing paint 587
fireproofing protection 587
fire proofing wood 913
fireproof material 913
fire-proof mortar 587
fire-proof paint 913
fire-proof paint coat 587
fire-proof paint coating 587
fireproof plywood 587,912
fireproof sand 587
fire-proof wall 586,587
fire protecting paint for building 306
fire protecting performance 913
fire protecting shutter 913
fire protecting test 913
fire protecting trees 913
fire protection code 475
fire protection construction 912
fire protection specification 912
fire protection zone 913
fire protective green belt 913
fire pump 466,476
fire record 161
fire records 475
fire resistance efficiency 587
fire resistance hour 587
fire resistance test 587
fire-resisting 586
fire resisting concrete 587
fire resisting construction 587
fireresisting material 913
fire resisting materials 587
fire resisting paint 587
fireresisting paint 913
fire resisting wall 913
fire scheme 912
fire screen 851
fire spreading by radiation 860
fire station 475
fire statistics 161
fire stop 151
fire storm 163
fire stream 192,466
fire supply 475,476
fire temperature 161
fire temperature-time curve 163
Firethorn 846
fire tower 921
fire trail 913
fire tube 104
fire tube boiler 104
fire valve 466
fire valve box 466
fire-wall 851
fire wall 913
fire zone 913
firezoning 913
firing 600

firing floor 164
firing tool 834
firm ground 224
Firmiana simplex[拉] 5
first angle projection 586
first coat 422
first floor 52,851
first gear 851
first order bench mark 54
first order level 54
first order levelling 54
first-order reaction 50
first order staff 54
first order triangulation 54
first order triangulation station 54
first stage BOD(biochemical oxygen demand) 586
Firuzabād 853
fished joint 574
fisherman's house 243
fishery city 243
fish eye 254
fishing district 245
fishing village 246
fishing wharf 72
fish(ed) joint 575
fish oil 246
fish plate 574
fishplate 662
fish plate 852,900
fish pond 246
fishy back system 852
fission products waste 158
fissure 1060
fissured clay 839
fissure water 1040
fit 810,852
fit system 810
fitting 732,733,852
fittings 181,608
fittings list 608
fitting-up bolt 192
five-storied pagoda 345
fixed ammonia 858
fixed arch 348
fixed arch bridge 348
fixed assess 348
fixed base of column 349
fixed beam 349
fixed bearing 348
fixed bridge 348,349,676
fixed crane 676
fixed edge 348
fixed end 349
fixed-end moment 349
fixed expense 349
fixed fittings 810
fixed flange 349
fixed gantry crane 348
fixed-geometry structure 348
fixed grating 349
fixed hydrocarbon 858
fixed input 349
fixed jib crane 348
fixed liability 349
fixed load 86,348,671
fixed louver 349
fixed mass foundation 348
fixed nozzle type sprinkler 349
fixed partition wall 349
fixed pin 349
fixed point 677
fixed point method 677
fixed pulley 672
fixed rail 349
fixed rate method 679
fixed rate system 671
fixed-rate tap 671
fixed rate water supply 671
fixed screen 348
fixed star 326
fixed stay 349
fixed support 348
fixed temperature type heat detector 671
fixed-time control 674
fixed time signal 674
fixed time traffic signal 674
fixed traverse 158,296
fixed weight 348

fixed weir 348
fixed window 810
fixed(sash)window 810
fixed word length 348
fixing 508
fixture 215
fixture drain 215
fixtures 608
fixture unit 215
fixture-unit 215
fixture unit rating 215
FL 98
flag 841
Flagellata 909
flagellate 909
flag stone 48
flag-stone 172
flagstone 248
flagstone pavement 48
flake ice 795,882
flake of sludge 126
flamboyant architecture 151
flamboyant style 150,878
flame 150,885
flame adjustment 929
flame cleaning 929
flame core 794
flame gouging 168
flame hardening 151
flame light 105
flame reaction 106
flame resistance 586
flame softening 151
flame temperature 150
flame welding 151
flange 725,877
flange and web rivet 195
flange angle 878
flange coupling 725,877
flange cover plate 877
flanged cross 665
flanged edge weld 877
flanged joint 877
flanged pipe 877
flanged socket 877
flanged spigot 877
flanged Y 877
flange joint 665,725
flange(d) joint 877
flange pipe 877
flange plate 877
flanger 877
flange rivet 878
flange sluice valve 877
flange splice 877
flange-to-web rivet 877
flanging 665
flannel 878
flap 876
flare 885
flared fitting 881
flared intersection 158
flared joint 1009
flared tube 1009
flare welding 881
flash 57
flash back 226,227
flash board 876
flash bulb 876
flash burning 577
flash butt welded joint 876
flash butt welding 838,876
flash dryer 250
flash drying 462
flashed glass 185,509
flashed opal glass 757
flasher 700
flash evaporation method 875
flash gas 875
flashing 29,667,876,951
flashing point 61
flashing(light)signal 558
flashlight signal 558
flash-mixer 876
flash mixing 233
flash setting 463
flash setting agent 231
flash setting cement 231
flash tank 474
flash-type subcooler 875

flash weld(ing) 876
flash welding 876
flask trap 874
flat 876,898,1048
flat apartment house 876
flat arch 876,1048
flat bar 846
flat (steel) bar 876
flat-bar chain 48
flat belt 847
flat bog 597
flat bottomed rail 897
flat bottom rail 846
flat drill 981
flat faced fillet 846
flat faced fillet weld(ing) 846
flat file 876
flat finish 666
flat garden 846
flat grain 49,548
flat headed bolt 388
flat-head rivet 847
flat jack 876
flat joint bar 620,846
flat link chain 48
flat lump hammer 1026
flat nail 846,876
flat paint 666,876
flat pin 847
flat-plate 876
flat-plate construction 876
flat response 897
flat roof 847,876,1048
flats 241
flat shell 908
flat shunting yard 898
flat slab 876,960
flat-slab construction 876,960
flat steel 846
flats with shops 700
flattened rivet 847
flattening 846
flat top chain conveyor 876
flat top conveyor 876
flat truck 876
flat welding 422,597,847
flaw 219
flawed wood 219
flax ornament 10
flax seed oil 29
fLèche[法] 884
Flemish bond 878,885
fleuron 880
flexibility 180,450,617,882
flexibility equation 450
flexibility matrix 450,617
flexibility method 450
flexible adhesive 617
flexible batten 432
flexible board 882
flexible cable 617
flexible conduit 882
flexible conduit wiring work 180
flexible connection joint 450
flexible cord 180
flexible drive 882
flexible expansion joint 882
flexible hose 180,617
flexible joint 180,450,617
flexible metal hose 882
flexible pavement 617
flexible pipe 617
flexible plywood 882
flexible rubber pipe 617
flexible rule 415
flexible shaft 882
flexible sheet 882
flexible shoot 882
flexible sign 617
flexible structure 447
flexible structure system 447
flexible wire rope 453
flexiboard 882
flexion 938
flexi-van 882
flexural buckling 941
flexural center 941
flexural rigidity 941,1060
flexural rigidity of plate 817
flexural-torsional buckling 941

flexural-torsional constant 941
flexural-torsional rigidity 941
flexure 938,941
flickerless circuit 879
flickerless fixture 879
flicker photometer 324
flier 846,872,873
flies 873
flight 628
flimsy ground 747
flint clay 880
flint glass 880
flitch 535,879
flitch beam 396
flitch girder 396
float 73,863,888
floatation 864
floatation of filter film 1048
floatation tank 863
floatation treatment 863
floatation units 863
floatator 865,888
float ball 888
float finished floor 349
float finisher 73
float flow meter 73,888
floating 349
floating body 865
floating construction 73
floating control 888
floating cover 888
floating crane 73,218,888
floating dock 74
floating erection 74
floating fender 74
floating fine particle 873
floating floor 74
floating foundation 44,73,567
floating mark 871
floating mass foundation 73
floating oil 873
floating pile driver 256
floating pile foundation 73
floating point representation 870
floating roof tank 74
floating seal 888
floating shoe 73
floating sludge 872
floating substance 863
float rod 575
float switch 73,888
float trap 888
float valve 73,888
floc 887
flocculating 887
flocculation 238,887,967
flocculation basin 887
flocculation equipment 238
flocculation tank 887
flocculator 887
flocculent structure 967
floc-forming 887
floc-forming agent 887
floc-forming bacteria 887
flock 887
flood 325,459
flood alarm 325
flood area 822
flood control 325,637
flood control channel 918
flood-control dam 325
flood-control reservoir 325
flood curve 325
flood discharge 325,326
flood-discharge diagram 325
flood discharge level 325
flooded coil 948
flooded cooler 948
flooded system 948
flooded type condenser 948
flooded type evaporator 948
flood flow observation 325
flood height 325
flooding area 622
flooding method 646
flooding nozzle 876
flood lamp 53
flood level 28
flood level mark 325
flood level rim 28

floodlight 53
flood light 876
flood lighting 53,707
flood lighting method 53
flood light projector 707
flood of melted snow 986
flood periphery 822
flood plain 822
flood plain deposit 822
flood precaution 325
flood prevention 325
flood protection 325
flood protection works 325
flood run-off 325
flood season 325,459
flood stage 325
flood warning 325
flood wave 325
flood way 918
floor 138,988,989
floor area 989
floor area of burnt houses 471
floor area ratio 989,996
floor beam 470,988,1000
floor board 988
floor box 988
floor consent 988
floor construction 988
floor construction plan 988
floor deck 239
floor drain 988
floor duct 886
floor finish 988
floor flange 989
floor framing 988
floor framing plan 988
floor heating 988
floor height 142,988
floor hinge 886,988
floor hopper 886
flooring 886,988
flooring 988
flooring block 886,971,988
flooring board 886
floor joist 765
floor lamp 988
floor panel 988
floor plan 945
floor plank 475
floor planning 898
floor pocket 886
floor polisher 886
floor post 988
floor slab(of bridge) 988
floor-slab 988
floor slope curve 382
floor space 148,989
floor space index 778
floor space index(ratio of total floor area to site) 989
floor space index 996
floor system 988
floor tile 886
floor trap 988
floor work 988
flophouse street 728
flora 479,889
Florentine mosaic 889
Floried Period 194
flotation 864,873
flour adhesive 344
flourine bearing waste water 868
flour-mill 538
flow 886
flow chart 55,887
flow coater 886
flow coating 741
flow coefficient 1024
flow cone 886
flow control 886
flow controller 1024,1025
flow control valve 886,1024
flow conveyor 886
flow curve 886,1023
flow diagram 710,742,887
flow-duration curve 1021
flower and ornamental plants 153
flower base 162
flower bed 175,877
flower box 877

flower bud differentiation 153
flowering freesand shrubs 186
flowering season 138
flowering time 138
flower nursery 807
flower of zinc 4
flowerpot 877
flowers and ornamental plants 264
flower stand 807
flower vase 877
flow index 1023
flowing artesian well 435
flowing concrete 1023
flowing-through period 1021
flowing water 1022
flow line 710,1022
flow line plan 1023
flow main 121
flow meter 888,1024
flow net 888,1023
flow nozzle 888
flow of steep slope 231
flow pattern 1023
flow pipe 121,888
flow planning 710
flow resistance 742
flow riser 121
flow table 888
flow test 886
flow valve 887,888
fluctuating load 908
fluctuation factor of room temperature 423
fluctuation velocity 908
flue 110,298,880
flue dust 106
flue gas 110,111
flue gas analysis 110
flue lining 111
flue radiator 855
fluid 1023
fluid conveyer 1023
fluid coupling 1023
fluid efficiency 91
fluid elasticity 1023
fluid friction 1023
fluidity 1023
fluidized-bed 1023
fluidized-bed dryer 1023
fluidized-bed incinerator 1023
fluidized catalytic cracker 1023
fluidized freezing system 1021
fluid meter 880
fluid pressure line 880
flume 159,880
fluorescein 889
fluorescein yellow 889
fluorescence analysis 287
fluorescent glass 286
fluorescent lamp 287
fluorescent light 286
fluorescent neon tube lamp 287
fluorescent screen 286
fluorescent substance 287,292
fluorine 868
fluorine ion 868
fluoroelastomer 868
fluoroscopic table 708
fluoroscopy room 95
fluor resin 868
flush 382,583,667,875
flush bead 382
flush boarding 760
flush bolt 9,382,876,878,931,946
flush curb 79
flush door 846,876
flush fillet weld(ing) 846
flush headed bolt 388
flushing bolt 878
flushing cistern 560
flushing device 559
flushing slop sink 559
flushing surface 560
flushing water closet 998
flush joint 528,847
flush lamp 79
flushometer valve 559
flush pump 560
flush screen pump 875
flush switch 79

flush tank 559,876
flush tumbler switch 79
flush valve 559,876
flute 881
fluting 881
flutter 876
flutter(ing) echo 603
flutter echo 603,876
flutter echoes 742
fluvial deposit 169
flux 875
flux-cored wire 875
flux of illumination 476
flux valve 875
fly-ash 873
fly ash cement 873
fly-ash cement concrete 873
fly curtain 737
flyer 846,873
fly floor 873
fly gallery 873
flying arch 874
flying buttress 727,873
flying cage 874
flying equipment 668
flying height 829
flying scaffold 808
flying scenery 668
flying sparks 727
fly loft 873
flyover crossing 315
fly screen 919
fly tower 873
fly wheel 799
fly-wheel 873
fly-wheel horsepower 873
FM 98
F number 99
foam 36
foam breaker 475
foam breaking chemical 475
foam breaking nozzle 475
foam concrete 36
foamed asphalt method 856
foamed plastics 856
foam expansion rate 529
foam extinguisher 921
foam extinguishing system 36
foam glass 36,613
foam glue 805
foam head 856
foaming 36,219,805
foaming agent 36,224,805
foaming kernel 224
foaming substance 224
foamite 930
foam-proof agent 36
foam resin 36
foam-resistant 36
foam rubber 856,930
foam separation 921
foam solution 36
foam synthetic resin 36
focal colour 473
focal point 856
focus 473,856
focussing 472
fodderal use of activated sludge 176
fog-coat 856
fog curing 893
fog prevention forest 921
Fohn[德] 855
foil 856,993
foiled arch 856
foil sampler 856
foil strain gauge 795
fold 446
folded plate 132,551
folded plate construction 184
folded plate roof 551
folded plate structure 551
folding chair 856
folding door 172
folding doors 132
folding gate 436,489
folding panel door 132
folding partition 132
folding (pocket) rule 132
folding scale 132
foliage plant 810

folk art 956
folk craft 956
folk handicraft 956
follower 980
follower pile 662
following distance 442,659
following-up system 856
follow spotlight 856
follow up 856
foll plaza 734
food chain 479
food kombinat 479
food storage 479
football field 383,446
foot bath 11,868
foot board 617
footboard 872
foot bridge 492,868
foot-candela 870
foot-candle 870
footing 220,769,869
footing beam 221,637,869
footing foundation 869
footing of floor post 661
footing piece 578,677
footing slab 220,221
foot-lambert 868,870
foot lever 869
footlights 227
foot lights 868
foot line 576
foot-loose type industry 868
foot of pile 256
foot path 868
footpath 929
foot-path system 868
foot-plate 842
foot point 576
foot protection 762
foot step 868
foot throttle 868
foot-tight type industry 868
foot valve 870
footway 929
footwear room 295
ora 930
force 634
force and exhaust pump 122
forced air amount 122
forced angular frequency 239
forced circulating boiler 239
forced circulating mixer 239
forced circulation 239
forced (mechanical) circulation hot water system 239
forced circulation system 239
forced convection 239
forced deformation 240
forced draft 236,240
forced draft cooler 240
forced draft cooling system 574
forced draft filter 240
forced draft furnace 240
forced draft type cooling tower 122
forced draught 122
forced draught fan 122
force derivatives 634
forced filtration method 23
forced force 240
force diagram 482
forced joint translation angle 240
forced mixer 240
forced stirring type mixer 239
forced system of ventilation 122
forced ventilation 122,236,239,240
forced vibration 239
forced wave 240
force-loaded model 1013
force-loading 1013
force polygon 482,634
force triangle 634
forcible separation testing method 240
Ford cup type viscosimeter 856
forebay 856
forecasting technique 1003
fore court 562
foreground 557
foreign materials 238
foreign matter 58
foreland 671

Forel's standard colour 856
foreman 225,332,341,555,856
fore room 458
fore sight 98
foresight 559
forestage 938
forest area 494
forest belt 495
forest biomass 494
forest district 1029
forest fire 1030
forest for earthfall prevention 722
forest for erosion control 722
forest for public health 923
forest for rockfall prevention 1006
forest for scenery 854
forest land 1030
forest landscape 494
forest park 494
forest preserve district 495
forest recreation 495
forest-road 1030
forest zone 494
forge 163,929
forged steel 620
forge welding 624,664
forging 624,835
fork junction 856
fork-lift 856
fork lift truck 856
form 172,175,193,856,993
formaldehyde-treated wood 856
formal garden 288
formalin 934
formalin manufacture waste water 934
formalism 856
formalized pine 663
formal style garden 532
formal type garden 532
form and structure zoning 290
formant 856
format 856
formation 442
formation level 98,543
formative arts 568
forme[法] 856
formed body 532
formed plywood 532
formeret[法] 856
form factor 288,355,533
forming clay 44
form of construction work 543
form oil 175,727,795
Formosa sweet geen 853
form panel 175,187
form plywood 175
form rcsistance 288
form supporting work 175
form tie 856,930
formula 322
formula of reverberation time 391
form vibrator 175
formwork 175
form work scaffolding 175
forsterite brick 856
Forsythia suspensa[拉] 1042
fort 929
fortification 471
fortifier 567
FORTRAN(formula translation,formula translator) 933
fortress 733,929,994
Fortunes osmanthus 823
fortunes windmill palm 462
Fortunes windmillpalm 708
forum 856
Forum Romanum[拉] 856
forward blades type fan 557
forward curved blade 938
forward intersection 564
forward welding 560
foul gas 851
fouling factor 951,1001
foundation 220
foundation beam 221
foundation bed 220,221
foundation bolt 851
foundation drawing 220
foundation investigation 434
foundation modulus 434

foundation pile 220
foundation plan 221
foundation rock 220
foundation slab 220,221
foundation structure 220
foundation work 220,410
founding process waste water 646
foundry 58
foundry scale 58
fountain 891
fountain lighting 891
four arm cross handle 448
Fourcault's method 863
four-collar cross pipe 1002
four gauge method 856,1003
four hinged quadrilateral 321
Fourier" s law 878
Fourier" s number 878
Fourier" s series 878
Fourier transformation 878
four-leg type high chimney 410
four level crossing 1004
four moment method 1004
four piping system 1004
four-point method 1004
four-socket cross pipe 1001
four-tongue tenon 1003
four-way branch 1004
four way right-angle intersection 448
four-way stop sign 435
fourway system of reinforcement 435
four-way valve 1004
four week age strength 1004
fowl house 154
foyer[法] 934
foyer 987
Fraas brdaking point 875
Fraas breaking point 875
fractable 874
fractional distillation 892,893
fractional slope 891
fracture 133,792,797,800
fracture behavior 792
fractured zone 797
fracture mechanics 792
Fragilaria 265,874
fragility 534,976
frame
135,138,160,187,268,412,885,929,1057
frame analogy 885
frame construction 160
framed girder 929
framed structure 929
frame for fittings 608
frameless door 885
frame of cross-hairs 448
frame of paper sliding door 421
frame of reference 1057
frame optimization 929
frame planer 885
frame saw 118
frame stability 885
frame structure 813
frame trestle 885
framework 411
frame work 412
framework 885,1052
framing completion ceremony 959
framing elevation 411
framing plan 865
Frankfurt plane 407,877
Franki pile 877
Frary metal 877
Fraxinus japoniea[拉] 726
free access floor 878
free angular frequency 445
free area 455,878
free available chlorine 988
free bend test 454
freeboard 880
free burden 455
free carbonic acid 988
free chlorine 987
free city 453
free convection 420
free edge 445
free end 452
free float 454
free float (FF) 880
free flow system 455

free frequency 449
free ground-water 452
free hand 879
free hand drawing 415
free lime 988
free moisture 450
free nurse 454
free open-stack system 445
free progressive wave 449
free residual chlorine 988
free settling 453
free silicic acid 987
free sound field 445
free space 447
free speed 451
free torsion 453
free traverse 453
free vibration 449
free vortex motion 445
free water 449,988
free water in wood 968
free water surface 450
freeway 330,650,878
freeze 706
freezeproof agent 920
freezer 706,879
freezer car 1036
freezing and thawing 707
freezing and thawing test 707
freezing coil 706
freezing index 706
freezing injury 704
freezing method 706,707
freezing mixture 200,215,706
freezing point 238,707
freezing resistance test 588
freezing room 706
freezing season 706
freezing tank 707
freezing temperature 237,706
freezing test 706
freight 82
freight car 188
freight elevator 188
freight liner 884
freight platform 188
freight shed 188
freight station 188
freight(carrying vehicle 188
French blue 885
French curve 269
French door 878
French drain 962
French garden 878
French hardness 878
French method roofing 434,830,831
French roof 878
French roof tile 878
French rug 878
French scarf joint 1,1020
French window 878,885
Frenet-Serret's formula 885
Frenger panel 885
Freon 881
frequency 453,492
frequency analyser 454
frequency analysis 454
frequency band 454
frequency bandwidth 454
frequency characteristics 454
frequency characteristics curve 454
frequency curve 141
frequency difference 454
frequency equation 492
frequency function 492
frequency measuring device 454
frequency meter 454
frequency modulation 98,454
frequency of rain 30
frequency of sound 134
frequency of usage 1026
frequency range 454
frequency ratio 492
frequency response 454
frequency response curve 453
frequency transfer function 454
frequeney range band 585
fresco 883
fresh air 490
fresh air inlet 139

fresh air inlet(intake) 490
fresh air load 490
freshet 459
fresh sludge 744
fresh water 622
fresh water fish 622
fresh water flora 622
fret 438,884,1005
fret lead 745
fret saw 56,798,828,884,947
fret sawing machine 56,828
fretting 884
Freundlich's adsorption-isotherme equation 885
Freyssinet cable 883
Freyssinet cone 883
Freyssinet method 883
friction 879,942
frictional corrosion 346
frictional resistance 942
friction angle 942
friction-bolted connections method 879
friction bolt joint 942
friction catch 879
friction circle 942
friction circle analysis 942
friction coefficient 672
friction factor 672
friction force 942
friction head 942
friction head loss 942
friction hinge 879
friction loss 942
friction loss head of conduit pipe 571
friction loss of diminishing pipe 559
friction loss of increaser pipe 560
friction loss of prestress 883
friction pile 942
friction ring 215
friction slope 942
friction velocity 942
friction wheel drive 879
frieze 879
frigidarium[拉] 879
fringe area 138,454
fringe order 436
fringe sod 903,955
frit 879
frit porcelain 879
fritted glaze 879
frog 684
frog angle 684
frog number 684
frog rammer 886
front 889
frontage 938,940
frontage jacking 889
frontage line 564
frontage of lot 157
frontage road 576
frontage roadway 576
frontage street 576
frontal 889
frontal fillet 564
frontal fillet weld 564
frontal land 131
frontal slope 938
front court 562
front elevation 476,564
front fort 560
front garden 562,938
front office 889
front putty 123
front setting 938
front side spot 374
front spot 889
front view 564
front yard 562
frontyard 938
frost 706
frost action 706
frost columns 438
frosted bulb 666
frosted glass 666
frosted glaze 666
frosted globe 666
frosted lacquer 666
frost heave 708
frosting 438,666
frosting agent 666

frosting work method 706
frost injury 438
frostline (in soil) 634
frost pillars 438
frost-proof 869
frost-proof drain valve 870
frost-proof water closet 870
frost protection 438
frost valve 886
frottage[法] 887
Froude's number 881
FRP 98
FRP(fiber-glass reinforced plastic )fan 98
fruit ornamental 956
fruits garden 164
fruits parlour 881
fruit tree fence 164
fryer 873
FS 98
fuel 773
fuel bunker 773
fuelburning equipment 771
fuel capacity 773
fuel conversion 773
fuel feed 773
fuel feeder 773
fuel filling 773
fuel filter 873
fuel line 873
fuel oil 773
fuel reprocessing 773
fuel strainer 873
fuel supply 773
fuel tank 873
full bloom 948
full depth asphalt 881
Fuller's earth 394
full face driving 562
full fillet weld 555
full flow 949
full lift valve 565
full load 564
full prestressing 881
full scale 303
full size 302,303,881
full size drawing 303
full size drawing field 303
full splice 560,563
full strength 557
full traffic-actuated controller 558
full traffic-actuated signal 558
fullvoltage starting 563
full web beam 454
full web member 454
fully plastic moment 560
fully stressed design(FSD) 556
fumaric acid 872
fume 108,841,873
fume hood 841
function 223,851
functional 816
functional allocation 223
functional analysis 223
functional building elements 223
functional capacity 223
functional colouring 223
functional communication 223
functional connection 223
functional conversion 223
functional deceleration 223
functional design 223
functional differentiation 223
functionalism 223
functional planning 223
functional planting 223
functional urban district 223
function of civic center 723
functions diagram 223
function signal 223
fundamental frequency 225
fundamental function 222
fundamental metric form 224
fundamental metric vector 225
fundamental strength term 224
fundamental tone 224,299
fundamental vibration 225,302
fundamental wave 225
fundmental point 285
fungi 184,255,485

fungicide 383
fungus 184
fungus resistance 184
fungus resisting paint 184,920
funicular polygon 379,668,1029,1044
funnel viscosity 852
furan(e) resin 878
furan resin adhesive 878
furfural resin 881
furfural resin adhesive 881
furnace 187,851,1046
furnace arch 851
furnace brazing 1053
furnace cinder 541
furnace clinker 541
furnace door 600
furnace volume 771
furnished house for rent 663
furnishing 851
furnishings 652
furniture 652,851
furniture connection 157
furniture layout drawing 158
furniture metal 155
furring of bamboo 947
furring strips 713
fuse 188,189,705,841
fused cement 998
fused slag 998
fusee signal 801
fuse wire 56
fusibility 188
fusible alloy 188
fusible alloys 679
fusible plug 997
fusing point 987,993
fusion 983,989,993
fusion of lots 178
fusion temperature 993
fusion welding 986
fusion weld temperature 987
fusion zone 985
fustian 851
future city 956
Futurism 956

## G

gabbro 822
gable 250,297,298,666,809
gable board 49,250,809
gable coping 161,778
gabled arch 981
gable end 666
gable roof 58,217,250
gable roof rigid frame 981
gable roof truss 981
gable side 666
gable wall 228,250
gable window 809
gag 176
gagging 293
gain 292,1017
gain calorie 460
gal 193
Galerkin's mathod 189
galilee 193
Galleria Vittorio Emanuele II[意] 68
gallery 149,194,228,318
gallery cable 228
gallery corridor type 228
gallery type 172,175
galling 356
gallon (gal.) 194
galloping 194
Galloway boiler 194
galvanic corrosion 193,194,701
galvanization 691
galvanized iron 724
galvanized iron paint 4,724
galvanized iron sheet 724
galvanized iron wire 5
galvanized pipe 193,483
galvanized sheet iron 4,5
galvanized sheet iron nail 724
galvanized sheet iron roof 724
galvanized steel 193
galvanized steel pipe 5,483
galvanized steel sheets 4,5
galvanized steel wire 5

galvanized wire 193
galvanizing 4,44,691
galvanometer 194,309
gambling house 984
gambrel roof 229,878
gambrel vent 229
game house 984
Gandhara style 206
gang board 198
gang saw 198
gang saw machine 118
gang switch 198
gangway 196,198
ganister 182
gantry 207
gantry crane 207
gantry of crane 279
gantry tower 207
gap 196
gap(building) 227
gap-filling adhesive 262
gap filling cement 228
gap grading 227,885
gapping 227
garage 194,302,430
garage jack 194
garage trap 440
garbage burner 353
garbage can 353
garbage chute 353,642
garbage crusher 186
garbage destructor 353
garbage disposal 642
garbage disposal facilities 534
garbage disposer 186
garbage furnace 353,469
garden 155,179,670,758
garden architecture 670
garden building 670
garden city 179,690
garden city movement 690
garden city theory 690
garden craft 566
garden design 670
gardener 70,110
garden furniture 670
garden gate 758
garden hose valve 670
garden house 180
Gardenia jasminoides[拉] 266
gardening 105,663,758
gardening plan 566
gardening technician 758
garden making 380
garden ornament 695
gardenpath 112
garden pond 560,676
garden seat 179
garden sprinkler 670
garden stone 758
garden suburb 690
garden terrace 109
garden tractor 180
garden tree 673
garden trees and shrubberies 758
garden variety 105
garden village 690
garden wicket 758
gargoyle 160
garment press 883
Garner calorimeter 181
garnet 183,380
Garnier's industrial town 193
garnish 182
garret 194,354,981
(liquefied petroleum)gas 101
gas 165
gas absorber 166
gas absorption 166
gas absorption refrigerator 169
gas adsorption 166
gas analyzer 168
gas analyzing apparatus 168
gas apparatus 166
gas boiler 168
gas bomb 168
gas booster 168
gas brazing 169
gas burner 168
gas-burning bath 168

gas calorimeter 165
gas central heating 167
gas checking 167
gas chromatography 166
gas circulator 166
gas cleaning device 167
gas cock 166,167
gas cokes 166
gas composition 167
gas concentration 168,221
gas concrete 805
gas constant 167
gas cooler 166
gas cutting 167
gas cutting apparatus 167
gas detector 166
gas detect reagent 166
gas distributing system 166
gas dome 167
gas drip box 168
gas engine 165,166
gas engine driven refrigerator 165
gaseous chlorine 221
gaseous fuel 167,221
gas escape valve 165
gas expansion thermometer 221
gas explosion fire 168
gas-filled lamp 165
gas-filled tube 165
gas filling 166
gas-fired equipment 167
gas-fired kiln 165
gas fittings 167
gas fitting work 166
gas flow rate 168
gas-forming agent 168
gas-forming styrol concrete 805
gas furnace 168,169
gas generation ability 168
gas generator 167,168
gas gouging 165
gas governor 165
gas header 168
gas heater 168
gas heating 167
gas holder 168
gas hole 167,168
gas home air conditioner 168
gas hose cock 168
gas hydrate process 168
gasification 165,212
gasifying desulfurization 165
gas ignitor 167
gas interferometer 166
gas ion 165
gas jet 166
gasket 166
gasket cement 166
gasket packing 166
gasket paper 187
gas lamp 168
gas leakage 168
gas leak detector 168
gas light 168
gas lighter 168
gas main 166
gas meter 168
gas mixing 165
gas mixing tank 166
gas motor 168
gas nozzle 168
gas oil 165
gasol 172
gasoline 171
gasoline engine 171
gasoline feed nozzle 235
gasoline feed pump 172,235
gasoline pump 172
gasoline rammer 172
gasoline separator 172
gasoline stand 171
gasoline station 224
gasoline tank 172
gasoline torch lamp 172
gasometer 166,171
gas phase 168
gas pipe 166,168
gas pipe joint 166
gas piping 168
gas pitch 168

gas power plant 166
gas pressure welding 165
gas pressure welding method 165,167
gas producer 168
gas purger 168
gas range 169
gas refrigerator 169
gas ring 169
gas sampler 166
gas sampling 166
gas seat 166
gas station 166
gas storage 167
gas stove 166,167
gas strainer 166,169
gas tank 167
gas tap 167
gas tar 167
gas thermal unit 429
gas thermometer 165,221
gas tight 167
gas torch 167,168
gas transportation machine 221
gas turbine 167
gas turbine driven turbo-refrigerator 167
gas type infrared heating system 166
gas valve 168
gas vent 168
gas washing wastewater 167
gas water heater 168
gas welding 165,168
gas welding joint 168
gas welding seam 168
gate 297,506,976,989
gate bar 208
gate chamber 297
gate garden 976
gate groove 297
gate house 297
gate leaf 297
gate opening 297
gate post 976
gate tower 976
gate valve 297
gate way 297
gateway 976,1004
gathering loader 227
gauge 286,292
gauge board 286,293
gauge board lamp 286
gauge error 287
gauge factor 293
gauge glass 293
gauge hole 293
gauge lath 195
gauge length 844
gauge line 215,289,293
gauge of track 214
gauge panel 286
gauge plate 293
gauge pressure 286,293
gauge-rod 439
gauge strut 293
gauge tie 293
gauge unit 293
gauging rule 214
gauging well 1026
Gauss-Codazzi conditions 150
Gauss conditions 150
Gaussian curvature 150
Gaussian elimination 150
Gauss noise 150
Gauss-Seidel method 150
gauze 169,970
Gay-Lussac's law 291
gazebo 163,955
G-Column 415
GEAM 285
gear 211
gearbox clutch pedal 211
gear drive 211,796
geared (elevator) 211
geared differential hoist 211
geared elevator 211
gear flow meter 796
gearing 796
gearless (elevator) 211
gearless elevator 211
gearless traction elevator system 229

gear puller 211
gear pump 228,796
gear ratio 211
gear reduction ratio 211
gear shift 211
gear shifter 211
gear transmission 211
gear wheel 595
Geiger counter 138
Geiger-Müller(G-M)counter 139
gel 237,298,315
Gelande[德] 299
gelatin(e) 298
gelatine dynamite 298
gelation 298
gelation temperature 341
gelation time 298
gel filtration 298
gelignite 554
gelling agent 298
gelspaca ratio 298
gel water 298
general assembly 118,568
general assembly drawing 568
general bacteria 54
general bacterial population 54
general bid 54,314,336
general caretaking expenses 54
general cargo wharf 383
general clinical laboratory 54
general computer 404
general contract 568,973
general contractor 551,568,569
general control 567
general corrosion 564
general diffusion illumination 563
general drawing 54
general error 569
general factory 132
general hospital 569
general illumination 564
generalised coordinate 54
generalised velocity 54
generalized displacement 54
generalized force 54
generalized least square method 316
generalized stress condition 54
generalized unknown 54
general lighting 564
general manager 570
general order 569
general overhaul 404
general park 569
general plan 224,719
general planning 569
general planning of development 569
general regulation of building 306
general service pump 383
general shear failure 564
general solution 54
general ventilation 54,563
general waste 54
generated traffic volume 146,804
generating line 926
generating of arc 8
generator 461,551,804
generator room 804
generous 29
genetic resource 55
genetic resource conservation center 55
geodesic 404
geodesic circle 404
geodetic line 576
geodetic surveying 576,593
geodimeter 404
geographical inversion 636
geographical latitude 657
geoid 404
geological columnar section 636
geological map 636
geological section 636
geological survey 636
geologic profile 636
geology 636
geometrical acoustics 214
geometrical boundary condition 214
Geometrical Decorated Period 214
geometrical garden 288
geometrical moment of area 629
geometrical non-linear 214

geometrical parameter 214
geometrical pattern 214
geometric design 214
geometric design (of highway) 214
geometric form 214
geometric mean 214,571
geometric optics 214
geometric programming 214
geometric series method 712
geometric style garden 214
Georgian style 479
geostrophic wind 636
geotextile for pavement 926
geothermal resource 638
Gerber-brücke[德] 298
Gerber's beam 298
Gerber's girder 298
Gerber's truss 298
geriatric hospital 1046
germ 367
German hardness 703
germanium 298
German Pavilion at the International Exhibition at Barcelona 814
German Romanesque architecture 703
German silver 994,998
German weather boarding 703
germicidal effect 383
germicidal lamp 383
germicide 383
germination 801
Gestalt psychology 293
Gestaltungunterricht[德] 568
getter 296
geyser 140,199
GH 403
ghost line 346
giant 438
giant dogwood 951
giant order 715
Gibault joint 224
giga-calorie 214
gild 251
gilding 251,255
gill 251
Gillmore's method 251
gilsonite 251
gilsonite powder 251
gimlet 225,248,437,970
gin 484
gin block 494
Ginkgo biloba[拉] 52
gin pole 494,917
gin pole derrick 55,494
Giovanni berta Stadium 853
Gips[德] 224
girder 118,172,295,812
girder brace 295
girder bridge 174,295
girder construction 118
girdle 181
girdling 201
girth 56,707
give-way line 990
glance pitch 273
glancophane 1011
glandbearing oak 350
gland cock 273
gland nut 273
gland packing 273
glare 278,300,946
glare index 278
glareproof glass 914
glare shield 946
glare zone 278
Glasgow Group 271
Glaskitt[德] 189
glass 189,228,812
glass architecture 190
glass block 271
glass brick 190,271
glass bulb 189
glass case 189
glass cement 189,271
glass cloth 190
glass cutter 189
glass door 190
glass dosimeter 190
glass electrode 190
glass electrode pH meter 190

glass felt 271
glass fiber 190,271,556
glass fiber board 190
glass fiber cloth 190
glass-fiber mat 190
glass fiber reinforced concrete(GFRC) 190
glass fiber reinforced polyester corrugated sheet 190
glass grinder 271
glass groove 190
glass house 190
glassine 189
glass insulator 189
glass jalousies 190
glass manufactory waste water 190
glass mat 271
glass mosaic 271
glass paper 271
glass-plate 189
glass plate 271
glass putty 271
glass rod 271
glass roof 190
glass silk 189
glass skyscraper project 685
glass tile 189,190
glass tube 189
glass water gauge 190,498
glass wool 190,271
glass wool board 271
glass wool filter 271
glassworking 189
glassy material 190
glassy slag 190
Glauber's salt 917
glaze 81,987
glazed brick 81,456,987
glazed joint failure 190
glazed partition 190
glazed roof tile 265,554
glazed tile 265,554,987
glazer's point 4,389
glazer's sprig 390,724
glaze with metallic lustre 253
glazier 190
glazier's point 809
glazier's work 190
glazing 265,278,554
glazing bead 278
glazing putty 828
GLC 404
global minimum 556
global optimum 586
globe 139,282
globe chair 282
globe cock 614
globe joint 235,614
globe lighting 282
globe mill 614
globe photometer 230
globe thermometer 282
globe tube 614
globe valve 231,235,282,614
globule 998
gloss 280,666
gloss electroplating 331
gloss galvanization 331
glossiness 331
glossiness test 331
glossing agent 331
glossmeter 281,331
Gloucester 281
glove box 282
glove compartment 282
glow 280
glow bulb 281
glow corona 280
glow lamp 283
glow starter 280,698
glow switch 280
gloxinia 280
glue 277,332,749
glue base 278
glue bond 278
glued adhesion 332
glued joint 332
glued laminated board 550
glued laminated timber construction 450

glued laminated wood for structural members 329
glued timber construction 332
glue gun 277
glueing 332,549
glue joint 550
glue laminated wood 550
glue mixer 278,549,550
glue pot 749
glue preparation 532
glue spread 727
glue spreader 277,550
gluing 749,779
glycerine-phthalic acid resin 275
Glyptal resin 276
G(good design) mark 436
G-M(Geiger-Müller)counter 404
gneiss 908
gobo 352
godown 347
Goff-Gratch's formulae 352
goggles 347
goggle tenon 629
golden ratio 114
golden red glass 251
golden section 114
gold foil 254
gold leaf 254
gold-plated 252,254
goldplating 255
gold size 356
gold solder 255
golf club 357
golf course 357
golf links 357
golf training links 357
goliath (crane) 355
gom[荷] 353
Gomphonema 365
gondola 291,363
goniometer 350
Gooch crucible 266
"Good Design" Exhibition 267
goods distribution center 868,1023
gooseneck 37,265,1003
Gorczynski's pyrheliometer 356
Gordon-Rankine's formula 357
gore 310
gorge 345
gorge cut 345
go round style garden 148
got gas bypass 928
Gothic arch 345
Gothic architecture 345
Gothic-Revival 345
Gothic style 345
gouge 345,947
gouging 150
government office 207,979
governor 184,651
governor-controlled sheave 184
governor valve 184
Gow caisson method 150
grab 272,661
grab bucket 272,661
grab dredger 272
grab excavator 272,661
gradation 272,1024
grade 279
grade correction 288
graded track for freight work 122
grade limit 336
grader 279,432
grade resistance 337
grade separation 1016
gradient 270,336,778
gradient covariant vector 336
gradient of vector 900
gradient-projection method 336
gradient vector 337
gradient wind 291
grading 336,432,535,1023,1024
grading curve 1024
grading envelope 1024
grading equipment 535
grading map 535
graduated plate 965
graduation 271,965
graduation mark 965
graft-copolymerization 272

grafting 94,662
grahamite 272
grain 278,279,800,956,968,970
grain composition 1024
grain density 1022
graining 970
grain matching 968
grain property 1022
grain shape 1021
grain size 278,1021
grain size accumulation curve 1021
grain size analysis 1024
grain size characteristic 1024
grain size distribution 1021,1024
grammar school 272
Granada 272
granary 344
grand arcade 585
grand-circle 273
grand design 273
grandfather chair 273,788
grand hopper 273
grand palace 273
grandstand 273
grand sweet 273
granite 160,272,950
granolith 272
granolithic finish 272
granular carbon 272
granulated slag 499
granulation 272
grape trellis 870
graph 272
grapher 251
graphical calculaton 512
graphical condition 512
graphical control station 508
graphical mechanics 508
graphical method 508
graphical solution 512
graphical symbol 509
graphical traversing 508
graphic art 272
graphic board 272
graphic design 521
graphic display 272
graphic meter 251,272
graphic panel 272
graphic progress chart 512
graphic statics 512
graphic symbol 272
graphite 272,342,541
graphite paint 272,342
graphite schist 541
graph paper 272
graph theory 272
grass 271
grass cottage 271
grass garden 264
grass green 271
grass hopper 271
grass tex 271
grate 1050
grate area 829
grate bar 279,829
grate cooler 279
grating 71,279,321
gratte-ciel[法] 271
graunlated slag 341
gravayard 927
gravel · 46,443,614,1037
gravel ballast 444,965
gravel basin 736
gravel concrete 443
gravel-filled well 443
gravel filter 444
gravel foundation 443
gravel garden 519
gravel ground 519
gravel hammer 444
gravel loader 444
gravel pit 443,444
gravel road 444
gravel scoop 444
gravel sorter 444
gravel stratum 444
gravel track 444
gravimetric analysis 455
gravitation 66
gravitational system of units 456

gravity 272,455
gravity arc welding 270,455
gravity circulating hot water heating sys tem 456
gravity circulation 419
gravity circulation system 456
gravity conveyer 272,455
gravity dam 456
gravity drainage 420,456
gravity drainage method 456
gravity dust collection 456
gravity feed 419
gravity filter 456
gravity filtration process 456
gravity furnace heating 456
gravity hinge 272
gravity model 270,456
gravity oil separator 455
gravity rapid filter 456
gravity rotary filtration 455
gravity sand filtration process 456
gravity settling method 456
gravity supply 455
gravity system 455
gravity tank 456
gravity-type abutment 456
gravity-type retaining wall 456
gravity warm-air heating 455
gravity water tank 325
gray body 141,783
gray body radiation 141
gray pig iron 765
gray radiation 783
gray(grey) soil 270
grease 274
grease ball 275
grease basin 275
grease gun 274
grease intercepter 435
grease pit 275
grease seal 274
grease separation tank 435
grease trap 275,435
Greater London Council 404
Greater London Plan 599
Greber's formula 298
Grecian Laurel 296
Greco-Roman style 278
Greek architecture 249
Greek cross 249
Greek Revival 274
Greek roof tile 249
green 276
green alga 955
green arch 1027
green area plan 1027
greenbelt 277
green belt 441,955,1027
green belt town 277
green brick 219
green concrete 277
green district 1027
green enamel 276
green facilities 1027
green house 135
greenhouse 277
greenhouse effect 135
greenhouse plant 135
Greenlief filter 277
green manure 1027
green matrix 277
green network 277,1027
green oil 276
green paint 277
green park 277
green parlour 277
green pigment 1027
green planted campaign 1027
green room 159,277
green sand 277
green space 1027
Green's shearing strain 277
Green's strain 277
Green's strain tensor 277
Green's theorem 277
greenstone 250
greensward 434
green timber 745
green vitriol 1027
green ware 745

green way 1027
green wedge 264,547,915
Greenwich mean time 275
Greenwich time 275
green wood 276,745
Greifer bucket 270
grey body 141
grey cast iron 765
grey plaster 765
grid 275,520
grid and diagonal pattern street system 441
grid floor 275
grid formation 275
gridiron 118
grid iron 275
gridiron 520
gridiron and diagonal road system 322
gridiron city 322
gridiron pattern 275
gridiron road system 321,351
gridiron system 30
grid line 275
grid method 30
grid pattern 275
grid plan 275
grid planning 275
grid roller 275
griffin 276
grillage foundation 44,322
grillage girder 322
grillage girder bridge 322
grille 268,276,321
grille louver 325,943
grill room 276
grind 528,602,716
grinder 270,301,309,890
grinding 270,602
grinding aIDS 890
grinding machine 309
grinding material 301
grinding mill 270
grinding stone 181,270
grind stone 270,309,702
Grinter method 277
grip 275
grip bolt 275
gripper 275
grit 275,658
grit blast 275
grit chamber 658
grit finish 275
grit washing 658
grizzly screen 275
grocery 280
grog 281
groin 725
groin vault 320,321,448
groove 140,278,439,953
groove angle 140,278
groove depth 140
grooved plywood 278
grooved pulley 953
grooved seam 16,351
groove planer 274,439
groove welding 278
grooving 277,324,953
grooving machine 278,953
grooving plane 953
grooving saw 953
grooving tool 953
gross 566
gross-area sewerage system 312
gross building density 568
gross coverage 568
gross density 574
gross density of dwelling unit 570
gross density of population 571
gross floor space index 574
gross (water) head 574
gross head 574
gross lift 574
gross population density 571
gross pump head 428
gross section 572
gross sectional area 572
gross weight 280
gross weight of the vehicle 444
grotesque 281
grotto 281

groudwater recharge of cooling water 1035
groumd surface 638
ground 217,270,273,401,434,549,578,1014
ground bearing capacity 637
ground-breaking 216
ground-breaking ceremony 216
ground coat 270
ground compliance 273
ground concentration 640
ground connection 637
ground counnection 549
ground count 1049
ground cover 638
grounded antenna 549
ground fault 657
ground floor 52,273
ground glass 269,270,527
ground height 403,434
grounding 270,549
ground injection test 20
ground inversion 549
ground level 434,638
ground line 434
ground motion 417
ground noise 39,270,433
ground photogrammetry 636
ground photograph 636
ground plane 434
ground plate 270
ground pressure 402
ground pulp mill wastewater 375
ground sheet 270
ground sill 270,410,724
ground stiffness 273
ground surface evaporation 438
ground survey 636
ground swell in summer 728
ground switch 549
ground water 633
ground water level 472,633
ground water pressure 633
ground water restoration 633
ground water run-off 634
ground water surface 634
ground water zone 633
ground wire 270,637
ground work 549
group 278,535
group automatic control operation 283
grouped commercial district 452
Groupe d'etude d'architecture mobil) [法] 285
grouped fire zone 452
grouped site 51,626
group frequency 283
group houses 452
group index 283
grouping 277,439,945
group of piles 283
group planting 1002
group practice 278
Group rapid transit 402
grout 270,382,736
grouted cut-off wall 647
grouting 270,647
grouting chemicals 647
grouting machine 270
grout mixer 270
grout pump 270
grout repairing 647
grout vent 270
growth 535
growth factor 281
growth inhibition 571,801
growth phase 571
growth phase of bacteria 368
growth promoting 535
groyne 500,725
GRT 402
Gruppe ABC[德] 277
Gruppe G[德] 277
Gruppo 7[意] 277
GTU 429
guarantee against defects 163
Guaranty Building 228
guaranty money of tender 756
guard 349
guard fence 181,353,914

guard house 181
guardian's room 456
guardian stone 458
guard rail 181,356,914
guest hall 294
guest house 294
guest room 226,227,294
guide 145,435
guide bar 145
guide beam 145
guide bend test 174
guide blade 41
guide board 41
guideboard 145
guide duct 41
guide elbow 145
guide hole 41
guide pile 145
guide post 145
guide rail 145,356
guide rod 145
guide roller 145
guide rope 41,145
guide sign 41
guide tube 41
guide valve 41,145
guide vane 41,145
guide wall 145,714
guide way 145
guide way bus system 145
guide wire 145
guildhall 251
guild type radiator 251
guilloche 251
Gujarat architecture 265
gulled 194
gullet 249
gully erosion 192
gully hole 294
gum 188,353
gumbo clay 209
gumphalt 188
gum tape 188
Gundera[德] 665
gun hose 209
gunite 181,207
gunited material 858
gun metal 914
gun-powder 188
gun spraying 208
gun type burner 206
gun type oil burner 206
gushing spring 986
Gussasphalt[德] 265
guss-asphalt pavement 265
gusset 170
gusset angle 170
gusset plate 170,291,524,665
gusset stay 170
gust 726
gust factor 167,726
gustiness 170
gusty air 726
gutta 267
guttae[拉] 667
gutta-percha 267
gutter 139,177,636,702,728,823,850,953
gutter application 702
gutter hanger 703
gutter hook 702
gutter-inlet 139
gutter-receiving stone 702
guy 62,132,138,730,827
guy-derrick 143
guy-derrick crane 665
guy-rope 62
guy rope 140,149,730,825
guy-rope 827
guywire 827
gymnasion[希] 236
gymnasium 120,436,586
gymnastic hall 586
gymnastic room 586
gymnospermae 1007
gypsum 546
gypsum board 547
gypsum cement 547
gypsum lath board 547
gypsum model 547

gypsum mortar 547
gypsum mould 546
gypsum plaster 547
gypsum slag cement 547
gypsum slurry 547
gypsum tile 547
gyration 143
gyration release 143
gyratory crusher 438
gyratory motion 438
gyratory system of traffic 557
gyratory testing machine 438
gyratory traffic 556
gyrodozer 438
gyro-moment 438
gyro-scopic compass 438

## H

habitable area 246
habitat 1016
habitation[法] 27
hachure 82
Hacklay gun 803
hack saw 183
hack saw blade 183
Hagia Sophia 793
hagioscope 793
hahitability 246
hail 145
hair 294
haircloth 894
hair crack 299,894,968
hair hygrometer 968
hair line 894
hairpin 894
hairpin curve 894
half-axle 809
half bat 821
half burnished bolt 817,822
half circuit 809
half-closed layer 821
half collapse 816
half column 821
half cut 809
half embankment 809
half hard steel 817
half-lap joint 1
half lap joint 626
half-life 817
half load 821
half miter joint 820
half-portal crane 172
half-portal jib crane 172
half relief 821
half-restrained 817
half round veneer 809
half sawing 866
half section 819
half story 647
half tenon 382,668
half thickness brick 76
halfthrough bridge 648
half-timber(construction) 809
halftone 643
half tone 643
half-type grab 819
half-yearly settlement 816
halide torch 810
hall 423,849,932
hall access type 452,932
hall and corridor type apartment house 859
Hallenkirche[德] 815
hall system apartment 932
halogen 815
halogenated extinguisher 815
halogenated extinguishing system 815
halogen lamp 815
halogen leak locator 815
halved joint 1,153,626
halving 1,153
halving joint 626,810
Hamilton's principle 810
hamlet 473,580
hammer 181,307,551,664,821
hammer crusher 821
hammer drill 821
hammer grab 821
hammer-head crane 664

hammer head crane 822
hammering composer method 822
hammer mill 822
hammersmith 163
hammer tone 822
hammer tone enamel 822
hammer welding 624
Hampton Court Palace 821
hand auger 820
handball playground 820
hand barrow 680
hand blown glass 647,687
hand bore 687,820
hand boring 620,820
hand brace 687
hand brake lever 460
hand breaker 820
hand-car 820
hand cart 680,681
hand chisel 295,299
hand crane 687,820
hand drill 687
hand drill 687
hand drill 820
hand drilling 687
hand-drilling well 687
hand expansion valve 460
hand finishing 681
hand flushing 460
hand grinding 687
hand guide type vibrating compactor 820
hand hammer 173,686
hand hawk 348
hand hole 669,820
hand hose line type of $CO_2$ extinguishing system 56
handicraft 820
hand jack 460,461,681,687,820
handle 725,749,820
hand level 820
hand lever shear 122
hand lift 460
handling 820
handling of transport 82
handling system 820
hand mixed concrete 686
hand-mixing 686
hand mould brick 679
hand moulding 681
hand-operated temperature control 460
hand-operated valve 460
hand planer 680
hand plate 122
hand press 820
hand pump 679,680
hand punner 682
handrail 339,682
hand rammer 602
hand rivet 681
hand riveting 679
hand riveting hammer 173,1019
hand saw 686,820
hand scraper 217,820
hand-set speaker system 820
hand shield 820
hand shoveling of coal 682
hand signal 682
hand sprayer 820
hand switch 687
hand tamping 683
hand welding 458,688
hand winch 159,687
hand work 681
hangar 158
hang bolt 668
hanger 667,668,816,829
hanger brick 668
hanger hook 668
hanger rail 816
hanger rod 667,696
hanging 155,667
hanging block 668
hanging bridge 816
hanging clinometer 159
hanging compass 159
hanging door 159
hanging floors 668
hanging garden 263,299,303,668,816
hanging post 668

hanging railway 303
hanging roof 668
hangings 939
hanging scaffold 668
hanging step 808
hanging stile 412,668
hanging truss 816
hanging urinal 185
hangnails 381
hang rod 668
hanuch ratio 819
harbour 341
harbour city 341
harbour district 341,1030
harbour entrance 319
harbour railway 1030
harbour road 1030
harbour surveying 341
hard adhesive 322
hard asphalt 322
hard-board 322
hard board 806
hard board mill waste water 806
hard-burned 323
hard-burned magnesia 174
hard burned magnesia 323,324
hardburnt brick 978
hard burnt lime 174
hard core 806
hardcore drain 666
hard drawn 173
hard drawn wire 173
hard-drawn wire 173
hardened concrete 174
hardener 315,569
hardening 174,313,978
hardening accelerator 315,567
hardening catalytic agent 315
hard facing 315
hard fiber-board 322
hard glass 322
Hardinge filter 806
hard lime 806
hardness 173,335
hardness modulus 95
hardness scale 335
hardness test 173,335
hardness tester 173
hard oil putty 806
hardpan 724,806
hard rock 316
hard rubber 322
hard solder 322,341
hard steel 173,319
hard stone 172,328
hard tex 806
hard vinyl chloride 322
hardware 182,608,732,806
hardware work 608
hard water 325,806
hard wood 172,320
hard-wood cutting 457
Hardy-cross method 805
harlequin check 813
Harlow 815
harmful compound 983
harmful water 7
harmonic 783
harmonic component 653
harmonic function 653
harmonic motion 653
harmonics 781
harmonic vibration 653
harmonic wave 653
harmonious colour arrangement 783
harmony 653,810
harmony of contrast 591,819
harmony of identity 703
harmony of similarity 1031
harp-shaped cable-stayed bridge 809
harrow 815
Hartford connection 806
Hartford return connection 806
hasp 799
hatch 804
hatchet 128,743
hatching 804
hat frame 805
Hathor-headed capital 806
haulage 83

hauling capacity 299
haul road 822
haunch 819
haunched beam 819
haunched slab 819
haunch ratio 819
Haussmann's projected transformation of Paris 124
haydite 897
hazard marker 216
hazardous articles station 216
hazardous building 216
hazardous noise 213
hazardous substance 216
hazard resistant building 914
hazel 799
Hazen's method 900
H-bar 95
H beam 96
head 503,901,936,998
head clearance 652
header 266,348,901
header bond 343,348,703
header pipe 449,901,922
head gate 458,459,732
heading 707,901
heading bond 343
heading collar 357
head jamd 188
head-loss 22
head loss 584,710,1006
head of tripod 391
headphone 901
head pressure 664
head pulley 901
headrace 710
headrace channel 710
headrace tunnel 710
head rail 187
headstock 901
head tank 901
head water 232
headwaters 498
headway 442
head work 901
head works 708
healing 989
health center 904,923
health resort 327,930
heap up 160
hearing defect 653
hearing loss 653
heart 484
heart branch 870
hearth 1046
hearth stone 781
heart-rot 486
heart shake 495
heart wood 6,488
heat 765,836
heat absorbing glass 235,766,767
heat-affected zone 755
heat affected zone cracking 765
heat air current 766
heat balance 766,767,788
heat bridge 766
heat capacity 769
heat changing coil 1034
heat changing pump 1034
heat conductance 767
heat conduction 768
heat conductivity 768
heat consumption 767
heat content 109
heat convection 767
heat curing 183
heat cycle 767,836
heat cycle effect 767
heat deaerator 183
heat dissipation 769,920
heat distribution 769
heat drop 769
heat drying 182,192
heated bolt 183
heat energy 765
heat engine 766
heat equivalent 768
heat equivalent of work 414
heater 182,834
heater casing 182

heater pipe 834
heater planer 834
heat exchange 766,767
heat exchanger 766
heat extraction coefficient 1034
heat flow 137,769
heat flow loss 584
heat flow meter 769
heat gain 460,767
heat hardening 182
heatig system 629
heating 182,628
heating adhesion 183
heating area 183
heating boiler 629
heating calorifier 629
heating capacity of boile 629
heating coil 182
heating condition 629
heating curve 182
heating degree-day 629
heating effect 629
heating flame 182
heating installation 629
heating joint 766
heating limit temperature 629
heating load 629
heating loss 182
heating medium 769
heating output of boiler 911
heating pipe 182,628
heating plate 769
heating residue 182
heating surface 920
heating temperature 182
heating test 183
heating time 183
heating unit 629
heating value 805
heating valve 805
heating work 629
heat insulating belt 922
heat insulating board 922
heat insulating brick 627,922
heat insulating efficiency 922
heat insulating glass 627
heat insulating material 627,767,922
heat insulating material 922
heat insulating mortar 627
heat insulating rope 922
heat insulating work 922
heat insulation 627,767,922
heat insulation glass 920
heat insulation method 767
heat insulation tube 922
heat insulator 627,767,922
heat island 836
heat island effect 769
heat loss 767
heat of adsorption 234
heat of combustion 771
heat of condensation 237
heat of dilution 217
heat of evaporation 474
heat of formation 534
heat of fusion 983
heat of melting 986
heat of radiation 860
heat of reaction 821
heat of slaking 466
heat of solidification 238
heat of vapourization 214
heat polymerization 767
heat proof glass 920
heat proof porcelain 595
heat pump 769,837
heat radiation 137,769
heat ray 767
heat reclaim pump 765
heat reclaim system 765
heat recovery system 765
heat-reflecting glass 767
heat reserving curing 922
heat reserving material 922
heat reserving work 922
heat resistance 595
heat resistance test 595
heat resisting alloy 595
heat resisting glass 595
heat resisting material 595

heat resisting paint 595
heat resisting steel 595
heat reststing enamel 595
heat seal 837
heat setting refractory mortar 766
heat shock 767,836
heat sink 235
heat source 766
heat storage tank 636
heat storaging tank 636
heat strain 769,837
heat stress 767
heat transfer 699,765,768
heat transfer by convection 598
heat transfer by forced convection 239
heat transfer by natural convection 420
heat transfer coefficient 768
heat transfer coefficient of turbulent flow 1012
heat transfer rate 699,768
heat transfer system 768
heat transfer velocity 699
heat transmission 699
heat transmission area 699
heat transmission by convection 598
heat transmission load 699
heat treatment 767
heat wire saw 699
heavily polluted area 336
heaving 821,839,862,1021
heavy aggregate 455
heavy clay soil 453
heavy concrete 131,448,455
heavy concrete block 455
heavy density aggregate 455
heavy dump truck 452
heavy flint glass 454
heavy industry district 447
heavy metal 447
heavy metal pollution 447
heavy oil 455
heavy oil burner 455
heavy oil gas scrubbing waste water 455
heavy pruning 240
heavy rain 117,236
heavy snow 328
heavy snow district 604
heavy spar 449
heavy traffic 447
heavy truck traffic 448
heavy water 449
heavy water reactor 450
heavy-weight (concrete) block 455
heavy work 448
hectare 900
Hedera helix[拉] 538
Hedera japonica[拉] 873
hedge 45,153
Hedge bamboo 921
heeling in 165
heeling in temporary planting 191
heel slab 153
Hefner candle 902
Hefner lamp 902
height 600
height district 335,600
height of building 306
height of dam 110
height of drop hammer 1006
height of inflection point 816
height of instrument 95
height of level 434
height of run-off 1022
height of sight line 416
height of story 142
height of the lowest branch 94
height of tree 458
height of trunk 207
heights 786
height zoning 335
helical angle 668
helical auger 903
helical fin 1007
helical flow 1008
helical screw spreader 510
helical staircase 947
helicopter 903
heliograph 754

heliotropism 267
heliport 903
helium compressor 903
helium lamp 903
helium liquifier 903
Hellinger-Reissner's variational principle 903
helmet 904,910,924
Helmholtz resonator 904
helper grade 925
Helsinki railway station 904
hem 903
hemihydrated plaster 978
hemihydrate plaster 818
hemlock 897,903
hemp 10
hemp cloth 946
hemp fiber 10,473,481,747,809,945
hemp fiber for plastering 512
hemp packing 10
hemp rope 10,908
hempseed oil 10,596
hemp yarn 10
hem shoe 903
hen-house 732
Henky's strain 905
Henneberg's method 908
Henri II style[法] 42
HenryⅦ's chapel 909
Henry's law 909
HEPA (high efficiency particulate air) filter 95
Hepple-white style 901
Heraion[希] 903
herbaceous border 238
herb garden 979
herbicide 480
heredity 55
Hering's theory of four primary colours 903
hermetically sealed condensing unit 564
hermetic compressor 564
hermetic purge 810
Herrera(Juan de)style 102
herringbone 903,981
herringbone evaporator 903
herringbone joint 839,981
herringbone system 245
Hertz(Hz) 904
hessian sheeting 900
heterogeneous atmosphere reaction 46
heterotrophic bacteria 983
heterotrophic microbe 48
heterotrophy 450,599
hewing 582
hewn square 122,582
hexagonal pattern 221
hexagonal roofing 221
hexagonal tile 1051
hexagon bar 1051
hexagon headed bolt 1051
hexagon nut 1051
hexastyle 1048
hexastylos[拉] 900
Heyroth sampler 791
Hg lamp 497
HHWL 95
HI 95
Hibiscus syriacus[拉] 958
Hi-chlon tablet 782
Hicone aerator 783
hidden line 950
hide glue 195
hide nail 157
hide nailing 157
hiding power 66
hiding power chart 66
high-alumina brick 312
high alumina refractory 312
high and low-water level alarm 334
high-back easy chair 788
high beam 788
highboy 790
high brightness 789
high brightness lamp 316
high calcium lime 328
high-capacity trickling filter 336
high cellulose type electrode 328
high chimney 313

high chrome steel 319
high cistern 560,783
high cistern water closet 783
High Court in Chandigarh 641
high density development 339
high density plywood 237
high density residential district 339
high density traffic flow 339
high-early-strength cement 568
high-early strength portland cement 568
high efficiency particulate air filter 327
higher alcoholic detergent 316
higher calorific value 312
higher harmonics 332
highest floor 370
highest high water level (HHWL) 212
highest high water lever 95
highest water-level 368
high fall 339
high flood tide damage 600
high frequency 323
high frequency amplification 323
high frequency drying 323
high frequency flaw detection 323
high frequency generator 323
high frequency gluing 323
high frequency heating 323,987
high frequency loudspeaker 313
high frequency noise 323
high frequency noise spectrum 323
high-frequency oscillator 323
high frequency preheating 323
high frequency range 313
high frequency response 323
high frequency welding 323
high frquency curing 323
high grade cast iron pipe 316
high hard ball drill 319
high head 339
high head centrifugal pump 325,339
high iron oxide type electrode 321
high lift 339
high-light brightness 790
high-light luminance 790
high load combustion 337
high-low bulb 791
high-low lamp 791
high-low voltmeter 791
highly purified industrial water 323
high magnesium lime 338
high manganese steel 338
high mast lighting 790
high molecular compound 338
high molecular substance 338
high oblique photograph 319
high observing tower 331
high organic content waste 774
high output fluorescent lamp 323
Highpoint I Block of Flats 790
high polymer 323,338
high pressure area 311
high pressure boiler 311
high pressure burner 311
high pressure centrifugal pump 311
high pressure check valve 311
high pressure control 311
high pressure duct 311
high pressure ejector pump 311
high pressure float valve 311
high pressure gas 311
high-pressure gate 311
high pressure heating system 311
high pressure hose 311,789
high pressure hot water 96,311
high pressure hot water heating 311
high pressure laminated product 311
high pressure mercury method 311
high pressure mercury vapour lamp 311
high pressure pipe 311,789
high pressure pipe line 311
high pressure pump 312
high pressure relief valve 312
high pressure side 311
high pressure sluice valve 311
high pressure sodium vapour lamp 311
high pressure steam 311
high pressure steam heating 311
high pressure tire 311
high pressure turbine 311

high pressure valve 311
high pressure water service 311
high-quality 337
high quality bleaching powder 335
high quality pavement 317
high-rate activated sludge process 791
high-rate aeration 791
high rate aeration settling tank 330
high-rate composting 234,330
high-rate digestion 330,340
high-rate filter 791
high-rate filtration 340
high-rate oxidation pond 339
high-rate oxidation process 330
high-rate trickling filter 330,339,340
high refractory oxide 331
high-rib lath 790
highrise apartment 650
high-rise building 328
highrise building 650
highrise city 263
high-rise residential area 329
high school 785
high side lighting 600,783
high silicon steel sheet 319
high solid lacquer 786
high speed ball mill 785
high speed compressor 330
high speed duct 330
high speed elevator 330
high-speed jet 330
high-speed lane 330
high speed level recorder 331,785
high-speed steel 330
high speed valve 331
high strength 332
high strength bar 318
high strength bolt 333
high-strength bolt 340
high strength bolted connections 340
high strength bolted connections in friction type 341
high strength concrete 318
high strength construction steel 243
high strength joint 318
high-strength steel 333,340
high-strength steel plate 340
high tank 786
high temperature 313
high temperature dry distillation 313
high temperature lime cation exchange method 767
high temperature radiant panel 313
high-temperature treatment 336
high temperature water 313
high temperature water heating 313
high tensile bolt 340
high tensile electric welding rod 333
high-tensile steel 333
high-tensile steel plate 340
high tensile thin steel plate 340
high tension 332
high-tension 786
high-tension bolt 333
high tension bolt 340
high-tension bolt 786
high-tension bolt method 333,786
high tension current 786
high-tension stud 786
high tide 332,600
high titanium oxide type electrode 321
high transmission glass 787
high utilized district 336
high velocity duct 330
high velocity duct system 330
high velocity ventilating system 330
high voltage 790
high voltage wire 311
high volume air sampler 790
high water 332
high-water discharge 325
high-water discharge diagram 325
high water interval 95,332
high water level 95
high water mark 325
high waterproof plywood 335
high-water revetment 325
high-water run-off 325
highway 714,781
highway bridge 714

highway crossing signal 872
highway economic effect 715
highway embankment 715
highway investment criteria 715
highway network 715
highway traffic signal 714
high wind 921
high yield steel 320
hihg frequency dryer 323
Hiley's pile driving formula 790
hill-climbing procedure 982
hills 236
hillside covering works 398
hillside works 398
Himalayan cedar 840
hindered settling 202
Hindu architecture 64,849
hinge 278,310,652,849
hinge bearing 849
hinged arch 849
hinged bearing 849
hinged cantilever beam 298
hinged door 846
hinged end 144,332
hinged frame 849
hinged joint 177,328
hinged pier 1051
hinged post 1051
hinged support 144
hinge joint 177,203,849
hingeless arch 348,958
hingeless arch bridge 348
hinge pin 849
hinge pivoted door 412
hinge stile 668
hinter land 336
hip 525
hip jack rafter 786
hipped roof 423,435,1002
hipped roof construction 1002
hip point 95
hip point(HP) 836
hip roof 423,435
hire 477,584,658
hires of machines 213
hires of machines and tools 212
H-iron 95
historical environment 1037
historical monument 889
historical museum 1037
historical park 1037
historical site 418
historic environment conservation area 1037
historic site 48
history park 1037
hit and miss window 959
hitch angle 835
hitch device 835
Hittite architecture 835
H-loading 95
HM 95
hoar-frost 438,794
Hochfest Schweissung-empfindlicher Baustahl[德] 95
Hochschule für Gestaltung 757
Hochstrasser-Weise method 928
hockey ground 928
hock lock 351
hod 374
hodograph 929
hoe 283
hoe excavator 912
Hoeppler viscometer 902
Hof[德] 930
Hoffmannkiln 930
hog unit 866
hoist 910,995
hoist ceiling crane 910
hoist motor 910
hoist tower 939
hold 933
holder 932
holding-down bolt 508
holding-down nut 508
holding plate 388
hole 24,25
hole basis system of fits 25
hole diameter 319
hole digger 25

hole planting 25
holiday caravan 932
hollow 273
hollow block 263,934
hollow brick 263,644,934
hollow chisel 158
hollow chisel mortiser 158
hollow concrete block 263
hollow glass 263
hollow glass block 643
hollow-nosed plane 946
hollow pier 643
hollow shutter 934
hollow slab bridge 24,643
hollow tile 934
hollow wall 263
Holly 971
Hollywood bed 812
holography 934
Holotricha 564
Holzer's methld 933
home builder 930
home interview survey 179
homeroom 930
homespun 930
homogeneity 253,708
homogeneous 708
homogeneous function 707
homogencous light 622
homogencous precipitation 252
homogencous solution 707
Homogenholz[德] 930
homogenizer 930
homogen process 930
homo-movence 930
hone 934
honcycomb 26,445,801,807,946
honcycomb beam 801,807
honcycomb board 807
honcycomb construction 807
honcycomb core 801,807
honeycomb core plywood 801,807
honcycomb plywood 807
honey-comb radiator 801
honcycomb structure 801
honeysuckle 807
honeysuckle ornament 758,759
hood 690,829,869
hood mould 868
hook 153,183,666,830,868
hook and eye 830
hook bar 147,868
hook bolt 154,868
hook bolt lock 669
hooked block 154
hooked foundation bolt 154
hooked nail 133
hooked rug 868
hooker 801
Hooke's law 868
hook screw 154
hookworm 332
hoop 129,871
hooped column 129
hooping 105
hoop iron 129
hoop stress 871
hopper 662,928,1047
hopper barge 928
hopper bin 928
hopper closet 470
hopper dredger 928
hopper trap 928
hoppler dropball viscosimeter 902
Horai island 921
horizon 566,639
horizon plane 639
Horizont[德] 931
horizontal alignment 898
horizontal angle brace 824
horizontal auger 931
horizontal axis 504,1000
horizontal boiler 1001
horizontal braceing 505
horizontal butt welding 505,1001
horizontal cat bar 1000
horizontal circle 505
horizontal compass 504
horizontal compressor 999
horizontal continuous centrifuge 999

horizontal control point 51
horizontal curve 504
horizontal diffusion 504
horizontal displacement 504,505,999
horizontal distribution 505
horizontal drainage branch 785
horizontal earth pressure 505
horizontal exit 931
horizontal fillet welding 505
horizontal finger joint 505
horizontal flow settling basin 505,896
horizontal force 505,1001
horizontal frame 1000
horizontal glued laminated timber beam 505
horizontal hair 449
horizontal haunch 505
horizontal illumination 505
horizontal intensity distribution curve 505
horizontal joint 162,1001
horizontal light 931
horizontal line 505,639
horizontal line mark 1048
horizontal load 504
horizontal louvers 505
horizontally revolving 1000
horizontally sliding sash 827
horizontal member 114,1000
horizontal motion 504,505
horizontal movement 505
horizontal muntin 1000
horizontal parallax 1000
horizontal photograph 504
horizontal pipe 1000
horizontal pivot 144
horizontal plane 505
horizontal plate 505
horizontal position welding 504
horizontal projection 505,639
horizontal projection of visual line 576
horizontal pump 999
horizontal reaction 505
horizontal reinforcement 1000
horizontal rotational radius 504
Horizontal rudder vacuum filter 505
horizontal segregation 898
horizontal seismic coefficient 504
horizontal sheeting 1001
horizontal slip 505
horizontal smoke flue 504
horizontal stiffener 505
horizontal swing faucet 999
horizontal thrust 505,1001
horizontal tie plate 505
horizontal truss 505
horizontal vibration 505
horizontal wedge cut 504
horizontal welding 505,1000,1001
horizon trace 458
Hornbeam 268
hornbeam 429
hornblende 157
hornblende-andesite 157
hornfels 934
horn speaker 935
horny knot 742
horror evade 257
horse 78,172
horse barn 78
horse chestnut 724
horsepower 813,926
horsepower hour 813
horsepower per meter 965
horse racing track 291
horseshoe arch 805
horseshoe-shaped section 806
hose 925
hose box 926
hose bracket 925
hose carriage 925
hose connection 925
hose coupling 925
hose joint 925
hose line 926
hose rack 925,926
hose reel 926
hose sprinkler 925
hospital 841
hospital door arm 831

hospital lock 844,926
hostel 925
hot air bath 766
hot-air curing 137
hot-air drying 766
hot air drying 769
hot air furnace 137,769
hot-air hardening 766
hot-air heater 766
hot air heating 134
hot-air heating 137
hot air radiator 134
hot-air seasoning 766
hot air seasoning 769
hot-air stove 766
hot and cold water immersion test 137
hot applied road tar 183
hot-asphalt plant 182
hot bed 135
hot bin 928
hot blast 769
hot cell 928
hot concrete 928
hot cracking 313
hot dip galvanizing 998
hot dip zincing 998
hot-drawn steel pipe 766
hotel[法] 126
hotel 928,1027
Hotel des Invalides[法] 126
Hotel de Toulouse[法] 126
Hotel Lambert[法] 126
hot fragility 769
hot gas defrosting 928
hot gluing 765
hot joint 928
hot laboratory 928
hot lacquer 928
hot melt method 769
hot mix 928
hot mix method 182
hot mixture 182
hot odour quality 135
hot penetration method 183
hotpoured joint 998
hot press 765,928
hot repair 135
hot riveter 182
hot rolled deformed bar 766
hot rolled steel bar 766
hotrolling waste water 765
hot-setting adhesive 313,766
hot setting phenol resin adhesive 313
hot shortness 541
hot spray 928
hot springs 136
hot start 928
hot waste-water 313
hot wastewater 769
hot water 135,983
hot-water apparatus 234
hot water boiler 135
hot water circulating pump 135
hot water coil 135
hot-water consumption 235
hot water convector heating 135
hot water heater 992
hot water heating 135,990
hot water heating installation 135
hot water heating with gravity circulation 456
hot-water piping 235
hot water piping 990
hot-water piping system 235
hot water process 990
hot water pump 136
hot water radiant heating system 135
hot water radiator 135
hot water return cook 136
hot-water service room 992
hot water storage tank 656
hot-water supply 234
hot-water supplying system 235
hot-water supply pipe 234
hot water (storage) tank 135
hot water tank 990
hot-weather concreting 480
hot welding 766
hot well 928
hot wind radiant heating system 137

hot-wire anemometer 767
hot working 313
hour angle 406
hour circle 404
hourly consumption 407
hourly fluctuation 407
hourly maximum water-consumption 407
hourly traffic volume 407
hourly variation 407
hour meter 36
hours of labour 1047
hours of sunshine 754
house 151,310,791
house drain 151,610,785
house drainage 120,151,418,610
House for Dr.E.Farnsworth 852
house for dwelling and other uses 898
house for instalment sale 891
house for rent 164
house for sale 80
house for the aged 1046
house garden 451
house governor (for gas) 791
household 480,544
house holder 544
household geyser 179
household implements 652
household refuse 179
household water filter 179
house inlet 123
housekeeper's room 791
house ledger 151
house rent 980
house service meter 827
house sewer 151,409,418,601
house substation 406
house tank 791
house tax 151
house-to-let 164
house trailer 792
house trap 151,791
house wiring 121
housing 114,117,791
housing administration 451
housing business of a grouped site 51
housing consciousness 445
housing custom 446
housing demand 451
housing economics 451
housing economy 447,451
housing ensemble 446
housing estate 451,452,626
housing expenditure 447
housing facilities of a grouped site 51
housing improvement 451
housing industry 451
housing investment 451
housing management 451
housing notion 446
housing of a grouped site 51
housing policy 451
housing problem 452
housing production 451
housing project 451
housing pump 452
housing sewage 626
housing shortage 451
housing shortage ratio 451
housing standards 451
housing statistics 451
housing statistics and survey 451
housing supply 451
housing survey 451
housing weather 446
hovertrain 929
Howe truss 792
howling 792
HP 95
HPHW 96
H point 96
H-pole 95
H pole 96
HP (hyperbolic paraboloidal)shell 96
HP shell 568
HSB 95
H-section post 95
H-section steel pile 95
hub 809
Hubbard field test 808
hue 409

hue circle 409
hue contrast 409
hue harmony 409
Hugenottenstil[德] 989
Huggenberger type strain meter 863
human characteristics 758
human ecology 758
human engineering 758
human factor 841
human factors engineering 758
human heat load 484
human scale 758,841
human waste 432
Hume pipe 841
humic acid 872
humics 872
humic substances 872
humid air 437
humidification 163,231
humidification efficiency 163
humidifier 163,231
humidifying device 163
humidifying effectiveness 231
humidifying radiator 231
humidistat 427,650,841
humidity 427,437
humidity chart 259,427,437
humidity control 427
humidity controller 427
humidity diffusional coefficient 423
humidity of air 260
humidity pressure 423
humidity pressure difference 423
humidity pressure gradient 423
humidity sensitive element 201
humidity table 427
humidity transmission 423
humming 78
hump 821
hump yard 821
humus 841
humus sludge 841
humus soil 864
humus tank 864,992
hung ceiling 668
hunger 416
hung gutter 581
Hunter multipurpose reflectometer 819
hunting 819
hurdle 12,406,520
hurdle board 520
hurdle veranda 520
hurricane 268,813
hurt 219
hush pipe(tube) 465
hush pipe 530
hut 26
hutment 805
Hu-Washizu's (variational) principle 889
(lens)Huygens' ocular 910
Huygen's principle 910
Huygens' principle 910
Hveem cohesiometer 840
HWI 95
HWL 95
HW (Hochstrasser-Weise)method 95
hybrid 789
hybrid failure test 361
hybrid girder 789
Hydrangea L.[拉] 11
hydrant 466,501,787
hydrant bonnet 466
hydrant valve 466
hydratability 918
hydrate 497,507
hydrated lime 507
hydrate water 160
hydration 507
hydration heat 507
hydration ratio 507
hydraulic architecture 506
hydraulic boring 496
hydraulic breaker 787
hydraulic cement 498
hydraulic characteristic curve 506
hydraulic constant 506
hydraulic control cylinder 787
hydraulic control lever 787
hydraulic control valve 787

hydraulic dredger 496
hydraulic drive 787
hydraulic efficiency 507
hydraulic ejector 496
hydraulic excavator 787
hydraulic filling 952
hydraulic gantry crane 507
hydraulic giant 499
hydraulic grab 787
hydraulic-grade line 507
hydraulic gradient 496,503,507,709
hydraulic gradient line 503
hydraulic-gradient line 709
hydraulic hoist 788
hydraulic index 498
hydraulicity 498
hydraulic jack 496,787,983
hydraulic jet piling 500
hydraulic jump 650
hydraulic lift(ing) cylinder 788
hydraulic lift scraper 788
hydraulic lime 498
hydraulic loader 788
hydraulic loading of filter 394
hydraulic main 788
hydraulic mechanism 89
hydraulic modulus 498
hydraulic mortar 498
hydraulic motor 788,983
hydraulic motor drive 788
hydraulic press 89,496
hydraulic pressure 496,788
hydraulic pump 496,788
hydraulic radius 289,507,709
hydraulic ram 503,788
hydraulic refractory 498
hydraulic refractory cement 498
hydraulic (setting)refractory mortar 498
hydraulic riveter 496
hydraulic riveting 496
hydraulics 506,787
hydraulic system 787
hydraulic test 496
hydraulic tipper 787
hydraulic tipping ram 787
hydraulic transmission 787
hydraulic unit 788
hydraulic winch 787
hydrocarbon 618
hydrocarbon utilizing bacteria 543
hydrochloric acid 103,106
hydro-clone 787
hydro-cone crusher 787
hydro-cooling 787
hydro-crane 787,983
hydrocyanic acid 532
hydrodynamic head 709
hydrodynamics 91,787
hydro-fluoric acid 867
hydrofluosilicic acid 291
hydro-forming machine 787
hydrogen 501
hydrogenation 501
hydrogen bond 501
hydrogen brittleness 501
hydrogen chloride 103
hydrogen crack 501
hydrogen cyanide 402
hydrogen cyanide poisoning 402
hydrogen fluoride 867
hydrogen-ion concentration 501
hydrogen peroxide 162
hydrogen sulphide 1021
hydrogen test 501
hydrogen welding 501
hydrogeology 506
hydrograph 787,1026
hydrographic surveying 507
hydro-halloysite 787
hydrokinetics 91
hydrokinetic transmission 787
hydrolase 165
hydrolizing tank 165
hydrological forecasting 506
hydrological map 506
hydrological regime 1021
hydrologic equation 506
hydrology 506
hydrolysis 165
hydromatic elevator 983

hydromechanics 1023
hydro-meteorology 588
hydrometer 74,787,831
hydrometer method 831
hydrophilic colloid 489
hydrophilicity 489
hydrophobic aggregate 579
hydrophobic colloid 579
hydrophobicity 579
hydrophobic sol 579
hydro planing 787
hydro-press 787
hydrospheric water 498
hydrostatic axis 534
hydrostatic curve 496,534
hydrostatic drive 787
hydrostatic excess pressure 165
hydrostatic head 534
hydrostatic pressure 533,534,787
hydrostatics 91,534,787
hydrostatic transmission 89
hydro-stop cylinder 787
hydro-therapy room 20
Hydrotreator 787
hydroxide 499
hyetograph 81
hygiene 87
hygrometer 427
hygrometry 427
hygroscopic coefficient 231
hygroscopic hysteresis 231
hygroscopicity 231
hygroscopic material 231
hygroscopic moisture 231
hygroscopic swelling 231
hygrostat 427,650
hypabyssal rock 818
Hypalon 788
hyperbolic cooling tower 568
hyperbolic paraboloid 568
hyperbolic paraboloidal shell 568,788
hyperboloid 568
hyperboloid of one sheet 52
hyperboloid of revolution 144
hyperboloid of rotation 144
hypergeometric series 649
hyper matrix 788
hyperplane 652
hyperspace 650
hypersurface 650
hyphomycetes 416
hypocaust 790
hypocenter 486
hypocentral distance 486
hypochlorite 401
hypocycloid 790
hypogaeum 634
hypogeum 634
hypolimnion 489
hypostyle 606
hypostyle hall 790
Hypotrichida 188
hysteresis 832,1028
hysteresis characteristics 859
hysteresis curve 1028
hysteresis damping 1028
hysteresis loop 832
hysteresis response 1028
hysteretic system 1028
hythergraph 783
Hy-Tuf steel 786

IABSE 1
I-bar 3
I beam 1
I-beam 3
I-beam bridge 315
ice 339
ice box 2,1036
ice chamber 841,1036
ice columns 438
ice crystal 841
ice flake 2
ice flower glass 296
ice freezing tank 537
ice glass 2
iceguard 1024
ice hockey rind 2

ice house 2
ice (storage) house 656
ice machine 2
ice melting capacity 987
ice paper 2
ice plant 537
ice pressure 841
ice(skate)rink 2
ice rink 2
ice run 2
ICES 2
ice stadium 2
ICI 2
icicle 667,939
iconology 45
iconometer 45
ICOS method 45
ICSID 2
ICSID(International Council of Societies of Industrial Design) 45
ICU 2
ID 3
idea-finding 804
ideal city 1014
ideal fluid 1015
ideal gas 204,1014
Idealine 55
idealized model 1014
ideal refrigerating cycle 1015
ideal refrigerator 1015
identity 703
Idesia polycarpa[拉] 43
IDF 3
idle hour 3
idle hours 6
idle member 16
idler 3
idler pulley 16
idler shaft 3
idle time 6
idling 3,604
IE 1
I'Etude etla Documentation(CIB)[法] 342
IFHP 1
Igelite 45
I-girder 1
igloo 45
igneous rock 169
ignition 45,61,600,640,801
ignition loss 241,767
ignition point 420,640,801
ignition residue 241,471,767
ignition system 45
ignition temperature 640,801
ignition test 241
I-groove 1
I-groove butt weld(ing) 1
I-groove weld 1
IHTPC 1
I.L. 1
Ilex Aquifolium[拉] 538
Ilex crenata[拉] 57
Ilex sp.[拉] 971
IL Gesù[意] 59
ill-conditioning 7
illegal discharge 872
illite 58
illuminance 473
illuminance calculation 474
illuminance distribution 474
illuminant 803
illuminated sign 476
illuminated surface 458,832
illuminating glass 476
illumination 59,473,476
illumination by reflected light 818
illumination by skylight 694
illumination curve 473
illumination effect 476
illumination from the whole sky 563
illumination glass 476
illumination meter 474
illumination vector 476
illuminator 59
illuminometer 59,474
illusion 383
illustration 58
IL Redentore[意] 59
image 58,87,440

image ability 58
image map 58
image source of sound 243
imaginary cross section 171
imaginary line 571
imaging colour design 58
imcompressible fluid 637
Imhoff cone 66
Imhoff tank 66
imitation 58
imitation gold 58
imitation leather 58,970
imitation marble 490
imitation stone 214,220
imitation stone block 220
imitation stone finish 220
immediate oxygen demand 1
immediate oxygen demand(IOD) 462
Immedium filter 58
immersional wetting 489
immersion freezing 489
immersion heater 742
immersion Marshal stability 500
immersion stability test 500
immersion unconfined compression test 500
Immeuble 877
Immission[德] 66
impact 65,469
impact abrasion 469
impact bending strength 470
impact bending test 469
impact boring machine 469
impact breaker 469
impact coefficient 469
impact crusher 65
impact ductility 469
impact force 470
impact hardness test 469
impact load 469
impact noise 469,474
impact noise of floor 988
impact resistance 469,591
impact roller 65
impact sound 469
impact strength 469
impact stress 469
impact study 65
impact tensile test 469
impact test 65,469
impact testing machine 469
impact test piece 469
impact value 469
(pneumatic) impact wrench 65
impairment 219
impedance 65
impeller 66,807
impeller-breaker 66
impeller flow meter 807,999
impeller shaft 66
imperfect arch 857
imperfect combustion 857
imperfect diffused reflection 857
imperfect diffused transmission 857
imperfect diffusion 857
imperfect elastic 857
imperfect elastic body 857
imperfection 857
imperfection parameter 857
imperfection sensitivity 857
imperfect model 857
imperfect structure 857
imperial 66
impermeability 65,870
impermeable groyne 869
impermeable layer 864,870
impermeable strata 864
impermeable wall 441
impervious blanket 870
imperviousness 864
impervious wall 441
impingement attack 65
impinger 65
implicit constraint 998
impost 17,554
impounded lake 655
impounding dam 655
impounding weir 655
impoundment 655
impreg 65

impregnant 202
impregnated and compressed wood 202
impregnated concrete 202
impregnated paper 202
impregnated varnish 202
impregnated wood 202
impregnating agent 202
impregnating monomer 202
impregnation 202
impregnation method 647
impregnation test 489
impressing hardness test 122
improved asphalt 140
improved asphalt with latex 1009
improved bermudas grass 149
improved wood 149
improvement 148
improvement area 149
impulse 65,1013
impulse line 1013
impulse ratio 625
impulse sound level meter 65
impulse test 65
impulse trap 469
impulsion 65,469
impulsive force 469
impulsive load 469
in-and-out signal 369,459
in antis[拉] 61
inantis at both ends 751
inarching 1002
in-boiler treatment 207
inbound traffic 77,1024
incandescent arc lamp 795
incandescent bulb 795
incandescent lamp 61,694,795
incandescent light 795
inch 64
inch board 64
inch dimension 64
inching 64
inching valve 64
inch size 64
incidence 756
incident angle 756
incident light flux 756
incident normal 756
incident ray 756
incineration 468
incineration house 484
incineration refuse furnace 721
incinerator 469,484
incinerator room 353
incipient decay 478
incipient failure 478
incipient fire 930
inclination 62,288,336,779,859
incline 61
incline conveyer 61
inclined arch 61
inclined continuous elevator 61
inclined manometer 288
inclined pile 744
inclined plane 61
inclined screen 288
inclined stirrup 744
inclined stress 288
inclined system 440
inclined tie plate 288
inclined weld 288
inclinometer 62
incombustibility 748
incombustible material 748
incombustible transaction 748,913
incoming circuit 59
incoming line 59,827
incoming panel 460
incomplete circuit 62
incomplete overflow 857
incomplete penetration 718
incompressible filter cake 823
incompressible fluid 823
increase 61
increase and decrease of population 487
increased replotting 942
increase of allowable stress 246
increaser pipe 560
increment 62,574
incremental collapse 905

incremental digital computer 62,574
incrustation 61,384,983
incubator 134,877
indemnity for area loss 998
indented girder 187
indented wire 64
independent control 627
independent footing 627,717,718
independent post 718
independent rotation angle 718
independent signal method 627
index 64
index contour 286
indexed plan 841
index error 416
index glass 416
index number of building cost 306
index of actual condition 426
index of articulation 961
index of heating effect 183
index of living environment 530
index of refraction 267
index of specialization 725
index of track irregularity 222
index property 893
index sequential file 64
Indian-Aryan style 64
Indian Buddist architecture 65
Indian carpet 64
Indian cedar 840
Indian scrim 64
indicating gauge 62,416
indicating instrument 416
indicating lamp 841
indicating recorder 62
indicating thermometer 415
indicating tube 416
indication sign 416
indicator 62,416,841
indicator diagram 62
indicator dial 416
indicator lamp 41,62,416
indicator lock 841,970
indicatrix 62
indirect address 203
indirect construction cost 204
indirect contact freezing 204
indirect cooler 204
indirect daylight factor 204
indirect distance surveying 204
indirect drainage 204
indirect expansion coil 204
indirect expense 204
indirect heating 204
indirect heating boiler 204
indirect heating hot water system 204
indirect illumination 204
indirect levelling 204
indirect light 204
indirect lighting 204
indirect load 203
indirect prime cost 204
indirect radiator 204
indirect sound 203
indirect waste pipe 204
indirect water supply 204
individual footing 627,717,718
individual heating 352
individual mould method 64
individual site 718
individual treatment 627
individual vent 176
individual vent pipe 176
Indo-Moslem style 65
indoor 120
indoor adhesive agent 428
indoor antenna 427
indoor climate 427
indoor design temperature 629
indoor design temperature and humidity 546
indoor fire hydrant 120
indoor garden 120
indoor heating load 427
indoor illumination 427
indoor parking space 120
indoor skiing slope 120
indoor substation 121
indoor swimming pool 120,121
indophen method 65

induced colour 840
induced draft 501,983
induced draft fan 501,983
induced traffic 987
induced traffic volume 987
inducing colour 987
inductance 63
inductance bridge 63
inductance earth pressure gauge 63
inductance type strain meter 63
induction brazing 987
induction check valve 235
induction coil 63
induction complementary colour 987
induction motor 63,987
induction pipe 63
induction ratio 987
induction unit 983
induction unit system 63,983
induction valve 63,235
induction voltage regulator 987
inductive radio 987
inductive wireless call device 987
inductometer 63
inductor 63
inductothermy 63
indurstrial dust 317
industrial air conditioning 391
industrial area 317
industrial art 317
industrial city 318,392
industrial design 3
industrial design(ID) 63
industrial design 317,318
industrial disaster 391
industrial district 317
industrial electric heating 318
industrial engineering 1
industrial engineering(IE) 63,569
industrial estate 317
industrial estate for small and medium size industries 645
industrial instrument 317
industrialism 317
industrialization of rural areas 775
industrial line 827
industrial location 318
industrial management 317
industrial nuisance 391
industrial park 63,324,391
industrial pollution 391
industrial port 317
industrial refuse 324
industrial region distribution plan 317
industrial road 392
industrial siding 827
industrial sludge 323
industrial solid wastes treatment plant 392
industrial standard 317,318
industrial standardization 318
industrial structure 391
industrial survey 392
industrial television 3,318
industrial waste 392
industrial wastewater 318
industrial water 318
industrial waterworks 318
industrial workers'housing 392
industry 317
inelasic range 834
inelastic dynamic response 834
inelasticity 834
inelastic region 834
inequality constraint 870
inertance 57
inertance of sound 126
inert-gas arc welding 57
inert gas shielded arc welding 57
inertia 57,604
inertia acoustic(al) reactance 203
inertia force 203
inertia grade 615
inertial dust separator 203
inertial reactance 203
inertial reaction 203
inertial torque 203
inertial wave 203
infeasible design 857
infectious disease hospital 697

infilling 453
infiltration 436,491,493,510,706
infiltration gallery 450
infiltration load 510
infinitesimal deformation theory 831
infirmary 865
inflammability 183
inflated bridge 597
inflation 65
inflator 65
inflection distance 816
inflection point 816
inflow 66,1024
inflow discharge 1024
inflow installation 1024
inflow mass curve 1024
influence area 87
influence coefficient 86
influence line 87
influence line area 87
influence line figure 87
influence line of reaction 822
influence line of stress 116
influence numbers 87
influence surface 87
influencial sphere 86
influent seepage 862
influx 65,1024
informal garden 858
information 65,475
information desk 41,74
information file 475
information office 41
infrared gas analyzer 539
infrared ray 539
infrared ray absorbent glass 539
infrared ray burner 539
infrared ray curing 539
infrared ray heating 539
infrared ray insulating glass 539
infrared ray transmitting glass 539
infrared spectrophotometer 539
infrastructure 65
infrastructure bank 65
ingate 989
ingot 62,642
ingot mould 62
ingot steel 313
ingraft 662
ingrain carpet 854
ingress pipe 62
inherent adhesion 355
inherent initial stress 355
inheritance 55
inherited house 936
inhibition 575
inhibitor 65,636,999
initial adhesive strength 478
initial breaking 478
initial condition 477
initial cost 57
initial crack 478
initial cracking load 478
initial creep 477
initial curing 478
initial data 57
initial direction 1036
initial displacement 478
initial displacement of nodal point 478
initial force 478
initialize 57
initial liquefaction 477
initial meridian 935
initial modulus of elasticity 478
initial phase angle 477
initial preload 478
initial pressure 464
initial prestress 57,478,712
initial rain 477
initial setting 237
initial strain 478,973
initial stress 477,973
initial tangent modulus 57
initial tangent modulus of elasticity 477
initial tension force 477
initial value problem 478
initial vector 478
initial velocity 480
initiator 57

injection 62,647,890
injection device 62
injection moulding 440
injection nozzle 62
injection pipe 62,891
injection pressure 891
injection pump 62,647
injection valve 62,891
injection well 647
injector 62
injury 584
inking 524
ink-pot 525
ink test 61
inlaid linoleum 66
inland 677
inland city 740
inland lake 740
inland water pollution 739
inland waters 1014
inlay 567
inlet 59,66,498,826,943
inlet channel 459
inlet check valve 66,498
inlet close 66
inlet cock 59,497
inlet counter current 59
inlet diffusion plate 538,892
inlet head 1024
inlet hose 59
inlet louver 66
inlet nozzle 59
inlet open 66
inlet outlet 66
inlet passage 499
inlet pipe 59,66,712,826
inlet port 66
inlet tappet 66
inlet total pressure 498
inlet valve 59,66,497,1024
inlet velocity 59,1024
inn 980,1027
inner bearing 65
inner city 739
inner court 646
inner court court garden 741
inner diameter 319
inner finned tube 65
inner friction 740
inner garden 741
inner heating of digester matter 573
inner loop 1032
inner product 739
inner scaffold 411
inner shell 76
inner sleeve 65
inner surface 77,211
inner tank hanged pump 573
inner teacult garden 77
inner valve 65
inner vibrator 65
inner wall 740
inner waterproofing 121
innovation 57
inorganic acidity 321
inorganic arsenic chemicals 957
inorganic boiler sludge conditioner 957
inorganic coagulant aid 957
inorganic corrosion inhibitor 957
inorganic dissolved substance 957
inorganic fertilizer 957
inorganic fiber board 957
inorganic matter 957
inorganic mercury chemicals 957
inorganic mercury compound 957
inorganic nutritive salts 957
inorganic pigment 957
inorganic soil 957
inorganic wastewater 957
inorganization 957
in-out indicator 374
input 65,74,757
input data 65,757
input device 757
input-output 757
input-output analysis 712
input parameter 65
input power 65
input shaft 65
input speed 1003

input test 65
insect damage 478,642
insecticide 919
insecticide net 919
insecticide paint 383
insert 62
insert bit 62
insertion 62,154
insertion thermostat 381,573
insert marker 62
in-service training institute 302
inshore 581
inside 62
inside clearance ratio 739
inside gauge 76
inside insulating of building 76
inside measurement 77
inside micrometer 62,77
inside scaffold 740
inside surface 211
inside waterproofing 77
in-site CBR(California Bearing Ratio) 308
in-situ strength 299
in-situ test 299
insoluble residue 873
inspection 63
inspection card 301
inspection gallery 200
inspection hole 63,776
inspection hole cover 301
inspection hole of ceiling 354,696
inspection of assembly 269
inspection of works progress 334
inspection pit 63,301,695
inspection routine 301
inspection sheet 301
inspector 301,322
inspiration 63
instability 62
installation 508
installation expenses 508
installation plan 572
installation work 508
instantaneous adhesive agent 462
instantaneous force 462
instantaneous gas water heater 462
instantaneous heater 462
instantaneous load 463
instantaneous maximum wind velocity 462
instant city 62
institute 301
Institute of Design 406
Institute of Traffic Engineers 3
Instron type testing machine 63
instruction 62
instruction card 431
instruction code 63
instruction element 63
instruction register 63,961
instrumental drawing 994
instrumental error 217
instrumentation 289
instrument board 63,213,215,286
instrument design 286
instrument height 213
instrument light 63
instrument lighting 286
instrument panel 63,213,215
instrument screen 840
instrument station 213
instrument sterilizer 213
instrument sterilizing room 217
insula 62
insulate 62
insulated joint 544
insulated paper 544
insulated wire 544
insulating bush 544
insulating compound 544
insulating fire brick 587,627
insulating material 544
insulating paint 544
insulating paper 62
insulating plate 544
insulating rubber tape 544
insulating tape 62
insulating tube 62
insulating varnish 544

insulating wax 544
insulation 62,544
insulation board 62
insulation level 544
insulation plate 544
insulation resistance 62,544
insulator 62,544,669
insulator anchor 140
insulator wiring work 140
insurance 923
in-swinging(sash) 76
intake 458,493,732
intake channel 459
intake facilities 458
intake gate 458,459,732
intake grating 732
intake main 459
intake pipe 458
intake plant 458
intake screen 458,732
intake silencer 64
intake sluice valve 458
intake tower 458
intake tunnel 458
intake unification 319
intake valve 64,274,493
intake water level 458
intake weir 458
intarsia 64
integer linear programming 534
integer programming problem 534
integral action 3,541
integral bit 64
integral computer 64
integral constant 541
integral control 541
integral equation 541
integrated ceiling system 551,859
integrated circuit(IC) 64
integrated circuit (IC) 450
integrated civil engineering systems 2
integrated regional planning model 631
integrated river-basin development 170
integrated transportation system 569
integrated wastewater treatment plant 569
integrating gas meter 540
integrating photometer 230,540
integrating sphere 541
integrating wattmeter 540
integrator 541
intelligibility 1025
intensity 64
intensity level 64
intensity level(of sound) 667
intensity level of sound 1
intensity of compressive strain 19
intensity of compressive stress 18
intensity of normal solar radiation 919
intensity of rainfall 81,312
intensity of solar radiation 754
intensity of turblence 1012
intensive care unit 2
intensive care unit(ICU) 452,774
interaction 570
interaction-balance conditions 570
interaction diagram 567
intercepted crossroad 441
intercepting chamber 579,917
intercepting drain 472
intercepting green 441
intercepting sewer 440
intercepting system 440
interception 441
interceptor 579
intercept valve 63
interchange 63,1016
interchangeability 63
interchangeable wiring device 1044
interchange of heat 766
interchange of three level junction 321
inter-city communication 719
inter-city traffic 719
intercolumniation 643
inter-communicating telephone 336
intercommunication system 63
intercooler 63,643
interests 971
interfacial agent 148
interfacial phenomenon 148

interfacial precipitation 148
interference 63,148,201
interference body bolt 76
interference colour 201
interference fading 202
interference light 153
interference refractometer 201
interference scattering 153
interfering branch 870
interfering ion 912
interferometer 201
interflow 64
intergranular corrosion 1021
intergranular crack 1021
intergrown knot 159,347
interior 64,120
interior column 77
interior decoration 64,427
interior design 64,427
interior designer 64
interior drain pipe 120
interior elevation 427
interior escape stair 121
interior finish 740
interior finish work 739
interior gutter 77
interior illumination 120,427
interior iSO-luminance figure 427
interior lighting 120,427
interior lot 741
interior penalty function 740
interior piping 120
interior point 739
interior sanitary works 120
interior space 740
interior wiring 121
interior zone 64,740
interlacing 64
interlacing arcade 320
interlacing arch 320
interlacing arches 64
interlayer temperature 567
inter-layer water 567
interlock 64,382
interlocked grain 377,747
interlocked ring pattern 269
interlocking 1042,1044
interlocking block pavement 64
interlocking block system 1044
interlocking maisonette 64
interlocking pipe system 64
interlocking plant 1044
interlocking table 1044
interlock of steel sheet piling 339
intermediate conditioning equation 643
intermediate desulfurization 643
intermediate distributing frame 3
intermediate shaft 64
intermediate sight 1,643
intermediate station 64,643
intermediate stiffener 643
intermediate stop valve 643
intermediate support 643
intermediate switch 643
intermediate temperature setting adhesives 642
intermediate view 644
intermediate water supply 646
intermittence 199
intermittent chlorination 625
intermittent driven blower 625
intermittent feed 199
intermittent fillet welding 625
intermittent filtration 199
intermittent filtration system 199
intermittent flow settling basin 199
intermittent heating 199
intermittent operation 147
intermittent point welding 625
intermittent sand filter 199
intermittent sand filtration 199
intermittent sedimentation 199,625
intermittent washing 199
intermittent welding 625
intermodal transportation 64,240,860
internal combustion engine 740
internal cordon trip 350
internal corrosion 740
internal diameter 739
internal energy 740

internal-external trip 739
internal focussing telescope 740
internal force 740
internal force diagram 740
internal force vector 740
internal friction 740
internal frosted bulb 740
internal induction 740
internal leakage 63
internal plasticization 740
internal pressure 739
internal pressure test 739
internal shear tensor 339
internal stress 740
internal treatment 207
internal trip 44,740
internal vibrator 381·740,917
internal work 740
international airport 342
International architecture 63
international architecture 342
International Association for Bridge and Structural Engineering 1
international candle 342
International Commission on Illumination 2
international conference hall 342
International Congress on Acoustics (ICA) 342
International Council of Societies of Industrial Design 2
International Council of Societies of Industrial Design(ICSID) 342
International Federation for Housing and Planning 1
International Federation for Housing and Planning (IFHP) 342
International Housing and Town Planning Committee 1
International Housing and Town Planning Committee(IHTPC) 342
International Organization for Standardization 1
International Organization for Standardization(IOS) 343
International Road Congress 342
International Road Federation 1
International style 63,343
international tourist hotel 342
international traffic 342
interphone 64
interpolation 64,567,739
interpolation function 922
interpretation 820
interpreter 63,558
interpreter booth 661
interrecord gap 64
interreflection 570
interreflection method 570
interrupt 64
interrupt coefficient 443
interrupted discharge of traffic 646
interrupted flow 646
interrupter 64
interruption 646
intersecting-circle pattern 1058
intersecting vault 321
intersection 321,714
intersectional friction 321
intersection angle 314,320
intersection approach 321
intersection capacity 321
intersection entrance 321
intersection exit 321
intersection point 335
intersection speed controller 321
intertidal marsh 649
interurban railway 407
interval 63
interval between two trains 82
inter-zone trip 631
interzone trip 739
intestinal bacteria 652
intestinal typhoid bacteria 652
intimate distance 954
intolerant tree 995
intracity treffic 432
intrados(e) 77
intrados 241
intrarow spacing 185

intravane type pump 65
intravibrator 740
intrazonal trip 631
intrazone trip 740
intrinsic viscosity 355
intruding water 123
intrusion aid 65
intrusion grout 65
intrusive rock 208,897
inundated district 822
inundation 57
inundator 57
invar 65
invar-wire 65
inventory 66
inverse Fourier transformation 878
inverse Laplace transformation 1010
inverse matrix 226,227
inverse perspective 225
inverse square law 226
inverse-symmetric uniform load 226
inversion layer 212,226
invert 65
inverted arch 377
inverted chamfering 35
inverted filter 227
inverted image 710
inverted king post truss 226
inverted lining 377
inverted lotus 227,377
inverted L type barrier 225
inverted position 816
inverted queen post truss 226
inverted siphon 226,865
inverted T-shaped retaining wall 819
inverted T-type retaining wall 714
inverter 65
inverter transistor 65
invisible defect 159
invisible hinge 65,157
invisible light 857
invoice 66,121
involute 66
IOD 1
iodine 997,1002
iodine consumed 997
iodine lamp 997
iodine value 997
iodometric titration 997
iodometry 998
ion 43
ion concentration 44
ion density 44
ion-exchange 43
ion-exchange apparatus 43
ion-exchange filtration 43
ion-exchange liquid 43
ion-exchange membrane 43
ion-exchange process 43
ion exchange process of radioactive waste water 916
ion-exchanger 43
ion-exchange resin 43
ion-exchange treatment 43
ion exclusion 44
ion floatation 44
ionic catalyst 44
ionic current 44
Ionic order 1,43
ionic polymerization 44
Ionic scrol 43
Ionic style 43
ionization 1,43,701
ionization chamber survey meter 701
ionization tendency 43
ion ratio 44
ion smoke perceiver 43
ipil(e) 57
I-rail 2
IRF 1
Iribarren test 59
iris 4,435
iron 1,683
iron bacteria 685
iron bolt 1
iron bridge 683
iron cement 684
iron chloride 103
iron-constantan thermocouple 684
iron dust 557

iron filler 1
iron hydroxide 499
ironing 4
iron nail 182
iron ore 684
iron oxide pigment 390
iron pipe 683
iron Portland cement 685
iron powder cement 685
iron powder type electrode 685
iron removal 480
iron round nail 685
iron salt 683
iron scaffold 684
iron scale 1
iron sheet duct 685
iron spot 685
iron-stone china 322
iron work 1
ironwork 182
iron-working tool 684
iron works 1
ironworks 684
irradiation 58,839
irregularity 115
irregular reflection 1012
irregular rigid frame 864
irreversible reaction 857
irrigation 202,778
irrigation channel 995
irrigation reservoir 196
irrigation water 196
irrotaional motion 825
IS 1
I section 1
I-section steel 1
I-section steel pile 1
I-shaped rail 315
isinglass 2
Islamic architecture 47,139
Islamic style 48
island 3,436
island kitchen 3
island method 3
island platform 3,436
ISO 1
isoacoustics curve 706
isobar 703
isobaric chart 703
isobaric line 703
isobaths 709
isocandela diagram 707
isocenter 704
isochromatic line 709
isochromatics 709
isochrome series 2
isochrone 708
isochronous fire front line 106
isoclinal line 712
isoclinic line 706
isoclinics 706
isocyanate adhesive 48
iso -daylight factor curves 710
isoelectric point 711
isoelectric point process 711
isoentropic change 704
isoentropy 703
isogonic line 713
isograph 2
isolated consultation room 159
isolated storm 627
isolated waiting room 159
isolated ward 697
isolation 3
isolation hospital 3,697
isolation ward 159
isolator 3
isolux curve 709
isolux line 709
isolux sphere 709
isometric 3
isometric drawing 704,710
isometric projection 704,710
isoporous resin 246
isoprene rubber 327
isopropyl alcohol 48
iso -sky factor curves 711
iso -static slab 2
isotherm 704
isothermal change 704

isothermal compression 704
isothermal expansion 704
isothermal line 704,712
isotint series 2
isotone series 3
isotope 3,703
isotopic radiation 3
isotropic 564
isotropic body 713
isotropic materials 713
isotropic plate 713
isotropic shell 713
isotropic tensor 713
isotropy 713
isovalent series 2
I-steel 1,315
itai-itai(pain)disease 48
Italian architecture 49
Italian mosaic 49
Italian Renaissance 49
Italian renaissance style garden 49
Italian roof tile 49
Italic order 49
ITE 3
item 3
item counter 3
items 77
iteration 55,821
iterative method 821
ITV 3
ivory 3
ivory black 3
I-weld 2
Izod impact test 2
Izod notch 2

## J

jack 254,323,442
jack arch 442
jack cylinder 442
jack down 442
jacked pile 20
jacket 439
jacket pipe 439,440
jacket valve 440
jack hammer 442
jack hammer drill 687
jacking force 378
jackknife door 442
jack panel 442
jack pile puller 442
jack plane 31
jack rafter 382,786
jack-screw 250
jack up 10,442
Jacobean style 440
Jacobian 980
Jacobi's method 980
Jacobs method 980
Jaina architecture 438
jalousie[法] 444
jamb 443,600
James I style 404
jamming 700
jam nut 443
jam riveter 443
janitor's closet 570
Janpanese buckeye 724
Japan Architects Association 755
Japan Designer Craftman Association 403
Japan Designer Craftman Association (JDCA) 755
Japanese Agricultural Standard 756
Japanese Agricultural standard(JAS) 756
Japanese Agricultural Standards 403
Japanese alder 821
Japanese apricot 78
Japanese arbor-vitae 765
Japanese Architectural Standard Specifi cation 403,755
Japanese ash 726
Japanese aukuba 5
Japanese Banana 798
Japanese black pine 282
Japanese cedar 509
Japanese cement tile 1057
Japanese cleyera 972

Japanese cornel dogwood 393
Japanese cucumber tree 922
Japanese Engineering Standards 402
Japanese eurya 829
Japanese hemlock 661,715
Japanese holly 57
Japanese horse-chestnut 724
Japanese Industry Standards 402
Japanese ivy 873
Japanese lacquer 81
Japanese larch 191
Japanese lawn grass 433,755
Japanese linden 432
Japanese littleleaf box 663
Japanese mahonia 823
Japanese nail 755,1057
Japanese pagodatree 106
Japanese photinia 182
Japanese privet 765
Japanese red pine 6
Japanese roof truss 1058
Japanese snowbell 92
Japanese spruce 712
Japanese stewartia 743
Japanese style 756,1059
Japanese tanoak 944
Japanese tile 755,1057
Japanese torreya 188
Japanese wall 755
Japanese white pine 355
Japanese wingnut 388
Japanese wistaria 863
Japanese zelkova 298
Japanesque bath 1059
Japanesque bathtub 1059
Japanesque siphon jet water closet 1058
Japanesque water closet with trap 1059
Japan fatsia 980
Japan Highway public corporation 756
Japan Industrial Designers Association 402
Japan Industrial Designers' Association 755
Japan Society of Civil Engineers 403
Japan tallow 970
Japan wax 970
Japonica style 443
jar test 442
jar tester 442
JAS 403,756
JASS 403,755
Javanese architecture 445
Javanese style 445
jaw 464
jaw crusher 10,479
jaw plate 480
jaw vice 480
jay walking 869
JDCA 403
jelly 404,554
Jena glass 96
jerry building 265
JES 402
Jesuitical style 403
jet 403,444,893
jet agitator 403
jet cement 403
jet cleat gun 551
jet cock 644
jet condenser 403
jet cutter method 403
jet diffusion 893
jet fan ventilation 403
jet flow 444
jet lifter method 403
jet noise 403
jet pump 403
jet scrubber 403
jetted pile-driver 440
jetting 403
jetty 725
JHC(Japan Housing Corporation) dwelling 332
JHC dwelling for rent 332
JHC dwelling for sale 332
jiant breaker 438
jib 434
jib crane 434,435,668
jib cylinder 435

jib door 382,435
jib-type 435
JIDA 402
JIDA(Japan Industrial Designers' Association) 421
jig 411
jigger bars 436
jigging test 411,424
jig saw 56
jimcrow 436
jim crow 486
JIS 402
JIS(Japanese Industrial Standard) 755
jitterbug 427
job mix 308
job site 307,322,480,652
jog 478
joggle 613
joggled lap joint 543
John Hancock Center 481
joiner 464,608,963
joiner's work 608
joinery 570
joining 464
joint 36,412,464,661,662,793,963
joint aging time 464
joint bar 381
joint box 464,548,662
joint cleaner 464
joint cleaning machine 464
joint displacement 550
joint drive 464
joint efficiency 662
jointer 963
joint factor 549
joint filler 963
joint finishing 963
joint for temperature adjustment 137
joint grouting 464
jointing 162,546,963
jointing of boards 793
jointing plane 741
jointing surface 3
jointless (steel) pipe 959
jointless piping 191
joint meter 662
joint node 863
joint of Flemish bond 982
joint of framework 550
joint plan 963
joint plate 464
joint sealer 464
joint sealing compound 647
joint spacing 963
joint surface 2
joint translation angle 863
joint venture 240
joist 344,464,812
joist hanger 812
joist slab 464
joist strip 765
Jolly 481
Jonle's heat 462
Jordan's heliograph 481
Joule 461
Joule effect 461
Joule's law 462
Joule-Thomson's effect 462
journal jack 442
journey time 1027
journey-to-work commuting traffic 660
JSCE 403
JSSC 403
Jugend Stil[德] 989
Juglans regia[拉] 278
Juglans sp.[拉] 278
jumbo 445
jumping 445
jumping matrix 840
jumping matrix of shearing force 562
jumping quantity 840
jump joint 445
junction 321,445
junction box 445,548,662
junction station 890
junction valve 547
junction well 547
Juniperus chinensis 840
Juniperus rigda[拉] 765
Jürgese's formula 992

just and fair rent 680
jute 115,460
jute packing 10
jute-stop 10
jut window 813

## K

kachel[荷] 186
kali 191
Kalium[德] 191
kalk[荷] 193
kalopanax 555
Kalopanax 813
Kalopanax pictus[拉] 813
kangaroo system 196
Kani's method 182
kanon[希] 183
kaolin 151,639,712,795
kaolinite 151,429
kaolinization 151
kaolinized granite 639
kapok 186
Kar-Borromauskirche[德] 194
Karlsruhe 193
Kármán vortex street 194
Kármán vortices 194
Karnak 193
karst 193
Karst cave 474
Kaschin-Beck's disease 165
Kata cooling power 175
Kata factor 173,175
Kata thermometer 172
katsuratree 179
kaya 188
keel moulding 251
Keene's cement 253
keep 224
keeper's room 457
keep intact 47
keep off median sign 642
Kelly ball 298
Kelly's consistency test 298
kennel 57
Kent paper 307
Kent's formula 307
kerb 184,866
kerb cock 418
kerb lane 581
kerb shoe 185
kerf 184,250
Kern method 308
kerosene 299,713
kerosin 299
Kerria 982
Kerria japonica[拉] 982
kettle 296
kettle room 234
key 139,153,200,211,353,441
key board 224
key bolt 224
key card punch 308
key card verifier 308
key colour 214
key component 154
keyed composite girder 441
keyed compound beam 162
keyed girder 441
keyed joint 441
key-hole 153
key hole 224
keyhole saw 828
keying 211
keyless socket 251
key money 309
key plan 224
key plate 224
key puncher 224
key resources type industry 215
key socket 220
key-stone 182
key stone 219
key-stone 264
keystone 264
keystone plate 219
key tape punch 308
key type faucet 217
keyura 999
key way 211

key word 251
K-groove weld(ing) 292
khaki 153
Khorsabad 356
kibbler 221
kick 221
kick plate 290,298
Kieselgur[德] 220
kill 251
killed steel 251,658
killing 980
killing knot 863
kiln 187,251
kiln brick 999
kiln wall 187
kilo 251
kilo-ampere 251
kilo-calorie 251
kilocycle 251
kilogram-calorie 587
kilogramme 251
kilojoule 251
kilometerpost 248
kilovolt 251
kilovolt-ampere 251
kilowatt 251
kilowatt-hour(kWh) 251
kilowatt-hour 251
kindergarten 998
kindergarten attendance sphere 659
kinematic approach 711
kinematics 82,146
kinematic theory 56,83,146
kinematic viscosity 83,712
kinemometer 222
kinetic energy 83
kinetic friction 83,713
kinetic moment 145
kinetics 82,145
king bolt 252
king pin 252
kingpin 646
king post 222,252,491
king-post roof truss 252,491
king post truss 252
king rod 252
kink 252
kiosk 212
KIPS(kilo pounds) 224
Kirche am Steinhof[德] 459
Kirchhoff-Love assumption 251
Kirchhoff's law 251
kit 221
kitchen 221,499,563,594,647,652
kitchen cabinet 221
kitchen car 221
kitchen court 646
kitchen equipment 647
kitchenette 221
kitchen garden 179
kitchen rack 594
kitchen shelf 594
kitchen sink 221,594
kitchen type 221
kit for plane tabling 897
Kleinst[德] 270
Klep[荷] 299
kneader 351
kneading 351,735
kneading compactor 754
knee 749
knee brace 525,744,755,799,920
knee loss 267
knife edge 740
knife of switch 503
knife shaped steel spatula 740
knife switch 740,793
knob 666,749,777
knobbing 307,352
knob insulator 777
knob latch 749
knob lock 749
knob switch 749
knock 777
knock down 777
(door)knocker 777
knocking 777
knockmeter 777
knock-out 777
knock-out device 777

knot 351,863
knotting 863,980
know-how 775
knuckle 743
knuckle drive 743
Kobns magno 352
kokko 344
koko 344
Koks[德] 343
Kolmogorov equation 357
Koln[德] 298
Koln-Lindenthal[德] 298
Komline-Sanderson coilfilter 354
konimeter 350
kont 924
kop[荷] 348
Korean Mountain-Ash 743
Korean Velvet grass 339
Korean-velvet grass 651
Korinthos 356
KP (kraft pulp) wastewater 297
Kraan[荷] 191
krablite 272
kraft liner wastewater 272
kraft paper 272,806
Kraus process 270
Krebs-Stomer viscometer 279
Krebs-Unit value 298
Krepidoma[希] 279
Krepis[希] 279
Kronecker's delta 281
ksip car 509
K-truss 297
Kübler-type dowel 224
Kunst[德] 284
Kuppelhorizont[德] 267
Kurdjümoff effect 277
kurobe cryptomeria 282
Kutter's formula 267
K value 295
kyanite 138,188,1011

## L

label 1010,1041
laboratory 301,424,1010
laboratory sink 424
laboratory system 1010
laboratory-table 424
labo(u)rer's house 1047
laborer's living quarters 821
laborer's lodging 821
labour attendant 685
labour cost 267,1047
labourer 516,684
labour exchange 1040
labour force 1047
labour hygiene 1047
labour management 1047
L abutment 101
labyrinth 946,961
lac 1008
lace 840,1039
laced valley 611
lacing 31,1039
lacing bar 31,1026,1039
La Cité IDéale 1031
lack of fusion 986
lack of penetration 718
lacquer 733,1008
lacquer diluent 1008
lacquer enamel 1008
lacquer finish 1008
lacquering machine 1008
lacquer paint 1008
lacquer putty 1008
lacquer surfacer 1008
lacquer thinner 1008
lacquer varnish 1008
lacquer work 81
lac resin 1008
lactic acid 756
lactic acid fermentation 756
lacustrine deposit 346
lac varnish 1008
lac varnishing 1008
ladder 388,798
ladder pattern 1008
laden weight of the vehicle 444
ladle brick 733

lag 121
Lagerstroemia indica[拉] 840
Lagerstroemia indica L.[拉] 388
lagging 81,1006,1008
lagging board 726
lagoon 1007
lagooning 1006
lagoon process 389,1007
lag phase 637
Lagrange's equation of motion 1007
Lagrange's kinematic equation 1007
Lagrangs function 1006
laid on edge 941
laitance 29,1036
lake 951
lake(colour) 1037
lake asphalt 1037
lake bottom reclamation 346
lake city 346
lake colour 1037
lake dwelling 346
lakemarl 346
lakeside hotel 1038
lakeside park 351
lake-types 346
lake water 346
Lamaist pagoda 1010
lambert 1012
Lambert-Beer's law 1012
Lambert's cosine law 1012
lambrequin[法] 1012
lamellar structure 571
lamellar tissue 571
Lamé's constant 1010
Lamé's parameter 1010
Lamé's stress ellipse 1010
lamina 826,1010
laminar boundary layer 574
laminar burner flame 574
laminar flame 574
laminar flow 574,1010
laminar flow heat transfer coefficient 574
laminar flow type 574
laminar separtion 574
laminar sublayer 574
laminated beam 819
laminated board 1010
laminated door 1010
laminated glass 36
laminated insulation 567
laminated insulator 540
laminated lumber 450
laminated plastic 540
laminated timber 540
laminated wood 36,540,1010
laminated wood for non-structural members 570
lamination 36,534,540,1010
Lamont boiler 1010
lampblack 785
lamp black 988,1012
lamp bracket 1012
lamp cord 1012
lamp flashing 1012
lampion 1012
lamp jack 1012
lamp life 319
lamp of light source 319
lamp oil 713
lamp reflector 1012
lamp shade 160,1012
lamp sign 694
lamp socket 1012
Lancashire boiler 1010
Lanceole style 1011
lancet 1011
lancet arch 87,1011
lancet style 1011
lancet window 87,1011
land 416,724,1011
land-based pollution 1014
land breeze 1014
land carriage 1011
land category 639
land deformation 633
land development permission system 146
land disposal 636,1014
land for building 306
land for green 1027

land for public utilization 318
land for sale 80
land for sale in lots 891
land for transport 334
landing 128,1011
landing area 640
landing place 871
landing stone 871
landing zone 640
landmark 236,1012
land pollution 723
land price 633
land problem 725
land readjustment 264,724
land readjustment drawing 264
land readjustment work for urban renew al 719
land readjustment works 724
land reclamation 206
land reduction 308
land register 637
landscape 112,285,286,1011
land-scape 1030
landscape architect 566
landscape architecture 285,566,1011
landscape composition 286
landscape construction 566
landscaped city 285
landscape design 447,782,854,1012
landscape element 854
landscape engineering 286
land-scape garden 1030
landscape gardening 566
landscape management and maintenance 566
landscape mangement 286
landscape modeling garden 457
landscape planning 286,1012
landscape planting 783
landscape preservation and management 285
landscape style garden 419,854
landscape zone 286
landscaping 447
landscaping plan 566
landscaping urban district 286
landside 677
landside waters 739
land sinking 724
landslide 159
land-slide 418
land slide 982
land-slip 418
land slip 982
landslip 1012
land surveying 724,1014
land survey of demarcation 157
land survey of present site 301
land tax 1012
land treatment 294
land use 725
land use planning 725
land utilizalion 725
land wind 1014
lane 441
lane capacity 441
lane-direction control signal 441
lane dividing island 441
lane indicating signal 441
lane line 441
lane load 441
lane loading 441
lane marking 1044
lane separator 441
lane width 441
Langelier's index 1011,1055
Langer truss bridge 1010
lang lay twist 1011
langley 1011
Langmuir equation 1011
language laboratory 101
language laboratory (L.L.) 1011
language of vision 406
language translator 1011
lantern 652,714,1011
lap 161,792,1009
lapilli 163
lap joint 161,162,1009
Laplace transformation 1010
lapping 793,1009

lapping work 1009
lap riveting 162
lap siding 44,1004
lap weld 1009
lap welding 162
larch wood 1006
larder 1008
large-angle instrument 314
large calorie 587
large city 246,594
large concrete block 117
large crown 118
large damage 595
large diameter pile 589
large garden 849
large hewn square 582
large matrix 590
large panel 117
large panel construction 117
large panel system 117
large park 589,721
larger park 569
large scale development project 588
large scale industrial districts 588
large size 117
large-size floor joist 634
large span 650
large-span structure 118
large span structure 592
large square 117
largest size of aggregate 347
large systems optimization 860
Larix leptolepis[拉] 191
Larkin Administration Building 1006
Larssen's sheet piling 1010
LAS 101
La Sagrada Familia[西] 380
laser(light amplification by stimulated emission of radiation) 1038
laser radar 1038
laser range finder 1038
lasher 1008
lashing 1009
latch 159,365,436,464,476,582,804,1009
latch bolt 189,262,582,1009
latch lock 1009
late flowering 124
latent heat 563
latent heat load 563
latent heat of vaporization 474
latent pollutant 558
latent pollutants 558
Late Plantagenet style 316
Late Pointed Style 252
late pointed style 1040
lateral branch 999
lateral buckling 1000
lateral clearance 575
lateral crack 1000
lateral earth pressure 576
lateral fillet 577
lateral fillet weld 577
lateral flow 577
lateral force 1001
lateral garden 576
lateral intersection 577
lateral lighting 195,577
lateral load 999
lateral pressure 575,999
lateral pressure stress 575
lateral-profile levelling 115
lateral reinforcement 1000
lateral root 581,1000
lateral seismic factor 504
lateral sewer 732
lateral shoot 575
lateral shrinkage 1000
lateral skidding 1000
lateral stability 999
lateral strain 1000
lateral stress 999
lateral tie 129
lateral unit strain 1001
lateral vibration 1000
laterite 335,1009
latest finish time(LFT) 373
latest starting time(LST) 373
late wood 448

late wood ratio 448
latex 1009
latex manufacture wastewater 1009
latex paint 1009
lath 219
lath 352,1007
(gypsum) lath board base 1007
lathe 563,615,1039,1048
lathing 352
lathing board 1007
lath mark 1007
lath sheet 1007
Latin cross 1009
latitude 44,55
latrine 195
lattice 156,1008
lattice bar 1008
lattice beam 322
lattice column 322
latticed bamboo-fence 1002
lattice dome 1008
lattice door 322
latticed slab 322
lattice frame 156
lattice girder 156
lattice plate beam 129,798
lattice plate column 129,798
lattice plate member 129
lattice truss 1008
lattice window 323
lauan 1010
laughing gas 467
launching erection 686
laundry 560,1012
laundry machine 560
laundry sink 560
laundry tub 560
laurel forest 477
Laurus nobilis[拉] 296
lava 994
lavatory 564,669,1009
lavatory basin 564
lavatory bowl 564,669
lavatory chain 564
lavatory cock 564
lavatory faucet 609
lavatory fittings 564
lavatory plug 564
lavatory sink 564
lavatory trap 564
lavatory with backplate 802
Lawaczek viscometer 1010
lawn 433,434
lawn garden 433
lawn gathering 433
lawn mower 1055
lawn sprinkler 670
lawn-trimmer 434
law of conservation of energy 97,98
law of conservation of mass 428
law of distribution 892
law of error propagation 345
law of errors 345
law of fan 574
law of inertia 203
law of mass action 428
law of orthographic projection 1015
law of plane conservation 898
law of radiation 861
law of reflection 818
law of refraction 267
law of similarity 570,571
law of similitude 570,970
law of thermodynamics 769
laws of motion 83
lay 1003
layer 566,624,732
layerage 732,865
layering 732
layer separation process 891
laying 865,1037
laying gap 983
laying-out 292
laying-out land 638
Laykold 1035
layour 1034
layout drawing 786
layout of station line 785
layout of stone masonry 47
layout of tiling 598

layout plan 409
layout planning 786
lay panel 1000
lazaret 1007
lazar house 1038
LC 101
LCC 101
LCN 101
LD 101
LDF 101
3 LDK 389
3 L·DK 389
L-drain 101
LD steel slag 701
lead 745,1040
lead accumulator 745
lead alkali glass 745
lead alloy pipe 318
lead arsenate 830
lead cames 745
lead coat 112
lead -coated cable 112
lead-coated wire 112
lead covered cable 112
lead covered wire 112
lead dioxide method 750
leaded fuel 151
leader 75,609,1015
leader head 943
leader line 827
lead flush 1017
lead glass 745
lead glazing 106
lead-in 1017
lead-in gate 835
lead-in gate device 835
leading-in box 827
lead iron oxide anti-corrosive paint 196
lead joint 745,1017
lead line 1040
lead lining 745
lead monoxide 53
lead oxide 390
lead pipe 104,745,1017
lead plate 112,745
lead powder 112
lead rail 1017
lead sheet 1017
lead shield 745
lead solder 745
lead suboxide anticorrosive paint 11
lead suboxide powder 11
lead track 826
lead trap 745
lead tube 104
lead wire 1017
lead work 106,745
leaf-bud cutting 810
leaf cast 1006
leaf filter 995
leafing 701,1018
leaf mold 873
leaf mulch 410
leaf picking 805,807,809
leaf scorch 810
leaf test 1018
leaf thinning 799
leaf type plan 281
leaf-type precision filter 995
leak 1013,1047
leakage 1046,1047
leakage current 976
leakage gas alarm signaling system 169
leakage of sound 127,1046
leakage test 976
leakance 1013
leak detector 1046
leak loss 352
leak prevention 1046
leak stoppage 1046
leak test 1014
lean clay 770
lean mix 849
lean-mix concrete 849
lean-to roof 173,298,381,415,663
leap 1016
lease 658
lease without fixtures 800
least-cost-procedure 370

least perceptible difference(LPD) 370
least work 370
leather 194,826
leather belt 195
leather cloth 1038
leather hard 1038
Le Chatelier's pycnometer 1031
lectern 1038
lecture amphitheater 142
lecture room 316
ledge back lavatory 828
ledger 727,760,761
ledger strip 765
Ledoux[法] 1031
leech hook 847
Lee-McCall system 1020
leeward 161
leeward spreading fire 161
left lane 834
left thumb rule 834
left-turn direct ramp 834
left turn lane 382
left-turn ramp 382
leftward welding 382
leg 11,225
leg-cover(of welder) 520
leg drill 1040
legibility 1038
leg of fillet weld 11,225,226
Le Havre reconstruction project 1031
Lehmann's method 1041
leisure center 1039
leisure facilities 1039
leisure industry 1039
leisure land 1039
leisure service 1039
leisure space 1039
length 530
length of fillet weld 226
length of member 373
length of pile 256,257
length of river channel 1025
length of slope 779
lennilite 1044
lenticular truss 1042
Leoba method 1040
Leoba system 1037
Lepol kiln 1041
Lepol process 1041
leree raising 678
Les Congre's Internationaux d'Architecture Moderne(CIAM) 254
Les Congrès Internationaux d'Architecture Moderne(CIAM)[法] 342
Les Congrès Internationaux d'Architecture Moderne[法] 402
lespedeza 794
Lespedeza sp.[拉] 794
lessor 163
Letchworth 1040
lethal concentration 101
lethal concentration(LC) 636
lethal dose 101
lettering 153,970,1039
lettering guide 970
lettering set 1039
letter type code 1039
l'Etude et la Documentation[法] 401
Leucotermes speratus 982
levee 678
levee body 676
levee enlargement 678
levee free-board 678,700
levee ramp 678
levee widening 811
level 462,500,951,1041,1048
level gauge 1041
leveling 953,960,963,964
leveling concrete 516
leveling of ground 432,535
leveling peg 951
leveling planer 960
leveling string 951,952
level line 500,951
level line mark 952
levelling 334,500,504,1041
levelling course 1041
levelling instrument 500
levelling rod 842
levelling-up 533

levelling using concrete 746
level net 500
level of living 531
level of service 384
level of significance 983
level recorder 1041
level surface 500
level survey 500
level terrain 897
level tester 224
level tube 500
level vial 504
lever 681
lever block 1040
lever handle 1040
lever handle cock 1040
lever jack 681,1040
lever riveter 681
lever safety valve 681,1040
lever steering 1040
lever-tumbler lock 1040
Levinton's formula 1041
Levittown 1037
lewis bolt 1037
Lewis number 1031
Lex Adickes 23
liana 713
liberation 987
library 723,1005
licence 1005
licenced pressure 758
lichens 631
lich gate 927,930
Liebman's classifications 1018
lierne rib 94,416,1013
lierne vault 416
(family) life cycle 1005
life field 531
life limit 597
life of building 151
life range 530
lifetime 535,597
lift 470,485,936,998,1018
lift bank 1018
lift bridge 465
liftcar 243
lift car 1018
lift coefficient 998
lift device 1018
lifter 9,1018
lift fitting 496
lift hammer 1018
lifting 73,1018
lifting brake 1018
lifting capacity 995
lifting drum 1018
lifting hook 9,1018
lifting jack 122,222
lifting lever 1018
lifting motor 939
lifting power 10
lift joint 504
lift pipe 995
lift pump 995,1018
lift pumping 995
lift(ing) ram 1018
lift slab 1018
lift slab construction method 1018
lift span 778
lift tower 1018
lift truck 1018
lift-up method 1018
lift up plug 122
lift valve 10,223,1018
lift water quantity 999
lift well 749
lift wire 1018
light adaptation 961
light alloy 286
light alloy metal 286
light alloy metal plate 286
light and fue expenditure 336
light band 331
light beam 826,1005
light bridge 1005
light burned magnesia 288,289
light burnt lime 288
light car 1005
light channel steel 291
light coated electrode 76

light colour 620,961
light colour asphalt tile 961
light-coloured aggregate 961
light concrete 101
light cone 325
light court 334
light distribution 782
light distribution curve 783
light fastness of colour 60
light field 961
light fillet weld 289
light filter 328,1049
light flux 330
light gauge steel 291
light gauge steel structure 292
lighthouse 710
light-house 712
light industry district 286
lighting 476,1005
lighting board 695
lighting booth 476
lighting car 476
lighting circuit 698
lighting condenser 476
lighting design 476
lighting equipment 476
lighting fittings 476
lighting load 698
lighting power 1005
lighting switch 1005
lighting system 476,1005
lighting window 368
light intercepting curtain 42
lightly trafficed road pavement 196
lightly trafficked pavement 291
light metal 286,1005
light metal plate 286
lightmeter 1005
lightness 961
lightning arrester 845,1005
lightning guard 846
lightning protector 1005
lightning rod 846,1005
light oil 291
light output ratio of a fitting 215
light pruning 439
light rail 286,291,292
light railway 291
light ray 328
light shaft 368
light shot 474
light shutter 292
light signal 826,1005
light source 319
light source of illumination 476
light source of perfectly diffusing surface 204
light tower 476,1005
light truck 1005
light type truck 292
light value 340,1005
light velocity 330
light wall 826
light water 1005
light water extinguisher 501
light-weight aggregate 291
light-weight aggregate concrete 291
lightweight aggregate concrete construction 683
lightweight angle steel 291
light-weight brick 292
light-weight castable (refractory) 291
light-weight concrete 291
light-weight concrete block 292
light-weight concrete construction 291
light-weight fire brick 292
light-weight partition 292
light-weight plywood 291
light-weight refractory 292
light weld 291
light well 326,1005
light work 287
lignin 1014
lignin resin 1014
lignite 17
lignite gas 17
lignocellulose 1014
lignoid 1014
liguid manure 91
Ligustrum japonicum[拉] 765

lihgt flux 328
Lijnbaan 1030
limb branch 117
lime 46,544
lime aluminous cement 544
lime cake 1005
lime cream 544
lime deposit 1005
lime for plastering 377
lime glass 544
lime kiln 544,545
limelight 1005
lime mortar 545,1005
lime plaster 424
lime ratio 101,545
lime saturation coefficient 545
lime silica cement 544
lime slag cement 544
lime soap 544
limesoda method 544
lime-soda-phosphate method 544
lime softening 545
limestone 544
limestone neutralization 544
lime wash 544,779
lime water 544
limit 299
limit analysis 243,1020
limitation of building coverage 308
limit concentration 300
limit control 1020
limit curve 307
limit design 243,1020
limit design method 1020
limited access highway 459,679
limited competition design 437
limited-move method 180
limited speed 532
limiter 1020
limit gauge 299
limiting concentration 300
limiting noise emission 567
limit load 243,299
limit load blower 1020
limit measurements 247,300
limit of creep 276
limit of elasticity 623
limit of fluorine 868
limit of odour 230
limit of precision 538
limit of recognition 908
limit of temperature rise 136
limit-state design 299
limit strength 243
limit switch 243,989
limit value 243
limtit slenderness ratio 300
Lincoln Cathedral 1029
Lindemann glass 1030
linden 1030
line 665,1005,1050
linear acceleration method 557
linear algebra 557
linear alkyl benzene sulfonate 101
linear analysis 557
linear bending strain 557
linear city 129,557,559,591,1017
linear displacement 654
linear drainage 50
linear elastic 557
linear expansion 564
linear expansion coefficient 564
linear fire zone 1050
linear heating 559
linear house 1017
linearization of constraint 538
linearized model 557
linear length 56,777,778
linear light source 558
linear load 1017
linear membrane strain 557
linear model 557
linear motion 556,654
linear park 129
linear pattern 1017
linear plan 1017
linear programming(LP) 557
linear response 557,897
lincar-search subproblem 559
lincar shrinkage 559

linear system 557
linear velocity 560
linear vibration 557
line bearing 559
line check valve 1006
lined duct 77
line load 557
line marker 1006
linen 1017
linen chute 1017
linen closet 760,1017
linenfold 1017
linen room 760
linen rope 29
line of action 387
line of collimation 416
line of curvature 245
line of force 1013
line of force action 634
line of maximum depth 1022
line of right of way limit 714
line of rivet 1019
line of row houses 980
line of shadow 87
line polygon 668,1029,1044
line pump 1006
liner 148,797,1005
line staff system 1005
line switch 1005
line system 1006
lining 77,79,80,810,868,939,1005
lining fire brick 77
lining pipe 1005
lining-pole 577
lining stone 574,704
link 1029
linkage 296,1029
linkage point 296
linked house 1042
linked trip 1029
link fuse 666
link polygon 379,668,1029,1044
link rod 1029
links 1029
link type pipe cutter 1029
linoleum 1017
linoleum cement 1017
linoleum cement flooring 1017
linoleum flooring 1017
linoleum oil 1017
linoleum tile 1017
linotile 1017
linseed oil 29,1030
lintel 939
lintel stone 939
Lion Cate 416
liparite 539
lip channel 1016
lip kerd 201
liquefaction 89,1014
liquefaction failure 89
liquefactive apparition 89,1021
liquefied methane gas(LMG) 89
liquefied natural gas(LNG) 89
liquefied nitrogen 91
liquefied petroleum gas 89
liquefied sand 90
liquefred petroleum gas 101
liquefying gas 89
liquid 90
liquid absorbent 88
liquid absorbent dehumidifier 88,91
liquid air 91
liquid aluminium sulfate 91
Liquidambar formosana[拉] 853
liquid ammonia 91
liquid asphalt 90
liquidation of replotting 207
liquid chlorine 91
liquid circulation system 89
liquid cooler 91
liquid cyclone 91
liquid drier 89
liquid fertilizer 91
liquid filter 1013
liquid fire extinguisher 91
liquid fuel 91
liquid gas 165
liquid indicator 91
liquidity index 90

liquid level control 91
liquid limit 90,1023
liquid-limit device 90
liquid line 91
liquid-liquid extraction method 89
liquid manometer 91
liquid pump 91
liquid receiver 456
liquid refrigerant 91
liquid scrubbing 89
liquid sealant 89
liquid separator 91
liquid state 89
liquid subcooler 89
liquid thermometer 91
liquid vapour heat exchanger 89
liquid waste 91
liquified chlorine gas 91
liquified natural gas 101
liquifying tank 89
Liriodendron tulipifera[拉] 992
Lissajous' figure 1014
listening curtain 1014
listening room 1014
list of drawing 525
Li style(Korean architecture) 1015
litharge 954,1014
lithinputz 1014
lithium bromide 446
lithium chloride 104,1015
lithium chloride dew point meter 104
Lithocarpus edulis[拉] 944
lithographe[法] 1017
lithometeor 588
lithopone 1017
lithosphere 203
lithospheric water 199
litmus paper 1017
little children's park 998
little damage 474
littoral industrial area 1028
live arch 461
live bolt 189,582
live knot 44,347
livelihood space 530
livelihood time 531
livelihood training room 530
live load 176,539,869,1005
live-load stress 176
livering 1017
live room 816,1005
live steam 745
live steam heating 745
living behaviour 530
living cycle 531
living dining (LD) 1017
living dining kitchen 1018
living environment 530
living floor space 246
living function 530
living habit 531
living kitchen (LK) 1017
living needs 531
living related items 531
living room 58,245,1018
living room with kitchenette 594
living space 246
living vision 531
LL 101
L-loading 101
LLWL 101
L-nail 1
LNG 101
load 164,366,749,856,1053
load amplitude 164
load by human crowd 758
load-carrying capacity 417
load cell 1053
load center 1053
load classification number 101
load coefficient 164
load control 164
load curve 164,857
load deformation curve 164
load-deformation diagram 164
load-dispatching board 234
load-dispatching office 234
load displacement curve 164
load distribution 164
load distribution factor 101

loaded chord 367
loader 666,1050
loader bucket 1050
loader-digger 1050
loader-unloader 1050
load factor 164,857
load incremental method 164
loading 754,1052
loading function 164
loading history 367
loading hopper 573
loading hysteresis 367
loading imperfection 367
loading island 470
loading material 453
loading parameter 367
loading plate 367
loading platform 470
loading program 1052
loading speed 164,193
loading test 164,192,367
loading test with circular plate 105
loading tonnage 367
loading wharf 666
load line 1053
load matrix 164
load multiplier 164
load of panel point 550
load of tangent modulus 548
load-residual rate 164
load term 164
load test 164,192,1053
load test on pile 257
loam 945,1054
loamy soil 1054
lobby 662,849,1053
lobby floor 1053
lobed arch 1053
local action 245
local airline 1048
local application 243
local buckling 245
local center 1048
local city 639
local colour 1048
local compression 871
local corrosion 245
local development city 639
local distribution 924
local distributor 244
local earthquake 245
local elevator 1048
local exhaust ventilation 245
local failure 245
local fan 245,1048
local goverment enterprise 312
local heating 245
local heating system 243
local heat transfer 245
local heat transmission 245
local hot water supply system 245
local illumination 245
local lighting 245
local line 1048
local loss of pressure 245
local mean time 639
local minimum 243
local planning 639
local pollution 244
local public service employee's residence 639
local radiant heating system 245
local railway 1048
local reilway 639
local resistance 245
local shear failure 245
local sidereal time 639
local stone 402
local strain 245
local street 244,367
local strength 245
local stress 245
local switch 700
local time 639
local traffic 244,740
local train 1048
local transit 206
local ventilation 243,245
local wind 639
local wind pressure 245

location 49,409,576,1049
location condition 1016
location counter 1049
location deviation 609
location factor 1016
location map 41
location of industry 392
location of parks 313
location surveying 426
location theory 1016
locator 626
lock 339,382,436,464,476,498,1052
lockage 1052
lock bib 473
lock bolt 1052
lock case 474
lock chamber 322
lock cock 473
locked flat seam 939
locker 1051
locker plant 1052
locker room 1051
lock gate 1052
locking 1052
locking bar 208,1052
locking ware 722
locking washer 992,1052
locking wire 1052
lock nut 1052
lock rail 129,345
lock screw 1052
locomotive 215
locomotive shed 215
lodge 1052
lodger 938
lodging 706,1052
lodging facilities 457
lodging house 293,422
lodging-house 457
lodging household 706
loess 115,1039
loft 981
log 15,304,309,578,946,1048
logarithmic decrement 592
logarithmic growth period 592
logarithmic growth phase 592
logarithmic-mean absolute humidity difference 592
logarithmic-mean area 592
logarithmic-mean enthalpy difference 592
logarithmic-mean temperature difference 592
logarithmic normal distribution 592
logarithmic strain 592
logarithm of time fitting method 1052
logatome articulation 1048
log band saw 118
log cabin 15
log-cabin 1052
log frame saw 118
loggia 1049
loggia[意] 1052
log house 15,946
log hut 15
logic 1049
logical element 1055
logical operation 1055
logical symbol 1055
log scaf folding 946
Lohse girder 1050
Lombard band 1055
London County Council 101
long age strength 649
long and short work 1055
long chord 650
long column 609,652,715
long distance bus 650
long-distance water-stage recorder 103
long hopper closet 741
longitude 114,290
longitude line 289
longitudinal alignment vertual alignment 452
longitudinal bending 610
longitudinal bending deformation 610
longitudinal crack 611
longitudinal direction 741
longitudinal feed 608
longitudinal force 455,610

longitudinal gradient 609
longitudinal joint 452,610
longitudinal levelling 452
longitudinal load 608
longitudinal member 609
longitudinal platform 610
longitudinal riveted joint 1019
longitudinal section 452
longitudinal shear 609
longitudinal shrinkage 609,610
longitudinal slope 452
longitudinal stability 607,610
longitudinal stiffener 505,609,610
longitudinal strain 609
longitudinal stress 608
longitudinal unit strain 609
longitudinal vibration 609
longitudinal warpage(of timber) 609
longitudinal wave 609
longitudinal weld 610
longleaf pine 586
long line method 1055
long log 741,742
long log with slender top 927
long oil type 652
long oil varnish 615,652
long pile 650
long pitch corrugated sheet 118
long radius elbow 118
long radius fittings 118
longs and shorts 1055
long screw nipple 742
long shackle 741
long span bridge 651
long span cable-stayed bridge 651
long span suspension bridge 651
Longstalked yen 939
long-time count 650
long-time loading 649
long ton 88
loop 493,859,1032
loop antenna 1032
loop coil 1032
loop expansion joint 1032
loop hole 386
loophole 685,980
loop line 1032,1033
loop road 948,1032
loop sense antenna 1032
loop transmission system 1032
loop vehicle detector 1032
loop vent 202,1032
loop vent pipe 202
loose 29
loose joint 1031
loose joint butt(hinge) 1031
loose knot 760
looseness 992
lopping 94
lorry 1055
lorry loader 1055
Los Angeles abrasion test 1049
Los Angeles machine 1049
loss 583,584,965,1050
loss factor 584
loss in pipe 206
loss of head 584
loss of head at gradual expansion of cross-section 629
loss of internal friction 740
loss of prestress 883
loss of weight 455
loss on ignition 309,439
loss on welding 997
loss time 1050
lot 157,409,834,869,1052
lot area 409,637,998
lot inspection 411
lot level map 409
lot plan 409
lots for sale 891
lotus column 1050
lot utilizing factor 409
loudness 1006
loudness contours 704,705,713
loudness control 1006
loudness level 1006
loudness level of sound 126
loudness of sound 126
loudspeaker 157,326,1006

Louis XⅣ style 1031
Louis XⅥ style 1031
Louis XV style 1031
lounge 1006,1055
lounge chair 1006
louver 808,1032
louver all 1032
louver board 415,786,807,1004,1032
louver damper 1032
louver diffuser 1032
louver door 415,1032
louver eaves 1032
louvered ceiling lighting 1032
louver lighting 1032
louver separator 1032
Louvre 1031
Lovell House 1046
Love's assumption 1009
loveseat 755
love seats 1009
Love wave 1010
low alloy high tensile steel 672
low alloy steel 672
low bed trailer 674
lowboy 1054
low carbon steel 676
low-carbon structural steel 212
low cast pavement 196
low chromatic colours 673
low cistern 560,1049
low cistern water closet 1049
low-cost house 1049
low cost housing 1049
low cost pavement 291
low cost road 1049
low density district 678
low-density fiber board 747
low energy power circuit 472
lower bound theorem 292
lower calorific value 670
lower chord 160,1048
lower chord member 160
lower cock 421
lower critical cooling speed 185
lower fatty acid 672
lower flue 421
lower layer aerati n tank 560
lower limit 154,160,370
lower plate 184
lower plate slow m tion screw 185
lower rail 438
lower story 186
lower subbase 171
lower suction valve 184
lower swampy zone 673
lower tree 647
lower triangular matrix 184,438
lower yield point 140,160,185,421
lowest floor 367
lowest low water level 101
lowest low water level (LLWL) 212
lowest low water-level(LLWL) 367
lowest water-level 373
low flow 674
low flow alarm 674
low flow observation 674
low flow revetment 674
low flux 678
low frequency 674
low frequency filter 674
low frequency heating 674
low-frequency vibration meter 314
lowgrade cement 383
low head 1054
low-heat cement 671,677
low hydrogen type electrode 674
low impedance bus duct 1046
low joints adjuster 662
low-level radioactive solids waste 679
low-level radioactive waste 678
low manganese steel 678
low manganese structural steel 458
lowmanganese structural steel 672
low manganese structural steel 688
lownstream 192
low oblique photograph 672
low oxygen burning 673
low platform trailer 674
low pressure 669,672
low pressure aeration 669

low-pressure air burner 669
low pressure area 669
low-pressure ball tap 670
low-pressure boiler 670
low-pressure centrifugal pump 669
lowpressure concrete 299
low-pressure control 669
low pressure district 669
low-pressure float valve 670
low pressure hot water 101
low-pressure hot water 669
low-pressure mercury lamp 669
low-pressure moulding 669
low-pressure pipe 669
low pressure pneumatic tyre 669
low-pressure pump 670
low-pressure safety valve 669
low-pressure side 669
low-pressure steam heating 669
low-pressure steam heating system 669
low pump head 679
low rate mixing 206
low-rate trickling filter 676,842
low relief 75
low service 672
low speed control valve 676
low speed operation 676
low speed sand filtration 206
low-storied building 676
low story dwelling 676
low sulfur heavy oil 670
low sulphur crude oil 670
low sulphur crude petroleum 670
low (down) tank 1051
low tank 1051
low (down) tank closet 1051
low-temperature brittleness 671
low-temperature clinkering 671
low-temperature crack 671
low temperature electric radiant plate 671
low-temperature welding 671
low temperature welding rod 671
low tention stud 1052
low velocity duct system 676
low-water channel 674
low-water head 679
low water interval 101
low water level 101
low-water level(L.W.L) 674
low-water stage 674
lozenge 830
lozenge-pattern 830
lozenge-shaped well crib 830
LP 101
LPG 101
LPHW 101
LR 101
L-shaped double pointed nail 1
L-shaped type retaining wall 101
LS(low sulfur)heavy oil 101
LS (latex sprayed)rubber 101
L-steel 101
lube oil 178
lubricant 179,309,462
lubricating oil 178,309,462
lubricator 27,235
Lüder's line 1025
luggage office 1008
luggage room 756
lug plate 1006
lumber 827,968,994
lumber core 770,1012
lumber-core plywood 827
lumber core plywood 1012
lumbering 532
lumbering machine 532
lumber-room 1012
lumen 1033
lumen-hour 1033
lumen meter 330,1033
lumen method 331
lumen susceptibility 1033
luminaire 476,1033
luminaire efficiency 215
luminance 153,222
luminance contrast 222
luminance distribution 222
luminance meter 222
luminance ratio 222

luminance temperature 222
luminescence 1033
luminescence efficiency 803
luminometer 1033
luminosity 1033
luminous analogue computer 826
luminous body 803
luminous ceiling 803,826,1033
luminous efficiency 803
luminous emittance 331
luminous energy 340
luminous flux 328,330
luminous flux curve 330
luminous flux density 331
luminous flux function 330
luminous flux of spherical belt 234
luminous flux transfer method 330
luminous intensity 335
luminous intensity distribution 335
luminous paint 287,433,637,803,980,1033
luminous point 803,1033
luminous radiation 826
luminous ray 328
luminous spectrum 803
luminous standard lamp 335
lump 174
lump coal 142
lump coke 140
lumped mass system of vibration 452
lump sum contract 53,55,567,671
lunar park 1032
lunatic asylum 1032
lunch counter 1011
lunch hall 1011
lunch room 472
lunchroom 1011
lunette 992,1032
luster 1007
luster glass 1007
lux 1031
lux gauge 1031
luxmeter 1031
LWI 101
LWL 101
lych gate 927
Lycian architecture 1025
lying-in hospital 1005
lying panel 1000
lying panel lay panel 1000
lying panel strip 1001
lying siding 797
lysimeter 1005

## M

macadam aggregate 458
macadamix 938
macadam pavement 938
macadam roller 938
macadan 938
Macaroni style 939
MacBeth illuminometer 940
machicolation 45,603
machine art 213
machine drilling 214
machine factory 212
machine interference 212
machine language 212
machine mixing 213
machine noise 215
machine oil 214
machine oil burner 213
machine oriented language 942
machine room 213
machinery foundation 212
machinery steel 100
machine tool 320
machine translation 214
Mach number 944
Mack's cement 944
Maclaurin expansion 940
macromolecular compound 338
macro-molecule 338
Macropodous daphniphyllum 990
macroreticular resin 246
macroscopical analysis of water 952
macroscopic water examination 749
madder red 5
madrassa[阿] 945

magazine 938
magazine rack 938
magenta 943
magic door 942
magic eye 942
magic glass 942
magic hand 945
magma 201
magnaflux inspection 409
Magnel-Blaton method 940
Magnel system 940
magnesia 267,940
magnesia brick 267,940
magnesia cement 940
magnesia cement board 940
magnesia clinker 940
magnesia flooring 940
magnesia lime 940
magnesia porcelain 940
magnesia refractories 940
magnesia refractory materials 940
magnesite 940,1025
magnesite-chrome brick 939
magnesite flooring 940,1042
magnesium 940
magnesium base SP(sulfite pulp)wastewater 940
magnesium carbonate 621
magnesium chloride 103,104
magnesium oxide cement 100
magnesium sulfate 1022
magnet 940
magnetic azimuth 435
magnetic bearing 435
magnetic blow 410
magnetic blow-out circuit breaker 409
magnetic compass 1007
magnetic core 408
magnetic declination 410
magnetic dip 410
magnetic disk 409
magnetic drum 410
magnetic field 140
magnetic iron oxide electrode 418
magnetic levitation high speed railway 410
magnetic levitation of vehicles 444
magnetic map 636
magnetic memory 408
magnetic meridian 408
magnetic needle 417
magnetic particle inspection 435
magnetic pump 940
magnetic speaker 940
magnetic stand 940
magnetic storage 408
magnetic surveying 409
magnetic switch 695
magnetic tape 409
magnetic treatment 409
magnetic vehicle detector 695
magnetic wire 411
magnetite 429
magnet switch 940
magnifying lens 157
magni-scale 940
magnitude 940
magnitude of force 634
Magnolia 970
Magnolia denudata[拉] 795
Magnolia grandiflora[拉] 590
Magnolia kobus[拉] 352
Magnolia obovata[拉] 922
Magnolia sp.[拉] 970
Magyar style 942
mahogany 946
Mahonia japonica[拉] 823
maidenhair tree 52
maids'room 480
mailbox 966
mail box 987
mail chute 961
main 934,966
main air duct 459
main boiler 461
main branch 215,634
main building 934,936
main calm 457
main channel 967
main check valve 457

main cock 458
main-cock valve 962
main column 935
main contract 568
main contractor 569
main distributing 935
main distributing frame 100
main engine 457
main entrance 131,962
main frame 459
main garden 459
main gate 966
main generating line 461
main girder 458,966
main governor 962
main hall 363
main house 131
main levee 935
main line 204,459,461,935
main line for passenger train 1027
main number of lot 132
main pipe 457
main pipe 934
main port 461
main portion 457
main post 935
main pump 967
main pump unit 461
main rail 462
main reinforcement 457
main river 935,936
main room 458
main root 215,458
main routine 962
main signal 458
main stadium 966
main stairs 131
main stand 966
main stem 457,950
main stream 935,936
main street 935,966
main structural part 461
main supply line 237
main switch 132
mainswitch 457
maintainability 926
maintenance 45,962,967
maintenance and management 46
maintenance control index 100
maintenance cost 46,962
maintenance factor 47,301,924
maintenance of fice 926
maintenance of way 926
maintenance paint 926
main track 461,935
main trap 460,962
main tree 461
main truss 458
main valence force 458
main valve 461,967
Mainz[德] 937
Maison Carrée 963
maisonettes 963
maisonette type 963
majolica 942
major arterial street 461
major bed 325
major directional desire line 569
major overhaul 961
major road 469
major street 204
major structure 963
make up 962
make-up water 923
making penetration 1057
malachite green 946
malaria 946
male cone 123
malenit 947
male plant 119
male screw 128
M-alkalinity 99
mall 445,975
malleability 697
malleable cast iron 175
malleable fittings 175
mallet 221,373,664
mall net 975
Mallotuo japonicus[拉] 6
mammoth apartment 948

mammoth building 948
management cost 209
management expense 209
management information and control system 99
management information system 99
management of housing estate 51
management of works progress 334,493
managing expense of house 151
mandapa[梵] 948
maneuverability 570
maneuvering winch 570
Mangan[德] 948
manganese 948
manganese dioxide 750
manganese removal 481,948
manganese sand 948
manganese steel 948
manganese zeolite 948
manhole 264,558,948
manhole cover 948
man hour 778,948
manifold 945
manifold graduation 603
Manila rope 945
manipulated variable 570
manipulation 681
manipulation of electrode 83
manipulator 945
man-machine interaction system 948
man-machine system 758
man-made fiber 152
man-made lake 490
man-made pollutant 486
manner 993
Mannerism 945
Manning's coefficient of roughness 948
Manning's formula 945,948
manometer 496,945
mansard(roof) 948
mansard roof 345,878,948
mansard roof construction 345
mansard roof truss 948
mansard truss 948
mansion 669,948
mantel 630,948
mantelpiece 948
mantle board 743
manual change operation device 460
manual control 460
manual control lever 945
manual fire alarm station 460
manually operated screen 460
manual operation 460
manual operation valve 460
manual potentiometer 460
manual rivet 681
manual weight batcher 460
manual welding 688
manufactory 532
manufactory of hazardous articles 216
manufacture process 534
manufacturing measurement 532
manufacturing tolerance 532
manure 595,892
manure drying 208
manure shed 595
MAP 100
map 637
maple 150,974
marble 598,946
marble slab 598
marbling 946
margin 1050
marginal density of population 299
marginal friction 1050
marginal strip 576
Maria Laach[德] 946
marine abandon 148
marine disposal 142
marine organism 141
marine park 141,142
marine plant 141
marionette theatre 758
maritime source of pollution 141
mark 841
market 49,51,416,941
market place 51
market plaza 148
market price 416

market square 51
market street 941
market town 51
marking 297,524,525,939
marking gauge 297,512,1059
marking-off 173,292
marking-off diamond 297
marking-off pin 292
marking-off table 292
marking stake 841
marks at intersection 321
marl 677
Marseille[法] 946
marsh 761
Marshall stability 942
Marshall stability test 942
Marshall-test machine 942
marsh land 980
marsh-reed 1001
marsh-reed screen 1001
marshy area 761
Marten's hardness test 947
martensite 947
Martens mirror 153
Marten's mirror extensometer 947
Marten's mirror strainmeter 947
mascareen grass 339
Mascareen grass 651
masjid 139
masjid[阿] 943
masking 66,943
masking acoustic spectrum 943
masking method 943
masking of sound 127
masking tape 943
mason 46
masonite 943
masonry 580,963
masonry arch 546
masonry base 963
masonry bed 963
masonry bond 580
masonry cement 547,963
masonry construction 580,666
masonry lining 547
masonry mortar 963
masonry reservoir 46
masonry stone 666
masonry wall 580
masonry work 46
masonry works 580
mass 142,174,428,944
masscalculation 723
mass concrete 943
mass curve 723
mass diagram 723
mass flow parameter 1025
mass force 428
massing flower bed 1002
mass law 428
mass law of sound 127
mass matrix 428
mass planting 283
mass point 427
mass point system 427
mass production house 1025
mass ratio 428
mass transfer 868
mass transfer coefficient 868
mass transit 317,318,598,943
mass transit survey 598
mass unit 428
mast 943
mastaba(h)[阿] 943
mast crane 469,943
master 131
master and secondary clock system 132
master block 943
master clock 132
master clutch 943
master control 943
master controller 943
master control panel 551
master control room 943
master curve 943
master key 131,943
master network 943
master plan 224,560,719,943
master station 943
mastic 943

mastic asphalt 943
mastic asphalt pavement 265
mastic cement 943
mastics 943
mastigophora 909
Mastigophora 909
mat 81,666,944,958
matching 532,944
match marking 268,269
material 375
material age 376
material balance 868
material contract 375
material list 376
material of photoelasticity 332
materials cost 376
material segregation 376
material standard 375
material strength testing machine 375
material supply center 375
material volume 371
maternity hospital 389
mat foundation 295,900,944
mat foundation work 900
mat glass 944
mathematical model 507
mathematical programming 508
matrix 243,945
matrix algebra 945
matrix iteration method 945
matrix method 945
matrix method of structural analysis 945
matrix of rigidity 327
mat sodding 900
matte 944
matte finish 666
matte glaze 666
matte lacquer 666
matte paint 666
mattock 945
mattress 944
maturing 457
maturing temperature 457
maturity 533,944
Mausoleion[希] 937
mausoleum 1025
maximum allowable carbon dioxide content 620
maximum amount of water supply 371
maximum annual hourly volume of traffic 771
maximum bending moment 372
maximum capacity 372
maximum ceiling temp.of sprinkler head 522
maximum clearance 371,372
maximum consumption 372
maximum deduction 372
maximum deflection 372
maximum droughty discharge 371
maximum dry density 371
maximum elastic energy theory 372
maximum fibre stress 371
maximum flood discharge 372
maximum grade 367
maximum hardness test of weld zone 997
maximum hourly demand 407
maximum intake water 372
maximum load 371,372
maximum load design 372
maximum measurement 373
maximum-minimum thermometer 368
maximum output 372
maximum peak gust wind speed 372
maximum permissible concentration of RI (radio isotope) 371
maximum permissible dose rate 372
maximum possible precipitation 371
maximum principal strain theory 372
maximum principal unit stress theory 372
maximum revolution 371
maximum safety factor theorem 39
maximum shearing stress theory 372
maximum size 372
maximum slope of scarf 372
maximum spectral luminous efficiency 372

maximum speed 368,372
maximum static head 372
maximum strength 372
maximum stress 371
maximum stress theory 371
maximum usable stream flow 372
maximum vapour tension 372
maximum velocity 372
maximum water consumption per capita per day 837
maximum wind velocity 372
maximun hourly sewage rate 407
Maxwell-Betti's law 939
Maxwell disc 143
Maxwell-Mohr's method 940
Maxwell's law 939,944
Maxwell's reciprocal theorem 944
maze 961
MBH 100
MC 100
McAllister's sphere 944
MCI 100
M-curve 100
MDC (metallic double cone)system 100
MDF 100
meadow 776
meadow district 923
mean absolute humidity difference 100
mean colour mixture 60,643
mean consumption 894
meander 961,1005
meandering 602
mean flow 895
mean flow velocity 895
mean flow velocity formula 895
mean free path 894
mean high water interval 100
mean high water level 100
mean load 894
mean low water interval 100
mean low water level 100
mean maximum air velocity 894
mean radiant temperature(MRT) 895
mean radiation temperature 100
mean response spectrum 894
mean sea-level 894
mean solar day 895
mean solar time 895
mean spherical intensity 894
mean square error 895
mean stress 894
mean sun 895
mean surface temperature 895
mean temperature 894
mean temperature difference 894
mean time 894
mean value 895
mean water-consumption 894
mean water level 100
mean water level(MWL) 894
measured drawing 426
measured point 426
measurement 302,529,576
measurement diameter 302
measurement method of environmental pollution 197
measurement of heat transfer 768
measurement of noise 566
measurement of stress 116
measurement of water absorption 233
measurement reference 576
measurement resistor 575
measurement unit 439
measurement unit of plan 898
measurement value 576
measure zero 577
measuring 576
measuring accuracy 576
measuring by sight 969
measuring device 290
measuring hopper 963
measuring instrument 290,576
measuring mark 963
measuring of angle 580
measuring point 576
measuring pressure 576
measuring pump 292
measuring rod 576,577
measuring rope 307,578
measuring tape 939

measuring weir 1026
meat butcher 749
meat processing waste water 479
mechanical adhesion 213
mechanical aeration tank 213
mechanical agitation method 144
mechanical agitator 212
mechanical analogy of city 719
mechanical analysis of grain 1024
mechanical boundary condition 1013
mechanical calorimeter 212
mechanical capacitance 212
mechanical carbon structural steel 212
mechanical circulation 239
mechanical circulation system 213
mechanical connection 213
mechanical dewatering 213
mechanical draft cooling tower 240
mechanical drawing 213
mechanical drying 212
mechanical earth works 213
mechanical efficiency 213
mechanical energy 212,1013
mechanical equipment 213
mechanical equivalent 414
mechanical equivalent of heat 769
mechanical equivalent of light 826
mechanical error 212
mechanical fastening 213
mechanical filter 213
mechanical finishing 212
mechanical governor 962
mechanical handling 962
mechanical impedance 212
mechanical joint 962
mechanical loading 1013
mechanical maintenance 213
mechanical mixing type 212
mechanical model 1013
mechanical parts 213
mechanical pressure atomizing 212
mechanical property 213,1013
mechanical refrigeration 214
mechanical return system 212
mechanical riveting 213,214
mechanical screen 962
mechanical seal 212,962
mechanical shield 213,962
mechanical signal generator 213
mechanical sludge dewatering 213
mechanical stabilization 213
mechanical steel 212
mechanical stoker 572
mechanical strain meter 213
mechanical strength 213
mechanical stress 213
mechanical tabulation method 213
mechanical test 213
mechanical testing screen 714
mechanical treatment process 213
mechanical ventilation 212,213
mechanical warm air furnace heating 212
mechanical wedging 213
mechanical work 213
mechanical wrench 962
mechanics 1013
mechanics of mass point 427
mechanics of materials 376
mechanics of rigid body 331
mechanism 216,962
mechanism of adhesion 549
mechanization 212
medallion 105
media 965
medial friction 528
medial sagittal plane 535
median 642,965
median diameter 642
median island 642
median tolerance limit 670
medical center 59
medical district 59
medical record library room 845
medical sink 59
medicinal spring 980
medicine cabinet 965
Medieval architecture 646
Medieval town 646
medium 783,786

medium carbon steel 641,646
medium-curing 100
medium-curing cut-back asphalt 100
medium-curing liquid asphalt 100
medium frequency wave 647
medium hewn square 582
medium oil varnish 648
medium panel construction 642
medium panel system 642
medium pressure 641
medium pressure hot water 100,641
medium sand 644,647
medium-size city 647
medium size log 647
medium size panel 642
medium square 642
medium temperature water heating system 642
medresse 965
medullary ray 501
meeting house 955
meeting place 445
meeting rail 162
meeting stile 160,162,669,963
megalithic architecture 246
megalithic structure 246
megalithic tomb 246
megalopolis 246,962
megameter 962
megaphone 962
megaron[希] 962
meger 962
mel 966
melamine plastic board 966
melamine resin 966
melamine resin adhesive 966
Melan arch 966
Melia Azedarach[拉] 561
Melk[德] 966
Melosira 966
melt down 718
melting 983
melting point 987
melting speed 998
melt slag 718
member 366,863,967
member forces 863
member group 967
member list 863
member of non-uniform depth 906
member of non-uniform section 907
member of uniform section 710
member subjected to bending 941
member with closed section 897
member with open section 142
membrane 76,939,967
membrane analogy 940
membrane curing 840,940
membrane filter 967
membrane potential 940
membrane solution 939
membrane stress 939
membrane structure 939
membrane theory 76,940
membrane waterproofing 967
memorandum 131
memorial arch 222,223,965
memorial architecture 222
memorial column 223
memorial hall 222,965
memorial house 965
memorial park 222
memorial tablet 223
memorial tower 223
memorial tree 222
memory 212,965
memory capacity 212
memory colour 212
memory density 212
mend 741
mending cost 679
menhir 967
mercaptan 966
Mercator projection 966
merchandise mart 133,944
mercuric chloride 103,470
mercuric compound 497
mercuric thiocyanate method 632
mercury 497
mercury arc lamp 497

mercury barometer 497
mercury bearing waste 497
mercury manometer 497
mercury poliution sludge 497
mercury pollution fish 497
mercury switch 497
mercury thermometer 497
mercury-vapour lamp 497
mercury vapour lamp 497
merging end 340
meridian 289,414
meridianal stress 414
meridian circle 414
meridian convergence 414
meridian determination 414
meridian radius of curvature 414
meridian strain 289
meridian transit 414
meridional stress 289
Merovingian architecture 966
mesh 30,964
mesh map 964
mesh roller 964
mesh screen 964
mesh sign 964
mesh wire 964
Mesnagée hinge 965
mesophilic digestion 642
Mesopotamian architecture 963
mesosaprobic 647
mesosaprobic zone 647
mesosaprobien 647
mesotrophic lake 641
Mesozoic era 646
message 964
messenger 965
Messer shield 965
mess hall 478
Mess mark[德] 963
mess room 478
met 965
metabolism 590,963
metacenter 289,963
metacenter height 963
metacentric height 289
metai arc welding 253
metal 964
metal adhesive 253
metal arc cutting 253
metal bead 123
metal ceiling 254,964
metal corrosion 254
metal dip brazing 254,490
metal fire ladder 253
metal fittings for sewage 784
metal form 964
metal-halide lamp 964
metal hose 254
metalic non-slip 142
metalikon process 964
metalimnion 907
metal insert 253
metal lath 964
metal lath base 964
metallic conduit 253
metallic joiner 963
metallic lacquer 964
metallic materials 253
metallic packing 253,964
metallic paint 964
metallic piping 253
metallic powder 254
metallic processing 534
metallic resistance wire strain gauge 253
metallic soap 253
metallic taste 181
metallic thermometer 253
metallizing 994
metal mesh filter 254
metal mould panel 253
metal panel 253
metal plate 48,254
metal plating waste water 964
metal roofing 254
metal roof tile 253
metal sheet 254
metal shoe 267
metal strap 129
metal structure 253

metal surface treatment 254
metal touch joint 964
metal warehouse 182
metal works 182,253
metamorphic rock 907
metazoa 327
meteoric water 29
meteorological chart 219
meteorological condition 219
meteorological disasters 219
meteorological element 219
meteorological observatory 219
meteorological phenomena 219
meteorological station 206,581
meteorological tide 219
meteorology 219
meter 286,963,965
meter board 286
meter box 286,963
meter cock 286
metered service 291
meter of mercury head 497
meter of water head 502
meter-rate tap 292
meter repair shop 286
meter room 286
meter rule 965
meter sabine 965
meter stop 286
meter water system 291
methane 964
methane bacteria 964
methane fermentation 964
methane gas lamp 964
method for consolidation of metropolitan area 594
method of alternate base planes 222
method of approximation programming 253
method of curing 995
method of dilution 76
method of dissection 549
method of elastic center 449,623
method of equation of moment 393
method of feasible directions 183
method of heat isolation 627
method of hypercubes 652
method of intersection and resection 314
method of intersection angle 315
method of joint 550
method of least squares 370
method of member substitution 863
method of radiation 916
method of sections 630
method of sound level measurement 567
method of steepest descent 367
method of three moment 398,399
method of three tripod 392
method of vent 660
method of virtual work 171
method of water purification 472
method of weighted residuals 131
methyl cellulose 100
methyl-cellulose 964
methyl chloride 964
methylene blue decoloring time 964
methylene chloride 964
methyl mercury 964
methyl mercury symptoms 964
métier[法] 964,965
metope 965
metropolis 246,594,965
metropolitan area 312,594,720,965
metropolitan area planning 720
metropolitan district 594
metropolitan planning 594
metropolitan problems 594
metropolitan region 594,965
metropolitan sphere 460
Mexican architecture 962
Meyerhof's formula 937
Meyer pump 937
mezzanine 647,963
mezzanine floor 16,963
mezzo-relievo 821
MHD 100
MHWI 100
MHWI. 100
mica 83

MI (mineral insulating) cable 99
micelle 953
microbar 937
microbial film 538
microbiology 833
microclimate 244,467,827
micro-climate 827
microcline 831
microcrack(ing) 937
microcrack 937,951
microcrystalline 831
microcurie 937
Microcystis 951
microfloc method 937
microleveling control 937
micromanometer 829,937
micrometer 577,937
micrometer-type strain gauge 937
micron 951
micronutrients 847
microorganism 833
microorganism membrane 833
microorganism treatment 833
microphone 937
microphone lift 937
micro-profilograph 937
micropyro meter 937
microscope 577
microscopic water examination 308
microscreening 937
microseism 937,956
microstrainer 143,829,937
microswitch 937
microsyringe 847
microtremor 471
microwave 937
micro-zoning 937
MICS 99
midair block 643
midden 123,907
middle coating intermediate 742
middle corridor 742
middle corridor type dwelling house 742
middle density district 647
middle hoop 643
middle lane 643
middle-level radioactive waste water 647
middle of half length 173
middle pressure boiler 641
middle pressure turbine 641
middle principal stress 643
middle rail 129,345,741
middle stile 741
middle strip 643
middle surface 642
middle third 641
midheightdeck bridge 648
midnight 471
mid-point circle 647
mid-range speaker 512
midwall column 899
migration 486
migration of humidity 428
MIG(metal inert gas)welding 99
Mihaelis bending test machine 955
mihrab[阿] 955
mike 937
Milano[意] 956
mild steel 747
milepost 248
military architecture 284
milk-casein 956
milk of lime 545
milk products waste 756
milky ice 870
mill 76,956
Millard House 956
mill board 956
Miller's formula 956
millibar 956
millilambert 956
milliliter 956
milling machine 873
milliphot(mph) 956
milli-second detonator 956
mill scale 280,956
mill sheet 956
Milton Roy pump 956

Minamata disease 955
minar 955
minaret 335,955
minbar[阿] 956
mine drainage 321
mine effluent 336
mineral acid 321
mineral fiber 338
mineral fiber-board 338
mineralizer 315
mineral pigment 338
mineral rubber 955
mineral spirit 955
mineral surfaced asphalt felt 519
mineral water 325,328,955
mineral wool 955
mine site 319
mine spring 328
miniature plane 341
miniature potted tree 934
mini-computer 955
minimum audible sound 370
minimum audible sound pressure 100
minimum clearance 370
minimum deduction 370
minimum escaping concentration 863
minimum house 370
minimum hydrodynamic pressure 370
minimum jack 946
minimum load design 370
minimum lot 370
minimum measurement 160,370
minimum non-passing sight distance 39,370
minimum operating time 370
minimum passing sight distance 38
minimum perceptible contrast 370
minimum safety factor theorem 39
minimum size 370
minimum thickness of tunnel lining 370
minimum turning radius 370
minimum vertical curve length 370
minimum visual angle 370
minimum weight design 370
mining city 321
mining industrial city 318
mini-plant 955
Ministry of Transport 83
minium 109,339,955,965
minium paint 109
minor aisle 464
minor odeun 465
minor operating room 148
minor overhaul 937
minor road 154,925
minor structure 937
minus sight 863
MIP (mixed in place pile) method 99
MIP(mixed in place)pile 99
mirror 153
mirror ball 956
mirror reflector 242
mirror stand 240
mirror stereoscope 818
MIS 99
miscanthus 188
miscellaneous works 383
miscibility 365
miscibility test 365
miscibility test in linseed oil 29
mission tile 954
mist 975
mist separator 952
miter 728,867,937
mitering brush 657
mitre joint 728
mitropolitan area 594
mix 770
mixed adhesive 361
mixed air 360
mixed arch 362
mixed bituminous macadam 361
mixed digestion 361
mixed firing 362
mixed flow pump 444
mixed forest 361
mixed gas 360
mixed highway 360
mixed-in-place construction 1049
mixed liquor suspended solids 100

mixed liquor volatile suspended solids 100
mixed liquor volatile suspended solids (MLVSS) 360
mixed planting 362
mixed plaster 361
mixed refuse 360
mixed rubbish 360
mixed stand 361
mixed turfgrass 538
mixed wood 361
mixer 158,360,815,950
mixer performance test 770
mixer room 950
mixer with weigh batcher 793
mixing 249,363,365,770,783
mixing basin 979
mixing box 770,871
mixing bunker 361
mixing chamber 361
mixing channel 361
mixing damper 361
mixing drum 950
mixing faucet 992
mixing length 360
mixing period 365
mixing plant 158,950
mixing platform 770
mixing proportion 650
mixing rate 361
mixing ratio 650
mixing ratio by weight 455
mixing ratio in site 308
mixing ratio regulator 361
mixing scoop 770
mixing speed 365
mixing tank 158
mixing time 365,770
mixing tub 871
mixing unit 361,950
mixing valve 950
mixotrophism 360
mix proportion 650,783
mix proportion by volume 995
mix proportion by weight 455
mixture 361
MLSS 100
MLVSS 100
MLWI 100
MLWL 100
MM (Modified-Mercalli) intensity scale 100
moat 310,930
mobile 974
mobile caravan 974
mobile clean room 184
mobile concrete pump 360
mobile crane 974
mobile elevator 184
mobile home 974
mobile house 974
mobile oil 974
mobile radio 56
mobile X-ray apparatus 184
mobility 180,974
mobility of force 634
mobility of population 486
mobiloader 974
mob psychology 283
modal analysis 971
modal analysis of vibration 218
modal participation factor 413
modal share 333
modal speed 372
modal split 333,971
mode 973
mode coupling 973
model 172,174,970,973
model coordination method 973
model house 973
model industrial city 974
modelization 973
modelling 651,973
modelling effect 973
model of full size 427
model of metropolis 722
model pattern 786
model room 973
model seismology 973
model test 970,973

moderate heat Portland cement 648
moderation 160
moderator 973
modern architecture 254
modern art 971
modern city 254
modern city planning 254
Modernism 971
modernization 254
modern plastic sign 254
modesty panel 939
modification 651,907
modification of coefficient 289
modified aeration 972
modified CBR (California bearing ratio) 450
modified factor 926
modified Munsell's colour system 149
modified resin 907
modified sodium azide method 11
modified stiffness 926
modified Winkler potassium permanganate method 68
modified wood 149,907
modillion 972
modular 972
modular coordination 972,973
modular design method 972
modular dimension 972
modular group 972
modular line 972
modular plan 972
modular plane 972
modular point 972
modular reference system 972
modular space grid 973
modulating motor 973
modulating range 436
modulation 125,908,973
module 972
module box 973
module chord 972
module coordination 100
module grid 972
module panel ceiling 973
modulor[法] 973
modulus 970
modulus[拉] 973
modulus of compressibility of liquids 90
modulus of deformation 905
modulus of elasticity 624,982
modulus of elasticity in shear 561
modulus of elasticity of bulk 995
modulus of elastisity 630
modulus of longitudinal deformation 610
modulus of longitudinal elasticity 609
modulus of rigidity 115,327,358
modulus of rigidity in shear 561
modulus of rupture 792
modulus of rupture in bending(flexure) 941
modulus of tensile strength 835
modulus of torsional rupture 764
modulus of transverse elasticity 1000
modulus of volume change 593
Mohenjo-daro 974
Mohr's breaking theory 976
Mohr's circle 976
Mohr's method 976
Mohr's rotation displacement diagram 976
Mohr's strain circle 976
Mohr's stress circle 116,976
Mohr's theorem 976
Mohr's theory of rupture 976
Mohs hardness 970
moire 970
moire method 968
moist air 437
moist curing 424,426
moist saturated steam 438
moisture 437
moisture absorbent 231
moisture absorption power 231
moisture absorption test 231
moisture conductance 424
moisture content 202,203,504
moisture content isobar 703

moisture content of sludge 125
moisture content ratio by weight 455
moisture equivalent 202,504
moisture meter 203
moisture permeability 708
moisture permeance 708
moisture-proof 915
moisture proofness 590
moisture ratio 504
moisture resistance 590
moisture specific heat 438
moisture specific volume 438
moisture test 203,504
molarity 976
molded brick 45
mole 975
molecular biology 890
molecular diffusion 890
molecular viscosity 890
molecular weight 891
molecule 890
mole drain 970
Moll-Gorczynski's solarimeter 975
Mollier chart 823
Mollier diagram 975
molten pool 998
molybdenum blue method 975
molybdenum wire 975
moment 543,974
moment-curvature relationship 941
moment curve 100
moment distribution factor 889,892
moment distribution method 349,974
moment load 974
moment method 974
moment of couple 263
moment of force 634,635
moment of inertia 203,630
moment of inertia of area 630
moment of momentum 83
moment of panel joint 550
moment of stress 117
moment plate 974
moment resisted by core wall 159
moment spring 974
momentum 83
momentum coefficient 83
momentum line 83
Monadnock Building 973
monastery 453
Monel metal 974
monitor 973,979
monitoring 200,973
monitoring facility 201
monitoring instrument 290
monitoring station 974
monitor roof 345
monitor roof lighting 345
monkey 976
monkey engine 976
monkey spanner 976
monkey wrench 415,976
monochromatic emissive power 622
monochromatic light 253,622
monochromatic meter 622
monochromatic radiation 622
monochromatic specification 622
monochromatic television 618,622
monochrome 974
monochro-meter 974
mono-fountain 891
monograph 974
monolith 974
monolithic bearing wall 53
monolithic concrete construction 974
monolithic construction 53
monolithic finish 53,626
monolithic structure 974
monolithic surface finish 406
monolock 974
mono maple 49
monomer 630,974
monomer loading 974
monopteros[希] 974
monorail 974
monorail chain block 619
monorail transporter 974
monosyllabic articulation 618
monotone 974
monotriglyph 627

Monovalve filter 974
Monreale[意] 977
monsoon 220,976
montage[法] 976
monthly instalment house 297
montmorillonite 976
Montparnasse[法] 976
monument 222,223,974
monumental plaza 223
monumental square 223,974
Monument of Lysikratis 1025
mood lighting 959
Moody's chart 959
mooring facilities 289
mop rendering 972
morass 761
morgue 416,975
mortality 461
mortar 975
mortar brick 975
mortar finish 975
mortar finishing on metal lath 1007
mortar finishing waterproofing 975
mortar finish on metal lathing 1007
mortar grout 975
mortar grouting 975
mortar gun 975
mortar injection 975
mortar joint 975
mortar lining cast iron pipe 975
mortar lining steel pipe 975
mortar manufacture 975
mortar mixer 736,975
mortar plate 975
mortar pump 975
mortar spray gun 975
mortar spraying 975
mortar squeezing conveyer 975
mortar test 975
mortice 926
mortise 926
mortise and tenon 187
mortise and tenon joint 927
mortise lock 810,931
mortuary 416,1034
mosaic 970
mosaic flower bed 975
mosaic glass 970
mosaic gold 970
mosaic tile 970
Moso bamboo 968
moso bamboo 1058
mosque 139,533,970
mosque of Cordova 357
Mosque of Kutub 267
mosquito screen 919
moss-grown garden 344
moss pattern 344
most frequent water level 372
most frequent wind direction 372
most probable number 100
most probable number of coliform bacteria 593
motel 973
mother city 924,929
mother clock 132
mother stock 131
motif 972
motion control 82
motion space 707
motion study 707
motive 972
motive force motive power 307
motive power 222,714
motopia 973
motor 971
motorcade 971
motor car 971
motordrome 971
motor grader 971
motor hoist 971
motor hotel 971
motor inn 971
motorization 971
motorized damper 698,971
motorized valve 698,971
motor out-put 971
motor park 971
motor pool 971
motor pump 698

motor roller 971
motor scraper 971
motor sewing machine 699
motor siren 971
motor sweeper 971
motortruck 971
motor-vehicle way 54
motorway 330,430,971
motte[法] 972
mottle 943
mottled grain 943
mottling 972
mould 44,172,175,291,976
mouldable refractory 875
mould-board 718
moulded foam plastics 532
moulded foam-plastics 976
moulded formed 532
moulded plywood 532
moulded product 532
moulding 274,663,976
moulding clay 44
moulding machine 274,568,967
moulding sand 44
mouldings on legs (of furnitures) 295
mould plate 826
mould releasing agent 1014
mound 938
mountable curb 779,937
mountain and valley breezes 982
mountain breeze 981
mountain hut 982
mountainous calamity 396
mountainous land 396
mountainous region 396
mountains 396
mountain stone 981
mountain town 982
mountain villa 395
mountain village 395
mountain wind 981
mounting 732,937
mounting height 732
mouton[法] 959
mouvement[法] 959
movable bearing 180
movable bridge 180
movable dam 180
movable end 178,180
movable floor board 9,10
movable frog 180
movable hangar 55
movable load 539
movable partition wall 56,180
movable rail 180
movable screen 180
movable skip 180
movable stage 56
movable support 56
movable weir 180
moval replotting 55
move in ratio 699
movement map of fire spreading 106
Movement of City Beautiful 722
Movement of International Architecture 342
move out ratio 696
movie-hall 86
movietheater 86
movillage 974
moving 55
moving-coil microphone 180,959
moving image 705
moving load 55,357
moving staircase 429
moving vane 144
moving walk 75
mow 292,433
mower 434
MPHW 100
MPN 100
M-roof 100
MRT 100
MS 100
M-shaped roof 100
muck 343,527,736
muck bank 527
mucking 527,528
muck loader 336,528
mud 736,944

mud avalanche 982
mud ball 944
mud bearer 944
mudcap 944
muddiness coefficient 362
mud dredger 944
mud filter 736
mudjack 944
mudjacking 944
mud mixer 735
mud pump 944
mud pumping action 891
mud-sill 410
mud stone 672
mudstone 724
mud wall 664,944
muffle furnace 944
muffle kiln 944
muffler 465
muffler type sound absorber 946
mulberry 283
mulitiphase material 604
mullion 268,608,742,960
mullion window 758,962,1043
mullite 960
multi-balcony type auditorium 507,605
multi-beds system demineralization 861
multiblade disc fan 615
multi-blade fan 611
multiblade fan 615
multi-channel method 947
multiclone 946
multi-colour paint finish 603
multi-core city 600
multicyclone 946
multicyclone dust catcher 946
multicyclone dust collector 946
multi-cylinder high speed refrigerator 330
multi-deck bridge 604
multi-degree-of-freedom system 603
multi-degree of freedom system 603
multiecho 603
multi-effective refrigerating cycle 603
multi-effective refrigerator 603
multi-flame torch 599
multifoil 615
multi-foil 947
multi-foil arch 947
multilane road 603
multi-layer elasticity theory 604
multi-layer filtration 605
multi-layer weld 605
multilegs intersection 603
multilevel optimization 605
multi-linear 947
multi-medium filter 605
multi-medium filtration 605
multi-mode bifurcation 615
multi-module 947
multi-nucleus city 600
multi-nucleus urban structure 604
multi-operator welding machine 860
multi-panel filter 947
multi-panel type air filter 947
multi pass 606
multiple-bridge intersection 601
multiple connection 447
multiple correlation coefficent 450
multiple cylindrical shells 899
multiple-deck station 604
multiple-deck trestle 604
multiple drum winch 600,611
multiple dwelling house 447
multiple echo 603
multiple effect cycle 602
multiple effect evaporation 603
multiple effect evaporator 603
multiple electrode welding process 611
multiple-floor station 604
multiple intersection 603
multiple-level station 604
multiple loading 859
multiple loading parameter 859
multiple nucleus concept 600
multiple purpose land development 344
multiple reflection 274,603
multiple reflection echo 603
multiple repeated load 652
multiple repeated stress 652

multiple riveted joint 616
multiple riveted lap joint 616
multiple sample survey 600
multiple scattering 603
multiple sound insulator 603
multiple sound source 603
multiplestage digestion 605
multiple-story trestle 604
multiple thickener 162
multiple truss 859,860
multiple well system 283
multiple window 624,1043
multiply gilding 605
multiposition action 593
multiprogramming 947
multi-project 947
multi-purpose dam 615
multi-purpose hall 615
multi purpose loader 947
multi-purpose reservoir 615
multi-purpose room 615
multi-purpose space 615,947
multireflection 652
multi-span beam 604
multispan beam 604
multispeaker system 947
multi-split type room air conditioner 617
multistage centrifugal pump 605
multistage compressor 605
multistage filtration 605
multistage flash distillation 605
multistage flash distillator 605
multistage incinirator 605
multi-stage press 605
multistage pump 605
multi-stage sampling 605
multistage turbine pump 605
multi-stemmed trees 185
multi-storey parking space 1016
multi-storied apartment 328
multistoried building 604
multi-storied dwelling house ratio 451
multistoried factory 604
multi-storied factory building 450
multi-storied rigid frame 330
multi-story 328
multi-story braced frame 604
multi-story building 328
multi-story garage 604
multi-studio 947
multitubular boiler 600
multi-use room 615,862
multi-wash scrubber 605
multiway junction 603
multi-zone type air handling unit 947
multi-zone unit 947
mumeplant woods 790
municipal forest 723
municipal road 423
municipal sanitary 719
municipal sanitary engineering 719
municipal sewerage 720
municipal transportation 720
municipal waste 722
municipium[拉] 956
muniment house 891
muniment room 891
Munk's cloth 948
munnion 608
Munsell book of colour 948
Munsell colour solid 948
Munsell new notation system 450
Munsell's colour notation 948
Munsell's colour system 948
Münster 460
Münster[德] 956
muntin 268,608,609,1042
muntin window 1042
mural painting 899
Musa Basjoo[拉] 798
muscovite 794
museum 795
mushroom construction 944
mushroom diffuser 944
mushroom floor 223
mushroom reinforcement system 944
mushroom type inlet 944
mushroom valve 223
musical sound 155

musical tone 155
music hall 956
music stool 956
mutual coagulation 570
mutual coherence 570
mutual effect 570
mutual exchange coefficient 316
mutual perforation 570
mutulus[拉] 959
MWL 100
Mycenae 416
mylonite 18
Myrica rubra[拉] 982

## N

nadir 698
nail 264,946,994
nail-drawer 264
nailed joint 264
nailed timber structure 264
nailed wooden plate-girder 264
nailhead 771
nail-head medallion 264
nailing 264
nailing concrete 264
nailing hammer 264
nail set 264,900
Nais 739
Nandina 748
Nandina domestica[拉] 748
nano 744
naos[希] 741
naphtalene bearing waste water 744
naphtha 744
naphthalene 744
naphthalene oxidizing bacteria 744
naphthalene sulfonate 744
Napoleon III's projected transformation of Paris 744
narrow band 240
narrow-board 351
narrow gauge 237
narrow gauge railway 747
narrowly curtilage 165
narrowly overcrowding 239
narrow street 367
narthex[希] 747
nascent oxygen 804
Nash pump 743
national capital region 460
national capital region development plan 460
national expressway 330
national forest 344
national government park 342
national highway 54,343
national land planning 343
national park 344
national planning 343
national population census 343
national treasure 344
national treasure building 344
native landscape 241
native tree 241
natron calk 743
natural acoustic impedance 354
natural acration 420
natural air circulation 419
natural asphalt 699,743
natural attenuation 419
natural base 419
natural cement 699,743
natural circular frequency 354
natural colour 699
natural convection 420
natural convectional furnace heating 420
natural convection circulation 420
natural cooling 421
natural current 638
natural cycle system 419
natural decicate 854
natural disaster 419
natural discharge ratio 420
natural draft 419,420
natural draft cooling tower 420
natural drying 699
natural environment 419
natural evaporation 420

natural feed 419
natural filtration 421
natural flow 420
natural forest 420,699
natural form training (of tree) 956
natural frequency 355
natural garden 420
natural gas 699
natural glass 699
natural glue 699
natural grade 419
natural grain finish 579
natural graphite 699
natural grindstone 699
natural ground 443
natural gypsum 699
natural illuminance coefficient 355
natural increase(population) 420
naturalistic garden 854
natural landscape 419
natural levee 420
natural light 419
natural lighting 368,420,644
natural lightweight aggregate 699
naturally hardened steel 419
natural matrix 355
natural mica 225
natural moisture content 419
natural monument 699
natural open space 419
natural organic coagulant aid 699
natural oscillation 420
natural park 419
natural period 355
natural Portland cement 699
natural purification 420
natural purification power 420
natural reaeration 419
natural refreshment forest 419
natural refreshment village 419
natural regeneration 699
natural resin 699,743
natural resonance 419
natural rubber 699,743
natural scale 743
natural seasoning 419,699
natural sedimentation 867
natural selection 420
natural silica-sand 699
natural slaking 419
natural slope 419,699
natural soil 419
natural sound 354
natural stone 935
natural style garden 419
natural uranium 699
natural vegetation 420
natural ventilation 419
natural ventilation 420
natural vibration 355,420
natural water content 419
natural wind 420
natural woods 420
natural zoological garden 420
nature conservation area 419
nature-modeling 457
nature plants gathering 982
nature trail 419,420
NAU 97
naval port 283
nave 495,762
nave arcade 762
Navier's assumption 740
navigation channel 341
navvy curve 716
NBR 97
NBS (National Bureau of Standards) unit 97
NCA (noise criterion allowable)curve 97
NC (noise criterion) curve 97
NC (noise criterion) number 97
nearshore 581
nearside lane, 581
neat affected zone 765
neat cement 754
neat cement mortar 754
neat gypsum plaster 276
necking 766
necropolis 763

needed illuminance 481
needle 754,812
needle juniper 765
needle valve 563,754
negaactive pattern 762
negaohm 762
negative after image 63
negative current 762
negative damping 871
negative head 864
negative ion 25
negative pressure 851
negative (moment) reinforcement 869
negative skin friction 871
negotiated contract 496
negotiation 620,763
Nehr's method 771
neighbourhood center 255
neighbourhood commercial district 255
neighbourhood park 255
neighbourhood shopping center 255
neighbourhood subunit 255
neighbourhood unit 255
neighbourhood unit system 255
nekton 763
NEMA (national electric manufactures association)standard 97
Nematoda 109,562
nemo 770
Neo-Baroque 762
Neo-Byzantine architecture 762
Neoclassicism 488
Neo-Classicism 762
Neo-Gothic 762
Neo-Greek 762
neon glim lamp 762
neon lamp 762
neon sign 762
neon-street 762
neon tube lamp 762
Neo-Plasticism 490,762
neoprene 762
neoprene gasket 762
Neo-Ramanesque 762
Neo-Renaissance 762
Neo-Roman 762
Neo-Romanticism 762
neo-solidizit cement 762
nephelometric method 834
Nerium indicum[拉] 240
Nessler-tube 765
nest 765
nested tables 765
nesting table 275
net buoyancy 428,476
net cement 463
net density 464
net density of population 463
net load 476
net population density 768
net positive suction head 97
net section 463
net sectional area 463
net tracery 968
net type bed bottom 768
net vault 29
net weight 476,768
net work 476
network 768
net-worked dome 968
network of services 956
network progress chart 768
network simulation 769
network system 768
Neue Sachlichkeit[德] 490,774
neutral axis 648
neutral axis depth ratio 648
neutral detergent 646
neutral equilibrium 648
neutral fire brick 646
neutral flame 646
neutral flux 646
neutralimetry 648
neutralization 646,648
neutralization test 646
neutralization with gas 167
neutralization with lime 544
neutralized water 648
neutralizing agent 648
neutralizing equipment 648

neutralizing tank 648
neutralizing tower 648
neutral line 646
neutral plane 648
neutral pressure 648
neutral refractory 646
neutral stability 648
neutral stress 648
neutral surface 648
neutral (synthetic) washing agent 646
neutral zone 646,648
neutron activation analysis (NAA) 646
New Architects' Union of Japan 97
New Architects'Union of Japan(NAU) 493
New Baroque 757
New Bauhaus 757
New Brutalism 757
new building 491
new building material 486
new city 488,757
New Communities at Harmony by Robert Owen 117
new construction 491
new development 484
new development plan 484
newel 132,142,339
newel post 132
New Empiricism 486
new environmentalism 485
New German Bauhaus 757
new industrial city 488
new invention patent 484
newly laid main 490
newly rising city 488
Newmark's influence line 757
New Regionalism 491,493
news stand 494
Newtonian liquid 757
Newton method 757
Newton's forward interpolation formula 757
Newton's law of cooling 757
new town 493,757
new transportation system 487
NFB 97
niche 195,754,899
Nichols sludge incinerator 750
nickel 753
nickel alloy 753
nickel plating 753
nickel silver 994,998
nickel steel 753
nigged ashlar 662
night bolt 740
nightclub 739
night deposit 739
night duty room 457
night hospital 739
night latch 740,980
night population 978
night setback 739
nightsoil 432
night-soil digestion tank 432
night-soil purification tank 432
night-soil treatment 433
night stand 739
night table 739
night-time population density 978
nipa house 754
nippers 754
nipple 754
nipple joint 754
nit 754
nitoril butadiene rubber(NBR) 754
nitra-lamp 754
nitrate 471
nitrate assimilating bacteria 471
nitrate nitrogen 471
nitric acid 471
nitric oxide 390
nitriding steel 637
nitrification 465
nitrifying bacteria 466
nitrile attack bacteria 754
nitrile-butadiene rubber 97
nitrit 12
nitrite nitrogen 12
nitrites for corrosion control 12
nitrobacteria 466,471

nitro-celiulose lacquer 755
nitrocellulose 466
nitro-cellulose 754
nitrocellulose dope 467
nitrocellulose lacquer 467
nitro-cellulose paint 755
nitrogen 637
nitrogen dioxide 750
nitrogen monoxide 53
nitrogen peroxide 12
nitrogen source 638
nitrosomonas 12
nitrous acid 12
nitrous acid gas 12
nitrous oxide 10
NLWL 97
nobel phone 778
noble fir 778,898
noctovision 775
nocturnal cooling 978
nocturnal radiation 978
nodal displacement 550
nodal force 550
node 777,863
nodel point 296
no-fuse breaker 97,778
no-fuse circuit breaker 778
no-fuse panel 778
no fuse switch 441
no-fuse switch 778
no-gas open arc welding 775,959
Noh-theatre 774
noise 383,566,774,826
noise-abatement planting 912
noise barrier 438
noise control device 566
noise dose 567
noise emission 567
noise exposure level 567
noise exposure meter 567
noise generator 774
noise insulating factor 438
noiseless lamp 774
noiseless pile driving method 959
noise level 383,567,774
noise level meter 567
noise limit 566
noise limiter 383
noise meter 383,416
noise output 566
noise pollution 566
noise rating curves 97
noise rating number 97
noise rating number(NRN) 97
noise reduction 774
noise reduction coefficient 566
noise reduction cushion 567
noise source 566
noise squelch 383
noise suppressor 383
no-load 957
no-load power consumption 959
no-man control 779
nominal 323
nominal candle 324
nominal cross section 324
nominal cross sectional area 324
nominal cut-off 1003
nominal diameter 324,1003
nominal dimension 324,470,1003
nominal horsepower 324
nominal horse-power 1003
nominal measurement 218
nominai perimeter 324
nominal size 324,1003
nominal stress 323
nominated contractor 437
nomogram 240,287,779,841
nomograph 779
nomography 287,779
non-activated sludge organisms 826
non-bearing panel 834
nonbiological film sludge 849
non-black body 829
nonblended cement 463,629
nonbrowning glass 872
noncarbonate hardness 834
non-chalking synthetic resin paint 595
non-changeover system 780
non-cohesive property 871

non-cohesive soil 838
non-combustibility 871
non-combustible material 871
non-combustion 871
non-condensable gas 858
non-conservative loading 839
non-constructive cement 383
non-contacting switch 959
non-corrosive pipe 917
noncost items 829
non-designated area 951,958
non-designated road 758
nondesignated road 1017
nondestructive inspection 838
non-destructive inspection method 959
non-destructive test 838
non-destructive test method 838
non-dimensional 958
non-dimensional coefficient 958
non-directional microphone 958
non-drying oil 857
non-elastic buckling 834
non-electrolyte 836
non-equilibrium force 869
non-equilibrium formula 839
non-fecal drainage 383
nonferrous alloy 836
nonferrous metal 836
non-figurative art 828
nonfine concrete 946
nonfreeze coil 869
non-freezing solution 780
nonharmonic component 834
non-heating anaerobic digestion 957
non-instrument runway 829
nonionic asphalt emulsion 777
non-ionic detergent 823
non-ionic interface active agent 823
non-ionic surface active agent 823
Nonius[德] 777
non-lincar basic equation 833
non-linear 833
non-linear clastic material 833
non-linear hysteretic system 833
nonlinear optimization 833
non-linear programming methods 833
non-linear response 833
non-linear restoring force 833
non-linear spring 833
non-linear stiffness 833
non-linear strain 833
non-linear structure 833
non-linear system 833
non-linear vibration 780,833
non-magnetic steel 830
non-metal pipe 828
non-metered tap 671
non-overflow dam 825
non-oxidizing corrosion inhibitor 829
non-passing sight distance 673
non-periodic motion 831
non-political city 833
non-polluting industry 958
nonpressure flow 420
non-pressure tunnel 957
non-reflection glass 959
non-return valve 226,780
non-shrink cement 779,958
non-silp batten 664
non-skid 780
non-skid pavement 524
non-slip 11,780
non-slip batten 664
non-slip cleat 664
non-slip lath 11
non-slip nosing 523
non-slip paint 523
nonstationary frequency 836
non-stationary load 831
nonstructural adhesives 829
nonstructural component 829
non-tilting mixer 862
non-trivial solution 831
nontronite 780
non-uniform flow 870
non-volatile hydrocarbon 858
non-volatile matter 182,858
non-walled rigid frame 959
non-woven fabric 864
nook tile 76

noon 470
no-passing line 113
no passing sign 113
no-passing zone 113
noria 779
no right-turn 76
normagal 779
normal behaviour 533
normal bend 232
normal brightness 918
normal close valve 778
normal component 918
normal component force 503
normal concrete 867
normal coordinate 918
normal current 778
normal curvature 914,918
normal discharge 532
normal distribution 531
normal equation 531
normal fire 472
normal force 503,919
normal function 531
normal heating degree-days 843
normal hexane soluble matter 779
normal horse power 779
normal illumination 918,919
normal incidence 502
normal incident sound absorption coefficient 502
normal intensity of light 918
normality 222
normalization 218,531,778
normalized acceleration spectrum 218
normalized band level difference 222
normalized characteristic loop 218
normalized impact sound level 222
normalized vector 531
normal load 502,779,918
normal low water level 97
normal mode of vibration 218,493,531
normal mode of vibration of room 428
normal open circuit 778
normal open valve 778
normal position 530,670
normal power of boiler 911
normal pressure 476,779
normal pressure burner 464
normal pressure pipe 867
normal reaction 502,919
normal sand 843
normal section 654
normal strain 503
normal strain intensity 503
normal stream flow 660
normal stress 412,502,506,653,918
normal temperature 779
normal traffic increment 420
normal vibration 218
normal volume 843
normal waterlevel(N.W.L) 897
Norman architecture 779
norme[法] 779
Northern pitch pine 1013
North star 927
nose 545,776
nose end 776
nose key 157
nose wedge 157
nosing 628
no-sky line 694
noslump concrete 776
notch 249,777,981
notch brittleness 249
notched beam 777
notched discharge meter 249
notch effect 249,777
notch factor 249
notching 153,793
notching curve 777
notch sensitivity 249
notch toughness 249
"not" circuit 836
note 131,154
notice-board 288
Notre-Dame de Paris[法] 777
Notre-Dame du Haut[法] 777
Notre-Dame-du-Haut 1055
Notre-Dame-la-Grande 777
nouveau[法] 761

Nova 814
Novgorod 774
novolac 778
novolac epoxy 778
novolak 778
novolak epoxy 778
Novosibirsk 778
Noyeon[法] 779
nozzle 776,828,891
nozzle area coefficient 776
nozzle-control governing 776
nozzle cut-out governing 776
nozzle flow meter 776
nozzle flow meter in tube 208
nozzle head 891
nozzle hole diameter 776
nozzle in tube 207
nozzle loss 776
nozzle ourlet 776
nozzle plate 776
nozzle staek 776
nozzle valve 776
NPSH 97
NRN 97
N-truss 97
nuance[法] 756
nuclear fuel 158
nuclear heating 302
nuclear power 302
nuclear power heating 302
nuclear power plant 302
nuclear reactor 24,302
nugget 743
Nu-gild 757
null 747
null matrix 1037
number 507
number group 748
number of air changes 197
number of clear days 141
number of fire 161
number of houses supplied 232
number of lot 638
number of motor vehicle holdings 430
number of natural draft 419
number of natural ventilation 419
number of revolutions 144
number of stories 141
numerical condition 507
numerical integration 508
numerical method 507
numerical signal 508
numeric code 757
Nunez[葡] 775
nursery 105,741,756,844,910
nursery bed 740
nursery garden 741,844
nursery plant 740
nursery room 45,489,910
nursery school 743,910
nursery stock 740
nursery transplanting 718
nurses station 200
nurse's station 743
nursing facilities 45
nursing unit 200
Nusselt number 760
nut 743
nutrient 88,998
nutrient salts 88
nutrients balance 88
nutrition 998
nut washer 743
nut wrench 743
N-value 97
nylon 740
nylon tire 740
Nymphenburg[德] 757

# O

oak 119,163
Oak 165,746
obelisk 130
object colour 868
object function 969
objective function contours 969
objective lens 596
objective lens mount 596
objective lens revolver 596

object line 950
object program 130
objet[法] 129
Obligate anaerobic bacteria 907
obligated parking lot 866
oblique axonometry 440
oblique butt weld 744
oblique fillet weld 443,744
oblique force 744
oblique gutter 440
oblique halving 744
oblique intersection 744
oblique joint 744
oblique key 336
oblique line 441
oblique notching 172
oblique perspective 442
oblique photograph 288
oblique pile 744
oblique projection 442,744,799
oblique reflected lighting 744
oblique scarfing 744
oblique scarf joint 1,744,1020
oblique section 744
oblique stress 744
oblique tenon 172,744
obscured glass 269,527
observation 129,206
observation error 206
observation field 1049
observation hole 776
observation pipe 206
observation well 206,418
observatory 206,581,700
observed point 416
obsidian 344
obstacle 465
obstruction 465
obstruction lamp 465
obstruction restriction surface 465
obstruction signal 465
obstructive matter 575
OCB 123
occlusion 121,233
occupancy 119
occupancy importance factor 455
occupancy rate 246
occupational disease 478
OC (operating characteristic) curve 122
ocean 148
oceanic current 148
oceanic observation method 148
ocher 118
octahedral linear strain 801
octahedral normal stress 801
octahedral shearing strain 801
octahedral shearing stress 801
octane number 120
octastyle 804
octave 120
octave analyzer 120
octave band 120
octave band analyzer 120
octave band level 120
octave band pass filter 120
octave filter 120
octave filter set 120
octofoil 801
odd function 215
odd-lane road 219
odeion[希] 125
odometer 928,1052
odorant 128,446
odor intensity index 446
odorous substance 128
odor removal by chlorination 109
odour 446
odour concentration 446
odour discharging chimney 453
odour generating materials 803
odour intensity 446
odour intensity index 446
odour intensity scale 446
odourless water 958
odour of low temperature 1035
odour producing organism 803
odour removal 446
odour source 446
odour strength 446

odour threshold concentration 446
odour tight 803
odour tight cover 916
OD study 125
OD(origin and destination)survey 125
OD(origin and destination)table 126
oecus[希] 119
Oedogonium 96
offcenter 130
off-cycle defrosting 129
offensive odour 7,454
offer 129
off-gas 129
office 129,436
office building 129,436
office desk 129
office landscape 129
office layout 129
office room 436
office work 739
office work expenses 436
official plan 334,920
official residence 201,334
official telephone 244,935
official town (city) planning 334
off-loader 130
off-peak 130
off ramp 130
offset 130,410
offset dial 130
offset intersection 256
offset pipe 125,130,256
offshore current 1013
offshore wind 1014
off-street parking 149,1047
off-street parking space 1047
ogee 121
ogee arch 122,1042
ogee curve 122
ogee washer 122
ogive 122
ohm 131
ohmmeter 131
oil 27
oil absorption 235
oil and grease 28
oil atomizer 113
oil bearing waste water 209
oil buffer 991
oil burner 28,114
oil burning boiler 27
oil carbon 113
oil caulking 990
oil circuit breaker 27,123
oil clot 988
oil cloth 991
oil concentration analyzer 992
oil consumption 113
oil cooler 28
oil cup 28,113
oil damper 27,114
oil drain cock 28
oil drain valve 28
oiled linen 991
oil enamel 990
oil engine 543
oiler 113
oil feed 235
oil fence 114
oil filler 990
oil filter 27,28,114
oil-fired equipment 991
oil firing 27
oil fuel 28
oil gas 113
oil gear pump 113
oil gun 113
oil heater 27,114
oil hole 27,114
oil-immersed transformer 27
oil jack 113,983
oil lamp 543
oil leak 28
oil length 990
oil level gauge 114,992
oil neutralizing agent 28
oil nozzle 28
oil paint 28,114,990
oil painting 114
oil pan 27,114

oil paper 114
oil pipe 235
oil pipe line 235
oil polishing 28
oil pot 28
oil pressure 983
oil pressure gauge 983
oil pressure testing machine 983
oil primer 114
oil proof asbestos rubber joint sheet 597
oilproof test 597
oil protection switch 983
oil pump 114
oil putty 114
oil receiver 27
oil reservoir 114
oil resistance 597
oil ring 114
oil scouring wastewater 990
oil screen 113
oil seal 113,992
oil seal ring 113
oil separate tank 28
oil separator 28,113,990
oil service tank 113
oil silk cloth 113
oil stain 27,113,990
oil stone 28,113
oil storage tank 657
oil strainer 113
oil sump 27
oil surfacer 113
oil switch 27,113
oil tank 28
oil tempered prestressing steel bar 824
oil tight 113,992
oil trap 28
oil treatment agent 27
oil varnish 28,990
oil varnish finish 28
oil well cement 113
oil well water 990
oktastylos[希] 120
old urban area 231
oleoresin 133
Oligochaeta 850
oligosaprobic 849
oligosaprobic organism 850
oligosaprobic waters 849
oligotrophic lake 849
olive 132
olive knuckle butts 133,878
olive oil 133
Oliver filter 132
olivine 209
Olsen (universal material) testing machine 133
Olympic institution 133
Olympieion 133
omega(ω) method 131
omnibus 131
omnidirectional microphone 958
on 134
once-through boiler 209
once-through cooling system 52
ondoor (ontol) 137
one address system 49
one balcony type auditorium 53
one bedroom house 53
one brick wall 52
one center system 1060
one-day cement 1060
one-degree-of-freedom system 50
one dimensional consolidation 50
one dimensional stress 50
one-flue boiler 207
one-hour cement 1060
one living room with dining kitchen 1060
one-man car 1060
one-man fitting 1060
on end laying 351,421
one nucleus urban structure 54
one-pass weld 1060
one pipe circuit system 202
one-plus-one address code 51
one point 1060
one point perspective 54
one quarter 750

one-room apartment 53
one-room dwelling 53,621
one-room house 1060
one-room system 1060
one season flowering 53
one-side load 172
one-side polishing 174
one-side welding 174
one-sized aggregate 630
one-socket and two collar tee fitting 836
one stage compression 51
one-stop shopping 1060
one-storeyed house 847
one-storied factory 624
one-storied house 625,847
one-way 174
one-way air valve 620
one-way cock 55
one-way hydrant 620
one-way lane 53
one-way ram 1060
one-way reinforcement slab 51
one-way restricted zone 55
one-way road 174
oneway slab 51
one-way slab 52
one-way street 55
one week age strength 53
one-wheel barrow 52
one-wheel handcar 52
one-wheel roller 52
on-line system 137
on load 137
on-load tap changer 857
on-off action 134
on-off control 134
onshore current 316
on-site orientation 303,308
on-site orientation records 308
onyx 128
onyx marble 128
opacity 66,128
opal 129
opal bulb 757
opalescence 757
opalescent glass 129,757
opalescent lamp 757
opal glass 757
opaque plate glass 870
OP(optical)art 125
open air boiler 423
open-air theater 978
open antenna 149
open arc lamp 147
open area(district)vacancy area(district) 262
open balcony 130
open bid 336
open butt 130
open caisson 130
open caisson method 130
open channel 139,141,846
open-channel flow meter 139
open channel system 141
open circulation cooling system 147
open classroom 139,147
open consent 1049
open cut 130
open-cut tunnel 250
open ditch drainage 961
open-end bucket 130
open end reflection 148
open floor 130,141
open freight storage 777
open freight yard 777
open front seat 938
open-graded asphalt 130
open-graded asphalt concrete 148
open hearth steel 899
open heater 147
opening 6,24
opening(in a component) 25
opening 25,130,140,147
opening area 140
opening component 140
opening for lighting 476
opening in 77
opening of tender 140
opening out 581

opening ratio of building 140
opening section 242
open joint 130,190
open kitchen 130
open layer 846
open levee 168
open line 130
open loop automatic control 138
open outside court type 142
open parts 130
open piping 1049
open plan 130
open refrigerator 147
open return system 147
open section 142,148
open sewer 147
open shelf system 138
open space 130,262
openspace 452
open space conservation area 1027
open space for air defence 914
open space for emergency 837
open space plan 262
open space planning 1027
open space system 1027
open-spandrel arch 130
open spandrel arch 146
open sprinkler head 147
open sprinkler system 147
open stack 138,314
open stack system 138
open stage 130
open steel flooring 130
open string 381
open subroutine 130,846
open system 130
open tank 147
open time 130,147
open track 655
open traverse 145
open type feed water heater 147
open ward 570
open water heater 148
open web 130
open web member 130,831
open well 147
open window equivalent 704
open wiring 1049
openwork 508
open work 1049
opera house 130,159
operand 106,130
OpéraParis[法] 813
operating apparatus 147
operating cylinder 131
operating handle 131
operating lever 131
operating manual 131
operating rule 378
operating speed 82
operating system (OS) 131
operating table 570
operating temperature 465
operating theatre 458
operating valve 131
operation 131,378,570,669
operational delay 82
operational sequence diagram 117
operational sequence diagram (OSD) 130
operation card 131
operation code 131
operation room 458
operations research 131
operation test 82
operation time 106
operative temperature(OT) 387
operator 106,131
opisthodomos[希] 129
opposite arrangement 957
OPTECH 129
optical angle 314
optical axis 322
optical centring device 314
optical characteristics 314
optical distance measurement 315
optical elastic axis 315
optical glass 314
optical illusion 379
optical-mechanical projection 314

optical model 826
optical plummet 314
optical projection 315
optical spectrum 314
optical square 237,319
optical straingauge 314,315
optical strain gauge 315
optical strain meter 315
optical wedge 314
optics 130
optimal control 373
optimal design 373
optimality condition 373
optimal policy 373
optimal solution 373
optimization 130,373
optimization control 373
optimization techniques system 129
optimized control 373
optimum asphalt content 373
optimum city size 722
optimum control 373
optimum illumination 373
optimum moisture content 373
optimum noise criterion 825
optimum reverberation time 373
optimum sensitivity 373
optimum shutter 373
optimum temperature 373,680
optimum water content 373
optimum working frequency 373
opto-electronics element 130
orangepeel bucket 133
orchard 164
orchestra 121
orchestra[希] 133
orchestra box 121
orchestra pit 121
orchestra shell 121
order 124,462,647
ordered inspection 463
orderer 804
ordering manufacture method 648
order of matrix 945
order sheet 647
order wire 1003
ordinal inspection 463
ordinary allowable soil pressure 476
ordinary cement 867
ordinary household 867
ordinary open space 867
ordinary park 867
ordinary sight distance 867
ordinary structural steel 330
ordinary water discharge 897
ordinary water level 124
Oregon pine 133,898
organ 133
organic acid 984
organic acid alkalinity 984
organic analogy of city 722
organic anticorrosion agent 984
organic architecture 984
organic binding agent 984
organic boiler sludge conditioner 983
organic carbon 984
organic chlorinate chemicals 983
organic chlorinated compound 983
organic clay 984
organic coagulant aid 984
organic colloidal iron 984
organic corrosion inhibitor 984
organic deodorizer 984
organic fertilizer 984
organic fibre 984
organic form 984
organic glass 133,983
organic hygrometer 984
organic inhibitor 984
organic manure 984
organic matter 984
organic mercury 984
organic nitrogen 984
organic phosphorous 984
organic pigment 984
organic soil 984
organic space 984
organic waste 984
organic wastewater 984
organism 531

organization 119
organoarsenic chemicals 984
organochlorine insecticides 983
organogel 133
oriel window 132,687
oriental arborvitae 351
oriental architecture 713
oriental metal 132
oriental plane tree 513
orientation 132,843
oriented graph 985
orifice 132
orifice coefficient 133
orifice diameter 319
orifice flow meter 133
orifice meter in tube 207
orifice proportioning feeder 133
original benchmark 500
original contract 973
original contractor 973
original draft 286
original drawing 302,973
original form survey 301
original stiffness equation 301
original stiffness matrix 301
origin and destination chart 218
origin and destination survey 218
originating traffic volume 804
origin cohesion 307
origin destination study 459
origin of fire 840
origin of longitude and latitude 285
O-ring 133
ornament 128
ornamental forest 854
ornamental gilding 571
ornamental glass 571
ornamental green space 723
ornamental margin 181
ornamental plants 807
ornamental radiator 975
ornamental steel bar 162
ornamental tree 291
ornamental trees or shrubs 186
ornamental well 162
ORP 113
Orsat gas analysis apparatus 133
orthoclase 192,535
orthogonal Cartesian coordinates 656
orthogonal coordinates 656
orthogonal coordinates system 656
orthogonal curvilinear coordinates 656
orthogonality 656
orthogonality condition 656
orthogonal matrix 656
orthogonal projection 536,656
orthographic projection 533,653,1015
orthographic projection diagram 1015
orthostyle 1040
orthotropic plate 656
orthotropic shell 656
orthotropy 656
Orvieto[意] 133
oscillating compressor 492
oscillating grate 998
oscillation 123
oscillator 123,803
Oscillatoria 125
oscillatron 123
oscillogram 123
oscillograph 123
oscilloscope 123
OSD 117
Osmanthus 969
Osmanthus fortunei[拉] 823
Osmanthus sp.[拉] 969
osmium dioxide 389
osmium fluoride 867
osmium lamp 124
osmose 124
osmotic pressure 491
OSPA system 117
osram lamp 124
oster 123
Osterberg sampler 123
Ostwald's colour space 124
Ostwald's colour system 124
Ostwald's viscosimeter 124
O-type dowel 122
ounce 135

outage 4
out-boiler treatment 196
outbound traffic 581,1022
out cable 4
out cone 4
outcrop 1053
outdoor 119
outdoor advertisement 119
outdoor air 139
outdoor air inlet 139
outdoor air load 139
outdoor air temperature 139
outdoor antenna 119
outdoor design temperature and humidity 546
outdoor exposure test 589
outdoor fire hydrant 119
outdoor furniture 119
outdoor horizontal illumination 119
outdoor lighting 119
outdoor parking space 119
outdoor piping 120
outdoor pre-piping 119
outdoor room 341
outdoor sign 119
outdoor substation 120
outdoor theater 978
outdoor wiring 120
outer coating 4
outer connection 147
outer court 142
outer diameter 140
outer garden 138
outer harbour 140
outer heating of digester matter 567
outer separator 581
outer surface 212
outer tank installed pump 567
outfall 294,793,794
outhouse 746
outlet 4,784,827,828,917
outlet air pipe 680
outlet box 4
outlet cock 121
outlet conduit 917
outlet loss 680
outlet pipe 4,680,827
outlet port 681
outlet qualitative standard 783
outlet sound absorber 858
outlet sound attenuator 858
outlet structure 921
outlet valve 681,1022
outlet velocity 858
outlet water head 121
outlet works 921
outline 1029
outline of crown 457
outlook 4,128
outlying area 405
outpatient department 148
outpatient examination room 148
output 4,459
output power 4
output test 4
output unit 459
outrigger 4
outside clearance ratio 140
outside coating 148
outside dimension 581
outside dimension system 581
outside girder 955
out-side gutter 581
outside insulating of building 142
outside measurement 581
outside order expenses 142
outside plank 535
outside surface 212
outside view 139
outskirt(s) 4
outskirts 313
outstanding leg 725
oval 129,599
oval gear type water meter 129
oval lavatory 599
oval scale 809
oven 130,187
oven-dried soil 1048
oven-dry condition 1048
over-aging 163

overall attenuation 569
overall depth(of section) 560
overall efficiency 326
overall excavation 574,900
over-all heat loss coefficient 767
over-all heat transmission 766,767
overall height 128
overall length 128
over-all moisture transfer coefficient 424
over-all speed 264
overall width weir 564
over arm 128
over brace 128
overbridge 128,180,346,349
overburden 716
overburden pressure 716
overcast sky 563
overcast skylight 738
over charge 128
over-consolidation 138
over-consolidation ratio 138
overcooling 194
over-crowding 187
over-crowding city 187
over-crowding population 187
over-crowding sleeping 187
over cure 160
over-cutting 931
over damping 160
over developed city 172
over-dose 649
over drive 128
overdurden 406
over-dwelling 187
overflow 28,53,55,96,128
overflow chamber 55
overflow cock 96
overflow dam 55
overflow depth 96
overflow discharge 96
overflowing 28
overflow load 96
overflow pipe 28,53,55,96,128
overflow section 55
overflow type water meter 128
overflow valve 28,53,128,286
overflow velocity 28
overflow weir 55
overflow weir rate 55
overhanging beam 813
overhanging footway 813
over-hang sash 662
overhang sash 662
overhang sash window 662
overhaul 128
overhaul life 128
overhead 128
overhead bridge 128
overhead conductor 155
overhead crane 128,696
overhead crane with bucket 796
overhead crane with claw 281
overhead fillet welding 82
overhead fire tube boiler 1053
overhead line 128,155
overhead piping 315
overhead piping system 128
overhead position of welding 82
overhead railway 315
overhead system 128
overhead(water)tank 315
overhead travelling crane 696
overhead travelling electric crane 696
overhead trolley line 155
overhead water tank 155,315
overhead welding 82
overheat 182
overheat allowance 182
overheat blowing 183
overheated structure 183
overheat steam 183
overhung type fan 174
overland flow 639
overlap 128,161
overlap joint 128
overlay 129,839
over-layed plywood 129
overlay sheet 129
overload 129,161,184

over load 184
overload 649
overload firing 184
overload test 649
overload trip device 129
overpass 81,128,315
overpulverization 185
over-pumping 128
over refrigerating cycle 194
over-relaxation 165
over-relaxation method 153
over-river levelling 715
over-run 128
over siphonage 128
over sparse city 171
over-spill 128
overstrain 184,649
overtaking 113
overtaking prohibited 113
overtaking sight distance 659
overtone 128,465,781
overtopping 95
overtravel 128
overturning moment 699
ovolo 131
Owens'(jet)dust counter 117
Owings and Merrill 509
OWL 124
owned house 971
owner 306,544,804
own weight 416
OW (outdoor weather-proof) wire 124
oxalic acid 448
oxalic acid treatment 448
oxidant 119
oxidation 389
oxidation agent 390
oxidation by chlorine 108
oxidation ditch 119,391,462
oxidation ditch process 390
oxidation pond 390
oxidation pond process 389,390
oxidation rate 390
oxidation-reduction enzyme 389
oxidation-reduction indicator 389
oxidation-reduction potential 113,389
oxidation-reduction reaction 389
oxidation-reduction titration 389
oxidation scale 390
oxidation tank 390
oxidative phthalic acid resin 391
oxide 391
oxide catalytic combustion equipment 479
oxide catalytic filter media 479
oxide ceramics 391
oxide coating 391
oxidized sludge process 389
oxidizing agent 390
oxidizing anticorrosion agents 390
oxidizing bed 390
oxidizing chamber 390
oxidizing flame 389
oxidizing flux 391
Oxigest 119
Oxiser 119
oxochemistry 119
oxyacetylene cutting 395
oxyacetylene flame 395
oxyacetylene welding 119,389
oxy-arc cutting 395
oxychloride cement 119
oxychlorination method 119
oxygen 394
oxygenation capacity 391
oxygen balance 395
oxygen bomb 395
oxygen bottle 395
oxygen cutting 395
oxygen cutting valve 549
oxygen demand 395
oxygen dissolving rate 395
oxygen lance 395
oxygen sag curve 395
oxygen supply 395
oxygen uptake rate 395
oxygen utilization efficiency 395
oxygen utilization rate 395
oxygen welding 395
oxy-hydrogen welding 119,394

oxy-propane cutting 395
oyster lime 1036
oyster shell lime 154
ozonation 124
ozonator 124
ozone 124
ozone cracking 124
ozone generator 124
ozonization 124
ozonization plant 124
ozonizer 124

P

paacking room 753
pace 128
pacing 926
package 803
package conveyor 803
packaged air conditioner 803
package deal contract 619,803
packaged equipment 803
package type 803
packed bed 453
packed in place pile 823
packed tower 453
packer 801
pack-house 802
packing 200,453,666,753,801
packing coefficient 802
packing expenses 753
packing felt 802
packing house 919
packing leather 802
packing material 802
packing ring 802
packing rubber 666
packing seal material 802
packing washer 802
packless expansion joint 803
packless radiator valve 803
packless valve 803
P(proportional)action 836
pad 666,804
padauk wood 193
padding 666,750
paddle 805
paddle aeration tank 806
paddle-wheel aeration 806
paddle wheel aeration 999
paddle wheel type 999
padlock 254
pad lock 743,747
Paeonia albiflora 439
Paeonia lactiflora[拉] 439
Paestum 792
paging device 900
pagoda 703,797,868,920
paint 733,838,899
paint and varnish 761
paint atomizer 905
painted display 899
painted film 727
painter 424,724,760
paint film polishing media 727
paint for metal 253
painting 760,899
painting area 724
painting by spray gun 522
painting process 724
paint mill 733
paint mixer 733,899
paint naphtha 734
paint remover 899
paint roll 734
paint roller 899
paint sprayer 899
paint thinner 734,899
pair glass 894,903
pair planting 591
palace 234,814,956
Palace of Knossos 267
Palace of Phaistos 851
Palace of Pylos 841
palais[法] 814
Palais de Fontainebleau[法] 856
Palais de Luxembourg[法] 1025
Palais des Tuileries[法] 703
Palais de Versailles[法] 71
palaistra[希] 810

palate 950
palazzo[意] 811
Palazzo Barberini[意] 811
Palazzo del Te[意] 811
Palazzo Ducale 70
Palazzo Ducale[意] 811
Palazzo Farnese[意] 811
Palazzo Medici-Riccardi[意] 811
Palazzo Pitti[意] 811
Palazzo Rucellai[意] 811
Palazzo Strozzi[意] 811
Palazzo Vaticano[意] 68
Palazzo Vecchio[意] 811
Palazzo Vendramin-Calergi[意] 811
palette 814
paling 378,380,982
palisade 378,380
P-alkalinity 823
Palladianism 811
Palladian motif 811
Palladio architecture 811
pallet 814
pallet conveyer 815
pallet service 815
palm 810,980
Palma 814
palmette[法] 814
palm rope 462
palm vault 462
pampre[法] 870
pan 744,816
pan closet 74
pan conveyer 817
panel 155,808
panel absorber 818
panel arrangement 808
panel board 59,153,810,892
panel boarding 153
panel ceiling 153
panel coil 808
panel construction 808
panel cooling 808,861
panel door 153,808
panel heater 860
panel heating 332,808,860,916
panelled ceiling 376
panelled door 190,391
panel length 155
panellization 808
panel load 155
panel point 158,550
panel-point load 158
panel radiator 808
panel room 787
panel shuttering 175
panel sound absorber 818
panel strip 961
panel strip joint 961
panelstripped ceiling 847
panel system 808
panel type air filter 808
panel zone 808
pan head rivet 744
panic-bar 807
pan mixer 822
panorama 808
pan outlet 816
pantagraph 488,819
Pantheon 819
pan tile 819
pantograph 441,488
pantry 363,480,786
pantry sink 786
pantry window 355
pan type air outlet 816
pan type mixer 615
paper 187,902
paper board 48
paper board mill 48
paper drain 902
paper hanger 238
paper hanger's work 238,813
paper location 513,902
paper mill waste water 533
paper mill white water 533
paper sculpture 902
paper sheathing board 187
paper sliding-door 864
paper sliding-screen 864
paper tape 187

paper tape punch 187
paper tape reader 187
paper textile 434
papier collé[法] 809
papyrus capital 809
parabola 812
parabolic arch 812,921
parabolic curve 921
paraboloid 812
paraboloidal surface 921
paraffin 811
paraffine 543
paraffin stain 811
paraffin waterproofing 811
paraffin wax 811
parallax 414,415
parallax bar 415
parallel basin 896
parallel chord 895
parallel chord truss 653,895
parallel circle 48,895
parallel circle of declination 539,895
parallel current 899
parallel drainage 896
parallel flow rotary dryer 899
parallel forces 896
parallel of latitude 48,895
parallelogram of forces 635
parallel operation 899
parallel parking 896
parallel perspective 896
parallel photograph 896
parallel photographing 895
parallel projection 896
parallel running 899
parallel runway 895
parallel slide 896
parallel strand 896
parallel system 896
parallel taxiway 896
parallel welding 518
parallel wire (strand) 812
parallel wire cable 896
parallel wire strand 834,896
paramecium 574,812
parameter 289,812
parameter of axial load 411
parameter of clothoid 281
parametric analysis 812
parametric equation 781
parametric programming 812
paranitraniline red 810,811
parapet 241,682,746,811,872,959
parapet gutter 812
parapet wall 241,746
para red 810
para-red 812
parasite 220
parasite egg 220
parasiticidizing device 383
paraskenion[希] 811
parathion 811
para-transit 811
parawedge louver 811
parcel of land 55
Parian cement 812
paring chisel 662
Paris[法] 813
Paris green 813
park 312,794
park and ride 794
park avenue 794
park cemetery 313,922,927
parkerizing 793
parkerizing process 793
parking 430,644,794
parking area 794
parking area with charge 988
parking brake 794
parking building 645
parking building 794
parking capacity 645
parking demand 645
parking duration 645
parking form 644
parking garage 440,645
parking lane 645
parking meter 794
parking place 645
parking places sign 645

parking prohibition sign 644
parking regulation 644
parking sign 645
parking space 794
parking square 645
parking strip 645
parking study 645
parking survey 645
parking tower 794
parking turnover rate 645
park of scenic beauty 854
park on public estate 88
park reservation 313
parks of zoning system 631
park system 312
parkway 112,312
park way 714
parkway 794
parlour 58,114,227,810,966
parodos[希] 815
parquet 310,796,1002
parquet circle 796
parquet floor 1002
parquetry 796,1002
Parshall flume 798
part 806,871
part drawing 871
Parthenocissus[拉] 663
Parthenon[希] 814
Parthian architecture 39
partial burnout 872
partial cloverleaf interchange 857
partial contract 323
partial control of access 51
partial delivery 872
partial excavation 51
partial grade separation 857
partial linear search method 680
partial loss by fire 818
partially-submerged orifice 822
partial payment 680,872
partial plan 871
partial pressure 889
partial prestressing 798
partial projection drawing 245
partial splice 872
partial tone 871
partial treatment 872
partial use 871
partial vibration 872
participation factor for mode 413
particle 665,805
particle board 380,805
particle counting penetrometer 891
particle pendulum 427
particle size distribution 1021
particle velocity 1022
particular solution 716
particular vibration 716
particulate 847
particulate phase 805
particulate pollutant 805
parting 806
parting slip 131,411
parting strip 411,892
partition 806,942
partition wall 158,411,806,942
partly alternating stress 872
partly pulsating stress 871
parts per million 839
party line 236
party wall 147,344
parvis 809
Pasania edulis 944
pass 799
passage aisle 464
passage for freight handling 188
passage of crowd 283
passage space 661
passage way 661
passenger automobile 477
passenger car 226,804
passenger car equivalent 477
passenger car unit 477
passenger elevator 476
passenger facilities 1027
passenger platform 1027
passenger station 804,1027
passenger terminal building 1027
passenger train 1027

passenger wharf 1027
passing 113
passing place 595
passing prohibition 113
passing sight distance 113,659
passing signal 659
passive earth pressure 460
passive state 870
passometer 925,928
pass sequence 799
pastas[希] 799
paste 29,779,900
paste drier 779
pastel 799
pastel colour 799
paste of arum root 363
pat 804
patch 23,924
patching 804
patch work 686
patent 725,806
path 112,799
path difference 341
path of particle 1022
pathogenic bacteria 841
pathogenic protozoa 307
pathology laboratory 845
paths 56
patient's room 841
patina 801
patio 800
patio[西] 805
pattern
172,174,214,800,806,975,976,993
pattern direction 800
pattern paving 977
pattern recognition 511,800
pattern stain 800
paulownia imperials 248
Paulownia tomentose[拉] 248
Paul's formula 933
pave[法] 809
paved road 926
paved shoulder 926
pavement 902,926,929
pavement breaker 926
pavement glass 899,902
pavement of agricultural roads 775
pavement of farm roads 775
pavement slab 926
pavement structure 926
paver 902
paver method 902
pavilion 15,110,401,657,669,809
pavilion roof 15
pavilions 673
pavilion type 809
pavillion roof 913
Pavillon"L'Esprit Nouveau"[法] 1039
paving 926
paving brick 411,929
paving glass 929
paving stone 408
pawl 666
payasat 790
payawut 790
payment by rough estimate 140
payment on arrival 640
PBX 839
PC 830
PCA (Portland Cement Association)
method 830
PCB 831
PC (prestressed concrete)bridge 830
PCC 830
p(pet) cock 829
PCP 831
PC(precast concrete)panel 831
PC (prestressed concrete)pile 830
PCPV 831
PCR 830
PCS 830
pea gravel 946
peak 561
peak flood 829
peak hour factor 828
peak load 368,652,829
peak power 829
peak traffic 828
peak value 829

pearl beading 814
pearl composition 1022
pearlite 488,810
pearlite board 810
pearlite mortar finish 810
pearlite plaster finish 810
pearlite spraying 810
peat 676
peat tar 676
pebble 118,310,902,946,1037
Péclet number 900
pedal 900
pedal shaft 901
pedal valve 11
pedestal 74,221,901
pedestal lamp 901
pedestal lavatory 11,593
pedestal pile 901
pedestal pile driving rig 902
pedestal signal 645
pedestal urinal 593
pedestrian barrier 924
pedestrian bridge 492,929
pedestrian count 923
pedestrian crossing 115
pedestrian crossing bridge(tunnel) 1015
pedestrian crossing sign 923
pedestrian deck 902
pedestrian detector 923
pedestrian guard rail 924
pedestrian island 39,924
pedestrian load 923
pedestrian overbridge 115
pedestrian parkway 955
pedestrian road 924
pedestrian sign 923
pedestrian space 923
pedestrian way 902
pediment 901
pediment arch 901
pedometer 925,928
peeler 195
peeling 195,793
peeling machine 195
peel strength 795
peel stress 795
peening 838
peep glass 776
peep hole 776
peep window 776
peg 215
peg adjustment method 256
pek[荷] 905
pelasgian construction 903
pelletized type aggregate 574
pelletizer 574
Peltier effect 904
pen 635
penalty function 802
penalty-function method 802
pencil-like root 352
pendant 668,907
pendant lamp 668,907
pendant light fitting 667
pendant signal 303
pendant switch 907
pendent chain 159,667
pendentif[法] 819
pendentive 819,908
pendulous branch 377
pendulum 131
pendulum dynamometer 879
pendulum motion 879
pendulum shaft 908
penetrated mortise and tenon 77,715,742
penetrated mortise hole 760
penetrating inspection 492
penetrating luminous flux 704
penetration 489,493,718
penetration bead 80
penetration index(PI) 493
penetration index 823
penetration sleeve 207
penetration test 76,208
penetration zone 985
penetrometer 208,902
Penicillium(blue mold) 5
pension[法] 818
penstock 496,709,907

penta-chloro-phenol 831
pentachlorophenol 907
pentane 907
pentastyle 347
pentastylos[希] 907
penthouse 120,298,713,829,908
pent-house roof 173
pent roof 415
pent roof 829
peptization 140
peptizator 140
peptizing agent 140
per-capita park area 837
perceived noise level 196,633,825
percent 799
percentage 799
percentage disturbance 799
percentage humidity 915
percentage of bright sunshine 754
percentage of damaged houses 151
percentage of fine aggregate 369
percentage of infections ascaris larva 423
percentage of moisture 201
percentage of oxygen saturation 395
percentage of passing weight 659
percentage of saturated water content 922
percentage of void 262
percentage of washing loss in aggregate 348
percentage of water content 203
percent consolidation 21
percent swell and shrinkage 733
perception reaction distance 633
perception reaction time 633
perched (ground) water 82
perched(ground)water 646
percolating filter method 398
percolation 491,709
percolation pond 492
percolation process 797
percussion 793
percussion boring 469
percussion boring apparatus 469
percussion drill 793
percussion drilling 793
percussion welding 470
perfect automatic batcher plant 559
perfect combustion 205
perfect elastic body 205
perfect elasticity 205
perfect elasto-plastic system 205
perfect fluid 205
perfect gas 1014
perfect inspection 204
perfectly diffusing 204
perfectly diffusing reflection 204
perfectly diffusing surface 204
perfectly diffusing transmission 204
perfectly killed steel 204
perfectly transmitting body 205
perfectly water-proofing plywood 205
perfectly welded 205
perfect plastic body 205
perfect plasticity 205
perfect plastic yield 205
perfect radiator 205
perfect transmission body 205
perfect-weld 205
perforated aluminium panel 24
perforated asbestos cement flat sheet 24
perforated beam 985
perforated board 25
perforated brick 24
perforated cover plate 24
perforated gypsum board 24
perforated panel 24,558,603,985
perforated panel air diffuser 558
perforated panel air outlet 558
perforated pipe 24,602
perforated plate 24
perforated plywood 24,985,986
perforation of filter film 1048
performance 711
performance bond system 321
performance code 536
performance curve 711
performance factor 534
performance standard 543

performance surety 321
performed asphalt joint filler 14
performed joint filler 963
Pergamon 904
pergola 797,904,1027
peridot 903
peridrome 456
Perigueux[法] 903
perihelion 253
perillaoil 98
perimeter 453,903,947
perimeter heating 903
perimeter load 903
perimeter of reinforcement 683
perimeter system 903
perimeter zone 146,903
period 446
period-frequency relation 446
periodic force 447
periodic function 446
periodic inspection and repair 672
periodic motion 446
periodic steady heat transmission 446
periodic vibration 446
periodic wind 446
period of declining growth 303
period of estimate 955
period of ground motion 430
period of motion 492
periofus red 903
Periphyton 867
peripteral 453
peripteros[希] 903
peristylium[拉] 903
Peritricha 112
perking switch 794,838
perlite 488
perm 810
permafrost 86
permanent bridge 86
permanent current 340
permanent deformation 86
permanent hardness 86
permanent hard water 86
permanent International Association of Road Congresses 823
permanent load 86
permanent marker 86
permanent memory 348
permanent set 316,809
permanent strain 86
permanent supplementary artificial lighting in interiors 824
permeability 705,708,709,809
permeability rating of air 260
permeability test 709
permeability test apparatus 709
permeable pavement 709
permeable stratum 709
permeable subsoil 709
permeameter 709
permeance 810
permissible air pollution 994
permissible building area 305
permissible carbon dioxide content 620
permissible clearance 246
permissible deviation 247,248
permissible dose 247
permissible limit 247
permissible pressure 246
permissible pressure difference 247
permissible settlement 248
permissible temperature 247
permissive limit of dust concentration 484
permittance 810
permittivity 810
permutite 810
perpendicuar lay-out 502
perpendicular anisotropy 656
Perpendicular architecture 502
perpendicular lay-out 656
perpendicular line 380,607
Perpendicular style 502,655,809
perpendicular system 656
perpetual shadow 316,660
perron 138
Persepolis 904
Persian architecture 904
Persian blinds 904

Persian carpet 904
persimmon 153
persimmon juice 434
persimmon juice work 435
persistent pollutant 421
personal error 346
personal image 800
personal mini-computer 800
personal rapid transit 823
personal sub-system 484,824
person trip 800
person trip survey 800
perspective 105,799
perspective axis 703
perspective drawing 708,799
perspective drawing method 707,708
perspective projection 708
PERT 823
perturbation equation 551
perturbation method 551
perturbation parameter 551
pervious cesspool 498
Peshawar 900
pesticide 383
pesticide pollution 775
petri's dish 902
petrochemical waste water 543
petrolene 902
petroleum 542
petroleum asphalt 542
petroleum emulsion 543
petroleum-ether soluble matter 542
petroleum pitch 543
petroleum waste water 543
petrol tank 902
pettenkofer's formula 901
pettenkofer's method 901
pew 488
Pfalzkapelle 28
phaeophytin 855
Phalanstère[法] 851
phanerocrystalline 302
pharmacy 980
pharos 851
pharosage 851
phase 48,566
phase angle 48
phase boundaries 567
phase characteristics 48
phase constant 48
phase control 48
phase difference 48,570
phase lag 48
phase meter 570
phase plane $\delta$-method 48
phase velocity 48
pH automatic controller 824
pH control 824
phenol 541,855
phenol decomposing bacteria 855
phenoldisulfonic acid method 855
phenol-formaldehyde resin 541
phenolformaldehyde resin 855
phenolic resin adhesive 541,855
phenolic resin paint 855
phenolics 855
phenol oxidizing bacteria 541
phenolphthalein 855
phenolphthalein alkalinity 855
phenol resin 541,855
phenol resin manufacture waste water 855
phenols 855
phenols bearing waste water 855
phenols removal 855
phenoplast 855
phenyl isocyanate 2
philadelphus grandiflorus[拉] 538
Philippine mahogany 853
phon 856
Phormidium 934
phosphate removal 1030
phosphate softening 1030
phosphor bronze 1030
phosphorescence 1030
phosphorescent substance 292,1030
phosphoric acid 1030
phosphoric acid pickling waste 1030
phosphoric crown glass 1030
phosphoric flint glass 1030

phosphorism 1030
phosphorous acid 33
phosphorus 1028
phosphorus pentachloride 341
phosphorus removal 1030
phot(pH) 856
Photinia glabra[拉] 182
photoautotrophic microorganism 312
photocell 335
photo (electric) cell 335
photo-cell illuminometer 335
photochemical air pollutant 314
photochemical oxidant 314
photochemical pollutant 314
photoehemical reaction 314
photoehemical smog 314
photoehemistry 314
photoelastic coating method 332
photoelastic constant 332
photoelastic effect 332
photoelasticity 332,856
photoelastic phenomenon 332
photoelastic sensibility 332
photoelastic strain gauge 332
photoelastic strainmeter 332
photoelastic test 332
photo-electric brightness 335
photo-electric colorimeter 335
photo-electric colorimetry 335
photoelectric colorimetry 335
photoelectric effect 335
photoelectric photometer 335
photo-electric photometer 335
photo-electric photometry 335
photo-electric tube 335
photogeology 440
photogrammeter 440
photogrammetry 440
photograph base 382
photographic map 440
photographic photometry 440
photographic surveying 440
photographing work 382
photograph plumb point 440
photoluminescence 856
photomatic level 440
photometer 335,856
photometric standard 581
photometry 440,581,856
photon 856
photopic vision 961
photoreader 856
photostat 929
photo studio 382
photosynthesis 319,826
photosynthetic bacteria 319
phototheodolite 440
phototube 335
phototube dew-point meter 335
phototube dust counter 335
photo-tube illuminometer 335
phreatic surface 489
pH-recorder 824
phrophyllite 1046
phthalate resin paint 866
phthalate resin varnish 866
phthalic acid resin 866
pH-value 824
Phycomycetes 568
phyllite 564
phyllostachys edulis[拉] 968,1058
Phyllostachys mitis[拉] 336
physical adsorption 869
physical and chemical examination of water quality 1013
physical control 869
physical distribution 868,869
physical durable years 869
physical exploration 869
physical geological exploration 869
physical life-time of building 869
physical logging 869
physical model 869
physical non-linear 869
physical pendulum 427,869
physical photometry 869
physical pollution 869
physical property 869
physical prospecting 869
physical weathering 869

phytohormone 479
PI 823
PI (proportional integral) action 823
piano nòbile[意] 451
piano wire 823
piano wire concrete 319
PIARC 823
piazza[意] 823
Piazza del Campidoglio[意] 208
picaroon hole 727
picea jezoensis[拉] 94
P-i chart 823
pick 668
picket 914,1010
pick hammer 835
pickling 835
pick-up 202,835
pick up ratio 369
pick-up truck 350
picnic area 828
picnic fireplace 978
pictograph 828
pictorial drawing 955
picture coordinate 440
picture gallery 138,194
picture moulding 158,828
picture plane 188
picture rail 158,162,663,828
picturesque 828
picture window 828
piece 832
piece angle 832
piece rate wages 680
piecewise design procedure 268
piece work 833
piece work account 680
pier 237,541,823,869
pier bath 846
piercing 25
piercing punch 25
piercing saw 828
piercing test 823
pier column 226
pier foundation 823
pieris japonica[拉] 11
pier stub 226
piezo-electric microphone 20
piezoeletric loudspeaker 20
piezometer 824
piezometer tube 824
piezometric head line 709
piggyback system 828
piggyback transport 828
pig iron 510,562
pigment 209
pigment for colouring cement 553
pigment in oil 611
pigment volume concentration 209
pigment volume ratio 209
pigment weight percent 209
pig-pen 737
pilaster 157,174,663,798,846
pile 256,790
pile cap 790
pile carpet 790
pile collar 257
pile driver 256,790
pile driving boat 256
pile driving crane 256
pile driving formula 256
pile driving hammer 256
pile driving resistance 256
pile driving test 256,1006
pile driving tower 256
pile driving with drop hammer 737
pile dwelling 256
piledwelling 256
pile dwelling 324
pile extractor 222,257,790
pile formula 256
pile for reinforcing 942
pile foundation 256
pile foundation works 256
pile-group 283
pile hammer 790
pile head 256,257
pile hoop 257
pile loading test 257
pile preparation 256
pile shoe 256

pile spacing 257
pile width 257
piling 256
piling cap 257
piling machine 791
piling plan 257
piling work 256
pillar 798,845
pillar crane 798
pillar fountain 608
pillar hydrant 593,636
pillar tap 609
pillow light 940
pillow speaker 848
pilot 791
pilot flame 791
pilot house 791
pilotis[法] 849
pilot lamp 791,825,841
pilot motor 791
pilot nut 791
pilot operated expansion valve 791
pilot plant 791
pilot relief valve 791
pilot shaft 791
pilot switch 791
pilot truss 791
pilot valve 791
pilot well 412
pin 200,353,578
pin 841
pin 849
Pinakothek[德] 837
pin bearing 849
pincers 264
pinch 968,991
pincher 907
pinching 680
pinch off 968
pin-connected construction 849
pin-connected truss 849
pin connection 849,850
pine 944
pine needle mulch 410
pine pile 944
pine tar 969
ping-pong ball room 850
pin hinge 849
pin hole 556,812
pinhole 850
pin jiont 328
pin joint 177,849
pin key 849
pink lauan 849
pinnacle 162,473,563,837
pin plate 850
pin support 849
pintle 849
pin tumbler lock 849
Pinus densiflora[拉] 6
Pinus Himekomatsu[拉] 840
Pinus palustris[拉] 586
Pinus parviflora[拉] 355
Pinus rigida[拉] 1013
pinus thunbergii[拉] 282
pipe 195,788,806
pipe arch 788
pipe arrangement 781
pipe bearer 788
pipe bend 789
pipe bender 266,789
pipe bending machine 266
pipe bending roll 789
pipe bracket 266
pipe bridge 210
pipe building 789
pipe bushing 789
pipe casing 266
pipe clamp 196,266,788
pipe cleaning 788
pipe clip 196,266,702,788
pipe coil 788
pipe cooling 788
pipe coupling 788
pipe cutter 266,788,789
pipe cutting and threading machine 208
pipe-cutting machine 198,266
pipe diameter 198
pipe die 123
pipe duct 781,789

pipe duct cleaner 198
pipe fitting 207,266,789
pipe fittings 198,266,789
pipe flange 208
pipe friction loss 208
pipe friction resistance 208
pipe grid 266
pipe hanger 196,207,266,789
pipe holder 266,788
pipe hook 266
pipe irrigation 705
pipe joint 207,266,789
pipe lagging 789
pipelayer 789
pipeline 210
pipe line 781
pipe linc 781
pipeline 789
pipe linc arrangement 782
pipeline conveyance 789
pipeline net 209
pipeline network 210
pipe locator 789,937
pipe manufactory 531
pipe pendant 789
pipe pendant lamp 266,789
pipe pile 198,266
pipe pliers 789
pipe plug 789
pipe(coil)radiator 789
pipe reamer 789
pipe roller 266
pipe saddle 266
pipe scaffold 683
pipe scraping tool 266
pipe shaft 789
pipe support 196,266,788
pipet 839
pipe tax 782
pipe-testing machine 201
pipe thickness micrometer 196
pipe thread 209
pipe threading machine 266
pipe threading tool 266
pipe tongs 789
pipe tool 209
pipe trap 207
pipe truss 789
pipette 839
pipette method 839
pipe vice 789
pipe vise 266
pipe wall 208
pipe wrench 266,789,791
piping 266,781,788
piping diagram 266
piping drawing 782
piping due to heave 862
piping gallery 210
piping plan 266
piping support 782
piping system 782
piping tract 781
piping work 782
pisa[意] 829
pistol range 832
piston 832
piston compressor 832
piston pump 832
piston ring 832
piston rod 832
piston sampler 832
piston valve 832
pit 24,636,835
pitch 121,217,336,650,835
pitched face 352
pitcher pump 680
pitching 46
pitch of building 1030
pitch of roof 981
pitch of screw 763,764
pitch of sound 127
pitch pine 586
Pitch pine 1013
pit dwelling 607
pit excavation 666,770
pit gravel 982
pith 458,484,496,500
pit house 607
pitman 835

pitman shaft 835
pit method 327
Pitometer 837
Pitot meter 837
Pitot static tube 837
Pitot tube 836
pit sand 982
pit saw 589
pitting 324,697,700,835
Pittosporum 727
Pittosporum tobira[拉] 727
pittsburg seam 835
pivot 412,727,840
pivot and socket hinge 412
pivoted conveyor 840
pivoted window 145
pivot frame 144
pivot gate 840
pivot hinge 143,412,840
pivot ninge 412
pivot operation 840
pivot shaft 840
PL 825
placard 874
place 849
placeability 883
place brick 745
place de la Concorde[法] 361
place for entertainment 317
placing 76,77
placing speed 76
plagioclase 441
plain concrete 867,885,958
plain concrete arch 958
plain concrete construction 958
plain cut joint 528,847
plain joint 575,661,683,711
plain linoleum 886
plainsawn 49
plain-sawn 49
plain sedimentation 420,621,867
plain sedimentation basin 867
plain thermit 885
plain wood 481
plan 285,865,877,898
plancier 9,775
plan de la ville de 3 millions d'habitants[法] 398
plane 207,208,898
plane-angle method 506
plane asbestos cement slate 118
plane bending 898
plane curve 898
plane deformation 898
plane finish 208
plane frame 898
plane framework 898
plane knife 208
plane motion 898
plane of ductile fracture 108
plane of illumination 458
plane of incidence 756
plane of projection 703
plane of shear fracture 562
plane of structure 339
planer 207,208,212,588,594,608,655,846,884
plane rectangular coordinates 898
plane stock 208
plane strain 898
plane street 898
plane stress 898
plane surface bearing 898
plane surveying 244,473
plane-table 897
plane-table method 897
plane-table photogrammetry 897
plane-table surveying 897
plane table triangulation 508
planetarium 877
planetary gear 877
planetary transmission 877
plane topiary 966
plane truss 898
plane wave 898
plane with back iron 756
plane with cap iron 756
plan file 525
plan(ning) for expanded town 719
plan for parks and open spaces 313

Plan for the Construction of New Delhi 757
Plan for the Reconstruction of Dublin 612
Plan for the reconstruction of Moscow 970
planimeter 877,967
planimetric features 639
planimetric map 898
planimetric surveying 639,898
planimetry 898
planing machine 208
plank 18,816,877
plank buttress 49
plank floor 48,49
plank-floored bridge 49
plank pavement 49
Plank's constant 877
plankton 873,877
plankton net 877
planned economy 285
planned population size 568
planning 545,878
planning and design of architecture 305
planning grid 878
planning method 878
planning of civic center 316
planning of highway location 1050
planning of parks and open spaces 313
planning of road system 714
planning of scenic area 854
planning of terrazzo joint 688
planning programming budgeting system 839
planning standards 286
planning unit 286
plano-convex brick 877
plan of Chicago 406
plan of Williot's transportation 68
plant 878
Plantagenet style 878
plantation 69
plant ecology 479
planted moulding 663
planted tree (in garden or pot) 69
plant height 264
planthormone 479
plant industry 572
planting 478,608,674
planting belt 478
planting density 370,478
planting furrow 71
planting ground 478
planting hole 69
planting interval 478
planting layout 783
planting screen 461
planting stock 982
planting strip 478
plant location 392
plant mixing 878
plant reservoir 70
plants for landscaping 566
plan utility 878
plaque 874
plasma arc cutting 875
plaster 186,874
plaster base 761
plaster board 547,874
plastered building 761
plastered ceiling 424,761
plastered house 761
plastered wall 424,761
plasterer 377
plaster finish 424
plastering 377
plastering material 377,761
plaster lath 219
plaster mixer 377
plaster of paris 473
plaster of Paris 818,874
plaster of Paris 978
plastic analysis 579
plastic arts 568
plastic bifurcation 580
plastic binder 875
plastic buckling 579
plastic cable 874
plastic character 568

plastic clay 171,579
plastic coat 875
plastic coating 874,875
plastic collapse 580
plastic colour 568
plastic compression 579
plastic concrete 748,874
plastic condition 579
plastic decorative board 874
plastic deformation 171,580
plastic design 579
plastic effect 579
plastic elongation 579
plastic equilitrium 580
plastic film 875
plastic flow 579,580,875
plastic flow stress 742
plastic foam 875
plastic hinge 579,875
plastic hinge line 579
plastic hose 875
plastic house 875
plastic hysteresis 579
plastic image 568
plasticity 171,579,875
plasticity chart 579
plasticity index 579
plasticity processing 579
plasticizer 171,579,874
plasticizing agent 171,579
plastic kaolin 874
plastic language 568
plastic limit 579
plastic material 579
plastic media 875
plastic moment 580
plastic moment distribution method 580
plastic mortar 748
plastic permanent deformation 579
plastic pipe 874
plastic range 579
plastic refractory 875
plastic region 579
plastics 171,532,875
plastics concrete 875
plastic section modulus 579
plastic sentiment 568
plastic sheet 874
plastic shrinkage crack 875
plastic sign 568,874
plastic silt 579
plastic soil 171
plastics pipe 875
plastic strain 579,580
plastic stress 579
plastic substance 171
plastic theory 580
plastic thinking 568
plastic tile 875
plastic vibration 579
plastic viscosity 875
plastic wood 874
plastic yield 579
plastic yield stress 742
plasto-elastic deformation 580
plasto-elasticity 580
plastograph 875
plasto-inelasticiry 582
plastomer 875
Platanus occidentalis[拉] 30
platanus orientalis[拉] 513
plate 48,438,815,846,876,897,898
plate and angle column 884
plate and channel column 884
plateau 593
plate bearing test 897
plate bender 884
plate bending roll 49
plate blower 884
plate column 626,884
plate conveyer 884
plate coordinate 440
plate cutter 884
plated finish 964
plate dowel 49
plated silver 255
plated with gold 252
plate evaporator 884
plate fan 884
plate fin 884

plate fin coil 884
plate gauge 48
plate girder 48,817,884
plate-girder bridge 884
plate-glass 48
plate grab 884
plate loading test 367
plate muffler 884
plate optimization 821
plate pliers 884
plater 685
Plateresque 876
Plateresque style 876
plate shear 884
plate shears 338
plate stone 48,172
plate strucuure 75,898
plate tracery 884
plate type absorber 884
plate-type dome 339
plate valve 884
plate-vibrating compactor 897
plate washer 48
platform 846,876
platform bridge 876
platform construction method 876
platform conveyer 876
platform crane 876
platform trailer 876
platform truck 876
platform wall 930
platform-wicket 140
plating 716,964
(metal)plating waste water 964
platinum 875
platinum-cobalt method 802
platinum-platinum rhodium 802
platinum-wire turbidimeter 802
platoon 441
platoon type 877
platte[德] 876
player camping village 559
play facilities 984
play field park 83
playground 16,83,984
playground of school 334
play-guide 882
play lot 432,881,994
play room 881,984
play sculpture 881
plaza 849
plaza[西] 874
pleasure land 983
plenum chamber 884
plenum velocity 884
plexiglass 882
pliers 980
plinth 808,880
plinth block 808
plinth stone 762
plinth tile 808
plot 157,888
plot coverage 308
plot plan 786
plot planning 786
plotter 887
plotting 409
plotting instrument 508
plough 874
ploughed and tongued joint 59
ploughed-and-tongued joint 980
plough groove 310,708
ploughing blade 874
plough plane 953
plug 353,381,555,874
plug cap 381
plug fastener 559
plug in 874
plug welding 25,565,874
plum 877
plumb 380,471,877
plumb bob 380,744,748
plumb bob collimation 380
plumb bob line 380
plumber 87,105,782
plumbing 235
plumbing arm 232
plumbing equipment 87,235
plumbing fixtures 87,235
plumbing fork 232

plumbing installation 87
plumbing work 87,235
plumb level 380
plumb line 110
plumb-line deviation 110
plumb point triangulation 110
plumfruited clusterflowered yew 57
plunge bath 560
plunger 877
plunger pump 877
plunger rod 878
plus sight 533
pluviogram 81
pluviometer 81
ply 873
plymax 873
plywood 36,337,873,902
plywood for structural use 329
plywood mould 337
plywood sheathing 337,902
PMV 825
PNC 825
pneumatic applied concrete method 858
pneumatic applied mortar method 858
pneumatic automatic control 259
pneumatic automatic control system 211,257
pneumatic caisson 258,757
pneumatic caisson foundation 258
pneumatic caisson method 258,757
pneumatic carrier 220
pneumatic caulking hammer 258
pneumatic control 259
pneumatic conveyer 258,259,261,757
pneumatic discharge 757
pneumatic discharge regulator 257
pneumatic drill 222,259,260,757
pneumatic ejector 211
pneumatic governor 258
pneumatic hammer 260,261,757
pneumatic jack 211,259
pneumatic machine 258
pneumatic machinery 258
pneumatic machines 19
pneumatic membrane structure 261
pneumatic motor 85
pneumatic pile driver 258
pneumatic pressure tank 211
pneumatic pump 211
pneumatic riveter 261
pneumatic riveting hammer 260
pneumatic riveting machine 261
pneumatic rock drill 259,469
pneumatic rubber hose 757
pneumatic sewage ejector 92
pneumatic sewerage system 211
pneumatic structure 259,757
pneumatic struture 757
pneumatic system 757
pneumatic tie-tamper 259
pneumatic tire 757
pneumatic tool 259
pneumatic tube 220
pneumatic water supply system 211
pneumatic wrench 262
PNL 825
pocket 131,923
pocket bell 923
pocket compass 923
podium 928
Podobielniak dephenolizing equipment 929
podocarp 939
Podocarpus 939
Podocarpus macrophyllus[拉] 939
podsol (podzol) 929
point 911
point bearing 695
point bearing pile 561
point block 911
point-by-point method 636
pointed arch 563,698,716
pointed joint 293
pointed joint of random rubble 760
point house 911
pointing 911,963
pointing trowel 963
point light source 695
point load 691
point of application 388

point of attention 644
point of compound curve 830,861
point of contact 550
point of contraflexure 816
point of curve(P.C.) 244
point of curve 830
point of force application 634
point of inflexion 139
point of pile 256
point of reference 965
point of reverse curve(PRC) 817
point of reverse curve 823
point of S-curve 817
point of secant 244
point of sight 429
point of sulphofication 43
point of tangency 550
point of tangent(P.T.) 244
point of tangent 836
point perspective 754
point resistance 561
point resistance of pile 257
point sound source 690
point welding machine 701
poise 910
poisoning 647
poisoning by mine drainage 335
Poisson's distribution 910
Poisson's number 910
Poisson's ratio 910
Poitiers[法] 777
poke welding 680
POL 825
polar adhesive 244
polar coordinates 243
polar distance 243
Polaris 927
polarity 244
polarization 531
polarization photoelasticity 906
polarized light filter 906
polar moment 245
polar moment of inertia 203,629,630
polarographic analysis 930
polar projection 243
polar ray 243,244
polar second moment of area 203,629,630
polder 206
pole 243,577,710,932
pole-change motor 244
pole derrick 798,933
pole oil switch 825
pole plate 603,775
pole strip 917
pole transformer 645,933
Polianthes tuberosa[拉] 648
police box 798
police station 287,798
policy of population 487
poling 932
poling board 539
poliomyelitis 146
polis 931
polish 309,528,716,931,950
polished(plate)glass 950
polished plate glass 950
polished press plate 950
polished stone value 824
polisher 716,931
polish finish 950
polish finishing 309
polishing 666,667,931,936,950
polishing action 931
polishing compound 931
polishing filter 401
polishing mark 295
polishing powder 726
polishing varnish 931
political city 533
pollutant 124
pollutant path 124
polluted river 124
polluted snow 124
polluted water 124
pollution 124
pollution by particulates 847
pollution-causing industry 314
pollution control 124
pollution control facilities 314

pollution control planning 314
pollution-free engine 958
pollution index 124
pollution indication ion 124
pollution load 124
pollution loading amount 124
pollution measurement plan 576
pollution of ground water 633
pollution-plagued city -314
pollution prevention technique 314
pollution-related disease 314
pollution source 124
pollution under gusty condition 428
polyacetal 930
polyamide 930
polyamide resin 930
polycarbonate 931
polycarboxylic acid 931
polycenter system 931
polychlorinated biphenyl(PCB) 931
polychloro biphenyl 831
polychloroprene 830
poly-chloroprene 931
polychromy 408
polycylinder 931
polyelectrolyte 338
polyester 930
polyester bath 932
polyester-glassfiber veneer 930
polyester plywood 931
polyester putty 931
polyester resin 931
polyether 931
polyethylene 931
polyethylene film 931
polyethylene pipe 931
polyethylene resin 931
polyethylene(insulated)wire 931
polyglass 931
polyglycol 931
polygon 931
polygonal column 600
polyisobutylene 930
polymer 447
polymer cement concrete(PCC) 932
polymer-cement ratio 932
polymer coagulant 338
polymer dispersion 932
polymer-impregnated concrete 932
polymer-impregnated gypsum 932
polymerization 447
polymer loading 932
polymer stabilizing fluid 932
polymethyl acrylate 932
polymethyl methacrylate 932
polynomial 535
polynomial approximations 602
polynuclear aromatic compound 600
polyolefine 931
polyphosphate 932
poly-phosphate treatment 447
polyphosphoric acid 932
polypropylene(PP) 932
polypropylene fiber(PPF) 932
polysaprobity 241
polystyrene 931
polystyrol 931
polysulfide rubber 615,931
polythene 932
polytropic change 932
polytropic compression 932
polyurethane 930
polyurethane foam 930
polyurethane resin 930
polyurethane resin adhesive 930
polyvinyl 932
polyvinyl acetate 931
polyvinyl acetate resin 379
polyvinyl acetate resin adhesive 379
polyvinyl alcohol(PVA) 932
polyvinyl butyral resin 838
polyvinyl chloride(PVC) 931
polyvinyl chloride-metal laminated sheet 931
polyvinyl chloride tile 839
polyvinyl chloride wire 839
polyvinyl fluoride 839
pomel 232
pommel 232
Poncirus trifoliata[拉] 190

pond 45
pond for overlooking 776
ponding 622,935
ponding area 622
pontoon 935
pontoon bridge 74,871
pontoon erection 74
pony truck 929
pony truss 929
pool 880
poor drainage 785
poor lime 980
pop art 928
poping 930
Poplars 930
poplar wood 930
pop out 928
poppet valve 930
poppy head 928
pop safety valve 928
population 486
population characteristics 488
population density in dwelling occupancy per person in dwelling 246
population density of land 724
population equivalent 488
population forecast 488
population planning 487
population size 487
population structure 487
Populus alba[拉] 28
Populus sp.[拉] 930
populus tremula[拉] 15
pop up waste plug 928
porcelain 407
porcelain bushing 410
porcelain enamel 921
porcelain filter 411
porcelain insulator 140,408
porcelain radiator 710
porcelain socket 409
porcelain tile 409,418
porcelain tube 139,926
porch 927
pore pressure 198,368
pore pressure coefficient 199
pore pressure dissipation 199
pore water 199
pore water head 199
pore water pressure 199
pore zone 319
porosity 199,217,603,934,985
Poro-type telescope 934
porous air diffuser 602
porous anion exchange resin 602
porous block 986
porous brick 24,25,392,602
porous concrete 602,603
porous disk 709
porous film 603
porous filter tube 602
porous gun 602
porous material 603
porousness 603
porous plastics 805
porous slab 603,930
porous slab type underdrainage system 930
porous stone 930
porous wood 985
porphyre 816
porphyritc 849
porphyritic texture 818
porphyry 816
Porro-Koppe's principle 934
port 341,929
portability 290
portable air-compressor 55
portable asphalt plant 56,184,927
portable bath 927
portable belt conveyer 927
portable belt elevator 56
portable boiler 971
portable bridge 184
portable compressor 927
portable conveyer 55,184,927
portable crane 55
portable crushing plant 927
portable electric drill 290
portable elevator 927

portable gas pressure gauge 290
portable house 927
portable mixer 927
portable oscilloscope 290
portable planer 687
portable railway 927
portable resistance welder 927
portable saw 687,927
portable scaffold 180
portable sign 184
portable signal 1030
portable skid tester 927
portable type extinguisher 681
portable welding machine 56,184
portal 242,339,927
portal[德] 933
portal bracing 242
Portalbrücke[德] 933
portal crane 976
portal frame 976
portal jib crane 316,600,976
portal method 927
Portaloffnung[德] 933
portal rigid frame 976
portal steel tower 976
portal traveling crane 976
Portalturm[德] 933
Porta Nigra 933
port area 341
portcullis 667
port district 341
porte cochère[法] 933
Porte des Lilas self lift system 933
porter 209
porter's lodge 976
porter's room 456
porthole 87
portico 927
portland blast furnace cement 341
Portland cement 933
Portland cement paint 933
portlandite 933
portland pozzolan cement 927
port railroad 1030
ports and harbours development 341
Port Sunlight 929
port town 955
PC/S 825
position 49
positional tolerance 50
position computation 285
positioner 924
position light signal 714
position of weld 996
position vector 51
positive angle of elevation 236
positive blue print 483
positive definite matrix 535
positive displacement flow meter 996
positive ion 993
positive pressure 530
positive reinforcement 536
possible capacity 183
possible output 183
possible traffic capacity 183
post 286,381,422,661,798,917,925
post-buckled 380
post-chlorination 23
post chlorination 312
post-costing 414
post-critical 1028
post-critical curvature 1028
post-critical strength 1028
post cure 925
post-disaster restoration dwellings 367
postern 1057
post heating 351
post-hole auger 926
post hydrant 798
post office 987
post purge 926
Postsparkassenamt in Wien[德] 69
post stone foundation 267
post-supported floor 661
post-tensioning 925
post-tensioning system 925
post-tensioning T girder bridge 925
post-tensioning type 926
post under ridge pole 959
pot 800

potable water 66,472
potash alum 192
potash glass 192
potash-lead glass 192
potash lime 192
potash-lime glass 192
potassium 191
potassium carbonate 620
potassium chloride 103
potassium cyanide 402,532
potassium ferricyanide 855
potassium ferrocyanide 114
potassium glass 192
potassium hydroxide 169,499
potassium lead glass 191
potassium nitrate 471
potassium oxide 389
potassium permanganate 187
potassium permanganate purifier 187
potential 928
potential difference 690
potential energy 49,51,929
potential energy of deformation 905
potential flow 929
potential function 929
potential head 51,52
potential pollutants 558
potential surface 929
potential transformer 836
potentiometer 690,929
pot-hole 928
pot life 163,928
potted plant 801,934
potter's clay 149
potter's wheel 1048
pottery and porcelain 551
pottery pipe 705
pottery stone 710
pottery ware 707
pottery waste water 707
potting 800
pot trap 849
pot type burner 928
poultry house 154
pound 935
pound per square inch 824
pouring gate 989
poval(polyvinyl alcohol) 930
powder 792
powder cutting 792,892
powdered activated carbon 892
powdered active carbon process 891
powdered coal 839
powdered glue 892
powdered silver 252,254
powder extinguisher 892
powder extinguishing system 892
powdering 889
powder magazine 188,792
powder moulding 892
powder room 293
power 339,414,815
power amplifier 701
power booster pump 693
power consumption 815
power cylinder 815
power distribution 786
power distribution room 786
power drive shaft 815
power drive system 815
power factor(PF) 815
power factor 1013
power factor improvement 1013
power fuse 815
power generation 804
power hammer 714
power input shaft 815
power level 815
power line 701,714,815
power load 714
power loader 815
power pack 815
power pipe cutter 714
(eletric)power plant 804
power pump 714,815
power resource 714
power room 804
power saw 714
power series 899
power shaft 815

power shovel 714,815
power slide 824
power source 714
power source room 695
power spectrum 815
(electric)power station 804
power steering 815
power supply 234
power-supply system 787
power take-off 815
power take-off shaft 815
power train 815
power transformer 695
power transmission 815
power trencher 815
power unit 815
power winch 714
pozzolan 927
pozzolana 163,927
pozzolana cement 163
pozzolana mixed cement 163
pozzolan cement 927
pozzolan portland cement 927
PPBS 839
pPM 839
p' ra-chedi[泰] 875
practical capacity 428
practical formula 428
pradoo wood 193
pragmatic 874
Prandtl micro-manometer 878
Prandtl number 878
Pratt truss 876
PRC 823
pre-aeration 938,1003
pre-amp(lifier) 881
preamplifier 562
pre-assembling 881
preboring 558
precast 882
precast (concrete) block 882
precast cantilever method 882
precast concrete 830
precast concrete(PC) 882
precast concrete fence 269
precast concrete panel 882
precast concrete pile 219,882
precast light concrete slab 882
precast pile 219
precast reinforced concrete 882
precast reinforced concrete construction 882
precast reinforced concrete pile 220
precast reinforced concrete structure 269
precast ribbed slab 641
prechlorination 556,938
precinct 883
precinct yard 440
precious wood 961
precipitable water 160
precipitant 658
precipitate 132
precipitation 325,657,658
precipitation equipment 657
precipitation tank 658
precipitation test 658
precipitator 883
precipitimetry 658
precise levelling 538
precision filter 538
precision test 538
precoated galvanized steel sheet 639
precoat filtration 882
precoat macadam method 882
precompression load 558
preconsolidation 558
precooler 1004
precooling 882
pre-costing 419
precure 938
predetermined amount 1002
Predicted Mean Vote 825
predicting future transportation demand 477
predictive control 1002
predistortion method 227
predominant period 601
prefabricated building 269,885
prefabricated concrete panel wall 885

prefabricated concrete pile 219
prefabricated construction method 885
prefabricated house 269,324,885
prefabricated negatives 762
prefabricated reinforced concrete pile 220
prefabricated scaffolding 268,1057
prefabricated structure 269
prefabrication 885
prefectural edifice 307
prefectural road 726
preference of form 290
preference road 469,986
preferred sizes 986
pre-filtration 565
prefinish 885
prefinished plywood 724
preflex system 885
pregnancy 882
preheated air 1002
preheater 885,1002
preheater of supply water 233
preheating 879,1002
preheating method 1002
preheating period 1002
preliminary clarification 1003
preliminary design 225
preliminary design drawing 285
preliminary drawing 225
preliminary examination 1003
preliminary line 1002
preliminary screening tank 1003
preliminary storage tank 1003
preliminary surveying 1002
preliminary tremors 478
preload 419,999
pre-loading 419
preloading 558
preload system 885
premature crack 477
premature stiffening 215,573
premises 336
premium 309
premix 880
pre-mixer 885
pre-mixing 770
prepacked concrete 647,885
prepacked concrete pile 885
prepacked grout mixer 885
prepacked soil concrete pile 885
Prepakt concrete 885
preparation 421,422
preparation surfaces for painting 578
preparatory works 463
prepared glue 220
Pre-Romanesque style 880
presbyterium 739
presbyterium[法] 883
pre-sedimentation 562
presentation 883
present pattern method 301
preservation treatment 921
preservative 921
preservative substance 921
preserved plywood 921
preserving area of historical remains 1037
pre-settling system septic tank 893
presidio 560
presintering 420
press 18,20,883
press bolt 122
press-button system 883
pressed body 532
pressed cement roof tile 18
pressed cement tile roofing 18
pressed concrete sheet pile 138
pressed radiator 337
press filter 883
press fit method 20
pressigned parameters 674
press-in connector 20,187
press-in dowel 20,187
pressing pressure 20
pressing temperature 20
pressing time 20
press-in pile driver 20
pressiometer 883
press office 494
press pump 883

press straightening machine 883
pressure 21,883
pressure amplitude 22
pressure atomizer 20
pressure at rest 533
pressure bulb 21
pressure chamber 22
pressure coefficient 22
pressure conduit 22
pressure control 22
pressure control valve 22
pressure curve 21
pressure delay 21
pressure difference 22
pressure distribution 22
pressure drop 22
pressure escaping valve 22
pressure fall 22
pressure fan 22
pressure feed 21
pressure filter 22,23
pressure filtration 23,138
pressure floatation 138
pressure floatation equipment 138
pressure fluid 883
pressure gauge 21,402
pressure gauge type thermometer 22
pressure governor 648
pressure gradient 22
pressure-gradient microphone 22
pressure head 22,883
pressure hose 23
pressure intensity 22
pressure joint 20
pressure line 20,22
pressure loss 22
pressure loss coefficient 22
pressure method 22
pressure nozzle 22
pressure oil burner 22
pressure oil tank 983
pressure pipe 21,496
pressure pneumatic tyre bridge 597
pressure port 23
pressure proportioner system 883
pressure pump 20,23,883
pressure recorder 21
pressure-regulating valve 22
pressure regulating valve 23
pressure regulator 21;22,23,530,884
pressure-relief regulator 884
pressure ring 23
pressure sand filtration 22
pressure sensation 18
pressure sensitive adhesive 196
pressure sensitive adhesives 18
pressure sensitive adhesive tape 196
pressure spary type burner 22
(sound)pressure spectrum level 134
pressure spray type humidifier 22
pressure-stat 21
pressure switch 22
pressure tank 22,211
pressure tank water closet 211
pressure tank water supplying 22
pressure test 22
pressure tunnel 22
pressure type aeration device 22
pressure vessel 23
pressure void ratio curve 21
pressure water 22
pressure water tank 22
pressure wave 22,582
pressure welding 20
pressurization process 138
pressurized siamese facilities 138
presteaming period 562
prestige store 883
prestress 824,883
prestressed 824
prestressed concrete 824,830
prestressed concrete(PSC) 883
prestressed concrete 973
prestressed concrete grout 831
prestressed concrete pavement 883
prestressed concrete pile 883
prestressed concrete pipe 883
prestressed concrete pressure vessel 831
prestressed concrete structure 883
prestressed reinforced concrete 823

prestressing 883
prestressing (steel) bar 830
prestressing cable 824
prestressing force 480
prestressing steel 824,830
prestressing steel bar 824
prestressing strand 824
prestressing wire 824,830
prestressing wire strand 824
presumptive test 179
presumptive waste discharge 503
pre-tensioning 884
pre-tensioning method 884
pre-tensioning prestressed concrete 884
pre-tensioning system 884
pre-tensioning type 884
pre-timbering 377
pre-timed signal 674
pre-treatment 560
pretreatment 1003
prevailing wind 601
prevailing wind direction 461
prevention equipment 917
prevention fence for falling stone 1006
prevention of fire spreading 106,161
prevention of water hammering 498
prewetting 881
primary 578
primary adsorption 586
primary air 50
primary clay 50
primary clock 132
primary coat 433
primary colour 302
primary condensation 478
primary consolidation 50
primary creep 50
primary crusher 578
primary distributor 204
primary element 302
primary filter bed 51
primary gluing 50
primary heater 50
primary light source 50
primary lining 50
primary load 457
primary means 302
primary photometric standard 581
primary pollutant 50
primary pollution 50
primary sedimentation tank 586
primary settling tank 50,370,586
primary stress 50
primary structure 50,225
primary structure of soil 664
primary treatment 50,1003
primary triangulation 54
primary vibration 302
primary water device of fire pump 936
primary wave 838
primary ways 873
prime coat 37,873
prime coat finish 421
prime coating 723,724
prime contract 973
prime contractor 973
prime cost 299
prime meridian 935
prime mover 307
prime paint 723
primer 421,422,873
primer base 421
primer mixed paint 970
primer oil 873
primer paint 421
primer surfacer 873
priming 1003
priming cup 1003
priming glaze 421
primitive function 301
princess post 941
principal agent 458
principal axis 458
principal axis (of section) 629
principal axis of stress 456
principal central axis 449
principal contour 457
principal curvature 457
principal curvature radius 457
principal diagonal 459

principal diagonal line of matrix 945
principal distance of photograph 440
principal horizontal line 458
principal line 459
principal load 457
principal local road 461
principal member 458
principal moment 461
principal moment of inertia 457,459,460
principal normal direction 461
principal plane 461
principal plane of stress 116
principal point of photograph 440
principal projection 460
principal rafter 176
principal rafter beam 176
principal refraction factor 457
principal shearing stress 459
principal shearing stress line 459
principal shearing stress plane 459
principal shock 461
principal strain 461
principal strain theory 461
principal stress 456
principal stress intensity 456
principal stress line 456
principal stress plane 456
principal stress theory 456
principal system 224
principal unit stress 456
principal vibration 458
principle of dynamic virtual work 711
principle of least work 370
principle of minimum potential energy 370
principle of optimality 373
principle of reversion 819
principle of Saint Venant 398
principle of stationary potential energy 679
principle of superposition 161,650
principle of the least work 370
principle of virtual complementary work 171
principle of virtual work 170
printed linoleum 880
printed plywood 880
printer 880
printing 370
printing frame 978
printing house 62
printing machine 978
printing room 62
prismatic compass 879
prism glass 879
prism plate glass 879
prism tile 879
prison 291
privacy 873
private branch-exchange(PBX) 336
private branch exchange 839
private car 873
private consumption 344
private fire alarm 418
private fire hydrant 418
private house 971
private parking garage 565
private road 429
private room 345,873
private sewerage 418
private space 873
private tap 565
private telephone 418
private tender 437
private waterworks 565
private work 956
private work contract 956
privy 269,906
prize competition design 302
probability 159
probability curve 159
probability density function 159
probability line 159
probable error 159
probe 888
problem oriented language 888
problem-oriented languages 825
procedure 682,886,887
proceed signal 487
process 887

process air-conditioning 318
process automation 887
process control 887
processing 481
process line 887
Proctor compaction test 886
Proctor (density) test 886
prodomus[拉] 888
producer gas 804
producer gas scrubbing waste water 804
product image 887
production control 532
production cycle 532
production line 533,887
production program 887
productive city 533
productive (agricultural) green 533
product moment of inertia 571
product moment of inertia of area 203,630
product of inertia 203
products of light-weight concrete 292
profane architecture 575
professional agency for building procedure 306
profil[法] 888
profile levelling 452
profilometer 888
profit and loss statement 583
profound groundwater 857
program 627,886
program check 886
program clock 430
program control 886
program evaluation and review technique 823
program execution statement 424
program library 886
programming 886
programming language 886
program relay 886
program timer 886
progress chart 334,335
progressive settlement 487
progressive system of traffic control 487,860
progress parameter 488
progress schedule 334,335
prohibited zone 253
prohibitory sign 253
project 285,312,886
projected (sash) window 523
projecting butt hinge 971
projection 438,440,703,709,886
projection booth 87,703
projection drawing 703
projection port 87
projection room 87
projection surface 703
projection welding 725
projector 87,703,707,886
projector lamp 87
project team 886
promenade 888,987
promotional department store 888
prompter box 319,889
proof resilience 620
proof rolling 881
proof test 881
prop 605
propagation 664
propagation coefficient 700
propagation constant 700
propagation constant of sound 127
propagation of sound 127
propagation speed of sound 127
propagation velocity 664
propane 888
propane gas 888
propeller current-meter 888
propeller fan 888
propeller pump 888
propeller shaft 888
property room 349
proper value 355
proportion 888
proportional action 848
proportional band 848
proportional compasses 848

proportional control 848
proportional cost 848
proportional counter 848
proportional limit 848
proportional limit on the compressive strength inclined to the grain 966
proportional loading 848
proportional position action 848
proportioning chlorinator 1025
proportioning feeder 679
proportioning feed pump 679
proportion of size 529
propressive failure 487
props room 118
propulsion system 888
propulsion transmission 888
propylaia[希] 888
propyl isocyanate 2
proscenium 865,887
proscenium arch 887
proscenium box 887
proscenium bridge 887
proscenium opening 865
proscenium speaker 887
proscenium stage type 887
proscenium wall 865
proskenion[希] 886
Prospektlager[德] 886
prostyle 562
prostylos[希] 886
protected lowland 677
protecting glasses 924
protectional lighting 910
protection current 917
protection forest 910
protection of nature 420
protection structure for tide-water 919
protective agent 924
protective cap 910,924
protective coating 917
protective colloid 924
protective cover 995
protective device 888,910
protective equipment 924
protective gloves 924
protective mortar 924
protective relay 924
protective scaffold 995
protective shelf 995
protector 888,910
protein 627
protein adhesive 628
protein foam concentreates 627
proteolytic enzyme 628
proto-Doric order 888
Protozoa 303
protractor 888,892
proving ring 881
provisional contract 192
provisional marker 170
provisional replotting 192
provisional timbering 169
provisions 222
PRT 823
pruning 94,562
Prunus mume[拉] 78
Prussian blue 362,881
prussic acid 532
prytaneion[希] 880
PS 824
PSALI 824
PSALI (permanent supplementary artificial lighting in interiors) 863
PSC 824
PS cable 824
PS(prestressed) concrete 824
pseudo-dipteral 865
pseudo-dipteros[希] 865
pseudodiscrete 249
pseudo-harmonic vibration 221
pseudo-peripteral 865
pseudo-peripteros[希] 865
pseudo-viscosity 222
PSI 824
psi(pounds per square inch) 863
PSS 824
PSV 824
PSwire 824
psychiatric hospital 533
Psychoda 652

psychoda 1049
psychological test room 494
psychology of design 681
psychrometer 201,427
psychrometric chart 259,427,437
PT 836
Pterocarya rhoifolia[拉] 388
P-trap 837
pub(public house) 809
public abattoir 328
public aqueduct 317,328
public arcade 318
public assembly hall 314
public bath 241,323,563
public building 317
public competitive contract 54
public corporation-forest 339
public drinking fountain 323,953
public enterprise 316
public facilities 317,720,721
public facilities institutions 312
public fire alarm 328
public fire hydrant 328
public fountain 328
public garden 314
public health 323
public health engineering 87
public health science 323
public highway 335
public house 45
public investment 318
public land 339
public latrioe 241
public lavatory 241,323
public library 318
public lodging house 196
public nuisance 313
public office 979
public open space 314,317,318
public operated house 312
public owned rental house 317
public rental house 312
public road 335
public services 317,719
public sewer 317
public sewerage 317,328
public space 226,318,809
public survey 317
public tap 242
public tender 54,240,314,336
public tender system 336
public transit lane 317
public utility 312
public utility charges 318
public utility services 719
public water tap 317
public works 317,809
puddle-clay 806
puddling 805
pug 802
pugging 794
pug-mill mixer 795
pull 827
pull box 881
pull chain 826
pulley 56,176,379,552,878
pulley block 176
pulley bracket 176
pulley gear 176
pulley hoist 176
pull-grader 881
pulling jack 880
pull-out 828
pullout resistance 828
pull out strength of nail 264
pullout test 828
pull rod 881
pull rope 827
pull shovel 881
pull switch 840,881
pull test 881
pull up trees 763
pulp 814
pulp and paper mill wastewater 188
pulp cement board 814
pulpit 545,814
pulp mill waste water 814
pulsating load 174,906
pulsating stress 174,906
pulsating test 174

pulsation system 814
pulsation welding 956
Pulsator 814
pulse 814
pulse echo technique 814
pulse modulation 814
pulverised coal 839
pulverizer 839
pulvi-mixer 814
pulvin 814,861
pumice 73,193,289,810
pumice concrete 193,289
pumice gravel 193
pumice sand 193
pumice stone 193
pump 576,935
pumpability 935
pump caliber 935
pump chamber 936
pump dredger 936
pumped concrete 936
pump efficiency 935
pump horse power 936
pumping action 935
pumping capacity 995
pumping dancing sleeper 74
pumping drainage 936
pumping equipment 995
pumping loss 235
pumping-out system 935
pumping pit 936
pumping sleeper 74
pumping station 936
pumping system 935
pumping test 995
pumping well 995
pumping work 951
pump proportioner system 936
pump room 936
pump station 936
pump strainer 935
pump suction side 936
pump-up 935
pump well 936
punch, 819
punch 935
punched card 558
punched card system 830
puncher 935
punching 25,77,122,935
punching machine 122,819
punching metal 819
punching shear 122,819
punching shear stress 123
punch typewriter 392
Punktzug[德] 698
puppet theatre 758
purchase 800
pure aluminum 462
pure bending 463,464,622
pure colour 463
pure copper 463
pure culture 463
pure forest 464
pure lead 462
pureness 463
pure rigid framed structure 464
pure shear 463
pure stand 464
pure tone 462
pure torsion 621
pure water 463
pure water boiler 463
purge unit 798
purge valve 798
purging 260
purification 465
purification device 466
purification efficiency 472
purifying installation 533
purism 463
Purisme[法] 841
Puritan meeting house 531
purity meter 463
purity of demineralized water 463
Purkinje effect 881
Purkinje phenomenon 881
purlin 975
purlin post 975
purple bacteria 324

push butten switch 123
push button 123
push button cock 123
push button control 123
push button socket 123
push button valve 123
pushdozer 868
pusher grade 925
push-out test 122
push phone 868
push plate 122,868
push rod 868
putrefaction 871
putrefaction ratio 863
putrefactive substance 871
putrefying bacteria 871
putting leaf 794
putto 806
putty 805
puttying 806,848
PVC floor tile 112
PV (pressure-volume) chart 839
PVC (polyvinyl chloride) wire 839
PVF 839
P wave 838
PWL 834
PWS 834
pycnometer 829,831
pycnometer method 829
pykhnostylos[希] 840
pylon 791
pylon[希] 841
pylon aerial 791
pylon antenna 791
Pyracantha sp.[拉] 846
pyramid 847
pyramidal roof 913
pyramid crane 157
pyramid-cut 847
pyramidion 475
Pyramid of Djoser 480
Pyramids at Giza 217
pyramid-shaped roof 913
pyramid training 108
Pyrex glass 791
pyrheliometer 754
pyridine manufacture wastewater 847
pyridine-pyrazolone method 847
pyroceram 791
pyrometer 313,791
pyroscope 791
pyrostat 791
pyroxene 220
pyroxene andesite 220
pyroxyline lacquer 791

## Q

Q factor 236
qraternary ammonium salt agent 597
quad 77,283
quadrangle 77,283
quadrant 283,348
quadratic fitting 751
quadratic form 750
quadratic function 750
quadratic programming 750
quadriga[拉] 256
quadripartite vault 435
qualification 263
qualification test 263
qualitative analysis 675
qualitative housing shortage 427
qualitative test 675
quality control for industrial wastewater 324
quantitative housing shortage 1026
quantitative test 679
quantity 160
quantity by rough estimate 140
quantity estimate sheet 508
quantity of heat 769
quantity of horizontal solar radiation 505
quantity of light 340
quantity of material 375
quantity of water 506
quantity of water intake 459
quantity required 543
quantometer 207

quarrel(pane) 191
quarry 46,191,371,652
quarry defect 981
quarry face 777
quarry fault 981
quarrying 371
quarry pavement 777
quarry stone 31,774,777
quarter 263
quarter bat 750
quarter bend 232
quartered timber 1002
quartering 435
quarter pace 263
quarter-sawn 263
quarter-sawn conversion(of log) 942
quarter-sawn grain 942
quartile 435
quartrc hollow 341
quartz 263,539
quartz brick 539
quartz fiber 539
quartz glass 539
quartzite 286,824
quartzite fire brick 289
quartzite fireproofing materials 289
quartzlite glass 263
quartz mercury lamp 539
quasi-(semi-)industrial zone 463
quasi-isotropy 463
quasinational park 343
quasi Newton's method 463
quasi-setting 463
Quaternary deposit 597
Quaternary Period 597
quatrefoil 227
quay 869
quaywall 208
Queen Anne style 38
queen closer 994
queen post 257
queen-post 593
queen post 659,962
queen-post truss 257
queen post truss 659
quelline 298
quencher 263
quenching 978
quenching agent 978
quenching of arc 470
Quercus[拉] 1657
Quercus phillyaeoides[拉] 78
Quercus serrata[拉] 350
Quercus sp.[拉] 746
Quevrus dentata[拉] 165
quick action valve 256
quick-carrier 256
quick clay 256
quick closing valve 235
quick drying adhesive 580
quick drying varnish 580
quick hardening 231
quick hardening cement 231
quick lime 257,534
quicklunch stand 257
quickly drying varnish 580
quickly heating and cooling test 235
quick opening radiator valve 230
quick release valve 257
quicksand 256
quicksand phenomenon 256
quickset 45
quick setting 231,463
quick setting cement 231
quick shear test 234
quick switch 256
quiescent sedimentation 533
quiet zone 38
quoin 263,524
quoins 1026

## R

rabbet 310
rabbit tube 1009
race 1039
race course 1039
rack 138,1008
rack and pinion jack 797,1008
racking 1008

rack-jack 1008
rack jobber 1008
rack scafford 611
rack warehouse 1008
radar vehicle detector 1039
Radburn 1009
Radburn system 1009
radial and checker board street system 915
radial and ring road system 915
radial basin 860,916
radial brick 915
radial displacement 817
radial drainage 860
radial drainage 916
radial flow settling basin 916
radial jet 915
radial load 285
radial method 441
radial porous wood 915
radial road 915
radial shaped city 915
radial shear zone 915
radial stress 817
radial system 915
radial timbering 344
radial triangulation 915
radial unit stress 817
radian 1007
radiant constant 860
radiant energy 860
radiant hacting 860
radiant heat 916
radiant heater 916,1007
radiant heating 916
radiant heating of high temperature 313
radiant heating of low temparature 671
radiant heat transfer coefficient 860
radiant illumination 860
radiant panel 861
radiant ray 860
radiant ray inspection 916
radiant temperature 860
radiant tube 1007
radiated heat 860
radiating area 920
radiating body 860
radiating chapels 915
radiation 860,915,1007
radiation boiler 861
radiation constant of black body 343
radiation convection temperature 860
radiation damping 915
radiation exchange 860
radiation factor 861
radiation heat 1007
radiation heat transfer 860
radiation impedance 915
radiation intensity 916
radiation inversion 915
radiation pessure 915
radiationproof 589
radiation-proofing test 589
radiation pyrometer 860
radiation resisting paint 596
radiation shielding concrete 443
radiation shielding window 916
radiation therapy department 916
radiative type heater 861,916
radiator 860,920,1007
radiator blind nipple 920
radiator bracket 920
radiator branch 920
radiator fin 920
radiator hanger 920
radiator heater 1007
radiator nipple 920
radiator pedestal 920
radiator screw nipple 920
radiator section 920
radiator shield 920
radiator shutter 1007
radiator trap 920,1007
radiator valve 920
radio 1007
radioactive contaminating area 916
radioactive contamination 915
radioactive fallout 433
radioactive fall-out 915
radioactive inspection 916

radioactive isotope(R.I.) 915
radioactive managing area 916
radioactive mark 916
radioactive ray room 1044
radioactive rays 916
radioactive substance 916
radioactive tracer 916
radioactive wastewater treatment 916
radioactivity 915,916
radio-broadcasting station 1007
radio-chemical laboratory 915
radiographic detection 916
radio graphic room 95
radioisotope 33
radio isotope 1007
radiology department 916
radiometer 860,1007
radionuclide 915
radio set 1007
radio speaker 1007
radio station 959
radio studio 1007
radiotelephone 1007
radio-telephone exchange cabinet 1007
radiotelephone station 1007
radio tower 959,1007
radium 1007
radius 817
radius of curvature 245
radius of diffusion 156
radius of gyration 144
radius of gyration of area 630
radius of influence circle 87
radius of movement 335
radius of relative stiffness 337
radius of the core 158
radius served 986
radius vector 706
radlux 1009
radphot (rph) 1009
rafter 616
rafter bearer 616
rafter bearer notch 616
rafter roof construction 616
raft foundation 44,295,567,900,1009
rag bolt 128,377,1008
ragging 1008
rag slate 1008
rag stone 1059
Rahmen[德] 1010
rail 187,219,356,389,737,760,866,1041
rail beam 1041
rail bender 1041
rail brace 1041
railcar 1041
rail catch 1041
rail creeping 861
rail-defect detector 1041
railed door 129
rail gauge 1041
railing 339
rail jack 1041
rail joint 219,1041
rail joint depression 662
rail joint insulator 1041
rail joint work 662
rail junction 1041
rail level 33,1041
rail lifting device 994
rail of gauge length 673
rail oiling 1041
rail pile 1041
rail post 132
railroad 684
railroad crossing 872
railroad crossing angle 872
railroad crossing lock 154
railroad crossing protection device 872
railroad crossing warning sign 872
railroad grade crossing 872
railroad terminal 685
rail shifting 691
rail spike 57
rail steel 219
rail-straightening machine 1041
railway 684
railway bridge 684
railway curve rule 685
railway electrification 685
railway ferry 685

railway grade crossing 872
railway line 565
railway network 565
railway protection forest 685
railway siding 685
railway sign 685
railway signal 684
railway sleeper 1041
railway station 673,1041
railway station sphere 90
railway system 565
railway tunnel 685
rain 30,75
rain drop 78
rainfall 312
rainfall density 312,325
rainfall depth 312
rainfall distribution 81
rainfall duration 325
rainfall intensity 325
rainfall intensity formula 312
rainfall probability 325
rainfall ratio 325
rain-gauge 81
rain receiving tank 75
rain sculpture 75
rainstorm 921
rain tract 30
rain water drain 75
rainy day 325
rainy season 73
raised grain 965
raised separater 725
raising 160
raising gear 1039
raising(rearing) of seedlings 45
raising seedling in the open 1049
rake 207,1037
rake classifier 1037
raked joint 123,900
rake dozer 1038
rake tracing 913
raking 963,965
raking balustrade 778
raking beam 778
raking coping 778
raking cornice 778,1038
raking curb stone 778
raking shore 601
rallan bridge 863
ram 662,684,1010
ramee 5,1010
ramie 5,1010
ramification 890
rammer 1012
ramming 603,711,913
ramming pile driuer 494
ramming speed 1012
ramp 288,445,1012
rampant arch 1012
rampart 475
ramp metering 1012
random 858
random deflection hysteresis 1011
random excitation loading 858
random incidence 1011
random joint 1011
random noise 1011
random number 1011
random process 1011
random processing 1011
random rubble 1011,1059
random sample 758
random sampling 1011
random variable 159
random vibration 858,1011
random vibration theory 858
random wave 1011
range 299,1042
rangeability 1042
range finder 575,576,581
range masonry of pyramidal stone 304
range of daily life 753
range of hearing 176
range-pole 577
ranger 1010
range work 534
Rankine-Merchant's load factor 1010
Rankine's constant pressure gas viscometer 1010

Rankine's earth pressure 1010
Rankine's earth-pressure theory 1010
Rankine's formula 1010
Rankine's hypothesis 1010
Raphiolepis umbellata[拉] 444
Rapid bloc process 1009
rapid coagulation and sedimentation equipment 330
rapid coagulation and sedimentation tank 330
rapid coagulation sedimentation tank 233
rapid-curing 34
rapid-curing cut-back asphalt 34
rapid-curing liquid asphalt 34
rapid dryer 1009
rapid fastener 233
rapid (sand) filter 234
rapid filtration 234
rapid freezer 234
rapid freezing 234
rapid hardening cement 231
rapid rail transit 330
rapid sand filter 234
rapid sand filtration 234
rapid setting 231
rapid setting cement 231
rapid start circuit 1009
rapid start fluorescent lamp 1009
rapid-starting fluorescent lamp 575
rapid stripping concrete 575
rapid stripping method 575
rapidvehicle lane 330
rare metal 1034
rasp 227,1007
ratchet 666,1008
rate 1025,1040,1059
Rated aeration 1040
rated capacity 671
rated flow 1040
rated load 192
rated output 671
rated output of boiler 911
rate of compression 20
rate of creep 276
rate of decay 303
rate of dust collection 449
rate of dust precipitation 449
rate of excess air 165,258
rate of filtration 1048
rate of flow 334
rate of green area coverage 1027
rate of inflow 1024
rate of instant oil discharge 28
rate of leakage 1046
rate of loading 164,367
rate of moisture absorption 231
rate of molecular diffusion 890
rate of paved road 926
rate of road 715
rate of road area 149,715
rate of value slumping by depth 121
rather strong earthquake 439
rating 225,671
ratio by weight 455
rational formula 339
ratio of absolute volume 426
ratio of burnt area 980
ratio of closure 896
ratio of coarse to fine aggregate 578
ratio of common space to total space 242
ratio of effective prestress to initial pre stress 986
ratio of fire danger 161
ratio of floating particles (in coarse aggregate) 880
ratio of greenery space 1027
ratio of land for building 306
ratio of land for builic utilization 317
ratio of land use 725
ratio of length to width 741
ratio of living space 246
ratio of open space 263
ratio of population increase 487
ratio of public-useland 317
ratio of reinforcement 684
ratio of rentable area 658
ratio of run-off 1022
ratio of shear reinforcing bar 562

ratio of shrinkage swelling 449
ratio of slenderness 528
ratio of standing wave 674
ratio of urban area to city area 405
ratio of water permeability 710
ratio of Young's modulus 982
rattan 703
ratten furniture 704
ravelling 1010
Ravenna 1006
raw log 304,309
raw material 301,578
rawmaterial water 309
raw rubber 745
raw sewage 745
raw sludge 744,745
raw stone 303
raw water 302
raw water ice 534
raw wood 304,309
Rayleigh disk 1037
Rayleigh distribution 1037
Rayleigh method 1037
Rayleigh-Ritz method 1037
Rayleigh wave 1037
Raymond concrete pile 1037
ray of flux 576
rayogram 1037
rayon 486
rayon[法] 1041
Rayonnant style 1037
RC 34
reach 1015
reactance 1013
reaction 822,1013
reaction equation 822
reaction force 822
reaction of support 429
reaction sensitive adhesive 208,821,1013
reaction strut 822
reaction time 821
reaction torque 1013
reactivated of carbon by chemical method 177
reactivation 367
reactivation of carbon by gas method 177
reactive power 958
reactor 821,1013
reactor starting 1013
reactor vessel 302
reading 1003
reading error 414,1003,1016
reading line 965
reading room 96,717
readjustment of arable land 332
readybuilt house for sale 608
ready-built house for sale 891
ready mix 1040
ready mixed concrete 745,1040
ready-mixed concrete 1041
ready mixed concrete plant 745
ready mixed paint 650
ready-mixed paint 716
ready mixed paint of synthetic resin 327
ready mix paint 993
reaeration 366,369,374
reaeration coefficient 374
reaeration of activated sludge 176
reaeration tank 374
reagent 439
real focus 426
real image 426
Realism 440
realism 1013
Réalisme[法] 1034
real layer 426
real load 1013
real time control 1013
real time operation 425
reamer 1020
reamer bolt 76
reaming 25,156,532,1020
reanalysis method 366
rear-car 1020
rear drive shaft 1013
rear-dump(truck) 1013
rear dump(truck) 1020

rear-dumping truck 1013
rear house 80
rear land 80
rearrangement 975,1013
rearrangement work 23
rear street 80
rear view 790
rear yard 334
reasonable mixing ratio 680
reasonable rent 680
rebate 310
rebidding 374
rebound curve 859
rebound hardness 821
rebuilding 142
recarbonation 1013
recarbonization 373
receding colour 331
receipt 74
receiver 458
receiving and dispatching room 74
receiving antenna 458
receiving basin 458
receiving system 460
receiving tank 458
receiving voltage 460
receiving water 921
recentralization 891
receptacle 381,556,1014,1039
reception room 114,1039
reception table 114
receptor 1039
recess bath 398
recess bed 1039
recessed joint 827
recessed lighting 696
recessed lighting fitting 79
recessed luminaire 79
recession 303
recharge well 209,373
rechlorination 366
reciprocal assembly 341
reciprocal levelling 320
reciprocal theorem 573
reciprocal theory of virtual work 171
reciprocate valve 1039
reciprocating compressor 115
reciprocating pump 115,1039
reciprocating refrigerator 115,1039
reciprocity 570
reciprocity law 573
reciprocity theorem 154,573
recirculated aeration tank 462
recirculated cooling system 376
recirculating air 369
recirculation 1014
recirculation of cooling water 1035
recirculation of digestion gas 466
recirculation ratio 1014
recirculation water 369
reclaimed land 662
reclaimed lime 371
reclaimed rubber 371
reclaiming waste 150
reclamation 79,140,142,206,375
reclamation in water area by drainage 206
reclamation land 79
recoatability 162
recommended daylight factor 218
recommended illumination 500
recommended level of illumination 473
recompression 366
recondition 1014
reconnaissance 563,707
reconsolidation 366
reconstruction 142,368,1014
reconstruction cost 368
reconstruction of pavement 76
reconstruction plan(ning) 142
reconstruction plan 368
recooler 1014
record 131
recording device 251
recording meter 1038
recording noise meter 251
recording paper of sound level 566
recording rain-gauge 408
recording studio 1038
recording telephone 1031

recording water-gauge 409
record library 1038
record player 1038
recovery 140,146,1013
recovery of sludge 126
recovery rate 140
recovery rate of water 995
recovery ratio 369
recovery room 146,1013
recreation area 1038
recreation city 1038
recreation district 58
recreation facilities 58,1038
recreation ground 983
recreation hall 984
recreation planning 1038
recreation room 355
rectangular beam 264,652
rectangular block 264
rectangular brick 264,652
rectangular channel 652
rectangular duct 264
rectangular matrix 264
rectangular orifice 652
rectangular rigid frame 264,652
rectangular stone 620
rectangular system 656
rectangular weir 406
rectification 833,905
rectification of alignment 715
rectifier 538,833,905
recuperator 1038
recycled hot mixture 371
recycled water 371
recycling 369
(pavement) recycling 1014
recycling asphalt plant 1014
recycling criteria 369
red 5
red algae 6
red bauxite 5,540
red brass 5
red brick 6,1040
red cedar 897
red-check 1040
red colonies on Endo's medium 110
redevelopment 367
redevelopment plan 367
redevelopment urban dwellings 367
red fir 5
red glass 5
red heat 6
red hemppalm 5
red iron oxide 902,905
red lamp 6
red lauan 6,1040
red lead 6,109,339,539
red lead anticorrosive paint 109
red leaded zinc chromate anticorrosive paint 109
red leaded zinc chromate primer 109
red lead paint 993
red oak 5
red oxide rouge 902
red paint 6
red pigment 540
red pine 902
red putty 5
red roof tile 5
red rot 5
red rust 5
red sandal wood 422
red shortness 541
red spruce 5
red tide 5
reduced-gradient method 457
reducer 172,290,559,1040
reducing agent 199
reducing cross 290
reducing elbow 290
reducing flame 199
reducing joint 290
reducing material 199
reducing nipple 290
reducing oven 199
reducing pipe 172
reducing pipe method 559
reducing socket 290,1040
reducing tank 299
reducing tee 290

reducing valve 299,1040
reducing valve for water supply system 951
reducing well 199
reducing 90° Y 290
reduction 199,457
reduction factor 299,302
reduction gear 304,1015
reduction method 199
reduction of area 629,630
reduction of articulation 961
reduction of prestress 883
reduction printer 457
reduction tacheometer 1015
reduction to center 219
reduction valve 304
reductor 1039
redundancy 864
redundant force 1001,1004
redundant member 29,471,865,1001
redundant reaction 865,1001
redundant stress 1001
redundant structure 865
red willow 5
redwood 5
reed 11,1016
reed fence 1001
reeding 1016
reeled riveting 1028
reentrant angle 59
reentrant part 59
re-evaporation 370
refectorium[拉] 1041
refectory 478,1018
reference 218
reference column 468
reference dimension 392
reference electrode 826
reference grid 218
reference line 218,392,462,1041
reference material 218
reference plane 219,392
reference plane of component 326
reference point 62,218,462,1041
reference point surveying 218
reference rigidity 218
reference room 392,1041
reference sound absorbing power 218
reference space grid 219
reference system 218
referring point 34
refill 925
refilling of damaged slope surface 811
refined pottery 536
refiner 1018
reflectance 818
reflected daylight factor 818
reflected glare 818
reflected illumination 818
reflected light 818
reflected luminous flux 818
reflected solar radiation 688
reflected sound 817
reflecting luminaire 1006
reflecting stud 818
reflecting surface 818
reflection 817,1018
reflection crack 1041
reflection factor 818
reflection of sound 127
reflection stereoscope 818
reflection surface 1018
reflective heat insulation 818
reflectometer 818,1018
reflector 160,817
reflector button 818
reflectorized paint 818
reflector lamp 818
reflector marker post 818
reflector sign 818
reflector type fluorescent lamp 817
reflectoscope 1018
reflex valve 226
reflux condenser 209
refracted wave 267
refraction 267
refraction factor 267
refraction of convection 598
refraction of sound 127
refractive index 267

refractoriness by Seger cone 543
refractoriness under load 164
refractory 587
refractory brick 587
refractory casting 595
refractory cement 587
refractory clay 587
refractory materials 587,595
refractory(clay)mortar 587
refrigerant 1018,1034,1035,1036
refrigerant pump 1036
refrigerated container 1036
refrigerating capacity 1036
refrigerating chamber 1036
refrigerating compressor 1036
refrigerating cycle 1036
refrigerating effect 1036
refrigerating machine 1036
refrigerating machine oil 1036
refrigerating plant 1036
refrigerating room 1036
refrigerating system 1036
refrigerating temperature 706,1036
refrigeration 1018,1036
refrigeration load 1036
refrigeration room 1036
refrigeration temperature 1035
refrigeration ton 1036
refrigerator 1018,1036
refrigerator car 1036
refuge 595,837
refuge device 837
refuge impedance 837
refuge inductive light 987
refuge island 39
refuge manhole 595
refuge passage 837
refuge project 837
refuge road 838
refuge shelter 837
refuge system 837
refuge track 596
refuse 165,353,484
refuse chute 353,604
refuse disposal 353
refuse incinerator 353,484
regardness 644
Regency style 426
regenerated water 199
regeneration 325,371
regeneration effect 141
regeneration level 371
regime of river 164
region 631
regional center city 639
regional constitution 631
regional development 631
regional difference 631
regional environmental assessment 631
regional hub city 639,642
regional park 312
regional plan 631
regional planning 631
regional planning 639
regional planning concept 639
regional pollution 631
regional science 631,1014
regional sociology 631
regional town planning 312
register 637,1038
registered architect 305
registered trade 714
register of land 724
regreening 141
regression analysis 139
regression coefficient 139
regression line 139
regula 1038
regular 535
regular inspection 672
regular lay 551
regular matrix 535
regular polyhedron 535
regular reflection 242
regular reflection factor 537
regular sleeper 746
regular tie 746
regular transmission 536
regular transmittance 536
regular twin 1038

regular welding 936
regulated condition 570
regulated set cement 1038
regulated stream flow 651
regulating gate 534
regulating pondage 651
regulating tank 651
regulating well 651
regulation 220,222,651
regulation speed 532
regulator 651,1038
regulator valve 1038
regulatory sign 220
rehabilitation 635,1017
rehabilitation facilities 1017
rehearsal room 1017
reheater 374
reheating cycle 374
Reims[法] 1011
reinforced brick 684
reinforced brick construction 684
reinforced concrete 34
reinforced concrete (RC) 319,683
reinforced concrete block 923
reinforced concrete block construction 923
reinforced concrete bridge 683
reinforced concrete cable trough 683
reinforced concrete construction 683
reinforced concrete house 683
reinforced concrete pavement 683
reinforced concrete pile 34,683
reinforced concrete pipe 683
reinforced concrete sheet pile 683
reinforced concrete slab 683
reinforced concrete sleeper 683
reinforced concrete work 683
reinforced plastics 237
reinforced seat 923
reinforced stress 236
reinforcement 683
reinforcement for shearing 562
reinforcement member 923
reinforcement stress detector 683
reinforcement work 683
reinforcing 923
reinforcing bar 683,923
reinforcing bar placer 683
reinforcing post 575
reinforcing stay 923
reinforcing steel scaffold 683
rejointing 963
relative acceleration 571
relative address 571
relative aperture 319
relative consistency 571,572,664
relative density 572
relative displacement 572
relative displacement response 572
relative error 571,1028
relative Froude number 572
relative height 829
relative humidity 198,571,826
relative minimum 572
relative motion 569
relative scalar 571
relative slide 571
relative slope 572
relative stability 572
relative stiffness ratio 337
relative storey displacement 567
relative tensor 572
relative velocity 572
relative velocity response 572
relative visibility 830
relative visibility curve 830
relaxation 16,616,1027
relaxation method 141,210,1027
relaxation of prestressing steel 824
relaxation of stress 116
relaxation time 210
relay 1028
relay interlocking 290
relay pump 290,644
relay pumping station 644
release cock 1028
released structure 225
release moment 148
release pedal 1028
release pipe 992

release port 147
release valve 148,197,439,464,992,1028
releasing device 147
releasing valve 464
reliability 494,1027
reliability failure analysis 494
relief 74
relief bridge 823
relief cock 1028
relief ornament 74
relief photography 1041
relief set pressure 1028
relief sewer 925
relief valve 649,749,1028,1041
relief vent 749
relief well 299
relieving arch 157
rem(roentgen equivalent man) 1041
remaining durable years 1003
remaining heat 1002
remaining value of house 151
remixing 770
remnant of welding rod 996
remodeling 141
remote control 103,1020
remote control condenser type air conditioner 1020
remote control device 103
remote control meter 103
remote control switch 1020
remote control switch system 1020
remote control system 112
remote metering 103
remote operation 103
remote-operation hoist 1020
remote pick-up relpy 1020
remote sensing 1020
remote-sensing technique 103
remote (counter) system 157
remoulding 371,1020
remoulding gain 770
remoulding index 770
remoulding loss 770
remoulding test 1020
removable paint 1020
removal 55,524
removal of ammonia 42
removal of form 606
removal of nuisance organisms 537
removal of odour 479
removal of silicic acid 288
removal of surplus soils 397
removal of timbering 223
removal ratio 694
remover 795,1020
removing and reconstructing 50,826
removing indemnity 55
Renaissance architecture 1032
Renaissance style 1032
Renard number 318,1032
rendering 1044
renewal 367
renewal of rail 1041
renovation 141
rent 477,658
rentable area 163,658,1044
rentable room 163
rentable space 163,658,1044
rentable space ratio 1044
rentable warehouse 87
rental assembly hall 163
rental fee 658
rental house 658
rental space 1044
rental value 658
rented house 439
rent house management 164
renting with furnitures 663
rent of water surface 506
repair 450,679,741,924
repair charge 450
repairing dock 450
repairing expense 450
repairing expense of house 151
repair piece 1019
repair work 455
repeat 274
repeated bending test 274
repeated deflection 274
repeated impact load 274

repeated impact test 274
repeated load 274,1026
repeated stress 274,821,1026
repeated tensile compression test 274
repeated tensile test 274
repeated test 274
repeated(load)test 1026
repeated testing machine 274
repeated twisting test 274
repeated unit stress 274
repeated varying load 274
repertory 1040
repetition 821,1040
repetition method 821
repetitive analogue computer 274
replace 975
replacement 325
replacement of sand 603
replacing of timbering 760
replanting 925
replenishing basin 923
replenishment 923
replotting 206
replotting design 207
replotting in original position 299,304
replotting plan 206
report on the amount of work 335
report on the process of work 335
repotting 800
representation 440
representative numerical value 596
reproducer 1018
reproduction form 368
repulsion 1017
reputrefaction 375
rerailing ramp 891
reredos 1013
rerolled steel bar 371
resanding 924
rescue tower 1038
reseal 374
research center 301
resection 338
resection by tracing paper 708
resedimentation 373
reservation land 932
reserve 927
reserved land for replotting 207
reserved open space 927
reserved seat 428
reserved strength 1003
reserve strength 1003
reservoir 490,615,655,952,1014
reservoir capacity 655
reservoir for industrial water 318
reset 810
reset action 1014
reset controls 1014
reset schedule 1014
residence 445,451,676,1038
residence-commercial-manufacturing district 449
resident 246
residential air conditioning 451
residential area 447,451
residential area development work 451
residential caravan 1038
residential district 246,447,451
residential garden 451
residential hotel 1038
residential quarter 451
residential suburb 314
residential town 451
Residenz 79
residual 776
residual adsorption 399
residual agricultural medicine 399
residual chlorine 164
residual clay 399
residual clay soil 394
residual crack 399
residual deflection 399
residual deformation 399
residual deposit 394
residual displacement 399
residual error 392
residual parallax 395
residual soil 394
residual strain 399
residual stress 399

residual toxicity 399
residual water pressure 399
residual welding stress 399
residue 399
residue on evaporation 474
resilience 623,799,1039
resilient isolator 917
resillage 1039
resin 458,1039
resin acid 458
resin canal 980
resin concrete 1039
resin content 202,458,1039
resin duct 980
resin film 458
resin impregnated paper 458
resinoid 1038
resin paper 1039
resin pocket 980
resin sheet 1039
resin sheet overlay 1039
resin streak 980
resin varnish 458
resist 1038
resistance 340,672,1038
resistance brazing 673
resistance butt welding 672
resistance coefficient 672
resistance diagram for pile 257
resistance of fluid friction 1023
resistance of heat conduction 768
resistance of heat transfer 768
resistance of humidity transmission 423
resistance of opening 140
resistance of over-all heat transmission 766
resistance of passage 1025
resistance of watercourse 1025
resistance pyrometer 672
resistance thermometer 672
resistance welding 673
resistance welding machine 673
resistance wire strain gauge 672
resistant earth pressure 672
resisting force 340
resisting moment 673
resisting moment arm 673
resisting torque 672
resistivity survey 693
resist sagging 742
resite 1038
resite condition 1038
resitol 1038
resitol condition 1038
resol 1039
resol condition 1039
resoluble method 369
resolution of forces 635
resolving power 142
resonance 239,242
resonance capacity 239
resonance curve 239
resonance level 242
resonance method 239
resonance of air space 263
resonant absorption 242
resonant absorptive energy 242
resonant air space 239
resonant amplitude 239
resonant cavity 239
resonant energy 242
resonant frequency 239,242
resonant sound absorber 242
resonator 242
resonator type absorber 242
resorcinol 1039
resorcinol resin adhesive 1039
resort hotel 1015
resort town 235,930
resource distribution 413
resource recovery 413
resoures exploitation planning 413
respiration 341,342
respiratory quotient 342
respirometer 1039
respond 1014
response 115,1039
response acceleration 115
response amplitude 115
response analysis 115

response curve 115
response displacement 115
response factor 115
response shear 115
response spectrum 115,1039
response time 115
response wave 115
rest 1039
restaurant 62,1039
restaurant theater 1039
rest hotel* 1039
rest house 1039
resting owning 1004
restoration 146,859,867
restoration drawing 867
restoration of nature 420
restoring force 859
restoring force model 859
restoring method 861
rest plaza 231
restraining moment 331
restraint force 331
restraint stress 330
restricted (exclusive)industrial district 317
restricted passing sight distance 538
restricted residential district 447
restricted-step method 532
restricted stopping sight distance 538
restriction area of industry 318
restrictive water supply 532
rest room 230,235,1039
rest services sign 233
rest square 231
resultant 327,340,1014
resultant body force 331
resultant body moment 331
resultant line structure 340
resultant load moment vector 315
resultant loads 315
resultant load vector 315
resultant moment 339
resultant moment vector 339
resultant of force 340
resultant of forces 327
resultant stress 313
resultant stress vector 313
resultant thermometer 326
resurfacing 375
retable 1016
retailing sphere 339
retail shopping center 339
retail shopping district 339
retail store 1016
retail trade district 339
retainer 1016
retaining basin 932
retaining wall 726,998
retamping 373,1015
retardation 637
retardation basin 598
retarder 199,201,237,632,1015,1039
retarding agent 201,304
retarding basin 986
retempering 770
retention time 598
retentive power 925
reticle 1040
retiring room 825
retort 1040
retrogressive slide 589
return 1015
return address 1015
return air 150,197,1015
return air condenser 1015
return bend 150,1015
return cock 1015
returned sludge 907
return flow 973
return flow meter 203
return grille 197
return header 1015
return intake 197
return main 150
returnperiod 368
return pipe 150,973,1015
return ratio 909
return riser 150
return roller 1015
return tank 202

return to zero 1015
return trap 202
return tube boiler 973
return valve 150,1015
return water 199,907,909
reuse 375
reused water 371
reuse of waste 782
reuse water 375
reveal 581,600
reverberant sound absorption coefficient 392
reverberation 391,1017
reverberation chamber 391
reverberation meter 391
reverberation room 391
reverberation room method 392
reverberation time 391
reversal 819
reversal-stress member 573
reverse 782
reverse acting 226
reverse acting valve 226
reverse blower 1017
reverse circulation drill 1017
reverse circulation drilling machine 1017
reverse circulation drill method 1017
reverse circulation drill pile 1017
reverse curve 783,816,817
reversed beam 226
reversed bending 227
reversed Carnot cycle 226
reverse direction angle 817
reversed L-shaped retaining wall 225
reversed polarity 226
reversed position 816
reversed slab 226
reversed sun shadow curve 226
reverse gearbox 1017
reverse-graded multimedia filter 227
reverse osmosis 226
reverse osmosis membrane 226
reverse osmostic water treatment plant 226
reverse radiation 227
reverse-return system 1017
reverse side bead 80
reverse side welding electrode 80
reverse stress 573
reverse transition curve 783
reverse valve 1017
reversibility 154,819
reversible change 154
reversible cycle 154,1017
reversible lane 154,249
reversible level 154,1026
reversible reaction 154
reversible transformation 154
reversing damper 691
reversing gear 1017
revetment 341
revibration 371
revised simplex method 143
revival 861
revival of (architectural)style 994
revolution counter 144
revolution per minute 34
revolutions per minute(rpm) 145
revolved section 144
revolving distributor 143
revolving door 144,448
revolving grate 145
revolving screen 144,145
revolving stage 948,1019
revolving stage with disc and outer ring 442,752
revolving tower crane 557
revue theater 1041
Reynolds number 1036
R·G·B colorimetric system 34
rheological model 1037
rheonome 1037
rheostat 1037
rheotome 1037
Rhizopodea 362
rhizosphere 358
Rhododendron 664
Rhododen-dron sp.[拉] 664
rhomboid chain 1025

rhombus 830
rhyolite 539,1024
rhythm 1014
rhythmical image 1016
RI 33
rib 338,1018,1052
RIBA 33
rib-and-lagging 1018
ribbed arch 1018
ribbed arch bridge 1018
ribbed bar 1018,1052
ribbed member 1048
ribbed radiator 665
ribbed seam 195
ribbed seam roofing 195
ribbed slab 1018
ribbed vault 1018
ribbed wire 1018
ribbon burner 1020
ribbon development 129,1019,1020
ribbon figure 1020
ribbon filament 1020
ribbon flower bed 903,1019
ribbon saw 1020
ribbon steel 1020
rib dome 1018
rib lath 1018
rib plate 1018
rib slate 1018
Ricci's tensor 1016
rice-hulls 974
rich lime 865
rich mix 867,871
rich-mixed concrete 867,871
RI (radioactive isotope)container 33
RICS 33,1015
ride and ride system 1005
ridge 118,539,891,959
ridge and furrow (irrigation) 78
ridge-and-furrow aeration 78
ridge beam 959
ridge corner tile 959
ridge direction 295
ridge directional brace 295,354
ridge ornament 959
ridge pole 959
ridge-rib 959
ridge tile 58,776,959
riding ground 798
riding habit 471
Riemann-Christoffel's curvature tensor 1020
rifle range 439
rift 47
right angle 154
right angled triangular weir 655
right-angle parking 656
right ascension 539
rightlay 551
rightlay rope 551
right of way 715
right projection 502
right-turn ramp 76
rightward welding 75
rigid adhesive 327
rigid body 331
rigid deformation 331
rigid foam urethane 322
rigid foundation 326
rigid frame 327,328,1010
rigid-frame bridge 1010
rigid-frame construction 1010
rigid-frame girder 1010
rigid-frame pier 1010
rigid-frame type shear wall 1010
rigid frame without wall 959
rigidity 326,335,339,358
rigid joint 328
rigid-jointed framed dome 1010
rigid pavement 327
rigid plasticity 331
rigid structural plane 320
rigid structure 320
rigid wall 338
rigid zone 312
rill erosion 81
rim 1020
rim guard 867,1020
rim knob lock 1020
rim lock 667,797,1020

rimmed steel 1020
rinceau[法] 1011
rindgall 59
ring 1029
ring beam 1029
ring burner 1029
ring counter 201
ring distribution system 1030
ring dowel 1057
Ringelmann smoke chart 1029
Ringelmann smoke charts 1030
ring filler 1057
ring girder 1029
ring green belt 202
ring handle 1029
ring kiln 1057
ring lighting 1029
ring lubrication 1029
ring-porous wood 199
ring road 201,1029
ring shake 170,965
ring-shaped basin 1029
ringside 1029
ring valve 1029
ring village 109,206
rinkside 1029
rinse water 559,990
ripe egg of parasite 533
ripeness 457
ripening 457
ripening sludge 457
ripper 1016
rippled glass 1016
ripple grain 381
ripple tank method 504
riprap foundation 515
rip saw 609
rise 285,554,605,1005
riser 285,292,608,1005
riser main 609
riser pipe 605,1005
rising 161
Ritter's method 1016
river 170
river bank 153
river basin 1020
river basin sewerage system 1020
river bed 195
riverbed park 170
river-bed water 862
river bridge 170
river channel 180
river contanmination 170
river course 180
river engineering 170
river gravel 195
river-head area 498
river improvement 170
river location 170
river pollution 170
river purification 170
river sand 195
riverside land 671
riverside open space 153
riverside park 153
river stone 194
river surveying 170
river terracc 153,169
river valley 160
river water 170
rivet 164,189,841,843,1019
rivet buster 1019
rivet catcher 1010
rivet collar 1019
rivet connection 1019
rivet cutter 1019
rivet cutting 1019
riveted bond 843
riveted connection 843
riveted joint 842,843
riveted joint in three rows 399
riveted lap joint 1019
riveted lap joint in three rows 399
riveted pipe 1019
riveted structure 1019
riveted truss 841,1019
riveter 841,842,1019
rivet furnace 1019
rivet gauge 1019
rivet grip 1019

rivet hammer 1019
rivet head 1019
rivet heating 1019
rivet holder 23
rivet hole 841,1019
riveting 163,189,337,842
riveting 843
riveting 1019
riveting forge 1019
riveting hammer 163,685,1019
riveting in three rows 399
riveting in two rows 758
riveting machine 841,842
riveting punch 164
riveting tongs 1019
rivet in multiple shear 615
rivet joint 842,843,1019
rivet length 710
rivet line 843
rivet list 1019
rivet pitch 841,1019
rivet pitching tongs 1019
rivet punch 1019
rivet shaft length 1019
rivet snap 1019
rivet spacing 1019
rivet steel 1019
rivet tongs 1019
RL 33
road 145,714
road area ratio 715
road bay 59
road bed 708
road bridge 714
road closed sign 660
road cutter 1054
road-drag 1054
road drainage 715,1054
road embankment 715
road finisher 1053,1054
road heater 1053
road junction 714
road landscape 714
road lighting 715
road maintenance vehicle 1054
road marking 715,1054
road-mending 954
road narrows sign 859
road network 715
road network pattern 715
road oil 715
road packer 1053
road park 1053
road planer 1054
road ratio area 715
road-repair 954
road roller 715,1053
road rooter 1053
road scraper 1053
road-side 1050
roadside garden 138,714
roadside landscaping 1054
road side parking 1050
roadside planting 1054
road side restriction 110
roadside trees 746
road sign 1053
road-sprinkler 394
road stabilizer 1053
road survey 715
road sweeper 1053
road system 714
road tar 926
road traffic sign 715
roadway 442
roadway edgeline 442
roadway width 442
roaster 1050
Robertson metal 1053
Robinia pseudoacacia[拉] 753
Robinson's anemometer 1053
Robitzsch's actinograph 1053
Robitzsch's pyrheliometer 1053
Robon glass 1054
robot guiding system 1054
rocaille[法] 1047
rock 61
rock asphalt 1052
rock bit 1052
rock breaker 367

rock burst 982
rock crusher 203,367
rock drill 379
rocker 1051
rocker bearing 1051
rocker pier 1051
rocker shovel 1052
rock excavation 203
rock face 352
rock facies 205
rock fall 1006
rock fill 1052
rock fill dam 1052
rock-filled revetment 47
rock garden 46,203,541,1052
rock grab 203
rocking 1052
rocking chair 992,1052
rocking vibration 1052
rock mechanics 208
rock metal 1052
rock pocket 26,445
rock slide 61
rock tunneling method 203
rock well hardness 1052
Rockwell hardness test 1052
Rockwell hardness tester 1052
rock wool 209,1052
rock wool asphalt board 209
rock wool board 209
rock wool felt 209
rocky soil 61
Rococo architecture 1049
rod 376,662,911,1052
rod antenna 917,1052
rodding 920
rod-float 575
rod-mill 1052
rod screen 918
rod tamping 662
roentgen 1044
roentgen ray 1044
roentgen test 1044
roll 1055
roll back 1055
roll blind 1055
roll cooling water 1055
roll crusher 1055
rolled asphalt 1055
rolled beam bridge 18
rolled concrete 690
rolled edge 18
rolled fill 690
rolled glass 1055
rolled reinforced concrete pipe 1055
rolled steel 18
rolled steel bar of prestressed concrete 830
rolled steel beam 173
rolled steel column 173
rolled steel member 173
rolled steel pipe 18
rolled steel plate 18
roller 357,715,1054
roller bearing 1054,1055
roller coating 1054,1055
roller electrode 1055
roller end 56,698,1055
(fixed) roller gate 1054
roller grade 432
roller-lift bascule bridge 698
roller shade 1054
roller-skate rink 1054
roller support 1054
roll in 1055
rolling 18,690
rolling bascule bridge 698
rolling bridge 690
rolling compaction 690
rolling compaction machine 690
rolling core veneer 1055
rolling effluent 18
rolling formation 18
rolling friction 357
rolling gate 1055
rolling lift bridge 698
rolling method 1055
rolling mill 18
rolling screen 1055
rolling shutter 939,1055

rolling-shutter door 939
rolling tower 56,1055
rolling-up blind 939
rolling-up cabinet 939
roll leveller 265
roll moulding 105
roll out 1055
roll-over scraper 1055
roll rim sink 614
roll shutter 1055
roll-up door 939
roll up the bowl 801
roll up the cask 616
Roman arch 1054
Roman architecture 1054
Roman cement 1054
Romanesque architecture 1054
Romanesque style 1054
Roman mosaic 1054
Roman order 1054
Roman road 1054
Roman roofing tile 49
Roman roof tile 1054
romanticism 1054
romanticism architecture 1054
Roman town 1054
romper room 1055
Ron-champ[法] 1055
Rontgen[德] 1044
rood loft 739
rood screen 739
rood stairs 739
roof 981,1032
roof antenna 981
roof board 775,776
roof boarding 776
roof bolt 1032
roof coating 1032
roof covering work 981
roof crane 981
roof drain 981,1032
roof floor 120
roof framing plan 354
roof garden 120,1032
roof hydrant 120
roofing 981,1032
roofing lamp 1032
roofing plaster 981
roofing work 981
roof light 700
roof nail 981
roof parking 120,1032
roof plan 981
roof sheathing 79,703,776
roof shield 1032
roof tank 120
roof tile 195
roof-tile layer 195
roof truss 354,981.994
roof truss bracing 354
roof vent 120
roof ventilator 120,782,1032
roof water spray 120
room 423,903,937,1033
room acoustics 427
room air-conditioner 1033
room air conditioner 1033
room air motion 427
room check signal system 1033
room constant 427
room cooler 1033
roomer 938
room for rent 163
room for the aged 1046
room freezer 179
room heater 1033
room index 426
room noise 427
room planning 945
room rent 903,943
room service 1033
room size panel 1033
room temperature 423,427
room temperature gluing 423,465
room temperature setting 423,465
room temperature setting adhesive 423
room temperature setting adhesives 465
room terminal unit 614
room thermostat 428,1033
room-to-let 163

rooster[荷] 1050
root 1031
rootbend test 80
root crack 1032
root defect(of welding) 1032
root edge 1031
rooter 1031
rooter machine 1031
root face 1032
root gap 1032
rooting ability 803
rootlet 369
root mean square of sound pressure 134
root of welding 997
root opening 1032
root pass 480
root pot (soil) 769
root radius 1032
root rot 762
root run 80
Roots blower 1031
Roots meter 1031
root spread 770
root stretch 770
root surface carbonization 770
root system 360
rope 378,665,1053
rope belt 380
rope clamp 1053
rope drive 1053
rope guy derrick 1053
rope lubricant 1053
rope pulley 1053
rope way 1053
rosa[葡] 1049
rosace[法] 1049
Rosa centifolia[拉] 538
Rosa sp.[拉] 812
Rose 664,812
rose 1050
rose grain 1050
rosette 1050
rosette type strain gauge 603,1050
rose window 812
rosin 944,1050
rosin varnish 1050
rot 265,858,863
rotameter 1050
ro-tap shaker 1050
rotary 1051
rotary air compressor 143
rotary blower 143,1051
rotary(type)boring 144
rotary boring 1051
rotary boring machine 144
rotary burner 1051
rotary compressor 143,1050
rotary cutting veneer 957
rotary distributing system 143
rotary distributor 143
rotary drier 143
rotary drill 1051
rotary drilling 1051
rotary drum 144
rotary drum vacuum filter 144
rotary dryer 1051
rotary(air)filter 144
rotary filter 145
rotary flow aeration tank 557
rotary interchange 1051
rotary intersection 1051
rotary kiln 143,1051
rotary meter 143
rotary mixer 1051
rotary oil burner 143,1050
rotary oven 145
rotary percussion drill 1051
rotary piston meter 1051
rotary piston pump 144
rotary piston type flow meter 144
rotary piston type positive displacement flow meter 145
rotary planer 1051
rotary pump 145,192,557,1051
rotary refrigerating machine 1051
rotary refrigerator 145,1051
rotary rock drill 143
rotary scraper 143,144
rotary screen 144,1051
rotary shelf dryer 112

rotary snow-plough 1051
rotary square 1051
rotary switch 838,1051
rotary throttle valve 1051
rotary trowel 144
rotary vacuum pump 143
rotary valve 564,948,1051
rotary vane type positive displacement flow meter 144
rotary veneer 1051
rotary ventilator 145
rotary welding jig 144
rotatable cylinder 144
rotatable panel 144
rotating biological disk 144
rotating biological disk treatment 144
rotating book case 144
rotating boom 556
rotating crane 141,143
rotating machine 112
rotating motion 143
rotating speed 144
rotating tower crane 557
rotating valve 1050
rotation 143
rotational acceleration vector 143
rotational displacement 145
rotational inertia 143
rotational vibration 144
rotation angle of member 863
rotation of vector 900
rotation per minute 34
rotation speed ratio 144
rotation vector 145
rotation viscosimeter 144
rotative distortion 145
rotator 1052
rotaty system 1051
rot-fungi 858
Rotifera 1059
rotonde[法] 1053
Roto-plug cell 1053
rotor 143
Rotring 1052
rotten knot 265
rotten stone 265
rot test 858
rotunda 105,1051
rouge 1031
rough coat 582
rough coating 421
rough coat sealer 1009
rough disk grinder 31
rough dressing 31
rough estimate contract 140
rough face tile 582
rough finishing 31
rough girder 775
rough grind 31,582
rough grinding 32
rough grind stone 32
rough hewn timber 31
rough lumber 31,774
rough lumber floor 32
roughness 31,581
roughness meter 1009
rough planing 31
rough puttying 421,424
rough rafter 776
rough sketch 1009
rough string 741
rough surface 31,217
round about 1051
roundabout island 642
round bar 946
round bar bracing 946
round chair 1006
round column 947
rounded support 144
round end 109
round front lavatory 938
round headed nail 614
roundhead rivet 614
round-head rivet 947
roundhead rivet 947,982
round pen 1033
round-pointed shovel 946
round rafter 946
round shovel 946
round steel bracing 683

round support 231
round-trip times 34
round-trip times(RTT) 53
round-valley 611
round window 947
round wood railings 946
Rousseau diagram 1031
route 1031,1050
route guidance system 1031
route selection 1032,1050
route sign 1050
route surveying 1050
routine 682
row 1046
row matrix 241
row of trees 746
row vector 241
Royal Institute of British Architects 33
Royal Institute of British Architects (RIBA) 44
Ruyal Institute of British Architects (RIBA) 87
RP 34
rpm 34
RTT 34
rubber 188,353
rubber belt 354
rubber belt conveyer 354
rubber cement 354,1009
rubber cushion 354
rubber diaphragm 353
rubber hose chute 353
rubber insulated wire 354
rubberized asphalt 353
rubber latex 354,1009
rubber lined fire hose 354
rubber mat 354
rubber packing 354,1009
rubber pad 354,917
rubber pipe 353,354
rubber pipe nipple 353
rubber plug 354
rubber ring 1009
rubber sheet 354,1009
rubber skid-proof device 354
rubber spring 917
rubber stopper 354
rubber tape 354
rubber tile 354,1009
rubber tile floor ıg 354
rubber tire 1009
rubber-tired rollei 354
rubber tube 353
rubber washer 354
rubbing 953
rubbing compound 1009
rubbing stone 1009
rubble 31,46,118,274,774,1009
rubble aggregate 580
rubble concrete 580
rubble masonry 774
rubble-mound foundation 515
Rubkor 1009
ruby glass 324,1032
Rue de Rivoli 1025
Ruc Franklin Paris[法] 877
rug 626,1008
ruined building 964
ruinous earthquake 292
ruinous earthquake area 292
rule 467
ruled paper 297
ruler 211,467,1033
rules 222
ruling grade 433,532
ruling machine 1033
ruling pen 189
run 799
Runcorn planning 1011
run curve 82
Rundhorizont[德] 1033
runner 718,807,1012
running away 798
running cost 1012
running expense 289
running gear 1012
running speed 82,569
running time 569,1012
running trap 1012
running valve 1022

running water 1022
run-off 1022
run-off curve 1025
run-off pipe 1022
run-off-tab 111
runs 742
runway 177,799
runway beacon 177
runway lamp 177
runway visual range 35
rupture 792,800,912,981
rupture disk 814
rupture of tender 756
rupture strength 1009
rupture test of fillet weld 525
rural area 775
rural building 775
rural development 775
rural landscape 690
rural planning 584,774,775
rural zone 690
rurban 1009
rurban area 1009
rurban region 1009
rush 45,709,725
rush current 1008
rush hour (RH) 1008
rush work 725
rust 181,384,385,803
rustica[意] 1031
rustication 96,1031
rustic joint 967
rusting 803
rust inhibitor 918
rust preventing device 385
rust preventing grease 385
rust preventive material 918
rust preventive oil 917
rust preventives 385
rust-proof agent 918
rust proofing 385
rust-proofing 590
rustproofing 918
rust-proof material 918
rust proof oil 385
rustproof oil 918
rust proof paint 385
rustproof paint 918
rust proof pigment 385
rust remover 385,480
rust removing 384,385
rust resistance 591
rust-resisting 590
rust resisting oil 385
rust scale 182
rust spot 384
Ruth's filtering constant 1031
rutting 1058
RVR 35

## S

Sabao[葡] 443
Sabina chinensis[拉] 840
sabine 537
Sabine's reverberation time formula 537
saccharide 714
Sachalin fir 726
sacked cement 862
sackrubbed finish 760
sacristy 531
saddle 384
saddle bar 384
saddle cheek 955
saddle clip 890
saddle hub 384
safe deposit vault 38,923,924
safe factor of buckling 379
safe guard system 38
safe light 11
safe-light 39
safe light box 552
safe passing (sight) distance 38
saferite 386
safe rope 39
safe sight distance 38
safe sign colour 39
safe stopping sight distance 39
safe traffic facilities 333
safety 552

safety-alarm device 38
safety appliance of railroad crossing 872
safety arch 552
safety bag 39
safety band 39
safety breaker 39
safety butts 39
safety cock 552
safety colour 38,552
safety constraction 39
safety control equipment 914
safety cover 38
safety cut-out 38
safety design 39
safety design load 39
safety device 39,831
safety distance 38
safety domain 39
safety enclosed switch 253
safety engineering 38
safety explosion-proof lighting fittings 39
safety facilities 38
safety factor 38,39
safety factor for cracking load 839
safety factor for shear friction 562
safety factor for ultimate load 792
safety for sliding 178
safety fuel 39
safety fuse 38,39,552
safety glass 38,552
safety governor 552
safety grating 523
safety head 39
safety holder 39
safety hook 38,39
safety lamp 11,39
safety load 38,552
safety load domain 38
safety management 38
safety net 39
safety nut 552
safety pin 39
safety plug 39
safety rope 57
safety rules 38
safety screen 552
safety shoes 38
safety signal 38
safety standard 910
safety statical permissible load 38
safety strip 39
safety switch 38,552
safety valve 39,286,552,649
safety zone 39,552
safe wedge 38
safe working load 38
safe working pressure 38
safty lamp and sign 987
sag 378,616
sag bolt 380,383
sagging 616
Sago cycas 581
sag of line 379
sag ratio 380
sags 742
Saint-Denis[法] 397
Saint-Savin-sur-Gartempe[法] 392
Saint-Sernin[法] 394
Saint Venant's torsion 398
Saint Venant's torsional constant 398
sal ammoniac 388
salesroom 80
saline method 108
saline soil 112
saline stratum 196
saline water intrusion 108
salinity 112
salinometer 112,388
Salisbury Cathedral 583
Salix babylonica[拉] 422
Salix purpurea[拉] 5
Salix sp.[拉] 980
salle à manger[法] 388
salometer 112
salon 388
saloon 388
salt 103,404
salt accumulation 112

Saltaire 583
salt-box type 404
salt-dilution method 108
salt-glazed brick 405
salt-glazed tile 405
salting-out treatment 108
salt lake 105
salt pollution 103
salt tolerance 586
saltvelocity method 108
salt-velocity method 478
salt water 108
salt water cooler 108
salt water from gas well 167
salt water intrusion 108
salt water resistance 586
salty wind protection forest 920
Saltzmen reagent method 388
salviacim pavement 388
SamghārāmA[梵] 191
sample 398,482,955
sample group 482
sample of water 238
sampler 398
sample reservation 482
sample room 398,844
sample splitter 482
sample traffic survey 645,844
sample tree 844
sampling 398,413,482,760
sampling cylinder for filter media 1050
sampling inspection 760
sampling method 844
sampling tube 398
sanatorium 384,1027
San Carlo alle Quattro Fontane[意] 391
Sānchī[梵] 396
sanctuary 392,533,535
sand 396,519
sandal 397
sand asphalt 396
sand bar 382
sand bed 382,397,520
sand bed filtration 520
sand blast 397
sand blast apparatus 397
sand blast gun 397
sand blasting 397,519
sand blast machine 519
sand blower 386,397
sand-break 831
sand brick 519
sand cloth 309,397
sand coated wall 519
sand compaction pile 397
sand compaction pile method 397
sand discharge pipe 783
sand drain 397
sand drain method 397
sand drain vacuum method 397,588
sand dryer 397
sand dune 377
sanded siding 444
sander 395
Sander's pile driving formula 395
sand expansion ratio 519
sand filter 397,520
sand filtration 519
sand fixation forest 831
sand-flash valve 783
sand float finish 519
sand foundation 519
sand hole 397
sand hopper 397
sanding 396
sanding machine 396
sanding property 309
sanding sealer 394,396
sand jack 397
sand lime brick 285,291
sand loam 397
sand-mastic method 397
sand-off 397
sand paper 188,309,397,980
sandpapering 519,902
sand papering machine 188
sandpapering with water 952
sand pile 397,519
sand pit 397,519,736

sand pool 519
sand prevention 914
sand pump 397
sand putty 397
sand scraping 121
sand-scraping 519
sand screen 397,519
sand separator 397
sand shaker 519
sand stone 377,397
sand storm 854
sand stratum 519
sand streak 519
sand surface drain pipe 387
sand track 444
sand trap 519
sand wash 397
sand washer 396
sand washing 559
sand washing machine 559
sandwich 396
sandwich beam 396
sandwich board 396,540
sandwich construction 396
sandwich panel 396
sandwich panel construction 396
sandy clay 382
sandy clay loam 382
sandy clay stratum 519
sandy deposit 382
sandy loam 382
sandy silt 396
sandy soil 382,384
San Giorgio Maggiore[意] 393
San Giovanni in Laterano[意] 392
Sanguinalis finger-grass 840
sanidine 384
sanitary corner 384
sanitary district 481
sanitary door 384
sanitary earthenware 87
sanitary engineering 87
sanitary fixture 87
sanitary research institute 87
sanitary sewage 123
sanitary sewage per capita per day 837
sanitary sewer 123,179
sanitary technician 87
sanitary ware 87
Sankt Johann-Nepomuk-Kirche[德] 1002
San Lorenzo fuori le Mura[意] 399
San Marco[意] 398
San Miniato al Monte[意] 398
San Paolo fuori le Mura[意] 397
San Pietro[意] 398
Santa Costanza[意] 395
Santa Croce[意] 395
Santa Maria del Fiore[意] 396
Santa Maria della Salute[意] 396
Santa Maria Maggiore[意] 396
Santa Maria Novella[意] 396
Sant' Ambrogio[意] 396
Sant'Apollinare in Classe[意] 396
Sant'Apollinare Nuovo[意] 396
Santorine cement 397
San Vitale[意] 389
sap 383,906
Sapium sebiferum[拉] 747
saponification 299
saponification number 300
saponification value 300
saponin 386
saprobic organisms 123
saprobien system 123
Saprolegnia 386,951
sap rot 906
sapwood 481,483
sap-wood 906
sap-wood tree 906
saraca 388
Saracenic architecture 388
Saracenic style 388
sash 383
sash balance 383
sash bar 383,389,608
sash center pivot 144
sash chain 383,667
sash cord 383,668
sash fastener 278

sash hanger 667
sash holder 383
sash lift 383,680
sash pocket 383
sash pulley 667,945
sash roller 383,523,718
sash rope 668
sash sheave 718
sash weight 131,892
sash window 846
sash work 383
satellite studio 383
satellite town 87
satin polishing 383
saturated absolute humidity 922
saturated air 922
saturated bitumen asbestos felt 541
saturated dissolved oxygen 922
saturated humidity 922
saturated moist air 922
saturated solution 922
saturated steam 437,922
saturated steam pressure of liquid 91
saturated surface-dried condition 844
saturated surface dried condition 844
saturated surface-dry condition 844
saturated vapour 922
saturated vapour pressure 922
saturating effectiveness 231
saturation 373,921,922
saturation curve 922
saturation efficiency 922
saturation index 922
saturation line 922
saturation liquid line 921
saturation point 922
saturation temperature 921
saturation traffic flow 922
saturation zone 922
saucer 953
sauna 376
sauna bath 376
saw 566,775,776
Sawara false cypress 389
saw blade 582,776
saw branch 250
saw dust 118,580,776
saw dust collector 580
saw-dust concrete 118
saw-dust mortar 118
sawed surface 827
sawed veneer 581
saw file 776
sawing lumber 532
sawing machine 213,776
saw mill 582
sawn joint 177
sawn log 1060
sawn plank 826
sawn square 466,826
sawn timber 828
sawn veneer 584,776,828
sawn wood 827
saw off 828
saw procedure 222
saw set 10
saw setting 10
saw sharpener 776
saw tooth 581
saw-tooth 776
saw-tooth roof 776
saw-tooth roof lighting 776
saw-tooth truss 776
Saybolt-Furol viscosity 538
Saynatsalo 374
SBR latex 93
SC 93
scaffold 11,12
scaffold(ing) 934
scaffold board 11,397
scaffold clamp 11
scaffold plank 11
scagliola 509
scalar 509
scalar density 509
scalar product 509
scale 81,203,224,439,457,511,637,974
scale breaker 512
scaled crystal 81
scale drawing 457

scale effect 457
scale factor 457,512,951,1001
scale mark 965
scale of photograph 440
scale out 511
scale paper 512
scale-up 511
scaling 511,793,843
scaling hammer 511
scallop 509
scalloped capital 141
scaly pattern 81
scamillus 509
scanner control 510
scanning 510
scantling 358
scape 511
scar 219
Scarbrous aphananthe 958
scarf 113,508,524,575,967
scarfing 508
scarf joint 113,508,509,524,575,967
scarifier 509,664
scarlet 824
scarted joint 597
scatole 508
scattered beam 399
scattered light 399
scattered wave 399
scattering 399
scattering body 399
scattering noise 393
scattering of sound 127
scattering surface 399
scavenge line 509
scavenger 509
scavenger for condensate water 861
scavenger for organic matter 984
scavenging 567
scene 484,511
Scenedesmus 551
scene dock 78,594
scene of fire 163
scenery 118,854
scenery beyond 442
scenery storage 594
scenes room 118
scenic 854
scenic area 288,854,924
scenic beauty conservation area 854
scenic spots 854
scenic zone 854
Schale[德] 444
Schauspielhaus[德] 438
schedule 511
scheduled plan 511
schedule of quantities 508
schedule speed 843
scheduling 511
Scheibe[德] 438
schematic diagram 290
schematic plan 225
scheme 285,510
scheme arch 510
scheme of execution 543
scheme of haul 733
schist 905
schizomycetae 893
schizomycetous fungi 893
Schlieren's method 461
Schloss 757
Schloss Sanssouci[德] 394
Schloss Schonbrunn[德] 404
Schmidt concrete test hammer 461
Schmidt heat flowmeter 461
school 176,993
school attendance sphere 659
school building 323
school caravan 511
school house 323
school table 176
school town 155
school yard 334
Schroder House 462
Schwarz's formula 462
Schwedler dome 445
Schweizerischer Werk-bund[德] 93
Schweizerischer Werkbund 500
science museum 152
science of seeing 961

scintillation counter 491
scion bud 662
scion grafting 94
scissor junction 744
scissors crossing 415
scissors type 797
scleroscope 511
scoop 157,512
scope 512
scorch pencil 512
score 219
scoria 181
scotch block 444
Scotch carpet 512
scotch light 512
scotia 512,777
scotopic vision 38
Scott cement 512
scour 31,557
scour valve 783
SCP (semi-chemical pulp)sewage 93
SCR 93
scrap 510
scrap build 510
scraped finish 1014
scrape dozer 511
scraper 413,511,512
scraper conveyer 511,957
scraping 153
scraping of dirty sand 121,295
scratch 510
scratch coat 346,421,422
scratch drawing test 841
scratched tile 510
scratcher 510
scratching 153,154,265
scratching finish of stucco 1014
scratching hardness 834
scratching resistance 834
scratching test 834
scratch rule 510
SCR (silicon controlled rectifier) dimming equipment 93
screed 510,746
screeding 467,468
screed mortar strip 468
screen 49,87,475,511,657,659,844,962
screen door 511
screened ballast 534
screened gravel 880
screen filter 511
screening 479,510
screening crusher 511
screening for clarification 535
screenings 415,511
screening test 510
screen line 511
screen line survey 511
screen planting 443
screen porch 511
screen sash 511
screen table 511
screen tone 511
screen wall 962
screen window 511
screw 351,510,763,832,1007
screw auger 510
screw base 763
screw connection 763
screw conveyer 510,763
screw coupling 764
screw decanter 511
screw-down tap 763
screw driver 764
screwed bolt 763
screwed bulb 763
screwed collar joint 764
screwed globe valve 763
screwed joint 764
screwed joints 763
screwed nipple 764
screwed pipe 763
screwed socket 764
screwed stop valve 764
screwed valve 763
screw fastener 763
screw feeder 511
screw head 511,763
screwing machine 763
screwing tool 763

screw jack 250,511,763
screw joint 764
screw motion 763
screw nail 511
screw pile 665,1008
screw plug 763
screw press 511,764
screw pump 511,764
screw refrigerator 511
screw rivet 764,1008
screw socket 511,763
screw spike 763
screw type flow meter 763
screw valve 511
scribe 510
scrim 510
scriptorium 443
scroll 511
scroll saw 56
scrubber 510,559
scrubber tower 559
scrubber type wet desulfurizing equipment 501
scrubber waste water 409
scrubbing 510,559
scrub up sink 571
scullery 480
scullery sink 480
sculpture 650,932
sculpture gallery 650
scum 165,509,863
scum board 509
scum breaker 509
scum forming bacteria 509
scum nozzle 509
scupper 952
S curve 93
S-curve 783,817
SD 93
SDI 93
sea breeze 146
sea fog 148
Seagram Building 412
seal 482
sealant 481
seal coat 482
sealed beam lamp 483
sealer 481,965
sea level 148
sealing 225,482
sealing compound 360,482,854
sealing work 482
seal up 965
seal weld 976
seam 436,662,760,799
seaming 436
seamless floor 437
seamless pipe 437
seamless steel pipe 663
seamless steel tube 437
seam welder 436
seam welding 436,663,760
sea pollution 148
search light 382
search-light 622
sea reclamation 148
sea sand 78
seashore gravel 78
seaside city 146
sea-side city 1029
seaside hotel 146
seaside lake 1028
seaside park 146
seasonal duty of water 220
seasonal forest 220
seasonal traffic pattern 220
season crack 849
season flowering 217
seasoning 189,418,968
seasoning by boiling 443
seasoning by water immersion 489,500
seasoning check 206,209,411
seasoning crack 206,209,411
seasoning of wood 214
seat angle 429
seat-bath 427
seat bumper 906
seat connection 491
(closet) seat cover 432
seat cover 906

seating valve 423
seats 308
seat stand 432
seat vent closet 782
sea-wall 919
sea wall 920
sea-water 141
sea-water concentrator 141
sea-water conversion 141
sea-water conversion process 141
sea-water evaporator 141
sea-wave damage 1046
sea weed 148
seaweed paste 142
sea wind enduring tree 586
secant formula 407
secant modulus 177,407,539
secant modulus of elasticity 177
Secession 544
second 679
secondary adsorption 594
secondary air 750
secondary air pollutant 751
secondary air unit 751
secondary bifurcation 454
secondary blasting 358
secondary bond 750
secondary consolidation 750
secondary creep 750
secondary damage 751
secondary expasion 751
secondary gluing 751
secondary induction unit 751
secondary levee 825
secondary light source 751
secondary load 445
secondary member 860
secondary Minamata disease 594
secondary moment 751
secondary path 446
secondary pollutant 750
secondary pollution 750
secondary road 925
secondary rolling 751
secondary settlement 751
secondary settling tank 594
secondary speed change lane 751
secondary stress 750
secondary structure 751
secondary time effect 751
secondary treatment 749,751
secondary triangulation 754
secondary triangulation station 754
second coat 644,646,661,741
second coat 742
second floor 749
second floor girder 749
second-growth timber 32
second house 539
Second Leiter Building 595
second-level problem 752
second moment of area 203,630
second order bench mark 754
second-order levelling 754
second-order transition point 190,751
second-order triangulation 754
second-order triangulation station 754
second-stage BOD(biochemical oxygen demand) 594
secret dovetailing 157
secret hinge 157
secret miter dovetailing 157
secret miter joint 77
secret nail 126,157,433
secret nailing 157
section 249,543,629
sectional area 629
sectional boiler 268,543
sectional cast iron boiler 268
sectional detail 182,609
sectional detail drawing 182
sectional drawing 629
sectional hot water boiler 268
sectional pipe covering 889
sectional steam boiler 268
sectional stress 629
section force 630
section levelling 560
section lining 804
section list 630

section modulus 629
section of highway ahead visible to the driver 955
section of technicality 218
section paper 543,913
sections 549
section steel 173
sector brick 557
sector theory 557,559
sector weir 114
securities vault 470
security window 39
sedentary deposit 675,854
sedentary soils 854
Sedi-floator 551
sediment 127,165,593,658
sedimentary marble 571
sedimentary rock 500,592
sedimentation 658
sedimentation analysis 657
sedimentation basin 658
sedimentation by coagulation and adsorption 238
sedimentation method 657
sedimentation period 658
sedimentation tank 658
sedimentation test 658
sedimentation theory 658
sediment bowl 544
sediment concentration 722
sediment sampler 369
sediment trap 543
seed 611
seedbed 740
seeding 429,478
seedling 951
seedling hedge 951
seedling nursery 638
seed sludge 611
seed sterilization 458
SEEE (Société d'Études et d'Équipements d'Entreprises) system[法] 92
seepage face 489
seepage flow 493
seepage force 492
seepage pressure 492
seepage water 492
Seger cone 543
seger's concrete mixer 539
segment 543
segmental arch 105,265,295,543,992
segmental arch timber 265
segregation 893
segregation of traffic 441
Seider's formula 373
Seilnetz[德] 376
seismic coefficient 491,546
seismic coefficient method 493
seismic energy 417
seismic force 417
seismic intensity scale 493
seismicity 417
seismicity chart 493
seismic moment 417
seismic prospecting 417
seismic prospecting method 417
seismic pulse 417
seismic ray 806
seismic region 417
seismic sea wave 417
seismic wave 417
seismic zone 417
seismograph 417
seismotectonics 417
Sekurit 543
selection of design 681
selection valve 560
selective absorption 560
selective and collective (system) 555
selective corrosion 560
selective drainage method 560
selective radiation 560
selectivity coefficient 560
selector 555,564
selector switch 555
selector valve 555
selectron 555
selenite 554,710
selenitic cement 555

selenium 555
selenium ruby glass 555
self acting thermostat 555
self-adjusting level 432
self-anchored suspension bridge 428
self checking 555
self closing 555
self-closing faucet 435
self-closing fire-proofing door 432
self-closing stop valve 431
self-compensative strain gauge 414
self-contained air conditioner 433
self-contained control system 421
self-contained refrigerator 433
self-contained room cooler 433
self-contained unit 433
self control 555
self-cooking place 418
self-corrosion 414
self-curing adhesives 414
self-discharge 415
self-finished bitumen asbestos felt 542
self-finished bitumen felt 15
self forming 555
self-hardening 413
self-ignition 414
self-life 555
self-load 416
self-locking nut 163,973
self-priming pump 410
self-purification 416
self-purification capacity 416
self-purification constant 416
self raising closet seat 431
self-reading staff 432
self-recording barometer 408
self-recording differential thermal expansion meter 408
selfrecording hygrometer 251
self-recording hygrometer 409
self-recording meter 411
self-recording pyrometer 408
self-recording thermal expansion meter 410
self-recording thermohygrometer 251,408
self-recording thermometer 251,408
self-regulation 415
self-restraint 414
self-service discount department store 92
self-siphonage 414
self-slaking 414
self-starting pump 430,432
self-strain 414
self-strain stress 414
self-suction centrifugal pump 410
self-supporting accounting system 717
self-supporting wall 421
self-ventilation 414
selling of readybuilt house 608
semaphore 78
semaphore signal 78
semi-airblast freezer 552
semi-automatic arc welding 817
semi-automatic weigh batcher 817
semi-automatic welding 817
semi-blown asphalt 552
semi-chemical pulp mill waste water 552
semi-circulae arch 816
semi-circular arch 816
semi-circular column 816
semi-circular (fluorescent) lamp 552
semiconductor 820
semi-conductor strain gauge 820
semiconductor strain gauge 820
semi-detached 750
semi-detached house 750,820
semi-diameter 817
semi-direct lighting 819
semi-direct Y-grade separation 463
semi-dome 820
semi-double 822
semi-drying oil 816
semi-dry process 817
semi-evergreen tree 818
semi-fireproof construction 463
semi-fire zone 464
semi-flexible pavement 819
semi-gravity type abutment 818

semi-gravity type retaining wall 818
semi-hard board 552,817
semi-hard drying 817
semi-hard stone 463
semi-hermetic refrigerator 822
semi-indirect heating 816
semi-indirect illumination 816
semi-indirect lighting 816
semi-infinite elastic body 822
semi-infinite solid 822
semi-inverse method 816
semi-killed steel 552
seminar house 552
semi-non-combustible material 463
semi-open stack system 816
semi-outdoor type power station 816
semipaste paint 647
semipermeable membrane 820
semipermeable membrane method 820
semi-porcelain 322,817
semi-porcelain tile 817
semiportal crane 172
semiportal jib crane 172
semi-public space 552
semi-rigid joint 817
semi-rigid loading 817
semi-rigid structure 552
semi-silica brick 817
semi-siliceous brick 818
semi-siliceous refractories 817
semitraffic-actuated controller 817
semi-traffic-actuated signal 816
semi-trailer 552
sending station 919
sensation law 196
sensation level 196
sensation of hearing 649
sensibility 88,200,201,559
sensible air current 153
sensible heat 307
sensible heat factor 307
sensible heat load 307
sensible heat ratio 307
sensing element 302
sensitivity 88,207,559
sensitivity analysis 207
sensitivity coefficient 207
sensitivity ratio 88
sensitometer 559
sensor 558
sensory disturbance 633
sensory index(of warmth) 588
sensory temperature 587
sensory test 208
sentinel 841
separable programming(SEP) 893
Separan 551
separate air conditioner system 551
separate board 900
separate contract 323,901
separated application adhesive 893
separated drainage system 893
separated turning lane 893
separate plate 900
separate sludge digestion 893
separate sludge digestion tank 893
separate system 893
separate type room air conditioner 551
separate vent 627
separate vent pipe 176
separate work 901
separating compound 795
separating material 795
separation 73
separation failure 893
separation levee 555,893
separation of dining and sleeping spaces
478
separation tank 893
separator 264,551,579,893,900
sepia 551
septic sewage 871
septic tank 123,130,432,466,552,871
septic treatment plant 871
sequence 411
sequence control 411
sequence of linear-programming operations 635
sequence start system 411
sequence valve 411

sequential access 635
sequential control 411,635
sequential decision 635
sequential linear programming 93
sequential processing 635
sequential unconstrained minimization technique 94
sequestering agent 253
sequoia 543
SERAC(strong earthquake response analysis computer) 481
sericite 554
series 655
series arc welding 482
series lighting lamp 655
series of insulators 141
series planting 1040
series spot welding 482,655
series welding 655
serpentine 386,443
Serrat oak 350
servant's room 474
served area 986
service 384
serviceability index 384
service area 384,993
service box 827
service centre 385
service cock 827
service conductor 384
service connection 827
service court 378
service distance 986
service drop 155
service entrance switch 827
service facilities 905
service flat 384
service hatch 231
service industry 384
service interruption(of water supply) 622
service level 385
service life 242,597
service main 232,827
service meter 827
service net 385
service network 385
service pantry 385
service period for daylighting 476
service pipe 827
service pipe line 571,827
service portion 177
service radius 986
service roadway 576
service routine 385
services 866
service shaft 384
service sign 384
service sleeve 385
service slide 384
service space 993
service station 384
service table server 786
service tank 237,385
service test 385
service unit 385
service valve 385
service water meter 827
service wire 786,835
service yard 177,385
servicing 384
serving 385
serving room 786
serving wagon 786
servomechanism 386
servomotor 386
servo-operated back pressure valve 386
set 550
setback 331
set-back 551
setback building line 331
set-back buttress 551
setback distance of outer wall 147
setback line 331
set filling 963
set-off 551
set point 970
set screw 123,551
sets room 118
set time 551

setting 508,550,576,674
setting agent 315
setting coat 550
setting cold adhesion 1034
setting expansion 237
setting off 550
setting-out rod 965
setting point 237
setting retarder 237
setting test 550
setting time 237,550,551
setting time test 237,550
settleable solids 658
settled wastewater 466
settlement 132,418,455
settlement of accounts 296
settlement of earth surface 639
settlement of ground 434
settlement planning 455
settlement work 23,1030
settling area 658
settling basin 658
settling curve 657
settling down 657
settling force 658
settling matter 657
settling tank 658
settling time 658
settling velocity 657,658
settling velocity of particle 1022
set tooth 10,809
set to touch 416
set up 551
seven public nuisances 743
severy 552
sewage 293
sewage discharging station 294
sewage disposal 294
sewage-disposa-plant 294
sewage ejector 293
sewage examination 294
sewage farm 294
sewage farm(field) 784
sewage farming 294
sewage fly 294
sewage irrigation 784
sewage pipe 123
sewage pipe line 294
sewage pit 294
sewage pump 123,130
sewage pumping station 294
sewage purification 294
sewage purifier 907
sewage quantity 123
sewage screen 294
sewage sludge 293
sewage tank 785
sewage treatment 294
sewage treatment plant 123,294
sewage treatment works 294
sewage works 294
sewer 123,294
sewerage 294,953
sewerage cross 784
sewerage facility 294
sewerage of combined system 340
sewerage of separate system 893
sewerage planning district 294
sewerage system 294
sewerage tee 785
sewer basin 785
sewer gas 294,784
sewer main 784
sewer pipe 294
sewer pipe clay 716
sewing table 566
sexfoil 1048
sexpartite vault 1048
sextant 543,1048
sexual reproduction 986
Sezession[德] 544
SFD 93
SFRC 93
sgraffito 510
shackle 442
shackle block 442
shade 61,159,160,403,404,825
shade and shadow 61
shade colour 404
shade colours 38

shade-enduring plant 586
shade leaf 66
shade line 63,404
shade plant 63
shade planting 440
shade shed 404
shade-tolerant tree 62,586
shade tree 1027
shading 961
shadow 86,442
shadowless operating light 957
shadow line 159
shadow surface 88
shaft 443,608,645
shaft basis system of fits 411
shaft horse power 412
shaft kiln 443
shaft of ribbed vault 1018
shaft ring 443
shaft rod 494
shaft sealing 412
shake 880,1060
shaker 403
shaker conveyer 403
Shaker furniture 403
shake rot 1060
shaking conveyer 403
shaking screen 713
shaking sieve 403
shaking test 990
shale 295,404,677
shale cement 296
shale clay 296
shallow foundation 10
shallow planting 10
shallow-rooted 558
shallow well pump 10
sham leather 404
shank 445
shape 172,993
shaped steel 173
shape factor 288,290,355
shape modulus 355
shape parameter 289
shaper 173,404
shape steel 173
shaping 404,422
shaping machine 173
shaping pruning 422
sharp-crested weir 75,86
sharp-edged orifice 793
sharpener 443
sharping 442
sharpness 556
shaving 404
shavings 208
shear 401,528,561,565
shear center 561
shear coefficient 439,562
shear connector 402
shear crack 562
shear delay 561
shear diagram 236
sheared edge 561,562
sheared plate 442
sheared surface 562
shear equation 574
shear failure 561,562
shear fault 561
shear flow 562
shearing bolt 562
shearing deformation 562
shearing force 562
shearing forced diagram 93
shearing force diagram 562
shearing modulus 1000
shearing panel 562
shearing resistance 561
shearing strain 562
shearing strength 561
shearing strength of soil 664
shearing stress 561
shearing test 561
shearing unit stress 561
shearing vibration 561
shear lag 561
shear leg crane 866
shear legs 866
shear modulus 561,1000
shear-off 654

shear-off test 654
shear-pin 442
shear-pin splice 442
shear plate 443
shear response 562
shear span 561
shear span-depth ratio 561
shear span ratio 561
shear structure 561
shear wall 591,598
shear wall construction 598
shear wave 561,1000
shear wave velocity 562
sheath 417
sheathed compound beam 577
sheathering board 539
sheathing 79,726,775,776,810,858,981,982
sheathing board 726
sheathing work 982
sheath wire 418
sheave 176
shed 82,403
shedding mechanism 403
shed roof 173
sheep foot roller 435
sheet 201,429,846
sheet asphalt 429
sheet-asphalt pavement 429
sheet copper 5
sheet copper roofing 703
sheet flow 639
sheet glass 48,432
sheeting 432
sheet iron 429,685
sheet lead 432
sheet-metal 48
sheet metal 75,76,432
sheet metal processing 816
sheet metal work 817
sheet paper 432
sheet pile 432,978
sheet pile cofferdam 978
sheet pile foundation 978
sheet strip 432
sheet waterproofing 432
Sheffler's formula 404
shelf angle 404
shelf board 611
shell 155,244,245,404,444,938
shellac 404
shellac plastics 404
shellac varnish 404
shell and tube type condenser 110,404
shell concrete 156
shell construction 156,404
shell effect 404
shell foundation 244
shelling 404
shell lime 146
shell mould 404
shell moulding 404
shell of revolution 143
shell structure 244,245,404,445
shelly crack 343
shelter 595,840
sherardizing process 404
Sheraton style 404
shield 483
shielded arc-electrode 483
shielded arc weld(ing) 483
shielding door for radioactive rays 916
shielding wall 443
shield machine 483
shield method 483
shield room 483
shift 55,295,331
shifter 435
shifting 47
shifting T-square 288
shift matrix 435
shikkara[梵] 406
shim 436
shingle 153,344,351,486,899,981,1060
shingle board 575
shingle covering 538
shingle roof 49
shingle roof covering 49
shingle roofed house 49
shingle roofing 49,344,351

shingles with panel strips 961
ship 445
shiplap 2
shiplap flooring 2
shiplap joint 2,633
shock 880
shock absorber 201
shock absorption 480
shock loading 480
shock wave 469,480
shoe 266,445
shoe angle 643
shoin garden 464
shoot 460
shooting range 439
shop 473,480,786
shop assembling 324
shop assembly 192,421
shop drawing 320,532,543
shopping center 480
shopping district 700
shopping mall 480
shopping sphere 336
shopping street 473
shopping town 480
shop rivet 324
shop splice 324
shop test 480
shop welding 324
shore 195,388,665,685,825
Shore hardness 464
Shore hardness test 464
Shore hardness tester 464
shore line 676
shore strut 250
short age strength 619
short arc welding 480
short circuit 630
short-circuiting switch 630
short-circuit phenomenon 630
short column 626
short count 621
short cut 477
short-cut 480
shortcut road 760
short cut way 760
short dasbed line 799
shorter rail 621
short hopper closet 622
short oil length 630
short oil type phthalic resin varnish 630
short oil varnish 476,630
short pipe 618
short pitch corrugated sheet 350
short-time loading 619
short valve 480
shot 480
shot blast (machine) 480
shot boring 317,480
shotcrete 480,858
shot-crown 480
shoulder 481,711,1048
shoulder-elbow length 174
shovel 480
shovel attachment 480
shovelling 481
shovel loader 481
shovel packing 946
shovel truck 481
shovel type excavator 480
show 464
show case 479
show-case 658
show case 695
shower 445
shower bath 445
shower cooler 445
shower curtain 445
shower head 445
shower partition 445
shower room 445
shower rose 445
shower stall 160
show-room 481
showroom 658,695
show stand 480
show window 464
show-window 658
shrine 461,488

shrinkage 448,461,637
shrinkage allowance 637
shrinkage constant 449
shrinkage crack 448,449,637
shrinkage factor 448,637
shrinkage limit 448
shrinkage strain 449
shrinkage stress 448,449,637
shrinkage test 448
shrink mix concrete 461
shrub 185,209,678
shrubbery 185,678
Shrubby althca 958
shrubby trees 185
shrub garden 209
shrust 526
shub 678
shuffling time 442
shunt 445
shunt regulator pipe 445
shut off 437
shut off cock 442
shut off valve 441,442
shutter 435,442,702
shutter bar 442
shutter blind 514
shuttered zone 797
shuttering 175,539
shutter of visual field 476
shutter screw 763
shuttle car 442
shuttle conveyer 442
shuttle movement 320
shuttle oneway traffic control 319
shuttle service 442
Shwezigon Pagoda 445
SIAD 92
siamese connection 366,571,866
sickle shaped arch 950
sick soil 58
side 582
side angle 374,643
side arm 373
side bend specimen 195
side bend test 195
side board 666
side boundary line 575
side box 374
side bracing 195
side-buffer 374
side chair 310
side condition 906
side constraint 577
side corridor 175
side ditch 581
side door 374,581,1057
side-door hopper barge 195
sidedozer 374
side drift 577
side dump 374
side dump bucket 374
side-dumper 195
side-dumping car 195
side elevation 577
side face 1057
side fence 581
side fillet weld 374
side friction 577
side gate 1057
side-grafting 811
side heading 577
side hole 810
side-hopper barge 195
side lap 374
side light 374,581
side lighting 195,577
side line 374
side loader 374
side ornament 374
side-overflow 999
side-overflow pipe 577
side-overflow weir 999
side pilot tunneling method 374
side plate 666
side pole 576
sidereal day 326
sidereal time 326
side-roller 374
side scaffold 194
side span 575

side stage 866,1057
side strip 1050
side table 374
side thrust 374
side track 576
side view 577
sidewalk 929
sidewalk bridge 929
side walk live load 283
sidewalk loading 929
sidewalk stringer 929
side wall 577,581,999
side yard 576
siding 538,576,810,994
siding board 373,422,810
Siedlung[德] 432
Siemens-Martin steel 438
Siemensstadt housing estate 438
Siemensstadt Siedlung[德] 438
Siemens well method 438
Siena[意] 404
sienna 404
sieve 434,880
sieve analysis 880
sieve analysis curve 880
sieve analysis test 880
sieve inspection 564
sieve mesh 880
sieve opening 880
sieve residue 880
sieving 880
sieving machine 880
sifted scrap 564
sight 373
sight distance 410
sight hole 374,776
sight line 374,419
sight line induction planting 420
sight point 416
sightseeing 199
sightseeing city 200
sightseeing facilities 199
sightseeing harbour 987
sightseeing pasture 200
sightseeing place 700
sightseeing plantation 200
sightseeing resort 199
sightseeing resource 199
sightseeing road 199
sightseeing tower 700
sight vane 416,700
sigma-epsilon ($\sigma$-$\varepsilon$) curve 412
sign 376
signal 2,486
signal alarm 412
signal apparatus 487
signal bell 412
signal call device 1003
signal control 487
signal equipment 487
signal erection 573
signal installation 487
signal of refuge line 838
signal shutdown switch 487
signal station 487
signal system 487
signal to noise ratio 487
signal valve 2
signboard 208
sign board 320
signboard illumination 208
sign bulb 376
sign communication 216
sign device 2
significant depth 87
signify 216
sign lamp 376
sign post 376
SIL 92
silage 376
Silberkuhl slab 483
silence chamber 465
silencer 229,376
silent block 376
silent blower 376
silent blowoff valve 465
silent cistern 465
silent falling ball tap 465
silent fan 376
silent feed 376

silhouette 482
silhouette effect 482
silica 289,481
silica brick 289,481
silica cement 288,481
silica flower 481
silica gel 287,481
silica glass 481,539
silica particle 289
silica polisher 481
silica powder 288
silica removal 606
silica removal agent 606
silica sand 288
silicate 287,481
silicate corrosion control agent 287
silicate cotton 289,481
silicate flux 481
silicate glass 287
silicate mixed cement 287
silicate paint 481
silicate wool 289
silication 285
siliceous brick 482
siliceous clay 287
siliceous earth 290,795
siliceous lime 482
siliceous limestone 287,289,601
silichrome steel 481
silicic acid 287
silicic (acid) anhydride 958
silicic dust 287
silicomanganese steel 290
silicon 289,481
silicon acid 287
silicon aluminium 483
silicon carbide 481,618
silicon carbide brick 618
silicon-chromium steel 481
silicon controlled rectifier 93
silicon controlled rectifier dimming equipment 481
silicon dioxide 750
silicone 481
silicone adhesive agent 482
silicone hose 482
silicone resin 481,482
silicone sealing compound 481
siliconized steel sheet 481
siliconizing 481
silicon manganese steel 482
silicon resin 290
silicon steel 290
silicon steel sheet 290,486
silicon water repellent 290
silicon water repellent paint 290
silking 436,482
silktree albizzia 770
silkworm-rearing room 393
sill 388,407,724
sill cock 394,482
sillimanite 289
sillimanite brick 482
sill timber 433
silo 344,376
silt 483,658
Sil-Ten steel 483
silt pressure 590,669
silt quantity 590
silty clay 483
silty clay loam 483
silty loam 483
silumin 483
silver 251
silver bridge 483
silver carp 796
silver chloride 103
silver-disk actionometer 254
silver-disk pyrheliometer 254
silvered glass 483
silver gray 483
silver magnolia 922
silver mirror reaction 252
silver paint 252,253
silver plating 255
silver solder 255
simple aeration 621
simple beam 621
simple bending 622
simple bridge 621

simple coagulation 621
simple curve 622
simple drain 196
simple fire-proof building 196
simple function city 627
simple harmonic motion 620,622
simple harmonic vibration 620
simple iteration method 621
simple lock 622
simple pendulum 622,628
simple progressive system 620
simple random sampling 622
simple septic tank 196
simple sewage disposal 196
simple sound level meter 196
simple sound source 690
simple space truss 536,622
simple support 621
simple terracing works 512
simple tone 462,621
simple torsion 621
simple treatment 196
simple truss 621
simple truss bridge 621
simple wall 625
simple water-supply system 196
simple wooden bridge 196
simple wooden staircase 798
simple working stress 621
Simplex aeration tank 494
Simplex flow controller 494
Simplex joint 494
Simplex pile 494
simplifyed scale 621
simply supported edge 621
simply supported rigid frame 621
Simpson's formula 494
simulation 436
simulation test 436,968
simulator 436
simultaneous branching 708
simultaneous buckling 708
simultaneous contrast 708
simultaneous critical load 709
simultaneous mode of failure approach 708
simultaneous tension 708
sine curve 376
sine damped vibration 532
sine vibration 532
sine wave 376,532
sine wave signal 376
single-acting air pump 626
single-acting centrifugal pump 626
single-acting disc harrow 626
single-acting pile driver 626
single-acting pile hammer 626
single-acting pump 626
single address system 49
single automatic elevator 486
single balcony type auditorium 51
single bed 486,837
single bed room 486
single bevel butt joint 173
single bevel groove 1037
single body 626
single branch pipe 172
single catenary 621
single collar pipe 173
single coloured glass 172
single column radiator 626
single crystal alumina 620
single crystal glass 618
single cushion type bed 486
single cyclone 618
single door 52,486
single doubleswing door 173
single duct system 618
single firing 559
single flooring 622,765
single floor type auditorium 622
single fuel combustion 559
single-grained structure 630
single groove 852
single groove joint 174
single inlet fan 173
single intersection 621
single J-groove 403
single lacing 486,630
single lane road 53

single latticing 486
single layer welding 486
single layout 174
single-leaf bascule bridge 52
single mass system 53
single measurement(of angle) 625
single nozzle 621
single pedestal desk 173
single phase three wire system 624
single photograph measurements 621
single pile 619
single pipe system 618
single piping system 619
single planting 622
single-pole cut-out 619
single-pole double throw 619
single-pole knife switch 619
single-pole single throw 619
single-purpose road 565
single-rail 486
single rail lift 55
single reinforcement 486,619
single reinforcement beam 619
single resonator 618
single riser system 618
single riveting 486
single-rope aerial(cableway) 624
single-rope bucket 620
single-rope grab 620
single-row rivet 630
single-row riveted butt joint 52
single-row riveted joint 52
single-row riveted lap joint 52
single-row riveting 52
single scaffold 55,172,513,836
single shear 52,624
single shear rivet 52
single shear strength 624
single skew notch 51
single sleeve valve 622
single sliding 173
single sliding door 174
single sliding window 174
single span 620
single span beam 622
single span girder 622
single species forest 464
single spread 174
single-stage air compressor 51,621
single-stage centrifugal blower 51
single-stage centrifugal pump 51
single-stage compressor 626
single-stage pump 486
single-stage radial compressor 626
single step joint 51
single story 624
single strength 486
single swinging 174
single swinging door 174
single swinging window 174
single tee slab 486
single tenon 52
single track 624
single-track bridge 624
single-tube boiler 619
single U-groove 988
single-unit 486
single use room 630
single V-butt weld 52
single wall 50
single way suction 173
single-web section 486
single weld 174
single winch 51,486,626
singular 716
singular matrix 716
sink 741
sink drain board 741
sinker 484
sink faucet 1000
sink grating 741
sinking 485
sinking of caisson by loading 367
sinking pump 485,931
sinking subsidence 657
sink mat 741
Sinningia[拉] 280
sintered alumina 490
sintered fly ash 472
sintered glass 490

sintering 470
sintering machine 470
sintering zone 491
sinusoidal wave 532
"sinzi" shaped pond 488
siphon 374
siphonage 374
siphon barometer 374
siphon jet water closet 374
siphon jet water urinal 374
siphon pipe 375
siphon rainfall recorder 374
siphon trap 375
siphon water closet 375
siren 376
Sirocco fan 483,615
sister city 436
site 373,409
site 781
site analysis 373,409
site area 409,998
site development 626
site diary 308
site-fabrication 308
site fabrication 308
site for rail-line 565
site frontage decrease 636
site grade map 409
site investigation 307
site management 308
site operation 308
site plan 374,409
site planning 374
site prefabrication method 374
site renovation 409
site renovation expense 409
site staff 307
site surveying 409
site work 308
Sitka spruce 897
sitting posture 47
sitting room 58
situation 781
sitz-bath 427
six-wheel-drive truck 1048
size 371
size of greatest particle 347,372
sizer 369
sizing 371
skating rink 2,511
skatole 508
skeleton 265,512,929
skeleton construction 160
skeleton curve 929
skeleton structure 347
skeleton surveying 929
skeleton system 411,512
skeleton work 265
skene[希] 511
sketch 511,1020
sketch design 546
sketch design drawing 285,312
sketch drawing 955,1020
skew 510
skew arch 744
skewback 510
skew brick 554
skew bridge 439,510
skew clamp iron 682
skew curve 510
skewed ring dowel 744
skewing 510
skew joint 744
skew slab 744
skiagraph 509
skid 509
skidding distance 523
Skidmore 509
Skidmore Owings and Msrrill architects 93
skid resistance 523
ski lodge 510
skim 797
skimmer 509
skimming 510
skimming tank 510
skin-coat 510
skin colour 800
skin friction 455
skinning 195

skin plate 297
skip 509
skip floor 509
skip hoist 509
skip level elevator system 509
skip loader 509
skip tower 509
skip welding 509
skip welding sequence 727
skirting 808
skirting board heater 808
skirting heater 900
skirt retaining wall 345
sky blue 508
sky brightness 694
sky factor 694,1016
sky factor contours 711
sky factor curve 694
skylab (sky laboratory) 508
skyland 508
skylight 6,508,694,700
skylight illumination 694
skyline 508
sky luminance 694
sky parking 508
skyscraper 508,944
skyscraper city 944
sky sign 262,508
sky square 508
skyway 508
slab 527,816
slab arch bridge 527
slab bridge 527
slab door 527
slab foundation 527
slab glass 527
slab type (apartment house) 527
slab type apartment house 818
slack 526
slack coal 526
slack hour(SH) 200
slackline cableway excavator 526
slag 181,320,526,994
slag ballast 320
slag brick 320,526
slag cement 320,341,526
slag fill 526
slag hole 526
slag inclusion 526
slag-packed filter 320
slag sand 499
slag wool 320,526
slake 863
slaked lime 473
slaking 465,477,528
slaking degree 466
slaking machine 466
slaking modulus 467
slaking test 528
slaking under pressure 138
slanting grain 441
slash-cut 49
slash grain 49
slat 526,786,807,808,1004
slat conveyor 526
slate 528,699
slate hanging wall 528
slater 528
slate roofing 699
Slater's formula 528
slate sink 541
slate work 528
slaughter-house 718,723
slaughter-house waste water 723
sledge hammer 307
sleeper 79,118,129,225,358,528,940
sleeper support 118
sleeve 59,528
sleeve brick 528
sleeve coupling 528
sleeved chimney 59
sleeve expansion joint 523,528
sleeve joint 59,528
sleeve nut 528
sleeve pipe 59,387
sleeve valve 528
slender diagonal bracing 926
slenderness ratio 528,927
slewing crane 556
sliced veneer 526,662

slicer 75,526,662,847
slickenside 153
slide 523,526
slide abrasion 523
slide calipers 775
slide damper 526
slide rail 526
slide rule 287,453
slide valve 524
sliding bearing 523
sliding calipers 178
sliding cO-ordinate frame 1023
sliding displacement transformation 1024
sliding door 526,827,982
sliding door catch 669
sliding door hanger 827
sliding door lock 669,827
sliding door rail 723
sliding door rails 827
sliding end 178,523
sliding failure 524
sliding form 178,526
sliding form construction method 526
sliding form method 178
sliding friction 524
sliding gate 526
sliding jack 121
sliding(screw) jack 999
sliding joint 178,524
sliding line 523
sliding-out 523
sliding-out sash 523
sliding-out(sash) window 523
sliding plane 524
sliding ruler 439
sliding sash 526
sliding shutter 526
sliding shuttering construction method 526
sliding stage 56,122,504,526,828
sliding surface 524
sliding valve 526
slight earthquake 832
slime 526,748
slimline fluorescent lamp 528
slimline tube lamp 528
sling hygrometer 880
sling psychrometer 880
slip 523,527,528,674
slip bar 527
slip caisson 527
slip clay 527
slip coating 527
slip crack 527
slip deformation 524
slip feather detached tongue 980
slip form 527
slip form construction method 527
slip form paver 528
slip glaze 527
slip joint 527
slip limit 523
slip model 528
slip plane breaking 561
slip ware 527
slipway 445
slit 251,527
slit burner 527
slit form 527
slit type diffuser 527
S-loading 93
slope 288,336,377,529
slope 742
slope 779
slope angle of deflection 704
slope area 779
slope circle 443
sloped curb 231
slope-deflection method 617,704
slope distance 439
slope drain 608
slope failure 443
slope gradient 779
slope matrix 288
slope of concealed rafter 776
slope of cutting 250
slope of sheathing 776
slope of water 952
slope pavement 779

slope planting 779
slope protection 443,779
slope seeding 779
slope tamping 726
slope way 288
sloping 529
slop sink 130,568,571
slop sink with backplate 802
slop water 352
slot 528
slotted outlet 528
slotted pile 528
slotted washer 953
slot welding 25,528,953
slough 673
Sloumi 990
slow burning 208
slow burning construction 208
slow burning repairing 912
slow butt welding 529
slow closing faucet 208
slow down device 199
slowdown signal 304
slow filtration 206
slow hardening cement 199
slow sand-filter 206
slow setting 199
slow setting cement 199
slow shear test 206
slow sign 479
slow slaking lime 528
slow speed signal 479
slow vehicle 206
slow-vehicle lane 206
SLP 93
sludge 125,526
sludge activation tank 125
sludge age 126
sludge bed 125
sludge blanket 526
sludge cake 125,526
sludge concentration 526
sludge conditioning 125
sludge density index 93
sludge density index (SDI) 126
sludge dewatering 125
sludge dewatering device 526
sludge digestion 125
sludge-digestion tank 125
sludge disposal 125
sludge dryer 526
sludge drying 125
sludge drying bed 125,700
sludge elutriation 125
sludge examination 125
sludge fermentation 126
sludge fertilizer 526
sludge gas 125
sludge height 125
sludge height meter 125
sludge incineration 125
sludge incinerator 125,526
sludge index 125
sludge loading of anaerobic digester 126
sludge pump 126,526
sludge putrefaction 126
sludge return 126
sludge scraper 125
sludge storage 125
sludge storage tank 125,126
sludge thickener 126
sludge thickening 126
sludge treatment 125
sludge treatment equipment 125
sludge valve 126
sludge volume index 93
sludge volume index (SVI) 126
slugde concentrator 126
sluice 527
sluice gate 411,527,541
sluice valve 411,527,534,976
sluiceway 826
slum 527,850
slum area 527
slum clearance 527
slump 527
slump conc 527
slump test 527
slurry 527

slurry concrete 527
slurry filter 527
slurry mixer 527
slurry proportioning feeder 527
slurry pump 527
slurry seal 527
SMA 93
SMAC 524
small chair 310
small displacement approximation 831
small hewn square 582
small log 353,476
SM alloy 93
small park 470
small-scale sewage treatment plant 468
small-size bath 352
small size bulb 341
small square 351
small tenon 639
small town 474
smalt blue 215
smaze 103,525
smell test 445
SMM 93
smog forecast 526
smog warning 526
smoke 298
smoke box 106
smoke chamber 106
smoke chart 111
smoked bamboo 513
smoke density 111,298
smoke-detecter 298
smoke detector 43
smoke-eliminating car 781
smoke eliminating equipment 781
smoke-enduring plant 586
smoke exhaust cone 781
smoke filter 298
smoke hood check damper 106
smokeless combustion 957
smoke pollution 103
smoke prevention 781
smokeproof wall 912
smoke seasoning 283
smoke stack 111
smoke test 298
smoke tester 526
smoke tower 526
smoke treatment plant 781
smoking room 221,525
smoking stand 525
smoking value 801
smooth blasting 525
smoother 525
smoothing plane 756
smudging 524
snack bar 519
snagging 519
Snake pump 520
snap 519
snap buckling 727
snap head bolt 519
snapping 727
snapping load 727
snap rivet head 519
snap switch 519
snap-tie 519
snap valve 519
snatch block 147,254,344,519
S-N curve 93
S-N diagram 93,116
Snell's law 520
SNG 93
snifting valve 1046
snift valve 520
snow blade 520
snow break forest 918
snow cornice 989
snow cover 540
snow cover damage 540
snow damage 544
snow density 540
snow density gauge 540
snow drain 989
snow drainage ditch 989
snow drift 858
snowfall 328,540
snowfall intensity 540
snow flood 986

snow-gauge 540
snow gauge 551
snow guard 989
snow guard tile 989
snow gutter 989
snow line 547
snow load 540,989
snow measuring plate 540
snow measuring rod 989
snow melter 520
snow melting 986
snow-melting equipment 986
snow melting plant 986
snow plough 346
snow-plough 480
snow plough 520,785
snow-plough car 989
snow-plough train 785
snow plow 520
snow protection 918
snow-protection fence 918
snow protection fence 989
snow-protection forest 918
snow-protection tree 918
snow removal 989
snow removal equipment 785
snow remover 480
snow-removing 480
snow sampler 371,520
snow scale 989
snow scraper 346
snow screen 918
snow-shed 989
snow shelter forest 918
snow shovel 989
snowslide 743
snow stake 989
snowstorm 871
snow survey 520,540
SN (signal to noise)ratio 93
soaking 24,575
soaking test 489
soap 546
soap membrane 546
soap water 546,582
social development 439
social educational facilities 439
social increase (population) 439
social indicator 439
social investigation 439
socialist realism 439
social physical training facilities 439
social planning 721
social welfare facilities 439,860
Society of Industrial Artists and Designers 92
Society of Steel Construction of Japan 403
socket 74,411,412,578,732
socket and spigot joint 381
socket and spigot pipe 381
socket and spigot reducer 74
socket bend 578
socket joint 74,578
socket pipe 74,578
socket screw 578
socket spanner 578
socket wrench 578
sod 249
soda 580
soda ash 580
soda baryta glass 580
soda feldspar 572,580
soda fountain 580
soda glass 580
soda-lime 580
soda lime 580
soda-lime glass 580
soda orthoclase 580
soda treatment 580
sodding 433,813
sodium 743
sodium alginate 34
sodium aluminate 35
sodium azide 743
sodium base SP(sulfite pulp)waste water 743
sodium bicarbonate 450,452
sodium carbonate 621
sodium carbonate desulfurizing 621

sodium chloride 103
sodium chloride solution 478
sodium chlorite 4
sodium fluoride 867
sodium hexameta-phosphate 899
sodium hydrogen carbonate 450,452,621
sodium hydroxide 499
sodium hypochlorite 401
sodium lamp 743
sodium silicate 288
sodium silicate adhesive 288
sodium sulfite 33
sodium thiosulphate 632
sodium vapour lamp 743
sod sowing 939
soffit 77,241,422,582
soft asphalt 747
soft board 582,747
soft clay 982
softener 747
softening 747
softening agent 747
softening of water 747
softening point 747
soft glass 582,747
soft iron 582
softness 747
soft roadbed 747
soft rock 747
soft rubber 582,747
soft solder 748,796,819
soft soldering 748
soft steel 582
soft stone 432,747
soft subgrade 747
soft water 582,747
soft wood 582,747,748
softwood cutting 1027
softwood grafting 1027
soil 664,723
soil-aggregate mixing property 664
soil air 723
soil amendment 723
soil analysis 722
soil asphalt 566
soil bearing stress 637
soil bearing test 421
soil cement 552,566
soil-cement (construction)method 566
soil character 722,723
soil characteristics survey 723
soil colloids 664
soil columnar section 722
soil compaction 664
soil compactor 566
soil concrete 566
soil crusher 374
soild damping 346
soil dressing 226
soil-drying effect 207
soil engineering 722
soil exploration 722
soil hardness 723
soil horizon 723
soil improving 434
soil in-situ 299
soil layer 723
soil main 123
soil map 723
soil mechanics 722
soil micro-organisms 723
soil moisture 723.725
soil moisture constant 723
soil of weathered rock 854
soil organism 723
soil particles 733
soil pipe 123,790,907
soil pore water pressure 733
soil pressure 702
soil profile 724
soil-protective turf grass 664
soil reforming material 723
soil sampler 374
soil science 723
soil sickness 58
soil skeleton 664
soil solidification method 434
soils removal 844
soil stabilization 566,722
soil stabilization with bitumen 834

soil stack 123
soil stratum 723
soil structure 664,723
soil suction 664
soil survey 722
soil surveying of site 434
soil tank 123
soil test 722
soil water 907
soil wedge 664
soisette 583
sol 583
sol air temperature 424
sol-air temperature (SAT) 572
sol-air temperature 572
solar 582
solar air temperature difference 572
solar altitude 597
solar azimuth 597
solar constant 597
solar control 754
solar day 597
solar declination 753
solar energy utilization method 597
solar heat 597
solar house 582
solarium 753,754
solarization 582
solar radiation 597,754
solar time 597
solar water heater 597
solder 583,794,796,819
soldering 819
soldering acid 583
soldering flux 583,819
soldering iron 583
solder joint 819
soldier beam 132,583
sole 583
solenoid valve 583,696
sole plate 410,583,677
solfataric clay 136
solid 344
solid adsorbent 346
solid angle 1015
solid ballast 347
solid beam 618
solid borer 583
solid boring 583
solid borne noise 347
solid borne sound 346,347
solid cable 583
solid cast door 582
solid compressive member 617
solid content 344
soliddrawn steel pipe 828
solid fuel 347
solid girder 618
solidification 237
solidification of radioisotope material 341
solidification point 238
solidified water 238
solidifying point 238
solidifying temperature 237
solidity 583
solidizit 582
solid-liquid separation 341
solid of colour 408
solid panel 21,583
solid pier 644
solid roll 583
solid solution 355
solid spandrel arch 454
solid steel door 583
solid waste 344
solid-web girder 454
solid wire 583
solubility 583,993
soluble anhydrous gypsum 188
soluble highpower bleaching powder 189
soluble iron 993
soluble manganese 993
soluble phosphoric manure 189
soluble silica 189,995
solute 994
solution 993
solution tank 993
Solvay House 583

solvent 583,994,998
solvent adhesion 998
solvent adhesives 994
solvent extraction 998
solvent extraction method 994
solvent insoluble matter 994
solventless varnish 960
solvent naphtha 583
solvent sensitive adhesive 583
SOM 93
SOM(Skidmore, Owings and Merrill, architects) 582
somatometry 535
sonar 581
sonde 584
sone 583
sonic comparator 582
sonic method 239
sonic precipitator 137
sonic speed 136
sonic test 137,582
sonometer 582
soot 513,781
soot and dust 783
soot blower 513
soot door 513
Sophie-Germain curvature 582
Sophora japonica[拉] 106
soprappòrto[意] 582
sorbite rail 583
Sorbus commixta[拉] 743
Sorel cement 583
sorology laboratory 296
sorption 452
sort 893
sorter 893
sorting coefficient 880
sound 126,134,376
sound absorber 229,230,465
sound absorbing blanket 230
sound absorbing box 465
sound absorbing coefficient 229
sound absorbing duct 230,465
sound absorbing material 229,230
sound-absorbing porous material 603
sound absorbing power 230
sound absorbing surface 230
sound absorption 127,229
sound absorption coefficient 230
sound absorption paint 912
sound analysis 135
sound analyzer 135
sound arrester 912
sound articulation 618
sound attenuating box 465
sound attenuator 126,229,465
sound barrier 376
sound bridge 127
sound damper 376
sound detector 376
sound effect 376
sound energy density 134
sound field 127,137
sound filter 127
sound focus 127,134
sound generating room 135
sound hole 376
(subsurface) sounding 376
sounding 490
sounding machine 575
sounding pole 576,577
sound insulating construction 438
sound insulating wall 912
sound insulation 438,912
sound insulation character 618
sound insulation floor construction 618
sound insulation planting 912
sound insulation test 912
sound insulator 438
sound intensity 127
sound intensity level 127
sound isolation 912
sound knot 44
sound leakage 1046
sound level 134
sound(pressure) level meter 134
sound level meter 134,376,383,416,566
sound locater 651
sound lock 376
soundness 40

soundness test 40
sound output 134
sound power level 135
sound pressure 134
sound pressure band level 134
sound pressure level 93
sound pressure level(SPL) 134
sound pressure level difference 134
sound pressure response 134
sound pressure sensitivity 134
soundproof chamber 912
soundproof construction 912
sound proof cover 912
soundproof door 438,912
soundproof floor 912
soundproofing 912
soundproof material 912
soundproof test 912
soundproof wall 912
soundproof window 912
soundproof work 912
sound ray 136
sound receiving room 456
sound reflecting board 135
sound regulation room 134
sound screen 376
sound-sensitive vehicle detector 134
sound source 135
sound source chamber 135
sound spectrum 127,134
sound volume 137
sound wave 135,137
source 579
source data 302
source language 301
source of energy 97
source of noise 566
source of offensive odour 7
source of radioactive wastewater 916
source program 302,579
sour gas 388
Southern magnolia 590
south point 748
south sea timber 748
south-sea timber 748
souzan bentonite 376
Sovent fitting 582
Sovent system 582
Soxhlet's extrac: method 581
soybean albumin plastic 592
soybean glue 592
soybean meal glue 592
soybean protein glue 592
soybean protein plastic 592
spa 328
space 257,523
space between plants 185
space curve 257
spaced column 139
space design 93
space diagonal 257
space for balance 131,892
space frame 523,1016
space gas heater 167
space heater 523
space mean speed 257
space perception 257
spacer 138,523
spacer block 523
space rigid frame 1016
space rigid frame bridge 1016
space structure 257,1016
space technology laboratory 93
space tensor 257
space truss 1016
spacing 6,196,521,523
spacing of cracks 839
spacing rule 214
spading 523
Spalato 521
spall 46
spalling 524,800
span 286,382,429,521,813,937,1058
Spancrete 521
spandex 521
spandrel 390,521
spandrel arch 521
spandrel beam 521
spandrel braced arch 521
spandrel-filled arch 454

spandrel step 521,947
spandrel wall 521
Spanish red 521
Spanish tile 521,523
Spanish white 521
span length 407
spanner 521
span wire 521
spare 523
spare bed 523
spare line 1003
spare power source 1003
spare room 1003
spare valve 1003
Sparger 520
spark 520
sparks 838
sparrow branch 513
sparse matrix 520
sparse planting 579
spar varnish 521
spate 118
spatial anisotropy 257
spatial art 257
spatial city 263
spatial factor 257
spatter 520
spatter loss 520
spatula 903
spcified contractor 437
(loud) speaker 521
speaking rod 432
special-appointment contract 717
special appointment contract 717
special appointment work 717
special asphalt roofing felt 717
special brick 45,717
special building 716
special casting 716
special cement 716
special concrete block 45
special concrete construction 716
special conservation 717
special emergency stair case 717
special extinguisher 716
special form 716
special joint 45
special kitchen 717
special library 716
special pipe 45
special Portland cement 717
special preserving area of historical remains 1037
special pump 717
special putty 716
special quality fire-brick 716
special refractory 716
special rigid frame 45
special room 523
special splice plate 45
special steel 716
special steel plate 716
special structural steel 330
special terrazzo block 716
special use area 717
specific acoustical impedance 825
specific acoustic impedance 618
specific acoustic resistance 354
specific adhesion 355,549,833
specification 218,220,435,464,472,484,523,551,961
specific capacity 845
specific city sewerage 717
specific conductivity 836
specific creep 829
specific discharge 847
specific energy 825
specific enthalpy 825
specific gravity 831
specific gravity in dry air 215
specific gravity in green 745
specific heat 838
specific heat at constant pressure 670
specific heat at constant volume 675,679
specific heat ratio 838
specific humidity 830
specific park 716
specific press-in coefficient 823
specific radioactivity 839

specific reflectance 838
specific resistance 836
specific resistance of filter cake 292
specific resistance of heat conduction 768
specific resistivity method 836
specific rotary speed 826
specific speed 834
specific surface area 839
specific thermal resistance 768
specific vapour resistance 708
specific viscosity 838
specific yield 995
specified concrete strength 545
specified load 192
specified mix 435
specimen 238
specimen tree 291
speck 851,934
speckle 851
spectacle 523
spectator stand 197
spectral curve 890
spectral energy distribution of light 890
spectral luminous efficacy 163,407
spectral luminous efficiency 830
spectral luminous efficiency curve 830
spectrometer 523
spectrum 523
spectrum density 523
spectrum intensity 523
spectrum (pressure) level 523
specular bronze 153
specular finish 153
specular reflection 242
specular reflection factor 537
speech interference level 92,149
speed accumulation curve 577
speed and delay study 576
speed change area 907
speed change gear 907
speed change lane 907
speed-change range 576
speed change section 907
speed controller 576
speed control signal 577
speed difference 576
speed governor 521
speed limit 577
speed-limit sign 577
speed-limit zone 577
speed microphone 577
speed of sound 134
speed range 576
speed ratio 577
speed regulation 576,577
speed regulation range 576
speed skate rink 521
SP (sulfite pulp)effluent 93
spent kraft liquor(SKL) 272
spent liquid from wood cooking 214
spent pickling liquids 835
spéos[法] 523
Speyer[德] 461
sphere 299
sphere of influence 539
spherical aberration 235
spherical active carbon 230
spherical bearing 235
spherical excess 230
spherical illumination 235
spherical intensity of light 235
spherical light source 235
spherical luminous intensity 235
spherically reflective paint film 235
spherical reduction factor 235
spherical shell 230,614
spherical strain 230
spherical stress 230
spherical valve 235
spherical wave 235
sphinx 521
spiderweb type of street system 269
spiderweb type small bridge 269
spigot 521
spigot and faucet reducing pipe 473
spigot and socket joint 578
spigot joint 67,521
spigot straight pipe 67

spike 117,520
spike dowel 20,187
spike drawer 57
spiked-ring dowel 666
spike-driver 57
spike hammer 520
spike tyre 520
spike winterhazel 718
spillage oil 1022
spillover valve 521
spillway 95,1001
spindle 521
sping hedge 57
spinning 521
spiraea 438
Spiraea sp.[拉] 438
spiral 76,170,1007
spiral chute 520
spiral conduit 1007
spiral conveyer 763
spiral drill 520,763,1006,1007
spiral duct 520
spiral flow system 557
spiral grain 557,765,1008
spirally reinforced column 939
spiral method 520
spiral pipe 520
spiral polishing machine 76
spiral pump 764
spiral reinforcement 939,1008
spiral rope 50,174,520
spiral shell 520
spiral shoot 520
spiral staircase 947
spiral stairs 520,947,1007
spiral steel pipe 520
spiral surface 1007
spire 562,563,716
spirelet 520
spirit level 521
spirit stain 521
spirit varnish 223,459,521,539
Spirogyra 5,521
Spiroll core floor 521
SPL. 93
splash 522
splash board 522
splash guard 522
splay 522
splayed abutment 999
splayed arch 522
splayed ceiling 870,978
splayed joint 575
splay joint 524,575
splice 383,661,662,697
splice angle 697
spliced joint 574
spliced strut 574,1002
splice grafting 36
splice joint 797
splice piece 574
splice plate 522
splice(d) plate 574
splice plate 575,662,697
splice plate joints 1025
splicing angle 575
spline 522,617,980
spline batten 617
spline joint 522,980
splint 139
split brick 76
split contract 889
split face 522
split ring dowel 251
split spoon sampler 522
split tee connection 522
splitter damper 522
splitter plate type sound absorber 522
split test 179
split thimble 1059
split timber 1059
splitting 179
splitting stress 179
splitting tensile strength 179
splitting test 23
spoil 516,524
spoil-bank 723
spoke 524,747
spoke shave 747
sponge 524

sponge iron powder 148
sponge plastics 148
sponge resin 36
sponge rubber 148,524
spontaneous combustion 420
spontaneous combustion furnace 419
spoon sample 523
sporadic development 398
sports center 524,568
sports club 524
sports facilities 524
sports hotel 524
spot 524,851,924
spot cooling 524
spot delivery 308
spot glucing 245
spot-homogen process 524
spotlight 447,524
spotlight booth 707
spot of fire breaks 459
spot payment 308
spots 960
spot speed study 638
spot traffic volume survey 629
spot welder 524,701
spot welding 524,701
spot-welding machine 701
spout 501,520,524,607
sprawl 523
sprawled area 523
sprawl phenomenon 523
spray 522
spray booth 858
spray cement coating 553
spray chamber 522,892
spray coating 522
spray coating machine 858,892
spray cooling tower 893
spray curing 394
spray dryer 522,892
sprayer 209,523
spray gun 522
spray hole 523
spraying 858,994
spraying distance 858
spraying pressure 858
spraying scraped finish 858
spray injury 979
spray irrigation 394,522
spray nozzle 892
spray painting 522
spray pond 891,892
spray tower 522,892
spray type aerator 522
spray type air washer 892
spray type dehumidifier 892
spreader 522
spread falling 760
spread foundation 654
spreading depth 939
spreading fire 106
spreading velocity of fire 106
sprigs 4,389
spring 17,47,522,564,807
spring action cock 807
spring back 522
spring balancing sash 522
spring butt 808
spring (bow) compasses 522
spring(bow)compasses 807
spring constant 630,807,808
spring divider 522,808
spring garden 814
spring hinge 808
springing 522
springing bearing 17
springing line 17
spring loaded relief valve 522
spring manuring 814
spring offset 522
spring points 803
spring ring dowel 624
spring-ring dowel 808
spring safety valve 807
spring steel 807
spring switch 803
spring tide 118
spring-tooth harrow 808
spring washer 807
spring wood 570,814

sprinkler 394,522
sprinkler head 394,522
sprinkler head side wall type 522
sprinkler head standard type 522
sprinkling 394
sprinkling pot 477,481
sprinkling trough 394
sprocket 523
sprocket wheel 523
sprout 912
sprout bamboo 968
Sprung's formula 522
spud 520
spun glass 521
spur 520
spur dyke 500
spurting 891
square 381,512,849
square bridge 653
square column 158,1003
square crossing 655
square earthenware pipe 158
square file 155
square footing 914
square groove 1
square matrix 538
square-mesh sieve 159
square nail 155
square root method 898
square root of time fitting method 1032
squares 467
square shovel 157
square steel 155,158
square steel bar 155,158
square stone 155
square tile 914
square timber 155,156
square trench 158,666
square washer 155,156
square weir 406
square window 159
squatting water closet 439,1059
squawker 512
squeeze pumping 20
squeezer 510
squeezing press 122
squinch 510
squint 510
SRC (steel framed reinforced concrete) construction 92
SRC structure 684
SRD 92
SS 92
SSDDS 92
SSRC 92
SST 92
stabil 514
stability 40,41,514
stability after mixing 360
stability analysis 40
stability factor 40
stability index 41
stability number 40
stability of atmosphere 588
stability test 41
stabilization 40
stabilization pond 41,349
stabilized base 40
stabilized dolomite brick 40
stabilized liquid method 40,674
stabilized road bed 40
stabilizer 40,514
stabilizing agent 40
stabilizing fluid 40
stabilometer 514
stable 40,78,231,946
stable door 132
stable equilibrium 41
stable flow 41
stable stream 41
stable structure 40
stable truss 41
stab station 710
stack 111,513
stack cutting 162
stack damper 513
stack effect 111
stack gas desulfurization facility 781
stack loss 660
stack room 479

stack system 479
stack vent 491,608
stadia 513
stadia computor 513
stadia constant 513
stadia point 513
stadia rod 513
stadia survey 513
stadia surveying 410
stadia transit 513
stadion[希] 513
stadium 119,237,513,1014
stadium type auditorium 513
staff 513,797,842
staff-gauge 496,1026
stage 516,865
stage box 516
stage construction 516
stage development plan 146
stage digestion 605
stage-discharge curve 497
stage-discharge diagram 497
stage door 159
stage-duration curve 44
stage filter 618
stage hydrograph 496
stage-hydrograph of flood 325
stage left 187
stage lighhting 866
stage pump 516
stage recorder 409
stage right 438
stage wagon 828
stage wall 865
stage with trap 554
stagger 256
stagger angle 256
staggered 1010,1020
staggered arrangement 638
staggered channel separator 961
staggered cross road 256
staggered intermittent fillet weld 638
staggered intermittent weld 638
staggered joint 78,981
staggered junction 256
staggered row planting 638
staggered seating 638
staggering joint 256
staging 11
stagnant air 676
stagnant water 676
stagnation point 222,1002
Stahlton slab 459
stain 219,436,516
stain colour change 906
stained glass 516,517,978
stainers tinters 611
stain fungi 906
staining 60
stainless paint 912,1001
stainless steel 517,863
stain-proof paint 1001
stain-resisting paint 912
stain resisting paint 1001
stair 142
staircase 142
stair hall 142
stair seat 142
stair stringer 142
stairwell 142
stake 307,467,635,951,982
staking 516
staking out 747
staking out work 747
stall 236
stall (urinal) 518
stambha[梵] 514
stamp material 514
stanchion sign 184
stand 308,514
standard 214,218,609
standard acceleration spectrum 842
standard activated sludge process 867
standard air 842
standard area of urban structure 842
standard atmosphere 843
standard atmospheric pressure 842
standard batching 842
standard building cost 842
standard cement 843

standard colorimetric colour for pH mea surement 824
standard colorimetric solution for chlorine 109
standard colour 843
standard colour chip 842
standard condition 843
standard consistency 843
standard cross section of roads 715
standard curing temperature 843
standard cylinder specimen 842
standard cylindrical specimen 110
standard deviation 843
standard dimension 843
standard drawing 218
standard fire radiation-time curve 860
standard floor 218,224
standard freezing cycle 843
standard gauge 842
standard grade 842
standard grading 843
standard illumination 843
standard incandescent lamp 795
standard incidence angle 843
standard intensity of illumination 843
standardization 214,218,514,842
standardized components 214
standardized house 214
standardizing box 514
standard light source 842
standard load 842
standard loading test 842
standard measuring 842
Standard Method of Measurement of Building Works 93
standard metropolitan area 93
standard metropolitan area(SMA) 843
standard metropolitan statistical area (SMSA) 843
standard moisture content 842
standard number of air change 842
standard of potable water 66
standard operative temperature 842
standard overcast sky of CIE 401
standard parallel 842
standard penetration test 842
standard rail-spiking 800
standard reverberation time 222
standard rigidity 842
standard sand 843
standard sieve 843
standard size 514,673
standard sound level difference 842
standard span 842
standard specification 843
standard strenth 842
standard substance 219
standard temperature 842
standard temperature time curve 842
standard tension 843
standard test 843
standard testing method 843
standard test piece 843
standard test specimen 843
standard time 842
standard voltage 671
standard wave 843
standard wire gauge (S.W.G) 514
stand bar 514
standing posture 1015
standing seam 609
standing space 606
standing stone 607
standing urinal 593
standing wave 673
standing wave method 674
stand oil 514,774
stand pipe 514,785
stand pipe of hydrant 475
St. Andrews' cross 95
Stanton number 514
staple 98,516,943
starch glue 700
star-delta starter 513
star delta starting 513
star house 514
star moulding 514
star shake 925
start 514
start button 514

starter 222,513
starting crank 513
starting current 222
starting device 431
starting gas cylinder unit 222
starting signal 459
starting swich 513
start pump 514
start valve 514
star vault 924
starved joint 296
stated sum contract 671
statement 516
state of plane deformation 898
state of plane stress 898
state of principal stress 456
state of rest 533
state vector 473
statical equilibrium 536
statically admissible 536
statically admissible multiplier 536
statically determinate 535
statically determinate arch 535
statically determinate beam 535
statically determinate framework 536
statically determinate principal system 535
statically determinate reaction 536
statically determinate rigid frame 536
statically determinate shell 535
statically determinate structure 535
statically determinate structure with respect to reactions 143
statically determinate system 535
statically determinate truss 535
statically equivalent 536
statically indeterminate 864
statically indeterminate arch 864
statically indeterminate beam 865
statically indeterminate boundary force 865
statically indeterminate boundary moment 864
statically indeterminate force 865
statically indeterminate principal system 864
statically indeterminate quantity 865
statically indeterminate reaction 865
statically indeterminate rigid frame 865
statically indeterminate shell 865
statically indeterminate structure 865
statically indeterminate structure with respect to internal forces 739
statically indeterminate structure with respect to reactions 143
statically indeterminate system 865
statically indeterminate truss 865
statically indeterminate with respect to internal forces 739
statically indeterminate with respect to reactions 143
statically indetermined truss with respect to internal forces 739
statical moment 533
statical moment of area 629
statical stability 536
statical thrust 533
static approach 536
static characteristics 536
static condenser 93
static criterion 538
static deflection 536
static electric dust sampler 536
static equilibrium 533
static friction 231,533
static head 534
static load 530
static loading 536
static model 513
static modulus of elasticity 535
static moment of area 50
static optimization 536
static pile-bearing formulas 538
static pressure 530
static pressure controller 530
static pressure of inlet 498
static pressure regain method 530
statics 513,538
statics of elasticity 623
static sounding 536

static stability 530,676
static strain meter 537
static stress 530
static work 536
station 54,89,516,673
stationary 348
stationary asphalt plant 676
stationary condition 679
stationary current 340
stationary frequency 674
stationary load 471
stationary random process 674
stationary state 674
stationary ventilator 348
stationary vibration 674
stationary wave 673,674
stationary wave front 674
station building 91
station condition 576
station for head-end operation 132
station hall 91
station hotel 516
station main building 91
station mark 577
station marker 578
station plaza 91
station point 213,677,1016
station premises 89
station restaurant 516
station square 91
station yard post 673
statistic seismic response 706
statistics of building activities and losses 306
statlcal space truss 536
statoscope 384,514
statuary column 572
statuary marble 651
statue 513,651
statutory plan 920
stay 388,415,515,825
stay bar 515
stay bolt 515,826
stay hook 515
stay pile 482
stay plate 129
stay post 511,826
stay rod 826
stay rope 348
stay tube 825
stay wire 730,825
stay wire end 729
steady creep 674
steady creep speed 672
steady flow 41,674,679
steady heat conduction 674
steady resistance 41
steady state 674
steady state vibration 674
steam 467,514
steam atomizing 468
steam bending 468
steam boiler 468,515
steam coil 467
steam coil storage tank 467
steam consumption 467
steam cooling 468
steam crane 467
steam curing 469
steam distribution 468
steam drum 468
steam drying 467
steam ejector 467,514
steam engine 467
steam generator 468
steam hammer 468,514
steam hammer method 468
steam header 515
steam heater 514
steam heating 468,515
steam heating apparatus 468
steam heating coil 467
steam hoist 515
steam injector 514
steam inlet 467
steam jet 468
steam jet refrigeration 468
steam jet refrigerator 468
steam jet unit 468
steam kettle 467

steam main 467
steam meter 468
steam orifice 467
steam pile driver 250,467,514
steam pile hammer 514
steam pipe 467
steam pipe sleeve 467
steam piping 468
steam power 468
steam power plant 250
steam power station 193,250
steam pressure 467,500
steam pressure gauge 467
steam pressure type cascade heating system 467
steam pump 468
steam radiant heating 468
steam radiator 468
steam recovery 467
steam reducing valve 467
steam regulating valve 468
steam regulator 468
steam return line 515
steam roller 469,515
steam separator 219
steam shovel 467,514
steam stop cock 468
steam stop valve 467,468
steam supply line 514
steam table 468
steam trap 468,514
steam treatment 467
steam turbine 468
steam turbine generator 468
steam valve 468
stearic acid 515
steatite 515
steel 310,515,793
steel abutment 515
steel arched timbering 310
steel bar 515,914
steel belt 338
steel boiler 337
steel bridge 317
steel casting 332
steel cleat 515
steel-concrete composite girder 320
steel construction 320,684
steel deck 683,988
steel door 515
steel erector 515
steel fiber reinforced concrete 93
steel fiber reinforced concrete (SFRC) 328
steel fibre reinforced concrete 515
steel file 684
steel floor plate 989
steel floor tile 515
steel form 326,684
steel form panel 326
steel framed house 684
steel framed reinforced concrete column 320
steel framed reinforced concrete structure 684
steel joist 515
steel lining 569
steel pile 319,684
steel pipe 315
steel pipe butter 316
steel-pipe column 316
steel pipe pile 316
steel pipe reinforced concrete structure 316
steel pipe scaffold 316,327,788
steel pipe structure 316
steel pipe support 316
steel plate 337,685
steel plate floor 324
steel plate heating boiler 337
steel plate structure 685
steel rail 341,515
steel ratio 684
steel reinforced concrete column 320
steel rolling shutter 327
steel sash 515
steel sheetpile 339
steel sheet pile 685
steel shop work 684
steel shore strut 326

steel shutter 326,515
steel slag 532
steel sleeper 685
steel spatula 183,338
steel square 793
steel structure 684
steel tape 327,338,515,793
steel timbering 326
steel tower 684
steel tower type high chimney 684
steel truss 684
steel truss bridge 336
steel wire 328,684
steel wire rope 320,327
steel wire strand for prestressed concrete 830
steel wool 515
steel work 684
steelworking tool 684
steeping 489
steeping process 489
steeple 563,716
steeplechase racing track 465
steep slope 231
steering 515
steering apparatus 163
steering gear 515
steering wheel 515
Stefan-Boltzmann's constant 516
Stefan-Boltzmann's law(of radiation) 516
stele[希] 517
stellar vault 924
stem 457,666
stem-axis 458
stem cutting 94
stemming 354
stench trap 916
stencilled decoration 517
stencil paint 517
step 516,617
step aeration 516,891
step aeration process 142,516
step back 516,618
step board 617
step-by-step switch* 516,518
step-by-step telephone system 516
step control 516
step controller 516
step cutting 619
stepdy flow 516
step function 516
Stephansdom 460
stepladder 11
stepless speed change device 959
stepped foundation 142
stepped gable 618
stepped pyramid 142
stepped ring dowel 626
stepped stalls type auditorium 622
stepped tenon 752
stepping pedestal 11
stepping stone 727
stepping stones (through water) 389
stepping stone stair 727
stepping stump 619
stepping wood 619
step rail 626
step shelf 626
steradian 517
stereo amp(lifier) 517
stereobate 517
stereocamera 426
stereochrome 517
Stereo filter 517
stereographic projection 243,896
stereomicrometer 426
stereophonic sound 1015
stereophonic sound effect 1015
stereophonic sound system 1015
stereophonograph 517
stereophotogrammetric survey 426
stereophotograph 426
stereoplotter 426
stereoscope 426
stereoscopic measurement 426
stereoscopic plotting instrument 426
stereoscopic vision 426
stereoscopy 426
stereotape 517

stereotelevision 517
stereotomy 215
sterilization 383,964
sterilized pure water 964
sterilized room 964
sterilized water 964
sterilizer 474,964
sterilizing apparatus 474
sterilizing chamber 473,474
sterilizing room 473
St'Etienne[法] 396
Stewartia pseudo-camellia[拉] 743
Stewart's law 516
stickness 515,772
stick slip 516
sticky limit 770,772
sticky soil 78,770
stiff-consistency concrete 173
stiff consistency mix 173
stiff-consistency mortar 173
stiffened bracket 924
stif fened suspension bridge 924
stiffener 391,514,923
stiffener angle 924
stiffener ring 923
stiffening 923
stiffening girder 514,923
stiffening stile 635
stiffening truss 923,924
stiff leaf 515
stiff-leg derrick 11,514
stiffleg derrick 672
stiffness 358,514,515
stiffness equation 327
stiffness matrix 514
stiffness matrix of element 863
stiffness method 327
stiffness of panel point 550
stiffness ratio 358
stiff paste paint 173
Stigeoclonium 515
stilb(sb) 515
stile 187,608,610,737,866
stile of elevator 398
stilling basin 303
stilling pool 303
still water surface 534
stilt 516
stilted arch 472,516
stinking water 264
stipple 514
stipple paint 514
stirrup 26,286,514,797,813,939,1052
stitch rivet 718,723
STL 93
stoa 517
stochastic programming 159
stock 517
stockade 378
stockbreeding pollution 635
stock exchange 470
stock-farming district 923
stock freezer 1036
stock kettle 517
stock rail 517
stock-room 655
stock stand 517
stock yard 517
Stodola's method 517
stoker 517,572
stokes 517
Stokes' law 517
stone 539
stone anchor 519
stone arch 519,540,545
stone arrangement 46
stone breaker 371
stone bridge 46
stone building 540
stone chips 46
stone cladding work 812
stone construction 46,540
stone crusher 47,371
stone cutter 46
stone cutting 47
stone dyke 46
stone facing work 812
stone fence 46,47
stone-filled trench 962
stone garden 541

stone grinder 540
stone henge 519
stone lantern 46
stone lantern of yukimi type 989
stone levee 46
stone lifting tongs 737
stone marker 843
stone mason 47
stone masonry 46
stone masonry ditch 46
stone masonry technique 546,547
stone-mason's hammer 173
stone monument 843
stone ornament 161
stone pagoda 541
stone pavement 46,408,926
stone paving 46,408
stone pit 46
stone pitching 46
stone powder 46
stone quarry 652
stone revetment 46
stone saw 46
stone screenings 46
stone sill of window 945
stone step 46
stone structure 519
stone wall 46,540
stoneware 545
stoneware clay 545
stoneware tile 545
stone water-basin 650
stonework 46
stony path 47
stool 517,556
stoop 517
stop 435,517
stop-and-go signal 488
stop bead 517
stop button 517
stop cock 437,517
stop gear 517
stop lever 517
stop-line 673
stop line 673
stop of placing (concrete) 77
stop of water supply 233
stopper 517
stopper screw 517
stopping 517,673
stopping distance 673
stopping sight distance 370
stopping time 82
stop rod 517
stop signal 673
stop valve 517,575,614,673,728
stop watch 122
storage 518,655,657,974
storage allocation 212
storage battery 635
storage capacity 212,655
storage-capacity curve 655
storage coefficient 657
storage furniture 453
storage heater 656
storage life 927
storage load 636
storage load factor 636
storage of hazardous articles 216
storage reservoir 615,655,952
storage space 453
storage stability 655
storage tank 518,655
storage tank of sulfuric acid 1022
storage track 455,1023
storage treatment of radioactive wastewater 916
storaging local hot water supplying system 656
storaging time 927
store 80,473,786
stored program computer 886
storehouse 568,655
store-room 655
storey 138,345
storm 921
storm drain 75
Stormer's viscosimeter 517
Stormer viscosity 517
storm inlet 75

storm outfall 75
storm outfall pipe 75
storm outfall sewer 75
storm protection 921
storm rainfall 312
storm sewer 75
storm surge 595
storm warning 921
storm-water sewer 75
story 345
story moment 574
story shear coefficient 571
story shear coefficient at yield state 338
story shear force of yield state 338
story-shearing force 571
story-stiffness 569
stove 186,517,630
stove coil 517
stoving dryness 978
stoving paint 978
stoving varnish 978
straight abutment 52
straight arch 58,1048
straight asphalt 518
straight bead welding 518
straight beam 654
straight brick 518
straight bridge 654
straight cement mortar 518
straight down gutter 742,787
straight dozer 518
straight edge 653
straighten 938
straightening 833,989
straight grain 660,941,942
straight grain board 942
straight joint 58
straight pipe 656
straight polarity 531
straight-run asphalt cement 518
straight-run pitch 518
straight scarf joint 1
straight sequence 560
straight stair 653
straight stroke on the fore hand 31,119
straight union joint 50
straight welded joint 58
straight welded pipe 58
strain 518,832
strain aging 833
strain component 833
strain compound tensor 361
strain control 833
strain-displacement relations 833
strain ellipse 833
strain ellipsoid 833
strain energy 832
strain-energy criteria 832
strain energy function 832
strain energy method 832
strainer 518
strain figure 833
strain gauge 518,832
strain hardening 518,832
strain intensity 833
strain line 518
strain matrix 833
strain meter 518,832
strain path 832
strain quantity 833
strain rate 833
strain rigidity 833
strain tensor 833
strain velocity 833
strand 518,1003,1004
stranded cable 1004
stranded rope 1004
stranded wire 1004
stranding connection 1004
strand rope 350,518
strap 27
S-trap 93
strap 345,518,620,621,665
1/2 S trap 755
strap 797,939
strap bolt 797
strap hanger 702,703
strap iron 129
strapped joint 23

strap steel 129
strap stiffner 518
strapwork 518
Strassburg[德] 460
strategic city 283
stratigraphic inspection(of well) 304
stratosphere 534
stratum 566
stratum(strata) 637
stratum dynamics 637
stratum of invariable temperature 633
straw 1059
straw-mat 958
straw pulping wastewater 1059
straw rope 520
straw-rope 1059
stray earth current 961
streak 518
stream 291,742
stream friction 742
stream function 742
stream gauging 1024
stream-gauging station 576
streaming potential 1024
stream-line 1022
stream reaeration 170
stream regime 1021
stream source area 498
stream velocity measuring method 1023
street 145,149,518,943
street area ratio 149
street building 405
street car 405,1054
street-car detector 1054
street commercial district 1050
street crossing 663
street drain 636
street facilities belt 1049
street furniture 518,1049
street gutter 581
street hydrant 149
street illumination 149
street inlet(gully) 75
street inlet 149
street intersection 663
street lamp 145
street landscape 149
street layout 149
street light 145
street lighting 149
street loading zone 149
street manhole 518
street name sign 149
street network 149
street noise 145
street pictures 149
street railway 222
street refuse 149
street roller 518
street sewer 149
street sweeper 518
street system 149
street traffic 149
street tree 149
street utilities 1049
street value 1050
street width 149
strenght of materials 375
strength 240,518,667
strength coefficient of building use 998
strength of floc particles 887
strength of materials 375
strength of oil membrane 992
strength of poison 717
strength of repeated load(ing) 274
strength weld 598
STRESS 93
stress 116,518
stress amplitude 116
stress analysis 116
stress block 116
stress calculation 116
stress circle 116
stresscoat 518
stress coating method 116
stress component 116
stress concentration 116
stress concentration factor 116
stress control 116,164

stress corrosion 117,518
stress corrosion cracking 117
stress cracking 518
stress deviation 117,906
stress diagram 116
stress distribution 117
stress due to long time loading 649
stress due to short-time loading 619
stress ellipse 116
stress-endurance diagram 116
stress energy 116
stress for temporary loading 619
stress freezing method 116
stress function 116
stress gradient 116
stress intensity 116
stressless 518
stress matrix 117
stress meter 116
stress method 117
stress of tangent modulus 548
stress path 116
stress quadric 116
stress-ratio method 117
stress relaxation 116
stress relaxation response 116
stress relief heat treatment 116
stress relieving 116
stress rivet 598
stress-strain characteristics 117
stress-strain curve 116,117,412
stress-strain diagram 117
stress-strain relationship 117
stress tensor 116
stress vector 117
stretcher 518,741
stretcher bond 741,821
stretcher paving 760
stretch forming 835
stretching 518,741
stretching bond 821
stretching strain 518
stretching wire 564
strict standard 81
strike 568
strike of bed 568
striker 377
striking off 468
striking plate 74
strik off 746
string 194,195,518,840
string course 129,442,708
stringer 195,518,608,778,989
stringer bracket 608
string wire concrete 319,518
strip 310,518
stripe 943
stripe figure 1020
strip flooring 105
striping 518
strip leaves 797
(stage) strip light 518
strippable paint 518
stripped joint 123
stripping 844
stripping test 795
stripping time of concrete form 175
strips 828
strip steel 331
stroboscope effect 519
stroke 334,518
strong acidic cation-exchange resin 238
strong acidic ion-exchange resin 238
strong basic anion-exchange resin 236
strong basic ion-exchange resin 236
strong earthquake 645
strong hold 483
stronghold 733
strong hydraulic lime 239
strong motion accelerogram 239
strong motion accelerometer 239,524
strong room 38
strong-room 252
strong room 519
strong snow storm 921
strong steel 519
strong wind 921
strontium 519
Strouhal number 518
Strowger switch 518

struck 517
struck joint 433,517,744
structural adhesive 329
structural alloy steel 329
structural analysis 328
structural calculation 241,328
structural carbon steel 330
structural damping 328
structural design 329
structural design drawing 329
structural drawing 329
structural durable years 329
structural element 330
structural engineering 329
Structural Engineering System Solver 93
structural experiment 329
structural glass 517
structural life-time 329
structural lightweight aggregate 329
structural lumber 330
structural material 329
structural mechanics 330
structural member 329
structural model 329
structural optimization 329
structural planning 328
structural rationalism 329
structural response 328
structural rigidity 329
structural rolled steel 329
structural space 328
Structural Stability Research Council 92
structural steel 92,329
structural strength 329
structural synthesis 329
structural system 329
structural viscosity 329
structural wood 330
structure 320,328,332
structure insensitive properties 578
structure of phanerocrystalline 302
structure sensitive properties 578
structure zoning 329
STRUDL(structural design language) 518
strut 94,286,354,517,661,665,685,825,917
strut of roof truss 354
strutted beam bridge 920
strutted rigid frame bridge 920
ST (single tee)slab 93
St.Sofia 563
stub 226
stub abutment 52
stubble 249
stub tenon 382,629,668
stub-type station 710
stucco[意] 513
stucco finished building 761
stud 513,945
stud bolt 69,71,513
stud connector 513
studded tyre 520
stud dowel 513
students'hostel 157
studio 108
(film)studio 383
studio 513,532
stud wall framing finished on both sides 117
stud welding 513
study 479
study room 479,905
stuff 513
stuffing 513
stump 249
stump path 619
stūp[梵] 517
stupa 517,581,712
surctural spalling 329
surcture 329
style 187,389,513,608,866,993,994
Style Empire[法] 41
style of landscape architecture 566
stylobate 515
S-type earthenware trap 93
Styrax japonica[拉] 92
styrene 515

styrene polyester 515
styrene resin 515
styrol 515
styrol foam 515
styrol mat 515
subacute poisoning 7
subaqueous tunnel 503
sub-assembly 385
sub-ballast 386,925
subbase 925
subbase course 1053
subbase course material 1053
subbase course width 1053
subbase friction 1053
subbasic machine 1053
subbeam 386
subchord 620
sub-civic center 862
sub-civic center planning 862
subcontract 421
subcontractor 385,421
subcooled water 194
subcooling 194,385
subdivision of (dividing)lot 892
subdrainage 634
subdrilling 1003
suberization 356
subgrade 1049
subgrade planer 385
subgrader 385
subgrade reaction 434
subgrade soil 1049
subharmonie 386
subject construction cost 459
subjective brightness 457
subjective fatigue 457
sublaminar layer 574
sub-main line 862
submarine blasting 502
submarine conduit 142
submaster controller 386
submatrix 386,872
submerge combustion 91
submerged are welding 386,558
submerged-are welding 990
submerged condenser 489
submerged condition 489
submerged orifice 970
submerged pump 502
submerged ratio 484
submerged unit weight (of soil) 502
submerged valley 131
submerged weir 560
submersible pump 502
submodular size 386
submodule 386
sub-number of lot 94
suboptimal solution 871
suboptimization 871
subordinate entrance 76
subordinate load 445
subordination 450
subpunch and reaming 386
subpunching 386,1002
subrental space 386
sub-reservoir 861
subroutine 386
subscaling 385
subset 386
subsidence inversion 657
subsidence of ground 434
subsidence of land 724
subsidiary main track 862
subsidiary road 154,925
subsoil 24,171
subsoil (water) drain 633
subsoil (water) drainage 633
subsoil irrigation 633
subsoil puddling 821
subsoil water 862
substance 357
substation 385,908
substitute 385
substituted member 635
substitute load 635
substitute natural gas 93
substitution method 594
substrate 217,386
substratum 673
substratum for waterproofing 918

substructure 185,386
substructure work 185
substrut 861
subsurface drainage 634
subsurface irrigation 633
subsurface water 633
subsystem 385
subtense bar 505
subterranean water 633
subtie 862
subtractive colour mixture 302,309
sub-truss 386
suburban agriculture 252
suburban development area 252
suburban district 252
suburban green area 252
suburban houses 314
suburbanization 313
suburban open space conservation area 252
suburban railway 252,314,384
suburban residential quarter 252
suburban shopping center 314
suburbs 313,314
subvertical 861
subway 385,634
subzero equipment 386
subzero treatment 386
successful bidder 1006
successful price tendered 1006
successful tender 1006
successive approximations 821
successive contrast 288
sucker 725,727,829
suckering 185
suckling room 756
suction 229,379,496,498,501
suction air 498
suction and force pump 122
suction apparatus 229
suction blower 498
suction check ball 498
suction check valve 379
suction cock 379
suction conveyer 229
suction dredger 496,936
suction efficiency 498
suction fan 498
suction filter 498,499
suction gas 379
suction head 379,498,499,501
suction height 496
suction hose 379,496,499
suction line 235
suction main 498
suction mouth 379
suction pipe 232,379,498
suction piping 498
suction pressure 496,498
suction pump 229,379,496
suction side 498
Suction side of fire pump 936
suction static pressure 498
suction stroke 235,496
suction tank 379,498
suction temperature 498
suction valve 379,499
suction valve seat 499
suction vane 379
suction ventilation 498
sudden drawdown 496
suface loading 506
suffocating substance 637
suffocation 637
suite 503
suite (of room) 504
suite room(for patient) 579
sulfate 1021
sulfate ion 1021
sulfate-reducing bacteria 1021
sulfate sludge 1021
sulfide 1021
sulfite pulp wastewater 33
sulfur 43
sulfur bacteria 43
sulfur band 388
sulfur crack 388
sulfur dioxide 32
sulfur dye work waste water 1021
sulfuric acid and soda fire extinguisher

1022
sulfuric acid manufacture waste water 1021
sulfuric acid mist 1022
sulfuric acid recovery process 1021
sulfurous acid 32
sulfurous acid gas 32
sulfur oxides 43
sulfur recovery plant 43
sulfur trioxide 392,959
sulphide 1021
sulphur 43
sulphur(sulfur) asphalt 43
sulphuric acid 1021
sulphuric anhydride 959
sulphurized resin 43
sulphurous acid 32
sultry limit 472
Sumerian architecture 461
summation convention 569
summer flowering 743
summer house 154,386,398
summer manuring 743
summer pruning 154
summer solstice 292
summer wood 743,817
summit 725
sum of the squares of the residuals 392
sum of vectors 900
sump (pit) 450
sump pit 187,785
sump pump 398
SUMT 94
sunalux glass 384
sunbber 519
sun crack 754
sundial 836
sun-dried brick 839
sun drying 700
sunk cost 937
sunken flower bed 658
sunk garden 392
sunk(en) garden 658
sunk hydrant 937
sunk key 392
sunk rivet 392,418
sunk screw 392,418
sunk well 53
sun lamp 301,399,597
sun leaf 998
sun-loving tree 995
sun path diagram 597
sun plant 995
sun porch 398
sunroom 399,753
sun room 754
sun scald 840
sun scorch 840
sunshade 845
sun shadow curve 61,826
sunshine 754
sunshine condition 754
sunshine control 754
sunshine project 393
sunshine recorder 754
superaeration 184
superblock 140,447
super-block 521,586
super-block plan 521
super-blower 154
supercement 520
super-charged air 154
supercharge pump 154,520
super-charger 154
superchlorination 164,169
superconductor 652
supercooling 194
super critical pressure 653
super critical pressure boiler 653
super duralumin 520
superelevation 173
superficial charring 800
super graphic 520
superheat 182
superheater 182
superheating tube 182
super heterodyne 521
superhigh pressure boiler 650
super high pressure mercury vapour lamp 650

super human scale 521
superimposed load 539
super market 521
supernatant liquid 81
supernatant liquor 607
superplasticizer 327
superplasticizing admixture 327
superplasticizing agent 327
superposition 161
super press wood 237
supersaturation 186
superscope 520
super sonic transport 92
supersonic wave 649
super store 520
superstructure 475,520
superstructure work 475
supersulphated slag cement 340
supervarnish 521
supervising expenses 322
supervision 521
supervision of works 543
supervision room for radioactive rays 916
supervisor 207,322,521
supervisor program 202
supervisory office 207
supper club 384
supplementary control for detail mapping 375
supplementary control point 512
supplementary control point surveying 512
supplementary station 928
supplementary zoning 659
supplied energy 237
supplied material 410,958
supplied population 233
supply 998
supply air duct 230
supply air outlet 230
supply and disposal services 237
supply center 386
supply equipment 237
supply exhaust ventilation system 898
supply fittings 233
supply main 121,237
supply of material 375
supply pipe 237
supply return damper 92
supply services 237
supply valve 386
support 221,381,386,429
support bending moment 429
supported boom 415
supported joint 381
support guide 386
supporting point 429
supporting wood 338
support pillar 422
support plate 386
support reaction 429
surcharge 367
surface 667,800
surface active agent 148,844
surface aeration 845
surface alignment 638
surface arcade 162
surface BOD loading 845
surface bolt 667,747
surface carbonizing process 968
surface colour 844
surface combustion 845
surface combustion burner 845
surface condensation 844
surface condenser 844
surface cooling 845
surface coures 926
surface course material 843
surface crack 800,845
surface density 967
surface deposit 843
surface detention 438
surface drainage 637,638,845,1054
surface-dried condition 841
surface dry 844
surface-dry condition 844
surface drying 81
surface duct 639
surface eddy 844

surface erosion 844
surface filtration 845
surface finishing 844
surface float 844
surface force 845
surface freezing 845
surface heater 844
surface heat transfer coefficient 845
surface leakage 845
surface levelling 638,845
surface load 966
surface loading 506
surface lubricant 1014
surface material 844
surface moisture 845
surface mounted luminaire 696
surface nailing 775
surface of equal parallax 708
surface of fracture 810
surface of light source 319
surface of revolution 144,145
surface paint 148
surface-pressed working up 122
surfacer 385
surface railway 1054
surface roughness 1054
surface run-off 845
surface slope 506
surface smoothness 897
surface soil 844
surface source of light 966
surface storage 438
surface surveying 638
surface tension 148,385,845
surface tensor 245,967
surface texture 845
surface treatment 385,844,845
surface type dehumidifier 844
surface type humidifier 844
surface vapour permeance 845
surface vapour resistance 845
surface velocity 845
surface vibrator 845,898
surface washing 845
surface water 636,638,845
surface water of aggregate 348
surface wave 845
surfactant 148,385
surge drum 382
surge tank 382
surgetank 649
surgical lavatory 59
surging 382
surplus 386
surplus earth 396
surplus sludge 164,1001
surplus soil hopper 397
Surréalisme[法] 462
survey 206
(topographic)survey 386
survey 577
survey drawing 578
surveyed drawing 426
surveyed point 426
surveying 386,540,577,578
surveying instrument 577
surveying marker 578
surveying range 578
surveying specification 577
surveying tape 939
survey instrument 386
survey meter 386
survey of existing circumstance 301
survey of existing conditions 301
survey of ground water 633
survey on building activities and losses 306
surveyor 386,578
surveyor's chain 577
surveyor's compass 577,578
surveyor's flag 577
survey point 576
survey station 576
survial percentage of ascarid egg 142
susceptibility 406
suspended absorber 303
suspended iron 304
suspended luminaire 667
suspended manganese 304
suspended matter 304,873

suspended particles 304
suspended railway 303
suspended roof 668
suspended sand 873
suspended scaffold 667,668
suspended sediment 873
suspended solids 92,873
suspended span 382,667
suspended structure 668
suspended water 309
suspender 667
suspense payment 192
suspension 304,382,872
suspension bridge 665,668
suspension cable 605
suspension colloid 304
suspension construction 382
suspension light 382
suspension structure 303,382,667
suspension to prevent snow damage 989
suspensoid 304
sustained load 421
(long) sustained loading 649
sustained vibration 421
SVI 93
swabbing 529
swage 507
swamp 473
swamp bulldozer 427
swan base 529
swan neck 529
swan-neck hand-rail 198
swastika 948
S-wave 93,561
sway 507
sway bracing 589
SWB 93
sweat cooling 507
Swedish Moderm 507
Swedish sounding 507
Swedish sounding method 507
Swedish window 507
sweeper 504
sweeping 504
sweet 503
sweet gas 504
Sweet-scented oleander 240
Sweet viburnum 392
swell 812
swelling 917
swelling ground 919
swelling pressure 917,919
swelling strain 917
swelling test 233,917
swimming place 497
swimming pool 497,880
swing 507
swing angle 556
swing bridge 556
swing cock 415
swing crane 507
swing door 507
swing faucet 415
swing gate 556
swing hose rack 144
swinging scaffolds 196
swing lever crane 507
swing sash 507
swing span 556
swirler 529
swirl grain 939
switch 147,503,698
switch and lock movement 691
switchboard 316
switch board 503,787
switch-board room 787
switch box 249,503
switch cock 147
switching in 503
switching relay 249
switching valve 503
switch off 503
switch on 503
switch plate 503
switch rod 698
switch signal 147
switch-stand 691
swivel 505
swivel chute 506
swivel cowl 267

swivel head 506
swivel hook 506,948
swivel shoot 98
sycamore 513
syllable 481
(percentage) syllable articulation 136
syllable articulation 481
symbol 494
symbolic address 216
symbolic communication 216
symbolic language 216,494
symbolic logic 217
symbolic programming 217
Symbolism 494
symergistic effect 571
symmetrical arrangement 591
symmetrical axis 591
symmetrical center 591
symmetrical deformation 591
symmetrical frame 591
symmetrical load(ing) 590
symmetrical matrix 591
symmetrical mode 591
symmetrical rigid frame 591
symmetrical stress distribution 590
symmetric bifurcation 591
symmetric tensor 591
symmetric welding sequence 591
symmetry 494,590
synagogue 432
synchronized hold control 706
synchronous speed 706
syncline 323
Synedra 433
synopal 433
syntactic 490
syntax 490
synthesis of carbon 625
synthetic air chart 569
synthetic city 569
synthetic detergent 327
synthetic fiber 327
synthetic high molecular compound 326
synthetic high molecular roofing 326
synthetic natural gas 93,327
synthetic park 569
synthetic plastics 327
synthetic polymer coagulant 327
synthetic resin 326
synthetic resin adhesive 326
synthetic resin emulsion paint 326
synthetic resin paint 327
synthetic resin paint thinner 327
synthetic rubber 326
synthetic rubber adhesive 326
synthetic rubber bearing 326
synthetic rubber phenol resin adhesive 326
synthetic surface active agent 326
Synura 433
Syringa vulgaris[拉] 960
syringeing 998
system 418,993
systematic diagram 578
systematic error 290
systematic sampling 291
systematization of design 546
system control center 551
system design 418
system diagram 290
systèmc Domino[法] 728
system function 286
system model 418
system of distribution 784
system of fit 810
system of periodical maintenance 672
system program 418
systems analysis 418
system study 418
systyle 418
systylos[希] 459

## T

Tabellaria 613
tabernacle 611
table 601
tableau eurtain 1059
table eloth 687
table electrogramphone 601

table feeder 687
table lamp 601,687
tableland 593
table manner 687
table of saturated steam 922
table range 687
table slate 687
tablet 613
table tap 687
table tennis court 606,850
table tennis room 850
table vibrator 687
tablinum 612
tabularium[拉] 612
T-abutment 671
TAC 606
tache[法] 603
tachistoscope 600
tachometer 410
tachymeter 410,513
Tachymeter[德] 601
tachymetry 410
tack 606
tack coat 606
tack free 347
tack free time 416
tack-free time 606
tackifier 772
tackiness 606,772
tackiness paper tape 187
tackle 606,681
tack weld 192
tack welding 606
tacky dry 606
tact system 601
TACV 670
taenia[拉] 594
tag 606,841
Tag-Robinson" s colour test 602
tail loader 689
tail piece 689
tail pipe 689
Taj Mahal 603
take-off 680
take-up 680
taking-off 848
taking root 177
talc 177,616
talevision 689
Taliesin West 615
tall building 328,650
Tallclimbing ivy 873
Tama New Town 614
tamarack 191
tambour[法] 628
tamped concrete 662
tamped slope of earth dam 726
tamper 354,627
tamping 354,406,410,423,628,913
tamping machine 662
tamping rod 354,661,662
tamping roller 628,715
tampon[法] 629
tamponing 629
tan 617
tandem axle load 626
tandem drive 626
tandem mixer 626,698
tandem roller 626
tangential acceleration 548
tangential component 548
tangential component force 548
tangential force 548
tangential load 548
tangential stiffness matrix 548
tangential strain 548
tangential stress 106,548,551
tangent length 548
tangent modulus 548,621
tangent modulus of elasticity 548
tangled shoots 954
tanguilc 619
tank 566,619
tank block 619
tank cock 619
tanker 618
tank kiln 619
tank lorry 620
tank port 619
tank regulator 620

tank system of water supply 501
tank-type liquid cooler 619
tannery wastewater 627
Taoist temple 705
tap 191,501,607
tap bolt 763
tape 439,686
tape air sampler 686
tape library 687
tape-line 439
tape measure 439,687
taper 686
tape recorder 687
tapered aeration 686
tapered beam 686
tapered portion 686
taper file 377
taper flat file 377
taperfoot roller 686
taper ratio 686
taper washer 686
tapestry 185,612
Tapiola 612
tapisable 612
tapping 607,763
tapping sleeve 558,890
tap post 501
taproot 605
tap root 656
tap wrench 607
tar 615
tar-coated pipe 616
tar concrete 616
tar dolomite brick 616
tarf 433
target 602
target spray 602
target strength 783,969
targrt range 602
tar heavy oil 616
tariff 1025
tar light oil 616
tar-mac(adam) 616
tar macadam 616
tar macadam pavement 616
tar medium oil 616
tar oil 615
tar pitch 616,1037
tarred felt 616
tartan 605
tar-urethane 615
tasmanian bluegum 989
Tassel House 607
taste 11
tasteless 960
taste of water 952
tavern 612,980
taxi 601,663
taxi way 676
taxiway marking 987
Taxodium distichum[拉] 1006
Taylor's expansion 679
T-bar 671
T-beam 672,678
TBM 678
T branch 673
TC 673
$TC_{50}$ 673
t-distribution 678
Tea 639
tea-ceremony garden 640
tea-ceremony house 510,640
tea garden 221
tea house 221,677
teak 635
teak wood 635
Team 10 639
team design 639
tea room 221,640,679
tea shop 674
tebi 686
technical adviser 218
technical assistance 218
technical center 218
technical group 218
technical rationalization 218
technical specification 378
technician 217,218,681
technicist 217
technique 681

technique of city planning 720
technological approach 681
technological rationalism 218
technology assessment 218,681
technology for effective utilization of waste 413
Tecton 681
tee 669,672
Tee handle 673
tee piece 678
Teflon bearing 687
tego film 681
telamon 625,688
telecast(ing) 689
telecine 689
telecinematography 689
telecontrol 689
telegram and telephone station 700
telegraph room 697
telegraph station 697
teleindicator 103
telemeter 103,690
telemeter equipment 690
telemetering 103,690
telemeter system 690
telephone 690,701
telephone booth 701
telephone box 701
telephone cabinet 701
telephone cable 701
telephone exchange 701
telephone exchange room 701
telephone shelf 701
telephone subscriber 690
telephone transmitter 574
teleprinter 690
telesco partition 689
telescopic alidade 912
telescopic form 689
teleset 689
Telesterion 689
telethermometer 103,689
teletype 689
television antenma 689
television broadcast 689
television receiver 88
television satellite studio 689
television set 689
television studio 689
television telephone 689
television tower 689
telewriter 690
Telford base 689
tellurometer 689
telpher 689
telpher conveyer 689
temenos[希] 687
temperature 136
temperature and humidity control 135
temperature control 136,137
temperature control device 212
temperature control system 137
temperature control valve 136,137
temperature cracking 137
temperature curve of exhaust 782
temperature difference 136
temperature drop 136
temperature-entropy chart 136
temperature expansion valve 136
temperature factor 136
temperature gradient 136
temperature humidity index 135
temperature load 136
temperature noise 136
temperature of hot-water supplying 234
temperature of steel 320
temperature of TAC (Technical Advisory Committee) 670
temperature range 136,137
temperature rating of sprinkler head 522
temperature reductioner 137
temperature regulator 137
temperature rise 136
temperature rise coefficient 136
temperature rise curve 136
temperature sensitine adhesive 196
temperature sensitive adhesive 700
temperature strain 137
temperature stress 136

temperature susceptibility 196
temperature susceptibility ratio 196
tempered glass 236
tempered safety glass 236
tempering 978
tempering glass 978
Temperite 700
Tempietto[意] 700
template 172,291,388,812
template shop 303
templating 700
temple 491,841
temple architecture 491
Temple of Abu Simbel 27
Temple of Amon 193
Temple of Aphaia 27
Temple of Apollo Epicurius 803
Temple of Athena Nike 23
Temple of Horus 96
Temples of Egypt 92
templet tamper 700
temporary bridge 159,169,192
temporary building 169
temporary cofferdam 192
temporary construction 160,170
temporary derrick 170
temporary dwelling 170
temporary enclosure 192
temporary erection 192
temporary form 192
temporary hardness 50
temporary hard water 50
temporary joint 50
temporary laying 192
temporary load(ing) 1030
temporary loading 619
temporary material 169
temporary material expenses 170
temporary pass 170
temporary paving 192
temporary planting 165
temporary road 192
temporary road bridge 170
temporary shed 192
temporary sidewalk 192
temporary support 192
temporary tightening 192
temporary track 192
temporary water supply 192
temporary work 169
temporary works expenses 170
tenacity 686
tenacity damping factor 771
tenancy 611
tenant 439,441,686
tenantless house 7
tenantless room 7
tender 698,756
tenderer 756
tender of specified contractors 437
tender system 756
Tendipes larva 990
tendon 254
tenement 686
tenement house 742
tenement style 742
tennis court 686
tenon 926
tenon-cutting machine 927
tenoner 686,927
tenoning machine 927
tenon joint 926,927
tenon saw 927
tensile area of member 863
tensile force 652,836
tensile load 835
tensile rigidity 777
tensile rupture 846
tensile strain 491,835
tensile strain intensity 835
tensile strength 332,835
tensile strength test 333
tensile stress 835
tensile test 332,777
tensiometer 697
tension 652,697,835
tension bar 697
tension bolt 836
tension-compression fatigue limit 835
tension control 697

tension flange 332,836
tension gauge 697
tension jack 697
tension member 332,835
tension meter 697
tension pile 697
tension reinforcement 835
tension ring 697,836
tension rod 697
tension side 812
tension structure 653,697
tension test 697,835
tension test curve 835
tension test diagram 835
tension test of butt welded joint 661
tension test piece 835
tensometer 697
tensor 697
tensor analysis 697
tensor quadric 698
tent 698
tentative assembling 412
tention spring 835
tent structure 699
tepidarium 137
tepidarium[拉] 686
Tercod 603
terebenthene 690
term 615
Tèrme di Caracalla[意] 189
terminal 614,621,626
terminal apron 614
terminal area 614
terminal building 614
terminal department store 614
terminal device 629
terminal facilities 1030
terminal hotel 614
terminal pedestal 240,614
terminal pressure 445
terminal reheat system 614
terminal station 452,614
terminal treatment plant 454
terminating traffic 710
terminating traffic volume 452
termination of contact 291
terminus 452
termite 43,483
term of works 316
terms of estimate 955
terne plate 611,628
terne sheet 621
Ternstroemia gymnanthera[拉] 972
Terpentin[德] 689
terrace 619,688,1051
terraced aisle 626
terraced garden 1051
terrace house 688
terracotta[意] 688
terra cotta block 688
terracotta clay 688
terracotta work 688
terrazzo 688
terrazzo block 688
terrazzo finish 688
terrazzo-mix 688
terrazzo tile 688
terrazzo work 688
terrestrial current 638
terrestrial ellipsoid 635
terrestrial magnetism 636
terrestrial photogrammetry 636
terrestrial photograph 636
terrestrial radiation 635
Tertiarium 605
tertiary deposit 590
tertiary industry 590
tertiary treatment 393
tertiary winding 393
Terzaghi's formula 689
tessellated pavement 970
tessera 203
test 413,682
test adit 412
test anvil 682
test bed 413,822
test block 682
test board 682
test boring 412,413,415,418
test by wet mortar 748

test cone 413
test data 682
tester 682
test floor 413,822
test frame 193
testing hammer 413,682
testing machine 413
testing pump 413
test load 413,615,682
test of material 375
test organisms 238
test paper 413
test paper method 307
test piece 238,413,682
test piece mould 682
test pile 413
test-pit 412
test pit 413
test-pit digging 412,413
test pit digging 615
test pump 615,682
test room 682
test routine 682
test specimen 238,413
test tube 413
test valve 615,682,944
test water 302
test well 418
Tetmajer's formula 685
Tetoron 686
tetrachoric correlation coefficient 435
tetraethyl lead 403
tetrapod 686
tetraspora 686
Tetraspora 1002
tetrastyle 423
tetrastylos[希] 686
tex 684
textile block 680
textile block style 680
textile carpet 133
textile design 680
textile fabrics 133
textile finishing 684
texture 248,423,680,800
T-grade separation 672
Thai architecture 589
Thai style 590
thalweg 1022
thatch-fiber 1059
thatch roofing 265,1059
thawing apparatus 998
The American Institute of planners 30
The American Institute of Planners 84
The Architects Collaboratives(TAC) 304
The Architects Collaboratives 606
theater 292
theater at Epidauros 98
theater-in-the-round 105
theatre 402
théatre[法] 669
theatre restaurant 402
theatro[意] 669
Thebes 687
The Blue Rider 5
the Colosseum 357
the Great Hall of the People 494
The Houses of Parliament 44
Theis's formula 592
theodolite 285
theorem for safety factor 39
(divergence) theorem of Gauss 150
theorem of three moments 398,399
theoretical air quantity for combustion 1028
theoretical coefficient of disch arge 1028
theoretical compression work 1028
theoretical error 1028
theoretical factor of stress concentration 1028
theoretical flow coefficient 1028
theoretical fluid 1028
theoretical mechanical model 1028
theoretical point of frog 684
theoretical throat depth 1028
theory of breaking 792
theory of consolidation 21
theory of contact 547

theory of creep buckling 276
theory of crowd passage 283
theory of elasticity 623,624
theory of errors 345
theory of finite deformation 984
theory of layout 791
theory of planning 286
theory of plasticity 579,580
theory of plate 897
theory of population density 954
theory of quantification 508
theory of shearing strain energy 562
theory of space 257
theory of stability 41
theory of strain energy 905
theory of surface area 845
the pond of tortoise and crane 188
therm 387
thermae[拉] 689
thermae 999
thermal asphalt 386
thermal balance 788
thermal boundary layer 136
thermal capacity 386,769
thermal conductance 767
thermal conductivity 768
thermal crack 767
thermal crushing 765
thermal decomposition 769
thermal deformation 766
thermal diffusivity 136,137
thermal dust precipitator 137
thermal efficiency 767
thermal enthalpy 766
thermal environment 137
thermal expansion 769
thermal factor 137
thermal gradient 767
thermal index 137
thermal insulator 386
thermal noise 136,767
thermal pitch 387
thermal pollution 765
thermal pressure 765
thermal radiation 137,769
thermal relay 387,768
thermal resistance 767
thermal resistance of the surface 845
thermal resistivity 768
thermal scale 137
thermal strain 183
thermal stress 765
thermal unit 387
thermistor 387
thermistor anemometer 387
thermistor bolometer 387
thermistor thermometer 387
thermistor water thermometer 387
thermit 689
thermit welding 689
thermoammeter 768
thermocline 497
thermocolour 387
thermocompression evaporation 467
thermo-concrete 387
thermocouple 387,768
thermocouple thermometer 387
thermo-couple thermometer 767
thermodynamical equilibrium 769
thermodynamical parameter 769
thermodynamics 769
thermodynamic wet-bulb temperature 769
thermoelectric cooling 768
thermoelectric current 768
thermoelectric pile 768
thermoelectric power 768
thermoelectric radiometer 768
thermoelectric refrigeration 768
thermoelectric refrigerator 768
thermoelectric thermometer 768
thermo-electromotive force 766
thermoelement 387
thermo-element 768
thermography 387
thermo-hygrostat 313
thermo-junction 768
thermoluminescence 769
thermometer 136,206,299,387
thermometric conductivity 137

thermometry 387
thermopaint 387,405
thermophilic bacteria 313
thermophilic digesting bacteria 313
thermophilic digestion 313
thermophilic fermentation 313
thermophilic methane fermentation 313
thermopile 768
thermoplastic 387
thermoplasticity 765
thermoplastic material 182
thermoplastic polyester 766
thermoplastic resin 765
thermoplastic resin adhesives 765
thermoplastics 766
thermoregulator 387
thermoset 387,766
thermosetting adhesive 766
thermosetting phenolic material 766
thermosetting plastics 766
thermosetting resin 766
thermosetting resin adhesives 766
thermosiphon 387
thermosiphon circulation 387
thermostat 313,387,671,768
thermostatic bake pressure valve 136
thermostatic chamber 313
thermostatic control 136,387
thermostatic expansion valve 136
thermostatic liquid level control 136
thermostatic radiator trap 768
thermostatic steam trap 768
thermostatic trap 768
thermostatic(regulating) valve 136
thermostat varnish 387
thermosyphon theorem 767
therophyte 51
The Royal Institution of Chartered Surveyors 33,1015
Ther sinensis[拉] 639
Theseion 682
The society of Domestic and Sanitary Engineering standard 670
The Style 682
the tortoise island 188
The Town Planning Institute 678
the Washington Monument 1058
thick chisel 20
thick-coated ar welding rod 337
thick cylinder 20
thickener 294,424,657
thickening 424
thickening treatment 774
thickly coated welding rod 21
thickness 18
thickness design of pavement structure 329
thickness gauge 3,21,510,939
thickness of tunnel lining 939
thickness of wall 749
thickness-width ratio 18
thick plate 18
thick plate glass 18
thick steel plate 18
thick-walled 20
Thiem's formula 639
thikness of coating 761
thimble 494,663
T-hinge 671
thin iron sheet 75
thin-layer chromatography 794
thinner 217,493
thinning (tree) 208
thinning 946
thin out pruning 346
thin plank 75
thin plate glass 75
thin plate structure 75
thin shell 75
thin steel sheet 75,76
thin surfacing 795
thin-wall 75
thin walled rod 75
thin-walled structure 75
thin-walled tube 75
thin-wall sampler 484
thin-webbed girder 75
thiokol 632
thiosulfate 632
thiosulphate 632

thiourea resin 632
third angle projection 590
third order triangulation 397
third point loading 397
third rail 590
thirtieth highest annual hourly volume 393
thixotropy 409,998
tholos[希] 736
thousands of BTU per hour 100
thread 528
threaded connection 763
threaded joint 764
threaded joints 763
threaded tie-bar 764
threading 763
threading machine 763
thread like bacteria 416
three-address code 389
three attributes of colour 60
threeaxle roller 393
three-centered arch 396
three-chord bridge 392
three-collar cross pipe 954
three-collar tee fitting 954
three colour stimulus 393
three column radiator 396
three-curve (calculation) method 392
three cylinder pump 393
three-dimensional consolidation 393
three dimensional design 1016
three-dimensional stress 393
three-dimensional structure 393
three-dimensional theory of elasticity 393
three dimensional unit 947
three elements of force 634
threehinged arch 390
three hinged arch 392
three-hinged arch 398
three hinged arch 528
three hinged frame 392
three-hinged frame 398
three hinged rigid frame 390,392
three hinged triangie 321
three-lane road 393
three layer construction 395
three-leg type high chimney 391
three-level crossing 395
three medium filtration 395
three-phase four-wire system 395
three-phase motor 395
three-phase three-wire system 395
three-phase transformer 395
three-pinned frame 398
three piping system 391
three plunger pump 399
three-point support 396
three-position signal 389
three primary colours 392
three primary colour system 392
three qrarters 743
three quarter bat 422,743
three quarters 422
three-socket cross pipe 954
three-socket tee fitting 954
threestage pump 396
three-storied pagoda 393
three-way cock 398
three-way intersection 393
three-way switch 399
three-way valve 397,398,527,954
three-wheel road roller 399
three-wheel roller 399
threshold 44,407,410,528
threshold audibility 370
threshold concentration 44,300
threshold function 44
threshold odour 446
threshold of audibility 176
threshold of cognition 760
threshold of discrimination 908
threshold of feeling 371
threshold of hearing 370
threshold shift 44
throat 528,777
throat(depth) 777
throat depth of fillet weld 525
throating 951
throating plate 951

throat pressure 777
throat section area 777
throne 114
throttle 435,528
throttle flow meter 436
throttle governing 436
throttle lever 528
throttle nozzle 436
throttle safety valve 435
throttle valve 436,528,551
throttling range 436
through band 1043
through bridge 194
through flow boiler 209
through line 655
through lot 662
through post 609,715
through-put 528
through reinforcement 715
through road 659
through station 659
through terminal 715
through traffic 659
through truss bridge 194
throw (of air stream) 710
throwing of switch under cars 725
throw stones 515
thrust 122,507
thrust block 526
Thuja occidentalis[拉] 749
Thuja standishii[拉] 765
thumb-piece 387
thumb pin 184,387,534
thumb screw 387
thumb tack 184,387
thumb-turn 387
thump 398
thunderbolt 1006
thunderstorm 1005
thunderstorm damage 1005
ThūpārāmA[梵] 712
thyratron 375
thyristor 375
Tibetan style(Chinese architecture) 639
ticket booth 221
ticket office 221,459
ticket room 636
ticket window 459
tidal current 652
tidal flush 593
tidal river 207,987
tidal wave 653,665
tide 651
tide embankment 919
tide gate 919
tide preventation 919
tide weir 919
tie 353,585,940
tieback anchor 595
tieback method 595
tieback wall 595
tie bar 595
tie-bar 698
tie beam 354
tie-beam 596
tie beam 665,797,813,1048
tie-bolt 596
tied arch 286,593
tied arch bridge 593
tied rib arch 594
tie hoop 129
tie-line 665
tie-line method 665
tie-pad 595
tie plate 129,596
tie plate beam 129,798
tie plate column 129
tie plate member 129,798
tie plug 79
tierceron 94,862,916
tie rod 599,665,826
tie-strut 592
tie-tamper 593
tie wire 599
TIG (inert-gas tungsten) arc cutting 672
TIG (inert-gas tungsten)arc welding 672
Tiger board 587
tightening 935

tight knot 347
tight side 793,812
tile 195,598
tile batten 195
tilecoping on gable 161
tile facing 598
tile fillet 195
tile floor 598
tile of header size 343
tile of minimum size 742
tile pavement 598
tile paving 195,598
tile pin 195,481,598
tile roof 195
tile roofing 195
tile work 598
Tilia[拉] 1030
tiling 598
tiller 980
tilt-dozer 657
tilted plates settling 288
tilting board 848,1002
tilting car 657,679
tilting drum mixer 679
tilting level 657
tilting mixer 159,290
tilting of rail canted rail 341
tilt-up construction method 657
tilt-up constuction method 679
timber 968,994
timber basin 657
timber bridge 968,969
timber building 969
timber construction 968,972
timber footing 516
timber-framed brick construction 972
timber framed construction 972
timber-framed stone construction 972
timber house 969
timbering 216,435,864
timber pile 215
timber sheetpile 970
timber structure 968,969,972
timber trestle 969
timber truss 969
timber truss bridge 969
timber volume 371
timber without pith 488
timber with pith 494
timbre 762
time-consolidation curve 407
time contour map 707
time difference 407
time-discharge curve 407
time distance 407
time-distance curve 570
timed tow position contorl 895
time factor 407
time function 414
time headway 442
time interval meter 407
time lag 407,596,716
time lag vibration 407
time lock 718
time mean speed 407
time of arc start 7
time of concentration 1023,1024
time of flow 1021
time of inlet 1024
timer 596
time rate 407
time rating 407
time recorder 407
time scale chart 596
time-settlement curve 407
timespace diagram 407
time-stage curve 496
time study 407
time switch 596
time yield 407
time zone 407,707
Timgad 639
timing chart 596
Timoshenko beam 678
tin 513
tin case 197
tin coated steel plate 513
tin foil 513
tinned plate 879
tinned plate pipe 879

tinny glaze 513
tin pipe 513
tin point 4,389
tin-point 679
tin point 724
tinsmith 162
tinsmith solder 658
tinsmith's work 162
tint colour 679
T-intersection 671
tip 561,638,828
tip-back 638
tip car 638
tip chute 638
tip end 508
tipper 638
tipper-hopper 638
tipping bucket 150
tipping mixer 159
tipping unit 638
tip plate column 798
tippler 638
tip spreader 638
tip-up seat 638
tiradaet 688
Tiryns 679
tissue paper 795
Titan crane 593
titanium oxide porcelain 390
titanium pigment 637
titan white 637
titration 680
titration method by mercuric nitrate 471
titration method by silver nitrate 471
Tivoli 670
tixotropy 635
T-joint 677
T-junction 671
TLM 670
TN(temperature-entropy)diagram 670
TNI 670
tobermorite 726
TOC 670
TOD 671
TOD(total oxygen demand) automatic detector 671
toe 703
toe circle 443
toe conveyer 707
toe crack 706
toe failure 443
toe-nail 744
toe of fillet 226
toe of slope 779
toe of weld 422,728
toe slab 666
toe wall 703
toggle 718
toggle bolt 718
toggle joint 725
toggle switch 725
toilet 293,564,703
toilet room 703
toilet unit 703
tolerable carbon dioxide content 620
tolerable limit of vibration 493
tolerance 247,320,778,992
tolerance of organisms 537
toll-booth 734
toll bridge 988
toll gate 734,1025
toll road 734,988
toll tunnel 988
toluidine red 734
toluol 734
tomb 792
tombstone 728
ton 737
tonal colour 601
tone 126,135,737
tone channel 737
tone contrast 88
tone quality 135
toner 726
tongs 737
tongue 384
tongue and groove joint 67,384,934
tongue bar 619
tongued and grooved joint 187

tongued miter 384
tongue grafting 422
tongue rail 737
tongue valve 551
tonnage of load volume 367
tonnage passed by 659
ton of refrigeration 1036
tool 319,706
tool box 319
tool-box 706
tool-chest 706
tooled finish 319
tool room 319
tools register 319
tool steel 319
tool table 319
tooth 781
tooth brush holder 809
toothed nail 377
toothed-ring dowel 666
toothed ring dowel 793
top angle 725
top board 312,690
top chord 176,470
top closing 9
top coat 81
top cut method 227,652
top-dressing 965
top end 508
top filter 779
top flange 475
top heading 651
top-hinged outswinging (sash) 662
top-hinged outswinging window 662
top-hinged swinging door 661,668
top-hinged swinging window 661
topiary 192,727
top lift head 369
top light 6,700
top light glass 726
top lighting 650,700,726
top nailing 667
top of dam 677
top off 760
top of slope 443,779
topographical map 637
topographical street system 636
topographic control surveying 512
topographic control surveying for detail mapping 375
topographic feature 636
topographic map 636
topographic surveying 636
topography 406,636
topping 680,725
toprail 161
top rail 187,726
top-railed sliding door 668
top reinforcement 82
top removal 760
top-root ratio 670
top side lighting 651
top telescope 649
top view 476
torana[梵] 730
torch 151,497,724
torch head 725
torching 725
torch lamp 725
torch tube 724
torch welding 497,725
"torii"style prop 732
tormentor 728
tormentór tower 728
toroidal swirl 736
torque 144,734
torque control method 734
torque converter 734
torque wrench 734
torrent 236
Torreya nucifera[拉] 188
Torricelli's theorem 732
torsel 812
torsion 764
torsional analysis 764
torsional angle of unit length 765
torsional buckling 764,765
torsional force 773
torsional load 764
torsional moment 144,764

torsional rigidity 764
torsional rigidity coefficient 764
torsional strain 764
torsional strength 764
torsional stress 764
torsional test 764
torsional vibration 764,765
torsion angle 764
torsion seismometer 765
torstion couple 764
tortional wave 764
torus 118,729
torus shell 730
total absorption 427
total acidity 559
total amount of heat 563
total assembly 560
total building density 568
total buoyancy 574
total calorific value 573
total carbon 561
total chrome 557
total collapse 560
total cost 568
total coverage 568
total curvature 557
total cyanide 559
total daylight factor 562
total decrease 176
total departure 319
total design 724
total distorion 564
total ecosystem 569
total emissive power 564
total energy 556
total float (TF) 724
total flooding system 556
total floor area 778
total hardness 558,569
total head 560,564,565
total head of fire pump 936
total heat 724
total heat-entropy diagram 563
total heating surface 563
total height 572
total latitude 312
total load 567
total luminous flux 558
total nitrogen 572
total noise exposure level(TNEL) 560
total organic carbon(TOC) 565
total organic carbon 670
total oxidation 559
total oxidation activated sludge process 558
total oxygen demand(TOD) 559
total oxygen demand 671
total parallax 559
total potential energy 564
total pressure 555
total pump head 565
total quality control 672
total quantity of heat 563
total reflection 564
total resistance 572
total settlement 572
total solids 558
total space 724
total thickness of pavement 926
total work of external force 560
total work of load 557
totem pole 726
totem post 726
touch 607
touching button 607
touch up 924
toughened glass 236
toughness 489,612,770
toughness coefficient 612
toughness index 612,770
toughness tenacity test 612
tour 659
Tour Eiffel[法] 96
tour garden 148
tourism 199
tourist agriculture 200
tourist city 200
tourist hotel 200
tournament loading 726
tow 754

tow DK(dining kitchen) 754
tow DM (dimensional manikin) 754
tow-dot 754
towel hanger 600
tower 617,703
tower boom 617
tower bucket 617
tower clock 712
tower crane 617,705
tower derrick 617
tower dwelling 708
tower excavator 617
tower hoist 617
tower jib crane 705
Tower of London 1055
tower packing 617
tower pit 617
tow hinged truss arch bridge 755
town 401,718,943
town car 599
town center 599
town extension 719
town fireproof plan 722
town gas 599
Town Hall 374
town hall 599,979
town house 599
town in a plain 846
town office 979
town planning 599,720
town planning area 720
town planning map 720
town planning restriction 720
town planning survey 720,722
town planning survey map 722
town planning works 720
town renewal 719
town-scape 286
townscape 720
townscape plan 720
town scramble 599
township 599
town site 721
town-spider system 599
tow-plywood 756
tow rope 599
tow-way cock 755
tow way slab 755
tow way system of reinforcement 755
toxic algae 717,987
toxic concentration fifty 673
toxicity 717
toxicity level 717
toxic metal 717
toxic substances 987
T.P. 677
TPI 678
T-piece 677
TQC 672
trabeated style 939
trace 440,708,734
trace analysis 362
trace components 735
trace contamination 362
traced drawing 734
trace of rake 913
trace quantity 362
tracer 734
tracer analysis 734
trace routine 735
tracery 734
tracheid 180
Trachycarpus Fortunei[拉] 462
Trachycurpus fortunei[拉] 708
tracing 440,708,734,970
tracing attachment 734
tracing cloth 708,734,735
tracing machine 734
tracing paper 708,734,1021
tracing sheet 734
track 222,565,730
track bolt 663
track capacity of a line 565
track car 730
track center 222
track-center distance 222
track chain conveyer 730
track clearance 305
track depression 380
track drive 730

tracked air cushion vehicle 670
track gauge 214,730,1015
tracking routine 659
track jack 222
track lifting jack 222
track material repair shop 369
track on turnout side 890
track raising 10
track skims 797
trackslip 730
track spike 57
track towing conveyer 730
tract 637
traction 299
traction elevator 729
tractive coefficient 299
tractive force 299,379
tractive load 299
tractive resistance 299
tractor 729
tractor crane 729
tractor dozer 729
tractor drill 729
tractor scraper 729
tractor shovel 729
trade wind 912
trading city 312
traffic 730
trafficability 730
traffic accident 333
traffic-actuated control 333
traffic actuated signal 333
traffic analysis 333
traffic architecture 333
traffic artery 990
traffic assignment 334
traffic behavior 333
traffic button 715,1054
traffic capacity 333,334
traffic computation 334
traffic concentration 334
traffic control 333,730
traffic control device 333
traffic control of combined system 340
traffic control system 333
traffic count 334,730
traffic counter 730
traffic cut 1023
traffic density 334
traffic device of refuge 837
traffic diagnosis 333
traffic distribution 892
traffic engineering 333
traffic facilities 333
traffic flow 334
traffic flow diagram 334
traffic forecast 334
traffic in town 720
traffic island 333
traffic jam 333
traffic light 731
traffic line 710
traffic marking 715
traffic men 678
traffic movement phase 487
traffic network 334
traffic noise 333
traffic noise index 670
traffic paint 731
traffic pattern 334
traffic playground 333
traffic point city 333
traffic profile 334
traffic regulation 333,731
traffic segregation 334
traffic sign 334,715
traffic signal 333
traffic simulation 730
traffic square 334
traffic stream 334
traffic stream line 334
traffic survey 333
traffic survey by sampling 645
traffic system 333
traffic volume 83,334,731
traffic volume flow map 334
traffic volume survey 334
trail 353
T-rail 897
trailblazer 292

trailer 735
trailer bus 735
trailer camp 735
trailer camp site 735
trailer house 735
trailer park 735
trailer truck 735
trailing plants 668
trailing point 783
trailing switch 783
train-approach signal 1040
train-assembly station 268
training dyke 709,714
training levee 709,714
training wall 714
train loader 736
train-make-up station 268
trajectory method 328
trajectory of principal stress 456
tram (car) 1054
tram car 405
tramcar 731
tramcar stop 731
tram (car) network 1054
tram pole 696
tram rail 691,731
tram way 405
tranquil flow 477
transceiver 732
transducer 732
transept 321,581,732,999
transfer 712
transfer apparatus 712
transfer bridge 1058
transfer equation 698
transfer function 698
transfering(of rail) 878
transfer length 712
transfer matrix 82
transfer moulding 732
transfer station 644
trans form 732
(cO-ordinate)transformation matrix 385
transformation matrix 905
transformation of cO-ordinates 385
transformation of variables 907
transformation point 907
transformed deformation space 905
transformed potential function 905
transform equipment 908
transformer 732,905
transformer room 460,908
transformer station 732
transgranular crack 1024
transient flow 836
transient hotel 731
transient loading 463
transient phenomenon 181
transient state vibration 836
transient vibration 181
transistor 731
transistor digital computer 731
transistor radio 732
transit 285,694,732
transition curve 210
transition length 210
transition point 907
transition section 210
transition signal 644
transition style 181
transition tangent 210
transition temperature 556,690
transition zone 181
transit method 732
transit-mixed concrete 732
transit mixer 732
transit mixer truck 732
transit-mixer truck 745
transit rule 732
translating routine 936
translation 897
translational surface shell 503
translation speaker device 604
translator 936
transmission 572,697,704
transmission characteristics 697
transmission coefficient 704
transmission factor 705
transmission gear 698
transmission length 698

transmission line 572
transmission loss 705
transmission of humidity 428,708
transmission shaft 732
transmission tower 572
transmissivity 705
transmittance meter 705
transmitted light 704
transmitted lighting 705
transmitted sound 704
transmitting station 571
transom 731,960,1012
transom catch 227
transom cleats 840
transom lifter 661
transparency 708,713
transparency meter 708
transparent colour 713
transparent finish 713
transparent frit 713
transparent pigment 713
transparent plate glass 713
transparent window 713
transpiration 471,803
transpiration coefficient 471
transplant 47,70
transplantation 47
transplanting injury 69
Transport and Road Research Laboratory 670
transportation advertising 333
transportation capacity 990
transportation facilities 333
transportation forecasting model 334
transportation planning, 333
transportation pollution environmental destruction by traffic 333
Transportation Research Board 670
transportation system 334
transportation system planning 333
transport cranc 83
transporter bridge 990
transposed matrix 698
transversal joint 115
transversal strain 1000
transverse arch 114
transverse bent 732
transverse bracket 1001
transverse crack 1001
transverse distribution 1001
transverse filtration 116
transverse fissure 117
transverse force 1001
transverse joint 1000,1001
transverse modulus of elasticity 1000
transverse projection 1000
transverse radius of curvature 895
transverse reinforcement 790
transverse section 1000
transverse shear deformation theory 966
transverse shear tensor 339
transverse shrinkage 1000
transverse sleeper 1001
transverse stability 999
transverse stiffener 1001
transverse stress 999
transverse tension crack 941
transverse thrust 1001
transverse vibration 1000
transverse wall 666
transverse wave 1000
tranway 1054
trap 554,730
trap basin 615
trap cellar 746
trap door 730,807,808
trapezoid 589
trapezoidal box girder 589
trapezoidal rigid frame 589,672
trapezoid pedestal 793
trap pit 730
trap seal 428,730
trap vent 730
trap weir 730
trash rack 657
trass 163,729
traveler 731
traveling 55
traveling bridge crane 731
traveling centering 56

traveling crane 55,180,569,731,971
traveling derrick(crane) 56
traveling derrick crane 56
traveling form 55,56,731
traveling form construction method 731
traveling hoist 56,731
traveling jib crane 56
traveling load 55,357,1042
traveling motor hoist 569
traveling portal jib crane 56
traveling speed 799
traveling trough conveyer 731
traveling winch 55,56
travelled way 442
travelling crane 75
travelling distributor 569
travelling-grate stoker 47
travelling hoist 569
travel time 1027
traverse 730
traverse line 600,730
traverse net 730,968
traverse point 600,730
traverse station 600
traverse station 730
traverse survey 600
traversing 600,730
traversing jack 121
traversing(screw) jack 999
traversing net 600
travertine 544,730
tray column 626
tray deaerator 611
tray elevator 734
tray thickener 162
TRB 670
tread 735,872
treadboard 872
treadway 735
treasury of Atreus 24
treated rail-tie 921
treated sleeper 921
treated water 481
treatment 669
treatment by extraction 645
treatment for slime control 526
treatment of coagulated sludge 238
treatment of highlevel radioactive waste 338
treatment of mine waste water 336
treatment of open circulation cooling water 147
treatment of paper machine white liquor 471
treatment of photograph 440
treatment of reclaimed water 973
treatment of soft ground 747
treatment of turbid waters 601
treatment room 480,657
tree 241,338
tree crown 457
tree disease 461
tree-dozer 733
tree form 458
Tree of heaven 488
tree performance 458
tree planting 608,1027
trees for landscaping 566
tree top 346
tree vigor 459
trefoil 398,735
trefoil arch 399
trellis 321,735
trellised fence 1002
tremie 735,793
tremie concrete 735
tremie method 735
tremie pipe 735
trench 310,735,932
trench cut method 735
trench digger 953
trencher 736
trench excavation 652,761
trench excavator 953
trench-hoe 736
trenching 78,652,761
trench method 658,797
trench sheet 736
trench sheeting 726
trench sheet pile 736

trench timbering 726
trepan 735
trestle 78,172,227,735
trestle bent 735
trestle bridge 397,735
trestle scaffolding 227
trial-and-error method 415
trial load 615
trial load method 615
trial mix 413
triangle 390
triangle file 390
triangle of forces 634
triangle of vectors 900
triangle scale 390
triangle tile 390
triangular arch 389
triangular classification of soil 390
triangular concrete pile 390
triangular diffuser 844
triangular distributed load 390
triangular division method 389
triangular load 389,390
triangular load distribution 389
triangular net truss 389
triangular scale 390
triangulartruss bridge 392
triangular weir 390
triangulation 390
triangulation chain 390
triangulation net 390
triangulation station 390
triaxial apparatus 393
triaxial compression test 393
triaxial stress 393
triaxial(compression)test 393
Tribonema 733
tribune 733
tributary 482
tricalcium aluminate 35,820
tricalcium silicate 287
tricar 399
trickling filter 394
trickling filter bed 698
trickling filter loading 394
trickling filter method 398
trickling filter organism 1049
trickling filter(bed)process 394
trickling filter with rotary arm 145
tricone bit 732
Trident maple 704
Triennale[意] 732
Triennale di Milano[意] 956
Trier 933
trifoliate orange 190
triforium 733
trigger 738
T-rigid frame bridge 679
triglyph 728
triglyphos[希] 732
trigonometric function 389
trigonometric levelling 390
tri-linear 734
trilinear response model 734
trim 158,193
trimming 192,533,733
trimming tree 192
TRIMO(modern,mobilia,modello) 733
Trinidad asphalt 733
trinitrotoluene(TNT) 733
trip 733
trip coil 673
trip end 733
triple bed room 733
triple integral 393
triple mirror 398
triplex 733
triplex glass 36,393,733
tripod 391,729
tripod derrick 391,954
tripod jack 391
tripolite 733
tripper 733
tristimulus values 393
tri-truck 728
triumphal arch 141,728
trivial solution 437
Trockenbau[德] 736
Trockenmontagebau[德] 736
troffer 736

Troia 736
trolley 83,715,737
trolley batcher 737
trolley bucket 737
trolley bus 737,957
trolley car 405
trolley conveyer 737
trolley hoist 737
trolley rail 737
trolley wheel 479
trolley wire 737
trompe[法] 737
trompe l'oeiL[法] 737
trona 737
tropical cyclone 767
tropical timber 767
tropical wood 748
trosted paint 666
trough 702,728,823
trough chain conveyer 731
trough girder 731
trough gutter 797
trough plate 731
trowel 181,348,736
trowel finish 349
trowelling 349
TRRL 670
truck 590,680,730,736
truck back hoe 730
truck crane 430,730
truck grader 432
truck mixer 730,745
truck-shovel 730
truck terminal 730
truck-tractor 730
truck trailer 730
truck yard 730
true angle of internal friction 493
true bay 296
true cohesion 493
true height 841
true midday 489
true midnight 489
true noon 489
true solar day 490
true solar time 490
true specific gravity 493
true stress 423,425,484
true-up 734
true yield point 493
trumeau[法] 733
trumpet joint 1009
trumpet type interchange 732
trump stone 979
trump tree 979
trunk 457,731,950
trunk boiler 731
trunk duct 589
trunk ornamental 951
trunk river 204
trunk road 205
trunk room 731,748
trunk sewer 294
trunk wrapping 950
truss 729
truss analogy 729
truss bar 730
truss bridge 317,729,730
trussed arch 729,730
trussed beam bridge 920
trussed girder 327,730
trussed plate 730
trussed roof 730
trussed structure 729
truss girder 729
truss post 730
truss systems optimization 729
truss tied arch 730
truss with sub-divided panels 889
trying room 729
T-shape steel 671
T-square 674
Tsuga Siekoldil[拉] 661
tsunami 665
T-type dowel 671
T-type earthen pipe 672
T(truck)-type highway 730
tube 195,648
tube and coupler scaffolding 618
tube axial-flow fan 110

tube boiler 648
tube construction 664
tube expander 266
tube freight traffic system 648
tube ice 648
tube method 134,648,674,861
tube orifice 196,207
tube radiator 648
tubercle 455
tuberculation 352
tuberculosis sanatorium 295
Tuberculosis Sanatorium at Paimio 790
tuber ischiadicum 380
tuberose 648
tube socket 648
tube well 203,266
tubing machine 648
tubular centrifugal fan 209
tubular condenser 648
tubular girder 648
tubular lamp 266,648
tubular level 266
tubular pole 198
tubular steel prop 316
tubular type radiator 266
tubular-type radiator 373
tubular well 196
tuck pointing 606
Tudor arch 688
Tudor style 688
tuff 5,236
tuff loam 5
tufted carpet 612
Tugendhat House 707
Tulip tree 992
tumbler 628,725
tumbler lock 628
tumbler switch 222,628
tumbling crusher 628
tumbling mill 628
tuner 648,711
tung oil 248,713
tungsten 619
tungsten arc bulb 619
tungsten arc lamp 619
tungsten electrode 619
tungsten filament bulb 619
tungsten incandescent bulb 619
tungsten lamp 619
tuning 710
tuning fork 135
tunnel 503,738
tunnel borer 738
tunnel boring machine 678,738
tunnel dryer 738
tunnel equipment 336
tunnel excavation method 738
tunnel haulage 527
tunneling 442
tunnel kiln 738
tunnel lighting 738
tunnel machine 738
tunnel oven 738
tunnel surveying 738
tunnel vault 738,816
turbidimeter 601,612
turbidimetric method 834
turbidity 601,750
turbidity indicator 601
turbidity removal 480
turbine 612
turbine aerator 612
turbine fan 612
turbine generator 612
turbine mixer 612
turbine pump 612
turbine-type rotary intersection 612
turbine water meter 612
turbo-blower 613
turbo-compressor 613
turbo-fan 613
turbo-generator 612
turbo-mixer 613
turbo-refrigeration machine 613
turbo-refrigerator 613
turbulence 612,954
turbulence of wind 170
turbulent boundary 1012
turbulent burner 76
turbulent diffusion 1012

turbulent factor 954
turbulent flow 612,954,1012
turbulent motion 477,954,1012
turf 249,434
Turkish bath 734
Turkish rug 734
turnapull scraper 611
turnarocker 611
turnbuckle 437
turn buckle 557
turnbuckle 628,827
Turnbull blue 628
turned bolt 401
turned wooden articles 828
turned work 828
turning effort 145
turning ling 278
turning movement 695
turning plate 842
turning point 677,975
turning station 975
turning traffic 695
turning valve 611
turnkey contract 619
turn-off 618
turn-on 618
turnout 595,617,890
turnout track 890
turnover rate 145
turnpike 627
turnpike road 627
turn pin 628
turn place 140
turn prohibition sign 695
turn space 140
turn stair 622
turnstile 448,622
turn table 626
turntable 696,934
turpentine 472,613,745
turpentine oil 690
turpentine soot 465
turquois(e) 602
turret 525,616
Tuscan order 604,723
tutanaga[葡] 724
TW 676
tweeter 313,659
twentieth highest hourly volume 752
twig 341
twin 688
twin geminate 1
twin lock 899
twin planting 1
twin room 659
twist 764
twist action 764
twist drill 659,765
twisted column 764,765
twisted deformed bar 764
twisted grain 557,765
twisted rope 659
twisted wire 659
twisted wire anchor 826
twisting force 773
twisting moment 659,764
twisting moment torgue 764
twisting moment torque 764
twisting strain 764
twisting strength 764
twisting stress 764
twisting test 764
twisting unit stress 764
twist string 1004
two address 749
two-bed room dwelling house 752
two by four method 665
two-collar tee fitting 866
two column radiator 753
two-cycle method 663,750
two dimensional consolidation 750
two dimensional elasticity 750
two dimensional manikin 750
two dimensional problem 751
two dimensional stress 750
two-film theory 752
two gauged method 663
two hinged arch 750
two-hinged arch 755
two hinged arch 1025

two-lane road 751
two leg lavatory 1025
two-level optimization 753
two-main system 755
two pipe system 749
two piping system 749
two plug-in reducing pipe 1026
two plywood 665
two position action 749
two position control 749
two position signal 749
two quarters 821
two-socket and onecollar tee fitting 866
two-socket reducing pipe 866
two-socket tee fitting 866
two-stage aeration 753
two-stage countercurrent elutriation 753
two-stage cycle 663
two-stage digestion 753
two-stage filtration 752,753
two-stage pump 663
two-stage relief valve 753
two-stage trickling filter 753
two-step action control 749
two-stepped tenon 162,1026
two steps fall 753
two-storey house of equal floor space 573
two-storey settling tank 749
two storied building with separate entrances 162
two storied dwelling house with separate entrances 162
two storied gate 450
two stream drinking fountain 749
twoway air valve 569
two way dozer 659
two way flap valve 568
two way slab 755
two way sort merge 659
two-way switch 758
two-way valve 755
two-wheel handcart 758
Tyler standard sieve 597
tympan[法] 628
tympanon[希] 688
tympanum 678
Tyndallometer 658
Tyndall phenomenon 658
type 172
type face 480
type of anchorage 677
type-two plywood 758
typewriter stand 596
typhoon 596
typhoon eye 596
typhoon zone 596
typical cross-section 842
typical design 843
typical detail drawing 218
typical floor 218
typical floor plan 218
tyrannopolis 679
tyre 597
tyre crane 597
tyre dozer 597
tyre load 597
tyre roller 597

U-abutment 988
U-bolt 992
UCS 989
UCS(uniform chromaticity scale)system 989
U-ditch 990
U-dozer 990
U-drain 988
UHF 988
UIA 983
Ule's standard colour 81
U-line lamp 992
U-link 992
Ulm[德] 757
Ulmus parvifolia[拉] 6
Ulmus sp.[拉] 758
Ulothrix 81

ultimate analysis 243
ultimate bearing capacity 243
ultimate bending moment capacity 243
ultimate BOD(biochemical oxygen demand) 369
ultimate design 243
ultimate load 243,369,446,912
ultimate load design 446
ultimate oxygen demand 369,988
ultimate resistance 243
ultimate state 446
ultimate strain 446
ultimate strength 243,296,372,446
ultimate strength design 446
ultimate stress 243
ultimate stress analysis 446
ultimate tensile strength 243
ultrafiltration 300
ultrahigh frequency(UHF) 244
ultra-high frequency 988
ultramarine 81,283
ultrashort waves 651
ultrasonic anemometer 649
ultrasonic flaw detecting 649
ultrasonic flow meter 649
ultrasonic machining 34
ultrasonic static painting 649
ultrasonic vehicle detector 649
ultrasonic wave 649
ultrasonic wave point welding 649
ultrasonic welding 649
ultraviolet(ray)absorbing glass 405
ultraviolet (ray) intercepting glass 405
ultraviolet(ray)lamp 405
ultraviolet (ray) lamp 405
ultraviolet radiation 405
ultraviolet ray 405
ultraviolet ray transmitting glass 405
ultraviolet ray water sterilizer 405
ultra-violets absorption 991
umber 41
umbrella effect 994
umbrella shape 161
umbrella-stand 161
umbrella type 161
unaffected zone 302
unbalanced moment 869
unburned brick 863
un-cased pile 37
unchannelized intersection 836
unclamping 37
uncompleted construction 953
unconfined compression apparatus 50
unconfined compression strength 50
unconfined compression test 50
unconstrained optimization 833
uncoused rubble masonry 774
undamped natural frequency 863
undamped vibration 863
undamped wave 863
underbead crack 836
under bed 422
under branch 421
under brush 421
undercarriage 40
undercoat 422
under coating 40
under coating paint 40
under construction 40
undercooling 40
undercroft 40
undercure 745
undercurrent 565,679
undercut 40
under damping 865
underdeveloped regions 671
underdrain 37,79
underdrainage 37
underdrainage system 634
underdrained settling basin 492
underdrain system 185
underfeed stoker 421
underfired furnace 422
underfloor venthole 988
underfloor wiring work 988
underflow 40,679
underground alignment 634
underground cable 633
underground circuit 634
underground diaphragm wall 635

underground disposal by pressure 633
underground (water) drainage 634
underground duct 634
underground hydrant 633
underground installation 634
underground levelling 633
underground line 633,637
underground main 637
underground parking 634
underground railway 634
underground recharge 634
underground restoration 633
underground sand filtration process 634
underground seepage 633
underground service wire 637
underground-shovel 40
underground space 633
underground street 633
underground sub-station 634
underground surveying 634
underground town 633
underground tunnel 634
underground utilities 634
underground water 633
underground water drainage 633
underground work 633
undergrowth 186
under growth 421
underlay paper 1053
undermining 508
undermining blast 335
underpass 40,421,634
underpinning 40,766
underpinning post 755
underplate 40
under population 170
under population area 171
under population front 171
undersea tunnel 143
undersize 40,659
underwater blasting 502
underwater concreting 501
underwater cutting 502
underwater electric pump 502
underwater illumination 502
underwater lighting 502
underwater rock drill 502
underwater welding 502
underwater works 502
underwood 186
undisturbed sample 857,953
undisturbed soil 302,953
unequal gable roof 945
unequal-sided angle iron 870
uneven frost heaving 865
uneven snow coverage 864
unfiltered water 956
unfreezable tap 870
unglazed earthenware 526
unglazed porcelain 526,960
unglazed roofing tile 960
unglazed roof-tile 526
unglazed tile 960
unhealthy area 855
unheated sludge digestion tank 957
unhitch 41
uniaxial stress 621
unichrome galvanization 991
uniflow 991
uniform acceleration 52
uniform beam 52
uniform brightness perfectly diffusing surface 706
uniform chromaticity scale 989
uniform cooling 252
uniform deflection test 54
uniform distribution 52
uniform expansion 252
uniform flow 52,710,714
uniform frame 254
uniform illumination 991
uniformity 252,254
uniformity coefficient 254
uniformity ratio of illumination 253,254
uniform lighting 254,991
uniform light source 254
uniform load 52,252,991
uniformly accelerated motion 705
uniformly distributed load 252,713

uniformly varying load 713
uniform motion 710
uniform point source of light 254
uniform section 710
uniform soil 252
uniform standard 52
uniform stress 52,252
unilateral contract 908
unilateral lighting 172
unilateral load 172
unilateral parking 172
unilateral waiting 172
uninterrupted(traffic) flow 1043
union colorimeter 990
Union des Artistes Modernes (UAM) [法] 254
union elbow 990
Union Internationale des Architectes (UIA)[法] 342
Union Internationale des Architectes[法] 983
union(pipe)joint 990
union joint 990
unionmelt 990
union nut 990
union station 241
uni-selector 991
unit 991
unit air-conditioner 352
unit air conditioner 991
unit area acoustic impedance 618
unit body 626
unit cable 991
unit control 991
unit cooler 352,991
unit creep 617
unit discharge 847
Unite d'Habitation 946
Unite d'Habitation[法] 991
United Nations Headquarters Building 344
United States Environment Protection Agency 30
United States Standard 988
unit fundamental tensor 225
unit furniture 991
unit heater 352,991
unit horsepower 991
unit house 991
unit kitchen 991
unit load system 991
unit lock 974
unit matrix 618
unit normal vector 618
unit of heat 769
unit of material volume 371
unit plan 618,991
unit price 618
unit price contract 618
unit principal normal vector 617
unit rainfall 617
unit rate 618
unit record 617
unit record system 991
units 327
unit space 617
unit strain 833,906
unit stress 116
unit stress for design 545
unit switch 991
unit system 352,991
unit system of ventilation 352
unit tensile stress 835
unit type 991
unit type air filter 991
unit vector 618
unit ventilator 352,991
unit volume 991
unit weight of soil particles 733
Unity Church 991
universal box 991
universal cock 415
universal digital computer 991
universal joint 415
universal meter 991
universal plotting instrument 821
universal saw bench 821
universal(joint)shaft 991
universal space 958,991
universal testing machine 821

universal theatre 821
universal time 539,991
universal valve 991
university 569
university town 586
unlinked trip 42
unload chute 42
unloaded chord 863
unloader 42
unloading 42,477,749
unloading place 10
unloading yard 10
unload valve 42
unmeasured water 857
unobstructed sky 563
unoccupied land 257
Uno's sedimentation basin 78
unsanitary disposal 824
unsaturated polyester coating 872
unsaturated polyester resin 872
unsaturated zone 913
unscreened gravel 249,746
unstability 852
unstable equilibrium 852
unstable state 191
unstable structure 852
unsteady flow 869
unsteady heat conduction 836,869
unsteady state 836,869
unsteady state vibration 836
unstiffened suspension bridge 960
unsupported height 524
unsymmetrical double-curve turnout 880
Untergrundbahn[德] 82
untreated sleeper 578
untreated tie 578
unused land 956
unused zone 880
unusual high water level 47
unusual load 831
unwrought timber 578
UOD 988
up-draft 21
up-feed system 82
upflow filtration 82
up-grade 778
upheaval of land 725
up-hill 21
up-hill line 21
upholstery 47
upkeep 21,46
upkeep and mending 47
upkeeping expense of house 151
upland farm irrigation 800
uplift 21,993
up peak 21
upper bed 81,700
upper bound of the global minimum 586
upper bound theorem 465
upper cat bar 9
upper chord 470
upper circle 474
upper coating 82
upper deviation 475
upper flange 475
upper gallery 668
upper limit 372,470
upper part 690
upper plate slow motion screw 475
upper roots 81
upper shield 81
upper side 700
upper subbase 473
upper subbase material 473
upper surface 700
upper tree 476
upper triangular matrix 471,474
upper yield point 69,464,470,475
upright 27
upright panel 609,776
upright post 609
upright stone 607
upright ventilating slit door 937
up run 21
uprush 76
upset 27
upset butt welding 27
upside down method 988
upstream slope 477

uptake 21
uptake of oxygen 395
up-to-date style 21
uptown 21,982
upward flow filtration 470
upwardly-inclined weld 288
upward transverse ventilating 71
upward ventilation 82
upward welding in the vertical position 610
Ur 81
uranium 80
urban amenity 722
urban area 405,406,720,721
urban area study 720
urban beauty 722
urban branch road 723
urban capacity 723
urban capital diagram 405
urban character 721
urban clearway 26
urban climate 719
urban community 721
urban congestion 719
urban connector 26
urban conservation 722
urban core 721,723
urban cosmetology 722
urban damages 721
urban decoration 26
urban design 26,721
urban development 405
urban development area 405
urban diagnosis 721
urban dispersion 721,722
urban district 406,721
urban drift 721
urban dwellings 405
urban dynamics 26
urban ecology 721
urban economics 720
urban effective area 719
urban element 723
urban engineering 720
urban environment 719
urban expansion 405
urban express way 26
urban expressway 720
urban facilities 721
urban finance 721
urban framework 26
urban freigth movement 722
urban function 719
urban-geography 722
urban green 723
urban growth 721
urban history 721
urban house 721
urban improvement area 721
urban infrastructure 719
urbanism 26,721
urbanity 26
urbanization 26,405,719
urbanization control-area 405
urbanization promotion area 405
urban lighting 721
urban living standard 721
urban mechanics 721
urban morphology 720
urbanology 719
urban park 405,720
urban pathology 722
urban pattern 720
urban place 719
urban policy 721
urban pollution 720
urban population 721
urban problem 722
urban rapid rail transit 720
urban redevelopment 721
urban redevelopment work 405
urban refuse incinerator 721
urban rehabilitation 721
urban renewal 26,720
urban revolution 719
urban road 722
urban road system 26
urban-rural continuum 727
urban safety standard 719
urban scale 719

urban society 721
urban sociology 721
urban space 719
urban sprawl 26
urban square 722
urban structure 26,720
urban study 720
urban traffic 720
urban transportation area 721
urban transportation planning 720
urban type industry 719
urea 758
urea-formaldehyde resin 758
urea resin 758,992
urea resin adhesive 992
urea resin adhisives 758
urease 81
urethane adhesive 81
urethane resin 81
urethane tar 81
urinal 10,475,905
urinal gutter 475
urinal range 52
urinal spreader 475
urinal stall 475
urinal strainer 475
urinal trap 475
urinal water closet 591
urinal with trap 730
Uruk 81
urushiol 81
urushiol resin coating 81
usability of an electrode 8
usable length of track 565
usage factor 708
use district 998
USEPA 30
use zoning 998
U.S.hardness 30
USS 988
U-strap 797,892
usual load 896
usual(classroom) with variation type 717
utensil storage 215
utilance 355
utilities 866,990
utility 990
utility circle 1025
utility green 1027
utility program 990
utility room 990
utilization efficiency of passenger car 471
utilization factor 476,1027
utilization of waste heat 1002
utilization of water 506
U-trap 990
U-tube 989
U-tube manometer 990
UVA 991
U-vale 991
uviol glass 78,991

## V

vacancy 6
vacancy rate 6,7
vacant 6
vacant ground 257
vacant house 6,7
vacant land 6
vacant line 246
vacant room 7
vacuum 485,794
vacuum arresting method 485
vacuum asphalt 485
vacuum belt filter 1053
vacuum breaker 485,794
vacuum car 794
vacuum cleaner 485,794
vacuum concrete 299,794
vacuum cooling 486
vacuum deaeration 485
vacuum dewatering 485
vacuum drainage method 485
vacuum drier 794
vacuum dryer 485
vacuum drying 485
vacuum evaporation 473,485

vacuum evaporator 485
vacuum feed-water pump 485
vacuum filter 486
vacuum filtration 486
vacuum flotation process 485
vacuum forming 485
vacuum gas sampler 485
vacuum gauge 485
vacuum gòvernor 485
vacuum indicator 485
vacuum lamp 485
vacuum line 485
vacuum manometer 794
vacuum pad 794
vacuum plant 485
vacuum process 485
vacuum processed concrete 485
vacuum-processed concrete pavement 485
vacuum pump 485,794
vacuum refrigeration machine 486
vacuum refrigeration process 486
vacuum return pipe 485
vacuum return system 150
vacuum sweeper 485
vacuum(circulation)system 485
vacuum tank 485
vacuum technique 485
vacuum type floatation units 485
vacuum valve 485
vaginal examination room 739
valatile suspended matter 223
valcanized rubber 1060
valeur[法] 408,814
validity check 813
valley 611
valley board 611
valley breeze 611
valley flashing 611
valley gutter 611
valley gutter sheet 611
valley rafter 611
valley-side batten 611
valley tile 611
valley wind 611
Vallingby 71
value 16,814,961
value contrast 961
value harmony 961
value of solar radiation 754
value of threshold 410
valve 814,905
valve key 141
valveless filter 814
valve lift 908,909
valve seat 906
vanadium attack 807
Van der Waal's absorption 852
Van der Waal's force 852
Van Dyck brown 819
Vandyke brown 819
vane 807
vane anemometer 854
vane control 906
vaned grille 808
vane ratio 908
vane shear apparatus 906
vane shear test 906
vane wheel water meter 807
vanishing point 471,473
vaporization 474
vaporizer 474
vaportransfer 423
vapour 44,467
vapour barrier 915
vapour bath 469
vapour bathroom 469
vapour compression 467
vapour density 500
vapour flow density 428
vapourizer 902
vapour partial pressure 500
vapour permeability 708
vapour permeance 708
vapour phase inhibitor 852
vapour phase inhibitor impregnated paper 852
vapour pressure 467,500
vapourproof 915
vapour-proofing material 915

vapourproof layer 915
(water)vapour resistance 708
vapour system 467
vapour tension 500
variable absorber 186
variable buzzer 186
variable condenser 812
variable cross-section method 186
variable discharge 186
variable expense 908
variable metric method 186
variable-reduction method 186
variable repeated load 186
variable state 836
variable word length 186
varialbe voltage control 812
variance 890
variation 812,905
variational method 908
variation in sawing 866
variation in traffic flow 334
varied flow 870
variety 906
variety hall 1002
Varignon's theorem 813
various materials 479
varnish 733,1058
varnish brush 1058
varnish coater 1058
varnish cover 1058
varnish cure 1058
varnishing 1058
varnish resin 1058
varnish stain 1058
varnish work 1058
varying stress 908
vase 184
vaseline 1058
vAT[柬] 1058
vault 231,235,252,933,947
vault ceiling 664
vaulting shaft 236
VB consistometer 852
V-belt 853
V-belt transmission 853
V-bucket conveyer 852
V-cut 852
vector 900
vector product 900
vegetable fence 578
vegetable garden 366,578
vegetation 478
vegetation community 479
vegetation map 478
vegetative propagation 88
vehicle 444,491,697,839
vehicle actuated signal 333
vehicle detecting equipment 444
vehicle detector 444
vehicle noise 444
vehicle stopping distance 444
vehicle trip 430
vehicle type 440
vehicular traffic 444
veiling glare 840
veiling reflection 840
Vektor[德] 900
velocimeter 576
velocity 576
velocity amplitude 576
velocity distribution 577,1023
velocity gradient 576
velocity head 576,577,1023
velocity of flow 1023
velocity of propagation 664,700
velocity pressure 576
velocity reduction method 577
velocity response 576
velocity response spectrum 576
velocity rod 575
velocity spectrum 576
velours[法] 904
veludo[葡] 849
velvet 904
velvet carpet 904
velveteen 901,904
velvet tapestry carpet 904
veneer 70,628,902
veneer board 902
veneer core plywood 902

veneer door 812,902
veneering 770,902
veneer rotary lathe 947,1051
Venetian 902
Venetian arch 902
Venetian awning 662
Venetian awning with controllable slats 175
Venetian blind 902
Venetian mosaic 902
Venezia[意] 70
vent branch 659
vent condenser 908
vented gas heater 782
vent fan 908
vent header 660
vent hole 660,908
ventilated air space 660
ventilated insulation 660
ventilating chimney 170
ventilating fan 197
ventilating pipe 660
ventilating pressure 197
ventilating system 197
ventilation 197,659
ventilation circuit 197
ventilation conditioner 652
ventilation cowl 197
ventilation device 197
ventilation draft 660
ventilation equipment 197
ventilation hole 197
ventilation load 197
ventilation network 197
ventilation pipe 197
ventilation requirement 836
ventilation system 197
ventilation tower 197
ventilation work 197
ventilator 197,659,660,908
ventilator hood 197
ventilator pipe hood 197
vent main 660
vent network 660
vent pipe 908
vent shaft 660
vent stack 660
vent system 660
vent test 660
vent trap 660
Venturi flow meter 908
Venturi flume 908
Venturi meter 908
Venturi scrubber 908
Venturi tube 908
vent valve 908
veranda(h) 899,903
Verbindungsbrücke[德] 1042
verge 298,1050
vergeboard 162
verifier 301
vermiculite 847
vermiculite mortar 847
vermiculite mortar finish 847
vermiculite plaster 847
vermiculite plaster finish 847
vermilion 445
vermin blight 642
vermin proof 919
vernal equinoctial point 464
vernal equinox 464
vernier 777,807,860,986,987
vernier circle 474
Versailles garden 71
vertex 711
vertical 109
vertical abutment joint 607
vertical air duct 503
vertical angle 109
vertical axis 109
vertical bar 1042
vertical bar window 1042
vertical batter stud 609
vertical beam method 502
vertical blind 503,608,805
vertical boiler 608,655
vertical cat bar 608
vertical circle 110
vertical city 263
vertical clearance 475

vertical component force 503
vertical construction joint 109
vertical control point 841
vertical curb 655
vertical curve 452,608
vertical deviation 110
vertical displacement 503
vertical drain 608
vertical drain method 805
vertical flow pipe 121
vertical flow settling basin 110
vertical force 110,503
vertical glued laminated timber beam 502
vertical glue joint 502
vertical hair 448
vertical hinge revolving 609
vertical illumination 110,502,503
vertical intensity distribution curve 110,502
vertical intensity of illumination 110
vertical intensity of solar radiation 110
verticality 109
vertical lift gate 826
vertical light distribution 110
vertical line 110,607,610,805
vertical load 109,502
vertical load test 109
vertical louver 110,608
vertical luminaire 109
vertically suspended door 609
vertical masonry joint 36,610
vertical member 502,609
vertical motion 470
vertical parallax 609
vertical photograph 109
vertical photographing 502
vertical pipe 608
vertical pipe boiler 656
vertical press 608
vertical pump 608,805
vertical reaction 110
vertical reinforcement 110,608
vertical saw 537,609
vertical seam welding 609
vertical segregation 503
vertical seismic coefficient 110
vertical shaft 608
vertical siding work 608,609
vertical stiffener 503
vertical stress 109
vertical tenon 607,610
vertical velocity curve 503
vertical wainscot 608
vertical wedge cut 502
vertical weld 610
vertical welding 610
Verulamium 904
very fine sand 831
very high frequency 852
very strong earthquake 239
vessel 705,901
vestibule 59,70
vestibulum[拉] 70
Vézelay[法] 70
V-grooved plywood 852
V-gutter 980
VHF 852
Via Appia Antica[意] 21
viaduct 314,1014
vialog 781
vibracast concrete 491
vibrated concrete 491,492
vibrating 491
vibrating board 898
vibrating compaction 492
vibrating compactor 492
vibrating dozer 493
vibrating joint cutter 359
vibrating roller 493
vibrating screen 789
vibrating screen 992
vibrating sieve 992
vibrating sieving machine 880
vibrating table 789
vibrating tyre roller 492
vibration 491
vibration acceleration level 492
vibration admittance 491
vibration analysis 491

vibration characteristics 492
vibration constraints 492
vibration damper 492
vibration displacement 493
vibration exciter 219
vibration frequency 492
vibration generator 219
vibration harmonic 653
vibration hazard 492
vibration hazard for citizen 492
vibration impedance 491
vibration isolation 492,917
vibration level 493
vibration limit 492
vibration load 492
vibration meter 492
vibration mode 493
vibration model 493
vibration of fundamental mode 225
vibration of membrane 939
vibration period 492
vibration per second 493
vibration pick-up 493
vibration-proof foundation 917
vibration-proof material 917
vibration-proof rubber 917
vibration-proof trench 917
vibration rammer 789
vibration roller 493,789
vibration screen 992
vibration sieve 493
vibration source 492
vibration table 492
vibration transmissibility 492
vibration wave 493
vibrator 492,789
vibrator for concrete pavement 360
vibratory system 492
vibro-cast 492
vibro-cast concrete method 492
vibro-composer 789
vibro-composer method 789
vibro-flotation method 790
vibroflotation process 492
vibrometer 492
vibro-pile driver 492
vibro-pile hammer 492,493,790
vibro-rammer 790
vibro-soil compacter 789
Viburnum awabuki[拉] 392
Vicat needle apparatus 826
vice 784,949
vice bench 949
Vicker's hardness 68
Vicker's hardness test 68
Victoric joint 828
video sign 836
Vierendeel girder 853
Vierendeel truss 853
Vierzehnheiligen[德] 852
view factor 155,290
Vignole's rail 846
vihara 471
vihāra[梵] 838
vihara 838
villa 68,901
Villa Capra[意] 68
village 584,960
village green 584,923
Village of CO-operation 241
village road 584
Villa Madama[意] 68
Villa Rotonda[意] 68
Villa Savoye[法] 376
vimāna[梵] 68
vine 713
vine plants 668
vineyard 850
vinoleum 838
vinyl 838
vinyl acetate 379,380
vinyl acetate adhesive 379
vinyl asbestos tile 838
vinyl chloride 104,112
vinyl chloride incinerator 104
vinyl chloride manufacture waste-water 104
vinyl chloride pipe 104
vinyl chloride plywood 104
vinyl chloride resin 104

vinyl chloride resin coating 104
vinyl chloride resin enamel 104
vinyl chloride resin varnish 104
vinyl chloride tar 112
vinyl chloride wire 104
vinyl coated steel plate 112
vinyl duct 838
vinyl floor sheet 838
vinyl floor tile 838
vinyl fluoride resin 867
vinylidene chloride resin 104
vinyl leather 838
vinyloid sheet 838
vinylon 838
vinyl paint 838
vinyl resin 838
vinylresin paint coating 838
vinyl steel plate 838
viridian 847
virtual displacement 171
virtual external force 170
virtual load 170
virtual mass 171
virtual memory 801
virtual pre-consolidation pressure 171
virtual velocity 171
virtual work 170
virulence 717
virus 68,847
vis[法] 832
visco-elastic body 772
visco-elastic deformation 772
visco-elasticity 772
visco-elastic model 772
visco-elastic theory 772
visco-inelasticity 772
viscometer 832
viscose 832
viscose glue 832
viscosimeter 772
viscosity 769,770,771
viscosity resistance 771
viscosity test 772
viscous air filter 772
viscous air filter 772
viscous damping 771
viscous damping factor 771
viscous damping force 771
viscous damping matrix 771
viscous damping resistance 771
viscous filter 771,772
viscous flow 770
viscous fluid 770,772
viscous liquid 771
viscous refractory 771
visibility 163,407,428,433,831,950
visibility factor 165
visible ray 163
visible signal 406
visible sky 163
visible spectrum 163
visionary city 956
visitor center 830
visor 783
vista 660,832,955
visual acuity 482
visual analysis 406
visual angle 406
visual angle method 406
visual brightness 406
visual center 417,423,491
visual colorimeter 407
visual colourimetry 407
visual design 496,831
visual display 406
visual environment 407
visual field 438
visual illusion 379
visual inspection 139
visual photometry 407
visual range 428
visual reflection factor 407
visual sensation 407
visual signal 171,406
visual task 415
vitaglass 786
vita glass 834
vitalight lamp 786
vital statistics 488
vitreous body 994

vitreous china 994
vitreous material 190
vitrification 405
vitrified pipe 837
Vitruvius Pollio 68
V-notch 852
V-notch weir 390
voice 136
voice amplifier 136
voice frequency 136
voice tube 697
void 72,262,910
void cement ratio 262
void plywood 643
void ratio 199
void slab 72,643
void spacing factor 224
void test 262
void volume 262
volatile acid 223
volatile amine 223
volatile fatty acid 223
volatile inhibitor 214
volatile matter 217,223,224
volatile organic acid 223
volatile rust-proofing agent 214
volatile suspended solids 223
volatile varnish 223,459
volatility 223
volcanic ash 163
volcanic detritus 162
volcanic earthquake 162
volcanic ejecta 163
volcanic gravel 162
volcanic rock 162
volcanic sand 162
volleyball court 815
volley(ball) court 814
volt 933
voltage 690,933
voltage drop 690
voltage regulation factor 690
voltammeter 933
volt-ampere 933
volt-ampere meter 933
voltmeter 690,933
volume 160,995,1025
volume controller 137
volume damper 932
volume displacement flow meter 996
volume district 995
volume expansion 593
volume expansion meter 593
volume flow 593,996
volume pit 996
volume shrinkage 592
volumetric analysis 999
volumetric change 593
volumetric coefficient of water absorption 592
volumetric coefficient of water content 592
volumetric efficiency 592
volumetric expansion 996
volumetric method 996
volumetric modulus of elasticity 592,593
volumetric shrinkage 592
volumetric specific gravity at air dried state 214
volumetric strain 593,995
volumetric stress 592
volume velocity 592
voluntary chain 930
volute 932
volute pump 932
Volvox 934
vortex 75,928
vortex flow 75,145,191,192
vortex loss 192
vortex motion 76
vortex resistance 192
Vorticella 667,933
voussoir[法] 78
voussoir 554
voussoir[法] 865
voussoir 865
voussoir arch 554
VPI 852
V-shaped joint 839,852,981

V-shaped street drain 852
VSL system 852
V-strap 852
vulcanization 192
vulcanized fiber 814
vulcanized rubber 192,1021
vulcanizing 192
Vycor glass 783

## W

wA-ce-cretor 72
wad clay 772
wading pool 723
waffle construction 1058
waffle(shape) slab 1058
wage 333
wages 657,687
Wagner's torsion 1057
wagon 1058
wagon drill 1058
wainscot 69,345
Wainwright Building 72
waiting lane 595
waiting line 943
waiting room 226,825,943
Wako filter 1058
Waldram's diagram 1060
wale 664,811
walers 1000
waling 811,1000
waling strip 797
walk 924
walkie-talkie 72
walking distance 727
walking dragline 72
walking sphere 727
walk-in refrigerator 72
walk-up apartment 72
wall 73,185,475,894,899
wall above picture rail 341
wall bracket 73,186
wall bushing 73,186
wall caisson 73
wall consent 185
wall crane 73,185
walled frame 987
Wallfahrtskirche 852
wall fountain 899
wall frame burner 73
wall friction 899
wall garden 73,899
wall girder 186
wall hanging basin 185
wall hanging water closet 185
wall hydrant 475
wall painting 73,899
wall paper 73,185
wall plate 73
wall plug socket 185
wall protector 278
wall radiant heating 186
wall radiator 185
wall-register 899
wall rib 186
wall set telephone 185
wall-sign 899
wall socket 73,185,186
wall stool-urinal 185
wall surface 899
wall surface line 899
wall telephone set 185
wall tile 186,899
wall-type caisson 185
wall type foundation pile 185
wall-type pier 185
wall urinal 185
walnut 73,278
walnut shell flour 278
wane 947
waney board 947
warble tone 484,491
Warburg manometer 1060
ward 73,841,844
war damaged city 558
war damaged city rehabilitation plan 558
ward office 270
wardrobe 1058
warehouse 270,568,870

warehouse crane 570
warehouse district 570
warm air floor heating 137
warm air furnace 135,769
warm air furnace heating 135
warm air heating 134
warm-air heating 137
warm air jet 137
warm colour 622
warm curing 373
warmer 73
warming-up 73
warning sign 285
warning waterlevel 285
warp 26,277,1058
warped roof tile 938
warping 153,582,989
warping moment 941
Warren girder 1060
Warren truss 1060
wash 620,952
wash basin 564
wash boring 73,501
washed gravel 31
washer 72,377,559,1058
wash hand basin 669
washing 559
washing analysis of aggregate 347
washing analysis test 31
washing basin 559
washing finish of stucco 31,490
washing machine 560
washing pump 31
wash load 73
wash out type closet 31
wash pipe 73
wash primer 73,253,254,1030
washroom 564
wash sample 73
wash water 559
waste 70,130,265,516,782
waste alkaline 781
waste caustics 169
waste combustion process 781
waste discharger 130
waste disposal 782
waste disposal facilities 782
waste disposal plant 130
waste disposal tank 130
waste fluid burning plant 781
waste from coal chemicals 541
waste from coke-gas plant 343
waste from(potato)starch processing 700
waste from town gas plant 719
waste gas 70,514
waste heat boiler 70,788
waste heat recovery 788
waste incineration plant 534
waste matter incinerator 788
waste oil disposal service 790
waste pipe 70,123,501
waste(valve)pipe 749
waste pipe 784
waste plug 784
waste pump 130
waste recycling 782
waste resources technique 987
waste silk 265
waste sludge 786
waste sludge concentration 786
waste steam 70
waste traffic 1001
waste trap 785
waste treatment by evaporation 474
waste treatment by yeast culture 338
waste-water 48
waste water from fermentation industries 803
wastewater pipe 123
wastewater pump 123
wastewater treatment 123
wastewater treatment facility 123
wasteway 1001
waste weir 123
watch house 337
watch tower 921
water 951
water absorbability 233
water absorbing quality 233
water absorption 232

water absorption power 233
water absorption test 233
water air ratio 951
water analysis 953
water balance formula 952
water basin for public use 318
water bearing oil 203
waterbearing stratum 592
water bearing stratum 592
water binding 952
water borne disease 497
water bound macadam 952
water cart 72,233
water cement 72
water-cement ratio 952
water chiller 72
water chilling unit 72
water circulation 952
water closet 501
water closet (W.C.) 501
water-closet 906
water closet 998
water closet bowl 501
water closet cistern tank 905
water closing type safety device 504
water colour 499
water column 501
water column manometer 502
water column method 501
water-conduit bridge 497
water consumption 233,785,952
water content 202,203
water content by weight 455
water content test 203
water-conveyance 571
water conveyance 571
water-conveyance 709
water-conveying works 709
water cooled bearing 507
water cooled condenser 507
water cooled grease trap 507
water cooled valve 507
water cooler 72,507
water cooling 507
watercourse 1025
water crane 72,501
water culture 498,952
water curing 502
water curtain 506
water cushion 952
water-delivery 785
water depth 500
water distribution 504,784
water distribution loss 784
water distribution system 235,784
water drip 951
water ejector 951
water emulsion 501
water equivalent 202,952
water examination 472,499
water exchange 952
water extinguisher 952
water extractor 72
water famine 951
water filler 501
water filtration 953
water for air conditioning 136,137
water for commercial use 87
water for condensor 861
water for domestic animal use 175
water for domestic use 179
water for fire-fighting 467
water for miscellaneous use 383
water for public use 318
water for refreshing drink 539
water for temperature regulation 136,137
water for viscose 832
water for washing 560
water front green 506
water front park 506
water gain 72,74
water garden 72,952
water gas 500
water gauge 303,496
water-gauge 496
water gauge 506,1026
water gauge glass 506
water glass 72
water-glass 951

water hammer 497,500,503,955
water hammer corrosion 473
water hammering 498
water hammering pump 955
water hammer pump 498
water head 72
water heater 497
water holding capacity 504
water horse power 953
water hose 72
watering 77,202,953
water inlet 449
water-intake 458
water jet 72,953
water-jet condenser 952
water-jet method of pile-driving 500
water-jet pile-driver 440,499
water-jetting 72,440
water level(WL) 72
water level 496,612,953
water-level-duration curve 44,497
water-level indicator 496
water level indicator 497
water level of dry season 176
water level recorder 496
water level regulator 496
water line 72,501
water loss 952
water magic 72
water main 233,503
water meter 233
watermeter 504,506,507
water meter 1026
watermeter tank 1026
water mold 500
water (pollution) monitor 499
water of crystallization 296
water organ 72
water paint 72,501
water pipe 72,497
water pipe line 203
water piping 233
water plumbing 1024
water pollution 499
water pollution control 499
Water Pollution Control Federation 30,612
water pollution damage 499
water power 507
water power utilization 507
water pressure 496
water pressure driven level controller 496
waterproof 72,591,592,918
waterproof adhesives 592
waterproof agent 918
waterproof agent for concrete 360
waterproof agent of cement 553
waterproof block 918
waterproof cement 72,918
waterproof cloth 918
waterproof concrete 918
waterproofed mortar 918
waterproofing 917,918
water-proofing on outside wall 581
water-proofing work 917
waterproof layer 918
waterproof material 918
waterproof paint 72
waterproof paper 918
waterproof plywood 592
waterproof sand paper 591
waterproof stuff 918
waterproof test 918
waterproof treatment 918
waterproof valve 918
water pump 72
water-pumping set 995
water purification 472
water purification equipment 472
water purification plant 472
water purifying installation 472
water quality 499
water quality criteria of river 1022
water quality examination 499
water quality improvement 499
water quality management 499
water quality meter 499
water quality monitor 499
water quality monitoring system 499

water quality science 499
water quality standad for water supply 504
water quality standard 499
water quality standard of tap water 233
water quantity by industry 392
water quantity required in industrial districts 317
water rate 72,504
water ratio 72
water-reducing accelerator 303
water-reducing agent 303
water-reducing curve 303
water-reducing retarder 303
water regulating valve 507
water-repellent finish 804
water resistance 592
water resistant test 592
water resource planning 512
water resources 499,952
water resources development 499,952
water retaining capacity 925
water retention test 925
water retentivity 925
water return valve 72
water right 506
water sampler 371
water sampling 371
water sampling at constant position 677
water scrubber 72
water seal 504
water sealing 854,952
water seal trap 504
water seasoning 489
water section 72
water-service installation 233
water service pipe 504
watershed 449,891
water shortage 953
water-softener 747
water softener 747
water-softening 747
water softening apparatus 325,747
water-soluble resin coating 506
water source 498,995
water source heat pump system 952
water source investigation 498
water spout 723
water spray cock 394
water-spray extinguishing system 504
water spray extinguishment facilities 953
water spreading 157
water sprout 725,727
waters stop 418
water stain 72,501
water stopping copper 418
water storage tank 655
water suppling fixtures 233
water suppling pipe 232
water supply 232
water supply district 232
water supply for limited hours 407
water supply installation (equipment) 233
water supply main pipe 503
water supply pervasive rate 233
water supply pipe 232
water supply plant 504
water supply rubber hose 571
water supply system 232,472
water-supply system by elevated tank 315
water supply works 503
water surface 506
water table 29
water table fluctuation 506
water table gradient 506
water tank 501,952
water tank car 501
water tap 233
water temperature 497
water test valve 303
water theatre 952
water thermostat 497
watertight concrete 506
water tight joint 506
water tightness 506,591
watertight working joint 506

water tower 233,503
water-tower 655,785
water tower 952
water trap 72
water treatment 500,952
water-tube boiler 497
water tube cleaner 497
water use 506,1014
water utility 504
water utilization 1014
water valve 953
water vapour 500
water vapour diffusion 500
water wall 497
water warmer 135
water wave 953
waterway 507
waterworks 472,503
waterworks for fire-fighting 467
waterworks for miscellaneous use 383
waterworks supplied from well 56
watery city 72
watt 1058
watt-hour 1058
watt-hour meter 540,1058
wattmeter 701,1058
wave 70,745,815
wave arch 70
wave band 801
wave crest 801,809
wave detector 71,308
wave duct 71
wave fence 746
wave filter 71,1053
wave form nail 746
wave front 746,806,810
wave front of sound 127
wave glass 746
wave guide 70
waveguide 712
wave length 71,801
wave length constant 801
wave length of sound 127
wave motion 806
wave pressure 781
wave roller 71
wave surface 810
wave velocity 800
wave velocity method 136
wavy figure 637
wavy finish 401
wavy grain 746
wax 1046,1058
wax coater 1047
waxed paper 1046,1047
waxing 1047
waxing and polishing 1047
Wax myrtle 982
way 993
waymark 71
way of living 524
weak acid 439
weak acidic ion-exchange resin 439
weak acidity 439
weak base ion-exchange resin 439
weak children's facilities 994
weak earthquake 289
Weakening 68
weakest-link 369
weak solution 439
weak stratum 747
wear 69
wearing course 946
weather 691
weather advisory warning 219
weather board 69
weather boarding 422
weather bureau 206
weather cap 69
weather chart 219
weather cock 69,162
weathered slope 952
weather exposuer test 589
weather fastness 589
weathering 29,69,853,951,952
weathering lime 854
weathering test 854
weather joint 433,744
weather master system 69
weather-meter 69

weather-o-meter 69
weather prognosis 219
weatherproof 589
weather protection 29
weather resistant adhesive 589
weather shake 209,411
weather strip 69
weather trend 695
weather warning 219
weaved fence 12
weaving 68,132
weaving distance 132
weaving length 132
weaving section 132
web 70,862
webbing rubber 70
web cleat 71
Weber-Fechner's law 70,196
web member 71,811,860
web plate 70,71,862
web reinforcement 71,811,861
web stiffener 71
web washer 71
wedge 70,139,264
(spalling) wedge 978
wedge 1060
wedge cut 70
wedge gate valve 70
wedge hole 978
wedge-shaped cotter 264
wedge valve 264
wedging 552,982,1059
weeder 480
weed killer 480
weekend house 454
weekly traffic pattern 447
weep hole 68,746,784
weeping 68
Weeping forsythia 1042
weeping willow 422
weight 70,131
weighted mean 131,164
weighted switch-stand 131
weighting function 131
weighting network used in sound level meter 649
weight-lifting stage 70
weight limit sign 455
weight mixing 455
weight of moisture content 202
weight of unit volume 618,630
weight ratio 70
weir 69,539
weir gate 541
weir method 540,543
weir with end contraction 457
Weissenhof Siedlung[德] 68,320
weld 71,661,996
weldability 997
weldability test 997
weld bead 997
weld bond 997
weld corrosion 997
weld crack 997
weld cracking test 997
welded bridge 996
welded flange 997
welded joint 997
welded joint test specimen 997
welded piece 997
welded rail 997
welded section steel 996
welded steel 996
welded steel bridge 996
welded steel pipe 996
welded structures 996
welded wide flange shapes 996
welded wire fabric 996
welded wire mesh 996
welder 71,694,996,997
welder qualification test 996
weld flaw 996
weld flush 71
weld gauge 71
welding 71,996
welding burner 71
welding condition 996
welding defect 996
welding equipment 997
welding fabrication 996

welding field 996
welding flame 996
welding flux 71,996,997
welding gun 996
welding head 71,997
welding inspection 996
welding jig 996
welding joint 71
welding machine 71,996
welding material 996
welding outfit 997
welding position 996
welding procedure qualification test 997
welding process 997
welding residual stress 996
welding rod 71,997
welding seam 997
welding shop 996
welding speed 997
welding stress 996
welding symbol 996
welding technology 997
welding torch 71,997
welding tube 71
welding wire 71,997
welding work 996
weld length 997
weld mark 71
weldment 997
weld metal 71,996
weld metal cracking 996
weld pitch 997
weld root 997
weld sequence 996
weld size 996
weld spacing 485
weld steel 71
weld zone 71,997
welfare facilities 317,326,993
well 55,71
well borer 56
well-boring 56
well caisson method 53
well casing 53,56,57,71
well crib 45
well-crib 53
well crib 54
well crib pattern 45
well driller 56
well foundation 53,56,664
well graded soil 1021
well house 57
Wellington-type formula 71
well method 53
well pavillion 57
well point 71
well point method 71,72
well point pump 72
well pump 56
Wells 71
well screen 56
well sinking 54
well water 56
Welwyn Garden City 71
Wesco pump 70
western amplitude of the sun 753
Western architecture 538
western construction 998
western pine 70
westing 536
Westminster Abbey 70,909
Weston's formula 70
wet air cooler 425
wet air filter 425
wet air pump 425
wet and dry-bulb hygrometer 201
wet and dry-bulb thermometer 201
wet ball mill 426
wet bond strength 426
wet-bulb 424
wet-bulb temperature 424
wet-bulb temperature drop 424
wet-bulb thermometer 424
wet chemical feeder 425
wet cleaner 70,425
wet coil 437
wet colour 761
wet combustion process 425
wet compression 437

wet concrete 748
wet construction 425
wet corrosion 426
wet curing 426
wet cyclone 425
wet density 426
wet desulfurization plant 425
wet desulfurizing process 425
wet dock 70
wet dust collector 425
wet dust scrubber 425
wet electrical dust precipitator 425
wet electrolytic processing waste water 425
wet excavation 502
wet expansion type evaporator 822
wet filter 425
wet formed joint 76
wet galvanization 425
wet gas meter 425
wet grinder 426
wet grinding 70
wet joint 70
wet masonry 770
wet material 425
wet mechanical analysis 657,953
wet method 426
wet mill 70
wet mixing 70
wet mortar 748
wetness 437
wet oxidation process 425
wet pipe system of sprinkler 425
wet process 426
wet return method 425,437
wet rot 761
wet sample 426
wet-sand blasting 425
wet-sand curing 425
wet screening 70
wet season 917
wet sludge 423
wet specific heat 426
wet steam 437
wet system 70
wettability 426,761
wetted perimeter 464,494
wetting 426,761
wetting agent 426
wet tolerant tree 590
wet-type water meter 425
wet vent 70,437
wet vent pipe 437
wet-weather flow 78
wet weather flow 612
wet well method 425
wharf 869
wharf apron 1059
wharf crane 73,316
whatman paper 1058
Wheatstone bridge 70
wheel barrow 52,680
wheel-barrow 763
wheel conveyor 911
wheel crane 911
wheeled extingusher 440
Wheeler type underdrain system 910
wheel load 1029
wheel pressure 444
wheel puller 911
wheel(ed)shovel 911
wheel tracking test 911
wheel-turn failure 263
wheel type excavator 444
wheel type hanging roof 444
wheel type loader 444
wheel window 278,444
whim 910
whip crane 68
whip-grafting 422
whip hoist 775
whipping 68
Whipple micrometer 910
Whipple truss 910
whirlpool bath 192
whirlwind 564
whispering gallery 381
white 934
white ant 43,483
white base 934

white brick 484
white bronze 934
white cast iron 795
white cedar 897
white cement 483,794,934
white clay 483,795
white earth 795
white fir 898
white fluorescent lamp 794
white gas pipe 483
white gold 934
white ice 795
white iron 483
white lac 483
white lauan 484,934
white lead 111,794
white lead mixing property 111
white lead paint 794
white lime plaster 483
white metal 994
white mica 483
white noise 794,934
white oak 481
white paint 483
white phosphorus 796
white pig iron 794
white pigment 794
white Portland cement 794
white putty 483
white radiation 794
white root 481
white rot 483
white shellac varnish 483
white silica 483
White Temple 81
white varnish 484
white wash 352,934
white zinc paint 794
whiting 794,934
WHO 612
whole brick 128
whole cooling load 215
whole cooling load rate 215
whole heating load 215
whole heating load rate 215
wholesale 133
wholesale district 133
wholesale market 133
wholesale price 133
wholesaler 133,738
wholesaler center 738
wholesaler's estate 133,738
wholesaler street 738
whole-sky camera 563
wiading stairs 1057
wicket 68
wicket door 264
wickiup 68
wide band 331,1056
wide band antenna 331
wide corridor 848
wide flange 808,1056
wide-flange column 809
wide flange shapes 95
widening 158
widening of embankment 811
wide screen 1056
width 848,954
width of carriageway 442
width of joint 963
width of road 859
width of street 715
width of tree 94
width-thickness ratio 808
Wien[德] 460
wien[德] 904
Wiener Sezession[德] 69
Wien's displacement law 69
Wien's radiation law 69
wigmaker's room 718
wigwam 68
wilderness 338
wilderness(preservation)area 303
wild garden 980
wildlife protection 650
wild steel 1057
wild turf 776
William-Hazen formula 68
Williot-Mohr's diagram 68
Williot's diagram 68

Williot's joint displacement diagram 68
Williot's relative displacement diagram 68
willow 68,980
Willow 980
wilting 52
Wilton carpet 68
winch 69,939
wind 169
windage 69
windage loss 69,854
wind beam 169
wind bracing 596
windbreak 162,921
wind-break hedge 921
windbreak planting 921
windbreak screen 162
wind cable 596
wind channel 854
wind damage 854
wind diagram 854
wind direction 854
wind direction indicator 854
wind-enduring tree 596
winder 872,947
wind erosion 854
windfall 762
wind force 855
wind gauge 69
wind gorge 162
wind high tide 170
winding pipe 1057
winding road 1060
winding rope 1057
winding sheath 1057
winding stairs 947
wind laid deposit 854
wind load 169,854
wind load of step type 516
wind-load stress 169
window 69,944
window area ratio 945
window blind 874
window board 556
window bolt 69
window box 69
window box garden 945
window cleaner 69
window cooler 69
window daylight factor 945
window frame 945
window garden 69
window glass 69,944
window lead 945
window leaf 702
windowless building 959
windowless factory 959
window lift 69,680
window opening 945
window ornaments 944
window pane 69
window panel 945
window radiator 945
window seat 944
window sill 438,945
window trim 944
window type air conditioner 944
window type room air conditioner 69
wind pressure 853
wind pressure coefficient 853
wind pressure meter 853
wind rose 69,854
windrow 69
wind run 854
wind scale 854
wind(force) scale 855
wind screen 69
wind shake 965
wind shield glass 69
windside spread 161
Windsor chair 69
wind speed 854
wind storm 921
wind tie 596
wind tunnel 854
wind tunnel experiment 854
wind tunnel test 854
wind vane 854
wind velocity 854
windward 854

windward side 161
windward spreading fire 161
wind wave 854
wine 1057
wineshop 1057
wing 68,807,999
wing abutment 999
wing barricade 1050
wing chair 955
wing door 68
winged chair 955
winged easy chair 955
winged euonymus 946
wing fence 581
wing masonry 581
wing nut 652
wing plate 68
wing pump 68
wings 68
wing wall 68,581,999
wink 68
winker 68
Winkler method 69
Winslow House 69
winter concreting 207
winter daphne 491
winter flowering 200,873
winter garden 873
winter harbour 707
winter manuring 873
winter pruning 706
winter solstice 707
winter solstitial point 708
wiped joint 760
wiper ring 1056
wire 558,812,1056
wire brush 328,1056
wire buff 1056
wire cable 319,1056
wire clip 1056
wire clipper 1056
wire course 1056
wire cutter 563,1056
wired broadcasting 986
wired gate 181
wired glass 29,1056
wire door 30
wire drawing 564
wired sheet glass 29
wire duct 1056
wire fabric 1056
wire fence 181
wire gauge 557,563,1056
wire glass 29
wire grip 915
wire lath 812,1056
wire lath bed 1056
wireless amplifier 1057
wireless call 1057
wireless microphone 1057
wireless station 959
wireless tower 919
(woven)wire memory 1056
wire mesh 181,683,812,1056
wire mesh concrete plate 683
wire moulding 563
wire nail 946
wire netting 181,685
wire printer 1056
wire rod 1057
wire rope 1056,1057
wire rope clip 29
wire saw 381,1056
wire screen 29
wire shears 1056
wire sieve 30
wire sling 593
wire socket 1056
wire strain gauge 564,1056
wire strain gauge earth pressure meter 1056
wire strand 1056
wire stretching 564
wire thimble 964,1056
wire tie 254,1056
wiring 170,296,785,1057
wiring arrangement 786
wiring diagram 786
wiring duct 1057
wiring insulator 785

Wisteria floribunda[拉] 863
wisteria trellis 863
witches broom 694
WL 612
wobble pump 460
wolfram electrode 619
wollastonite 73
Wolman's process 73
Woltmann counter 73
wood 78,968
wood arch 78
wood block 78
wood block floor(ing) 886
wood brick 970
wood carving 969
wood cellulose 968
wood chock 1041
wood-concrete composite beam 968
wooden apartments for rent 969
wooden beam bridge 968
wooden block 970
wooden block pavement 971
wooden brick floor 970
wooden bridge 968,969,971
wooden building 969
wooden chock 656
wooden clamp 798
wooden clamp connection 798
wooden construction 968,969,972
wooden cotter 827
wooden fittings 969
wooden fixtures 969
wooden form 969
wooden hammer 221
wooden house 969
wooden key 441,827
wooden lath 219
wooden lath base 219
wooden maul 118,160
wooden nail 215
wooden nailed full wed beam 264
wooden packing 139
wooden pagoda 969
wooden pile 169
wooden pipe 971
wooden plate girder 969
wooden plug 78
wooden sheet pile 379,969
wooden sheetpile 970
wooden shore strut 969
wooden sliding door 727
wooden spacer 139
wooden-stave pipe 969
wooden trestle 969
wooden truss bridge 969
wooden water tank 969
wood failure ratio 969,970
wood fiber 969
wood filler 78,965,969
wood filling 965
wood float 217
wood floating 217
wood for fittings 608
wood for fixture 608
wood for rafter 616
wood fraise machine 972
wood frame construction 969,1057
wood key 78
wood land 1030
wood lathing wall 219
wood lining 810
wood miller 972
wood milling machine 972
wood oil 78
wood panel construction 969
wood pile 215
wood plug 616
wood preservative 921,968
wood-rotting fungi 968
wood saw 78
wood screw 78,969
wood screw driver 222,969
wood scaler 78
wood siding 77,422,810
wood siding wall 48
wood strut 1041
wood tar 78,221,969
wood tar creosote oil 969
wood terebene oil 78
wood trimmer 343

wood trowel 217
wood turning lathe 972
wood vice 972
woodvine 663
wood volume 371
wood waste 783
wood with radial pore band 915
wood wool 970
wood working 971
wood working clamp 972
wood working machine 972
wood working machinery 78
wood working spinning lathe 972
wood working tool 972
wood worm 215
wood xylon 969
woody part 969
woofer 78,671
wool 81
wool dyeing and finishing wastewater 998
wool scouring waste water 564
word 1058
word length 347
word marking 976
word shop 378
work 378,414
workability 72,1057
workability of concrete 543
work amount 378
work bench 378
work completion report 322
work curve 378
work done 322,680
work-hardening 160
working area 378
working area in horizontal plane 505,898
working area in vertical plane 502
working clothes 378
working conditions 1047
working day 378
working drawing 426,543
working drawing design 426
working efficiency 378
working environment 378,1047
working hour 378
working hours 1047
working life 163
working load 387,466
working plane 378
working posture 378
working pressure 464,707
working properties 160
working property of paint 733
working radius 388
working rule 446
working scavenger 1057
working section 473
working ship 378
working space 378,1057
working storage 1057
working strength 378,473
working stress 387,465,583
working table 160
working temperature 465
working tension 387
work inspection 378
work joint 77,543
workman 479
workmanship 250,1057
work measurement 378,532
work metabolism 1047
work of compression 19
work of deformation 905
work order 378
work period 378
work place population 446
work record 322
workroom 163
work room 1057
work schedule 378
works expenses 322
workshop 320,338
work shop 378
workshop 414,1057
work-shop building 323
work start report 640
work tape 1057
work tolerance 532

work yard 378
World Health Organization(WHO) 539
World Health Organization 612
world model 539
World Trade Center 1060
world-wide standardized seismo-meter 343
worm 1059
worm channel 958
worm condenser 73
worm hole 958
Worms[德] 73
worm-up apron 73
worstcase noise 1058
Worthington pump 72
wound heart wood 219
wound-rotor induction motor 939
WPCF 30,612
wrecker 1040
wrecking car 1040
wrench 1044
Wren's plan for London 1055
wrestling field 1039
wrest tooth 10,809
Wright style 1005
wrinkle enamel 637
wrinkle finish 657
wrist 1014
write 154
writing table 1005
written estimate 955
wrought iron 626,1044
wrought iron pipe 1044
W-type expansion joint 612
Würzburg[德] 79
WWF 612

X

X brace 604
xenon arc lamp 220
xenon lamp 220
xerogel 199
xonotlite 582
X-ray absorption analyzer 95
X-ray control booth 95
X-ray examination 95
X-ray film-viewing room 853
X-ray inspection 95
X-ray plant 95
X-ray room 1044
X-rays 95
X-ray shielding concrete 95
X-ray spectroscopic analysis 95
X-ray test 95
xylene 219
xylography 969
xylol 219
X-Y recorder 95

Y

yachtel 1002
yacht harbour 1002
yacht house 1002
Yaglou's effective temperature 979
(railway shunting) yard 570
yard 758,980
yard crane 980
yard drainage 336
yard of materials 375
yard railroad 336
yard work 336
yarn 982
yarning 10
yaw meter 1003
Y-bend 1056
Y-branch 943
yearly fluctuation 773
yearly traffic pattern 771
yeast 338
yeast fungus 47
yeddo raphiolepis 444
yellow cedar 897
yellow cypress 897
yellow filter 43
yellowing 115,979
yellow ochre 43
yellow paint 43
yellow phosphorus 117

yellow pigment 114
yellow poplar 992
yellow prussiate of potash 114
Yellowstone National Park 43
Yellow wood 939
yew tree 49
Y-grade separation 1056
Y-groove (weld) 1056
yieid line 337
yield 59,870
yield bending moment 338
yield characteristics 338
yield displacement 338
yield hinge 337,338
yield hinge line 337
yielding 59,337
yielding condition 337
yield line 792
yield line theory 337
yield load 337
yield moment 338
yield of load 164
yield phenomenon 337
yield point 338
yield point for compression 19
yield point stress 338
yield rate 870
yield seismic intensity 337
yield strain 338
yield strength 337,338,598
yield stress 337
yield value 59,337,338,598
Y-intersection 1056
Y-joint 1056
Y-junction 1056
Y-level 1056
yoke 999
yoke vent pipe 296
Young-filter 982
Young's modulus 982
youth hostel 990
y-parallax 609
Y-pipe 1056
Y-shaped bend 1056
Y-shaped fitting 1056
Y-shaped pattern 944
Y-shaped valve 1056
Y-track 1056
Y-type earthen pipe 1056
Y-type pipe 1056
Y-type roof tile 954
Y-type strainer 1056
Y-type vitrified pipe 1056
Yucca 57,990
Yucca sp.[拉] 990
yulan magnolia 795
yurt 968

## Z

zahn cup 390
zapon enamel 386
ZCM 551
zebra crossing 436
zebrano 435
zebra roof 552
zebrawood 435
zebra zone 552
Zelkova serrata[拉] 298
zenith 551,698
zenithal projection 911
zenith distance 698
zenith telescope 698
Zentralbau[德] 453
zeolite 539
zeolite method 539
zeolite softening 539
zero adjustment 555
zero air void curve 555
zero direction 1036
zero meridian 935
zero method 1034
zero set 555
zero suppression 555
zero tensor 1036
Ziegler's process 659
ziggurat 424
zigzag 411,638
zigzag bridge 980
zigzag course 411

zigzag rivet(ing) 638
zigzag riveted joint 412
zigzag riveting 638
zigzag riveting joint 638
zikkurat 424
Zimmermann dome 659
Zimmerman process 494
zinc 4,483,485
zinc alginate 34
zinc chloride 103
zinc chromate 4,486
zinc chromate basic type 104
zinc chromate primer 486
zinc chromate rustproofing paint 486
zinc dust 4
zinc dust anticorrosive paint 4
zinc dust paint 486
zinc green 4
zincing 4,485
zinc oxide 4
zinc plate 4
zinc-plated steel pipe 5
zinc putty 486
zinc rich primer 486
zinc stearate 515
zinc sulfate corrosion inhibitor 1021
zinc white 4
zinc yellow 4
zipp 428
zipper 428
zircon cement 483
zirconia brick 482
zircon porcelain 482
zircon refractory 482
zonal cavity interflection method 586
zonal cavity method 551,586
zonal factor method 234
zone 583,631,637
zone à urbaniser en priorité[法] 515
zone à urbaniser en priorité(ZUP)[法] 986
zone bus system 584
zone coefficient for seismic load 417
zone condemnation 637
zone control 583,584
zone control system 584
zone diagram 584
zone factor 631
zone of body cooling 1034
zone of evaporative regulation 801
zone of middle and small industry 645
zone of small industry 1035
zone of thermal equilibrium 769
zone of thermal neutrality 767
zone system 583,584
zone temperature control 583
zoning 582,631
zoning map 631
zoning regulation 631
zooglea 367
Zoogloea 578
zoological garden 575,713
zoological park 713
zoophoric column 452
Zopfstil[德] 661
zophoros[希] 582
Zoysia janonica[拉] 433
Z-steel 125,551
ZUP 515
Zwinger[德] 659

α

α-mesosaprobic organism 35
α-rays 34

β

β-mesosaprobic organism 900

γ

γ-ray irradiation 209
γ-ray level meter 209
γ-rays 209
γ-ray sludge concentration meter 209

π

π-slab 785

**图书在版编目（CIP）数据**

日英汉土木建筑词典/《日英汉土木建筑词典》编委会编. —北京：中国建筑工业出版社，1992（2008重印）
ISBN 978-7-112-00585-7

Ⅰ. 日...　Ⅱ. 日...　Ⅲ. 土木工程—词典—日、英、汉
Ⅳ. TU-61

中国版本图书馆CIP数据核字（2008）第015555号

**日英汉土木建筑词典**
《日英汉土木建筑词典》编委会

*

中国建筑工业出版社（北京西郊百万庄）
日本东方书店（日本东京）　出版、发行
各地新华书店、建筑书店经销
北京市彩桥印刷有限责任公司印刷

*

开本：850×1168毫米　1/32　印张：47　字数：2640千字
1992年12月第一版　2008年2月第三次印刷
印数：5301—6800册　中国定价：人民币**98.00**元
ISBN 978-7-112-00585-7
（14926）



本社网址　http://www.cabp.com.cn
网上书店　http://www.china-building.com.cn

体验式教育工作手册